Vorwort

Die berufliche Bildung ist nach den KMK-Rahmenlehrplänen lernfeldstrukturiert, in ihren Inhalten teils berufsübergreifend, handlungssystematisch an der beruflichen Kompetenzentwicklung gebunden sowie aufgaben- und gestaltungsorientiert. In den Lernfeldern spiegeln sich die Handlungsfelder der Berufe wider.

Objekte des beruflichen Handelns der Elektroniker von Industrie und Handwerk sind Bauelemente, Baugruppen, Anlagenteile und komplette elektrische Anlagen. Wesentliche Voraussetzungen für das Planen, Errichten, Prüfen, Inbetriebnehmen, Betreiben und Instandhalten der Anlagen sind Kenntnisse über den Aufbau, die Wirkungsweise und das Verhalten der Elemente von elektrischen Systemen.

Die Inhalte des vorliegenden Lehrbuches werden durch diese Objekte und den zugehörigen Vorschriften bestimmt. Damit musste eine objektbezogene Systematik gewählt werden, die nicht der Ordnung der Lernfelder folgt. Der sich daraus ergebende Vorteil besteht darin, dass die physikalisch-technischen Zusammenhänge deutlich sichtbar werden. Der den Lernfeldern übergeordnete Betrachtungsstandpunkt schränkt dabei den Einsatz des Lehrbuches nicht ein.

Der Lernfeldstruktur gerecht werden die als Ergänzung des Lehrbuches entwickelten Lernaufträge, die im Band 1 den Lernfeldern 1–4 und im Band 2 den Lernfeldern 5–12 zugeordnet sind.

Die aus der Komplexität des beruflichen Umfeldes abzuleitende ganzheitliche Betrachtung erfordert nicht nur die Darstellung der wesentlichen Elemente des Unterrichtsstoffes wie

- bedeutsame elektrische Größen
  (Ladungsmenge, Stromstärke, Spannung …)
- besondere Effekte
  (dielektrische Polarisation, PN-Übergang …)
  sowie
- charakteristische Vorgänge und Wirkprinzipien
  (Induktion, Gleichrichtung …)

sondern die grundlegenden Zusammenhänge zwischen diesen Elementen als Struktur jedes Hauptabschnittes sichtbar zu machen.

Während die Grundbildung durch Erscheinungen und Gesetzmäßigkeiten der Stromkreise bestimmt wird, bildet das Elektroenergiesystem den Mittelpunkt der Fachbildung. Teilsysteme des Elektroenergiesystems sind die elektrischen Anlagen und die elektrischen Netze als Transportwege der elektrischen Energie. Dieser Betrachtungsweise folgend, werden die Bauteile, Geräte und Maschinen immer der entsprechenden Anlage zugeordnet.

Um ein handliches, im Umfang begrenztes Buch zu erhalten, musste aus der Fülle des Stoffes sorgfältig ausgewählt werden. Hier spiegelt sich die langjährige Unterrichtserfahrung der Verfasser wider. Neben einer angemessenen Fachsprache, den didaktisch aufbereiteten Abbildungen, Berechnungen und Kontrollfragen wurden den Hauptabschnitten die inhaltlichen Strukturen und Beziehungen vorangestellt. Damit ist jederzeit eine Orientierung der komplexen Zusammenhänge sowohl im Unterricht als auch im Selbstaneignungsprozess möglich.

Autoren und Verlag stellen der Berufsschule ein Lehrbuch zur Verfügung, dass sowohl dem aktuellen Stand der Technik entspricht als auch den Qualifikationsanforderungen der heutigen Arbeitswelt gerecht wird, die hinreichende Handlungskompetenz im komplexen beruflichen Umfeld fordert.

Anregungen und Hinweise zum vorliegenden Lehrbuch nehmen wir gern entgegen.

Die Verfasser

ISBN 978-3-582-0**3657**-5

Verlag Handwerk und Technik GmbH,
Lademannbogen 135, 22339 Hamburg; Postfach 63 05 00, 22331 Hamburg – 2012
E-Mail: info@handwerk-technik.de – Internet: www.handwerk-technik.de

Computersatz: comSet Helmut Ploß, Hamburg
Druck: Offizin Andersen Nexö, Leipzig

Zur Arbeit mit dem Buch

Zum Sachverhalt führen

- **Übersicht der Hauptabschnitte mit Zuordnung der Registermarken** →
- **Inhaltsverzeichnis**
  auf den Seiten 4 bis 9
- **Formelzusammenstellung**
  auf den Seiten 601 bis 606
- **Sachwort**
  auf den Seiten 607 bis 619
- **Symbole und Schaltzeichen**
  auf den Seiten 621 bis 623

Unterstützende Nachschlagehilfen und Sachzusammenhänge

- Strukturierte Dezimalklassifikation nach DIN 1421
- Farbige Registermarken für Hauptabschnitte
- Zusammenhänge der Sachverhalte jedes Hauptabschnittes, dargestellt als „Strukturen und Beziehungen“ mit funktionaler Zuordnung der Farben

grün	zentraler Begriff
gelb	elektrische Größen
blau	technische Objekte
grau	physikalische Vorgänge
weiß	Hinweise
rot	Gliederungsnummer

Inhalt

Inhalt

1 Stromkreise und Anlagen des Elektroenergiesystems

1.1 Wesen und Bedeutung der Elektrotechnik

Der Mensch unterscheidet sich von den anderen Lebewesen u.a. in seinem Verhalten zur Natur. Er passt sich ihr nicht nur an, sondern er gestaltet sie entsprechend seinen Bedürfnissen um.

Am Beginn der technischen Entwicklung war der Mensch auf die einfache Naturbeobachtung angewiesen. Er fertigte und betrieb einfache Maschinen ohne genaue Kenntnisse der Naturgesetze. Die Technik wendet heute die Naturgesetze zielgerichtet an und schafft zweckmäßige Mittel, wie Werkzeuge, Maschinen, Geräte, auch Rechen- und Konstruktionsverfahren. Viele Beispiele belegen, dass der Mensch inzwischen an die Grenzen der sinnvollen Umgestaltung der Natur stößt. Teilbereiche der Natur sind durch die Umgestaltung bereits so zerstört, dass dadurch die Lebensgrundlage der Menschen global gefährdet ist.

Die Technik muss heute die Natur für unsere folgenden Generationen erhalten.

Beurteilen wir deshalb die Technik unter diesem Gesichtspunkt und danach, ob sie wirklich unsere natürlichen Bedürfnisse befriedigt. Fragen wir uns, ob die Anwendung aller technischen Möglichkeiten notwendig ist.

Ein Teilgebiet der Technik ist die Elektrotechnik. Hier wird die Natur vorwiegend durch das Nutzen der elektrischen Erscheinungen umgestaltet.

Elektrotechnik ist die zusammenfassende Bezeichnung für alle Verfahren zur Nutzbarmachung der Natur mit Hilfe solcher Maschinen, Geräte, Bauelemente und Arbeitsverfahren, die vorwiegend elektrische Erscheinungen nutzen.

Zwei Faktoren bestimmen im Wesentlichen die Bedeutung der Elektrotechnik:

1. Sie gewährleistet, dass an beliebigen Stellen zu beliebigen Zeiten die unterschiedlichsten Energieformen durch die Umwandlung aus Elektroenergie bereitgestellt werden. Der Mensch ist damit nicht mehr von den ursprünglichen Energiequellen, zum Beispiel

   - Energie fester, flüssiger und gasförmiger Brennstoffe
   - Windenergie
   - Wasserenergie
   - Strahlungsenergie u. a.,

   abhängig, wie sie die Natur räumlich und zeitlich zufällig verteilt darbietet.

Die Erzeugung der Elektroenergie aus anderen Energieformen, ihre Fortleitung, Verteilung und Umwandlung in die jeweils gewünschte Form, auch ihre begrenzte Speicherung – meist über eine Zwischenenergie – wird technisch mit relativ günstigen Kosten und Wirkungsgraden beherrscht.

2. Die Elektrotechnik gewährleistet, beliebige akustisch und optisch wahrnehmbare Informationen auszutauschen. Diese Möglichkeit ist dadurch gegeben, dass sich die elektrische Energie sehr gut steuern lässt, sie somit als Signalträger dienen kann. Die hoch entwickelten Mittel der Informationsgewinnung, -übertragung und -verarbeitung ermöglichen eine große Informationsdichte und -geschwindigkeit. Die Entwicklung auf diesem Gebiet bestimmt damit auch in den letzten Jahren die führende Rolle der Elektrotechnik in der Industrie, in der Wirtschaft und auch im privaten Lebensbereich.

Das große Gebiet der Elektrotechnik, auch wenn es auf das Elektroenergiesystem eingeschränkt wird, ist nicht mehr überschaubar. Selbst über Teilgebiete, wie elektrische Antriebe, Beleuchtungsanlagen, Steuerungstechnik, elektrische Messtechnik u.a. kann man den Überblick verlieren. Wir wenden uns deshalb zuerst solchen Problemen zu, die allen Teilgebieten gemeinsam sind, und zwar auf die Grundlagen der Elektrotechnik.

1.2 Beziehungen und Strukturen in den Grundlagen der Elektrotechnik

Zu den Grundlagen der Elektrotechnik gehören neben den grundlegenden Erscheinungen (z.B. Ladung, Strom, Spannung) grundlegende Gesetzmäßigkeiten und Regeln, die die Beziehungen zwischen den grundlegenden Erscheinungen der Elektrotechnik beschreiben. Die Kenntnis dieser Gesetzmäßigkeiten ist die Voraussetzung, sie technisch anzuwenden und mithilfe grundlegender Arbeitsmethoden technische Lösungen zu finden.

Unabhängig davon, ob eine elektrische Anlage projektiert, errichtet, geändert, erweitert oder instand gesetzt wird, die Elektrofachkraft muss die physikalischen und technischen Probleme als Ganzes erfassen. Dabei ist aus der Sicht des Elektrotechnikers der **elektrische Stromkreis** das zentrale Element oder besser das zentrale Teilsystem im Gesamtsystem der Elektrotechnik.

Welche Merkmale hat der elektrische Stromkreis?

Der elektrische Stromkreis ist ein technisches Objekt, das durch das Vorhandensein und im Allgemeinen auch durch die Umwandlung sowie den Transport der elektrischen Energie gekennzeichnet ist.

Seine Elemente sind Stromquelle, Leitung und Verbrauchsmittel (Abb. 1-1).

Neben den genannten Elementen, die das Merkmal des elektrischen Stromkreises bestimmen, sind für seinen Betrieb weitere Elemente wie Schalt-, Kontroll- und Messeinrichtungen notwendig (Abb. 1-2).

Die Zahl und die Schaltung der Stromquellen und Verbrauchsmittel bestimmen die Art der Stromkreise. Betrachtet man Stromquelle, Leitung und Verbrauchsmittel des einfachen Stromkreises aus energetischer Sicht, dann ist die Stromquelle als aktiver Zweipol (Schaltelement zur Erzeugung der elektrischen Energie mit Anschluss des Hin- und Rückleiters) und das Verbrauchsmittel einschließlich der Leitung als passiver Zweipol zum Verbrauch bzw. zur Umwandlung der elektrischen Energie in eine andere Energieform aufzufassen.

Wir bezeichnen diesen Stromkreis, der eigentlich eine Abstraktion darstellt, als Grundstromkreis. Werden mehrere aktive oder passive Zweipole in Reihe geschaltet, entsteht der erweiterte unverzweigte Stromkreis.

Bei dem verzweigten Stromkreis sind gleichartige Zweipole parallel oder gemischt geschaltet (Abb. 1-3).

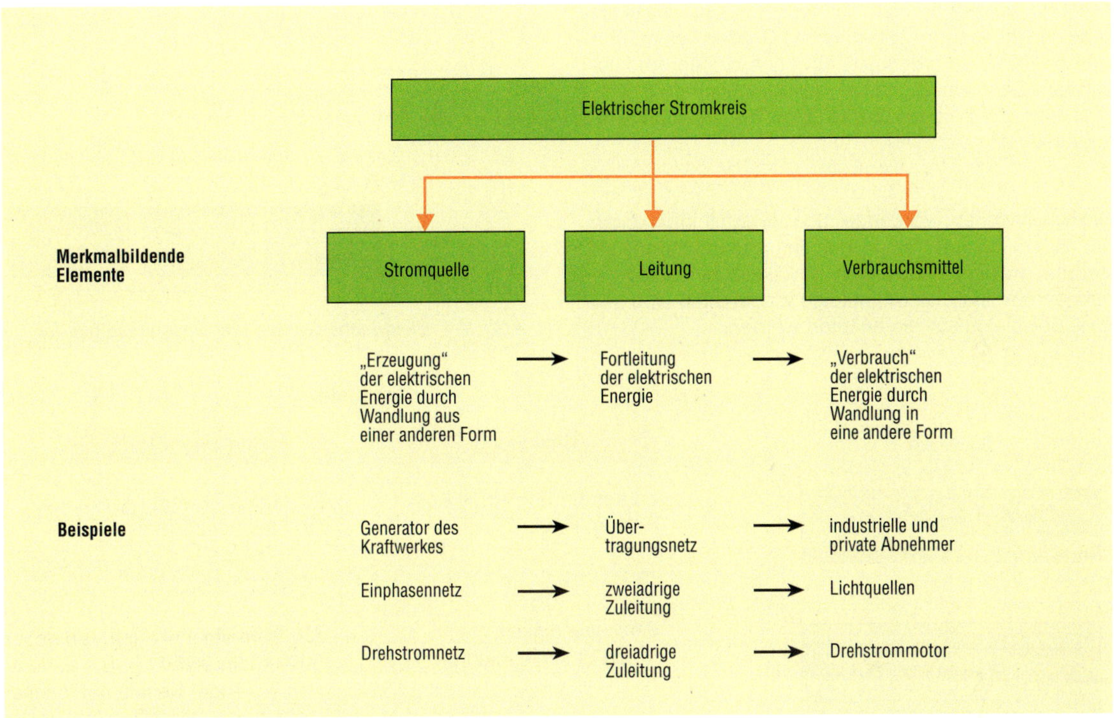

Abb. 1-1 ***Merkmalbildende Elemente des elektrischen Stromkreises***

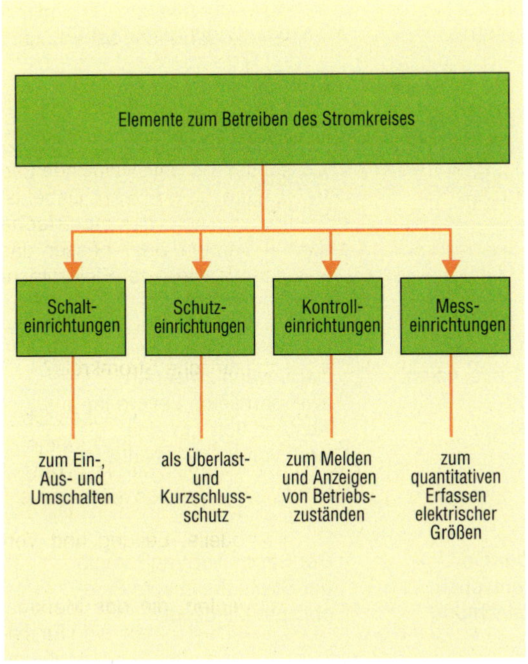

Abb. 1-2 ***Elemente zum Betreiben des Stromkreises***

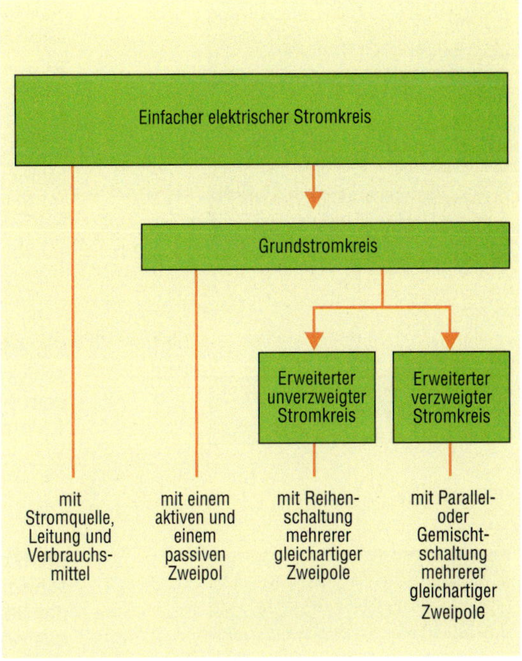

Abb. 1-3 ***Arten des Stromkreises***

Wenden wir uns der physikalischen Seite des Stromkreises zu. Das Spezifische seiner elektrischen und magnetischen Erscheinungen besteht unter anderem darin, dass sie unmittelbar oder mittelbar an Ladungen gebunden sind. Ihre Träger sind die Elektronen, Protonen der Atome sowie die Ionen. Die den Elektrotechniker interessierenden **Werkstoffe** können damit nach dem Vorhandensein freier Ladungsträger in **Leiter, Halbleiter** und **Nichtleiter** eingeteilt werden. Um ihre Erscheinungen mengenmäßig, also quantitativ erfassen und vergleichen zu können, müssen physikalische, insbesondere elektrische Größen eingeführt werden. Ihr Zusammenspiel führt uns zu den grundlegenden Gesetzmäßigkeiten der elektrischen Stromkreise, wie Ohm'sches Gesetz, Maschensatz und Knotenpunktsatz (Abb. 1-4).

Die elektrischen Vorgänge und Gesetzmäßigkeiten des Stromkreises können nur dann eindeutig erfasst werden, wenn die bei allen physikalischen Erscheinungen verbindliche Schrittfolge eingehalten wird. An zwei Beispielen soll sie erläutert werden.

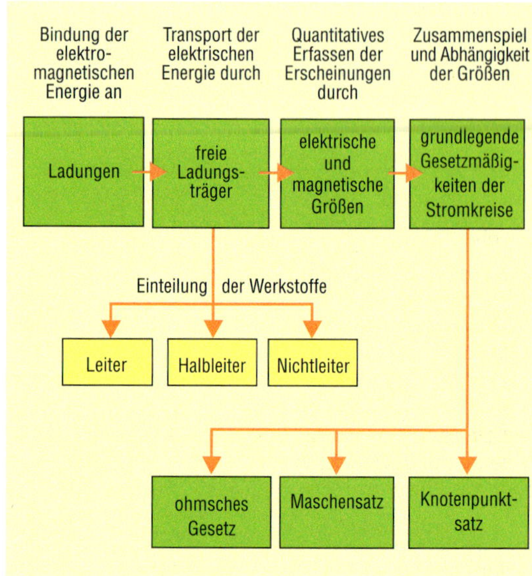

Abb. 1-4 ***Elektrische Größen und Gesetzmäßigkeiten***

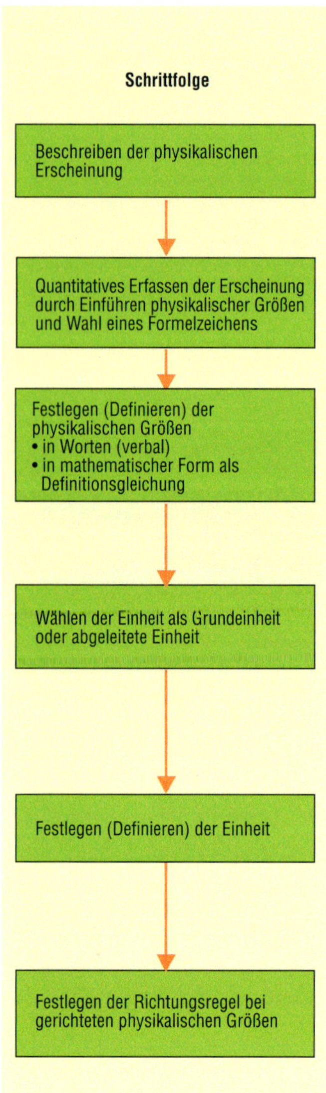

Beispiele:

Bewegung	Elektrischer Strom
Lageänderung eines Körpers im Raum	Gerichtete Bewegung von Ladungsträgern
↓	↓
Geschwindigkeit v (auch Beschleunigung)	Stromstärke I (auch Stromdichte)
↓	↓
● Die Geschwindigkeit v ist der in der Zeit t zurückgelegte Weg s. ● $v = \frac{s}{t}$	● Die Stromstärke I ist die in der Zeit t bewegte Ladungsmenge Q. ● $I = \frac{Q}{t}$
↓	↓
Meter pro Sekunde (abgeleitete Einheit) $[v] = 1\,\frac{\text{m}}{\text{s}}$	Ampere (Grundeinheit) $[I] = 1\,\text{A}$
↓	↓
Ein Körper hat die Geschwindigkeit 1 m/s, wenn er in 1 Sekunde 1 Meter zurücklegt.	Die Stromstärke von 1 A fließt, wenn zwischen zwei parallelen Leitern im Abstand von 1 m eine Kraft von $2 \cdot 10^{-7}$ N auftritt.
↓	↓
Die Richtung der Geschwindigkeit entspricht der Bewegungsrichtung des Körpers.	Der Strom fließt außerhalb der Stromquelle vom Pluspol zum Minuspol.

Jede physikalische Größe G ist somit ein Produkt ihrer Maßzahl $\{G\}$ und ihrer Einheit $[G]$.

$G = \{G\} \cdot [G]$

Geschwindigkeit		Stromstärke	
$v = 4\,\frac{\text{m}}{\text{s}}$	$v = 4 \cdot 1\,\frac{\text{m}}{\text{s}}$	$I = 0{,}8\,\text{A}$	$I = 0{,}8 \cdot 1\,\text{A}$
$\{v\} = 4$	$[v] = 1\,\frac{\text{m}}{\text{s}}$	$\{I\} = 0{,}8$	$[I] = 1\,\text{A}$

Hinweis:

Die Aussage „Der Strom beträgt 0,8 A" ist nach dem oben Genannten nicht exakt, denn „Strom" ist eine physikalische Erscheinung. Diese ist nicht mit der physikalischen Größe „Stromstärke" gleichzusetzen. Wie im Sprachgebrauch festzustellen ist, haben jedoch oft Wörter mehrere Bedeutungen. So ist „Spannung" sowohl Erscheinung als auch physikalische Größe und „Widerstand" sowohl Erscheinung als auch Größe und sogar auch Bauelement.

Auch Symbole können Mehrfachbedeutung haben. So werden für Größensymbole, Einheitenzeichen und für ihre Vorsätze zum Teil gleiche Buchstaben verwendet.

m
- Symbol der physikalischen Größe: Masse
- Einheitenzeichen: das Meter
- Vorsatz vor dem Einheitenzeichen: Zehnerpotenz 10^{-3}

A
- Symbol der geometrischen Größe: Fläche
- Einheitenzeichen: das Ampere

- Verwenden Sie die Größensymbole und Einheitenzeichen in Größengleichungen auf derselben Seite des Gleichheitszeichens niemals gemischt.
- Ersetzen Sie Vorsatzzeichen innerhalb einer Gleichung stets durch die entsprechende Zehnerpotenz.

Wie bereits erwähnt, sind die elektrischen Erscheinungen an Ladungen gebunden. Besonders ihr Bewegungszustand ist dabei von Bedeutung.

In der Umgebung ruhender Ladungen wirken Kräfte. Wir bezeichnen diesen Raum als elektrostatisches Feld. Es beansprucht insbesondere die Nichtleiter. Auch in der Umgebung sich bewegender Ladungen sind Kräfte nachweisbar, die auf ferromagnetische Stoffe einwirken. Das sog. elektrische Strömungsfeld ist mit dem magnetischen Feld verbunden. Es ist insbesondere für alle elektrischen Maschinen von Bedeutung.

Die elektrischen Ladungen können sich

- in gleicher Richtung mit konstanter Intensität als stationäre Bewegung im Gleichstromkreis,
- mit sich periodisch ändernder Richtung und Intensität als harmonische Bewegung im Wechselstromkreis oder auch
- impulsförmig als Rechteckimpulse, wenn besonders die elektrische Energie als Informationsträger genutzt wird, bewegen (Abb. 1-5).

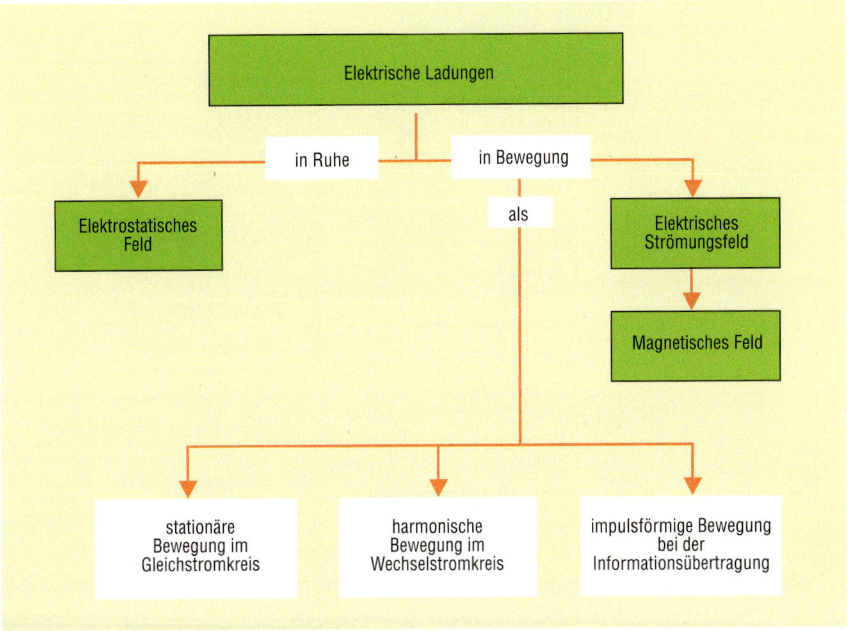

Abb. 1-5

Bewegungszustand der Ladungen zur Kennzeichnung von Feldern und Stromkreisen

Die Struktur und Beziehungen der Grundlagen der Elektrotechnik werden dann sichtbar, wenn die Abb. 1-1 bis 1-5 zur Abb. 1-6 zusammengefasst werden.
Weitere vielfältige Beziehungen werden in den Abschnitten über die Anlagen des Elektroenergiesystems dargestellt und gewährleisten damit, die elektrotechnischen Objekte mit ihren Erscheinungen und Gesetzmäßigkeiten als Ganzes zu verstehen und zu begreifen.

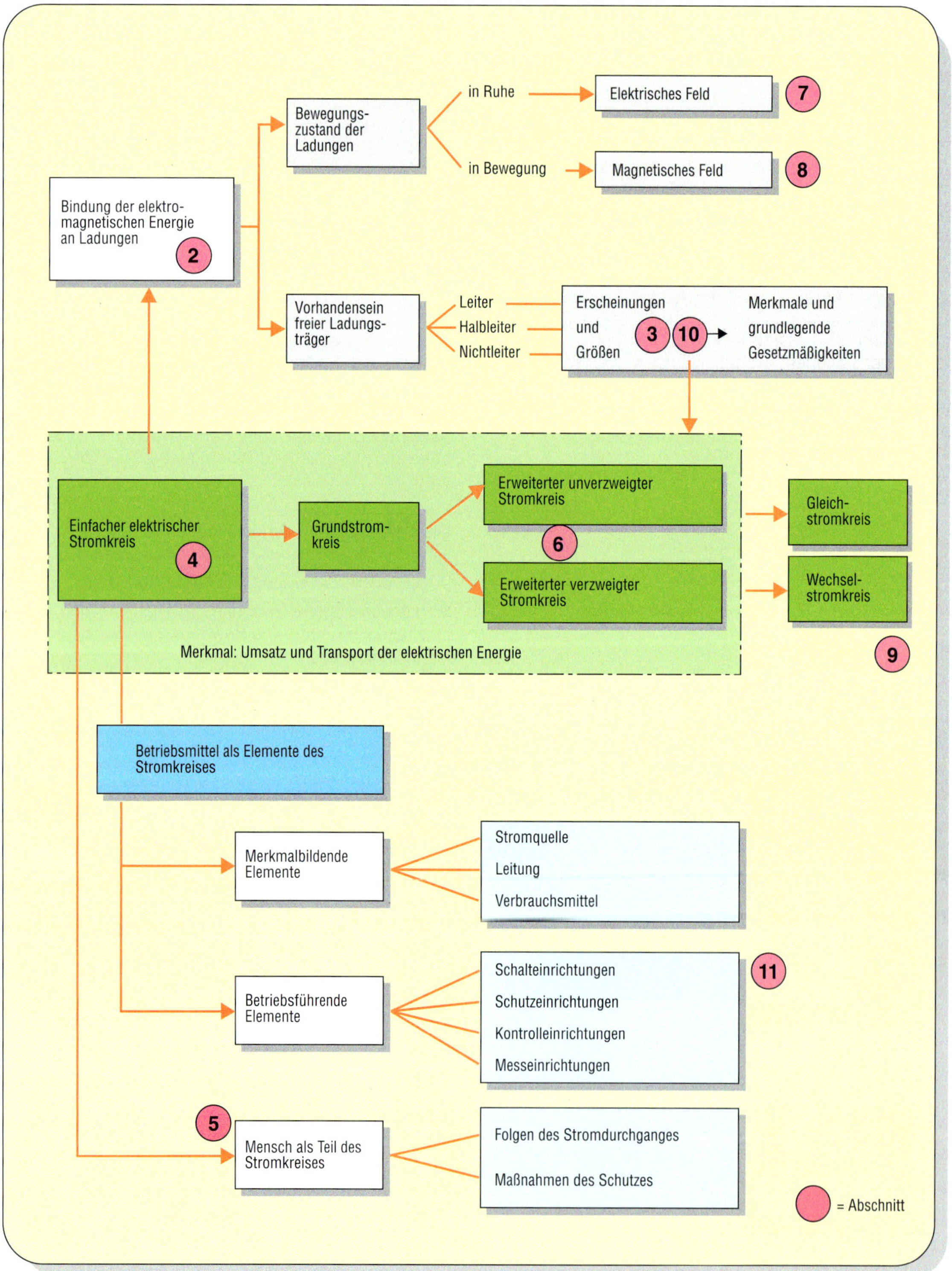

Abb. 1-6 ***Beziehungen in den Grundlagen der Elektrotechnik***

1.3 Kennzeichnung des Elektroenergiesystems

Die Bedürfnisse der Menschen nach Gütern des täglichen Lebens, nach Dienstleistungen, nach Wohnraum, auch kulturelle Bedürfnisse setzen ein hinreichendes Angebot an elektrischer Energie voraus. Diese kann im Vergleich zu anderen Energiearten wirtschaftlich erzeugt, übertragen und umgewandelt werden.

Erzeugen elektrischer Energie ist das Umwandeln von Primärenergie aus fossilen Brennstoffen, z. B. Kohle und Gas, aus Kernbrennstoff und regenerativen Energiearten des Wassers, der Sonne und des Windes.

Von Anlagen kleiner Leistungen abgesehen, werden die in der Natur vorkommenden Primärenergien überwiegend in Kraftwerksanlagen umgewandelt. Mit Spannungswerten von 220 kV oder 380 kV wird die elektrische Energie über größere Entfernungen übertragen, in Umspannanlagen auf Spannungswerte von 110 kV und 20 kV herabgesetzt und verteilt. In Transformatorenstationen werden die Spannungen weiter auf 0,4 kV zur Einspeisung in die Versorgungsnetze herabtransformiert. Diese Versorgungsnetze, die auch als regionale Verteilungsnetze bezeichnet werden, stellen die elektrische Energie für die Anlagen des Wohnungsbaus, des Gewerbes, der Industrie und des Verkehrs bereit. Oft müssen aufgrund des größeren Leistungsbedarfs Industrie- und Verkehrsanlagen direkt mit Mittelspannung von 6 kV bis 20 kV versorgt werden.

In den genannten Anlagen wird die elektrische Energie u. a. zum Antreiben, zum Steuern und Regeln, zum Beleuchten oder Kommunizieren angewendet. Diese sog. Verbraucheranlagen bestimmen und verändern unsere Umwelt. Das Elektroenergiesystem schließt somit den Kreis zwischen Natur und Umwelt (Abb. 1-7).

Da Primärenergien selten dort vorhanden sind, wo der Bedarf an mechanischer Energie, Beleuchtungs- oder Wärmeenergie besteht, sind die Elemente bzw. Teilsysteme des Elektroenergiesystems

- die geografisch weit verteilten elektrischen Anlagen und
- die elektrischen Netze die Transportwege der elektrischen Energie.

Dabei wird die Struktur des Elektroenergiesystems, wie Abb. 1-7 und Abb. 1-8 zeigen, durch die Richtung des Energieflusses bestimmt.

Wir fassen zusammen:

Das Elektroenergiesystem besteht aus den geografisch weit verteilten elektrischen Anlagen zur Bereitstellung und Anwendung elektrischer Energie mit den für ihre Übertragung und Verteilung notwendigen Netzen.

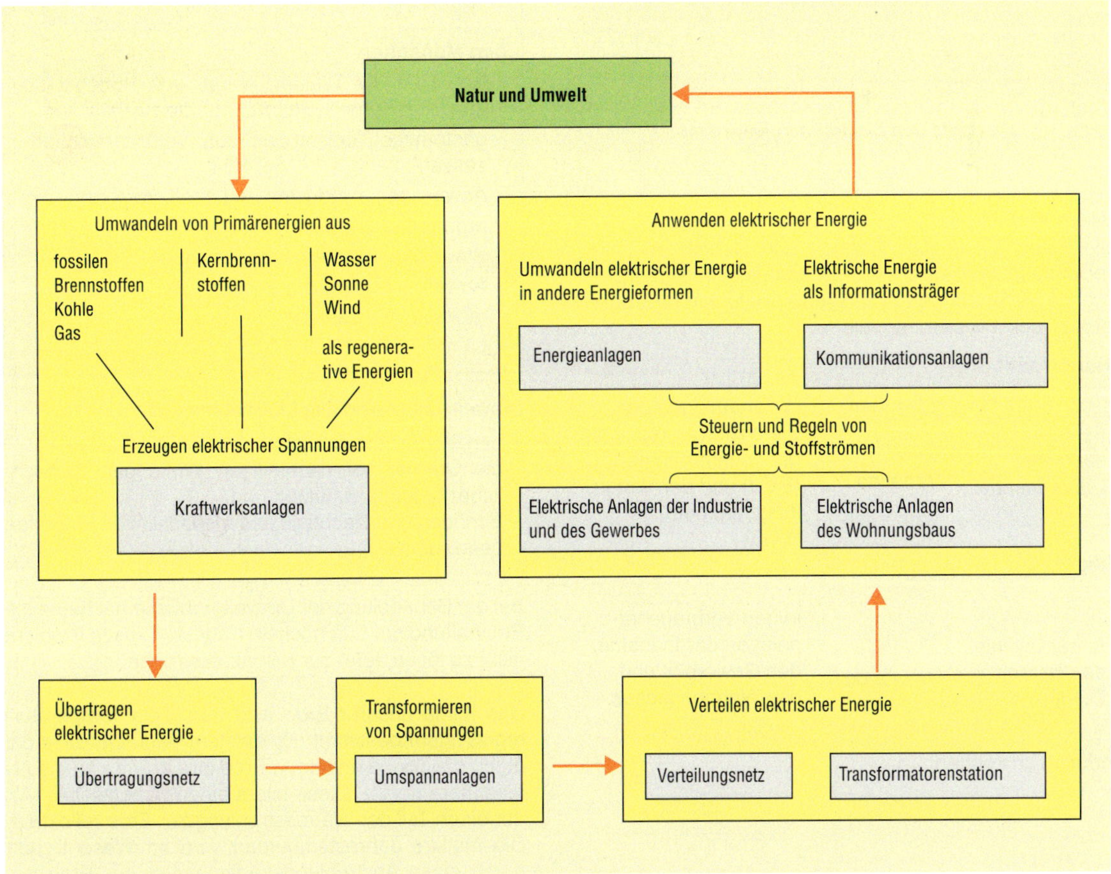

Abb. 1-7 ***Elektroenergiesystem***

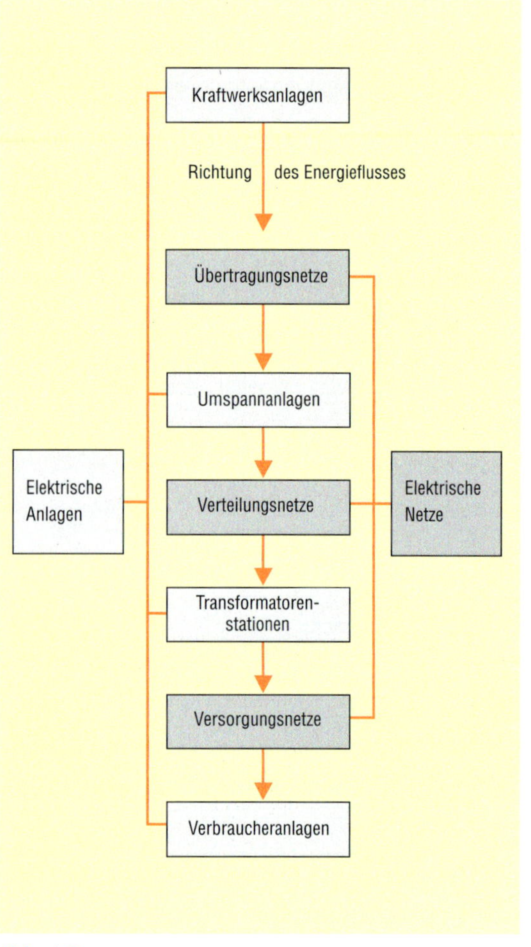

Abb. 1-8 ***Elemente des Elektroenergiesystems***

Wesentlich ist, dass die Betriebsmittel der Leistungselektrotechnik in den Anlagen und Netzen in ihren technisch-physikalischen Eigenschaften, wie Energiemenge, Spannungen und Ströme, aufeinander abgestimmt sein müssen, um die

Hauptfunktionen

Bereitstellen der elektrischen Energie	Erzeugen Fortleiten Verteilen Versorgen	in den Anlagen der Elektrizitätsversorgungsunternehmen (EVU) und der Verteilungsnetzbetreiber (VNB)

und

Anwenden der elektrischen Energie	Umwandeln	in den Verbraucheranlagen der Industrie, des Gewerbes und des Wohnungsbaus

erfüllen zu können.

1.4 Energie und Umwelt

Um leben zu können, hat der Mensch von Anbeginn in seine Umwelt eingegriffen. Brauchte er zunächst Energie für Wärme, so lernte er mit der Zeit, wie er Energie für alle möglichen Dinge des Lebens nutzen kann.

Jede Art von Energienutzung verändert und belastet die Umwelt.

Umwelt umfasst die Bereiche
- Luft
- Wasser
- Erdreich
- Menschen, Tiere, Pflanzen und
- Bauten,

also die ganze Welt mit allen Lebewesen und die unbelebte Natur. Die größten Einflüsse und Veränderungen der Umwelt gehen heute nicht von der Natur selbst, sondern vom Menschen aus:

Veränderungen der Umwelt durch
die Natur selbst – Stürme – Fluten – vulkanische Eruptionen – Erdbeben – Waldbrände
den Menschen – Abholzen der Wälder, Abbau von Bodenschätzen, Kultivierung, Baumaßnahmen – gasförmige Substanzen aus Verbrennungsprozessen – Abwässer der Industrie und der Kommunen – organische und anorganische Abfälle – Staub aus Verbrennungsprozessen – Abwärme aus Industrieprozessen – radioaktive Strahlung – Lärm

Umweltschutz sind alle Maßnahmen, die
- den Menschen eine lebenswerte Umwelt sichern
- die Umwelt vor nachteiligen Wirkungen menschlicher Eingriffe schützen und
- Schäden und Nachteile aus menschlichen Eingriffen beseitigen.

Bei der Behandlung der Umweltprobleme hat heute die Reinhaltung der Luft höchste Priorität. Dieses Problem nicht zu lösen, führt zur Klimakatastrophe.

Das Klima unserer Erde wird durch ein Temperaturregelsystem bestimmt. Es entsteht dadurch, dass die durch die Sonne erwärmte Erde ihre Wärme an die Atmosphäre abgibt. Diese bildet einen Schutzschild (A), der einen Teil der Wärmestrahlung zur Erde reflektiert. Die mittlere Jahrestemperatur wird im Wesentlichen durch diese Abstrahlungsbedingungen der Erde bestimmt. Die Temperatur steigt dann, wenn der Schutzschild dichter wird. Während die kurzwelligen Sonnenstrahlen (B) weiterhin die Erdoberfläche erreichen, werden mehr Wärmestrahlen größerer Wellenlänge (C) in Abhängigkeit von der Dichte des Schutzschildes zurückgeworfen (Abb. 1-9).

Dieser Schutzschild reichert sich gegenwärtig verstärkt mit Kohlendioxid und Spurengasen (Abb. 1-10) an. Vor allem in den letzten Jahrzehnten haben die Verbrennungen fossiler Primärenergieträger (Kohle, Öl und Gas) sowie das Abbrennen tropischer Wälder das Temperaturgleichgewicht durch die zunehmende Treibhauswirkung gestört.

Um die Bedrohung unserer Lebensgrundlage abzuwenden, muss in den nächsten Jahren die Verbrennung der fossilen Brennstoffe reduziert werden. Da der Energiebedarf der Erde zur Zeit zu 96 % durch die fossilen Primärenergieträger Erdöl, Erdgas, Steinkohle und Braunkohle gedeckt wird, ist die Sorge der Menschen über die Sicherstellung der Energieversorgung für die überschaubare Zukunft und für künftige Generationen verständlich. Aus dieser Sorge muss die Verantwortung aller für die Problematik „Energie und Umwelt" wachsen.

Zur beruflichen Handlungskompetenz des Energieelektronikers von Industrie und Handwerk gehören deshalb auch grundsätzliche Kenntnisse über die Rolle der Energieträger und -techniken.

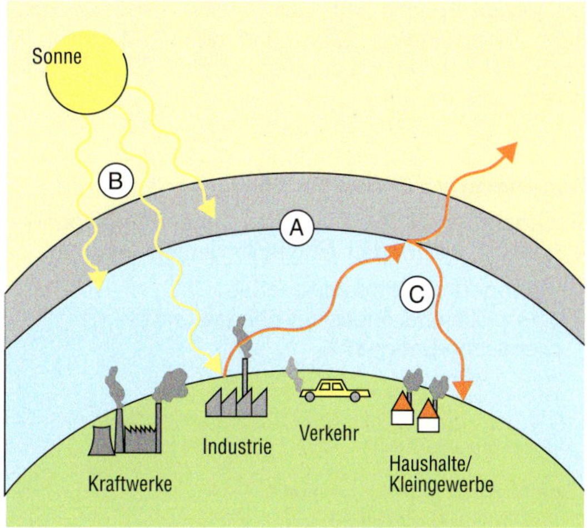

Abb. 1-9 ***Treibhauseffekt der Erdatmosphäre***

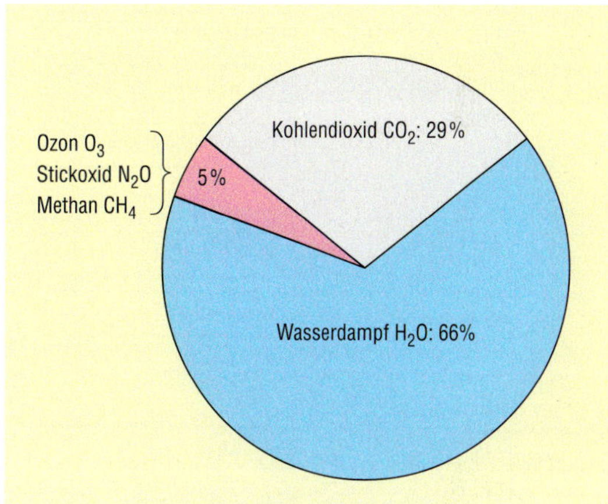

Abb. 1-10 ***Anteil von CO_2 und Spurengasen am Treibhauseffekt***
(Quelle: Bundesministerium für Wirtschaft und Technologie)

Erschöpfliche Energieträger

Erschöpflich sind die Energieträger, die in der Natur gefunden, gefördert und anschließend verbraucht werden. Im Verlauf des menschlichen Daseins werden sie nicht erneuert. Zu ihnen gehören die fossilen Energieträger und die Kernbrennstoffe (Abb. 1-11).

Die in der Abb. 1-11 angegebenen prozentualen Anteile der Reserven sind nachgewiesen, d. h. sie sind aufgrund geologischer Vorkommen unter technischen und wirtschaftlichen Gesichtspunkten hinreichend sicher verfügbar.

Blickt man in die Vergangenheit zurück, lassen sich deutlich verschiedene Epochen der Energieversorgung erkennen. Jede Epoche ist durch die Vorherrschaft eines bestimmten Energieträgers gekennzeichnet. In der vorindustriellen Zeit wurde der Bedarf ausschließlich aus Muskelkraft, Holz, Holzkohle und Torf gedeckt. Durch die geringe Bevölkerungsdichte und den minimalen Bevölkerungszuwachs waren dies sich erneuernde Energiequellen.

Ende des achtzehnten Jahrhunderts begann die Ära der Kohle, die bis Mitte der Fünfzigerjahre des zwanzigsten Jahrhunderts der dominierende Primärenergieträger blieb.

Nach dem Zweiten Weltkrieg waren die flüssigen und gasförmigen Kohlenwasserstoffe im Vormarsch. Die beschleunigte Förderung von Erdöl und seit den Sechzigerjahren auch von Erdgas führte zu einem rapiden Energiebedarf mit durchschnittlichen jährlichen Zuwachsraten um 50 %. Erdöl und Erdgas haben jedoch in der Verbraucherstruktur bereits ihren Höhepunkt erreicht.

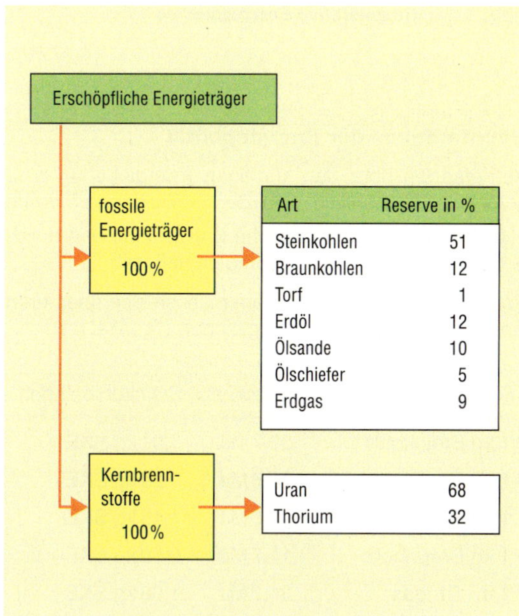

Abb. 1-11 ***Erschöpflicher Energieträger***

Die jetzige Epoche ist dadurch gekennzeichnet, dass die fossilen Energieträger und die Kernbrennstoffe möglichst kurzfristig durch regenerative Energieträger ersetzt werden.

Regenerative Energiequellen

Regenerative, d. h. sich erneuernde Energiequellen können in 3 Gruppen eingeteilt werden (Abb. 1-12):

- Wärme- und Strahlungsenergie
- potentielle und kinetische Energie und
- chemische Energie.

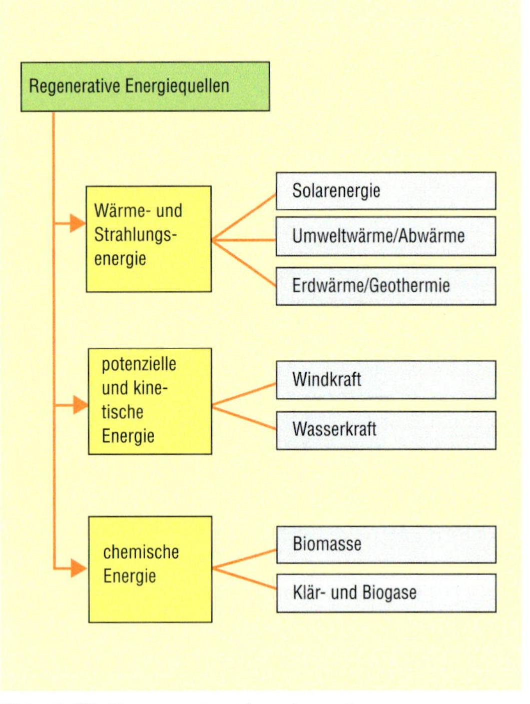

Abb. 1-12 ***Regenerative Energiequellen***

Hauptaufgabe der Energiepolitik

Vorhersagen über den künftigen Energiebedarf sind schwierig. Wesentlich wird der Energiebedarf durch

- die technisch-wirtschaftliche Entwicklung und durch
- die Bevölkerungsentwicklung beeinflusst.

Verschiedenartige Energieträger lassen sich über ihren Energieinhalt (Heizwert) vergleichen (Tabelle 1-1).

Energieträger	Heizwert	Steinkohleeinheit
1 kg Steinkohle	29,7 MJ	1,01 kg SKE
1 kg Rohbraunkohle	8,5 MJ	0,29 kg SKE
1 kg Erdöl	42,6 MJ	1,45 kg SKE
1 kg Brennholz	14,7 MJ	0,50 kg SKE
1 m^3 Erdgas	31,7 MJ	1,08 kg SKE

Tab. 1-1

Hinweis: Da Steinkohle der erste großtechnisch genutzte Energieträger war, wird international als Energieeinheit in der Energiewirtschaft

1 kg Steinkohleeinheit (1 kg SKE) = 29,3 MJ gewählt.

$1\,\text{MJ} = 1 \cdot 10^6\,\text{J}$

1 J (Joule) = 1 Ws (Wattsekunde)

Die Verringerung der Primärenergieträger und die zunehmende Belastung der Umwelt zwingen die Energiepolitik, gleichzeitig zwei Wege zu beschreiten:

1. Rationelle Energienutzung u. a. durch
   - Senkung des spezifischen Energieverbrauchs
   - Optimierung der konventionellen Energieanwendungsprozesse durch Regeln und Steuern und
   - konstruktive Verbesserungen der Geräte des täglichen Bedarfs.
2. Ersetzen der Primärenergieträger durch regenerative Energiequellen.

1.5 Hauptelemente elektrischer Anlagen

Aus der Stellung der elektrischen Anlagen im Elektroenergiesystem stellen wir fest:

Die elektrische Anlage besteht aus den räumlich konzentrierten, einander zugeordneten elektrischen Betriebsmitteln mit den entsprechenden aufeinander abgestimmten Kenngrößen zur Erzeugung und Anwendung elektrischer Energie.

Entsprechend den differenzierten elektrotechnischen Betriebs- und Anschlussbedingungen, den spezifischen Bedingungen und Forderungen der Betreiber, der technischen Entwicklung und den Umweltbedingungen ist eine Typenvielfalt elektrischer Anlagen entstanden, die entweder

- aus einer großen Zahl funktionell gleichartiger elektrotechnischer und elektronischer Betriebsmittel für unterschiedliche Verwendungszwecke

  oder
- aus funktionell verschiedenartigen Betriebsmitteln für gleichartige Aufgaben bestehen.

In einer elektrischen Anlage wird elektrische Energie durch die entsprechenden Funktionseinheiten und Elemente erzeugt, geschaltet, übertragen, verteilt und umgewandelt, in Verbraucheranlagen angewendet. Die entscheidende Funktion besteht damit in der Realisierung des Energieflusses. Dabei müssen Bemessungswerte, z. B. von Spannung, Strom, Frequenz und Leistungsfaktor, eingehalten werden, dürfen Grenzwerte nicht überschritten werden. Gleichzeitig müssen durch Funktionseinheiten und Elemente Informationen über den Betrieb der Anlage erfasst, verarbeitet und genutzt werden. Da die Funktion die Begründung für die vielfältige strukturelle und baulich-konstruktive Gestaltung liefert, ist es günstig, die Hauptelemente einer elektrischen Anlage hinsichtlich ihrer Funktion zu kennzeichnen (Abb. 1-13).

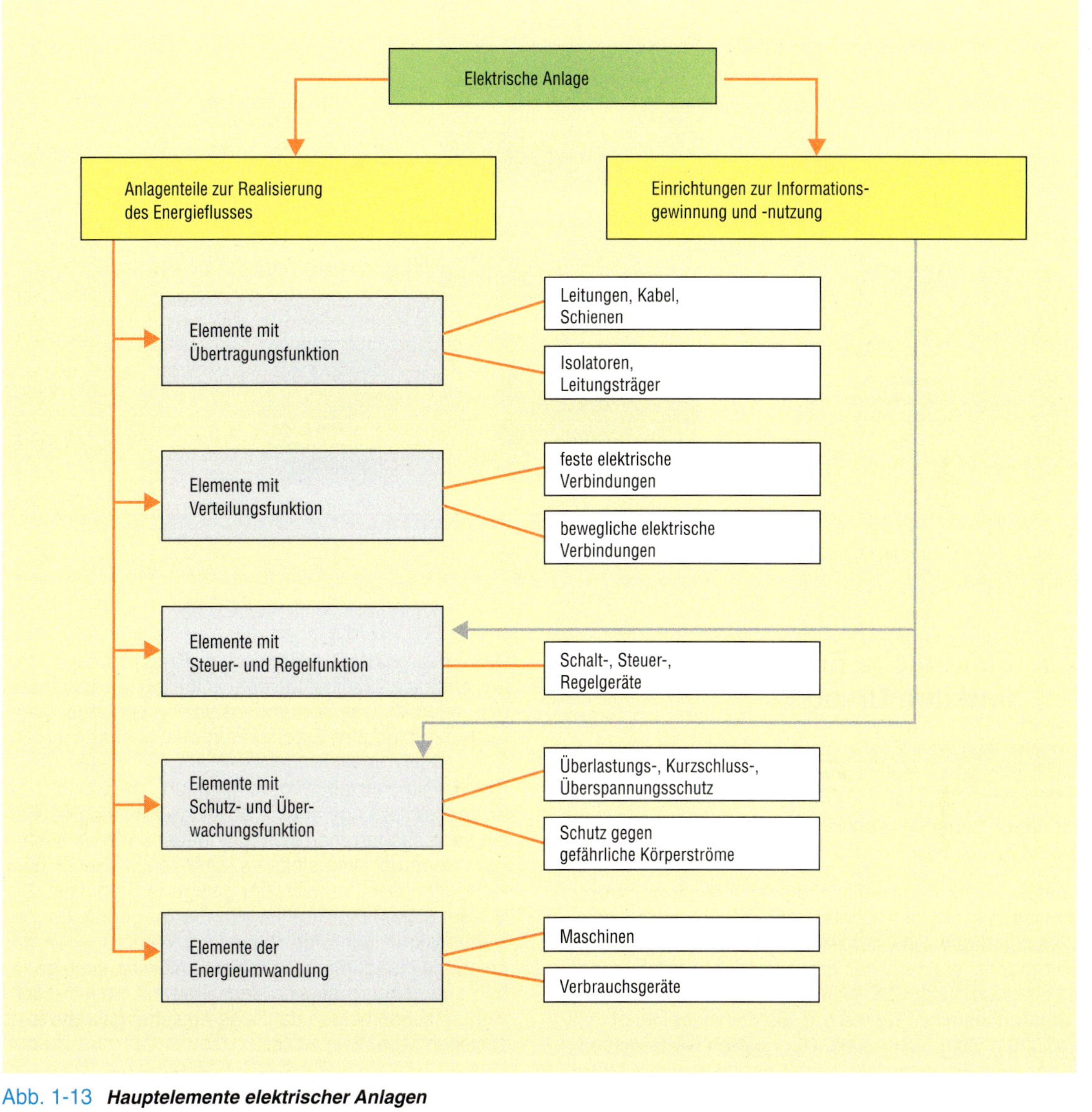

Abb. 1-13 ***Hauptelemente elektrischer Anlagen***

2 Ladungen

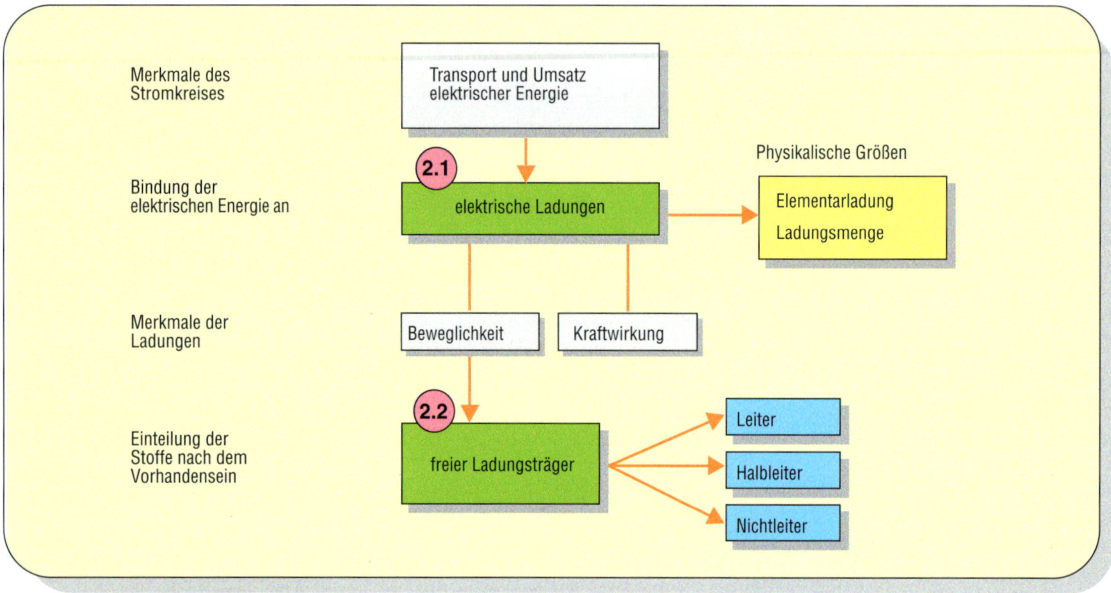

Abb. 2-1 ***Beziehungen und Strukturen***

2.1 Elektrische Erscheinungen und ihre Ursache

Unsere täglichen Erfahrungen bestätigen die Vielfalt der elektrischen Erscheinungen. Zugeschaltete Lampen lassen Städte abends taghell erscheinen. Der Motor treibt den Winkelschleifer an. Die Heizplatte erwärmt das Wasser (Abb. 2-2).

Lampe, Motor oder Heizplatte sind Teile eines Stromkreises. Es entsteht Lichtenergie, mechanische bzw. Wärmeenergie. Da Energie nicht entstehen, auch nicht verbraucht, sondern nur umgewandelt werden kann, ist die auch durch VDE-Norm festgelegte Bezeichnung „Verbrauchsmittel“ für die o. g. Betriebsmittel im physikalischen Sinn nicht exakt. Dies sollten wir beachten. Wenn zum Beispiel elektrische Energie in einem Motor in mechanische umgewandelt wird, dann ist dieser Vorgang zeitlich nicht befristet. Das bedeutet, dass im Stromkreis die elektrische Energie nicht nur umgewandelt, sondern gleichzeitig transportiert wird. Natürlich kann man den Energietransport und damit die Energieumwandlung jederzeit unterbrechen. Die Geräte bzw. Maschinen werden abgeschaltet (Abb. 2-3).

Das Spezifische der elektrischen Energie besteht darin, dass sie unmittelbar oder mittelbar an Ladungen gebunden ist. Das Vorhandensein von Ladungen kann auch mit folgender Erscheinung beschrieben werden:

Ein Hartgummistab wird so gelagert, dass er sich in waagerechter Lage in eine beliebige Richtung einstellen kann. Nähert man sich ihm mit einem Stab aus einem anderen Werkstoff, es kann auch Metall oder Hartgummi sein, reagiert der gelagerte Stab nicht. Die Massenanziehungskraft ist offenbar zu gering. Die Anziehungskraft der Erde überwiegt. Wird dagegen der gelagerte Hartgummistab mit einem Seidentuch gerieben und nähert man sich dem Stab mit diesem Tuch, sind zwischen beiden deutliche Anziehungskräfte festzustellen (Abb. 2-4).

Bereits im Altertum hatte man diese Kraftwirkung nach dem Reiben von Bernstein beobachtet. Man übernahm das griechische Wort für Harz (Elektron) in die Bezeichnungen Elektron, Elektrizität oder elektrisch. Die Eigenschaft des Stoffes, die „elektrische“ Kräfte verursacht, bezeichnet man als „elektrische“ Ladung und verallgemeinert:

Abb. 2-2 ***Elektrische Erscheinungen***

Die elektrischen Ladungen sind die Ursache elektrischer Vorgänge und Erscheinungen.

Die uns bekannten Stoffe zeigen sehr unterschiedliches elektrisches Verhalten. Dies ist aus ihrem inneren Aufbau erklärbar. Die kleinsten, gleichartigen Teilchen eines Stoffes sind die Moleküle. Diese bestehen wiederum aus Atomen, die entgegen der früheren Auffassung von ihrer Unteilbarkeit aus noch kleineren Teilchen bestehen.

Atome sind unvorstellbar klein. Ihr Durchmesser beträgt etwa 10^{-10} m. Der dänische Physiker Niels Bohr stellte 1913 ein Modell der Atome vor, mit dem es erstmals gelang, bestimmte Eigenschaften der Materie hinreichend zu erklären.

Nach diesem Modell besteht das Atom aus dem Atomkern und der Atomhülle. Der im Durchmesser 100 000-mal kleinere Kern wird durch die Protonen und Neutronen gebildet. Um den Kern bewegen sich auf festen Bahnen oder Schalen mit hoher Geschwindigkeit die Elektronen, die die Hülle des Atoms bilden (Abb. 2-5).

Die Masse der Protonen und Neutronen ist nahezu gleich, die der Elektronen außerordentlich gering. Bei einer Masse des Elektrons von $9{,}108 \cdot 10^{-28}$ g ist das Proton annähernd 1837-mal schwerer, das Neutron 1839-mal. Die unvorstellbar kleine Masse des Atoms konzentriert sich damit im Wesentlichen im Kern.

Während die Protonen und Elektronen elektrische Ladungen tragen, sind die Neutronen elektrisch neutral.

Die Protonen tragen die positive elektrische Ladung, die Elektronen die negative Ladung.

Da niemals kleinere Ladungsmengen festgestellt wurden, bezeichnet man den gleichen Ladungsbetrag des Protons und Elektrons als

Elementarladung $e = \pm\ 1{,}602 \cdot 10^{-19}$ C | **2-1**

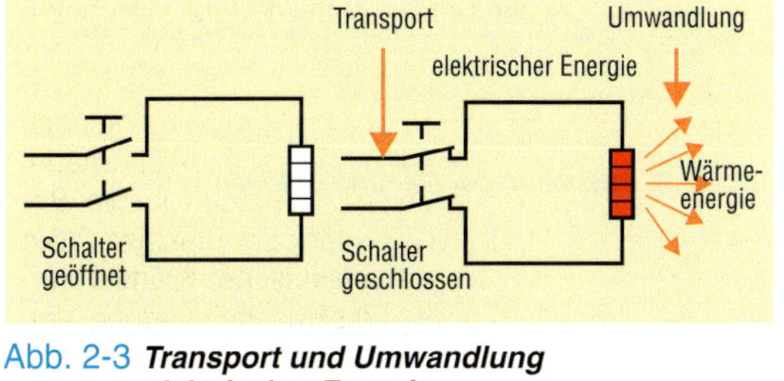

Abb. 2-3 ***Transport und Umwandlung elektrischer Energie***

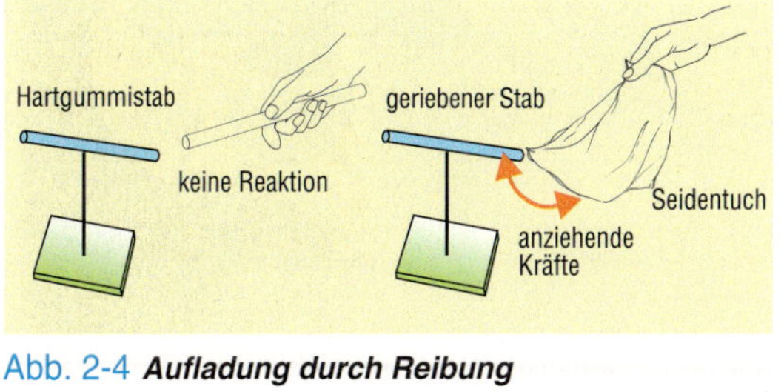

Abb. 2-4 ***Aufladung durch Reibung***

Die Einheit 1 C (Coulomb)* ist eine abgeleitete Einheit: 1 C = 1 A · s (Amperesekunde) und wird im Zusammenhang mit der Stromstärke erläutert.

Mehrere Protonen oder Elektronen eines Atoms oder mehrerer Atome bilden die

Ladungsmenge oder Elektrizitätsmenge

$$Q = N \cdot (\pm e)$$ | **2-2**

N ... Zahl der Elementarladungen

Einheit

$$[Q] = 1\ \text{C}$$

In einem Atom ist die Anzahl der Protonen und Elektronen gleich groß. Das Atom wirkt nach außen elektrisch neutral.

Da die Elektronen bei ihrer Bewegung feste Bahnen einhalten, müssen den Fliehkräften Kräfte entgegenwirken, die ihre Ursache in den unterschiedlichen Ladungen von Kern und Hülle haben. Zwischen elektrischen Ladungen wirken Kräfte (Abb. 2-6).

Gleichartige elektrische Ladungen stoßen einander ab, ungleichartige ziehen einander an.

Geladene Körper streben durch diese Kräfte stets den elektrisch neutralen Zustand an.

Zwischen unterschiedlich elektrisch geladenen Körpern wirkt ein Ausgleichsbestreben.

*Coulomb, Charles Augustin: franz. Physiker und Ingenieur 1736–1806

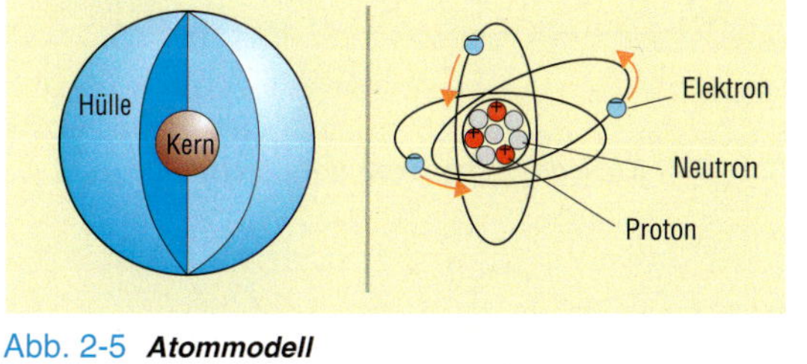

Abb. 2-5 ***Atommodell***

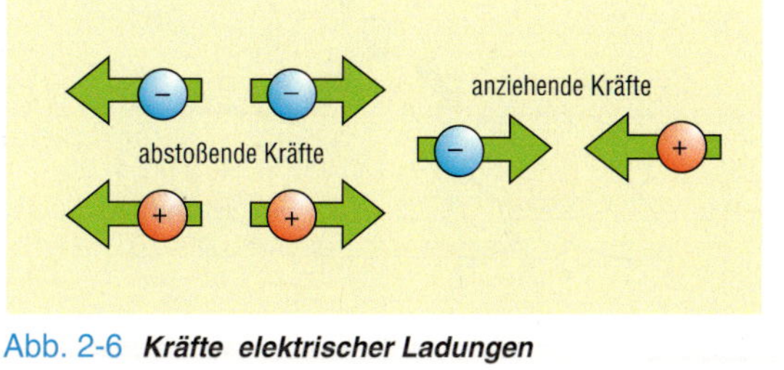

Abb. 2-6 ***Kräfte elektrischer Ladungen***

Das Bohr'sche Atommodell genügt heute den Ansprüchen der Physiker nicht mehr und wurde durch leistungsfähigere, aber unanschauliche Modelle ersetzt.

Wichtig für unsere Betrachtungen ist, dass das elektrische Verhalten der Stoffe durch das Bindungsverhalten der Atome untereinander bestimmt wird. Es wird ausschließlich durch das Verhalten der äußeren Elektronen der Atomhülle (Valenzelektronen) bestimmt.

2.2 Leiter, Halbleiter und Nichtleiter

Für die im Verband auftretenden Atome sind drei typische Bindungsarten zu unterscheiden: die **Metallbindung,** die **Ionenbindung** und die **Elektronenpaarbindung.**

Metallbindung

Die Atome von Kupfer, Silber oder Gold als typische Metalle der Elektrotechnik ordnen sich beim Erkalten aus der Schmelze in einer bestimmten räumlichen Struktur an. Es werden die Eckpunkte und die Flächenmittelpunkte eines Würfels durch je ein Atom besetzt. Man spricht von dem sog. kubisch-flächenzentrierten Metallgitter (Abb. 2-7).

Die Atomhüllen der in einem räumlichen Gitter angeordneten Metallatome beeinflussen sich gegenseitig so, dass jedes Atom ein Valenzelektron abgibt und ein positiv geladenes Metallion am Gitterplatz zurückbleibt. Die Elektronen bewegen sich frei zwischen den Metallionen (man spricht deshalb auch von einem Elektronengas) (Abb. 2-8).

Die Anzahl und Beweglichkeit der freien Ladungsträger wird durch die Struktur der Atomhülle und des Metallgitters bestimmt.

Ionenbindung

Das elektrische Verhalten von Verbindungen aus Metallen und Nichtmetallen, z. B. Kochsalz NaCl oder Kupfersulfat $CuSO_4$, wird durch ihre Ionenbindung bestimmt. Wie aus dem Periodensystem der Elemente zu entnehmen ist, hat das Natriumatom auf der dritten Schale ein Valenzelektron, das Chloratom dagegen sieben. Gibt das Na-Atom sein Außenelektron an das Cl-Atom ab, befinden sich bei beiden auf den verbliebenen äußeren Schalen acht Elektronen. Es wird ein besonders stabiler Aufbau der Atome erreicht, wie er bei den Edelgasen gegeben ist. Die sonst elektrisch neutralen Atome Na und Cl sind jetzt jedoch als Ionen elektrisch geladen, denn beim Natrium überwiegt die positive Ladung des Kerns. Beim Chlor überwiegt die negative Ladung (Abb. 2-9).

Ionen sind Atome mit Elektronenüberschuss oder Elektronenmangel, somit geladene Masseteilchen.

Die Bindung von Na und Cl im Molekül des Kochsalzes entsteht durch die Anziehungskräfte der unterschiedlich geladenen Ionen. Das Kochsalz kristallisiert ebenfalls in einem kubischen Gitter, wobei die Na- und Cl-Ionen nur die Eckpunkte besetzen. Im Gegensatz zum Metallgitter sind jedoch keine beweglichen Ladungsträger vorhanden. Erst wenn die Kristallstruktur durch Wasser aufgelöst wird, sind in der entstehenden Salzlösung die Natrium- und Chlorionen als Ladungsträger frei beweglich (Abb. 2-10).

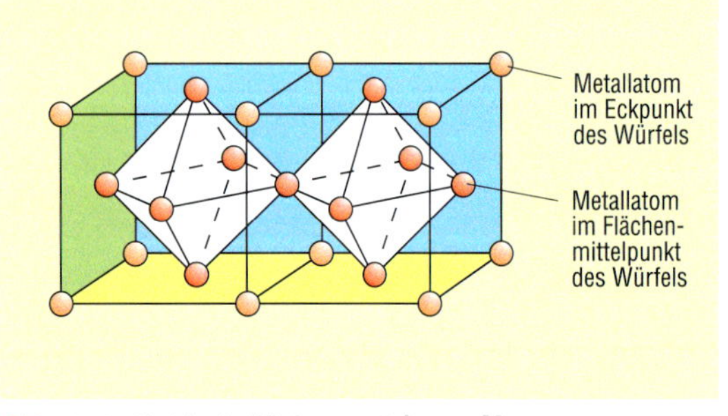

Abb. 2-7 ***Kubisch-flächenzentriertes Metallgitter***

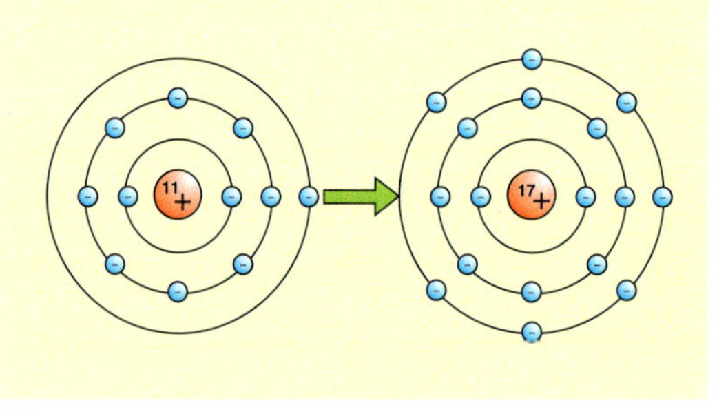

Abb. 2-9 ***Entstehen der Na- und Cl-Ionen***

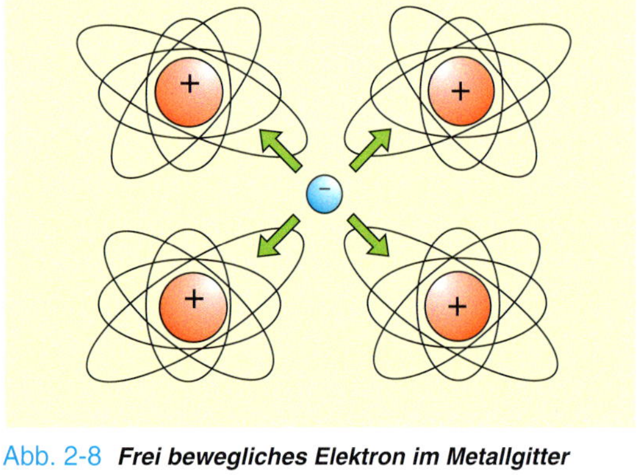

Abb. 2-8 ***Frei bewegliches Elektron im Metallgitter***

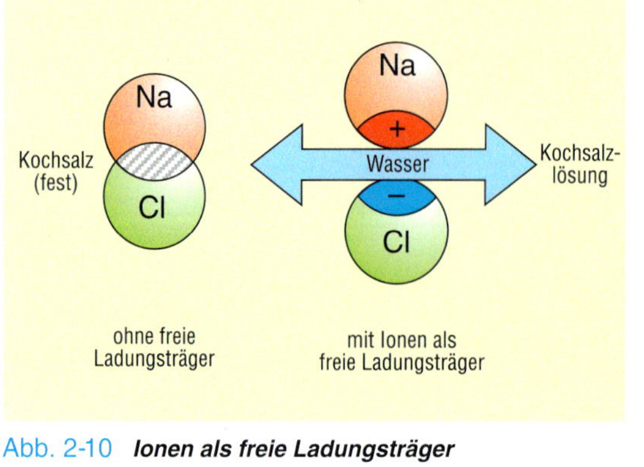

Abb. 2-10 ***Ionen als freie Ladungsträger***

Elektronenpaarbindung

Für die Bildung der Moleküle bei Nichtmetallen oder organischen Verbindungen ist die Elektronenpaarbindung typisch. Zum Beispiel besteht das Molekül des Chlorgases aus zwei Chloratomen, jedes mit 17 Elektronen. Bei dem Übergang eines Valenzelektrons auf das andere Cl-Atom würde nur bei diesem eine stabile Schale mit acht Außenelektronen entstehen. Gehören je ein Außenelektron eines jeden Cl-Atoms sowohl zum eigenen Atom als auch zum zweiten, entstehen bei beiden Atomen wieder stabile Schalen mit acht Elektronen. Beide Elektronen bilden ein sog. Elektronenpaar. Das Chlormolekül ist aus zwei Cl-Atomen entstanden (Abb. 2-11).

Stoffe mit Elektronenpaarbindung haben keine freien Ladungsträger. Auch bei einem Siliciummolekül besteht zwischen zwei Atomen eine Elektronenpaarbindung. Die vier Außenelektronen jedes Si-Atoms gehören sowohl zum eigenen Atom als auch zum zweiten, so dass bei beiden Atomen die jetzt stabilen Außenschalen mit acht Elektronen besetzt sind.

Eine Wertung der verschiedenen Stoffe hinsichtlich ihres Einsatzes im Stromkreis muss nach dem Vorhandensein und der Anzahl freier Ladungsträger vorgenommen werden. Für den Transport elektrischer Energie, d. h. für den Stromfluss, sind somit nur Stoffe mit Metall- oder Ionenbindung geeignet. Es sind die Leiterwerkstoffe. In Stoffen mit Elektronenpaarbindung kann dagegen keine elektrische Energie transportiert werden. Solche Stoffe sind Nichtleiter oder Halbleiter. Wir merken uns:

Leiter sind Werkstoffe mit vielen freien Ladungsträgern.

Freie Ladungsträger sind

- Elektronen der Metalle (insbesondere Silber, Kupfer, Gold und Aluminium) sowie
- Ionen der Salzlösungen, verdünnter Säuren und Basen, sog. Elektrolyte und auch ionisierte Gase. Hier ist der Energietransport immer mit einem Stofftransport verbunden.

Leiter als
- Elektronenleiter (Leiter 1. Klasse)
- Ionenleiter (Leiter 2. Klasse)

Nichtleiter sind Werkstoffe mit wenigen Ladungsträgern oder ohne freie Ladungsträger.

Die wichtigsten sind

- feste Stoffe: Glimmer, Quarz, Porzellan, Baumwolle, Hartpapier und Lack,
- flüssige Stoffe: Öle, Alkohol, destilliertes Wasser,
- Gase unter bestimmten Bedingungen sowie
- das Vakuum.

Eine Sonderstellung nehmen die sog. Halbleiter ein. Das Si-Kristall ist z. B. bei niedrigen Temperaturen ein Nichtleiter, da durch die Elektronenpaarbindung keine freien Ladungsträger vorhanden sind. Durch Zufuhr von Wärmeenergie kann ein Elektron eines Elektronenpaares seine Bahn verlassen und sich als freier Ladungsträger innerhalb des Kristallgitters bewegen. Es bleibt eine positiv geladene Gitterstelle zurück.

Halbleiter haben eine temperaturabhängige Eigenleitfähigkeit, die durch eine begrenzte Zahl von Leitungselektronen und positiven Fehlstellen entsteht.

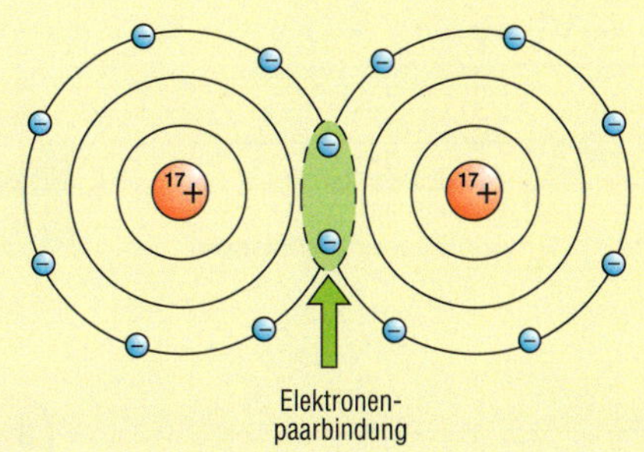

Abb. 2-11 ***Elektronenpaarbindung im Chlormolekül***

AUFGABEN

2.1 In Abb. 2-4 wurde das Entstehen elektrischer Kräfte durch Reibung dargestellt. Welche Reaktion entsteht, wenn anstelle des Seidentuchs ein zweiter geriebener Hartgummistab in die Nähe des gelagerten gebracht wird? Erläutern Sie die Ursache.

2.2 Wie entstehen atmosphärische Entladungen als elektrische Erscheinung?

2.3 Beschreiben Sie das Bohr'sche Atommodell am Beispiel des Kupferatoms.

2.4 Weshalb ist Leitungswasser im Gegensatz zu destilliertem Wasser elektrisch leitend?

2.5 Erläutern Sie das Gemeinsame, das Elektronen auf unterschiedlichen Schalen mit Körpern besitzen, die Sie von der Erdoberfläche unterschiedlich hoch anheben.

2.6 In allen Stoffen sind elektrische Ladungen vorhanden. Warum kann aber nur eine begrenzte Zahl der Stoffe als Leiter verwendet werden?

3 Größen des Stromkreises und ihr Zusammenwirken

3

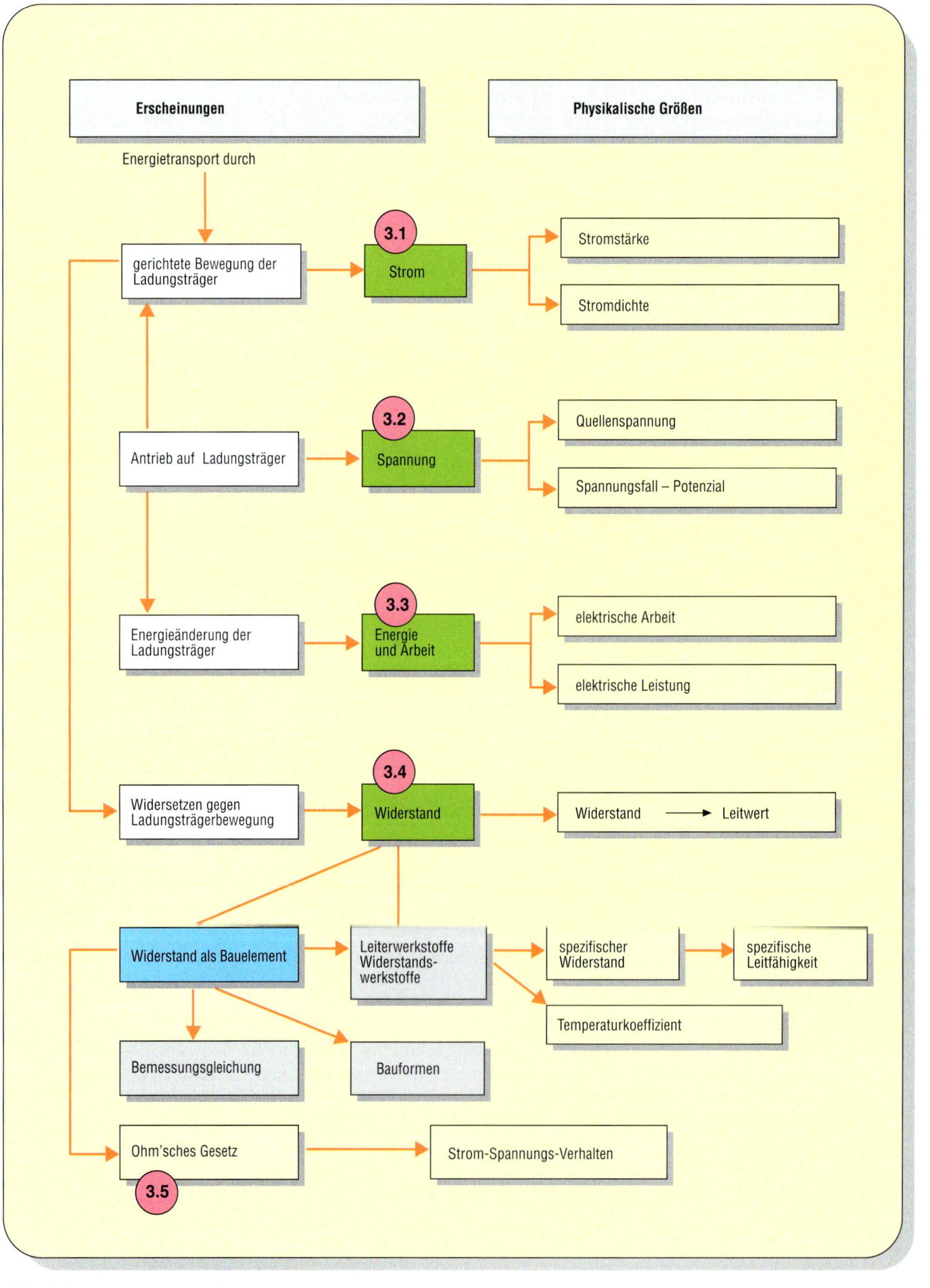

Abb. 3-1 ***Beziehungen und Strukturen***

3.1 Elektrischer Strom

Soll zum Beispiel in einem Motor elektrische Energie in mechanische Energie umgewandelt werden, muss diese elektrische Energie von der Stromquelle zum Motor transportiert werden. Dazu müssen sich die im Stromkreis vorhandenen freien Ladungsträger zielgerichtet bewegen.

Der elektrische Strom ist die gerichtete Bewegung freier Ladungsträger.

Freie Ladungsträger bewegen sich

- in festen Werkstoffen als Elektronenströmung (Abb. 3-2)
- in leitfähigen Flüssigkeiten, sog. Elektrolyten, als Ionenströmung (Abb. 3-3)
- in Gasen als Elektronen- und Ionenströmung (Abb. 3-4).

Der elektrische Strom fließt nur dann, wenn

- auf die freien Ladungsträger ein Antrieb wirksam ist und wenn
- der Stromweg durchgängig aus Leitermaterial besteht.

Abb. 3-2 **Elektronenströmung**

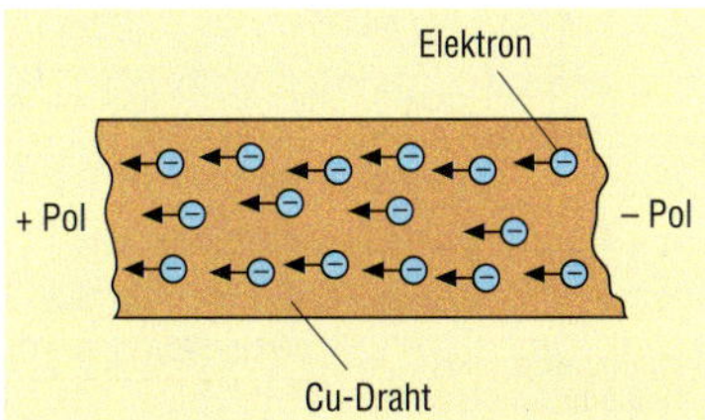

Abb. 3-3 **Ionenströmung**

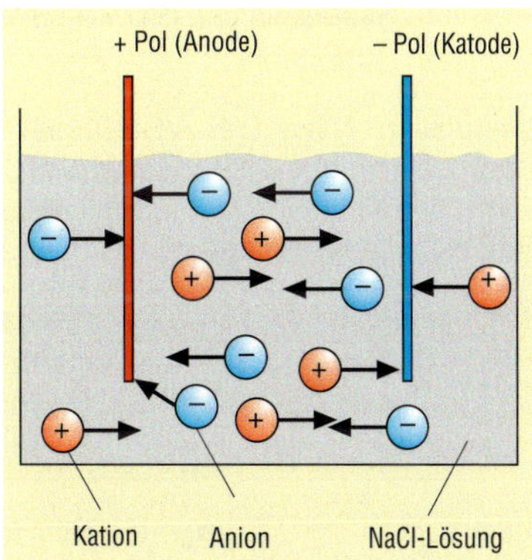

Abb. 3-4 **Ladungsträgerbewegung im Gas**

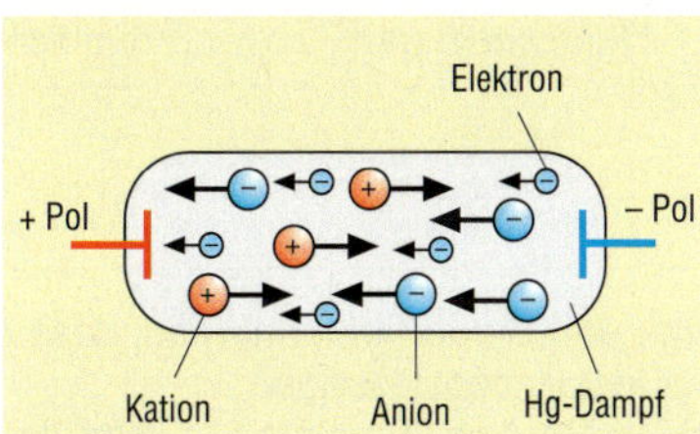

Physikalische Größen des elektrischen Stromes

Der elektrische Strom wird quantitativ durch die physikalischen Größen „Stromstärke" und „Stromdichte" erfasst.

Die Stromstärke I ist die auf die Zeiteinheit bezogene Ladungsmenge Q, die sich im Leiter bewegt.

Definitionsgleichung der Stromstärke

$$I = \frac{Q}{t} \qquad \textbf{3–1}$$

Die Einheit der Stromstärke ist das Ampere*:

$$[I] = 1\,\text{A}$$

Diese Grundeinheit wird wie folgt definiert:

1 A ist die Stärke eines Gleichstroms, der zwei lange, gerade und im Abstand von 1 m parallel verlaufende Leiter mit sehr kleinem kreisförmigen Querschnitt durchfließt und zwischen diesen die Kraft von $2 \cdot 10^{-7}$ N je Meter Länge erzeugt.

Wie bei allen physikalischen Größen werden sehr kleine oder sehr große Zahlenwerte durch Vorsätze der Einheiten (Tabelle 3-1) in handhabbare Werte umgewandelt.

Beispiel: $I = 0{,}000\,058\ \text{A}$

$I = 0{,}058 \cdot 10^{-3}\ \text{A}$ oder $I = 0{,}058\ \text{mA}$

$I = 58 \cdot 10^{-6}\ \text{A}$ oder $I = 58\ \mu\text{A}$

Nach der Gleichung 3-1 ergibt sich für die Ladungsmenge $Q = I \cdot t$ die abgeleitete Einheit 1 Amperesekunde bzw. nach dem französischen Physiker das Coulomb: $[Q] = 1\ \text{A} \cdot \text{s} = 1\ \text{C}$.

Versuchen wir eine Größenvorstellung dadurch zu erhalten, dass wir die Zahl der Elementarladungen (Elektronen) bestimmen, die bei einer Stromstärke von 1 A an einer beliebigen Stelle im Stromkreis in einer Sekunde vorbeiströmen.

Nach Gleichungen 3-1 und 3-2 ist

$$Q = I \cdot t \quad \text{und} \quad N = \frac{Q}{|e|}.$$

Zusammengefasst und mit den gegebenen Werten ist

$$N = \frac{I \cdot t}{|e|} \qquad N = \frac{1\ \text{A} \cdot 1\ \text{s}}{1{,}602 \cdot 10^{-19}\ \text{C}}$$

$$\underline{\underline{N = 6{,}242 \cdot 10^{18}}}$$

* Ampère, André Marie: franz. Physiker und Mathematiker 1775–1836

Tab. 3-1 **Vorsätze von physikalischen Einheiten**

Vorsatz	Piko p	Nano n	Mikro µ	Milli m	Kilo k	Mega M	Giga G
Zehnerpotenz	10^{-12}	10^{-9}	10^{-6}	10^{-3}	10^{3}	10^{6}	10^{9}

3

Die Stromstärke von 1 A erfordert diese extrem große Zahl von Elementarladungen.

Die hohe Dichte der Ladungsträger in einem Leiter erklärt auch, dass die Geschwindigkeit der strömenden Ladungen mit 0,01 mm/s bis 10 mm/s relativ gering ist, der Bewegungsimpuls von Ladungsträger zu Ladungsträger sich jedoch nahezu mit Lichtgeschwindigkeit (300 000 km/s) fortpflanzt. Betätigen wir z. B. den Installationsschalter, dann leuchtet die Glühlampe sofort auf und nicht erst, wenn die Elektronen, die sich am Schalter befinden, den Glühfaden der Lampe erreicht haben.

In der Tab. 3-2 sind einige technische Richtwerte der Stromstärke zusammengestellt.

Betriebsmittel	Stromstärke
Elektrostahlofen	140 kA
Lichtbogen-Schweißgerät	1 kA
Straßenbahnmotor	200 … 400 A
Elektrische Haushaltsgeräte	2 … 10 A
Glühlampen (40 bis 100 W)	180 … 450 mA
Halbleiterbauelemente der Kommunikationstechnik	5 … 100 mA

Tab. 3-2 **Stromstärkerichtwerte**

Die Ladungsträger bewegen sich auf Bahnen (Strömungslinien), die sich bei einem Gleichstrom praktisch gleichmäßig über den Leiterquerschnitt verteilen. Die Strömungslinien sind dann dichter über den Querschnitt verteilt, wenn ein größerer Strom fließt oder bei gleicher Stromstärke der Querschnitt des Leiters verkleinert wird (Abb. 3-5).

Die physikalische Größe für diese Verteilung des Stromes im Leiter ist die Stromdichte.

Die Stromdichte J ist die auf die Leiterfläche A bezogene Stromstärke I.

Definitionsgleichnung der Stromdichte: $$J = \frac{I}{A}$$ **3-2**

Aus der Gleichung 3-2 ergibt sich die abgeleitete Einheit der Stromdichte: 1 A/m².

Gebräuchlicher ist jedoch $$[J] = 1\,\frac{\text{A}}{\text{mm}^2}$$

Die Bedeutung der Stromdichte besteht vor allem darin, dass ihr Wert die Erwärmung des stromdurchflossenen Leiters bestimmt.

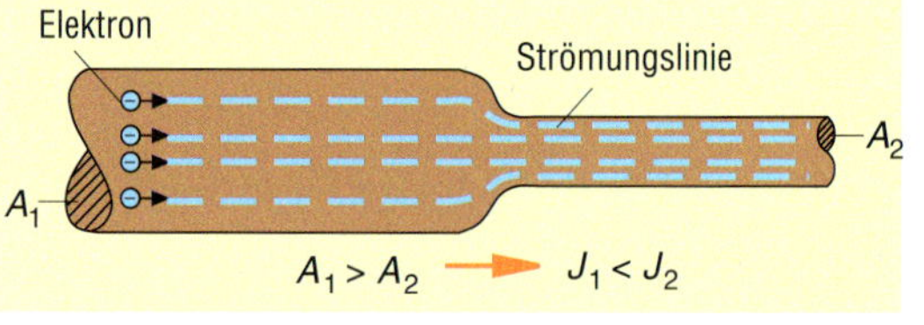

Abb. 3-5 **Strömungslinien im Leiter**

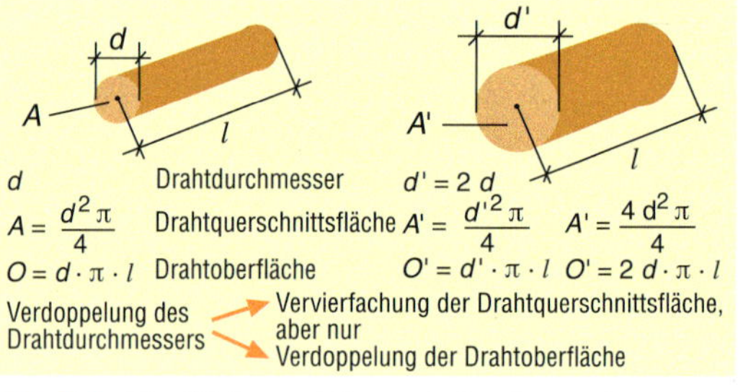

Abb. 3-6 **Oberfläche und Querschnitt eines Leiters**

Beispiel 1: Welche Stromdichte herrscht in der Drahtwendel einer 40-W-Glühlampe, wenn der 23,5 µm starke Wolframdraht von 182 mA durchflossen wird?

gegeben: $d = 23{,}5\ \mu\text{m}$, $I = 182\ \text{mA}$ gesucht: J

Lösung: Stromdichte $J = \frac{I}{A}$

Querschnitt $A = \frac{d^2}{4} \cdot \pi$

$$A = \frac{(23{,}5 \cdot 10^{-3}\ \text{mm})^2 \cdot 3{,}14}{4}$$

$$A = 433{,}7 \cdot 10^{-6}\ \text{mm}^2$$

$$J = \frac{182 \cdot 10^{-3}\ \text{A}}{433{,}7 \cdot 10^{-6}\ \text{mm}^2}$$

$$J = 419{,}6\ \frac{\text{A}}{\text{mm}^2}$$

Der im Vergleich zur zulässigen Stromdichte von z. B. Motorwicklungen (3 bis 4 A/mm²) über 100fach größere Wert ist deshalb notwendig, um in der Glühlampe eine Drahttemperatur von annähernd 2300 °C zu erreichen.

Beispiel 2: Nach DIN VDE 0298 Teil 4 wird die Strombelastbarkeit für zwei stromführende Kupferadern bei Verlegung im Installationskanal (Verlegeart B2) wie folgt festgelegt:

Querschnitt mm²	Strombelastbarkeit A
1,5	16,5
4	30
10	53

Nach Gleichung 3-2 ergeben sich folgende Stromdichten:

Querschnitt mm²	Stromdichte A/mm²
1,5	11
4	7,5
10	5,3

Aus den Werten erkennt man, dass die Stromdichte für Installationsleitungen

- im Bereich von 4 bis 11 A/mm² liegt und dass
- größeren Leiterquerschnitten kleinere Werte der Stromdichte zugeordnet werden. Dies begründet sich damit, dass die kühlende Oberfläche eines Leiters nicht in dem Maß steigt wie sein Querschnitt (Abb. 3-6).

Wirkungen des elektrischen Stromes

Das Vorhandensein eines elektrischen Stromes können die menschlichen Sinnesorgane nicht direkt wahrnehmen.

Der elektrische Strom lässt sich nur durch seine Wirkungen feststellen.

- Er ist stets von einem Magnetfeld begleitet.
- Der stromdurchflossene Leiter erwärmt sich. Nur im Bereich des absoluten Nullpunktes sind Leiterwerkstoffe supraleitend. Ohne thermische Eigenbewegung der Atome und Moleküle erwärmen sich die sog. Supraleiter nicht.
- Im Ionenleiter treten bei Stromdurchgang chemische Wirkungen auf.
- Wird der menschliche Körper vom Strom durchflossen, treten pathologische Wirkungen auf. Organe und Organsysteme sind in ihrer normalen Funktion gestört (Abb. 3-7).

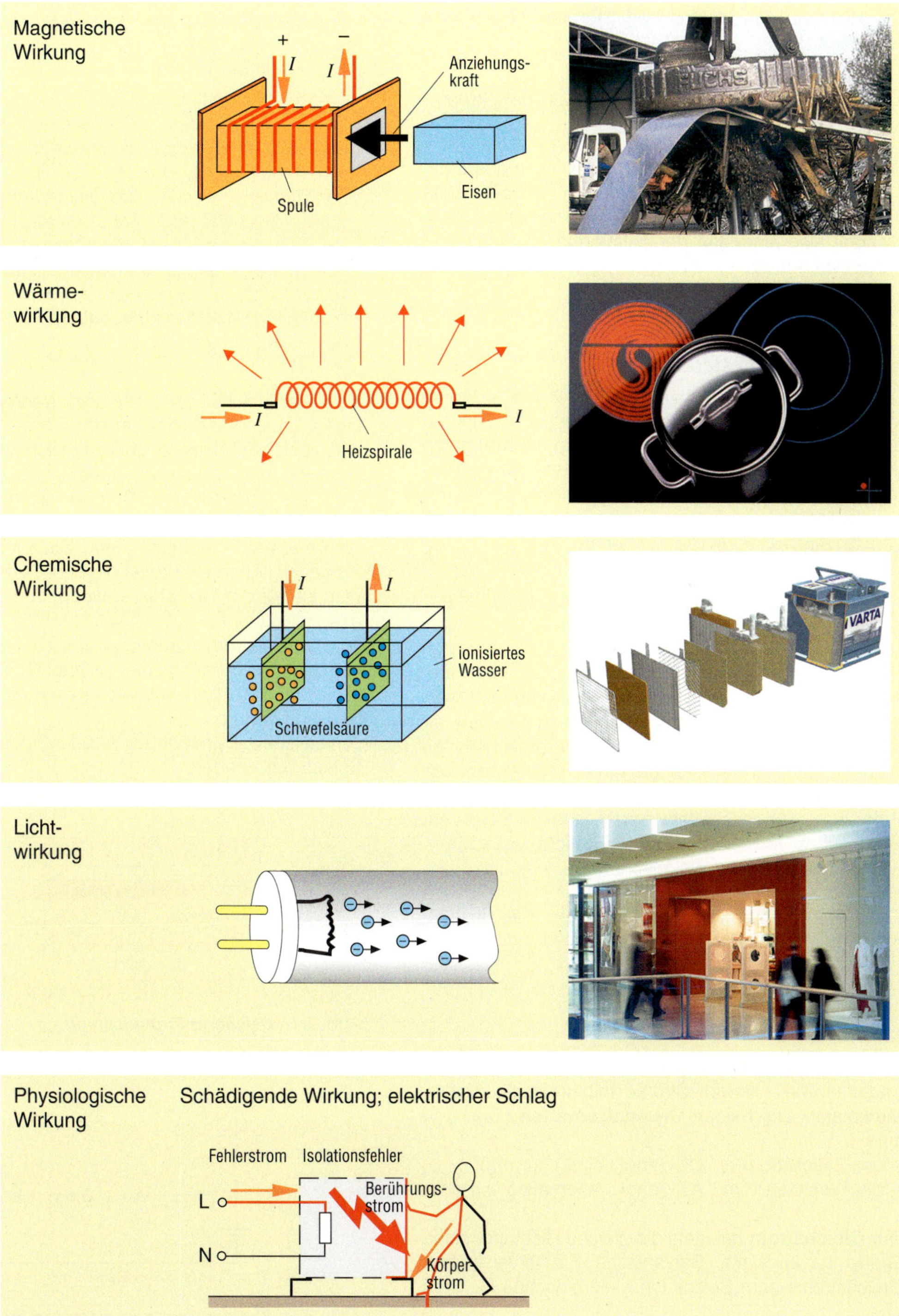

Abb. 3-7 **Wirkungen des elektrischen Stromes**

Zwei wesentliche Eigenschaften des elektrischen Stromes sind bedeutsam:

1. Die freien Ladungsträger führen eine gerichtete Bewegung aus.
2. Der elektrische Strom ist ein in sich geschlossenes Band frei beweglicher Ladungsträger ohne Anfang und ohne Ende.

Stromrichtung

Die Richtung des elektrischen Stromes ist wie folgt festgelegt:

Der elektrische Strom fließt außerhalb der Stromquelle vom Pluspol zum Minuspol.

Da der Minuspol der Stromquelle die Stelle des Elektronenüberschusses ist, bewegen sich die freien Elektronen im metallenen Leiter vom Überschuss zum Mangel, also entgegen der definierten Stromrichtung (Abb. 3-8).

Messen der Stromstärke

Die Stromstärke als physikalische Größe wird mit Messgeräten gemessen, die die magnetische Wirkung des Stromes nutzen. Z. B. ermöglichen die Kräfte, die durch die Magnetfelder in Drehspul- oder Dreheisenmesswerken entstehen, eine der Stromstärke proportionale Anzeige.

Merken Sie sich als Schaltregel für die Strommessung:

Strommesser sind stets in Reihe zu den Betriebsmitteln zu schalten.

Da der Strom ein in sich geschlossenes Band ist, kann im einfachen Stromkreis an jeder Stelle getrennt werden. Der Strommesser ist dazwischen zu schalten, also sowohl vor als auch nach dem Verbrauchsmittel. Wenn es möglich wäre, könnte der Strommesser auch in die Stromquelle oder in das Verbrauchsmittel (A oder B der Abb. 3-9) geschaltet werden. Denken Sie daran: Elektrisches Verbrauchsmittel heißt nicht, dass Strom „verbraucht" wird. Im elektrischen Betriebsmittel wird elektrische Energie verbraucht, exakter: in eine andere Energieform umgewandelt. Vermeiden Sie deshalb das Wort „Stromverbraucher"!

Stromarten

Je nach Art des Antriebes, der auf die freien Ladungsträger einwirkt, fließen Ströme mit unterschiedlichen Merkmalen. Die beiden **Grundstromarten** (Tab. 3-3) sind

– der Gleichstrom DC (engl.: direct current)
– der Wechselstrom AC (engl.: alternating current).

Der **Gleichstrom** hat stets die gleiche Richtung, seine Größe ist konstant. Galvanische Elemente treiben Gleichströme zum Beispiel in elektronischen Geräten an.

Ein **Wechselstrom** ändert in gleichen Zeitabständen (periodisch) seine Größe und Richtung. Es entstehen Schwingungen, die aus positiven und negativen Augenblickswerten des Stromes, somit auch der Spannung bestehen. Die Summe der Augenblickswerte einer Schwingung ist gleich Null. Von den vielfältigen Formen, zum Beispiel dreieck-, trapez- oder rechteckförmigen, fließen in unseren Versorgungsnetzen und Installationsanlagen sinusförmige Wechselströme.
Ihre Kenngröße ist die
Frequenz f, gemessen in Hz (Hertz). Die Frequenz gibt die Anzahl der Schwingungen pro Sekunde an. Der **Effektivwert** I ist der Wert eines Wechselstromes, der die gleiche Wärmewirkung wie ein entsprechender Gleichstrom hat.

Formelzeichen der zeitabhängigen Augenblickswerte der Wechselgrößen werden mit kleinen Buchstaben, zum Beispiel *u*, *i* oder *p*, die Formelzeichen der Effektivwerte, wie in der Gleichstromtechnik, mit großen Buchstaben *U*, *I* oder *P* geschrieben.
Der Effektivwert einer sinusförmigen Größe ist um das $\sqrt{2}$fache kleiner als ihr Scheitelwert, d. h. des größten Augenblickswertes. An den mit 230 V betriebenen Haushaltsgeräten liegen somit kurzzeitig 325 V als Scheitelwert an.

Wird ein Gleichstrom von einem Wechselstrom überlagert, entsteht ein **Mischstrom** (Tab. 3-3). Dieser ändert auch periodisch Größe und Richtung, aber seine positiven oder negativen Augenblickswerte überwiegen. Die arithmetische Summe dieser Werte einer Schwingung ist damit nicht Null.
Mehrere Wechselströme oder -spannungen gleicher Frequenz können verkettet werden. Technisch bedeutsam ist nur der **Dreiphasenwechselstrom** (Tab. 3-3) bzw. die Dreiphasenwechselspannung. Ein Dreiphasenwechselstrom (Drehstrom) besteht aus drei Strömen gleicher Frequenz und gleicher Größe, die gegenseitig um 120° phasenverschoben sind. Wechselgrößen sind dann phasenverschoben, wenn sie zu unterschiedlichen Zeiten ihren Nulldurchgang oder ihren Scheitelwert haben.

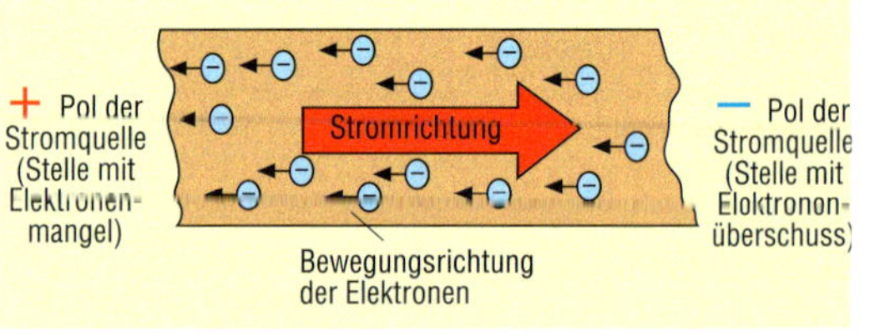

Abb. 3-8 ***Definierte Stromrichtung***

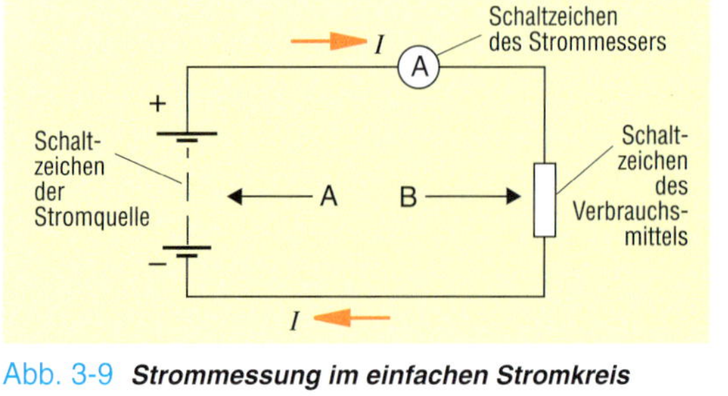

Abb. 3-9 ***Strommessung im einfachen Stromkreis***

Tab. 3-3
Stromarten

Stromart	Strom-Zeit-Kennlinie	Netz
Gleichstrom DC		Zweileiternetz L+ L–
Wechselstrom AC	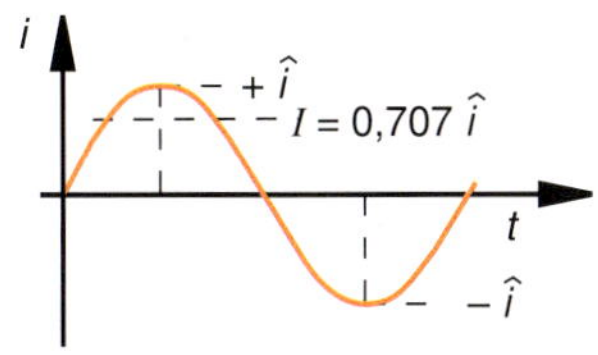	Zweileiternetz L N
Mischstrom	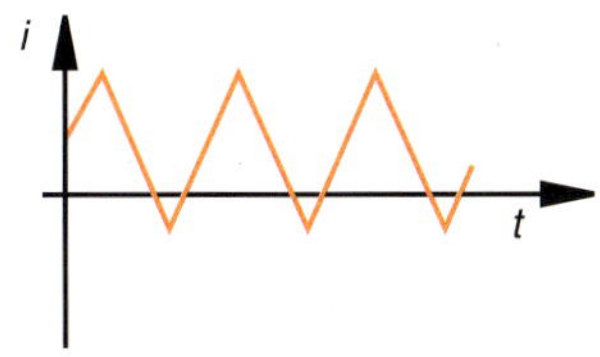	nicht als Netz ausgeführt
Dreiphasen- wechselstrom (Drehstrom)	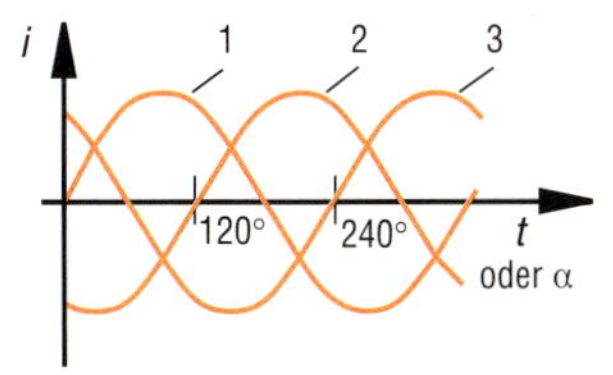	Dreileiternetz L1 L2 L3 Vierleiternetz 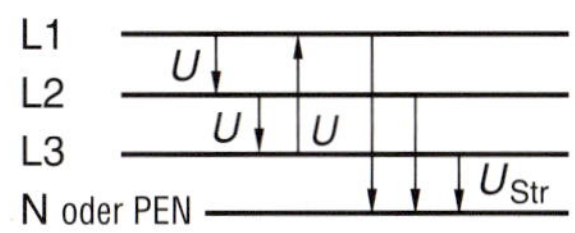

Nach den genannten Stromarten werden die entsprechenden Netze bezeichnet:

- **Gleichstromnetz** mit dem Plusleiter L+ und dem Minusleiter L–
- **Wechselstromnetz** mit dem Leiter L und dem Neutralleiter N (Rückleiter)
- **Drehstromnetz** (Dreiphasenwechselstromnetz) als Dreileiternetz mit den Außenleitern L1, L2, L3 oder als Vierleiternetz mit L1, L2, L3 und dem Neutralleiter N oder mit dem PEN-Leiter als Schutzleiter mit Neutralleiterfunktion.
  Im gebräuchlichen Niederspannungs-Vierleiternetz können zwei unterschiedliche Spannungen abgenommen werden: die Leiterspannung von 400 V und die Strangspannung von 230 V.

3.2 Elektrische Spannung

Jede Bewegung, auch die der freien Ladungsträger, setzt das Einwirken einer Kraft bzw. eines Antriebes voraus.

> Die elektrische Spannung ist der auf die Ladungsträger wirkende Antrieb.

Damit z. B. die negative Ladung von der positiven getrennt wird (Lageänderung von A nach B in der Abb. 3-10), ist eine von außen einwirkende Kraft bzw. ein Antrieb notwendig. Der Energiebetrag W_B der Ladung an der Stelle B ist dann größer als der an der Stelle A: $W_B > W_A$.
Bewegt sich dagegen die negative Ladung durch das zwischen ungleichnamigen Ladungen wirkende Ausgleichsbestreben von B nach C (Abb. 3-11), verringert sich ihr Energiebetrag: $W_C < W_B$.

Allgemein kann damit die elektrische Spannung als die auf die Ladungsmenge bezogene Energieänderung definiert werden. Da die Energieänderung sowohl Energiezunahme als auch Energieabnahme bedeuten kann, müssen ihrem Wesen nach zwei verschiedene Spannungen unterschieden werden.

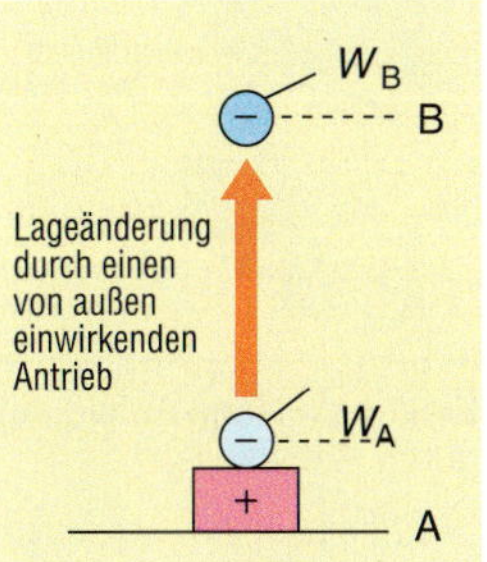

Abb. 3-10 ***Energiezunahme der Ladung***

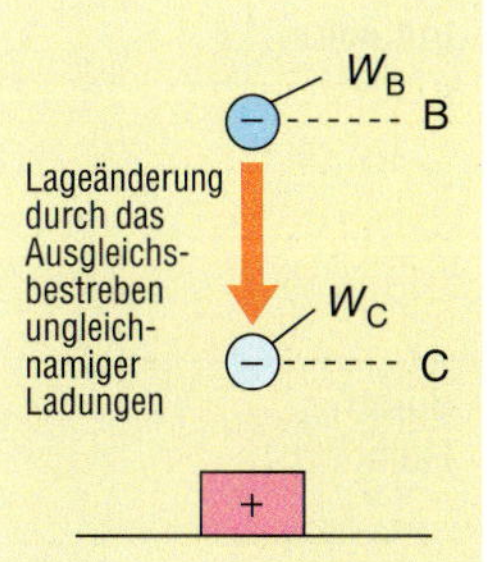

Abb. 3-11 ***Energieabnahme der Ladung***

3

1. Die Quellenspannung U_Q

Sie ist dadurch gekennzeichnet, dass durch Ladungstrennung in der Stromquelle der Energiebetrag der Ladungen zunimmt.

Definitionsgleichung der Quellenspannung

$$U_Q = \frac{W_{zu}}{Q} \quad \text{(3-3)}$$

Die Quellenspannung bewirkt den Elektronenüberschuss am Minuspol und gleichzeitig den Elektronenmangel am Pluspol einer Stromquelle. Die Quellenspannung ist immer die Ursache eines Stromflusses in einem geschlossenen Stromkreis.
In der Tabelle 3-4 sind verschiedene Möglichkeiten der Erzeugung von Quellenspannungen dargestellt.

2. Der Spannungsfall *U*

Er entsteht bei der gerichteten Bewegung der Ladungen im Stromkreis, also als Folge des Stromflusses, und ist die auf die Ladungsmenge bezogene Energieabnahme.

Definitionsgleichung des Spannungsfalls

$$U = \frac{W_{ab}}{Q} \quad \text{(3-4)}$$

Die Einheit der Spannungen ist das Volt*:

$[U_Q] = 1\ \text{V}$
$[U] = 1\ \text{V}$

* Volta, Alessandro Graf: ital. Physiker 1745–1827

Ladungstrennung	Aktive Zweipole	
durch chemische Reaktion	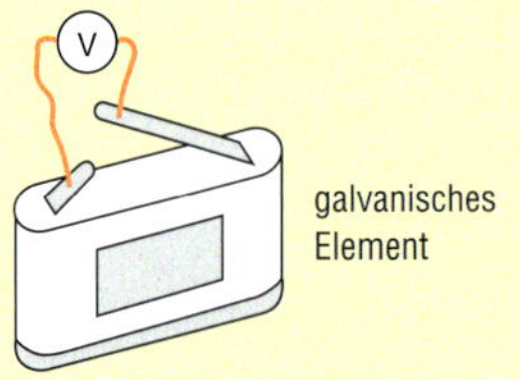	
durch Wärmewirkung	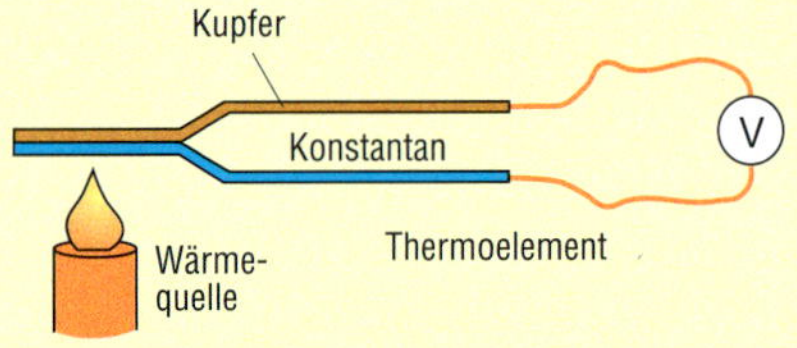	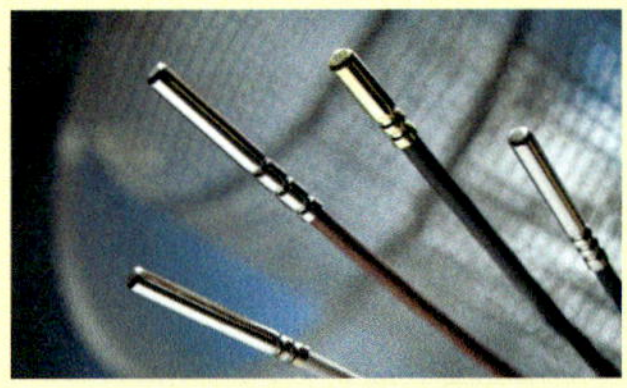
durch Lichteinwirkung	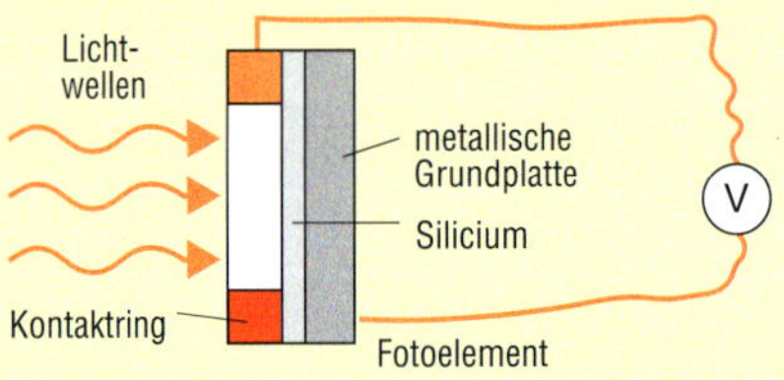	
durch Kristallverformung	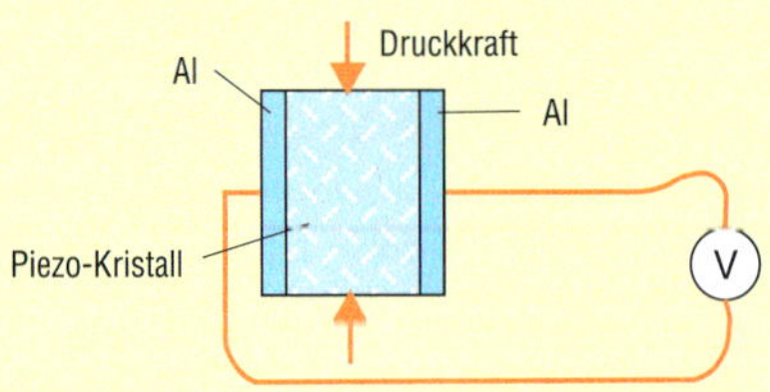	
durch Induktion	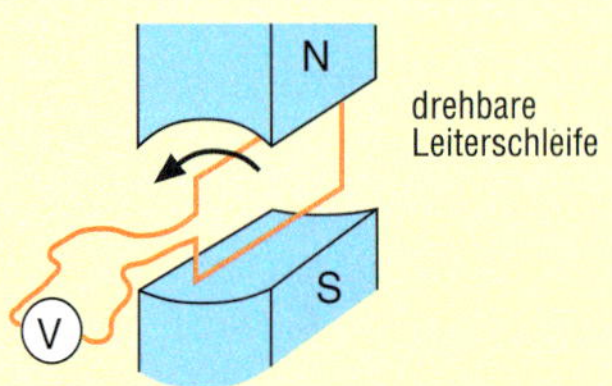	
durch Reibung	Elektrostatische Aufladung durch Reiben	

Tab. 3-4 ***Erzeugen von Quellenspannungen***

Zwischen zwei Punkten eines Stromkreises herrscht dann eine Spannung von einem Volt, wenn sich der Energiebetrag einer Ladungsmenge von einem Coulomb um ein Joule ändert.

Die Tabelle 3-5 gibt einen Überblick über technische Richtwerte von Spannungen.

Betriebsmittel	Spannung
Öffentliches Übertragungsnetz	380 kV
Fahrdrahtspannung der Deutschen Bahn	15 kV
Zündspannung des Verbrennungsmotors	5 … 15 kV
Straßenbahn, U- und S-Bahn	500 … 800 V
Hausanschluss	230 / 400 V
Fahrraddynamo	6 V
Zelle des Bleiakkumulators	2 V
Antennenspannung	5 … 50 µV

Tab. 3-5 ***Spannungsrichtwerte***

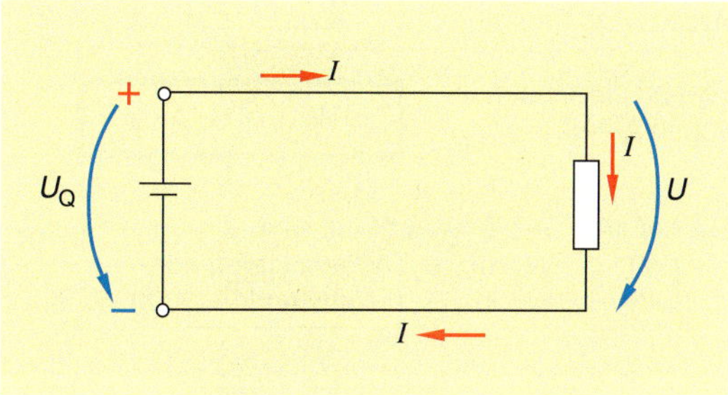

Abb. 3-12 ***Definierte Richtung der Spannungen***

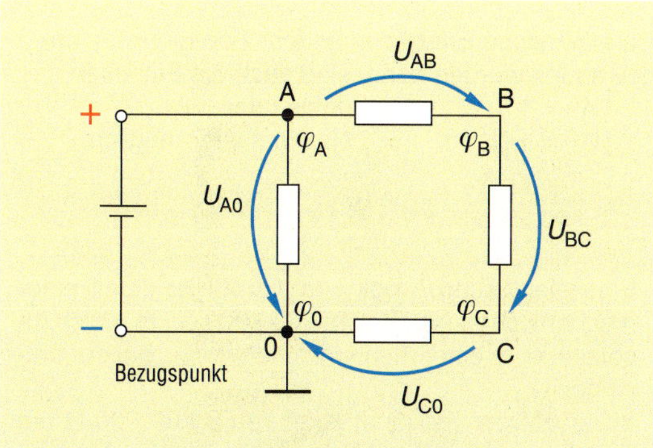

Abb. 3-13 ***Potenziale einer Schaltung***

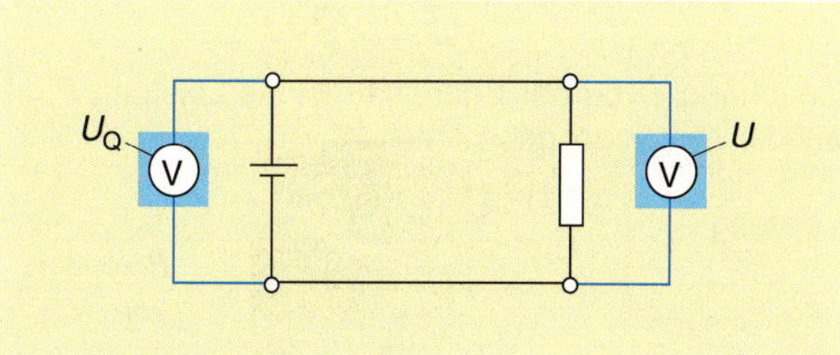

Abb. 3-14 ***Spannungsmessung***

Spannungsrichtung

Die Richtung der Spannungen sind wie folgt festgelegt (Abb. 3-12):

- Die Quellenspannung ist vom Pluspol der Stromquelle zu ihrem Minuspol gerichtet.
- Der Spannungsfall hat als Wirkungsgröße des Stromflusses dieselbe Richtung wie seine Ursachengröße. Der Spannungsfall wirkt in Richtung des fließenden Stromes.

Treten in einer Schaltung mehrere Spannungen auf, wird bevorzugt in der Kommunikationstechnik ein gemeinsamer Bezugspunkt für die Spannungen gewählt.

Die auf einen Punkt des Stromkreises bezogene Spannung ist das Potenzial φ.

Der Bezugspunkt ist frei wählbar. Er kann die Erde oder die Masse eines Betriebsmittels sein und ist der sog. Potenzialnullpunkt (Abb. 3-13).

Die Spannung (der Spannungsfall) zwischen zwei beliebigen Punkten eines Stromkreises ist gleich der Differenz der Potenziale beider Punkte. Nach Abb. 3-13 ist

$U_{AB} = \varphi_A - \varphi_B \qquad U_{A0} = \varphi_A - \varphi_0 \rightarrow \varphi_A = U_{A0} - 0$

$U_{BC} = \varphi_B - \varphi_C \qquad U_{C0} = \varphi_C - \varphi_0 \rightarrow \varphi_C = U_{C0} - 0$

$\varphi_B = U_{BC} + \varphi_C \rightarrow \varphi_B = U_{BC} + U_{C0}$

Messen der Spannungen

Potenziale, Spannungsfälle und Quellenspannungen bestehen immer zwischen zwei Punkten des Stromkreises (Abb. 3-14).
Merken Sie sich als Schaltregel für die Spannungsmessung:

Der Spannungsmesser ist stets parallel zu den Betriebsmitteln zu schalten. Eine Trennung des Stromkreises ist damit nicht erforderlich.

Richtungs- und Bezugspfeile

Die definierten Richtungen der Stromstärke und der Spannungen wurden in den Abbildungen 3-9 und 3-13 durch Pfeile, sog. Richtungspfeile, dargestellt. Von diesen Richtungspfeilen sind die Bezugspfeile, auch Zählpfeile genannt, zu unterscheiden. Diese werden gebraucht, wenn die Spannungsverteilung und damit die entsprechende Lage der Richtungspfeile, auch die der Stromstärke in einer elektrotechnischen Schaltung unbekannt ist.

Bezugspfeile dienen zur rechnerischen Vorzeichenfestlegung für unbekannte Stromstärken und Spannungen.

Bezugspfeile kann man im Unterschied zu den Richtungspfeilen beliebig annehmen.

Im Stromkreis gibt es zwei Möglichkeiten:

- Die Bezugspfeile haben die gleiche Richtung wie die definierten Richtungen von Stromstärke und Spannung (Abb. 3-15). Die vom Verbraucher aufgenommene Leistung wird jetzt positiv bewertet, da die Richtungspfeile von I und U_{AB} gleiche Lage haben. In der Stromquelle sind dagegen die Richtungspfeile von I und U_Q gegensinnig. Die von der Stromquelle abgegebene Leistung muss damit negativ gerechnet werden. Diese Zuordnung heißt nach DIN 5489 Verbraucherzählpfeilsystem.
- Man könnte auch umgekehrt die Zuordnung der Bezugspfeile so wählen, dass bei gleichsinnigen Bezugspfeilen in der Stromquelle ein positiver Wert für die abgegebene Leistung entsteht. Dieses „Erzeugerzählpfeilsystem" ist jedoch nicht üblich.

Der Bezugspfeil einer Größe gibt an, dass diese Größe in der angegebenen Richtung positiv gezählt wird.

In den Abb. 3-16 und 3-17 sind Beispiele für Strom- und Spannungsbezugspfeile gegeben.

Bei der Berechnung von Schaltungen mit unbekannten Stromrichtungen wird die Richtung des Bezugspfeiles willkürlich festgelegt. Bei einem positiven Wert der errechneten Stromstärke entspricht dann die Richtung des Bezugspfeiles der definierten (tatsächlichen) Stromrichtung.

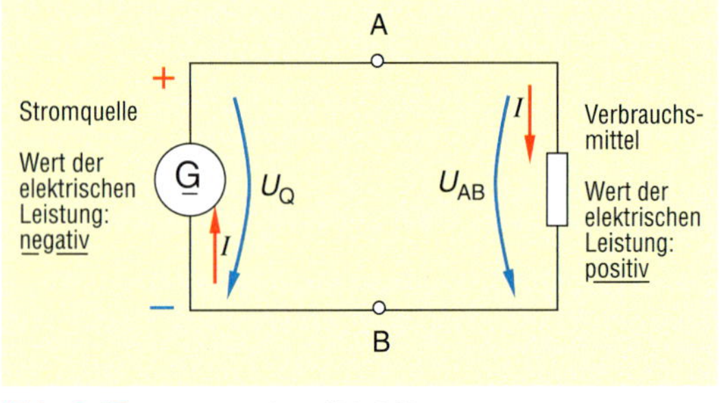

Abb. 3-15 ***Verbraucherzählpfeilsystem***

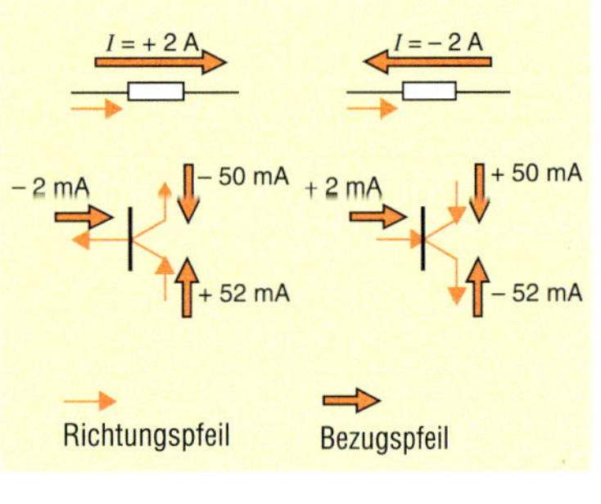

Abb. 3-16 ***Strombezugspfeile***

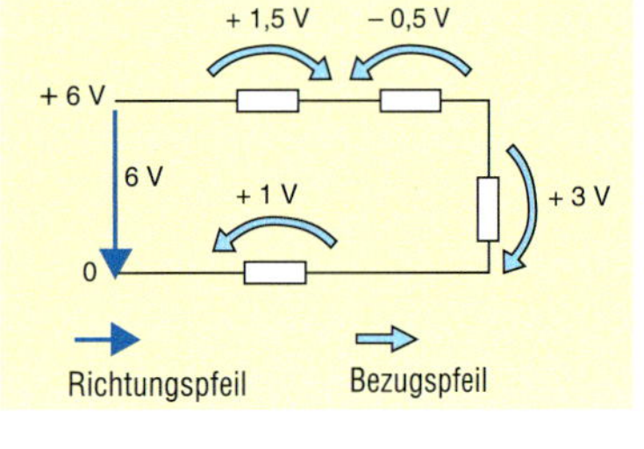

Abb. 3-17 ***Spannungsbezugspfeile***

3.3 Elektrische Energie, Arbeit und Leistung

Im Zusammenhang mit der Einführung des Spannungsbegriffes wurde festgestellt, dass die Energie einer Ladung sich geändert hat, wenn diese sich von einem Ort zu einem anderen bewegt hat.

Elektrische Energie ist die Fähigkeit elektrischer Ladungen Arbeit zu verrichten.

Nutzt die Ladung diese Fähigkeit, dann wird elektrische Arbeit verrichtet.

Elektrische Arbeit ist die Energieänderung der elektrischen Ladungen.

Da der Begriff „Energie" den Zustand eines Körpers oder Systems und der Begriff „Arbeit" den Vorgang ausdrückt, werden für Energie und Arbeit dieselbe physikalische Größe gewählt.

Nach den Gleichungen 3-4 $W = U \cdot Q$ und 3-1 $Q = I \cdot t$

ist die elektrische Arbeit bzw. Energie

$$W = U \cdot I \cdot t \qquad \text{3-5}$$

Einheit der elektrischen Arbeit:

$$[W] = 1\ \text{V} \cdot \text{A} \cdot \text{s}$$

Da 1 V · A = 1 W (Watt)* ist, wird

$[W]$ = 1 W · s = 1 Wattsekunde oder

$[W]$ = 1 W · h = 1 Wattstunde = 3600 W · s = $3{,}6 \cdot 10^3$ W · s

oder

$[W]$ = 1 kW · h = 1 Kilowattstunde = $3{,}6 \cdot 10^6$ W · s

Da elektrische Energie in andere Energiearten umgewandelt werden kann, sind auch die Einheiten

$[W]$ = 1 J = 1 Joule oder

$[W]$ = 1 N · m = 1 Newtonmeter möglich.

1 J = 1 W · s = 1 N · m

Eine elektrische Arbeit von 1 kWh ist damit einer mechanischen Arbeit von 3 600 000 N · m gleichzusetzen, d. h. einer mechanischen Arbeit, bei der entweder

- ein Körper mit einer Kraft von 3 600 000 N um 1 m bewegt wird oder
- ein Körper mit einer Kraft von 1 N um 3600 km bewegt wird.

Unabhängig von der Energieart ist die Leistung P die auf die Zeit t bezogene Arbeit W.

Leistung

$$P = \frac{W}{t} \qquad \text{3-6}$$

* Watt, James: engl. Erfinder 1736 – 1819

Mit der Gleichung 3-5 ist dann die elektrische Leistung

$$P = U \cdot I \qquad \text{3-7}$$

Ihre Einheit ist das Watt:

$$[P] = 1\ \text{V} \cdot \text{A} = 1\ \text{W (Watt)}.$$

Die gleiche elektrische Leistung kann entweder
- mit einer großen Spannung und einer kleinen Stromstärke oder
- mit einer kleinen Spannung und einer großen Stromstärke erreicht werden.

So wird z. B. eine Lampe im Kraftfahrzeug mit einer Betriebsspannung von 12 V betrieben. Die gleiche Lichtleistung für eine Raumbeleuchtung wird mit wesentlich kleinerer Stromstärke bei einer Spannung von 230 V erreicht.

In der Tabelle 3-6 sind einige Richtwerte elektrischer Leistungen zusammengestellt.

Betriebsmittel	Leistung
Videorecorder	16 … 20 W
Glühlampen	15 … 1000 W
Haushaltswärmegeräte	100 … 2000 W
Motor einer Elektrolokomotive	750 kW
Generator im Kraftwerk	… 1000 MW

Tab. 3-6 ***Leistungsrichtwerte***

Messen der Leistung

Da die elektrische Leistung durch die Größen Spannung und Stromstärke gebildet wird, müssen beide Größen im Leistungsmesser wirksam werden. Sie bilden in der sog. Stromspule und Spannungsspule des elektrodynamischen Messwerkes Magnetfelder, deren resultierende Kraft einen der Leistung proportionalen Zeigerausschlag hervorruft. Der Leistungsmesser hat damit zwei Anschlüsse für die Stromspule, die in Reihe zum Verbrauchsmittel zu schalten ist und zwei Anschlüsse der parallel zu schaltenden Spannungsspule (Abb. 3-18).

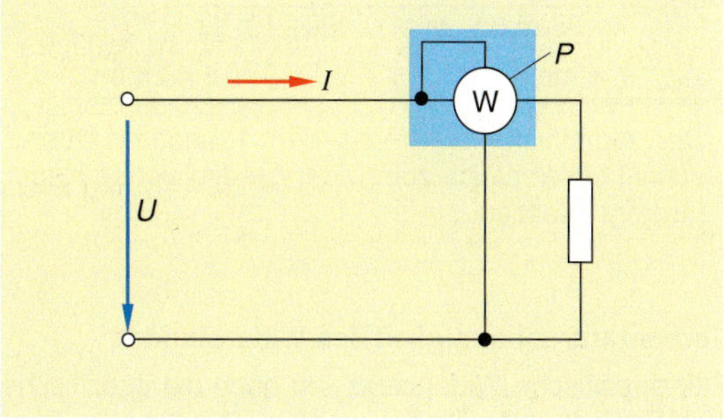

Abb. 3-18 ***Grundschaltung des Leistungsmessers***

3.4 Elektrischer Widerstand

3.4.1 Widerstand und Leitwert

Die Atome bzw. Moleküle eines Stoffes vollführen eine von der Temperatur abhängige willkürliche Wärmebewegung. Wirkt nun längs eines metallischen Leiters eine Spannung, stoßen die Elektronen bei ihrer fortschreitenden Bewegung ständig mit den Atomen des Leiterwerkstoffes zusammen. Ein Teil der kinetischen Energie der Ladungsträger geht dabei auf die Atome über, wodurch deren thermische Bewegung erhöht und die Temperatur des Leiters größer wird. Ähnliche Erscheinungen, die als Widerstand bezeichnet werden, entstehen beim Durchgang von Ladungsträgern durch andere Leiterarten, z. B. durch Gase, Elektrolyte und auch durch Halbleiter (Abb. 3-19).

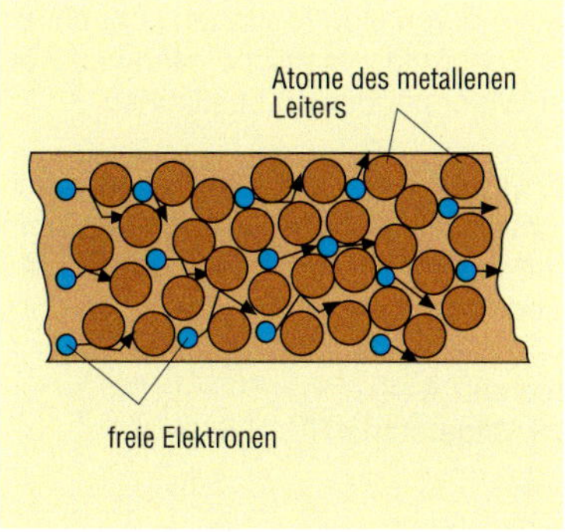

Abb. 3-19 ***Behinderung der Elektronenbewegung***

Der elektrische Widerstand ist die Eigenschaft der Stoffe, sich dem Stromdurchgang zu widersetzen.

Um diese Eigenschaft quantitativ zu erfassen, wird die physikalische Größe „Widerstand“ eingeführt.

Beachten Sie, dass das Wort „Widerstand“ sowohl eine Eigenschaft als auch eine physikalische Größe und, wie im Folgenden noch ausgeführt wird, auch die Bezeichnung eines Bauelementes kennzeichnet.

Der Definition der physikalischen Größe „Widerstand“ liegt folgende Erscheinung zugrunde: Liegt an zwei Punkten eines Stromkreises eine Spannung an, dann wird der zwischen diesen Punkten wirkende Widerstand die Stromstärke begrenzen.

Der elektrische Widerstand R ist der Quotient aus Spannung U und der zugehörigen Stromstärke I.

Definitionsgleichung des Widerstandes

$$R = \frac{U}{I} \qquad \text{3-8}$$

Die Einheit des Widerstandes ist nach Gleichung 3-8 das Ohm*

$$[R] = \frac{1\ \text{V}}{1\ \text{A}} = 1\ \Omega$$

Bauelemente mit einem kleinen Widerstand behindern den Strom sehr wenig oder: Das Bauelement leitet den Strom sehr gut. Diese für Leiterwerkstoffe positive Eigenschaft wird durch die physikalische Größe „Leitwert“ erfasst.

* Ohm, Georg Simon: dt. Physiker 1787–1854

3

Der elektrische Leitwert G ist der Kehrwert des Widerstandes R.

Definitionsgleichung des Leitwertes

$$G = \frac{1}{R} \quad \textbf{3-9}$$

Die Einheit des Leitwertes ist nach Gleichung 3-9 das Siemens*

$$[G] = \frac{1}{1\,\Omega} = \frac{1\,\text{A}}{1\,\text{V}} = 1\,\text{S}$$

3.4.2 Widerstand als Bauelement

Bemessungsgleichung des Widerstandes

Aus Versuchen, auch durch Überlegungen können wir nachweisen, dass konstruktiv-stoffliche Merkmale eines Leiters seinen Widerstandswert bestimmen.

Vergleichen wir z. B. den Weg der Elektronen durch zwei Drähte mit unterschiedlichem Querschnitt, dann werden sich die Ladungsträger durch den dicken Draht wesentlich ungehinderter bewegen als durch den dünnen:
großer Drahtquerschnitt $A \longrightarrow$
kleiner Widerstand R $\quad R \sim \frac{1}{A}$.

Bei einem langen Weg stoßen die Ladungsträger wesentlich häufiger mit den Atomen bzw. Molekülen des Leiterwerkstoffes zusammen als bei einem kurzen:
große Drahtlänge $l \longrightarrow$ großer Widerstand R $\quad R \sim l$.

Nicht zuletzt beeinflusst die Art des Leiterwerkstoffes selbst den Widerstandswert. Dieser kann von Körpern aus unterschiedlichem Material nur verglichen werden, wenn die Körper gleiche Abmessungen aufweisen. Es werden folgende Abmessungen gewählt:
Länge $l = 1$ m
Querschnitt $A = 1$ mm².

Der hierbei wirkende Widerstandswert ist der sog. **spezifische Widerstand,** eine **Materialkonstante,** die die strombegrenzende Eigenschaft der Stoffe kennzeichnet.

Der spezifische Widerstand ϱ (rho) ist der Widerstandswert eines Drahtes von 1 m Länge und einem Querschnitt von 1 mm² bei einer Temperatur von 20 °C.

Analog der physikalischen Größe Leitwert kann die stromleitende Eigenschaft der Stoffe durch eine Materialkonstante erfasst werden, die als **spezifische Leitfähigkeit** bezeichnet wird.

Die spezifische Leitfähigkeit $\varkappa$ (kappa) ist der Kehrwert des spezifischen Widerstandes ϱ.

Definitionsgleichung der spezifischen Leitfähigkeit

$$\varkappa = \frac{1}{\varrho} \quad \textbf{3-10}$$

Fassen wir die bisherigen Aussagen zusammen:

Der Widerstandswert R eines Drahtes, also eines linienhaften Leiters, ist abhängig von

- der Länge l des Stromweges,
- dem Querschnitt A des Stromweges und
- dem Material des Stromweges, erfasst durch den spezifischen Widerstand ϱ oder der spezifischen Leitfähigkeit $\varkappa$.

Bemessungsgleichung des Widerstandes (Drahtwiderstand)

$$R = \frac{\varrho \cdot l}{A} \quad \textbf{3-11}$$

oder

$$R = \frac{l}{\varkappa \cdot A} \quad \textbf{3-12}$$

Aus der Gleichung 3-11 ergibt sich durch Umstellen

$$\varrho = \frac{R \cdot A}{l}$$

die Einheit des spezifischen Widerstandes

$$[\varrho] = 1 \cdot \frac{\Omega \cdot \text{mm}^2}{\text{m}}$$

und Gleichung 3-12 die Einheit der spezifischen Leitfähigkeit

$$[\varkappa] = 1 \cdot \frac{\text{m}}{\Omega \cdot \text{mm}^2}$$

Lösungsbeispiel:

Vergleichen wir durch Rechnung die notwendige Querschnittszunahme eines Aluminiumdrahtes [$\varkappa$ = 35 m/(Ω·mm²)] mit einem Kupferdraht [$\varkappa$ = 56 m/(Ω·mm²)], wenn beide den gleichen Widerstand von 120 mΩ und die gleiche Länge von 27 m haben sollen.

gegeben:
$R = 120$ mΩ $\quad \varkappa_{Al} = 35$ m/(Ω · mm²)
$l = 27$ m $\quad \varkappa_{Cu} = 56$ m/(Ω · mm²)

gesucht:
A_{Cu} ; A_{Al}

Lösung:

$$R = \frac{l}{\varkappa \cdot A}$$

$$A_{Cu} = \frac{l}{\varkappa_{Cu} \cdot R} \qquad A_{Al} = \frac{l}{\varkappa_{Al} \cdot R}$$

$$A_{Cu} = \frac{27\,\text{m}}{56\,\text{m}/(\Omega \cdot \text{mm}^2) \cdot 120 \cdot 10^{-3}\,\Omega}$$

$$A_{Al} = \frac{27\,\text{m}}{35\,\text{m}/(\Omega \cdot \text{mm}^2) \cdot 120 \cdot 10^{-3}\,\Omega}$$

$$\underline{\underline{A_{Cu} = 4\,\text{mm}^2}} \qquad \underline{\underline{A_{Al} = 6{,}43\,\text{mm}^2}}$$

Der Aluminiumdraht muss den 1,6fachen Querschnitt im Vergleich zum widerstandsgleichen Kupferdraht besitzen.

Temperaturabhängigkeit des Widerstandes

Der spezifische Widerstand und auch die spezifische Leitfähigkeit eines Stoffes werden stets für eine Temperatur von 20 °C angegeben. Dies ist notwendig, da

* Siemens, Werner von: dt. Erfinder 1816–1892

bei einer Gruppe von Werkstoffen mit steigender Temperatur der Widerstand steigt, bei anderen Werkstoffen der Widerstand fällt.

Ursache für die Zunahme des Widerstandswertes ist die bei höheren Temperaturen größere Wärmebewegung der Atome. Die Ladungsträger treffen jetzt wesentlich häufiger mit den Atomen zusammen und verlieren im zunehmenden Maße ihre kinetische Energie.

Im Gegensatz dazu entstehen mit zunehmender Temperatur bei einigen Widerstandswerkstoffen und besonders bei Halbleitern sowie Elektrolyten zusätzliche freie Elektronen bzw. Ionen. Die Stoffe verringern ihren Widerstandswert. Sie leiten im warmen Zustand den elektrischen Strom besser.

Diese Temperaturabhängigkeit des Widerstandswertes wird durch den Temperaturkoeffizienten, nach DIN auch TK-Wert genannt, erfasst.

> Der Temperaturkoeffizient α gibt die Widerstandsänderung eines Leiters mit einem Widerstandswert von 1 Ω bei einer Temperaturzunahme von 1 K (Kelvin)* an.

Bei einem beliebigen Widerstandswert R_{20} (Widerstand bei 20 °C) und einer beliebigen Temperaturänderung $\Delta\vartheta$ von 20 °C auf die Temperatur ϑ wird
die Widerstandsänderung $\Delta R = R_{20} \cdot \alpha \cdot \Delta\vartheta$ und
der Warmwiderstand $R_w = R_{20} + \Delta R$.

Zusammengefasst entsteht die

Berechnungsgleichung des Warmwiderstandes

$$R_w = R_{20} \cdot (1 + \alpha \cdot \Delta\vartheta) \qquad \text{3-13}$$

mit Ausnahme von Heißleitern (vgl. 10.2.1).

Diese Gleichung gilt für alle Stoffe, unabhängig ob eine Temperaturerhöhung zu einer Widerstandszunahme oder -verringerung führt.

Wir stellen gegenüber:

	Kaltleiter	Heißleiter
Merkmal	Sie leiten im **kalten** Zustand den elektrischen Strom besser.	Sie leiten im **heißen** Zustand den elektrischen Strom besser.
Widerstand bei höheren Temperaturen	$R_w > R_{20}$	$R_w < R_{20}$
Temperatur-koeffizient	$\alpha > 0$ (positiv)	$\alpha < 0$ (negativ)
Beispiel	Kupfer $\alpha = +3{,}93 \cdot 10^{-3}$ 1/K	Ag-Mn-Sn-Legierung $\alpha = -0{,}105 \cdot 10^{-3}$ 1/K
Bauelement-bezeichnung	PTC-Widerstand (positiv temperature coeffizient)	NTC-Widerstand (negative temperature coeffizient)

Lösungsbeispiel:

Die Kupferwicklung eines Motors hat bei 20 °C einen Widerstand von 120 Ω. Im Dauerbetrieb des Motors entsteht eine Betriebstemperatur von 72 °C. Welchen Widerstandswert hat die betriebswarme Wicklung?

Welcher Wert würde dagegen gemessen werden, wenn der Motor im Freien bei einer Temperatur von – 24 °C gelagert würde?

gegeben:

$\alpha = +3{,}93\ 10^{-3}$ 1 / K $\qquad \vartheta_W = 72$ °C
$R_{20} = 120\ \Omega$ $\qquad \vartheta_k = -24$ °C

gesucht:

R_w ; R_k

Lösung:

$R_w = R_{20}\,(1 + \alpha\,\Delta\vartheta) \qquad \Delta\vartheta = \vartheta_w - 20$ °C
$\Delta\vartheta = 52$ K
$R_w = 120\ \Omega \cdot (1 + 3{,}93 \cdot 10^{-3}\ 1/\text{K} \cdot 52\ \text{K})$
$\underline{\underline{R_w = 144{,}5\ \Omega}}$

$R_k = R_{20}\,(1 + \alpha\,\Delta\vartheta) \qquad \Delta\vartheta = \vartheta_k - 20$ °C
$\Delta\vartheta = -44$ K

$R_k = 120\ \Omega \cdot [1 + 3{,}93 \cdot 10^{-3}\ 1/\text{K} \cdot (-44\ \text{K})]$
$\underline{\underline{R_k = 99{,}2\ \Omega}}$

Die betriebswarme Wicklung hat einen Widerstandswert von 144,5 Ω. Er liegt um 37 % höher als bei 20 °C. Bei Frost würde der Widerstandswert dagegen nur 99,2 Ω betragen. Dies ist um 17,3 % niedriger als bei Raumtemperatur von 20 °C.

3.4.3 Leiter-, Kontakt- und Widerstandswerkstoffe

Neben dem Eisen, das in der Elektrotechnik im Wesentlichen als Konstruktionswerkstoff verwendet wird, lösen die Nichteisenmetalle und ihre Legierungen im besonderen Maße die technisch-physikalischen Probleme der Elektrotechnik und Elektronik. Ihre elektrische Leitfähigkeit, Dichte, Festigkeit, Korrosionsbeständigkeit, Schweiß- und Lötbarkeit ermöglichen einen breiten Einsatz mit sehr unterschiedlichen Anforderungen.
Nichteisenmetalle (NE-Metalle) werden entsprechend ihrer Dichte in zwei Gruppen eingeteilt (Tab. 3-7).

Andere Einteilungen sind auch möglich. Oft werden Kupfer und Kupferlegierungen als Buntmetalle und Gold, Silber und Platin als Edelmetalle zusammengefasst.

* Kelvin, Sir William Thomson, Lord Kelvin of Largs: brit. Physiker 1824–1907

Nichteisenmetalle			
Schwermetalle: Dichte >5 kg/dm³		Leichtmetalle: Dichte <5kg/dm³	
reine Metalle	Legierungen	reine Metalle	Legierungen
Cu Kupfer Pb Blei Zn Zink Sn Zinn Ni Nickel Cr Chrom Au Gold Ag Silber Pt Platin	Messing Bronze Nickel-Kupfer-Legierungen Weißmetalle	Al Aluminium Mg Magnesium Ti Titan	Aluminium-legierungen Magnesium-legierungen

Tab. 3-7 ***Einteilung der Nichteisenmetalle***

Die wichtigste Werkstoffgröße der Nichteisenmetalle ist für deren Einsatz in der Elektrotechnik die spezifische Leitfähigkeit bzw. der spezifische Widerstand. Diese Größen werden durch die Konzentration der freien Ladungsträger (Leitungselektronen) und ihre Beweglichkeit bestimmt. Insbesondere die Elektronenbeweglichkeit kann durch folgende Einflüsse verändert werden:

- Veränderung der Temperatur
- Fremdatome im Gitter des Nichteisenmetalls (Reinheitsgrad)
- plastische Formänderungen und
- Wärmebehandlung der Metalle.

Leiterwerkstoffe

In der Tab. 3-8 sind der spezifische Widerstand, die spezifische Leitfähigkeit und der Temperaturkoeffizient wichtiger Leiterwerkstoffe zusammengestellt.

Werkstoffe	spez. Widerstand ϱ in $\frac{\Omega \cdot mm^2}{m}$	spez. Leitfähigkeit $\varkappa$ in $\frac{m}{\Omega \cdot mm^2}$	Temperaturkoeffizient α in 10^{-3} 1/K
Silber	0,0163	61,3	3,8
Kupfer	0,01786	56,0	3,93
Gold	0,022	45,4	4,0
Aluminium	0,02857	35,0	3,77
Magnesium	0,046	21,7	3,9
Wolfram	0,0556	18,0	4,1
Zink	0,0606	16,5	3,7
Nickel	0,0746	13,4	6,7
Eisen	0,0962	10,4	6,4
Platin	0,1075	9,3	3,92
Zinn	0,1149	8,7	4,6
Blei	0,2083	4,8	3,9
Quecksilber	0,9615	1,04	0,92

Tab. 3-8 ***Leiterwerkstoffe***

Der vielfältige Einsatz der Leiterwerkstoffe fordert neben guter Leitfähigkeit recht unterschiedliche Eigenschaften (Tab. 3-9). Drei ausgewählte Beispiele sollen dies verdeutlichen.

Beispiel 1: Das Leiterseil einer Freileitung muss möglichst leicht und korrosionsbeständig sein, eine hohe Zugfestigkeit besitzen und sich gut verbinden lassen.

Beispiel 2: Der Draht einer Motorwicklung soll ein kleines Spulenvolumen ermöglichen, damit der Motor relativ klein und leicht wird. Weiterhin muss der Spulendraht gut lötbar sein.

Beispiel 3: Die Leiterbahnen einer Leiterkarte in elektronischen Geräten müssen den gleichen thermischen Ausdehnungskoeffizienten aufweisen wie die Trägerschicht, um eine möglichst temperaturunabhängige feste Verbindung zu erreichen.

Kontaktwerkstoffe

Die Bezeichnung „elektrischer Kontakt" bedeutet sowohl

- Zustand, der durch die Berührung zweier stromführender Teile entsteht als auch
- Gegenstand, der aus zwei Teilen gebildet wird, die sich berühren können und dann den o. g. Zustand herstellen.

Elektrische Kontakte als technische Objekte haben die Aufgabe, Stromkreise zu schließen, zu öffnen und zeitweilig die Stromleitung zu übernehmen. Da dies unter unterschiedlichen elektrischen, mechanischen und chemischen Bedingungen zu erfüllen ist, müssen die verschiedenartigsten Werkstoffe zum Einsatz kommen. Die elektrischen Kontakte können sowohl nach der Art der Kontaktgabe als auch nach der Art ihrer Beanspruchung eingeteilt werden (Tab. 3-10).

Leiterwerkstoffe

Leiterwerkstoffe	Eigenschaften/Anwendung
Kupfer	Schwermetall mit der zweitgrößten elektrischen Leitfähigkeit, kalt gut verformbar, durch dünne Oxidschicht gegen Wasser und Rauchgas beständig. Vorwiegend als Leiterwerkstoff für Installationsleitungen, Wicklungen, Stromschienen und Leiterbahnen in gedruckten Schaltungen eingesetzt.
Messing	Kupfer-Zink-Legierung mit einem Kupfergehalt meist über 56 %. Als Gusslegierung für Armaturen im Freileitungsbau, als Knetlegierung für Fassungen, Klemmen, Ösen, Schrauben, Muttern, Kontaktfedern.
Bronze	Kupfer-Zinn-Legierung mit einem Kupfergehalt meist über 80 % für korrosionsbeständige, stromführende Federn.
Aluminium	Leichtmetall mit hoher elektrischer Leitfähigkeit, geschützt durch dichte, korrosionsbeständige Oxidschicht, gut verformbar für Kondensatorfolien, Freileitungen, Kabelmäntel und Stromschienen, als gießbarer Legierungsbestandteil für Läuferkäfige.
Nickel	Legierungsbestandteil für Platten von Ni-Fe- und Ni-Cd-Akkumulatoren, in hartmagnetischen Werkstoffen und Elektroblechen.
Blei	Chemisch beständig gegen Schwefel- und Salzsäure für Akkumulatorenplatten, für Bleimäntel von Kabeln, als Strahlenschutz und Legierungsbestandteil in Loten.
Wolfram	Weißglänzendes Metall mit hohem Schmelzpunkt für Glühlampendrähte, Elektroden und Antikatoden in Röntgenröhren, oft Legierungsbestandteil in harten und warmfesten Stählen.

Tab. 3-9 ***Leiterwerkstoffe***

<table>
<tr><th>Einteilung</th><th colspan="12">Kontakte</th></tr>
<tr><td>● Nach der Art der Kontaktgabe

Beispiele</td><td colspan="4">Ruhende Kontakte

Klemm- und Schraubverbindungen</td><td colspan="4">Schleifkontakte

Kontakte der Drehwiderstände und Stromwender</td><td colspan="4">Druck- oder Abhebekontakte

Kontakte der Schalter, Schütze oder Relais</td></tr>
<tr><td>● Nach der Beanspruchung</td><td colspan="3">Leistungslos schaltende Kontakte</td><td colspan="3">Kontakte für niedrige Spannungen und Ströme mit Feinwanderung</td><td colspan="3">Kontakte für mittlere Schaltleistungen mit Grobwanderung</td><td colspan="3">Kontakte für höchste Schaltleistungen mit großer Abbrandfestigkeit</td></tr>
</table>

Tab. 3-10 ***Einteilung der Kontakte***

Welchen Beanspruchungen werden die Kontaktwerkstoffe in den einzelnen Phasen des Schaltvorganges ausgesetzt?

- Beim Schließen werden die zwei Kontaktteile durch den Kontaktdruck so verformt, dass aus der anfangs punktförmigen Berührungsstelle eine Fläche wird, deren Größe von der angreifenden Kraft und von der Elastizität des Kontaktwerkstoffes abhängt (Abb. 3-20). Der Übergangswiderstand bzw. der Kontaktwiderstand wird kleiner. Kupfer, Silber und Gold mit ihrem geringen spezifischen Widerstand und relativ kleinem Elastizitätsmodul bilden damit die Grundlage für Kontaktwerkstoffe besonders in der Kommunikationstechnik.

Zusätzliche Probleme treten durch die Federwirkung der am Schaltvorgang beteiligten Teile, durch das sog. Prellen und durch die Reibung zwischen den Kontakten auf. Extremes Prellen kann zum Verschweißen durch Lichtbogeneinwirkung und Reibung kann zum Verschleiß der Kontaktteile führen.

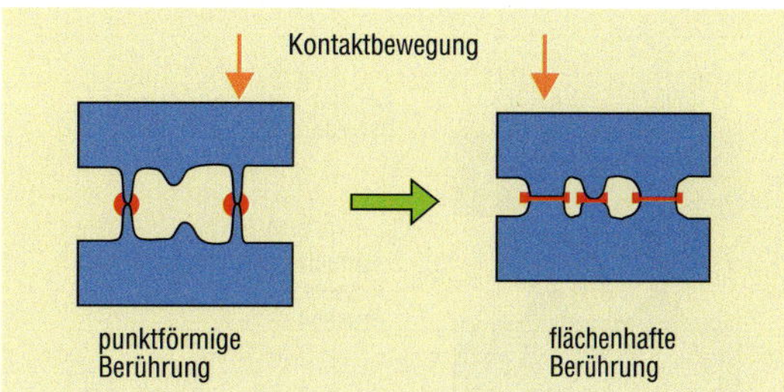

Abb. 3-20 ***Schließender Kontakt***

- Bei geschlossenen Kontakten können bei geringer Kontaktkraft und durch Ablagerung oder chemische Wirkung entstandene Fremdschichten größere Übergangswiderstände entstehen. Große Kurzschlussströme können zum Verschweißen der Kontaktteile führen.
- Werden die stromführenden Kontakte geöffnet, engt sich die Berührungsfläche immer stärker ein. Die Stromübergangsstelle erwärmt sich punktförmig (Abb. 3-21). Die entstehende Temperatur kann den Schmelzpunkt, eventuell den Siedepunkt des Kontaktwerkstoffes überschreiten. Es bilden sich flüssige Brücken, die die Zeitdauer des Ausschaltvorganges verlängern. Die Kontaktoberfläche wird für weitere Schaltvorgänge schlechter. Zum Schalten hoher Leistungen verwendet man Kontaktwerkstoffe mit möglichst hohem Schmelz- und Siedepunkt, z. B. Wolfram oder Molybdän.

  Entsteht beim Öffnen ein Schaltlichtbogen, verdampft ein Teil des Katodenmaterials. Ist der Kontaktabstand gering, scheidet sich das verdampfte Katodenmaterial auf der Anode als positiv geladene Elektrode ab. Man bezeichnet diese Materialbewegung als Grobwanderung. Beim Schalten höherer Leistungen geht bei beiden Kontaktteilen (Elektroden) Material durch Verdampfung verloren.
  Auch bei kleineren Spannungen und Strömen ohne Lichtbogenbildung sind geringe Materialbewegungen festzustellen. Diese Feinwanderung erfolgt im Allgemeinen von der Anode zur Katode. Trotz geringer Materialbewegung können sich an der Anode Krater und auf der Katode Spitzen bilden, die durch geringfügiges Verhaken den Schaltvorgang verschlechtern.

Zusammenfassend ist festzustellen:

Einen Kontaktwerkstoff, der gleichzeitig
- hohe elektrische Leitfähigkeit
- hohen Schmelzpunkt
- hohe Abbrandbeständigkeit
- hinreichende mechanische Festigkeit und Härte
- geringe Neigung zur Fein- und Grobwanderung
  u. a. besitzt, gibt es nicht.

Entsprechend den konkreten Bedingungen des Stromkreises ist der jeweilige Kontaktwerkstoff auszusuchen.

- Von den Edelmetallen werden sehr häufig Silber, Gold und Platin verwendet. Die anderen, wie Rhodium, Palladium oder Iridium, werden in der Elektrotechnik nur als Legierungsbestandteile eingesetzt.

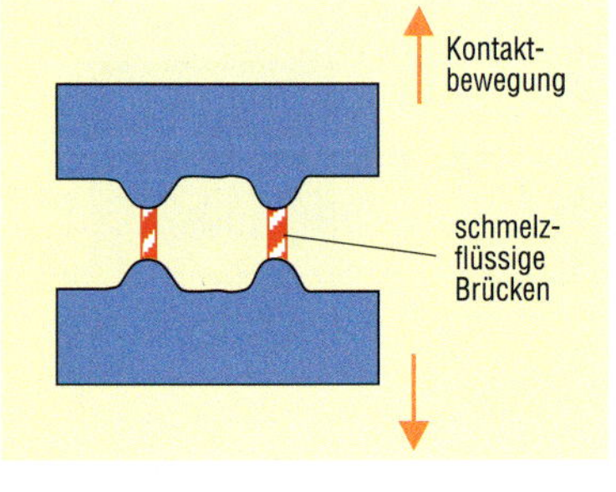

Abb. 3-21
Öffnender Kontakt

- Quecksilber ist als einziges Metall bei Raumtemperatur flüssig. Es wird in Hg-Dampflampen, galvanischen Elementen und als Kontaktmaterial in Schaltröhren und Kontaktthermometern eingesetzt.
  Beachten Sie:
  Quecksilber-Dämpfe sind sehr giftig!
- Schmelzlegierungen haben im Vergleich zu den reinen Metallen im Allgemeinen eine größere Härte und eine geringere Neigung zur Stoffwanderung und zum Abbrand.
- Sinterlegierungen sind pulvermetallurgisch hergestellte Gemische. Diese Verbundwerkstoffe werden bevorzugt in der Energietechnik verwendet, wenn durch sehr hohe Schaltleistungen ein starker Verschleiß zu erwarten ist.
- Tränklegierungen sind auch Verbundwerkstoffe, die aus einem hochschmelzenden, gesinterten Wolfram- oder Molybdänkörper hergestellt werden, der mit Kupfer oder Silber getränkt ist.
- Ein bedeutender Kontaktwerkstoff ist die sog. Kunstkohle. Sie wird als Kohlebürsten bei Motoren, als Stromabnehmer bei elektrischen Triebfahrzeugen, auch in Schaltwalzen und Steuergeräten verwendet. Insbesondere bei Kohlebürsten werden Kupfer und Silber von 20 bis 90 % zugesetzt. Dadurch ergibt sich einmal eine hohe Verschleißfestigkeit und zum anderen gute Gleiteigenschaften durch die Selbstschmierung. Der Nachteil des relativ hohen spezifischen Widerstandes der Kohlebürsten muss durch geeignete Abmessungen ausgeglichen werden.

In der Tab. 3-11 sind ausgewählte Schmelz-, Sinter- und Tränklegierungen zusammengestellt.

Widerstandswerkstoffe

Widerstände als Bauelemente haben in der Elektrotechnik sehr unterschiedliche Aufgaben zu erfüllen. Daraus ergibt sich auch hier die Notwendigkeit, eine Vielzahl von Widerstandswerkstoffen einzusetzen. Allgemein sollen diese folgende Eigenschaften besitzen:

- relativ hoher spezifischer Widerstand im Bereich von 0,2 bis 1,5 $\Omega \cdot mm^2/m$
- kleine Temperaturkoeffizienten
- hohe Lebensdauer
- Alterungsbeständigkeit
- gute mechanische Bearbeitbarkeit und
- im Einzelfall gute Wärmeleitfähigkeit und hoher Schmelzpunkt.

Diese differenzierten Anforderungen werden durch

- metallische Leiter als Draht, Band, Folie und Blech oder durch
- Metall- oder Kohleschichten auf Trägermaterial aus Isolierstoff (Schichtwiderstände) oder durch
- Gemische aus Metall, Kohle oder Metalloxiden mit einem isolierenden Bindemittel (Massewiderstände) erfüllt.

Eine Übersicht der Widerstandswerkstoffe erhält man, wenn man sie nach ihrem Einsatzbereich unterscheidet (Tab. 3-12).

	Werkstoff	Kontakteigenschaften	Anwendungen
Schmelzlegierungen	Silber-Kadmium	Oxidbildung beim Schalten, geringe Schweißneigung, hohe Abbrandfestigkeit	Schweißfeste Gleichstromkontakte
	Silber-Kupfer	Mit zunehmendem Cu-Gehalt: stärkere Oxidbildung beim Schalten, höhere mechanische Festigkeit, geringere Materialwanderung	Relaiskontakte für höhere Spannungen und Ströme, mechanisch stark beanspruchte Kontakte
	Gold-Silber oder Gold-Nickel	Chemisch beständig, sehr niedrige Kontaktwiderstände	Feinkontakte in der Informationstechnik, besonders in der HF-Technik bei hohen Anforderungen an die Korrosionsbeständigkeit
Sinterlegierungen	Silber-Nickel	Geringe Oxidation, mechanisch sehr widerstandsfähig, geringe Schweißneigung, gute Abbrandfestigkeit	Schaltschütze, Temperaturregler, Hochstromtrennschalter der Niederspannungstechnik
	Silber-Kadmiumoxid	Hohe Verschleißfestigkeit, günstige Lichtbogenlöschung, geringer Abbrand	Luftschütze für höchste Beanspruchungen
Tränklegierungen	Wolfram-Silber oder Wolfram-Kupfer	Ähnliche Eigenschaften wie die entsprechenden Sinterwerkstoffe, jedoch höhere Abbrandfestigkeit	vgl. Sinterwerkstoffe

Tab. 3-11 ***Kontaktwerkstoffe***

Widerstandswerkstoffe

als

Heizleiter	Technische Widerstände	Messwiderstände
in Heizgeräten, Widerstandsöfen	für Anlass- oder Stellvorgänge, für elektronische Schaltungen	für Widerstandsnormale, Vorwiderstände oder Shunts
● Chrom-Nickel-Legierungen (Fe-freie, Fe-arme mit 15 bis 20 % Fe, Fe-reiche mit 48 bis 55 % Fe) ● Chrom-Aluminium-Legierungen	● Gusseisen, Eisendraht und -blech ● Chrom-Nickel-Legierungen ● Chrom-Aluminium-Legierungen	● Cu-Ni-Legierungen (Konstantan, Nickelin) ● Cu-Mn-Legierungen (Manganin, Isabellin)

Tab. 3-12 ***Widerstandswerkstoffe***

Widerstandswerkstoffe für Heizleiter

Durch die Verwendung der Heizleiter in Elektrowärmegeräten und Widerstandsöfen werden die Widerstandswerkstoffe dauernd mit hohen Temperaturen belastet. Die Legierungen mit den Hauptbestandteilen Fe, Ni, Cr und Al müssen deshalb besonders korrosionsbeständig sein. In der Regel bilden die Heizleiterlegierungen beim Erhitzen eine dichte Haut aus Chrom- oder Aluminiumoxid und schützen sich somit selbst vor einer weiteren Korrosion.
Die Lebensdauer eines Heizleiterdrahtes ist nicht nur vom Werkstoff, der Glühtemperatur und der Drahtdicke abhängig, sondern auch von der Schalthäufigkeit. Jedes Schalten beansprucht die Oxidhaut mechanisch, die dadurch u. U. abspringen kann. Geringe Zusätze von Thorium, Cer oder Calcium verbessern die Dichtigkeit der Haut und damit die Lebensdauer der Widerstandswerkstoffe.

Widerstandswerkstoffe für technische Widerstände

Neben den allgemeinen Anforderungen müssen diese Widerstandswerkstoffe bei hoher Belastung zunderfest und beständig gegen aggressive Gase oder salzhaltige Luft sein. Große Anlass- und Stellwiderstände erfordern viel Widerstandsmaterial. Aus Preisgründen wird daher Gusseisen oder Eisendraht eingesetzt. Bei niedrigen Betriebstemperaturen kann das Eisen durch Verzinken oder durch Legieren mit Silicium korrosionsbeständig gemacht werden. Bei höheren Ansprüchen werden Chrom-Nickel- oder Chrom-Aluminium-Legierungen verwendet.

Widerstandswerkstoffe für Messwiderstände

Um den Einfluss der Widerstände auf die Messgenauigkeit möglichst klein zu halten, werden

- ein zeitlich konstanter Widerstandswert
- ein sehr kleiner Temperaturkoeffizient, möglichst unter $25 \cdot 10^{-6}$ 1/K, und
- eine geringe Thermospannung gegen Kupfer (kleiner $10 \cdot 10^{-6}$ V/K) gefordert.

CuMnNi-Legierungen mit geringen Zusätzen erfüllen die genannten Forderungen. Oft werden die Messwiderstände künstlich durch Wärmebehandlung noch gealtert.

3.4.4 Widerstandsbauelemente im Stromkreis

Grundsätzlich werden Widerstandsbauelemente (Tab. 3-13) eingeteilt in

Festwiderstände:

Widerstände mit einem unveränderlichen Widerstandswert und in

veränderbare Widerstände:
Widerstände, deren wirksamer Widerstandswert durch Stellen verändert werden kann.
Die Widerstandsänderung kann stufenlos oder in Stufen erfolgen und kann häufig oder nur einmalig bzw. für Korrekturen zur Widerstandsanpassung (Trimmerwiderstand) erforderlich sein.

Festwiderstände werden verwendet als

Schichtwiderstände (Abb. 3-22)

Kohleschichtwiderstand:

Ein Porzellankörper trägt die Widerstandsschicht aus kristalliner Kohle.

Metalloxid-Schichtwiderstand:

Metalloxid wird auf einen keramischen Körper aufgedampft und mit Silikonzement überzogen.

Metallschichtwiderstand:

Eine Edelmetallschicht wird entweder als Paste (Dickschichttechnik) auf einen Keramikträger aufgetragen oder durch eine Maske aufgedampft (Dünnschichttechnik).

und als

Drahtwiderstände (Abb. 3-23)**:**
unlackiert, zementiert und glasiert.

Veränderbare Widerstände haben einen Schleifkontakt, der bei den **Schiebewiderständen** durch einen mechanischen Stellvorgang geradlinig und bei den **Drehwiderständen** auf einer Kreisbahn (Abb. 3-24) seine Lage verändert.

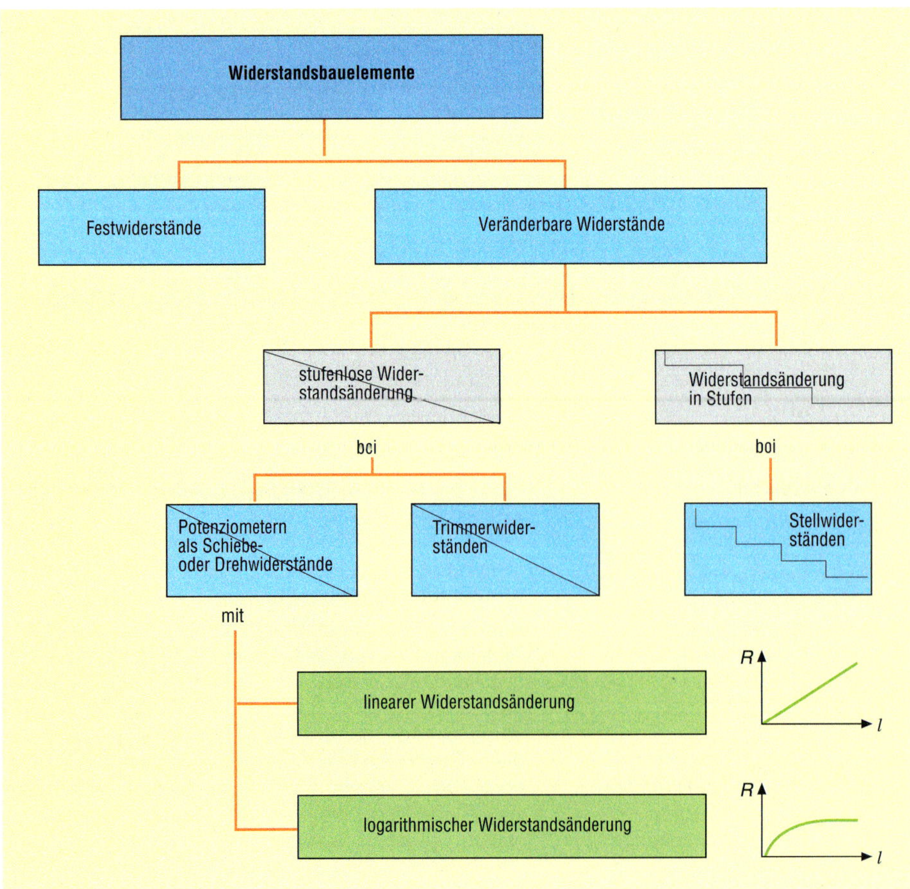

Tab. 3-13
Einteilung der Widerstandsbauelemente

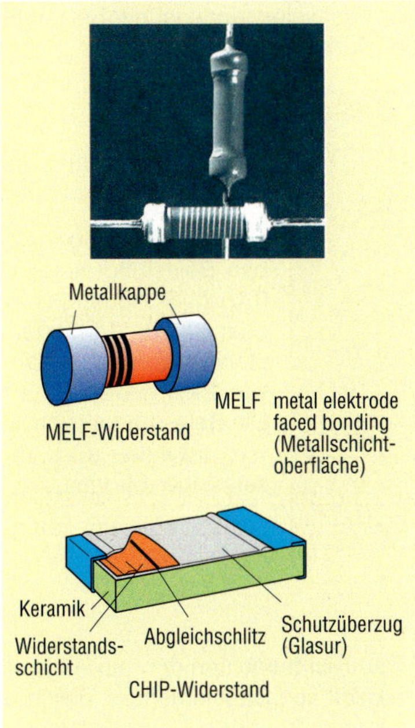

Abb. 3-22
Schichtwiderstände

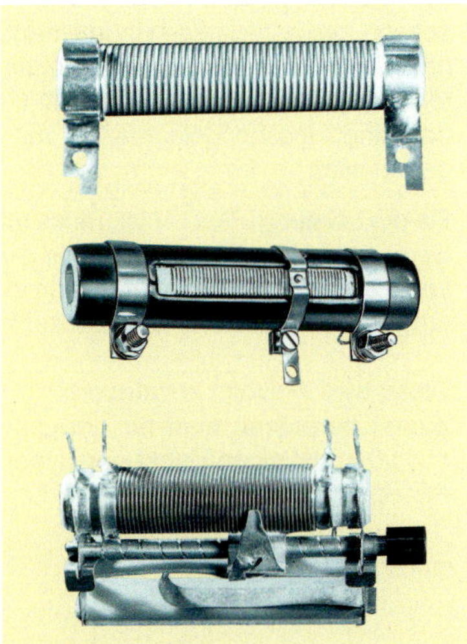

Abb. 3-23
Drahtwiderstände

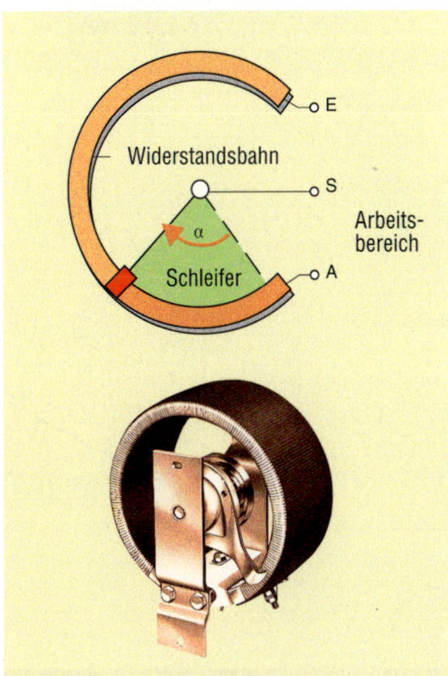

Abb. 3-24
Drehwiderstände

Der wirksame Widerstandswert R wird zwischen dem Anfangskontakt A und dem Schleifer S in Abhängigkeit vom Drehwinkel α eingestellt. Der Arbeitsbereich umfasst bis zum Endkontakt E maximal einen Drehwinkel von etwa 270°.

Bei den **linearen Potenziometern** verändert sich der Widerstandswert gleichmäßig, d. h., jeder Grad des Drehwinkels ergibt stets die gleiche Widerstandsänderung. Die Widerstandskurve ist eine Gerade. Solche Drehwiderstände verwendet man z. B. zur Klangeinstellung.

Logarithmische Potenziometer, die z. B. zur Lautstärkeeinstellung genutzt werden, ändern den Widerstandswert nach einer logarithmischen Funktion. Dies kann ein positiv logarithmischer Verlauf – der Widerstandswert je Drehwinkelgrad steigt zunächst sehr langsam, dann wesentlich schneller oder ein negativ logarithmischer Verlauf (Abb. 3-25) mit entgegengesetztem Verlauf sein.

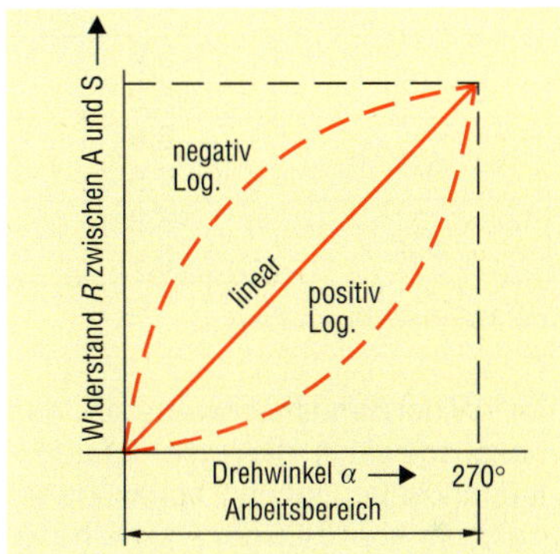

Abb. 3-25
Widerstandskurven von Potenziometern

Kennwerte und Kennzeichnung

Beim Einsatz von Widerstandsbauelementen müssen neben den Abmessungen die Kennwerte
- Widerstandsbemessungswert
- Widerstandstoleranz und
- Belastbarkeit

beachtet werden.

Nennwiderstände werden nach Normzahlenreihen abgestuft. Von den IEC-Normreihen (International Electrical Commission) E 6 bis E 192 werden Bauelemente mit den Normreihen
- E 6 mit einer Widerstandstoleranz von ± 20 %
- E 12 mit einer Widerstandstoleranz von ± 10 % und
- E 24 mit einer Widerstandstoleranz von ± 5 %

am häufigsten verwendet. Die Zahl hinter dem E gibt die verschiedenen Widerstandswerte innerhalb einer Dekade an, d. h., nach der E 6-Reihe gibt es z. B. Widerstände mit dem Nennwert 4,7 Ω; 47 Ω; 470 Ω oder 4,7 kΩ usw. Je größer die Anzahl der Werte in einer Reihe ist, desto geringer ist die Widerstandstoleranz. Die Abstufungen in der Tab. 3-14, Seite 42 zeigen, dass aus wirtschaftlichen Gründen sinnvollerweise nicht Bauelemente mit beliebigen Widerstandswerten hergestellt werden.

Widerstandsnennwerte in Ω, kΩ und MΩ		
Reihe E 6 (± 20 %)	Reihe E 12 (± 10 %)	Reihe E 24 (± 5 %)
1,0	1,0	1,0
		1,1
	1,2	1,2
		1,3
1,5	1,5	1,5
		1,6
	1,8	1,8
		2,0
2,2	2,2	2,2
		2,4
	2,7	2,7
		3,0
3,3	3,3	3,3
		3,6
	3,9	3,9
		4,3
4,7	4,7	4,7
		5,1
	5,6	5,6
		6,2
6,8	6,8	6,8
		7,5
	8,2	8,2
		9,1

Tab. 3-14 ***IEC-Widerstands-Normreihen***

Die Toleranzen der Widerstandsnennwerte in den Normreihen sind so ausgewählt, dass die Toleranzbereiche eine Widerstandsüberlappung benachbarter Werte ergibt. Dies zeigt die Abb. 3-26 der E 6-Reihe für zweistellige Widerstandswerte.

Werden Widerstandsbauelemente vom Strom durchflossen, wird ein Teil der elektrischen Energie in Wärme umgewandelt. Bei zu großer Erwärmung kann das Bauelement seine Eigenschaften so ändern oder sogar zerstört werden, dass die Funktion einer Schaltung mehr oder weniger stark beeinträchtigt wird. Da der Wärmeaustausch des Bauelementes mit seiner Umgebung von vielen Faktoren, z. B. Werkstoff, Oberfläche usw., abhängig ist, gibt der Hersteller die Belastbarkeit des Widerstandsbauelementes an.

Für Festwiderstände ist die Belastbarkeit nach folgender Nennlastreihe abgestuft:

0,05 W
0,1 W
0,25 W
0,5 W
1 W
2 W
3 W
6 W
10 W
20 W

Die Werte beziehen sich auf eine Umgebungstemperatur von 40 °C oder 70 °C.

Gebräuchliche Schichtpotenziometer haben Belastungswerte von 0,125 W oder 0,25 W, Schiebepotenziometer von 0,2 W oder 0,4 W. Veränderbare Drahtwiderstände werden sogar für Belastungen von 1 kW gebaut.
Die Belastbarkeit von Drahtwiderständen wird teilweise auch durch die maximal zulässige Stromstärke gekennzeichnet.

Das Nichtbeachten der maximal zulässigen Belastbarkeit von Bauelementen, gleich ob es ein Drahtwiderstand oder ein Transistor ist, führt besonders bei Versuchsreihen oder Prüfungen zur thermischen Überlastung des Bauelementes. Machen wir uns die Problematik noch einmal an einem konkreten Beispiel bewusst. Wir wählen einen 2-kΩ-Widerstand, dessen Belastbarkeit mit 500 mW angegeben wird.

Da die Leistung $P = U \cdot I$ ist, muss mit zunehmender Spannung U die höchstzulässige Stromstärke I sinken. Dieser Zusammenhang kann mit der sog. Leistungshyperbel (Abb. 3-27) verdeutlicht werden.

Diese wird wie folgt konstruiert:
Zuerst berechnet man für die gegebene Leistung P = 500 mW einen Punkt der Hyperbel z. B. bei einer Spannung $\boxed{U = 50\text{ V}}$

die Stromstärke $I = \frac{P}{U}$

$$I = \frac{500\text{ mW}}{50\text{ V}}$$

$$\boxed{I = 10\text{ mA}}$$

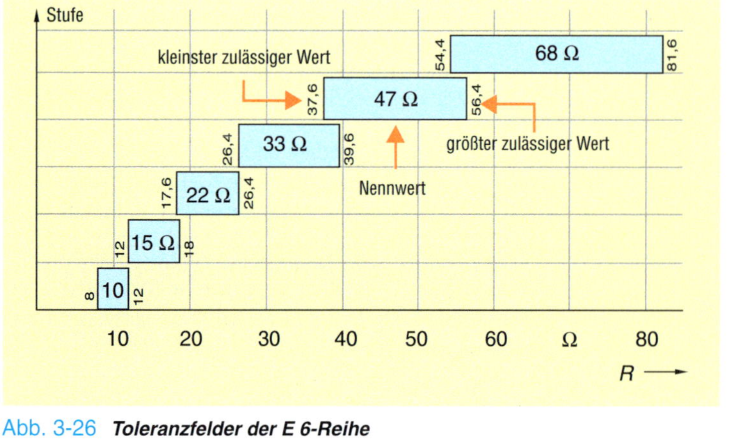

Abb. 3-26 ***Toleranzfelder der E 6-Reihe***

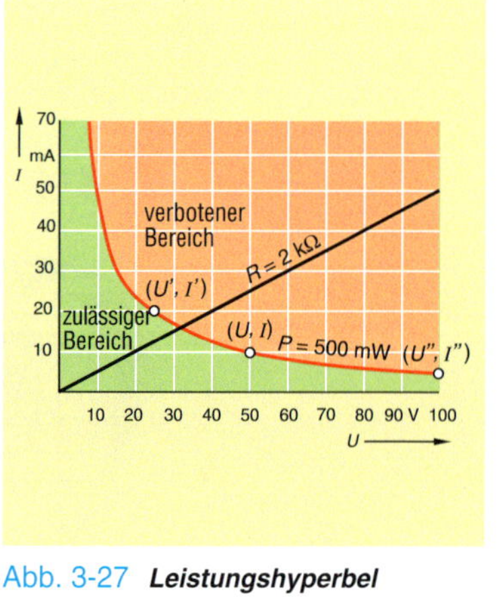

Abb. 3-27 ***Leistungshyperbel***

Andere Punkte erhält man nun durch das Verdoppeln der Stromstärke und Halbieren der Spannung:

$I' = 20$ mA → $U' = 25$ V oder

durch das Verdoppeln der Spannung und Halbieren der Stromstärke:

$U'' = 100$ V → $I'' = 5$ mA

Der Widerstand wird dann nicht überlastet, wenn er mit Spannungen und zugehörigen Stromstärken unterhalb der Leistungshyperbel betrieben wird. Wie aus der Abb. 3-27 zu entnehmen ist, darf an den gegebenen Widerstand von 2 kΩ maximal nur eine Spannung von 31,6 V angelegt werden.

Widerstandsbauelemente werden entweder alphanumerisch oder durch einen Farbcode gekennzeichnet.

Zur alphanumerischen Kennzeichnung der Widerstände:

- Widerstandswert, Toleranzbereich und Belastbarkeit werden mit den entsprechenden Werten angegeben, z. B.
  1200 Ω ± 5% 0,25 W.

- Angabe von Festwiderständen nach folgendem Beispiel:

Widerstandswert	Kennzeichnung
0,47 Ω	R 47
4,70 Ω	4 R 7
47,00 Ω	47 R
470,00 Ω	470 R
0,47 kΩ	K 47

Die Kennzeichnung von Widerständen im kΩ- und MΩ-Bereich ist analog.

- Angabe von veränderbaren Widerständen nach folgendem Beispiel:
  R = 120 kΩ, linear ⟶ 120 k
  R = 120 kΩ, positiv logarithmisch → 120 k + log oder + V120 k
  R = 120 kΩ, negativ logarithmisch → 120 k – log oder – V120 k

Zur Farbkennzeichnung der Festwiderstände:
Die Farbkennzeichnung der IEC-Normreihen E 6, E 12 und E 24 erfolgt entsprechend Tab. 3-15 durch vier Farbringe oder Farbpunkte: Die ersten drei kennzeichnen den Widerstandsnennwert und der vierte die Toleranz (Abb. 3-28).

Die Kennzeichnung dreistelliger Widerstandswerte erfordert einen zusätzlichen Farbring. Dies ist notwendig bei den Normreihen E 48 (± 2 % Toleranz), E 96 (± 1 % Toleranz) und E 192 (± 0,5 % Toleranz)

Kennfarbe	1. Ring (Wert der 1. Ziffer)	2. Ring (Wert der 2. Ziffer)	3. Ring Multiplikator	4. Ring Toleranz
keine	–	–	–	± 20 %
silber	–	–	10^{-2}	± 10 %
gold	–	–	10^{-1}	± 5 %
schwarz	0	0	10^{0}	–
braun	1	1	10^{1}	± 1 %
rot	2	2	10^{2}	± 2 %
orange	3	3	10^{3}	–
gelb	4	4	10^{4}	–
grün	5	5	10^{5}	± 0,5 %
blau	6	6	10^{6}	–
violett	7	7	10^{7}	–
grau	8	8	10^{8}	–
weiß	9	9	10^{9}	–

Tab. 3-15 ***IEC-Farbcode***

Beispiele:

1. Ring	2. Ring	3. Ring	4. Ring	Nennwert
orange	gelb	rot	silber	
3	4	10^{2} Ω	10 %	3400 Ω ± 10 %
grau	grün	silber	braun	
8	5	10^{-2} Ω	1 %	850 mΩ ± 1 %

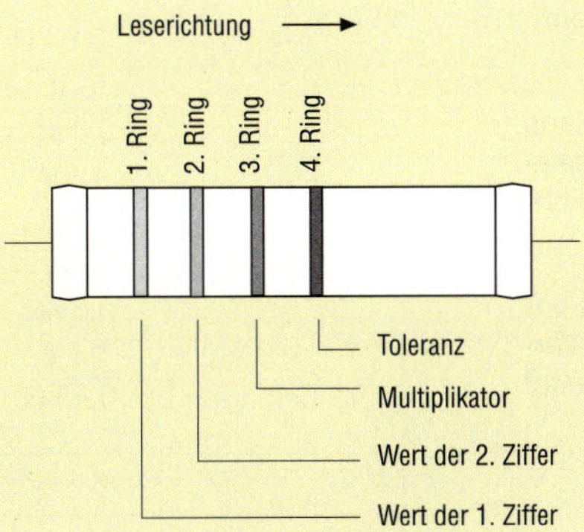

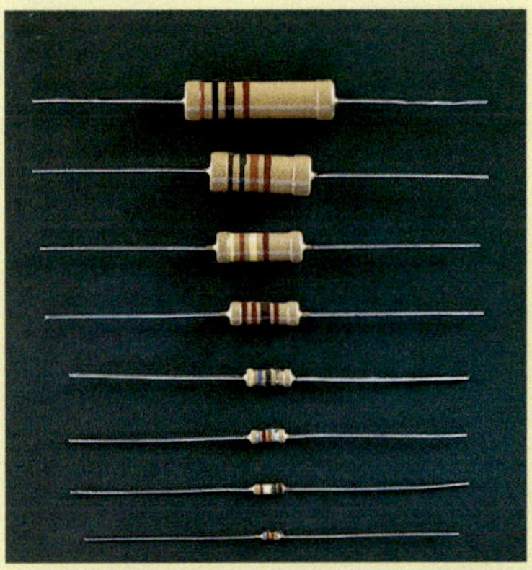

Abb. 3-28 ***Farbenkennzeichnung***

3.5 Ohmsches Gesetz

Anfang des 19. Jahrhunderts entdeckte Georg Simon Ohm in Auswertung seiner Experimente, dass bei ein und demselben Widerstandsbauelement zwischen unterschiedlichen Spannungswerten und den entsprechenden Stromstärken ein gesetzmäßiger Zusammenhang besteht, wenn die Temperatur konstant gehalten wurde.

Vollziehen wir mit einem selbstgewählten Beispiel diese Versuchsreihe nach:

angelegte Spannung	zugehörige Stromstärke
$U_1 = 12\ \text{V}$	$I_1 = 0{,}2\ \text{A}$
$U_2 = 19{,}2\ \text{V}$	$I_2 = 0{,}32\ \text{A}$
$U_3 = 60\ \text{V}$	$I_3 = 1\ \text{A}$
$U_4 = 126\ \text{V}$	$I_4 = 2{,}1\ \text{A}$

Der gesetzmäßige Zusammenhang besteht darin, dass bei Division der Spannungswerte durch die zugehörigen Stromwerte

$$\frac{U_1}{I_1} = \frac{12\ \text{V}}{0{,}2\ \text{A}}$$

$$\frac{U_2}{I_2} = \frac{19{,}2\ \text{V}}{0{,}32\ \text{A}}$$

$$\frac{U_3}{I_3} = \frac{60\ \text{V}}{1\ \text{A}}$$

$$\frac{U_4}{I_4} = \frac{126\ \text{V}}{2{,}1\ \text{A}}$$

der Quotient immer gleich groß ist. Ein für die Elektrotechnik wichtiges Naturgesetz hatte Georg Simon Ohm erkannt.

Bei unveränderlichen physikalischen Einflussgrößen ist der Quotient aus der an einem Widerstandsbauelement angelegten Spannung und der Stromstärke konstant.

Das Ohm'sche Gesetz kann damit mathematisch wie folgt geschrieben werden:

$\frac{U}{I}$ = konstant bei unveränderlichen Bedingungen.

Da nach Abschnitt 3.4 der Quotient aus Spannung und Stromstärke als Widerstand definiert wurde, kann das Ohm'sche Gesetz auch folgende Form annehmen:

R = konstant bei unveränderlichen Bedingungen.

Das Ohm'sche Gesetz gilt insbesondere für metallene Leiter, da bei diesen die geforderten gleichen physikalischen Bedingungen meist eingehalten werden können.

Die Bedeutung des Ohm'schen Gesetzes besteht vor allem darin, dass mit ihm das Strom-Spannungs-Verhalten eines Widerstandsbauelementes abgeleitet werden kann.

Es gibt zwei Möglichkeiten,
die Gleichung $\frac{U}{I} = R$ umzustellen.

(1.) $$I = \frac{U}{R}$$ | **3–14**

Die Gleichung erfasst die funktionale Abhängigkeit der Stromstärke I in Bauelementen und Stromkreisen von

- der antreibenden Spannung U $I = f(U)$
  und
- vom Widerstand R $I = f(R)$.

Steigende (↑) Spannung bewirkt eine steigende Stromstärke

$U\uparrow \longrightarrow I\uparrow$,

dagegen führt ein steigender Widerstandswert zu einer absinkenden (↓) Stromstärke

$R\uparrow \longrightarrow I\downarrow$.

Lösungsbeispiel:

In einer Versuchsreihe wird an einem Widerstand von 0,8 kΩ eine Spannung von 0 V in Sprüngen zu je 6 V bis maximal 24 V angelegt.

a) Es sind die den Spannungswerten zuzuordnenden Stromstärkewerte zu berechnen und die Ergebnisse in eine Wertetabelle einzutragen.

b) Die Funktion $I = f(U)$ ist in einem rechtwinkligen Koordinatensystem grafisch darzustellen.

c) Die grafische Darstellung der Funktion $I = f(U)$ ist für die Bestimmung des Stromstärkewertes bei einer Spannung von 15 V zu nutzen (Ablesen eines Zwischenwertes).

d) Es ist der Verlauf der Widerstandsgeraden eines Bauelementes zu bestimmen, dessen Widerstand R' größer als 0,8 kΩ ist

gegeben:

$R = 0{,}8\ \text{k}\Omega$
$0\ \text{V} \le U \le 24\ \text{V}$
$\Delta U = 6\ \text{V}$
$U^* = 15\ \text{V}$

gesucht:

a) $I_1 \ldots I_5$
b) grafische Darstellung
c) I^*
d) Widerstandsgerade R'

Lösung:

a) $I = \frac{U}{R}$

$I_1 = \frac{0\ \text{V}}{0{,}8\ \text{k}\Omega}$ $\underline{I_1 = 0\ \text{mA}}$

$I_2 = \frac{6\ \text{V}}{0{,}8\ \text{k}\Omega}$ $\underline{I_2 = 7{,}5\ \text{mA}}$

$I_3 = \frac{12\ \text{V}}{0{,}8\ \text{k}\Omega}$ $\underline{I_3 = 15\ \text{mA}}$

$I_4 = \frac{18\ \text{V}}{0{,}8\ \text{k}\Omega}$ $\underline{I_4 = 22{,}5\ \text{mA}}$

$I_5 = \frac{24\ \text{V}}{0{,}8\ \text{k}\Omega}$ $\underline{I_5 = 30\ \text{mA}}$

U/V	0	6	12	18	24
I/mA	0	7,5	15	22,5	30

b) Abb. 3-29 Strom-Spannungs-Kennlinie des Widerstandes

c) $U^* = 15$ V $\quad$ $I^* = 18{,}7$ mA

Beachten Sie, dass aus grafischen Darstellungen meist nur Näherungswerte abgelesen werden können.

d) Der Verlauf einer Widerstandsgeraden ist eindeutig durch zwei Punkte bestimmt.

Da bei $U = 0$ V I unabhängig vom Widerstandswert immer 0 ist, liegt der erste Punkt im Koordinatenursprung.

Die Lage des zweiten Punktes kann durch folgende Überlegung bestimmt werden:

Liegt an beiden Bauelementen der gleiche Spannungswert, z. B. 24 V, dann ist auf Grund der umgekehrten Proportionalität zwischen Stromstärke und Widerstand bei
$R' > R = 0{,}8\ \text{k}\Omega \rightarrow I' < I_5 = 30$ mA.

Der Anstieg der Widerstandsgeraden des zweiten Bauelementes ist geringer als der des ersten Bauelementes (vgl. Abb. 3-29).

(2.) $U = I \cdot R$ | **3-15**

Diese Gleichung erfasst die funktionale Abhängigkeit des Spannungsfalls U über einem Bauelement von

- dem fließenden Strom I $\quad$ $U = f(I)$ und
- vom Widerstand R $\quad$ $U = f(R)$.

Steigende Stromstärke bewirkt einen steigenden Spannungsfall
$I\uparrow \longrightarrow U\uparrow$,

ebenso führt ein steigender Widerstand zu einem steigenden Spannungsfall
$R\uparrow \longrightarrow U\uparrow$.

Das Bild der Funktion $U = f(I)$ ist wieder eine Gerade (Abb. 3-30). Beachten Sie, dass in diesem Fall die unabhängige Veränderliche die Stromstärke I ist. Sie muss deshalb im Koordinatensystem auf der Abszisse abgetragen werden. Die Spannungsfälle als abhängige Veränderliche sind dann die Ordinatenwerte.

In der Abb. 3-30 ist die Widerstandsgerade eines zweiten Bauelementes mit dem Widerstandswert R' eingetragen. Da bei gleicher Stromstärke der Spannungsfall $U' < U^*$ ist, ist im Gegensatz zur Abb. 3-29 der Widerstandswert $R' < R$.

Aus dem oben Dargestellten ist zu erkennen, dass das Ohm'sche Gesetz und das Strom-Spannungs-Verhalten eines Widerstandes eine untrennbare Einheit darstellen. Deshalb ist einzusehen, dass die Funktionsgleichungen $I = \frac{U}{R}$ und $U = I \cdot R$ häufig auch als Ohm'sches Gesetz bezeichnet werden.

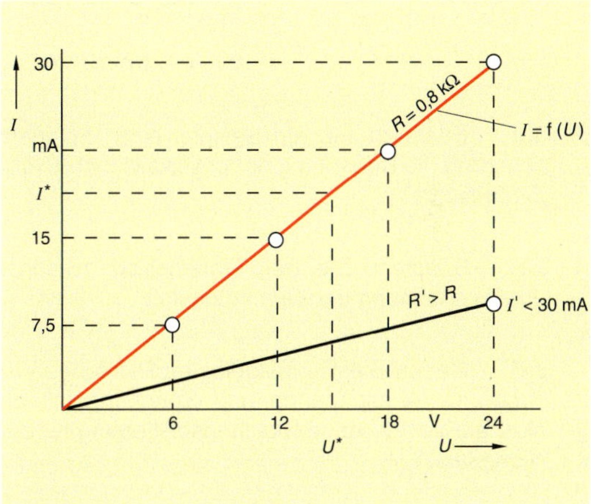

Abb. 3-29
Strom-Spannungs-Kennlinie des Widerstandes

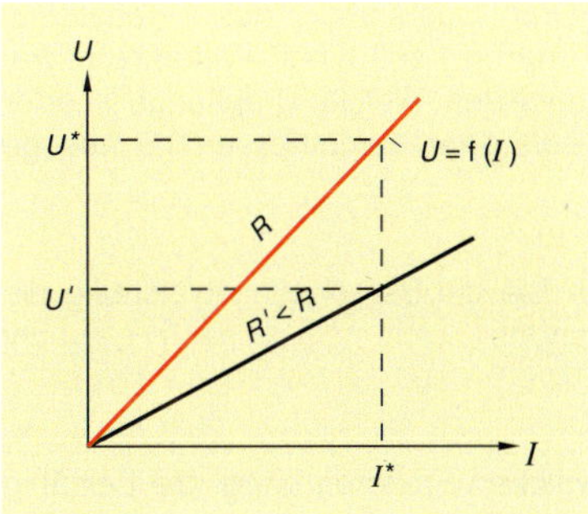

Abb. 3-30
Darstellung der Funktion U = f (I)

3

AUFGABEN

3.1 In einem Fachtext werden die Wörter „elektrischer Strom" und „Stromstärke" verwendet. Worin besteht der Unterschied?

3.2 Nennen Sie die Voraussetzungen für das Fließen eines elektrischen Stromes.

3.3 In einem Stromkreis addieren sich die Teilströme I_1 und I_2 zu dem Gesamtstrom I. Berechnen Sie die fehlenden Stromstärken. Wählen Sie die Einheit so, dass der Zahlenwert größer als 1 ist.

I_1	520 mA	?	380 µA
I_2	0,7 A	108 mA	?
I	?	$4 \cdot 10^{-1}$ A	$67 \cdot 10^{-3}$ A

3.4 Erläutern Sie am Beispiel einer Schmelzsicherung die Bedeutung der physikalischen Größe „Stromdichte".

3.5 Erläutern Sie den Unterschied zwischen Quellenspannung und Spannungsfall.

3.6 Geben Sie die festgelegten Richtungen für Strom, Quellenspannung und Spannungsfall an. Weshalb gibt es keine Richtungsfestlegung für den Widerstand?

3.7 Bestimmen Sie die Potenziale der Punkte A, B und 0 der Abb. 3-13, wenn der Punkt C als Bezugspunkt (Potenzialnullpunkt) gewählt wird.

3.8 Ein Drahtwiderstand aus Konstantan (ϱ = 0,50 Ω · mm²/m) soll einen Widerstandswert von 1250 Ω aufweisen. Welche Drahtlänge ist erforderlich, wenn als Drahtdurchmesser 0,5 mm gewählt wird?

3.9 Stellen Sie die Berechnungsgleichung des Warmwiderstandes Gleichung 3-13 nach R_{20}, α und $\Delta\,\vartheta$ um.

3.10 Von welchen Faktoren hängt die Leitfähigkeit der Metalle ab?

3.11 Wie werden die Eigenschaften des Kupfers in seiner technischen Anwendung genutzt?

3.12 Geben Sie anhand von Beispielen die Anforderungen an, die an elektrische Kontakte gestellt werden.

3.13 Nennen Sie die Eigenschaften des Silbers, die besonders seinen Einsatz als Kontaktwerkstoff bestimmen.

3.14 Beschreiben Sie den Einsatzbereich technischer Widerstände, und leiten Sie daraus die Anforderungen an die entsprechenden Widerstandswerkstoffe ab.

3.15 Nennen Sie die Kennwerte von Widerstandsbauelementen und erläutern Sie insbesondere die Bedeutung der Belastbarkeit.

3.16 Worin unterscheiden sich die IEC-Normreihen E 6 und E 12?

3.17 Was versteht man unter dem Strom-Spannungs-Verhalten eines Widerstandes?

3.18 Es wurde bei einer fachlichen Diskussion behauptet, dass das Produkt der Einheiten Volt x Siemens die Einheit Ampere ergibt. Ist diese Behauptung richtig?

3.19 Zeichnen Sie die Strom-Spannungs-Kennlinie $I = f\,(U)$ für einen Widerstand von 420 Ω, wenn die Spannung im Bereich von 0 bis 230 V verändert wird.

3.20 Skizzieren Sie den prinzipiellen Verlauf der Strom-Spannungs-Kennlinie einer Glühlampe, wenn Sie berücksichtigen, dass der Wolframdraht der Glühwendel mit zunehmender Spannung sich erwärmt und der Temperaturkoeffizient positiv ist.

4 Einfacher Stromkreis

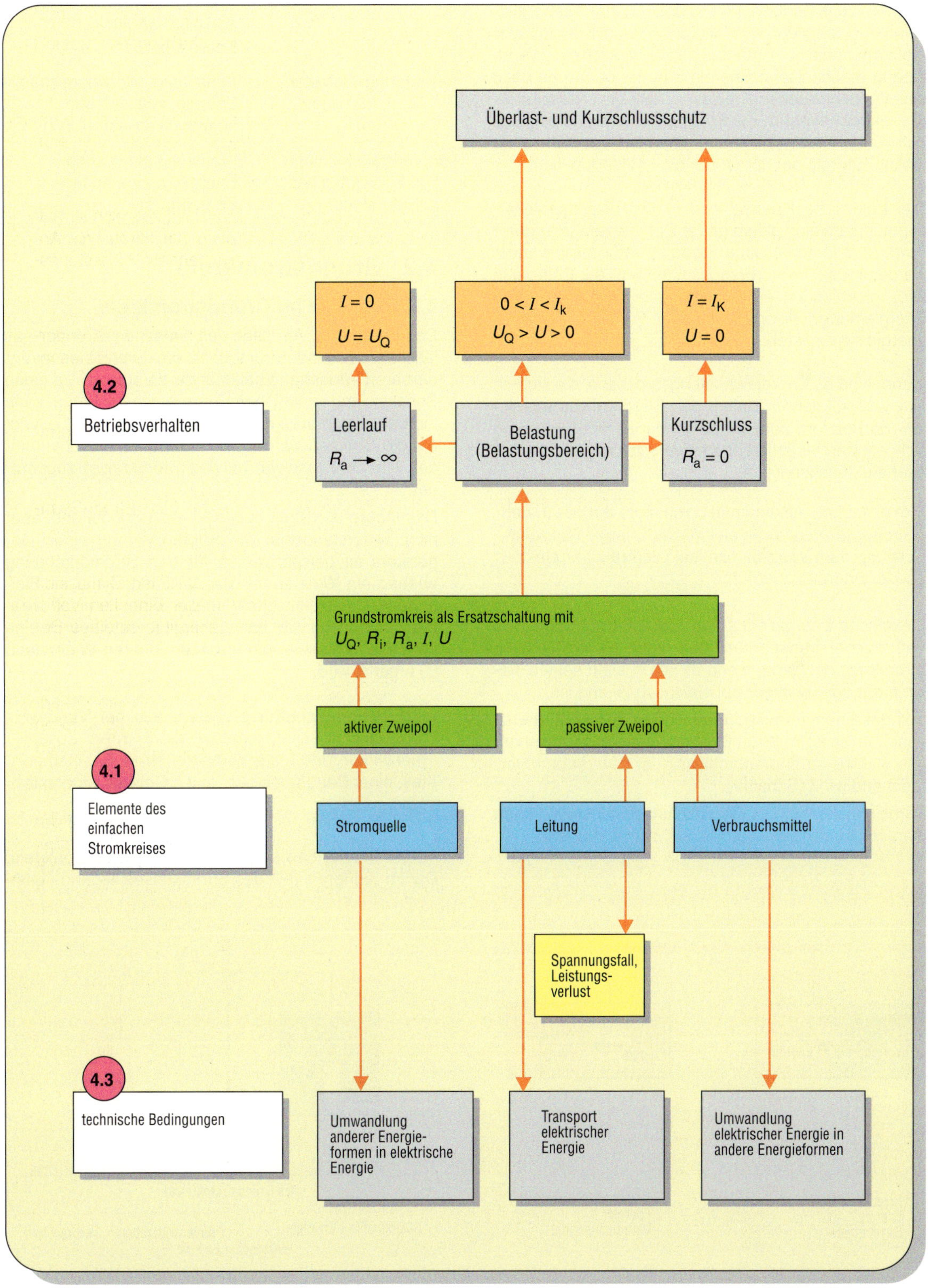

Abb. 4-1 ***Beziehungen und Strukturen***

4.1 Aufbau

Die Elektroenergie ist für den Menschen deshalb so bedeutsam, weil sie sich leicht in andere, gewünschte Energieformen umwandeln lässt. So ist es zum Beispiel möglich, mit Hilfe der elektrischen Energie Wärmeöfen zu betreiben (Wandlung in Wärmeenergie), Räume zu beleuchten (Wandlung in Lichtenergie) oder elektromotorische Antriebe zu verwirklichen (Wandlung in mechanische Energie). Immer bedarf es dazu eines geschlossenen Kreises, in dem die bereitgestellte Elektroenergie an die Stelle ihrer Umwandlung und damit ihrer Nutzbarmachung gelangen kann. Die elektrische Energie hat immer nur eine Mittlerfunktion.

Die elektrische Energie wird in der Stromquelle erzeugt, indem eine gleich große Energiemenge anderer Form (z. B. mechanische Energie) dafür aufgewendet werden muss. Im Verbrauchsmittel wird die Energie in ihrer elektrischen Form verbraucht, wobei dieselbe Energiemenge beispielsweise in Form der Wärmeenergie neu entsteht.

Immer sind es Energiewandlungsprozesse, die sich an den verschiedenen Stellen des Stromkreises abspielen. Es entsteht oder verschwindet keine Energie an sich, sondern es entsteht oder verschwindet Energie in ihrer elektrischen Form.

Im einfachen elektrischen Stromkreis wird die in der Stromquelle erzeugte elektrische Energie über eine Leitung dem Verbrauchsmittel (Verbraucher elektrischer Energie) zugeführt.

Elektrische Energie wird vom Erzeuger nur dann zum Verbraucher transportiert, das heißt, Strom fließt im Stromkreis nur dann, wenn dieser in allen seinen Teilen mehr oder weniger gut elektrisch leitend ist.

Soll der Energietransport jedoch nur zeitlich begrenzt anhalten, so ist im Stromkreis ein Element vorzusehen, das wahlweise stromdurchlässig ist bzw. stromunterbrechend wirkt (Schalter).

Durch sogenannte Überstromschutzeinrichtungen kann man im Stromkreis zu große Ströme vermeiden.

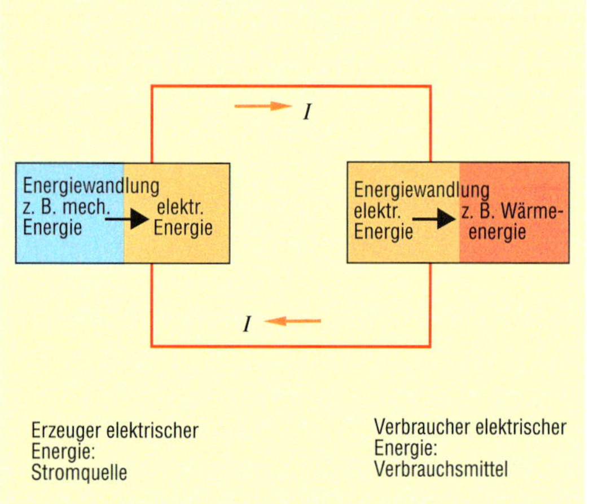

Abb. 4-2 ***Elektrische Energie als transportfähige Energieform***

Der einfache elektrische Stromkreis besteht somit mindestens aus folgenden Betriebsmitteln:

Betriebsmittel	Zweck
Stromquelle	Erzeugung elektrischer Energie, d. h. Gewinnung aus einer anderen Energieform
Leitung, Schalter, Überstromschutzeinrichtung	Fortleitung der elektrischen Energie, zeitliche und quantitative Begrenzung
Verbrauchsmittel, z. B. elektrischer Widerstand	Wandlung elektrischer Energie in eine andere Energieform

4.2 Grundstromkreis

4.2.1 Größen im Grundstromkreis

Das elektrische Verhalten des einfachen Stromkreises lässt sich mit einer Stromquelle, die durch einen veränderbaren Widerstand belastet ist, darstellen. Auf einen Schalter und eine Überstromschutzeinrichtung kann hierbei verzichtet werden. Der Widerstand der Leitung, die die Stromquelle mit dem Verbrauchsmittel verbindet, wird dem passiven Teil des Stromkreises zugeordnet.

Das Innere der Stromquelle ist elektrisch leitend, aber nicht widerstandslos. Die Kupferwicklung eines Generators ist beispielsweise für den Stromdurchgang ebenso ein Widerstand wie der Elektrolyt einer Bleibatterie. Das elektrische Verhalten einer technisch **realen** Stromquelle wird nachgebildet (ersetzt) durch eine **ideale** Stromquelle, die um ihren inneren Widerstand R_i ergänzt wird.

Eine **Ersatzschaltung** besteht aus der Verknüpfung idealer Schaltelemente, die in ihrem Zusammenwirken das reale Verhalten eines Bauelementes, einer Baugruppe oder eines Gerätes widerspiegeln.

Abb. 4-3 zeigt den so gewonnenen Grundstromkreis. Der im „äußeren Teil“ des Stromkreises liegende Last-

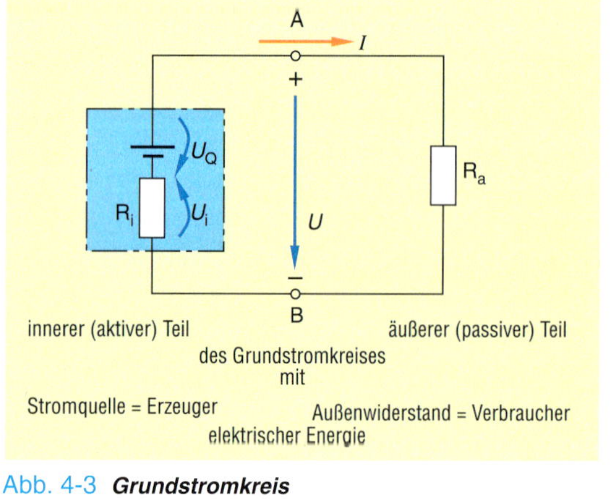

Abb. 4-3 ***Grundstromkreis***

widerstand wird mit R_a bezeichnet. Zwischen den Klemmen A und B der Stromquelle und damit gleichzeitig über dem Lastwiderstand liegt die Klemmenspannung U.

Die in Schaltplänen verwendeten Symbole (Schaltzeichen) stellen das jeweilige Schaltelement dar. Häufig verweist es auf eine zugehörige charakteristische elektrische Größe. So ist mit dem Schaltelement der Stromquelle eine bestimmte Quellenspannung verbunden, hinter dem Schaltelement Widerstand verbirgt sich immer ein bestimmter Widerstandswert.

Den Ladungen wird in der Stromquelle Energie zugeführt. An den Widerständen des Grundstromkreises geben die Ladungen ihre Energie wieder ab:

$$W_{ab} = W_{zu}$$
$$U \cdot Q + U_i \cdot Q = U_Q \cdot Q$$
$$U + U_i = U_Q$$

oder
$$U = U_Q - U_i$$

Mit $U_i = I \cdot R_i$ folgt für die Spannung an den Klemmen

$$U = U_Q - I \cdot R_i \quad \text{4-1}$$

Diese Gleichung formuliert die Spannungsverhältnisse für die belastete Stromquelle (**aktiver Teil** des Grundstromkreises).

Für den stromdurchflossenen Last- bzw. Außenwiderstand im passiven Stromkreisteil kann die Klemmenspannung auch so beschrieben werden:

$$U = I \cdot R_a \quad \text{4-2}$$

Durch Gleichsetzen erhält man

$$I \cdot R_a = U_Q - I \cdot R_i$$
$$I\,(R_a + R_i) = U_Q$$

$$I = \frac{U_Q}{R_i + R_a} \quad \text{4-3}$$

Der Strom wird von der Quellenspannung angetrieben und von der Summe der Widerstände im Stromkreis begrenzt.

Die am Grundstromkreis abgeleiteten Beziehungen für den Strom und die Klemmenspannung lassen erkennen: Mit Abnahme des Lastwiderstandes R_a nimmt die Stromstärke zu, während gleichzeitig die Klemmenspannung sinkt.

Die Klemmenspannung an jeder Stromquelle nimmt mit zunehmender Strombelastung ab.

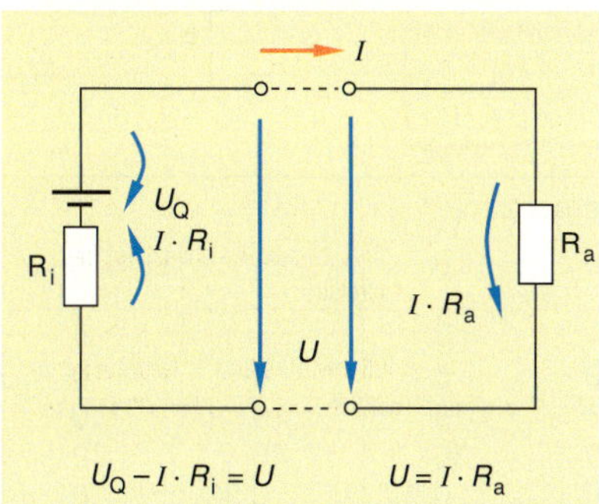

Abb. 4-4 ***Grundstromkreis, aufgetrennt***

4.2.2 Betriebszustände des Grundstromkreises

Die Daten einer Stromquelle sind zum Beispiel U_Q = 12 V und R_i = 2 Ω. Der Lastwiderstand R_a ist einstellbar. Im Stromkreis entstehen die folgenden Beträge elektrischer Größen:

R_a / Ω	∞	10	5	4	3	2	1	0
I / A	0	1	1,7	2	2,4	3	4	6
U / V	12	10	8,5	8	7,2	6	4	0

Im Strom„kreis" mit der unbelasteten, leer laufenden Stromquelle fließt kein Strom. Folglich entsteht über dem Innenwiderstand R_i kein Spannungfall, so dass die gesamte Quellenspannung an den Klemmen anliegt.

Die im Leerlauf auftretende Klemmenspannung U_0 ist gleich der Quellenspannung U_Q.

Nimmt der Lastwiderstand den Wert 0 an, d. h., werden die Klemmen der Stromquelle widerstandslos überbrückt, dann fließt im Stromkreis der maximal mögliche Strom. Er wird lediglich durch den Innenwiderstand R_i begrenzt.

Bei einem Kurzschluss fließt im Stromkreis der höchste Strom.

Der hohe **Kurzschlussstrom** belastet sowohl die Stromquelle als auch die Leitung in meist unzulässiger

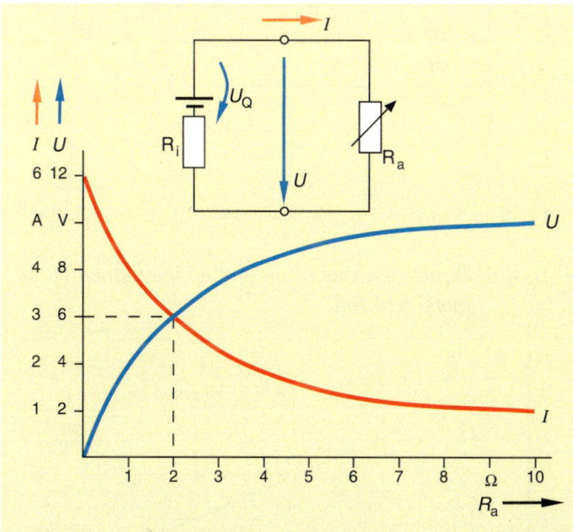

Abb. 4-5 ***Verlauf von Strom und Klemmenspannung in Abhängigkeit vom Lastwiderstand***

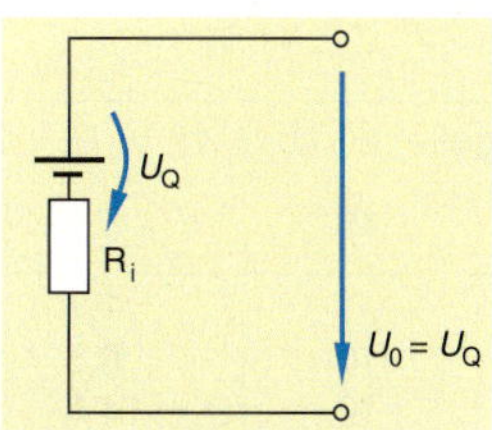

Abb. 4-6 ***Grundstromkreis im Leerlauf***

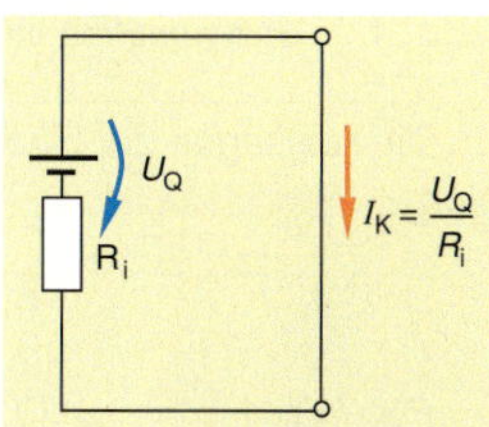

Abb. 4-7 ***Grundstromkreis im Kurzschluss***

Weise. Es ist deshalb erforderlich, in Stromkreisen zusätzliche Elemente einzubauen, die den Kurzschlussstrom in kürzester Zeit unterbrechen. Darüber hinaus sollten diese Baulemente den Stromkreis auch vor länger andauerndem **Überlaststrom** schützen.

Stromkreise sind vor Kurzschluss und Überlast durch Überstromschutzorgane zu schützen.

Im Grundstromkreis sind passiver und aktiver Teil miteinander verknüpft. Die Größen in beiden Teilen sind voneinander abhängig. Strom und Klemmenspannung sind immer Ausdruck eines sich einstellenden Gleichgewichtszustandes, der durch die Größen U_Q, R_i und R_a vorgegeben wird.

Die Geraden in der Abb. 4-8 sind die grafische Darstellung der Gleichungen für die Klemmenspannung mit den Parametern $R_i = 2\ \Omega$ und $R_a = 4\ \Omega$. Der Schnittpunkt der beiden Geraden, der sich bei 2 A, 8 V einstellt, ist die grafische Lösung dieses Gleichungssystems.

Für andere Lastwiderstände ergeben sich andere Strom-Spannungs-Zusammengehörigkeiten: Für größere Widerstandswerte R_a verläuft die Gerade $U = I \cdot R_a$ steiler und schwenkt in Richtung Leerlauf. Für kleinere Lastwiderstände ist der Anstieg der Gera-

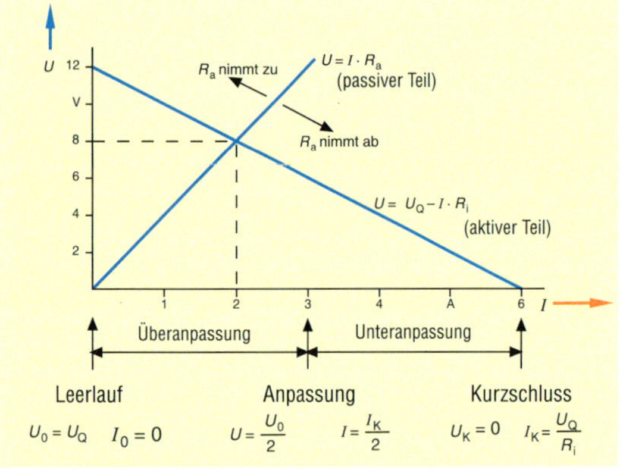

Abb. 4-8 ***Strom-Spannungs-Verhalten mit aktivem und passivem Teil***

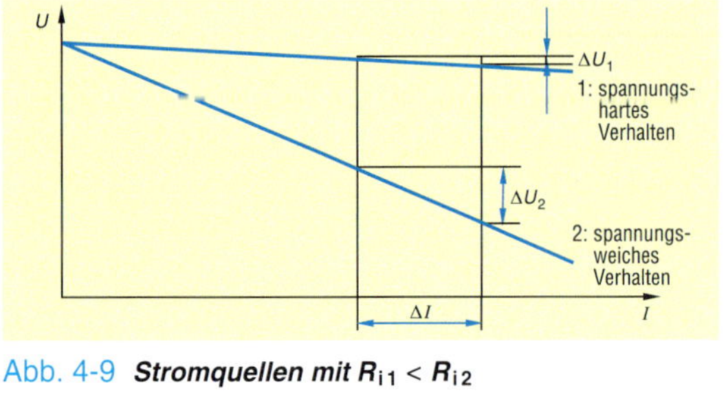

Abb. 4-9 ***Stromquellen mit $R_{i1} < R_{i2}$***

den geringer, das Wertepaar U, I verschiebt sich in Richtung des Kurzschlusspunktes.

Jede Stromquelle und jeder Verbraucher ist für bestimmte elektrische Daten ausgelegt. Sowohl an der Stromquelle als auch am Lastwiderstand sollen sich diese vorbestimmten **Nennbedingungen** einstellen.

Nennbedingungen liegen dann vor, wenn an den Klemmen die (Nenn-)Betriebsspannung liegt, der Nennstrom fließt und folglich die gewünschte Nennleistung erzeugt (Stromquelle) bzw. verbraucht (Lastwiderstand) wird.

Vergleicht man zwei Stromquellen mit gleicher Quellenspannung, aber unterschiedlichem Innenwiderstand miteinander, dann zeigt sich: Bei Lastschwankungen hält die Stromquelle mit sehr kleinem Innenwiderstand die Klemmenspannung fast konstant. Von Spannungserzeugern in Netzen der Elektrizitätsversorgung beispielsweise erwartet man ein solches **spannungshartes Verhalten.**

Bei eine Stromquelle mit großem Innenwiderstand hingegen entsteht bei Lastzunahme eine starke Spannungsabsenkung an den Klemmen. Die Klemmenspannung gibt der Last nach, ihr Verlauf ist **spannungsweich.** Möglicherweise belastet ein auftretender Kurzschlussstrom diese Stromquelle nicht übermäßig, so dass sie als **kurzschlussfest** gelten kann.

Elektro-Schweißgeräte z. B. werden (annähernd) im Kurzschluss betrieben. Für sie gilt ein solches Strom-Spannungs-Verhalten.

4.2.3 Leistungsbetrachtungen am Grundstromkreis

Im Stromkreis wird eine bestimmte elektrische Energie pro Zeiteinheit transportiert. Die Stromquelle gibt an den Lastwiderstand folglich eine Leistung ab.

Die von der Stromquelle dem Stromkreis zugeführte Leistung ist

$$P_{zu} = U_Q \cdot I$$

Am Lastwiderstand wird die Leistung

$$P_{ab} = U \cdot I$$

genutzt. Die Differenz der Leistungen wird am Innenwiderstand der Stromquelle als Verlust wirksam.

Für den Wirkungsgrad im Grundstromkreis gilt folglich:

$$\eta = \frac{P_{ab}}{P_{zu}} = \frac{U \cdot I}{U_Q \cdot I}$$

und mit $U = I \cdot R_a$ bzw. $U_Q = I\,(R_a + R_i)$

$$\eta = \frac{R_a}{R_a + R_i} \qquad \text{4–4}$$

Die Aussagen zur Stromquelle mit $U_Q = 12$ V, $R_i = 2\ \Omega$ lassen sich jetzt ergänzen.

R_a / Ω	∞	10	5	4	3	2	1	0
I / A	0	1	1,7	2	2,4	3	4	6
U / V	12	10	8,5	8	7,2	6	4	0
P_{ab} / W	0	10	14,4	16	17,3	18	16	0
P_{zu} / W	0	12	20,4	24	28,8	36	48	72
η	1	0,83	0,71	0,67	0,6	0,5	0,33	0

Ein charakteristischer Fall stellt sich ein, wenn der Lastwiderstand R_a den Wert des Innenwiderstandes R_i annimmt. Die Widerstände sind aneinander angepasst, man spricht von **Anpassung:**
Die Quellenspannung teilt sich je zur Hälfte auf die beiden Widerstände im Stromkreis auf. Die Klemmenspannung sinkt auf die Hälfte der Leerlaufspannung ab.
Da die Widerstandssumme das Doppelte des Innenwiderstandes ausmacht, beträgt die Stromstärke bei diesem Belastungsfall 50 % der Kurzschlussstromstärke.

Bei Anpassung nehmen Strom und Klemmenspannung die halben Maximalwerte an.

Wenn die Werte des Lastwiderstandes und des Innenwiderstandes übereinstimmen, ist die an den Lastwiderstand abgegebene Leistung am größten. Dabei beträgt sie nur die Hälfte der von der Stromquelle bereitgestellten Leistung. Die andere Hälfte wird am Innenwiderstand wirksam.

Die größtmögliche Leistung am Lastwiderstand wird bei Anpassung umgesetzt. Der dabei auftretende Wirkungsgrad ist $\eta = 50\ \%$.

Stimmen die Beträge von R_a und R_i nicht überein, so spricht man auch von **Über- bzw. Unteranpassung.** Im ersten Fall nähert sich die Klemmenspannung der Leerlaufspannung, im zweiten Fall nimmt der Strom Werte an, die dem Kurzschlussstrom nahekommen.

Überanpassung $R_a \uparrow$	Anpassung $R_a = R_i$	$R_a \downarrow$ Unteranpassung
$U \uparrow \rightarrow U_0$	$U = \frac{U_0}{2}$	$U \downarrow \rightarrow 0$
$I \downarrow \rightarrow 0$	$I = \frac{I_K}{2}$	$I \uparrow \rightarrow I_K$

Überall dort, wo geringe Leistungsbeträge am Lastwiderstand maximal nutzbar gemacht werden sollen, ist der Belastungsfall der Anpassung anzustreben.

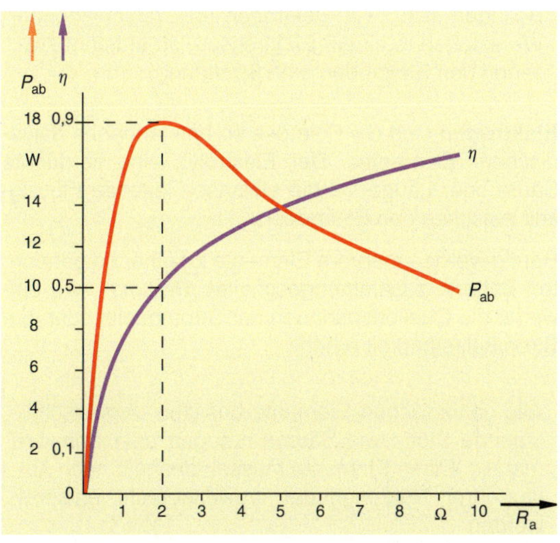

Abb. 4-10 ***Leistung am Lastwiderstand sowie Wirkungsgrad in Abhängigkeit vom Lastwiderstand***

So soll z. B. die von einer Antenne aufgenommene Leistung ebenso wie die in einem Mikrophon bereitgestellte elektrische Leistung am Verbraucher maximal wirksam werden.
Die – absolut betrachtet – niedrigen Verluste sind dabei wenig bedeutungsvoll. Der Wirkungsgrad spielt hierbei also keine Rolle.

Es wäre unverantwortlich, die Elektrizitätsversorgungssysteme in der Nähe des Anpassungsfalles zu betreiben. Die Hälfte der erzeugten Energie würde dann in nutzlose Wärmeenergie umgewandelt. Man stelle sich die wirtschaftlichen Dimensionen dieser Verluste vor!

Hier kommt es darauf an, möglichst die ganze erzeugte Leistung dem Lastwiderstand zur Verfügung zu stellen. Es geht um einen hohen Wirkungsgrad, der nahe $\eta = 1$ liegen soll. Der Lastwiderstand muss also viel größer als der Innenwiderstand sein.

In der Energietechnik arbeiten die Stromkreise im Bereich starker Überanpassung. Der dabei erreichbare Wirkungsgrad liegt nahe $\eta = 1$.

4.3 Technische Ausführungen der Stromkreisteile

4.3.1 Stromquellen

Spannungserzeugung in der Stromquelle

In einer Stromquelle werden elektrische Ladungen voneinander getrennt. Dazu ist Energie erforderlich. An der einen Klemme der Stromquelle entsteht Elektronenüberschuss (negativer Pol), an der anderen Klemme Elektronenmangel (positiver Pol). Zwischen den getrennten Ladungen und damit zwischen den beiden Klemmen existiert dann eine elektrische Spannung.

Die Stromquelle ist das Element des Stromkreises, in dem unter Energieaufwand eine Spannung erzeugt wird.

Die Spannung dieser (Strom-)Quelle heißt Quellenspannung.
Diese ist Stromantrieb, also Ursache für den Stromfluss. (Früher wurde diese Spannung häufig als ursächliche Spannung oder Urspannung bezeichnet.) Anstelle des in den VDE-Vorschriften für Starkstromanlagen durchgängig verwendeten Begriffes der Stromquelle findet man auch die Begriffe Energiequelle und Spannungsquelle.

Die Energie, die der Ladungstrennung dient und damit die Quellenspannung entstehen lässt, kann von verschiedener Art sein:
Im galvanischen Element zum Beispiel ist es chemische Energie, im Generator hingegen mechanische Energie. Auch Wärmeenergie und die Energie des Lichtes können Ausgangspunkt für die Spannungserzeugung sein (vgl. Abschnitt 3.2).

Eine Stromquelle wandelt nichtelektrische in elektrische Energie um.

4

Elektrochemische Stromquellen
Elektrochemische Grundlagen

Viele Stromkreise werden mit **elektrochemischen Stromquellen** betrieben. Bewegliche Geräte, wie Uhren oder einfache Rundfunkempfänger, werden so mit Spannung versorgt. Kraftfahrzeuge besitzen ein Bordnetz, das mit einer solchen Stromquelle ausgestattet ist. Elektrochemische Stromquellen sind immer dann erforderlich, wenn die zu versorgende elektrische Anlage nicht an das zentrale Energieversorgungsnetz angeschlossen werden kann.

Werden Säuren, Laugen oder deren Salze mit Wasser in Verbindung gebracht, so spalten sich deren Moleküle in ihre Ionen auf, die Moleküle dissoziieren. Die Lösung, der so genannte Elektrolyt, ist durch die Ionenbildung elektrisch leitend geworden.

Durch die elektrischen Kräfte, die zwischen den unterschiedlich geladenen Ionen bestehen, verteilen sich diese im Elektrolyten gleichmäßig. Die Ionenkonzentration ist deshalb an allen Stellen des Elektrolyten gleich groß.

Der Drang der positiven und negativen Ionen, sich gleichmäßig zu verteilen, heißt osmotischer Druck. Wird ein Metall in einen Elektrolyten getaucht, so entsteht das Bestreben nach Auflösung in der Flüssigkeit. Dieses Verhalten heißt Lösungsdruck.

Lösungsdruck und osmotischer Druck wirken einander entgegen.

Ist der Lösungsdruck größer als der osmotische Druck, gehen Metallionen in Lösung. Überwiegt der osmotische Druck gegenüber dem Lösungsdruck, so lagern sich Ionen aus dem Elektrolyten am Metall an.

Durch den **Ionenübertritt** wird in jedem Fall das ursprüngliche Gleichgewicht gestört. Das Metall nimmt entweder eine positive und der Elektrolyt eine negative Ladung an oder es stellen sich die umgekehrten Verhältnisse ein. In jedem Fall entsteht zwischen Elektrolyt und Metall eine Spannung.

Bei unterschiedlichen Metallen, die in einen Elektrolyten getaucht werden, entstehen unterschiedliche Spannungen. Gegenüber einer Bezugselektrode, einem mit Wasserstoffmolekülen besetzten Platinblech („Normal-Wasserstoff-Elektrode"), ergibt sich die so genannte **elektrochemische Spannungsreihe** (Tab. 4-1).

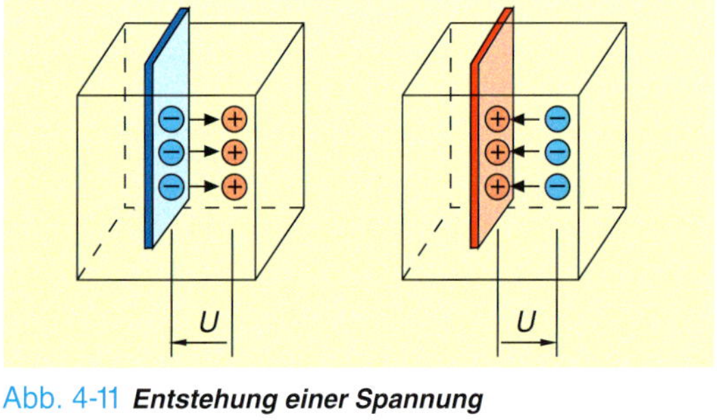

Abb. 4-11 ***Entstehung einer Spannung***

Werkstoff	Potenzial in V
Lithium	– 3,04
Kalium	– 2,93
Natrium	– 2,71 „unedle" Metalle
Aluminium	– 1,66
Mangan	– 1,07
Zink	– 0,76
Eisen	– 0,45
Cadmium	– 0,40
Nickel	– 0,26
Blei	– 0,13
Wasserstoff	± 0,00
Kupfer	+ 0,34
Kohle	+ 0,74 „edle" Metalle und Kohle
Silber	+ 0,80
Quecksilber	+ 0,85
Platin	+ 1,20
Gold	+ 1,50

Tab. 4-1 ***Elektrochemische Spannungsreihe***

Unedle Metalle haben gegenüber Wasserstoff ein negatives, edle Metalle und Kohle ein positives elektrisches Potenzial.

Mithilfe dieser Spannungsreihe kann man die Quellenspannung als Potenzialdifferenz zwischen zwei Stoffen ermitteln. Das folgende Beispiel zeigt das.

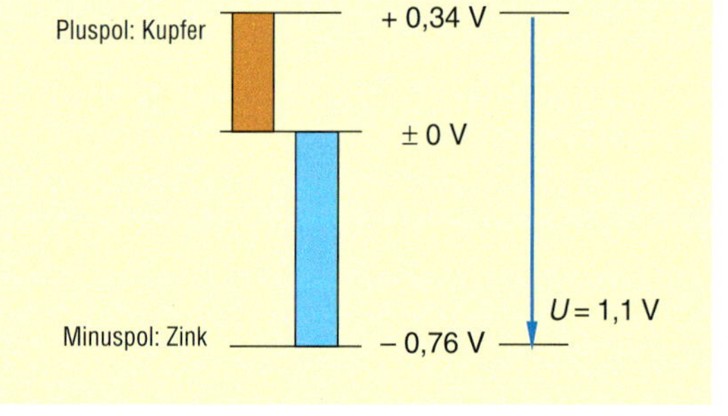

Abb. 4-12 ***Ermittlung der Quellenspannung an einer Zink-Kupfer-Kombination***

Befinden sich zwei Elektroden aus verschiedenen Werkstoffen in einem Elektrolyten, so entsteht zwischen den Elektroden eine Spannung.

Elektroden sind die Pole des so entstandenen galvanischen* Elementes. Der Elektrolyt, eine verdünnte Säure oder Lauge, ist die elektrisch leitende Flüssigkeit zwischen den Elektroden.

Häufig werden mehrere Elemente zu einer so genannten Batterie zusammengeschaltet. Dadurch wird entweder die Quellenspannung der Stromquelle oder ihre Strombelastbarkeit erhöht.

Alle galvanischen Elemente besitzen umweltschädigende Stoffe wie Säuren, Laugen oder Schwermetalle. Diese Elemente müssen deshalb nach Ablauf ihrer Nutzungdauer umweltgerecht entsorgt werden.

* Galvani, Luigi: ital. Arzt und Naturforscher 1737–1798

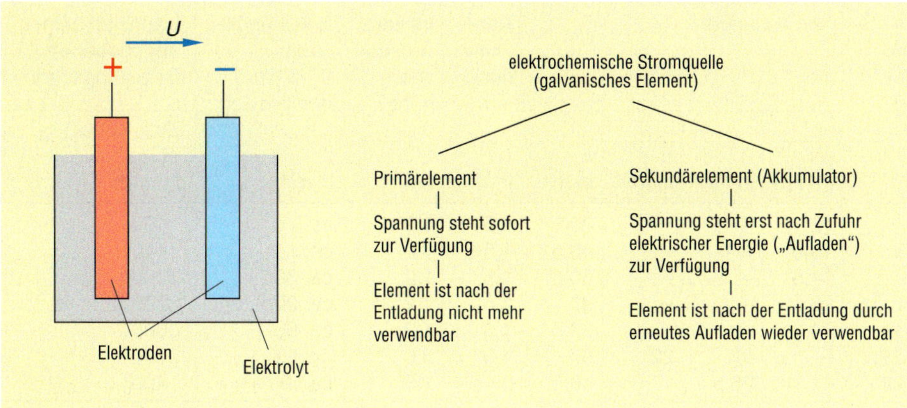

Abb. 4-13 ***Einteilung galvanischer Elemente***

Primärelemente

Primärelemente sind galvanische Elemente, die aufgrund ihres mechanischen und chemischen Aufbaus sofort elektrische Energie abgeben können.

Eine der beiden Elektroden ist meist gleichzeitig äußere Hülle dieses Elementes, die den Elektrolyten beinhaltet. Dieser ist bei den Primärelementen eingedickt, so dass man auch von „Trockenelementen" spricht.

Die am häufigsten anzutreffenden Primärelemente besitzen Zink und Mangandioxid (Braunstein) als Elektroden sowie Ammoniumchlorid (Salmiak) in eingedickter Form als Elektrolyten. Abb. 4-14 zeigt den Aufbau dieses Elementes in seiner klassischen Form, der Rundzelle.

Der Zinkbecher ist Minuspol der Stromquelle. Braunstein ist die eigentlich positive Elektrode, die über den Kohlestift als Pluspol nach außen angeschlossen ist. Das Element wird nach seinem Aufbau als Zink-Braunstein-Element oder Zink-Kohle-Element bezeichnet; nach seinem Entdecker heißt es auch Leclanché**-Element.

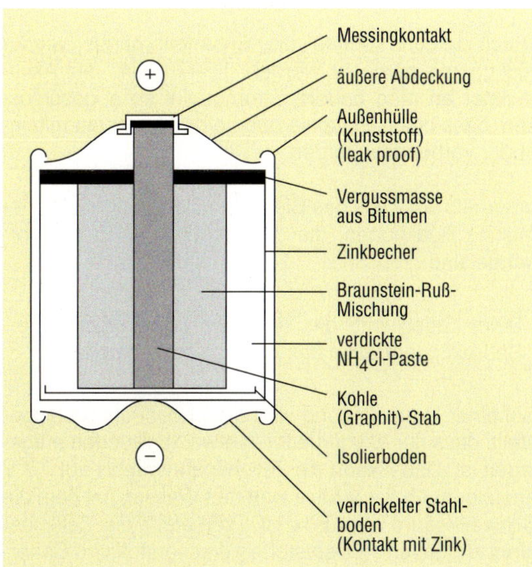

Abb. 4-14 ***Zink-Kohle-Element***

Beim Betreiben dieser Stromquelle wird der Zinkbecher nach und nach chemisch zerstört, so dass der ätzende Elektrolyt aus dem Element heraustreten kann. Hierdurch könnten benachbarte Teile beschädigt werden.

Verbrauchte Zink-Kohle-Elemente, die gegen Auslaufen nicht gesichert sind, müssen umgehend ausgebaut und umweltgerecht entsorgt werden.

Auslaufsicherheit erreicht man durch eine zusätzliche, allseitig abgedichtete Ummantelung.

Beim Betreiben des Zink-Kohle-Elementes, also bei seinem Entladen, spielen sich folgende chemische Reaktionen ab:

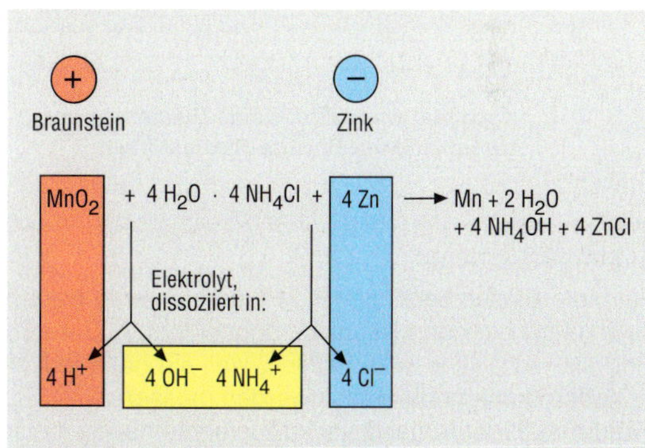

Braunstein reagiert mit den H-Ionen und verhindert den Überzug des Kohlestiftes mit isolierenden Wasserstoffmolekülen, der das Element unbrauchbar machen würde. Das Metalloxid wirkt somit gleichzeitig als Depolarisator.

Als Nennspannung gilt für das Zink-Kohle-Element der Wert von 1,5 V, obwohl die Klemmenspannung vor der ersten Benutzung etwas darüber liegt. Die Lebensdauer ist beendet, wenn der Spannungswert nur noch die Hälfte des ursprünglichen beträgt.

Der Begriff der **Kapazität** Q wurde als Maß für das Speichervermögen des Elementes eingeführt; es gilt:
$Q = I_m \cdot t$, I_m: mittlerer Entladestrom

** Leclanché, Georges: franz. Chemiker 1839–1882

Handelsbezeichnung	IEC-Norm-Bezeichnung	Abmessungen d in mm	l in mm	b in mm	h in mm	Nennspannung U_n in V	mittlere Arbeitsspannung U_m in V	Belastungsstrom 2…4 Stunden pro Tag I in mA	Kapazität beim angegebenen Belastungsstrom Zink-Kohle Q in mAh
Lady	R 1	12	–	–	30	1,5	1,2	ca. 4	400
Micro	R 03	10,5	–	–	40,5	1,5	1,2	ca. 4	410
Mignon	R 6	14,5	–	–	50,5	1,5	1,2	ca. 30	1200
Baby	R 14	26	–	–	50	1,5	1,2	ca. 30	3200
Mono	R 20	34	–	–	61,5	1,5	1,2	ca. 60	8000
Normal	3 R 12	–	62	22	67	4,5	3,6	ca. 50	2700
Energieblock	6 F 22	–	26,5	17,5	48,5	9	7,5	ca. 9	400

Tab. 4-2 ***Daten verschiedener Zink-Kohle-Elemente***

Bei langsamer Entladung, d. h. bei Entladung mit geringen Stromstärken, verfügt das Element über eine höhere Kapazität (vgl. Abb. 4-15).

In Tab. 4-2 sind einige Daten von Zink-Kohle-Elementen zusammengestellt.

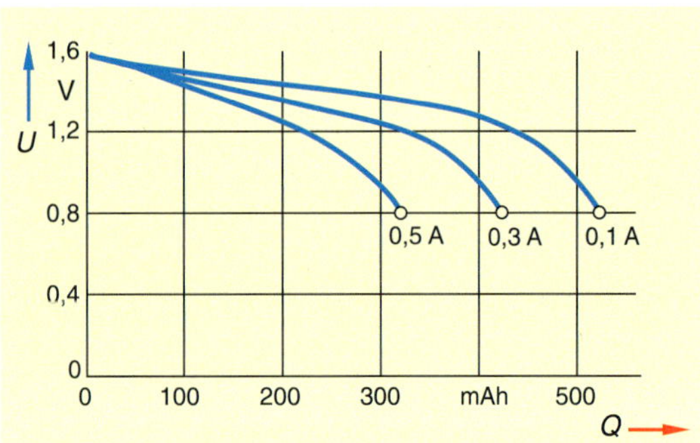

Abb. 4-15 ***Kapazität eines Zink-Kohle-Elementes bei verschiedenen Entlade-Stromstärken***

Sekundärelemente

Für viele Einsatzbereiche sind Primärelemente wegen ihrer relativ geringen Kapazität ungeeignet. Außerdem sind sie nicht sehr wirtschaftlich, weil sie nach jedem Entladen durch neue ersetzt werden müssen.
Wieder aufladbare galvanische Elemente haben meist größere Kapazitätswerte und sind trotz ihres höheren Anschaffungspreises auf Dauer kostengünstiger.

Sekundärelemente, auch Akkumulatoren oder Sammler genannt, sind galvanische Elemente, die nach ihrer Entladung erneut aufgeladen und wieder verwendet werden können.

Bleiakkumulatoren

Die geladene Akkumulatorenzelle enthält Bleidioxid (PbO_2) als positive Elektrode; die negative Elektrode besteht aus Blei (Pb).

Der Elektrolyt ist verdünnte Schwefelsäure (H_2SO_4). Die Nennspannung einer Zelle beträgt 2 V. Durch Zusammenschaltung mehrerer Zellen lassen sich höhere Spannungswerte erzielen. Wird die Akkumulatorzelle belastet, fließt Strom, der die Zelle entlädt. Folgende chemische Veränderungen spielen sich ab:

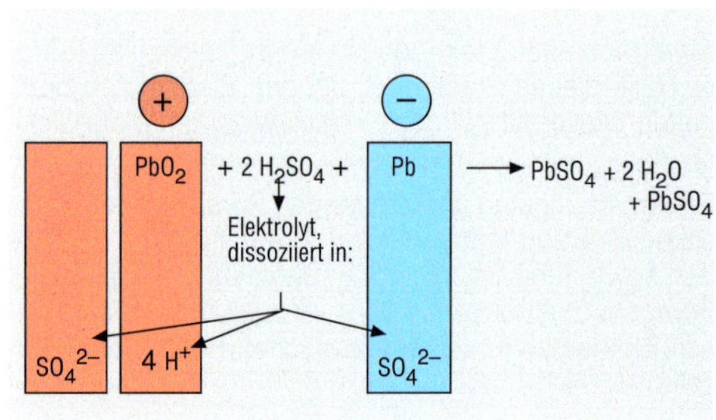

Beim Entladen sinkt die Zellenspannung. Bei 1,8 V gilt die Zelle als entladen. Schwefelsäure aus dem Elektrolyten wird gebunden und Wasser wird gleichzeitig gebildet.

Beim Entladen eines Bleiakkumulators sinken sowohl die Zellenspannung als auch die Konzentration der Säure (Säuredichte).

Durch Laden können die Entladevorgänge wieder rückgängig gemacht werden. Hierzu wird der Akkumulator an eine äußere Stromquelle so angeschlossen, dass beide Pluspole und beide Minuspole miteinander verbunden werden.

Innerhalb der Zelle des Bleiakkumulators erfolgen chemische Reaktionen, die die Umkehr der Entladevorgänge sind.

Beim Laden wird die Zellenspannung größer, die Säurekonzentration des Akkumulators steigt.

Bei einer Normalladung wird der Ladestrom so eingestellt, dass der Akkumulator in etwa 10 Stunden aufgeladen ist. Dabei kann die Zellenspannung bis auf 2,7 V ansteigen. Ab 2,4 V etwa wird das Wasser, mit dem die Schwefelsäure verdünnt ist, „zersetzt"; die Zelle beginnt zu „gasen". Es entstehen Wasserstoff und Sauerstoff, die ein hochexplosives Gasgemisch (Knallgas) bilden.

Vor dem Laden sind die Verschlüsse der Akkumulatorenzellen zu öffnen, damit sich bildende Gase entweichen können. Wegen der Gefahr der Knallgasbildung sind Feuer und offenes Licht zu vermeiden. Akkumulatoren-Räume sind gut zu belüften.

Der Ladezustand von Bleiakkumulatoren kann durch Messung der Zellenspannung (mit Spannungs-Messgerät) oder der Säuredichte (mit einer Senkwaage, einem so genannten Aräometer) festgestellt werden:

	geladen	ungeladen
Quellenspannung in V	2,1	1,8
Säuredichte in $\frac{kg}{dm^3}$	1,28	1,18

Wartungsfreie Akkumulatoren benötigen neben der äußeren Pflege und der Kontrolle des Ladezustandes keine weiteren Maßnahmen.

Sonst erfordern Bleiakkumulatoren regelmäßige Pflege. Ganz wichtig ist, dass entladene Zellen umgehend wieder aufgeladen werden. Fehlender Elektrolyt, meist durch „Gasen“ hervorgerufen, ist vor Ladebeginn mit dem Zusetzen von destilliertem (reinem) Wasser auszugleichen. Die Anschlussklemmen sind stets durch Polfett vor Korrosion zu schützen, um so einen widerstandslosen Übergang zur Leitung zu garantieren.

Besonders empfindlich reagieren Bleiakkumulatoren auf tiefe Temperaturen, ihre Kapazität nimmt erheblich ab. Viele Kraftfahrer mussten diese Erscheinung beim Starten ihres Fahrzeuges in den Wintermonaten feststellen: Der Startversuch blieb aufgrund gesunkener Kapazität ihrer Batterie erfolglos.

Als Lebensdauer gelten für Fahrzeugbatterien zwei bis fünf Jahre. Stationär untergebrachte Bleibatterien, die zum Beispiel als Stromquellen in Ersatzstrom-Versorgungsanlagen eingesetzt sind, können bei sorgfältiger Pflege durchaus 20 Jahre genutzt werden.

Stahlakkumulatoren

Akkumulatoren, die als Elektrodenmaterial Nickelbzw. Eisen- oder Cadmium-Verbindungen besitzen, heißen Stahlakkumulatoren. Wegen der Kalilauge, die als Elektrolyt dient, werden sie auch häufig als alkalische Akkumulatoren bezeichnet:

	ungeladen	geladen
positive Platte	$Ni(OH)_2$	NiOOH
negative Platte	$Fe(OH)_2$ oder $Cd(OH)_2$ oder ein Gemisch aus beiden	Fe Cd
Elektrolyt	$KOH \cdot H_2O$	

Die Dichte des Elektrolyten nimmt beim Entladen nur unwesentlich ab, so dass sie – im Unterschied zur Dichte des sauren Elektrolyten beim Bleisammler – kein Maß für den Ladezustand sein kann.

Die Vorteile dieser alkalischen Sammler gegenüber dem Bleiakkumulator sind:
- hohe Lebensdauer (Die Alterung hängt nur von der elektrischen Beanspruchung ab.)
- arbeitet auch bei tiefen Temperaturen störungsfrei
- robust gegenüber mechanischen Beanspruchungen.

Nachteilig sind:
- der höhere Anschaffungspreis
- die niedrigere Zellenspannung (Nennspannung 1,2 V)
- der größere Raumbedarf bei gleicher Kapazität.

Gasdichte Zellen dieser alkalischen Akkumulatoren werden z. T. mit den Abmessungen der Primärelemente gebaut und können diese ersetzen.

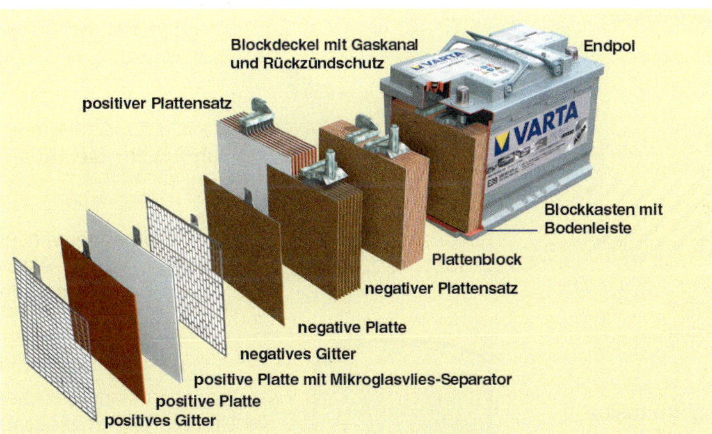

Abb. 4-16 ***Bleibatterie 12 V, bestehend aus 6 Zellen***

Abb. 4-17 ***Stahlakkumulatoren***

Elektrochemische Korrosion

Naturerscheinungen kann der Mensch für sich ausnutzen oder auch weitgehend ausschalten, wenn er ihre Ursachen kennt und auf diese Einfluss nimmt. Elektrochemische Vorgänge sind solche Erscheinungen, die in ihren Wirkungszusammenhängen bekannt sind.

Wenn zwei verschiedene elektrische Leiter, meist zwei Metalle, direkten Kontakt miteinander haben und von einem Elektrolyten benetzt sind, entsteht bekanntermaßen ein galvanisches Element. Die besprochenen Stromquellen sind die nutzbringende Anwendung dieser Erscheinung in der Technik.

Negativ wirken sich die Vorgänge dort aus, wo die chemischen Reaktionen zu schwerwiegenden Zerstörungserscheinungen führen können **(elektrochemische Korrosion).**

Korrosion ist die allmähliche Zersetzung von Werkstoffen durch chemische oder elektrochemische Einflüsse.

Abb. 4-18 zeigt die Vorgänge der Kontaktkorrosion an einer Kupfer-Aluminium-Verbindung, bei der Feuchtigkeit (verunreinigtes Wasser) den Elektrolyten bildet. Aluminium gibt positive Ionen an den Elektrolyten ab und wird dadurch selbst negativ. Positive Ionen lagern sich am Kupfer an, dieses wird zur positiven Elektrode.

Auf engem Raum lokalisiert entsteht somit ein Stromkreis.

Die negative Elektrode wird zerstört, die positive Elektrode ist vor Korrosion geschützt.

Durch Kontaktkorrosion wird das unedlere der beiden Metalle elektrochemisch zerstört.

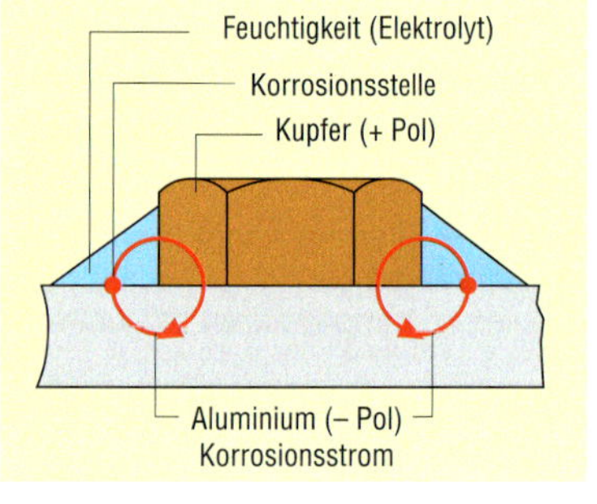

Abb. 4-18 ***Kontaktkorrosion an einer Kupfer-Aluminium-Verbindung***

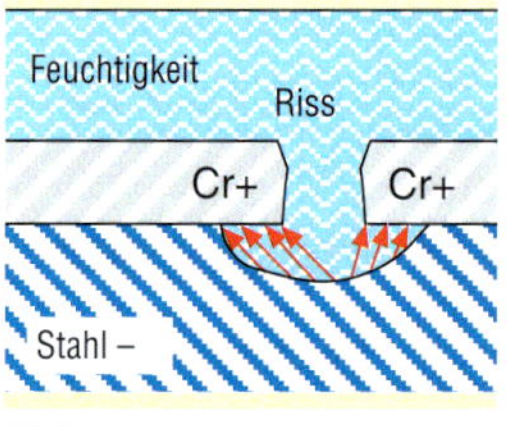

Abb. 4-19 a ***Kontaktkorrosion: Zerstörung des Grundmaterials***

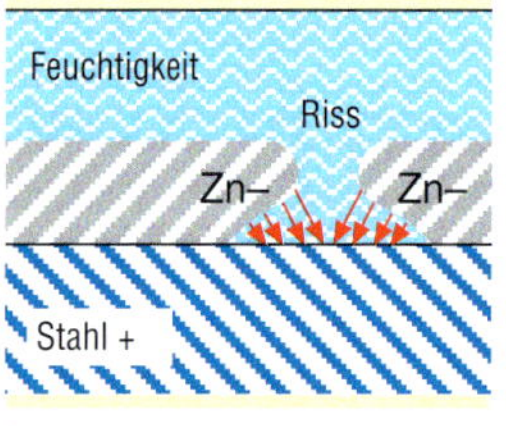

Abb. 4-19 b ***Kontaktkorrosion: Schutz des Grundmaterials***

Metallische Schutzüberzüge sollen häufig Korrosion am Grundmaterial verhindern. Treten aber Schäden an diesem Überzug auf und kommt ein Elektrolyt (meist verunreinigtes Wasser) hinzu, bildet sich ein galvanisches Element. Die Wirkung kann in Abhängigkeit von der Wahl des Überzuges verschieden sein:

- Bei edlerem Überzug (z. B. Chrom auf Stahl) wird das Grundmaterial zerstört. Der Überzug blättert ab.
- Ist der Überzug unedler (z. B. Zink auf Stahl), wird das Grundmaterial geschützt.

In diesem Fall ist das Trägermaterial bei elektrochemischer Korrosion geschützt. Dieser Schutz ist jedoch bei großflächiger Zerstörung des Überzugs nicht mehr gewährleistet.

Metalle können folglich durch zwei prinzipielle Möglichkeiten vor elektrochemischer Korrosion geschützt werden:

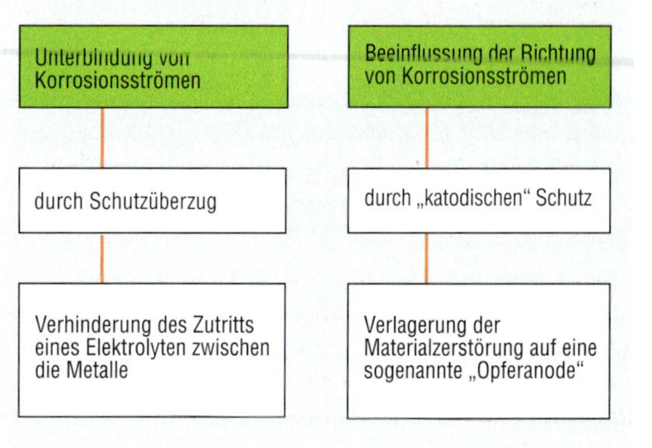

Kupfer und Aluminium sind die wichtigsten Leitermaterialien. Sie sind häufig miteinander elektrisch zu verbinden. Abb. 4-20a zeigt an einer so genannten Cupal-Klemme, wie Korrosionsströme ausgeschlossen werden.

Die Behälter von Warmwasserzubereitern beispielsweise bleiben unzerstört, weil mit Hilfe einer unedleren Opferanode der Korrosionsstrom so gerichtet wird, dass der Behälter „Eintrittselektrode" und damit geschützt ist (vgl. Abb. 4-20b).

Im Abschnitt 3.2 wurde auf verschiedene Möglichkeiten der Spannungserzeugung hingewiesen. In später folgenden Abschnitten werden die dazugehörigen Stromquellen besprochen.

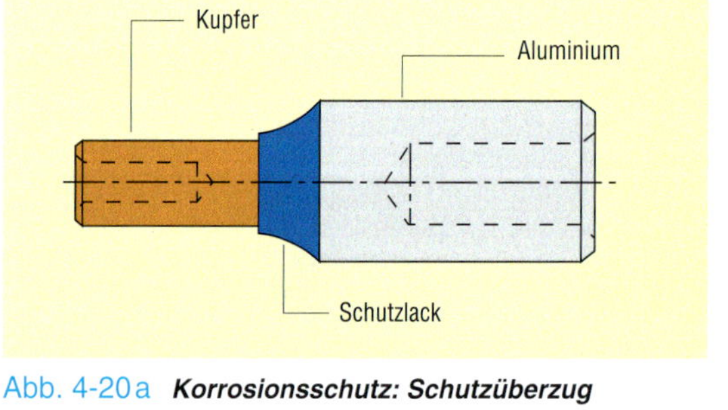

Abb. 4-20 a ***Korrosionsschutz: Schutzüberzug***

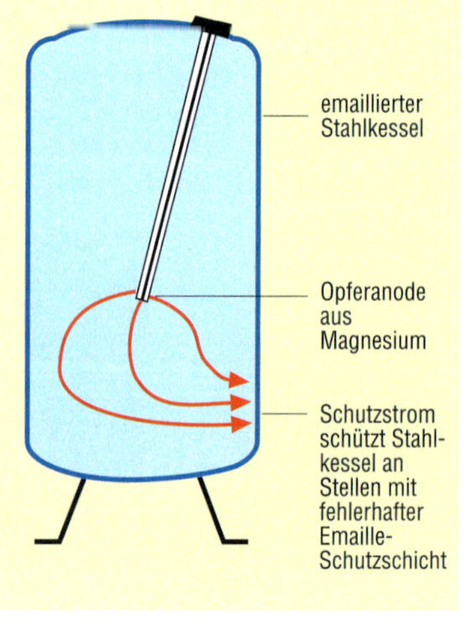

Abb. 4-20 b ***Korrosionsschutz: katodischer Schutz***

4.3.2 Leitungen

Eine elektrische Leitung verbindet die Stromquelle mit dem Verbraucher (Lastwiderstand) und ermöglicht so den Transport elektrischer Energie.

Jede Leitung muss so beschaffen sein, dass bei allen zu erwartenden Beanspruchungen (Zug, Druck, chemische Einflüsse, Wärme, Feuchtigkeit) ihre Funktion nicht leidet. Immer muss gewährleistet sein, dass die elektrische Energie zuverlässig und gefahrlos transportiert werden kann.

Mechanische Gründe sind dafür verantwortlich, dass für die verschiedenen Einsatzbereiche der Leitungen **Mindestquerschnitte** festgelegt sind. So ist zum Beispiel für Installationsleitungen in fester, geschützter Verlegung ein Kupferquerschnitt von mindestens 1,5 mm² gefordert.

Leitungen werden nach dem Anwendungsbereich und der Art der elektrischen, mechanischen und anderer Belastung ausgelegt.

Nach dem Anwendungsbereich können Leitungen unterschieden werden:

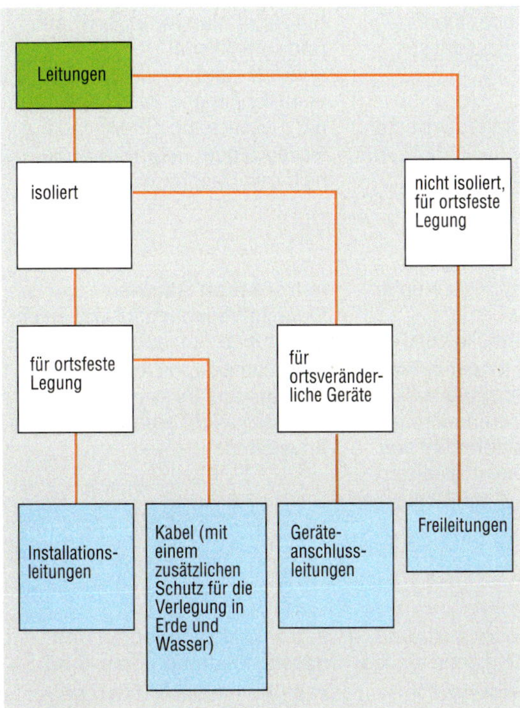

Isolierte Leitungen

Alle Leitungen tragen eine Kurzbezeichnung. Diese gibt Auskunft über den Aufbau und den Einsatzbereich. Die Bezeichnung der Leitungen für ortsveränderliche Geräte und bei Verdrahtungsleitungen wurde international harmonisiert: In den meisten westeuropäischen Ländern tragen sie dieselbe Bezeichnung und unterliegen denselben Prüfbedingungen. Einige deutsche Bezeichnungen (beispielsweise NYM) wurden noch nicht durch internationale abgelöst.

H 05 R R - F 3 G 1,5

Kennzeichnung der Bestimmung
H – Harmonisierter Typ
A – Anerkannter nationaler Typ

Nennspannung U_0/U
03 – 300/300 V
05 – 300/500 V
07 – 450/750 V

Isolier- und Mantelwerkstoff
V – PVC
R – Natur- und/oder synthetischer Kautschuk
N – Chloropren-Kautschuk
J – Glasfasergeflecht
T – Textilgewebe

Besonderheiten im Aufbau
H – flache, aufteilbare Leitung
H2 – flache, nicht aufteilbare Leitung

Leiterart
U – eindrähtig
R – mehrdrähtig
K – feindrähtig, Leitungen fest verlegt
F – feindrähtig, Leitungen flexibel
H – feinstdrähtig
Y – Lahnlitzenleiter

Aderzahl

Schutzleiter
X – ohne GNYE Schutzleiter
G – mit GNYE Schutzleiter

Leiterquerschnitt in mm²

Abb. 4-21 ***Harmonisierte Leitungen: Bezeichnungsbeispiel und Kurzzeichen***

Die Nennspannung der harmonisierten Leitungen wird mit zwei Effektivwerten ausgedrückt:
höherer Wert: Spannung zwischen zwei Außenleitern
niedrigerer Wert: Spannung zwischen Außenleiter und Erde.

Die Adern der Leitungen werden farbig gekennzeichnet:

Anzahl der Adern	Leitungen und Kabel mit gn/ge Ader	Leitungen und Kabel ohne gn/ge Ader
2	–	bl, br
3	gn-ge, bl, br	br, sw, gr
4	gn-ge, br, sw, gr	bl, br, sw, gr
5	gn-ge, bl, br, sw, gr	bl, br, sw, gr, sw

Aderkennzeichnung durch Farben

nach DIN VDE 0293-308		nach DIN IEC 60757	
gn-ge	grün-gelb	GN YE	green and yellow
bl	blau	BU	blue
sw	schwarz	BK	black
br	braun	BN	brown
gr	grau	GY	grey

4

Der Einsatz der farbig gekennzeichneten Adern ist wie folgt festgelegt:

gn-ge (GNYE)		ausschließlich für Schutzleiter (PE) und Schutzleiter mit Neutralleiterfunktion (PEN)
bl (BU)		als Neutralleiter (N), Einsatz an anderer Stelle (außer Leiter mit Schutzfunktion) erlaubt, wenn Verwechslungen ausgeschlossen sind
br (BN)	sw (BK) gr (GY)	Außenleiterfarben; nicht für Schutz- oder Neutralleiter zugelassen.

Typ	Muster	Aufbau	Verwendung
H05V-U1 sw H05V-K1 gnge	 	Kupferleiter eindrähtig (U) oder mehrdrähtig (R oder K) PVC-Isolierung	**Verdrahtungsleitungen** innere Verdrahtungen
H07V-U H07V-R H07V-K	Kunststoffaderleitungen  	ein- oder mehrdrähtiger Kupferleiter, feindrähtiger Kupferleiter, Isolierhülle aus PVC	**In trockenen Räumen in Betriebsmitteln, Schalt- und Verteilungsanlagen, in Rohr auf und unter Putz** (in Bade- und Duschräumen von Wohnungen und Hotels nur in Kunststoffrohren) und auf Isolierkörpern über Putz außerhalb des Handbereiches
NYIF	Stegleitungen 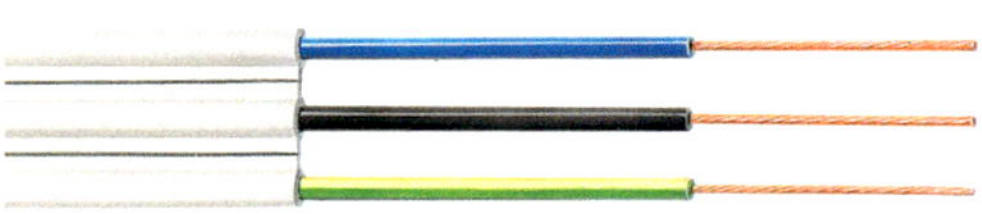	eindrähtiger Kupferleiter, Isolierhülle aus PVC 2, 3, 4 oder 5 Adern mit Abstand in einer Ebene angeordnet, mit einer Hülle aus hellem, vulkanisiertem Gummi umgeben	**In trockenen Räumen** für feste Verlegung im und unter Putz. Ohne Putzabdeckung in Hohlräumen von Decken und Wänden aus Beton, Stein oder ähnlichen nicht brennbaren Baustoffen
NYM	Mantelleitungen  	ein- oder mehrdrähtiger Kupferleiter, Isolierhülle aus PVC bei mehradrigen Leitungen Adern verseilt und mit plastischer Füllmischung umpresst, darüber Mantel aus PVC	**In trockenen, feuchten und nassen Räumen, feuer- und explosionsgefährdeten Betriebsstätten und Lagerräumen, landwirtschaftlichen Betriebsstätten sowie im Freien (jedoch nicht im Erdboden)** für feste Verlegung über und auf Putz sowie im und unter Putz

Abb. 4-22 ***Isolierte Leitungen zur Verdrahtung und festen Verlegung***

Typ	Muster	Aufbau	Verwendung
H03VH-H	Zwillingsleitungen 	feindrähtiger Kupferleiter mit geringem Abstand nebeneinander gelegt und mit einer PVC-Hülle so umgeben, dass sie sich ohne Beschädigung der Isolierhülle trennen lassen	**In trockenen Räumen** bei sehr geringen mechanischen Beanspruchungen; für leichte Handgeräte, nicht für Wärmegeräte
H03VV-F	Kunststoffschlauchleitungen 	feindrähtiger Kupferleiter, Isolierhülle aus PVC, Adern verseilt, darüber ein Mantel aus PVC	**In trockenen Räumen** bei geringen mechanischen Beanspruchungen; für leichte Handgeräte
H05VV-F	Kunststoffschlauchleitungen 	feindrähtiger Kupferleiter, Isolierhülle aus PVC, Adern verseilt, darüber ein Mantel aus PVC	**In trockenen Räumen** bei mittleren mechanischen Beanspruchungen; für Haus- und Küchengeräte auch in feuchten Räumen
H05RR-F	Gummischlauchleitungen 	verzinnter, feindrähtiger Kupferleiter, Isolierhülle aus vulkanisierter Gummimischung, Adern verseilt, darüber ein Gummimantel aus schwer entflammbarem und ölbeständigem Chlorophen-Kautschuk	**In trockenen, Räumen** bei geringen mechanischen Beanspruchungen für leichte Hand- und Elektrowärmegeräte **In trockenen, feuchten und nassen Räumen** sowie im Freien bei geringen mechanischen Beanspruchungen für Gartengeräte oder andere leichte Geräte
H07RN-F	Schwere Gummischlauchleitungen 	verzinnter, feindrähtiger Kupferleiter, Isolierhülle aus vulkanisierter Gummimischung, Adern verseilt, Gummi-Innenmantel, darüber ein zweiter Mantel aus schwer entflammbarem und ölbeständigem Chloropren-Kautschuk	**Bei mittleren mechanischen Beanspruchungen, in trockenen, feuchten und nassen Räumen, in explosionsgefährdeten Betriebsstätten nach VDE 0165 zulässig. Im Freien, in landwirtschaftlichen und in feuergefährdeten Betriebsstätten sowie in Nutzwasser** für Werkzeuge, fahrbare Motoren, Bahnmotoren und landwirtschaftliche Geräte sowie auf Baustellen

Abb. 4-23 ***Isolierte Leitungen zum Anschluss ortsveränderlicher Verbraucher***

Kabel

Über weite Strecken wird die elektrische Energie mit Freileitungen oder Kabeln übertragen und verteilt. Kabel sind aufgrund ihrer Verlegungen weniger störanfällig als Freileitungen. Kabel sind teurer, wirken jedoch auf die Umwelt nicht storend. Zusätzliche Ummantelungen schützen das Kabel vor Feuchtigkeit, chemischen Einflüssen und beugen mechanischen Beschädigungen vor. Ein Verlegen in Erde oder Wasser ist deshalb zulässig. Kabel werden, ähnlich wie isolierte Leitungen, mit Kurzzeichen eindeutig bezeichnet.

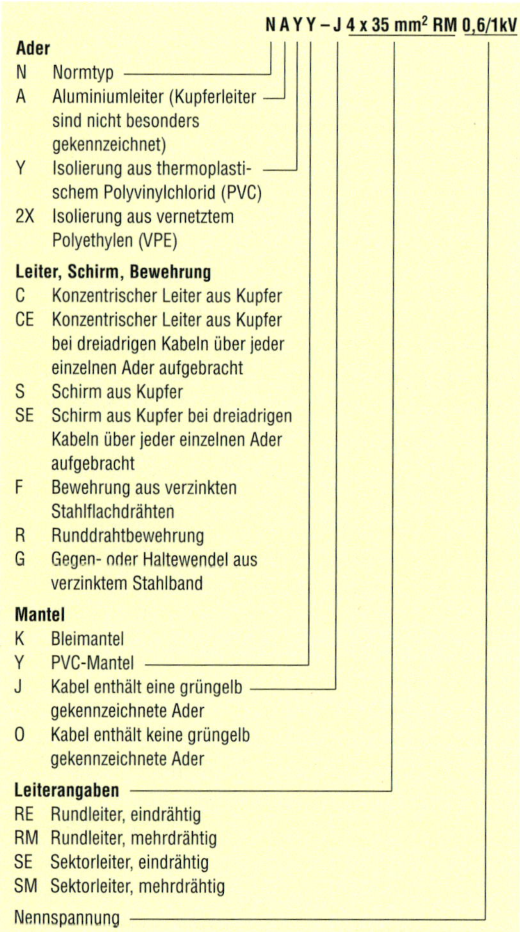

Abb. 4-24 ***Kabel: Bezeichnungsbeispiel und Kurzzeichen***

Freileitungen

Freileitungen sind blanke, witterungsbeständige Leitungen, die an Isolatoren verlegt sind. Die umgebende Luft wirkt als Isolierung zwischen den Leitern und zwischen Leiter und Erde.

Als Leitermaterial werden Kupfer oder Aluminium in eindrähtiger oder mehrdrähtiger Ausführung eingesetzt. Bei Leiterquerschnitten über 10 mm² verwendet man fast ausschließlich Aluminium-Seile. Aluminium ist zwar der schlechtere Leiterwerkstoff; aufgrund seiner viel geringeren Dichte ist ein Aluminium-Leiter stets leichter als ein gleich langer, leitwertgleicher Kupfer-Leiter.

Für große Spannweiten verstärkt man das Aluminium-Seil mit einer so genannten Stahlseele (Abb. 4-26), um so die hohen Zugkräfte beherrschen zu können.

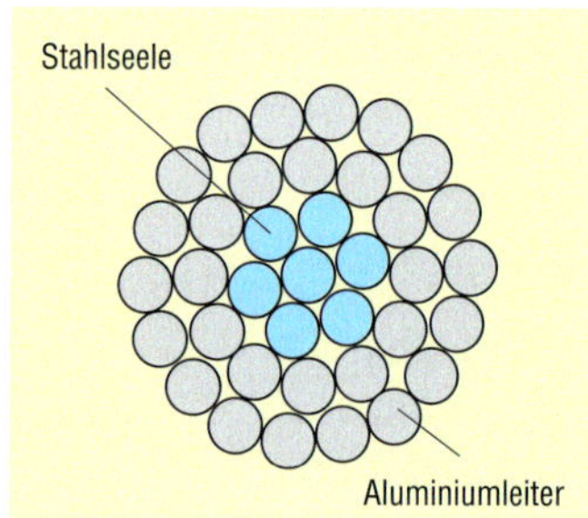

Abb. 4-26 ***Freileitungsseil aus Aluminium mit Stahlseele***

Spannungsfall und Leistungsverlust

Die elektrische Energie muss sicher an den Ort ihres Verbrauches gelangen. Verluste sollen dabei gering bleiben.
Die Leitungen sind häufig so lang, dass man deren Widerstand besonders berücksichtigen muss. Der Grundstromkreis erfährt damit eine Erweiterung:

Da Hin- und Rückleiter dieselbe Länge und denselben Querschnitt haben sowie aus demselben Werkstoff bestehen, gilt

$$R_L = R_{L\,Hin} + R_{L\,Rück} = \frac{2 \cdot l}{\varkappa \cdot A}$$

R_L Leitungswiderstand
l Leitungslänge
A Leiterquerschnitt
$\varkappa$ spezifische Leitfähigkeit

Muster	Bezeichnung	Verwendung
	PVC-isoliertes Kabel mit Cu-Leitern (eindrähtig) und PVC-Mantel NYY-J	Verlegung in Innenräumen, Kabelkanälen und im Freien; Verlegung in der Erde, wenn keine mechanischen Beschädigungen zu erwarten sind
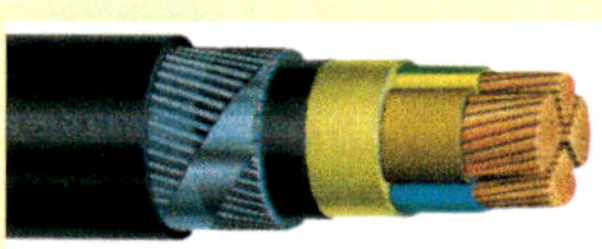	PVC-isoliertes Kabel mit Cu-Leitern (mehrdrähtig) und Runddrahtbewehrung NYRGY-J	Verlegung in der Erde, im Freien, im Wasser, in Innenräumen und Kabelkanälen, wenn erhöhter mechanischer Schutz gefordert ist
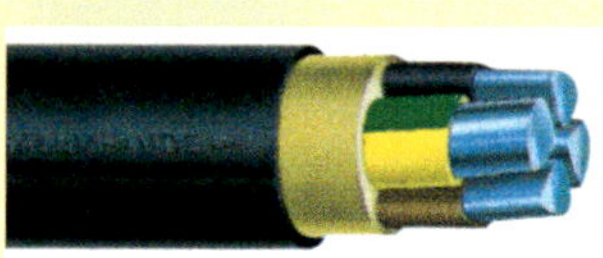	VPE-isoliertes Kabel mit Al-Leitern (eindrähtig), PVC-Mantel NA2XY-J	Verlegung bei hohen Lastspitzen bzw. extremen Umgebungsbedingungen

Abb. 4-25 ***Kabel***

Die Spannung U_2 am Lastwiderstand ist kleiner als die Spannung U_1 an den Klemmen der Stromquelle.

$U_2 = U_1 - I \cdot R_L$

Der Spannungsfall über der Leitung beträgt somit

$$\Delta U = I \cdot R_L \qquad \textbf{4-5}$$

mit

$$R_L = \frac{2 \cdot l}{\varkappa \cdot A} \qquad \textbf{4-6}$$

Die Spannung U_1 an den Klemmen der Stromquelle fällt um ΔU auf U_2 am Lastwiderstand.

Ein Beispiel soll die Bedeutung des Spannungsfalles aufzeigen:
In einer Werkstatt soll eine Leitung zur 42 m entfernten Verbraucherstelle verlegt werden. Die maximal mögliche (Dauer-)Stromstärke soll durch die vorgeschaltete Sicherung auf 10 A begrenzt werden. An der unmittelbar dem Zähler nachgeordneten Unterverteilung, am Leitungsanfang, wird eine Spannung von U_1 = 230 V gemessen. Es wird vorgeschlagen, eine Mantelleitung (Leitermaterial Kupfer, Leiterquerschnitt A = 1,5 mm²) zu verlegen.

Dieser Vorschlag bedarf einer Prüfung, denn für die Spannungsverhältnisse im Stromkreis bedeutet das:

$l = 42\ \text{m} \qquad \varkappa = \frac{56\ \text{m}}{\Omega\ \text{mm}^2}$

$A = 1{,}5\ \text{mm}^2 \qquad I = 10\ A$

$R_L = \frac{2 \cdot l}{\varkappa \cdot A} = \frac{2 \cdot 42\ \text{m}\ \Omega\ \text{mm}^2}{56 \cdot 1{,}5\ \text{mm}^2\ \text{m}} = 1\ \Omega$

$\Delta U = I \cdot R_L = 10\text{A} \cdot 1\ \Omega \qquad \Delta U = 10\text{V}$

$U_2 = U_1 - \Delta U = 230\text{V} - 10\text{V} \qquad U_2 = 220\text{V}$

Diese am Verbraucher anliegende verminderte Spannung sorgt für eine verminderte Leistung. Ursache dafür ist der Widerstand der Leitung, in dem eine Verlustleistung umgesetzt wird. Diese ist

$P_V = \Delta U \cdot I$

oder

$$P_V = I^2 \cdot R_L \qquad \textbf{4-7}$$

In jeder belasteten Leitung wird eine Leistung umgesetzt, die vom Leitungswiderstand und vom Quadrat des Belastungsstromes abhängt.

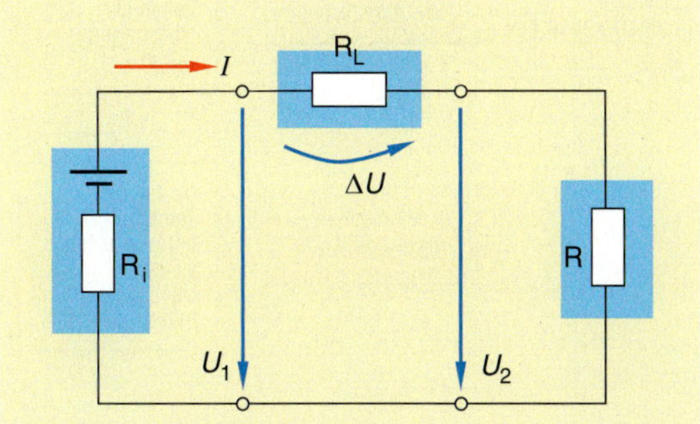

Abb. 4-27 ***Ersatzschaltung des einfachen Stromkreises***

In der im Beispiel betrachteten Leitung sind das, eine Stromstärke von 10 A vorausgesetzt,

$P_V = 10^2\text{A}^2 \cdot 1\ \Omega \qquad P_V = 100\ \text{W}.$

Häufig werden Spannungsfall und Verlustleistung auf ihre Nenngrößen bezogen und in Prozent angegeben.

In unserem Beispiel ergibt sich für den Spannungsfall

$\frac{\Delta u}{100\,\%} = \frac{\Delta U}{U_n}$

$\Delta u = \frac{\Delta U}{U_n} \cdot 100\,\% = \frac{10\ \text{V}}{230\ \text{V}} \cdot 100\,\%$

$\Delta u = 4{,}35\,\%$

Dieser Wert ist hoch.

Auf welche Weise kann der betrachtete Stromkreis wirtschaftlicher betrieben werden?
Der Leitungswiderstand ruft die Verluste hervor; also muss er verringert werden. Möglich ist das durch

$R_L\downarrow$
- $l \downarrow$ Verringerung der Leitungslänge
- $\varkappa \uparrow$ Einsatz besseren Leitermaterials
- $A \uparrow$ Querschnittserhöhung

Grundsätzlich wählt man bei jeder Leitungsverlegung – unter Einhaltung der Vorschriften – den kürzesten Weg. Mit Kupfer als Leitermaterial wurde schon die technisch und wirtschaftlich beste Lösung verwirklicht. Fast immer kann der Leitungswiderstand nur durch Querschnittsveränderung beeinflusst werden.

Um den Leistungsverlust einer Leitung zu vermindern, muss ihr Leiterquerschnitt erhöht werden.

Die rationelle Energiefortleitung wird in den Technischen Anschlussbedingungen (TAB) der Netzbetreiber festgelegt. Dort sind die (maximal) zulässigen prozentualen Spannungsfälle ausgewiesen:

Leitungen zwischen Hausanschluss und Zähler: 0,5 %
(Bei Leistungen über 100 kW gelten höhere Werte.)

Leitungen zwischen Zähler und letztem Verbraucher (Lastwiderstand): $\Delta u = 3\,\%$.

Bei der Bemessung von Leitungen darf der Spannungsfall auf der Leitung den höchstzulässigen Wert nicht überschreiten.

Für unser Beispiel ist damit folgender Querschnitt erforderlich:

$\Delta U = \frac{3\%}{100\,\%} \cdot U_n = \frac{3\%}{100\%} \cdot 230\ \text{V} = 6{,}9\ \text{V}$

$\Delta U = I \cdot \frac{2 \cdot l}{\varkappa \cdot A}$

$A = \frac{I \cdot 2 \cdot l}{\varkappa \cdot \Delta U} = \frac{10\text{A} \cdot 2 \cdot 42\,\text{m}\,\Omega\,\text{mm}^2}{56\ \text{m} \cdot 6{,}9\ \text{V}} = 2{,}17\,\text{mm}^2$

Ausgewählt und verlegt wird eine Leitung mit dem nächsthöheren Normquerschnitt. In diesem Fall sind das 2,5 mm². Der bei diesem Querschnitt auftretende Spannungsfall ist damit etwas geringer als der zulässige.

Für einen vorgegebenen, höchstzulässigen Spannungsfall kann abschließend festgestellt werden:

$$\Delta U = I \cdot \frac{2 \cdot l}{\varkappa \cdot A}$$

$l \uparrow \rightarrow A \uparrow$ Mit zunehmender Leitungslänge muss der Leiterquerschnitt vergrößert werden.

$I \uparrow \rightarrow A \uparrow$ Zunehmende Stromstärken erfordern ebenfalls größere Leiterquerschnitte.

4.3.3 Verbrauchsmittel: Wandlung der elektrischen Energie in eine andere Form

Die elektrische Energie, die im Stromkreis lediglich Mittler zwischen Erzeuger und Verbraucher ist, wird in Letzterem in eine nutzbare Form gewandelt.

Elektrische Betriebsmittel, die elektrische Energie zielgerichtet in eine gewünschte andere Form wandeln, heißen Verbrauchsmittel.

Dabei geht Energie nicht verloren, sie wird lediglich in ihrer elektrischen Form „verbraucht“, wobei gleich viel Energie der anderen Form entsteht. Die Menge der Energie bleibt erhalten (Energieerhaltungssatz).
Bei der Wandlung der elektrischen Energie am Verbrauchsmittel können folgende Energieformen erzielt werden:

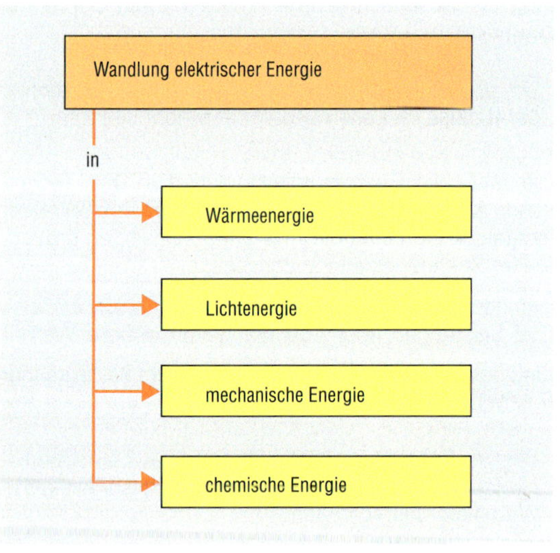

Wärmeenergie

Elektrisch erzeugte Wärme ist von großer Bedeutung.

Der Wärmezustand eines Körpers wird durch seine Temperatur charakterisiert. Soll ein Körper erwärmt werden, so muss ihm Wärmeenergie zugeführt werden. Die Menge dieser Energie hängt ab von der zu erwärmenden Masse des Körpers und von der gewünschten Temperaturerhöhung. Je größer die zu erwärmende Masse ist und je größer die Temperaturerhöhung ausfallen soll, desto größer wird der einzusetzende Betrag an Wärmeenergie sein müssen.

Ganz wesentlich hängt die Wärmezufuhr von der Art der Stoffe ab. Nicht jeder Stoff erwärmt sich gleichermaßen gut bzw. schlecht. Dieser stoffliche Einfluss wird durch die spezifische Wärmekapazität *c* angegeben.

Die spezifische Wärmekapazität eines Stoffes gibt an, welche Wärmemenge aufgewendet werden muss, um die Masse von 1 kg um 1 K zu erwärmen.

Es gilt die Gleichung:

$$W_{th} = m \cdot c \cdot \Delta \vartheta \qquad \textbf{4-8}$$

W_{th} Wärmeenergie
m Masse
c spezifische Wärmekapazität
$\Delta \vartheta$ Temperaturunterschied

Werkstoff	spez. Wärmekapazitäten c in $\frac{\text{Ws}}{\text{kg} \cdot \text{K}}$
Aluminium	920
Beton	880
Eisen, rein	460
Glas	840
Kupfer	386
Polyvinylchlorid	880
Stahl	474
Wasser	4187

Tab. 4-3 ***Spezifische Wärmekapazität ausgewählter Stoffe***

Um Eisen und Aluminium derselben Masse von derselben Anfangs- auf dieselbe Endtemperatur zu erwärmen, ist für Aluminium die doppelte Wärmemenge erforderlich. Andererseits heißt das aber auch, dass bei Abkühlung dieser beiden Stoffe das Aluminium eine größere Wärmemenge freisetzt.

Wärmeübertragungen erfolgen immer von der Stelle der höheren zur Stelle der niederen Temperatur. Dies kann erfolgen durch:

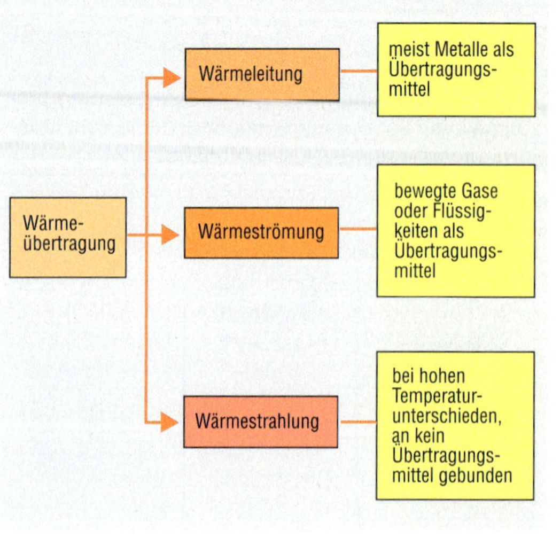

AUFGABEN

4.1 Von einer Stromquelle sollen Quellenspannung, Innenwiderstand und Kurzschlussstrom messtechnisch bestimmt werden. Die Quelle soll dabei nicht kurzgeschlossen werden. Geben Sie die Schaltung(en) an und begründen Sie Ihr Vorgehen.

4.2 Ist es möglich, mit einer vorgegebenen, nicht veränderbaren Stromquelle im Grundstromkreis alle möglichen Wertpaare I, U zwischen Kurzschlussstrom und Leerlaufspannung einzustellen? Begründen Sie Ihre Antwort.

4.3 Vergleichen Sie spannungshart und spannungsweich arbeitende Stromquellen hinsichtlich ihrer Klemmenspannung bei Belastung und im Fall eines auftretenden Kurzschlusses. Nennen Sie Einsatzbereiche für beide Spannungserzeuger.

4.4 Am Lastwiderstand soll eine möglichst große Leistung umgesetzt werden. Wie wirkt sich eine Fehlanpassung dieses Widerstandes im Bereich $R_i/2 \leqq R_a \leqq 2\,R_i$ aus (R_a beträgt die Hälfte … das Doppelte des Wertes vom Innenwiderstand)? Betrachten Sie den Verlauf der Funktion $P_{ab} = f(R_a)$, aber auch die dabei auftretenden Stromstärkewerte.

4.5 Beim gegenwärtigen Stand der technischen Entwicklung ist für die Übertragung elektrischer Energie ein Wirkungsgrad $\eta < 0{,}95$ oft nicht mehr vertretbar.
In welchem Verhältnis müssen R_a und R_i mindestens stehen? (Ersetzen Sie die Spannungen in der Berechnungsgleichung für den Wirkungsgrad mit Hilfe des Stromes und der zugehörigen Widerstände.)

4.6 In vielen Geräten der Heimelektronik übernehmen Primärelemente die Stromversorgung. Warum sollte auslaufsicheren Elementen der Vorzug gegeben werden gegenüber den billigeren, nicht auslaufsicheren Elementen?

4.7 An kalten Wintertagen bauen viele Kraftfahrer ihre Bleibatterie nach dem Fahrtende aus und stellen diese in einem warmen Raum ab. Sie bauen sie erst unmittelbar vor Antritt der nächsten Fahrt wieder ein.
Beurteilen und begründen Sie diese Handlungsweise.

4.8 Die Elektroden in Bleiakkumulatoren sollen vollständig vom Elektrolyten bedeckt sein. Warum wird bei gesunkenem Flüssigkeitsstand destilliertes Wasser und nicht (verdünnte) Schwefelsäure nachgefüllt?

4.9 Warum ist in Batterieräumen das Rauchen streng untersagt?

4.10 Anlagen des so genannten äußeren Blitzschutzes (Schutz von Gebäuden vor Blitzeinwirkungen) bestehen häufig aus Rund- bzw. Bandstahl, der verzinkt ist. Beurteilen Sie die Zweckmäßigkeit dieses metallischen Überzugs.

4.11 Für Kupferleitungen mit 2 stromführenden Adern gelten beim Verlegen im Installationskanal (Verlegeart B2) die folgenden maximal zulässigen Werte für die Strombelastbarkeit:

A in mm²	1,5	2,5	4	6	10
I in A	18	24	32	40	55

a) Berechnen Sie für die genormten Leiterquerschnitte zwischen 1,5 mm² und 10 mm² die dazugehörige Stromdichte.

b) Stellen Sie die Stromdichtewerte als Funktion des Leiterquerschnittes grafisch dar.

c) Ermitteln Sie aus den genormten Drahtquerschnitten die Durchmesser. Errechnen Sie den dazugehörigen Kreisumfang (als Bezugsmaß für die Leiteroberfläche).

d) Begründen Sie, dass es notwendig ist, bei zunehmendem Leiterquerschnitt die Stromdichtewerte zu verringern.

4.12 In den „Technischen Anschlussbedingungen" der Netzbetreiber werden in Kunden-Anlagen bis zu 3 % Spannungsfall zugelassen.
Ermitteln Sie für die in Aufgabe 4.11 angegebenen Leiterquerschnitte (Verlegeart B 2, 2 belastete Adern, $U_n = 230\,V$) die Leitungslängen, bei denen 3 % Spannungsfall auftreten.
Verallgemeinern Sie für alle Verlegearten.

4.13 Ein Aluminium-Freileitungsseil ist aufgrund seiner geringeren Masse einer leitwertgleichen Kupferleitung überlegen.
Weisen Sie diese Aussage am Beispiel eines Aluminium-Leiterquerschnittes von A = 50 mm² nach. Nutzen Sie die Ihnen zur Verfügung stehenden Tabellenwerte über Leitfähigkeits- und Dichtegrößen der beiden Werkstoffe.

5 Gefahren des elektrischen Stromes – Schutzmaßnahmen

5

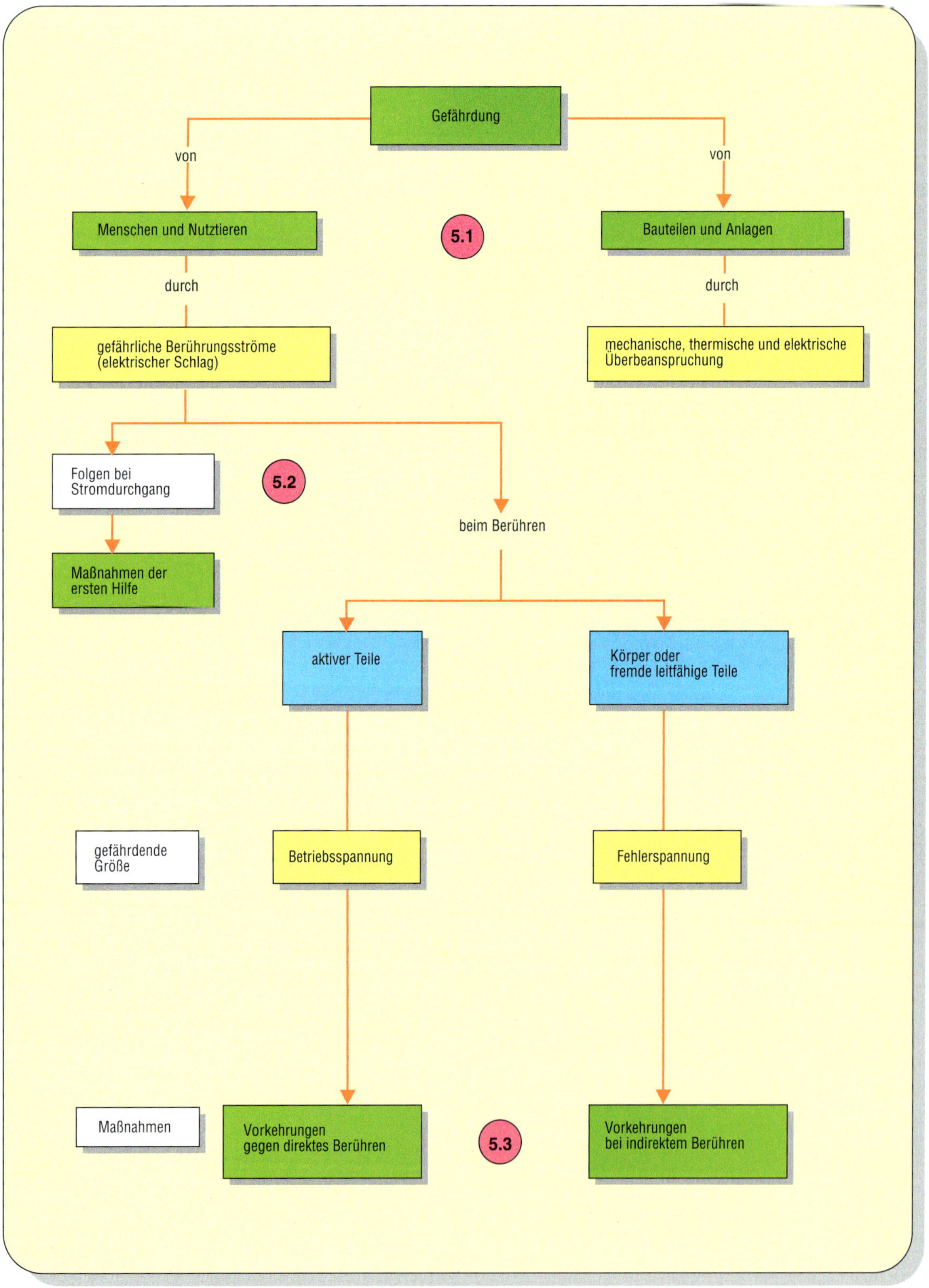

Abb. 5-1 ***Beziehungen und Strukturen***

5.1 Gefährdung von Menschen und Anlagen

Die Vorteile der elektrischen Energie gegenüber anderen Energieformen führen zu einer ständigen Entwicklung neuer elektrischer Geräte und Baugruppen für die industrielle Produktion und für die Befriedigung unserer persönlichen Bedürfnisse.

Elektrizität erleichtert und bereichert mittelbar und unmittelbar unser Leben.

Diesen vielfältigen Vorteilen stehen Gefahren für Menschen und Sachwerten gegenüber (Abb. 5-2).

■ Die Alterung der Werkstoffe, insbesondere der Isolierstoffe, fehlerhaftes Betreiben, Nichteinhalten der Nennbedingungen, falsche Schalthandlungen oder atmosphärische Entladungen führen zur Überbeanspruchung der Verbrauchsmittel, Leitungen und Stromquellen. Ihre Nutzungszeit verringert sich. Im Extremfall werden sie zerstört.

Schwachstellen der Bauelemente und Anlagen sind meist die Isolierungen, die zu folgenden typischen Anlagenfehlern führen (Abb. 5-2a und Abb. 5-2b):

Kurzschluss ist eine durch einen Fehler entstandene leitende Verbindung zwischen betriebsmäßig gegeneinander unter Spannung stehenden Leitern, wenn im Fehlerstromkreis kein Nutzwiderstand liegt.

Man unterscheidet
- in Abhängigkeit vom Übergangswiderstand zwischen den Leitern unterschiedlichen Potenzials den
  - vollkommenen Kurzschluss sowie den
  - unvollkommenen bzw. schleichenden Kurzschluss und
- im Drehstromnetz den
  - einpoligen,
  - zweipoligen und
  - dreipoligen Kurzschluss.

Die Folge des Kurzschlusses sind Kurzschlussströme, die wesentlich größer als die Bemessungsströme der Anlage sind. Sie beanspruchen extrem Leitungen und Stromquellen thermisch und durch die kräftigen Magnetfelder auch mechanisch. Schmelzsicherungen und Leitungsschutzschalter schützen sowohl gegen Überlastung als auch gegen Kurzschluss.

Leiterschluss ist eine durch einen Fehler entstandene leitende Verbindung zwischen betriebsmäßig gegeneinander unter Spannung stehenden Leitern, wenn im Fehlerstromkreis ein Nutzwiderstand liegt. In der Abb. 5-2b besteht der Leiterschluss zwischen dem Außenleiter L1 und dem Schalter-Lampendraht. Die Lampe als Nutzwiderstand ist nicht schaltbar.

Erdschluss ist eine durch einen Fehler entstandene leitende Verbindung eines Außenleiters mit Erde oder mit geerdeten Teilen. Im Drehstromnetz wird durch den Erdschluss die Spannungssymmetrie gestört. Die Spannung zwischen einem Außenleiter und dem Sternpunktleiter kann unzulässig ansteigen. Um solche Spannungserhöhungen zu vermeiden, wird der Sternpunkt der das Netz einspeisenden Transformatorwicklung geerdet. Ein sogenanntes geerdetes Netz entsteht.

Körperschluss ist eine durch einen Fehler entstandene leitende Verbindung zwischen den betriebsmäßig spannungsführenden Teilen und den leitfähigen, be-

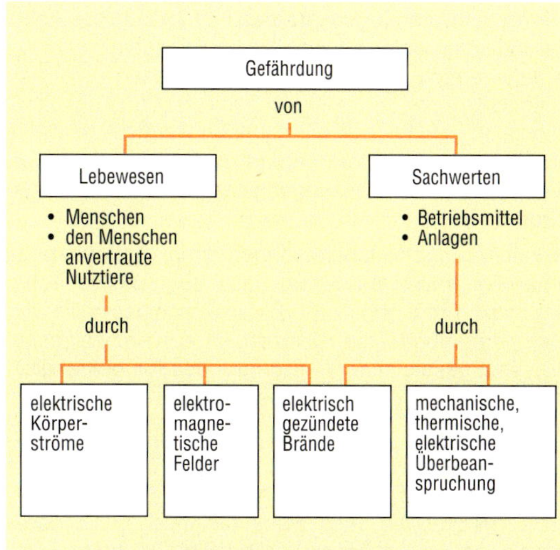

Abb. 5-2 ***Gefährdungen durch elektrische Erscheinungen***

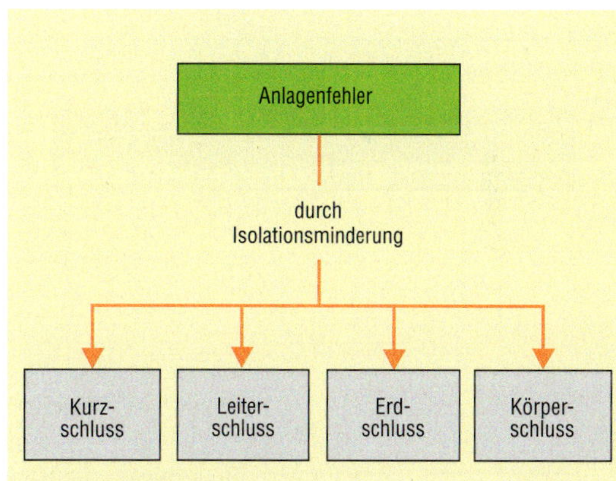

Abb. 5-2a ***Anlagenfehler***

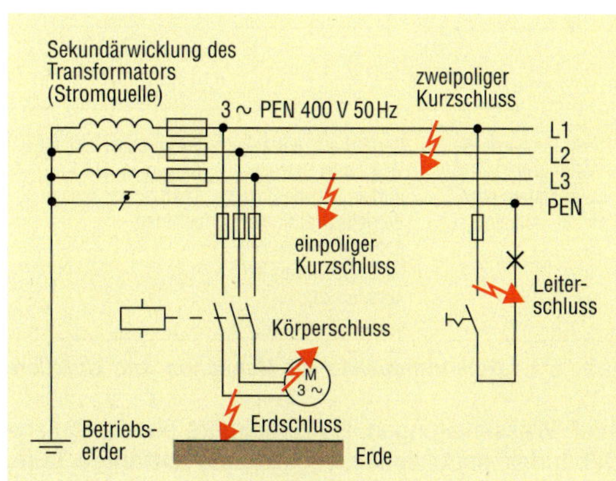

Abb. 5-2b ***Fehler im Drehstromnetz***

rührbaren Teilen eines Betriebsmittels, die nicht zum Betriebsstromkreis gehören. Gefahren entstehen insbesondere, wenn solche Teile wie Gehäuse von Motoren, Kessel von Transformatoren oder Abdeckungen von Schaltern durch Menschen berührt werden.

■ Die Unfallstatistiken der letzten Jahre zeigen, dass elektrische Unfälle im Vergleich zu anderen prozentual gering sind. Im Gegensatz dazu ist jedoch der Anteil der tödlichen Unfälle sowohl im häuslichen als auch im Arbeitsbereich relativ hoch. Die Ursachen sind vielfältig. Unkenntnis der elektrischen Gesetzmäßigkeiten, leichtsinniger Umgang mit defekten Geräten, teilweise auch unsachgemäße Montage müssen genannt werden. Hier ist die Verantwortung der Elektrofachkraft gefordert!

Menschen und Nutztiere können dabei betriebsmäßig unter Spannung stehende Teile, sog. **aktive Teile,** berühren. Dazu gehören z. B. die Anschlussstellen am Motorklemmbrett, die Klemmen in der Abzweigdose, die nicht gekapselten Wicklungen des Klingeltransformators oder die offenen Adern von Anschlussleitungen.

Gefahren entstehen aber auch, wenn bei einem Isolationsfehler die leitfähigen, nicht zum Betriebsstromkreis gehörenden Teile eines elektrischen Betriebsmittels, sein sog. **Körper,** berührt wird. Besondere Gefahrenquellen bilden solche ortsveränderlichen Geräte, die bei ihrer Nutzung in der Hand gehalten werden (Tab. 5-1).

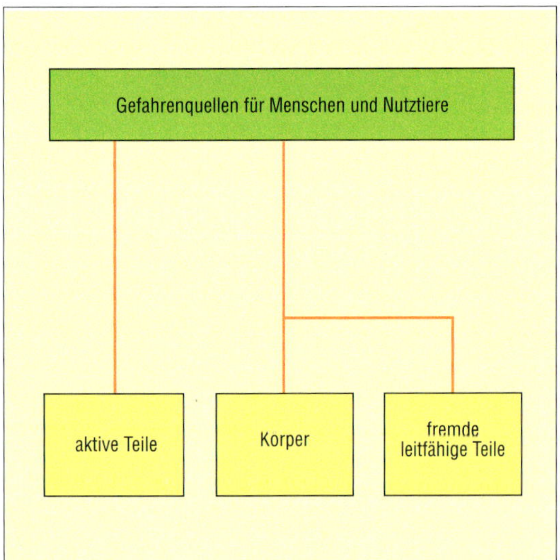

Teile, die betriebsmäßig unter Spannung stehen oder stehen können	Berührbare, leitfähige Teile eines Betriebsmittels, die nicht zum Betriebsstromkreis gehören und im Fehlerfall Spannung annehmen können	Berührbare, leitfähige Teile, die nicht zur elektrischen Anlage gehören

Tab. 5-1 ***Gefahrenquellen für Menschen und Nutztiere***

Auch Wasserleitungen, Heizungsrohre oder metallene Gebäudekonstruktionen, sog. **fremde leitfähige Teile,** können bei Spannungsverschleppung Gefahrenquellen darstellen.

5.2 Mensch als Teil des Stromkreises

5.2.1 Einpoliges und zweipoliges Berühren

Berühren Menschen unter Spannung stehende Anlagenteile, werden sie selbst Teil eines Stromkreises. Bei einer **zweipoligen Berührung** sind die Durchströmung des Körpers und die dann entstehenden Folgen ohne weiteres einzusehen. So wird z. B. beim Berühren des Außenleiters L mit der rechten Hand und des Neutralleiters mit der linken Hand der Stromkreis durch den menschlichen Körper geschlossen (Abb. 5-3).

Der Mensch ist somit ein passiver Zweipol und wirkt wie jedes andere elektrische Verbrauchsmittel. Sein Körper wird quer vom Strom durchflossen. Meist liegt im Stromweg das auf elektrische Ströme stark reagierende Herz.

Auch bei einer **einpoligen Berührung** unter Spannung stehender Teile kann es zu einer Durchströmung des menschlichen Körpers kommen. Dabei wird ein Teil des Stromweges durch das Erdreich gebildet. Im Vergleich zu einem Kupferdraht ist der spezifische Widerstand der Erde zwar ein Vielfaches, aber seine durch mechanische Beschaffenheit und stoffliche Zusammensetzung schlechte elektrische Leitfähigkeit kann eine gesundheitsschädigende oder lebensgefährdende Durchströmung des Menschen nicht verhindern. Da ein Strom jedoch nur bei einem in sich geschlossenen Stromweg fließen kann, ist sein weiterer Weg zu verfolgen. Dabei müssen zwei Möglichkeiten unterschieden werden.

1. Das Netz ist, wie die meisten öffentlichen Versorgungsnetze, ein geerdetes Netz.

Verfolgt man in Abb. 5-4 den Stromfluss, dann erkennt man, dass dieser über den Betriebserder des Netzes zum Sternpunkt der Transformatorwicklung zurückfließt. Die Gefährdung des Menschen ist groß, da unabhängig von der Entfernung zwischen Betriebserder und Standort des Menschen das Erdreich einen extrem großen Querschnitt bildet.

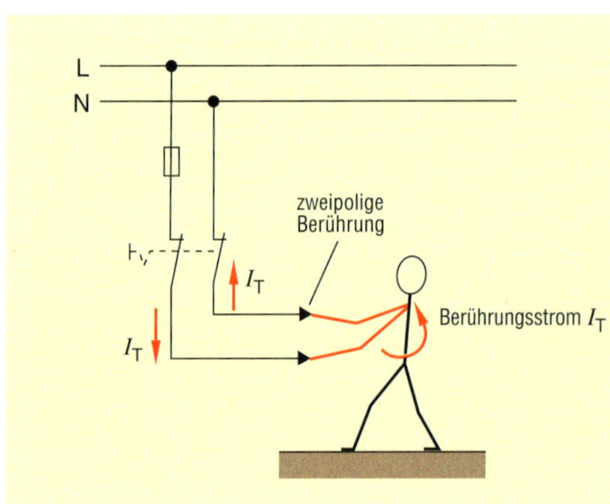

Abb. 5-3 ***Zweipolige Berührung***

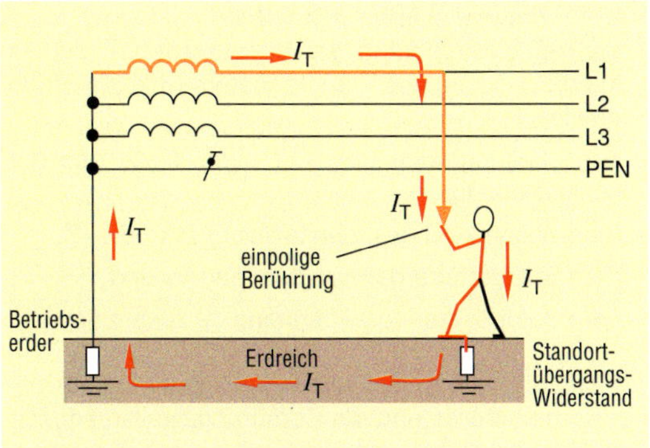

Abb. 5-4 ***Stromweg im geerdeten Netz***

2. Es ist falsch anzunehmen, dass in einem isolierten Netz (Abb. 5-5) keine Gefährdung entstehen kann.

Die Isolierstoffe der Leitungen, der Geräte und der Anlagenteile weisen grundsätzlich nur endliche, jedoch sehr hohe Widerstandswerte auf. Da ein Versorgungsnetz sich räumlich sehr weit ausdehnt, ist der Isolationswiderstand der gesamten Anlage relativ klein. Der fließende Strom liegt deshalb in dem für den Menschen gefährlichen Bereich. Dazu kommt noch, dass die Netze überwiegend mit Wechselspannung betrieben werden. In ihnen bilden die Isolierstoffe zwischen den Leitern oder zwischen Leiter und Erde Kondensatoranordnungen, die als frequenzabhängige Widerstände wirksam sind. Über die endlichen Isolationswiderstände und den Leitungskapazitäten wird damit der Stromweg geschlossen.

Bei jeder Berührung von spannungsführenden Teilen einer elektrischen Anlage, gleich ob sie an einem geerdeten oder isolierten Versorgungsnetz angeschlossen sind, besteht grundsätzlich Lebensgefahr!

5

5.2.2 Größen des Unfallstromkreises

Zur Definition einiger wesentlicher Größen betrachten wir ein mit einem Körperschluss behaftetes Betriebsmittel (Abb. 5-6).

Zwischen dem Motorgehäuse und der Erde steht die Berührungsspannung U_B an.

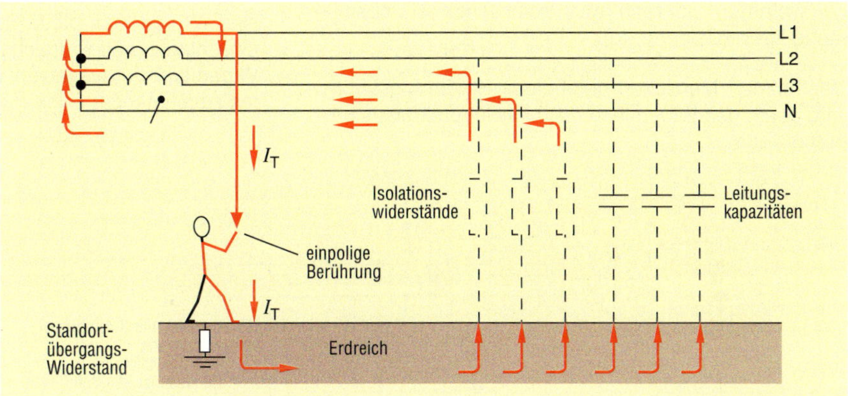

Abb. 5-5 ***Stromweg im isolierten Netz***

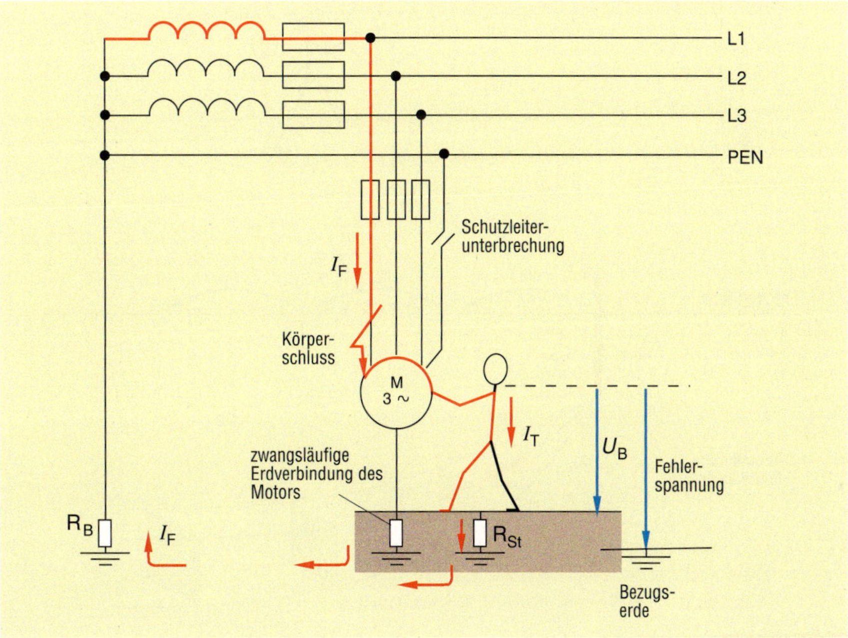

Abb. 5-6 ***Größen des Unfallstromkreises***

Berührungsspannung ist die Spannung, die zwischen gleichzeitig berührbaren Teilen während eines Isolationsfehlers auftreten kann.

Der Wert der Berührungsspannung kann u. U. erheblich durch den Widerstand des Menschen, der mit diesen Teilen in Berührung kommt, beeinflusst werden. Die Berührungsspannung muss dann als Spannungsfall während der elektrischen Durchströmung von Menschen oder Nutztieren zwischen den Berührungspunkten (Stromeintritts- und -austrittsstelle) aufgefasst werden.

5

Über den Menschen fließt als Teil des Fehlerstromes I_F der Berührungsstrom I_T, der den elektrischen Schlag bewirkt.

Fehlerstrom ist der Strom, der durch einen Isolationsfehler zum Fließen kommt.

Berührungsstrom ist der Strom, der bei einem elektrischen Schlag durch den Körper eines Menschen oder eines Tieres fließt.

Elektrischer Schlag ist die pathophysiologische Wirkung des elektrischen Stromes auf Menschen und Tieren, d. h. die gestörte Funktion von Organen und Organsystemen während der elektrischen Durchströmung ihrer Körper.

Der für den Menschen gefährliche Berührungsstrom wird durch den Widerstand des Unfallstromkreises begrenzt (Abb. 5-7).

Dieser Widerstand setzt sich aus

- dem Innenwiderstand der Stromquelle ① (die Sekundärwicklung des Transformators wirkt als Stromquelle),
- dem Leitungswiderstand ② von Netz und Anschlussleitung,
- dem Widerstand des menschlichen Körpers ③,
- dem Standortübergangswiderstand ④ und
- dem Betriebserdungswiderstand ⑤ zusammen.

Als widerstandslos, also als ungünstigster Fall werden der Körperschluss und die Berührungsstellen angesehen. Berechtigt stellt sich die Frage: Weshalb wird der Widerstand des Erdreiches nicht berücksichtigt?

Vergleichen wir dazu den auf der Erde stehenden Menschen mit einem stromdurchflossenen Anlagenerder (Abb. 5-8).

Der Fehlerstrom breitet sich räumlich um diesen Anlagenerder aus. Die Teilströme ΔI durchfließen die Widerstände R1, R2 und R3 des Erdreiches. Über diesen entstehen die Spannungsfälle U_1, U_2, U_3 ..., die mithilfe von Sonden ohne Schwierigkeiten messbar sind. Würde man diese Sonden im gleichen Abstand einschlagen und Erdreich mit demselben spezifischen Widerstand voraussetzen, nehmen die Spannungsfälle mit zunehmender Entfernung vom Erder ab, d. h.

$$U_3 < U_2 < U_1$$

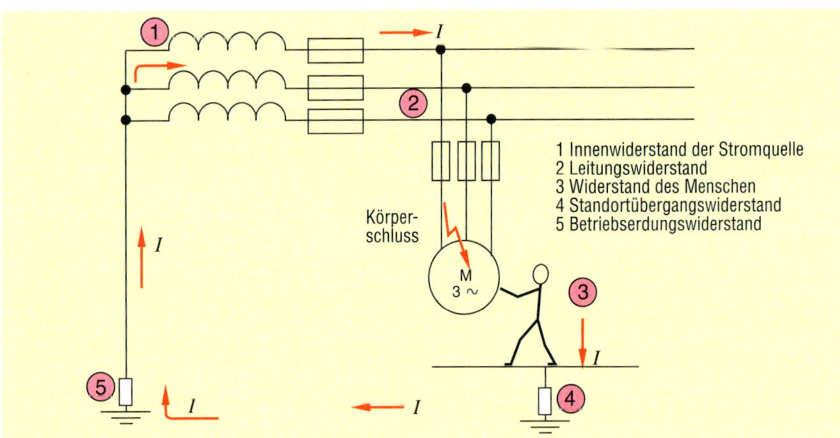

Abb. 5-7
Widerstände im Unfallstromkreis

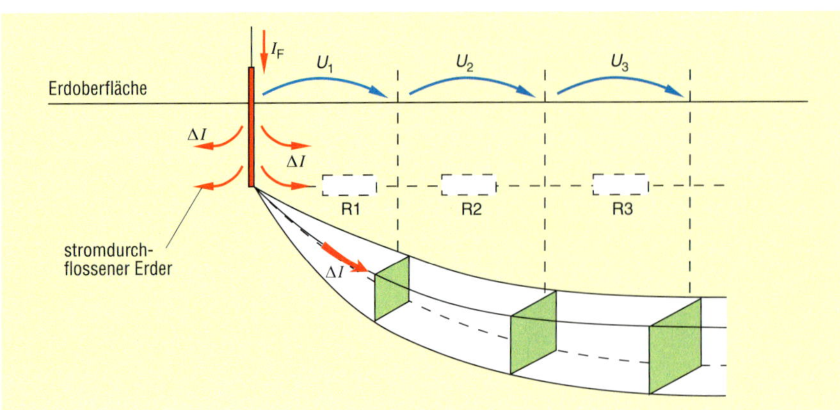

Abb. 5-8
Stromdurchflossener Erder

Ursache ist, dass der Querschnitt der Strombahn mit zunehmender Entfernung vom Erder zunimmt, damit die Widerstandswerte abnehmen:

$$R_3 < R_2 < R_1$$

Durch vielfache Messungen stromdurchflossener Erder wurde festgestellt, dass bei Spannungen bis 1 kV in etwa 20 m Entfernung praktisch keine Spannungsfälle mehr nachgewiesen werden können. Es beginnt der Bereich der sog. Bezugserde.

Bezugserde ist der Bereich der Erde, insbesondere der Erdoberfläche, der von einem stromdurchflossenen Erder so weit entfernt ist, dass zwischen beliebigen Punkten dieses Bereiches keine messbaren Potenzialdifferenzen auftreten.

Wenn also die Widerstandswerte des Betriebserders oder des Standortes ermittelt werden sollen, muss der zweite Messpunkt mindestens 20 m entfernt sein.

5.2.3 Wirkungen des Stromes im menschlichen Körper

Untersuchungen über die Wirkungen des elektrischen Stromes auf den lebenden Organismus reichen bis in das 18. Jahrhundert zurück. Erste, mit den heutigen Erkenntnissen vergleichbare Aussagen über den elektrischen Widerstand des menschlichen Körpers sind aus dem Jahr 1868 bekannt. Das Suchen nach der gefährdenden Spannung, jener Spannung, bei deren Überbrückung der Mensch unmittelbar in Lebensgefahr gerät, war Anlass für zahlreiche Versuche.

Elektrischer Widerstand des menschlichen Körpers

ist in zwei sich unterschiedlich verhaltende Größen einzuteilen: der Hautwiderstand und der Körperinnenwiderstand. Beide werden zwar aus Zellularsubstanzen mit elektrolytischen Eigenschaften gebildet, jedoch hängt die Leitfähigkeit stark von der Zahl der Ionen und vom Flüssigkeitsgehalt des Gewebes ab. Die trockene Hornhaut besitzt einen hohen Widerstand von 50 bis 100 kΩ, der von der Schichtdicke abhängt. Neben ihrem ohmschen Widerstandsverhalten wirkt die Haut auch als Isolierstoff (Dielektrikum) und bildet im Tonfrequenzbereich, besonders bei kleinen Spannungen unter 50 V eine messbare Kapazität von 0,01 bis 0,02 µF. Diese kapazitive Widerstandskomponente bestimmt vor allem die Frequenzabhängigkeit des Körperwiderstandes.

Durch das hochohmige Verhalten der trockenen Haut werden zahlreiche elektrische Durchströmungen als sog. Wischer mit unterschiedlichen Schreckreaktionen ohne lebensgefährliche Folgen überstanden. Dieser natürliche Schutz wird häufig durch Verletzungen der Haut, durch Feuchtigkeit und Schweißabsonderungen unwirksam. Als Folge einer elektrischen Durchströmung entstehen auf der Haut sog. Strommarken – kleine weiße bis schwarze Pünktchen bzw. auch flächenhafte Verkohlungen.

Ist die Haut durchschlagen, wird der Berührungsstrom nur noch vom Körperinnenwiderstand bestimmt, dessen Größe vom Stromweg abhängig ist (Tab. 5-2).

Stromweg	Stromweg
Hand-Rumpf-Hand (Fuß-Fuß) 1300 Ω	Hand-Rumpf-Fuß 1300 Ω
Hand-Rumpf-Füße 975 Ω	Hände-Rumpf-Füße 650 Ω
Hand-Rücken (Brust) 585 Ω	Hände-Rücken (Brust) 300 Ω
Hand-Gesäß 715 Ω	Hände-Gesäß 390 Ω

Tab. 5-2 ***Richtwerte des Körperinnenwiderstandes von Menschen***

Der Widerstand des Menschen ist somit bei Spannungen über 50 V recht unterschiedlich groß. Im Moment der Berührung ist er sehr groß, annähernd 300 kΩ und sinkt infolge der Schweißabsonderung und der Verbrennung der Haut in den ersten Zehntelsekunden auf ungefähr 3 kΩ. Damit steigt sprunghaft der Berührungsstrom. Nach etwa einer Sekunde erreicht der Körperwiderstand einen konstant bleibenden Wert, z. B. 1,3 kΩ bei einem Stromweg Hand-Rumpf-Fuß, da die Haut durchschlagen ist. Damit kann ein lebensgefährlicher Berührungsstrom fließen (Abb. 5-9).

Reaktionen der menschlichen Körperzellen

treten nur dann ein, wenn der Reiz durch den elektrischen Strom eine bestimmte Stärke besitzt. Diese Schwellenwirksamkeit des Stromes wird durch drei Kenngrößen bestimmt:
- Intensität (Stromdichte)
- Nutzzeit (Dauer des Reizes)
- Steilheit des Anstieges vom Reizstromimpuls.

Diese Kenngrößen sind auch für die Wirksamkeit des Wechselstroms bestimmend, da jede Halbwelle als ein Gleichstromstoß angesehen werden kann.

Wechselströme von 50 Hz haben eine sehr niedrige Reizschwelle, damit eine große Gefährlichkeit!

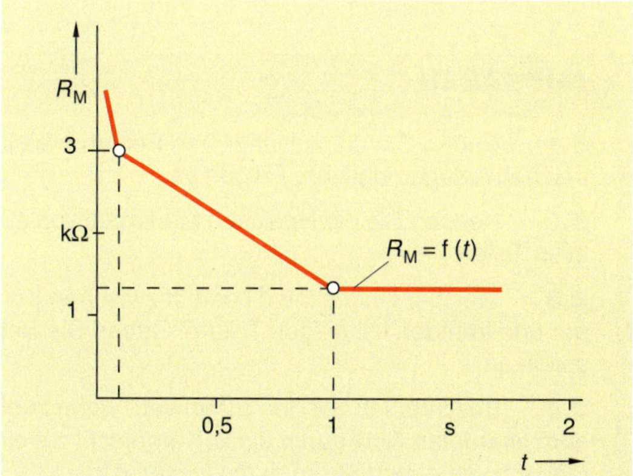

Abb. 5-9 ***Zeitliche Änderungen des Körperwiderstandes***

5

5

Kleinere Frequenzen verringern die Anstiegssteilheit, höhere Frequenzen verkürzen die Flussdauer (Nutzzeit) der Stromstöße und sind daher bei niedrigen Intensitäten nicht reizwirksam. Hochfrequente Ströme wirken selbst bei technisch gebräuchlichen Spannungen nicht mehr als Reiz. Sie verursachen jedoch eine starke Wärmewirkung in den Körperzellen.

Während die Nerven den Strom fortleiten, reagieren die Muskeln mit einer aktiven Verkürzung (Kontraktion). Bei wiederholter elektrischer Reizung in kleinen Zeitabständen kommt es zunächst zum unvollständigen, später zum vollständigen Starrkrampf (Tetanus).

Eine Besonderheit stellt der Herzmuskel dar, der seine Erregungen in speziellen Strukturen selbst bildet. Während des Erregungszustands des Herzens verlaufen bei gefährlicher elektrischer Durchströmung die Kontraktionen der einzelnen Herzmuskelbereiche ohne Koordination und in so schneller Folge, dass sie als sog. Flimmern wahrzunehmen wären. Die Pumpfunktion des Herzens erlischt, da von den flimmernden Herzkammern kein Blut mehr gefördert werden kann. Innerhalb kurzer Zeit kommt es zum Tod des Organismus durch Sauerstoffmangel, wenn nicht sofort qualifizierte erste Hilfe und später ärztliche Hilfe geleistet wird.

Durch langjährige internationale Untersuchungen konnten Wirkungsbereiche des 50-Hz-Wechselstroms bestimmt werden. In Abhängigkeit von Stromstärke und Zeit sind die Reaktionen des erwachsenen Menschen ablesbar (Abb. 5-10).

Überlebenschancen bei elektrischen Unfällen

mit akuter Lebensgefahr bestehen vor allem dann, wenn sofort geeignete Maßnahmen am Unfallort ergriffen werden. Auch der schnellstmögliche Transport in die ärztliche Praxis kann zu spät sein!

Was ist bei der ersten Hilfe bei Unfällen durch den elektrischen Strom zu beachten?

Grundsätze:

- **Ruhe bewahren**
- **Eigenen Schreck überwinden**
- **Erst denken, dann handeln**
- **Zusätzlichen Schaden verhindern**
- **Unfallstelle absichern**
- **Hilfe herbeiholen**
- **Notruf**
- **Verletzten möglichst nicht allein lassen!**

Bereich	Körperreaktionen
*	keine Reaktionen des Körpers
A	keine gefährliche Wirkung
B	Gefahr von Herzkammerflimmern
C	Herzkammerflimmern möglich (tödliche Stromwirkungen wahrscheinlich)

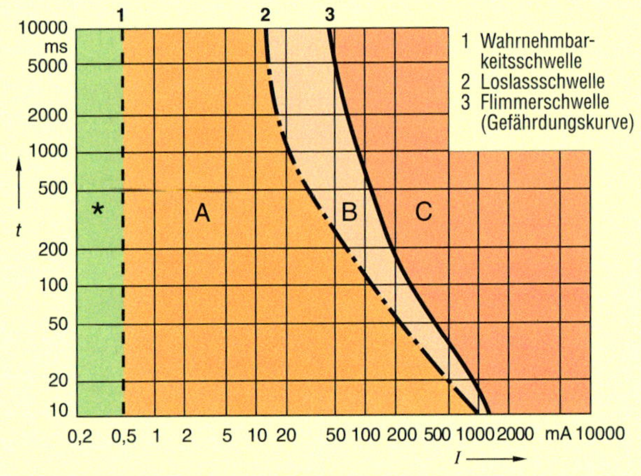

Abb. 5-10
Wirkungsbereiche des 50-Hz-Wechselstroms

AUFGABEN

5.1 Geben Sie die wesentlichen Fehler in elektrischen Anlagen und ihre Folgen an.

5.2 Nennen Sie die typischen Merkmale von aktiven Teilen.

5.3 Welcher Unterschied besteht zwischen Körper und fremden leitfähigen Teilen? Geben Sie Beispiele an.

5.4 Beschreiben Sie den Stromweg, wenn in einem geerdeten Netz durch einen Körperschluss ein Mensch von einem Strom durchflossen wird.

5.5 Weshalb können auch im isolierten Netz gefährliche Berührungsströme fließen?

5.6 Beschreiben Sie die Wirkungen eines elektrischen Stromes im menschlichen Körper.

5.7 Welche Besonderheit besteht bei elektrischen Unfällen in der ersten Phase der ersten Hilfe?

6 Erweiterte Stromkreise

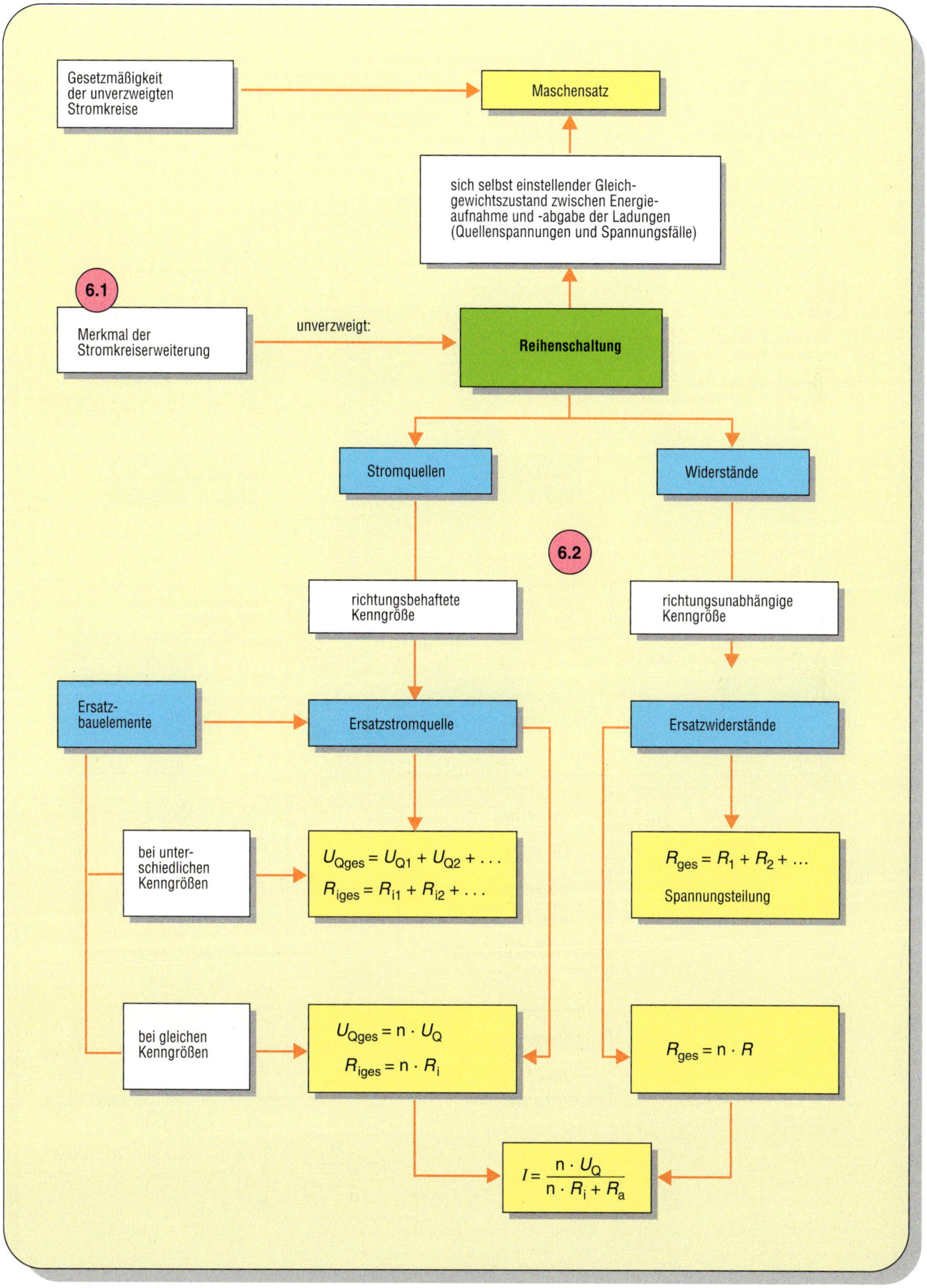

Abb. 6-1a ***Beziehungen und Strukturen: unverzweigter Stromkreis***

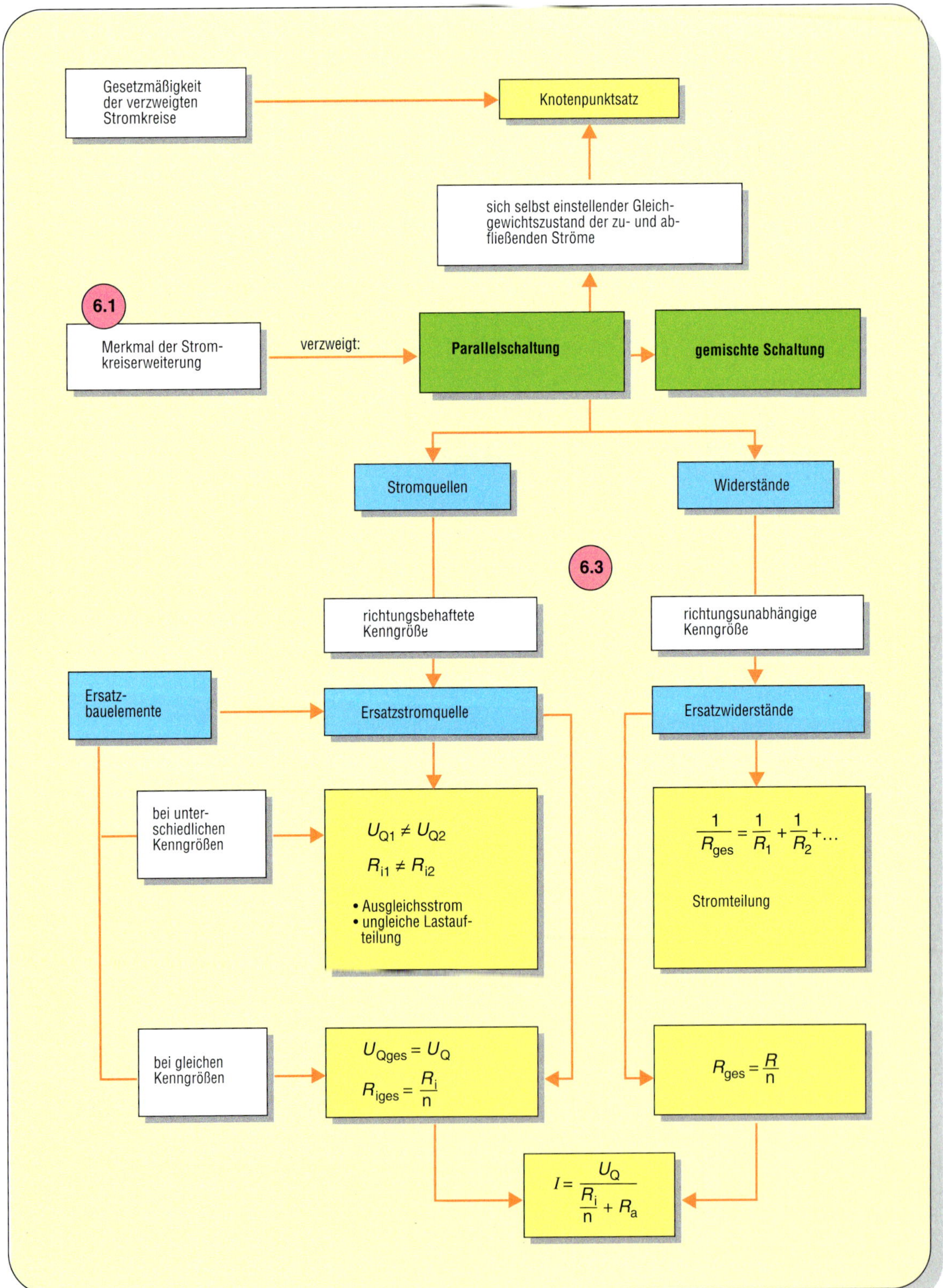

Abb. 6-1b ***Beziehungen und Strukturen: verzweigter Stromkreis***

6.1 Merkmale

Nur selten speist eine Stromquelle ein einziges Verbrauchsmittel allein. Fast immer sind mehrere Verbraucher elektrischer Energie in vielfältiger Weise mit einem oder mehreren Erzeugern elektrischer Energie verknüpft.

In einem erweiterten Stromkreis sind mehr als eine Stromquelle oder (und) mehr als ein Lastwiderstand miteinander elektrisch verbunden.

Die Stromkreiserweiterung kann unverzweigt (durch eine Reihenschaltung aktiver und passiver Elemente) oder verzweigt (durch Parallelschaltung) bzw. in gemischter Weise erfolgen.

Reihenschaltung (Erweiterung ohne Stromkreisverzweigung)

- Alle Stromkreiselemente werden von demselben Strom durchflossen.
- Das Gleichgewicht zwischen Energieaufnahme und -abgabe der Ladungen stellt sich selbständig ein.
- Fällt ein Element in diesem Stromkreis aus, wird der gesamte Kreis unterbrochen. Keines der Elemente arbeitet weiter (Abb. 6-2a).
- Über den verschiedenen Elementen existieren Teilspannungen.

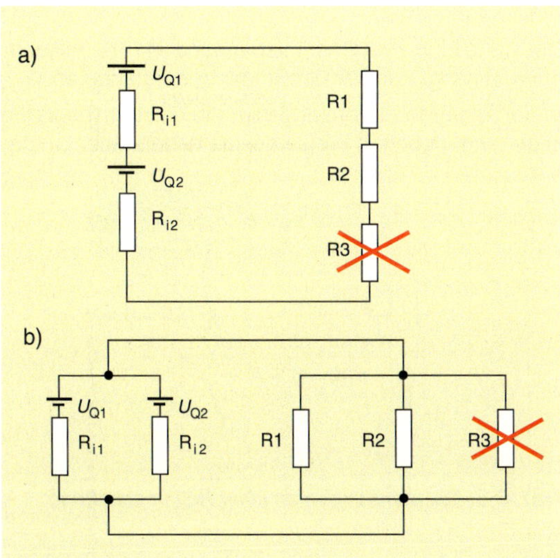

Abb. 6-2

Ausfall eines Stromkreiselementes

a) Reihenschaltung: Unterbrechung des gesamten Stromkreises

b) Parallelschaltung: Unterbrechung eines Stromkreiszweiges

Parallelschaltung (Erweiterung durch Stromkreisverzweigung)

- Alle Stromkreiselemente zwischen denselben zwei Verzweigungspunkten liegen an derselben Spannung.
- Im Stromkreisverzweigungspunkt stellt sich das Gleichgewicht zwischen zu- und abfließenden Ladungen selbständig ein.
- Fällt ein Element in einem Zweig des erweiterten Stromkreises aus, ist nur dieser Teil stromlos; der übrige Stromkreis arbeitet weiter (Abb. 6-2b).
- Durch die verschiedenen Elemente fließen Teilströme.

Immer muss es das Bemühen sein, beim Analysieren eines erweiterten Stromkreises diesen auf einen einfachen Stromkreis zurückzuführen. Stromquellen und Lastwiderstände sollen durch jeweils ein Element „ersetzt" werden.
Diese Vereinfachung soll das reale Verhalten des erweiterten Stromkreises widerspiegeln.

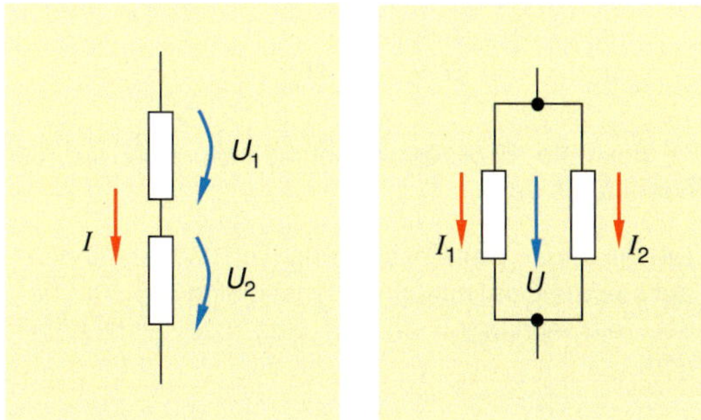

Außerdem soll diese Vereinfachung ermöglichen, die Beziehungen des Grundstromkreises anzuwenden (Abb. 6-3).

An den Klemmen A und B beider Stromkreise sind dieselben elektrischen Verhältnisse vorhanden.

In umgekehrter Weise wird es dadurch möglich, ein „Ersatz"element, z. B. einen erforderlichen, aber nicht genormten Widerstand, durch eine Zusammenschaltung mehrerer genormter Einzelwiderstände zu realisieren.

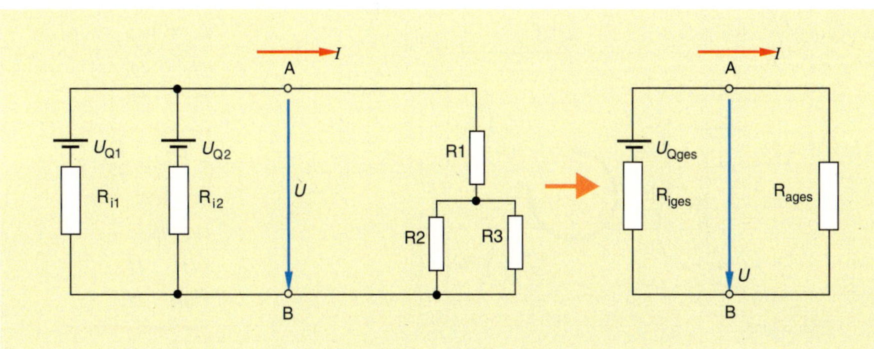

Abb. 6-3 ***Zusammenfassen der Einzelelemente zum Ersatzelement***

6.2 Unverzweigte Stromkreise

6.2.1 Maschensatz

In der Reihenschaltung sind die Stromkreiselemente so geschaltet, dass sie von demselben Strom durchflossen werden.

In einer Reihenschaltung ist an allen Stellen des Stromkreises die Stromstärke gleich groß.

Im Stromkreis gibt es keine Verzweigungspunkte. Das bedeutet: Bei Unterbrechung an irgendeiner Stelle ist der gesamte Stromkreis unterbrochen.
Der in Abb. 6-4 dargestellte Stromkreis bildet ein abgeschlossenes System. Zwischen Energieaufnahme der Ladungen (in der Stromquelle) und Energieabgabe (an den Widerständen) stellt sich selbständig ein Gleichgewicht ein.

$$W_{zu} = W_{ab}$$
$$U_Q \cdot I \cdot t = U_1 \cdot I \cdot t + U_2 \cdot I \cdot t + U_i \cdot I \cdot t$$

Nach der Division
mit $Q = I \cdot t$ folgt
$$U_Q = U_1 + U_2 + U_i$$

Die gesamte Erzeugerspannung teilt sich auf die Widerstände auf.

Die an einer Reihenschaltung von Widerständen anliegende Gesamtspannung ist gleich der Summe der Teilspannungen an den einzelnen Widerständen.

Anders formuliert heißt das für den Stromkreis:

$U_Q - U_1 - U_2 - U_i = 0$

oder $(+U_Q) + (-U_1) + (-U_2) + (-U_i) = 0$

Das entspricht der Addition der Spannungen unter Beachtung ihrer Zählpfeile innerhalb des geschlossenen Stromweges, der sogenannten **Masche**. Die Zählrichtung kann frei gewählt werden.

Die Summe der vorzeichenbehafteten Spannungen in einer Masche ist null (**Maschensatz**, zweites Kirchhoffsches Gesetz*). Spannungen sind stets richtungsbehaftet. Dies gilt auch für Ströme.

* Kirchhoff, Gustav R.: deutscher Physiker 1824–1887

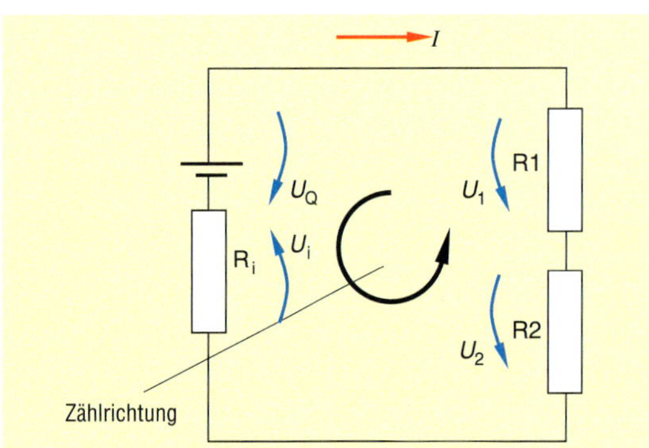

Abb. 6-4 ***Reihenschaltung im erweiterten Stromkreis***

Wird in Abb. 6-4 ein weiterer Widerstand R3 in Reihe geschaltet, so wird an ihm eine Spannung U_3 entstehen. Unter Voraussetzung einer unveränderten Quellenspannung U_Q werden die Werte für U_1, U_2 und U_i geringer. Der Maschensatz gilt immer: Für die geänderte Schaltung stellt sich ein neues Spannungsgleichgewicht ein.

6.2.2 Reihenschaltung von Widerständen

Für eine **Reihenschaltung** von n **Widerständen** gilt:

$$U = U_1 + U_2 + \ldots + U_n$$

Weil an allen Stellen des Stromkreises dieselbe Stromstärke vorhanden ist, lässt sich folgern:

$$\frac{U}{I} = \frac{U_1}{I} + \frac{U_2}{I} + \ldots + \frac{U_n}{I}$$

$$R_{ges} = R_1 + R_2 + \ldots + R_n \qquad \textbf{6-1}$$

In der Reihenschaltung ist der Gesamtwiderstand so groß wie die Summe der Einzelwiderstände.

Die Reihenschaltung von Widerständen führt zu einer Vergrößerung des Widerstandswertes im Stromkreis. Der Gesamtwiderstand ist stets größer als der größte Einzelwiderstand.

Die Aufteilung der Gesamtspannung in die Teilspannungen hängt von der Größe der Widerstände ab.

In der folgenden Schaltung wird die Gesamtspannung in der angegebenen Weise auf die Widerstände aufgeteilt:

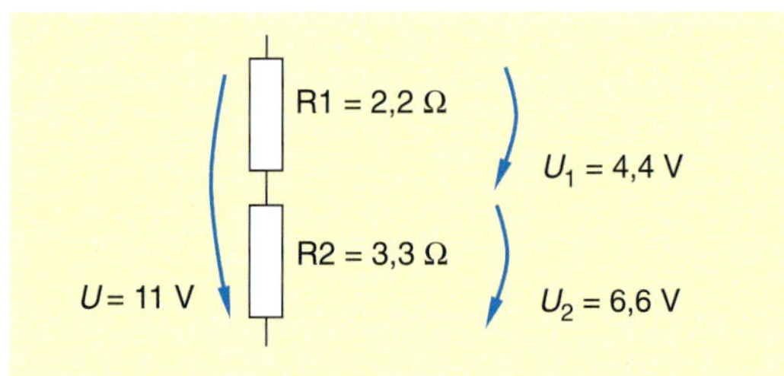

Abb. 6-5 ***Teilspannungen an einer Reihenschaltung***

Aufgrund der überall im Stromkreis gleich großen Stromstärke gilt das Gesetz der Spannungsteilung:

$$I_1 = I_2$$

$$\frac{U_1}{R_1} = \frac{U_2}{R_2}$$

$$\frac{U_1}{U_2} = \frac{R_1}{R_2} \qquad \textbf{6-2}$$

$$I = I_1$$

$$\frac{U}{R_{ges}} = \frac{U_1}{R_1}$$

$$\frac{U}{U_1} = \frac{R_{ges}}{R_1} \qquad \textbf{6-2a}$$

Bei Reihenschaltungen stehen die Spannungen im gleichen Verhältnis wie die dazugehörigen Widerstände.

Am größeren Widerstand herrscht die größere Teilspannung, am kleineren Widerstand die kleinere Teilspannung.

Weil die Stromstärke an allen Stellen des Stromkreises gleich groß ist, gilt auch:

$$\frac{I \cdot U_1}{I \cdot U_2} = \frac{R_1}{R_2}$$

oder

$$\boxed{\frac{P_1}{P_2} = \frac{R_1}{R_2}} \qquad \textbf{6–3}$$

Bei einer Reihenschaltung sind Leistungsumsatz und zugehöriger Widerstand direkt proportional.

Der größere Widerstand nimmt die größere Leistung auf, weil an ihm bei gleicher Stromstärke die größere Spannung vorhanden ist.
Für die Leistungen gilt somit eine Aussage, die für die Spannungen und die Widerstände in ähnlicher Weise zutrifft:

$$U = U_1 + U_2 + \ldots + U_n$$

$$U \cdot I = U_1 \cdot I + U_2 \cdot I + \ldots + U_n \cdot I$$

$$P = P_1 + P_2 + \ldots P_n$$

In einer Reihenschaltung von Widerständen ist die Gesamtleistung so groß wie die Summe der Teilleistungen.

Vorwiderstände

Wird einer Glühlampe beispielsweise ein Widerstand „davor", also in Reihe geschaltet, so nimmt die Stromstärke im Stromkreis ab.

Vorwiderstände wirken strombegrenzend.

Durch die Aufteilung der Gesamtspannung auf den **Vorwiderstand** und – in diesem Beispiel – auf die Lampe wird an dieser eine verminderte Spannung wirksam. Daraus kann geschlussfolgert werden:

Elektrische Betriebsmittel können durch Zuschalten eines Vorwiderstandes an ein Netz mit einer Spannung betrieben werden, die höher ist als die Nennspannung des Betriebsmittels.

Die in der Lampe umgesetzte Leistung wird in zweierlei Hinsicht beeinflusst (Abb. 6-6):

In Vorwiderständen entsteht Wärme. Deshalb werden sie meist im Zusammenwirken mit Betriebsmitteln geringer Leistung (z. B. elektronische Bauelemente) oder bei kurzzeitigem Betrieb (z. B. als „Anlasser" bei Motoren) angewendet.

Messbereichserweiterung bei Spannungsmessgeräten

Mit Hilfe eines Vorwiderstandes können Spannungen messbar gemacht werden, die über dem Messbereichs-Endwert des Messgerätes liegen.

In Mehrbereichs-Messgeräten z. B. arbeitet man mit Widerständen, die in Reihe zum Messwerkswiderstand R_M liegen. Die „überschüssige" Spannung liegt über dem Vorwiderstand R_V (Abb. 6-7).

Die Spannungen verhalten sich wie die zugehörigen Widerstände; es gilt also:

$$\frac{U}{U_M} = \frac{R_V + R_M}{R_M}$$

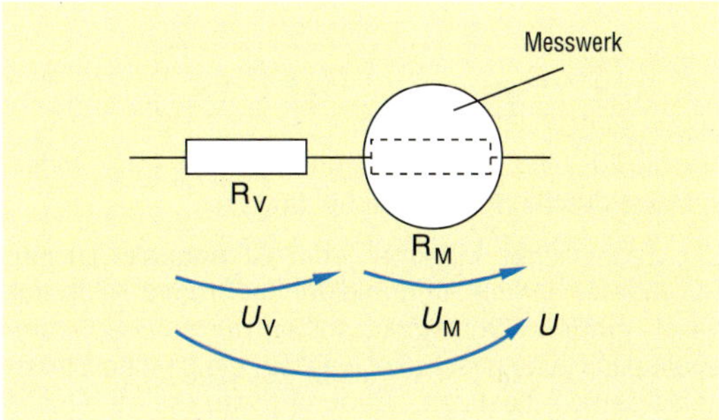

Abb. 6-7 ***Vorwiderstand zur Messbereichserweiterung***

Bezeichnet man den links stehenden Quotienten als **Erweiterungsfaktor** n, folgt:

$$n = \frac{R_V + R_M}{R_M}$$

$$n \cdot R_M = R_V + R_M$$

$$\boxed{R_V = R_M \cdot (n-1)} \qquad \textbf{6–4}$$

Bei einer Erweiterung auf das Zehnfache des ursprünglichen Messbereiches muss ein im Vergleich zum Messwerkswiderstand neunmal so großer Widerstand vorgeschaltet werden.

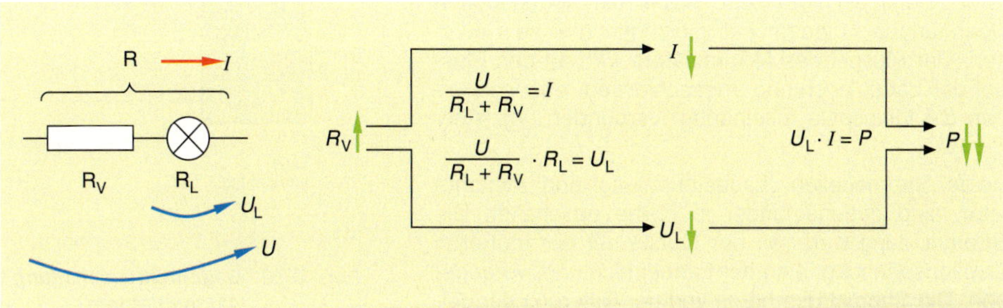

Abb. 6-6 ***Leistungsverminderung durch Vorwiderstand***

6.2.3 Reihenschaltung von Stromquellen

Viele Stromquellen bestehen aus der Reihenschaltung mehrerer Elemente bzw. Zellen. Eine Flachbatterie stellt eine Spannung von 4,5 V zur Verfügung, wobei jedes der drei in Reihe geschalteten Elemente mit 1,5 V daran beteiligt ist.

> Die **Reihenschaltung von Stromquellen** dient dem Ziel, eine größere Quellenspannung wirksam werden zu lassen.

Zu beachten ist, dass die Stromquellen richtungsabhängig arbeiten; Strom und Spannung werden von der Quelle in ihrer Richtung vorgegeben. (Bei Widerständen hingegen stellen sich die Richtungen ein; sie arbeiten richtungsunabhängig: Abb. 6-8.)

Die gesamte Quellenspannung $U_{Q\,ges}$ ergibt sich aus der Addition der Teilspannungen unter Beachtung ihrer Richtung.

Der Gesamt-Innenwiderstand $R_{i\,ges}$ ist gleich der Summe der Einzel-Innenwiderstände.

$$U_{Q\,ges} = U_{Q1} + U_{Q2} + U_{Q3} \qquad (6\text{-}5)$$

$$R_{i\,ges} = R_{i1} + R_{i2} + R_{i3} \qquad (6\text{-}6)$$

Nachteilig wirkt sich die Erhöhung des Innenwiderstandes durch die Reihenschaltung aus.

Ein wesentliches Merkmal jeder Stromquelle ist ihre Strombelastbarkeit. Aufgrund der im Stromkreis überall gleich großen Stromstärke sollten nur solche Stromquellen in Reihe geschaltet werden, die gleiche Strombelastbarkeit besitzen. Dadurch wird keine Quelle überlastet, jede wird gleichermaßen ausgenutzt.

Dann gilt:

$$U_{Q\,ges} = n \cdot U_Q \qquad (6\text{-}5a)$$

$$R_{i\,ges} = n \cdot R_i \qquad (6\text{-}6a)$$

Der in Abb. 6-9 gezeigte Stromkreis lässt sich unter einer solchen Voraussetzung leicht auf den Grundstromkreis zurückführen.

Auf eine der seltenen Gegen-Reihenschaltungen von Stromquellen sei an dieser Stelle hingewiesen:

Entladene Akkumulatoren müssen, um sie wieder gebrauchsfähig zu machen, an einer Ladeeinrichtung aufgeladen werden. Diese Einrichtung kann ein Transformator, sie kann auch wie im Kraftfahrzeug ein Generator (Lichtmaschine) sein, wobei die abgegebenen Spannungen in jedem Fall gleichgerichtet sein müssen. Der Pluspol des Akkumulators wird an den Pluspol der Ladeeinrichtung angeschlossen, ebenso werden die Minuspole miteinander verbunden (vgl. Abb. 6-10).

Beide Stromquellen, Ladeeinrichtung und Akkumulator, sind gegeneinander in Reihe geschaltet: Die Stromrichtung wird von der Quelle mit der größeren Quellenspannung, also der Ladeeinrichtung, vorgegeben. Die Stromstärke hängt von der Differenz der beiden gegeneinander gerichteten Quellenspannungen und von der Summe der Widerstände im Stromkreis ab. Dem Akkumulator wird elektrische Energie zugeführt, er wird zum Verbrauchsmittel und dabei aufgeladen.

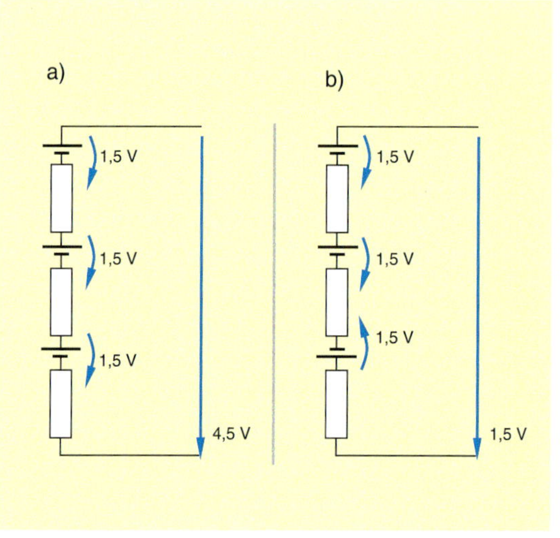

Abb. 6-8
Reihenschaltung von Stromquellen

a) Addition der Spannungsbeträge

b) veränderter Spannungsbetrag durch Gegenreihenschaltung

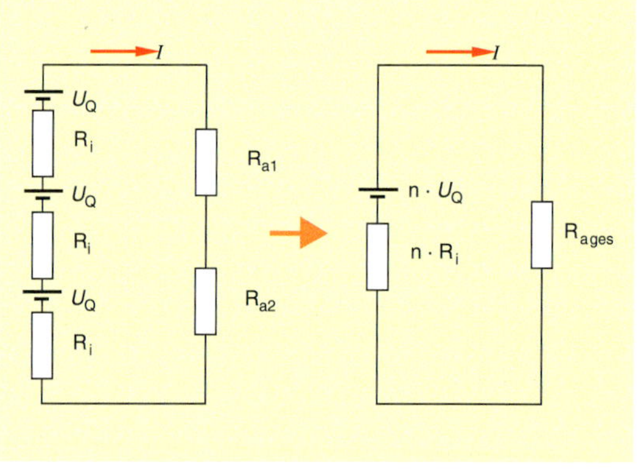

Abb. 6-9 ***Rückführung auf den Grundstromkreis***

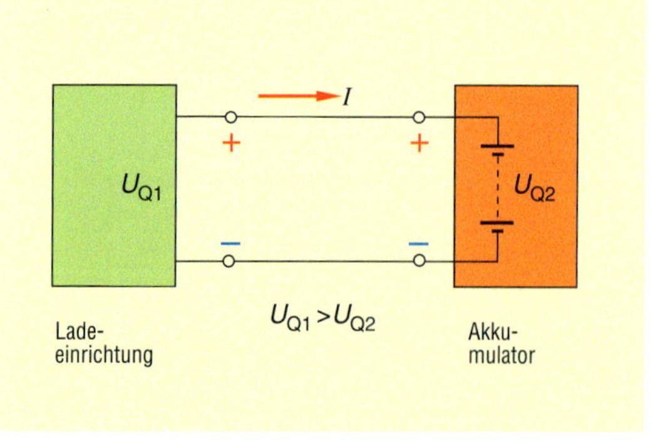

Abb. 6-10 ***Gegenreihenschaltung beim Laden von Akkumulatoren***

6.3 Verzweigte Stromkreise

6.3.1 Knotenpunktsatz

Die Verbrauchsmittel einer elektrischen Anlage sollen in der Regel unabhängig voneinander, in beliebiger Reihenfolge und in beliebigem zeitlichen Abstand ein- bzw. ausgeschaltet werden. Dazu bedarf es der Parallelschaltung an derselben Stromquelle.

In einer Parallelschaltung von Widerständen ist an allen Widerständen die Spannung gleich groß.

$$U = U_1 = U_2 = U_3$$
$$I = I_1 + I_2 + I_3$$

Der von der Stromquelle angetriebene Strom verzweigt sich in sogenannten Knotenpunkten (Punkte 1 und 2 in Abb. 6-11). In diesen stellt sich selbständig ein Gleichgewicht der Ladungen ein:

Der einem Knotenpunkt (Stromverzweigungspunkt) zufließende Gesamtstrom ist so groß wie die Summe der wegfließenden Teilströme.

Anders formuliert heißt das:

$$I - I_1 - I_2 - I_3 = 0$$

oder $(+I) + (-I_1) + (-I_2) + (-I_3) = 0$

Die Summe der vorzeichenbehafteten Ströme ist in Bezug auf einen Knotenpunkt null (**Knotenpunktsatz**; erstes Kirchhoffsches Gesetz).

Wird der Widerstand R3 in Abb. 6-11 entfernt, so werden dem oberen Knotenpunkt (1) weniger Ladungsträger entnommen, folglich werden auch weniger zufließen. Im Knotenpunkt hat sich ein neuer Gleichgewichtszustand eingestellt.

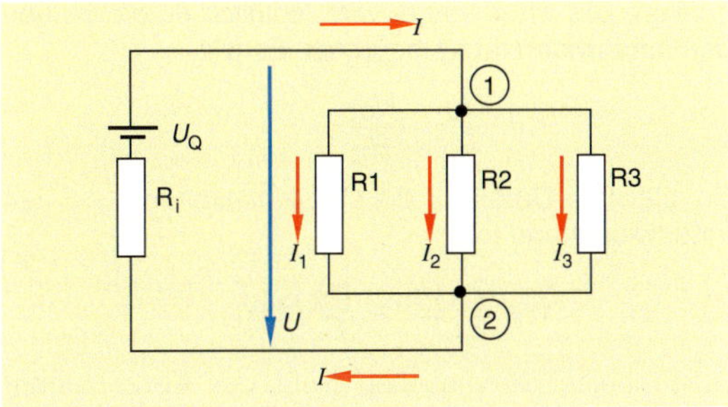

Abb. 6-11 ***Parallelschaltung im erweiterten Stromkreis***

6.3.2 Parallelschaltung von Widerständen

Für n **parallel geschaltete Widerstände** gilt:

$$I = I_1 + I_2 + \ldots + I_n$$

Weil an allen dieselbe Spannung liegt, führt die Division mit dieser Größe zu folgender Aussage:

$$\frac{I}{U} = \frac{I_1}{U} + \frac{I_2}{U} + \ldots + \frac{I_n}{U}$$

$$\frac{1}{R_{ges}} = \frac{1}{R_1} + \frac{1}{R_2} + \ldots + \frac{1}{R_n} \quad \textbf{6–7}$$

Werden die Widerstände durch Leitwerte ersetzt, folgt:

$$G_{ges} = G_1 + G_2 + \ldots G_n \quad \textbf{6–7a}$$

In einer Parallelschaltung ist der Gesamtleitwert so groß wie die Summe der Einzelleitwerte.

Durch Parallelschaltung wird der Leitwert vergrößert, d. h., es verringert sich der Widerstand im Stromkreis. Der Gesamtwiderstand ist stets kleiner als der kleinste Einzelwiderstand.

Sind lediglich zwei Widerstände parallel geschaltet, so ergibt sich eine Vereinfachung:

$$\frac{1}{R_{ges}} = \frac{1}{R_1} + \frac{1}{R_2}$$

$$\frac{1}{R_{ges}} = \frac{R_1 + R_2}{R_1 \cdot R_2}$$

$$R_{ges} = \frac{R_1 \cdot R_2}{R_1 + R_2} \quad \textbf{6–7b}$$

Im Knotenpunkt erfolgt eine Stromverzweigung, die vom Betrag der Widerstände in den Zweigen abhängt. Wegen der an allen Widerständen gleich großen Spannung gilt das **Gesetz der Stromteilung:**

$$U_1 = U_2$$
$$I_1 \cdot R_1 = I_2 \cdot R_2$$

$$\frac{I_1}{I_2} = \frac{R_2}{R_1} \left(= \frac{G_1}{G_2}\right) \quad \textbf{6–8}$$

$$U = U_1$$
$$I \cdot R_{ges} = I_1 \cdot R_1$$

$$\frac{I}{I_1} = \frac{R_1}{R_{ges}} \left(= \frac{G_{ges}}{G_1}\right) \quad \textbf{6–8a}$$

Bei einer Parallelschaltung stehen die Stromstärken in den Zweigen im umgekehrten Verhältnis zu den Widerstandswerten der Zweige bzw. im gleichen Verhältnis zu den Leitwerten der Zweige.

Über den kleineren Widerstand fließt der größere Strom, der größere Widerstand wird von einem Strom geringerer Stärke durchflossen.

Unter Beachtung der an allen Widerständen gleich großen Spannung gilt auch:

$$\frac{I_1 \cdot U}{I_2 \cdot U} = \frac{R_2}{R_1} = \frac{G_1}{G_2}$$

$$\frac{P_1}{P_2} = \frac{R_2}{R_1} = \frac{G_1}{G_2} \quad \textbf{6–9}$$

Bei einer Parallelschaltung sind Leistungsumsatz und zugehöriger Leitwert direkt proportional.

Der kleinere Widerstand (mit dem größeren Leitwert) nimmt somit die größere Leistung auf, weil durch ihn bei gleicher Spannung der größere Strom fließt.

6

Ähnliches wie für die Ströme und die Leitwerte gilt (wegen derselben Spannung) für die Leistungen:

$$I = I_1 + I_2 + \ldots + I_n$$
$$I \cdot U = I_1 \cdot U + I_2 \cdot U + \ldots + I_n \cdot U$$
$$P = P_1 + P_2 + \ldots + P_n$$

In einer Parallelschaltung von Widerständen ist die Gesamtleistung so groß wie die Summe der Teilleistungen.

6

Messbereichserweiterung bei Strommessgeräten

Ein Strom, dessen Betrag über dem Messbereichs-Endwert eines Strommessgerätes liegt, kann mit diesem erfasst werden, wenn ein Teil des Gesamtstromes am Messwerk „vorbeigeleitet" wird (Abb. 6-12).

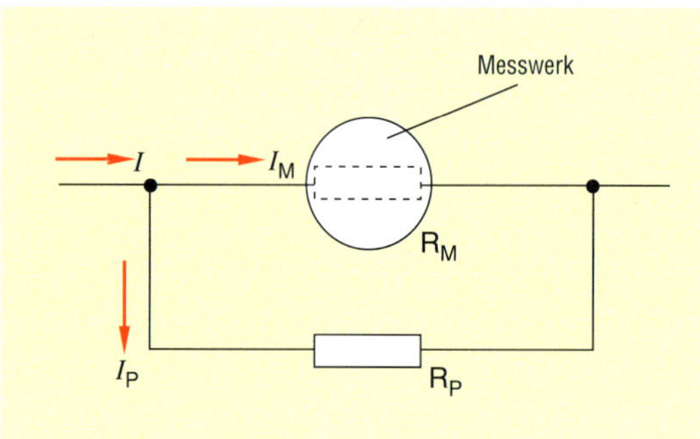

Abb. 6-12 ***Parallelwiderstand zur Messbereichserweiterung***

Unterschiedliche Strommessbereiche bei Mehrbereichs-Messgeräten erzielt man durch das Parallelschalten verschieden großer Widerstände.

Die Stromstärkewerte stehen im umgekehrten Verhältnis zu den Widerständen; es gilt also:

$$\frac{I}{I_M} = \frac{R_M}{R}$$

$$\text{mit } R = \frac{R_M \cdot R_P}{R_M + R_P}$$

$$\frac{I}{I_M} = \frac{R_M\,(R_M + R_P)}{R_M \cdot R_P}$$

Der links stehende Quotient ist der Erweiterungsfaktor m.

$$m = \frac{R_M + R_P}{R_P}$$

$$m \cdot R_P = R_M + R_P$$

$$R_P\,(m - 1) = R_M$$

$$\boxed{R_P = \frac{R_M}{m - 1}} \qquad \textbf{6-10}$$

Bei einer Erweiterung auf das Zehnfache des ursprünglichen Messbereiches muss ein Widerstand parallel geschaltet werden, der 1/9 des Messwerkwiderstandes beträgt.

6.3.3 Parallelschaltung von Stromquellen

Wenn eine einzelne Stromquelle überfordert ist, alle Lastwiderstände ausreichend zu versorgen, müssen weitere Quellen derselben Spannung dazugeschaltet werden.

Stromquellen werden parallel geschaltet mit dem Ziel, die Strombelastbarkeit im Stromkreis zu erhöhen.

Bei der Parallelschaltung müssen die Quellenspannungen aller Quellen in ihren Bestimmungsstücken übereinstimmen. Das sind der Spannungsbetrag und die Spannungsrichtung.
Werden diese Bedingungen nicht erfüllt, so ergeben sich schwerwiegende Folgen.

1. Fall: Spannungsrichtungen stimmen nicht überein

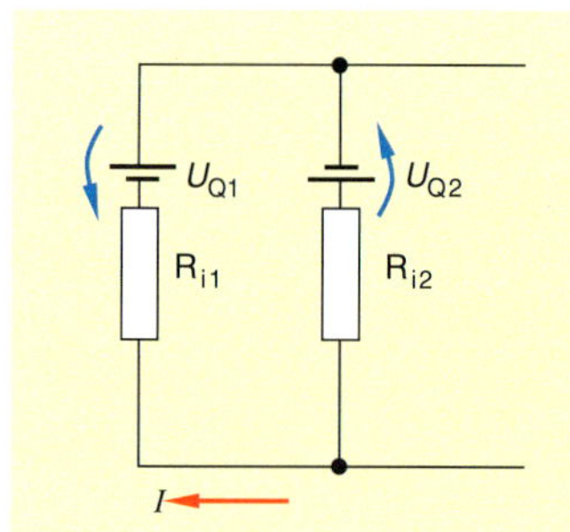

Abb. 6-13 ***Parallelschaltungen von Stromquellen unterschiedlicher Spannungsrichtung***

Im Stromkreis, der von den beiden Stromquellen gebildet wird, kommt es, auch ohne angeschlossenen Lastwiderstand, zum Stromfluss. Innerhalb der Masche existiert eine Reihenschaltung gleicher Stromquellen. Die Stromstärke wird lediglich durch die beiden Innenwiderstände begrenzt. Es gilt:

$$I = \frac{U_{Q1} + U_{Q2}}{R_{i1} + R_{i2}}$$

Bei gleichen Daten für die Quellenspannung und den Innenwiderstand folgt:

$$I = \frac{2 \cdot U_Q}{2 \cdot R_i} = \frac{U_Q}{R_i} \; (= I_K)$$

Durch beide Stromquellen fließt der **Kurzschlussstrom**, ohne dass ein Lastwiderstand angeschlossen ist. Für die Stromquellen besteht die Gefahr der thermischen Zerstörung.

2. Fall: Spannungsbeträge stimmen nicht überein

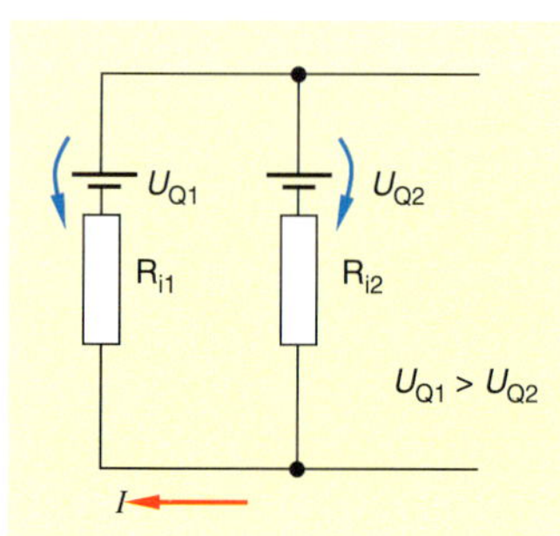

Abb. 6-14 ***Parallelschaltungen von Stromquellen mit unterschiedlichem Spannungsbetrag***

Die Quellenspannung der ersten Stromquelle ist größer als die der zweiten. Aufgrund des unterschiedlich großen Stromantriebs bestimmt die größere Quellenspannung die Richtung des Ausgleichsstromes in der Masche, auch wenn kein Widerstand die Schaltung belastet. Die Stromstärke ergibt sich aus:

$$I = \frac{U_{Q1} - U_{Q2}}{R_{i1} + R_{i2}}$$

In dieser Gegenreihenschaltung fließt ein Ausgleichsstrom, der von der Differenz der Quellenspannungen angetrieben wird (vgl. Abschnitt 6.2.3).
Er erwärmt die Stromquellen, die dadurch Schaden nehmen können.

Um in parallelgeschalteten Stromquellen Ausgleichs- oder Kurzschlussströme zu vermeiden, müssen Betrag und Richtung der Quellenspannungen übereinstimmen.

Die Quellenspannungen der Stromquellen müssen gleich groß sein, an den Klemmen stellt sich die für beide Quellen geltende Klemmenspannung ein.

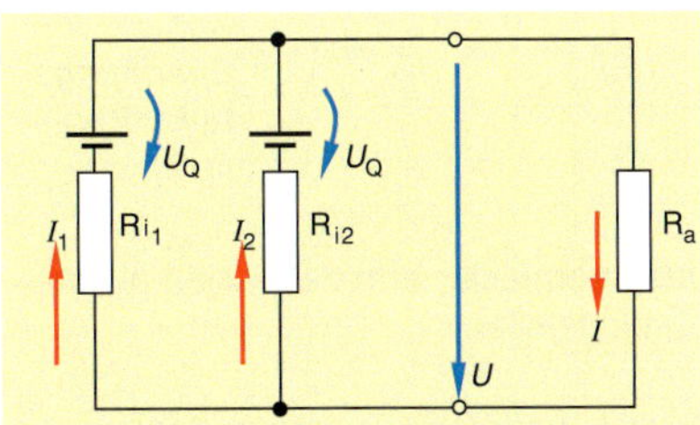

Abb. 6-15 ***Stromaufteilung in der Parallelschaltung***

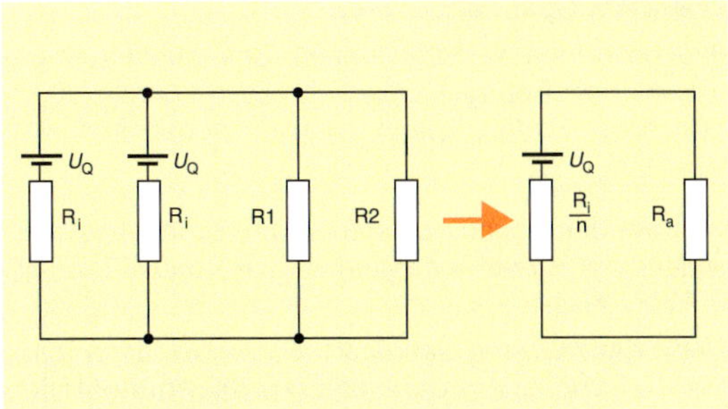

Abb. 6-16 ***Rückführung auf den Grundstromkreis***

$$U_Q - I_1 \cdot R_{i1} = U_Q - I_2 \cdot R_{i2}$$
$$I_1 \cdot R_{i1} = I_2 \cdot R_{i2}$$
$$\frac{I_1}{I_2} = \frac{R_{i2}}{R_{i1}}$$

Bei der Parallelschaltung von Stromquellen verteilt sich der Strom im umgekehrten Verhältnis zu den Innenwiderständen der einzelnen Quellen.

Die Stromquelle mit dem geringeren Innenwiderstand übernimmt die größere, die Stromquelle mit dem größeren Innenwiderstand die geringere Last.

Für eine gleiche Lastverteilung sind Stromquellen erforderlich, die neben der Übereinstimmung der Quellenspannungen in Betrag und Richtung auch gleich große Innenwiderstände besitzen.

Dann gilt: $U_{Q\,ges} = U_Q$

$$R_{i\,ges} = \frac{R_i}{n}$$

6.3.4 Gemischte Schaltungen in Stromkreisen

Berechnungsgrundsätze

In elektrischen und elektronischen Schaltungen kommen Verknüpfungen der Reihen- mit der Parallelschaltung recht häufig vor.

Vielfach ist es dort erforderlich, die Strom- und Spannungsverteilung auf die einzelnen Zweige zu bestimmen. Widerstände sind zu Ersatzwiderständen zusammenzufassen.

In mehreren Schritten wird die **gemischte Schaltung** vereinfacht und auf die Gegebenheiten des Grundstromkreises zurückgeführt.

An einem Beispiel soll dies dargestellt werden (Abb. 6-17):

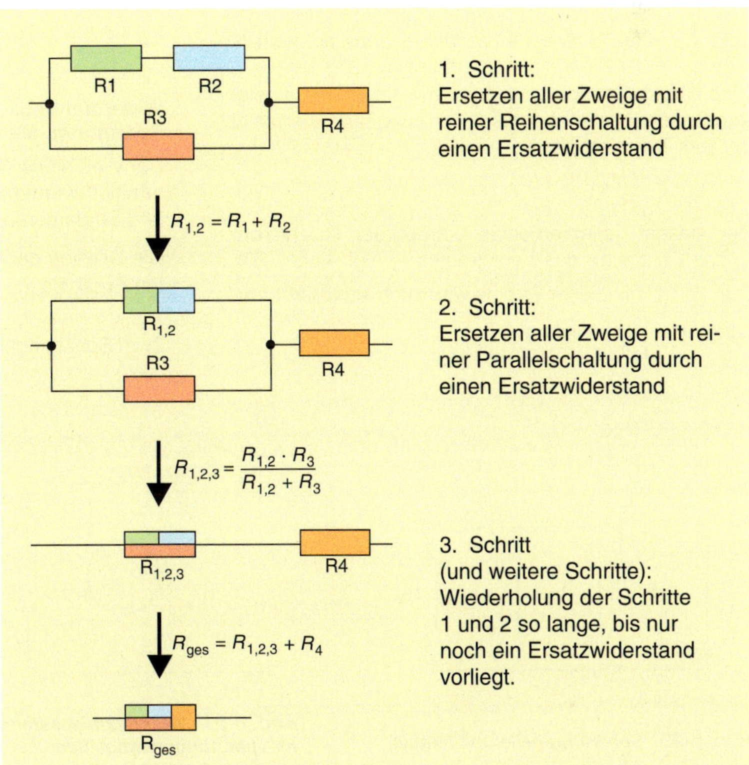

Abb. 6-17 ***Ermitteln des Ersatzwiderstandes***

6

Belasteter Spannungsteiler

Häufig werden in Schaltungen Spannungen unterschiedlichen Betrages benötigt. Diese können an einem sogenannten Spannungsteiler abgegriffen werden (Abb. 6-18).

Mit Hilfe des Abgriffs entstehen am Spannungsteiler-Widerstand R zwei Teilwiderstände R1 und R2. Es gilt $R = R_1 + R_2$.

Wenn der Ausgang „leerläuft“ ($R_a \to \infty$), dann sprechen wir von einem **unbelasteten Spannungsteiler**. Für ihn gilt nach Gleichung 6-2a:

$$\frac{U_a}{U_e} = \frac{R_2}{R_1 + R_2} \quad \text{bzw.} \quad U_a = \frac{R_2}{R_1 + R_2} \cdot U_e$$

Am Spannungsteiler kann die Ausgangsspannung U_a auf Werte zwischen 0 und der Eingangsspannung U_e eingestellt werden.

Bei Belastung des Spannungsteilers mit R_a liegt eine gemischte Schaltung vor. Über den Teilwiderstand R1 fließt jetzt ein größerer Strom, der folglich zu einem vergrößerten Spannungsfall an R1 führt.

Da die Eingangsspannung U_e unverändert bleibt, ist der Wert der Spannung U_a am Ausgang geringer als im unbelasteten Fall.

Die Spannungen stehen beim **belasteten Spannungsteiler** im Verhältnis

$$\frac{U_a}{U_e} = \frac{R_{2,a}}{R_1 + R_{2,a}} \quad \text{bzw.} \quad U_a = \frac{R_{2,a}}{R_1 + R_{2,a}} \cdot U_e$$

wobei $R_{2,a} = \dfrac{R_2 \cdot R_a}{R_2 + R_a}$ die parallel geschalteten Widerstände R_2 und R_a ersetzt.

In Abb. 6-19 ist der Spannungsverlauf am Spannungsteiler für unterschiedliche Lastwiderstände dargestellt.

Eine lineare Spannungsteilung, wie sie bei unbelastetem Spannungsteiler vorliegt, wird annähernd erreicht bis zum Teilerverhältnis

$$\frac{R_a}{R_2} = 5$$

Bei diesem Teilerverhältnis beträgt der **Querstrom** I_q das Fünffache des Laststromes I_a (vgl. Abb. 6-20). Das Verhältnis dieser Ströme wird auch als Querstromfaktor $m = \dfrac{I_q}{I_a}$ bezeichnet.

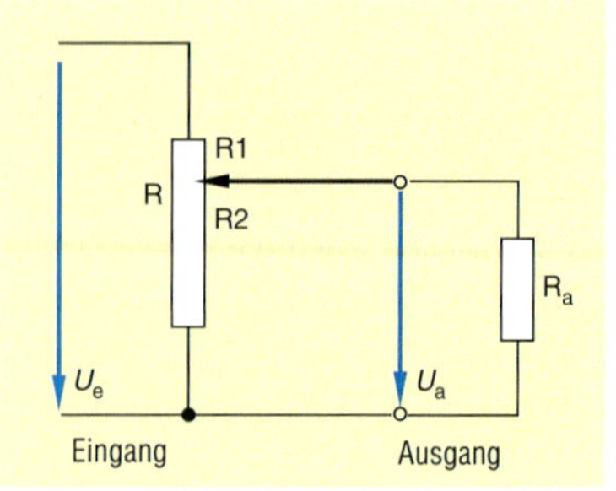

Abb. 6-18 ***Spannungsteiler mit veränderbarem Abgriff***

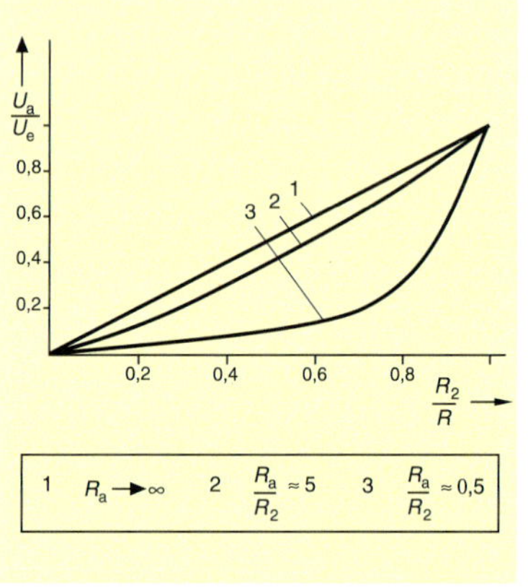

Abb. 6-19 ***Spannungsteiler-Kennlinien***

Ein großer Querstromfaktor erfordert einen niederohmigen Spannungsteiler.

Da der Querstrom I_q andererseits wegen der von ihm hervorgerufenen Verluste klein gehalten werden sollte, ist der Spannungsteiler sinnvoll nur bei geringen Lastströmen einsetzbar.

Widerstandsbestimmung durch Strom- und Spannungs-Messung

Der Wert eines Widerstandes kann auf indirektem Weg ermittelt werden, wenn an ihm gleichzeitig Spannung und Strom gemessen werden.

Die Division der Messwerte $\dfrac{U}{I} = R$ führt zum gesuchten Ergebnis.

Zwei Schaltungen sind möglich (Abb. 6-21):

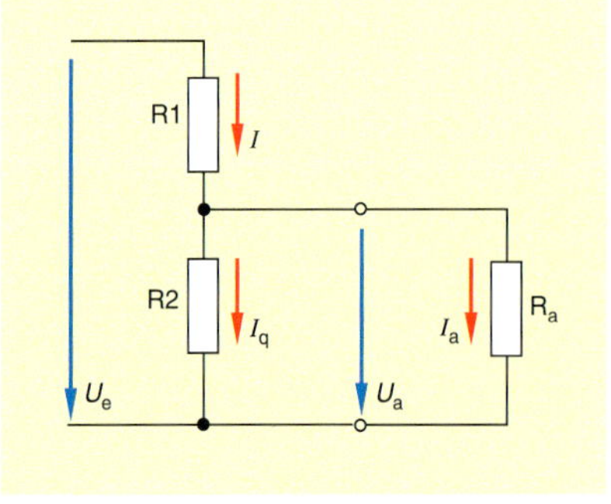

Abb. 6-20 ***Spannungsteiler mit festem Abgriff***

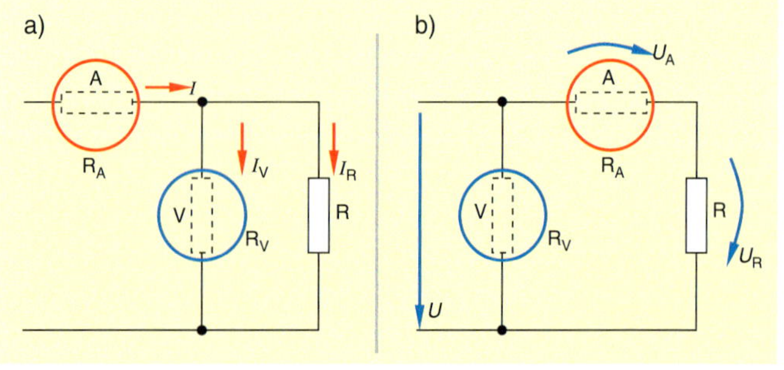

Abb. 6-21 ***Widerstandsbestimmung***
a) spannungsrichtige oder Stromfehler-Schaltung
b) stromrichtige oder Spannungsfehler-Schaltung

Spannungsrichtige oder **Stromfehlerschaltung:**

Das Spannungs-Messgerät, das parallel zum unbekannten Widerstand geschaltet ist, misst die Spannung richtig. Das Strom-Messgerät zeigt eine zu große Stromstärke an, denn es erfasst auch den durch das Spannungs-Messgerät fließenden Strom mit.

In der Stromfehler-Schaltung ist der Fehler dann klein, wenn gilt $R \ll R_V$ (R_V: Innenwiderstand des Spannungs-Messgerätes).

Der tatsächlich durch den unbekannten Widerstand R fließende Strom ist $I_R = I - I_V = I - \frac{U}{R_V}$

Damit ist $R = \frac{U}{I_R} = \frac{U}{I - \frac{U}{R_V}}$

Stromrichtige oder **Spannungsfehlerschaltung:**

Das in Reihe zum unbekannten Widerstand geschaltete Strom-Messgerät misst die Stromstärke richtig. Die vom Spannungs-Messgerät angezeigte Spannung ist zu groß; denn es wird auch der am Strom-Messgerät liegende Spannungsfall mitgemessen.

In der Spannungsfehler-Schaltung ist der Fehler dann klein, wenn gilt $R \gg R_A$ (R_A: Innenwiderstand des Strom-Messgerätes).

Die tatsächlich über dem unbekannten Widerstand R liegende Spannung ist

$$U_R = U - U_A = U - I \cdot R_A$$

Die Berechnung für R ist damit:

$$R = \frac{U_R}{I} = \frac{U - I \cdot R_A}{I}$$

Die Werte hochohmiger Widerstände werden mit der Spannungsfehler-Schaltung, die Werte niederohmiger Widerstände mit der Stromfehler-Schaltung ermittelt. Für eine hinreichend genaue Widerstandsermittlung genügt dann meist die Division der Messwerte.

Brückenschaltung

Zwei parallel geschaltete Spannungsteiler bilden eine so genannte **Brückenschaltung.**

Die in Abb. 6-22 dargestellte Schaltung wird auch als „Widerstandsbrücke" bezeichnet.

Meist ist bei einer solchen Brückenschaltung der Fall erstrebenswert, bei dem die Punkte A und B gleiches Potenzial haben.

Ein zwischen beide Punkte geschaltetes Anzeigegerät ist dann stromlos, die Brücke ist **„abgeglichen"**. Es gilt:

$$U_1 = U_3 \quad \text{und} \quad U_2 = U_4$$

bzw. $$\frac{U_1}{U_2} = \frac{U_3}{U_4}$$

*) Wheatstone, Charles: engl. Physiker 1802–1875

Da sich am Spannungsteiler die Spannungen wie die dazugehörigen Widerstände verhalten, gilt für die abgeglichene Brückenschaltung

$$\frac{R_1}{R_2} = \frac{R_3}{R_4}$$

Mit Hilfe solcher Widerstands-Brückenschaltungen können z. B. die Werte unbekannter Widerstände auf **direktem Wege** ermittelt werden. Abb. 6-23 zeigt eine solche Messschaltung.

Der Widerstand R_N wird so lange verändert, bis die Schaltung abgeglichen ist. Dann ist

$$\frac{R_1}{R_2} = \frac{R_N}{R_X}$$

oder $$R_X = \frac{R_2}{R_1} \cdot R_N$$ **6-11**

Der Wert des unbekannten Widerstandes R_X ergibt sich also aus dem Wert von R_N, multipliziert mit dem Faktor $\frac{R_2}{R_1}$.

Die Skale des veränderbaren Widerstandes R_N kann somit unmittelbar in Werten von R_X dargestellt werden. Handelsübliche **Widerstands-Messbrücken** (Wheatstone-Brücken)*) sind so aufgebaut.

Um verschiedene Widerstands-Messbereiche vorgeben zu können, teilt man R_N in eine Reihenschaltung mehrerer stufig veränderbarer Widerstände (Messbereiche) und einen stetig veränderbaren Widerstand (Abgleich) auf.

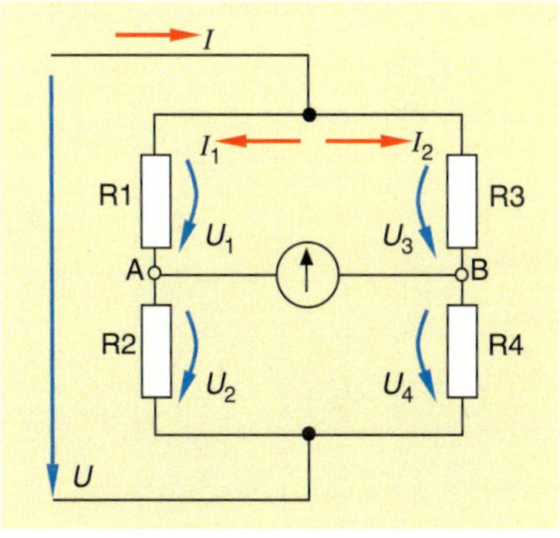

Abb. 6-22 ***Brückenschaltung***

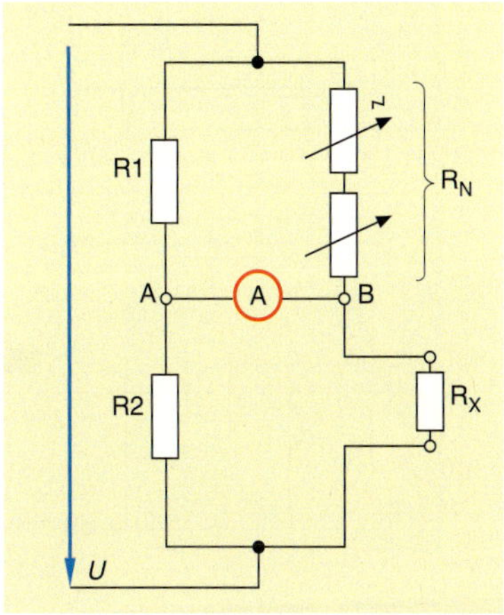

Abb. 6-23 ***Widerstandsmessung mit Brückenschaltung***

In Brückenschaltungen ist die Analyse der Strom- und Spannungsverhältnisse nicht schwer, wenn der Brückenzweig stromlos ist. Ist dieser widerstandsbehaftet, bedarf es einer sog. Dreieck-Stern-Umwandlung, um genaue Aussagen über Ströme und Spannungen machen zu können.

Ersatzstromquelle

Verbraucher werden häufig, wie an einem Beispiel in Abb. 6-24 gezeigt, über ein **Netzwerk** versorgt, das neben der Stromquelle aus mehreren Widerständen bestehen kann. Strom und Spannung am Verbraucher hängen damit nicht nur von den Daten der Stromquelle und vom Widerstandswert R_a ab, sondern auch von den im vorgeschalteten Netzwerk befindlichen Widerständen.

Das Netzwerk kann auf eine Ersatzstromquelle zurückgeführt werden, die aus der Reihenschaltung von Ersatzquellenspannung und Ersatzinnenwiderstand besteht.

Die Ersatzquellenspannung U_Q' ist die Spannung des leerlaufenden Netzwerkes zwischen den Punkten A und B.

Der Ersatzinnenwiderstand R_i' ist der Widerstand des leerlaufenden Netzwerkes zwischen den Punkten A und B (bei kurzgeschlossener Quellenspannung U_Q).

Die Ersatzstromquelle vereint die Daten der Stromquelle und alle dem Verbraucher vorgeschalteten Widerstände eines Netzwerkes.

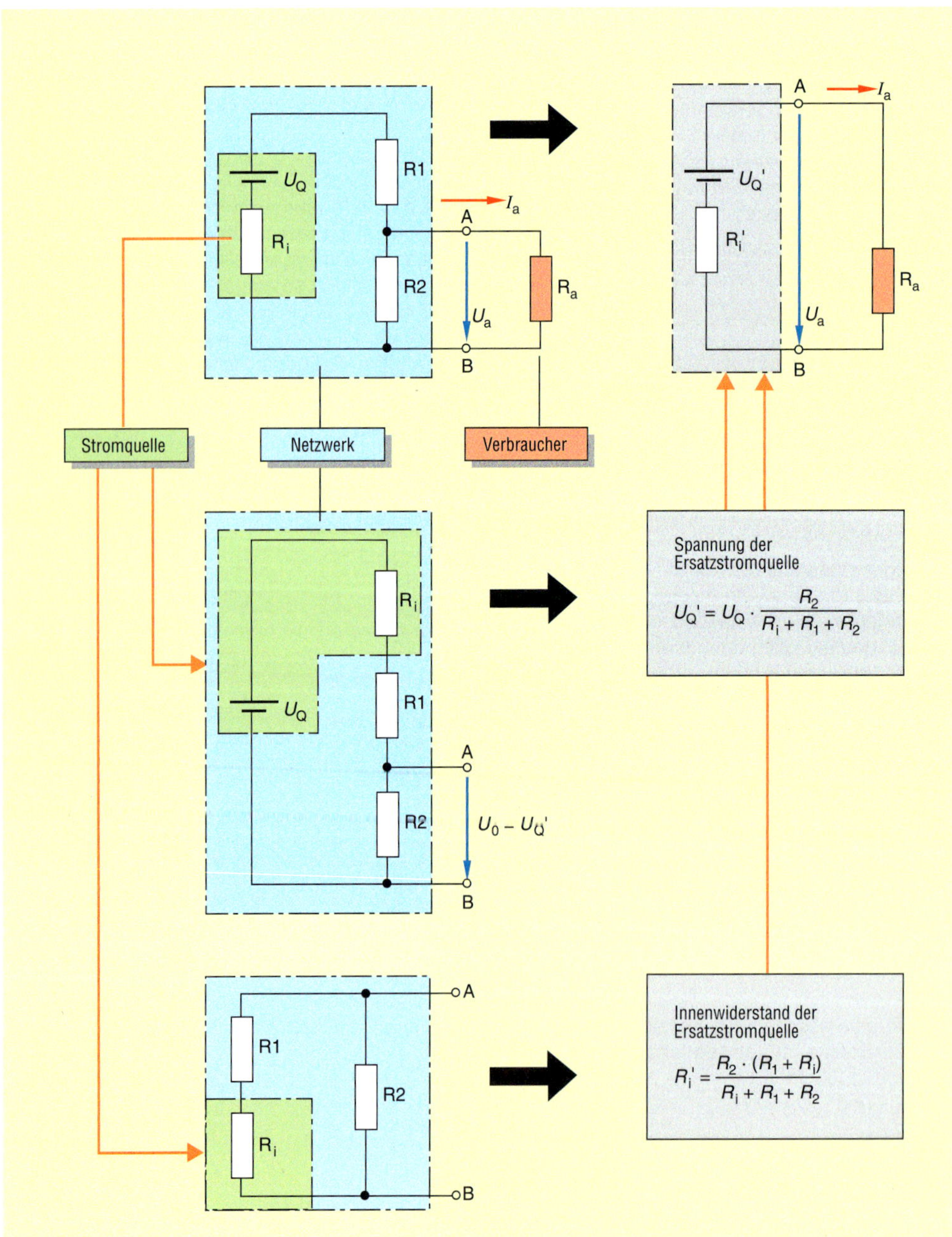

Abb. 6-24 ***Bildung einer Ersatzstromquelle***

AUFGABEN

6.1 Ein 24-V-Gleichspannungsrelais benötigt zum sicheren Anziehen einen Strom von 30 mA. Dann genügt ein Haltestrom von 20 mA. Durch einen Vorwiderstand R_V (entsprechend Abb. 6-25) kann die Stromstärke im Betrieb herabgesetzt werden.

a) Welchen Wert muss der Vorwiderstand R_V haben?

b) An welcher Spannung liegt das Relais während des Betriebes?

6.2 Ein Elektrofachmann berührt bei Prüfarbeiten an einem Netz mit 230 V gegen Erde fahrlässig einen Außenleiter.

Bei der Rekonstruktion des Unfallherganges wird der Übergangswiderstand am Standort zur Erde mit 20 kΩ bestimmt Der Körperwiderstand des Elektrikers (Körperinnenwiderstand, Hautübergangswiderstand) wurde im Augenblick des Unfalls mit mindestens 1 kΩ, höchstens 3 kΩ angenommen.

a) Wie groß war die Berührungsspannung
- mindestens?
- höchstens?

b) Bestand für den Elektriker Lebensgefahr?

6.3 Eine Lichterkette besteht aus mehreren in Reihe geschalteten Lampen (24 V, 15 W). Diese Kette wird an einer Spannung von 230 V betrieben.

a) Wie viele Glühlampen werden für diese Lichterkette mindestens benötigt?

b) Welchen Wert hat der Widerstand jeder Lampe?

c) Wie groß ist der Gesamtwiderstand?

d) Welche Stromstärke stellt sich in dieser Schaltung ein?

e) Welche Spannung liegt tatsächlich an jeder Lampe?

f) Welche Folge hat das Durchbrennen einer Lampe für den Betrieb der Lichterkette?

g) Welche Spannung liegt über der durchgebrannten Glühlampe?

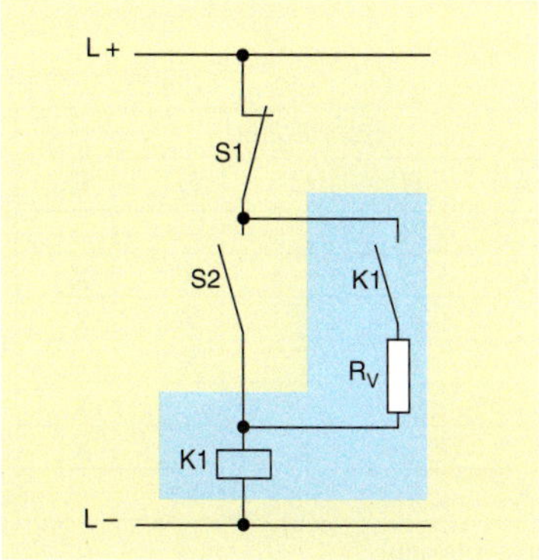

Abb. 6-25 ***Relais mit Vorwiderstand***

6.4 Betrachten Sie den in Abb. 6-5 dargestellten (unbelasteten) Spannungsteiler.

a) Ermitteln Sie die Stromstärke, die von den Widerständen R1 und R2 aufgenommenen Teilleistungen und die Gesamtleistung.

b) Ein dritter Widerstand R3 wird bei unveränderter Gesamtspannung in Reihe zugeschaltet.

Welche Auswirkungen hat das auf die Stromstärke I, die Teilspannungen U_1 und U_2 sowie die Leistungen P_1, P_2 und P? Verallgemeinern Sie Ihre Feststellungen.

6.5 Ein Mehrbereichs-Messgerät ist nach Abb. 6-26 geschaltet.

Ermitteln Sie

a) die Vorwiderstände R_{V1} ... R_{V3} für die 3 Messbereiche,

b) die Widerstandswerte R_1 und R_2.

6.6 Zur Widerstandsbestimmung für R 1 und R 2 in Abb. 6-27 werden Stromstärke und Spannung am Eingang gemessen, wenn der Ausgang einmal leerläuft, das andere Mal kurzgeschlossen wird.

1. Messung : U_1 = 12 V; I_1 = 37,5 mA (Leerlauf an 2-2')

2. Messung : U_1 = 12 V; I_1 = 120 mA (Kurzschluss an 2-2')

Berechnen Sie die Widerstandswerte R_1 und R_2.

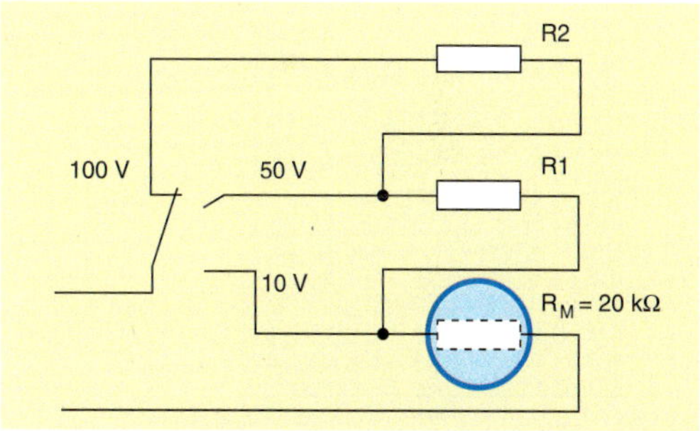

Abb. 6-26 ***Spannungsmessgerät für 3 Messbereiche***

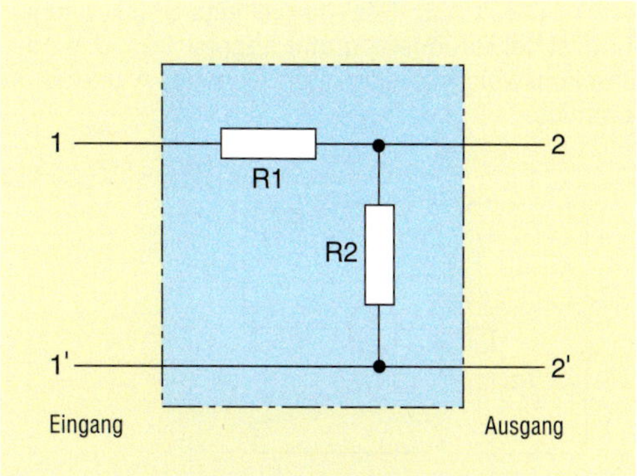

Abb. 6-27 ***Bestimmung einer unbekannten Widerstandskombination***

AUFGABEN

6.7 Zur Stromversorgung einer Verbraucheranlage sind zwei Akkumulatoren parallel geschaltet. Beide bestehen aus je 12 Zellen

mit den Daten $U_Q = 2{,}1$ V; $R_i = 40$ mΩ.

Durch Kurzschluss ist eine Zelle in einem Akkumulator ausgefallen. Berechnen Sie die Höhe des Ausgleichsstromes in den Akkumulatoren, wenn die Verbraucheranlage abgeschaltet ist.

6.8 Zwei Widerstände der E 12-Reihe betragen 220 Ω ±10% und sind parallel geschaltet. Welchen unteren und welchen oberen Wert für den Gesamtwiderstand kann diese Schaltung haben?

6.9 Stromquellen, die parallel betrieben werden, müssen gleiche Quellenspannungen und möglichst gleich große Innenwiderstände besitzen.

In Abb. 6-28 sind die Belastungskennlinien für zwei Stromquellen angegeben.

a) Bestimmen Sie die Belastungsströme für die einzelnen parallel geschalteten Quellen, wenn sich die gemeinsame Klemmenspannung von $U = 230$ V einstellt.
b) Wie groß ist die Gesamtstromstärke?
c) Ermitteln Sie die Werte für die Innenwiderstände der beiden Stromquellen.
d) Wie groß sind die Belastungsströme der beiden Stromquellen, wenn die Gesamtstromstärke 7,5 A beträgt? Welche Klemmenspannung stellt sich dabei ein?

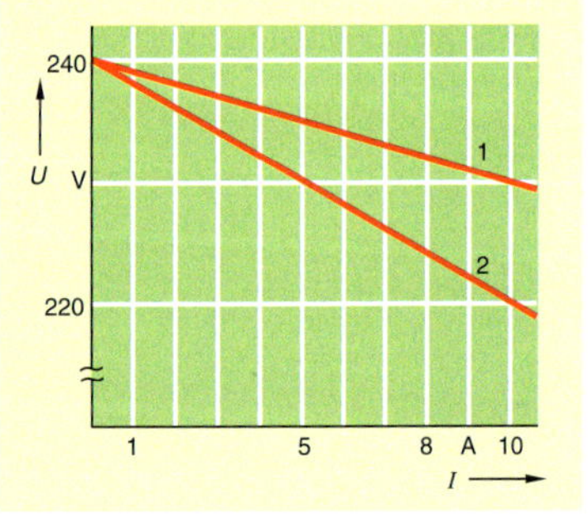

Abb. 6-28 ***Belastungskennlinien für 2 Stromquellen***

6.10 Die in Abb. 6-29 dargestellte Brückenschaltung ist bei Raumtemperatur abgeglichen, d.h., der Brückenzweig zwischen den Punkten A und B ist stromlos.

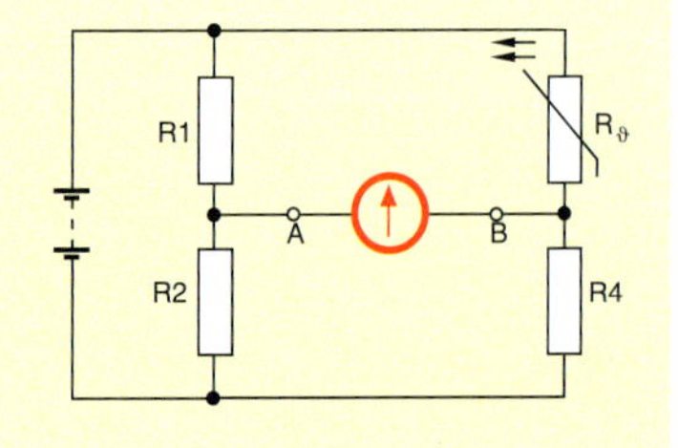

Abb. 6-29 ***Brückenschaltung mit temperaturabhängigem Widerstand***

Wie ändern sich die Verhältnisse zwischen den Punkten A und B, wenn der temperaturabhängige Widerstand R_ϑ, ausgehend von der Raumtemperatur,

a) erwärmt bzw.
b) abgekühlt wird?

6.11 Standardkochplatten enthalten 3 Heizwiderstände. Durch verschiedene Schaltkombinationen mithilfe eines 7-Takt-Schalters können 6 verschiedene Heizleistungen eingestellt werden (Abb. 6-30).

a) Zeichnen Sie die Schaltung der Widerstände R1 … R3 für alle Schaltstufen.
b) Ermitteln Sie den zur Schaltung gehörigen Gesamtwiderstand.
c) Wie groß ist jeweils die Heizleistung, wenn zwischen L1 und N eine Spannung von 230 V anliegt?

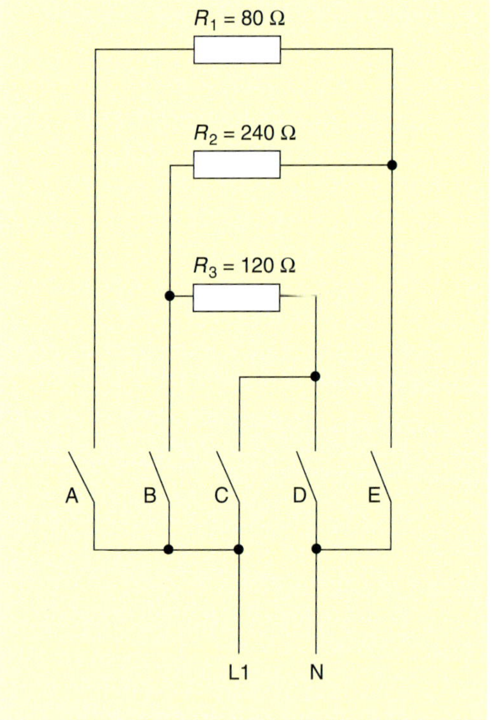

Schaltstellung	Schaltglied				
	A	B	C	D	E
0					
3	X	X		X	X
2,5		X		X	X
2		X		X	
1,5		X			X
1			X		X
0,5	X			X	

X = Schalter geschlossen

Abb. 6-30 ***Schaltungen von Heizwiderständen***

7 Nichtleiter

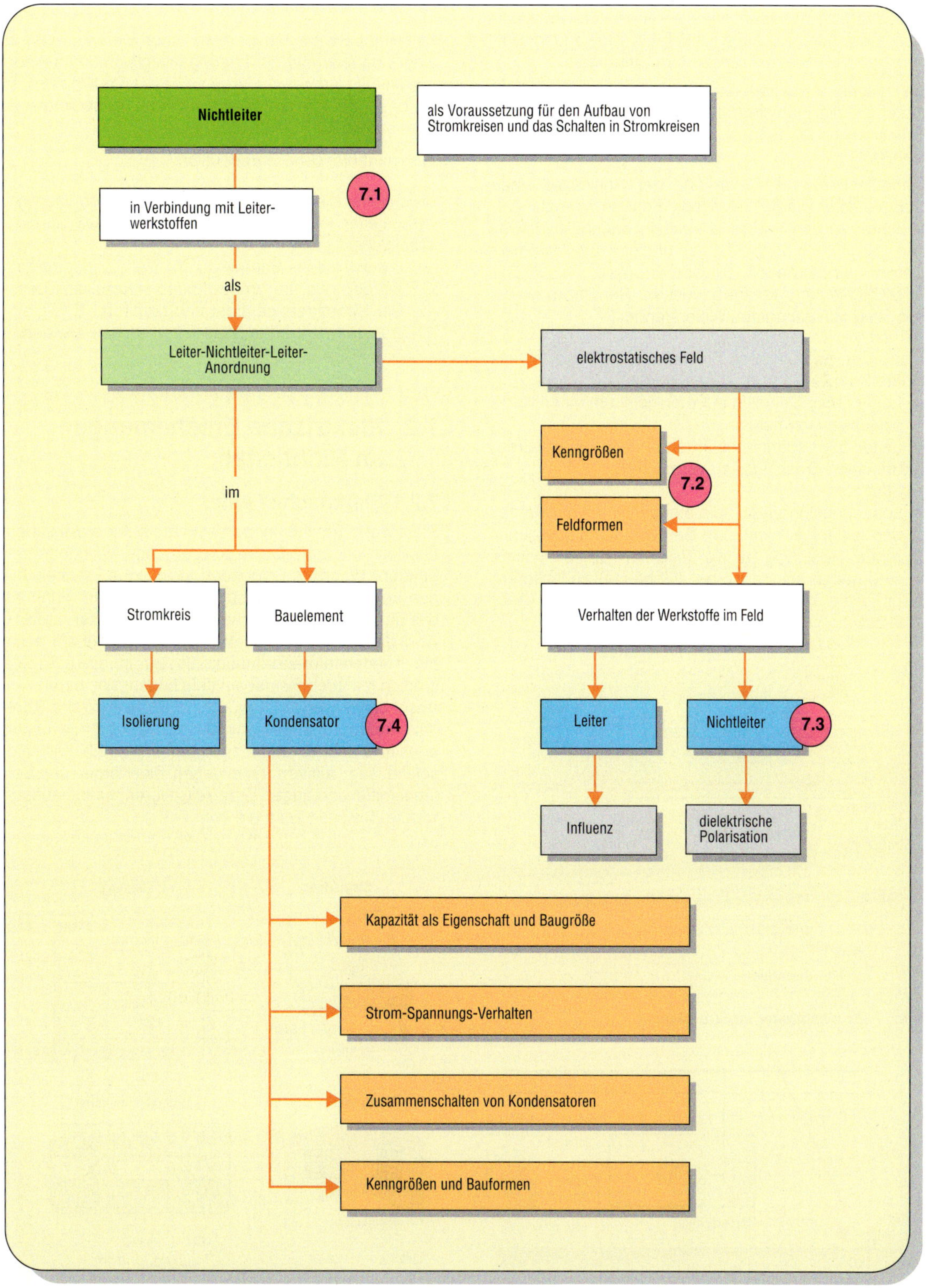

Abb. 7-1 ***Beziehungen und Strukturen***

7

7.1 Bedeutung der Nichtleiter für den Stromkreis

Alle bisher genannten Erscheinungen, Wirkungsprinzipion und Gesetzmäßigkeiten in den Stromkreisen setzten Leiterwerkstoffe voraus. Nur im Leiter sind freie Ladungsträger vorhanden. Nur sie können sich im Werkstoff bewegen. Nur ihre gerichtete Bewegung entspricht einem Energietransport im Stromkreis.

Bei diesen Aussagen darf nicht vergessen werden, dass für die Funktion des Stromkreises nicht nur Leiterwerkstoffe gehören, sondern auch Nichtleiterwerkstoffe.

Ohne Isolierung der Hin- und der Rückleiter eines Stromkreises würde elektrische Energie niemals zielgerichtet zu den Verbrauchsmitteln transportiert werden können, um dort in die von uns gewünschte Energieform umgewandelt zu werden (Abb. 7-2a). Die Stromquelle wäre kurzgeschlossen. Der Strom nimmt den Weg des geringsten Widerstandes.

Nichtleiter sind in ihrer Funktion elektrische Isolierstoffe. So müssen z. B. isoliert werden

- Leiter unterschiedlichen Potenzials, um einen Kurzschluss zu vermeiden
- Leiter oder spannungsführende Teile gegen Erde, um einen Erdschluss zu vermeiden
  oder
- spannungsführende Teile eines Betriebsmittels gegen leitfähige, nicht zum Betriebsstromkreis gehörende Teile. Sog. aktive Teile des Betriebsmittels sind gegen seinen Körper (Gehäuse) zu isolieren, um seine Spannungsfreiheit zu gewährleisten (Abb. 7-2b).

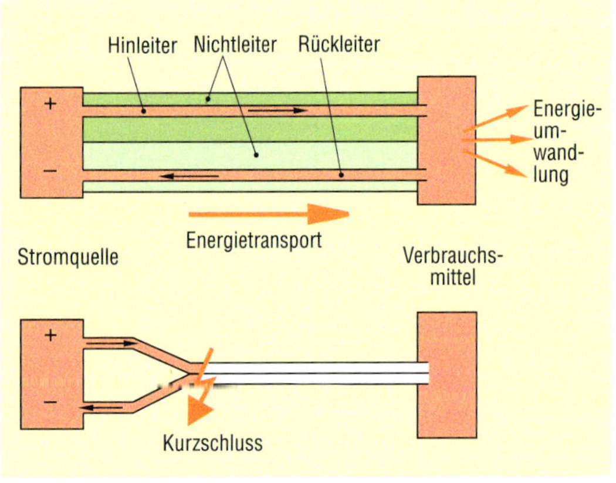

Abb. 7-2a ***Nichtleiter im Stromkreis***

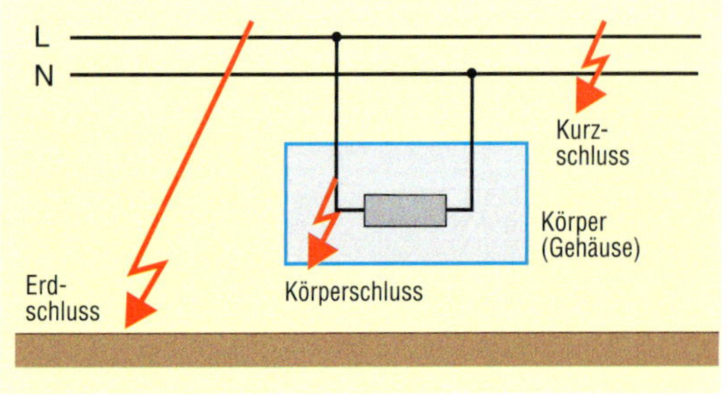

Abb. 7-2b ***Folgen von Isolationsfehlern***

Denken wir auch daran, dass der Transport der elektrischen Energie zu jeder Zeit gestoppt werden muss. Das Betriebsmittel muss abgeschaltet werden, der Stromkreis muss unterbrochen werden können. Das Öffnen eines Schalters bedeutet, dass zwischen den Kontakten des Schalters ein Nichtleiter (häufig Luft) vorhanden sein muss.

Soll eine Ladungsmenge gespeichert werden, muss in einem Bauelement der Ladungsausgleich durch einen Isolierstoff verhindert werden. Dieses Bauelement ist der besonders für den Wechselstromkreis bedeutsame Kondensator.

Zusammenfassend wird deutlich:

> Nichtleiter sind für den Stromkreis ebenso wichtig wie Leiter. Nur durch das Vorhandensein eines Nichtleiters kann
> 1. die elektrische Energie zu der Stelle transportiert werden, wo sie umgewandelt werden soll und
> 2. der Stromkreis geöffnet und damit der Energietransport zu jeder Zeit unterbrochen werden.

7.2 Elektrische Erscheinungen im Nichtleiter

7.2.1 Elektrische Felder

Elektrische Erscheinungen sind stets mit elektrischen Größen verknüpft. Diese sind an Leiterwerkstoffe gebunden. Wenn im Folgenden elektrische Erscheinungen im Nichtleiter untersucht werden sollen, dann ist das nur möglich, wenn eine **Leiter-Nichtleiter-Leiter-Anordnung** vorhanden ist. Man bezeichnet sie auch als Kondensatoranordnung, die wir in allen Stromkreisen mit ihren Betriebsmitteln finden. Wie bereits im Abschnitt 7.1 erwähnt wurde, entstehen solche Kondensatoranordnungen, da spannungsführende Leiter oder Teile untereinander zu isolieren sind. Ebenso sind solche sog. aktiven Teile gegen die Körper der Betriebsmittel und gegen Erde zu isolieren. Einige ausgewählte Beispiele zeigt die Abb. 7-3.

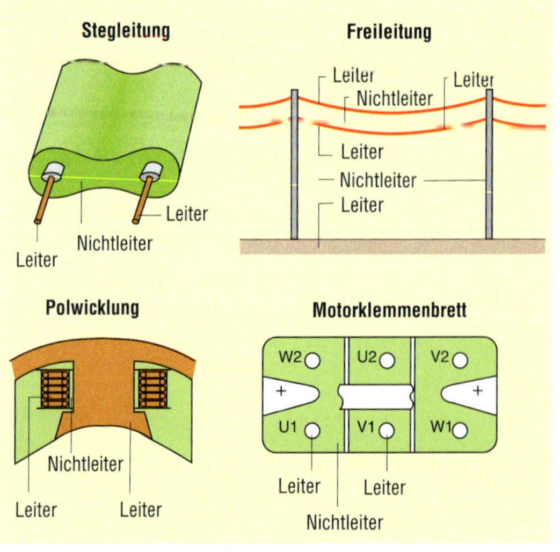

Abb. 7-3 ***Leiter-Nichtleiter-Leiter-Anordnungen***

Folgen wir einer anderen Überlegung. Werden die Klemmen einer Stromquelle über einen Verbraucher geschlossen, bewegen sich die freien Ladungsträger in die durch die Pole der Stromquelle bestimmten Richtung. Diese Bewegung setzt zwischen den Polen ein Feld voraus.

Ein Feld ist ein Raum, in dem jedem Punkt dieses Raumes ein entsprechender Wert einer physikalischen Größe zugeordnet werden kann.

Solche Felder sind z. B.
- das Temperaturfeld eines Wohnzimmers
- eine Landkarte mit Höhenlinien
- das Gravitationsfeld der Erde
- die Geschwindigkeitsverteilung in einer Strömung

und das im Stromkreis wirkende
- elektrische Strömungsfeld.

Das elektrische Strömungsfeld ist das Feld der sich bewegenden elektrischen Ladungen im Leiter.

Dieses Feld haben wir durch die bekannten elektrischen Feldgrößen beschrieben.

Ursachengröße:	Spannung
Wirkungsgröße:	Stromstärke
Bedingungsgröße:	Widerstand bzw. Leitwert
Dichtegröße:	Stromdichte

Für das elektrische Strömungsfeld sind seine Feldgrößen in der Abb. 7-4 dargestellt.

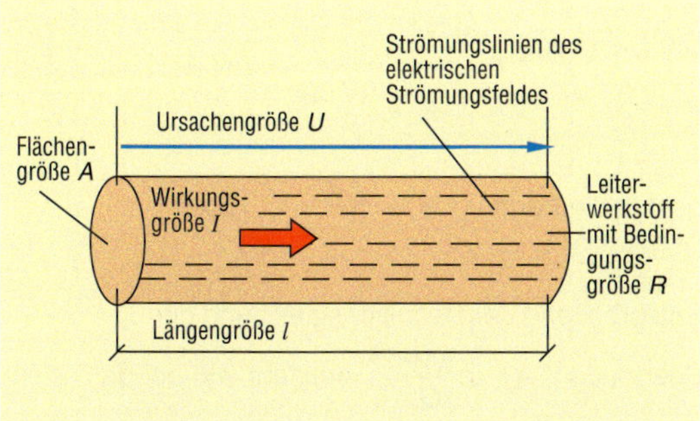

Abb. 7-4 ***Feldgrößen des elektrischen Strömungsfeldes***

Aus den Angaben der Abb. 7-4 ergeben sich

die Dichtegröße ⇒ Stromdichte $J = \frac{I}{A}$ und

die Feldstärkegröße ⇒ elektrische Feldstärke $E = \frac{U}{l}$

Der Zusammenhang zwischen Dichtegröße und Feldstärkegröße ist wie folgt gegeben:

$$J = \frac{I}{A} \longleftarrow I = \frac{U}{R} \longleftarrow R = \frac{l}{\varkappa \cdot A}$$

$$J = \frac{U \cdot \varkappa \cdot A}{l \cdot A} \qquad J = \varkappa \cdot E,$$

d. h., die Dichtegröße wird entscheidend durch das Leitermaterial, gekennzeichnet durch die spezifische Leitfähigkeit $\varkappa$, bestimmt.

Wir verallgemeinern:

Dichtegröße = Werkstoffgröße x Feldstärkegröße

Wird der Widerstand zwischen den Klemmen der Stromquelle stetig erhöht, verringert sich die Stromstärke. Bei einem unendlichen großen Widerstand, einem Nichtleiter, verschwindet dann das elektrische Strömungsfeld; denn es findet keine Ladungsbewegung statt. Mithilfe einer elektrischen Probeladung kann man feststellen, dass in der Umgebung der Klemmen der Stromquelle eine Kraftwirkung auf diese Probeladung ausgeübt wird. Es existiert also ein Kraftfeld, das punktweise mit einer Probeladung vermessen werden kann. Es wird als elektrostatisches Feld bezeichnet, da man einen Zustand, in dem keine Bewegungen stattfinden, statisch nennt. Wenn die Probeladung entfernt wird, ist auch die Kraftwirkung nicht mehr messbar. Ihre Ursache muss jedoch nach wie vor bestehen. Als Ursache des elektrostatischen Feldes müssen die Ladungsanhäufungen auf den Klemmen der Stromquelle angesehen werden, denn sie üben Kräfte auf andere Ladungen aus.

Das elektrostatische Feld ist ein Raum, in dem durch ruhende elektrische Ladungen Kräfte auf andere Ladungen wirksam sind.

Das elektrostatische Feld ist nur an seinen Kraftwirkungen
- auf frei bewegliche Ladungsträger
- bei Ladungstrennung im Leiterwerkstoff (Influenz) oder
- bei Ladungsverschiebungen innerhalb eines Isolierstoffmoleküls (dielektrische Polarisation) erkennbar (vgl. Abschnitt 7.2.3).

Die im Feld wirkenden Kräfte besitzen eine Richtung, die durch sog. elektrische Feldlinien gekennzeichnet ist.

Die elektrischen Feldlinien sind die Wirkungslinien der Ladungskräfte.

Sie können sichtbar gemacht werden, indem man leicht bewegliche Isolierstoffteilchen in den Bereich von Ladungen tragenden Leiterwerkstoffen (geladene Elektroden) bringt. Dies können Papierteilchen, Haare oder Holundermarkkügelchen in Luft oder auch Gries in dünnflüssigem Öl sein. Die genannten Teilchen ordnen sich durch die wirkenden Kräfte und geben somit ein anschauliches Bild des elektrostatischen Feldes. Alle Feldbilder lassen erkennen, dass

1. die Feldlinien senkrecht an den positiven Ladungen entspringen und auch senkrecht auf den negativen Ladungen enden. Damit können durch die unterschiedlichen Formen der Elektroden unterschied-

liche Feldformen geschaffen werden. Prinzipiell muss zwischen dem
- parallel-homogenen elektrostatischen Feld (Abb. 7-5), dem
- radial-homogenen elektrostatischen Feld (Abb. 7-6) und dem
- inhomogenen elektrostatischen Feld (Abb. 7-7) unterschieden werden.

2. Die Dichte der Feldlinien ist proportional der Intensität der im Feld wirkenden Kräfte. Im parallel-homogenen Feld sind deshalb an allen Punkten gleich große Kräfte, im inhomogenen Feld dagegen unterschiedliche Beträge der Kraft wirksam.

3. Die Ladungen erfahren in Feldlinienrichtung solche Kräfte, dass die Ladungen einen energieärmeren Zustand annehmen. Zwischen den Ladungen wirken dagegen abstoßende Kräfte. Zugkräfte wirken somit in Längsrichtung der Feldlinien und quer zu ihnen Druckkräfte (Abb. 7-8).

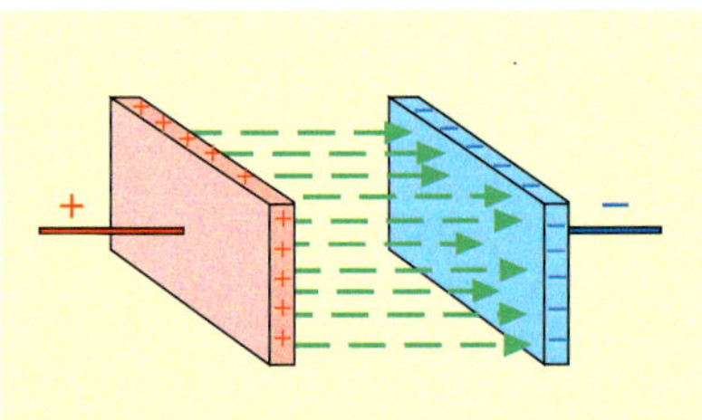

Abb. 7-5 ***Parallel-homogenes elektrostatisches Feld***

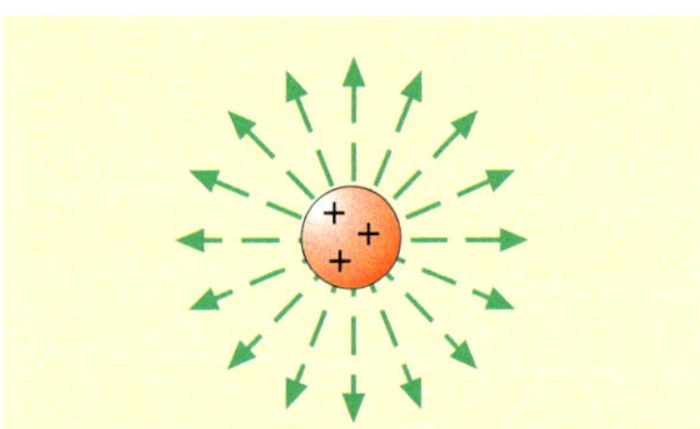

Abb. 7-6 ***Radial-homogenes elektrostatisches Feld***

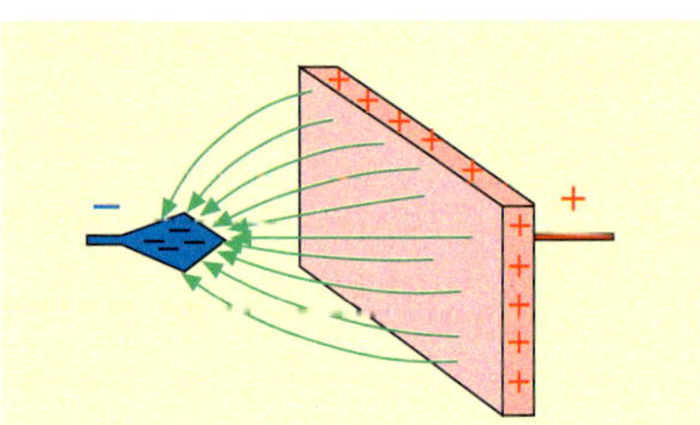

Abb. 7-7 ***Inhomogenes elektrostatisches Feld***

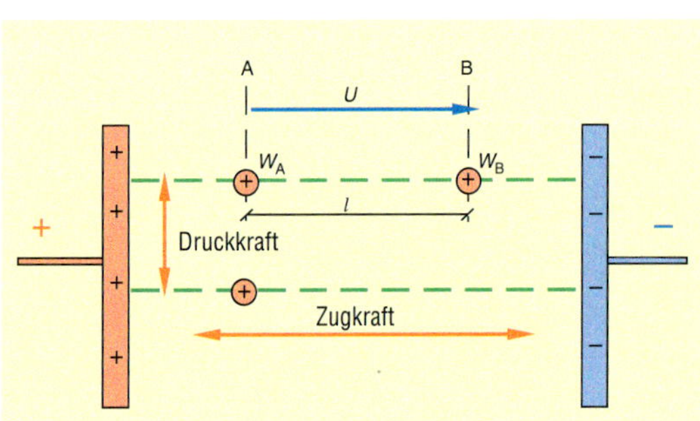

Abb. 7-8 ***Kräfte im elektrostatischen Feld***

7.2.2 Größen des elektrischen Feldes

Die Stärke des elektrostatischen Feldes wird durch die elektrische Feldstärke E gekennzeichnet. Die Feldstärke E ist als Feldgröße eine ortsabhängige Größe und kann von Ort zu Ort unterschiedlich sein. Wir definieren deshalb die elektrische Feldstärke E durch die auf eine räumlich sehr kleine Ladung Q bezogene Kraft F:

$$E = \frac{F}{Q} \qquad \textbf{7-1}$$

Im Folgenden betrachten wir das homogene Feld eines Kondensators mit sehr großen, parallelen Platten. Die Verhältnisse sind hier besonders übersichtlich. Die meisten Ergebnisse unserer Betrachtung können auch auf den Fall des inhomogenen Feldes übertragen werden. Feldgrößen sind ortsabhängige Größen. Selbst bei sehr stark inhomogenen Feldern läßt sich immer um den betrachteten Raumpunkt herum ein nahezu homogener Bereich finden, wenn wir ihn nur klein genug wählen.

Durch die Kraft F wird im Feld eine Ladung von A nach B (vgl. Abb. 7-8) bewegt. Diese verrichtet bei dieser Bewegung die Arbeit W, deren Größe durch die Kraft F und den zurückgelegten Weg l bestimmt wird:

$W = F \cdot l$

Nach dem Energieerhaltungssatz muss sich bei dieser Bewegung der Energiezustand der Ladung vom Betrag W_A auf den Betrag W_B verringert haben. Diese Energiedifferenz $\Delta W = W_A - W_B$ ist dann gleich der durch die Bewegung verrichteten Arbeit W.

Die Gleichung

$$E = \frac{F}{Q} \leftarrow F = \frac{W}{l} \leftarrow W = \Delta W$$

geht in die Form $E = \frac{\Delta W}{Q \cdot l}$ über.

Entsprechend der Definitionsgleichung der Spannung $U = \frac{\Delta W}{Q}$ entsteht wie bei dem elektrischen Strömungsfeld die Gleichung der elektrischen Feldstärke

$$F = \frac{U}{l} \qquad \textbf{7-2}$$

mit ihrer Einheit $[E] = 1\,\frac{\text{V}}{\text{m}}$

oder mit den entsprechenden Vielfachen oder Teilen.

> Die Ursachengröße des elektrostatischen Feldes ist die Spannung U.

Der Feldbetrag von 1 V/m entsteht dann, wenn über eine Isolierstrecke von 1 m eine Spannung von 1 V anliegt.

Zum Vergleich:
In einer Mantelleitung besteht zwischen den Adern ein Potenzialunterschied von meist 230 V. Bei einer Ader-

isolation von je 1 mm Dicke erreicht die Feldstärke zwischen den Adern den Betrag von E = 115 kV/m, also ein Vielfaches der Einheit.

Die Spannung kann im elektrostatischen Feld Ladungen in Richtung der elektrischen Feldlinien verschieben. Dabei verschafft uns die Anzahl der Feldlinien eine Vorstellung, wie viele Ladungen verschoben werden können.

Diese Wirkung erfassen wir quantitativ durch den sog. **Verschiebungsfluss** ψ (psi), also durch die Anzahl der Ladungen, die im Feld verschoben werden können. Ihre Zahl muss der auf den Elektroden gespeicherten Ladungsmenge Q gleich sein, da durch sie der Betrag der Spannung als Ursache der Ladungsverschiebung bestimmt wird.

Die Wirkungsgröße im elektrostatischen Feld ist der Verschiebungsfluss ψ, der gleich der auf den Elektroden gespeicherten Ladungsmenge Q ist: $\psi = Q$.

Die Dichtegröße des Feldes, die **Verschiebungsflussdichte** $D = \frac{\psi}{A}$ muss deshalb gleich der Dichte der Ladungen auf den Elektroden, der **Ladungsdichte**

$$D = \frac{Q}{A} \quad \text{7-3}$$

Q Ladungsmenge
A Flächen der Elektroden

mit ihrer Einheit $[D] = 1\frac{\text{As}}{\text{m}^2}$ sein.

Analog dem elektrischen Strömungsfeld wird auch bei dem elektrostatischen Feld der Zusammenhang zwischen der Dichtegröße, also der Verschiebungsflussdichte bzw. der Ladungsdichte D und der Feldstärkegröße, der elektrischen Feldstärke E durch das Material, hier natürlich durch die Art des Nichtleiters bestimmt.

Die Materialgröße, die einen Nichtleiter, also einen Isolierstoff hinsichtlich seines Verhaltens beim Aufbau eines elektrostatischen Feldes charakterisiert, ist die sog. **Permittivität**[1]) ε (epsilon).

Da

$$D = \varepsilon \cdot E \quad \text{7-4}$$

ist, kann die Permittivität als Verhältnis der Verschiebungsflussdichte bzw. der Ladungsdichte D zur elektrischen Feldstärke E definiert werden.

Die Permittivität ε setzt sich aus
– der elektrischen Feldkonstanten (Influenzkonstante)

$$\varepsilon_0 = 8{,}854 \cdot 10^{-12}\,\frac{\text{A} \cdot \text{s}}{\text{V} \cdot \text{m}}$$

einer Naturkonstanten und
– der relativen Permittivität ε_r zusammen:

$$\varepsilon = \varepsilon_0 \cdot \varepsilon_r \quad \text{7-5}$$

[1]) von permittere, lat.: erlauben, zulassen

Die relative Permittivität (früher Dielektrizitätskonstante, oft mit DK abgekürzt,) ist eine Vergleichszahl. Sie gibt an, wie viel mal leichter ein elektrisches Feld in einem Isolierstoff in Vergleich zum Vakuum bzw. Luft aufgebaut werden kann. Als typische Werkstoffgröße eines Nichtleiters wird nur sie in den Tabellen angegeben. Es entstehen so anschauliche Zahlenwerte (Tab. 7-1).

Nichtleiter	relative Permittivität ε_r
Vakuum	1
Luft	≈ 1
Papier	1,8 ... 2,6
Transformatorenöl	2,2 ... 2,5
Porzellan	4,5 ... 6
dest. Wasser	80
Bariumtitanat $BaTiO_3$	1500 ... 2200

Tab. 7-1 ***Permittivitätszahlen***

Die Einheit der elektrischen Feldkonstanten ε_0 und damit auch die der Permittivität ε ergibt sich nach der Gleichung 7-4.

Mit $[D] = \frac{1\,\text{A} \cdot \text{s}}{\text{m}^2}$ und $[E] = 1\,\frac{\text{V}}{\text{m}}$

wird $[\varepsilon] = \frac{[D]}{[E]} = 1\,\frac{\text{A} \cdot \text{s} \cdot \text{m}}{\text{m}^2 \cdot \text{V}} = 1\,\frac{\text{A} \cdot \text{s}}{\text{V} \cdot \text{m}}$.

Im Gegensatz zum parallel-homogenen Feld ist die Feldstärke im inhomogenen Feld unterschiedlich groß. Wie die Abb. 7-9 zeigt, ist der Betrag der Feldstärke an den Spitzen einer Kondensatoranordnung besonders groß. Die Kräfte der ruhenden Ladungen auf den Elektroden wirken sowohl auf die Ladungen der Leiterwerkstoffe als auch auf die der Nichtleitermoleküle ein.

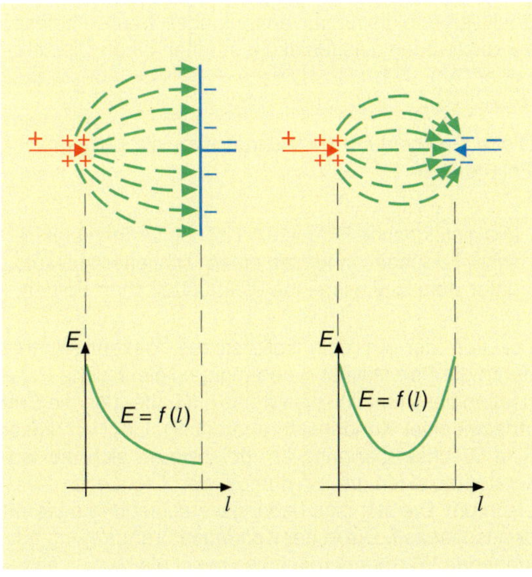

Abb. 7-9 ***Feldstärkeverlauf in inhomogenen Feldern***

7.2.3 Elektrische Influenz und dielektrische Polarisation

Bringt man zwischen zwei geladene Elektroden einen Leiter, so werden durch die Kräfte des elektrostatischen Feldes die frei beweglichen Elektronen des Leiters geordnet (Abb. 7-10).

Die negativen Ladungen ordnen sich auf der Seite an, die der positiv geladenen Elektrode gegenübersteht. Auf der anderen Seite bleiben die positiven Ladungen konzentriert. Wird der Leiter mechanisch geteilt, sind die negativen Ladungen nachweisbar von den positiven getrennt. Diese Ladungstrennung bezeichnet man als elektrische Influenz.

Elektrische Influenz ist die Ladungstrennung in einem Leiter unter dem Einfluss eines elektrostatischen Feldes.

Die Influenzwirkung wird zur elektrischen Abschirmung von Bauteilen, Messgeräten und auch von Menschen genutzt. Wird nämlich ein Raum von einem Leiter vollständig umschlossen (Abb. 7-11), bleibt dieser Raum innerhalb des Leiters trotz Einfluss des elektrostatischen Feldes feldfrei. Der Leiter kann dabei ein netzartiges oder maschenartiges Gebilde sein.

Man spricht vom sog. Prinzip des Faraday'schen Käfigs (vgl. Fußnote S. 95).

Elektrische Störfelder können so z. B. die elektrischen Signalwerte in einem abgeschirmten Kabel nicht beeinflussen. Die Blitzschutzanlage eines Gebäudes kann als ein sehr weitmaschiges, leitendes Netz aufgefasst werden, das das Gebäude vor Blitzeinschlägen schützt. Der Aufenthalt in einem Auto ist auch bei einem starken Gewitter ungefährlich.

Eine Ladungstrennung, wie sie bei der elektrischen Influenz auftritt, ist dagegen in einem Nichtleiter durch das Fehlen freier Ladungsträger nicht möglich. Die Kräfte im elektrostatischen Feld können aber die elastisch ortsgebundenen Ladungen innerhalb eines Moleküls ordnen. Die sonst nach außen elektrisch neutral wirkenden Isolierstoffmoleküle werden polarisiert. Die positiven und die negativen Ladungen werden beidseitig konzentriert. Die Moleküle erhalten einen Dipolcharakter (Abb. 7-12).

Diese Erscheinung bezeichnet man als dielektrische Polarisation.

Die dielektrische Polarisation ist das Ordnen elektrischer Ladungen innerhalb eines Nichtleitermoleküls unter dem Einfluss eines elektrostatischen Feldes.

Die von der Art des Isolierstoffes, gekennzeichnet durch die Permittivität ε, abhängige dielektrische Polarisation bestimmt beispielsweise die Lade- und die Entladezeit einer Kondensatoranordnung. Liegt an dieser eine Wechselspannung an, polarisieren sich die Isolierstoffmoleküle im Rhythmus der Frequenz periodisch um. Die ständige Ladungsverschiebung erwärmt den Isolierstoff. Die in der Kondensatoranordnung entstehende Wärmeenergie muss meist als Verlust angesehen werden.

Was geschieht eigentlich, wenn die Kräfte des elektrostatischen Feldes durch eine höhere Spannung größer werden?

Es wird zuerst die Zahl der polarisierten Nichtleitermoleküle steigen, d. h., die Intensität der dielektrischen Polarisation nimmt zu. Bei weiter steigenden Feldkräften werden die Bindungskräfte der Ladungen im Nichtleitermolekül überschritten. Einzelne Ladungen werden aus ihrer atomaren Bindung herausgerissen. Der Nichtleiter wird geringfügig leitfähig. Besonders an spitzenförmigen Elektroden entstehen **Teilentladungen** (Abb. 7-13), bis die Zahl der jetzt freien Ladungs-

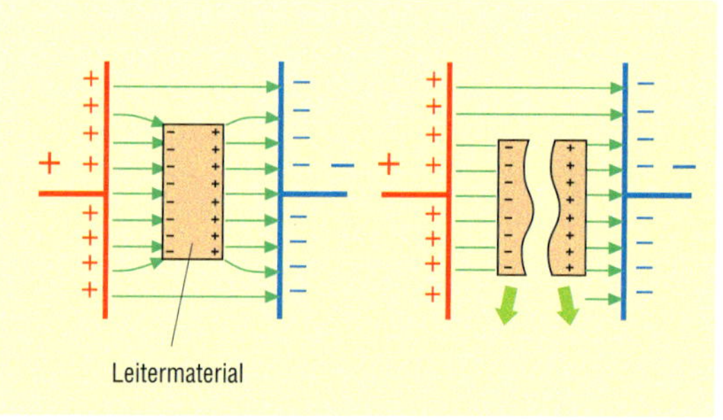

Abb. 7-10
Ladungstrennung im Leiter

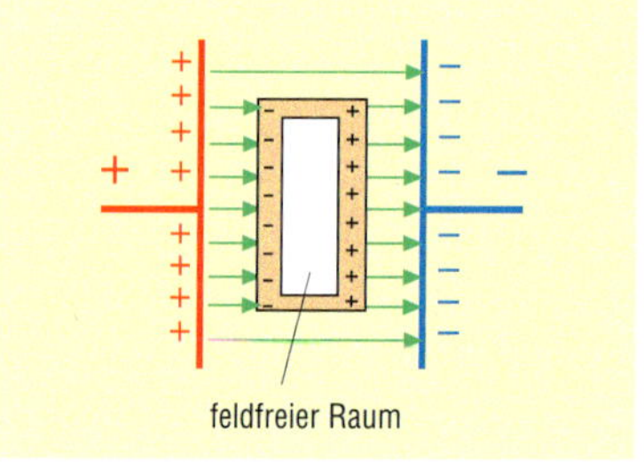

Abb. 7-11
Prinzip des Faraday'schen Käfigs

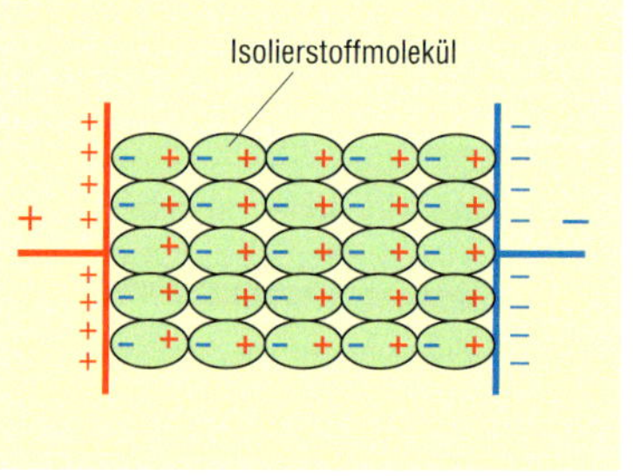

Abb. 7-12
Dipolbildung der Isolierstoffmoleküle

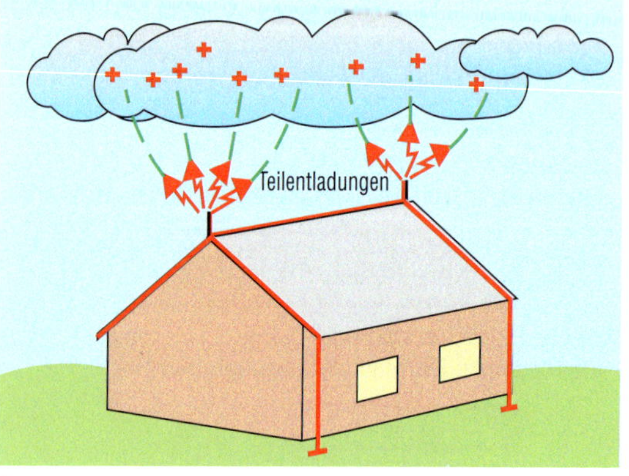

Abb. 7-13 ***Teilentladungen am Blitzableiter***

träger so groß wird, dass ein vollständiger elektrischer **Durchschlag** erfolgt. In Luft entstehen Funken und Lichtbögen. Teile der flüssigen oder festen Isolierstoffe verkohlen durch die bei einem Durchschlag entstehende Wärme.

Ein Maß für die Spannungsbelastbarkeit eines Nichtleiters ist seine elektrische Durchschlagsfestigkeit. Als maximale elektrische Feldstärke E_D ist sie der Quotient aus der Durchschlagsspannung U_D und der Materialdicke d.

Elektrische Durchschlagsfestigkeit

$$E_D = \frac{U_D}{d} \quad (7\text{-}6)$$

Beispiele für die Durchschlagsfestigkeit ausgewählter Isolierstoffe sind in der Tab. 7-2 aufgeführt.

Isolierstoff	Durchschlagsfestigkeit kV / mm
Luft (20 °C; 0,1 MPa)	3,3
Papier	10
Porzellan	15
Transformatorenöl	12,5 . . . 23

Tab. 7-2 ***Durchschlagsfestigkeiten***

Ein elektrischer **Überschlag** kann dann durch ein elektrisches Feld an der Oberfläche eines Isolierstoffs entstehen, wenn

- die Oberfläche verunreinigt ist oder
- eine hohe Luftfeuchtigkeit vorhanden ist oder
- auf der Isolierstofffläche sich ein Wasserfilm gebildet hat.

Kriechströme verändern die Isolierstoffoberfläche, bis eine leitende Verbindung zwischen Teilen unterschiedlichen Potenzials entstanden ist. Ein Maß für die Widerstandsfähigkeit eines Isolierstoffes gegen das Auftreten von Kriechströmen ist die sog. Kriechstromfestigkeit (vgl. Abschnitt 7.3.2).

7.3 Elektrische Isolierstoffe

7.3.1 Eigenschaften elektrischer Isolierstoffe

Der vielfältige Einsatz der elektrischen Isolierstoffe in Leitungen und Kabeln, Schaltgeräten, elektrischen Maschinen, in Anlagen der Starkstromtechnik, Fernmelde- und Hochfrequenztechnik erfordert eine Vielzahl von teilweise sich gegenseitig beeinflussenden Eigenschaften. Im Vordergrund stehen dabei die elektrischen Eigenschaften. Für die Nutzungsdauer der Geräte oder Anlagen sind aber auch mechanische, thermische und oft auch chemische Eigenschaften bedeutungsvoll. Wir ordnen sie wie folgt:

Eigenschaften elektrischer Isolierstoffe

Elektrische Eigenschaften
- großer Isolationswiderstand
- hohe Kriechstromfestigkeit
- hohe Durchschlagsfestigkeit
- hohe Lichtbogenbeständigkeit
- geringe dielektrische Verluste
- große Permittivität

Mechanische Eigenschaften je nach Einsatzgebiet
- hohe Zug-, Druck- oder Biegefestigkeit
- hohe Beständigkeit gegen statische und dynamische Beanspruchung

Thermische Eigenschaften je nach Einsatzgebiet
- hohe Formbeständigkeit
- geringer Wärmeausdehnungskoeffizient
- gute Wärmeleitfähigkeit
- hohe Wärmekapazität
- geringe Entflammbarkeit

Chemische Eigenschaften je nach Einsatzgebiet
- hohe Beständigkeit gegen aggressive Medien (Laugen, Säuren, organische Lösungsmittel)
- hohe Strahlungsfestigkeit, auch gegen Sonnenlicht

7.3.2 Größen zur Kennzeichnung der elektrischen Eigenschaften

Isolationswiderstand

Er ist der auf eine bestimmte Strecke zwischen zwei Messelektroden bezogene Widerstandswert. Nach dem Ohm'schen Gesetz ist der Isolationswiderstand der Quotient aus anliegender Spannung und fließendem Strom. Dieser besteht aus dem durch den Isolierstoffkörper (Volumen) fließenden und den über die Oberfläche des Isolierstoffes fließenden Teil (Abb. 7-14).

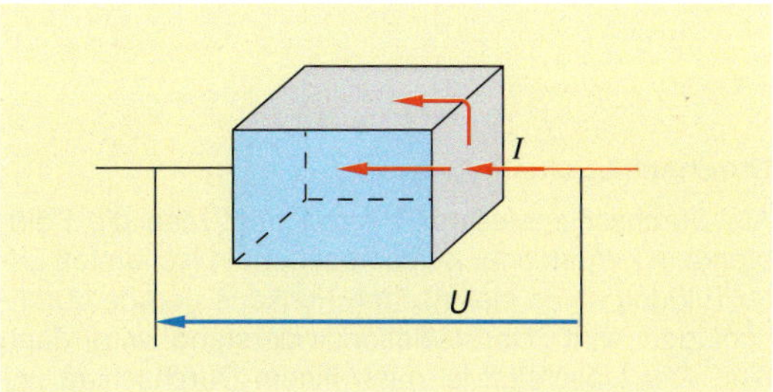

Abb. 7-14 ***Zur Bestimmung des Isolationswiderstandes***

Es ist deshalb zu unterscheiden zwischen

Volumenwiderstand	und	Oberflächenwiderstand
Er ist der Widerstand, der sich ohne den Stromanteil entlang der Oberfläche ergibt. Er wird als spezifischer (Volumen-) Widerstand ϱ_V in $\Omega \cdot$cm angegeben. Die Werte sind 10^4mal kleiner als die auf $\Omega \cdot mm^2/m$ bezogenen.		Er ist der Widerstand in Ohm, der zwischen zwei im Abstand von 1 cm auf die Oberfläche gesetzte schneidenförmigen Elektroden bei einer Messspannung von 1000 V besteht. Der Oberflächenwiderstand wird gewöhnlich in Form von Vergleichszahlen angegeben, z. B. bedeutet Vergleichszahl 8 $10^8 \leq R_{Oberfl.} < 10^9$. Der Wert sinkt durch Verschmutzung, Wasseranlagerung und besonders bei einer Luftfeuchtigkeit über 50 %.

Beispiele:

Isolierstoff	ϱ_V in $\Omega \cdot$ cm
Glas	10^{10}
Hartporzellan	10^{11} bis 10^{12}
PVC (Vinidur)	10^{16} bis 10^{17}

Tab. 7-3 ***Volumenwiderstand ausgewählter Isolierstoffe***

Kriechstromfestigkeit

Sie ist die Eigenschaft eines Isolierstoffes, die Kriechwegbildung zu verhindern. Kriechströme sind meist verästelte Oberflächenströme, die sich zwischen Stellen unterschiedlichen Potenzials ausbilden. Die ursprünglich gut isolierende Oberfläche verändert sich durch Fremdstoffe, Strahlung oder Feuchtigkeit. Diese besteht meist nicht aus einer zusammenhängenden Wasserhaut, sondern aus einzelnen Inseln. An den trockenen und sauberen Stellen kann es zu kleinen Funkenentladungen mit winzigen, oft unsichtbaren Verkohlungen des Isolierstoffes kommen. Allmählich bildet sich dann eine leitende Brücke zwischen den Elektroden. Es entsteht ein Überschlag. Bei schmelzbaren Isolierstoffen können die Kohle- oder Zersetzungsteile von flüssigen Teilen eingeschlossen und unschädlich gemacht werden. Der Leitungsweg wird unterbrochen. Solche Isolierstoffe haben eine recht gute Kriechstromfestigkeit. Sie kann durch Überzugslacke oder durch eine geeignete Formgebung der Oberfläche erhöht werden. Die Oberfläche sollte wie eine Äquipotenziallinie bzw. -fläche verlaufen.

Durchschlagsfestigkeit

Als Durchschlagsfestigkeit bezeichnet man die Feldstärke in kV/mm oder kV/cm, bei der ein Isolierstoff unter Bildung eines elektrischen Funkens gerade durchschlagen wird. Der Isolationswiderstand wird dann Null. Der Isolierstoff ist nach einem Durchschlag unbrauchbar.

Die Durchschlagsfestigkeit ist von

- der Art der Spannung: Gleich-, Wechsel- oder Stoßspannung,
- der Dicke des Isolierstoffes und von
- der Temperatur abhängig.

Da die Durchschlagsspannung meist nicht linear mit der Dicke des Isolierstoffes ansteigt, können Angaben für eine bestimmte Dicke nicht ohne weiteres auf eine andere Dicke bezogen werden. Um jedoch vergleichbare Werte zu erhalten, rechnet man auf die oben genannten Einheiten um. Ein typisches Beispiel ist Zelluloseazetatfolie, für die folgende Werte vom Hersteller angegeben werden:

Dicke d	Durchschlagsspannung U_D	Durchschlagsfestigkeit E_D
0,03 mm	4,8 kV	160 kV/mm
0,2 mm	11,0 kV	55 kV/mm

Tab. 7-4 ***Beispiele für Durchschlagsspannung/ Durchschlagsfestigkeit***

Dielektrischer Verlustfaktor

Bei Gleichstrom treten nur Verluste durch die sehr geringe Leitfähigkeit des Isolierstoffes auf, da es einen vollkommenen, idealen Isolierstoff mit der Leitfähigkeit Null nicht gibt. Bei Wechselstrom sind diese Leitfähigkeitsverluste unbedeutend gegenüber den sog. dielektrischen Verlusten. Diese entstehen durch die periodische Polarisierung der Isolierstoffmoleküle, die nicht trägheitslos verläuft. Die innere Reibung ist mit einer Wärmeentwicklung verbunden. Wie später nachgewiesen wird, entsteht an einer Leiter-Nichtleiter-Leiter-Anordnung (Kondensator) ein Phasenverschiebungswinkel zwischen Strom und Spannung, der um den dielektrischen Verlustwinkel δ von 90° abweicht.

Zur Kennzeichnung eines Isolierstoffes unter Einfluss einer Wechselspannung gibt man nicht diesen genannten Winkel, sondern den tan δ als dielektrischen Verlustfaktor an. Er ist frequenz- und teilweise temperaturabhängig. Der dielektrische Verlustfaktor wird als Verhältnis von Wirkleistung zur Blindleistung definiert (vgl. Kapitel 9, Wechselstromkreis). Ein kleiner tan δ wird in der

- Hochfrequenztechnik gefordert, um z. B. die Dämpfung der Schwingkreise klein zu halten, ebenso bei
- Kabeln und Kondensatoren der Energietechnik, um die Erwärmung der Isolierstoffe zu begrenzen.

Wie die Beispiele belegen, sind die Werte der dielektrischen Verlustfaktoren sehr klein.

Isolierstoff	tan δ bei $f = 1$ kHz
Quarz	$1 \cdot 10^{-4}$
Epoxidharz	50 bis $80 \cdot 10^{-4}$
Hartporzellan	100 bis $200 \cdot 10^{-4}$
PVC-Isoliermischung	1000 bis $1500 \cdot 10^{-4}$

Tab. 7-5 ***Verlustfaktor ausgewählter Isolierstoffe***

Permittivität

Nach der Gleichung 7-4 kann die Dielektrizitätskonstante ε als Quotient von Ladungsdichte D und elektrische Feldstärke E definiert werden:

$$\varepsilon = \frac{D}{E}$$

Mit $\varepsilon = \varepsilon_0 \cdot \varepsilon_r$ wird folgende Aussage bestätigt:

Die relative Permittivität ε_r gibt an, um das Wievielfache die Ladungsdichte steigt, wenn in einer Leiter-Nichtleiter-Leiter-Anordnung bei gleicher Feldstärke Luft durch einen anderen Isolierstoff ersetzt wird.

Da diese Anordnung als Bauelement „Kondensator" (vgl. Abschnitt 7.4) realisiert wird, bedeutet eine große Permittivität, dass
- bei gleichen geometrischen Abmessungen die Kapazität des Kondensators, d. h. das Vermögen, elektrische Ladungen zu speichern, steigt
  oder
- bei gleicher Kapazität der Kondensator kleiner gebaut werden kann.

Die Werte von ε_r sind temperaturabhängig. Sie werden, wie die Beispiele der Tab. 7-1 und 7-6 zeigen, bei 20 °C angegeben.

Isolierstoff	Permittivitätszahl ε_r
Quarz	2 . . . 4
Aluminiumoxid	6 . . . 9
Glas	5 . . . 16
Glimmer	6 . . . 8

Tab. 7-6 ***Permittivitätszahl ausgewählter Isolierstoffe***

7.3.3 Ausgewählte Isolierstoffe

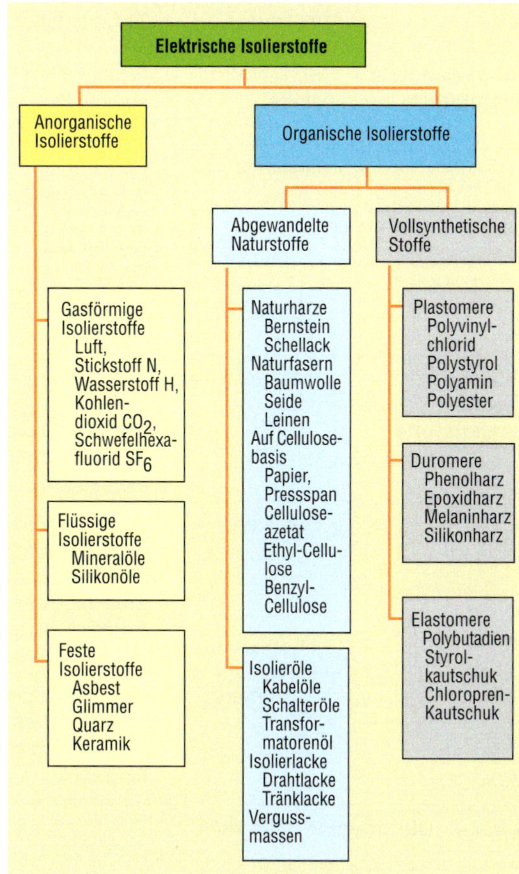

Abb. 7-15 ***Übersicht über elektrische Isolierstoffe***

	Isolierstoff	Eigenschaften/Anwendung
Anorganische feste Isolierstoffe	Asbest	Faserartiges, seidenglänzendes Mineral aus aufspaltbarem Silicatgestein. Genügend lange Fasern werden mit Baumwolle vermischt. Asbestbänder sind Trägermaterial in induktionsarmen Widerständen und Heizleitern, Umspinnung temperaturbeständiger Leitungen. **Asbeststaub ist sehr gesundheitsschädlich**!
	Glimmer	In Tafeln kristallisierende Mineralien, sind in dünne, durchscheinende, elastisch biegsame Blättchen spaltbar, mit hoher Durchschlagsfestigkeit und Wärmebeständigkeit. Windungs-, Wickelkopf- und Nutisolation sowie zur Isolation von Stromwenderlamellen in elektrischen Maschinen.
	Quarz	Siliciumdioxid als Bestandteil von Gesteinen oder weißer Seesand zur Füllung von Schmelzsicherungen, Quarzglas für Gasentladungslampen, Schwingquarze.
	Elektrokeramik	Bestehen aus plastischen (Kaolin, Ton, Speckstein), unplastischen Massen (Feldspat als Flussmittel und Quarz, Tonerde oder Magnesiumoxid als Magerungsmittel) für Hochspannungs- und Niederspannungsisolatoren.
Abgewandelte Naturstoffe	Faserstoffe	Baumwolle, Zellwolle, Natur- und Kunstseide als Trägermaterial für unterschiedliche Imprägniermittel.
	Papier	Ausgangsrohstoff ist Sulfatzellstoff. Durch Tränken mit Öl oder Lack einsetzbar in Kondensatoren und Kabeln, als Pressspan im Transformatorenbau oder als lackgetränkte Lagenisolation.

Tab. 7-7 ***Ausgewählte Isolierstoffe*** (Fortsetzung Seite 94)

Forts. der Tabelle 7-7 von Seite 93

	Isolierstoff	Eigenschaften/Anwendung
Abgewandelte Naturstoffe	Schichtpressstoffe	Geschichtetes Papier, Gewebestoffe oder Fasern als Trägermaterial, Tränken mit Harzen und Pressen unter hohem Druck und hoher Temperatur als öldichte Gehäuse und Trennwände in der Hochspannungstechnik.
	Isolieröle	Gewinnung aus Erdöl oder Öle der Stein- und Braunkohlenteere. Durchschlagsfestigkeit vom Reinheitsgrad abhängig. Flamm-, Brenn- und Entzündungspunkt sowie Viskosität bestimmen Anwendung als Transformatoren- oder Schalteröle, Tränken der Papier- und Gewebeisolation in Öl- oder Massekabeln.
	Isolierlacke	Als Naturharz-, Öl- und Kunstharzlacke für Gewebe-, Draht- und Tränklacke.
Vollsynthetische Isolierstoffe	Plastomere	Thermoplastisch, können beliebig oft plastisch verformt werden. **Polystyrol** spröde, gute dielektrische Eigenschaften bei hohen Frequenzen als Spulenkörper und Wickelfolien für verlustarme Fernsehkabel. **Polyvinylchlorid** als PVC-hart für Leitungen und Kabel, Rohre, Klemmenleisten und PVC-weich als Zusatz von Weichmachern.
	Duromere	Polykondensate, in der ersten Verarbeitungsphase plastisch verformbar, durch Wärme, Katalysatoren oder Härter aushärtbar. **Phenolharz** als Isolier- und Tränklack, mit Füllstoffen als Pressmassen für Stecker, Gehäuse, Schaltergriffe und Spulenkörper. **Epoxidharz** als Gießharze für Transformatoren, Wandler, Kabelmuffen und Kabelendverschlüsse.
	Elastomere	Meist Mischpolymerisate mit hoher Elastizität. **Polybutadien** für Kabel oder Heizschläuche. **Chloropren-Kautschuk** als öl-, wärme- und witterungsbeständige Leitungsisolierung und als Kabelmäntel.

Tab. 7-7 ***Ausgewählte Isolierstoffe***

7

7.4 Kondensator

7.4.1 Ladungsmenge und Kapazität

Wie im Abschnitt 7.1 nachgewiesen wurde, müssen für die Funktion von elektrischen Geräten und Anlagen nicht nur Leiterwerkstoffe, sondern auch Isolierstoffe eingesetzt werden. Es entstehen zwangsläufig Leiter-Nichtleiter-Leiter-Anordnungen. Die Anordnung ist Gestaltungsgrundlage für ein in allen Bereichen der Elektrotechnik wichtiges Bauelement, den Kondensator. Prinzipiell besteht ein Kondensator aus zwei Leiterplatten, zwischen denen sich ein Dielektrikum befindet (Abb. 7-16).

Werden die Leiterplatten an die Pole einer Stromquelle angeschlossen, fließt, wie noch genauer zu untersuchen ist, kurzzeitig ein Strom. Die Kondensatorplatten werden aufgeladen.

Ein Kondensator kann elektrische Ladungen speichern.

Wird die anliegende Spannung auf andere Werte geändert, ändert sich ebenfalls der Betrag der Ladungsmenge. Den

Spannungen U_1 U_2 U_3 U_4 ... sind die
Ladungsmengen Q_1 Q_2 Q_3 Q_4 ... zuzuordnen.

Dabei stellt man fest, dass für den gewählten Kondensator ein wiederkehrendes Verhältnis der Wertepaare Spannung und Ladungsmenge entsteht.

Es ist

$$\frac{Q_1}{U_1} = \frac{Q_2}{U_2} = \frac{Q_3}{U_3} = \frac{Q_4}{U_4} = \text{konstant.}$$

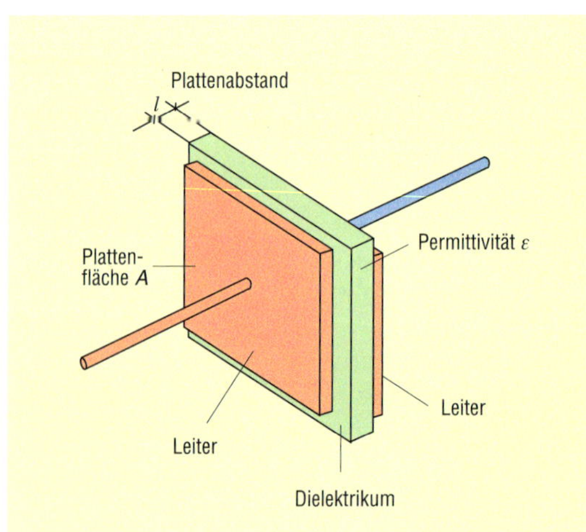

Abb. 7-16 ***Prizipieller Aufbau eines Kondensators***

Diesen konstanten Wert bezeichnet man als Kapazität, die damit durch folgende Gleichung definiert wird:

Kapazität $$C = \frac{Q}{U}$$ 7-7

Mit dieser Definitionsgleichung ergibt sich die Einheit der Kapazität.

$$[C] = \frac{[Q]}{[U]} \qquad [C] = 1\,\frac{A \cdot s}{V} = 1\,F \ \text{(Farad)*}$$

Da 1 F eine große, technisch nur für kleine Spannungen realisierbare Einheit ist, werden meist folgende Teile der Einheit verwendet:

1 µF	= 1 Mikrofarad	$= 1 \cdot 10^{-6}$ F
1 nF	= 1 Nanofarad	$= 1 \cdot 10^{-9}$ F
1 pF	= 1 Pikofarad	$= 1 \cdot 10^{-12}$ F

Der Begriff „Kapazität" kennzeichnet zum einen

- die Eigenschaft eines Kondensators, Ladungen zu speichern und zum anderen
- die elektrische Größe zum quantitativen Erfassen dieser Eigenschaft. Wir erinnern uns: Diese Vieldeutigkeit eines Begriffes hatten wir bereits im Zusammenhang mit Leiterwerkstoffen kennengelernt.

Kapazität		Widerstand
Eigenschaft eines Kondensators, Ladungen zu speichern	Eigenschaft	Eigenschaft eines Leiterwerkstoffes, sich dem Stromdurchgang zu widersetzen
ist der Quotient aus Ladungsmenge Q und Spannung U	Elektrische Größe	ist der Quotient aus Spannung U und Stromstärke I
als reales Bauelement z. B. als Teil eines Kondensatormotors	Bauelement	als reales Bauelement z. B. als diskretes Bauteil einer Leiterplatte

Die Größe der Kondensatorplatte, d. h. ihre Fläche A, bestimmt die Ladungsdichte

$D = \frac{Q}{A}$ die nach der Gleichung 7-4

$D = \varepsilon \cdot E$ über die Feldstärke

$E = \frac{U}{l}$ mit der Spannung U verknüpft ist.

Da die Feldlinienlänge l gleichzeitig der Plattenabstand des Kondensators und damit die Dicke des Dielektrikums ist, wird

$$Q = D \cdot A$$

$$Q = \boxed{\frac{\varepsilon \cdot A}{l}} \cdot U$$

Der gekennzeichnete Faktor $\frac{\varepsilon \cdot A}{l}$ setzt sich nur aus Größen zusammen, die konstruktiv bestimmt sind. Er ist nach der Definitionsgleichung 7-7 die Kapazität C. Ihre Bemessungsgleichung lautet somit:

$$C = \frac{\varepsilon \cdot A}{l}$$ 7-8

Interessant ist, dass diese Bemessungsgleichung dem gleichen Bildungsgesetz folgt wie der Leitwert eines Drahtes

$$G = \frac{1}{R} \rightarrow R = \frac{l}{\varkappa \cdot A} \rightarrow G = \frac{\varkappa \cdot A}{l}$$

hier natürlich mit der Werkstoffgröße des Leitermaterials.

Durch die Bemessungsgleichung der Kapazität wollen wir nachweisen, dass ihre Einheit 1 Farad mit üblichen Isolierstoffen und Isolierstoffdicken nicht realisiert werden kann.

Mit jedoch in jüngster Zeit entwickelten Goldkondensatoren in Abmessungen von ungefähr 50 mm mal 125 mm werden durch hauchdünne Isolierstoffschichten Kapazitäten bis zu 70 F erreicht. Die Spannungsfestigkeit ist verständlicherweise mit 2,3 V gering. Da diese Kondensatoren aus zwei Aktivkohleschichten und einem neutralen Elektrolyten aufgebaut sind, gibt es keine Probleme mit der Entsorgung.

Lösungsbeispiel:

Welche Plattengröße müsste ein Kondensator mit Luft als Dielektrikum haben, wenn bei einem Plattenabstand von 1 mm der Kondensator eine Kapazität von 1 F besitzen soll?

gegeben: $\varepsilon_r = 1$, $l = 1$ mm, $C = 1$ F

gesucht: $A = ?$

Lösung: $C = \frac{\varepsilon \cdot A}{l}$ $\qquad \varepsilon = \varepsilon_0 \cdot \varepsilon_r$

$$A = \frac{C \cdot l}{\varepsilon_0 \cdot \varepsilon_r}$$

$$A = \frac{1\,F \cdot 1\,mm}{8{,}854 \cdot 10^{-12}\,\frac{A \cdot s}{V \cdot m} \cdot 1}$$

$$A = \frac{1\,A \cdot s \cdot 1 \cdot 10^{-3}\,m \cdot V \cdot m}{V \cdot 8{,}854 \cdot 10^{-12} \cdot A \cdot s \cdot 1}$$

$$\underline{\underline{A = 112{,}9 \cdot 10^{6}\,m^2}}$$

Dieser Kondensator müsste eine Plattenfläche von 112,9 km^2 besitzen, um eine Kapazität von 1 F aufzuweisen.

* Faraday, Michael: engl. Physiker und Chemiker, 1791 – 1867

7.4.2 Energie des elektrischen Feldes

Wird die Definitionsgleichung der Kapazität

$C = \frac{Q}{U}$ nach Q umgestellt, wird durch

$$Q = C \cdot U \qquad \text{7-9}$$

die funktionale Abhängigkeit der auf einem Kondensator gespeicherten Ladungsmenge Q mathematisch erfasst. Die Gleichung 7-9 ist ihrem Wesen nach somit eine Funktionsgleichung. Sie sagt aus, dass die Ladungsmenge sowohl mit steigender Spannung als auch mit steigender Kapazität größer wird:

$U\uparrow \rightarrow Q\uparrow$
$C\uparrow \rightarrow Q\uparrow$

Im Koordinatensystem bezeichnen wir das Bild der Funktion $Q = f(U)$ als Ladekurve des Kondensators (Abb. 7-17).

Ihr Anstieg ist umso größer, je größer die Kapazität ist ($C_2 > C_1$).

Die Fläche zwischen Ladekurve und Abszissenachse berechnet sich als Dreiecksfläche zu $\frac{U \cdot Q}{2}$

Wie mit den Einheiten der Spannung und der Ladungsmenge nachgewiesen werden kann $[U] \cdot [Q] = 1\,V \cdot 1\,A \cdot s = 1\,W \cdot s$, ist der Zähler des Terms eine Energiegröße, nämlich die elektrische Energie W, die im elektrischen Feld des geladenen Kondensators gespeichert ist:

$$W = \frac{1}{2} \cdot U \cdot Q$$

Nach der Gleichung 7-10 berechnet sich die Energie des elektrischen Feldes

$$W = \frac{1}{2} \cdot C \cdot U^2 \qquad \text{7-10}$$

Lösungsbeispiel:

Welche Energie ist in einem 4-µF-Kondensator gespeichert, der auf 230 V aufgeladen ist?

gegeben: $C = 4\,\mu F \quad U = 230\,V$

gesucht: $W = ?$

Lösung: $W = \frac{1}{2} \cdot C \cdot U^2$

$W = \frac{1}{2} \cdot 4 \cdot 10^{-6} \cdot F \cdot 230^2 \cdot V^2$

$\underline{\underline{W = 105{,}8\,mWs}}$

Die in einem Kondensator mit einem gebräuchlichen Kapazitätswert gespeicherte Energie ist sehr klein. Kondensatoren sind somit zur Speicherung größerer Energiemengen ungeeignet.

7.4.3 Zusammenschalten von Kondensatoren

Kondensatoren können als Zweipole genau wie Widerstände in Reihe, parallel oder gemischt geschaltet werden.

Reihenschaltung von Kondensatoren

Werden z. B. drei in Reihe geschaltete Kondensatoren C1, C2 und C3 mit gleicher Plattenfläche A und Permittivität ε, aber mit den Plattenabständen l_1, l_2 und l_3 durch einen Kondensator ersetzt, dann ist seine Kapazität C_{ges} durch den Plattenabstand $l = l_1 + l_2 + l_3$ bestimmt (Abb. 7-18).

Sie muss damit durch den größeren Plattenabstand kleiner werden.

Die Gesamtkapazität ist

$C_{ges} = \frac{\varepsilon \cdot A}{l}$, als Kehrwert $\frac{1}{C_{ges}} = \frac{l}{\varepsilon \cdot A}$

Mit $l = l_1 + l_2 + l_3$ wird

$$\frac{1}{C_{ges}} = \frac{l_1 + l_2 + l_3}{\varepsilon \cdot A} = \frac{l_1}{\varepsilon \cdot A} + \frac{l_2}{\varepsilon \cdot A} + \frac{l_3}{\varepsilon \cdot A}$$

$$= \frac{1}{C_1} + \frac{1}{C_2} + \frac{1}{C_3}$$

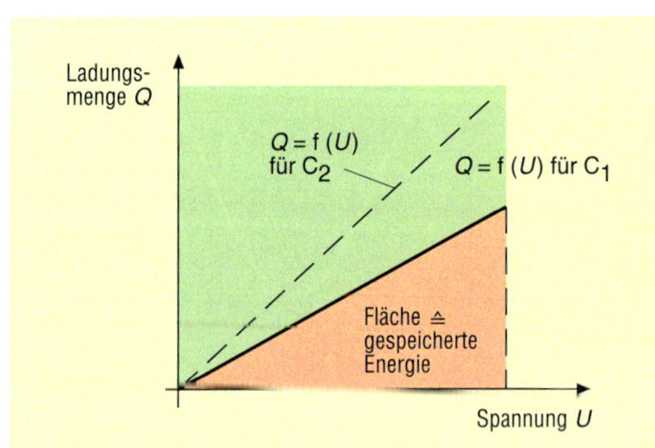

Abb. 7-17 ***Ladekurve eines Kondensators***

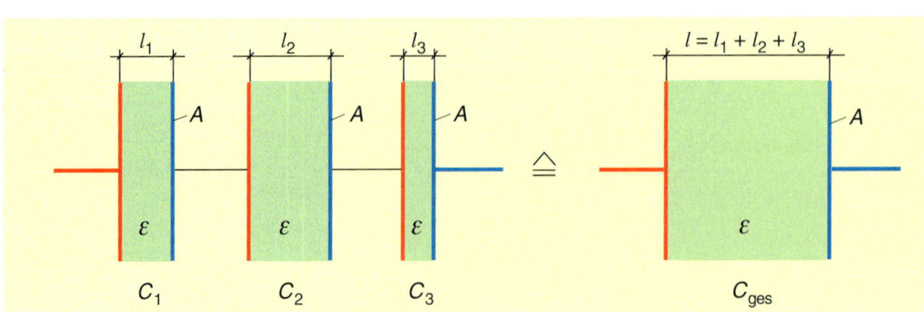

Abb. 7-18

Gesamtkapazität von in Reihe geschalteten Kondensatoren

Gesamtkapazität bei Reihenschaltung

$$\frac{1}{C_{ges}} = \frac{1}{C_1} + \frac{1}{C_2} + \frac{1}{C_3} + \dots \frac{1}{C_n} \quad \textbf{7-11}$$

Aus der Gleichung leiten wir ab:

- Die Gesamtkapazität von in Reihe geschalteten Kondensatoren ist stets kleiner als die kleinste Einzelkapazität.
- Durch Zuschalten eines weiteren Kondensators verringert sich die Gesamtkapazität.
- Bei zwei in Reihe geschalteten Kondensatoren mit C_1 und C_2 ist die Gesamtkapazität

$$C_{ges} = \frac{C_1 \cdot C_2}{C_1 + C_2} \quad \textbf{7-12}$$

- Die Gesamtkapazität gleicher in Reihe geschalteter Kondensatoren ist der Quotient aus Einzelkapazität C und Anzahl n der Kondensatoren

$$C_{ges} = \frac{C}{n} \quad \textbf{7-13}$$

Bei Anschluss von in Reihe geschalteter Kondensatoren werden nicht nur die äußeren Platten, die mit dem Plus- und Minuspol der Stromquelle verbunden sind, aufgeladen. Auch bei den inneren Kondensatoren erfolgt eine Ladungstrennung (elektrische Influenz). Alle Kondensatoren sind mit der gleichen Ladungsmenge Q aufgeladen. Über jedem liegt somit eine Spannung an. Diese wird nach der Gleichung 7-9 nicht nur durch die Ladungsmenge Q, sondern auch durch die Kapazität der einzelnen Kondensatoren bestimmt (Abb. 7-19).

Da $U = U_1 + U_2 + U_3 + \dots$ und
$Q = C_1 \cdot U_1 = C_2 \cdot U_2 = C_3 \; U_3 = \dots$ ist,

- liegt über dem Kondensator mit der kleinsten Kapazität die größte Teilspannung an und
- verhalten sich die Teilspannungen umgekehrt zu den Einzelkapazitäten der Kondensatoren:

$$\frac{U_1}{U_2} = \frac{C_2}{C_1} \quad \textbf{7-14}$$

$$\frac{U_1}{U} = \frac{C_{ges}}{C_1} \quad \textbf{7-15}$$

oder

$$U_1 = \frac{C_2}{C_1 + C_2} \cdot U \quad \textbf{7-16}$$

Parallelschaltung von Kondensatoren

Werden z. B. drei parallel geschaltete Kondensatoren C1, C2 und C3 mit gleichem Plattenabstand l und gleicher Permittivität ε, aber mit den Plattenflächen A_1, A_2 und A_3 durch einen Kondensator ersetzt, dann ist seine Kapazität C_{ges} durch die Plattenfläche $A = A_1 + A_2 + A_3$ bestimmt (Abb. 7-20).

Durch die größere Plattenfläche muss auch die Gesamtkapazität größer werden.

Sie ist $C_{ges} = \dfrac{\varepsilon \cdot A}{l}$

Mit $A = A_1 + A_2 + A_3$ wird

$$C_{ges} = \frac{\varepsilon \cdot (A_1 + A_2 + A_3)}{l} = \underbrace{\frac{\varepsilon \cdot A_1}{l}}_{C_1} + \underbrace{\frac{\varepsilon \cdot A_2}{l}}_{C_2} + \underbrace{\frac{\varepsilon \cdot A_3}{l}}_{C_3}$$

Gesamtkapazität bei Parallelschaltung

$$C_{ges} = C_1 + C_2 + C_3 + \dots C_n \quad \textbf{7-17}$$

Aus dieser Gleichung leiten wir ab:

- Die Gesamtkapazität von parallel geschalteten Kondensatoren ist stets größer als die größte Einzelkapazität.
- Durch Zuschalten weiterer Kondensatoren vergrößert sich die Gesamtkapazität.

Da bei der Parallelschaltung an jedem Kondensator dieselbe Spannung anliegt, werden durch die unterschiedlichen Kapazitätswerte unterschiedliche Ladungsmengen gespeichert.

Ist z. B. $C_2 > C_1$, dann gilt wegen
$Q_2 = C_2 \cdot U$ und $Q_1 = C_1 \cdot U$
die Relation $Q_2 > Q_1$

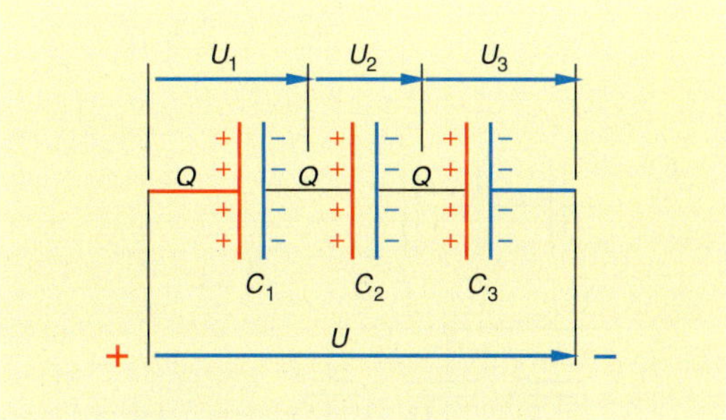

Abb. 7-19 ***Spannungsteilung in einer Reihenschaltung von Kondensatoren***

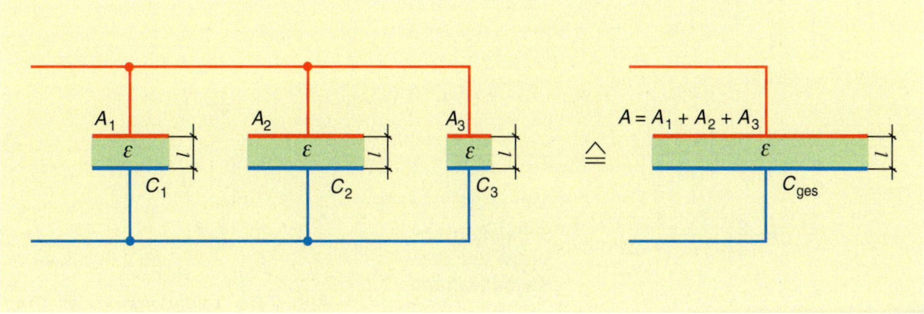

Abb. 7-20 ***Gesamtkapazität parallel geschalteter Kondensatoren***

Die Gleichungen zur Berechnung der Gesamtkapazitäten folgen den gleichen Bildungsgesetzen, die auch bei der Zusammenschaltung von Widerständen gelten.

Beachten Sie:
Das Bildungsgesetz für die Gesamtgröße

bei der Reihenschaltung von Widerständen	ist anzuwenden für	die Parallelschaltung von Kondensatoren
und das		
der Parallelschaltung von Widerständen	ist anzuwenden für	die Reihenschaltung von Kondensatoren

Analog dieser Aussage können sinngemäß auch gemischte Schaltungen von Kondensatoren berechnet werden.

Lösungsbeispiel:
Welche Kapazitätswerte lassen sich durch verschiedene Schaltmöglichkeiten der Kondensatoren $C_1 = 2\ \mu F$, $C_2 = 3\ \mu F$ und $C_3 = 4\ \mu F$ herstellen, wenn stets alle Kondensatoren in der Schaltung enthalten sein sollen?

① $\frac{1}{C_{ges}} = \frac{1}{C_1} + \frac{1}{C_2} + \frac{1}{C_3}$ $\quad \underline{C_{ges} = 0{,}923\ \mu F}$

② $C_{ges} = C_1 + C_2 + C_3$ $\quad \underline{C_{ges} = 9\ \mu F}$

③ $C_{ges} = \frac{(C_1 + C_2) \cdot C_3}{(C_1 + C_2) + C_3}$ $\quad \underline{C_{ges} = 2{,}22\ \mu F}$

mit anderer Zuordnung $\quad \underline{C_{ges} = 2\ \mu F}$

$\underline{C_{ges} = 1{,}56\ \mu F}$

④ $C_{ges} = \frac{C_1 \cdot C_2}{C_1 + C_2} + C_3$ $\quad \underline{C_{ges} = 5{,}2\ \mu F}$

mit anderer Zuordnung $\quad \underline{C_{ges} = 3{,}71\ \mu F}$

$\underline{C_{ges} = 4{,}33\ \mu F}$

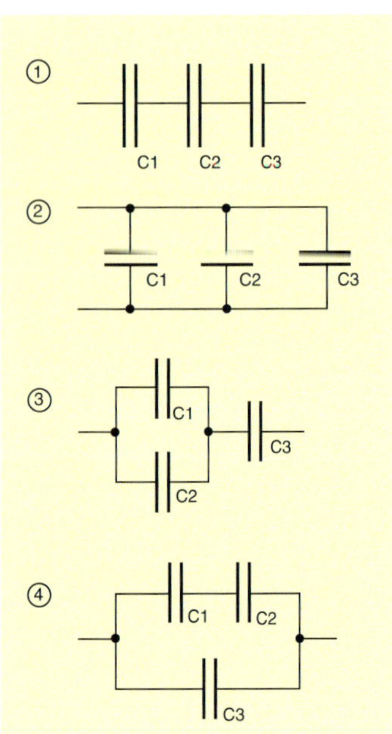

Abb. 7-21 ***Schaltmöglichkeiten von drei Kondensatoren***

7.4.4 Strom-Spannungs-Verhalten der Kondensatoren

Wird ein Kondensator mit der Kapazität C über den Widerstand R an eine Stromquelle mit der konstanten Klemmenspannung U angeschlossen (Abb. 7-22), fließt in der Zuleitung ein Strom der Stärke i, durch den auf den Platten des Kondensators die Ladungen q gespeichert werden.

Hinweis: Um zeitabhängige, also veränderliche Größen zu kennzeichnen, werden diese im Gegensatz zu konstanten Größen mit kleinen Buchstaben geschrieben.

Mit diesen Ladungen entsteht gleichzeitig über dem Kondensator die Spannung u_C, die der Klemmenspannung U entgegengesetzt ist. Damit wird die wirksame Spannung $U - u_C$ und die Stromstärke

$$i = \frac{U - u_C}{R}$$

Da sich u_C mit zunehmender Ladung ändert, nimmt auch die Stromstärke andere Werte an. Das bedeutet, dass trotz konstanter Klemmenspannung U kein konstanter Strom fließt. Er hat im ersten Augenblick nach dem Einschalten den Wert

$I = \frac{U}{R}$, so, als ob der Kondensator überbrückt ist ($u_C = 0$).

Man sagt daher:

> Der Kondensator verhält sich im ersten Augenblick nach dem Einschalten wie ein Kurzschluss.

Mit steigender Ladungsmenge wächst die Kondensatorspannung u_C. Die wirksame Spannung und damit auch die Stromstärke werden kleiner.

Die Kondensatorspannung nähert sich allmählich der Klemmenspannung U und die Stromstärke dem Wert Null. Der Ladevorgang ist beendet.

> Der geladene Kondensator bewirkt eine Unterbrechung des Gleichstromkreises.

Wird die Stromquelle der Abb. 7-22 abgetrennt und der Stromkreis aus Widerstand R und geladenem Kondensator geschlossen, gleichen sich die Ladungen aus. Ein Entladestrom fließt. Dabei sinkt die Kondensatorspannung u_C zuerst schnell und im weiteren Verlauf der Entladung immer langsamer bis zum Wert Null.

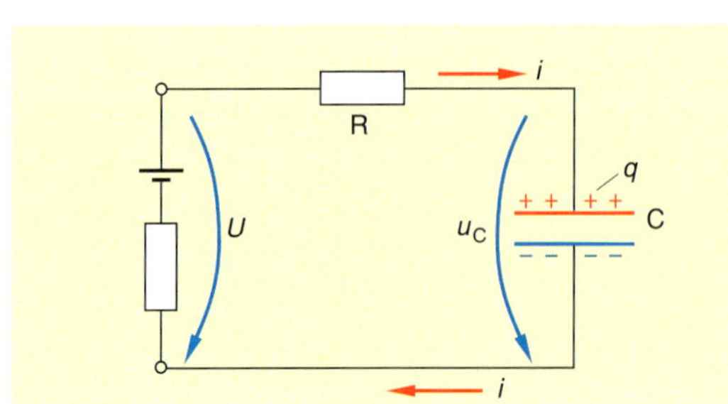

Abb. 7-22 ***Ladevorgang des Kondensators***

Beachten Sie:

Kondensatoren müssen immer über einen Widerstand entladen werden.

Der zeitliche Verlauf der Kondensatorspannung u_C und des Lade- sowie Entladestromes i sind in der Abb. 7-23 dargestellt.

Lade- und Entladevorgang dauern bei gleicher Ladungsmenge $Q = U \cdot C$ länger, wenn der Lade- oder Entladestrom durch einen Widerstand begrenzt wird. Diese Aussage bestätigt die Richtigkeit der Gleichung $Q = I \cdot t$.
Wäre es möglich, z. B. die Aufladung bis zu ihrer Beendigung mit der konstanten Klemmenspannung U als wirksame Spannung, also mit dem gleichbleibenden Strom I durchzuführen, ergäbe sich die Ladezeit t aus

$$Q = I \cdot t \quad \text{und} \quad Q = C \cdot U$$

$$t = \frac{C \cdot U}{I}$$

Mit $R = \frac{U}{I}$ wird $t = R \cdot C$

Dieser Zeitwert des Ladevorganges wird als Zeitkonstante τ (tau) bezeichnet.

Zeitkonstante $\tau = R \cdot C$ **7-18**

Als Einheit $[\tau] = [R] \cdot [C] \quad [\tau] = 1\,\Omega \cdot 1\,\text{F}$

ergibt sich $[\tau] = \frac{1\,\text{V}}{\text{A}} \cdot \frac{1\,\text{A} \cdot \text{s}}{\text{V}} \quad [\tau] = 1\,\text{s}$

Aus dem Verlauf der Ladekennlinie mit der eingezeichneten Tangente (Abb. 7-23) wird deutlich, dass während der Zeit τ die Kondensatorspannung u_C auf 63 % der vollen Ladespannung U angestiegen ist. Bei dem Entladevorgang würde u_C auf 37 % abgesunken sein.

Deshalb definieren wir:

Die Zeitkonstante τ für eine Reihenschaltung Kondensator-Widerstand gibt die Zeit an, in der beim Laden die Kondensatorspannung auf 63 % der angelegten Spannung angestiegen ist.

Zur Vollständigkeit geben wir mit der Zeitkonstanten τ folgende Funktionsgleichungen der Kondensatorspannung $u_C = f(t)$ und des Lade- bzw. Entladestromes $i = f(t)$ an:

Ladevorgang

Kondensatorspannung $u_C = U \cdot (1 - e^{-\frac{t}{\tau}})$ **7-19**

Ladestrom $i_C = \frac{U}{R} \cdot e^{-\frac{t}{\tau}}$ **7-20**

Entladevorgang

Kondensatorspannung $u_C = U \cdot e^{-\frac{t}{\tau}}$ **7-21**

Entladestrom $i_C = -\frac{U}{R} \cdot e^{-\frac{t}{\tau}}$ **7-22**

Theoretisch würde der Ladevorgang unendlich lange dauern; praktisch ist er nach annähernd dem 5fachen der Zeitkonstante abgeschlossen. Dann ist messtechnisch kein Unterschied gegenüber dem Endzustand festzustellen.

Lade- und Entladevorgang sind praktisch nach 5τ beendet.

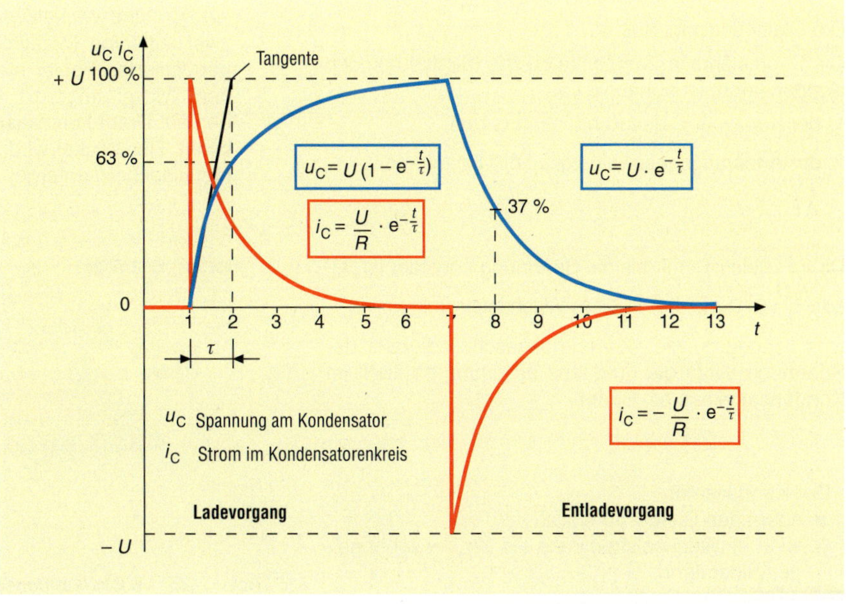

Abb. 7-23
Lade- und Entladekurve des Kondensators

Was geschieht eigentlich, wenn nach abgeschlossenem Ladevorgang die anliegende Spannung erhöht wird?

Der Kondensator würde zusätzliche Ladungen speichern und sich auf einen neuen Spannungswert aufladen. Falsch ist es anzunehmen, dass durch den angegebenen Kapazitätswert des Kondensators sein Fassungsvermögen erreicht ist.

Wo ist aber die Grenze? Die Grenze ist dann erreicht, wenn durch die Kondensatorspannung im elektrostatischen Feld eine Feldstärke erreicht wird, die die Durchschlagsfestigkeit des Dielektrikums übersteigt. Der Kondensator wird durchschlagen.

7

Deshalb müssen, wie bei dem Bauelement „Widerstand", zwei technische Parameter angegeben werden.

Widerstand:	Widerstandswert in Ω oder kΩ	und	Belastbarkeit in A oder mW
Kondensator:	Kapazitätswert in µF, nF oder pF	und	Spannung in V oder kV

Bei einer Änderung der Spannung am Kondensator um den Betrag $\Delta U = U_2 - U_1$ ändert sich nach $Q = C \cdot U$ die Ladungsmenge um den Betrag $\Delta Q = Q_2 - Q_1$. Ist die zeitliche Änderung Δt der Spannung kleiner als die Zeitkonstante, dann wird auch die Ladungsmenge in der gleichen Zeit sich ändern.

Es wird also

$$\frac{\Delta Q}{\Delta t} = C \cdot \frac{\Delta U}{\Delta t}$$

Da die Stromstärke I die in der Zeiteinheit im Leiter bewegte Ladungsmenge ist, wird durch die Gleichung 7-23 das Strom-Spannungs-Verhalten des Kondensators beschrieben.

Strom-Spannungs-Verhalten des Kondensators

$$I = C \cdot \frac{\Delta U}{\Delta t} \quad \textbf{7-23}$$

Die Gleichung sagt aus:

Die Stromstärke im Kondensatorkreis (nicht durch den Kondensator!) ist abhängig von

1. der Kapazität C des Kondensators und
2. der Änderungsgeschwindigkeit der Spannung $\frac{\Delta U}{\Delta t}$

Da im Gleichstromkreis die Spannung konstant ist, also $\frac{\Delta U}{\Delta t} = 0$ ist, ist $I = 0$. Im Wechselstromkreis wird dagegen die Änderungsgeschwindigkeit der Spannung durch die Frequenz bestimmt; es fließt im Kondensatorkreis ein Strom.

Der Kondensator
- sperrt den Gleichstrom und
- wirkt im Wechselstromkreis als frequenzabhängiger Widerstand.

7.4.5 Bauarten von Kondensatoren

Kondensatoren werden in sehr unterschiedlichen Ausführungen hergestellt, um den entsprechenden Anforderungen zu genügen.

Technische Kennwerte sind
- Kapazität
- maximale Betriebsspannung
- Verlustfaktor und
- Toleranz.

Kondensatoren sind meist beschriftet. Fehlen die Angaben, so wird stets in pF codiert. Diese Codierung entspricht der der Widerstände, vgl. Tab. 3-15, die durch einen 5. Farbring für die Nennspannung ergänzt wird (Tab. 7-8).

Farbe	Bemessungsspannung
braun	100 V
rot	200 V
orange	300 V
gelb	400 V
grün	500 V
blau	600 V
violett	700 V
grau	800 V
weiß	900 V
gold	1000 V
silber	2000 V
ohne Farbe	500 V

Tab. 7-8 ***Farbcode für Nennspannungen***

Systematisierungsgesichtspunkte für die zahlreichen Bauarten sind
- Konstanz oder Veränderbarkeit der Kapazität und die
- Art des Dielektrikums (Abb. 7-24, S. 101).

- Papier-, Metallpapier- und Kunststofffolienkondensatoren sind Wickelkondensatoren (Abb. 7-25). Je zwei leitfähige Metallfolien werden durch dünnes paraffiniertes Papier elektrisch getrennt und zu einem Wickel aufgerollt. Die leitfähigen Beläge werden mit Draht kontaktiert, der dann die Anschlüsse bildet. Der Wickel wird in Isolierstoffröhrchen oder Metallbechern untergebracht und vergossen.

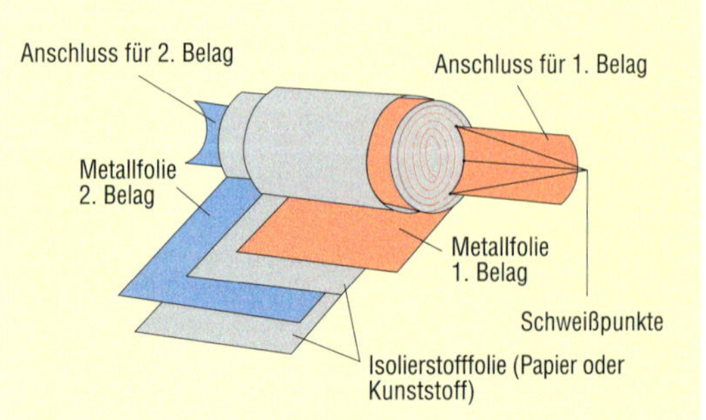

Abb. 7-25 ***Wickelkondensator***

Vielfach eingesetzt werden auch Metallpapier- oder Kunststofffolienkondensatoren. Hier wird auf Natriumzellulosepapier oder z. B. auf Polystyrol-Lackfolie eine Metallschicht, oft aus Zink, aufgedampft. Der aus zwei dieser bedampften Isolierstofffolien gewickelte Kondensator ist selbstheilend. Dies bedeutet, dass bei einem Durchschlag des Dielektrikums durch den Stromstoß die Metallisierung an der Durchschlagsstelle verdampft. Eine Verbindung zwischen den beiden Belägen kann nicht entstehen. Der Kondensator bleibt folglich funktionsfähig.

- Blockkondensatoren bestehen aus mehreren geschichteten Metallplättchen, die durch Glimmer- oder Hartpapierscheiben getrennt sind. Sie haben eine hohe Spannungsfestigkeit und werden überwiegend in der Funktechnik angewendet.
- Keramikkondensatoren verwenden als Dielektrikum Oxidkeramik. Die aufgebrannten Beläge werden direkt mit den Anschlussdrähten verbunden. Da die Keramikmasse Grundkörper und Gehäuse gleichzeitig ist, ergibt sich ein platzsparender Aufbau entweder als Rohrkondensator (Abb. 7-26) oder als Stand-, Scheiben-, Perl- und Durchführungskondensator (Abb. 7-27).
- Elektrolytkondensatoren (Elkos) werden durch ihre hohen Kapazitätswerte bis zu 10 000 µF besonders in Siebschaltungen eingesetzt. Bei dem Aluminium-Elektrolytkondensator wird eine Aluminiumfolie als

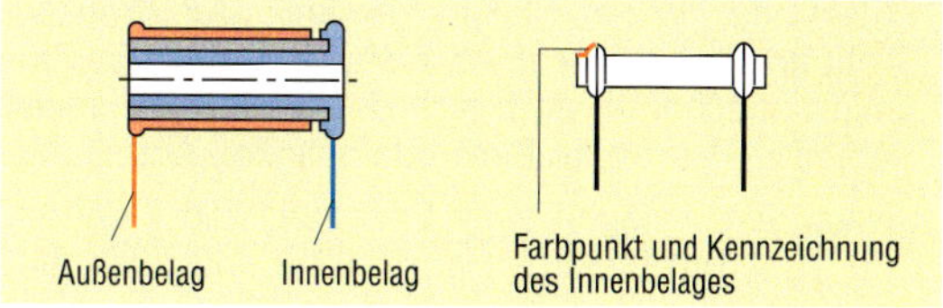

Abb. 7-26 ***Rohrkondensator (Schnitt und Ansicht)***

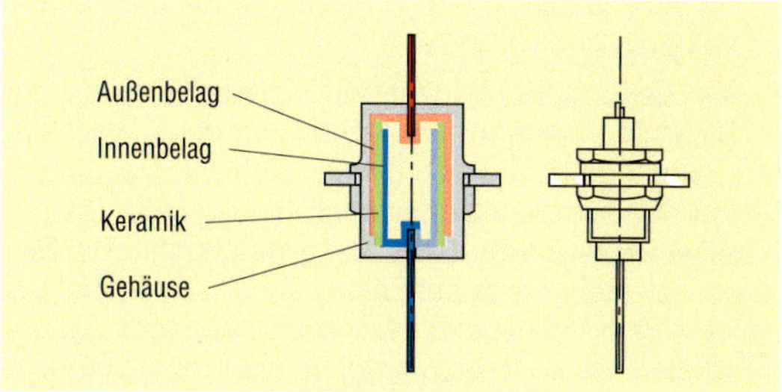

Abb. 7-27 ***Durchführungskondensator***

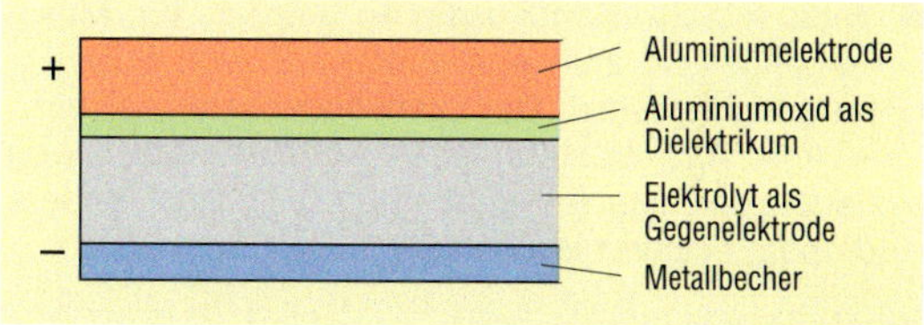

Abb. 7-28 ***Schichten des Al-Elektrolytkondensators***

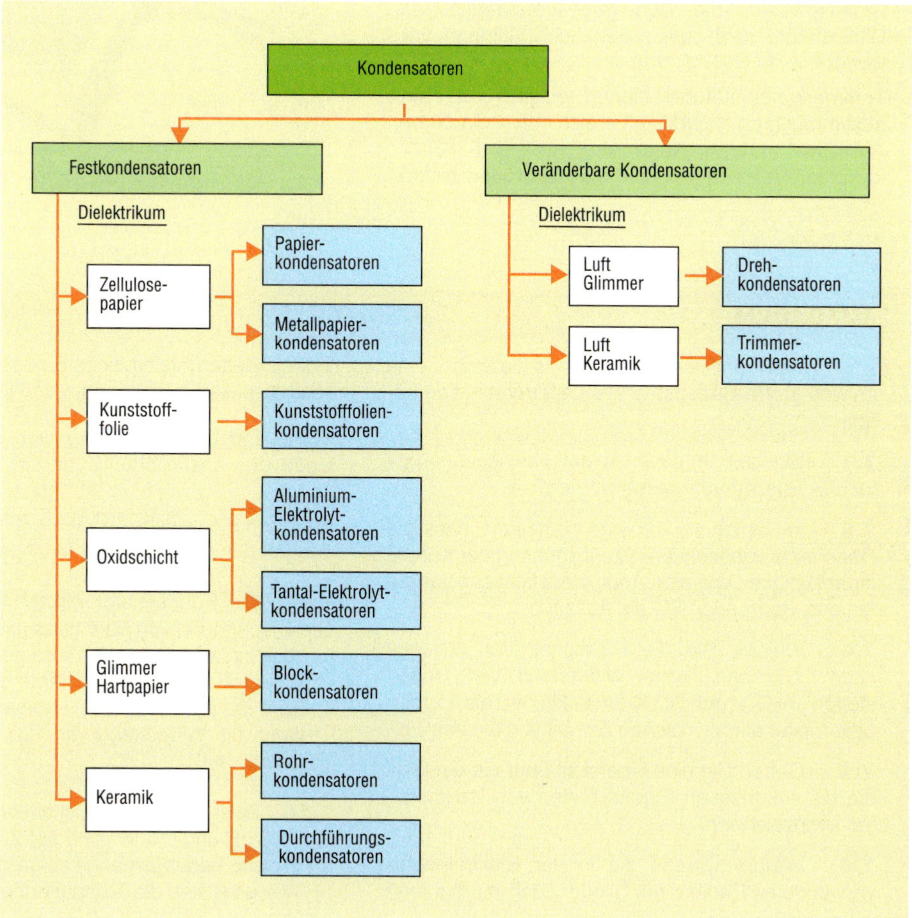

Abb. 7-24
Arten der Kondensatoren

Elektrode für den Pluspol gewählt. Der Minuspol liegt an einer weiteren Aluminiumfolie oder am Aluminiumbecher, in dem sich der Elektrolyt – meist Borsalz – als zweite Elektrode befindet (Abb. 7-28).

Nach dem Anlegen einer Spannung bildet sich an der positiven Elektrode großflächig und dünn Aluminiumoxid aus. Diese extrem dünne Oxidschicht weist weiterhin eine recht hohe Durchschlagsfestigkeit auf, so dass große Kapazitätswerte bei kleinem Volumen erreicht werden.

Als gepolte Kondensatoren können sie nur für Gleichspannungen verwendet werden. Wechselspannungen zerstören die Oxidschicht. Der Tantal-Elektrolytkondensator ist ähnlich aufgebaut. Die positive Elektrode wird aus Tantal hergestellt. Der Becher besteht meist aus Silber. Die Baugröße ist bei kleinerem Verlustfaktor wesentlich geringer. Als besondere Bauform wurde der Tantal-Tropfenkondensator entwickelt.

- Veränderbare Kondensatoren werden für Messvorgänge und zum Abstimmen z. B. von Schwingkreisen eingesetzt. Der Drehkondensator – Drehko – (Abb. 7-29) besteht aus zwei Plattensätzen, von denen der eine feststeht (Stator) und der andere drehbar gelagert ist (Rotor).

Durch Drehen des Rotorplattensatzes kann die Kapazität im Bereich zum Beispiel von 5 bis 600 pF verändert werden, da nur die Flächen der Platten wirksam sind, die sich gegenüberstehen. Als Dielektrikum wird Luft, selten auch Glimmer verwendet.

Trimmerkondensatoren dienen lediglich zur Feinabstimmung im Kapazitätsbereich von 1 bis 60 pF. Auf zwei runden Keramikkörpern sind Silberschichten aufgedampft, die die Elektroden bilden. Durch eine Justierschraube wird der Abstand beider Elektroden, damit die wirksame Kapazität, verändert. Auch bei sog. Rohrtrimmern wird Keramik als Dielektrikum verwendet. Eine Kapazitätsänderung wird durch einen Metallstift erreicht, der mehr oder weniger tief in das Rohr gedreht wird.

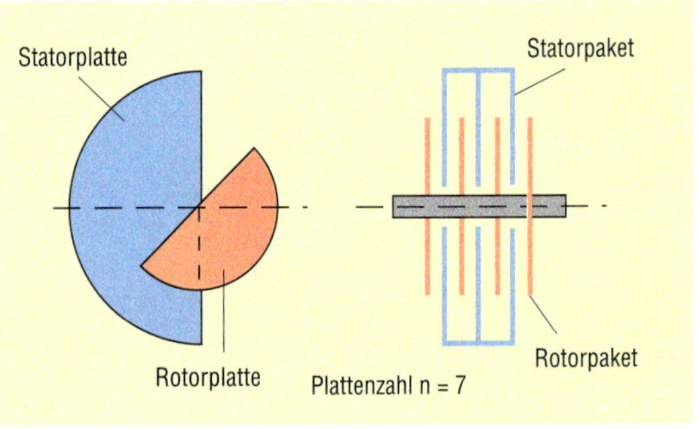

Abb. 7-29a ***Drehkondensator***

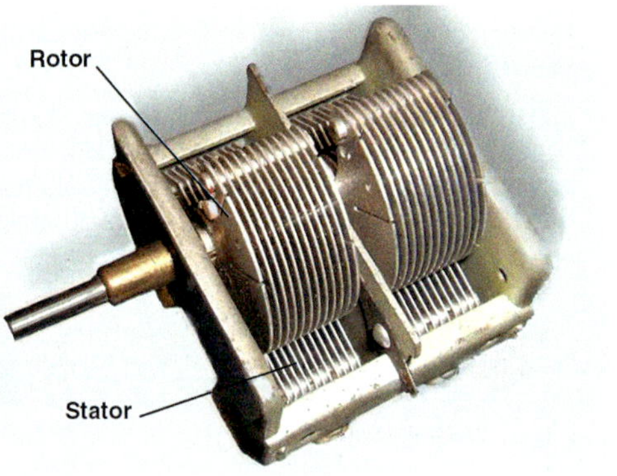

Abb. 7-29b ***Drehkondensator***

AUFGABEN

7.1 Weisen Sie nach, dass Isolierstoffe eine ähnlich große Bedeutung wie Leitermaterialien haben.

7.2 Weshalb müssen in der Hochspannungstechnik Spitzen vermieden werden?

7.3 Im Abschnitt 7.3 wird ausgesagt, dass die Oberfläche von Isolatoren zur Erhöhung der Kriechstromfestigkeit wie eine Äquipotenzialfläche verlaufen soll. Begründen Sie die Aussage.

7.4 Weisen Sie die Richtigkeit der Aussage nach: „Der spezifische Widerstand von Isolierstoffen in $\Omega \cdot$ cm ist 10^4-mal kleiner als der für Leitermaterialien typischen Einheit von $\Omega \cdot mm^2/m$“.

7.5 Geben Sie eine Übersicht über die Größen, die die elektrischen Eigenschaften von Isolierstoffen kennzeichnen.

7.6 Warum werden die in der Elektrotechnik verwendeten Papiere mit Öl oder Lack imprägniert?

7.7 Geben Sie typische Eigenschaften und Einsatzbeispiele für Plastomere und Duromere an.

7.8 Ein Luftkondensator wird auf 60 V aufgeladen und anschließend von der Stromquelle getrennt.

Erläutern Sie, welche Größen sich verändern, wenn der geladene Kondensator in Öl getaucht wird.

7.9 Ein Kondensator mit 27 µF wird an eine Gleichspannung von 60 V geschaltet.

a) Welche Ladungsmenge wird gespeichert?
b) Wie groß ist die Zeitkonstante und nach welcher Zeit ist praktisch der Ladevorgang beendet, wenn ein Widerstand von 120 kΩ in Reihe geschaltet ist?

7.10 Zwei in Reihe geschaltete Kondensatoren von 1,2 µF und 0,8 µF sind auf 230 V aufgeladen.

a) Welche Ladungsmenge ist gespeichert?
b) Wie groß sind die Teilspannungen?

8 Magnetische Wirkungen

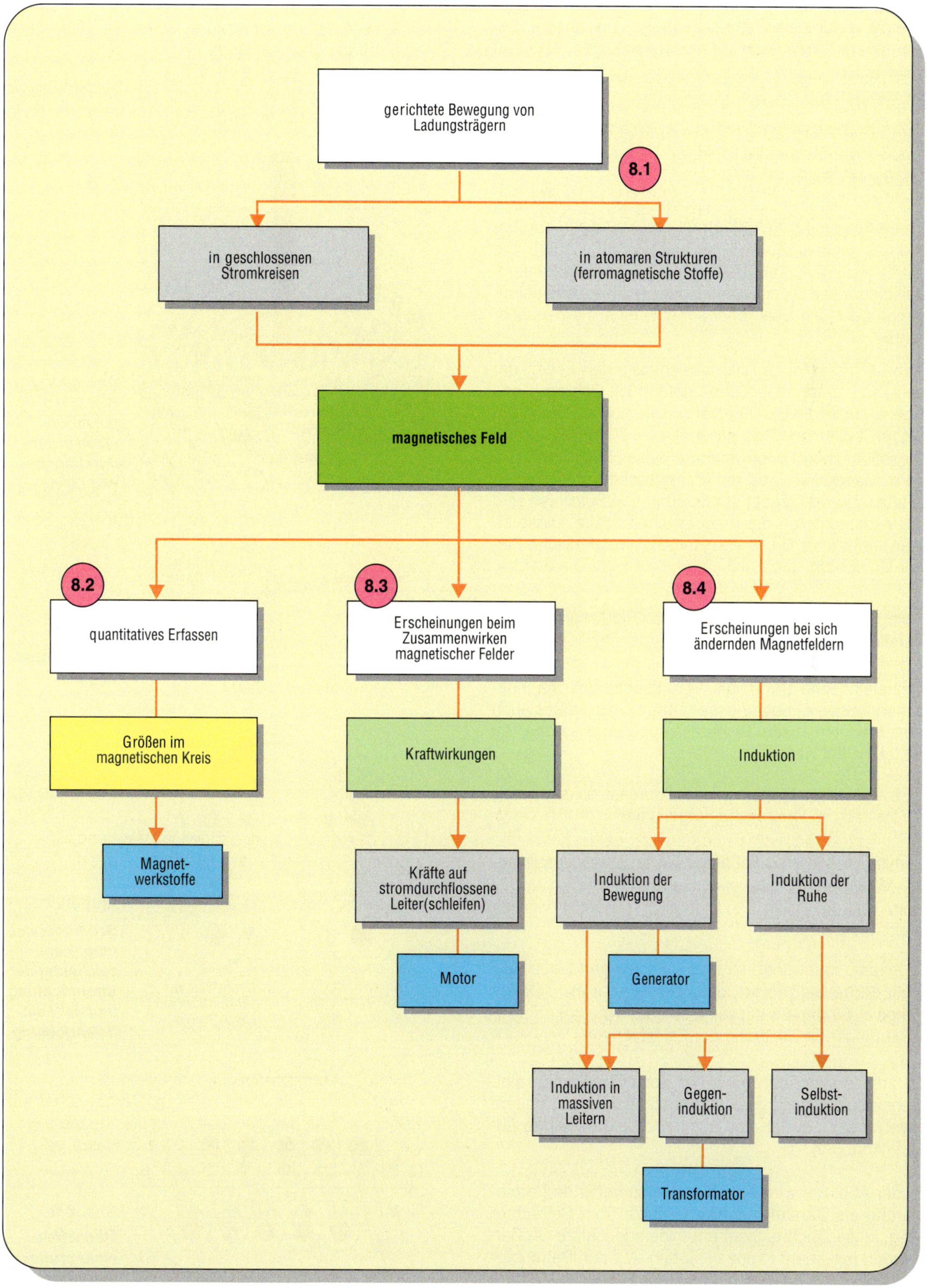

Abb. 8-1 ***Beziehungen und Strukturen***

8.1 Magnetische Felder elektrischer Ströme

8.1.1 Elektromagnetismus

Bewegte elektrische Ladungsträger versetzen ihre Umgebung in einen besonderen Zustand. Im umgebenden Raum sind Kraftwirkungen auf andere Ladungsträger, aber auch auf bestimmte Stoffe, zum Beispiel Eisen, nachweisbar. Dieser Raumzustand wird als **magnetisches Feld** bezeichnet.

Bewegte elektrische Ladungsträger, also elektrische Ströme, erzeugen in ihrer Umgebung ein magnetisches Feld.

Diese Aussage gilt nicht nur für Ströme, die in eng begrenzten metallischen Leitern (Drähten) fließen. Sie gilt für jede gerichtete Bewegung von Ladungsträgern, beispielsweise auch für den Strom in einer Leuchtstofflampe oder den Elektronenstrahl in einer Fernsehbildröhre.

Abb. 8-2 zeigt einen stromdurchflossenen Leiter, der senkrecht durch eine Ebene geführt ist. Das auf diese Ebene gestreute Eisenpulver ordnet sich in Ringen um diesen Leiter an. Das magnetische Feld des stromdurchflossenen Leiters erzeugt diese „Feldlinien“. Die vom Magnetfeld auf die Eisenteilchen ausgeübten Kräfte führen zu dieser Ausrichtung. Die Feldlinien sind die Wirkungslinien der magnetischen Kräfte. Diese Linien werden als Darstellungshilfe für magnetische Felder verwendet.

Magnetische Felder werden durch Feldlinien dargestellt.

Der elektrische Strom als Verursacher des magnetischen Feldes ist richtungsbehaftet. Folglich muss auch dem Magnetfeld eine Richtung zugeordnet werden, die so festgelegt ist:

Blickt man in Richtung des Stromes, so sind die Feldlinien im Uhrzeigersinn gerichtet.

Mithilfe einer Merkregel (Rechte-Faust-Regel) soll diese Verknüpfung des elektrischen Stromkreises mit dem magnetischen Feld deutlich gemacht werden (Abb. 8-3):

Umfasst man einen stromdurchflossenen Leiter so mit der rechten Faust, dass der abgespreizte Daumen in Stromrichtung zeigt, so geben die gekrümmten Finger die Richtung der Feldlinien an.

Ist zur Veranschaulichung der Zusammenhänge eine Schnittdarstellung des stromdurchflossenen Leiters zweckmäßig, so ist eine symbolhafte Darstellung üblich (Abb. 8-4).

In der Abb. 8-4 wird eine häufig anzutreffende Vereinbarung als Darstellungshilfe benutzt: Vom Betrachter weg, in die Zeichnungsebene hineingerichtete Größen werden mit einem Kreuz versehen. Auf den Betrachter weisende, aus der Zeichnungsebene herausgerichtete Größen erhalten einen Punkt.

In Abb. 8-5 ist ein Draht zu einer Spule gewickelt. Der durch die Spule fließende Strom erzeugt ein kräftiges Magnetfeld, weil sich die magnetischen Felder der einzelnen Windungen zu einem Gesamtfeld überlagern.

Diese Darstellung lässt folgende Schlussfolgerungen zu:

- Feldlinien sind geschlossene Linien, sie haben keinen Anfang und kein Ende.
- Feldlinien schneiden sich nicht.
- Feldlinien haben eine Richtung, die von der Stromrichtung vorgegeben wird.

Abb. 8-2 ***Anordnung von Eisenpulver um einen stromdurchflossenen Leiter***

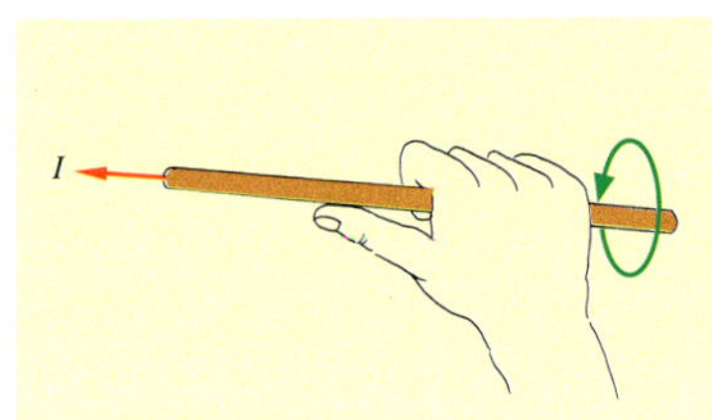

Abb. 8-3 ***Rechte-Faust-Regel***

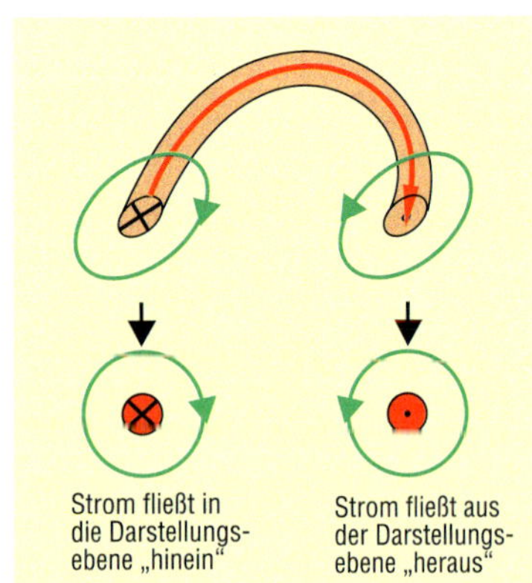

Abb. 8-4 ***Schnittdarstellung: Kennzeichnung der Stromrichtung und der Feldlinienrichtung***

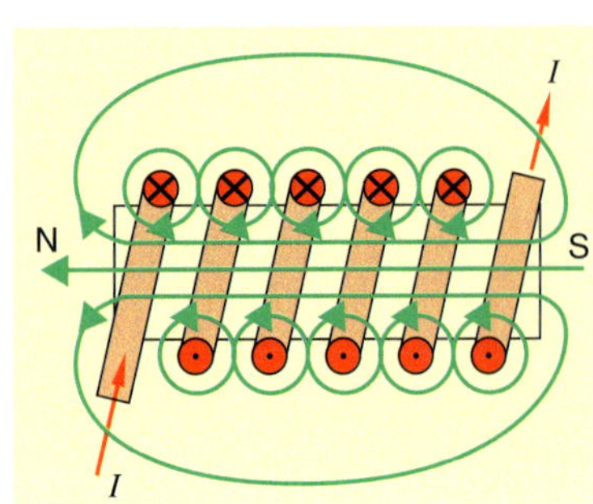

Abb. 8-5 ***Magnetfeld einer stromdurchflossenen Spule***

- Die Austrittsstelle der Feldlinien aus der Spule heißt Nordpol N, die Eintrittsstelle wird als Südpol S bezeichnet.
  (Unser Planet Erde ist bekanntlich mit einem Magnetfeld umgeben. Die Richtungszuordnung des Erd-Magnetfeldes findet man in den Bezeichnungen hier wieder.)
- Innerhalb der Spule verlaufen die Feldlinien gleich dicht nebeneinander. Solche Felder heißen homogen.
- Außerhalb der Spule sind diese Merkmale nicht erfüllt. Das Magnetfeld dieser Art wird als nichthomogen oder inhomogen bezeichnet.
- Gerade stromdurchflossene Leiter bilden keine Magnetpole aus. Diese entstehen erst nach der Verformung des Leiters.

8.1.2 Dauermagnetismus

Ursache des magnetischen Feldes um einen stromdurchflossenen Leiter ist der im Leiter fließende elektrische Strom, es sind die in Bewegung befindlichen Ladungsträger.

Anders betrachtet heißt das: Das Magnetfeld ist immer die Wirkung der gerichteten Bewegung elektrischer Ladungsträger.

Neben den Elektromagneten, den stromdurchflossenen Spulen, sind **Dauermagnete** in vielfältiger Form (Stab-, Hufeisen-, Ringform) bekannt. Sie werden als Haftmagnete zum Verschließen von Türen eingesetzt, wir finden sie in Messgeräten, als Bremsvorrichtung in Arbeitszählern, aber auch als Ständer- oder Läufermagnet in kleineren elektrischen Maschinen (z. B. Fahrraddynamo).

Wie kann man die magnetischen Felder der Dauermagnete als Folge bewegter Ladungsträger erklären?

Alle Metalle, und die Dauermagnet-Werkstoffe zählen dazu, zeichnen sich durch ihre Kristallstruktur aus. Die Kerne der Atome, fest in diese Struktur eingebunden, werden von ihren Elektronen umkreist. Zusätzlich drehen sich diese Elektronen noch um die eigene Achse (Elektronenspin). Diese „Kreisströme" erzeugen Magnetfelder. Innerhalb kleinerer Kristallbereiche sind die Spin-Richtungen gleich. Diese Bereiche heißen **weißsche* Bezirke**.

Ihnen ist die kleinste magnetische Einheit, der so genannte **Elementarmagnet**, zuzuordnen.

Benachbarte weißsche Bezirke haben meist unterschiedliche magnetische Ausrichtung, so dass der Werkstoff nach außen hin zunächst unmagnetisch ist.

Zur Herstellung von Dauermagneten eignen sich Eisen, Kobalt, Nickel und einige besondere Legierungen. Diese Werkstoffgruppe heißt ferromagnetisch, weil in ihr Eisen (lat.: ferrum) enthalten ist.

Durch Einfluss eines anderen Magneten oder durch Einführen in eine stromdurchflossene Spule erreicht man, dass sich die Elementarmagnete in diesen ferromagnetischen Werkstoffen ausrichten.

* Weiß, Pierre-Ernest: französischer Physiker 1865–1940

Sie drehen sich in die Richtung, die durch das fremde Magnetfeld vorgegeben wird. Nach Entfernen des anderen Magneten bzw. nach Abschalten des Spulenstromes bleiben die Elementarmagnete ausgerichtet. Der ferromagnetische Stoff bleibt zu einem großen Teil dauernd (permanent) magnetisch.

Dauermagnete (Permanentmagnete) bestehen aus ferromagnetischen Stoffen, deren weißsche Bezirke auf Dauer geordnet werden konnten.

In Abb. 8-6 ist das Magnetfeld eines stabförmigen Dauermagneten dargestellt. Das Magnetfeld dieses Stabmagneten ist die Folge der überall im Metall in gleicher Weise angeordneten Elementarmagnete.

Würde dieser Magnet in zwei Teile zerlegt, so entstünden – wegen der überall gleichen Ausrichtung – zwei komplette kleinere Magnete mit jeweils einem Nord- und einem Südpol.

Daraus lässt sich schlussfolgern:
- Magnetpole treten immer paarweise auf, sie lassen sich nicht voneinander trennen.
- Beim „Zerkleinern" eines Magneten entstehen immer wieder vollständige, kleinere Magnete.

Das Ausrichten der Elementarmagnete in einem ferromagnetischen Werkstoff unter Einfluss eines fremden Magnetfeldes bezeichnet man auch als **magnetische Influenz.** Der Werkstoff, der dadurch selbst zum Magneten wird, verändert die Form des Fremdfeldes (Abb. 8-7).

Diese Erscheinung ist für die Technik durchaus bedeutsam:

Durch magnetische Influenz ist es möglich, Räume vor störenden Magnetfeldern zu schützen, d. h. abzuschirmen.

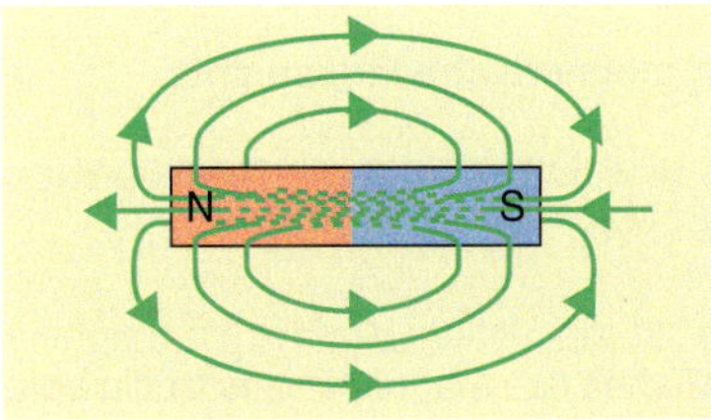

Abb. 8-6 ***Magnetfeld eines stabförmigen Dauermagneten***

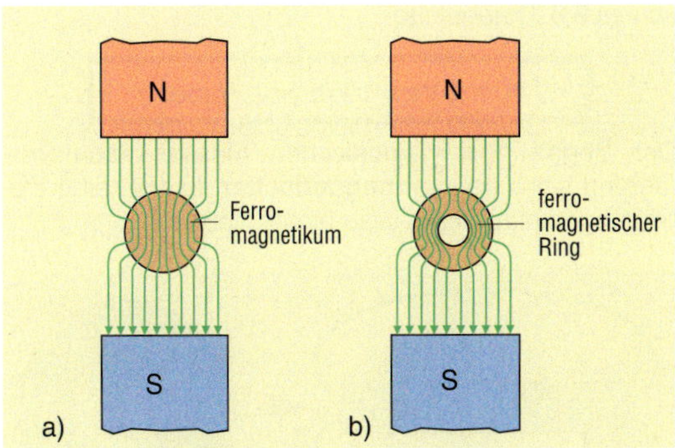

Abb. 8-7 ***Ferromagnetische Werkstoffe im Magnetfeld***
a) Bündelung der magnetischen Feldlinien
b) Erzeugung eines feldfreien Raumes im Ringinneren

8

In der Technik werden außerhalb der Magnete fast immer homogene Felder angestrebt. Dabei dominiert das **parallel-homogene** Feld, bei dem die Feldlinien parallel zueinander verlaufen. In drehbaren Anordnungen (Motoren, Generatoren, Messgeräten) entsteht im Luftspalt eine besondere Form des magnetischen Feldes, das sogenannte **radialhomogene** Feld (Abb. 8-8).

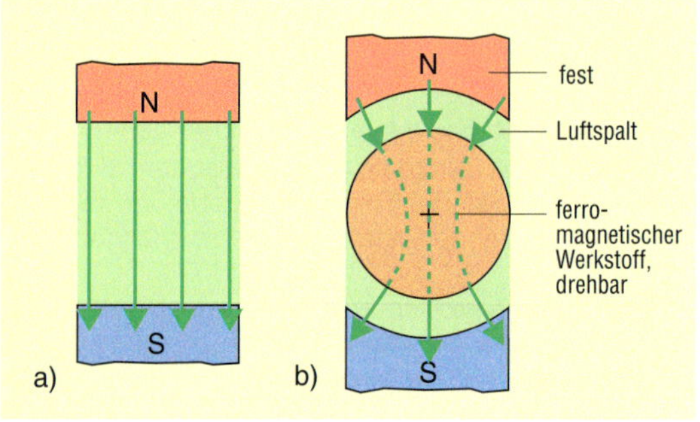

Abb. 8-8 ***Formen homogener Felder***
a) parallel-homogen b) radial-homogen

8.2 Magnetische Kreise

8.2.1 Messgrößen

Schließt man eine genügend lange Spule zu einem Ring, so verlaufen praktisch alle Feldlinien im Inneren dieser Spule. Das Spuleninnere stellt gewissermaßen den magnetischen Leiter dar (Abb. 8-9).

Die felderzeugende Spule und die für die Ausbreitung der Feldlinien vorgesehene Bahn bilden einen magnetischen Kreis.

Um das magnetische Feld quantitativ erfassen zu können, werden physikalische Größen eingeführt.

Magnetfluss und magnetische Flussdichte

Die Gesamtheit aller Feldlinien in einem magnetischen Kreis heißt Magnetfluss Φ.

Der **Magnetfluss** ist die Wirkungsgröße im magnetischen Kreis. Die Einheit des Magnetflusses ist die Voltsekunde. Sie wird aus dem Induktionsgesetz (vgl. Abschnitt 8.4.1) abgeleitet.

$$[\Phi] = 1\ \text{Vs} = 1\ \text{Wb}\ (= 1\ \text{Weber*})$$

Der Begriff des magnetischen Flusses kann irreführend sein, weil im **magnetischen Kreis** keine Bewegungen stattfinden, also nichts fließt.

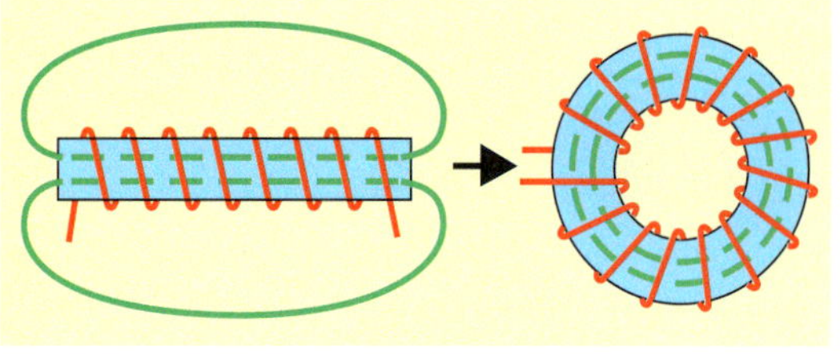

Abb. 8-9 ***Entstehung eines magnetischen Kreises***

Die **magnetische Flussdichte** B ist ein Maß für die Dichte der Feldlinien. Sie ist vom Magnetfluss abgeleitet und wie jede Dichtegröße definiert:

$$B = \frac{\Phi}{A} \qquad \text{8–1}$$

$$[B] = 1\frac{\text{Vs}}{\text{m}^2} = 1\ \frac{\text{Wb}}{\text{m}^2} = 1\ \text{T}\ (= 1\ \text{Tesla**})$$

Magnetische Flussdichte B nennt man den auf eine bestimmte Fläche entfallenden Anteil des Magnetflusses.

Durchflutung und magnetische Feldstärke

In einer Spule ist der Magnetfluss umso größer, je größer die Stärke des Stromes ist bzw. je „häufiger" sich der Strom an der Feldausbildung beteiligt, d. h. je größer die Anzahl der Spulenwindungen N ist. Diese „Stromsumme" wird als **Durchflutung** Θ bezeichnet. Wegen der in jeder Spulenwindung gleichen Stromstärke I gilt:

$$\Theta = I \cdot N \qquad \text{8–2}$$

$$[\Theta] = 1\ \text{A}$$

Das Produkt aus Stromstärke und Windungszahl einer Spule heißt Durchflutung Θ.

Aus Gleichung 8-2 ist ersichtlich, dass ein und dieselbe Durchflutung durch Variieren der beiden Faktoren I und N erzielt werden kann. Mit zunehmender Windungszahl einer Spule kann deren Stromstärke verringert werden:

Durchflutung	Stromstärke	Windungszahl
100 A	10 A	10
100 A	1 A	100
100 A	0,1 A	1000

Um im magnetischen Kreis einen Magnetfluss bestimmter Größe zu erzielen, ist eine entsprechende Durchflutung erforderlich. Nicht ohne Einfluss wird dabei die Feldlinienlänge des Magnetkreises sein.

Bezieht man die Durchflutung auf die mittlere Feldlinienlänge l_m, so spricht man von der **Feldstärke** H:

$$H = \frac{\Theta}{l_m} \qquad \text{8–3}$$

$$[H] = 1\frac{\text{A}}{\text{m}}$$

Unter der magnetischen Feldstärke H versteht man den auf eine bestimmte (mittlere) Feldlinienlänge entfallenden Anteil der Durchflutung.

* Weber, Wilhelm Eduard: deutscher Physiker 1804 – 1891
** Tesla, Nicola: kroatischer Physiker, viele Jahre in den USA tätig, 1856 –1943

Magnetischer Widerstand und magnetischer Leitwert

Dividiert man die Ursachen- mit der Wirkungsgröße des magnetischen Kreises, so erhält man – wie im elektrischen Stromkreis – die Widerstandsgröße.

$$R_m = \frac{\Theta}{\Phi} \qquad \textbf{8–4}$$

$$[R_m] = 1\frac{A}{Vs}$$

Der magnetische Widerstand R_m kann als Eigenschaft eines Materials aufgefasst werden, sich dem magnetischen Fluss zu widersetzen.

Es gilt (analog zum elektrischen Stromkreis):
Der **magnetische Widerstand** einer Anordnung steigt mit zunehmender Länge, verringertem Querschnitt und verschlechterter magnetischer Durchlässigkeit μ des Magnetkreises. Das heißt, dass die geometrischen Abmessungen und die Materialeigenschaft den Wert des magnetischen Widerstandes bestimmen:

$$R_m = \frac{l_m}{\mu \cdot A} \qquad \textbf{8–5}$$

Die magnetische Durchlässigkeit des leeren Raumes ist eine Konstante („Feldkonstante") und beträgt

$$\mu_0 = 1{,}257 \cdot 10^{-6}\,\frac{Vs}{Am}$$

Dieser Wert gilt annähernd auch für Luft.
Der Kehrwert des magnetischen Widerstandes heißt magnetischer Leitwert:

$$\frac{1}{R_m} = \Lambda$$

$$[\Lambda] = \frac{1}{[R_m]} = 1\,\frac{Vs}{A} = 1\,H\ (= 1\ \text{Henry}^*)$$

Fassen wir die Messgrößen am Beispiel einer Ringspule zusammen (Abb. 8-10):

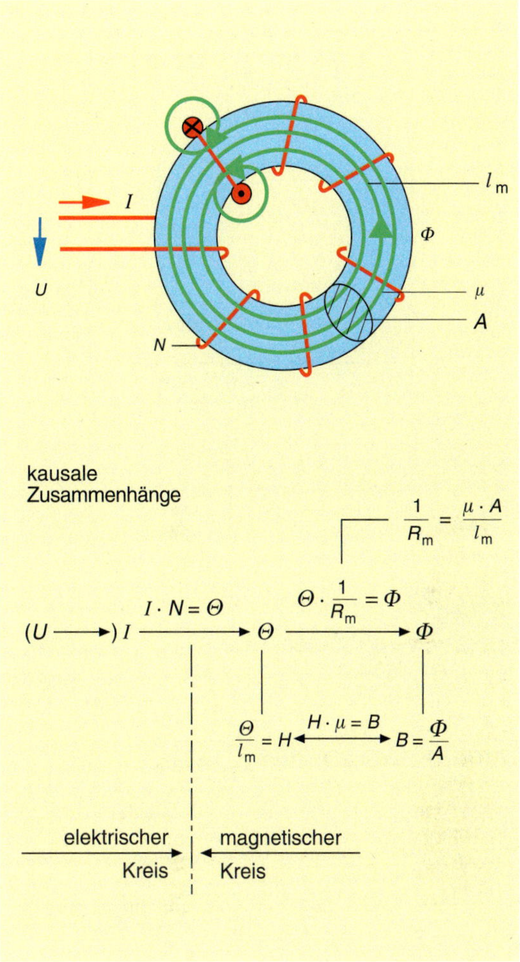

Abb. 8-10 ***Magnetische Feldgrößen; Zusammenhänge***

Zusammenhang zwischen magnetischer Feldstärke und Magnetflussdichte

Setzt man die Gleichungen 8-5 und 8-4 gleich, so ergibt sich

$$\frac{l_m}{\mu \cdot A} = \frac{\Theta}{\Phi}$$

$$\frac{\Phi}{A} = \mu \cdot \frac{\Theta}{l_m}$$

und unter Einbeziehen der Gleichungen 8-1 und 8-3 folgt

$$B = \mu \cdot H \qquad \textbf{8–6}$$

Die Magnetflussdichte ist über die magnetische Durchlässigkeit mit der Feldstärke verknüpft.

* Henry, Joseph: amerikanischer Physiker 1797 – 1878

Lösungsbeispiel:

Von der Ringspule in Abb. 8-10 sind folgende Daten bekannt:

Windungszahl	$N = 500$
mittlere Feldlinienlänge	$l_m = 20\ cm = 0{,}2\ m$
Querschnitt der Luftspule	$A = 2\ cm^2 = 2 \cdot 10^{-4}\ m^2$
	$\mu = \mu_0 = 1{,}256 \cdot 10^{-6}\,\frac{Vs}{Am}$
Spulenstrom	$I = 100\ mA$

Welchen Wert erreicht der magnetische Fluss Φ?

Zwei Lösungswege sind möglich:
Der eine Weg erfordert die Berechnung des magnetischen Widerstandes R_m, um aus der Durchflutung den Magnetfluss berechnen zu können.
Der andere Weg führt von der Durchflutung über die Feldstärke H und Magnetflussdichte B zur gesuchten Größe Φ.

1. Weg

$$\Theta = I \cdot N = 0{,}1\ \text{A} \cdot 500 \qquad \Theta = 50\ \text{A}$$

$$R_m = \frac{l_m}{\mu_0 \cdot A} = \frac{0{,}2\ \text{m}}{1{,}256 \cdot 10^{-6}\ \frac{\text{Vs}}{\text{Am}} \cdot 2 \cdot 10^{-4}\ \text{m}^2}$$

$$R_m = 0{,}796 \cdot 10^9\ \frac{\text{A}}{\text{Vs}}$$

$$\Phi = \frac{\Theta}{R_m} = \frac{50\ \text{A}}{0{,}796 \cdot 10^9\ \frac{\text{A}}{\text{Vs}}}$$

$$\underline{\underline{\Phi = 62{,}8 \cdot 10^{-9}\ \text{Vs}}}$$

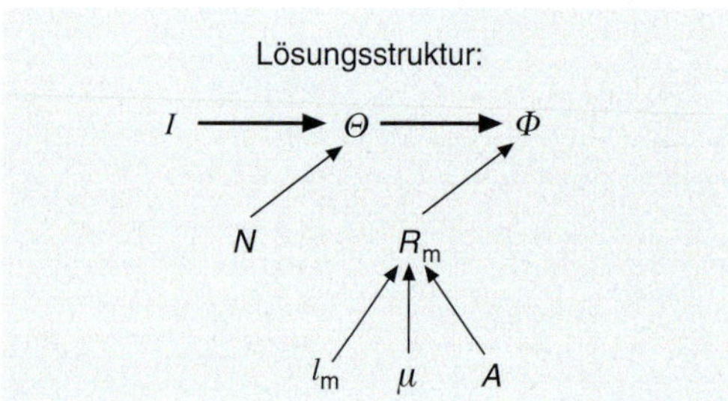

2. Weg

$$\Theta = I \cdot N = 0{,}1\ \text{A} \cdot 500 \qquad \Theta = 50\ \text{A}$$

$$H = \frac{\Theta}{l_m} = \frac{50\ \text{A}}{0{,}2\ \text{m}} \qquad H = 250\ \frac{\text{A}}{\text{m}}$$

$$B = \mu_0 \cdot H = 1{,}256 \cdot 10^{-6}\ \frac{\text{Vs}}{\text{Am}} \cdot 250\ \frac{\text{A}}{\text{m}}$$

$$B = 314 \cdot 10^{-6}\ \frac{\text{Vs}}{\text{m}^2}$$

$$\Phi = B \cdot A = 314 \cdot 10^{-6}\ \frac{\text{Vs}}{\text{m}^2} \cdot 2 \cdot 10^{-4}\ \text{m}^2$$

$$\underline{\underline{\Phi = 62{,}8 \cdot 10^{-9}\ \text{Vs}}}$$

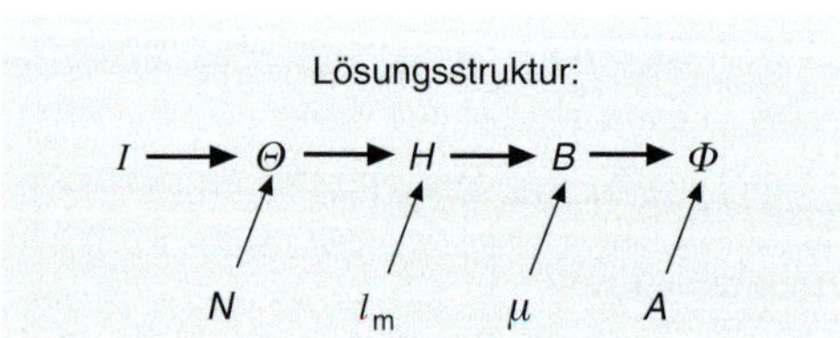

8.2.2 Magnetische Werkstoffe

Magnetisches Verhalten der Werkstoffe

Alle Werkstoffe haben die Eigenschaft, die magnetischen Feldlinien in ihrem Verlauf mehr oder weniger stark zu beeinflussen.

Werden zum Beispiel Eisen, Nickel oder Kobalt in ein homogenes magnetisches Feld gebracht, ziehen diese die Feldlinien in sich hinein (vgl. Abb. 8-7). Die Feldlinienbündelung führt zu einer Dichtevergrößerung, zu einer Verstärkung des Magnetfeldes durch diese ferromagnetischen Stoffe.

Andere Werkstoffe, wie zum Beispiel Aluminium, verstärken das Magnetfeld nur geringfügig. Sie heißen **paramagnetische** Stoffe. Werden schließlich die Feldlinien durch den Werkstoff zerstreut, d. h., wird die magnetische Wirksamkeit gegenüber Luft sogar abgeschwächt, so handelt es sich um **diamagnetische** Stoffe.

Ein Vertreter dieser Stoffe ist Kupfer.

Die magnetische Durchlässigkeit μ der Werkstoffe, bezogen auf die Durchlässigkeit des leeren Raumes μ_0, ergibt die Permeabilitätszahl (relative Permeabilität) μ_r, eine reine Vergleichszahl.

$$\mu_r = \frac{\mu}{\mu_0} \qquad \text{8–7}$$

Für Vakuum (und annähernd für Luft) ist diese Zahl folglich $\mu_r = 1$.

Anders ausgedrückt heißt das: Die magnetische Durchlässigkeit ist das Produkt aus der Feldkonstanten μ_0 und der Permeabilitätszahl μ_r des jeweiligen Werkstoffes.

Tabelle 8-1 fasst das Ergebnis zusammen.

Werkstoffbezeichnung	ferromagnetisch	paramagnetisch	diamagnetisch
Permeabilitätszahl (relative Permeabilität)	$\mu_r >> 1$ nicht konstant, feldstärkeabhängig	$\mu_r > 1$	$\mu_r < 1$
		$\mu_r = 1$ Vakuum (Luft)	
	Beispiele: Elektroblech $\mu_r = (5...9) \cdot 10^3$	Aluminium $\mu_r = 1{,}0002$	Kupfer $\mu_r = 0{,}99999$
Zugehörigkeit ausgewählter Werkstoffe	Fe, Co, Ni, Ferrite	Al, Mn, Cr, W	Cu, Zn, Ag, Wasser

Tab. 8-1 ***Stoffeinteilung nach der magnetischen Durchlässigkeit***

Dia- und paramagnetische Werkstoffe besitzen Permeabilitätszahlen, die in der Nähe von $\mu_r = 1$ liegen. Daraus können wir für Kupfer, Aluminium und andere elektrische Leiter schlussfolgern:

Leiterwerkstoffe haben ein annähernd gleiches magnetisches Verhalten wie Luft.

Ferromagnetische Werkstoffe sind als magnetische Leiter aufgrund ihrer hohen magnetischen Durchlässigkeit sehr bedeutsam. Mit ihnen ist es möglich, den Magnetfluss gezielt in konstruktiv vorgegebene Bahnen zu lenken und zu verstärken.

Magnetische Kreise werden mit ferromagnetischen Werkstoffen aufgebaut.

Magnetisieren ferromagnetischer Werkstoffe

Magnetische Kreise besitzen zur Bündelung des Magnetflusses einen Kern aus ferromagnetischem Material. Eisen ist der dominierende Vertreter dieser Werkstoffgruppe.

Die geometrischen Abmessungen des Kernes aus einem solchen Material geben praktisch den Feldlinienverlauf vor (Abb. 8-11).

Vergrößert man die Stromstärke (und damit Durchflutung und Feldstärke) in einer Spule mit Eisenkern, so richten sich die Elementarmagnete im Kernmaterial zunehmend aus. Die Zunahme der Feldstärke bewirkt zunächst einen nahezu proportionalen Zuwachs der ausgerichteten Elementarmagnete und somit der Magnetflussdichte im Kern. Im Bereich höherer Feldstärke ändert sich das. Der Anstieg der Magnetflussdichte wird geringer. Ihr weiterer Zuwachs muss durch hohen Feldstärkeaufwand (und damit erheblicher Stromvergrößerung) „erkauft" werden. Die Zunahme der Magnetflussdichte entspricht bei weiter erhöhter Feldstärke lediglich der einer Luftspule.

In Abb. 8-12 ist dieser Vorgang in der so genannten Neukurve zwischen den Punkten 0 und A dargestellt.

Das Betreiben magnetischer Kreise im Sättigungsbereich des Kernmaterials ist wegen des hohen Einsatzes an elektrischer Energie wenig sinnvoll.

Wird die Stromstärke wieder verkleinert, nehmen der Zwangszustand, das Ausgerichtetsein und folglich die Flussdichte ab. Jedoch kehren nicht alle Elementarmagnete in ihre ursprüngliche Lage zurück. Bei Erreichen der Feldstärke $H = 0$ bleibt ein **Restmagnetismus** B_r zurück (Remanenz, Punkt B). Für Dauermagnete ist diese Erscheinung bedeutsam.

Dauermagnete sollen nach einmaliger Magnetisierung einen möglichst großen Restmagnetismus behalten.

Durch Änderung der Stromrichtung kann mit einer (Gegen-)Feldstärke die Remanenz beseitigt werden. Alle Elementarmagnete haben ihre ursprüngliche Lage wieder eingenommen, das Kernmaterial wirkt nach außen unmagnetisch. Die magnetische Feldstärke, die den Restmagnetismus beseitigt, heißt **Koerzitivfeldstärke** H_c (Punkt C).

Mit der Koerzitivfeldstärke können magnetische Stoffe entmagnetisiert werden.

Bei weiterer Vergrößerung der Stromstärke baut sich das Magnetfeld in entgegengesetzter Richtung auf. Alle Elementarmagnete haben sich im Punkt D gegenüber ihrer Lage im Punkt A um 180° gedreht.

Bringt man Stromstärke und Feldstärke wieder auf null, so bleibt erneut ein Restmagnetismus zurück (Punkt E), der wiederum nach Stromrichtungsumkehr durch die Koerzitivfeldstärke (Punkt F) aufgehoben werden kann.

Durch weitere Stromerhöhung wird wieder der Punkt A erreicht. Die sog. **Hystereseschleife** schließt sich.

Wird eine Spule mit Eisenkern von einem Strom wechselnder Richtung durchflossen, so wird diese Hystereseschleife fortwährend durchlaufen. Die Elementarmagnete müssen ständig ihre Richtung ändern. Durch die innere Reibung entsteht im Magnetmaterial Wärme.

Zum Ummagnetisieren des Eisenkerns ist elektrische Energie erforderlich, die dabei in Wärme umgewandelt wird.

Der Flächeninhalt der Hystereseschleife ist ein Maß für diese Energie. Ein geringer Flächeninhalt setzt eine kleine Koerzitivfeldstärke voraus, sie ist das Kriterium für geringe Ummagnetisierungsverluste.

Magnetmaterialien, die für den Wechselstrom-Betrieb vorgesehen sind, müssen eine geringe Koerzitivfeldstärke besitzen.

Dauermagnetwerkstoffe hingegen sollen selbst durch Fremdfelder von ihrem Magnetismus nichts einbüßen. Dafür sind Werkstoffe mit großer Koerzitivfeldstärke erforderlich, die eine Hystereseschleife mit großem Flächeninhalt haben (Abb. 8-13).

Magnetwerkstoffe mit breiter Hystereseschleife heißen hartmagnetisch. Weichmagnetisch sind die Werkstoffe dann, wenn beim Ummagnetisieren eine schmale Schleife entsteht.

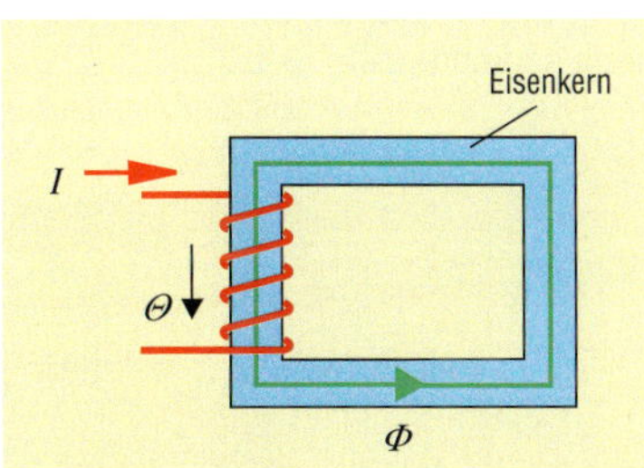

Abb. 8-11 ***Spule mit Eisenkern***

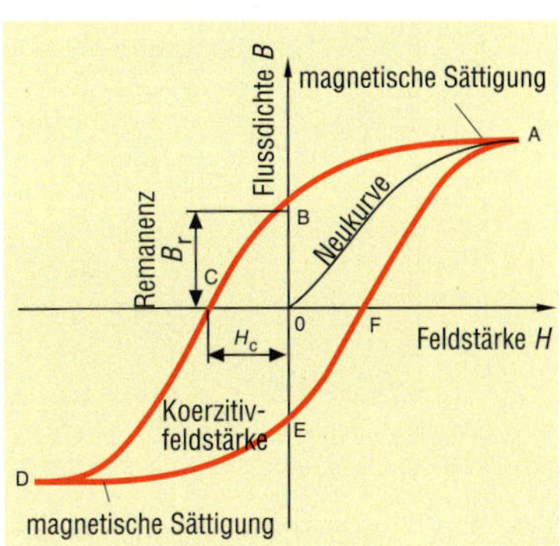

Abb. 8-12 ***Hystereseschleife***

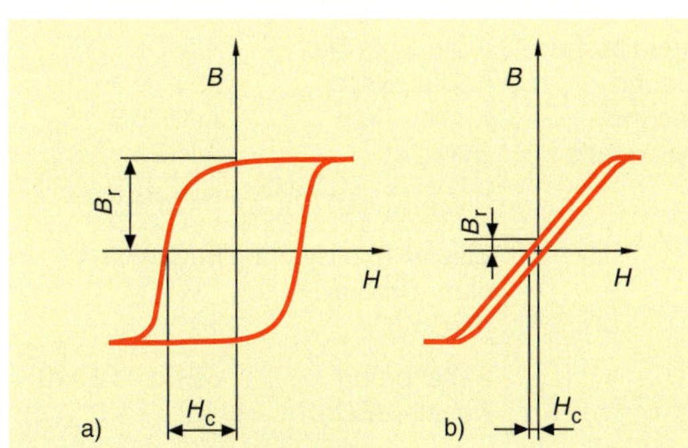

Abb. 8-13 ***Hystereseschleifen***
a) hartmagnetischer Werkstoff für Dauermagnete
b) weichmagnetischer Stoff für Elektromagnete

Hartmagnetische Werkstoffe

Hartmagnetische Werkstoffe (Dauermagnet-Werkstoffe) haben den Zweck, eine bestimmte Magnetflussdichte in einem magnetischen Kreis ohne Zufuhr elektrischer Energie ständig aufrecht zu erhalten. Dabei verlangt man eine hohe Remanenz und eine große Koerzitivfeldstärke. Werkstoffe mit einer hohen und breiten Hystereseschleife, die folglich einen großen Flächeninhalt umschließt, erfüllen diese Anforderungen.

Für die Bewertung der Eigenschaften hartmagnetischer Werkstoffe ist der Teil der Hystereseschleife zwischen Remanenz und Koerzitivfeldstärke bedeutsam. Dieser Teil ist die Entmagnetisierungskurve (Abb. 8-14).

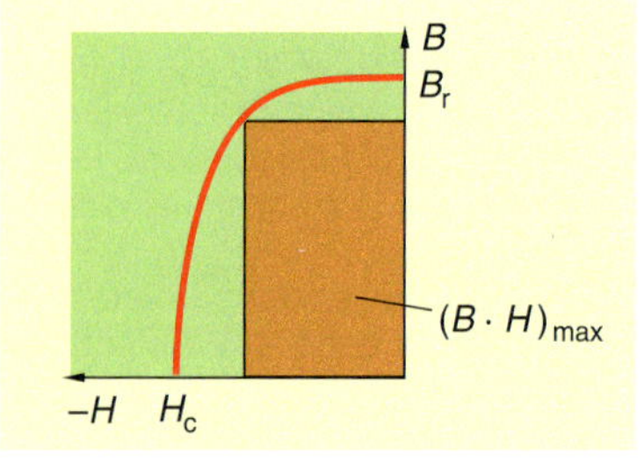

Abb. 8-14 ***Entmagnetisierungskurve und maximaler Energieinhalt***

Der maximale Energieinhalt, ausgedrückt durch das größtmögliche Rechteck unter der Entmagnetisierungskurve $(B \cdot H)_{max}$, ist das Gütemerkmal eines hartmagnetischen Werkstoffes.

Je größer der Energieinhalt des Magnetmaterials ist, desto geringer kann die Baugröße des Magneten ausfallen. Das Produkt $(B \cdot H)_{max}$ gibt man in der Einheit

$$[B \cdot H] = 1\,\frac{Vs}{m^2} \cdot 1\,\frac{A}{m} = 1\,\frac{Ws}{m^3} = 1\,\frac{J}{m^3}\text{ an.}$$

Hartmagnetische Werkstoffe bestehen fast ausschließlich aus Mischungen verschiedener Stoffe, wie Tabelle 8-2 zeigt.

Gruppe	Hauptbestandteile	Werkstoff
metallische Dauermagnetwerkstoffe	Aluminium-Nickel-Kobalt-Eisen-Kupfer-Titan (AlNiCo)	AlNiCo 9/5 AlNiCo 18/9 AlNiCo 52/6 AlNiCo 7/8 p
	Platin-Kobalt (PtCo)	PtCo 60/40
	Eisen-Kobalt-Vanadium-Chrom (FeCoVCr)	FeCoVCr 4/1
	Seltenerden-Kobalt (SECo)	SECo 112/110
keramische Dauermagnetwerkstoffe	Hartferrite der Zusammensetzung $MeO \cdot Fe_2O_3$ mit Me = Ba, Sr, Pb	Hartferrit 7/21 Hartferrit 25/25 Hartferrit 9/19 p

Tab. 8-2 ***Hartmagnetische Werkstoffe***

Im folgenden Bild sind die Kennlinienverläufe einiger ausgewählter Werkstoffe dargestellt (Abb. 8-15).

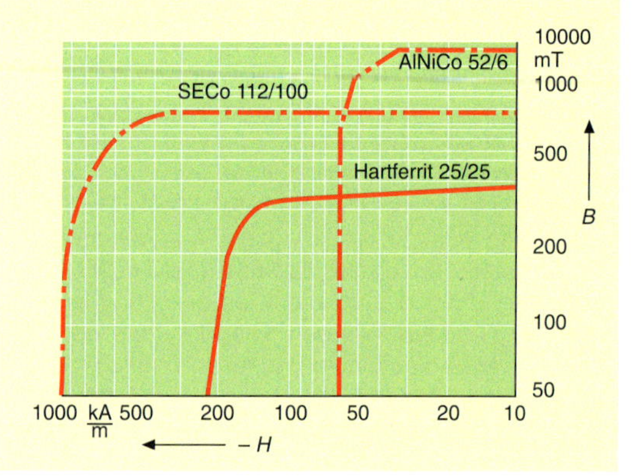

Abb. 8-15 ***Entmagnetisierungskennlinien von hartmagnetischen Werkstoffen***

Die Werkstoffbezeichnungen lassen auf die Bestandteile des Materials schließen. Die erste Zahl gibt den Energieinhalt in kJ/m^3 an, die zweite Zahl weist auf die Koerzitivfeldstärke (x 10 kA/m) hin.

Weichmagnetische Werkstoffe

Weichmagnetische Werkstoffe müssen sich ohne große Verluste leicht ummagnetisieren lassen. Darüber hinaus besteht die Forderung nach maximaler Verstärkung des Magnetflusses. Das verlangt eine hohe magnetische Durchlässigkeit, große Magnetflussdichten und geringe Koerzitivfeldstärken. Die von der Hystereseschleife umfasste Fläche ist hoch, schmal und von geringem Flächeninhalt.

Die Neukurve oder Magnetisierungskurve charakterisiert das Verhalten der weichmagnetischen Werkstoffe. Schon geringe Feldstärken erzeugen bei diesen Stoffen im Allgemeinen beträchtliche Werte der Magnetflussdichte (Abb. 8-16).

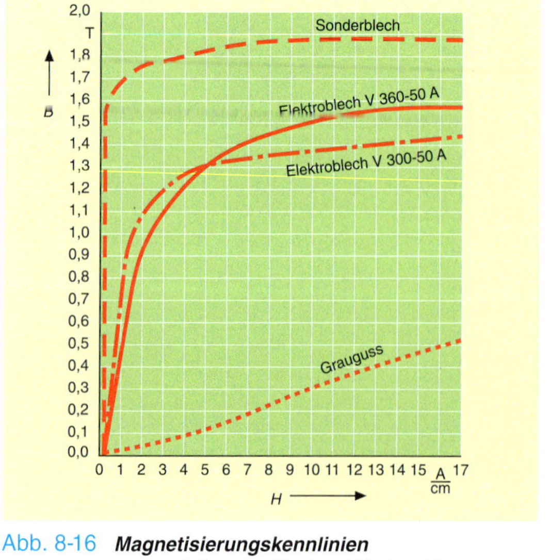

Abb. 8-16 ***Magnetisierungskennlinien von weichmagnetischen Werkstoffen***

Sorte	Nenndicke	Ummagnetisierungsverlust in W/kg bei		Magnetische Flussdichte in T (Tesla) bei einer Feldstärke *H* in A/m		
	mm	1,5 T	1,0 T	2500	5000	10 000
V 250-35 A	0,35	2,50	1,00	1,49	1,60	1,70
V 270-35 A		2,70	1,10	1,49	1,60	1,70
V 300-35 A		3,00	1,20	1,49	1,60	1,70
V 330-35 A		3,30	1,30	1,49	1,60	1,70
V 310-50 A	0,50	3,10	1,25	1,49	1,60	1,70
V 350-50 A		3,50	1,50	1,50	1,60	1,70
V 400-50 A		4,00	1,70	1,51	1,61	1,71
V 470-50 A		4,70	2,00	1,52	1,62	1,72
V 700-50 A		7,00	3,00	1,58	1,68	1,76

Beispiel: V 350 - 50 A

Kennbuchstabe V: kaltgewalzt,

A – schlussgeglühte Ausführung

50 – Nenndicke *d* in mm mal 100

350 – Ummagnetisierungsverluste bei 1,5 T in $\frac{W}{kg}$ mal 100

Tab. 8-3 ***Elektrobleche, Kenndaten und Bezeichnungsbeispiel***

Die Kennlinien sind für die verschiedenen Stoffe die grafische Darstellung der Beziehung
$B = \mu \cdot H$

Die magnetische Durchlässigkeit μ entspricht damit dem Kurvenanstieg. In Abb. 8-17 sind die Magnetisierungs- und die Permeabilitätskennlinie eines weichmagnetischen Stoffes dargestellt.

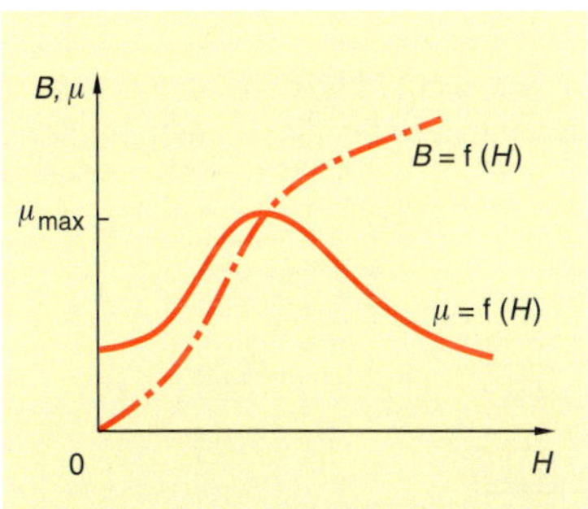

Abb. 8-17 ***Feldstärkeabhängigkeit der Permeabilität***

In Tabelle 8-3 sind die Kenndaten einiger Elektrobleche für Eisenkerne zusammengestellt. Die für die Ummagnetisierung erforderliche elektrische Verlustleistung ist, auf 1 kg Masse bezogen, besonders ausgewiesen. Dabei wird eine Frequenz des Wechselstromes von 50 Hz und eine Magnetflussdichte von 1,0 T bzw. 1,5 T zugrunde gelegt.

Magnetische Kreise

Mehrfach wurde auf die Vergleichbarkeit der magnetischen Größen mit den Größen im elektrischen Stromkreis hingewiesen. In Tab. 8-4 sind diese gegenübergestellt:

Ähnlich dem elektrischen Stromkreis werden auch im magnetischen (Fluss-)Kreis die Gesetzmäßigkeiten für die Masche (unverzweigt) und den Knotenpunkt (verzweigt) gelten.

	Elektrisches Strömungsfeld	Elektromagnetisches Feld
Ursachengrößen	U_Q elektrische Quellenspannung	Θ Durchflutung
Feldstärkegrößen	$E = \frac{U}{l}$ elektrische Feldstärke	$H = \frac{\Theta}{l}$ magnetische Feldstärke
Wirkungsgrößen	I elektrische Stromstärke	Φ magnetischer Fluss
Dichtegrößen	$J = \frac{I}{A}$ elektrische Stromdichte	$B = \frac{\Phi}{A}$ magnetische Flussdichte
Bedingungsgrößen	$R = \frac{U}{I}$ elektrischer Widerstand	$R_m = \frac{\Theta}{\Phi}$ magnetischer Widerstand
Materialgrößen	ς spezifischer elektrischer Widerstand $\varkappa$ spezifische elektrische Leitfähigkeit	 $\mu = \mu_0 \cdot \mu_r$ $\mu_0 = 1{,}256 \cdot 10^{-6} \frac{Vs}{Am}$ Feldkonstante μ_r Permeabilitätszahl
Beziehungen zwischen Dichtegrößen und Feldstärkegrößen	$J = \varkappa \cdot E$	$B = \mu \cdot H$

Tab. 8-4 ***Vergleich der Feldgrößen***

Unverzweigter Kreis (Abb. 8-18)

Im unverzweigten magnetischen Kreis ist die Summe der magnetischen Teildurchflutungen gleich der magnetischen Gesamtdurchflutung.

Es gilt also:

$$\Theta = \Theta_i + \Theta_a$$

bzw. $\Theta = \Phi\,(R_{mi} + R_{ma})$

und unter Einbeziehen der Feldstärke

$$\Theta = H_i \cdot l_i + H_a \cdot l_a$$

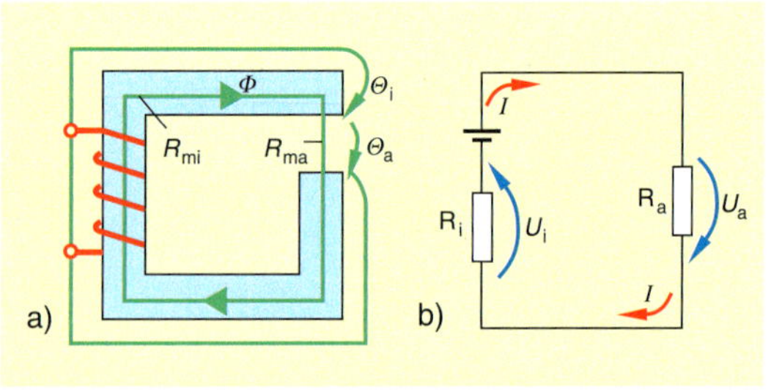

Abb. 8-18 ***unverzweigte Kreise (im Vergleich)***
a) magnetischer Kreis
b) elektrischer Kreis

Verzweigter Kreis (Abb. 8-19)

Im verzweigten magnetischen Kreis ist die Summe der auf die einzelnen Zweige aufgeteilten Magnetflussanteile gleich dem in der Spule erzeugten Magnetfluss.

Damit gilt:

$$\Phi = \Phi_1 + \Phi_2$$

bzw. $\Phi = \Theta\left(\frac{1}{R_{m1}} + \frac{1}{R_{m2}}\right)$

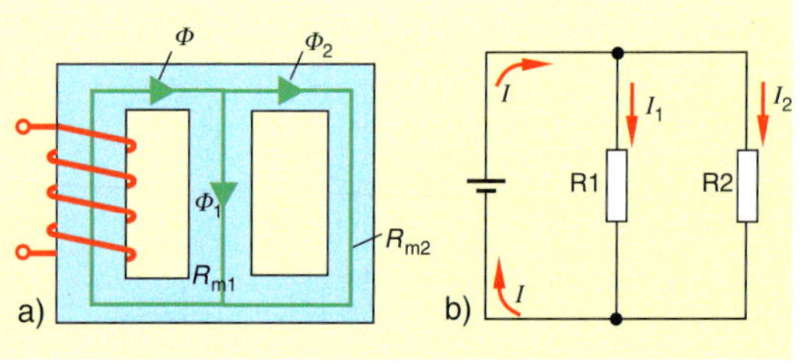

Abb. 8-19 ***Verzweigte Kreise (im Vergleich)***
a) magnetischer Kreis
b) elektrischer Kreis

Besonders bedeutsam sind Magnetkreise, bei denen der Eisenkern durch einen Luftspalt unterbrochen ist. Solche Luftspalte sind häufig technologisch bedingt, beispielsweise zwischen Ständer und Läufer in drehenden elektrischen Maschinen oder als „Schaltweg" zwischen Elektromagnet und Anker in Relais bzw. Schützen.

Ein Zahlenbeispiel soll den Luftspalteinfluss in einem unverzweigten Magnetkreis deutlich machen (Abb. 8-20):

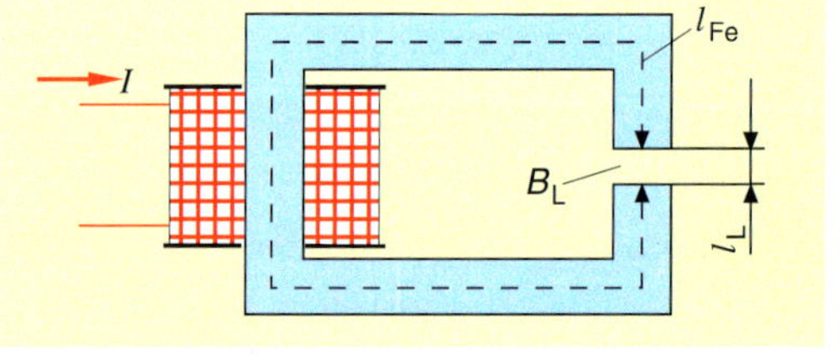

Abb. 8-20 ***Eisenkreis mit Luftspalt***

$A_{Fe} = A_L = 10\ \text{cm}^2$
$l_{Fe} = 100\ \text{cm} = 1\ \text{m}$
$l_L = 1\ \text{mm} = 10^{-3}\ \text{m}$
$N = 10\,000$

Magnetmaterial: V 360 – 50 A (vgl. Abb. 8-16)
Wie groß muss die Stromstärke sein, damit sich im Magnetkreis eine Magnetflussdichte $B_{Fe} = B_L = 1{,}5\ \text{T}$ ausgebildet?

Lösung:
Der Magnetkreis ist die Reihenschaltung zweier magnetischer Widerstände. Es treten folglich zwei Teildurchflutungen auf, deren Summe (Gesamtdurchflutung) die Stromberechnung möglich macht.

Wegen der Nichtlinearität der Magnetisierungskurve des Eisens erscheint es zweckmäßig, mit den Feldstärkegrößen im Eisen und in der Luft zu rechnen.

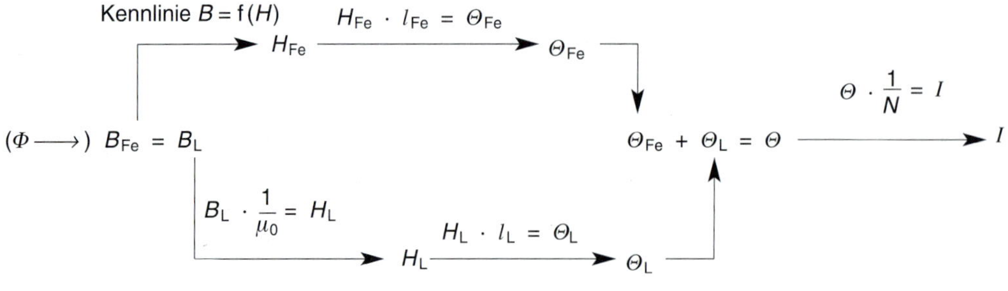

$$H_{Fe} = 10\,\frac{A}{cm} = 1{,}0\,\frac{kA}{m}$$ (aus Abb. 8-16)

$$H_L = \frac{B_L}{\mu_0} = \frac{1{,}5\ \text{Vs Am}}{m^2 \cdot 1{,}256 \cdot 10^{-6}\,\text{Vs}} \approx 1{,}2 \cdot 10^3\,\frac{kA}{m}$$

$$\Theta_{Fe} = H_{Fe} \cdot l_{Fe} = 1{,}0\,\frac{kA}{m} \cdot 1\,m = \underline{\underline{1{,}0\ kA}}$$

$$\Theta_L = H_L \cdot l_L = 1{,}2 \cdot 10^3\,\frac{kA}{m} \cdot 10^{-3}\,m = \underline{\underline{1{,}2\ kA}}$$

$$\Theta = \Theta_{Fe} + \Theta_L = 1{,}0\ kA + 1{,}2\ kA = 2{,}2\ kA$$

$$I = \frac{\Theta}{N} = \frac{2{,}2\ kA}{10^4} = \underline{\underline{0{,}22\ A}}$$

Ein Vergleich der beiden Teildurchflutungen lässt uns schlussfolgern:

Auf den Luftspalt entfällt etwa der gleiche Durchflutungsaufwand wie auf die tausendfache Eisenweglänge.

Oder: Ohne Luftspalt halbieren sich Durchflutung und Stromstärke.

Luftspalte sind in Eisenkreisen zu vermeiden bzw. dort, wo sie technologisch erforderlich sind, so gering wie möglich zu halten.

8.3 Zusammenwirken magnetischer Felder

8.3.1 Kräfte auf stromdurchflossene Leiter

Ein stromdurchflossener Leiter ist von einem konzentrischen Magnetfeld umgeben. Einen solchen beweglich angeordneten Leiter bringen wir in ein fest angeordnetes äußeres Magnetfeld.

Links vom Leiter treffen entgegengerichtete, rechts davon gleichgerichtete Feldlinien aufeinander (Abb. 8-21a). Die beiden Felder überlagern sich so, dass links vom stromdurchflossenen Leiter das Magnetfeld insgesamt geschwächt, rechts dagegen verstärkt wird. Das hat eine Kraftwirkung zur Folge. Der bewegliche Leiter wird in Richtung der Feldschwächung gedrängt (Abb. 8-21b).

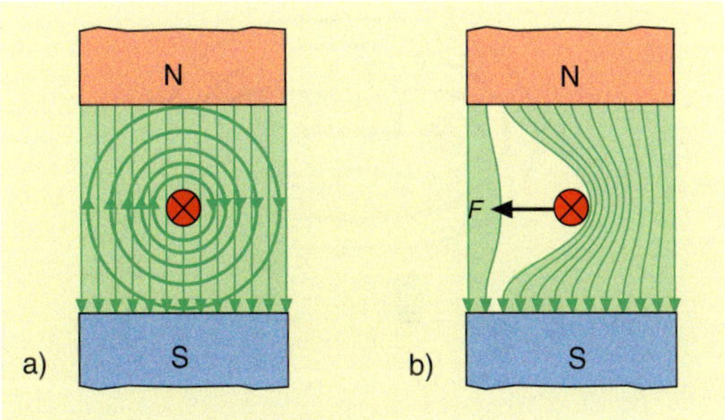

Abb. 8-21 ***Kraftwirkung auf einen stromdurchflossenen Leiter im Magnetfeld***

Elektrische Energie wird in mechanische Energie umgewandelt, wenn ein stromdurchflossener Leiter in ein Magnetfeld gebracht wird.

Für die Richtungsbestimmung der Kraftwirkung in solchen Anordnungen gilt folgende Merkregel (Linke-Hand-Regel):

Hält man die linke Hand so in ein ortsfestes Magnetfeld, dass die Feldlinien in den offenen Handteller eintreten und die ausgestreckten vier Finger in die Richtung des Leiterstromes weisen, dann zeigt der abgespreizte Daumen in Richtung der auf den beweglichen Leiter wirkenden Kraft.

Die am Leiter angreifende Kraft ist umso größer,
- je größer die Magnetflussdichte,
- je größer die Stromstärke im Leiter und
- je größer die im Magnetfeld befindliche Leiterlänge ist.

$$F = I \cdot B \cdot l \qquad \textbf{8–8}$$

Dieses Prinzip, aus elektrischer Energie (stromdurchflossener Leiter) unter Zuhilfenahme eines Magnetfeldes mechanische Energie (Kraftwirkung auf den Leiter) zu erzeugen, wird im Elektromotor technisch genutzt.

Dieses **Motorprinzip** soll an einer drehbar angeordneten Leiterschleife erläutert werden:

Die Leiterschleife vollführt so lange eine Drehbewegung, bis ihr Magnetfeld und das äußere Feld die gleiche Richtung haben (Abb. 8-23b). Damit die Leiterschleife in der waagerechten Lage nicht stehen bleibt, muss zu diesem Zeitpunkt der Strom in seiner Richtung geändert werden.

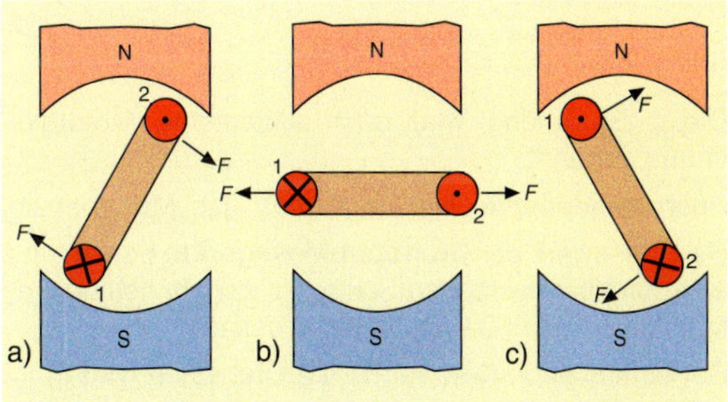

Abb. 8-23 ***Stromdurchflossene Leiterschleife im Magnetfeld***

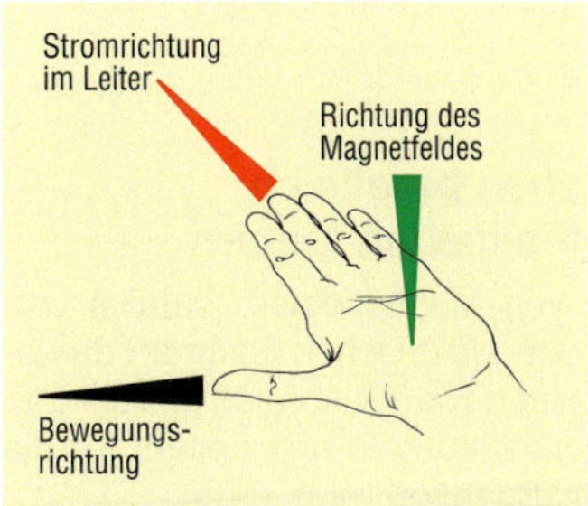

Abb. 8-22 ***Linke-Hand-Regel (Motorregel)***

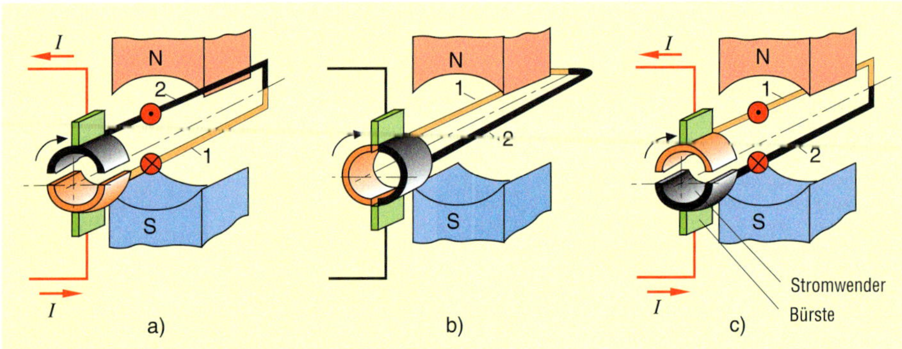

Abb. 8-24
Arbeitsweise des Stromwenders am Gleichstrommotor

8

Für eine fortlaufende Drehbewegung der Leiterschleife im Magnetfeld ist ein Strom wechselnder Richtung erforderlich.

Beim Gleichstrommotor wird die Stromrichtung mit Hilfe eines „Stromwenders" (Kommutators) geändert (Abb. 8-24).

Die beiden Teile des **Stromwenders** drehen sich mit der Leiterschleife, mit der sie fest verbunden sind. In Stellung b) wechseln die Bürsten von der einen zur anderen Lamelle des Stromwenders. Die Stromrichtung in der Leiterschleife wird „gewendet".

Aus der Entfernung vom Drehpunkt (Radius der Leiterschleife) und der angreifenden Kraft kann das Drehmoment ermittelt werden:

$M = 2 \cdot F \cdot r$

$M = 2 \cdot I \cdot B \cdot l \cdot r$

Ersetzt man die Dichtegröße durch die Beziehung $B = \frac{\Phi}{A}$ und fasst danach alle konstruktiven Größen in einer so genannten Maschinenkonstante c zusammen, so folgt

$$M = c \cdot \Phi \cdot I \qquad \textbf{8-9}$$

Diese Beziehung wird auch allgemeine Motorgleichung genannt.

Auch zu Messzwecken nutzt man das Motorprinzip.

Das Messwerk der **Drehspul-Messgeräte** besteht aus einer drehbar gelagerten Spule, die sich im homogenen Magnetfeld eines Dauermagneten befindet.

Bei einem Stromfluss durch die Drehspule wird in ihr ein der Stromstärke proportionales Drehmoment entwickelt. Die Spule wird aus ihrer Ruhelage ausgelenkt (vgl. Abschnitt 11.2.2).

8.3.2 Kräfte zwischen parallelen stromdurchflossenen Leitern

Durch Überlagerung von Magnetfeldern parallel verlaufender Leiter, die von elektrischen Strömen durchflossen werden, entstehen Kraftwirkungen auf die Leiter. Dabei ist die Stromrichtung in den Leitern für die Richtung der Kräfte maßgebend (Abb. 8-25).

Auf parallel geführte stromdurchflossene Leiter wirken anziehende Kräfte, wenn die Stromrichtung übereinstimmt. Bei entgegengesetzter Stromrichtung wirken auf die Leiter abstoßende Kräfte.

Innerhalb der Feldlinien wirkt ein Längszug, zwischen den Feldlinien ein Querdruck.

Die auf einen Leiter ausgeübte Kraft F ist umso größer,
- je größer die Stromstärken I_1 und I_2 in den beiden Leitern sind,
- je länger die Leiter sind und
- je geringer ihr Abstand voneinander ist.

$$F = \frac{\mu_0}{2 \cdot \pi} \cdot \frac{l}{a} \cdot I_1 \cdot I_2 \qquad \textbf{8-10}$$

a Leiterabstand
l Leiterlänge

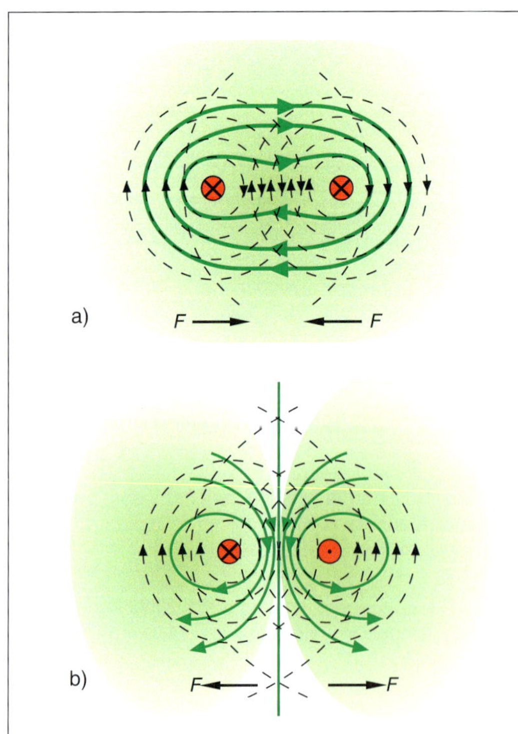

Abb. 8-25 ***Magnetfelder paralleler, stromdurchflossener Leiter***
a) gleichsinnig durchflossen
b) gegensinnig durchflossen

Diese Kräfte dürfen in elektrischen Anlagen – vor allem unter Berücksichtigung möglicher Kurzschlüsse – nicht unterschätzt werden. Die Stützerisolatoren für Stromschienen beispielsweise werden entsprechend der im Kurzschlussfall auftretenden Kräfte dimensioniert.

Mithilfe der Kraftwirkung zwischen parallelen Leitern ist die Einheit der elektrischen Stromstärke definiert:
1 Ampere ist die Stärke eines zeitlich konstanten elektrischen Stromes, wenn auf zwei im Abstand von 1 m parallel angeordnete, geradlinige, unendlich lange Leiter von vernachlässigbarem Querschnitt im leeren Raum pro 1 m Leiterlänge eine Kraft von $2 \cdot 10^{-7}$ N wirkt.

8.3.3 Zugkräfte auf magnetisierbare Stoffe

Magnete sind in der Lage, magnetisierbare Materialien aufgrund der **magnetischen Influenz** ebenfalls zum Magneten zu machen (Abb. 8-26).

Die Elementarmagnete im Anker drehen sich in die vom Elektromagneten vorgegebene Feldrichtung. Damit stehen sich an den Polflächen jeweils ein Nord- und ein Südpol gegenüber. Mit dem Verkürzungsbestreben der Feldlinien (Längszug) wird der Anker angezogen.

Es lässt sich folgern:

Ungleichnamige Magnetpole ziehen sich an, gleichnamige Magnetpole stoßen sich ab.

Je nach Stärke des vom Elektromagneten aufgebauten Feldes können beträchtliche Kräfte entwickelt werden.

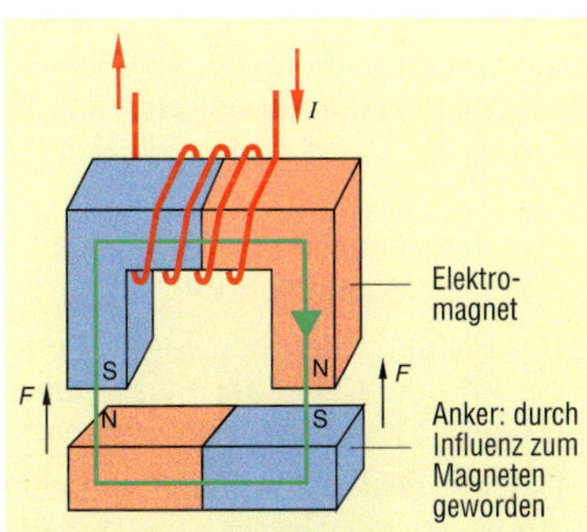

Abb. 8-26
Elektromagnet mit Anker

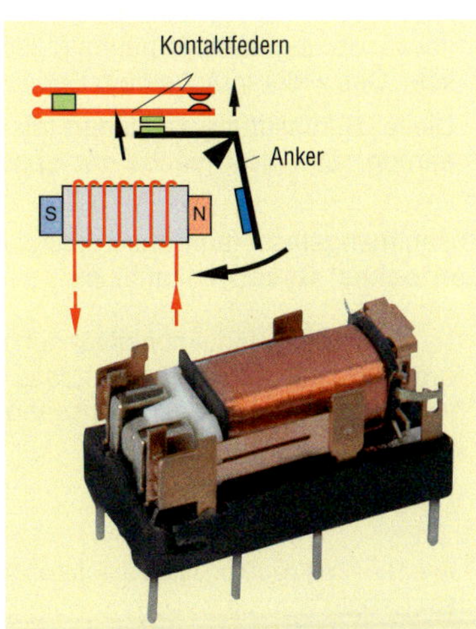

Abb. 8-27
Relais

Die Kraft ist umso größer, je größer die Flussdichte *B* und je größer die Polflächen *A* sind.

Anordnungen dieser Art (Elektromagnet mit Anker) finden wir in der Technik in vielfältiger Weise.

Typische Beispiele sind

Hebevorrichtungen:
Lastmagnete dienen zum Heben von Werkstücken aus Stahl.

Haltevorrichtungen:
Elektromagnetische Spannplatten oder Spannfutter halten Werkstücke bzw. Werkzeuge an Werkzeugmaschinen.

Bewegungsvorrichtungen:
Bei elektromagnetischen Kupplungen oder Bremsen wird die Ankerscheibe an einen Reibbelag gedrückt. Dadurch kann ein Drehmoment übertragen werden.

Schaltvorrichtungen:
Elektromagnetisch betätigte Schalter (Schütz, Relais) werden durch den Strom in der Magnetspule eingeschaltet und in dieser Stellung gehalten. Der bewegliche Anker schließt oder öffnet über Schaltkontakte einen oder mehrere Stromkreise anderer Betriebsmittel (Abb. 8-27).

Abstoßende Kräfte zwischen zwei in gleicher Weise magnetisierten Stoffen liegen dem **Dreheisenmesswerk** zugrunde (vgl. Abschnitt 11.2.2).

8.4 Elektromagnetische Induktion

8.4.1 Induktionsgesetz

Ein Magnetkreis kann dann aufgebaut werden, wenn elektrischer Strom eine Leiterschleife (Spule) durchfließt.

Dieser Vorgang ist umkehrbar:
Wenn sich der Magnetfluss im Magnetkreis ändert, dann entsteht in dieser Leiterschleife (Spule) eine elektrische Spannung. Man sagt, es wird eine Spannung induziert. Die Spule ist unter dieser Voraussetzung eine Stromquelle. Die Induktionsspannung ist damit eine Quellenspannung (Abb. 8-28).

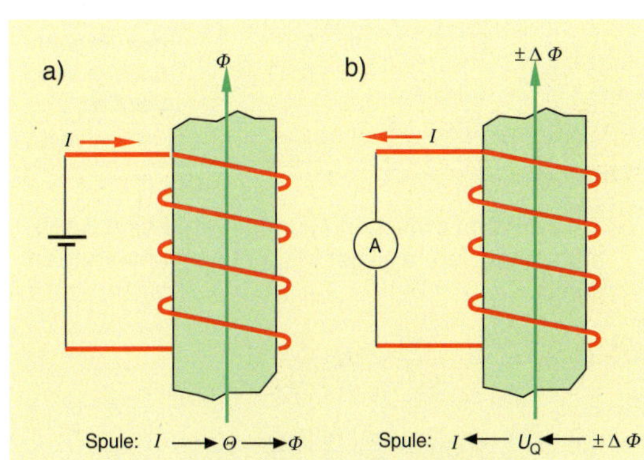

Abb. 8-28 ***Umkehrung der Energiewandlung***
a) Erzeugung eines Magnetfeldes
b) Erzeugung einer elektrischen Spannung

Die induzierte Spannung ist umso größer,

- je größer die Magnetflusszunahme bzw. -abnahme $\Delta\Phi$,
- je kleiner die dafür erforderliche Zeitdifferenz Δt, d. h. je größer die Änderungsgeschwindigkeit des Magnetflusses $\frac{\Delta\Phi}{\Delta t}$ ist und
- je mehr Windungen N diesen Änderungen ausgesetzt sind.

Faraday formulierte im Jahr 1831 das bedeutsame **Induktionsgesetz:**

$$U_Q = N \cdot \frac{\Delta\Phi}{\Delta t} \qquad \text{8–11}$$

8

Das Entstehen einer elektrischen Spannung ist an zwei Bedingungen geknüpft:

- die Änderung des Magnetflusses,
- eine den Magnetfluss umfassende Spule.

Umfasst eine Leiterschleife (Spule) ein sich änderndes Magnetfeld, so wird in ihr eine elektrische Spannung induziert.

Beispiel:

Der magnetische Fluss, der eine Spule mit N = 1000 Windungen durchsetzt, ändert sich gemäß Abbildung 8-29. Wie groß ist die induzierte Spannung

a) zwischen t_0 und t_1

b) zwischen t_1 und t_2?

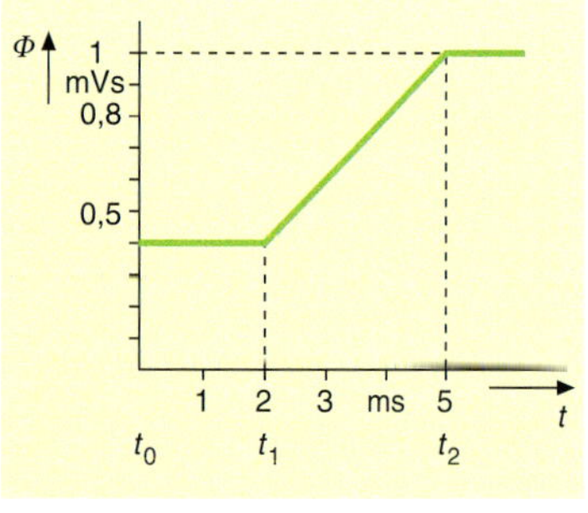

Abb. 8-29 ***Abhängigkeit des Magnetflusses von der Zeit***

Lösung:

a) Im Zeitraum zwischen t_0 und t_1 wird keine Spannung induziert, weil der Magnetfluss unverändert bleibt.

b) $U_Q = N \cdot \frac{\Delta\Phi}{\Delta t} = N \cdot \frac{\Phi_2 - \Phi_1}{t_2 - t_1}$

$U_Q = 1000 \cdot \frac{(1-0{,}4)\ \text{mVs}}{(5-2)\ \text{ms}}$

$\underline{\underline{U_Q = 200\ \text{V}}}$

Der mit den Windungen einer Spule verknüpfte Magnetfluss kann sich in verschiedener Weise ändern (Abb. 8-30):

$$U_Q = N \cdot \frac{\Delta\Phi}{\Delta t}\ ;\ \Phi = B \cdot A$$

$U_Q = N \cdot B \cdot \frac{\Delta A}{\Delta t}$ — Änderung der die Feldlinien umfassenden Fläche bei unveränderter Magnetflussdichte → **Bewegungsinduktion**

$U_Q = N \cdot A \cdot \frac{\Delta B}{\Delta t}$ — Änderung der Magnetflussdichte innerhalb einer unveränderten Spulenfläche → **Ruheinduktion**

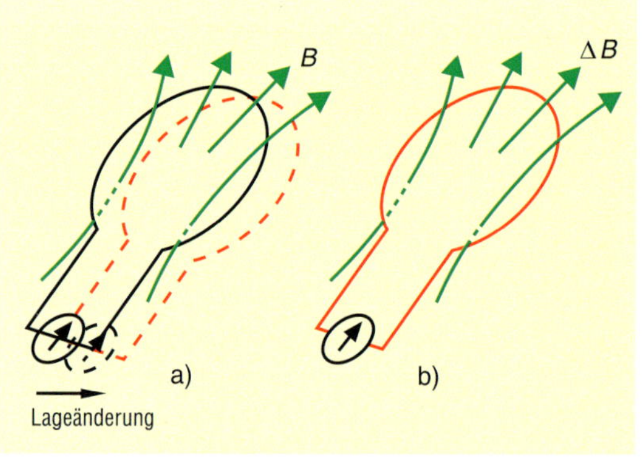

Abb. 8-30 ***Spannungsinduktion; Prinzipien***

a) Bewegungsinduktion: zeitlich veränderte Lage zwischen Spule und Magnetfeld

b) Ruheinduktion: zeitlich veränderte Magnetflussdichte

Spannungen sind richtungsbehaftet. Folglich muss auch der Induktionsspannung eine Richtung zugeordnet werden. Diese finden wir durch folgende Überlegungen:

- Die Induktionsspannung entsteht durch die Änderung des Magnetflusses.
- Die Richtung der induzierten Spannung wird durch die Art und Weise der Flussänderung (Flusszunahme bzw. Flussabnahme) bestimmt.
- Der von dieser Spannung angetriebene Induktionsstrom hat seinerseits eine Durchflutung zur Folge.
- Diese Durchflutung kann den Prozess der Magnetflussänderung niemals unterstützen, d. h. aufschaukeln. Das widerspräche dem Energieerhaltungssatz.
- Diese Durchflutung behindert die Magnetflussänderung, also die Ursache der Spannungsinduktion.

Zusammengefasst führt das zu einer Aussage, die als **Lenzsches*** **Gesetz** bekannt ist:

Der von einer Induktionsspannung angetriebene Strom ist stets so gerichtet, dass er die Entstehungsursache, die Magnetflussänderung, zu verhindern sucht.

* Lenz, Heinrich Friedrich Emil: deutsch-baltischer Physiker 1804 – 1865

In Abb. 8-31 nimmt in der Zeit von t_1 bis t_2 der Magnetfluss zu. Die Magnetflussänderung $\Delta\Phi$ hat damit einen positiven Wert. Die Induktionsspannung treibt – nach dem Lenzschen Gesetz – einen Strom, der seiner eigenen Ursache, dem Ansteigen des Magnetflusses, entgegenwirkt.

Zwischen t_3 und t_4 kehren sich die Verhältnisse um. Der abnehmende Magnetfluss ist jetzt Ursache für die Induktionsspannung. Der von ihr angetriebene Strom versucht, die Flussabnahme aufzuhalten.

Wir wollen sorgfältig unterscheiden:

- Mit dem Induktionsgesetz ermitteln wir den Betrag der Induktions**spannung.**
- Mit dem Lenzschen Gesetz treffen wir eine Aussage zur Richtung des Induktions**stromes.**

8.4.2 Induktion der Bewegung

Eine Änderung des Magnetflusses kann durch Änderung der Fläche, die von diesem Fluss senkrecht durchsetzt wird, erreicht werden. Dafür ist entweder die Bewegung der Magnete oder die der Leiterschleife (Spule) erforderlich.

In Abb. 8-32 wird ein Teil der Leiterschleife geradlinig mit der Geschwindigkeit v durch ein homogenes Magnetfeld bewegt. Die vom Magnetfluss durchsetzte Fläche ändert sich um $\Delta A = l \cdot \Delta s$. Damit ergibt sich für den Betrag der induzierten Spannung bei N Windungen:

$$U_Q = N \cdot \frac{\Delta\Phi}{\Delta t}$$

$$U_Q = N \cdot B \cdot \frac{\Delta A}{\Delta t}$$

$$U_Q = N \cdot B \cdot l \cdot \frac{\Delta s}{\Delta t}$$

$$\boxed{U_Q = N \cdot B \cdot l \cdot v} \qquad \textbf{8–12}$$

v Geschwindigkeit der Leiterbewegung
Δs zurückgelegter Weg im Betrachtungszeitraum
l magnetisch wirksame Leiterlänge

Die Induktionsspannung in einer Spule, die im Magnetfeld bewegt wird, hängt ab von

- der Magnetflussdichte des Feldes,
- der magnetisch wirksamen Länge des Leiters im Magnetfeld,
- der Bewegungsgeschwindigkeit und
- der Anzahl der Spulenwindungen.

Der von der induzierten Spannung angetriebene Induktionsstrom ist so gerichtet, dass er die Magnetflussänderung (und damit die Flächenänderung), d. h. die Bewegung überhaupt aufzuhalten versucht.

Mit der Bewegung muss eine Gegenkraft überwunden werden.

Elektrische Energie, die so erzeugt wird, gewinnt man aus mechanischer Energie (Abb. 8-33).

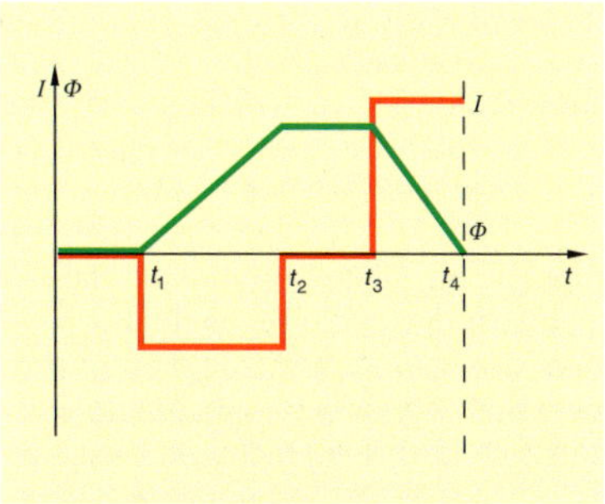

Abb. 8-31
Zeitlicher Verlauf von Magnetfluss und Induktionsstrom

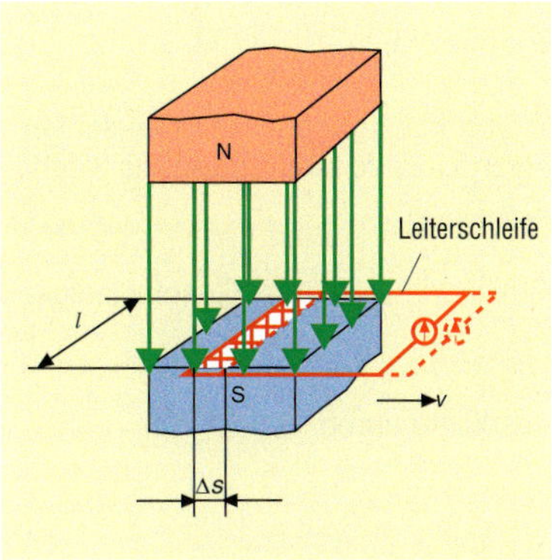

Abb. 8-32
Bewegung eines Leiters im Magnetfeld

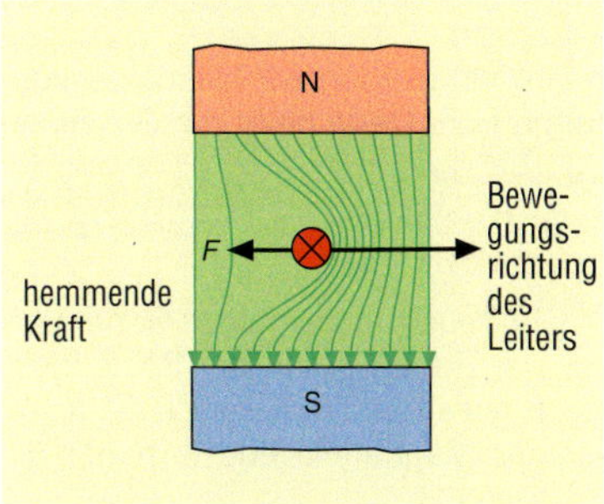

Abb. 8-33
Induktionsstrom im bewegten Leiter

Mechanische Energie wird in elektrische Energie umgewandelt, wenn eine Leiterschleife (Spule) im Magnetfeld bewegt wird.

Für die Richtungsbestimmung des Induktionsstromes in solchen Anordnungen gilt folgende Merkregel (Rechte-Hand-Regel):

Hält man die rechte Hand so in ein ortsfestes Magnetfeld, dass die Feldlinien in den offenen Handteller eintreten und der abgespreizte Daumen in Bewegungsrichtung weist, dann zeigen die ausgestreckten vier Finger in Richtung des Induktionsstromes (Abb. 8-34).

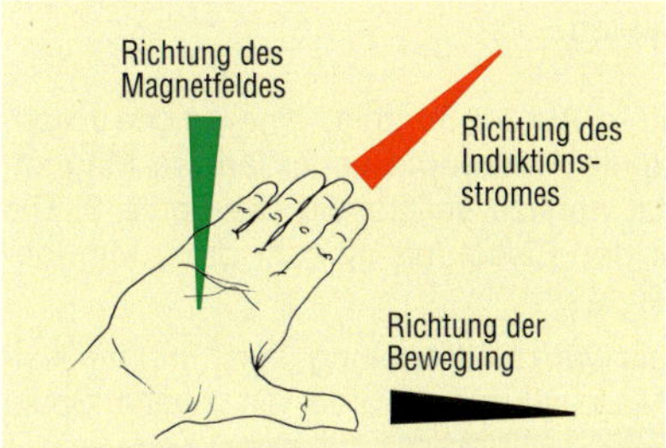

Abb. 8-34
Rechte-Hand-Regel (Generatorregel)

Dieses Prinzip, aus mechanischer Bewegungsenergie unter Zuhilfenahme eines Magnetfeldes elektrische Energie (Spannungsinduktion) zu erzeugen, wird im Generator technisch genutzt. Die Leiterbewegung erfolgt durch Drehen einer Leiterschleife (Abb. 8-35).

Die Spannungsinduktion im Bildteil (a) bewirkt die angegebene Stromrichtung. Im mittleren Bildteil (b) bewegen sich die Leiter der Schleife kurzzeitig parallel zu den Feldlinien. Die dem Magnetfeld ausgesetzte wirksame Fläche ändert sich kurzzeitig nicht, so dass keine Spannung induziert wird. Bei fortgesetzter Bewegung wird erneut Spannung induziert (c), der Strom fließt jetzt in entgegengesetzter Richtung.

Bei fortlaufender Drehbewegung einer Leiterschleife (Spule) im Magnetfeld wird eine Spannung wechselnder Richtung erzeugt.

8

Ersetzt man in Gleichung 8-12 die Geschwindigkeit durch

$v = \omega \cdot r$ (mit $\omega = 2\,\pi\,n$)

und die Magnetflussdichte durch

$$B = \frac{\Phi}{A}$$

folgt $U_Q = N \cdot \frac{\Phi}{A} \cdot l \cdot 2 \cdot \pi \cdot n \cdot r$

Alle konstruktiven Größen werden zur Maschinenkonstante c zusammengefasst. Dann heißt die Gleichung

$$U_Q = c \cdot \Phi \cdot n \qquad \textbf{8–13}$$

Diese Gleichung wird auch allgemeine Generatorgleichung genannt. Der Betrag der in der Spule induzierten Spannung im jeweiligen Augenblick ist umso größer, je kräftiger das Magnetfeld und je höher die Drehzahl n ist.

8.4.3 Induktion der Ruhe

In einer Leiterschleife (Spule) wird auch dann eine Spannung induziert, wenn die Spule gegenüber dem Magnetfeld keine andere Lage einnimmt, d. h. wenn die Anordnung zueinander in Ruhe bleibt **(Ruheinduktion)**. Das Magnetfeld muss jedoch seine Dichte ändern.

Gegeninduktion

Das in seiner Dichte veränderbare Feld kann in einer anderen stromdurchflossenen Spule erzeugt werden. In diesem Fall spricht man von **magnetischer Kopplung** zweier Spulen.

Die Anordnung in Abb. 8-36 zeigt eine solche Kopplung. Der in Spule 1 erzeugte veränderbare Magnetfluss durchsetzt nahezu vollständig die Spule 2. Die Kopplung über den Eisenkreis ist sehr groß. Man bezeichnet sie als „fest".

Ohne Eisenkreis wäre die Kopplung „lose", nur ein kleiner Teil des Magnetflusses würde die zweite Spule durchsetzen.

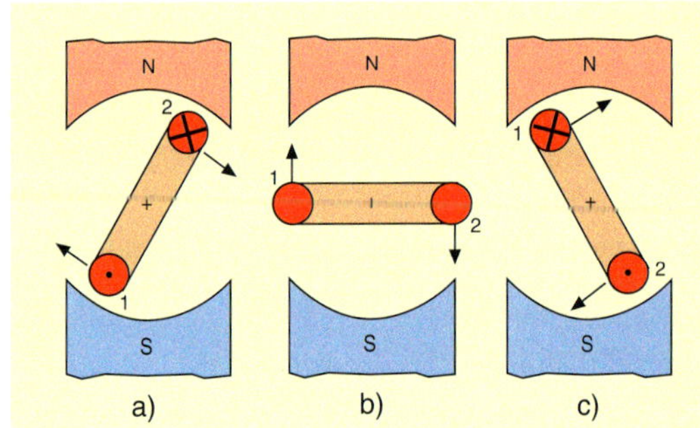

Abb. 8-35 ***Bewegte Leiterschleife im Magnetfeld***

Man unterteilt deshalb den in Spule 1 erzeugten Magnetfluss in Koppelfluss Φ_K und Streufluss Φ_S. Der Koppelfluss ist ausschlaggebend für die in Spule 2 induzierte Spannung.

Der kausale Zusammenhang ist folgender:

$$\Delta I_1 \rightarrow \Delta \Theta_1 \rightarrow \Delta \Phi_K \rightarrow U_{Q2}$$

Die in der Sekundärspule induzierte Spannung ist abhängig von der Art der Kopplung und von der zeitlichen Änderung des Stromes in der Primärspule.

Wird durch Stromänderung in einer Spule eine Spannung in einer anderen, zweiten Spule induziert, die mit der ersten magnetisch gekoppelt ist, so nennt man diese Erscheinung gegenseitige Induktion **(Gegeninduktion)**.

Auf diesem Prinzip beruhen alle **Transformatoren**.

Mit ihnen werden u. a. in der Leistungselektrotechnik Wechselströme und -spannungen in ihren Beträgen verändert (transformiert).

So werden Spannungen erhöht und im gleichen Verhältnis die Stromstärken vermindert. Das ermöglicht, bei erhöhter Spannung eine dadurch nicht veränderte elektrische Energie durch relativ geringe Leiterquerschnitte zu übertragen. Für große Übertragungsstrecken ist eine solche Lösung aus wirtschaftlichen Gründen sehr wichtig. Die beiden Stromkreise des Transformators sind dabei magnetisch gekoppelt, aber elektrisch (galvanisch) voneinander getrennt.

Ein Transformator wandelt elektrische Energie mit bestimmten Strom- und Spannungswerten über den Weg der magnetischen Kopplung in elektrische Energie mit meist anderen Strom- und Spannungswerten.

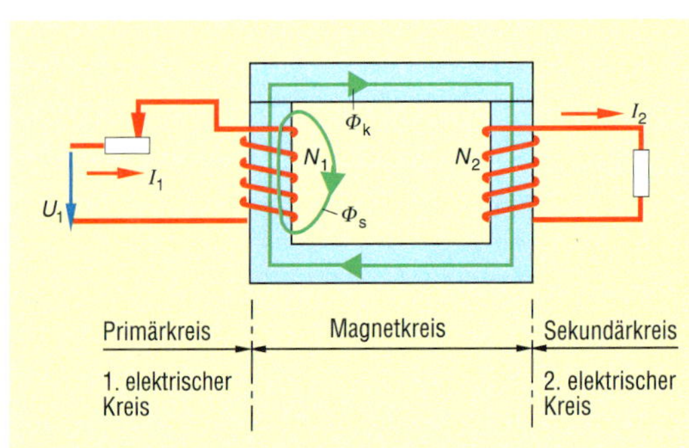

Abb. 8-36 ***Gegeninduktion***

Selbstinduktion

Die erste Spule in Abb. 8-36 sorgte für einen veränderlichen Magnetfluss. Dieser durchsetzte eine zweite Spule und erzeugte deshalb in dieser eine (Gegen-) Induktionsspannung.

Die Flussänderung ist jedoch nicht nur innerhalb der Spule 2, sondern an jeder Stelle des Magnetkreises vorhanden. Sie wirkt auch innerhalb der Spule 1, deren Stromänderung erst die Flussänderung hervorruft. Folglich wird auch in der felderzeugenden Spule selbst eine Spannung induziert.

> Unter **Selbstinduktion** versteht man die Spannungsinduktion in der Spule, die die Magnetflussänderung selbst hervorruft.

Aus dem Induktionsgesetz folgt mit den Gleichungen 8-2 und 8-4 für die Selbstinduktionsspannung in einer Spule

$$U_Q = N \cdot \frac{\Delta \Phi}{\Delta t}$$

$$U_Q = \frac{N}{R_m} \cdot \frac{\Delta \Theta}{\Delta t}$$

$$U_Q = \frac{N^2}{R_m} \cdot \frac{\Delta I}{\Delta t}$$

Fasst man die Spulengrößen zur **Induktivität**

$$L = \frac{N^2}{R_m} \qquad \textbf{8–14}$$

zusammen, so ergibt sich für die Selbstinduktionsspannung

$$U_Q = L \cdot \frac{\Delta I}{\Delta t} \qquad \textbf{8–15}$$

Der Betrag der Selbstinduktionsspannung hängt ab von

- der Änderungsgeschwindigkeit des Stromes und
- der Induktivität der Spule.

Die Induktivität einer Spule hat die Einheit

$$[L] = 1\,\frac{\mathrm{Vs}}{\mathrm{A}} = 1\,\mathrm{H}$$

Wird in einer Spule bei gleichmäßiger Stromänderung von 1 A in 1 s eine Selbstinduktionsspannung von 1 V erzeugt, so beträgt die Induktivität 1 H.

Unter Einbeziehung der Spulendaten (Gleichungen 8-5 und 8-7) folgt für die Spuleninduktivität

$$L = \frac{N^2 \cdot \mu_0 \cdot \mu_r \cdot A}{l} \qquad \textbf{8–14a}$$

Die Induktivität einer Spule

- wächst mit dem Quadrat der Windungszahl,
- steigt mit zunehmender Permeabilitätszahl und
- hängt von den geometrischen Abmessungen des Magnetkreises ab.

Zusammenschalten von Spulen

Spulen sind Zweipole und können wie Widerstände und Kondensatoren in Reihe, parallel oder gemischt geschaltet werden.

Reihenschaltung von Spulen

Die in Abb. 8-37 zusammengeschalteten unterschiedlichen Spulen sind magnetisch nicht gekoppelt. Zur Beschreibung des elektrischen Verhaltens einer solchen Reihenschaltung ist es zweckmäßig, die einzelnen Induktivitäten durch eine Gesamtinduktivität zu ersetzen.

Bei den idealen, verlustfreien Spulen der Abb. 8-37 entstehen keine Spannungsfälle. Es gilt lediglich, die Selbstinduktionsspannungen zu betrachten. Für diese gilt:

$$U_Q = U_{Q1} + U_{Q2} + U_{Q3}$$

bzw. $$L \cdot \frac{\Delta I}{\Delta t} = (L_1 + L_2 + L_3)\,\frac{\Delta I}{\Delta t}$$

Für n in Reihe geschaltete Spulen folgt somit

$$L_{ges} = L_1 + L_2 + \ldots + L_n \qquad \textbf{8–16}$$

Aus dieser Gleichung leiten wir ab:

- Die Gesamtinduktivität von Spulen ist in der Reihenschaltung stets größer als die größte Einzelinduktivität.
- Durch Zuschalten weiterer Spulen nimmt die Induktivität zu.

Parallelschaltung von Spulen

Die in Abb. 8-38 parallel geschalteten, magnetisch nicht gekoppelten Spulen sollen durch eine ersetzt werden.

Es gilt nach dem Knotenpunktsatz

$$\frac{\Delta I}{\Delta t} = \frac{\Delta I_1}{\Delta t} + \frac{\Delta I_2}{\Delta t} + \frac{\Delta I_3}{\Delta t}$$

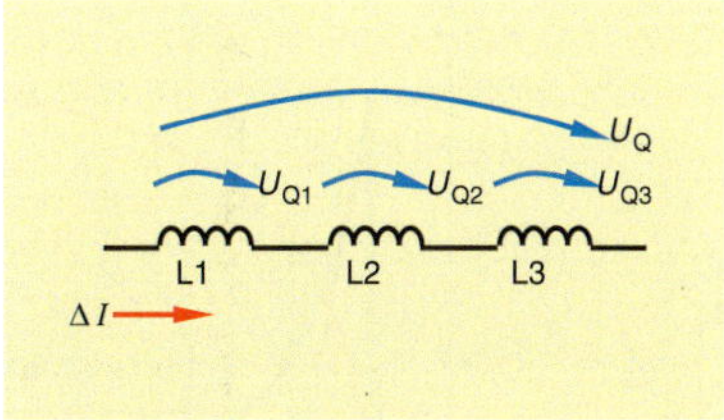

Abb. 8-37 ***Reihenschaltung von Spulen***

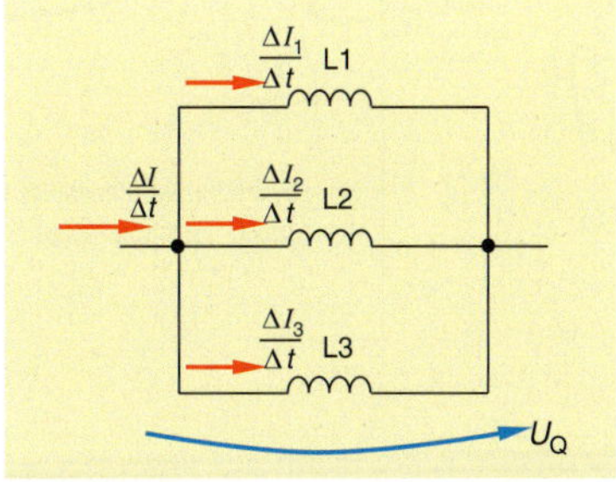

Abb. 8-38 ***Parallelschaltung von Spulen***

und mit Gleichung 8-15

$$\frac{U_Q}{L} = \frac{U_{Q1}}{L_1} + \frac{U_{Q2}}{L_2} + \frac{U_{Q3}}{L_3}.$$

Wegen der Spannungsgleichheit in der Parallelschaltung ergibt sich für n Spulen

$$\frac{1}{L_{ges}} = \frac{1}{L_1} + \frac{1}{L_2} + \ldots + \frac{1}{L_n} \qquad \textbf{8–17}$$

Wir erkennen:
- Die Gesamtinduktivität einer Parallelschaltung von Einzelspulen ist stets kleiner als die kleinste Einzelinduktivität.
- Durch Zuschalten weiterer Spulen verringert sich die Gesamtinduktivität.

8

8.4.4 Strom-Spannungs-Verhalten der Spulen

Stromkreise mit Spulen sind in der Technik häufig anzutreffen. Immer wirken in solchen Stromkreisen auch ohmsche Widerstände, die sich aus dem Innenwiderstand der Stromquelle, dem Widerstand der Zuleitungen, eventuell weiteren Bauelemente-Widerständen, aber auch dem Wicklungswiderstand der Spule selbst zusammensetzen.
Ein solcher Stromkreis soll als die Reihenschaltung einer idealen, widerstandslosen Spule mit der Induktivität L und dem Drahtwiderstand R, der alle genannten Teilwiderstände ersetzt, aufgefasst werden (Abb. 8-39).

Hinweis:

Zeitabhängige, also veränderliche Größen werden auch hier, wie bei den vergleichbaren Vorgängen am Kondensator, mit Kleinbuchstaben gekennzeichnet. Die Selbstinduktionsspannung der Spule wird jetzt u_L genannt.

Wird dem Stromkreis die Spannung U zugeschaltet, beginnt mit einsetzendem Stromfluss in der Spule der Feldaufbau. Dieser sorgt für eine Selbstinduktionsspannung u_L. Diese wirkt auf ihre Ursache zurück, so dass eine sprunghafte Stromänderung ausbleibt.

Der Strom behält folglich im Einschaltaugenblick $t = t_1$ seinen Wert $i = 0$.

Eine ideale Spule hält im ersten Augenblick nach dem Zuschalten an eine Stromquelle die Stromkreisunterbrechung aufrecht.

Damit tritt zunächst kein Spannungsfall über R auf, so dass zum Zeitpunkt t_1 für die Masche gilt:

$$U - u_L = 0$$

oder $$U = u_L$$

Die Selbstinduktionsspannung über der Spule ist dem Betrag nach gleich der angelegten Spannung.

Im Zeitpunkt t_2 ist die Selbstinduktionsspannung gesunken. Die den Strom antreibende Differenz-Spannung $u_R = U - u_L$ ist angewachsen und mit ihr der Strom i:

Die Selbstinduktionsspannung sinkt und lässt in gleichem Maße den Spulenstrom ansteigen.

Das Steigungsmaß der Kurvenverläufe nimmt mit zunehmender Zeit immer mehr ab. Beide Größen, u_L und i, streben nach und nach ihren Endwerten zu, die bei $t = t_3$ praktisch erreicht sind:

$$u_L = 0,\ i = I_{max} = \frac{U}{R}$$

Die Übergangsvorgänge sind abgeschlossen und das Magnetfeld der Spule ist aufgebaut. Es stellt sich in der Folgezeit der stationäre Betrieb ein.

Nachdem das Magnetfeld einer idealen Spule aufgebaut ist, wirkt ihre Induktivität elektrisch wie ein Kurzschluss.

Der **Übergangsvorgang** dauert umso länger, je größer die Induktivität L der Spule und je kleiner der im Stromkreis wirkende Widerstand R ist. Das Maß für den Stromanstieg im Schaltaugenblick ist das Verhältnis $\frac{L}{R}$, es wird **Zeitkonstante** τ genannt.

$$\tau = \frac{L}{R} \qquad \textbf{8–18}$$

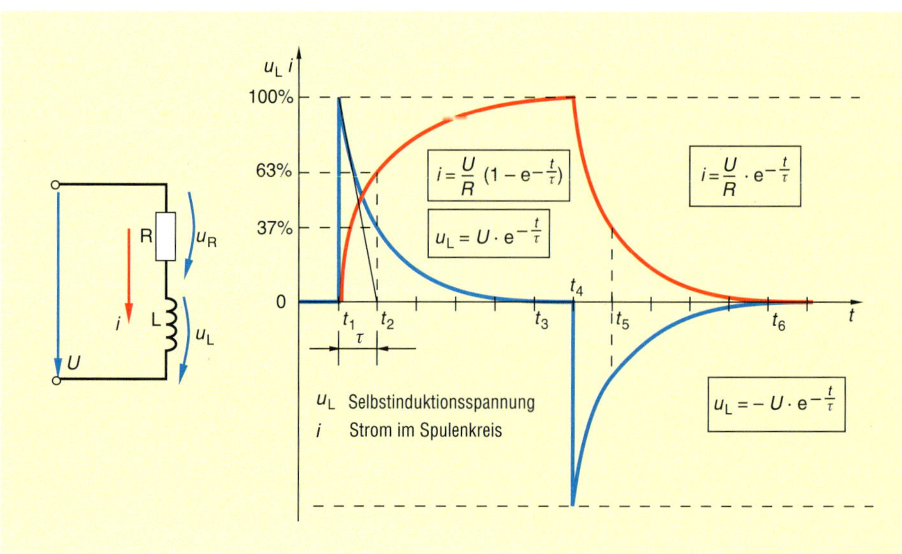

Abb. 8-39
Ein- und Ausschaltvorgang

Ihre Einheit ist

$$[\tau] = \frac{[L]}{[R]} = \frac{1\,\frac{\text{Vs}}{\text{A}}}{1\,\frac{\text{V}}{\text{A}}} = 1\ \text{s}$$

Während der Zeit τ steigt der Spulenstrom auf 63 % seines Endwertes. Im gleichen Zeitraum sinkt die Selbstinduktionsspannung auf 37 % ihres Anfangswertes.

Wir definieren:

Die Zeitkonstante τ der Reihenschaltung Spule–Widerstand gibt die Zeit an, in der der Spulenstrom auf 63 % seines Endwertes gestiegen ist.

Die Veränderungen der elektrischen Größen an der Spule nach dem Einschalten lassen sich mathematisch beschreiben:

Übergangsvorgang nach dem Einschalten

$$u_L = U \cdot e^{-\frac{t}{\tau}} \quad \textbf{8–19}$$

$$i = \frac{U}{R}\,(1 - e^{-\frac{t}{\tau}}) \quad \textbf{8–20}$$

Der Übergangsvorgang bis zum stationären Betrieb dauert theoretisch unendlich lange, praktisch ist er nach dem 5fachen Wert der Zeitkonstanten beendet.

Schaltvorgänge an Spulen nehmen praktisch die fünffache Dauer einer Zeitkonstanten in Anspruch.

Beispiel:

Eine Spule mit der Induktivität L = 200 mH befindet sich in einem Stromkreis, dessen wirksamer Widerstand 20 Ω beträgt. Nach welcher Zeit ist, beginnend mit dem Zuschalten der Stromquelle, der Einschaltvorgang praktisch beendet?

Lösung:

Der Vorgang dauert fünfmal so lange wie eine Zeitkonstante, also

$$t = 5\,\tau = 5\,\frac{L}{R} = 5\,\frac{200\ \text{mH}}{20\ \Omega} = 50\,\frac{\text{mVs} \cdot \text{A}}{\text{A} \cdot 20\ \text{V}} \qquad \underline{\underline{t = 50\ \text{ms}}}$$

Wird die Spule zum Zeitpunkt $t = t_4$ von der Stromquelle getrennt und über den im Stromkreis wirkenden Widerstand R kurzgeschlossen, fehlt plötzlich die bisher antreibende Spannung U.

In der Masche gilt:

$$u_L = -\,u_R$$
$$u_L = -\,i \cdot R$$

Die im Schaltaugenblick induzierte Spannung (entgegengesetzter Richtung) hält den Strom auf gleicher Höhe wie bisher. Die Richtungsumkehr der Selbstinduktionsspannung gegenüber dem Einschaltvorgang weist auf die veränderte Rolle der Spule hin: Sie hat jetzt im Stromkreis die Funktion einer Stromquelle übernommen.

Zur Zeit t_5 sind u_L und i auf 37 % ihres Anfangswertes gesunken. Beide Kurven erreichen nach dem 5fachen der Zeitkonstanten bei t_6 praktisch ihre Endwerte. Die Spule als Stromquelle ist „erschöpft", ihr Magnetfeld ist zusammengebrochen (Abb. 8-39).

Die Kurvenverläufe lassen sich wie folgt beschreiben:

Übergangsvorgang nach dem Ausschalten

$$u_L = -\,U \cdot e^{-\frac{t}{\tau}} \quad \textbf{8–21}$$

$$i = \frac{U}{R} \cdot e^{-\frac{t}{\tau}} \quad \textbf{8–22}$$

Für die Praxis ist der Fall des Öffnens des Spulen-Stromkreises aus dem stationären Zustand heraus, ohne dass ein Umschalten zu einem neuen Stromkreis erfolgt, außerordentlich bedeutsam.

8

Nach der Beziehung

$$u_L = -\,i \cdot R$$

entsteht wegen des jetzt sehr hohen Widerstandes im „Stromkreis" ($R \rightarrow \infty$) im Schaltaugenblick eine sehr hohe Induktionsspannung. Diese kann ein Vielfaches der ursprünglichen Speisespannung betragen. Andere Bauelemente, die sich im Spulenstromkreis befinden, können dadurch beschädigt oder zerstört werden. Am Schalter schlägt die Luftstrecke häufig unter Funkenbildung durch.

Beim Abschalten von Spulen im Gleichstromkreis entstehen immer hohe Spannungen, wenn keine schaltungstechnischen Maßnahmen dagegen getroffen werden.

Solche Maßnahmen müssen die im Magnetfeld gespeicherte Energie abbauen, ohne andere Betriebsmittel im Spulenstromkreis zu beschädigen. In einem parallel zur Spule liegenden Zweig wird, nur zu diesem Zweck, ein Energietransport möglich gemacht (Abb. 8-40).

Das erreicht man mit

- einem Kondensator
- einem spannungsabhängigen Widerstand (Varistor)
- einem spannungsrichtungsabhängigen Widerstand (Diode).

Der jeweils in Reihe liegende ohmsche Widerstand wirkt strombegrenzend.

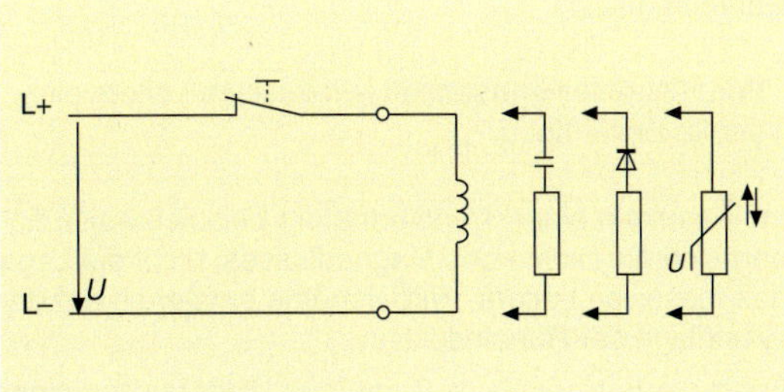

Abb. 8-40 ***Schutzbeschaltung***

Energie des magnetischen Feldes

In magnetischen Feldern ist (wie in allen Feldern) Energie gespeichert. Der Vorgang der Energieaufnahme bzw. -abgabe ist an den Aufbau bzw. Abbau des Magnetfeldes gebunden und verläuft wegen der dabei entstehenden Selbstinduktionsspannungen relativ träge. In Analogie zur Feldenergie des elektrischen Feldes ist die Feldenergie des Magnetfeldes

$$W = \frac{1}{2} \cdot L \cdot I^2 \qquad \textbf{8-23}$$

Ihre Einheit ist

$$[W] = [L] \cdot [I]^2 = 1\,\frac{\text{Vs}}{\text{A}} \cdot 1\,\text{A}^2 = 1\,\text{Ws}$$

8

Gleichung 8-23 gilt exakt nur für lineare Zusammenhänge zwischen der Feldstärke H und der Magnetflussdichte B bzw. zwischen dem Strom I und dem Magnetfluss Φ. Das ist bei Luftspulen der Fall; bei Spulen mit Eisenkern trifft dies (annähernd) für den Bereich außerhalb der Sättigung zu.

8.4.5 Wirbelströme

Jede Spannungsinduktion setzt eine Leiterschleife voraus, die von einem sich ändernden Magnetfluss durchsetzt wird.

Welche Vorgänge spielen sich im Eisen bei Magnetflussänderung ab? Bleibt der Eisenkreis eines Transformators beispielsweise von der Existenz des Induktionsgesetzes unberührt? (Eisen ist bekanntlich ein hervorragender magnetischer Leiter, aber auch ein nicht zu unterschätzender elektrischer Leiter.)

Ein ausgedehnter massiver Leiter – und um den handelt es sich bei solchen Eisenkernen – bietet viele Leiterbahnen an, die im Falle der Magnetflussänderung wie Leiterschleifen wirken. In ihnen werden, wie in linienhaften Leitern, Spannungen induziert, die entsprechende Ströme zur Folge haben.

Wegen ihrer wirbelförmigen Strombahnen heißen diese Induktionsströme in massiven Leitern **Wirbelströme**.

Erkennbar ist in Abb. 8-41, dass sich im Inneren des massiven Leiters die Stromwirbel wegen der unterschiedlichen Richtungen ganz oder teilweise aufheben. An den Randzonen hingegen können sie sich gut ausbilden. Aufgrund des Kurzschlusscharakters der Leitungsbahnen entsteht im Leiter ein beträchtlicher Energieumsatz.

Wirbelströme verursachen in massiven Leitern eine starke Erwärmung.

Im Eisenkern eines Transformators beispielsweise ändert sich die Dichte des Magnetflusses, nicht die Lage des massiven Leiters. Wirbelströme entstehen auf der Grundlage der Ruheinduktion.

Führt die Bewegung, z. B. die des Läufereisens einer drehenden elektrischen Maschine, zu ähnlichen Folgen für das Eisen, weil dieses – wegen der Bewegung – einer Magnetflussänderung unterliegt (Abb. 8-42)?

Auch beim Bewegen massiver Leiter im Magnetfeld entstehen Induktionsströme, die sich in Wirbelform kurzschließen. Diese Wirbelströme, die das Magnetmaterial erwärmen, wirken so auf ihre Ursache zurück, dass sie bewegungshemmend (bremsend) wirken.

Induktionsvorgänge in massiven Leitern sind häufig unerwünscht, weil mit ihnen Energieverluste verbunden sind. Die entstehende Wärme lässt sich meist nur schwer abführen. Wirbelströme müssen also in ihrer Entstehung behindert werden. Nicht die Magnetflussänderung wird man beseitigen wollen bzw. können, aber auf die wirbelförmigen Leitungsbahnen kann störend Einfluss genommen werden (Abb. 8-43).

Das erreicht man in Eisenkreisen, wenn

- diese aus einzelnen Blechen aufgebaut werden, die elektrisch voneinander isoliert sind durch
  - Isolierstoff-Zwischenlagen
  - Lackieren
  - Oxidieren
- die elektrische Leitfähigkeit des Magnetmaterials vermindert wird unter Beibehaltung der magnetischen Eigenschaften durch Zulegieren von halbleitenden Stoffen (Si).

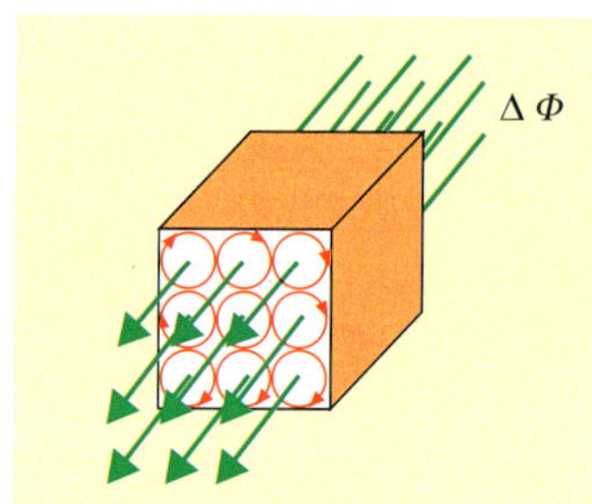

Abb. 8-41 ***Induktionsströme in einer ruhenden Anordnung***

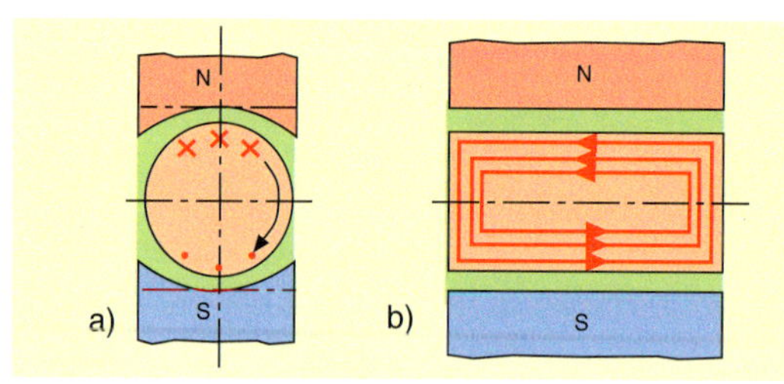

Abb. 8-42 ***Induktionsströme in einer bewegten Anordnung***
a) Vorderansicht
b) Seitenansicht

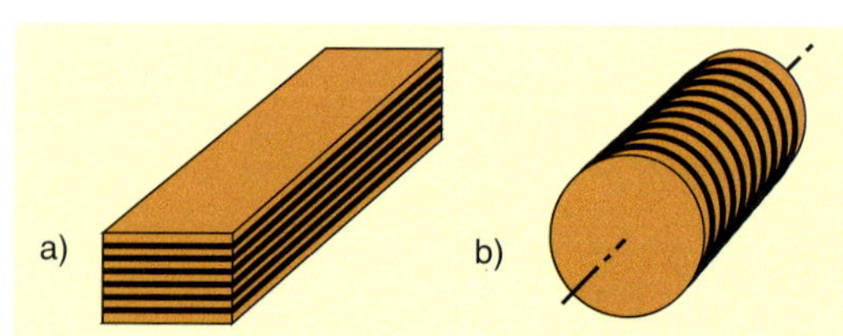

Abb. 8-43 ***Isolierschichten unterbinden Wirbelstrombildung***
a) bei ruhender Anordnung
b) bei bewegter Anordnung

Die Erscheinung der Wirbelstrombildung wird technisch auch genutzt, z. B. zur
- Abbremsung (mittels „Wirbelstrombremse")
- Ausschlagdämpfung (bei elektrischen Messwerken)
- induktiven Erwärmung (durch Wechselfelder).

Der Bremsmagnet in Abb. 8-44 verursacht in der drehenden Aluminiumscheibe Wirbelströme. Diese sorgen durch ihre bremsende Wirkung dafür, dass die Scheibe eine der elektrischen Belastung entsprechende Drehzahl annimmt. Die Anzahl der Umdrehungen der Zählerscheibe wird im Zählwerk erfasst, das den Energieverbrauch direkt in der Einheit kWh angibt.

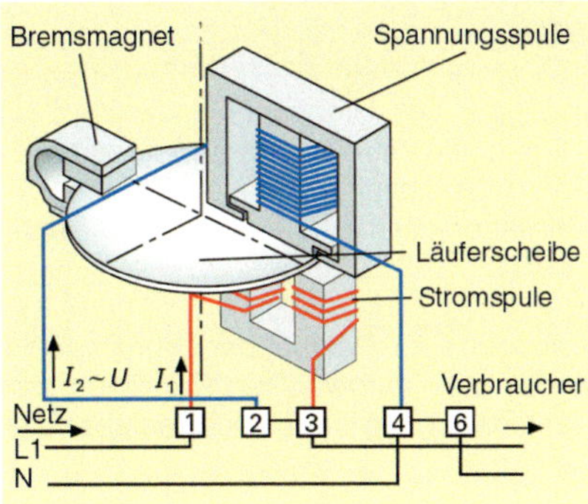

Abb. 8-44
Abbremsen einer Läuferscheibe im Energiezähler

8

AUFGABEN

8.1 Ferromagnetische Stoffe sind für den Aufbau magnetischer Kreise von großer Bedeutung. Begründen Sie diese Aussage.

8.2 Ermitteln Sie die Permeabilitätszahlen μ_r für das Elektroblech V 300–50 A im Feldstärkebereich zwischen 0 und 15 $\frac{A}{cm}$

Nutzen Sie dazu Abb. 8-16.

Stellen Sie μ_r in Abhängigkeit von der Feldstärke grafisch dar.

8.3 Remanenz und Koerzitivfeldstärke sind wesentliche Kriterien für Magnetwerkstoffe. Stellen Sie unter diesem Gesichtspunkt
a) hartmagnetische
b) weichmagnetische
Werkstoffe gegenüber.

8.4 An den Einspeisestellen in die Fahrleitung elektrisch betriebener Bahnen werden Hörnerableiter benutzt, um mögliche Überspannungen abzuleiten (Abb. 8-45).
Treten beispielsweise durch atmosphärische Aufladungen solche Überspannungen auf, wird die Luftstrecke an der engsten Stelle zwischen den Hörnern durchschlagen und die Überspannung zur Erde abgeleitet.
Zwischen den Hörnern entsteht ein Lichtbogen, der nach oben an die Hörnerenden wandert und dort erlischt.
Begründen Sie das Wandern und spätere Verlöschen des Lichtbogens.

Beachten Sie, dass der Lichtbogenstrom von einem Magnetfeld umgeben ist.

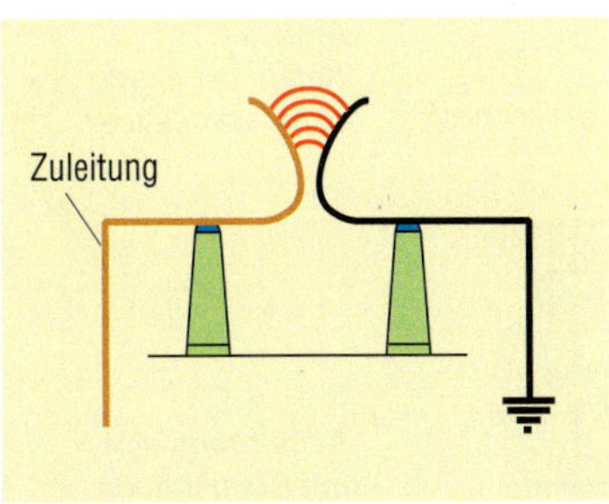

Abb. 8-45
Überspannungsableiter

8.5 Elektronen werden bei Eintritt in ein Magnetfeld abgelenkt. Bestimmen Sie die Richtung der Ablenkung.

Bedenken Sie, dass die Bewegungsrichtung der Elektronen der definierten Stromrichtung entgegensteht (Abb. 8-46).

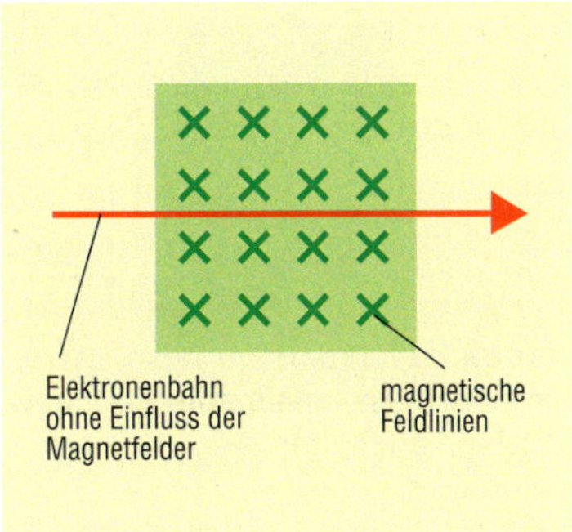

Abb. 8-46
Elektronen im magnetischen Feld

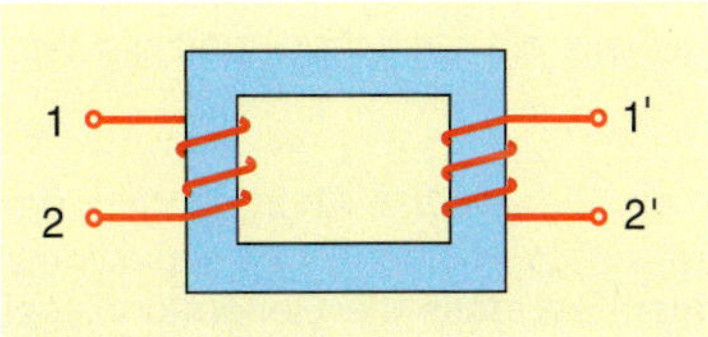

Abb. 8-47
Spulen, auf zwei Schenkel verteilt

8.6 In der Anordnung nach Abb. 8-47 wurden Spulen auf beide Schenkel aufgebracht. Verbinden Sie die Anschlussstellen
a) parallel
b) in Reihe
so, dass sich die Durchflutungen beider Spulen addieren.
Tragen Sie die Richtung für den Magnetfluss ein, indem Sie sich die Stromrichtung selbst vorgeben.

8.7 Von einem Elektromotor wird während des Betriebes ein unterschiedlich großes Drehmoment verlangt. Welche Folgen hat die Zunahme der Last an der Motorwelle auf die Stromaufnahme des Motors?

Geben Sie die Zusammenhänge an.

8

AUFGABEN

8.8 Der Zeiger des Drehspul-Messwerkes soll Stromrichtungen und -stärkewerte anzeigen, die einen Zeigerausschlag nach rechts bewirken.
Legen Sie die Stromrichtung in der Messspule dafür fest (Abb. 8-48).

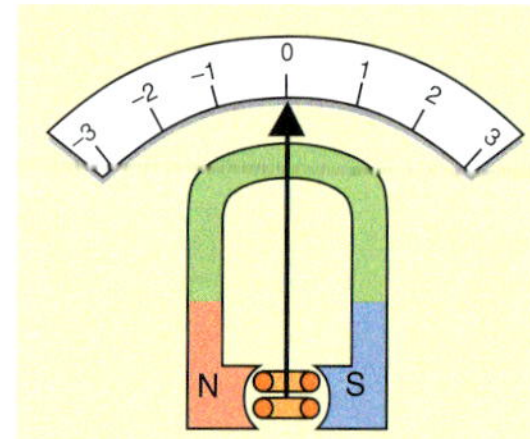

Abb. 8-48 ***Drehspul-Messwerk für beide Stromrichtungen***

8.9 Begründen Sie, dass auf der Grundlage der beiden in Abb. 8-49 dargestellten Prinzipien eine Stromkreisunterbrechung im Kurzschlussfall erfolgt.

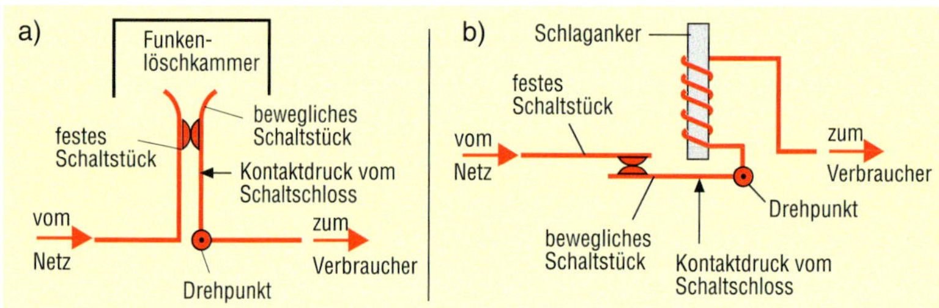

Abb. 8-49 ***Unterbrechung bei Kurzschluss***
a) durch parallel angeordnete Schaltstücke b) durch Schlaganker

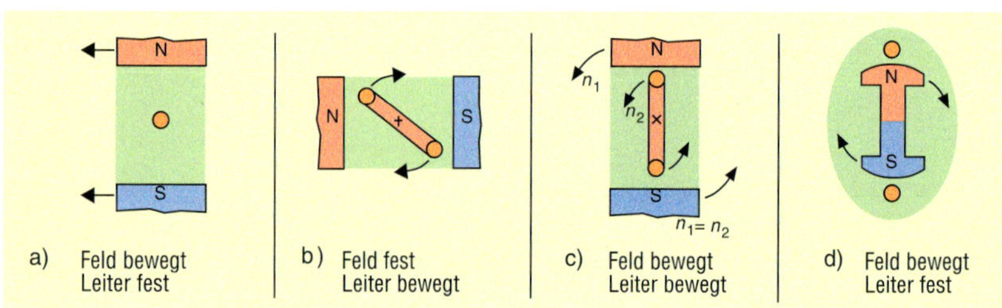

Abb. 8-50 ***Spannungsinduktion durch Bewegungsvorgänge***

8.10 Welche elektrischen, mechanischen bzw. magnetischen Größen verknüpfen die
– Rechte-Faust-Regel
– Rechte-Hand-Regel
– Linke-Hand-Regel?
Benennen Sie jeweils die Ursachen- und die Wirkungsgröße.

8.11 Bestimmen Sie in den Anordnungen der Abb. 8-50 die jeweilige Richtung des Induktionsstromes. Beachten Sie, dass die Generator-Regel von einem feststehenden Magnetfeld ausgeht.

8.12 In Abb. 8-51 ist ein Relais dargestellt, bei dem über der Arbeitswicklung noch eine zusätzliche Kurzschlusswicklung angebracht ist. Wie beeinflusst diese Zusatzwicklung die Arbeitsweise des Relais beim Anziehen bzw. Abfallen?

8.13 Werden Relais durch Schalttransistoren gesteuert, findet man häufig die Anordnung nach Abb. 8-52.
Erläutern Sie den Zweck der Diode in der Schaltung.

8.14 In den Abb. 8-23 und 8-35 stimmen die Bewegungsrichtungen der Leiterschleife und die Feldanordnungen überein; die Stromrichtungen unterscheiden sich.

a) Treffen Sie mit dieser Feststellung eine Aussage über den Motor- und Generatorbetrieb einer drehenden elektrischen Maschine.
b) Die Stromrichtung soll in beiden Bildern übereinstimmen. Welche andere(n) Größe(n) müsste(n) in ihrer Richtung verändert werden?

8.15 Stellen Sie die im Eisenkern einer Spule entstehenden Verluste zusammen, wenn die Spule an Wechselspannung betrieben wird. Stellen Sie Forderungen auf oder nennen Sie Maßnahmen, die dem Zweck dienen, diese Verluste gering zu halten.

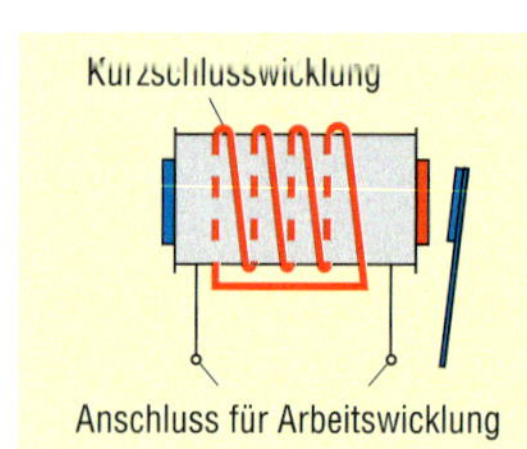

Abb. 8-51 ***Relais mit Kurzschlusswicklung***

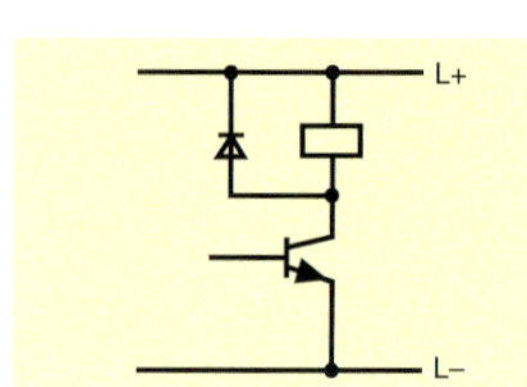

Abb. 8-52 ***Schalttransistor mit Schutzdiode***

9 Wechselstromkreis

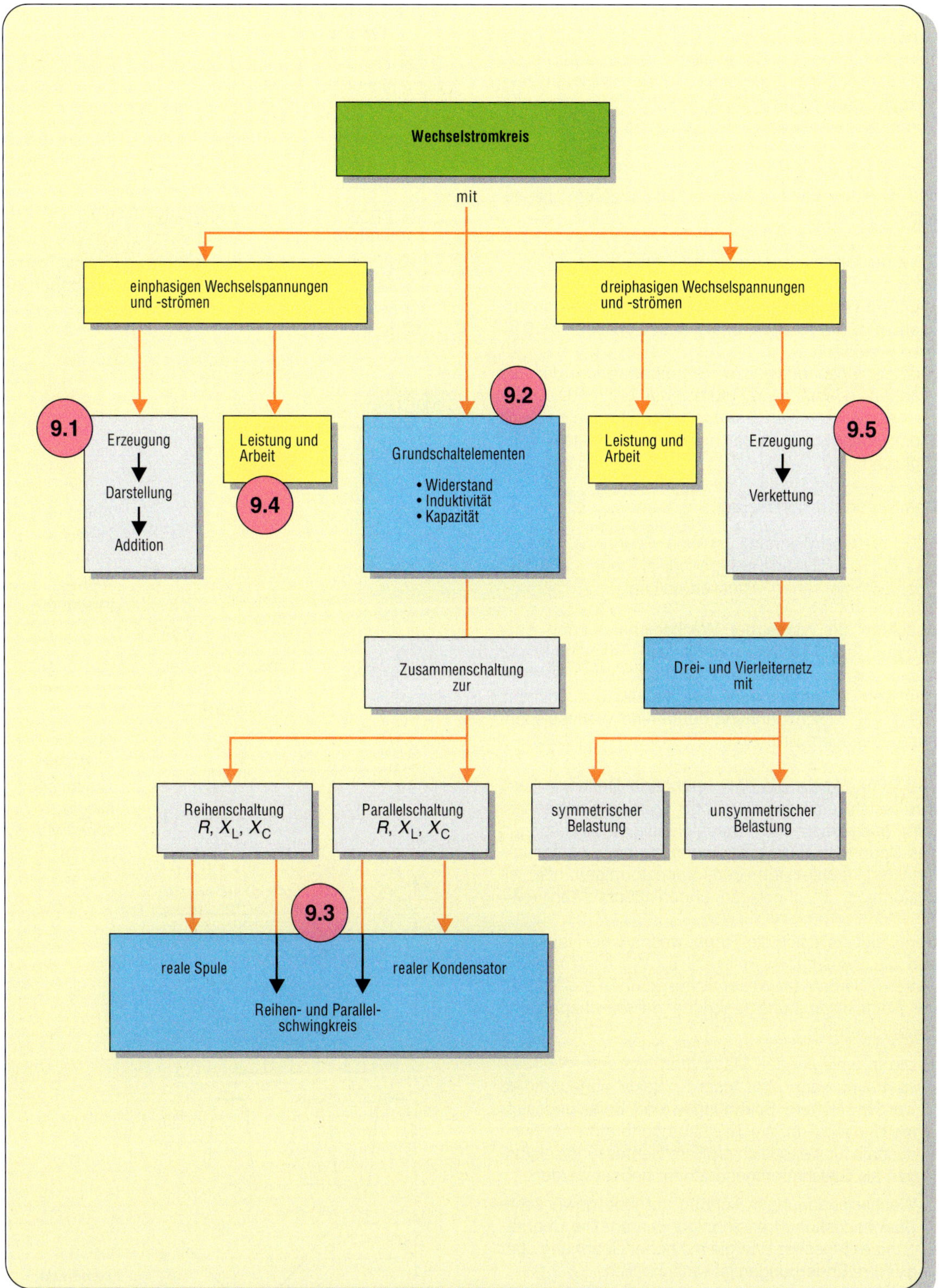

Abb. 9-1 ***Beziehungen und Strukturen***

9.1 Begriffe und Bestimmungsgrößen der Wechselspannung und des Wechselstromes

9.1.1 Merkmale der Wechselgrößen

Gleichspannung und Gleichstrom sind elektrische Größen, die stets die gleiche Richtung und den gleichen Betrag haben. Der zeitliche Verlauf einer in der Abb. 9-2 als Beispiel gegebenen Gleichspannung zeigt deshalb, dass zu jeder Zeit t_1 oder t_2 oder t_3 derselbe Spannungsbetrag von +25 V vorhanden ist.

Bei einer Wechselspannung wechseln dagegen Betrag und Richtung. Exakter müssen folgende Merkmale genannt werden:

Bei einer Wechselspannung bzw. bei einem Wechselstrom

- tritt ein Wechsel der Polarität, d. h. der Richtung auf,
- erfolgen die Wechsel in gleichen Zeitabständen, also periodisch,
- ist der Spannungs- bzw. Strombetrag von der Zeit abhängig, somit eine Funktion der Zeit, und
- sind die negativen Beträge einer Halbwelle gleich den positiven, d. h. der arithmetische Mittelwert ist gleich null.

Damit kann definiert werden:

Die Wechselspannung ist eine Spannung, deren Betrag und Richtung sich periodisch ändern und die den arithmetischen Mittelwert null hat.

Beachten Sie, dass bei Wechselspannungen oder -strömen alle Merkmale erfüllt sein müssen. In der Abb. 9-3 ist deshalb keine Wechselspannung, sondern eine sog. Mischspannung dargestellt. Sie entsteht, wenn eine Gleichspannung durch eine Wechselspannung überlagert wird.

Wer aufmerksam die oben stehende Definition liest, wird feststellen, dass hier nichts über die Spannungsform ausgesagt wird. Unterschiedliche Änderungen des Spannungsbetrages können deshalb zu dreieckförmigen, rechteckförmigen, trapezförmigen oder sinusförmigen Wechselspannungen führen (Abb. 9-4).

Berechtigt stellt sich die Frage, weshalb die Haushalte und die industriellen Anlagen mit Wechselspannung versorgt werden. Im Wesentlichen können drei Vorteile der Wechselspannung gegenüber der Gleichspannung genannt werden:

1. Die in umlaufenden Maschinen erzeugte Wechselspannung kann über feste Kontakte abgenommen werden. Höhere Spannungen und Belastungsströme sind möglich. Wechselstromgeneratoren können deshalb für wesentlich größere Bemessungsleistungen als Gleichstromgeneratoren gebaut werden.
2. Wechselspannungen können auf jede gewünschte Spannungshöhe transformiert werden. Die Übertragung elektrischer Energie mit hoher Spannung über größere Entfernungen ist wirtschaftlich.
3. Es können einfache und robuste Wechselstrommotoren gebaut werden.

Zum anderen können bei Bedarf jederzeit Gleichspannungen bereitgestellt werden, da durch die hoch entwickelte Halbleitertechnik Wechselspannungen einfach und wirtschaftlich gleichgerichtet werden können.

9.1.2 Erzeugung von sinusförmigen Größen

Unter den verschiedenen Formen der Wechselspannung nimmt die sinusförmige eine besondere Stellung ein. Ihre Vorzüge bestehen in Folgendem:

- Sinusförmige Spannungen treiben in Stromkreisen mit Widerständen, Spulen und Kondensatoren wiederum sich sinusförmig ändernde Ströme an.
- Die Spannungen und Ströme ändern sich ohne Spitzen und Sprünge.
- Die drahtgebundene Energieübertragung und Transformierung ist im Vergleich zu anderen Spannungsformen mit dem relativ geringsten Materialaufwand möglich.

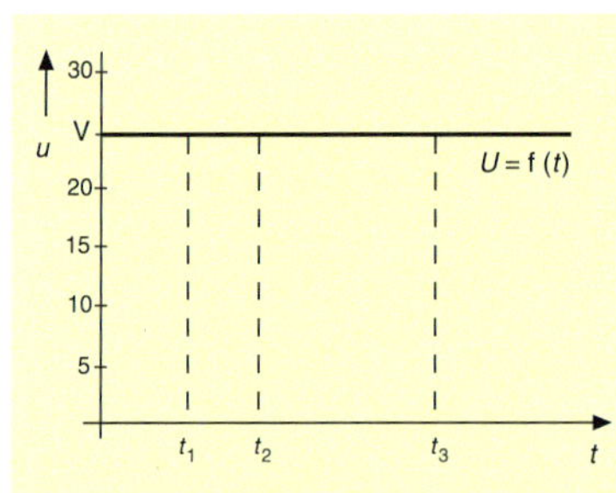

Abb. 9-2 ***Zeitlicher Verlauf einer Gleichspannung***

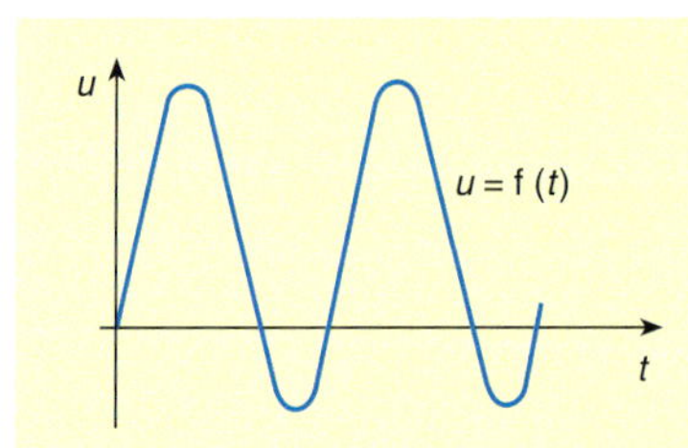

Abb. 9-3 ***Zeitlicher Verlauf einer Mischspannung***

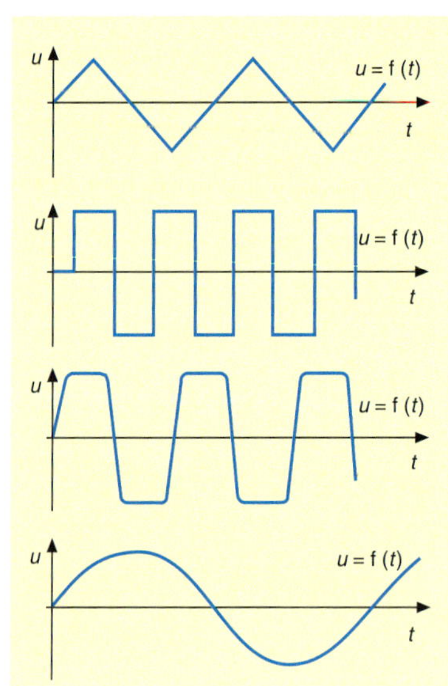

Abb. 9-4 ***Formen der Wechselspannung***

- Der Verlauf von Spannung, Strom und Leistung kann mathematisch und auch grafisch leicht erfasst werden.

Prinzipiell kann die sinusförmige Spannung durch die Drehung einer Leiterschleife im parallelhomogenen Magnetfeld erzeugt werden (Abb. 9-5).

Der Anfang und das Ende der Leiterschleife sind an zwei gegeneinander isolierte Schleifringe geführt, auf denen die Kohlebürsten A und B schleifen. Wird an sie ein Drehspulinstrument angeschlossen, entstehen beim langsamen Drehen der Leiterschleife Zeigerausschläge in wechselnder Richtung.

Betrachten wir diesen Vorgang etwas genauer. In den Abb. 9-6a bis 9-6d sind die an der Spannungserzeugung beteiligten Leiterteile a und b jeweils nach einer Linksdrehung um 90° dargestellt.

Nach dem Induktionsgesetz müssen die Leiterteile a und b die Feldlinien durchlaufen, wenn eine Spannung entstehen soll.

In den Stellungen a) und c) bewegen sich die Leiterteile kurzzeitig parallel zu den Feldlinien. Der Spannungsbetrag ist deshalb in beiden Fällen null.

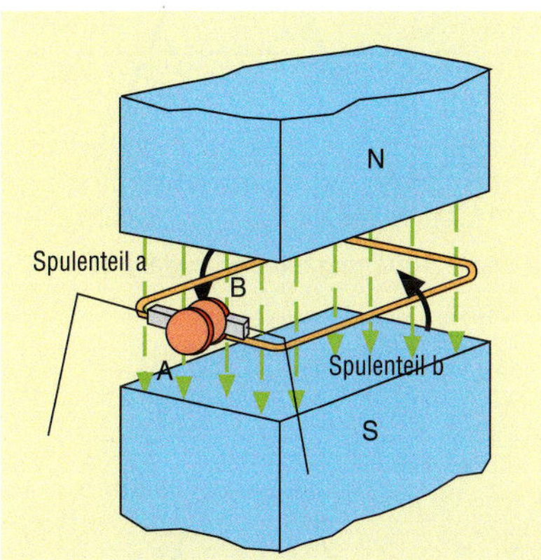

Abb. 9-5 ***Erzeugen einer Sinusspannung***

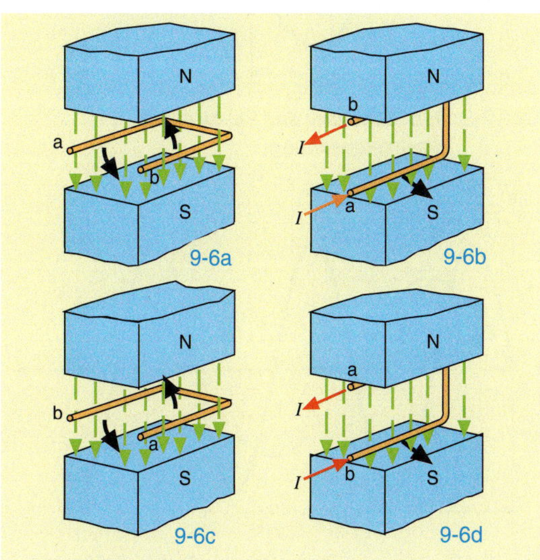

Abb. 9-6 ***Drehung der Leiterschleife***

Mit der Rechten-Hand-Regel kann bestimmt werden, dass in den Stellungen b) und d) die Induktionsströme und damit auch die Induktionsspannungen unterschiedliche Richtungen haben. Damit ist bewiesen, dass eine Wechselspannung induziert wird. Dass es eine sinusförmige ist, soll mithilfe der Abb. 9-7 erläutert werden.

Wenn die Feldlinien (Feldliniendichte B), der Leiter (Leiterlänge l) und das „Schneiden" der Feldlinien (Geschwindigkeit v) senkrecht zueinander verlaufen, dann ist bei der Induktion der Bewegung der Betrag der induzierten Spannung

$U_Q = B \cdot l \cdot v.$

Bei einer konstanten Umfangsgeschwindigkeit v_U der Leiterteile a und b ist jedoch die Geschwindigkeitskomponente v, die senkrecht zu den Feldlinien steht, von der Stellung der Leiterschleife, damit vom Drehwinkel abhängig.

Aus der Mathematik wissen wir, dass im rechtwinkligen Dreieck das Verhältnis aus Gegenkathete zur Hypotenuse der Sinus des Winkels ist, also

$$\frac{v}{v_U} = \sin \alpha \quad \text{und} \quad \frac{v'}{v_U} = \sin \alpha' \quad \text{bzw.}$$

$$v = v_U \cdot \sin \alpha \quad \text{und} \quad v' = v_U \cdot \sin \alpha'.$$

Damit wird $U_Q = B \cdot l \cdot v_U \cdot \sin\alpha$ und $U_Q' = B \cdot l \cdot v_U \cdot \sin\alpha'$.

Der Betrag der induzierten Spannung ändert sich mit dem Drehwinkel. Es entsteht eine sinusförmige Spannung.

Aus der Abb. 9-7 ist deutlich zu erkennen, dass für $\alpha' > \alpha$ auch $v' > v$ und damit $U_Q' > U_Q$ ist.

Bei $\alpha = 90°$ ist $v = v_U$. Der Betrag der induzierten Spannung erreicht seinen Höchstwert.

In der Praxis kann die Anordnung der Abb. 9-7 nicht zur Spannungserzeugung genutzt werden, da der magnetische Widerstand sehr groß und folglich die Flussdichte sehr klein ist. Man muss deshalb Generatoren mit einem kleinen Luftspalt bauen. Bei einer Drehbewegung entsteht dann keine exakte sinusförmige Änderung. Die Abweichung von der mathematischen Sinusform wird durch eine besondere Spulenanordnung im Generator und durch die Konstruktion der Polschuhe sehr klein gehalten.

Beachten Sie: Im Folgenden werden die Wechselspannungen und die Wechselströme immer als sinusförmige Größen betrachtet!

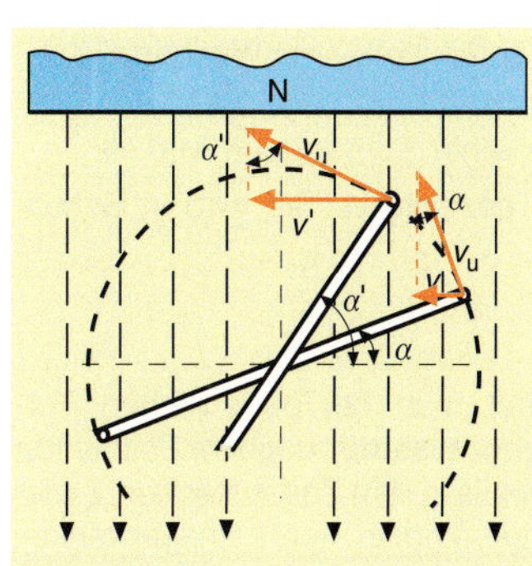

Abb. 9-7

Nachweis für das Entstehen einer sinusförmigen Spannung

9

9.1.3 Kenngrößen der sinusförmigen Wechselspannungen und -ströme

Der bei einem beliebigen Drehwinkel entstehende Spannungsbetrag wird als

- **Augenblickswert** oder Momentanwert bezeichnet.

Diese werden stets mit kleinen Buchstaben, z. B. u, i oder p, geschrieben und sind eine Funktion des Drehwinkels α. In der Elektrotechnik wird dieser Winkel nicht nur in Grad (0°; 90°; 180°; 270°; 360° …), sondern auch im Bogenmaß ($0; \frac{\pi}{2}; \pi; \frac{3}{2}\pi; 2\pi$ …) angegeben.

Da zu einem Winkel von 360° ein vollständiger Kreis mit einem Umfang von $2 \cdot \pi \cdot r$ gehört, ist bei einem Radius = 1 (Einheitskreis) der Winkel $\alpha = 360°$ dem Winkel im Bogenmaß $\widehat{\alpha} = 2 \cdot \pi$ gleichzusetzen. Die Umrechnung jedes beliebigen Winkels ist dann mit der Proportionsgleichung

$$\alpha : 360° = \widehat{\alpha} : (2 \cdot \pi)$$

vorzunehmen.

Das Bild der Funktion $u = f(\alpha)$ oder $u = f(\widehat{\alpha})$ ist die Sinuskurve (Abb. 9-8). In ihr ist neben den Augenblickswerten u_1, u_2 und u_3 auch der

- **Scheitelwert** $\hat{u}$ (lies: u Dach) oder Höchst- bzw. Maximalwert eingetragen. Er wird dann erreicht, wenn die Leiterschleife (Abb. 9-7) senkrecht zu den Feldlinien bewegt wird. Der Drehwinkel beträgt 90° bzw. 270°, so dass in der Gleichung

$u = B \cdot l \cdot v_u \cdot \sin \alpha$ für $\sin 90° = 1$

$u = \hat{u}$ und

$\hat{u} = B \cdot l \cdot v_u$ beträgt.

Da im unveränderlichen Magnetfeld die Leiterschleife mit der damit konstruktiv vorgegebenen Leiterlänge gleichmäßig umläuft, müssen die Größen B, l und v_u und damit der Scheitelwert $\hat{u}$ als konstant angesehen werden. Dagegen werden sich die Augenblickswerte nach den folgenden Funktionsgleichungen für

die Wechselspannung	und	den Wechselstrom	
$u = \hat{u} \cdot \sin \alpha$		$i = \hat{i} \cdot \sin \alpha$	
bzw. $u = \hat{u} \cdot \sin \widehat{\alpha}$		$i = \hat{i} \cdot \sin \widehat{\alpha}$	**9-1**

ändern.

Nach Ablauf einer vollständigen Drehung einer Leiterschleife ($\alpha = 360°$) ist eine

- **Schwingung** entstanden, die aus einer positiven und negativen Halbwelle besteht (Abb. 9-9). Zu einer Schwingung gehören somit stets zwei Wechsel.

Die Zeit für den Ablauf einer Schwingung wird als

- **Periodendauer** T bezeichnet. Sie wird in Sekunden gemessen:

$$[T] = 1 \text{ s}$$

Mit

- **Phase** kennzeichnet man bei periodischen Vorgängen den Schwingungszustand zu einem Zeitpunkt t (Abb. 9-9), der sich jeweils in den Zeitabständen T wiederholt. Der zugehörige Winkel heißt Phasenwinkel.

In der Abb. 9-10 sind die Spannungsverläufe A und B dargestellt, die sich in den Scheitelwerten und in der Zeit für den Ablauf einer Schwingung unterscheiden:

$$\hat{u}_A < \hat{u}_B$$
$$T_A > T_B$$

Da eine Schwingung der technisch gebräuchlichen Wechselspannungen sehr schnell abläuft, sind die Werte der Periodendauer sehr klein und unhandlich. Deshalb ist es günstiger, wenn man nicht

die Zeit pro Schwingung,
sondern
die Anzahl der Schwingungen pro Zeiteinheit angibt.

Dazu zwei Beispiele anhand der Abb. 9-10.

Schwingung	A	B
Periodendauer	$T_A = 0{,}02$ s	$T_B = 0{,}01$ s
Anzahl der Schwingungen in 1 Sekunde	1 : 0,02 = 50	1 : 0,01 = 100

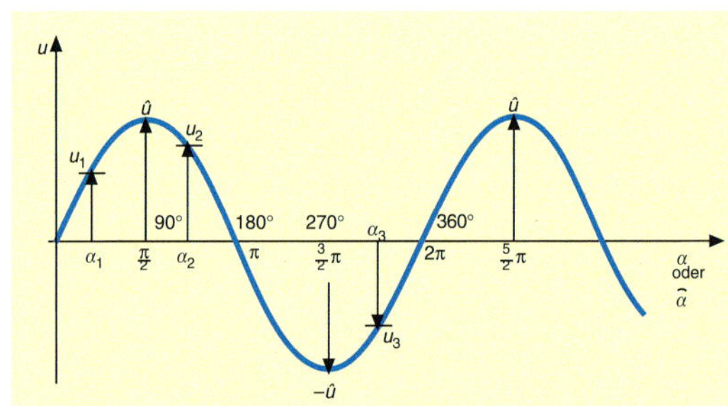

Abb. 9-8 ***Funktionale Abhängigkeit der Augenblickswerte***

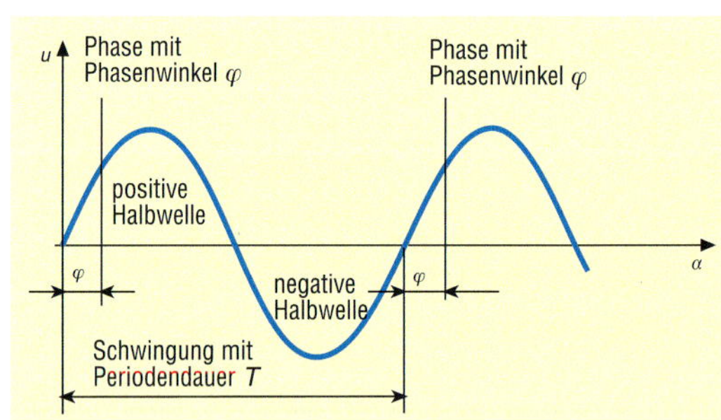

Abb. 9-9 ***Periodendauer und Phase einer Wechselspannung***

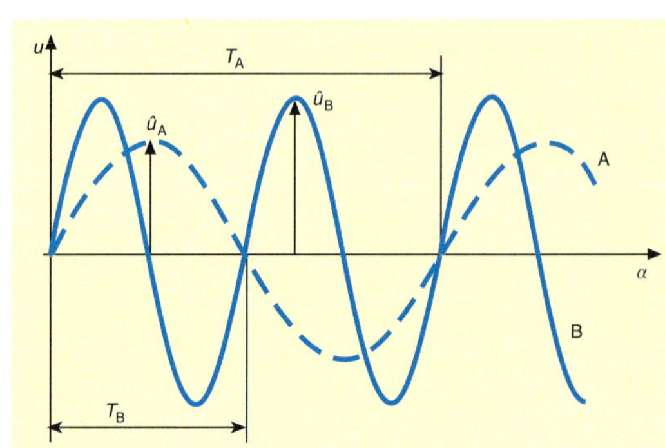

Abb. 9-10 ***Spannungen unterschiedlicher Größe und Schwingungsdauer***

Es ergibt sich eine der wesentlichen Kenngrößen einer Wechselspannung bzw. eines Wechselstromes.

Die

- **Frequenz** f ist die Anzahl der Schwingungen in einer Sekunde. Sie ist, wie aus den oberen Zahlenwerten zu erkennen ist, der Kehrwert der Periodendauer T

$$f = \frac{1}{T} \qquad \text{9–2}$$

und hat die Einheit $[f] = \frac{1}{\text{s}} = 1$ Hz (Hertz)[1].

Der technische Wechselstrom der deutschen Elektrizitätsversorgungssysteme hat eine Frequenz von 50 Hz. Die Bahnfrequenz der Deutschen Bahn beträgt dagegen nur ein Drittel, nämlich 16 2/3 Hz. Anwendungsbereiche unterschiedlicher Frequenzen sind in der Abb. 9-11 dargestellt.

Vergegenwärtigen wir uns noch einmal das Erzeugen einer sinusförmigen Spannung, wie es in der Abb. 9-5 dargestellt ist.

Führt die Leiterschleife in einer Sekunde eine Umdrehung aus, entsteht eine Schwingung pro Sekunde, also die Frequenz $f = 1$ Hz. Bei 5 Umdrehungen entstehen 5 Schwingungen pro Sekunde, also $f = 5$ Hz, und bei 50 Umdrehungen die Frequenz $f = 50$ Hz.

– Die Frequenz f ist somit direkt proportional der Drehzahl n.

Eine Verdopplung der Frequenz entsteht aber auch, wenn die Leiterschleife bei einer Umdrehung pro Sekunde sich in einem vierpoligen Feld

– zwei Polpaare – dreht (Abb. 9-12).

[1]) Hertz, Heinrich: deutscher Physiker, 1857–1894

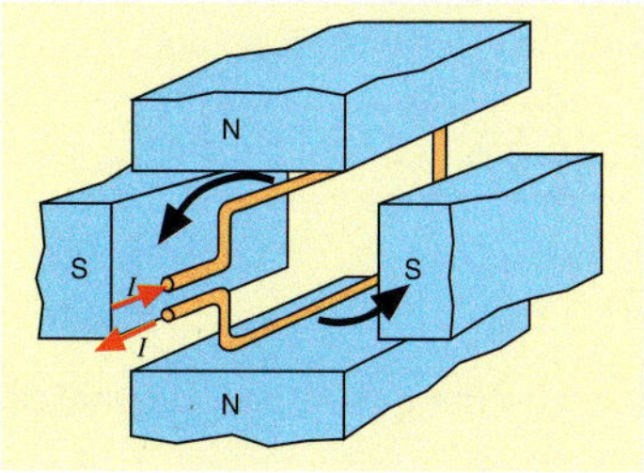

Abb. 9-12 ***Leiterschleife im vierpoligen Feld***

In einer Sekunde entstehen dann 2 Schwingungen, bei 3 Polpaaren 3 Schwingungen.

– Die Frequenz f wird auch von der Polpaarzahl p bestimmt.

Werden beide Aussagen zusammengefasst, ist

$$f = p \cdot n \qquad \text{9–3}$$

Die technische Frequenz von 50 Hz kann damit in Wechselstromgeneratoren nur mit bestimmten Drehzahlen erreicht werden, da die Polpaarzahl p immer eine ganze Zahl ist:

$f = 50$ Hz

mit $n = 3000$ min^{-1} oder $n = 50$ s^{-1} bei $p = 1$

mit $n = 1500$ min^{-1} oder $n = 25$ s^{-1} bei $p = 2$.

Die Drehzahl der Leiterschleife bestimmt nicht nur die Frequenz der induzierten Spannung, sondern auch ihre Größe. Um von den Abmessungen der Leiterschleife unabhängig zu sein, wählt man deshalb als Geschwindigkeitsangabe die

Winkelgeschwindigkeit $\omega = \frac{\widehat{\alpha}}{t}$.

Sie ist der in der Zeiteinheit durchlaufene Winkel im Bogenmaß. Bei einem Drehwinkel $\widehat{\alpha} = 2\,\pi$, also einer vollständigen Umdrehung, entsteht in der Zeit $t = T$ eine Schwingung.

Es wird $\omega = \frac{2\,\pi}{T}$.

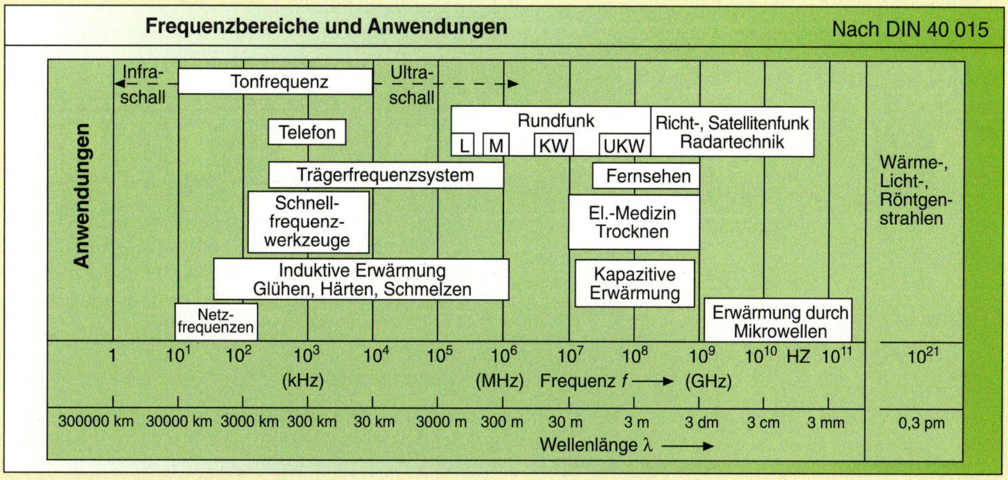

Abb. 9-11 ***Anwendungsbereiche technischer Frequenzen***

Mit der Gleichung (9–2) entsteht die für Wechselgrößen wichtige Geschwindigkeitsgröße, die

● **Kreisfrequenz** $\omega = 2 \cdot \pi \cdot f$ **9–4**

Sie hat die Einheit $[\omega] = \frac{1}{s} = 1 \cdot s^{-1}$.

Wird in die Funktionsgleichung (9-1) des Augenblickswertes

$u = \hat{u} \cdot \sin \alpha$ für $\alpha = \omega \cdot t$ gesetzt, entsteht das Sinus-Zeit-Gesetz der Wechselstromtechnik:

$u = \hat{u} \cdot \sin \omega t$ oder $i = \hat{i} \cdot \sin \omega t$ **9–5**

Beachten Sie, dass der Sinus vom Produkt $\omega \cdot t$, also vom Winkel im Bogenmaß bestimmt werden muss. Stellen wir noch einmal die Gleichungen (9–1) und (9–5) gegenüber:

Nach den Gleichungen

$u = \hat{u} \cdot \sin \alpha$ bzw.

$u = \hat{u} \cdot \sin \widehat{\alpha}$ | $u = \hat{u} \cdot \sin \omega t$

ist der Augenblickswert

eine Funktion des Drehwinkels im Grad- oder Bogenmaß | eine Funktion der Zeit

$u = f(\alpha)$ bzw. $u = f(\widehat{\alpha})$ | $u = f(t)$

Diese Identität der Gleichungen ist auch der Grund, weshalb in den Abb. 9-9 und 9-10 in Richtung der Abszissenachse mit dem Winkel α als unabhängige Veränderliche die Periodendauer als Zeitgröße angegeben wurde.

Lösungsbeispiel:

Wie viel ms nach dem Nulldurchgang bzw. bei welchem Drehwinkel der Leiterschleife hat eine Wechselspannung von 50 Hz mit einem Scheitelwert von 325 V einen Augenblickswert von 227 V?

gegeben: $\hat{u} = 325$ V
$f = 50$ Hz
$u = 227$ V

gesucht: $t = ?$
$\alpha = ?$

Lösung: $u = \hat{u} \cdot \sin \alpha$

$$\sin \alpha = \frac{u}{\hat{u}} \quad \sin \alpha = \frac{227\ \text{V}}{325\ \text{V}} \quad \sin \alpha \approx 0{,}698$$

$$\underline{\underline{\alpha \approx 44{,}3°}}$$

$$\alpha: 360° = \widehat{\alpha} : 2\pi$$

$$\widehat{\alpha} = \omega \cdot t; \quad \omega = 2 \cdot \pi \cdot f$$

$$\widehat{\alpha} = 2 \cdot \pi \cdot f \cdot t$$

$$t = \frac{\alpha}{360°} \cdot \frac{1}{f} \qquad t = \frac{44{,}3°}{360° \cdot 50 \cdot {}^1/\text{s}}$$

$$\underline{\underline{t = 2{,}46\ \text{ms}}}$$

Der Augenblickswert von 227 V wird erreicht, wenn die Leiterschleife sich in 2,46 ms um einen Winkel von 44,3° gedreht hat (Abb. 9-13).

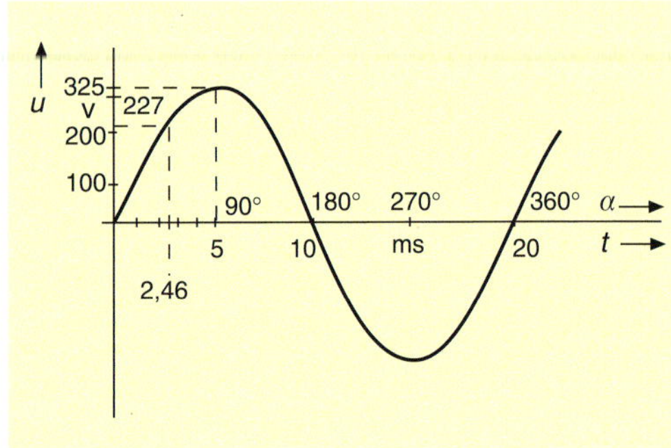

Abb. 9-13 ***Drehwinkel und Zeitdauer***

Während im Gleichstromkreis die Spannung und die Stromstärke konstante Werte haben, ändern sich die Wechselstromwerte dauernd zwischen dem positiven und dem negativen Scheitelwert. Trotz dieser schwankenden Werte unterscheidet sich die Wirkung eines Wechselstromes z. B. in den Heizgeräten nicht von der Wirkung eines Gleichstromes. Der Wert eines Wechselstromes, der die gleiche Wirkung, d. h. den gleichen Effekt wie ein Gleichstromwert hervorruft, ist der sog.

● **Effektivwert.** Er ist, wie in der Tab. 9-1 nachgewiesen wird, der quadratische Mittelwert.

Die Wärmearbeit entspricht der Fläche zwischen der I^2-Kurve und der Zeitachse. Die Gleichheit der Flächen, damit die Übereinstimmung der Gleichstromarbeit mit der Wechselstromarbeit, führt zu folgendem Ergebnis:

$$I^2 \cdot T = \frac{\hat{i}^2}{2} \cdot T \Rightarrow I^2 = \frac{\hat{i}^2}{2}$$

$$I = \frac{\sqrt{\hat{i}^2}}{\sqrt{2}} \qquad I = \frac{\hat{i}}{\sqrt{2}}$$

Da $\sqrt{2} = 1{,}414$ und $\frac{1}{\sqrt{2}} = 0{,}707$ ist, beträgt der Effektivwert von Stromstärke und auch Spannung das 0,707fache des Scheitelwertes.

$$I = \frac{\hat{i}}{\sqrt{2}} \qquad I = 0{,}707 \cdot \hat{i}$$

$$U = \frac{\hat{u}}{\sqrt{2}} \qquad U = 0{,}707 \cdot \hat{u}$$

9–6

Beachten Sie: Der Betrag eines Wechselstromes oder einer Wechselspannung wird grundsätzlich als Effektivwert angegeben, Angaben auf Leistungsschildern und in technischen Unterlagen oder Skalenwerte der Messinstrumente sind Effektivwerte.

Lösungsbeispiel:

Mit welchem Maximalwert wird die Isolation eines Hochspannungsmotors beansprucht, dessen Nennspannung mit 6 kV angegeben wird?

gegeben: $U = 6$ kV gesucht: $\hat{u} = ?$

Lösung:

$U = \frac{\hat{u}}{\sqrt{2}}$ $\quad \hat{u} = U \cdot \sqrt{2}$ $\quad \hat{u} = 6 \cdot \text{kV} \cdot 1{,}414$

$\underline{\underline{\hat{u} = 8{,}484 \text{ kV}}}$

Die Isolation wird periodisch mit dem Scheitelwert von 8,848 kV beansprucht.

Eine weniger bedeutende Rolle spielt der Mittelwert einer Halbwelle. Er wird als

- **linearer oder elektrolytischer Mittelwert** oder auch als Gleichrichtwert bezeichnet und beträgt

$$\bar{i} = \frac{2}{\pi} \cdot \hat{i}$$

Mit $\frac{2}{\pi} = 0{,}637$ wird

$$\boxed{\bar{i} = 0{,}637 \cdot \hat{i}}$$

und

$$\boxed{\bar{u} = 0{,}637 \cdot \hat{u}}$$

9-7

Dieser Mittelwert ist für elektrolytische Vorgänge und für die Gleichrichtung von Bedeutung.

<table>
<tr><th>Gleichstrom</th><th>Wechselstrom</th></tr>
<tr><td>$W = I^2 \cdot R \cdot t$</td><td>$W = i^2 \cdot R \cdot t$
$W = (\hat{i} \cdot \sin \omega t)^2 \cdot R \cdot t$</td></tr>
<tr><td>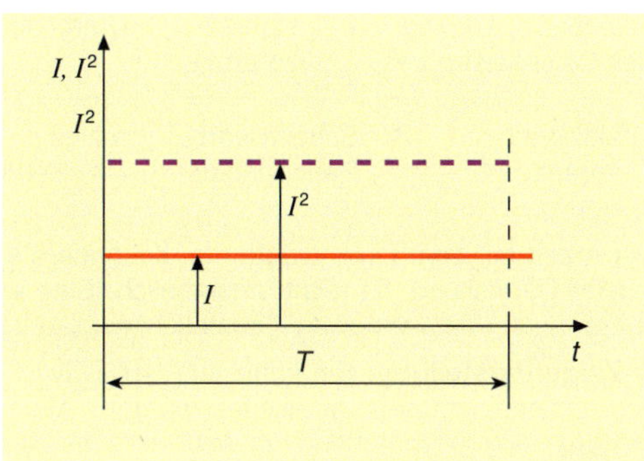
</td><td>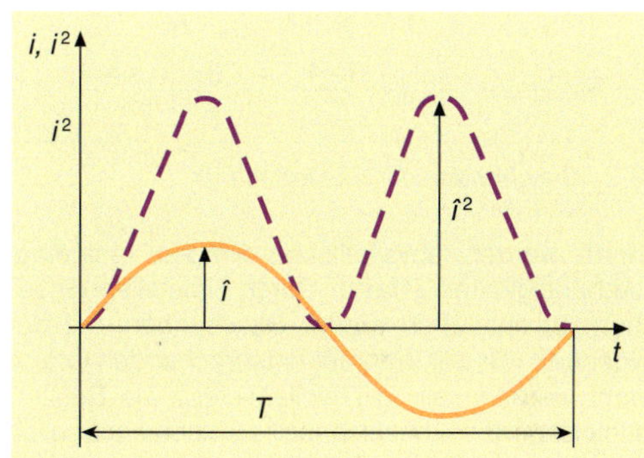
</td></tr>
<tr><td colspan="2">Die nach der Zeit $t = T$ in einem Widerstand $R = 1\Omega$ entwickelte Wärmearbeit</td></tr>
<tr><td>$W = I^2 \cdot T$</td><td>$W = \hat{i}^2 \cdot \sin^2 \omega t \cdot T$</td></tr>
<tr><td colspan="2">entspricht der Fläche zwischen der Zeitachse und</td></tr>
<tr><td>I^2-Linie</td><td>$\hat{i}^2 \cdot \sin^2 \omega t$-Linie</td></tr>
<tr><td>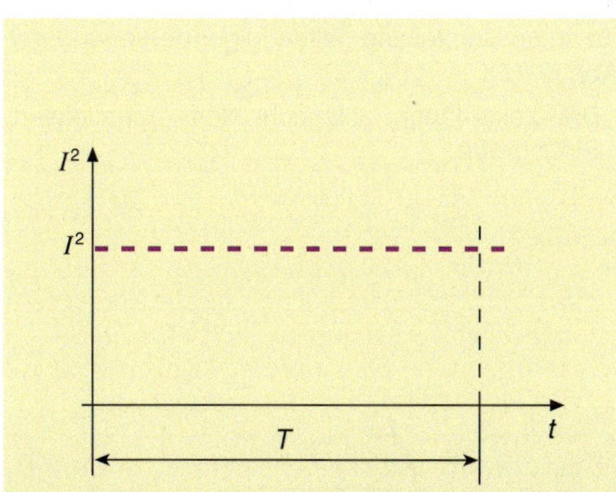
</td><td>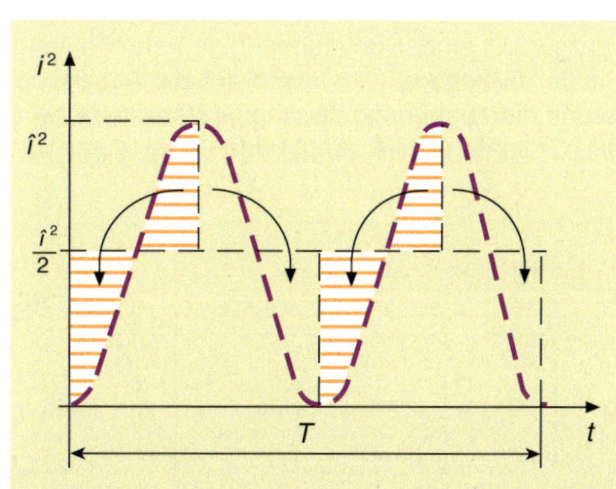
</td></tr>
<tr><td>Die Fläche ist das Rechteck mit den Seiten I^2 und T.</td><td>Die Fläche kann zu einem Rechteck mit den Seiten $\frac{\hat{i}^2}{2}$ und T gebildet werden.</td></tr>
</table>

Tab. 9-1 ***Wärmearbeit eines Gleich- und Wechselstromes***

9.1.4 Darstellung von sinusförmigen Größen

Uns begegneten bisher immer wieder Sachverhalte des Stromkreises, die recht abstrakt mathematisch als Gleichungen beschrieben wurden. Diese Gleichungen können ihrem Wesen nach als Definitions- oder Funktionsgleichung bezeichnet werden (Tab. 9-2).

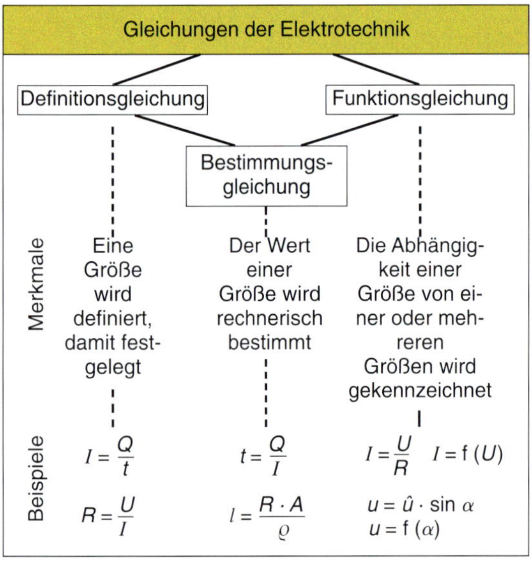

Tab. 9-2 ***Gleichungen der Elektrotechnik***

Mit ihnen werden physikalische Größen festgelegt oder Abhängigkeiten erfasst. Durch Umstellen dieser Gleichungen entstehen wieder Gleichungen, mit denen eigentlich nur der Wert der entsprechenden Größe bestimmt werden soll. Wir wollen diese als Bestimmungsgleichungen bezeichnen. Selbstverständlich können auch mithilfe der Definitions- oder Funktionsgleichungen Werte berechnet werden.

Eine besondere Rolle für das Verständnis von Zusammenhängen spielen die Funktionsgleichungen. Die in ihnen erfassten Abhängigkeiten werden dann anschaulich, wenn die Bilder dieser Gleichungen in einem Diagramm oder in einem Koordinatensystem grafisch dargestellt sind. Die unabhängige Veränderliche, z. B. α der Gleichung (9–1), wird auf die Abszissenachse und die zugehörige abhängige Veränderliche u auf die Ordinatenachse aufgetragen. Die durch die Wertepaare α und u bestimmten Punkte im Koordinatensystem werden zu einer Linie verbunden. Für den periodischen Vorgang einer sinusförmigen Spannung entsteht das

● **Liniendiagramm,** wie es in den Abb. 9-8 und 9-10 bereits dargestellt wurde. Dabei wird, wie aus der Mathematik bekannt ist, die Sinuskurve aus dem sog. Einheitskreis entwickelt. Auf die Verhältnisse der sinusförmigen Spannung übertragen, heißt das:

Der Radius des Kreises entspricht dem Scheitelwert $\hat{u}$ und die Länge der Lote zwischen den Schnittpunkten des Radius mit dem Kreis und der Waagerechten den Augenblickswerten (Abb. 9-14).

Durch ein Liniendiagramm wird jede Sinusgröße eindeutig erfasst, z. B. können aus der Abb. 9-13 der Scheitelwert der Spannung $\hat{u}$ = 325 V und die Periodendauer T = 20 ms abgelesen werden. Mit den Gleichungen (9-2) und (9-6) ergeben sich der Effektivwert U = 230 V und die Frequenz f = 50 Hz der dargestellten Wechselspannung.

Wir verallgemeinern:

Kenngrößen der Wechselspannung/des Wechselstromes		Darstellung im Liniendiagramm	Umrechnung
Effektivwert	⟹	Scheitelwert	⟹ $\sqrt{2}$
Frequenz	⟹	Periodendauer	⟹ Kehrwert

Die Arbeit mit dem Liniendiagramm, besonders seine exakte Darstellung, ist recht umständlich. Eine einfachere, auch übersichtlichere Darstellungsweise ist die

● **Zeigerdarstellung.** Sie kann aus der Entwicklung des Liniendiagramms abgeleitet werden. Man beschränkt sich entsprechend der Abb. 9-14 auf den linken Teil. Der Radius des Kreises in den unterschiedlichen Stellungen zur Waagerechten wird ein Zeiger.

Der Zeiger einer Sinusgröße ist eine gerichtete Strecke (Pfeil), die sich um ihren Anfangspunkt dreht.

Für seine Darstellung gelten folgende Vereinbarungen (Abb. 9-15):

– Die Zeigerlänge entspricht dem Scheitelwert der Sinusgröße.

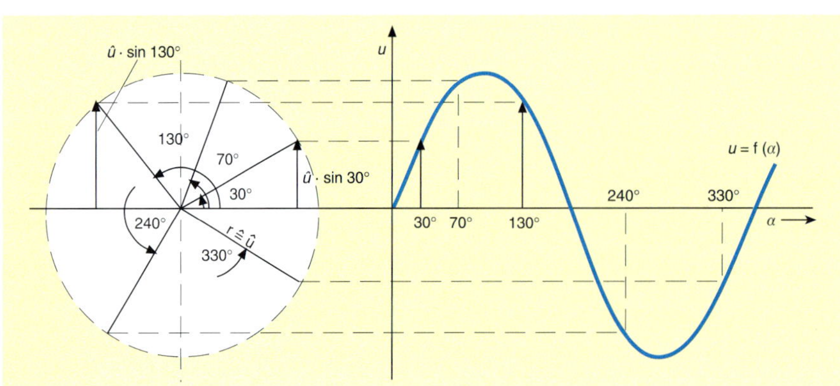

Abb. 9-14
Entstehung des Liniendiagramms

9

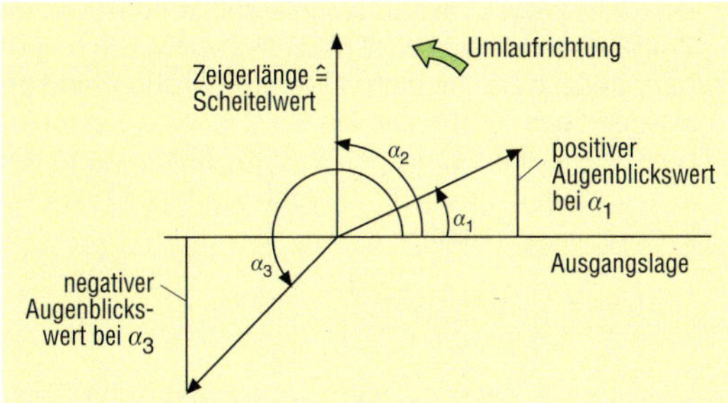

Abb. 9-15 ***Zeigerdarstellung einer sinusförmigen Größe***

- Der Zeiger dreht sich entgegen dem Uhrzeigersinn, d. h. in mathematisch positiver Richtung.
- Die Drehzahl des Zeigers entspricht der Frequenz der sinusförmigen Größe.
- Die Ausgangslage des Zeigers ist die Waagerechte nach rechts.

In der technischen Praxis müssen meist frequenzgleiche sinusförmige Größen dargestellt werden. Die Darstellung enthält dann **ruhende Zeiger,** deren Länge in der Regel auch dem Effektivwert entspricht. Der Vorteil der Darstellung von ruhenden Zeigern wird besonders bei der Addition von sinusförmigen Größen gleicher Frequenz deutlich.

9.1.5 Addition von frequenzgleichen sinusförmigen Größen

Werden in einem homogenen Magnetfeld zwei um einen Winkel von z. B. 60° versetzte Leiterschleifen gedreht, entstehen zwei Wechselspannungen (Abb. 9-16). Sie haben durch die starre Verbindung der Leiterschleifen die gleiche Frequenz und den gleichen Betrag (Effektivwert). Durch die unterschiedliche Stellung der Schleifen erreichen die Spannungen zu unterschiedlichen Zeiten ihren Nulldurchgang und ihren Scheitelwert. Die Spannungen sind um den Winkel von 60° phasenverschoben. Im gegebenen Beispiel eilt die Spannung der Leiterschleife 1 der der Leiterschleife 2 voraus. Die Spannung u_1 erreicht zeitlich früher ihren Nulldurchgang bzw. ihren Scheitelwert als u_2. Das entsprechende Linien- und Zeigerdiagramm sind in der Abb. 9-16 dargestellt.

Wechselgrößen sind dann phasenverschoben, wenn sie zu unterschiedlichen Zeiten ihren Nulldurchgang bzw. ihren Scheitelwert erreichen. Die Größe der Verschiebung wird durch den Phasenverschiebungswinkel angegeben.

Werden beide Leiterschleifen in Reihe geschaltet, entsteht aus den Spannungen u_1 und u_2 eine Gesamtspannung u_{ges}. Wie kann sie ermittelt werden und welche Merkmale wird sie aufweisen?

Verallgemeinernd stellen wir voran:

Alle Gesetze der Gleichstromtechnik gelten auch für die Augenblickswerte der Wechselgrößen.

Durch die Reihenschaltung der beiden Leiterschleifen addieren sich die Spannungen.

Aus der für **Gleichspannung** gültigen Gleichung

$$U_{ges} = U_1 + U_2$$

wird, bezogen auf die **Augenblickswerte der Wechselspannungen,**

$$u_{ges} = u_1 + u_2.$$

Im Liniendiagramm müssen punktweise unter Beachtung ihrer Vorzeichen die Augenblickswerte addiert werden (Abb. 9-17).

Es entsteht wieder eine Sinusspannung gleicher Frequenz, deren Effektivwert

$$U_{ges} = \frac{\hat{u}_{ges}}{\sqrt{2}}$$

ist und die gegenüber den Einzelspannungen phasenverschoben ist.

Wesentlich einfacher können der Effektivwert und die Phasenlage der Gesamtspannung mit der Darstellung ruhender Zeiger ermittelt werden. Ähnlich wie eine Gesamtkraft mit dem Kräfteparallelogramm bestimmt wird, werden die Spannungen U_1 und U_2 geometrisch, also zeichnerisch addiert (Abb. 9-18). Die Länge der Diagonalen des Parallelogrammes entspricht dem Effektivwert der Gesamtspannung, wenn auch die Zeigerlängen von U_1 und U_2 den Effektivwerten entsprechen. Der Winkel zwischen dem Zeiger U_1 bzw. U_2 und dem Zeiger U_{ges} kennzeichnet die Phasenlage der Gesamtspannung.

Im folgenden Lösungsbeispiel ist die Schrittfolge angegeben, wie mithilfe der Zeigerdarstellung sinusförmige Größen addiert werden können.

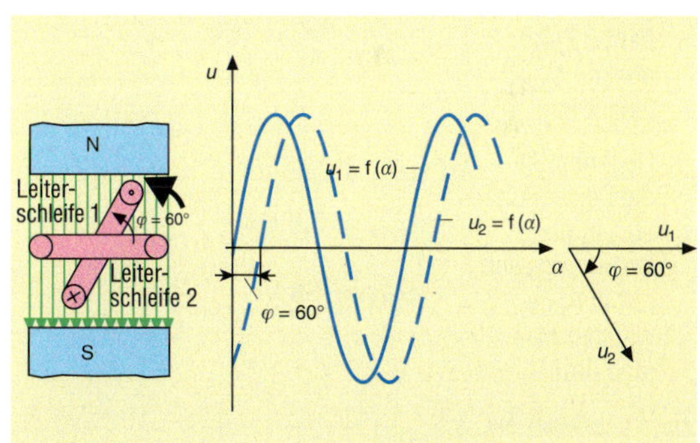

Abb. 9-16 ***Phasenverschobene Spannungen***

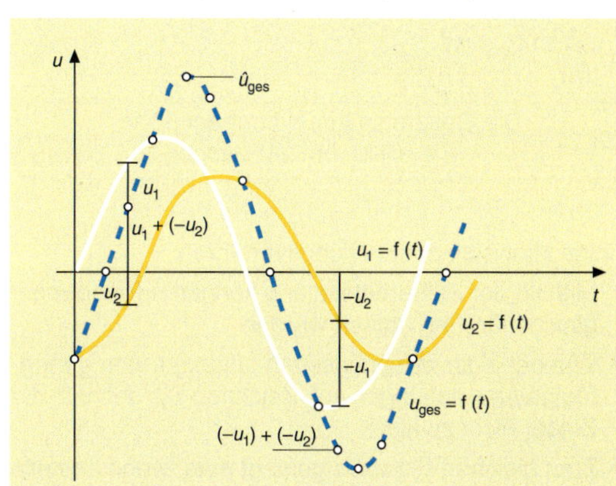

Abb. 9-17 ***Addition von Wechselspannungen***

Lösungsbeispiel:

Die Wechselspannung U_1 = 42 V eilt der frequenzgleichen Spannung U_2 = 24 V um 60° voraus. Wie groß sind die Gesamtspannung und ihr Phasenverschiebungswinkel, bezogen auf die Spannung U_1?

gegeben: $U_1 = 42$ V, $U_2 = 24$ V, $\varphi = 60°$ gesucht: U_{ges}, φ_{ges} = ?

Lösung:

Schrittfolge		Beispiel
1. Wählen Sie einen Maßstab!	⇒	10 V ≙ 1 cm
2. Berechnen Sie die Zeigerlängen mithilfe des Maßstabes!	⇒	$U_1 \triangleq 42\,\text{V} \cdot \frac{1\,\text{cm}}{10\,\text{V}} = 4{,}2\,\text{cm}$ $U_2 \triangleq 24\,\text{V} \cdot \frac{1\,\text{cm}}{10\,\text{V}} = 2{,}4\,\text{cm}$
3. Zeichnen Sie die Zeiger maßstabsgerecht unter Beachtung der Phasenlage der Spannungen!	⇒	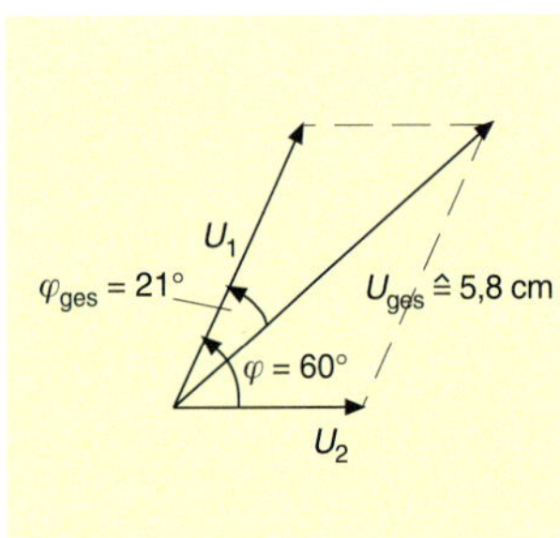
4. Bilden Sie das Parallelogramm und zeichnen Sie die Diagonale vom Ausgangspunkt beider Zeiger aus als U_{ges}-Zeiger ein!	⇒	Abb. 9-18
5. Rechnen Sie die Zeigerlänge U_{ges} in den Spannungswert mit dem gewählten Maßstab um!	⇒	$U_{ges} \triangleq 5{,}8\,\text{cm}$ $U_{ges} = 5{,}8\,\text{cm} \cdot \frac{10\,\text{V}}{1\,\text{cm}}$ $U_{ges} = \underline{\underline{58\,\text{V}}}$
6. Bestimmen Sie mit dem Winkelmesser den Winkel zwischen U_{ges} und U_1!	⇒	$\varphi_{ges} = 21°$

Die Gesamtspannung beträgt 58 V.
Sie eilt U_1 um 21° nach.

Einige Hinweise zum Lösungsverfahren:

- Mithilfe der Zeigerdarstellung können nur frequenzgleiche Größen addiert werden.
- Wie bei jeder zeichnerischen Lösung treten geringfügige Abweichungen auf. Zeichnen Sie deshalb die Zeiger nicht zu klein.
- Zum gleichen Ergebnis gelangt man, wenn anstelle des 4. Lösungsschrittes der zu addierende Zeiger unter Beibehaltung von Größe und Richtung mit seinem Ausgangspunkt an die Pfeilspitze des anderen Zeigers verschoben wird (Abb. 9-19). Dadurch können besonders einfach mehrere Größen addiert werden (Abb. 9-20). Die Reihenfolge des Verschiebens der Zeiger kann beliebig gewählt werden, da in einer Summe die Summanden vertauscht werden können. Es gilt also

$$U_{ges} = U_1 \hat{+} U_2 \hat{+} U_3 \hat{+} U_4 \quad \text{oder}$$
$$U_{ges} = U_2 \hat{+} U_1 \hat{+} U_4 \hat{+} U_3.$$

Das Symbol $\hat{+}$ kennzeichnet die geometrische Addition.

- Die geometrische Subtraktion ($\hat{-}$) von Wechselgrößen ist auf eine Addition mit einem entgegengesetzt gerichteten Zeiger zurückzuführen; denn es ist
  $U_{ges} = U_1 \hat{-} U_2$ oder $U_{ges} = U_1 \hat{+} (-U_2)$.
- Die im Beispiel gegebenen Spannungen können durch alle anderen sinusförmigen Größen wie z. B. Ströme, Leistungen usw. ersetzt werden.

Aus der Zeigerdarstellung können auch Gleichungen für die rechnerische Lösung der Addition von sinusförmigen Größen abgeleitet werden. Besonders für die folgenden drei ausgewählten Phasenverschiebungswinkel sind die Gleichungen leicht zu bestimmen:

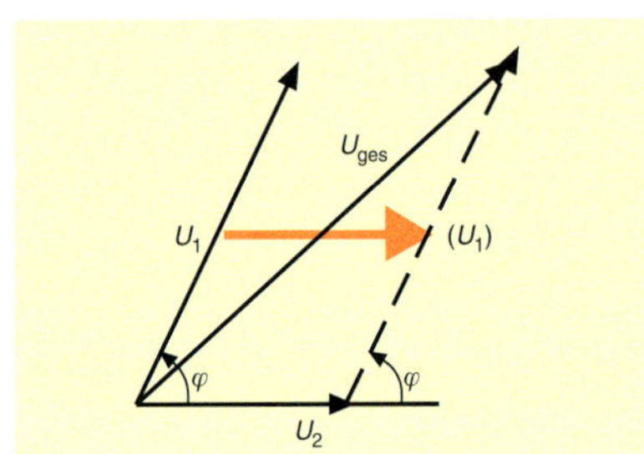

Abb. 9-19 ***Ermittlung der Gesamtspannung (Lösungsbeispiel)***

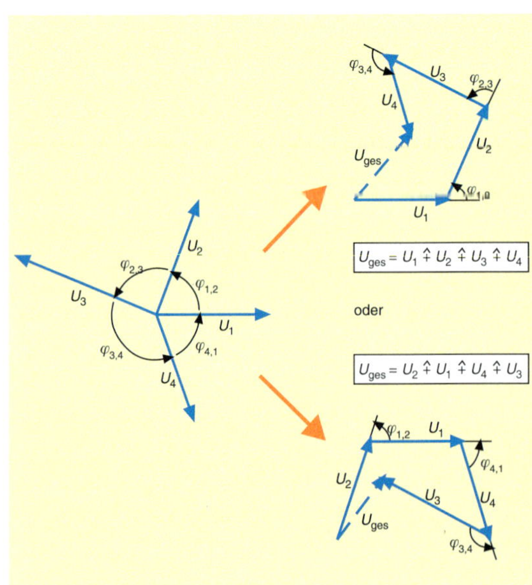

Abb. 9-20 ***Addition mehrerer Wechselspannungen***

Phasenverschiebung $\varphi = 0°$

$$U_{ges} = U_1 + U_2 \qquad \text{9–8}$$

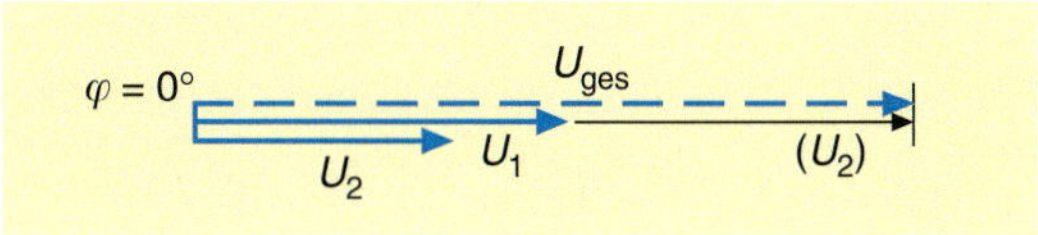

Abb. 9-21

Phasenverschiebung $\varphi = 90°$

$$U_{ges} = \sqrt{U_1^2 + U_2^2} \qquad \text{9–9}$$

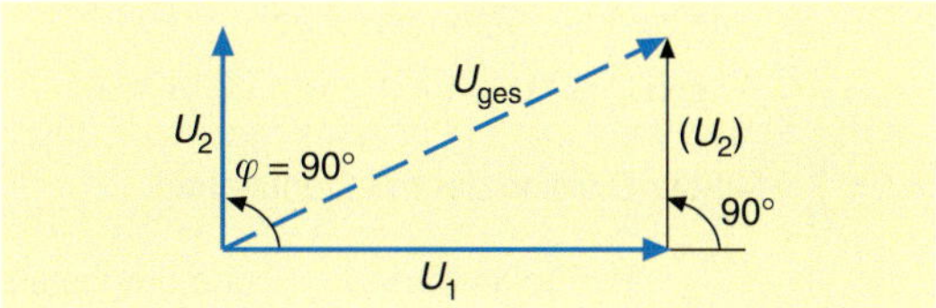

Abb. 9-22

Phasenverschiebung $\varphi = 180°$

$$U_{ges} = U_1 - U_2 \qquad \text{9–10}$$

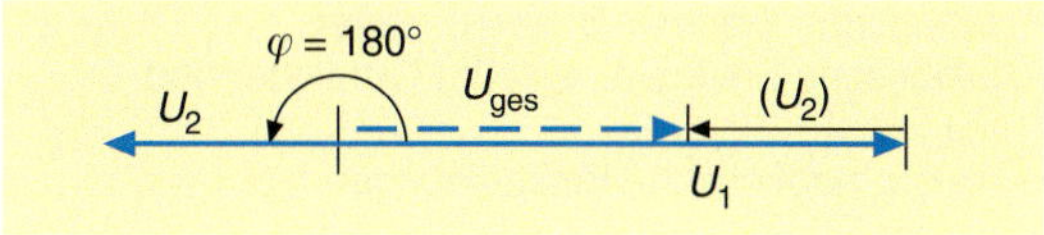

Abb. 9-23

Bei einem beliebigen Phasenverschiebungswinkel φ bilden die Zeiger von U_1; U_2 und U_{ges} ein schiefwinkeliges Dreieck, deshalb muss die Berechnungsgleichung (9–11) für die Gesamtspannung aus dem Cosinussatz abgeleitet werden.

$$U_{ges} = \sqrt{U_1^2 + U_2^2 + 2 \cdot U_1 \cdot U_2 \cdot \cos\varphi} \qquad \text{9–11}$$

Kontrolle des Ergebnisses vom Lösungsbeispiel der Seite 134:

$$U_{ges} = \sqrt{(42\ \text{V})^2 + (24\ \text{V})^2 + 2 \cdot 42\ \text{V} \cdot 24\ \text{V} \cdot \cos 60°}$$
$$U_{ges} = \underline{\underline{57{,}86\ \text{V}}}$$

9

AUFGABEN

9.1 Welche Unterschiede bestehen zwischen Strömen, die als Zeiger mit unterschiedlicher Zeigerlänge und Richtung dargestellt sind?

9.2 Zeichnen Sie das Liniendiagramm und das Zeigerbild der frequenzgleichen Spannungen U_1 und U_2, die folgende Bedingungen erfüllen: U_2 größer als U_1
U_2 eilt U_1 um 45° voraus.

9.3 Die Addition zweier frequenzgleicher Spannungen ergibt null. Wie ist das möglich?

9.4 In einem Leiter überlagern sich drei frequenzgleiche Ströme von je 6 A.
Es bestehen die Phasenverschiebungswinkel $\varphi_{12} = 60°$ und $\varphi_{23} = 60°$.
Bestimmen Sie mithilfe der Zeigerdarstellung den Gesamtstrom.

9.5 Welchen Gesamtwert ergeben die nachstehenden Teilströme unter Berücksichtigung des Phasenverschiebungswinkels, und unter welchem Winkel eilt der Gesamtstrom dem Teilstrom I_1 voraus?

	a)	b)	c)
$I_1 =$	100 mA	2,2 A	4 A
$I_2 =$	150 mA	1,1 A	3,3 A
$\varphi =$	60°	75°	120°

Lösen Sie die Aufgaben zeichnerisch.

9.6 Durch eine Reihenschaltung addieren sich die frequenzgleichen Spannungen U_1 = 18 V und U_2 = 24 V. In welchem Bereich kann der Betrag der Gesamtspannung liegen, wenn sowohl Phasengleichheit als auch jede beliebige Phasenverschiebung zwischen U_1 und U_2 auftreten kann? Begründen Sie Ihre Antwort.

9.7 In einem Dreileiternetz sind die Leiterspannungen $U_{1,2}$; $U_{2,3}$ und $U_{3,1}$ gegenseitig um 120° phasenverschoben. Bestimmen Sie zeichnerisch die geometrische Summe der drei Spannungen.

9.8 Erläutern Sie die Begriffe Effektivwert und Frequenz.

9.9 Nennen Sie die Vorteile einer sinusförmigen Spannung gegenüber anderen Wechselspannungsformen.

9.10 Beschreiben Sie das Grundprinzip, nach dem eine sinusförmige Wechselspannung erzeugt werden kann.

9.11 Welche Merkmale weisen phasenverschobene Wechselgrößen auf? Wie wird der Betrag der Phasenverschiebung erfasst?

9.12 Der Wechselstrom I_1 erreicht 0,8 ms nach dem Strom I_2 den Nulldurchgang. Wie groß ist der Phasenverschiebungswinkel zwischen beiden Strömen, deren Frequenz 60 Hz beträgt?

9.13 In dem vierpoligen Feld der Abb. 9-12 wird eine zweite Leiterschleife angeordnet, die gegenüber der ersten einen Winkel von 60° bildet. Welcher Phasenverschiebungswinkel entsteht zwischen den in den Leiterschleifen induzierten Wechselspannungen?

9.2 Gesetzmäßigkeiten der Grundschaltelemente

Die Vielfalt der elektrischen Erscheinungen in den Stromkreisen können prinzipiell auf
- elektrische Erscheinungen im Leiter,
- elektrische Erscheinungen im Nichtleiter und auf
- elektromagnetische Erscheinungen

zurückgeführt werden.

Konzentrieren wir diese Erscheinungen auf Bauelemente, dann sind diese Bauelemente durch die typischen Bau- oder Konstruktionsgrößen
- Widerstand R,
- Kapazität C und
- Induktivität L

gekennzeichnet.

9

Wie man am Beispiel der Spule als Bauelement (Abb. 9-24) anschaulich nachweisen kann, entstehen die o. g. Erscheinungen stets gleichzeitig, jedoch mit recht unterschiedlicher Intensität.

Für die Spule ist bei hinreichendem Drahtquerschnitt die Wärmewirkung und durch die Dicke der Drahtisolation die Kondensatorwirkung benachbarter Windungen so unbedeutend, dass zum besseren Verständnis der Gesetzmäßigkeiten des Wechselstromkreises die Spule als ideales Grundschaltelement mit der typischen Kenngröße „Induktivität“ aufgefasst werden kann. Analog betrachten wir den Widerstand und die Kapazität ebenfalls als ideale Schaltelemente.

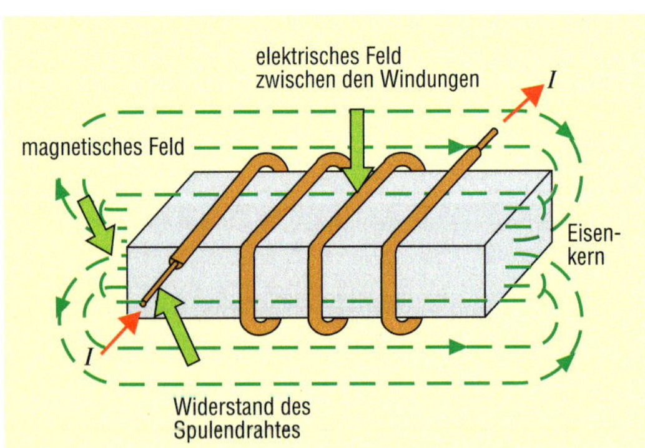

Abb. 9-24 ***Spule als Bauelement***

9.2.1 Ohmscher Widerstand (Wirkwiderstand)

Gleichstromkreis

Das Strom-Spannungsverhalten des Widerstandes wird durch die aus dem Ohm'schen Gesetz abgeleitete Funktionsgleichung

$I = \frac{U}{R}$ beschrieben.

Wechselstromkreis

Diese Abhängigkeit gilt im Wechselstromkreis nur für die Augenblickswerte:

$i = \frac{u}{R}$.

Bei einer vorgegebenen Wechselspannung $u = \hat{u} \cdot \sin \omega t$ wird sich der entstehende Strom ebenfalls sinusförmig ändern, da

$i = \frac{\hat{u} \cdot \sin \omega t}{R}$ oder $i = \frac{\hat{i}}{R} \cdot \sin \omega t$ ist.

Für $\omega t = \widehat{\alpha} = 0$ ist der Augenblickswert der Spannung $u = 0$
und auch der Augenblickswert des Stromes $i = 0$.

Bei $\omega t = \widehat{\alpha} = \frac{\pi}{2}$ ist $u = \hat{u}$ und $i = \hat{i}$.

Wir erkennen:

1. Der Strom und die Spannung erreichen zu gleichen Zeiten ihren Nulldurchgang bzw. ihren Höchstwert.

2. Der Scheitelwert des Stromes ist bei
   $\omega t = \frac{\pi}{2}$ $\left(\sin \frac{\pi}{2} = 1\right)$
   $\hat{i} = \frac{\hat{u}}{R}$. Mit der Division durch $\sqrt{2}$ entstehen
   $\frac{\hat{i}}{\sqrt{2}} = \frac{\hat{u}}{\sqrt{2} \cdot R}$ die Effektivwerte $I = \frac{U}{R}$ und umgestellt
   $R = \frac{U}{I}$.
   Dies ist die Definitionsgleichung des Widerstandes.

Um auf eine Größe des Wechselstromkreises aufmerksam zu machen, wird diese Größe als **ohmscher Widerstand** oder, wie später nachgewiesen wird, als **Wirkwiderstand** bezeichnet. Alle Teile eines Stromkreises, in denen elektrische Energie in Wärmeenergie und im Sonderfall in mechanische Energie umgewandelt wird, wirken als ohmscher Widerstand. Sein Betrag ist sowohl im Gleichstromkreis als auch im Wechselstromkreis gleich, da bei gleichen Spannungsbeträgen gleiche Strombeträge entstehen.

Wir fassen zusammen (Tab. 9-3):

Merkmale des ohmschen Widerstandes R		
Phasenlage von U und I	Zeigerbild	Frequenzabhängigkeit
Der Strom I und die Spannung U liegen in Phase.	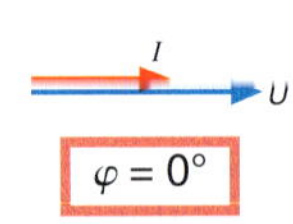	R ist frequenzunabhängig 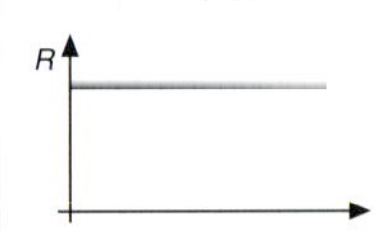

Tab. 9-3 ***Merkmale des ohmschen Widerstandes***

9.2.2 Kondensator im Wechselstromkreis

Gleichstromkreis

Der Kondensator mit der Kapazität C als Bauelement sperrt, durch den Aufbau bedingt, den Gleichstrom. Bei einer Spannungsänderung ΔU ändert sich jedoch die auf den Platten gespeicherte Ladungsmenge. Im Stromkreis bewegen sich jetzt die Ladungen. Es fließt ein Strom. Das Strom-Spannungsverhalten wird durch die Gleichung

$I = C \cdot \frac{\Delta U}{\Delta t}$ beschrieben.

Wechselstromkreis

Diese Gleichung ist im Wechselstromkreis für die Augenblickswerte gültig:

$i = C \cdot \frac{\Delta u}{\Delta t}$.

Entscheidend für die Beurteilung des Verhaltens der Kapazität bei einer angelegten Wechselspannung ist die Geschwindigkeit, mit der sich ihre Augenblickswerte ändern. Dass diese Änderungsgeschwindigkeit bei einer sinusförmigen Spannung nicht konstant sein kann, lässt sich leicht nachweisen.

Annahme: $\frac{\Delta u}{\Delta t}$ = konstant. Nach $i = C \cdot \frac{\Delta u}{\Delta t}$ muss dann auch der Betrag des Stromes konstant sein; d. h. eine Wechselspannung würde einen Gleichstrom im Stromkreis hervorrufen. Unsere Annahme muss falsch sein.

Um zu einer sicheren Aussage über die Änderungsgeschwindigkeit der Spannung zu gelangen, betrachten wir die Spannungsänderung Δu in gleichen Zeitabständen Δt (Abb. 9-25).

$\Delta t_1 = \Delta t_2 = \Delta t_3 = \Delta t$, aber $\Delta u_3 > \Delta u_1 > \Delta u_2$ und damit auch die Änderungsgeschwindigkeiten

$$\frac{\Delta u_3}{\Delta t} > \frac{\Delta u_1}{\Delta t} > \frac{u_2}{\Delta t}.$$

Wir erkennen bei hinreichend kleinen Zeiteinheiten Δt:

1. Im Betrachtungszeitpunkt A ist

   $u = \hat{u}$, aber $\frac{\Delta u_2}{\Delta t} = 0$

   und nach $i = C \cdot \frac{\Delta u}{\Delta t}$ auch $i = 0$.

   Im Betrachtungszeitpunkt B ist

   $u = 0$, aber $\frac{\Delta u_3}{\Delta t}$ = maximal und damit $i = \hat{\imath}$.

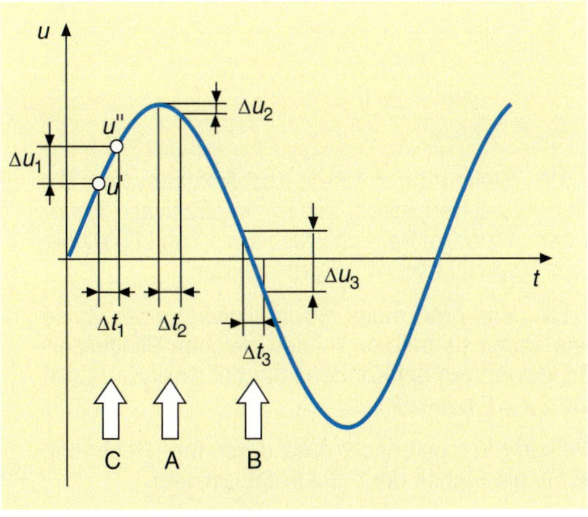

Abb. 9-25 ***Änderungsgeschwindigkeit der Sinusspannung***

Der Strom und die Spannung erreichen zu unterschiedlichen Zeiten ihren Nulldurchgang bzw. ihren Höchstwert. U und I sind um 90° phasenverschoben.

2. Im Betrachtungszeitraum C ist die Spannungsänderung $\Delta u_1 = u'' - u'$ positiv, da $u'' > u'$ ist. Somit ist auch die Änderungsgeschwindigkeit $\frac{\Delta u_1}{\Delta t}$ und der Augenblickswert des Stromes i positiv. Der Strom I eilt der Spannung U voraus.

3. Im Nulldurchgang der Spannung ist ihre Änderungsgeschwindigkeit am größten, somit auch der Augenblickswert des Stromes:

   $u = 0 \rightarrow \frac{\Delta u}{\Delta t} = \text{maximal} \rightarrow i = \text{maximal}$, d. h. $i = \hat{\imath}$.

   Die o. g. Gleichung geht in folgende Form über:

   $\hat{\imath} = C \cdot \left(\frac{\Delta u}{\Delta t}\right)_{max}$.

   Da für sehr kleine Winkel $\widehat{\alpha}$ (Nulldurchgang)

   $\sin \widehat{\alpha} = \widehat{\alpha} = \omega t$ ist,

   wird aus $u = \hat{u} \cdot \sin \omega t$

   $u = \hat{u} \cdot \omega t$

   und bei zeitlicher Änderung Δt

   $\Delta u = \hat{u} \cdot \omega \cdot \Delta t$.

   Die Änderungsgeschwindigkeit der Spannung im Nulldurchgang ist

   $\left(\frac{\Delta u}{\Delta t}\right)_{max} = \hat{u} \cdot \omega$

   und $\hat{\imath} = C \cdot \hat{u} \cdot \omega$.

   Durch Umformen entsteht

   $\frac{\hat{u}}{\hat{\imath}} = \frac{U}{I} = \frac{1}{\omega \cdot C}$.

   Da der Quotient $\frac{U}{I}$ allgemein als Widerstand definiert ist, wirkt der Kondensator mit der Kapazität C im Wechselstromkreis als frequenzabhängiger Widerstand. Er wird als **kapazitiver Blindwiderstand**

   $$X_C = \frac{1}{\omega \cdot C} \qquad \text{(9-12)}$$

   bezeichnet.

   Seine Einheit ist nach Gleichung (9–12)

   $[X_C] = \frac{1}{1 \cdot s^{-1} \cdot F}$, mit $1\,F = \frac{1 \cdot As}{V}$

   $[X_C] = \frac{1 \cdot V}{1 \cdot s^{-1} \cdot As} = 1\,\Omega$.

Beachten Sie, dass dieser Blindwiderstand nicht nur eine materialbedingte Eigenschaft wie der ohmsche Widerstand ist. X_C spiegelt die Frequenzabhängigkeit des Stromes im Kondensatorkreis wider. Bei $f = 0$ ist $\omega = 0$ und X_C nimmt einen unendlich großen Widerstandswert an. Wir erinnern uns, dass der Kondensator den Gleichstrom sperrt. Bei steigender Frequenz sinkt dagegen X_C.

9

Wir fassen zusammen (Tab. 9-4):

Merkmale des kapazitiven Blindwiderstandes X_C		
Phasenlage von I und U	Zeigerbild	Frequenzabhängigkeit
Der Strom I eilt der Spannung U voraus. Sie sind phasenverschoben.	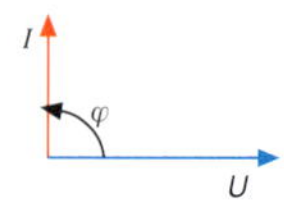 $\varphi = 90°$	$X_C = \frac{1}{\omega \cdot C}$ $f\uparrow \rightarrow X_C\downarrow$ 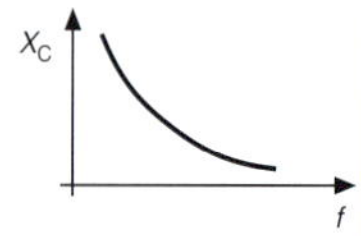

Tab. 9-4 ***Merkmale des kapazitiven Blindwiderstandes***

9.2.3 Spule im Wechselstromkreis

9

Gleichstromkreis

Über einer Spule mit der Induktivität L entsteht dann ein Spannungsfall U, wenn der fließende Strom sich ändert. Das Strom-Spannungsverhalten beschreiben wir durch die Gleichung

$$U = L \cdot \frac{\Delta I}{\Delta t}.$$

Wechselstromkreis

Diese Gleichung ist im Wechselstromkreis für die Augenblickswerte gültig:

$$u = L \cdot \frac{\Delta i}{\Delta t}$$

Entscheidend für die Beurteilung des Verhaltens der Induktivität bei einem fließenden Strom ist die Geschwindigkeit, mit der sich seine Augenblickswerte ändern. Wir kommen damit zu analogen Aussagen, wie wir sie bei der Kapazität gefunden haben.

1. Bei $i = \hat{\imath}$ ist $\frac{\Delta i}{\Delta t} = 0$ und nach $u = L \cdot \frac{\Delta i}{\Delta t}$ auch $u = 0$.

   Bei $i = 0$ ist $\frac{\Delta i}{\Delta t}$ = maximal und damit $u = \hat{u}$.

Der Strom und die Spannung erreichen zu unterschiedlichen Zeiten ihren Nulldurchgang bzw. ihren Höchstwert. Die Spannung (Spannungsfall) U eilt dem Strom I um 90° voraus.

2. Im Nulldurchgang des Stromes ist

   $\hat{u} = L \cdot \left(\frac{\Delta i}{\Delta t}\right)_{max}.$

   Mit $\left(\frac{\Delta i}{\Delta t}\right)_{max} = \hat{\imath} \cdot \omega$ wird

   $\hat{u} = L \cdot \hat{\imath} \cdot \omega$ und

   $\frac{\hat{u}}{\hat{\imath}} = \frac{U}{I} = \omega \cdot L.$

Da, wie bekannt, der Quotient $\frac{U}{I}$ als Widerstand definiert ist, wirkt die Induktivität im Wechselstromkreis als frequenzabhängiger Widerstand und wird als **induktiver Blindwiderstand**

$$X_L = \omega \cdot L \qquad (9\text{–}13)$$

bezeichnet.

Seine Einheit ist nach Gleichung (9–13)

$[X_L] = 1 \cdot s^{-1} \cdot H$, mit $1 H = \frac{1 \cdot Vs}{A}$

$[X_L] = 1 \cdot s^{-1} \cdot \frac{Vs}{A} = 1\,\Omega$.

Auch der induktive Blindwiderstand ist nicht nur eine materialbedingte Eigenschaft, sondern erfasst die Frequenzabhängigkeit des Spannungsfalls über einer Induktivität.

Bei $f = 0$ ist $\omega = 0$ und $X_L = 0$. Ein Gleichstrom wird damit durch eine Induktivität nicht beeinflusst.

Wir fassen zusammen (Tab. 9-5):

Merkmale des induktiven Blindwiderstandes X_L		
Phasenlage von U und I	Zeigerbild	Frequenzabhängigkeit
Der Strom I eilt der Spannung U nach. Sie sind phasenverschoben.	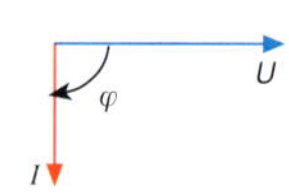 $\varphi = 90°$	$X_L = \omega \cdot L$ $f\uparrow \rightarrow X_L\uparrow$ 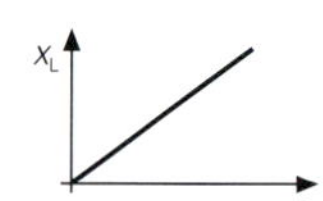

Tab. 9-5 ***Merkmale des induktiven Blindwiderstandes***

AUFGABEN

9.14 Erläutern Sie, warum die Grundschaltelemente als ideale Schaltelemente betrachtet werden müssen.

9.15 Bei Messungen an einer Spule verringerte sich trotz konstantem Effektivwert der Spannung der fließende Strom. Worin liegt die Ursache?

9.16 An einem Kondensator und an einer Spule änderte sich die Frequenz der Spannung um 20 %. Untersuchen Sie, ob bei beiden Grundschaltelementen die gleiche prozentuale Änderung des Blindwiderstandswertes entsteht.

9.17 Stellen Sie in einem Koordinatensystem die Frequenzabhängigkeit eines kapazitiven Blindwiderstandes im Bereich zwischen 10 und 60 Hz bei einer Kapazität von 4 µF grafisch dar.

9.18 Wie groß muss die Induktivität einer Spule sein, damit sie bei 100 Hz den gleichen Blindwiderstandswert wie ein Kondensator mit einer Kapazität von 2,4 µF besitzt?

Weisen Sie exakt nach, dass durch Ihre Rechnung Henry als Einheit der Induktivität entsteht.

9.3 Technische Bauelemente im Wechselstromkreis

Wie im Abschnitt 9.2 bereits nachgewiesen wurde, treten die elektrischen Erscheinungen im Leiter und im Nichtleiter sowie die elektromagnetischen Erscheinungen stets gleichzeitig, jedoch mit unterschiedlicher Intensität auf. Deshalb können die technischen Bauelemente mit ihren komplexen Widerständen als eine Zusammenschaltung der Grundschaltelemente R, X_L und X_C betrachtet werden. Diese Zusammenschaltungen können sehr vielfältig sein.

Im Folgenden sollen an ausgewählten Beispielen

- die Phasenbeziehungen der Ströme und Spannungen untersucht werden. Das Ergebnis ist das Zeigerbild der Schaltung.
- durch Berechnungsgleichungen weiterhin die Abhängigkeiten zwischen den Größen bestimmt werden.

9.3.1 Reihenschaltungen von Widerständen

Wie im Gleichstromkreis ist eines der wesentlichen Merkmale der Reihenschaltung, dass der Strom an allen Stellen der Schaltung gleich ist. Es gibt nur einen Strom. Deshalb wird bei der Darstellung der elektrischen Größen im Zeigerbild stets der Strom als Bezugsgröße gewählt.

Die Reihenschaltung aus R, X_L und X_C kann vereinfacht werden

- zur Reihenschaltung von R und X_L ($X_C = 0$) als Ersatzschaltung einer realen Spule und
- zur Reihenschaltung von R und X_C ($X_L = 0$) als Spannungsteiler im Wechselstromkreis.

Die Reihenschaltung von X_L und X_C ist technisch nicht relevant, da durch die Schaltverbindungen und durch die reale Spule stets ein ohmscher Widerstand auftreten wird.

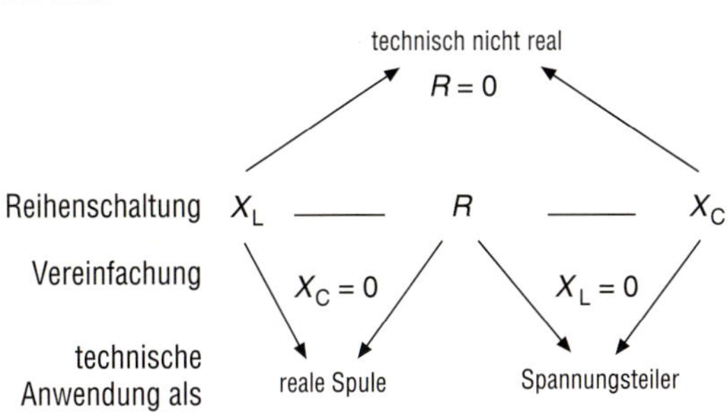

■ Reihenschaltung von R, X_L und X_C

Durch die Reihenschaltung von R, X_L und X_C (Abb. 9-26) wird die anliegende Spannung U in die Spannungen U_R, U_L und U_C geteilt.

Zur Entwicklung des Zeigerbildes beachten wir die im Abschnitt 9.2 nachgewiesenen Phasenbeziehungen.

Es müssen deshalb

- der Zeiger U_R in Richtung des Zeigers I (U und I am ohmschen Widerstand sind phasengleich),
- der Zeiger U_L 90° voreilend (I eilt U am induktiven Blindwiderstand um 90° nach),
- der Zeiger U_C 90° nacheilend (I eilt U am kapazitiven Blindwiderstand um 90° voraus)

gezeichnet werden (Abb. 9-27).

Die geometrische Summe der Teilspannungen U_R, U_L und U_C bildet die Gesamtspannung U. Man erkennt aus dem rechtwinkligen Dreieck mit der Hypotenuse U und den Katheten U_R und $(U_L - U_C)$ folgenden Zusammenhang:

$$U^2 = U_R^2 + (U_L - U_C)^2$$

$$U = \sqrt{U_R^2 + (U_L - U_C)^2} \qquad \text{I 9-14}$$

Da die Spannungsfälle das Produkt aus Stromstärke mal Widerstand sind, gilt nach dem Einsetzen von

$$U_R = I \cdot R; \; U_L = I \cdot X_L \text{ und } U_C = I \cdot X_C$$

$$U = \sqrt{I^2 \cdot R^2 + I^2 \cdot (X_L - X_C)^2}$$

$$= I \cdot \sqrt{R^2 + (X_L - X_C)^2}$$

$$\frac{U}{I} = \sqrt{R^2 + (X_L - X_C)^2}$$

Der Quotient $U : I$ ist definitionsgemäß ein Widerstand, hier der sog. **Scheinwiderstand Z**, der als Rechengröße dem Gesamtwiderstand der Reihenschaltung entspricht.

$$Z = \frac{U}{I}$$

$$Z = \sqrt{R^2 + (X_L - X_C)^2} \qquad \text{I 9-15}$$

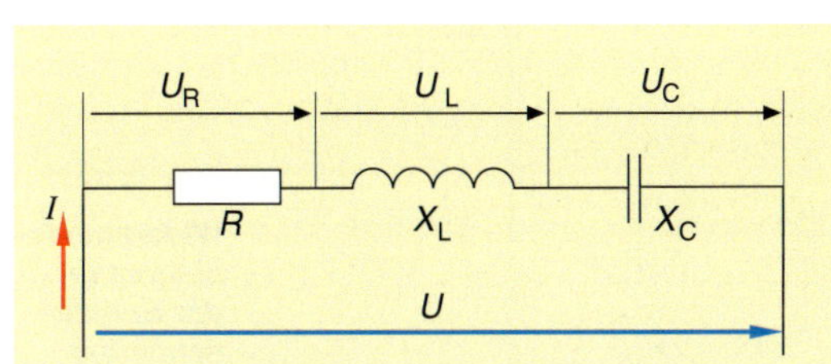

Abb. 9-26 ***Reihenschaltung von R, X_L und X_C***

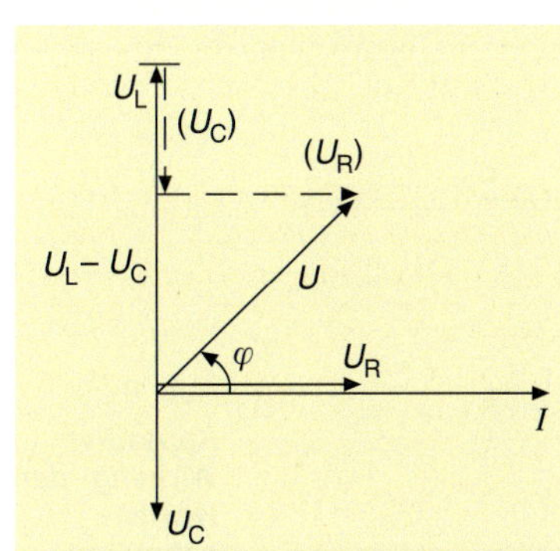

Abb. 9-27 ***Zeigerbild der Reihenschaltung von R, X_L und X_C***

Die Gleichung (9–15) wird durch das Widerstandsdiagramm bestätigt (Abb. 9-28), das durch das Zeigerbild 9-27 entsteht, wenn alle Spannungsgrößen durch die Stromstärke dividiert werden.

Anhand der Abb. 9-27 und 9-28 berechnet sich der Phasenverschiebungswinkel φ zwischen der Spannung U und der Stromstärke I nach den Gleichungen

$$\cos\varphi = \frac{U_R}{U} \quad \text{oder} \quad \cos\varphi = \frac{R}{Z} \qquad \text{9–16}$$

Die unterschiedlichen Beträge von R, X_L und X_C können zu folgenden interessanten Erscheinungen führen:

1. Der Scheinwiderstand Z als Gesamtwiderstand der Schaltung kann kleiner als einer der Blindwiderstände X_L oder X_C sein. Er ist aber immer größer oder gleich dem ohmschen Widerstand: $Z \geq R$.
2. In der Reihenschaltung können die Teilspannungen U_L oder U_C größer als die anliegende Gesamtspannung U sein. Dies ist im Gleichstromkreis niemals möglich. Dort sind die Teilspannungen stets kleiner als die Gesamtspannung.
3. Ist X_L größer als X_C, eilt die Spannung U dem Strom I voraus (vgl. Abb. 9-27). Die gesamte Schaltung wirkt induktiv. Die kapazitive Wirkung ist durch das induktive Schaltelement kompensiert worden.
4. Bei X_C größer als X_L ist der Phasenverschiebungswinkel negativ. Der Strom I eilt der Spannung U voraus (Abb. 2-29). Die Reihenschaltung wirkt kapazitiv.
5. Bei Gleichheit von X_L und X_C sind die Spannungen über den Blindwiderständen gleich groß. Die anliegende Spannung U ist gleich der Teilspannung U_R. Jetzt ist nur der ohmsche Widerstand wirksam. Die induktive und kapazitive Wirkung heben sich vollständig gegenseitig auf. Der Strom und die Spannung liegen in Phase.

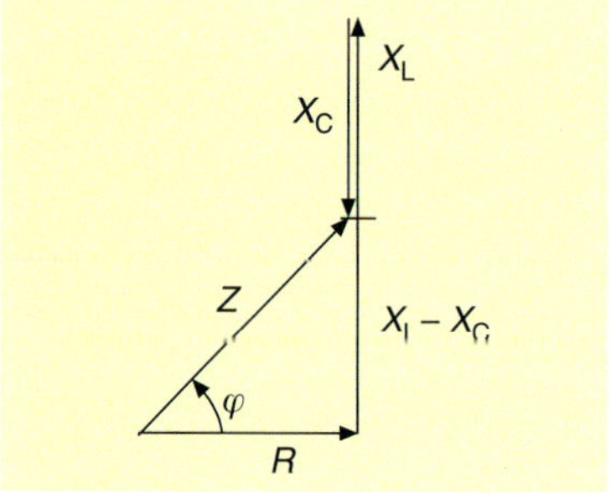

Abb. 9-28 ***Widerstandsdiagramm der Reihenschaltung von R, X_L und X_C***

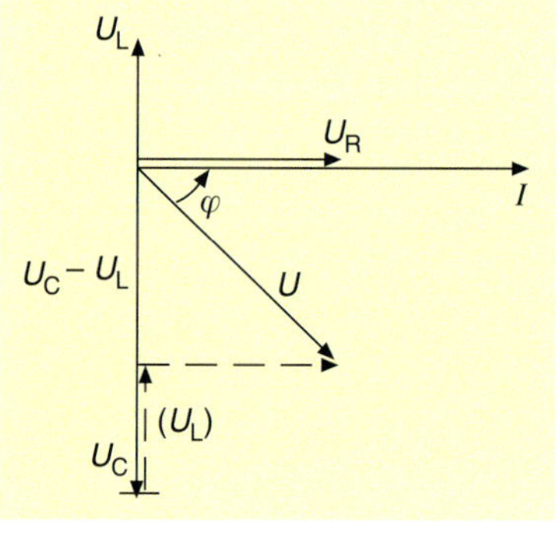

Abb. 9-29 ***Kapazitive Wirkung der Reihenschaltung***

Lösungsbeispiel:

An einer Reihenschaltung mit einem ohmschen Widerstand von 200 Ω, einer Induktivität von 4,8 H und einer Kapazität von 4,2 μF wird eine Spannung von 60 V mit einer Frequenz von 50 Hz angelegt.
Wie groß sind die Widerstände, die Stromstärke, die Spannungsfälle über den Widerständen und der Phasenverschiebungswinkel zwischen Strom und Spannung? Wirkt diese Schaltung kapazitiv oder induktiv?

gegeben: $R = 200\ \Omega$, $L = 4{,}8\ \text{H}$, $C = 4{,}2\ \mu\text{F}$, $U = 60\ \text{V}$, $f = 50\ \text{Hz}$

gesucht: X_L, X_C, Z, I, φ

Lösung:

$X_L = \omega \cdot L \qquad X_L = 2 \cdot \pi \cdot 50 \cdot \text{Hz} \cdot 4{,}8 \cdot \text{H} \qquad X_L = \underline{\underline{1508\ \Omega}}$

$X_C = \dfrac{1}{\omega \cdot C} \qquad X_C = \dfrac{1}{2 \cdot \pi \cdot 50 \cdot \text{Hz} \cdot 4{,}2 \cdot 10^{-6}\,\text{F}}$

$X_C = \underline{\underline{757{,}8\ \Omega}}$

$Z = \sqrt{R^2 + (X_L - X_C)^2}$

$Z = \sqrt{(200\ \Omega)^2 + (1508\ \Omega - 758\ \Omega)^2} \qquad Z = \underline{\underline{776\ \Omega}}$

$I = \dfrac{U}{Z} \qquad I = \dfrac{60\ \text{V}}{776\ \Omega} \qquad I = \underline{\underline{77{,}3\ \text{mA}}}$

$U_R = I \cdot R \qquad U_R = 0{,}0773\ \text{A} \cdot 200\ \Omega \qquad U_R = \underline{\underline{15{,}5\ \text{V}}}$

$U_L = I \cdot X_L \qquad U_L = 0{,}0773\ \text{A} \cdot 1508\ \Omega \qquad U_L = \underline{\underline{117\ \text{V}}}$

$U_C = I \cdot X_C \qquad U_C = 0{,}0773\ \text{A} \cdot 757{,}8\ \Omega \qquad U_C = \underline{\underline{59\ \text{V}}}$

$\cos\varphi = \dfrac{R}{Z} \qquad \cos\varphi = \dfrac{200\ \Omega}{776\ \Omega} \qquad \cos\varphi = 0{,}2577$

$\varphi = \underline{\underline{75°}}$

Die Berechnungen zeigen, dass
- bei einer anliegenden Spannung von 60 V über dem induktiven Blindwiderstand eine Teilspannung von 117 V entsteht
- und die Schaltung induktiv wirkt, da $X_L > X_C$. Die Spannung U eilt dem Strom I um 75° voraus.

■ Reihenschaltung von R und X_L

Die Reihenschaltung von R und X_L kann als Ersatzschaltung einer realen Spule im Wechselstromkreis angesehen werden. Zum Nachweis untersuchen wir folgende Messergebnisse:

1. Eine Spule wird an eine Gleichspannung von 42 V angeschlossen. Es wird ein Gleichstrom von 1,2 A gemessen.
2. Bei Anschluss von 42 V Wechselspannung mit einer Frequenz von 50 Hz fließt ein Wechselstrom von 0,6 A.

Mit unserem bisherigen Verständnis der elektrischen Erscheinungen kommen wir zu folgenden Schlüssen:

1. Der Gleichstrom wurde durch den Widerstand des Spulendrahtes in Abhängigkeit vom Drahtquerschnitt, der Drahtlänge und dem Werkstoff begrenzt.
2. Die Ursache, dass bei gleichem Effektivwert der Wechselspannung ein kleinerer Strom fließt, kann nur ein zusätzlicher Widerstand sein. Dieser muss zum Drahtwiderstand in Reihe liegen.

3. Wie der Abb. 9-30 zu entnehmen ist, kann eine Verringerung der Stromstärke auch durch eine zusätzliche Spannung entstehen. Die Spannung U_Q' hat damit im Stromkreis dieselbe Wirkung wie der Widerstand R'.
4. Im Gegensatz zu einem Gleichstrom ändern sich bei einem Wechselstrom ständig seine Augenblickswerte. Über das Wechselfeld induziert ein sich ändernder Strom in sich selbst eine Spannung, die sog. Selbstinduktionsspannung. Diese Selbstinduktionsspannung wirkt somit im Wechselstromkreis als induktiver Blindwiderstand.

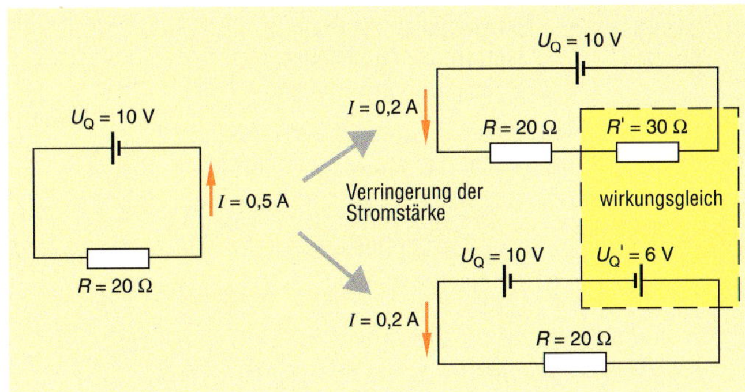

Abb. 9-30 ***Ursachen der Stromänderung im Stromkreis***

9

Wir stellen gegenüber:

Gleichspannung

$U_{-} = 42$ V, $I_{-} = 1{,}2$ A

Drahtwiderstand $R = \frac{U_{-}}{I_{-}}$

$R = 35\ \Omega$

Wechselspannung

$U_{\sim} = 42$ V, $I_{\sim} = 0{,}6$ A

Scheinwiderstand $Z = \frac{U_{\sim}}{I_{\sim}}$

$Z = 70\ \Omega$

bestehend aus

ohmschem Widerstand $R = 35\ \Omega$

induktivem Blindwiderstand $X_L = 60{,}6\ \Omega$

Aus dem Zeigerbild der Reihenschaltung von R und X_L (Abb. 9-31) können folgende Beziehungen abgeleitet werden:

Gesamtspannung
$$U = \sqrt{U_R^2 + U_L^2} \quad \textbf{9–17}$$

Scheinwiderstand
$$Z = \sqrt{R^2 + X_L^2} \quad \textbf{9–18}$$

Stromstärke
$$I = \frac{U}{Z}$$

Cosinus des Phasenverschiebungswinkel
$$\cos \varphi = \frac{R}{Z}$$

Diese Gleichungen entstehen auch, wenn in den Gleichungen (9–14) und (9–15) X_C und U_C gleich null gesetzt werden.

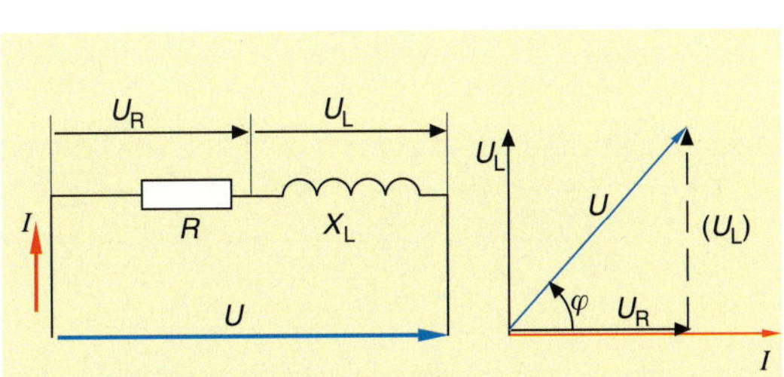

Abb. 9-31 ***Schalt- und Zeigerbild der Reihenschaltung von R und X_L***

Beachten Sie,
dass die Spannungsfälle U_R und U_L bei einer realen Spule messtechnisch nicht bestimmt werden können.
Die Trennung der Widerstände R und X_L in der Ersatzschaltung ist nur eine gedankliche Abstraktion!

Lösungsbeispiel:

Der Drahtwiderstand einer Spule wird mit 124 Ω und ihre Induktivität mit 2,8 H angegeben.

a) Wie groß ist die Stromaufnahme bei einer Wechselspannung von 230 V mit einer Frequenz von 50 Hz?

b) Welche Größen verändern sich, wenn bei gleichem Spannungsbetrag die Frequenz steigt?

gegeben: $R = 124\ \Omega$, $L = 2{,}8$ H, $U = 230$ V, $f = 50$ Hz — gesucht: a) $I = ?$

Lösung:

a) $X_L = \omega \cdot L \quad X_L = 2 \cdot \pi \cdot 50\ \text{Hz} \cdot 2{,}8 \cdot \text{H}$

$\underline{X_L = 879{,}6\ \Omega}$

$Z = \sqrt{R^2 + X_L^2} \quad Z = \sqrt{(124\ \Omega)^2 + (879{,}6\ \Omega)^2}$

$\underline{\underline{Z = 888{,}3\ \Omega}}$

$I = \frac{U}{Z} \quad I = \frac{230\ \text{V}}{888{,}3\ \Omega} \qquad \underline{\underline{I = 259\ \text{mA}}}$

Die Stromaufnahme der Spule beträgt 259 mA.

b) Veränderungen bei steigender Frequenz
Hinweis: ↑ ≙ Betrag der Größe steigt
↓ ≙ Betrag der Größe sinkt

| f↑ | R konstant, da der ohmsche Widerstand frequenzunabhängig ist

$X_L\uparrow$, da $X_L = 2 \cdot \pi \cdot f\uparrow \cdot L$

$Z\uparrow$, da $Z = \sqrt{R^2 + X_L^2\uparrow}$

$I\downarrow$, da $I = \dfrac{U}{Z\uparrow}$

$U_R\downarrow$, da $U_R = I\downarrow \cdot R$

$U_L\uparrow$, da $U_L = \sqrt{U^2 - U_R^2\downarrow}$

Hinweis: Mit $U_L = I\downarrow \cdot X_L\uparrow$ kann keine eindeutige Aussage gefunden werden, da der Grad des Ansteigens bzw. Absinkens nicht bestimmt ist.

$(\cos\varphi)\downarrow$, da $\cos\varphi = \dfrac{R}{Z\uparrow}$

$\varphi\uparrow$, da $(\cos\varphi)\downarrow$

■ Reihenschaltung von R und X_C

In der Reihenschaltung aus ohmschem Widerstand R und kapazitivem Blindwiderstand X_C teilt sich die anliegende Spannung U in die Teilspannungen U_R und U_C auf (Abb. 9-32).

Der Spannungsfall U_C über X_C eilt dem Strom I, somit auch dem Spannungsfall U_R um 90° nach. Es ist nach dem Satz des Pythagoras

$$U = \sqrt{U_R^2 + U_C^2} \qquad \textbf{9–19}$$

Werden die Spannungsgrößen durch die Stromstärke I dividiert, entstehen die Widerstandsgrößen R, X_C und Z als Scheinwiderstand. Das Zeigerbild der Spannungen geht in das Widerstandsdreieck über (Abb. 9-33).

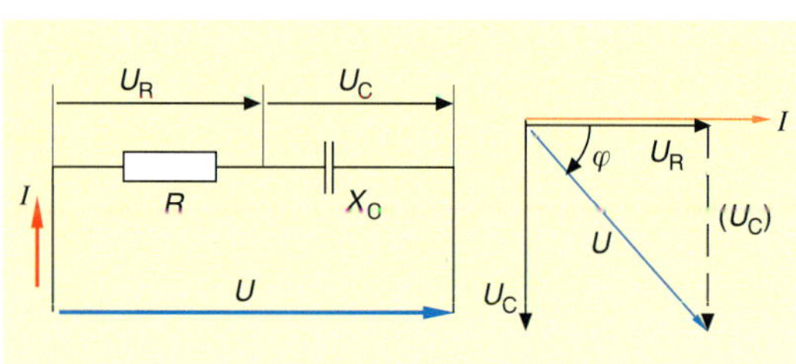

Abb. 9-32 ***Schalt- und Zeigerbild der Reihenschaltung von R und X***

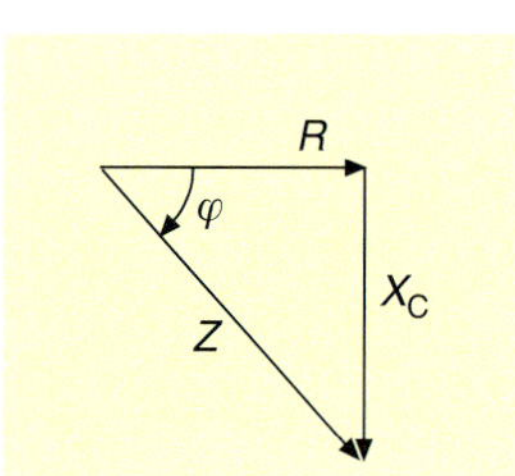

Abb. 9-33 ***Widerstandsdreieck der Reihenschaltung von R und X_C***

$$Z = \sqrt{R^2 + X_C^2} \qquad \textbf{9–20}$$

Die Stromstärke berechnet sich nach

$$I = \frac{U}{Z}$$

und der Phasenverschiebungswinkel

$$\cos\varphi = \frac{R}{Z}$$

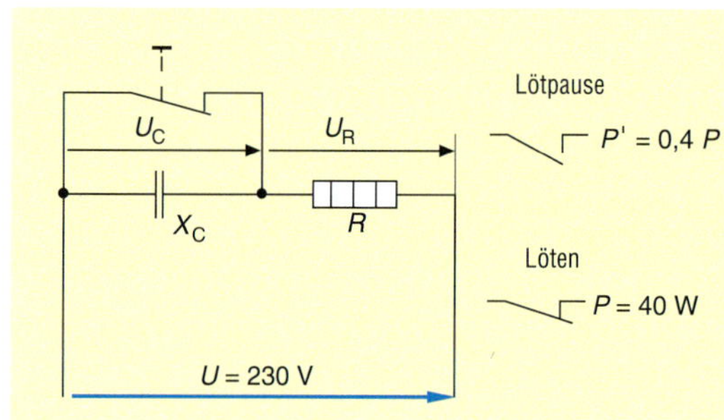

Abb. 9-34 ***Kondensator als Vorwiderstand (Lösungsbeispiel)***

● Der Kondensator als Vorwiderstand

Lösungsbeispiel:

Die Heizleistung eines 40-W-Lötkolbens mit einer Bemessungsspannung von 230 V (50 Hz) soll während der Lötpause auf 40 % seiner Bemessungsleistung reduziert werden. Dazu wird durch Auflegen des Lötkolbens auf den Lötständer mithilfe der Öffnerfunktion die Reihenschaltung des Lötkolbens mit dem Kondensator wirksam (Abb. 9-34). Wie groß muss seine Kapazität sein?

Hinweis: Die durch die Abnahme der Lötkolbentemperatur entstehende Widerstandsänderung soll nicht berücksichtigt werden!

gegeben: $P = 40\ \text{W}$ gesucht: $C = ?$
$U = 230\ \text{V}$
$f = 50\ \text{Hz}$
$P' = 0{,}4\ P$

Zur Festlegung der Lösungsschritte wird die gedankliche Entwicklung des Lösungsweges als Schema dargestellt.

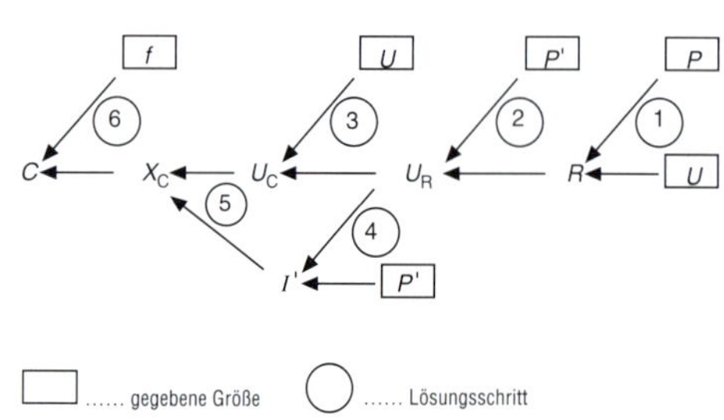

Lösung:

① $$P = \frac{U^2}{R} \qquad R = \frac{U^2}{P} \qquad R = \frac{(230\ \text{V})^2}{40\ \text{W}} \qquad R = \underline{\underline{1322{,}5\ \Omega}}$$

② $$P' = \frac{U_R^2}{R} \qquad U_R = \sqrt{P' \cdot R} \qquad U_R = \sqrt{0{,}4 \cdot P \cdot R}$$

$$U_R = \sqrt{0{,}4 \cdot \frac{U^2}{R} \cdot R} \qquad U_R = U \cdot \sqrt{0{,}4} \qquad U_R = 230 \cdot \text{V} \cdot \sqrt{0{,}4} \qquad U_R = \underline{\underline{145{,}5\ \text{V}}}$$

③ $$U = \sqrt{U_R^2 + U_C^2} \qquad U_C = \sqrt{U^2 - U_R^2} \qquad U_C = \sqrt{U^2 - 0{,}4 \cdot U^2}$$

$$U_C = U\sqrt{0{,}6} \qquad U_C = 230 \cdot \text{V} \cdot \sqrt{0{,}6} \qquad U_C = \underline{\underline{178{,}2\ \text{V}}}$$

④ $$P' = U_R \cdot I' \qquad I' = \frac{P'}{U_R}$$

⑤ $$X_C = \frac{U_C}{I'} \qquad X_C = \frac{U_C \cdot U_R}{P'} \qquad X_C = \frac{178{,}2\ \text{V} \cdot 145{,}5\ \text{V}}{0{,}4 \cdot 40\ \text{W}} \qquad X_C = \underline{\underline{1620{,}5\ \Omega}}$$

⑥ $$X_C = \frac{1}{2\,\pi \cdot f \cdot C} \qquad C = \frac{1}{2\,\pi \cdot f \cdot X_C} \qquad C = \frac{1}{2\,\pi \cdot 50 \cdot \text{Hz} \cdot 1620{,}5\ \Omega} \qquad C = \underline{\underline{1{,}9\ \mu\text{F}}}$$

Bei einer Kapazität von 1,9 µF reduziert sich die Heizleistung des Lötkolbens auf 40% seiner Bemessungsleistung.

- Die Reihenschaltung von R und X_C als frequenzabhängiger Spannungsteiler

Über R und X_C wird die Eingangsspannung U_1 geteilt. Dabei kann entweder U_R oder U_C als Ausgangsspannung U_2 genutzt werden.

Wir stellen gegenüber:

RC – Hochpass	RC – Tiefpass

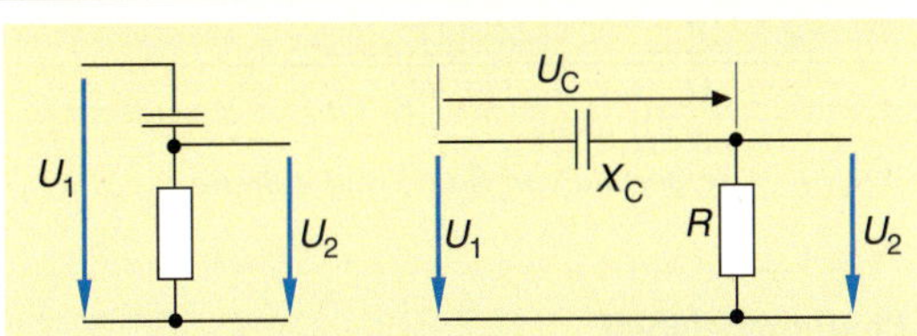

Abb. 9-35 ***Schaltung des RC-Hochpasses***

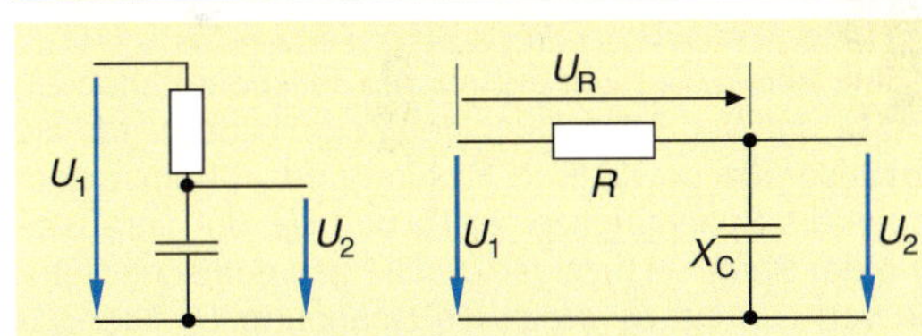

Abb. 9-36 ***Schaltung des RC-Tiefpasses***

Die Eingangsspannung wird im Verhältnis der Widerstandswerte geteilt.

RC – Hochpass		RC – Tiefpass
Ausgangsspannung U_2 = Spannungsfall über R	niedrige Frequenz	Ausgangsspannung U_2 = Spannungsfall über X_C
$U_2 \ll U_1$	$X_C \gg R$	U_2 nähert sich U_1
U_2 nähert sich U_1	hohe Frequenz	$U_2 \ll U_1$
	$X_C \ll R$	

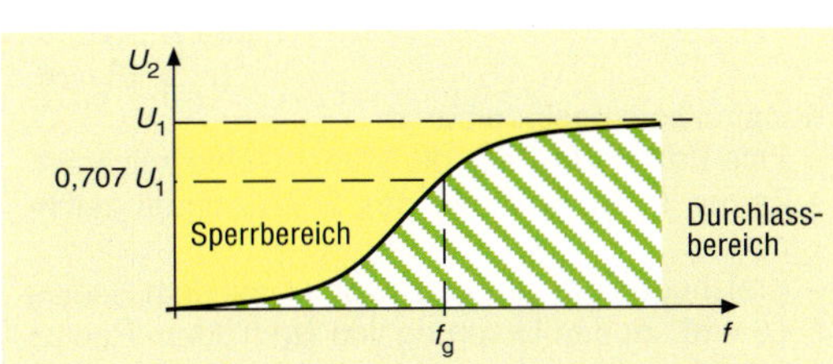

Abb. 9-37 ***Frequenzverhalten des RC-Hochpasses***

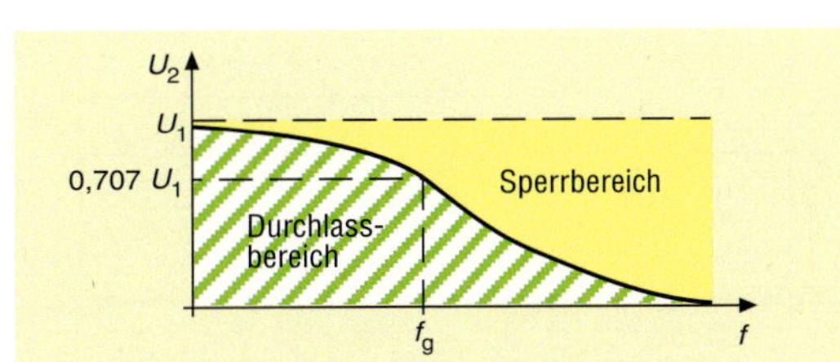

Abb. 9-38 ***Frequenzverhalten des RC-Tiefpasses***

RC – Hochpass		RC – Tiefpass
Einspeisen oder Auskoppeln von Wechselspannungen mit hoher Frequenz, z. B. als Steuersignale für Tonfrequenz-Rundsteueranlagen zum Ansteuern von Zweittarifzählern des 50-Hz-Netzes durch den Verteilungsnetzbetreiber (VNB)	Anwendung	Unterdrücken von Funkstörungen als Wechselspannungen hoher Frequenz

Grenzfrequenz

Grenzfrequenz ist die Frequenz, bei der die Widerstände R und X_C gleich sind.

Mit $R = \dfrac{1}{2 \cdot \pi\, f_g \cdot C}$ wird

$$f_g = \frac{1}{2 \cdot \pi \cdot R \cdot C} \qquad \text{9–21}$$

Gleiche Widerstandswerte erzeugen gleiche Spannungsfälle.

$U_2 = U_c$ (Hochpass) $\qquad$ $U_2 = U_R$ (Tiefpass)

$$U_1 = \sqrt{U_2^2 + U_2^2}$$

$$U_1 = U_2 \cdot \sqrt{2}$$

$$U_2 = \frac{U_1}{\sqrt{2}} \qquad \text{9–22}$$

■ Reihenschaltung eines ohmschen Widerstandes mit einer realen Spule

In der Reihenschaltung aus ohmschem Widerstand R1 und realer Spule entstehen bei anliegender Spannung U über R1 der Spannungsfall U_1 und über der Spule der Spannungsfall U_2 (Abb. 9-39).

U_2 teilt sich in die nicht messbaren Teilspannungen U_R und U_L auf. Zur Entwicklung des Zeigerbildes wird I als Bezugsgröße gewählt. In Richtung des Stromzeigers liegen die Spannungszeiger U_1 und U_R, 90° vorauseilend der Spannungszeiger U_L. Die geometrische Summe von U_R und U_L ergibt die Spannung U_2 über der realen Spule und von U_1 sowie U_2 die anliegende Spannung U (Abb. 9-40).

Zwischen U und U_1 bzw. I liegt der Phasenverschiebungswinkel φ der gesamten Schaltung und zwischen U_2 und U_R bzw. I der Phasenverschiebungswinkel φ_2 der Spule.
Das Zeigerbild zeigt, dass mithilfe der messbaren Spannungen U, U_1 und U_2 der Phasenverschiebungswinkel der Spule ermittelt werden kann. Diese Möglichkeit wird als Drei-Spannungsmesser-Methode bezeichnet.

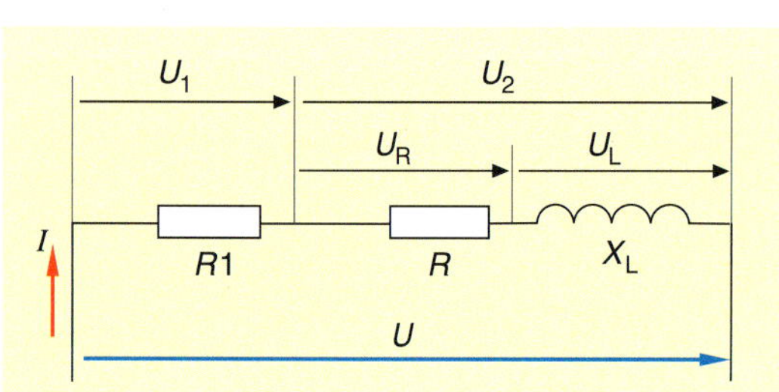

Abb. 9-39 ***Reihenschaltung von R und realer Spule***

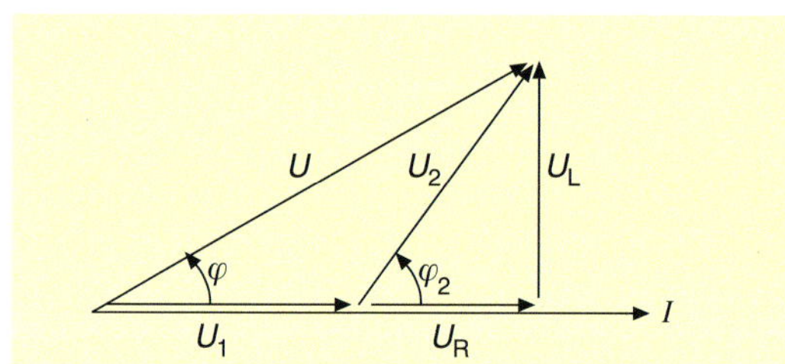

Abb. 9-40 ***Zeigerbild von R und realer Spule***

Lösungsbeispiel:

Bei einer Schaltung nach Abb. 9-39 wurden über dem ohmschen Widerstand eine Spannung von 70 V, über der Spule eine von 56 V und die Gesamtspannung von 110 V gemessen. Der Phasenverschiebungswinkel der Spule ist mithilfe des Zeigerbildes zu ermitteln.

gegeben: $U_1 = 70\ \text{V}$
$U_2 = 56\ \text{V}$
$U = 110\ \text{V}$

gesucht: $\varphi_2 = ?$

Lösung: Maßstab $2\ \text{V} \mathrel{\hat=} 1\ \text{mm}$ $\qquad$ $U_1 \mathrel{\hat=} 35\ \text{mm}$
$U_2 \mathrel{\hat=} 28\ \text{mm}$
$U \mathrel{\hat=} 55\ \text{mm}$

Konstruktionsbeschreibung:
- I als Bezugsgröße in die Waagerechte zeichnen.
- Zeiger U_1 in Richtung des Stromzeigers zeichnen.
- Kreisbogen um die Spitze von U_1 mit dem Radius U_2 und um den Ursprung von U_1 mit dem Radius U schlagen.

- Schnittpunkt der beiden Kreisbögen legt die Richtungen von U_2 und U fest. Zeichnen der Zeiger U_2 und U.
- Winkel zwischen I und U_2 messen (Abb. 9-41).

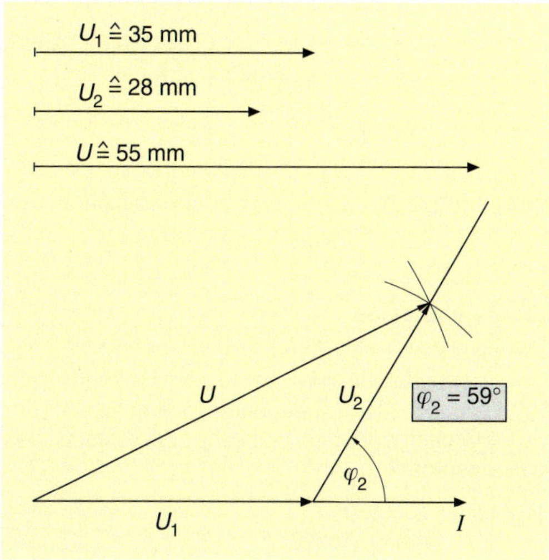

Abb. 9-41 ***Zeigerbild zum Lösungsbeispiel***

9.3.2 Parallelschaltungen von Widerständen

Wie im Gleichstromkreis ist eines der wesentlichen Merkmale der Parallelschaltung, dass dieselbe Spannung über allen parallelen Schaltelementen anliegt. Es gibt nur eine Spannung. Deshalb wird sie stets bei der Darstellung der elektrischen Größen im Zeigerbild als Bezugsgröße gewählt.

Die Parallelschaltung von R, X_L und X_C kann zur Parallelschaltung von R und X_C als Ersatzschaltung des realen Kondensators vereinfacht werden.

Parallelschaltungen von R und X_L ($X_C = 0$) sowie von X_L und X_C ($R = 0$) sind technisch nicht relevant und haben damit keine praktische Bedeutung.

■ Parallelschaltung von R, X_L und X_C

In der Parallelschaltung von R, X_L und X_C (Abb. 9-42) teilt sich der Gesamtstrom I in die Teilströme I_R, I_L und I_C auf.

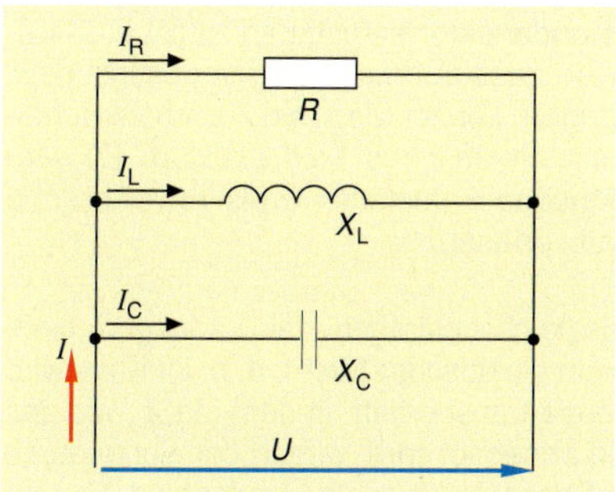

Abb. 9-42 ***Parallelschaltung von R, X_L und X_C***

Zur Entwicklung des Zeigerbildes beachten wir die im Abschnitt 9.2 nachgewiesenen Phasenbeziehungen.

Es müssen deshalb

- der Zeiger I_R in Richtung des Zeigers U (U und I am ohmschen Widerstand sind phasengleich),
- der Zeiger I_L 90° nacheilend (I eilt U am induktiven Blindwiderstand um 90° nach),
- der Zeiger I_C 90° vorauseilend (I eilt U am kapazitiven Blindwiderstand um 90° voraus)

gezeichnet werden (Abb. 9-43).

Die geometrische Summe der Teilströme I_R, I_L und I_C bildet den Gesamtstrom I. Man erkennt aus dem rechtwinkligen Dreieck mit der Hypotenuse I und den Katheten I_R und $(I_L - I_C)$ folgenden Zusammenhang:

$$I^2 = I_R^2 + (I_L - I_C)^2$$

$$I = \sqrt{I_R^2 + (I_L - I_C)^2} \qquad \textbf{9-23}$$

Der Phasenverschiebungswinkel φ zwischen der Spannung U und der Stromstärke I ist

$$\cos \varphi = \frac{I_R}{I} \qquad \textbf{9-24}$$

Die unterschiedlichen Widerstandswerte von R, X_L und X_C führen zu unterschiedlichen Werten von I_R, I_L und I_C mit folgenden interessanten Erscheinungen:

1. Die induktiven bzw. kapazitiven Blindströme als Teilströme können größer als der Gesamtstrom I sein. Dies ist im Gleichstromkreis niemals möglich!
2. Trotz Parallelschaltung kann der Scheinwiderstand Z (Gesamtwiderstand) größer als ein Blindwiderstand (Einzelwiderstand) sein. Die Aussage „In der Parallelschaltung ist der Gesamtwiderstand stets kleiner als der kleinste Einzelwiderstand!" trifft deshalb nur für den Gleichstromkreis zu.
3. Ist der induktive Blindwiderstand kleiner als der kapazitive, also I_L größer als I_C, wirkt die Parallelschaltung induktiv. Der Strom I eilt der Spannung U nach.
4. Die Parallelschaltung wirkt kapazitiv, wenn I_C größer als I_L ist.

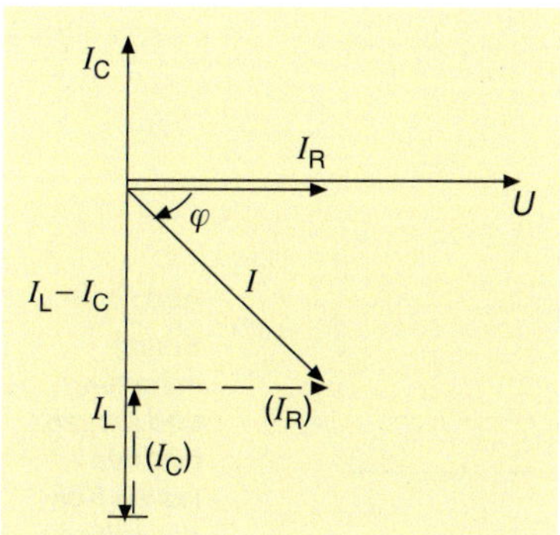

Abb. 9-43 ***Zeigerbild der Parallelschaltung von R, X_L und X_C***

5. Bei Gleichheit der Blindwiderstände X_L und X_C kompensieren sich die induktiven und kapazitiven Wirkungen gegenseitig. Die Parallelschaltung wirkt wie ein ohmscher Widerstand. Strom I und Spannung U liegen in Phase.

Für die theoretisch mögliche Parallelschaltung aus R und X_L können das entsprechende Zeigerbild bzw. die Berechnungsgleichung ohne Schwierigkeiten entwickelt werden. Es ist I_C gleich null. Diese Stromgröße ist im Zeigerbild (Abb. 9-43) oder in der Gleichung (9–23) nicht mehr enthalten.

■ Parallelschaltung von R und X_C

Im kapazitiven Schaltelement X_C wird vorausgesetzt, dass die Beläge des Kondensators durch einen absoluten Nichtleiter getrennt sind. Da alle Isolierstoffe nur einen endlichen, zwar sehr hohen Widerstandswert besitzen, wird der reale Kondensator außer dem kapazitiven Widerstand auch einen ohmschen aufweisen. Das Ersatzschaltbild des realen Kondensators (Abb. 9-44) ist eine Parallelschaltung von X_C und R. Der ohmsche Widerstand erfasst auch die anderen verlustbehafteten Erscheinungen, wie Oberflächen- bzw. Kriechwegwiderstand zwischen den Kondensatoranschlüssen und die Verluste, die durch das Umpolarisieren des Dielektrikums entstehen.

Beachten Sie, dass die im Schalt- und Zeigerbild dargestellten Teilströme I_R und I_C nicht messbar sind. Durch sie kann jedoch eine Größe abgeleitet werden, die die Qualität eines Kondensators kennzeichnet.

Am idealen Kondensator beträgt der Phasenverschiebungswinkel φ zwischen U und I 90°. Die Verluste des Kondensators, die durch den ohmschen Widerstand erfasst werden, verringern diesen Winkel um den sog. Verlustwinkel δ. Sein Tangens

wird als Verlustfaktor $\tan\delta = \frac{I_R}{I_C}$ bezeichnet.

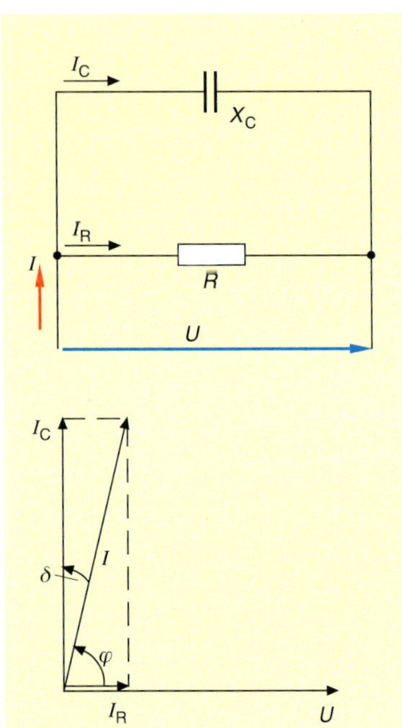

Abb. 9-44
Ersatzschaltung und Zeigerbild des realen Kondensators

Mit $I_R = \frac{U}{R}$ und $I_C = \frac{U}{X_C} = U \cdot \omega \cdot C$ wird

$$\tan\delta = \frac{1}{R \cdot \omega \cdot C} \qquad \textbf{9–25}$$

Sein Kehrwert ist der Gütefaktor Q des Kondensators.

$$Q = \frac{1}{\tan\delta} = R \cdot \omega \cdot C \qquad \textbf{9–26}$$

Beide Qualitätsgrößen müssen vom Hersteller für eine bestimmte Frequenz angegeben werden.

Lösungsbeispiel:

Die Kapazität eines Kondensators beträgt 250 nF. Sein Verlustfaktor wird bei einer Frequenz von 500 Hz mit $3 \cdot 10^{-2}$ angegeben. Wie groß sind der Verlustwinkel und der ohmsche Widerstand des Kondensators?

gegeben: $C = 250$ nF
$\tan\delta = 0{,}03$
$f = 500$ Hz

gesucht: δ; $R = ?$

Lösung:

$\tan\delta = 0{,}03 \Rightarrow \underline{\underline{\delta = 1{,}72°}}$

$$\tan\delta = \frac{1}{R \cdot \omega \cdot C} \qquad R = \frac{1}{\tan\delta \cdot 2 \cdot \pi \cdot f \cdot C}$$

$$R = \frac{1}{0{,}03 \cdot 2 \cdot \pi \cdot 500 \cdot \text{Hz} \cdot 250 \cdot 10^{-9}\text{F}}$$

$$\underline{\underline{R = 42{,}4\ \text{k}\Omega}}$$

Das Beispiel zeigt, dass der Verlustwinkel mit 1,72° sehr klein ist. Bei verlustarmen Kondensatoren beträgt er meist nur einige Bogenminuten. Deshalb werden Kondensatoren mit hinreichender Genauigkeit für praktische Belange meist als reine Blindwiderstände aufgefasst.

9.3.3 Schwingkreise

Die Zusammenschaltung von Spule und Kondensator zu sog. Schwingkreisen ist technisch besonders bedeutungsvoll. Gehen wir in unserer Betrachtung davon aus, dass ein Kondensator aufgeladen ist (Abb. 9-45). Aufgeladen heißt, dass auf den Belägen positive bzw. negative Ladungen konzentriert sind und zwischen den Belägen ein elektrisches Feld existiert. Es wird durch die elektrische Feldstärke E als physikalische Größe quantitativ erfasst.

Durch das Ausgleichsbestreben der Ladungen fließt über die Spule ein elektrischer Strom, d. h. im Kreis wird elektrische Energie transportiert. In dem Maße, wie das elektrische Feld abgebaut wird, wird in der Spule durch den fließenden Strom ein Magnetfeld aufgebaut. Es wird durch die magnetische Feldstärke H gekennzeichnet.

Der Vorgang des Aufbaus des magnetischen Feldes bzw. des Abbaus des elektrischen Feldes ist nach $t = \frac{T}{4}$ abgeschlossen. In der Zeit $\frac{T}{4}$ bis $\frac{T}{2}$ bricht das magnetische Feld zusammen. Durch die Flussänderung wird eine Spannung induziert, die die Ladungsträger so antreibt, dass die Kondensatorbeläge aufgeladen werden. Ein elektrisches Feld entsteht, gegenüber der Ausgangssituation jedoch in entgegengesetzter Richtung. Der analoge Vorgang wiederholt sich und klingt nach entsprechender Zeit ab.

Der Energieaustausch zwischen den Blindwiderständen X_C und X_L ist ein sinusförmiger Schwingungsvorgang. Es entsteht jedoch eine gedämpfte Schwingung, da durch die ohmschen Widerstände der realen Schaltelemente und der Verbindungsleitungen ein Teil der elektrischen Energie in Wärme umgewandelt wird. Diese tritt aus dem Stromkreis aus und steht nicht mehr zum Aufbau der Felder zur Verfügung.

Gedämpfte Schwingung bedeutet, dass sich die Amplitude (Schwingungsweite) bei konstant bleibender Schwingungsdauer bzw. Frequenz verringert. Bei Anschluss einer Wechselstromquelle bestimmt deren Frequenz den Schwingungsvorgang. Man bezeichnet dies als sog. **erzwungene Schwingung**. Stimmt die Erregerfrequenz (Frequenz der Stromquelle) mit der Eigenfrequenz der LC-Anordnung überein, herrscht **Resonanz**. Der Energieaustausch zwischen den Blindwiderständen ist dann am größten. Von der Stromquelle braucht nur die Energie zugeführt zu werden, die im ohmschen Widerstand der Schaltung in Wärme umgesetzt wird. Bei den Grundschaltelementen L und C (ohne R) wäre dagegen eine ständige Energiezufuhr von außen nicht erforderlich.

Ein Schwingkreis befindet sich in Resonanz, wenn der kapazitive Blindwiderstand gleich dem induktiven ist.

$$X_L = X_C$$

Mit den Gleichungen (9–12) und (9–13) ist

$$\omega_0 \cdot L = \frac{1}{\omega_0 \cdot C} \qquad \omega_0 \cdot L \cdot \omega_0 \cdot C = 1$$

$$\omega_0 = \sqrt{\frac{1}{L \cdot C}} = \frac{1}{\sqrt{L \cdot C}}$$

und mit $\omega_0 = 2 \cdot \pi \cdot f_0$ berechnet sich die Eigenfrequenz oder

Resonanzfrequenz $$f_0 = \frac{1}{2 \cdot \pi \cdot \sqrt{L \cdot C}} \qquad \textbf{9-27}$$

Nach dem englischen Physiker (1824–1907) wird die Gleichung (9–27) auch als Thomson'sche Schwingungsgleichung bezeichnet.

Die Erscheinungen der Schwingkreise, die auch als Resonanzkreise bezeichnet werden, entstehen sowohl bei der Reihenschaltung als auch bei der Parallelschaltung von Spule und Kondensator. Um die durch die Schaltung bedingten Unterschiede zu erfassen, werden im Folgenden Reihen- und Parallelschwingkreis gegenübergestellt.

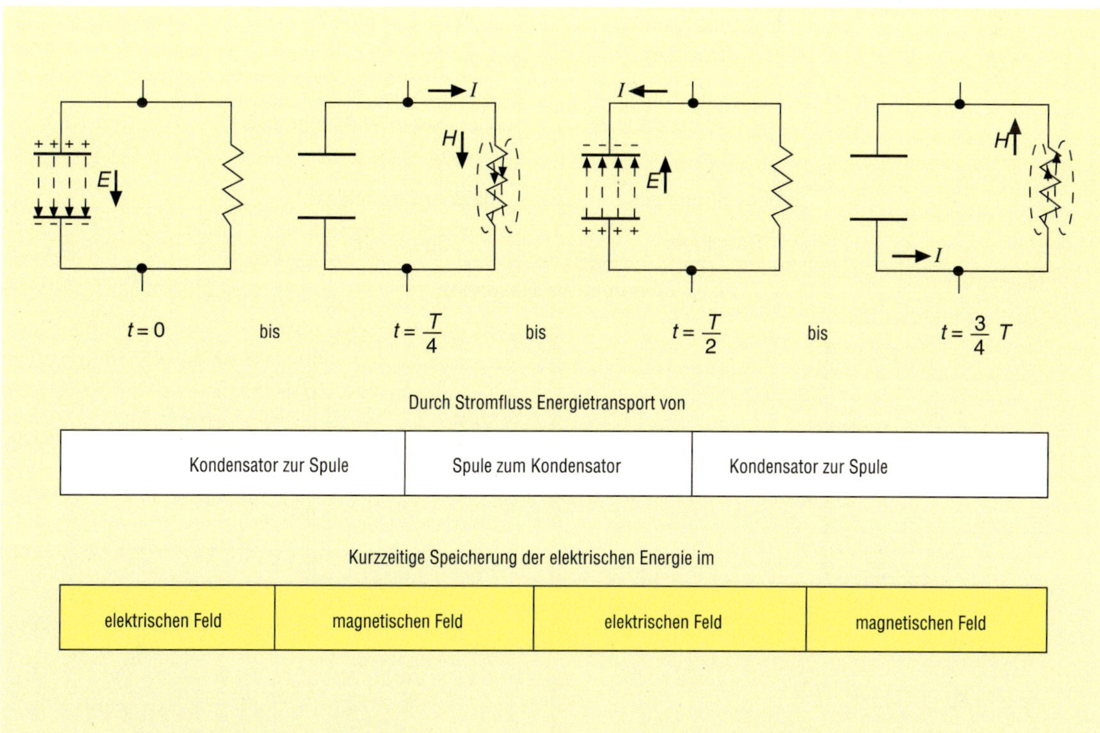

Abb. 9-45 ***Energieaustausch im Schwingkreis***

Reihenschwingkreis	Parallelschwingkreis
Schaltung	
Spule und Kondensator sind in Reihe geschaltet	Spule und Kondensator sind parallel geschaltet
Ersatzschaltung	
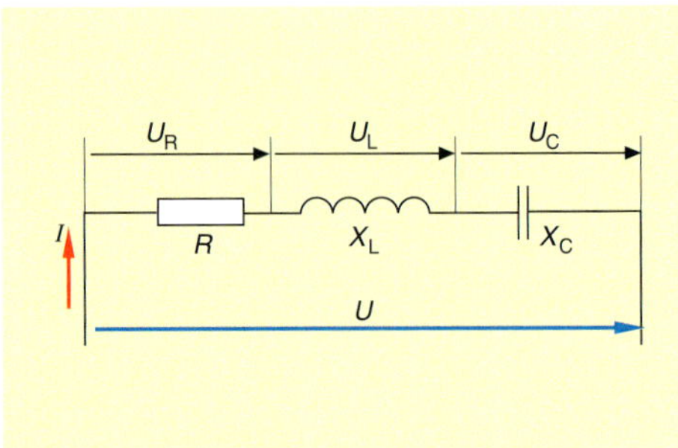	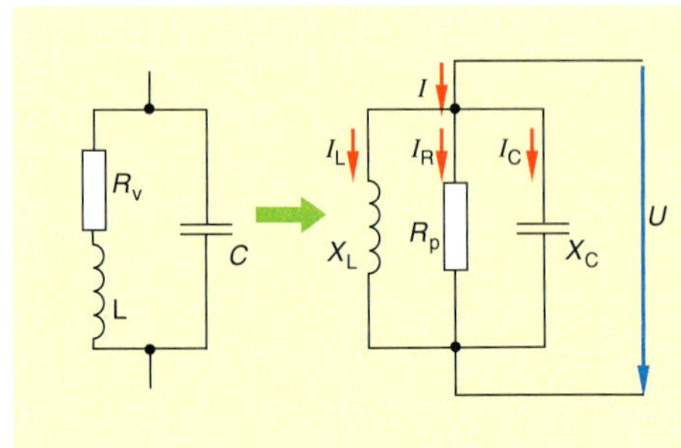
Abb. 9-46	Abb. 9-47
Darstellung der Verluste	
kleiner Reihenwiderstand zur Induktivität	kleiner Reihenwiderstand R_V zur Induktivität oder großer Parallelwiderstand R_P zu L bzw. C $R_P \approx \frac{L}{R_V \cdot C}$
Frequenzverhalten	
bei niedriger Frequenz	
$X_C \gg X_L \Rightarrow U_C \gg U_L$	$X_C \gg X_L \Rightarrow I_C \ll I_L$
Eigenschaft des Schwingkreises ≙ *RC*-Reihenschaltung	Eigenschaft des Schwingkreises ≙ *RL*-Parallelschaltung
bei Resonanzfrequenz	
$X_C = X_L \Rightarrow U_C = U_L \gg U$ $Z = R \quad U = U_R$	$X_C = X_L \Rightarrow I_C = I_L \gg I$ $I = I_R$
Eigenschaft des Schwingkreises ≙ niederohmigem Widerstand R	Eigenschaft des Schwingkreises ≙ hochohmigem Widerstand R_P
⇓ großer Stromfluss	⇓ kleiner Stromfluss
Saugkreis	**Sperrkreis**
Zeigerbild bei Resonanz	
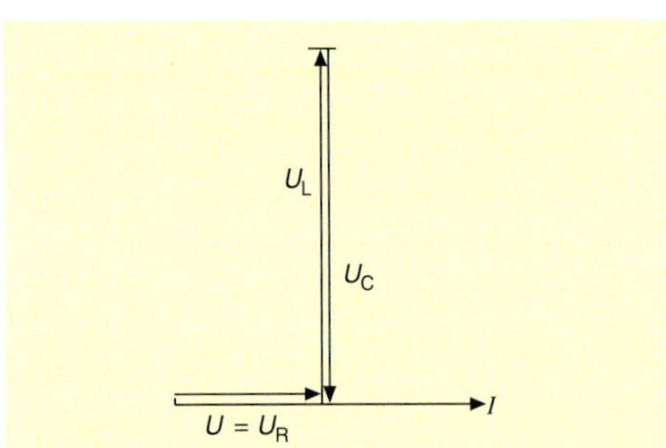	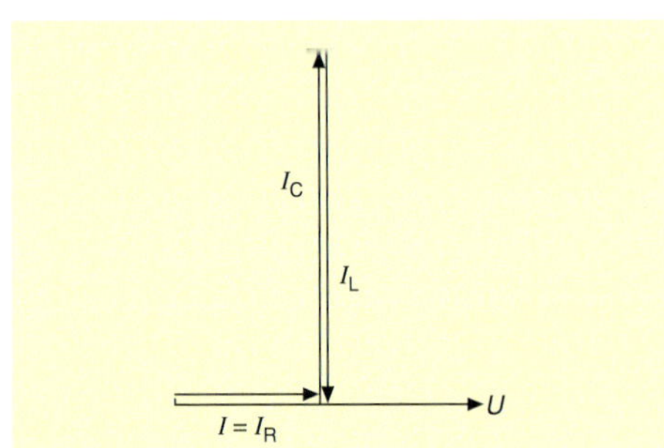
Abb. 9-48	Abb. 9-49
bei hoher Frequenz	
$X_C \ll X_L \Rightarrow U_C \ll U_L$	$X_C \ll X_L \Rightarrow I_C \gg I_L$
Eigenschaft des Schwingkreises ≙ RL-Reihenschaltung	Eigenschaft des Schwingkreises ≙ RC-Parallelschaltung

Verlauf von Scheinwiderstand und Stromstärke

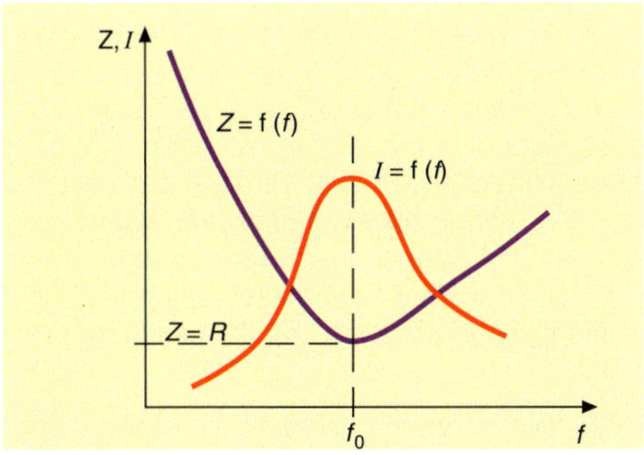

Abb. 9-50

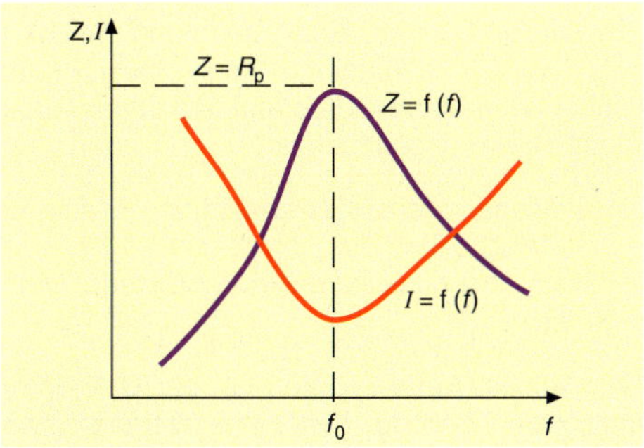

Abb. 9-51

Bedeutung für die Energietechnik

hohe Spannungsbeanspruchung der Isolation von Wicklungen und Kondensatoranordnungen

Kompensation der Blindleistung von elektrischen Maschinen und Geräten

Im folgenden Lösungsbeispiel wird gezeigt, dass geringfügige Abweichungen von der Resonanzfrequenz wesentliche Veränderungen im Schwingkreis bewirken.

Lösungsbeispiel:

Eine Kapazität von 47,7 nF, eine Induktivität von 53 µH und ein ohmscher Widerstand von 1 kΩ sind parallel geschaltet. Die angelegte Spannung beträgt 4 V. Für die Resonanzfrequenz und für diejenigen Frequenzen, die um –6; –3; +3 und +6 % von der Resonanzfrequenz abweichen, sind folgende Größen zu berechnen:

ohmscher Widerstand, induktiver und kapazitiver Blindwiderstand, die durch die Widerstände fließenden Ströme, der Gesamtstrom und der Scheinwiderstand der Parallelschaltung.

gegeben: $C = 47{,}7\ \text{nF}$, $L = 53\ \mu\text{H}$, $R = 1\ \text{k}\Omega$, $U = 4\ \text{V}$

gesucht: R; X_C; X_L; I_R; I_C; I_L; I; Z bei verschiedenen Frequenzen

Lösung:

- Berechnung der Frequenzen

Resonanzfrequenz

$$f_0 = \frac{1}{2 \cdot \pi \cdot \sqrt{L \cdot C}}$$

$$f_0 = \frac{1}{2 \cdot \pi \cdot \sqrt{53 \cdot 10^{-6}\ \text{H} \cdot 47{,}7 \cdot 10^{-9}\ \text{F}}}$$

$$f_0 = \underline{\underline{100\ \text{kHz}}}$$

Δf / %	–6	–3	0	+3	+6
f/kHz	94	97	100	103	106

- Berechnung der Widerstände
$R = 1\ \text{k}\Omega$ (frequenzunabhängig)

$$X_L = 2 \cdot \pi \cdot f \cdot L \qquad X_C = \frac{1}{2 \cdot \pi \cdot f \cdot C}$$

f/kHz	94	97	100	103	106
R/kΩ	1	(frequenzunabhängig)			
X_L/Ω	31,3	32,3	33,3	34,3	35,3
X_C/Ω	35,5	34,4	33,3	32,4	31,5

- Berechnung der Ströme

$$I_R = \frac{U}{R} \quad I_L = \frac{U}{X_L} \quad I_C = \frac{U}{X_C} \quad I = \sqrt{I_R^2 + (I_L - I_C)^2}$$

f/kHz	94	97	100	103	106
I_R/mA	4	(frequenzunabhängig)			
I_L/mA	128	124	120	117	113
I_C/mA	113	116	120	124	127
I/mA	15,5	8,9	4	8,1	14,6

- Berechnung der Scheinwiderstände

$$Z = \frac{U}{I}$$

f/kHz	94	97	100	103	106
Z/Ω	258	449	1000	494	274

In der Abb. 9-52 ist der der Parallelschaltung zufließende Strom und ihr Scheinwiderstand Z im Bereich der Resonanzfrequenz dargestellt. Deutlich wird, dass eine geringe Änderung der Frequenz den Scheinwiderstand und den Strom bedeutend verändern. Zum Beispiel bewirkt eine Verringerung der Frequenz um nur 6 % eine Erhöhung des Stromes um 387 %.

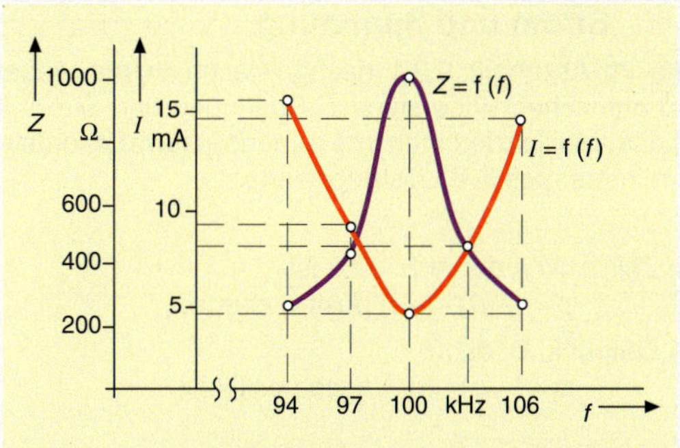

Abb. 9-52 ***Stromstärke und Scheinwiderstand im Parallelschwingkreis***

AUFGABEN

9.19 Wie groß ist bei einer Spannung von 24 V (50 Hz) die Stromaufnahme einer Spule, deren ohmscher Widerstand 4 Ω beträgt und deren Induktivität mit 40 mH angegeben ist?

9.20 Zeichnen Sie das Zeigerbild der Ströme für eine Parallelschaltung aus ohmschem Widerstand, kapazitivem und induktivem Blindwiderstand, wenn $X_C < X_L$ ist.

9.21 Welche Werte könnten bei der Drei-Spannungsmesser-Methode berechnet werden (Abb. 9-39), wenn zusätzlich der Strom I bei bekannter Frequenz gemessen wird?

9.22 Entwickeln Sie analog der Drei-Spannungsmesser-Methode ein Verfahren zur Bestimmung des Phasenverschiebungswinkels einer realen Spule, wenn durch Parallelschalten eines ohmschen Widerstandes drei Ströme gemessen werden. Der Vorteil dieses Verfahrens würde gegenüber der Drei-Spannungsmesser-Methode darin liegen, dass der Phasenverschiebungswinkel bei Bemessungsspannung der Spule bestimmt werden kann.

9.23 Die Resonanzfrequenz eines Reihenschwingkreises wird mit 100 Hz angegeben. Berechnen Sie die Kapazität des Kondensators, wenn die Induktivität der Spule 1,15 H beträgt.

9.4 Leistung und Arbeit des Wechselstromes

Im Gleichstromkreis bestimmen die Spannung U und die Stromstärke I die Leistung:

$$P = U \cdot I$$

Auf die veränderlichen Größen des Wechselstromkreises bezogen heißt das:

Nur die zeitgleich auftretenden Augenblickswerte der Spannung und des Stromes ergeben einen Leistungswert. Dieser wird damit auch wieder eine zeitabhängige Größe. Die Gleichung für den

Augenblickswert der Leistung $p = u \cdot i$

gilt für alle Kurvenformen von Wechselgrößen sowie für alle Grundschaltelemente und ihre Zusammenschaltungen. Die Gleichung hat somit Allgemeingültigkeit. Die Schwierigkeit besteht jedoch darin, dass im Wechselstromkreis prinzipiell mit den Effektivwerten von Strom und Spannung gerechnet werden muss. Ein Ergebnis lässt sich aufgrund der zeitlichen Veränderlichkeit der Faktoren u und i und einer möglichen Phasenverschiebung zwischen ihnen nicht so ohne weiteres voraussagen.

Im Folgenden sollen anhand der zeichnerischen Darstellungen die Zusammenhänge bei Phasengleichheit und Phasenverschiebung untersucht werden.

9.4.1 Leistung bei Phasengleichheit von Strom und Spannung

Wie im Abschnitt 9.2.1 nachgewiesen wurde, liegen am ohmschen Widerstand R Spannung und Strom in Phase. Multipliziert man ihre Augenblickswerte, entstehen immer positive Leistungswerte.

Im Zeitpunkt A der Abb. 9-53 ist

$p = (+\,u) \cdot (+\,i)$ positiv, ebenso

im Zeitpunkt B, da

$p = (-\,u) \cdot (-\,i)$ auch positiv ist.

Es entsteht eine sinusförmige Leistung von **doppelter Frequenz**, deren Kurve in positiver Richtung der Ordinatenachse verschoben ist. Stets positive Leistungswerte bedeuten gleich bleibende Richtung des Energieflusses. Die Energie geht von der Stromquelle zum ohmschen Widerstand und wird hier in eine andere Energieform umgewandelt. Die Energie tritt aus dem elektrischen Kreis heraus und kann außerhalb des Kreises z. B. eine Wärmewirkung oder eine mechanische Wirkung verursachen. Diese Leistung wird deshalb als Wirkleistung bezeichnet.

Wirkleistung ist die Leistung, die im zeitlichen Mittel aus dem Wechselstromkreis als Wärmeleistung oder mechanische Leistung heraustritt.

Das Bauelement R wird aufgrund dieser Eigenschaft auch als Wirkwiderstand bezeichnet.

9.4.2 Leistung bei Phasenverschiebung zwischen Strom und Spannung

Sowohl am induktiven als auch am kapazitiven Schaltelement besteht zwischen Strom und Spannung eine Phasenverschiebung von 90°. Hier ergibt die Multiplikation der Augenblickswerte von u und i jedoch wechselweise positive und negative Leistungswerte. Die Richtung des Energieflusses ändert sich somit periodisch.

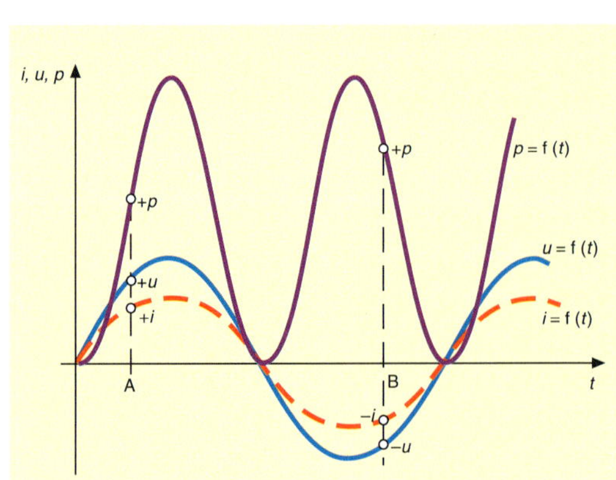

Abb. 9-53 ***Leistung am ohmschen Schaltelement***

In der Abb. 9-54 wurde als Beispiel ein kapazitives Schaltelement gewählt, dem in den Zeitabschnitten der positiven Leistungswerte Energie zufließt. Während der Zeitabschnitte negativer Leistungswerte wird Energie vom Kondensator zur Stromquelle zurückgeliefert. Der arithmetische Mittelwert der Leistungswerte ist dabei null. Die in einer Periode des Wechselstromes zweimal zum Kondensator übertragene Energie wird ebenso oft zurückgeführt, damit nicht in eine andere Energieform umgewandelt. Die am kapazitiven und auch am induktiven Schaltelement auftretende Leistung nennt man Blindleistung.

Blindleistung ist die Leistung, die im Wechselstromkreis zwischen Stromquelle und kapazitivem oder induktivem Schaltelement hin- und herpendelt und in diesen kurzzeitig im elektrischen bzw. magnetischen Feld gespeichert wird.

Die Blindleistung und die in der Zeit *t* entstehende Blindarbeit sind, wie die Blindwiderstände, nur Rechengrößen, keine Leistungs- oder Arbeitsgrößen im physikalischen Sinn.

Wie im Abschnitt 9.3 dargelegt wurde, sind die Grundschaltelemente nur näherungsweise zu realisieren. In der Praxis sind stets Verbraucher wirksam, die als Kombination der idealen Schaltelemente angesehen werden müssen. Welche Leistungsverhältnisse liegen dann bei einer beliebigen Phasenverschiebung vor?

Die in der Abb. 9-55 eingezeichnete Leistungskurve zeigt wieder den typischen sinusförmigen Verlauf. Der positive Anteil der Leistungswerte ist jedoch größer als der negative, d. h. eine größere Energiemenge wird dem Verbraucher zugeführt, als zur Stromquelle zurückströmt.

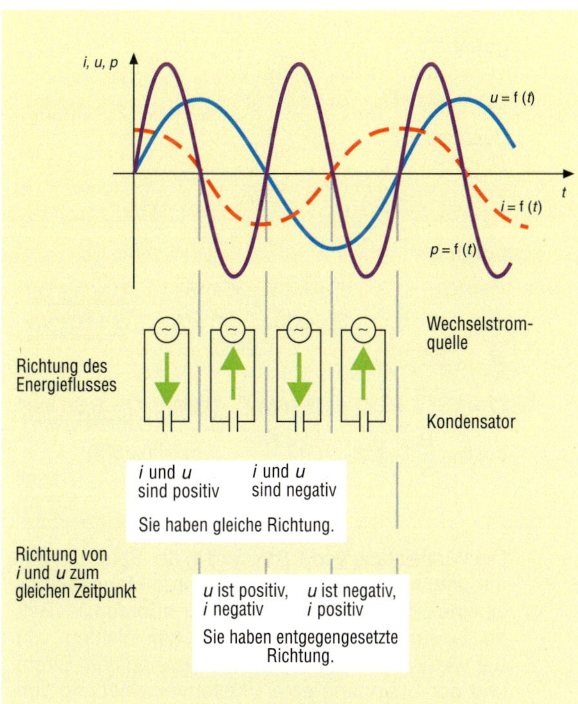

Abb. 9-54 ***Leistung am kapazitiven Schaltelement***

Dies bedeutet:

1. Im Verbraucher wird ein Teil der elektrischen Energie in eine andere Energieform umgewandelt. Sie tritt als Wirkleistung aus dem Stromkreis aus.
2. Die Zuleitung zum Verbraucher wird durch die Wirkleistung und durch die zwischen ihm und der Stromquelle hin- und herpendelnde Blindleistung belastet.

Folgende Überlegungen sollen zum mathematischen Zusammenhang der Leistungen im Wechselstromkreis führen.

Jeder zur Spannung phasenverschobene Strom, der in der Zuleitung zu einem Verbraucher fließt, kann in zwei Komponenten aufgeteilt werden (Abb. 9-56).

Die eine Komponente, man könnte auch Teilstrom sagen, liegt mit der Spannung U in Phase. Dies ist der Wirkanteil des Stromes, der sog. Wirkstrom I_w. In den Zeigerbildern 9-43 und 9-44 haben wir ihn als I_R bezeichnet. Die andere Komponente ist gegenüber der Spannung U um 90° phasenverschoben. Das kann sowohl voreilend (kapazitive Belastung) als auch nacheilend (induktive Belastung) sein. Diese Komponente ist der Blindanteil des Stromes, der sog. Blindstrom I_b. Wir haben ihn, je nach den Blindwiderständen, bisher als I_L, I_C oder (I_L - I_C) bezeichnet (Abb. 9-57).

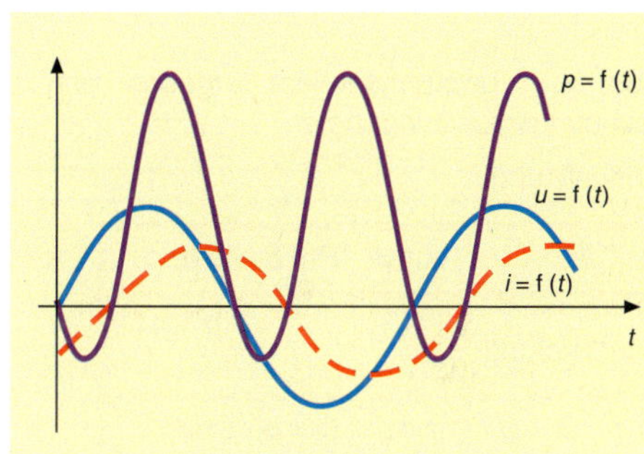

Abb. 9-55 ***Leistung bei einem Phasenverschiebungswinkel < 90°***

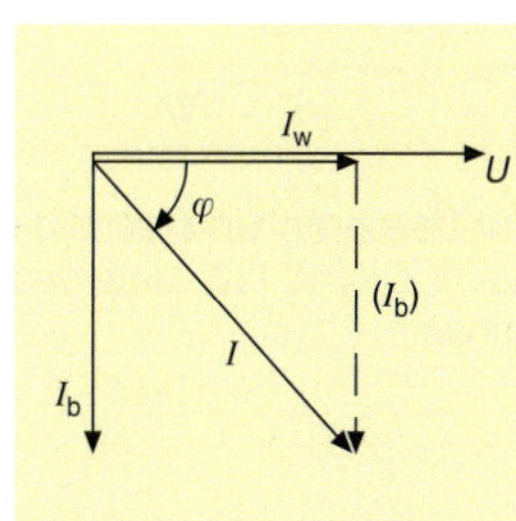

Abb. 9-56 ***Komponenten des Wechselstromes***

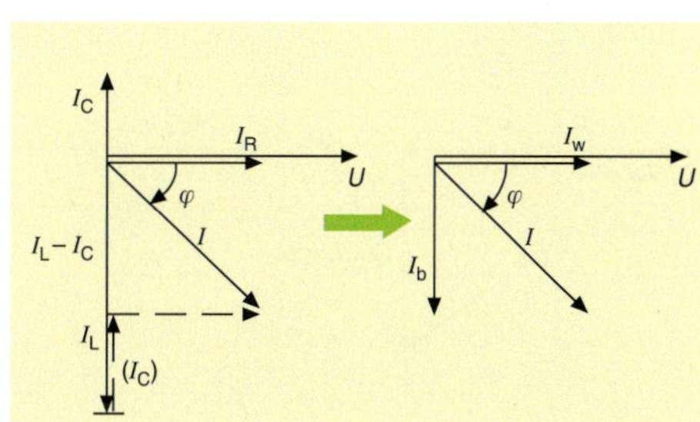

Abb. 9-57 ***Bedeutungsgleichheit der Ströme***

Der Wirk- und der Blindstrom sind nicht messbar. Ein Strommesser zeigt immer den Strom I, auch Scheinstrom genannt, an. Aus dem Zeigerbild 9-56 ist zu entnehmen, dass nach den Gesetzen des rechtwinkligen Dreiecks

der Wirkstrom $$I_w = I \cdot \cos\varphi \qquad (9\text{–}28)$$

der Blindstrom $$I_b = I \cdot \sin\varphi \qquad (9\text{–}29)$$

der Scheinstrom $$I = \sqrt{I_w^2 + I_b^2} \qquad (9\text{–}30)$$

berechnet werden müssen.

Durch die Multiplikation der Stromgrößen mit der Spannung U entstehen die Leistungsgrößen

Wirkleistung $P = I_w \cdot U$

Blindleistung $Q = I_b \cdot U$

und die aus beiden bestehende Gesamtleistung, die sog.

Scheinleistung $S = U \cdot I$.

Diese Leistungsgrößen können ebenfalls als sich sinusförmig ändernde Größen im Zeigerbild dargestellt werden (Abb. 9-58).

Aus dem Leistungsdreieck ergeben sich die Berechnungsgleichungen der

Wirkleistung

$$P = U \cdot I \cdot \cos\varphi \qquad P = S \cdot \cos\varphi \qquad (9\text{–}31)$$

$[P] = 1\,W$

Blindleistung

$$Q = U \cdot I \cdot \sin\varphi \qquad Q = S \cdot \sin\varphi \qquad (9\text{–}32)$$

$[Q] = 1\,var$

Scheinleistung

$$S = U \cdot I \qquad S = \sqrt{P^2 + Q^2} \qquad (9\text{–}33)$$

$[S] = 1\,VA$

Beachten Sie, dass zur besseren Unterscheidung die Leistungseinheiten nach DIN 40 110 unterschiedlich dargestellt werden können.

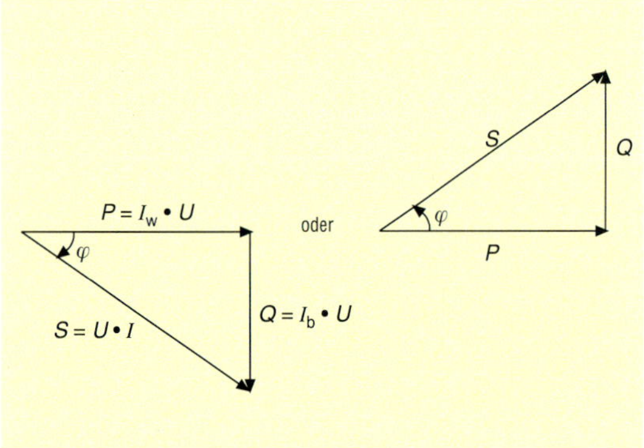

Abb. 9-58 ***Zeigerbild der Leistungsgrößen***

- Die Wirkleistung wird, wie in der Gleichstromtechnik, in Watt (Kurzzeichen W),
- die Blindleistung in Voltampere reaktiv (reaktiv bedeutet rückwirkend, Kurzzeichen var) und
- die Scheinleistung in Voltampere (Kurzzeichen VA) angegeben.

Es sind nur unterschiedliche Darstellungen der Leistungseinheit, also keine unterschiedlichen Einheiten. So geht z. B. nach der Gleichung (9–31)

$[S] = V \cdot A$ in $[P] = W$ über, oder es können

$$\frac{[P]}{[S]} = \frac{1\,W}{1\,V \cdot A} = 1$$ gekürzt werden.

Wechselstromgeneratoren und Transformatoren werden durch die Wirk- und durch die Blindleistung belastet. Sie müssen demzufolge hinsichtlich ihrer elektrischen und magnetischen Bemessung für die Scheinleistung als geometrische Summe der Wirk- und Blindleistung ausgelegt sein. Ihre Nennleistungsangabe erfolgt in VA oder kVA bzw. MVA. Dagegen ist es bei einem Motor üblich, auf dem Leistungsschild die an der Welle abgebbare mechanische Leistung in W oder kW anzugeben. Diese nur interessiert den Nutzer. Der Anschluss der Motoren, d. h. die Querschnitte der Motorzuleitungen, sind wiederum für die Scheinleistung zu bemessen.

Lösungsbeispiel:

Eine Spule, die an Gleichspannung von 60 V eine Stromstärke von 30 mA aufnimmt, hat bei Anschluss an 230 V Wechselspannung ebenfalls eine Stromaufnahme von 30 mA. Wie groß sind Wirk-, Blind- und Scheinleistung sowie der Phasenverschiebungswinkel zwischen Strom und Spannung?

gegeben:
$U_{\_} = 60\,V \qquad U_{\sim} = 230\,V$
$I_{\_} = 30\,mA \qquad I_{\sim} = 30\,mA$

gesucht:
P, Q, S
φ

Lösung:

$P = U_{\_} \cdot I_{\_} \qquad P = 60\,V \cdot 30\,mA \qquad \underline{\underline{P = 1{,}8\,W}}$

$S = U_{\sim} \cdot I_{\sim} \qquad S = 230\,V \cdot 30\,mA \qquad \underline{\underline{S = 6{,}9\,VA}}$

$S = \sqrt{P^2 + Q^2}$

$Q = \sqrt{S^2 - P^2} \qquad Q = \sqrt{(6{,}9\,VA)^2 - (1{,}8\,W)^2} \qquad \underline{\underline{Q = 6{,}66\,var}}$

$\cos\varphi = \frac{P}{S} \qquad \cos\varphi = \frac{1{,}8\,W}{6{,}9\,VA} \qquad \cos\varphi = 0{,}2609$

$\underline{\underline{\varphi = 74{,}9°}}$

Die Wirkleistung von 1,8 W wird in der Spule in Wärme umgewandelt. Zum Aufbau ihres Magnetfeldes ist eine Blindleistung von 6,66 var erforderlich. Beide Leistungen belasten als Scheinleistung von 6,9 VA die Stromquelle, wobei zwischen dem Strom und der Spannung eine Phasenverschiebung von 74,9° auftritt.

9.4.3 Messen der Wechselstromleistungen

Das auch im Gleichstromkreis genutzte elektrodynamische Messwerk gewährleistet eine direkte Anzeige der Wirkleistung (Abb. 9-59).

Im Gegensatz zu anderen Messgeräten kann bereits vor Erreichen des Skalenendwertes die Belastungsgrenze des Messgerätes erreicht werden, da nur der Wirkanteil des im Strompfad fließenden Stromes den Zeigerausschlag bewirkt. Deshalb ist es günstig, immer gleichzeitig mit der Wirkleistungsmessung eine Strommessung vorzunehmen.

Aus dem Wirkleistungsmesser lässt sich leicht ein Blindleistungsmesser herstellen, wenn der durch den Spannungspfad fließende Strom um 90° gegenüber der Netzspannung in der Phasenlage verschoben wird. Diese Phasendrehung kann mit einer zusätzlichen Induktivität oder auch mit einer RC-Kombination erreicht werden. Die Anzeige des Blindleistungsmessers wird dadurch stark frequenzabhängig.

Die Scheinleistung wird meist indirekt durch eine Strom- und Spannungsmessung erfasst. Eine direkte Anzeige, wie sie bei einigen elektronischen Leistungsmessgeräten möglich ist, wird nur erreicht, wenn die Wechselgrößen gleichgerichtet werden.

Die Arbeitsgrößen des Wechselstromes ergeben sich durch die Multiplikation der Leistungsgrößen mit der Zeit t:

Wirkarbeit	$W_w = P \cdot t$	$[W_w]$ = Ws oder Wh oder kWh
Blindarbeit	$W_b = Q \cdot t$	$[W_b]$ = vars oder varh
Scheinarbeit	$W_s = S \cdot t$	$[W_s]$ = VAs oder VAh

Bekannt sind die Induktionszähler (Kilowattstundenzähler), mit denen die in den Haushalten verbrauchte Wirkarbeit erfasst wird.

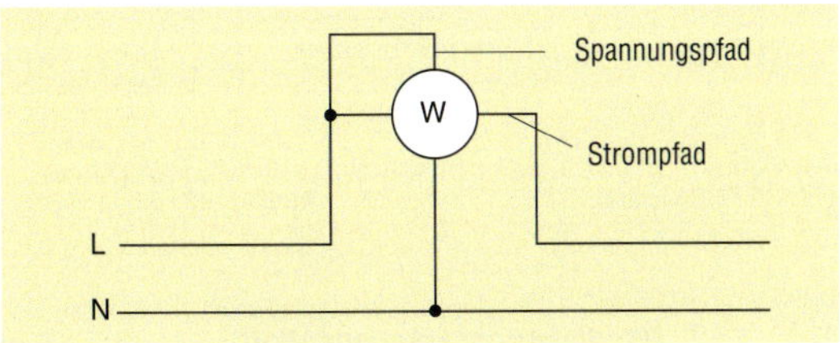

Abb. 9-59 ***Wirkleistungsmessung im Wechselstromnetz***

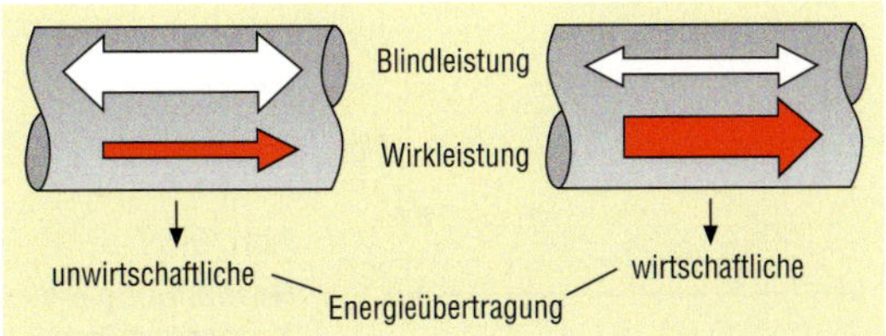

Abb. 9-60 ***Wirtschaftlichkeit der Energieübertragung***

9.4.4 Leistungsfaktor und Kompensation von Blindleistungen

Die Netze der Verteilungsnetzbetreiber und die Leitungen der Installationsanlagen werden durch die angeschlossenen Motoren, Transformatoren und Vorschaltgeräte der Gasentladungslampen überwiegend induktiv belastet. Die zwischen der Stromquelle und den Verbrauchern hin- und herpendelnde Blindleistung ist für den Aufbau der Magnetfelder und damit für die Funktionsweise der genannten Maschinen und Geräte notwendig. Da jedoch der Querschnitt der Leitung ihre Belastbarkeit begrenzt, ist die Wirtschaftlichkeit der Energieübertragung bei relativ großer Blindleistung und kleiner Wirkleistung gering (Abb. 9-60).

Zur Bewertung der Wirtschaftlichkeit der Energieübertragung bzw. des Leistungsumsatzes in einer Wechselstrommaschine wird eine Größe eingeführt, die als Leistungsfaktor bezeichnet wird.

Der Leistungsfaktor ist das Verhältnis der Wirkleistung zur Scheinleistung.

Aus dem Leistungsdreieck der Abb. 9-58 ist zu erkennen, dass der Quotient $\frac{P}{S}$ der Cosinus des Phasenverschiebungswinkels zwischen Strom und Spannung ist.

Leistungsfaktor $\cos\varphi = \frac{P}{S}$ [1] **9–34**

Der Leistungsfaktor kann sich nur im Bereich von

$\cos\varphi = 0$ (Strom und Spannung sind gegenseitig um 90° phasenverschoben. Die Wirkleistung ist null. Das Netz wird nur mit Blindleistung belastet) und

$\cos\varphi = 1$ (Strom und Spannung liegen in Phase. Die Blindleistung ist null. Das Netz wird nur mit Wirkleistung belastet)

ändern.

Aus der Angabe des Leistungsfaktors auf dem Leistungsschild eines Motors von z. B. 0,78 können

1. der prozentuale Anteil der Wirkleistung an der Scheinleistung
   $P = S \cdot \cos\varphi$ $P = 0{,}78 \cdot S$ $P = 78\,\%$ der Scheinleistung und
2. der Phasenverschiebungswinkel zwischen Strom und Spannung
   $\cos\varphi = 0{,}78 \rightarrow \varphi = 38{,}7°$

bestimmt werden.

Beachten Sie, dass der Anteil der Blindleistung an der Scheinleistung über den Sinus bestimmt werden muss:

$\cos\varphi \rightarrow \varphi \rightarrow \sin\varphi$ $Q = S \cdot \sin\varphi$.

Im gewählten Beispiel beträgt der Anteil der Blindleistung an der Scheinleistung deshalb 62,6 %, nicht etwa 22 %.

[1] Bei Wechselgrößen mit Oberschwingungen wird λ als Formelzeichen des Leistungfaktors verwendet

Zum besseren Verständnis des Leistungsumsatzes in einem Wechselstrommotor betrachten wir die Abb. 9-61. Die Zuleitung zum Motor wird sowohl mit der Wirk- als auch mit der Blindleistung, also mit der Scheinleistung S als Gesamtleistung, belastet. Der Anteil der Wirkleistung P oder indirekt der Anteil der Blindleistung Q wird durch den Leistungsfaktor $\cos\varphi$ gekennzeichnet.

Ein Teil der Wirkleistung geht als Verluste P_v verloren. Sie erwärmen den Motor. Der durch den Wirkungsgrad η bestimmte Teil der Wirkleistung wird an der Welle als mechanische Leistung P_{ab} abgegeben. Sie ist die Bemessungsleistung des Motors und auf dem Leistungsschild angegeben.

Wir erkennen:

> Der Leistungsfaktor und der Wirkungsgrad sind zwei voneinander unabhängige Größen, die zur Berechnung der Stromaufnahme eines Wechselstrommotors bei gegebener Bemessungsleistung unbedingt beachtet werden müssen.

9

Der kleine Leistungsfaktor eines Netzes wird häufig durch leer laufende Transformatoren und Motoren verursacht, da ihr Blindanteil unabhängig von der Belastung zum Aufbau der entsprechenden Magnetfelder ständig gebraucht wird. Der Leistungsfaktor leer laufender Aggregate liegt im Mittel bei 0,4. Erst eine Auslastung verbessert ihn auf 0,75 bis 0,95. Längere Zeit unbelastete Motoren oder überdimensionierte Antriebe müssen vermieden werden.

Bei Transformatorenanlagen sollten zu lastschwachen Zeiten parallel geschaltete Einheiten abgeschaltet werden. Ist der Blindleistungsanteil weiterhin zu groß, muss in einem Netz oder in einer Installationsanlage die induktive Blindleistung kompensiert werden.

> Unter Kompensation versteht man das Zuschalten von kapazitiven Schaltelementen in solchen Größenordnungen, dass die induktive Blindleistung im Netz vollständig oder bis auf einen geringen Anteil aufgehoben wird.

In der Abb. 9-62 wird deutlich, dass durch die Blindleistungskompensation der Generator, die Transformatoren und das Netz nur noch mit Wirkleistung belastet werden. Die Blindleistung pendelt auf kürzestem Weg zwischen Motor und Kondensator hin und her.

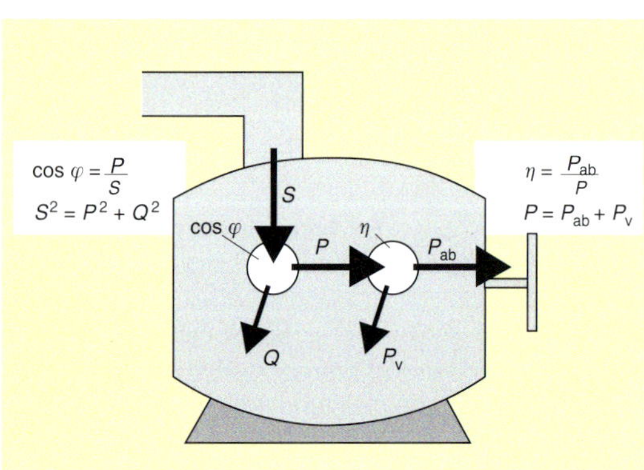

Abb. 9-61 ***Leistungsumsatz im Wechselstrommotor***

Die zu kompensierende Blindlestung, d. h. die Kondensatorleistung Q_C kann mithilfe des Zeigerbildes 9-63 bestimmt werden.

Soll der vorhandene Phasenverschiebungswinkel φ auf den gewünschten Winkel φ' verringert werden, muss die Blindleistung Q durch die Kompensationsleistung Q_C auf die Blindleistung Q' reduziert werden. Bei konstant bleibender Wirkleistung P wird dann die Scheinleistung S auf S' verringert. Im Netz fließt ein kleinerer Belastungsstrom.

Erforderliche Kompensationsleistung $Q_C = Q - Q'$

Aus den Kathetenbeziehungen im rechtwinkligen Dreieck ergibt sich

$$\tan\varphi = \frac{Q}{P} \qquad Q = P \cdot \tan\varphi$$

$$\tan\varphi' = \frac{Q'}{P} \qquad Q' = P \cdot \tan\varphi'$$

Kompensationsleistung $$Q_C = P \cdot (\tan\varphi - \tan\varphi') \qquad \textbf{9–35}$$

Lösungsbeispiel:

In einem Wechselstromnetz werden folgende Größen gemessen:
Spannung 230 V/50 Hz, Leistung 5,5 kW und Leistungsfaktor 0,48.

Welche Kapazität muss eine Kondensatorenbatterie haben, wenn der Leistungsfaktor auf 0,98 verbessert werden soll?
Um welchen Betrag verringert sich durch die Kompensation die Stromstärke?

gegeben: $P = 5{,}5$ kW
$U = 230$ V
$f = 50$ Hz
$\cos\varphi = 0{,}48$
$\cos\varphi' = 0{,}98$

gesucht: C; $\Delta I = ?$

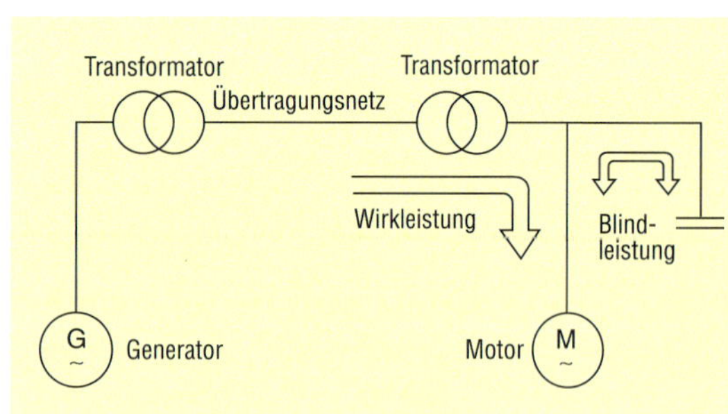

Abb. 9-62 ***Blindleistungskompensation***

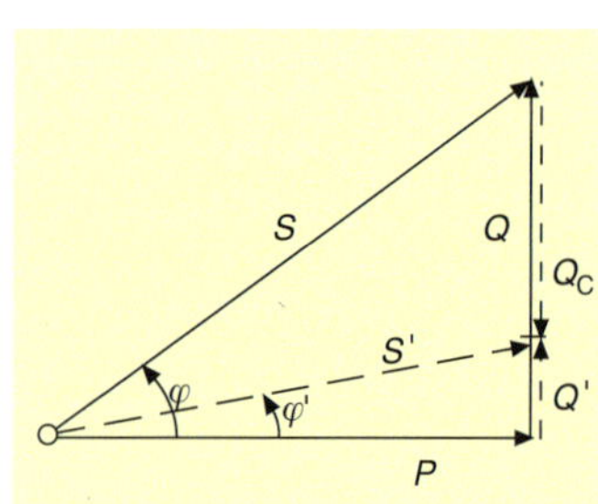

Abb. 9-63 ***Bestimmung der Kompensationsleistung***

Lösung:

$Q_C = P \cdot (\tan\varphi - \tan\varphi')$

$\cos\varphi = 0{,}48 \quad \varphi = 61{,}3° \quad \tan\varphi = 1{,}827$

$\cos\varphi' = 0{,}98 \quad \varphi' = 11{,}5° \quad \tan\varphi' = 0{,}203$

$Q_C = 5{,}5\ \text{kW} \cdot 1{,}624$

$Q_C = \underline{\underline{8{,}935\ \text{kvar}}}$

$Q_C = \frac{U^2}{X_C}$

$X_C = \frac{1}{2 \cdot \pi \cdot f \cdot C}$

$Q_C = U^2 \cdot 2 \cdot \pi \cdot f \cdot C$

$C = \frac{Q_C}{U^2 \cdot 2 \cdot \pi \cdot f}$

$C = \frac{8935\ \text{var}}{230^2 \cdot \text{V}^2 \cdot 2 \cdot \pi \cdot 50 \cdot \text{Hz}}$

$C = \underline{\underline{537{,}6\ \mu\text{F}}}$

$\Delta I = I - I' \quad P = U \cdot I \cdot \cos\varphi \quad P = U \cdot I' \cdot \cos\varphi'$

$I = \frac{P}{U \cdot \cos\varphi} \quad I' = \frac{P}{U \cdot \cos\varphi}$

$\Delta I = \frac{P}{U} \cdot \left(\frac{1}{\cos\varphi} - \frac{1}{\cos\varphi'}\right)$

$\Delta I = \frac{5500\ \text{W}}{230\ \text{V}} \cdot \left(\frac{1}{0{,}48} - \frac{1}{0{,}98}\right)$

$\Delta I = \underline{\underline{25{,}4\ \text{A}}}$

Zur Verbesserung des Leistungsfaktors ist eine Kapazität von 537,6 µF erforderlich. Die Stromstärke verringert sich dann durch die Kompensation um 25,4 A.

Wie die Abb. 9-64 zeigt, kann die Kompensationsleistung auch grafisch ermittelt werden. Dazu wird ein Viertelkreis ($\cos\varphi$-Kreis) gezeichnet, dessen Radius einer frei wählbaren Leistungsgröße und dem Leistungsfaktor $\cos\varphi = 1$ entspricht.

Wird dem Radius $r = 100$ mm z. B. die Wirkleistung 500 W zugeordnet, ergibt sich für die Darstellung ein Maßstab von

1 mm ≙ 5 W oder 5 VA oder 5 var.

Jede Strecke kann damit in die entsprechende Wirkleistungs-, Blindleistungs- oder Scheinleistungsgröße umgerechnet werden.

Aus dieser Darstellung kann

- bei konstanter Wirkleistung P die bei unterschiedlichen Leistungsfaktoren, z. B. $\cos\varphi = 0{,}4$ und $\cos\varphi' = 0{,}8$ zuzuordnenden Blind- und Scheinleistungen sowie die erforderliche Kompensationsleistung Q_C oder
- bei konstantem Leistungsfaktor, z. B. $\cos\varphi = 0{,}4$ die von einander abhängigen Leistungsgrößen P, Q, S oder P'', Q'' und S'' abgelesen werden.

9

Für die Bemessung der Kompensationsleistungen bestehen zwei grundsätzliche Zielvorstellungen:

1. höhere Wirkleistungsübertragung bei konstanter Scheinleistung bzw. konstantem Belastungsstrom oder
2. verringerter Scheinleistungsbedarf gekennzeichnet durch einen geringeren Belastungsstrom bei konstanter Wirkleistung.

Ein großer Leistungsfaktor bringt einen hohen wirtschaftlichen Nutzen durch

- volle Auslastung der Netze und Anlagen
- Verringerung der Leistungsverluste
- Kostenreduzierung.

Die Kompensation, bei der dem einzelnen Betriebsmittel ein Kondensator zugeordnet wird, bezeichnet man als **Einzelkompensation.** Die Einzelkompensation wird für Geräte eingesetzt, deren Leistungsbedarf stets konstant bleibt. Jede Leuchtstofflampenschaltung z. B.

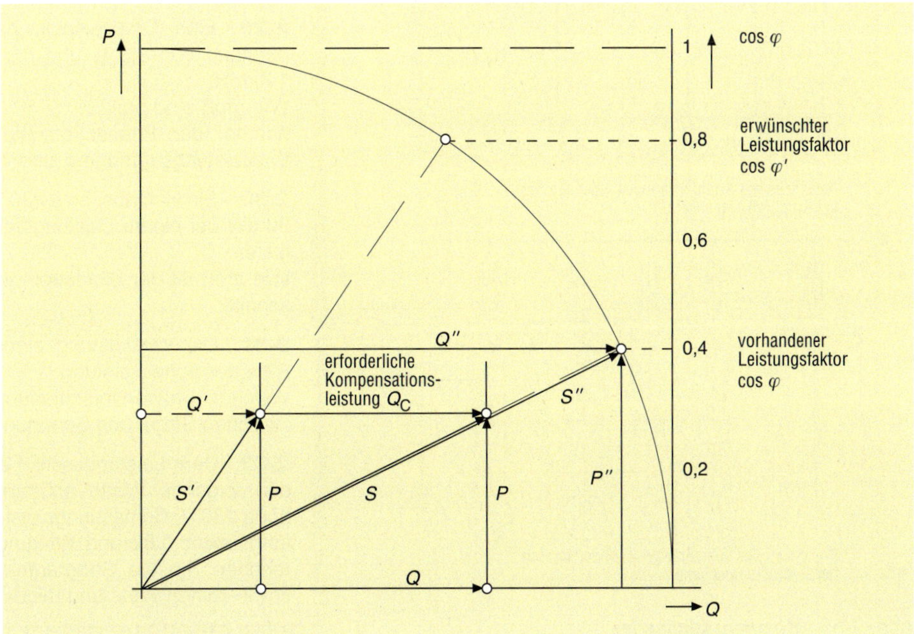

Abb. 9-64
Ermittlung der Kompensationsleistung

wird vom Hersteller mit einem Kompensationskondensator ausgestattet.

Für mehrere Betriebsmittel mit großem Blindleistungsbedarf kann es ökonomisch sein, einen Kondensator mit großer Kapazität einzubauen. Diese Form der Kompensation wird als **Gruppenkompensation** bezeichnet. Bei einem Festwertkondensator ist auch hier die konstante Leistungsentnahme und der gleichzeitige Betrieb aller Betriebsmittel notwendig. Werden einzelne Betriebsmittel abgeschaltet, wirkt die Gesamtanlage plötzlich als Abnehmer kapazitiver Blindleistung – sie ist überkompensiert.

Für Betriebe, in denen viele Antriebe mit wechselnden mechanischen Belastungen eingesetzt werden, muss die Kompensationsanlage mit veränderbaren Kapazitäten, die sich automatisch dem Blindleistungsbedarf anpassen, ausgestattet werden. In diesem Fall wird die Kompensation als **Zentralkompensation** bezeichnet (Abb. 9-65).

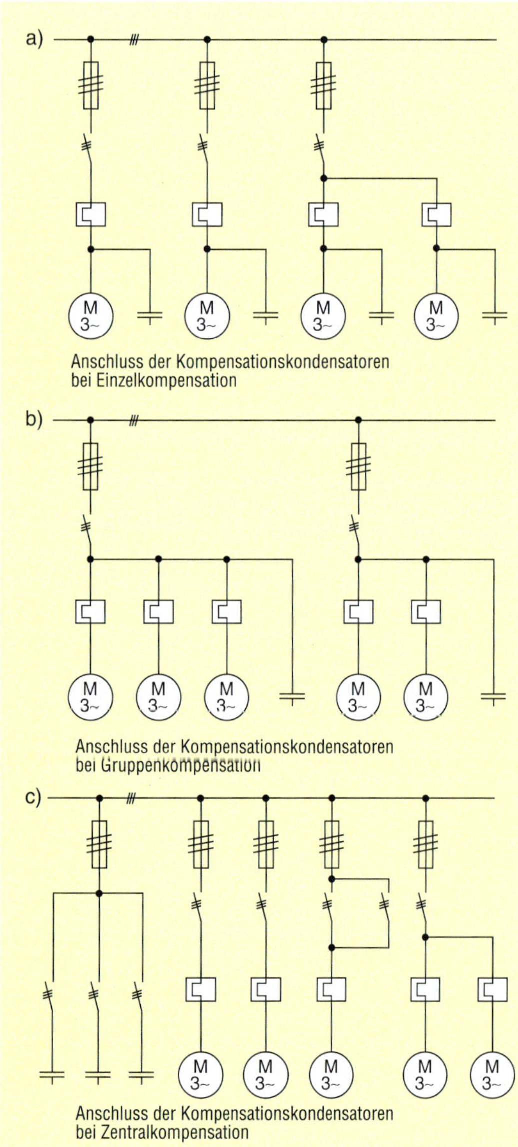

Abb. 9-65 ***Kompensationsarten***

AUFGABEN

9.24 Vervollständigen Sie die Tabelle!

	Wirkleistung	Blindleistung	Scheinleistung
Merkmale			
Formelzeichen			
Einheit			

9.25 In der Abb. 9-55 sind die Spannungs-, Strom- und Leistungskurve eines Wechselstromnetzes dargestellt.
Welche Belastung liegt vor?
Begründen Sie, dass Veränderungen in der Darstellung bei gleichen Beträgen von Spannung und Strom entstehen, wenn der Phasenverschiebungswinkel größer wird.

9.26 Bei einem angeschlossenen Verbraucher zeigen der in der Zuleitung eingebaute Strommesser und der Induktionszähler die für diese Messgeräte typischen elektrischen Größen an.
Untersuchen Sie, ob beim Zuschalten eines weiteren Verbrauchers am Strommesser ein größerer Zeigerausschlag entsteht und die Zählerscheibe sich schneller dreht.

2.27 Die Strom- und die Wirkleistungsaufnahme einer Spule werden durch die entsprechenden Messgeräte gemessen.
Begründen Sie, dass bei gleich bleibender Wechselspannung und Frequenz die Messwerte sich ändern, wenn die Spule einen Eisenkern erhält.

2.28 Mit welcher Wirk- und Blindleistung wird ein Netz belastet, wenn bei einer Spannung von 230 V ein Strom von 78,3 A bei einem Phasenverschiebungswinkel von 35° fließt?

2.29 Eine Drosselspule hat einen Wirkwiderstand von 8,2 Ω und eine Induktivität von 140 mH.
Wie groß sind bei 230 V (50 Hz) die Stromaufnahme, der Phasenverschiebungswinkel, die Wirkleistungsaufnahme und die Blindleistung?

2.30 Ein Netzabschnitt 230 V (50 Hz) wird mit 30 kW bei einem Leistungsfaktor von 0,65 belastet.
Wie groß ist der Blindstrom in diesem Netzabschnitt?

2.31 Die Wirkleistung eines Motors beträgt 82 % der Scheinleistung.
Welcher Phasenverschiebungswinkel besteht zwischen Strom und Spannung?

2.32 Dem Leistungsschild eines Motors werden folgende Werte entnommen: Nennspannung 230 V; Bemessungsleistung 2,5 kW; Leistungsfaktor 0,82 und Wirkungsgrad 72 %. Berechnen Sie die Stromaufnahme des Motors sowie seinen Wirk- und Blindstrom.

9.5 Mehrphasige Wechselspannungen

9.5.1 Erzeugung mehrphasiger Wechselspannungen

Wie im Abschnitt 9.1 nachgewiesen wurde, ist die sinusförmige Spannung die günstigste Form einer Wechselspannung.
Sie kann jedoch nur dadurch erzeugt werden, dass der Wickelraum der Wechselstromgeneratoren nicht vollständig genutzt wird.
Diese wirtschaftlich unbefriedigende technische Lösung führte bereits Ende des 19. Jahrhunderts dazu, mehrere getrennte Wicklungen im Generator anzuordnen.
In der Abb. 9-66 sind in einem fest stehenden Magnetfeld zwei um 90° versetzte Leiterschleifen angeordnet. In ihnen werden bei Drehung zwei Wechselspannungen, eine Zweiphasenwechselspannung, induziert. Dieses Prinzip des Außenpoltyps kann auch umgekehrt werden, d. h. in zwei fest stehenden ebenfalls um 90° versetzten Spulen rotiert ein zweipoliges Magnetfeld.
Das Prinzip des Innenpoltyps ist in der Abb. 9-67 dargestellt.

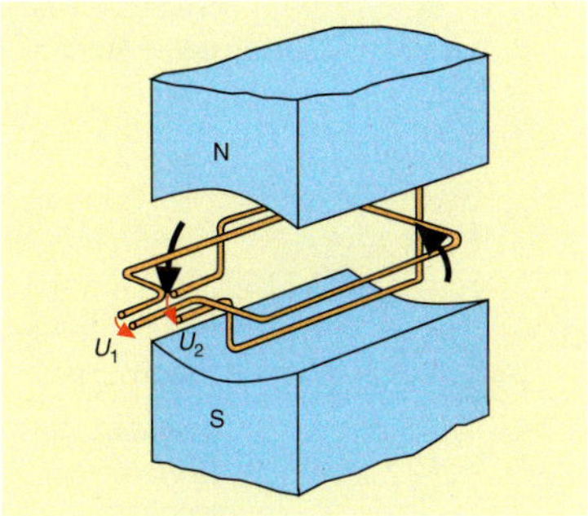

Abb. 9-66 ***Erzeugung einer Zweiphasenwechselspannung (Außenpoltyp)***

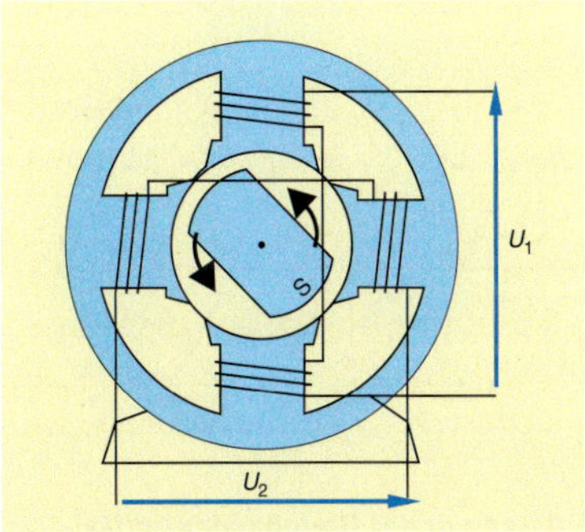

Abb. 9-67 ***Erzeugung einer Zweiphasenwechselspannung (Innenpoltyp)***

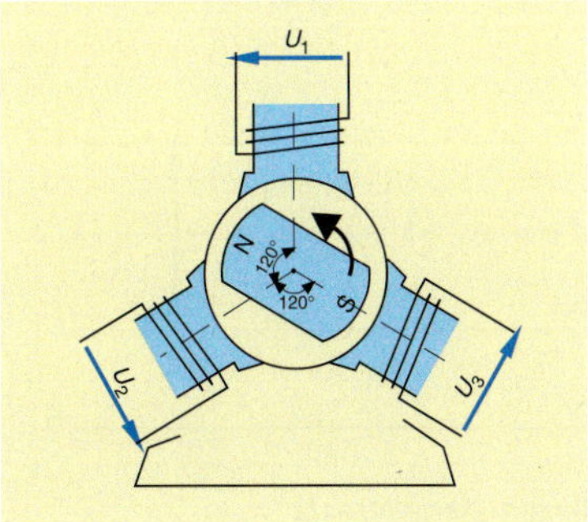

Abb. 9-68 ***Erzeugung einer Dreiphasenwechselspannung***

Beide Wechselspannungen haben den gleichen Betrag. Sie sind jedoch um 90° phasenverschoben.

Prinzipiell kann jede beliebige mehrphasige Wechselspannung erzeugt werden.

Der Phasenwinkel zwischen den Spannungen wird dabei durch die räumliche Anordnung der Spulen bestimmt. Technisch bedeutsam ist jedoch nur die **Dreiphasenwechselspannung**.

In den drei um 120° versetzt angeordneten Spulen (Abb. 9-68) entstehen drei Wechselspannungen U_1, U_2 und U_3 gleicher Größe und gleicher Frequenz, die gegenseitig um 120° phasenverschoben sind und drei getrennte Stromkreise einspeisen können. Es entsteht ein offenes Dreiphasensystem (Abb. 9-69).

Der Dreiphasenwechselstromgenerator ist somit nur eine konstruktive Zusammenfügung dreier Einphasengeneratoren.

Die Übertragung der elektrischen Energie im offenen Dreiphasensystem erfordert durch die drei Hin- und Rückleiter ein materialintensives Sechsleiternetz.

Das Problem, ob eine Zusammenschaltung (Verkettung) der drei als Stromquelle wirkenden Induktionsspulen möglich ist und damit die Leiterzahl des Netzes verringert werden kann, muss untersucht werden.

9.5.2 Verkettung von Dreiphasenwechselspannungen

Wie bekannt ist, können Gleichspannungsquellen ohne Schwierigkeiten zusammengeschaltet werden. Durch die Reihenschaltung zweier Batterien entsteht aus einem Vierleiternetz ein Dreileiternetz (Abb. 9-70), in dem z. B. zweimal je 110 V und einmal 220 V abgenommen werden können.

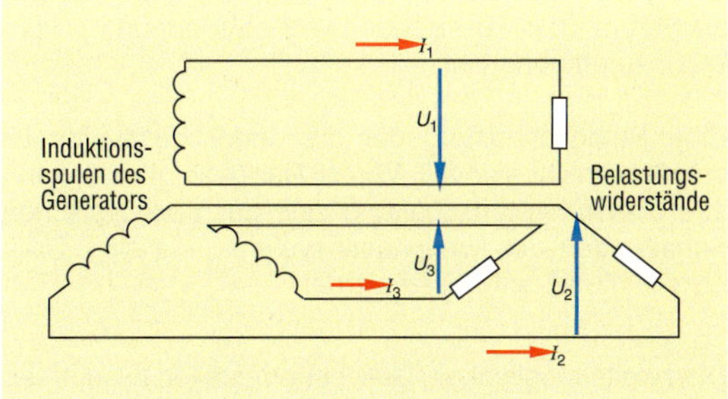

Abb. 9-69 ***Offenes Dreiphasensystem***

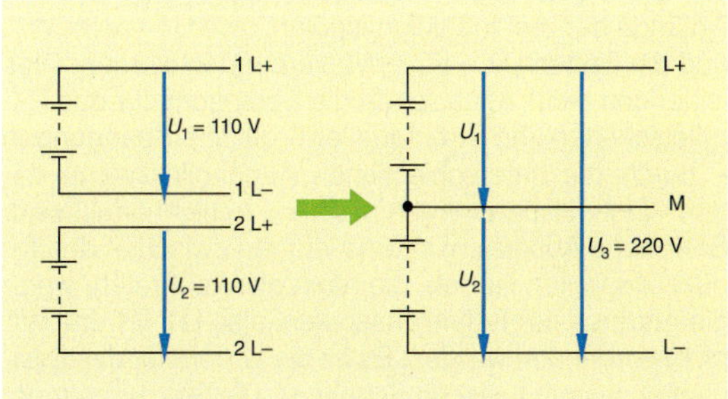

Abb. 9-70 ***Dreileiter-Gleichstromnetz***

Welche Ergebnisse wird die Reihenschaltung der drei Induktionsspulen des Dreiphasenwechselstromgenerators bringen?

Um Unklarheiten zu vermeiden, sollen zuvor die genormten Anschlussbezeichnungen der Spulen angegeben werden:

	Anfang	Ende
Spule 1	U 1	U 2
Spule 2	V 1	V 2
Spule 3	W 1	W 2

Da für die Reihenschaltung das Spulenende mit dem Anfang der nächsten Spule zu verbinden ist, sind die Klemmen

U 2 mit V 1 und
V 2 mit W 1

zu verbinden (Abb. 9-71). Wird z. B. in jeder Spule eine Spannung von 230 V induziert, könnte ein voreiliger Schluss zu folgender Aussage führen:

Die Spannung über U1 – V2 müsste 460 V betragen, da zwei Spulen in Reihe geschaltet sind, und über U1 – W2 müssten 690 V als Gesamtspannung aller drei in Reihe geschalteten Spulen entstehen. Eine Kontrollmessung jedoch ergibt:

Über U1 – V2 entstehen nur 230 V, über U1 – W2 ist die Spannung (Gesamtspannung) sogar nur null.

Der Fehler der voreiligen Aussage besteht darin, dass die Phasenverschiebung zwischen den drei Spannungen von je 120° nicht beachtet wurde. Das Zeigerbild der Spannungen (Abb. 9-72) zeigt, dass die geometrische Summe $U_1 \hat{+} U_2$ (Spannung über U1 und V2) gleich U_1 bzw. U_2 und $(U_1 \hat{+} U_2) \hat{+} U_3 = 0$ ist.

Nicht nur die geometrische Summe der Effektivwerte ist gleich null, auch die Summe der Augenblickswerte ist in jedem Zeitpunkt gleich null, wie aus dem Liniendiagramm der Dreiphasenwechselspannung (Abb. 9-73) zu erkennen ist.

Eine Reihenschaltung der drei Induktionsspulen ist demnach nicht sinnvoll. Wie später gezeigt wird, kann aus dieser Reihenschaltung eine der zwei typischen Schaltungen des Dreiphasensystems, die sog. Dreieckschaltung, entwickelt werden.

Die zweite Möglichkeit, Gleichstromquellen zusammen zu schalten, ist die Parallelschaltung. Es sind untereinander die Pluspole und untereinander die Minuspole der Stromquellen zu verbinden. Analog müssten die Anfänge der drei Induktionsspulen, also U1 – V1 – W1, und die Enden U2 – V2 – W2 verbunden werden. Dies ist jedoch nicht zulässig, da die Bedingung für das Parallelschalten von Stromquellen – gleiche Spannungen – durch die unterschiedlichen Augenblickswerte der drei Wechselspannungen $u_1 \neq u_2 \neq u_3$ nicht erfüllt wird. Sehr hohe Ausgleichsströme würden zwischen den Induktionsspulen fließen, die dann nicht auftreten, wenn die Anfänge der Induktionsspulen, also U1, V1 und W1 nicht verbunden werden. Es ist die andere für das Dreiphasensystem typische Schaltung, die Sternschaltung, entstanden.

■ Sternschaltung

Prägen Sie sich die folgende Schaltregel ein:

Bei der Sternschaltung sind die Enden bzw. die Ausgänge der Spulen oder der induktiven, der kapazitiven oder ohmschen Bauelemente zu einem Punkt, dem sog. Sternpunkt, zu verbinden!

Im Vergleich zum offenen Dreiphasensystem wird durch die Verkettung der Induktionsspulen zur Sternschaltung Leitermaterial eingespart.

- Ein Vierleiternetz (Abb. 9-74) mit den Außenleitern L1, L2, L3 und dem Neutralleiter N entsteht.
- Im Netz sind die gleich großen Strangspannungen U_{1N}, U_{2N} und U_{3N} und die gleich großen Leiterspannungen U_{12}, U_{23} und U_{31} (lies: U drei eins!) vorhanden.

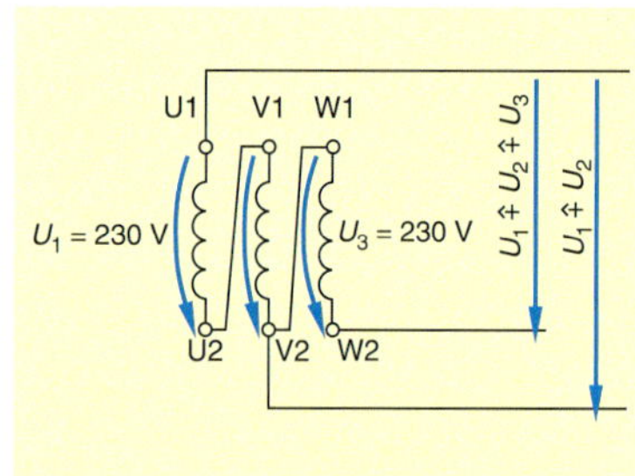

Abb. 9-71 ***Reihenschaltung von Induktionsspulen eines Dreiphasenwechselstromgenerators***

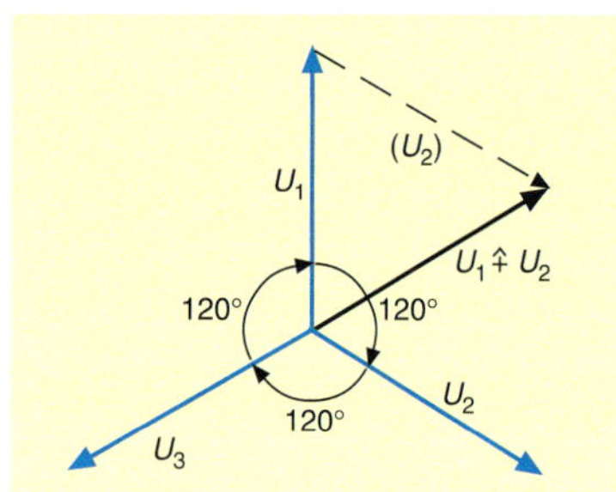

Abb. 9-72 ***Addition der Dreiphasenwechselspannung***

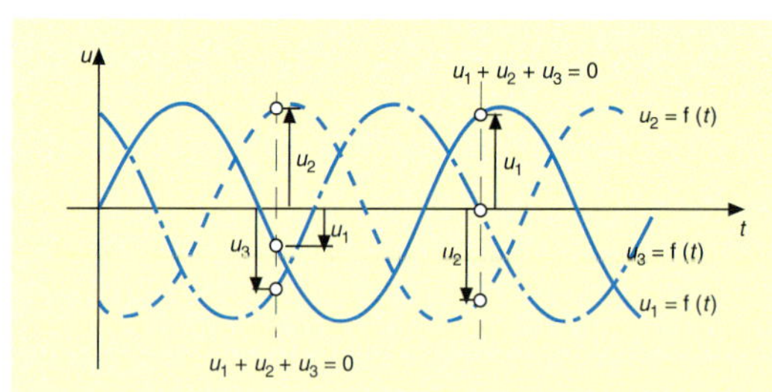

Abb. 9-73 ***Liniendiagramm der Dreiphasenwechselspannung***

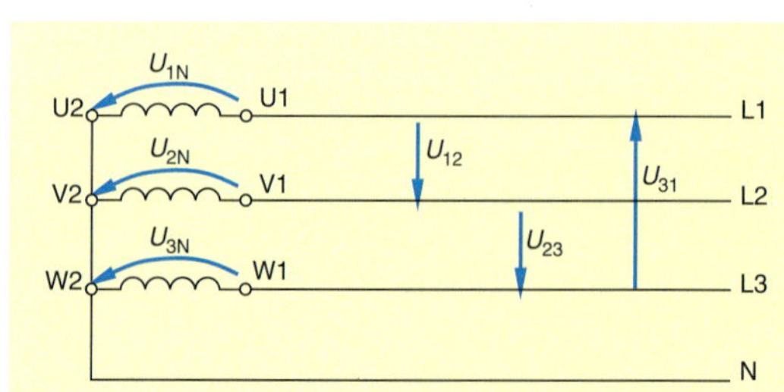

Abb. 9-74 ***Dreiphasen-Vierleiternetz***

Bei der Bestimmung der Größe der Leiterspannungen muss beachtet werden, dass durch die Verbindung der Spulenenden (Abb. 9-75 a) eine Gegenreihenschaltung zweier Spulen, auch Stränge genannt, entsteht.

Die Leiterspannung ist dann die Differenz zweier phasenverschobener Strangspannungen:

$$U = U_{St} \hat{-} U_{St}\ .$$

Die Differenz kann durch die Drehung eines Spannungszeigers um 180° in eine geometrische Summe

$$U = U_{St} \hat{+} (-U_{St})$$

umgewandelt werden. Das Zeigerbild der Spannungen (Abb. 9-75 b) bildet ein gleichschenkliges Dreieck.

Im schraffierten Dreieck ist

$$\sin 60° = \frac{\frac{U}{2}}{U_{St}}.\ \text{Mit}\ \sin 60° = \frac{1}{2} \cdot \sqrt{3}\ \text{wird die}$$

Leiterspannung $U = \sqrt{3} \cdot U_{St}$ **9-36**

Der Faktor $\sqrt{3} = 1{,}73$ wird als **Verkettungsfaktor** des Dreiphasensystems bezeichnet.

Der bei Belastung in den Außenleitern des Netzes fließende Leiterstrom I strömt auch in gleicher Stärke durch die Stränge. In der Sternschaltung ist der Leiterstrom I gleich dem Strangstrom I_{St}:

Leiterstrom $I = I_{St}$ **9-37**

Zusammenfassend gelten für die Sternschaltung der Generatorspulen:

1. Die Nennspannung eines Generators wird auf das $\sqrt{3}$fache der eines Stranges erhöht. Im Vierleiternetz können zwei unterschiedliche Spannungsbeträge abgenommen werden.
2. Die Belastung des Generators (Netz) entspricht der Belastbarkeit eines Generatorstranges. Damit entspricht die Sternschaltung in ihren Eigenschaften einer Reihenschaltung von Stromquellen.

■ Dreieckschaltung

Wie bereits erwähnt, ist die zweite typische Schaltung des Dreiphasensystems die Dreieckschaltung. Schaltungstechnisch entsteht sie aus der Reihenschaltung der drei Induktionsspulen. Da die Spannung zwischen U 1 und W 2 gleich null ist, können beide Klemmen verbunden werden (Abb. 9-76).

Alle drei Spulen bilden einen in sich geschlossenen Kreis. Es fließt jedoch ohne Anschluss von Verbrauchern kein Strom.

Prägen Sie sich ebenfalls die Schaltregel der Dreieckschaltung ein:

Bei der Dreieckschaltung ist das Ende (der Ausgang) der einen Spule oder des induktiven, des kapazitiven oder des ohmschen Bauelementes mit dem Anfang (dem Eingang) der nächsten Spule oder des Bauelementes zu verbinden!

Auch hier wird im Vergleich zum offenen Dreiphasensystem durch das entstehende Dreileiternetz Leitermaterial eingespart. Die Leiterspannungen U_{12}, U_{23} und U_{31} sind jedoch gleich den Strangspannungen.

Leiterspannung $U = U_{St}$ **9-38**

Ein weiterer Vorteil ist erkennbar. Der Belastungsstrom des Netzes, also der Leiterstrom, teilt sich durch die Verzweigung auf zwei Stränge des Generators auf. Durch die Phasenverschiebung der Strangströme von 120° ist der Leiterstrom I um das $\sqrt{3}$fache größer als der Strangstrom I_{St}:

Leiterstrom $I = \sqrt{3} \cdot I_{St}$ **9-39**

Zusammenfassend gelten für die Dreiecksschaltung der Generatorspulen:

1. Die Nennspannung des Generators ist gleich der Spannung eines Stranges. Im Dreileiternetz gibt es nur einen Spannungsbetrag.
2. Der Generator (das Netz) kann um das $\sqrt{3}$fache höher als seine Stränge belastet werden.

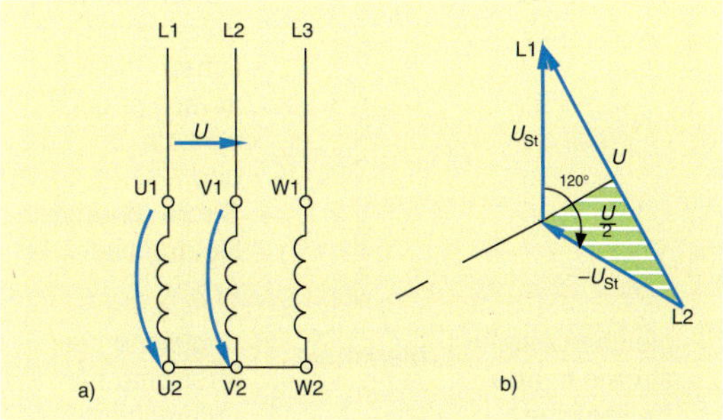

Abb. 9-75 ***Strang- und Leitergrößen der Sternschaltung a) Schaltung b) Zeigerbild***

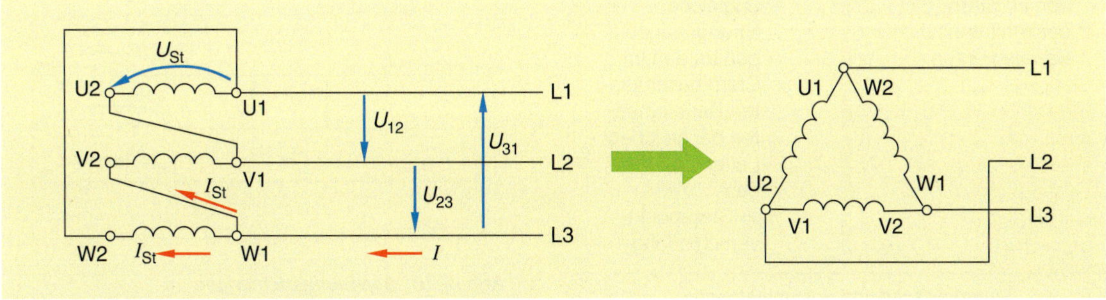

Abb. 9-76 ***Strang- und Leitergrößen der Dreieckschaltung***

9

9.5.3 Belastungsformen des Dreiphasenwechselstromnetzes

An das Vierleiter- oder Dreileiternetz können die Verbraucher ebenfalls im Stern oder im Dreieck angeschlossen werden (Abb. 9-77 und Abb. 9-78). Drei gleiche Widerstände, Spulen oder Kondensatoren belasten das Netz symmetrisch, ungleiche dagegen unsymmetrisch. Man bezeichnet die ungleiche Leiterbelastung auch als Schieflast (Tab. 9-6).

Symmetrische Belastung		Unsymmetrische Belastung
– drei widerstandsgleiche ohmsche, induktive oder kapazitive Bauelemente	Ursache	– drei ohmsche, induktive oder kapazitive Bauelemente mit unterschiedlichen Widerstandswerten oder – einphasige Belastung
– gleiche Leiterströme in den Außenleitern $I_1 = I_2 = I_3$ und – stromloser Neutralleiter $I_N = 0$	Merkmale im Vierleiternetz	– ungleiche Leiterströme in den Außenleitern $I_1 \neq I_2 \neq I_3$ mit gegenseitiger Phasenverschiebung von 120° oder – gleiche Leiterströme in den Außenleitern mit unterschiedlichen Phasenverschiebungswinkeln und – Strom führender Neutralleiter $I_N > 0$
– gleiche Leiterströme in den Außenleitern $I_1 = I_2 = I_3$ – gleiche Strangspannungen an den im Stern geschalteten Bauelementen	Merkmale im Dreileiternetz	– ungleiche Leiterströme mit unterschiedlichen Phasenverschiebungswinkeln – ungleiche Strangspannungen an den im Stern geschalteten Bauelementen bei gleichen Leiterspannungen ⇒ Sternpunktverschiebung

Tab. 9-6 ***Symmetrische und unsymmetrische Belastung***

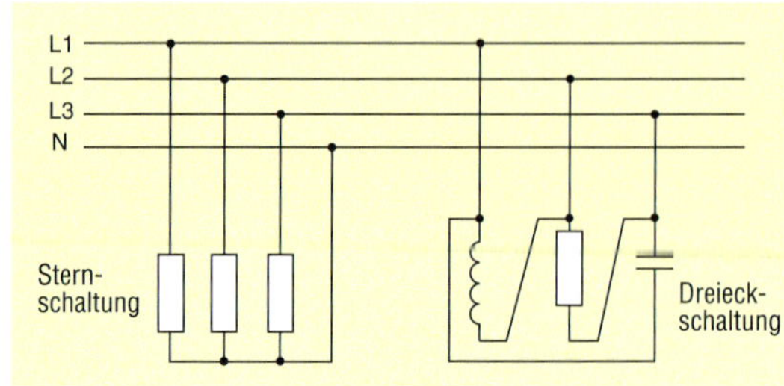

Abb. 9-77 ***Belastung des Vierleiternetzes***

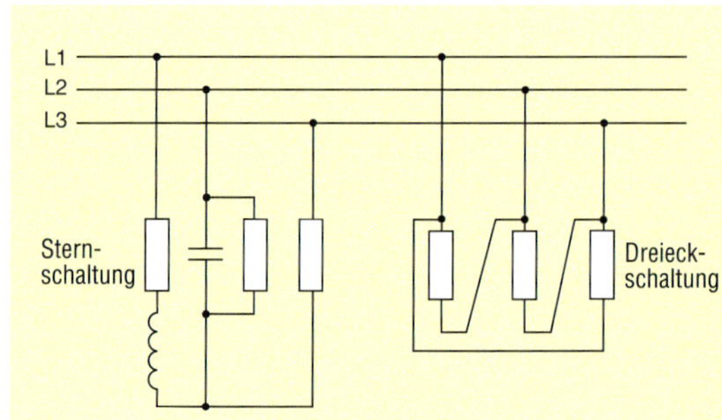

Abb. 9-78 ***Belastung im Dreileiternetz***

Lösungsbeispiel:

Am Dreiphasenwechselstromnetz 400/230 V (50 Hz) sind zwischen

L1 und N ein ohmscher Widerstand von 100 Ω, zwischen

L2 und N eine Spule mit einer Induktivität von 0,25 H und einem ohmschen Widerstand von 10 Ω sowie zwischen

L3 und N ein verlustfreier Kondensator von 30 µF angeschlossen.

Wie groß sind in den Netzleitern die Ströme?

gegeben:

$U = 400\ \text{V}$ $U_{St} = 230\ \text{V}$ $f = 50\ \text{Hz}$

$R_1 = 100\ \Omega$ $L = 0{,}25\ \text{H}$ $R_2 = 10\ \Omega$

$C = 30\ \mu\text{F}$

gesucht:

I_1, I_2, I_3 und $I_N = ?$

Hinweis:

In der Abb. 9-79 wird das Verbraucherzählpfeilsystem angewendet. Die Strangspannungen sind deshalb vom Außenleiter (Punkt mit dem höheren Potenzial) zum Sternpunkt bzw. zum Neutralleiter gerichtet. Es werden die Bezeichnungen U_{1N}, U_{2N}

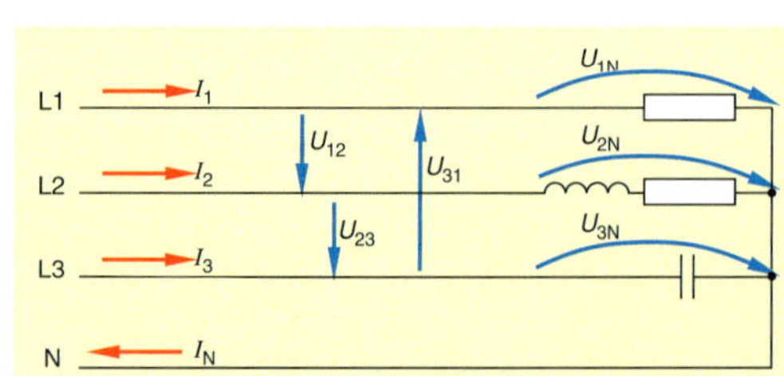

Abb. 9-79 ***Spannungsrichtungen an den Verbrauchern***

und U_{3N} verwendet. Daraus ergeben sich dann auch die Bezeichnungen und Richtungen der Leiterspannungen: U_{12}, U_{23} und U_{31}.

Lösung:

$$I_1 = \frac{U_{St}}{R_1}$$

$$I_1 = \frac{230\ \text{V}}{100\ \Omega}$$

$$\underline{\underline{I_1 = 2{,}3\ \text{A}}}$$

Bei einem ohmschen Widerstand liegen I_1 und U_{1N} in Phase.

$$\underline{\underline{\varphi_1 = 0°}}$$

Der induktive Blindwiderstand und der ohmsche Widerstand R_2 bilden den Scheinwiderstand der Spule. Dieser bestimmt die Stromstärke I_2 im Außenleiter L2.

$$X_L = \omega \cdot L$$

$$X_L = 2 \cdot \pi \cdot 50\ \text{Hz} \cdot 0{,}25\ \text{H}$$

$$\underline{\underline{X_L = 78{,}5\ \Omega}}$$

$$Z_2 = \sqrt{R_2^2 + X_L^2}$$

$$Z_2 = \sqrt{(10\ \Omega)^2 + (78{,}5\ \Omega)^2}$$

$$\underline{\underline{Z_2 = 79{,}2\ \Omega}}$$

$$I_2 = \frac{U_{St}}{Z_2}$$

$$I_2 = \frac{230\ \text{V}}{79{,}2\ \Omega}$$

$$\underline{\underline{I_2 = 2{,}9\ \text{A}}}$$

Bestimmung der Phasenlage von I_2:

$$\cos \varphi_2 = \frac{R_2}{Z_2}$$

$$\cos \varphi_2 = \frac{10\ \Omega}{79{,}2\ \Omega}$$

$$\cos \varphi_2 = 0{,}1263$$

$$\underline{\underline{\varphi_2 = 82{,}7°}}$$

I_2 eilt der Strangspannung U_{2N} nach.

$$I_3 = \frac{U_{St}}{X_C}$$

$$X_C = \frac{1}{\omega \cdot C}$$

$$I_3 = U_{St} \cdot \omega \cdot C$$

$$I_3 = 230\ \text{V} \cdot 2 \cdot \pi \cdot 50\ \text{Hz} \cdot 30\ \mu\text{F}$$

$$\underline{\underline{I_3 = 2{,}2\ \text{A}}}$$

I_3 eilt der Strangspannung U_{3N} voraus:

$$\varphi_3 = 90°$$

Da der Strom im Neutralleiter I_N sich aus der geometrischen Summe der Leiterströme ergibt,

$I_N = I_1 \hat{+} I_2 \hat{+} I_3$,

muss I_N mithilfe eines Zeigerbildes (Abb. 9-80) ermittelt werden. Dazu werden als Bezugsgrößen für die Leiterströme die entsprechenden Strangspannungen gewählt, wobei zu beachten ist,

dass die Strangspannung U_{2N} der Strangspannung U_{1N} und
die Strangspannung U_{3N} der Strangspannung U_{2N}
um 120° entgegen dem Uhrzeigersinn nacheilt.

Dies gilt auch für die Leiterspannungen, z. B. muss die Leiterspannung U_{23} der Leiterspannung U_{12} um 120° entgegen dem Uhrzeigersinn nacheilen.

Durch die maßstabsgerechte Darstellung der Stromgrößen ergibt sich der Strom im Neutralleiter zu $I_N = 2{,}3$ A.

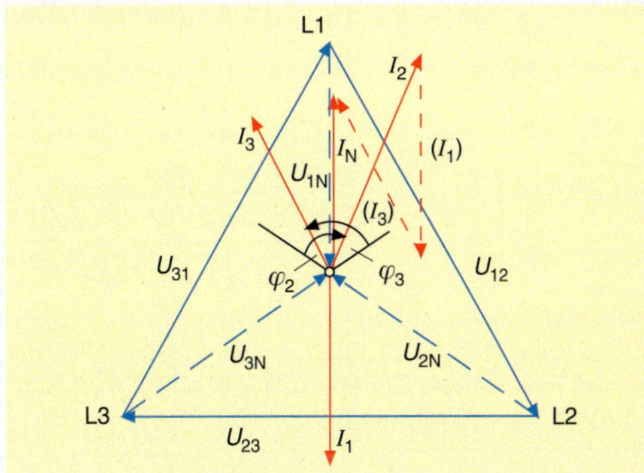

Abb. 9-80 ***Zeichnerische Bestimmung des Stromes im Neutralleiter***

Würde das im Lösungsbeispiel gegebene Vierleiternetz in jedem Außenleiter mit drei gleichen Spulen belastet, würden Strommesser in den Außenleitern bei dieser symmetrischen Belastung gleiche Werte anzeigen. Ebenso wären die drei Phasenverschiebungswinkel zwischen den Strömen und den entsprechenden Strangspannungen gleich. Ein Strommesser im Neutralleiter würde dagegen keinen Zeigerausschlag aufweisen, da die geometrische Summe der Leiterströme gleich null ist: $I_1 \hat{+} I_2 \hat{+} I_3 = 0$.
Das Zeigerbild der Abb. 9-81 weist diese Aussage nach.

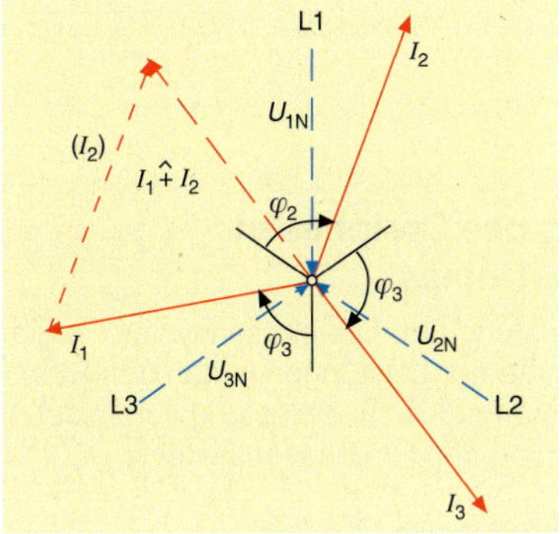

Abb. 9-81 ***Zeigerbild der symmetrischen Belastung***

9

Der bei symmetrischer Belastung stromlose Neutralleiter des Vierleiternetzes kann eingespart werden.

Beachten Sie deshalb:
Ein Dreileiternetz kann auch von einem Generator eingespeist werden, dessen Induktionsspulen im Stern geschaltet sind!

Welcher Leiter ist im Dreileiternetz eigentlich der Rückleiter? Um diese Frage zu beantworten, betrachten wir die Augenblickswerte des Dreiphasenwechselstromes zu den Zeitpunkten t_1, t_2 und t_3 (Abb. 9-82). Wir legen fest, dass bei positiven Augenblickswerten der Strom zum Verbraucher und bei negativen Augenblickswerten zurückfließt.

Zeitpunkt	t_1	t_2	t_3
Augenblickswerte	$i_1 = +4$ A	$i_1 = +2$ A	$i_1 = -3{,}46$ A
	$i_2 = -2$ A	$i_2 = +2$ A	$i_2 = 0$
	$i_3 = -2$ A	$i_3 = -4$ A	$i_3 = +3{,}46$ A
Stromrichtungen in den drei Leitern	L1 → +4 A	L1 → +2 A	L1 ← −3,46 A
	L2 ← −2 A	L2 → +2 A	L2
	L3 ← −2 A	L3 ← −4 A	L3 → +3,46 A

9

Wir stellen fest:
Im Dreileiternetz ist jeder Leiter sowohl Hin- als auch Rückleiter. Seine Funktion hängt von dem betrachteten Zeitpunkt ab.

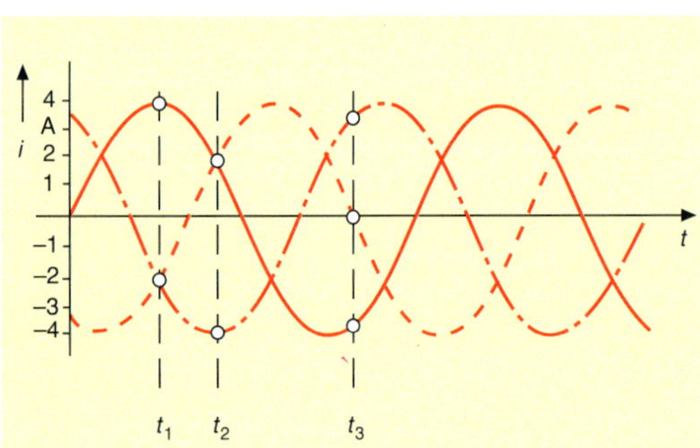

Abb. 9-82 ***Augenblickswerte der Belastungsströme im Dreileiternetz***

9.5.4 Leistung des Dreiphasenwechselstromes

Die gesamte Leistung im Dreiphasensystem ergibt sich aus der Summe der Leistungen in den drei Strängen. Wenn man symmetrische Belastung voraussetzt, ist die Scheinleistung des Dreiphasensystems

$S = 3 \cdot S_{St}$ oder $S = 3 \cdot U_{St} \cdot I_{St}$

Für die entsprechenden Schaltungen der Generatorspulen können eingesetzt werden:

Sternschaltung	Dreieckschaltung
$U_{St} = \frac{U}{\sqrt{3}}$	$U_{St} = U$
$I_{St} = I$	$I_{St} = \frac{I}{\sqrt{3}}$
$S = 3 \cdot \frac{U}{\sqrt{3}} \cdot I$	$S = 3 \cdot U \cdot \frac{I}{\sqrt{3}}$

Da $\frac{3}{\sqrt{3}} = \sqrt{3}$ ist, ergibt sich die Scheinleistung des Dreiphasennetzes unabhängig von der Schaltung der Generatorspulen mit den Leitergrößen U und I

$$S = \sqrt{3} \cdot U \cdot I \qquad \textbf{9-40}$$

Durch die Multiplikation mit cos φ bzw. sin φ gilt für die Wirkleistung

$$P = \sqrt{3} \cdot U \cdot I \cdot \cos\varphi \qquad \textbf{9-41}$$

und für die Blindleistung

$$Q = \sqrt{3} \cdot U \cdot I \cdot \sin\varphi \qquad \textbf{9-42}$$

Beachten Sie:
1. In den Leistungsgleichungen des Dreiphasennetzes sind U und I stets Leitergrößen.
2. Die Leistung ist unabhängig von der Verkettung der Generatorspulen.

Lösungsbeispiel:

In den im Stern geschalteten Spulen eines Dreiphasenwechselstromgenerators wird eine Spannung von 230 V induziert. Wie groß sind Schein-, Wirk- und Blindleistung, wenn der Generator symmetrisch mit 36 A bei einem Leistungsfaktor von 0,82 belastet wird?

gegeben: $U_{St} = 230$ V $\quad I = 36$ A $\quad \cos\varphi = 0{,}82$ (Sternschaltung)

gesucht: S, P und Q = ?

Lösung:

- Berechnung der Leiterspannung des Generators
  $U = \sqrt{3} \cdot U_{St}$
  $U = 1{,}73 \cdot 230$ V
  $\underline{\underline{U = 398 \text{ V}}}$
- Berechnung der Scheinleistung
  $S = \sqrt{3} \cdot U \cdot I$
  $S = 1{,}73 \cdot 398 \text{ V} \cdot 36 \text{ A}$
  $\underline{\underline{S = 24\,787 \text{ VA}}}$
- Berechnung der Wirkleistung
  $P = \sqrt{3} \cdot U \cdot I \cdot \cos\varphi$
  $P = 1{,}73 \cdot 398 \text{ V} \cdot 36 \text{ A} \cdot 0{,}82$
  $\underline{\underline{P = 20\,326 \text{ W}}}$
- Berechnung der Blindleistung
  $Q = \sqrt{3} \cdot U \cdot I \cdot \sin\varphi$
  $Q = 1{,}73 \cdot 398 \text{ V} \cdot 36 \text{ A} \cdot 0{,}57$
  $\underline{\underline{Q = 14\,129 \text{ var}}}$

Wie im folgenden Lösungsbeispiel gezeigt wird, ist die Leistungsaufnahme passiver Schaltelemente (Verbraucher) dagegen von ihrer Verkettung abhängig.

Begründung:
In der Dreieckschaltung liegt die Leiterspannung an jedem Schaltelement.
In der Sternschaltung liegt dagegen an jedem Schaltelement die kleinere Strangspannung.

Unterschiedliche Spannungen bewirken unterschiedliche Leistungen.

Lösungsbeispiel:
Drei Heizwiderstände von je 60 Ω werden an ein 400-V-Netz angeschlossen. Wie groß ist die Leistungsaufnahme a) in Sternschaltung, b) in Dreieckschaltung und c) in Stern- sowie in Dreieckschaltung, wenn jeweils ein Außenleiter unterbrochen ist?

gegeben: $R = 60\,\Omega$ $U = 400$ V $\cos\varphi = 1$ $(P = S)$
gesucht: $P_{\curlyvee}$, $P_{\triangle}$, $P'_{\curlyvee}$ und $P'_{\triangle} = ?$

Lösung:

a) Sternschaltung

$I = I_{St}$ $\quad I_{St} = \frac{U_{St}}{R} = \frac{U}{\sqrt{3} \cdot R}$

$P = \sqrt{3} \cdot U \cdot I$ $\quad P_{\curlyvee} = \frac{\sqrt{3} \cdot U \cdot U}{\sqrt{3} \cdot R}$ $\quad P_{\curlyvee} = \frac{U^2}{R}$

$\underline{\underline{P_{\curlyvee} = 2{,}67 \text{ kW}}}$

b) Dreieckschaltung $I = \sqrt{3} \cdot I_{St}$ $\quad I_{St} = \frac{U}{R}$

$P = \sqrt{3} \cdot U \cdot I$ $\quad P_{\triangle} = \frac{\sqrt{3} \cdot U \cdot \sqrt{3} \cdot U}{R}$ $\quad P_{\triangle} = \frac{3 \cdot U^2}{R}$

$\underline{\underline{P_{\triangle} = 8 \text{ kW}}}$

c) Durch den unterbrochenen Außenleiter ist ein Wechselstromkreis entstanden.
- In der ursprünglichen Sternschaltung sind zwei Widerstände in Reihe geschaltet. Der dritte Widerstand ist nicht wirksam.
- In der ursprünglichen Dreieckschaltung ist zu den zwei in Reihe geschalteten Widerständen der dritte parallel geschaltet.

$P'_{\curlyvee} = \frac{U^2}{R_g}$ $\quad R_g = 2 \cdot R$ $\quad P'_{\curlyvee} = \frac{U^2}{2 \cdot R}$ $\quad \underline{\underline{P'_{\curlyvee} = 1{,}33 \text{ kW}}}$

$P'_{\triangle} = \frac{U^2}{R_g}$ $\quad R_g = \frac{2 \cdot R \cdot R}{2 \cdot R + R} = \frac{2}{3} R$ $\quad P'_{\triangle} = \frac{3 \cdot U^2}{2 \cdot R}$

$\underline{\underline{P'_{\triangle} = 4 \text{ kW}}}$

In der Abb. 9-83 sind die entsprechenden Schaltungen dargestellt.

Die Ergebnisse des Lösungsbeispiels können verallgemeinert werden:
- Bei der Umschaltung eines Verbrauchers von Stern- in Dreieckschaltung verdreifacht sich seine Leistung
  $P_{\triangle} = 3 \cdot P_{\curlyvee}$.
- Ist in der Stern- oder Dreieckschaltung ein Außenleiter unterbrochen, verringert sich die Leistung auf die Hälfte
  $P'_{\curlyvee} = \frac{1}{2} \cdot P_{\curlyvee}$ $\quad P'_{\triangle} = \frac{1}{2} \cdot P_{\triangle}$

9.5.5 Magnetfelder des Dreiphasenwechselstromes

Jeder stromdurchflossene Leiter, also auch ein Dreiphasenwechselstrom, erzeugt nach dem Durchflutungsgesetz eine elektrische Durchflutung und ohne zusätzliche Bedingungen einen Magnetfluss. Welche

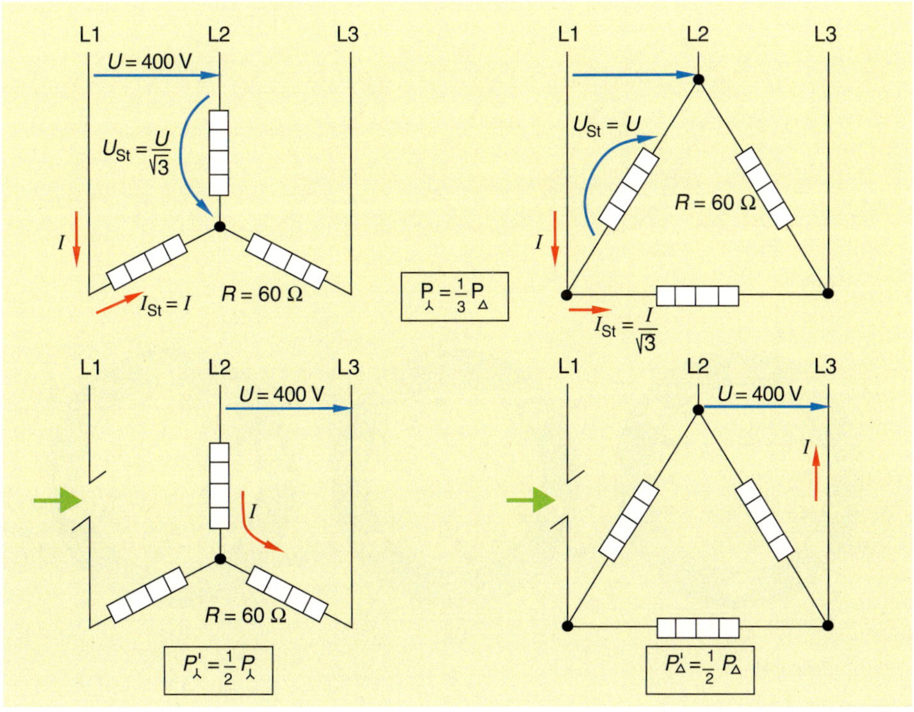

Abb. 9-83
Heizwiderstände in Stern- und Dreieckschaltung

charakteristischen Merkmale weisen Magnetfelder auf, die durch einen Dreiphasenwechselstrom erzeugt werden?

Betrachten wir zuerst parallel geführte Leiter eines Dreileiter- und Vierleiternetzes (Abb. 9-84).

Bei einer engen Leitungsführung ist kein Magnetfeld vorhanden, da, wie bereits nachgewiesen wurde, die Summe der Augenblickswerte des Dreiphasenwechselstromes stets null ist. Bei einer getrennten Leitungsführung treten dagegen einzelne Felder auf.

Eine für die Technik bedeutsame Form entsteht, wenn man drei um 120° versetzte Spulen kreisförmig anordnet und diese mit drei zeitlich um 120° phasenverschobenen Strömen speist. Zur Vereinfachung sind in der Abb. 9-85 nur die Drahtquerschnitte einer Spulenwindung mit den Anfängen U1, V1 und W1 sowie den Enden U2, V2 und W2 eingezeichnet. Zu den Zeitpunkten t_1, t_2 und t_3 sind die entsprechenden positiven und negativen Augenblickswerte der Ströme vorhanden. Es soll vereinbart werden, dass bei einem positiven Augenblickswert im Leiteranfang ein Kreuzstrom (der Strom fließt vom Betrachter weg) und im Leiterende ein Punktstrom (der Strom fließt auf den Betrachter zu) fließt.

9

Zum Zeitpunkt t_1 ist der Augenblickswert von
i_1 positiv (U1 → Kreuzstrom U2 → Punktstrom),
i_2 negativ (V1 → Punktstrom V2 → Kreuzstrom) und
i_3 negativ (W1 → Punktstrom W2 → Kreuzstrom).

Die stromdurchflossenen Spulenwindungen erzeugen ein resultierendes Feld, dessen Feldlinien zwischen W2 und V1 aus der Spulenanordnung austreten und zwischen W1 und V2 wieder in die Spulenanordnung eintreten. Zwischen W2 und V1 entsteht ein Nordpol und gegenüberliegend ein Südpol. Die drei Spulen erzeugen ein zweipoliges Magnetfeld. Zu den Zeitpunkten t_2 und t_3 sind andere Stromrichtungen vorhanden, so dass der Nord- und der Südpol an anderen Stellen entstehen. Die Pole sind gewandert. Das zweipolige Magnetfeld hat sich gedreht. Das für Motoren bedeutsame **Drehfeld** ist entstanden.

Wir merken uns:

> Drei um 120° versetzte Spulen erzeugen durch einen Dreiphasenwechselstrom ein zweipoliges Magnetfeld konstanter Stärke, das sich dreht (Drehfeld).

Diese Eigenschaft des Dreiphasenwechselstromes ist auch der Grund, ihn als Drehstrom zu bezeichnen, das Dreiphasensystem als Drehstromsystem und die Leistungen als Drehstromleistungen.

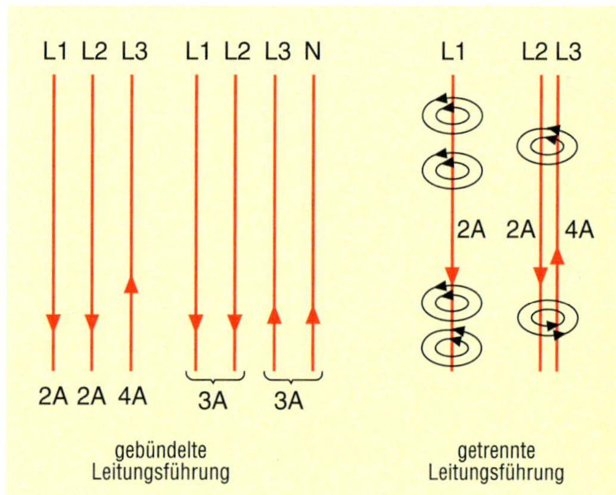

Abb. 9-84 ***Magnetfelder paralleler Leiter des Dreiphasensystems***

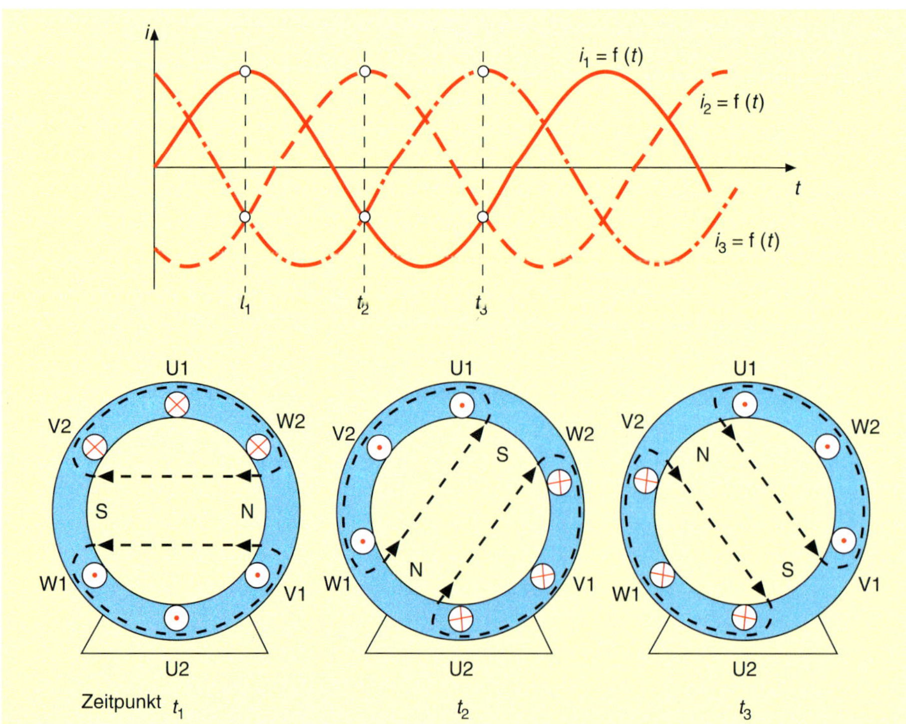

Abb. 9-85 ***Entstehung des Drehfeldes***

AUFGABEN

9.33 Definieren Sie den Begriff „Dreiphasenwechselspannung“.

9.34 Weshalb dürfen die drei Induktionsspulen eines Drehstromgenerators nicht in Reihe oder parallel geschaltet werden?

9.35 In einem veralteten 220-V-Dreileiternetz sind 6 Glühlampen gleicher Leistung und 220 V Bemessungsspannung anzuschließen. Entwerfen Sie die Schaltung so, dass das Netz symmetrisch belastet wird.

9.36 In einer Beleuchtungsanlage werden Glühlampen gleicher Leistung so angeordnet, dass das Vierleiternetz symmetrisch belastet wird.
Weshalb sollte auf den Anschluss des normalerweise stromlosen Neutralleiters nicht verzichtet werden?

9.37 Die im Dreieck geschalteten Kondensatoren von je 8 µF werden an ein 400-V-Dreileiternetz (50 Hz) angeschlossen. Welche Ströme fließen in jedem Kondensatorzweig und in der Zuleitung?

9.38 In einem elektrischen Heizofen soll stündlich eine Wärmemenge von 84 000 kJ erzeugt werden. Dazu werden an das 400-V-Netz drei Heizwiderstände angeschlossen. Wie groß ist die Stromstärke im Netz, und wie groß müssen die Widerstandswerte bei Stern- und bei Dreieckschaltung sein?

9.39 Untersuchen Sie, ob der Strom im Neutralleiter I_N sich gegenüber der Abb. 9-80 ändert, wenn die Spule an L3 und N und der Kondensator an L2 und N angeschlossen werden!

9.40 Die drei im Dreieck geschalteten Induktionsspulen eines Drehstromgenerators bilden einen in sich geschlossenen Stromweg. Warum fließt trotz induzierter Spannungen kein Strom, wenn der Generator nicht belastet ist?

9.41 Ein Drehstromgenerator wird bei einer Bemessungsspannung von 6 kV mit 214 A belastet. Wie groß sind Leistungsaufnahme und der Strangstrom bei Dreieckschaltung?

9.42 Ein Drehstromgenerator speist ein 400/230-V-Vierleiternetz ein. Am Netz sind Motoren mit einem mittleren Leistungsfaktor von 0,75 und einer Wirkleistung von 28 kW sowie Glühlampen mit einer Gesamtleistung von 6,4 kW angeschlossen. Wie groß sind die Scheinleistung des Generators und der Leistungsfaktor?

9.43 Welcher Unterschied besteht, wenn der vierte Leiter eines Drehstromnetzes anstelle der Bezeichnung N vom Verteilungsnetzbetreiber die Leiterbezeichnung PEN erhält?

9.44 Der Anlaufstrom eines Drehstrommotors kann durch eine Stern-Dreieck-Schaltung verringert werden. Dazu wird die Motorwicklung im Moment des Zuschaltens in Stern geschaltet und nach dem Hochlaufen zum Dreieck umgeschaltet. Auf welchen Wert verringert sich der im Einschaltmoment fließende Anlaufstrom?

9.45 Dem Leistungsschild eines Drehstrommotors wurden folgende Angaben entnommen: Spannung 400 V, Stromstärke 4,1 A, Leistung 1,8 kW und Leistungsfaktor 0,82. Wie groß ist der Wirkungsgrad des Drehstrommotors?

9.46 Sechs gleiche Heizwiderstände sollen an ein Drehstrom-Dreileiternetz angeschlossen werden. Welche Schaltmöglichkeiten gibt es, wenn bei symmetrischer Belastung stets alle Widerstände genutzt werden sollen? In welchem Verhältnis stehen die Leistungen bei den unterschiedlichen Schaltmöglichkeiten?

10 Halbleiter

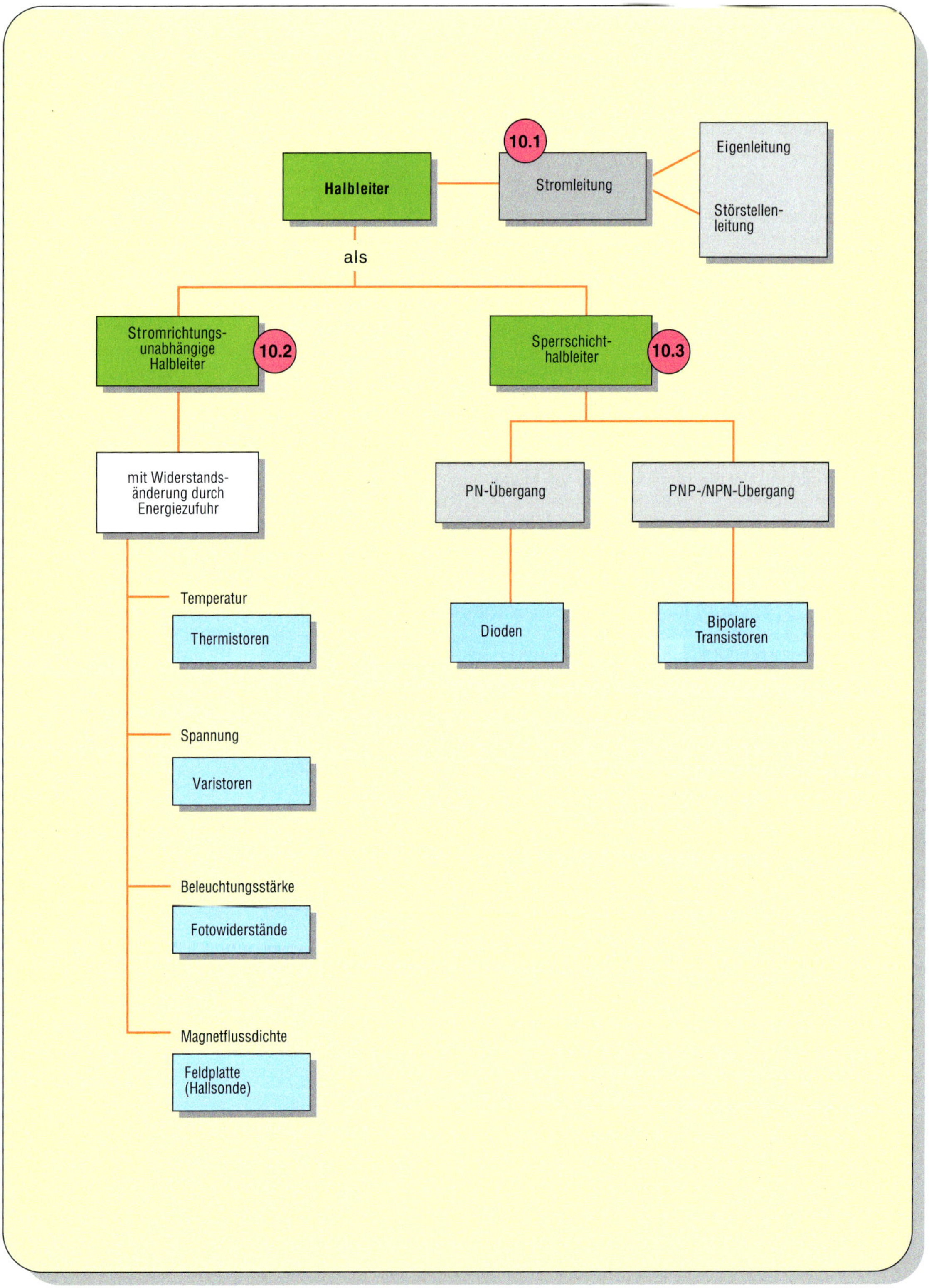

 Abb. 10-1 ***Beziehungen und Strukturen***

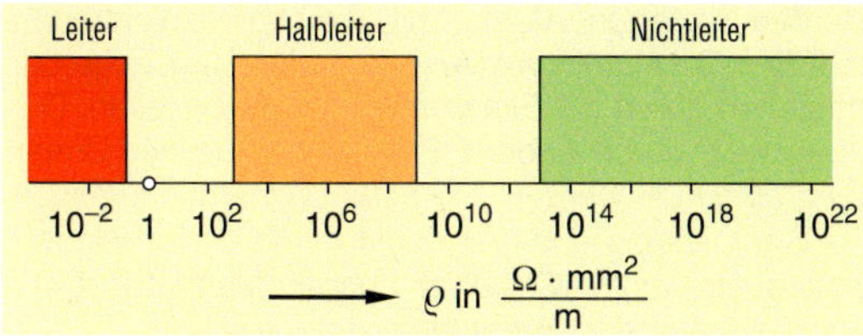

Abb. 10-2 ***Spezifischer Widerstand von Leitern, Halbleitern und Nichtleitern***

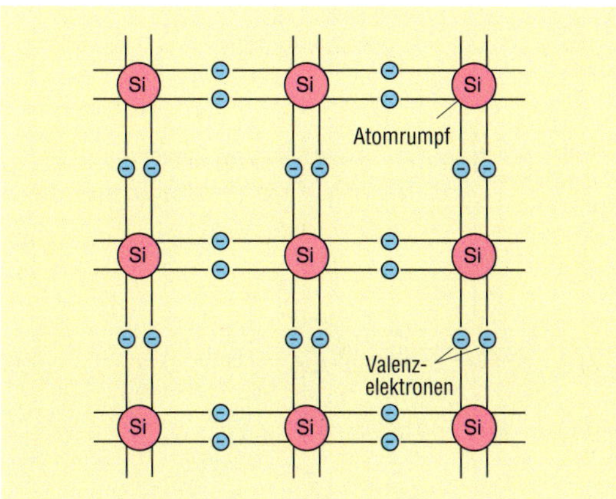

Abb. 10-3 ***Gitterstruktur des Siliciums***

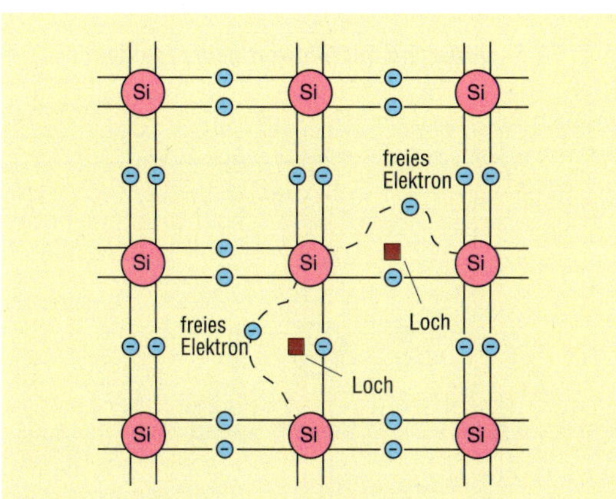

Abb. 10-4 ***Entstehen von freien Elektronen und Löchern***

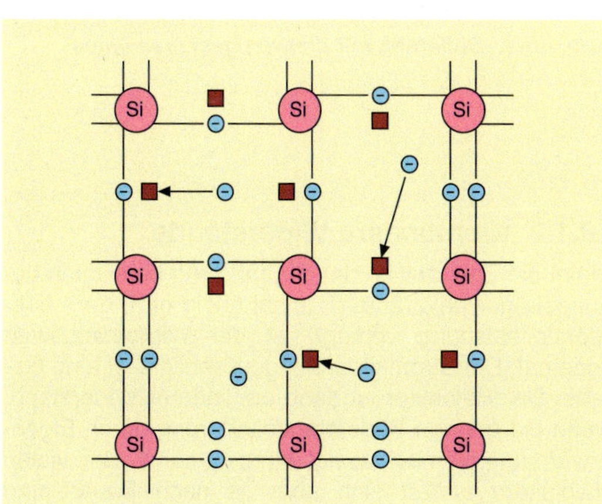

Abb. 10-5 ***Rekombination***

10.1 Stromleitung in Halbleitern

10.1.1 Eigen- und Störstellenleitung

Wie im Abschnitt 2.2 nachgewiesen wurde, bestimmt die Bindungsart der Atome, ob ein Stoff den Strom leiten oder nicht leiten kann. Diese Eigenschaft wird quantitativ durch den spezifischen Widerstand ϱ als Materialgröße bestimmt. Bei den gebräuchlichen Leiterwerkstoffen Kupfer, Aluminium und Silber liegen die Werte in Größenordnungen von $10^{-2}\,\frac{\Omega \cdot mm^2}{m}$, bei den Nichtleitern dagegen im Bereich von $10^{12}\,\frac{\Omega \cdot mm^2}{m}$ bis $10^{22}\,\frac{\Omega \cdot mm^2}{m}$

Zwischen beiden Bereichen liegt der spezifische Widerstand der Halbleiter (Abb. 10-2).

Die technisch wichtigsten Halbleiterwerkstoffe sind Silicium und Germanium. Ihre Atome haben vier Valenzelektronen und bilden beim Abkühlen aus der Schmelze Kristalle. In der Abb. 10-3 ist beispielhaft die Anordnung der Siliciumatome im Kristallgitter stark vereinfacht dargestellt. Es sind nur die Atomrümpfe (Kern und Elektronen der inneren Schalen) und die Valenzelektronen, also die Elektronen der äußeren Schale, dargestellt. Die reale Anordnung der Atome ist so, dass nicht in der Ebene, sondern im Raum jedes Siliciumatom von vier anderen umgeben ist. Der stabile Zustand, d. h. die äußere Schale mit acht Elektronen zu besetzen, wird dadurch erreicht, dass jeweils ein Valenzelektron eines Atoms und ein Valenzelektron des Nachbaratoms beide Atomkerne gemeinsam umkreisen. Im Gitterverband wird damit jeder Atomkern auf der äußeren Schale von vier Elektronenpaaren, also von acht Elektronen, umkreist.

Silicium ist demnach ein Nichtleiter, da alle Elektronen an die Atomkerne gebunden sind. Die zum Stromfluss notwendigen freien Ladungsträger fehlen. Dieser Zustand besteht jedoch nur im absoluten Nullpunkt bei −273,15 °C. Schon bei Raumtemperatur reißen durch die Wärmebewegungen der Atome die Bindungen einzelner Valenzelektronen auf. Diese bewegen sich als freie Elektronen im Kristallgitter. An den Stellen, an denen die freien Elektronen ihren Platz hatten, verbleiben Fehlstellen, sog. **Löcher** oder sog. **Defektelektronen** (Abb. 10-4).

Die Fehlstellen sind stets positiv geladen, da die positive Ladung des Atomkerns gegenüber den verbleibenden Elektronen überwiegt. Kommt ein freies Elektron in den Einflussbereich des positiv geladenen Loches, wird es wieder eingefangen. Dieser Vorgang wird als **Rekombination** bezeichnet (Abb. 10-5).

Der Temperatur entsprechend überwiegt das Entstehen freier Elektronen und Löcher gegenüber der Rekombination.

Die Leitfähigkeit von Halbleitern ist temperaturabhängig.

Legt man an einen Halbleiterkristall eine Spannung an, wandern die gelösten Valenzelektronen durch die im

10

elektrischen Feld wirkenden Kräfte in Richtung des positiven Pols der Stromquelle und füllen unter Umständen ein positiv geladenes Loch. Da jedes „rekombinierte" Elektron irgendwo im Kristall ein Loch hinterlassen hat, „wandern" die Löcher scheinbar in Richtung des negativen Pols der Stromquelle. Die Löcher tragen damit auch zur Stromleitung bei (Abb. 10-6).

Die schon bei Raumtemperatur vorhandene Leitfähigkeit des reinen Halbleiters bezeichnet man als Eigenleitung.

Die Eigenleitung eines reinen Halbleiters entsteht durch die von außen zugeführte Energie, insbesondere der Wärmeenergie. Am Leitungsvorgang sind die zahlengleichen Elektronen und Löcher beteiligt.

Damit die Leitfähigkeit eines Halbleiters höher und in einem begrenzten Bereich möglichst temperaturunabhängig wird, fügt man in das Kristallgitter des reinen Halbleiters Fremdatome ein. Bei diesem sog. **Dotieren** werden Atome mit entweder drei oder fünf Valenzelektronen verwendet. Der regelmäßige Kristallaufbau wird gestört. Trotz dieser Störstellen bleibt der Kristall aber elektrisch neutral.

10

Untersuchen wir, warum sich in einem dotierten Halbleitermaterial die Leitfähigkeit erhöht.

Wenn in Silicium ein fünfwertiges Fremdatom, z. B. Arsen (As), Phosphor (P) oder Antimon (Sb), zugefügt wird, werden nur vier Valenzelektronen der Fremdatome zur Bindung an die Siliciumatome benötigt. Das fünfte Valenzelektron des Fremdatoms kann sich leicht aus dem Atomverband lösen (Abb. 10-7).

Es kann unter dem Einfluss eines elektrischen Feldes, also einer Spannung, als freies Elektron durch den Halbleiter wandern. Man spricht durch die zusätzlichen negativen Ladungsträger von einem **N-leitenden Halbleiter**.

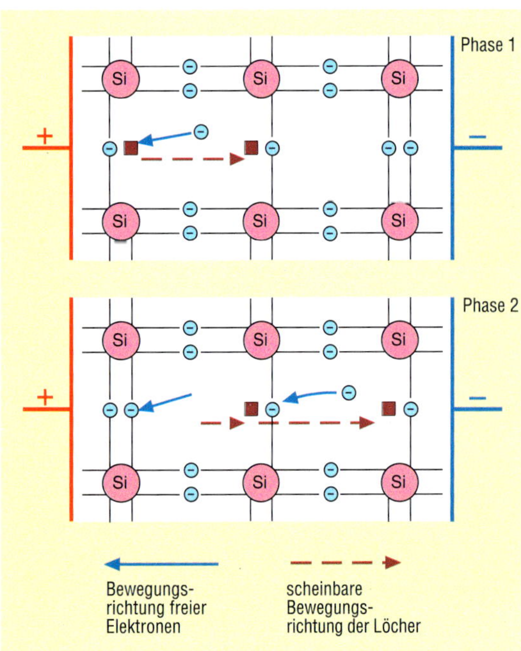

Abb. 10-6 ***Eigenleitung der Halbleiter***

Werden dagegen Atome mit drei Valenzelektronen, z. B. Bor (B), Aluminium (Al) oder Indium (In), zugefügt, entstehen durch die Elektronenlöcher Störstellen. Diese können durch andere Elektronen aus der Umgebung aufgefüllt werden, die neue Löcher hinterlassen. Die Stromleitung entsteht damit durch die scheinbare Bewegung positiv wirkender Löcher. Man spricht von einem **P-leitenden Halbleiter** (Abb. 10-8).

Die Störstellenleitung eines Halbleiters entsteht, wenn er mit drei- oder fünfwertigen Fremdatomen dotiert wird.

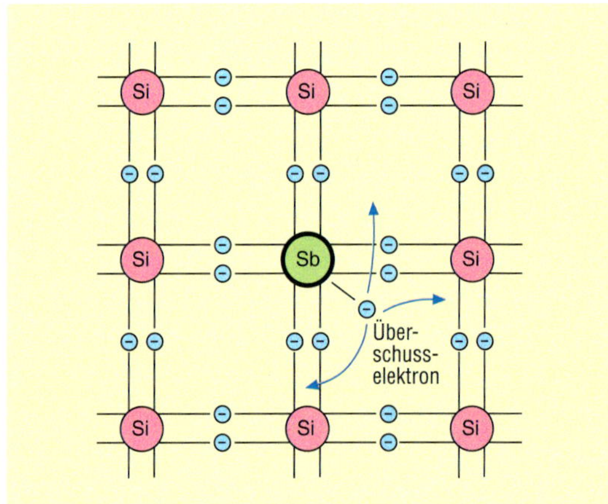

Abb. 10-7 ***Dotierung mit fünfwertigem Fremdatom***

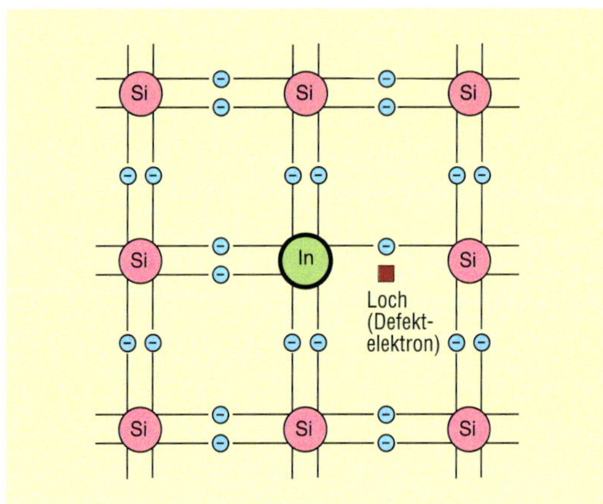

Abb. 10-8 ***Dotierung mit dreiwertigem Fremdatom***

10.1.2 Nichtlineare Widerstände

Bleibt die Zahl der an der Stromleitung beteiligten Ladungsträger unverändert, unabhängig ob Eigen- oder Störstellenleitung vorliegt, ist der Widerstandswert konstant. Die Strom-Spannungs-Kennlinie ist eine Gerade. Der Halbleiter ist dann ein linearer Widerstand, wenn die geringe Widerstandsänderung durch Eigenerwärmung vernachlässigt werden kann. Bei vielen Halbleitern ändert sich aber, je nach Bauart und Zweck, bei der Erhöhung der angelegten Spannung die Leitfähigkeit.

Nichtlineare Widerstände sind solche elektronischen Bauelemente, die ihren Widerstandswert bei Änderung der angelegten Spannung oder des fließenden Stromes verändern.

Zu erkennen ist dieses Widerstandsverhalten aus dem Verlauf der U-I- oder I-U-Kennlinien im linear geteilten Koordinatensystem (Abb. 10-9).

Dass sowohl die stromrichtungsunabhängigen Halbleiter als auch die Sperrschichthalbleiter nichtlineare Widerstände sind, wird im Folgenden gezeigt. Wichtige Aussagen sollen durch die Darstellung der Widerstandskennlinien im I-U-Diagramm gewonnen werden.

Aus der Abb. 10-10 können für einen nichtlinearen Widerstand
bei der Spannung $U = 10$ V die Stromstärke $I = 160$ mA und
bei der Spannung $U = 6$ V die Stromstärke $I = 60$ mA bestimmt werden.

Aus den Wertepaaren ergibt sich für den Arbeitspunkt A der Widerstandswert

$$R = \frac{10\ \text{V}}{160\ \text{mA}} \qquad R = 62{,}5\ \Omega$$

und für den Arbeitspunkt A´ der Widerstandswert

$$R' = \frac{6\ \text{V}}{60\ \text{mA}} \qquad R' = 100\ \Omega$$

Das nichtlineare Bauelement hat für jeden Arbeitspunkt A oder A′ einen anderen, diesen Arbeitspunkten fest zugeordneten Widerstandswert R oder R'. Dieser Wert wird als statischer Widerstand oder als Gleichstromwiderstand bezeichnet.

Im Gegensatz zum statischen Widerstand, der bei konstanten Werten der Spannung und damit des Stromes gilt, erhält man den sog. **differentiellen Widerstand** r aus der Änderung der Spannung ΔU und der dazugehörigen Änderung des Stromes ΔI im Arbeitspunkt:

differentieller Widerstand $$r = \frac{\Delta U}{\Delta I}$$ **10-1**

Da Spannungs- und Stromänderungen typische Merkmale des Wechselstromkreises sind, wird dieser Widerstandswert auch als Wechselstromwiderstand bezeichnet.

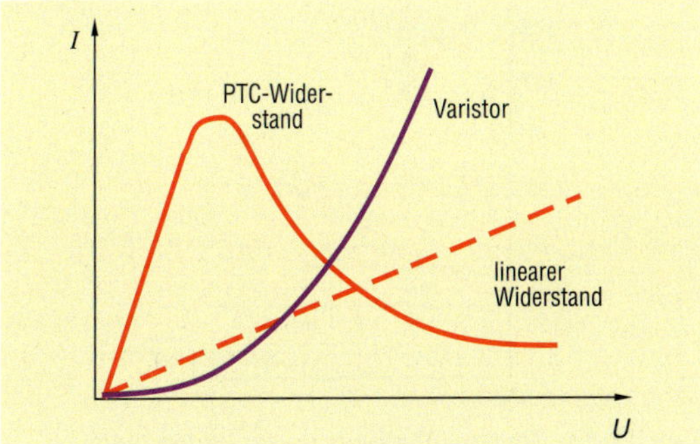

Abb. 10-9 ***Nichtlineare Widerstände***

Der differentielle Widerstand (Wechselstromwiderstand) eines Halbleiterbauelementes ist der Widerstandswert, der bei Spannungs- und Stromänderung wirksam wird.

Das Verhältnis von ΔU zu ΔI lässt sich als Seitenverhältnis eines Steigungsdreiecks veranschaulichen (Abb. 10-10), das mithilfe der Tangente im Arbeitspunkt entsteht.

Im vorliegenden Fall beträgt der differentielle Widerstand für den Arbeitspunkt A
mit $\Delta U = 2$ V und $\Delta I = 60$ mA

$$r = \frac{\Delta U}{\Delta I} \qquad r = \frac{2\ \text{V}}{60\ \text{mA}} \qquad r = 33{,}3\ \Omega$$

Beachten Sie den Unterschied im Vergleich zum bereits berechneten statischen Widerstand $R = 62{,}5\ \Omega$ in diesem Arbeitspunkt.

Wie zeichnerisch leicht nachzuweisen ist, gilt:

Je flacher die I-U-Kennlinie eines Bauelementes verläuft, desto kleiner ist bei der Spannungsänderung ΔU die zugehörige Stromänderung ΔI und desto größer ist damit der differentielle Widerstand.

Die I-U-Kennlinien muss man auch verwenden, um grafisch Stromstärken und Spannungen in Schaltungen mit nichtlinearen Widerständen zu bestimmen. Das Verfahren soll ausgehend von einer bekannten Reihenschaltung zweier Widerstände (Abb. 10-11) schrittweise erläutert werden.

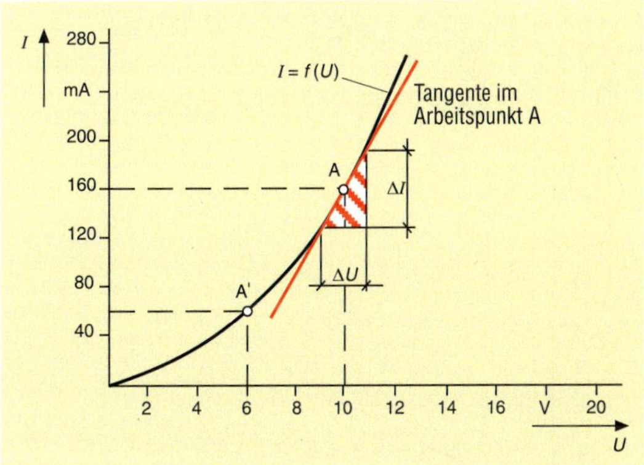

Abb. 10-10 ***Zur Ermittlung des differentiellen Widerstandes***

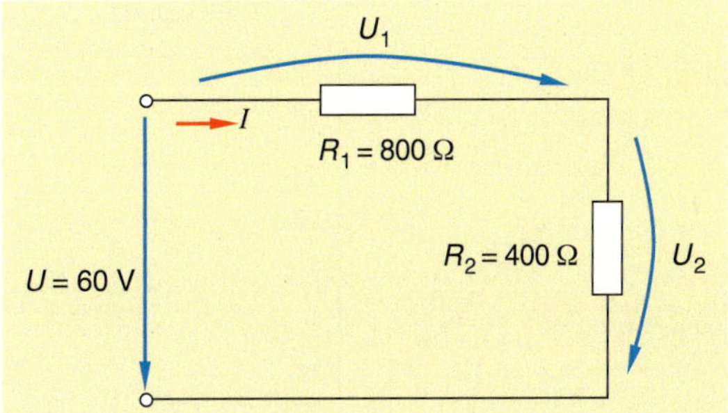

Abb. 10-11 ***Reihenschaltung der Widerstände*** **R1** ***und*** **R2**

Mit den Widerstandswerten $R_1 = 800\,\Omega$, $R_2 = 400\,\Omega$ und der anliegenden Spannung $U = 60$ V können berechnet werden:

- Gesamtwiderstand $R_{ges} = R_1 + R_2$ $\quad R_{ges} = 1{,}2\ \text{k}\Omega$
- Stromstärke $I = \frac{U}{R_{ges}}$ $\quad I = 50$ mA
- Teilspannungen $U_1 = I \cdot R_1$ oder
  $U_1 = \frac{R_1}{R_1 + R_2} \cdot U$ $\quad U_1 = 40$ V
  $U_2 = U - U_1$ oder
  $U_2 = \frac{R_2}{R_1 + R_2} \cdot U$ $\quad U_2 = 20$ V

Zu den gleichen Ergebnissen kommt man durch die I-U-Kennlinien der Widerstände. Als lineare Widerstände sind die Kennlinien jeweils durch zwei Punkte bestimmt.

Der erste Punkt der Widerstandskennlinie „R1" ist durch

$U = 0 \rightarrow I = 0$ und

der zweite Punkt durch

$U = 60\ \text{V} \rightarrow I = \frac{U}{R_1}$ $\quad I = 75$ mA

mit der Annahme bestimmt, dass ohne den Widerstand R2 die volle Spannung von 60 V an R1 anliegt (Abb. 10-12).

Die I-U-Kennlinie des Widerstandes R2 stellen wir spiegelbildlich dar (Abb. 10-13). Auch hier werden beide Punkte analog zu R1

bei $U = 0 \rightarrow$ $I = 0$ und

$U = 60$ V $I = \frac{U}{R_2}$ $\quad I = 150$ mA

mit der Annahme, dass $R_1 = 0$ ist, bestimmt.

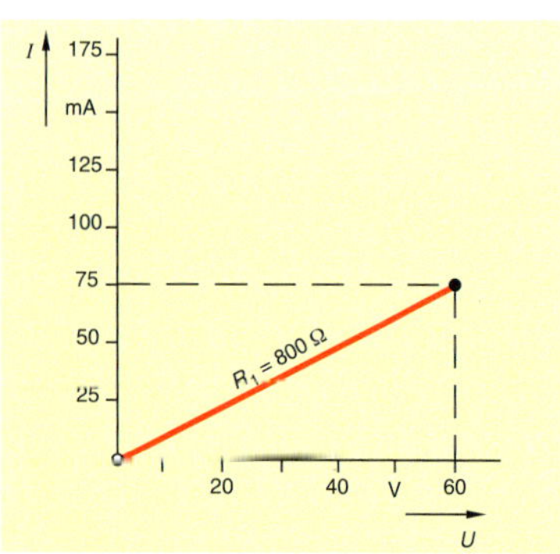

Abb. 10-12 ***Kennlinie von R1***

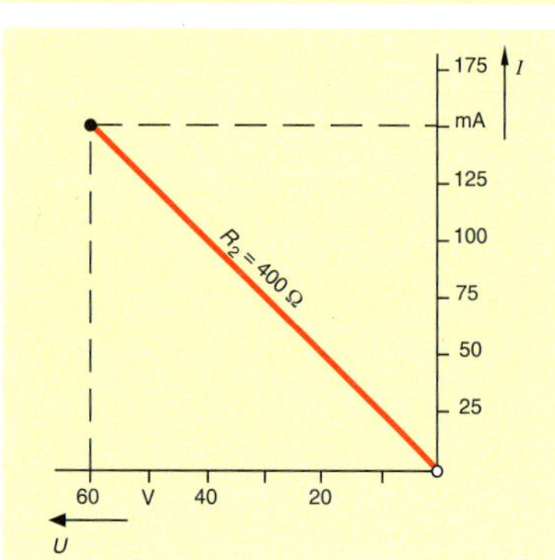

Abb. 10-13 ***Spiegelbildliche Kennlinie von R2***

Werden beide Darstellungen in einem Koordinatensystem vereinigt, schneiden sich beide Widerstandsgeraden im Punkt A, der der Arbeitspunkt der Schaltung ist (Abb. 10-14).

Durch die Koordinaten des Arbeitspunktes A werden die Teilspannungen $U_1 = 40$ V, $U_2 = 20$ V und die Stromstärke $I = 50$ mA bestimmt. Die Richtigkeit des Verfahrens finden wir durch die bereits berechneten Werte bestätigt. Ändert sich der Widerstandswert von R2, ändert sich auch die Steigung der spiegelbildlichen Kennlinie von R2 (Steigung der Arbeitsgeraden) und damit die Lage des Arbeitspunktes.

Das beschriebene Verfahren zur Ermittlung von Stromstärke und Teilspannungen in einer Reihenschaltung von Widerständen soll auf eine Schaltung mit einem nichtlinearen Widerstand, gewählt wird eine Diode, übertragen werden (Abb. 10-15).

Aus dem Datenblatt einer Diode ist die in der Abb. 10-16 dargestellte Diodenkennlinie gegeben. Zur Strombegrenzung wird der Widerstand $R = 40\,\Omega$ in Reihe geschaltet. Welcher Strom fließt bei einer Betriebsspannung $U = 1{,}4$ V in Vorwärtsrichtung?

Lösungsschritte:

- Bestimmen der Richtung der spiegelbildlichen Widerstandsgeraden durch die Punkte
  $U = 1{,}4\ \text{V} \rightarrow$ $I = 0$ und
  $U = 0 \rightarrow$ $I = \frac{U}{R}$ $\quad I = \frac{1{,}4\ \text{V}}{40\,\Omega}$ $\quad I = 35$ mA
- Einzeichnen der spiegelbildlichen Widerstandsgeraden
- Ablesen der Koordinaten des Schnittpunktes beider Kennlinien als Arbeitspunkt A der Schaltung
  $I_F = 15$ mA $\quad U_F = 0{,}8$ V $\quad U_R = 0{,}6$ V

Soll die Stromstärke der Schaltung auf einen vorgegebenen Wert begrenzt werden, können die Koordinaten des Arbeitspunktes der Diodenkennlinie abgelesen werden. Mithilfe des abzulesenden Wertes des Spannungsfalles über R kann sein Widerstandswert berechnet werden.

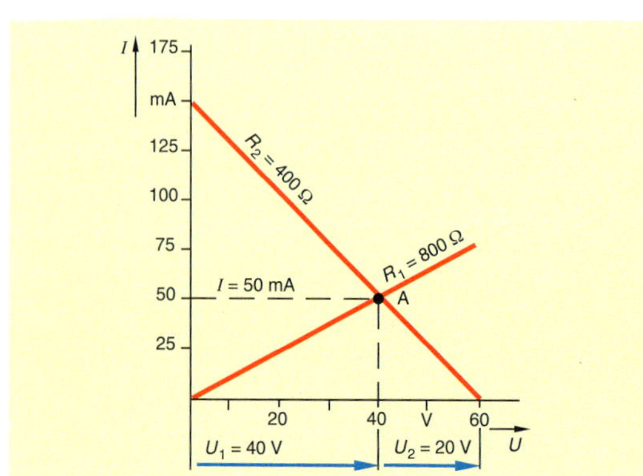

Abb. 10-14 ***Reihenschaltung zweier Widerstände im Kennlinienfeld***

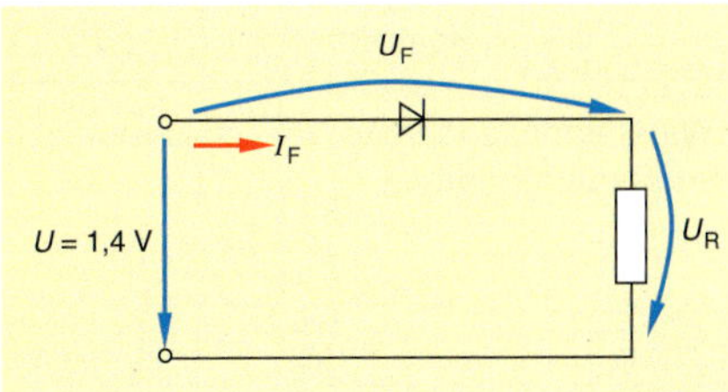

Abb. 10-15
Reihenschaltung von Diode (nichtlinearer Widerstand) und Strombegrenzungswiderstand

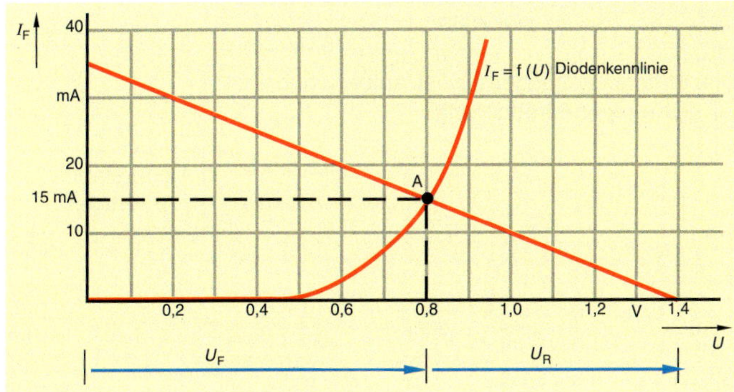

Abb. 10-16
Grafische Ermittlung des Stromes

10.2 Stromrichtungsunabhängige Halbleiter

Bei einer Verbindung zwischen Atomen der 3. und 5. Gruppe des periodischen Systems der Elemente bildet sich eine Kristallstruktur, die der aus Atomen der 4. Gruppe (Ge, Si) sehr ähnlich ist. Die Gitterplätze sind abwechselnd von einem fünfwertigen und einem dreiwertigen Atom besetzt. Der Leitungsmechanismus und damit die Änderung des Widerstandswertes dieser Halbleiter-Mischkristalle wird durch das Einwirken unterschiedlicher Energieformen beeinflusst. Die Nichtlinearität der verschiedenen Halbleiterwiderstände ist damit zurückzuführen auf die Abhängigkeit des Widerstandes von

- Temperatur
- Spannung
- Beleuchtungsstärke und
- Magnetflussdichte.

10.2.1 Thermistoren

Thermistoren sind Bauelemente, deren Widerstandswerte mit steigender Temperatur zu- oder abnehmen.

Wir stellen gegenüber:

Heißleiter		Kaltleiter
• Der Widerstand sinkt mit steigender Temperatur. • Sie haben einen negativen Temperaturkoeffizienten (TK) $\alpha < 0$ **n**egative **t**emperature **c**oeffizient	Merkmale	• Der Widerstand steigt mit zunehmender Temperatur. • Sie haben einen positiven Temperaturkoeffizienten (TK) $\alpha > 0$ **p**ositive **t**emperature **c**oeffizient
NTC-Widerstand		PTC-Widerstand
$\alpha = -\,0{,}025 \text{ bis } -\,0{,}045\ \frac{1}{\text{K}}$		$\alpha = +\,0{,}07 \text{ bis } +\,0{,}60\ \frac{1}{\text{K}}$
Sie werden aus Eisen-, Nickel- und Kobaltoxiden mit plastischen Bindemitteln bei hohen Temperaturen und Druck zusammengepresst (gesintert).		Sie werden aus Bariumtitanat oder ähnlichen Titanverbindungen mit Zusätzen von Metalloxiden und -salzen gesintert.

Bauformen

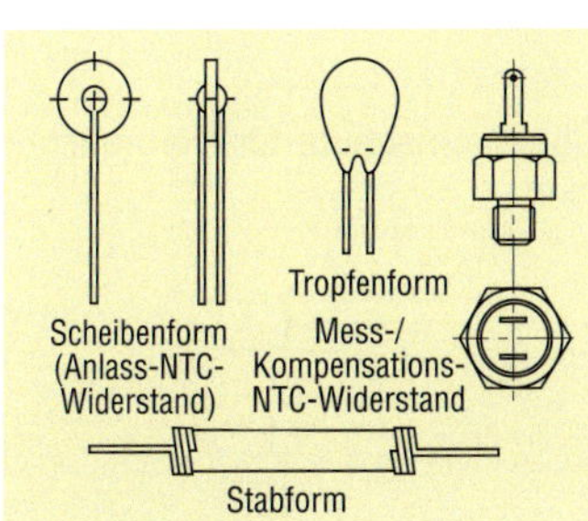

Abb. 10-17
Heißleiterwiderstände

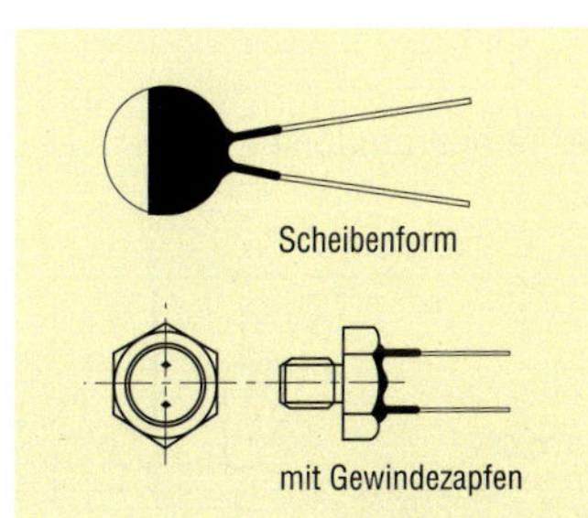

Abb. 10-18
Kaltleiterwiderstände

Schaltzeichen

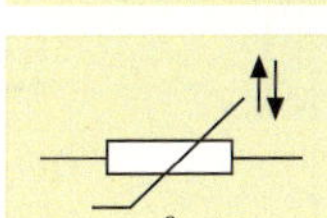

Abb. 10-19

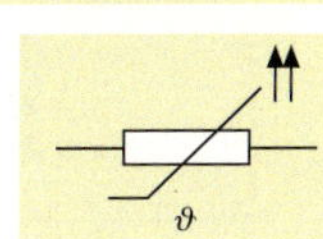

Abb. 10-20

Heißleiter

Die Widerstandsänderung ist entgegengesetzt ↑↓ der Temperaturänderung

Kaltleiter

Die Widerstandsänderung ist gleichsinnig ↑↑ der Temperaturänderung

Widerstandsverhalten

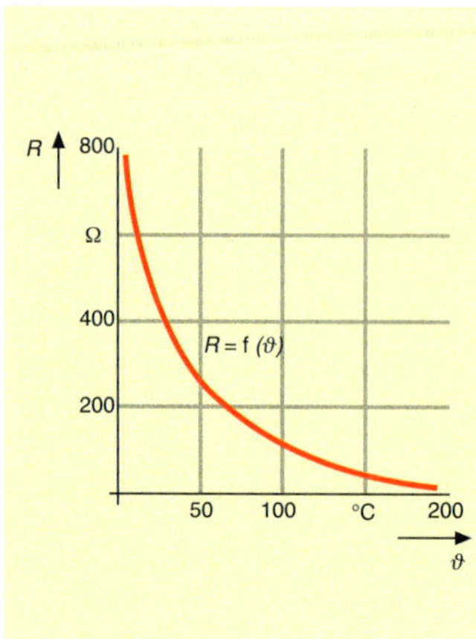

Abb. 10-21

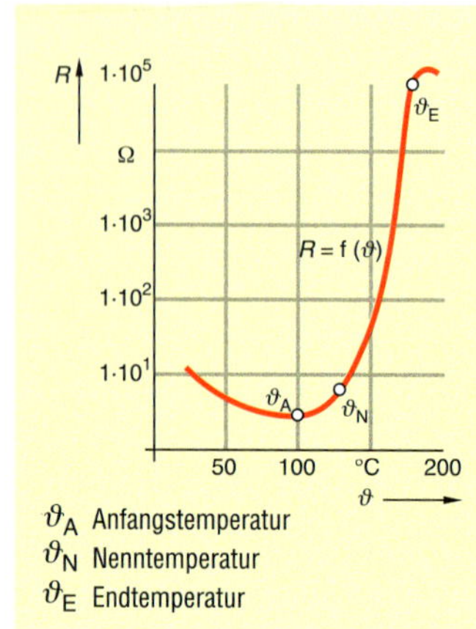

Abb. 10-22

Strom-Spannungs-Verhalten

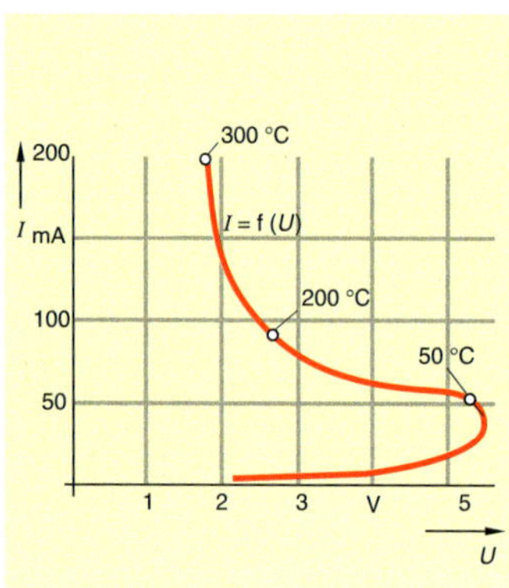

Abb. 10-23

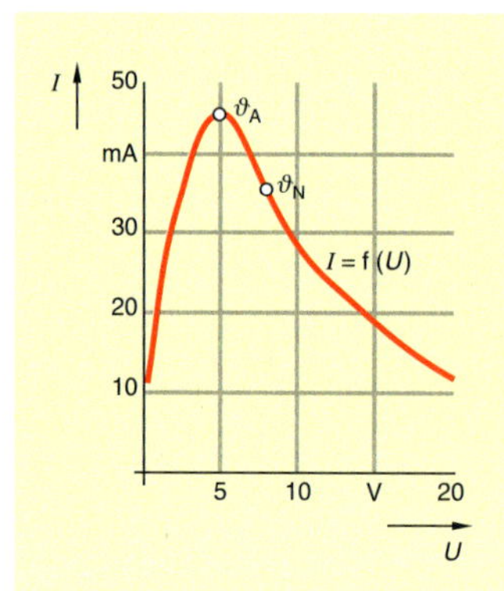

Abb. 10-24

Der NTC-Widerstand kann durch

- die Umgebungstemperatur und/oder durch
- die elektrische Belastung erwärmt werden.

Bei kleiner Belastung (Leistung) ist die Erwärmung vernachlässigbar.
In diesem Bereich liegt lineares Widerstandsverhalten vor. Wird durch die zunehmende Belastung die Temperatur ca. 20 bis 50 K über die Umgebungstemperatur steigen, ist die Widerstandsabnahme so groß, dass der Strom trotz sinkender Spannung stark ansteigt.

Der PTC-Widerstand kann durch

- die Umgebungstemperatur und/oder durch
- die elektrische Belastung erwärmt werden.

Bei kleiner Spannung und damit kleiner Leistung wird der Kaltleiter nicht merklich erwärmt. Die Kennlinie verläuft linear. Wird durch die elektrische Belastung die Nenntemperatur ϑ_N erreicht, steigt der Widerstandswert so stark an, dass trotz steigender Spannung die Stromstärke abnimmt. Oberhalb der Endtemperatur ϑ_E geht der Widerstand in das Heißleiterverhalten über.

Anwendung (Beispiele)

Fremderwärmter Temperaturfühler

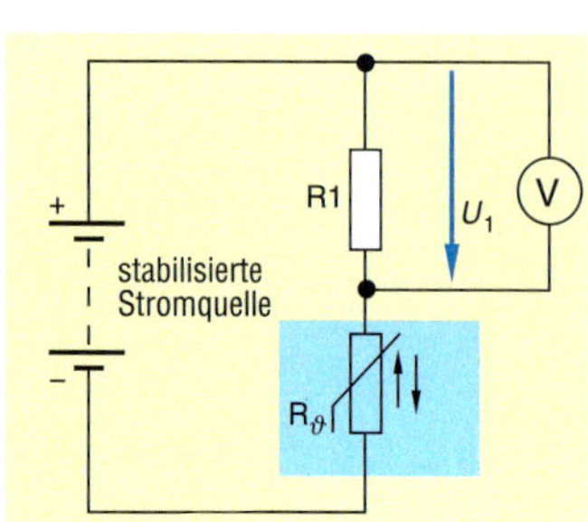

Abb. 10-25

Überstromschutz für Verbraucher kleiner Leistung

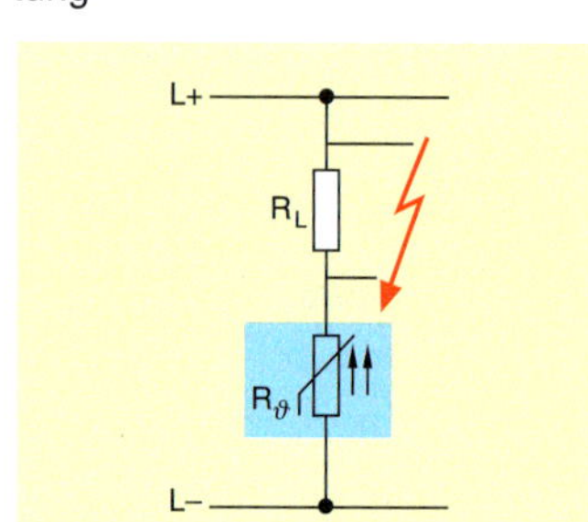

Abb. 10-26

Heißleiter

Die Teilspannung U_1 wird mit einem hochohmigen Spannungsmesser gemessen.
Nach dem Gesetz der Spannungsteilung ist U_1 vom Widerstandswert R_{NTC}, damit von der Temperatur, abhängig. Die Skale des Spannungsmessers wird deshalb unmittelbar in °C geeicht. Schaltvorgänge lassen sich dann auslösen, wenn anstelle des Widerstandes R1 ein empfindliches Relais oder eine Verstärkerschaltung verwendet wird.

Einschaltverzögerung eines Relais

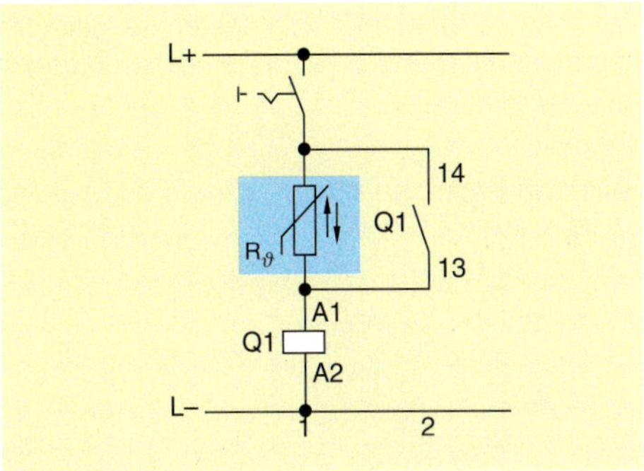

Abb. 10-27

Wird der Schalter eingeschaltet, fällt nahezu die gesamte Spannung am kalten Heißleiterwiderstand ab. Die Ansprechspannung der Relaisspule wird nicht erreicht. Mit zunehmender Eigenerwärmung nimmt der Widerstandswert des Heißleiters ab. Mit langsam steigendem Strom zieht das Relais zeitverzögert an.
Der Schließer des Relais im Stromweg 2 überbrückt den Heißleiter. Er erkaltet und steht für die nächste Einschaltverzögerung zur Verfügung.

Kaltleiter

Durch den Lastwiderstand R_L ist der Spannungsfall über dem Kaltleiter so klein, dass der Leistungsumsatz zu keiner merklichen Erwärmung führt. Der Kaltleiter wirkt als kleiner niederohmiger Vorwiderstand. Tritt am Lastwiderstand ein Kurzschluss auf, steigt die Leistung am PTC-Widerstand. Er erwärmt sich über seine Nenntemperatur ϑ_n und wird hochohmig. Der fließende Kurzschlussstrom wird auf Werte begrenzt, die kleiner als der Betriebsstrom des Lastwiderstandes sind.

Flüssigkeits-Niveaufühler

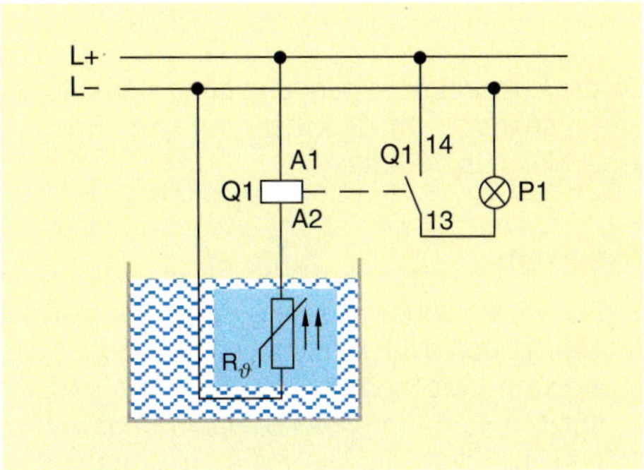

Abb. 10-28

Wird der PTC-Widerstand von Flüssigkeit bedeckt, hat infolge der guten Wärmeleitfähigkeit der Flüssigkeit der Kaltleiter die verhältnismäßig niedrige Temperatur der umgebenden Flüssigkeit. Der Widerstandswert ist gering. Das Relais wird erregt. Bei geringem Flüssigkeitsniveau führt die jetzt umgebende Luft zu einer starken Eigenerwärmung des PTC-Widerstandes. Sein Widerstandswert steigt.
Das Relais fällt ab. Die Lampe erlischt.

Kennwerte (Auswahl)

R_{25} Widerstand im kalten Zustand; Kaltwiderstand bei 25 °C

P_{max} höchstzulässige Belastung

ϑ_{max} höchstzulässige Betriebstemperatur

R Widerstand im erwärmten Zustand bei höchstzulässiger Belastung oder Temperatur

t Abkühlzeit. Zeit in s, in der nach dem Abschalten des mit P_{max} betriebenen Widerstandes sich sein Widerstandswert verdoppelt hat.

R_n Nennwiderstand bei $\vartheta_n = 25$ °C

U_{max} Gleichspannung, die bei einer Umgebungstemperatur $\vartheta_a = 25$ °C an dem aufgeheizten Widerstand dauernd anliegen darf.

R_{min} kleinster Widerstandswert bei der Temperatur ϑ_A

ϑ_E Endtemperatur. Beim Überschreiten nimmt der Widerstand Heißleiterverhalten an.

τ_{th} thermische Abkühlkonstante. Zeit in s, in der nach dem Abschalten des Widerstandes sich die Temperatur um 63 % der Temperaturdifferenz zwischen ϑ_A und ϑ_E geändert hat.

10.2.2 Varistoren

Aufbau und Merkmal

Varistoren sind scheiben- oder stabförmige Bauelemente aus gesintertem Siliciumkarbid oder Zinkoxid. Ihr Widerstandswert ist spannungsabhängig.

Sie werden deshalb als
VDR engl. **v**oltage **d**ependent **r**esistor (spannungsabhängiger Widerstand) bezeichnet.

Strom- und Spannungsverhalten

Bis zu einem entsprechenden Spannungswert ist der Widerstand sehr hoch, so dass praktisch kein Strom fließt. Wird dieser Spannungswert überschritten, wird durch die große Feldstärke der Kontaktwiderstand zwischen den Siliciumkarbidkristallen herabgesetzt. Der Strom steigt sehr stark an (Abb. 10-29).

Da die Polarität der Spannung ohne Bedeutung ist, zeigen Varistoren im Gleichstrom- und Wechselstromkreis gleiches Verhalten.

10

Kennwerte

- Der Spannungswert, bis zu dem der Varistor einen sehr hohen Widerstandswert besitzt, ist typabhängig und zwischen 30 V und 1400 V gestaffelt. Zusätzlich wird ein weiterer Spannungswert angegeben, bei dem die Stromstärke je nach Typ einen Wert von 1 mA oder 100 mA erreicht.
- Die zulässige Verlustleistung, das Produkt aus Spannung und Stromstärke, wird vom Hersteller als Dauerbelastbarkeit – meist zwischen 0,8 bis 4 W – angegeben.
- Die Ansprechzeit vom Anlegen der Spannung bis zur Verringerung des Widerstandswertes ist abhängig vom Werkstoff. Bei Zinkoxid ist z. B. die Ansprechzeit kleiner als 50 ns.
- Die Spannungsfestigkeit gegenüber kurzzeitigen Impulsen ist sehr hoch. Je nach Impulsdauer sind Werte über 2,5 kV zulässig.

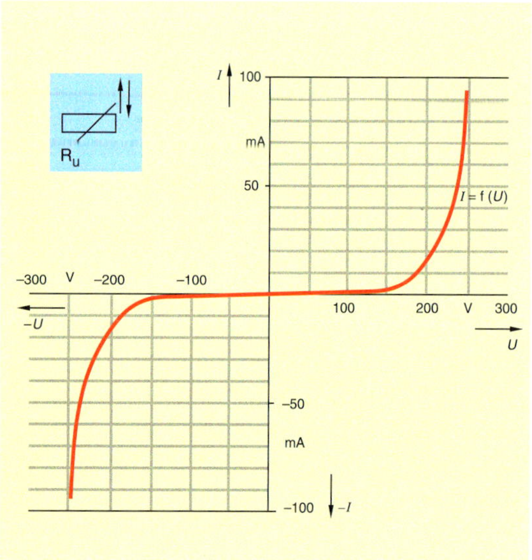

Abb. 10-29 ***Strom-Spannungskennlinie des Varistors***

Anwendung

- Varistoren werden überwiegend zur Spannungsbegrenzung eingesetzt. Sie schützen elektronische Geräte gegen kurzzeitige Überspannungsimpulse, die z. B. als Selbstinduktionsspannungen in Relais- oder Schützspulen entstehen (Abb. 10 30).
- Wie aus der Strom-Spannungs-Kennlinie (Abb. 10-29) zu entnehmen ist, führen geringe Spannungsänderungen zu relativ großen Stromänderungen oder große Stromänderungen zu relativ geringen Änderungen des Spannungsfalls. Dies bedeutet, dass Varistoren auch zur Spannungsstabilisierung genutzt werden können. Schwankungen der Eingangsspannung U oder des Laststromes I_L ändern den Spannungsfall U_{VDR} nur unbedeutend. Mit der in der Abb. 10-31 dargestellten Schaltung können, wie mit der Z-Diode, z. B. die Bildbreite und die Hochspannung der Bildröhre im Fernsehempfänger geregelt werden.

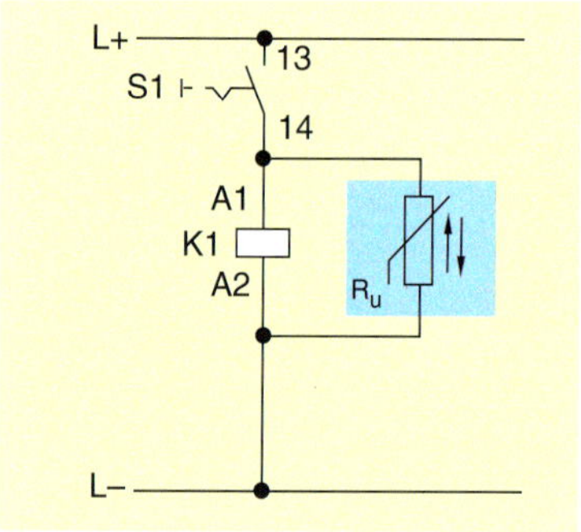

Abb. 10-30 ***VDR als Überspannungsschutz***

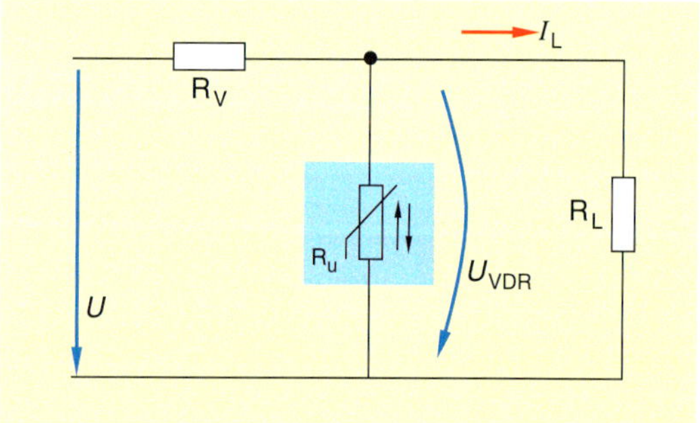

Abb. 10-31 ***Spannungsstabilisierung mit VDR***

10.2.3 Fotowiderstände

Aufbau und Merkmale

Fotowiderstände bestehen aus einer sehr dünnen, auf einem Keramikkörper aufgetragenen Schicht einer halbleitenden Verbindung. Diese setzt sich aus Mischkristallen, z. B. Cadmiumsulfid (CdS), Cadmiumselenid (CdSe), Cadmiumtellurid (CdTe), oder Blei- und Indiumverbindungen zusammen. Eine Besonderheit sind Infrarotdedektoren. Sie bestehen aus Germanium, das mit Kupfer, Quecksilber oder Gold dotiert ist.

Wird die lichtempfindliche Schicht eines Fotowiderstandes von Licht bestrahlt, werden im kristallinen Gefüge Ladungsträger frei, die die Leitfähigkeit erhöhen bzw. den Widerstandswert herabsetzen. Diese Erscheinung wird als **innerer Fotoeffekt** bezeichnet.

Fotowiderstände werden als

LDR	engl. **l**ight **d**ependent **r**esitor (lichtempfindlicher Widerstand) bezeichnet.

Die Wirksamkeit des inneren Fotoeffekts ist

1. von der spektralen Empfindlichkeit der o. g. Halbleitermaterialien, damit von der Farbe des Lichtes und
2. von der Intensität des Lichteinfalls, d. h. von der Beleuchtungsstärke E_v in lx (Lux), abhängig.

Zum Vergleich ist in der Abb. 10-32 die prozentuale Empfindlichkeit ausgewählter Halbleitermaterialien in Abhängigkeit von der Wellenlänge λ dargestellt.

Wie die Abb. 10-33 zeigt, liegen die Maxima der Empfindlichkeit überwiegend im Bereich des sichtbaren Lichts und im nahen Ultraviolettstrahlungsbereich. Eine Ausnahme sind die Werkstoffe für Infrarotdedektoren.

Im unbelichteten Zustand erreicht der sog. Dunkelwiderstand Werte um $10^6\,\Omega$. Durch Lichteinfall sinkt der Widerstand je nach Beleuchtungsstärke ab und erreicht bei 1000 lx einen Hellwiderstand von annähernd 1000 Ω (Abb. 10-34). Diese Werte streuen relativ breit.

Durch die geringe Ladungsträgerbeweglichkeit der Halbleiterwerkstoffe und die relativ langen Widerstandsbahnen auf den Keramikträgern entstehen längere Verzögerungszeiten bei wechselnder Beleuchtungsstärke. Wird ein Fotowiderstand längere Zeit im Dunkeln betrieben, können u. U. einige Sekunden vergehen, bis durch einen entsprechenden Lichteinfall der Hellwiderstand erreicht wird.

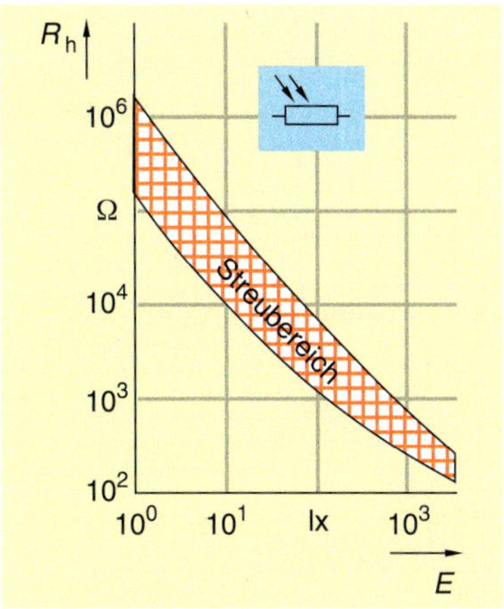

Abb. 10-34 ***Streubereich des Hellwiderstandes***

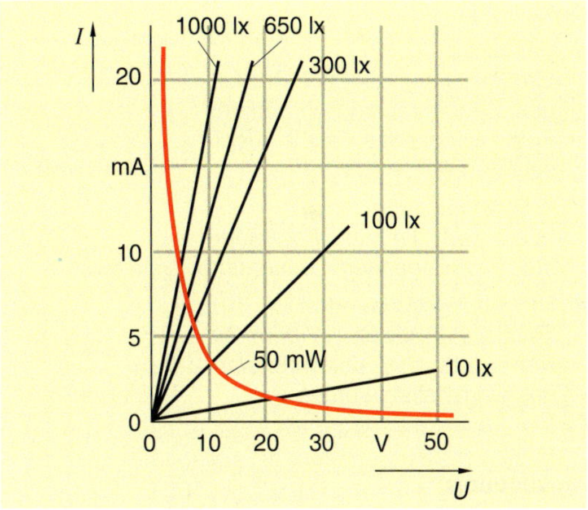

Abb. 10-35 ***Strom-Spannungs-Kennlinie des LDR***

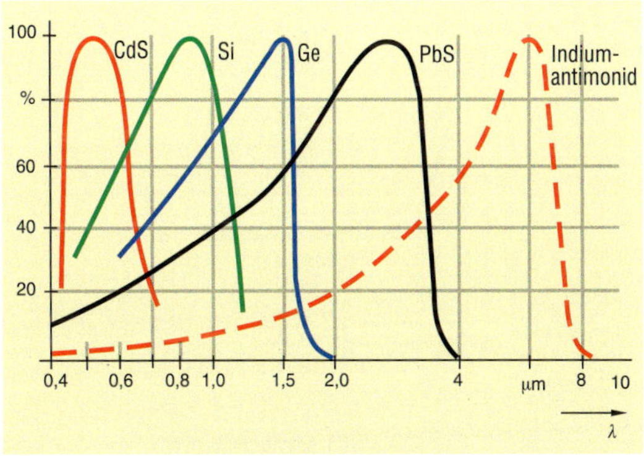

Abb. 10-32 ***Spektrale Empfindlichkeit von Halbleiterwerkstoffen***

Strom-Spannungs-Verhalten

Wird der Fotowiderstand einer gleichbleibenden Beleuchtungsstärke ausgesetzt, bleibt sein Widerstandswert konstant. Die Strom-Spannungs-Kennlinie ist eine Gerade. Ihr Verlauf ist unabhängig von der Polarität der Spannung. Fotowiderstände können sowohl im Gleichstrom- als auch im Wechselstromkreis verwendet werden.
Bei unterschiedlichen Beleuchtungsstärken entsteht ein Kennlinienfeld mit E als Parameter. Ein in Reihe zu schaltender Lastwiderstand ist so zu wählen, dass seine Arbeitsgerade die Verlusthyperbel in keinem Punkt schneidet bzw. berührt. Damit ist gewährleistet, dass die zulässige Verlustleistung – hier mit 50 mW angegeben – nicht überschritten wird (Abb. 10-35).

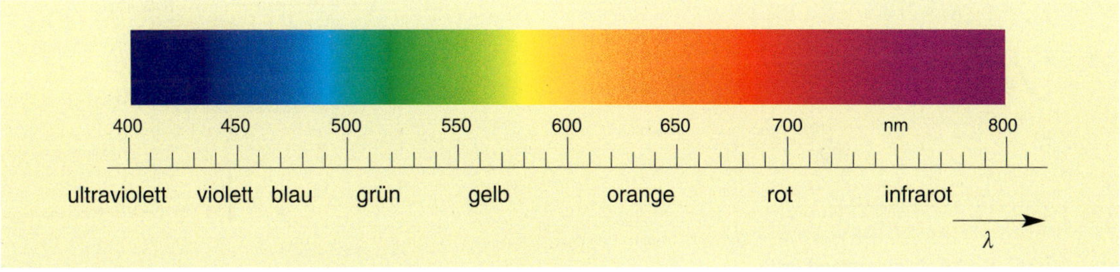

Abb. 10-33 ***Spektrum des sichtbaren Lichtes***

Kennwerte

Es werden überwiegend bei einer Temperatur ϑ = 25 °C angegeben:	Werte des Cadmiumselenid-Widerstandes
● Dunkelwiderstand Widerstandswert, der sich 1 min nach dem Abdunkeln einstellt	$R_0 \geq 10^6 \Omega$
● Hellwiderstand Widerstandswert bei einer Beleuchtungsstärke E = 1000 lx	R_h = 300 bis 800 Ω
● Wellenlänge Wert der höchsten Fotoempfindlichkeit	λ = 650 nm
● Temperaturkoeffizient Wert bei einer Beleuchtungsstärke E = 1000 lx	$\alpha = 8 \cdot 10^{-3}$ 1/K

Grenzdaten

● Verlustleistung Grenzleistung, die als Produkt aus Spannung und Strom des Fotowiderstandes nicht überschritten werden darf	P_{tot} = 50 mW
● Arbeitsspannung Grenzwert der am Fotowiderstand anliegenden Spannung	U_a = 50 V
● Umgebungstemperatur Temperaturbereich, in dem die Kennwerte des Fotowiderstandes eingehalten werden	ϑ_a = −40 bis +75 °C

Anwendung

Fotowiderstände werden in Schaltungen für Belichtungsmesser der Fotoapparate oder Filmkameras, für Dämmerungsschalter in Ölfeuerungsanlagen zur Flammüberwachung eingesetzt. Die Grundschaltung ist eine Reihenschaltung aus Foto- und Lastwiderstand. Da die Belastbarkeit einiger Fotowiderstände relativ groß ist, können ohne Zwischenschaltung einer Verstärkerstufe empfindliche Relais direkt gesteuert werden.

In Belichtungsmesser-Schaltungen werden überwiegend Cadmiumsulfid-Widerstände verwendet, da ihre Lichtempfindlichkeit nahezu der des menschlichen Auges entspricht. Das Messgerät (Abb. 10-36) zeigt den Fotostrom I des Fotowiderstandes B1 direkt an. Die Skale des Messgerätes wird jedoch nicht in mA, sondern in lx (Lux) als Einheit der Beleuchtungsstärke E geeicht. Da die Anzeige eine exakte Spannung der Batterie G1 voraussetzt, kann ihr Wert über den Umschalter S1 und dem Widerstand R1 überprüft werden.

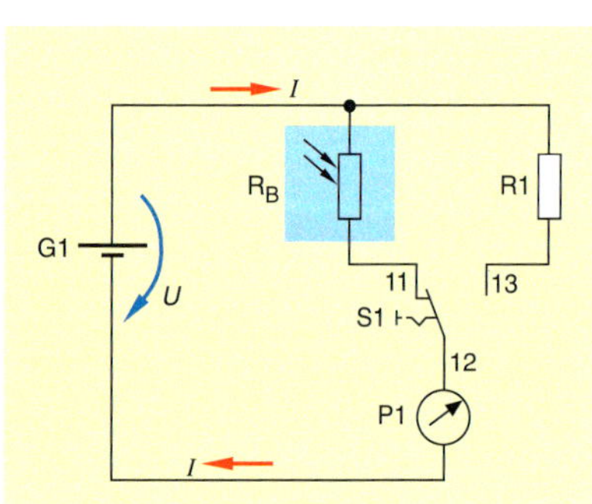

Abb. 10-36 ***CdS-Fotowiderstand im Belichtungsmesser***

10.2.4 Feldplatte (Hallsonde)

Aufbau und Merkmal

Feldplatten sind magnetisch steuerbare Halbleiterwiderstände. Eine rechteckige keramische Trägerplatte ist mit Indiumantimonid beschichtet. In geringem Abstand sind winzige metallene Nadeln in die Halbleiterschicht eingebettet. Der Widerstand (Bahnwiderstand) der Feldplatte ist in diesem Zustand gering. Der Stromfluss I wird nicht beeinflusst. Wirkt ein magnetisches Feld auf die Feldplatte ein, verlaufen die Bahnen der Ladungsträger nicht mehr parallel zu den Längskanten der Feldplatte. Die nach dem Kraftwirkungsgesetz auftretende Richtungsänderung (Hallwinkel) der Ladungsträgerbahnen ist vom Halbleiterwerkstoff und von der Magnetflussdichte B als Kenngröße der Intensität des Magnetfeldes abhängig. Bei InSb werden Hallwinkel bis zu 80° erreicht. Die Richtungsänderung bewirkt eine Verlängerung der Ladungsträgerbahnen. Ihr Widerstand steigt dadurch über das 10fache hinaus (Abb. 10-37). Der jetzt fließende Strom I' wird kleiner.

Strom-Spannungs-Verhalten

Bei konstanter Magnetflussdichte ist die Feldplatte ein linearer Widerstand. Die Strom-Spannungs-Kennlinie ist eine Gerade. Bei unterschiedlichen Magnetflussdichten entsteht ein Kennlinienfeld mit der Magnetflussdichte B als Parameter.

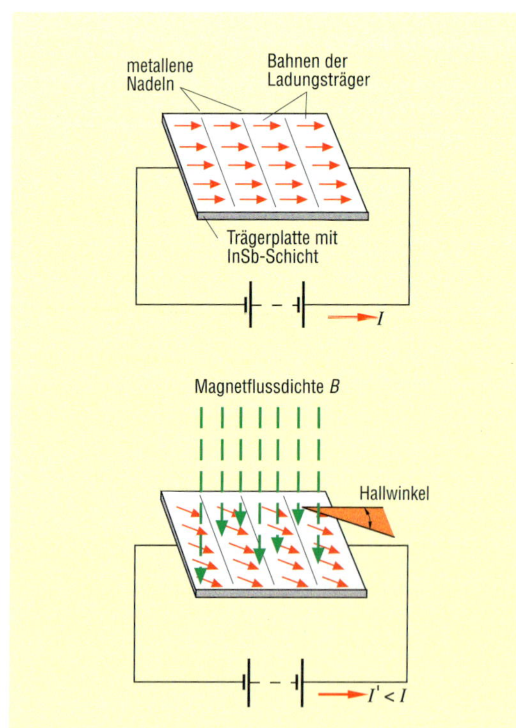

Abb. 10-37 ***Feldplatte***

Der mit der Magnetflussdichte steigende Widerstandswert ist von der Dotierung (P oder N) des Halbleiters abhängig. Die Abb. 10-38 zeigt den relativen Feldplattenwiderstand, d. h. den auf den Grundwiderstand R_0 (ohne Magnetfeldeinwirkung) bezogenen Widerstandswert R_B, in Abhängigkeit von der Magnetflussdichte B, gemessen in T (Tesla). Die Werte gelten bei einem senkrecht zur Feldplatte einwirkenden Magnetfeld beliebiger Richtung.

Kennwerte

- Grundwiderstand R_0
  Widerstandswert bei 25 °C und B = 0T. Typische Werte liegen zwischen 10 Ω und 500 Ω.
- Magnetfeldabhängiger Widerstand R_B
  Widerstandswerte bei Magnetflussdichten von 0,3 T und 1 T, die vom Hersteller festgelegt werden.

Anwendung

Feldplatten werden sehr vielseitig angewendet. Durch Ansteuern mit einem Dauermagneten oder einem Weicheisenkern, deren Luftspalt bzw. Weg variiert wird, können Positionen, Drehzahlen und Drehrichtungen erfasst werden. Mit Feldplatten werden prellfreie Taster und Relais (magnetfeldgesteuertes, kontaktloses Relais) aufgebaut. Ein wichtiges Anwendungsgebiet ist das Messen von Magnetflussdichten im Luftspalt magnetischer Kreise.

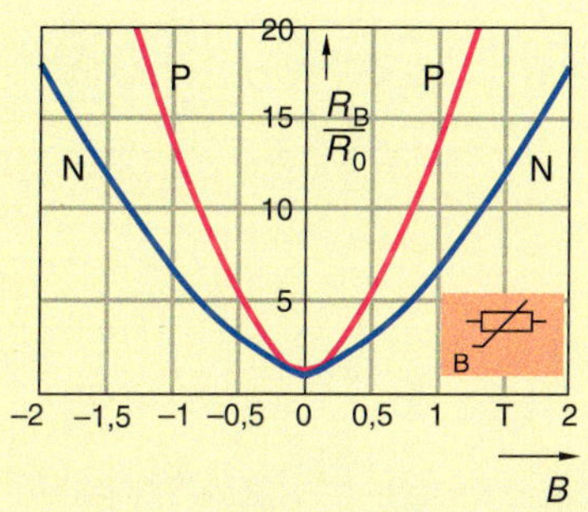

Abb. 10-38 ***Relativer Widerstand der Feldplatte***

10.3 Sperrschichthalbleiter

10.3.1 PN-Übergang

Wie im Abschnitt 10.1 dargestellt wurde, sind im P-Halbleiter durch das Dotieren mit 3-wertigen Fremdatomen neben den im Gefüge feststehenden **Akzeptor-Ionen** Ⓐ⁻ wanderfähige Löcher bzw. Defektelektronen □ vorhanden. Im Gegensatz dazu besitzen N-Halbleiter durch das Dotieren mit 5-wertigen Fremdatomen die ebenfalls im Gefüge feststehenden **Donator-Ionen** Ⓓ⁺ und freie Elektronen ⊖ (Abb. 10-39). Fügt man beide Halbleiter zusammen, entsteht ein sog. **PN-Übergang**. Die hier ablaufenden Vorgänge sollen mithilfe der Abb. 10-39 erläutert werden.

Durch die unterschiedlichen Ladungskonzentrationen wandern die freien Elektronen aus dem N-leitenden Material in das P-leitende. Umgekehrt wandern die Löcher vom P-leitenden in das N-leitende Material. Diese temperaturabhängige wechselseitige Durchdringung wird als **Diffusion** bezeichnet.

Wandern freie Elektronen aus dem N-Halbleiter ab, wird hier das Ladungsgleichgewicht gestört. Im N-Halbleiter überwiegen jetzt die positiven Ladungen der Donator-Ionen. Im P-Halbleiter überwiegen dagegen durch das Abwandern der Löcher die negativen Ladungen der Akzeptor-Ionen. Die negativen Ladungen im P-Halbleiter und die positiven Ladungen im N-Halbleiter begrenzen damit am PN-Übergang die Diffusion. Ein Konzentrationsausgleich über den ganzen Halbleiter wird somit verhindert.

Wenn die Löcher in den N-Halbleiter eindringen, werden sie von den dort zahlreich vorhandenen freien Elektronen aufgefüllt. Die in den P-Halbleiter wandernden freien Elektronen werden hier von den Löchern eingefangen. In der Umgebung des PN-Übergangs entsteht durch die Rekombination eine Schicht, die praktisch keinen freien Ladungsträger aufweist. Dieser nichtleitende Bereich, der im P-Halbleiter durch die Akzeptor-Ionen negativ aufgeladen und im N-Halbleiter durch die Donator-Ionen positiv aufgeladen ist, wird als **Raumladungszone** bezeichnet.

Diese Zone ist dann schmal, wenn beide Halbleiter hoch dotiert sind. Zwischen den Ladungen des PN-Überganges entsteht eine Diffusionsspannung, die bei Germanium etwa 300 mV und bei Silicium 500 bis 800 mV beträgt. Diese Diffusionsspannung kann nicht

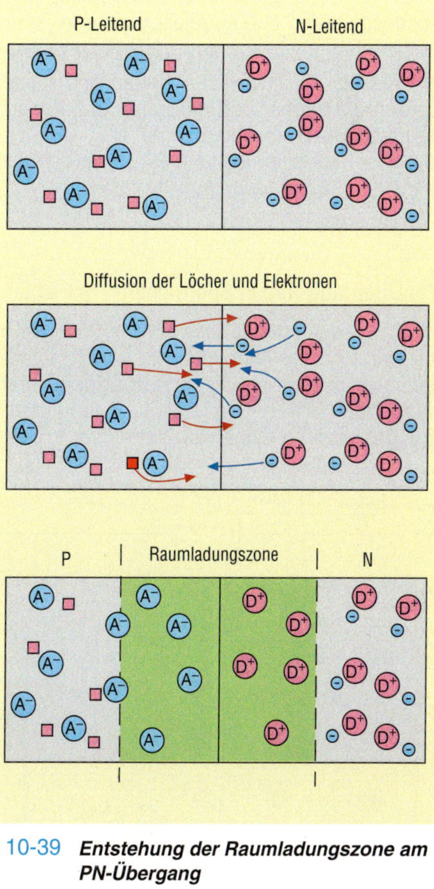

Abb. 10-39 ***Entstehung der Raumladungszone am PN-Übergang***

10

direkt gemessen werden. Werden nämlich zur Kontaktgabe an den P- und N-Halbleiter Metallelektroden angebracht, entstehen an diesen Übergängen entgegengesetzte Kontaktspannungen.

Schaltet man eine äußere Spannung so an den PN-Übergang, dass der Pluspol am P-Halbleiter und der Minuspol am N-Halbleiter liegt, wirkt die angelegte Spannung der Diffusionsspannung entgegen. Aus dem N-Halbleiter werden freie Elektronen von der negativen Elektrode weg zum PN-Übergang und aus dem P-Halbleiter die Löcher ebenfalls zum PN-Übergang getrieben (Abb. 10-40).

Ein Strom fließt jedoch erst dann, wenn die angelegte äußere Spannung größer ist als die Diffusionsspannung. Die angelegte Spannung, bei der der PN-Übergang gerade niederohmig wird, heißt Schleusenspannung U_{T0}. Ihr Wert ist praktisch gleich der Diffusionsspannung und sinkt mit steigender Temperatur. Eine weitere geringe Spannungserhöhung führt zu einem relativ großen Stromanstieg. Eine Strombegrenzung ist durch einen Reihenwiderstand erforderlich.

Man sagt:

Der PN-Übergang wird in Durchlassrichtung betrieben.

Das beschriebene Strom-Spannungs-Verhalten bestimmt den Verlauf der sog. Durchlasskennlinie (Abb. 10-41).

Wird der annähernd gerade Teil der Kennlinie zur Abszissenachse verlängert, kann im Schnittpunkt die Schleusenspannung U_{T0} abgelesen werden.

Legt man die äußere Spannung mit dem Pluspol an den N-Halbleiter und den Minuspol an den P-Halbleiter, werden die Löcher und die freien Elektronen von der Raumladungszone weggezogen (Abb. 10-42). Die hochohmige Raumladungszone wird breiter. Es fließt praktisch kein Strom durch den PN-Übergang.

Man sagt:

Der PN-Übergang wird in Sperrrichtung betrieben.

Vereinfacht bedeutet das, dass die Sperrschicht einen Isolator darstellt. Ein Vergleich mit einem geladenen Kondensator ist möglich. Der PN-Übergang wirkt wie eine Kapazität, deren Größe vom Aufbau des PN-Überganges und, im Gegensatz zu einem Kondensator, von der Höhe der angelegten Sperrspannung abhängig ist. Diese Sperrschichtkapazität kann störend wirken. Es kann aber auch gezielt diese Kapazität genutzt werden.

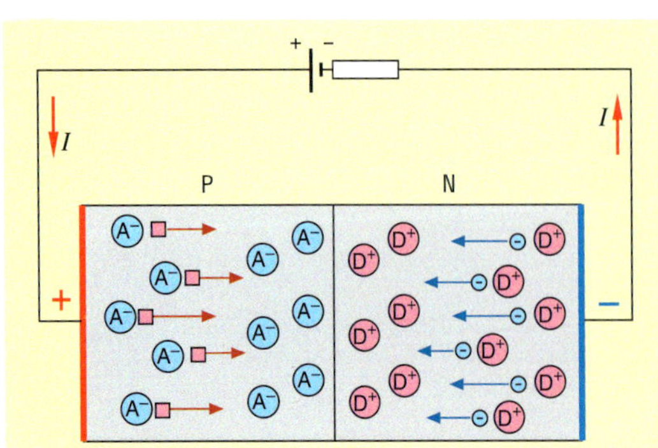

Abb. 10-40 ***PN-Übergang in Durchlassrichtung***

Über einen gesperrten PN-Übergang fließt nur ein sehr kleiner, auch stark temperaturabhängiger Sperrstrom im µA-Bereich (Abb. 10-43).

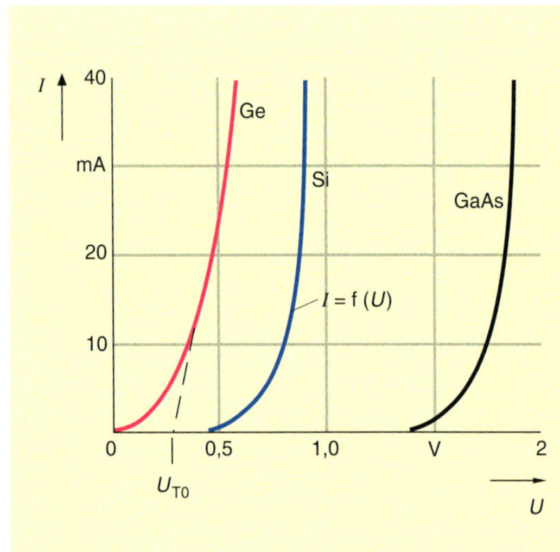

Abb. 10-41 ***I-U-Kennlinie in Durchlassrichtung***

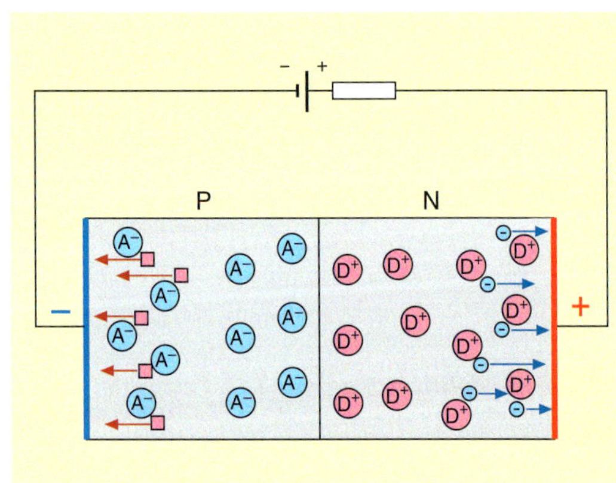

Abb. 10-42 ***PN-Übergang in Sperrrichtung***

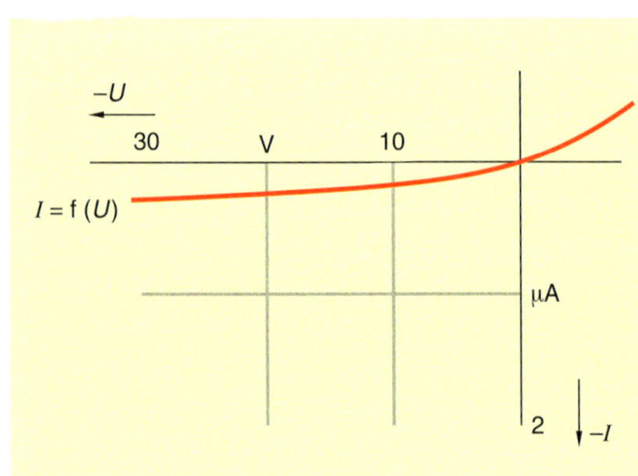

Abb. 10-43 ***I-U-Kennlinie in Sperrrichtung***

Bei in Sperrrichtung betriebenen PN-Übergängen kann es zu Durchbrüchen, damit zur Zerstörung des Überganges kommen. Aufgrund unterschiedlicher physikalischer Vorgänge sind folgende

Durchbrüche zu unterscheiden:

Wärmedurchbruch Bei steigender Sperrspannung steigt die Leistung, die am PN-Übergang in Wärme umgesetzt wird. Kann diese Wärme nicht an die Umgebung abgegeben werden, sinkt der Sperrwiderstand. Der Sperrstrom dagegen steigt. Trotz konstanter bzw. geringfügiger Erhöhung der Sperrspannung steigt durch den anwachsenden Strom weiterhin die Leistung, damit die Temperatur. Die Kausalkette, d. h. die Ursache-Wirkungs-Beziehungen, sieht dann wie folgt aus:

$$U\uparrow \longrightarrow P\uparrow\uparrow \rightarrow \vartheta\uparrow$$
$$\searrow P\uparrow \rightarrow R_{\text{Sperr}}\downarrow \rightarrow I_{\text{Sperr}}\uparrow \nearrow$$

Wird die maximale Sperrschichttemperatur von 75 °C bei Germanium bzw. 175 °C bei Silicium überschritten, wird der PN-Übergang zerstört. Dieser Wärmedurchbruch kann nur durch einen strombegrenzenden Widerstand im äußeren Stromkreis verhindert werden.

Zener-Durchbruch* Bei einer starken Dotierung am PN-Übergang entsteht durch die große Raumladungsdichte eine sehr schmale Sperrschicht von 0,1 bis 0,2 µm. Bereits bei kleinen Spannungen bis 5,5 V entstehen, wie durch Rechnung nachgewiesen werden kann, hohe Werte der elektrischen Feldstärke:

$$E = \frac{U}{l} \quad E = \frac{5{,}5\,\text{V}}{0{,}2\,\mu\text{m}} \quad E = \underline{\underline{27{,}5\ \text{kV/mm}}}$$

Schon bei einem Feldstärkewert von 20 kV/mm ist die Kraft so groß, dass die Valenzelektronen der Sperrschicht aus ihren Bindungen gelöst werden. Diese entstandenen freien Ladungsträger bewirken einen schnell ansteigenden Strom in Sperrrichtung. Bereits 1934 wurde dieser Effekt entdeckt.

Lawinendurchbruch Bei Übergängen mit breiteren Sperrschichten (geringe Dotierung mit Fremdatomen) kann eine höhere Sperrspannung angelegt werden. Durch den relativ langen Weg steigt die Bewegungsenergie der wenigen vorhandenen freien Ladungsträger auf einen Wert, der ausreicht, um beim Auftreffen auf Silicium- oder Germaniumatomen weitere Valenzelektronen herauszuschlagen. Diese werden durch die äußere Spannung ebenso stark beschleunigt, so dass sie wieder Valenzelektronen herausschlagen können. Es entstehen in der Raumladungszone durch diese Stoßionisation viele freie Ladungsträger. Ein großer Durchbruchsstrom fließt. Die **Stoßionisation** ist umso wirksamer, je geringer die Wärmeschwingungen der Atome im Gitter sind. Die für den Lawinendurchbruch erforderliche Spannung steigt mit zunehmender Temperatur der Sperrschicht.

* Zener, C., M.: amerikanischer Physiker 1905

10.3.2 Halbleiterdioden

Halbleiterdioden sind Bauelemente mit zwei Anschlüssen und einem, im Sonderfall auch mehreren PN-Übergängen. Als Grundmaterial werden Silicium und Germanium verwendet. Die wichtigsten Unterschiede zeigen die Abb. 10-45 und die Tab. 10-1.

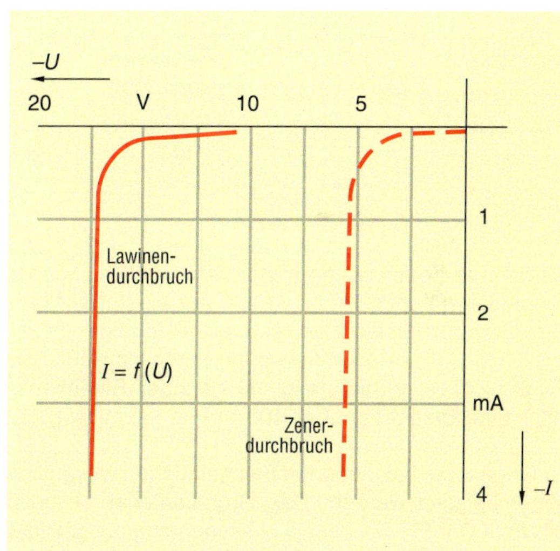

Abb. 10-44
Lawinen- und Zener-Durchbruch

Dioden	Silicium	Germanium	Selen
max. Sperrspannung in V	100 bis 2000	34 bis 120	20 bis 30
zulässige Stromdichte in A/cm^2	200	80	0,2
Wirkungsgrad	0,99	0,95	0,92
relativer Raumbedarf in %	5	20	100
höchstzulässige Betriebstemperatur in °C	175	75	80
Schleusenspannung in mV	500 bis 800	300	400

Tab. 10-1 ***Dioden-Kennwerte***

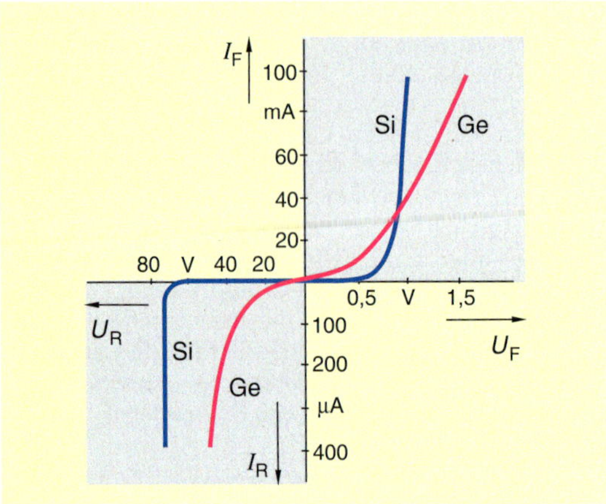

Abb. 10-45 ***I*-*U*-Kennlinie der Si- und Ge-Diode**

In der Abb. 10-45 werden die international gebräuchlichen Bezeichnungen für

Durchlassrichtung	und	Sperrrichtung
↓		↓
Vorwärtsrichtung (forward, engl.: vorwärts)		Rückwärtsrichtung (reverse, engl.: rückwärts)

mit den Größen

Vorwärts-spannung U_F	und	Rückwärts-spannung U_R
Vorwärts-strom I_F		Rückwärts-strom I_R

verwendet.

Germaniumdioden werden fast ausschließlich als Spitzendioden gefertigt (Abb. 10-46). Auf einem N-leitenden Germaniumplättchen wird ein S-förmiger Draht aus Gold-Gallium oder Molybdän aufgeschweißt. Die PN-Schicht ist punktförmig mit geringer Eigenkapazität. Eine Belastung über 100 mA ist kaum möglich.

Im Gegensatz dazu können Flächendioden wesentlich höher belastet werden. Das Grundmaterial ist meist Silicium. Der PN-Übergang ist flächenartig ausgebildet (Abb. 10-47). Bei hinreichender Flächengröße können Durchlassströme über 1000 A erreicht werden. Aufgrund der geringen Wärmekapazität des Siliciumplättchens müssen Si-Dioden gut gekühlt und durch schnell ansprechende Sicherungen hinreichend geschützt werden.

Gebräuchlich sind noch Selendioden als Vielkristalldioden. In älteren Geräten finden sich auch noch Kupferoxiduldioden. Die Se-Dioden bestehen aus einer Trägerplatte aus Eisen oder Aluminium, auf der eine dünne, aus vielen kleinen Kristallen bestehende P-leitende Selenschicht aufgedampft ist (Abb. 10-48). Auf die Selenschicht ist als metallische Gegenelektrode eine Schicht aus Zinn-Cadmium-Wismut-Legierung aufgespritzt. Die Sperrschicht entsteht im Herstellungsprozess durch sog. Formieren.

Unterschiedliche Dotierungen und Sperrschichtdicken beeinflussen die elektrischen Kennwerte. Besondere Eigenschaften werden durch moderne Herstellungsverfahren erreicht. Da es kaum möglich ist, alle Eigenschaften in einem Bauelement zu vereinigen, bestimmen wenige typische Kennwerte das Einsatzgebiet der Halbleiterdioden.

Aufgrund der Tatsache, dass der PN-Übergang

- in Vorwärtsrichtung einen kleinen, in Rückwärtsrichtung einen großen Widerstand besitzt,
- eine Kapazität darstellt,
- unterschiedliches Durchbruchsverhalten zeigt,
- durch Lichteinwirkung die Zahl der freien Ladungsträger erhöht und
- die bei der Rekombination freigesetzte Energie als sichtbare Strahlung oder Infrarotstrahlung abgibt,

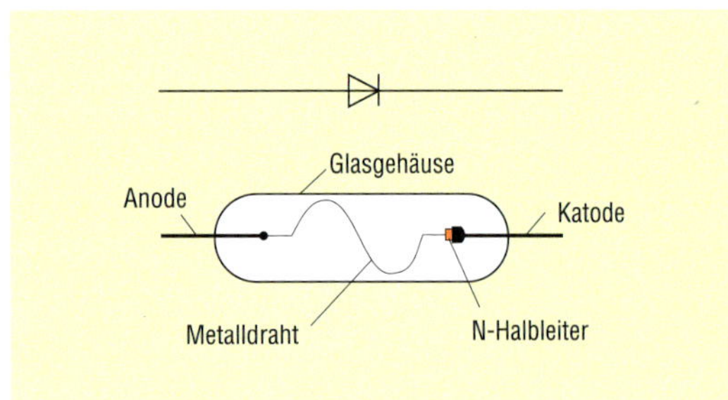

Abb. 10-46 ***Aufbau der Spitzendiode***

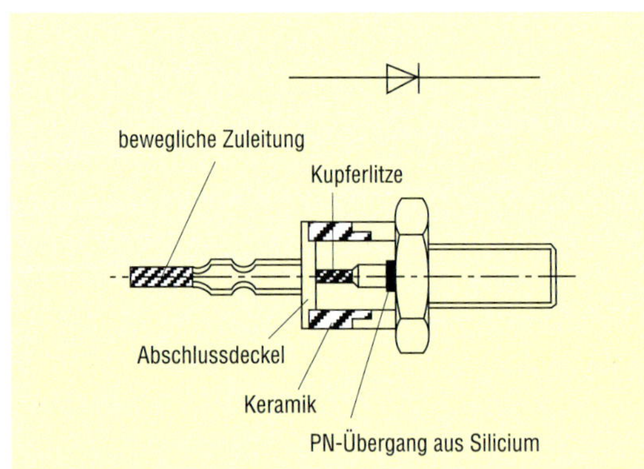

Abb. 10-47 ***Aufbau der Flächendiode großer Leistung***

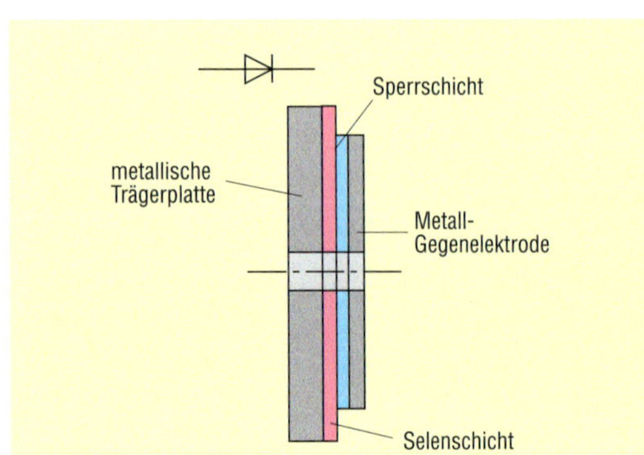

Abb. 10-48 ***Selendiode***

ergeben sich folgende beispielhaft genannte Diodenarten:

Gleichrichterdiode

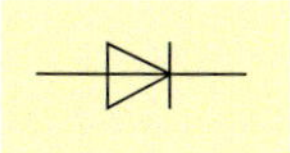

Diode zur Gleichrichtung von Wechselströmen. Es werden Nennsperrspannungen bis 4000 V und Nenndurchlassströme von 400 A erreicht. In der Abb. 10-49 sind die Schaltungen zur Gleichrichtung von Einphasenwechselströmen dargestellt.

Schaltdiode

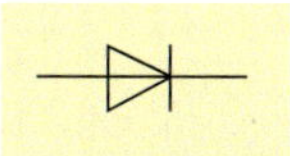

Diode zum schnellen Umschalten vom hohen auf kleinen Widerstandswert und umgekehrt sowie zum Entkoppeln von Stromkreisen (Abb. 10-50). Mit dem Schalter S1 wird nur Relais K1 eingeschaltet, mit S3 nur K2. Dagegen können mit dem Schalter S2 beide Relais geschaltet werden.

Z-Diode

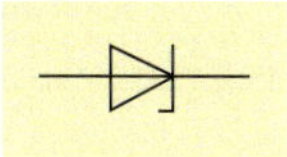

Diode mit ausgeprägt steilem Durchbruchsbereich zur Spannungsbegrenzung und -stabilisierung.

Kapazitätsdiode

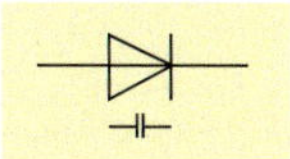

Diode, deren Kapazität von der in Sperrrichtung anliegenden Spannung bestimmt wird. Sie wird zum Abstimmen von Schwingkreisen oder zur Frequenzvervielfachung eingesetzt.

Fotodiode

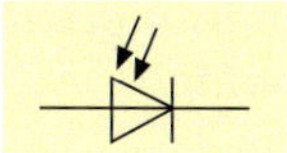

Diode, bei der der Strom in Rückwärtsrichtung durch die Beleuchtungsstärke des einfallenden Lichtes beeinflusst wird.

Lumineszensdiode
(Leuchtdiode)

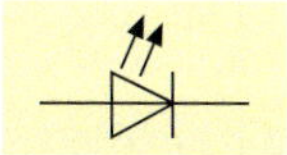

In Vorwärtsrichtung betriebene Diode zur Signalisierung, die durch die Rekombination Strahlen im sichtbaren Bereich aussendet.

Beachten Sie:

> Das Schaltzeichen der Halbleiterdiode stellt eine Pfeilspitze dar. Sie entspricht der Stromrichtung im äußeren Stromkreis.

10

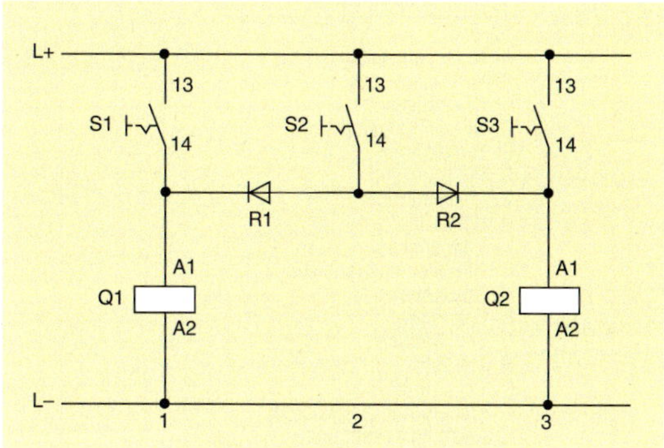

Abb. 10-50 ***Dioden zur Stromkreisentkopplung***

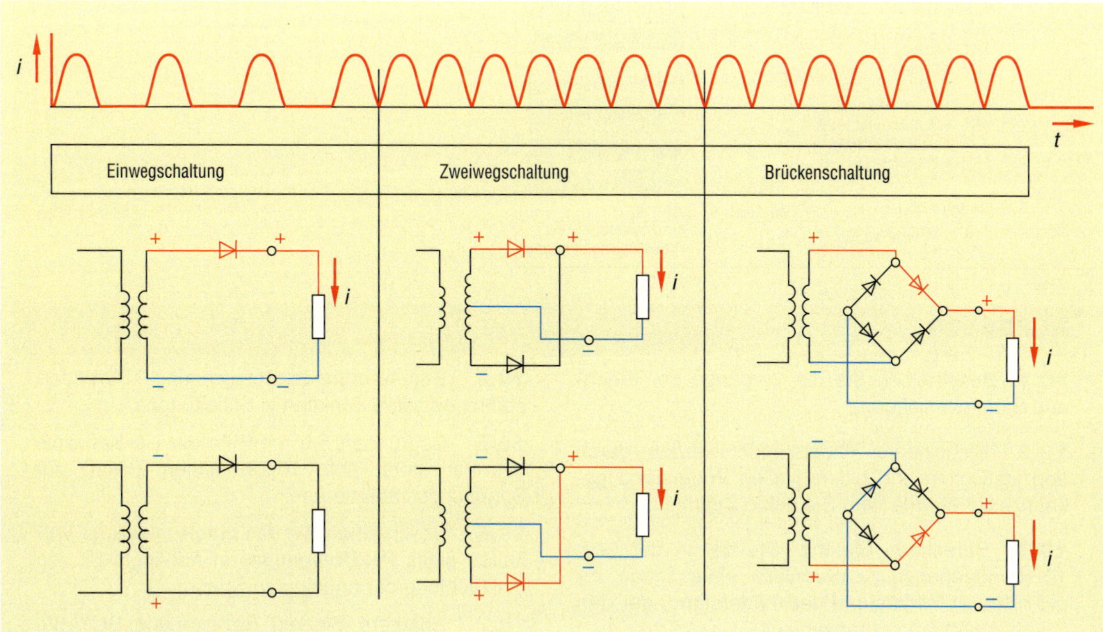

Abb. 10-49 ***Gleichrichterschaltungen***

10.3.3 Kennzeichnung von Halbleiterbauelementen

Zur Zeit werden Halbleiterbauelemente international noch unterschiedlich bezeichnet.

- Europäische Hersteller verwenden Kennzeichnungen nach **Pro Electron** die aus einer Buchstaben-Ziffern-Kombination bestehen.

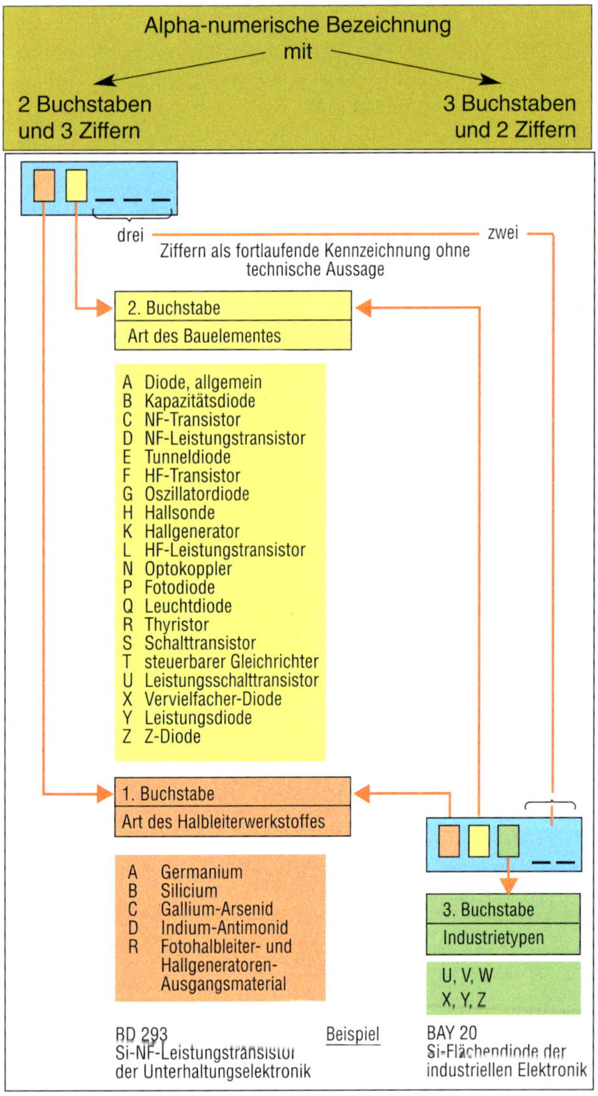

- Amerikanische und japanische Hersteller verwenden Kennzeichnungen nach **JEDEC** die aus einer Angabe für die

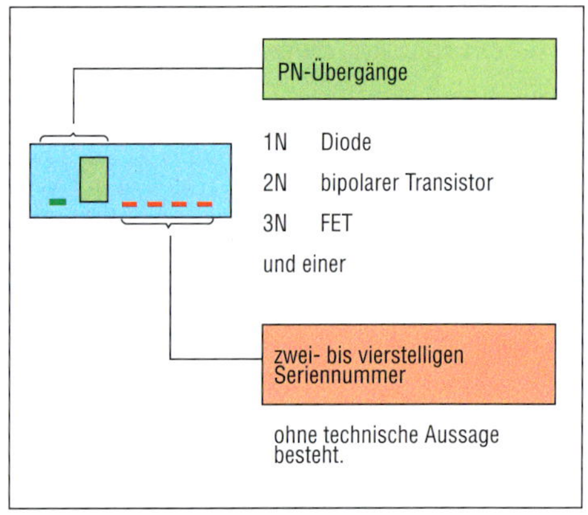

AUFGABEN

10.1 Beschreiben Sie die Vorgänge der Eigen- und Störstellenleitung.

10.2 Nichtlineare Widerstände werden durch den statischen und differentiellen Widerstand gekennzeichnet. Erläutern Sie beide Begriffe.

10.3 Berechnen Sie mit Hilfe der in der Abb. 10-16 gegebenen *I*-*U*-Kennlinie einer Diode als nichtlinearer Widerstand den Widerstand, der den Strom auf 30 mA begrenzen soll.

10.4 Erläutern Sie die Bezeichnung PTC-Widerstand und seine Funktion in Schaltungen.

10.5 Begründen Sie mit Hilfe der *I*-*U*-Kennlinie des Varisators (Abb. 10-29) seinen Einsatz zur Spannungsstabilisierung.

10.6 Beschreiben Sie das unterschiedliche Verhalten eines PN-Überganges in Abhängigkeit von der Richtung der angelegten Spannung.

10.7 Erläutern Sie die Bezeichnung BCY 59.

11 Messen elektrischer Größen

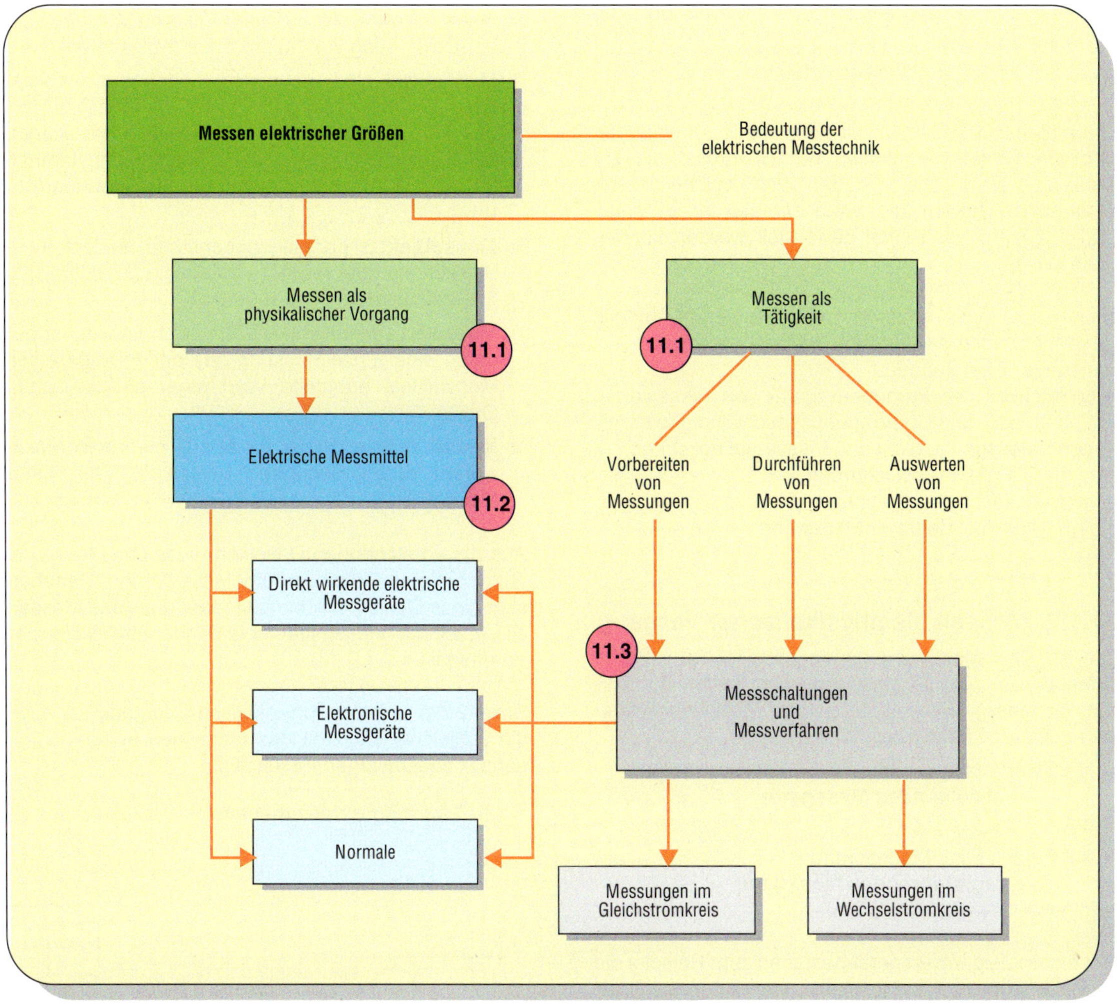

Abb. 11-1 ***Beziehungen und Strukturen***

11.1 Messen als Vorgang und Tätigkeit

11.1.2 Bedeutung der elektrischen Messtechnik

Immer haben die Menschen versucht, die Geheimnisse der Natur zu erforschen. So werden Vorgänge in Experimenten nachgebildet und mit entsprechenden Hilfsmitteln ausgewertet. Zum Beispiel kann man den Stromfluss in einem Leiter erst dann feststellen, wenn die menschliche Reizschwelle erreicht oder überschritten wird. Auch dann kann die Aussage nur lauten: „vorhanden" oder „nicht vorhanden". Wie sollte man aber feststellen, dass die Wärmemenge vom Quadrat der Stromstärke abhängig ist?

Elektrische Größen sind nicht sichtbar. Mithilfe der Messtechnik können sie anschaulich gemacht werden.

Die Bedeutung der elektrischen Messtechnik darf nicht nur auf die Forschung beschränkt werden. Für die Entwicklung, Kontrolle und Anpassung elektrischer Betriebsmittel und kompletter Anlagen ist die Messtechnik eine wirksame und schnelle Methode. In technischen Prozessen und in der Produktion liefert die Messtechnik Informationen über Zustands- und Stoffgrößen. Damit wird die Betriebsmesstechnik durch

- das Ermitteln physikalischer Größen für eine optimale Prozessführung
- das Bereitstellen von Eingangssignalen für die selbständige Regelung bestimmter Produktionsparameter
- das Kontrollieren der Qualität während des Produktionsprozesses und des zeitlichen Ablaufs der Prozessgrößen

zu einem wichtigen Produktionsfaktor.

Die elektrische Messtechnik nutzt die Erscheinungen und die Gesetzmäßigkeiten der Elektrotechnik zur Messung elektrischer Größen und solcher nichtelektrischer Größen, die durch Wandler in ein messbares elektrisches Signal gewandelt werden können (Abb. 11-2a).

Elektrische Messverfahren weisen folgende Vorteile gegenüber anderen Verfahren auf:
- geringer Energiebedarf
- Möglichkeit der Fernübertragung von Messwerten
- hohe Mess- und Übertragungsgeschwindigkeit
- hohe Messgenauigkeit und Messempfindlichkeit
- sichere Messwertspeicherung
- mathematische Verknüpfung (Addition, Multiplikation, Statistik) mehrerer Messwerte.

11.1.2 Messen als physikalischer Vorgang

Die am Messgerät anliegende physikalische Größe (Messgröße) wird im Messgerät verarbeitet, so dass ein der Messgröße entsprechender Messwert ausgegeben werden kann. Dies kann als

- Messwertanzeige
  → **anzeigendes Messgerät**
  oder
- auf Papier, Film, Magnetband
  → **registrierendes Messgerät**

erfolgen.

Bei einem Zeigermessgerät bestehen zum Beispiel die Eingabebauteile aus Messleitungen und Anschlussklemmen, die Verarbeitungsbauteile aus Widerständen zur Messbereichsanpassung, Dauermagnet, Drehspule u. a. sowie die Ausgabebauteile aus Zeiger und Skale (Abb. 11-2b).

Erläutern wir zum besseren Verständnis bereits genannte und einige neue Begriffe.

Messen ist das quantitative (mengenmäßige) Bestimmen des Wertes einer physikalischen Größe.

Die in einem entsprechenden Messverfahren genutzten Messmittel (z. B. Strommesser, Frequenzmesser) ermöglichen einen Vergleich der Messgröße mit einer Einheit (z. B. Ampere, Hertz) als Bezugsgröße. Das beim Messen gewonnene quantitative Merkmal des Messobjektes – der Messwert – wird durch das Produkt aus Zahlenwert und Einheit angegeben, z. B.

$$4{,}2 \cdot 1\,\text{A} = 4{,}2\,\text{A}$$
$$50 \cdot 1\,\text{Hz} = 50\,\text{Hz},$$

und ist im einfachsten Fall bereits das Messergebnis.

- **Physikalische Größen** sind, wie bereits im Abschnitt 1.2 ausgewiesen, die Eigenschaften der Dinge und Erscheinungen. Wir erinnern uns, dass zum Beispiel der elektrische Strom als konkrete Erscheinung durch die Eigenschaften Stromstärke I und Stromdichte J gekennzeichnet wird.
- **Messverfahren** ist das physikalische Vorgehen bei der Gewinnung von Messwerten (Messdaten).
- **Messmittel** sind technische Mittel, die zur Ausführung von Messungen dienen. Als Einzelteil werden sie unspezifisch als **Messgeräte** bezeichnet. Mit Hilfseinrichtungen, wie Spannungskonstanthalter oder Thermostate, bilden sie die **Messeinrichtung.**
- **Messobjekt** ist der Messgegenstand, an dem durch Messen ein oder mehrere Merkmale (Messgrößen) ermittelt werden.
- **Messwert** (gemessener Wert, auch Istwert) ist der durch eine Einzelmessung aus der Anzeige eines Messmittels ermittelte Wert einer physikalischen Größe.
- **Messergebnis** ist der meist aus mehreren Messwerten durch Rechnung bestimmte Wert einer Messgröße.

Aus der vorstehenden Definition muss das Messen in erster Linie als Tätigkeit aufgefasst werden. Daneben sagt diese Definition aber auch aus, dass das Messen ein in einem Messmittel ablaufender physikalischer Vorgang ist.

Sowohl der objektive physikalische Vorgang als auch die subjektive Tätigkeit des Menschen führen zu folgender bedeutsamen Feststellung:

Jede Messung ist fehlerbehaftet.

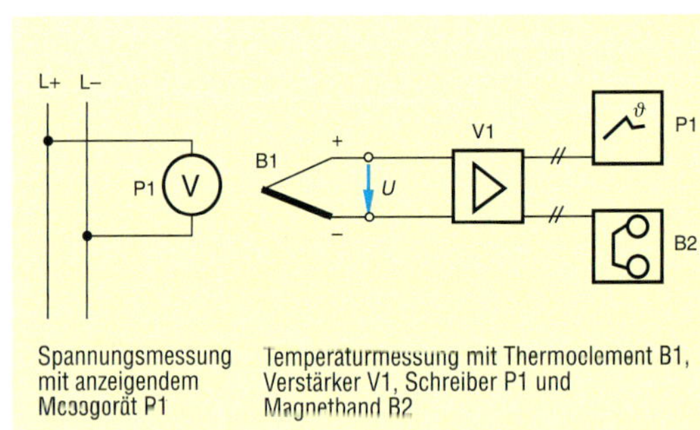

Abb. 11-2a ***Messung einer elektrischen und einer nicht-elektrischen Größe***

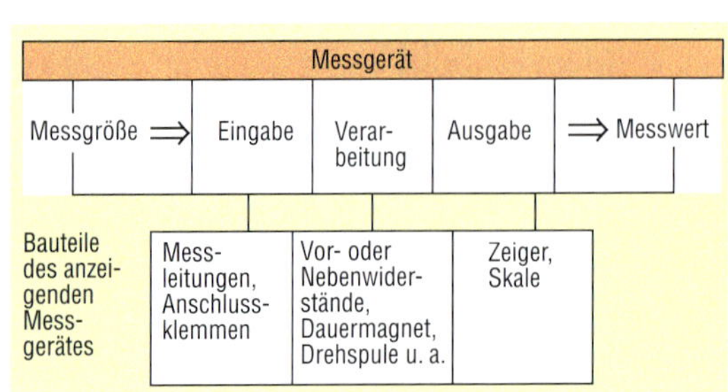

Abb. 11-2b ***Funktionsteile des Messgerätes***

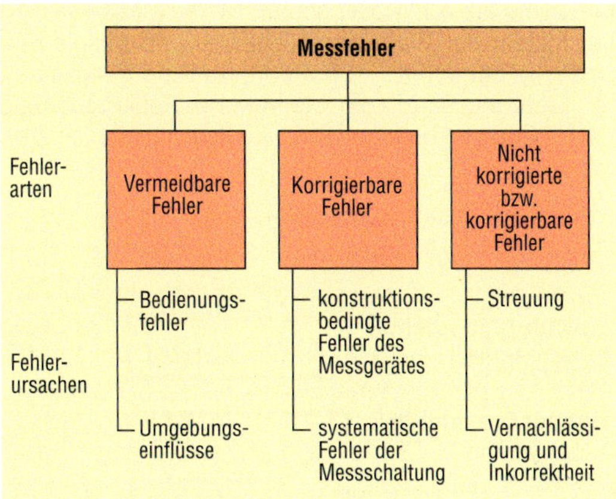

Abb. 11-3 ***Systematik der Messfehler***

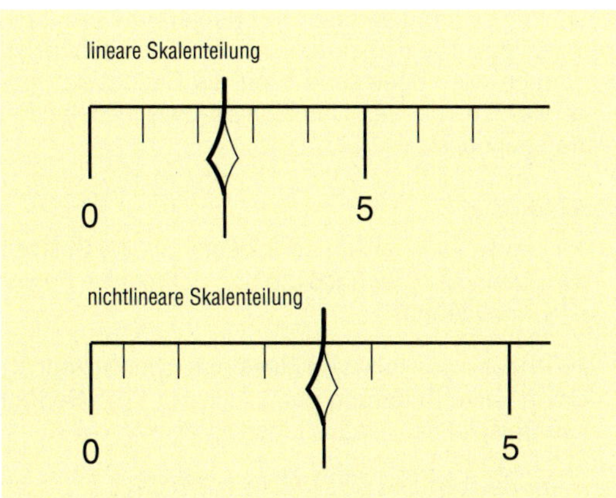

Abb. 11-4 ***Ableseunsicherheit bei Zwischenstellungen des Zeigers***

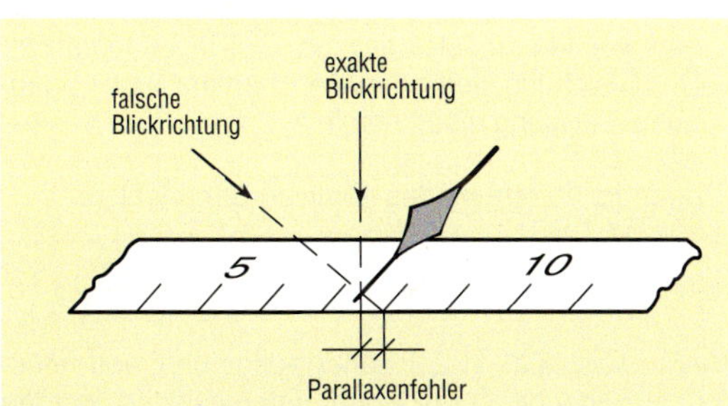

Abb. 11-5 ***Parallaxenfehler***

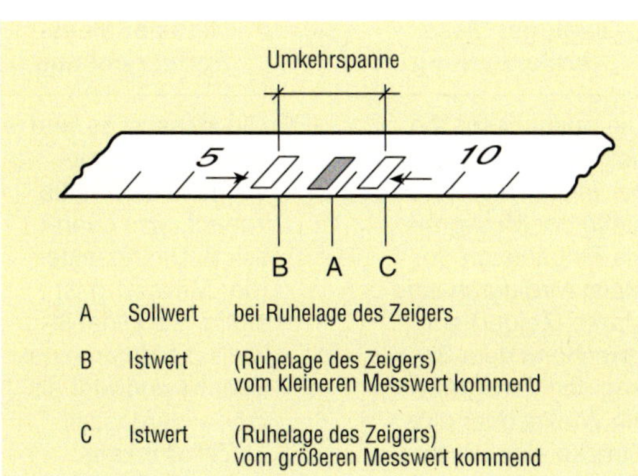

Abb. 11-6 ***Umkehrspanne***

Die Fehlerursachen sind sehr unterschiedlich. Sie liegen

- in der Unvollkommenheit der Messgeräte und Messverfahren
- in den Einflüssen der Umwelt
- beim Beobachten der Messung sowie
- in den zeitlichen Veränderungen aller Fehlerquellen.

Es gibt vielfältige Möglichkeiten, die Messfehler sinnvoll zu ordnen. Der Vorteil der Systematik nach Abb. 11-3 besteht darin, dass der Zusammenhang zwischen der Fehlerart „vermeidbarer Fehler“ und ihren Ursachen „Fehler beim Bedienen“ verdeutlicht wird. Ebenso wird die Bedeutung der Fehlerart für die berufliche Tätigkeit durch ihre Bezeichnung sichtbar, z. B. Fehler kann „vermieden“ werden“.

Beispielhaft sollen einige wichtige Fehlerursachen erläutert werden.

Bedienungsfehler

Sie sind subjektive Fehler und entstehen durch falsche Wertung des Teilstrichs auf der Skale, durch Benutzen eines falschen Multiplikators bei Messgeräten mit mehreren Messbereichen oder durch unsicheres Abschätzen des Messwertes bei einer Zwischenstellung des Zeigers, insbesondere bei nichtlinear geteilten Skalen (Abb. 11-4).

Auch Parallaxenfehler (Abb. 11-5) und Fehler, die durch Nichtbeachten der **Umkehrspanne** entstehen, sind Bedienungsfehler. Infolge der Lagerreibung ergeben sich für den gleichen Messwert unterschiedliche Zeigerstellungen, je nachdem, ob der Zeiger sich vom kleineren oder größeren Wert kommend auf den Messwert einstellt. Die Differenz zwischen diesen beiden Werten bezeichnet man als Umkehrspanne (Abb. 11-6).

Fehler der Messgeräte

Sie sind durch die Konstruktion des Messgerätes bedingt, zum Beispiel durch Fertigungstoleranzen, Lagerreibung oder ungenaue Skalenausführung. Sie entstehen aber auch durch Ungenauigkeiten der Vor- und Nebenwiderstände (sog. **Proportionalfehler**) oder, wenn der Zeiger im Ruhezustand nicht auf der Nullmarkierung steht (sog. **additiver Fehler**).

Systematischer Fehler

Ein solcher Fehler entsteht, wenn man zum Beispiel die Quellenspannung einer Stromquelle mit einem Spannungsmesser misst. Durch den endlichen Widerstand des Messgerätes befindet sich die Stromquelle nicht im Leerlauf, sondern sie wird belastet. Das Messgerät wird damit immer an den Klemmen die um den inneren Spannungsfall der Stromquelle verringerte Quellenspannung anzeigen.

Auch bei einer Strommessung wird der Widerstand des Messgerätes R_{iA} den Widerstand des Stromweges erhöhen, in dem eigentlich die unbeeinflusste

Stromstärke I gemessen werden sollte (Abb. 11-7). Systematische Fehler sind korrigierbar. Für sie können immer Fehlergrenzen angegeben werden.

Streuung

Die Ursachen der Streuung sind vielfältig. Ihre Hauptursache besteht in zeitlichen und räumlichen Unterbrechungen von Vorgängen, also in der sog. Diskontinuität. Daraus ergibt sich notwendigerweise die Tatsache, dass viele Messungen, die unter anscheinend gleichen Bedingungen ausgeführt werden, unterschiedliche Werte ergeben.

Vernachlässigung und Inkorrektheit

Diese Fehlerursachen sind eng mit den systematischen Fehlern der Messmethode oder der Messeinrichtungen verwandt. Der wesentliche Unterschied besteht darin, dass die Fehler während oder nach der Messung nicht herausgelöst werden können. Soll zum Beispiel die Leistung eines Bauelementes in Abhängigkeit von seiner Umgebungstemperatur nur durch Strommessung bestimmt werden, dann wird die anliegende Spannung als konstant vorausgesetzt. Wir wissen aber, dass die Spannung meist nicht über eine längere Zeit als unveränderlich angesehen werden kann.

Genaue Kenntnisse über die Fehlerarten und Fehlergrößen sind notwendig, um für die geforderte Genauigkeit der Messung die entsprechenden Messmittel und -verfahren auszuwählen sowie das Verhalten und die Bedingungen beim Messen festlegen zu können.

Prägen Sie sich den Grundsatz ein:

Miss so genau wie möglich, doch nicht genauer als erforderlich!

Die Fehlergrößen werden durch Fehlerrechnung ermittelt oder abgeschätzt und als Abweichung des gemessenen Wertes vom wahren, also richtigen Wert der Messgröße angegeben.

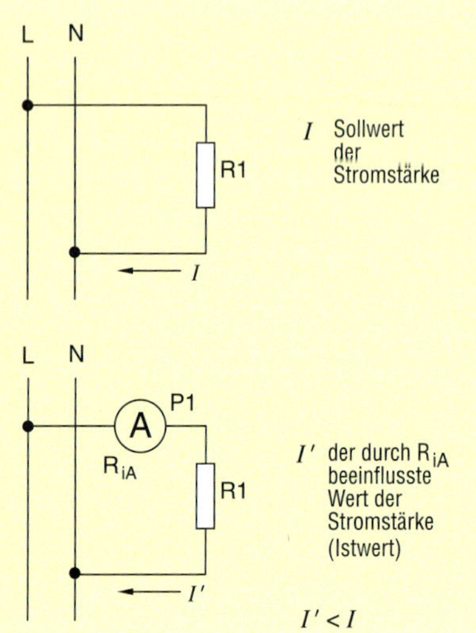

Abb. 11-7 ***Systematischer Fehler***

Im Gegensatz zur Wissenschaft, die die Messfehler mit den Mitteln der Wahrscheinlichkeits- und Ausgleichsrechnung behandelt, ist für die berufliche Tätigkeit einer Elektrofachkraft die elementare Fehlerrechnung mit folgenden Festlegungen und Definitionen ausreichend:

Sollwert oder tatsächlicher Wert	W
Istwert oder abgelesener Wert	W'

absoluter Messfehler (Anzeigefehler)

$$\Delta W = W' - W \qquad (11\text{-}1)$$

relativer Messfehler (Anzeigefehler)

$$F_w = \frac{\Delta W}{W} \approx \frac{\Delta W}{W'} \qquad (11\text{-}2)$$

Der relative Fehler F_w wird nach der Gleichung 11-2 durch den Bezug des absoluten Fehlers auf den Sollwert gebildet. Wenn aber der Sollwert nicht bekannt ist, kann auch der abgelesene Wert als Bezugswert gewählt werden, da der Unterschied zwischen beiden Werten gering ist.

Beachten Sie:

1. Der Istwert kann größer oder kleiner als der Sollwert sein. Dann sind der absolute und der relative Fehler mit ± anzugeben.
2. Die Angabe des relativen Messfehlers in Prozent erfordert keine Änderung der Gleichung 11-2. Beträgt zum Beispiel der relative Messfehler
   $F_w = \pm 2\,\%$, dann ist $F_w = \pm 2 \cdot \frac{1}{100}$
   oder $F_w = \pm 0{,}02$
3. Das unspezifische Zeichen W (Wert) der Gleichungen 11-1 und 11-2 ist durch das Formelzeichen der entsprechenden elektrischen Größe zu ersetzen. Die Gleichung des absoluten Fehlers einer Spannungsmessung lautet somit
   $\Delta U = U' - U$
   oder die Gleichung des relativen Stromfehlers
   $F_i = \frac{\Delta I}{I}$

Wie im Abschnitt 11.2.2 näher ausgeführt wird, müssen anzeigende Messgeräte unterschieden werden nach

analoger Messwertdarstellung	oder	**digitaler Messwertdarstellung**
Die Ausgangsgröße des Messgerätes, d. h. der Messwert folgt stetig der Messgröße als Eingangsgröße. Meist wird durch eine Marke (Zeiger) entsprechend dem Betrag der Messgröße ein Winkel oder eine Strecke einer Skale überstrichen → **Strichskale.**		Die Messgröße wird in kleine, fest vorgeschriebene Schritte zerlegt, also quantisiert. Die Anzeige (der Messwert) ist stufig. Sie bildet jeweils die Summe der Schritte und wird als Ziffern dargestellt → **Ziffernskale** (Abb. 11-8).

Genauigkeit von Analogmessgeräten

Fertigungstoleranzen und Streuung in den Werkstoffeigenschaften sind die Ursachen für die Messgerätefehler.

Der Messgerätefehler ist der auf den Endwert des Messbereiches bezogene maximale Eigenfehler.

Messgerätefehler $$F_G = \frac{\Delta W_{max}}{W_e}$$ **11-3**

ΔW_{max} maximaler Eigenfehler
W_e Endwert des Messbereiches

Er kann als relativer Fehler

- unter Einhaltung der vom Hersteller angegebenen Benutzungsbedingungen, zum Beispiel die Einhaltung der Gebrauchslage, auftreten, wenn
- die Messwertanzeige gleich dem Messbereichsendwert ist.

Im Allgemeinen gibt der Hersteller nicht den Messgerätefehler an, sondern die Genauigkeitsklasse, auch Fehlerklasse oder kurz Klasse genannt. Sie hat international vereinbarte Werte (Tab. 11-1) und wird durch Klassenzeichen angegeben.

Messgerät	Klassenzeichen	maximaler Eigenfehler des Messgerätes	maximaler Eigenfehler des Zubehörs
Präzisions- oder Feinmessgerät	0,05 0,1 0,2 0,5	±0,05 % ±0,1 % ±0,2 % ±0,5 %	±0,02 % ±0,05 % ±0,1 % ±0,2 %
Betriebsmessgerät	1 1,5 2,5 5	±1 % ±1,5 % ±2,5 % ±5 %	±0,5 % ±0,5 % ±1 % ±1 %

Tab. 11-1 ***Genauigkeitsklassen der Analogmessgeräte***

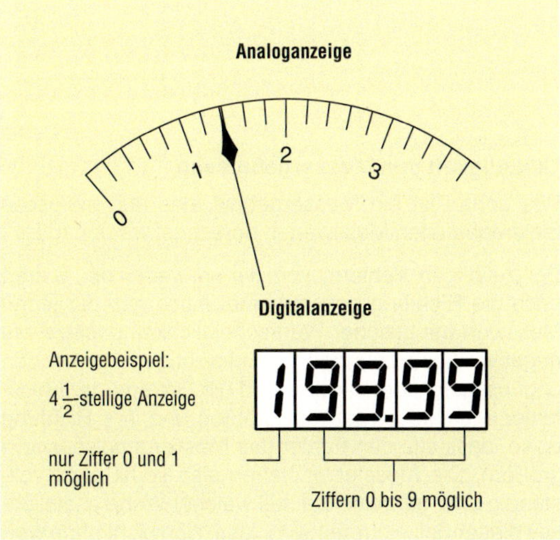

Abb. 11-8 ***Anzeige des Messwertes***

Die Genauigkeitsklasse eines Messgerätes gibt die Garantiefehlergrenzen in Prozent des Messbereichsendwertes bei den entsprechenden Bezugsbedingungen an.

Beachte, dass die zusätzliche Kennzeichnung des Klassenzeichens auf unterschiedliche Bezugsgrößen hinweisen:

Klassenzeichen	Bezugsgröße
1,5	Skalenendwert
1,5 (mit Winkel)	Skalenlänge (Widerstandsmesswerk)
1,5 (im Kreis)	Messwert (Zungenfrequenzmeser)

Mit der Angabe der Genauigkeitsklasse ist der maximal zu erwartende, also zugelassene Fehler (Grenzfehler) ΔW_{max} gegeben. Damit erhält man bei jedem Anzeigewert ein Intervall, in dem der wahre Wert sicher liegt. Erläutern wir dies mithilfe der Abb. 11-9. Dargestellt ist die unterbrochene Skale eines Spannungsmessers der Klasse 1,5 mit dem Messbereichsendwert von 400 V.

Klasse 1,5 entspricht einem Messgerätefehler $F_G = \pm 1{,}5\,\%$

vom Messbereichsendwert $U_e = 400\,V$.

Nach der Gleichung 11-3 ist der

Grenzfehler $\Delta U_{max} = F_G \cdot U_e$

$\Delta U_{max} = \pm 0{,}015 \cdot 400\,V$

$\Delta U_{max} = \pm 6\,V$

Da dieser Grenzfehler bei jeder Zeigerstellung bzw. Messwertanzeige zu erwarten ist, ist der

relative Anzeigefehler $F_u = \frac{\Delta U_{max}}{U'}$

Anzeige	Istwert U'	Bereich, in dem der Sollwert liegt	relativer Anzeigefehler
A	400V	394 V bis 406 V	$F_u = \frac{\pm 6\,V}{400\,V}$ $F_u = \pm 1{,}5\,\%$
B	200V	194 V bis 206 V	$F_u = \frac{\pm 6\,V}{200\,V}$ $F_u = \pm 3\,\%$
C	50V	44 V bis 56 V	$F_u = \frac{\pm 6\,V}{50\,V}$ $F_u = \pm 12\,\%$

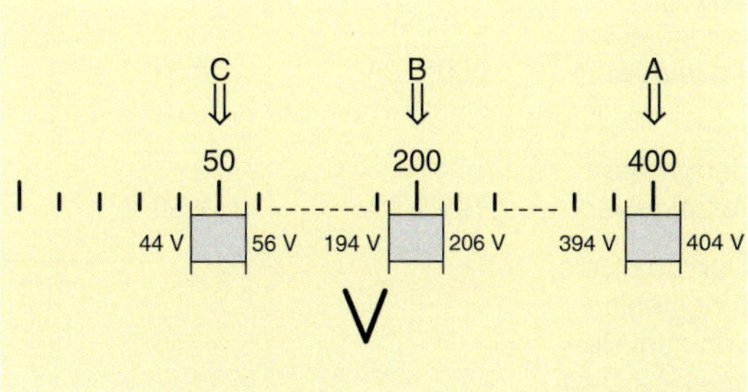

Abb. 11-9 ***Lage des Sollwertes bei unterschiedlichen Anzeigewerten (Istwerten)***

11

Aus den berechneten Werten des relativen Anzeigefehlers erkennt man, dass er umgekehrt proportional dem Verhältnis des Messbereichsendwertes U_e zum abgelesenen Wert U' ist. Beträgt zum Beispiel $U' = 50\,V$ nur den achten Teil des Messbereichsendwertes $U_0 = 400\,V$, so kann der relative Messfehler achtmal so groß wie der Messgerätefehler sein.

Beachte:

Wähle den Messbereich eines analogen Messgerätes so aus, dass die Anzeige im letzten Drittel der Skala liegt!

Genauigkeit von Digitalmessgeräten

Der Anzeigefehler eines Digitalmessgerätes besteht aus dem Quantisierungsfehler und dem Grundfehler.

Anzeigefehler des Digitalmessgerätes

Quantisierungsfehler	Grundfehler
ergibt sich aus der Auflösung des Analog/Digital-Wandlers sowie dem Anzeigebereich der Anzeigeeinheit und beträgt mindestens ein Digit (eine Stufe der niederwertigsten bzw. rechts stehenden Stelle der Anzeigeeinheit).	entsteht durch die Toleranzen der Schaltungskomponenten des Analog/Digital-Wandlers. Der Grundfehler wird in **Prozent (bezogen auf den Messwert)** angegeben. Beachte den Unterschied zum Analogmessgerät!

Zur Verdeutlichung des Quantisierungsfehlers:

Ein Digital-Multimeter hat eine $3^1/_2$-stellige Anzeige, d. h., sie besteht

aus den Stellen | 4 | 3 | 2 | 1 |

mit den Ziffern
0 0 0 0 → kleinste Anzeige
bis
1 9 9 9 → größte Anzeige.

Da die vierte Stelle nur die Ziffern 0 oder 1 annehmen kann, wird sie als halbe Stelle bezeichnet.

Bei einem Messbereich von	200 mV	bzw. 20 V
beträgt der kleinste Anzeigewert	000,1 mV	00,01 V
und der größte Anzeigewert	199,9 mV	19,99 V
Der Quantisierungsfehler von zum Beispiel ± 2 Digit beträgt dann	± 2 · 0,1 mV = ± 0,2 mV	± 2 · 0,01 V = ± 20 mV

An folgendem Beispiel soll nachgewiesen werden, dass auch bei Digitalmessgeräten die relativen Messfehler bei verschiedenen Messwerten innerhalb eines Messbereiches unterschiedlich sind.

Ein Digitalmessgerät hat eine $3^1/_2$-stellige Anzeige:
→ Ziffern 0000 bis 1999.

Aus der Bedienungsanleitung ist zu entnehmen, dass bei einem Messbereich von 200 V → größter Anzeigewert 199,9 V und Quantisierungsstufe 1 Digit = 0,1 V die Genauigkeit ± (0,8 % + 3 Digit) beträgt.

Quantisierungsfehler 3 Digit = 0,3 V

Grundfehler $0{,}008 \cdot U'$

Für folgende willkürlich gewählten Anzeigewerte (Messwerte) betragen die relativen Messfehler:

Messwert U'	Grundfehler $0{,}008 \cdot U'$	absoluter Messfehler $\Delta U = \pm$ (Grundfehler + Quantisierungsfehler)	relativer Messfehler $F_U = \pm \Delta U / U'$
1 V	0,008 V	± 0,308 V	± 30,8 %
5 V	0,04 V	± 0,34 V	± 6,8 %
10 V	0,08 V	± 0,38 V	± 3,8 %
50 V	0,4 V	± 0,7 V	± 1,4 %
100 V	0,8 V	± 1,1 V	± 1,1 %
199,9 V	1,599 V	± 1,899 V	± 0,95 %

Auch bei Digitalmessgeräten ist eine Messung umso genauer, je näher der Anzeigewert beim Messbereichsendwert liegt.

Genauigkeit von Messergebnissen

Wie genau ist ein Messergebnis, das aus mehreren fehlerbehafteten Messwerten berechnet werden muss?

Bei zufälligen Fehlern, von denen weder der Betrag noch die Richtung bekannt sind, muss man für jeden Messwert mit gleicher Wahrscheinlichkeit positive wie negative Abweichungen berücksichtigen. Unter den ungünstigsten Umständen sind die Beträge der Messfehler aller Messwerte am größten und ihre Richtung ist so, dass alle den Fehler des Messergebnisses vergrößern. Die Messfehler heben sich somit nicht vollständig oder teilweise auf. Mit welcher Wahrscheinlichkeit dieser Fall eintreten wird, lässt sich nicht ohne weiteres angeben.

Bei systematischen Fehlern können Betrag und Richtung bestimmt werden, zum Beispiel

Messgröße	Betrag des Messfehlers	Richtung des Messfehlers
● **Stromstärke**	Genauigkeitsklasse des Strommessers	Durch die Reihenschaltung des Strommessers → **Widerstandserhöhung** des Stromweges
● **Spannung**	Genauigkeitsklasse des Spannungsmessers	Durch die Parallelschaltung des Spannungsmessers → **Widerstandsverringerung** des Stromkreises

Sind die systematischen Fehler der Messungen bekannt, kann der Fehler des Messergebnisses ermittelt werden. Er ist von der mathematischen Verknüpfung der Messwerte abhängig.

Mathematische Beziehung	Messbeispiel	Fehler des Messergebnisses
$M' = W_1' + W_2'$	Bestimmen der Gesamtspannung durch Messen zweier Teilspannungen eines Spannungsteilers	Bei der Addition zweier Messwerte zu einem Messergebnis ist der **absolute Fehler** des Messergebnisses gleich der Summe der absoluten Fehler der Messwerte.

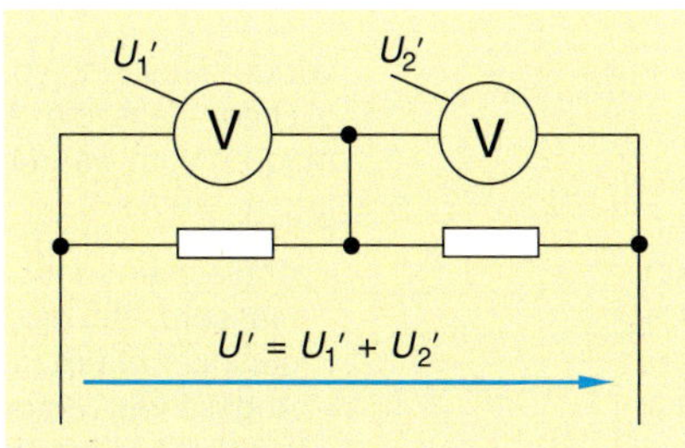

$$\Delta M = \Delta W_1 + \Delta W_2 \qquad \textbf{11-4}$$

Abb. 11-10
Gesamtspannung eines Spannungsteilers

Mathematische Beziehung	Messbeispiel	Fehler des Messergebnisses
$M' = W_1' - W_2'$	Bestimmen des Differenzstromes (Fehlerstrom I_F), der durch einen Körperschluss eines Betriebsmittels entsteht	Bei der Subtraktion zweier Messwerte zu einem Messergebnis ist der **absolute Fehler** des Messergebnisses gleich der Differenz der absoluten Fehler der Messwerte.

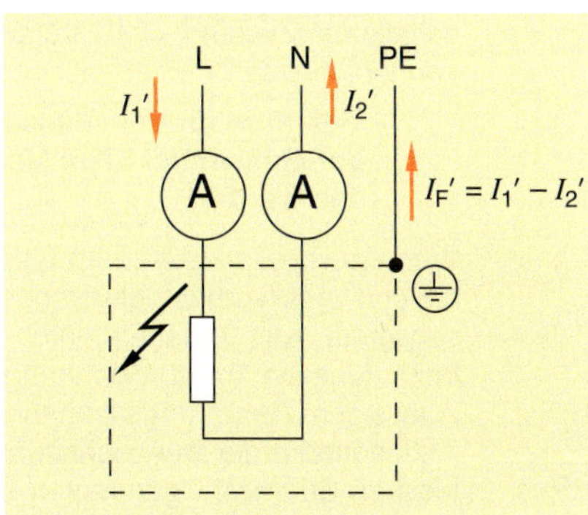

$$\Delta M = \Delta W_1 - \Delta W_2 \qquad \textbf{11-5}$$

Abb. 11-11
Fehlerstrom eines körperschlussbehafteten Betriebsmittels

Mathematische Beziehung	Messbeispiel	Fehler des Messergebnisses
$M' = W_1' \cdot W_2'$	Bestimmen der Leistung eines Heizwiderstandes durch Strom- und Spannungsmessung	Bei der Multiplikation zweier Messwerte zu einem Messergebnis ist der **relative Fehler** des Messergebnisses angenähert gleich der Summe der relativen Fehler der Messwerte.

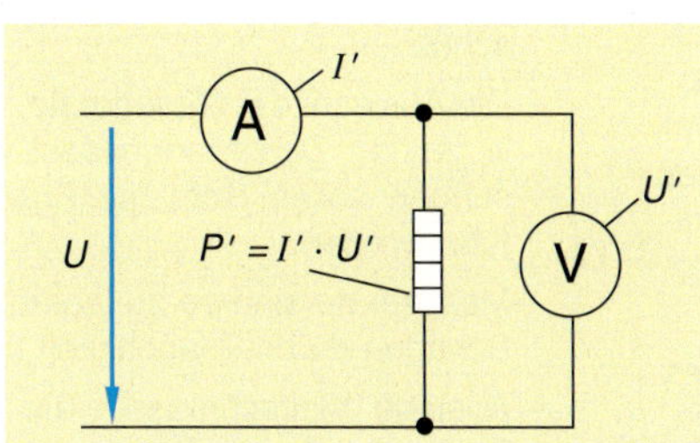

$$F_M \approx F_{W1} + F_{W2} \qquad \textbf{11-6}$$

Abb. 11-12
Indirekte Leistungsmessung

Mathematische Beziehung	Messbeispiel	Fehler des Messergebnisses
$M' = W_1' : W_2'$	Bestimmen des Widerstandes einer Glühlampe durch Strom- und Spannungsmessung	Bei der Division zweier Messwerte zu einem Messergebnis ist der **relative Fehler** des Messergebnisses angenähert gleich der Differenz der relativen Fehler der Messwerte.

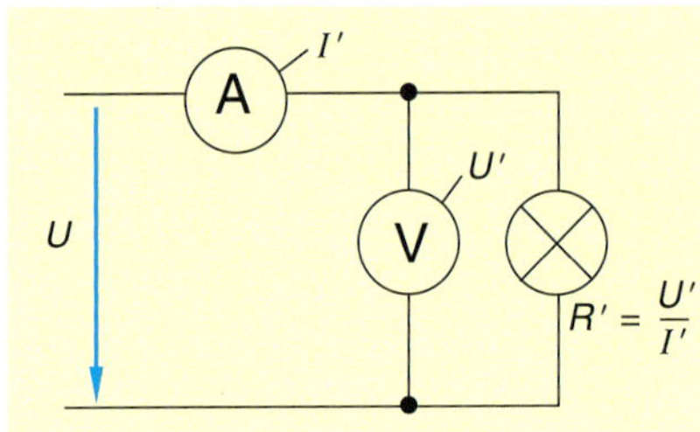

$$F_M \approx F_{W1} - F_{W2}$$ 11-7

Abb. 11-13
Indirekte Widerstandsmessung

11.1.3 Messen als Tätigkeit

11

In der elektrischen Anlage eines Kraftwerkes beschränkt sich die Tätigkeit des Messens auf das Ablesen der Messwerte und ihre Auswertung. Durch den Anlagenerrichter ist gewährleistet, dass das Ablesen gefahrlos ist und der Anlage bzw. der Messaufgabe entsprechend die richtigen Messgeräte eingebaut worden sind. Wird dagegen in elektrischen Anlagen zum Beispiel die Wirksamkeit der Schutzmaßnahmen gegen gefährliche Körperströme durch Erproben und Messen kontrolliert oder in Laborräumen das Verhalten von Maschinen oder Betriebsmitteln bestimmt, ist die Tätigkeit des Messens wesentlich umfangreicher.

Zum Messen gehören dann
- Auswahl der transportablen Messmittel,
- Aufbau der Messschaltungen,
- Ablesen der Messwerte,
- Abbau der Messschaltungen und
- Auswerten der Messergebnisse.

In diesem Zusammenhang sind folgende Tätigkeiten zu unterscheiden:

Eichen: ist die eichamtliche Prüfung eines Messmittels, deren Ergebnis beurkundet wird. Eichämter oder Prüfstellen beurteilen, ob das Messmittel den zu stellenden Anforderungen genügt und Eichfehlergrenzen eingehalten werden.

Kalibrieren: ist das Zuordnen der Ausgangsgröße (Anzeigewert) eines Messmittels mit Strichskale zur Eingangsgröße (Messgröße). Durch Kalibrieren wird die Lage der Haupt- bzw. Teilungsmarken auf der Skale in Abhängigkeit von der Messgröße bestimmt oder kontrolliert. So kann zum Beispiel der Fehler eines Betriebsmessgerätes mit einem Präzisionsmessgerät festgestellt werden.

Justieren: ist eine Tätigkeit, bei der die Fehler eines Messmittels auf Werte gebracht werden, die den technischen Forderungen entsprechen. Beim Justieren wird ein Messgerät vor der Messung so eingestellt oder abgeglichen, dass die Anzeige so wenig wie möglich vom wahren Wert abweicht.

Beispiel:
- Abgleichen des Zeigers eines Strommessers auf die Nullmarkierung (Nullpunktkorrektur).
- Abgleichen eines nach dem Spannungsmesserverfahren wirkenden Widerstandsmessers durch Kurzschließen der Eingangsklemmen und Einstellen auf Vollausschlag des Zeigers.

Da die meisten elektrischen Größen nur im eingeschalteten Zustand der Stromkreise erfasst werden können, müssen

Gefahren für den Messenden und Schäden der Messmittel beim Messen ausgeschlossen werden.

Wenn auch das Messen im Sinne der VDE-Vorschriften und Unfallverhütungsvorschriften der Berufsgenossenschaft kein Arbeiten unter Spannung ist, treten beim Messen meist Spannungen über der höchstzulässigen Berührungsspannung auf. Deshalb sind insbesondere die im Abschnitt 5 – Gefahren des elektrischen Stromes – genannten Maßnahmen ohne Abstriche einzuhalten.

Zum Gebrauch und zur Pflege der Messmittel
- Messgeräte mit hoher Anzeigeempfindlichkeit und Genauigkeit sind unbedingt vor Stoß und Schlag zu schützen.
- Die Auswahl der Messgeräte muss dem jeweils vorliegenden Zweck angepasst werden. Betriebsmessungen sollen nicht mit Präzisionsgeräten ausgeführt werden.
- Messgeräte sind so zu lagern, dass an ihnen keine Schäden durch Feuchtigkeit oder Nässe entstehen.
- Analoge Vielfachmessgeräte sind im ungenutzten Zustand auf den Gleichspannungsbereich mit der geringsten Empfindlichkeit zu schalten. Dagegen ist

beim Transport der Messgeräte der Gleichstrombereich mit der größten Empfindlichkeit (kleinster Messbereich) einzustellen.

- Messgeräte sind auf den Prüfplätzen übersichtlich anzuordnen. Die flexiblen Messleitungen sind sorgfältig zu verlegen.
- Messgeräte müssen in hinreichender Entfernung von solchen Betriebsmitteln angeordnet werden, die durch starke Wärmeentwicklung oder Vibration auf das Messwerk einwirken können.
- Bei Messgeräten mit mehreren Messbereichen ist zu Beginn jeder Messung der unempfindlichste Bereich (größter Messbereich) einzuschalten. Auf den nächst niedrigeren Messbereich darf erst dann geschaltet werden, wenn der anzuzeigende Messwert sicher innerhalb dieses Bereiches liegt.
- Die Reinigung der Glasscheibe der Analogmessgeräte darf nicht unmittelbar vor oder während der Messung erfolgen. Die dabei entstehenden statischen Aufladungen beeinflussen den Zeigerausschlag.
- Starke magnetische und elektrische Fremdfelder führen zu Fehlmessungen.

Zum Ablauf des Messens

Unabhängig von den unterschiedlichen Messaufgaben besteht die Tätigkeit des Messens stets aus folgenden drei Schritten:

1. Vorbereiten der Messungen

Was soll gemessen werden?

- ■ Analyse der Messaufgabe

  Welche Größen sollen in Abhängigkeit von konstanten oder sich ändernden Vorgaben bestimmt werden?

  Welche Betriebsparameter des Messobjektes liegen vor?

Wie soll gemessen werden?

  Welches Messverfahren ist nach technischen und wirtschaftlichen Gesichtspunkten auszuwählen?

  Welche Messgeräte besitzen den erforderlichen Messbereich, die Genauigkeitsklasse, den entsprechenden Geräteinnenwiderstand u. a.?

  Welches Zubehör ist erforderlich?

  Liegt die Messschaltung als Schaltplan vor?

Wo und wann soll gemessen werden?

- ■ Bestimmen von Ort und Zeit der Messung

  Liegen optimale Umgebungsbedingungen vor?

  Ist ein hinreichender Abstand von spannungsführenden oder rotierenden Teilen zum Messgerät vorhanden?

  Kann die Gebrauchslage der Messgeräte eingehalten werden?

  Sind die Sicherheitsverhältnisse ausreichend?

  Müssen die Messwerte zu ihrer Auswertung gespeichert werden?

- ■ Aufbau der Messschaltung

  Ist die Funktionssicherheit der Messmittel und der Hilfsmittel gewährleistet?

  Sind die höchsten Messbereiche bei Vielfachmessgeräten eingestellt?

  Liegt Spannungsfreiheit beim Anschließen der Messmittel an das Messobjekt vor?

  Sind Gefährdungen gegen direktes Berühren und beim indirekten Berühren auszuschließen?

  Sind die Messgeräte so angeordnet, dass die Anzeigewerte blendungsfrei abgelesen werden?

  Können Messleitungen Stellvorgänge an Vielfachmessgeräten, veränderlichen Spannungsteilern oder an Stromquellen behindern?

  Sind bei rechnergestützten Messungen die entsprechenden Schnittstellen geschaltet?

- ■ Vorbereitung der Messwertspeicherung

  Werden die Messwerte im Messgerät rechnergestützt oder schriftlich gespeichert?

  Liegen Messtabellen oder Koordinatensysteme vor?

  Werden Fehlerrechnungen gefordert?

2. Durchführen der Messungen

- ■ Zuschalten des Messobjektes
- ■ Beobachten aller Messgeräte der Messschaltung
- ■ Eventuell Wahl eines kleineren Mesbereiches, um die Genauigkeit der Messung zu erhöhen
- ■ Ablesen der Anzeigewerte und Berechnen der Messgröße
- ■ Speichern der unabhängig veränderlichen und der abhängig veränderlichen Messwerte, eventuell auch die Genauigkeitsklasse bzw. den Grund- und Quantisierungsfehler
- ■ Notwendiges Ändern der Messschaltung nur im spannungsfreien Zustand

3. Auswerten der Messungen

- ■ Anfertigen eines Messprotokolls:
  - Name des Messenden
  - Ort der Messung
  - Ziele der Messung
  - Messanordnung als Schaltplan
  - Bemerkungen zum Messverfahren
  - Kennzeichnung der Messmittel zur Reproduzierbarkeit der Messungen
  - Messwerttabellen, Diagramme
- ■ Auswertende Berechnungen, die
  - den Zustand des Betriebsmittels oder der Anlage kennzeichnen
  - das Verhalten des Betriebsmittels bei Änderungen der Zustandsgrößen erfassen
  - einen Vergleich mit bekannten Gesetzmäßigkeiten zulassen
- ■ Einschätzung der Genauigkeit durch Erläuterung der aufgetretenen Messfehler und Hinweise auf Veränderungen der Messmethode

11.2 Elektrische Messmittel

11.2.1 Aufgabe und Arten

Elektrische Messmittel sind alle technischen Mittel zur Lösung einer Messaufgabe.

bestehen aus

- **Einzelmessmitteln** z. B. Messfühler, Messwandler sowie
  - **Messgeräten**
  - **Normale** als Maßverkörperung

oder

- **Messeinrichtungen** als Gesamtheit von
  - **Einzelmessmitteln**
  - **Zubehör** z. B. Spannungskonstanthalter, Thermostate, Messleitungen, Messklemmen.

Messgeräte sind Messmittel zur Gewinnung und Ausgabe von Messwerten. Sie wandeln
- die zu messende Größe, z. B. Stromstärke I (Strommesser), oder
- eine damit gesetzmäßig verknüpfte Größe, z. B. Spannung U als Produkt aus Stromstärke I und Widerstand R (Spannungsmesser),

in eine Anzeige oder in eine gleichwertige Information um.

können eingeteilt werden in

- **direkt wirkende elektrische Messgeräte meist mit Analoganzeige** und **elektronische Messgeräte meist mit Digitalanzeige**

oder

- **anzeigende Messgeräte** – Vielfachmessgeräte
- **intergrierende Messgeräte** – Elektrizitätszähler
- **registrierende Messgeräte** – Schreiber
- **kontaktgebende Messgeräte** – Bimetallmessgeräte

oder

- **ortsfeste Messgeräte** – meist Betriebsmessgeräte und **tragbare Messgeräte** – meist Prüf- und Labormessgeräte

11.2.2 Direkt wirkende elektrische Messgeräte

Die direkt wirkenden elektrischen Messgeräte nutzen die mit den elektrischen Größen gekoppelten Erscheinungen.

So erzeugt zum Beispiel ein elektrischer Strom
- ein Magnetfeld, dessen Kraftwirkung proportional der Stromstärke ist, oder
- ein stromdurchflossener Leiter erwärmt sich. Seine Ausdehnung ist ebenfalls von der Stromstärke abhängig.

Auch die Kraft eines mit der Spannung verknüpften elektrischen Feldes ist dem Betrag der Spannung proportional.

Die direkt wirkenden elektrischen Messgeräte kommen ohne fremde Energiequellen aus, da sie die zur Anzeige erforderliche mechanische Energie aus dem Vorrat der elektrischen Energie des Messobjektes beziehen, an das die jeweils zu messende Größe gebunden ist (Abb. 11-14).

Im Allgemeinen wird bei den Messgeräten ein bewegliches oder drehbares Organ gegen eine Rückstellkraft so lange bewegt, bis die Kräfte oder Drehmomente im Gleichgewicht sind. Damit bestehen die direkt wirkenden elektrischen Messgeräte aus mechanischen und elektrischen oder elektromagnetischen Bauteilen.

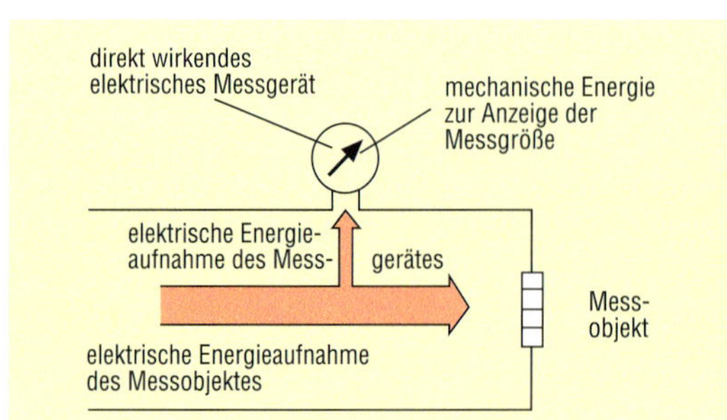

Abb. 11-14 ***Messgerät als Energiewandler***

Bauteile direkt wirkender elektrischer Messgeräte

mechanische Konstruktionselemente

zur
- Lagerung – Spitzenlager, Zapfenlager, Spannbänder
- mechanischen Rückstellung und Bildung des Gegenmomentes – Spannbänder, Messwerkfedern
- Dämpfung – Luftkammerdämpfung, Induktionsdämpfung
- Anzeige – Zeiger, Skalenblatt mit Skale – linear geteilt, nicht linear geteilt

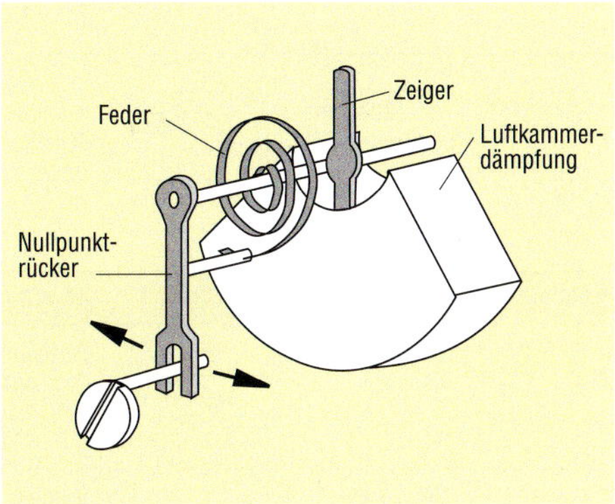

Abb. 11-15
Messwerkfeder mit Zeigernullstellung

Messwerke

- Drehspulmesswerk

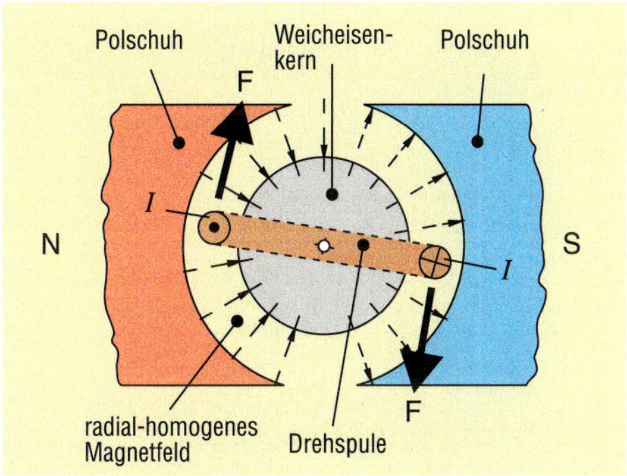

Abb. 11-16 ***Kräfte an der Drehspule***

- elektrodynamisches Messwerk

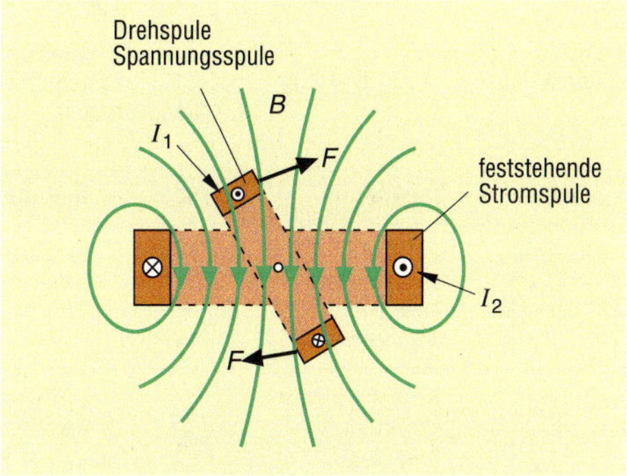

Abb. 11-17 ***Drehmomentbildung im elektrodynamischen Messwerk***

- Dreheisenmesswerk

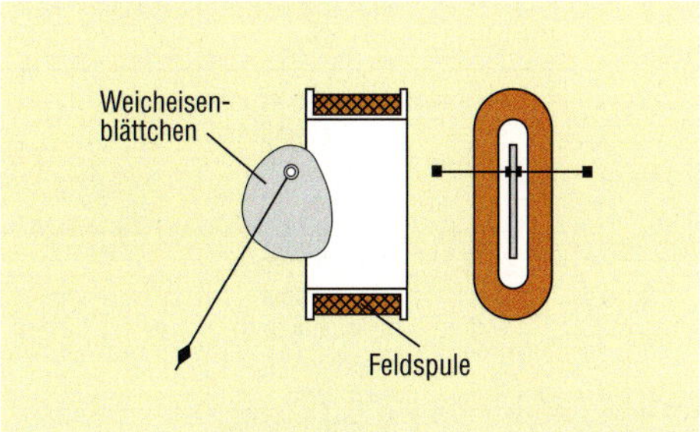

Abb. 11-18 ***Dreheisenmesswerk – Flachspultyp***

- Induktionszähler

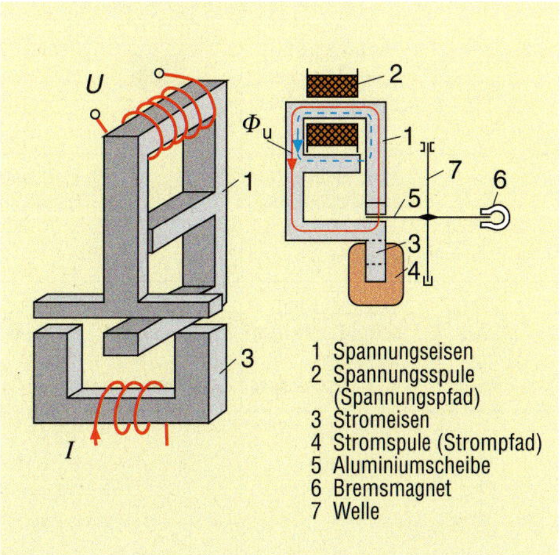

Abb. 11-19 ***Hauptteile des Induktionszählers***

11

Skalenbeschriftung

Ein Messgerät kann nur dann richtig eingesetzt werden, wenn seine Eigenschaften bekannt sind. Diese können aus den durch Norm festgelegten Sinnbildern oder Zeichen vom Skalenblatt abgelesen werden.

Dazu gehören

Sinnbilder/ Zeichen	Beispiel	Bedeutung/ Tabelle
Einheitenzeichen der messbaren Größe	A	Stromstärke
Sinnbild für die Art des Messwerkes		Dreheisenmesswerk Tab. 11-2
Stromart		Gleich- und Wechselstrom Tab. 11-3
Genauigkeitsklasse	1,5	Fehler in %, bezogen auf den Messbereichsendwert
Gebrauchslage		senkrechte Nennlage Tab. 11-4
Prüfspannung	2	Prüfspannung zwischen den elektrischen Teilen und dem Gehäuse 2 kV Tab. 11-5
zusätzliches Bauelement	R	Nebenwiderstand (Shunt) Tab. 11-6
spezielle Hinweise	600/5 A	Instrument für Wandleranschluss mit 600 A Primärstrom und 5 A Sekundärstrom

Zeichen	Benennung	Zeichen	Benennung
	Drehspulmesswerk mit Dauermagnet, allgemein		Induktionsmesswerk
	Drehspul-Quotientenmesswerk (Kreuzspulmesswerk)		Drehmagnetmesswerk
	Elektrodynamisches Messwerk, eisenlos		Hitzedrahtmesswerk
	Elektrodynamisches Messwerk, eisengeschlossen		Bimetallmesswerk
	Elektrodynamisches Quotientenmesswerk, eisenlos		Elektrostatisches Messwerk
	Elektrodynamisches Quotientenmesswerk, eisengeschlossen		Vibrationsmesswerk
	Dreheisenmesswerk		

Tab. 11-2 ***Sinnbilder der Messwerke***

Zeichen	Benennung	Zeichen	Benennung
	Gleichstrom		Drehstrom, gemessen mit einem Messwerk
	Wechselstrom		Drehstrom, gemessen mit zwei Messwerken
	Gleich- und Wechselstrom		Drehstrom, gemessen mit drei Messwerken

Tab. 11-3 ***Stromarten***

Zeichen	Benennung	Zeichen	Benennung
	Senkrechte Nennlage	±15°	Waagerechte Nennlage, mit Einflussbereich z. B. ± 15°
±1°	Senkrechte Nennlage, mit Einflussbereich z. B. ± 1°	60°	Schräge Nennlage, Neigungswinkel z. B. 60°
	Waagerechte Nennlage		

Tab. 11-4 ***Gebrauchslagen***

Zeichen	Benennung	Zeichen	Benennung
	Prüfspannung 500 V	0	Ohne Prüfspannung
2	Prüfspannung höher als 500 V, z. B. 2000 V		

Tab. 11-5 ***Prüfspannungen***

Zeichen	Benennung	Zeichen	Benennung
	Thermoumformer, nicht isoliert		Gleichrichter
	Isolierter Thermoumformer		Hinweis auf getrennten Nebenwiderstand
	Messinstrument mit Drehspulmesswerk und eingebautem, isoliertem Thermoumformer		Hinweis auf getrennten Vorwiderstand
	Messinstrument mit Drehspulmesswerk und getrenntem, nicht isoliertem Thermoumformer		Messinstrument mit Drehspulmesswerk und eingebautem Gleichrichter

Tab. 11-6 ***Zubehör***

Messgeräte mit unterschiedlichen Messbereichen (Vielfachmessgeräte) haben unterschiedliche Empfindlichkeiten. Die Empfindlichkeit E ist das Verhältnis einer zu beobachtenden Anzeigeänderung ΔL zu der sie verursachenden Änderung der Messgröße ΔG.

Empfindlichkeit $$E = \frac{\Delta L}{\Delta G}$$ **11-8**

ΔL Änderung der Anzeige in Längeneinheiten (Abstand zweier Skalenstriche bei linearen Skalen)

Für die lineare Skale

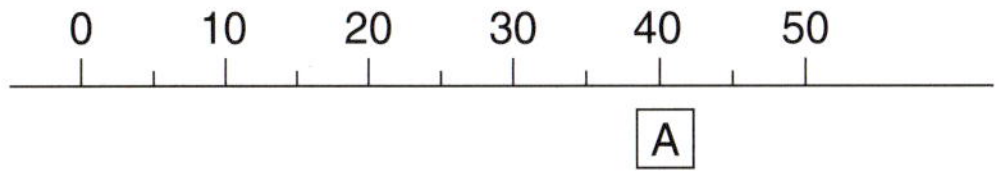

beträgt bei einem Messbereich

250 mA die Empfindlichkeit $E = \frac{50\ \text{Skt}}{250\ \text{mA}}$

$E = 0{,}2$ Skt/mA,

bei 50 mA die Empfindlichkeit $E = \frac{50\ \text{Skt}}{50\ \text{mA}}$

$E = 1$ Skt/mA und

bei 10 mA die Empfindlichkeit $E = \frac{50\ \text{Skt}}{10\ \text{mA}}$

$E = 5$ Skt/mA

Im ersten Messbereich ändert sich die Anzeige kaum sichtbar, nur um 0,2 Skalenteile bei einer Änderung der Stromstärke um 1 mA, dagegen im dritten Messbereich bei einer Änderung der Stromstärke um 1 mA sehr deutlich um 5 Skalenteile.

Da bei einem Vielfachmessgerät eine Skale für mehrere Messbereiche verwendet wird, ist zur Bestimmung des Messwertes die Skalenkonstante zu ermitteln. Sie wird berechnet nach der Gleichung 11-9

Skalenkonstante $$k = \frac{\text{gewählter Messbereich}}{\text{Messbereichsendwert der Skale}}$$ **11-9**

Nach Norm müssen eingehalten werden k = 1, 2, 3, 4 oder 5 bzw. ein dekadisches Vielfaches oder ein dekadischer Teil.

Der Messwert ergibt als Produkt aus der Skalenkonstanten und dem angezeigten Skalenstrich.

Messwert = k · angezeigeter Skalenstrich **11-10**

Für die dargestellte Skale mit einem Messbereichsendwert von 50 Skalenteilen ergeben sich bei den Messbereichen

250 mA eine Skalenkonstante von $k = \frac{250\ \text{mA}}{50\ \text{Skt}}$

$k = 5$ mA/Skt

50 mA $k = \frac{50\ \text{mA}}{50\ \text{Skt}}$

$k = 1$ mA/Skt

10 mA $k = \frac{10\ \text{mA}}{50\ \text{Skt}}$

$k = 0{,}2$ mA/Skt

Für die Zeigerstellung in A (40 Skalenteile) betragen bei den entsprechenden Messbereichen

250 mA der Messwert $I = 5$ mA/Skt · 40 Skt
$I = 200$ mA

50 mA der Messwert $I = 1$ mA/Skt · 40 Skt
$I = 40$ mA

10 mA der Messwert $I = 0{,}2$ mA/Skt · 40 Skt
$I = 8$ mA.

11.2.3 Elektronische Messgeräte

Elektronische Messgeräte nutzen die Erscheinungen der Elektronenleitung in Halbleitern, im Vakuum oder in Gasen. Die Messwerte werden aus Schaltungen mit Dioden, Transistoren, Röhren und integrierten Schaltkreisen gewonnen und angezeigt. Der notwendige Leistungseigenbedarf wird von Netzteilen oder Batterien geliefert, so dass im Gegensatz zu direkt wirkenden Messgeräten dem Messkreis kaum Energie entnommen wird. Zusätzlich sind noch folgende Vorteile zu nennen:

- Elektronische Messgeräte besitzen keine beweglichen Teile und weisen dadurch keinen mechanischen Verschleiß auf.
- Sie sind weitgehend unempfindlich gegen Erschütterungen und arbeiten lageunabhängig.
- Ihr Platzbedarf ist geringer als der der klassischen Analogmessgeräte.
- Sie können Messwerte speichern.

In der Regel werden die Messwerte digital angezeigt. Jedes elektronische Digitalmessgerät enthält als Hauptelemente

- einen Analog-Digital-Wandler (A/D-Wandler)
- eine Anzeigeeinheit (Display) und
- ein Netzteil oder eine Batterie zur Stromversorgung.

Digitalisierung von Messwerten

Die Eingangsspannung wird durch den A/D-Wandler quantisiert, d. h. in kleine Spannungsschritte zerlegt. Die Ausgangsgröße ist ein binär kodierter Zahlenwert. Er gibt die Summe der Schritte an, die zur Erreichung der Eingangsspannung notwendig ist. Die Abb. 11-20 zeigt die Abhängigkeit der binären Ausgangssignale

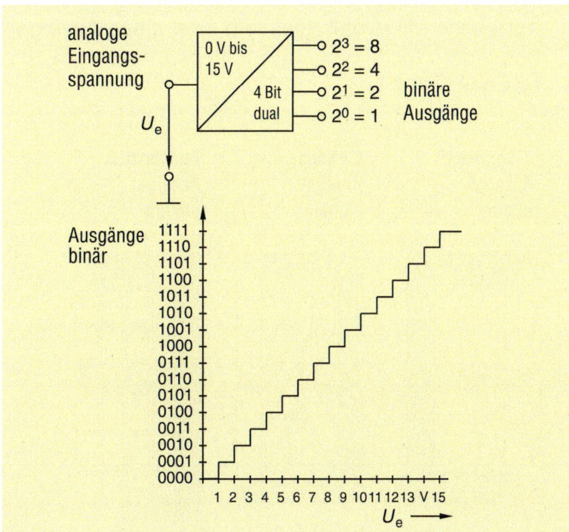

Abb. 11-20 ***Quantisierung des Eingangssignals***

11

vom Eingangssignal. Sein Bereich wird mit den vier Binärstellen im Dualcode von 0000 (0 dezimal) bis 1111 – (15 dezimal) in 16 Schritte zerlegt. Die Anzahl der Spannungsschritte, in die der Eingangsspannungsbereich zerlegt wird, ist die sog. **Auflösung** des A/D-Wandlers.

Die Auflösung wird auf den dargestellten Zahlenbereich abgestimmt. Eine Stufe der rechtsstehenden Stelle, d. h. auf der niederwertigsten der Anzeigeeinheit, wird ein **Digit** genannt.

Ziffern-Anzeige

Viele Digitalmessgeräte besitzen eine 3 1/2-stellige Anzeige. Sie verfügen somit über drei vollwertige Dezimalstellen, folglich über einen Zahlenbereich von 0 bis 999. In der höchsten, also der halben Stelle, wird nur eine 1 als Übertrag von der dritten zur vierten Stelle angezeigt. Der Wertebereich verdoppelt sich durch die halbe Stelle auf 2000 Digit im Bereich von 0 bis 1999. Die Anzeigeeinheiten sind meist 7-Segment-Displays. Um neben Ziffern auch Buchstaben oder andere Symbole darstellen zu können, werden 16-Segment- oder Punktmatrix-Displays verwendet (Abb. 11-21).

Die Anzeigeeinheiten werden ausgeführt als:

- **LED-Anzeigen** (light emitting diode) sind selbstleuchtend, am besten ablesbar bei geringer Umgebungshelligkeit. Die Halbleiterverbindungen senden bei Stromfluss praktisch einfarbiges Licht aus, meist rot, orange, grün oder gelb. Die Durchlassspannung liegt zwischen 1,6 V (rot) bis 2,4 V (gelb). Die mittlere Stromstärke liegt je nach Größe im Bereich von wenigen Milliampere bis zu 30 mA. Deshalb wird die LED-Anzeige fast nur in netzabhängigen Vielfachmessgeräten verwendet.
- **LCD-Anzeigen** (liquid cristal display) sind Flüssigkeitskristallanzeigen. Sie leuchten nicht selbst, sie sind auf fremde Lichtquellen angewiesen, so dass ihr Kontrast mit steigender Umgebungshelligkeit zunimmt. Die Moleküle des Flüssigkeitskristalls befinden sich zwischen zwei Glasplatten. Segmente aus transparentem Zinnoxid auf den Innenseiten der Glasplatten bilden die Elektroden. Die Leistungsaufnahme der LCD-Anzeigeeinheit in Feldeffekt-Technik beträgt bei einer Ansteuerung von 1,5 V nur einige Mikrowatt. Deshalb sind diese Anzeigen besonders für Messgeräte mit Batterieeinspeisung geeignet.

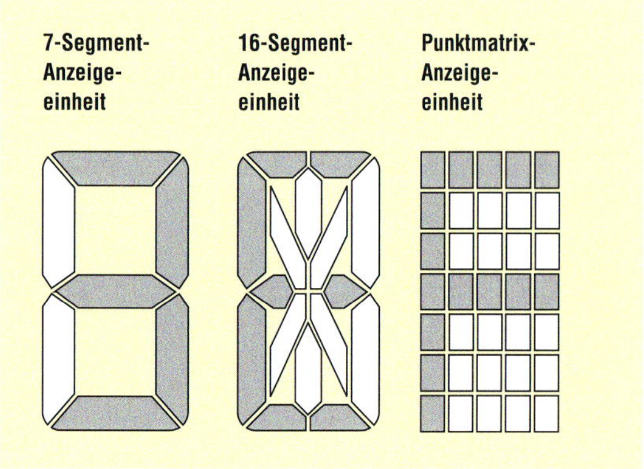

Abb. 11-21 ***Anzeigeeinheiten***

- **Vakuum-Fluoreszenz-Anzeigen** sind flache Vakuum-Elektronenröhren mit einem direkt beheizten dünnen Draht als Katode und mit Phosphor beschichteter Anode. Der Leuchteffekt tritt bei einer Anodenspannung von 24 V ein.

11.2.4 Normale

Das einfachste Messverfahren ist der Vergleich der zu messenden Größe mit einer Größe, deren Wert genau bekannt ist.

Normale sind exakt abgeglichene Bauelemente, die die Einheit einer physikalischen Größe oder ein genau bekanntes Vielfaches davon über längere Zeit verkörpern.

Neben den nationalen Normalen der elektrischen Spannung und des elektrischen Widerstandes sind für beide Einheiten je ein internationales Normal im „Bureau International des Poids et Mesures" (BIPM) in Sèvres bei Paris stationiert. Im Abstand von einigen Jahren werden alle nationalen Normale gegeneinander und gegen das internationale verglichen.

Für den allgemeinen Gebrauch in der Industrie oder in den wissenschaftlichen Messlaboratorien sind Normale hergestellt worden, die eine den Anforderungen entsprechende Genauigkeit besitzen.

- Mit dem Normalelement nach Weston ist jede Gleichspannung mit höchster Genauigkeit reproduzierbar.
- Widerstandsnormale sind auf etwa ± 0,001 % abgeglichen, dekadisch abgestuft oder als Einzelwiderstände zwischen 0,1 mW und 100 mW ausgeführt. Technische Dekadenwiderstände werden mit einer hinreichenden Abgleichgenauigkeit von ± 0,1% und ± 0,5% für 0,1 W-, 1W- und 10W-Dekaden mit 0,4 W bzw. 1 W Belastbarkeit in den Prüffeldern der Starkstromtechnik verwendet.
- Induktivitätsnormale sind eisenfreie Spulen mit exakt vorgegebenen Abmessungen auf formbeständigen Spulenkörpern aus Porzellan.
- Kapazitätsnormale sind Platten- oder Zylinderkondensatoren mit gasförmigem Dielektrikum. Unerwünschte Nebenkapazitäten erhalten durch eine allseitige Abschirmung eine festgelegte Größe.

11.3 Messschaltungen und Messverfahren

11.3.1 Messungen im Gleichstromkreis

Strom- und Spannungsmessungen

Drehspul- und Dreheisenmesswerke sind auf Grund ihres Wirkprinzips Strommessgeräte. Bei Stromdurchgang entsteht über ihrem Messwerkwiderstand R_M der Spannungsfall U_M. Dieser ist nach dem Ohm'schen Gesetz $U_M = I_M \cdot R_M$ proportional der Stromstärke I_M. Somit kann die in Ampere kalibrierte Skale in eine

Spannungsskale umkalibriert werden. Die in der Abb. 11-22 dargestellte Skale gehört zu einem Drehspulmesswerk mit einem Messbereich von 50 µA. Bei einem Messwerkwiderstand von 2 kΩ können beispielsweise für die Skalenmarkierungen folgende Werte berechnet werden:

Markierung Ⓐ $U_A = 20\ \mu A \cdot 2\ k\Omega$ $U_A = 40\ mV$

Markierung Ⓑ $U_B = 50\ \mu A \cdot 2\ k\Omega$ $U_B = 100\ mV$.

Dasselbe im Beispiel dargestellte Messwerk kann somit als Strommesser mit einem Messbereich von 50 µA oder als Spannungsmesser mit einem Messbereich von 100 mV verwendet werden.

Beachte:

- Zur Strommessung ist selbstverständlich das Messgerät in Reihe zum Verbrauchsmittel zu schalten, zur Spannungsmessung dagegen parallel.
- Zur Messbereichserweiterung sind, wie im Abschnitt 6.2 und 6.3 nachgewiesen wurde, zur Strommessung Widerstände parallel bzw. zur Spannungsmessung Widerstände in Reihe zu schalten. Bei praktisch gebräuchlichen Messbereichen ändern sich die Innenwiderstände der Messgeräte R_{iA} und R_{iV} beträchtlich.

Bei elektronischen Messgeräten wird die Messspannung zuerst auf einen Eingangs-Spannungsteiler gelegt und von diesem über den Messbereichsschalter abgegriffen. Der nachgeschaltete Impedanzwandler ist ein Verstärker mit extrem hohem Eingangswiderstand. Im Gegensatz zu den direkt wirkenden Messgeräten ist der Eingangswiderstand unabhängig vom gewählten Spannungsmessbereich und liegt je nach Typ zwischen 1 MΩ und 10 MΩ, d. h., die Stromaufnahme des elektronischen Messgerätes ist vom eingestellten Messbereich abhängig. Bei der Strommessung wird dem A/D-Wandler der Spannungsfall, meist maximal 2 V, von einem niederohmigen Nebenwiderstand abgegriffen.

Widerstandsbestimmung

Die physikalische Größe „Widerstand" ist im Stromkreis die Bedingungsgröße für die Wirkungsgröße „Stromstärke". Folglich müssen alle Messverfahren entweder gleichzeitig die Ursachengröße „Spannung" und die Wirkungsgröße „Stromstärke" bestimmen oder mithilfe eines zweiten Widerstandes (Messwiderstand) die entstehenden zwei Wirkungsgrößen (Stromvergleich) oder die zwei Ursachengrößen (Spannungsvergleich) erfassen.

Zur Widerstandsbestimmung gibt es eine Vielzahl von Messverfahren. Bei ihrer Auswahl müssen
- der Betrag des zu messenden Widerstandes
- die erforderliche Genauigkeit
- auch Messgeschwindigkeit und -häufigkeit berücksichtigt werden.

Wesentliche Messverfahren der betrieblichen Praxis sind

direkte Verfahren
- Kreuzspulmesswerk (Abschnitt 11.2.2)
- direkt wirkende Messwerke nach dem Spannungsmesserprinzip
- elektronische Messgeräte nach dem Konstantstromprinzip

indirekte Verfahren
- Strom- und Spannungsmessung (Abschnitt 6.3.4)
- Spannungsvergleichsverfahren
- Stromvergleichsverfahren
- Wheatstone-Messbrücke (Abschnitt 6.3.4)

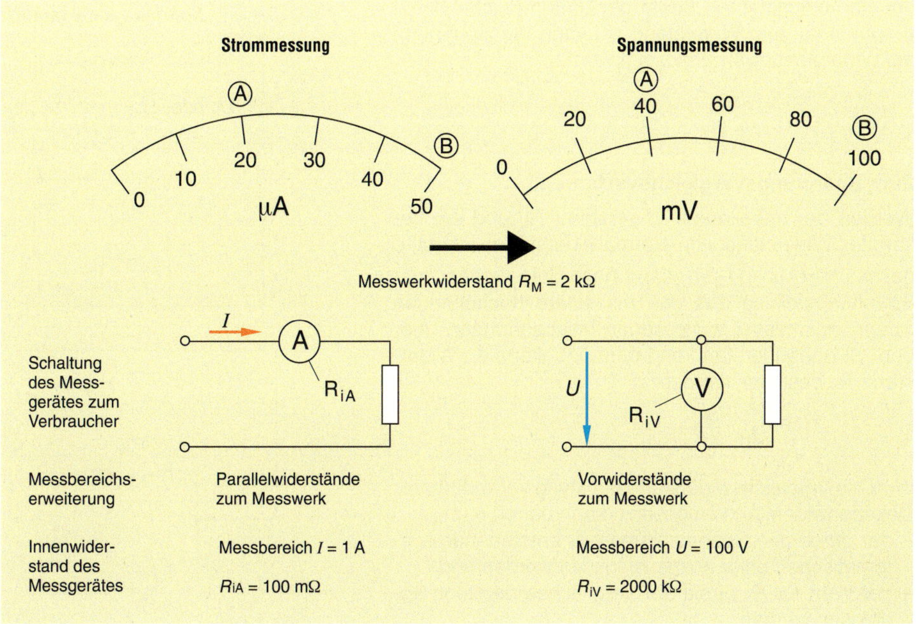

Abb. 11-22
Kalibrieren einer Spannungsskale

Zu einigen Verfahren kurzgefasste Bemerkungen:

Zum Spannungsmesserprinzip

Hochohmige Widerstände werden zur Messung in Reihe mit einem Spannungsmesswerk an eine Stromquelle (Abb. 11-23) geschaltet. Durch die Reihenschaltung entsteht eine Spannungsteilung.

Nach dem Gesetz der Spannungsteilung

$$U_M = \frac{R_M}{R_x + R_M} \cdot U$$

steht die am Messwerk anliegende Spannung U_M im umgekehrten Verhältnis zum unbekannten Widerstand R_x. Bei bekannten Messwerkdaten – Widerstand des Messwerkes R_M und Messbereichsendwert der Spannung U – kann die Skale in Ohm kalibriert werden. Vorher muss jedoch eingemessen ggf. justiert werden. Bei kurzgeschlossenen Anschlussklemmen ($R_x = 0$) muss bei geschlossenem Taster der Zeigerendausschlag eingestellt werden. Bei offenen Klemmen befindet sich der Zeiger in seiner mechanischen Ruhelage, da bei $R_x \to \infty$ kein Strom fließt. Es ergibt sich ein stark nichtlinearer Skalenverlauf mit dem Skalennullpunkt (elektrische Nulllage) auf der rechten Seite.

Ein analoges Verfahren zur Messung von niederohmigen Widerständen wird nach dem Strommesserverfahren angewendet. Hier müssen der unbekannte Widerstand und das Messwerk parallel an eine Stromquelle angeschlossen werden.

Zum Konstantstromprinzip

Die Widerstandsmessung in elektronischen Messgeräten beruht auf dem Konstantstromprinzip. Die im Messgerät eingebaute Konstantstromquelle speist den unbekannten Widerstand mit einem definierten (festgelegten) Gleichstrom. Der A/D-Wandler digitalisiert den am zu messenden Widerstand entstehenden Spannungsfall. Da nach dem Ohm'schen Gesetz $U = I \cdot R$ bei einem konstanten Strom der Spannungsfall direkt proportional dem Widerstand ist, kann die Spannung als Widerstandswert angezeigt werden.

Zum Spannungsvergleichsverfahren

Werden der unbekannte Widerstand R_x und ein bekannter Widerstand R_N (Normalwiderstand) in Reihe geschaltet (Abb. 11-24), kann nach dem Gesetz der Spannungsteilung aus den mit einem hochohmigen Spannungsmesser gemessenen Teilspannungen über dem Normalwiderstand und dem unbekannten Widerstand R_x bestimmt werden:

$$R_x = \frac{U_x}{U_N} \cdot R_N$$

Wird als Vergleichswiderstand ein stufig veränderbarer Dekadenwiderstand eingesetzt, kann bei $U_x = U_N$
- der durch den Spannungsmesser entstehende systematische Fehler ausgeschlossen werden und
- der Wert für R_x direkt am Vergleichswiderstand abgelesen werden.

Zum Stromvergleichsverfahren

Analog dem vorstehenden Messverfahren können in der Parallelschaltung aus einem unbekannten Widerstand R_x und einem bekannten Normalwiderstand R_N nach dem Gesetz der Stromteilung der Widerstandswert

$$R_x = \frac{I_N}{I_x} \cdot R_N$$

bestimmt werden. Durch einen Umschalter kann auf einen zweiten Strommesser verzichtet werden, da abwechselnd die Ströme I_x und I_N gemessen werden können (Abb. 11-25). Dieses Verfahren sollte möglichst für größere Widerstandswerte ab etwa 100 Ω genutzt werden, um
- die Stromquelle möglichst wenig zu belasten und
- den durch den Innenwiderstand des Strommessers entstehenden systematischen Fehler klein zu halten.

Leistungsbestimmung

Die elektrische Leistung kann nach den Gleichungen

$$P = U \cdot I \quad \text{und} \quad P = \frac{W}{t}$$

bestimmt werden.

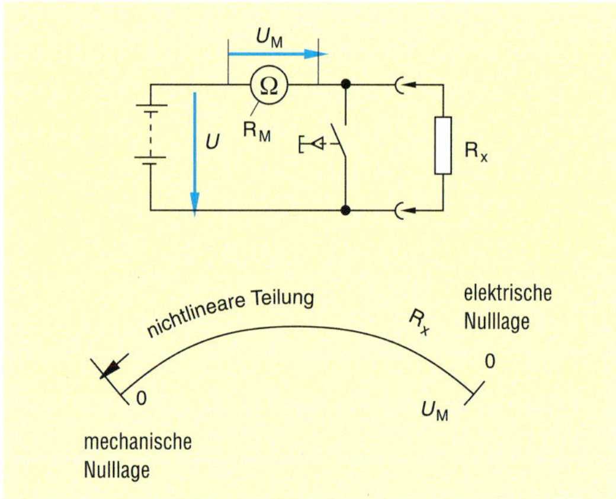

Abb. 11-23 ***Spannungsmesserprinzip***

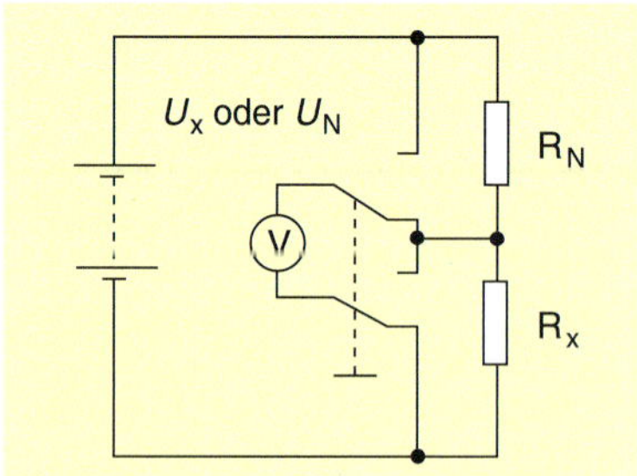

Abb. 11-24 ***Spannungsvergleichsverfahren***

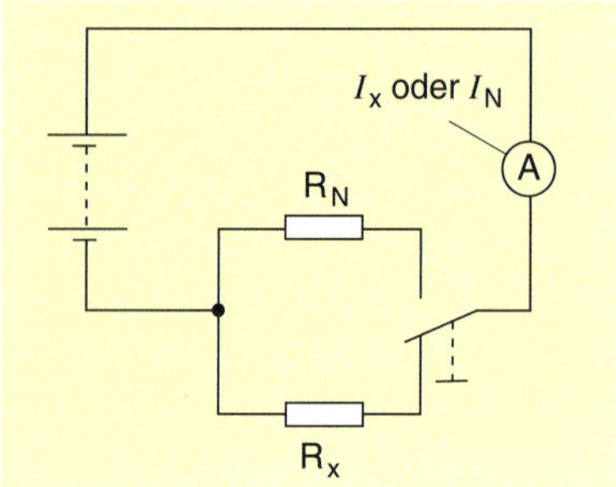

Abb. 11-25 ***Stromvergleichsverfahren***

Neben den direkten Messverfahren werden auch indirekte angewendet. Im

direkten Messverfahren

bildet das elektrodynamische Messwerk das Produkt aus Spannung U und Stromstärke I direkt. Bei der Messung ist insbesondere zu beachten, dass

- neben dem Messgerätefehler stets ein systematischer Fehler durch die Widerstände des Spannungs- oder Strompfades entsteht. Wie bei der Widerstandsbestimmung ist zwischen Stromfehlerschaltung und Spannungsfehlerschaltung zu unterscheiden (Abb. 11-26).
- Eine Überlastung des Leistungsmessers ist auch dann möglich, wenn die Messwertanzeige kleiner als der Messbereichsendwert ist. Weisen wir diese Aussage an einem Beispiel nach.

Messbereichsendwert	$P = 400$ W
Nenngröße des Strompfades	$I = 1$ A
Nenngröße des Spannungspfades	$U = 400$ V

Zum Beispiel entsteht ein Anzeigewert

$P' = 320$ W ($P' < P$)

bei $U' = 200$ V und $I' = 1{,}6$ A
Strompfad ist überlastet

oder $I' = 0{,}5$ A und $U' = 640$ V
Spannungspfad ist überlastet.

Merke:

Bei der Auswahl eines Leistungsmessers ist sowohl die Belastbarkeit des Spannungs- als auch die des Strompfades zu beachten.

Als Ersatz für das elektrodynamische Messwerk sind unterschiedliche Konzepte elektronischer Messgeräte entwickelt worden. Ein Konzept besteht darin, die Verbraucherspannung und die dem Verbraucherstrom proportionale Spannung mit einem Analog-Multiplizierer zu multiplizieren. An seinem Ausgang entsteht eine zeitabhängige Spannung, die dem Momentanwert der Leistung des Verbrauchers entspricht. Mit einem Drehspulmesswerk (analog) oder mit einem integrierenden A/D-Wandler (digital) lässt sich nun der arithmetische Mittelwert dieser Leistungsfunktion bilden. Die Analogmultiplizierung kann auch mit einem Hallgenerator vorgenommen werden. Bei den

indirekten Messverfahren

kann analog der Widerstandsbestimmung die Leistung aus den Strom- und Spannungswerten berechnet werden. Wird die elektrische Arbeit durch einen Zähler erfasst, kann mithilfe der Zählerkonstanten und den gezählten Umdrehungen der Zählerscheibe in einer festgelegten Zeit ebenfalls die Leistung ermittelt werden.

11.3.2 Messungen im Wechselstromkreis

Strom- und Spannungsmessung

Im Gegensatz zu dem Dreheisenmesswerk ist für eine Anzeige mit dem Drehspulmesswerk ein Strom gleicher Richtung notwendig. Besitzt das Drehspulmesswerk

- einen Gleichrichter, wird grundsätzlich der **Effektivwert einer nur sinusförmigen Messgröße,** bei
- einem Thermoumformer der **Effektivwert von Spannungen beliebiger Kurvenform** angezeigt.

Die Anzeige elektronischer Messgeräte ist ebenfalls kurvenformabhängig. Bei nichtsinusförmigen Spannungen, wie sie zum Beispiel im Bereich der Leistungselektronik bei Wechselspannungen mit Phasenanschnitt entstehen, werden elektronische Multimeter mit effektivwertrichtiger Messung eingesetzt. Diese Geräte sind am Bereichsschalter meist mit **RMS** (Root Mean Square, engl.: quadratischer Mittelwert) gekennzeichnet.

Messen mit dem Oszilloskop

Anzeigende Messgeräte können dem zeitlichen Verlauf elektrischer Signale, also dem Verlauf von Wechselströmen und -spannungen nicht folgen. Das Oszilloskop als eigentliches elektronisches Spannungsmessgerät kann dagegen Augenblickswerte als zweidimensionale Oszillogramme analog anzeigen. Es wird der Signalverlauf dargestellt, der während des betrachteten Vorgangs selbst abläuft. Um ein stehendes, am Bildschirm auswertbares Bild zu erhalten, muss deshalb ein periodisch wiederkehrendes Signal mit exakt gleichem Verlauf vorhanden sein.

11

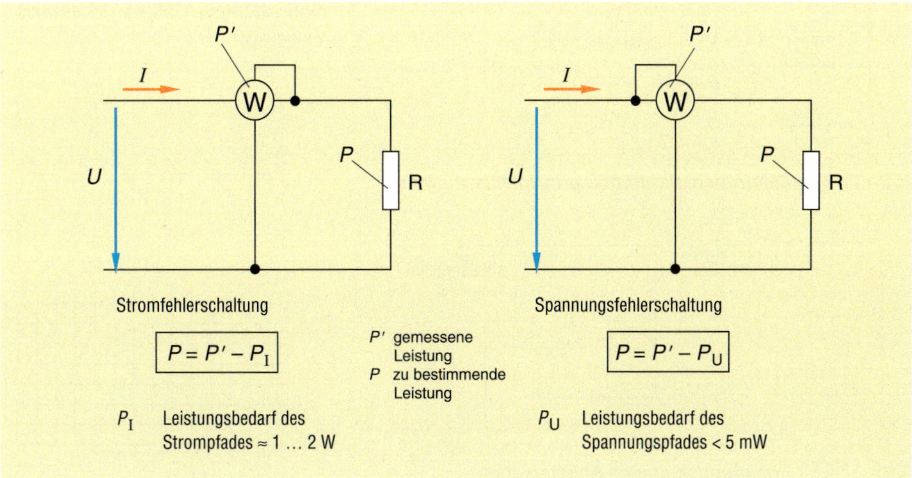

Abb. 11-26 ***Direkte Leistungsmessung***

Das „Messwerk“ des Oszilloskops ist eine Elektronenstrahlröhre (Abb. 11-27). Ein von Fokussierelektroden scharf gebündelter Elektronenstrahl, der von einer Glühkatode erzeugt wird, wird von einem elektrischen Feld so abgelenkt, dass auf einer fluoreszierenden Leuchtschicht der Kurvenzug des darzustellenden Signals entsteht.

Um die vielfältigen Möglichkeiten, die ein modernes Oszilloskop bietet, nutzen zu können, sind vor dem Zuschalten der Netzspannung (POWER-Schalter) alle Bedienelemente in ihre Grundstellung zu bringen. Alle Druckschalter sind herausgedrückt und die Markierungen auf den Knopfkappen sind nach oben gerichtet. Das Gerät ist dann voreingestellt auf den normalerweise benötigten **Einkanalbetrieb.**

Durch eine an das Plattenpaar Y – Y angelegte Wechselspannung (Abb. 11-28) wird der Elektronenstrahl so schnell nach oben und unten abgelenkt, dass der Leuchtfleck bei ausgeschalteter X-Ablenkung auf dem Bildschirm eine senkrechte Linie zeichnet. Die Länge der Linie hängt von der Amplitude der angelegten Wechselspannung ab. Wird jetzt an das Plattenpaar X – X eine im eingebauten Kippgerät erzeugte Ablenkspannung U_X angelegt, bewegt sich der Elektronenstrahl nicht nur vertikal, sondern auch horizontal. Der Leuchtfleck durchläuft während einer Periode eine sinusförmige Bahn.

Die Ablenkspannung steigt in der Zeit t_1 linear von ihrem negativen auf ihren positiven Höchstwert und kehrt in der sehr viel kürzeren Zeit t_2 wieder auf den Anfangswert zurück. Die Geschwindigkeit dieser sog. Sägezahnspannung (Abb. 11-29) gibt man durch den Zeitmaßstab in s/cm oder ms/cm bzw. µs/cm an. Kleiner Zeitmaßstab bedeutet große Geschwindigkeit und hohe Ablenkfrequenz.

Damit ein stehendes Bild der Sinuskurve entsteht, müssen die zu messende Wechselspannung an den Y-Platten und die Ablenkspannung an den X-Platten entweder die gleiche Frequenz haben oder die Frequenz der Messspannung muss ein ganzzahliges Vielfaches der Kippfrequenz, zum Beispiel $f_Y : f_X = 3 : 1$, sein. Außerdem ist eine gleichbleibende Phasenlage beider Spannungen erforderlich. Dieser Gleichlaufzwang (Synchronisation) wird intern oder durch eine von außen zugeführte Spannung erreicht.

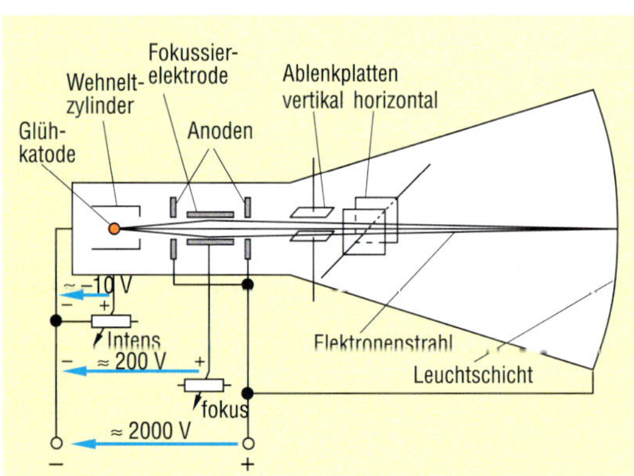

Abb. 11-27 ***Elektronenstrahlröhre, prinzipieller Aufbau***

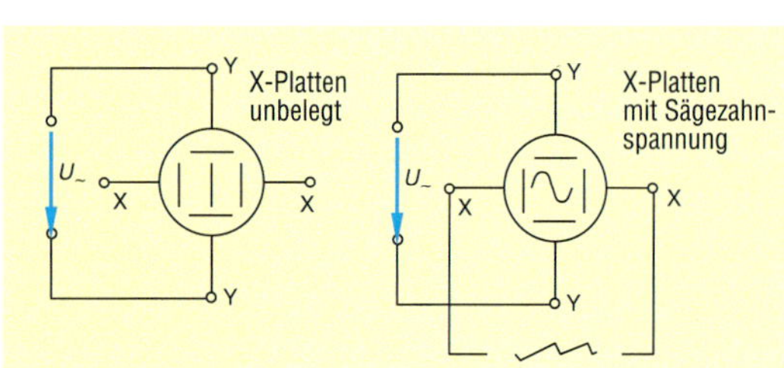

Abb. 11-28 ***Spannungen an den Ablenkplatten***

Beispiel:

In der Abb. 11-30 ist das auf dem Bildschirm sichtbare Liniendiagramm einer Wechselspannung dargestellt. Welchen Effektivwert und welche Frequenz hat diese Spannung, wenn die

Ablenkfaktoren für den Y-Eingang	$A_Y = 5$ V/cm
und für die Zeitablenkung	$A_X = 5$ ms/cm

betragen?

Der senkrechte Abstand von Spitze zu Spitze beträgt $l_Y = 6$ cm, damit der

Spitze-Spitze-Wert	$u_{SS} = A_Y \cdot l_Y$	$u_{SS} = 30$ V
Scheitelwert	$\hat{u} = \frac{u_{SS}}{2}$	$\hat{u} = 15$ V
Effektivwert	$U = \frac{\hat{u}}{\sqrt{2}}$	$\boxed{U = 10{,}6 \text{ V}}$

Der horizontale Abstand zweier benachbarter Nulldurchgänge beträgt $l_X = 8$ cm.

Periodendauer	$T = A_X \cdot l_X$	$T = 40$ ms
Frequenz	$f = \frac{1}{T}$	$\boxed{f = 25 \text{ Hz}}$

Messaufgaben, bei denen ein Bezug zwischen zwei oder mehreren synchron ablaufenden Signalen hergestellt werden muss, erfordern einen sogenannten

Zweikanalbetrieb.

Das Oszilloskop wird mit zwei Eingangskanälen für die Y-Ablenkung ausgerüstet. Die Eingänge Y_1 und Y_2 werden durch einen eingebauten elektronischen Umschalter in sehr schneller Folge abwechselnd auf die Y-Ablenkung der Elektronenstrahlröhre geschaltet. Eine quasi gleichzeitige Darstellung zweier Signale wird erreicht. Die Abb. 11-31 zeigt die vereinfachte Messschaltung und das Liniendiagramm von Spannung und Strom einer realen Spule. Die Stromgröße wird dabei als Spannungsfall über den zusätzlichen niederohmigen Messwiderstand R_N auf den Eingang Y_2 gelegt.

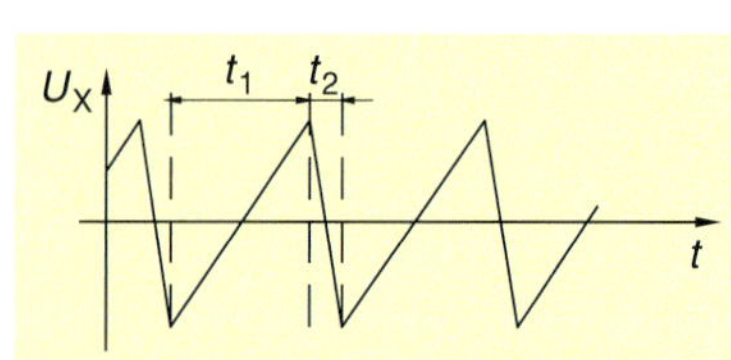

Abb. 11-29 ***Sägezahnspannung der X-Ablenkung***

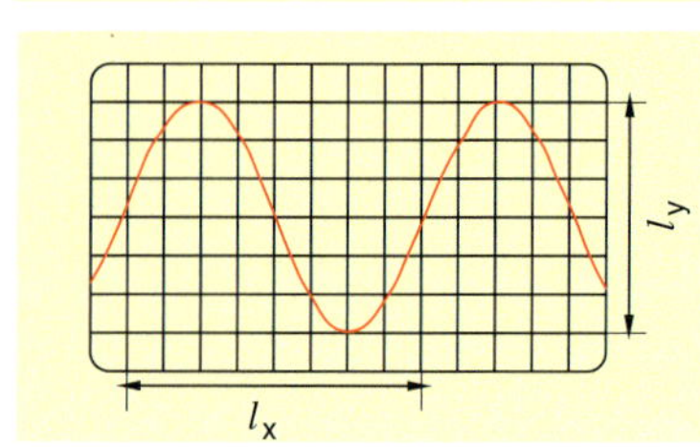

Abb. 11-30 ***Oszillogramm einer Wechselspannung***

Beträgt zum Beispiel der Ablenkfaktor $A_X = 2{,}5$ ms/cm und der horizontale Abstand zwischen den Nulldurchgängen von Strom und Spannung $l_X = 1{,}4$ cm, dann ist bei einer Frequenz von 50 Hz der zeitliche Abstand der Nulldurchgänge

$t = A_X \cdot l_X \quad t = 2{,}5 \text{ ms/cm} \cdot 1{,}4 \text{ cm} \quad t = 3{,}5 \text{ ms}.$

Mit $\varphi = 2 \cdot \pi \cdot f \cdot t$ und der Umrechnung vom Bogenmaß in das Gradmaß wird der Phasenverschiebungswinkel zwischen Strom und Spannung

$\boxed{\varphi = 63°}$

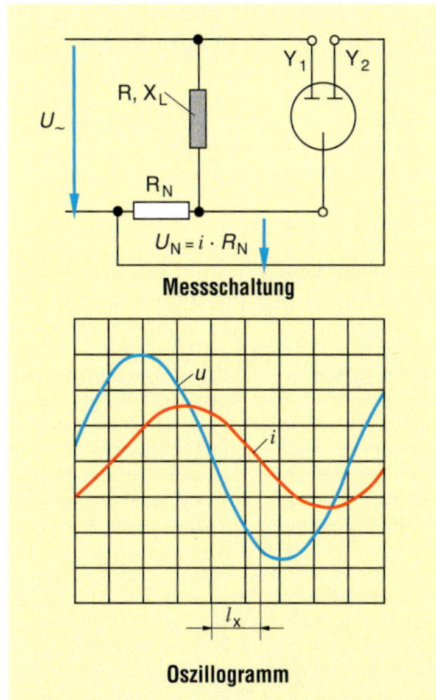

Abb. 11-31
Zweikanalbetrieb

Bestimmen der Wechselstromwiderstände

Neben der Ermittlung der Wechselstromwiderstände durch Brückenschaltungen, wie sie bereits in der Wheatstone-Messbrücke zu finden sind, können durch Strom- und Spannungsmessungen und entsprechende Berechnungen die Widerstandswerte eines komplexen Wechselstromwiderstandes bestimmt werden. Als Beispiel wird eine reale Spule gewählt.

Messgrößen		Widerstand		Gleichung
Wechselspannung	$U_\sim$	Scheinwiderstand	$Z = \frac{U_\sim}{I_\sim}$	
Wechselstrom	$I_\sim$			
			Blindwiderstand	$X = \sqrt{Z^2 - R^2}$
Gleichspannung	U_-	Wirkwiderstand	$R = \frac{U_-}{I_-}$	
Gleichstrom	I_-			

oder Bestimmen mit Wheatstone-Brücke

Leistungsbestimmung

Wirk- und Blindleistungen können mit dem elektrodynamischen Messwerk direkt gemessen werden. Ergänzt werden diese Messungen für komplexe Wechselstromwiderstände durch

indirekte Messverfahren im Einphasenwechselstromnetz.

Messschaltungen	Messgrößen	Berechnungen
Drei-Spannungsmesser-Methode		
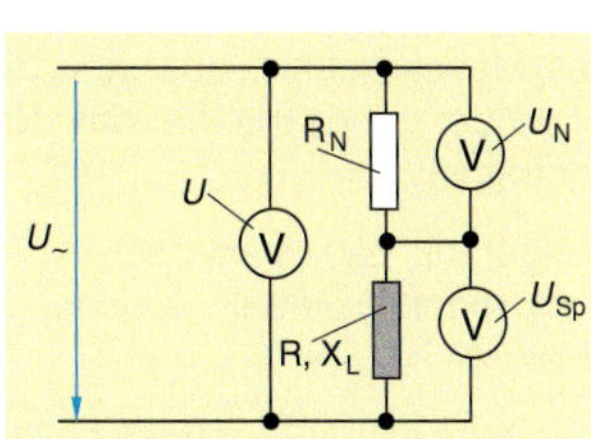	Messgrößen	U; U_{Sp}; U_N R_N mit definiertem Wert (Index Sp: Spule)
	Scheinleistung	$S_{Sp} = U_{Sp} \cdot \frac{U_N}{R_N}$
	Wirkleistung	$P_{Sp} = \frac{U^2 - U^2_N - U^2_{Sp}}{2 \cdot R_N}$
	Abb. 11-32 ***Drei-Spannungsmesser-Methode***	
Drei-Strommesser-Methode		
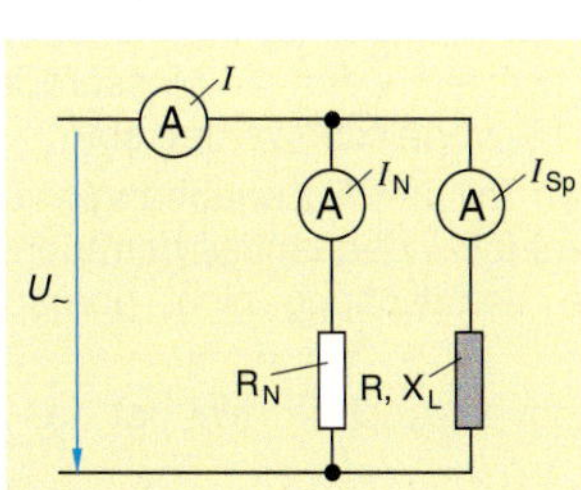	Messgrößen	I; I_{Sp}; I_N R_N mit definiertem Wert
	Scheinleistung	$S_{Sp} = U \cdot I_{Sp}$
	Wirkleistung	$P_{Sp} = \frac{R_N}{2} (I^2 - I^2_N - I^2_{Sp})$
	Abb. 11-33 ***Drei-Strommesser-Methode***	

Die Messmethoden zur Wirkleistungsbestimmung im Dreiphasenwechselstromnetz (Drehstromnetz) sind von der

- Netzart — Dreileiter- oder Vierleiternetz
  und von der
- Belastungsart — symmetrisch oder unsymmetrisch
  abhängig.

Im Drehstromnetz kann die Blindleistung bei symmetrischer Belastung mit einem Leistungsmesser, bei unsymmetrischer Belastung muss sie mit drei Leistungsmessern bestimmt werden. Der Spannungspfad ist stets an die Außenleiter anzuschließen, die nicht am entsprechenden Strompfad anliegen. Dadurch entsteht die erforderliche Phasenverschiebung von 90° zwischen Strom und Spannung. Bei der Ermittlung des Messergebnisses muss beachtet werden, dass die um das $\sqrt{3}$fache höhere Leiterspannung am Spannungspfad anliegt.

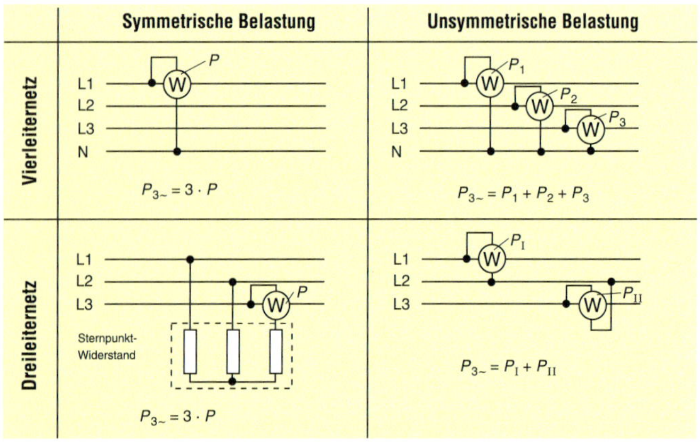

Abb. 11-34
Wirkleistungsmessung im Drehstromnetz

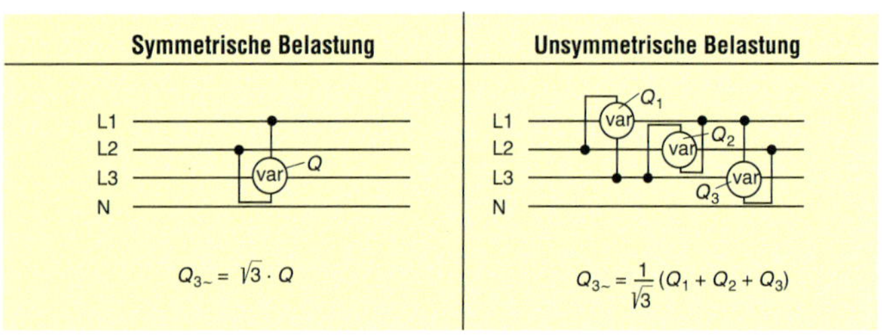

Abb. 11-35
Blindleistungsmessung im Drehstromnetz

AUFGABEN

11.1 Erläutern Sie an Beispielen die Aufgaben der elektrischen Messtechnik und ihre Vorteile gegenüber anderen Messtechniken.

11.2 Beschreiben Sie an einem Beispiel, wie in elektrischen Anlagen durch den Einsatz von Messgeräten die Betriebssicherheit erhöht werden kann.

11.3 Welcher Unterschied besteht zwischen einem Messobjekt und einer Messeinrichtung sowie zwischen Messwert und Messergebnis?

11.4 Nennen Sie Ursachen für Abweichungen, die zwischen dem Sollwert und dem Istwert einer Messung entstehen!

11.5 Messfehler können u.a. in objektive und subjektive eingeteilt werden. Verdeutlichen Sie an Beispielen die typischen Merkmale dieser Fehler.

11.6 Um ein möglichst genaues Messergebnis zu erhalten, können Messungen unter gleichen Bedingungen mehrfach durchgeführt werden. So werden zum Beispiel die durch Streuung verursachten zufälligen Fehler erfasst.
In einem Prüffeld wurde ein Widerstand 4-mal mit folgenden Messwerten ermittelt:
3,27 kΩ; 3,43 kΩ; 3,19 kΩ; 3,31 kΩ.
- Berechnen sie unter Angabe der notwendigen Gleichungen den mittleren Widerstandswert und die mittlere Abweichung zu dem vorher berechneten Wert.
- Wie lautet das Messergebnis, aus dem die Genauigkeit der Widerstandsangabe des Bauelementes erkennbar ist?

11.7 Feinmessgeräte haben vielfach unterhalb der Skalenteilung einen Spiegel. Welcher Vorteil wird dadurch erreicht?

11.8 Der Widerstand eines Stromkreises, der von einer konstanten Spannung von 4 V eingespeist wird, beträgt 8 Ω.
- Welchen Innenwiderstand darf ein Strommesser höchstens aufweisen, wenn die Messgröße nicht mehr als um 1 % verfälscht werden soll?
- Den wie vielten Teil darf R_{iA} unabhängig vom Betrag des Stromkreiswiderstandes betragen, wenn die genannte Verfälschung nicht überschritten werden soll?
- Welchen Eigenverbrauch in mW hat das Messgerät?

AUFGABEN

11.9 Um das wie Vielfache muss der Innenwiderstand eines Spannungsmessers im Vergleich zum Stromkreiswiderstand betragen, wenn der Messwert nicht mehr als um 1 % verfälscht werden soll?

11.10 Im Laborunterricht soll der Einfluss der Messgeräte demonstriert werden. Dazu werden zwei 110-V-Glühlampen von je 40 W in Reihe geschaltet und an 230 V angeschlossen. Die Teilspannung einer Lampe wird
1. mit einem Analogmessgerät (Betriebsmessgerät) und
2. mit einem Digitalmessgerät gemessen.

Was beobachtet man? Welche Gesetzmäßigkeiten des Stromkreises werden wirksam?

11.11 Der Widerstand eines Bauelementes wurde durch eine Strom- und eine Spannungsmessung mit 3,5 mA und 170,1 V ermittelt. Eine anschließende Präzisionsmessung mit der Wheatstone-Brücke ergab den Wert 50,087 kΩ
- Welcher Widerstandswert ergibt sich aus dem indirekten Messvorgang?
- Bestimmen Sie den absoluten und den relativen Fehler des Messergebnisses, wenn die Präzisionsmessung als fehlerfrei angenommen wird.

11.12 Das Klassenzeichen eines Spannungsmessers mit einem Messbereich von 400 V beträgt 2,5. In welchem Bereich liegt mit Sicherheit der wahre Spannungswert, wenn 230 V abgelesen werden?

11.13 Stellen Sie aus den Angaben der Tabellen 11-2 bis 11-6 (Seite 194) die Skalenblatt-Symbole eines Messgerätes zusammen, das zur Lösung einer selbstgewählten Messaufgabe eingesetzt werden soll.

11.14 Vergleichen Sie die Genauigkeitsangaben eines direkt wirkenden Messgerätes mit einem elektronischen Messgerät. Weisen Sie an selbstgewählten Beispielen nach, dass bei beiden Messgeräten die relativen Fehler verschiedener Messwerte eines Messbereiches unterschiedlich sind.

11.15 Die folgenden Angaben sind der Bedienungsanleitung eines digitalen Multimeters entnommen:

Technische Daten (Änderungen vorbehalten)

Allgemeine technische Daten

Anzeige:	$3^1/_2$-stellige, digitale LC-Anzeige mit Symbolen für Einheiten, leere Batterie, Hold, AC/DC und aktive Schnittstelle. Ziffernhöhe 17 mm, maximale Anzeige 1999.
Messbereichswahl:	manuell, außer Frequenzmessung: automatisch
Überlaufanzeige:	„OL“ wird angezeigt
Messrate:	2,5 Messungen pro Sekunde außer Frequenzmessung, 1 Messung pro Sekunde.
Betriebstemperatur:	0 °C ... +40 °C bei 0 ... 80 % rel. Feuchte
Lagertemperatur:	–10 °C ... +60 °C bei 0 ... 70 % rel. Feuchte
Stromversorgung:	Batterie 9 V IEC 6LR61
Batterielebensdauer:	ca. 100 Stunden (Normalbetrieb) ca. 50 Stunden (bei Schnittstellenbetrieb)
Maße:	180 x 82 x 38 mm (L x B x H)
Gewicht:	ca. 365 g

Elektrische Daten (bei 23 °C ± 5 K, rel. Feuchte kleiner 80 %)

Gleichspannung

Messbereich	Auflösung	Genauigkeit	Eingangswiderstand	Überlastschutz
200 mV	0,1 mV	± (0,5 % v.M. + 1 Digits)	10 MΩ	500 $V_{eff.}$
2,0 V	1,0 mV			1100 V_{ss}
20 V	10 mV			
200 V	100 mV			
1000 V	1 V	± (0,5 % v.M. + 2 D.)		

Gleichstrom

Messbereich	Auflösung	Genauigkeit	Bürdenspannung	Überlastschutz
200 µA	0,1 µA	± (1 % v.M. + 1 Digits)	0,35 V	
2,0 mA	1,0 µA			0,5 A/250 V
20 mA	10 µA			Sicherung flink
200 mA	100 µA			+ Diode
1000 mA	1 mA	± (1,2 % v.M. + 3 D.)	0,8 V	20 A/380 V flink

- Untersuchen Sie die Bedeutung der „Allgemeinen technischen Daten“ für den Messenden.
- Erläutern Sie aus den „Elektrischen Daten“ an je einer Angabe für Gleichspannung und -strom die Bedeutung von „Auflösung“ und „Genauigkeit“.

11.16 Die Messbereiche von Drehspulmesswerken lassen sich relativ einfach durch zusätzliche Widerstände auf geforderte Werte erweitern. Ein Drehspulmesswerk mit einem Messwerkwiderstand von 100 Ω hat bei 1 mA Vollausschlag. Es soll als Vielfachmessgerät mit folgenden Messbereichen eingesetzt werden: 5 A; 0,5 A; 50 mA; 5 mA 100 mV; 5 V; 10 V; 100 V; 500 V
- Zeichnen Sie die Schaltung des Vielfachmessgerätes.
- Berechnen Sie die Werte der Vor- und Nebenwiderstände für die angegebenen Messbereiche.

11.17 Elektrodynamische Messwerke können zur Leistungsmessung spannungsrichtig oder stromrichtig geschaltet werden. Beschreiben Sie beide Schaltungsvarianten. Analysieren Sie den Einfluss des Leistungseigenbedarfs von Spannungs- und Strompfad.

11.18 Warum sind Dreheisenmesswerke ohne Zubehör sowohl für Gleich- als auch für Wechselströme geeignet?

11.19 Begründen Sie, weshalb bei Leistungsmessungen zum Beispiel auf Motorprüfständen meist gleichzeitig eine Strommessung vorgenommen wird.

11.20 Beschreiben Sie die Messschaltung zur Ermittlung der Wirkleistung in einem unsymmetrisch belasteten Dreileiter-Drehstromnetz.
Welche Angaben sind erforderlich, wenn die Genauigkeit des Messergebnisses bewertet werden soll?

12 Informationsverarbeitung

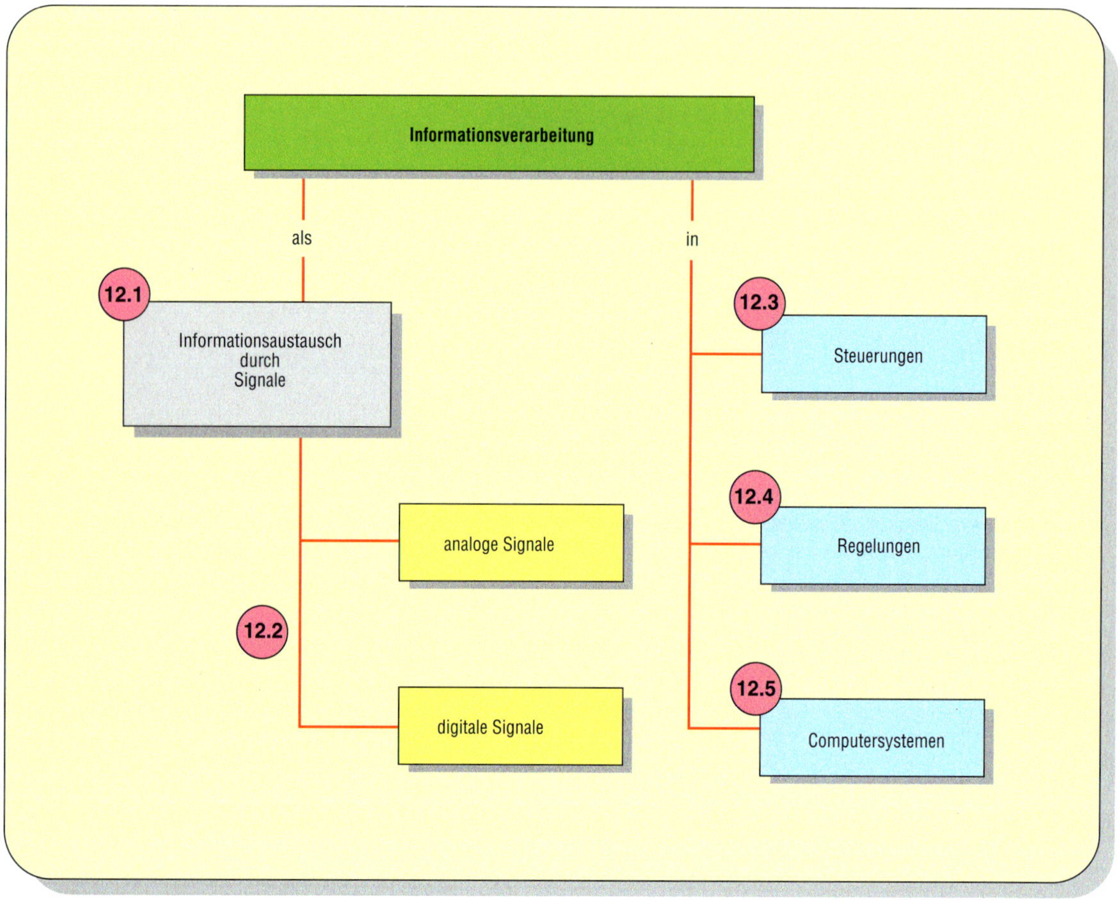

Abb. 12-1 ***Beziehungen und Strukturen***

12.1 Informationen und Signale

12.1.1 Grundbegriffe der Informationstechnik

Informationen spielen in unserem Leben eine große Rolle. Wer nicht über die erforderlichen Informationen verfügt, kann nicht die richtige Entscheidung treffen. Allgemein versteht man unter einer Information eine Mitteilung, die ein Absender an einen Empfänger weiterreicht. Der Empfänger erhält die Information durch Zeichen bzw. Signale, welche immer an einen **Signalträger** gebunden sind. Dabei besitzt der elektrische Strom als Signalträger eine große Bedeutung (Abb. 12-2).

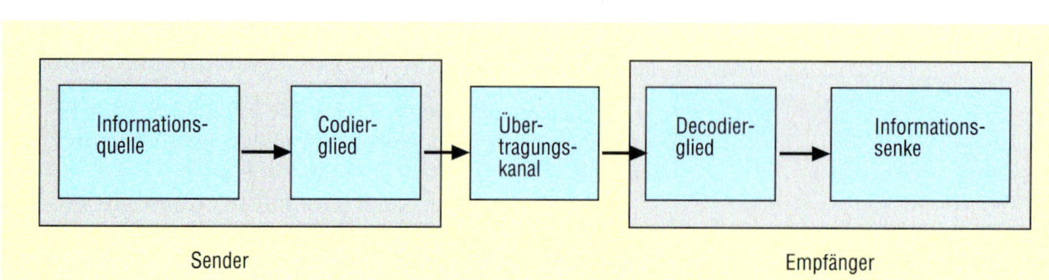

Abb. 12-2 ***Informationsübertragung***

Das Signal besteht in seinem Wesen darin, dass sich ein charakteristischer Wert des Signalträgers verändert und dieser Veränderung eine Bedeutung beigemessen wird. So wird ein Fahrzeugführer der Änderung der Ampelfarbe von Rot auf Grün sehr wohl eine Bedeutung zuordnen. Bei einem elektrischen Wechselstrom kann die Änderung von Frequenz, Amplitude und Phasenwinkel Träger von Informationen sein. Diese sich ändernden Werte werden als **Informationsparameter** bezeichnet (Abb. 12-3).

Eine Information beseitigt Ungewissheit. Der Grad der beseitigten Ungewissheit ist ein Maß für die Menge der Information. Die Mitteilung, dass ein Schaltkontakt geschlossen ist, stellt eine geringere Informationsmenge dar als die, dass aus einer Reihe von 8 Meldeleuchten eine ganz bestimmte aufleuchtet. Die Wichtigkeit der Mitteilung für den Empfänger spielt für die Informationsmenge keine Rolle. Wir werden oft mit großen Informationsmengen überhäuft, die wenig gehaltvoll, also relativ unwichtig sind.

Die Maßeinheit der Informationsmenge ist das Bit.

Ein Bit ist die Entscheidung zwischen zwei Möglichkeiten. Die Information „der Kontakt ist geschlossen" entspricht demzufolge der Informationsmenge von einem Bit. Die Mitteilung, welche der 8 Leuchten nun gerade eingeschaltet ist, enthält genau 3 Bit. Abb. 12-4 macht deutlich, dass mit 3 mal 2 Möglichkeiten (Schalterstellungen) genau eine von den 8 Leuchten ausgewählt werden kann.

Größere Informationsmengen lassen sich durch die Benutzung der Maßeinheit Byte und von Vorsätzen angeben.

1 Byte	=	8 Bit	$= 2^3$ Bit
1 KByte	=	1024 Byte	$= 2^{10}$ Byte
1 MByte	=	1024 KByte	$= 2^{20}$ Byte
1 GByte	=	1024 MByte	$= 2^{30}$ Byte

Da für die Maßeinheit Bit die Zweiwertigkeit eine große Rolle spielt, sind die Vorsätze K, M und G jeweils Potenzen der Zahl 2. Sie dürfen nicht mit den Vorsätzen Kilo, Mega und Giga aus dem Dezimalsystem verwechselt werden.

12.1.2 Signalarten

Signale lassen sich nach verschiedenen Gesichtspunkten klassifizieren.

Merkmal	Beispiele
nach der übertragenen Information	Temperatur- und Drucksignale
nach dem Signalträger	optische und elektrische Signale
nach dem Informationsparameter	analoge und digitale Signale
nach der zeitlichen Verfügbarkeit	stetige und unstetige Signale

Tab. 12-1 ***Signalarten***

Nach dem Informationsparameter werden nachfolgende Signalarten unterschieden:

Analoge Signale sind Signale, bei denen jede Änderung des Informationsparameters eine geänderte Information bedeutet.

Die sich ändernde Stromstärke in der Leitung der Abb. 12-3 ist ein analoges Signal. Jede Temperaturänderung hat eine Änderung der Stromstärke zur Folge. Andererseits wird jede Änderung der Stromstärke als eine

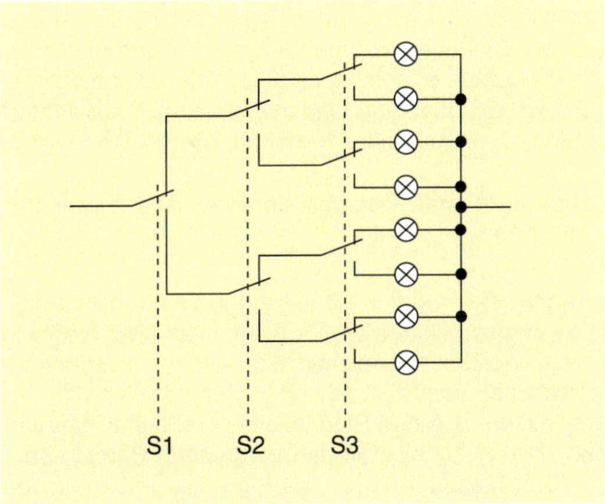

Abb. 12-4 ***Schaltung mit einer Informationsmenge von 3 Bit***

12

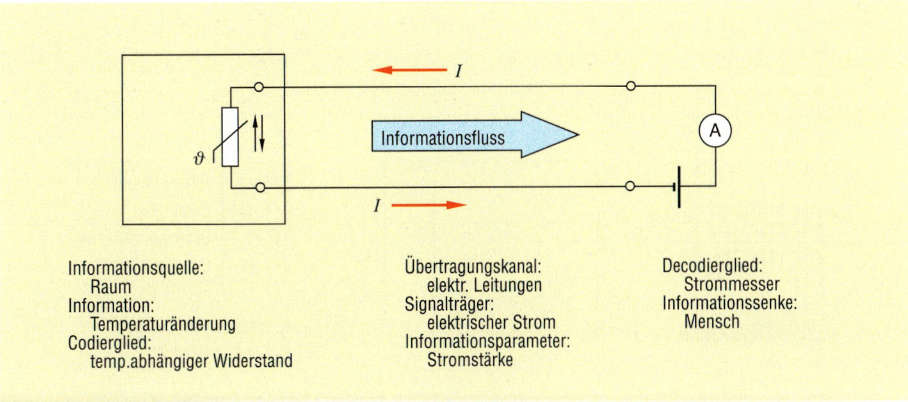

Abb. 12-3 ***Elektrische Informationsübertragung mit analogem Signal***

Temperaturänderung gedeutet, selbst dann, wenn sie durch Störeinflüsse, wie schwankende Quellenspannung, hervorgerufen wird.

Diskrete Signale sind Signale, bei denen nur einzelne Informationswerte dem Informationsparameter zugeordnet sind.

Mit einem Stufenschalter lassen sich der Ausgangsspannung U_a als elektrisches Signal fünf verschiedene Informationswerte zuordnen. Geringe Schwankungen der Eingangsspannung U_e wirken sich nicht informationsfälschend aus (Abb. 12-5).

Noch größere Informationssicherheit erhält man, wenn dem Informationsparameter nur zwei Informationswerte zugewiesen werden. Eine mögliche Zuordnung zeigt die Abb. 12-6. Die Normwerte 0 V und 24 V des Informationsparameters für die Informationswerte 0 und 1 müssten durch Störeinflüsse erheblich verändert werden, um eine Verfälschung der Signalwerte zu bewirken.

Signale, die nur zwei Informationswerte übertragen können, heißen **binäre Signale.**

12

Dem Vorteil der hohen Informationssicherheit steht der Nachteil einer geringen Informationsmenge gegenüber. Da nur zwischen zwei Signalwerten unterschieden wird, beträgt sie ein Bit.

Dieser Nachteil wird beseitigt, wenn mehrere binäre Signale zu einem digitalen Signal zusammengefasst werden. Ein digitales Signal mit zwei binären Informationsparametern entspricht einer Informationsmenge von zwei Bit und kann bereits vier verschiedene Informationswerte mit hoher Sicherheit übertragen.

Digitale Signale besitzen mehrere, meist binäre Informationsparameter.

Die Abb. 12-7 zeigt ein Beispiel für ein einfaches digitales Signal. Durch zwei Endlagenschalter wird ein Signal gebildet, mit welchem sich vier verschiedene Informationen über die Lage eines Schutzgitters übertragen lassen. Solange Störeinflüsse die Signalspannungen U_1 und U_2 nicht in den verbotenen Bereich oder darüber hinaus bringen, werden die Informationen auch nicht verfälscht.

Ein digitales Signal mit der Informationsmenge 7 Bit kann bereits 2^7 (also 128) verschiedene Informationen übertragen. Der sogenannte ASCII (amerikanischer Standardcode für Informationsaustausch) ermöglicht es, die wesentlichen Buchstaben, Ziffern und Sonderzeichen einer Computertastatur einem solchen 7-Bit-Signal zuzuordnen. Durch Hinzufügen eines weiteren Bits können alle Tasten auch bei Mehrfachbelegung verschlüsselt werden.

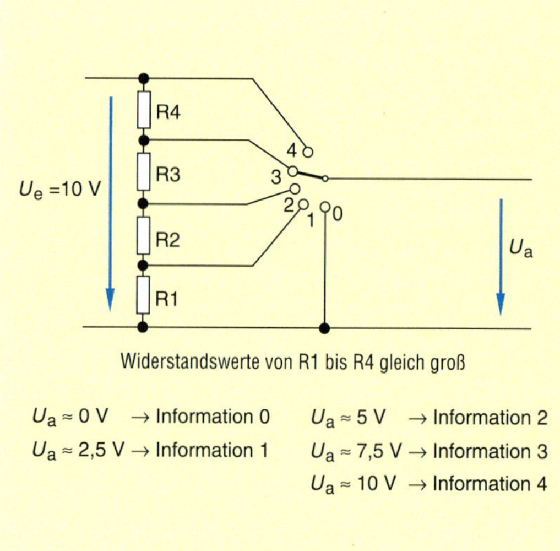

Abb. 12-5 ***Diskretes Mehrpunktsignal***

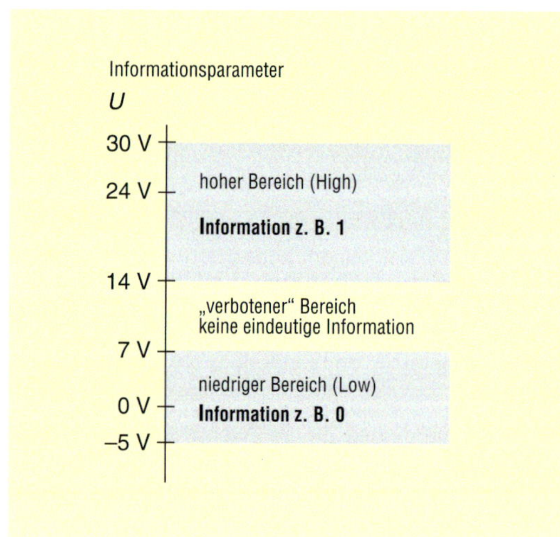

Abb. 12-6 ***Elektrisches, binäres Signal***

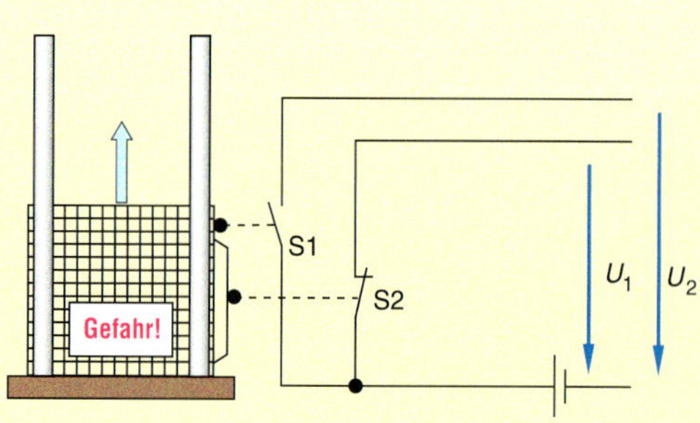

U_1	U_2	Information
L	L	Gitter entfernt
L	H	Gitter offen
H	L	Gitter geschlossen
H	H	Gitter halboffen

L: niedrige Spannung
H: hohe Spannung

Abb. 12-7 ***Digitales Signal***

12.2 Grundlagen digitaler Informationsverarbeitung

Bei einer Informationsverarbeitung werden aus Informationen durch logische Verknüpfungen neue Informationen gewonnen.

Von digitaler Informationsverarbeitung spricht man, wenn die Informationen an digitale Signale gebunden sind. Diese digitalen Signale werden aus binären Signalen gebildet.

12.2.1 Digitale Grundfunktionen

Die einfachste Form binärer Signalverarbeitung wird am elektromechanischen Kontakt deutlich. Betrachtet man nur den Kontakt an sich, so ist das Eingangssignal der Betätigungszustand (unbetätigt/ betätigt), das Ausgangssignal ist sein Schaltzustand (offen/geschlossen). Für ein Relais sind die Ein- und Ausgangssignale die zwei unterschiedlichen Werte der Eingangs- und Ausgangsspannung. Der Einfachheit halber bezeichnen wir die Signalwerte mit **0** und **1** (Abb. 12-8).

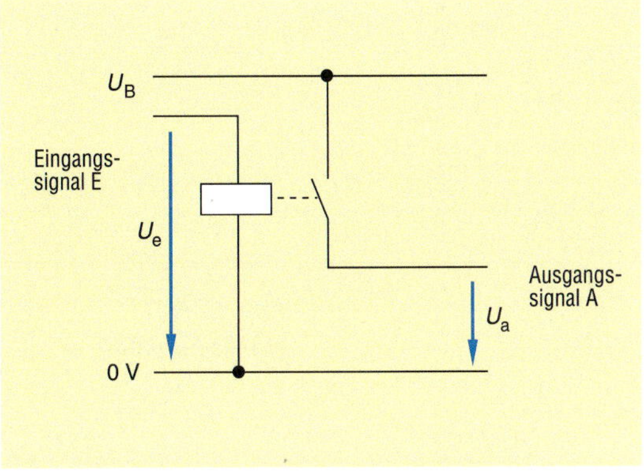

Abb. 12-8 ***Signalverarbeitung an einem Relais***

Ein elektrischer Kontakt kann sowohl als Schließer als auch als Öffner betrieben werden, zwei Kontakte können zueinander in Reihe oder parallel angeordnet sein. Daraus ergeben sich für die binäre Signalverarbeitung nachfolgende vier Grundfunktionen.

Identität

Sie entspricht der Funktion eines Schließerkontaktes. Eine ausreichend hohe Spannung an der Relaisspule schließt den Kontakt, bei ausreichend niedriger Spannung ist das Relais abgefallen und der Kontakt offen. Die Eingangsspannung kann also durchaus in einem Toleranzbereich schwanken, also Störeinflüssen ausgesetzt sein. Die Ausgangsspannung nimmt entweder den Wert 0 V oder den Wert von U_B an. Damit erreicht man mit der Identität eine Verstärkerwirkung, das Ausgangssignal befindet sich wieder im sicheren Bereich des Informationsparameters.

Zur Darstellung der Verarbeitungsfunktion gibt es mehrere Möglichkeiten: die Wertetabelle, das Schaltfolgediagramm, die Funktionsgleichung und das Funktionssymbol. In den Abb. 12-9 bis 12-12 werden die Grundfunktionen diesen Möglichkeiten entsprechend abgebildet.

12

Negation

Die Negation ist die **Verneinung** (NICHT-Funktion). Sie kehrt den Signalwert in sein Gegenteil um und entspricht der Funktion eines Öffnerkontaktes. Im unbetätigten Zustand (0) ist er geschlossen (1); im betätigten Zustand (1) ist er offen (0).

Konjunktion

Die Konjunktion ist die UND-Verknüpfung von binären Signalen. Sie entspricht der Funktion einer Reihenschaltung von Schließerkontakten. Nur wenn der eine **und** der andere betätigt werden, ist der Stromweg geschlossen.

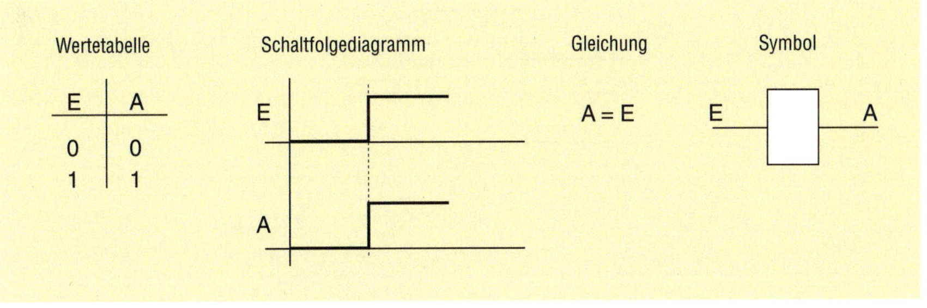

Abb. 12-9 ***Idendität***

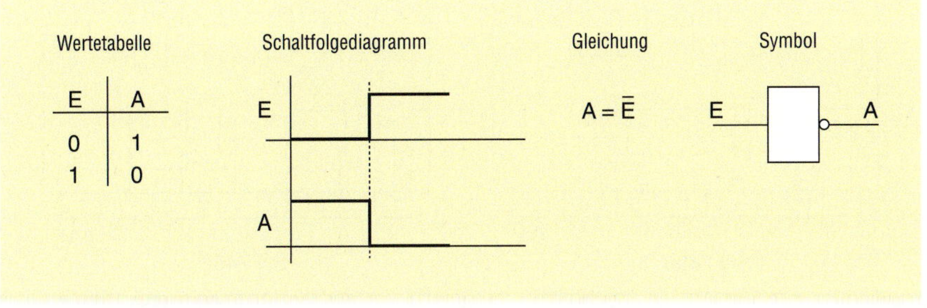

Abb. 12-10 ***Negation***

Wertetabelle

E1	E2	A
0	0	0
1	0	0
0	1	0
1	1	1

Schaltfolgediagramm

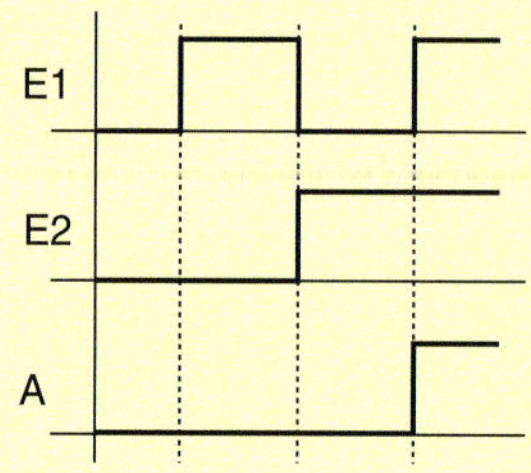

Gleichung

$A = E1 \wedge E2$

Symbol

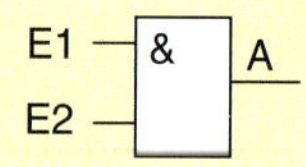

Abb. 12-11
Konjunktion

Wertetabelle

E1	E2	A
0	0	0
1	0	1
0	1	1
1	1	1

Schaltfolgediagramm

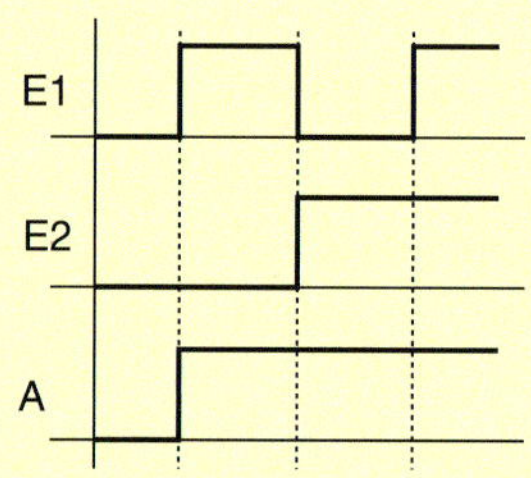

Gleichung

$A = E1 \vee E2$

Symbol

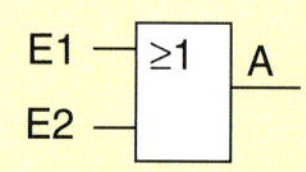

Abb. 12-12
Disjunktion

12

Wertetabelle

E1	E2	A
0	0	1
1	0	1
0	1	1
1	1	0

Schaltfolgediagramm

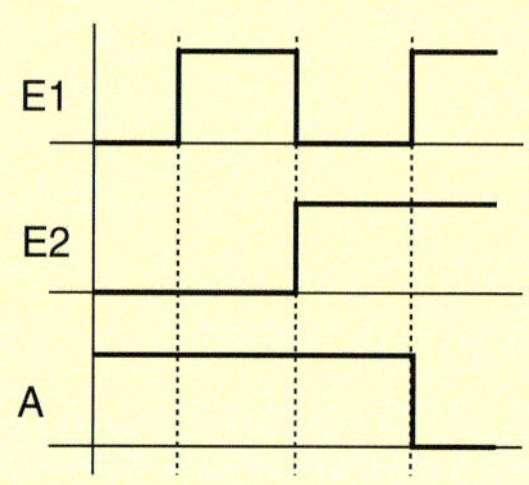

Gleichung

$A = \overline{E1 \wedge E2}$

Symbol

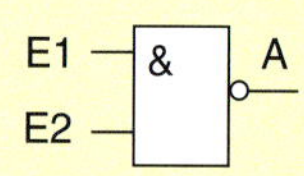

Abb. 12-13
NAND-Funktion

Wertetabelle

E1	E2	A
0	0	1
1	0	0
0	1	0
1	1	0

Schaltfolgediagramm

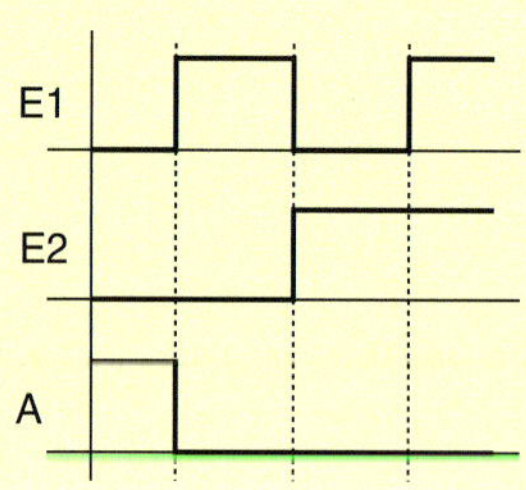

Gleichung

$A = \overline{E1 \vee E2}$

Symbol

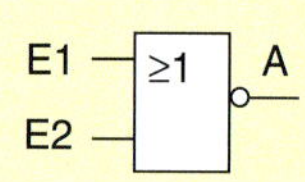

Abb. 12-14
NOR-Funktion

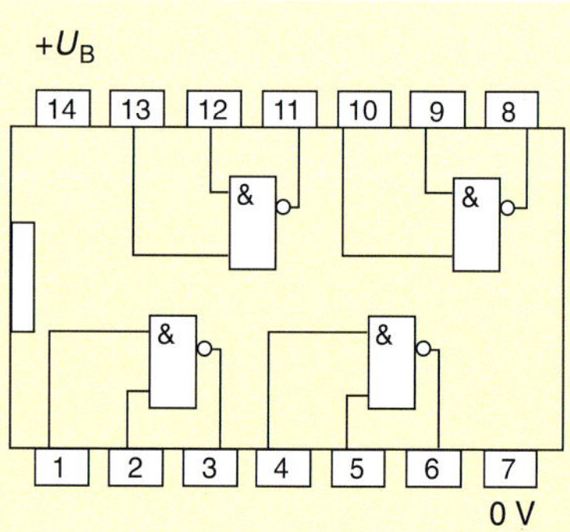

SN 7400

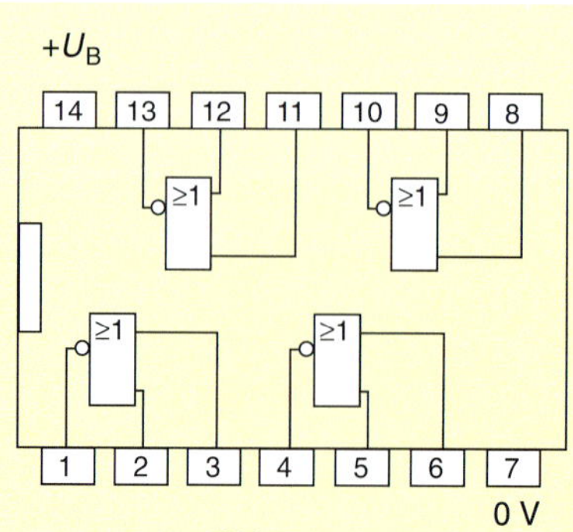

SN 7402

Abb. 12-15
NAND- bzw. NOR-Funktionen in integrierten Schaltkreisen

Disjunktion

Sie ist die ODER-Verknüpfung und entspricht der Funktion parallel geschalteter Schließer. Wenn der eine **oder** der andere **oder** alle beide betätigt sind, dann ist bei dieser Schaltung der Stromweg geschlossen.

Mit diesen Grundfunktionen lassen sich alle Aufgaben der digitalen Informationsverarbeitung realisieren. Der erste arbeitsfähige Digitalrechner wurde 1938 von Konrad Zuse* gebaut und bestand aus mehreren tausend Relais, deren Schließer- und Öffnerkontakte in sinnvoller Weise in Reihe und parallel zueinander geschaltet waren.

Steigende Anforderungen an die Arbeitsgeschwindigkeit, Zuverlässigkeit, Baugröße und Energieverbrauch erforderten jedoch bald andere Realisierungsmöglichkeiten dieser Grundfunktionen. In der modernen digitalen Informationsverarbeitung werden sie kontaktlos mit mikroelektronischen Funktionseinheiten realisiert, wir finden sie auch als Elemente in den Programmen von speicherprogrammierten Steuerungen wieder.

12.2.2 Abgeleitete Funktionen

Jede noch so komplex erscheinende Verarbeitung digitaler Signale lässt sich auf die Grundfunktionen zurückführen. Wir unterscheiden deshalb zwischen Grund- und abgeleiteten Funktionen.

NAND-Funktion

Sie ist eine UND-Funktion, deren Ausgangssignal zusätzlich noch negiert wird (Abb. 12-13). Der Begriff NAND wurde durch die Zusammenziehung von NOT (NICHT) und AND (UND) gebildet.

NOR-Funktion

Bei dieser Funktion wird NOT mit OR (ODER) kombiniert, also das Ausgangssignal einer ODER-Funktion durch eine Negation umgekehrt (Abb. 12-14).

Diese beiden Funktionen haben vielseitige Bedeutung und werden auch als integrierte Schaltungen (vergl. Abb. 12-15) realisiert. Über die Anschlüsse 7 und 14 werden die dort gezeigten Schaltkreise mit Betriebsspannung versorgt, die übrigen Anschlüsse dienen der Signaleingabe und Ausgabe.

Obwohl es auf den ersten Blick nicht erkennbar ist, enthält die NAND-Funktion als abgeleitete Funktion alle vier Grundfunktionen. Unter Beachtung von Rechengesetzen der **Schaltalgebra** lassen sich demzufolge beliebige digitale Verarbeitungsfunktionen auf NAND-Funktionen zurückführen. Das gleiche gilt für die NOR-Funktion.

Umkehrregeln (de morgansche** Regeln):

$$\overline{E1 \wedge E2} = \overline{E1} \vee \overline{E2}$$
$$\overline{E1 \vee E2} = \overline{E1} \wedge \overline{E2}$$

(vgl. Abb. 12-16)

Auf Grundlage dieser Beziehungen lassen sich entsprechend der Abb. 12-17 die Grundfunktionen durch NAND-Funktionen ersetzen.

Die angegebenen Rechengesetze ermöglichen das Vereinfachen digitaler Funktionen. Dabei kann die Zielstellung unterschiedlich sein. Während bei einer Realisierung mit integrierten Schaltungen eine Umwandlung in NAND- bzw. NOR-Funktionen ratsam ist, wird das Ziel bei einer Realisierung mit elektromechanischen Kontakten eine möglichst große Verringerung der Variablen und damit eine Einsparung der Kontakte selbst sein.

Rechengesetze für eine Variable

Konjunktion	Disjunktion	Negation
$E \wedge 0 = 0$	$E \vee 0 = 0$	$\overline{\overline{E}} = E$
$E \wedge 1 = E$	$E \vee 1 = 1$	
$E \wedge E = E$	$E \vee E = E$	
$E \wedge \overline{E} = 0$	$E \vee \overline{E} = 1$	

Vertauschungsgesetz (Kommutativgesetz)

$$E1 \wedge E2 = E2 \wedge E1$$
$$E1 \vee E2 = E2 \vee E1$$

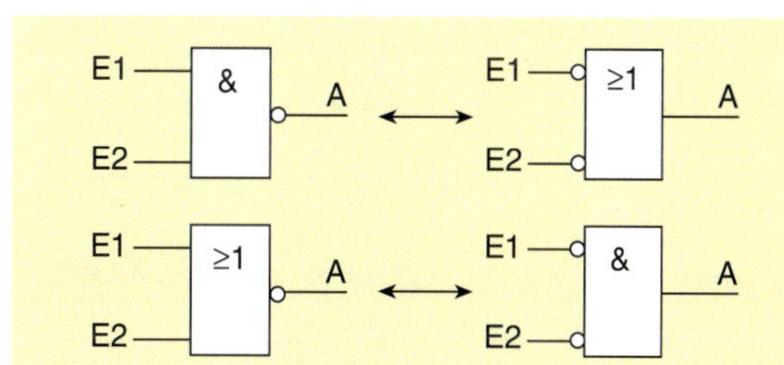

Abb. 12-16 ***Umkehrregeln***

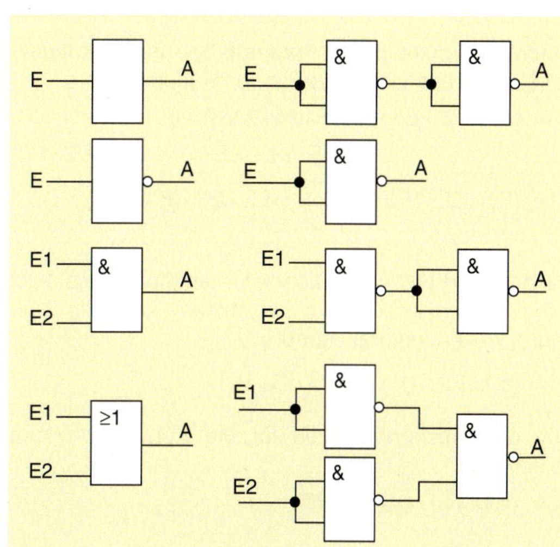

Abb. 12-17 ***Ersatzschaltungen in NAND-Technik***

---

* Zuse, Konrad: deutscher Ingenieur 1910–1995
Zuse-Rechner
Z1: 1936 mechanisch
Z2: 1938 elektr.-mechan., lief nur einmal einwandfrei
Z3: 1941 elektr.-mechan., voll funktionsfähig

** de Morgan, Augustus: englischer Mathematiker 1806–1871

Verteilungsgesetz (Distributivgesetz)

$$(E1 \wedge E2) \vee (E1 \wedge E3) = E1 \wedge (E2 \vee E3)$$
$$(E1 \vee E2) \wedge (E1 \vee E3) = E1 \vee (E2 \wedge E3)$$

Die Vereinfachung einer digitalen Funktion soll an einem Beispiel erläutert werden. Wir gehen von einer Schaltbelegungstabelle aus, nach der aus drei binären Eingangssignalen E1, E2 und E3 ein Ausgangssignal A gebildet wird. Es ist ein formales Beispiel; die Bedeutung der Signale wollen wir außer Acht lassen.

E1	E2	E3	A	Zeile
0	0	0	0	0
1	0	0	0	1
0	1	0	0	2
1	1	0	1	3
0	0	1	1	4
1	0	1	1	5
0	1	1	0	6
1	1	1	1	7

Tab. 12-2 ***Schaltbelegung***

12

Die Funktionsgleichung wird aus dieser Tabelle heraus in der konjunktiven Normalform aufgestellt. Alle Eingangssignale werden für die Zeilen, in denen A den Wert 1 annimmt, konjunktiv verknüpft. Um den Signalwert 1 zu erhalten, müssen dabei die Eingangssignale mit Wert 0 negiert werden. Die so entstehenden 4 Konjunktionen (UND-Verknüpfungen) werden schließlich mit ODER zusammengefasst.

$$A = \underbrace{(E1 \wedge E2 \wedge \overline{E3})}_{\text{Zeile 3}} \vee \underbrace{(\overline{E1} \wedge \overline{E2} \wedge E3)}_{\text{Zeile 4}} \vee \underbrace{(E1 \wedge \overline{E2} \wedge E3)}_{\text{Zeile 5}} \vee \underbrace{(E1 \wedge E2 \wedge E3)}_{\text{Zeile 7}}$$

Diese Funktion kann mit einer recht umständlichen Kontaktschaltung realisiert werden (Abb. 12-18).

Durch Anwendung von Kommutativ- und Distributivgesetz ergeben sich folgende Vereinfachungen:

$$A = (E1 \wedge E2 \wedge E3) \vee (E1 \wedge E2 \wedge \overline{E3}) \vee (\overline{E1} \wedge \overline{E2} \wedge E3) \vee (E1 \wedge \overline{E2} \wedge E3)$$

$$A = (E1 \wedge E2 \wedge [\overline{E3} \vee E3]) \vee (\overline{E2} \wedge E3 \wedge [\overline{E1} \vee E1])$$

Da der Wert der verbleibenden Klammern stets 1 ist (vergl. Rechengesetze für Disjunktion), kann die Gleichung weiter verkürzt werden.

$$A = (E1 \wedge E2 \wedge 1) \vee (\overline{E2} \wedge E3 \wedge 1)$$

Aus den Rechengesetzen für die Konjunktion folgt schließlich:

$$A = (E1 \wedge E2) \vee (\overline{E2} \wedge E3)$$

Die Kontaktschaltung ist nach dieser Gleichung wesentlich einfacher (Abb. 12-19).

Weitere Umformungen ermöglichen die ausschließliche Benutzung von NAND-Funktionen. Dazu wird die rechte Seite der Gleichung doppelt negiert. Nach dem Rechengesetz der Negation wird ihre Aussage dadurch nicht verändert.

$$A = \overline{\overline{(E1 \wedge E2) \vee (\overline{E2} \wedge E3)}}$$

Nun wird die Umkehrregel angewendet. Während der obere Negationsstrich bestehen bleibt, verteilt sich der untere auf die beiden Klammern. Das Operationszeichen zwischen den Klammern wird von ODER in UND umgekehrt.

$$A = \overline{\overline{(E1 \wedge E2)} \wedge \overline{(\overline{E2} \wedge E3)}}$$

Die Schaltung mit NAND-Funktionen zeigt die Abb. 12-20.

12.2.3 Funktionen mit Speicherverhalten

Bei den in Abschnitt 12.2.2 behandelten Funktionen hängt der Wert des Ausgangssignals nur von der Signalkombination an den Eingängen ab (kombinatorische Funktionen).

Logische Funktionen, bei denen das Ausgangssignal intern als Eingangssignal zurückgeführt wird, besitzen Speicherverhalten. Der Wert des Ausgangssignals hängt nunmehr nicht nur von der Kombination der Eingangswerte ab, sondern von ihrer zeitlichen Aufeinanderfolge.

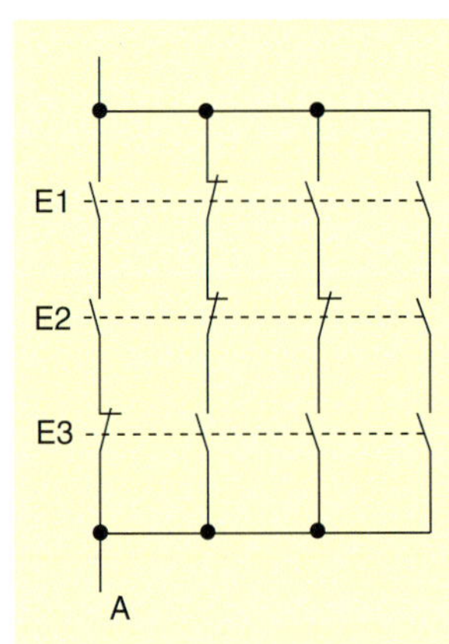

Abb. 12-18
Kontaktschaltung

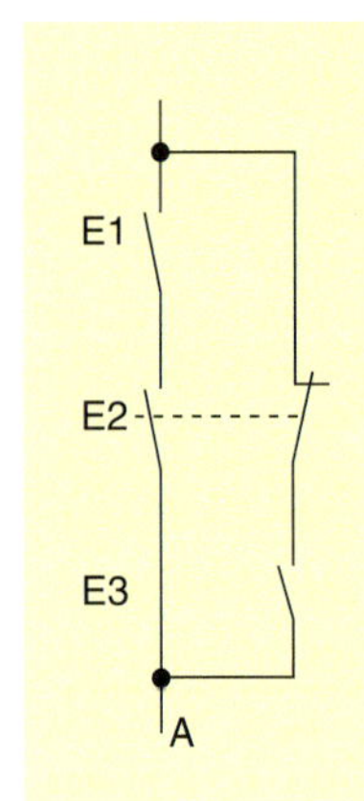

Abb. 12-19
Vereinfachte Kontaktschaltung

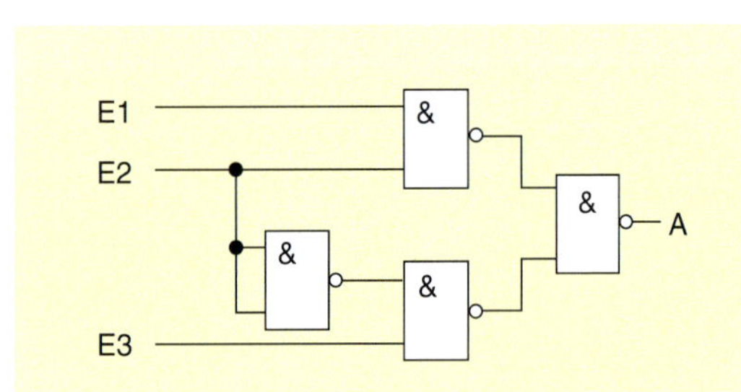

Abb. 12-20 ***Funktionsplan mit NAND-Gattern***

Funktionen mit Speicherverhalten halten Signalzustände an ihrem Ausgang über die Dauer des Auftretens der Eingangssignale aufrecht. Sie sind geeignet, kurzzeitig auftretende Eingangssignale zur weiteren Verarbeitung zur Verfügung zu halten.

Eine typische Schaltung mit Speicherfunktion ist die Selbsthalteschaltung eines Schützes (Abb. 12-21).

Nach Betätigung von Taster S2 wird der Strompfad geschlossen, das Schütz zieht an und der Kontakt von K1 überbrückt den Taster. Das Schütz hält sich selbst, der Taster S2 kann losgelassen werden. Erst die Betätigung von S1 stellt den Ausgangszustand wieder her.

Werden die Signale zur Betätigung der Taster S1 und S2 mit E1 und E2 bezeichnet und ordnen wir dem Schütz K1 die Signalbezeichnung A zu, dann ergibt sich aus der Selbsthalteschaltung folgende Funktionsgleichung:

$A = \overline{E1} \wedge A(E2 \vee A)$

Das Schütz ist angezogen, wenn der Taster S1 **nicht** betätigt ist **und** wenn S2 betätigt ist **oder** das Schütz sich selbst hält.

Abb. 12-22 zeigt das sich aus dieser Gleichung ergebende Funktionsbild und ein Schaltfolgediagramm. Eine Schaltbelegungstabelle, wie sie zum Beschreiben kombinatorischer Funktionen verwendet wird, kann für Speicherfunktionen nicht aufgestellt werden.

Speicherfunktionen werden üblicherweise mit Ersatzsymbolen nach Abb. 12-23 dargestellt. **S** kennzeichnet den Setzeingang, eine 1 an ihm setzt den Ausgang auf 1. „Setzen" heißt, die 1 bleibt auch dann erhalten, wenn das Signal am Setzeingang wieder 0 ist. Eine 1 am Rücksetzeingang **R** bringt den Ausgang wieder auf den Signalwert 0. Wenn an beiden Eingängen der Signalwert 1 anliegt, setzt sich am Ausgang Q der **dominierende** Eingang durch. Er wird im Symbol zusätzlich mit einer 1 gekennzeichnet.

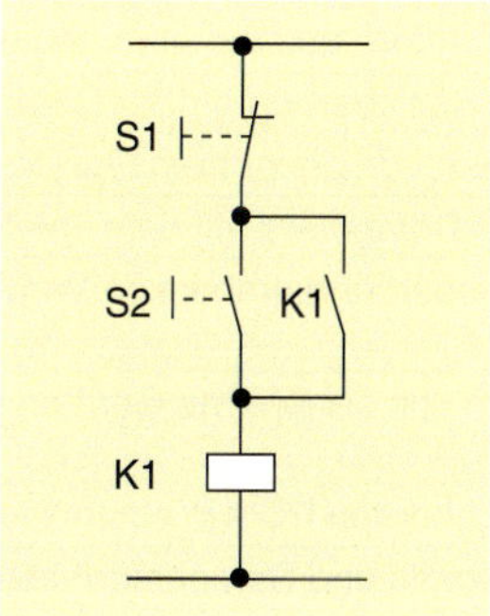

Abb. 12-21
Speicherschaltung mit Schütz (Selbsthalteschaltung)

12.3 Informationsverarbeitung mit Computern

12.3.1 Grundbegriffe der Computertechnik

Es gibt heute kaum noch Berufsgruppen, in denen auf eine Nutzung des Computers verzichtet werden kann. Wir denken dabei nicht nur an den Arbeitsplatzrechner mit Tastatur und Bildschirm (Personalcomputer), sondern auch an Computer, die zur Steuerung und Regelung von Anlagen und Prozessen (Prozessrechner) eingesetzt werden. Gemeinsam ist diesen Geräten, dass die eigentliche Informationsverarbeitung in einem Mikroprozessor stattfindet, einem Schaltkreis mit Millionen von digitalen Funktionseinheiten.

Begonnen hat die Geschichte der Computertechnik mit dem im Abschnitt 12.2.1 erwähnten Relais-Rechner von Konrad Zuse. Später ersetzten Elektronenröhren und Halbleiterbauelemente die Relais. Bald wurden Funktionen in Schaltkreisen zusammengefasst und seit den siebziger Jahren des 20. Jahrhunderts gelingt es, alle wesentlichen Funktionen zur Steuerung und Verarbeitung in einem einzigen integrierten Schaltkreis, dem Mikroprozessor, zu vereinigen. Dabei arbeitet dieses komplexe Gebilde nach den gleichen Grundgesetzen der Digitaltechnik wie der Zuse-Rechner. Es besitzt eigentlich auch nicht mehr Intelligenz als eine Wechsel- oder Kreuzschaltung in der Elektroinstallationstechnik.

Es gibt kaum jemand, der sich dem Einsatz von Computertechnik widersetzen wird. Wir sind den Umgang mit dem PC schon aus der Schule gewöhnt, die Programme sind so gestaltet, dass sie der Nutzer meist ohne große Vorkenntnisse oder Spezialwissen bedienen kann. Problematisch erscheint eventuell der rasche Fortschritt auf dem Gebiet der PC-Technik. Er lässt neue Computergenerationen in kurzer Zeit auf den Markt kommen. Was vor wenigen Monaten erworben wurde, kann schon heute nicht mehr dem Stand der Technik entsprechen. Und was heute in einem Lehrbuch beschrieben wird, könnte recht bald wie die Information aus einem Geschichtsbuch erscheinen.

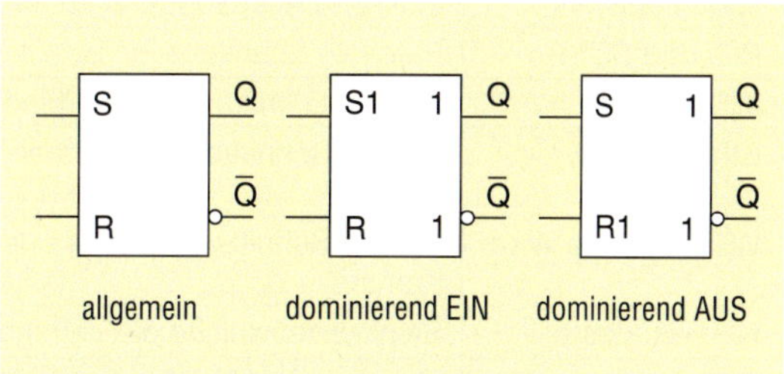

Abb. 12-23 ***Symbole von Speichergliedern***

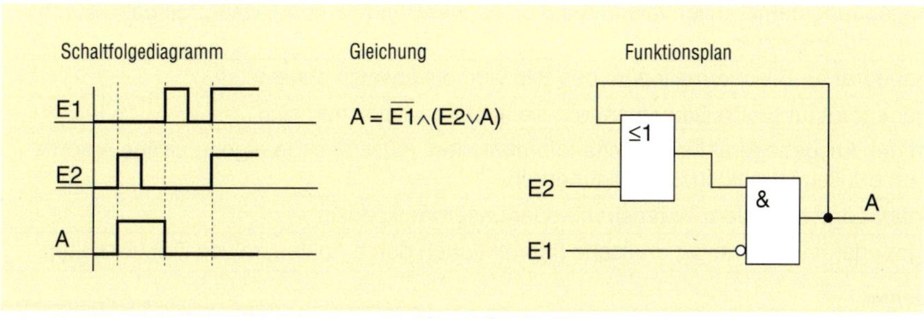

Abb. 12-22
Schaltfolgediagramm und Funktionsbild einer Speicherschaltung

An den Grundlagen der Computertechnik wird sich aber so bald nichts ändern. Der PC dient zur Verarbeitung von Informationen, wobei folgende Merkmale wesentlich sind:

Die Verarbeitung der Informationen erfolgt mit digitalen Signalen in einzelnen Schritten (Takten), also zeitlich nacheinander. Die Störeinflüsse auf die Informationen sind dadurch sehr gering. Dass die Informationen erst nach einer Verarbeitungszeit zur Verfügung stehen, wird durch hohe Taktfrequenzen ausgeglichen.

Das Computersystem besteht aus zwei Teilen. Die elektronischen und mechanischen Teile **(Hardware)** sind standardisiert und von den Aufgabenstellungen unabhängig. Der unterschiedliche Einsatz des Computers wird erst möglich, wenn für jedes Problem entsprechende Programme als veränderliche Bestandteile des Systems **(Software)** zum Einsatz kommen.

Der Prozess der Informationsverarbeitung gliedert sich in **Eingabe, Verarbeitung** und **Ausgabe** (Abb. 12-24).

Der Personalcomputer als persönlicher Arbeitsplatzrechner wird vom Menschen bedient. Der PC hilft, organisatorische Aufgaben zu erledigen, die sonst nur mit großem Aufwand an Zeit und Konzentration zu erledigen sind. Die Qualität ist dabei gleichbleibend gut und wird nur noch von den Eingabedaten beeinflusst. Der PC hilft bei der Verwaltung von Materiallagern, beim Erstellen von Angeboten, Projekten und Rechnungen, bei der Steuererklärung für das Finanzamt sowie bei sämtlichen Schreibarbeiten. Die Beherrschung der Bedienungsgrundlagen wird heute in den meisten Berufen vorausgesetzt.

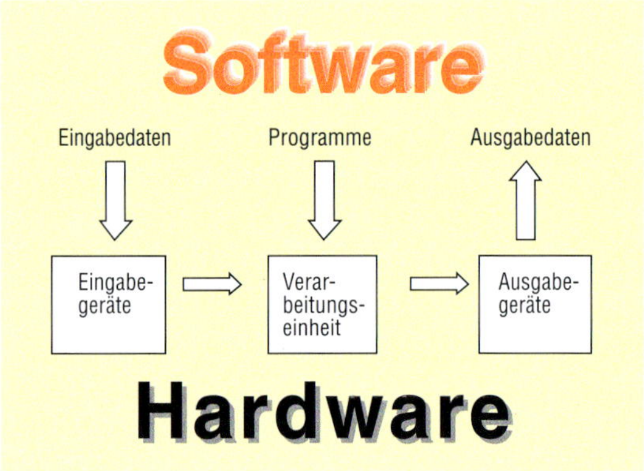

Abb. 12-24 ***Komponenten eines Computersystems***

Hauptplatine	Leiterplatte mit zahlreichen Schaltungen und Steckplätzen für weitere Komponenten
Mikroprozessor	zentrale Verarbeitungseinheit mit Rechenwerk, zahlreichen Zwischenspeichern und weiteren Spezialschaltungen
Taktgeber	sorgt für die koordinierte Arbeitsweise und bestimmt die Arbeitsgeschwindigkeit
Arbeitsspeicher	dient zur Ablage von Daten und Programmen. Der RAM verliert seine Daten beim Ausschalten des PC, im ROM sind Systemdaten unveränderlich abgelegt.
Massenspeicher	Medium zum dauerhaften Speichern größerer Datenmengen mit der Möglichkeit, sie beliebig oft zu ändern. Dazu gehören Festplatten, Disketten, wiederbeschreibbare DVD und CD. Sie unterscheiden sich in Speicherkapazität und Zugriffszeit.
Schnittstellenkarten	Leiterplatten, welche die Verbindung zu peripheren Geräten ermöglichen
Grafikkarte	steckbare Leiterplatte zum Ansteuern des Monitors
Soundkarte	Leiterplatte zum Ausgeben akustischer Informationen über angeschlossene Lautsprecher
DVD-Laufwerk	Ein- und Ausgabegerät zur optischen Speicherung großer Datenmengen
PCI und SCSI	Parallele Schnittstellen zum Anschließen von peripheren Geräten, wie Festplatten
ISDN-Karte	Schnittstellenkarte zur Verbindung des Computers mit dem Telefonnetz
Ethernet und W-LAN	serielle Schnittstellen zur drahtgebundenen und drahtlosen Verbindung mit Computernetzwerken
USB und Fire Wire	serielle Schnittstellen zum Anschließen von peripheren Geräten wie z. B. Maus, Drucker, Kamera
Netzwerkkarte	Steckkarte, welche die Verbindung zu anderen PC's in einem Netzverbund herstellt
Tastatur	Eingabegerät für alphanumerische Zeichen und Steuerinformationen mit ergonomischen Gestaltungsmerkmalen
Maus	wichtiges Eingabegerät bei Verwendung grafischer Benutzeroberflächen; Eingabe durch Zeigen und Anklicken
Scanner	Eingabegrät für Bildinformationen; das Bild wird punktweise abgetastet
CD-ROM-Laufwerk	Eingabegerät für große Datenmengen, die auf CD gespeichert sind
Monitor	wichtiges Ausgabegerät für optische Informationen; muss strenge ergonomische Anforderungen erfüllen (strahlungsarm, flimmerfrei)
Drucker	Ausgabegerät nach dem Tintenstrahl- oder Laserdruckprinzip
Plotter	Ausgabegerät für vorrangig grafische Informationen durch Ansteuern von Zeichenstiften

Tab. 12-3 ***Hardwarekomponenten***

12.3.2 Hardwarekomponenten eines Computersystems

Die Hardware ist in besonderem Maße einer ständigen Weiterentwicklung unterworfen. Da es kaum möglich ist, in einem Lehrbuch den aktuellen Stand zu vermitteln, beschränken wir uns auf einen Systemüberblick in Abb. 12-25 (Struktur einer Verarbeitungseinheit) und auf die Erklärung von Grundbegriffen in Tabelle 12-3 (Hardwarekomponenten).

12.3.3 Softwarekomponenten eines Computersystems

Wir haben die Hardwarekomponenten in Geräte zur Eingabe, Verarbeitung und Ausgabe gegliedert. Analog dazu unterscheiden wir bei der Software Eingabedaten, Verarbeitungsdaten und Ausgabedaten. Eingabedaten werden dem Computer zur Verarbeitung zugeführt. Verarbeitungsdaten sind die Programme. Sie legen die Art und Weise der Verarbeitung fest. Die Ausgabedaten sind schließlich das Ergebnis der Verarbeitung.

Daten sind in einer für Mensch und/oder Maschine erkennbaren Weise durch Zeichen oder physikalische Werte dargestellte Informationen.

Eingabedaten

Die Elemente der Eingabedaten sind Buchstaben, Ziffern und Sonderzeichen, aber auch Bildpunkte. Daraus lassen sich Wörter, Texte, Zahlen und Abbildungen zusammensetzen. Zu Daten werden diese Kombinationen jedoch erst, wenn mit ihnen sinnvolle Informationen verbunden sind. Ein Beispiel für verschiedene Eingabedaten zeigt die Abb. 12-26.

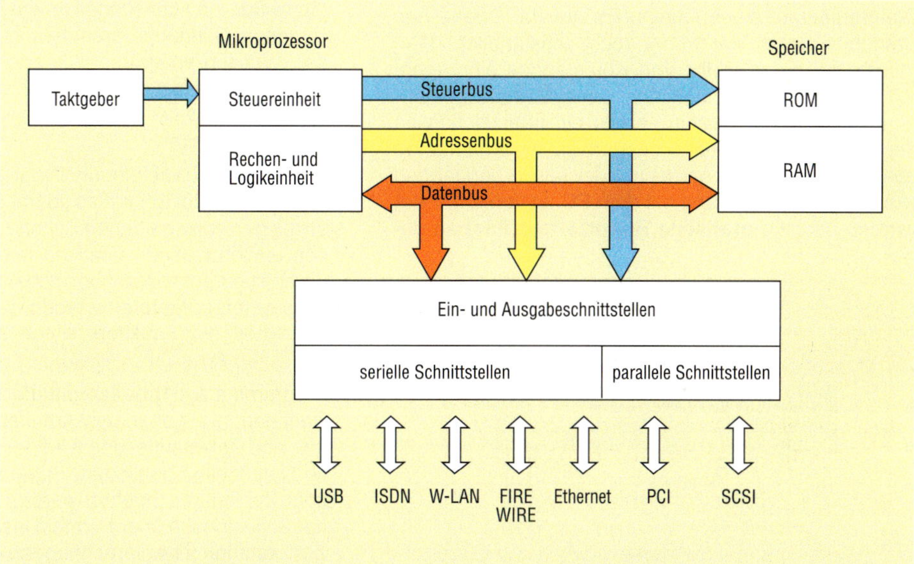

Abb. 12-25
Struktur einer Verarbeitungseinheit

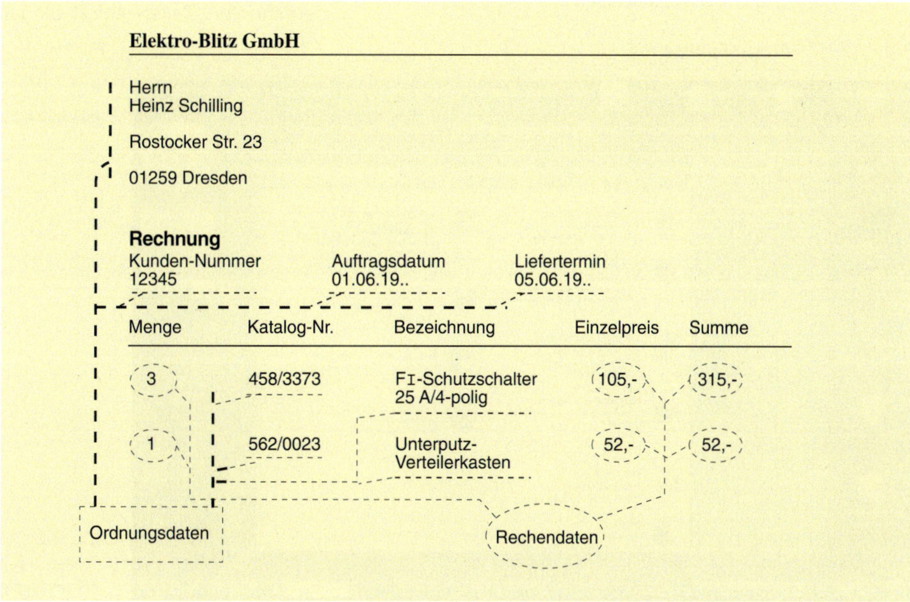

Abb. 12-26
Daten einer Handwerkerrechnung

Programmdaten

Die Steuerung der Verarbeitung wird von einer Anzahl von Programmen übernommen, die man sich in verschiedenen Ebenen angeordnet vorstellen kann (vergl. Abb. 12-27).

Im Moment des Einschaltens ist der Arbeitsspeicher des Computers noch leer. Das im Festwertspeicher abgelegte **BIOS*** ermöglicht einen Start des Rechners, indem es die Kommunikation zwischen den einzelnen Komponenten, wie Speicher, Ein- und Ausgabeschnittstellen, organisiert. Es sorgt dafür, dass als erstes das **Betriebssystem** geladen wird. In ihm sind Programme enthalten, welche die Verwaltung der Daten in der Verarbeitungseinheit ermöglichen. Es ist auf der Festplatte gespeichert und wird in den Arbeitsspeicher übertragen. Die Hardware des Computers ist nicht auf ein bestimmtes Betriebssystem festgelegt. Weiterentwicklungen dieser Programme können in Form eines Update, also einer Aktualisierung, genutzt werden, ohne dass die Hardware verändert wird.

Die Bedienung eines Computers auf der Ebene des Betriebssystems war früher recht umständlich. Man musste sich eine Reihe von Kommandos einprägen, die oft aus Abkürzungen englischer Begriffe bestanden. Ein falsches Zeichen, sogar ein Leerzeichen an der falschen Stelle, führte dazu, dass das Kommando vom Betriebssystem gar nicht oder falsch verstanden wurde. Um den Umgang mit dem PC zu vereinfachen, wurden deshalb **grafische Benutzeroberflächen** geschaffen. Mit ihnen ist es möglich, das Betriebssystem auch ohne Kenntnis seiner Kommandosprache zu benutzen. Die Bedienung beschränkt sich im Wesentlichen auf anschauliche Mausaktionen. Durch Anklicken einprägsamer Bildchen, der sogenannten Icons, werden Programme gestartet, Dateien kopiert, gedruckt oder gelöscht (Abb. 12-28). Mittlerweile wurden Betriebsysteme entwickelt, welche bereits die Eigenschaften einer grafischen Benutzeroberfläche besitzen. In der Abb. 12-27 fällt dadurch eine Ebene weg.

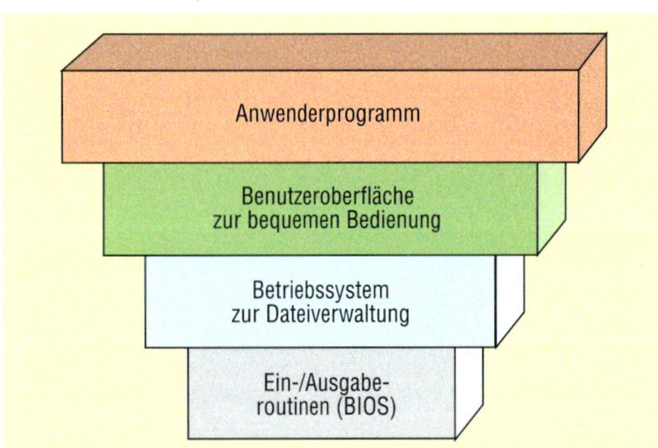

Abb. 12-27 ***Programmebenen***

Den zu verarbeitenden Daten entsprechend wird der PC-Benutzer für seine Arbeit spezielle Anwenderprogramme verwenden (Abb. 12-29).

Eine sehr häufige Anwendung ist die **Textverarbeitung.** Die dazu benutzten Programme erfüllen im Wesentlichen die gleichen Aufgaben: Schreiben, Nachbearbeiten, Speichern und Drucken von Texten. Unterschiede gibt es in den aufrufbaren Bearbeitungs- und Gestaltungsfunktionen, in der Bedienung, der Kompatibilität zur Hardware sowie zu anderen Programmen. Man wird sich sehr schnell an die Benutzung eines bestimmten Schreibprogrammes gewöhnen und kaum den Wunsch verspüren, ein anderes zu testen. Das Funktionsangebot der Programme ist so umfangreich, dass man in seiner täglichen Arbeit mit einem Bruchteil davon auskommt.

Im Grafikmodus zeigen die Programme das Dokument auf dem Monitor so, wie es später ausgedruckt wird, also mit den verschiedenen Schriftarten und -größen, mit den eingebundenen Grafiken und Tabellen. Die Sonderfunktionen können über Schaltflächen in den Funktionsleisten aufgerufen werden, wobei der Nutzer das Aussehen der Funktionsleisten seinen Bedürfnissen anpassen kann (Abb. 12-30).

Programme zur **Tabellenkalkulation** ermöglichen das Rechnen in sogenannten Arbeitsblättern. Durch Spalten- und Zeilenaufteilung wird der Bildschirm in einzelne Datenzellen gegliedert. In jede Zelle können Texte oder Zahlen geschrieben werden. Durch Verknüpfung der Zelleninhalte über Formeln lassen sich in kürzester Zeit umfangreiche Berechnungen durchführen. Bei Änderung einzelner Daten werden die Ergebnisse in den berechneten Zellen sofort aktualisiert und angezeigt (Abb. 12-31).

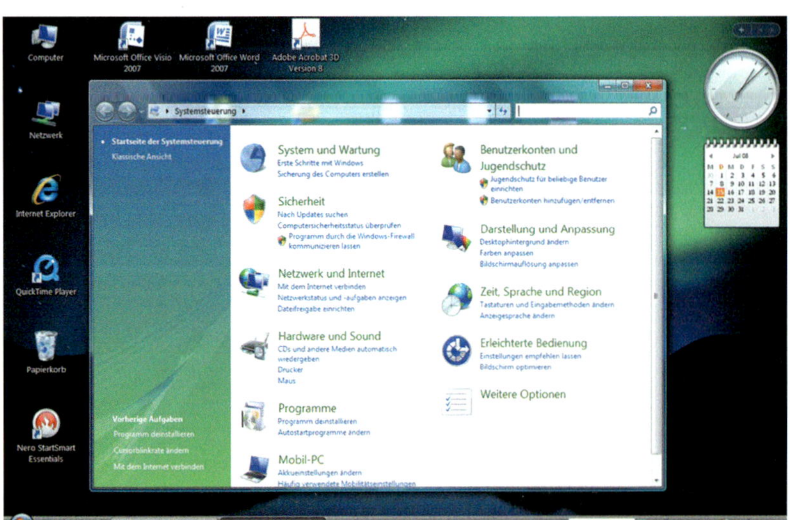

Abb. 12-28

Grafische Benutzeroberfläche

* Basic Input Output System (engl.): Grundsystem zur Ein- und Ausgabe

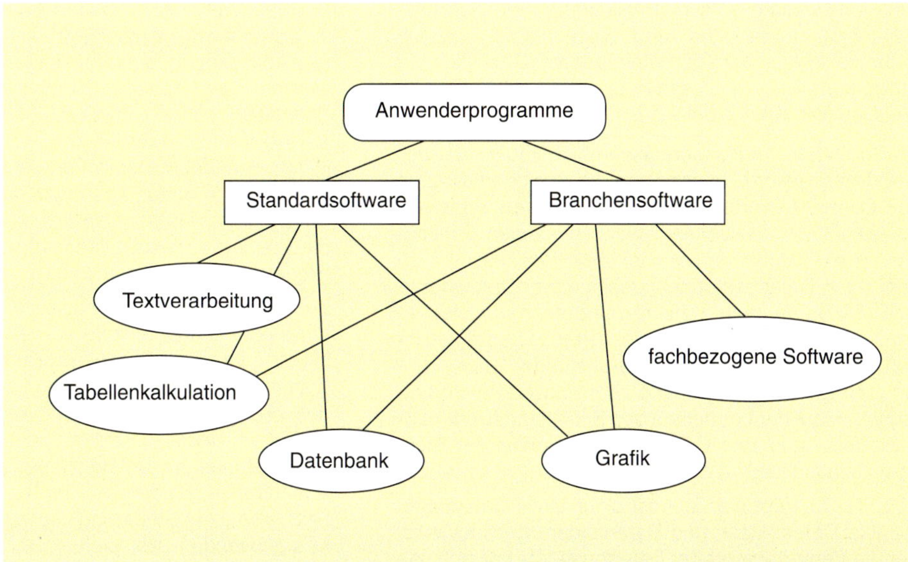

Abb. 12-29 ***Anwenderprogramme***

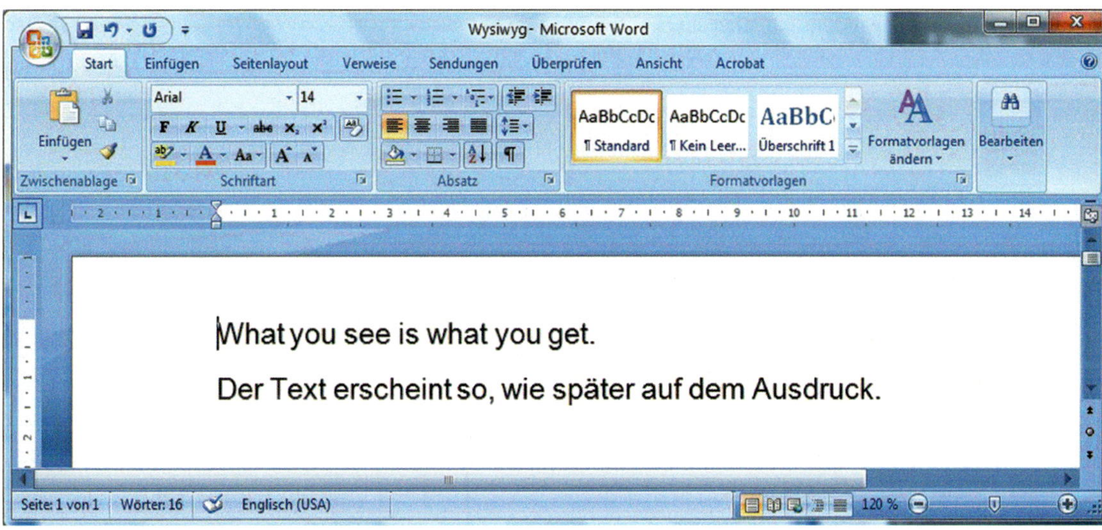

Abb. 12-30 ***Oberfläche zur Textverarbeitung***

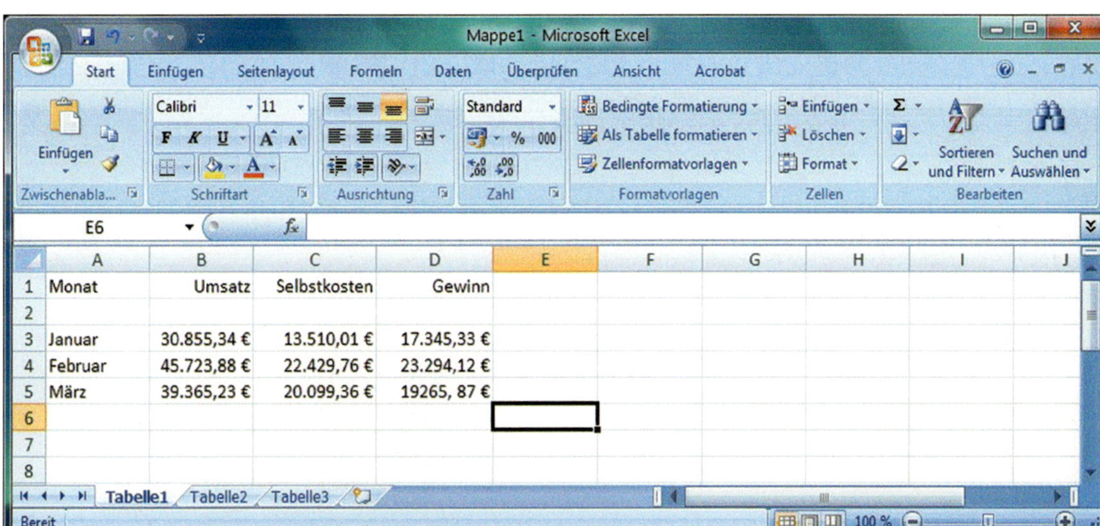

Abb. 12-31 ***Beispiel eines Tabellenkalkulationsprogramms***

Hauptanwendung solcher Programme sind Auftragskalkulation, Investitions- und Finanzplanung. Durch probeweise Änderung von Eingabedaten lässt sich die Auswirkung auf die Gesamtrechnung sofort überprüfen. Das hilft, Entscheidungen schneller zu treffen.

Große Datensammlungen lassen sich infolge der hohen Arbeitsgeschwindigkeit und der Speicherkapazität der Computer vorteilhaft in **Datenbanken** erfassen, verwalten und auswerten. Neben einfachen Funktionen, wie Ablegen und wieder Aufrufen, lassen sich aber auch Datenbestände verschiedener Dateien miteinander verknüpfen, sortieren und nach verschiedenen Gesichtspunkten auswerten (Personaldaten, Kundendaten, Auftragsdaten, Lagerbestände). Dazu zählen zum Beispiel Programme zum Entwerfen von Leiterplatten auf der Grundlage des Schaltplanes oder zur Kalkulation und zum Entwurf von Projekten der Elektroinstallation (Abb. 12-32).

Abb. 12-33 zeigt die Grundstruktur einer Datenbank, die aus Datensätzen und Datenfeldern gebildet wird. Für die Verwaltung großer Datenbestände hat sich das Prinzip der relationalen Datenbank durchgesetzt. Die Datensätze einer Datei werden über Schlüssel in Beziehungen zu den Datensätzen einer anderen Datei gesetzt.

Für berufsgruppenorientierte Aufgabenstellungen gibt es **branchenbezogene Software.** Sie kann ohne große Anpassung für genau festgelegte Aufgaben genutzt werden. Dazu zählen zum Beispiel Programme zum Entwerfen von Leiterplatten auf Grundlage des Schaltplanes oder zur Kalkulation und zum Entwurf von Projekten der Elektroinstallation. Die Anbieter derartiger Software sorgen für eine ständige Aktualisierung ihrer Programme. Das ist beispielsweise der Fall, wenn sich die Preise des Installationsmaterials ändern oder die Produktpalette erweitert wird.

Zur Lösung spezieller Aufgaben, für die keine Standard- oder Branchensoftware verwendet wird, können mit Hilfe von **Programmiersprachen** individuelle Programme erstellt werden. Wenn auch die Bedeutung des „Selber-Programmierens" nachgelassen hat, so wollen wir doch zumindest die Grundlagen der Programmstruktur an drei Beispielen aufzeigen. Sie finden sich letztlich wieder bei der Programmierung einer SPS, also einer Steuerung, die in der Elektrotechnik eine wachsende Rolle spielt.

Da die Verarbeitungseinheit des Computers nur Befehle in Form von Bitfolgen versteht, muss das Quellprogramm durch spezielle Übersetzungsprogramme in ein Maschinenprogramm übersetzt werden. Dazu sind zwei Wege möglich.

12

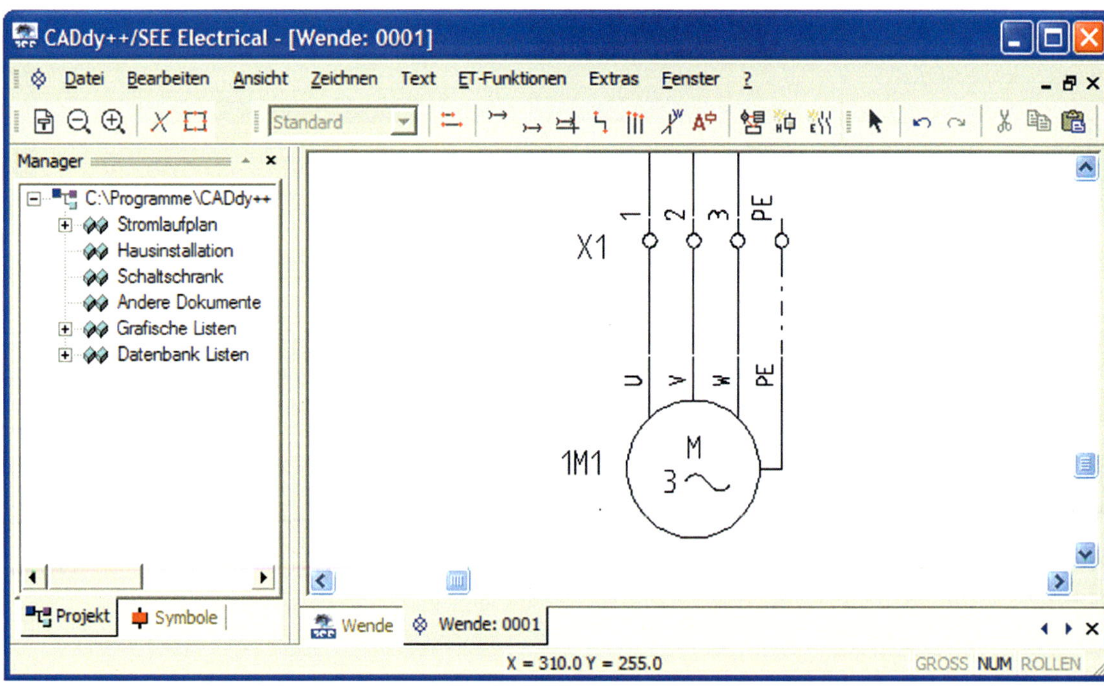

Abb. 12-32 ***Projektverwaltung der Installationstechnik mit CAD***

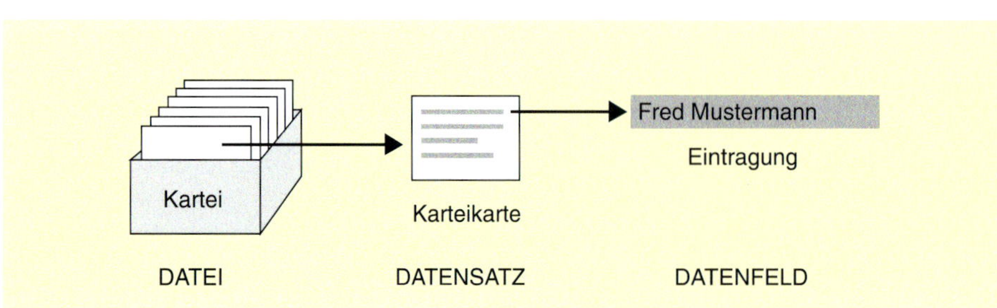

Abb. 12-33 ***Struktur einer Datenbank***

Ein **Compiler** erzeugt aus dem Quellprogramm ein lauffähiges Programm, welches er in einer Datei abspeichert.

Der **Interpreter** übersetzt wie ein Dolmetscher Anweisung für Anweisung aus dem Quellprogramm in den Maschinencode und lässt diese sofort ausführen, ohne sie abzuspeichern.

Durch die Problemorientierung der Programmiersprache vereinfacht sich der Vorgang der Programmentwicklung. Der Programmierer kann sich auf das zu lösende Problem konzentrieren und kann die Eigenheiten des Computers außer Acht lassen.

Für unsere Programmbeispiele verwenden wir die Programmiersprache „Strukturierter Text", wie sie in der Norm DIN EN 61131–3 für speicherprogrammierten Steuerungen definiert ist. Es ist eine Sprache, die sich relativ leicht erlernen lässt, da sie Worte aus der englischen Umgangssprache verwendet.

Dem Programmbaustein wird eine Deklaration der benutzen Variablen vorangestellt.

Sie legen fest, welche Daten Eingangsdaten, Ausgangsdaten und nur intern verwendete Daten sind. Im Anweisungsteil werden die Verarbeitungen der Daten festgelegt. In einem Übersichtsbild, dem **Struktogramm,** lässt sich die Struktur der Anweisungen anschaulich darstellen. Zu Beginn des Programmiervorganges sollte man sich über diese Struktur bereits klar geworden sein.

Die Abb. 12-34 a und b zeigen je ein Beispiel für eine lineare und eine verzweigte **Programmstruktur.** In Beispiel a wird mit einer Funktion aus Ist- und Sollwert die Regelabweichung berechnet. Dieser Baustein könnte in Reglerprogrammen Verwendung finden. Beispiel b zeigt einen Funktionsblock, der ebenfalls in einem Reglerprogramm eingesetzt werden kann. Kapitel 21 dieses Buches geht auf diese Zusammenhänge genauer ein.

```
FUNCTION Abweichung: REAL

VAR_INPUT
        Sollwert, Istwert: REAL ;
END_VAR

Abweichung := Istwert – Sollwert;

END_FUNCTION
```

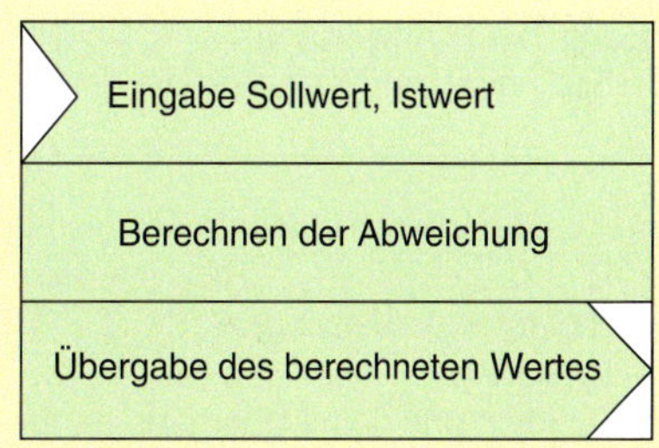

Abb. 12-34a ***Lineare Programmstruktur***

```
FUNCTION_BLOCK 2_PUNKT_REGLER

VAR_INPUT
        Sollwert, Istwert, Schaltdifferenz: REAL ;
END_VAR

VAR_OUTPUT
        Stellwert: BOOL;
END_VAR


VAR
        Einschaltpunkt, Ausschaltpunkt: REAL;
END_VAR

Einschaltpunkt := Sollwert – Schaltdifferenz / 2;
Ausschaltpunkt := Sollwert + Schaltdifferenz / 2;

IF Istwert <= Einschaltpunkt THEN Stellwert := TRUE;
        ELSIF Istwert >= Ausschaltpunkt THEN
        Stellwert := FALSE;
END_IF
END_FUNCTION_BLOCK
```

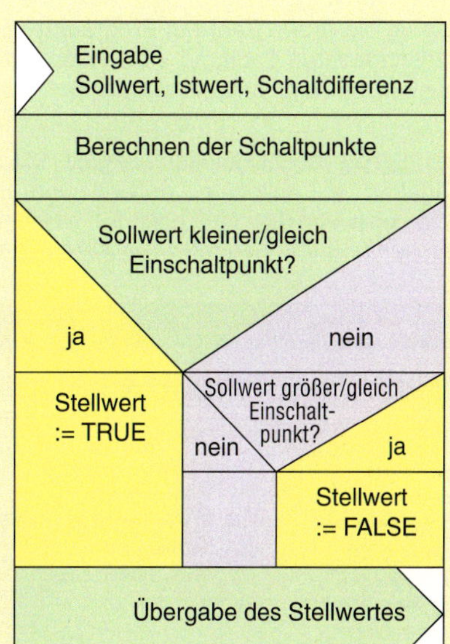

Abb. 12-34b ***Verzweigte Programmstruktur***

Eine Zusammenstellung der in den beiden Beispielen verwendeten Schlüsselwörter enthält Tab. 12-4.

FUNCTION	Anfang einer Funktion mit nachfolgendem Rückgabewert
FUNCTION_BLOCK	Anfang eines Funktionsblocks
VAR_INPUT	Anfang der Deklaration von Eingangsvariablen
VAR_OUTPUT	Anfang der Deklaration von Ausgangsvariablen
VAR	Anfang der Deklaration von internen Variablen
END_VAR	Ende der speziellen Variablendeklaration
BOOL	Datentyp mit den zwei Werten FALSE und TRUE
REAL	Datentyp der reellen Zahlen
INT	Datentyp der Ganzzahlen
IF Bedingung THEN Anweisung	Wenn die Bedingung erfüllt ist, wird die Anweisung ausgeführt.
ELSIF	Einleitung für eine weitere bedingte Anweisung
END_IF	Ende der bedingten Anweisungen
END_FUNCTION	Ende der Funktion und damit Übergabe der berechneten Werte
END_FUNCTION_BLOCK	Ende des Funktionsblocks

Tab. 12-4 ***Schlüsselwörter für strukturierten Text***

Ausgabedaten

Die mit dem Computer angelegten Datensammlungen werden in Dateien angeordnet und zur Ausgabe bereitgestellt. Um in die große Zahl der Programm-, Eingabe- und Ausgabedaten Ordnung zu bringen, hilft das Betriebssystem bei der Verwaltung dieser Datenvielfalt.

Jede Datei enthält Identifikationsmerkmale. Mit ihnen wird angegeben, auf welchem Laufwerk und in welchem Verzeichnis sich die Datei befindet, welchen Namen sie besitzt und von welchem Typ sie ist. Mit dem **Explorer** (Abb. 12-35) eines grafisch orientierten Betriebssystems oder einer entsprechenden Benutzeroberfläche können Sie sich diese Ordnung in den Speichermedien deutlich machen. Die Verwaltung gestaltet sich ziemlich unkompliziert. Sie können sich Unterverzeichnisse anzeigen lassen oder ausblenden (Mausklick auf das Plus- oder Minuszeichen), Sie können die Verzeichnisse (die oft als Ordner bezeichnet und dargestellt werden) öffnen oder schließen und sie können sich die Dateien auflisten lassen. Mit dem Explorer ist durch einfaches „Ziehen und Fallenlassen" mit der Maus das Verschieben oder Kopieren von Daten möglich, Sie können Daten auch umbenennen oder löschen. Das Erlernen von Schlüsselworten der Betriebssystems ist im Allgemeinen nicht mehr erforderlich.

Datenschutz

Daten betreffen oft sensible Bereiche des gesellschaftlichen Lebens. Damit mit den in den Daten enthaltenen Informationen kein Missbrauch getrieben wird, wird der Umgang mit ihnen durch Bestimmungen zum Datenschutz geregelt.

In der Bundesrepublik Deutschland werden der Geltungsbereich des Datenschutzes und die Rechte der Betroffenen durch ein Bundesdatenschutzgesetz (BDSG) geregelt. Ergänzt durch die jeweiligen Landesdatenschutzgesetze stellen sie den **persönlichen Datenschutz** sicher. Im BDSG sind Regelungen enthalten, die über andere gesetzliche Bestimmungen, wie Bank- oder Steuergeheimnis oder ärztliche Schweigepflicht, hinausgehen. Sie ermöglichen Institutionen, personenbezogene Daten zu verarbeiten, ohne das Recht des Einzelnen auf informationelle Selbstbestimmung zu verletzen. Für den betrieblichen Datenschutz sind im Betriebsverfassungsgesetz entsprechende Regelungen enthalten.

Damit Daten in den Geltungsbereich des Datenschutzes fallen, müssen nachfolgende Voraussetzungen erfüllt sein:

- Die Daten beziehen sich auf natürliche Personen, Familien oder Personengruppen. Nicht geschützt sind juristische Personen, wie z. B. Aktiengesellschaften oder GmbH.
- Die Daten können nach bestimmten Merkmalen eingegeben, geordnet, ausgewertet und wieder ausgegeben werden.

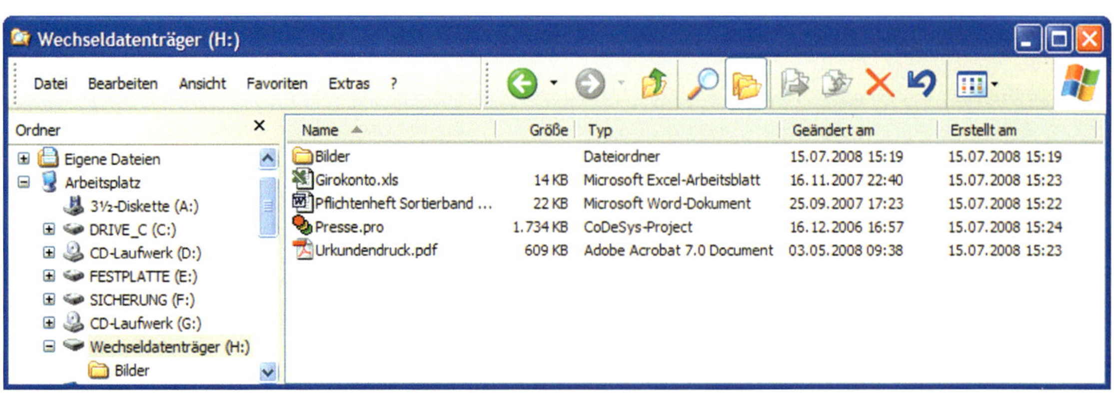

Abb. 12-35 ***Dateiexplorer***

- Die Daten bestehen aus Einzelangaben über persönliche oder sachliche Verhältnisse einer bestimmbaren Person.
- Die Daten werden von Behörden, natürlichen oder juristischen Personen für sich selbst oder für Dritte gespeichert.

Sind Daten gespeichert worden, die in den Geltungsbereich des Datenschutzes fallen, dann werden dem Betroffenen Schutzrechte eingeräumt, die er gegenüber der speichernden Stelle geltend machen kann:

- Recht auf Benachrichtigung bei erstmaliger Speicherung
- Recht auf Auskunft über die zu seiner Person gespeicherten Daten
- Recht auf Berichtigung von fehlerhaften Daten
- Recht auf Sperrung von Daten, wenn sich weder die Richtigkeit noch die Unrichtigkeit nachweisen lässt. Diese Daten dürfen nicht mehr verarbeitet werden.
- Recht auf Löschung unzulässig gespeicherter Daten
- Recht auf Einschaltung des Datenschutzbeauftragten

Wer personengebundene Daten verarbeitet, muss den angemessenen Schutz der Daten durch technische und organisatorische Maßnahmen gewährleisten. Dazu gehören umfangreiche Kontrollmaßnahmen, die in einer Anlage zum BDSG zusammengefasst sind. Die entsprechenden Datenverarbeitungsanlagen dürfen nur von Berechtigten benutzt werden (Zugangskontrolle), auch für die entsprechenden Datenbestände muss die entsprechende Berechtigung vorliegen (Zugriffskontrolle). Es muss nachvollziehbar sein, wer zu welchem Zeitpunkt die Daten eingegeben oder verändert hat (Eingabekontrolle). Die Daten dürfen nicht unkontrollierbar über Datenträger (Abgangskontrolle) oder über Datennetze (Übermittlungskontrolle) weitergeleitet werden.

Die getroffenen Maßnahmen müssen letztlich in einem angemessenen Verhältnis zum angestrebten Schutzzweck stehen.

Im Zusammenhang mit dem Datenschutz ist die Problematik der Computerviren zu nennen. Computerviren sind kleine Programme, die meist über Raubkopien professioneller Software, über Spielprogramme oder über Datenübertragungssysteme unkontrolliert übertragen werden. Häufig werden die Programme erst an einem bestimmten Systemdatum oder bei Zusammentreffen bestimmter Systemzustände aktiv und beginnen dann ihr zerstörerisches Werk. Harmlosere Viren behindern durch Meldungen auf dem Monitor die Arbeit mit dem PC, oft werden aber Datenbestände angegriffen, verändert oder sogar gelöscht. Selbst die Beschädigung der Hardware durch Viren ist möglich.

Die wirksamste Maßnahme gegen Computerviren ist der Einsatz von geprüfter Software, deren Herkunft keine Unklarheiten zulässt. Wenn es zu einem Virenbefall gekommen ist, so kann mit einem Virenscanner festgestellt werden, um welchen Virus es sich handelt. Gute Scanner sind in der Lage, den Virus aus dem Arbeitsspeicher oder von den Datenträgern zu entfernen.

AUFGABEN

12.1 Informationen und Signale

1. Welcher Vorteil ergibt sich aus der Verwendung digitaler Signale für die Informationsverarbeitung?
2. Ein Übertragungskanal überträgt 64 Kbit je Sekunde. Wie viel Textzeichen entspricht das in einer Sekunde, wenn ein Zeichen mit einem Byte verschlüsselt wird? Wie lange dauert die Übertragung einer Schreibmaschinenseite mit 50 Zeilen je 80 Zeichen?
3. Welche Rolle spielt bei einem binären Signal der „verbotene“ Bereich des Informationsparameters?

12.2 Grundlagen digitaler Informationsverarbeitung

1. Nennen und beschreiben Sie die Grundfunktionen der digitalen Informationsverarbeitung.
2. Genau dann, wenn 2 von 3 binären Signalen (E1, E2, E3) 1-Signal führen, soll das Ausgangssignal A ebenfalls den Signalwert 1 annehmen.
   Realisieren Sie diese Signalverarbeitung mit NAND-Funktionen!
3. Stellen Sie eine Wendeschützsteuerung als Funktionsplan mit RS-Speichergliedern dar.

12.3 Informationsverarbeitung in Steuerungen

1. Welche Struktur besitzt eine Steuerungsanlage? Unterscheiden Sie zwischen den Begriffen Wirkungsweg und Wirkungsablauf.
2. Nennen Sie Beispiele für Führungs-, Zeitplan- und Ablaufsteuerungen.

12.4 Informationsverarbeitung in Regelungen

1. Welche Funktionen müssen bei einer Regelung verwirklicht werden und worin besteht der Unterschied zu einer Steuerung?
2. Nennen Sie Beispiele für Festwert-, Zeitplan- und Folgeregelungen.

12.5 Informationsverarbeitung mit Computern

1. Nennen Sie Einsatzmöglichkeiten von Computern in Ihrem Ausbildungsberuf.
2. Erläutern Sie die Begriffe Hardware und Software. Wenden Sie diese Begriffe im übertragenen Sinne auf eine herkömmliche Schützschaltung an.
3. Aus welchen Hardwarekomponenten besteht ein Computersystem?
4. Welche Aufgaben erfüllt das Betriebssystem eines Computers?
5. Nennen und erläutern Sie die Funktionen eines Textverarbeitungsprogramms.
6. Welche Daten werden von Ausbildungsbetrieb oder Berufsschule über Ihre Person gespeichert? In welchem Umfang unterliegen diese Daten dem Datenschutz?

13 Anlagen zum Erzeugen von elektrischen Spannungen

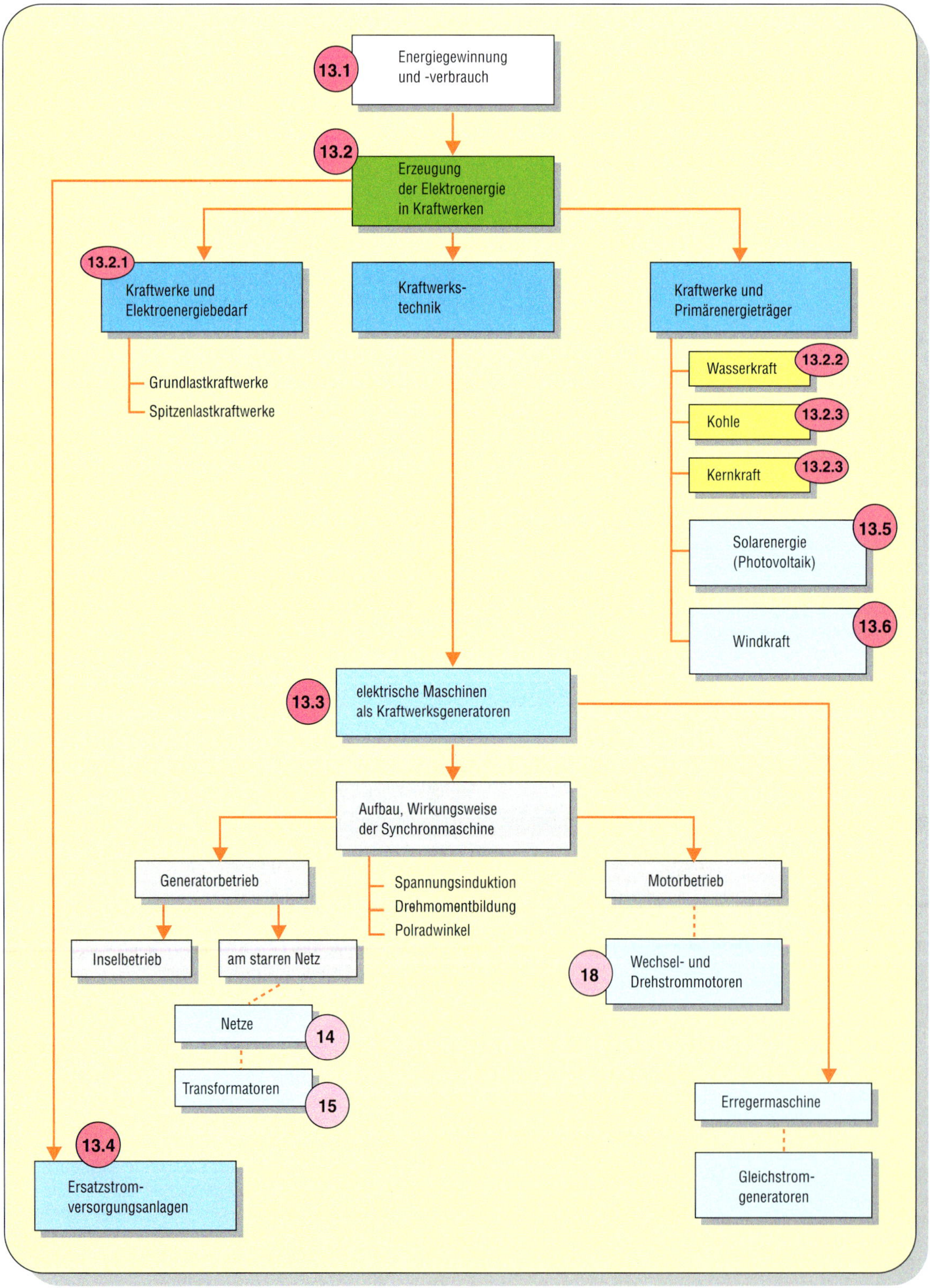

Abb. 13-1 ***Beziehungen und Strukturen***

13.1 Energiegewinnung und -verbrauch

Die technische Entwicklung im 20. Jahrhundert war in Europa geprägt von einer hohen Zuwachsrate des Elektroenergiebedarfs der Industrieländer. Die installierte Kraftwerksleistung in Deutschland wuchs innerhalb von 80 Jahren von 1 500 MW (1914) auf ca. 125 000 MW (1994).

Der Bedarf an Elektroenergie verdoppelte sich trotz zweier Weltkriege in Deutschland alle 13 Jahre.

In Tab. 13-1 ist die Entwicklung der Primärenergiegewinnung und des Energieverbrauchs in Deutschland angegeben.
Nahm der Energiebedarf zwischen 1988 und 1990 noch jährlich um 1,5 % zu, so liegt zwischen dem Jahr 2000 und dem Jahr 1994 eine Gesamtsteigerungsrate von 7,5 %.
Die industrielle Entwicklung, die Witterung und die Konjunktur bestimmen den Energiebedarf entscheidend. Wirtschaftspolitische Entscheidungen können ihn aber ebenfalls beeinflussen.

1988 wurde erstmals in der Geschichte der Bundesrepublik Deutschland ein Rückgang des Elektroenergiebedarfs bei den Haushalten festgestellt.

Ursache des Rückgangs waren Erfolge der rationellen Energieanwendung, die vor allem durch neue Gerätegenerationen zustande kamen.
In Deutschland ist ein Trend zur Dienstleistungsgesellschaft erkennbar. Während der Anteil des Elektroenergiebedarfs in der Industrie nur geringfügig stieg (um 7,3 % in 6 Jahren), ist er im Handel und Gewerbe von 1994 bis zur Jahrtausendwende um 21,7 % gestiegen. Informations- und Kommunikationstechnik lassen die Elektroenergie zur innovativen Energie werden. Die Wandelbarkeit in andere Energieformen ist der entscheidende Vorteil der Elektroenergie. Dabei darf nicht vergessen werden, dass zur Gewinnung der Elektroenergie mehrere Wandlungsprozesse notwendig sind. Sie bestimmen den Gesamtwirkungsgrad, z. B. den eines Kraftwerkes.

Ein entscheidender Nachteil der Elektroenergie ist jedoch folgender:

Elektroenergie muss stets zum Zeitpunkt des Bedarfs erzeugt werden. Sie ist im volkswirtschaftlichen Maßstab nicht direkt speicherbar.

1866	Werner von Siemens entdeckt das dynamoelektrische Prinzip und entwickelt den ersten Generator
1876	erste Erzeugung von Elektroenergie mittels Wasserkraft als höfische Spielerei am Bayerischen Königshof
1879	Thomas Alva Edison errichtet das erste Wasserkraftwerk der Welt in New York, im gleichen Jahr gelingt dem Franzosen Deprez die erste Fernübertragung mit Gleichstrom über 57 km von Miesbach nach München (2 kV)
1887	Michael von Dolivo-Dobrowolski konstruiert den Drehstrommotor mit Kurzschlussläufer
1891	erste 15-kV-Leitung Lauffen – Frankfurt/M. über 175 km (Drehstrom, ölgefüllte Porzellanisolatoren)
1914	installierte Kraftwerksleistung in Deutschland 1500 MW
1915–1918	Bau des Kraftwerks Zschornewitz mit 128 MW und 110-kV-Fernleitung nach Berlin-Rummelsburg (132 km)
1930	Oscar von Miller erstellt im Auftrag des Reichswirtschaftsministeriums ein Gutachten zur überregionalen Elt.-Versorgung über eine „Reichssammelschiene" von 220 kV (Verbundbetrieb, in den 50er-Jahren stark ausgebaut)
1951	Gründung der UCPTE (Union für Koordinierung des Transports und der Erzeugung elektrischer Energie)
1957	erste deutsche 380-kV-Leitung Rommerskirchen – Hoheneck
1958	Zusammenschaltung der Höchstspannungsnetze der BRD, der Schweiz und Frankreichs („Stern von Laufenburg")
1960	Gründung des osteuropäischen RGW-Verbundsystems „MIR" mit Zentrale in Prag
1961	erste HGÜ (= **H**ochspannungs**g**leichstrom**ü**bertragung) zwischen Großbritannien und Frankreich durch den Ärmelkanal
1983	HGÜ zwischen Österreich und ČSSR (erste Verbindung zwischen UCPTE und RGW-Verbundnetz)
1992	höchste Spannungsebenen der Welt: Kanada 735 kV, Südafrika 800 kV, Russland 1200 kV
1996	vollständiger Anschluss aller Bundesländer an das westeuropäische Verbundsystem

Abb. 13-2 ***Historische Entwicklung der Elektroenergieerzeugung und des Elektroenergietransports***

Primärenergiegewinnung nach Energieträgern in Petajoule (PJ)

Energieträger	2002	2004	2006	2010
Steinkohle	790	784	639	521
Braunkohle	1 653	1 660	1 588	1 519
Mineralöl	152	151	152	146
Naturgase[1]	656	572	589	606
Wasser- und Windkraft[2]	145	166	188	213
Sonstige[3]	353	665	747	839
Insgesamt	3 750	3 997	3 904	3 813

[1]) Erdgas, Erdölgas, Grubengas
[2]) incl. Fotovoltaik
[3]) Brennholz, Brenntorf, Klärschlamm, Müll u. ä., Abhitze zur Strom- und Fernwärmeerzeugung

Kennziffern des Energieverbrauchs

	2002	2004	2006	2010
Energieverbrauch je Kopf der Bevölkerung				
– Primärenergieverbrauch (GJ)	174,92	177,65	176,83	176,0
– Bruttostromverbrauch (kWh)	7 121	7 380	7 476	7 573
Energieverbrauch in der Industrie je 1000 Euro Bruttowertschöpfung				
– Endenergieverbrauch (GJ)	5,01	5,16	5,02	4,88
– Strom (kWh)	450,1	461,3	431,4	403,4
Energieverbrauch je Haushalt (GJ)	69,4	68,0	67,3	66,6

Tab. 13-1 ***Energewinnung und -verbrauch***

13.2 Konventionelle Kraftwerke

13.2.1 Kraftwerk und Elektroenergiebedarf

Elektrische Energie ist durch die Größen Zeit, Spannung und Stromstärke bestimmt (Abb. 13-3). Diese Energie wird zentral gewonnen und zu den Abnehmeranlagen transportiert. Die Anlagen zur zentralen Gewinnung sind die Kraftwerke, die nach den Besonderheiten der Antriebsanlage eingeteilt werden können.

Aus dem Einsatz von Primärenergieträgern lassen sich Schlussfolgerungen über die Energiepolitik und die Energieressourcen eines Landes ziehen. Für Deutschland ergibt sich eine Verteilung nach Abb. 13-4.

Die Abb. 13-5 zeigt den zeitlichen Verlauf der Verbraucheranforderungen und die von den Kraftwerken übernommenen Anteile. In den 60iger-Jahren gingen die Anforderungen in der Nacht auf 58 % der höchsten Tagesanforderungen zurück. Mit Beginn der 90iger-Jahre dagegen betrug der Unterschied zwischen Nachttal und Tagesspitzenwert nur noch 24 %. Für den Betrieb der Kraftwerke wäre ein ausgeglichener Bedarf ökonomisch, da die Erzeugung dem Bedarf angepasst werden muss. Die Anfahrzeiten der Kraftwerke sind recht unterschiedlich:

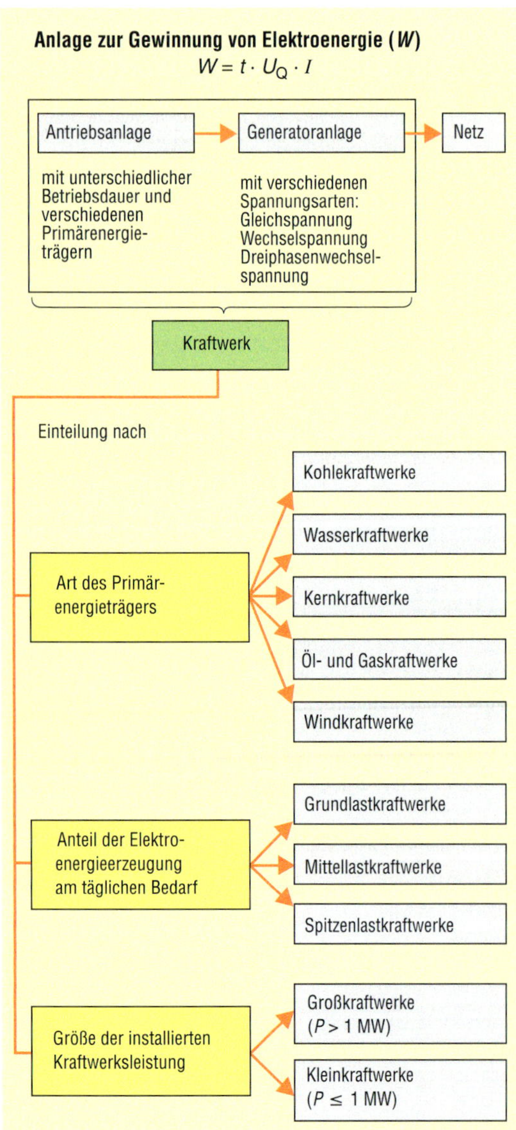

Abb. 13-3 ***Einteilungsmöglichkeiten der Kraftwerke***

Rohbraunkohlekraftwerk	4–8 h
Steinkohlekraftwerk	3–6 h
Kernkraftwerk	2–5 h
Öl- und Gaskraftwerk	5–40 min
Pumpspeicherkraftwerk	1,8–5 min

Tab. 13-2 ***Anfahrzeiten von Kraftwerken***

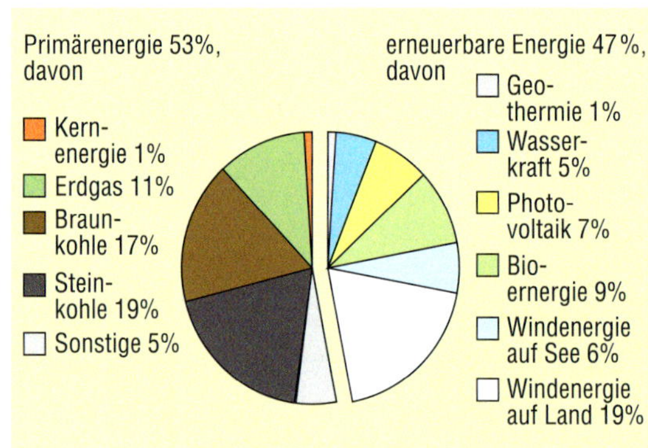

Abb. 13-4 ***Strommix 2020 (Prognose)***

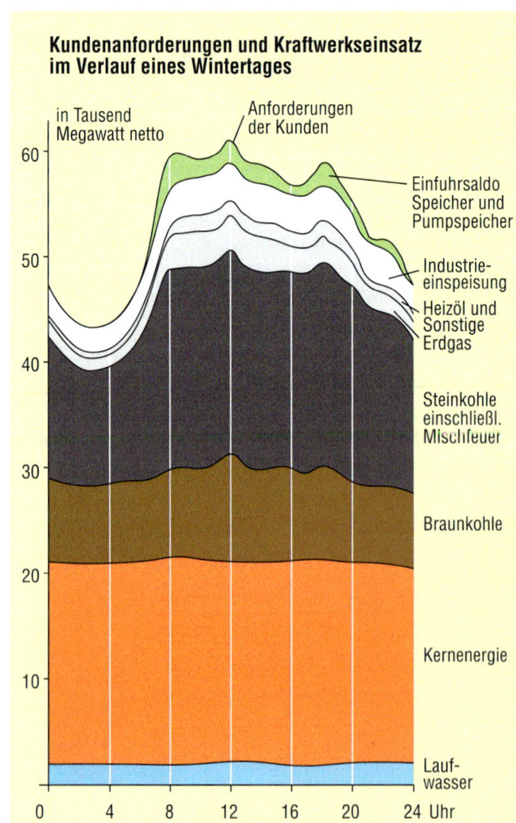

Abb. 13-5 ***Tagesbelastungskurve***

In Abb. 13-5 ist ersichtlich, dass die Laufwasser-, Braunkohle- und Kernkraftwerke rund um die Uhr in Betrieb sind. Diese Kraftwerke gehören zur Gruppe der Grundlastkraftwerke. Typische Mittellastkraftwerke sind Steinkohlekraftwerke. Zur dritten Gruppe, den Spitzenlastkraftwerken, gehören die Pumpspeicher- und Gasturbinenkraftwerke. Unterschiede der drei Gruppen enthält Tab. 13-3.

Nur im Verbund aller Kraftwerksarten ist eine effektive, für den Kunden kostengünstige Energieversorgung möglich. Neben den Lastunterschieden eines Tages ist auch innerhalb eines Jahres ein Unterschied des Bedarfs festzustellen. Hierbei liegt der Spitzenbedarf für europäische Länder in den Monaten Dezember bis Februar. In den USA ist dieser Unterschied, der in Jahresganglinien dargestellt wird, kaum zu spüren, da dort der Betrieb von Klimaanlagen den Sommerbedarf an den Winterbedarf angeglichen hat.

Die Wasser-, Kohle- und Kernkraftwerke liefern den größten Teil der Elektroenergie in Deutschland.

13.2.2 Wasserkraftwerke

Wasserkraftwerke gibt es als Laufwasser-, Speicherwasser- und Pumpspeicherkraftwerke.

Wasserkraftwerke nutzen die potenzielle Energie des auf höherem Niveau angesammelten Wassers aus. In der Turbine entsteht aus einer geradlinigen eine drehende Bewegung. Die Turbine wiederum ist starr mit dem Generator verbunden und erzeugt die elektrische Energie. In der Blockbilddarstellung wird die Anzahl der Energiewandlungen deutlich:

	Turbine		Generator	
potenzielle Energie des Wassers	▶	Bewegungsenergie des Wassers	▶	elektrische Energie

Wegen der geringen Zahl der Energiewandlungen ist der Wirkungsgrad der Wasserkraftwerke hoch und beträgt 80 bis 90 %. Ihre Turbinen-Generatoren-Blöcke wandeln Leistungen bis 1000 MW. Letztgenannte Größenordnung erreichen in Deutschland nur Pumpspeicherkraftwerke Goldisthal (Thüringen) mit 1 060 MW. Für diese Kraftwerke wurden zwei Speicherbecken angelegt und mit Rohrleitungen verbunden. Ein Becken liegt wesentlich höher als das andere, so dass in Spitzenzeiten das Wasser abgelassen werden kann. In Schwachlastzeiten wird es wieder in das Oberbecken gepumpt. Durch die begrenzte Wassermenge kann ein Pumpspeicherkraftwerk nur wenige Stunden seine installierte Höchstleistung erzeugen. Die abgebbare Leistung der größten Speicher- und Laufwasserkraftwerke in Deutschland beträgt etwa 1000 MW.

Abb. 13-6 ***Drei Arten der Wasserkraftwerke (Laufwasserkraftwerk, Pumpspeicherkraftwerk, Speicherwasserkraftwerk)***

Merkmal	Grundlast-kraftwerke	Mittellast-kraftwerke	Spitzenlast-kraftwerke
Anfahrzeit	mehrere Stunden	3–6 Stunden	Minuten
Regelbarkeit	gering	gut	sehr gut
Betriebsstunden pro Jahr	6000	5000	< 2000
Leistung	bis 5000 MW	ca. 1000 MW	einige kW bis mehrere MW
spezifische Energiekosten	niedrig	mittel	hoch

Tab. 13-3 ***Kraftwerksunterschiede***

In Deutschland decken alle Wasserkraftwerke zusammen gegenwärtig etwa 4,5% des Elektroenergiebedarfs.

Das technisch nutzbare Wasserkraftpotenzial in Deutschland wird zu etwa 75% ausgenutzt.

13.2.3 Wärmekraftwerke

Kohlekraftwerke

Kohlekraftwerke nutzen die in einem fossilen Brennstoff über Jahrmillionen angereicherte chemische Energie und erzeugen durch die Verbrennung Wärme.

Kohlekraftwerke decken gegenwärtig den größten Anteil des Elektroenergiebedarfs.

Die Verbrennungswärme wandelt Wasser in Dampf um, der sich in ein größeres Volumen ausdehnen möchte. Das Ausdehnungsbestreben wird in Rohrleitungen und besonders in der Dampfturbine ausgenutzt. Die weitere Wandlung geschieht wie beim Wasserkraftwerk (Abb. 13-7).

Der für den Wirkungsgrad der Kohlekraftwerke entscheidende Vorgang ist der Dampferzeugungsprozess (Abb. 13-8).

13

Eine Wärmekraftmaschine benötigt stets eine Temperatur**differenz,** um die für eine Bewegung notwendige Kraft zu erzeugen.

Das Material der heutigen Dampfturbinen verträgt Temperaturen bis etwa 540 °C bei einem Druck von ca. 25 MPa (über 100-mal größer als der Reifeninnendruck eines PKW).

Lösungsbeispiel:

Wie groß ist der Wärmewirkungsgrad bei einer Dampfturbine, wenn die Eintrittstemperatur des Dampfes 540 °C und die Austrittstemperatur 100 °C beträgt?

gegeben: $\vartheta_1 = 540\ °C$; $\vartheta_2 = 100\ °C$

gesucht: η_{th}

Lösung:

$\vartheta_1 \rightarrow T_1 = 813{,}15\ K$

$\vartheta_2 \rightarrow T_2 = 373{,}15\ K$

$$\eta_{th} = \frac{T_1 - T_2}{T_1} = \underline{\underline{0{,}541}}$$

Der ideale Wirkungsgrad liegt bei rund 54%.

Zusätzliche Verluste in den Dampfturbinen und Rohrleitungen führen dazu, dass moderne Steinkohlekraftwerke Gesamtwirkungsgrade bis zu 42 % und Braunkohlekraftwerke wegen des hohen Feuchtigkeitsgehalts der Kohle nur Wirkungsgrade bis zu 38 % erreichen.

Kohlekraftwerke wandeln weniger als die Hälfte der Primärenergie in elektrische Energie um.

Gas- und Dampfturbinenkraftwerke (GuD-Kraftwerke)

Eine Verbesserung des Wirkungsgrades der Wärmekraftwerke ist mit dem Vorschalten einer Gasturbine möglich.

Den prinzipiellen Aufbau eines solchen GuD-Kraftwerkes zeigt die Abb. 13-9. Die thermische Belastbarkeit des Materials der Gasturbine liegt zwischen 1000 °C und 1100 °C. Mithilfe angesaugter und verdichteter Luft (1–1,5 MPa) wird hochreines Erdgas oder leichtes Heizöl verbrannt.

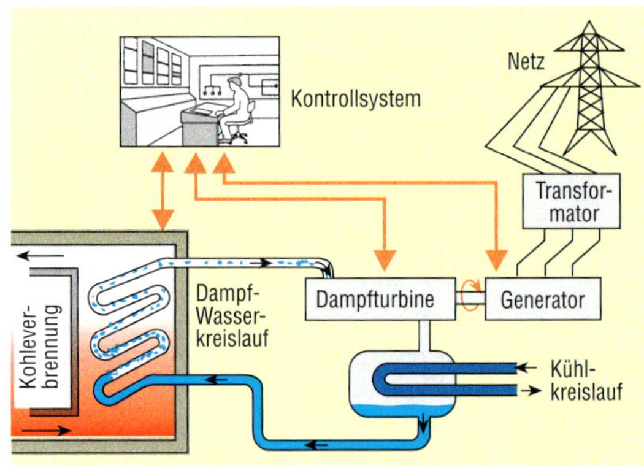

Abb. 13-7 ***Schema eines Kohlekraftwerkes***

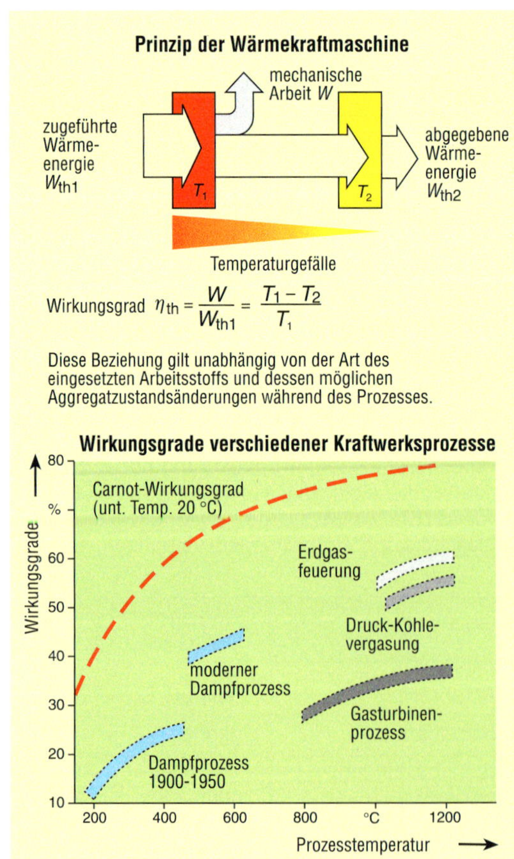

Abb. 13-8 ***Prinzip der Wärmekraftmaschine und Wirkungsgrade verschiedener Kraftwerksprozesse***

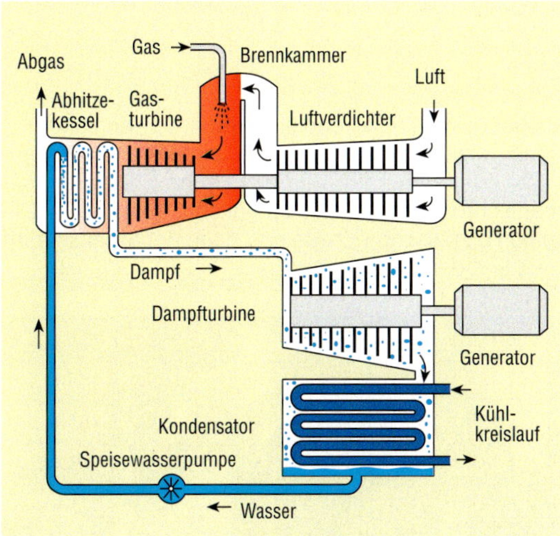

Abb. 13-9 ***Funktionsschema eines Gas- und Dampfturbinenkraftwerkes***

In der Turbine entspannt sich das Gas auf atmosphärischen Außendruck und kühlt sich auf etwa 500 °C ab. Mit dieser Temperatur wiederum kann Wasserdampf erzeugt werden.

GuD-Kraftwerke erreichen Wirkungsgrade von knapp 60 %.

Seit vielen Jahren ist auch die Kohlevergasung bekannt. Das gereinigte Kohlegas kann ebenfalls Gas für GuD-Kraftwerke liefern.

Unter Einbeziehung der Kohlevergasung in die Gesamtbilanz lassen sich die Wirkungsgrade konventioneller Kohlekraftwerke um ca. 10 % steigern.

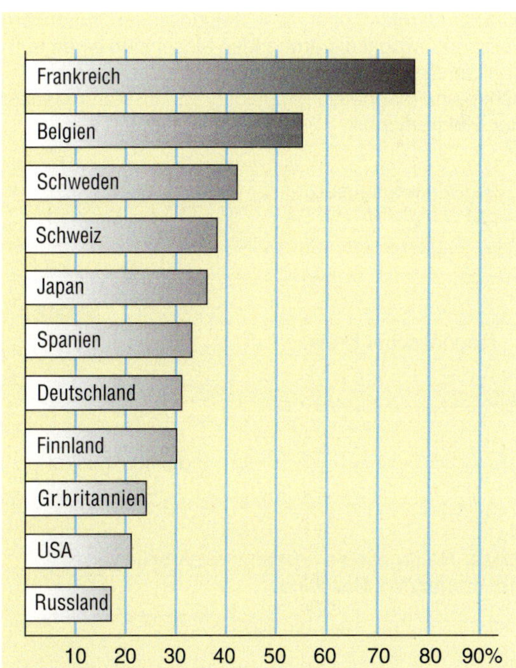

Abb. 13-10 ***Anteil der Kernenergie an der Stromerzeugung nach Ländern (2000)***

Kernkraftwerke

Die Kernkraftwerke in Deutschland lieferten bis 2002 etwa ein Drittel des inländischen Elektroenergiebedarfs.

Die europäischen Nachbarländer, insbesondere Frankreich, erzeugen größere Anteile ihres Elektroenergiebedarfs aus Kernenergie (Abb. 13-10).

Der weltweit verbreitetste und auch in Deutschland meistgenutzte Reaktortyp ist der Druckwasserreaktor. Abb. 13-11 zeigt das Schema eines solchen Kernreaktors. Wegen der radioaktiven Strahlung ist dem Reaktordruckbehälter, in dem Wasser bei einem Druck von etwa 17 MPa auf 330 °C erhitzt ist (Primärkreislauf), ein Dampferzeuger nachgeschaltet. In diesem Dampferzeuger entsteht Dampf mit etwa 230 °C und 0,6 MPa (Sekundärkreislauf). Der weitere Verlauf der Energiewandlungen ist wie im Kohlekraftwerk. Kernkraftwerke haben einen Wirkungsgrad zwischen 30 % und 35 %.

Daraus ergibt sich folgende Blockbilddarstellung:

Reaktordruckbehälter

Kernenergie ▶ Wärmeenergie

▼

Dampferzeuger **Turbine** **Generator**

Wärmeenergie ▶ Bewegungsenergie ▶ elektrische Energie

Am 14. 11. 2003 wurde das Kernkraftwerk Stade außer Betrieb genommen. Damit begann für Deutschland der Ausstieg aus der Wandlung von Kernenergie in elektrische Energie.

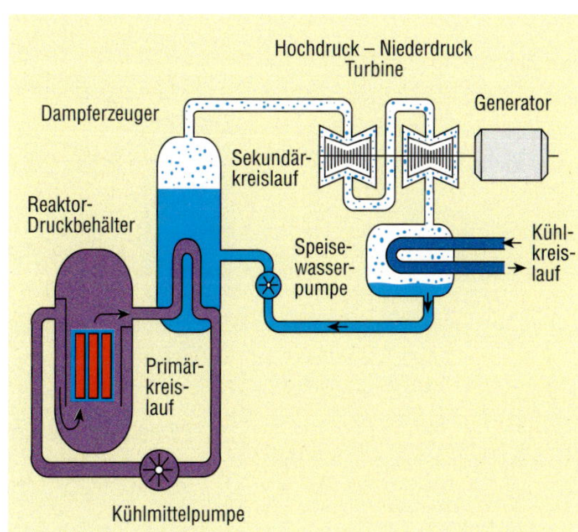

Abb. 13-11 ***Prinzipaufbau eines Kernkraftwerkes***

13

13.3 Kraftwerksgeneratoren

13.3.1 Generator – drehende elektrische Maschine

In der Abb. 13-3 ist die Generatoranlage als Teil eines Kraftwerks dargestellt. Der Generator wandelt mechanische in elektrische Energie um.

Eine elektrische Maschine ist ein Energiewandler, bei dem zwei elektrische Kreise durch einen magnetischen Kreis gekoppelt sind.

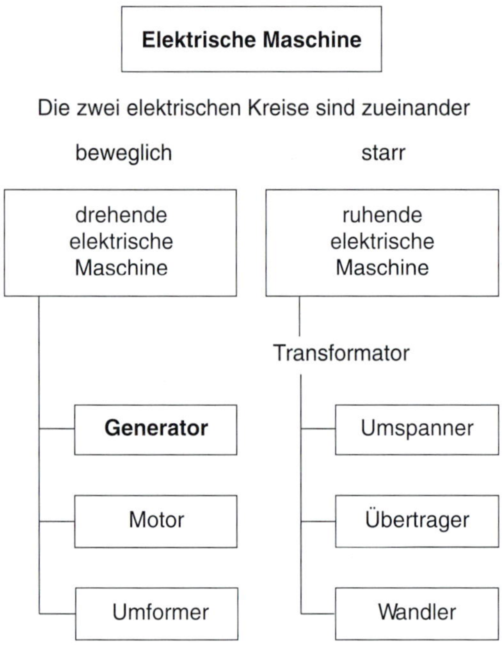

Bei einem Transformator oder Umformer sind die beiden elektrischen Kreise der Eingangs- und der Ausgangskreis. Hier erfolgt die Energiewandlung von einem elektrischen Kreis zum anderen. Bei einem Motor oder Generator wird elektrische Energie in mechanische Energie, oder umgekehrt, gewandelt. Die beiden elektrischen Kreise sind dann der Arbeitsstromkreis und der Erregerstromkreis.

Abb. 13-12 ***Wasserstoffgekühlter Generator in einem Gas- und Dampfturbinenkraftwerk***

Die Kopplung der genannten zwei elektrischen Kreise wird konstruktiv über den magnetischen Eisenkern vollzogen, wobei die drehenden Maschinen einen Luftspalt in diesem Kreis benötigen. Zwischen den elektrischen und magnetischen Feldern wirken Naturgesetze der Elektrotechnik:

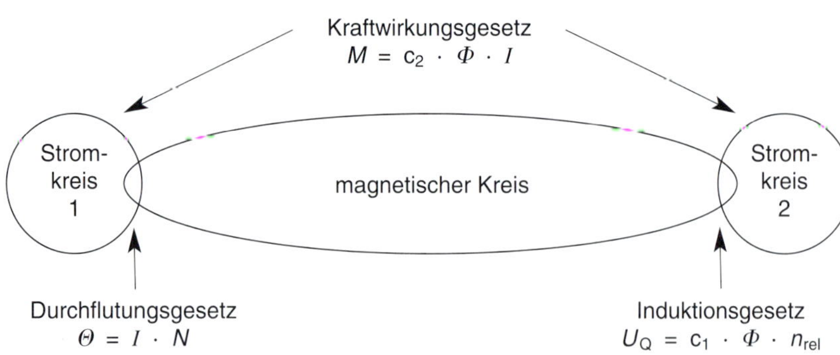

Das Zusammenwirken dieser Naturgesetze bestimmt die Arbeitsweise einer drehenden Maschine.

Das Vorherrschen eines dieser Naturgesetze bestimmt die Arbeitsweise im:

Generatorbetrieb	**Motorbetrieb**
Zur Spannungserzeugung muss sich ein Leiter im Magnetfeld bewegen.	Zur Krafterzeugung muss sich ein stromdurchflossener Leiter in einem Magnetfeld befinden.
Φ ↓ wirkt auf U_Q: Antrieb $\rightarrow n \rightarrow U_Q \rightarrow$	Φ ↓ wirkt auf M: $\leftarrow M \leftarrow I \leftarrow$ Netz

Voraussetzung für das Entstehen des magnetischen Flusses Φ ist die elektrische Durchflutung Θ, die durch einen von der Spannung U angetriebenen Erregerstrom I_e entsteht.

Generatorbetrieb	Motorbetrieb
$U \downarrow I_e \downarrow \Theta_e \downarrow \Phi \downarrow$ wirkt auf U_Q: Antrieb $\rightarrow n \rightarrow U_Q \rightarrow$	$U \downarrow I_e \downarrow \Theta_e \downarrow \Phi \downarrow$ wirkt auf M: $\leftarrow M \leftarrow I \leftarrow$ Netz

Die zwei Stromkreise sind
der Erregerstromkreis für I_e und
der Arbeitsstromkreis für U_Q bzw. I

Beide Stromkreise werden durch das Magnetfeld Φ gekoppelt. Der Zweck beider Anordnungen ist die Wandlung der Energieformen:

Generatorbetrieb	Motorbetrieb
$\rightarrow W_{mechanisch} \rightarrow W_{elektrisch} \rightarrow P_{el} = U_Q \cdot I$	$P_{mech} = 2 \cdot \pi \cdot n \cdot M \leftarrow W_{mechanisch} \leftarrow W_{elektrisch} \leftarrow$

Bei Belastung fließen in den Arbeitsstromkreisen von Generator und Motor Ströme, die eine zweite Durchflutung Θ_I erzeugen. Diese beeinflusst den Magnetfluss, der meist geschwächt wird.

Der Belastungsstrom I im Generatorbetrieb erzeugt im Erregerfeld nach dem Kraftwirkungsgesetz ein Gegendrehmoment M_{gegen}.

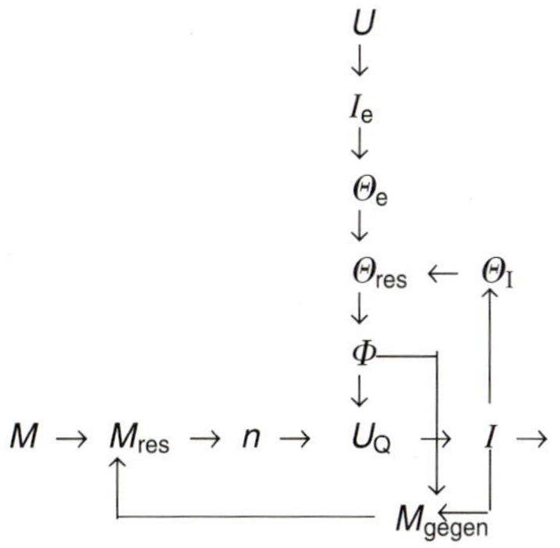

In der sich im Erregerfeld drehenden Leiterschleife wird nach dem Induktionsgesetz eine Spannung induziert. Sie bildet mit der Netzspannung, die die Stromaufnahme bestimmde resultierende Spannung U_{res}.

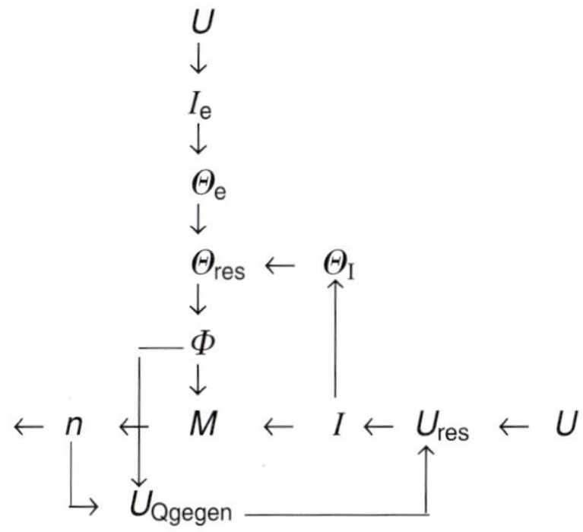

1. In **jeder** drehenden elektrischen Maschine existieren die Größen: Magnetfluss Φ, Drehzahl n und Arbeitsstrom I.
2. In **jeder** drehenden elektrischen Maschine wirken gleichzeitig das Generator**prinzip** (Spannungserzeugung) und das Motor**prinzip** (Krafterzeugung).

13

Eines der beiden Prinzipien ist jeweils das gewollte, das andere das ungewollte. Das ungewollte Prinzip wird als Rückwirkung bezeichnet. Danach wirkt die Krafterzeugung im Generator gegen das Moment der Antriebsmaschine (z. B. Turbine) und die im Motor durch Bewegungsinduktion entstehende Spannung wirkt gegen die Netzspannung. Aufbau und Wirkungsweise bedingen einander. Die konstruktiven Teile einer Maschine müssen entsprechend der Wirkungsweise angeordnet werden, um einen möglichst hohen Wirkungsgrad der Energiewandlungen zu erreichen.

Die wesentlichen Konstruktionselemente und die Einteilung der Maschinen nach der Art der Magnetfelder von Erreger- und Arbeitsstromwicklung zeigt Abb. 13-13.

Um die Stromkreise einer Maschine zu schließen, ist der Anschluss an ein oder zwei äußere Leitungsnetze erforderlich. Zusätzlich wird der Wandler „drehende Maschine“ mit einer Arbeitsmaschine mechanisch gekoppelt.

Aus dem Zusammenwirken mit den äußeren Systemen resultieren zwei Wirkprinzipien ein und derselben Maschine:

1. Bei mechanischem Antrieb → Erzeugung von Quellenspannung = Generatorbetrieb
2. Bei Einspeisung des elektrischen Stromes → Erzeugung eines Drehmomentes = Motorbetrieb.

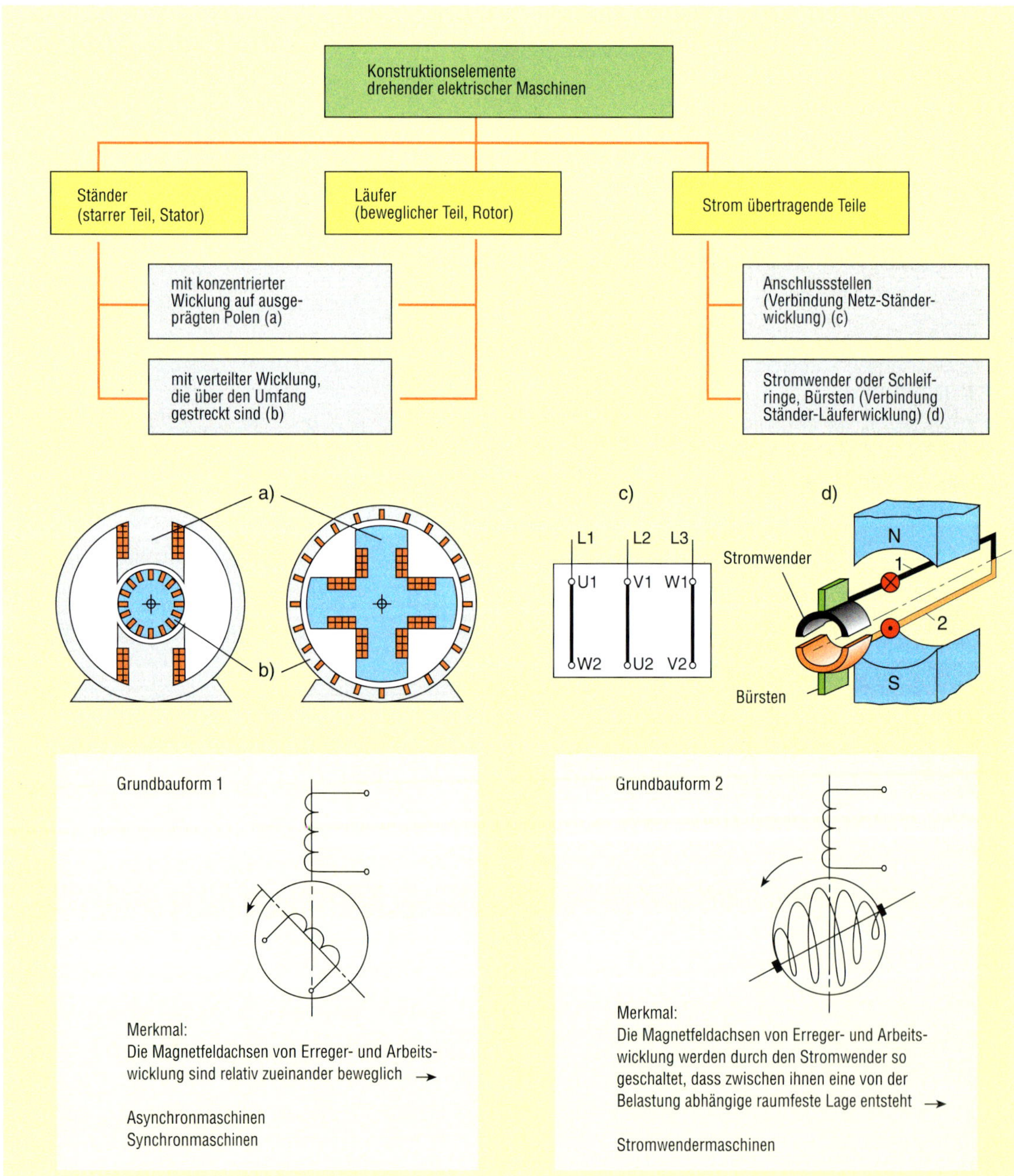

Abb. 13-13 ***Konstruktionselemente und Einteilung der drehenden elektrischen Maschinen***

Das Zusammenwirken der Maschine mit den äußeren Systemen wird durch Kennlinien beschrieben, z. B. $U = f(I)$, $M = f(I)$, $n = f(M)$, $I = f(M)$.

Die Wechselwirkung eines Motors oder Generators mit den äußeren Systemen ist das Betriebsverhalten.

Als Wortkombinationen kann es folglich nur den „Aufbau und die **Wirkungsweise** einer Synchron**maschine**" geben und das **„Betriebsverhalten** eines Synchron**generators**".

13.3.2 Aufbau und Wirkungsweise der Synchronmaschine

Aufbau

Eine Wicklung der Synchronmaschine ist als konzentrierte, die andere als verteilte Wicklung ausgeführt (vergleiche Abb. 13-13). Nach dem Unterbringungsort der konzentrierten Wicklung unterscheidet man:

1. Innenpolmaschine (Erregerwicklung im Läufer)
2. Außenpolmaschine (Erregerwicklung im Ständer).

Die Anschlussklemmen der Erregerwicklung sind mit F1 und F2 gekennzeichnet. Die Arbeitswicklung wird von Wechsel- oder Drehstrom (Anschlussbezeichnung entsprechend Abb. 13-13) durchflossen, die Erregerwicklung von Gleichstrom. Nach der Stromart im Arbeitsstromkreis wird diese Maschine als Wechsel- bzw. Drehstrommaschine bezeichnet. Befindet sich die Arbeitswicklung im Läufer, so muss der Hauptenergietransport über Schleifringe erfolgen, womit der übertragbare Strom durch den Bürstenquerschnitt und -übergangswiderstand begrenzt wird.

Die meisten Synchronmaschinen sind heute Innenpolmaschinen.

Nachfolgende Erläuterungen gelten für die Innenpolmaschinen.

Die Kombination Läufereisen-Magnetspulen wird bei der Innenpolmaschine auch Polrad genannt. Nach der Ausführung dieses Polsystems unterscheidet man Vollpolläufer und Schenkelpolläufer (Abb. 13-14).

Abb. 13-14 ***Innenpolmaschine in Schenkel- und Vollpolausführung***

Schenkelpolläufer	Vollpolläufer
• Erregerwicklung auf ausgeprägten Eisenschenkeln	• Erregerwicklung über Läuferumfang gleichmäßig verteilt
• kurze gedrungene Läufer mit großem Durchmesser bis 13 m	• sehr schlanke, lang gestreckte Läufer mit einem Durchmesser von höchstens 1,20 m
• Läufer mit vielen Polpaaren (bis zu 80)	• Läufer mit höchstens zwei Polpaaren
• Welle wird wegen der großen Läufermasse und damit auftretender Biegemomente häufig senkrecht gelagert	• Welle wird waagerecht gelagert
• durch ausgeprägte Pole unterschiedliche Luftspaltbreite zwischen Läufer und Ständer	• durch wenige Pole annähernd gleiche Luftspaltbreite zwischen Läufer und Ständer

Die Vollpolläufer wurden für große Umfangsgeschwindigkeiten entwickelt (z. B. für den Antrieb durch Dampfturbinen). Die Schenkelpolläufer sind für kleine Umfangsgeschwindigkeiten geeignet (z. B. für den Antrieb durch langsam laufende Wasserturbinen). Infolge der Gleichstromerregung und des fehlenden Drehzahlunterschiedes zwischen Drehfeld und Läufer kann das Läufereisen massiv sein.

Die Spannungsinduktion

Ursache | Wirkung

Antreiben des Läufers ↘
Gleichstrom in Läuferwicklung ↗
drehendes Erregerfeld → Flussänderung in den Ständerspulen → Induktion der Dreiphasenwechselspannung

Bedingung

Die Frequenz der Dreiphasenwechselspannung beträgt bei einer Drehzahl von 3000 min^{-1} (bzw. 50 s^{-1}) 50 Hz. Bei einem vierpoligen Erregerfeld (2 Polpaare, N- und S-Pol bilden einen Winkel von 90°) sind im Ständer 2-mal 3 Spulen in einem Winkel von 120° : 2 = 60° anzuordnen. Die unter den gleichen Polen des Erregerfeldes liegenden Ständerspulen werden zu einer Strangwicklung zusammengeschaltet. Für eine Frequenz von 50 Hz kann die Läuferdrehzahl halbiert werden.

Die Kenngrößen der Dreiphasenwechselspannung sind:

Frequenz – bestimmt durch – Polpaarzahl und Antriebsdrehzahl

$$f = p \cdot n \qquad (13\text{–}1)$$

Betrag der Spannung – bestimmt durch – Baugröße, Antriebsdrehzahl und Magnetfluss

$$U_Q = c_1 \cdot \Phi \cdot n_{rel.} \qquad (13\text{–}2)$$

Beispiele (Wechselspannung 50 Hz):

Polpaare	n in min^{-1}	Ständerspulen
1	3000	3
2	1500	6
3	1000	9
4	750	12
5	600	15
6	500	18
8	375	24
10	300	30

Tab. 13-5 ***Polpaarzahl und Drehzahl***

Die Drehmomentbildung

1. Der Läufer ist mit Gleichstrom erregt (Φ_e).
2. Die Ständerwicklung wird an dreiphasige Wechselspannung angeschlossen, wodurch ein Drehstrom angetrieben wird ($I_{3\sim}$).

U_e → I_e → Φ_e
$U_{3\sim}$ → $I_{3\sim}$ → $\Phi_{3\sim}$

⇒ nach dem Kraftwirkungsgesetz

$$M = c_2 \cdot \Phi \cdot I \qquad (13\text{–}3)$$

Pole des Drehfeldes ziehen Pole des Erregerfeldes mit
↓
Drehmoment M
↓
Drehzahl n

In der Abb. 13-15 ist die Kraftrichtung dargestellt. Bei der Anwendung der Linken-Hand-Regel ermittelt man die Bewegungsrichtung des stromdurchflossenen Leiters. Da dieser aber im Ständereisen angeordnet ist, wird das Feld und mit ihm der Läufer abgestoßen. Er versucht, sich rechtsherum zu drehen.

Eine zweite Deutung der Krafterzeugung ist über die Feldachsen möglich (Abb. 13-16). Die Durchflutungen zweier sich überlagernder Magnetfelder versuchen sich stets gleich auszurichten, d. h. der Läufer im Motor hat das Bestreben, dem Drehfeld zu folgen! Der in der Ständerwicklung fließende Strom ist ein Wechsel- bzw. Drehstrom, der 50-mal pro Sekunde seine Richtung ändert, d. h. die Stromrichtung im oberen Leiter der Abb. 13-15 kehrt sich nach jeweils einer Halbwelle um. In dieser Zeit muss der Läufer eine halbe Umdrehung ausgeführt haben, wenn die Kraftrichtung erhalten bleiben soll.

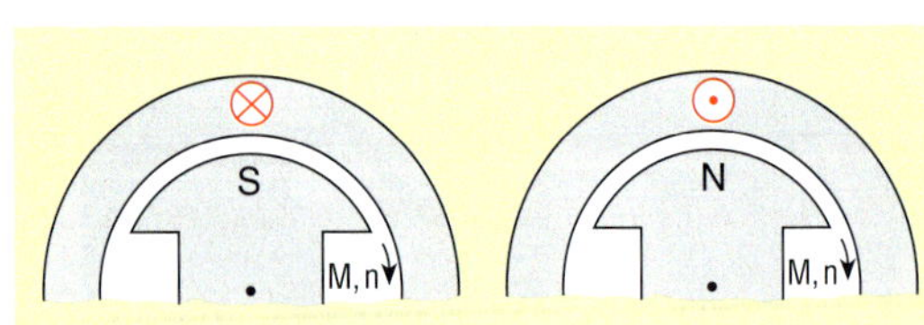

Abb. 13-15 ***Drehmomentbildung in der Innenpolmaschine***

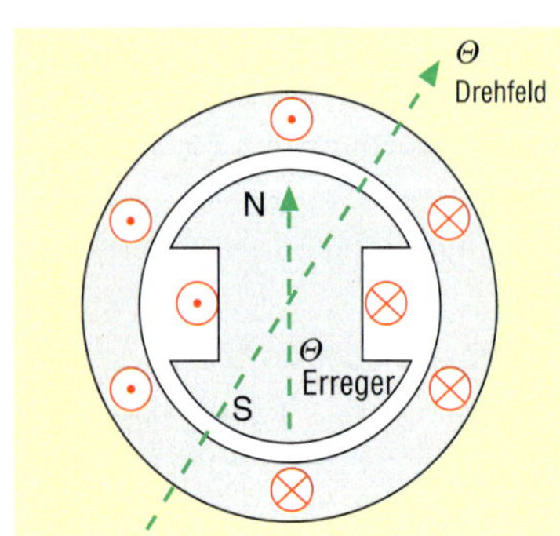

Abb. 13-16 ***Feldachsen von Erregerfeld und Drehfeld***

> Das Drehmoment wirkt nur dann immer in die gleiche Richtung, wenn die Drehzahl des Drehfeldes und die Drehzahl des Läufers gleich sind ⇒ **Synchron**lauf.

Im Generatorbetrieb wirkt die elektrische Belastung als mechanische Abbremsung des Läufers.
Zum Erzeugen einer konstanten Frequenz und eines konstanten Spannungsbetrages muss stets das Antriebsmoment des Läufers der elektrischen Belastung angeglichen werden.

Der Polradwinkel

Induktionsspannungen, Ständerströme und auch Drehmomente sind in dieser Maschine sinusförmige Wechselgrößen. Um Zusammenhänge zwischen derartigen Strom- und Spannungsgrößen zu beschreiben, nutzt man die Zeigerdarstellung. In der Abb. 13-17 ist das Ersatzschaltbild der Synchronmaschine für die zwei Arbeitsweisen als Motor und Generator dargestellt. Die Zählpfeile sind entsprechend dem Verbraucherzählpfeilsystem eingetragen. Der Blindwiderstand X stellt die durch Spannungsinduktion und Streufluss in der Ständerwicklung zustande kommende Strombehinderung dar. Durch den Wirkwiderstand R werden die Stromwärmeverluste beschrieben. Ein Ständerstrom (auch Anker- oder Arbeitsstrom) I_a erzeugt die inneren Spannungsfälle. Somit lässt sich der Maschensatz wie folgt schreiben:

Motor $$U_Q = U \mathbin{\hat{-}} U_R \mathbin{\hat{-}} U_X \qquad (13\text{-}4)$$

Generator $$U_Q = U \mathbin{\hat{+}} U_R \mathbin{\hat{+}} U_X \qquad (13\text{-}5)$$

Diese Addition gilt geometrisch für die Effektivwertzeiger der Spannungen. Der Strom I_a sei beim Generator durch Belastung mit ohmschen Widerständen und beim Motor durch mechanische Belastung ein Wirkstrom. Die Klemmenspannung U liegt mit I_a in Phase. Die Zeigerbilder in Abb. 13-18 enthalten folgende Merkmale:

Generatorbetrieb	**Motorbetrieb**
An den Anschlussstellen steht eine um die inneren Spannungsfälle U_R und U_X verminderte Spannung zur Verfügung. U_Q ergibt sich nach geometrischer Addition. Die Maschine gibt Leistung ab.	Die induzierte Spannung U_Q wirkt der angelegten Spannung U entgegen. U_Q ergibt sich nach geometrischer Subtraktion. Die Maschine nimmt Leistung auf.

Besonderheiten:
In eisengefüllten Spulen $X > R \Rightarrow U_X > U_R$

Die Spannungszeiger U_X und U_R sind wesentlich kürzer als die Spannungszeiger von U und U_Q. In der Abbildung 13-18 sind sie nur wegen der Übersichtlichkeit größer dargestellt!

Zwischen U_Q und U besteht ein Winkel. Dieser Winkel heißt Polradwinkel β. Der Zeiger der Klemmenspannung ***U* wird als Bezugsachse** des Zeigerbildes definiert:

U_Q eilt U voraus, $\beta > 0$	U_Q eilt U nach, $\beta < 0$
Das Polrad (der Läufer) „zieht" das Drehfeld hinter sich her.	Das Drehfeld „zieht" das Polrad (den Läufer) hinter sich her.

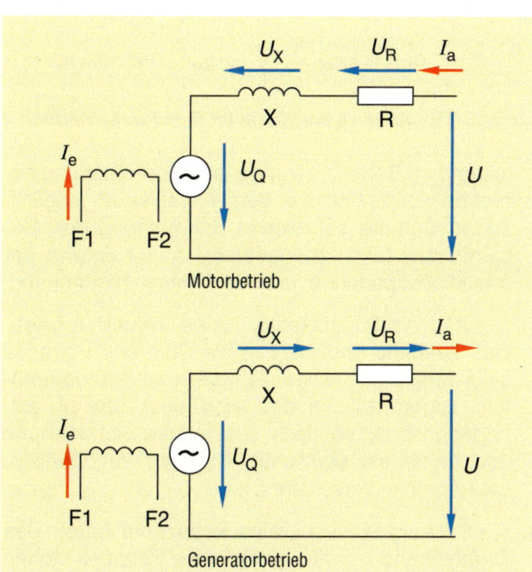

Abb. 13-17 ***Ersatzschaltbild der Synchronmaschine***

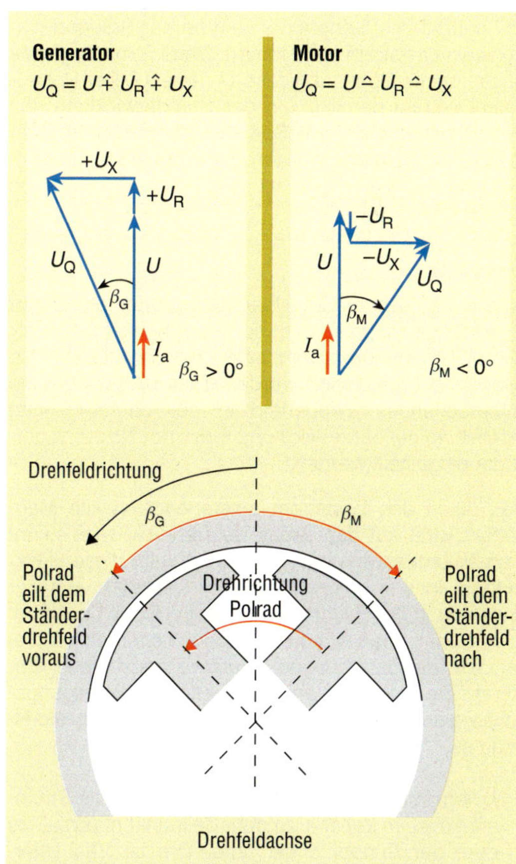

Abb. 13-18 ***Polradwinkel bei Motor- und Generatorbetrieb***

13

Bei Synchronmaschinen entsteht zwischen der Drehfeldachse und der Erregerfeldachse der Polradwinkel β, dessen Größe ein Maß für die Höhe der Belastung ist. Bei Wirklast ist der Polradwinkel im Motor negativ und im Generator positiv.

Es sei nochmals darauf verwiesen, dass sich sowohl das Polrad als auch das Ständerdrehfeld mit der gleichen Drehzahl bewegen. Zwischen beiden besteht ein Winkelabstand, aber kein Drehzahlunterschied!

Der Grenzwert des Polradwinkels beträgt $\beta = \frac{90^\circ}{p}$

p Polpaarzahl

13.3.3 Betriebsverhalten des Synchrongenerators im Inselbetrieb

Im Inselbetrieb wird ein einzelner Generator mit Wirk- oder Blindwiderständen belastet.

Neben der Höhe des Belastungsstromes spielt in Wechsel- und Drehstromkreisen auch der Phasenverschiebungswinkel der Belastungsscheinwiderstände eine Rolle. Je nach Größe des Belastungswiderstandes werden die Betriebszustände Leerlauf, Belastung und Kurzschluss unterschieden.

13

Leerlauf

Im Leerlauf des Generators wird an der Ständerwicklung kein Laststrom entnommen. Ohne Strom I_a gibt es keine inneren Spannungsfälle U_R und U_X. Der Polradwinkel beträgt damit 0°. In der Ständerwicklung des Generators entsteht eine Spannung U_Q, hervorgerufen durch den Leerlauferregerstrom in der Läuferwicklung. Die Klemmenspannung ist genauso groß wie die Quellenspannung.

Belastung

Wird ein ohmscher Lastwiderstand an den Generator angeschlossen, so ensteht der Polradwinkel (vgl. Abb. 13-18). Um den Laststrom liefern zu können, muss die Spannung U_Q induziert werden. Dies ist nur über ein entsprechendes Erregerfeld in der Läuferwicklung möglich. In der Läuferwicklung muss der Nennerregerstrom eingestellt werden.

Das durch den Laststrom entstehende zweite Magnetfeld wirkt auf das Erregerfeld zurück. Dies nennt man Ankerrückwirkung. Abb. 13-19 zeigt diese Rückwirkung in drei unterschiedlichen Lastarten. Bei der Anwendung der Rechten-Hand-Regel ist zu beachten, dass sie für einen sich bewegenden Leiter gilt. Ist dieser, wie bei der Innenpolmaschine feststehend, bestimmt die scheinbar entgegengesetzte Bewegungsrichtung des Läuferfeldes die Richtung des Induktionsstromes.

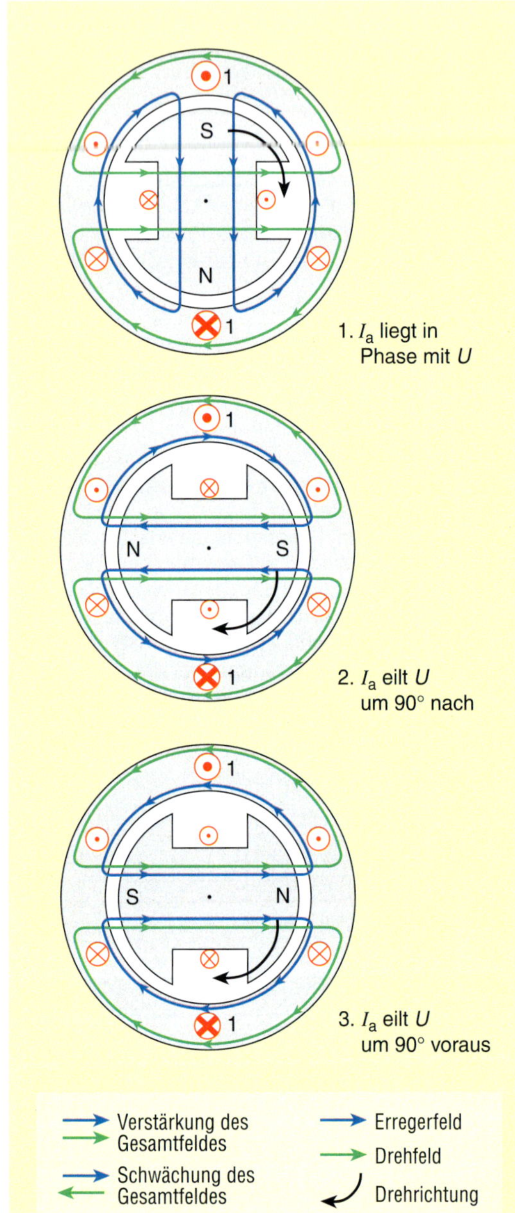

Abb. 13-19 ***Ankerrückwirkung im Synchrongenerator***

1. I_a liegt in Phase mit U (**ohmsche Last**). Die Stromstärke ist im Leiter 1 zu dem Zeitpunkt maximal, zu dem der Südpol direkt unter ihm ist. Die Überlagerung im Eisen bewirkt an einigen Stellen eine Schwächung, an anderen Stellen eine Verstärkung des Erregerfeldes. Da die Maschinen bei Nennbelastung im Bereich der magnetischen Sättigung betrieben werden, ist eine Verstärkung kaum möglich. Die in Summe auftretende Schwächung des Gesamtfeldes führt am Generator zum Absinken der Induktionsspannung und der Klemmenspannung.
2. I_a eilt U um 90° hinterher (**reine induktive Last**). Das Drehfeld und mit ihm die Pole des Polrades sind bereits 90° weiter. Erreger- und Ständerdrehfeld liegen aufeinander, sind aber überall entgegengesetzt, so dass eine starke Schwächung und damit ein deutliches Absinken der Quellenspannung zu verzeichnen ist.
3. I_a eilt U um 90° vor (**reine kapazitive Last**). Das Drehfeld und mit ihm die Pole des Polrades stehen noch 90° vor der Spule 1. Erreger- und Ständerdrehfeld liegen aufeinander und haben überall die

gleiche Richtung. Eine Verstärkung ist möglich, insbesondere außerhalb der Eisensättigung. Diese Verstärkung kann zum Anstieg der Klemmenspannung führen (vergl. kapazitive Transformatorbelastung).

In der Abb. 13-20 ist die Abhängigkeit der Klemmenspannung des Generators von der Belastungsart und -höhe dargestellt. Der Erregerkreis des Synchrongenerators ist vor einer Unterbrechung zu schützen.

Ein Abschalten des Erregerfeldes führt bei Synchronmaschinen zu lebensgefährlich hohen Spannungsspitzen an den offenen Anschlussstellen der Erregerwicklung.

Selbst bei kurzgeschlossener Erregerwicklung führt der Restmagnetismus noch zur Spannungserzeugung in der Ständerwicklung.

Kurzschluss

Bei Kurzschluss der Ständerwicklung belastet sich der Generator mit seinem eigenen Blind- und Wirkwiderstand. Da X wesentlich größer als R ist, eilt der erzeugte Kurzschlussstrom der Spannung nach, wodurch im Inneren des Generators nur ein geringes Gegendrehmoment erzeugt wird. Der Antrieb und die Erregung müssen sofort verringert werden.

13.3.4 Betriebsverhalten des Synchrongenerators am starren Netz

In einem starren Netz ändert sich die Netzspannung bei Laständerung praktisch nicht.

Die Konstanz der Netzspannung wird durch den kleinen Gesamtinnenwiderstand erreicht, der sich durch den Parallelbetrieb der Generatoren ergibt (Verbundbetrieb). Der Parallelbetrieb von Kraftwerken führt zu größerer Versorgungszuverlässigkeit für die Abnehmer. Der Ausfall eines Generators kann durch andere kompensiert werden.

Wird an ein starres Netz ein weiterer Synchrongenerator angeschlossen, so werden ihm die Frequenz und damit seine Drehzahl sowie die Spannung U vorgegeben.

Unterschiedliche Belastung bedeutet, dass der Synchrongenerator und wegen der starren Verbindung auch die Antriebsmaschine (Turbine) ihre Drehzahl auf Dauer nicht ändern können. Die Veränderung der Last führt zur Veränderung des Polradwinkels im Generator. Dies muss durch Veränderung der mechanischen Antriebsleistung (z. B. die Dampfzufuhr in der Turbine, Anpassung des Erregerstromes in der Läuferwicklung des Generators) ausgeglichen werden. Für den Parallelbetrieb zwischen Stromquellen – hier Generator und Netz – sind zwei Problemstellungen zu beachten:

Problem 1

Welche Parallelschaltbedingungen sind einzuhalten, damit unmittelbar nach dem Parallelschaltvorgang zwischen den Quellen keine Ausgleichsströme fließen?

Das Herstellen der Parallelschaltbedingungen vor dem Zuschalten des Generators an das Netz wird Synchronisieren genannt.

- Zuerst wird die Frequenz der Generatorspannung durch Drehzahländerung der Antriebsmaschine der Netzfrequenz angepasst. Unterschiedliche Frequenzen würden zu Schwingungen des Generatorläufers bis hin zum Außertrittfallen auch anderer Generatoren führen. Eine Erhöhung der Generatordrehzahl lässt allerdings auch die Generatorspannung ansteigen.
- Als zweiter Schritt wird durch Veränderung des Erregerstromes die Höhe der Generatorspannung an die Netzspannung angeglichen.
- Als Letztes werden die Phasenlage und Phasenfolge kontrolliert. Besteht ein Unterschied in der Phasenlage, dreht sich das Netzdrehfeld zwar gleich schnell, aber in einem Winkelabstand zum Generatordrehfeld. Über dem Schalter S liegt eine Spannung an (Abb. 13-21). Kurze Drehzahländerungen der Turbine bringen hier Übereinstimmung.

Die Herstellung der richtigen Phasenfolge, d. h. Generator und Netz haben rechtsdrehende Drehfelder, wird nur bei erstmaliger Inbetriebnahme des Generators notwendig. Die beiden letzten Bedingungen werden durch ein Synchronoskop überwacht.

In Abb. 13-22 ist die Schaltung einer gesamten Synchronisiereinrichtung dargestellt. Spannungs- und Frequenzmesser sind jeweils als Zweifachmessgerät ausgeführt. Die Lampen stellen das Synchronoskop dar. Stimmt die Phasenfolge nicht, würden alle Lampen sehr hell leuchten – nämlich mit der verketteten Spannung. Besteht ein Winkelabstand bei gleicher Phasenfolge, leuchten auch alle Lampen, aber dunkler. Bei Synchronismus leuchten die vier markierten Lampen und zwei Lampen sind dunkel. Jetzt kann der Generator an das Netz geschaltet werden.

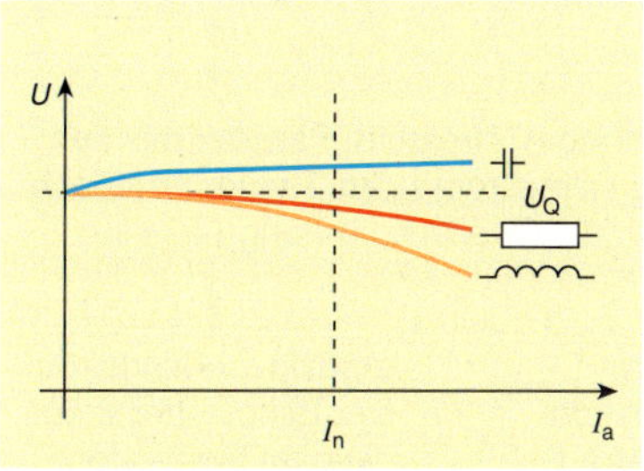

Abb. 13-20 ***Belastungskennlinien des Synchrongenerators***

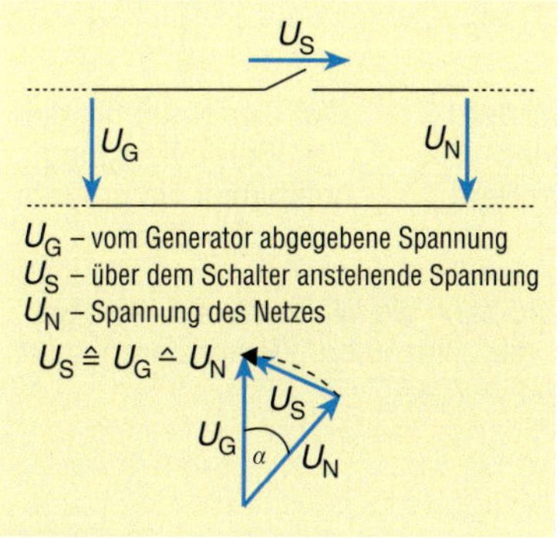

Abb. 13-21 ***Spannung über den Kontaktstücken bei unterschiedlicher Phasenlage von Generator- und Netzspannung***

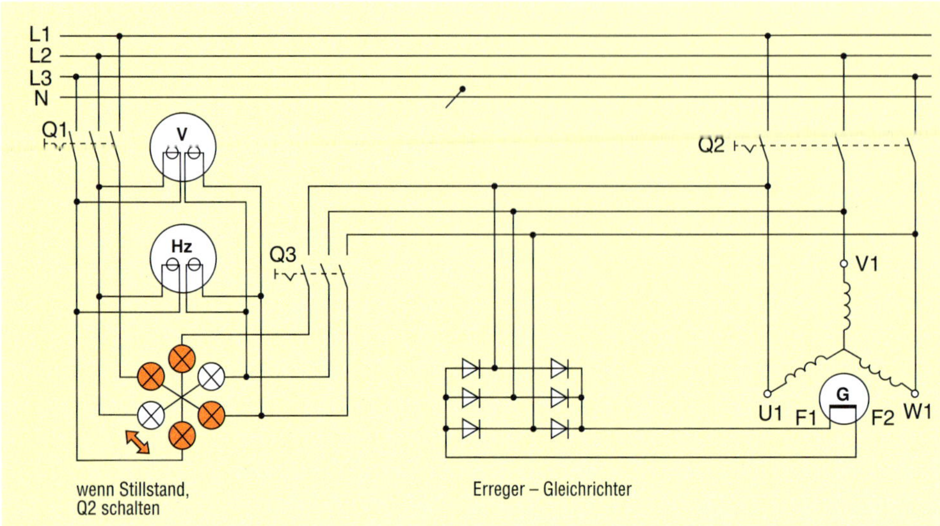

Abb. 13-22 ***Synchronisiereinrichtung zum Parallelschalten eines Synchrongenerators an das Netz***

Problem 2

Wie wird die Last im Verbundbetrieb auf die Stromquellen aufgeteilt?

Bei Generatoren mit gleichen Bemessungsgrößen wird bei Nennerregung und gleichem Antrieb die Wirk- sowie die Blindlast gleichmäßig geteilt. Zwischen den Generatoren fließt im Parallelkreis durch die gleich großen, entgegengesetzt wirkenden Quellenspannungen kein Ausgleichsstrom. Die Verhältnisse ändern sich, wenn z. B. Generator 1 im Vergleich zu Generator 2 (Abb. 13-23) stärker angetrieben oder höher erregt wird.

Antriebsmoment $M_1 > M_2$
↓
Phasenwinkel zwischen U_{Q1} und $U_{Q2} < 180°$
↓

Erregung $I_{e1} > I_{e2}$
↓
Betrag von $U_{Q1} > U_{Q2}$
↓

Differenzspannung ΔU treibt im Parallelkreis den induktiven Ausgleichsstrom I_A an. Dieser ist jedoch bezogen auf die Quellenspannung U_{Q2} ein

↓
Gegenstrom
Der Wirklastteilstrom wird im Generator 2 reduziert.
↓
Der Generator mit dem größeren Antrieb übernimmt die größere Wirklast.

↓
kapazitiver Blindstrom
Der Blindlastteilstrom wird im Generator 2 reduziert.
↓
Der Generator mit der größeren Erregung übernimmt die größere Blindlast.

Im Verbundbetrieb kann die Wirklast- und Blindlastverteilung auf die einzelnen Generatoren von außen beeinflusst werden.

13.3.5 Motorbetrieb am starren Netz

Wird dem Synchrongenerator am starren Netz der mechanische Antrieb genommen, so zwingt ihm das Netz weiterhin die Drehbewegung auf, das heißt, er arbeitet jetzt als Motor. Der Umkehrbetrieb einer Synchronmaschine wird in Pumpspeicherkraftwerken genutzt, in denen dieselbe Maschine sowohl Generator ist als auch im Motorbetrieb das Wasser in das obere Speicherbecken pumpt.

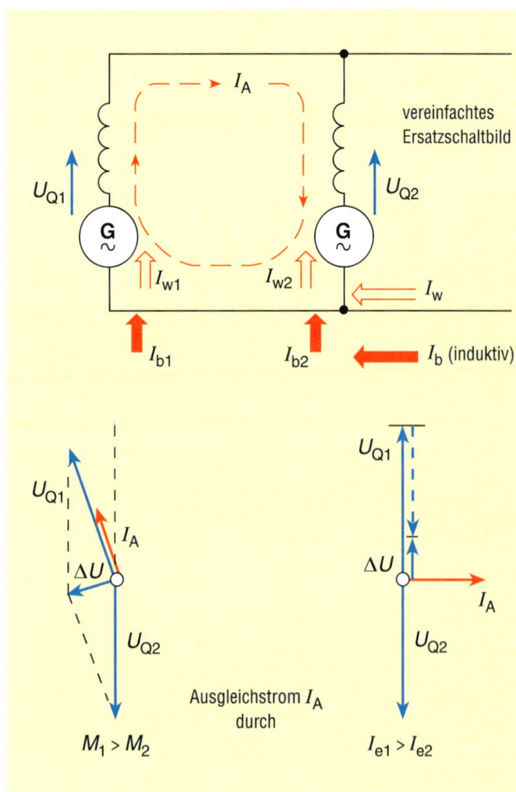

Abb. 13-23 ***Ausgleichsstrom bei unterschiedlichem Antrieb oder Erregerstrom***

13

Der Synchronmotor wird darüber hinaus dort eingesetzt, wo eine konstante Drehzahl gefordert wird. Insbesondere bei Kleinantrieben hat sich diese Bauart bewährt. Problematisch beim Synchronmotor ist der Anlauf. Mit dem Einschalten der Netzspannung und damit des Drehfeldes müsste der Läufer sofort die Nenndrehzahl, z. B. 3000 min^{-1}, erreichen. Für diesen Fall kann der Motor durch einen Hilfsantrieb „angeworfen" werden, oder man baut in das Läufereisen eine Käfigwicklung ein und lässt den Motor asynchron hochlaufen. Danach erreicht er den Synchronismus von selbst.

13.3.6 Erregermaschine

Die Synchrongeneratoren benötigen für die Erzeugung des Magnetfeldes im Läufer Gleichstrom. Die Erzeugung des Gleichstromes übernehmen Gleichstromgeneratoren. Diese Generatoren zur Speisung des Erregerfeldes der Synchronmaschinen werden Erregermaschinen genannt und von derselben Antriebsmaschine (z. B. Dampfturbine) angetrieben.

Im Unterschied zum Synchrongenerator existiert diese Generatorart nur als Außenpoltyp, d. h. die Arbeitswicklung ist im Läufer untergebracht, und der Arbeitsstrom muss über Schleifkontakte entnommen werden.

In modernen Kraftwerken wird heute meist auf Erregermaschinen verzichtet. Der zum Aufbau des Erregerfeldes erforderliche Gleichstrom wird über eine Gleichrichterschaltung zur Verfügung gestellt, die von dem Netz versorgt wird, in das der Sychrongenerator einspeist.

Weitere Hinweise zum Gleichstromgenerator sind im Abschnitt 18.3.2 enthalten.

13.4 Ersatzstromversorgungsanlagen

13.4.1 Allgemeines

Ersatzstromversorgungsanlagen werden dort benötigt, wo eine Unterbrechung der Versorgung mit elektrischer Energie zu Schäden an Anlagen (z. B. auf Flugplätzen, an Heizungen im Winter) oder zu lebensbedrohenden Situationen (z. B. im Operationssaal, in Ställen der Tierhaltung mit Lüftungsanlage) führen kann. Dort werden sie auch als Notstromaggregate bezeichnet.

Für einen Operationssaal beträgt die Umschaltzeit der Operationsleuchte beispielsweise 0,5 s und die aller anderen Anlagen 15 s.

In abseits gelegenen Wohngebäuden oder auch im Urlaub, fernab der Elektroenergienetze, sind ebenfalls Ersatzstromversorgungsanlagen einsetzbar. Hier nennt man sie auch Netzersatzanlagen.

Im letzteren Fall sind die Anlagen transportabel, im ersten Fall sind sie fest installiert. Für die stationären Anlagen ist u. a. der mögliche Parallelbetrieb mit dem öffentlichen Netz zu beachten. Forderungen für derartige Anlagen enthalten die „Richtlinien für die Planung, Errichtung und den Betrieb von Anlagen mit Notstromaggregaten" sowie die „Richtlinien für den Parallelbetrieb von Eigenerzeugungsanlagen mit dem Niederspannungsnetz – beide herausgegeben vom Verband der Elektrizitätswirtschaft (VDEW).

Die Netzersatzanlagen speisen einzelne Abnehmer im Inselbetrieb. Für sie ist die DIN VDE 0100 Teil 728 zu beachten.

Ersatzstromerzeuger bestehen aus einem Generator und einer Antriebsmaschine. Für kleine Aggregate sind das Diesel- oder Benzinmotoren, für große Aggregate Gasturbinen.

Bei der Auswahl von Ersatzstromerzeugern ist neben der Größe der elektrisch abgebbaren Dauerströme auch die Größe möglicher Anlaufströme von Motoren zu berücksichtigen. Das Zuschalten von Lasten an die Aggregate kann nur schrittweise erfolgen. Moderne Dieselaggregate erlauben Lastzuschaltungen von 20 % bis 70 % der Aggregatbemessungsleistung.

Die Aufstellräume derartiger Anlagen müssen trocken und dürfen nicht feuergefährdet sein. Die Raumtemperatur darf nicht unter 5 °C fallen. Für ausreichende Belüftung ist zu sorgen.

13.4.2 Stationäre Anlagen

Stationäre Anlagen werden industriell bis zu Leistungen von ca. 3 500 kVA vorgefertigt. Diese Anlagen sollen bei Netzausfall automatisch die Versorgung übernehmen. Hinsichtlich der Umschaltgeschwindigkeit werden die Normalbereitschaftsanlage, die Schnellbereitschaftsanlage und die Sofortbereitschaftsanlage unterschieden. In Tab. 13-6 sind die Anlagenarten zusammengefasst.

Anlage	Umschaltzeit in s	Besonderheit	Anwendungsbeispiele
Normal-bereitschaft	6 … 10	Wichtige Verbraucher in Einzelversorgung oder gesamte Verbraucheranlage	Kaufhäuser Krankenhäuser Wasserversorgung
Schnell-bereitschaft	1	Motor läuft am Netz ständig mit, über Schwungmasse wird Dieselaggregat angeworfen	Tunnelbeleuchtung Flughafenbeleuchtung
Sofort-bereitschaft	0	Synchronmaschine als Motor ständig am Netz, über Schwungmasse wird Dieselaggregat angeworfen, das dieselbe Maschine als Synchrongenerator betreibt	Großcomputeranlagen Fernsprechanlagen

Tab. 13-6 *Arten stationärer Netzersatzanlagen*

Die Prinzipschaltung einer Normalbereitschaftsanlage wird in Abb. 13-24 dargestellt. Die Schaltung ist für den Netzbetrieb dargestellt. Schütz Q1 ist über die Strangspannung zwischen L3 und N erregt, so dass der Abnehmer über das Netz versorgt wird.

Das auf Unterspannung reagierende Relais K11 öffnet den Stromkreis für Q1, wenn das Netz ausfällt. Der Abnehmer ist abgeschaltet. Im gleichen Augenblick startet das Relais K11 das Dieselaggregat und schließt den Hilfskontakt Q1 im Stromkreis des Schützes Q2. Über die Verriegelungskontakte K11 wird das Parallelschalten von Netz und Generator verhindert. Durch die vom Generator erzeugte Strangspannung zwischen L3 und N wird K12 angeregt und führt zum Einschalten des Schützes Q2. Der Abnehmer wird von der Ersatzstromversorgungsanlage gespeist. Die genannte Verriegelung zwischen Netz und Generator wird auch von den technischen Anschlussbedingungen der Verteilungsnetzbetreiber gefordert. Zum Teil wird darin auch eine dritte Stellung der Hauptschütze verlangt, bei der sowohl das Netz als auch die Ersatzstromversorgungsanlage vom Abnehmer getrennt sind.

Werden Kleinkraftwerke mit regenerativen Energien wie Wind-, Wasser- oder Sonnenenergie zur Einspeisung in das öffentliche Elektrizitätsversorgungsnetz betrieben, so muss der Betreiber die Anlage im Parallelbetrieb fahren.

Der Parallelbetrieb stationärer Ersatzstromanlagen mit dem Netz ist nur mit Genehmigung des Verteilungsnetzbetreibers an den von ihm festgelegten Netzpunkten gestattet.

Den Mitarbeitern des Verteilungsnetzbetreibers ist stets Zutritt zu den Anlagen zu gewähren.

Neben der ständigen Kontrolle der Spannungshöhe muss auch die Frequenz der Ersatzstromversorgungsanlage konstant gehalten werden. Ein Betrieb dieser Anlagen auf das spannungslose Netz ist unzulässig (Unfallgefahr!).

13.4.3 Nichtstationäre Anlagen

Nichtstationäre Ersatzstromanlagen werden für Leistungen von 1 bis 100 kVA gebaut. Sie werden von Hand in Betrieb gesetzt.

Für den Privatbedarf werden sie als „Stromerzeuger“ angeboten und erzeugen elektrische Leistungen bis 4 kVA. Es können Wechsel- und Drehstromabnehmer versorgt werden.

Die Verteilungsnetzbetreiber verlangen z. T. die Anmeldung derartiger Geräte. In der Verordnung über „Allgemeine Bedingungen für die Elektrizitätsversorgung von Tarifkunden (AVBEltV)" heißt es im § 3 (1) „Der Kunde ist verpflichtet, seinen gesamten Elektrizitätsbedarf aus dem Verteilungsnetz zu decken. Ausgenommen ist die Bedarfsdeckung durch Eigenanlagen zur Nutzung regenerativer Energiequellen; ferner durch Eigenanlagen (Notstromaggregate), die ausschließlich der Sicherstellung des Elektrizitätsbedarfs bei Aussetzen der öffentlichen Versorgung dienen. Notstromaggregate dürfen außerhalb ihrer eigentlichen Bestimmung nicht mehr als 15 Stunden monatlich zur Erprobung betrieben werden.“

Eine Verbindung nichtstationärer Ersatzstromanlagen mit dem Netz ist untersagt!

Abb. 13-25 zeigt transportable Anlagen.

Abb. 13-25
Handelsübliche „Stromerzeuger“

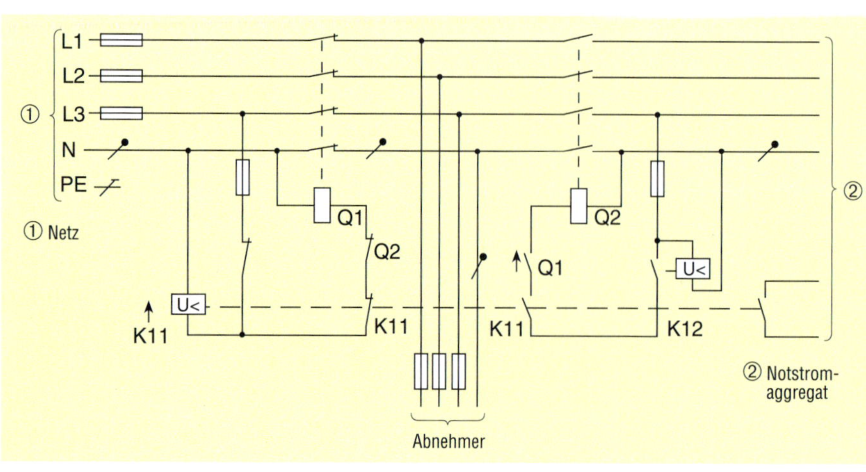

Abb. 13-24
Prinzipschaltung einer Normalbereitschaftsanlage

13.4.4 Generatoren in Ersatzstromversorgungsanlagen

Zur Erzeugung der einphasigen oder dreiphasigen Wechselspannung werden in den Ersatzstromversorgungsanlagen z. B. die schon für die Kraftwerksanlagen beschriebenen Synchrongeneratoren eingesetzt. Die Synchrongeneratoren werden für den Inselbetrieb um einen Drehfeldübertrager ergänzt. Synchrongenerator und Drehfeldübertrager sind in einem Gehäuse auf der gleichen Welle untergebracht, besitzen aber getrennte Blechpakete für die Ständer- und Läuferwicklung. Abb. 13-26 zeigt einen solchen Generator als Prinzipschaltbild. Zur Inbetriebnahme des Generators nutzt man die Selbsterregung durch das Restmagnetfeld im Eisen. In der Arbeitswicklung wird eine geringe Quellenspannung induziert. Sie treibt einen Strom durch die Grunderregerwicklung des Drehfeldübertragers. Die Luftdrosseln (eisenlose Spulen) erzeugen gemeinsam mit den Resonanzkondensatoren in der Grunderregerwicklung ein entgegen der Läuferdrehrichtung drehendes Drehfeld. Damit kommt es zur Spannungsinduktion in der Erregerwicklung des Drehfeldübertragers im Läufer.

Die Drehstrombrückenschaltung sorgt für die Erzeugung eines mit geringer Welligkeit versehenen Gleichstromes, der das Restmagnetfeld des Polrades verstärkt. Somit kann eine größere Spannung in der Drehstromarbeitswicklung des Synchrongenerators entstehen. Das Aufschaukeln der Quellenspannung ist nach wenigen Sekunden mit der Eisensättigung abgeschlossen.

Bei Belastung des Generators führen die inneren Spannungsfälle und die im Abschnitt 13.3.3 beschriebene Ankerrückwirkung zum Absinken der Generatorklemmenspannung. Der zunehmende Belastungsstrom fließt auch durch die Zusatzerregerwicklung, wodurch die Spannung in der Erregerwicklung des Drehfeldübertragers im Läufer steigt. Dieser Anstieg bewirkt eine Vergrößerung des Erregerstromes im Polrad, so dass die induzierte Spannung in der Arbeitswicklung wieder ansteigt.

Mithilfe der Korrekturwicklung kann man die abgebbare Klemmenspannung einstellen. Derartige Generatoren garantieren in den vorgegebenen Belastungsbereichen Spannungsabweichungen von lediglich ±2,5 % von der Bemessungsspannung. Hierbei dürfen die Drehzahlschwankungen der Antriebsmaschine höchstens ±4 % und die Leistungsfaktoren der elektrischen Last zwischen 0,5 und 0,9 betragen.

Der Synchrongenerator wird auch als Konstantspannungsgenerator bezeichnet. Seine Klemmenspannung ist trotz unterschiedlicher Lastströme konstant.

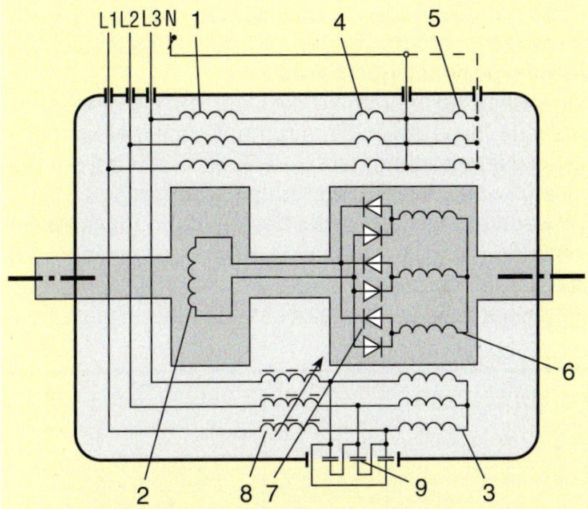

Prinzipschaltbild eines Konstantspannungs-Generators

1 Arbeitswicklung des Synchrongenerators
2 Polrad des Synchrongenerators mit Erregerwicklung
3 Grunderregerwicklung des Drehfeldübertragers
4 Zusatzerregerwicklung (mit 1 in Reihe geschaltet)
5 Korrekturwicklung
6 Erregerwicklung des Drehfeldübertragers im Läufer
7 Gleichrichterdiodenanordnung auf der Läuferwelle montiert
8 Luftspaltdrosseln
9 Resonanzkondensatoren

Abb. 13-26 ***Konstantspannungs-Generator***

AUFGABEN

13.1 Nennen Sie Vor- und Nachteile der Elektroenergie gegenüber anderen Energieformen.

13.2 Notieren Sie ein Ihnen bekanntes Kraftwerk. In welche Gruppen von Kraftwerken lässt sich dieses einordnen?

13.3 Beurteilen Sie die wichtigen Großkraftwerksarten Deutschlands nach ökonomischen, technischen und ökologischen Gesichtspunkten.

13.4 Weshalb wird in einem GuD-Kraftwerk ein höherer Wirkungsgrad als in einem konventionellen Wärmekraftwerk erreicht?

13.5 Welche Bedeutung besitzen die Wind-und Sonnenkraftwerke für die Elektroenergiebilanz Deutschlands?

13.6 Erläutern Sie die Aussage, dass in jeder drehenden elektrischen Maschine sowohl das Generator- als auch das Motorprinzip wirkt.

13.7 Welche Aufgaben und welche Merkmale haben die Wicklungen einer Synchronmaschine in Innenpolausführung?

13.8 Erläutern Sie die Begriffe Drehfeld, Vollpol- und Schenkelpolläufer, Ankerrückwirkung und Synchronisierung.

13.9 Welche Folgen haben die Vergrößerung bzw. Verkleinerung des Erregerstromes im Synchrongenerator bei Nennlast am starren Netz?

13.10 Welche Bedeutung haben die Hilfskontakte Q1, Q2 und K11 in der Prinzipschaltung einer Normalbereitschaftsanlage nach Abb. 13-24?

13.5 Solare Stromerzeugung – Photovoltaik

Die Anwendung des Prinzips der solaren Stromerzeugung macht es möglich, direkt aus Sonnen- oder Tageslicht Strom zu erzeugen. Dieser Solarstrom kann direkt in das öffentliche Stromnetz eingespeist werden (Netzeinspeisung) oder netzunabhängig elektrische Geräte betreiben (Inselsysteme). Die Größe von Netzeinspeiseanlagen variiert von 1 kW_p bis zu 80 MW_p (2011). Die Skala der Anwendungen bei Inselsystemen reicht von der Stromversorgung des Taschenrechners über solar betriebene Kleingeräte, Straßenleuchten, Verkehrsleitsystemen bis hin zur Stromversorgung von netzfernen Gebäuden und Ortschaften. In Europa wird der weitaus größte Teil der Photovoltaikanlagen als Netzeinspeiseanlagen gebaut.

Wie wichtig Solarstrom für die Ökologie ist, beweist die Tatsache, dass eine Solarstromanlage mit einer installierten Nennleistung von 1 kW_p je Betriebsjahr den Ausstoß von etwa 500 kg Kohlendioxid erspart.

Ein weiterer positiver Effekt besteht darin, dass im Gegensatz zum konventionellen Kraftwerk keinerlei Abgas- und Müllprobleme auftreten und sich alle Komponenten der Anlage nach einer Mindestlebensdauer von 25 Jahren komplett recyceln lassen. Die für die Herstellung der Solarstromanlage benötigte Energie ist in zwei bis drei Jahren wieder eingespielt. Danach wird ein Nettogewinn an Energie erzielt und über den Zeitraum der Anlagenlebensdauer ein Mehrfaches der zur Herstellung benötigten Energie gewonnen. Dadurch, dass Photovoltaikanlagen ohne bewegliche Teile aufgebaut sind (Ausnahme: Anlagen mit Nachführung) sind sie weitestgehend wartungsfrei; die Betriebskosten sind entsprechend niedrig.

Basiselement der solaren Stromerzeugung ist die Solarzelle. Die Wirkung der Solarzelle beruht auf der Ausnutzung des photovoltaischen Effekts. Dieser bewirkt die direkte Umwandlung der Strahlungsernergie des Lichts in elektrische Energie ohne Zwischenstufen. Quelle ist die von der Sonne ausgehende Globalstrahlung (Abb. 13-27). Das ist die gesamte Menge der auf eine horizontale Fläche auftreffenden Sonneneinstrahlung.

Da die Leistung einer einzelnen Zelle gering ist, werden die Zellen zu einem Solarmodul und mehrere Module zu einem Solargenerator verschaltet. Der Generator liefert Gleichstrom. Dieser kann entweder in Akkus gespeichert oder mithilfe eines Wechselrichters für Netzeinspeisung in Wechselstrom umgeformt werden.

Daraus ergeben sich zwei grundsätzliche Nutzungsmöglichkeiten:

- Die Solaranlage versorgt fernab vom Netz ein elektrisches System (Inselbetrieb).
- Die Anlage ist mit dem öffentlichen Netz verbunden und speist in dieses ein (Netzeinspeiseanlagen).

Der Betreiber einer Netzspeiseanlage kann den erzeugten Strom komplett in das Netz einspeisen oder seinen Verbrauch zum Teil daraus decken und nur den Überschuss einspeisen. Der Anteil des Stroms, der den Eigenverbrauch deckt, wird zu einem niedrigeren Tarif vergütet als der Strom, der in das Netz eingespeist wird. Da der selbst verbrauchte Strom nicht aus dem Netz bezogen wird, entfallen dafür die Kosten in Höhe des Verbrauchstarifs.

Rechtswerte normiert nach Meridianstreifen 9°

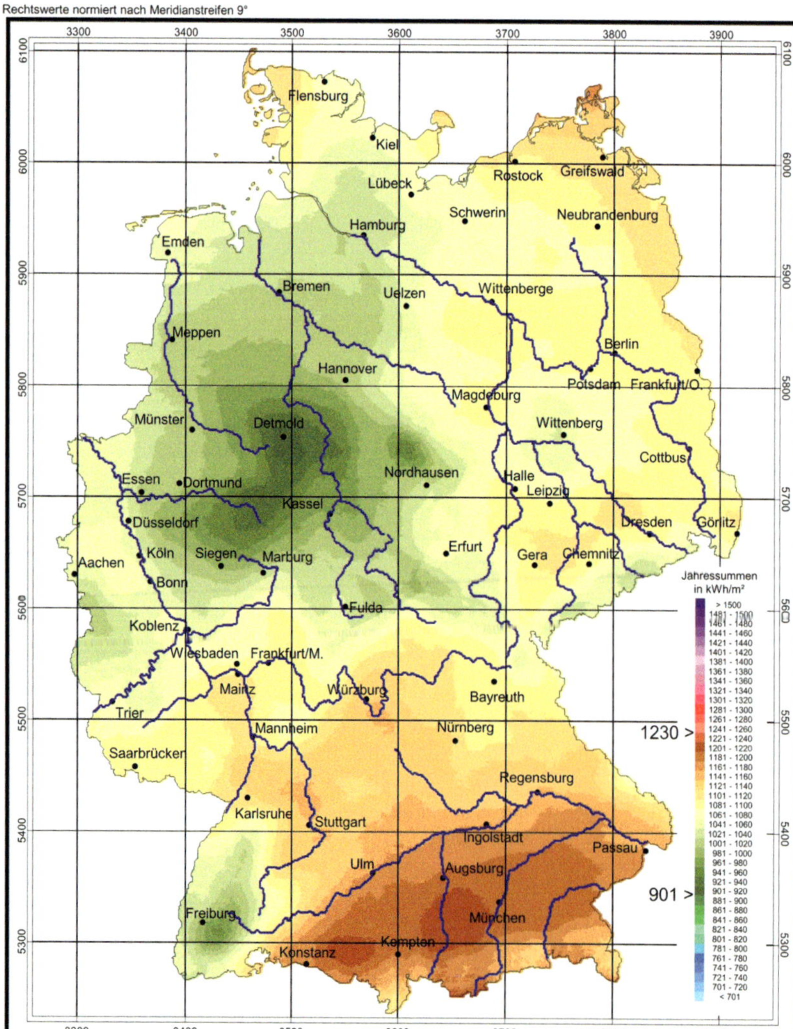

Abb. 13-27
Solare Globalstrahlung in der Bundesrepublik Deutschland; Jahressumme 2008

13.5.1 Inselsysteme

Nicht an das Netz angeschlossene Photovoltaikanlagen werden auch autonome Systeme oder als Anlagen für Inselbetrieb bezeichnet. Diese Systeme lassen sich einteilen in:
- Anlagen für Direktbetrieb
- Anlagen mit Speicher

Abb. 13-28 zeigt die Variante des Direktbetriebs, wobei der Gleichstromverbraucher direkt vom Solargenerator gespeist wird. Hauptanwendung sind Spielzeug, Bewässerungssysteme und solare Kühlung. In trockenen Regionen der Erde spielt die Bewässerung von landwirtschaftlichen Flächen mittels photovoltaisch betriebenen Tiefbrunnenpumpen eine große Rolle. Anlagen für den Direktbetrieb sind gut geeignet, wenn sich der zeitliche Verlauf des Bedarfs im Wesentlichen mit dem Strahlungsangebot der Sonne deckt.

Die häufigere Ausführung autonomer Systeme ist die Anlage mit Speicher (Abb. 13-29). Hier wird der erzeugte Solarstrom über einen Laderegler in einen Akku eingespeist. Der Akku übernimmt den zeitlichen Ausgleich von Erzeugung und Verbrauch. Somit können die Verbraucher lückenlos versorgt werden. Der Laderegler verhindert die Überladung des Akkus bei hoher Stromerzeugung und die Tiefentladung des Akkus bei hohem Verbrauch.
Gleichstromverbraucher können direkt angeschlossen werden. Wird in die Anlage zusätzlich ein Insel-Wechselrichter eingebaut, können auch die üblichen 230-V-Verbraucher betrieben werden.

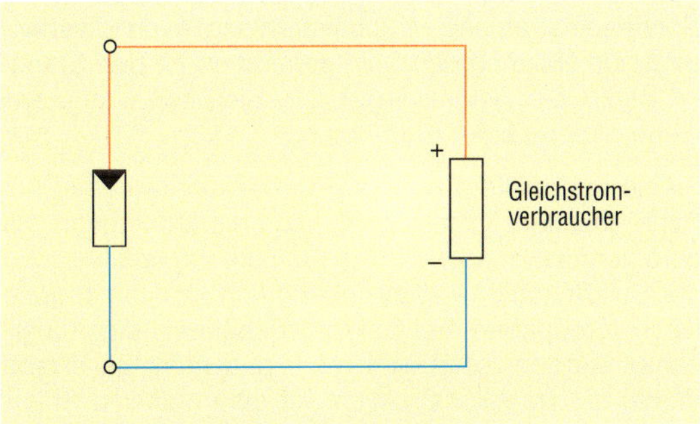

Abb. 13-28 ***Inselbetrieb mit Direktbetrieb des Verbrauchers***

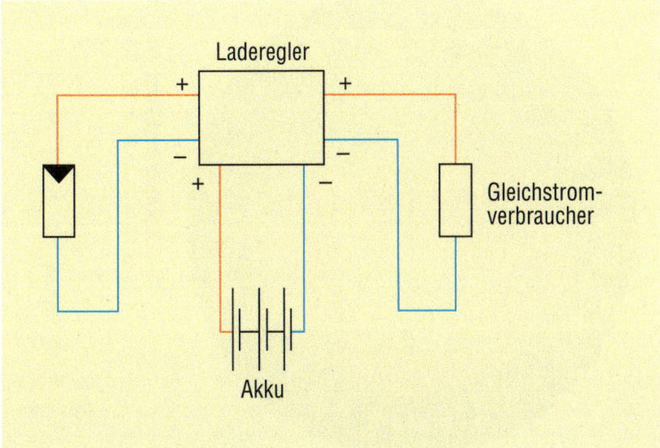

Abb. 13-29 ***Inselsystem mit Speicher. Über einen Laderegler wird die Energie in einem Akku gespeichert und von dort an die Verbraucher abgegeben.***

Verkehr	Notruf, Verkehrsleittechnik, Signalanlagen, Parkuhren, Fahrplanbeleuchtung
Informationstechnik	Mobilfunk, Funktelefonzellen, Infosäulen
Werbetechnik	Werbetafeln, Werbesäulen, Schaukastenbeleuchtung, Solarmobiles
Industrie	Messeinrichtungen, Prozessüberwachung
Landwirtschaft	Weidezäune, Bewässerungssysteme
Alltagstechnik	Uhren, Radios, Taschenrechner, Ladegeräte, Taschenlampen, Solarspielzeug
Wohnwagen, Boote	Motoren, Beleuchtung, Radio/TV, Kühlung, Batterieladung

Tab. 13-7 ***Anwendungsbeispiele für autonome Solarstromanlagen***

13.5.2 Anlagen für Netzeinspeisung

In unseren Breiten wird der weitaus überwiegende Teil der Photovoltaikanlagen für Netzparallelbetrieb gebaut. Die Anlage ist an das Netz des Versorgungsnetzbetreibers (VNB) angeschlossen. Der Gleichstrom des Solargenerators wird durch einen Netzwechselrichter in sinusförmigen Wechselstrom umgewandelt und synchron in das Netz eingespeist. Zusätzlich übernimmt der Wechselrichter die Netzüberwachung, die Betriebsführung der Anlage und einige Funktionen der Datenerfassung.

Die Verschaltung der Wechselrichter in der Solarstromanlage lässt sich in zwei Weisen durchführen:
- Die einzelnen Modulstränge der Anlage werden in einem Modulkoppler parallel geschaltet und an einen zentralen Wechselrichter angeschlossen (Abb. 13-30).

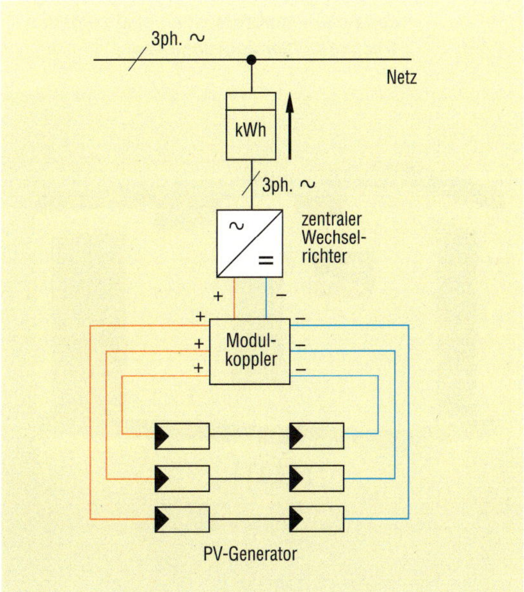

Abb. 13-30 ***Solarstromanlage für Netzparallelbetrieb mit einem Zentralwechselrichter***

13

- Jedem Modulstrang ist ein eigener Strangwechselrichter zugeordnet. Diese Anordnung wird als Strangtechnik bezeichet (Abb. 13-31).

Das Anlagenkonzept mit Zentralwechselrichter wird überwiegend bei Großanlagen, wie z. B. Freilandanlagen eingesetzt. Große Zentralwechselrichter sind erhältlich mit einer Leistung bis über 1 MW. Der Wechselrichter ist dabei in einem Betonfertigteilgebäude oder Container installiert. Teilweise wird ein Mittelspannungstrafo mit integriert, sodass die Anlage direkt in das Mittelspannungsnetz mit 20 kV einspeisen kann (Abb. 13-32).

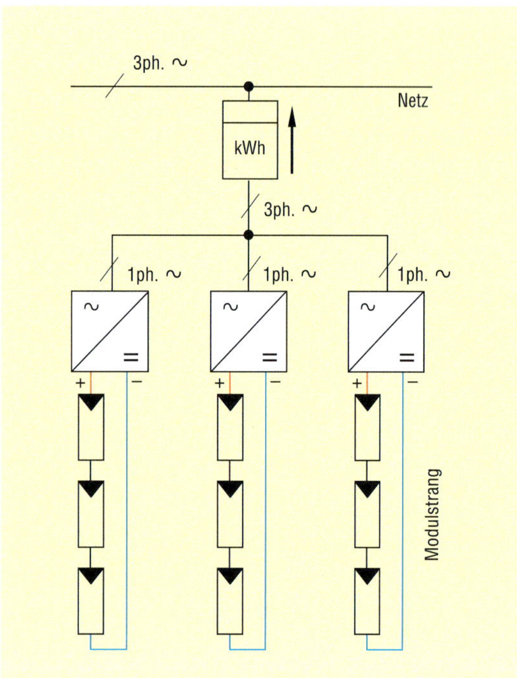

Abb. 13-31 ***Solarstromanlage für Netzparallelbetrieb mit Strangwechselrichtern. Jeder Strang des Solargenerators ist an einen eigenen Wechselrichter angeschlossen.***

Abb. 13-32 ***Zentralwechselrichter mit integriertem Mittelspannungstrafo***

13.5.3 Ausrichtung und Standort des Solargenerators

Die Leistung einer Solarstromanlage hängt wesentlich davon ab, wo und wie sie montiert ist. Deshalb sind eine Reihe von Voraussetzungen zu beachten, um ein Maximum an Sonnenenrgie zu ernten. Der Solargenerator erreicht die maximale Leistung, wenn die Sonnenstrahlung senkrecht auf die Generatorfläche trifft.

In Abhängigkeit von der geografischen Breite des Standorts ändert sich die Sonnenhöhe über dem Horizont im Tages- wie im Jahresverlauf. Ein optimaler Energiegewinn ergibt sich, wenn die Generatorfläche dem Sonnenstand permanent nachgestellt wird, dass die Einstrahlung stets im Winkel von 90° erfolgt. Dies ist mit nachgeführten Anlagen möglich. Der dazu nötige Aufwand ist jedoch groß, sodass der überwiegende Anteil der PV-Anlagen fest installiert wird. Da der Sonnenstand sich tageszeitlich und jahreszeitlich ändert, muss ein Optimum gefunden werden, sodass im Jahresmittel der maximale Ertrag erreicht wird. Damit ergeben sich folgende Bedingungen für fest installierte Solarmodule:

- Der Solargenerator sollte möglichst nach Süden ausgerichtet werden. Abweichungen nach Ost und West sind möglich, verringern aber den Ertag. Bei Dachneigungen von 30° bis 40° ist eine Abweichung von 30° aus der Südrichtung unkritisch.
- Die Neigung der Generatorfläche zur Horizontalen, also zum Boden der Umgebung sollte im Bereich von 30° bis 45° liegen.

Abb. 13-33 zeigt die Abhängigkeit der insgesamten Sonneneinstrahlung (Globalstrahlung) von Ausrichtung und Neigung des Solatgenerators für den Standort Berlin. Der Azimutwinkel zeigt die Abweichung des Generators aus der Südrichtung.

Kleine und mittlere Anlagen werden überwiegend auf Schrägdächern installiert, da dies die Montageart mit dem geringsten Aufwand ist. Ausrichtung und Neigung der Solarmodule werden dabei durch das vorhandene Dach vorgegeben. Bei Gewerbegebäuden, die neu errichtet werden, setzt sich mehr und mehr der Trend durch, die Dachkonstruktion auf eine optimale Solarenergienutzung auszurichten (Abb. 13-34).

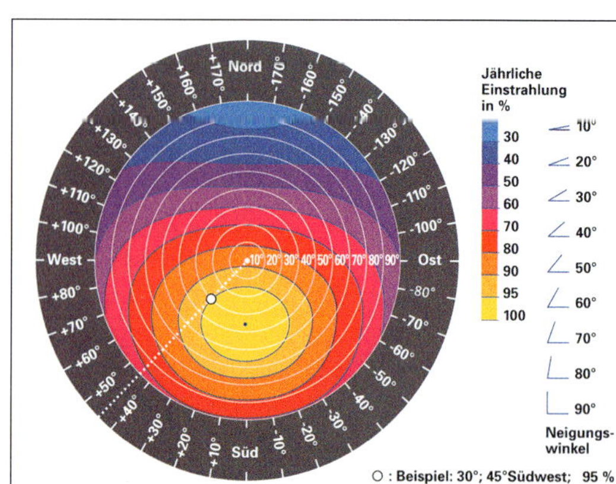

Abb. 13-33 ***Jahressumme der Globalstrahlung in Abhängigkeit von Ausrichtung und Neigung für den Standort Berlin in kWh/m²***

Abb. 13-34 ***Gewerbegebäude mit Südausrichtung und PV-Anlage***

Ist kein geeignetes Schrägdach vorhanden, kann der Generator entweder auf einem Flachdach oder auf ebener Erde aufgeständert werden (Freilandanlage). Dazu sind besondere Gestelle und Fundamente notwendig.

Zusätzlich zu Ausrichtung und Neigung muss unbedingt die mögliche Verschattung des Solargenerators berücksichtigt werden. Verluste durch Verschattung werden meistens unterschätzt und können wesentlich größer sein als der Minderertrag durch nicht optimale Ausrichtung der Solarmodule. Verschattung kann auftreten durch Dachaufbauten, wie z. B. Dachgauben oder Satellitenanlagen, durch andere Gebäude oder durch Bäume. Zu beachten ist auch, dass sich der Einfluss der Verschattung im Laufe des Tages und auch im Laufe des Jahres stark ändert durch den jeweiligen Sonnenstand.
Verschattung tritt auch auf bei Freilandanlagen und bei Anlagen auf Flachdächern. Werden die Module in mehreren Reihen montiert, muss der Abstand zwischen den Reihen so groß sein, dass sich die Module nicht gegenseitig verschatten. Der Flächenbedarf ist somit ca. vier- bis fünfmal so hoch wie die Modulfläche. Da deshalb längere Kabel benötigt werden, steigt auch der Aufwand für die Gleichstromverkabelung.

13.5.4 Installation einer Netzeinspeiseanlage

Die Installation einer PV-Anlage soll hier am Beispiel einer Schrägdachanlage (Abb. 13-35) Schritt für Schritt vorgestellt werden.

Abb. 13-35 ***Haus nach der Montage der Photovoltaikanlage***

1. Montage der Unterkonstruktion auf dem Dach

Vor Beginn der Arbeiten muss eine ausreichende Dachsicherung aufgebaut werden. Am Haus bietet ein Dachfanggerüst am unteren Rand der Dachfläche eine gute Sicherheit bei vertretbarem Aufwand.

Aufdach-Montagesysteme werden von verschiedenen Herstellern angeboten. Die Installation folgt den Herstellerangaben. Es sollte in jedem Fall ein qualitativ hochwertiges System verwendet werden, das den auftretenden Belastungen durch Schnee und Stürme über die gesamte Betriebsdauer (bis zu dreißig Jahre) standhält. Die Verankerung im Dach erfolgt durch Dachhaken, die mit den Sparren des Dachstuhles verschraubt werden. Der obere Teil der Dachhaken führt zwischen zwei Ziegeln hindurch und besitzt oben einen Befestigungspunkt für die Montageschienen des Systems (Abb. 13-36).

Für den Einbau der Dachhaken ist wiederum den Herstellerangaben zu folgen. Entscheidend ist dabei, dass der jeweilige Dachhaken ausreichend Abstand zu dem Dachziegel darunter hat, damit der Dachhaken auch bei Wind oder Schnee nicht auf den unteren Ziegel drückt, da dieser sonst brechen könnte. Damit wäre die Dichtigkeit des Daches nicht mehr gegeben, und bei Regen dränge Wasser in das Gebäude ein. Dies ist unbedingt zu vermeiden! Zudem ist der Austausch von gebrochenen Ziegeln sehr aufwendig. Der Solargenerator müsste in diesem Bereich komplett demontiert werden. Daher ist es sinnvoll, den Solargenerator in Zusammenarbeit mit einem Fachbetrieb des Dachdeckerhandwerkes zu montieren.

2. Installation der Gleichstromleitungen

Ist das Montagesystem fertig befestigt und ausgerichtet, so werden die Gleichstromleitungen vom Solargenerator bis zum Wechselrichter verlegt. Viele Hersteller bieten dafür spezielle „Solarleitungen" an, die UV-fest und flexibel sind. Diese Solarleitungen sind üblicherweise TÜV-zertifiziert. Der Aderquerschnitt beträgt 4 mm², bei großer Leitungslänge 6 mm². Die Dimensionierung des Aderquerschnittes erfolgt so, dass der Verlust bei maximalem Strom 1 % der installierten Generatorleistung nicht übersteigt. Die Gleichstrominstallation wird immer mit einadriger Leitung ausgeführt.

Abb. 13-36 ***Dachhaken als Befestigungspunkt für die Montageschiene***

Die Leitungsverlegung im Außenbereich erfolgt entlang der Montageschienen mit UV-festen Kabelbindern oder mit Halteclips des Montagesystems. Für die Dacheinführung wird ein Lüfterziegel in die Dachhaut eingesetzt. Wird dieser Ziegel so angeordnet, dass er später unter den Solarmodulen liegt, ist die gesamte Gleichstrominstallation nach der Modulmontage unsichtbar und vor Sonneneinstrahlung geschützt. Die Leitungen müssen durch den Ziegel mit Steigung nach innen verlegt werden, damit kein Regenwasser entlang der Leitungen ins Gebäude laufen kann (Abb. 13-37). Im Innenbereich erfolgt die Verlegung im Kabelkanal oder im Schutzrohr.

Im Bereich des Solargenerators müssen die Leitungen so geführt werden, dass keine Leiterschleifen entstehen (Abb. 13-38). Dadurch wird die induzierte Überspannung bei indirektem Blitzeinschlag minimiert, und Anlagenschäden durch induzierte Überspannung werden weitgehend vermieden.

Abb. 13-37 ***Lüfterziegel als Dacheinführung***

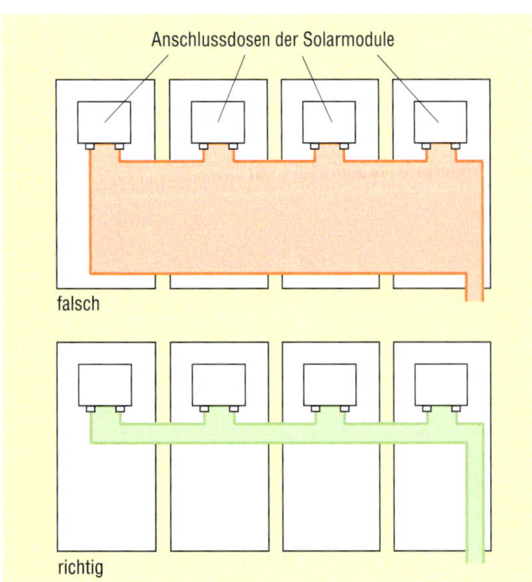

Abb. 13-38 ***Schleifenfreie Verlegung der Kabel***

Die Höhe der induzierten Überspannung bei indirektem Blitzeinschlag kann durch schleifenfreie Verlegung der Gleichstromleitungen verringert werden, da Hin- und Rückleitung somit immer den gleichen Weg nehmen.
Die Verbindung der Gleichstromleitungen zu den Solarmodulen und zum Wechselrichter erfolgt über Spezialstecker, die sowohl im gesteckten als auch im nicht gesteckten Zustand einen Berührungsschutz gewährleisten. Da die Solarmodule bereits während der Installation Spannung produzieren, muss der Berührungsschutz von Anfang an gewährleistet sein. Aus diesem Grund werden die Gleichstromleitungen fertig verlegt und auf beiden Seiten mit Steckern versehen, bevor die Solarmodule angeschlossen werden. Die Montage der Stecker an den Kabelenden erfolgt mit dem Spezialwerkzeug des jeweiligen Herstellers.

3. Erdung und Blitzschutz

Der Anschluss der Unterkonstruktion an den Potenzialausgleich ist bei Wechselrichtern ohne Transformator notwendig, da der elektrisch aktive Teil der Solarmodule über den Wechselrichter galvanisch mit dem Netz verbunden ist. Dazu wird eine Leitung mit einem Aderquerschnitt von 16 mm^2 vom Montagesystem bis zur Potenzialausgleichsschiene des Gebäudes verlegt. Bei Wechselrichtern mit Transformator ist eine Erdung des Montagesystems nicht notwendig.
Ist eine Blitzschutzanlage vorhanden, muss der Solargenerator in das Blitzschutzkonzept eingebunden werden. Liegt der Solargenerator vollständig innerhalb des Schutzbereiches der Blitzschutzanlage, erfolgt kein Anschluss an den Blitzableiter. Andernfalls ist der Solargenerator direkt an den Blitzableiter anzuschließen. Eine zusätzliche Erdung ist dann nicht mehr notwendig.

4. Montage der Solarmodule

Sind Montagesystem, Gleichstromleitungen und gegebenenfalls Erdung und Blitzschutz fertig installiert, können die Solarmodule montiert werden. Die Module lassen sich mit einem Schrägaufzug oder einer Hebebühne auf das Dach transportieren (Abb. 13-39). Die Reihenschaltung der Module untereinander erfolgt durch die Anschlusskabel der Module mit bereits vormontierten Steckern. Anschließend werden die abgehenden Leitungen an den Enden des Stranges ebenfalls auf die Anschlusskabel gesteckt.
Sofort nach der Modulmontage wird die Spannung am Ende der Gleichstromleitungen gemessen, um sicherzustellen, dass die Verkabelung fehlerfrei ist. Bei größeren Anlagen mit mehreren Strängen wird jeder Strang direkt nach Fertigstellung gemessen, um Fehler auszuschließen. Zusätzlich werden alle Schraubverbindungen auf festen Sitz überprüft. Diese Überprüfungen sind enorm wichtig, da der Solargenerator nach dem Abbau der Dachsicherung nur sehr schlecht erreichbar ist und Fehler nur noch mit großem Aufwand behoben werden können.

- Basiselement der Solarstromerzeugung ist die Solarzelle. In ihr erfolgt durch den photovoltaischen Effekt die direkte Umwandlung der von der Sonne eingestrahlten Energie in elektrische Energie. Die gesamte Menge der auf eine horizontale Fläche auftretenden Sonneneinstrahlung wird als Globalstrahlung bezeichnet.
- Zellen werden zum Modul verbunden, mehrere Module zum Solargenerator.
- Der Solargenerator liefert Gleichstrom. Dieser wird vom Wechselrichter in Wechselstrom umgewandelt.
- Die Verschaltung der Module erfolgt bei den meisten Anlagen in Strangtechnik. Dabei werden immer ein bis zwei Stränge an einen separaten Wechselrichter angeschlossen.
- Bei Arbeiten auf Dächern sind die Unfallschutzbestimmungen zu beachten.
- Der Generator sollte möglichst genau in Südrichtung orientiert und mit einer Neigung zwischen 30° und 45° montiert werden.

5. Installation des Wechselrichters

Der Wechselrichter wird nach Herstellerangaben an der vorgesehenen Position montiert. Dabei muss auf freie Luftzirkulation im Bereich des Wechselrichters geachtet werden, da das Gerät ca. 5 % der elektrischen Leistung als Wärme an die Umgebung abgibt. Der Wechselrichter kann also nicht in einem Schrank montiert werden. Eine Montage in Wohnräumen sollte vermieden werden, weil die Geräte ein Betriebsgeräusch erzeugen, vor allem durch eingebaute Lüfter.
Zwischen Solargenerator und Wechselrichter ist ein Gleichstrom-Hauptschalter zu installieren, um den Gleichstrom bei Wartungsarbeiten am Wechselrichter abschalten zu können. Dieser Schalter ist je nach Hersteller des Wechselrichters im Gerät integriert oder separat erhältlich.

Abb. 13-39 ***Transport der Module auf das Dach mittels Schrägaufzug***

6. Wechselstrominstallation

An den fertig montierten Wechselrichter kann nun die Wechselstrom-Hauptleitung nach Herstellerangaben angeschlossen werden. Der notwendige Mindestquerschnitt wird meist vom Hersteller vorgegeben und wird so ausgelegt, dass der Verlust bei maximalem Strom unter 1 % bleibt. Die erzeugte Energiemenge der PV-Anlage wird auf der Netzseite der Wechselstrom-Hauptleitung durch den Einspeisezähler gezählt. Der Verlust in der Wechselstrom-Hauptleitung verringert folglich den Ertrag der Anlage. Deshalb ist es sinnvoll, diese Leitung so zu dimensionieren, dass der Verlust möglichst gering ist.
Für den Einspeisezähler muss ein Feld in der Zählerinstallation vorbereitet werden. Ist kein freies Zählerfeld mehr vorhanden, kann oft ein für ein Tarifschaltgerät vorgesehenes Feld entsprechend umgerüstet werden. Der genaue Aufbau des Zählerfeldes richtet sich nach den Vorgaben des örtlichen Versorgungsnetzbetreibers. Abb. 13-40 zeigt einen komplett installierten Zählerschrank mit Verbrauchszähler und einphasigem Einspeisezähler.
Die Absicherung des Stromkreises erfolgt durch einen LS-Schalter und, wenn notwendig, durch einen FI-Schalter (RCD). Sind mehrere Wechselrichter vorhanden, wird jedes Gerät über einen eigenen LS-Schalter

Abb. 13-40 ***Zählerschrank mit Verbrauchszähler und einphasigem Einspeisezähler***

abgesichert. Die Wechselrichter müssen so auf die Außenleiter verteilt werden, dass die Asymmetrie zwischen den Außenleitern nicht größer ist als 4,6 kW. Als Kriterium gilt dabei die AC-Nennleistung der Wechselrichter. Bei kleinen Anlagen können die Sicherungskomponenten meistens im oberen Anschlussraum des Zählerfeldes installiert werden. Ob ein FI-Schalter eingebaut werden muss, hängt von den Vorgaben des VNBs ab. Bei Wechselrichtern ohne Transformator wird ein FI-Schalter mit einem Auslösestrom von 0,3 A eingesetzt, bei Wechselrichtern mit Transformator ein FI-Schalter mit 0,03 A Auslösestrom.

Die Absicherung des Stromkreises zum Wechselrichter erfolgt wie bei der Verbraucherinstallation auf der Netzseite des Stromkreises. Tritt ein Kurzschluss im Stromkreis auf, wird der entstehende Kurzschlussstrom immer aus dem Netz gespeist, unabhängig von der normalen Energieflussrichtung des Stromkreises.

Liegt die AC-Nennleistung der Gesamtanlage unterhalb von 4,6 kW, kann die Einspeisung einphasig erfolgen. Der Zählerplatz wird nur einphasig ausgerüstet, und es wird ein einphasiger Zähler gesetzt. Der VNB gibt möglicherweise vor, auf welchem Außenleiter die Anlage einspeisen soll. Bei Anlagen über 4,6 kW AC-Nennleistung wird zwei- oder dreiphasig eingespeist. Das Zählerfeld wird dann immer dreiphasig ausgerüstet und ein Drehstromzähler verwendet.

7. Prüfen der Anlage

Wie jede Neuinstallation muss auch die PV-Anlage entsprechend VDE 0100 Teil 610 geprüft werden, sowohl gleichstromseitig als auch wechselstromseitig. Die Ergebnisse werden in einem Prüfprotokoll vermerkt. Als Funktionsprüfung kann ein kurzzeitiger Probebetrieb der Anlage durchgeführt werden. Dazu werden am Zählerfeld die ankommenden und abgehenden Zähleranschlussleitungen jedes Außenleiters mit einem Klemmstein gebrückt. Nach Einschalten bzw. Einlegen der Zählervorsicherungen ist die Anlage wechselstromseitig unter Spannung. Nach Einschalten der Sicherungsorgane auf der Wechselstromseite und des Gleichstrom-Hauptschalters muss der Wechselrichter bei ausreichender Helligkeit seinen Betrieb aufnehmen. Wenn der Wechselrichter läuft, können auf der Geräteanzeige die Werte auf Plausibilität überprüft werden. Mit diesem Probebetrieb lassen sich Installationsfehler bereits vor der Inbetriebnahme finden und sofort beheben. Ist der Probebetrieb erfolgreich, werden die Zählervorsicherungen wieder abgeschaltet bzw. gezogen und der Klemmstein entfernt. Die Anlage ist bereit für die Inbetriebnahme.

8. Inbetriebnahme und Übergabe an den Kunden

Die Fertigmeldung für die Anlage wird zum VNB geschickt und ein Zählertermin vereinbart. Bei diesem Termin wird der Zähler gesetzt, die Anlage in Betrieb genommen und das Zählerfeld wieder plombiert. Anschließend findet die Übergabe an den Kunden statt. Dem Kunden werden die Komponenten der Anlage gezeigt und ausführlich erklärt. Die Funktion und die verschiedenen Anzeigemöglichkeiten des Wechselrichters werden dem Kunden vorgestellt, damit er als Betreiber in der Lage ist, den Anlagenbetrieb zu überwachen. Inbetriebnahme und Übergabe werden in einem Protokoll dokumentiert. Ab diesem Zeitpunkt läuft die Garantie für die einzelnen Komponenten der Anlage. Zudem erhält der Kunde die Dokumentation der Anlage.

9. Anlagenbetrieb und Wartung

Die PV-Anlage läuft vollautomatisch. Der Wechselrichter übernimmt die Betriebsführung und die Netzüberwachung. Schaltet die Anlage bei einem Netzausfall ab, so geht sie selbständig wieder in Betrieb, sobald das Netz wieder zugeschaltet wird.
Bei einer kleinen Anlage sollte der Betreiber wöchentlich die Funktion der Anlage überprüfen und monatlich den Anlagenertrag notieren. Für größere Anlagen empfiehlt sich eine Anlagenüberwachung mit automatischer Fehlermeldung. Eine regelmäßige Überwachung der Anlage ist notwendig, damit Störungen und Ausfälle möglichst rasch erkannt werden. Wird ein Fehler, der zum Anlagenstillstand führt, über längere Zeit nicht bemerkt, führt dies zu massivem Ertragsverlust. Ob der Betreiber die Anlage manuell überwacht oder eine automatische Überwachung installiert wird, hängt von der Anlagengröße ab und davon, wie oft der Betreiber bei der Anlage ist. Wohnt der Betreiber im gleichen Gebäude, könnte er die Überwachung auch selbst durchführen. Andernfalls ist eine Fernüberwachung mit automatischer Fehlermeldung, z. B. per SMS oder E-Mail nötig.
Eine regelmäßige Wartung der Anlage ist nicht erforderlich. Da die Solarmodule immer geneigt montiert sind, werden sie vom Regen ausreichend sauber gehalten. Arbeiten an der Anlage sind also nur bei Defekten notwendig.

13.5.5 Netzanschluss der Anlage

Der von der PV-Anlage erzeugte Strom wird in das Netz eingespeist. Die Abrechnung erfolgt über die üblichen Stromzähler. Die Anlage kann auf zwei Arten an das Netz angeschlossen werden. Bei Volleinspeisung wird ein eigener Zähler für die Anlage verwendet. Der eigene Energiebedarf wird dadurch gedeckt, dass man Strom wie üblich über den Verbrauchsztähler aus dem Netz bezieht. Darüberhinaus gibt es eine Eigenverbrauchsregelung, bei der mit dem erzeugten Strom zuerst der eigene Stromverbrauch gedeckt und nur der Überschuss eingespeist wird.

Abb. 13-41 zeigt die zur Einspeisung mit getrenntem Zähler notwendige Schaltung sowie die Art und Weise, wie die Zähler in das System eingebunden werden. Benötigt werden zwei Zähler, einer zur Messung des einzuspeisenden Stroms und ein zweiter zur Erfassung des vom Netz bezogenen. Der Einspeisepunkt liegt auf der Netzseite.
Das überarbeitete Einspeisegesetz (EEG 2009) sieht zudem die Möglichkeit vor, einen Teil des erzeugten Solarstromes selbst zu verbrauchen. Die dazu notwendige Anordnung der Zähler zeigt Abb. 13-42. Der Zweirichtungszähler erfasst Bezug und Lieferung auf getrennten Zählwerken: Das Verbrauchszählwerk erfasst den tatsächlich aus dem Netz entnommenen Nettover-

brauch, der zum Verbrauchstarif abgerechnet wird. Das Lieferzählwerk erfasst die tatsächliche Lieferung in das Netz. Diese wird mit dem normalen Einspeisetarif vergütet.
Der selbst verbrauchte Anteil des Solarstroms wird aus der Differenz von Erzeugungszähler und Lieferung auf dem Zweirichtungszähler ermittelt. Dieser wird ebenfalls vergütet. Der Tarif liegt niedriger als der normale Einspeisetarif. Der vom Zweirichtungszähler erfasste Verbrauch reduziert sich um die gleiche Energiemenge. Entsprechend ist weniger für den Verbrauch zu bezahlen.

Freischaltstelle
Entsprechend der VDEW-Richtlinie „Parallelbetrieb mit dem Niederspannungsnetz" verlangen die VNB bei Anlagen mit einer Wechselrichternennleistung über 30 kW eine jederzeit zugängliche Freischaltstelle, damit die Kundensolarstromanlage jederzeit durch das VNB-Personal vom Netz getrennt werden kann.
Wenn die Wechselrichter der Anlage mit ENS ausgestattet sind, ist bei Anlagen mit einer Wechselrichternennleistung unter 30 kW keine Freischaltstelle erforderlich, weil die VNB die ENS als selbsttätige Freischaltstelle anerkennen.

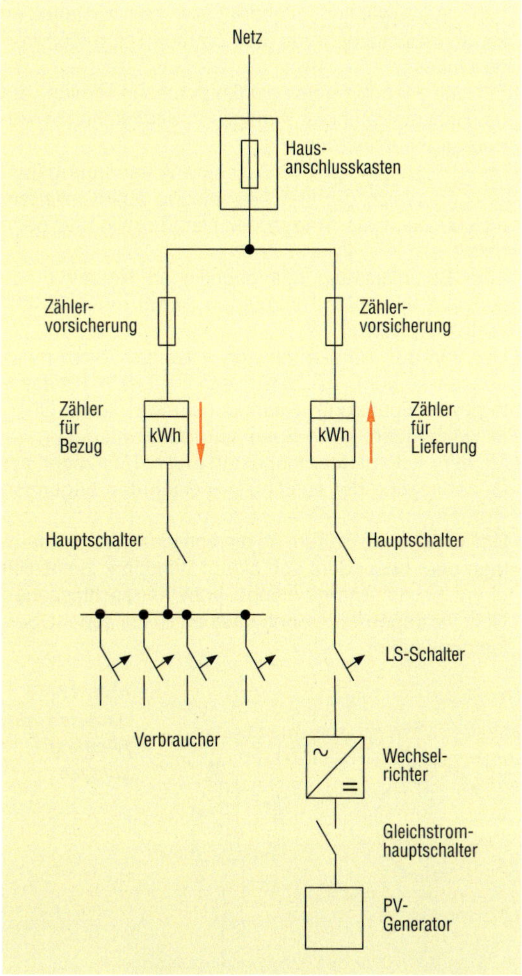

Abb. 13-41 ***Netzeinspeisung einer Solarstromanlage mit getrennten Zählern für Bezug und Lieferung***

Anlagen über 30 kW und mit ENS müssen dennoch mit einer separaten Freischaltstelle ausgerüstet werden. Es ist unter allen Umständen zu vermeiden, dass die Anlage weiterläuft, wenn das Netz freigeschaltet wird, da die freigeschalteten Leitungen sonst weiterhin unter Spannung stehen.

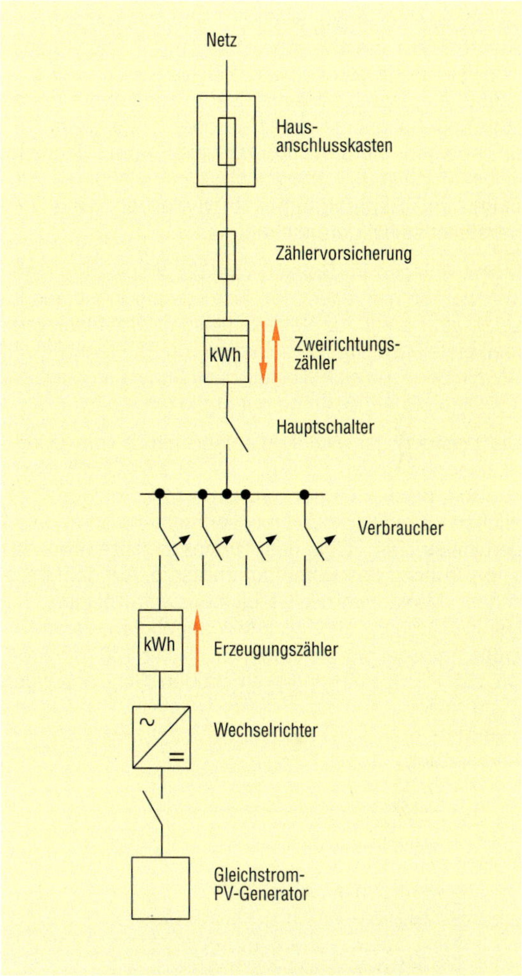

Abb. 13-42 ***Netzeinspeisung bei einer Solarstromanlage mit einem elektronischen Zweirichtungszähler und Erzeugungszähler bei Anlagen mit Eigenverbrauch***

13

13.6 Windkraftanlagen

Über viele Jahrhunderte hinweg nutzte der Mensch die Kraft des Windes für den Antrieb von Windmühlen. Heute wird diese Energieform in Windkraftanlagen zur Stromerzeugung genutzt. Abb. 13-43 zeigt verschiedene Bauformen von Windkraftanlagen. Der überwiegende Teil der Anlagen wird als Schnellläufer mit drei Rotorblättern gebaut (Abb. 13-43 b). Große Anlagen sind für Leistungen von 300 kW bis über 7 MW ausgelegt. Der damit erzeugte Strom wird direkt in das Mittelspannungsnetz (20-kV-Ebene) eingespeist. Diese Anlagen werden üblicherweise vom Hersteller selbst errichtet und überwacht. Die notwendigen Wartungs- und Reparaturarbeiten werden ebenfalls vom Hersteller selbst durchgeführt.

Kleine Anlagen im Bereich von 120 W bis zu einigen kW werden vor allem für Inselversorgungen eingesetzt, aber auch zur Netzeinspeisung. Bei Inselsystemen bietet sich eine Kombination von Photovoltaik und Windkraft an, da sich die zeitlichen Schwankungen der jeweiligen Energieerträge gut ergänzen.

Die Leistung der Windkraftanlage hängt vom Durchmesser des Rotors ab (Abb. 13-44). Die Grafik macht deutlich, dass – um Leistungen im MW-Bereich zu erreichen – der Rotordurchmesser mehr als 50 m betragen muss. Die Höhe des Turmes beträgt etwa das 1- bis 2-fache des Rotordurchmessers. Auf dem deutschen Markt werden Multimegawatt-Anlagen mit Nennleistungen von 2 bis 7 MW angeboten, deren Rotodurchmesser im Bereich von 80 bis 130 m liegen. Da die Windgeschwindigkeit großen Schwankungen unterliegt, müssen die Leistung und die Drehzahl regelbar sein. Dazu sind zwei Systeme entwickelt worden:

- Durch Abriss der Strömung an den Blattspitzen der Rotorblätter wird bei der **Stall-Regelung** die Drehzahl reguliert.
- Durch Verstellen des Blattwinkels kann bei der **Pitch-Regelung** die Drehzahlbegrenzung eingestellt werden.

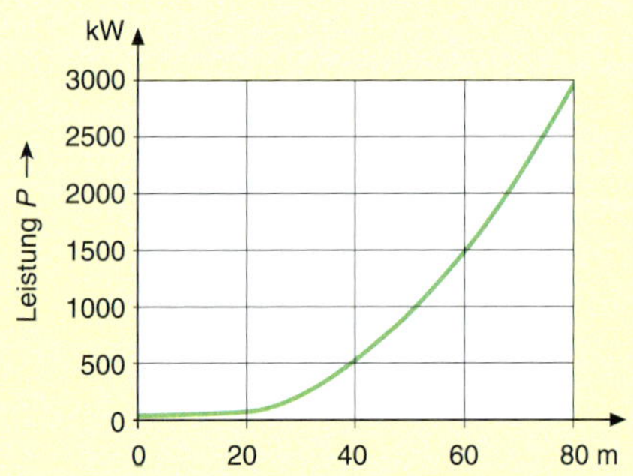

Abb. 13-44 ***Abhängigkeit der Leistung P der Windturbine vom Rotordurchmesser d***

Will man eine ausreichende Menge von Energie erzeugen, sind großflächige Windkraftanlagen erforderlich, und da die Windgeschwindigkeit mit der Höhe über dem Erdboden ansteigt, auch entsprechend hohe Türme. In küstennahen Gebieten Deutschlands kann mit 6 m/s und in den Mittelgebirgen über 1000 m Höhe mit 4 bis 5 m/s gerechnet werden.

Voraussetzungen für die Planung und Errichtung einer Windkraftanlage

- Der Standort ist so auszuwählen, dass der Rotor nicht vom Windschatten eines Hindernisses beeinflusst wird.
- Nach Möglichkeit muss ein erhöhter Standort gesucht werden.
- Bezüglich des Standortes gilt, dass die Zustimmung zum ausgewählten Standort von der zuständigen Raumordnungsbehörde der Kommune eingeholt werden muss.
- Für den Standort muss ein Gutachten in Hinsicht auf die lokal auftretenden Windgeschwindigkeiten in Auftrag gegeben werden.
- Mit dem zuständigen VNB ist eine Vereinbarung über Art und Weise der Netzeinspeisung abzuschließen, welche auch die Fragen der Netzrückwirkung beinhaltet.
  Eine Beeinflussung des öffentlichen Netzes durch den von der Anlage erzeugten Strom muss ausgeschlossen sein!
- Der von der Windkraftanlage erzeugte Strom muss absolut konform mit dem Netzstrom sein (Phasenlage der Spannung, Spannungsgröße, keine Oberschwingungen, keine Spannungsschwankungen).
- Mit dem Aufbau der Anlage darf erst bei Vorliegen der Genehmigung der zuständigen Behörden begonnen werden.
- Der VNB hat zu prüfen, ob die von einer Windkraftanlage oder besonders von einem Windpark zusätzlich eingespeiste Energiemenge vom angeschlossenen Netz vertragen wird, ohne dass es zu kritischer Überlastung kommt.

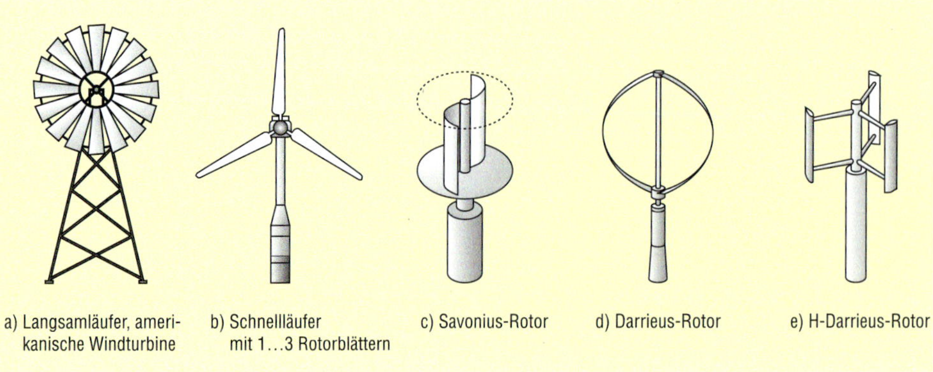

Abb. 13-43 ***Bauarten von Windkraftanlagen***

13

- Windkraftanlagen nutzen die kinetische Energie der Luftströmung. Der Wirkungsgrad der Anlagen liegt im Bereich von 30 bis über 40 %.
- Ein optimaler Standort ist von mehreren Kriterien abhängig, so vom Jahresmittel der Windgeschwindigkeit und deren Häufigkeitsverteilung im Jahresverlauf sowie der Geländeoberfläche. Besonders wichtig ist eine Analyse des Umfelds (Rücksicht auf Siedlungsstrukturen und Vermeidung von Turbulenzen).
- Anlagen, die im MW-Bereich arbeiten sollen, müssen Rotordurchmesser > 50 m aufweisen, weil der Durchmesser des Rotors die Leistung bestimmt.
- Die Turmhöhe beträgt das 1- bis 2-fache des Rotordurchmessers.
- Der von der Windkraftanlage erzeugte Strom muss absolut konform mit dem Netzstrom sein, wenn er in das Netz eingespeist wird.
- Größere Windkraftanlagen können nur von einem spezialisierten Fachbetrieb errichtet werden.

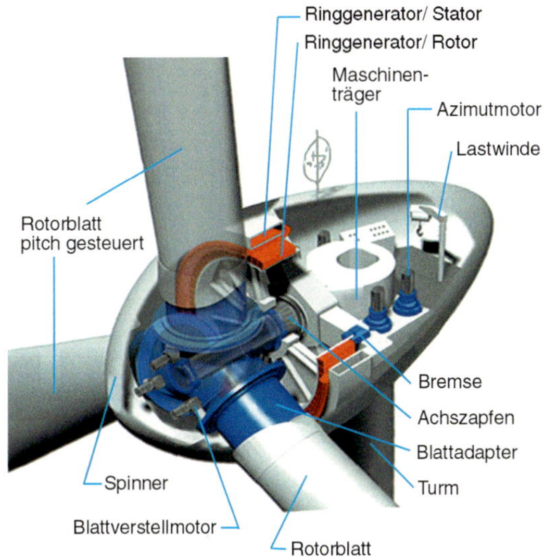

Abb. 13-45 ***Windkraftanlage in getriebeloser Ausführung***

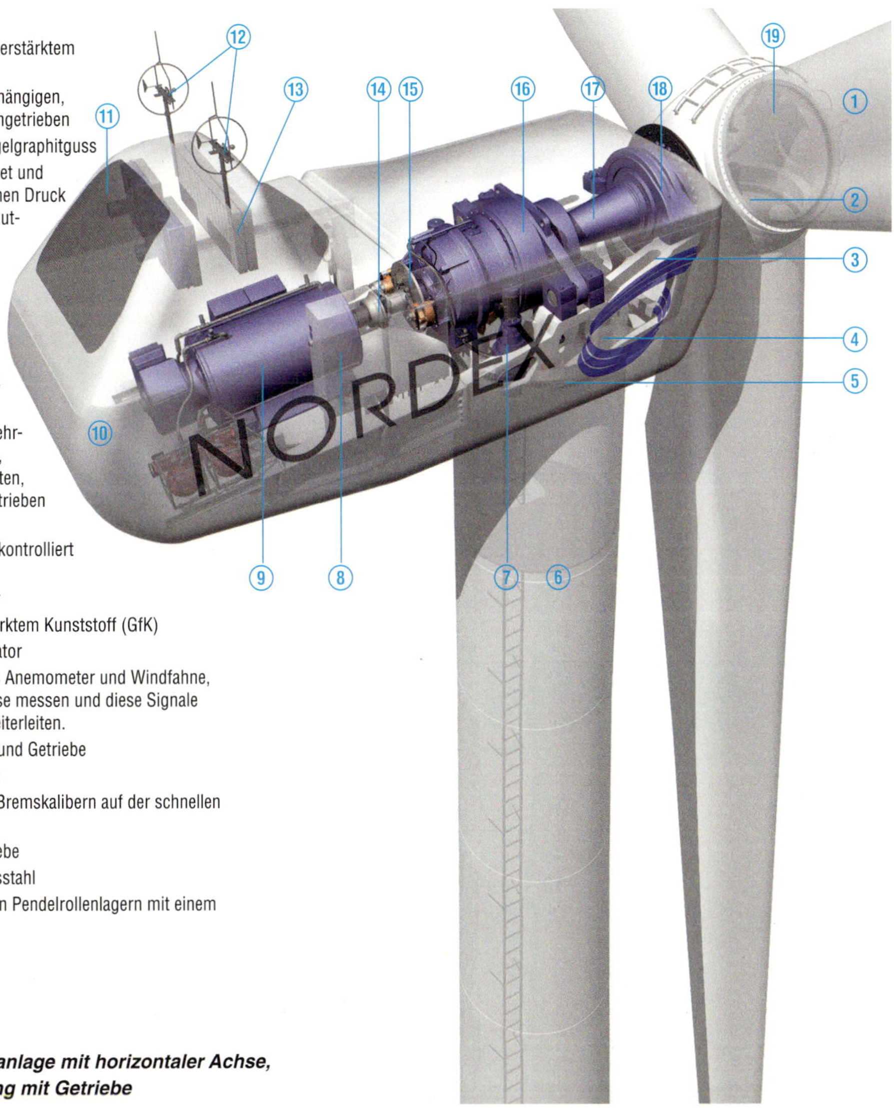

1. Rotorblätter aus glasfaserverstärktem Kunststoff
2. Pitchsystem aus drei unabhängigen, elektrisch betriebenen Pitchgetrieben
3. Maschinenrahmen aus Kugelgraphitguss
4. hydraulisches System wartet und kontrolliert den hydraulischen Druck der Bremskaliber und Azimutbremsen
5. Azimut-Lager als 4-Punkt-Kugellager mit Außenverzahnung. Außerdem ist die Windkraftanlage mit einem aktiven Azimut-Bremssystem ausgestattet.
6. Stahlrohrturm
7. Azimut-Antrieb aus drei mehrstufigen Planetengetrieben, die von frequenzkontrollierten, elektrischen Motoren angetrieben werden.
8. Steuerung überwacht und kontrolliert alle Vorgänge
9. wassergekühlter Generator
10. Kabine aus glasfaserverstärktem Kunststoff (GfK)
11. Kühlsystem für den Generator
12. Windmessungssystem aus Anemometer und Windfahne, welche die Windverhältnisse messen und diese Signale zum Steuerungssystem weiterleiten.
13. Kühlsystem für Generator und Getriebe
14. flexible Generatorkupplung
15. Scheibenbremse mit zwei Bremskalibern auf der schnellen Welle des Getriebes
16. zweistufiges Planetengetriebe
17. Rotorwelle aus Vergütungsstahl
18. Rotorlager aus zweireihigen Pendelrollenlagern mit einem Graugussgehäuse
19. Nabe aus Gusseisen

Abb. 13-46 ***Windkraftanlage mit horizontaler Achse, Ausführung mit Getriebe***

13

14 Elektrische Netze

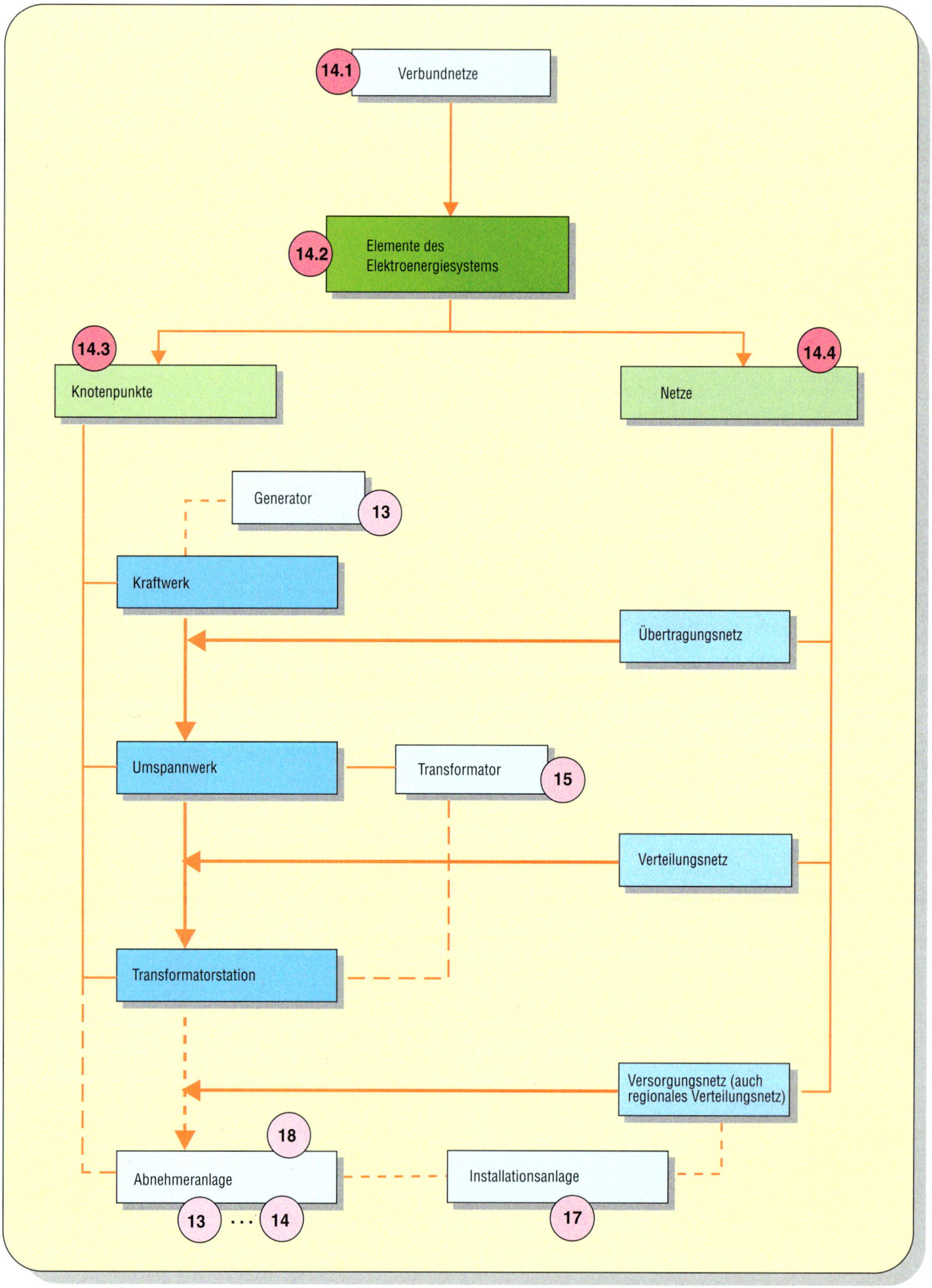

 Abb. 14-1 ***Beziehungen und Strukturen***

14.1 Verbundnetze

Um den örtlich und zeitlich unterschiedlichen Elektroenergiebedarf auszugleichen, wurden sowohl in den einzelnen Ländern als auch übergreifende Netzverbundsysteme aufgebaut. Kraftwerkskapazitäten werden eingespart. Die Benutzungsstundenzahl der Kraftwerksblöcke kann erhöht werden. So geben z. B. im Sommer die Länder der Alpenregion Energie aus Wasserkraftwerken ab und beziehen dafür im wasserarmen Winter Energie aus Wärmekraftwerken.

In Deutschland wird die Energieübertragung durch die vier Netzbetreiber
- EnBW Transportnetze AG, E.ON Netz GmbH, RWE Transportnetz Strom GmbH und Vattenfall Europe Transmission GmbH gewährleistet (Abb. 14-2).

Bereits seit 1951 liefern einige europäische Länder über ihre Grenzen hinaus elektrische Energie. Heute wird in Europa durch die
Union for the Coordination of Transmission of Electricity – UCTE –
von Portugal bis Polen und von den Niederlanden bis Rumänien sowie Griechenland der Energieaustausch koordiniert. Der Verbund umfasst
- 29 Übertragungssysteme – Transmission System Operators (TSO) in
- 24 europäischen Ländern (Abb. 14-3), versorgt
- 450 Millionen Verbraucher bei
- 630 GW installierter Leistung über
- 230 000 km Hochspannungsleitungen.

Zusätzliche Verbindungen, auch über Seekabel (Abb. 14-4), bestehen zu dem NORDEL Verbundsystem der skandinavischen Länder, dem britischen CEGB-Netz und dem osteuropäischen Verbundnetz.

Eine stabile Übertragung der Elektroenergie über die Verbundsysteme ist nur durch die exakte Einhaltung
- der Netzfrequenz von 50 Hz und
- des Gleichgewichts zwischen Energieerzeugung und Energieverbrauch

möglich.

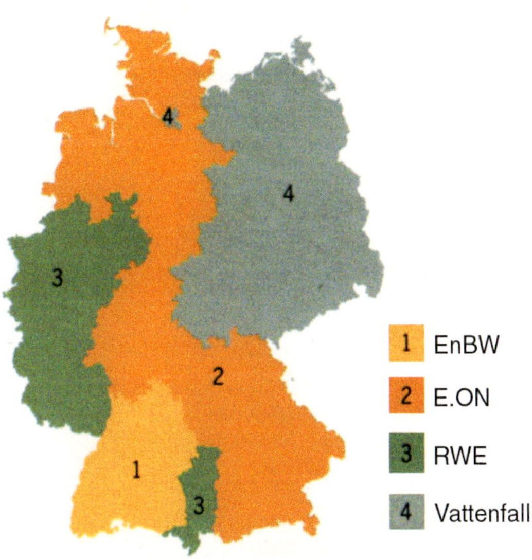

Abb. 14-2 ***Stromverbundunternehmen in Deutschland***

Verschiedene Verbundnetze werden über besondere Kuppelverbindungen, die mit hoher Gleichspannung betrieben werden, zusammengeschaltet. Mit der Hochspannungsgleichstromübertragung – HGÜ – können lastbedingte Frequenzschwankungen von den Nachbarnetzen fern gehalten werden.

Die die Kraftwerks- und Verbraucheranlagen verbindenden Netze werden in ihrer Funktion durch ihre Bezeichnung mit abgestuften Nennspannungen eindeutig charakterisiert. Sie bilden das deutsche Elektroenergiesystem (Abb. 14-5).

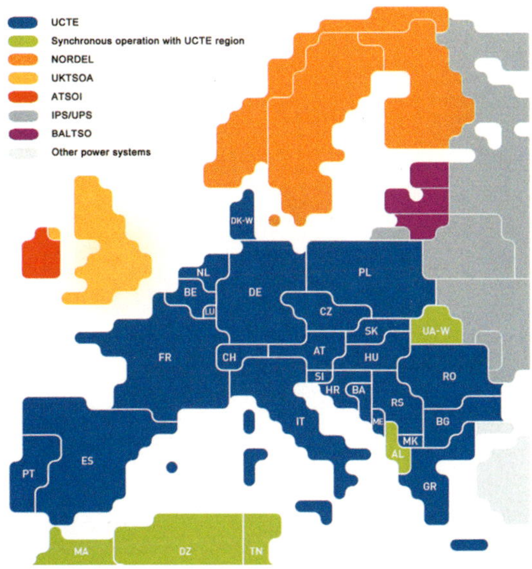

Abb. 14-3 ***Europäisches Verbundsystem UCTE***

Abb. 14-4 ***Seekabel durch die Ostsee***

14

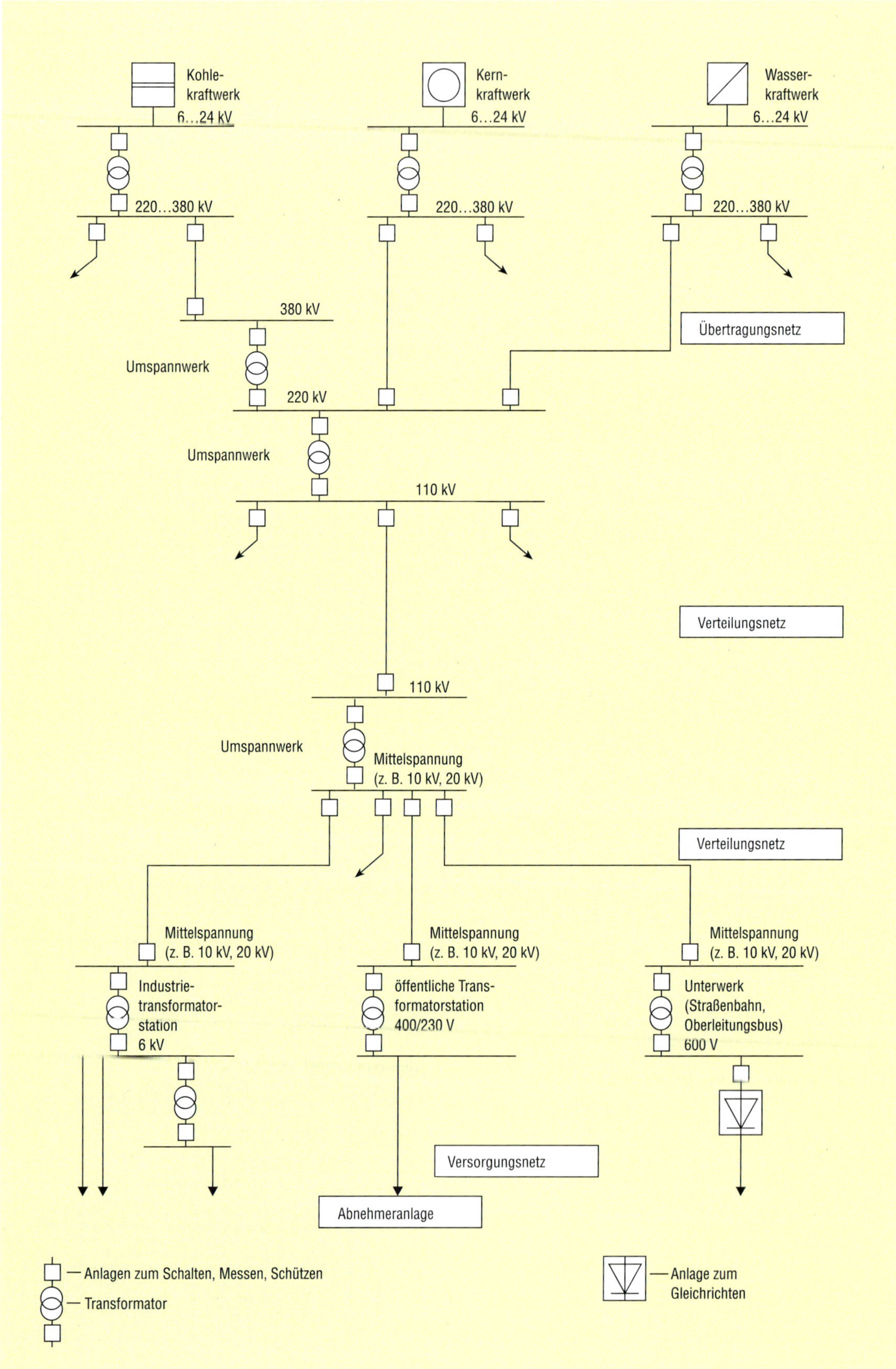

 Abb. 14-5 ***Struktur des deutschen Elektroenergiesystems***

14.2 Elemente des Elektroenergiesystems

Ein Elektroenergiesystem lässt sich in wesentliche Elemente zerlegen. Diese Elemente sind Knotenpunkte (z. B. Umspannwerke) und Netze (Abb. 14-1). In Knotenpunkten können die Parameter Spannung, Strom und Frequenz der Elektroenergie geändert werden. Die Netze dienen zum Transport der Elektroenergie über sehr große oder auch geringe Entfernungen.

Die Begriffe Übertragungs-, Verteilungs- und Versorgungsnetz ergeben sich aus ihrer Funktion. Werden die Netze nach ihrem Aufbau unterschieden, so gibt es offene und geschlossene Netze.

Beiden Einteilungen ist die Definition des Begriffes Netz gemeinsam.

> Ein Netz ist die Gesamtheit von elektrisch leitenden, zusammenhängenden Leitungen gleicher Nennspannung für den Elektroenergietransport mit dem Ziel der Versorgung von Abnehmern.

Bei offenen und geschlossenen Netzen wird weiter unterschieden nach Anzahl der Einspeisepunkte und nach Anzahl und Anordnung der Abnehmeranlagen.

- Offene Netze: (Abb. 14-6)
  - endbelastete oder mehrfach belastete Stichleitungen
  - Strahlennetz
- Geschlossene Netze: (Abb. 14-7)
  - Ringnetz
  - Maschennetz

Für die Beurteilung der unterschiedlichen Gestaltungsvarianten sind folgende Gesichtspunkte von Bedeutung:

1. Wie übersichtlich muss das Netz gestaltet werden?
2. Mit welcher Schutztechnik muss man es ausstatten?
3. Welchen Umfang erfordert die Planung?
4. Wie gestaltet sich die Betriebsführung einschließlich notwendig werdender Fehlersuche?
5. Welche Investitions- und Betriebskosten sind erforderlich?
6. Wie hoch dürfen Spannungsfall, Leistungsverlust in der Zuleitung und die Kurzschlussleistung sein?
7. Welche Versorgungszuverlässigkeit erreicht man mit welcher Gestaltung?

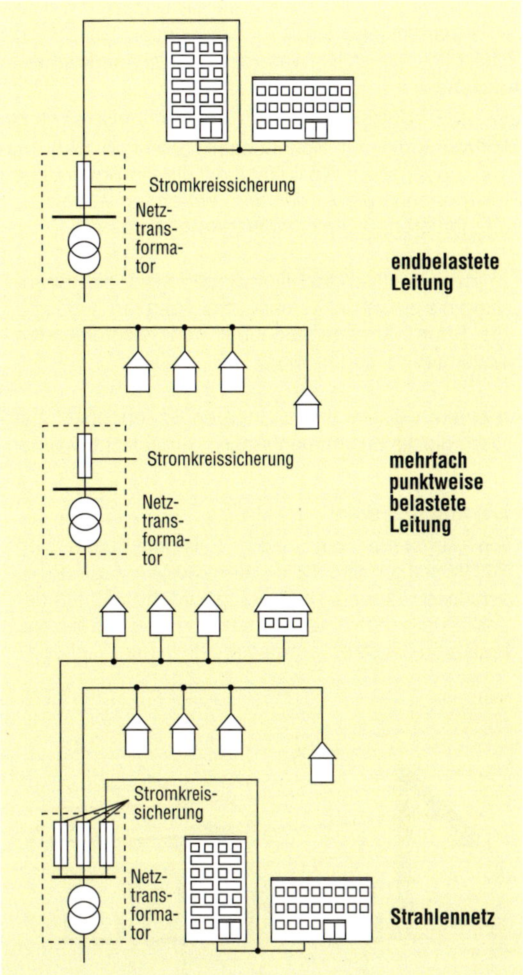

Abb. 14-6 ***Offene Netze***

14

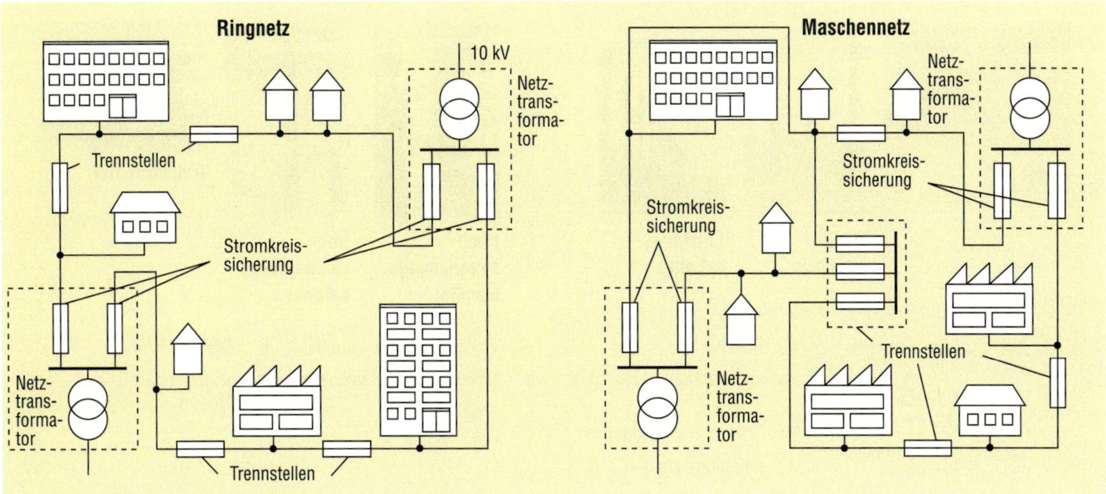

Abb. 14-7 ***Geschlossene Netze***

14.3 Knotenpunkte

14.3.1 Kraftwerke

In den Kraftwerken entsteht als Ergebnis verschiedener Wandlungsprozesse aus den Primärenergieträgern, wie z. B. Kohle, Kernbrennstoff und Wasser, die Elektroenergie. Diese Wandlungen erfolgen dort, wo die Transportwege für die Primärenergieträger oder die Hilfsstoffe, wie z. B. Wasser für das Kernkraftwerk, kurz sind.

Von den Großgeneratoren der Kraftwerke wird die Elektroenergie mit Spannungen zwischen 6 kV und 24 kV abgegeben. Wollte man mit diesen Spannungen Elektroenergie bis zu den weit entfernten Abnehmern transportieren, so entstünden große Verluste.

In den Kraftwerksschaltstationen wird die Spannung bis zu 380 000 V herauftransformiert, wodurch die Stromwärmeabgabe über den nachfolgenden Leitungen verringert wird.

An einem Beispiel mit niedrigeren Spannungsebenen sollen diese Zusammenhänge verdeutlicht werden.

Lösungsbeispiel:

Ein Abnehmer mit einem Leistungsbedarf von 100 W soll an eine 12-V- oder 230-V-Anlage angeschlossen werden. Die Leitung zwischen Abnehmer und Quelle hat einen Widerstand von 0,5 Ω. Wie groß sind die Stromwärmeverluste in der Zuleitung?

gegeben: $U_1 = 12\,\text{V}$ $U_2 = 230\,\text{V}$
$R_L = 0{,}5\,\Omega$ $P = 100\,\text{W}$

gesucht: P_{V1} P_{V2}

Lösung:

$I_1 = \dfrac{P}{U_1}$	$I_2 = \dfrac{P}{U_2}$
$I_1 = 8{,}33\,\text{A}$	$I_2 = 0{,}43\,\text{A}$
$P_{V1} = I_1^2 \cdot R_L$	$P_{V2} = I_2^2 \cdot R_L$
$P_{V1} = 34{,}7\,\text{W}$	$P_{V2} = 0{,}0945\,\text{W}$

Die Stromwärmeverluste in der Zuleitung betragen bei 12 V rund 35 W, die bei 230 V lediglich 0,09 W.

14.3.2 Umspannwerke

Umspannwerke verbinden Netze verschiedener Spannungsebenen und bestehen deshalb aus mindestens einem Transformator und zwei Schaltanlagen. Ihre kleinste primäre Netznennspannung beträgt 30 kV.

In den Schaltanlagen sind neben Trenn- und Leistungsschaltern auch Geräte zum Messen, Überwachen und zum Schutz von Leitungen und Anlagen vor Überspannungen und Überströmen eingebaut.

Wegen der großen Bedeutung der Umspannwerke werden die meisten an zentrale Schaltwarten angeschlossen. Prozessrechner überwachen den Energiefluss und können durch Fernwirkeinrichtungen auto-

14

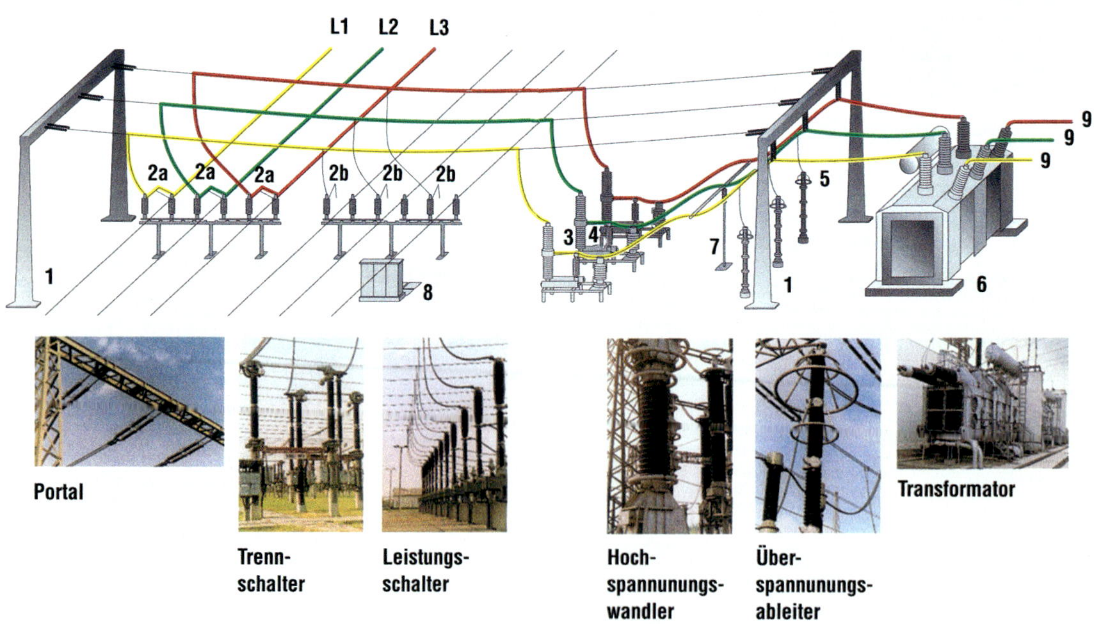

L1	Leitung 1 der Sammelschiene 380 kV	1	Portal	4	Hochspannungswandler	8	Steuerschrank
L2	Leitung 2 der Sammelschiene 380 kV	2a	Trennschalter (geschlossen)	5	Überspannungsableiter	9	abgehende 110-kV-Leitungen
L3	Leitung 3 der Sammelschiene 380 kV	2b	Trennschalter (geöffnet)	6	Transformator		
		3	Leistungsschalter	7	Hilfsstütze		

Abb. 14-8 ***Konventionelles Umspannwerk***

matisch die günstigsten Netzumschaltungen vornehmen. Abb. 14-8 zeigt wesentliche Bestandteile eines 380/110-kV-Umspannwerkes.

Die klassische Bauweise dieser Umspannwerke ist die Freiluftanlage. Heute werden moderne Anlagen als gasisolierte SF_6-Anlagen gebaut (SF_6 – Schwefelhexafluorid – ein Isoliergas). Die Außenabmessungen von gasisolierten SF_6-Anlagen sind wesentlich kleiner, und wegen der guten Spannungsisolation können solche Anlagen bis 110 kV auch in Innenstädten, also nahe den Lastschwerpunkten, errichtet werden. Derartige Umspannwerke, wie in Abb. 14-9 dargestellt, ähneln äußerlich Rohrleitungsanlagen. Sowohl die Schaltgeräte als auch die Sammelschienen sind mit dem SF_6-Gas isoliert. SF_6-Gas hat die Fähigkeit, negative Ladungen zu binden, wodurch z. B. Schaltlichtbögen schneller gelöscht werden können.

Abb. 14-9 ***Gasisoliertes SF_6-Umspannwerk***

Abb. 14-10 ***Schaltanlage einer Industrietrafostation***

14.3.3 Transformatorstationen

Die Transformatorstation ist der letzte Knotenpunkt des Elektroenergiesystems vor der Abnehmeranlage. Auch die Transformatorstationen verbinden Netze verschiedener Spannungsebenen. Ihre kleinste primäre Netznennspannung beträgt 6 kV. Man unterscheidet drei Arten.

Die **Industrietransformatorstationen** sind in Großbetrieben anzutreffen. Sie sind Eigentum dieser Betriebe und werden von eigenem Personal betrieben und gewartet. Für spezielle Industrieanlagen sind die Spannungsebenen 6 kV, 500 V, 690 V gebräuchlich. Abb. 14-10 zeigt einen Teil einer solchen Station.

Für die Versorgung von Tarifkunden sind die **Ortsnetz- und Landnetztransformatorstationen** der öffentlichen Elektrizitätsversorgung zuständig. Diese Transformatorstationen können als Kabel- oder Freileitungsstation gebaut werden. Letztere findet man vielfach im Landnetz als Turmstation. Für kleine Leistungen gibt es auch Maststationen. Hier ist der Transformator direkt am Freileitungsendmast angebracht (Abb. 14-11).

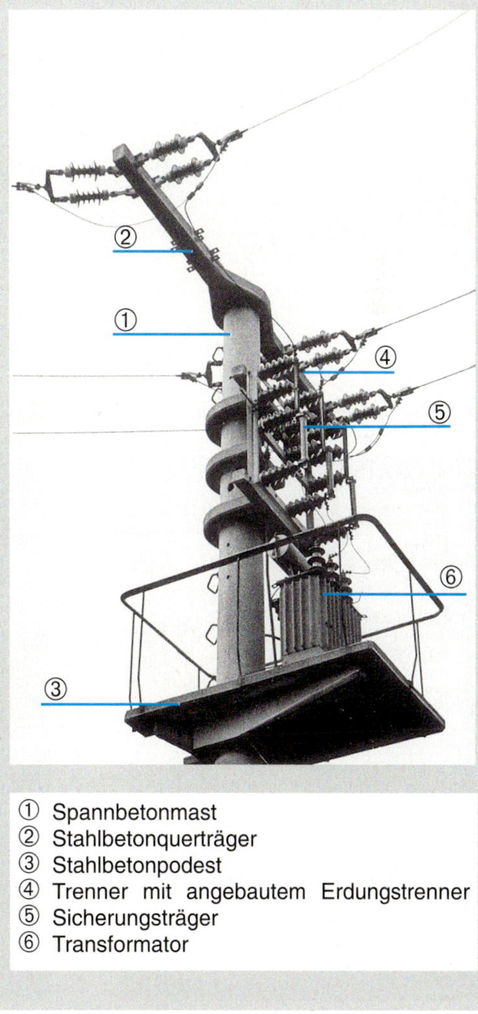

① Spannbetonmast
② Stahlbetonquerträger
③ Stahlbetonpodest
④ Trenner mit angebautem Erdungstrenner
⑤ Sicherungsträger
⑥ Transformator

Abb. 14-11 ***Transformator-Freileitungsstation***

14

In den dicht besiedelten Städten ist die Kabelstation häufiger. Als Beispiel hierfür ist in Abb. 14-12 der einpolige Übersichtsschaltplan einer kleinen Ortsnetztransformatorstation dargestellt. Sie besteht aus drei Zellen. Die Zellen werden untereinander durch ein Sammelschienensystem verbunden. Daran sind die ankommende Leitung in Zelle 2 und die abgehende Leitung in Zelle 3 angeschlossen. Der Transformator in Zelle 1 stellt die Verbindung zur 400-V-Innenraumschaltanlage her. Sie steht in einem anderen Raum. Die 20-kV-Schaltanlage besteht aus Lasttrennschaltern und einer Hochspannungs-Hochleistungs-Sicherung im Transformatorabzweig

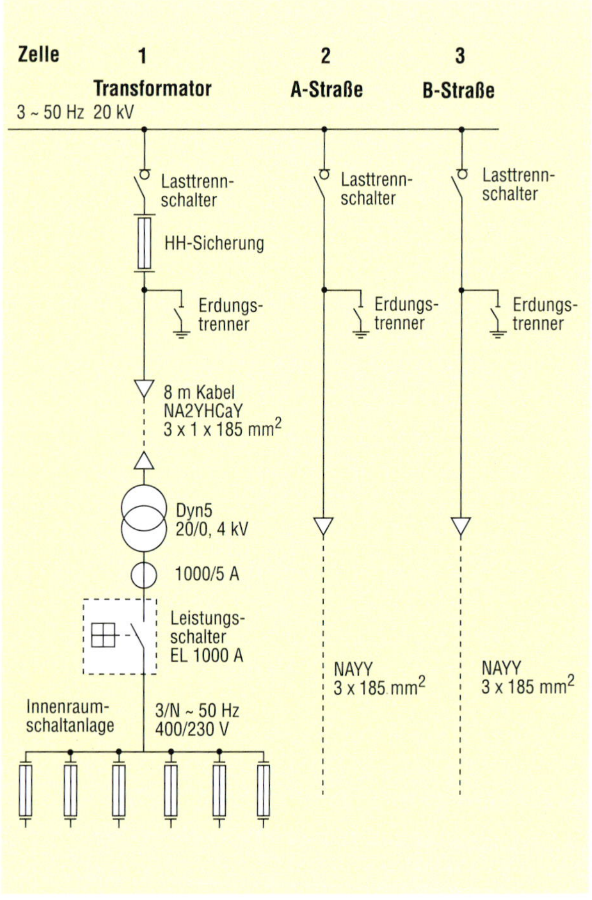

Abb. 14-12 ***Übersichtsschaltplan einer Transformatorstation***

Mit Lasttrennschaltern können nur Betriebsströme geschaltet werden. Die Sicherungen dienen dem Kurzschlussschutz.

Die Zellen selbst werden heute gegenüber der früheren offenen Bauweise als gekapselte Schaltzellen industriell vorgefertigt. Der Montageaufwand vor Ort ist damit gering und ein maximaler Personenschutz bei Betrieb der Anlage wird gewährleistet. In Abb. 14-13 sind offene und gekapselte Anlagen gegenübergestellt.

Als dritte Form der Transformatorstation sind für einige Städte die **Straßenbahnunterwerke** zu nennen. Die Bezeichnung Unterwerk ist von der ursprünglichen Bauweise abgeleitet. Mit der Elektrifizierung der Straßenbahn wurden die elektrischen Anlagen zur Wandlung der Elektroenergie und zur Verteilung des Stromes in die untersten Stockwerke großer Gebäude eingebaut. Das heutige Aussehen entspricht dem der Ortsnetztransformatorstationen. Dem Betreiber des Netzes gehören nur zwei Schaltzellen für die Einschleifung des Mittelspannungskabels. Neben dem Transformator ist die wichtigste Teilanlage der gesteuerte Gleichrichter. Straßenbahnen fahren in den meisten Städten mit Gleichspannung von 600 V. Früher wurden die großen Gleichströme, die beim Anfahren einer Straßenbahn einige hundert Ampere betragen, durch Quecksilberdampfgleichrichter erzeugt. Heute lösen Leistungsthyristoren diese Aufgabe.

Abb. 14-13 ***Gegenüberstellung von offener und gekapselter Bauweise einer Schaltanlage***

14.4 Netze

14.4.1 Übertragungsnetz

Übertragungsnetze werden mit Hochspannung von 380 kV oder 220 kV betrieben. Mit den Hochspannungsleitungen sollen große Entfernungen überbrückt werden (mehr als 30 km).

Das Übertragungsnetz versorgt ausgedehnte Gebiete, z. T. ganze Städte, mit Elektroenergie. Sie müssen deshalb die höchste Versorgungszuverlässigkeit besitzen, d. h. der Ausfall von Kraftwerken oder Hochspannungsleitungen darf nicht zur Unterbrechung der Energielieferung führen. Damit werden die Anforderungen an den Anlagen- und Leitungsschutz sowie die Steuerbarkeit des Energieflusses extrem hoch.

Die Übertragungsnetze werden als Maschennetze gebaut.

Der Leitungsschutz in den Übertragungsnetzen ist nicht mit Schmelzsicherungen zu gewährleisten. Hier wird der so genannte Richtungs- oder Distanzschutz eingesetzt. Dies erfordert höhere Investitionskosten und höheren Wartungsaufwand.

Durch die Parallelschaltung mehrerer Kabel im Maschennetz verkleinert sich für die Ströme der Gesamtleitungswiderstand. Für den Nennbetrieb bedeutet das geringere Spannungsfälle über den Leitungen. Im Kurzschlussfall nimmt aber der Strom höhere Werte als in offenen Netzen an. Die Anlagen, Geräte und Leitungen müssen diesem Kurzschlussstrom bis zum Ausschalten (mehrere ms) führen können, ohne durch die Magnetkräfte zerstört zu werden.

14.4.2 Verteilungsnetz

Verteilungsnetze werden mit Spannungen über 1 kV bis 110 kV betrieben. Mit diesen Netzen sollen Entfernungen bis ca. 30 km überbrückt werden. Noch vor einigen Jahren zählte das 110-kV-Netz zu den Übertragungsnetzen. Heute befinden sich 110-kV- Umspannwerke bereits in den Innenstädten, d. h. an den Lastschwerpunkten.
Typische Nennspannungen von Verteilungsnetzen sind die so genannten Mittelspannungen 10 kV und 20 kV. Mit den 10- oder 20-kV-Leitungen werden die Transformatorstationen „vor der Haustür" betrieben. In den Verteilungsnetzen wird die ringförmige Leitungsführung bevorzugt.

14.4.3 Versorgungsnetz (auch regionales Verteilungsnetz)

Versorgungsnetze werden mit Spannungen von 230 bis 1000 V betrieben. Mit diesen Netzen sollen Entfernungen bis ca. 1000 m überbrückt werden.

Für den Elektroniker ist das Versorgungsnetz die Anschlussstelle seiner Kundenanlage.

In den Technischen Anschlussbedingungen (TAB) des Verbandes der Elektrizitätswirtschaft (VDEW) wird das Versorgungsnetz als (örtliches) Verteilungsnetz betrachtet. Es wird nicht zwischen Verteilungs- und Versorgungsnetz unterschieden.
Die Niederspannungsverteilungsanlage der Transformatorstation stellt die normgerechte Spannung von 400/230 V (50 Hz) zur Verfügung. Über Erdkabel oder Freileitungen wird die Energie zu den Hausanschlüssen der Abnehmer transportiert (Abb. 14-14).

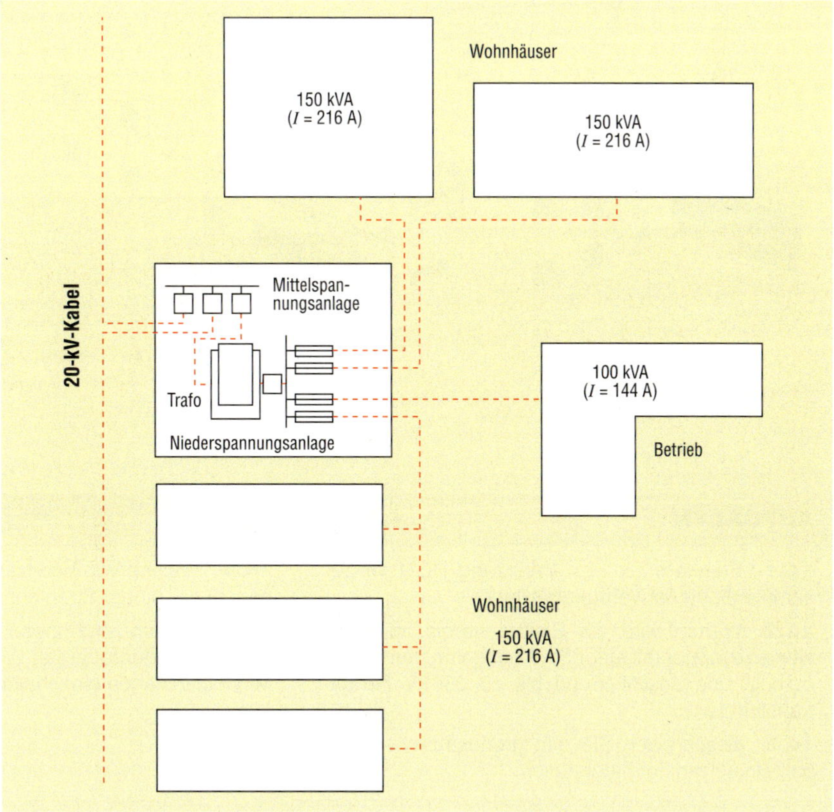

Abb. 14-14
Transformatorstation als Verbindung zwischen Verteilungsnetz und Versorgungsnetz

Man baut diese Versorgungsnetze als offene Netze.

Die offenen Netze sind sehr übersichtlich gestaltet. Zum Schutz der Leitungen und Anlagen reichen Sicherungen, die durch abgestufte Nennstromstärken jeweils in der Nähe des Kurzschlussortes abschalten. Bei Fehlern lässt sich der Fehlerort durch Widerstandsmessung aus einer Richtung ermitteln.

Das sichere Spannungsfreischalten der Anlagen für Wartungsarbeiten ist von einer Stelle aus möglich.

In Versorgungsnetzen fällt bei jeder Leitungsunterbrechung die Zufuhr elektrischer Energie zum Abnehmer aus.

Erfolgt die Energieversorgung über Freileitungen, kommt der Einhaltung von Abständen eine große Bedeutung zu, um den Schutz gegen zufälliges Berühren zu gewährleisten. Abb. 14-15 zeigt einzuhaltende Abstände bei Leitungen im Niederspannungsnetz. Lotrechte Abstände gelten stets an der Stelle des größten Durchhanges der Leitung. Da sich die Leiterseile bei Erwärmung stark dehnen, entstehen die größten Durchhänge im Sommer. Wird der Durchhang verkleinert, vergrößert sich die Zugspannung, mit der die Maste und das Leitermaterial belastet werden. Zulässige Werte für Durchhang und Zugbelastung bei verschiedenen Leiterquerschnitten sind festgelegt. Die wichtigsten Abstände zwischen blanken Leitungen und der Umgebung sind in Tab. 14-1 aufgeführt.

Bei Spannweiten bis 20 m müssen nach den zulässigen Zugbelastungen Mindestquerschnitte bei Aluminium von 16 mm² und bei Kupfer von 4 mm² eingehalten werden.

Bei der Näherung zu begehbaren Dächern wird nach der Dachneigung unterschieden. Bei Neigungswinkeln unter 20° sind Leiterseile mindestens im Abstand von 2,50 m und bei Neigungswinkeln über 20° im Abstand von 0,50 m über dem Dach bzw. 0,40 m über dem Dachfirst zu verlegen.

Fernmeldeleitungen	
– bei Überkreuzung	1,00 m
– bei Unterkreuzung	1,25 m
– bei seitlichem Abstand	1,25 m
Gleisanlagen, von der Schienenoberkante	7,00 m
verkehrsreiche Straßen	6,00 m
Wege und Straßen mit geringem Verkehr	5,00 m
Gartenland	4,00 m
Bäume, seitlicher Abstand	1,00 m
Antennen und Sirenen	1,00 m

Tab. 14-1 ***Abstände von blanken Leitungen des Versorgungsnetzes zur Umgebung***

Abb. 14-15

Einzuhaltende Abstände zwischen blanken Leitungen und der Umgebung

AUFGABEN

14.1 Erläutern Sie die Abkürzung HGÜ im Zusammenhang mit Verbundnetzen?

14.2 Warum wird die Elektroenergie im Kraftwerksgenerator mit einer Spannung von „nur" 10 kV erzeugt und anschließend bis zu 380 kV herauftransformiert?

14.3 Beschreiben Sie den grundsätzlichen Aufbau einer Transformatorstation.

14.4 Welche Vor- und Nachteile hat ein Ringnetz gegenüber einem Strahlennetz?

14.5 Warum sind zwischen Versorgungsleitungen für Elektroenergie und Fernmeldeleitungen Mindestabstände einzuhalten?

15 Elektrische Anlagen zum Transformieren von Spannungen

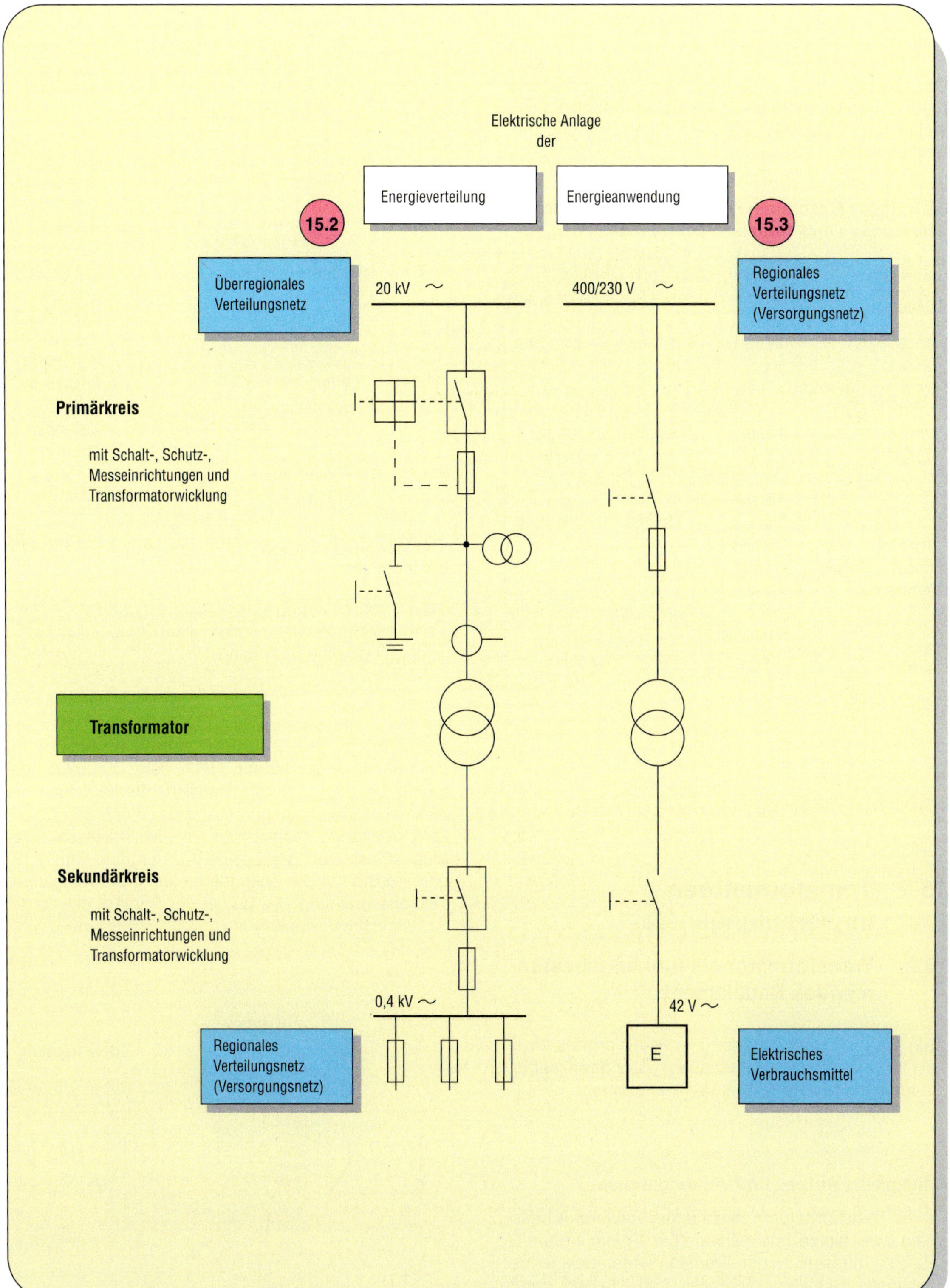

Abb. 15-1 ***Beziehungen und Strukturen***

15.1 Arbeitsweise und Energieumwandlung

Im Elektroenergiesystem müssen Spannungen sowohl herauf- als auch herabtransformiert werden, um die elektrische Energie mit hohem Wirkungsgrad transportieren und mit niedrigem Isolationsaufwand nutzen zu können.

Der Transformator als funktionsbestimmendes Element der entsprechenden elektrischen Anlage ist eine elektrische Maschine mit folgendem wesentlichen Merkmal:

Elektrische Maschinen können ohne konstruktive Änderungen ihre Arbeitsweise wechseln, d. h.

Maschinentyp		Arbeitsweise	Energieumwandlung
dieselbe umlaufende elektrische Maschine	arbeitet als ↗	Generator	→ mechanisch ⇒ elektrisch
		oder	
	↘	Motor	→ elektrisch ⇒ mechanisch
derselbe Transformator	kann ↗	Herauftransformieren	→ elektrisch ⇒ elektrisch
		oder	
	↘	Herabtransformieren	→ elektrisch ⇒ elektrisch

15.2 Transformatoren im Verteilungsnetz

15.2.1 Transformator als funktionsbestimmendes Bauelement

Ein Transformator ist eine ruhende elektrische Maschine, die gegebene Spannungs- und Stromwerte in andere bei gleicher Frequenz umwandelt.

Prinzipieller Aufbau und Wirkungsweise

Da die Transformatoren unabhängig von ihrer Arbeitsweise zwei Netze unterschiedlicher Spannungswerte koppeln, müssen in der Transformatorenanlage die Funktionen Schalten, Schützen und Messen durch entsprechende Bauelemente realisiert werden (Abb. 15-1).

Der Transformator besteht prinzipiell aus

	Primärwicklung	Eisenkern	Sekundärwicklung
Merkmale:	● nimmt elektrische Energie aus dem Netz (Primärnetz) auf,	● bündelt die Feldlinien, damit feste magnetische Kopplung beider Wicklungen,	● gibt elektrische Energie oft über ein Netz (Sekundärnetz) ab,
	● wirkt als Verbraucher,	● verstärkt das Magnetfeld	● wirkt als Spannungs- bzw. Stromquelle,
	● alle Größen erhalten den Index 1, z. B. Primärspannung U_1, primäre Windungszahl N_1		● alle Größen erhalten den Index 2, z. B. sekundäre Induktionsspannung U_{Q2} Sekundärstrom I_2

Die Grundlage für seine Wirkungsweise ist die Gegeninduktion:

Die Stromänderung in einer Spule induziert in einer zweiten Spule, die mit der ersten magnetisch gekoppelt ist, eine Spannung.

An die Primärwicklung ist deshalb eine Wechselspannung U_1 anzulegen, die den Wechselstrom I_1 (Stromänderung) antreibt. Nach dem Durchflutungsgesetz entstehen ohne zusätzliche Bedingungen die elektrische Durchflutung Θ_1 und der durch den Eisenkern verstärkte Magnetfluss Φ (Wechselfluss). Der Magnetfluss durchsetzt beide Wicklungen (Abb. 15-2) und induziert in der Sekundärwicklung die (Gegen)Induktionsspannung U_{Q2} und in der Primärwicklung die Selbstinduktionsspannung U_{Q1}.

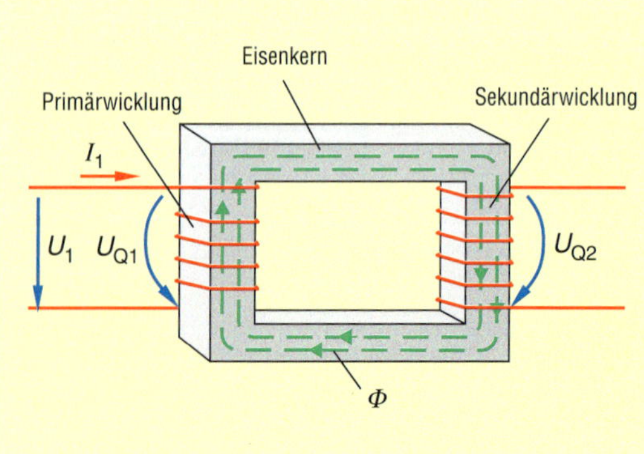

Abb. 15-2 ***Prinzipieller Aufbau eines Transformators***

Die Ursache-Wirkungsbezeichnungen (kausale Beziehungen) stellen sich kürzer und übersichtlicher wie folgt dar:

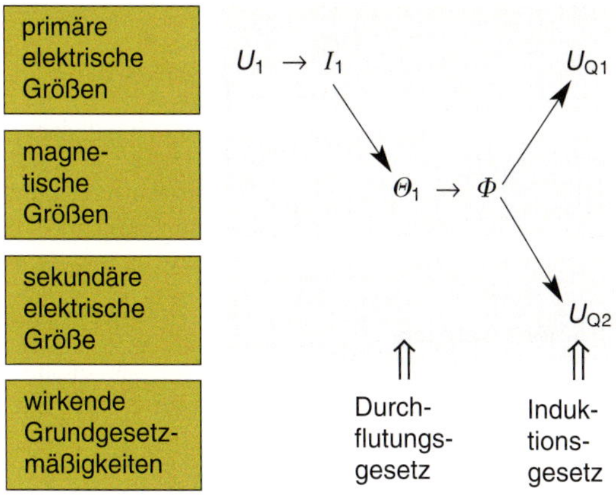

Aus der bei Induktionsvorgängen gültigen Gleichung

$$U_Q = N \cdot \frac{\Delta\Phi}{\Delta t}$$

kann die sog. Transformatorengleichung

$$U_Q = 4{,}44 \cdot f \cdot N \cdot \hat{\Phi} \qquad \textbf{15-1}$$

bestimmt werden.

U_Q in V	Induktionsspannung
$4{,}44 = \frac{2\pi}{\sqrt{2}}$	Umrechnungskonstante
f in Hz	Frequenz
N	Windungszahl
$\hat{\Phi}$ in Vs	Scheitelwert des Magnetflusses

Mit ihr können folgende technisch-physikalischen Zusammenhänge nachgewiesen werden:

1. Die Transformatorengleichung gilt für beide Wicklungen mit den zugehörigen Windungszahlen.

sekundäre Induktionsspannung $U_{Q2} = 4{,}44 \cdot f \cdot N_2 \cdot \hat{\Phi}$ **15-2**

Selbstinduktionsspannung $U_{Q1} = 4{,}44 \cdot f \cdot N_1 \cdot \hat{\Phi}$

Da ferromagnetische Werkstoffe aufgrund ihrer Sättigung u. a. durch die Magnetflussdichte gekennzeichnet sind, ist meist zusätzlich zu berechnen:

$$\hat{\Phi} = \hat{B} \cdot A_{Fe}$$

$\hat{B}$ in T	Scheitelwert der Magnetflussdichte
A_{Fe} in m²	Querschnitt des Eisenkerns

2. Da die sekundäre Induktionsspannung im Leerlauf an den Sekundärklemmen anliegt, ist der Betrag der sekundären Leerlaufspannung U_{20} (lies: *U* zwei null) bei einem konstruktiv unveränderlichen Transformator und bei konstanter Frequenz von der Magnetflussdichte $\hat{B}$ abhängig.

3. Ohne Berücksichtigung der Spannungsfälle in der Primärwicklung ist nach dem Maschensatz (2. Kirchhoff'sches Gesetz) der Betrag der angelegten Primärspannung $U_1 = U_{Q1}$, insbesondere im Leerlauf mit hinreichender Genauigkeit

$$U_1 = 4{,}44 \cdot f \cdot N_1 \cdot \hat{B} \cdot A_{Fe}$$

oder

$$\hat{B} = \frac{U_1}{4{,}44 \cdot f \cdot N_1 \cdot A_{Fe}} \qquad \textbf{15-3}$$

Werden die gleichen Bedingungen wie auf der Sekundärseite vorausgesetzt (f, N_1, A_{Fe} = konstant), wird der Betrag der Magnetflussdichte im Eisenkern durch die anliegende Spannung U_1 festgelegt.

Beachten Sie, dass dagegen im Gleichstromkreis nicht der Betrag der Spannung, sondern der Betrag der Stromstärke die Stärke des Magnetfeldes bestimmt!

Werden z. B. an einen Klingeltransformator nicht 230 V, sondern primär 250 V angelegt, erhöhen sich die Magnetflussdichte im Eisenkern und dadurch die sekundäre Induktionsspannung.

$$U_1 \uparrow \rightarrow \hat{B} \uparrow \rightarrow U_{Q2} \uparrow \text{ bzw. } U_{20} \uparrow$$

Lösungsbeispiel:

An der Primärwicklung eines Transformators mit 980 Windungen liegt eine Spannung von 400 V (50 Hz) an. Wird das Sättigungsgebiet der Transformatorenbleche bei der genannten Spannung erreicht, wenn der Eisenkern einen Querschnitt von 16 cm² aufweist?

gegeben: $U_1 = 400$ V; $N_1 = 980$; $f = 50$ Hz; $A_{Fe} = 16$ cm²

gesucht: $\hat{B}$

Lösung:

$$U_1 = 4{,}44 \cdot f \cdot N_1 \cdot \hat{\Phi}$$

$$\hat{\Phi} = \hat{B} \cdot A_{Fe}$$

$$\hat{B} = \frac{U_1}{4{,}44 \cdot f \cdot N_1 \cdot A_{Fe}}$$

$$\hat{B} = \frac{400\ \text{V}}{4{,}44 \cdot 50\ \text{s}^{-1} \cdot 980 \cdot 16 \cdot 10^{-4}\ \text{m}^2}$$

$$\hat{B} = \underline{\underline{1{,}15\ \text{T}}}$$

Der Transformatorenkern wird bei der anliegenden Spannung von 400 V nicht bis zur Sättigung aufmagnetisiert, da diese bei Transformatorenblechen im Bereich von 1,6 bis 1,85 T liegt.

4. Da der durch die Primärwicklung erzeugte Magnetfluss von der Sekundärwicklung meist vollständig umfasst wird, müssen bei gleichen Windungszahlen die Spannungen U_1 und U_{20} der Wicklungen gleich groß sein oder:

Ein Transformator transformiert, d. h. ändert einen gegebenen Spannungswert nur dann, wenn die Primär- und Sekundärwicklung unterschiedliche Windungszahlen besitzen.

Übersetzungen

Spannungsübersetzung

Werden die Gleichungen

$U_1 = 4{,}44 \cdot f \cdot N_1 \cdot \hat{\Phi}$ und

$U_{20} = 4{,}44 \cdot f \cdot N_2 \cdot \hat{\Phi}$

ins Verhältnis gesetzt, entsteht

$$\frac{U_1}{U_{20}} = \frac{N_1}{N_2} = ü \qquad \text{15-4}$$

Im Leerlauf verhalten sich die Spannungen des Transformators wie die Windungszahlen der zugehörigen Wicklungen.
Das Verhältnis der primären zur sekundären Windungszahl bezeichnet man als Übersetzungsverhältnis *ü*.

Aus der Gleichung (15-4) leiten wir folgende physikalisch-technische Aussagen ab:

1. Ein Transformator transformiert dann herauf, also $U_{20} > U_1$, wenn die sekundäre Windungszahl N_2 größer als die primäre ist.

Ursache	Wirkung	Arbeitsweise
$N_2 > N_1$	$U_{20} > U_1$	Herauftransformieren
$N_2 < N_1$	$U_{20} < U_1$	Herabtransformieren

2. Wie wir durch ein Zahlenbeispiel nachweisen, hat jeder Transformator zwei Übersetzungsverhältnisse. Das Übersetzungsverhältnis *ü* eines Transformators ist nur eine Rechengröße. Im Gegensatz dazu ist die Übersetzung als ungekürztes Verhältnis der Bemessungsspannungen eine eindeutige Bemessungsgröße des Transformators, die auf seinem Leistungsschild angegeben wird.

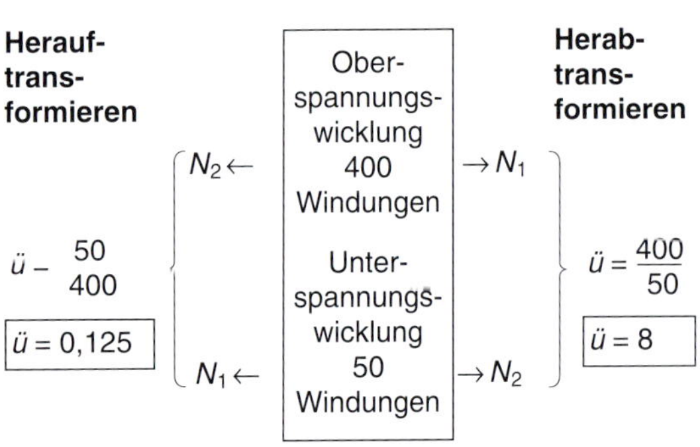

3. Wird die Gleichung (15-4) so umgeformt, dass die primären Größen nur auf einer Seite der Gleichung und die sekundären auf der anderen angeordnet sind, ist $\frac{U_1}{N_1} = \frac{U_{20}}{N_2}$

   Da diese Quotienten als Windungsspannung definiert sind, sind die primären und sekundären Windungsspannungen eines Transformators stets gleich groß.

4. Nach $U_{20} = U_1 \cdot \frac{N_2}{N_1}$ leiten wir ab:

   Die sekundäre Leerlaufspannung steigt
   U_{20} ↑, wenn N_2 ↑
   oder
   U_1 ↑
   oder
   N_1 ↓
   } nur begrenzt möglich, da $\hat{B}$ steigt. Das Sättigungsgebiet wird erreicht. Der Eisenkern erwärmt sich unzulässig hoch.

Stromübersetzung

Bei Belastung des Transformators wird aus dem Primärnetz die Wirk- und Blindenergie zum Verbraucher übertragen.

Deshalb ist zu beachten:

Jeder Transformator ist für die Scheinleistung auszulegen.

Seine auf dem Leistungsschild angegebene Bemessungsleistung hat deshalb die Einheit VA oder kVA bzw. bei Großtransformatoren MVA. Vernachlässigt man die Verluste, ist nach dem Energieerhaltungssatz

$S_1 = S_2$ und $U_1 \cdot I_1 = U_2 \cdot I_2$

Durch Umordnen entsteht

$$\frac{I_1}{I_2} = \frac{U_2}{U_1} \qquad \text{15-5}$$

und mit der Gleichung (15-4)

$$\frac{I_1}{I_2} = \frac{N_2}{N_1} = \frac{1}{ü} \qquad \text{15-6}$$

Aus dem Vorstehenden leiten wir ab:

1. Ein Transformator transformiert nicht nur Spannungen, sondern auch Ströme.
2. Die Wicklung mit der größeren Spannung (Oberspannungswicklung) wird durch den kleineren Strom belastet.

   Ist $U_1 > U_2$, muss $I_1 < I_2$ sein.
3. Die Wicklungen besitzen folgende konstruktive Merkmale:

Oberspannungswicklung	Unterspannungswicklung
Wicklung mit der **größeren**	Wicklung mit der **kleineren**
Bemessungsspannung	
• größere Windungszahl	• kleinere Windungszahl
• kleinerer Drahtquerschnitt	• größerer Drahtquerschnitt

4. Wird die Gleichung (15-6) so umgeformt, dass die primären Größen nur auf einer Seite der Gleichung und die sekundären auf der anderen angeordnet sind, ist

$I_1 \cdot N_1 = I_2 \cdot N_2$ oder $\Theta_1 = \Theta_2$

Die Beträge der in den Strom führenden Wicklungen entstehenden Durchflutungen sind gleich groß.

Durch ihre entgegengesetzte Richtung (Lenz'sches Gesetz) bleibt das magnetische Gleichgewicht auch bei Belastungsänderung erhalten.

Lösungsbeispiel:

Ein Einphasentransformator soll für eine Bemessungsleistung von 6,3 kVA und eine Übersetzung von 1 kV/127 V (50 Hz) ausgelegt werden. Wie groß müssen die Windungszahlen und die Drahtquerschnitte der Wicklungen sein, wenn der Eisenkern mit einem Schenkelquerschnitt von 50,8 cm² eine maximale Flussdichte von 1,64 T aufweisen soll und die Stromdichte 3,2 A/mm² nicht überschreiten darf?

gegeben: $S = 6{,}3\ \text{kVA}$; $U_1 = 1\ \text{kV}$; $U_2 = 127\ \text{V}$; $f = 50\ \text{Hz}$

gesucht: N_1; N_2; A_1; A_2

Lösung:

- Berechnung der Windungszahlen

$$U_2 = 4{,}44 \cdot f \cdot N_2 \cdot \hat{B} \cdot A_{Fe}$$

$$N_2 = \frac{U_2}{4{,}44 \cdot f \cdot \hat{B} \cdot A_{Fe}}$$

$$N_2 = \frac{127\ \text{V}}{4{,}44 \cdot 50\ \text{Hz} \cdot 1{,}64\ \text{T} \cdot 50{,}8\ \text{cm}^2}$$

$$\underline{N_2 = 69}$$

$$\frac{U_1}{U_2} = \frac{N_1}{N_2} \qquad N_1 = \frac{U_1 \cdot N_2}{U_2}$$

$$N_1 = \frac{1000\ \text{V} \cdot 69}{127\ \text{V}}$$

$$\underline{N_1 = 543}$$

Hinweis: Windungszahlen sind immer ganzzahlig anzugeben. Die inneren Spannungsfälle wurden vernachlässigt, d. h. die sekundäre Klemmenspannung wurde gleich der Leerlaufspannung U_{20} gesetzt.

- Berechnung der Stromstärken

$$S = U_1 \cdot I_1 \qquad I_1 = \frac{S}{U_1}$$

$$I_1 = \frac{6{,}3\ \text{kVA}}{1\ \text{kV}} \qquad \underline{I_1 = 6{,}3\ \text{A}}$$

$$\frac{U_1}{U_2} = \frac{I_2}{I_1} \quad \text{oder} \quad I_2 = \frac{S}{U_2}$$

$$I_2 = \frac{6300\ \text{VA}}{127\ \text{V}} \qquad \underline{I_2 = 49{,}6\ \text{A}}$$

- Berechnung der Drahtquerschnitte

$$J = \frac{I_1}{A_1} \qquad A_1 = \frac{I_1}{J} \qquad A_1 = \frac{6{,}3\ \text{A}}{3{,}2\ \text{A/mm}^2}$$

$$\underline{A_1 = 1{,}97\ \text{mm}^2}$$

$$A_2 = \frac{I_2}{J} \qquad A_2 = \frac{49{,}6\ \text{A}}{3{,}2\ \text{A/mm}^2}$$

$$\underline{A_2 = 15{,}5\ \text{mm}^2}$$

Wir stellen die Ergebnisse zusammen:

Wicklung	Bemessungsspannung	Windungszahl	Bemessungsstromstärke	Drahtquerschnitt
Oberspannungswicklung	1 kV	543	6,3 A	1,97 mm²
Unterspannungswicklung	127 V	69	49,6 A	15,5 mm²

Die Ergebnisse bestätigen die Aussagen über die konstruktiven Merkmale der Wicklungen.

Widerstandsübersetzung

Dividiert man die linken Seiten der Gl. (15-4) $U_{20} \approx U_2$ und (15-6) sowie die rechten Seiten

$$\frac{U_1}{U_2} : \frac{I_1}{I_2} = \frac{N_1}{N_2} : \frac{N_2}{N_1}, \text{ ergibt sich } \frac{U_1}{I_1} : \frac{U_2}{I_2} = \frac{N_1}{N_2} \cdot \frac{N_1}{N_2}.$$

Da der Quotient aus Spannung und Stromstärke in der Wechselstromtechnik als Scheinwiderstand definiert ist, entsteht die Gleichung der Widerstandsübersetzung

$$\frac{Z_1}{Z_2} = \left(\frac{N_1}{N_2}\right)^2 = ü^2 \qquad \textbf{15–7}$$

Wir leiten ab:

1. Widerstände werden im Quadrat der Windungszahlen transformiert.
2. Transformiert ein Transformator herab, also $U_2 < U_1$, wirkt der Belastungswiderstand des Sekundärkreises mit höherem Widerstandswert am speisenden Primärnetz.
3. In der Informationstechnik ist oft eine Widerstandsanpassung notwendig. Diese wird durch einen Transformator realisiert, der hier als Übertrager bezeichnet wird.

Konstruktiver Aufbau der Transformatoren

Die Bauteile eines Transformators können zwei Hauptgruppen zugeordnet werden. Zur ersten gehören die Wicklungen und der Eisenkern als funktionsbestimmende Teile. Die Stütz- und Presskonstruktionen der

Spulen und des Kerns, das Gehäuse bzw. der Kessel und die Schutzeinrichtungen gewährleisten die sichere Betriebsfähigkeit des Transformators (Abb. 15-3).

Der Eisenkern

Der Eisenkern bündelt die magnetischen Feldlinien und verstärkt den Magnetfluss. Aufgrund seiner sinusförmigen Änderung werden das Eisen im Rhythmus der Frequenz ummagnetisiert und im Kern Wirbelströme induziert. Ummagnetisierung und Wirbelströme sind für den Transformator Verluste, die den Kern erwärmen. Um die Verluste gering zu halten, wird

1. der Kern in Feldlinienrichtung lamelliert. In den meist einseitig isolierten Transformatorenblechen können sich die Wirbelstrombahnen nur über ein Gebiet, das einer Blechstärke von 0,27 mm oder 0,35 mm Dicke entspricht, ausbilden. Legieren mit Silizium erhöht den elektrischen Widerstand und begrenzt zusätzlich die Wirbelstromverluste.
2. Die Transformatorenbleche bestehen aus magnetisch weichem Eisen mit einer schmalen Hystereseschleife und hoher magnetischer Sättigung. Die heute vorwiegend verwendeten kaltgewalzten, sog. kornorientierten Bleche haben bei einem Feldlinienverlauf in Walzrichtung kleine Ummagnetisierungsverluste.

Der geblechte Kern wird mit einem Druck von 50 bis 80 N/cm^2 zusammengepresst. Die Presskonstruktionen bestehen je nach Größe des Transformators aus Niete, Bolzen, Pressplatten oder Spannbändern.

15

In der Abb. 15-4 sind die unterschiedlichen Bauarten der Kerne dargestellt.

Die zum Aufsetzen der Transformatorenspulen geteilten Kerne bestehen aus Streifen- und bei Kleintransformatoren aus Formschnitten (Abb. 15-5).

Um die Luftspalte zwischen den Schenkel- und Jochblechen möglichst klein zu halten, werden sie in den einzelnen Lagen unterschiedlich überlappt. Es entsteht das sog. Schachteljoch. Bei dem Stumpfjoch steht dem Vorteil einer rationellen Technologie beim Zusammenbau (das Joch wird als Ganzes stumpf auf die Schenkel aufgesetzt) der Nachteil eines relativ großen Luftspaltes zwischen den Spulen tragenden Schenkeln und dem unbewickelten Joch gegenüber (Abb. 15-6).

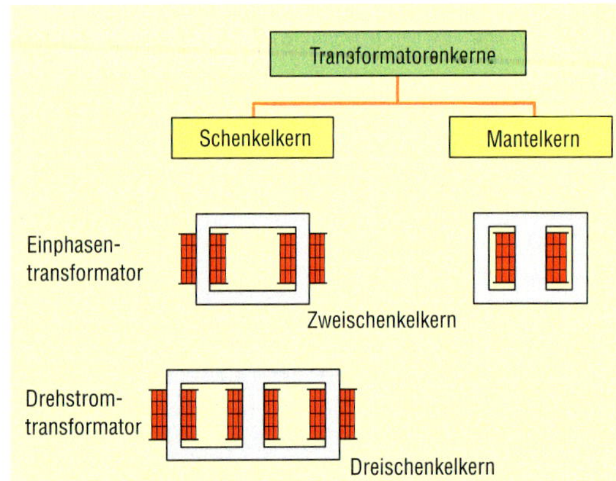

Abb. 15-4 ***Kernarten***

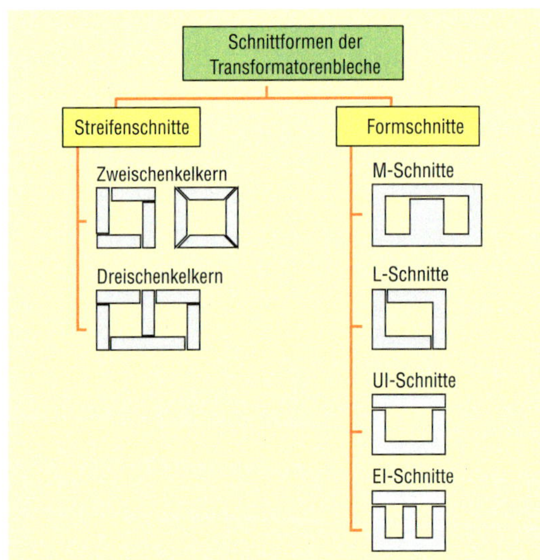

Abb. 15-5 ***Schnittformen***

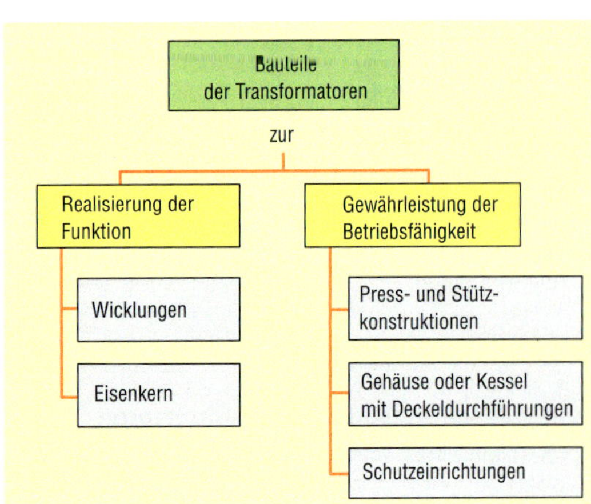

Abb. 15-3 ***Bauteile des Transformators***

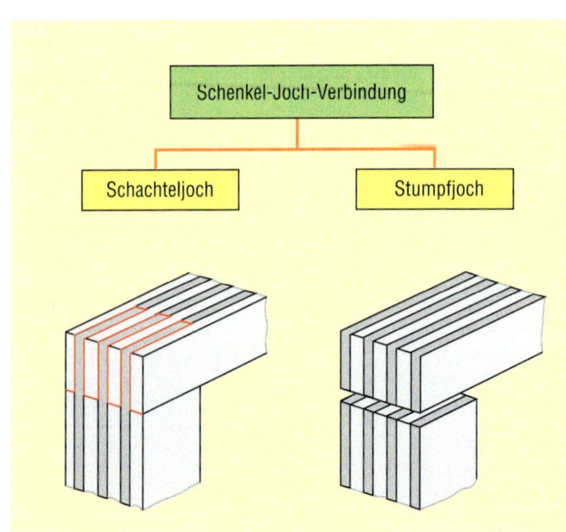

Abb. 15-6 ***Schenkel-Joch-Verbindungen***

Die Wicklungen

Als Wicklungswerkstoff wird das Leitermaterial Kupfer, selten auch Aluminium verwendet. Die isolierten Rund- oder Rechteckdrähte besitzen durch die Drahtlänge und durch den Drahtquerschnitt einen ohmschen Widerstand, der bei Stromfluss die Erwärmung der Spulen verursacht. Da die thermische Festigkeit der Draht- und Spulenisolation begrenzt ist, wird die Belastungsfähigkeit des Transformators, d.h. die in den Spulen entstehende Stromdichte, in erster Linie von der durch die Wicklungsverluste entwickelten Wärme bestimmt. Außer dem ohmschen Widerstand der Wicklungen ist eine durch ihre Anordnung auf dem Kern und durch ihren Abstand zum Joch entstehende Erscheinung für das Betriebsverhalten wichtig. Diese Erscheinung ist die Streuung, d.h. nicht alle Feldlinien verlaufen im Eisenkern. Ein Teil, die Streufeldlinien, schließen sich in Luft oder in Öl. Da das Streufeld auch ein Wechselfeld ist und die Spulen durchsetzt, wird in ihnen eine zusätzliche Selbstinduktionsspannung induziert. Diese wirkt als induktiver Blindwiderstand, der Streuwiderstand der Wicklung.

Transformatorenwicklungen haben den materialbedingten ohmschen Widerstand und den konstruktionsbedingten Streuwiderstand.

Die unterschiedliche Beanspruchung durch Spannung, Temperatur und Kurzschlusskräfte führt zu recht verschiedenen Wicklungs- und Spulenarten (Abb. 15-7).

Betriebsverhalten

Das Betriebsverhalten des Transformators ist gekennzeichnet durch seine Wechselbeziehungen zwischen dem Sekundärnetz und Primärnetz bei anliegender Bemessungsspannung in den Betriebszuständen Leerlauf, Belastung und Kurzschluss (Abb. 15-8).

Es soll das Betriebsverhalten eines Einphasentransformators mit einer Übersetzung von 230 V/42 V und einer Nennleistung von 1,5 kVA untersucht werden. Durch seine Betriebsdaten entstehen Größenvorstellungen, die als Merkmale der drei Betriebszustände verallgemeinert werden sollen.

Leerlauf (Abb. 15-9)

Die Messinstrumente zeigen folgende Werte an:

Primärspannung (Bemessungsspannung) $U_1 = 230\,\text{V}$;
primäre Stromaufnahme $I_0 = 560\ \text{mA}$;
Wirkleistungsaufnahme $P_0 = 54\ \text{W}$;
sekundäre Leerlaufspannung $U_{20} = 46\,\text{V}$.

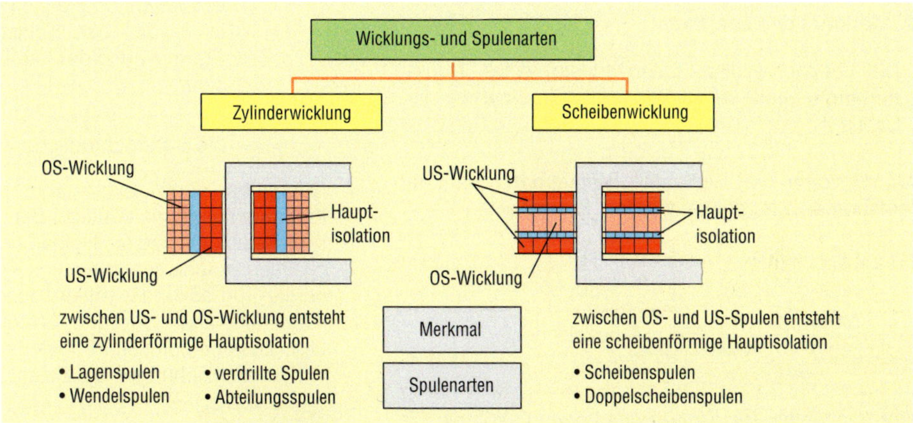

Abb. 15-7
Wicklungs- und Spulenarten

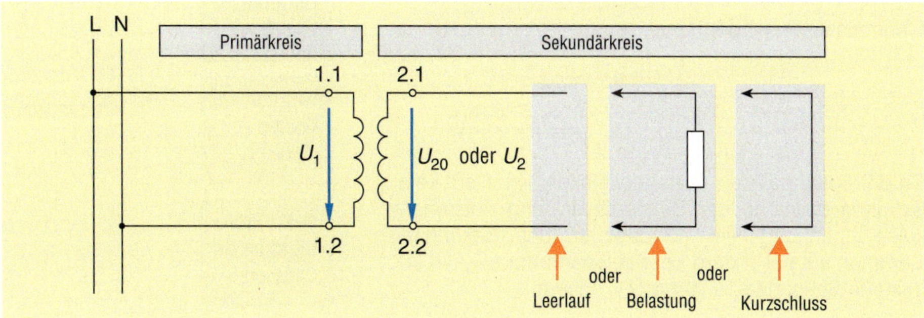

Abb. 15-8
Betriebszustände des Transformators

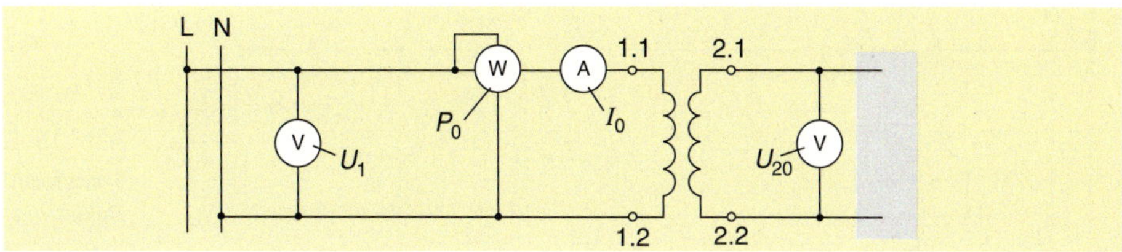

Abb. 15-9
Transformator im Leerlauf

Vergleichen wir den Leerlaufstrom I_0 mit dem Bemessungsstrom I_1.

$$I_1 = \frac{S}{U_1} \qquad I_1 = \frac{1500\ \text{VA}}{230\ \text{V}} \qquad I_1 = 6{,}52\ \text{A}$$

$$\frac{I_0}{I_1} = \frac{0{,}56\ \text{A}}{6{,}52\ \text{A}} \qquad I_0 = 0{,}086\ I_1 \qquad \underline{\underline{I_0 = 8{,}6\,\%\ \text{von}\ I_1}}$$

1. Merkmal des Leerlaufs:

Ein Transformator nimmt im Leerlauf einen kleinen Leerlaufstrom I_0 auf, der meist im Bereich von 4 bis 10 % des Bemessungsstromes liegt.

Der Leerlaufstrom ist klein, da der von außen angelegten Spannung U_1 die Selbstinduktionsspannung U_{Q1} entgegenwirkt. Der Leerlaufstrom ist ein Zeichen dafür, dass der Transformator aus dem Netz eine geringe Leistung aufnimmt. Das ist sowohl eine Blindleistung zur Aufmagnetisierung des Eisenkerns als auch eine Wirkleistung zur Deckung der Ummagnetisierungs- und Wirbelstromverluste. Diese den Kern erwärmenden Verluste werden als Leerlaufverluste, auch Eisenverluste P_0 bezeichnet.

2. Merkmal des Leerlaufs:

Die Leerlaufverluste (Eisenverluste) eines Transformators sind seine Wirkleistungsaufnahme im Leerlauf.

Mit P_0 kann der Wirkanteil (Wirkstrom) des Leerlaufstromes I_0 berechnet werden. Er wird als

Eisenverluststrom $$I_v = \frac{P_0}{U_1} \qquad \textbf{15-8}$$

$$I_v = \frac{54\ \text{W}}{230\ \text{V}} \qquad \underline{\underline{I_v = 235\ \text{mA}}}$$ bezeichnet.

Der Blindanteil (Blindstrom) des Leerlaufstromes I_0 ist der

Magnetisierungsstrom $$I_\mu = \sqrt{I_0^2 - I_v^2} \qquad \textbf{15-9}$$

$$I_\mu = \sqrt{(560\ \text{mA})^2 - (235\ \text{mA})^2} \qquad \underline{\underline{I_\mu = 508\ \text{mA.}}}$$

Da der Sekundärkreis nicht geschlossen ist, fließt kein Sekundärstrom. In der Sekundärwicklung entstehen keine Spannungsfälle, so dass an den Sekundärklemmen als sekundäre Leerlaufspannung U_{20} die induzierte Sekundärspannung U_{Q2} anliegt.

3. Merkmal des Leerlaufs:

An den Sekundärklemmen liegt im Leerlauf die in der Sekundärwicklung induzierte Spannung an.

Belastung (Abb. 15-10)

Die Messinstrumente zeigen folgende Werte an:

Primärspannung $U_1 = 230\ \text{V}$; Primärstrom $I_1 = 6{,}6\ \text{A}$; Sekundärstrom $I_2 = 35{,}7\ \text{A}$; sekundäre Klemmenspannung $U_2 = 42\ \text{V}$.

Wird der Belastungswiderstand Z_a vergrößert, ändern sich I_2, I_1 sowie U_2:

Belastungsreduzierung $\triangleq Z_a \uparrow \rightarrow I_2 \downarrow$ $\nearrow I_1 \downarrow$, $\searrow U_2 \uparrow$

1. Merkmal der Belastung:

Belastungsänderungen wirken sich durch die magnetische Kopplung der Wicklungen auch im Primärkreis aus.

Hinweis: Der Messwert des Primärstromes I_1 ist gegenüber dem aus der Gleichung (15-5) entstehenden Rechenwert stets größer, da in I_1 der der Belastung entsprechende Strom I'_1 und der Leerlaufstrom I_0 enthalten sind:
$I_1 = I'_1 \hat{+} I_0$ ($\hat{+}$ geometrische Summe durch die unterschiedliche Phasenlage).

Gegenüber dem Leerlauf ändert sich die sekundäre Klemmenspannung deutlich. Bei ohmscher und induktiver Belastung wird sie kleiner, bei kapazitiver wird sie größer. Ursache sind die durch Wicklungswiderstände primär und sekundär entstehenden ohmschen Spannungsfälle U_{R1}; U_{R2} und Streuspannungsfälle U_{S1}; U_{S2}. Zusammenfassend bestehen folgende Ursache-Wirkungsbeziehungen bei Belastung:

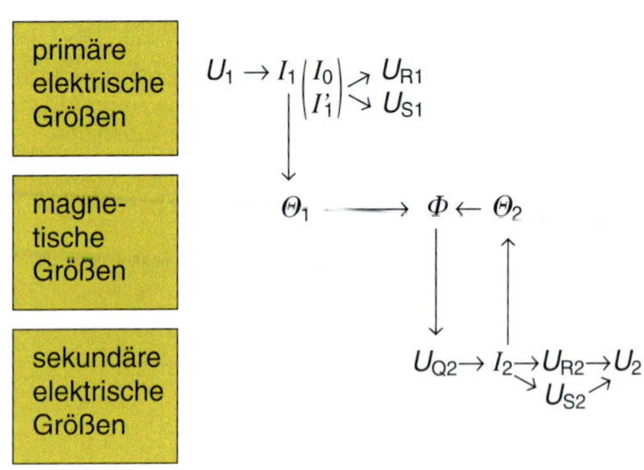

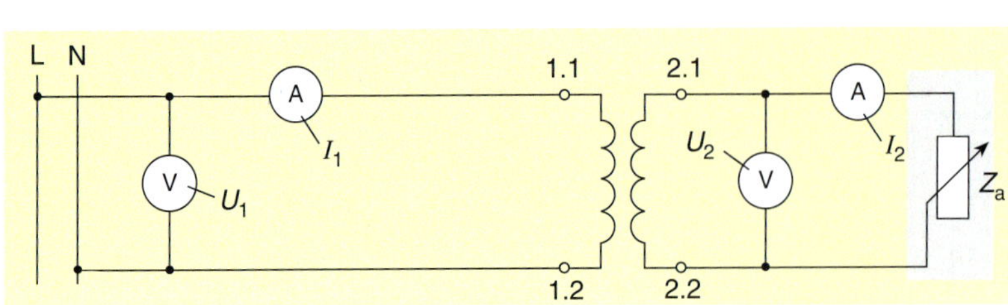

Abb. 15-10

Transformator bei Belastung

2. Merkmal der Belastung:

> Die sekundäre Klemmenspannung ist von der Größe und von der Art der Belastung abhängig.

Die Spannungskennlinien zeigen diese Abhängigkeit (Abb. 15-11).

Die inneren Spannungsfälle können nicht gemessen werden, aber ihre geometrische Summe kann im sog. Kurzschlussversuch (Abb. 15-12) bestimmt werden.

Dazu ist der Transformator sekundär kurzzuschließen und die primär anliegende Spannung von null so weit zu erhöhen, dass die Bemessungsströme des Transformators fließen. Die jetzt anliegende Spannung ist nur ein Bruchteil der Bemessungsspannung. Sie heißt Kurzschlussspannung.

> Die Kurzschlussspannung ist die geometrische Summe der inneren Spannungsfälle bei Bemessungslast.

Bei dem gegebenen Transformator musste bei einer widerstandslosen Verbindung der Sekundärklemmen 2.1 – 2.2 die primär anliegende Spannung auf 18,9 V erhöht werden. Gleichzeitig betrug die Wirkleistungsaufnahme 78 W. Um von der Arbeitsweise des Transformators (Hoch- oder Herabtransformieren) unabhängig zu sein, wird auf seinem Leistungsschild der auf die Bemessungsspannung bezogene Wert, die relative Kurzschlussspannung, angegeben.

$$u_K = \frac{U_K}{U_1} \cdot 100\,\% \qquad \textbf{15–10}$$

u_K relative Kurzschlussspannung
U_K Summe der inneren Spannungsfälle
U_1 Bemessungsspannung

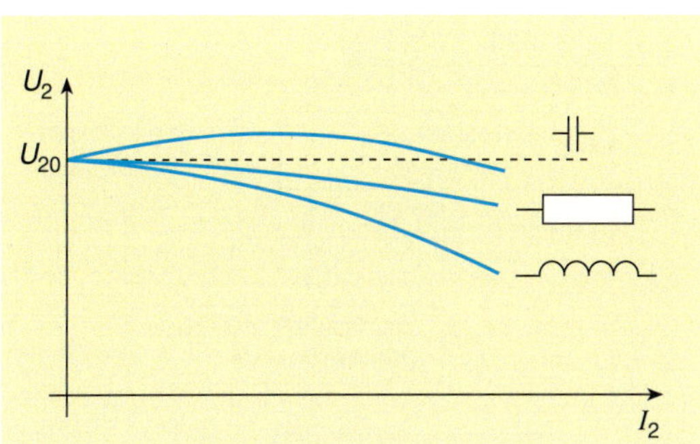

Abb. 15-11 ***Spannungskennlinien $U_2 = f(I_2)$***

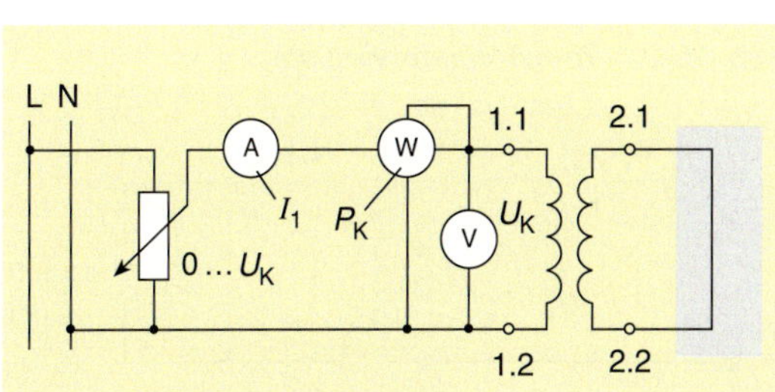

Abb. 15-12 ***Kurzschlussversuch***

Summe der inneren Spannungsfälle $U_K = \sqrt{U_R^2 + U_S^2}$

ohmscher Spannungsfall $U_R = U_{R1} + \ddot{u} \cdot U_{R2}$

Streuspannungsfall $U_S = U_{S1} + \ddot{u} \cdot U_{S2}$

Auch diese Spannungsfälle werden als bezogene Größen angegeben.

$$u_R = \frac{U_R}{U_1} \cdot 100\,\% \qquad \textbf{15–11}$$

$$u_S = \frac{U_S}{U_1} \cdot 100\,\% \qquad \textbf{15–12}$$

$$u_K = \sqrt{u_R^2 + u_S^2} \qquad \textbf{15–13}$$

Bedeutung der im Bereich von 4 bis 16 % liegenden Kurzschlussspannung:

1. Sie ist ein Maß für den inneren Widerstand (Scheinwiderstand) des Transformators bei Bemessungsbelastung.
2. Sie bestimmt die Änderung der Sekundärspannung beim Übergang vom Leerlauf zur Bemessungsbelastung.
3. Sie bestimmt die Größe des Dauerkurzschlussstromes.
4. Sie beeinflusst die Lastaufteilung im Parallelbetrieb von Transformatoren.

Da im Kurzschlussversuch der Transformator sekundär keine Leistung abgeben kann, ist der vom Leistungsmesser angezeigte Wert bestimmend für die bei Bemessungsstrom in den Wicklungen entstehende Wärme. Der Leistungsmesser zeigt die Wicklungsverluste, auch Kurzschlussverluste P_K genannt, an. Durch die im Vergleich zur Bemessungsspannung geringe Spannung an den Primärklemmen wird der Kern nur gering aufmagnetisiert. Die Eisenverluste sind vernachlässigbar klein.

3. Merkmal der Belastung:

> Die Kurzschlussverluste erwärmen die Wicklungen des belasteten Transformators.

Wird die rechte Seite der Gleichung (15-11) mit der Bemessungsstromstärke I_1 erweitert, entsteht die Gleichung (15-14) mit den Kurzschlussverlusten $P_K = I_1 \cdot U_R$ und der Bemessungsleistung des Transformators $S = I_1 \cdot U_1$.

$$u_R = \frac{P_K}{S} \cdot 100\,\% \qquad \textbf{15–14}$$

Mit den im Kurzschlussversuch gemessenen Werten berechnen sich

$$u_K = \frac{U_K}{U_1} \cdot 100\,\% \qquad u_K = \frac{18{,}9\ \text{V}}{230\ \text{V}} \cdot 100\,\%$$
$$\underline{\underline{u_K = 8{,}22\,\%}}$$

$$u_R = \frac{P_K}{S} \cdot 100\,\% \qquad u_R = \frac{78\ \text{W}}{1500\ \text{V} \cdot \text{A}} \cdot 100\,\%$$
$$\underline{\underline{u_R = 5{,}2\,\%}}$$

$$u_S = \sqrt{u_K^2 - u_R^2} \qquad u_S = \sqrt{(8{,}22\,\%)^2 - (5{,}2\,\%)^2}$$
$$\underline{\underline{u_S = 6{,}37\,\%}}$$

15

Die Betriebstemperatur des Transformators wird natürlich von allen seinen Verlusten (Abb. 15-13) bestimmt. Da bei einer Teilbelastung sich nur die Kurzschlussverluste ändern, ist der Wirkungsgrad lastabhängig.

Der Wirkungsgrad η als Verhältnis von abgegebener Wirkleistung P_{ab} und aufgenommener Wirkleistung P_{zu} ist mit $P_{zu} = P_{ab} + P_v$

$$\eta = \frac{P_{ab}}{P_{ab} + P_v} \qquad 15\text{–}15$$

4. Merkmal der Belastung:

Der Wirkungsgrad eines Transformators ist von der Höhe der Belastung abhängig.

Kurzschluss (Abb. 15-14)

Wird der Belastungswiderstand verringert, steigt der Sekundärstrom. Bei $Z_a = 0$ – widerstandslose Verbindung der Sekundärklemmen – befindet sich der Transformator im Kurzschluss. Die inneren Spannungsfälle werden so groß, dass an den sekundären Klemmen die Spannung null ist. Primär fließt der das einspeisende Netz extrem belastende **Kurzschlussstrom.**

1. Merkmal des Kurzschlusses:

Die sekundäre Klemmenspannung bricht zusammen.

15

Überwiegend entsteht ein Kurzschluss plötzlich. Die Folge ist eine sehr große Stromspitze, der Stoßkurzschlussstrom. Dieser klingt nach einigen Millisekunden auf den Dauerkurzschlussstrom I_K ab. Seine Größe wird durch die Innenwiderstände des Transformators begrenzt. Da diese die inneren Spannungsfälle, also die Kurzschlussspannung, bestimmen, berechnet sich der Dauerkurzschlussstrom

$$I_K = I_1 \cdot \frac{100\%}{u_K} \qquad 15\text{–}16$$

I_K Dauerkurzschlussstrom
I_1 primärer Bemessungsstrom
u_K relative Kurzschlussspannung

2. Merkmal des Kurzschlusses:

Der das Vielfache des Bemessungsstromes betragende Dauerkurzschlussstrom ist von der Größe der Kurzschlussspannung abhängig.

Das Primärnetz und die Oberspannungswicklung des gegebenen Transformators mit einem Bemessungsstrom von $I_1 = 6{,}52\,\text{A}$ und einer Kurzschlussspannung $u_K = 8{,}22\,\%$ würden im Kurzschluss mit einem Dauerkurzschlussstrom

$$I_K = 6{,}52\,\text{A} \cdot \frac{100}{8{,}22} \qquad \underline{\underline{I_K = 79{,}3\,\text{A}}},$$

dem annähernd 12fachen des Bemessungsstroms, belastet werden.

3. Merkmal des Kurzschlusses:

Die Wicklungen der Transformatoren werden durch den Stoßkurzschlussstrom dynamisch und durch den Dauerkurzschlussstrom thermisch extrem überbeansprucht.

Der Dauerkurzschlussstrom sollte nur so kurzzeitig fließen, dass die Grenztemperatur des Transformators nicht überschritten wird und die Lebensdauer der Isolation sich nicht merklich mindert. Einen Transformator kurzschlussfest zu bauen, bedeutet

- mechanisch hoch beanspruchbare Abstütz- und Presskonstruktionen der Wicklungen zu schaffen oder
- durch relativ großen Abstand zwischen Primär- und Sekundärspulen sowie großen Jochabstand die Streuung und damit die Kurzschlussspannung zu erhöhen.

Transformierung von Dreiphasenwechselspannung

Die Übertragung elektrischer Energie erfolgt aus wirtschaftlichen Gründen nicht durch Einphasennetze, sondern durch Dreiphasennetze. Wir erinnern uns: Die Dreiphasenwechselspannung besteht aus drei Wechselspannungen gleicher Größe, gleicher Frequenz, einer gegenseitigen Phasenverschiebung von 120°. Sie sind meist durch die Stern- oder Dreieckschaltung miteinander verkettet.

Die Dreiphasenwechselspannung kann somit mit drei gleichen Einphasentransformatoren transformiert werden. Bei dieser Art der Transformierung sind Materialaufwand und Raumbedarf zu groß. Die konstruktive Verschmelzung zu einer Einheit lässt sich mit erheblicher Materialersparnis durchführen.

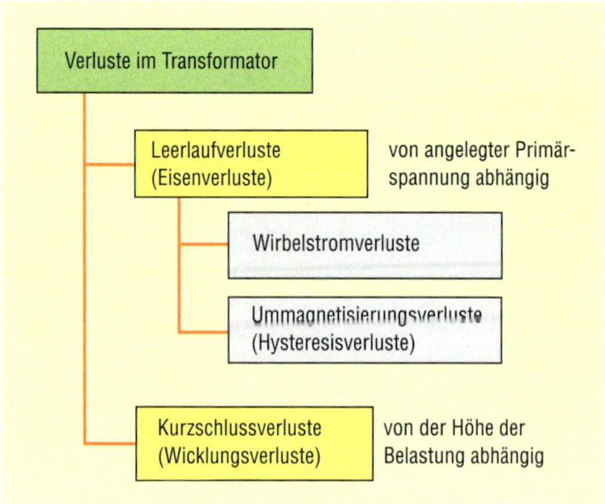

Abb. 15-13 ***Transformatorverluste***

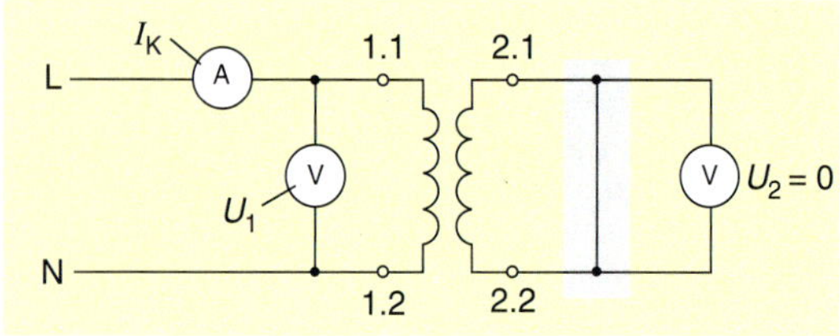

Abb. 15-14 ***Transformator im Kurzschluss***

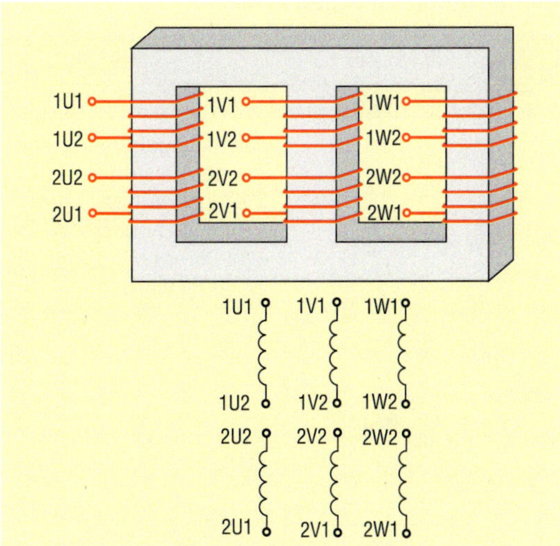

Abb. 15-15 ***Drehstromtransformator, Aufbau und Schaltbild***

	Dreieckschaltung	Sternschaltung	Zickzackschaltung
Bezeichnung der OS-Wicklung US-Wicklung	D d	Y y	– z

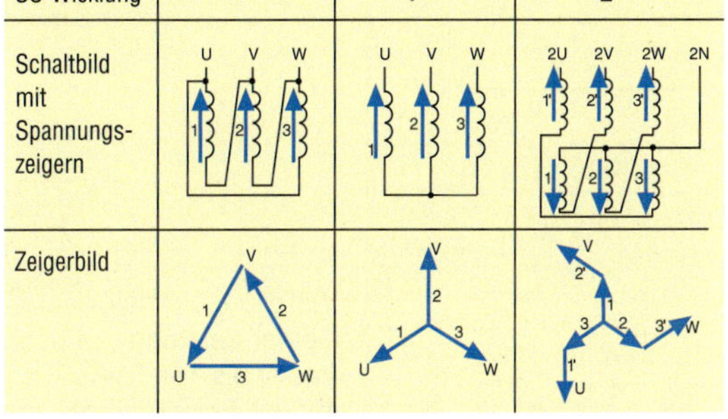

Abb. 15-16 ***Schaltungen der Transformatorwicklungen***

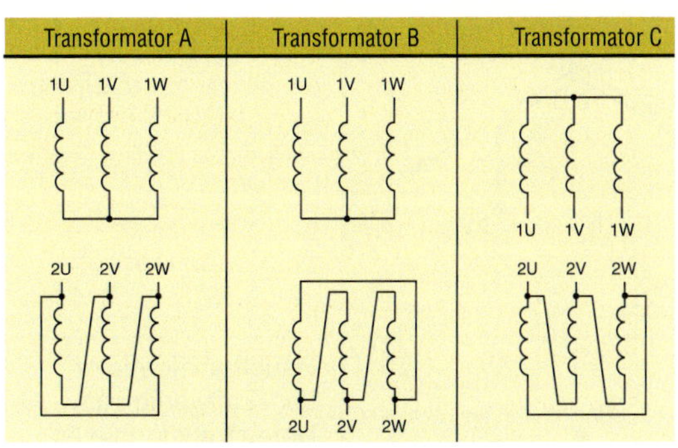

Abb. 15-17 ***Unterschiedliche Ausführung der Stern-Dreieck-Schaltung***

Drehstromtransformatoren (Abb. 15-15) haben zwei wesentliche konstruktive Merkmale:

1. Die Eisenkerne sind Dreischenkelkerne.
2. Die Oberspannungs- und Unterspannungswicklungen bestehen aus je drei Spulen.

Die drei Spulen (Stränge) der Wicklungen können im Dreieck oder im Stern geschaltet werden. Da die Bemessungsgrößen der Drehstromtransformatoren prinzipiell Leitergrößen sind, müssen zur Berechnung der Windungszahlen und Drahtquerschnitte die bei den Schaltungen bestehenden Beziehungen zwischen Leiter- und Stranggrößen berücksichtigt werden.

Teilweise wird bei Verteilungstransformatoren des öffentlichen Netzes für die Unterspannungswicklung auch eine Sonderform der Sternschaltung, die Zickzackschaltung, angewendet. Dazu werden die Spulen der Stränge geteilt und die entsprechenden Teilspulen auf zwei verschiedenen Schenkeln des Kernes angeordnet, z. B. die Spulen 1′ und 3 des Stranges *U* auf den äußeren Schenkeln (Abb. 15-16).

Die drei Schaltungen der Oberspannungs- und Unterspannungswicklungen können wie folgt kombiniert werden:

Yy	Yd	Yz
Dy	Dd	Dz

Wie die Abb. 15-17 zeigt, können diese Schaltkombinationen unterschiedlich ausgeführt werden. Die Übersetzung wird von der gewählten Ausführung nicht beeinflusst. Die Unterspannungen haben jedoch, bezogen auf die Oberspannung, unterschiedliche Phasenlage. Gleichnamige Leiterspannungen, z. B. die der Oberspannungsseite 1U → 1V und die der Unterspannungsseite 2U → 2V können um 30° oder ein ganzzahliges Vielfaches von 30° verschoben sein. Dieser Winkel wird dabei nicht direkt, sondern als Kennzahl angegeben. Kennzahlen international genormter Schaltgruppen sind:

Kennzahl	Schaltung der Wicklungen		
0 oder 6	Yy	Yd	Yz
5 oder 11	Dy	Dd	Dz

Die Kennzahl ergibt sich aus der Division des Phasenverschiebungswinkels zwischen Ober- und Unterspannung mit 30°.

Beispiele von Schaltungsbezeichnungen:

Y N d 5

- Y – Schaltung der Oberspannungswicklung: Stern
- N – Oberspannungsseitig herausgeführter Sternpunkt
- d – Schaltung der Unterspannungswicklung: Dreieck
- 5 – Kennzahl: Die Unterspannung eilt der Oberspannung um 5 · 30° = 150° nach

Y y n 6

- 6 – US eilt OS um 6 · 30° = 180° nach
- n – Sternpunkt US-seitig herausgeführt
- y – US-Wicklung im Stern geschaltet
- Y – OS-Wicklung im Stern geschaltet (OS-seitig wurde der Sternpunkt nicht herausgeführt)

15

Von den international genormten Schaltgruppen werden folgende vier bevorzugt angewendet:

Schalt-gruppe	Schaltbild	Zeigerbild	Einsatz
Yyn0	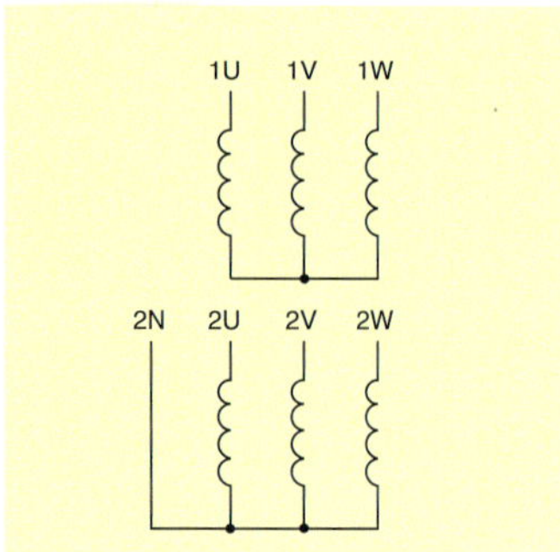 Abb. 15-18a	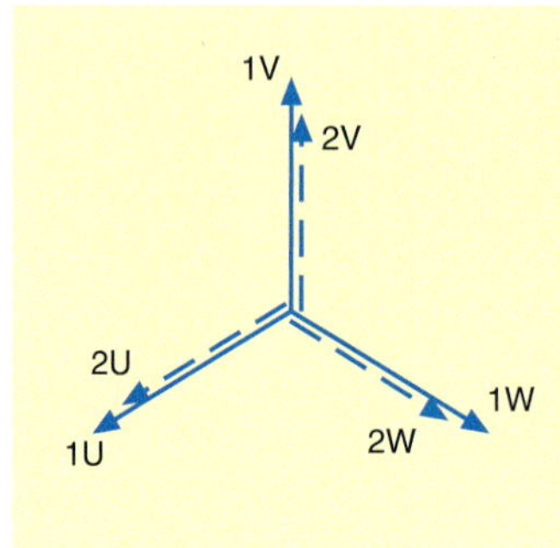 Abb. 15-18b	Verteilungstransformator kleiner Leistung. Herausgeführter Sternpunkt darf nur bis 10 % der Bemessungsleistung belastet werden
Dyn5	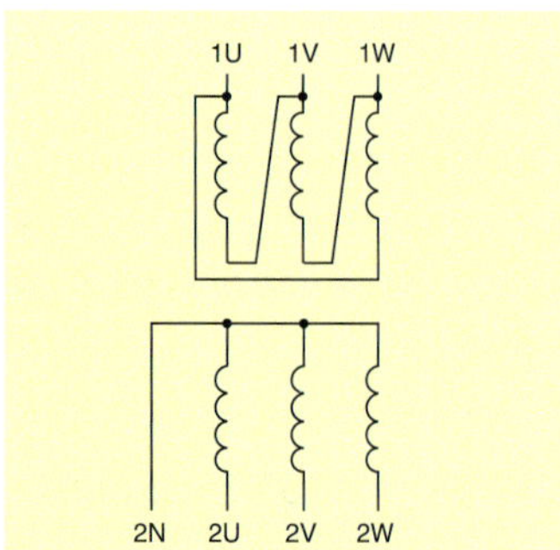 Abb. 15-19a	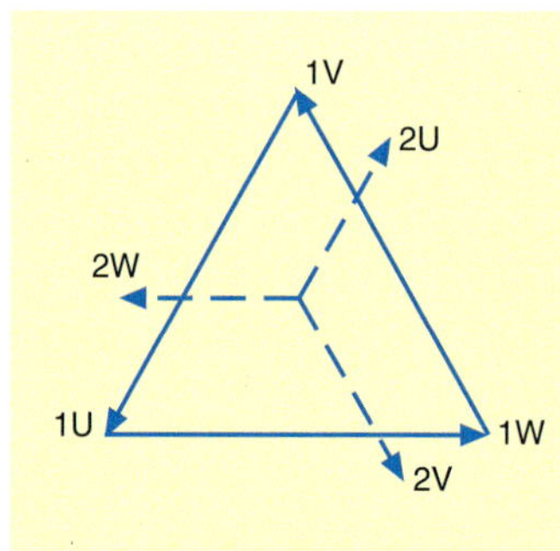 Abb. 15-19b	Verteilungstransformator großer Leistung mit voll belastbarem Sternpunkt
Yzn5	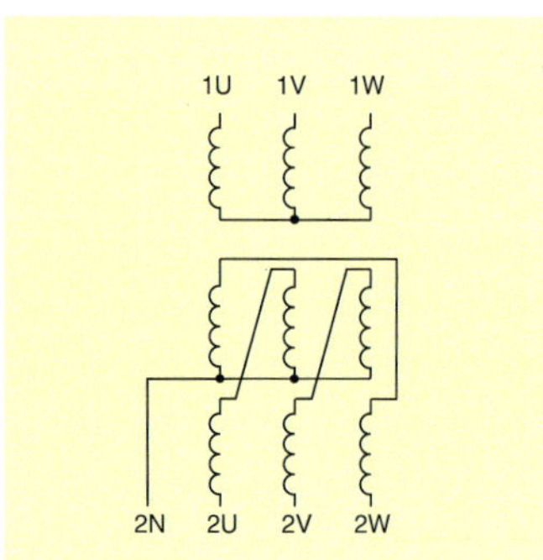 Abb. 15-20a	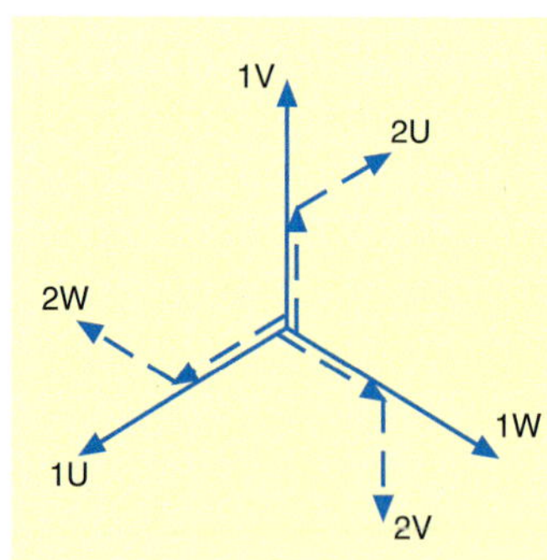 Abb. 15-20b	Verteilungstransformator kleiner Leistung (meist bis 160 kVA) mit voll belastbarem Sternpunkt
Yd5	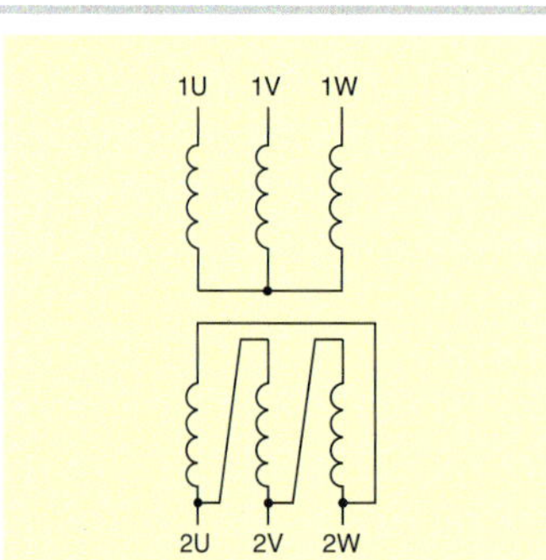 Abb. 15-21a	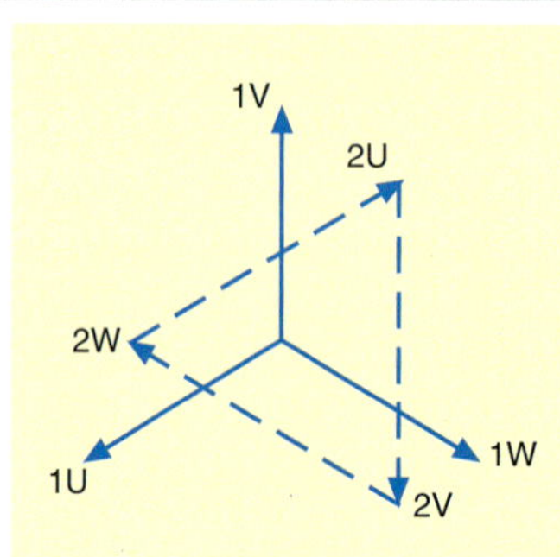 Abb. 15-21b	Haupttransformator der Kraftwerke zum Herauftransformieren der Generatorspannung

15

Unsymmetrische Belastung

Wird ein Transformator der Schaltgruppe Yyn0 oder Yyn6 einphasig, also unsymmetrisch belastet, ist das Gleichgewicht der durch den Belastungsstrom entstehenden Durchflutungen in den Spulen nicht mehr gegeben (Abb. 15-22a). Die in den drei Schenkeln gleichgerichteten Durchflutungen erzeugen ein starkes Streufeld. Dies induziert zusätzliche Spannungen. Dabei sinkt die Strangspannung der belasteten Spule und die Strangspannungen der unbelasteten Spulen steigen. Der Sternpunkt verschiebt sich (Abb. 15-22b). Im Netz stehen dem Abnehmer keine Normspannungen mehr zur Verfügung. Der Neutralleiter (N) besitzt ein entsprechendes Spannungspotenzial gegen Erde.
Wie die Abb. 15-23 zeigt, bleibt dagegen bei den Schaltgruppen Dyn5 und Yzn5 das Gleichgewicht der Durchflutungen auch bei einphasiger Belastung erhalten, da die Ströme in Spulen desselben Schenkels entgegengerichtet sind.

Parallelbetrieb

Eine erhöhte Versorgungssicherheit im Ortsnetz wird dann erreicht, wenn die Last auf zwei oder mehrere Transformatoren aufgeteilt wird. Unabhängig davon, ob die Transformatoren einen gemeinsamen Standort haben (Sammelschienenparallelbetrieb) oder räumlich getrennt aufgestellt sind (Netzparallelbetrieb), sind folgende Schaltregeln und folgende Parallellaufbedingungen einzuhalten:

Schaltregel: Gleichnamige Klemmen sind oberspannungs- und unterspannungsseitig über den entsprechenden Leiter des Netzes zu verbinden.

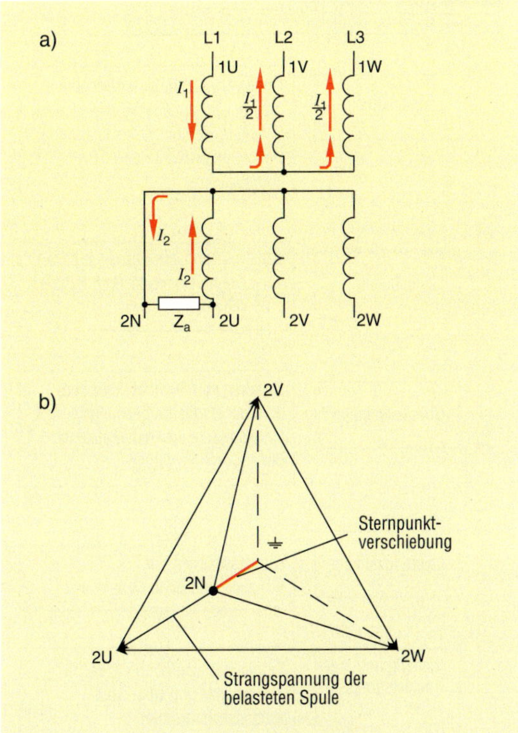

Abb. 15-22 ***Unsymmetrische Belastung der Stern-Stern-Schaltung***

Transformator 1		Transformator 2
z. B. Klemme 1U	über 1L1 mit	Klemme 1U
oder Klemme 2W	über 2L3 mit	Klemme 2W

Parallellaufbedingungen	Folgen bei Nichteinhaltung
1. Gleiche Übersetzung	Zusätzlich zu den Belastungsströmen fließen Ausgleichsströme. Die Transformatoren belasten sich gegenseitig.
2. Schaltgruppen gleicher Kennzahl[1])	Es fließen Ausgleichsströme, die größer als die Kurzschlussströme sind.
3. Annähernd gleiche Kurzschlussspannungen, Abweichungen von max. ± 10 %	Die Last teilt sich ungleich auf. Der Transformator mit der kleineren Kurzschlussspannung wird überlastet.
4. Leistungsverhältnis zwischen dem größten und kleinsten Transformator soll nicht größer als 3 : 1 sein	Unwirtschaftliche Verteilungsanlage, da die Transformatoren höher dimensioniert werden müssen.

[1]) Eine Ausnahme bilden die Schaltgruppen mit der Kennzahl 5 und 11. Bei einer zyklischen Vertauschung der Verbindungen kann parallel geschaltet werden.

15.2.2 Betriebsmittel zum Trennen, Schalten und Messen

Schalten und Trennen im Hochspannungs- und Niederspannungsteil

Schaltgeräte stellen den Energiefluss im Transformatorzweig her oder unterbrechen ihn. Dabei wird sowohl beim Einschalten (Prellen der Schaltkontakte) als auch beim Ausschalten der Schaltvorgang durch das Entstehen eines Lichtbogens negativ beeinflusst.

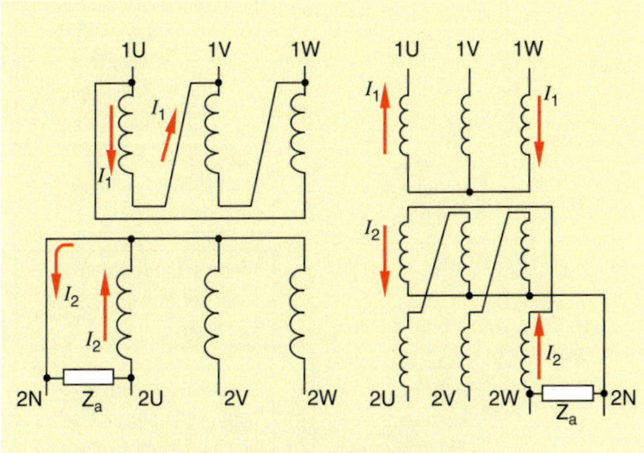

Abb. 15-23 ***Durchflutungsgleichgewicht bei unsymmetrischer Belastung***

Der Lichtbogen ist eine durch sehr hohe Temperatur (beim Schalten im Strommaximum 6 000 bis 15 000 K) leitend gewordene Gassäule. Über ihm entsteht ein Spannungsfall, die Brennspannung. Sie bestimmt mit der Stromstärke die Energie des Lichtbogens, die in Wärme umgesetzt wird. Sie muss abgeführt werden, wenn es zum Verlöschen des Lichtbogens kommen soll (Abb. 15-24).

Die Hauptaufgaben der Schaltgeräte in den Elektroenergieanlagen bestehen im willkürlichen oder selbsttätigen Verbinden, Unterbrechen oder Trennen der Strompfade sowohl beim Fließen normaler Betriebsströme als auch beim Fließen von Überströmen, Kurzschlussströmen oder beim Auftreten von Überspannungen. Diese Anforderungsbreite bewirkt eine große konstruktive Vielfalt der Schaltgeräte. In den Abbildungen 15-25 und 15-26 werden die Hochspannungs- und Niederspannungsschaltgeräte nach ihrem Schaltvermögen eingeteilt.

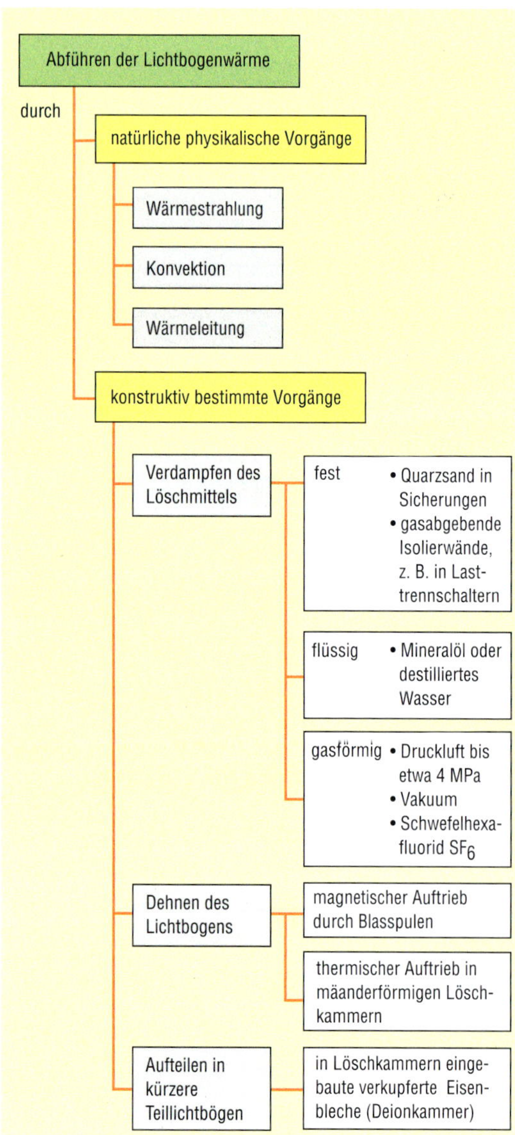

Abb. 15-24 ***Lichtbogenlöscheinrichtungen***

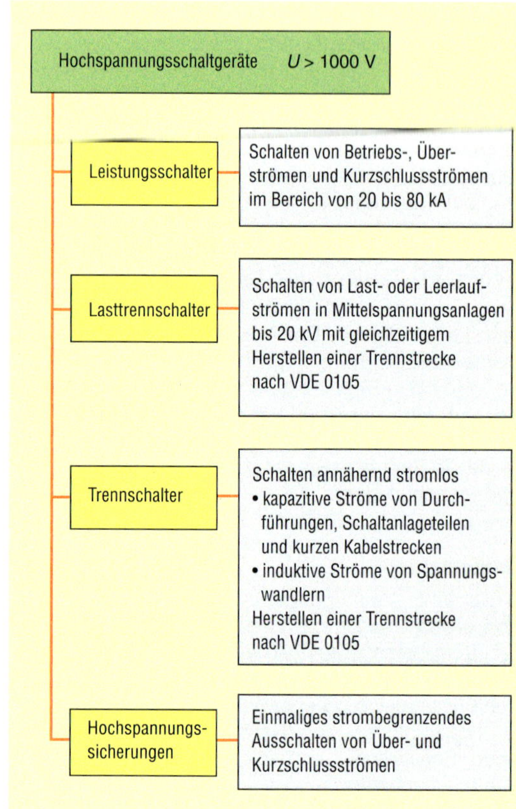

Abb. 15-25 ***Hochspannungsschaltgeräte***

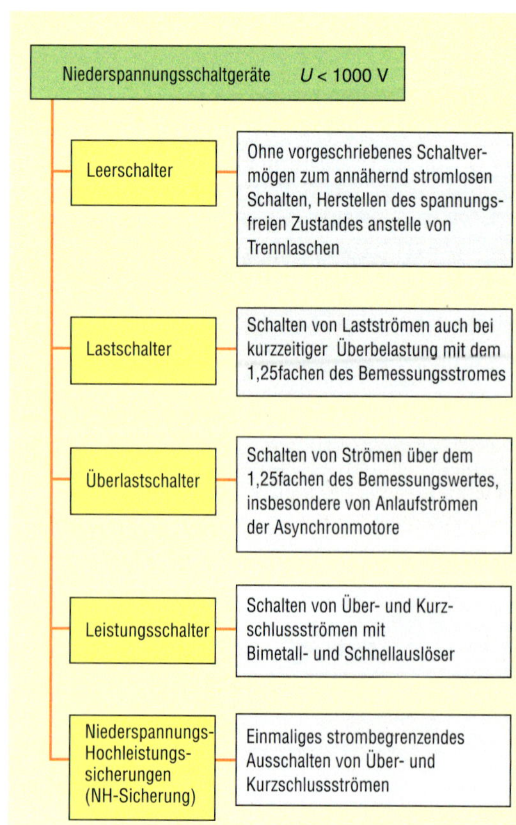

Abb. 15-26 ***Niederspannungsschaltgeräte***

Außer den o. g. Lichtbogenlöscheinrichtungen sind noch die Kontakte und die Antriebe wesentliche Konstruktionselemente der Schaltgeräte. An die Kontaktverbindungen werden folgende Forderungen gestellt:

1. ausreichende mechanische Festigkeit,
2. zuverlässige elektrische Verbindungen,
3. geringe Erwärmung im Dauerbetrieb durch geringen Kontaktwiderstand,
4. thermische und dynamische Kurzschlussfestigkeit und
5. Beständigkeit gegen äußere Einflüsse.

Selbstreinigende Wirkung zur Beseitigung der Oxid- und Staubschicht haben die Wälz- und Messerkontakte, nicht dagegen die Druckkontakte.

Die unterschiedlichen Schalterantriebe sollen kurz in folgender Übersicht charakterisiert werden:

Antriebsart	Merkmale
Handantrieb	
● Hebelantrieb	Schalter für geringe Schalthäufigkeit, in Niederspannungsanlagen bis 1 000 A Nennstrom, eine von der Betätigung unabhängige Schaltgeschwindigkeit entsteht durch Spannen von Federn (Sprungschaltung).
Kraftantriebe	
● Druckluftantrieb	Nur für Hochspannungsschalter, weiches Schalten, somit prellfreies Einschalten, geringer Verschleiß der Kontakte.
● Magnetantrieb	Umwandeln der elektromagnetischen Energie ohne Zwischenenergie in mechanische.
● Motorantrieb	– Direkter Antrieb der Schalterwelle über Schneckengetriebe und Exzenter oder – Spannen von Federn eines Kraftspeichers und nachfolgendes Schalten durch Federkraft

Messen im Hochspannungs- und Niederspannungsteil

Hohe Spannungen oder große Ströme direkt zu messen, ist nicht nur schwierig, sondern auch sehr unwirtschaftlich. Dies ergibt sich aus einer einfachen Überlegung. Nimmt man z. B. an, dass 150 kV durch ein Dreheisenmesswerk (Messbereich 500 V, Stromaufnahme bei Vollausschlag 10 mA) gemessen werden, betrüge die Leistungsaufnahme des gesamten Instrumentes (Messwerk und erforderlicher Vorwiderstand) 1,5 kW. Ein undiskutabler Wirkungsgrad und die auf kleinem Raum entstehende Wärme verbieten diese Lösung. Es muss die Transformierbarkeit der Wechselspannungen und -ströme genutzt werden.

Wandler sind Sondertransformatoren kleiner Leistung, die in den elektrischen Anlagen die Verbindungselemente insbesondere zwischen den unter Hochspannung stehenden Anlagenteilen und den Mess-, Schutz- und Steuereinrichtungen bilden.

Die wesentlichen Aufgaben der Wandler sind:

- Umwandeln von Strömen und Spannungen in messtechnisch einfach zu erfassende Größen.
- Relais und Messgeräte werden dadurch für einheitliche Anschlusswerte ausgelegt. Anschlussleitungen erhalten einen einheitlichen, geringen Querschnitt. Trotz konstruktionsbedingtem Übersetzungsfehler und Fehlwinkel (Phasenverschiebung zwischen Primär- und Sekundärgröße) ist die Messgenauigkeit oft größer als bei einer direkten Messung. Ebenso wie die Messgeräte werden die Wandler in Genauigkeitsklassen eingeteilt (Tab. 15-1).
- Trennen des Hochspannungspotenzials von den sekundär angeschlossenen und der Berührung zugänglichen Messgeräten und Relais.
- Schützen empfindlicher Messeinrichtungen. Wandler müssen einer besonders hohen Betriebssicherheit genügen, da Erd- und Kurzschlüsse des Netzes zu ihrem normalen Arbeitsbereich gehören.
- Summieren von Strömen oder Spannungen verschiedener Stromkreise, um entsprechende Mess- oder Schutzschaltungen aufbauen zu können.

15

Klasse	Spannungsfehler $\pm F_u$ bei 0,8- bis 1,2facher Nennspannung U_1 Stromfehler $\pm F_i$ bei 1- bis 1,2fachem Nennstrom I_1	Fehlwinkel in Minuten $\pm \delta_u$	$\pm \delta_i$	Anwendung vorzugsweise für
0,1	0,1 %	5		Labormessung
0,2	0,25 %	10		Labormessung und Verrechnungszählung
0,5	0,5 %	20	30	Verrechnungszählung
1	1 %	40	60	Betriebsmessung und Schutzzwecke
3	3 %	120	–	

Tab. 15-1 ***Genauigkeitsklassen und Fehlergrenzen der Wandler***

Eine Gegenüberstellung der Funktion, des Verhaltens und der konstruktiven Merkmale von Strom- und Spannungswandlern zeigt die folgende Übersicht:

Spannungswandler		Stromwandler
Herabtransformieren hoher Wechselspannungen	Funktion	Herabtransformieren hoher Wechselströme und Potenzialtrennung des Messkreises
Nennspannungen von $U_1 = 0{,}5;\ 6;\ 10;\ 20\ \ldots$ $\frac{110}{\sqrt{3}}\ \ldots\ \frac{400}{\sqrt{3}}$ kV	Primärgröße	Nennströme von $I_1 = 5;\ 10;\ \ldots\ 750\ \ldots\ 30\,000$ A
Nennspannungen von $U_2 = 100$ V oder $100/\sqrt{3}$ V	Sekundärgröße	Nennströme von $I_2 = 5$ A oder 1 A
$S_n = 10;\ 25;\ 50;\ 75;\ 100$ und 150 VA	Bemessungsleistung	$S_n = 2{,}5;\ 5;\ 10;\ 15;\ 30$ und 60 VA
Scheinleitwert Y_2 in Siemens der sekundär angeschlossenen Geräte mit Zuleitungen Bemessungsbürde $Y_{n2} = \frac{S_n}{U_2^2}$ **15-17**	Bürde	Scheinwiderstand Z_2 in Ohm der sekundär angeschlossenen Geräte mit Zuleitungen Bemessungsbürde $Z_{n2} = \frac{S_n}{I_2^2}$ **15-18**
• **Einpolig isolierter Spannungswandler** Primärwicklung liegt zwischen Außenleiter und Erde. Das betriebsmäßig an Erde liegende Wickelende wird mit geringer Isolation herausgeführt (Abb. 15-27a). • **Zweipolig isolierter Spannungswandler** Die an beiden Enden voll isolierte Primärwicklung liegt zwischen zwei Außenleitern (Abb. 15-27b).	Konstruktive Merkmale	• **Wickelstromwandler** (Abb. 15-28a) Primärwicklung besteht aus wenigen Windungen mit großem Querschnitt. • **Stabstromwandler** Eine Stromschiene bildet mit $N = 1$ die Primärwicklung (Abb. 15-28b) • **Durchsteckstromwandler** Der Leiter mit dem zu messenden Strom wird einmal oder mehrmals zur Änderung der Übersetzung durch den Wandlerkern gesteckt.

Abb. 15-27a

Gießharz-Spannungswandler einpolig isoliert

Abb. 15-27b

Gießharz-Spannungswandler zweipolig isoliert

Abb. 15-28a

Wickelstromwandler als Gießharzwandler

Abb. 15-28b

Stabstromwandler als Gießharzwandler

- **Zangenstromwandler**
  Der Wandlerkern ist geteilt und wie die Backen einer Zange aufklappbar. Die Strom führenden Leitungen oder Schienen werden ohne Unterbrechung umfasst und bilden die Primärwicklung.
  (Abb. 15-28c)

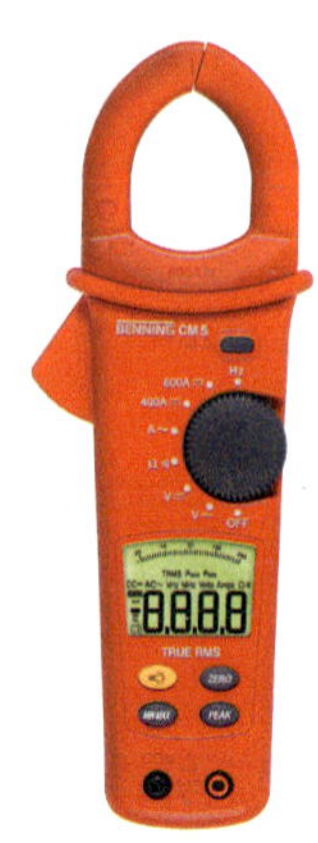

Abb. 15-28c

Zangenstromwandler

15

Spannungswandler		Stromwandler
Die Primärwicklung wird parallel zum Netz geschaltet (Abb. 15-29).	Schaltung	Die Primärwicklung liegt in Reihe zum Netzleiter oder Verbraucher (Abb. 15-30).

Abb. 15-29
Spannungswandler

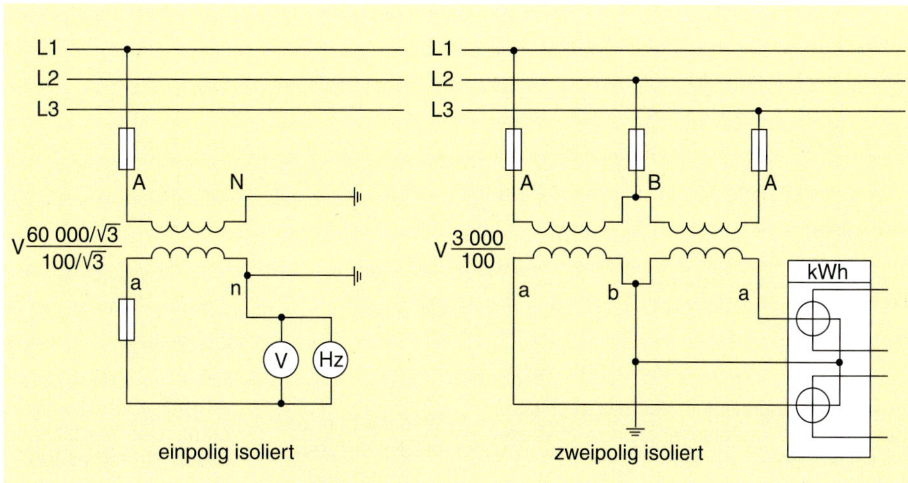

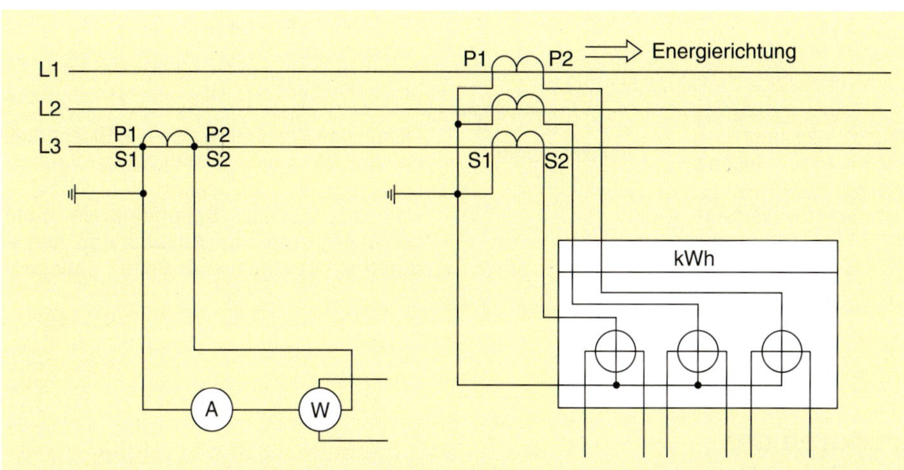

Abb. 15-30
Stromwandler

Hohe Genauigkeit nur durch kleine innere Spannungsfälle. Deshalb im Leerlaufgebiet, d. h. mit hohem Sekundärwiderstand, betreiben.	Arbeitsbereich	Hohe Genauigkeit nur, wenn Magnetisierungs- und Eisenverluststrom wesentlich kleiner als der Belastungsstrom sind. Deshalb im Kurzschlussgebiet betreiben.

Lösungsbeispiel

Spannungswandler

gegeben: $U_1/U_2 = 5\ \text{kV}/100\ \text{V}$
$S_n = 50\ \text{VA}$

gesucht: Bemessungsbürde und Ströme in den Wicklungen

Lösung:

Bürde:

$$Y_{n2} = \frac{S_n}{U_{n2}^2}$$

$$Y_{n2} = \frac{50\ \text{VA}}{(100\ \text{V})^2}$$

$$Y_{n2} = 5\ \text{mS} \mathrel{\hat{=}} Z_2 = 200\ \Omega$$

Stromwandler

gegeben: $I_1/I_2 = 75\ \text{A}/5\ \text{A}$
$S_n = 30\ \text{VA}$

gesucht: Bemessungsbürde und Spannungen an den Wandlerklemmen

Lösung:

Bürde:

$$Z_{n2} = \frac{S_n}{I_{n2}^2}$$

$$Z_{n2} = \frac{30\ \text{VA}}{(5\ \text{A})^2}$$

$$Z_{n2} = 1{,}2\ \Omega$$

15

Spannungswandler		**Stromwandler**
Ströme bei Bemessungsbelastung: $I_1 = \frac{S_n}{U_{n1}}$ $I_1 = \frac{50\ \text{VA}}{5\ \text{kV}}$ $I_1 = 10\ \text{mA}$ $I_2 = \frac{S_n}{U_{n2}}$ $I_2 = \frac{50\ \text{VA}}{100\ \text{V}}$ $I_2 = 500\ \text{mA}$		**Spannungen bei Bemessungsbelastung:** $U_p = \frac{S_n}{I_{n1}}$ $U_p = \frac{30\ \text{VA}}{75\ \text{A}}$ $U_p = 400\ \text{mV}$ U_p primärer Spannungsfall $U_s = \frac{S_n}{I_{n2}}$ $U_s = \frac{30\ \text{VA}}{5\ \text{A}}$ $U_s = 6\ \text{V}$ U_s sekundärer Spannungsfall
U_1 wird nicht beeinflusst, deshalb U_2 = konstant. Durch Parallelschalten des zusätzlichen Spannungsmessers $Z_2 \downarrow \rightarrow I_2 \uparrow \rightarrow I_1 \uparrow$ $\searrow \swarrow$ $\vartheta \uparrow$ (Betriebstemperatur der Wicklungen)	Verhalten bei zusätzlichem Geräteanschluss	I_1 wird nicht beeinflusst, deshalb I_2 = konstant. Durch Reihenschaltung des zusätzlichen Strommessers $Z_2 \uparrow \rightarrow Z_p \uparrow$ (Eingangswiderstand des Stromwandlers) $\rightarrow U_p \uparrow \rightarrow U_s \uparrow$ $\downarrow$ $\hat{B} \uparrow$ (Flussdichte im Kern)
Kurzschließen der Sekundärwicklung → Verbrennen der Wandlerspulen, deshalb **Sekundärkreis absichern!** Ausnahme bei Messgeräten für Verrechnungszwecke	Unzulässiger Vorgang	Öffnen des Sekundärkreises → Eisenbrand des Wandlers und gefährliche Berührungsspannung an den sekundären Wandlerklemmen, deshalb **Sekundärkreis nicht absichern und vor Ausbau des Messgerätes Kurzschlussbrücke einlegen!**

15

15.3 Transformatoren der Industrie und des Gewerbes

15.3.1 Kleintransformatoren

Kleintransformatoren sind durch folgende Merkmale gekennzeichnet:

- maximale Bemessungsleistung 16 kVA,
- maximale Nennspannung 1 000 V

> Hinweis: Die Spannungsangabe des Leistungsschildes ist stets die Klemmenspannung bei Bemessungslast!

- maximale Nennfrequenz 500 Hz,
- hohe Gerätesicherheit.
- Neben den aus Streifen- und Formblechen aufgebauten Schichtkernen werden Band- und Schnittbandkerne verwendet (Abb. 5-31). Bei diesen Kernen überwiegen die verlustarmen kaltgewalzten Bleche.
- Die Spulen aus Kupferlackdraht oder aus Lackglasseidedraht werden häufig auf Spulenkörper gewickelt.

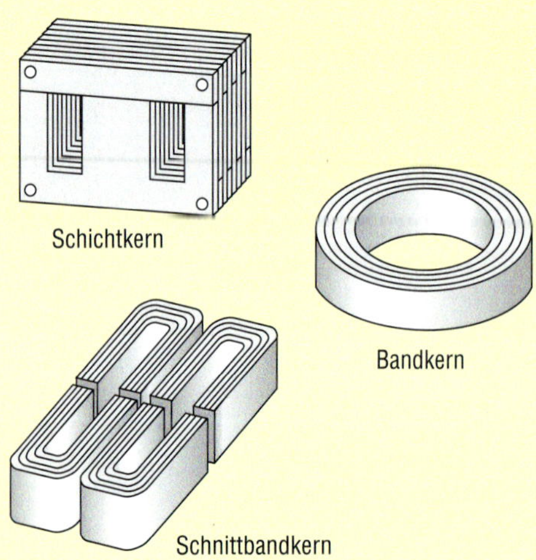

Abb. 15-31 ***Transformatorenkerne mit einer Bemessungsleistung bis 1,5 kVA***

- Symbole (Abb. 5-32) auf dem Betriebsmittel kennzeichnen die Gerätesicherheit:

	Art	Symbol	Merkmal
Ausführung	offen		Anschlussklemmen und Teile desTransformators sind der Berührung zugänglich.
Ausführung	gekapselt		Aktive Teile können nicht berührt werden.
Kurzschlussfestigkeit	nicht kurzschlussfest		Wicklungen werden im Kurzschluss thermisch überlastet. Die Grenztemperatur wird überschritten.
Kurzschlussfestigkeit	bedingt kurzschlussfest		Schmelzsicherung oder Bimetallauslöser als Kurzschluss- und Überlastschutz bilden mit dem Transformator eine konstruktive Einheit.
Kurzschlussfestigkeit	kurzschlussfest		Durch hohe Kurzschlussspannung wird der Dauerkurzschlussstrom so begrenzt, dass keine thermische Überlastung eintritt.

Abb. 15-32

Bevorzugt eingesetzte Kleintransformatoren sind folgenden zwei Gruppen zugeordnet:

1. Sicherheitstransformatoren (Abb. 15-33)
   Ihre wesentlichen Merkmale sind
   - Bemessungsgrößen
     $U_1 < 500$ V; $S_n < 10$ kVA; $f < 500$ Hz
     U_2 meist 6; 12; 24; 42 oder 50 V
   - sichere Trennung zwischen der Oberspannungs- und der Unterspannungswicklung durch eine Isolierstoff-Zwischenwand
   - bedingt kurzschlussfest oder kurzschlussfest.

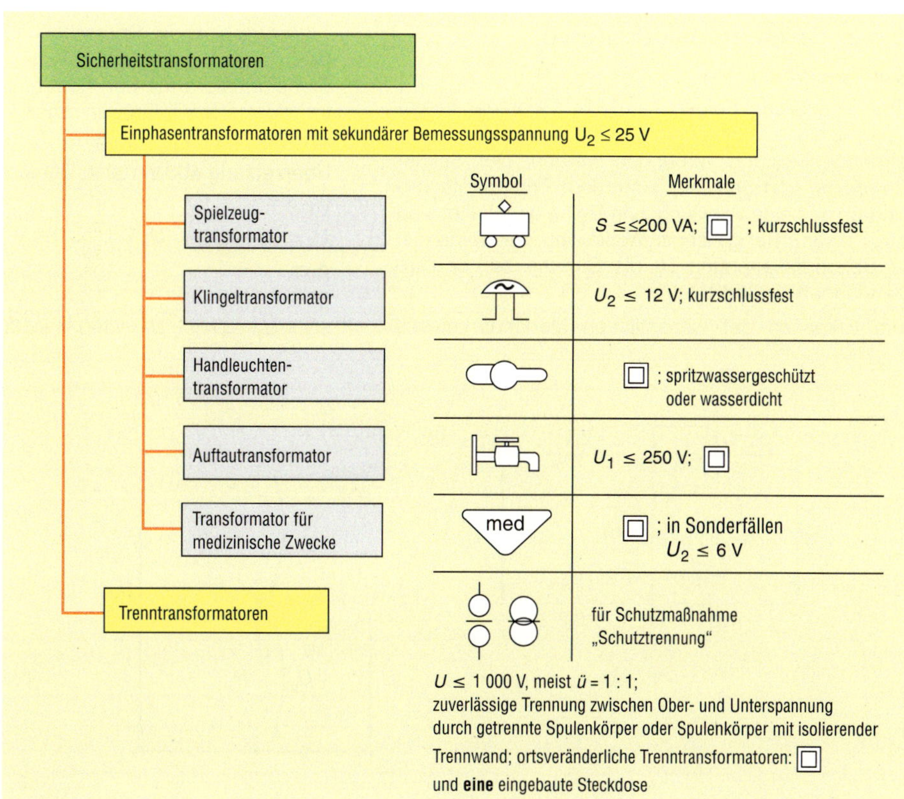

Abb. 15-33
Sicherheitstransformatoren

15

2. Transformatoren ohne Schutzfunktion (Abb. 15-34).

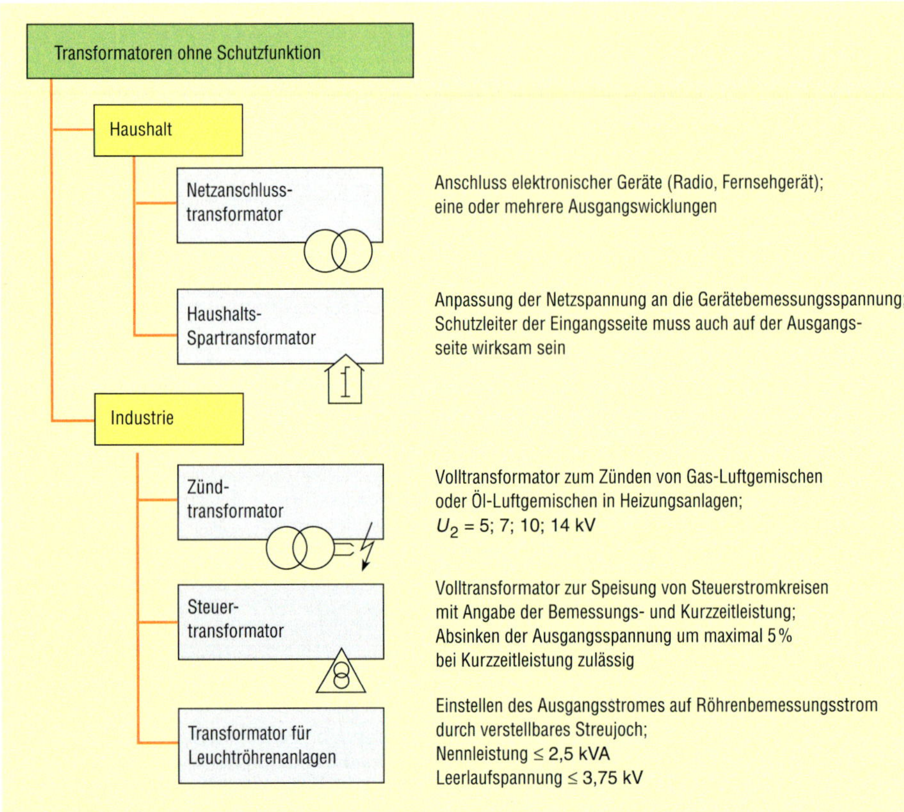

Abb. 15-34
Transformatoren ohne Schutzfunktion

15

15.3.2 Sondertransformatoren

Spartransformatoren

Ohne schädliche Folgen kann die Oberspannungswicklung eines Transformators einpolig mit der Unterspannungswicklung verbunden werden. Der Sekundärkreis ist jetzt galvanisch mit dem Primärkreis verbunden, da beide Wicklungen in Reihe geschaltet sind (Abb. 15-35). Bei gleichem Wickelsinn der Spulen ist die Sekundärspannung U_2 die Summe der Spulenspannungen U_p und U_r.

Zum Erkennen der wesentlichen Merkmale dieses Transformators in Sparschaltung (Spartransformator SpT) werden folgende Werte des ursprünglichen Transformators mit den getrennten Wicklungen (Volltransformator VT, Größen erhalten als Index p – Parallelwicklung und r – Reihenwicklung) gegeben:

Übersetzung 400 V/100 V; Bemessungsleistung 2 kVA.

VT:
$U_I = U_p = 400\ \text{V} \quad U_{II} = U_r = 100\ \text{V}$

SpT:
$U_1 = U_p \qquad U_1 = 400\ \text{V}$
$U_2 = U_p + U_r \qquad U_2 = 400\ \text{V} + 100\ \text{V} \qquad U_2 = 500\ \text{V}$

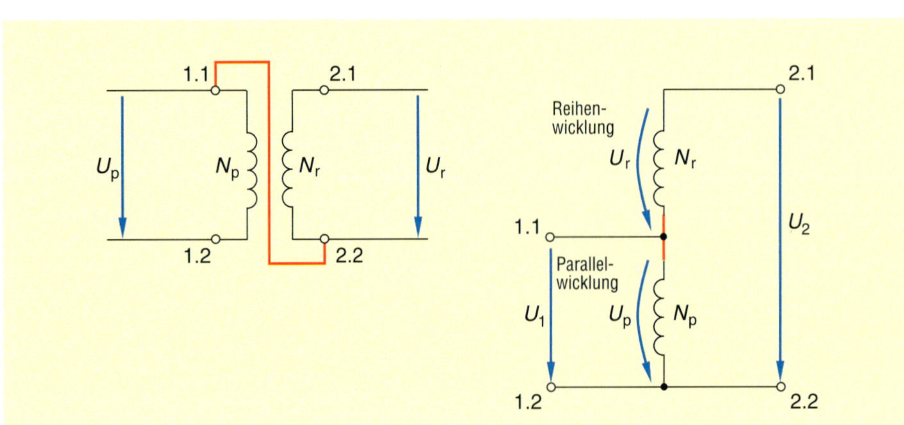

Abb. 15-35
Einphasentransformator in Sparschaltung

Vergleich der Windungszahlen bei gleicher Übersetzung und Windungsspannung $U_N = 1{,}8\,\text{V}$.

Geforderte Übersetzung: 400 V / 500 V

	VT	**SpT**
Notwendige Windungszahlen:	$N_p = \frac{U_I}{U_N}$	$N_p = \frac{U_p}{U_N} = \frac{U_1}{U_N}$
	$N_p = \frac{400\,\text{V}}{1{,}8\,\text{V}}$	$N_p = \frac{400\,\text{V}}{1{,}8\,\text{V}}$
	$N_p = \underline{\underline{222}}$	$N_p = \underline{\underline{222}}$
	$N_r = \frac{U_{II}}{U_N}$	$N_r = \frac{U_r}{U_N} = \frac{U_2 - U_1}{U_N}$
	$N_r = \frac{500\,\text{V}}{1{,}8\,\text{V}}$	$N_r = \frac{500\,\text{V} - 400\,\text{V}}{1{,}8\,\text{V}}$
	$N_r = \underline{\underline{278}}$	$N_r = \underline{\underline{56}}$

Bei einem Spartransformator werden bei gleicher Übersetzung im Vergleich zu einem Volltransformator weniger Windungen benötigt. Es wird Wicklungswerkstoff eingespart.

Durch die Leistungsangabe von 2 kVA ist die Belastbarkeit der beiden Wicklungen festgelegt. Sie beträgt

VT

$$I_p = \frac{S}{U_p} \qquad I_r = \frac{S}{U_r}$$

$$I_p = \frac{2000\,\text{VA}}{400\,\text{V}} \qquad I_r = \frac{2000\,\text{VA}}{100\,\text{V}}$$

$$I_p = \underline{\underline{5\,\text{A}}} \qquad I_r = \underline{\underline{20\,\text{A}}}$$

Da die Sekundärwicklung des VT für $I_r = 20$ A ausgelegt ist, kann der Sekundärstrom I_2 in Sparschaltung (SpT) ebenfalls maximal den Wert von 20 A annehmen.

Sekundärleistung des SpT:

$$S_2 = I_2 \cdot U_2 \qquad S_2 = 20\,\text{A} \cdot 500\,\text{V}$$

$$S_2 = \underline{\underline{10\,\text{kVA}}}$$

Belastung des gemeinsamen Wicklungsteils des **SpT:**

Unter Vernachlässigung der Verluste ist nach dem Energieerhaltungssatz

$S_1 = S_2$; $S_1 = 10$ kVA und der Primärstrom

$$I_1 = \frac{S_1}{U_1} \qquad I_1 = \frac{10\,000\,\text{VA}}{400\,\text{V}} \qquad I_1 = \underline{\underline{25\,\text{A}}}$$

Nach dem Knotenpunktsatz (Abb. 15-36) teilt sich I_1 in die Ströme $I_r = I_2$ und I_p auf.

$$I_p = I_1 - I_r \qquad I_p = 25\,\text{A} - 20\,\text{A} = 5\,\text{A}$$

Für diese Stromstärke ist der gemeinsame Wicklungsteil auch ausgelegt. Der Transformator in Sparschaltung kann also ohne Überlastung der Wicklungen und des Kerns eine Leistung von 10 kVA übertragen.

Ein Spartransformator kann eine größere Leistung als ein konstruktiv gleich ausgelegter Volltransformator übertragen.

Dieser 2. Vorteil des Spartransformators erklärt sich dadurch, dass ein Teil der Leistung über die galvanische Verbindung zwischen dem Primär- und dem Sekundärkreis direkt übertragen wird. Der andere Teil wird wie bei einem Volltransformator induktiv übertragen. Für diese Leistung, die Eigenleistung S_e, sind die Wicklungen und der Eisenkern auszulegen. Die Gesamtleistung (Durchgangsleistung S_d), die vom Primär- zum Sekundärnetz übertragen wird, ist die Bemessungsleistung des Spartransformators.

Aus den vorstehenden Berechnungen leiten wir die allgemeinen Beziehungen der elektrischen Größen des Spartransformators für das Herauftransformieren ($U_2 > U_1$) ab:

Größen des gemeinsamen Wicklungsteils, der **Parallelwicklung** (Stammwicklung)		Größen des in Reihe geschalteten Wicklungsteils, der **Reihenwicklung** (Zusatzwicklung)	
$U_p = U_1$ primäre Bemessungsspannung $I_p = I_1 - I_2$		$U_r = U_2 - U_1$ $I_r = I_2$ sekundärer Bemessungsstrom	
$S_e = U_p \cdot I_p$	Eigenleistung	$S_e = U_r \cdot I_r$	15-19
$S_d = U_1 \cdot I_1$	Durchgangsleistung	$S_d = U_2 \cdot I_2$	15-20

$$S_e = S_d \left(1 - \frac{U_1}{U_2}\right) \qquad \text{15-21}$$

Mit der Gleichung (15-21) kann nachgewiesen werden, dass die Einsparung von Kern- und Wicklungswerkstoff umso größer ist, je geringer der Spannungsunterschied zwischen U_1 und U_2 ist:

U_2 50 % größer als U_1: $U_2 = 1{,}5 \cdot U_1$

$$S_e = S_d \left(1 - \frac{U_1}{1{,}5\,U_1}\right)$$

$$S_e = 0{,}33\,S_d$$

$$S_e = 33\,\%\text{ von }S_d$$

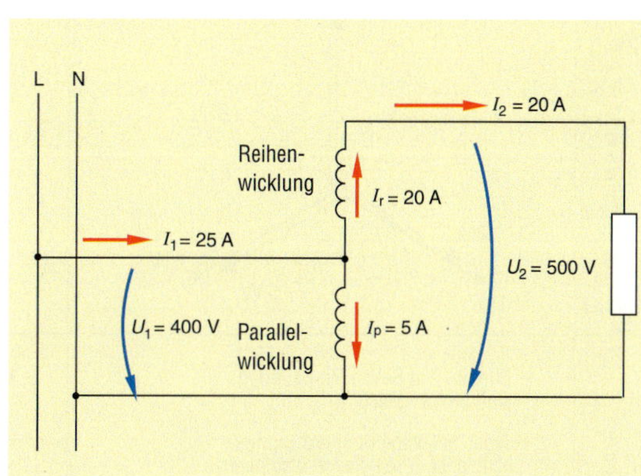

Abb. 15-36 ***Stromverteilung des belasteten SpT***

15

U_2 10 % größer als U_1: $U_2 = 1{,}1 \cdot U_1$

$$S_e = S_d \left(1 - \frac{U_1}{1{,}1\ U_1}\right)$$

$$S_e = 0{,}0909\ S_d$$

$$S_e = 0{,}00\,\%\ \text{von}\ S_d$$

Dies gilt sowohl in Bereichen niedrigerer als auch höchster Leistung. Spannungskonstanthalter im Haushalt oder Anlasstransformatoren für Motoren werden in Sparschaltung ausgeführt. Spartransformatoren werden aber auch zur Kupplung von Hochspannungsnetzen verwendet.

Warum werden aufgrund der Werkstoffeinsparung nicht stets Spartransformatoren verwendet?

Die Ursache liegt darin, dass

1. bei einer Leitungsunterbrechung das Oberspannungspotenzial in die Unterspannungsseite übertreten kann und
2. im Kurzschluss Netz und Transformator übermäßig beansprucht werden.

Drehstromtransformatoren können ebenfalls als Spartransformatoren geschaltet werden. Dazu sind die Oberspannungsspulen mit den Unterspannungsspulen der jeweiligen Schenkel in Reihe zu schalten. Die entstandenen Spulengruppen der drei Schenkel können zu der für das Drehstromsystem typischen Stern- oder Dreieckschaltung verbunden werden (Abb. 15-37).

Stelltransformatoren

Stelltransformatoren sind Transformatoren, deren Übersetzung nahezu stufenlos unter Last eingestellt werden kann.

Grundsätzlich kann bei einer konstanten Primärspannung die Sekundärspannung durch

- die Änderung der wirksamen Windungszahl (Windungsstelltransformatoren) oder durch
- die Änderung der induktiven Verkettung zwischen der Primär- und Sekundärwicklung (Induktionsstelltransformatoren) in entsprechenden Grenzen ausgewählt werden.

Windungsstelltransformatoren

Die Spannungseinstellung wird durch verstellbare Stromabnehmer mit Kohlerollen oder Metallgleitkontakten an blanken Windungsteilen vorgenommen. Prinzipiell werden drei Ausführungsformen für die Einstellbereiche der Ausgangsspannungen sowohl bei den Trocken- als auch bei den Öl-Windungsstelltransformatoren unterschieden (Abb. 15-38).

Sie können sowohl in Sparschaltung als auch mit getrennten Wicklungen als Einphasen- oder Dreiphasentype gebaut werden. Der Ausgangsstrom darf unabhängig von der Stellung der Stromabnehmer den Bemessungsstrom nicht überschreiten, d. h. die Ausgangsleistung ist proportional der eingestellten Ausgangsspannung.

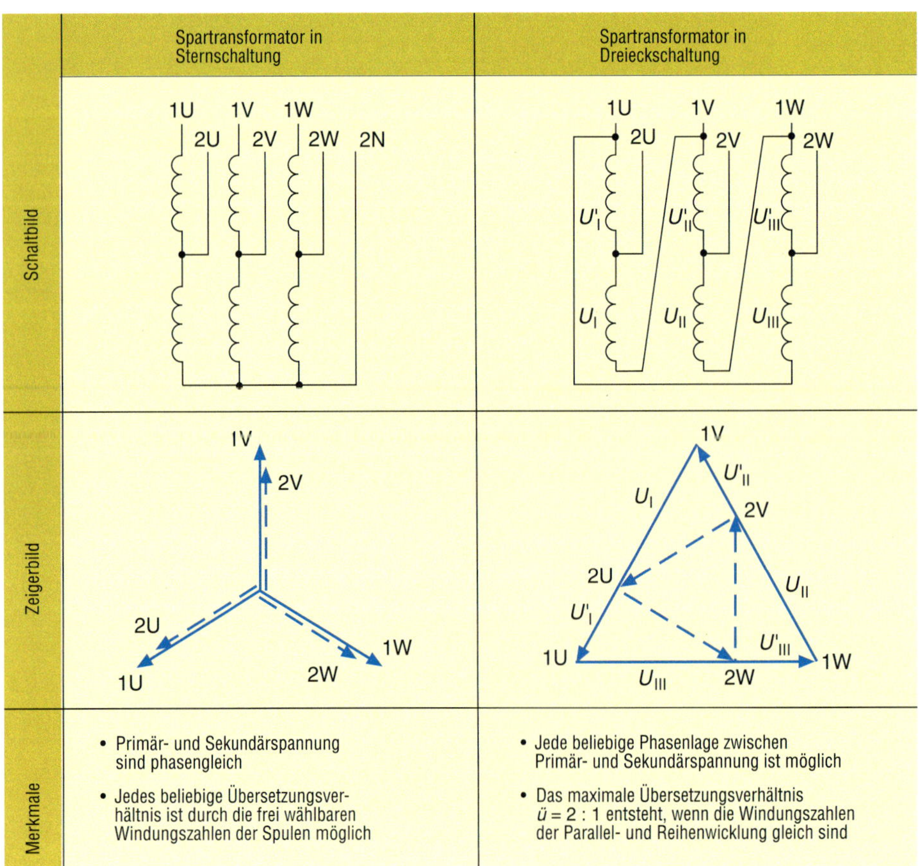

Abb. 15-37
Drehstrom-Spartransformatoren

Induktionsstelltransformatoren

Im Vergleich zu den Windungsstelltransformatoren haben Induktionsstelltransformatoren keine Schleif- oder Schaltkontakte. Ein beliebig häufiges Verstellen ist möglich. Auch beim Einstellen großer Leistungen bzw. Ströme ist die Betriebssicherheit hoch. Die induktive Verkettung wird dadurch geändert, dass die Lage der Eingangs- und Ausgangswicklung zueinander geändert wird. Je nach der Bewegungsform werden Schub- und Drehtransformatoren unterschieden (Abb. 15-39).

Abb. 15-38 ***Prinzipschaltungen der Windungsstelltransformatoren***

Ausführung ausgangsseitig	Schaltgruppe	Schaltung	Übersetzung
Form 1 ein Einstellbereich	Ii0[1]	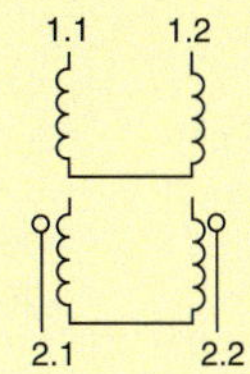	$\frac{U_1}{U_2}$ Bemessungseingangsspannung zu 0 bis max. Bemessungsausgangsspannung (Summenspannung der Ausgangswicklung beider Schenkel)
Form 2 ein Einstellbereich für ± - Einstellung	Ii0-6	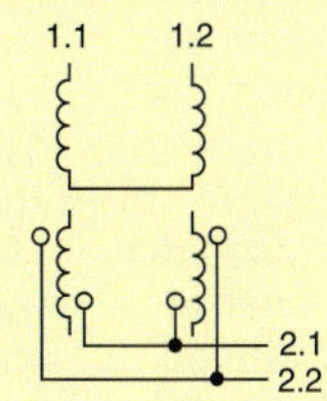	$\frac{U_1}{U_2}$ Bemessungseingangsspannung zu 0 bis ± max. Bemessungsausgangsspannung (Summenspannung der Ausgangswicklung eines Schenkel)
Form 3 zwei voneinander getrennte Einstellbereiche	Ii0	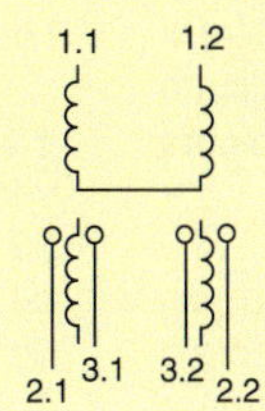	$\frac{U_1}{U_2}$ Bemessungseingangsspannung zu 2 x 0 bis max. Bemessungsausgangsspannung (2 x Summenspannung der Ausgangswicklung beider Schenkel)

[1]) Ii unverkettete Wicklung

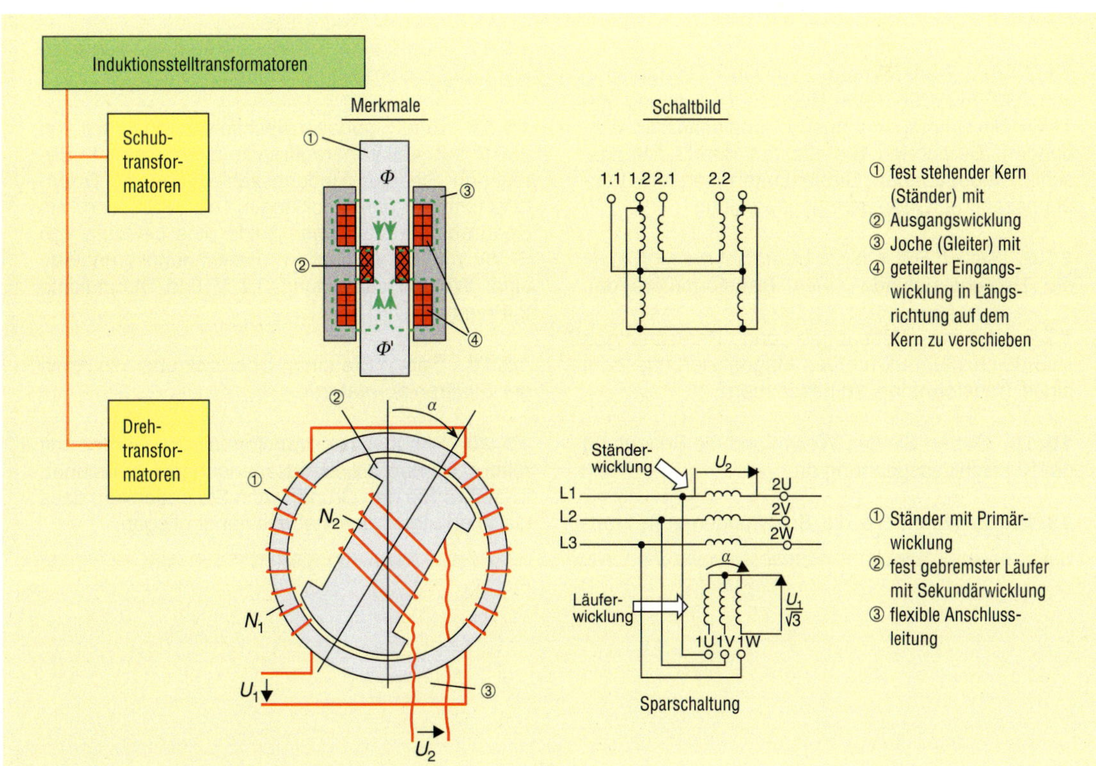

Abb. 15-39 ***Induktionsstelltransformatoren***

AUFGABEN

15.1 Beschreiben Sie den prinzipiellen Aufbau eines Transformators und geben Sie die Funktion seiner Hauptbauteile an.

15.2 Erläutern Sie den Vorgang der Spannungsinduktion im Transformator und nennen Sie die Bedingungen für das Ändern eines gegebenen Spannungsbetrages.

15.3 Nennen und begründen Sie die konstruktiven Merkmale der Oberspannungs- und Unterspannungswicklung.

15.4 Wie verhält sich ein Klingeltransformator, wenn nicht seine Bemessungsspannung von 230 V AC, sondern a) 400 V AC oder b) 230 V DC an die Primärwicklung angelegt werden? Begründen Sie Ihre Aussage.

15.5 Ein Einphasentransformator soll für eine Bemessungsleistung von 6,3 kVA und eine Übersetzung von 1 kV/230 V (50 Hz) ausgelegt werden. Berechnen Sie die Windungszahlen und die Drahtquerschnitte, wenn der Eisenkern bei einem Kernquerschnitt von 64 cm^2 eine maximale Flussdichte von 1,8 T aufweisen soll und die Stromdichte 2,8 A/mm^2 nicht überschreiten darf.

15.6 Ein Kleintransformator sollte mit einer Übersetzung von 230 V/42 V gebaut werden. Im Prüffeld wurde festgestellt, dass trotz Anlegen der Bemessungsspannung auf der Unterspannungsseite 58 V entstanden. Untersuchen Sie die möglichen Ursachen.

15.7 Ein Transformator hat eine Übersetzung von 230 V/60 V und eine Bemessungsleistung von 1 kVA. Die Unterspannungswicklung besitzt 85 Windungen. Berechnen Sie die auf dem Leistungsschild angegebenen Stromstärken und die Windungszahl der Oberspannungswicklung.

15.8 Stellen Sie in einer Übersicht die Merkmale der Betriebszustände eines Transformators dar.

15.9 Welche Messungen und Berechnungen sind durchzuführen, um den Magnetisierungsstrom eines Transformators zu bestimmen?

15.10 Geben Sie das Wesen und die Bedeutung der Kurzschlussspannung an.

15.11 Zeichnen Sie die Schaltungen zum Leerlauf- und Kurzschlussversuch mit den entsprechenden Messgeräten. Welche typischen Transformatorgrößen kann man aus den entsprechenden Messwerten berechnen?

15.12 Erläutern Sie an einem selbst gewählten Beispiel eine Schaltgruppenangabe.

15.13 Einem Leistungsschild eines Transformators werden folgende Angaben entnommen: 6 kV; 0,4 kV; 5 kVA; Yzn5; 6,8 %. Welche Bedeutung haben diese Werte und welchen Einsatzanforderungen genügt der Transformator?

15.14 Beschreiben Sie die Möglichkeiten der Lichtbogenlöschung.

15.15 Ein Spannungswandler mit der Übersetzung 5 kV/100 V hat eine Bemessungsleistung von 50 VA. Wie groß darf maximal seine Bemessungsbürde sein? Welche Ströme fließen dann primär und sekundär? Kann bedenkenlos die Entfernung zwischen dem Wandler und dem angeschlossenen Messgerät vergrößert werden?

15.16 Ein Stromwandler hat eine Übersetzung von 75 A/5 A und eine Bemessungsleistung von 30 VA. Wie groß darf maximal die Bemessungsbürde sein? Welche Spannungen entstehen dann an den Eingangsklemmen P1 und P2 sowie an den Ausgangsklemmen S1 und S2? Spielt die Entfernung zwischen Stromwandler und dem Messgerät eine Rolle?

15.17 Begründen Sie, dass Stromwandlerkreise nicht abgesichert werden dürfen.

15.18 Eine Einphasenwechselspannung soll von 230 V auf 400 V herauftransformiert werden. Berechnen Sie die Windungszahlen und die Drahtquerschnitte der Wicklungen als Voll- und als Spartransformator, wenn beide eine Leistung von 5 kVA übertragen sollen. Berechnungsgrundlage sind: Windungsspannung 3,2 V und Stromdichte 2,4 A/mm^2.

15.19 Geben Sie einen Überblick über die Arten der Stelltransformatoren.

15.20 Windungsstelltransformatoren werden mit relativ kleinen Windungsspannungen berechnet. Erläutern Sie den Grund, wenn Sie bedenken, dass die Windungen dicht nebeneinander liegen.

16 Schutzmaßnahmen in Niederspannungsanlagen

Die Einzelfunktionen der unterschiedlichen Bau- und Schaltelemente sowie ihre funktionsbedingten Schaltungen gewährleisten die Betriebsfähigkeit einer elektrischen Anlage. Da diese von den Menschen genutzt wird, sind für ihren Schutz zusätzliche sicherheitstechnische Mittel und Maßnahmen (Abb. 16-1) notwendig. Diese haben allein den Zweck, die gefahrlose Verwendung der technischen Erzeugnisse und der Anlagen zu fördern oder zu bewirken.

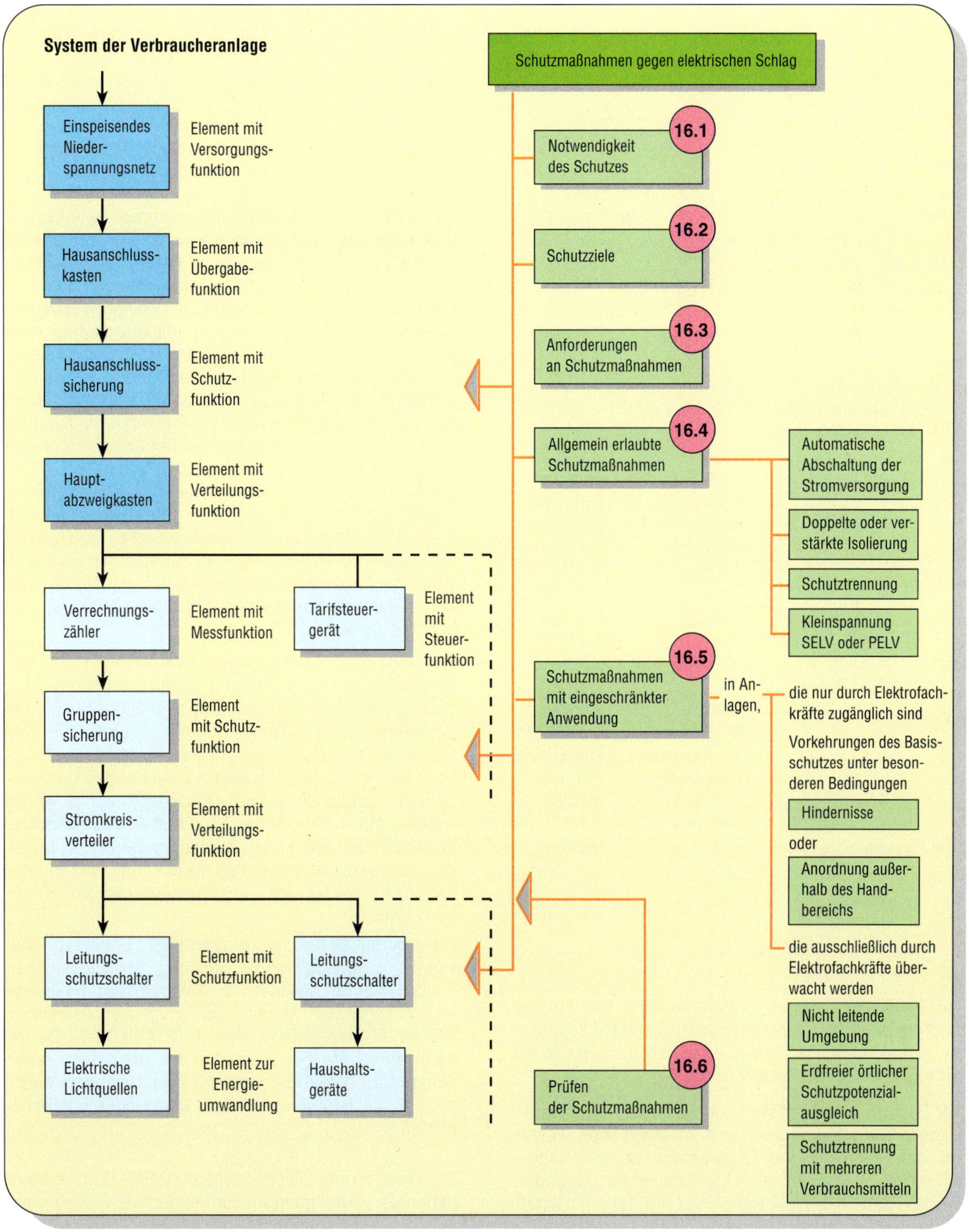

Abb. 16-1 ***Beziehungen und Strukturen***

16.1 Notwendigkeit des Schutzes gegen elektrischen Schlag

Alle Wahrnehmungen und motorischen Aktivitäten der Menschen und Nutztiere werden über elektrische Impulse gesteuert. Diese schwachen Impulse werden von vergleichsweise starken elektrischen Strömen überlagert, wenn die Lebewesen Teil eines Stromkreises werden.

Bei üblichen

● Spannungswerten in Niederspannungsanlagen von	230 V	
und ● einem Widerstand des menschlichen Körpers von	3 kΩ	oder 1,3 kΩ
● nach einer Wirkungszeit des elektrischen Stromes bis zu	1/10 s	1 s
fließen ● Körperströme von	76,7 mA	176,9 mA
Im Vergleich zu den Wirkungsbereichen des 50-Hz-Wechselstromes liegt die Stromstärke (Abb. 5-10)	etwas unterhalb der Loslassschwelle, die nach 1/10 s ≈ 100 mA beträgt.	weit oberhalb der Flimmerschwelle, die nach 1 s ≈ 70 mA beträgt.
Dadurch reagiert der menschliche Körper mit	leichter Muskelverkrampfung und starker Schreckreaktion.	starker Muskelverkrampfung, Herzkammerflimmern, äußeren und inneren Verbrennungen.

Unfallstatistiken zeigen, dass die Zahl der Unfälle durch gefährliche Körperströme im Vergleich zu anderen gering ist. Im Gegensatz dazu ist jedoch der Anteil der tödlichen Unfälle relativ hoch.

Der Einfluss der ebenfalls in den elektrischen Anlagen auftretenden elektrischen und magnetischen Felder auf den menschlichen Organismus ist sehr unterschiedlich. Im Wesentlichen kann davon ausgegangen werden, dass das elektrische Feld auf den Menschen mit seiner verhältnismäßig leitenden Körperoberfläche trifft und somit kaum in den Körper eindringen kann. Bei den in der Praxis vorkommenden elektrischen Feldstärken wird nicht einmal die Wahrnehmbarkeitsschwelle erreicht.

Gefährlich können jedoch elektrische Aufladungen werden.

Elektrostatische Aufladungen sind Ansammlungen positiver oder negativer elektrischer Ladungen durch

- mechanische Vorgänge: Berühren und Trennen von Körpern unterschiedlicher Oberflächen (Reibungsvorgänge), Zerstäuben fester und Versprühen flüssiger Stoffe,

sowie

- Influenzvorgänge: Verschieben von Ladungen in Leitern durch den Einfluss eines elektrischen Feldes.

Der menschliche Körper ist elektrostatisch leitfähig und hat gegenüber Erde eine Kapazität von annähernd 150 pF. Bestehen die Schuhe oder der Fußboden aus einem Isolierstoff, können die gespeicherten Ladungen nicht abfließen. Nur beim Berühren eines leitfähigen, ungeladenen Teils (Türklinke, metallene Rohre) oder eines ungeladenen Menschen erfolgt ein Ladungsaustausch. In wenigen Millisekunden fließen einige Milliampere ab. Bei großem Potenzialunterschied kann der Ladungsausgleich auch als Funkenüberschlag erfolgen. Der Ladungsausgleich ist bei einem Potenzialunterschied von 2 kV spürbar und bereits bei 10 kV schmerzhaft. Direkte gesundheitliche Schädigungen entstehen nicht. Schmerzhafte Muskelkontraktionen können Fehlhandlungen auslösen, die zu Unfällen führen. Gefahren entstehen bei zündfähigen Gas-Luft-gemischen. Messergebnisse können verfälscht werden. Arbeitspunkte elektronischer Bauelemente können sich ändern.

Wirkungen von Magnetfeldern auf den menschlichen Körper können zurzeit wissenschaftlich nicht eindeutig bestimmt werden. Studien zur Krebshäufigkeit, die den Zusammenhang zwischen kindlicher Leukämie und Magnetfeldern nicht ausschließen, zeigen ein uneinheitliches Bild. In unabhängig voneinander durchgeführten Versuchen konnte eindeutig nachgewiesen werden, dass eine hinreichende elektromagnetische Verträglichkeit von Herzschrittmachern bei den relativ schwachen niederfrequenten elektrischen und magnetischen Feldern in den Bereichen des alltäglichen Lebens besteht.

Die von den Verteilungsnetzbetreibern ermittelten maximalen magnetischen Flussdichten und elektrischen Feldstärken in elektrischen Anlagen und typischen Haushaltsgeräten liegen weit unter den definierten Sicherheitsgrenzwerten (Abb. 16-2, Abb. 16-3). Da die Feldstärkewerte bei Zunahme des Abstandes rasch abnehmen, liegen die tatsächlich auftretenden Werte der Haushaltsgeräte weit unter den Sicherheitsgrenzwerten.

Die Weltgesundheitsorganisation (WHO) und die Internationale Vereinigung für Strahlenschutz (IRPA) empfehlen abgestufte Richtwerte, je nach Dauer und Art der Einwirkung:

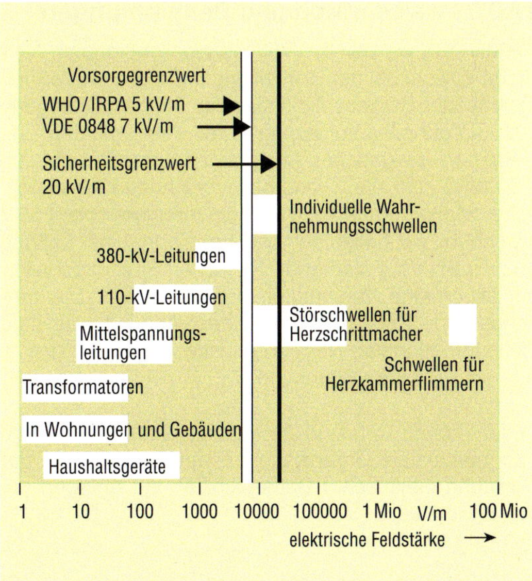

Abb. 16-2 ***Gesundheitliche Bedeutsamkeit elektrischer 50-Hz-Felder***

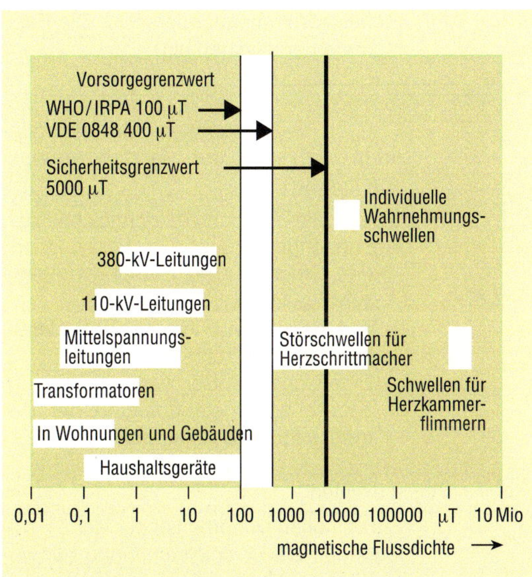

Abb. 16-3 ***Gesundheitliche Bedeutsamkeit magnetischer 50-Hz-Felder***

- einen Sicherheitswert, der berücksichtigt, dass sich Menschen bei beruflichen Tätigkeiten begrenzte Zeit in Feldern aufhalten können,

  und

- einen Vorsorgewert für die Allgemeinheit. Diese Werte bildeten zunächst die Grundlage für die im Oktober 1989 veröffentlichte und im Dezember 1992 angepasste Norm DIN VDE 0848 (Tab. 16-1).

Gefahren durch elektrische Körperströme, durch elektromagnetische Felder oder durch elektrisch gezündete Brände schränken die Sicherheit des Menschen ein. Steigende Sicherheit verringert die Gefahr. Das Risiko sinkt (Abb. 16-4).

Das allgemeine Ziel der Schutzmaßnahmen besteht darin, das Risiko durch den elektrischen Strom zu verringern.

Hinreichende Sicherheit in den unterschiedlichen elektrischen Anlagen kann nicht durch **eine einheitliche** Schutzmaßnahme erreicht werden.

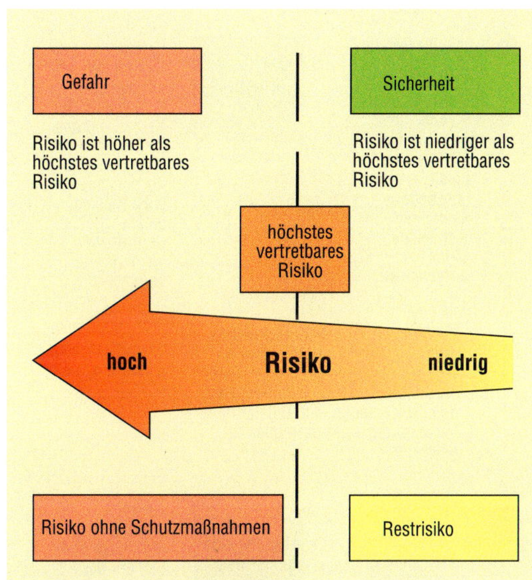

Abb. 16-4 ***Sicherheitsgrundsätze***

16

		Dauereinwirkung		Kurzzeiteinwirkung	
Sicherheit	DIN VDE 0848, Teil 4, Okt. 89	20 kV/m	5000 µT	30 kV/m 7 500 µT	bis 2 Std./Tag bis 5 Min./Std.
Sicherheit	DIN VDE 0848, Teil 4, A2, Dez. 92	20 kV/m	5000 µT	30 kV/m 12 500 µT	bis 2 Std./Tag bis 5 Min./Std.
Vorsorge	DIN VDE 0848, Teil 4, A2, Dez. 92	7 kV/m	400 µT	10 kV/m	1000 µT bis 6 Std./Tag
Vorsorge	IRPA/WHO Empfehlung	5 kV/m	100 µT	10 kV/m	1000 µT wenige Std./Tag

Tab. 16-1 ***Grenzwerte für das elektrische und magnetische Feld (50/60 Hz)***

16.2 Schutzziele

16.2.1 Rangfolge der Mittel und Maßnahmen

Die Gefahren des elektrischen Stromes können vermieden oder verringert werden, wenn die in den Normen aufgeführten sicherheitstechnischen Maßnahmen berücksichtigt werden.

Sicherheitstechnische Maßnahmen sind alle gestalterischen und beschreibenden Maßnahmen, die zur Vermeidung von Gefahren getroffen werden.

Die Ziele der Sicherheitstechnik sind in nachstehender Rangfolge zu verwirklichen (Abb. 16-5):

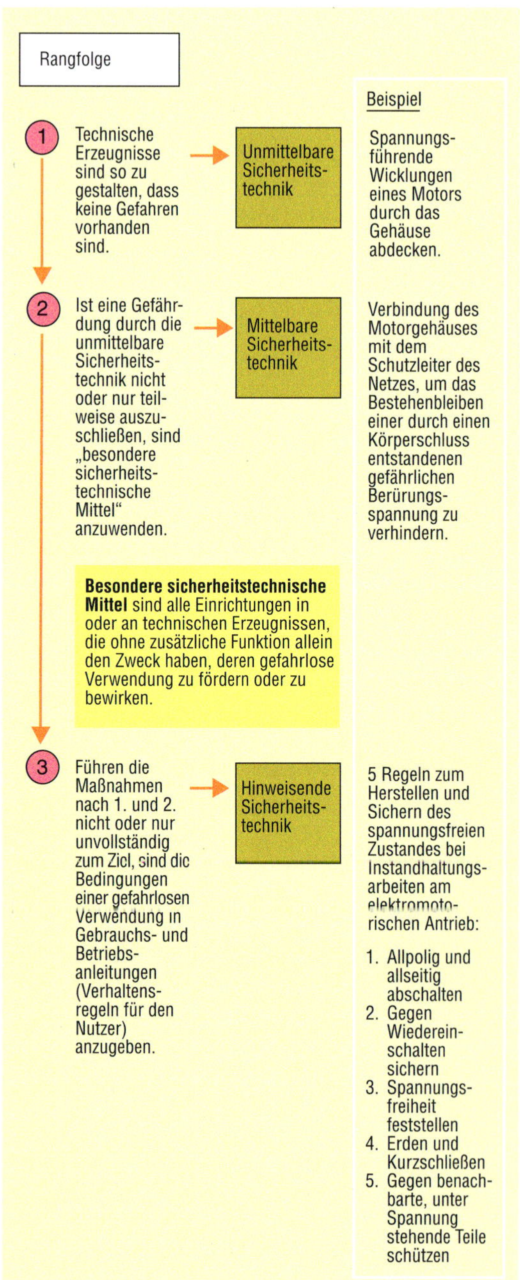

Abb. 16-5 ***Ziele der Sicherheitstechnik***

16.2.2 Vorschriften und Bestimmungen

Relativ früh wurden die Vorteile einer nationalen Normung sowohl bei der Herstellung und bei dem Vertrieb elektrischer Betriebsmittel als auch bei der Festlegung von Sicherheitsanforderungen für das Errichten und Betreiben elektrischer Anlagen erkannt. Bereits am 1.1.1896 sind die „Sicherheitsvorschriften für elektrische Starkstromanlagen mit Spannungen bis 250 V zwischen zwei beliebigen Leitungen oder einer Leitung und Erde" vom Verband Deutscher Elektrotechniker als allgemeine Vorschriften erklärt worden. Die fortschreitende Zusammenarbeit der Länder führte bald zur internationalen Normung, insbesondere im grenzüberschreitenden Warenverkehr.

In der Tabelle 16-2 sind die wichtigsten internationalen und nationalen Organisationen auf dem Gebiet der Normung elektrischer Betriebsmittel und Anlagen zusammengefasst.

Das **VDE-Vorschriftenwerk** ist eine Sammlung von Festlegungen, die vom Verband Deutscher Elektrotechniker herausgegeben wird. Die Festlegungen erscheinen als

VDE-Bestimmungen, auch als deutsche Fassungen der Europanorm (EN) und der Harmonisierungsdokumente (HD)

Sie enthalten sicherheitstechnische Festlegungen für
- das Errichten und Betreiben elektrischer Anlagen
- das Herstellen und Betreiben elektrischer Betriebsmittel und über
- Eigenschaften, Bemessung, Prüfung, Schutz und Instandhaltung der Betriebsmittel und Anlagen.

VDE-Leitlinien

Sie enthalten sicherheitstechnische Festlegungen als Beispielsammlung mit wesentlich erweitertem Entscheidungsspielraum für eigenverantwortliches Handeln des Anwenders.

Beiblätter

Sie enthalten zusätzliche Informationen zu den Bestimmungen und Leitlinien ohne zusätzliche Festlegungen mit normativem Charakter.

Die vom Verband Deutscher Elektrotechniker e. V. und vom Deutschen Institut für Normung e. V. als privatwirtschaftliche Organisationen in freier Selbstverwaltung herausgegebenen und zur Anwendung empfohlenen Bestimmungen und Regeln haben für sich allein keine Gesetzeskraft. Aus rechtlicher Sicht haben sie nur Rechtsnormqualität.

Internationale Organisationen	
Bezeichnungen	Bemerkungen
IEC International Electrotechnical Commission; Internationale Elektrotechnische Kommission	1906 gegründet; Mitglieder sind die Nationalen Komitees von 44 Ländern; Sitz ist Genf
ISO International Organization for Standardization; Internationale Organisation für Normung	Nichtelektrische Normung; Sitz ist Genf
CENELEC Comité Européen de Normalisation Electrotechnique; Europäisches Komitee für elektrotechnische Normung	Nationale Normen und Vorschriften der Europäischen Gemeinschaft (EG) vereinheitlichen oder durch „harmonisierte Normen“ ersetzen; Sitz ist Genf
CEN Comité Européen de Normalisation; Europäisches Komitee für Normung	Nichtelektrische Normung der EG; Sitz ist Genf

Nationale Organisationen	
Bezeichnungen	Bemerkungen
DIN Deutsches Institut für Normung e. V.	Herausgabe „Deutscher Normen“ für fast alle technischen und naturwissenschaftlichen Bereiche
VDE Verband Deutscher Elektrotechniker e. V.	Gründung am 22. 1. 1893 in Berlin Herausgabe von Bestimmungen und Leitlinien für das Herstellen elektrischer Betriebsmittel, Errichten und Betreiben elektrischer Anlagen, Festlegungen über Eigenschaften, Bemessung, Prüfung und Schutz elektrischer Anlagen; Prüfen von Erzeugnissen durch VDE-Prüfstelle, die bereits 1920 gegründet wurde.
DKE Deutsche Elektrotechnische Kommission im DIN und VDE	Gründung 1970 zur Harmonisierung der nationalen Normen mit den internationalen Bestimmungen.

Tab. 16-2 ***Organisationen für die Normung elektrischer Betriebsmittel und Anlagen***

Das heißt:

Die Norm

- ist keine zwingende Verpflichtung, sondern eine Empfehlung
- kennzeichnet den Stand der Technik zum Zeitpunkt der Herausgabe und
- kann durch gesetzliche Regelungen verbindlich werden, z. B. durch
  - das Energiewirtschaftsgesetz (2. DVO zum EnWG)
  - die Unfallverhütungsvorschriften BGV A2, „Elektrische Anlagen und Betriebsmittel“
  - das Gerätesicherheitsgesetz.

Grundlage der Aussagen in diesem Abschnitt ist

> DIN VDE 0100-410: 2007-06
>
> Errichten von Niederspannungsanlagen
> Teil 4 – 41: Schutzmaßnahmen – Schutz gegen elektrischen Schlag

Diese Sicherheitsgrundnorm behandelt gemeinsame Bestimmungen für elektrische Anlagen und Betriebsmittel zum Schutz von Personen und Nutztieren.

Hinweis: Für den Anwender einer Norm ist nur die Norm selbst in ihrer neuesten Ausgabe maßgebend.

Für die Tätigkeiten im Berufsfeld Elektrotechnik sind somit folgende grundlegende Vorschriften zu beachten (Abb. 16-6):

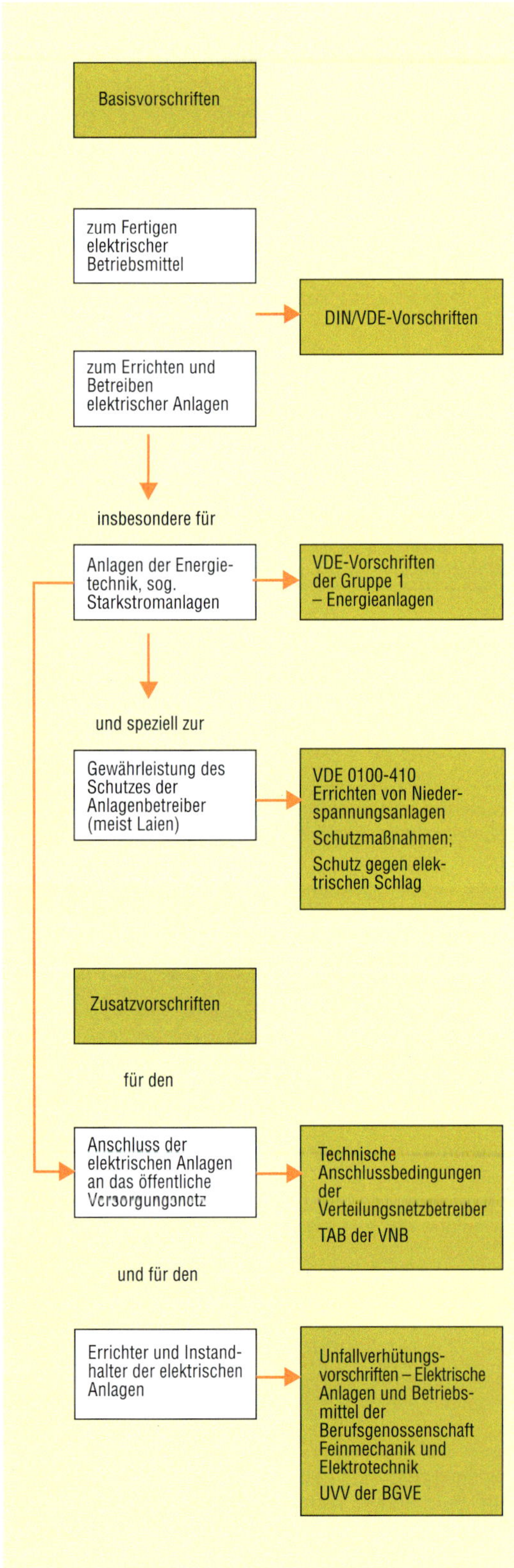

Abb. 16-6 ***Vorschriften der Elektrotechnik***

16.2.3 Schutzebenen

Beim Berühren z. B. von Außenleitern, des Neutralleiters, einer Motorwicklung, also von Teilen, die **betriebsmäßig unter Spannung stehen**, fließen durch den Menschen gefährliche Körperströme (Abb. 16-7a). Deshalb muss das Berühren aktiver Teile z. B. durch Isolierung oder Abdeckung verhindert werden

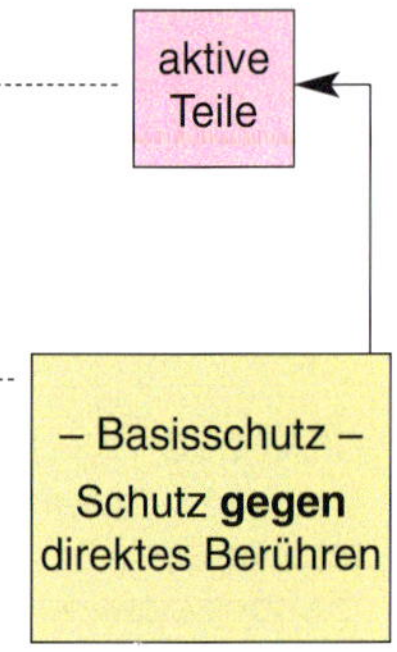

Bei einem Isolationsfehler können

- **berührbare, leitfähige Teile** eines elektrischen Betriebsmittels, **die nicht zum Betriebsstromkreis** gehören, z. B. eine Metallabdeckung oder
- **Teile, die nicht zur elektrischen Anlage gehören**, jedoch ein elektrisches Potenzial übertragen können, z. B. metallene Rohrsysteme (Abb. 16-7b), ebenfalls beim Berühren zu gefährlichen Körperströmen führen. Da die sog. Körper und fremden leitfähigen Teile berührbar sind, müssen entsprechende Schutzmaßnahmen beim Berühren wirksam werden, z. B. Schutz durch Abschalten und der Schutzpotenzialausgleich.

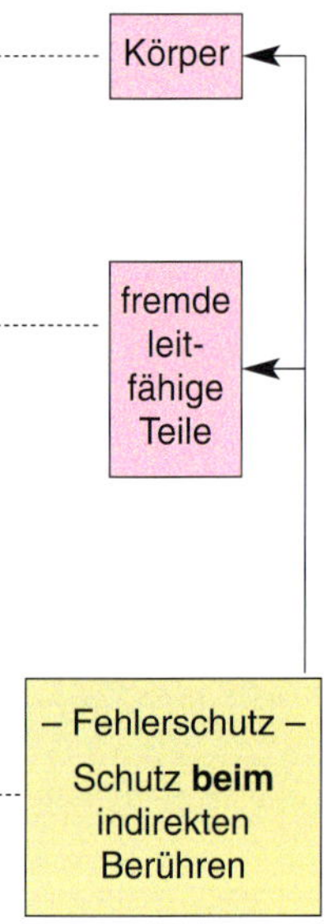

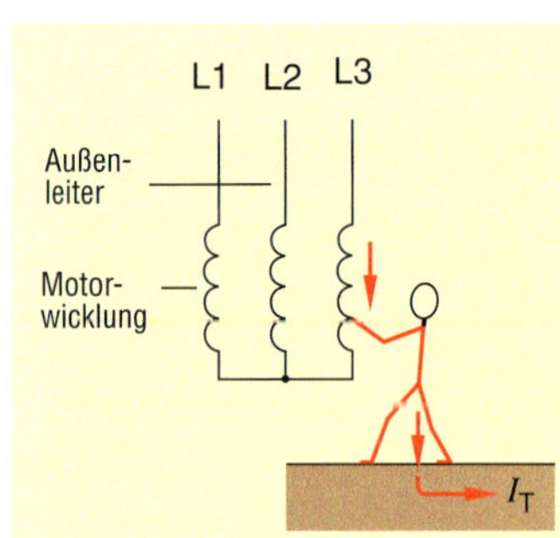

Abb. 16-7a
Gefährdung beim direkten Berühren

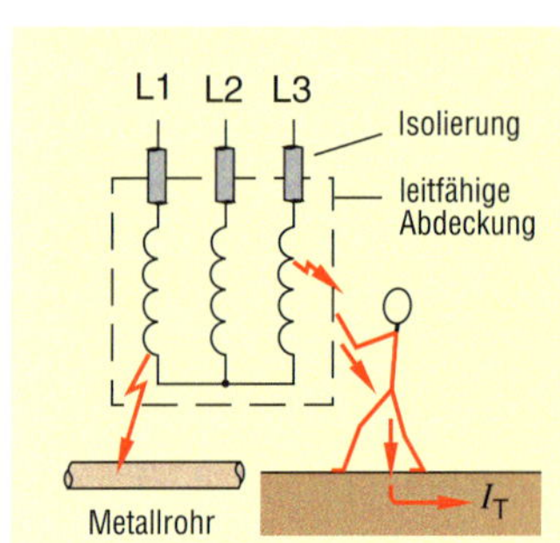

Abb. 16-7b
Gefährdung beim indirekten Berühren

16

Die genannten Maßnahmen zum Verhindern gefährlicher Berührungsströme werden den Schutzebenen Basis- und Fehlerschutz zugeordnet (Abb. 16-8). Bei einer erhöhten Gefährdung wird zusätzlich für bestimmte Bereiche sogar ein Schutz beim direkten Berühren gefordert.

Aus dem Vorstehenden wird deutlich, dass sowohl für den Fachmann als auch für den Laien der oberste Grundsatz gelten muss:

Arbeite an elektrischen Anlagen nur im spannungsfreien Zustand!

Für das Herstellen und Sichern des spannungsfreien Zustandes gelten folgende Grundforderungen als sicherheitstechnische Regeln in zwingender Reihenfolge:

1. Allpolig und allseitig abschalten

d. h. es sind alle Leiter L1, L2, L3 und N bzw. L+ und L– der Netze zu trennen. Bei einer zweiseitigen Einspeisung ist jeder Anschluss zu trennen. Deshalb
- Öffnen des Schalters, in Hochspannungsanlagen ist eine sichtbare Trennstrecke herzustellen oder
- Ziehen des Netzsteckers oder
- Entladen von Kondensatoren.

2. Gegen Wiedereinschalten sichern

d. h. ein Zuschalten der Spannung aus Unkenntnis der Situation muss verhindert werden. Deshalb
- sicheres Verwahren der Schmelzeinsätze oder
- Arretieren von Schalterantrieben oder
- Anbringen von Warnschildern in Hochspannungsanlagen ($U > 1$ kV).

3. Spannungsfreiheit feststellen

d. h. am Arbeitsort ist die Potenzialfreiheit festzustellen.
Deshalb
- optische Kontrolle, dass die Geräte vom Netz getrennt sind, oder
- Feststellen mit Spannungssucher oder Multimeter, deren einwandfreie Funktion unmittelbar vor und nach der Nutzung geprüft werden muss, oder
- in Hochspannungsanlagen Feststellen mit berührungslosem Spannungsanzeiger.

Zusätzlich ist in Hochspannungsanlagen $U > 1$ kV erforderlich:

4. Erden und Kurzschließen

d. h. an der Schaltstelle und am Arbeitsort sind die aktiven Leiter zu erden und untereinander nahezu widerstandslos zu verbinden.

5. Gegen benachbarte, unter Spannung stehende Teile schützen

d. h. ein zufälliges Berühren der im Arbeitsbereich befindlichen spannungsführenden Teile anderer Stromkreise ist zu verhindern.

Schutzebene	Maßnahmen zum	Anwendung
Basisschutz	Schutz gegen direktes Berühren	Pflicht
Fehlerschutz	Schutz beim indirekten Berühren	Pflicht
Zusatzschutz	Verstärkung des Basisschutzes oder Ergänzung des Fehlerschutzes	Teil einer Schutzmaßnahme unter • besonderen äußeren Einflüssen und • in einigen speziellen Bereichen

Abb. 16-8 ***Schutzebenen zum Verhindern gefährlicher Körperströme***

16.3 Allgemeine Anforderungen an Schutzmaßnahmen

16.3.1 Anwendung und Ausnahmen

Die Grundregel des Schutzes gegen elektrischen Schlag lautet:

- Gefährliche aktive Teile dürfen nicht erreichbar, d. h. nicht berührbar sein und
- erreichbare leitfähige Teile, die nicht zum Betriebsstromkreis gehören, dürfen weder unter normalen Bedingungen noch unter Einfehlerbedingungen aktiv, damit gefährlich spannungsführend werden.

Der Schutz unter normalen Bedingungen wird durch die Vorkehrungen des Basisschutzes gewährleistet, bisher als Schutz gegen direktes Berühren bezeichnet. Der Schutz unter Einfehlerbedingungen sind die Maßnahmen des Fehlerschutzes, bekannt als Schutz bei indirektem Berühren. Alternativ zu beiden Vorkehrungen kann der Schutz gegen elektrischen Schlag auch durch eine verstärkte Schutzvorkehrung hergestellt werden (Abb. 16-9).

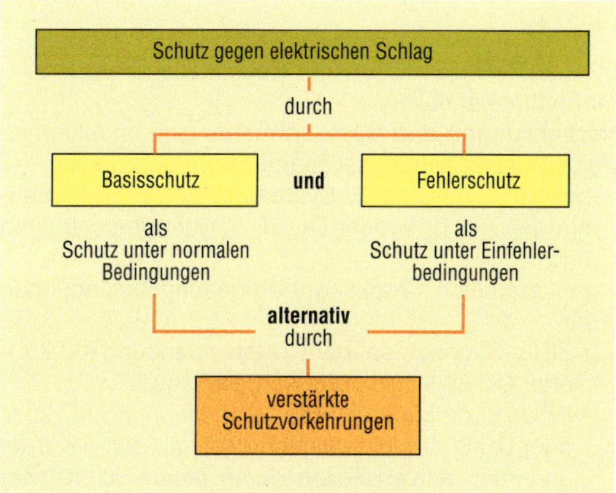

Abb. 16-9 ***Schutz gegen elektrischen Schlag***

Eine Schutzmaßnahme **muss** stets
- aus einer geeigneten Kombination einer Basisschutzvorkehrung und einer unabhängigen Vorkehrung des Fehlerschutzes
  oder
- einer verstärkten Schutzvorkehrung bestehen, die gleichzeitig den Basis- und den Fehlerschutz gewährleistet.

Als **Teil einer Schutzmaßnahme** wird unter bestimmten Bedingungen der äußeren Einflüsse und in besonderen Räumen ein **zusätzlicher Schutz** gefordert.

In jedem Teil einer elektrischen Anlage müssen eine oder mehrere Schutzmaßnahmen angewendet werden. Sie sind mitbestimmend für die Auswahl und die Installation der Betriebsmittel. Werden in derselben Anlage oder in einem Raum mehrere Schutzmaßnahmen angewendet, dürfen sie sich gegenseitig in ihrer Schutzwirkung nicht nachteilig beeinflussen.

Von den neun Schutzmaßnahmen sind vier allgemein sowohl in elektrischen Anlagen der Industrie, des Gewerbes und auch des Wohnungsbaus erlaubt, die restlichen dagegen nur eingeschränkt.

So dürfen Anlagen mit oder ohne Fehlerschutz mit Vorkehrungen des **Basisschutzes unter besonderen Bedingungen** nur <u>zugänglich</u> sein durch Elektrofachkräfte oder elektrotechnisch unterwiesene Personen bzw. solche, die beaufsichtigt werden.

In den Anlagen mit **Basisschutz unter normalen Bedingungen,** die ausschließlich durch Elektrofachkräfte oder elektrotechnisch unterwiesene Personen <u>überwacht</u> werden, dürfen spezielle Vorkehrungen des Fehlerschutzes angewendet werden (Abb. 16-10).

16

Damit soll ausgeschlossen werden, dass unbefugte Änderungen in der elektrischen Anlage vorgenommen werden.

Allgemein erlaubte Schutzmaßnahmen können auch unter den Gesichtspunkten der Netzsystemabhängigkeit, den Schutzzielen und dem Vorhandensein eines Schutzleiters geordnet werden (Abb. 16-11).

Können bestimmte einzelne Bedingungen einer Schutzmaßnahme nicht erfüllt werden, müssen zusätzliche Maßnahmen so angewendet werden, dass mit den vorhandenen Basisschutz- und Fehlerschutzvorkehrungen derselbe Sicherheitsgrad erreicht wird. Dies trifft zum Beispiel bei der Funktionskleinspannung FELV zu.

In Ausnahmefällen kann ein Bestandteil einer Schutzmaßnahme entfallen.

Vorkehrungen des Basisschutzes sind im Allgemeinen in Kleinspannungssystemen nicht erforderlich
- bei SELV- und PELV-Systemen, deren Nennspannungen AC 12 V oder DC 30 V nicht überschreiten und
- bei normalen, trockenen Umgebungsbedingungen für
  - SELV-Stromkreise, deren Nennspannung AC 25 V oder DC 60 V nicht überschreitet sowie
  - PELV-Stromkreise, deren Nennspannung AC 25 V oder DC 60 V nicht überschreitet und deren Körper und/oder aktiven Teilen durch einen Schutzleiter mit der Haupterdungsschiene verbunden sind.

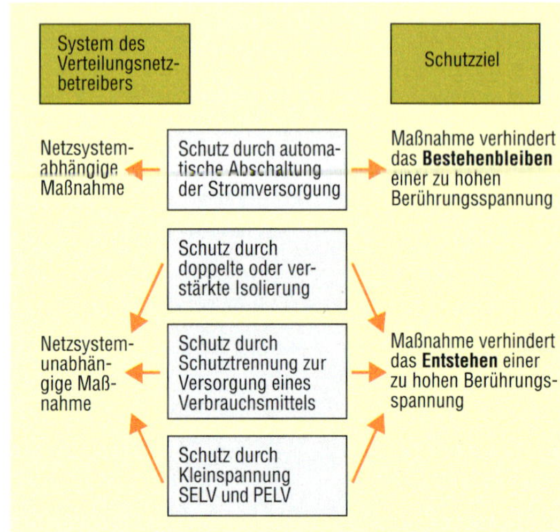

Abb. 16-11 ***Ordnung der allgemein erlaubten Schutzmaßnahmen***

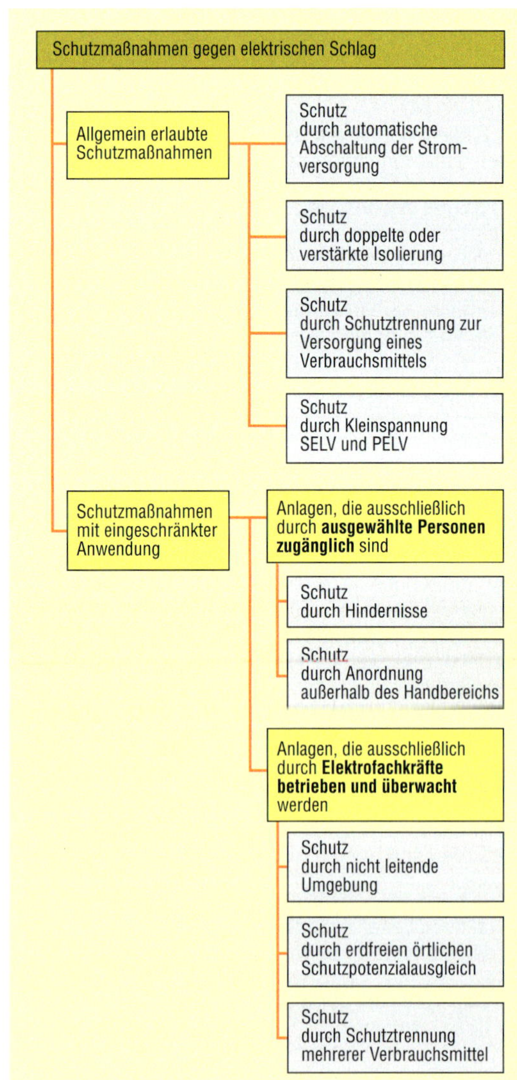

Abb. 16-10 ***Systematik der Schutzmaßnahmen***

Vorkehrungen des Fehlerschutzes dürfen bei folgenden Betriebsmitteln entfallen:
- Betriebsmittel, die so klein sind (etwa 50 x 50 mm), dass sie in keinem nennenswerten Kontakt mit dem menschlichen Körper kommen und der Anschluss eines Schutzleiters kaum möglich und unzuverlässig wäre, z. B. Bolzen, Niete, Kabelschellen
- Metallrohre oder andere Metallgehäuse zum Schutz von Betriebsmitteln mit doppelter oder verstärkter Isolierung
- Nicht erreichbare Stahlbewehrung von Betonmasten für Freileitungen
- Metallene Stützen von Freileitungsisolatoren, die außerhalb des Handbereiches am Gebäude befestigt sind.

16.3.2 Netzsysteme

Netzsysteme sind hier im Sinne des Schutzes gegen elektrischen Schlag die Versorgungsnetze (regionale Verteilungsnetze) mit ihren Verbraucheranlagen.

Merkmale der Netzsysteme

Art und Anzahl der aktiven Leiter des Versorgungsnetzes	Art der Erdverbindungen
– Gleichstrom oder Wechselstrom – Zweileiter-, Dreileiter- oder Vierleiternetz	– der einspeisenden Stromquelle, z. B. Sekundärwicklung des Netztransformators – der Körper der Betriebsmittel in der elektrischen Anlage

Für die gebräuchlichen Drehstromnetze ergeben sich nach der Art der Erdverbindungen die in der Tab. 16-3 aufgeführten Möglichkeiten.

In den international genormten Bezeichnungen der Netzsysteme bedeutet

- Erster Buchstabe
  - Erdungsverhältnisse des Netzes mit Stromquelle
    T franz. terre, direkte Erdung eines Punktes (niederohmiger Betriebserder)
    I engl. isolation, Isolierung aller aktiven Leiter von Erde oder Verbindung eines Punktes mit Erde über eine Impedanz (hochohmiger Erdungswiderstand)
- Zweiter Buchstabe
  - Erdungsverhältnisse der Körper der elektrischen Betriebsmittel
    T Körper direkt geerdet (Anlagenerder, Schutzerder), unabhängig von einer möglichen Erdung eines Netzpunktes
    N Körper direkt über einen Netzleiter mit dem Betriebserder verbunden, im Allgemeinen der Sternpunkt der Transformatorenwicklung
- Zusätzliche Buchstaben des TN-Systems
  - Anordnung des Neutralleiters und des Schutzleiters
    S engl. separated, Realisierung der Neutralleiterfunktion (Rückleiter) und der Schutzleiterfunktion durch **getrennte** Leiter
    C engl. combined, Neutralleiter- und Schutzleiterfunktion in einem Leiter (PEN-Leiter) **kombiniert.**

Hinweis:

P E N - Leiter
- N: engl. neutral, Neutralleiterfunktion
- E: engl. earth, geerdeter Leiter
- P: engl. protection, Schutzleiterfunktion

In den Netzsystemen der Abb. 16-12 sind die Leiter ihrem Verwendungszweck entsprechend nach DIN gekennzeichnet:

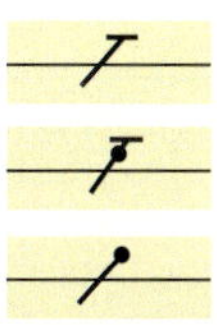

PE Schutzleiter
PEN PEN-Leiter
N Neutralleiter

Elemente des Netzsystems	Stromquelle und Versorgungsnetz: Sekundärwicklung des Transformators	Stromquelle und Versorgungsnetz: Drehstromnetz	Verbraucheranlage: einphasige und dreiphasige Verbrauchsmittel	Bezeichnung
Merkmale des Netzsystems	– alle Netzpunkte sind von Erde isoliert (I) – Dreileiternetz L1, L2, L3 Vierleiternetz L1, L2, L3, N		Körper der Betriebsmittel sind geerdet (T)	IT-System
	Netzpunkt, meist Sternpunkt des Transformators über Betriebserder geerdet (T)	– Dreileiternetz oder – Vierleiternetz mit Neutralleiter	Körper der Betriebsmittel sind geerdet (T)	TT-System
		– Vierleiternetz mit PEN-Leiter	Körper der Betriebsmittel sind über Netzleiter (N) direkt mit Betriebserder verbunden	TN-C-System
		– Fünfleiternetz mit getrenntem Schutz- und Neutralleiter		TN-S-System

Tab. 16-3 ***Merkmale der Netzsysteme***

16

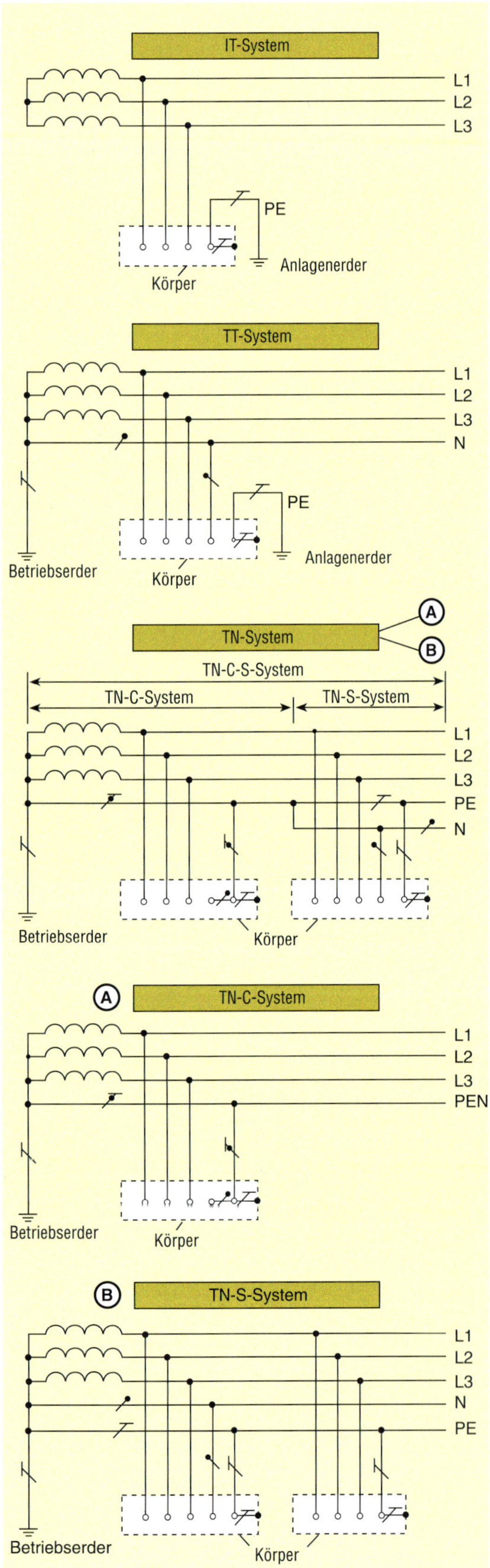

Abb. 16-12 ***Systeme und Erdverbindungen***

16.4 Allgemein erlaubte Schutzmaßnahmen

16.4.1 Vorkehrungen des Basisschutzes unter normalen Bedingungen

Maßnahmen des Basisschutzes sollen das unbeabsichtigte oder beabsichtigte Berühren aktiver Teile durch Personen und Nutztiere verhindern.

Aktive Teile sind solche, die bei einem ungestörten Betrieb unter Spannung stehen, also
- im Drehstromnetz die Außenleiter L1; L2; L3 und der Neutralleiter N,

  Hinweis:
  Vereinbarungsgemäß **nicht** der PEN-Leiter!
  - Im Gleichstromnetz der Plusleiter L+, der Minusleiter L– und der Mittelleiter M.
  - In den Betriebsmitteln alle leitfähigen Teile, die zum Betriebsstromkreis gehören, z. B. die Klemmen der Abzweigdosen, die Wicklungen der Transformatoren und Motoren, die Kabelschuhe in den Endverschlüssen.

Die folgenden Maßnahmen sehen den Schutz unter normalen Bedingungen vor und sind dort zu verwenden, wo sie als ein Teil der gewählten Schutzmaßnahme festgelegt sind.

Maßnahmen des Basisschutzes
- Basisisolierung aktiver Teile
- Abdeckungen oder Umhüllungen

Vollständiger Schutz gegen absichtliches und unabsichtliches Berühren aktiver Teile

Die Realisierung dieser Maßnahmen sind in der Regel nicht Aufgabe des Anlagenerrichters, d. h. den Basisschutz vor Ort herzustellen. Vielmehr sind diese Vorkehrungen überwiegend herstellerseitig bei den zu installierenden Betriebsmitteln in ihrer konstruktiven Ausführung integriert.

Basisisolierung aktiver Teile

Grundlegende Forderungen:
- Die Isolierung muss die aktiven Teile vollständig abdecken.
- Sie darf nur durch Zerstörung entfernt werden können.
- Die Isolierung von Betriebsmitteln muss mit der für sie zuständigen Norm übereinstimmen.

Beachte: Farben und Lacke sind für sich allein kein ausreichender Schutz gegen direktes Berühren.

Der Isolierlack eines Spulendrahtes ist deshalb nur eine

Betriebsisolierung, die einen Windungsschluss verhindert, damit den ungestörten Betrieb ermöglichen soll.

Dagegen soll die

| Basisisolierung |

den grundlegenden Schutz gegen gefährliche Körperströme gewährleisten (Abb. 16-13).

Selbstverständlich kann die Basisisolierung gleichzeitig die Funktion der Betriebsisolierung erfüllen (Verhindern von Windungs-, Lagen-, Kurz- oder Erdschlüssen).

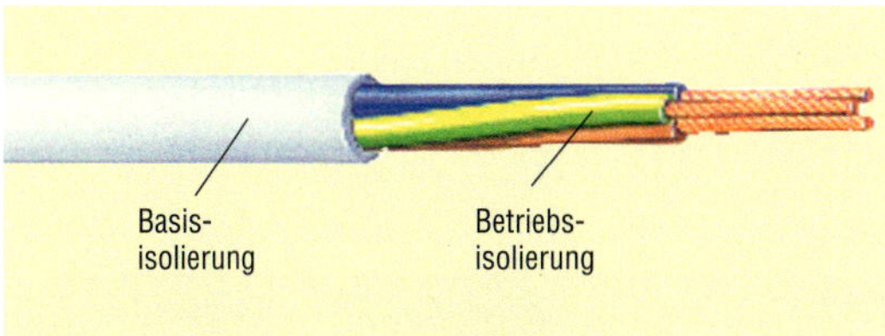

Abb. 16-13 ***Basis- und Betriebsisolierung***

Abdeckungen oder Umhüllungen

Ein vollständiger Schutz wird gewährleistet durch

Umhüllungen	Abdeckungen
Teil eines Betriebsmittels, das das Berühren aus allen Richtungen verhindert.	Teil, das das Berühren aus den üblichen Zugangs- oder Zugriffsrichtungen verhindert.

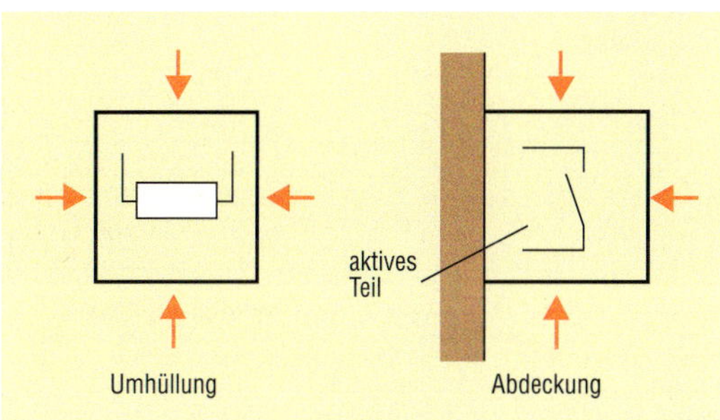

Abb. 16-14 ***Schutz durch Umhüllung oder Abdeckung***

Grundlegende Forderungen:

- Aktive Teile sind anzuordnen im Inneren von Umhüllungen oder hinter Abdeckungen, die mindestens der Schutzart IPXXB oder IP2X (vgl. Abschnitt 16.4.2) entsprechen, d. h. feste, mittelgroße Fremdkörper mit einem Durchmesser größer als 12,5 mm können nicht eindringen.
  Ausnahmen sind zulässig, wo während des Auswechselns von Teilen größere Öffnungen entstehen, wie z. B. bei Lampenfassungen oder Sicherungen. Hier müssen
  - durch geeignete Vorsichtsmaßnahmen ein unbeabsichtigtes Berühren aktiver Teile verhindert werden und
  - die Öffnungen sind so zu begrenzen, dass die ordnungsgemäße Funktion und das Auswechseln des Teils gegeben ist.
- Leicht zugängliche, horizontale Oberflächen von Abdeckungen oder Umhüllungen müssen mindestens die Schutzart IPXXD oder IP4X aufweisen, d. h. kornförmige Fremdkörper mit einem Durchmesser größer als 1 mm können nicht in das Innere eindringen.
- Abdeckungen und Umhüllungen müssen fest gesichert sein, ausreichende Stabilität und Dauerhaftigkeit unter Beachtung der wesentlichen äußeren Einflüsse haben.
- Umhüllungen dürfen nur entfernt oder Abdeckungen nur geöffnet werden
  - mit einem Schlüssel bzw. Werkzeug oder
  - nach Abschalten der Spannung an allen aktiven Teilen des Betriebsmittels oder
  - wenn eine mit Werkzeug entfernbare Zwischendecke (Schutzart IP2X oder IPXXB) eine Berührung verhindert.
- Werden bei einem abgedeckten oder umhüllten Betriebsmittel nach dem Abschalten weiterhin gefährliche elektrische Ladungen gespeichert (Kapazitäten usw.), ist eine Warnaufschrift erforderlich.

Hinweis: Unabsichtliches Berühren wird nicht als gefährlich angesehen, wenn die Spannung der statischen Ladungen innerhalb von 5 Sekunden nach dem Abschalten der Stromversorgung auf DC 120 V absinkt. Kleine aufgeladene Kapazitäten zur Lichtbogenlöschung, zur Verlängerung der Ansprechzeiten von Relais usw. werden als nicht gefährlich angesehen.

16.4.2 Schutzarten elektrischer Betriebsmittel

Der Umgang mit elektrischen Betriebsmitteln wird für den Anwender dann gefahrlos sein, wenn durch die äußere Hülle, also durch die Gehäuse der Betriebsmittel, das Berühren ihrer aktiven Teile und bei Elektromotoren auch ihrer umlaufenden Teile verhindert wird. Dabei wird das Gehäuse gleichzeitig weitere Funktionen erfüllen.

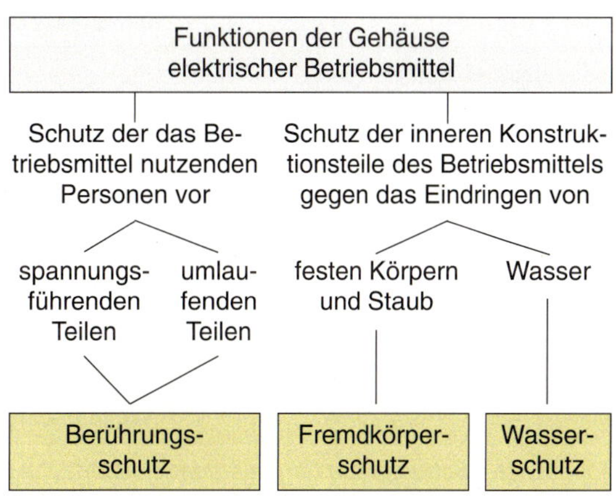

Für jedes Betriebsmittel einen absoluten Schutz zu fordern ist unwirtschaftlich. Durch die Anpassung der Gehäuseform an die am Einsatzort vorhandenen Bedingungen und durch die zur Ableitung der Verlustwärme eventuell notwendigen Lüftungsöffnungen wird eine entsprechende Stufe des Schutzes, der sog. Schutzgrad, erreicht. Dieser Schutzgrad wird durch Kennziffern auf dem Leistungs- oder Typenschild angegeben.

Kennzeichnung der Schutzart:

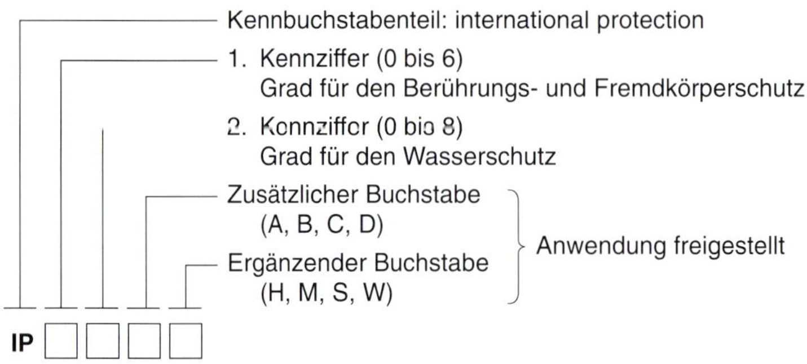

Bestandteil	Ziffer oder Buchstabe	Bedeutung für den Schutz des Betriebsmittels	Bedeutung für den Schutz von Personen
Code	IP	–	–
Erste Kennziffer		Gegen Eindringen von festen Fremdkörpern	Gegen Berühren von gefährlichen Teilen mit:
	0	(nicht geschützt)	(nicht geschützt)
	1	≥ 50 mm Durchmesser	Handrücken
	2	≥ 12,5 mm Durchmesser	Finger
	3	≥ 2,5 mm Durchmesser	Werkzeug
	4	≥ 1,0 mm Durchmesser	Draht
	5	staubgeschützt	Draht
	6	staubdicht	Draht
Zweite Kennziffer		Gegen Eindringen von Wasser mit schädlichen Wirkungen	
	0	(nicht geschützt)	
	1	senkrechte Tropfen	
	2	Tropfen (15° Neigung)	
	3	Sprühwasser	
	4	Spritzwasser	
	5	Strahlwasser	
	6	starkes Strahlwasser	
	7	zeitweiliges Untertauchen	
	8	dauerndes Untertauchen	
Zusätzlicher Buchstabe (fakultativ)			Gegen Berühren von gefährlichen Teilen mit:
	A	–	Handrücken
	B	–	Finger
	C	–	Werkzeug
	D	–	Draht
Ergänzender Buchstabe (fakultativ)		Ergänzende Informationen speziell für	
	H	Hochspannungsgeräte	
	M	Bewegung während Wasserprüfung	
	S	Stillstand während Wasserprüfung	
	W	Wetterbedingungen	

Tab. 16-4a ***Schutzgrade für umlaufende elektrische Maschinen***

Die Bedeutungen der Kennziffern in der Tabelle 16-4a sind gegenüber den sonstigen elektrischen Betriebsmitteln für die Belange der umlaufenden elektrischen Maschinen ergänzt worden, insbesondere bei Annäherung an unter Spannung stehende oder sich bewegende Teile.

Dazu noch folgende Hinweise:

- Ist nur ein Schutzgrad festgelegt, der andere völlig freigestellt, wird anstelle der fehlenden Kennziffer der Buchstabe X gesetzt, z. B.
  IP2X Betriebsmittel hat einen Fremdkörper- und Berührungsschutz gegen mittelgroße Fremdkörper über 12,5 mm Durchmesser. Der Wasserschutz ist freigestellt.
- Die Zuordnung der Schutzgrade kann nicht willkürlich vorgenommen werden. Zum Beispiel können die

16

Schutzgrade IP27 einander nicht zugeordnet werden.
- International häufig verwendete Schutzarten sind: IP12; IP21; IP22; IP23; IP44; IP54 und IP55.
- Schutzgrade können auch durch Bildzeichen – sehr häufig bei Leuchten – gekennzeichnet werden (Tabelle 16-4b).

Symbol	Bedeutung	IP-Schutzgrad
	Tropfwasser-geschützt	IPX1 IPX2
	Sprühwasser- und regengeschützt	IPX3
	Spritzwasser-geschützt	IPX4
	Strahlwasser-geschützt	IPX5
	Eintauch- u. flutungsgeschützt, wasserdicht	IPX6 IPX7
...bar...m	Untertauchgeschützt, druckwasserdicht	IPX8
	Staub-geschützt	IP5X
	Staub-dicht	IP6X

Tab. 16-4b ***Angenäherter Vergleich von IP-Code und Symbolkennzeichnung***

16.4.3 Zusätzlicher Schutz

Ein zusätzlicher Schutz wird als Teil einer Schutzmaßnahme festgelegt
- unter bestimmten Bedingungen äußerer Einflüsse und
- in speziellen Bereichen von Betriebsstätten, Räumen und Anlagen besonderer Art, z. B. Räume mit Badewanne oder Dusche, medizinisch genutzte Räume und Stallräume.

In Abhängigkeit von der Zielsetzung besteht der zusätzliche Schutz aus

Fehlerstrom-Schutzeinrichtungen (RCDs)

- RCDs, deren Bemessungsdifferenzstrom 30 mA nicht überschreitet ist in Wechselstromsystemen ein zusätzlicher Schutz
  - beim Versagen von Vorkehrungen des Basis- und/oder des Fehlerschutzes
  - wenn aus Unkenntnis oder Unachtsamkeit spannungsführende Teile berührt werden.
- Das Verwenden von RCDs als alleiniges Mittel des Schutzes ist nicht anerkannt, d. h. die in den Normen der Schutzmaßnahmen festgelegten Maßnahmen sind bindend einzuhalten.

Zusätzlicher Schutzpotenzialausgleich

zur Ergänzung des Fehlerschutzes
- Der zusätzliche Schutzpotenzialausgleich, auch als örtlicher Potenzialausgleich bezeichnet, darf die gesamte Anlage, einen Teil der Anlage, ein Gerät oder einen Bereich einschließen.
- Das Verwenden des zusätzlichen Schutzpotenzialausgleichs schließt nicht die Notwendigkeit aus, die Stromversorgung aus Gründen des Brandschutzes, der thermischen Überbeanspruchung eines Betriebsmittels u. a. abzuschalten.
- Alle gleichzeitig zugänglichen Körper fest installierter Betriebsmittel und fremde leitfähige Teile, wenn praktikabel, auch die Hauptbewehrung von Stahlbeton sind in den Schutzpotenzialausgleich einzubeziehen.
- Die Potenzialausgleichsanlage muss mit den Schutzleitern aller Betriebsmittel, auch diejenigen der Steckdosen verbunden sein.
- Der Mindestquerschnitt des Potenzialausgleichsleiters beträgt bei mechanisch ungeschützter Verlegung 4 mm^2 Kupfer. In Stallräumen wird vorzugsweise feuerverzinkter Rundstahl 8 mm Durchmesser oder feuerverzinkter Bandstahl 30 mm x 3,5 mm verwendet.
- Bei Zweifel an der Wirksamkeit des zusätzlichen Schutzpotenzialausgleichs ist folgende Bedingung zu prüfen:
  Der Widerstand R zwischen gleichzeitig berührbaren Körpern und fremden leitfähigen Teilen darf nicht größer sein

  in Wechselstromsystemen $R \leq \frac{50\ \text{V}}{I_a}$

  in Gleichstromsystemen $R \leq \frac{120\ \text{V}}{I_a}$

  I_a ist der Strom, der das Abschalten der Schutzeinrichtung bewirkt, für
  - RCDs der Bemessungsdifferenzstrom $I_{\Delta N}$ und für
  - Überstrom-Schutzeinrichtungen die bei einer Abschaltzeit von 5 s notwendige Stromstärke.

16.4.4 Schutzmaßnahme: Automatische Abschaltung der Stromversorgung

Teile des Schutzes durch automatische Abschaltung der Stromversorgung

sind
- der Basisschutz als
  - Basisisolierung der aktiven Teile
  - **oder**
  - Umhüllungen oder Abdeckungen

und
- der Fehlerschutz als
  - Schutzpotenzialausgleich über die Haupterdungsschiene
  - **und**
  - automatische Abschaltung imFehlerfall

ergänzt bei besonderen Bedingungen
- ein zusätzlicher Schutz für Steckdosen und Endstromkreise im Außenbereich durch – Fehlerstrom-Schutzeinrichtung mit Bemessungsdifferenzstrom $I_{\Delta N} \leq 30$ mA

Anforderungen an den Basisschutz

– Alle elektrischen Betriebsmittel müssen die im Abschnitt 16.4.1 genannten Vorkehrungen des Basisschutzes erfüllen.
– Werden Betriebsmittel der Schutzklasse II verwendet, sind bei dieser Schutzmaßnahme keine zusätzlichen Anforderungen notwendig.

Anforderungen an den Fehlerschutz

Körper elektrischer Betriebsmittel sind berührbare, leitfähige Teile eines Betriebsmittels, die nicht zum Betriebsstromkreis gehören. Im Fehlerfall (Körperschluss) können jedoch

- Gehäuse elektrischer Maschinen und Geräte
- Abdeckungen von Schaltern
- Kessel von Transformatoren u. a.

unter Spannung stehen. Die Vorkehrungen des Fehlerschutzes sollen selbstverständlich nicht das Berühren verhindern, sondern sollen den gefahrlosen Umgang mit den Betriebsmitteln gewährleisten. Das Benutzen einer Handbohrmaschine ist ein überzeugendes Beispiel für diese Aussage.

Das Ziel des Fehlerschutzes bei der Schutzmaßnahme Automatisches Abschalten der Stromversorgung besteht deshalb darin, das **Bestehenbleiben** einer zu hohen Berührungsspannung zu verhindern.

Berührungsspannung ist die Spannung, die zwischen gleichzeitig berührbaren Teilen während eines Isolationsfehlers auftreten kann.

Hinweis: Vereinbarungsgemäß wird dieser Begriff nur im Zusammenhang mit dem Fehlerschutz angewendet.

16

Entsprechend der Definition der Berührungsspannung sind zwei Fälle zu unterscheiden:

1. Die Berührungsspannung tritt infolge eines Isolationsfehlers auf, ohne dass eine Person diese Spannung überbrückt. In der Abb. 16-15 wäre das die Spannung zwischen der Metallabdeckung und dem Erdreich oder der Wand, wenn das fehlerbehaftete Betriebsmittel nicht berührt werden würde – **prospektive Berührungsspannung** U_{TP} .
2. Bei einer Berührung, wie in der Abb. 16-15 dargestellt, fließt durch den menschlichen Körper ein Strom, der auch als Berührungsstrom bezeichnet wird. Seine Größe wird durch die Widerstände des Fehlerstromkreises begrenzt, einschließlich der Impedanz des menschlichen Körpers. Hier ist die so genannte **beeinflusste Berührungsspannung** U_T als Teil der Fehlerspannung der Spannungsfall, der zwischen der Stromeintrittsstelle und der -austrittsstelle des Menschen auftritt (Spannungsfall über Hand und Fuß).

Die vereinbarte Grenze ist die **höchstzulässige Berührungsspannung** U_L, die bei einem Isolationsfehler mit vernachlässigbarem Widerstand zeitlich unbegrenzt bestehen bleiben darf. Der durch internationaler Vereinbarung festgelegte Wert beträgt für

- Menschen AC 50 V oder DC 120 V
- Nutztiere AC 25 V oder DC 60 V,

in Anlagen mit besonderer Gefährdung, z. B. in medizinischen Einrichtungen auch niedrigere Werte.
Hinweis: Index T engl. touch, Berührung
L engl. limit, Grenze

Für Spannungen gelten, wenn nicht abweichend angegeben, folgende Festlegungen:

- Wechselspannungen sind Effektivwerte.
- Gleichspannungen sind oberschwingungsfrei.

Vereinbarungsgemäß ist definiert: Der Oberschwingungsgehalt ist nicht größer als 10 % der Gleichstromkomponente.
Bei einem oberschwingungsfreien Gleichspannungssystem mit 120 V Nennspannung liegt der Spitzenwert der Spannung nicht über 137 V und bei einem Gleichspannungssystem mit 60 V Nennspannung nicht über 68 V.

Entsteht durch eine mechanische oder thermische Überbeanspruchung in einem Motor ein Körperschluss, dann wird dieser die Funktion des Motors nicht beeinflussen und damit nicht erkannt werden. Es wird im fehlerbehafteten Leiter der Strom ansteigen, da durch die zwangsläufige Erdverbindung des Motor-

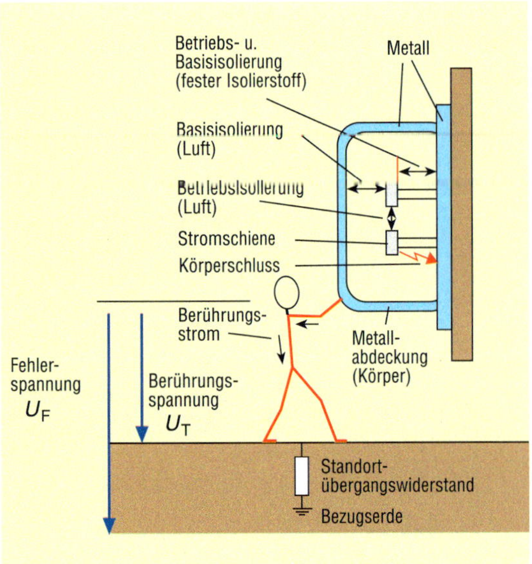

Abb. 16-15 ***Berührungsspannung an einer Metallabdeckung***

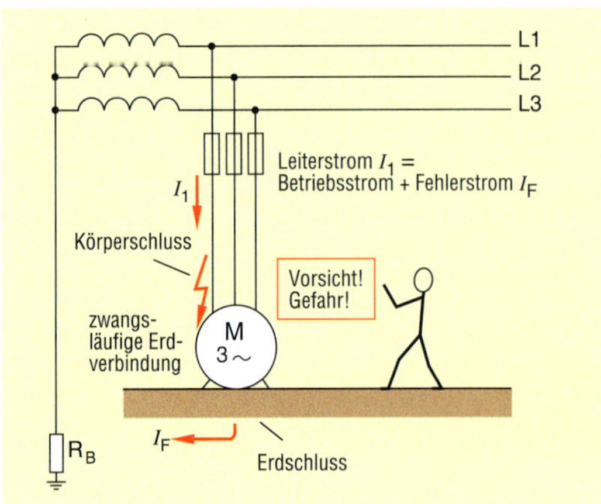

Abb. 16-16 ***Gefahr beim Berühren körperschlussbehafteter Betriebsmittel***

gehäuses der Fehler gleichzeitig ein Erdschluss ist. Besonders in trockenen Räumen wird der kleine Stromanstieg nicht zum Auslösen der Überstrom-Schutzeinrichtung führen.
Deshalb: Vorsicht! – Gefahr beim Berühren des Motorgehäuses (Abb. 16-16)!

Soll das Bestehenbleiben einer gefährlichen Berührungsspannung verhindert werden, muss der im Fehlerfall fließende Strom hinreichend groß sein, um ein entsprechendes Schaltorgan zum Ansprechen zu bringen. Folgendes Prinzip des Schutzes zum automatischen Abschalten muss wirksam werden:

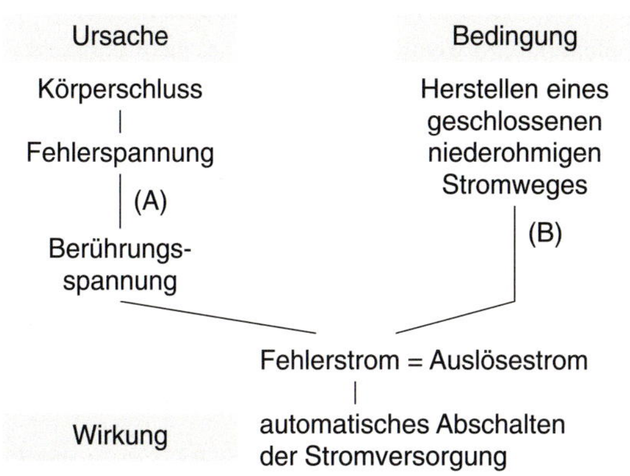

Somit ist der Schutz durch automatisches Abschalten gekennzeichnet

nach (A): Durch das **Ansprechen des Schaltorgans** einer Schutzeinrichtung wird das Bestehenbleiben einer zu hohen Berührungsspannung verhindert.

nach (B): Der für das Fließen eines Abschaltstromes notwendige geschlossene Stromweg wird durch die **Schutzerdung,** d. h. durch die Erdung eines am Körper des Betriebsmittels anzuschließenden **Schutzleiters** gebildet.

Anlagen mit der netzsystemabhängigen Schutzmaßnahme werden die in der Abb. 16-17 dargestellte prinzipielle Schaltungsstruktur aufweisen.

Da im Fehlerfall bei vernachlässigbarer Impedanz zwischen Außenleiter und einem Körper oder einem Schutzleiter des Stromkreises oder des Betriebsmittels eine gefährliche Berührungsspannung entsteht, muss das automatische Abschalten in kürzester Zeit erfolgen.

- Die in der Tab. 16-5 angegebenen maximalen Abschaltzeiten gelten für **Endstromkreise** mit einem Nennstrom nicht größer als 32 A, die über Steckdosen oder direkt angeschlossene, in der Hand gehaltene oder tragbare Betriebsmittel der Schutzklasse I versorgen.

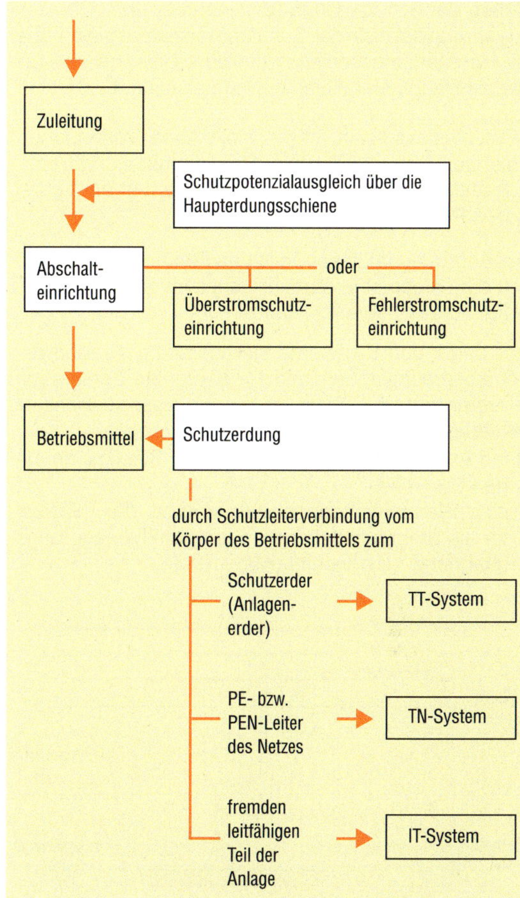

Abb. 16-17 ***Prinzipielle Struktur von Anlagen mit netzsystemabhängiger Schutzmaßnahme***

- In einem TT-System sind die maximalen Abschaltzeiten des TN-Systems dann anwendbar, wenn die Wirksamkeit des Schutzpotenzialausgleichs innerhalb der Anlage gewährleistet ist.
- Für **Verteilungsstromkreise** ist eine Abschaltzeit im TN-System $t_a \leq 5$ s bzw. im TT-System $t_a \leq 1$ s zulässig.
- Wenn eine automatische Abschaltung in der geforderten Zeit nicht erreicht werden kann, muss ein zusätzlicher Schutzpotenzialausgleich nach Abschnitt 16.4.3 vorgesehen werden.

* Wird bei einem Fehler gegen einen Schutzleiter oder gegen Erde die Ausgangsspannung der Stromquelle auf ≤ AC 50 V oder DC 120 V herabgesetzt, wird für Systeme mit einer Bemessungsspannung U_0 > AC 50 V oder DC 120 V eine automatische Abschaltung in den oben festgelegten Abschaltzeiten nicht gefordert, auch wenn aus anderen Gründen, z. B. als Schutz gegen Überlastung, eine Abschaltung notwendig ist.

	50 V < $U_0 \leq$ 120 V		120 V < $U_0 \leq$ 230 V		230 V < $U_0 \leq$ 400 V		U_0 > 400 V	
System	AC	DC	AC	DC	AC	DC	AC	DC
TN	0,8 s	*	0,4 s	5 s	0,2 s	0,4 s	0,1 s	0,1 s
TT	0,3 s	*	0,2 s	0,4 s	0,07 s	0,2 s	0,04 s	0,1 s

Tab. 16-5 ***Maximale Abschaltzeiten***

Neben der Schutzerdung (Erdung über den Schutzleiter) wird zusätzlich der Schutzpotenzialausgleich über die Haupterdungsschiene gefordert. Dieser wurde bisher als Hauptpotenzialausgleich bezeichnet.

Potenzialausgleich ist die elektrische Verbindung, die die Körper elektrischer Betriebsmittel und fremde leitfähige Teile auf gleiches oder annähernd gleiches Potenzial bringt.

Zur Begründung dieses Teils des Fehlerschutzes müssen die Folgen eines Erdschlusses im geerdeten Netz (Abb. 16-18) untersucht werden.

Der durch den Erdübergangswiderstand R_E und den Betriebserdungswiderstand R_B begrenzte Fehlerstrom I_F verringert die Strangspannung des erdschlussbehafteten Leiters L3 und bewirkt gleichzeitig

- ein Ansteigen der erdschlussfreien Strangspannungen U_{Str} sowie
- eine Sternpunktverlagerung, so dass der PEN-Leiter als Sternpunktleiter die Sternpunktverlagerungsspannung ΔU annimmt (Abb. 16-19).

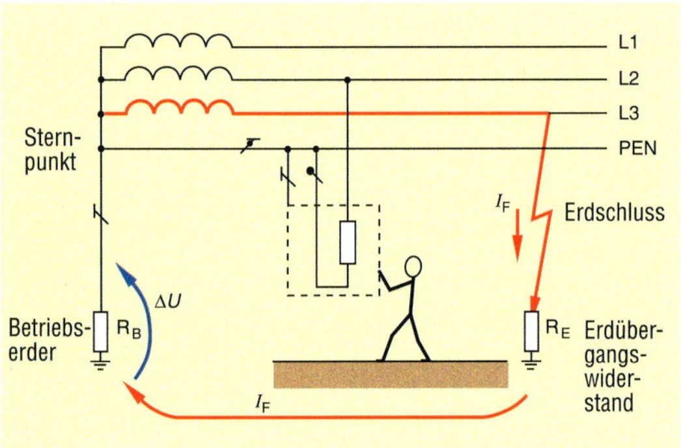

Abb. 16-18 ***Erdschluss und seine Folgen***

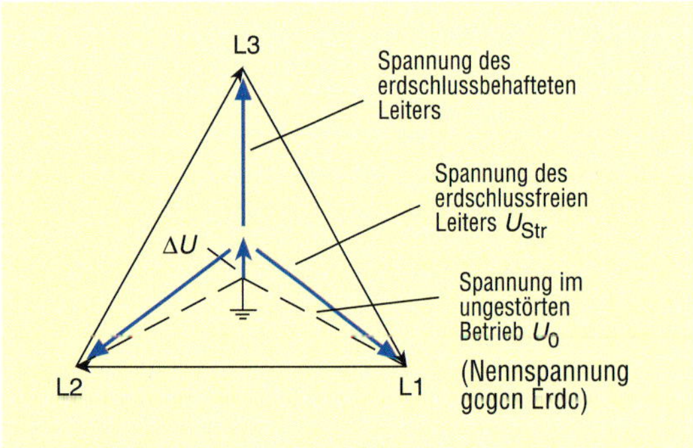

Abb. 16-19 ***Sternpunktverlagerung durch Erdschluss***

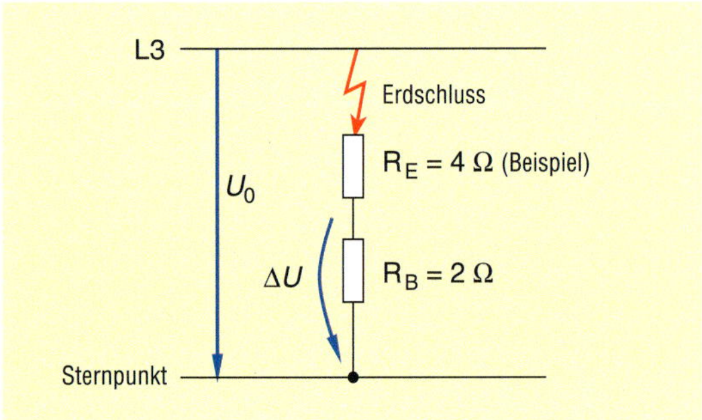

Abb. 16-20 ***Sternpunktverlagerungsspannung*** ΔU

Bei $R_B = 2\ \Omega$ und zum Beispiel $R_E = 4\ \Omega$ ist nach dem Gesetz der Spannungsteilung (Abb. 16-20) die Sternpunktverlagerungsspannung

$$\frac{\Delta U}{U_0} = \frac{R_B}{R_B + R_E}$$

$$\Delta U = \frac{2\ \Omega}{2\ \Omega + 4\ \Omega} \cdot 230\ \text{V}$$

$$\Delta U = 76{,}7\ \text{V}$$

Da durch die Schutzleiterverbindung zwischen dem Körper des Betriebsmittels und dem PEN-Leiter ein Potenzialunterschied zur Bezugserde von $\Delta U = 76{,}7$ V entsteht, kann bei Berühren des fehlerfreien Betriebsmittels ein gefährlicher Berührungsstrom fließen.

Folgende Grenzwerte dürfen deshalb nicht überschritten werden:

- Sternpunktverlagerungsspannung $\Delta U \leq U_L = 50$ V (AC) und
- Strangspannung $U_{Str} \leq 250$ V im 400/230-V-Netz.

Diese Grenzwerte werden eingehalten, wenn der Gesamtwiderstand aller Betriebserder des Netzes möglichst niedrig ist.

Ein Betriebserdungswiderstand $R_B = 2\ \Omega$ gilt als hinreichend klein.

Der Schutzpotenzialausgleich besteht aus einem System von elektrischen Verbindungen (Abb. 16-21) zwischen

- Hauptschutzleiter, der vom Hausanschlusskasten abgehende Schutzleiter
- Haupterdungsleiter, z. B. die Anschlussfahne am Fundamenterder
- metallene Rohrleitungen von Versorgungssystemen: Wasserverbrauchsleitung hinter dem Wasserzähler (der Wasserzähler selbst ist nicht zu überbrücken), Gasinnenleitung hinter der Absperrarmatur
- metallene fremde leitfähige Teile der Gebäudekonstruktion, auch die Bewehrung von Stahlbetonkonstruktionen, metallene Zentralheizungs- und Klimasysteme.

– Die metallenen Systeme sind in der Nähe des Hausanschlusses, meist im Hausanschlussraum an der Haupterdungsschiene (Potenzialausgleichsschiene) zu verbinden.
– Leitfähige Teile mit ihrem Ausgangspunkt außerhalb des Gebäudes müssen so nahe wie möglich an der Gebäudeeintrittsstelle miteinander verbunden werden.
– Metallmäntel von Fernsprechkabel und -leitungen sind dann mit dem Schutzpotenzialausgleichssystem zu verbinden, wenn das Einverständnis der Eigner oder Betreiber vorliegt.
– Körper der Betriebsmittel müssen entsprechend der durch das Netzsystem vorgegebenen Art der Erdverbindung mit einem Schutzleiter verbunden werden.
– Gleichzeitig berührbare Körper sind an dasselbe Erdungssystem einzeln, in Gruppen oder gemeinsam anzuschließen.
– Jedem Stromkreis muss ein Schutzleiter zugeordnet sein, der mit der für diesen Stromkreis zugeordneten Erdungsklemme zu verbinden ist.
– Merkmale, Querschnitte und Kennzeichnung der Leiter mit Schutzfunktion sind in den folgenden Tabellen zusammengestellt.

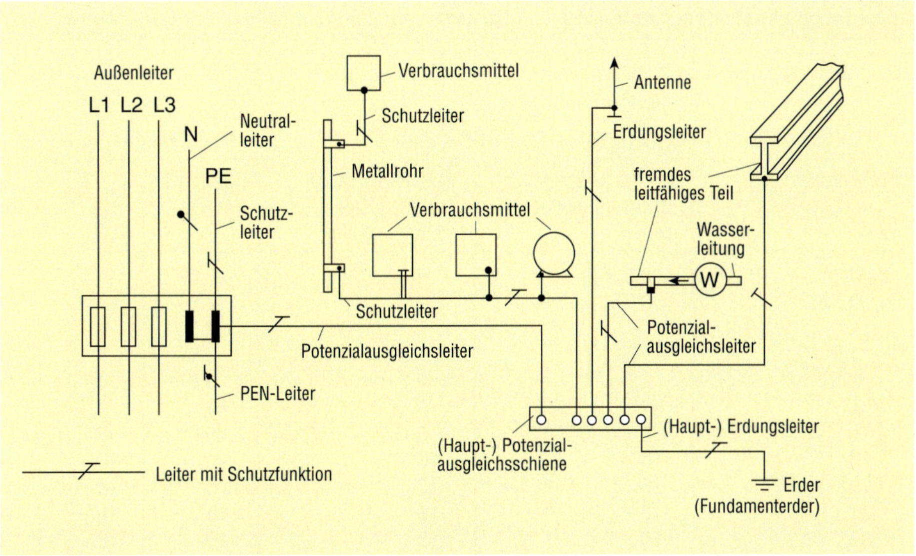

Abb. 16-21 ***Leiter mit Schutzfunktion im Potenzialausgleich***

<table>
<tr><th>Benennung</th><th>Merkmale</th><th>Querschnitte</th><th>Kennzeichnung</th></tr>
<tr><td>PEN-Leiter</td><td>Geerdeter Leiter, der zugleich die Funktionen des Schutzleiters (PE) und des Neutralleiters (N) erfüllt</td><td>Mindestquerschnitt 10 mm² Cu
oder 16 mm² Al

vgl. Tabelle 16-7, Seite 298</td><td rowspan="2">Isolierte PEN-Leiter und Schutzleiter müssen in ihrem gesamten Verlauf durchgehend grün-gelb gekennzeichnet sein. Zusätzlich müssen PEN-Leiter an den Leiterenden mit einer hellblauen Markierung versehen werden.</td></tr>
<tr><td>Schutzleiter</td><td>Leiter, der für einige Schutzmaßnahmen gegen gefährliche Berührungsströme erforderlich ist, um die elektrische Verbindung zu
– Körpern der elektrischen Betriebsmittel
– fremden leitfähigen Teilen
– Haupterdungsklemmen oder -schienen[1])
– Erdern
– geerdeten Punkten der Stromquelle oder künstlichem Sternpunkt
herzustellen</td><td>Querschnitt A des Schutzleiters ist vom zugeordneten Außenleiterquerschnitt A_L abhängig
<table><tr><th>Außenleiter</th><th>Schutzleiter</th></tr><tr><td>$A_L \leq 16\ mm^2$</td><td>$A = A_L$</td></tr><tr><td>$16\ mm^2 < A_L \leq 35\ mm^2$</td><td>$A = 16\ mm^2$</td></tr><tr><td>$A_L > 35\ mm^2$</td><td>$A = \frac{A_L}{2}$</td></tr></table></td></tr>
<tr><td>Potenzialausgleichsleiter</td><td>Leiter mit Schutzfunktion zum Sicherstellen des Potenzialausgleichs</td><td>vgl. Tabelle 16-8, Seite 298</td><td rowspan="2">Potenzialausgleichsleiter und Erdungsleiter dürfen grün-gelb gekennzeichnet sein. Eine andere Kennzeichnung ist zulässig, außer gelb oder grün oder zweifarbige Kombinationen.</td></tr>
<tr><td>Erdungsleiter</td><td>Leiter mit Schutzfunktion, der die Haupterdungsklemme oder -schiene[1]) mit dem Erder verbindet

[1]) Potenzialausgleichsschiene</td><td>Erdungsleiter außerhalb des Erdreiches vgl. Schutzleiter.
Erdungsleiter im Erdreich (Mindestquerschnitt)
– mit mechanischem Schutz und Korrosionsschutz vgl. Schutzleiter
– mechanisch ungeschützt mit Korrosionsschutz 16 mm² Cu oder 16 mm² Fe
– ohne Korrosionsschutz mit oder ohne mechanischen Schutz 25 mm² Cu oder 50 mm² Fe, feuerverzinkt</td></tr>
</table>

Tab. 16-6 ***Merkmale der Leiter mit Schutzfunktion***

Zuordnung der Mindestquerschnitte von Schutzleitern zum Querschnitt der Außenleiter					
1	2	3	4		5
	Nennquerschnitte				
	Schutzleiter oder PEN-Leiter¹)		Schutzleiter³) getrennt verlegt		
Außenleiter mm²	Isolierte Starkstromleitungen mm²	0,6/1-kV-Kabel mit 4 Leitern mm²	geschützt mm² Cu	Al	ungeschützt²) mm² Cu
bis 0,4	0,5	–	2,5	4	4
0,75	0,75	–	2,5	4	4
1	1	–	2,5	4	4
1,5	1,5	1,5	2,5	4	4
2,5	2,5	2,5	2,5	4	4
4	4	4	4	4	4
6	6	6	6	6	6
10	10	10	10	10	10
16	16	16	16	16	16
25	16	16	16	16	16
35	16	16	16	16	16
50	25	25	25	25	25
70	35	35	35	35	35
95	50	50	50	50	50
120	70	70	50	50	50

1) PEN-Leiter ≥ 10 mm² Cu oder ≥ 16 mm² Al. 2) Ungeschütztes Verlegen von Leitern aus Aluminium ist nicht zulässig.
3) Ab einem Querschnitt des Außenleiters ≥ 95 mm² vorzugsweise blanke Leiter anwenden.

Tab. 16-7 ***Querschnitte von Schutzleitern***

Querschnitte für Potenzialausgleichsleiter			
	Hauptpotenzialausgleich	Zusätzlicher Potenzialausgleich	
normal	0,5 x Querschnitt des Hauptschutzleiters¹)	zwischen zwei Körpern	1 x Querschnitt des kleineren Schutzleiters
		zwischen einem Körper und einem fremden leitfähigen Teil	0,5 x Querschnitt des Schutzleiters
mindestens	6 mm² Cu oder gleichwertiger Leitwert	bei mechanischem Schutz	2,5 mm² Cu 4 mm² Al
		ohne mechanischen Schutz	4 mm² Cu
mögliche Begrenzung	25 mm² Cu oder gleichwertiger Leitwert²)	–	–

1) Hauptschutzleiter im Sinne dieser Festlegung ist der – von der Stromquelle kommende oder – vom Hausanschlusskasten oder dem Hauptverteiler abgehende Schutzleiter.
2) Ungeschützte Verlegung von Leitern aus Aluminium ist nicht zulässig.

Tab. 16-8 ***Querschnitte von Potenzialausgleichsleitern***

Zusätzliche Hinweise:

PEN-Leiter

- Er ist in erster Linie Schutzleiter und muss dessen Bedingungen erfüllen.
- Nach der Aufteilung dürfen Neutral- und Schutzleiter nicht wieder miteinander verbunden werden, ebenso ist eine Erdung des Neutralleiters nicht zulässig (Abb. 16-22).
- Bei fester Verlegung muss der

  Mindestquerschnitt 10 mm² Cu oder 16 mm² Al

  betragen. Profilschienen aus Cu oder Al (nicht Fe) sind zulässig, wenn sie keine Geräte tragen.

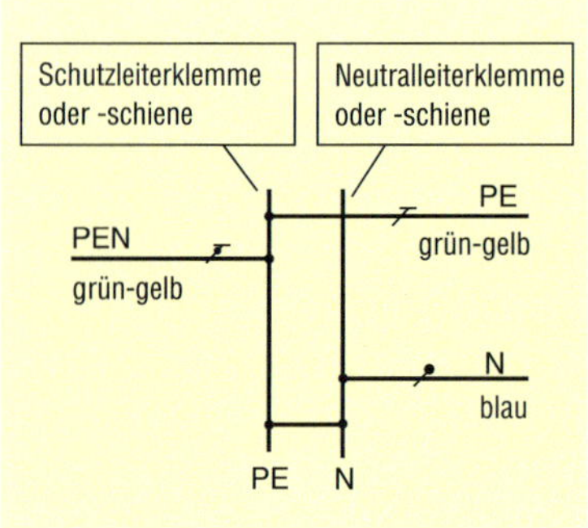

Abb. 16-22 ***Aufteilung des PEN-Leiters***

- Für bewegliche Leitungen sind PEN-Leiter nicht zulässig.
- Fremde leitfähige Teile, Spann- oder Aufhängeseile und Installations-Metallrohre dürfen nicht verwendet werden.

Schutzleiter

1. Querschnitte

- Gemäß internationalen Festlegungen kann der Schutzleiterquerschnitt nach Tabelle (vgl. Werte der Tabelle 16-7) ausgewählt oder berechnet werden. Bei Berechnungen sind Abrundungen nicht zulässig. Es ist stets der nächsthöhere Normquerschnitt zu wählen.
- Bei getrennter Verlegung sind die

Mindestquerschnitte
- 2,5 mm² Cu oder Al bei mechanisch geschützter Verlegung
- 4 mm Cu bei ungeschützter Verlegung

einzuhalten.

2. Arten

- Leiter in mehradrigen Kabeln und Leitungen,
- isolierte oder blanke Leiter in gemeinsamer Umhüllung (Rohre, Kanäle) mit Außenleitern und dem Neutralleiter,
- fest verlegte blanke oder isolierte Leiter,
- Metallrohre oder andere Metallumhüllungen, z. B. Installationskanäle oder fremde leitfähige Teile, wenn ihre Leitfähigkeit der des Schutzleiters entspricht, eine durchgehende elektrische Verbindung auch bei Ausbau einzelner Teile sichergestellt ist.
- Spann-, Aufhängeseile oder Metallschläuche dürfen **nicht** verwendet werden.

3. Durchgehende elektrische Verbindung

- Schutz gegen mechanische und chemische Einflüsse sowie elektrodynamische Beanspruchungen
- Schutzleiterverbindungen und -anschlüsse müssen gegen Selbstlockern gesichert werden (Abb. 16-23) und zugänglich sein, wenn sie nicht vergossen sind.
- Im Schutzleiter darf kein Schaltorgan eingebaut sein, d. h. das alleinige Unterbrechen, z. B. durch einpolige Schalter oder Sicherungen, ist unzulässig. Ist der Schutzleiter gemeinsam mit anderen Leitern trennbar, z. B. in Steckverbindungen ortsveränderlicher Geräte, dann muss die Kontaktgabe beim Einschalten voreilend und beim Trennen nacheilend erfolgen.
- Körper der elektrischen Betriebsmittel dürfen nicht als Schutzleiter für andere elektrische Betriebsmittel verwendet werden.

Potenzialausgleichsleiter

- Sie verbinden die Körper der Betriebsmittel und die fremden leitfähigen Teile, insbesondere die netz- oder flächenartig ein Gebäude durchziehenden, miteinander.
- Die Funktion der Verbindung zwischen Hausanschlusskasten (HAK) und der Potenzialausgleichsschiene (PAS) bestimmt den Querschnitt.

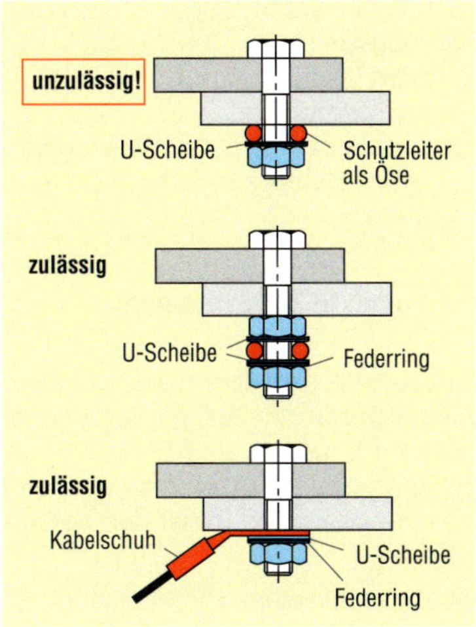

Abb. 16-23 ***Schutzleiteranschluss***

Verbindung	
nur als Potenzialausgleich	als Teil des Hauptschutzleiters
querschnittsgleich mit Hauptpotenzialausgleichsleiter (Abb. 16-24a)	querschnittsgleich mit Hauptschutzleiter (Abb. 16-24b)

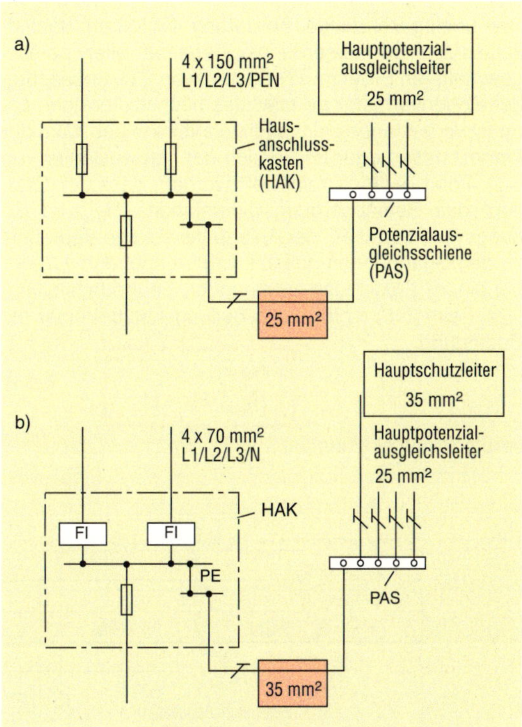

Abb. 16-24 ***Verbindung zwischen Hausanschlusskasten und Potenzialausgleichschiene***

Zusätzlicher Schutz für Steckdosenanschlüsse in Endstromkreisen

Durch Fehlerstrom-Schutzeinrichtungen (RCDs) mit einem Bemessungsdifferenzstrom $I_{\Delta N} \leq 30$ mA muss ein zusätzlicher Schutz in Wechselspannungssystemen vorgesehen werden für

- Steckdosen mit einem Bemessungsstrom bis 20 A, die von Laien benutzt werden und
- Endstromkreise im Außenbereich, an die tragbare Betriebsmittel mit einem Bemessungsstrom bis 32 A angeschlossen werden.

Schutz durch Abschalten in TN-Systemen

Merkmale

Die Körper der Betriebsmittel sind über die Schutzleiter mit der Haupterdungsschiene der Anlage verbunden. Über den Schutzleiter PE oder den PEN-Leiter als kombinierten Schutzerdungs- und Neutralleiter wird die Verbindung mit dem geerdeten Punkt des Versorgungssystems gebildet.

Der am Sternpunkt angeschlossene PEN-Leiter ist

- in der Nähe des Transformators oder Generators,
- an zusätzlich, möglichst gleichmäßig verteilten Punkten des Netzes, insbesondere an Netzausläufern,
- am Eintritt in die Gebäude geerdet.
- In Abhängigkeit vom Außenleiterquerschnitt ist der Querschnitt des PEN-Leiters einzuhalten

Bei Einhaltung der Anforderungen an die Betriebserdung kann der Verteilungsnetzbetreiber erklären, dass das von ihm zur Verfügung gestellte TN-System sich zuverlässig auf Erdpotenzial befindet.

Die uneingeschränkte Forderung für einen höchstzulässigen Betriebserdungswiderstand aller parallel geschalteten Erder im TN-System von 2 Ω, ungeachtet der Bodenverhältnisse bzw. des höchstzulässigen Erdungswiderstandes eines Einzelerders in der Nähe der Ortnetzstation oder im Bereich der Netzausläufer von 5 Ω, kann dadurch relativiert werden, dass der Quotient des Betriebserdungswiderstandes R_B zum Erdungswiderstand R_E der Anlage ins richtige Verhältnis zu den Spannungen gesetzt wird. Ausgehend von der bei einem Erdschluss auftretenden Spannungsteilung (vgl. Seite 296) ist für die Verteilungsnetzbetreiber die Bedingung

$$\frac{R_B}{R_E} \leq \frac{U_L}{U_0 - U_L} \qquad \textbf{16-1}$$

verpflichtend einzuhalten.

In ihr bedeuten

R_B Gesamterdungswiderstand aller Betriebserder
R_E angenommener kleinster Erdübergangswiderstand eines nicht mit einem Schutzleiter verbundenen fremden leitfähigen Teils, über dem ein Erdschluss entstehen kann
U_L höchstzulässige Berührungsspannung
U_0 Nennspannung gegen Erde

Im Drehstromsystem 3 PEN ~ 400/230 V mit geerdetem Sternpunkt ergeben sich mit U_L = 50 V und U_0 = 230 V folgende Widerstandswerte

$$\frac{R_B}{R_E} \leq \frac{50\ \text{V}}{230\ \text{V} - 50\ \text{V}} = \frac{1}{3{,}6}$$

$$R_E \geq 3{,}6 \cdot R_B \qquad R_B \leq 0{,}278 \cdot R_E$$

Der vereinbarte Wert für die höchstzulässige Berührungsspannung U_L = 50 V wird eingehalten, wenn

- bei einem Gesamterdungswiderstand aller Betriebserder des Netzes von 2 Ω alle Erder der elektrischen Anlage und fremde leitfähige Teile mit einem Erdübergangswiderstand $R_E \leq 7{,}2\ \Omega$ untereinander und über den PEN-Leiter mit dem geerdeten Sternpunkt zum Hauptpotenzialausgleich (vgl. Abb. 17-8, Seite 334) verbunden sind oder wenn
- alle parallel geschalteten Betriebserder des Netzes den 0,278fachen Wert des Erdungswiderstandes an der Fehlerstelle nicht überschreiten.

Die durch die Spannungswaage ausgewiesene Bedingung wird in der IEC-Norm nicht mehr explizit ausgewiesen. In Deutschland ist die Bedingung 16-1 für die Betreiber öffentlicher Netze bindend.

– Der PEN-Leiter, der als Einzelleiter gleichzeitig die Schutzleiter- und Neutralleiterfunktion übernimmt, damit meist Strom führend ist, darf nur in fest installierten Anlagen verlegt werden. Schalt- oder Trennvorrichtungen sind nicht zulässig.

Wirkungsweise und Bedingungen des Schutzes

Ein im Fehlerfall auftretender Körperschluss wird durch die Verbindung Gehäuse – Schutzleiter – PEN-Leiter zu einem einpoligen Kurzschluss. Je nach vorgeschalteter Schutzeinrichtung wird einpolig nur der fehlerbehaftete Außenleiter oder allpolig die gesamte Einspeisung abgeschaltet (Abb. 16-25).

Damit die Schutzeinrichtung in der festgelegten maximalen Abschaltzeit t_a (Tabelle 16-5, Seite 295) an-

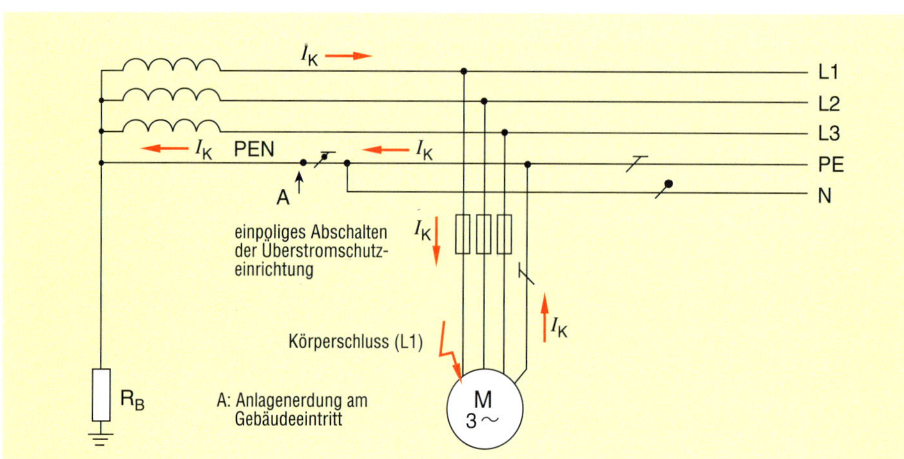

Abb. 16-25
Einpoliges Abschalten im TN-System

spricht, muss ein möglichst großer Abschaltstrom fließen. Voraussetzung ist ein hinreichend kleiner Widerstand der Fehlerschleife. Die Impedanz Z_S der Fehlerschleife besteht aus den Teilwiderständen

- der Transformatorwicklung R_{Tr} in ihrer Funktion als Stromquelle
- des Außenleiters R_L einschließlich Sicherung bis zum Fehlerort
- des Schutzleiters R_{PE} und
- des PEN-Leiters R_{PEN} bis zum Sternpunkt des Transformators (Abb. 16-26).

Zur Vereinfachung werden die Teilwiderstände arithmetisch addiert, d. h. sie werden als phasengleich angesehen:

$$Z_S = R_{Tr} + R_L + R_{PE} + R_{PEN}.$$

Unter Berücksichtigung der Anlagenerdung am Gebäudeeintritt des Versorgungsnetzes (Stelle A der Abb. 16-25) wird durch die Parallelschaltung

- des Anlagenerders R_A und
- des Betriebserders R_B
- zum Widerstand R_{PEN} des PEN-Leiters (Abb. 16-27) die Schleifenimpedanz Z_S verringert und der Fehlerstrom bzw. Abschaltstrom erhöht.

Der Vorteil der Verbindung mit der Haupterdungsschiene am Gebäudeeintritt besteht somit darin, dass

- durch den höheren Abschaltstrom die maximale Abschaltzeit sicher eingehalten wird und
- bei Unterbrechung des PEN-Leiters im Netz der geschlossene Stromweg durch das Erdreich gewährleistet ist.

Abschaltstrom I_a
ist der Strom, der bei einem Körperschluss das automatische Abschalten in der entsprechenden Abschaltzeit bewirkt.

Da der Körperschluss im TN-System ein einpoliger Kurzschluss ist, muss zum sicheren Abschalten die Bedingung

$$I_{K(1)} \geq I_a \qquad \textbf{16–2}$$

erfüllt sein.

Diese Bedingung ist erfüllt, wenn nach dem Ohm'schen Gesetz der Widerstand, hier die Schleifenimpedanz, einen entsprechenden Wert nicht überschreitet, also

$$Z_S \leq \frac{U_0}{I_a} \qquad \textbf{16–3}$$

ist.

Z_S Impedanz (Widerstand) der Fehlerschleife
I_a Abschaltstrom
U_0 Nennspannung gegen den geerdeten Leiter (Leiter-Erde-Spannung)

Wenn, von wenigen Ausnahmen abgesehen, in allen Niederspannungsnetzen die Leiter-Erde-Spannung U_0 üblicherweise 230 V beträgt, ist die gewählte Schutzeinrichtung mit ihrem entsprechenden Abschaltstrom I_a bestimmend für die Schleifenimpedanz Z_S, die durch Rechnung, durch Messung oder am Netzmodell ermittelt werden kann.

Nach DIN VDE sind im TN-System die in der Abb. 16-28 erfassten Schutzeinrichtungen zulässig.

Schmelzsicherungen und Leitungsschutzschalter als Überstromschutzeinrichtungen werden damit nicht nur die Leitungen vor den Folgen einer Überbelastung und eines Kurzschlusses schützen, sondern gleichzeitig das Bestehenbleiben einer gefährlichen Berührungsspannung verhindern. Um diese Aufgabe zu erfüllen, muss die Abschaltzeit von z. B. 0,4 s gewährleis-

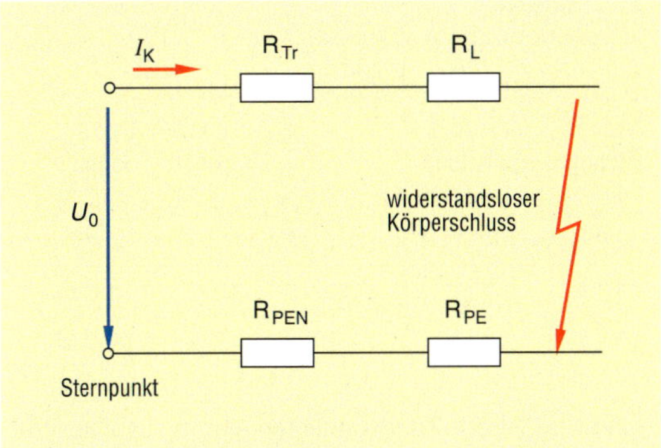

Abb. 16-26 ***Fehlerschleife bei Körperschluss***

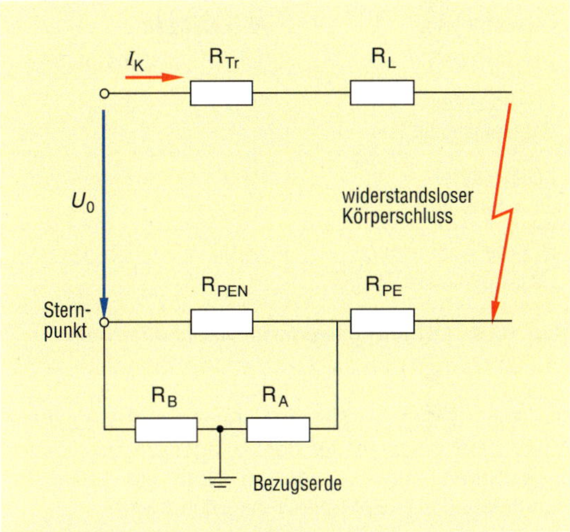

Abb. 16-27 ***Fehlerschleife bei Verbindung mit der Haupterdungsschiene***

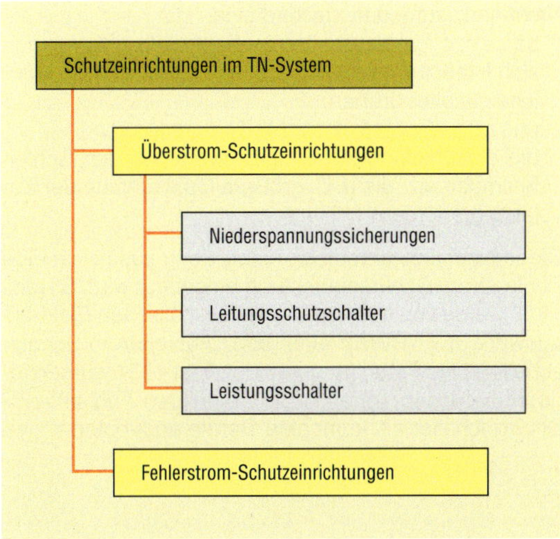

Abb. 16-28 ***Schutzeinrichtungen im TN-System***

16

tet werden. Dazu ist aus den Strom-Zeit-Kennlinien in Abhängigkeit von der Nennstromstärke der Schmelzsicherung oder des Leitungsschutzschalters der Abschaltstrom zu bestimmen.

Für Überstromschutzeinrichtungen mit einer Nennstromstärke von 10 A ergeben sich folgende Werte:

gL/gG-Sicherung		Abschaltzeit t_a	LS-Schalter (B)	
Abschaltstrom I_a	maximale Schleifenimpedanz Z_S		Abschaltstrom I_a	maximale Schleifenimpedanz Z_S
80 A	2,9 Ω	0,4 s	50 A	4,6 Ω
47 A	4,8 Ω	5 s	50 A	4,6 Ω

Stehen die Strom-Zeit-Kennlinien einmal nicht zur Verfügung, kann behelfsweise der Abschaltstrom nach den Faustformeln der Tabelle 16-9 bestimmt werden.

Überstrom-Schutzeinrichtung	Abschaltzeit 0,4 s	5 s
LS-Schalter Charakteristik B	$5 \cdot I_n$	$5 \cdot I_n$
LS-Schalter Charakteristik C	$10 \cdot I_n$	$7 \cdot I_n$
Schmelzsicherung Betriebsklasse gL/gG	$14 \cdot I_n$	$7{,}5 \cdot I_n$

16

Tab. 16-9 ***Näherungswerte für Abschaltströme***

Die Realisierung der Schutzmaßnahme „Schutz durch Abschalten" bedeutet für den Anlagenerrichter keinen zusätzlichen Aufwand, da im Netz ein Leiter mit Schutzfunktion (PEN-Leiter) mitgeführt wird und Überstromschutzeinrichtungen als Überlastungs- und Kurzschlussschutz für die Leitungen und Geräte zwangsläufig vorhanden sind.

Nicht ganz zufrieden stellend sind
- das einpolige Abschalten im Fehlerfall, z. B. können sich Drehstrommotore auch bei Ausfall eines Außenleiters weiter drehen,
  und
- die einzuhaltenden geringen Werte für den Schleifenimpedanz, die u. U. größere Querschnitte der Zuleitung erfordern.

Diese Nachteile entstehen nicht, wenn zusätzlich eine Fehlerstrom-Schutzeinrichtung eingebaut wird. Bereits 1928 wurde von der Rheinisch-Westfälischen Elektrizitätswerk AG (RWE) eine sog. Fehlerstrom-Schutzschaltung als Patent angemeldet. Erst 1951 wurden jedoch die ersten serienmäßig gefertigten Fehlerstrom-Schutzschalter als kompakte Geräte angeboten.

Für eine Fehlerstrom-Schutzeinrichtung gelten folgende Einsatzbedingungen:
- Wenn eine Fehlerstrom-Schutzeinrichtung für den Fehlerschutz verwendet wird, muss der Stromkreis auch eine Überstromschutzeinrichtung enthalten.
- In TN-C-Systemen ist eine Fehlerstrom-Schutzeinrichtung nicht zulässig.
- Bei einem TN-C-S-System darf auf der Lastseite des RCD kein PEN-Leiter angeschlossen sein. Die Verbindung des Schutzleiters PE mit dem PEN-Leiter muss stets auf der Versorgungsseite des RCD erfolgen.

Aufbau und Wirkungweise des FI-Schutzschalters RCD[1])

Das Wirkprinzip der FI-Schutzeinrichtung besteht darin, dass durch einen Summenstromwandler der zu einem Betriebsmittel fließende Strom mit dem zurückfließenden verglichen wird. Der FI-Schutzschalter (Abb. 16-29) besteht aus dem Summenstromwandler (A), dessen Primärwicklung durch die Leiter L und N oder L1, L2, L3 und N der Anschlussleitung des Betriebsmittels gebildet wird. An der Sekundärwicklung ist die Fehlerstrom-Auslösespule (B) angeschlossen. Sie wirkt auf die Verklinkung des Schaltschlosses der zwei- oder vierpoligen Schalteinrichtung (C) ein. Die Funktion des Schalters kann über die Prüftaste (D) mit dem Strombegrenzungswiderstand geprüft werden. Der Schutzleiter PE des Verbrauchsmittels wird am FI-Schutzschalter vorbeigeführt und im TN-System mit dem PEN-Leiter des Netzes bzw. im TT-System mit dem Anlagenerder verbunden.

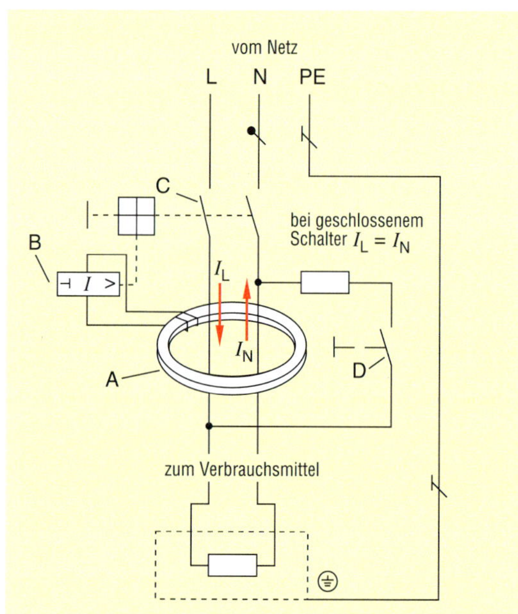

Abb. 16-29 ***Funktionsbild des Fehlerstrom-Schutzschalters***

[1]) RCD = residual current protective device als
- Fehlerstromschutzeinrichtung: spannungsunabhängig, ohne Hilfsspannung
- Differenzstrom-Schutzeinrichtung: spannungsabhängig, mit Hilfsspannung

Zum Verständnis der Wirkungsweise stellen wir gegenüber:

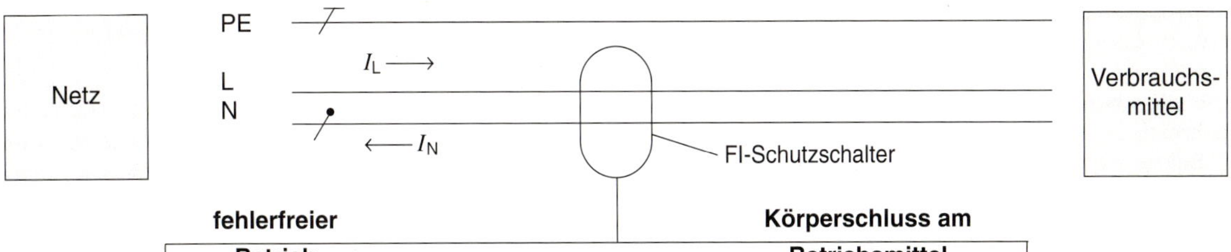

fehlerfreier Betrieb		Körperschluss am Betriebsmittel
$I_L = I_N$		$I_L \neq I_N$
$I_F = 0$	Fehlerstrom	$I_F = I_L - I_N > 0$
$\Theta = \Theta_L - \Theta_N = 0$	wirksame Durchflutung	$\Theta = \Theta_L - \Theta_N > 0$
$\Phi = 0$	Magnetfluss im Wandlerkern	$\Phi > 0$
$I_{\Delta n} = 0$	Bemessungsdifferenzstrom	$I_{\Delta n} > 0$
nicht ab	FI-Schutzschalter schaltet	ab

Folgende Eigenschaften von FI-Schutzeinrichtungen sollen zusätzlich herausgestellt werden:

- FI-Schutzeinrichtungen sind nur im Wechselstromnetz einsetzbar,

  Kennzeichnung  .

- Bei pulsierenden Fehlerströmen kann ein Ansprechen der Auslöseeinrichtung nur dann erfolgen, wenn der vom Summenstromwandler übertragene Impuls eine ausreichende Amplitude und Energie aufweist,

  Kennzeichnung 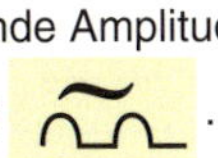 .

  Fehlerströme folgender Schaltungen werden beherrscht:
  - Einweggleichrichtung ohne Glättung
  - Zweiweggleichrichtung ohne/mit Glättung und
  - Phasenanschnittsteuerung symmetrisch/unsymmetrisch
- Der Bemessungsstrom der FI-Schutzeinrichtung ist durch die Anlage festgelegt. Er bestimmt vor allem die Auslegung der Schalteinrichtung des Schalters.
- Die endlichen Isolationswiderstände der Leitungen und Betriebsmittel verursachen auch im fehlerfreien Zustand Ableitströme unterschiedlicher Größe. Um Fehlauslösungen zu vermeiden, sind solche Schalter auszuwählen, die den entsprechenden Bemessungsdifferenzstrom aufweisen.
  Die zur Zeit in den Anlagen eingebauten Schalter haben die in der Tabelle 16-10 zusammengestellten Kombinationen von Nennstrom I_n und Bemessungsdifferenzstrom $I_{\Delta n}$.
- Empfindliche FI-Schutzschalter reagieren auch auf die durch unkontrollierte Isolationsminderungen entstehenden Kriechströme. Elektrisch gezündete Brände werden verhindert.
- Sind Schalter mit großen Nennströmen erforderlich, werden Fehlerstrom-Schutzeinrichtungen verwendet, die aus dem Summenstromwandler und einem Fehlerstrom-Steuerschalter als getrennte Bauelemente bestehen, der einen entsprechenden Leistungsschalter ansteuert (Abb. 16-30).

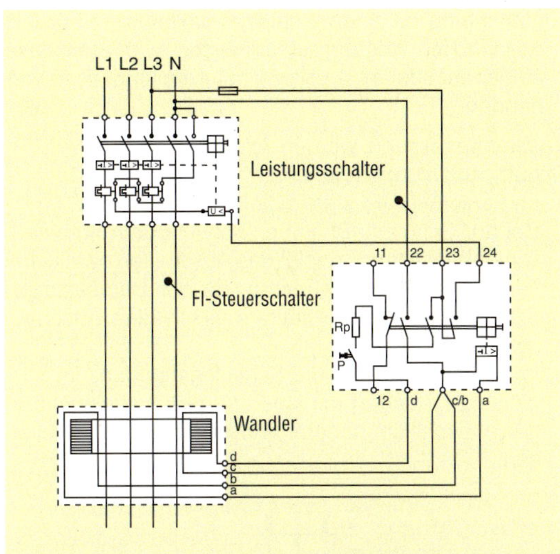

Abb. 16-30 ***Fehlerstrom-Steuereinrichtung***

Bemessungs-differenzstrom	Nennstrom in A
10 mA¹)	10/16/25
30 mA¹)	10/16/25/40/63/100
0,1 A	25/40/63/100
0,3 A	25/40/63/100/125/160/200/224
0,5 A	25/40/63/100/125/160/200/224
1,0 A	100/125/160/200/224

¹) hoch empfindliche Schalter

Tab. 16-10 ***Kombination von Nennstrom und Bemessungsdifferenzstrom der FI-Schutzeinrichtungen***

16

– FI-Schutzschalter müssen eine Nenn-Kurzschlussfestigkeit von 3 000 A, 6 000 A oder 10 000 A aufweisen.

Kennzeichnung z. B. 6000 .

Die Vorsicherungsgröße ist den Herstellerlisten zu entnehmen.

– Selektiv arbeitende FI-Schutzschalter werden mit einem Zeitverzögerungsglied ausgerüstet,

Kennzeichnung **S** .

Bei einem Fehlerstrom $2 \cdot I_{\Delta n}$ liegt die Gesamtausschaltzeit stets unter dem geforderten Wert.

– Fehlerstromleitungsschutzschalter bestehen aus einem zwei- oder vierpoligen LS-Schalter und einem angeflanschten Fehlerstromauslöser.
Beide gekoppelten Teile vereinen
- den Kurzschlussschutz durch elektromagnetischen Schnellauslöser
- den Überlastschutz durch thermischen Bimetallauslöser und
- den Fehlerstromschutz durch hoch empfindliche FI-Auslöser von 10 bzw. 30 mA.

– Ortsveränderliche FI-Schutzeinrichtungen PRCD[1]) als Steckergeräte (Abb. 16-31) kombinieren die Schutzeinrichtung mit einem Schutzkontaktstecker. Für den geschützten Abgang ist entweder eine Steckdose eingebaut oder eine Leitung mit Kupplungsdose vorhanden.

Zusammenfassend werden folgende Vorteile von FI-Schutzeinrichtungen genannt:

1. Im Fehlerfall wird stets allpolig abgeschaltet.
2. Bei der Schutzmaßnahme „Schutz durch automatische Abschaltung" erfolgt das Abschalten bereits bei sehr kleinen Fehlerströmen, da der Bemessungsdifferenzstrom des Schalters gleich dem Abschaltstrom ist.
3. Im TN-System kann die Schleifenimpedanz im Vergleich zu Anlagen mit Überstrom-Schutzeinrichtungen wesentlich höhere Widerstandswerte aufweisen:

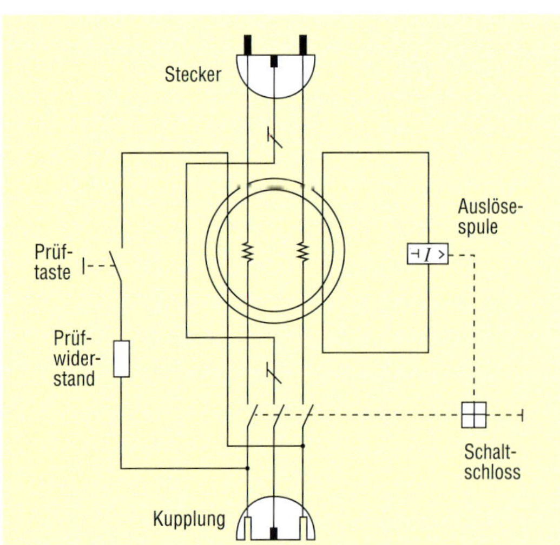

Abb. 16-31 ***Funktionsbild der ortsveränderlichen Schutzeinrichtung PRCD***

[1]) PRCD = portable residual current protective device

z. B. $I_{\Delta n} = 30\text{ mA} \quad Z_S \leq \dfrac{230\text{ V}}{30\text{ mA}} = 7{,}67\text{ k}\Omega$

$I_{\Delta n} = 1\text{ A} \quad Z_S \leq \dfrac{230\text{ V}}{1\text{ A}} = 230\ \Omega$

4. Mit hoch empfindlichen FI-Schutzschaltern ($I_{\Delta n} = 10$ bzw. 30 mA) kann ein zusätzlicher Schutz zur Verstärkung des Basisschutzes erreicht werden.

Beachte: Bei **zweipoligem** direkten Berühren ohne ausreichende Erdverbindung besteht auch mit einem FI-Schutzschalter kein Schutz!

Schutz durch Abschalten in TT-Systemen

Merkmale

Im geerdeten Versorgungsnetz (Sternpunkt des Transformators oder des Generators ist geerdet) sind die Körper aller Betriebsmittel, die gemeinsam durch dieselbe Schutzeinrichtung geschützt sind, über einen Schutzleiter an einen gemeinsamen Anlagenerder angeschlossen

Hinweis: In größeren Gebäuden ist ein Anschluss des Schutzleiters unmittelbar an einen Erder aus praktischen Gründen nicht möglich. Hier hat ein Schutzpotenzialausgleich zwischen den Schutzleitern und den fremden leitfähigen Teilen die gleiche Wirkung.

Wirkungsweise und Bedingungen des Schutzes

Bei einem Körperschluss fließt der Fehlerstrom I_F über das Netz, die Zuleitung zum Betriebsmittel mit Schutz- bzw. Abschalteinrichtung, die Fehlerstelle des Betriebsmittels, den Schutzleiter PE, den Erdungsleiter, den Anlagenerder, das Erdreich zum Betriebserder des Netzes, damit zum Sternpunkt der Transformatorwicklung zurück. Die vorgeschaltete Schutzeinrichtung schaltet den fehlerbehafteten Leiter oder die gesamte Zuleitung ab. Der Körperschluss wird zu einem Erdschluss (Abb. 16-32).

Damit die Schutzeinrichtung in der festgelegten maximalen Abschaltzeit t_a (Tabelle 16-5; Seite 295) anspricht, muss der Fehlerstrom I_F größer/gleich dem Abschaltstrom I_a der vorgeschalteten Schutzeinrichtung sein:

$$I_F \geq I_a \qquad \textbf{16–4}$$

Voraussetzung ist eine hinreichend kleine Impedanz der Fehlerschleife, in der im Gegensatz zum TN-System der als widerstandslos anzusehende Bereich der Bezugserde (vgl. Abschnitt 5.2.2) liegt.

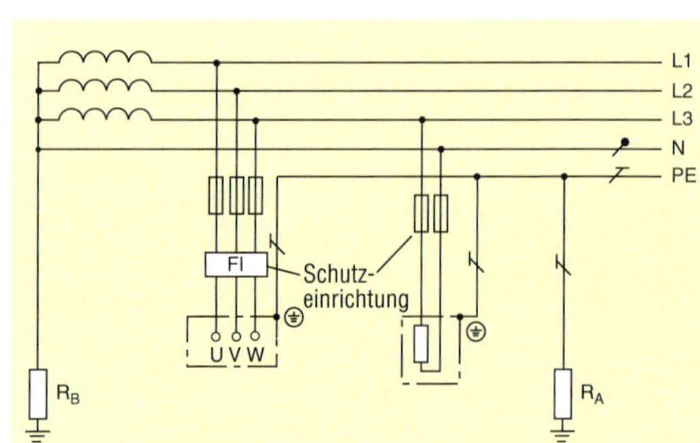

Abb. 16-32 ***Schutz durch Abschaltung im TT-System***

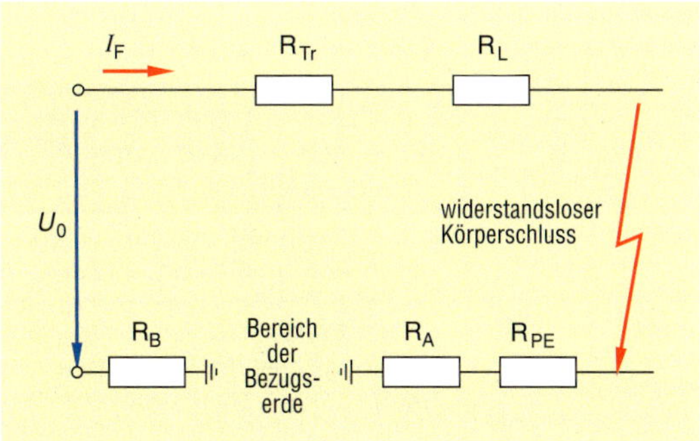

Abb. 16-33 ***Fehlerschleife im TT-System bei Körperschluss***

Die Impedanz der Fehlerschleife Z_S' besteht aus den Teilwiderständen

- der Transformatorwicklung R_{Tr} in ihrer Funktion als Stromquelle
- des Außenleiter R_L bis zum Fehlerort einschließlich Sicherung
- des Schutzleiters R_{PE}
- des Anlagenerders R_A einschließlich des Erdungsleiters und
- des Betriebserdungswiderstandes R_B bis zum Sternpunkt des Transformators (Abb. 16-33).

Vereinfachend werden die Teilwiderstände, wie im TN-System, arithmetisch addiert, d. h. sie werden hier als phasengleich angesehen:

$Z_S' = R_{Tr} + R_L + R_{PE} + R_A + R_B$.

Die Bedingung 16–4 ist erfüllt, wenn nach dem Ohm'schen Gesetz der Widerstand, hier die Schleifenimpedanz Z_S' einen entsprechenden Wert nicht überschreitet, also

$$Z_S' \leq \frac{U_0}{I_a} \quad \text{16–5}$$

ist.

Z_S' Impedanz der Fehlerschleife des TT-Systems
I_a Abschaltstrom
U_0 Nennspannung gegen den geerdeten Leiter (Leiter-Erde-Spannung)

Bei der gebräuchlichen Leiter-Erde-Spannung von 230 V ist die gewählte Schutzeinrichtung mit dem für die Abschaltzeit t_a entsprechenden Abschaltstrom I_a bestimmend für die Schleifenimpedanz Z_S', die durch Rechnung, durch Messung oder am Netzmodell ermittelt werden kann.

Die im TN-System für eine Überstromschutzeinrichtung von 10 A berechneten Impedanzwerte (vgl. Seite 302) treffen für das TT-System nicht zu. Es muss beachtet werden, dass durch die geforderte kürzere Abschaltzeit der Abschaltstrom größer sein muss und dass die Teilwiderstände des Betriebserders R_B und des Anlagenerders R_A wesentlich größer sind als der die Schleifenimpedanz des TN-Systems mitbestimmende Widerstand R_{PEN} des PEN-Leiters.

Nach DIN VDE sind im TT-System die in der Abb. 16-34 erfassten Schutzeinrichtungen mit Einschränkungen zulässig.

- Überstromschutzeinrichtungen sind für den Fehlerschutz nur in solchen TT-Systemen anwendbar, bei denen ein sehr niedriger Wert der Schleifenimpedanz Z_S' erreicht wird.
- Für besondere Anwendungen wird die Verwendung von Fehlerspannungs-Schutzeinrichtungen nicht ausgeschlossen.
- Bei einer Fehlerstrom-Schutzeinrichtung (RCD) muss zusätzlich der Widerstandswert des Anlagenerders R_A einschließlich des Schutz- und Erdungsleiters so klein sein, dass über ihm keine gefährliche Berührungsspannung entstehen kann. Er muss der Bedingung

$$R_A \leq \frac{U_L}{I_{\Delta N}} \quad \text{16–6}$$

genügen

R_A Summe der Widerstandswerte des Anlagenerders, des Schutz- und des Erdungsleiters
$U_L = 50$ V höchst zulässige Berührungsspannung in Wechselstromsystemen
$I_{\Delta N}$ Bemessungsdifferenzstrom der Fehlerstrom-Schutzeinrichtung (RCD)

Wie aus der Abb. 16-35 zu erkennen ist, ist der Spannungsfall über dem Anlagenerder gleichzeitig die Berührungsspannung, die vom Menschen überbrückt werden kann, d. h. die zusätzliche Bedingung ist nicht nur sinnvoll sondern notwendig.

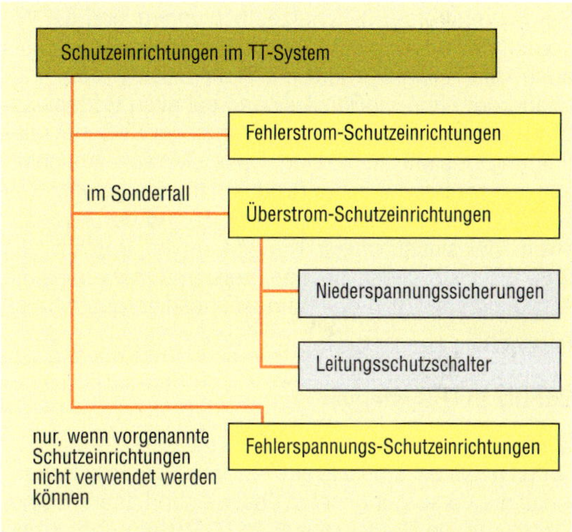

Abb. 16-34 ***Schutzeinrichtungen im TT-System***

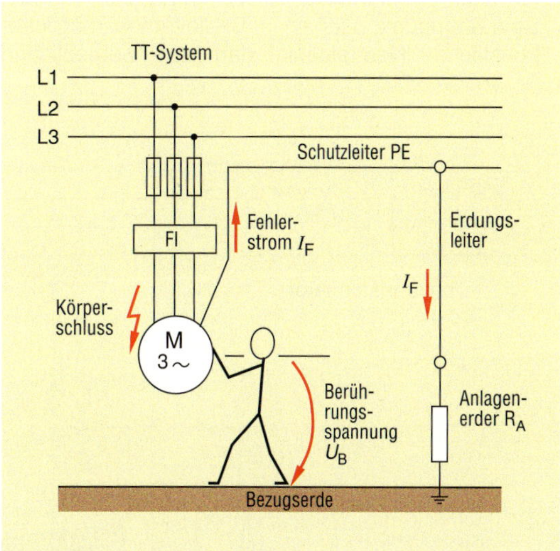

Abb. 16-35 ***Körperschluss am geerdeten Betriebsmittel***

16

Die stark eingeschränkte Anwendung von Überstromschutzeinrichtungen als Fehlerschutz in TT-Systemen soll anhand der einzuhaltenden Impedanzwerte bei einer maximalen Abschaltzeit von 0,2 s verdeutlicht werden.

	Überstromschutzeinrichtung I_n = 16 A gL/gG Schmelzsicherung	LS-Schalter (B)	FI-Schutzeinrichtung I_n = 16 A Bemessungsdifferenzstrom $I_{\Delta N}$ = 30 mA
Abschaltstrom (Strom-Zeit-Kennlinie)	I_a = 130 A	I_a = 80 A	$I_a = I_{\Delta N}$ = 30 mA
Schleifenimpedanz Gl. 16-5	Z_S' = 1,76 Ω	Z_S' = 2,87 Ω	Z_S' = 7,66 kΩ Impedanz des Anlagenerders nach Gl. 16-6 R_A = 1,66 kΩ

Wenn davon auszugehen ist, dass der Betriebserdungswiderstand in Niederspannungsnetzen etwa 2 Ω beträgt, sind Schmelzsicherungen hier als Abschalteinrichtung ohne Einschränkungen auszuschließen. Leitungsschutzschalter (LS) sind nur unter sehr günstigen Erdungsbedingungen der Anlage möglich. Dann ist auch der Neutralleiter abzusichern. Dieser muss gegenüber dem Außenleiter voreilend öffnen, wenn die Ansprechzeit über 0,4 s liegt.

Bei Fehlerstrom-(FI)-Schutzeinrichtungen sind die Widerstandswerte sowohl der Schleifenimpedanz als auch des Anlagenerders mit Rohr-, Band- oder Flächenerder ohne großen Aufwand bei allen Bodenklassen zu erreichen. Ein weiterer Vorteil der FI-Schutzeinrichtung besteht auch darin, dass die reale Abschaltzeit gegenüber der in der Produktnorm festgelegte Zeit von 200 ms wesentlich niedriger ist und der Auslösestrom bei sinusförmiger Kurvenform im Bereich von 0,50 bis 1 x $I_{\Delta N}$ liegt. Bei den meisten Schaltern ist die Auslösung bei 70 % des Bemessungsdifferenzstromes eingestellt.

Schutz in IT-Systemen

Merkmale

- Im IT-System sind alle aktiven Teile von Erde isoliert. Da die Versorgungsnetze überwiegend geerdet sind, müssen die Betriebsmittel im IT-System über einen eigenen Generator oder über einen separaten Transformator (Trenntransformator) eingespeist werden. Sein Sternpunkt oder ein im Dreileiternetz möglicher künstlicher Neutralpunkt darf aus betrieblichen Gründen über eine ausreichend hohe Impedanz geerdet werden, insbesondere um Überspannungen herabzusetzen oder Spannungsschwankungen zu dämpfen.
- Die Körper aller Betriebsmittel müssen einzeln, gruppenweise oder gemeinsam geerdet sein.
- Die Erdung fremder leitfähiger Teile ist von der Art der Anlage abhängig, damit allgemein nicht zwingend bindend (Abb. 16-36).
- Bevorzugte Einsatzgebiete der IT-Systeme sind Krankenhäuser, Sicherheitsbeleuchtungen, Bergbau, Schiffe, explosions- und sprengstoffgefährdete Betriebe.

Wirkungsweise und Bedingungen des Schutzes

Bei einem Körperschluss (erster Fehler) nimmt der Schutzleiter das Potenzial des den Fehler auslösenden Außenleiters an. Da alle gleichzeitig berührbaren Körper und Metallteile über diesen Schutzleiter verbunden sind, somit das Potenzial des Fehlerortes annehmen, können keine gefährlichen Potenzialdifferenzen überbrückt werden. Die Anlage kann nach diesem ersten Fehler gefahrlos weiter betrieben werden. Eingeleitete Arbeits- oder Produktionsprozesse können noch abgeschlossen werden.

Der Fehlerstrom, der auch die kapazitiven Ableitströme der Anlage enthält, ist beim Auftreten eines Einzelfehlers zu einem Körper oder zur Erde so niedrig, dass eine automatische Abschaltung nicht gefordert wird. Es müssen jedoch Vorkehrungen getroffen werden, um das Risiko gefährlicher pathophysiologischer Einwir-

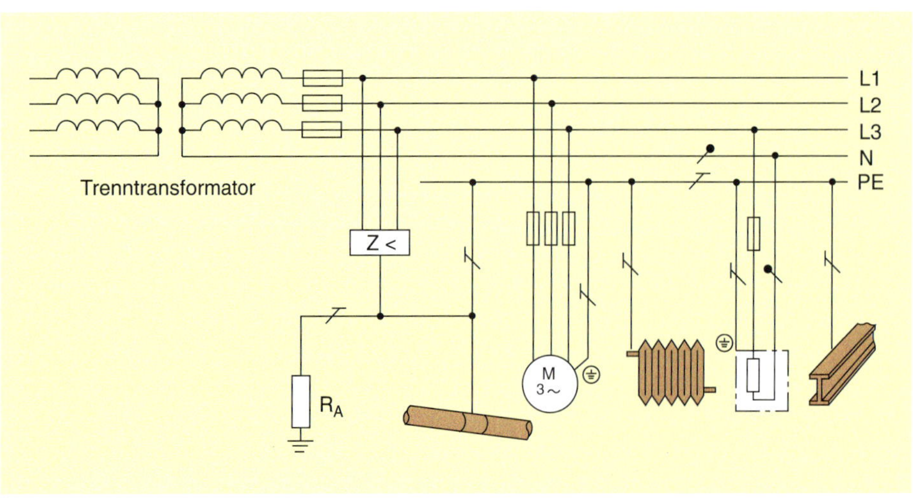

Abb. 16-36

Merkmale des IT-Systems

kungen auf Personen bei gleichzeitig berührbaren Körpern und insbesondere bei zwei gleichzeitig auftretenden Fehlern zu vermeiden.

– Dazu muss beim einzelnen, gruppenweisen oder gemeinsamen Erden der Körper für die Größe des Anlagenerders folgende Bedingung eingehalten werden:

$$R_A \leq \frac{U_L}{I_d} \qquad \textbf{16–7}$$

R_A Summe der Widerstände des Erders und des Schutzleiters der Betriebsmittel

I_d Fehlerstrom beim ersten Fehler mit vernachlässigbarer Impedanz der Fehlerstelle. Er berücksichtigt die kapazitiven Ableitströme und die gesamte Erdungsimpedanz der elektrischen Anlage.

U_L höchstzulässige Berührungsspannung AC 50 V bzw. DC 120 V

– Soll die Stromversorgung der Betriebsmittel bei einem ersten Fehler aufrechterhalten bleiben, muss im IT-System eine Isolationsüberwachungseinrichtung vorgesehen werden. Sie muss ein hörbares und/oder sichtbares Signal bewirken, solange der Fehler vorhanden ist. Isolationsüberwachungseinrichtungen arbeiten in der Regel mit 24 V Gleichspannung, die der Wechselspannung des Netzes überlagert wird. Ihr Innenwiderstand soll größer als 250 Ω/V bezogen auf die Netzspannung sein, mindestens 15 kΩ betragen. Der Ansprechwert ist zwischen 2 kΩ und 60 kΩ an einem Widerstandsmessgerät einstellbar (Abb. 16-37). Unabhängig davon sollte der erste Fehler möglichst schnell beseitigt werden.

– Nach dem ersten Fehler geht das IT-System hinsichtlich seines Betriebszustandes in ein TN- oder TT-System über. Bei Auftreten eines zweiten Fehlers, der an einem anderen Betriebsmittel und mit einem anderen Außenleiter auftritt, muss die Abschaltung der Stromversorgung unverzüglich erfolgen.
Bei der Verbindung aller Körper durch einen Schutzleiter und einer gemeinsamen Erdungsanlage gelten die Bedingungen vergleichbar mit denen des TN-Systems. Es müssen für die Schleifenimpedanz erfüllt werden

IT-System

ohne Neutral- bzw. Mittelleiter	mit Neutral- bzw. Mittelleiter
$Z_S \leq \frac{U}{2 \cdot I_a}$ **16–8**	$Z'_S \leq \frac{U_0}{2 \cdot I_a}$ **16–9**

Z_S Impedanz der Fehlerschleife, bestehend aus Außen- und Schutzleiter des Stromkreises

U Nennwechsel- oder -gleichspannung zwischen den Außenleitern

Z'_S Impedanz der Fehlerschleife, bestehend aus Neutral- und Schutzleiter des Stromkreises

I_a Strom, der die automatische Abschaltung innerhalb der maximalen Abschaltzeiten für TN-Systeme bewirkt. Die Abschaltzeiten gelten für IT-Systeme mit **und** ohne Neutral- bzw. Mittelleiter.

– Bei Einzel- oder Gruppenerdung der Betriebsmittel sind die Bedingungen für den Fehlerschutz wie für TT-Systeme anzuwenden, natürlich ohne Erdung des Stern- oder Mittelpunkts des Systems.

– In IT-Systemen dürfen die in der Abb. 16-38 aufgeführten Überwachungs- und Schutzeinrichtungen verwendet werden.

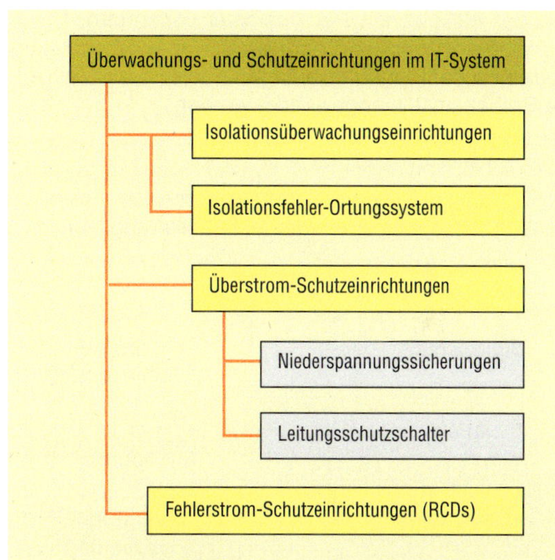

Abb. 16-38 ***Überwachungs- und Schutzeinrichtungen im IT-System***

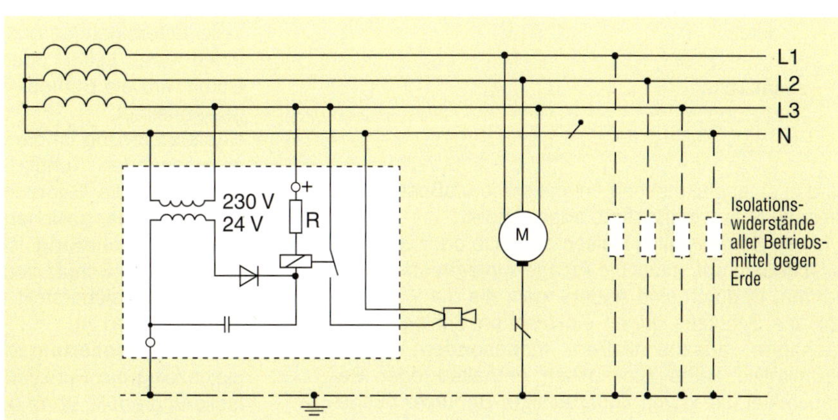

Abb. 16-37 ***Isolationsüberwachungseinrichtung***

16

Werden Fehlerstrom-Schutzeinrichtungen (RCDs) verwendet,

- kann beim Auftreten des ersten Fehlers durch die kapazitiven Ableitströme ein Abschalten möglich sein,
- ist bei je einem Fehler in zwei verschiedenen Betriebsmitteln in unterschiedlichen Außenleitern eine Abschaltung nur sicher, wenn für jedes Verbrauchsmittel eine eigene RCD vorgesehen wird,
- können die für das TT-System hier geforderten Abschaltzeiten nach Tabelle 16-5, Seite 295, Differenzströme erfordern, die bedeutend höher als der Bemessungsdifferenzstrom der verwendeten RCD sind (typisch: $5 \cdot I_{\Delta n}$).

16.4.5 Schutzmaßnahme: Doppelte oder verstärkte Isolierung

Merkmale

Der Schutz durch doppelte oder verstärkte Isolierung wurde bisher als Schutzisolierung bezeichnet. Sie soll bei Fehlern in der Basisisolierung das Entstehen gefährlicher Berührungsspannungen an berührbaren Teilen der elektrischen Betriebsmittel verhindern. Diese Schutzmaßnahme kann grundsätzlich in allen elektrischen Niederspannungsanlagen, meist nur für einzelne Betriebsmittel, angewendet werden.

Teile des Schutzes durch doppelte oder verstärkte Isolierung

- Basisschutz durch Basisisolierung aktiver Teile
- **und** Fehlerschutz durch zusätzliche Isolierung
- **oder** Basis-/Fehlerschutz durch verstärkte Isolierung zwischen aktiven und zugänglichen Teilen

Wird in einer elektrischen Anlage diese Maßnahme als alleinige Schutzmaßnahme angewendet, d. h. alle Betriebsmittel weisen doppelte oder verstärkte Isolierung auf, muss die Anlage wirksam überwacht werden. Dadurch sind Änderungen, die die Wirksamkeit des Schutzes gegen elektrischen Schlag beeinträchtigen, auszuschließen. Insbesondere dürfen Stromkreise keine Steckdosen enthalten oder Betriebsmittel, die durch unberechtigte Benutzer ausgetauscht werden können.

Anforderungen an den Basis- und Fehlerschutz

Elektrische Betriebsmittel

Realisierung der Schutzmaßnahmen durch

	Einsatz typgeprüfter Betriebsmittel	Maßnahmen beim Errichten von Anlagen	
Stufe der Sicherheitstechnik	unmittelbare Sicherheitstechnik	mittelbare Sicherheitstechnik	
Merkmale der Betriebsmittel bzw. Maßnahmen	Betriebsmittel der Schutzklasse II mit **doppelter oder verstärkter Isolierung** **vollständige Isolierung** bei fabrikfertigen Gerätekombinationen	Betriebsmittel nur mit Basisisolierung durch **doppelte Isolierung** ergänzen (Abb. 16-39)	Anlagenteile mit nicht isolierten aktiven Teilen durch **verstärkte Isolierung** vervollständigen (Abb. 16-40)
Kennzeichnung der Betriebsmittel	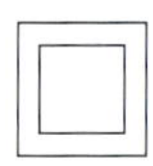		

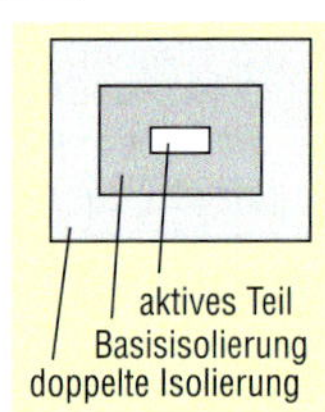

Abb. 16-39
Doppelte Isolierung

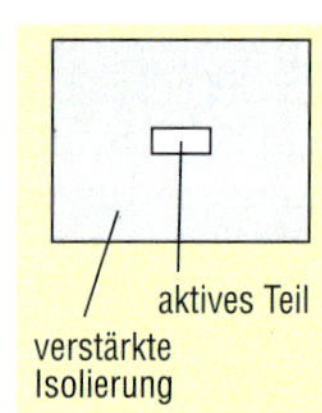

Abb. 16-40
Verstärkte Isolierung

Zur eindeutigen Unterscheidung:

- **Betriebsisolierung** ist die für die Reihenspannung der Betriebsmittel bemessene Isolierung der aktiven Teile untereinander oder gegen ihren Körper, um einen Kurz-, Leiter- oder Erdschluss zu verhindern. Damit wird die Betriebsfähigkeit des Betriebsmittels gewährleistet.
- **Basisisolierung** ist die Isolierung aktiver Teile zum grundlegenden Schutz gegen direktes Berühren. Damit wird die Gebrauchsfähigkeit für den Nutzer bzw. Anwender gesichert.
- **Doppelte Isolierung** ist eine unabhängige Isolierung, die den Schutz gegen den elektrischen Schlag auch dann sicherstellt, wenn die Basisisolierung durchschlagen ist.
- **Verstärkte Isolierung** ist eine einzige Isolierung, die gleichzeitig die Funktion der Basis- und doppelten Isolierung erfüllt, ohne dass ihre Isolationswerte getrennt bestimmt werden können.

16

- Alle leitfähigen Teile eines betriebsfertigen elektrischen Betriebsmittels, die von aktiven Teilen nur durch eine Basisisolierung getrennt sind, müssen von einer isolierenden Umhüllung mit der Mindestschutzart IPXXB umschlossen sein. Der Betrieb des Betriebsmittels darf dabei nicht nachteilig beeinträchtigt werden.
  Durch die Umhüllungen dürfen keine leitfähigen Teile geführt werden. Schrauben aus isolierendem Material, die durch Metallschrauben ersetzt werden können, sind nicht zulässig.
- Wenn Deckel oder Türen in der isolierenden Umhüllung ohne Werkzeug oder Schlüssel geöffnet werden können, müssen alle leitfähigen Teile hinter einer isolierenden Abdeckung mit dem Mindestschutzgrad IPXXB angeordnet sein. Diese Abdeckung darf nur mithilfe eines Schlüssels oder Werkzeugs abnehmbar sein, um ein unbeabsichtigtes Berühren zu verhindern.
- Leitfähige Teile innerhalb der Umhüllung dürfen nicht mit einem Schutzleiter verbunden sein. Versorgungsleitungen für andere Betriebsmittel können durch die isolierende Umhüllung geführt werden.
- Durch Befestigen, Anschließen der Leiter usw. der Betriebsmittel mit doppelter oder verstärkter Isolierung darf der geforderte Schutz nicht beeinträchtigt werden.

Kabel und Leitungen

- In einem Stromkreis, der Betriebsmittel der Schutzklasse II versorgt, ist zu jedem Punkt der Leitungsverlegung ein Schutzleiter mitzuführen, der in jedem Installationsgerät an eine Klemme anzuschließen ist. Dadurch können Betriebsmittel der Schutzklasse II gegen solche der Schutzklasse I ersetzt werden.
- Kabel und Leitungen erfüllen die Anforderungen dieser Schutzmaßnahme, wenn ihre Bemessungsspannung mindestens 300/500 V beträgt und ein ausreichend mechanischer Schutz der Basisisolierung durch einen nicht-metallenen Mantel des Kabels oder durch nicht-metallene Kabelkanäle bzw. Installationsrohre erreicht wird.
- Diese Kabel- und Leitungssysteme dürfen nicht mit den Symbolen (Doppelquadrat bzw. durchgestrichenes Erdungszeichen) der Betriebsmittel gekennzeichnet sein.

Anwendung

- Isolierende Gehäuse und Abdeckungen, z. B. Kaffeemühlen, Entsafter, Eierkocher, Leuchten (Abb. 16-41)
- Isolierende Umpressung von Kleinmaschinen, z. B. Staubsauger
- Einbau von Isolierzwischenteilen, z. B. Bohrmaschinen, Küchenmaschinen
- Vollständig isoliertes Installationsmaterial, z. B. Leitungen, Schalter, Zählertafeln, Verteilungen (Abb. 16-42)

16.4.6 Schutzmaßnahme: Schutztrennung

Merkmale

Bei dem Schutz durch Schutztrennung muss die Versorgung durch eine ungeerdete Stromquelle mit einfacher Trennung (meist Trenntransformator) auf **ein** Verbrauchsmittel beschränkt werden (Abb. 16-43). Bei Körperschluss entstehen am Betriebsmittel keine gefährliche Berührungsspannungen, da ein geschlossener Stromweg durch Personen nicht gebildet werden kann.

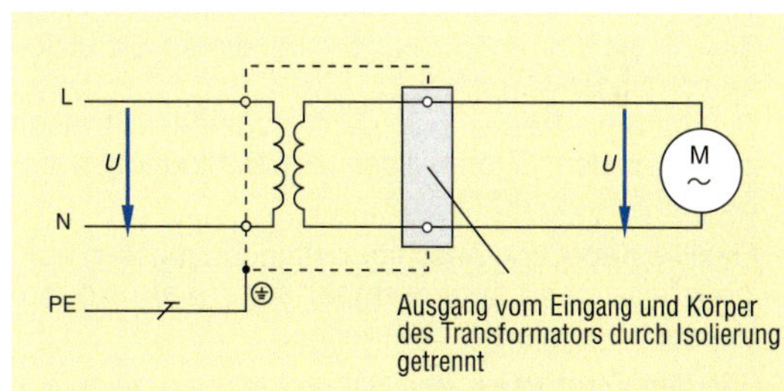

Abb. 16-43 ***Schutztrennung durch Trenntransformator***

Teile des Schutzes durch Schutztrennung

für

- den Basisschutz — durch
  - Basisisolierung
  - oder Abdeckungen oder Umhüllungen
  - oder Betriebsmittel mit doppelter oder verstärkter Isolierung
- den Fehlerschutz — durch
  - Stromquelle mit einfacher Trennung vom Versorgungsnetz

Abb. 16-41 ***Isolierendes Gehäuse eines Eierkochers***

Abb. 16-42 ***Vollständig isolierter Schalter***

Anforderungen an den Basisschutz

Die Vorkehrungen des Basisschutzes müssen den Festlegungen
- des Abschnittes 16.4.1 für die Basisisolierung bzw. für Abdeckungen oder Umhüllungen oder den
- des Abschnittes 16.4.5 für die doppelte oder verstärkte Isolierung von Betriebsmitteln genügen.

Anforderungen an den Fehlerschutz

- Der Stromkreis muss von einer Stromquelle ($U \leq$ 500 V) mit mindestens **einfacher Trennung** vom Netz versorgt werden. Als Stromquelle für das eine Verbrauchsmittel können verwendet werden
  - Trenntransformatoren
  - Motorgeneratoren mit getrennten Wicklungen
  - Generatoren mit nichtelektrischem Antrieb
  - andere Stromversorgungen, die eine gleichartige Trennung bieten.
- Alle aktiven Teile des Stromkreises mit Schutztrennung dürfen an keiner Stelle mit einem anderen Stromkreis oder mit Erde oder mit einem Schutzleiter verbunden werden.
  Die einfache Trennung ist dann sichergestellt, wenn zwischen den Stromkreisen die Bedingungen der Basisisolierung erfüllt sind.
- Flexible Kabel und Anschlussleitungen müssen über ihrer gesamten Länge sichtbar sein, wenn sie mechanisch beansprucht werden.
- Für den Stromkreis der Schutztrennung wird eine getrennte Kabel- oder Leitungsanlage empfohlen. Wird nur eine Kabel- oder Leitungsanlage für den Stromkreis mit Schutztrennung und Stromkreise mit einer anderen Schutzmaßnahme verwendet, müssen
  - mehradrige Kabel ohne metallische Umhüllung oder
  - isolierte Leiter in isolierenden Installationsrohren bzw. in geschlossenen aber auch zu öffnenden isolierten Installationskanälen verwendet werden.

  Voraussetzung ist, dass
  - ihre Bemessungsspannung mindestens so groß wie die höchste wahrscheinlich auftretende Spannung ist und
  - jeder Stromkreis gegen Überstrom geschützt ist.
- Der Körper des Betriebsmittels mit Schutztrennung darf nicht mit dem Schutzleiter oder mit dem Körper von Betriebsmitteln anderer Stromkreise oder mit Erde verbunden sein.

16.4.7 Schutzmaßnahme: Schutz durch Kleinspannung SELV und PELV

Merkmale

Der Schutz durch Kleinspannung besteht aus den zwei Spannungssystemen

SELV engl. **s**afety (Sicherheit) **e**xtra **l**ow **v**oltage (Kleinspannung)

PELV engl. **p**rotective (Schutz) **e**xtra **l**ow **v**oltage (Kleinspannung)

- Die Spannung in diesen Systemen wird durch die obere Grenze des Spannungsbandes I (Tab. 16-11) auf AC 50 V und DC 120 V begrenzt.
- In bestimmten Fällen (Gruppe 700 der DIN VDE 0100) ist der Wert der Kleinspannung auf einen Betrag kleiner als die angegebenen Werte begrenzt.
- Gefordert wird eine sichere Trennung der SELV- und PELV-Systeme von allen anderen Stromkreisen und Basisisolierung zwischen den SELV- oder PELV-Systemen zu anderen SELV- bzw. PELV-Systemen.

Anforderungen an den Basis- und Fehlerschutz

Der Basis- und Fehlerschutz ist gewährleistet, wenn
- die Nennspannung die obere Grenze des Spannungsbandes I nicht überschreiten kann,
- die Betriebsmittel von Stromquellen versorgt werden, die spezielle Anforderungen erfüllen und
- die Bedingungen für SELV- und PELV-Stromkreise eingehalten werden.

	Stromart	Spannungsbereich	Nennspannung U des Netzes zwischen	Netz
Spannungsbereich I	AC	$U \leq 50$ V	Außenleiter – Erde Außenleiter – Außenleiter Außenleiter – Außenleiter	geerdet geerdet isoliert
	DC	$U \leq 120$ V	Leiter – Erde Leiter – Leiter Leiter – Leiter	geerdet geerdet isoliert
Spannungsbereich II	AC	50 V < U ≤ 600 V ≤ 1000 V ≤ 1000 V	Außenleiter – Erde Außenleiter – Außenleiter Außenleiter – Außenleiter	geerdet geerdet isoliert
	DC	120 V < U ≤ 900 V ≤ 1500 V ≤ 1500 V	Leiter – Erde Leiter – Leiter Leiter – Leiter	geerdet geerdet isoliert
	Spannungsbereich I: (Band I)	Anlagen, bei denen der Schutz gegen elektrischen Schlag unter bestimmtem Bedingungen durch die Höhe der Spannung erreicht wird, Anlagen, in denen die Spannung aus Funktionsgründen begrenzt ist (z. B. Fernmelde-, Signal-, Klingelanlagen, Steuer- und Meldestromkreise).		
	Spannungsbereich II: (Band II)	Spannungen in der Hausinstallation, in gewerblichen und industriellen Anlagen, Spannungen der öffentlichen Energieversorgung in verschiedenen Ländern.		

Tab. 16-11 ***Spannungsbänder für elektrische Anlagen in Gebäuden***

Stromquellen der SELV- und PELV-Systeme

Die Stromquellen dieser Systeme müssen die **sichere Trennung** zu den Niederspannungssystemen und den geforderten Kleinspannungswert gewährleisten.

Ortsveränderliche Stromquellen, die mit Niederspannung versorgt werden, müssen der Schutzmaßnahme doppelte oder verstärkte Isolierung genügen.

Es dürfen verwendet werden (Abb. 16-44)
- Sicherheitstrenntransformatoren, deren Hauptisolation zwischen der Primär- und Sekundärwicklung nicht durchschlagen werden kann,
- Motorgeneratoren mit Wicklungen, die im Vergleich zu den Sicherheitstrenntransformatoren gleichwertig getrennt sind,
- Generatoren mit nichtelektrischem Antrieb,
- Batterien oder galvanische Elemente,
- elektronische Einrichtungen, bei denen sichergestellt ist, dass auch bei Auftreten eines inneren Fehlers die Spannung an den Ausgangsklemmen AC 50 V oder DC 120 V nicht überschreitet. Mögliche höhere Spannungen müssen beim Berühren eines aktiven Teils oder im Fehlerfall zwischen einem aktiven Teil und einem Körper unmittelbar auf die o.g. Spannungswerte herabgesetzt werden. Dies trifft u.a. auf Isolationsprüfgeräte und Isolationsüberwachungseinrichtungen zu. Das Einhalten der Spannungswerte kann mit einem Spannungsmesser kontrolliert werden, dessen innerer Widerstand mindestens 3000 Ω beträgt.

Anforderungen an die SELV- und PELV-Stromkreise

SELV- und PELV-Stromkreise müssen eine **sichere Trennung** ihrer aktiven Teile von denen anderer Niederspannungsstromkreise gewährleisten durch
- eine doppelte oder verstärkte Isolierung
  oder durch
- eine Basisisolierung mit Schutzschirmung für die höchst vorkommende Spannung,
  aber nur
- eine Basisisolierung als **einfache Trennung** zu den aktiven Teilen anderer SELV- oder PELV-Stromkreise.

Die sichere Trennung ist insbesondere notwendig zwischen den aktiven Teilen der Relais, Schütze, Hilfsschalter und irgend einem Teil eines Stromkreises höherer Spannung.
Die aktiven Teile der SELV-Stromkreise müssen durch Basisisolierung von Erde getrennt sein.
Wie die Abb. 16-45 zeigt, kann ein intaktes SELV-System durch eine unzulässige Schutzleiter-, damit Erdverbindung zur tödlichen Gefahr werden.

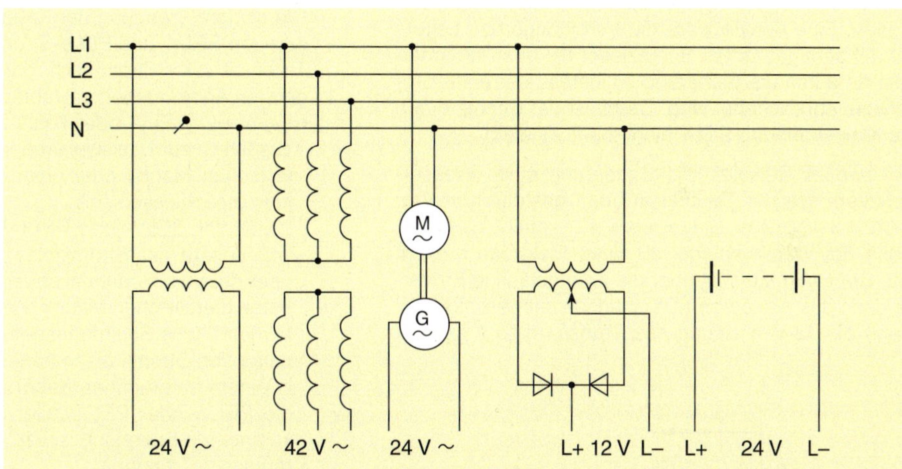

Abb. 16-44
Erzeugen der Kleinspannungen SELV und PELV

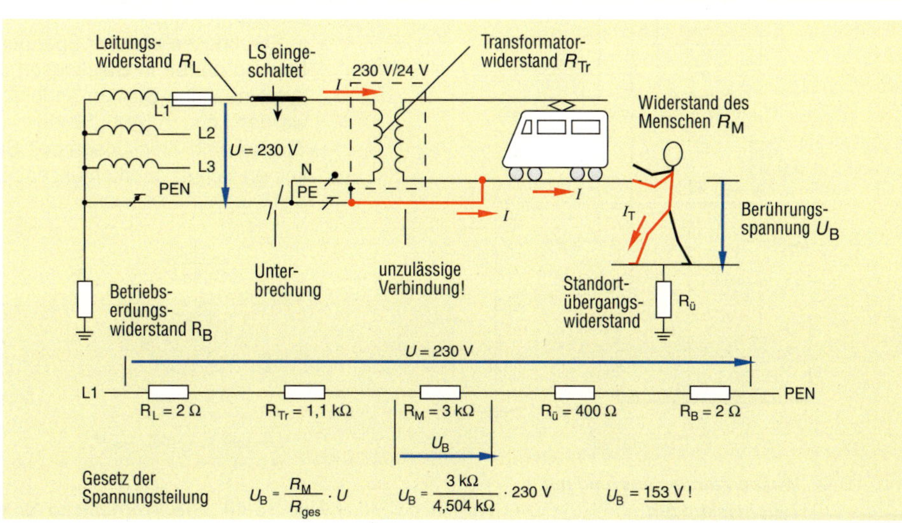

Abb. 16-45
Unzulässige Erdverbindung im SELV-Stromkreis

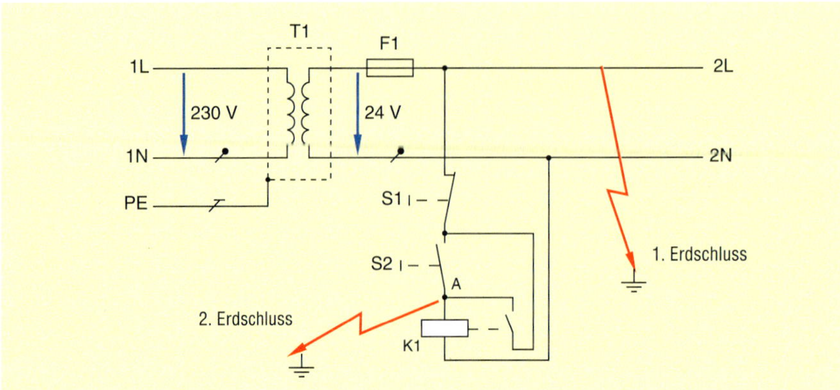

Abb. 16-46

Erdschlüsse im Steuerstromkreis

Beispiele der betrieblichen Praxis zeigen jedoch, dass unter Umständen auch in Kleinspannungskreisen geerdet werden muss. Als Beispiel wird der Steuerstromkreis des Schützes K1 (Abb. 16-46) betrachtet, der durch eine Kleinspannung von 24 V eingespeist wird.

Schutzkleinspannung PELV

Ein meist nicht erkannter Erdschluss des Leiters 2L beeinträchtigt die Funktion des Steuerstromkreises nicht. Jedoch bei einem zweiten Erdschluss an der Stelle A zieht das Schütz K1 ohne Betätigen des Tasters S2 unkontrolliert an. Unvorhersehbarer Schaden könnte entstehen. Eine Abhilfe wäre die Verbindung des Leiters 2N mit dem geerdeten Schutzleiter PE des Primärnetzes, da durch die Sicherung F1 bereits der erste Erdschluss abgeschaltet wird. Damit ist der Schutz durch die Kleinspannung SELV nicht mehr wirksam.

Ein zweites Beispiel: Die Entleerung eines Wasserbehälters soll mit Tauchelektroden gesteuert werden (Abb. 16-47). Das Steuerrelais K1 spricht dann an, wenn der Wasserspiegel die linke Elektrode erreicht hat. Der Stromkreis ist über die zwangsläufige Erdverbindung des Wasserbehälters jedoch nur geschlossen, wenn die 42-V-Wicklung des Transformators geerdet ist. Über das Schütz K2 kann eine Pumpe geschaltet werden, die den Behälter entleert. Auch hier erfüllt die Spannung von 42 V nicht die Bedingungen einer SELV-Kleinspannung.

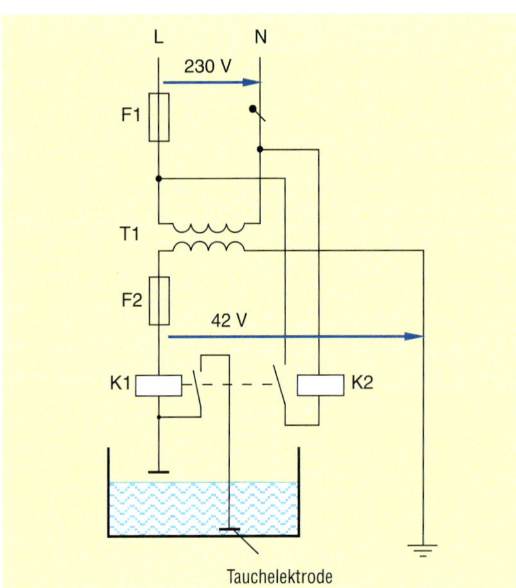

Abb. 16-47 ***Wasserstandssteuerung mit Tauchelektroden***

Diese beispielhaft genannten Probleme werden durch das PELV-System gelöst.

- PELV-Stromkreise und/oder Körper ihrer Betriebsmittel dürfen geerdet werden. Die Erdung der PELV-Stromkreise kann durch eine Verbindung mit einem Erder oder mit einem geerdeten Schutzleiter in der Stromquelle selbst realisiert werden.
- Die sichere Trennung der Kabel- und Leitungsanlagen von SELV- und PELV-Stromkreisen von aktiven Teilen anderer Stromkreise darf durch eine der folgenden Anordnungen gewährleistet werden:
  - Leiter der SELV- oder PELV-Stromkreise müssen zusätzlich zur Basisisolierung von einem nicht metallischen Mantel oder einer isolierenden Umhüllung umschlossen sein;
  - Leiter der SELV- und PELV-Stromkreise müssen von Leitern der Stromkreise mit einer Spannung über der vom Spannungsband I durch einen geerdeten metallischen Mantel oder durch eine geerdete metallische Schirmung getrennt sein;
  - Leiter von Stromkreisen höherer Spannung dürfen in einem mehradrigen Kabel enthalten sein, wenn die SELV- oder PELV-Leiter für die höchste vorkommende Spannung isoliert sind;
  - räumliche Trennung.
- Stecker der SELV- oder PELV-Systeme dürfen nicht in Steckdosen anderer Spannungssysteme passen. Ebenso dürfen in Steckdosen der Kleinspannungssysteme keine Stecker anderer Systeme eingeführt werden können (Abb. 16-48).
  Stecker und Steckdosen des SELV-Systems dürfen keinen Schutzleiterkontakt haben.

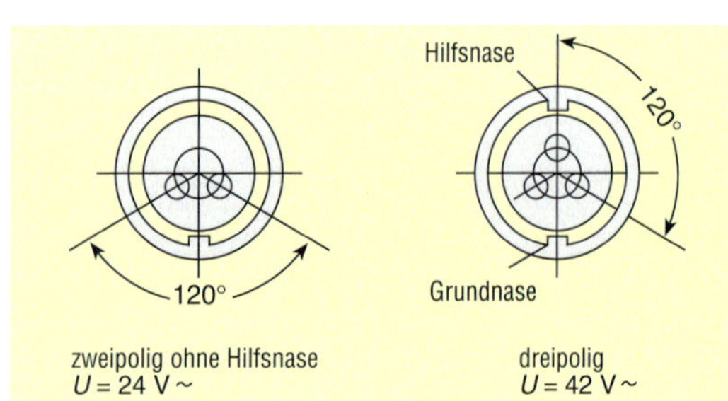

Abb. 16-48 ***Steckvorrichtung für Kleinspannung***

Aus der folgenden Übersicht sind das Gemeinsame und die wesentlichen Unterschiede zwischen den beiden Kleinspannungssystemen zu entnehmen.

<table>
<tr><th></th><th>Kleinspannung SELV</th><th>Kleinspannung PELV</th></tr>
<tr><td>Art der Trennung</td><td colspan="2">sichere Trennung in Stromquellen und der Stromkreise gegen Systeme höherer Spannung</td></tr>
<tr><td>Erdung der Stromkreise</td><td>nicht zulässig</td><td>aus Funktionsgründen in Anlagen der Informations-, Steuerungs- und Messtechnik
zulässig</td></tr>
<tr><td>Schutzleiteranschluss am Körper der Betriebsmittel</td><td>nicht zulässig</td><td>zulässig</td></tr>
<tr><td rowspan="4">Maßnahmen zum Schutz gegen direktes Berühren

Basisschutz</td><td colspan="2">nicht erforderlich bei AC $U \leq 6$ V oder DC $U \leq 15$ V</td></tr>
<tr><td colspan="2">unter normalen, trockenen Umgebungsbedingungen
bei AC $U \leq 25$ V oder DC $U \leq 60$ V</td></tr>
<tr><td>nicht erforderlich</td><td>nicht erforderlich,
wenn Schutzleiterverbindung zwischen Körper und Haupterdungsschiene besteht</td></tr>
<tr><td colspan="2">erforderlich bei Eintauchen der Betriebsmittel unter Wasser oder
bei AC $U > 25$ V oder DC $U > 60$ V
durch Basisisolierung der aktiven Teile oder durch Abdeckungen oder Umhüllungen</td></tr>
</table>

Funktionskleinspannung FELV

In elektrischen Anlagen werden aus Funktionsgründen auch Spannungen genutzt, deren Nennwerte AC 50 V oder DC 120 V nicht überschreiten. Ihre Stromkreise enthalten aber Betriebsmittel, die die Bedingungen der SELV- oder PELV-Systeme nicht erfüllen. Transformatoren, Relais, ferngesteuerte Schalter oder Schütze können solche Betriebsmittel sein, deren Isolierung zu einem Stromkreis höherer Spannung unzureichend ist. Um auch hier einen hinreichenden Schutz gegen den elektrischen Schlag zu gewährleisten, müssen ergänzende Vorkehrungen getroffen werden. Ihre Kombination wird als FELV-System bezeichnet:

FELV engl. **f**unctional (Funktion) **e**xtra **l**ow **v**oltage (Kleinspannung)
Sie ist keine eigenständige Schutzmaßnahme, sondern ist dem Schutz durch automatische Abschaltung der Stromversorgung zuzuordnen.

Anforderungen an das FELV-System
- Als Basisschutz muss vorgesehen werden
  - Basisisolierung, bemessen nach der Nennspannung des Primärkreises der Stromquelle
    oder
  - Abdeckungen oder Umhüllungen nach Abschnitt 16.4.1 (Seite 290)
- Fehlerschutz wird erreicht, wenn die Körper der Betriebsmittel des FELV-Stromkreises mit dem Schutzleiter des Primärkreises der Stromquelle verbunden werden, soweit hier die Schutzmaßnahme automatische Abschaltung der Stromversorgung gewählt wurde.
- Die Stromquelle muss entweder ein Transformator mit mindestens einfacher Trennung zwischen den Wicklungen sein oder die Anforderungen eines Sicherheitstransformators erfüllen.
- Stecker des FELV-Systems dürfen nicht in Steckdosen anderer Spannungssysteme passen. Ebenso dürfen in die Steckdosen des FELV-Systems keine Stecker anderer Systeme passen. Diese Steckdosen müssen einen Schutzkontakt haben.

16.4.8 Vergleich der allgemein erlaubten Schutzmaßnahmen

Der Errichter elektrischer Anlagen muss in der Lage sein, Schutzmaßnahmen nach Anforderungen und örtlichen Gegebenheiten auszuwählen. Dabei können in einer Anlage mehrere unterschiedliche Schutzmaßnahmen angewendet werden, wenn dadurch ihre Wirksamkeit nicht beeinträchtigt wird. Eine Einschränkung besteht grundsätzlich bei den netzsystemabhängigen Schutzmaßnahmen. Unterscheidungsmerkmale bzw. Auswahlkriterien bei der Festlegung der anzuwendenden Schutzmaßnahme sind u. a.
- Schutzwert,
- Zuverlässigkeit der Schutzmaßnahme, im Wesentlichen bestimmt durch die Störanfälligkeit der Zusatzgeräte,
- Versorgungssicherheit,
- Geräte- und Montageaufwand.

Zum Schutzwert

Der Schutzwert einer Schutzmaßnahme wird durch ihre Funktion bestimmt. Er ist bei allen Schutzmaßnahmen, bei denen durch physikalische oder konstruktive Maßnahmen keine Berührungsspannungen entstehen können, z. B. Kleinspannung SELV oder PELV, Schutztrennung, sehr hoch. Schutzmaßnahmen, die dagegen das Bestehenbleiben einer zu hohen Berührungsspannung verhindern, benötigen eine Schutzeinrichtung. Unter entsprechenden Voraussetzungen sind dies Sicherungen oder Leitungsschutzschalter und Fehlerstrom-Schutzeinrichtungen.

Zur Zuverlässigkeit

Fehlerstrom-Schutzeinrichtungen erfüllen mit ihren teils komplizierten mechanischen Systemen ihre Schutzaufgaben im rauen Betrieb nur bei entsprechender Wartung. Durch einen sorgfältig ausgewählten Einbauort und einen sicher gelegten Schutzleiter können Störungen vermieden werden. Der Anlagenbetreiber muss sorgfältig und kontinuierlich seine wiederkehrenden Prüfpflichten erfüllen.

Zur Versorgungssicherheit

Der Schutz durch automatisches Abschalten der Stromversorgung des TN- und TT-Systems trennt im Fehlerfall die Anlage vom Netz. Daraus können andere Unfallquellen entstehen, Produktionsabläufe gestört werden. Das IT-System bietet dann eine hinreichende Versorgungssicherheit, solange nur ein Fehler (Körper- oder Erdschluss) vorliegt. Überlegen sind hier Schutzmaßnahmen ohne Schutzleiter. Sie sind jedoch nur begrenzt anwendbar (doppelte oder verstärkte Isolierung) oder mit zusätzlichem Aufwand (Kleinspannung SELV/PELV oder Schutztrennung) verbunden.

Zum Geräte- und Montageaufwand

Der Aufwand für die einzelnen Schutzmaßnahmen ist unterschiedlich. Am einfachsten für den Errichter einer Anlage ist der Schutz durch Abschalten im TN-System. Allerdings erfordert diese Maßnahme für den Verteilungsnetzbetreiber mitunter einen hohen Aufwand, um im Drehstromnetz den Sternpunktleiter als PEN-Leiter ausführen zu können. Der Montageaufwand ist meist dann groß, wenn Erdungsanlagen errichtet werden müssen.

Beachte: Jede Schutzmaßnahme ist dort, wo sie richtig ausgewählt und den Anforderungen entsprechend eingesetzt ist, die für den gegebenen Fall die beste; es gibt keine schlechten Schutzmaßnahmen!

Zu einer normgerechten Ausführung einer Schutzmaßnahme gehört selbstverständlich auch die Wahl solcher Betriebsmittel, die den entsprechenden Schutz gegen den elektrischen Schlag gewährleisten. Entsprechend der Klassifizierung der elektrischen und elektronischen Betriebsmittel durch sog. **Schutzklassen** kann dieser Schutz

- durch die Umgebung,
- durch das Betriebsmittel selbst oder
- durch das Versorgungssystem erreicht werden.

Diese Gesichtspunkte sind in der Tabelle 16-12 zusammengefasst. Die Zuordnung der Betriebsmittel zu den Schutzklassen gilt

- für den Anschluss der Betriebsmittel an eine äußere Stromversorgung, deren Systemspannung 440 V zwischen den Außenleitern bzw. 250 V zwischen Außenleiter und Erde nicht übersteigt,
- für die Nutzung der Betriebsmittel durch die allgemeine Öffentlichkeit in Wohnungen, Büros, Werkstätten, Schulen usw. sowie für medizinische Zwecke (Tab. 16-12).

16.5 Schutzmaßnahmen mit eingeschränkter Anwendung

Die Schutzmaßnahmen mit eingeschränkter Anwendung sind in solchen Anlagen zulässig, die nur durch Elektrofachkräfte, elektrotechnisch unterwiesene Personen oder beaufsichtigte Personen **zugänglich** sind (16.5.1) und in solchen, die ausschließlich durch Elektrofachkräfte **betrieben und überwacht** werden (16.5.2–16.5.4).

16.5.1 Schutz durch Hindernisse oder durch Anordnung außerhalb des Handbereichs

Merkmal

Beide Schutzmaßnahmen sind ausschließlich in Anlagen mit oder ohne Fehlerschutz vorgesehen mit Vorkehrungen des Schutzes gegen direktes Berühren unter besonderen Bedingungen.

Schutz durch

Hindernisse	**Anordnung außerhalb des Handbereichs**
– Maßnahmen verhindern nicht das absichtliche Berühren aktiver Teile bei bewusstem Umgehen der Hindernisse. – Hindernisse müssen unabsichtliche körperliche Näherung zu aktiven Teilen und ihr unabsichtliches Berühren während des Bedienens im normalen Betrieb verhindern.	– Das Anordnen außerhalb des Handbereichs verhindert nur das unbeabsichtigte Berühren aktiver Teile (Abb. 16-49). – Gleichzeitig zugängliche Teile (Abstand ≤ 2,5 m) unterschiedlichen Potenzials dürfen nicht innerhalb des Handbereichs angeordnet werden.

Schutzklasse	0	I	II	III
Hauptmerkmale der Betriebsmittel	keine Anschlussstelle für Schutzleiter	Anschlussstelle für Schutzleiter	zusätzliche Isolierung, keine Anschlussstelle für Schutzleiter	Versorgung mit Kleinspannung SELV oder PELV
Voraussetzungen für den Schutz	Umgebung frei von Erdpotenzial	Anschluss an Schutzleiter	keine	Anschluss an SELV-Stromquelle

Tab. 16-12 ***Hauptmerkmale der Schutzklassen***

- Schutzleisten, Geländer oder Gitterwände müssen so gesichert sein, dass sie nicht unbeabsichtigt entfernt werden können.
- Sie dürfen ohne Schlüssel oder Werkzeug abnehmbar sein.
- Wenn die Standfläche in horizontaler Richtung durch ein Hindernis mit einem Schutzgrad weniger als IPXXB oder IP2X begrenzt wird, muss der Beginn des Handbereichs ab diesem Hindernis gerechnet werden.
- Abstände müssen vergrößert werden, wenn mit sperrigen oder langen leitfähigen Gegenständen hantiert wird.

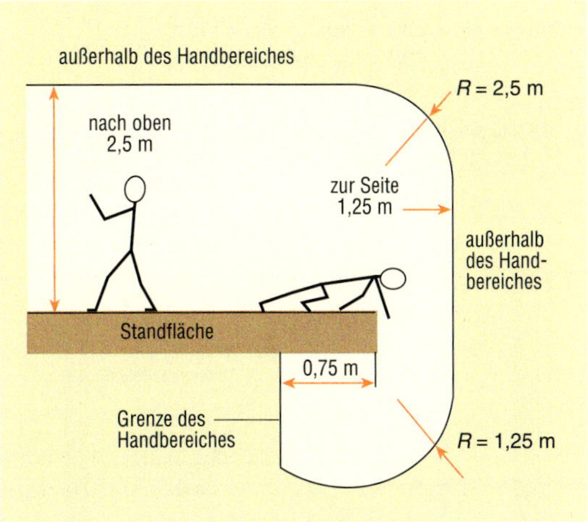

Abb. 16-49 ***Bemessung des Handbereichs***

16.5.2 Schutz durch nicht leitende Umgebung

Merkmal

Der Schutz durch nicht leitende Umgebung soll ein gleichzeitiges Berühren von Betriebsmitteln verhindern, die durch einen Fehler der Basisisolierung aktiver Teile unterschiedliches Potenzial haben.

Anforderungen

- Alle elektrischen Betriebsmittel müssen für den Basisschutz die Bedingungen der Basisisolierung oder die der Abdeckungen bzw. Umhüllungen (Abschnitt 16.4.1) erfüllen.
- Die Betriebsmittel müssen so angeordnet werden, dass Personen unter normalen Umständen nicht gleichzeitig
  - zwei Körper

    oder
  - einen Körper und ein beliebiges fremdes leitfähiges Teil berühren können, wenn diese bei einem Fehler der Basisisolierung unterschiedliches Potenzial annehmen können.

  Diese Festlegung ist erfüllt, wenn die Umgebung einen isolierenden Fußboden und isolierende Wände hat und eine oder mehrere der folgenden Ausführungen angewendet wird:
  - Abstände zwischen gleichzeitig berührbaren Körper oder fremde leitfähige Teile ≥ 2,5 m, außerhalb des Handbereichs ≥ 1,5 m einhalten;
  - wirksame Hindernisse, möglichst nicht leitend, zwischen eng aufgestellten Betriebsmitteln anordnen (Abb. 16-50);
  - fremde leitfähige Teile isoliert anordnen. Isolierung muss eine Prüfspannung von 2000 V standhalten. Unter normalen Bedingungen muss der Ableitstrom ≤ 1 mA betragen.
- In der nicht leitenden Umgebung darf kein Schutzleiter verlegt werden.
- Der Widerstand isolierender Fußböden und Wände darf nicht kleiner sein als
  - 50 kΩ bei Nennspannungen der Anlage ≤ 500 V bzw.
  - 100 kΩ bei Nennspannungen der Anlage > 500 V.

  Hinweis: Liegt der Widerstand an einem beliebigen Punkt unter den festgelegten Werten, gelten die Fußböden und Wände bezogen auf den Schutz gegen elektrischen Schlag als fremde leitfähige Teile.
- Die getroffenen Anordnungen müssen dauerhaft sein. Der Schutz muss auch sichergestellt werden, wenn bewegliche oder tragbare Betriebsmittel verwendet werden.
- Es ist sicherzustellen, dass durch fremde leitfähige Teile keine Spannungen aus dem betreffenden Raum nach außen verschleppt werden können..

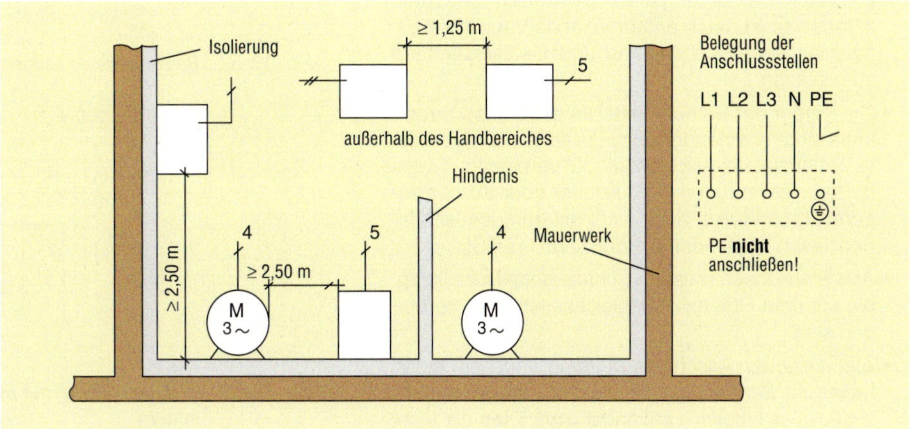

Abb. 16-50 ***Schutz durch nicht leitende Umgebung***

16

16.5.3 Schutz durch erdfreien örtlichen Schutzpotenzialausgleich

Merkmal
Der erdfreie örtliche Schutzpotenzialausgleich aller gleichzeitig zugänglichen Betriebsmittel soll das Auftreten einer gefährlichen Berührungsspannung verhindern.

Anforderungen

- Alle elektrischen Betriebsmittel müssen für den Basisschutz die Bedingungen der Basisisolierung oder die der Abdeckungen bzw. Umhüllungen (Abschnitt 16.4.1) erfüllen.
- Die gleichzeitig berührbaren Betriebsmittel und fremde leitfähige Teile sind durch einen Potenzialausgleichsleiter zu verbinden. Das dadurch entstandene örtliche Potenzialausgleichssystem darf keine direkte elektrische Verbindung mit Erde besitzen, auch nicht durch fremde leitfähige Teile (Abb. 16-51).
- Es müssen dann zusätzliche Maßnahmen getroffen werden, wenn Personen beim Betreten des potenzialgleichen Raumes gefährliche Potenzialunterschiede überbrücken können. Dies ist insbesondere dann der Fall, wenn ein leitender aber gegen Erde isolierter Fußboden in das erdfreie Potenzialausgleichssystem einbezogen ist (Abb. 16-52).

16.5.4 Schutz durch Schutztrennung mit mehreren Verbrauchsmitteln

Merkmal
Der Schutz durch Schutztrennung eines einzelnen Stromkreises soll gefährliche Körperströme verhindern, die beim gleichzeitigen Berühren mehrerer Betriebsmittel durch Fehler der Basisisolierung entstehen können.

Anforderungen

- Alle elektrischen Betriebsmittel müssen für den Basisschutz die Bedingungen der Basisisolierung oder die der Abdeckungen bzw. Umhüllungen (Abschnitt 16.4.1) erfüllen.
- Die für die Schutzmaßnahme Schutztrennung (eines Verbrauchsmittels) genannten Bedingungen müssen für den Schutz bei mehreren Verbrauchsmitteln sichergestellt und wie folgt ergänzt werden:
  - Der vom Versorgungsnetz galvanisch getrennte Stromkreis ist durch entsprechende Vorsichtsmaßnahmen vor Beschädigung und Isolationsfehlern zu schützen.
  - Die Körper der Betriebsmittel im getrennten Stromkreis sind miteinander durch isolierte nicht geerdete Potenzialausgleichsleiter zu verbinden. Diese dürfen nicht mit dem Schutzleiter oder Körper anderer Stromkreise, auch nicht mit fremden leitfähigen Teilen verbunden werden (Abb. 16-53).
  - Alle Steckdosen müssen Schutzkontakte besitzen, die mit dem Potenzialausgleichssystem zu verbinden sind.
  - Alle flexiblen Anschlussleitungen müssen einen Leiter mit Schutzfunktion besitzen, der als Potenzialausgleichsleiter verwendet wird. Dies gilt nicht für Anschlussleitungen von Betriebsmitteln der Schutzklasse II.
- Bei einem Doppelkörperschluss zweier Leiter mit unterschiedlichem Potenzial an unterschiedlichen Betriebsmitteln entsteht durch den Potenzialausgleichsleiter ein geschlossener Stromweg. Der fließende Strom muss in der Zeit abgeschaltet werden, die den Festlegungen der Tabelle 16-5 (Seite 295) entspricht.
- Um eine überschaubare Anlage zu erhalten, wird empfohlen, dass das Produkt aus Nennspannung des Stromkreises in Volt und Länge des Kabel- oder Leitungssystems in Meter den Wert 100 000 nicht überschreiten soll:

  Länge des Kabel- oder Leitungssystems

  $$l/\text{m} \leq \frac{100\,000}{U_n/\text{V}}$$

  Bei $U_n = 230$ V sollte $l \leq 434$ m,
  $U_n = 400$ V sollte $l \leq 250$ m,
  $U_n = 690$ V sollte $l \leq 145$ m sein.

  Prinzipiell ist das Kabel- bzw. Leitungssystem auf 500 m zu begrenzen.

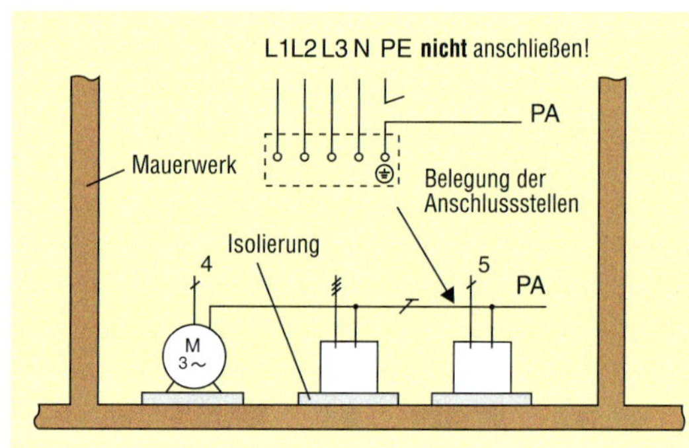

Abb. 16-51 ***Erdfreier örtlicher Schutzpotenzialausgleich***

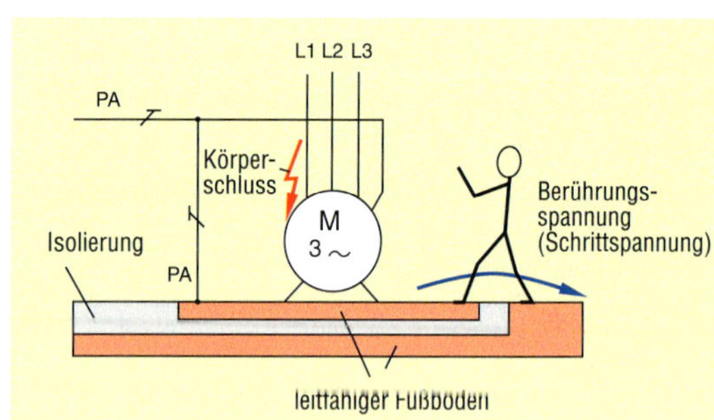

Abb. 16-52 ***Betreten eines erdpotenzialfreien Bereiches***

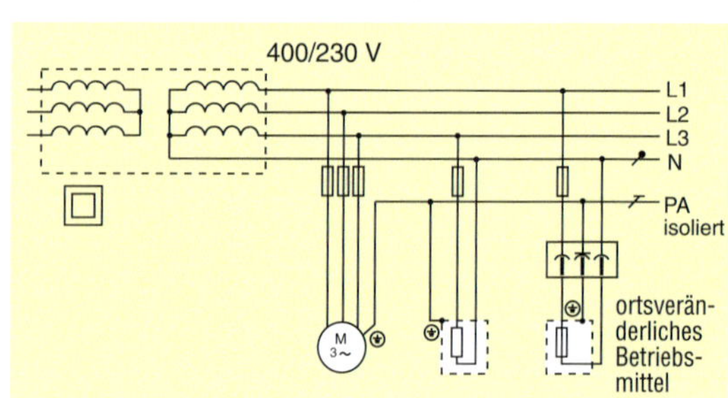

Abb. 16-53 ***Schutztrennung mit mehreren Verbrauchsmitteln***

16.6 Prüfen der Schutzmaßnahmen

16.6.1 Zuständigkeit und Verantwortlichkeit

Elektrische Anlagen sollen nicht nur funktionsfähig sein, sondern ihr Umgang soll für den Nutzer möglichst jedes Risiko ausschließen. Dazu sind die Anlagen zu prüfen. Auf der Grundlage von Gesetzen, Verordnungen und Erlassen sind Prüfvorschriften entwickelt worden (Abb. 16-54), in denen die in der Abb. 16-55 dargestellten Prüfungsarten unterschieden werden.

Durch eine vorschriftsmäßige Erstprüfung weist der Errichter nach, dass er normen- und vertragsgerecht gearbeitet hat. Da alle Betriebsmittel einer Veränderung durch Alterung und betriebsbedingten Verschleiß unterliegen, müssen weiterhin in bestimmten Zeitabständen Wiederholungsprüfungen durchgeführt werden.

Prüfpflicht obliegt dem Errichter und Instandhalter sowie dem Betreiber im gewerblichen und Elektrizitätsversorgungsbereich.

Prüfrecht haben Verteilungsnetzbetrieber (VNB) ohne Übernahme einer Haftung für fehlerhafte Arbeiten an elektrischen Anlagen.

Prüffristen sind in den Durchführungsanweisungen zum Verzeichnis der Einzelunfallverhütungsvorschriften der gewerblichen Berufsgenossenschaften (BGV) angegeben (Tab. 16-13).

Prüfer

Elektrofachkraft ist, wer aufgrund
- seiner fachlichen Ausbildung, in der Regel als Ingenieur für Elektrotechnik, Elektrotechniker, Elektromeister oder Elektrogeselle,
- seiner Kenntnisse und Erfahrungen meist nach mehrjähriger Tätigkeit in begrenzten Aufgabengebieten und entsprechender betrieblicher Ausbildung sowie Kenntnis der einschlägigen Normen
- die ihm übertragenen Arbeiten beurteilen und mögliche Gefahren erkennen kann, damit in der Lage ist, eigenverantwortlich zu handeln und Fachverantwortung zu tragen.

Elektrofachkraft für festgelegte Tätigkeiten ist, wer
- neben einer abgeschlossenen Berufsausbildung oder einer gleichwertigen beruflichen Tätigkeit durch eine zusätzliche Ausbildung im elektrotechnischen Bereich
- die Bestimmungen für sich wiederholende, in Arbeitsanweisungen festgelegte elektrotechnische Arbeiten beurteilen und mögliche Gefahren erkennen kann.

Elektrotechnisch unterwiesene Person ist, wer durch eine Elektrofachkraft über
- die ihm übertragenen Aufgaben und
- mögliche Gefahren bei unsachgemäßem Verhalten unterrichtet und erforderlichenfalls angelernt sowie

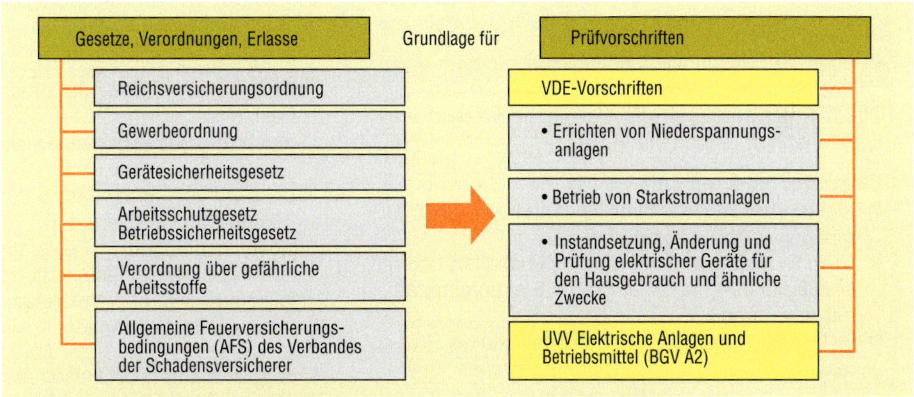

Abb. 16-54
Grundlage von Prüfvorschriften

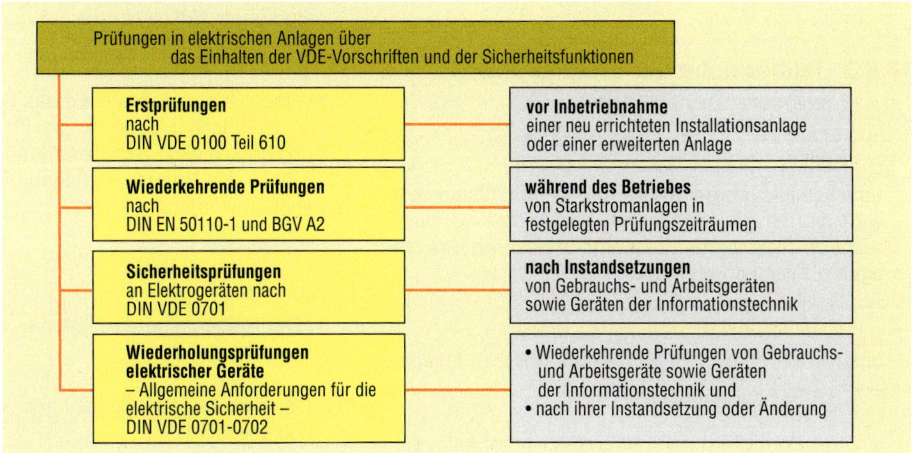

Abb. 16-55
Prüfungsarten

Anlage/Betriebsmittel	Prüffrist	Prüfumfang	Prüfer
Elektrische Anlagen und Betriebsmittel allgemein	vor der ersten Inbetriebnahme nach einer Änderung oder Instandsetzung	ordnungsgemäßer Zustand	Elektrofachkraft oder unter Aufsicht einer Elektrofachkraft
Elektrische Anlagen und ortsfeste Betriebsmittel	mindestens alle 4 Jahre	ordnungsgemäßer Zustand	Elektrofachkraft
Nicht ortsfeste elektrische Betriebsmittel; Anschlussleitungen mit Stecker; Verlängerungs- und Geräteanschlussleitungen mit ihren Steckvorrichtungen	mindestens alle 6 Monate	ordnungsgemäßer Zustand	Elektrofachkraft, bei Verwendung geeigneter Prüfgeräte auch elektrotechnisch unterwiesene Personen
FI- und FU-Schutzeinrichtungen – bei stationären Anlagen – bei nicht stationären Anlagen	mind. alle 6 Monate arbeitstäglich	einwandfreie Funktion durch Betätigen der Prüfvorrichtung	Benutzer
Spannungsprüfer; isolierte Werkzeuge; isolierende Schutzeinrichtungen, Betätigungs- und Erdungsstangen	vor jeder Benutzung	augenfällige Mängel und einwandfreie Funktion	Benutzer
Spannungsprüfer für Nennspannungen über 1 kV	mindestens alle 6 Jahre	Einhaltung der vorgegebenen Grenzwerte	Benutzer

Tab. 16-13 ***Prüffristen***

16

- über die notwendigen Schutzeinrichtungen und -maßnahmen belehrt wurde.

Sie darf **nicht selbständig** elektrische Anlagen errichten, ändern oder instand setzen.

Elektrotechnischer Laie ist, wer
- elektrische Betriebsmittel und Anlagen bestimmungsgemäß verwenden,
- beim Errichten, Ändern und Instandhalten unter Leitung und Aufsicht durch eine Elektrofachkraft mitwirken und
- im Rahmen des Prüfens durch Betätigen der Prüftaste nur die Schutzeinrichtung erproben kann.

16.6.2 Teilbereiche der Erstprüfung elektrischer Anlagen

Prüfen

umfasst alle Maßnahmen, mit denen festgestellt wird, ob die gesamte elektrische Anlage normgerecht errichtet wurde. Zum Prüfen gehören Besichtigen, Erproben und Messen.

Besichtigen

umfasst die visuelle Prüfung der elektrischen Anlage.

Erproben und Messen

sind die Bereiche des Prüfens elektrischer Anlagen, in denen festzustellen ist, ob die Anlage ihren Zweck ordnungsgemäß erfüllt. Das schließt das Feststellen solcher Eigenschaften ein, die nicht durch das Besichtigen ermittelt werden können.

Unter Erproben wird das Betätigen fest installierter Schutzeinrichtungen, z. B. von Isolationsüberwachungseinrichtungen, Fehlerstrom-Schutzschaltern, Melde- und Anzeigeeinrichtungen ferngesteuerter Schalter oder Prüfen von Drehstrom-Anschlüssen auf Rechtsdrehfeld, verstanden.

Die Erprobung gibt keinen Aufschluss über die Wirksamkeit der Schutzmaßnahme!
Personen, Nutztiere oder Sachen dürfen dabei nicht gefährdet werden!

Messen ist hier definiert als das Feststellen von Beträgen elektrischer Größen, die für die Beurteilung der Wirksamkeit einer Schutzmaßnahme wichtig sind, d. h. ob die in den Normen vorgegebenen Bedingungen eingehalten werden.

Hinweise:

1. Die Reihenfolge der Teilbereiche macht ihre Wichtigkeit deutlich.

Ohne vorheriges Besichtigen kein Erproben und kein Messen!

2. Die Prüftätigkeiten „Erproben und Messen“ bilden eine Einheit. Beide sind bei der Prüfarbeit nicht zu trennen.
3. Die Festlegungen nach DIN VDE 0100 Teil 610/04.94 gelten grundsätzlich nur für Erstprüfungen. Dies schließt nicht aus, dass die Vorgaben und angegebenen Prüfverfahren auch bei Prüfungen im Zusammenhang mit der Instandsetzung oder Rekonstruktion durch den Betreiber der elektrischen Anlagen angewendet werden. Diese Entscheidung liegt bei der Elektrofachkraft.
4. Zum systematischen und umfassenden Prüfen gehört das Protokollieren der aktuellen Messwerte, die den Vergleich zu den in den Normen geforderten ermöglichen. Bei Wiederholungsprüfungen können Zustandsänderungen der Anlage erkannt werden. Daraus sind Umfang und Zeitpunkt von Instandhaltungsmaßnahmen abzuleiten.
   Zur Protokollierung hat der Zentralverband des Deutschen Elektrohandwerks (ZVEH) für den Praktiker das „Prüfprotokoll und Übergabebericht“ herausgegeben. Durch seinen Aufbau stellt das Prüfprotokoll gleichzeitig eine Checkliste dar, deren vollständige Abarbeitung dem Prüfer Sicherheit bei Reklamationen oder haftungsrechtlichen Problemen bietet.

16.6.3 Prüfen durch Erproben und Messen

Ob eine elektrische Anlage ihren Zweck ordnungsgemäß erfüllt, kann nur durch Erproben und Messen als Teil des Prüfens festgestellt werden. Das schließt das Feststellen solcher Eigenschaften ein, die nicht durch das Besichtigen ermittelt werden können.

- Die Kontrolle der Betriebszustände der elektrischen Anlagen erfolgt durch das Messen von
  - Spannung
  - Leistungsfaktor
  - Stromstärke
  - Frequenz
  - Wirk- und Blindleistung
  - Widerstand u. a.

- Das Prüfen der Schutzmaßnahmen nimmt im Rahmen der Messaufgaben eine Sonderstellung ein.

Zwingend sind vorgeschrieben

Messschaltungen und -methoden

nach **DIN VDE 0100 Teil 640**
Errichten von Niederspannungsanlagen; Prüfungen; Erstprüfungen

Mess- und Prüfgeräte

nach **DIN VDE 0413 Teil 1–7**
Messen, Steuern, Regeln;
Geräte zum Prüfen der Schutzmaßnahmen in elektrischen Anlagen

In der Regel sind folgende Messungen erforderlich:

- Isolationswiderstand R_{isol}
- niederohmiger Widerstand $R_{\ll}$
- Erdungswiderstand R_A
- Schleifenwiderstand Z_s bzw. Kurzschlussstrom I_K
- Berührungsspannung U_B
- Auslöseprüfungen von FI-Schutzeinrichtungen $I_{\Delta n}$
- Netzspannung U_0

In der Tab. 16-14 sind im Überblick die o. g. Messungen den Schutzmaßnahmen zugeordnet.

Schutzmaßnahmen nach DIN VDE 0100 T 410	Messungen zur Erstprüfung nach DIN VDE 0100 T 610						
	R_{isol}	$R_{\ll}$	Z_s	R_a	U_B	U_0	$I_{\Delta n}$
Schutzmaßnahmen ohne Schutzleiter							
Kleinspannung SELV	●					●	
Kleinspannung PELV	●	●				●	
Doppelte/verstärkte Isolierung	keine Messung erforderlich						
Schutz durch nicht leitende Umgebung	●	●					
Schutztrennung	●	●	●				
Schutzpotenzialausgleich		●					
zusätzlicher Schutzpotenzialausgleich		●					
Schutzmaßnahmen mit Schutzleiter							
Messungen für alle Systeme	●	●		●			
Überstromschutzeinrichtungen im TT- oder TN-System			●				
FI-Schutzeinrichtungen im TT- oder TN-System					●		●
Messungen im IT-System	wie im TT- oder TN-System je nach Abschaltbedingungen						

Tab. 16-14 ***Zuordnung der Messungen zu den Schutzmaßnahmen***

Diese Messungen sind zurückzuführen auf folgende

■ Prinzipschaltungen

1. Widerstandsmessung nach der Spannungsmesser-Methode

Die bereitgestellte Gleichspannung teilt sich auf den zu bestimmenden Widerstand R_X und den Spannungsmesser auf. Nach dem Gesetz der Spannungsteilung ist die Anzeige am Messgerät vom Widerstandswert abhängig (Abb. 16-56).

Anwendung: Messen des Isolationswiderstandes

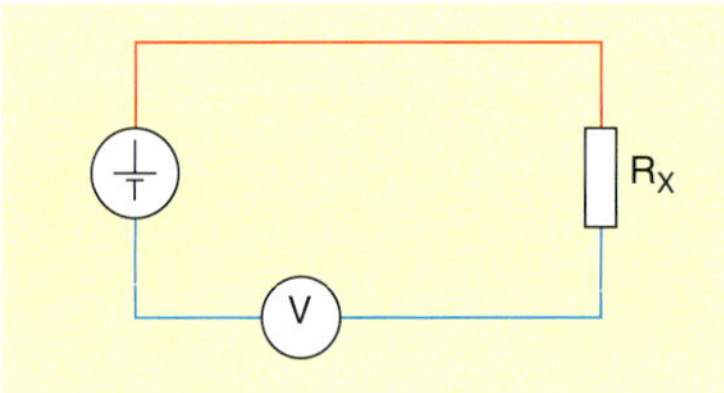

Abb. 16-56 ***Widerstandsmessung nach der Spannungsmesser-Methode***

2. Messen des Spannungsfalls (Abb. 16-57)

Nach dem Ohm'schen Gesetz kann der Widerstand *R* durch den Spannungsfall und durch die Stromstärke bestimmt werden.
Anwendung: Messen des Erdungswiderstandes, des Niederohmwiderstandes der Potenzialausgleichsleiter,
Messen der Berührungsspannung bei FI-Schutzeinrichtungen (Messschaltung mit Sonde)

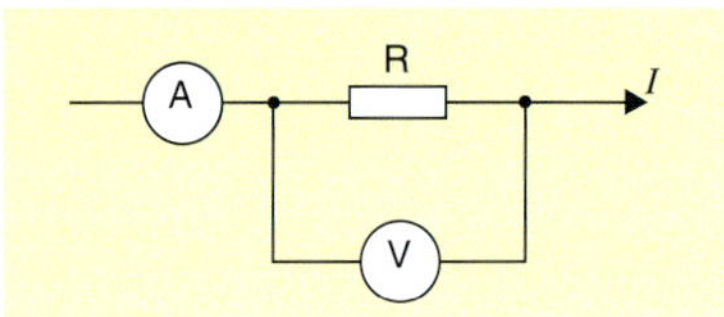

Abb. 16-57 ***Messen des Spannungsfalls***

3. Messen der Spannungsabsenkung bei Belastung (Abb. 16-58)

Durch die Differenzspannung einer unbelasteten und einer belasteten Stromquelle und der Stromstärke kann der Widerstand des Stromkreises bestimmt werden.
Anwendung: Messen des Schleifenwiderstandes, des Netzinnenwiderstandes,
Erdungsmessung in vereinfachter Form ohne Sonde,
Messen der Berührungsspannung bei Zweileitermessung

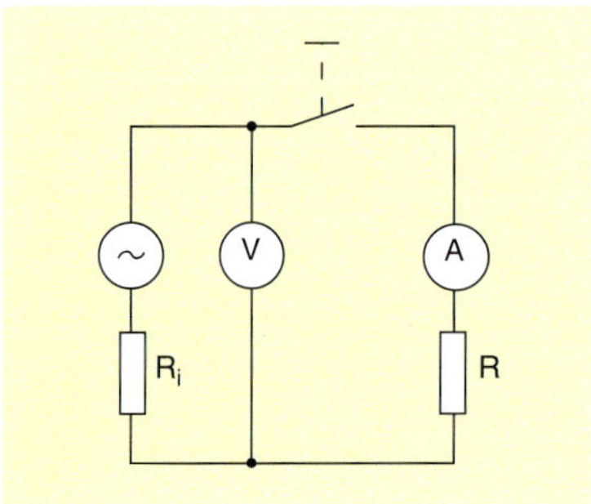

Abb. 16-58 ***Messen der Spannungsabsenkung bei Belastung***

■ Beurteilung der Messwerte

Jede Messung ist fehlerbehaftet. Ihre Genauigkeit wird bestimmt durch

- den Fehler des Messgerätes
  Der technische Standard der Analoggeräte ist zzt. durch die Genauigkeitsklasse 1,5 bestimmt, d.h. der Anzeigefehler beträgt ± 1,5 % vom Messbereichsendwert.
  Die Genauigkeit sollte deshalb durch die günstigste Wahl des Messbereiches ausgeschöpft werden.
- den Fehler der Messmethode
  Die Innenwiderstände der Messgeräte beeinflussen die Messwerte, da durch die Reihenschaltung der Strommesser bzw. durch die Parallelschaltung der Spannungsmesser der Widerstandswert des Messkreises sich ändert.

DIN VDE 0413 fordert, für die Geräte zum Prüfen der Schutzmaßnahmen einen Gebrauchsfehler von ± 30 % einzuhalten.

Dieser hohe Gebrauchsfehler wird verständlich, wenn man bedenkt, dass die meisten Messungen für die Einhaltung der Normvorgaben zu kleinen Zeigerausschlägen führen müssen, auch z. B. bei großen Isolationswiderständen. Hier wird nach der Prinzipschaltung Abb. 16-56 die Spannung über dem Messgerät umso kleiner sein, je höher der Isolationszustand der Anlage ist.

Dem Prüfer muss bewusst sein, dass der reale Wert zwischen dem 0,7fachen und dem 1,3fachen des abgelesenen Wertes liegt:

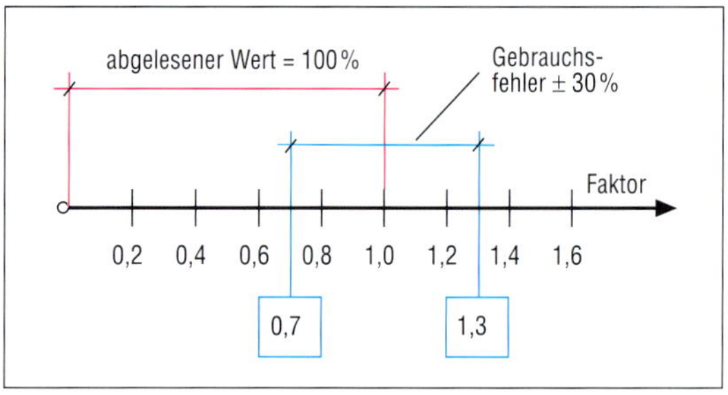

Da in Sicherheitsfragen immer vom ungünstigsten Fall (worst case) auszugehen ist, müssen zur eindeutigen Entscheidung über die Einhaltung der Normvorgaben die abgelesenen Werte mit den Faktoren der Tabelle 16-15 multipliziert werden.

Messgrößen	Faktor
Isolationswiderstand	0,7
Niederohmwiderstand	1,3
Erdungswiderstand	1,3
Schleifenimpedanz	1,3
Kurzschlussstrom	0,77
Berührungsspannung (FI)	1,2
Auslösestrom (FI)	0,9

Tab. 16-15 ***Faktoren zur Bestimmung des ungünstigsten Falles***

Beispiel:

Am Schleifenwiderstandsmessgerät wird ein Wert von 1,8 Ω abgelesen. Es sind unter Beachtung der zulässigen Gebrauchsfehler die einzuhaltenden Werte des Schleifenwiderstandes Z_s und bei einer Netzspannung von 230 V des Kurzschlussstromes I_k zu bestimmen.

Es ist zu entscheiden, ob die Bedingungen für das Abschalten bei Körperschluss erfüllt sind, wenn mithilfe des Abschaltstromes I_a der Überstromschutzeinrichtung die Schleifenimpedanz höchstens einen Nennwert von 2 Ω aufweisen darf.

zulässiger Gebrauchsfehler	– 30 %	+ 30 %	
Toleranzbereich des Messwertes Z_{SM}	1,26 Ω	1,8 Ω	2,34 Ω
Kurzschlussstrom $I_k = \frac{U_0}{Z_s}$	182,5 A	127,7 A	98,2 A
zulässiger Gebrauchsfehler des Kurzschlussstromes	≈ +43%	≈ –23%	

Nennwert $Z_{Sn} \leq 2\,\Omega$
Messwert $Z_{SM} = 1{,}8\,\Omega$
} Die Bedingung wird scheinbar erfüllt,

aber bei Berücksichtigung des möglichen Gebrauchsfehlers (ungünstigster Fall)

Nennwert $Z_{Sn} \leq 2\,\Omega$
Fehler berücksichtigender Wert $Z_{SF} = 2{,}34\,\Omega$
} wird die Bedingung **nicht** erfüllt.

Da der Kurzschlussstrom kleiner als der Abschaltstrom $I_a = \frac{230\text{ V}}{2\,\Omega}$

$I_K = I_a \rightarrow 98{,}2\text{ A} < 115\text{ A}$ ist,

wird die Überstromschutzeinrichtung nicht in der geforderten Abschaltzeit von 0,4 s bzw. 5 s ansprechen.

16.6.4 Prüfmethoden zum Nachweis der Wirksamkeit der Schutzmaßnahme

Da die Wirksamkeit der Schutzmaßnahmen durch Besichtigen allein nicht oder nicht exakt genug ermittelt werden kann, müssen die der Sicherheit dienenden Eigenschaften der elektrischen Anlagen und ihrer Betriebsmittel durch entsprechende Methoden des Erprobens und Messens festgestellt werden.

Die in der Tabelle 16-16 genannten Prüfmethoden werden im Folgenden beschrieben.

Messung des Isolationswiderstandes

■ **Grundsatz**

Die Prüfung des Isolationszustandes als wichtigste Sicherheitsprüfung von elektrischen Anlagen und Betriebsmitteln ist immer im spannungsfreien Zustand durchzuführen.

Die Folgen von Isolationsfehlern sind nicht nur Kurz-, Erd- oder Körperschlüsse, sondern schon kleine Fehlerströme können zu örtlicher Überhitzung und damit zur Entzündung leicht brennbarer Stoffe führen. Die durch eine mangelhafte Isolation entstehenden Sach- und Personenschäden können beträchtliche Ausmaße annehmen.

16

Elemente der Anlage/Schutzmaßnahmen	Prüfmethoden
Normgerechte Versorgungsspannung Rückwirkungen der Anlage auf das Netz	Spannungsmessung
Durchgängigkeit der Schutzleiter Funktionsfähigkeit Schutzpotenzialausgleich, zusätzlicher Schutzpotenzialausgleich	Widerstandsmessung (niederohmig)
Isolationswiderstand der Anlage und Betriebsmittel	Widerstandsmessung (hochohmig)
Schutzmaßnahme im TN-System mit Überstromschutzeinrichtung	Messung der Schleifenimpedanz
Schutzmaßnahme im TT-System mit Überstromschutzeinrichtung	Messung des Erdungswiderstandes Messung der Schleifenimpedanz
Schutzmaßnahme im IT-System mit Isolationsüberwachung	Erprobung der Überwachungseinrichtung, Messung je nach Abschaltbedingung
Schutzmaßnahme im TT-System mit FI-Schutzeinrichtung	Erprobung der Schutzeinrichtung, Messung der Berührungsspannung
Schutzmaßnahme Schutz durch Kleinspannung SELV und PELV	Messung der Spannung und des Isolationswiderstandes
Schutzmaßnahme Schutztrennung	Messung der Spannung und des Isolationswiderstandes
Isolierende Fußböden und Wände	Widerstandsmessung (hochohmig)
Drehstromsteckdosen	Drehfeld mit Prüfgerät
Betriebsmittel mit Sicherheitsfunktionen (Meldung, Verriegelung)	Erprobung, Funktionskontrolle

Tab. 16-16 ***Prüfmethoden zum Nachweis der Schutzmaßnahmen***

■ **Mindestisolationswiderstände**
nach Tab. 16-17
werden durch die örtlichen Bedingungen der elektrischen Anlage und ihrer Nutzung bestimmt.

Bei der Messung muss beachtet werden, dass die Leiterisolation aus folgenden Widerstandskomponenten (Abb. 16-59) besteht:

R_W konstanter Wirkwiderstand
X_C frequenzabhängiger kapazitiver Blindwiderstand der Leiter-Nichtleiter-Leiter-Anordnung
R_U von der Messspannung abhängige Widerstandskomponente
R_I vom Messstrom abhängige Widerstandskomponente
R_F von der Feuchtigkeit der Luft und des Isolierstoffes abhängige Widerstandskomponente

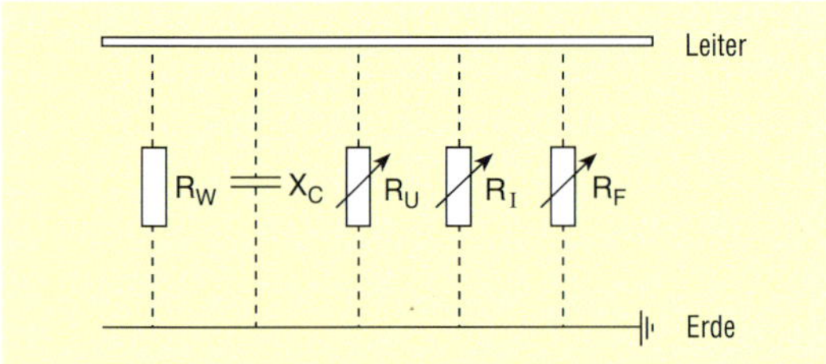

Abb. 16-59 ***Widerstandskomponenten der Leiterisolation***

Um Messfehler durch kapazitive Ableitströme und eventuell vorhandene elektrolytische Stromquellen zu verhindern, ist

- nur mit Gleichspannung

  und

- mit möglichst hoher Messspannung (maximal das 1,5fache der Anlagenspannung) zu prüfen.

■ **Messgeräte**
Nach der Art der verwendeten Hilfsenergie lassen sich die Isolationsmessgeräte den zwei Gruppen
- Isolationsmessgeräte mit Kurbelinduktor und
- Isolationsmessgeräte mit Batteriebetrieb (Abb. 16-60) zuordnen.

Die Bedeutung der ersten Gruppe ist sehr rückläufig.

■ **Messungen**
- Isolationswiderstand R_{isol} „Anlage gegen Erde" (Abb. 16-61)

Hinweise:
- Alle Leiter sind galvanisch miteinander zu verbinden.
- In der spannungsfreien Anlage können die Verbrauchsmittel eingeschaltet bleiben.

DIN VDE Bestimmung		Bezeichnung	Isolationswiderstand
100 Teil 610	 4/04	Stromkreise a) SELV; PELV b) bis 500 V, auch FELV, außer a) c) über 500 V	 ≥ 0,5 MΩ ≥ 1 MΩ ≥ 1 MΩ
57105	7/83	Anlagen im Betrieb: a) Anlagen ohne Betriebsmittel b) Anlagen mit Betriebsmitteln c) Betriebsmittel der Schutzklasse I d) Betriebsmittel der Schutzklasse II	 1000 Ω/V 300 Ω/V 1000 Ω/V 2 MΩ
57113	2/85	Elektrische Ausrüstung an Maschinen	1 MΩ
57118 Entwurf	 1/82	Elektrische Anlagen im Bergbau: a) ohne Verbraucher b) mit Verbraucher c) Schutzleiter unter Tage	 1 kΩ 300 Ω 50 Ω/V
0701 Teil 1	9/00	Instandsetzung von Geräten: a) der Schutzklasse I mit /ohne Heizelemente b) der Schutzklasse II c) der Schutzklasse III	 0,3/1 MΩ 2 MΩ 0,25 MΩ
57740 Entwurf Teil 1 und Teil 500	 9/86 2/90	Elektrowerkzeuge: a) Grundisolation b) verstärkte Isolation c) Schutzklasse II zwischen unter Spannung stehenden Teilen und Metallteilen zwischen unter Spannung stehenden Teilen, Metallteilen und Körpern	 2 MΩ 7 MΩ 2 MΩ 5 MΩ

Tab. 16-17 ***Mindestisolationswiderstände***

Abb. 16-60
Prizipieller Aufbau eines Isolationsmessgerätes

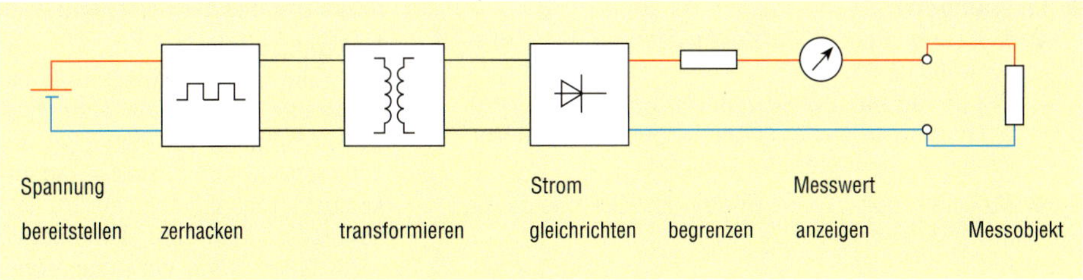

Abb. 16-61
Isolationsmessung „Anlage gegen Erde"

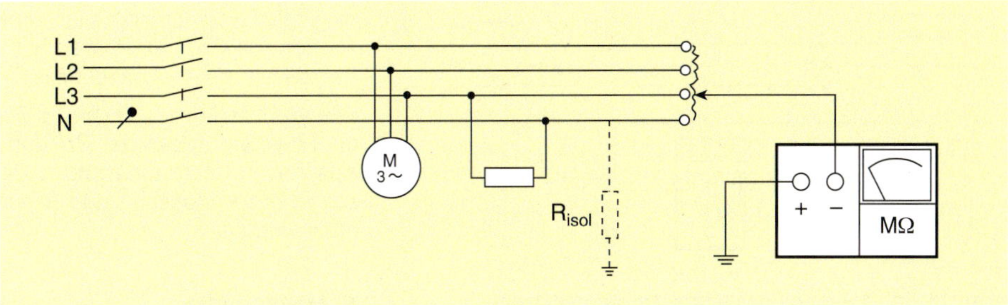

- Der Messwert muss mindestens so groß sein wie die in der Tab. 16-17 angegebenen Mindestisolationswiderstände.
- Wird der Mindestisolationswert nicht erreicht, ist die Messung ohne Verbrauchsmittel zu wiederholen und jeder einzelne Leiter gegen Erde sowie Leiter gegen Leiter zu messen.
- Bei Messungen an Kabeln oder Anlagen mit Kompensationskondensatoren können erhebliche Ladungsmengen gespeichert werden. Deshalb ist das Messobjekt über den Spannungsmessteil des Isolationsmessgerätes zu entladen.

- Isolationswiderstand R_{isol} zwischen zwei Überstrom-Schutzeinrichtungen (Abb. 16-62)
- Isolationswiderstand R_{isol} hinter der letzten Überstrom-Schutzeinrichtung (Abb. 16-63).

Messung der niederohmigen Widerstände von Leitern mit Schutzfunktion

■ Funktion

- Die Schutzleiter im TN-, TT- oder IT-System
- die Potenzialausgleichsleiter des Schutzpotenzialausgleichs und des zusätzlichen örtlichen Schutzpotenzialausgleichs
- die Erdungsleiter im TT-System sowie
- die Verbindungen der Körper der Betriebsmittel mit den Schutzleitern bzw. Erdungsleitern und ihre Anschlussstellen müssen auf niederohmigen Durchgang geprüft werden.

■ Messgerät

- Die Messspannung kann Gleich- oder Wechselspannung zwischen 4 V und 24 V (Leerlaufspannung) sein.
- Der Kurzschlussstrom muss mindestens 0,2 A Gleichstrom oder 5 A Wechselstrom betragen. Der wesentlich höhere Kurzschlussstrom bei der Wechselstrommessung soll den Einfluss vagabundierender Gleichströme weitgehend ausschließen. Bevorzugt werden batteriebetriebene Widerstandsmessgeräte, da die Bereitstellung einer Wechselstromquelle mit dem o. g. Kurzschlussstrom praktisch nur mit einem netzgespeisten Transformator möglich ist.
- Bei analog anzeigenden Geräten muss im Bereich von 0 bis 3 Ω mindestens alle 0,1 Ω ein Teilstrich mit möglichst großen gegenseitigen Abständen vorgesehen sein.

Beachte: Analoge und digitale Multimeter mit Widerstandsmessbereichen erfüllen durch ihre wesentlich kleineren Messströme die Bedingungen eines Niederohmmessgerätes nicht.

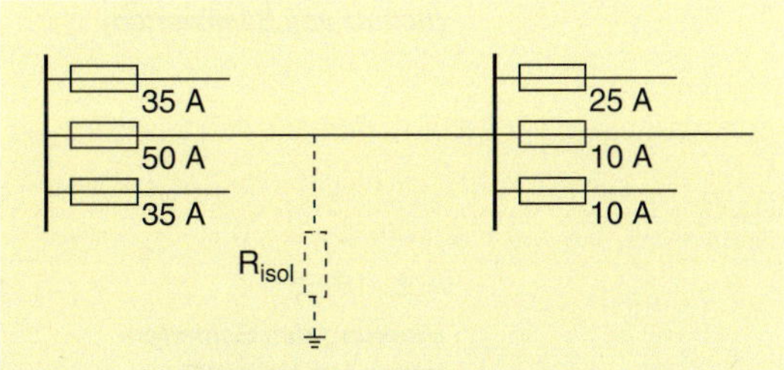

Abb. 16-62 ***Isolationsmessung zwischen zwei Überstrom-Schutzeinrichtungen***

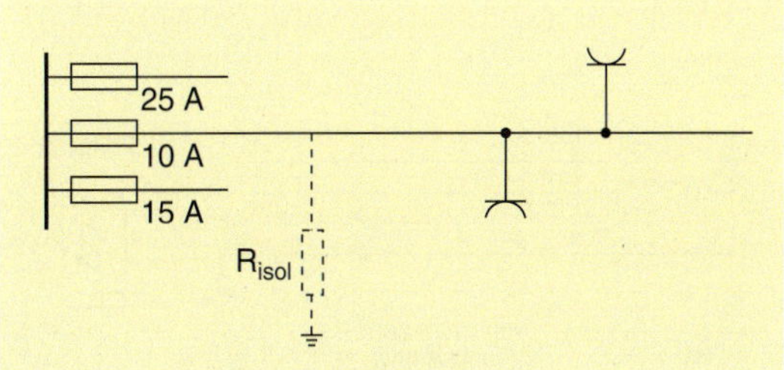

Abb. 16-63 ***Isolationsmessung hinter der letzten Überstrom-Schutzeinrichtung***

16

■ Messungen

- Messung des Schutzleiterwiderstandes (Abb. 16-64)
  Bei entfernter Brücke zwischen PE und N kann ein mögliches Vertauschen beider Leiter am Verbraucherabgang erkannt werden.
- Messung des Widerstandes der Erdungsleitung im TT-System (Abb. 16-65).

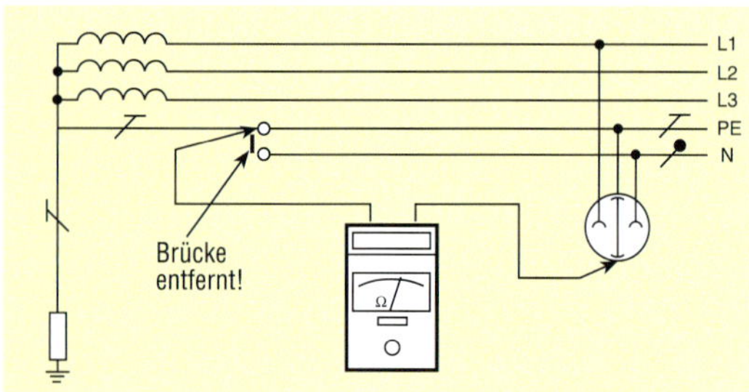

Abb. 16-64 ***Messung des Schutzleiterwiderstandes***

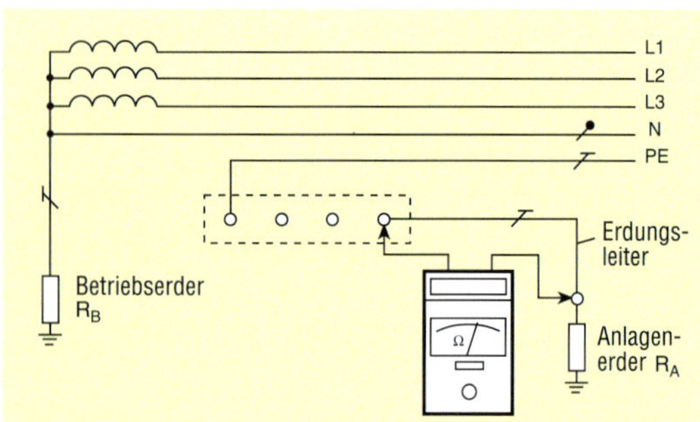

Abb. 16-65
Messung des Widerstandes des Erdungsleiters

Messung des Schleifenwiderstandes

■ Funktionen

Der Schutz durch Abschalten ist dann gewährleistet, wenn die festgelegten Abschaltzeiten von 0,4 s bzw. 5 s eingehalten werden. Dies trifft zu, wenn der Abschaltstrom fließt. Seine direkte Prüfung als Kurzschlussstrom ist z. B. im TN-System mit Überstromschutzeinrichtungen nicht möglich oder sinnvoll. Es wird daher durch ein entsprechendes Messverfahren der Widerstand der Fehlerschleife festgestellt. Ist dieser unter Beachtung der Messfehler gleich oder kleiner als der zulässige Grenzwert, ist für den gemessenen Stromkreis die Abschaltbedingung erfüllt.

Wie aus den Abb. 16-66 bis 16-68 zu ersehen ist, kann die Messung neben der Prüfung des Schutzes durch Abschalten auch zur Prüfung des Kurzschlussschutzes und zur Messung des Erdungswiderstandes genutzt werden.

■ Messprinzip

Der Schleifenwiderstand besteht aus den Teilwiderständen der Fehlerschleife mit

- Innenwiderstand des Transformators
- Widerstand des Außenleiters einschließlich Sicherung
- Widerstand des Schutzleiters PE
- Widerstand des PEN-Leiters
- Widerstände des Anlagenerders und Betriebserders.

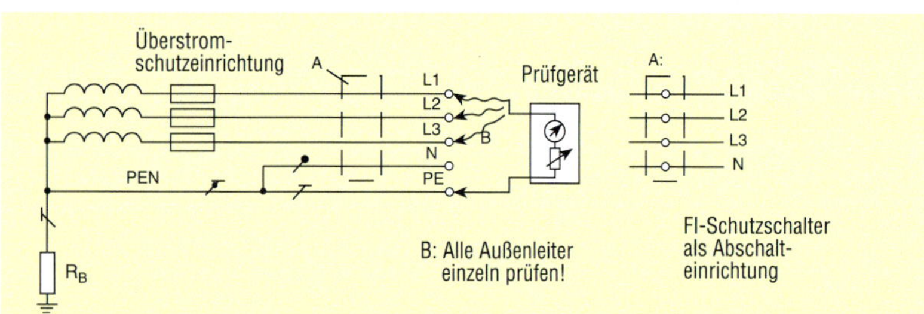

Abb. 16-66
Messung des Schleifenwiderstandes zur Prüfung des Schutzes durch Abschalten (Schutz von Lebewesen)

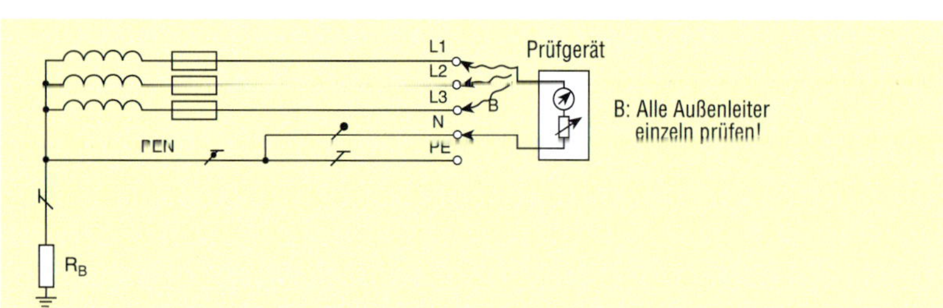

Abb. 16-67
Messung des Netzinnenwiderstandes zur Prüfung des Kurzschlussschutzes (Schutz von Sachwerten)

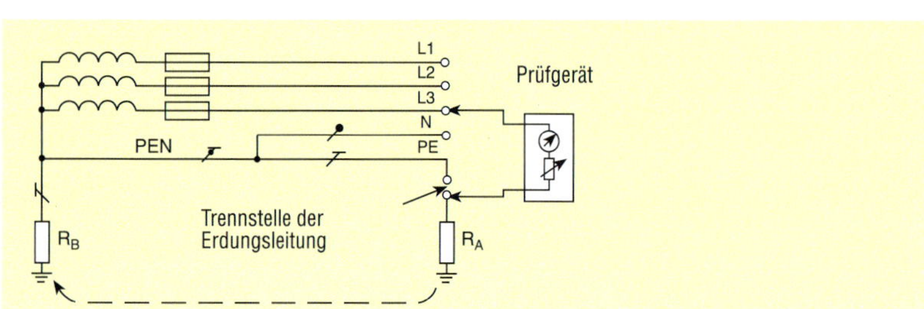

Abb. 16-68
Messung des Schleifenwiderstandes zur Bestimmung des Erdungswiderstandes R_A

Beachte: Die Messung des Schleifenwiderstandes erfolgt im eingeschalteten Zustand des Netzes!

Zur Messung wird die Fehlerschleife

- mit einem definierten Messstrom (Prüfstrom I_p häufig etwa 5 A) kurzzeitig etwa 20 bis 800 ms belastet und
- die durch die Widerstände der Fehlerschleife entstehende Spannungsabsenkung $\Delta U = U_0 - U_p$ gemessen.

Beispiel:

Unbelastet wird die Spannung U_0 zwischen L und N mit 230 V gemessen. Wird die Fehlerschleife über einen Prüfwiderstand geschlossen, fließt ein Prüfstrom $I_p = 5\,A$, der die Spannung auf $U_p = 218\,V$ absenkt.

Nach $Z_s = \frac{U_0 - U_p}{I_p}$ wird $Z_s = \frac{230\,V - 218\,V}{5\,A}$

$\underline{\underline{Z_s = 2{,}4\,\Omega}}$

■ Prüfgerät

Messgeräte mit einer Prüffunktion werden heute immer mehr durch Universalgeräte (Prüfgeräte DIN VDE 0100) abgelöst. Die mit einem Mikroprozessor ausgestatteten Geräte können meist folgende Größen messen:

- Spannung
- Erdungswiderstand
- Frequenz
- Erderspannung
- Drehfeldrichtung
- Standortisolationswiderstand
- Schleifenwiderstand
- Isolationswiderstand
- Netzinnenwiderstand
- Erdableitwiderstand
- Berührungsspannung der FI-Schutzschaltungen
- Niederohmwiderstand

Sie stellen automatisch alle Betriebsbedingungen ein. Netzspannungsschwankungen beeinflussen die Messergebnisse nicht. Die vom Prüfstrom erzeugte Berührungsspannung wird überwacht. Bei Überschreiten der höchstzulässigen Berührungsspannung wird abgeschaltet.

Ebenfalls wird der Messablauf gesperrt bei
- unzulässigen Netzspannungsabweichungen,
- Überlagerung von Fremdspannungen bei der Isolationswiderstands- bzw. bei der Niederohmmessung und bei
- unzulässig hoher Temperatur des Prüfgerätes.

Die für ein Abnahmeprotokoll erforderlichen Werte können gespeichert, direkt oder über einen PC ausgedruckt werden.

Beim Prüfen von Fehlerstrom-Schutzeinrichtungen kann entweder

- ohne Auslösung der Schutzeinrichtung oder
- mit steigendem Fehlerstrom und Auslösung gemessen werden.

Im ersten Fall wird der Prüfstrom auf 1/3 des Bemessungsdifferenzstromes begrenzt und im Prüfgerät auf den Bemessungsdifferenzstrom $I_{\Delta n}$ hochgerechnet. Die dabei hochgerechnete Berührungsspannung U_B wird angezeigt.

Im zweiten Fall wird der Fehlerstrom von 30 % auf 130 % des Nennfehlerstromes gesteigert. Dabei speichert das Gerät die im Auslösemoment des FI-Schutzschalters vorhandenen Werte der Berührungsspannung, des Auslösestromes, der Auslösezeit und häufig noch den Erdungswiderstand.

Messung des Erdungswiderstandes

■ Funktion

Die Erdungsanlage als Teil einer elektrischen Anlage ist notwendig, um die Anlagenteile auf ein gemeinsames Bezugspotenzial möglichst nahe der Bezugserde zu bringen. Der Erdungswiderstand muss deshalb meist niederohmig sein. Im TT-System wird die Abschaltbedingung für die Fehlerstrom-Schutzeinrichtung und im Sonderfall für die Überstrom-Schutzeinrichtung nur erfüllt, wenn der Erdungswiderstand den durch die Schutzeinrichtungen bestimmten Grenzwert nicht überschreitet.

■ Messverfahren

Die Messung des Erdungswiderstandes ist im Prinzip immer eine Strom-Spannungsmessung, bei der das Messergebnis mithilfe des Ohm'schen Gesetzes ermittelt wird. Neben dem zu messenden Erder ist ein Hilfserder notwendig, um den Messkreis zu schließen.

- Strom-Spannungs-Messverfahren mit Netzspannung (Abb. 16-69)

  Der Messstrom I_E durch den Erder wird durch einen veränderlichen Prüfwiderstand R_p im Einstellbereich zwischen 20 Ω und 1 000 Ω eingestellt. Der zwischen dem Erder und der Bezugserde auftretende Spannungsfall U_E am Erder R_A wird mit der Sonde abgegriffen und mit einem hochohmigen Spannungsmessgerät (≥ 20 kΩ/V) angezeigt, damit der von der Bodenzusammensetzung abhängige Sondenwiderstand, meist zwischen 500 Ω und 1 000 Ω, das Messergebnis nicht wesentlich beeinflusst.

16

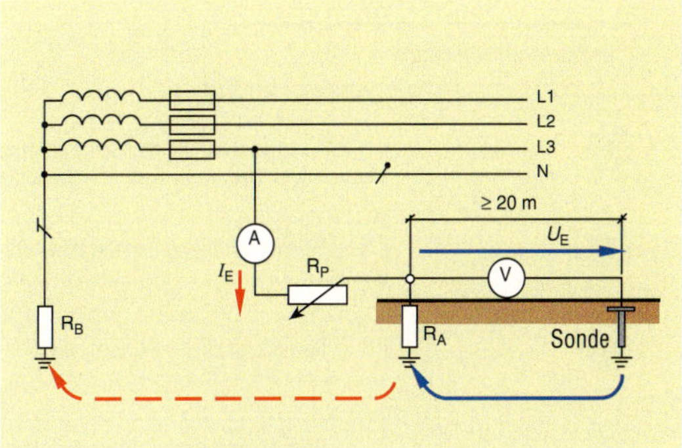

Abb. 16-69 ***Strom-Spannungs-Messverfahren mit Netzspannung***

- Erdungsmessgerät mit eigener Stromversorgung
  Auch hier ist der Prüfstrom ein Wechselstrom, um Einflüsse durch die Polarisation am Übergang zwischen dem metallenen Erder und dem Erdreich zu verhindern. Störungen durch Netzspannungen mit 50 Hz werden ausgeschaltet, wenn die Frequenz kein ganzzahliges Vielfaches der Netzfrequenz ist. Konstante sinusförmige Ströme von ca. 1,1 mA mit einer Frequenz von 125 Hz sind typisch. Wie bei dem Messverfahren mit Netzspannung wird der Spannungsfall durch einen Sondenanschluss (Abb. 16-70) erfasst.
- Schleifenwiderstandsmessung nach Abb. 16-68 ist eine Alternative, wenn es in dicht bebauten Gebieten schwierig ist, Hilfserder und Sonde außerhalb des Spannungstrichters des Erders zu setzen.

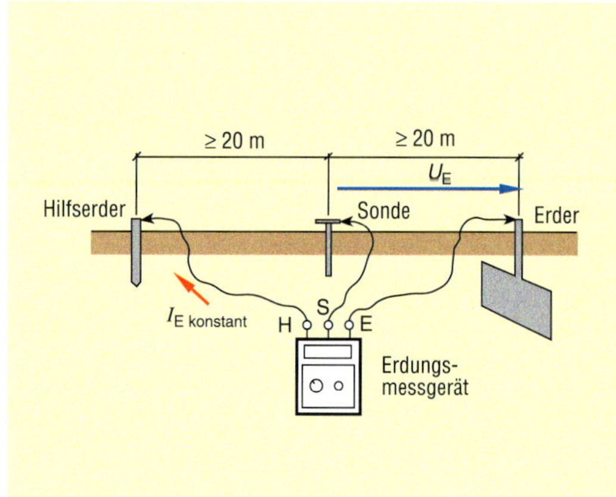

Abb. 16-70 ***Anschluss eines Erdungsmessgerätes***

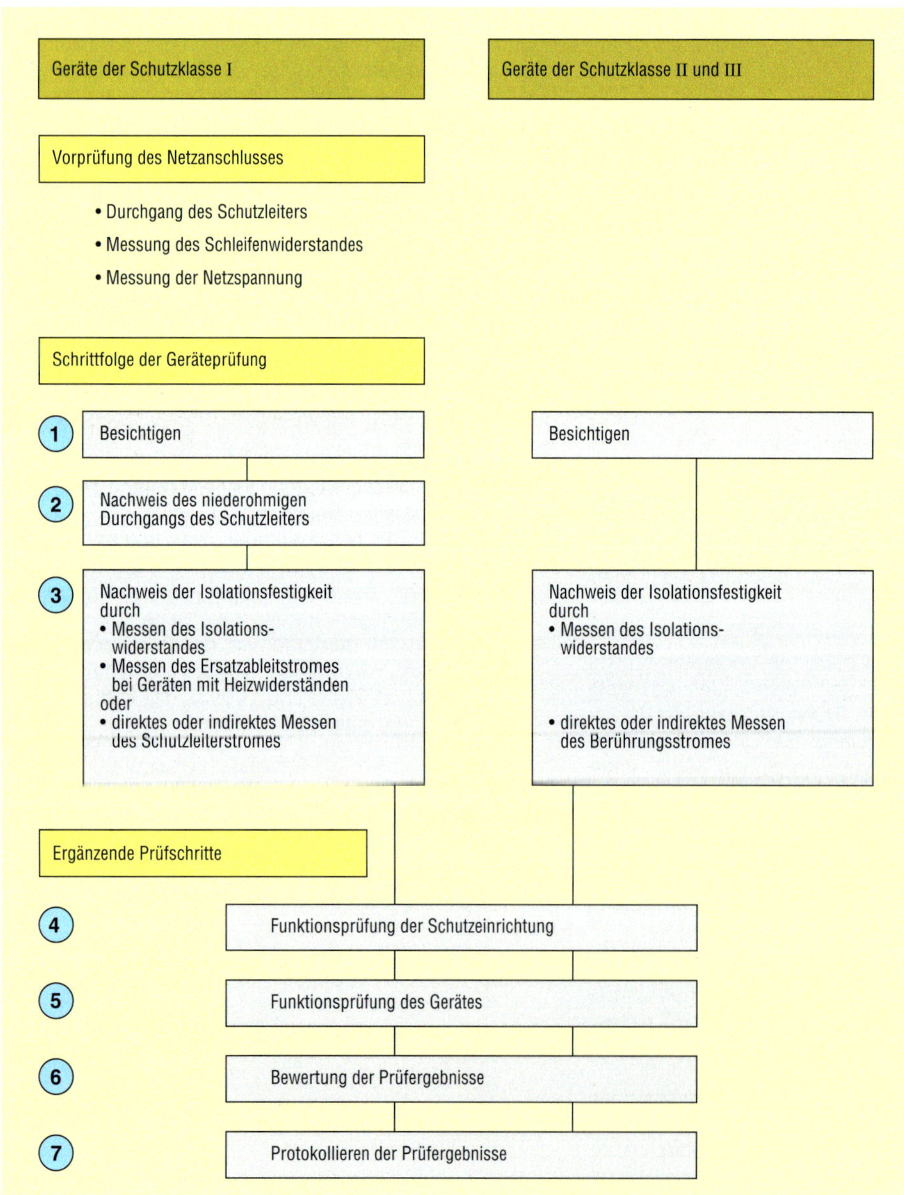

Abb. 16-71 ***Prüfschritte bei den Wiederholungsprüfungen elektrischer Geräte***

16.6.5 Wiederholungsprüfungen elektrischer Geräte

■ Ziel

Von ortsveränderlichen und ortsfesten Geräten darf bei bestimmungsgemäßer Nutzung für den Betreiber und für die Umgebung keine Gefahr ausgehen.

Deshalb sind Geräte

- nach ihrem Instandsetzen, ihrem Ändern, nach dem Einbau von Einzelteilen gemäß **DIN VDE 0701 – 0702** sowie
- nach den jeweiligen Erfordernissen von dem Betreiber im entsprechenden Zyklus, meist 6 Monate, nach der BetrSichV/BGV A3 (Betriebssicherheitsverordnung) und TRBS 1203 Teil 3 (Technische Regeln für Betriebssicherheit) zu prüfen.

Nach den o. g. Vorschriften dienen die Prüfungen nur dem Nachweis, dass der Schutz gegen direktes Berühren und bei indirektem Berühren (Nachweis der elektrischen Sicherheit) wirksam ist. Ein verantwortlicher Prüfer wird selbstverständlich einer Nutzung der Geräte nicht zustimmen, wenn er mechanische Gefährdungen oder Brandgefahr erkennt.

■ Prüfverfahren

Beim Festlegen der Prüfgänge ist grundsätzlich die Wirksamkeit der Schutzmaßnahme an dem jeweiligen berührbaren Teil nachzuweisen. Dabei sind zu unterscheiden

- solche, die an den Schutzleiter angeschlossen sind (Prinzip der Schutzklasse I) und
- die nicht an den Schutzleiter angeschlossen sind sowie durch die Schutzisolierung von den inneren aktiven Teilen der Geräte getrennt sind.

- Zur Messung des Schutzleiterwiderstandes

  Der niederohmige Durchgang des Schutzleiters ist zu prüfen zwischen den berührbaren, leitfähigen Teilen (Gehäuse) und dem
  - Schutzkontakt des Netzsteckers bzw. dem
  - Schutzleiter am netzseitigen Ende des festen Anschlusses bei nicht ortsveränderlichen Geräten, z. B. Elektroherde, bzw. dem
  - Schutzkontakt am Gerätestecker.

  Während der Messung ist die Anschlussleitung zu bewegen und auf Zug zu beanspruchen.

Zulässige Grenzwerte sind
- 0,3 Ω bei ortsveränderlichen Geräten mit einer maximalen Leitungslänge von 5 m zuzüglich 0,1 Ω je weitere 7,5 m und
- 1,0 Ω bei ortsfesten Geräten.

Bei ortsfesten Geräten kann die Messung ohne Auftrennen ihrer Anschlussstelle über eine in unmittelbarer Nähe befindliche Steckdose erfolgen. Auch hier sollte der Widerstandswert von 1 Ω nicht überschritten werden.

- Zum Nachweis der Isolationsfestigkeit

  Der Isolationswiderstand ist zu messen
  - bei Geräten der Schutzklasse I zwischen den aktiven Teilen und dem Schutzleiter (Abb. 16-72),
  - bei Geräten der Schutzklasse II zwischen den aktiven Teilen und den etwa vorhandenen leitfähigen, berührbaren Teilen (Abb. 16-73),
  - bei Geräten der Schutzklasse III zwischen den aktiven Teilen und dem Gehäuse bzw. anderen leitfähigen, berührbaren Teilen (Abb. 16-74).

Zulässige Mindestwerte sind

– 1,0 MΩ	Geräte der Schutzklasse I mit/ohne Heizelemente
– 2,0 MΩ	Geräte der Schutzklasse II
– 250 kΩ	Geräte der Schutzklasse III

Hinweise:
- Bei batteriegespeisten Geräten ist die Batterie während der Messung herauszunehmen oder abzuklemmen.
- Alle durch Netzspannung beanspruchten Isolierungen müssen in die Messung mit einbezogen werden. Deshalb müssen die Geräteschalter oder Temperaturregler geschlossen sein.
- Die Messung ist **nach** der Prüfung des Schutzleiters vorzunehmen, da Schutzleiterunterbrechungen das Messergebnis verfälschen können.
- Bei Geräten der Schutzklasse I, die Heizwiderstände enthalten und den geforderten Isolationswiderstand unterschreiten oder mit Funkentstörkondensatoren

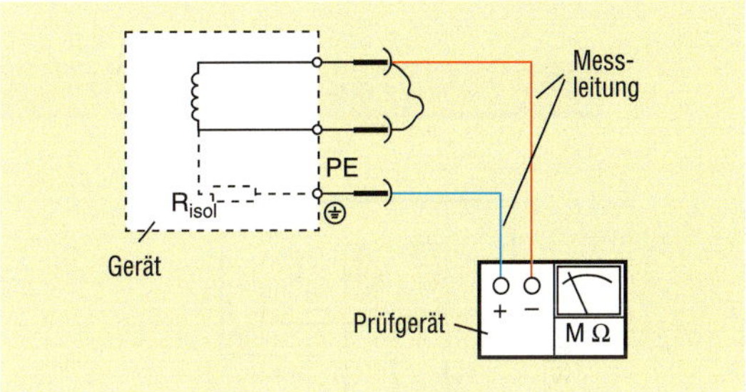

Abb. 16-72 ***Messung des Isolationswiderstandes eines Gerätes der Schutzklasse I***

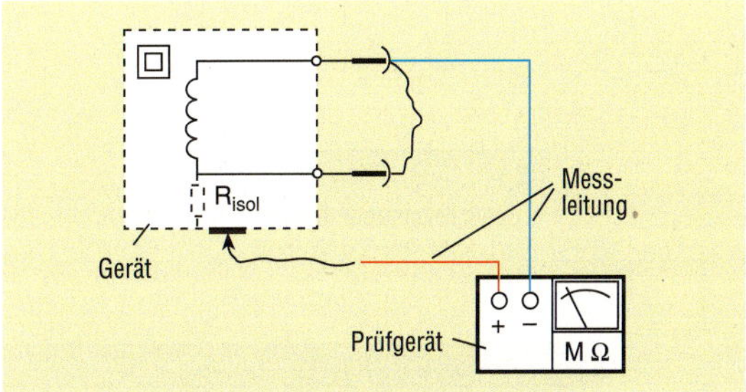

Abb. 16-73 ***Messung des Isolationswiderstandes eines Gerätes der Schutzklasse II***

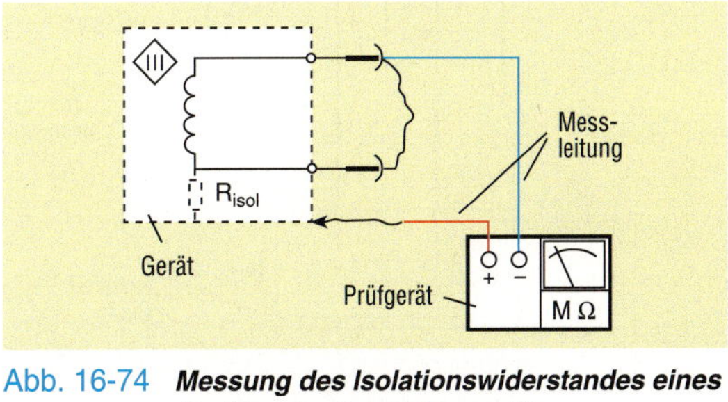

Abb. 16-74 ***Messung des Isolationswiderstandes eines Gerätes der Schutzklasse III***

16

nachgerüstet wurden, ist eine Messung des Ersatzableitstromes (Abb. 16-75) vorzunehmen.

Zulässige Grenzwerte sind
- 3,5 mA bei Heizleistungen bis 3,5 kW;
- 1 mA/kW bei Heizleistungen über 3,5 kW.

- Anstelle der oder ergänzend zur Messung des Isolationswiderstandes können in beiden Steckerpositionen (2 Messungen)

bei Geräten der Schutzklasse I
der Schutzleiterstrom direkt oder
indirekt durch die Differenzstrommessmethode (Abb. 16-76)
und
bei Geräten der Schutzklasse II
der Berührungsstrom direkt oder
indirekt durch die Differenzstrommessmethode (Abb. 16-77)
gemessen werden.

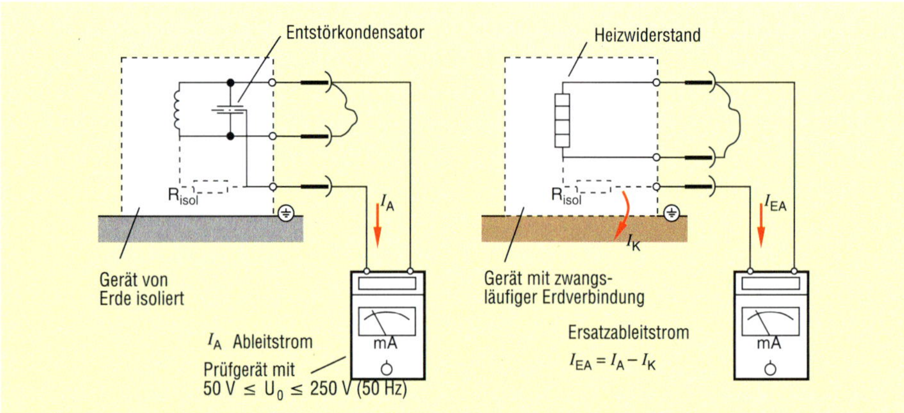

Abb. 16-75
Messung des Ersatzableitstromes

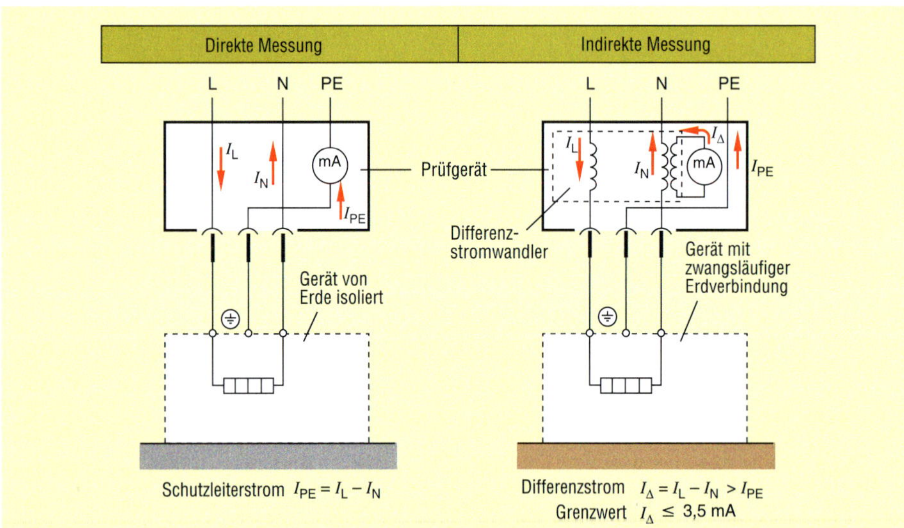

Abb. 16-76
Messung des Schutzleiter- bzw. Differenzstromes

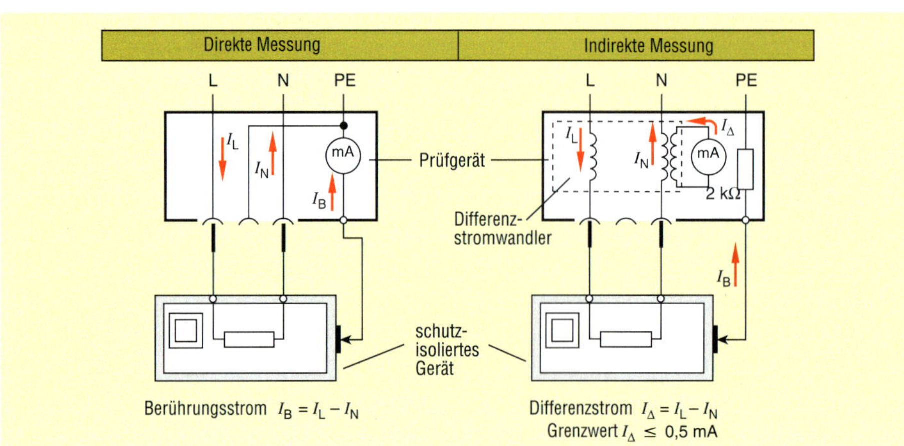

Abb. 16-77
Messung des Berührungs- bzw. Differenzstromes

16

AUFGABEN

16.1 Erläutern Sie an Beispielen, dass eine hinreichende Sicherheit in den unterschiedlichen elektrischen Anlagen nicht durch eine einheitliche Schutzmaßnahme erreicht werden kann.

16.2 Kennzeichnen Sie die Unterschiede zwischen dem Basis-, dem Fehler- und dem Zusatzschutz.

16.3 Nennen Sie die Grundforderungen in ihrer zwingenden Folge für das Herstellen und Sichern des spannungsfreien Zustandes einer elektrischen Anlage.

16.4 Erläutern Sie die Bezeichnungen TN-S-System, TT-System und IT-System.

16.5 Beschreiben Sie Maßnahmen des Basisschutzes unter normalen Bedingungen.

16.6 Zwei Betriebsmittel sind mit IP23 bzw. mit IP54 gekennzeichnet. Worin unterscheiden sich diese Betriebsmittel?

16.7 Geben Sie die Merkmale und die grundsätzlichen Bedingungen der Schutzmaßnahme Kleinspannung SELV an.

16.8 Erläutern Sie an Beispielen den Unterschied zwischen Körper elektrischer Betriebsmittel und fremden leitfähigen Teilen.

16.9 Das in der Abb. 16-78 dargestellte Betriebsmittel ist isoliert aufgestellt.

a) Spricht bei einem Körperschluss die vorgeschaltete 10-A-Sicherung an? – Begründung.
b) Kennzeichnen Sie den Stromweg, wenn das fehlerbehaftete Betriebsmittel berührt wird.
c) Wie groß ist der dann fließende Strom, wenn der Widerstand des Betriebserders 2 Ω, der des menschlichen Körpers 1,3 kΩ und der Standortübergangswiderstand 1,2 kΩ beträgt? Vernachlässigen Sie bei Ihrer Rechnung den Widerstand der Transformatorenwicklung und den des Außenleiters.
d) Um wie viel Prozent wird die höchstzulässige Berührungsspannung überschritten?

16.10 Beschreiben Sie das Wirkprinzip des Schutzes durch automatisches Abschalten.

16.11 Geben Sie die Funktionen der Leiter mit Schutzfunktion in einer elektrischen Anlage an.

16.12 Der Schutz durch Abschalten im TN-System wird u. a. erfüllt, wenn $I_{K(1)} \geq I_a$ ist. Erläutern Sie diese Bedingung.

16.13 Das mit E1 in der Abb. 16-79 gekennzeichnete Betriebsmittel wurde unzulässigerweise ohne Verbindung mit dem PEN-Leiter geerdet. Bei einem Körperschluss fließt ein Fehlerstrom von 90 A. Welche Fehlerspannung steht am Gehäuse des Motors M1 an, wenn dieser normgerecht am PEN-Leiter angeschlossen ist? Wird eine hinreichende Sicherheit erreicht, wenn der PEN-Leiter in den Neutral- und Schutzleiter (TN-S-System) getrennt wird?

16.14 In einem Stromkreis mit Steckdosen eines TN-S-Systems ist die Schutzmaßnahme Schutz durch Abschalten vorgesehen. Geben Sie ausführlich an, welche Angaben der Betriebsmittel und der Anlage zu kontrollieren sind.

16.15 Im TN-System muss ein Betriebsmittel mit 16 A abgesichert werden. Welchen Einfluss hat die Wahl der Überstrom-Schutzeinrichtung für den Querschnitt und den Abstand zwischen Abschalteinrichtung und Verbrauchsmittel?

16.16 Weisen Sie nach, dass Überstrom-Schutzeinrichtungen im TT-System als Abschalteinrichtung gegen gefährliche Körperströme meist nicht geeignet sind.

16.17 Erläutern Sie den Aufbau und die Funktionsweise einer Fehlerstrom-Schutzeinrichtung! Werden mit dieser Einrichtung die Gefahren einer zweipoligen Berührung ausgeschlossen?

16.18 Stellen Sie Prüfprogramme zum Prüfen der Schutzmaßnahme im TN-System und im IT-System auf.

16.19 Erläutern Sie am Beispiel, welchen Einfluss Messfehler beim Prüfen der Schutzmaßnahmen haben.

16.20 Bei einer mündlichen Prüfung vor dem Prüfungsausschuss wird behauptet, dass unter Umständen auch ein Gliedermaßstab zum Prüfen von Schutzmaßnahmen erforderlich ist. Begründen Sie die Richtigkeit dieser Behauptung.

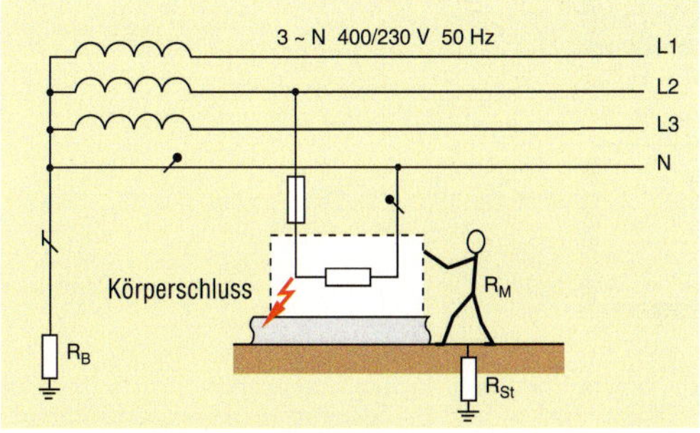

Abb. 16-78 ***zu Aufgabe 16.9***

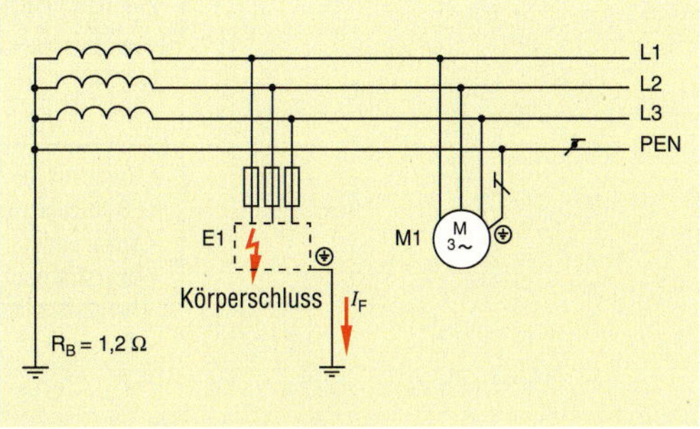

Abb. 16-79 ***zu Aufgabe 16.13***

17 Installationsanlagen

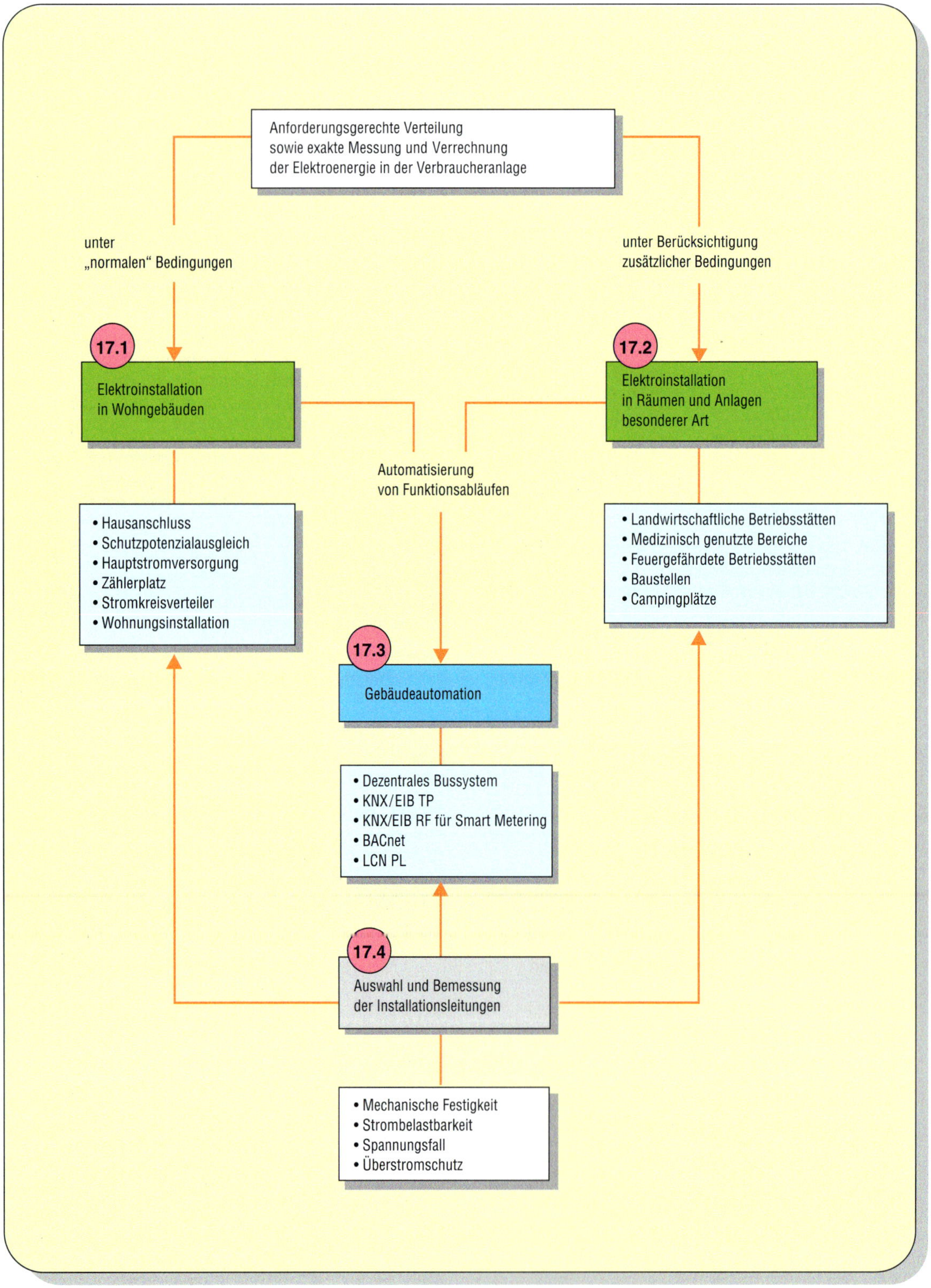

Abb. 17-1 ***Beziehungen und Strukturen***

17.1 Elektroinstallation in Wohngebäuden

17.1.1 Hausanschluss und Hausanschlussraum

Die elektrische Verbindung zwischen dem Niederspannungs-Verteilungsnetz und der Anlage des Abnehmers (Kunden) wird als Hausanschluss bezeichnet.

Hausanschlüsse können aus einem Kabel- oder einem Freileitungsnetz gespeist werden. Jeder Hausanschluss endet am Hausanschlusskasten (HAK). In ihm sind die Hausanschlusssicherungen untergebracht. Die Art des Hausanschlusses und die Anordnung des Hausanschlusskastens legt der zuständige Netzbetreiber fest.

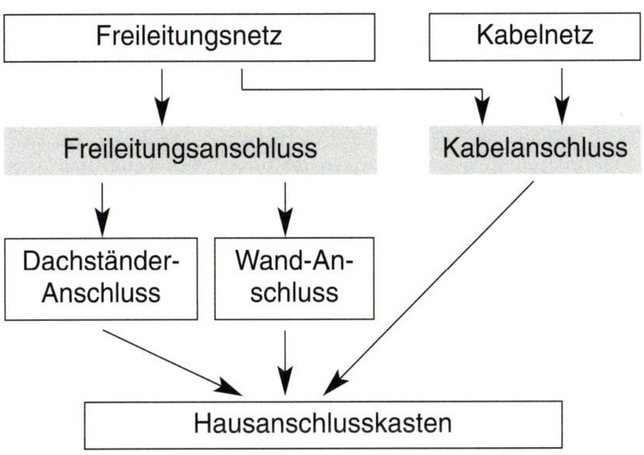

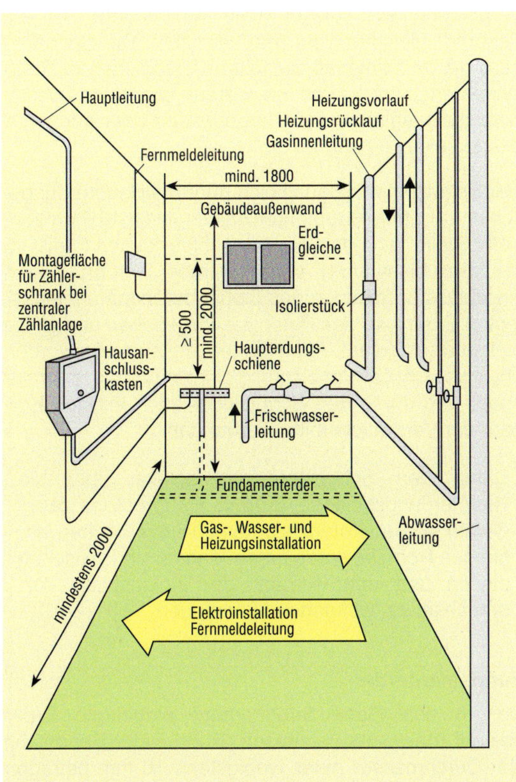

Abb. 17-2 ***Hausanschlussraum***

In Neuanlagen wird der Kabelanschluss bevorzugt. Die Wünsche des Projektanten (bzw. des Bauherrn) oder auch die des Elektro-Fachbetriebes, der die nachfolgende Abnehmeranlage errichtet, werden nach Möglichkeit berücksichtigt. Der Hausanschluss wird vom Netzbetreiber selbst oder in seinem Auftrag errichtet. Der HAK gehört zur Anlage des Netzbetreibers. An den abgehenden Anschlussstellen beginnt die Abnehmeranlage.

Der Netzbetreiber stellt eine sinusförmige Dreiphasen-Wechselspannung mit der Frequenz $f = 50$ Hz und den Nennspannungen 400 V (zwischen den Außenleitern) und 230 V (zwischen einem Außenleiter und dem Neutralleiter bzw. PEN-Leiter) zur Verfügung. Die tatsächliche Betriebsspannung am Übergabepunkt darf von der Nennspannung in den zulässigen Grenzen (±10 %) abweichen.

Hausanschlussraum

Für größere Wohngebäude (und Gebäude mit anderer Nutzung) wird ein Hausanschlussraum gefordert, in dem der Hausanschlusskasten angeordnet werden kann. Der Bauherr hat dafür die baulichen Voraussetzungen zu schaffen. Bei Gebäuden bis zu vier Wohneinheiten besteht diese Forderung nicht.

Die Netzbetreiber verlangen bei Gebäuden mit mehreren Wohneinheiten (bzw. bei Gebäuden vergleichbarer Größe, die nicht Wohnzwecken dienen) meist einen gesonderten Hausanschlussraum.

Ein solcher Raum muss an der Gebäudeaußenwand liegen. Durch diese werden neben dem Elektroanschluss auch alle anderen Anschlussleitungen (Wasser, Gas, Fernwärme, ...) geführt. Befinden sich im Hausanschlussraum Anschlüsse anderer Versorgungsträger, sollte er eine wirksame Entwässerung besitzen und belüftbar sein. Temperaturen unter 0 °C dürfen nicht auftreten. 17

Für die Raumgröße gelten Mindestmaße (Abb. 17-2).

Hausanschlussräume sollen mindestens 2 m lang, 2 m hoch und 1,80 m breit sein.

Im Raum müssen nach der Installation aller für den Betrieb erforderlichen Einrichtungen eine Bedienungs- und Arbeitsfläche von mindestens 1,20 m Breite und eine Durchgangshöhe von wenigstens 1,80 m erhalten bleiben.

Der Hausanschlussraum darf nicht für andere Zwecke zusätzlich genutzt werden, er muss über allgemein zugängliche Räume erreicht werden können und verschließbar sein. Im Raum müssen eine Leuchte mit Schalter an der Tür und für Wartungsarbeiten eine Steckdose vorhanden sein. Bei nicht unterkellerten Gebäuden darf sich der Hausanschlussraum im Erdgeschoss befinden.

Kabelanschluss

Das Kabel wird in einer Tiefe von 0,60 m ... 0,80 m unterhalb der Geländeoberfläche in den Hausanschlussraum eingeführt. Durch die Gebäudeaußenwand wird das Kabel in einem Schutzrohr geführt, das wasserdicht abgeschlossen wird und ein Gefälle nach außen hat (Abb. 17-3).

Der Leiterquerschnitt des Kabels, die Größe des Hausanschlusskastens und die für den Hausanschluss zu wählenden NH-Sicherungen werden durch die Zahl der zu versorgenden Wohnungen und durch die Art ihrer Versorgung (mit oder ohne elektrische Warmwasserzubereitung, mit oder ohne elektrische Speicherheizung) bestimmt. Die Festlegung hierzu trifft der Netzbetreiber in Absprache mit der verantwortlichen Fachkraft des Elektroinstallationsbetriebes, der die Abnehmeranlage errichtet.

Freileitungsanschluss

Die Gebäudeeinführung kann durch das Dach (Dachständereinführung) oder durch die Wand (Wandeinführung) erfolgen. Die Anschlüsse müssen stets so ausgeführt werden, dass ein möglicher Lichtbogen-Kurzschluss keine Gefahr für das Entstehen eines Brandes am Gebäude darstellt. Mantelleitungen und Kabel können ohne besonderen Schutz durch nichtbrennbare Wände geführt werden. Bei brennbaren Wänden muss die Verlegung in bzw. auf lichtbogenfesten Materialien erfolgen.

Dachständer belasten das Dachgebälk. Es muss eine genügend hohe Festigkeit besitzen, um den Leitungszug aufnehmen zu können. Über den Standort des Dachständers entscheidet der Netzbetreiber. Die Einführungsleitung in das Gebäude wird durch das Dachständerrohr geführt. Der Hausanschlusskasten wird unmittelbar an oder unter dem Rohr angebracht. Dachständer in Normalausführung dürfen nur in nicht feuergefährdeten und trockenen Räumen enden.

Dachständer dürfen nicht direkt geerdet werden, um bei Berühren eines Außenleiters mit dem Ständer Erdschlussströme und damit verbundene Brandgefahren auszuschließen.

17

Dachständer dürfen wegen der Gefahr eines Brandes durch Erdschluss weder geerdet noch mit dem Schutzleiter des versorgenden Netzes verbunden werden.

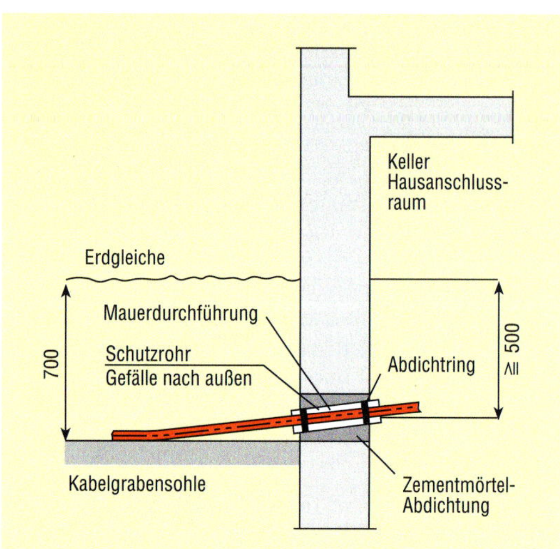

Abb. 17-3 ***Wasserdichte Kabeleinführung***

Als Schutzmaßnahme gegen elektrischen Schlag in Standrohrnähe sollte der Standort ausreichend isoliert werden (Schutz durch nicht leitende Umgebung). Bei einer vorhandenen Anlage für den äußeren Blitzschutz muss das Dachständerrohr über eine Schutzfunkenstrecke in diese Anlage einbezogen werden (vgl. dazu Abschnitt 24.2). Alle Hausanschlüsse mit Freileitungsanschluss müssen so gestaltet werden, dass eine spätere Umstellung auf einen Kabelanschluss einfach vorzunehmen ist. Es wird empfohlen, vom Zählerplatz in den Keller ein Leerrohr mit mindestens 36 mm lichter Weite zu verlegen. Dieses kann (vorläufig) den Potenzialausgleichsleiter (TN-System) bzw. den Hauptschutzleiter (TT-System) aufnehmen, der den Zählerplatz mit der Haupterdungschiene verbindet.

17.1.2 Schutzpotenzialausgleich über die Haupterdungsschiene

Die elektrische Anlage bildet in den Gebäuden gemeinsam mit den Wasser-, Gas- und Heizungssystemen ein verzweigtes Netz leitfähiger Teile. Diese bestehen teils unabhängig nebeneinander, teils sind sie miteinander verbunden. Fehler und Mängel in einem Leitungssystem können sich ungünstig auf ein anderes System auswirken. Dies gilt ganz besonders wegen der Möglichkeit des Verschleppens elektrischer Spannungen.

Um beim Auftreten solcher Mängel eine Schutzwirkung gegen Berührungsspannungen zu erzielen, wird ein Schutzpotenzialausgleich zwischen allen metallenen Systemen gefordert. Durch eine widerstandsarme Verbindung aller dieser Teile wird ihnen ein (annähernd) gleiches Potenzial vermittelt. Die Spannungen, die im Fehlerfall zwischen verschiedenen Rohrsystemen auftreten können, werden durch den Schutzpotenzialausgleich stark herabgesetzt oder ganz vermieden (Abb. 17-4).

Der Schutzpotenzialausgleich über die Haupterdungsschiene (früher: Hauptpotenzialausgleich) soll an zentraler Stelle nahe dem Hausanschlusskasten (meist im Hausanschlussraum) vorgenommen werden. Durch Anschluss an einen in das Gebäudefundament eingelegten Erder wird das Potenzial vorgegeben und gleich bleibend festgelegt. Alle Rohrleitungssysteme werden über die Schutzpotenzialausgleichsleitungen untereinander und durch den Schutzleiter auch mit den Körpern der Verbrauchsmittel verbunden.

Durch den Schutzpotenzialausgleich über die Haupterdungsschiene (früher: Hauptpotenzialausgleich) werden Potenzialunterschiede zwischen leitfähigen Rohrsystemen untereinander und zwischen diesen und den Körpern der elektrischen Verbrauchsmittel weitgehend vermieden.

Fundamenterder

Der in das Gebäudefundament eingelegte Erder besteht meist aus verzinktem Rund- oder Bandstahl. Der Durchmesser muss wenigstens 10 mm betragen (Abb. 17-5). Beim Bandstahl sind die Abmessungen 25 mm x 4 mm bzw. 30 mm x 3,5 mm.

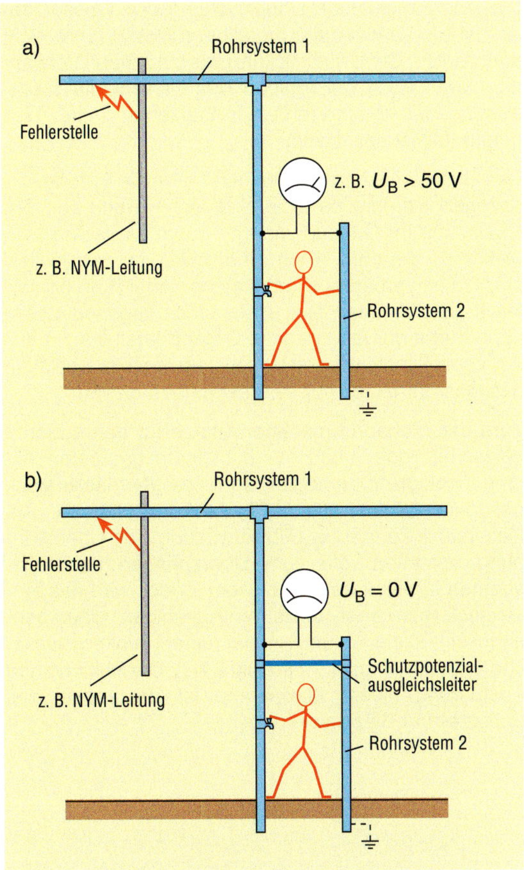

Abb. 17-4 ***Berührungsspannung zwischen benachbarten metallenen Systemen***
a) ohne Schutzpotenzialausgleich
b) mit Schutzpotenzialausgleich

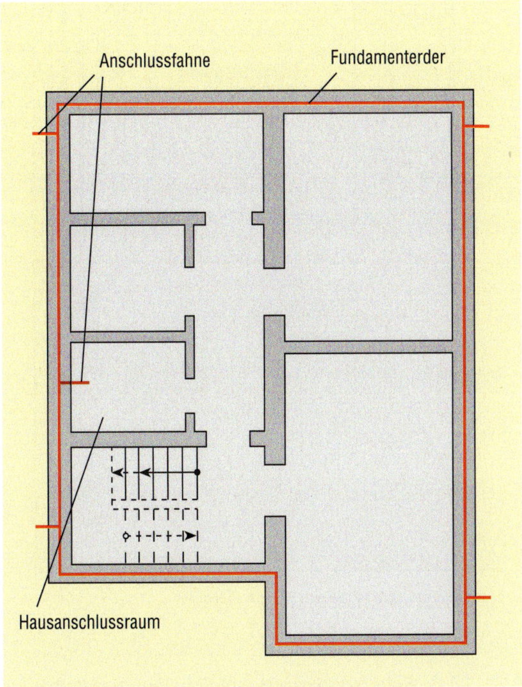

Abb. 17-5 ***Fundamenterder, Anordnung im Einzelhaus***

Der Fundamenterder ist als geschlossener Ring in die Fundamente der äußeren Gebäudemauern unterhalb der Sperrschicht einzubringen.

Durch Abstandhalter ist beim Einbringen des Betons in das Fundament der Stahl so zu positionieren, dass er allseitig von Beton umhüllt wird. Verbindungen innerhalb des Erders und für Anschlussfahnen sind durch Schweiß-, Schraub- oder Keilverbindung herzustellen (Abb. 17-6).

Eine Anschlussfahne des Fundamenterders wird in den Hausanschlussraum geführt. Ihre Länge ist so zu bemessen, dass ein direkter Anschluss an die Haupterdungsschiene erfolgen kann. An der Austrittsstelle der Anschlussfahne aus dem Beton muss diese gegen Korrosion geschützt sein. Das kann durch eine Korrosionsschutzbinde oder durch Kunststoffummantelung erfolgen (Abb. 17-7).

Sind z. B. für die Anlage des äußeren Blitzschutzes zusätzliche Anschlüsse an den Fundamenterder erforderlich, so sind weitere Anschlussfahnen an den vorgesehenen Stellen anzubringen (vgl. auch Abb. 17-5).

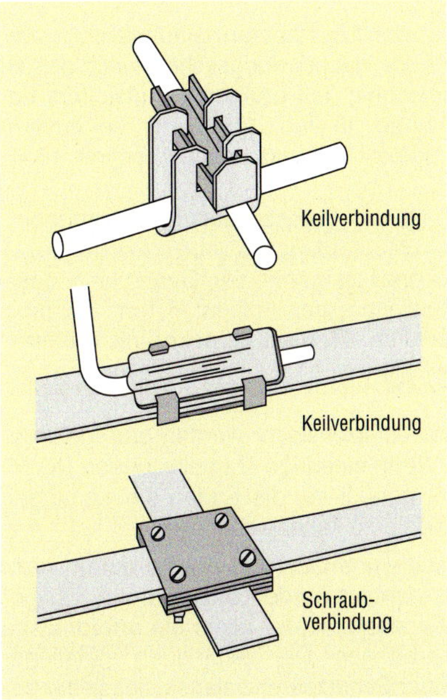

Abb. 17-6 ***Herstellen von Abzweigungen und Verbindungen***

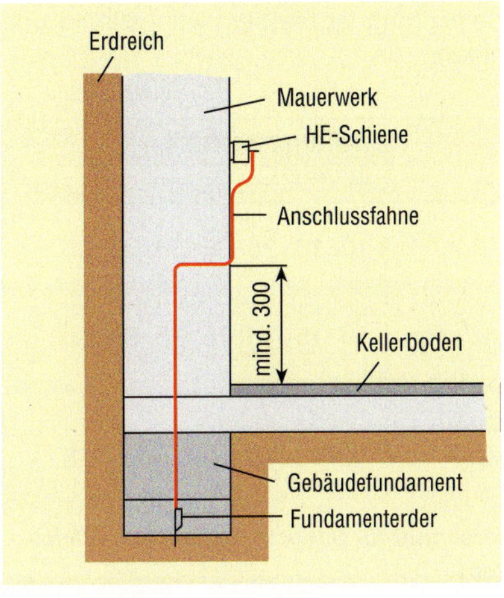

Abb. 17-7 ***Fundamenterder mit Anschlussfahne***

17

Schutzpotenzialausgleichsleitungen

Über der Ausführungsstelle des Fundamenterders in den Hausanschlussraum wird die Haupterdungsschiene montiert. Sie ist das Zentrum des Schutzpotenzialausgleichs. An diese Schiene werden angeschlossen und damit untereinander elektrisch verbunden (Abb. 17-8):

- die Anschlussfahne des Fundamenterders (Haupterdungsleiter),
- alle fremden leitfähigen Teile, d. h. die verschiedenen Rohrsysteme, aber auch metallenen Gebäude-Konstruktionsteile (über Potenzialausgleichsleiter),
- (bei vorhandenem TN-System) der aus dem Netz des Netzbetreibers ankommende PEN-Leiter,
- (im TT-System) der in die Abnehmeranlage weiterführende Hauptschutzleiter.

Der Anschluss der jeweiligen Rohrsysteme erfolgt, in Fließrichtung gesehen, nach der ersten Trennstelle (Wasserzähler, Isolierzwischenstück im Gasrohr). Es ist zweckmäßig und auch zulässig, mehrere Rohrsysteme unterbrechungsfrei zu verbinden und diese über eine gemeinsame Schutzpotenzialausgleichsleitung an die Haupterdungsschiene anzuschließen.

Der Querschnitt der Schutzpotenzialausgleichsleitungen im Bereich der Haupterdungsschiene richtet sich nach dem Querschnitt des größten Schutzleiters der elektrischen Anlage. In Tab. 17-1 sind die Zusammenhänge dargestellt (vgl. dazu auch Abschnitt 16.4).

Der Querschnitt der Potenzialausgleichsleitungen im Bereich der Haupterdungsschiene muss mindestens halb so groß sein wie der Querschnitt des größten Schutzleiters der Anlage; 6 mm² dürfen nicht unterschritten, 25 mm² brauchen nicht überschritten zu werden.

Schutzpotenzialausgleichsleiter werden grün-gelb gekennzeichnet. Wenn einadrige Mantelleitungen (NYM) verlegt werden, genügt es, die Enden der Leitungen dauerhaft grün-gelb zu kennzeichnen.

Metallene Wasser- und Gasrohrsysteme dürfen nicht mehr als Erder benutzt werden. Immer muss der gebäudeeigene Fundamenterder allein die erforderliche Erderwirkung erbringen. Die Verbindung metallener Rohrsysteme über Schutzpotenzialausgleichsleiter bedeutet jedoch nicht deren verbotene Benutzung als Erder. Die Erderwirkung ist hierbei zwangsläufig und nicht zu vermeiden.

	Leiterquerschnitt in mm² Cu
Außenleiter	10 16 25 35 50 70 95
größter Schutzleiter	10 16 16 16 25 35 50
Schutzpotenzialausgleichsleiter	6 10 10 10 16 25 25

Tab. 17-1 ***Querschnitt für Schutzpotenzialausgleichsleiter***

Die ständig leitfähige Überbrückung des Wasserzählers ist bei Verwendung metallener Wasserrohre nicht erforderlich. Die Überbrückung wäre nur dann notwendig, wenn auch bei Ausbau des Zählers die Erderwirkung des Wasserrohres fortbestehen sollte. Und genau das ist unzulässig.

Das Gasrohrnetz darf auf keinen Fall in die Erdung einbezogen werden; es ist aus diesem Grund von der Gasleitung im Gebäudeinneren durch ein Isolierstück elektrisch getrennt. Eine Überbrückung des Isolierstückes ist verboten. Die bei einem möglichen Fehlerfall kurzzeitig über dem Isolierstück liegende Spannung dürfte nur eine geringe Gefahr darstellen, zumal der vom Potenzialausgleichssystem isolierte Abschnitt des Gasrohrnetzes nur sehr selten berührt wird.

Wird das Gebäude mit einer Anlage für den äußeren Blitzschutz oder auch nur mit einem geerdeten Antennenstandrohr versehen, so muss dem Isolierstück besondere Aufmerksamkeit geschenkt werden. Am Isolierstück könnte bei Blitzeinwirkung eine Überspannung anstehen, die zum Überspringen des Blitzstromes führen kann. Zu diesem Zweck wird das Isolierstück mit einer blitzstromtragfähigen Überspannungsschutzeinrichtung, meist einer Funkenstrecke, überbrückt (vgl. auch Abschnitt 24.2). Die Planung und Ausführung dieser Maßnahme ist Bestandteil des Schutzes vor Blitzeinwirkungen.

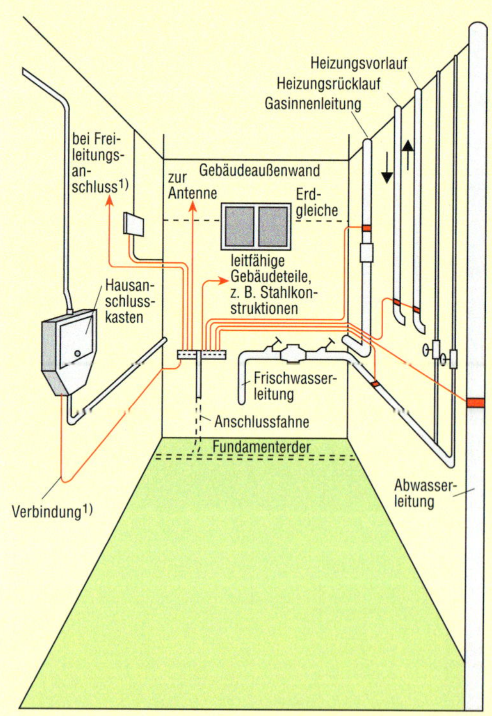

1) Je nach Schutzmaßnahme zum PE- oder PEN-Leiter

Abb. 17-8 ***Schutzpotenzialausgleich über die Haupterdungsschiene im Hausanschlussraum***

17.1.3 Hauptstromversorgung

Die elektrische Verbindung zwischen dem Hausanschlusskasten (Übergabestelle des Netzbetreibers) und dem Zählerplatz wird als Hauptleitung bezeichnet. In diesem Leitungsabschnitt wird elektrische Energie transportiert, die noch nicht messtechnisch erfasst ist.

Hauptstromversorgungssysteme umfassen alle Hauptleitungen und andere Betriebsmittel nach der Übergabestelle des Netzbetreibers, die nicht gemessene elektrische Energie führen.

Diese Anlagenteile müssen einem unberechtigten Zugang entzogen werden, sie werden plombiert. Plombenverschlüsse dürfen nur vom Elektro-Fachbetrieb mit Zustimmung des Netzbetreibers geöffnet werden. Dies darf nur im Gefahrenfall umgangen werden, wobei der Netzbetreiber danach unverzüglich in Kenntnis zu setzen ist.

Die Hauptleitungen sind so zu führen, dass sie leicht zugänglich sind (Kellerflure, Treppenhäuser). Im Kellergeschoss dürfen die Hauptleitungen auf der Wandoberfläche verlegt werden. Ab Kellerdecke aufwärts erfolgt die Legung in Schächten, Rohren, Kanälen oder auch unter Putz. Aussparungen dafür sollten bereits bei der Gebäudeplanung berücksichtigt werden. Hauptleitungen dürfen jedoch nicht gemeinsam in Kanälen oder Schächten mit Rohrleitungen, z. B. Wasser- oder Heizungsleitungen, verlegt werden.

Hauptleitungen sind grundsätzlich als Drehstromleitungen auszuführen.

Ihr Leiterquerschnitt ist so zu bemessen, dass er mit der in Abb. 17-9 ersichtlichen Nennstromstärke belastet werden kann.

Für Wohnungen, in denen das Wasser für Bade- und Duschzwecke mit elektrischer Energie erwärmt wird, müssen Hauptleitungen eine Mindestbelastbarkeit nach Kennlinie A besitzen. Nach Kennlinie B ist bei Wohnungen ohne elektrische Warmwasserzubereitung zu verfahren. In Gebäuden mit elektrischer Raumheizung sind die Hauptleitungen in Absprache mit dem zuständigen Netzbetreiber zu dimensionieren.

Hauptleitungen müssen eine Mindestbelastbarkeit von 63 A haben, ihr Mindestquerschnitt beträgt 10 mm² Cu.

In elektrischen Anlagen des gewerblichen Bereiches werden die Belastbarkeit und der Querschnitt der Hauptleitung meist aus der Leistung der einzelnen Verbraucher ermittelt. Dabei ist es wichtig, über die Gleichzeitigkeit ihres Betreibens unterrichtet zu sein. Das ist umso notwendiger, je umfangreicher eine Anlage ist und je mehr Verbrauchsmittel in ihr arbeiten. Man bezieht in solchen Fällen einen Gleichzeitigkeitsfaktor g ein. Dieser berücksichtigt, dass nicht alle Verbrauchsmittel gleichzeitig eingeschaltet oder mit Volllast betrieben werden. Er ist ein Erfahrungswert und gibt an, welcher Teil der Verbraucherleistungen als Dauerbelastung zu erwarten ist.

Art des Energiebezuges	Gleichzeitigkeitsfaktor g
Beleuchtungsmittel	0,9 … 1
Küchengeräte	0,6
Heizung, Lüftung	0,8
elektrische Maschinen	0,6
Aufzüge	0,9
Schulen, Kindergärten	0,6 … 0,9
Gaststätten, Hotels	0,4 … 0,7
Kaufhäuser, Supermärkte	0,7 … 0,9
Büros	0,4 … 0,8
Holz verarbeitende Betriebe	0,2 … 0,6
Metall verarbeitende Betriebe	0,2 … 0,4
Baustellen	0,2 … 0,5

Tab. 17-2 ***Gleichzeitigkeitsfaktoren***

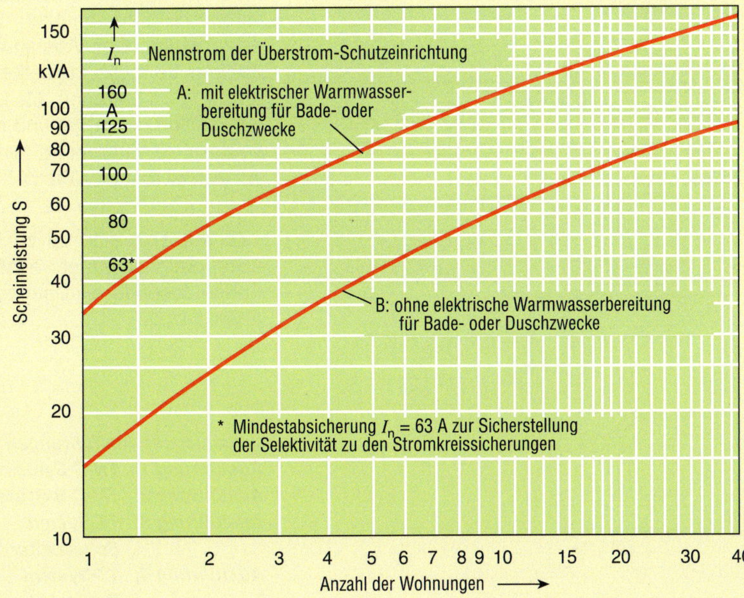

Abb. 17-9
Mindestbelastbarkeit von Hauptleitungen

17

Die Gesamtleistung ergibt sich aus der Summe der Einzelleistungen der einzelnen Verbraucher, multipliziert mit dem ihnen zugeordneten Gleichzeitigkeitsfaktor.

$$P_{ges} = g \cdot P_{inst} \qquad \textbf{17-1}$$

g Gleichzeitigkeitsfaktor ($0 < g \leq 1$)
P_{inst} installierte Leistung, Summe aller Anschlusswerte
P_{ges} gleichzeitig in Anspruch genommene Leistung, Leistungsbedarf

Damit lässt sich für die spezielle elektrische Anlage die gesamte Anschlussleistung, die zu erwartende Stromstärke und folglich der Querschnitt der Hauptleitung sowie der Wert für die vorzuschaltenden Überstromschutzeinrichtungen ermitteln. In TN-Systemen dürfen bei ortsfester Verlegung der Neutral- und der Schutzleiter gemeinsam als PEN-Leiter geführt werden, wenn der Leiterquerschnitt 10 mm² Cu (oder 16 mm² Al) nicht unterschreitet. Der Schutzleiter darf aber auch getrennt vom Neutralleiter verlegt werden.

Die Hauptstromversorgung kann folglich vier- oder fünfadrig erfolgen (Abb. 17-10):

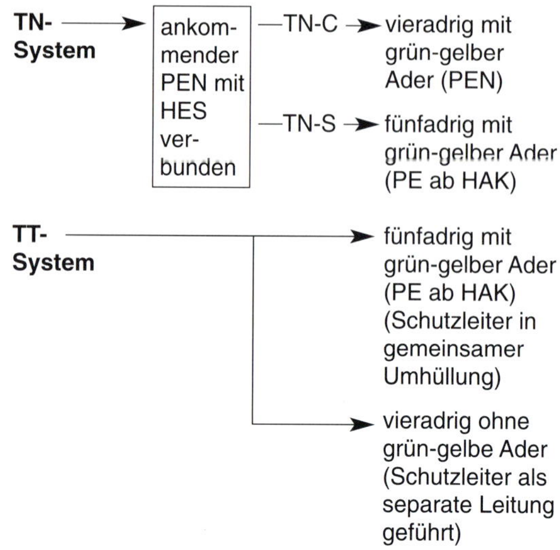

Für Gebäude mit umfangreichen informationstechnischen Anlagen wird aus Sicht des störungsfreien Betriebes dieser Anlagen empfohlen, ab dem Hausanschlusskasten das TN-S-System mit getrennt geführtem Schutzleiter anzuwenden. Aus wirtschaftlichen Gründen verlangen dennoch viele Netzbetreiber, für die Hauptstromversorgung das TN-C-System beizubehalten.

17.1.4 Zählerplatz

Der Zählerplatz ist der Ort in der elektrischen Anlage, an dem die Mess- und Steuereinrichtungen angeordnet sind.

Für Zählerplätze sind leicht zugängliche Stellen bzw. Räume zu wählen, wie z. B. der Hausanschlussraum oder Treppenflure. In Wohnungen von Mehrfamilienhäusern, in Lagerräumen, an Orten mit dauernd erhöhter Temperatur (größer 25 °C) sowie an feuergefährdeten Stellen dürfen Zählerplätze nicht errichtet werden.

Zähler sind vor Feuchtigkeit, Erschütterung und Verschmutzung zu schützen. Sie sind in Zählerschränke einzubauen. Der Abstand vom Fußboden bis zur Zählermitte muss mindestens 1,10 m und darf höchstens 1,85 m betragen. Messeinrichtungen und Steuergeräte sind dauerhaft und eindeutig zu kennzeichnen, so dass die Zuordnung zum jeweiligen Abnehmer unverwechselbar ist (Abb. 17-11).

Zählerplätze sind so zu wählen, dass Mess- und Steuereinrichtungen leicht zugänglich sind und ohne besondere Hilfsmittel abgelesen werden können.

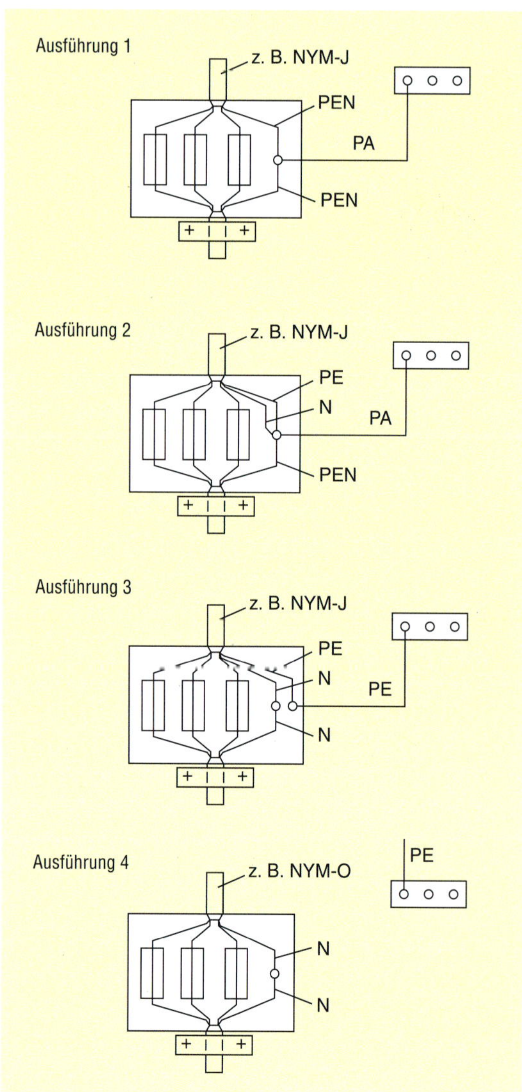

Abb. 17-10
Verschiedene Ausführungen der Hauptstromversorgung
Ausführung 1: ***TN-C-System***
Ausführung 2: ***TN-C-S-System***
Ausführung 3: ***TT-System, Schutzleiter in gemeinsamer Umhüllung***
Ausführung 4: ***TT-System, Schutzleiter als separate Leitung***

17

Die Zählerplatzfläche wird in drei Funktionsbereiche unterteilt: unterer Anschlussraum, Zählerfeld und oberer Anschlussraum. Zählerplatzflächen sind 250 mm breit und in der „einstöckigen“ Bauweise (ein Zähler pro Zählerfeld) meist 900 mm hoch.

Der untere und der obere Anschlussraum werden nach den Vorschriften des örtlichen Netzbetreibers beschaltet. Im unteren Anschlussraum befindet sich eine selektiv wirkende Überstromschutzeinrichtung, die sperr- und plombierbar sein muss.

Sie hat folgende Funktionen:
- zentrale Überstromschutzeinrichtung für die Kundenanlage,
- Freischalteinrichtung für die Mess- und Steuereinrichtungen,
- Trennvorrichtung für die nachgeordnete Anlage.

Im oberen Anschlussraum befinden sich die Hauptleitungs-Abzweigklemmen. Einzelne Betriebsmittel, wie Treppenhaus-Zeitschalter und Klingeltransformator, dürfen im oberen Anschlussraum angeordnet werden. Um unzulässige Erwärmung auszuschließen, gilt jedoch:

Die oberen Anschlussräume dürfen nicht als Stromkreisverteiler verwendet werden.

Das Zählerfeld nimmt nur den Zähler auf. Mehrtarifzähler werden mithilfe eines Tarifschaltgerätes geschaltet. Dieses wird auf dem benachbarten Tarifschaltgerätefeld installiert. Dieses Feld ist auch dann vorzusehen, wenn beim Errichten der Anlage noch kein Mehrtarifzähler angebracht wird. Vom Zählerplatz ist eine siebenadrige Steuerleitung, meist als Mantelleitung NYM-O 7 x 1,5 mm^2 Cu, bis zum Stromkreisverteiler zu führen. Wenn die Steuerleitung noch nicht benötigt wird, ist zunächst ein Leerrohr mit einer lichten Weite von mindestens 29 mm zu verlegen. In Mehrfamilienhäusern werden die Messeinrichtungen für die Wohnungen meist an zentraler Stelle (z. B. im Hausanschlussraum) zusammengefasst. Dezentrale Anordnungen, z. B. auf jeder Etage, sind ebenfalls zulässig (Abb. 17-12).

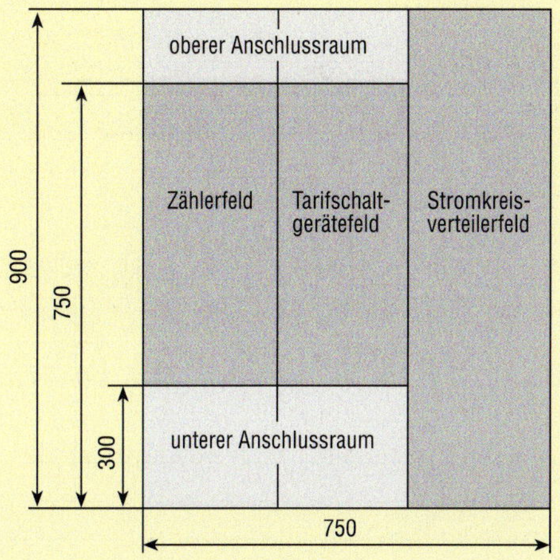

Abb. 17-11 ***Zählerplatz***
a) Zählerschrank mit eingebautem Stromkreisverteiler
b) Zählerplatzmaße

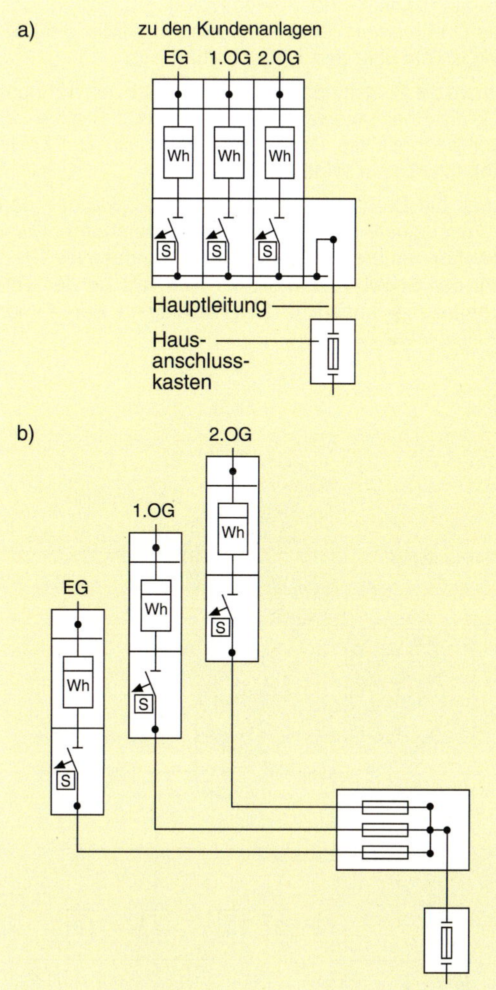

Abb. 17-12 ***Zähleranordnung (Prinzipdarstellung)***
a) zentral
b) dezentral

Induktionszähler

Die Verrechnung der vom Elektrizitätsversorgungsunternehmen gelieferten und vom Kunden verbrauchten Elektroenergie erfordert genaue Messergebnisse.

Dafür werden Induktionszähler verwendet. Der Induktionszähler ist in seiner Wirkungsweise dem Einphasen-Asynchronmotor sehr ähnlich (vgl. Abschnitt 18.2). Im Luftspalt zwischen den Polen zweier Magnetsysteme („Ständer") ist eine Aluminiumscheibe („Läufer") drehbar gelagert. Diese Scheibe ist als ein sehr kurzer und damit trägheitsarmer Kurzschlussläufer aufzufassen (Abb. 17-13).

Das untere, zweischenklige Magnetsystem trägt die „Stromspule". Auf dem oberen Magnetsystem ist die „Spannungsspule" angeordnet; durch seine Konstruktion besitzt es eine große Induktivität. Bei Wirklast sind deshalb die Ströme in den beiden Spulen und folglich deren Magnetflüsse um fast 90° gegeneinander phasenverschoben. Durch Überlagerung der beiden Magnetflüsse entsteht ein bewegtes Magnetfeld. Dieses induziert im Läufer, der Aluminiumscheibe, Ströme. Die Läuferscheibe folgt der Feldbewegung und dreht sich. Das Drehmoment ist umso größer, je größer die Leistung ist, die über den Zähler geführt wird.

Weicht die Belastung von der Wirklast ab, so verringert sich die Phasenverschiebung der beiden Ströme und ihrer Magnetflüsse. Das Drehmoment sinkt. Der Zähler zählt folglich nur Wirkarbeit.

Durch die Drehung der Läuferscheibe zwischen dem Bremsmagneten entstehen in ihr Wirbelströme. Diese bewirken ein bremsendes Moment, so dass die Drehzahl der Scheibe nicht größer wird, als es der Zählerbelastung entspricht. Ein Nachlaufen der Zählerscheibe wird verhindert.

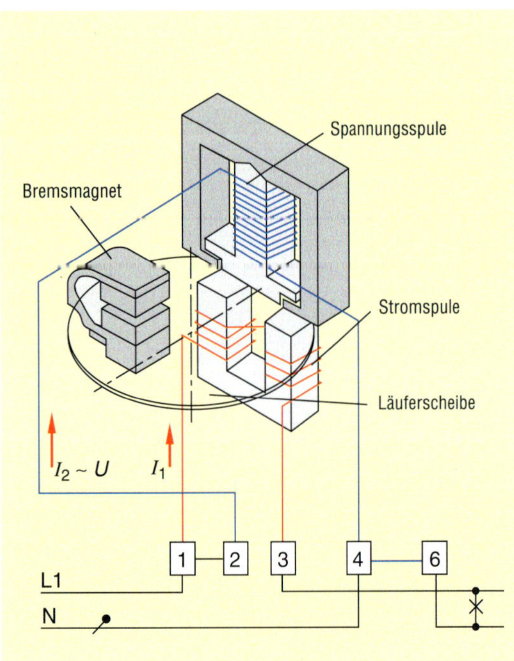

Abb. 17-13 ***Induktionszähler***

Die Anzahl der Scheibenumdrehungen wird auf ein mechanisches Zählwerk übertragen. Die Zählerkonstante gibt die Anzahl der Umdrehungen pro kWh an. Mit ihrer Hilfe lässt sich die elektrische Leistung bestimmen. Man ermittelt die Zählerumdrehungen in – beispielsweise – einer Minute und rechnet diese auf eine Stunde um.

Dann gilt

$$P = \frac{n}{C_z} \qquad \text{17-2}$$

n Zählerumdrehungen je Stunde
C_z Zählerkonstante in Umdrehungen je kWh
P Leistung in kW

Zähler unterliegen besonderen Prüfbedingungen. Nach einer angemessenen Frist, z. B. nach einem 16-jährigen Einsatz, werden die Zähler einer erneuten Einzelprüfung oder auch einer Stichprobenprüfung unterzogen. Dies erfolgt in der Prüfstelle des Netzbetreibers. Nach bestandener Prüfung werden die Zähler für einen weiteren Nutzungszeitraum beglaubigt.

Die Schaltung eines Zählers entspricht der eines Leistungsmessers (vgl. Abb. 17-14).

Die Schaltungen der Wechsel- und Drehstromzähler werden durch eine vierstellige Schaltungsnummer erfasst. Die Bedeutung der Ziffern ist der Abb. 17-15 zu entnehmen.

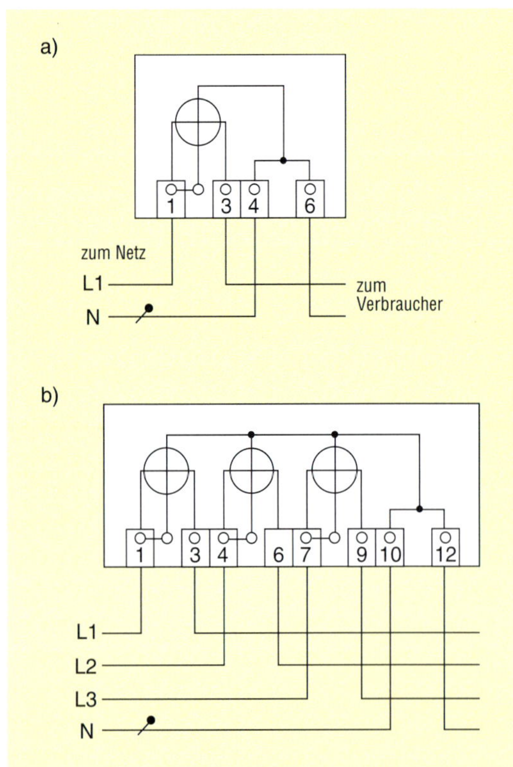

Abb. 17-14 ***Zählerschaltungen***
a) Wechselstromzähler-Schaltung, einpolig, Schaltungsnummer 1000
b) Drehstromzähler-Schaltung, Vierleiteranschluss, Schaltungsnummer 4000

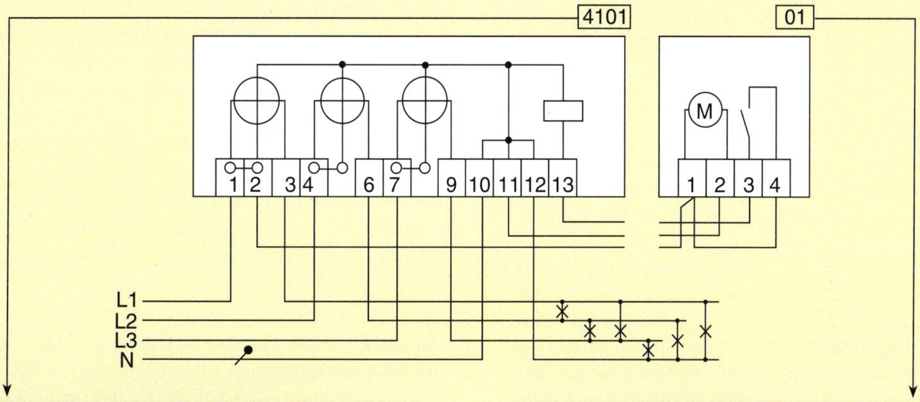

1	2	3	4	Zählerausführung
Zahlenstelle				
				Grundart des Zählers:
1				Einpoliger Wechselstrom-Wirkverbrauchzähler
2				Zweipoliger Wechselstrom-Wirkverbrauchzähler
3				Dreileiter-Drehstrom-Wirkverbrauchzähler
4				Vierleiter-Drehstrom-Wirkverbrauchzähler
5				Dreileiter-Drehstrom-Blindverbrauchzähler mit 60°-Abgleich
6				Dreileiter-Drehstrom-Blindverbrauchzähler mit 90°-Abgleich
7				Vierleiter-Drehstrom-Blindverbrauchzähler mit 90°-Abgleich
				Zusatzeinrichtungen:
	0			Ohne Zusatzeinrichtung
	1			Mit Zweitarifeinrichtung
	2			Mit Maximumeinrichtung
	3			Mit Zweitarif- und Maximumeinrichtung
	4			Mit Maximumeinrichtung einschließlich elektrischer Rückstellung
	5			Mit Zweitarif- und Maximumeinrichtung einschließlich elektrischer Rückstellung
	6			Impulsgabeeinrichtung
	7			Impulsgabeeinrichtung und Zweitarifeinrichtung
				Äußerer Anschluss der Grundart:
		0		Für unmittelbaren Anschluss
		1		Für Anschluss an Stromwandler
		2		Für Anschluss an Strom- und Spannungswandler
				Schaltungen der Zusatzeinrichtungen:
			0	Ohne äußeren Anschluss
			1	Mit einpoligem inneren Anschluss der Zweitarifeinrichtung und/oder der elektrischen Maximum-Rückstellung
			2	Mit äußerem Anschluss der Zweitarifeinrichtung und/oder der elektrischen Maximum-Rückstellung
			3	Mit einpoligem inneren Anschluss der Zusatzeinrichtungen und Maximumauslöser in Öffnungsschaltung
			4	Mit einpoligem inneren Anschluss der Zusatzeinrichtungen und Maximumauslöser in Kurzschließschaltung
			5	Mit äußerem Anschluss der Zusatzeinrichtungen und Maximumauslöser in Öffnungsschaltung
			6	Mit äußerem Anschluss der Zusatzeinrichtungen und Maximumauslöser in Kurzschließschaltung

Ziffernfolge	Ausführung der Tarifschaltuhr
01	Mit Tagesschalter
02	Mit Maximumschalter
03	Mit Tages- und Maximumschalter
04	Mit Tages- und Wochenschalter
05	Mit Maximum- und Wochenschalter
06	Mit Tages-, Maximum- und Wochenschalter
07	Mit Wochenschalter
Ziffernfolge	**Ausführung des Rundsteuerempfängers**
11	Mit einem Umschalter
12	Mit zwei Umschaltern
13	Mit drei Umschaltern
14	Mit vier Umschaltern

Abb. 17-15 ***Nummern für Elektrizitätszähler-Schaltungen***

Bei Zählern sind der Nennstrom und der so genannte Grenzstrom bedeutsam. Bis zur Grenzstromstärke kann der Zähler thermisch dauernd belastet werden. Zähler, deren Grenzstrom mehr als das 1,25fache des Nennstromes beträgt, nennt man Großbereichszähler. Bei modernen Zählern dieser Art kann der Grenzstrom ein Mehrfaches des Nennstromes betragen. Beide, Nennstrom und Grenzstrom, sind Bestandteil der Leistungsschildangabe des Zählers (Abb. 17-16).

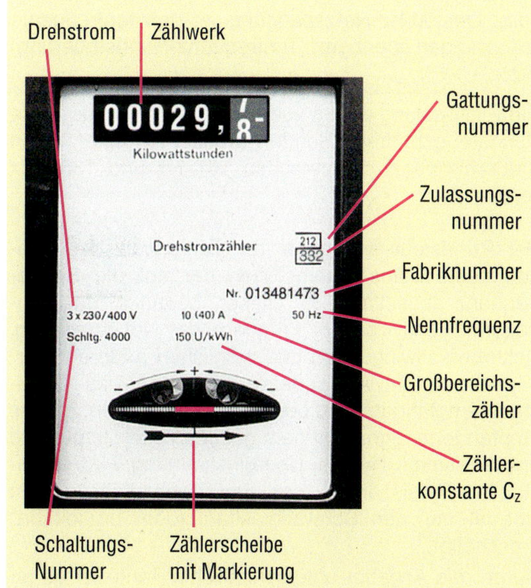

Abb. 17-16 ***Leistungsschild eines Zählers***

Energiepreis

Jedes Elektrizitätsversorgungsunternehmen gestaltet auf der Grundlage der Bundestarifordnung Elektrizität (BTOElt) den Preis für die Elektroenergie.

Dieser besteht aus dem

- **Arbeitspreis:** Er errechnet sich aus der Menge „verbrauchter" elektrischer Energie im Abrechnungszeitraum. Ihm liegt der Tarif (Ct/kWh) zugrunde.
- **Leistungspreis:** Er wird für die Bereitstellung der elektrischen Energie erhoben und schließt die Funktionstüchtigkeit des Versorgungsnetzes ein.
- **Verrechnungspreis:** Die Kosten für die Messung und Abrechnung werden auf der Grundlage der Anzahl und der Art der Messeinrichtungen bestimmt.

Leistungspreis und Verrechnungspreis werden häufig zu einem **Grundpreis** zusammengefasst. Dabei sind verschiedene Abrechnungsverfahren möglich. Für die Schwachlastzeiten in den Nachtstunden müssen von den Versorgungsunternehmen besondere Tarife angeboten werden. Dem niedrigen Arbeitspreis in diesen Zeiten stehen höhere Messkosten wegen des Einbaus eines Zweitarifzählers einschließlich seiner Steuerung gegenüber. Die Inanspruchnahme des Schwachlasttarifes ist dann sinnvoll, wenn ein erheblicher Teil des Energiebezuges in die Schwachlastzeiten verlagert werden kann.

In vielen Niederspannung-Verteilungsnetzen erfolgt das Umschalten vom Normal-(Hoch-) auf den Schwachlast-(Niedrig-)Tarif und umgekehrt mithilfe der Rundsteuertechnik.

17

Rundsteuern ist das Aussenden von Steuerbefehlen von zentraler Stelle aus an eine große Zahl von Empfängern.

Als Übertragungsweg nutzt man hierfür das vorhandene starkstromtechnische Leitungsnetz des Netzbetreibers. Der 50-Hz-Netzspannung werden tonfrequente Impulsfolgen überlagert (Tonfrequenz-Rundsteuerung) (Abb. 17-17).

Die Einkopplung erfolgt von zentraler Stelle aus. Jede Rundsteuerzentrale (Sender) arbeitet mit einer festen Steuerfrequenz, die zwischen 167 Hz und 1350 Hz liegt.

Der Rundsteuerempfänger am Zählerplatz des Kunden besteht aus einem Filter, der auf die Sendefrequenz abgestimmt ist. Dieser „bereinigt" das Tonfrequenzsignal von der Frequenz der Netzspannung, Netzoberschwingungen und möglichen anderen Störfrequenzen. Im Auswerteteil (Decoder) des Rundsteuerempfängers wird geprüft und verglichen, ob das empfangene Signal mit dem gespeicherten Impulsbild übereinstimmt. Nur bei Übereinstimmung wird ein bistabiles Relais erregt, das den Zweitarifzähler vom Normal- auf den Schwachlasttarif (oder umgekehrt) umschaltet.

Durch das Angebot unterschiedlicher Tarife ist es jedem Kunden möglich, Teile seiner Elektroenergie zu niedrigerem Preis in den Schwachlastzeiten zu beziehen. Der Kunde kann somit einen wesentlichen Beitrag leisten, Energiereserven (Kohle, Öl, Gas ...) zu schonen und die Klimagefährdung durch entstehende Verbrennungsgase zu vermindern.

Der Preis für die Elektroenergie errechnet sich nach den Vorgaben im Preisblatt des jeweiligen Versorgungsunternehmens. Tab. 17-3 zeigt den Auszug aus dem Preisblatt eines solchen Unternehmens.

Der Eintarifzähler ist das Standardgerät für die Erfassung elektrischer Energie. Für ihn ist es gleichgültig, zu welcher Zeit innerhalb des Abrechnungszeitraumes Energie bezogen wird.

Beispiel: Eine Familie mit zwei Kindern schätzt ihren Jahresbedarf an Elektroenergie mit 3000 kWh ein. Die Elektroenergiemenge soll vom Anbieter nach Tab. 17-3 bezogen werden.

Nach welchem der beiden zuerst genannten Tarife (a) singleStrom, b) familyStrom) sind die Jahres-Energiekosten am geringsten

Lösung:

a) singleStrom
3000 kWh x 22,98 Ct/kWh)
= 68 940 Ct — 689,40 €
Grundpreis — + 32,84 €
722,24 €

b) familyStrom
3000 kWh x 21,10 Ct/kWh
= 63 300 Ct — 633,00 €
Grundpreis — + 75,68 €
708,68 €

Der Tarif familyStrom ist der günstigere von beiden.

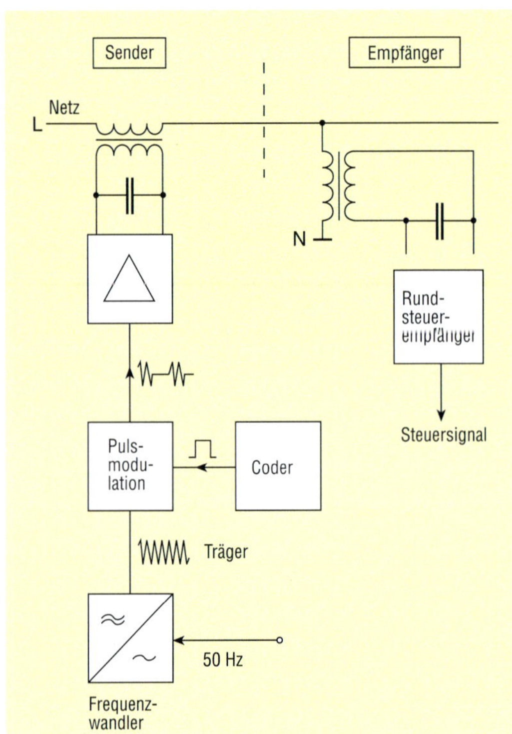

Abb. 17-17 ***Rundsteuerung, Prinzip***

	Grundpreis (€/Jahr)		Arbeitspreis (Ct/kWh)	
	netto	brutto	netto	brutto
singleStrom (für Haushalte mit geringem Strombedarf)	27,60	32,84	19,31	22,98
familyStrom (für Haushalte mit höherem Strombedarf)	63,60	75,68	17,73	21,10
ÖkoStrom (zu 100 % aus regenerativer Energie gewonnen)	37,20	44,27	19,85	23,62

Tab. 17-3 ***Auszug aus dem Preisblatt eines Anbieters elektrischer Energie***

17.1.5 Stromkreisverteiler und Ausstattungsumfang

Mit dem Stromkreisverteiler wird die gemessene elektrische Energie auf mehrere Stromkreise in der Wohnung verteilt.

Die Verbindungsleitung vom Zählerplatz zum Stromkreisverteiler ist für eine Belastung von mindestens 63 A auszulegen. Durch eine vorgeschaltete dreipolige Trenneinrichtung muss der Stromkreisverteiler spannungsfrei geschaltet werden können. Die Art und die Anordnung der Trenneinrichtung wird in den Technischen Anschlussbedingungen des zuständigen Netzbetreibers vorgeschrieben.

Stromkreisverteiler werden innerhalb der Wohnung, z. B. im Flur, angeordnet. Damit ergeben sich kurze Leitungswege zu den Verbrauchsmitteln.

Stromkreisverteiler enthalten die notwendigen Überstromschutzeinrichtungen für die Stromkreise in der Wohnung. Weitere Betriebsmittel, wie FI-Schutzeinrichtungen, finden darin ebenfalls Platz. Stromkreisverteiler nehmen auch Schaltgeräte (Schütze) auf, die vom Tarifschaltgerät aus gesteuert werden, um beispielsweise Nachtspeicherheizgeräte ein- bzw. auszuschalten. Dafür ist die vom Zählerplatz her mitgeführte siebenadrige Steuerleitung erforderlich.

Für Steckdosen- und Beleuchtungsstromkreise sollen Leitungsschutzschalter als Überstromschutzeinrichtung eingesetzt werden. Diese müssen ein Kurzschluss-Schaltvermögen von mindestens 6000 A besitzen. Um ein selektives Abschalten gegenüber den vorgeordneten Sicherungen zu garantieren, müssen diese Leitungsschutzschalter den höchsten Grad der Kurzschlussstrombegrenzung haben, d. h. sie müssen der Energiebegrenzungsklasse 3 angehören (vgl. dazu Abschnitt 17.4.4). Die Abfuhr der im Stromkreisverteiler entstehenden Verlustwärme muss gewährleistet sein. Deshalb sollte mindestens eine zweireihige Bauweise angestrebt werden. Jede Einbaureihe besitzt zwölf Teilungseinheiten (zu je 17,5 mm), z. B. für den Einbau von Leitungsschutzschaltern. Häufig reicht die zweireihige Bauweise nicht aus. Je nach Ausstattung der Installationsanlage kann die drei- oder vierreihige Ausführung erforderlich werden, zumal man eine Platzreserve für eventuell nachzurüstende Stromkreise berücksichtigen sollte (Abb. 17-18).

Abb. 17-18 ***Stromkreisverteiler, vierreihig***

In Einfamilienhäusern ordnet man den Stromkreisverteiler häufig im Zählerschrank neben dem Zähler- und dem Tarifschaltgerätefeld als zusätzliches drittes Feld an.

Dieses Verteilerfeld kann aufgrund der gegebenen Höhe sechsreihig ausgeführt werden. Alle im Stromkreisverteiler angeordneten Elemente sind, z. B. auf der Türinnenseite, übersichtlich zu kennzeichnen. Ihre Zugehörigkeit zum jeweiligen Stromkreis muss unverwechselbar sein.

Die Anzahl der im Haushalt verwendeten Elektrogeräte ist in den vergangenen Jahren ständig gestiegen. Vor 30 Jahren waren die Haushalte in Deutschland durchschnittlich mit 25 Elektrogeräten ausgestattet. Diese Zahl hat sich bis heute mehr als verdoppelt. Im Wohnbereich, aber auch in der Küche, im Hausarbeits- und im Hobbyraum steigt der Bedarf an Anschlussmöglichkeiten weiterhin. Eine ausreichend dimensionierte, d. h. bedarfsgerechte Elektroinstallation sollte dieser Entwicklung Rechnung tragen.

Jeder Raum ist entsprechend seiner Verwendung zweckmäßig zu installieren. Größere Räume sollten einen eigenen Steckdosen- und Beleuchtungsstromkreis haben. Verbrauchsmittel mit einem Anschlusswert ab 2 kW, wie z. B. die Waschmaschine, sind separat zu versorgen. Das gilt auch, wenn der Anschluss über eine Steckdose erfolgt. Bei Anschlussleistungen oberhalb 4,6 kW sind Drehstromanschlüsse erforderlich.

Die Hauptberatungsstelle für Elektrizitätsanwendung in Frankfurt am Main – HEA – hat die Elektroinstallation im Wohnungsbau bewertet und klassifiziert. Beim Deutschen Institut für Gütesicherung und Kennzeichnung – RAL – sind diese „Ausstattungswerte“ registriert.

Zu einem bestimmten Ausstattungswert gehört – in Abhängigkeit von der Wohnungsgröße – ein genau festgelegter Installationsumfang.

Unterschiedliche Umfänge bezüglich der Elektroinstallation führen zu drei Ausstattungswerten (Abb. 17-19).

Die in der DIN 18015-2 ausgewiesenen Mindestanforderungen verkörpern den Ausstattungswert 1. Die anzustrebende Standardausstattung wird mit dem Ausstattungswert 2 erfasst. Heutige und zukünftige Anforderungen erfüllt die Ausstattung nach dem Ausstattungswert 3. Jeder Bauherr sollte den finanziellen Mehraufwand, den ein höherer Ausstattungswert erfordert, in Beziehung zur Gesamtbausumme bringen, ehe er – vielleicht an der falschen Stelle – Kosten spart.

Abb. 17-20 (Seite 344) zeigt den Übersichtsschaltplan für die Stromkreisverteilung in einer Wohnung. Diesem Plan liegt der Ausstattungswert 2 zugrunde. Die Stromkreise sind durch drei unabhängig voneinander arbeitende Fehlerstrom-Schutzeinrichtungen zusätzlich geschützt.

17

Anforderungen für Ausstattungswert 1 ★

für den Raum

		1)	
Schlaf-/Wohnraum²)	≤ 12 m²	3	1
	> 12 ≤ 20 m²	4	1
	> 20 m²	5	2
Kochnische		4	2
Küche ²)		8	2
Hausarbeitsraum		3	1
Bad		3	2
WC		1	1
Flur/Diele Länge	≤ 3 m	1	1
	> 3 m	1	2
Freisitz (Balkon, Loggia, Terrasse)		1	1
Abstellraum		1	1
Zur Wohnung gehörender Keller-, Bodenraum		1	1
Hobbyraum		3	1

¹) Die den Bettplätzen und den Arbeitsflächen in Kochnischen, Küchen und Hausarbeitsräumen zugeordneten Steckdosen sind mindestens als Doppelsteckdosen vorzusehen. Neben Antennensteckdosen angeordnete Steckdosen sind mindestens als Dreifachsteckdosen vorzusehen.
Die vorgenannten Mehrfachsteckdosen gelten nach der Tabelle als jeweils eine Steckdose.

²) In Räumen mit Essecke ist die Anzahl der Auslässe und Steckdosen um jeweils 1 zu erhöhen.

³) sofern Hausarbeitsraum vorhanden

⁴) wenn keine andere Heißwasserversorgung vorhanden

für die Wohnung

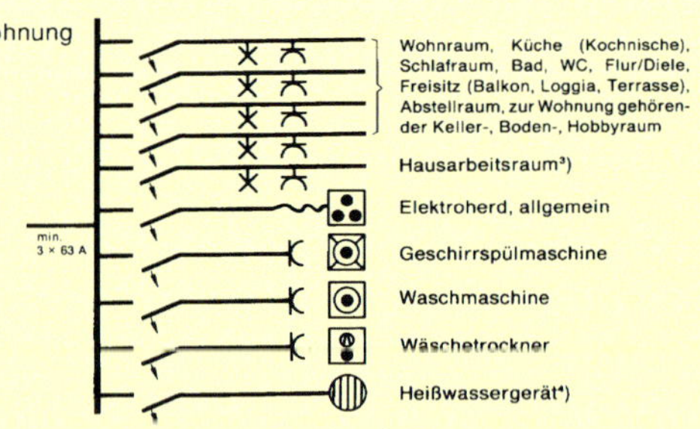

Beleuchtungs- und Steckdosenstromkreise	³)
Gerätestromkreise	⁴)
Stromkreisverteiler	Im Belastungsschwerpunkt der Wohnung
Hörfunk- und Fernsehempfangssysteme	*) *) bis 4 Räume 1 Antennensteckdose
Telefonanlage	
Gebäudekommunikation	*) *) *) Im Einfamilienhaus unter Berücksichtigung der örtlichen Erfordernisse

Abb. 17-19a ***Ausstattungswert 1***

Anforderungen für Ausstattungswert 2 ★★

für den Raum

			1)	X
Schlaf-/Wohnraum²)	> 12	≤ 12 m² ≤ 20 m² > 20 m²	5 7 9	2 2 3
Kochnische Küche ²)			7 9	2 3
Hausarbeitsraum			7	2
Bad			4	3
WC			2	1
Flur/Diele	Länge	≤ 3 m > 3 m	1 2	2 2
Freisitz (Balkon, Loggia, Terrasse)	Breite	≤ 3 m > 3 m	1 2	1 1
Abstellraum			2	1
Zur Wohnung gehörender Keller-, Bodenraum			2	1
Hobbyraum			5	2

¹) Die den Bettplätzen und den Arbeitsflächen in Kochnischen, Küchen und Hausarbeitsräumen zugeordneten Steckdosen sind mindestens als Doppelsteckdosen vorzusehen. Neben Antennensteckdosen angeordnete Steckdosen sind mindestens als Dreifachsteckdosen vorzusehen.
Die vorgenannten Mehrfachsteckdosen gelten nach der Tabelle als jeweils eine Steckdose.

²) In Räumen mit Essecke ist die Anzahl der Auslässe und Steckdosen um jeweils 1 zu erhöhen.

³) sofern Hausarbeitsraum vorhanden

⁴) wenn keine andere Heißwasserversorgung vorhanden

für die Wohnung

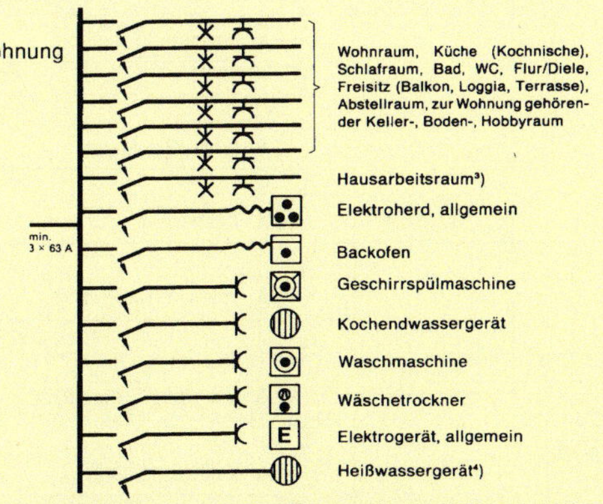

Beleuchtungs- und Steckdosenstromkreise	³)
Gerätestromkreise	E ⁴)
Stromkreisverteiler	Im Belastungsschwerpunkt der Wohnung
Hörfunk- und Fernsehempfangssysteme	
Telefonanlage	
Gebäudekommunikation	*) *) mit mehreren Wohnungssprechstellen

Abb. 17-19b ***Ausstattungswert 2***

Anforderungen für Ausstattungswert 3 ★★★

für den Raum

			1)	X
Schlaf-/Wohnraum²)	> 12	≤ 12 m² ≤ 20 m² > 20 m²	7 9 11	3 3 4
Kochnische Küche ²)			8 11	2 3
Hausarbeitsraum			9	3
Bad			5	3
WC			2	2
Flur/Diele	Länge	≤ 3 m > 3 m	1 3	3 3
Freisitz (Balkon, Loggia, Terrasse)	Breite	≤ 3 m > 3 m	2 3	1 2
Abstellraum			2	1
Zur Wohnung gehörender Keller-, Bodenraum			2	1
Hobbyraum			7	2

¹) Die den Bettplätzen und den Arbeitsflächen in Kochnischen, Küchen und Hausarbeitsräumen zugeordneten Steckdosen sind mindestens als Doppelsteckdosen vorzusehen. Neben Antennensteckdosen angeordnete Steckdosen sind mindestens als Dreifachsteckdosen vorzusehen.
Die vorgenannten Mehrfachsteckdosen gelten nach der Tabelle als jeweils eine Steckdose.

²) In Räumen mit Essecke ist die Anzahl der Auslässe und Steckdosen um jeweils 1 zu erhöhen.

³) sofern Hausarbeitsraum vorhanden

⁴) wenn keine andere Heißwasserversorgung vorhanden

für die Wohnung

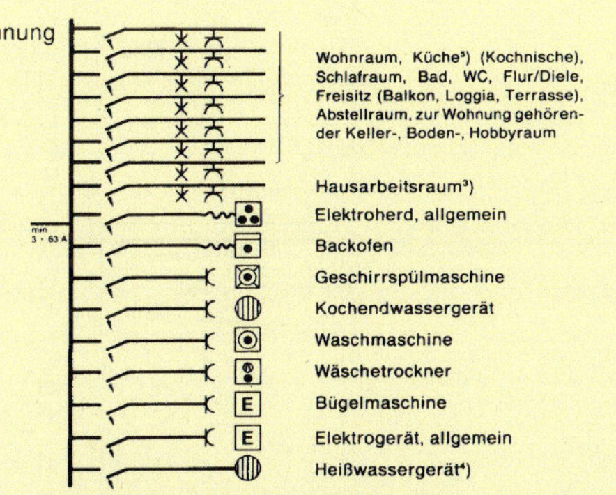

Beleuchtungs- und Steckdosenstromkreise	³)
Gerätestromkreise	E E ⁴)
Stromkreisverteiler	Im Belastungsschwerpunkt der Wohnung
Hörfunk- und Fernsehempfangssysteme	
Telefonanlage	
Gebäudekommunikation	*) GMA **) *) mit mehreren Wohnungssprechstellen **) bei Ein- und Zweifamilienhäusern

Abb. 17-19c ***Ausstattungswert 3***

17

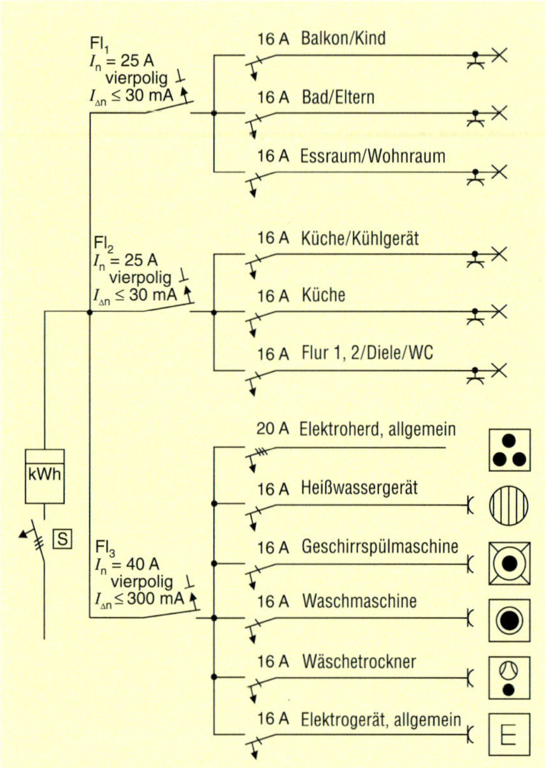

Abb. 17-20

Installation nach Ausstattungswert 2

a) Stromkreisverteilung

	Steckdose	Leuchte
Balkon, Breite ≤ 3 m	1	1
Kind ≤ 12 m²	5	2
Bad	4	3
Eltern > 12 m² ≤ 20 m²	7	2
Flur 1 Länge > 3 m	2	2
Flur 2 Länge > 3 m	2	2
Diele Länge ≤ 2,5 m	1	2
Essraum ≤ 12 m²	5	2
Wohnraum > 20 m²	9	3
WC	2	1
Küche	9	3

Fernmeldeanlage	(Symbol)	3
Hörfunk und Fernsehen	(Symbol)	4

Abb. 17-20

Installation nach Ausstattungswert 2

b) Installationsplan einer Wohnung

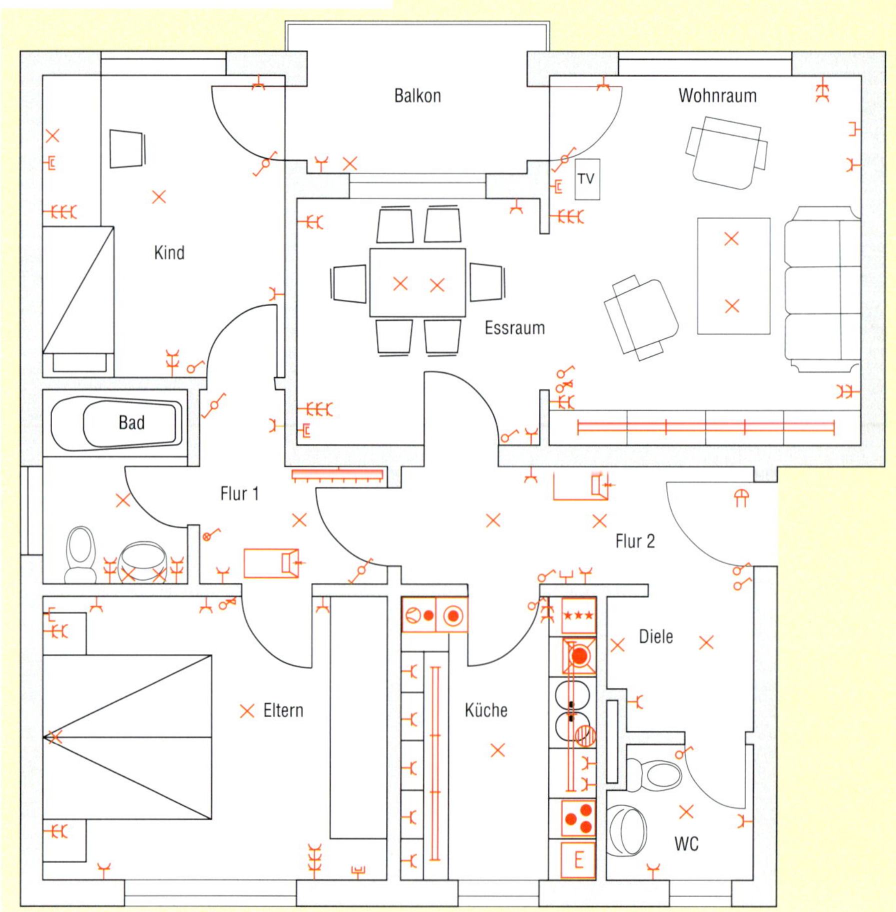

17.1.6 Elektroinstallation im Wohnbereich

Installationszonen

Verlegte Installationsleitungen müssen sichtbar sein (alle Formen der Verlegung auf dem oberflächenfertigen Baukörper), oder ihr Verlauf muss mit großer Sicherheit verfolgt werden können (alle Formen der „unsichtbaren" Verlegung). Nur dadurch ist es möglich, die Gefahr der Beschädigung elektrischer Leitungen, z. B. beim Anbringen von Bildern oder dem Befestigen von Hängeschränken, zu vermindern.

Für unsichtbar verlegte Leitungen oder Kabel sind Installationszonen festgelegt worden (Abb. 17-21). Als unsichtbar verlegt gelten alle Installationen unter und im Putz, in Wänden oder hinter Wandverkleidungen.

Die waagerecht verlaufenden Installationszonen sind 30 cm breit, ihre gedachte Mittellinie befindet sich 30 cm unter der Deckenunterkante bzw. 30 cm über dem Fertigfußboden. Alle senkrecht verlaufenden Installationszonen sind 20 cm breit. Ihr Bereich erstreckt sich 10 cm bis 30 cm neben der Zimmerecke bzw. neben Tür- und Fensteraussparungen.

Waagerecht geführte Leitungen verlegt man vorzugsweise 30 cm unter der Deckenunterkante oder 30 cm über dem Fertigfußboden. Senkrecht verlaufende Leitungen sollen von Zimmerecken bzw. Aussparungen an Fenstern oder Türen 15 cm Abstand haben.

An Fenstern und an zweiflügeligen Türen verlaufen die Installationszonen beidseitig, an einflügeligen Türen an der Seite, die das Schloss trägt. An dieser Seite ist auch der Schalter für die Raumbeleuchtung anzuordnen. Räume, die durch mehrere Türen betreten werden können, erhalten an jeder Tür einen Schalter. In Schlafräumen sollte zusätzlich vom Bett aus die Allgemeinbeleuchtung geschaltet werden können.

Steckdosen sind vorzugsweise 30 cm, Schalter 105 cm oberhalb des Fertigfußbodens anzuordnen.

Leitungen zu Wandauslässen, die außerhalb der Installationszonen liegen (z. B. zu Wandleuchten), werden immer senkrecht geführt, und zwar aus einer waagerecht verlaufenden Installationszone heraus.
Für Aufputzinstallationen gelten diese Vorschriften nicht, jedoch installiert man hier in ähnlicher Weise. In Räumen, die nicht zu Wohnzwecken dienen, darf die Leitungsverlegung außerhalb dieser Zonen erfolgen. Die Verlegung von Leitungen oder Kabeln in Deckenflächen oder Fußböden erfolgt parallel zu den Wänden. Die Installationszone ist 30 cm breit, ihr Abstand zur Wand beträgt 20 cm. Die Verlegung von Leitungen und Kabeln im Fußboden bedarf einer gründlichen Planung, da eine nachträgliche Erweiterung der Elektroinstallation kaum noch möglich ist. Meist unterliegt Beton einem Rüttel- oder Stampfprozess. Leitungen, z. B. Mantelleitungen, müssen dann im Rohr verlegt werden, das erhöhtem Druck standhält. Kabel dürfen unmittelbar im Beton verlegt werden.

Besonderheiten bei der Elektroinstallation in Küchen

Einige Besonderheiten gilt es bei der Elektroinstallation von Küchen zu beachten.

Kleingeräte, wie beispielsweise Toaster und Kaffeemaschinen, sollen an Steckdosen angeschlossen werden können, die im Arbeitsbereich angeordnet sind. Ihre Anzahl richtet sich nach der Länge der Arbeitsfläche. Zwei bis drei Steckdosen je Meter Arbeitsfläche werden empfohlen.

Die Steckdosen für Einbaugeräte sollten sich im Einbaubereich des entsprechenden Gerätes oder auch oberhalb der Schränke befinden. Die Anordnung der

17

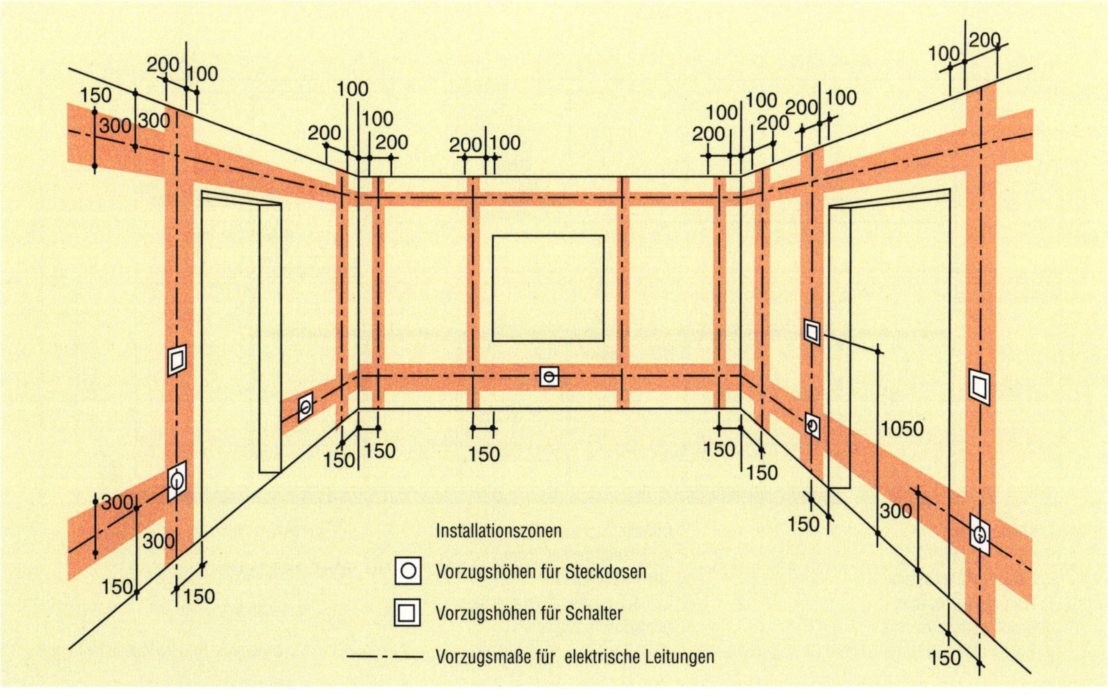

Abb. 17-21 ***Installationszonen***

Steckdosen über den Schränken gestattet eine leichte Trennung des betreffenden Gerätes vom Netz. Das kann z. B. bei Reinigungsarbeiten am Kühlschrank, der Dunstabzugshaube usw. von Vorteil sein. Großgeräte mit einer Anschlussleistung ab 2 kW (Elektroherd, Geschirrspüler usw.) müssen über einen eigenen Stromkreis versorgt werden (Abb. 17-22).
Für eine gute Ausleuchtung der Küche sind neben der Allgemeinbeleuchtung weitere, unabhängig schaltbare Arbeitsplatzleuchten zu empfehlen. Diese werden meist unterhalb der Hängeschränke angebracht. Es empfiehlt sich für die Küche, bei der Vielzahl der Steckdosen die Beleuchtung einem getrennten Stromkreis zuzuordnen.

Es ist festzustellen:

> Eine optimal gestaltete Elektroinstallation für die Küche erfordert genaue Kenntnis über die Einrichtung dieses Raumes.

Installationsformen

Die Elektroinstallation in Wohngebäuden erfolgt heute auf drei verschiedene Arten:

Installation mit

- Verbindungsdosen
- Geräteverbindungsdosen
- zentralem Anschlusskasten

Die Installation mit Verbindungsdosen ist die älteste und bekannteste, die klassische Form (Abb. 17-23a). Hier führt man die Leitungen vor allem in der oberen Installationszone. An Abzweigstellen in senkrechter Richtung werden Verbindungsdosen angebracht.

Bei der Installation mit Geräteverbindungsdosen (Abb. 17-23b) erfolgt das Verbinden der Leitungen in der Gerätedose selbst. Diese wird zu diesem Zweck mit einer größeren Einbautiefe gewählt. Der Leitungsbedarf ist bei dieser Form gering. Die Verbindungsstellen sind nach dem Ausbau der Betriebsmittel, wie Schalter oder Steckdosen, frei zugänglich.

Die Installation mit zentral angeordnetem Anschlusskasten (Abb. 17-23c) ist weniger im Wohnbereich, häufiger in Büro- oder Verwaltungsgebäuden anzutreffen. Vom Anschlusskasten aus werden die Leitungen sternförmig zu den Betriebsmitteln geführt. Mit dieser Installationsform kann problemlos auf eine andere Nutzungsart der Räume oder auf eine geänderte Raumaufteilung reagiert werden. Der Leitungsaufwand ist jedoch hoch.

17.1.7 Elektroinstallation in Räumen mit Badewanne oder Dusche

Der Raum als Ganzes ist, wie jeder andere Raum innerhalb einer Wohnung, ein „trockener" Raum. Innerhalb dieses Raumes jedoch treten im Bereich der Badewanne oder der Dusche erhöhte Gefährdungen auf. Durch den verringerten Widerstand der feuchten Haut und wegen der meist guten Erdverbindung über das Wasserleitungssystem ist die Unfallgefahr für den Menschen groß. Geringe Berührungsspannungen können bereits gefährliche Körperströme hervorrufen.

Schutzbereiche

DIN VDE 0100, Teil 701 legt für solche Räume mit Badewanne oder/und Dusche Bereiche fest, in denen eine erhöhte Gefährdung und folglich ein erhöhtes Schutzbedürfnis besteht. Das hat Auswirkungen auf die Elektroinstallation. Die höchsten Anforderungen werden im Bereich 0, die niedrigsten außerhalb der Schutzbereiche gestellt (Abb. 17-24 und Abb. 17-25).

17

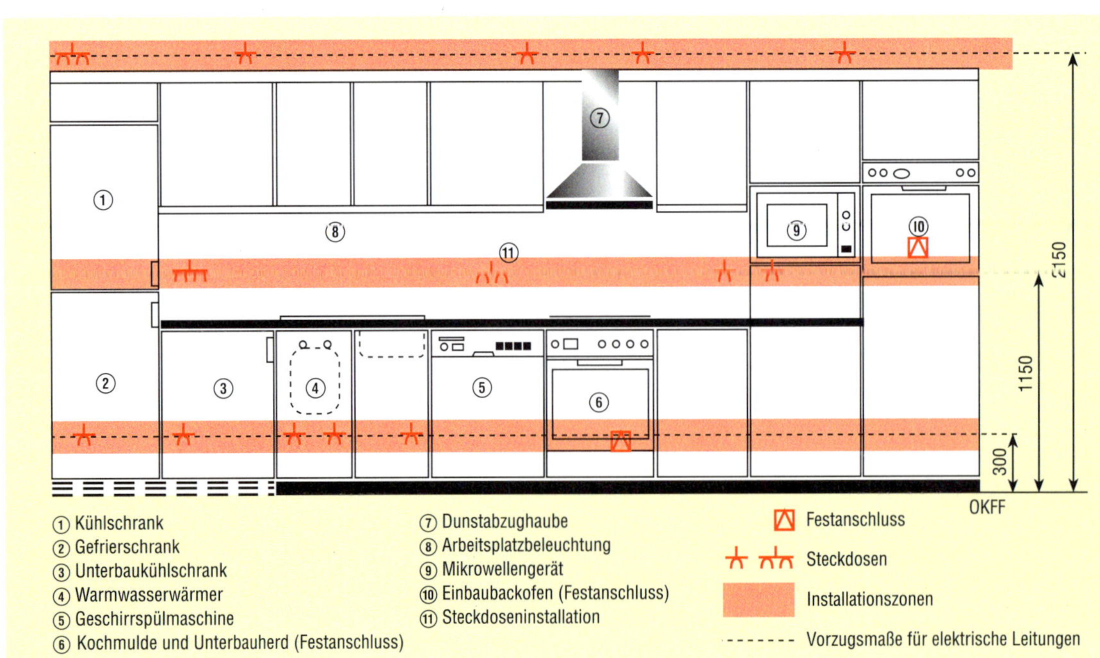

Abb. 17-22 ***Elektroinstallation im Küchenbereich***

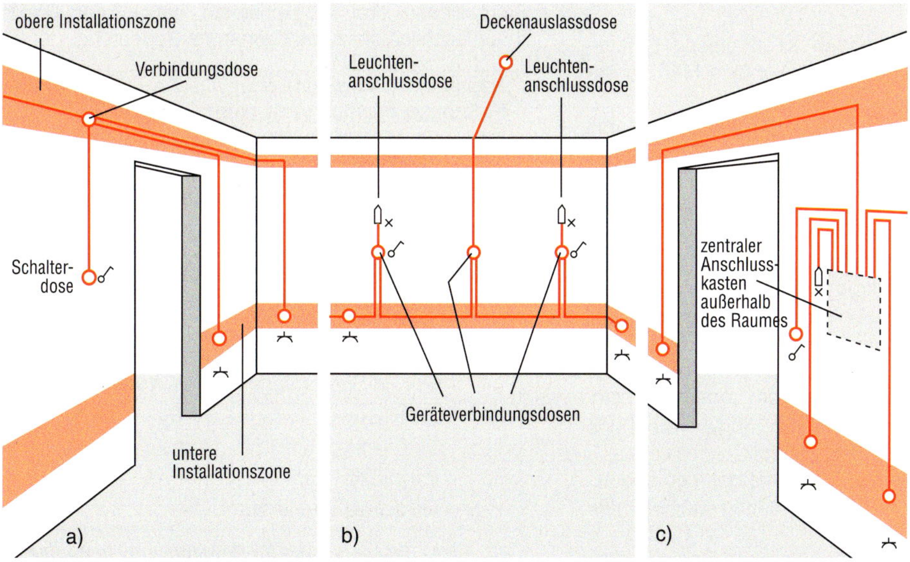

Abb. 17-23
Installationsformen
a) Installation mit Verbindungsdosen
b) Installation mit Geräteverbindungsdosen
c) Installation mit zentralem Anschlusskasten

Bereich 0:
Der Bereich 0 entspricht dem Inneren der Bade- oder Duschwanne.
Bei Duschen ohne Wanne entfällt dieser Bereich.

Bereich 1:
Der Bereich 1 ist begrenzt
- durch den Fertigfußboden und die waagerechte Fläche
  - in Höhe des höchsten fest angebrachten Brausekopfes,
  - in 2,25 m Höhe über dem Fertigfußboden (je nachdem was höher ist),
- durch die senkrechte Fläche
  - an den Außenkanten der Bade- oder Duschwanne (Abb. 17-25),
  - bei gemauerten Wannen an den Innenkanten der Bade- oder Duschwanne,
  - bei Duschen ohne Wanne mit einem Abstand von 1,20 m vom Mittelpunkt der festen Wasseraustrittsstelle an der Wand oder an der Decke (Abb. 17-24).

Der Bereich 1 umfasst auch den Bereich unter der Wanne. Das Wanneninnere (Bereich 0) gehört nicht zum Bereich 1.

Bereich 2:
Der Bereich 2 schließt sich an den Bereich 1 an und ist 0,60 m breit.

Bei Duschen ohne Wanne entfällt der Bereich 2.

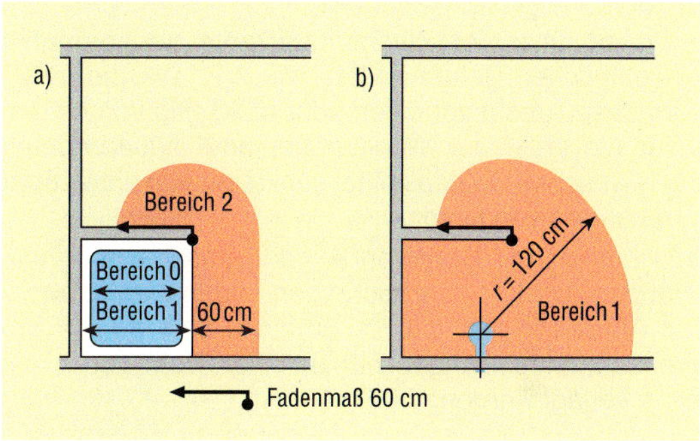

Abb. 17-24
Schutzbereiche bei einer Dusche mit fester Trennwand
a) Dusche mit Wanne b) Dusche ohne Wanne

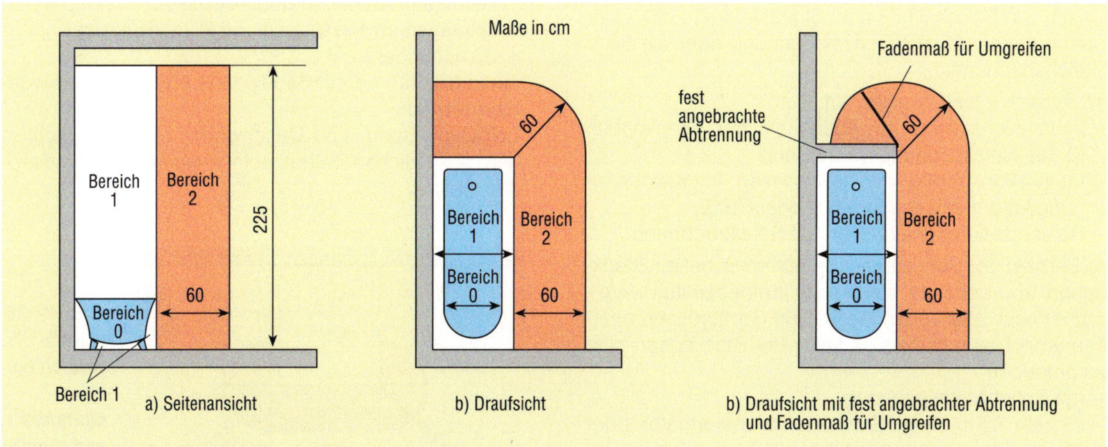

Abb. 17-25 ***Schutzbereiche für Räume mit Badewanne***

Leitungsverlegung

Die Verlegung von Leitungen ist in diesen Schutzbereichen auf das unbedingt notwendige Maß zu begrenzen.

In Räumen mit Badewanne oder Dusche dürfen Kabel und Leitungen auf Putz oder bis zu einer Tiefe von 6 cm unter Putz nur verlegt werden, wenn diese
- der Versorgung von elektrischen Betriebsmitteln in diesen Räumen dienen und
- einen Schutzleiter enthalten, der mit dem Schutzleiter der Verbraucheranlage verbunden ist.

Bei Kabeln und Leitungen, die nicht der Versorgung von Verbrauchsmitteln in diesem Raum dienen, sondern für einen Nachbarraum vorgesehen sind, muss eine Restwanddicke von wenigstens 6 cm vorhanden sein.

Ist dies bautechnisch nicht möglich, dürfen Kabel und Leitungen nur verlegt werden, wenn
- für diese Stromkreise die Schutzmaßnahmen Schutzkleinspannung oder Schutztrennung angewendet werden oder
- diese Stromkreise einen zusätzlichen Schutz durch Fehlerstrom-Schutzeinrichtungen erhalten, deren Bemessungsdifferenzstrom $I_{\Delta n} \leq 30$ mA beträgt. Der Schutzleiter dieser Stromkreise muss mit dem Schutzleiter der Verbraucheranlage verbunden sein.

Kabel und Leitungen sind an die elektrischen Betriebsmittel wie folgt heranzuführen
- für die über der Wannenoberkante angeordneten elektrischen Betriebsmittel, wie z. B. Wassererwärmer, senkrecht von oben oder rückseitig von hinten,
- für die unter der Wannenoberkante angeordneten elektrischen Betriebsmittel senkrecht von unten oder rückseitig von hinten.

In Räumen mit Badewanne oder Dusche dürfen in Wänden, Decken, Dachschrägen und fest angebrachten Abtrennungen, die die Bereiche 0, 1 oder 2 begrenzen, Stegleitungen bis zu einer Tiefe von 6 cm nicht verlegt werden.

17

Installationsgeräte und Verbrauchsmittel

Im Bereich 0 dürfen nur solche Geräte verwendet werden, die ausdrücklich für den Betrieb in Badewannen vorgesehen sind. Sie sind mit Schutzkleinspannung von höchstens 12 V zu betreiben.

Im Bereich 1 dürfen nur ortsfeste Warmwasserbereiter und Whirlpooleinrichtungen betrieben werden. Zugelassen sind auch Ruf- und Signalanlagen mit einer Spannung bis 25 V Wechselspannung oder bis 60 V Gleichspannung.

Im Bereich 2 sind zugelassen
- Installationsgeräte mit Ausnahme von Steckdosen für die Netzspannungsversorgung,
- Installationsgeräte mit Steckdosen in Kleinspannungsstromkreisen mit SELV oder PELV,
- Rasiersteckdoseneinheiten mit Schutztrennung.

Außerhalb der Schutzbereiche dürfen Schalter, Steckdosen und sonstige elektrische Betriebsmittel angeordnet sein. Alle Verbindungs- und Gerätedosen müssen jedoch aus Kunststoff sein. Die Steckdosen sind zu betreiben
- mit Schutzkleinspannung,
- einzeln über einen Schutztrenntransformator oder
- über eine FI-Schutzeinrichtung mit einem Bemessungsdifferenzstrom $I_{\Delta n} \leq 30$ mA.

Von diesen drei Möglichkeiten hat in der Praxis hauptsächlich die zuletzt genannte Bedeutung.

Räume mit Badewanne oder Dusche sind über eine FI-Schutzeinrichtung mit einem Bemessungsdifferenzstrom $I_{\Delta n} \leq 30$ mA zu versorgen.

In den Bereichen 0 bis 2 gelten die in Tab. 17-4 angegebenen Schutzarten.

Bereich	IP-Schutzart	
	Häufige Nässebildung durch Betauung, z. B. in Sportanlagen	Seltene Nässebildung durch Betauung, z. B. in Wohnungen
0	IPX7	IPX7
1	IPX5	IPX4, IPX5*
2	IPX5	IPX4

* nur wenn Strahlwasser auftritt

Tab. 17-4 ***Wasserschutz für Betriebsmittel in Räumen mit Badewanne oder Dusche***

Vielfach werden in Wohnungen fabrikfertige Duschkabinen eingebaut. Da sich die Vorschriften auf (nicht näher beschriebene) Räume mit Badewanne oder Dusche beziehen, gelten die Bestimmungen ebenso für vorgefertigte, fest angeordnete Duschkabinen. Diese müssen folglich so aufgestellt werden, dass im Abstand bis zu 0,6 m von der geöffneten Tür aus keine Steckdosen, Schalter oder Verbindungsdosen vorhanden sind (Abb. 17-26).

Schutzpotenzialausgleich

In Gebäuden mit einem funktionsfähigen, den Vorschriften entsprechend ausgeführten Schutzpotenzialausgleich über die Haupterdungsschiene wird in Räumen mit Badewanne oder Dusche kein zusätzlicher Schutzpotenzialausgleich gefordert.

In den Fällen, in denen der Schutzpotenzialausgleich über die Haupterdungsschiene nicht vorhanden, nicht funktionsfähig oder nicht nachgerüstet ist, muss ein zusätzlicher Schutzpotenzialausgleich errichtet werden.

In diesen zusätzlichen Schutzpotenzialausgleich einzubeziehen sind fremde leitfähige Teile, wie
- Leitungen für Frisch- und Abwasser,
- Leitungen für Heizungen und Klimatisierung,
- Gasleitungen,

die in die Räume mit Badewanne oder Dusche eingeführt werden.

Leitfähige Bade- und Duschwannen müssen nicht in den zusätzlichen Schutzpotenzialausgleich einbezogen werden.

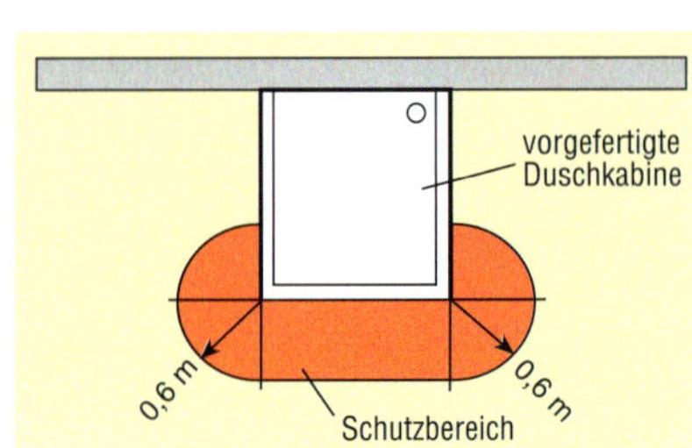

Abb. 17-26 ***Schutzbereich bei einer fabrikfertigen Duschkabine***

Für den Potenzialausgleichsleiter ist ein Mindestquerschnitt von 4 mm² Cu (ungeschützte Verlegung) bzw. 2,5 mm² Cu (geschützte Verlegung) vorgeschrieben.

Die Einbindung des zusätzlichen Schutzpotenzialausgleichs geschieht meist an zentraler Stelle, der Haupterdungsschiene (Abb. 17-27).

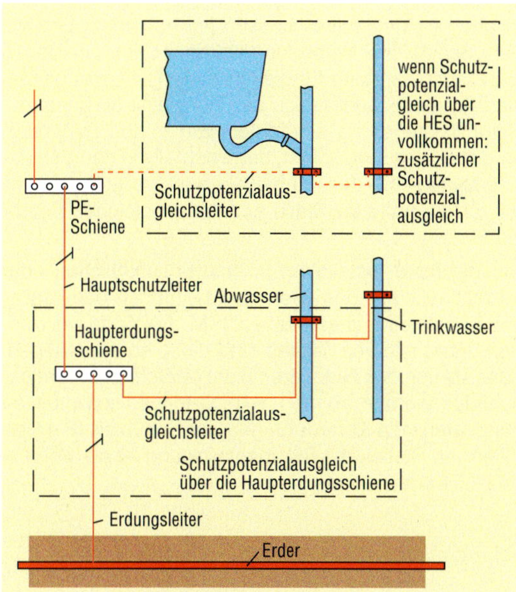

Abb. 17-27 ***Schutzpotenzialausgleich in Räumen mit Badewanne oder Dusche***

17.2 Elektroinstallation in Räumen und Anlagen besonderer Art

17.2.1 Feuergefährdete Betriebsstätten

Feuergefährdete Betriebsstätten sind solche Räume, in denen leicht entzündliche Stoffe in Gefahr bringender Menge lagern, verarbeitet oder bearbeitet werden. Bei erhöhten Temperaturen stellen diese Stoffe eine erhebliche Brandgefahr dar. Öllagerräume, Bergeräume für Heu oder Stroh, Werkstätten für die Holzbearbeitung usw. zählen zu den feuergefährdeten Betriebsstätten.

Ein besonderes Brandrisiko besteht auch in Räumen oder an Orten auf Grund des brennbaren Aufbaues der Räume (Hohlwände, Holzwände) oder des Vorhandenseins unersetzbarer Güter von hohem Wert.

Um in feuergefährdeten Betriebsstätten Brände zu vermeiden, die durch Lichtbögen, Isolationsfehler oder durch erhöhte Temperatur an elektrischen Betriebsmitteln hervorgerufen werden können, sind die elektrischen Anlagen in besonderer Weise auszuführen (DIN VDE 0100, Teil 482).

Die elektrischen Einrichtungen in feuergefährdeten Betriebsstätten sind auf das betrieblich notwendige Maß zu begrenzen. Die verwendeten Kabel und Leitungen müssen schwer entflammbar sein. Kann diese Forderung nicht erfüllt werden, müssen sie vollständig in nicht brennbare Materialien (unter Putz, im Beton, in Sand usw.) eingebettet werden. (PVC-Ummantelungen gelten als schwer entflammbar.) Überstromschutzeinrichtungen sind außerhalb der Betriebsstätten anzuordnen.

Räume mit Feuergefährdung erfordern mindestens Betriebsmittel der Schutzart IP 4X. Staubgeschützt (IP 5X) müssen sie dann sein, wenn die Feuergefährdung durch Staub oder Faserstoffe hervorgerufen wird. Bei Motoren mit Stern-Dreieck-Anlauf ist zu sichern, dass der Überlastschutz auch in der Sternstufe wirksam ist. Leuchten sollten aus schwer entflammbarem Material bestehen.

Vorbeugend verhütet man Brände, deren Ursache Isolationsfehler (Körperschluss, Kurzschluss, Erdschluss) sein können, durch eine der drei folgenden Maßnahmen:

1. Abstimmung von Leiterquerschnitt und Überstromschutzeinrichtung

Leitungen bzw. Kabel sind mit einem solchen Querschnitt zu verlegen, dass bei einem vollkommenen Kurzschluss die vorgeschaltete Überstromschutzeinrichtung sicher abschaltet (Abb. 17-28a).

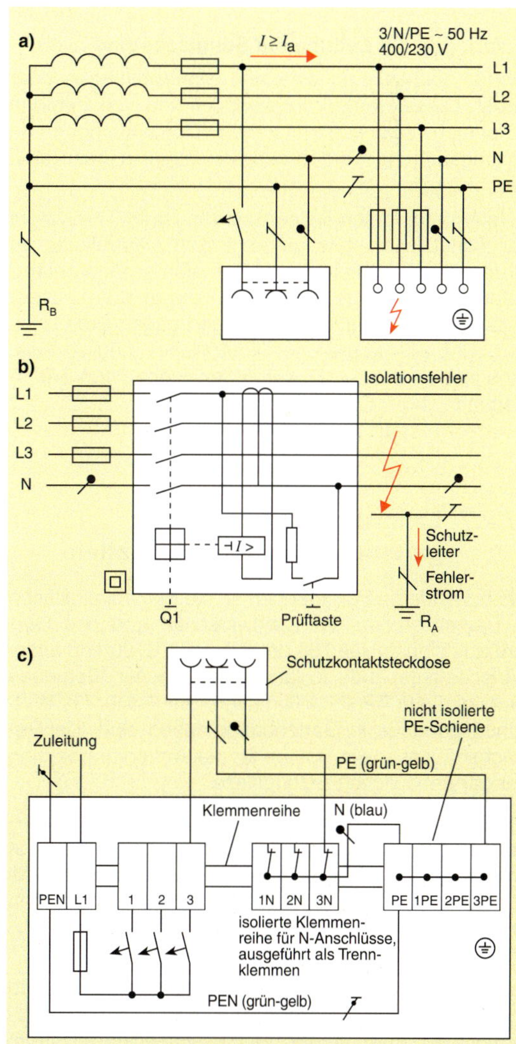

Abb. 17-28 ***Brandschutzgerechte Elektroinstallation***
a) Abstimmung von Leiterquerschnitt und Überstromschutzeinrichtung
b) Isolationsüberwachung durch FI-Schutzeinrichtung
c) Leitungslegung mit Schutzabstand; Anordnung der Anschlussstellen

2. Isolationsüberwachung mit Fehlerstrom-Schutzeinrichtung

Die elektrische Anlage wird mit einer FI-Schutzeinrichtung ($I_{\Delta n} \leq 0{,}3$ A) überwacht. Der Schutzleiter wird im Isolierrohr, im Kanal oder innerhalb der Ummantelung der mehradrigen Leitung oder des Kabels als so genannter Überwachungsleiter mitgeführt. Tritt in der elektrischen Anlage ein Isolationsfehler auf, so fließt über den Schutzleiter Strom ab. Die FI-Schutzeinrichtung trennt bei Überschreiten des Bemessungsdifferenzstromes die elektrische Anlage allpolig vom Netz (Abb. 17-28b). Die an der Fehlerstelle bis zum Abschalten auftretende Wärmemenge reicht in der Regel nicht aus, um einen Brand zu entfachen.

Bei Überwachung der elektrischen Anlage in feuergefährdeten Betriebsstätten mithilfe von FI-Schutzeinrichtungen soll deren Bemessungsdifferenzstrom $I_{\Delta n} \leq 0{,}3$ A betragen.

3. Verlegen der Leitung mit Schutzabstand

Hierfür benutzt man einadrige Mantelleitungen oder Kabel. Diese werden voneinander und von fremden leitfähigen Teilen getrennt verlegt. Durch die getrennte Leitungsführung werden Isolationsfehler nahezu ausgeschlossen.

In feuergefährdeten Betriebsstätten ist im TN-System der Schutzleiter stets getrennt vom Neutralleiter zu führen. Der PEN-Leiter ist außerhalb der feuergefährdeten Betriebsstätte in den PE- und in den N-Leiter aufzutrennen. Isolationsmessungen gegen Erde müssen ohne Abklemmen der Neutralleiter möglich sein. Dies erreicht man z. B. durch den Einbau von Trennklemmen (Abb. 17-28c).

17

17.2.2 Landwirtschaftliche und gartenbauliche Betriebsstätten

Die besonderen Forderungen an die Elektroinstallation in Betriebsstätten der Landwirtschaft und des Gartenbaus sind im Teil 705 der DIN VDE 0100 enthalten. Wirtschaftsgebäude in landwirtschaftlichen Betrieben sind vor allem Tierställe und Lagerräume aller Art. Wirtschaftsgebäude in Gartenbaubetrieben sind alle Gewächshäuser sowie Räume für die Weiterverarbeitung der gartenbaulichen Erzeugnisse.

Dazugehörige Wohnungen und Nebenräume innerhalb landwirtshaftlicher und gartenbaulicher Betriebe unterliegen ebenfalls den Bestimmungen dieser Vorschrift, wenn diese Räume mit den landwirtschaftlichen und gartenbaulichen Betriebsstätten in leitfähiger Verbindung stehen.

Im Interesse des Brandschutzes wird in landwirtschaftlichen und gartenbaulichen Anwesen eine FI-Schutzeinrichtung mit einem Bemessungsdifferenzstrom $I_{\Delta n} \leq 0{,}3$ A gefordert. Stromkreise mit Steckdosen müssen durch FI-Schutzeinrichtungen mit einem Bemessungsdifferenzstrom $I_{\Delta n} \leq 30$ mA geschützt sein (Abb. 17-29).

In Bereichen, die für die Tierhaltung vorgesehen sind, wird ein zusätzlicher Schutzpotenzialausgleich gefordert.

Alle fremden, elektrisch leitfähigen Teile (Stahlkonstruktionen, Frischwasserleitung, Melkanlage usw.) und alle von den Tieren berührbaren Körper der elektrischen Betriebsmittel müssen untereinander und mit dem Schutzleiter verbunden werden. Um im Fehlerfall die Schrittspannung für die Nutztiere gering zu halten, wird für den Standbereich der Tiere eine so genannte Potenzialsteuerung empfohlen. Ein in den Fußboden eingebettetes Metallgitter, das ebenfalls in den Schutzpotenzialausgleich einzubeziehen ist, sorgt im Fehlerfall für ein an jeder Stelle annähernd gleiches Potenzial.

Für die feste Installation in landwirtschaftlichen oder gartenbaulichen Betrieben sind Leitungen oder Kabel mit Kunststoffummantelung (NYM, NYY) zu verwenden. Innerhalb von Ställen sind diese so zu verlegen, dass sie von den Nutztieren nicht erreicht und nicht beschädigt werden können. Alle Betriebsmittel müssen mindestens die Anforderungen der Schutzart IP 44 erfüllen. An Stellen mit Staubentwicklung ist die Schutzart IP 54 erforderlich.

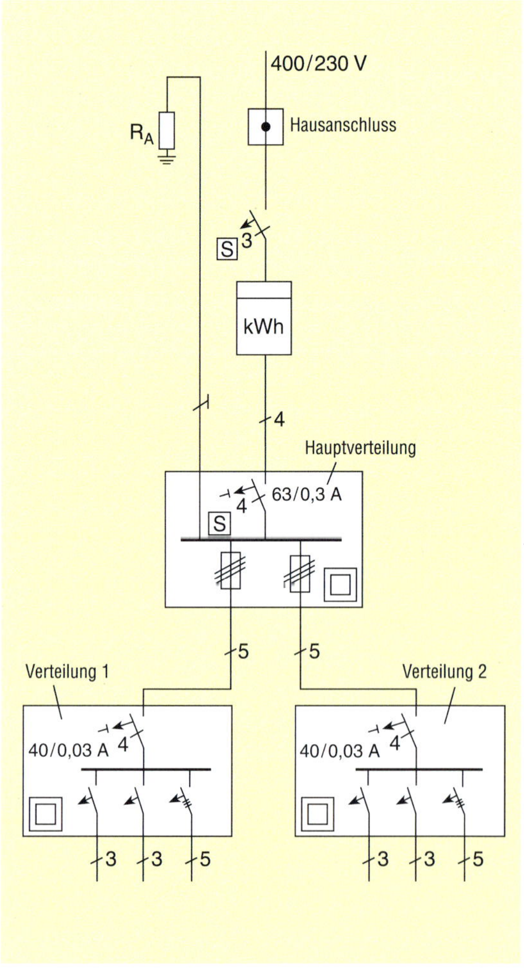

Abb. 17-29 ***Verteilung in einem landwirtschaftlichen Betrieb***

17.2.3 Medizinisch genutzte Bereiche

Medizinisch genutzte Bereiche sind solche Räume oder Raumgruppen, die für Zwecke der Diagnose, Behandlung, Überwachung und Pflege von Patienten vorgesehen sind. Solche Bereiche befinden sich in Krankenhäusern, Arztpraxen, Pflegeheimen, Sanatorien usw.

Der Patient ist während der Behandlung, die oft mit elektromedizinischen Geräten erfolgt, gegenüber einem Fehler in der elektrischen Anlage sehr anfällig. Schon Ströme weit unter 50 mA können für den geschwächten Körper lebensbedrohend sein. Fallen elektrische Geräte aus, die lebenswichtige Funktionen aufrechterhalten oder übernehmen (z. B. Beatmungsgeräte), so ist das Leben des Patienten erheblich gefährdet.

An die elektrische Anlage in medizinisch genutzten Bereichen müssen folglich sehr hohe Anforderungen gestellt werden (DIN VDE 0100-710). Diese sind in den verschiedenen Räumen unterschiedlich hoch. Bei der Klassifizierung der medizinisch genutzten Räume steht die geforderte Elektrosicherheit bei der medizinischen Versorgung der Patienten im Vordergrund. Man teilt die Räume in die Gruppen 0, 1 und 2 ein (vgl. Tab 17-5).

Medizinisch genutzte Gebäude sollen aus einem TN-System mit Elektroenergie versorgt werden. Ab dem Hauptverteiler des Gebäudes ist der Schutzleiter separat (TN-S-System) zu verlegen. In Räumen der Gruppe 1 und 2 darf die dauernd zulässige Berührungsspannung 25 V nicht überschreiten.

Für den Bereich 2 sind zu erfüllen:
- Steckdosen für den Anschluss medizinischer Geräte müssen eine optische Spannungsanzeige besitzen.
- Befindet sich an einer Steckdose eine Mehrfach-Steckdosenleiste, so muss diese Steckdose einzeln abgesichtert werden.
- TT-Systeme sind unzulässig.

Als Fehlerschutz bei indirektem Berühren dominieren in medizinisch genutzten Bereichen FI-Schutzeinrichtungen mit einem Bemessungsdifferenzstrom $I_{\Delta n} \leq 30$ mA.

Für medizinisch genutzte Räume der Gruppen 1 und 2 ist ein zusätzlicher Schutzpotenzialausgleich zwischen den Körpern elektrischer Betriebsmittel und fest montierter elektrisch leitfähiger Teile sehr wichtig. Damit sollen Potenzialunterschiede zwischen diesen berührbaren Teilen vermieden werden. Vorhandene Abschirmungen gegen elektrische Störfelder sind ebenfalls in diesen zusätzlichen Schutzpotenzialausgleich einzubeziehen.

Stromkreise, die beim Auftreten eines ersten Fehlers nicht abschalten dürfen, müssen innerhalb eines IT-Systems mit Isolationsüberwachung betrieben werden.

In Räumen der Gruppe 2 ist mindestens für einen Teil der elektrischen Anlage der Schutz durch automatische Abschaltung im IT-System erforderlich. Bei einem auftretenden ersten Fehler soll eine akustische bzw. optische Meldung erfolgen. Diese Schutzmaßnahme ist mindestens erforderlich für
- Stromkreise mit Operationsleuchten, deren Nennspannung 25 V Wechselspannung (60 V Gleichspannung) übersteigt,
- Stromkreise zum Anschluss elektromedizinischer Einrichtungen für operative Eingriffe oder lebensnotwendige Versorgung.

In Räumen der Gruppe 2 wird als Schutzmaßnahme das IT-System mit Isolationsüberwachung gefordert.

Der Stromversorgung in medizinisch genutzten Räumen kommt eine große Bedeutung zu. Bei Störung der allgemeinen Stromversorgung muss eine Sicherheitsstromversorgung für eine begrenzte Zeit notwendige

17

Einteilungsgrundsatz	Medizinische Nutzung	Elektroenergie-Versorgung
Gruppe 0 Medizinische elektrische Geräte gelangen nicht in (körperlichen) Kontakt zum Patienten.	Untersuchungen und Behandlungen von Patienten können abgebrochen und wiederholt werden.	Medizinisch genutzter Bereich, in dem die elektrische Anlage bei Auftreten eines ersten Körper- oder Erdschlusses oder Ausfall des allgemeinen Netzes abgeschaltet werden kann.
Gruppe 1 Medizinische elektrische Geräte (oder Teile von ihnen) gelangen äußerlich oder invasiv (jedoch nicht im oder am Herzen) in Kontakt zum Patienten.	Untersuchungen und Behandlungen von Patienten können bei Unregelmäßigkeit in der Stromversorgung abgebrochen und wiederholt werden. Die Untersuchungs- und/oder Behandlungsmethoden erfordern zusätzliche Maßnahmen.	
Gruppe 2 Medizinische elektrische Geräte dienen lebenswichtigen Behandlungen, z. B. intrakardialen Verfahren in Operationssälen. Eine Unregelmäßigkeit in der Stromversorgung kann Lebensgefahr verursachen.	Eine Wiederholung der Untersuchung bzw. Behandlung ist für den Patienten unzumutbar oder die Beschaffung von Untersuchungsergebnissen ist nicht erneut möglich.	Medizinisch genutzter Bereich, in dem die elektrische Anlage bei Auftreten eines ersten Körper- oder Erdschlusses oder Ausfall des allgemeinen Netzes nicht abgeschaltet werden darf.

Tab. 17-5 ***Gruppen medizinisch genutzter Bereiche***

medizinisch-technische Einrichtungen mit elektrischer Energie weiter versorgen. Die Umschaltung muss bei Netzausfall für die meisten Verbrauchsmittel innerhalb von 15 s erfolgen. Operationsleuchten und Geräte zur Aufrechterhaltung lebenswichtiger Funktionen müssen nach spätestens 0,5 s an die Sicherheitsstromversorgung geschaltet werden. Durch eine zusätzliche Sicherheitsstromversorgung wird diese kurze Umschaltzeit erreicht (Abb. 17-30).

Die selbsttätige Umschaltung auf Sicherheitsstromversorgung muss erfolgen, wenn die Netzspannung um mehr als 10 % absinkt.

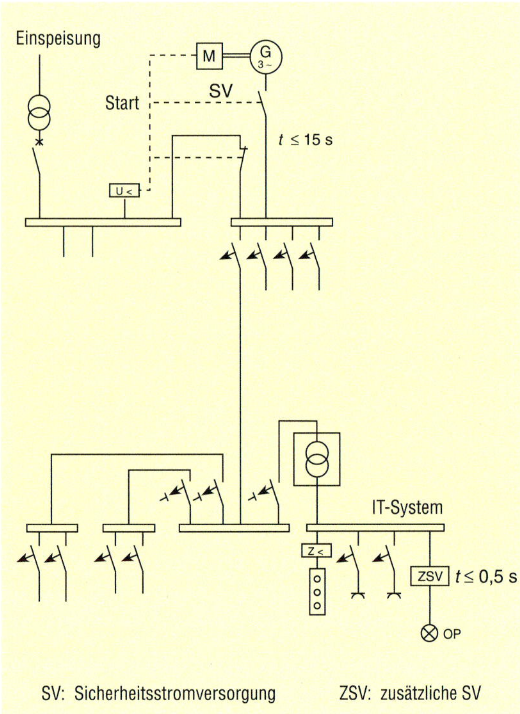

Abb. 17-30 ***Sicherheitsstromversorgung***

17.2.4 Baustellen

Auf Baustellen werden hohe Ansprüche an die elektrischen Betriebsmittel gestellt. Aufgrund des rauen Betriebes müssen diese besondere Anforderungen erfüllen (DIN VDE 0100, Teil 704).

Eine Baustelle ist ein Ort, an dem elektrische Energie vorübergehend benötigt wird, um Bau- oder Reparaturarbeiten auszuführen.

Nicht als Baustelle gelten Orte, an denen Arbeiten mit einzelnen Bohrmaschinen, Schweißgeräten, Betonmischern oder anderen Elektrowerkzeugen durchgeführt werden. Sind die Arbeiten jedoch umfangreich, d. h. werden mehrere elektrische Verbrauchsmittel gleichzeitig betrieben, so muss die Stromversorgung über einen besonderen Speisepunkt erfolgen. Ein solcher Speisepunkt ist meist ein Baustromverteiler. Seine Ausführung muss den Festlegungen in den Technischen Anschlussbedingungen des jeweiligen Netzbetreibers entsprechen.

Der Baustromverteiler ist sehr oft ein Anschlussverteiler-Schrank (Abb. 17-31). Er wird direkt, ohne lösbare Zwischenverbindungen, an das versorgende Netz des VNB angeschlossen. Die Zuleitung zu ihm wird mit einer Leitung H07RN-F ausgeführt, deren Querschnitt mindestens 10 mm² betragen muss. Die Anschlusslänge sollte 30 m nicht übersteigen. Baustromverteiler müssen mindestens der Schutzart IP 43 entsprechen.

a)

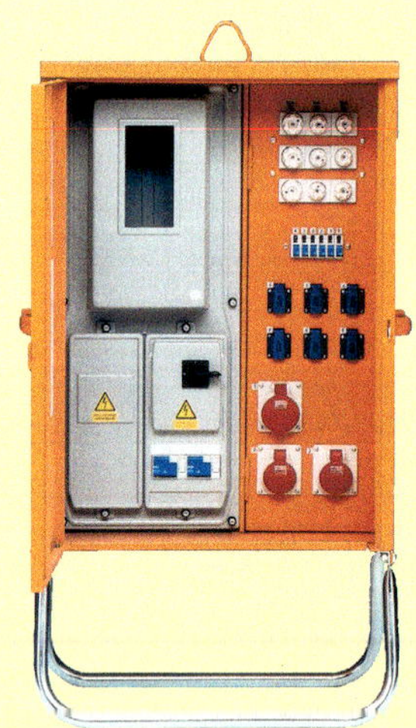

b)

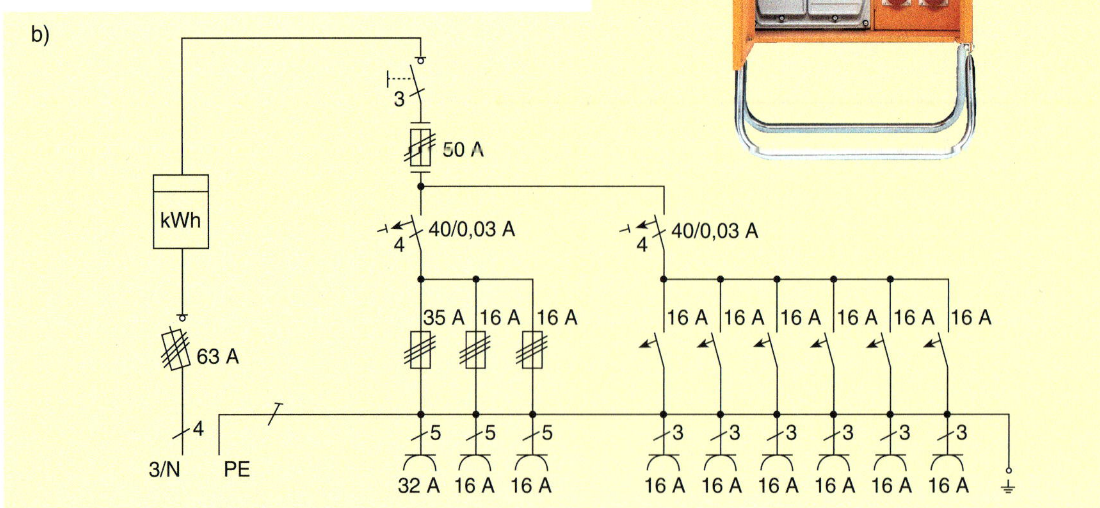

Abb. 17-31 ***Baustromversorgung*** ***a) Anschlussverteilerschrank*** ***b) Schaltung***

Auf Baustellen dürfen hinter dem Speisepunkt nur die Netzformen TT-System, TN-S-System oder IT-System mit Isolationsüberwachung angewendet werden Die Baustromanlage muss jederzeit zugänglich und durch Hauptschalter freischaltbar sein. Alle aktiven Leiter müssen dabei gleichzeitig geschaltet werden.

Im TT-System und im TN-S-System sind alle Steckvorrichtungen über FI-Schutzeinrichtungen zu betreiben. Für Steckdosen bis 32 A muss der Bemessungsdifferenzstrom $I_{\Delta n} \leq$ 30 mA betragen; bei Steckdosen über 32 A sind $I_{\Delta n} \leq$ 0,5 A gefordert. FI-Schutzeinrichtungen auf Baustellen müssen für den Betrieb auch bei tiefen Temperaturen (–25 °C) ausgelegt sein. Dies ist am Flockensymbol auf dem Schalter erkennbar. Die Funktion des Schalters ist arbeitstäglich durch Betätigen der Prüftaste zu kontrollieren.

Als Verlängerungen werden auf Baustellen flexible Gummischlauchleitungen (H07RN-F) oder mindestens gleichwertige gummiaderisolierte Leitungen verwendet. Leitungen mit Kunststoff-Aderisolierung sind den Anforderungen nicht gewachsen, sie sind auf Baustellen nicht zugelassen. Alle Steckvorrichtungen müssen mindestens der Schutzart IP X4 entsprechen, d. h. spritzwassergeschützt sein. Die ortsveränderlichen Leuchten auf Baustellen sind mindestens strahlwassergeschützt (IP X5) auszuführen. Ortsfeste Leuchten hingegen sind regenwassergeschützt (IP X3) auszuwählen.

17.2.5 Campingplätze

Besondere Anforderungen gelten auch für elektrische Anlagen, die der Versorgung bewohnbarer Freizeitfahrzeuge (Caravans) oder von Zelten auf Campingplätzen dienen (DIN VDE 0100, Teil 708). Die Elektrizitätsversorgung solcher Wohneinheiten, die – häufig nur in den Sommermonaten – vorübergehend zu Freizeitzwecken genutzt werden, erfolgt über besondere Speisepunkte. Diese sind über Erdkabel oder durch frei gespannte Leitungen an das örtliche Versorgungsnetz angeschlossen. Im Erdreich verlegte Kabel auf Campingplätzen kommen nur dann ohne mechanischen Schutz aus, wenn mit dem Einschlagen von Zeltpflöcken nicht gerechnet werden muss. Das ist meist nur außerhalb der Stellflächen der Fall. Frei gespannte Leitungen müssen isoliert sein. Ihre Spannhöhe darf 3,50 m nicht unterschreiten, im Bereich mit Fahrzeugbewegung muss sie mindestens 6 m betragen. Für Campingplätze wird das TN-S- oder das TT-System bevorzugt (Abb. 17-32).

Alle Steckdosen auf Campingplätzen sind spritzwassergeschützt auszuführen, ihr Nennstrom soll mindestens 16 A betragen. Jeder Steckdose ist eine eigene Überstrom-Schutzeinrichtung vorzuschalten. Jede Steckdose muss einzeln durch eine eigene Fehlerstrom-Schutzeinrichtung geschützt sein.

An Speisepunkten auf Campingplätzen ist jede Steckdose durch eine FI-Schutzeinrichtung ($I_{\Delta n} \leq$ 30 mA) zu überwachen.

Jedes Freizeitfahrzeug oder Zelt wird von einer Steckdose des Speisepunktes aus über eine bewegliche Gummischlauchleitung, z. B. H07RN-F, versorgt. Ihr Querschnitt ist wenigstens 2,5 mm². Diese ist maximal 25 m lang, die Entfernung zwischen Speisepunkt und Freizeitfahrzeug bzw. Zelt darf 20 m nicht übersteigen.

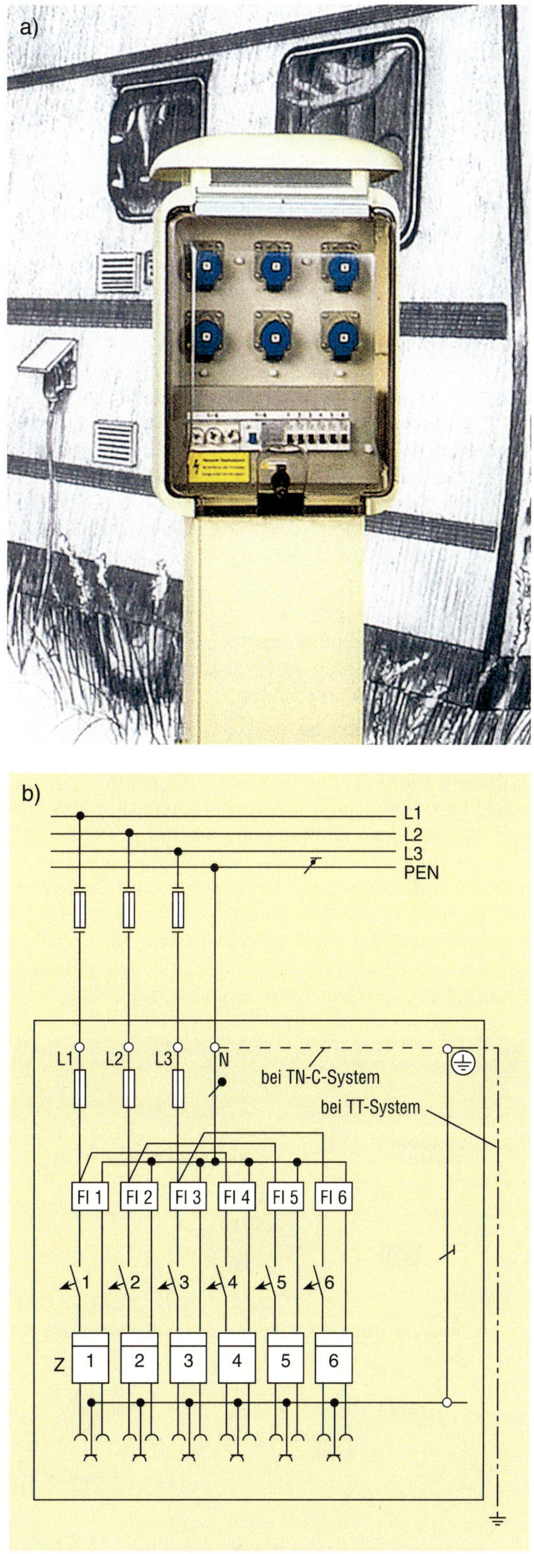

Abb. 17-32 ***Stromversorgung auf Campingplätzen***
a) Installationssäule mit 6 Anschlüssen
b) Schaltung

17

17.3 Gebäudeautomation

17.3.1 Grundprinzip

Nicht nur in der industriellen Installationstechnik haben sich die Ansprüche an die Anlagen erhöht. Es geht nicht mehr nur darum, die elektrische Energie bedarfsgerecht zu verteilen, zu schalten und den einzelnen Systemen zur Verfügung zu stellen (Abb. 17-33). Die Automatisierung von gebäudetechnischen Anlagen hat sich aufgrund der Kundenwünsche nach Komfort, Möglichkeiten flexibler Raumnutzung, zentraler und dezentraler Steuerung, Sicherheit, Kommunikationsmöglichkeiten, Umweltverträglichkeit sowie Energie- und Betriebskostenminimierung zu einem bedeutsamen Teil der Installationstechnik entwickelt. Dabei ergibt sich ein höheres Niveau an Komplexität und Umfang der Anlagen, das mit einer herkömmlichen Elektroanlage nicht mehr abzudecken ist. In Bezug auf das Energieverbrauchsmanagement von Gebäuden bietet die Gebäudeautomation neue Möglichkeiten, wie das **Smart Grid = Smart Building,** in Verbindung mit neuen Tarifmodellen. Dabei helfen neue gesetzliche Rahmenbedingungen, die neue Normen, wie die „Energieeffizienz in Gebäuden" (EN 15232, DIN V 18599 etc.), sowohl für Neubauten als auch im Bestandsbau hervorbringen.

Die einzelnen Gewerke, welche in traditionellen Anlagen getrennt voneinander arbeiten, werden durch sogenannte Bussysteme vernetzt und damit zu „einem Steuerungssystem" verbunden.

Die **Aufgabenbereiche** der Gebäudeautomation erstrecken sich von der Beleuchtungs-, Rollladen- und Jalousiesteuerung, der Einzelraumregelung, über die Heizungs-, Klima- und Lüftungssteuerung, dem Lastmanagement, der Gebäudeüberwachung, bis hin zur Überwachung, der Anzeige, dem Melden und Bedienen sowie der Kommunikation mit anderen Systemen. Die **Vorteile** dieser Anlagen sind unter anderem die leichte und wirtschaftliche Projektierbarkeit, Erweiterbarkeit, Anpassungs- und Kommunikationsfähigkeit auch mit anderen Bussystemen. Letzteres kann beinhalten, dass der Nutzer mit einem PDA oder Laptop von unterwegs in seinem Haus das Licht schaltet, die Heizung steuert sowie die Brandmelde- und Sicherheitsanlage überwacht.

17

Abb. 17-33 ***Ansprüche an das Stromnetz von morgen***

17.3.2 Dezentrales Bussystem

Im Gegensatz zu industriellen Anlagen haben sich in der Gebäudetechnik dezentrale Bus-Steuerungssysteme etabliert. Dabei gibt es keine zentrale Steuereinheit, die alle Busteilnehmer als Eingangs- und Ausgangselemente abfragt und selbst die Verarbeitung der Informationen vornimmt. Alle Sensor- und Aktorgeräte verfügen als gleichberechtigte Busteilnehmer über eine Intelligenz in Form eines Mikroprozessors und eines EEPROM und arbeiten damit autonom. Das bedeutet, dass bei einem Ausfall eines Busteilnehmers nicht zwingend das ganze System, sondern nur eine Funktion des Systems nicht mehr verfügbar ist. Gerade bei größeren Gebäuden ist dieses Konzept sehr von Vorteil, um auch bei Wartungsarbeiten die Zuverlässigkeit sicherzustellen.

Unterschieden werden die Gebäudeautomationssysteme hauptsächlich nach ihren **Verbindungsmedien.** Dabei gibt es vier Hauptmedien (Abb. 17-34). Zum einen gibt es die verdrillte Leitung **(Twisted Pair,TP)** als Busleitung zwischen allen Teilnehmergeräten. Dieses Konzept ist bei der Neuinstallation gut umzusetzen. Die Funkübertragung **(Radio Frequency, RF)** sowie die Übertragung auf der Energieleitung **(Powerline)** sind auch bei bestehenden Leitungssystemen leicht zu realisieren. Zusätzlich gibt es durch die neue Multimediaverkabelung in der Gebäudetechnik die Möglichkeit des IP/Ethernet. Im Folgenden werden für jedes Medium spezifische Systeme betrachtet.

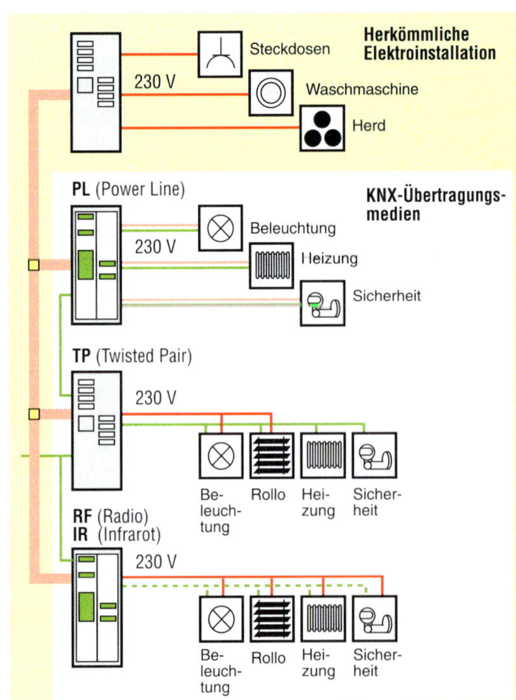

Abb. 17-34 ***Übertragungsmedien***

17.3.3 Systeme der Gebäudeautomation

■ KNX/EIB (TP)

Abb. 17-35 ***KNX-Logo***

Der **E**uropäische-**I**nstallations-**B**us ist der Marktführer auf diesem Gebiet. Dies liegt in seiner Historie begründet: Die Entwicklung dieses Systems wurde von einer Firmengemeinschaft (EIBA) mit 15 Gründungsmitgliedern umgesetzt, welche 2005 mit vielen neuen Partnern zur **KNX Association** umbenannt wurde. Diese schuf einen weltweit einmaligen, offenen und anerkannten Normstandard. Er erfüllt dabei die Europäischen Normen CENELEC EN 50090 und CEN EN 13321-1 und die internationale Norm ISO/IEC 14532-3 Architektur für Heim-Elektronik-Systeme (HES): Kommunikationsschichten. In der DIN ISO/IEC 14543-3-x ist das Protokoll für alle Medien dieses Systems hinterlegt und somit für alle Gerätehersteller für die Entwicklung von Busteilnehmern verfügbar. Parallel zum PROFIBUS in der Industrie hat sich daher ein System etabliert, welches herstellerunabhängig, mit einem Softwaretool und in einer vorgegebenen Struktur mit allen Übertragungsmedien arbeitet. Im Folgenden wird die kostengünstigste Variante mit KNX/EIB TP betrachtet (Abb. 17-36).

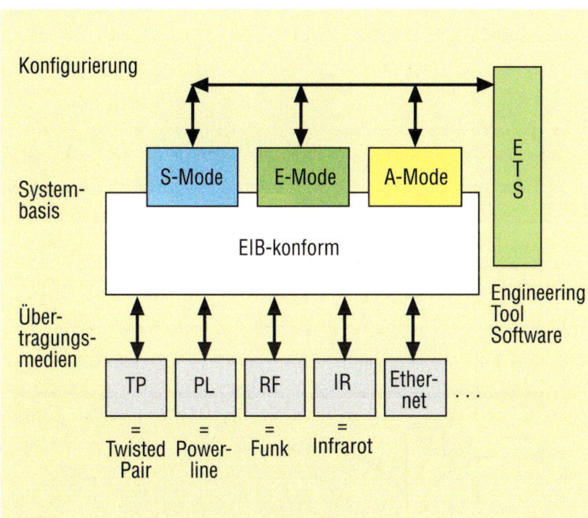

Abb. 17-36 ***KNX-System, Modell***

Topologie und Adressierung

Die Topologie des Bussystems beginnt mit ihrer Hierarchie. Dabei gibt es drei **Ebenen.** Die unterste Ebene bilden die **Linien.** In jeder können, begonnen mit dem Netzteil, maximal 64 Geräte miteinander verbunden werden. 15 Linien können mit Hilfe von Linienkopplern theoretisch zu einem Bereich zusammengeschaltet werden, welcher auch als **Hauptlinie** bezeichnet wird. 12 sind bisher davon offiziell freigegeben. Maximal 15 dieser **Bereiche** werden dann über sogenannte Bereichskoppler miteinander verbunden (Abb. 17-37). Bei der Projektierung werden diese Hierarchien dann den Gebäudestrukturen angepasst.

Diese Aufteilung findet sich auch in der Adressierung der Geräte wieder. Die sogenannte **physikalische Adresse** eines jeden Busteilnehmers setzt sich aus den Teilen **Bereichsnummer, Liniennummer** und **Teilnehmernummer** zusammen. Letztere muss bei der Erstinstallation der Geräte am Bus mit Hilfe der Software ETS (EIB Tool Software) und des Programmiertasters am Gerät einmalig zugewiesen werden, um den Teilnehmer erreichen zu können.

Beispieladresse: 1 . 12 . 24
(Bereich = 1, Linie = 12, Teilnehmer = 24)

Zusätzlich wird eine logische Adresse in der Software abgebildet, welche als sogenannte Gruppenadresse die funktionalen Verbindungen zwischen den Aktoren und Sensoren herstellt. Deren Struktur kann als Organisationsmerkmal benutzt werden. Praxisnah werden die Hauptgruppen nach Gewerken und die Untergruppen nach Orten/Räumen unterteilt. Die Netzstrukturen sind davon unabhängig.
Die Teilnehmer können in den Busstrukturen **Linie, Baum-** und **Sternstruktur** oder in Mischformen verdrahtet werden (Abb. 17-38). Ringstrukturen können aufgrund der Kommunikationsverfahren nicht realisiert werden, da die Telegramme sonst durch Verdopplung Kollisionen erzeugen würden.

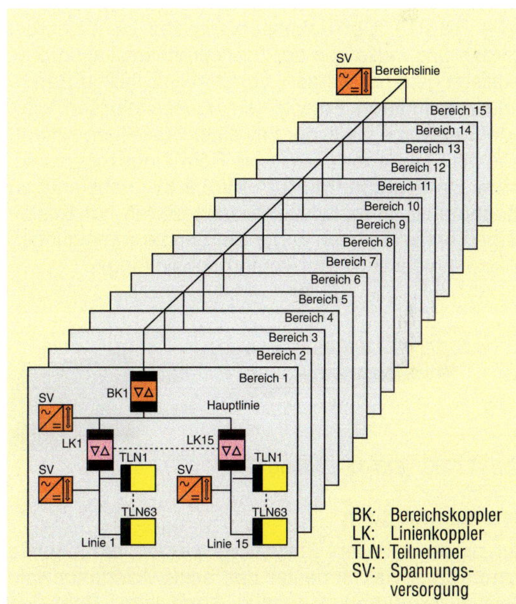

Abb. 17-37 ***Topologie des KNX/EIB-Systems***

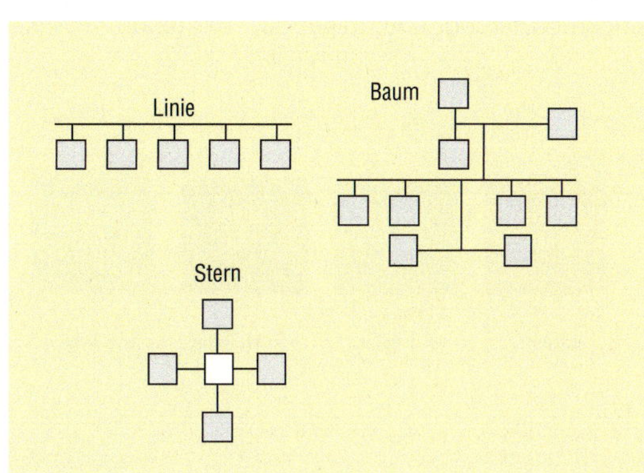

Abb. 17-38 ***Busstrukturen***

Verkabelung

Bei EIB-Systemen, welche heute mit allen Übertragungsmedien realisiert werden können, gelten für die Verkabelung mittels Twisted Pair (TP) besondere Vorgaben.

Die zu verwendende Leitung ist beispielsweise die MSR-Leitung YCYM, 2 x 2 x 0,8 mm² mit den Aderfarben rot, schwarz, gelb und weiß (Abb. 17-39). Die rote Ader des einen Paares wird als Plusleitung, die schwarze als Minusleitung verwendet. Das andere Paar (gelb und weiß) sind Reserveadern, welche nicht zur Übertragung von anderen Signalen benutzt werden dürfen (Fernsprecheinrichtungen). Die Mantelfarbe ist grün mit der Beschriftung **EIB-J-Y(St)Y2 x 2 x 0,8 mm².** Die Gesamtlänge der verlegten Leitung in einer Linie darf den Wert 1000 m nicht überschreiten. Zwischen den Busteilnehmern gilt bezüglich der störungsfreien Datenübertragung eine maximale Länge von 700 m. Vom Netzteil bis zum Busteilnehmer dürfen 350 m nicht überschritten werden.

In Verteilerkästen wird diese Leitung erst am Ende abgemantelt. Sie hat einen Schirm mit Beilaufdraht, der nicht geerdet werden darf. Die Busspannung von 30 V DC ist eine Schutzkleinspannung nach DIN VDE 0100 Teil 410. Der Sekundärkreis darf nicht geerdet werden und muss von der Starkstrominstallation physikalisch getrennt werden, damit eine zufällige Berührung mit anderen Potenzialen ausgeschlossen wird. Eine Ausnahme bildet der Fall einer Busleitung zusammen mit Einzeladern, die in ein Rohr eingezogen sind, wobei die **Prüfspannung (4 kV/2,5 kV)** unbedingt zu beachten ist. In Installationsdosen dürfen nur Busleitungen enthalten sein, außer bei Sonderanfertigungen (Trennung der Bus- und Versorgungsleitung).

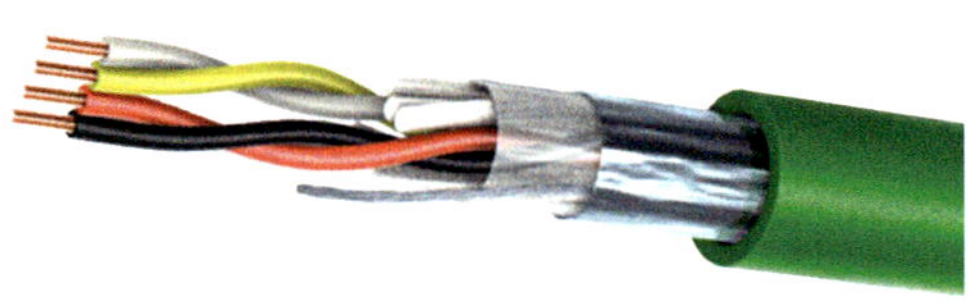

Abb. 17-39 ***EIB-TP-Leitung***

Datenübertragung

Auf dieser seriellen Busleitung werden die Signale **synchron** – was bedeutet das beide Aderpotenziale gleichzeitig verändert werden – mit einer Rate von 9600 Bit/s übertragen. Die logische „1" entspricht dabei 30 V DC und die logische „0" wird durch eine Spannungsreduzierung und folgender steigender Flanke erzeugt (Abb. 17-40). Alle Busteilnehmer haben sogenannte voreingestellte **Flags,** die ihr Verhalten am Bus bestimmen. Dazu gehören das Flag-S: Schreib-Flag oder auch das Flag-L: Lese-Flag.

Das Zugriffsverfahren der Busteilnehmer ist das sogenannte **CSMA/CA-Verfahren** (**C**arrier **S**ense **M**ultiple **A**ccess with **C**ollision **D**etection). Dieses soll Kollisionen von mehreren Telegrammen verhindern. Sobald ein Sensor betätigt wird, sendet er ein Datentelegramm auf den freien Bus, beginnend mit zweimal logisch „0". Das Telegramm nehmen alle anderen Teilnehmer als Information auf. Dabei prüfen Sie die logische Zieladresse des Pakets und verarbeiten die Nachricht, wenn diese mit der eigenen übereinstimmt. Am Ende senden die Geräte eine Rückantwort als Bestätigung. Sollte dies nicht geschehen, sendet der Sensor dieses Datenpaket noch einmal. Nach meist drei Wiederholungen beendet er dies, um den Bus nicht zum Datenüberlauf zu bringen. Bei einer Kollision wird das Telegramm mit der höheren Priorität weitergeleitet und das zweite zurückgestellt. Die Linien- und Bereichskoppler dienen unterstützend zur Filterung der Telegramme. Durch die ETS-Software werden **Filtertabellen** angelegt, welche dafür sorgen, dass nur die Nutzerdaten weitergeleitet werden, die linien- oder bereichsübergreifend ihre Zielteilnehmer erreichen sollen. Das Telegramm ist zwischen 12 und 26 Bytes lang, je nach Nutzdatenfülle. Seine Teile sind ähnlich dem TCP/IP Protokoll des Ethernet durch die einzelnen Layer bestimmt (Abb. 17-41).

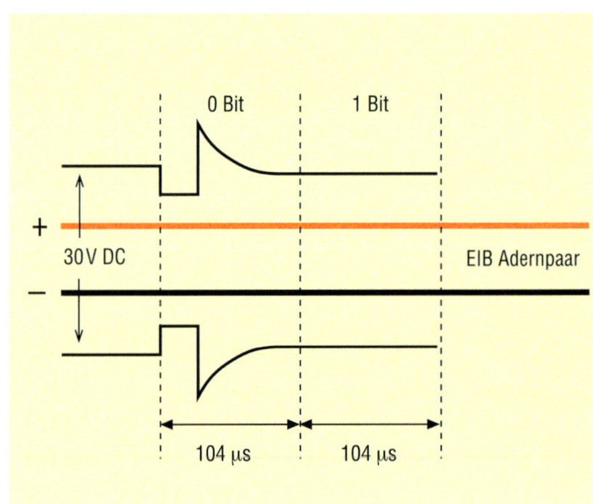

Abb. 17-40 ***Synchrone Datenübertragung***

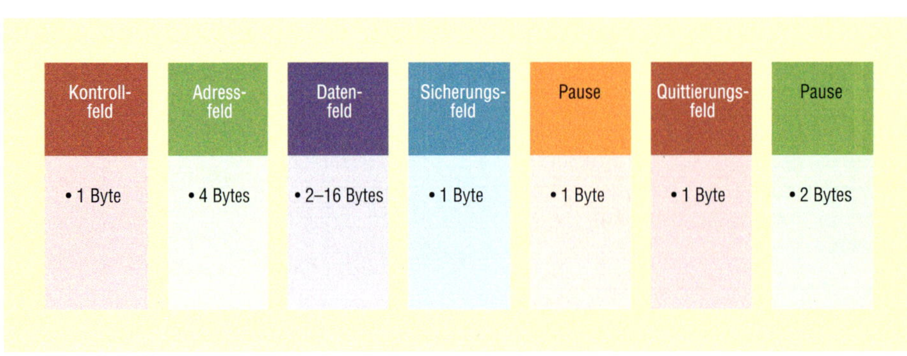

Abb. 17-41
EIB-Telegramm

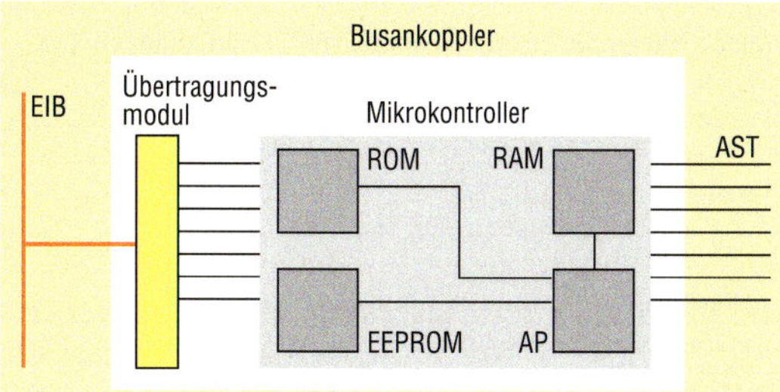

Abb. 17-42 ***Aufbau und Schnittstellen eines EIB-Moduls***

EIB-Geräte

Jeder Busteilnehmer besteht aus drei Komponenten: dem **Busankoppler** mit Busklemme (2-polig) und **Anwenderschnittstelle** (AST – 10-polig), dem Busendgerät (z. B.: Wippe, Bewegungssensor, LCD, IR-Empfänger, ...) und der entsprechenden **Produktsoftware** (Applikation), die im Speicher des Busankopplers abgelegt ist (Abb. 17-42).

Drei Gerätegruppen dieser Teilnehmer benötigt man für den Systemaufbau. Das sind die **Systemkomponenten,** die **Sensoren** und die **Aktoren.** Zu den Systemgeräten gehören: das Netzteil (Spannungsversorgung mit integrierter Drossel) (Abb.17-43), welches zur Erzeugung der Busspannung dient, die Linien- und Bereichskoppler (Abb. 17-44), als Verbinder der Busabschnitte, die Schnittstellen (Abb. 17-45), zur Programmierung mit der Software oder zur Anbindung an externe Systeme wie die Telefonanlage, die Energiezählereinheit (Abb. 17-46) oder das Internet.

Zur Gruppe der Sensoren (Abb. 17-47), die als Befehlsgeber dienen, gehören unter anderem Bedienanzeigen, Tast- und Schalterwippen in Verbindung mit Busankopplern (Abb. 17-48), Licht-, Temperatur- oder auch die Bewegungssensoren, welche bei konventioneller Ausführung (ohne KNX Schnittstelle) über Binär- oder Analogeingangsmodule (Abb. 17-49) mit dem System verbunden werden.

Die Befehle werden dann von der Gruppe der Aktoren empfangen und in Aktionen umgesetzt. Dazu gehören Schalt-, Dimm-, Jalousie- und viele weitere Aktoren (Abb. 17-50).

Für die Komfortbedienung von KNX/EIB-Systemen gibt es heute nicht nur die Möglichkeit mit Touchpaneln alle Bedien- und Beobachtungsmöglichkeiten zu nutzen, sondern mit Smartphones oder Netbooks mit Hilfe sogenannter Apps im eigenen Heimnetzwerk oder auch von unterwegs via Internet, auf das System zuzugreifen (Abb. 17-51).

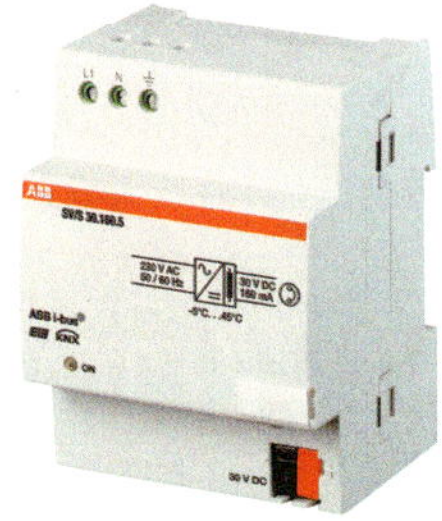

Abb. 17-43 ***Netzteil***

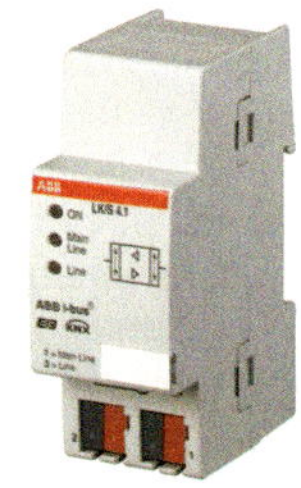

Abb. 17-44 ***Linienkoppler***

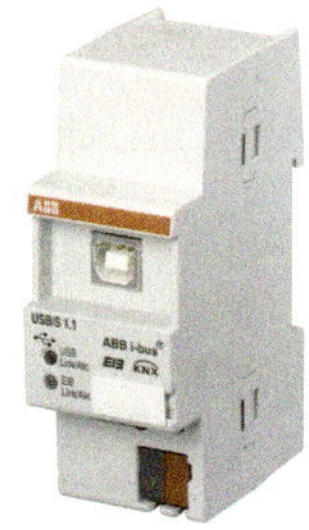

Abb. 17-45 ***USB-Schnittstelle***

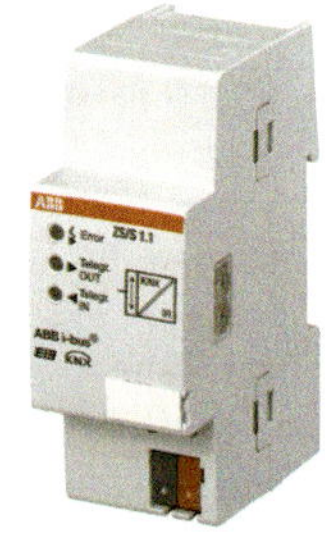

Abb. 17-46 ***Zählerschnittstelle***

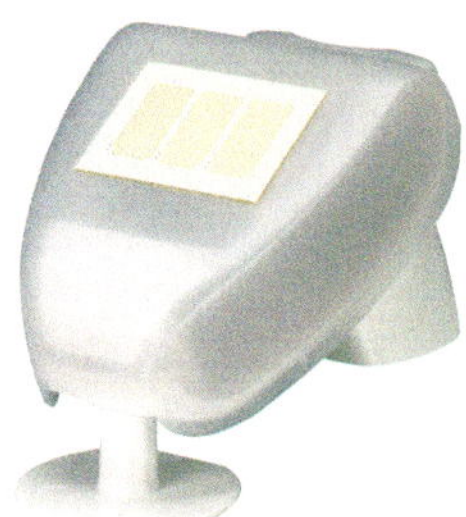

Abb. 17-47 ***KNX-Wettersensor***

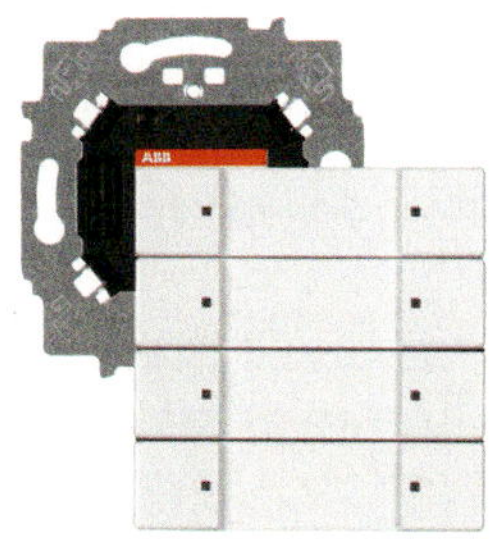

Abb. 17-48 ***4-fach-Bedienteil mit Busankoppler***

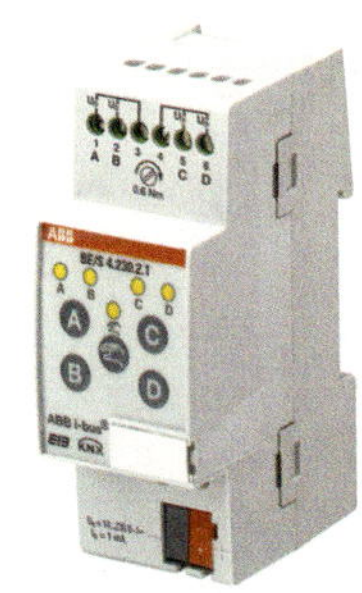

Abb. 17-49 ***4-fach-Binäreingang***

Abb. 17-50 ***8-fach-Schalt-Dimmaktor***

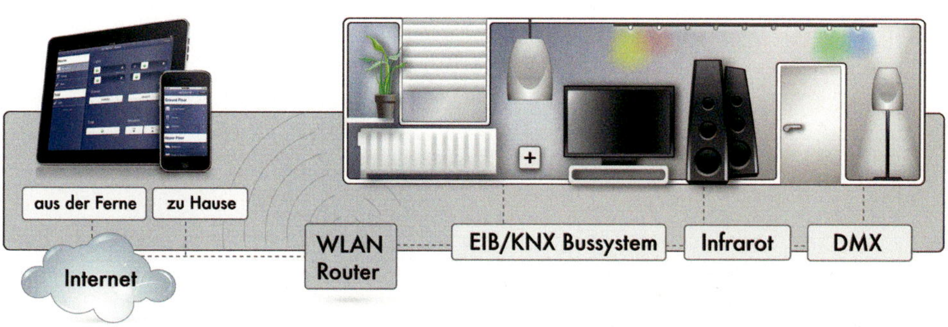

Abb. 17-51 ***Vernetzung des EIB mit dem WAN- und LAN-Systemen***

17

Software

Um das System in Betrieb zu nehmen, wird von der KNX-Gruppe die Software ETS angeboten. Sie unterstützt bei der Planung, dem Design, der Inbetriebnahme, der Projekt-Dokumentation sowie der Diagnose und Störungsbeseitigung. Durch die Möglichkeit des Imports von Produktdatenbanken aller Hersteller, kann das Tool alle Funktionen der Geräte miteinander verknüpfen. Für die Visualisierung benötigt man weitere Tools.

Abb. 17-52
ETS-Logo

Projektierung

Für den Facharbeiter beginnt ein Gebäudesystem-Technikprojekt mit der Befragung des Kunden nach dessen Wünschen. Dazu gibt es zum Beispiel von der KNX-Gesellschaft vorgefertigte Formulare (Abb. 17-53), um die Vorbereitung der Planung zu erleichtern. Mit diesen Informationen ist eine Geräteliste erstellbar, welche die Grundlage für die Zeichnung der Installationspläne (Abb. 17-54) mit den passenden CAD-Normzeichen für KNX/EIB-Geräte bildet. Ein EIB Projekt in der ETS Software beginnt anschließend mit dem Import der Herstellerdaten (Abb. 17-55) aller Busgeräte in die Programmdatenbank.

Checkliste für die Erstellung einer Elektroinstallation mit KNX

Projekt: ____________ Verteiler: ____________
Projekt-Nr.: ____________ Datum: ____________
Verteiler: ____________

1) Ihre Frage	Antwort des Kunden
Wie stellt sich Ihr Kunde seinen Lebensraum vor?	
Was ist Ihrem Kunden an/in seinem Haus wichtig?	
Welche Personen werden im Objekt leben?	
Geben Sie Ihrem Kunden eine Hausaufgabe: Wie werden die Räume von wem genutzt? Keller Abstellraum Hobby-/Bastelraum Hauswirtschaftsraum Waschküche Fitnessraum Flur Garage	

Nur, wenn sich Ihre Kunden über die Nutzung der Räume klar werden, können Sie eine gute und sinnvolle Gebäudesystemtechnik anbieten.

Beispiele:
Abstellraum ⟶ Bewegungsmelder
Hobbyraum ⟶ Staubsauger
Fitnessraum ⟶ Klimatisierung + Luftgüte
Waschküche ⟶ Leckagealarm
Wintergarten ⟶ Beschattung, Lüftung, Temperierung

Abb. 17-53 ***KNX-Formulare***

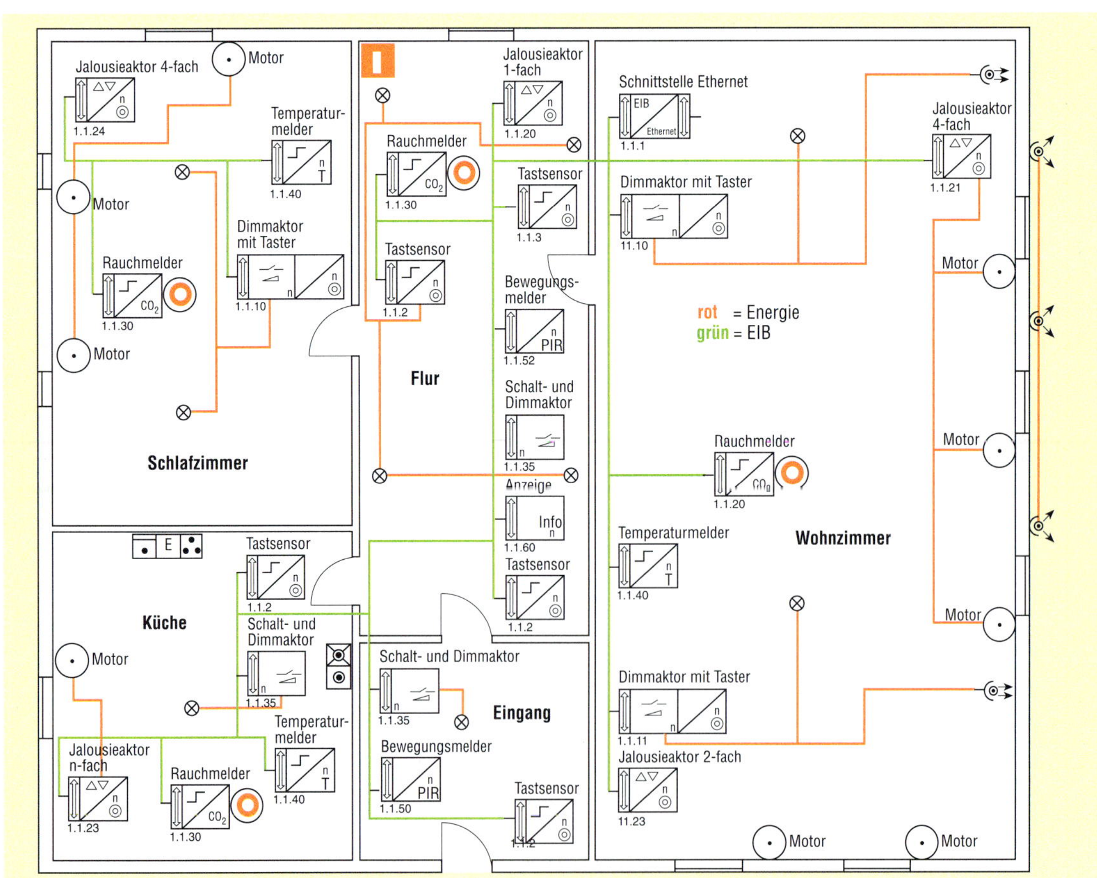

Abb. 17-54 ***KNX-Installationsplan***

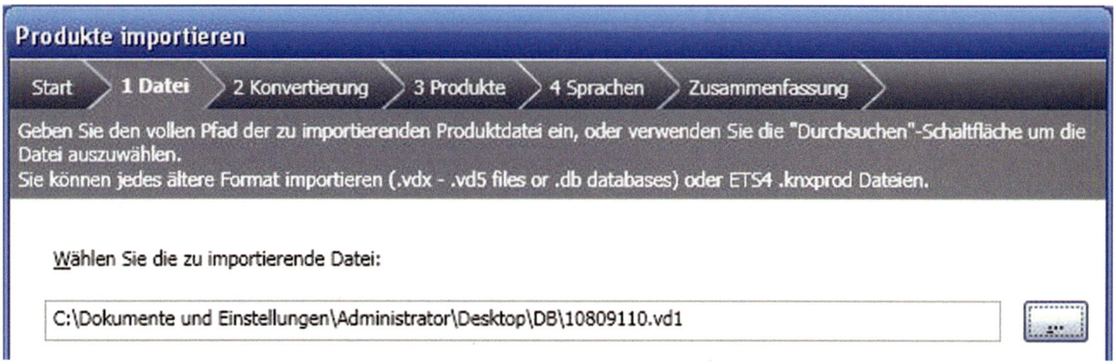

Abb. 17-55 ***Katalogauswahl für den Import von Geräten***

Danach wird ein Projekt mit Hilfe des Assistenten neu angelegt (Abb. 17-56). Dabei können Standardvorlagen wie Einfamilienhaus, Wohnung oder Büro ausgewählt werden.

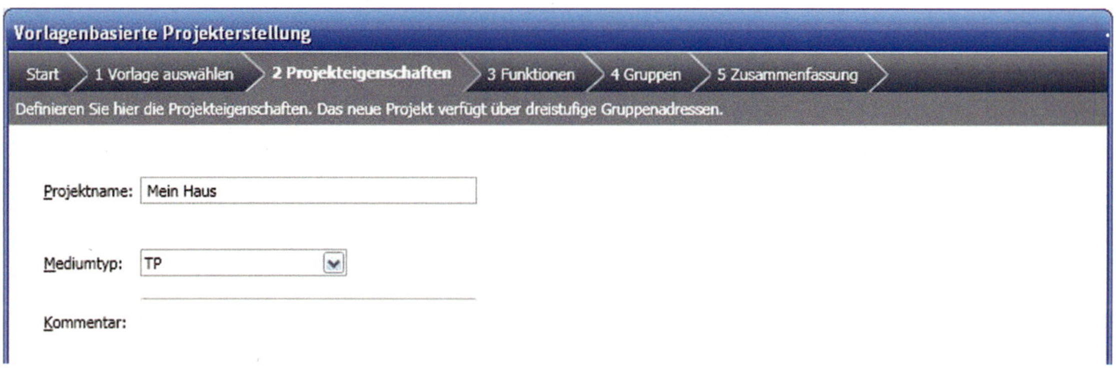

Abb. 17-56 ***Projektbeschreibung***

Das Busmedium und die Projektbezeichnung werden als nächstes abgefragt. Danach wird die aus der Vorlage erzeugte Raumtopologie (Abb. 17-57) mit den Einzelfunktionen angezeigt, welche jetzt auf die Projektsituation angepasst werden kann. Diese technische Umsetzungsvorgabe sollte aus dem Installationsplan mit den physikalischen Adressen übernommen werden.

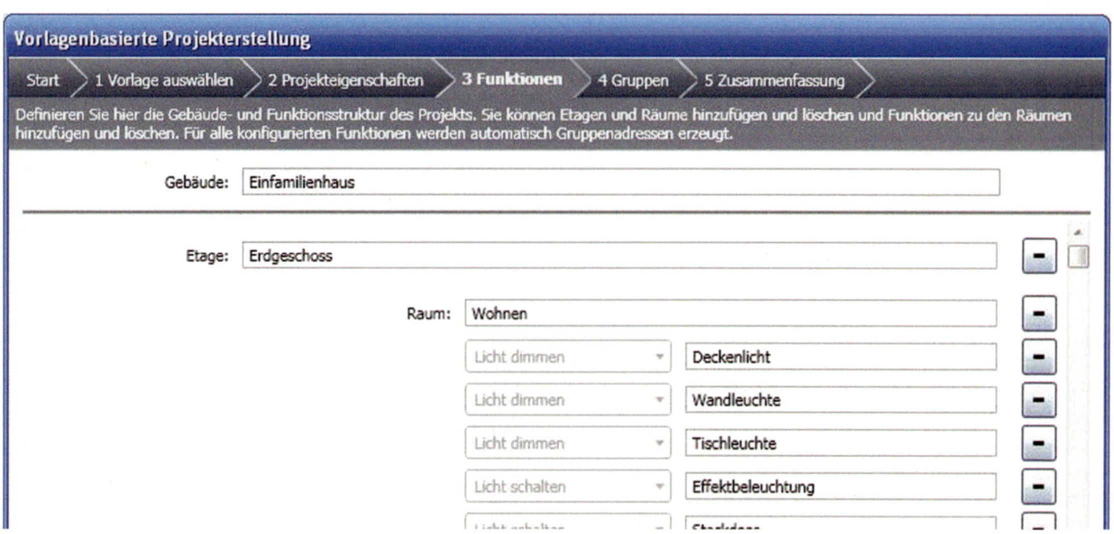

Abb. 17-57 ***Auswahl aller Funktionen für die vorkonfigurierte Raumtopologie***

Nun ist eine weitere Anzahl freier Gruppenadressen für Zentralbefehle vergebbar. Nach der Erzeugung des Projekts sieht die Struktur folgendermaßen aus:

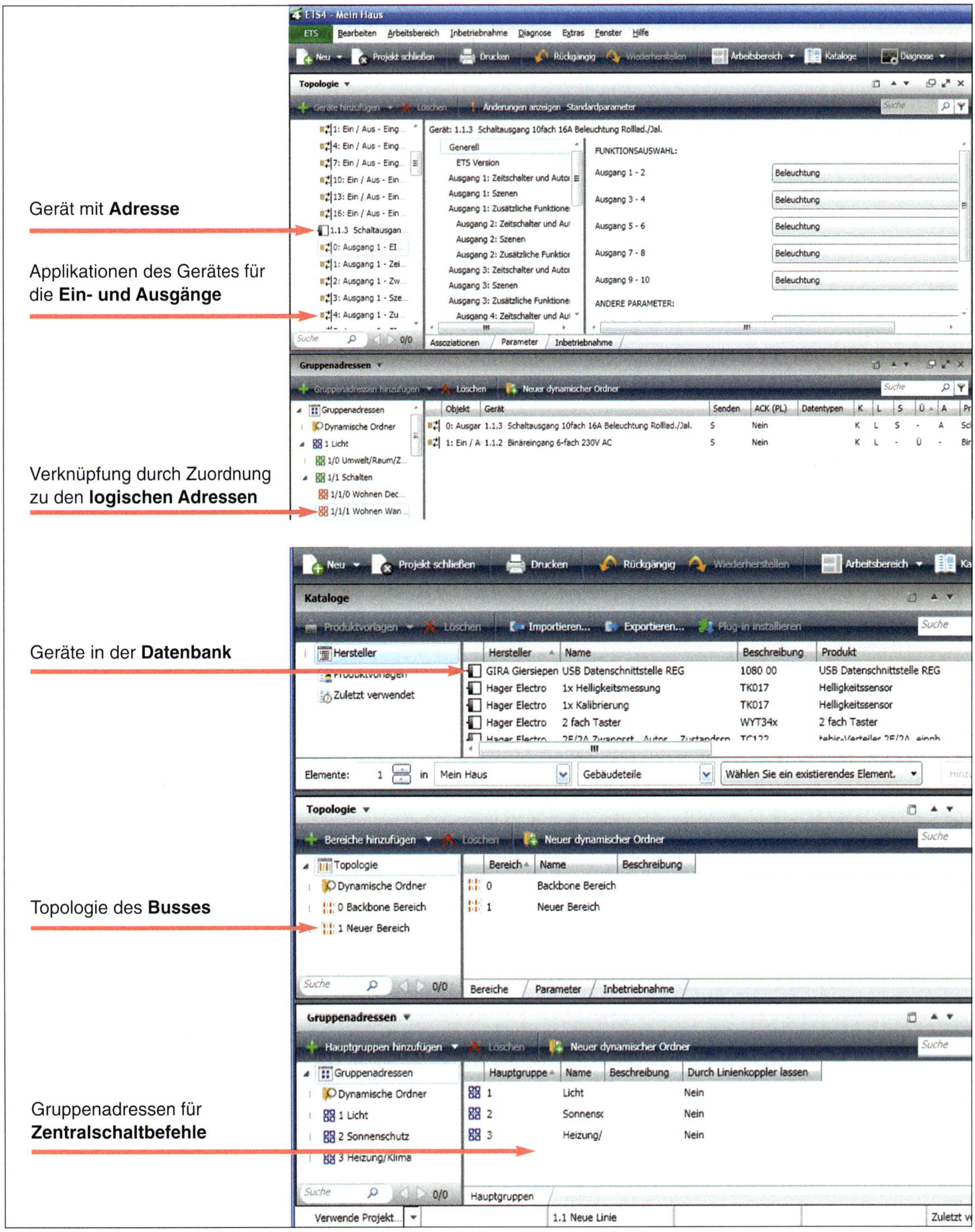

Abb. 17-58 ***Gesamtbild des Programmierbereiches***

Im nächsten Schritt werden die verwendeten Geräte den Linien in der Topologie zugeordnet. Dabei erhalten sie ihre physikalischen Adressen. Anschließend werden die Applikationen der Geräte in den Gruppenadressen miteinander verknüpft. Nun können über den Netzzugang die physikalischen Adressen den Geräten zugewiesen und die Programmierung übertragen werden. In der Software sind weiterführende Optionen zur Diagnose des Busses und seiner Telegramme sowie der Geräte implementiert. Nach einem Test aller Funktionen und der Zentralbefehle, ist die Dokumentation des Programms durch einen Ausdruck des Projekts zu vervollständigen und eine Sicherheitskopie auf einem Speichermedium beim Kunden zu hinterlegen.

■ KNX (RF) in Verbindung mit Smart Metering

Das Übertragungsmedium Funk (RF, **R**adio **F**requency) gewinnt immer mehr an Bedeutung. In der Industrie ist das WLAN schon eine feste Größe in der Steuerungs- und Feldebene. In der Gebäudesystemtechnik werden für diesen Übertragungsweg einerseits immer mehr Bussysteme als einfache und günstige Nachrüstungsvariante angeboten. Andererseits erzeugt die moderne Energiewirtschaft einen Bedarf für diese Variante der schnellen Datenkopplung. Die Anwendungsgebiete bei den bestehenden Bussystemen werden dabei immer breiter aufgestellt. Ein Beispiel dafür ist die Verbindung von KNX/EIB (RF) mit **Smart Metering** (Digitalisierung und Automation rund um die Verbrauchsmessung) (Abb. 17-59). Diese soll den Energieverbrauch transparenter werden lassen und damit ein optimales automatisiertes Energiemanagement ermöglichen. Durch intelligente Zähler kann nicht nur die Abrechnung mit den Energieversorgern vereinfacht, sondern auch eine Eigenüberwachung des Energiesystems im Gebäude realisiert werden. Damit wird auch die EU-Rahmenrichtlinie „Endenergieeffizienz" 2006/32/EG zur verbesserten Abrechnung von Haushaltskunden hinsichtlich Detailtiefe und Häufigkeit umgesetzt, die es dem Kunden ermöglichen soll, seinen Eigenverbrauch zu optimieren.

Technologie

Der sogenannte **Wireless M-Bus** nach der EN 13757-4 ist in seiner Spezifikation von KNX entwickelt und in die eigenen Normen für RF aufgenommen worden.

Daher sind Empfängergeräte meist schon in der Lage, M-Bus- wie auch KNX-Telegramme zu verarbeiten. Somit können in Gebäuden mit KNX/EIB-Systemen die M-Bussignale der Zähler durch einen Minimalaufwand von Kopplern in das System integriert werden (Abb. 17-60). Dabei dienen sogenannte **„Data Collectoren"**

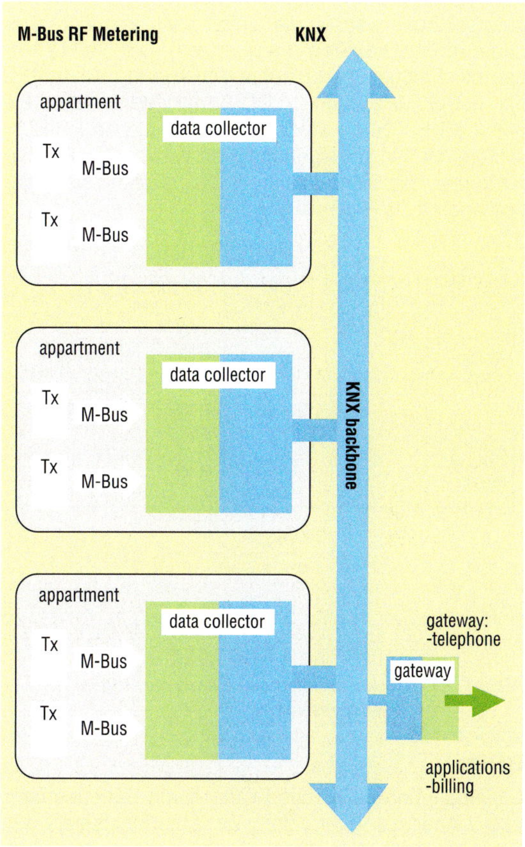

Abb. 17-60 ***Gebäudestruktur für M-Bus mit KNX/EIB***

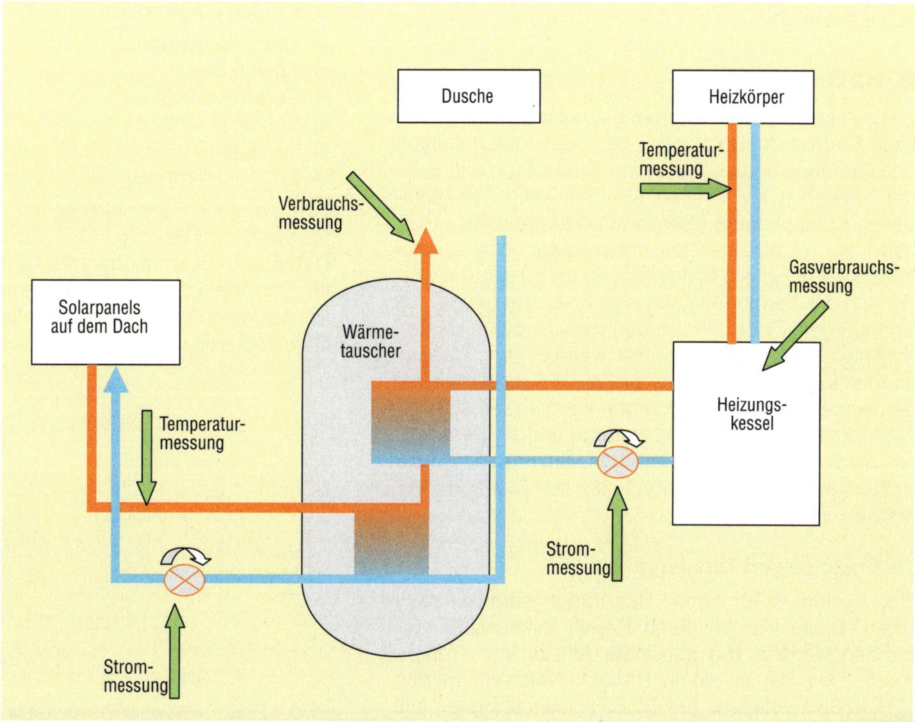

Abb. 17-59
Möglichkeiten der Messungen mit Smart Metering

der Sammlung und Archivierung aller RF-Signale sowie der Anzeige und Bereitstellung der Daten für den kabelgebundenen Bus (Abb. 17-61).

Die Topologie ist die gleiche wie bei EIB (TP). Logisch unterschieden werden die Linien nach den **Domains** und den **Funkkanälen** (Frequenzen). Die Geräte nutzen die Frequenzbereiche im LDC-Band (868,0 MHz bis 868,6 MHz) und VLDC-Band (868,7 MHz bis 869,2 MHz). Durch Medienkoppler wird das RF-Bussystem mit den kabelgebundenen verbunden. **Repeater** können die Signale aufbereiten, verstärkt weitergeben und so die Reichweite erhöhen.

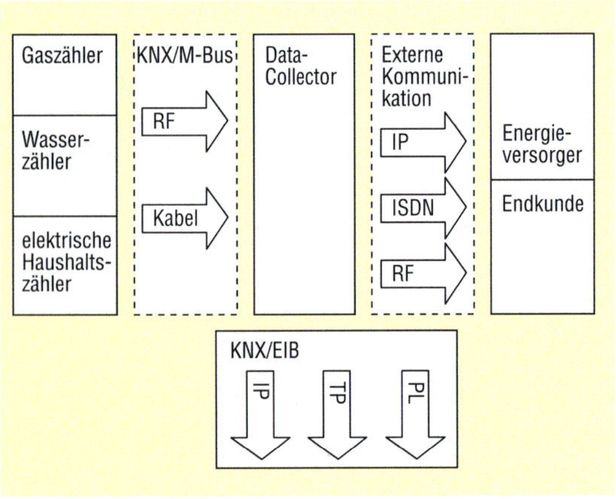

Abb. 17-61 ***Schnittstellen des Smart Metring in KNX-Systemen***

Geräte

Die Spannungsversorgung kann durch Batterien oder 230-V-Anschlüsse erfolgen. Es gibt Funktaster, UP-Eingänge und -Ausgänge, Programmiergeräte, Dimmer aber auch Jalousie-Aktoren. Für das Smart Metering sind Messgeräte und Zähler mit internen Funkmodulen erhältlich.

■ BACnet/IP

BACnet steht als herstellerunabhängiges Kommunikations-Protokoll für Datennetze der Gebäudeautomation und Gebäuderegelung (**B**uilding **A**utomation and **C**ontrol **net**works) zur offenen Kommunikation verschiedener Komponenten (Sensoren/Aktoren, DDC, GLT, usw.) zur Verfügung. Das bekannteste Projekt, welches mit BACnet als Managementebene realisiert wurde, ist die Verbindung der Parlamentsgebäude am Spreebogen. Dabei sind sieben verschiedene Herstellersysteme im Reichstag und weitere zum Beispiel im Fraktionshaus durch das BACnet-Protokoll zu einer gemeinsamen Ebene verbunden worden, um gemeinsame Energiemanagementsysteme und im Besonderen Alarmsysteme zu ermöglichen. Die Einsatzgebiete erstrecken sich von der Feld- bis zur Managementebene.

Technologie und Topologie

Das System ist für sieben Übertragungsmedien zertifiziert. Diese können durch Router miteinander verbunden werden. Die maximale Anzahl von Teilnehmern (Devices) in einem BACnet Netzwerk beträgt 4.194.305, verteilbar auf 65.535 Teilnetzwerke. Alle Teilnehmer müssen eine eindeutige, 32bit lange, technische Adresse haben, wodurch sie im System eindeutig erkannt werden können. Der BACnet-Standard orientiert sich am ISO/OSI-Modell mit den Schichten 1, 2, 3 und 7. BACnet-Geräte können eine oder mehrere der physikalischen Übertragungsschichten (Layer) verwenden. Dazu gehören bestehende Standards wie das Ethernet nach ISO/IEC8802-3 (Informationstechnik, Telekommunikation und Informationsaustausch zwischen Systemen), Punkt-zu-Punkt-Verbindungen über die serielle Schnittstelle RS232 oder das Master-Slave/Token-Passing Protokoll (MS/TP) über die RS485 Schnittstelle. BACnet/IP basiert speziell auf dem UDP/IP Protokoll. In Europa wird hauptsächlich BACnet/IP eingesetzt, und zwar meist ab der Automatisierungsebene. In der Feldebene sind vorrangig Systeme wie EIB oder LON angekoppelt. Die Funktionen jedes Moduls in diesen angekoppelten Systemen spielen bei der Programmierung eine untergeordnete Rolle. Um all diese unterschiedlichen Module verbinden zu können, werden bei BACnet für verschieden Anwendungsbereiche Systemfunktionen definiert, die den Modulen dann zugewiesen werden (Abb. 17-62).

Diese „äußeren Modulfunktionen“ werden standardisiert als sogenannte **„Objekttypen“** zur Verfügung gestellt. Diese Objekttypen sind für Europa in der DIN EN ISO 16484-3 vordefiniert. Jedes **Objekt,** beispielsweise ein Analoger Eingangswert, beinhaltet Eigenschaften (Objekt-Properties), auch als **Parameter** bezeichnet. Durch diese Parameter können unter anderem im Zentralsystem die Identifikation, die Werteanzeige oder auch die Verarbeitung dieses Objekts stattfinden. Einige der Eigenschaften sind durch den Standard im Objekt nur lesbar oder schreibbar, wie der aktuelle Wert, die physikalische Einheit oder auch der Name und die Nummer des Objektes. Einige werden nur optional unterstützt wie die Grenzwerte für die Alarmierung. Für die Verarbeitung der Werte stehen 38 **Dienste** aus den 6 **Klassen:**

- Alarm-Handhabung
- Objekt-Zugriff
- Geräte-Verwaltung
- Netzwerk Sicherheit
- File-Zugriff
- virtuelles Terminal

zur Verfügung. Technisch beruht das System auf dem **Server/Client-Prinzip.** Der Server stellt dabei die Daten und Informationen der Objekte zur Verfügung, die von allen Clientgeräten genutzt werden können. Hierbei dienen die Dienste zur Datenübertragung der Objekte sowie deren Eigenschaften.

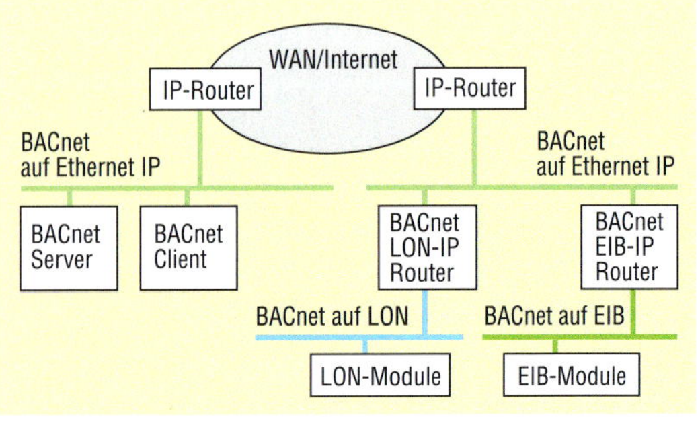

Abb. 17-62 ***BACnet-Grundaufbau mit WAN-Verbindung***

Geräte

Das WAGO I/O-System zum Beispiel bietet für BACnet eine eigene Applikation mit dem Controller 750-830 (Abb. 17-63).

Dieser Controller kann die unterschiedlichsten Systembaugruppen wie Ein-/Ausgangs-, Motor-, Sicherheits- oder Busmodule auf das BACnet Protokoll transferieren und unter Zuhilfenahme der standardisierten Objekte diese Datenpunkte zur Verfügung stellen – unter anderem für die Visualisierung auf der Leit- oder Managementebene mit allen vereinbarten Eigenschaften. Dabei können Bussysteme wie **KNX/EIB, LON** (**L**ocal-**O**perating-**N**etwork) für Brandmeldeanlagen und **DALI** (**D**igital **A**ddressable **L**ighting **I**nterface), für die Anschaltung von Vorschaltgeräten zur Lichtsteuerung, durch Module angeschlossen und eingebunden werden. Diese Controller (Koppler) sind als dezentrale Steuerungen mit einem Leitsystem über Ethernet verbindbar. Zur Einrichtung dient hierbei der WAGO-BACnet-Configurator (Abb. 17-64). In einem Controller sind maximal 1000 Objekte anlegbar.

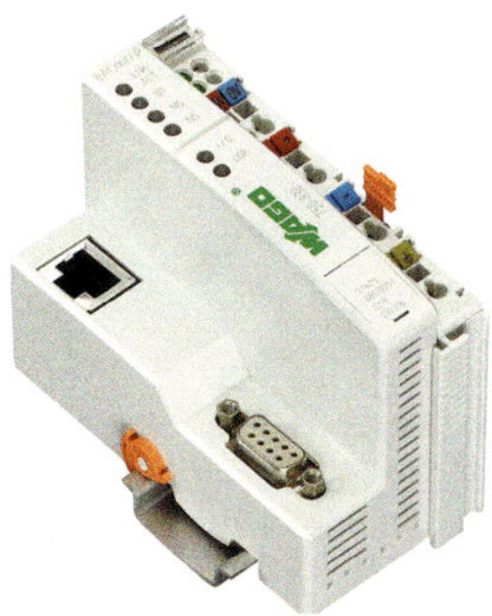

Abb. 17-63 ***Beispiel eines BACnet-Clients***

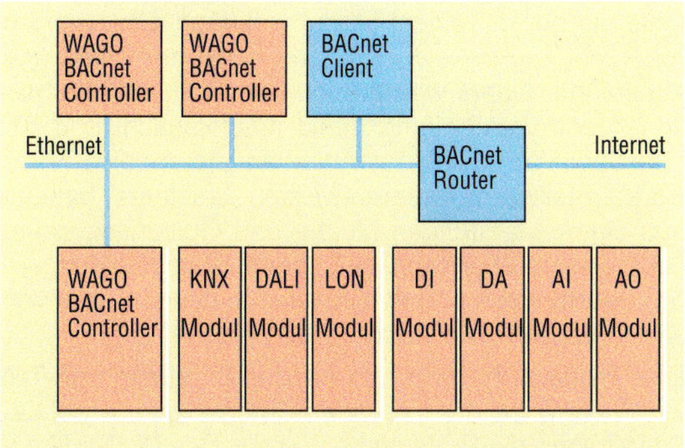

Abb. 17-64 ***Aufbau einer WAGO-BACnet-Steuerung***

■ LCN (Local Control Network)

Mit dem **L**ocal **C**ontrol **N**etwork bietet die Fa. Issendorff KG seit 1992 ein System auf der Basis von Powerline an. Großprojekte wie der Maintower in Frankfurt mit mehr als 20000 Elementen oder die Sparkassen-Arena Hildesheim sind mit LCN umgesetzt worden. Komplexe technologische Komponenten, ein dennoch einfacher Systemaufbau sowie die Möglichkeit der Verwendung von EIB-Sensorelementen lassen dieses preiswerte Bussystem zu einer echten EIB-Alternative werden.

Technologie, Topologie und Adressierung

Eine freie Ader gemeinsam mit dem Neutralleiter der Standardinstallationsleitung NYM-J 5 x 1,5 mm² dienen zur Datenübertragung (Abb. 17-65). Jedes Modul hat einen Anschluss für die Phase, den Neutralleiter und die Datenader (Abb. 17-66). Daher benötigen Sie keine weitere Spannungsversorgung. Alle Anschlüsse sind spannungsfest, jene für die Versorgung sogar gegen Pulse bis 4 kV. Dies sichert die Geräte gegen falsche Anschlusskonfigurationen ab. Das System kann Spannungsausfälle bis 20 Sekunden überbrücken und meldet diese nach >20 ms automatisch, was die Ausfallsicherheit stark erhöht. Die Störunempfindlichkeit der Geräte übertrifft die EMV Norm um den Faktor 4.

Damit den DIN-VDE Vorschriften in vollem Umfang entsprochen werden kann, ist es unerlässlich, dass bei Sicherungseinrichtungen der Installation, die Datenleitung mit Hilfe von Hilfskontakten getrennt wird (Abb. 17-67). Auf diese Weise können Busstränge bis zu einem Kilometer Länge und maximal 250 Modulen als „Segment" aufgebaut werden. Die Stranglänge kann durch Zwischenverstärker vergrößert werden. Bei größeren Anlagen werden bis zu 120 dieser Segmente parallel zum LCN-Bus mit einem Segmentbus, der aus z.B. CAT5-Leitungen oder LWL aufgebaut wird, miteinander verbunden. Kunststofflichtleiter können eingesetzt werden bei Strecken von 100 m, zur Etagenverbindung, Glasfaserlichtleiter für Längen bis 2 km beispielsweise zur Gebäudekopplung, abgesichert über Trennverstärker. Bis zu 30000 Module, mehr als 600000 Sensoren und Aktoren oder nahezu 1 Millionen Datenpunkte können in diesem zweistufigen Konzept mittels Segmentkoppler direkt miteinander verbunden werden. Beim Powerline sind keine vorgeschriebenen Topologien bei der Verdrahtung einzuhalten. Die Geräte erhalten in jedem Segment eine eindeutige **ID-Adresse** von 5 bis 254. Jedes Segment wird auch mit einer ID zwischen 5 und 124 versehen, sodass jedes Gerät durch diese zwei Teile identifiziert werden kann. Zusätzlich können in jedem Segment 250 Gruppenadressen von 5 bis 254 vergeben werden. Dabei können alle Module gleichzeitig in 12 Gruppen Mitglied sein.

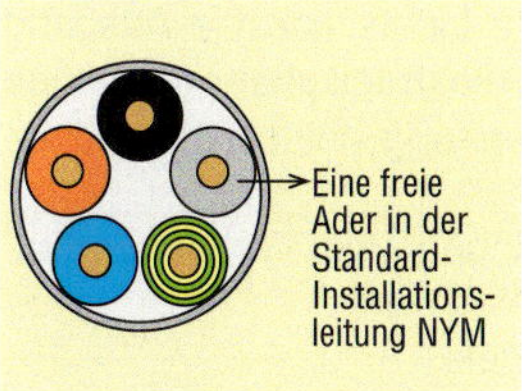

Abb. 17-65 ***NYM-Kabel mit LCN***

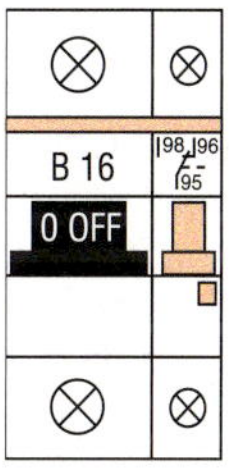

Abb. 17-67 ***LCN-Datenkabel durch Hilfskontakt am LS VDE-gerecht geschaltet***

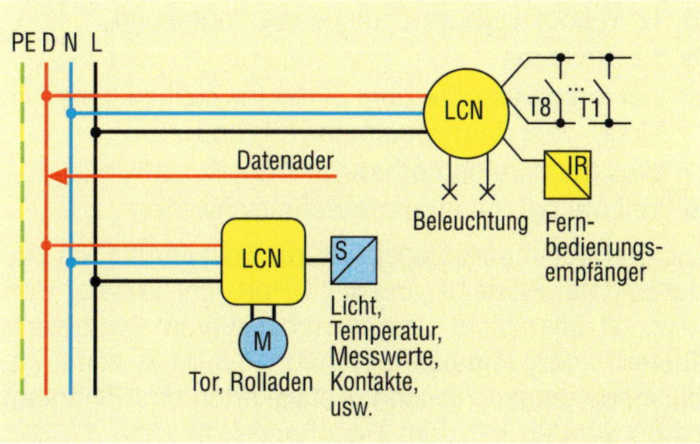

Abb. 17-66 ***Verdrahtungsaufbau beim LCN-System***

17

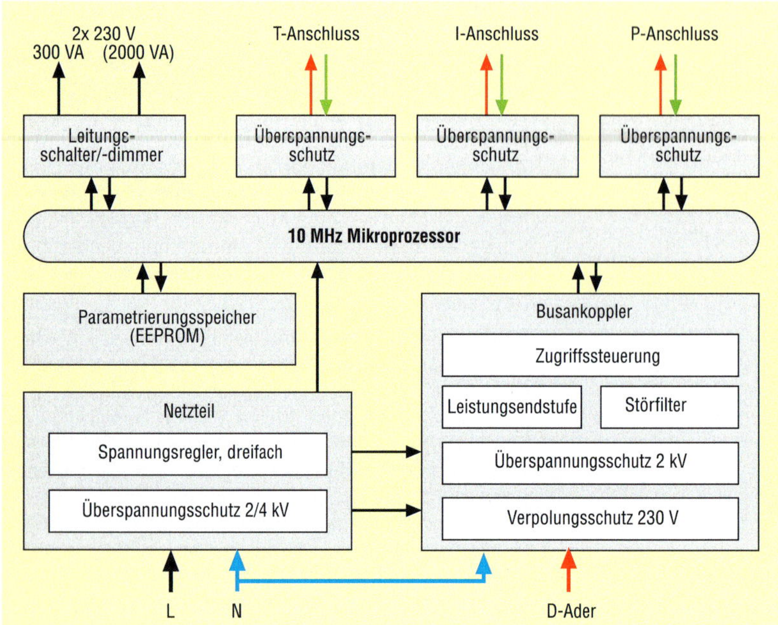

Abb. 17-68
Verteilte Intelligenz – Die LCN-Busmodule

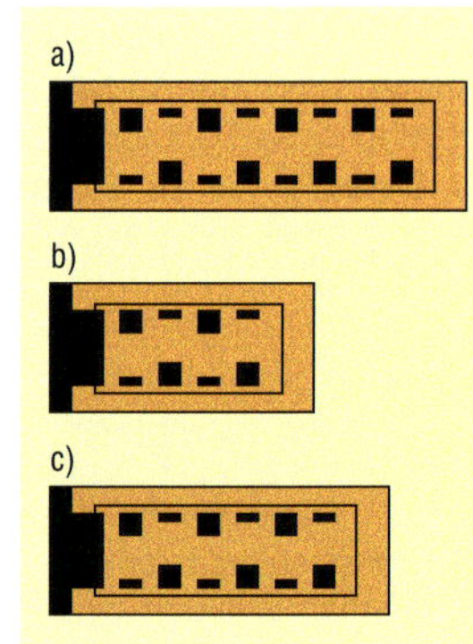

Abb. 17-69
Kommunikationsports

Geräte

Sieben verschiedene Busmodultypen bilden die Basis des Gerätekonzepts. Die Bestandteile wie der leistungsfähige Prozessor, die Kommunikationsports, das Netzteil sowie der Busankoppler sind gleich (Abb. 17-68). Die Module sind durch Überspannungsschutzeinheiten an den Schnittstellen und einem Verpolungsschutz auf der Netzseite vor Zerstörung gesichert. Sie unterscheiden sich nur in ihrer Bauform sowie durch die Anzahl der Netzspannungsausgänge und Kommunikationsports, an denen weitere Sensoren angeschlossen werden können. Dabei ist jedes Modul mit vielen Funktionen der Sensorik und Aktorik ausgestattet, was ihre vielseitigen Einsatzmöglichkeiten begründet. Dazu gehören:

- zwei Schalt-/Dimmausgänge
- 100 frei programmierbare Lichtszenen je Ausgang
- variable Kennlinie der elektronischen Ausgänge
- automatische Schrifterkennung der elektronischen Ausgänge
- Spannungsausfallserkennung und Weiterverarbeitung im gesamten LCN-Netzwerk
- 64 frei parametrierbare Ziele
- 192 unterschiedliche frei definierbare Kommandos
- vier logische Verknüpfungen mit Störmeldeverarbeitung nach DIN
- 16 frei definierbare Transpondercodes und
- 12 IR-Codes
- vier frei parametrierbare Timer für Zeitfunktionen im Modul oder dem gesamten Netzwerk
- zwei frei parametrierbare Stetigregler sowie
- fünf frei parametrierbare Schaltschwellen

Die drei Kommunikationsports zur Erweiterung am Modul sind der P-, der I-, und der T-Port. Der Tastatur-Port (Abb. 17-69a) dient dem Anschluss von „Hardware-Tastern". Am Impuls-Port (Abb. 17-69b) werden Impulsgeber angeschlossen. Relaiskarten und Binärsensoren werden mit dem Peripherie-Port (Abb. 17-69c) verbunden. Die Ausgänge mit den Funktionen als Schalter, Dimmer und Motorantriebe sind mit einer Leistung von 300 VA bis 2000 VA versehen.

Datenübertragung

Die Busgeschwindigkeit innerhalb eines Segments beträgt 9600 kB/s, bei typischer Telegrammgröße von 24 Bit, 100 T/s. Der Segmentbus erreicht bis zu 2,5 MB/s und damit maximal 10 000 T/s. LCN arbeitet mit einem kommandobasierten Telegramm. Alle Befehle die nur mit einem Modul verknüpft sind, werden als Punkt-zu-Punkt-Übertragung direkt adressiert und ausgeführt. Dabei werden von den Modulen Informationen zur Verarbeitung direkt ausgetauscht und die Funktionalität des Busses wie ein „neuronales Netzwerk" intelligent weiterentwickelt. Letzteres besteht aus einem vierstufigen Melde- und Quittungssystem. Dazu gehören Funktionsquittungen, Statusmeldungen, Statuskommandos und Betriebsmeldungen, die von allen Modulen unterstützt werden (Abb. 17-70).

Das Protokoll besteht aus Sender-ID, einem Info-Teil zur Weitergabe der folgenden Datenlängen. Anschließend folgen die Prüfsumme und die Ziel-ID. Der Nutzdatenblock besteht aus dem Kommando (Befehl) sowie zwei Parametern. Bei 24 Bit ist ein Telegramm 8,3 ms lang. Der Bus ist mit erweiterten Sprachen an viele Systeme anbindbar.

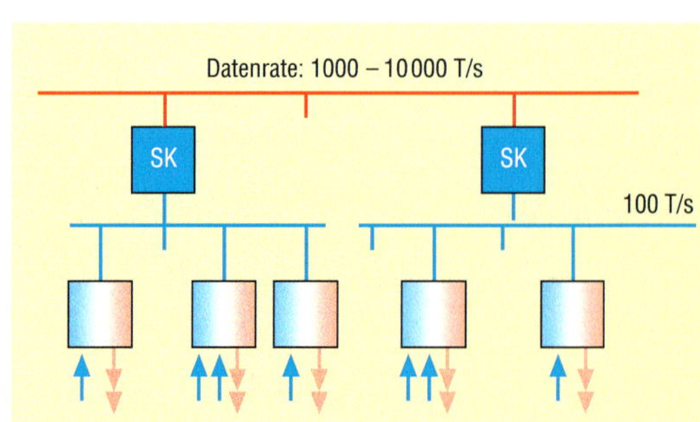

Abb. 17-70 ***Struktur der Datenübertragung***

17

Abb. 17-71
LCN 3 PRO

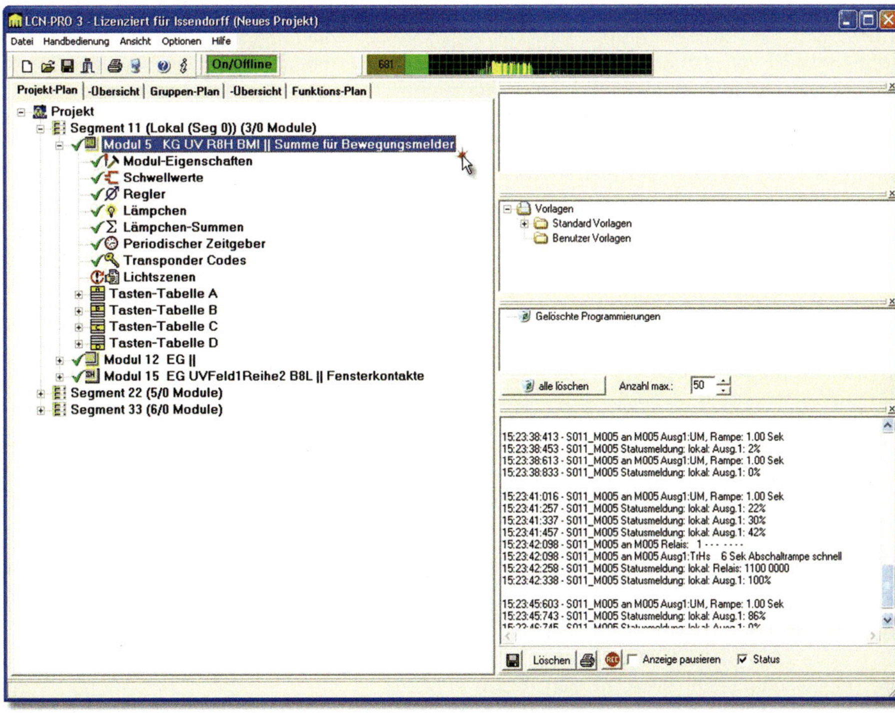

Projektierung

Die Software LCN 3 Pro (Abb. 17-71) ermittelt online am Bus die vorhandenen Teilnehmer (Module) und vergibt die IDs gemäß der Projektierung. Danach können die Taster mit den Ausgängen oder Gruppen direkt durch Drag & Drop verknüpft werden. Jeder Taster beinhaltet drei Befehle, welche durch die Betätigungsmöglichkeiten (kurz, lang, loslassen) definiert sind. Damit können je Tasterfeld drei Funktionen hinterlegt werden (Abb. 17-72).

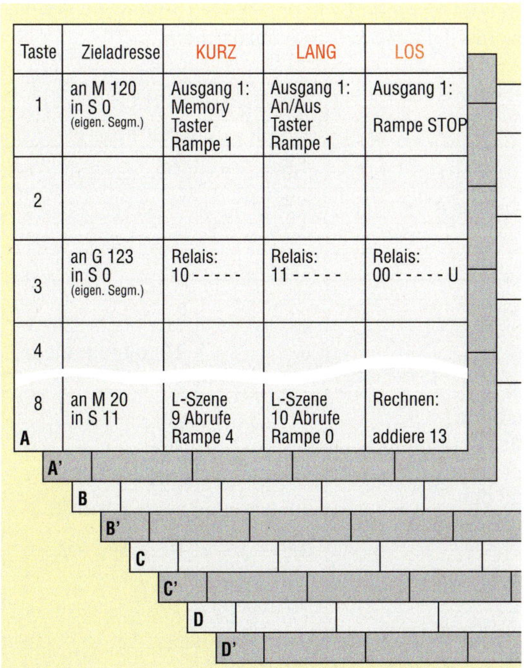

Taste	Zieladresse	KURZ	LANG	LOS
1	an M 120 in S 0 (eigen. Segm.)	Ausgang 1: Memory Taster Rampe 1	Ausgang 1: An/Aus Taster Rampe 1	Ausgang 1: Rampe STOP
2				
3	an G 123 in S 0 (eigen. Segm.)	Relais: 10 - - - - -	Relais: 11 - - - - -	Relais: 00 - - - - - U
4				
8	an M 20 in S 11	L-Szene 9 Abrufe Rampe 4	L-Szene 10 Abrufe Rampe 0	Rechnen: addiere 13

Abb. 17-72 ***Tastertabellen mit den drei Befehlen***

Diese werden einmal übertragen und können dann durch den Online-Monitor beobachtet werden. Dieser zeichnet alle Telegramme des Busses auf. Das Melde- und Quittungssystem ist in der Software ebenfalls hinterlegt, sodass alle Fehler und Meldungen in Textform angezeigt werden. Alle Segmentkoppler werden automatisch verarbeitet.

Für die Visualisierung gibt es das LCN-W Modul in verschiedenen Ausprägungen (Anzahl der Bilder) und mit zusätzlichen Funktionen, wie das Benutzersystem mit Passwortabfrage. Auch gibt es Zusatzmodule für die Zugangskontrolle oder das Störmeldetool zur Archivierung.

17.4 Auswahl und Bemessung der Installationsleitungen

17.4.1 Leitungsauswahl nach der mechanischen Festigkeit

Leitungen sind wichtige Betriebsmittel in jeder elektrischen Anlage. Sie müssen für den jeweiligen Einsatzzweck sorgfältig ausgewählt werden. Den zu erwartenden Betriebsverhältnissen sollen sie mechanisch standhalten und sie dürfen sich nicht unzulässig erwärmen. Der Spannungsfall darf festgelegte Werte nicht überschreiten. Wirtschaftliche Gründe verlangen häufig, auftretende Leistungsverluste auf ein vertretbares Maß zu begrenzen. Die richtige Auswahl und Bemessung der Leitungen (bzw. der Kabel) ist für die Sicherheit und Zuverlässigkeit der elektrischen Anlage sehr wichtig.

Elektrische Leitungen sind nach mechanischen, wärmetechnischen und elektrischen Gesichtspunkten auszuwählen und zu bemessen.

Leitungen müssen gegenüber mechanischen Beanspruchungen eine ausreichende Festigkeit besitzen. In Abhängigkeit vom Leitermaterial und vom Verwendungszweck sind deshalb Mindestquerschnitte festgelegt. Diese sind Erfahrungswerte. Für die feste, geschützte Verlegung sind Querschnitte von mindestens 1,5 mm² Cu oder 2,5 mm² Al vorgeschrieben.

Aderleitungen beispielsweise gelten dann als geschützt verlegt, wenn sie im Installationsrohr oder -kanal angeordnet sind. Bei Mantelleitungen bildet der PVC-Mantel den geforderten Schutz.

In Schaltanlagen und Verteilern ist der Mindestquerschnitt vom zu erwartenden Betriebsstrom abhängig gemacht worden. Bei den im Allgemeinen kurzen Leitungsabschnitten lässt man verhältnismäßig hohe Stromdichte-Werte zu. Der Mindestquerschnitt für die Leiter in beweglichen Geräte-Anschlussleitungen richtet sich nach der Stromstärke und der Länge der Anschlussleitung. In Tab. 17-6 sind die Mindestquerschnitte für die verschiedenen Einsatzzwecke zusammengefasst.

17.4.2 Leitungswahl nach der Strombelastbarkeit

Jeder elektrische Leiter erwärmt sich, wenn er vom Strom durchflossen wird. Dabei darf die den Leiter umgebende Isolierung keinen Schaden erleiden. Die Betriebstemperatur für das am häufigsten verwendete Isoliermaterial PVC beispielsweise darf 70 °C nicht überschreiten.

Den Leiterquerschnitten sind höchstzulässige Werte ihrer Strombelastbarkeit zuzuordnen. Diese Zuordnung muss die Verlegeart berücksichtigen, die ganz wesentlich die Wärmeabfuhr beeinflusst. Von einer auf Abstandschellen verlegten Mantelleitung z. B. wird die Wärme gut abgeführt (Verlegeart C); recht schlecht ist die Wärmeabfuhr hingegen bei Verlegung im Installationsrohr und gleichzeitig in einer wärmegedämmten Wand (Verlegeart A).

In Tab. 17-7 sind den Leiterquerschnitten der Kupferleitungen die zulässigen Stromstärkewerte I_z (Strombelastbarkeit) und die daraus abgeleiteten Werte für den Bemessungsstrom I_n der Überstrom-Schutzeinrichtung zugeordnet. Beide Stromwerte sind an die folgenden Betriebsbedingungen geknüpft:

- Betriebsart: Dauerbetrieb,
- Umgebungsbedingung: Temperatur 25 °C,
- Verlegung: Einzellegung; Verlegearten A1, A2, B1, B2, C oder E, F, G.

Aus Tab. 17-7 lassen sich beispielsweise folgende Aussagen ableiten:

- 3 belastete Adern, Nennstrom $I_n = 63$ A
  - ⟶ Verlegeart E: Querschnitt $A = 10$ mm²
  - ⟶ Verlegeart B2: Querschnitt $A = 16$ mm²

Hauptleitungen, die mit 63 A belastbar sein müssen, erhalten in der Verlegeart E einen Querschnitt von mindestens 10 mm². Bei Verlegung derselben Leitungen im Installationsrohr oder im -kanal (Verlegeart B2) sind 16 mm² erforderlich.

- 3 belastete Adern, Querschnitt 1,5 mm²
  - ⟶ Verlegeart C: Nennstrom $I_n = 16$ A (gültig für Leitungsschutzschalter und für Schmelzsicherungen)
  - ⟶ Verlegeart A2: Nennstrom $I_n = 13$ A (nur gültig für Leitungsschutzschalter), $I_n = 10$ A (für Schmelzsicherungen)

Drehstromleitungen mit dem Leiterquerschnitt A = 1,5 mm² dürfen in der Verlegeart C mit 16 A dauernd belastet werden. In der Verlegeart A2 ist der Nennstrom der Überstrom-Schutzeinrichtungen geringer.

Die Absicherung muss mit 13-A-Leitungsschutzschaltern erfolgen. Sollen Schmelzsicherungen verwendet werden (die in der Stufung 13 A nicht gefertigt werden), ist mit $I_n = 10$ A abzusichern.

Einsatzzweck	Mindestquerschnitt in mm² bei Cu	bei Al
Feste, geschützte Verlegung	1,5	2,5
Leitungen in Schaltanlagen und Verteilern bei Stromstärken bis 2,5 A – über 2,5 A bis 16 A – über 16 A	0,5 0,75 1,0	–
Offene Verlegung (auf Isolatoren) – Abstand der Befestigungspunkte bis 20 m – über 20 bis 45 m	 4 6	 16 16 (mehrdrähtig)
Bewegliche Leitungen für den Anschluss von – leichten Handgeräten bis 1 A Stromaufnahme und einer größten Länge der Anschlussleitung von 2 m, wenn dies in den entsprechenden Gerätebestimmungen festgelegt ist – Geräten bis 2,5 A Stromaufnahme und einer größten Länge der Anschlussleitung von 2 m, wenn dies in den entsprechenden Gerätebestimmungen festgelegt ist – Geräten bis 10 A Stromaufnahme, für Gerätesteck- und Kupplungsdosen bis 10 A Nennstrom – Geräten über 10 A Stromaufnahme, Mehrfach-, Gerätesteckdosen und Kupplungsdosen mit mehr als 10 A bis 16 A Nennstrom	 0,1 0,5 0,75 1,0	–

Tab. 17-6 ***Mindest-Leiterquerschnitte für Leitungen***

Verlegeart	A1	A2		B1	B2
Darstellung	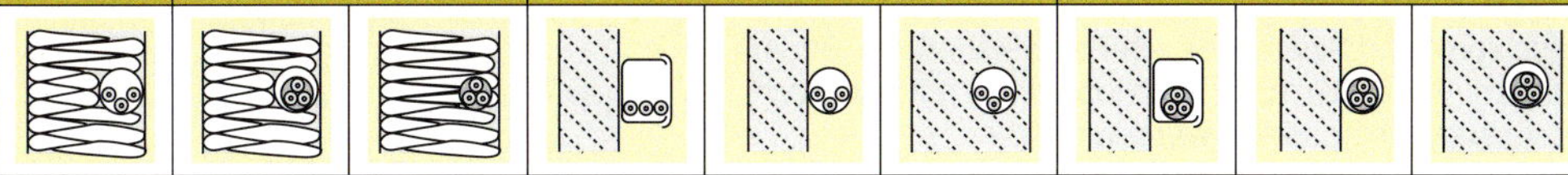				
Verlegebedingung	Verlegung in wärmegedämmten Wänden			Verlegung in Elektro-Installationsrohren oder geschlossenen Elektro-Installationskanälen auf oder in Wänden oder in Kanälen für Unterflurverlegung	
	Aderleitungen oder einadrige Kabel/Mantelleitungen im Elektro-Installationsrohr oder -kanal	mehradrige Kabel oder Mantelleitungen			
		im Elektro-Installationsrohr oder kanal	direkt verlegt	Aderleitungen oder einadrige Kabel/Mantelleitungen	mehradrige Kabel oder Mantelleitungen

Verlegeart	C					E	F	G
Darstellung	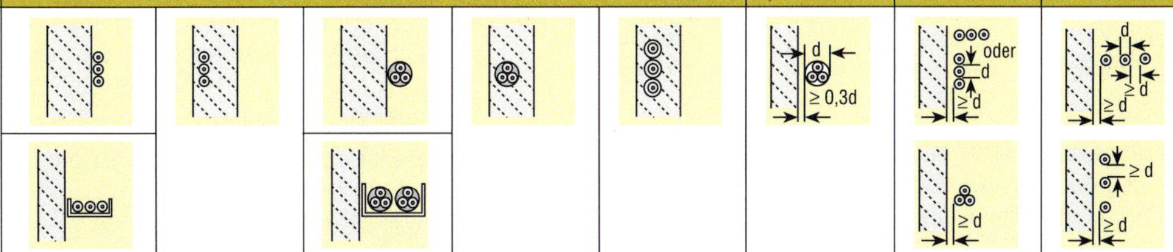							
Verlegebedingung	Direkte Verlegung auf oder in Wänden/Decken oder in Kabelwannen				Stegleitungen in Wänden/Decken oder Hohlräumen	Verlegung frei in Luft, an Tragseilen sowie auf Kabelpritschen und -konsolen		
	einadrige Kabel oder Mantelleitungen		mehradrige Kabel oder Mantelleitungen			mehradrige Kabel oder Mantelleitungen	einadrige Kabel oder Mantelleitungen	
							mit Berührung	ohne Berührung, auch Aderleitungen auf Isolatoren

Tab. 17-7 a) ***Verlegearten***

Verlegeart	A1		A2		B1		B2		C		E		F			G	
Anzahl der gleichzeitig belasteten Adern	2	3	2	3	2	3	2	3	2	3	2	3	2	3	3	3	3
													nebeneinander vertikal/ horizontal		gebündelt	horizontal	vertikal
Nennquerschnitt in mm²	Strombelastbarkeit I_z in A Nennstrom I_n in A																
1,5 I_z	17	15	17	14	19	17	18	16	21	19	23	20	–	–	–	–	–
I_n	16	13	16	13	16	16	16	16	20	16	20	16	–	–	–	–	–
2,5 I_z	21	20	20	19	25	22	24	21	29	25	32	27	–	–	–	–	–
I_n	20	20	20	16	25	20	20	20	25	25	32	25	–	–	–	–	–
4 I_z	28	25	27	25	35	30	32	29	38	35	42	36	–	–	–	–	–
I_n	25	25	25	25	35	25	32	25	35	35	40	35	–	–	–	–	–
6 I_z	36	33	35	31	43	38	40	36	50	43	54	46	–	–	–	–	–
I_n	35	32	35	25	40	35	40	35	50	40	50	40	–	–	–	–	–
10 I_z	49	45	46	41	60	53	55	50	67	63	74	64	–	–	–	–	–
I_n	40	40	40	40	50	50	50	50	63	63	63	63	–	–	–	–	–
16 I_z	65	59	60	55	81	72	73	66	90	81	100	85	–	–	–	–	–
I_n	63	50	50	50	80	63	63	63	80	80	100	80	–	–	–	–	–
25 I_z	85	77	80	72	107	94	95	85	119	102	126	107	139	121	117	155	138
I_n	80	63	80	63	100	80	80	80	100	100	125	100	125	100	100	125	125
35 I_z	105	94	98	88	133	117	118	105	146	126	157	134	172	152	145	192	172
I_n	100	80	80	80	125	100	100	100	125	125	125	125	160	125	125	160	160
50 I_z	126	114	117	105	160	142	141	125	178	153	191	162	208	184	177	232	209
I_n	125	100	100	100	160	125	125	125	160	125	160	160	200	160	160	200	200

I_z maximal zulässige Stromstärke I_n Bemessungsstromstärke der Überstromschutzeinrichtung

Tab. 17-7 b) ***Strombelastbarkeit und Bemessungsstrom der Überstrom-Schutzeinrichtung (Dauerbetrieb, Temperatur 25 °C)***

17

Den Werten in Tab. 17-7 liegen einzeln verlegte, mehradrige Kupferleitungen und eine Umgebungstemperatur von 25 °C zugrunde. Bei abweichenden Bedingungen müssen die Tabellenwerte mit Umrechnungsfaktoren korrigiert werden:

Abweichungen
- erhöhte Wärmeentwicklung
  - mehr als 3 Adern Strom führend → Faktor f_1
  - gebündelte (gehäufte) Legung → Faktor f_2
- veränderte (meist verminderte) Wärmeabfuhr
  - abweichende Umgebungstemperatur → Faktor f_3

(International wird im Allgemeinen mit einer Umgebungstemperatur von 30 °C gerechnet. Die klimatischen Verhältnisse in Deutschland gestatten, vom „Normalfall 25 °C" auszugehen.)

Bei verstärkter Wärmeentwicklung oder bei veränderter Wärmeabfuhr sind die Strombelastbarkeitswerte zu korrigieren.

In den Tab. 17-8 bis 17-10 sind die Umrechnungsfaktoren für die geänderten Bedingungen aufgeführt.

Beispiel:

Fünf Leitungen NYM - J 5 x 2,5 mm², gemeinsam im Installationskanal verlegt, werden durch einen Heizungsverteilerraum geführt. In diesem Raum treten Temperaturen bis zu 35 °C auf.

a) Wie groß wäre die Strombelastbarkeit einer einzeln im Kanal verlegten Leitung bei einer Umgebungstemperatur von 25 °C?
b) Wie hoch ist die Strombelastbarkeit unter den angegebenen Bedingungen? Wie hoch ist abzusichern?
c) Welcher Leiterquerschnitt wäre zu wählen, wenn die Belastbarkeit aus a) unter den genannten Bedingungen erreicht werden müsste?

Lösungen:

a) Die im Kanal verlegte mehradrige Mantelleitung (Verlegeart B2) besitzt 3 Strom führende Adern. Nach Tab. 17-7 sind diese mit $I_z = 21$ A belastbar.
b) Aus Tab. 17-9 wird für 5 verlegte Leitungen der Faktor $f_2 = 0{,}6$ abgelesen. Für eine Umgebungstemperatur von 35 °C ergibt sich aus Tab. 17-10 der Faktor $f_3 = 0{,}87$.

   Die Strombelastbarkeit ist demnach
   $I'_z = I_z \cdot f_2 \cdot f_3 = 21\ \text{A} \cdot 0{,}6 \cdot 0{,}87 = 10{,}96$ A. Abzusichern ist mit $I_n = 10$ A.
c) Es ist die Stromstärke I''_z zu ermitteln, die – gemindert mit den Faktoren f_2 und f_3 – den Wert $I_z = 21$ A ergibt.

   $$I''_z \cdot f_2 \cdot f_3 = I_z$$

   $$I''_z = \frac{I_z}{f_2 \cdot f_3} = \frac{21\ \text{A}}{0{,}6 \cdot 0{,}87} = 40\ \text{A}$$

   Nach Tab. 17-7 müssten Leitungen mit 10 mm² Querschnitt verlegt werden.

Man sollte versuchen, das Zusammentreffen mehrerer belastungsmindernder Faktoren durch überlegte Leitungsführung zu vermeiden. Das könnte in diesem Beispiel auf unterschiedliche Weise erfolgen:
– Im Raum mit erhöhter Temperatur werden die Leitungen nicht im Kanal, sondern einzeln nebeneinander verlegt.
– Der Raum mit erhöhter Temperatur wird bei der Leitungsverlegung umgangen.

Zahl der belasteten Adern	5	7	10	14	19	24	40	61
Umrechnungsfaktoren f_1	0,75	0,65	0,55	0,50	0,45	0,40	0,35	0,30

Tab. 17-8 ***Umrechnungsfaktoren f_1 für vieladrige Leitungen***

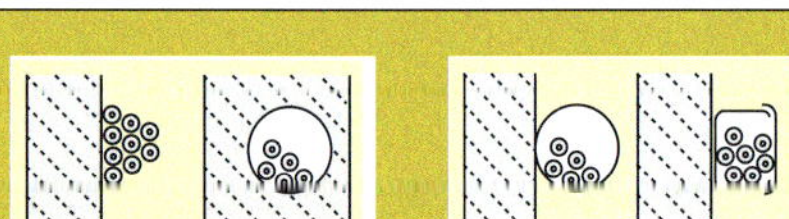

Zahl mehradriger Leitungen mit 2 oder 3 Strom führenden Leitern	1	2	3	4	5	6	7	8	9	10	12	14	16	18	20
Umrechnungsfaktoren f_2	1	0,8	0,7	0,65	0,6	0,57	0,54	0,52	0,5	0,48	0,45	0,43	0,41	0,39	0,38

Tab. 17-9 ***Umrechnungsfaktoren f_2 für gehäuft verlegte Leitungen***

Umgebungstemperaturin °C	10	15	20	25	30	35	40	45	50	55	60
Umrechnungsfaktoren f_3	1,15	1,11	1,06	1,00	0,95	0,87	0,82	0,75	0,67	0,58	0,47

Tab.17-10 ***Umrechnungsfaktoren f_3 für abweichende Umgebungstemperaturen***

17.4.3 Leitungsauswahl nach dem Spannungsfall

Die Netzbetreiber stellen den Abnehmern elektrischer Energie eine Betriebsspannung zur Verfügung, die von der Nennspannung (230 V) bis zu 10 % nach unten und oben abweichen darf. Innerhalb der Verbraucheranlage darf der Spannungsfall weitere 4 % der Nennspannung betragen (Abb. 17-73).

Davon entfallen auf die Anlagenteile hinter der Messeinrichtung 3 %.

Die Technischen Anschlussbedingungen (TAB) gestatten zwischen Hausanschlusskasten und Zähler in Abhängigkeit von der übertragenen Leistung einen Spannungsfall bis 1,5 %.

Je nach Anordnung des Zählers ergeben sich zwei unterschiedliche Zuordnungen:

- Der Zählerplatz beinhaltet den Stromkreisverteiler. Diese Anordnung ist häufig in Einfamilienhäusern anzutreffen. Zwischen den Überstromschutzeinrichtungen im Stromkreisverteiler und dem entferntesten Verbrauchsmittel darf der Spannungsfall Δu den Wert von 3 % nicht überschreiten (Abb. 17-74a).
- Der Zählerplatz befindet sich an zentraler Stelle im Gebäude (z. B. im Hausanschlussraum). Diese Anordnung dominiert in Mehrfamilienhäusern. Der zulässige Spannungsfall von 3 % nach der Messeinrichtung schließt hier die Verbindungsleitung zwischen Zähler und Stromkreisverteiler mit ein (Abb. 17-74b).

Spannungsfall bei Wechselstromleitungen

Der elektrische Widerstand jeder Leitung verursacht beim Stromdurchgang einen Spannungsfall. Dem am Leitungsende angeschlossenen Verbrauchsmittel steht eine geringere Spannung zur Verfügung als am Leitungsanfang (Abb. 17-75).

> Der Spannungsfall $\Delta U = U_1 - U_2$ ist der Unterschied der in gleicher Richtung wirkenden Spannungen am Leitungsanfang (U_1) und am Leitungsende (U_2).

Das Verbrauchsmittel ist über eine Leitung angeschlossen, die aus Stromhin- und -rückleiter besteht. Ihr Widerstand kann in einem Schaltelement zusammengefasst werden. Dabei ist es ausreichend, wenn lediglich der ohmsche Anteil des Widerstandes in die Rechnung einbezogen wird. Die induktiven und kapazitiven Widerstandsanteile dürfen bei den geringen Leitungslängen im Allgemeinen vernachlässigt werden.

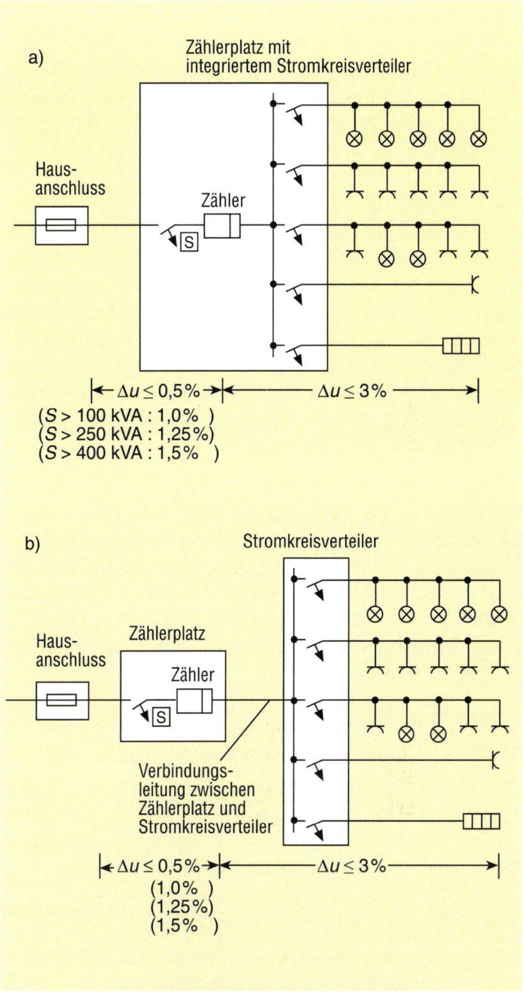

Abb. 17-74 ***Zuordnung für den Spannungsfall***
a) Stromkreisverteiler im Zählerschrank angeordnet
b) Stromkreisverteiler getrennt angeordnet

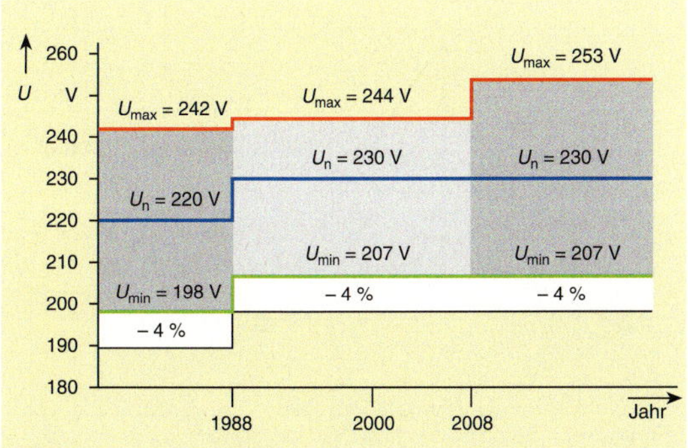

Abb. 17-73 ***Entwicklung der zugelassenen Spannungsbereiche***

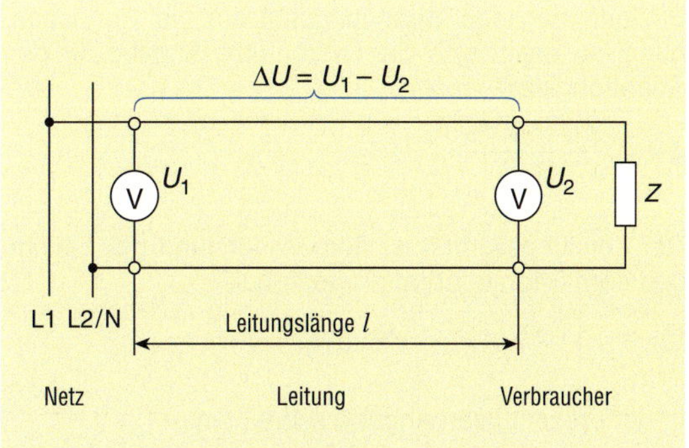

Abb. 17-75 ***Spannungsfall bei Leitungen***

17

Der Leitungswiderstand ist somit

$R_L = \frac{2 \cdot l}{\varkappa \cdot A}$ l: Länge der Leitung
$\varkappa$: spezifische Leitfähigkeit des Leitermaterials
A: Leiterquerschnitt

Die ökonomische Bewertung vor allem langer Leitungen erfordert häufig eine Leistungsverlust-Berechnung.

Der Leistungsverlust $P_V = P_1 - P_2$ ist der Unterschied zwischen der am Leitungsanfang vorhandenen Leistung P_1 und der am Ende abgenommenen Leistung P_2.

Wird am Leitungsende keine reine Wirklast betrieben, so entsteht dort zwischen Strom und Spannung eine Phasenverschiebung. Wechselstromkreise sind häufig induktiv belastet, so dass der Strom I der Verbraucherspannung U_2 nacheilt. Der Widerstand der Leitung verursacht einen Spannungsfall $I \cdot R_L$, der mit dem Strom in Phase liegt. Die Spannung U_1 am Leitungsanfang ist somit die geometrische Summe aus der Spannung U_2 am Leitungsende und dem Spannungsfall über der Leitung (Abb. 17-76).

Vereinbarungsgemäß wird der Spannungsfall aus der Differenz der in gleicher Richtung wirkenden Spannungen am Leitungsanfang und am Leitungsende gebildet. Das erfordert in Abb. 17-76 ein „Drehen" der Spannung U_1 in Richtung von U_2. Für eine näherungsweise Berechnung des Spannungsfalls kann jetzt geschrieben werden:

$\Delta U = U_1 - U_2 = I \cdot R_L \cdot \cos\varphi$ mit $R_L = \frac{2 \cdot l}{\varkappa \cdot A}$

oder

$$\Delta U = \frac{2 \cdot I \cdot l \cdot \cos\varphi}{\varkappa \cdot A} \qquad \textbf{17-3}$$

Nach Umstellung folgt für den Leiterquerschnitt

$$A = \frac{2 \cdot I \cdot l \cdot \cos\varphi}{\varkappa \cdot \Delta U} \qquad \textbf{17-4}$$

Bei reinen Wirkverbrauchern vereinfachen sich diese Aussagen. Der Strom I und die Spannung U_2 am Verbrauchsmittel sowie die Spannung U_1 liegen in Phase. Ein „Drehen" in Abb. 17-75 entfällt. (Dieselben Vereinfachungen gelten für Stromkreise, die mit Gleichstrom betrieben werden.)

Bezieht man den Spannungsfall auf die Nennspannung, so ergibt sich die prozentuale Angabe für den Spannungsfall:

$$\Delta u = \frac{\Delta U \cdot 100\,\%}{U}.$$

Der Leistungsverlust ist dem Widerstand der Leitung und dem Stromquadrat proportional:

$P_V = P_1 - P_2 = I^2 \cdot R_L$ mit $R_L = \frac{2 \cdot l}{\varkappa \cdot A}$.

In der prozentualen Angabe schreibt man

$$p_V = \frac{P_V \cdot 100\,\%}{P}.$$

Beispiel:

Ein Verbrauchsmittel (3 kW, $\cos\varphi = 0{,}69$) wird über eine 40 m lange Cu-Leitung an 230 V /50 Hz betrieben. Der Spannungsfall Δu darf 3% nicht überschreiten.

Welcher Querschnitt ist zu verlegen?

Lösung:

Der Spannungsfall ist

$$\Delta U = \frac{\Delta u}{100\,\%} \cdot U$$

$$\Delta U = \frac{3\,\%}{100\,\%} \cdot 230\text{ V} = 6{,}9\text{ V}$$

Der in der Zuleitung fließende Strom beträgt

$$I = \frac{P}{U \cdot \cos\varphi}$$

$$I = \frac{3000\text{ W}}{230\text{ V} \cdot 0{,}69} = 18{,}9\text{ A}.$$

Somit folgt für den Querschnitt

$$A = \frac{2 \cdot I \cdot l \cdot \cos\varphi}{\varkappa \cdot \Delta U}$$

$$A = \frac{2 \cdot 18{,}9\text{ A} \cdot 40\text{ m} \cdot 0{,}69}{56\text{ m}/\Omega\text{ mm}^2 \cdot 6{,}9\text{ V}} = 2{,}7\text{ mm}^2.$$

Es ist ein genormter Querschnitt von 4 mm² zu verlegen.

Hinweis: Der tatsächliche Spannungsfall ΔU ist wesentlich geringer als in Abb. 17-76 dargestellt.

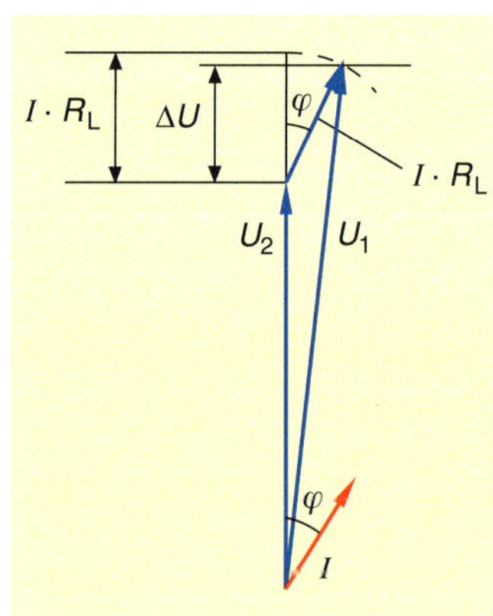

Abb. 17-76 ***Zum Spannungsfall bei Wechselstromleitungen***

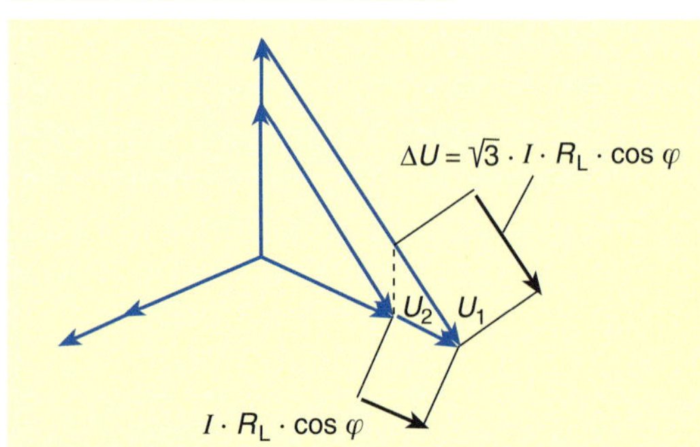

Abb. 17-77 ***Zum Spannungsfall bei Drehstromleitungen***

Spannungsfall bei Drehstromleitungen

Die Berechnungen bei diesen Leitungen erfolgen in ähnlicher Weise wie bei Einphasen-Wechselstromleitungen.

Bei gleichmäßiger Belastung der Drehstromleitung ist der Neutralleiter stromlos, der Spannungsfall tritt nur an den Außenleitern auf. Die Rechnung berücksichtigt deshalb nur die einfache Leitungslänge.

Der Spannungsfall ist die Differenz der Spannungen zwischen zwei Außenleitern am Leitungsanfang und am Leitungsende. Er muss folglich auf die verkettete Spannung bezogen werden, die um den Faktor $\sqrt{3}$ größer ist als die Spannung zwischen einem Außenleiter und dem Sternpunkt (Abb. 17-77).

Die Gleichung für den Spannungsfall ist damit folgende:

$$\Delta U = \frac{\sqrt{3} \cdot I \cdot l \cdot \cos\varphi}{\varkappa \cdot A}. \qquad \textbf{17–5}$$

Bei einem gesuchten Leiterquerschnitt ergibt sich

$$A = \frac{\sqrt{3} \cdot I \cdot l \cdot \cos\varphi}{\varkappa \cdot \Delta U}. \qquad \textbf{17–6}$$

Der Leistungsverlust in allen drei Strom führenden Außenleitern ist dann

$$P_V = 3 \cdot I^2 \cdot R_L \quad \text{mit } R_L = \frac{l}{\varkappa \cdot A}.$$

Beispiel:

Ein Durchlauferhitzer nimmt am Drehstromnetz (400 V / 50 Hz) eine Leistung von 21 kW auf. Der Spannungsfall über der 14 m langen Leitung darf 3 % nicht übersteigen.

a) Ermitteln Sie den zu verlegenden Cu-Querschnitt der Zuleitung!

b) Überprüfen Sie, ob der in Tab. 17-7, Verlegeart C, angegebene Querschnitt mit dem Ergebnis von a) übereinstimmt. Schlussfolgern Sie!

Lösung:

a) Der Spannungsfall ist

$$\Delta U = \frac{\Delta u}{100\,\%} \cdot U \qquad \Delta U = \frac{3\,\%}{100\,\%} \cdot 400\text{ V} = 12\text{ V}$$

In dem Außenleiter fließen

$$I = \frac{P}{\sqrt{3} \cdot U \cdot \cos\varphi}$$

$$I = \frac{21\,000\text{ W}}{\sqrt{3} \cdot 400\text{ V} \cdot 1} = 30{,}3\text{ A}.$$

Mit dem zulässigen Spannungsfall ergibt sich der Leiterquerschnitt von

$$A = \frac{\sqrt{3} \cdot I \cdot l \cdot \cos\varphi}{\varkappa \cdot \Delta U}$$

$$A = \frac{\sqrt{3} \cdot 30{,}3\text{ A} \cdot 14\text{ m} \cdot 1}{56\text{ m}/\Omega\text{ mm}^2 \cdot 12\text{ V}} = 1{,}1\text{ mm}^2.$$

Diese Betrachtung lässt einen Querschnitt von 1,5 mm² als ausreichend erscheinen; das ist der Mindestquerschnitt bei ortsfester Legung.

b) Nach Tab. 17-7, Verlegeart C, sind jedoch 4 mm² erforderlich. Es ist folglich der größere Querschnitt zu verlegen.

Dieses Beispiel zeigt, dass es zwingend notwendig ist, eine Leitung immer nach allen drei Gesichtspunkten,
- der mechanischen Festigkeit,
- der Strombelastbarkeit und
- dem Spannungsfall zu bewerten.

Eine einseitige Querschnittsbestimmung nur nach dem Spannungsfall ergäbe in diesem Beispiel eine Stromdichte von $J = \frac{I}{A} = \frac{30{,}3\text{ A}}{1{,}5\text{ mm}^2} = 20\,\frac{\text{A}}{\text{mm}^2}$.

Die Leitung würde in kurzer Zeit thermisch zerstört.

Hinweis: Darüber hinaus erfordert ein kleiner Schleifenwiderstand (Schutz durch automatische Abschaltung der Stromversorgung) einen ausreichend großen Leiterquerschnitt.

In Tab. 17-11 sind die Gleichungen zur Berechnung der Leitungen zusammengestellt.

	Gleichstromleitungen	Wechselstromleitungen	Drehstromleitungen
Zeiger-darstellung	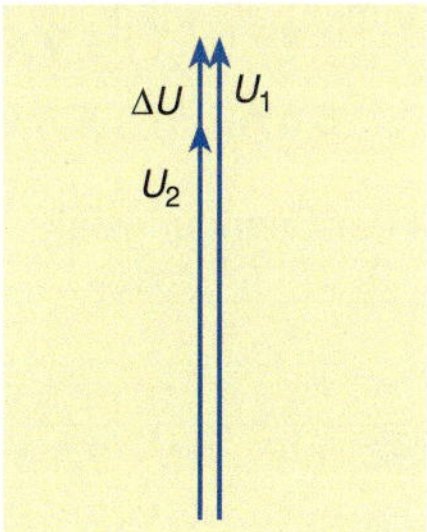	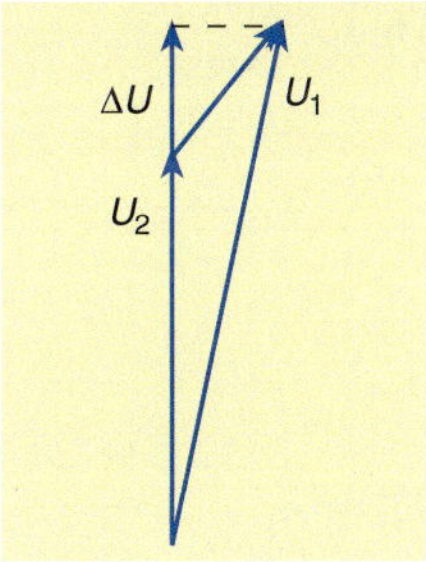	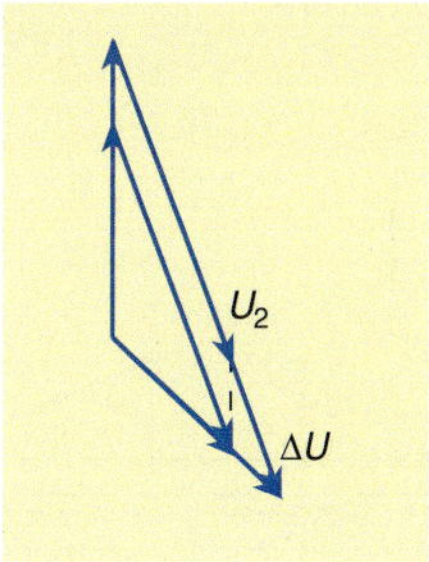
Wirkleistung	$P = U \cdot I$	$P = U \cdot I \cdot \cos\varphi$	$P = \sqrt{3} \cdot U \cdot I \cdot \cos\varphi$
Spannungsfall	$\Delta U = 2 \cdot I \cdot \frac{l}{\varkappa \cdot A}$	$\Delta U = 2 \cdot I \cdot \frac{l}{\varkappa \cdot A} \cdot \cos\varphi$	$\Delta U = \sqrt{3} \cdot I \cdot \frac{l}{\varkappa \cdot A} \cdot \cos\varphi$
Leistungsverlust	$P_V = 2 \cdot I^2 \cdot \frac{l}{\varkappa \cdot A}$		$P_V = 3 \cdot I^2 \cdot \frac{l}{\varkappa \cdot A}$
prozentuale Angaben	$\frac{\Delta u}{100\,\%} = \frac{\Delta U}{U} \qquad \frac{p_V}{100\,\%} = \frac{P_V}{P}$		

Tab. 17-11 ***Gleichungen für die Leitungsberechnung***

Spannungsfall bei verzweigten Leitungen

Die bisher betrachteten Leitungen waren endbelastet. Ihre Einspeisung erfolgte von einer Seite her (Leitungsanfang). Am Leitungsende wurde das Verbrauchsmittel angeschlossen. Der Anschluss eines Elektroherdes oder eines Warmwasserzubereiters beispielsweise erfolgt auf diese Weise.

Anders ist der Stromkreis nach Abb. 17-78 aufgebaut. Die Einspeisung erfolgt ebenfalls von einer Seite her, es sind jedoch mehrere Abnahmestellen vorhanden. Die Leitung ist verzweigt.

Bei dieser Leitung sind Leitungsabschnitte und damit Leitungswiderstände in Reihe geschaltet. Der gesamte Spannungsfall besteht aus der Summe der Teilspannungsfälle, der Leistungsverlust ist die Summe der Teilverluste:

$$\Delta U = \Delta U_1 + \Delta U_2 + \Delta U_3$$

und

$$P_V = P_{V1} + P_{V2} + P_{V3}\,.$$

Der Spannungsfall in den einzelnen Leitungsabschnitten mit gleich bleibendem Querschnitt errechnet sich in Abhängigkeit vom Stromsystem nach den Gl. 17-3 oder 17-5.

Für das Wechselstromsystem ist

$$\Delta U = \frac{2 \cdot I_1 \cdot l_1 \cdot \cos\varphi_1}{\varkappa \cdot A} + \frac{2 \cdot I_2 \cdot l_2 \cdot \cos\varphi_2}{\varkappa \cdot A} + \frac{2 \cdot I_3 \cdot l_3 \cdot \cos\varphi_3}{\varkappa \cdot A}$$

oder

$$\Delta U = \frac{2}{\varkappa \cdot A}(I_1 \cdot l_1 \cdot \cos\varphi_1 + I_2 \cdot l_2 \cdot \cos\varphi_2 + I_3 \cdot l_3 \cdot \cos\varphi_3)$$

bzw.

$$\Delta U = \frac{2}{\varkappa \cdot A}\sum I \cdot l \cdot \cos\varphi.$$

Aufgelöst nach A folgt

$$A = \frac{2}{\varkappa \cdot \Delta U}(I_1 \cdot l_1 \cdot \cos\varphi_1 + I_2 \cdot l_2 \cdot \cos\varphi_2 + I_3 \cdot l_3 \cdot \cos\varphi_3)$$

bzw.

$$A = \frac{2}{\varkappa \cdot \Delta U}\sum I \cdot l \cdot \cos\varphi.$$

Die Ströme $I_1 \ldots I_3$ sind hierbei die Leiterströme, nicht die Verbraucherströme. Die verschiedenen Leistungsfaktoren sind die der entsprechenden Teilstrecken. Häufig rechnet man, um weitere Rechenoperationen auszuschließen, mit einem mittleren Leistungsfaktor. Dieser wird geschätzt.

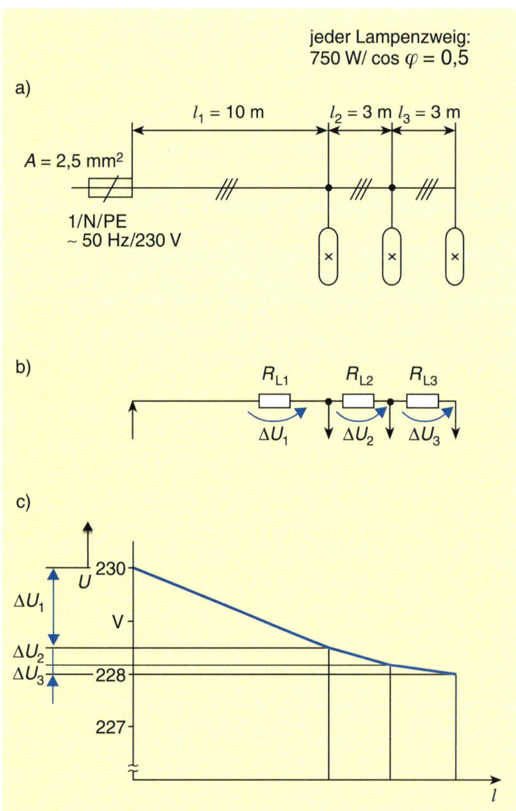

Abb. 17-78

Einseitig gespeiste, mehrfach belastete Leitung
a) Lampenschaltung
b) Reihenschaltung der Leitungswiderstände
c) Spannungsverlauf

Beispiel:
Für die Schaltung nach Abb. 17-78 sollen Aussagen zur Spannung gemacht werden.

a) Ermitteln Sie den Spannungsfall in den drei Teilabschnitten sowie den gesamten Spannungsfall!
b) Um wie viel % fällt die Spannung über der gesamten Leitung?

Lösung:

a) In den Leitungsabschnitten ergibt sich folgende Stromverteilung
$\left(I = \dfrac{P}{U \cdot \cos\varphi}\right)$:

$I_1 = 19{,}5$ A $\quad I_2 = 13$ A $\quad I_3 = 6{,}5$ A
$l_1 = 10$ m ↓ $\quad l_2 = 3$ m ↓ $\quad l_3 = 3$ m ↓
6,5 A $\quad$ 6,5 A $\quad$ 6,5 A

Damit ist der Spannungsfall

$$\Delta U_1 = \frac{2 \cdot I_1 \cdot l_1 \cdot \cos\varphi_1}{\varkappa \cdot A} = \frac{2 \cdot 19{,}5\ \text{A} \cdot 10\ \text{m} \cdot 0{,}5}{56\ \text{m}/\Omega\ \text{mm}^2 \cdot 2{,}5\ \text{mm}^2} = 1{,}39\ \text{V},$$

$\Delta U_2 = 0{,}28$ V,
$\Delta U_3 = 0{,}14$ V.

Der gesamte Spannungsfall ist dann
$\Delta U = 1{,}39\ \text{V} + 0{,}28\ \text{V} + 0{,}14\ \text{V} = 1{,}81\ \text{V}.$

b) In der prozentualen Angabe beträgt dieser

$$\Delta u = \frac{\Delta U}{U} \cdot 100\% = \frac{1{,}81\ \text{V}}{230\ \text{V}} \cdot 100\% = 0{,}79\%.$$

Die Spannung fällt um 0,79 %.

Spannungsfall bei Leitungen mit mehreren Einspeisungen

Abb. 17-79a zeigt eine mehrfach belastete Leitung, die von zwei Stellen her gespeist wird.

Für die Leitung existiert ein Abnahmepunkt, auf den von beiden Seiten her Strom zufließt. Würde die Leitung in diesem Punkt aufgetrennt, ergäbe das zwei einseitig gespeiste Leitungen (Abb. 17-79b). Der Spannungsfall ist – von beiden Einspeisungen aus betrachtet – gleich groß. An diesem Punkt („Talpunkt") ist die Betriebsspannung am geringsten (Abb. 17-79c).

Der Vorzug einer solchen Zweifachspeisung besteht darin, dass
- der Spannungsfall zwischen den Abnahmepunkten verringert wird und
- bei Ausfall der Energiezufuhr an einem Speisepunkt der andere die Belieferung (bei vergrößertem Spannungsfall) vorübergehend allein übernehmen kann.

Eine Ringleitung kann ebenfalls als eine Leitung mit zwei Einspeisungsstellen aufgefasst werden. Dies wird deutlich, wenn eine solche Leitung am Einspeisepunkt gedanklich aufgetrennt und gestreckt wird (Abb. 17-80). Die weitere Betrachtung kann in der gleichen Weise wie bei der vorher beschriebenen zweifach gespeisten Leitung erfolgen.

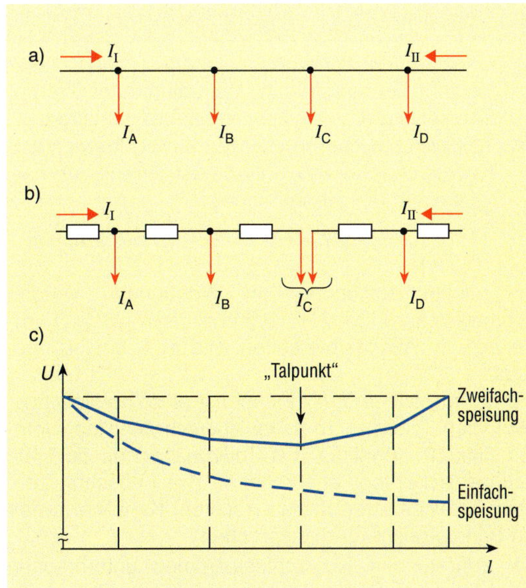

Abb. 17-79 ***Zweiseitig gespeiste, mehrfach belastete Leitung***
a) Leitung, zweiseitig gespeist
b) zwei Leitungen, einseitig gespeist
c) Spannungsverläufe

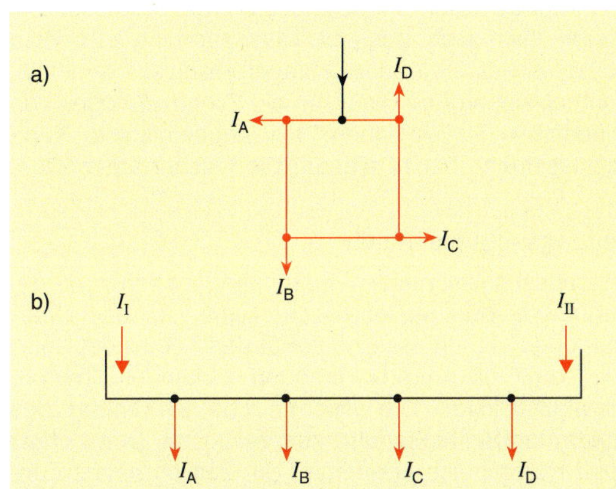

Abb. 17-80 ***Ringleitung***
a) Leitung mit einer Einspeisung
b) Darstellung als zweiseitig gespeiste Leitung

17.4.4 Schutz der Leitungen bei Überstrom

Der Errichter von Starkstromanlagen muss sicherstellen, dass die verlegten Leitungen an keiner Stelle und zu keinem Zeitpunkt durch Überstrom über die zulässige Betriebstemperatur erwärmt werden.

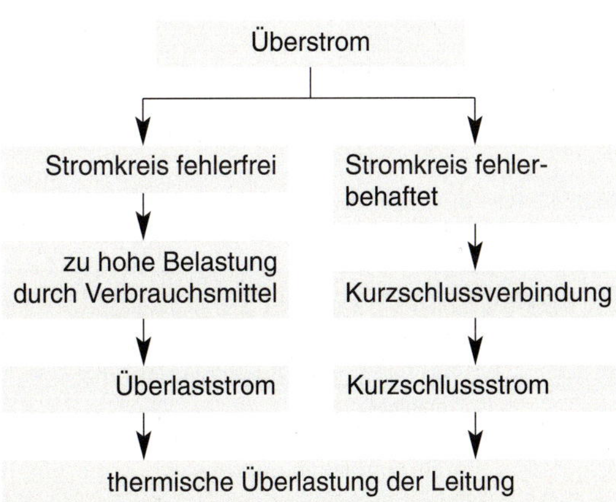

> Der Stromkreis muss unterbrochen werden, ehe der Überstrom eine schädigende Erwärmung der Leitung hervorruft.

Überstrom-Schutzeinrichtungen (Schmelzsicherungen, Leitungsschutzschalter) übernehmen den sicheren Schutz der Leitungen.

Schmelzsicherungen

Überlast- und Kurzschlussströme werden bei solchen Sicherungen nach demselben Prinzip unterbrochen: Der Überstrom lässt den Schmelzleiter im Schmelzeinsatz abschmelzen und sorgt so für eine Stromkreisunterbrechung. Ein Überlaststrom wird dafür eine längere Zeit, ein Kurzschlussstrom eine sehr geringe Zeit benötigen. Schmelzsicherungen werden nach zwei Kriterien unterteilt; diese sind

- Bauart Schraubsystem (D- und DO-System)
  Messerkontaktsystem (NH-System)
- Betriebsklasse.
  Die Betriebsklasse wird durch die Kombination zweier Buchstaben gekennzeichnet. Der erste gibt die Funktionsklasse, der zweite das zu schützende Objekt an.

Funktionsklasse	zu schützendes Objekt
g: Ganzbereichssicherung für Überlast- und Kurzschlussschutz, führt Ströme bis zum Nennstrom dauernd, unterbindet Ströme oberhalb des kleinsten Schmelzstromes bis zum Nennausschaltstrom a: Teilbereichssicherung nur für Kurzschlussschutz, führt Ströme bis zum Nennstrom dauernd, unterbindet Ströme oberhalb eines bestimmten Vielfachen des Nennstromes	G(L): Leitungen und Kabel M: Schaltgeräte R: HalbleiterBauelemente B: BergbauAnlagen Tr: Transformatoren

Tab. 17-12 ***Betriebsklassen bei Schmelzsicherungen***

Bei Elektroinstallationen in Wohnungen werden Schmelzsicherungen der Betriebsklasse gG (gL) verwendet. Ihr Abschaltverhalten wird in Abb. 17-81 gezeigt.

Die Schmelzsicherung arbeitet mit einer herstellungsbedingten Toleranz. Erst bei Überschreiten der unteren (linken) Kennlinie des Toleranzbandes **darf** die Schmelzsicherung ansprechen, d. h. abschmelzen. Beim Erreichen der oberen (rechten) Kennlinie **muss** die Schmelzsicherung ansprechen.

Bei auftretenden Kurzschlussströmen unterbrechen die Überstrom-Schutzeinrichtungen den Stromkreis innerhalb weniger Millisekunden. Ihr Schaltvermögen muss mindestens so groß sein wie der an der Kurzschlussstelle auftretende Kurzschlussstrom. Wegen der kurzen Abschaltzeit ist der tatsächlich fließende Kurzschlussstrom meist wesentlich kleiner als der zu „erwartende" (der unbeeinflusste) Kurzschlussstrom. Dieser lässt sich aus der Netzspannung und dem Schleifenwiderstand der Fehlerstromschleife ermitteln. Schmelzsicherungen müssen ein Schaltvermögen von mindestens 50 kA haben, d. h. unbeeinflusste Kurzschlussströme bis zu diesem Wert sicher abschalten.

Leitungsschutzschalter

Leitungsschutzschalter (LS-Schalter) haben zwei getrennt wirkende Auslösemechanismen für den Überlast- und Kurzschlussschutz. Für den Schutz bei Überlast sorgt ein zeitlich verzögert wirkender Thermo-Bimetallauslöser. Die mechanische Bewegung des erwärmten Bimetalls führt zum Auslösen. Den Schutz beim Kurzschluss übernimmt der zeitlich nahezu unverzögert wirkende elektromagnetische Auslöser.

Alle Schutzschalter, so auch der Leitungsschutzschalter, besitzen eine Freiauslösung. Diese bewirkt, dass die Auslöser auch dann arbeiten, wenn der Schalter in der Einstellung festgehalten würde.

Die einzelnen Auslösekennlinien von Bimetallauslöser und Elektromagnetauslöser ergeben zusammen eine gemeinsame Auslösecharakteristik. Leitungsschutzschalter sind – wie Schmelzsicherungen – in ihrem Auslöseverhalten durch ein Toleranzband charakterisiert. Die untere (linke) Kennlinie wird Haltekennlinie, die obere (rechte) Auslösekennlinie genannt.

Die Überstromempfindlichkeit der verschiedenen Verbrauchsmittel kann durch den Einsatz von Leitungsschutzschaltern unterschiedlicher Auslösecharakteristik berücksichtigt werden (Abb. 17-82).

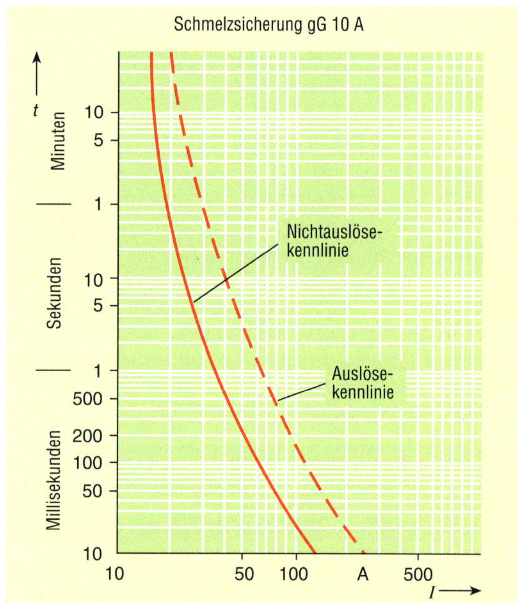

Abb. 17-81 ***Auslösecharakteristik von Schmelzsicherungen der Betriebsklasse gG***

LS-Schalter mit Charakteristik	verzögertes Auslösen (Überlastschutz)	unverzögertes Auslösen (Kurzschlussschutz)	Anwendungen
B	1,13 … 1,45 · I_n (1 Stunde bei 30 °C)	3 … 5 · I_n	in Licht- und Steckdosenstromkreisen
C		5 … 10 · I_n	in Stromkreisen, in denen kleine Stromspitzen auftreten
D		10 … 20 · I_n	bei Verbrauchsmitteln mit hohen Einschaltstromspitzen
K	1,05 … 1,2 · I_n (2 Stunden bei 20 °C)	8 … 14 · I_n	
Z		2 … 3 · I_n	Halbleiterschutz, in Stromkreisen mit hohem Schleifenwiderstand
E		5 … 6,25 · I_n	für „maßgeschneiderte" Energiezuteilung

Tab. 17-13 ***Auslösebereich bei Leitungsschutzschaltern***

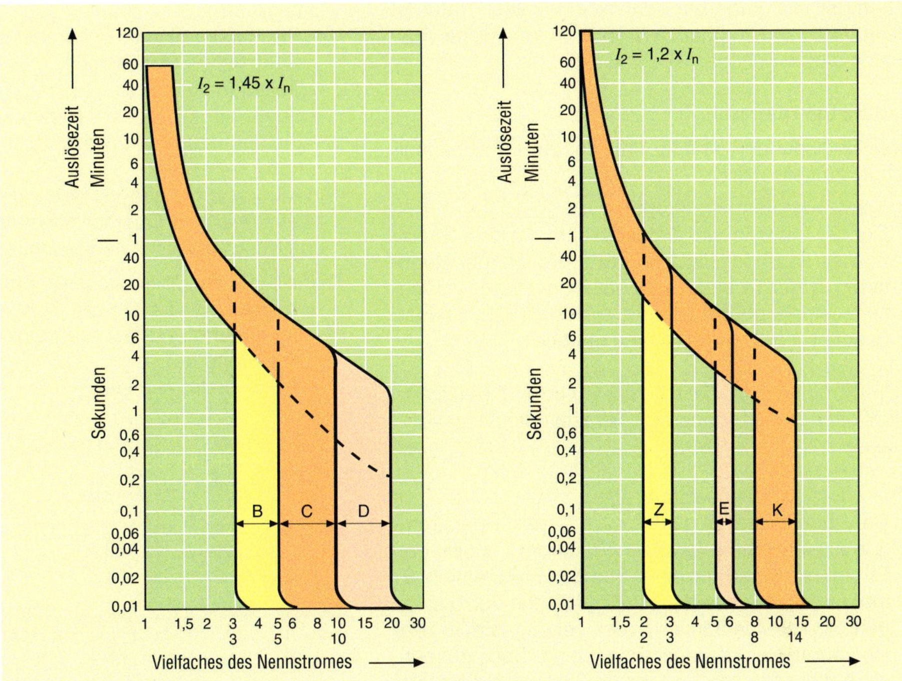

Abb. 17-82 ***Auslösecharakteristiken von Leitungsschutzschaltern***

Licht- und Steckdosenstromkreise werden im Allgemeinen mit Leitungsschutzschaltern der B-Charakteristik abgesichert. Leitungsschutzschalter mit der C-Charakteristik unterscheiden sich von denen der B-Charakteristik durch die höheren Ansprechwerte des elektromagnetischen Auslösers. Sie sind in solchen Stromkreisen einzusetzen, wo mit Einschaltstromspitzen gerechnet werden muss. Bei sehr hohen Stromspitzen, wie sie beispielsweise beim Einschalten von Motoren auftreten, werden Leitungsschutzschalter mit der D- oder K-Charakteristik empfohlen.

Für den Schutz überstromempfindlicher elektronischer Bauelemente wurden Leitungsschutzschalter mit der Z-Charakteristik entwickelt. Leitungsschutzschalter mit der Exakt-Charakteristik (E) haben ein recht schmales Toleranzband, das zwischen der Z- und der K-Charakteristik liegt.

Das Schaltvermögen der Leitungsschutzschalter (Kurzschlussschaltvermögen) beträgt 3000 A, 6000 A oder 10000 A. Entsprechend ihrer Durchlassenergie werden die LS-Schalter in 3 Energiebegrenzungsklassen (Strombegrenzungsklassen, Selektivitätsklassen) eingeteilt (Abb. 17-83).

Leitungsschutzschalter in Stromkreisverteilern beispielsweise müssen ein Schaltvermögen von mindestens 6000 A haben, und sie müssen der Klasse mit der höchsten Energiebegrenzung, der Energiebegrenzungsklasse 3, angehören.

Häufig ist der zu erwartende Kurzschlussstrom nicht bekannt. Um Beschädigungen der Leitungsschutzschalter durch zu hohe Kurzschlussströme auszuschließen, ist ihnen durch Vorschalten von Überstrom-Schutzeinrichtungen mit höchstens 100 A Nennstrom „Rückschutz" (Back-up-Schutz) zu geben. Eine solche Schutzeinrichtung muss mindestens die strombegrenzende Wirkung einer Schmelzsicherung der Betriebsklasse gG haben.

Selektivität

Im Fehlerfall soll nur der Stromkreis aus der Anlage herausgetrennt (selektiert) werden, in dem sich das fehlerbehaftete Betriebsmittel befindet. Alle anderen Stromkreise sollen davon unberührt bleiben.

Unter Selektivität versteht man die Fähigkeit einer Überstromschutzeinrichtung, den fehlerbehafteten Stromkreis zu unterbrechen, ohne dass die Vorsicherung mit anspricht (Abb. 17-84).

Hintereinander angeordnete Überstrom-Schutzeinrichtungen sind zueinander selektiv, wenn sich ihre Nennwerte mindestens um den Faktor 1,6 bzw. wenn sie sich um zwei Stufen voneinander unterscheiden. Dies ausschließlich mit Leitungsschutzschaltern zu verwirk-

a)

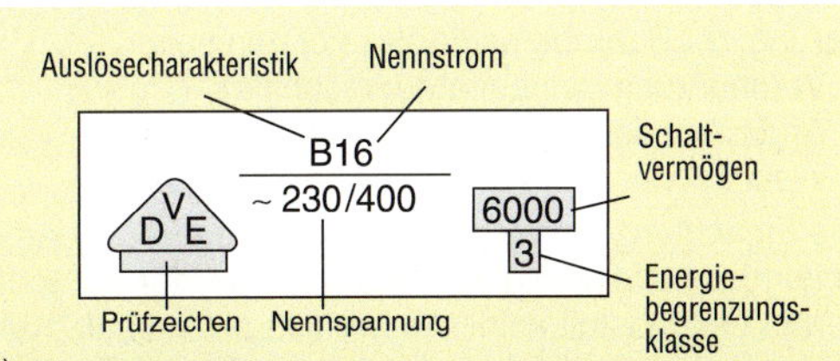

b)

Leitungsschutzschalter Typ B				
Nennstrom in A	Schaltvermögen in A	Zulässige Durchlass-I^2t-Werte in A^2s in Energiebegrenzungsklasse 1	2	3
bis 16	3 000 6 000 10 000	keine besonderen Prüfanforderungen	31 000 100 000 200 000	15 000 35 000 70 000
20 25 32	3 000 6 000 10 000		40 000 130 000 310 000	18 000 45 000 90 000

Abb. 17-83 ***Leitungsschutzschalter***
a) Bildzeichen
b) Schaltvermögen und Energiebegrenzungsklasse

lichen, ist allerdings nur schwer erreichbar. Dafür ist die nahezu unverzögert wirkende magnetische Auslösung dieser Schalter verantwortlich.

Schutz bei Überlast

Zwei Bedingungen sind zu erfüllen, um den Überlastschutz zu garantieren:

1. $I_b \leq I_n \leq I_z$ (Nennstromregel)
   Der zu erwartende Betriebsstrom I_b des Stromkreises darf höchstens so groß sein wie der Nennstrom I_n der Überstrom-Schutzeinrichtung und dieser niemals größer als die zulässige Strombelastbarkeit I_z der Leitung (oder des Kabels).

Die Strombelastbarkeit I_z ist ein oberer Grenzwert für Leitungen, der dauerhaft nicht überschritten werden darf.

2. $I_2 \leq 1{,}45\ I_z$ (Auslösestromregel)
   Der thermische Auslösestrom I_2 der Überstrom-Schutzeinrichtung („großer Prüfstrom") muss den Stromkreis innerhalb einer Stunde unterbrechen. Er darf nicht größer sein als das 1,45fache der zulässigen Strombelastbarkeit I_z der Leitung. Erfüllt eine Überstrom-Schutzeinrichtung beide Bedingungen, so darf der Nennstrom I_n so groß sein wie die zulässige Strombelastbarkeit I_z.
   Es gilt dann
   $I_n \leq I_z$ (Abb. 17-85).

Schmelzsicherungen der Betriebsklasse gG und die in Tab. 7-13 aufgeführten Leitungsschutzschalter erfüllen die Bedingungen.

Verallgemeinernd kann gesagt werden:

Bei Einsatz von Schmelzsicherungen der Betriebsklasse gG sowie Leitungsschutzschaltern der Typen B, C, D, E, K und Z darf der Nennstrom so groß sein wie die zulässige Strombelastbarkeit der Leitung.

Anordnung der Überstrom-Schutzeinrichtungen

An allen Stellen der Installationsanlage, an denen die Strombelastbarkeit gemindert wird, sind Überstrom-Schutzeinrichtungen notwendig. Ursachen für die Minderung der Strombelastbarkeit können sein
- Verringerung des Leiterquerschnittes,
- Änderung der Verlegeart,
- Wechsel des Isolierwerkstoffes (Abb. 17-86).

Die Einrichtung zum Schutz gegen Überströme darf im Leitungsverlauf versetzt werden, wenn der zu schützende Leitungsteil keine Abzweigungen enthält. Kurzschlussschutzeinrichtungen sind, in Energieflussrichtung gesehen, immer am Leitungsanfang einzubauen. Da der Überlast- und der Kurzschlussschutz meist mit demselben Element erfolgen soll, gilt:

Überstrom-Schutzeinrichtungen sind am Leitungsanfang anzuordnen.

Dieser prinzipiellen Forderung darf bzw. muss in einigen Fällen nicht entsprochen werden. Wenn die Folgen beim Ansprechen der Überstrom-Schutzeinrichtung schwerwiegender sein können als bei nicht geschütztem Stromkreis, muss man sowohl auf den Überlast- als auch den Kurzschlussschutz verzichten.

Das gilt für
- Erregerstromkreise bei drehenden (umlaufenden) elektrischen Maschinen,
- Sekundärstromkreise bei Stromwandlern,
- Speisestromkreise bei Hubmagneten,
- Sicherheitsstromkreise, z. B. in Gefahrenmeldeanlagen.

In Niederspannungs-Versorgungsnetzen darf nach Abzweigungen mit Querschnittsminderung auf Überlast- und Kurzschlussschutz verzichtet werden.

Nur auf den Überlastschutz darf verzichtet werden, wenn mit Überlast nicht zu rechnen ist, z. B.
- bei separat und fest angeschlossenen Heizgeräten (Elektroherde),
- in Steuerstromkreisen.

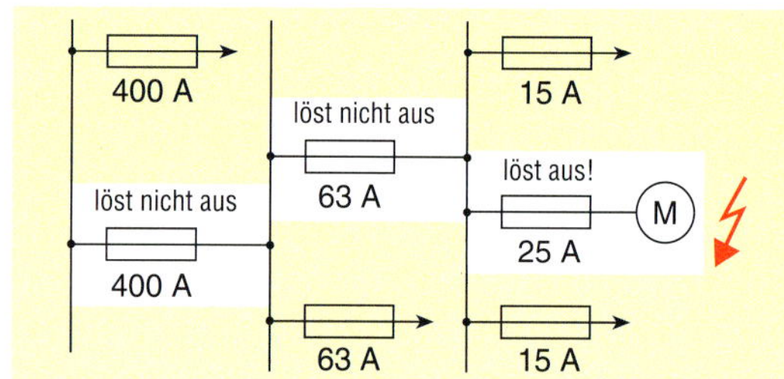

Abb. 17-84 ***Selektivität***

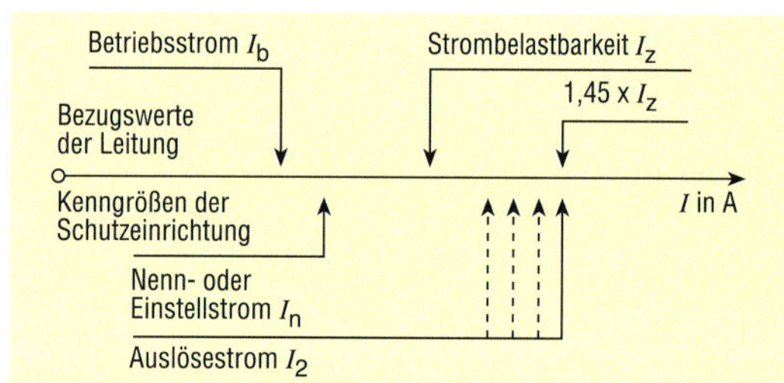

Abb. 17-85 ***Darstellung der Nennstrom- und Auslösestromregel***

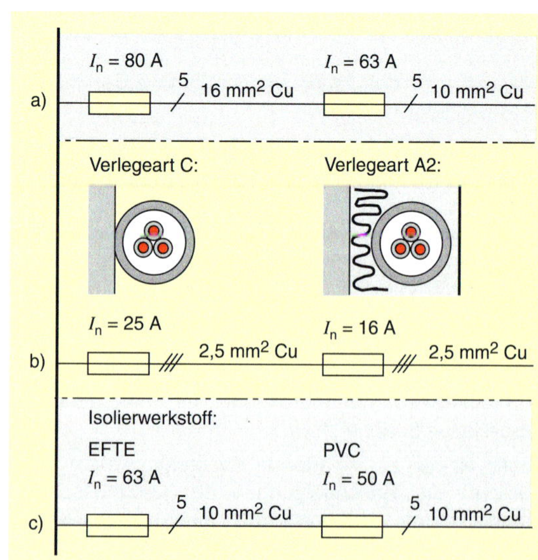

Abb. 17-86 ***Minderung der Strombelastbarkeit***
a) Verringerung des Leiterquerschnittes
b) Änderung der Verlegeart
c) Wechsel des Isolierwerkstoffes

17

AUFGABEN

17.1 Nennen Sie alle Anlagenteile, die über die Haupterdungsschiene miteinander verbunden werden müssen.
Was wird mit dieser Maßnahme bezweckt?

17.2 Hauptleitungen sind Teil der Kundenanlage. Diese führen Energie, die messtechnisch noch nicht erfasst ist. Mit welchen Festlegungen in den Technischen Anschlussbedingungen sichert sich der Netzbetreiber seine Eigentümerrechte an der ungezählten Energie?

17.3 Die Familie aus dem Beispiel S. 340 entscheidet sich für den Tarif ÖkoStrom.
a) Wie hoch sind die Mehrkosten pro Jahr bei unverändertem Bedarf von 3000 kWh?
b) Um welchen Betrag verteuert sich die kWh für die Familie?

17.4 Was ist eine „zukunftssichere" Elektroinstallation?

17.5 Am Fußende einer Badewanne soll ein elektrischer Durchlauferhitzer installiert werden.
a) Welche Schutzart muss dieser mindestens haben?
b) Geben Sie die Bezeichnung des Leitungstyps an, mit dem der Durchlauferhitzer angeschlossen werden muss.
c) Wie ist die Leitung zum Durchlauferhitzer zu führen?

17.6 In einer Tischlerei sind neu geschaffene Betriebsräume zu installieren. Bestimmen Sie
a) den Leitungstyp für die ortsfeste Installation,
b) den Leitungstyp für die beweglichen Anschlussleitungen,
c) die Schutzart für die Deckenleuchten.

17.7 Beschreiben Sie die Funktion der Schaltung nach Abb. 17-31b, wenn
a) ein Isolationsfehler zwischen L2 und L3,
b) ein Isolationsfehler zwischen L2 und PE (Überwachungsleiter) auftritt.

17.8 Vergleichen Sie die Speisepunkte auf Baustellen und auf Campingplätzen miteinander. Stellen Sie gegenüber
– die möglichen Netzsysteme,
– die Schutzart der Steckvorrichtungen.

17.9 Ein Baustromverteiler besitzt FI-Schutzschalter mit dem Nennstrom 16 A und der Angabe $I_{\Delta n} \leq 0{,}03$ A.
Warum wären FI-Schutzschalter mit der Angabe $I_{\Delta n} \leq 0{,}5$ A ungeeignet bzw. unzulässig?

17.10 Speisepunkte auf Campingplätzen sind mit FI-Schutzeinrichtungen ausgestattet.
a) Wie viele Caravane bzw. Zelte dürfen über eine solche Einrichtung geschützt werden?
b) Welche Eigenschaften müssen die FI-Schutzeinrichtungen haben, damit eine ganzjährige Nutzung des Speisepunktes möglich ist?

17.11 Welchen Zweck hat die Automatisierung von Gebäuden?

17.12 Warum werden dezentrale Bussysteme für die Gebäudeautomation bevorzugt?

17.13
a) Berechnen Sie die maximale Anzahl von Geräten, die bei KNX/EIB-Systemen nach der bisher freigegebenen Hierarchie zusammengeschaltet werden können.
b) Wie viel Sekunden dauert ein Minimaltelegramm bei der EIB-Datenübertragung?
c) Welchen Vorteil hat die symmetrische Datenübertragung auf der EIB-Leitung?
d) Welche Systemgeräte werden in einer „EIB-Linie" mindestens benötigt?

17.14 Wieso sind BACnet Netzwerke in der Lage verschiedenste Bussysteme anzubinden sowie deren Geräte und Module einfach in der Programmierung zu verwenden?

17.15
a) Vergleichen Sie KNX/EIB, BACnet und LCN nach den Kriterien Topologie, Anzahl der Teilnehmer, Datenübertragung und Adressierung. Stellen Sie diese in einer Tabelle dar.
b) Welchen Vorteil haben RF-Systeme in der Automation mit Smart Metering von bestehenden Gebäuden?

17.16 Wie ändert sich die Strombelastbarkeit einer Leitung
a) bei steigender Umgebungstemperatur,
b) bei gehäufter Leitungslegung?
Begründen Sie Ihre Feststellungen.

17.17 In einem Installationskanal sollen 5 Leitungen vom Typ NYM-J verlegt werden. Bei jeder Leitung werden 3 Adern belastet. Die Umgebungstemperatur beträgt 25 °C.
Welcher Querschnitt ist zu wählen, wenn jede Leitung mit 16 A belastet werden soll?

17.18 In einem Gebäude sollen innerhalb eines Installationskanals 10 Leitungen NYM eingezogen werden. Es ist mit einer Temperatur von 40 °C zu rechnen.
Mit wie viel Prozent ihrer Belastbarkeit bei 25 °C dürfen die Leitungen betrieben werden?

17.19 Stellen Sie Schmelzsicherungen und Leitungsschutzschalter gegenüber
– in ihren Wirkprinzipien,
– im Strom-Zeit-Verhalten.

17.20 Leitungen und Kabel müssen gegen Überlast und Kurzschluss geschützt werden.
Wo ist das gemeinsame Schutzelement anzuordnen?
Unter welchen Bedingungen muss auf ein solches Element verzichtet werden?

18 Elektromotorische Antriebe

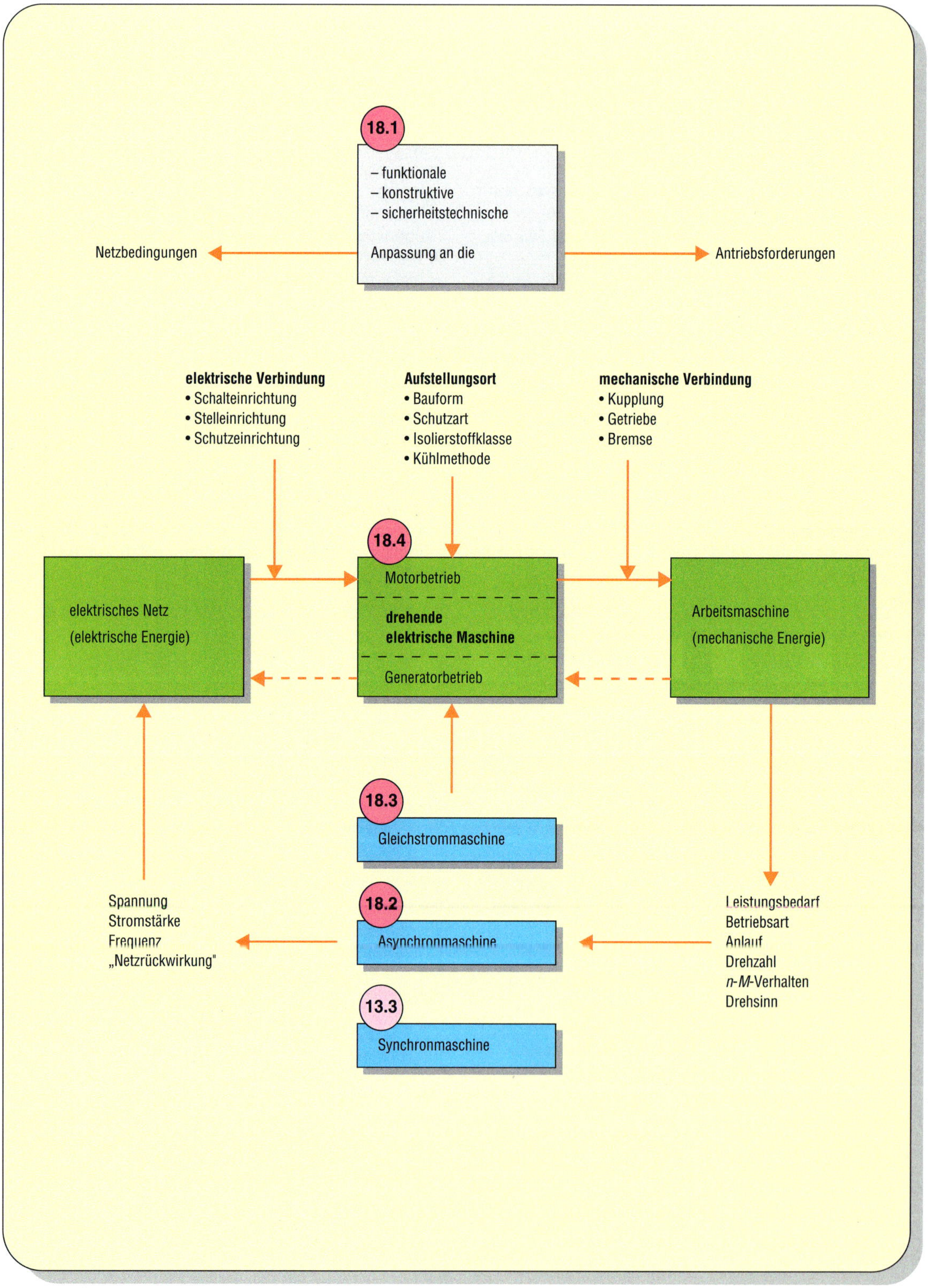

Abb. 18-1 ***Beziehungen und Strukturen***

18.1 Energiewandlung mit drehenden elektrischen Maschinen

Unsere moderne Gesellschaft benötigt elektrische Antriebsmaschinen für die verschiedensten Zwecke. Werkzeugmaschinen, Fördereinrichtungen und Bahnen sollen durch solche Maschinen ebenso angetrieben werden wie Kleinwerkzeuge, Haushaltgeräte und Kinderspielzeug.

Gemeinsam ist allen diesen Antriebsmaschinen die Forderung nach hohem Wirkungsgrad. Sie sollen auch unter extremen Bedingungen zuverlässig arbeiten, geräuscharm laufen, geringe Anforderungen an ihre Wartung stellen und kostengünstig herzustellen sein. Recht unterschiedlich sind andere Forderungen: So können – je nach Einsatzgebiet – Antriebsleistungen von einigen mW ebenso wie mehrere MW notwendig sein. Die Antriebsmaschine soll langsam oder auch sehr schnell laufen, ihre Drehzahl soll häufig steuerbar sein. In Abhängigkeit von der Belastung muss sich die Drehzahl der Antriebsmaschine oft in einer ganz bestimmten Weise verhalten.

Mit Elektromotoren können diese Forderungen erfüllt werden.

Die vom speisenden Netz bereitgestellte elektrische Energie wandelt der Motor in mechanische Energie um und stellt sie der Arbeitsmaschine bzw. dem anzutreibenden Mechanismus zur Verfügung.

> Elektromotoren sind Maschinen zur Umwandlung elektrischer Energie in mechanische Energie.

Der Antriebsmotor steht in Wechselbeziehung mit der Arbeitsmaschine und dem elektrischen Netz. Er ist den Forderungen der anzutreibenden Arbeitsmaschine, aber auch den Bedingungen des elektrischen Versorgungsnetzes anzupassen.
Die Auswahl des geeigneten Elektromotors richtet sich nach

- dem Leistungsbedarf der anzutreibenden Arbeitsmaschine
  Er bestimmt die Nennleistung des Motors und seine Betriebsart. Die Nenndrehzahl, das Drehzahl-Drehmoment-Verhalten und die Anlassart sind abzuleiten.
- dem Aufstellungs- bzw. Anbringungsort des Motors
  Davon hängt ab, ob bei der Leistungsübertragung zur Arbeitsmaschine eine Direktverbindung mittels Kupplung, ein Riementrieb oder ein Zahnradtrieb bevorzugt werden muss. Die Aufstellung oder Anbringung bestimmt weitgehend die Bauform und die Schutzart, die Isolierstoffklasse und die Kühlmethode.
- der Art des Versorgungsnetzes
  Es gibt die Stromart und die Frequenz sowie die Nennspannung für den Motor vor, legt Einschaltbedingungen und mögliche Schutzbeschaltungen fest.

> Netz, elektrische Maschine und Arbeitsmaschine sind untereinander elektrisch, mechanisch und konstruktiv anzupassen.

Die Nennleistung des Motors muss dem Leistungsbedarf der anzutreibenden Arbeitsmaschine entsprechen. Damit der Motor nicht überlastet wird, darf seine Leistung nicht geringer sein als die geforderte. Die Motorleistung soll aber auch nicht wesentlich größer sein, weil er sonst unwirtschaftlich arbeitet.

Starke Belastungen durch die Arbeitsmaschine erfordern eine erhöhte Energiezufuhr aus dem Netz. Diese ist vor allem dann erforderlich, wenn der Läufer des Motors beschleunigt werden soll. Beim Anlauf aus dem Stillstand ist sie besonders hoch.

Der erhöhte Leistungsbedarf des Motors kann zu Spannungsabsenkungen im Netz und damit zu Leistungsminderungen bei anderen am Netz betriebenen Verbrauchsmitteln führen.

> Beim Zuschalten von Motoren an das elektrische Netz sind die Technischen Anschlussbedingungen des zuständigen Netzbetreibers zu beachten.

Bei Motoren nutzt man die Kraftwirkung technisch aus, die eine stromdurchflossene Leiterschleife im Magnetfeld erfährt. Das sich entwickelnde Drehmoment bewirkt die Drehung des beweglichen Teiles; das kann die Leiterschleife (Arbeitsteil), aber auch das Feld (Erregerteil) sein. Als Folge der relativen Bewegung zwischen Feld und Leiterschleife wird in Letzterer nach dem Generatorprinzip eine (Gegen-)Spannung induziert. In ähnlicher Weise entwickelt ein spannungserzeugender, belasteter Generator ein Drehmoment, das dem antreibenden Moment entgegenwirkt (Abb. 18-3).

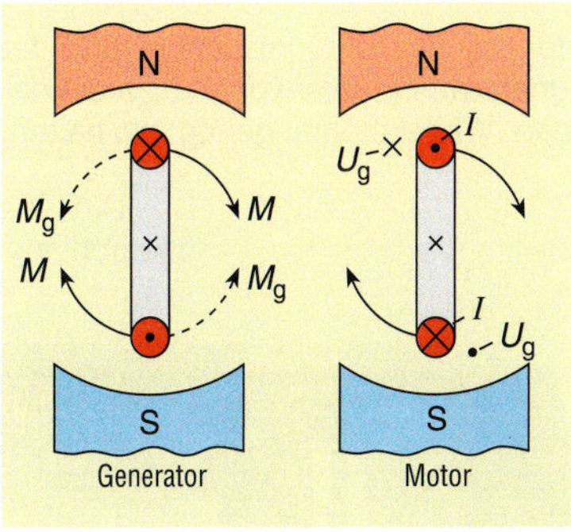

Abb. 18-3
Gegenwirkende Größen in Motor und Generator

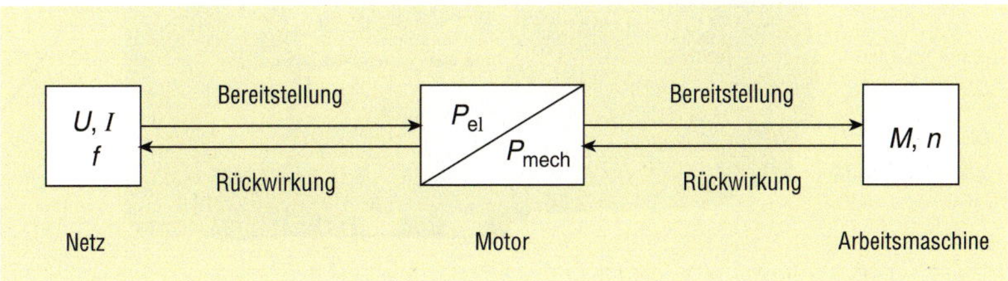

Abb. 18-2
Elektromotor als Energiewandler

18

Motor- und Generatorprinzip wirken in jeder drehenden elektrischen Maschine gleichermaßen.

Daraus folgt:

Jede drehende elektrische Maschine kann als Motor oder als Generator betrieben werden. Die Arbeitsweise wird durch die Energierichtung im Arbeitsteil bestimmt.

18.2 Asynchronmaschinen

18.2.1 Aufbau und Wirkungsweise

Aufbau

Bei der Asynchronmaschine erfolgt die Übertragung der elektrischen Energie auf den Läufer nicht elektromechanisch, sondern induktiv. Damit sind Ständer und Läufer der Asynchronmaschine vergleichbar mit den aktiven Teilen eines Transformators, dessen Sekundärteil drehbar angeordnet ist (Abb. 18-4).

Der Ständer der Asynchronmaschine gleicht weitgehend dem der Synchronmaschine. Er trägt wie dieser eine drehfelderzeugende Dreiphasenwicklung. Die Anfänge und Enden der drei Stränge sind an Anschlussstellen geführt, an denen die Stränge in Stern oder in Dreieck geschaltet werden können (Abb. 18-5). Die für die Spannungsinduktion in der Läuferwicklung erforderliche Magnetflussänderung wird vom Ständer durch sein umlaufendes Feld (Drehfeld) erzeugt.

Der Läufer besteht in seiner einfachsten Form aus runden Kupfer- oder Aluminiumstäben, die in die Nuten des Magnetmaterials eingebettet und an beiden Stirnseiten mit Ringen gleichen Materials verbunden, d. h. kurzgeschlossen sind. Einen solchen Läufer bezeichnet man als Kurzschlussläufer. Er ist einfach aufgebaut, mechanisch widerstandsfähig und betriebssicher. Sein Name ist von der dauernd kurzgeschlossenen „Wicklung" abgeleitet. Die Leiterstäbe bilden mit den Kurzschlussringen einen Käfig, so dass der Läufer oft auch als Käfigläufer und die dazugehörige „Wicklung" als Käfigwicklung bezeichnet wird (Abb. 18-6).

Ständer und Läufer der Asynchronmaschine sind der wechselnden Magnetisierung unterworfen. Um die dadurch entstehenden Wirbelströme gering zu halten, werden die aktiven Eisenteile des Ständers und des Läufers aus einzelnen, voneinander isolierten Blechen zusammengesetzt.

Spannungsinduktion und Drehmomentbildung

Wird die im Ständer der Asynchronmaschine befindliche Wicklung vom Drehstrom durchflossen, so erzeugt dieser ein Drehfeld. Die Drehzahl dieses Drehfeldes ergibt sich nach Gl. (13-1). In Tab. 13-5 sind die Drehfelddrehzahlen n_s (synchrone Drehzahlen) für einige Polpaarzahlen p bei einer Nennfrequenz von f = 50 Hz angegeben. Die Leiterstäbe des zunächst noch ruhenden Kurzschlussläufers werden durch das umlaufende Ständerdrehfeld einer Magnetflussänderung ausgesetzt, so dass in den Läuferstäben eine Spannung U_2 induziert wird. Diese Spannung bewirkt einen Stromfluss I_2 in der Läuferwicklung. Die stromdurchflossene Kurzschlusswicklung wird aus ihrer Ruhelage ausgelenkt; der Läufer beginnt sich zu drehen. Die entstehende Gegendurchflutung Θ_2 zieht eine vergrößerte Durchflutung $\Theta_1 = I_1 \cdot N_1$ und damit eine größere Stromaufnahme der Ständerwicklung nach sich.

Bei der Asynchronmaschine werden Spannungen und Ströme zwischen der Ständer- und der Läuferwicklung transformatorisch übertragen.

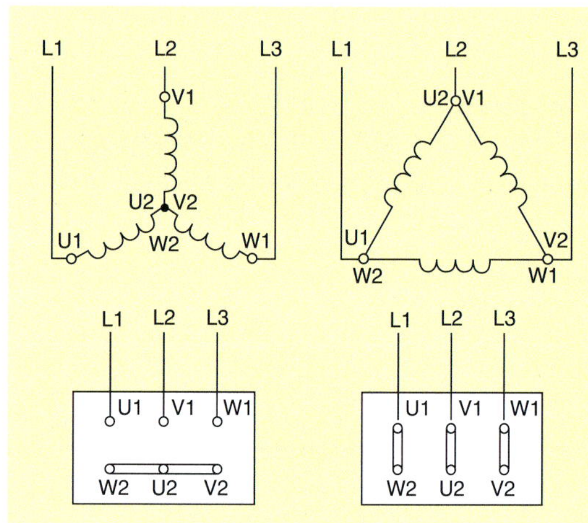

Abb. 18-5 ***Schaltungen der Motorstränge***

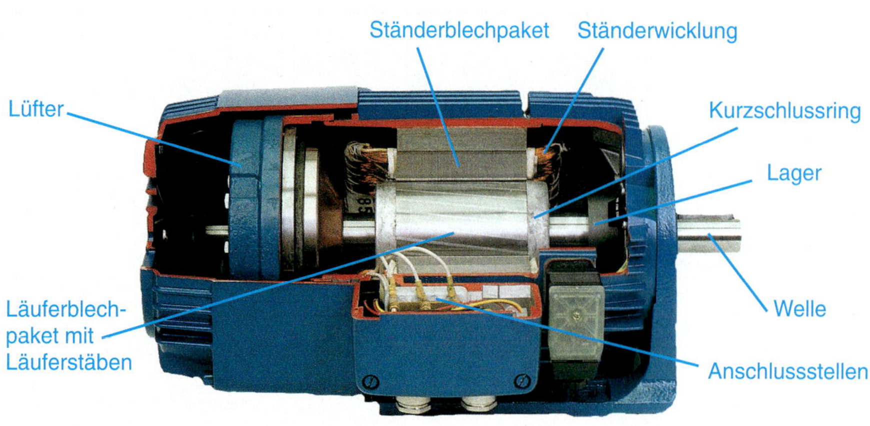

Abb. 18-4 ***Asynchronmaschine mit Kurzschlussläufer***

18

Das Durchflutungsgleichgewicht und die Stärke des Magnetflusses bleiben unabhängig von den Stromverhältnissen in der Maschine erhalten.

Das von der Maschine entwickelte Drehmoment M versucht, dem lenzschen Gesetz entsprechend, seine Entstehungsursache aufzuheben. Ursache ist die Relativbewegung zwischen Ständerdrehfeld und Läufer. Abb. 18-7 soll dies verdeutlichen.

Das mit konstanter Drehzahl umlaufende Drehfeld „nimmt den Läufer mit“.

> Die Drehrichtung des Läufers der Asynchronmaschine stimmt mit der Richtung des Drehfeldes im Ständer überein.

Je mehr sich die Drehzahl des Läufers der Drehzahl des Drehfeldes nähert, umso geringer wird die Relativdrehzahl. Nach Gl. (13-2) werden die induzierte Läuferspannung und folglich auch der Läuferstrom kleiner.

Bei synchronem Lauf, d. h. bei gleichen Drehzahlen von Läufer und Drehfeld, würde die Magnetflussänderung in den Läuferstäben null werden. Induktionsspannung U_2 und Läuferstrom I_2 würden ebenfalls null werden, und die Maschine könnte kein Drehmoment mehr entwickeln. Der Läufer muss folglich eine geringere Drehzahl haben als das Drehfeld im Ständer.

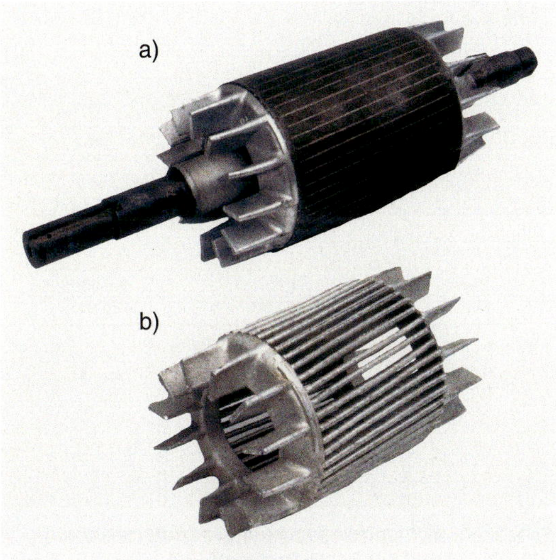

Abb. 18-6 ***Kurzschlussläufer***
a) Läufer, komplett
b) Kurzschlusskäfig

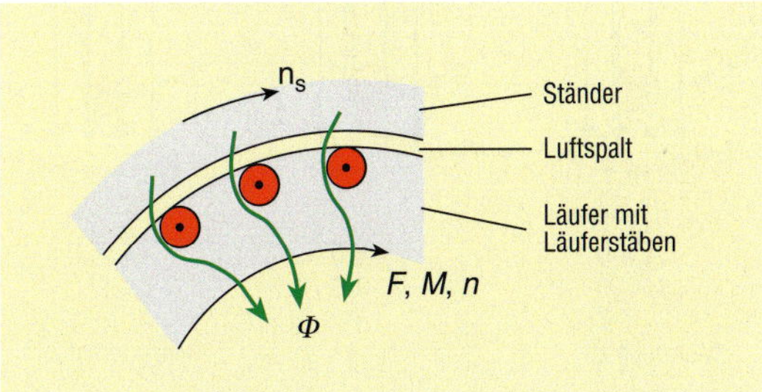

Abb. 18-7 ***Drehmomentbildung bei der Asynchronmaschine***

> Eine Asynchronmaschine kann aus eigener Kraft die Synchrondrehzahl nicht erreichen.

Der Läufer bewegt sich nicht synchron, d. h. im Gleichlauf mit dem Ständerdrehfeld, sondern stets asynchron. Diese Eigenschaft führt zur Bezeichnung Asynchronmaschine.

Schlupf

Die Läuferdrehzahl n bleibt hinter der synchronen Drehzahl n_s zurück. Die Differenz beider Drehzahlen ist Ausdruck der Relativbewegung zwischen Ständerdrehfeld und Läufer. Der Quotient aus dieser Drehzahldifferenz und der Drehfelddrehzahl ist als Schlupf s definiert.

$$s = \frac{n_s - n}{n_s} \qquad \textbf{18–1}$$

Häufig gibt man den Schlupf in einem Prozentwert an. Bei Nennlast der Motoren liegt er zwischen 1 % und 8 %. Die kleineren Schlupfwerte haben Motoren größerer Leistung. Setzt man die Drehzahlgrenzwerte der Asynchronmaschine im Motorbetrieb in Gl. (18-1) ein, so ergeben sich die folgenden Werte für den Schlupf:

Stillstand ($n = 0$) $\qquad s = \frac{n_s - 0}{n_s} = 1,$

Synchronismus ($n = n_s$) $\qquad s = \frac{n_s - n_s}{n_s} = 0.$

Der Arbeitsbereich des Asynchronmotors liegt damit zwischen

$0 \leq n < n_s$ bzw. $1 \geq s > 0$.

Die in der Läuferwicklung induzierte Spannung und deren Frequenz sind schlupfabhängig.

Bei stillstehendem Läufer sind Betrag und Frequenz dieser Spannung

$U_{2,0} = c_1 \cdot \Phi \cdot n_s$ bzw.

$f_2 = p \cdot n_s = f_1$.

Für eine beliebige Schlupfdrehzahl gilt

$U_2 = c_1 \cdot \Phi \cdot \Delta n$ und

$f_2 = p \cdot \Delta n$.

Bildet man für die vergleichbaren Größen die Verhältnisgleichung, so ergibt sich:

$$\frac{U_2}{U_{2,0}} = \frac{c_1 \cdot \Phi \cdot \Delta n}{c_1 \cdot \Phi \cdot n_s} = \frac{\Delta n}{n_s} = s$$

und damit

$$U_2 = s \cdot U_{2,0} \qquad \textbf{18–2}$$

$$\frac{f_2}{f_1} = \frac{p \cdot \Delta n}{p \cdot n_s} = \frac{\Delta n}{n_s} = s$$

und aufgelöst

$$f_2 = s \cdot f_1 \qquad \textbf{18–3}$$

> Die im Läufer induzierte Spannung und deren Frequenz sind dem Schlupf proportional.

18

Beispiel

Das Leistungsschild eines Asynchronmotors enthält u. a. folgende Nenndaten: 50 Hz, 1440 1/min.

Wie groß sind bei diesen Werten der Schlupf und die Frequenz der Läuferspannung?

Lösung

Der Nenndrehzahl des Läufers (n = 1440 1/min) ist bei f_1 = 50 Hz die Drehfelddrehzahl n_s = 1500 1/min zuzuordnen (vgl. Tab. 13-4).

Für den Schlupf folgt damit

$$s = \frac{n_s - n}{n_s} = \frac{1500\ \text{min}^{-1} - 1440\ \text{min}^{-1}}{1500\ \text{min}^{-1}} = 0{,}04 = \underline{\underline{4\,\%}}$$

Die Frequenz der Läuferspannung ist dann

$f_2 = s \cdot f_1 = 0{,}04 \cdot 50\ \text{Hz} = \underline{\underline{2\ \text{Hz}}}.$

In Abb. 18-8 sind Betrag und Frequenz der Läuferspannung nicht nur für die Arbeitsweise als Motor, sondern auch für die anderen möglichen Betriebszustände der Asynchronmaschine dargestellt.

Wird der Läufer in Richtung des Drehfeldes mit einer Drehzahl angetrieben, die über der synchronen Drehzahl liegt, so nimmt der Schlupf nach Gl. (18-1) negative Werte an. Mit ihm ändert sich nach Gl. (18-2) die Richtung der Läuferspannung und damit die Energierichtung. Die Maschine ist zum Generator geworden und gibt elektrische Leistung über den Ständer in das Netz ab.

Die Asynchronmaschine geht in den Generatorbetrieb über, wenn sie im Umlaufsinn des Ständerdrehfeldes übersynchron angetrieben wird.

Erfährt der Läufer eine Drehrichtungsumkehr (der Drehsinn des Läufers ist dem des Drehfeldes entgegengesetzt), so nimmt der Schlupf Werte $s > 1$ an. Der Maschine wird über den Ständer elektrische Leistung und über den Läufer mechanische Leistung zugeführt. Die Maschine erwärmt sich stark. Das von ihr entwickelte Drehmoment wirkt weiterhin in Richtung des Ständerdrehfeldes, also der jetzigen Läuferrichtung entgegen.

Wird der Motor gegen den Drehsinn des Ständerdrehfeldes angetrieben, so arbeitet er als Bremse.

18.2.2 Generatorbetrieb

Eine Drehstrom-Asynchronmaschine geht in den Generatorbetrieb über, wenn ihr Läufer übersynchron in Richtung des Drehfeldes angetrieben wird. Der gegenüber dem Motorbetrieb veränderte Energiefluss kommt in der Richtungsänderung des Läuferstromes zum Ausdruck (vgl. Abb. 18-9).

Asynchronmaschinen beziehen ihre Magnetisierungsenergie aus dem Netz. Dabei spielt es keine Rolle, ob sie als Motor oder Generator arbeiten.

Der Asynchrongenerator entnimmt folglich dem Netz, das er speist, seinen Magnetisierungsstrom. Dieser kann aber nur bezogen werden, wenn das Netz bereits spannungsführend ist (Betrieb am starren Netz).

Ein eigenständiges Netz (Inselbetrieb) kann sic h die Asynchronmaschine dann aufbauen, wenn den Strängen der Ständerwicklung Kondensatoren parallel geschaltet werden. Diese stellen die Energie für die Magnetisierung zur Verfügung und ermöglichen so eine Selbsterregung.

Bei der Gewinnung elektrischer Energie setzt man immer mehr auf die Nutzung regenerativer Energieformen, so auch auf die Energie des Windes. Viele Windkraftgeneratoren sind Asynchrongeneratoren.

18.2.3 Drehstrom-Asynchronmotoren

Verhalten beim Anlauf

Das Ständerdrehfeld der Asynchronmaschine erzeugt in der Läuferwicklung die Spannung U_2 und bei geschlossenem Läuferkreis den Strom I_2.

Bei einsetzender Drehung des Kurzschlussläufers nimmt der Schlupf ab, und die induzierte Spannung U_2 wird nach Gl. (18-2) geringer. Der Läuferstrom I_2 und

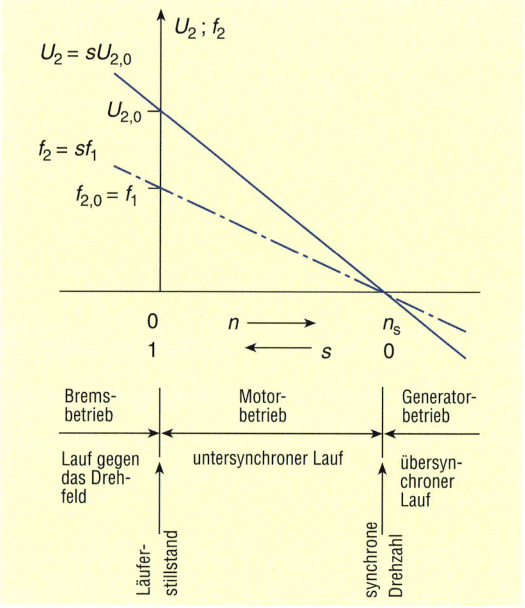

Abb. 18-8 ***Schlupfabhängigkeit der Läuferspannung und der Läuferfrequenz***

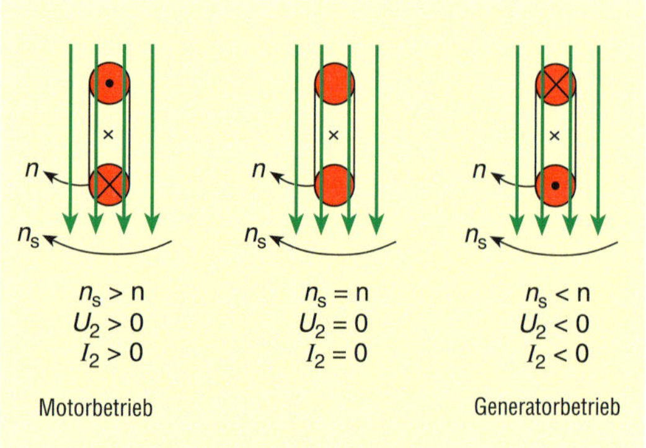

Abb. 18-9 ***Übergang vom Motorbetrieb in den Generatorbetrieb***

der aus dem Netz bezogene Ständerstrom I_1 werden ebenfalls geringer (Abb. 18-10a).

Der größte Strom fließt im Einschaltaugenblick, d. h. wenn der Läufer noch stillsteht. Dieser Einschaltstrom (Anlaufstrom, Anzugsstrom) beträgt beim Betreiben an der vollen Netzspannung – je nach Bauart des Läufers – das Vier- bis Achtfache des Nennstromes.

Asynchronmotoren nehmen beim Anlauf aus dem Stillstand einen sehr hohen Strom auf.

Diese hohe Belastung des speisenden Netzes kann zu einer störenden Spannungsabsenkung führen. Die Netzbetreiber schreiben deshalb für Drehstrommotoren höherer Leistung besondere Maßnahmen vor, um hohe Anlaufströme wirksam zu begrenzen. Diese Maßnahmen sind den Technischen Anschlussbedingungen zu entnehmen. Vielfach gelten eine Motor-Scheinleistung von 5,2 kVA bzw. ein Anlaufstrom von 60 A als Grenzwerte für ein direktes Zuschalten an das öffentliche Drehstrom-Versorgungsnetz. Bei unbekanntem Anlaufstrom ist vom achtfachen Nennstrom auszugehen.

Es liegt die Vermutung nahe, dass der hohe Anlaufstrom I_{2A} ein großes Anlaufdrehmoment M_A des Motors bewirkt. Das ist jedoch nicht so. Ursache dafür ist der Blindwiderstand im Läuferkreis. Im Augenblick des Einschaltens, wenn der Läufer noch stillsteht, ist dieser Widerstand am größten. Mit dem Hochlaufen (der Abnahme des Schlupfes und folglich der Läuferfrequenz) nimmt er ab. Der frequenzabhängige Blindwiderstand bestimmt so ganz maßgeblich den Leistungsfaktor (Abb. 18-10b). Aus der Motorgleichung $M = c_2 \cdot \Phi \cdot I_2 \cdot \cos\varphi$ folgt, dass der Asynchronmotor im Einschaltaugenblick – trotz des hohen Anlaufstromes – nur ein geringes Anlaufdrehmoment entwickelt (Abb. 18-10c). Noch etwas geringer ist das sich ausbildende Sattelmoment M_s.

Asynchronmotoren mit Kurzschlusskäfig entwickeln beim Anlauf aus dem Stillstand ein geringes Drehmoment.

Das größte Moment, das der Motor entwickeln kann, heißt Kippmoment M_k. Es ist bei kurzzeitiger Überlastung des Motors bedeutsam. Es muss mindestens das 1,6fache des Nennmoments M_n betragen; meist ist es größer.

Asynchronmotoren in der bisher besprochenen Form haben zwei entscheidende Mängel im Anlaufverhalten. Das sind

- der hohe Anlaufstrom
- das geringe Anzugsmoment.

In Abb. 18-11 sind Möglichkeiten aufgezeigt, diese Mängel teilweise oder ganz auszuschalten.

Mit Zusatzeinrichtungen in den Ständerzuleitungen kann der hohe Anlaufstrom bei Käfigläufermotoren herabgesetzt werden.
Konstruktiv veränderte Läufer, die während des Anlaufs einen erhöhten Wirkwiderstand besitzen, verringern den Anlaufstrom und erhöhen gleichzeitig das Anzugsmoment.

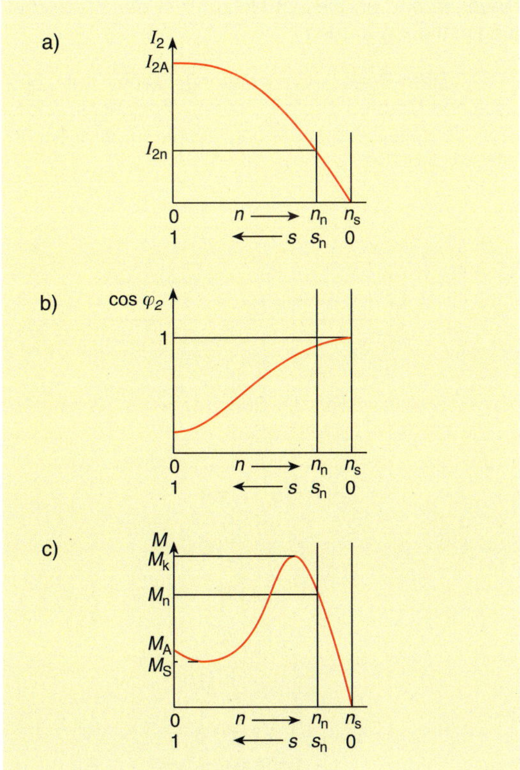

Abb. 18-10 ***Drehzahlabhängigkeit***
a) des Läuferstromes
b) des Leistungsfaktors
c) des Drehmomentes

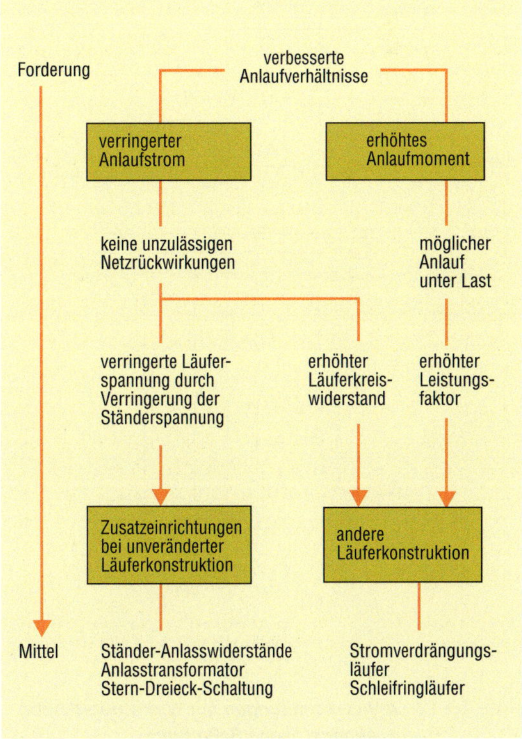

Abb. 18-11 ***Verbesserung der Anlaufverhältnisse beim Asynchronmotor***

18

Ständer-Anlasswiderstände

Werden der Ständerwicklung während des Anlaufens Wirkwiderstände vorgeschaltet, so verringert sich die an der Wicklung liegende Spannung, und der Strom verringert sich ebenfalls. Die Herabsetzung des Anlaufstromes ist jedoch mit einem starken Abfall des Anzugsmoments verbunden:

$$U_1\downarrow \rightarrow I_1\downarrow \rightarrow \Theta_1\downarrow \rightarrow \Phi\downarrow \rightarrow U_2\downarrow \rightarrow I_2\downarrow \rightarrow M\downarrow$$

Wegen der Verluste, die an den vorgeschalteten Widerständen entstehen, ist dieses in Abb. 18-12a gezeigte Verfahren unwirtschaftlich und deshalb selten. Vielfach angewendet wird hingegen die Anlassschaltung nach Abb. 18-12b. Die Ströme in den Zuleitungen sind nicht mehr gleich groß; das Drehfeld wird „elliptisch“. Ein langsamer, sanfter Anlauf kann bei zweckmäßiger Wahl des Widerstandswertes von R1 erreicht werden. Drehmomentstöße auf nachgeordnete Getriebe beispielsweise entstehen dann nicht. Nach dem Hochlaufen wird der Vorwiderstand überbrückt. Man bezeichnet diese Schaltung als Kurzschlussläufer-Sanftanlauf-Schaltung (Kusa-Schaltung).

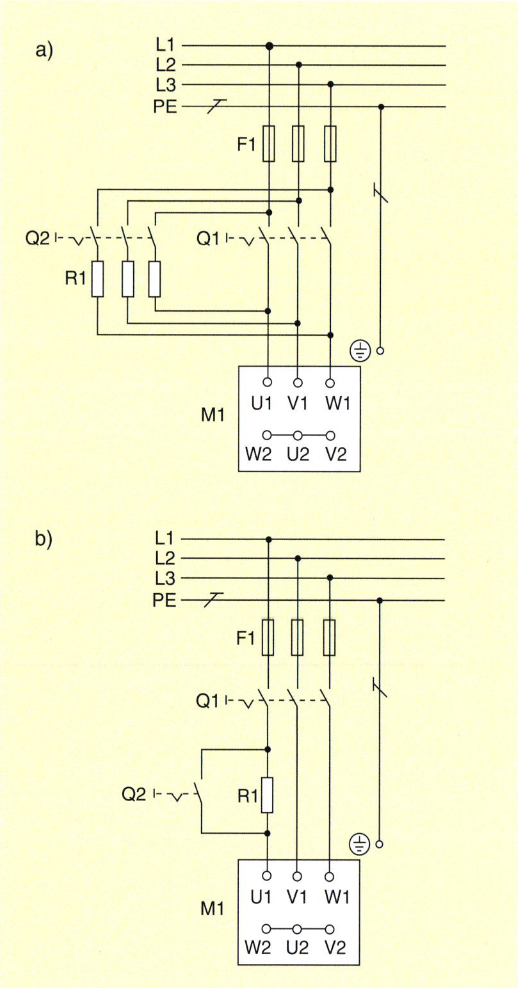

Abb. 18-12 ***Anlassschaltungen mit Wirkwiderständen***
a) symmetrische Schaltung
b) unsymmetrische Schaltung (Kusa-Schaltung)

Anlasstransformator

Motorspannung und -strom können für den Zeitraum des Anlassens auch mithilfe eines Anlasstransformators vermindert werden. Das Anzugsmoment verringert sich dabei ebenfalls. Der Motor kann nur leer bzw. mit Teillast anlaufen. Wegen der zusätzlichen Kosten, die der Transformator verursacht, eignet sich dieses Anlassverfahren nur für leistungsstarke Motoren oberhalb 100 kW oder für häufig wiederkehrende Anlassvorgänge. Anlasstransformatoren werden aus Kostengründen meist in Sparschaltung betrieben (Abb. 18-13).

Stern-Dreieck-Schaltung

Das am meisten angewendete Verfahren, mithilfe einer verminderten Spannung an der Motorwicklung die Stromstärke während des Anlaufvorganges zu verringern, ist die so genannte Stern-Dreieck-Schaltung. Die Drehstromwicklung wird beim Anlauf in Stern, nach dem Hochlaufen in Dreieck geschaltet. In der Sternschaltung liegt bekanntlich nur $1/\sqrt{3}$ der anliegenden Leiterspannung an jedem Strang. Die meisten Netzbetreiber gestatten, Drehstrom-Käfigläufermotoren bis zu einer Leistung von 11 kW mithilfe einer Stern-Dreieck-Schaltung anzulassen.

Motoren, die am 400/230-V-Netz mit einer Stern-Dreieck-Schaltung anlaufen sollen, müssen die Bezeichnung 400 VΔ (bzw. 400/690 VΔ/Y) tragen. Die Stränge sind hierbei für 400 V dimensioniert. Ein Motor 230 VΔ hingegen darf an diesem Netz nur in der Sternschaltung betrieben werden.

Die Stern-Dreieck-Umschaltung kann nur bei solchen Motoren erfolgen, deren Wicklungsstränge für die volle Leiterspannung ausgelegt sind (Abb. 18-14 und 18-15).

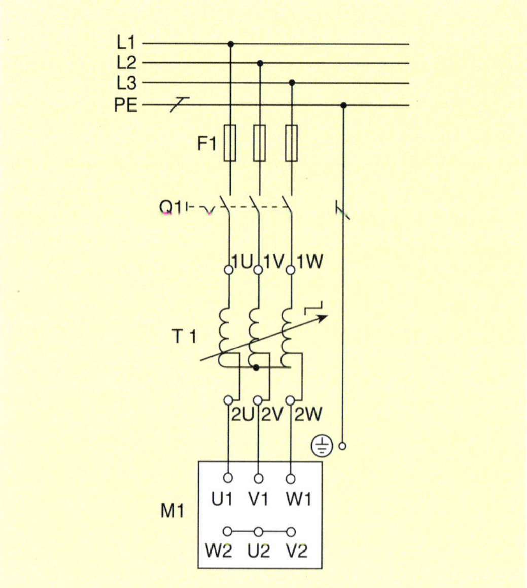

Abb. 18-13 ***Anlassschaltung mit einem Spartransformator***

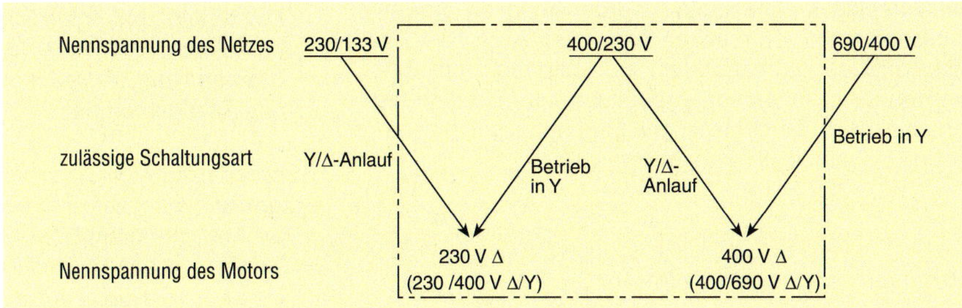

Abb. 18-14 ***Zusammenhang zwischen Netz- und Motorbezeichnung***

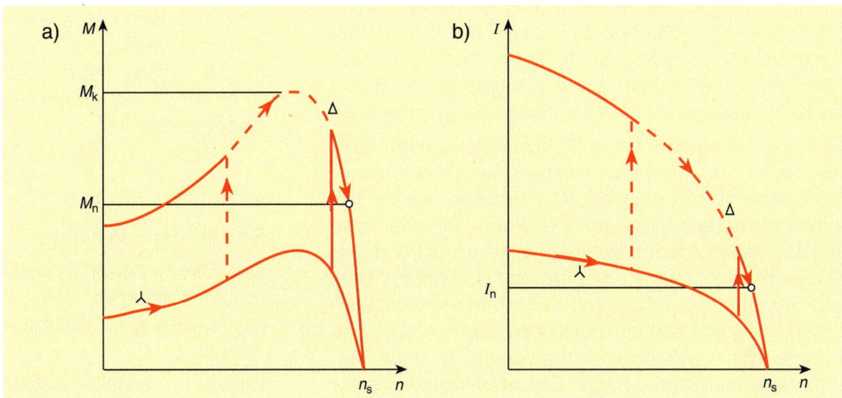

Abb. 18-15 ***Stern-Dreieck-Anlauf***
a) Verlauf des Drehmoments M und
b) des Stromes I
——— ***Umschalten nach dem Hochlaufen***
- - - - ***vorzeitiges Umschalten***

Die Leiterströme sind für die beiden Schaltungsarten der Ständerwicklung recht unterschiedlich. Die folgende Gegenüberstellung soll das deutlich machen:

Sternschaltung	Dreieckschaltung
$I_{St} = I_{⅄}$	$I_{St} = \frac{I_\Delta}{\sqrt{3}}$
$U_{St} = \frac{U}{\sqrt{3}}$	$U_{St} = U$
$I_{St} = \frac{U_{St}}{Z}$	$I_{St} = \frac{U_{St}}{Z}$
$I_{⅄} = \frac{U}{Z\sqrt{3}}$	$\frac{I_\Delta}{\sqrt{3}} = \frac{U}{Z}$
	$I_\Delta = \frac{U\sqrt{3}}{Z}$

$$\frac{I_{⅄}}{I_\Delta} = \frac{U}{Z\sqrt{3}} \cdot \frac{Z}{U\sqrt{3}}$$

$$\frac{I_{⅄}}{I_\Delta} = \frac{1}{3}$$

In der Sternschaltung wird der Anlaufstrom auf 1/3 des Wertes herabgesetzt, der sich in der Dreieckschaltung einstellen würde.

Die verminderte Spannung an der Ständerwicklung in der Sternschaltung begrenzt nicht nur den Anlaufstrom, auch das Anzugsmoment wird erheblich beeinflusst:

$$\frac{U_1}{\sqrt{3}} \rightarrow \frac{I_1}{\sqrt{3}} \rightarrow \frac{\Theta_1}{\sqrt{3}} \rightarrow \frac{\Phi}{\sqrt{3}} \rightarrow \frac{U_2}{\sqrt{3}} \rightarrow \frac{I_2}{\sqrt{3}} \rightarrow \frac{M}{3}$$

Das Anzugsmoment wird in der Sternschaltung auf 1/3 des Wertes in der Dreieckschaltung vermindert.

Mit dem Stern-Dreieck-Anlassverfahren wird der Anlaufstrom wirksam und praktisch ohne Verluste begrenzt. Das ohnehin geringe Anzugsmoment wird jedoch erheblich vermindert. Ein Anlauf unter Last ist nicht möglich.

Die Umschaltung von der Stern- in die Dreieckschaltung kann z. B., wie in Abb. 18-16 gezeigt, mit einem Walzenschalter erfolgen. Häufiger geschieht dies jedoch durch eine Schützschaltung (vgl. Abschnitt 20.5.2). Wichtig ist, dass die Umschaltung erst dann erfolgt, wenn sich der Läufer nicht weiter beschleunigt.

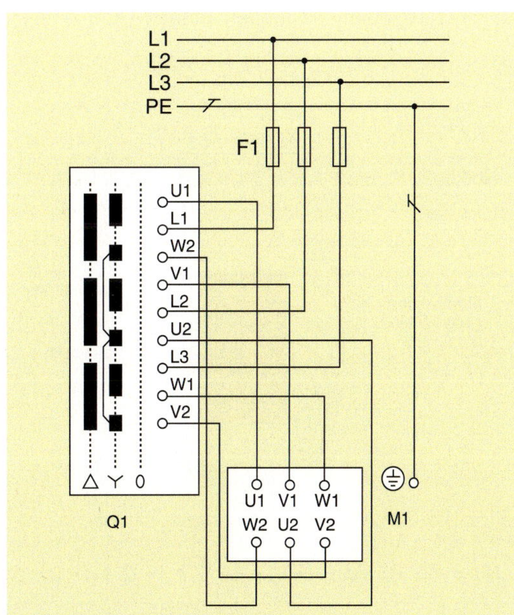

Abb. 18-16 ***Asynchronmotor mit Stern-Dreieck-Schalter***

18

Ein vorzeitiges Umschalten würde einen zu großen Umschaltstrom verursachen (vgl. dazu Abb. 18-15b). Mithilfe eines Zeitrelais kann die Zeitdauer vom Ein- bis zum Umschalten vorgegeben werden. Ein direktes Einschalten in die Dreieckschaltung muss schaltungstechnisch unmöglich gemacht werden.

Stromverdrängungsläufermotor

Vergrößerte Wirkwiderstände im Läuferkreis des Asynchronmotors verbessern sein Anlaufverhalten. Diese Widerstandsvergrößerung soll wegen eines möglichst hohen Wirkungsgrades nur in der Anlaufphase wirksam sein. Durch besondere Formgebung der Stäbe des Käfigläufers ist eine solche Zielstellung erreichbar.

Die Läuferstäbe können z. B. hoch und schmal sein. Der Induktionsstrom in der Käfigwicklung bildet um jeden Leiterstab ein Magnetfeld. Dieses ist wegen der unterschiedlichen Lage der einzelnen Leiterbereiche im Läufereisen inhomogen. Am unteren Nutende ist das Feld kräftiger als am oberen, der Nutöffnung. Dies sorgt für unterschiedlich große Blindwiderstandsanteile in den verschiedenen Bereichen des rechteckigen Stabes. Eine ungleiche Stromverteilung über den Stabquerschnitt ist die Folge. Der Stabstrom fließt vor allem im äußeren Stabbereich; der Strom ist dorthin „verdrängt" worden. Das ist gleichzusetzen mit einer Verminderung des wirksamen Leiterquerschnittes, wodurch sich der Wirkwiderstand der Käfigwicklung erhöht. Das führt einerseits zu einer Abnahme des Anlaufstromes, andererseits vergrößert die relative Zunahme des Wirkanteils am Läuferwiderstand den Leistungsfaktor. Trotz des verminderten Anlaufstromes erhöht sich somit das Anzugsmoment.

18

Mit dem Hochlaufen verringert sich der Schlupf und damit die Läuferfrequenz. Die Stromverdrängung nimmt ab und ist beim Erreichen der Nenndrehzahl praktisch ohne Bedeutung. Der Hochstabläufer verhält sich jetzt wie ein Käfigläufer mit runden Stäben (Abb. 18-17).

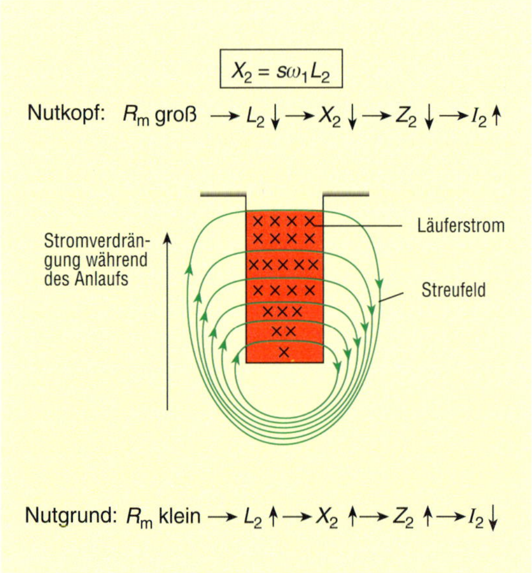

Abb. 18-17 ***Stromdichteverteilung im Läuferstab eines Hochstabläufers beim Anlauf***

Die schlupfabhängige Stromverdrängung verringert bei einem Käfigläufer mit geometrisch günstiger Stabform den Anlaufstrom und erhöht gleichzeitig das Anzugsmoment.

Sehr günstige Anlaufverhältnisse werden mit dem Keilstab- und vor allem mit dem Doppelstabläufer erzielt. Das Anzugsmoment beträgt bei Motoren mit solchen Läufern z. T. das Dreifache des Nennmoments.

In Abb. 18-18 sind die Drehmoment-Drehzahl-Kennlinien für Motoren mit Käfigläufer verschiedener Stabformen gegenübergestellt. Der Rundstab-Läufer ist auf Motorleistungen < 1 kW begrenzt, bei größeren Leistungen ist der Stabquerschnitt tropfenförmig. Bei Motoren ab 11 kW dominieren Hochstab-, Keilstab- und Doppelstabläufer.

Schleifringläufermotor

Der Stromverdrängungsläufermotor vergrößert während des Anlaufens selbständig den Wirkwiderstand im Läuferkreis und verbessert so das Anlaufverhalten deutlich.

Dieses günstige Anlaufverhalten kann ebenso durch Zuschalten äußerer Widerstände in den Läuferkreis erzielt werden. Allerdings verlangt dies einen Läufer mit einer Drehstrom-Spulenwicklung. Deren Enden sind meistens in Stern geschaltet, während die Anfänge an Schleifringe geführt sind. Diese haben zur Bezeichnung dieses Läufers geführt. Die Polpaarzahlen von Ständer und Läufer müssen übereinstimmen. Über die Schleifringe können der Läuferwicklung von außen Zusatzwiderstände zugeschaltet werden. Der Motor läuft mit einer deutlich geringeren Stromaufnahme als ein leistungsgleicher Kurzschlussläufermotor an. Das Anzugsmoment erreicht beträchtliche Werte.

Schleifringläufermotoren entwickeln ein hohes Anzugsmoment bei vergleichsweise niedriger Stromaufnahme.

Mit zunehmender Drehzahl wird der Anlasswiderstand, der meist stufig veränderbar ist, verringert (Abb. 18-19a). Nach Erreichen der Nenndrehzahl wird er kurzgeschlossen. Der kurzgeschlossene Schleifringläufer arbeitet jetzt wie ein Kurzschlussläufer.

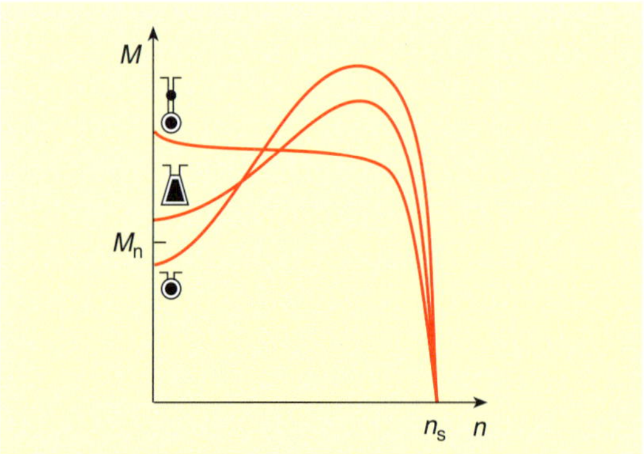

Abb. 18-18 ***Drehmoment-Drehzahl-Kennlinien für Käfigläufer mit verschiedenen Stabformen***

Abb. 18-19b zeigt den Anlaufvorgang anhand der Drehzahlkennlinien des Motors mit verschieden großen Zusatzwiderständen. Das Anzugsmoment kann bei geeigneter Wahl des Anlasswiderstandes bis zum Kippmoment gesteigert werden.

Schleifringläufermotoren sind teurer als vergleichbare Kurzschlussläufermotoren. Sie werden deshalb dort eingesetzt, wo die gewünschten Anlaufverhältnisse auf andere Weise nicht erreicht werden.

Schleifringläufermotoren dienen dem Antrieb von Arbeitsmaschinen, die mit voller Last anlaufen müssen.

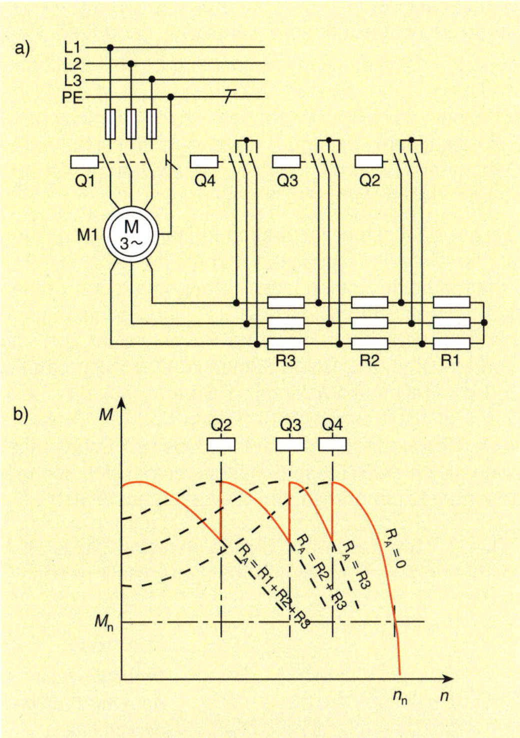

Abb. 18-19 ***Schleifringläufermotor mit stufig schaltbaren Anlasswiderständen***
a) Schaltung
b) Drehmoment

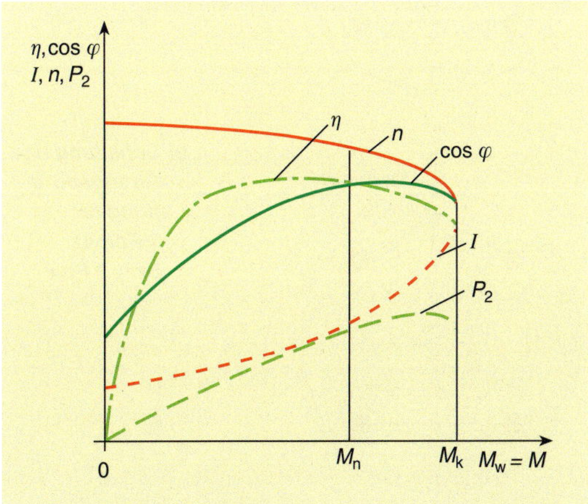

Abb. 18-20 ***Betriebskennlinien des Asynchronmotors***

Verhalten im Nennbetrieb

Das vom Asynchronmotor entwickelte Drehmoment M muss so groß wie das Widerstandsmoment M_w der Arbeitsmaschine sein. Wird durch zunehmende Belastung dem Motor ein vergrößertes Drehmoment abverlangt, so nehmen der Läuferstrom und (wegen der transformatorischen Wirkung) der dem Netz entnommene Ständerstrom I_1 zu. Der größere Läuferstrom I_2 muss von einer vergrößerten Läuferspannung $U_2 = s \cdot U_{2,0}$ angetrieben werden. Diese entsteht nur bei vergrößertem Schlupf, d. h. bei verringerter Drehzahl:

$$M_W\uparrow \to n\downarrow \to s\uparrow \to U_2\uparrow \to I_2\uparrow \begin{cases} \nearrow M\uparrow \\ \searrow I_1\uparrow \end{cases}$$

Diese Zusammenhänge zwischen Drehmoment und Stromstärke bzw. zwischen Drehmoment und Drehzahl sind in Abb. 18-20 dargestellt.

Der Asynchronmotor muss wie der Transformator seine Magnetisierungsenergie aus dem speisenden Drehstromnetz beziehen. Diese ist von der Belastung unabhängig. Der Strom im Leerlauf ist deshalb vorwiegend induktiver Blindstrom. Bei zunehmender Belastung wird ein immer größerer Wirkstrom bezogen, während der induktive Stromanteil für die Magnetisierung unverändert bleibt. Der Leistungsfaktor cos φ nimmt folglich zu. Der vergrößerte Leistungsfaktor begünstigt auch das Verhältnis zwischen abgegebener mechanischer und aufgewendeter elektrischer Leistung: Auch der Wirkungsgrad steigt. Beide Aussagen sind ebenfalls in Abb. 18-20 enthalten. Unterbelastete Motoren haben einen ungünstigen Leistungsfaktor. Sie arbeiten weniger wirtschaftlich als solche, die im Nennbetrieb arbeiten.

Asynchronmotoren sollen mit Nennlast betrieben und nicht überdimensioniert werden.

Die Motorenhersteller legen für ihre Erzeugnisse den Nennbetrieb für den Fall fest, bei dem das Produkt $\eta \cdot \cos \varphi$ maximal ist. Die Drehzahlkennlinie des Asynchronmotors gleicht in weiten Bereichen der des Gleichstrom-Nebenschlussmotors (vgl. Abschnitt 18.3.3). Asynchronmotoren haben vom Leerlauf bis fast zum Kippmoment „Nebenschlussverhalten".

Die Nenndrehzahl des Asynchronmotors liegt in der Nähe der synchronen Drehzahl. Diese wiederum wird bekanntlich durch die Netzfrequenz und die Anzahl der von der Ständerwicklung hervorgerufenen Polpaare bestimmt.

Die Drehzahl des Asynchronmotors ist wegen der unveränderlichen Netzfrequenz und der konstruktiv vorgegebenen Anzahl der Polpaare relativ starr.

Steuerung der Drehzahl

Viele Antriebe, z. B. im Holz bearbeitenden Gewerbe, erfordern Drehzahlen, die z. T. weit oberhalb 3000 1/min liegen. Andererseits werden aber auch sehr niedrige Drehzahlen verlangt. Eine Drehzahlsteuerung ist häufig erforderlich.

Durch Umstellen der Gl. (18-1) nach der Drehzahl n und mit Gl. (13-1) ergibt sich

$$n = n_s\,(1 - s) \quad \text{bzw.}$$

$$n = \frac{f_1}{p}\,(1 - s) \qquad \textbf{18-4}$$

Die Drehzahl eines Asynchronmotors lässt sich demnach beeinflussen durch die

- Frequenzänderung der zugeführten dreiphasigen Wechselspannung,
- Änderung der Polpaarzahl,
- Änderung des Schlupfes.

Mechanisch kann die Drehzahl durch Getriebe verändert werden. Bildet das Getriebe mit dem Motor eine Einheit, spricht man von Getriebemotoren.

Steuerung der Drehzahl durch Frequenzänderung

Durch Verändern der Frequenz der angelegten Spannung wird die Drehfelddrehzahl und mit ihr die Läuferdrehzahl beeinflusst. Das Nebenschlussverhalten des Motors bleibt erhalten.

Jeder Asynchronmotor ist für eine bestimmte Frequenz dimensioniert. Betreibt man ihn mit höherer Frequenz, nehmen sowohl die Ummagnetisierungs- als auch die Wirbelstromverluste zu. Der Motor erwärmt sich mehr. Mit erhöhter Frequenz steigt auch der induktive Blindwiderstand. Damit die Stromstärke nicht absinkt, muss mit der Frequenz auch die Spannung erhöht werden.

Soll der Asynchronmotor mit verringerter Frequenz betrieben werden, ist es erforderlich, die Spannung zu vermindern. Nur so steigt der Strom nicht unzulässig an.

Eine stufenlose und verlustarme Frequenzsteuerung der Asynchronmotoren ist mit Frequenzumrichtern möglich (vgl. Abschnitt 19.5.4).

Steuerung der Drehzahl durch Polumschaltung

Werden in den Ständer des Asynchronmotors mehrere elektrisch voneinander getrennte Wicklungen eingelegt, so lassen sich verschiedene Polpaarzahlen erreichen. Solche Motoren werden mit z. T. drei verschiedenen Polpaarzahlen und folglich drei verschiedenen Nenndrehzahlen gefertigt. Die Drehzahlen können dabei in einem beliebigen Verhältnis zueinander stehen. Man verwendet in diesen Motoren Käfigläufer, da diese an keine bestimmte Polpaarzahl gebunden sind.

Bedeutungsvoller sind Motoren mit umschaltbarer Wicklung. Eine einzige Wicklung kann durch Umschalten der Spulengruppen zwei verschiedene Polpaarzahlen erzeugen. Solche polumschaltbaren Dahlanderschaltungen lassen immer Drehzahlen entstehen, die im Verhältnis 1 : 2 stehen.

Die am häufigsten anzutreffende Dahlanderschaltung ist die Dreieck-Doppelstern-Schaltung (Abb. 18-21). Arbeiten beide Spulen jedes Stranges mit den Spulen der anderen Stränge in Reihe als Dreieckschaltung zusammen, ergibt sich die hohe Pol(paar)zahl, d. h. die niedrige Drehzahl. Beide Spulen können auch parallel und die gesamte Wicklung in Stern geschaltet sein. Dann ist die Pol(paar)zahl niedrig und die Drehzahl hoch. Das Nenndrehmoment ist in beiden Schaltungsarten gleich groß. Diese Schaltung eignet sich deshalb besonders zum Antrieb von Werkzeugmaschinen.

Durch Verändern der Polpaarzahl kann die Drehzahl von Asynchronmotoren stufig gestellt werden.

18

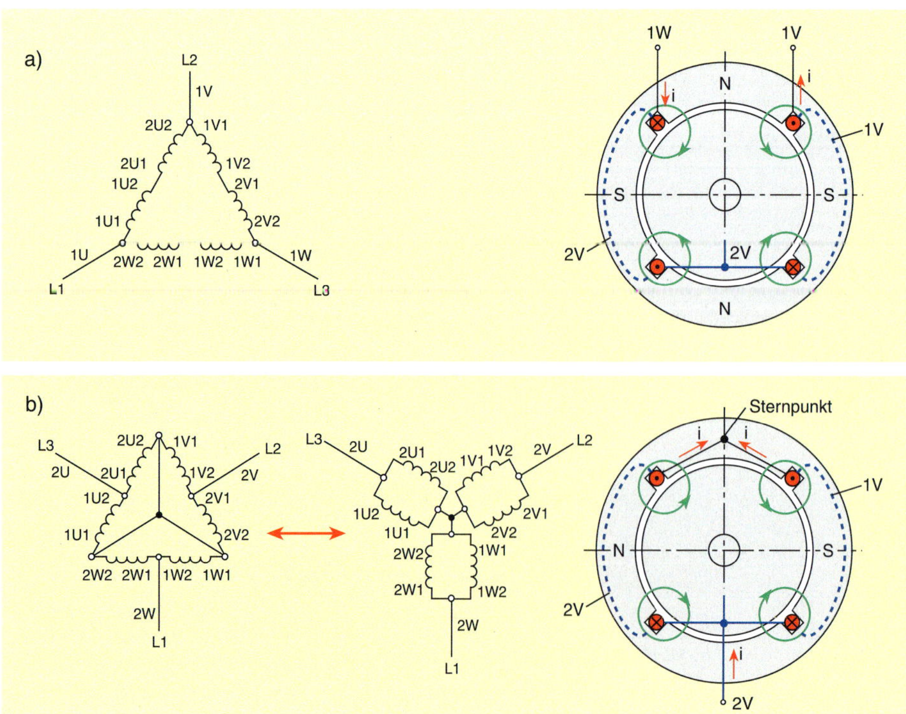

Abb. 18-21
Drehzahlsteuerung mit Dahlanderschaltung

a) Schaltung und Stranganordnung für 2 Polpaare bzw. 4 Pole

b) Schaltung und Stranganordnung für 1 Polpaar bzw. 2 Pole

Ordnet man im Ständer zwei getrennte Wicklungen an, die beide polumschaltbar sind, so kann die Drehzahl in vier Stufen gestellt werden. Möglich sind beispielsweise folgende Drehfelddrehzahlen: 500 – 750 – 1 000 – 1 500 1/min.

Steuerung der Drehzahl durch Schlupfänderung

Der Schlupf kann verändert werden durch
- die angelegte Ständerspannung,
- den Wirkwiderstand im Läuferkreis.

Die Ständerspannung kann bekanntlich verlustbehaftet mit vorgeschalteten Stellwiderständen oder verlustarm mit einem Stelltransformator vermindert werden. Bei unverändertem Drehmoment muss ein größerer Läuferstrom fließen. Der wiederum verlangt eine höhere Läuferspannung. Diese entsteht bei vergrößertem Schlupf, d. h. bei verminderter Läuferdrehzahl. Die größeren Stromstärken, die beim Betreiben mit verminderter Spannung auftreten können, gefährden den Motor. Eine thermische Überlastung muss unterbunden werden, das bedeutet:

> Die Belastbarkeit des Asynchronmotors sinkt mit abnehmender Ständerspannung.

Die Drehzahlsteuerung durch Veränderung des Wirkwiderstandes im Läuferkreis erfordert einen Schleifringläufermotor. Die Drehzahl vermindert sich bei unverändertem Drehmoment mit Zunahme des Zusatzwiderstandes. Anlasswiderstände sind in ihrer Stufung sehr grob; für die Drehzahlsteuerung sind Anlasssteller mit geringerer Widerstandsstufung besser geeignet. Nachteilig sind die Stromwärmeverluste, die am Stellwiderstand auftreten. Darüber hinaus geht das Nebenschlussverhalten des Asynchronmotors verloren.

> Die durch Zusatzwiderstände einstellbaren Drehzahlen beim Schleifringläufermotor sind stark lastabhängig.

Dieses Verfahren eignet sich dort, wo Drehzahlveränderungen kurzzeitig notwendig sind (Abb. 18-22).

Steuerung der Drehrichtung

Eine Richtungsänderung des Läufers verlangt die Richtungsänderung des Ständerdrehfeldes. Diese wird durch Vertauschen zweier Außenleiter erzielt (Abb. 18-23).

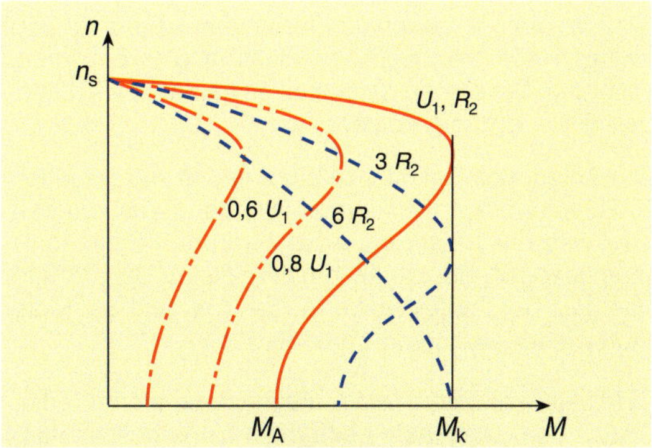

Abb. 18-22 ***Drehzahlsteuerung***
-·-·-·- ***durch Spannungsänderung***
- - - - ***durch veränderten Läuferwiderstand***

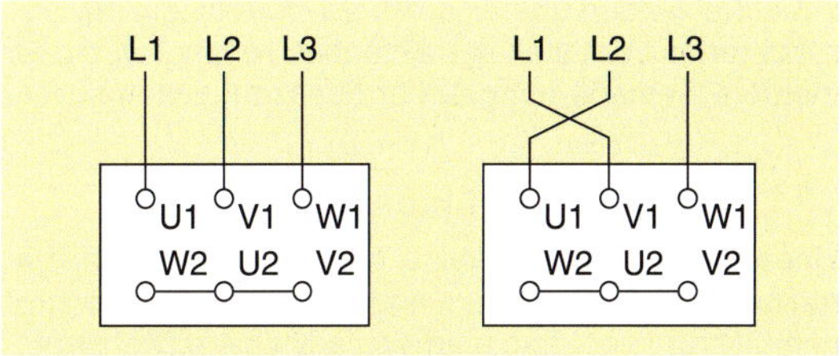

Abb. 18-23 ***Änderung des Drehsinns***

Bremsung

Viele Werkzeugmaschinen und Hebezeuge, aber auch andere Arbeitsmaschinen müssen nach dem Ausschalten schnell zum Stillstand gebracht werden. Dazu sind Bremsen bzw. Bremsschaltungen erforderlich. In Abb. 18-24 sind Möglichkeiten aufgeführt.

18

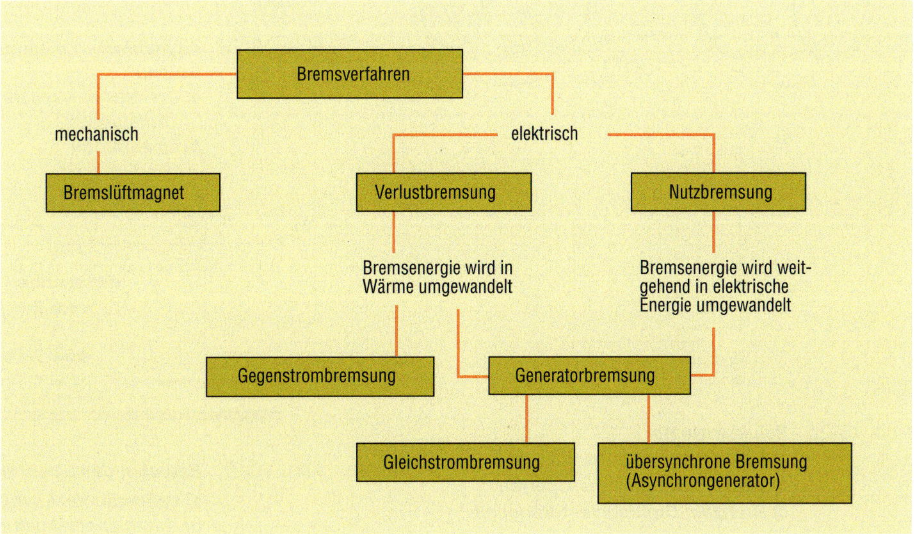

Abb. 18-24
Bremsverfahren bei Drehstrom-Asynchronmotoren

18.2.4 Reluktanzmotor

Reluktanzmotoren sind Asynchronmotoren, die nach dem Hochlaufen in den synchronen Lauf überwechseln. Voraussetzung für dieses Verhalten ist ein besonders gestalteter Käfigläufer. Das Läufereisen wird in eine Form gebracht, die den magnetischen Widerstand (Reluktanz) beeinflusst. Aussparungen (Abb. 18-25a) oder so genannte Flusssperren (Abb. 18-25b) zwingen den magnetischen Fluss in eine bestimmte Richtung. Die beiden dargestellten Läuferbleche bilden zwei Pole, d. h. ein Polpaar aus.

Der Anlauf des Reluktanzmotors erfolgt wie bei jedem Käfigläufermotor. Kurz unterhalb der Synchrondrehzahl wird der Läufer dann bei M_1 in den Synchronismus gezogen, der bis M_2 erhalten bleibt. Bei größerer Last fällt der Läufer wieder außer Tritt, und der Motor läuft wieder asynchron (Abb. 18-25c).

Reluktanzmotoren sind Asynchronmotoren, die nach dem Hochlaufen innerhalb eines bestimmten Lastbereiches synchrones Verhalten aufweisen.

Leistungsfaktor und Wirkungsgrad liegen unterhalb leistungsgleicher Kurzschlussläufermotoren. Reluktanzmotoren werden im Leistungsbereich bis zu 7,5 kW gebaut. Sie werden überall dort vorteilhaft eingesetzt, wo synchrones Verhalten des Antriebes verlangt wird oder mehrere Antriebe mit gleicher Drehzahl laufen sollen.

18.2.5 Drehstrom-Linearmotor

Linearmotoren führen keine drehenden, sondern geradlinige (lineare) Bewegungen aus. Einen asynchronen Linearmotor kann man sich aus einem Drehstrom-Asynchronmotor hervorgegangen vorstellen, der entsprechend Abb. 18-26 aufgeschnitten und aufgeklappt wurde. Aus dem runden Ständer wurde ein Flachständer (Induktor). Die Rolle des Läufers übernimmt eine Schiene aus elektrisch gut leitendem Material und aus Eisen, das den magnetischen Rückschluss ermöglicht.

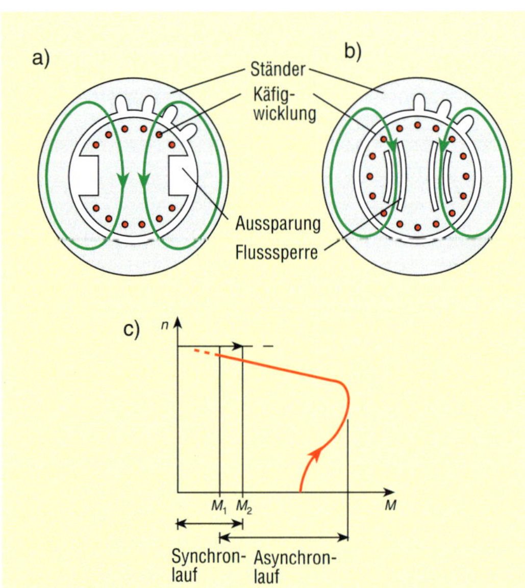

Abb. 18-25 ***Reluktanzmotor***
a) Läuferblech mit Aussparungen
b) Läuferblech mit Flusssperren
c) Drehzahl-Drehmoment-Kennlinie

Die im Blechpaket eingebettete Drehstromwicklung dieser linearen Anordnung bildet kein Drehfeld, sondern ein Wanderfeld aus. Dieses Feld induziert im Kupfer bzw. im Aluminium der Schiene eine Spannung, die in diesen Leitermaterialien einen Strom (Wirbelstrom) antreibt. Das Magnetfeld dieses Stromes und das Wanderfeld des Induktors bewirken eine Schubkraft, die eine geradlinige Bewegung entstehen lässt.

Linearmotoren erzeugen auf direktem Wege eine geradlinige Bewegung.

Die bewegliche Schiene folgt dem Wanderfeld des fest stehenden Induktors (Abb. 18-27a). Wird die Schiene festgehalten und ist der Induktor beweglich, so bewegt sich der Induktor entgegen der Wanderfeldrichtung (Abb. 18-27b).

Der drehende und der lineare Asynchronmotor beruhen auf demselben Wirkprinzip. Aufgrund anderer Konstruktion tritt beim Linearmotor an die Stelle des Drehfeldes das Wanderfeld; die drehende Bewegung wird zu einer geradlinigen.

Zur Geschwindigkeitssteuerung des Linearmotors sind dieselben Verfahren möglich, die auch bei der Drehzahlsteuerung von Käfigläufermotoren angewendet werden können. Es sind die Herabsetzung der zugeführten Spannung, die Veränderung ihrer Frequenz und die Polumschaltung. Zum Abbremsen von An-

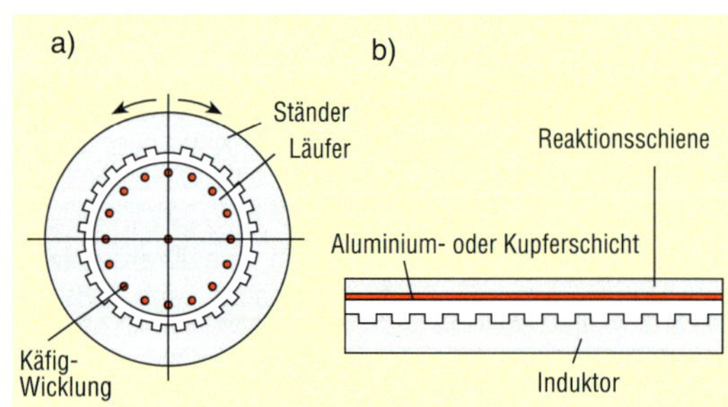

Abb. 18-26 ***Asynchroner Linearmotor, prinzipieller Aufbau***
a) Drehstrom-Asynchronmotor, vor dem „Aufklappen"
b) Linearmotor

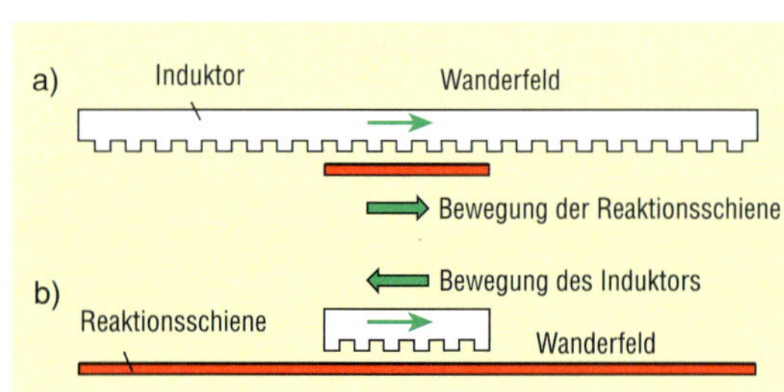

Abb. 18-27 ***Bauarten des Linearmotors***
a) Langständer-Ausführung
b) Kurzständer-Ausführung

18

triebssystemen mit Linearmotoren werden ebenfalls die beim Käfigläufermotor möglichen Verfahren angewendet.

Der Linearmotor kann überall dort vorteilhaft eingesetzt werden, wo geradlinige Bewegungen auszuführen sind. Die Umwandlung der kreisförmigen Bewegung in eine lineare entfällt. Als Antrieb für Transportbänder und für Schiebetore beispielsweise ist der Linearmotor bestens geeignet. Selbst schienengebundene Fahrzeuge lassen sich mit Linearmotoren antreiben.

Bei der in Abb. 18-28 gezeigten Magnetschwebebahn wird die Langständerausführung des Linearmotors angewendet. Die dreiphasige Wicklung ist entlang des gesamten Fahrweges angeordnet. Die bewegliche Schiene des asynchronen Linearmotors in Abb. 18-27a wird hier durch Elektromagnete ersetzt, die mit dem Fahrzeug fest verbunden sind. Der Polabstand dieser Magnete und des Wanderfeldes sind gleich, so dass das Wanderfeld die Magnete und damit das Fahrzeug mitnimmt. Dieser Linearantrieb arbeitet synchron. Die Geschwindigkeit des Fahrzeuges wird mit der Frequenz gesteuert.

Abb. 18-28 ***Magnetschwebebahn mit Linearantrieb***

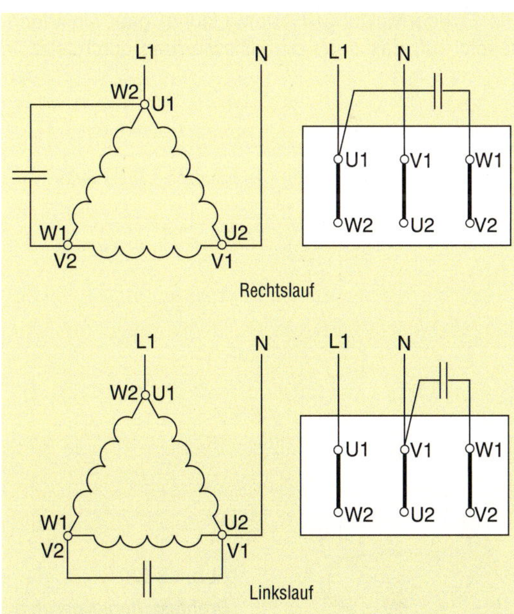

Abb. 18-29 ***Steinmetz-Schaltung***

18.2.6 Einphasen-Asynchronmotoren

Drehstrommotor am Einphasennetz

Fällt bei einem Drehstrom-Asynchronmotor ein Außenleiter aus, so arbeitet der Motor einphasig. Anstelle des Drehfelds bildet er jetzt ein Wechselfeld aus.
Geschieht die Leitungsunterbrechung während des Betriebes, dreht der Motor weiter.
Er kann aber höchstens noch 60 % seiner Nennleistung abgeben, ohne sich unzulässig zu erwärmen. Bei Leitungsunterbrechung besteht deshalb die Gefahr der Überlastung des Motors.
Beim einphasigen Zuschalten dieses Motors an das Drehstromnetz zeigt sich folgende Erscheinung: In der Wicklung des stillstehenden Läufers entsteht zwar ein Induktionsstrom, dieser erzeugt aber mit dem Wechselfeld des Ständers kein Drehmoment. Der Motor läuft nicht von selbst an. Wird er jedoch in einer beliebigen Drehrichtung angeworfen, läuft der Motor in dieser Richtung weiter.

Ein einphasig betriebener Drehstrom-Asynchronmotor entwickelt während des Betriebes ein Drehmoment, jedoch nicht im Stillstand. Er kann nicht von selbst anlaufen.

Asynchronmotoren für den einphasigen Betrieb sind überall dort erwünscht, wo ein Drehstrom-Anschluss fehlt oder wo man nicht mit Sicherheit einen solchen Anschluss erwarten kann. Der Motor muss jedoch selbst in vorbestimmter Richtung anlaufen können. Voraussetzung dafür ist ein umlaufendes Feld. Dieses wiederum verlangt zeitlich verschobene Ströme, die die um 120° räumlich versetzten Stränge des Drehstrom-Asynchronmotors durchfließen.

Durch Zuschalten eines Kondensators entwickelt dieser Motor auch bei einphasiger Speisung ein Drehfeld. Dieses ist jedoch nicht an jeder Stelle des Ständerumfanges gleich stark, sondern seine Stärke ändert sich periodisch während einer Umdrehung. Das Kreisdrehfeld wird zum „elliptischen" Drehfeld. Der Motor läuft in dieser Steinmetz*)-Schaltung von selbst an. Die Umkehr der Drehrichtung erfolgt gemäß Abb. 18-29.

Drehstrom-Asynchronmotoren können behelfsmäßig einphasig betrieben werden.

Bei geeigneter Bemessung des Kondensators entwickelt der Motor etwa 80 % seiner Drehstromnennleistung.
Die erforderliche Kondensatorkapazität ist von der Netzspannung abhängig. Bei einem Anschluss an 230 V sind ungefähr 65 μF je kW Motorleistung notwendig (Netzfrequenz 50 Hz).
Die Kondensatorspannung kann Werte erreichen, die deutlich über 230 V liegen. Wicklung und Kondensator müssen so dimensioniert sein, dass Spannungsdurchschläge ausgeschlossen werden können.
Das Anzugsmoment beträgt bei diesem Kapazitätswert etwa 25 % des Nennmoments. Durch Zuschalten weiterer Kondensatoren, so genannter Anlaufkondensatoren, kann für die begrenzte Zeit des Anlaufvorganges das Anzugsmoment vergrößert werden.

*) Steinmetz, Charles Proteus: US-amerikanischer Physiker und Elektrotechniker deutscher Herkunft, 1865–1923

Drehstrom-Asynchronmotoren in Steinmetzschaltung werden bis etwa 2 kW betrieben. Rasenmäher und Betonmischmaschinen können beispielsweise auf diese Weise angetrieben werden.

Einphasenmotor mit Hilfswicklung

Jeder einphasig betriebene Asynchronmotor, der selbst anlaufen soll, benötigt mindestens zwei Wicklungen. Die zweite Wicklung, gegenüber der ersten räumlich versetzt, muss von einem Strom durchflossen werden, der gegenüber dem Strom in der ersten Wicklung phasenverschoben ist. Diese Phasenverschiebung kann durch eine vergrößerte Induktivität oder einen erhöhten Wirkwiderstand bzw. durch Zuschalten eines Kondensators in diese zweite Wicklung erreicht werden. Man nennt sie Hilfswicklung, während die erste Wicklung als Hauptwicklung bezeichnet wird.

Der einphasige Asynchronmotor bildet dann ein ideales Drehfeld aus, wenn Haupt- und Hilfswicklung um 90° versetzt angeordnet sind und die Phasenverschiebung beider Ströme ebenfalls 90° beträgt. Durch einen in Reihe zur Hilfswicklung geschalteten Kondensator kann diese Phasenverschiebung annähernd erreicht werden. In Abb. 18-30 sind die Feldverhältnisse für drei Zeitpunkte gezeigt.

Die Umkehr der Drehrichtung erfolgt, wie beim dreiphasigen Betrieb, durch Richtungsänderung des Drehfeldes. Das geschieht durch die Änderung der Stromrichtung in der Hilfswicklung (Abb. 18-31).

Das günstigste Betriebsverhalten zeigt der so genannte Kondensatormotor dann, wenn die Hilfswicklung über zwei Kondensatoren, einen Anlaufkondensator C_A und einen Betriebskondensator C_B angeschlossen wird (Abb. 18-32a). Während des Anlaufes sind beide Kondensatoren eingeschaltet. Mit einem besonderen Anlassschalter oder durch einen Fliehkraftschalter F1 wird nach dem Hochlaufen die Kapazität auf den Wert des nicht abschaltbaren Betriebskondensators reduziert. Das ist notwendig, damit sich die Hilfswicklung nicht unzulässig durch eine länger andauernde hohe Stromaufnahme erwärmt.

In Abb. 18-32b ist die Hochlaufkennlinie besonders hervorgehoben. Erkennbar ist das hohe Anzugsmoment, das größer als das Nennmoment ist.

Beim Betrieb an einer Wechselspannung von 230 V gelten 25 µF je kW Motorleistung als Richtwert für die Kapazität des Betriebskondensators. Der Anlaufkondensator beträgt etwa $C_A = (3...4) \cdot C_B$. Manche Motoren werden lediglich mit einem Betriebskondensator ausgestattet. Bei ihnen ist das Anzugsmoment entsprechend gering.

Einphasenmotoren mit vergrößerter Induktivität in der Hilfswicklung sind wegen des sehr geringen Anzugsmomentes selten. Hohe Wärmeverluste in der Hilfswicklung mit erhöhtem Wirkwiderstand, der so genannten Widerstandshilfswicklung, begrenzen die Leistung solcher Motoren auf wenige hundert Watt. Hermetikmotoren in Kühlschränken beispielsweise arbeiten meist nach diesem Prinzip.

Einphasen-Asynchronmotoren mit Hilfsphase werden von den Netzbetreibern im Allgemeinen für Scheinleistungen bis 1,7 kVA zugelassen. Insbesondere Kondensatormotoren dienen als Antrieb von Haushaltgeräten, Maschinen für den Heimwerker und kleineren Baumaschinen.

Spaltpolmotor

Der Ständer des Spaltpolmotors besitzt ausgeprägte Pole mit einer Erregerwicklung. Ein Teil des Poles ist durch eine Nut abgetrennt. Dieser vom Hauptpol abgetrennte „Spaltpol" ist von einem Kupfer-, seltener von einem Aluminiumring umgeben. Diese kurzgeschlossene Windung wirkt ähnlich einer Hilfswicklung. Der Läufer hat einen Kurzschlusskäfig aus Aluminium.

Der Spaltpolmotor ist im Prinzip ein Einphasen- Asynchronmotor mit dauernd eingeschalteter Hilfswicklung (Abb. 18-33).

Die Erregerwicklung (Hauptwicklung) baut ein Wechselfeld auf, das auch die Hilfswicklung durchsetzt. In

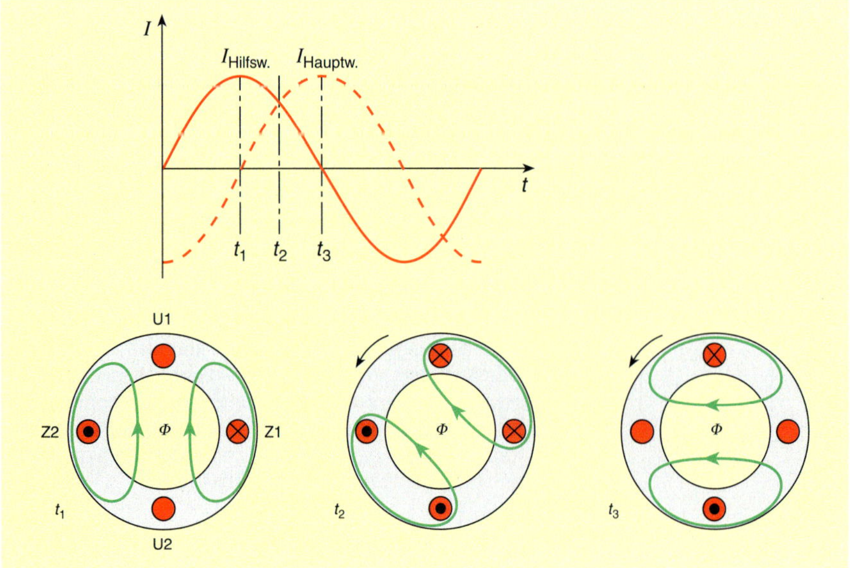

Abb. 18-30

Drehfeld, hervorgerufen durch zwei phasenverschobene Ströme

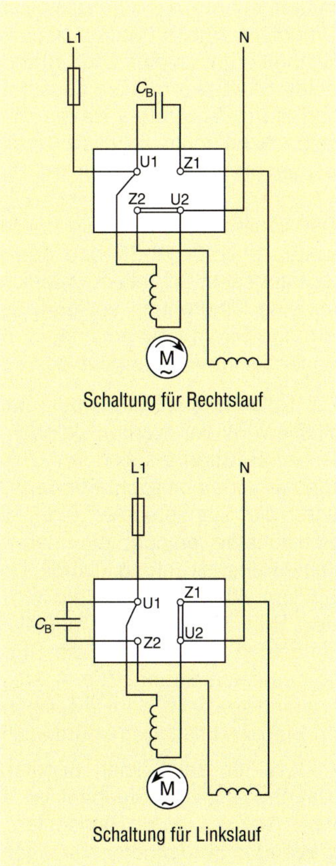

Abb. 18-31

Kondensatormotor, Schaltungen für Rechts- und Linkslauf

C_B Betriebskondensator

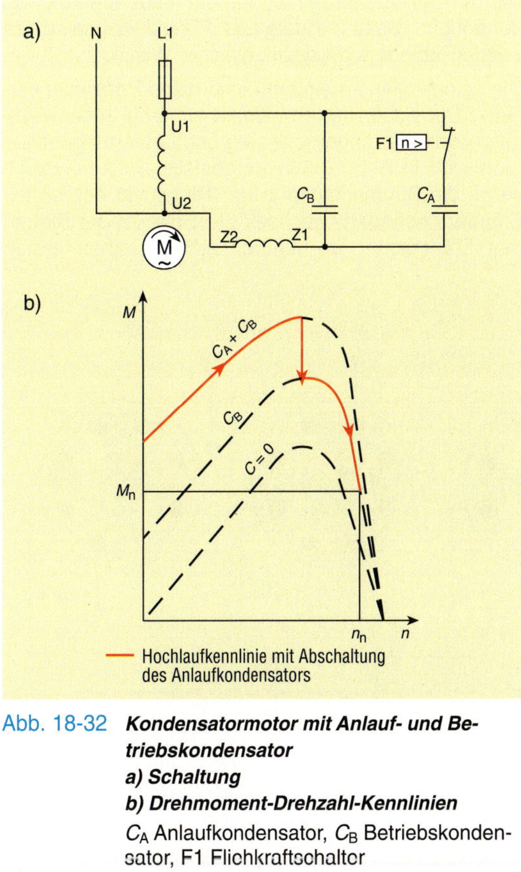

Abb. 18-32 ***Kondensatormotor mit Anlauf- und Betriebskondensator***
a) Schaltung
b) Drehmoment-Drehzahl-Kennlinien
C_A Anlaufkondensator, C_B Betriebskondensator, F1 Fliehkraftschalter

ihr wird folglich eine Spannung induziert. Diese treibt einen Strom an, der dem Strom in der Hauptwicklung nacheilt. Damit ist die Bedingung für ein Drehfeld erfüllt: Räumlich versetzte Wicklungen werden von zeitlich verschobenen Strömen durchflossen. Im Zusammenwirken mit dem Induktionsstrom des Läufers entsteht ein Drehmoment, das für einen Selbstanlauf des Motors ausreicht. Die Drehfeldrichtung und damit die Drehrichtung des Läufers hängen von der Anordnung der Hilfswicklung im Vergleich zur Hauptwicklung ab, d. h. die Drehrichtung ist konstruktiv durch die Anordnung der Pole bestimmt.

Spaltpolmotoren haben eine Drehrichtung vom Haupt- zum Spaltpol.

Eine Richtungsänderung des Drehfeldes und damit eine Drehrichtungsumkehr des Läufers ist bei Spaltpolmotoren nicht möglich.

Wegen der hohen Stromwärmeverluste in der Hilfswicklung haben Spaltpolmotoren einen niedrigen Wirkungsgrad (20 … 40 %). Dennoch werden sie bis zu Leistungen von etwa 200 W verwendet, weil sie einfach aufgebaut sind, robust arbeiten und keine zusätzlichen Elemente, wie z. B. Kondensatoren, benötigen. Spaltpolmotoren dienen u. a. zum Antrieb von Lüftern, Laugenpumpen in Waschmaschinen und Umwälzpumpen in Heizungsanlagen.

18.2.7 Schrittmotor

Beim Schrittmotor wird die Ständerwicklung mit Gleichstromimpulsen angesteuert. Für die Dauer eines Impulses bilden die stromdurchflossenen Spulen entlang des Ständerumfanges Nord- und Südpole aus. Eine Richtungsänderung der Impulse verändert die Polarität. Werden die Spulen nacheinander in immer derselben Richtung umgepolt, so entsteht im Ständer des Schrittmotors ein drehendes Feld. Dieses Drehfeld ändert seine Lage schrittweise. Nach jedem Impuls dreht sich das Feld um einen Schritt weiter. Entfällt eine weitere Umpolung, behält das Feld seine Lage bei; es dreht sich nicht weiter.

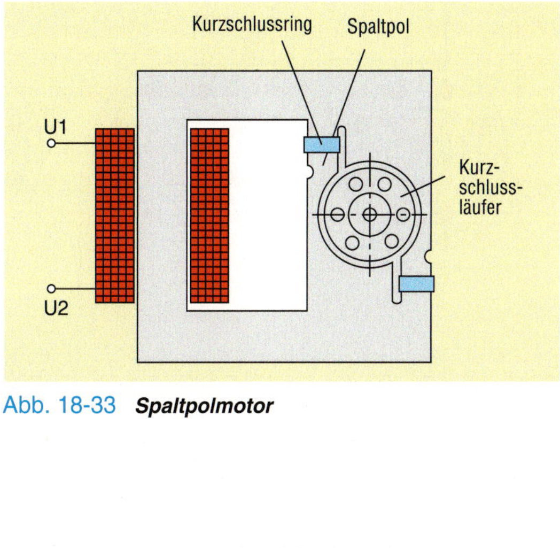

Abb. 18-33 ***Spaltpolmotor***

18

Bei einer schnellen und andauernden Impulsfolge geht die Schrittbewegung in eine kontinuierliche Drehung über.

Der Läufer des Schrittmotors stellt sich auf die jeweilige Lage des Ständerfeldes ein.

Der Schrittmotor kann so angesteuert werden, dass sein Läufer Schritte ausführt oder sich fortlaufend dreht.

Am Beispiel eines zweisträngigen Schrittmotors soll das Wirkprinzip erklärt werden. Abb. 18-34a zeigt einen solchen Motor. Der Einfachheit halber ist der Läufer mit nur einem Polpaar versehen. In bestimmter Reihenfolge (Abb. 18-34b) werden die Stränge zu-, um- bzw. abgeschaltet.

Nach Zuschaltung beider Stränge mit den angegebenen Stromrichtungen erfolgt aus der Ausgangslage heraus der erste Schritt. Durch Stromrichtungsänderung im Strang 2 ergibt sich eine veränderte Polung: Der Läufer führt den zweiten Schritt aus und dreht sich um den Winkel $\alpha = 90°$. Wird jetzt der Strang 1 umgepolt, führt der Läufer den dritten Schritt um wiederum $\alpha = 90°$ aus. Eine erneute Umpolung des Stranges 2 bewirkt einen vierten 90°- Schritt in derselben Richtung. Diese Vorgänge wiederholen sich in immer gleicher Weise.

Durch veränderte Reihenfolge der Stromimpulse werden die Richtung der Schrittfolge und damit der Drehsinn geändert.

Für die Berechnung des Schrittwinkels α gilt

m Strangzahl des Ständers
p Polpaarzahl des Läufers
α Schrittwinkel

$$\alpha = \frac{360°}{2 \cdot p \cdot m} \qquad \textbf{18–5}$$

Mit den Zahlenwerten aus unserem Beispiel ($m = 2$, $p = 1$), in Gl. 18-5 eingesetzt, bestätigen wir die bisherigen Aussagen:

$$\alpha = \frac{360°}{2 \cdot 1 \cdot 2} = 90°$$

In dem in Abb. 18-34 vorgestellten Beispiel führte jede Umpolung eines Stranges zu einem vollen Schritt. Vier Schritte ergaben eine Läuferumdrehung. Immer waren beide Stränge erregt, so dass der Motor in jeder Position ein gleich großes Haltemoment entwickelte. Derselbe Schrittmotor zeigt ein anderes Verhalten, wenn bei jedem zweiten Schritt ein Strang stromlos bleibt.

Der Läufer dreht sich dann nur einen halben Schritt weiter. In Abb. 18-35 wird deutlich, dass bei dieser Schrittart acht Schritte erforderlich sind, damit der Läufer eine Umdrehung vollführt. Da nicht immer beide Stränge Strom führend sind, ist das Haltemoment geringer als im Vollschrittbetrieb.

Die Polarität der Ständerpole kann auf verschiedene Weise verändert werden. Je nach Ausführung der Spulen eines Stranges sind der Unipolarbetrieb oder der Bipolarbetrieb möglich. Für den Unipolarbetrieb benötigen die Ständerspulen eine Mittelanzapfung. Jede Spulenhälfte erzeugt ein magnetisches Feld unterschiedlicher Richtung. Durch Umschalten von einer Spulenhälfte auf die andere wird die Polarität verändert. Beim Bipolarbetrieb fehlt die Mittelanzapfung. Die Umpolung erfolgt durch die Stromrichtungsänderung im gesamten Strang. Zum Ansteuern der Schrittmotoren sind spezielle, dem jeweiligen Motor zugeschnittene Steuerschaltungen erforderlich.

Abb. 18-36a zeigt einen Schrittmotor, der nach dem Klauenpolprinzip aufgebaut ist. Dieser Motor besitzt zwei Ständer; zwei Ringspulen sind mit ineinander greifenden Klauenpolen versehen. Wird die Ringspule des ersten Ständers vom Strom durchflossen, bilden sich an den Klauen einer Ständerseite Nordpole, an der anderen Seite Südpole aus. Für die Ringspule des zweiten Ständers gilt das in gleicher Weise.

Die beiden Ständer sind um eine halbe Polteilung versetzt. Der Läufer ist an seinem Umfang zonenweise magnetisiert. Ständerpolteilung und Läufermagnetisierung sind in Abb. 18-36b dargestellt. Wird beispielsweise die Stromrichtung in der Ringspule des ersten Ständers geändert, wechselt die Polarität der Klauen des Ständers 1; der Läufer vollführt einen ersten

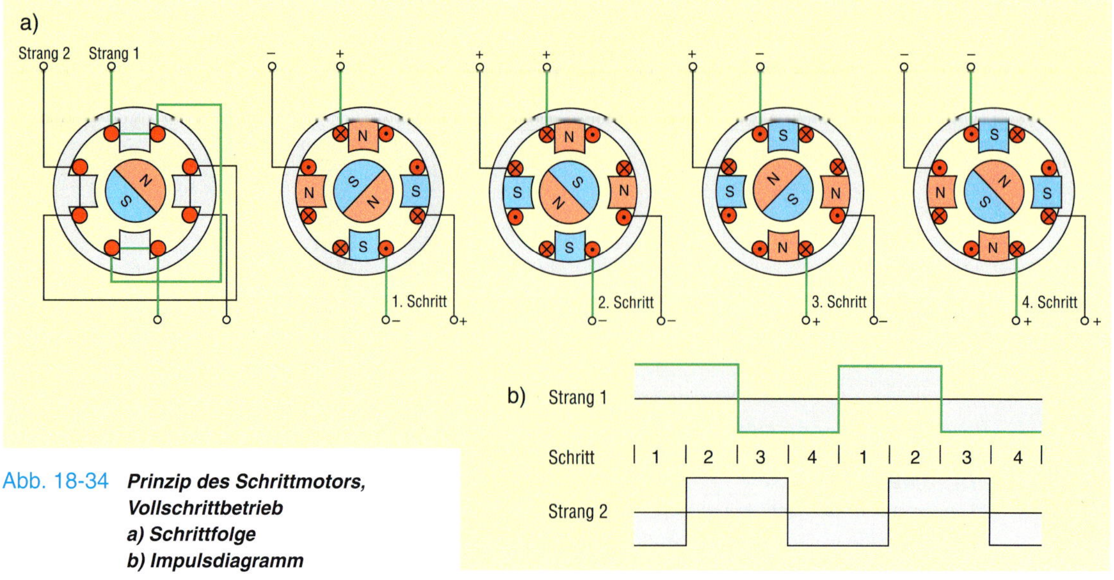

Abb. 18-34 ***Prinzip des Schrittmotors, Vollschrittbetrieb***
a) Schrittfolge
b) Impulsdiagramm

Schritt. Der zweite Schritt erfolgt bei Stromrichtungsänderung in der zweiten Ringspule. Die schrittweise Läuferbewegung erfolgt also aufgrund abwechselnder Änderung der Stromrichtung in den Ringspulen der beiden Ständer.

Der Reluktanzschrittmotor hat einen wicklungslosen Läufer aus magnetisch weichem Eisen, dessen Läuferoberfläche gezahnt ist. Kennzeichnend für den Reluktanzschrittmotor ist, dass Ständerpolteilung und Läuferpolteilung nicht übereinstimmen.

Der Hybridschrittmotor ist eine Kombination aus dem permanent erregten und dem Reluktanzschrittmotor. Die Vorzüge des Permanentmagnetmotors (große Drehmomente) und des Reluktanzmotors (kleine Schrittwinkel) sind im Hybridmotor vereint. Sein Läufer trägt zwei gezahnte Polräder, die in axialer Richtung hintereinander angeordnet sind. Die Zähne jedes Polrades haben gleiche Polarität. Die Polräder sind zueinander um eine halbe Zahnteilung versetzt, so dass über den Umfang verteilt Nord- und Südpole abwechseln.

Die konstruktiven Ausführungen von Schrittmotoren sind sehr vielfältig.

Wegen des einfachen Aufbaus und der hohen technischen Zuverlässigkeit sind Schrittmotoren vielseitig einsetzbar. Typische Anwendungsgebiete sind Stellantriebe, Positionierantriebe in der Schreib- und Drucktechnik, Dosierantriebe in der Medizin- und Labortechnik sowie Antriebe von Zähleinrichtungen und schreibenden Messgeräten.

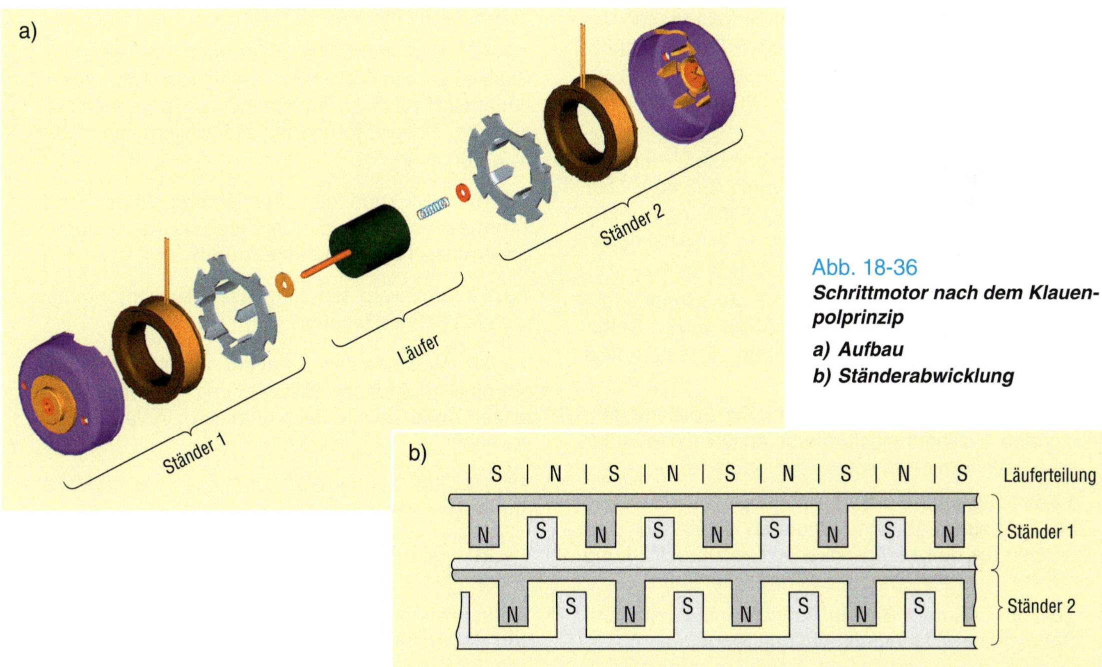

Abb. 18-36
Schrittmotor nach dem Klauenpolprinzip
a) Aufbau
b) Ständerabwicklung

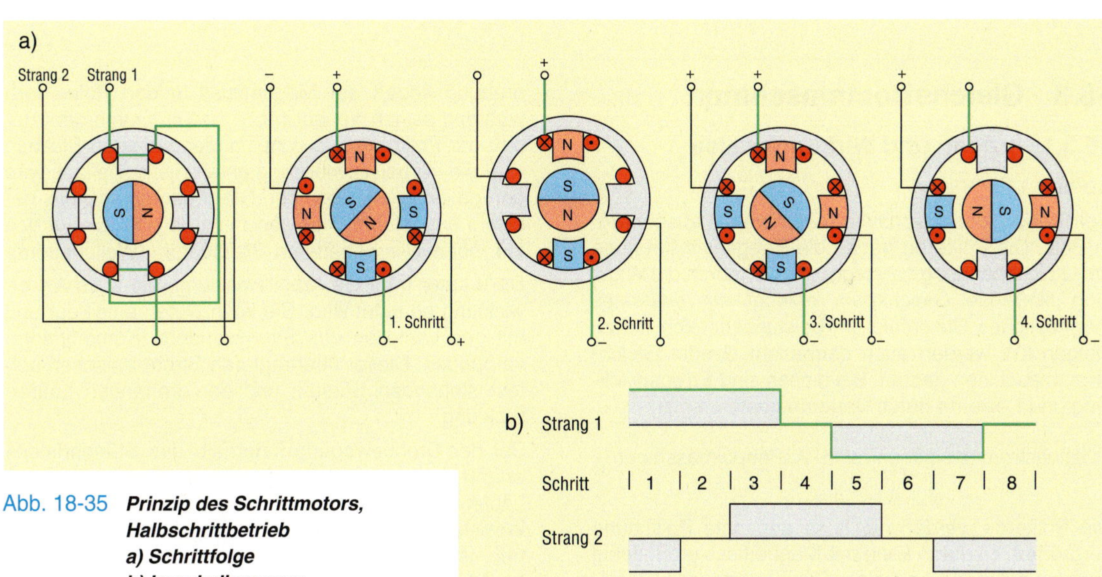

Abb. 18-35 ***Prinzip des Schrittmotors, Halbschrittbetrieb***
a) Schrittfolge
b) Impulsdiagramm

18

AUFGABEN

18.1 Begründen Sie, dass ein Synchronlauf des Asynchronmotors aus eigener Kraft nicht möglich ist.

18.2 Worauf ist das niedrige Anzugsmoment bei Asynchronmotoren mit Rundstabläufer zurückzuführen?

18.3 Welche Gefahr besteht für einen belasteten Asynchronmotor, der nach dem Einschalten nicht hochläuft?

18.4 Erläutern Sie die Wirkungsweise der Stromverdrängung in einem Asynchronmotor mit Kurzschlussläufer. Wie wird dadurch das Anlaufverhalten beeinflusst?

18.5 Zwei Drehstrom-Asynchronmotoren (400 VΔ, 230/400 VΔ/Y) sollen an das 400-V- Drehstromnetz angeschlossen werden. Ist bei beiden Motoren ein Stern-Dreieck-Anlauf zulässig? Begründen Sie Ihre Feststellung.

18.6 Ein Drehstrom-Asynchronmotor, der auf seinem Leistungsschild die Angabe 230/400 VΔ/Y trägt, soll direkt an das 400/230-V-Netz angeschlossen werden. Begründen Sie, wie an den Anschlussstellen des Motors die Brücken zu legen sind.

18.7 Ein Asynchronmotor mit der Spannungsangabe 400 VΔ wird am 400-V-Netz in der Sternschaltung mit Nennlast betrieben. Erläutern Sie mögliche Folgen.

18.8 Nennen und begründen Sie Forderungen, die den Schleifringläufermotor anstelle des Kurzschlussläufermotors notwendig machen.

18.9 Stellen Sie die Möglichkeiten des Anlassens bei Drehstrom-Asynchronmotoren gegenüber. Beurteilen Sie diese Möglichkeiten nach ihrer Wirkung auf den Anlaufstrom und das Anzugsmoment.

18.10 Erläutern Sie die Begriffe Anzugsmoment, Sattelmoment, Nennmoment und Kippmoment.

18.11 Beurteilen Sie die verschiedenen Verfahren zur Drehzahlsteuerung bei Asynchronmotoren hinsichtlich ihrer Wirtschaftlichkeit (Verluste, Kosten).

18.12 Beschreiben Sie die Folgen, wenn bei einem Motor, der mechanisch mit einem Bremslüftmagneten abgebremst wird, die Netzspannung ausfällt.

18.13 Erklären Sie das Wirkprinzip des Reluktanzmotors. Wie wird der Synchronlauf dieses Asynchronmotors erreicht?

18.14 Wie entsteht beim asynchronen Linearmotor der Bewegungsantrieb?

18.15 Warum ist die Unterbrechung eines Außenleiters beim Drehstrom-Asynchronmotor gleichbedeutend mit dem Einphasenlauf? Begründen Sie, dass bei dieser Störung der Motor nicht von selbst anlaufen kann.

18.16 Wie kann die Drehrichtung eines Drehstrom-Asynchronmotors geändert werden, der in Steinmetzschaltung betrieben wird?

18.17 Wie wird bei Einphasen-Asynchronmotoren ein Drehfeld erzeugt?

18.18 Welchen Zweck hat der Anlaufkondensator bei einem Motor mit Hilfswicklung? Weshalb wird dieser Kondensator nach erfolgtem Anlauf abgeschaltet?

18.19 Beschreiben Sie den Aufbau und das Wirkprinzip des Spaltpolmotors.

18.20 Erläutern Sie die Funktionsweise eines Schrittmotors.

Worin besteht der Unterschied zwischen Vollschritt- und Halbschrittbetrieb?

18.3 Gleichstrommaschinen

18.3.1 Aufbau und Wirkungsweise

Aufbau

Der Ständer der Gleichstrommaschine hat ausgeprägte Pole. Die Polkerne tragen die Erregerwicklung, die mit Gleichspannung versorgt wird. Der durch die Wicklung fließende Gleichstrom erzeugt ein ortsfestes magnetisches Gleichfeld. Im Leistungsbereich bis zu einigen kW werden auch permanent erregte Gleichstrommaschinen gebaut. Bei diesen sind Erregerwicklung und Polkerne durch Dauermagnete ersetzt.

Gleichstrommaschinen sind Außenpolmaschinen.

Die Polkerne werden durch so genannte Polschuhe vergrößert. Dadurch kann der Magnetfluss großflächig zum Läufereisen übertreten. Bei einsetzender Läuferdrehung ändert der Magnetfluss in den Polen fortwährend seinen Verlauf (Abb. 18-37). Durch den Aufbau der Polkerne aus voneinander isolierten Blechen wird die Wirbelstrombildung unterdrückt. Vielfach wird der gesamte Ständer der Gleichstrommaschine geblecht ausgeführt. Dies geschieht im Hinblick auf den z. T. oberwellenbehafteten Gleichstrom (Wellenstrom).

Der Läufer trägt die Arbeitswicklung, die auch Ankerwicklung genannt wird. Sie ist in Nuten eingelegt und mit den Lamellen des Stromwenders (Kommutators) verbunden. Dieser überträgt den Strom zwischen den fest stehenden Bürsten und der drehenden Läuferwicklung.

Bei der Drehbewegung innerhalb des Ständerfeldes erfährt nicht nur die Läuferwicklung, sondern auch das Läufereisen eine ständige Magnetflussänderung. Um Wirbelstromverluste im Eisen weitgehend auszuschließen, ist der Läufer aus einzelnen voneinander isolierten Blechen aufgebaut (Abb. 18-38).

Spannungsinduktion und Drehmomentbildung

Spannungsinduktion

Die vom Gleichstrom durchflossene Ständerwicklung der Gleichstrommaschine erzeugt ein magnetisches Gleichfeld. Seine Stärke wird von der Konstruktion der Maschine und vom Betrag des Erregerstromes bestimmt. Wird der Läufer durch ein antreibendes Drehmoment in diesem Gleichfeld bewegt, so wird bekanntlich in seiner Wicklung eine Spannung wechselnder Richtung induziert. Diese Spannung weicht wegen der besonders gestalteten Polschuhe von der Sinusform ab; die Spannung ist trapezförmig. Würden Wicklungsanfang und -ende an Schleifringe geführt, so könnte diese Spannung über zwei aufliegende Bürsten abgenommen werden.

Soll diese trapezförmige Spannung jedoch in eine Gleichspannung umgewandelt werden, so muss zwischen den drehenden Schleifringen und den fest stehenden Bürsten fortwährend eine Umpolung erfolgen. Das übernimmt ein mechanischer Umschalter, der Stromwender, der auch als Kommutator bezeichnet wird. Er besteht aus Segmenten bzw. Lamellen, die gegeneinander und gegenüber der Läuferwelle isoliert angeordnet sind.

> Der Stromwender richtet die Wechselspannung auf mechanischem Wege gleich, die in einer sich fortwährend im Magnetfeld drehenden Leiterschleife induziert wird.

In Abb. 18-39a wird die Spannungs- bzw. Stromwendung am Beispiel einer bewegten Leiterschleife gezeigt. Der Stromwender besteht in diesem Fall aus zwei Segmenten, die mit den Enden der Leiterschleife verbunden sind. Die linke Bürste ist immer über das zugehörige Stromwendersegment mit dem Leiterschleifenende verbunden, das sich oberhalb der so genannten neutralen Zone (NZ) befindet.

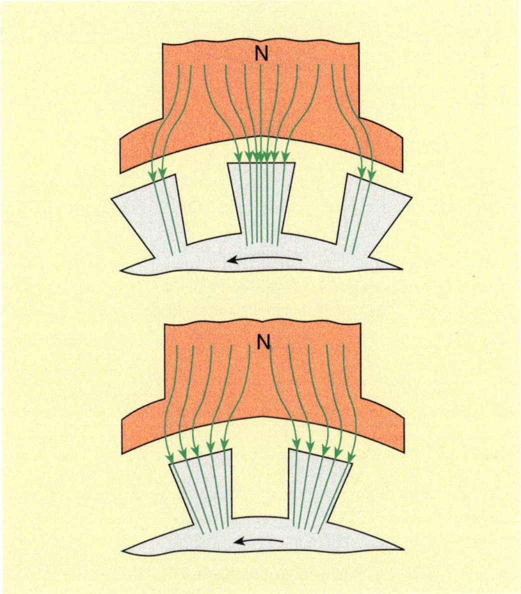

Abb. 18-37 ***Verlauf des Magnetflusses zwischen Pol und Läufer***

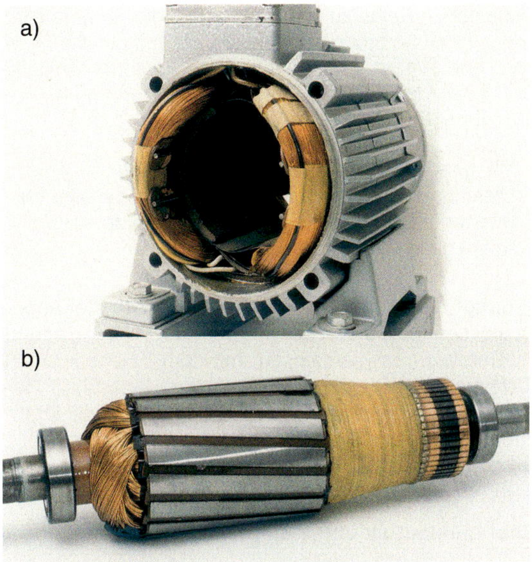

Abb. 18-38 ***Aufbau einer Gleichstrommaschine***
a) Ständer
b) Läufer

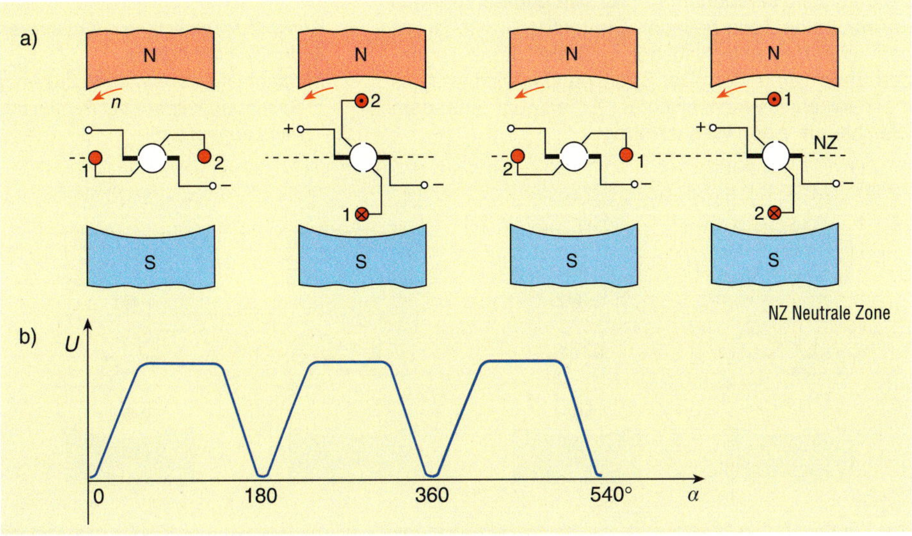

Abb. 18-39 ***Spannungsinduktion und Stromwendung***
a) Prinzip der mechanischen Gleichrichtung
b) zeitlicher Verlauf der gleichgerichteten Spannung (mit Läufereisen)

18

Das sich unterhalb dieser Zone befindende andere Ende der Leiterschleife ist über das zugehörige Stromwendersegment immer mit der rechten Bürste verbunden. Das Überwechseln von der oberen in die untere Hälfte bzw. umgekehrt geschieht genau dann, wenn in der Leiterschleife keine Spannung induziert wird. Die Polarität der beiden Bürsten bleibt damit immer dieselbe.

Die auf mechanischem Wege so gleichgerichtete Spannung ist in ihrem zeitlichen Verlauf in Abb. 8-39b dargestellt.

Diese Spannung ist stark pulsierend. Weniger pulsierend ist sie dann, wenn weitere Leiterschleifen, räumlich versetzt, in die Läufernuten eingelegt werden. Jede zusätzliche Leiterschleife erfordert zusätzliche Stromwendersegmente. Das zeigt Abb. 8-40a mit zwei um 90° versetzten Leiterschleifen. Wird nur von der Leiterschleife die Spannung abgegriffen, die gerade die größeren Spannungswerte erzeugt, ergibt sich ein Verlauf nach Abb. 18-40b. Üblich jedoch ist, alle Leiterschleifen in Reihe zu schalten, um so die Summe aller induzierten Spannungen abzugreifen und gleichzurichten (Abb. 8-40c). Die Ankerwicklung besteht – anstelle von Leiterschleifen – meist aus Spulen mit mehreren Windungen.

Mit zunehmender Zahl der Ankerspulen in einer Gleichstrommaschine steigt der Betrag der an den Bürsten vorhandenen Spannung, wobei deren Welligkeit gleichzeitig abnimmt.

Ist über die Kohlebürsten ein Verbrauchsmittel angeschlossen, so bewirkt der dann in der Ankerwicklung fließende Strom gemeinsam mit dem Erregerfeld ein Drehmoment. Dieses wirkt nach dem lenzschen Gesetz im Generatorbetrieb auf das antreibende Drehmoment bremsend.

18

Drehmomentbildung

Legt man an die Klemmen der Ankerwicklung eine Gleichspannung, so fließt in deren Spulen ein Strom. Abb. 18-41 zeigt, dass die linke Bürste immer über das zugehörige Stromwendersegment mit dem Ende der Leiterschleife verbunden ist, das sich gerade oberhalb der neutralen Zone befindet. Die rechte Bürste ist mit dem anderen, unterhalb der neutralen Zone liegenden Ende verbunden. Der Stromwender wirkt jetzt als mechanischer Wechselrichter. Er erzeugt aus dem Gleichstrom einen Wechselstrom.

Daraus lässt sich verallgemeinern:

Der Stromwender übernimmt die Verbindung zwischen den Gleichgrößen außerhalb der Gleichstrommaschine und den Wechselgrößen in der Ankerwicklung.

Der in der Ankerwicklung fließende wechselnde Strom bildet mit dem Magnetfluss des Ständerfeldes ein fortwährend antreibendes Drehmoment. Durch die Reihenschaltung der Leiterschleifen ist das Drehmoment nahezu konstant.

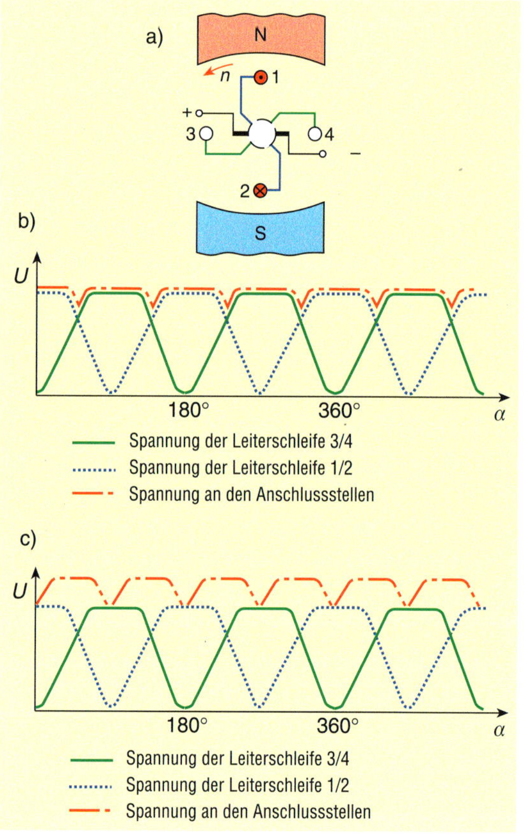

Abb. 18-40

Gleichstrommaschine mit mehreren Leiterschleifen
a) prinzipieller Aufbau
b) Spannungsverlauf ohne Zusammenschaltung
c) Spannungsverlauf bei Reihenschaltung (mit Läufereisen)

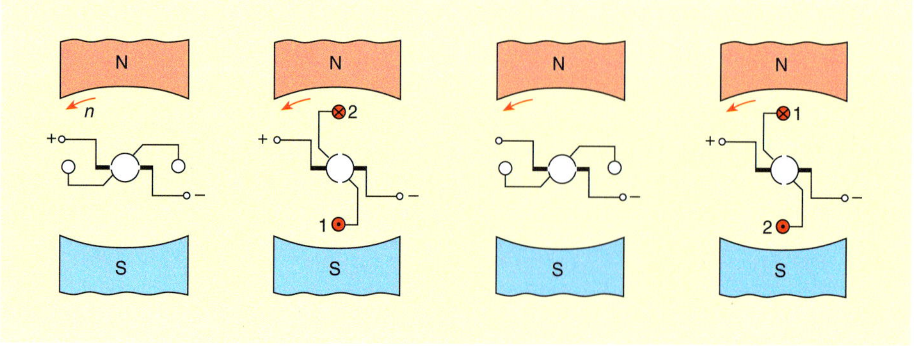

Abb. 18-41

Stromwendung und Drehmomentbildung

Die Umformung des Gleichstromes in einen Wechselstrom am Stromwender bewirkt eine fortlaufende Drehbewegung des Läufers der Gleichstrommaschine.

Bei der Drehbewegung der Leiterschleife im Magnetfeld wird in ihr eine Spannung induziert. Diese wirkt nach dem lenzschen Gesetz im Motorbetrieb der angelegten Spannung entgegen und vermindert folglich die Stromstärke in der Ankerwicklung.

Ankerrückwirkung und Stromwendung

Das von der Erregerwicklung erzeugte Magnetfeld (Hauptfeld) verläuft bei stromloser Ankerwicklung symmetrisch vom Nord- zum Südpol. Zwischen den Magnetpolen liegt die neutrale Zone (Abb. 18-42a). In ihr sind die Bürsten angeordnet. Werden die Ankerspulen (bei belasteter Maschine) vom Strom durchflossen, so entsteht ein zweites Magnetfeld. Da dieses Ankerfeld senkrecht (quer) zum Hauptfeld verläuft, heißt es auch Ankerquerfeld (Abb. 18-42b). Von der Drehung des Läufers unbeeinflusst, behält es seine Lage bei. Seine Stärke hängt vom Betrag des Ankerstromes ab.

Beide Felder, Hauptfeld und Ankerquerfeld, überlagern sich und bilden das resultierende Gesamtfeld. Es ist gegenüber dem Hauptfeld verzerrt (Abb. 8-42c). Die neutrale Zone verschiebt sich um den Winkel α.

In Abb. 18-42c erkennt man, dass an der einen Polschuhkante das Feld verstärkt, an der anderen Kante geschwächt wird. Im nahezu gesättigten Eisen der Hauptpole kann die Feldschwächung durch die Feldverstärkung jedoch nicht ausgeglichen werden.

Das Ankerquerfeld der belasteten Gleichstrommaschine schwächt das Hauptfeld. Die neutrale Zone wird verschoben, beim Generatorbetrieb in Drehrichtung, beim Motorbetrieb entgegen der Drehrichtung des Läufers.

Diese Erscheinungen werden als Ankerrückwirkung bezeichnet. Beim Übergang der Bürste von einer Stromwenderlamelle zur nächsten entstehen, induktionsbedingt, Abrissfunken. Das führt zum so genannten „Bürstenfeuer“. Stromwender und Bürsten erwärmen sich stark und nutzen sich schnell ab. Darüber hinaus entstehen Funkstörungen.

Für eine sichere Stromwendung wäre es jetzt erforderlich, die Bürsten ebenfalls um den Winkel α zu verstellen, um so auf die veränderte Lage der neutralen Zone zu reagieren. Da diese Lage von der Ankerstromstärke abhängt, müssten die Bürsten bei jeder Laständerung nachgestellt werden. Das ist praktisch nicht möglich.

Besser ist, ein Verschieben der neutralen Zone zu unterbinden. Dafür ist ein Magnetfeld erforderlich, das dem Ankerquerfeld entgegenwirkt. Wendepole, die in der unverschobenen neutralen Zone, also genau zwischen den Hauptpolen, angeordnet sind, erzeugen dieses Gegenfeld. Da die Stärke des Ankerquerfeldes vom Ankerstrom abhängt, muss auch das Wendepolfeld in seiner Stärke von demselben Strom abhängen. Ankerwicklung und Wendepolwicklung sind deshalb in Reihe zu schalten.

Das Feld der Wendepole hebt das Ankerquerfeld teilweise auf und verhindert die Verschiebung der neutralen Zone.

Bei einem Gleichstromgenerator folgt in Drehrichtung auf den Nord-Hauptpol ein Süd-Wendepol, bei einem Motor auf den Nord-Hauptpol ein Nord-Wendepol (vgl. auch Abb. 18-43).

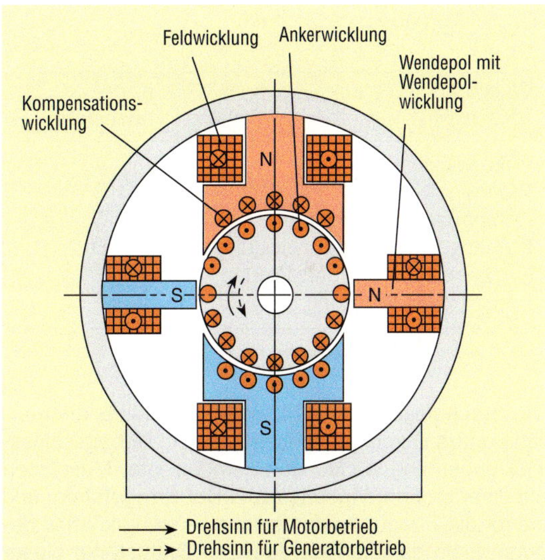

Abb. 18-43 ***Wendepole und Kompensationswicklung bei einer zweipoligen Gleichstrommaschine***

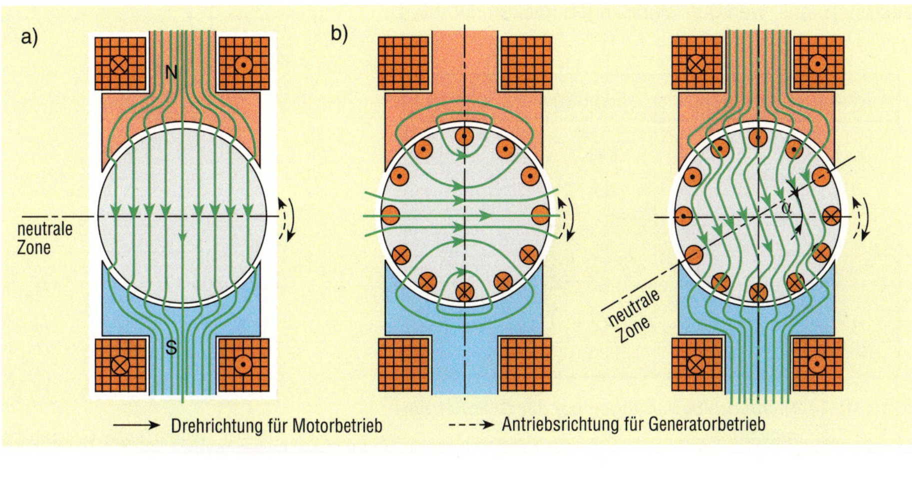

Abb. 18-42 ***Ankerrückwirkung a) Hauptfeld der unbelasteten Maschine b) Ankerquerfeld der belasteten Maschine c) resultierendes Gesamtfeld***

18

Beim Umpolen der Ankerwicklung muss gleichzeitig auch die Wendepolwicklung umgepolt werden. Beide Wicklungen sind deshalb meist innerhalb der Maschine zusammengeschaltet. Maschinen mit Leistungen oberhalb 1 kW sind mit Wendepolen ausgestattet. Bei Gleichstrommaschinen, die großen Lastschwankungen unterliegen, und auch bei schnell laufenden Maschinen kann es im Interesse einer sicheren Stromwendung erforderlich sein, das Ankerquerfeld auch im Bereich der Hauptpole weitgehend aufzuheben. Dazu legt man in Nuten der Hauptpole die so genannte Kompensationswicklung ein. Diese wird wie die Wendepolwicklung in Reihe zur Ankerwicklung geschaltet und vom Ankerstrom durchflossen.

Anschlussbezeichnungen und Richtungsbeziehungen

Die Anschlussstellen der verschiedenen Wicklungen der Gleichstrommaschine werden mit unterschiedlichen Kennbuchstaben benannt. Nachgestellte Ziffern geben den Wicklungsanfang (z. B. A1) und das Wicklungsende (z. B. A2) an. Ziffern vor den Kennbuchstaben weisen auf unterteilte Wicklungen hin. Eine symmetrisch geteilte Wendepolwicklung beispielsweise wird mit 1B und 2B bezeichnet.

Wicklung	Kennbuchstabe
Ankerwicklung	A
Wendepolwicklung	B
Kompensationswicklung	C
Reihenschluss-Erregerwicklung	D
Nebenschluss-Erregerwicklung	E
fremderregte Wicklung	F

Tab. 18-1 ***Kennbuchstaben für Wicklungen***

Die zum Aufbau eines kräftigen Magnetfeldes erforderliche große Durchflutung erzielt man in Nebenschlusswicklungen und Wicklungen fremderregter Maschinen mit einer großen Windungszahl. Der Erregerstrom und die für die Erregung erforderliche Leistung können dadurch klein gehalten werden. Die Drahtstärke dieser Wicklungen ist gering. Reihenschluss-, Wendepol- und Kompensationswicklungen hingegen, die vom vergleichsweise hohen Ankerstrom durchflossen werden, bestehen aus wenigen Windungen dicken Drahtes.

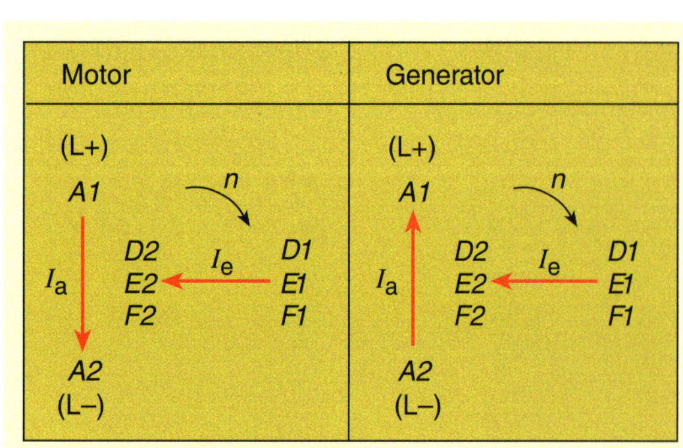

Abb. 18-44 ***Richtungsbeziehungen bei der Gleichstrommaschine***

Die Stromrichtungen in der Anker- und der Erregerwicklung bestimmen den Drehsinn einer Gleichstrommaschine im Motorbetrieb und die Polarität im Generatorbetrieb. Die Anschlüsse sind so bezeichnet, dass sich immer dann Rechtslauf einstellt, wenn die Wicklungsanfänge das positivere Potenzial gegenüber den zugehörigen Wicklungsenden haben (vgl. Abb. 18-44). Es zeigt sich:

> Motorbetrieb und Generatorbetrieb unterscheiden sich bei gleicher Feldrichtung und gleicher Drehrichtung durch entgegengesetzte Stromrichtung in der Ankerwicklung.

Die Stromrichtung im Erregerstromkreis einer Gleichstrommaschine soll möglichst immer dieselbe bleiben; dadurch bleibt der Restmagnetismus im Eisen erhalten. Wird die Drehrichtungsumkehr der Maschine gewünscht, erfordert bzw. bewirkt das die Änderung der Ankerstromrichtung.

Unabhängig davon, ob eine Gleichstrommaschine als Generator oder als Motor arbeitet, wird in der drehenden Ankerwicklung eine Spannung induziert. Diese kann entsprechend der Größe der Drehzahl und der Stärke des Erregerfeldes nach der bekannten Generatorgleichung

$U_Q = c_1 \cdot \Phi \cdot n$

bestimmt werden. Die Klemmenspannung U unterscheidet sich von der induzierten Spannung U_Q um den Spannungsfall über dem Ankerwiderstand R_a. In Abb. 18-45 sind die Zusammenhänge dargestellt.

Nach dem Maschensatz ergeben sich die folgenden Spannungsbeziehungen:

Generatorbetrieb: $U - U_Q + I_a \cdot R_a = 0$

bzw. $$U = U_Q - I_a \cdot R_a \quad (18\text{–}6)$$

Motorbetrieb: $U - U_Q - I_a \cdot R_a = 0$

bzw. $$U = U_Q + I_a \cdot R_a \quad (18\text{–}7)$$

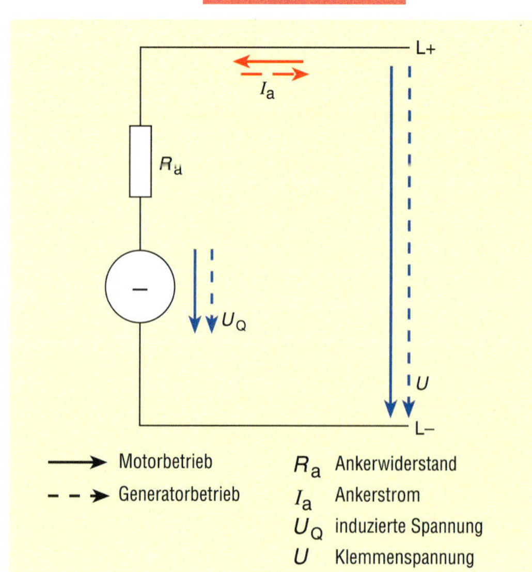

Abb. 18-45 ***Elektrische Größen im Ankerstromkreis***

18.3.2 Generatorbetrieb

Jede drehende elektrische Maschine kann als Motor oder auch als Generator betrieben werden. Der Übergang von der einen Betriebsart in die andere ist oft fließend, z. B. beim Abbremsen eines Antriebes. Aus diesem Grund soll der Generatorbetrieb der Gleichstrommaschine an dieser Stelle erwähnt werden.

Fremderregter Generator

Jeder Generator wandelt mechanische Energie in elektrische, er wird mit einer bestimmten Drehzahl angetrieben.
Nach Gl. (18-6) ist im **Leerlauf** die Spannung U an den Klemmen A1 und A2 gleich der induzierten Spannung. Bei **Belastung** des Generators nimmt die Klemmenspannung ab, weil der innere Widerstand der Stromquelle, der Ankerwiderstand, einen Spannungsfall verursacht. (Der Übergangswiderstand an den Bürsten soll vernachlässigbar klein sein.) Wegen des geringen Ankerwiderstandes sinkt die Klemmenspannung bei Lastzunahme nur geringfügig; der Generator arbeitet spannungshart. Das Absinken der Klemmenspannung kann durch Vergrößern des Erregerstromes und damit durch ein stärkeres Magnetfeld weitgehend ausgeglichen werden.

Abb. 18-46 zeigt die Schaltung des fremderregten Gleichstromgenerators, dessen Erregerstrom eingestellt werden kann. Über die Kurzschlussklemme q am Feldsteller wird die Feldwicklung bei Unterbrechung des Erregerstromkreises kurzgeschlossen. Die beim Öffnen entstehende gefährlich hohe Selbstinduktionsspannung bricht damit über der Wicklung zusammen.

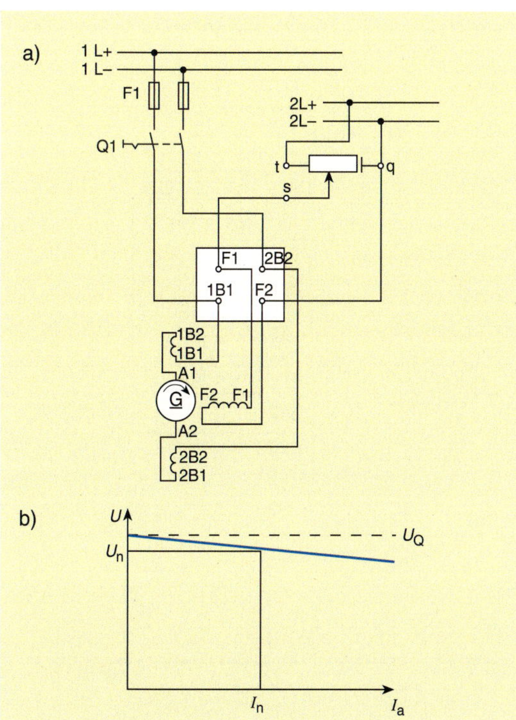

Abb. 18-46 ***Fremderregter Gleichstromgenerator***
a) Schaltung (für Rechtslauf)
b) Belastungskennlinie

Bei einem möglichen **Kurzschluss** des fremderregten Generators wird der Ankerstrom nur vom Widerstand der Ankerwicklung begrenzt. Der sehr große Strom gefährdet den Generator in höchstem Maße. Der fremderregte Gleichstromgenerator muss vor Überlastung und Kurzschluss sicher geschützt werden.

Der fremderregte Gleichstromgenerator arbeitet spannungshart. Er ist nicht kurzschlussfest.

Aufgrund des großen Stellbereichs für die Spannung wird er als Steuergenerator verwendet.

Durch immer bessere Magnetwerkstoffe mit großen Remanenzwerten gewinnen Generatoren (geringer Leistung) mit Dauermagneterregung zunehmend an Bedeutung. Ihr Verhalten ähnelt dem der fremderregten Gleichstromgeneratoren. Wegen des konstanten Feldes der Dauermagnete ist ein Nachstellen der Klemmenspannung nicht möglich. Diese Generatoren werden z. B. für die drehzahlproportionale Spannungsmessung eingesetzt (Tachometergeneratoren).

18.3.3 Gleichstrommotoren

Verhalten beim Anlauf

Die Bewertung des Anlaufverhaltens erfordert eine Aussage über die zu erwartende Stromstärke. Die Umstellung der Gl. (18-7) nach dem Ankerstrom vermittelt eine solche Aussage.

$$I_a = \frac{U - U_Q}{R_a} \qquad \textbf{18-8}$$

Im Augenblick des Einschaltens fehlt die Induktionsspannung. Weil sie der angelegten Spannung entgegenwirkt, heißt sie auch Gegenspannung. Sie wird erst mit einsetzender Drehbewegung induziert und nimmt mit der Drehzahl zu. Dann wird die Spannungsdifferenz kleiner und nach Gl. (18-8) die Stromstärke. Beim Erreichen der Nenndrehzahl stellt sich der Nennstrom ein, der ungefähr $^1/_{20}$ bis $^1/_{10}$ des Einschaltstromes beträgt. Der sehr große Einschaltstrom bewirkt

- eine starke Erwärmung der Ankerwicklung und des Stromwenders,
- eine unzulässige Rückwirkung auf das Netz bzw. die Spannungsversorgung,
- wegen des kräftigen Anzugsmomentes eine Überbeanspruchung des anzutreibenden Mechanismus.

Aus diesen Gründen dürfen nur Motoren mit geringer Leistung unmittelbar an die volle Netzspannung angeschlossen werden. Bei Motoren, die mit einer Nennspannung von 220 V arbeiten, liegt die Obergrenze für ein direktes Einschalten bei Leistungen von ungefähr 500 W. Entscheidend hierfür ist der Wert des Ankerwiderstandes und die Art der Spannungsversorgung.

Ein direktes Einschalten ist nur bei Gleichstrommotoren geringer Leistung zulässig.

Mit einem Vorwiderstand, dem so genannten Anlasser, kann der hohe Einschaltstrom wirksam begrenzt werden. Dieser Anlasser ist so zu bemessen, dass im Einschaltaugenblick der Anlassspitzenstrom das 1,5fache des Nennstromes nicht übersteigt. Mit zunehmender Drehzahl und damit zunehmender Gegenspannung kann der Widerstand stufenweise abgeschaltet werden. Die Anschlussstellen des Anlassers sind folgendermaßen zu schalten: L („Leitung") an das Netz, R („Rotor") an die Ankerwicklung, M („Magnetfeld") an die Nebenschlusswicklung.

Beispiel

Ein Gleichstrommotor hat einen Ankerwiderstand $R_a = 1\ \Omega$. Beim Betrieb an der Nennspannung $U = 220$ V fließt der Nennstrom $I_n = 14{,}67$ A.

Wie groß sind

a) der Einschaltstrom I_A ohne vorgeschalteten Anlasser,

b) das Verhältnis I_A / I_n,

c) der Gesamtwiderstand R_A des Anlassers, wenn der Anlassspitzenstrom I_{sp} das 1,5fache des Nennstromes I_n beträgt?

Lösung

a) $I_A = \frac{U}{R_a} = \frac{220\ \text{V}}{1\ \Omega} = \underline{\underline{220\ \text{A}}}$

b) $\frac{I_A}{I_n} = \frac{220\ \text{A}}{14{,}67\ \text{A}} = \underline{\underline{15}}$

c) $R_{ges} = \frac{U}{I_{sp}} = \frac{U}{1{,}5 \cdot I_n} = \frac{220\ \text{V}}{1{,}5 \cdot 14{,}67\ \text{A}} = 10\ \Omega$

$R_A = R_{ges} - R_a = 10\ \Omega - 1\ \Omega = \underline{\underline{9\ \Omega}}$

Verhalten im Nennbetrieb

Gl. (18-8) verhilft zu einer wesentlichen Aussage: Bei größerer Belastung des Gleichstrommotors muss er ein größeres Drehmoment abgeben. Dafür ist eine größere Stromstärke I_a erforderlich. Bei gleich bleibender Betriebsspannung U kann dies nur geschehen, wenn die Gegenspannung und damit die Drehzahl geringer werden. Wird der Motor hingegen entlastet, nehmen Drehmoment und Stromstärke ab. Das ist aber nur möglich, wenn die Gegenspannung ansteigt, d. h. wenn die Drehzahl zunimmt.

18

Durch die induzierte Gegenspannung wird die Stromaufnahme des Gleichstrommotors der Belastung angepasst.

Vielfach verlangen Antriebe eine bestimmte Drehzahl, die auch bei Laständerungen konstant bleiben soll. Wiederum gibt Gl. (18-8) – nach Einsetzen der allgemeinen Generatorgleichung und Auflösen nach der Drehzahl n – Auskunft darüber, wie diese Aufgabe gelöst, d. h. auf welche Weise die Drehzahl gestellt werden kann:

$$I_a = \frac{U - U_Q}{R_a}; \quad U_Q = c_1 \cdot \Phi \cdot n$$

$$I_a \cdot R_a = U - c_1 \cdot \Phi \cdot n$$

$$n = \frac{U - I_a \cdot R_a}{c_1 \cdot \Phi} \qquad \text{18-9}$$

Danach kann die Drehzahl gestellt werden durch
- Vermindern der Ankerspannung,
- Zuschalten eines Widerstandes in den Ankerstromkreis,
- Schwächen des Erregerfeldes.

Nebenschlussmotor

Die Schaltung des Nebenschlussmotors zeigt Abb. 18-47a). Der dem Ankerkreis vorgeschaltete Anlasser dient der Begrenzung des Anlaufstromes. Die Erregerwicklung E1–E2 liegt an der vollen Betriebsspannung, der Erregerstrom ist damit lastunabhängig.

Die beim Abschalten des Motors in der Erregerwicklung entstehende Selbstinduktionsspannung wird auf einfache Weise abgebaut: Die feste Verbindung zwischen der Klemme M und dem Widerstand schließt die Erregerwicklung und die Ankerwicklung zu einem Stromkreis.

Das Drehzahlverhalten des Nebenschlussmotors bei unterschiedlicher Belastung wird in Gl. (18-9) beschrieben. Im **Leerlauf** wird die Drehzahl von der Betriebsspannung U und von der Stärke des Erregerfeldes, d. h. vom Betrag des Erregerstromes, bestimmt. Mit zunehmender **Belastung** nimmt der Ankerstrom zu, folglich sinkt die Drehzahl.

Wegen des geringen Ankerwiderstandes ist die Drehzahlabnahme gering.

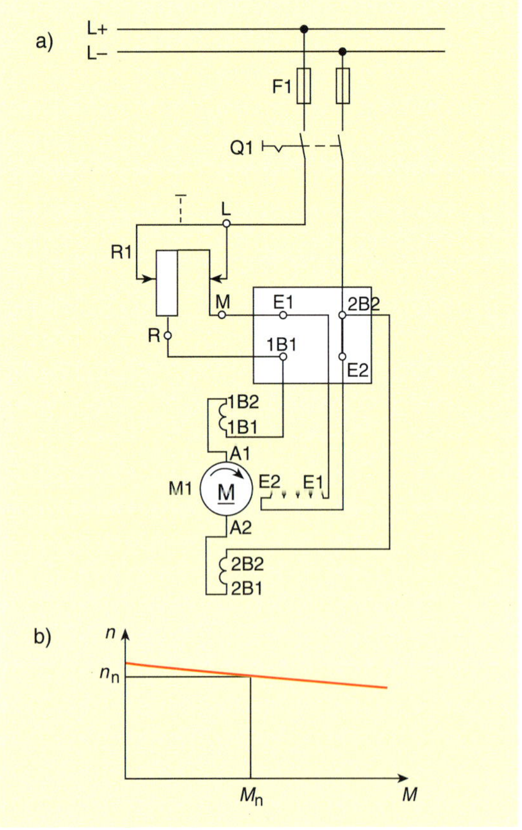

Abb. 18-47 ***Gleichstrom-Nebenschlussmotor***
a) Schaltung (für Rechtslauf)
b) Abhängigkeit der Drehzahl vom Lastmoment

Bei zunehmender Belastung sinkt die Drehzahl des Gleichstrom-Nebenschlussmotors nur wenig. Er hat „Nebenschlussverhalten“.

Eine **Überlastung** kann zu einer übermäßigen Erwärmung der Ankerwicklung sowie des Stromwenders und der Bürsten führen. Durch Schutzeinrichtungen muss diesem Belastungsfall vorgebeugt werden.

Die **Drehzahlsteuerung** erfolgt durch Einflussnahme auf die Ankerspannung und/oder den Erregerstrom.

Dem Ankerwiderstand kann ein Anlasssteller in Reihe geschaltet werden. Dieser besitzt gegenüber einem Anlasser eine feinere Stufung und ist für den Dauerbetrieb einsetzbar. Nach Gl. (18-9) führt die verminderte Ankerspannung an den Klemmen A1–A2 zu einer kleineren Drehzahl. Dieses Verhalten ist physikalisch begründet: Bei gleich bleibendem Drehmoment muss auch der Ankerstrom konstant bleiben. Das ist bei abnehmender Ankerspannung aber nur möglich, wenn gleichzeitig die Gegenspannung abnimmt. Bei unverändertem Erregerstrom erfordert das die Drehzahlabnahme.

Wird in den Erregerkreis ein Feldsteller eingeschaltet, so kann mit ihm das Feld geschwächt werden. Das geschwächte Erregerfeld bewirkt nach Gl. (18-9) einen Drehzahlanstieg. Dieses Ergebnis verwundert zunächst; jedoch ist auch hier die Erklärung möglich: Das gleich bleibende Drehmoment verlangt eine unveränderte Ankerstromstärke. Da die Ankerspannung unbeeinflusst bleibt, darf sich auch die Gegenspannung nicht ändern. Die Verringerung des Erregerstromes führt zur Feldschwächung. Damit diese keine Auswirkungen auf die Gegenspannung hat, muss die Drehzahl ansteigen.

Die Drehzahl eines Gleichstrom-Nebenschlussmotors sinkt mit abnehmender Ankerspannung und steigt bei verminderter Stärke des Erregerstromes.

Die durch Feldschwächung eingestellte Drehzahl darf im Allgemeinen höchstens 110 % der Nenndrehzahl betragen. Bei Unterbrechung des Erregerstromkreises wirkt nur noch der geringe Restmagnetismus in den Hauptpolen. Bei den dann zu erwartenden hohen Drehzahl-Werten kann der Anker durch die Fliehkräfte zerstört werden.

Nebenschlussmotoren können bei Unterbrechung des Erregerstromkreises „durchgehen“.

Es muss deshalb unbedingt vermieden werden, Erregerstromkreise während des Betriebes zu unterbrechen.

Gleichstrom-Nebenschlussmotoren sind wegen ihrer guten Drehzahlstellbarkeit für viele Antriebe nach wie vor unentbehrlich. Meist werden sie heute über Stromrichter am Drehstromnetz betrieben.

Ungefähr 95 % aller Gleichstrommotoren unter 500 W haben eine Dauermagnet-Erregung. Das Verhalten dieser Motoren entspricht dem des Nebenschlussmotors. Das Stellen der Drehzahl ist nur über die Ankerspannung möglich.

Reihenschlussmotor

Beim Reihenschlussmotor ist die Erregerwicklung mit der Ankerwicklung in Reihe geschaltet. Der gesamte Ankerstrom durchfließt somit auch die Erregerwicklung. Sie wird mit einem geringen Widerstand ausgeführt, d. h. sie besteht aus wenigen Windungen dicken Drahtes.

Während beim Nebenschlussmotor das Erregerfeld von der Motorbelastung unbeeinflusst blieb, ist es beim Reihenschlussmotor lastabhängig. Mit zunehmender mechanischer Belastung an der Motorwelle und damit ansteigendem Ankerstrom verstärkt sich das Erregerfeld, bei abnehmender Belastung wird es schwächer. Daraus ergibt sich ein Betriebsverhalten, das von dem des Nebenschlussmotors deutlich abweicht. Im **Leerlauf** hat der Motor nur das geringe Leerlaufmoment aufzubringen. Der dafür erforderliche geringe Ankerstrom baut nur ein schwaches Erregerfeld auf. Nach Gl. (18-9) entsteht eine unzulässig hohe Drehzahl.

Damit ein Reihenschlussmotor nicht „durchgeht“, darf er nicht ohne Belastung betrieben werden.

Die belastende Arbeitsmaschine muss starr angekuppelt sein. Riementriebe sind unzulässig. Bei zunehmender **Belastung** des Motors führt die notwendige Zunahme des Ankerstromes, der gleichzeitig Erregerstrom ist, zur Feldverstärkung. Das bewirkt eine deutliche Verminderung der Drehzahl (vgl. Gl. 18-9). Mit einsetzender magnetischer Sättigung wird der Drehzahlabfall geringer. In Abb. 18-48 sind die Schaltung und

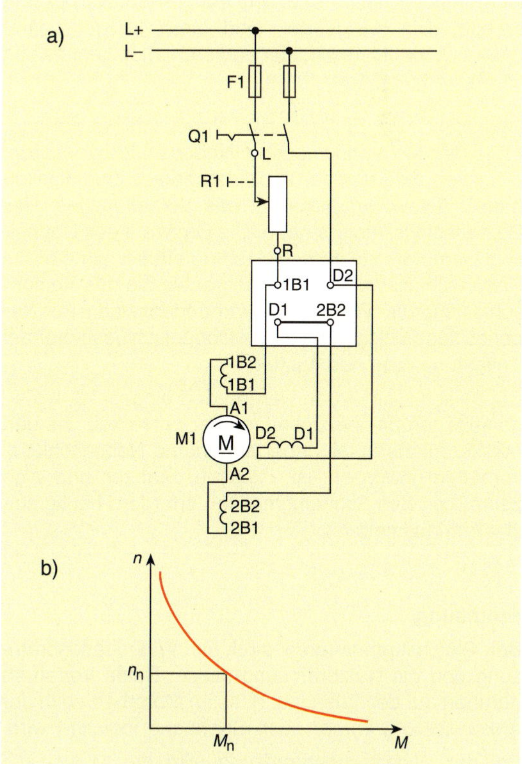

Abb. 18-48 ***Gleichstrom-Reihenschlussmotor***
a) Schaltung (für Rechtslauf)
b) Abhängigkeit der Drehzahl vom Lastmoment

die Abhängigkeit der Drehzahl von der Belastung beim Gleichstrom- Reihenschlussmotor dargestellt.

Eine Überlastung bis zum 2,5fachen des Nennmoments ist zulässig. Der Motor bewältigt solche Lasten bei sehr niedrigen Drehzahlen. Er ist in der Lage, ein sehr großes Anzugsmoment zu entwickeln.

Bei zunehmender Belastung sinkt die Drehzahl des Gleichstrom-Reihenschlussmotors stark. Er hat „Reihenschlussverhalten".

Die **Drehzahlsteuerung** erfolgt – wie beim Nebenschlussmotor – mit einem Anlasssteller (zur Drehzahlverminderung) bzw. mit einem Feldsteller (zur Drehzahlerhöhung). Der Feldsteller ist in diesem Fall parallel zur Erregerwicklung zu schalten. Um die Gefahr des Durchgehens auszuschließen, darf der Feldsteller die Erregerwicklung niemals ganz kurzschließen.

Gleichstrom-Reihenschlussmotoren werden dort eingesetzt, wo ein Anlauf unter großer Last erfolgen muss. Das ist z. B. der Fall beim Antrieb von Hebezeugen und Fahrzeugen. Elektrokarren, Straßenbahnen, S- und U-Bahnen werden vielfach mit Gleichstrom-Reihenschlussmotoren angetrieben. Solche Motoren sind auch die Anlassermotoren in Kraftfahrzeugen.

Doppelschlussmotor

Beim Doppelschlussmotor wird das Erregerfeld durch eine Nebenschluss- und eine Reihenschlusswicklung erzeugt. Die Wicklungen sind meist so geschaltet, dass sich ihre Magnetfelder addieren, d. h. gegenseitig verstärken (vgl. Abb. 18-49).

Überwiegt der Einfluss der Nebenschlusswicklung, zeigt der Motor vorwiegend Nebenschlussverhalten. Dominiert aufgrund der Wicklungsbemessung die Reihenschlusswicklung, kommt das Verhalten dem des Reihenschlussmotors nahe. Die Drehzahl des Doppelschlussmotors sinkt bei Belastung stärker als die des Nebenschlussmotors und weniger als die des Reihenschlussmotors. Wegen des Vorhandenseins einer Nebenschlusswicklung kann der Doppelschlussmotor bei Entlastung nicht durchgehen.

Doppelschlussmotoren werden dort eingesetzt, wo einerseits große Anzugsmomente entwickelt werden müssen, andererseits aber annähernd Nebenschlussverhalten gewünscht ist. Pressen, Stanzen und Walzen mit großen Schwungmassen erfordern häufig solche Antriebsmotoren.

Bremsung

Bei Gleichstrommotoren sind die Widerstandsbremsung und die Nutzbremsung üblich. Beide Verfahren beruhen auf der Tatsache, dass im Motorbetrieb in der Ankerwicklung immer auch Spannung induziert wird.

Bei der Widerstandsbremsung wird der Motor vom Netz getrennt und auf einen Widerstand umgeschaltet. Die in der drehenden Ankerwicklung induzierte Spannung treibt jetzt einen Strom durch den Belastungswiderstand. Der Motor ist zum Generator geworden, dessen Drehbewegung durch das vom Ankerstrom bewirkte Gegenmoment abgebremst wird. Durch Verändern des Belastungswiderstandes kann die Bremswirkung beeinflusst werden. In Abb. 18-50 ist der Anlasswiderstand nach dem Umschalten gleichzeitig Bremswiderstand. Je kleiner der Widerstandswert wird, desto größer wird der Ankerstrom, und die Bremswirkung nimmt zu. Die Widerstandsbremsung wird bei Fahrzeugen angewendet.

Wird der Motor mit einer so großen Drehzahl angetrieben, dass die in der Maschine erzeugte Spannung größer ist als die Netzspannung (z. B. bei der Talfahrt von Fahrzeugen), so erfolgt eine Stromrichtungsumkehr in der Ankerwicklung. Die Maschine ist vom Motor- in den Generatorbetrieb übergegangen; es erfolgt Energielieferung in das Netz. Das beim Generatorbetrieb entstehende Gegendrehmoment ruft eine bremsende Wirkung hervor.

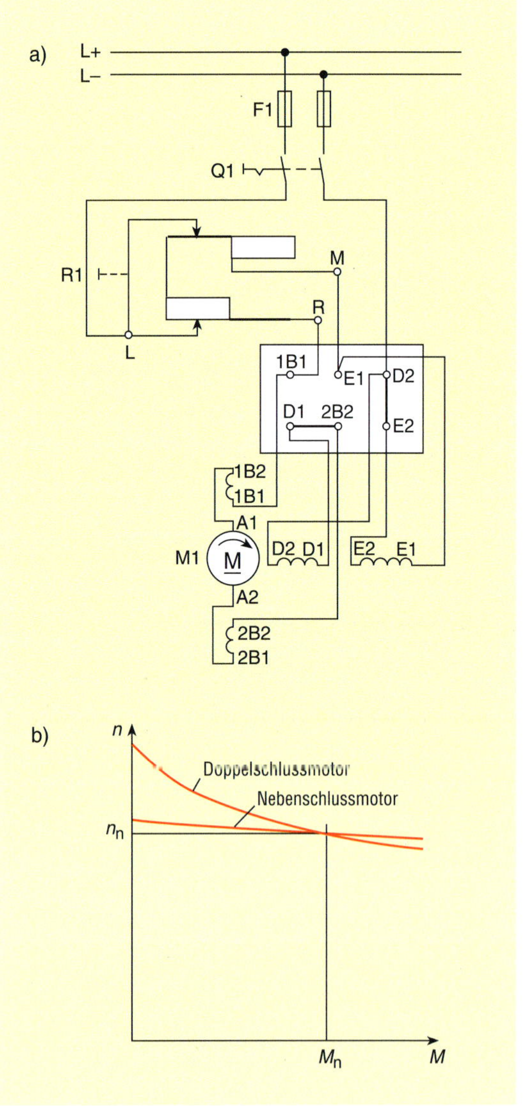

Abb. 18-49 ***Gleichstrom-Doppelschlussmotor***
a) Schaltung (für Rechtslauf)
b) Abhängigkeit der Drehzahl vom Lastmoment

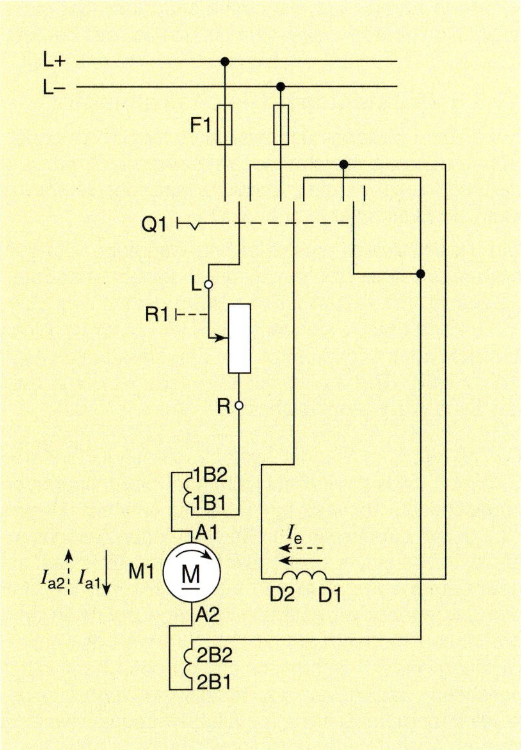

Abb. 18-50 ***Reihenschlussmotor mit Widerstandsbremsung***

18.3.4 Universalmotor

Vertauscht man die beiden Netzzuleitungen eines Gleichstrommotors miteinander, so ändern sich die Stromrichtungen in der Anker- und in der Erregerwicklung. Die Drehrichtung des Motors bleibt erhalten. Es liegt deshalb die Vermutung nahe, Gleichstrommotoren auch mit Wechselstrom betreiben zu können. Der periodisch wiederkehrende Richtungswechsel des Wechselstromes ist vergleichbar mit einem fortwährenden Vertauschen der Anschlussleitungen am Gleichstromnetz. Der Nebenschlussmotor ist für den Wechselstrombetrieb nicht geeignet. Die hohe Windungszahl seiner Erregerwicklung bewirkt eine große Induktivität, so dass der Erregerstrom dem Ankerstrom um fast 90° nacheilt. Das entwickelte Drehmoment ist folglich sehr gering. Anders ist es beim Reihenschlussmotor: Durch die Reihenschaltung von Erreger- und Ankerwicklung entsteht keine Phasenverschiebung zwischen den Strömen.

Die beim Betreiben am Wechselstromnetz im Magnetmaterial entstehenden Wirbelströme werden dadurch herabgesetzt, indem nicht nur der Läufer, sondern auch der Ständer der Maschine aus voneinander isolierten Blechen aufgebaut wird.

Universalmotoren sind Reihenschlussmotoren, die sowohl an Gleich- als auch an Wechselspannung betrieben werden können.

Die Motorleistungen sind auf etwa 0,5 kW begrenzt.

Auf ausgeprägten Polen ist die geteilte Erregerwicklung aufgebracht, Wendepol- und Kompensationswicklungen sind nicht vorhanden. Die Ankerwicklung ist zwischen die beiden Hälften der Erregerwicklung geschaltet. Dadurch wirken diese wie Drosselspulen und unterdrücken die durch Bürstenfeuer entstehenden hochfrequenten Störspannungen. Um Funkstörungen ganz auszuschließen, werden darüber hinaus Entstörkondensatoren zugeschaltet. Die Entstörmaßnahmen erfordern beim Motorenhersteller hohe technologische Disziplin. Veränderungen an dessen Maßnahmen sollten nicht vorgenommen werden.

Abb. 18-51b zeigt, dass beim Anschluss des Universalmotors an Wechselspannung die Windungszahl der Erregerwicklung geringer ist als beim Betreiben an Gleichspannung derselben Größe. Der beim Wechselspannungsbetrieb vorhandene induktive Blindwiderstand mindert die Stromstärke und folglich die Motorleistung. Um diese Wirkung zu begrenzen, verringert man die Windungszahl.

Das Verhalten der Universalmotoren gleicht dem der Gleichstrom-Reihenschlussmotoren.

Universalmotoren entwickeln ein großes Anzugsmoment. Die Drehzahl ist stark belastungsabhängig.

Universalmotoren, am Wechselstromnetz betrieben, werden vorwiegend zum Antrieb von Elektrowerkzeugen und Haushaltgeräten eingesetzt. Bohrmaschinen und Staubsauger beispielsweise sind mit solchen Motoren ausgerüstet. Batteriegespeist treiben sie u. a. Elektroschrauber an.

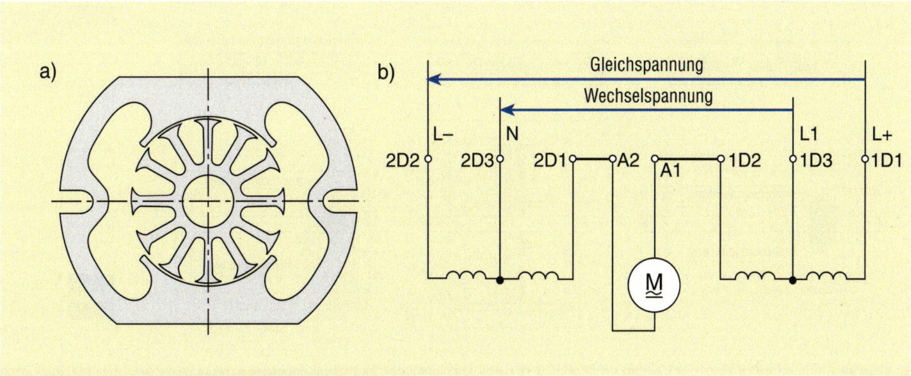

Abb. 18-51 ***Universalmotor a) Blechschnitt b) Schaltung***

18.3.5 Gleichstrom-Stellmotoren

Steuerungs- und Regelungsvorgänge benötigen häufig Stellmotoren. Beispiele hierfür sind das Positionieren von Werkzeugen und Werkstücken oder das Verstellen von Ventilen. Motoren für diesen Einsatzzweck müssen zwei grundsätzliche Forderungen erfüllen:

- große Dynamik, d. h. schnelle Befehlsausführung,
- geringer Energieaufwand bei der Stellbewegung.

Diese Forderungen haben zu speziellen Konstruktionsformen geführt. Gemeinsam ist ihnen die Permanenterregung und ein trägheitsarmer Läufer. Das erlaubt hohe Beschleunigungen und garantiert auch bei niedrigen Drehzahlen einen gleichmäßigen Rundlauf. Abb. 18-52 zeigt übliche Konstruktionsformen.

Stellmotoren haben geringe drehende Massen. Die Stellbewegung kann schnell und mit geringem Energieaufwand erfolgen.

Der Langläufer-Motor unterscheidet sich in seinem Aufbau vom herkömmlichen permanent erregten Gleichstrommotor lediglich durch seine lang gestreckte Bauweise. Diese verhilft zu der gewünschten geringen Trägheit des Läufers. Hohe Beschleunigungen bzw. Verzögerungen sind möglich.

Der Anker des Scheibenläufermotors besteht aus einer Isolierstoffscheibe mit beidseitigen Leiterbahnen. Diese Bahnen sind aus Kupferfolie ausgestanzt und auf die Isolierstoffscheibe aufgeklebt. Durch Verschweißen der Enden der beidseitigen Leiterbahnen entsteht eine durchgehende Wicklung. Die offen liegenden Leiterbahnen ermöglichen eine gute Wärmeabfuhr und gestatten kurzzeitig eine Überlastung des Motors. Die geringe Trägheit des eisenlosen Ankers ermöglicht große Beschleunigungen. Die Bürsten schleifen direkt auf der Leiterbahn, die damit gleichzeitig Stromwender ist. Das Magnetsystem befindet sich an den beiden Stirnseiten des sehr kurzen Motors.

Der Glockenläufermotor (Hohlläufermotor) hat ein Innenmagnetsystem und eine freitragende Ankerwicklung in Form einer Glocke. Da nur die Strom führende Wicklung rotiert, das Magnetmaterial aber fest steht, ergibt sich ebenfalls eine geringe Trägheit des Läufers.

18.3.6 Bürstenloser Gleichstrommotor

Bei diesem Motor ist das mechanische Stromwender-Bürsten-System durch eine elektronische Stromwende-Einrichtung ersetzt. Deshalb wird der Motor oft auch als Elektronikmotor bezeichnet.

Die Hauptbauteile des Gleichstrommotors, Erregersystem und Ankersystem, sind bei diesem Motor ausgetauscht. Die Ankerwicklung ist im geblechten Ständer untergebracht; sie steht fest. Der Läufer trägt das Erregersystem, bestehend aus Dauermagneten (vgl. Abb. 18-53). Der mechanische Aufbau ist damit dem der Synchronmaschine ähnlich.

Die Wicklung im Ständer besteht aus mindestens drei Strängen. Diesen wird nacheinander Gleichspannung zugeschaltet, so dass ein Drehfeld entsteht. Dieses nimmt den Läufer mit. Der Rhythmus der Zuschaltungen wird von einem Lagegeber bestimmt. Er ist fest mit dem Läufer verbunden und bewegt sich mit ihm. Mit dem Lagegeber wird ständig die Lage zwischen dem drehenden Magnetfeld und den Strängen der Ankerwicklung erfasst. Das geschieht auf optischem, magnetischem, kapazitivem oder induktivem Wege. Über eine elektronische Schaltung erfolgt die Lageauswertung und die Ansteuerung der Ankerwicklung. In Abb. 18-54 sind die Wirkprinzipien der Motoren mit mechanischer bzw. elektronischer Stromwendung gegenübergestellt.

Es wird deutlich, dass der Lagegeber dieselbe Funktion wie der Stromwender hat. Der bürstenlose Gleichstrommotor hat damit ein Betriebsverhalten, das dem eines dauermagneterregten Gleichstrommotors mit Stromwender entspricht. Bürstenlose Gleichstrommotoren werden vorwiegend für Antriebe eingesetzt, an die hohe technische Forderungen gestellt werden. Diese Motoren sind Antrieb für Festplattenspeicher und CD-Geräte (Gleichlauf, Funkstörfreiheit), Dentalantrieb (hohe Drehzahl), Stellantrieb (gute Regelbarkeit) oder auch Lüfterantrieb (Betrieb mit Kleinspannung, große Nutzungsdauer).

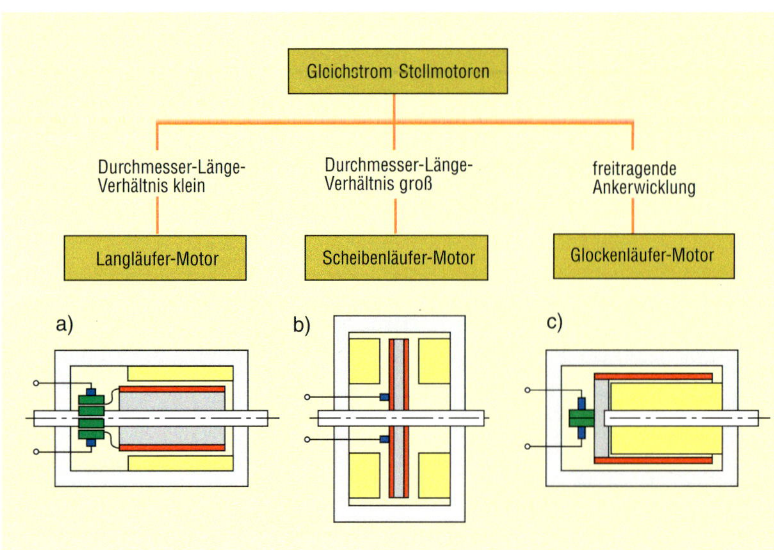

Abb. 18-52

Gleichstrom-Stellmotoren, Prinzipien
a) Langläufer-Motor
b) Scheibenläufer-Motor
c) Glockenläufer-Motor

- Ankerwicklung in Nuten liegend (a), als zweiseitig beschichtete Scheibe (b) als freitragende Glocke (c)
- Tragkörper für die Ankerwicklung als Blechpaket (a), als flache Zwischenisolierung (b), als Tragscheibe (c)
- Permanenterregung mit Magnetsegmenten (a), mit Magnetblöcken (b), mit innen liegendem Ringmagnet (c)
- Gehäuse, gleichzeitig magnetischer Rückschluss
- Stromwender
- Bürsten, die bei (b) direkt auf den Ankerleitern schleifen

18

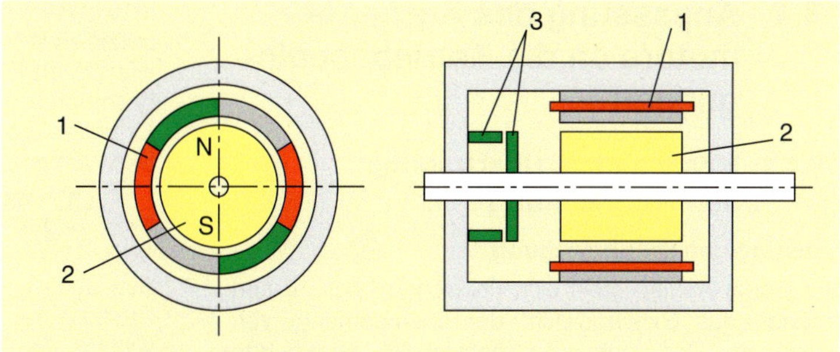

Abb. 18-53

Aufbau des bürstenlosen Gleichstrommotors
1 Ankerwicklung,
2 Dauermagnet,
3 Lagegeber

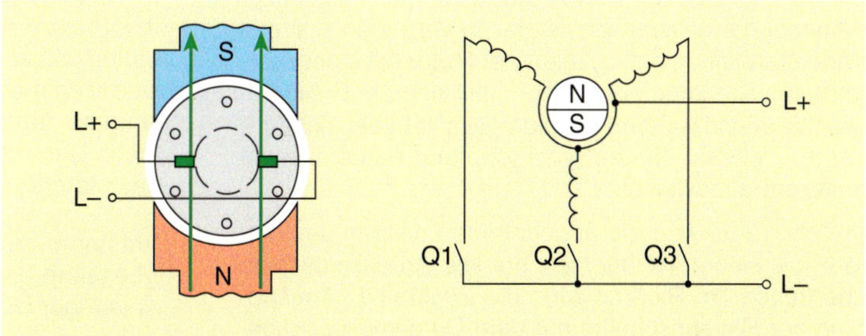

Abb. 18-54

Vergleich der mechanischen und der elektronischen Stromwendung

- Der Erregerfluss ist zeitlich konstant und steht räumlich still.
- Die Bürsten stehen räumlich still. Bürsten und Magnetfluss sind räumlich fest zugeordnet.
- Die Umschaltung der Spulen erfolgt durch den Stromwender.

- Der Erregerfluss ist zeitlich konstant und rotiert.
- Der Lagegeber ist starr mit dem Läufer verbunden. Lagegeber und Magnetfluss sind räumlich fest zugeordnet.
- Die Umschaltung erfolgt durch den Lagegeber.

AUFGABEN

18.21 Welchen Zweck erfüllt der Stromwender bei Gleichstrommaschinen im
a) Generatorbetrieb,
b) Motorbetrieb?

18.22 Was versteht man bei Gleichstrommaschinen unter Ankerrückwirkung?
Welche Auswirkungen hat sie auf den Betrieb der Maschinen?

18.23 Welchen Zweck erfüllen Wendepole bei Gleichstrommaschinen?

18.24 Warum benötigen Gleichstrommotoren sehr oft einen Anlasser?

18.25 Beschreiben Sie das typische Drehzahlverhalten von
a) Nebenschlussmotoren,
b) Reihenschlussmotoren,
c) Doppelschlussmotoren.

18.26 Nennen Sie Einsatzbeispiele für
a) Nebenschlussmotoren,
b) Reihenschlussmotoren,
c) Doppelschlussmotoren.

18.27 Warum müssen bei einer Drehrichtungsumkehr die Ankerwicklung und die Wendepolwicklung gemeinsam umgepolt werden?

18.28 Nennen und begründen Sie schaltungstechnische Möglichkeiten der Drehzahlsteuerung bei Gleichstrommotoren
a) unterhalb,
b) oberhalb der Nenndrehzahl.

18.29 Gleichstrom-Reihenschlussmotoren dürfen niemals über Riementrieb mit der anzutreibenden Maschine verbunden werden. Begründen Sie diese Forderung.

18.30 Weshalb ist bei Reihenschlussmotoren die Drehzahl stark lastabhängig?

18.31 Verändern Sie die Schaltungen in den Abb. 18-47, 8-48 und 8-49 so, dass die drei dargestellten Motoren im Linkslauf arbeiten.

18.32 Gabelstapler werden häufig mit Elektromotoren betrieben.

Welcher Motor eignet sich dafür besonders? Begründen Sie Ihre Auswahl.

18.33 Beschreiben Sie mithilfe der Abb. 18-50 die elektrische Bremsung eines Fahrzeuges, das mit einem Gleichstrom-Reihenschlussmotor angetrieben wird.

18.34 Nennen Sie technische Forderungen, denen Stellmotoren genügen müssen.

Durch welche konstruktiven Maßnahmen werden diese Forderungen bei Gleichstrom- Stellmotoren erfüllt?

18.35 Vergleichen Sie den permanent erregten Gleichstrommotor (mit Bürsten und Stromwender) und den bürstenlosen Gleichstrommotor.

Stellen Sie Vor- und Nachteile gegenüber.

18

18.4 Anpassung des Antriebsmotors an die Betriebsbedingungen

18.4.1 Mechanische Übertragung der Motorleistung

Leistung und Drehbewegung

Bei jedem Antrieb stellt sich (zwischen Leerlauf und Volllast) das Gleichgewicht der Drehmomente von selbst ein. Das vom Motor entwickelte antreibende Drehmoment ist dem Widerstandsmoment der anzutreibenden Arbeitsmaschine gleich. Verändert sich das Widerstandsmoment, reagiert der Motor mit einem veränderten Drehmoment. Immer stellt sich der Gleichgewichtszustand wieder her. Dies geschieht bei einer anderen Drehzahl. (Beim Synchronmotor ergibt sich ein anderer Polradwinkel.)

In Abb. 18-55 wird die abgegebene Leistung des Motors mit einem Treibriemen auf die Arbeitsmaschine übertragen. Im Riemen wirkt die Zugkraft *F*. Am Umfang der Riemenscheibe mit dem Durchmesser *d* bewegt sich der Riemen mit der Geschwindigkeit

$$v = d \cdot \pi \cdot n \qquad \textbf{18–10}$$

Die vom Motor abgegebene mechanische Leistung *P* ist dann
$P = F \cdot v$ oder
$P = F \cdot d \cdot \pi \cdot n$.

Ersetzt man die Zugkraft durch das Drehmoment aus der Beziehung $M = F \cdot r = F \cdot d/2$, so folgt

$$P = M \cdot 2 \cdot \pi \cdot n \qquad \textbf{18–11}$$

18

Beispiel

Ein Motor entwickelt bei einer Drehzahl n = 1400 1/min ein Drehmoment von M = 15 Nm. Wie groß ist die vom Motor abgegebene Leistung?

Lösung

$P = M \cdot 2 \cdot \pi \cdot n$.
$P = 15\ \text{Nm} \cdot 2 \cdot \pi \cdot 1400\ 1/\text{min}$

Setzt man für 1 min = 60 s, ergibt sich

$$P = \frac{15\ \text{Nm} \cdot 2\pi \cdot 1400}{60\ \text{s}}.$$

Und mit 1 Nm = 1 Ws ist

$$P = \frac{15\ \text{Ws} \cdot 2\pi \cdot 1400}{60\ \text{s}} = 2200\ \text{W} = \underline{\underline{2{,}2\ \text{kW}}}.$$

Der Rechengang wird verkürzt, wenn aus Gl. (18-11) eine Zahlenwertgleichung entwickelt wird. Diese Gleichung heißt dann

$$P = \frac{M \cdot n}{9{,}55} \qquad \textbf{18–11a}$$

P in W
M in Nm
n in 1/min

In Gl. (18-11a) werden nur Zahlenwerte, keine Einheiten eingesetzt. Die Leistung ergibt sich in der gewünschten Einheit nur, wenn die Zahlenwerte für das Drehmoment und die Drehzahl ohne die zugehörigen Einheiten eingesetzt werden. Für unsere Motordaten bedeutet das

$$P = \frac{15 \cdot 1400}{9{,}55}\ \text{W} = 2200\ \text{W} = 2{,}2\ \text{kW}.$$

Aus Gl. (18-11) erkennt man, dass Motoren derselben Leistung bei unterschiedlichen Drehzahlen auch verschieden große Drehmomente entwickeln. Zwei Motoren geben dann dieselbe Leistung ab, wenn bei beiden das Produkt $M \cdot n$ übereinstimmt. Ein schnell laufender Motor mit einem geringen Drehmoment hat aber nur kleineren mechanischen Kräften standzuhalten als ein langsam laufender Motor mit einem großen Drehmoment. Das wiederum hat Auswirkung auf die Bauweise des Motors (Abb. 18-56).

> Motoren mit hoher Drehzahl haben bei gleicher Leistung geringere Abmessungen als Motoren mit niedriger Drehzahl.

Aus diesem Grund wird in Antrieben häufig schnell laufenden Motoren der Vorzug gegeben, selbst wenn deren Drehzahl dann in geeigneter Weise herabgesetzt werden muss. Die Motorleistung kann auf die Arbeitsmaschine auf verschiedene Art übertragen werden. Dabei ist es z. T. möglich, Drehmoment *M* und Drehzahl *n* zu verändern. Die Übertragung der Motorleistung kann erfolgen mittels

- Kupplung — *M* und *n* nicht veränderbar
- Riementrieb
- Zahnradtrieb
- Schneckentrieb

(Riementrieb, Zahnradtrieb, Schneckentrieb:) bei gleicher Leistung *M* und *n* veränderbar

> Durch Riemen-, Zahnrad- oder Schneckentriebe können Drehzahl und Drehmoment den Erfordernissen der anzutreibenden Maschine angepasst werden.

Riementrieb

Die Verbindung der Riemenscheiben (vgl. Abb. 18-57) erfolgt meist mit Keilriemen. Durch ihr keilförmiges Profil haben sie ein hohes Haftvermögen. Dadurch tritt praktisch kein Schlupf auf. Der Riemen muss nicht übermäßig gespannt werden, so dass Riemen und Lager geschont werden. Große Leistungen überträgt man mit mehreren nebeneinander angeordneten Keil-

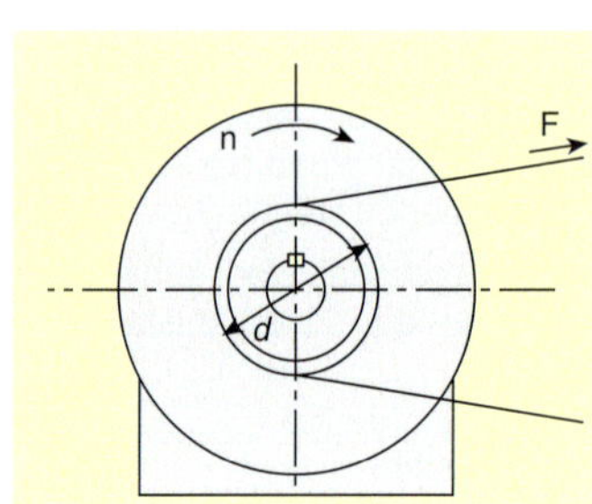

Abb. 18-55
Drehmoment und Motorleistung

Abb. 18-56
Baugrößen der Motoren bei a) gleicher Nennleistung b) gleichem Drehmoment

a)

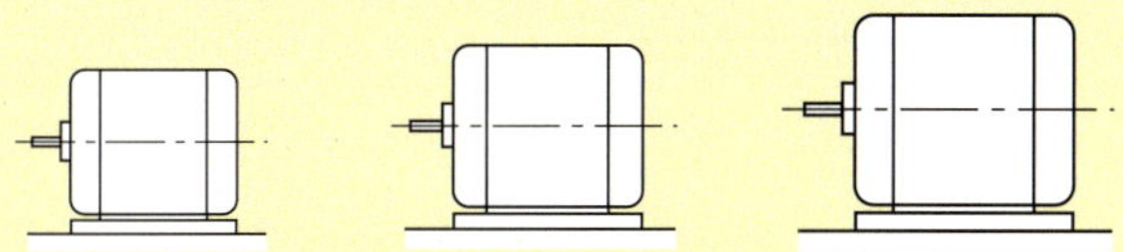

Nennleistung	2,2 kW	2,2 kW	2,2 kW
Nenndrehzahl	$1400\ \frac{1}{\text{min}}$	$920\ \frac{1}{\text{min}}$	$710\ \frac{1}{\text{min}}$
Nenndrehmoment	15 Nm	23 Nm	30 Nm
Baugröße	100 mm	112 mm	132 mm

b)

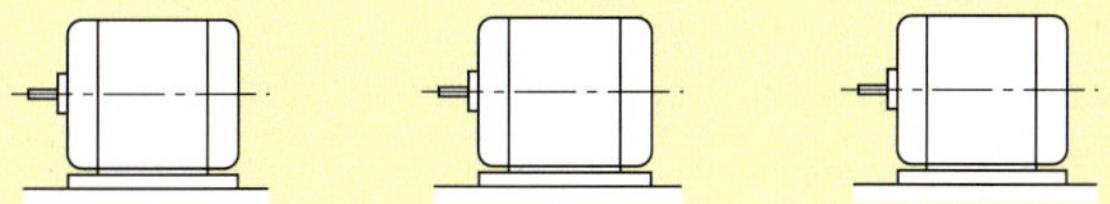

Nennleistung	2,2 kW	1,5 kW	1,1 kW
Nenndrehzahl	$1400\ \frac{1}{\text{min}}$	$920\ \frac{1}{\text{min}}$	$690\ \frac{1}{\text{min}}$
Nenndrehmoment	15 Nm	15 Nm	15 Nm
Baugröße	100 mm	100 mm	100 mm

riemen. Flachriemen sind selten anzutreffen. Sie gestatten höhere Riemengeschwindigkeiten und große Abstände zwischen Antriebsmotor und Arbeitsmaschine.

Die Umfangsgeschwindigkeiten v_1 und v_2 der beiden Riemenscheiben sind gleich:

$$v_1 = v_2$$
$$d_1 \cdot \pi \cdot n_1 = d_2 \cdot \pi \cdot n_2$$
$$d_1 \cdot n_1 = d_2 \cdot n_2$$

$$\frac{n_1}{n_2} = \frac{d_2}{d_1} \qquad \textbf{18–12}$$

Die Scheibe mit dem kleinen Durchmesser dreht sich schnell, die Scheibe mit dem großen Durchmesser langsam. Das Verhältnis n_1 / n_2 heißt Übersetzung.

Beim Riementrieb stehen die Drehzahlen der Riemenscheiben im umgekehrten Verhältnis zu den dazugehörigen Maßen der Scheibendurchmesser.

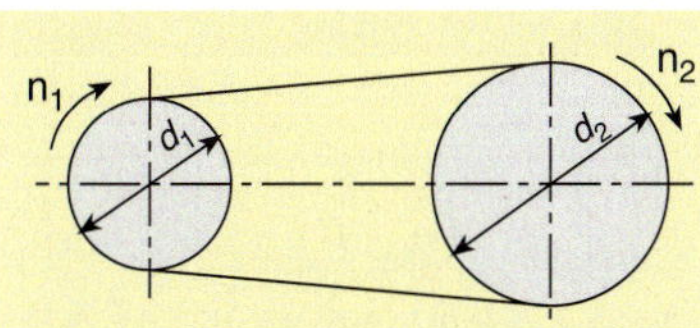

Abb. 18-57
Einfacher Riementrieb

Von geringen Verlusten abgesehen, bleibt die Leistung beim Riementrieb unverändert. Das bedeutet aber, dass sich mit der Drehzahl auch das Drehmoment verändert:

$$P_1 = P_2$$
$$M_1 \cdot 2 \cdot \pi \cdot n_1 = M_2 \cdot 2 \cdot \pi \cdot n_2$$
$$M_1 \cdot n_1 = M_2 \cdot n_2$$

$$\frac{n_1}{n_2} = \frac{M_2}{M_1} \qquad \textbf{18–13}$$

Drehzahlen und Drehmomente stehen im umgekehrten Verhältnis zueinander.

Vergleicht man Gl. (18-12) mit Gl. (18-13), lässt sich schlussfolgern:
Eine Verdopplung des Riemenscheiben-Durchmessers halbiert die Drehzahl, verdoppelt aber das Drehmoment. Drehmomente und Durchmesser der Riemenscheiben stehen in einem direkten Verhältnis zueinander.

Zahnrad- und Schneckentrieb

Ein Zahnrad wird durch die Anzahl z seiner Zähne bestimmt. In einem Zahnradtrieb haben die beiden ineinander greifenden Zahnräder dieselbe Zahnteilung (auf dem Teilkreis gemessener Abstand von Zahnmitte zu Zahnmitte, vgl. Abb 18-58a).

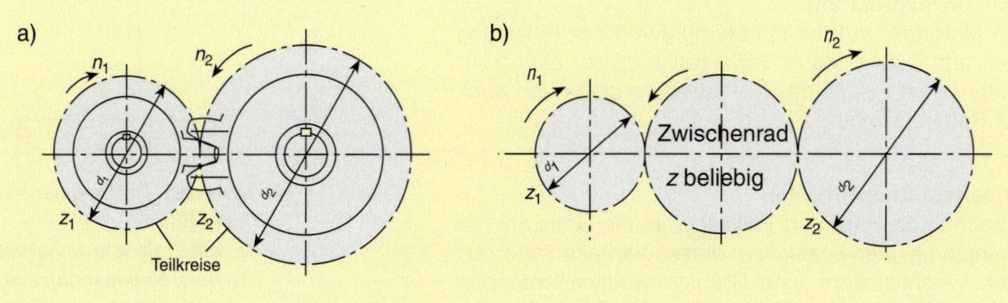

Abb. 18-58
Zahnradtrieb a) einfach b) mit Zwischenrad

18

Aus Gl. (8-12) wird beim Zahnradtrieb die Übersetzung

$$\frac{n_1}{n_2} = \frac{z_2}{z_1} \qquad (18\text{–}14)$$

Beim Zahnradtrieb stehen die Drehzahlen der Zahnräder im umgekehrten Verhältnis zu den dazugehörigen Zähnezahlen.

Mit den Drehzahlen ändern sich die Drehmomente in derselben Weise wie beim Riementrieb; Gl. (18-13) gilt auch für den Zahnradtrieb. Der Vergleich der Gl. (18-14) mit Gl. (18-13) zeigt: Eine Verdopplung der Zähnezahl halbiert die Drehzahl, verdoppelt aber das Drehmoment.

Beim einfachen Zahnradtrieb haben – im Unterschied zum Riementrieb – antreibendes und getriebenes Rad unterschiedliche Drehrichtungen. Durch ein eingefügtes zusätzliches Zwischenrad kann die Drehrichtungsumkehr rückgängig gemacht werden (Abb. 18-58b). Die Übersetzung ändert sich dadurch nicht.

Abb. 18-59 zeigt einen einfachen Schneckentrieb. Bei jeweils einer Umdrehung der eingängigen Schnecke dreht sich das Schneckenrad um einen Zahn weiter. Für eine Umdrehung des Schneckenrades sind folglich z Umdrehungen der Schnecke erforderlich. Mit zunehmender Zähnezahl z des Schneckenrades kann somit seine Drehzahl verringert werden. Gl. (18-14) vereinfacht sich für den Schneckentrieb (mit eingängiger Schnecke) zu

$$\frac{n_1}{n_2} = z$$

Mit einem Schneckentrieb kann eine hohe Drehzahl in eine sehr niedrige Drehzahl umgewandelt werden.

18

18.4.2 Auswahl des Antriebsmotors

Betriebsverhalten

Die Arbeitsmaschine verlangt vom antreibenden Motor eine ausreichende Leistung und ein bestimmtes Drehzahlverhalten bei sich ändernder Belastung.

Die an verschiedener Spannung und nach unterschiedlichen Wirkprinzipien arbeitenden Motoren lassen sich nach ihrer Drehzahl-Drehmoment-Abhängigkeit innerhalb des zulässigen Belastungsbereiches in drei Verhaltensgruppen einteilen.

Synchronverhalten:
Die Motordrehzahl ist unabhängig von der Belastung konstant. Dieses starre Verhalten zeigt der Synchronmotor (nach ihm ist das Verhalten benannt) und auch der Reluktanzmotor.

Nebenschlussverhalten:
Zwischen Leerlauf und Volllast sinkt die Drehzahl nur geringfügig. Man bezeichnet dieses Verhalten auch als hart. Wechselstrom- und Drehstrom-Asynchronmotoren mit Kurzschlussläufer gehören zu dieser Gruppe. Der Gleichstrom-Nebenschlussmotor, dessen Verhalten zur Begriffsbildung führte, gehört ebenso dazu wie die meisten Gleichstrom- Doppelschlussmotoren.

Reihenschlussverhalten:
Man spricht von Reihenschlussverhalten, wenn die Drehzahl, wie bei einem Gleichstrom-Reihenschlussmotor, bei Belastung stark abfällt. Bei Entlastung besteht dann die Gefahr des Durchgehens. Dieses weiche Verhalten haben alle Reihenschlussmotoren für Gleich-, Wechsel- und Drehstrom. Schleifringläufermotoren gehen vom Nebenschluss- zum Reihenschlussverhalten über, wenn ihnen Läuferwiderstände zugeschaltet werden (Abb. 18-60).

Zwischen den Anschlussbezeichnungen, der Verbindung der Anschlussstellen mit dem Versorgungsnetz und dem Drehsinn des Motors besteht bekanntlich ein fest vorgegebener Zusammenhang.

Der Drehsinn eines Motors ist die Drehrichtung seiner Welle beim Blick auf das Wellenende. Die Drehrichtung im Uhrzeigersinn gilt als Rechtslauf, die Drehrichtung gegen den Uhrzeigersinn gilt als Linkslauf (Abb. 18-61).

Besitzt ein Motor zwei Wellenenden verschiedener Dicke, so ist sein Drehsinn die Drehrichtung der Welle beim Blick auf das dickere Wellenende. Sind die beiden Wellenenden gleich dick, gilt als Drehsinn diejenige Drehrichtung, die an der dem Lüfter, den Schleifringen oder dem Stromwender **abgewendeten** Maschinenseite festgestellt wird.

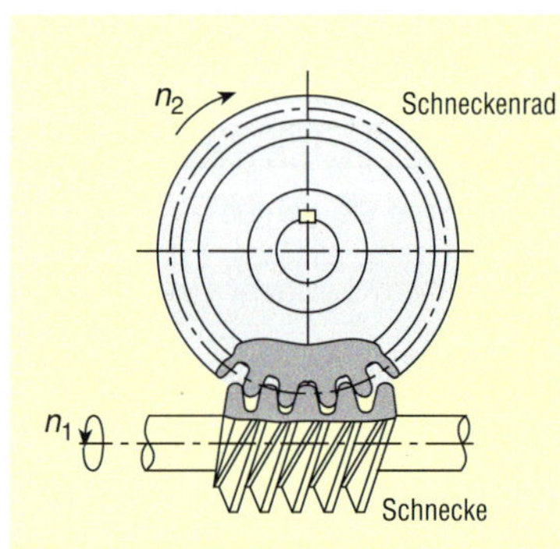

Abb. 18-59 ***Schneckentrieb***

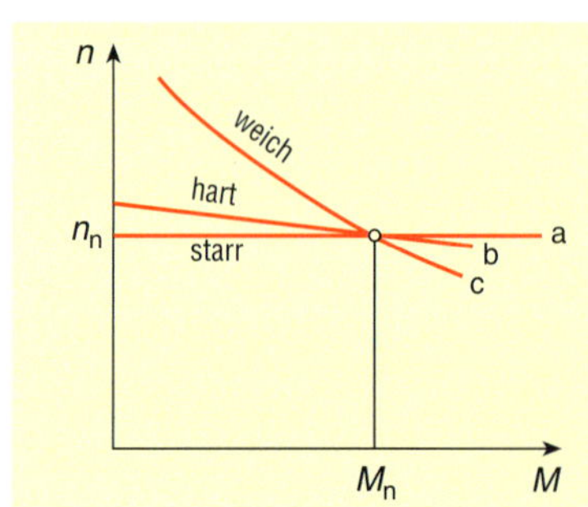

Abb. 18-60 ***Drehzahl-Drehmoment-Verhalten der Motoren***
a) starr; Synchronverhalten
b) hart; Nebenschlussverhalten
c) weich; Reihenschlussverhalten

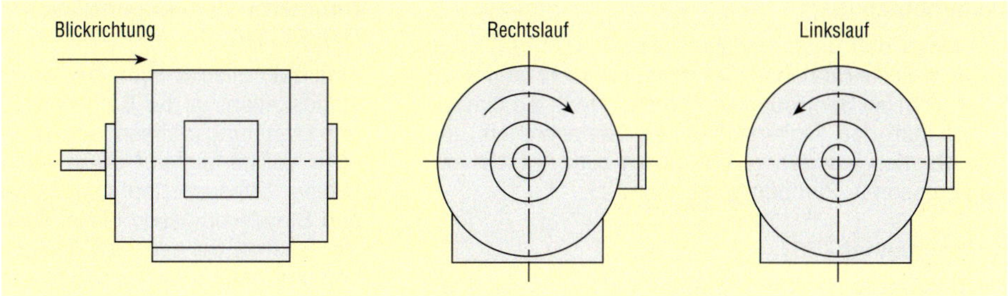

Abb. 18-61

Drehsinn von Motoren

Betriebsarten

Beim Betreiben eines Elektromotors treten unerwünschte Energieumwandlungen auf. Der Motor erwärmt sich. Der Temperaturverlauf ist abhängig von der Größe der Wärmeentwicklung in der Maschine selbst und von den Bedingungen der Wärmeabfuhr. Die Temperatur steigt erst dann nicht weiter, wenn die gesamte im Motor entstehende Wärmemenge gleichzeitig an die Umgebung abgegeben wird. Die Temperatur, bei der sich dieses thermische Gleichgewicht einstellt, heißt Beharrungstemperatur.

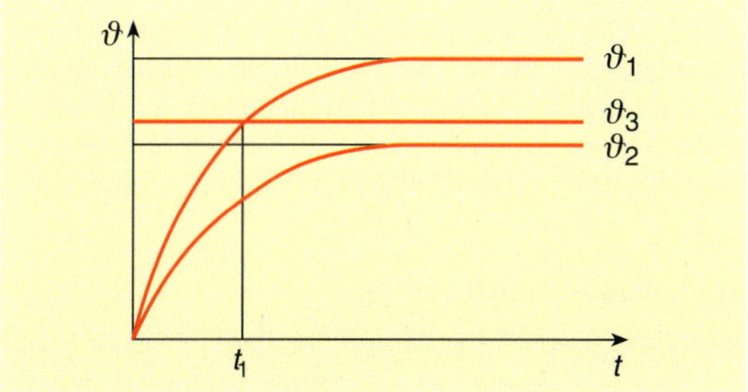

Abb. 18-62

Temperaturverlauf in Abhängigkeit von der Zeit

ϑ_1 – Beharrungstemperatur bei einem Strom I_1

ϑ_2 – Beharrungstemperatur bei niedrigerem Strom I_2

ϑ_3 – Grenztemperatur der Isolierung

In Abb. 18-62 führt ein großer Motorstrom I_1 zu einem raschen Temperaturanstieg. Durch die Isolierstoffklasse ist die zulässige Grenztemperatur ϑ_3 bestimmt; sie wird schnell erreicht und nach der Zeit t_1 überschritten. Die sich einstellende Beharrungstemperatur ϑ_1 liegt darüber. Die Folge ist die thermische Überbeanspruchung der Isolation und ihre mögliche Zerstörung. Der Motor darf mit dieser Stromstärke nur bis zur Zeit t_1 betrieben werden. Anschließend muss ihm genügend Zeit zum Abkühlen gelassen werden. Ein deutlich geringerer Strom I_2 lässt eine Beharrungstemperatur ϑ_2 entstehen, die unter der Grenztemperatur ϑ_3 liegt. Der Motor kann mit dieser Stromstärke dauernd betrieben werden.

Stärke und Dauer des Motorstromes beeinflussen die Wärmeentwicklung im Motor. Die Grenztemperatur des Isolierstoffes darf dabei nicht überschritten werden.

Die Größe des geforderten Drehmomentes sowie die zeitliche Verteilung der Be- und Entlastung des Motors legen den Grad der Erwärmung und der möglichen Abkühlung fest. Aufeinanderfolge und Dauer der verschiedenen Betriebszustände (Stillstand, Anlauf, Belastung, Leerlauf, elektrische Bremsung) werden in zehn verschiedenen Betriebsarten zusammengefasst.

Die Betriebsart, in der der jeweilige Motor einsetzbar ist, wird auf seinem Leistungsschild angegeben. Für den Dauerbetrieb darf eine solche Angabe entfallen.

Elektromotoren müssen aus Gründen der thermischen Beanspruchung an den Belastungsrhythmus der Arbeitsmaschine angepasst werden (Abb. 18-63).

18

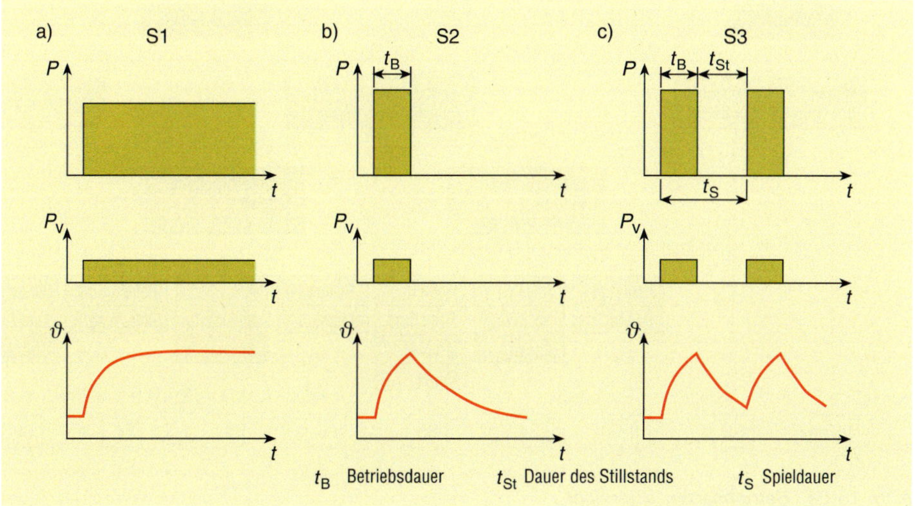

Abb. 18-63

Betriebsarten von Motoren

a) Dauerbetrieb S1

b) Kurzzeitbetrieb S2

c) Aussetzbetrieb S3

Dauerbetrieb (S1)

Der Motor darf unter Nennlast ohne Pause betrieben werden. Seine Betriebsdauer ist zeitlich nicht begrenzt. Er erreicht die Beharrungstemperatur, ohne die Grenztemperatur des Isolierstoffes zu überschreiten. Im Dauerbetrieb arbeiten z. B. Motoren zum Antrieb von Kompressoren, Pumpen und Lüftern.

Kurzzeitbetrieb (S2)

Die Betriebsdauer darf – je nach Ausführung des Motors – 10, 30, 60 oder 90 Minuten nicht überschreiten. Sie wird auf dem Leistungsschild angegeben, z. B. S2 10 min. Die Beharrungstemperatur wird während der Betriebsdauer nicht erreicht. Die Pausenzeit ist so lang, dass sich der Motor immer wieder auf die Ausgangstemperatur abkühlen kann. Kühlschrankmotoren und Motoren in Haushaltgeräten müssen dieser Betriebsart entsprechen.

Aussetzbetrieb (S3, S4, S5)

Nennbelastung und Stillstand wechseln in einer Folge gleichartiger „Spiele" ab. Die Betriebsdauer t_B und die Dauer des Stillstands t_{St} ergeben zusammen die Spieldauer t_S.

Diese beträgt meistens 10 Minuten. In den Pausen kommt es zu keiner vollkommenen Abkühlung des Motors auf die Ausgangstemperatur. Das Verhältnis der Betriebsdauer zur Spieldauer wird als relative Einschaltdauer ED bezeichnet. Je nach Ausführung der Motoren beträgt diese 15 %, 25 %, 40 % oder 60 %. Die Angabe auf dem Leistungsschild des Motors lautet dann beispielsweise S3 25 %. In der Betriebsart S3 ist der Anlaufvorgang innerhalb jedes Spieles für die Erwärmung des Motors unerheblich. Die Betriebsart S4 hingegen berücksichtigt den Anlaufvorgang mit seiner vergrößerten Stromaufnahme und der damit verbundenen größeren Erwärmung des Motors. Wird innerhalb eines Spieles zusätzlich elektrisch gebremst, so wird das in der Betriebsart S5 berücksichtigt. Typische Vertreter dieser drei Betriebsarten sind Antriebsmotoren für Hebezeuge, Fahrwerke und Werkzeugmaschinen.

Ununterbrochener periodischer Betrieb (S6, S7, S8)

Innerhalb gleichartiger Spiele gibt es hier keine Stillstandszeiten. In der Betriebsart S6 läuft der Motor in den Belastungspausen leer weiter; dabei kann er sich nicht vollständig auf seine Ausgangstemperatur abkühlen. Motoren zum Antrieb von Pressen, Scheren und Stanzen müssen dieser Betriebsart entsprechen. Der Betrieb, bei dem sich Anlauf, konstante Belastung und elektrische Bremsung immer wiederholen, wird von der Betriebsart S7 erfasst. Wechseln sich unterschiedliche Belastungen ab, die an verschiedene Drehzahlen gebunden sind (z. B. durch Polumschaltung bei Asynchronmotoren), so entspricht das der Betriebsart S8.

Nichtperiodischer Betrieb (S9, S10)

In der Betriebsart S9 werden nichtperiodische Vorgänge erfasst. Belastung und Drehzahl des Motors ändern sich in unregelmäßigen Zeitabständen. Kurzzeitig kann der Motor weit über seine Nennleistung hinaus belastet werden. Folgen Belastungszustände nichtperiodisch aufeinander, wobei jeweils der Beharrungszustand erreicht wird, liegt die Betriebsart S10 vor.

Abb. 18-64 soll Gemeinsamkeiten und Unterscheidungsmerkmale zwischen den Betriebsarten verdeutlichen.

Isolierstoffklassen und Kühlverfahren

Die Wandlung elektrischer in mechanische Energie ist bei jedem Motor von unerwünschter Wärmeentwicklung begleitet. Sie entsteht im Ständer- und im Läufereisen, in den Lagern, vor allem aber in den stromdurchflossenen Wicklungen. Die Erwärmung ist umso stärker, je größer der Betrag des Motorstromes, d. h. je stärker der Motor belastet ist (Abb. 18-65).

Die aufgenommene Leistung aus dem Netz und damit die Stromaufnahme und die Erwärmung des Motors richten sich nach der Belastung durch die Arbeitsmaschine.

18

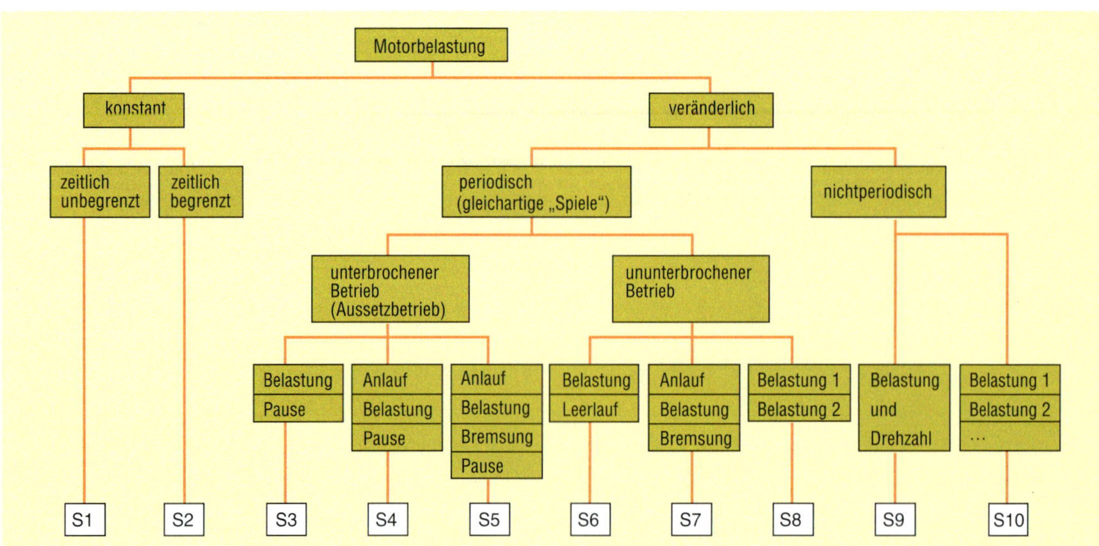

 Abb. 18-64 ***Betriebsarten, Übersicht***

Die zulässige Betriebstemperatur, die die Maschine annehmen darf, hängt ganz wesentlich vom Isoliermaterial der Wicklungen ab. Wird dessen zulässige Temperatur überschritten, beeinträchtigt das die Lebensdauer der Maschine erheblich. Die verschiedenen Isolierstoffe sind Isolierstoffklassen zugeordnet. Diese sind mit Buchstaben gekennzeichnet. Auf dem Leistungsschild umlaufender elektrischer Maschinen ist die zugehörige Isolierstoffklasse vermerkt. Die in Tab. 18-2 angegebenen Temperaturwerte gelten für Aufstellungsorte bis zu 1000 m über dem Meeresspiegel und für Umgebungstemperaturen von höchstens 40 °C.

Die von der Isolierstoffklasse bestimmten Grenzwerte für die zulässige Erwärmung der Maschine dürfen nicht überschritten werden. Die in der Maschine entstehende Verlustwärme muss abgeführt, d. h. die Maschine muss gekühlt werden.

Die Wirksamkeit der Kühlung wird von der Wärmeleitfähigkeit der Isolierstoffe, ganz besonders aber von der Art des Kühlmittels, dessen Bewegung und Führung bestimmt. Als Kühlmittel dienen Gase (Luft, Stickstoff, Wasserstoff, Kohlendioxid) und Flüssigkeiten (Öl, Wasser). Der Luft als Kühlmittel kommt die größte Bedeutung zu. Das unmittelbar die Wicklung berührende Kühlmittel nennt man primäres Kühlmittel. Es leitet die in der Wicklung entstehende Wärme ab.

Alle Kühlmittel befinden sich in einem Kreislauf. In ihm kann das erwärmte primäre Kühlmittel durch ein sekundäres Kühlmittel niedrigerer Temperatur gekühlt werden. Dazu ist ein Wärmetauscher erforderlich. Das primäre Kühlmittel kann auch ständig erneuert, d. h. der Umgebung entnommen und an sie wieder abgegeben werden.

Die Kühlverfahren für umlaufende elektrische Maschinen werden nach einem international abgestimmten Code bezeichnet. Sein Kennzeichen ist IC (International Cooling). Das Kühlmittel wird durch einen Kennbuchstaben, die Kühlkreisanordnung und die Bewegungsart des Kühlmittels werden durch Kennziffern charakterisiert (Abb. 18-66, S. 408).

Bei den meisten Motoren wird Luft als primäres und sekundäres Kühlmittel verwendet. Im Bezeichnungssystem darf dann der Kennbuchstabe „A“ für Luft entfallen. Die Konstruktion des Motors legt die Kühlkreisanordnung fest. Meist ergeben sich Anordnungen nach den Kennziffern 1 bis 4. Das Kühlmittel wird fast ausschließlich durch freie Konvektion, durch Eigenbelüf-

Abb. 18-65
Verluste in umlaufenden elektrischen Maschinen

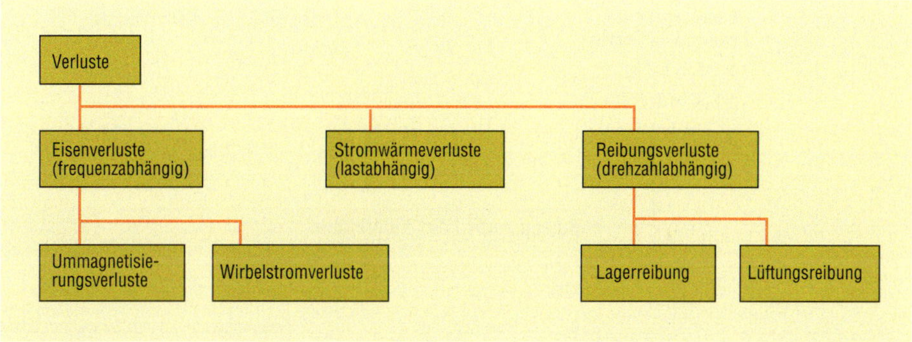

Isolierstoffklasse	Grenztemperatur	Isolierstoffe	Binde- und Tränkmittel	Grenzübertemperatur¹) für Maschinenwicklungen
Y	90 °C	Baumwolle, Papier, Kunstseide, Holz, PVC, Gummi	nicht erforderlich	45 K
A	105 °C	Baumwolle, Kunstseide, Holz, Pressspan, Polyamidfaser	modifizierte Natur- oder Kunstharzlacke	60 K
E	120 °C	Baumwoll- und Papierschichtverbundstoffe, Cellulosetriacetatfolie	Kunstharzlacke, Epoxidharze	70 K
B	130 °C	Glasfaser, Asbest, Glimmer	Kunstharzlacke, Epoxidharze, vernetzte Polyurethanharze	80 K
F	155 °C	Glasfaser, Asbest, Glimmer	Epoxid-, Alkydharze, vernetzte Polyurethanharze	100 K
H	180 °C	geschichtete Glasfaser, Asbest, Glimmer	Siliconharze	125 K
C	> 180 °C	Glas, Porzellan, Quarz, Glimmer, Asbest, Polytetrafluoräthylen	Siliconharze	

1) Die Grenzübertemperatur ist die höchstzulässige Übertemperatur zwischen der Grenztemperatur und der höchsten Temperatur des Kühlmittels (Luft 40 °C), vermindert um einen vorgeschriebenen Sicherheitswert.

Tab. 18-2 ***Isolierstoffklassen***

Kühlkreisanordnung

Kennziffer	Kurzbezeichnung	Beispiel
0	Freier Kühlkreis	Durchzugsbelüftung
1	Kühlkreis mit Zuführung über Rohr oder Kanal	Durchzugsbelüftung bei Zuführung über Rohr
2	Kühlkreis mit Abführung über Rohr oder Kanal	Durchzugsbelüftung mit Abführung über Rohr
3	Kühlkreis mit Zu- und Abführung über Rohre oder Kanäle	Durchzugsbelüftung mit Zu- und Abführung über Rohr
4	Oberflächenbelüftung	Oberflächenbelüftung Rippen zur verbesserten Wärmeübertragung

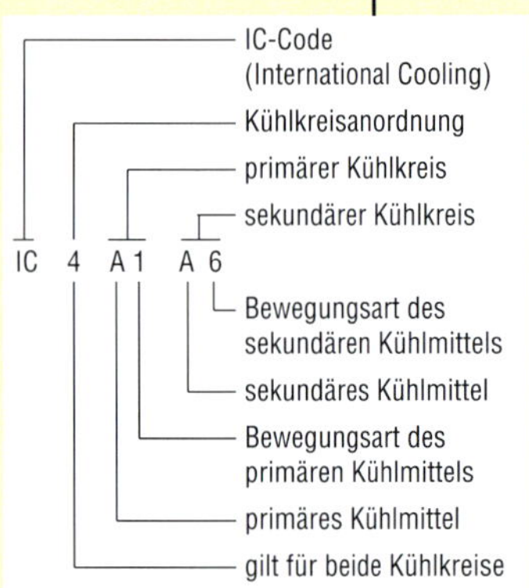

Kühlmittel

Kennbuchstabe	Kühlmittel	Buchstabe abgeleitet von
A	Luft	**A**ir
H	Wasserstoff	**H**ydrogen
N	Stickstoff	**N**itrogen
C	Kohlendioxid	**C**arbondioxide
W	Wasser	_

Bewegungsart des Kühlmittels

Kennziffer	Kurzbezeichnung	Beispiel
0	Freie Kühlung	Freie Konvektion durch Temperaturdifferenz
1	Eigenkühlung	Eigenbelüftung durch Ventilator mit Drehzahl der Hauptmaschine
2, 3, 4		Freigehalten für zukünftige Verwendung
5	Eingebaute, unabhängige Baugruppe	Eingebauter Fremdlüfter mit eigenem elektrischen Antrieb
6	Angebaute, unabhängige Baugruppe	Angebauter Fremdlüfter mit eigenem elektrischen Antrieb

Abb. 18-66 ***Bezeichnung der Kühlverfahren, Auswahl***

tung, aber auch durch Fremdbelüftung bewegt. In Abb. 18-67 sind häufig benutzte Kühlmethoden umlaufender elektrischer Maschinen aufgeführt.

Bauformen und Schutzarten

Die vom Elektromotor an seiner Welle bereitgestellte mechanische Leistung muss zur Arbeitsmaschine übertragen werden. Betriebslage und Befestigungsart des Motors können dabei sehr verschieden sein. Das wiederum erfordert unterschiedliche äußere konstruktive Gestaltung bei sonst gleichen Betriebsdaten des Motors. Daraus ergeben sich für drehende elektrische Maschinen – unabhängig von ihrer Größe – verschiedene Bauformen.

Die Bauform einer drehenden elektrischen Maschine ist ihre konstruktive Gestaltung, die je nach Betriebslage und Befestigungsart eine Leistungsübertragung zwischen ihr und der Arbeitsmaschine ermöglicht.

Abb. 18-68 zeigt einige häufig anzutreffende Bauformen. Aussagen zur konstruktiven Gestaltung und Hinweise zur Montageart können der Kurzbezeichnung entnommen werden. Zwei Codesysteme sind möglich. Beide beginnen mit den Kennzeichen IM (International Mounting). Code I soll bevorzugt verwendet werden. Der ausführlichere Code II soll nur dann benutzt werden, wenn der einfachere Code I zur Be-

IC-Code vereinfacht	IC-Code vollständig	Prinzipbild
IC 410	IC 4A1A0	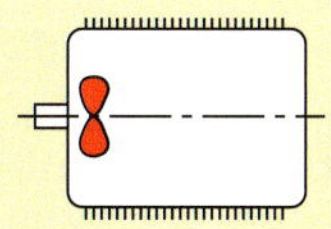
IC 411	IC 4A1A1	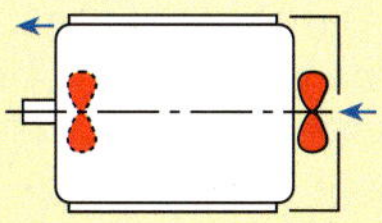
IC 416	IC 4A1A6	
IC 01	IC 0A1	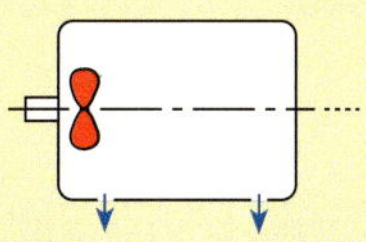
IC 31	IC 3A1	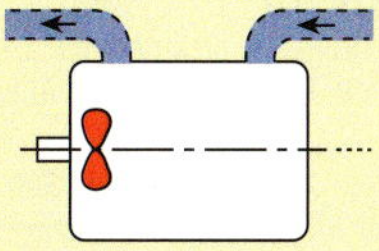
IC 06	IC 0A6	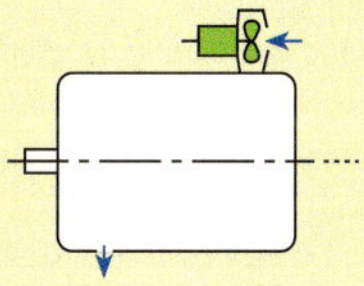
IC 16	IC 1A6	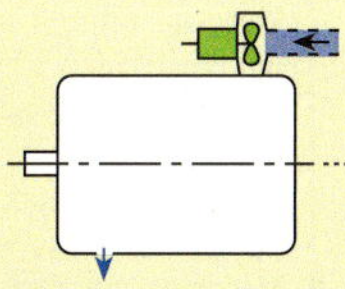
IC 26	IC 2A6	
IC 36	IC 3A6	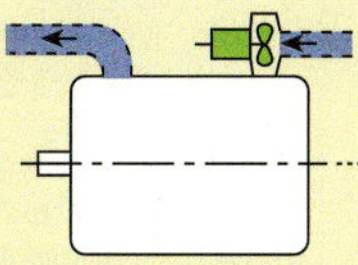

- eingebauter oder angebauter, abhängiger Lüfter
- unabhängige Antriebsgruppe (Lüfteraggregat)
- Rohr oder Kanal, nicht Teil der Maschine

Abb. 18-67 ***Kühlverfahren drehender elektrischer Maschinen***

	IM-Code I IM-Code II	Erläuterung
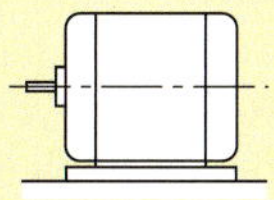	IM B 3 IM 1001	Gehäuse mit Füßen, waagerechte Lage, Schildlager
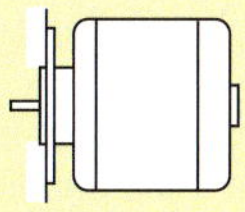	IM B 5 IM 3001	Flanschbefestigung, waagerechte Lage, Schildlager
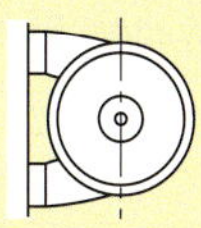	IM B 6 IM 1051	Gehäuse mit Füßen, waagerechte Lage, Schildlager, Wand-befestigung
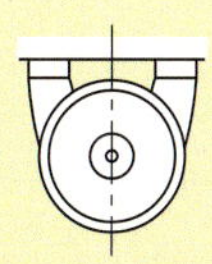	IM B 8 IM 1071	Gehäuse mit Füßen, waagerechte Lage, Schildlager, Decken-befestigung
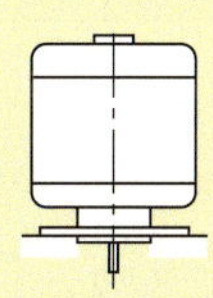	IM V 1 IM 3011	Flanschbefestigung, senkrechte Lage, Schildlager, Anbau am Boden
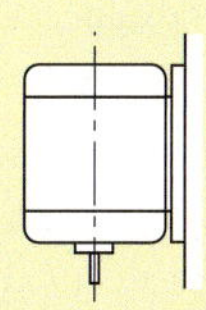	IM V 5 IM 1011	Gehäuse mit Füßen, senkrechte Lage, Schildlager, Wandbefestigung

Abb. 18-68 ***Bauformen, Auswahl***

18

schreibung der Bauform nicht ausreicht. In Abb. 18-69 ist derselbe Motor auf unterschiedliche Weise bezeichnet.

Der Aufstellungs- oder Anbringungsort des Motors erfordert Schutzvorkehrungen gegen das Eindringen von Fremdkörpern und Wasser in die Maschine, aber auch gegen die Gefahr des Berührens spannungsführender und sich drehender Teile. Die konstruktive Gestaltung der umlaufenden Maschine, d. h. ihre Bauform, kann deshalb nicht losgelöst von der Schutzart betrachtet werden (vgl. Abschnitt 16.4.2).

Die Schutzart des Antriebsmotors muss den am Aufstellungsort vorhandenen Betriebsbedingungen entsprechen.

Die verschiedenen Bauformen kommen deshalb in mehreren Schutzarten vor. Auf dem Leistungsschild des Motors ist die Schutzart anzugeben. Ihr Kennzeichen ist bekanntlich IP (International Protection). Die danach an der ersten Stelle folgende Kennziffer weist auf den Grad des Berührungs- und Fremdkörperschutzes hin, die Kennziffer an der zweiten Stelle gibt Aufschluss über den Grad des Wasserschutzes. Je höher die Kennziffern sind, desto größer ist die Schutzwirkung. Ein zusätzlicher Schutz kann durch ergänzende Buchstaben und Ziffern ausgewiesen werden.

18.4.3 Motorschutz

In jedem Antrieb kommt dem Motor auch aus sicherheitstechnischer Sicht eine große Bedeutung zu. Ganz wichtig ist es, den Motor vor unzulässig hoher Erwärmung infolge eines zu großen Motorstromes zu schützen. Die Ursache dafür kann sehr verschieden sein:

- Eine mechanische Überlastung durch die anzutreibende Arbeitsmaschine hat die elektrische Überlastung zur Folge. Es fließt bei Nennspannung ein Überlaststrom.
- Eine Spannungsabsenkung im Versorgungsnetz führt bei unverminderter mechanischer Belastung zu einem vergrößerten Strom, bei Nennlast zum Überlaststrom. Bei einer Leiterunterbrechung läuft ein im Dauerbetrieb arbeitender Drehstrommotor meist weiter. Die Stromstärke in den nicht unterbrochenen Strängen steigt über den Nennwert an.

Codesystem I
gilt für drehende elektrische Maschinen mit Schildlagern und einem freien Wellenende

IM B 3

- IM-Code (International Mounting) → IM
- Bauart → B
- Angabe über Lagerung, Befestigung, Ausführungen der Wellenenden → 3

Kennbuchstabe	Bauart
A	Maschinen ohne Lager
B	Maschinen mit Schildlagern für waagerechte Anordnung
C	Maschinen mit Schild- und Stehlagern
D	Maschinen mit Stehlagern
V	Maschinen für senkrechte Anordnung
W	Maschinen ohne Lagerschilde für senkrechte Anordnung
G	Maschinensätze auf gemeinsamer Grundplatte
H	Kurze Doppelflanschwelle im Stehlager

Codesystem II
gilt für drehende elektrische Maschinen für allgemeinen Gebrauch und für besondere Anwendungsfälle

IM 1 0 0 1

- IM-Code (International Mounting) → IM
- Bauart → 1
- Einbaulage → 0
- Aufstellungsart → 0
- Anzahl und Ausführung der Wellenenden → 1

1. Kennziffer	Bauart
1	Maschine mit Fuß, nur Schildlager
2	Maschine mit Fuß und Befestigungsflansch, nur Schildlager
3	Maschine mit Befestigungsflansch am Schildlager, nur Schildlager
4	Maschine mit Befestigungsflansch am Gehäuse, nur Schildlager
5	Maschine ohne Lager, ausgenommen 1 … 4
6	Maschine mit Schild- und Stehlagern
7	Maschine nur mit Stehlagern
8	Maschine mit senkrechter Welle, ausgenommen 1 … 4
9	Maschine mit besonderer Aufstellungsausführung

4. Kennziffer	Art der Wellenenden
0	Ohne Wellenenden
1	Ein zylindrisches Wellenende
2	Zwei zylindrische Wellenenden
3	Ein kegeliges Wellenende
4	Zwei kegelige Wellenenden
5	Ein Wellenende mit angeschmiedetem Flansch
6	Zwei Wellenenden mit angeschmiedetem Flansch
7	Wellenenden auf Antriebsseite mit Flansch, auf Nicht-Antriebsseite zylindrisches Wellenende
9	Alle anderen Ausführungen der Wellenenden

Abb. 18-69 ***Bezeichnungen der Bauform***

- Elektrische Fehler im Motor selbst führen zu einem Überstrom. Schutzeinrichtungen sollen beim Überschreiten der zulässigen Stromstärke- bzw. Temperaturwerte den Motor abschalten (Abb. 18-70).

Schutz durch Motorschutzschalter

Motorschutzschalter sind gleichzeitig Schalter und Schutzeinrichtung. Sie dienen dem betriebsmäßigen Ein- und Ausschalten von Motoren und zum Schutz vor unzulässigen Stromwerten. Motorschutzschalter sind Schlossschalter, besitzen eine Freiauslösung und schalten allpolig.

Jeder Motorschutzschalter ist mit einem auf bestimmte Stromwerte einstellbaren thermischen Bimetallauslöser ausgestattet, der vom Motorstrom durchflossen wird.

> Der Bimetallauslöser des Motorschutzschalters muss auf den Nennstrom des Motors eingestellt werden.

Steigt die Stromstärke über den eingestellten Wert an, so biegt sich das Bimetall aufgrund der übermäßigen Erwärmung. Die Biegung löst das Schaltschloss aus und sorgt so für die allpolige Abschaltung. Das Schutzelement erwärmt sich schneller als die Wicklung des Motors, so dass diese vom Netz abgetrennt wird, ehe sie ihre Grenztemperatur erlangt hat.

Ergänzt werden kann der Motorschutzschalter durch einen elektromagnetischen Schnellauslöser. Dieser schaltet Kurzschlussströme unverzögert ab. Bimetall- und elektromagnetischer Auslöser sind in Reihe geschaltet. Der Eigenwiderstand des Bimetallauslösers ist bei niedrigen Einstellstromstärken oft groß genug, um mögliche Kurzschlussströme auf Werte zu begrenzen, die kleiner sind als das Schaltvermögen des Motorschutzschalters. Solche Schalter heißen eigensicher. Sie kommen ohne Vorsicherungen aus, wenn der Schutz der Zuleitung dadurch nicht beeinträchtigt wird.

> Eigensichere Motorschutzschalter, die sowohl den Überlast- als auch den Kurzschlussschutz des Motors übernehmen können, dürfen ohne Vorsicherung am Netz betrieben werden.

Das Schaltvermögen vieler Motorschutzschalter ist jedoch nicht den zu erwartenden hohen Kurzschlussströmen gewachsen. Deshalb müssen die am Leitungsanfang angebrachten und dem Leitungsschutz dienenden Überstromschutzeinrichtungen auch den Kurzschlussschutz des Motors übernehmen. (Den Überlastschutz können sie nicht gleichzeitig übernehmen, weil ihre Auslösestromstärke festliegt und nicht auf den Motornennstrom einstellbar ist.)

> Motorschutzschalter schützen den Motor vor Überlastung. Schmelzsicherungen und Leitungsschutzschalter übernehmen den Kurzschlussschutz im Motorstromkreis.

Bei Netzausfall oder Absinken der Spannung unter einen bestimmten Wert kann der Motor durch zusätzlichen Unterspannungsschutz allpolig vom Netz getrennt werden. Der bei Unterspannung abfallende Anker einer Magnetspule öffnet das Schaltschloss. Da-

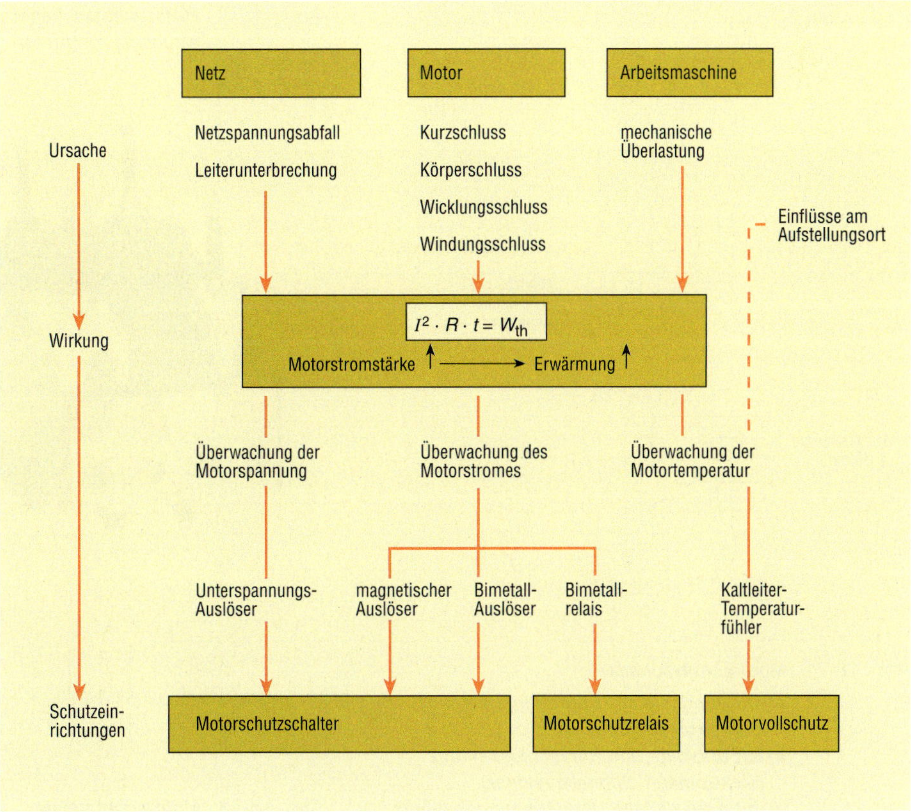

Abb. 18-70

Motorschutz, Zusammenhänge

durch wird die Überlastung des Motors beim Betrieb an Unterspannung, aber auch das unkontrollierte Wiederanlaufen der noch angeschlossenen Arbeitsmaschine nach Wegfall der Netzstörung verhindert (Abb. 18-71 und Abb. 18-72).

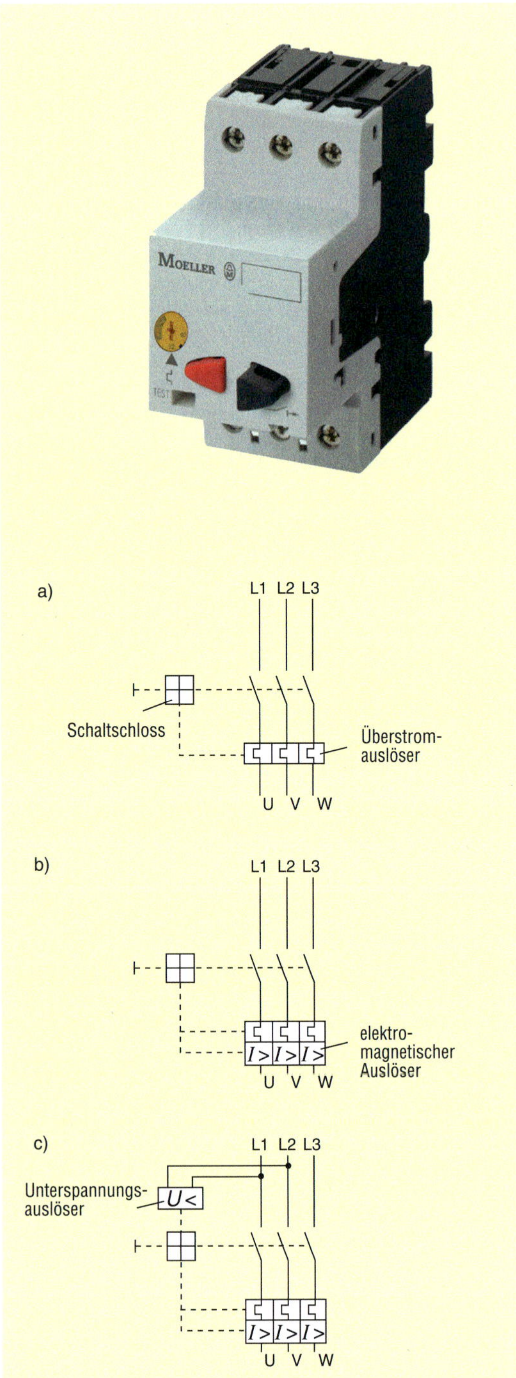

Abb. 18-71 ***Motorschutzschalter***

a) mit Überlastschutz durch thermischen Überstromauslöser

b) mit Überlast- und Kurzschlussschutz (elektromagn. Schnellauslöser)

c) mit zusätzlichem Unterspannungsschutz

Schutz durch Motorschutzrelais

Der Bimetallauslöser im Motorschutzschalter unterbricht auf mechanischem Wege den Hauptstromkreis des Motors. Wirkt das Bimetall auf einen Steuerstromkreis, so spricht man von einem Bimetallrelais. Es löst keine mechanische Verklinkung, sondern betätigt einen Öffnerkontakt im Haltestromkreis eines Schützes (vgl. Abb. 18-73).

Motorschutzrelais übernehmen den Überlastschutz, wenn sie auf zulässige Werte des Motorstromes eingestellt werden.

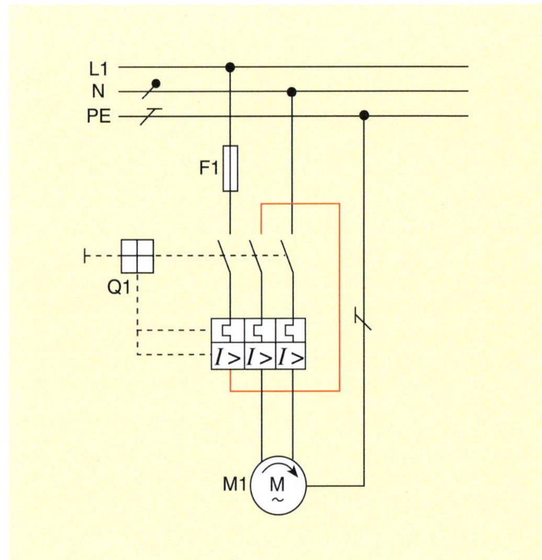

Abb. 18-72 ***Motorschutzschalter und Einphasenwechselstrommotor***

Abb. 18-73 ***Motorschutzrelais***

Motorschutz bei Schweranlauf

Antriebe, die große Massen zu bewegen haben, benötigen eine lange Anlaufzeit. Diese Zeit ist meist so lang und der Anzugsstrom ist so groß, dass das Motorschutzrelais nach begonnenem Anlauf auslöst und den Antrieb wieder stillsetzt. Dem begegnet man häufig durch Parallelschalten eines Schützes zum Motorschutzrelais. Nach erfolgreichem Anlauf wird das Überbrückungsschütz ausgeschaltet, so dass der Motorstrom jetzt über das Relais fließt. Diese Schaltung bietet während der Anlaufphase keinen Schutz für den Motor; diese Lösung ist ungünstig. Besser ist, das Motorschutzrelais während des Anlaufes durch ein zweites, auf einen höheren Strom eingestelltes Motorschutzrelais zu überbrücken (Abb. 18-74). Die einzustellende Stromstärke am Überbrückungsrelais richtet sich nach der Art des Antriebs. Sie sollte aus der Abschaltcharakteristik des verwendeten Motorschutzrelais abgeleitet werden.

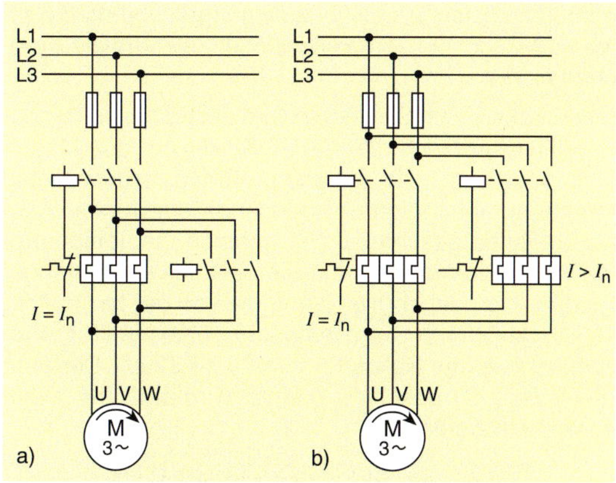

Abb. 18-74 ***Schweranlauf mit Überbrückungsrelais***
a) einfache Überbrückung während des Anlaufs
b) Anlaufüberbrückung mit Motorschutzrelais
I **Einstellstrom,** I_n **Motornennstrom**

Schutz bei einzelkompensierten Motoren

Die schaltungstechnische Anordnung der Kondensatoren für die Kompensation der Blindleistung ist ausschlaggebend dafür, auf welchen Stromwert das Motorschutzrelais eingestellt werden muss. In Abb. 18-75a wird das Relais vom gesamten Motorstrom durchflossen. Dieser Strom enthält auch den Blindstromanteil, der zwischen dem Motor und den Kondensatoren pendelt, da diese „vor" dem Motorschutzrelais angeordnet sind. Der über das Motorschutzrelais in Abb. 18-75b fließende Strom hat keine oder nur geringe Blindstromanteile. Die Kondensatoren sind „hinter" dem Motorschutzrelais angeordnet; die Kompensation erfolgt unmittelbar am Motor. Die Einstellstromstärke liegt unter der Nennstromstärke und hängt davon ab, welcher neue Leistungsfaktor mit der Kompensation erreicht wurde.

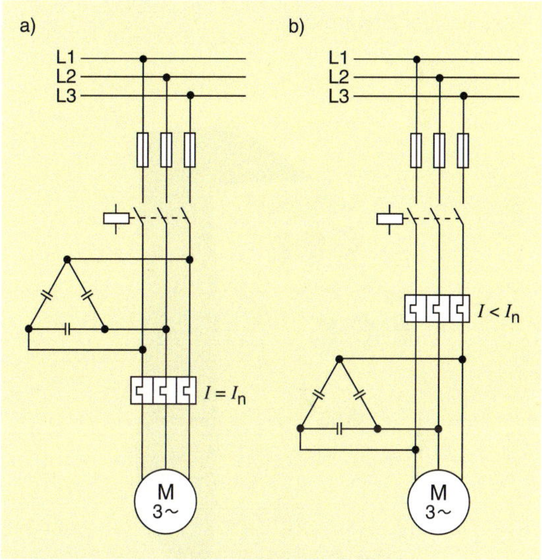

Abb. 18-75 ***Einzelkompensierte Motoren***
a) Kondensatoren vor dem Motorschutzrelais
b) Kondensatoren hinter dem Motorschutzrelais

Motorschutz bei Stern-Dreieck-Schaltung

Der Motor soll nicht nur nach dem Umschalten in die Dreieckschaltung, sondern auch während des Anlaufs in der Sternschaltung vor Überlastung geschützt sein. Um dafür dasselbe Motorschutzrelais verwenden zu können, muss es so geschaltet werden, dass es vom Strangstrom durchflossen wird (vgl. Abb. 18-76). Es ist auf $1/\sqrt{3} \cdot I_n = 0{,}58\ I_n$ einzustellen.

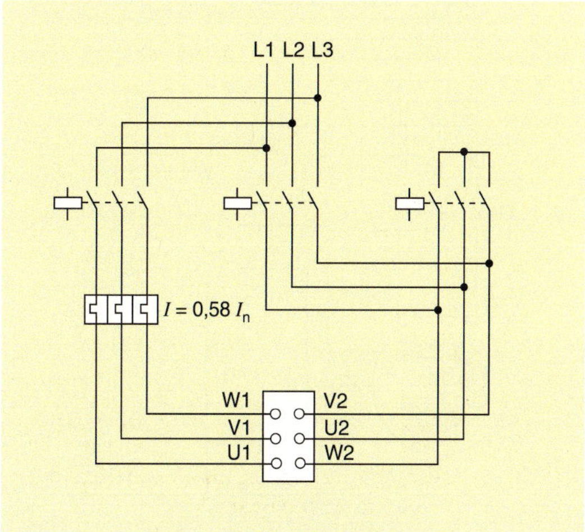

Abb. 18-76 ***Motorschutzrelais in einer Stern-Dreieck-Schützschaltung***

Motorvollschutz

Die Größe des Motorstromes ist in den meisten Fällen ein zuverlässiger Maßstab für die Temperatur der Motorwicklung. Die Wirkungsweise der Bimetallauslöser und -relais beruht auf diesem Zusammenhang. Ihre Schutzwirkung befriedigt jedoch nicht immer oder reicht nicht immer aus. Bei wiederkehrenden kurzzeitigen Anlaufvorgängen beispielsweise (Betriebsart S4 oder S5) oder beim Schweranlauf eines Motors sprechen die auf den Motornennstrom eingestellten Bimetalle häufig an und setzen den Antrieb still, obwohl die Grenztemperatur der Wicklung nicht erreicht ist. Andererseits kann sich die Wicklung bei zulässiger Motorstromstärke infolge erhöhter Umgebungstemperatur

18

oder verschlechterter Kühlbedingungen übermäßig erwärmen, und die Bimetallauslöser oder -relais sprechen nicht an.

Eine bessere Schutzwirkung wird mit Kaltleiter-Temperaturfühlern erzielt, die in den Wickelkopf des Motors eingebaut sind. Die in jedem Strang angeordneten temperaturabhängigen Widerstände sind untereinander in Reihe geschaltet. Sie nehmen die Temperatur der Motorwicklung an und werden bei zunehmender Erwärmung hochohmig. Wenn die von der Isolierstoffklasse bestimmte Grenztemperatur überschritten wird, schalten sie das Relais K1 in Abb. 18-77 ab. Der über das Schütz Q1 geschaltete Motor wird daraufhin allpolig vom Netz getrennt.

Gegenüber stromstärkeabhängigen Bimetallauslösern oder -relais bieten Temperaturfühler den besseren Motorschutz.

Der Motorvollschutz mit Kaltleiter-Temperaturfühlern schützt drehende elektrische Maschinen vor unzulässiger Erwärmung.

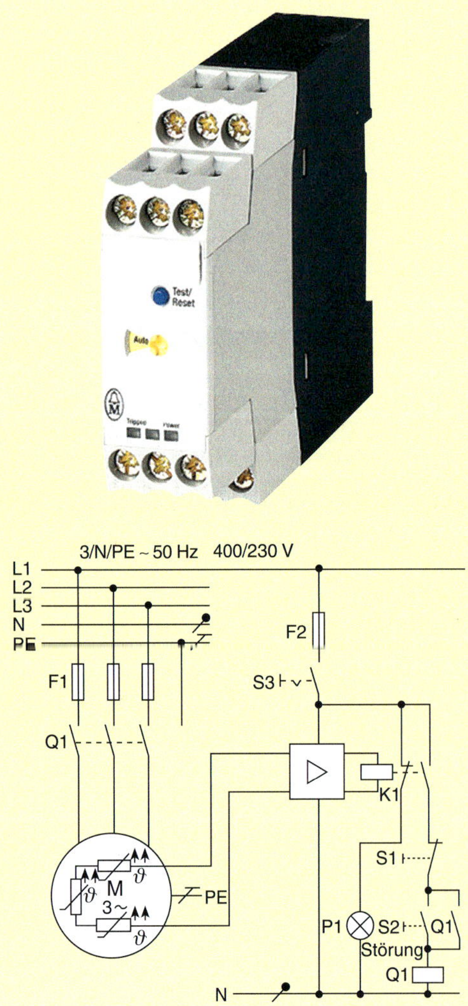

Abb. 18-77 ***Motorvollschutz mit Kaltleitern***

18.4.4 Leistungsschildangaben

Das Leistungsschild gibt Auskunft über die wichtigsten Kenndaten der drehenden elektrischen Maschine. Es enthält Angaben über physikalisch-technische Größen und bauliche Besonderheiten. Anhand dieser Daten kann die Eignung des Motors auf Zusammenarbeit mit dem Netz und der anzutreibenden Arbeitsmaschine festgestellt werden.

Das Leistungsschild enthält wichtige Angaben, die zur Beurteilung und Verwendung der Maschine erforderlich sind (Abb. 18-78).

Die auf dem Leistungsschild eines Motors ausgewiesene Leistung ist die an der Welle abgegebene mechanische Leistung bei Nennbelastung. Das Leistungsschild enthält keine Aussagen zur aufgenommenen elektrischen Leistung und zum Wirkungsgrad. Beide können jedoch aus anderen Leistungsschildangaben errechnet werden. (Eine Ausnahme bilden elektromotorisch betriebene Handwerkzeuge und Haushaltgeräte. Bei ihnen wird auf dem Leistungsschild nicht die abgegebene mechanische, sondern die aufgenommene elektrische Leistung angegeben.)

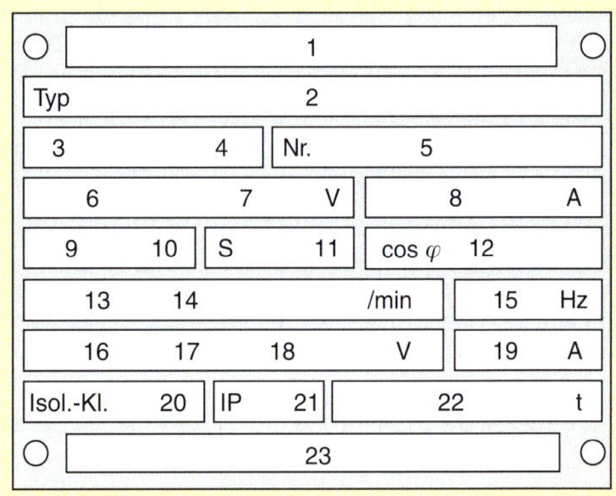

1 Name des Herstellers
2 Maschinentyp, ergänzt durch Baugröße, Bauform
3 Stromart
4 Arbeitsweise der Maschine, z. B. Mot., Gen.
5 Fertigungsnummer
6 Kennzeichnung der Schaltart der Wicklung
7 Nennspannung
8 Nennstrom
9 Nennleistung
10 Einheit der Leistung, z. B. kW
11 Nennbetriebsart
12 Leistungsfaktor
13 Drehrichtung
14 Drehzahl in min^{-1}
15 Nennfrequenz
16 „Err“ (Erreger) bei Gleichstrom- und Synchronmaschinen „Lfr“ (Läufer) bei Asynchronmaschinen (mit Schleifringläufer)
17 Schaltart der Läuferwicklung
18 Nennerregerspannung (bei Gleichstrom- und Synchronmaschinen) Läuferstillstandsspannung (bei Schleifringläufermotoren)
19 Nennerregerstrom (bei Gleichstrom- und Synchronmaschinen) Läufernennstrom (bei Schleifringläufermotoren)
20 Isolierstoffklasse
21 Schutzart
22 Masse in kg bzw. t
23 VDE-Nr., evtl. zusätzliche Vermerke

Abb. 18-78 ***Leistungsschild für drehende elektrische Maschinen***

AUFGABEN

18.36 Welcher Zusammenhang besteht zwischen Leistung, Drehzahl, Drehmoment und Abmessung einer drehenden elektrischen Maschine?

18.37 Vergleichen Sie Riemen-, Zahnrad- und Schneckentrieb miteinander. Nennen Sie Gemeinsamkeiten und stellen Sie unterschiedliches Verhalten gegenüber.

18.38 Wie sind bei drehenden elektrischen Maschinen Rechts- und Linkslauf festgelegt?

18.39 Nennen Sie Einsatzbeispiele für Motoren mit Synchron-, Nebenschluss- und Reihenschlussverhalten.

18.40 Warum soll die Nennleistung eines Motors nicht unter, aber auch nicht deutlich über dem Leistungsbedarf der anzutreibenden Maschine liegen?

18.41 Welcher Zusammenhang besteht zwischen Betriebsart und Erwärmung eines Motors?

18.42 Begründen Sie, dass Motoren der Betriebsart S2 nicht in der Betriebsart S1 belastet werden dürfen.

18.43 Warum sind die Wicklungen für Motoren der Betriebsart S1 häufig in der Isolierstoffklasse F, selten in der Isolierstoffklasse A ausgeführt?

18.44 Was bedeuten die Kennzeichen IM, IC und IP bei drehenden elektrischen Maschinen?

18.45 Warum sind Bimetallauslöser und Bimetallrelais nicht geeignet, den Kurzschlussschutz bei Motoren zu übernehmen?

18.46 Warum können Schmelzsicherungen den Kurzschlussschutz, nicht aber den Überlastschutz der Motoren übernehmen?

18.47 Worin besteht der Vorteil des Motorvollschutzes gegenüber dem Schutz durch thermische Bimetallauslöser bzw. -relais?

18.48 In der Schaltung nach Abb. 18-79 ist das Motorschutzrelais an drei verschiedenen Stellen eingebaut.
a) Vergleichen Sie die erreichbare Schutzwirkung.
b) Geben Sie die Werte für die einzustellende Stromstärke an (Bezugsgröße I_n).

18.49 Erläutern Sie die in Abb. 18-80 hervorgehobenen (●) Angaben.

18.50 Auf dem Leistungsschild (Abb. 18-80) fehlen die Angaben zu den elektrischen Leistungen und zum Wirkungsgrad. Geben Sie mathematische Beziehungen an, um beide Größen zu ermitteln. Führen Sie die Berechnungen durch.

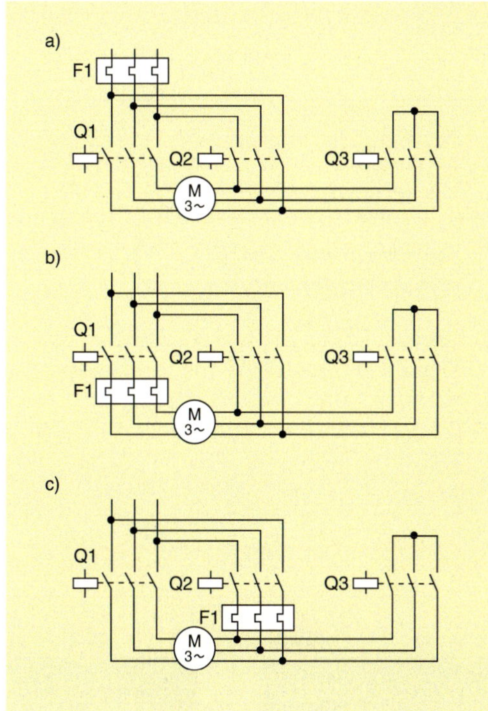

Abb. 18-79 ***Motorschutzrelais, verschiedene Einbaustellen***

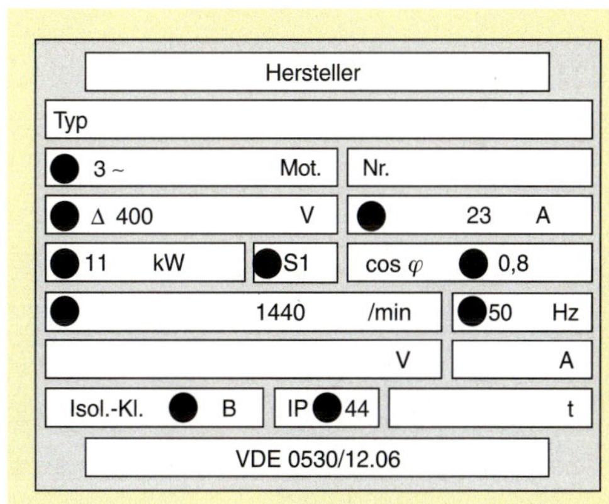

Abb. 18-80 ***Leistungsschildangaben***

18

19 Leistungselektronik in elektrischen Anlagen

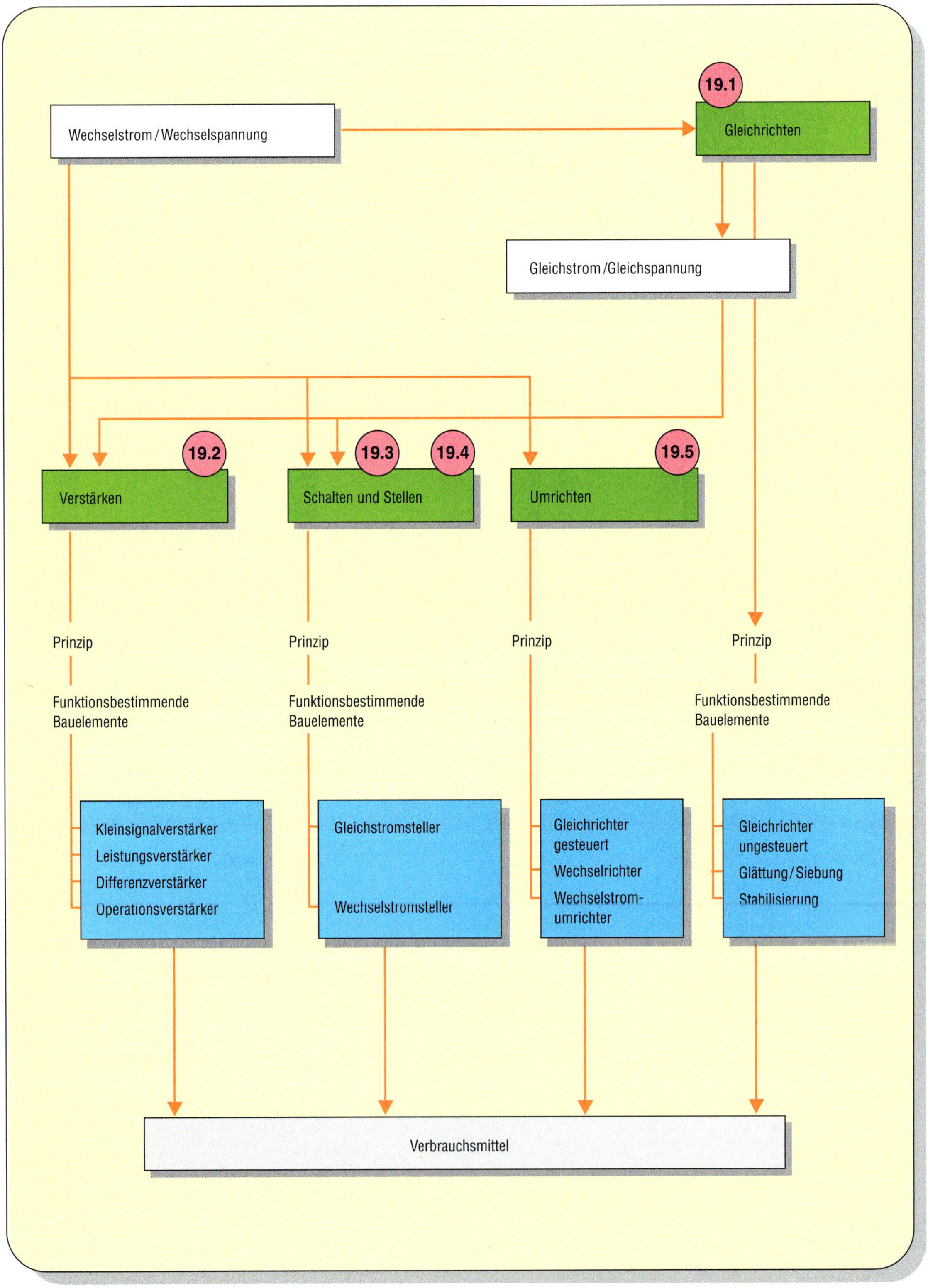

19

Abb. 19-1 ***Beziehungen und Strukturen***

19.1 Gleichrichterschaltungen

19.1.1 Prinzip der Gleichrichtung

Viele elektrische Bauelemente, Baugruppen und Geräte benötigen für ihren Betrieb Gleichspannung.

Diese wird vorzugsweise aus einer sinusförmigen Wechselspannung gewonnen. Dazu werden dem Versorgungsnetz Dioden zugeschaltet.

Diese Dioden wirken wie Ventile, so dass sie bei entsprechender Polung den Strom durchlassen, während sie bei entgegengesetzter Polung den Stromfluss unterbinden.

Somit entsteht trotz wechselnder Polarität der Netzspannung nach den Dioden ein stets in gleicher Richtung fließender Strom und eine in gleicher Richtung orientierte Spannung.

An die Qualität der Gleichrichtung werden unterschiedliche Forderungen gestellt. Diese Forderungen beziehen sich auf den

- Wirkungsgrad bei der Gleichrichtung,
- Betrag der erreichbaren Gleichspannung,
- Betrag der verbleibenden Welligkeit der gleichgerichteten Spannung.

Der Betrag der erreichbaren Gleichspannung und der Wirkungsgrad werden von der Art der Gleichrichterschaltung und den Kenndaten der verwendeten Leistungsdioden bestimmt.

Zur Minderung der Welligkeit sind weitere schaltungstechnische Maßnahmen (Abb. 19-2) wie

- Glättung mit Kondensatoren oder Spulen,
- Siebung mit RC- oder LC-Schaltungen und
- Stabilisierung mit Z-Diode

erforderlich.

> Die Gleichrichtung der sinusförmigen Wechselspannung erfolgt mit Leistungsdioden. Nachgeschaltete Glättungs-, Siebungs- und Stabilisierungsschaltungen verbessern die Qualität der gleichgerichteten Spannung.

19.1.2 Funktionsbestimmende Bauelemente

Gleichrichterschaltungen werden vorzugsweise mit Leistungsdioden aufgebaut, um den Forderungen nach

- hohem Durchlassstrom
- hoher Spitzensperrspannung (periodisch)
- niedrigem Wärmewiderstand und
- geringen Durchlassverlusten

gerecht zu werden.

Leistungsdioden unterscheiden sich im Aufbau gegenüber Universaldioden dadurch, dass im Bereich zwischen der P- und N-leitenden Schicht eine nicht oder nur schwach N-dotierte Schicht eingebracht ist. Diese Schicht dient vor allem bei Sperrrichtungsbetrieb der Erhöhung der möglichen Sperrspannung z. B. bis 4000 V, bei Universaldioden sind das vergleichsweise etwa 1000 V. Bei Leistungsdioden treten Sperrströme von einigen Mikroampere auf.

In Durchlassrichtung führt die schwach dotierte Schicht nur zu einer geringfügigen Erhöhung der Schwellspannung auf z. B. 0,8 V bis 1,2 V. Bei Universaldioden liegt dieser Wert bekanntlich bei etwa 0,7 V.

Die Strombelastbarkeit in Durchlassrichtung kann bis zu einigen tausend Ampere betragen. Damit bei solchen Dioden keine zu große Stromdichte entsteht, werden sie großflächig aufgebaut (Abb. 19-3).

Die gleichgerichtete Spannung weist auch nach der Glättung und Siebung noch Schwankungen auf. Zum Zweck der Stabilisierung der Spannung wird eine **Z-Diode** nachgeschaltet.

Z-Dioden haben im Durchlassbereich ein ähnliches Verhalten wie andere Dioden auch. Beim Betrieb in Sperrrichtung hingegen setzt oberhalb einer bestimmten Spannung U_Z ein verhältnismäßig hoher Strom ein, ohne dass dabei die Diode thermisch gefährdet wird.

Die Kennlinie in Abb. 19-4 zeigt, dass große Stromänderungen bei der in Sperrrichtung betriebenen

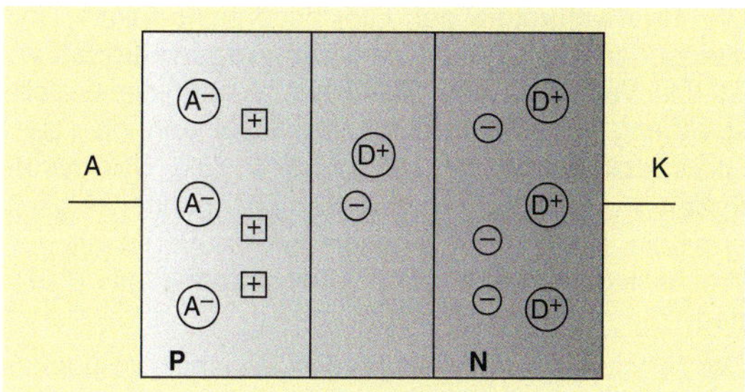

Abb. 19-3 ***Leistungsdiode/Struktur***

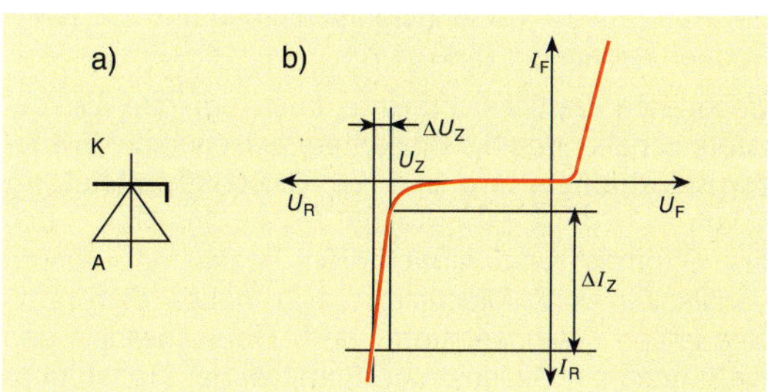

Abb. 19-4 ***Z-Diode***
a) Schaltzeichen
b) Kennlinie

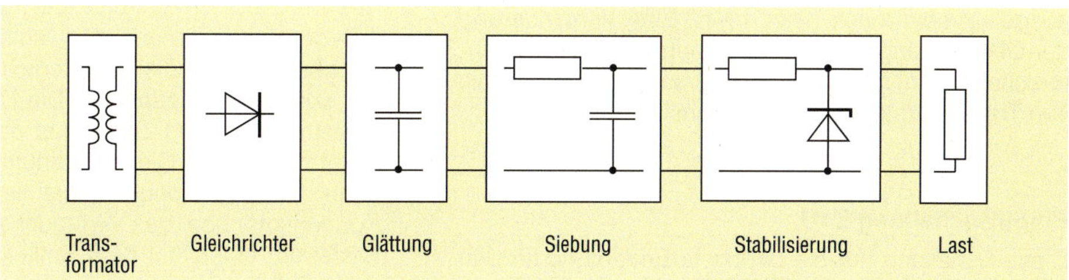

Abb. 19-2 ***Gleichrichtung, Prinzip***

Z-Diode mit einer vergleichsweise geringen Spannungsänderung verbunden sind. Dieses Verhalten wird zur Stabilisierung der Spannung ausgenutzt.

19.1.3 Schaltungen

Die Gleichrichtung erfolgt mithilfe spezieller Schaltungen.

Gleichrichterschaltungen können als

- Einwegschaltungen einpulsig (E1)
- Zwei- bzw. Mehrwegschaltungen in Mittelpunktschaltung
  - zwei- bzw. dreipulsig (M2; M3)

  oder in Brückenschaltung
  - zwei- bzw. sechspulsig (B2; B6)

aufgebaut werden.

Wir betrachten zunächst den ungesteuerten Betrieb (Kennbuchstabe *U*).

Wesentliche Unterschiede der Gleichrichterschaltungen lassen sich in der an ihren Ausgängen zur Verfügung stehenden **Gleichspannung** U_d und dem **Gleichstrom** I_d erkennen.

Tab. 19-1 zeigt, dass mit steigender Pulszahl der mittlere Gleichspannungsbetrag größer wird und damit auch das Verhältnis des größtmöglichen Gleichspannungsmittelwertes U_{di} zum Effektivwert der anliegenden Wechselspannung U_V.

Die **Restwelligkeit** der Gleichspannung nimmt mit steigender Pulszahl ab. Die **Spannungswelligkeit** w_U ist das Verhältnis des Effektivwertes der die Gleichspannung überlagernden Wechselspannung zum Gleichspannungsmittelwert (U_W/U_{di}). Die **Stromwelligkeit** w_I lässt sich ähnlich der Spannungswelligkeit ermitteln. Die Stromwelligkeit stellt das Verhältnis des Wechselstromanteils zum Gleichstromanteil (I_W/I_d) dar.

Der Wechselstrom, welcher den Gleichstrom überlagert, besitzt bei höherpulsigen Schaltungen eine zur Netzfrequenz veränderte **Pulsfrequenz.** Diese ist von der Pulszahl der Gleichrichterschaltung und der Netzfrequenz abhängig ($f_p = p \cdot f_N$).

Besondere Berücksichtigung muss bei den Gleichrichterschaltungen die Beziehung zwischen der **Transformatorbauleistung** und der **Gleichstromleistung** erfahren (P_T/P_d). Eingesetzte Transformatoren, auch als Stromrichtertransformatoren bezeichnet, führen ventilseitig einen Mischstrom, d. h. neben dem netzfrequenten Wechselstrom und Oberschwingungen fließt noch ein Gleichstrom. Somit ist der Transformator einer vielfach größeren Belastung als bisher bekannt ausgesetzt. Besonders bei der E1-Gleichrichterschaltung führt das dazu, dass ein Transformator bei einer abzugebenden Leistung von 100 W für 310 VA ausgelegt sein muss (Tab. 19-1). Eine Verminderung der Oberschwingungen (z. B. höherpulsige Gleichrichterschaltungen) führt zu einem verbesserten Verhältnis von Transformatorbau- und Gleichstromleistung.

Einpulsschaltung E1U

Diese Schaltung hat die geringste Bedeutung für den praktischen Einsatz.

Es wird für die Gleichspannung nur eine Halbwelle der Wechselspannung ausgenutzt. Die Diode muss eine zulässige Sperrspannung besitzen, die mindestens so groß ist wie die Summe aus dem Spitzenwert der Wechselspannung und der Kondensatorenspannung bei nachgeschaltetem Glättungskondensator.

Zweipuls-Mittelpunktschaltung M2U

Sie setzt sich aus zwei E1-Schaltungen zusammen und benötigt einen Transformator mit Mittelanzapfung. Um die gleiche Baugröße wie bei der B2U-Schaltung zu garantieren, muss der Querschnitt des Drahtes der Transformatorwicklung verringert werden. Damit ergibt sich eine geringere Strombelastbarkeit.

Zweipuls-Brückenschaltung B2U

Sie stellt die am häufigsten zum Einsatz kommende Schaltung dar. Sie kann in der Leistung bis zu einigen kW ausgelegt werden.

Der schaltungstechnische Aufwand ist größer als bei der M2U-Schaltung. Jedoch kann der Transformator in einer kleineren Bauform eingesetzt werden. Gleichzeitig braucht die Sperrspannung der Dioden nur dem Betrag des Spitzenwertes der Wechselspannung zu entsprechen, woraus sich ein Vorteil gegenüber der M2U-Schaltung ergibt.

Dreipuls-Mittelpunktschaltung M3U

Sie wird zur Gleichrichtung der Spannung des Dreiphasenwechselstromes verwendet.

Dabei arbeitet in jedem Leiter des Dreiphasenwechselstromes eine E1-Schaltung auf das gemeinsame Verbrauchsmittel. Durch die Überlagerung der drei zeitlich verschobenen Spannungen liegt eine geringere Restwelligkeit als bei der Gleichrichtung des Einphasenwechselstromes vor. Die Stromführung wird immer von dem Zweig übernommen, an dem der höchste Augenblickswert des Wechselstromes anliegt. Es kommt demzufolge jeweils nach 120° zu Kommutierungsvorgängen (Stromübernahme).

Sechspuls-Brückenschaltung B6U

Sie ist die effektivere Schaltung zur Gleichrichtung des Dreiphasenwechselstromes. Ihre Vorteile liegen im hohen Gleichspannungsbetrag, im hohen Ausnutzungsgrad der Transformatorbauleistung für die Gleichstromleistung sowie der geringen Restwelligkeit. Sie ist die am meisten eingesetzte Schaltung.

19.1.4 Glättung

Für viele Anwendungen in der Elektrotechnik sind der Gleichstrom und die Gleichspannung mit zu großer Restwelligkeit behaftet.

Aus der Abb. 19-5, Seite 426, wird ersichtlich, dass sich der Kondensator auflädt, solange der Gleichspannungsbetrag der Gleichrichterschaltung größer ist als die Kondensatorspannung. Die Diode wird durch den Laststrom und den Ladestrom des Kondensators belastet. Wenn die Gleichspannung der Gleichrichtung unter der des Kondensators liegt, entlädt sich der Kondensator über das Verbrauchsmittel, das heißt, der Laststrom entspricht dem Entladestrom des Kondensators.

Schaltung	Spannungs- und Stromverlauf	Schaltungskennwerte U_{di}/U_{V0}	U_{di}/U_{S0}	P_T/P_d	U_W/U_{di}
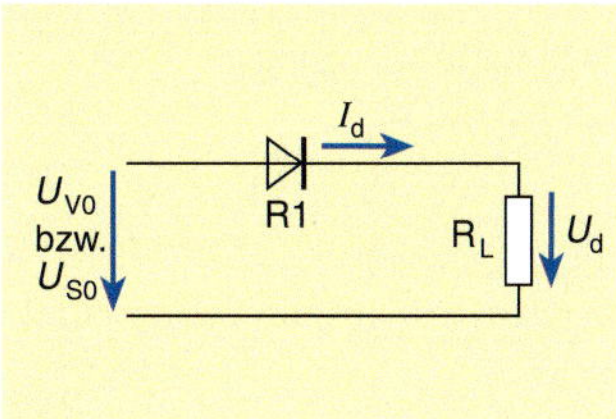 **E1U**	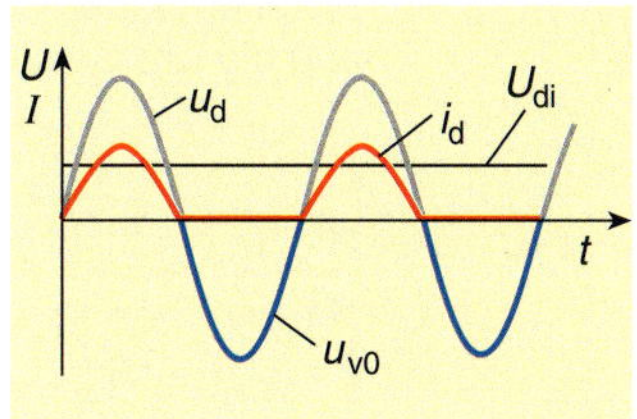	0,45	0,45	3,1	1,21
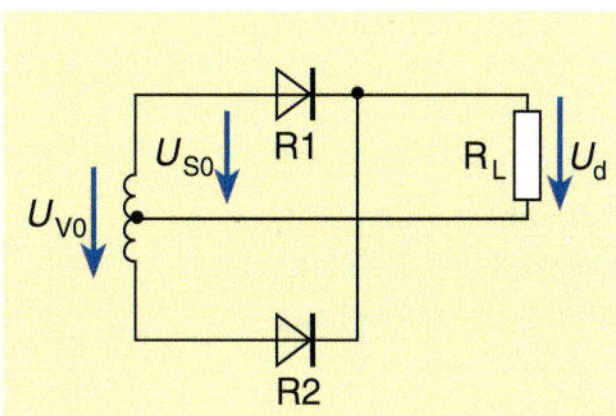 **M2U**	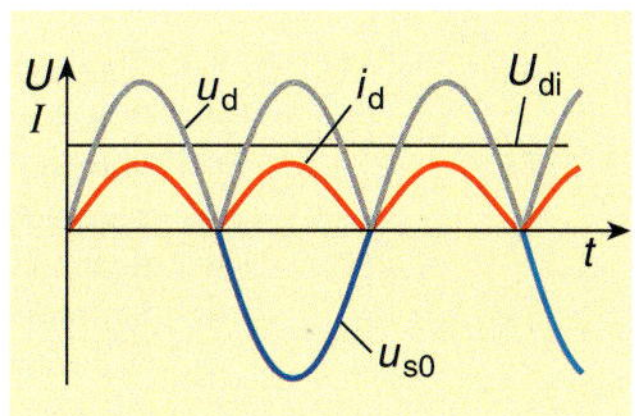	0,45	0,9	1,5	0,48
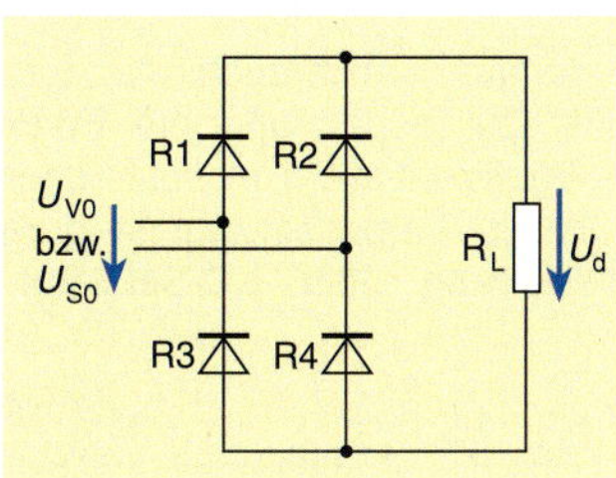 **B2U**	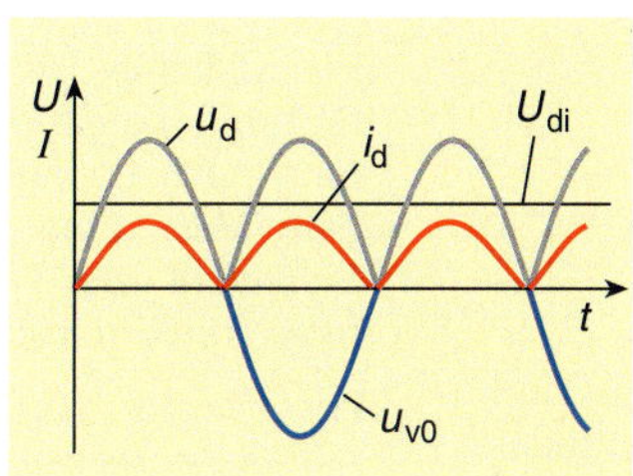	0,9	0,9	1,23	0,48
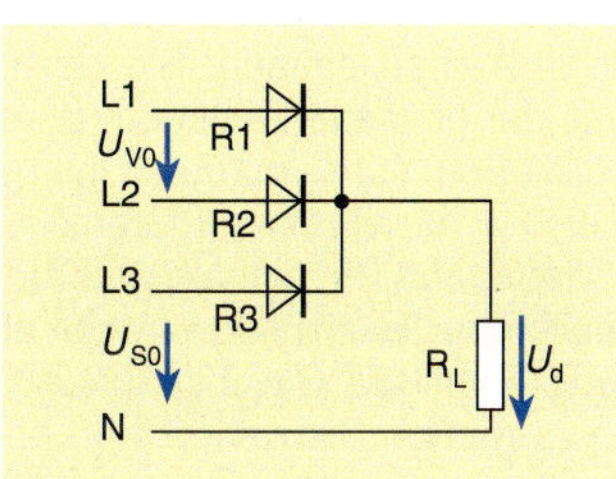 **M3U**	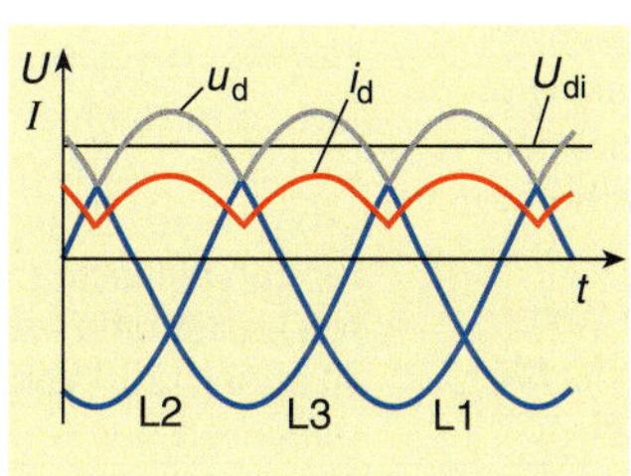	0,68	1,16	1,35	0,18
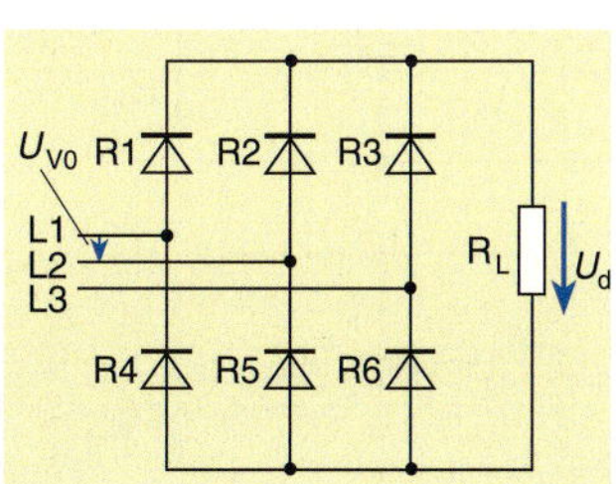 **B6U**	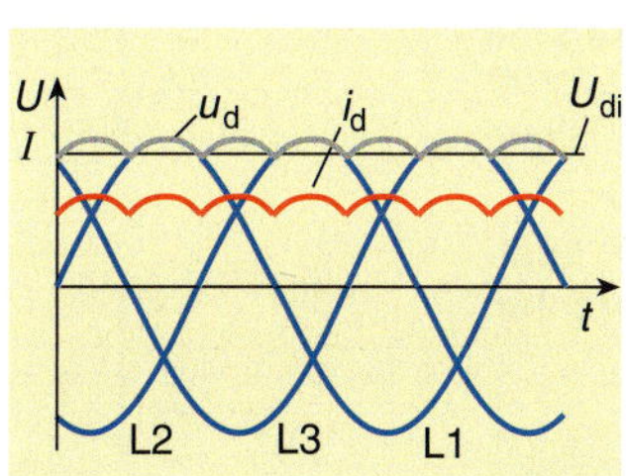	1,35	2,34	1,1	0,04

Tab. 19-1 ***Gleichrichterschaltungen, ungesteuert***

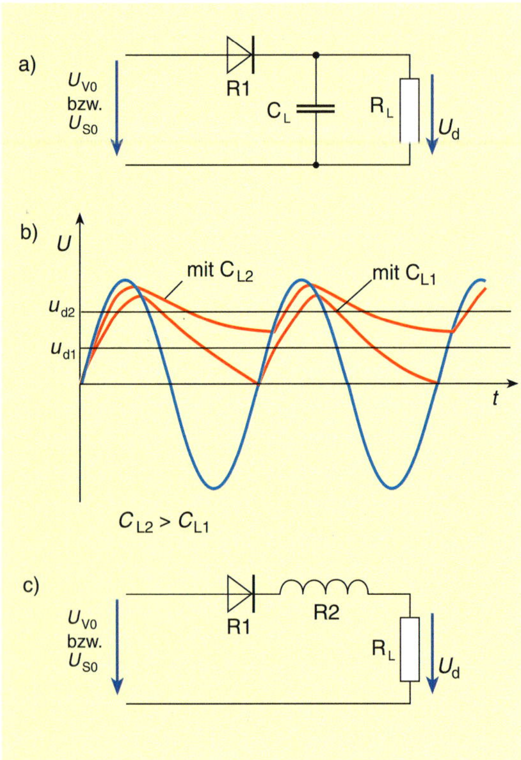

Abb. 19-5 ***Glättung a) mit Ladekondensator***
b) Spannungsverlauf
c) mit Drosselspule

Der Kondensator überbrückt damit Spannungs- und Stromeinbrüche der Gleichrichterschaltung und reduziert die Welligkeit der Gleichspannung und des Gleichstromes. Dies ist jedoch stark von der Dimensionierung des Kondensators und der Last abhängig. Es werden Kondensatoren mit großer Kapazität (z. B. Elektrolytkondensatoren mit $C_L > 1000\ \mu F$) eingesetzt. Die angeschlossene Last soll jedoch hochohmig genug bleiben (z. B. $R_L > 47\ \Omega$), weil es sonst zu schnellen Entladevorgängen kommt und damit das erhoffte Ergebnis nicht erreicht wird.

Der **Ladekondensator** und der **Lastwiderstand** bilden ein Zeitglied mit der **Zeitkonstanten** $\tau = C_l \cdot R_l$. Mit größer werdender Zeitkonstanten erhöht sich der mittlere Gleichspannungswert.

Eine Spule zeigt als Glättungsmittel das gleiche Ergebnis wie der Ladekondensator. Wird die Spule vom Gleichstrom des Gleichrichters durchflossen, baut sich in ihr ein Magnetfeld auf. Sie speichert elektrische Energie, welche sie wieder freigibt, wenn der Gleichstrom absinkt. Somit treibt nun die Spule den Strom durch das Verbrauchsmittel in gleicher Richtung.

Auch hier bilden die **Drosselspule** und der **Lastwiderstand** ein Zeitglied mit der **Zeitkonstanten** $\tau = L_S/R_L$.

Speicherbauelemente vermindern die Restwelligkeit der gleichgerichteten Spannung.

Bei höherpulsigen Gleichrichterschaltungen können dann der Ladekondensator oder die Drosselspule kleiner bemessen werden, da nun kleinere Zeitabschnitte zu überbrücken sind, in denen sie die Funktion der Stromquelle übernehmen müssen.

In guter Näherung lassen sich der Ladekondensator und die Drosselspule wie folgt berechnen:

$$C_L = \frac{k \cdot I_d}{p \cdot f \cdot U_w} \qquad (19\text{–}1)$$

$$L_s = \frac{R}{p \cdot 2\pi f}\sqrt{\left(\frac{w_U}{w_I}\right)^2 - 1} \qquad (19\text{–}2)$$

mit den Größen

k	Kennfaktor für Einwegschaltung 0,25 Zweiwegschaltung 0,2
I_d	Gleichstrom
p	Pulszahl
f	Netzfrequenz
U_w	zulässiger Wechselspannungsanteil
w_U	Spannungswelligkeit der Gleichrichtung
w_I	Stromwelligkeit der Gleichrichtung
C_L	Kapazität desLadekondensators
L_S	Induktivität der Drosselspule
R	Lastwiderstand

19.1.5 Siebung

Für vielfältige Anwendungen erfüllt auch die durch Glättung bereitgestellte Gleichspannung die Forderung nach geringerer Welligkeit nicht in ausreichendem Maß. Eine qualitative Verbesserung ist durch Siebmittel als **RC-Schaltung** oder **LC-Schaltung** (Abb. 19-6) möglich.

Die so gewonnene Spannung besitzt eine wesentlich geringere Welligkeit. In beiden Schaltungen stellt der Kondensator für den Wechselstromanteil einen niederohmigen Widerstand dar, so dass der Wechselstromanteil fast ausschließlich durch den Kondensator und somit nur ein geringfügiger Anteil durch die Last fließt. Die RC-Schaltung ist im Aufbau einfach. Sie besitzt aber den Nachteil, dass der gesamte Laststrom durch den Siebwiderstand R_S fließen muss und durch ihn begrenzt wird. Es ergibt sich daher ein oberer Grenzwert für den einsetzbaren Widerstand R_S, um den geforderten Laststrom zu ermöglichen. Gleichzeitig wird der am Ausgang zur Verfügung stehende Gleichspannungsmittelwert durch einen zu großen Siebwiderstand herabgesetzt.

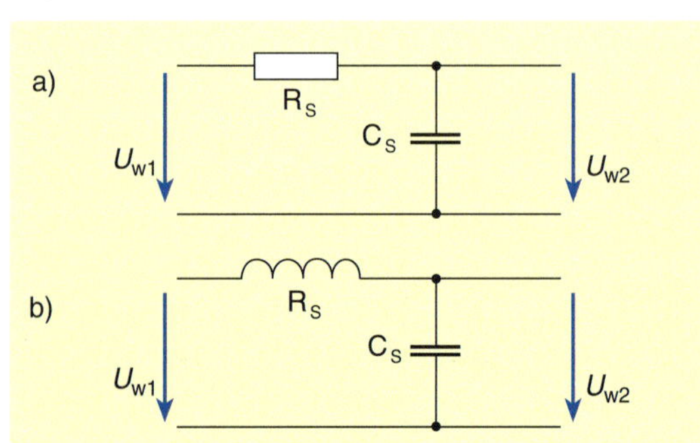

Abb. 19-6 ***Siebung***
a) RC-Siebschaltung
b) LC-Siebschaltung

Diese Nachteile können behoben werden, wenn anstelle des Siebwiderstandes eine Siebdrossel eingebaut wird. Für den Wechselstromanteil stellt sie einen hohen Widerstand dar, wodurch der Wechselspannungsanteil fast vollständig über der Spule liegt. Die Gleichspannung beeinflusst sie aufgrund ihres geringen Gleichstromwiderstandes nur unwesentlich. Die Ausgangsgleichspannung ist nach der Siebung fast identisch mit der Gleichspannung nach dem Ladekondensator.

Allerdings ist der Aufwand der Siebung mit einer LC-Schaltung hoch, da die erforderliche Spule einen großen Platzbedarf besitzt. Durch die Spule wird ein störendes magnetisches Feld verursacht. Das erfordert Abschirmungsmaßnahmen.

Für beide Schaltungen in Abb. 19-6 lassen sich die **Siebfaktoren *s*** als Verhältnis des eingangsseitigen zum ausgangsseitigen Wechselspannungsanteil auf der Grundlage der frequenzabhängigen Spannungsteiler wie folgt bestimmen:

- allgemein

$$s = \frac{U_{w1}}{U_{w2}} \quad \text{19-3}$$

- RC-Schaltung

$$s = \frac{\sqrt{R_s^2 + X_{CS}^2}}{X_{CS}}$$

Mit $R_S >> X_{CS}$ gilt

$$s \approx \frac{R_s}{X_{CS}} = R_s \cdot 2\pi f_p C_s \quad \text{19-4}$$

- LC-Schaltung

$$s \approx \frac{X_L - X_C}{X_C}$$

Mit $X_L >> X_C$ gilt

$$s \approx \frac{X_L}{X_C} = (2\pi f_p)^2 \cdot L_s \cdot C_s \quad \text{19-5}$$

Trotz Siebung muss festgestellt werden, dass die Ausgangsgleichspannung von der Netzspannung und deren Schwankungen sowie von den unterschiedlichen Verbrauchsmitteln (Lastveränderungen) abhängig ist.

19.1.6 Stabilisierung

Stromversorgungseinheiten sollen universell einsetzbar sein. Deshalb sind am Ausgang eine weitgehend konstante Spannung und ein konstanter Strom bereitzustellen.

Dazu muss die gesiebte Gleichspannung stabilisiert werden.

Eine einfache Möglichkeit ist die Stabilisierung mit einer Z-Diode (Abb. 19-7).

Die stabilisierende Wirkung durch die Z-Diode ist anhand ihrer Kennlinie erklärbar. Dazu muss zunächst der **Arbeitsbereich** definiert werden. Er wird begrenzt durch

1. die maximale Verlustleistung P_{tot}, aus welcher sich der maximal zulässige Sperrstrom I_{Zmax} ermitteln lässt als

$$I_{Zmax} = \frac{P_{tot}}{U_Z}$$

2. den minimalen Z-Strom I_{Zmin}, welcher 1/10 des I_{Zmax} betragen soll, d. h.

$$I_{Zmin} = 0{,}1 \cdot I_{Zmax}$$

Damit ist der lineare Kennlinienbereich zur Stabilisierung zu nutzen.

Z-Dioden müssen mit einem Vorwiderstand betrieben werden, um sie vor Stromüberlastung zu schützen. Aus der Abb. 19-7a) lässt sich die Maschengleichung

$$U_d = U_Z + U_{Rv} \text{ mit } U_{Rv} = (I_Z + I_L) \cdot R_V$$

aufstellen.

Der **Vorwiderstand** ist so zu dimensionieren, dass der Arbeitspunkt der Stabilisierungsschaltung im Arbeitsbereich liegt:

$$R_V = \frac{U_d - U_Z}{I_Z + I_L}$$

Der einer Z-Diode vorzuschaltende Widerstand R_V muss so dimensioniert werden, dass Schwankungen der Eingangsspannung U_d oder des Lastwiderstandes R_L die stabilisierende Wirkung der Z-Diode nicht beeinflussen.

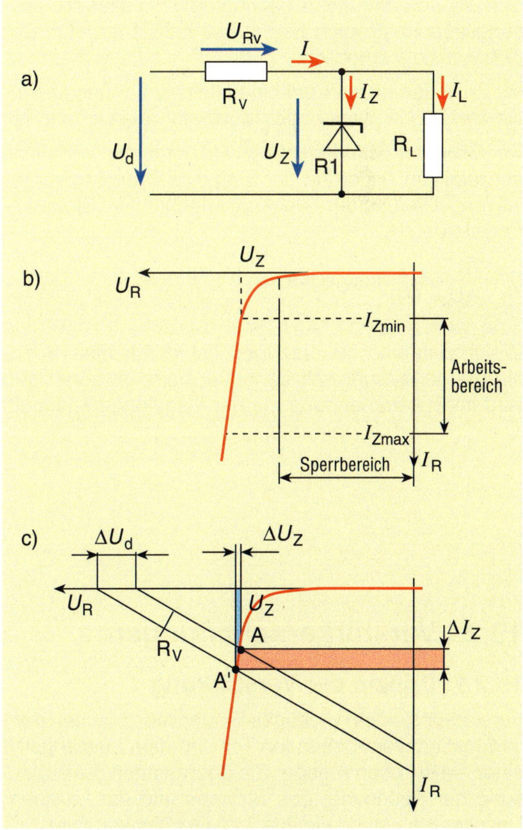

Abb. 19-7 ***Stabilisierung mit Z-Diode***
a) Schaltung
b) Kennlinie mit Arbeitsbereich
c) Kennlinie mit Arbeitswiderstand

Schwankung der Eingangsspannung U_d (vergl. Abb. 19-7c mit $R_{v\text{-konst.}}$) und Lastschwankung R_L verursachen bei:

1. $U_d + \Delta U_d$ und $R_L\uparrow$ $\rightarrow I\uparrow\rightarrow U_{Rv}\uparrow\rightarrow U_Z \approx$ konstant $\rightarrow I_Z\uparrow I_L\downarrow$
2. $U_d - \Delta U_d$ und $R_L\downarrow$ $\rightarrow I\downarrow\rightarrow U_{Rv}\downarrow\rightarrow U_Z \approx$ konstant $\rightarrow I_Z\downarrow I_L\uparrow$

Auf diese Veränderungen bezogen ergibt sich die Ermittlung eines minimalen und maximalen Vorwiderstandes R_V:

$$R_{Vmin} \approx \frac{U_{dmax} - U_Z}{I_{Zmax} + I_{Lmin}} \quad \text{19-6}$$

$$R_{Vmax} \approx \frac{U_{dmin} - U_Z}{I_{Zmin} + I_{Lmax}} \quad \text{19-7}$$

Wie aus der Kennlinie ersichtlich, wird bei Änderung der Eingangsspannung der Arbeitspunkt verschoben. Der ausgewählte Vorwiderstand muss zwischen beiden Werten liegen. Bei Erhöhung der Eingangsspannung ändert sich die Z-Spannung nur unwesentlich. Damit bleibt die Ausgangsspannung der Schaltung weitgehend konstant. Sie entspricht der Spannung U_Z. Hingegen steigt der Strom I_Z stark an.

Bei Verringerung der Eingangsspannung vermindert sich die Z-Spannung nur geringfügig, so dass die Ausgangsspannung auch hier relativ konstant bleibt. Der Z-Strom sinkt erheblich.

Mit Z-Dioden erzielt man eine Gleichspannung, die für die meisten Anwendungen qualitativ ausreichend ist.

Der **Grad der Stabilisierung** wird durch das Verhältnis der relativen Änderung der Eingangsspannung zur relativen Änderung der Ausgangsspannung im Stabilisierungsfaktor

$S = \dfrac{\Delta U_d \cdot U_Z}{\Delta U_Z \cdot U_d}$ ausgedrückt.

Eine weitere Möglichkeit, eine qualitativ hochwertige Gleichspannung zu erzeugen, ist durch eine Spannungsstabilisierung mit Längstransistor gegeben. Sie wird im Zusammenhang mit der Regelung behandelt.

19.2 Verstärkerschaltungen

19.2.1 Prinzip der Verstärkung

Verstärker sind ein wichtiges Bindeglied zwischen dem informationsverarbeitenden Teil und dem Leistungsteil einer elektrischen Anlage. Sie übernehmen die Anpassung der Spannung, des Stromes und der Leistung. Dazu werden diese elektrischen Größen verstärkt.

Verstärker besitzen einen komplexen inneren Aufbau. Vielfach werden sie deshalb nur in einer Blockdarstellung mit den beiden Eingangs- und den beiden Ausgangsklemmen betrachtet.

Verstärker dienen dem Zweck, aus einer elektrischen Gleich- oder Wechselgröße kleinen Betrages eine elektrische Gleich- oder Wechselgröße höheren Betrages herzustellen.

Das Verhältnis aus der gesteuerten elektrischen Größe und der steuernden elektrischen Größe wird als Verstärkung definiert.

Es gilt: $v = \dfrac{x_2}{x_1} \geq 1$

v Verstärkungsfaktor
x_1 Eingangsgröße
x_2 Ausgangsgröße

Elektrische Eingangs- und Ausgangsgrößen sind die Spannung, die Stromstärke oder die Leistung.

Der Zusammenhang zwischen Eingangs- und Ausgangsgrößen eines Verstärkers wird in der Blockdarstellung (Abb. 19-8) verdeutlicht.

Daraus lassen sich für die einzelnen elektrischen Größen die Verstärkungsfaktoren bestimmen:

Spannungsverstärkung $$v_u = \frac{U_2}{U_1} \quad \text{19-8}$$

Stromverstärkung $$v_i = \frac{I_2}{I_1} \quad \text{19-9}$$

Leistungsverstärkung $$v_p = \frac{P_2}{P_1}$$

$$v_p = \frac{U_2 \cdot I_2}{U_1 \cdot I_1}$$

$$v_p = v_u \cdot v_i \quad \text{19-10}$$

Da die Leistung das Produkt aus Spannung und Stromstärke ist, lässt sich der Verstärkungsfaktor der Leistung auch als Produkt von v_u und v_i auffassen.

Das Kernstück eines Verstärkers ist in der diskreten Bauweise ein bipolarer oder ein unipolarer Transistor und in der integrierten Bauweise der Operationsverstärker.

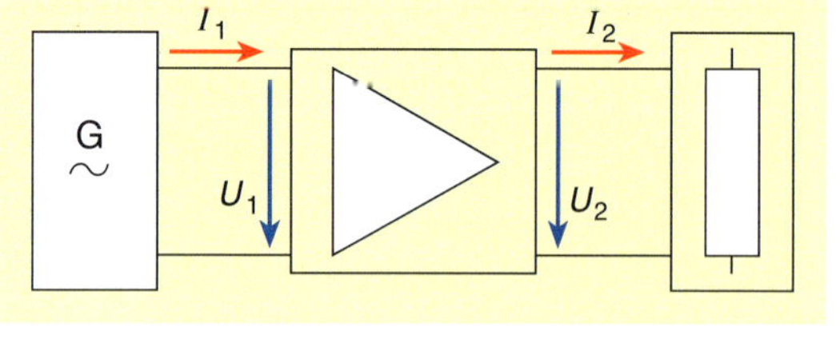

Abb. 19-8 ***Verstärkerschaltung, Blockdarstellung***

19.2.2 Funktionsbestimmende Bauelemente

Zur Realisierung der Verstärkung werden als funktionsbestimmende Bauelemente Transistoren eingesetzt. Die Bezeichnung Transistor ist eine Zusammensetzung der englischen Wörter transfer resistor und kann deshalb als „übersetzender Widerstand“ verstanden werden. Eine Strom- oder Spannungssteuerung auf der einen Seite des Bauelementes wirkt sich als Widerstandsänderung auf der anderen Seite aus.

Grundsätzlich sind zwei

Transistoren zu unterscheiden:

Bipolare Transistoren

bei deren inneren Leitungsvorgängen sowohl Löcher als auch freibewegliche Elektronen beteiligt sind (Ladungsträger beiderlei Polarität-bipolar)

und

Unipolare Transistoren

so genannte Feldeffekt-Transistoren (FET). Hier wird der Leitungsvorgang in einem Kanal hervorgerufen, welcher nur durch eine (uni, lat. gleiche) Ladungsträgerart bestimmt ist.

Bipolarer Transistor

Sie bestehen aus drei Schichten, welche zwei PN-Übergänge bilden. Je nach der Reihenfolge der Schichten lassen sich die bipolaren Transistoren in die zwei Grundtypen
– den NPN-Transistor und
– den PNP-Transistor unterscheiden.

Damit der Transistoreffekt wirksam werden kann, muss die mittlere Schicht zwei wesentliche Bedingungen erfüllen:
1. extrem dünn, nur wenige Mikrometer dick und
2. sehr schwach dotiert sein.

Dadurch wird erkennbar, dass zwei getrennte PN-Übergänge in entsprechender Reihenschaltung den Transistoreffekt nicht realisieren können. Zur Veranschaulichung wird jedoch die Transitordarstellung auf eine Diodendarstellung zurückgeführt (Abb.19-9).

Legt man an den gesamten Kristall eine Spannung an, ist immer ein PN-Übergang in Vorwärts- und der andere in Rückwärtsrichtung gepolt, d.h. der Kristall ist nach wie vor hochohmig.

Wie mithilfe einer Spannung an der mittleren Schicht der Kristall niederohmiger gesteuert werden kann, soll am NPN-Transistor, den am häufigsten eingesetzen Transistor, erläutert werden.

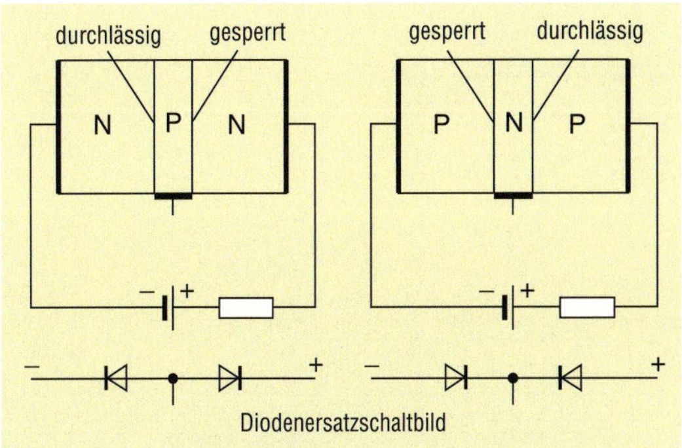

Abb. 19-9 ***Vorwärts- und Rückwärtsrichtung in der Dreischichtenfolge***

Die N-Schicht des PN-Überganges in Vorwärtsrichtung bildet den Emitter E (emittere, lat. aussenden), das P-leitende Gebiet die Basis B (griech. Grundlage, Stützpunkt). Die andere N-Schicht stellt den Kollektor C (collekta, lat. Sammlung) dar.

Wird zwischen Kollektor und Emitter die Spannung U_{CE} angelegt, kann durch den Transistor nur dann Strom fließen, wenn die Basis-Emitter-Strecke durch die Spannung U_{BE} leitfähig wird (Abb. 19-10).

Aus der N-Schicht des hochdotierten Emitters dringen viele Elektronen in die P-Schicht der Basis ein. Da diese schwach dotiert und sehr dünn ist, rekombinieren nur wenige Elektronen mit den Löchern. Es fließt ein geringer Basisstrom I_B.

Die Basis ist mit Elektronen überschwemmt, d.h. in die P-leitende Schicht sind über den PN-Übergang Elektronen aus der N-leitenden Schicht injiziert worden.

Das hohe positive Potential am Kollektor wirkt auf die injizierten Elektronen in der Basis anziehend, wodurch der größte Teil der vom Emitter ausgesandten Elektronen in den Kollektor gelangen. Da der Basisstrom meist weniger als 1 % des Emitterstromes I_E beträgt, ist der Kollektorstrom I_C nur geringfügig kleiner als I_E.

Zwischen Basis und Kollektor fließt, von Restströmen abgesehen, kein Strom, wodurch Basis und Kollektor als vollständig entkoppelt betrachtet werden können (vergl. Abb. 19-10).

Auf den Transistor angewandt, führen Knotenpunkt- und Maschensatz zu folgenden Aussagen:

$I_E = I_C + I_B$ und $U_{CE} = U_{BE} + U_{CB}$

Beachten Sie:
Bei den Bezeichnungen der Spannungen gilt, dass der erstgenannte Anschluss das höhere Potential hat. Z. B. bedeutet U_{BE}: Die Basis B ist positiv gegenüber dem Emitter E.

Bei den Spannungen gilt vergleichbar, dass die Basis-Emitter-Spannung U_{BE} klein (etwa 0,6 V bei Si-Transistoren bzw. 0,3 V bei Ge-Transistoren) gegenüber der Kollektor-Basis-Spannung U_{CB} ist.

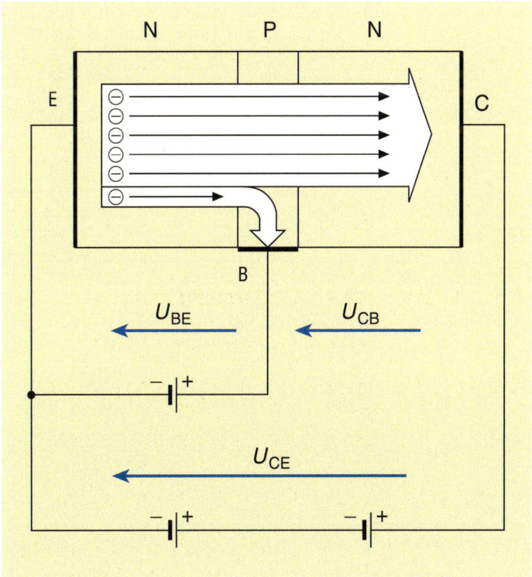

Abb. 19-10 ***Elektronenstrom im NPN-Transistor***

Zusammenfassend gilt:

Ein NPN-Transistor wird leitend durch

- zwei konstruktiv vorgegebene Bedingungen.
  1. Dünne und schwach dotierte Basisschicht (→ kleiner Basistrom) und
  2. hochdotiertes Emittergebiet (→ Vorhandensein freibeweglicher Ladungsträger)
- zwei schaltungstechnisch zu realisierende Bedingungen.
  1. Richtung der Spannung U_{BE} so wählen, dass die Basis-Emitter-Strecke in Vorwärtsrichtung betrieben wird und
  2. die Spannung U_{CE} so angelegt wird, dass die Kollektor-Basis-Stecke gesperrt ist
     oder
     ein NPN-Transistor ist leitend, wenn Basis und Kollektor positiv gegenüber dem Emitter gepolt sind.

Sinnngemäß lassen sich die gemachten Aussagen auch auf einen PNP-Transistor übertragen.

Beachten Sie, dass

1. die beweglichen Ladungstäger jetzt Löcher (Defektelektronen) sind und
2. die anzulegenden Spannungen für die Basis-Emitter- (U_{BE}) und Kollektor-Emitter-Strecke (U_{CE}) umgepolt werden müssen. Die Richtung der Spannungen und der Ströme orientieren sich an denen für den NPN-Transistor. Dadurch ergeben sich die negativen Vorzeichen der Ströme und Spannungen.

Die Schaltzeichen eines NPN- bzw. PNP-Transistors sind aus der ursprünglichen Bauform eines Transistors (Spitzentransistor) abgeleitet, bei dem zwei Spitzen auf ein Kristallplättchen (Basis) aufgesetzt waren. Sie unterscheiden sich durch die im Emitter angegebene Pfeilrichtung, als Richtung des Emitterstromes (Abb. 19-11).

Soll einTransistor die Funktion eines Schalters oder eines Verstärkers erfüllen, muss ein Eingangssignal den Transistor leitender oder hochohmiger steuern. Dieses Signal ist dem Ruhebetrieb überlagert.

Als Ergebnis wird ausgangsseitig an einem Lastwiderstand eine Strom- und Spannungsänderung erkennbar.

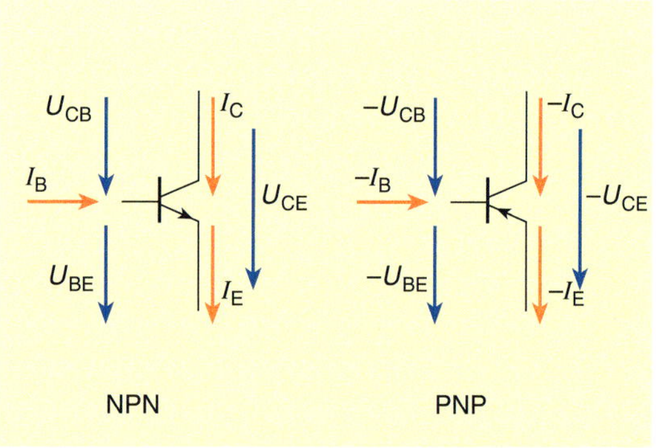

Abb. 19-11 ***Schaltzeichen der Transistoren***

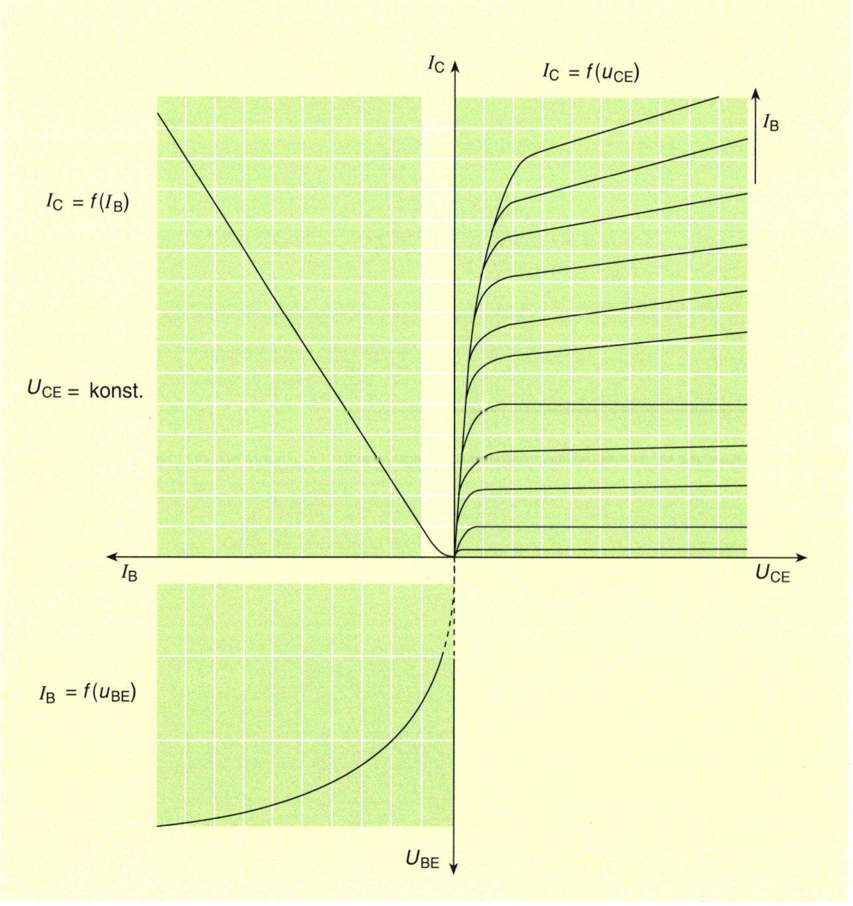

Abb. 19-12

Vierquadranten-kennlinienfeld

Da der Transistor nur über drei Anschlüsse verfügt, muss ein Anschluss gemeinsam für Eingang und Ausgang genutzt werden.

Somit ergeben sich drei mögliche Grundschaltungen (Tab. 19-2), welche nach dem gemeinsamen Transistoranschluss benannt werden.

Der Ruhebetrieb der Transistoren wird in der Praxis nur mit einer Spannungsquelle realisiert, nicht wie in den Prinzipschaltungen dargestellt, mit zweien. Die Erzeugung der Basis-Emitter-Spannung erfolgt über einen Vorwiderstand oder einen Spannungsteiler (vergl. Abb 19-17).

Zugehörig zum Eingangs- und Ausgangskreis lässt sich die jeweilige Kennlinie darstellen. Für die Emitterschaltung ist als Eingangskennlinie der Zusammenhang von U_{BE} und I_B $[I_B = f(U_{BE})]$ und als Ausgangskennlinie der Zusammenhang von U_{CE} und I_C $[I_C = f(U_{CE})]$ zu erfassen. Da die Änderung eingangsseitig zu einer Änderung ausgangsseitig führt und diese wieder auf den Eingang zurückwirkt, muss für die Eingangskennlinienaufnahme dafür gesorgt werden, dass die Spannung U_{CE} konstant gehalten wird, U_{CE} ist Parameter.

Gleichlautend ist bei der Ausgangskennlinienaufnahme ebenfalls ein Parameter festzulegen, es ist der Basisstrom I_B.

Die Vermittlung zwischen Eingang und Ausgang wird über die Steuerkennlinie verdeutlicht, hierbei verursacht die Änderung des Basisstromes I_B die Änderung des Kollektorstomes I_C, $[I_C = f(I_B)]$. Hierfür ist die U_{CE} Parameter.

Der Zusammenhang der elektrischen Größen des Transistors findet in der Darstellung des Vierquadrantenkennlinienfeldes seinen Ausdruck (Abb. 19-12).

Schaltungstechnisch lässt sich die Kennlinienaufnahme entsprechend Abb. 19-13 realisieren.

Für die Erklärung der Funktion des Transistors als Verstärkerbauelement beziehen wir uns auf den Transistor in der Emitterschaltung. Aus dem Vierquadrantenkennlinienfeld des Transistors gewinnt man die not-

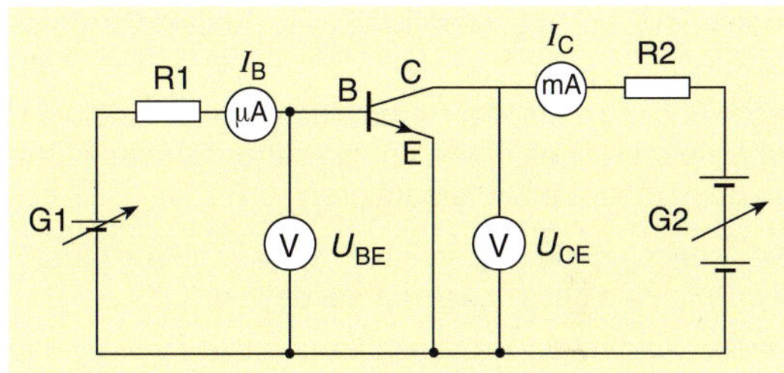

Abb. 19-13 ***Schaltung zur Kennlinienaufnahme***

Emitterschaltung	
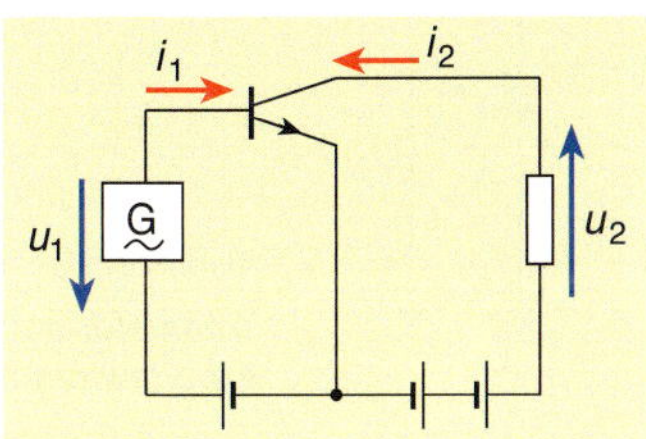	Anwendungen als • Spannungs- und • Stromverstärker im NF- und HF-Bereich Charakteristik: • $i_2 > i_1 \rightarrow v_i > 100$ • $u_2 > u_1 \rightarrow v_u > 100$ $\Rightarrow V_p \approx V_i \cdot Vu$ $\varphi_{u2;\ u1} = 180°$
Kollektorschaltung	
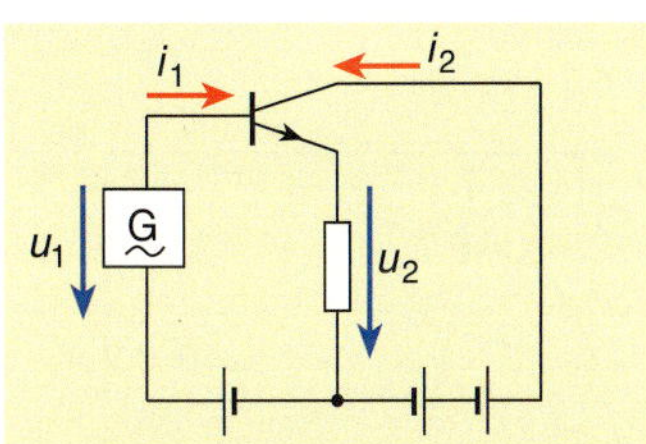	Anwendungen als • NF-Eingangsverstärker • Impedanzwandler • etwa 20 % der Transistorschaltungen Charakteristik: • $i_2 > i_1 \rightarrow v_i > 100$ • $u_2 < u_1 \rightarrow v_u < 1$ $\Rightarrow V_p \approx V_i$ $\varphi_{u2;\ u1} = 0°$
Basisschaltung	
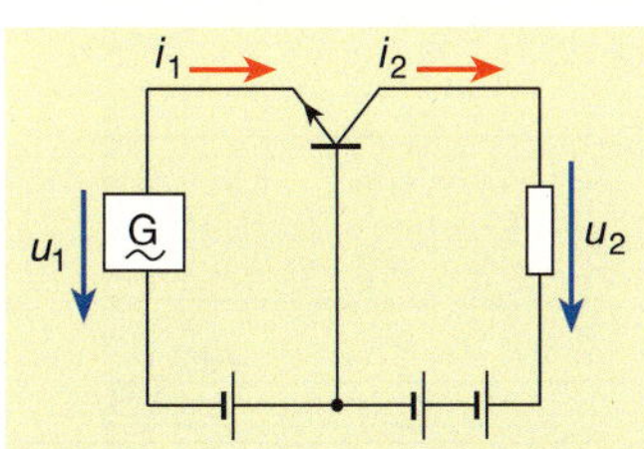	Anwendungen für • Oszillatorschaltungen • HF-Verstärker • etwa 2 % der Transistorschaltungen Charakteristik: • $i_2 < i_1 \rightarrow v_i < 1$ • $u_2 > u_1 \rightarrow v_u > 100$ $\Rightarrow V_p \approx V_u$ $\varphi_{u2;\ u1} = 0°$

Tab. 19.2 ***Grundschaltungen der Transistoren***

wendigen elektrischen Parameter für die Schaltungsermittlung. Das erfordert
1. die Bestimmung der Grenzen der **Aussteuerbarkeit** des Transistors und
2. die Festlegung der **Arbeitsgeraden.**

Maßgeblich wird das Betreiben eines Transistors bestimmt durch
- die maximale Verlustleistung P_{tot}
- die zulässige Sperrspannung U_{CE0} als U_{CEmax}
- den Kollektorreststrom I_{C0} beim Basisstrom $I_B = 0$
- und den maximalen Kollektorstrom I_{Cmax}.

Auch die Kollektor-Emitter-Sättigungsspannung U_{CEsat} ist als Grenzwert zu betrachten.

Diese Forderung muss erhoben werden, damit sich eine Änderung der Kollektor-Emitter-Spannung nur geringfügig auf die Änderung des Kollektorstromes auswirkt.

In der Abb. 19-14 ist der Bereich dargestellt, in dem der Arbeitspunkt liegen muss, um ein störungsfreies Arbeiten des Transistors zu garantieren.

Die Arbeitsgerade wird in ihrem Verlauf im Ausgangskennlinienfeld durch zwei Punkte definiert.

Hierfür werden die Betriebsfälle Leerlauf ($I_C = 0$) und Kurzschluss ($U_{CE} = 0$) herangezogen.

Anhand der vorliegenden Schaltung (Abb. 19-15) lässt sich für den Gleichstrombetrieb feststellen:

$U_{RC} + U_{CE} - U_B = 0$

Wird die Spannung am Arbeitswiderstand durch den Widerstand und den ihn durchfließenden Strom ersetzt, folgt

$I_C \cdot R_C + U_{CE} - U_B = 0.$

Wir betrachten die vorliegende Beziehung für die Grenzbetriebsfälle

Leerlauf	Kurzschluss
$I_C = 0$	$U_{CE} = 0$
$0 \cdot R_C + U_{CE} - U_B = 0$	$I_{CK} \cdot R_C + 0 - U_B = 0$
$U_{CE} = U_{CEmax} = U_B$	$I_{CK} = \frac{U_B}{R_C}$
Schnittpunkt mit der U_{CE}-Achse	Schnittpunkt mit der I_C-Achse

Je nach Einsatz des Transistors lassen sich im Arbeitsbereich verschiedene Arbeitspunkte festlegen. **Nutzbare Arbeitspunkte** sind in der Abb. 19-16 ersichtlich als

Punkt A – zur Kleinsignalverstärkung im Eintaktverstärker (A-Betrieb)

Punkt B und **Punkt AB** – zur Großsignalverstärkung im Gegentaktverstärker (B- bzw. AB-Betrieb).

Mit der Festlegung eines Arbeitspunktes lassen sich aus der Kennlinie die elektrischen Parameter I_B, I_C, U_{CE} für den Gleichspannungsbetrieb im Arbeitspunkt ermitteln. Sie bilden die Grundlage für die Dimensionierung der **Transistorschaltungen mit Basisvorwiderstand** und **Basisspannungsteiler** (Abb. 19-17).

Die zum Basisstrom I_B gehörende Spannung zwischen Basis und Emitter wird der Eingangskennlinie entnommen.

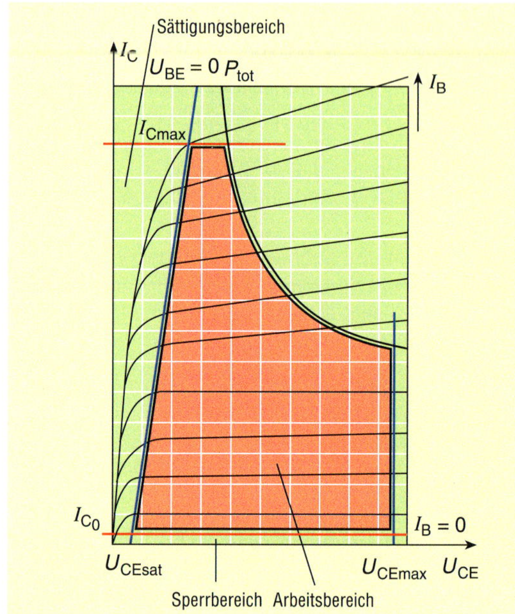

Abb. 19-14 ***Aussteuerbarkeit des Transistors***

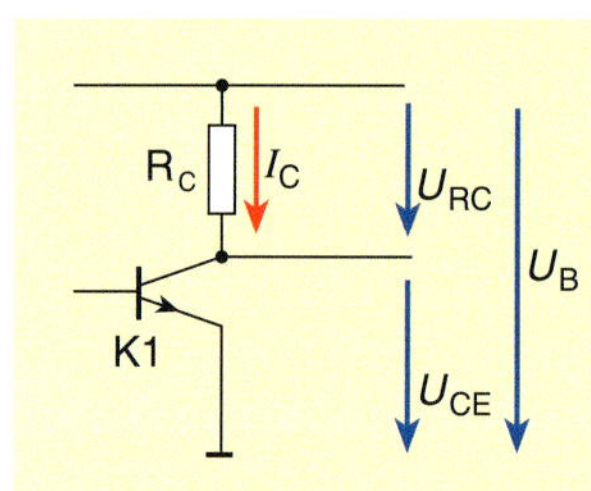

Abb. 19-15 ***Transistor mit Arbeitswiderstand***

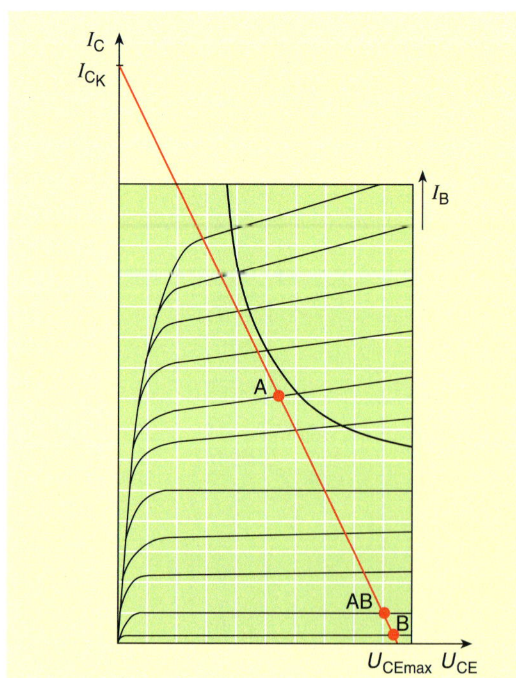

Abb. 19-16 ***Ausgangskennlinie mit Arbeitsgeraden***

Dimensionierung der Widerstände:

Arbeitswiderstand und Basisvorwiderstand

$U_B = U_{RC} + U_{CE}$

$U_{RC} = U_B - U_{CE}$

$U_{RC} = I_C \cdot R_C$

$R_C = \dfrac{U_B - U_{CE}}{I_C}$

$U_B = U_{RB} + U_{BE}$

$U_{RB} = U_B - U_{BE}$

$U_{RB} = I_B \cdot R_B$

$R_B = \dfrac{U_B - U_{BE}}{I_B}$

Basisspannungsteiler

$U_B = U_{R1} + U_{R2}$

$U_{R2} = U_{BE}$

$U_{R2} = I_q \cdot R_2$

$I_q = q \cdot I_B$

$R_2 = \dfrac{U_{BE}}{q \cdot I_B}$

$U_B = U_{R1} + U_{BE}$

$U_{R1} = U_B - U_{BE}$

$U_{R1} = I_1 \cdot R_1$

$I_1 = I_q + I_B$

$R_1 = \dfrac{U_B - U_{BE}}{q \cdot I_B + I_B}$

q: Querstromverhältnis des belasteten Spannungsteilers

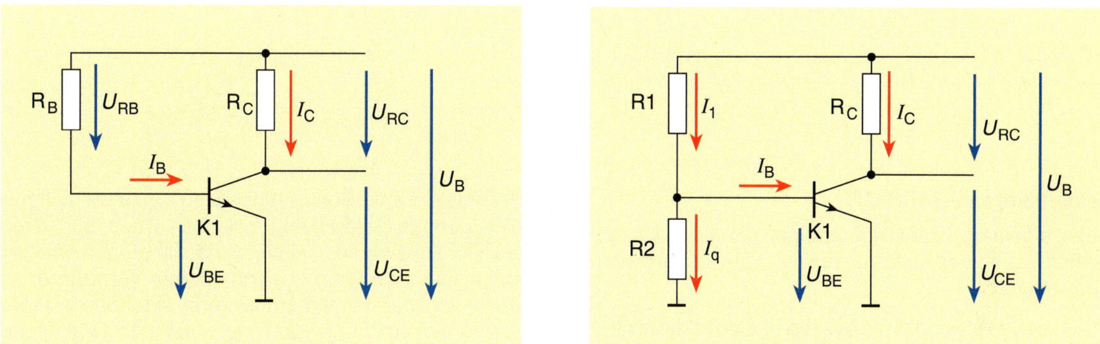

Abb. 19-17 ***Transistorschaltungen***
a) mit Basisvorwiderstand
b) mit Basisspannungsteiler

1. Beispiel:

Aus dem Datenblatt eines Leistungstransistors sind die Basis-Emitterspannung mit 0,7 V und der Stromverstärkungsfaktor $B = 125$ bekannt. Der Transistor wird an einer Spannung von 24 V betrieben. Der Laststrom soll 600 mA betragen, wenn die Kollektor-Emitterspannung auf $U_B/2$ eingestellt ist.

Welche Beträge weisen die Widerstände R_C und R_B bei einer Schaltung mit Basisvorwiderstand auf?

gegeben: $U_{BE} = 0{,}7\text{ V}$, $U_B = 24\text{ V}$, $B = 125$, $I_C = 600\text{ mA}$, $U_{CE} = U_B/2$

gesucht: R_C, R_B

Lösung:

$R_C = \dfrac{U_B - U_{CE}}{I_C}$

$R_C = \dfrac{24\text{ V} - 12\text{ V}}{600\text{ mA}}$

$\underline{\underline{R_C = 20\ \Omega}}$

$R_B = \dfrac{U_B - U_{BE}}{I_B}$

$I_B = \dfrac{I_C}{B}$

$I_B = \dfrac{600\text{ mA}}{125}$

$= 4{,}8\text{ mA}$

$R_B = \dfrac{24\text{ V} - 0{,}7\text{ V}}{4{,}8\text{ mA}}$

$\underline{\underline{R_B = 4{,}85\text{ k}\Omega}}$

2. Beispiel:

In der Vorverstärkerstufe eines Leistungsverstärkers sind der Basisspannungsteiler defekt und die Widerstandswerte unkenntlich geworden.

Die Daten des Transistors sind:
$U_{BE} = 0{,}7\text{ V}$, $B = 75$, $I_C = 400\text{ mA}$, $U_B = 30\text{ V}$

Berechnen Sie die erforderlichen Widerstände des Basisspannungsteilers, wenn das Querstromverhältnis 10 beträgt.

gegeben: $U_{BE} = 0{,}7\text{ V}$, $B = 75$, $I_C = 400\text{ mA}$, $U_B = 30\text{ V}$, $q = 10$

gesucht: R_1, R_2

Lösung:

$R_2 = \dfrac{U_{BE}}{I_q}$

$I_q = 10 \cdot I_B$

$I_B = \dfrac{I_C}{B}$

$I_B = \dfrac{400\text{ mA}}{75}$

$I_B = 5{,}33\text{ mA}$

$I_q = 53{,}3\text{ mA}$

$R_2 = \dfrac{0{,}7\text{ V}}{53{,}3\text{ mA}}$

$\underline{\underline{R_2 = 13{,}1\ \Omega}}$

$R_1 = \dfrac{U_B - U_{BE}}{I_1}$

$I_1 = I_B + I_q$

$I_1 = 5{,}33\text{ mA} + 53{,}3\text{ mA}$

$I_1 = 58{,}63\text{ mA}$

$R_1 = \dfrac{30\text{ V} - 0{,}7\text{ V}}{58{,}63\text{ mA}}$

$\underline{\underline{R_1 = 499{,}7\ \Omega}}$

19

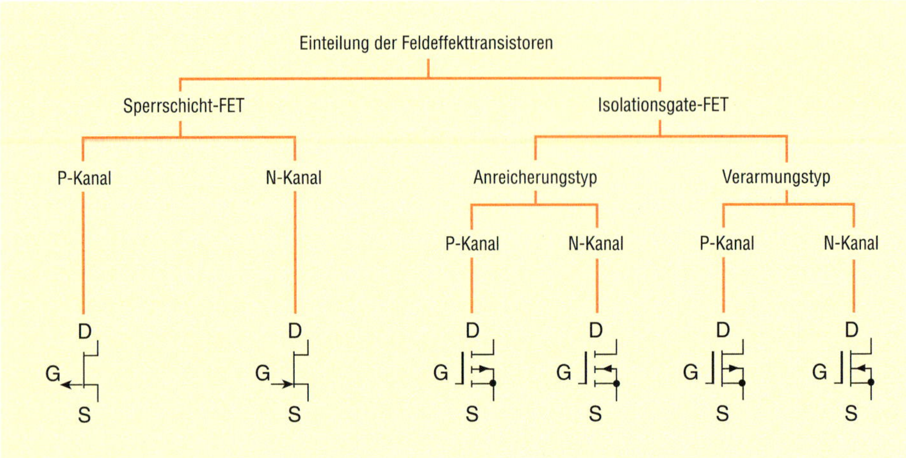

Abb. 19-18 ***Unterscheidungsmerkmale der Feldeffekttransistoren***

Feldeffekttransistor (FET)

Beim bipolaren Transistor erfolgte die Widerstandsbeeinflussung der Kollektor-Emitter-Strecke durch den Basisstrom.

Die Leitfähigkeit des Kanals eines Feldeffekttransistors wird durch ein senkrecht zum Stromfluss wirkendes elektrisches Feld beeinflusst.

Je nach der Art der im Kanal vorhandenen Ladungsträger und dem Aufbau lassen sich sechs verschiedene Feldeffekttransistoren unterscheiden.

Sperrschicht-Feldeffekttransistoren (J-FET)

Aufbau und Wirkungsweise eines N-Kanal-J-FET

Dieser Feldeffekttransistor besteht aus einem **N-dotierten** Halbleitermaterial **(Kanalgebiet),** in welches zwei **P-leitende Inseln** eingebracht und untereinander elektrisch verbunden sind (Abb. 19-19a). Der Kanal wird an beiden Seiten kontaktiert, und die Anschlüsse erhalten die Kennzeichnung D (Drain; engl.: Senke) und S (Source; engl.: Quelle).

Das P-Gebiet wird mit G (Gate; engl.: Tor) bezeichnet.

Wir gehen davon aus, dass eine positive Drain-Source-Spannung U_{DS} angelegt ist. Zwischen Gate und Source ist zunächst der Potentialunterschied $U_{GS} = 0$.

Bei kleiner Drain-Source-Spannung U_{DS} stellt sich nur eine geringe Feldwirkung zwischen Drain und Gate ein. Der Drainstrom I_D nimmt zunächst proportional mit steigender Spannung U_{DS} **(ohmsches Verhalten)** zu. Ab einem bestimmten Punkt wirkt sich eine weitere Spannungserhöhung nicht mehr auf den Drainstrom aus **(Abschnürung).** Mit steigender Spannung U_{DS} werden die beiden **PN-Übergänge,** zwischen Gate und Kanal, zunehmend in **Sperrrichtung** betrieben. Durch das Anlegen einer negativen Gate-Source-Spannung U_{GS} werden die PN-Übergänge in ihrer sperrenden Wirkung unterstützt. Der Kanalbereich verarmt immer mehr an Ladungsträgern. So steht ein kleiner werdender Querschnitt für den Stromfluss von Drain nach Source zur Verfügung. Der Kanal wird zunehmend abgeschnürt. Die beiden Sperrschichten können sich so weit ausbreiten, bis sie sich berühren. Dann kann kein Strom mehr durch den Kanal fließen.

Die Steuerung des J-FET erfolgt leistungslos. Die Eingangsleistung $P_1 = U_{GS} \cdot I_G$ ist vernachlässigbar klein, weil der Gatestrom $I_G \approx 0$ beträgt (Reststrom des PN-Überganges in Sperrrichtung).

Aus der Kennlinie des N-Kanal-J-FET (Abb. 19-19b) lassen sich die folgenden Kennwerte entnehmen:

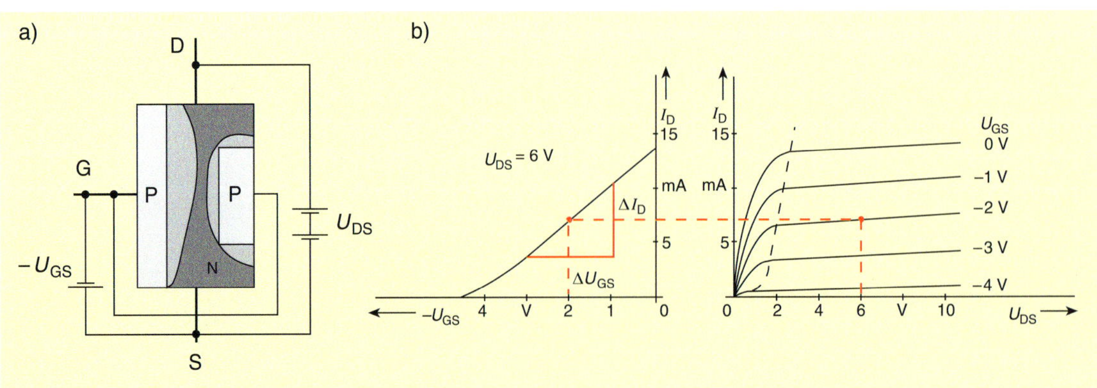

Abb. 19-19 ***N-Kanal-J-FET***
a) Aufbau und äußere Beschaltung b) Kennlinien

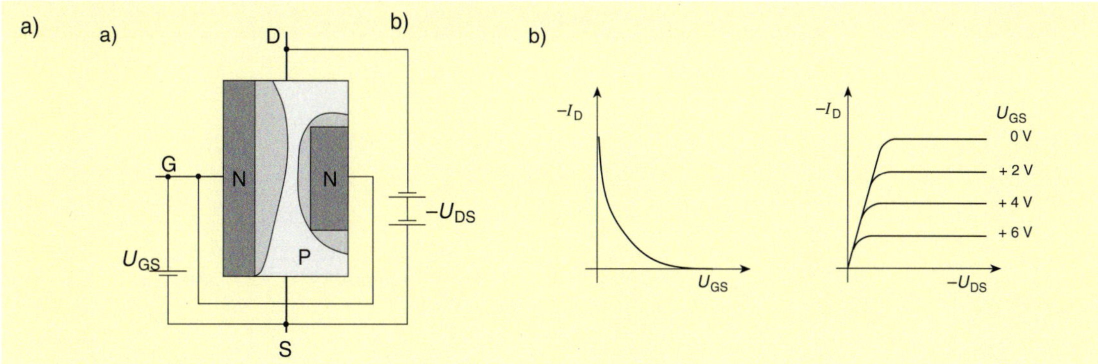

Abb. 19-20 ***P-Kanal-J-FET***
a) Struktur mit äußerer Beschaltung ***b) Kennlinien***

Steilheit

$$S = \frac{\Delta I_D}{\Delta U_{GS}} \qquad (19\text{-}11)$$

$$v_u = \frac{\Delta U_{DS}}{\Delta U_{GS}}$$

Verstärkung

$$v_u = \frac{\Delta U_{DS}}{\Delta I_D} \cdot S \qquad (19\text{-}12)$$

Die **Steilheit** ist der wichtigste Kennwert, weil er Aufschluss über das Verstärkungsverhalten des Feldeffekttransistors gibt. Das Betreiben eines Feldeffekttransistors wird durch die Grenzwerte

U_{DSmax}
U_{GSmax}
I_{Dmax}
P_{tot}

eingeschränkt. Sie bilden die Grundlage für die Festlegung des Aussteuerbereiches im Kennlinienfeld des J-FET.

Aufbau und Wirkungsweise des P-Kanal-J-FET

Das **Kanalgebiet** besteht aus **P-leitendem** Silizium und die beiden **Gateinseln** sind **N-leitend.** Die Ladungsträger sind Löcher. Um den Löcherstrom hervorzurufen, muss die Drain-Source-Spannung negativ sein. Die Beeinflussung des Drainstromes I_D erfolgt durch eine positive Gate-Source-Spannung U_{GS}. Somit wird zwischen Kanal und Gate eine Sperrschichtwirkung erreicht (Abb. 19-20).

Aufbau und Wirkungsweise des Isolationsgate-FET (IG-FET)

Wir unterscheiden Anreicherungs- und Verarmungstypen. **Anreicherungstypen** lassen bei anliegender Spannung U_{DS} und der Spannung $U_{GS} = 0$ keinen Drainstrom I_D fließen. Sie wirken **selbstsperrend.** Bei **Verarmungstypen** fließt hingegen unter gleichen Voraussetzungen der Drainstrom I_D. Verarmungstypen wirken **selbstleitend.** Ursache hierfür ist der unterschiedliche Aufbau beider Typen.

Aufbau

N-Kanal-Anreicherungstyp

In ein Basismaterial (P-leitend) sind zwei N-leitende Gebiete eingebracht (Drain und Source), welche elektrisch nicht miteinander verbunden sind. Über dem Substratbereich zwischen Drain und Source ist – durch ein Isolationsmaterial (Oxid) getrennt – die Steuerelektrode (Gate) eingebracht.

Source und Substrat (Bulk) sind – technologisch bedingt – miteinander verbunden.

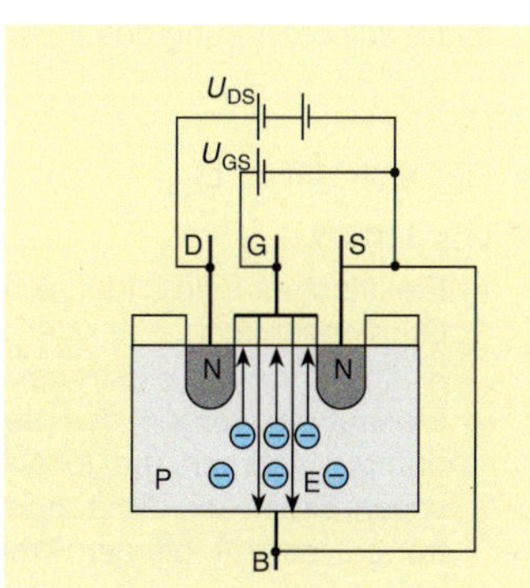

Abb. 19-21
N-Kanal-Anreicherungstyp
a) Struktur

N-Kanal-Verarmungstyp

Grundsätzlich liegt der gleiche Aufbau wie beim Anreicherungstyp vor, jedoch wird der N-Kanal bereits bei der Fertigung des FET technologisch erzeugt. Somit besteht die elektrisch leitende Verbindung zwischen Drain und Source .

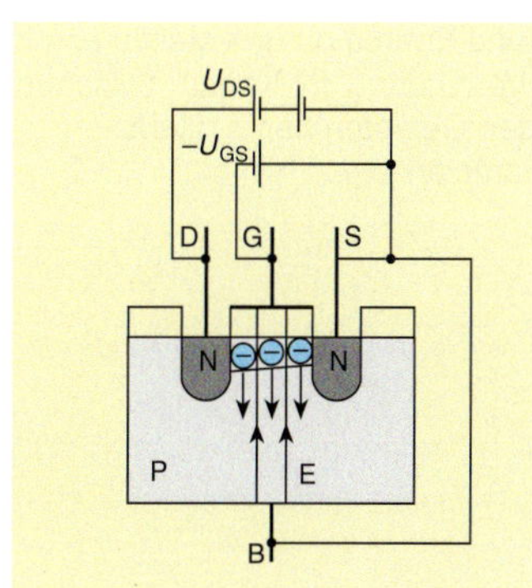

Abb. 19-22
N-Kanal-Verarmungstyp
a) Struktur

Aufbau

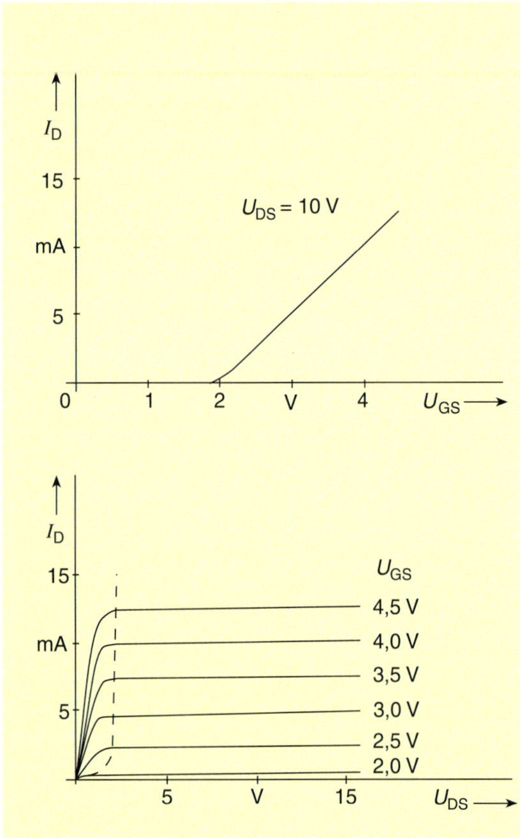

Abb. 19-21 ***b) Kennlinie***

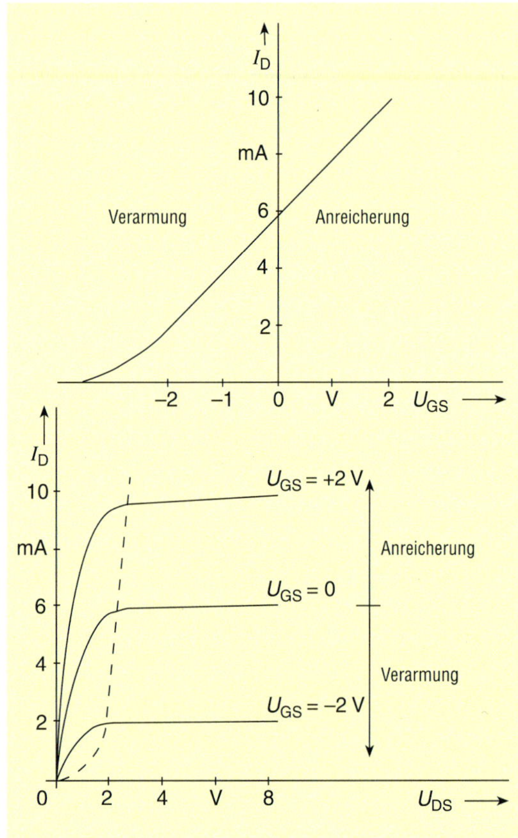

Abb. 19-22 ***b) Kennlinie***

Wirkungsweise

N-Kanal-Anreicherungstyp

- FET an positiver U_{DS}
- U_{GS} positiv
  → Elektrisches Feld bildet sich aus, von Gate nach Bulk (Substrat-Anschluss) gerichtet
  → Kraftwirkung auf Elektronen
  → Bewegung der Elektronen entgegen der Richtung des elektrischen Feldes
  → Elektronen lagern sich am Isolationsmaterial zwischen Drain und Source an und stellen somit die elektrische Verbindung (N-Kanal) zwischen beiden N-leitenden Gebieten her, I_D fließt!
  I_D ist direkt proportional U_{GS}.

N-Kanal-Verarmungstyp

Fall 1

- FET an positiver U_{DS}
- U_{GS} positiv

  Damit wird die gleiche Wirkung wie beim Anreicherungstyp beschrieben erreicht, d. h. es werden zusätzlich Ladungsträger im Kanal angereichert. Hierbei besteht die Gefahr zu großer Stromdichte und damit der Zerstörung des FET.

Fall 2

- FET an positiver U_{DS}
- U_{GS} negativ
  → Elektrisches Feld bildet sich aus, von Bulk nach Gate gerichtet
  → Kraftwirkung auf Elektronen
  → Elektronen werden aus dem Kanalgebiet verdrängt, wodurch die leitende Verbindung zwischen Drain und Source immer mehr an Elektronen verarmt, bis der Stromfluss unterbrochen ist.

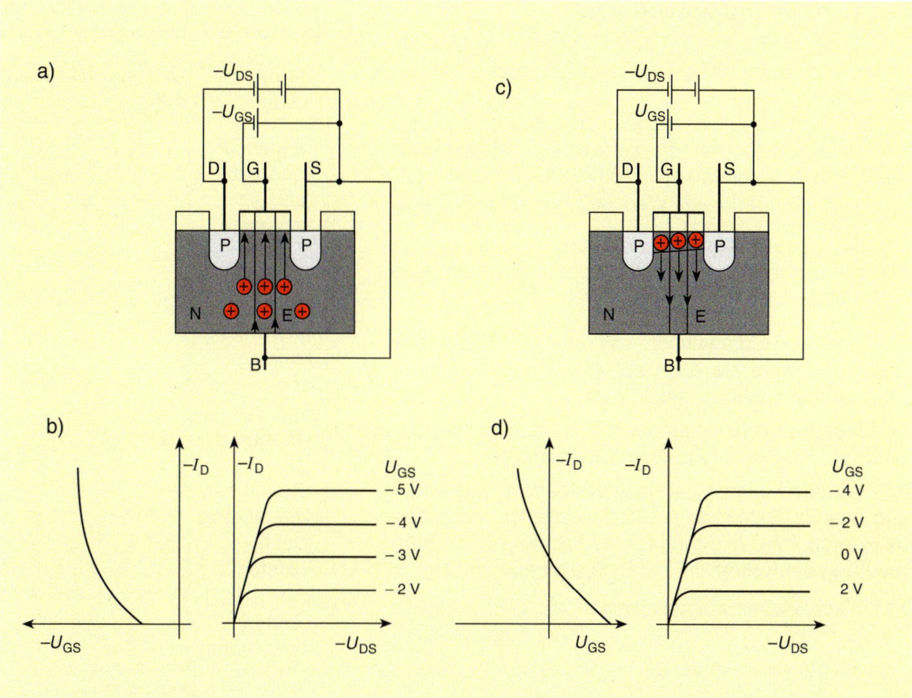

Abb. 19-23 ***P-Kanal-IG-FET a) Aufbau Anreicherungstyp c) Aufbau Verarmungstyp b) Kennlinien Anreicherungstyp d) Kennlinie Verarmungstyp***

Im Gegensatz zu den N-Kanal-IG-FET sind beim P-Kanal-IG-FET Drain und Source P-leitend, das Basismaterial ist N-leitend. Der Substratanschluss (Bulk, engl.: Substrat) ist technologisch bedingt mit Source verbunden. Durch die äußere Beschaltung des Feldeffekttransistors sollen die Defektelektronen beeinflusst werden.

Das erfordert an der Gateelektrode für den Anreicherungstyp ein negatives Potential gegenüber dem Substrat. Dazu muss Drain das negative und Source das positive Potential der Spannung U_{DS} erhalten. Somit können sich scheinbar positive Ladungsträger zwischen Drain und Source anlagern und einen P-leitenden Kanal ausbilden.

Der Drainstrom I_D wird in seiner Richtung negativ bewertet. Beim Verarmungstyp muss mittels der Spannung U_{GS} dafür gesorgt werden, dass die positiven Ladungsträger aus dem technologisch erzeugten Kanalgebiet gedrängt werden. Dafür muss das Potential am Gate positiv gegenüber dem Substrat sein (Abb. 19-23).

Leistungs-Feldeffekttransistoren VMOS

In zunehmendem Maße finden die Leistungs-FET Eingang in die Steuerungstechnik. Zum Teil lösen sie dabei sowohl Transistoren als auch Thyristoren ab, weil der schaltungstechnische Aufwand zur Ansteuerung der IG-FET einfacher und die Steuerleistung sehr gering ist.

Die FET sind technisch so weit entwickelt, dass mit ihnen Leistungen von mehreren Kilowatt geschaltet werden können. Der Aufbau der Leistungs-FET (Abb. 19-24) beruht auf dem eines N-Kanal-IG-FET. Die konstruktive Lösung zeigt einen **V-Querschnitt** in der Struktur. Damit bilden sich bei anliegender Spannung **zwei Kanäle** aus, die elektrisch **parallel geschaltet** wirken. Somit können größere Ströme fließen, was auch zur größeren umsetzbaren Leistung führt.

Vergleich elektrischer Daten			
VMOS-FET (BUZ 23)	I_{Dmax} 40 A	U_{DSmax} 50 V	P_{tot} 125 W
Bipol. Trans. (BD 337)	I_{Cmax} 10 A	U_{CEmax} 120 V	P_{tot} 60 W

Tab. 19-3 ***Vergleich elektrischer Daten***

Leistungs-FET zeichnen sich durch relativ hohe Schaltfrequenzen aus. Sie weisen somit Vorteile gegenüber Thyristoren in dieser Leistungsklasse auf.

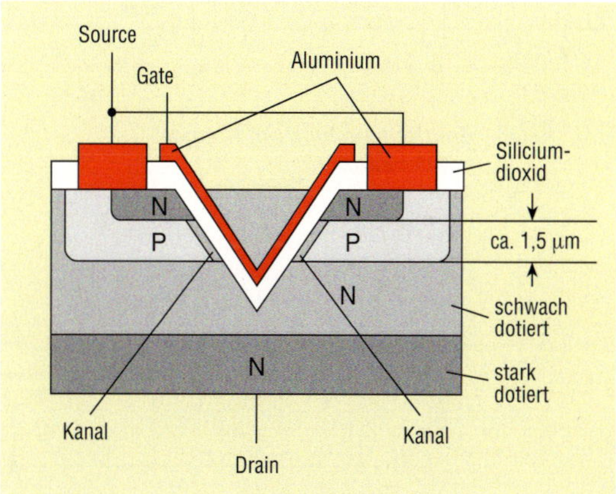

Abb. 19-24 ***Aufbau VMOS-Leistungs-FET***

19

19.2.3 Kleinsignalverstärker

Grundlage hierfür bilden der Transistor in Emitterschaltung und der unipolare Transistor in der Sourceschaltung.
Ausgehend vom Gleichspannungsbetrieb im Arbeitspunkt A (vgl. Abb. 19-16), welcher für Vorverstärker bzw. Eintaktendverstärker im NF-Bereich typisch ist, wird an den Eingang eine Wechselspannung angelegt.

Zum Ein- und Auskoppeln der Wechselspannung sind am Ein- und Ausgang jeweils Koppelkondensatoren angeschlossen (Abb. 19-25).

Mit ihnen wird unerwünscht auftretende Gleichspannung abgeblockt, so dass der Arbeitspunkt im statischen Betrieb nicht verfälscht wird.

Die Eingangswechselspannung U_1 ist der Basis-Emitter-Spannung U_{BE} im Arbeitspunkt überlagert.

Die Eingangswechselspannung verursacht eine Änderung des Basisstromes I_B, welche zur Änderung des Kollektorstromes I_C führt. Dieser wiederum ruft eine Änderung der Kollektor-Emitter-Spannung hervor.

Die Wechselspannungsaussteuerung (Abb. 19-26) des Verstärkers in der Emitterschaltung zeigt, dass bei

- positiver Halbwelle der U_1:
  $U_{BE}\uparrow \rightarrow I_B\uparrow \rightarrow I_C\uparrow \rightarrow U_{CE}\downarrow$
- negativer Halbwelle der U_1:
  $U_{BE}\downarrow \rightarrow I_B\downarrow \rightarrow I_C\downarrow \rightarrow U_{CE}\uparrow$ wird.

> Bei Kleinsignalverstärkern in Emitterschaltung ist die Ausgangsspannung gegenüber der Eingangsspannung um 180° phasenverschoben. Die Ausgangsspannungsänderung beträgt ein Vielfaches der Eingangsspannungsänderung.

Das ist ein charakteristisches Merkmal von Emitterschaltungen.

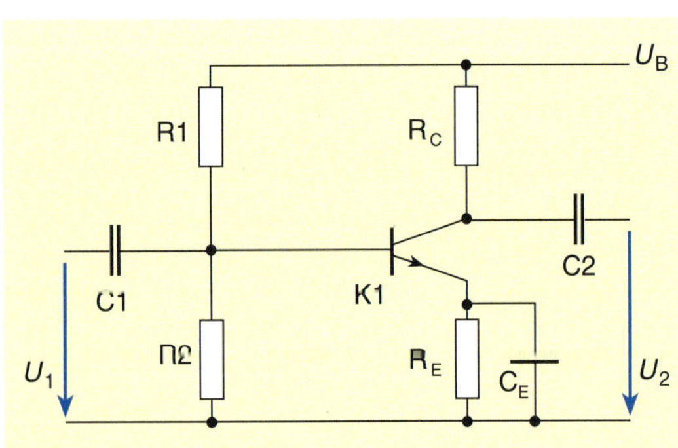

Abb. 19-25 ***Emitterschaltung mit Koppelkondensatoren***

Aus den Kennlinienfeldern lassen sich folgende **Wechselstromkennwerte** entnehmen:

Kennwerte	Zusammenhänge	übliche Werte
Eingangswiderstand (bei I_B = konstant)	$r_{BE} = \frac{\Delta U_{BE}}{\Delta I_B} = \frac{u_{BE}}{i_B}$	500 Ω … 5 kΩ
Ausgangswiderstand (bei U_{CE} = konstant)	$r_{CE} = \frac{\Delta U_{CE}}{\Delta I_C} = \frac{u_{CE}}{i_C}$	20 kΩ … 100 kΩ
Spannungsverstärkung	$v_U = \frac{\Delta U_{CE}}{\Delta U_{BE}} = \frac{u_{CE}}{u_{BE}}$	≤ 10 000
Stromverstärkung (bei I_B = konstant)	$v_I = \beta = \frac{\Delta I_C}{\Delta I_B} = \frac{i_C}{i_B}$	> 100
Leistungsverstärkung	$v_p = v_U \cdot v_I$	≈ 1 000 000

Tab. 19-4 ***Wechselstromkennwerte***

Aus den Wechselstromkennwerten Eingangswiderstand, Stromverstärkung und Ausgangswiderstand des Transistors lässt sich eine vereinfachte Wechselstromersatzschaltung des Transistors (Abb. 19-27) darstellen.

Der Einfluss der äußeren Beschaltung auf die Kennwerte bei der Wechselstromverstärkung wird an einer Emitterschaltung mit Basisspannungsteiler (siehe Abb. 19-28) untersucht.

Bei angeschlossener Eingangswechselspannung wirkt der Glättungskondensator der vorgeschalteten Stromversorgung für die Wechselspannung wie ein Kurz-

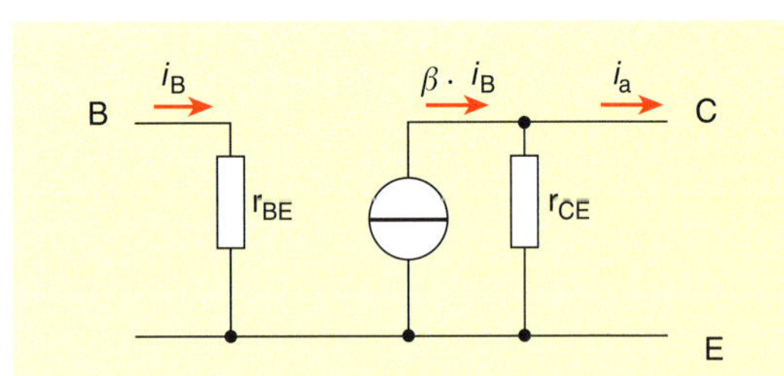

Abb. 19-27 ***Wechselstromersatzschaltung, Transistor in Emitterschaltung***

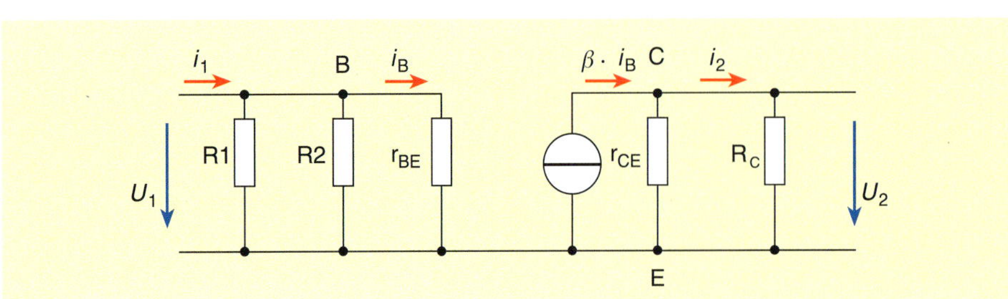

Abb. 19-28 ***Ersatzschaltung, Kleinsignalverstärker und Basisspannungsteiler***

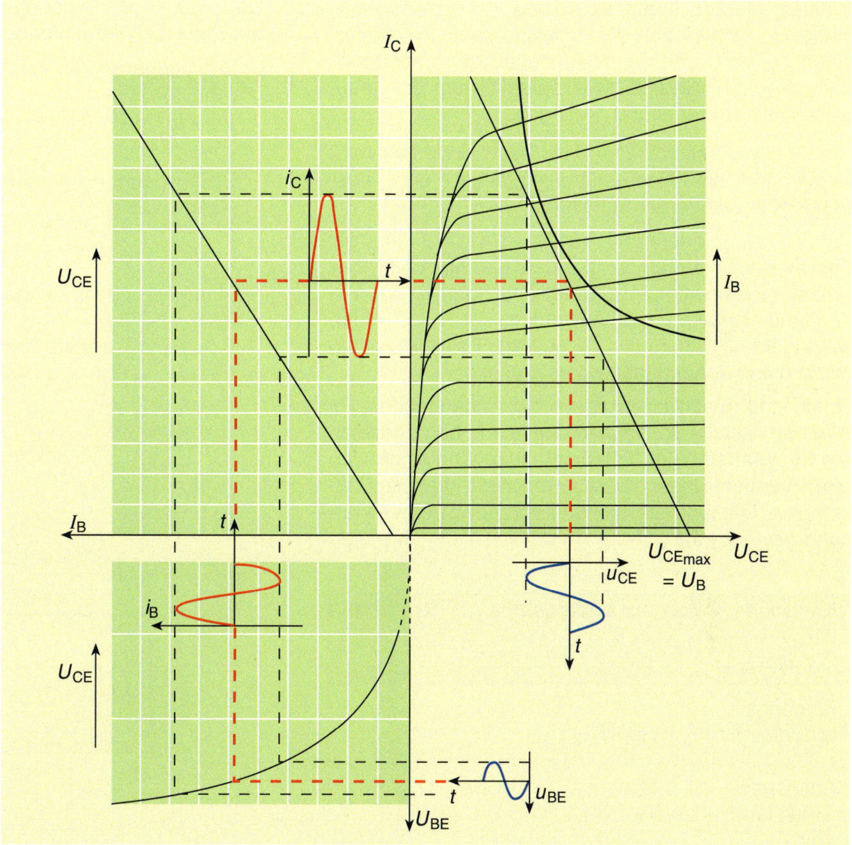

Abb. 19-26

Transistor in Emitterschaltung

a) Vierquadranten-Kennlinienfeld mit Wechselspannungsaussteuerung

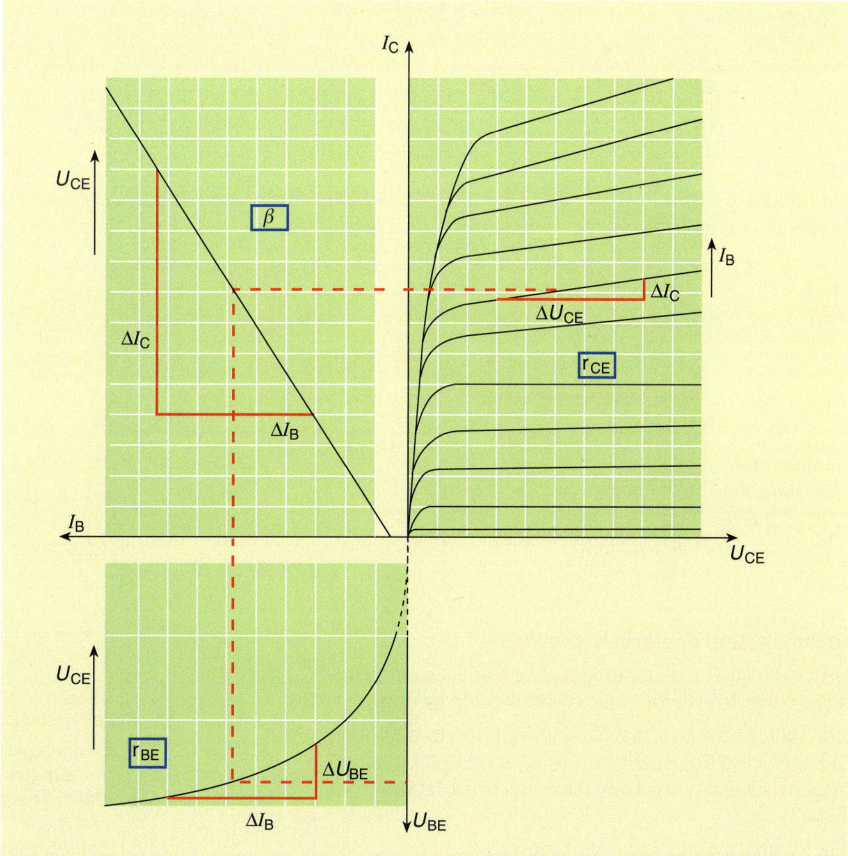

b) Wechselstromkennwerte

19

schluss. Daraus ergibt sich, dass der Arbeitswiderstand R_C parallel zum Wechselstromausgangswiderstand r_{CE} wirkt und die Widerstände des Basisspannungsteilers R1 und R2 jeweils parallel zum Eingangswechselstromwiderstand r_{BE} liegen.

Die äußere Beschaltung des Transistors bestimmt weitgehend die Wechselstromeingangs- und -ausgangswiderstände der Schaltung.

Der Eingangswiderstand verringert sich gegenüber dem Wechselstromeingangswiderstand r_{BE}. Er ist aber trotz der Beschaltung noch relativ hochohmig. Das Widerstandsverhalten des Ausganges ist durch einen kleinen Arbeitswiderstand R_C geprägt. Es stellt sich ein niederohmiger Ausgangswiderstand ein.

Durch das Anschließen des Arbeitswiderstandes R_C wird die Spannungsverstärkung stark herabgesetzt, die Stromverstärkung unterliegt hingegen keinen weiteren Veränderungen. Daraus resultiert, dass die Leistungsverstärkung maßgebend von der Stromverstärkung geprägt wird.

Kennwerte der Schaltung	Zusammenhänge
Eingangs-widerstand	$r_e = R_{B1} \| R_{B2} \| r_{BE}$
Ausgangs-widerstand	$r_a = R_C \| r_{CE}$ mit $R_C << r_{CE}$ $r_a \approx R_C$
Spannungs-verstärkung	$v_u = \frac{u_2}{u_1}$ mit $u_2 = i_C \cdot R_c$, $u_1 = i_B \cdot r_{BE}$ $v_u = \frac{i_C \cdot R_c}{i_B \cdot r_{BE}} = \beta \cdot \frac{R_c}{r_{BE}}$ **19–13**
Strom-verstärkung	$v_i = \frac{i_2}{i_1}$ mit $i_1 \approx i_B$ $\frac{i_2}{\beta \cdot i_B} = \frac{r_{CE}}{r_{CE} + R_c} \approx 1$ $\frac{i_2}{i_B} = \beta \cdot \frac{r_{CE}}{r_{CE} + R_c}$ $v_i = \beta \cdot \frac{r_{CE}}{r_{CE} + R_c}$ **19–14** $v_i \approx \beta$
Leistungs-verstärkung	$v_p = v_i \cdot v_u$

Tab. 19-5 ***Kennwerte des Kleinsignalverstärkers***

Stabilisierung des Arbeitspunktes

Durch die im Transistor umgesetzte Verlustleistung unterliegt der Transistor einer Wärmebeeinflussung.

Bei Halbleitern verursacht eine Temperaturerhöhung bekanntlich die zusätzliche Freisetzung von Ladungsträgern. Damit verschiebt sich der Arbeitspunkt der Schaltung.

Sie arbeitet instabil ($\vartheta\uparrow \rightarrow I_B\uparrow \rightarrow I_C\uparrow$).

Der Einfluss der Temperatur auf das Betriebsverhalten der Schaltung kann verringert werden durch:

- Stromgegenkopplung mit Emitterwiderstand (Abb. 19-29a)
  $\vartheta\uparrow \rightarrow I_C\uparrow \rightarrow U_{RE}\uparrow$ (U_{R2} = konst.) $\rightarrow U_{BE}\downarrow \rightarrow I_B\downarrow \rightarrow I_C\downarrow$
- Gleichspannungsgegenkopplung mit R_{CB} (Abb. 19-29b)
  $\vartheta\uparrow \rightarrow I_C\uparrow \rightarrow U_{RC}\uparrow \rightarrow U_{CE}\downarrow \rightarrow U_{RB}\downarrow \rightarrow I_B\downarrow \rightarrow I_C\downarrow$
  $\rightarrow U_{BE}\downarrow \rightarrow$
- Stabilisierung mit Heißleiter (Abb. 19-29c)
  $R_2 = R$ mit Transistor thermisch verbunden
  $\vartheta\uparrow \rightarrow I_C\uparrow \rightarrow R_\vartheta\downarrow \rightarrow U_{R\vartheta}\downarrow = U_{BE}\downarrow \rightarrow I_B\downarrow \rightarrow I_C\downarrow$

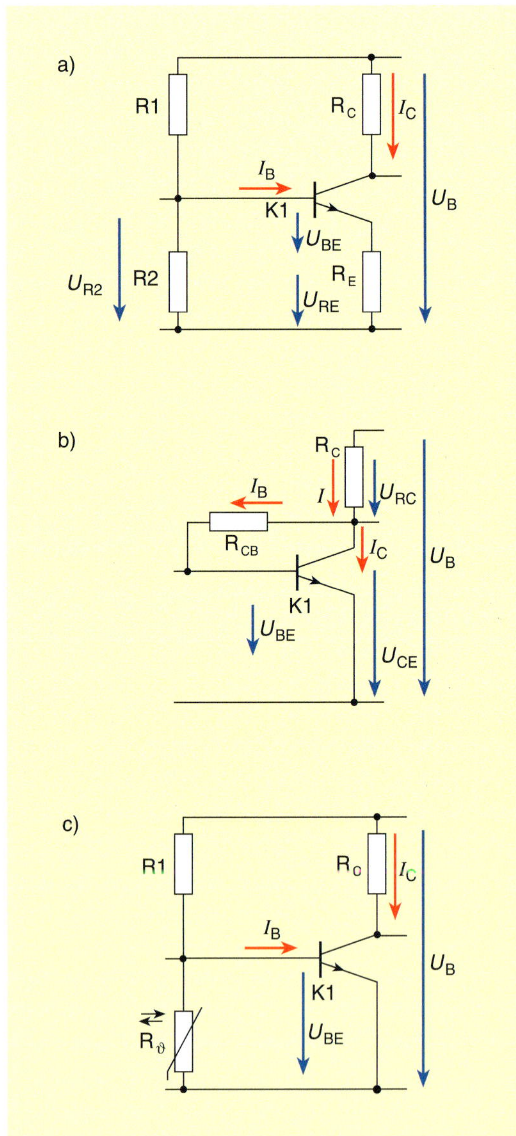

Abb. 19-29 ***Schaltungen zur Temperaturstabilisierung***
a) Stromgegenkopplung mit Emitterwiderstand
b) Gleichspannungsgegenkopplung mit R_{CB}
c) Stabilisierung mit Heißleiter

19

Verstärkerschaltung mit FET (Abb. 19-30)

Mit einer Sourceschaltung ist man ebenfalls in der Lage, Verstärker aufzubauen. Diese besitzt gegenüber der Schaltung mit einem bipolaren Transistor den Vorteil, dass sie eingangsseitig keine Verlustleistung entstehen lässt und einen sehr hohen Eingangswiderstand besitzt (vgl.: Aufbau FET).

Ähnlich der Emitterschaltung wird der statische Betrieb (Festlegung des Arbeitspunktes) des FET über die Voreinstellung der Steuergröße (Gate-Vorspannung) an der Steuerelektrode (Gate) realisiert.

Über den Maschensatz lässt sich der Zusammenhang zwischen der Gate-Source-Schaltung, der Spannung am Widerstand R_G und der Spannung am Sourcewiderstand R_S herstellen:

$U_{GS} + U_{RS} - U_{RG} = 0$

Da die Gate-Source-Strecke sehr hochohmig ist (in Sperrrichtung betriebener PN-Übergang), fließt durch den Widerstand R_G kein nennenswerter Strom. Der an ihm auftretende Spannungsfall ist praktisch null. Der Drainstrom I_D fließt vollständig durch den Sourcewiderstand R_S und verursacht an ihm einen Spannungsfall $U_{RS} = I_D \cdot R_S$, welcher dem Betrag der Gate-Source-Spannung entspricht. Aus dem Maschensatz folgt für die Gate-Source-Spannung:

$U_{GS} = -I_D \cdot R_S$

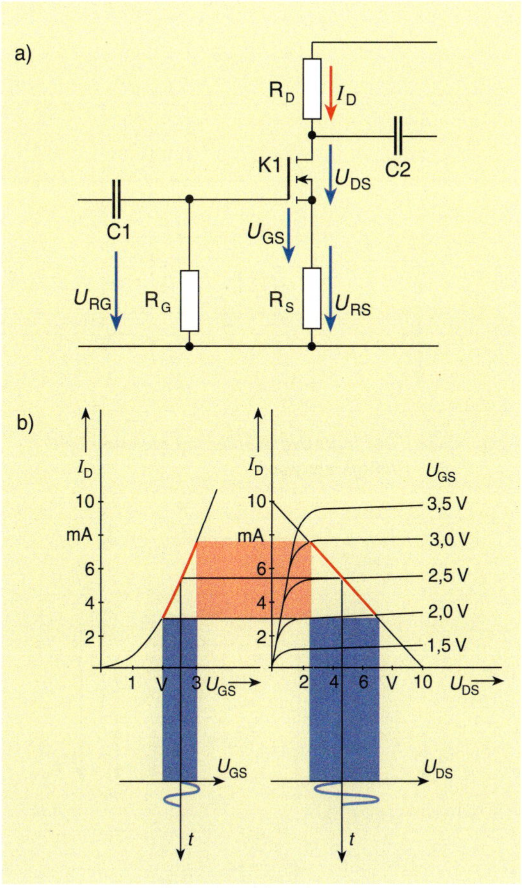

Abb. 19-30 ***Verstärker mit FET***
a) Sourceschaltung
b) Wechselspannungsaussteuerung

Für den statischen Betrieb ist somit der Widerstand R_G ohne Wirkung. Er sorgt bei anliegendem Wechselspannungssignal dafür, dass die auf die Gate-Elektrode gebrachte Ladung wieder abgeleitet werden kann.

Die Arbeitsgerade, welche zur Festlegung des Arbeitspunktes in dem Ausgangskennlinienfeld notwendig ist, bezieht sich auf den Drain- und den Sourcewiderstand als Gesamtarbeitswiderstand (Reihenschaltung von R_D und R_S) in Verbindung mit der Betriebsspannung (vgl.: Festlegung Arbeitsgerade Emitterschaltung).

Ein am Gate anliegendes Wechselspannungssignal liegt am Ausgang verstärkt mit einer Phasenverschiebung von 180° vor (siehe Abb. 19-30b).

19.2.4 Leistungsverstärker

Verbraucher größerer Leistung, wie elektrische Antriebe, Heizungsanlagen usw., können mit den bisher beschriebenen Verstärkerschaltungen nicht ausreichend angesteuert werden. Das erfordert Leistungsverstärker.

Als Beispiele werden der Gegentaktverstärker und der Darlingtonverstärker untersucht.

Gegentaktverstärker (Abb. 19-31) arbeiten im B- oder AB-Betrieb. Ein Verstärker im A-Betrieb überträgt bei angelegtem Wechselspannungssignal die positive und die negative Halbwelle. Beim B- bzw. AB-Betrieb wird von einem Transistor nur die positive oder die negative Halbwelle durchgelassen. Damit das vollständige Wechselspannungssignal am Verbraucher wirksam wird, sind **zwei Transistoren erforderlich.**

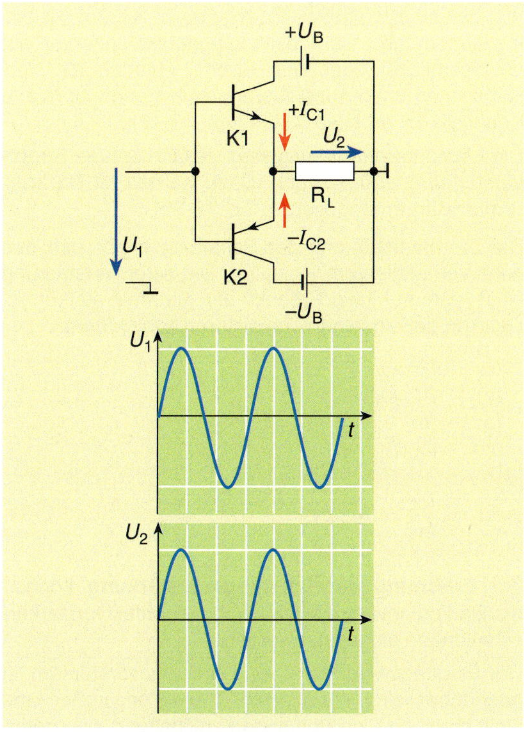

Abb. 19-31 ***Gegentaktverstärker, Prinzip mit NPN- und PNP-Transistor***

19

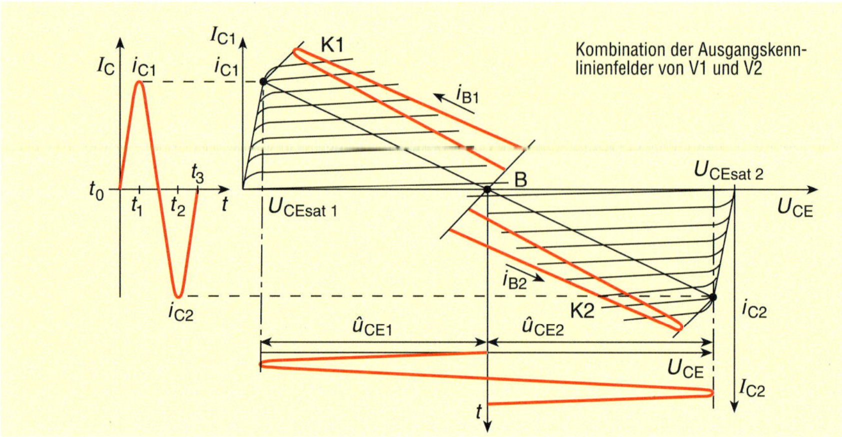

Abb. 19-32 ***Aussteuerung der Gegentaktendstufe***

Wird an den gemeinsamen Eingang die positive Halbwelle angelegt, so steuert der NPN-Transistor durch und lässt den Kollektorstrom fließen. Gleichzeitig ist der PNP-Transistor hochohmig.

Beim Anlegen der negativen Halbwelle verhalten sich die beiden Transistoren genau entgegengesetzt, der NPN-Transistor wird hochohmig und der PNP-Transistor lässt den Kollektorstrom fließen.

Die Vorteile von Gegentaktverstärkern liegen in der größeren Aussteuerbarkeit sowie im Wirkungsgrad (Abb. 19-32). Gegentaktverstärker haben eine geringere Verlustleistung als Eintaktverstärker.

Der Wirkungsgrad beträgt beim B-Betrieb bis zu 78%, während der Verstärker im A-Betrieb einen Wirkungsgrad bis 25% aufweist.

Im Ruhebetrieb fließt beim Gegentaktverstärker ein unwesentlicher oder kein Strom, wodurch die Verlustleistung ohne Aussteuerung sehr gering ist (siehe Kennlinie mit Arbeitspunkten Abb. 19-16).

Die Leistungsverstärkung wird vielfach auf die Stromverstärkung zurückgeführt. Dazu werden oft **Darlingtonverstärker** eingesetzt (Abb. 19-33).

Die Stromverstärkung der Schaltung ergibt sich aus dem Verhältnis von I_{C2} zu I_{B1}. Die Stromverstärkung lässt sich auf das Produkt der Stromverstärkungsfaktoren der einzelnen Transistoren zurückführen.

$$I_{C2} = \beta_2 \cdot I_{B2}$$
$$I_{C1} = \beta_1 \cdot I_{B1}$$
$$I_{C1} = I_{B2}$$
$$I_{C2} = \beta_2 \cdot \beta_1 \cdot I_{B1}$$

$$v_i = \frac{I_{C2}}{I_{B1}} = \beta_2 \cdot \beta_1 \qquad \textbf{19–15}$$

Zur **Erhöhung der Leistungsverstärkung** können die Darlingtonverstärker auch in Gegentaktverstärkerschaltungen eingesetzt werden.

Der Eingangswiderstand von Darlingtonverstärkern ist gegenüber einem einzelnen Transistor größer und stellt somit für eine Vorverstärkerschaltung eine geringere Belastung dar. Darlingtonverstärker lassen sich auch mit Transistoren unterschiedlicher Leitfähigkeit realisieren.

19.2.5 Differenzverstärker

Da oftmals bereits sehr kleine Eingangssignale verstärkt werden müssen, sind Verstärker erforderlich, welche Spannungsänderungen von wenigen µV in brauchbare Spannungssignale umsetzen können.

In Abb. 19-34 sind zwei Emitterverstärkerstufen mit ihren Kollektor-Emitter-Strecken parallel geschaltet.

Beide Verstärkerstufen besitzen einen gemeinsamen Emitterwiderstand. Durch R_E fließt der gesamte Strom I_{RE}. Die Schaltung ist so auszulegen, dass I_{RE} konstant ist.

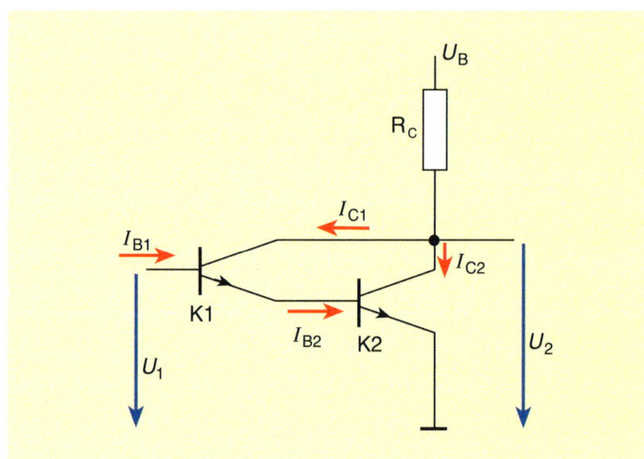

Abb. 19-33 ***Darlingtonverstärker mit gleichen Leitfähigkeitstypen***

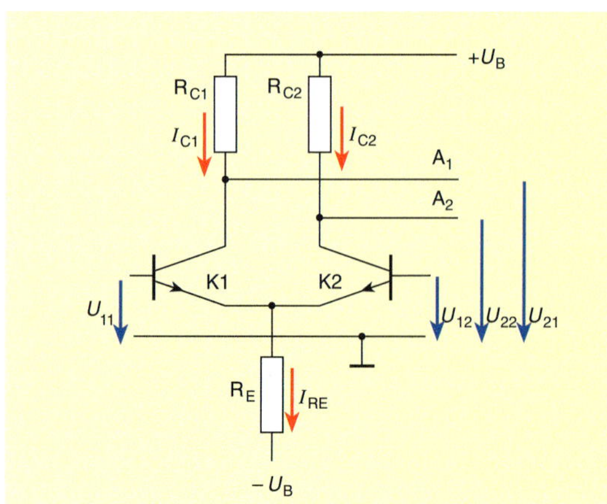

Abb. 19-34 ***Differenzverstärker***

19

Dadurch ist das Emitterpotenzial beider Transistoren stets gleich.

Die Emitterverstärkerstufen sind in ihren elektrischen Eigenschaften gleich, das heißt, die Transistoren haben gleiche Stromverstärkungsfaktoren, die Widerstände haben gleiche Beträge.

Somit ist garantiert, dass bei einer Eingangsspannung gleichen Betrages an der Basis von V1 und V2 der Strom I_{RE} sich zu gleichen Teilen auf die beiden Transistorzweige aufteilt, wodurch die Ausgangsspannungsdifferenz null ist.

$U_{11} = U_{12} = 0 \rightarrow \Delta U_1 = 0$

$I_{RE} = I_{C1} + I_{C2}$

$I_{C1} = I_{C2}$

$U_{21} = U_{22}$

$\Delta U_2 = U_{22} - U_{21} = 0$

Sind die Eingangsspannungen gleich, jedoch nicht null, bleibt die Aussteuerung für beide Zweige gleich, wie bei $U_{11} = U_{12} = 0$. Man spricht vom **Gleichtaktbetrieb**.

Die Ausgangsspannungsdifferenz ist dann ebenfalls null.

$U_{11} = U_{12} \quad \Delta U_1 = 0 \quad I_{C1} = I_{C2} \quad U_{21} = U_{22} \quad \Delta U_2 = 0$

Es erfolgt keine Verstärkung bei gleichen Eingangssignalen. Die **Gleichtaktverstärkung** $v_G = \Delta U_2/\Delta U_1$ beträgt null. Gleichtaktsignale werden somit unterdrückt.

Sind die Eingangsspannungen ungleich (z. B. **Differenzbetrieb),** teilen sich die Ströme auf die beiden Zweige ungleich auf.

Damit werden an den Arbeitswiderständen die Spannungsfälle unterschiedlich, wodurch die Ausgangsspannungen ebenfalls unterschiedlich sind. Das führt zur Spannungsdifferenz zwischen den beiden Ausgängen.

$U_{11} > U_{12} \rightarrow \Delta U_1 = U_{12} - U_{11} < 0$

$I_{C1} \uparrow \qquad I_{C2} \downarrow$

$I_{C1}' = I_{C1} + \Delta I_C \qquad I_{C2}' = I_{C2} - \Delta I_C$

$U_{RC1} \uparrow \qquad U_{RC2} \downarrow$

$U_{21} \downarrow \qquad U_{22} \uparrow$

$\Delta U_2 = U_{22} - U_{21} > 0$

Für $U_{11} < U_{12}$ kehren sich die Verhältnisse um.

Der allgemeine Betriebsfall liegt bei $U_{11} \neq U_{12}$ vor. Die Spannungen an den Eingängen ändern sich unabhängig voneinander. Damit ergibt sich aus der Eingangsspannungsdifferenz, wie beim Differenzbetrieb beschrieben, eine Ausgangsspannungsdifferenz.

19.2.6 Operationsverstärker

Operationsverstärker (OPV) (Abb. 19-35) sind komplexe Verstärker, welche z. B. als Eingangsstufe einen Differenzverstärker, als Vorverstärker eine Emitterschaltung und als Endstufe einen Gegentaktendverstärker mit Darlingtontransistor aufweisen.

Ein Operationsverstärker verstärkt Gleich- und Wechselspannungen mit sehr hoher Spannungsverstärkung.

Durch die Kombination der einzelnen Verstärkerstufen ergeben sich verbesserte Kennwerte für den Operationsverstärker. Er vereint die Vorteile der einzelnen Verstärkerstufen.

Kennwerte	real	ideal
Leerlaufverstärkung v_0	$> 10^4$	$\rightarrow \infty$
Eingangswiderstand R_e	> 100 kΩ	$\rightarrow \infty$
Ausgangswiderstand R_a	< 150 Ω	$\rightarrow 0$
Betriebsspannung U_B	± 15 V	
Offsetspannung U_{off}	≤ 7,5 mV	$\rightarrow 0$
Frequenzbereich	0 Hz ≤ f ≤ 1 MHz	0 Hz ≤ f ≤ ∞

Tab. 19-6 ***Kennwerte für den Operationsverstärker***

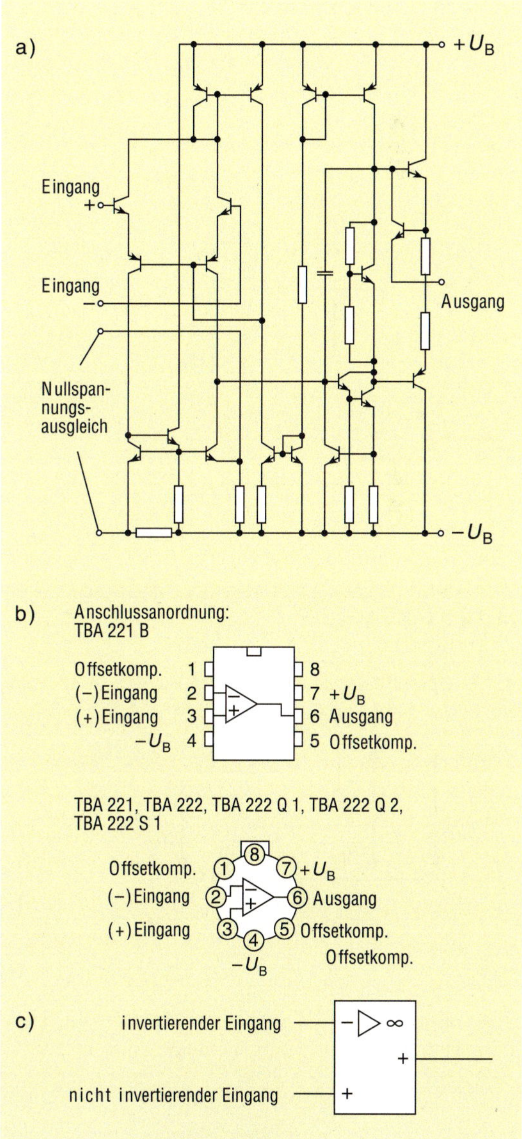

Abb. 19-35 ***Operationsverstärker***
a) Innenschaltung
b) Schaltkreisdarstellung
c) Schaltzeichen

Die Betrachtung des Betriebsverhaltens erfolgt auf der Grundlage des idealen Operationsverstärkers. Hierzu wird das Eingangs-Ausgangsspannungsverhalten dargestellt.

Betriebsverhalten	Spannungsverläufe	Bezeichnungen
1. $U_{1N} = -U_d$ 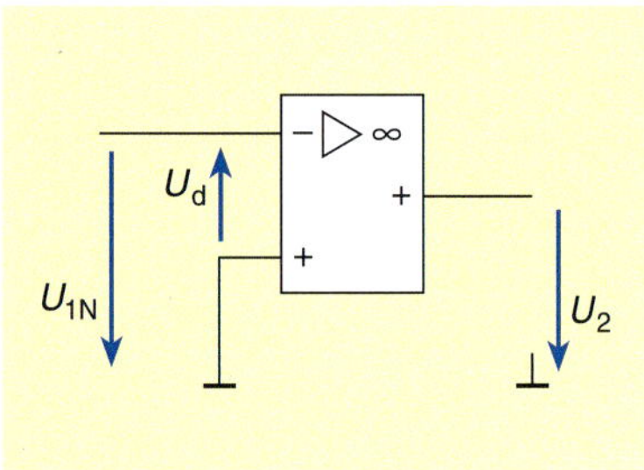	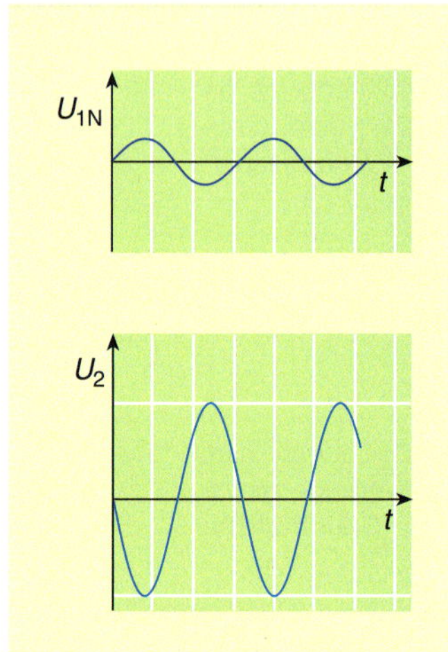	U_{1N} – Eingangsspannung am invertierenden Eingang U_d – Differenzspannung U_2 – Ausgangsspannung
2. $U_{1P} = U_d$ 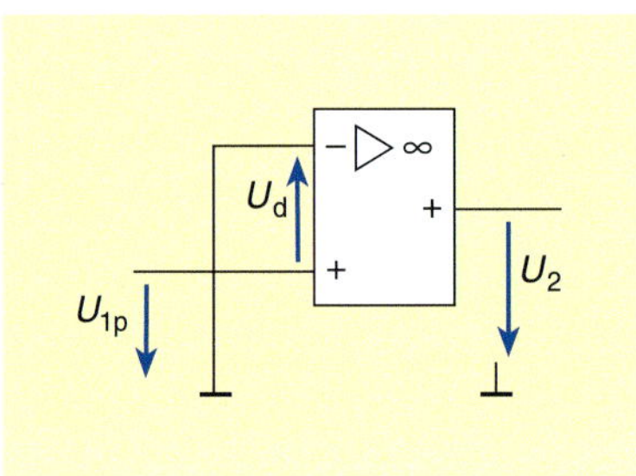	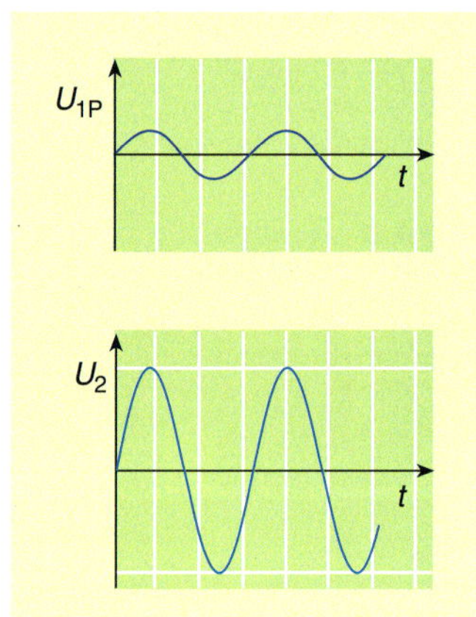	U_{1P} – Eingangsspannung am nicht invertieren den Eingang
3. $U_d = U_{1P} - U_{1N}$ 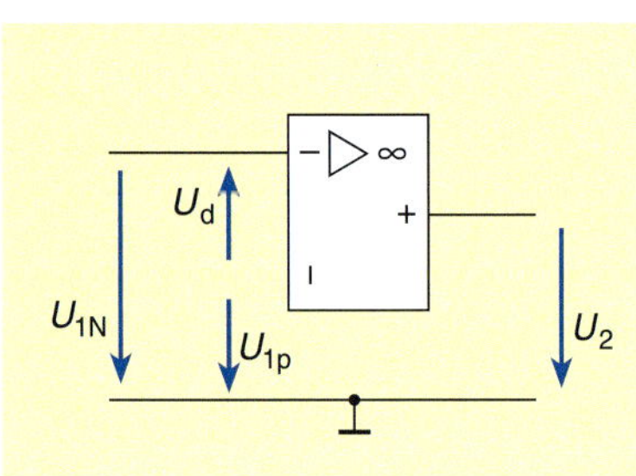	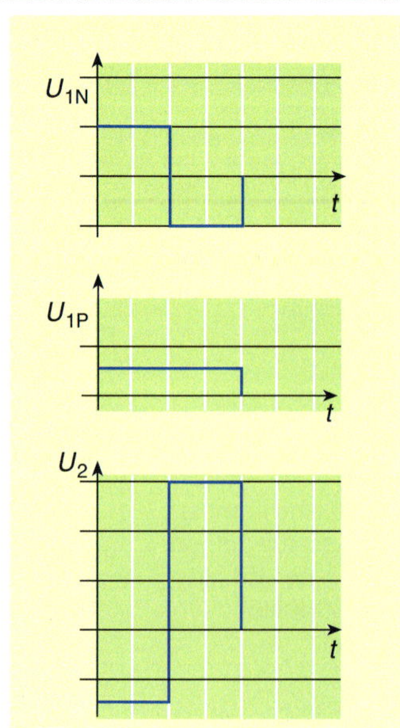	

Tab. 19-7 ***Operationsverstärker, Betriebsverhalten***

Es wird erkennbar, dass im 1. Fall die Ausgangsspannung U_2 verstärkt und 180° phasenverschoben zur Eingangsspannung U_{1N} vorliegt. Im 2. Betriebsfall tritt die Ausgangsspannung verstärkt und phasengleich auf.

Der 3. Fall zeigt, dass die Differenzspannung U_d verstärkt wird. Ist die Eingangsspannung $U_{1P} > U_{1N}$, wird die Ausgangsspannung $U_2 > 0$, bei einer Eingangsspannung $U_{1P} < U_{1N}$ ergibt sich eine Ausgangsspannung $U_2 < 0$.

Aussteuerbarkeit des Operationsverstärkers

Da der OPV über eine sehr hohe Spannungsverstärkung verfügt, werden bereits wenige µV am Eingang zu einer hohen Spannung (+ U_B oder – U_B) am Ausgang verstärkt (Abb. 19-36). Der Operationsverstärker arbeitet dabei im Übersteuerungsbetrieb.

Es wäre ein nur sehr kleiner Spannungsbereich am Eingang zum Einstellen der Ausgangsspannung nutzbar. Das steht aber der Universalität des Einsatzes des OPV entgegen. Aus diesem Grund wird er mit zusätzlicher Beschaltung betrieben.

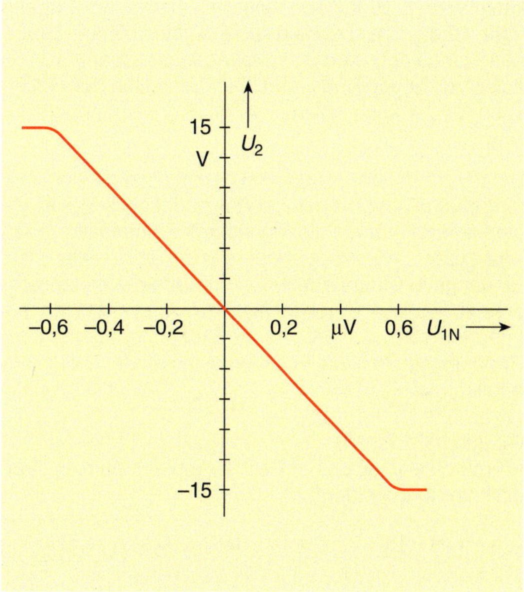

Abb. 19-36 ***Übertragungskennlinie des OPV***

Wir unterscheiden den

invertierenden Betrieb

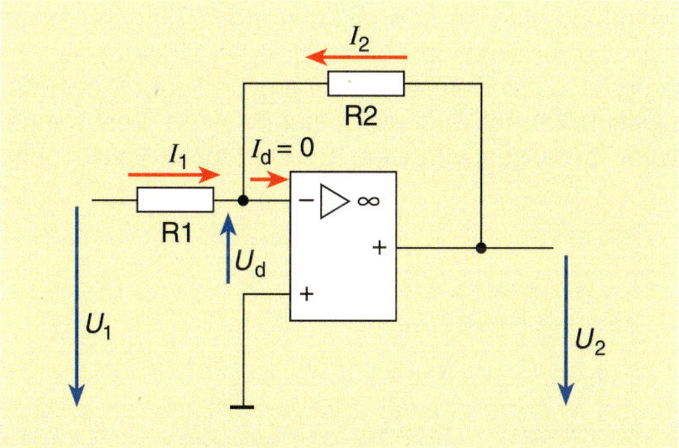

Abb. 19-37 ***Operationsverstärker***
a) invertierend

$U_2 = U_{R2} - U_d$ $U_1 = U_{R1} - U_d$

$U_d \to 0$

$U_2 = U_{R2}$ und $U_1 = U_{R1}$

$$v = \frac{U_2}{U_1} = \frac{U_{R2}}{U_{R1}} = \frac{I_2 \cdot R_2}{I_1 \cdot R_1}$$

$I_1 = - I_2$

$$v = \frac{U_2}{U_1} = -\frac{R_2}{R_1} \qquad \textbf{19–16}$$

nicht invertierenden Betrieb

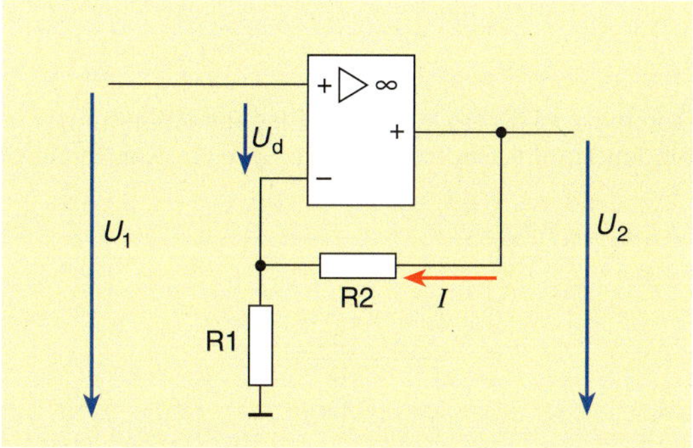

b) nicht invertierend

$U_2 = U_{R1} + U_{R2}$

$U_1 = U_d + U_{R1}$

$U_d \to 0$

$$v = \frac{U_2}{U_1} = \frac{U_{R1} + U_{R2}}{U_{R1}} = \frac{I \cdot (R_2 + R_1)}{I \cdot R_1}$$

$$v = \frac{U_2}{U_1} = \frac{R_2}{R_1} + 1 \qquad \textbf{19–17}$$

Die Verstärkung eines Operationsverstärkers hängt ganz wesentlich von seiner äußeren Beschaltung ab.

Die Einstellung der Ausgangsspannung kann über einen größeren Stellbereich der Eingangsspannung vorgenommen werden.

Operationsverstärker weisen in der Eingangsstufe (Differenzverstärker) hinsichtlich der elektrischen Eigenschaften **Unsymmetrien** auf, so dass bei der Eingangsspannung $U_{1N} = U_{1P} = 0$ V, d. h. der Differenzspannung $u_d = 0$ V, trotzdem eine Ausgangsspannung auftritt. Diese muss kompensiert werden → **Offsetkompensation.**

19

Dazu wird z. B. an den nicht invertierenden Eingang über einen Spannungsteiler eine einstellbare Spannung angelegt, wodurch die Ausgangsspannung U_2 auf 0 Volt abgeglichen wird. Das Einstellen der Offsetspannung erfolgt, solange keine Signalspannung anliegt.

Der invertierende Operationsverstärker ist die dominierende Schaltung. Neben der Anwendung als Signalverstärker wird er auch als Signalformer eingesetzt. Dazu wird der Rückkoppelwiderstand R2 oder der Eingangsvorwiderstand R1 durch einen Kondensator ersetzt. Daraus ergeben sich die Anwendungen als Integrierer bzw. Differenzierer: Sie können dann in der Regelungstechnik die Funktion eines I- oder D-Reglers erfüllen.

R2 durch C ersetzt:
Hierdurch wird aus einer Rechteckspannung eine Dreieckspannung erzeugt.

$I_1 = -I_2 = -I_C$ $\qquad 0 = U_2 - U_C$ $\qquad C = \frac{Q}{U} = \frac{I_C \cdot \Delta t}{\Delta U_C}$

$I_1 = \frac{U_1}{R_1}$ $\qquad U_2 = U_C$ $\qquad I_C = \frac{\Delta U_C \cdot C}{\Delta t}$

$$\frac{U_1}{R_1} = -C \cdot \frac{\Delta U_C}{\Delta t}$$

$$\Delta U_C = -\frac{U_1 \cdot \Delta t}{R_1 \cdot C}$$

$$\Delta U_2 = -\frac{U_1 \cdot \Delta t}{R_1 \cdot C}$$

Durch die zeitweise konstante Eingangsspannung wird ein konstanter Strom getrieben, der am Kondensator eine linear ansteigende oder fallende Ausgangsspannung verursacht.

R1 durch C ersetzt:
Aus einer Dreieckspannung wird eine Rechteckspannung hervorgerufen.

$I_C = \frac{C \cdot \Delta U_C}{\Delta t}$ $\qquad I_C = -I_2$ $\qquad \frac{C \cdot \Delta U_1}{\Delta t} = -\frac{U_2}{R_2}$

$I_2 = \frac{U_R}{R_2}$ $\qquad U_R = U_2$ $\qquad U_2 = -\frac{R_2 \cdot C \cdot \Delta U_1}{\Delta t}$

Die Ausgangsspannung ist der Eingangsspannungsänderung proportional. Die linear ansteigende oder fallende Eingangsspannung verursacht einen konstanten Stromfluss, dieser wiederum bewirkt einen konstanten Spannungsfall am Rückkoppelwiderstand.

Operationsverstärker werden in der Steuerungs- und Regelungstechnik häufig benötigt. Hier haben sie neben den genannten Anwendungen weitere Aufgaben als Summen- oder Differenzbildner, als Vergleicher sowie als Messverstärker zu erfüllen.

Oftmals sollen mit Operationsverstärkern Schaltvorgänge ausgelöst werden. Dabei werden sie als **Komparator** eingesetzt (Abb. 19-40). Der Komparator vergleicht die Eingangsspannung U_{1N} mit der Referenzspannung U_{1P}. Überschreitet oder unterschreitet die Eingangsspannung die Referenzspannung, ändert sich die Ausgangsspannung sprunghaft. Die Eingangsspannung wird an den invertierenden Eingang angelegt, während am nicht invertierenden Eingang die Vergleichs- oder Referenzspannung anliegt. Die **Referenzspannung** wird meist durch einen Spannungsteiler bereitgestellt. Der Komparator arbeitet ohne

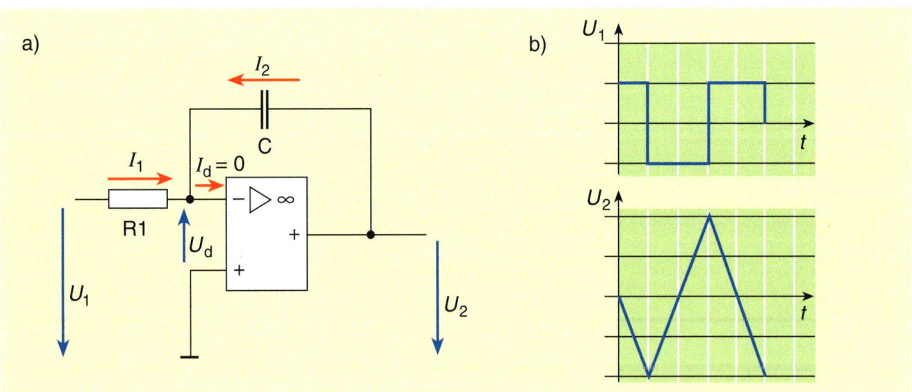

Abb. 19-38
Integrierer
a) Schaltung
b) Spannungsverläufe

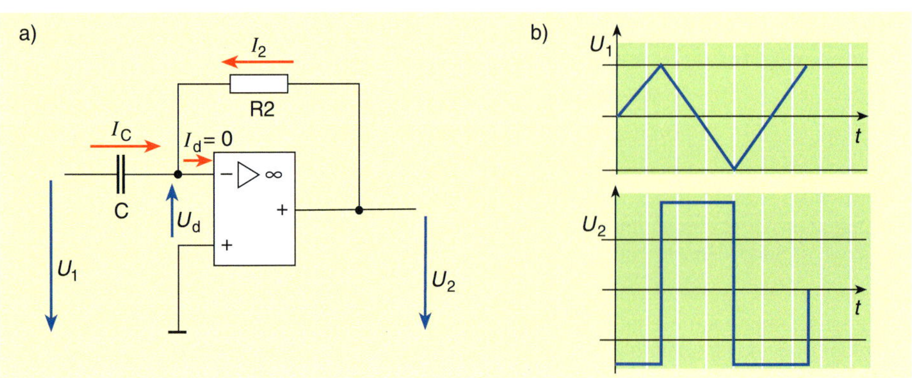

Abb. 19-39
Differenzierer
a) Schaltung
b) Spannungsverläufe

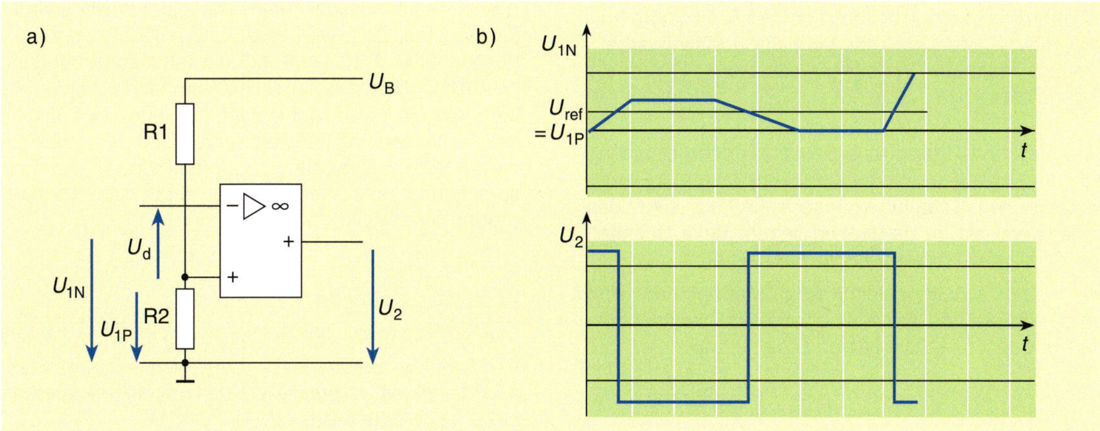

Abb. 19-40 ***Komparator***
a) Schaltung b) Spannungsverläufe

Gegenkopplung. Somit wird die hohe Spannungsverstärkung des Operationsverstärkers ausgenutzt, das heißt, bereits geringe Spannungsdifferenzen zwischen den beiden Eingängen bewirken eine Übersteuerung der Ausgangsspannung.

Komparatorschaltungen lassen sich auch **mit Rückkopplungen** realisieren. Dabei verändert sich das Schaltverhalten. Während bisher das Schalten bei ansteigender oder abfallender Eingangsspannung beim gleichen Spannungswert erfolgte, ergibt sich hierbei eine Spannungsdifferenz, eine so genannte Hysterese.

Somit wird ein **Schwellwertschalter mit Hysterese** erzielt. Er besitzt gegenüber dem herkömmlichen Komparator den Vorteil, dass er Signalstörungen unterdrückt und somit ungewolltes Schalten verhindert.

19.3 Schalten und Stellen von Gleichstrom

19.3.1 Prinzip

Gleichstromsteller sind Stromrichter, welche Gleichspannung gegebenen Betrages und gegebener Polarität in eine Spannung veränderten Betrages und/oder veränderter Polarität umformen.

Gleichstromsteller sind zwischen die Gleichstromquelle und das Verbrauchsmittel geschaltet. Dem Verbraucher wird eine zwischen 0 V und der Betriebsspannung U_B veränderbare Spannung zugeführt. Die Gleichspannung der Quelle wird dazu periodisch zu- und abgeschaltet. Die dem Verbraucher zugeführte Spannung ist somit impulsförmig. Bezogen auf eine konstante Periode können die Impulsdauer und die Pausenzeit veränderbar sein. Somit ergibt sich als Steuerungsmöglichkeit die **Pulsbreitensteuerung.**

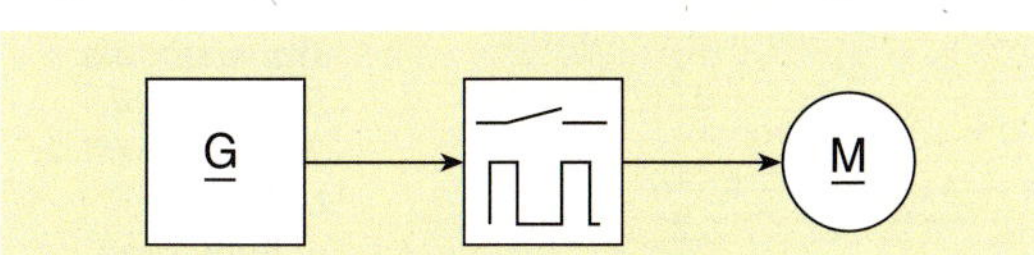

Abb. 19-41 ***Gleichstromsteller, Prinzip***

Lässt man die Impulsdauer konstant und verändert die Periodendauer, so wird die Häufigkeit der Impulse gesteuert. Es liegt **Pulsfolgesteuerung** vor.

Beide Steuerungsmöglichkeiten lassen sich auch miteinander verknüpfen. Am häufigsten werden für diese Steuerungen **bei geringen Lastströmen Transistoren** und bei **höheren Lastströmen Thyristoren** eingesetzt.

19.3.2 Funktionsbestimmende Bauelemente

Transistor als Schalter

Im Unterschied zum Verstärkerbetrieb soll der Transistor im Schalterbetrieb das Eingangssignal in ein Rechtecksignal umformen. Er arbeitet im Übersteuerungsbetrieb. Damit im Ruhezustand (ein oder aus) keine nennenswerte Verlustleistung auftritt, muss die Lage der Arbeitspunkte so festgelegt sein, dass die Arbeitsweise des Transistors als Schalter (Abb. 19-42) einem idealen Schalter sehr nahe kommt. Im „Ein"-Zustand muss der Transistor niederohmig, im „Aus"-Zustand folglich sehr hochohmig sein. Der Transistor wird in dieser Betriebsweise auch als elektronischer Schalter bezeichnet.

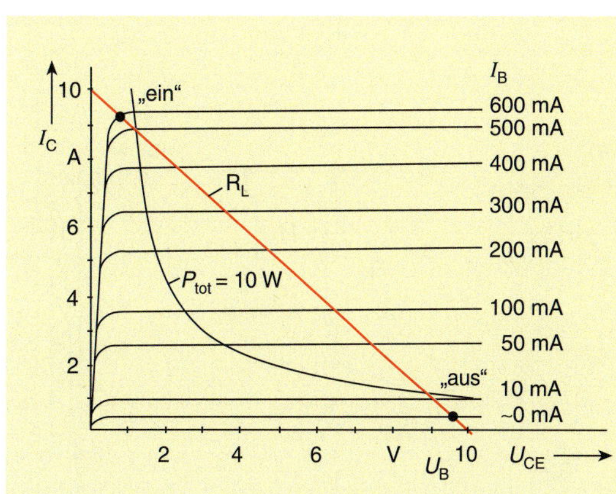

Abb. 19-42 ***Transistor als Schalter mit Wirklast***
Kennlinie und Arbeitsgerade

19

Wenn die beiden Arbeitspunkte des Transistors im Schalterbetrieb unter der Verlustleistungshyperbel liegen, darf die Arbeitsgerade diese Hyperbel schneiden.

Die auftretende thermische Belastung beim Umschalten von „ein“ auf „aus“ oder umgekehrt ist gering, wenn die zeitlichen Schaltübergänge sehr kurz sind, das heißt, wenn sie im ns-Bereich liegen. Beim Schalten von Wirklasten ist dies stets gewährleistet.

Besondere schaltungstechnische Maßnahmen sind am elektronischen Schalter erforderlich, wenn er induktive oder kapazitive Lasten schalten soll.

Induktive Belastung (Abb. 19-38)

Das Einschalten induktiver Lasten ist unkritisch, da hierbei die Spule den Stromfluss I_C durch den Transistor anfänglich hemmt. Er erreicht wegen des Induktionsvorganges in der Spule erst allmählich seinen Arbeitspunkt unter der P_{tot}-Hyperbel.

Das Ausschalten verursacht Spannungsspitzen. Diese wirken auf die Kollektor-Emitter-Strecke des Transistors und können die zulässige Kollektor-Emitter-Spannung übersteigen.

Beim Ausschalten induktiver Lasten ist die Gefahr zum Durchbruch der Kollektor-Emitter-Strecke gegeben. Dies kann die Zerstörung des Transistors hervorrufen.

Diese Spannungsspitzen am Transistor müssen abgebaut werden. Dazu wird eine Diode parallel zu der Spule geschaltet. Die Diode soll die Induktionsspannung im Ausschaltmoment kurzschließen. Im statischen Betrieb darf die Diode keine Beeinflussung der Funktion des Transistors als Schalter hervorrufen. Sie muss somit zur Betriebsspannung in Sperrrichtung wirken. Entsprechend ihrer Funktion werden Dioden als **Freilaufdioden** bezeichnet.

Kapazitive Belastung (Abb. 19-44)

Unkritisch zeigt sich das Ausschalten kapazitiver Lasten.

Die Kondensatorspannung baut sich allmählich ab, und der damit verbundene Strom I_C des Transistors bleibt im erlaubten Bereich.

Beim Einschalten hingegen liegt schlagartig die volle Betriebsspannung als Kollektor-Emitter-Spannung am Transistor an, der Ladestrom des Kondensators ist maximal. Das kapazitive Verhalten dominiert. Mit zunehmender Aufladung des Kondensators verringert sich die Spannung U_{CE}.

Beim Einschaltvorgang von kapazitiven Lasten befindet sich der Arbeitspunkt des Transistors für längere Zeit über der Verlustleistungshyperbel. Das führt zur thermischen Überlastung des Transistors und kann dessen Zerstörung hervorrufen.

Um dies zu vermeiden, muss der Kollektorstrom durch einen in Reihe zum Kondensator geschalteten Widerstand begrenzt werden.

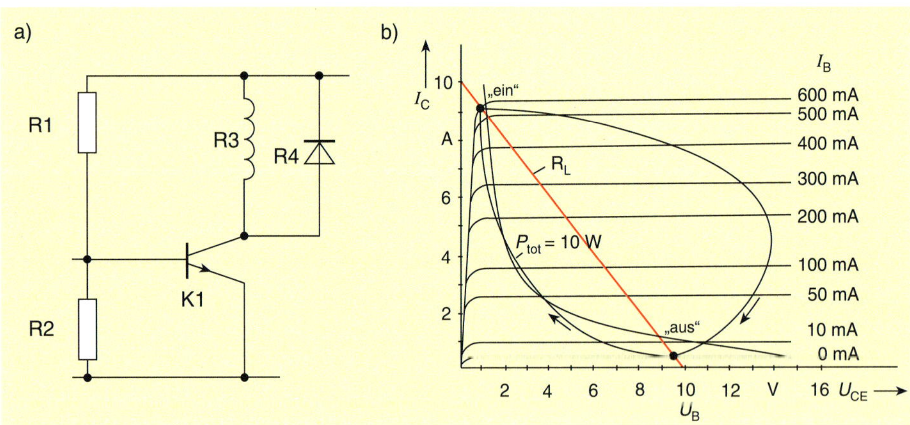

Abb. 19-43
Transistor als Schalter mit induktiver Last
a) Schaltung
b) Kennlinie und Arbeitsgerade

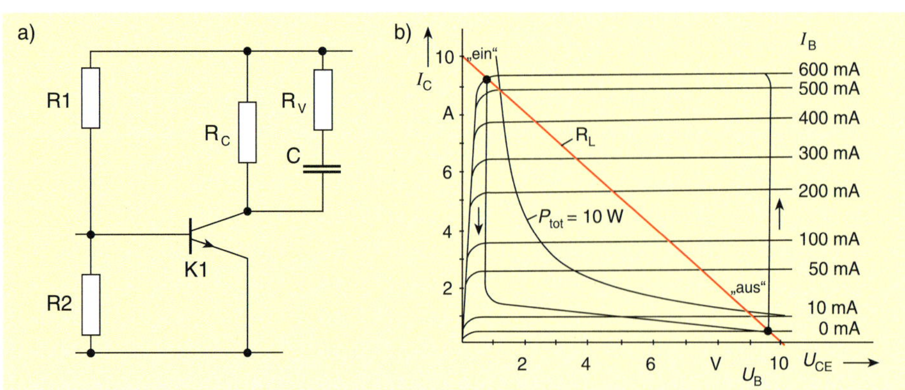

Abb. 19-44
Transistor als Schalter mit Wirk-/kapazitiver Last
a) Schaltung
b) Kennlinie und Arbeitsgerade

Thyristor

Thyristoren sind in der Lage, Lasten kontaktlos an das elektrische Netz anzuschließen bzw. diese von ihm zu trennen. Dies geschieht ungesteuert oder gesteuert. Das ist vom Thyristortyp abhängig.

Es werden unterschieden:

- Einrichtungsthyristoren
  - Thyristordiode (Vierschichtdiode)
  - Thyristortriode (Thyristor)
- Zweirichtungsthyristoren
  - Zweirichtungsthyristordiode (Diac)
  - Zweirichtungsthyristortriode (Triac)

Thyristordiode (Vierschichtdiode) (Abb. 19-45)

Ihr Aufbau ist durch wechselnde PN-Schichten gekennzeichnet, wodurch sich 3 PN-Übergänge ergeben (1. und 3. PN-Übergang in gleicher Richtung, 2. PN-Übergang entgegengesetzt gerichtet).

Ausgehend von der Kennlinie können drei Funktionsbereiche unterschieden werden:

1. Sperrbereich ($U_R - I_R$)
   - Die Vierschichtdiode hat das Verhalten einer Gleichrichterdiode.
   - Es fließt ein geringfügiger Reststrom I_R.
2. Blockierbereich ($U_F < U_{B0}$)
   - Die Diode zeigt noch **Sperrverhalten,** sie blockiert, die Nullkippspannung $U_{(B0)}$ ist noch nicht überschritten. Der 1. und der 3. PN-Übergang wirken in Durchlassrichtung, der 2. PN-Übergang in Sperrrichtung.
3. Durchlassbereich ($U_F \geq U_{(B0)}$)
   - Die PN-Übergänge werden mit Ladungsträgern überschwemmt (Durchbruch im mittleren PN-Übergang).
   - Bei Erreichen von $U_F = U_{(B0)}$ schaltet die Vierschichtdiode schlagartig durch.
   - Der Stromfluss steigt und die Spannung an der Diode bricht zusammen.
   - I_F stellt sich mit $I_F > I_H$ ein ($I_F \geq$ 15 mA bis 30 A).

Soll die Vierschichtdiode wieder abschalten, muss der Flussstrom I_F kleiner als der **Haltestrom** $\boldsymbol{I_H}$ werden. Das bedeutet, dass die PN-Übergänge an Ladungsträgern verarmen und die Diode wieder in den Blockierzustand übergeht.

Das Schalten der Lasten durch Vierschichtdioden ist von der technologisch bedingten Nullkippspannung $U_{(B0)}$ abhängig. Eine universelle Einsatzfähigkeit wird dadurch stark eingegrenzt. Damit das Schalten auch bei anderen Spannungsbeträgen erfolgen kann, sind Vierschichtdioden mit einer Steuerelektrode ausgerüstet (Thyristortriode).

Thyristortriode (Thyristor) (Abb. 19-46)

Über die Steuerelektrode werden bei anliegender Steuer- und Betriebsspannung dem mittleren PN-Übergang zusätzlich Ladungsträger zugeführt. Je nach Betrag der Steuerspannung ergibt sich zu ihr zugehörig eine Kippspannung. Diese liegt unterhalb der Nullkippspannung $U_{(B0)}$.

Auch hier lassen sich die drei Funktionsbereiche Sperrbereich, Blockierbereich und Durchlassbereich unterscheiden.

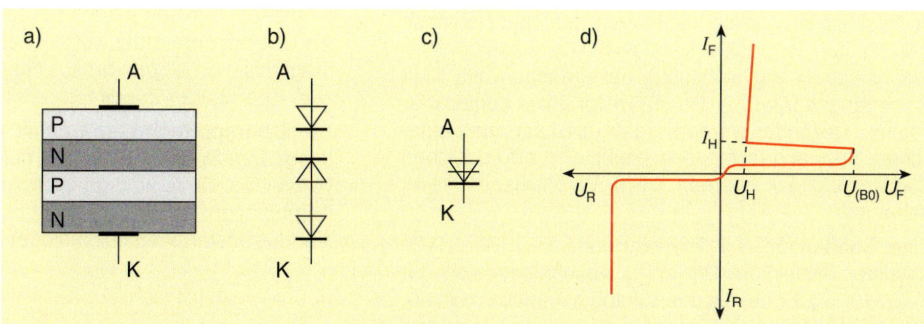

Abb. 19-45
Vierschichtdiode
a) Struktur
b) Ersatzschaltung
c) Schaltzeichen
d) Kennlinie

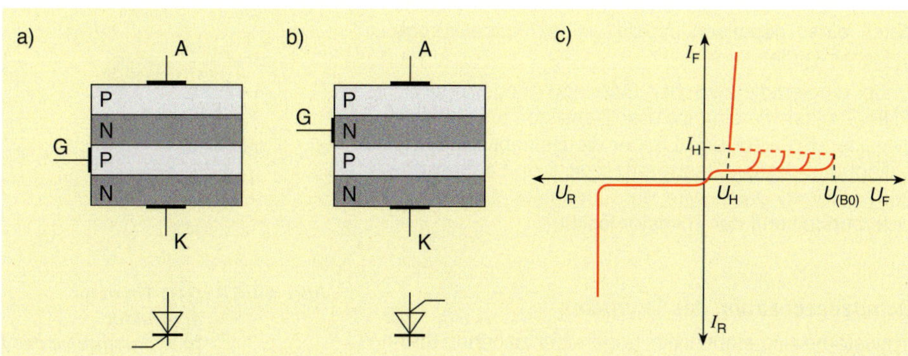

Abb. 19-46
Thyristortriode
a) Aufbau und Schaltzeichen P-Gate-Thyristor
b) Aufbau und Schaltzeichen N-Gate-Thyristor
c) Kennlinie Thyristor

Im Sperrbereich zeigt der Thyristor das gleiche Verhalten wie die Vierschichtdiode, unabhängig davon, ob ein Steuerimpuls anliegt oder nicht. Im Blockierbereich unterbindet der Thyristor den Stromfluss so lange, wie an der Steuerelektrode kein Steuerimpuls anliegt bzw. die Nullkippspannung nicht erreicht wurde. Das Kippen und damit der Übergang zum Durchlassbereich ist vom Betrag der Steuerspannung abhängig. Beträgt die Gate-Katoden-Spannung $U_{GK} = 0$, zündet der Thyristor bei der Nullkippspannung $U_{(B0)}$. Das entspricht dem Verhalten der Vierschichtdiode, welches beim Thyristor jedoch vermieden werden sollte (Zerstörungsgefahr). Mit steigender Spannung U_{GK} verringert sich die Kippspannung, bei der die Thyristortriode schaltet.

Das Stromverhalten im Durchlassbereich ist dem der Vierschichtdiode ähnlich. Hat die Thyristortriode gezündet, fließt ein Thyristorstrom I_F, der größer als der Haltestrom I_H ist. Bei Unterschreiten des Haltestromes I_H geht der Thyristor wieder in den Blockierzustand über.

Zünden und Löschen des Thyristors

Der Thyristor verhält sich im Gleichstromkreis anders als im Wechselstromkreis.

Im Gleichstromkreis reicht ein einmaliges Zünden aus, damit der Thyristor durchschaltet. Solange der Thyristorstrom I_F größer als der Haltestrom I_H bleibt, ist der Thyristor auch bei nicht mehr anliegendem Zündimpuls leitfähig.

Zum Löschen (Zwangslöschung) ist ein erhöhter schaltungstechnischer Aufwand erforderlich. Mit dem Löschen werden der Haltestrom I_H unterschritten und dadurch Lasten vom elektrischen Netz getrennt. Die Möglichkeiten zum Löschen werden beim Gleichstromsteller beschrieben.

Im Wechselstromkreis löscht sich der Thyristor nach Durchlaufen der positiven Halbwelle der sinusförmigen Wechselspannung selbsttätig bei Erreichen des Nulldurchganges ($I_F < I_H$). Der Thyristor muss immer wieder neu gezündet werden, damit die Last am elektrischen Netz angeschlossen bleibt. Die erforderlichen Zündschaltungen werden beim Wechselstromsteller behandelt.

Eine Sonderform der Thyristortriode stellt der GTO-Thyristor (**G**ate-**T**urn-**O**ff, engl,. Abschaltthyristor) dar (Abb. 19-47). Er besitzt den Vorzug gegenüber den anderen Thyristoren, da er ohne zusätzlichen Löschkreis sowohl im Gleich- als auch im Wechselstromkreis durch einen negativen Impuls an der Gateelektrode gelöscht werden kann.

Dabei reagiert die zwischen Gate und Anode liegende PNP-Struktur wie ein bipolarer Transistor, an welchem zwischen Kollektor und Emitter die Betriebsspannung anliegt und dessen Basisgrenzschicht an Ladungsträgern verarmt. Damit wird der Stromfluss zur Katode unterbunden und der Thyristor löscht.

Schutzbeschaltung des Thyristors

Thyristoren sind empfindlich gegenüber zu hohen Strömen und Spannungen.

Stromanstiegsgeschwindigkeit

Zu große Anstiegsgeschwindigkeiten müssen beim Zünden des Thyristors vermieden werden.

Wird die Stromanstiegsgeschwindigkeit zu groß, besteht die Gefahr der thermischen Zerstörung des Thyristors. Ihr wird begegnet, indem eine Spule in Reihe zum Thyristor geschaltet wird. Die Stromanstiegsgeschwindigkeit wird durch Selbstinduktionsvorgänge vermindert.

Spannungsanstiegsgeschwindigkeit

Aus der Strukturdarstellung des Thyristors ist ersichtlich, dass die mittlere Grenzschicht in Sperrrichtung betrieben wird. Befindet sich der Thyristor im Blockierbereich, kann die angelegte Spannung einen Ladestrom für die kapazitive Anordnung in der mittleren Grenzschicht hervorrufen. Dieser Strom kann ein ungewolltes Zünden des Thyristors bewirken, ohne dass ein Zündimpuls anliegt. Es besteht die Gefahr der thermischen Zerstörung. Ein Kondensator, parallel zum Thyristor geschaltet, verhindert das. Dieser Kondensator leitet zunächst die Ladungsträger am Thyristor vorbei und vermindert somit die Anstiegsgeschwindigkeit der Anoden-Katoden-Spannung U_F am Thyristor. Das Zünden des Thyristors wird verzögert.

Zulässige Werte für die Anstiegsgeschwindigkeit sind:

Stromanstiegsgeschwindigkeit:

$$\frac{\Delta I}{\Delta t} = 100\ \frac{\text{A}}{\mu\text{s}} \ldots 1000\ \frac{\text{A}}{\mu\text{s}}$$

Spannungsanstiegsgeschwindigkeit:

$$\frac{\Delta U}{\Delta t} = 50\ \frac{\text{V}}{\mu\text{s}} \ldots 1000\ \frac{\text{V}}{\mu\text{s}}$$

Weitere Schutzmaßnahmen sind erforderlich, um maximal zulässige Strom- und Spannungswerte nicht zu überschreiten (Abb. 19-48).

Als **Überstromschutz** werden neben thermischen und magnetischen Überstromauslösern auch Maßnahmen zum Sperren der Zündimpulse eingesetzt.

Der **Überspannungsschutz** ist erforderlich, um insbesondere Spannungsspitzen bei Schaltvorgängen zu vermeiden. Dazu wird parallel zum Thyristor eine RC-Kombination oder ein spannungsabhängiger Widerstand (Varistor, Vierschichtdiode) geschaltet.

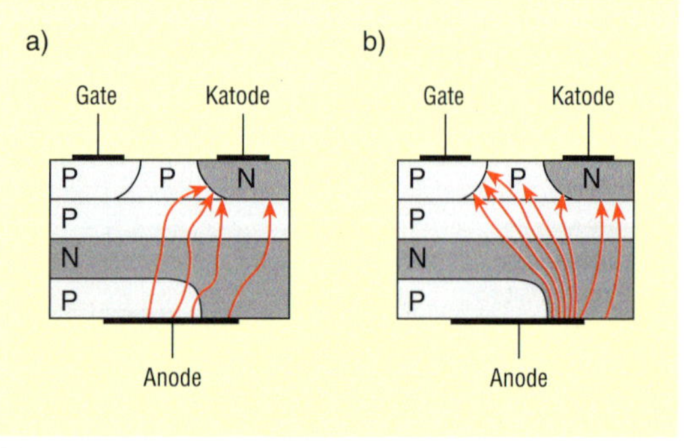

Abb. 19-47 ***GTO-Thyristor***
a) Struktur
b) Wirkungweise des negativen Impulses am Gate

19

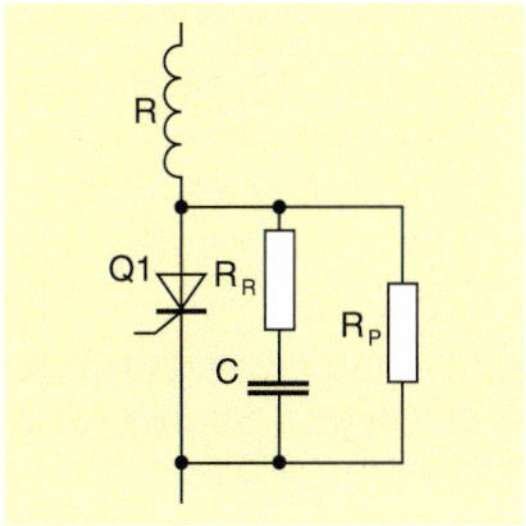

Abb. 19-48 ***Schutzbeschaltung des Thyristors***

19.3.3 Gleichstromsteller

Gleichstromsteller werden vielfach zur Drehzahlsteuerung eines Motors eingesetzt, wobei die Steuerung der Drehzahl durch die Veränderung des mittleren Betrages des Stromes erfolgen soll. Dazu werden zwei Möglichkeiten betrachtet, bei denen mit der Erhöhung des mittleren Strombetrages die Drehzahl zunimmt, während bei Abnahme des mittleren Strombetrages die Drehzahl verringert wird.

Pulsbreitensteuerung (Abb. 19-49)

a) mit Transistor
Die Ansteuerung des Transistors erfolgt durch einen Rechteckgenerator. Er gibt die Impulsbreite vor. Bei auftretendem Impuls kommt es zum allmählichen Anstieg des Stromes (Induktionsvorgang). Während der Impulspause nimmt der Stromfluss ab, bis ein neuer Impuls wirksam wird. Je nach dem, wie die Breite der aufeinander folgenden Impulse ausfällt, nimmt der Mittelwert des Stromes zu oder ab.

b) mit Thyristor
Da der Thyristor bereits mit einem Steuerimpuls leitfähig wird und bleibt, ist ein Pulsen der Gleichspannung nicht möglich. Das heißt, es ist zusätzlich ein Löschkreis (Umschwingkreis) mit Löschthyristor, Löschkondensator und Sperrdiode notwendig.

Wirkungsweise des Umschwingkreises

1. **Phase** Der Thyristor Q2 muss vor dem Thyristor Q1 erstmalig gezündet werden. Dadurch lädt sich der Kondensator anodenseitig vom Thyristor Q1 positiv auf, während der Kondensator sich an der Anodenseite des Thyristors Q2 negativ auflädt.
2. **Phase** Der Thyristor Q1 wird gezündet. Der aus Spule, Kondensator und Diode R2 bestehende Löschkreis wird kurzgeschlossen.
   Dadurch entlädt sich der Kondensator und lädt sich mit entgegengesetzter Polarität auf.
   Die Diode R2 verhindert das Zurückschwingen der Energie in den LC-Reihenschwingkreis.
   In dieser Phase wird die Last an das Netz angeschlossen.
3. **Phase** Zum Trennen der Last vom Netz wird der Thyristor Q2 gezündet.
   Das negative Potential des Kondensators liegt über dem gezündeten Thyristor Q2 an der Anode von Q1. Das positive Potential des Kondensators ist mit der Katode von Q1 verbunden.
   Somit liegt die Sperrspannung an Q1 an, welche der äußeren Spannung entgegengerichtet ist.
   Der Flussstrom I_F wird kleiner als der Haltestrom I_{H1}. Der Kondensator lädt sich auf die ursprüngliche Polung aus Phase 1 auf, bis am Thyristor Q2 der Kondensatorstrom I_C kleiner als der Haltestrom I_{H2} geworden ist.
   Der Thyristor Q2 sperrt wieder und Q1 kann erneut gezündet werden.

Somit ergibt sich der Spannungsverlauf an der Last aus der zeitlichen Abfolge des wechselseitigen Zündens der Thyristoren Q1 und Q2.

Pulsfolgesteuerung

Grundsätzlich können die gleichen Schaltungen wie bei der Pulsbreitensteuerung verwendet werden. Wie bereits ausgeführt, beruht die Wirkungsweise der Pulsfolgesteuerung darauf, dass die Periodendauer variabel gestaltet und somit der Mittelwert des Stromes beeinflusst werden kann (Abb. 19-50). Liegt eine kurze Periodendauer vor, führt das zur Erhöhung des Stromes. Hingegen wird der Stromwert bei großer Periodendauer vermindert.

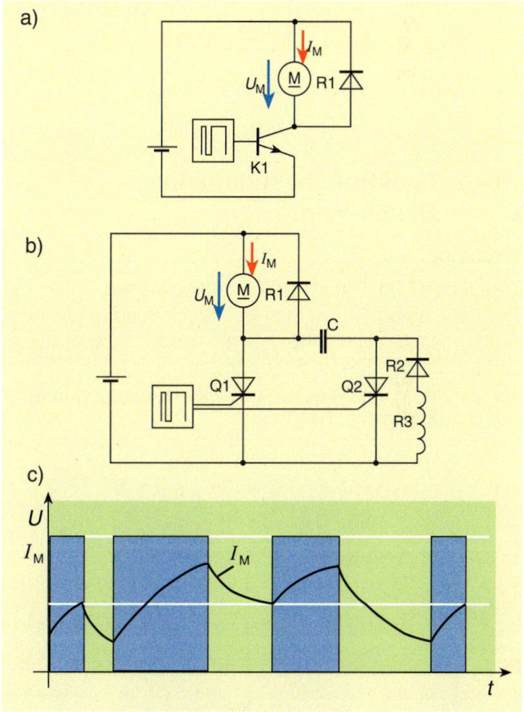

Abb. 19-49 ***Pulsbreitensteuerung***
a) mit Transistor
b) mit Thyristor
c) Strom- und Spannungsverläufe

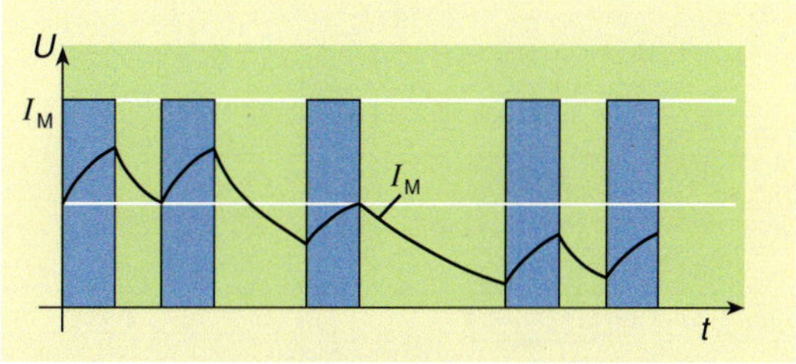

Abb. 19-50 ***Pulsfolgesteuerung, Strom- und Spannungsverläufe***

19

19.4 Schalten und Stellen von Wechselstrom

19.4.1 Prinzip

Mit Wechselstromstellern soll eine elektrische Last verlustfrei an das Wechselstromnetz angeschlossen oder von ihm getrennt werden (Abb. 19-51). Der Betrag der Spannung und der des Stromes müssen verändert werden können. Dadurch kann die Leistung für eine Last zwischen 0% und 100% gesteuert werden, so z. B. bei der Helligkeitssteuerung von Lampen mithilfe eines Dimmers.

Die Steuerung beruht darauf, dass die jeweilige Halbwelle der Wechselspannung oder ein Teilbetrag dieser **(Phasenanschnitt-, Phasenabschnittsteuerung)** bzw. eine bestimmte Anzahl aufeinander folgender Schwingungen an die Last an- oder abgeschaltet werden **(Vielwellensteuerung).**

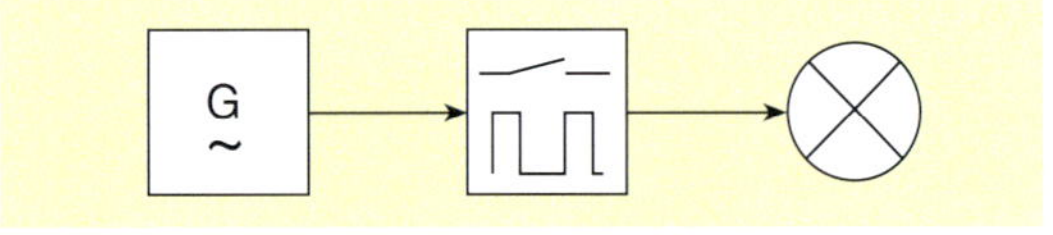

Abb. 19-51 ***Wechselstromsteller, Prinzip***

19.4.2 Funktionsbestimmende Bauelemente

Thyristor

Wie bereits im Punkt 19.3.2 ausgewiesen, lässt der Thyristor einen Stromfluss bei Wechselspannung nur in der positiven Halbwelle (⊕ an Anode, ⊖ an Katode) und bei vorhandenem Steuerimpuls zu. Damit arbeitet der Thyristor im Wechselstromkreis als gesteuerter Gleichrichter (Abb. 19-52).

Triac

Ein Triac stellt vom Aufbau her zwei antiparallel geschaltete Thyristoren dar. Es liegt eine Zweirichtungsschaltung vor, mit der sowohl die positive als auch die negative Halbwelle an der Last gesteuert werden kann (Abb. 19-53).

Zur Steuerung der Wechselspannung muss dem Triac an der Steuerelektrode ein positiver oder negativer Steuerimpuls zugeführt werden (Abb. 19-54).

Die erforderlichen Steuerimpulse werden mittels Diac oder Unijunktion-Transistor (UJT) erzeugt.

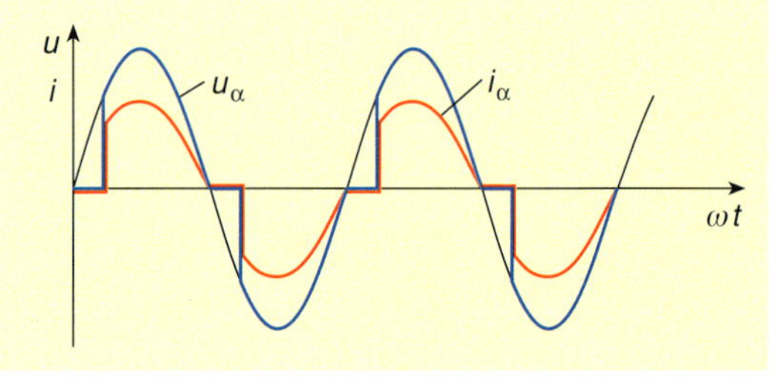

Abb. 19-54 ***Strom- und Spannungsverläufe***

Diac

Im Fünfschichtdiac sind zwei antiparallel geschaltete Vierschichtdioden vereint (Abb. 19-55). Immer bei Erreichen der Nullkippspannung $U_{(B0)}$ (20 V bis 200 V) im positiven oder negativen Bereich wird der Diac leitfähig. Die dann über dem Diac anstehende Spannung beträgt etwa 0,5 V bis 3 V.

Der Dreischichtdiac (Abb. 19-56) ergibt sich aus zwei antiparallel geschalteten Dioden. In seiner Wirkung unterscheidet er sich vom Fünfschichtdiac im geringeren Betrag der Nullkippspannung, welcher bei etwa 30 V liegt, und einer höheren Haltespannung.

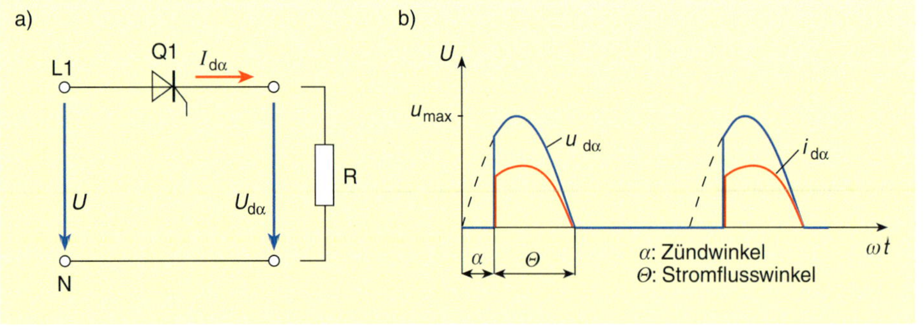

Abb. 19-52
Thyristor als Gleichrichter
a) Schaltung
b) Strom- und Spannungsverläufe

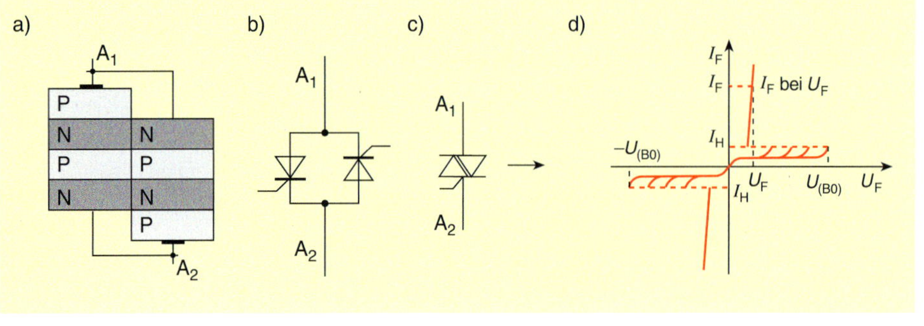

Abb. 19-53
Triac
a) Struktur
b) Ersatzschaltung
c) Schaltzeichen
d) Kennlinie

19

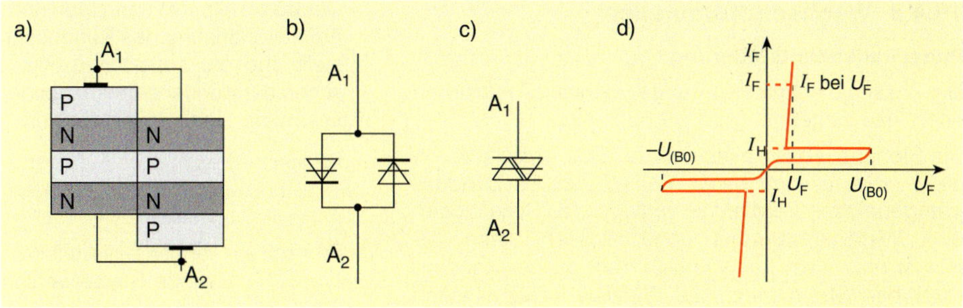

Abb. 19-55
Fünfschichtdiac
a) Struktur
b) Ersatzschaltung
c) Schaltzeichen
d) Kennlinie

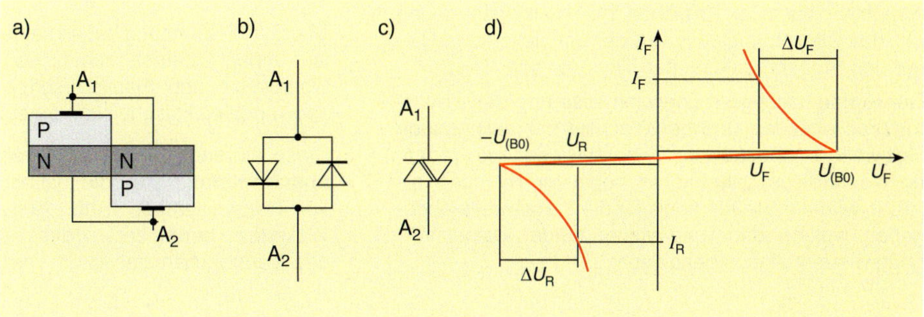

Abb. 19-56
Dreischichtdiac
a) Struktur
b) Ersatzschaltung
c) Schaltzeichen
d) Kennlinie

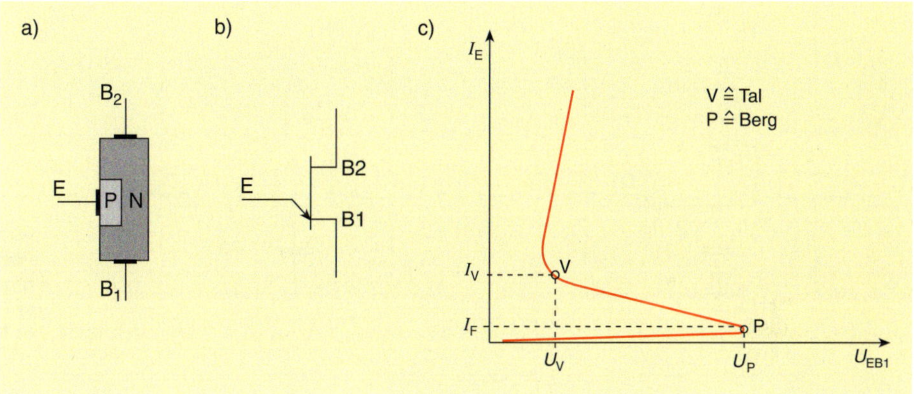

Abb. 19-57
Unijunktion-Transistor
a) Struktur
b) Schaltzeichen
c) Kennlinie

Unijunktion-Transistor

Der Unijunktion-Transistor (Abb. 19-57) wird vorzugsweise zur Ansteuerung von Thyristoren geringerer Leistung verwendet (Zündgenerator).

Er ist ein Basistransistor, welcher ein schwach dotiertes N-leitendes Basisgebiet besitzt. Dieses Basisgebiet ist hochohmig und lässt ohne Beschaltung des Emitters E nur einen geringen, vernachlässigbaren Stromfluss zwischen den beiden Basisanschlüssen B2 und B1 zu.

Wirkt zwischen Emitter und Basis 1 ein ausreichendes Spannungssignal U_{EB1}, wird der vorliegende PN-Übergang leitfähig und es werden Ladungsträger in das Basisgebiet getrieben.
Dadurch verringert sich der Widerstand der B2-B1-Strecke. Es kommt zum Stromfluss zwischen den Basisanschlüssen. Sinkt die Eingangsspannung unter den erforderlichen Wert ab, wird die B2-B1-Strecke wieder hochohmig und unterbricht den Stromfluss. Aus dieser Betrachtung folgt, dass der UJT wie ein Schalter reagiert.

	Thyristor (2N4443)	Triac (MAC223)	Vierschicht-diode	Diac (MBS4991)
$U_{(B0)}$		20 V – 200 V	6 V – 10 V	
I_H	20 mA	50 mA	1 mA – 45 mA	0,7 mA – 1,5 mA
U_H	1,65 V	2 V	1,5 V	1,4 V
Grenzwerte				
I_{Fmax}	8 A	25 A	2 A	2 A
U_{Rmax}	800 V	800 V		
P_V	–	–	500 mW	500 mW

Tab. 19-8 ***Kennwerte der funktionsbestimmenden Bauelemente (Thyristoren)***

19

19.4.3 Wechselstromsteller

Phasenanschnittsteuerung

Die Phasenanschnittsteuerung wird mittels Thyristoren oder Triac aufgebaut (Abb. 19-58).

Die Steuerung des Thyristors bzw. Triacs erfolgt durch die Schaltungskombination R1/R2/C/V2 als **Zündimpulsgenerator.** Wird an die vorliegenden Schaltungen eine Wechselspannung angeschlossen, kann zunächst noch kein Laststrom fließen, da der Kondensator den Strom durch die Widerstandskombination R1/R2 nach Masse ableitet. Der Kondensator lädt sich allmählich bis zum Erreichen der Nullkippspannung U_{B0} des Diacs auf. Damit wird der Diac leitend und liefert den Steuerimpuls für den Thyristor oder Triac.

Der Kondensator wird über den Diac und den Thyristor/Triac entladen und bei Wechsel der anliegenden Halbwelle in umgekehrter Polarität wieder aufgeladen. Ist die Nullkippspannung in negativer Richtung erreicht, wird der Steuerimpuls für die 2. Halbwelle abgegeben, welcher den Triac wieder zündet. Dieser Vorgang wiederholt sich periodisch.

Der Zündzeitpunkt kann über den zeitlichen Verlauf der Aufladespannung des Kondensators mittels R2 eingestellt und die auftretende Phasenverschiebung zwischen der Kondensatorspannung U_C und der Betriebsspannung U beeinflusst werden.

R2 klein → schnelles Aufladen (Abb. 19-59)
kleine Phasenverschiebung zwischen U_C und U

R2 groß → langsames Aufladen (Abb. 19-60)
große Phasenverschiebung zwischen U_C und U

Strom und Spannung haben keinen sinusförmigen Verlauf mehr. Dadurch kommt es zur Erzeugung von Oberwellen und Flackererscheinungen, welche das speisende elektrische Netz erheblich belasten.

Diese störende Erscheinung vermeidet die **Phasenabschnittsteuerung,** die insbesondere zum Dimmen von Halogenlampen (Abb. 19-61) benutzt wird. Das Wirkprinzip beruht darauf, dass ab dem Nulldurchgang das Verbrauchsmittel sofort vom Strom durchflossen

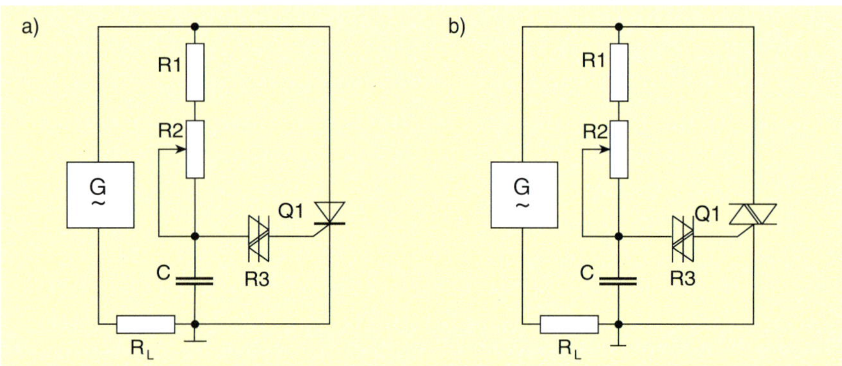

Abb. 19-58 ***Phasenanschnittsteuerung***
a) Thyristor
b) Triac

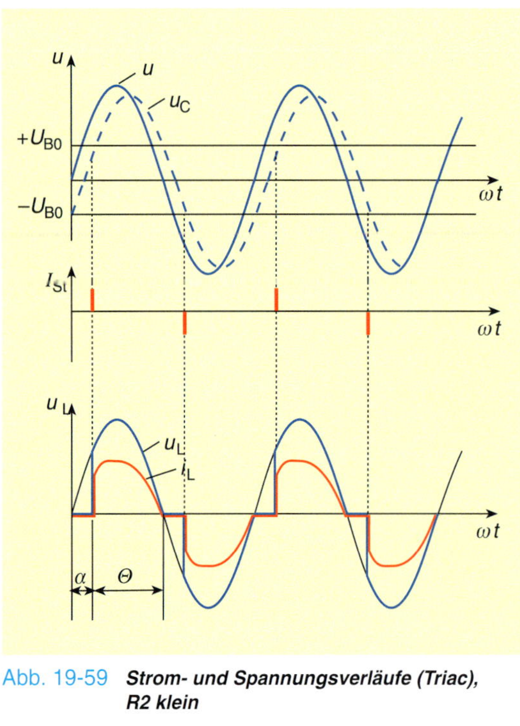

Abb. 19-59 ***Strom- und Spannungsverläufe (Triac), R2 klein***

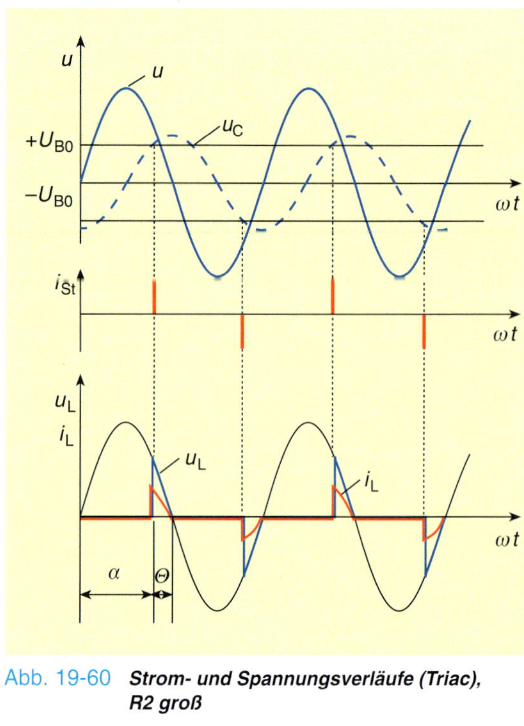

Abb. 19-60 ***Strom- und Spannungsverläufe (Triac), R2 groß***

wird. Durch eine geeignete Zeitsteuerung wird der Stromfluss innerhalb der jeweiligen Halbwelle abgeschaltet. Auf diese Weise steuert man den Effektivwert der Lampenspannung. Gleichzeitig wird erreicht, dass Störspannungen beim Einschalten nicht auftreten und beim Ausschalten mögliche Resonanzerscheinungen durch den Transformator des speisenden Netzes gedämpft werden.

Vielwellensteuerung

Vielwellensteuerungen werden auch als Vollwellen- oder Schwingungspaketsteuerungen bezeichnet (Abb. 19-62). Der Laststrom wird für eine veränderliche Anzahl vollständiger Perioden der Wechselspannung zu- oder abgeschaltet. Der mittlere Stromwert kann somit stufenlos gesteuert werden. Die am Verbraucher umsetzbare Leistung ist vom Tastgrad $g = t_i/T$ abhängig.

Je größer die Einschaltzeit, umso größer ist auch die umsetzbare Leistung.

Schwingungspaketsteuerungen werden mit einem **Nullspannungsschalter** aufgebaut.

Mit ihm kann der Thyristor im Nulldurchgang der Wechselspannung gezündet werden. So wird ein sinusförmiger Verlauf des Laststromes garantiert. Damit können Netzstörungen, wie sie bei der Phasenanschnittsteuerung auftreten, weitgehend vermieden werden.

Wie aus der Schaltung ersichtlich ist, liegt die Last im Wechselstromkreis, der Leistungsschalter jedoch im Gleichstromkreis. Die Last erfährt einen Stromfluss nur, wenn der Thyristor bei positivem Steuersignal gezündet wird. Da die vom Brückengleichrichter bereitgestellte Gleichspannung lückenlos pulsierend ist, wird der Thyristor bei Erreichen des Nulldurchganges bereits nach einer Halbwelle gelöscht.

Sollen mehrere Perioden an der Last wirksam werden, muss der Thyristor sofort wieder gezündet werden. Das wird durch den am Gate, parallel zur Steuerspannung, geschalteten Transistor erzielt. Solange sich der Transistor im gesperrten Zustand befindet, kann das Steuersignal am Gate wirksam werden. Das ist der Fall, wenn an der Basis des Transistors eine Spannung $U_{BE} < 0{,}7$ V ansteht. Die Wechselspannung und die daraus resultierende pulsierende Gleichspannung durchlaufen zu dieser Zeit den Nulldurchgang.

Wird die Wechselspannung größer und die U_{BE} erreicht 0,7 V, wird der Transistor niederohmig. Er schließt über die Kollektor-Emitter-Strecke Gate und Katode des Thyristors miteinander kurz.

Somit wird ein Zünden des Thyristors zu diesen Zeiten unterbunden.

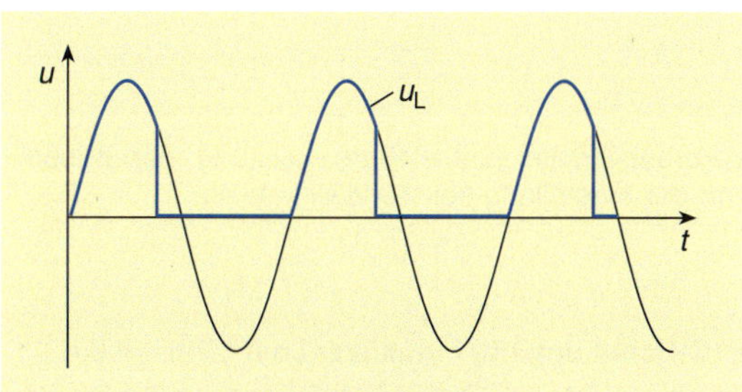

Abb. 19-61 ***Phasenabschnittsteuerung Spannungsverlauf***

19.5 Stromrichter

19.5.1 Prinzip des Stromrichtens

Ein Stromrichter steuert den Stromfluss bei der elektrischen Kopplung der Gleich- und Wechselstromerzeuger mit den elektrischen Verbrauchsmitteln. Dazu müssen elektrische Größen eines bestehenden Systems in elektrische Größen eines neuen Systems umgewandelt werden.

Dabei können die Spannung, der Strom, die Frequenz, die Phasenzahl und der Zeitverlauf Veränderungen unterliegen.

19

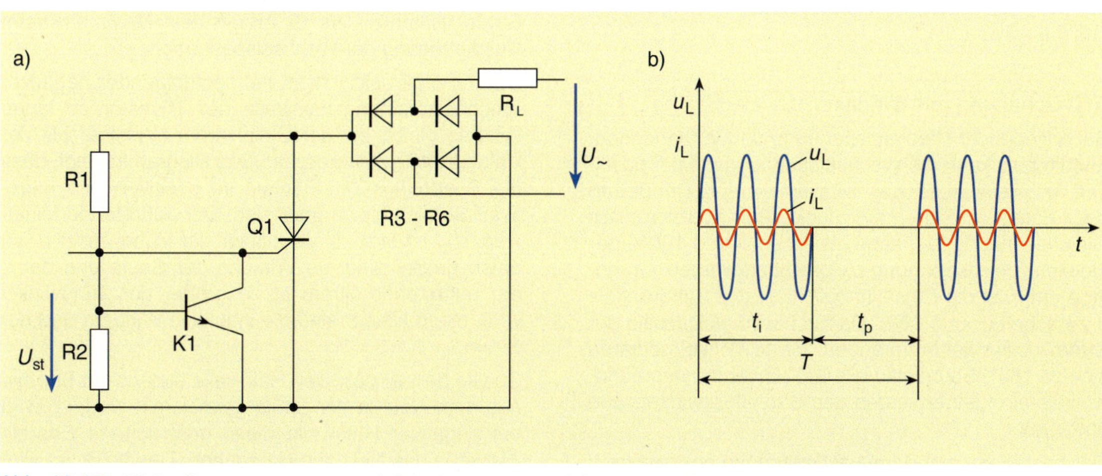

Abb. 19-62 ***Vielwellensteuerung*** ***a) Schaltung*** ***b) Strom- und Spannungsverläufe***

Wir unterscheiden Stromrichter in vier Arten mit folgenden Wirkungen:

Stromrichter	Blockdarstellung	Übergang
Gleichrichter	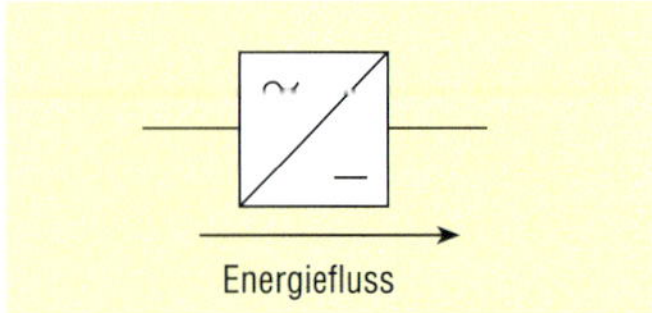	Wechselstromsystem in Gleichstromsystem
Wechselrichter	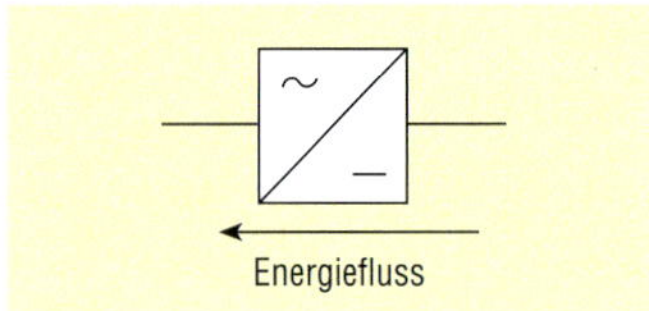	Gleichstromsystem in Wechselstromsystem
Wechselstrom-umrichter	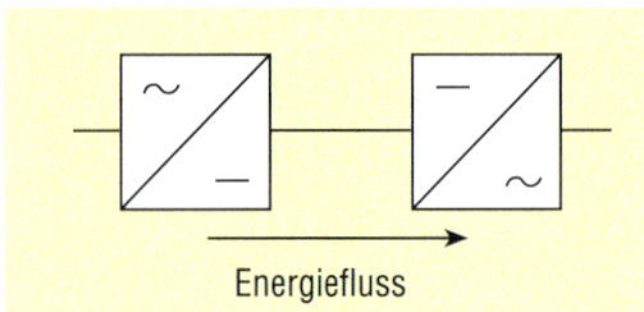	Wechselstromsystem gegebener Frequenz und Phasenzahl in Wechselstromsystem anderen Betrages und/oder anderer Frequenz und/oder anderer Phasenzahl
Gleichstromumrichter	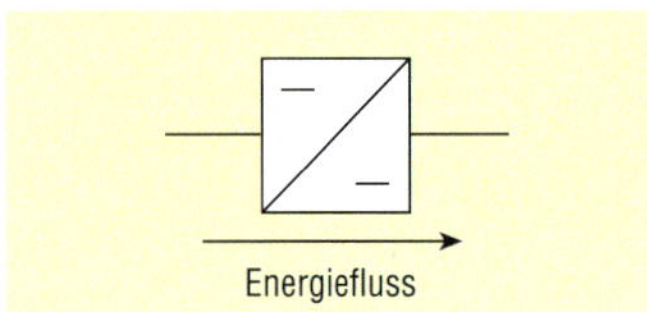	Gleichstromsystem gegebenen Betrages und Polarität in Gleichstromsystem anderen Betrages, gleicher oder anderer Polarität

Tab. 19-9 ***Stromrichter, Blockdarstellung***

19.5.2 Gleichrichter

Die Umwandlung von Wechselspannung in Gleichspannung erfolgt schaltungstechnisch z. B. durch Einpuls- (Einweg-/E1) oder Mehrpuls- (Zweiweg-) Schaltungen, wobei Mehrpulsschaltungen als

Mittelpunktschaltungen (M2; M3) und Brückenschaltungen (B2; B6)

aufgebaut sein können. Wir betrachten diese Schaltungen als voll gesteuert (Kennbuchstabe C) mit Wirk- und induktiver Last.

E1C-Schaltung mit Wirklast (Abb. 19-63)

Bei anliegender Wechselspannung und vorhandenem Zündimpuls kann die Wechselspannung mit der positiven Halbwelle an der Last wirksam werden. Der Betrag der damit auftretenden lückenhaft pulsierenden Gleichspannung $U_{d\alpha}$ kann zwischen 0 und 100 % der ideellen Gleichspannung U_{di} gesteuert werden. Grundlage dafür ist die Einstellmöglichkeit des Zündwinkels α zwischen 0° und 180°. Dadurch wird gleichzeitig der Stromflusswinkel Θ verändert. Beide Winkel addieren sich zu 180°. So bewirkt ein Größerwerden des Zündwinkels ein Kleinerwerden des Stromflusswinkels und umgekehrt.

Der Laststrom folgt der Gleichspannung phasengleich und wird in seinem Betrag ebenfalls gesteuert. Die am Verbrauchsmittel umsetzbare Leistung hängt somit von der Einstellung des Zündwinkels ab.

E1C-Schaltung mit induktiver Last (Abb. 19-64)

Ist an eine Gleichrichterschaltung eine induktive Last angeschlossen, tritt zwischen Stromstärke und Spannung eine Phasenverschiebung auf. Solange sich die Spannung im positiven Bereich befindet, nimmt der Strom allmählich zu. Er erfährt sein Maximum beim Nulldurchgang der Wechselspannung.

Daraus ergibt sich, dass bei nachfolgender negativer Wechselspannungshalbwelle der Thyristor so lange leitfähig bleibt, bis der Gleichstrom I_d kleiner als der Haltestrom I_H geworden ist. Das Diagramm zeigt, dass die Spannungs-Zeit-Flächen im positiven und negativen Bereich gleich groß sind. Der auftretende Mittelwert $U_{d\alpha}$ ist stets 0. Je kleiner der Zündwinkel α ist, umso größer sind die Wirkung der Spule und damit der auftretende Strom I_d. Je größer der Zündwinkel wird, umso kleiner sind die induktive Wirkung und der Strom I_d.

So wie bei der positiven Halbwelle elektrische Energie aus dem Netz in der Spule gespeichert wird, so wird bei negativer Halbwelle diese gespeicherte Energie wieder in das Netz zurückgegeben. Das heißt, es wird keine Wirkleistung umgesetzt.

E1C-Schaltung mit Wirk- und induktiver Last (Abb. 19-65)

Hierbei tritt eine geringere Phasenverschiebung zwischen Stromstärke und Spannung auf als bei rein induktiver Last, wodurch das Strommaximum nicht mehr mit dem Nulldurchgang der pulsierenden Gleichspannung zusammenfällt. Damit sind die Spannungs-Zeit-Flächen im positiven Bereich größer als im negativen Bereich. Die im positiven Bereich aufgenommene Energie ist folglich größer als die im negativen Bereich abgegebene. Es wird teilweise Wirkleistung umgesetzt.

E1C-Schaltung mit Wirk- und induktiver Last und Freilaufdiode (Abb. 19-66)

Im Gegensatz zur E1C-Schaltung ohne Freilaufdiode ist zu erkennen, dass kein Stromfluss bei Erreichen des Nulldurchganges der Gleichspannung durch den Thyristor auftritt. Ursache dafür ist, dass die in der Spule induzierte Spannung durch die parallel geschaltete Diode kurzgeschlossen wird. Im Nulldurchgang findet somit für den Stromfluss ein **Kommutierungsvorgang** zwischen Thyristor und Freilaufdiode statt. Der Thyristorstrom tritt als Gleichstrom nur noch bei der positiven Halbwelle auf. Damit wird ein ausschließliches Arbei-

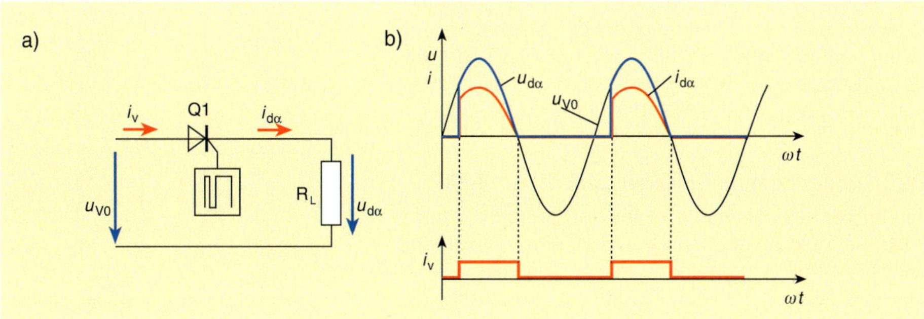

Abb. 19-63
Gleichrichter E1C (Wirklast)
a) Schaltung
b) Strom- und Spannungsverläufe

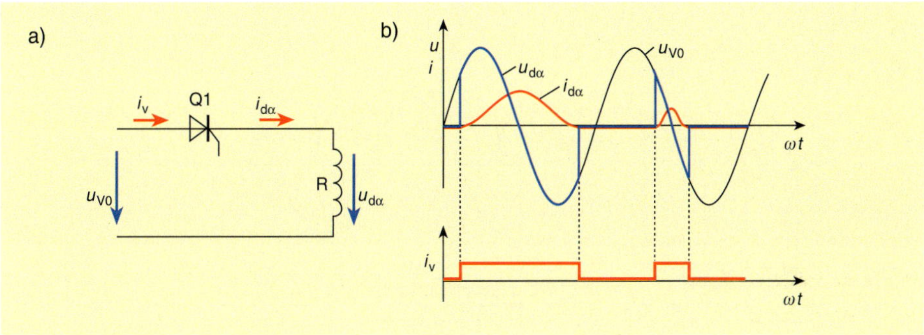

Abb. 19-64
Gleichrichter E1C (induktive Last)
a) Schaltung
b) Strom- und Spannungsverläufe

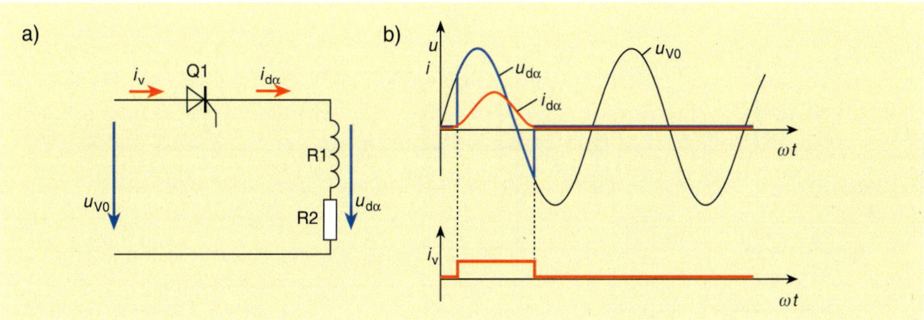

Abb. 19-65
Gleichrichter E1C (ohmsch/induktive Last)
a) Schaltung
b) Strom- und Spannungsverläufe

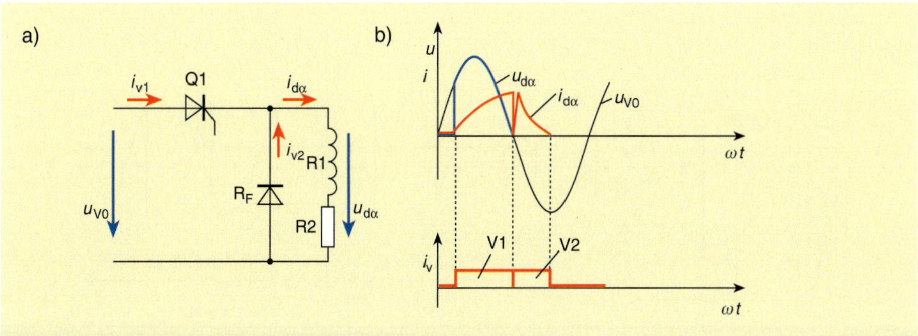

Abb. 19-66
Gleichrichter E1C (ohmsch/induktive Last mit Freilaufdiode)
a) Schaltung
b) Strom- und Spannungsverläufe

ten als Gleichrichter garantiert. Der Leistungsfaktor wird gleichzeitig verbessert. Die aus der negativen Spannungs-Zeit-Fläche bisher aufgetretenen Netzbelastungen sind nicht mehr wirksam.
Bekanntlich ist bei der E1C-Schaltung der Gleichspannungsbetrag vom eingestellten Zündwinkel abhängig.

Der Zusammenhang zwischen Zündwinkel und Gleichspannungsbetrag findet in der Steuerkennlinie (Abb. 19-67) seinen Ausdruck.

M3C-Schaltung (Abb. 19-68)

Die M3-Schaltung ermöglicht die Umformung einer Dreiphasenwechselspannung in eine Gleichspannung geringerer Welligkeit. In Abhängigkeit von den Lastbedingungen und dem eingestellten Zündwinkel ist dieser Vorgang auch umkehrbar (vgl. Abb. 19-71).

B2C-Schaltung mit ohmscher Last (Abb. 19-69)

Die an der voll gesteuerten Gleichrichterschaltung anliegende Wechselspannung wird in eine pulsierende Gleichspannung umgeformt. Dazu müssen jeweils paarweise Q1 und Q4 bzw. Q2 und Q3 gleichzeitig gezündet werden.

Durch die Einstellung des Zündwinkels $\alpha = 0°$ wird die maximal mögliche Gleichspannung U_{di} erzielt. Mit zunehmendem Zündwinkel wird der mittlere Gleichspannungsbetrag $U_{d\alpha}$ geringer, bis er beim Zündwinkel $\alpha = 180°$ null wird.

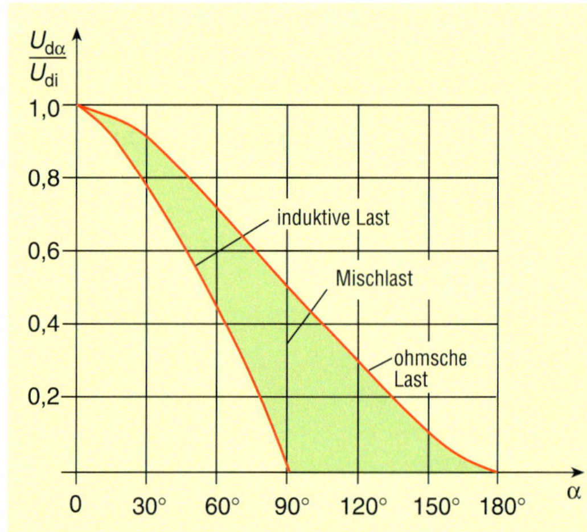

Abb. 19-67 ***Steuerkennlinie E1C (ohmsche, induktive, ohmsch-induktive Last)***

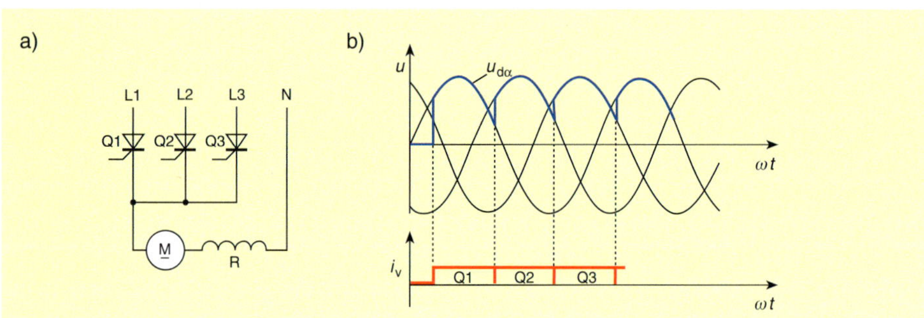

Abb. 19-68
Gleichrichter M3C
a) Schaltung
b) Strom- und Spannungsverläufe

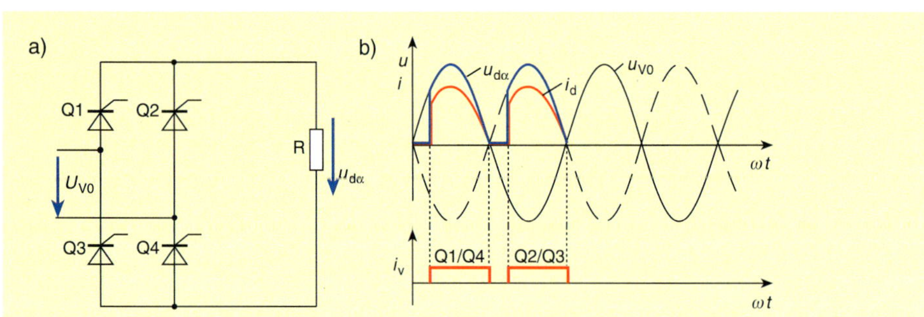

Abb. 19-69
Gleichrichter B2C
a) Schaltung
b) Strom- und Spannungsverläufe

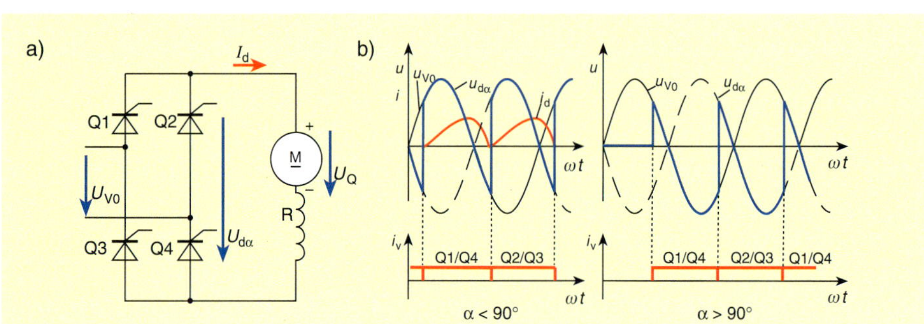

Abb. 19-70
Gleichrichter B2C mit aktiver induktiver Last
a) Schaltung
b) Strom- und Spannungsverläufe

B2C-Schaltung mit aktiver induktiver Last (Gleichstrommotor) (Abb. 19-70)

Bei dieser Gleichrichterschaltung muss man drei Bereiche für den Zündwinkel unterscheiden.

- **$0° < \alpha < 90°$**

Wie bereits in der E1C-Schaltung mit induktiver Last dargestellt, bleiben auch die Thyristoren Q1 und Q4 bzw. Q2 und Q3 der B2C-Schaltung bei negativer Halbwelle der Wechselspannung bis zum Zünden der Thyristoren des jeweils anderen Gleichrichterzweiges Strom führend. In diesem Bereich ist die positive Spannungs-Zeit-Fläche größer als die negative, wodurch die Leistungsaufnahme gegenüber der Leistungsabgabe überwiegt. Es liegt Gleichrichterbetrieb vor.

- **$\alpha = 90°$**

Die hierbei auftretenden positiven und negativen Spannungs-Zeit-Flächen sind gleich groß, so dass die Leistungsaufnahme und -abgabe gleich sind. Das entspricht der Gleichspannung $U_{d\alpha} = 0$.

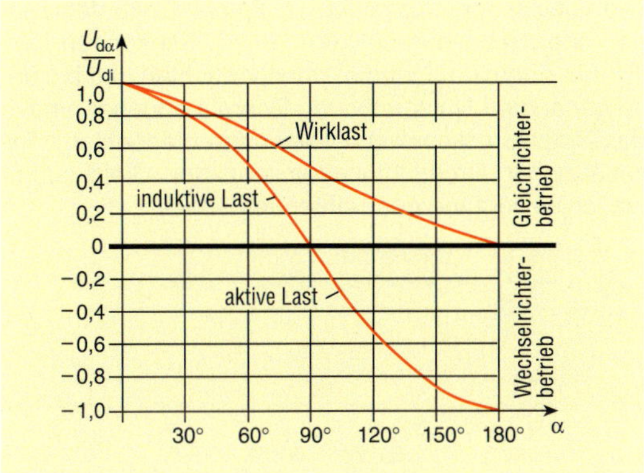

Abb. 19-71 ***Steuerkennlinie der B2C***

- **$90° < \alpha \leq 180°$**

Wenn der Zündwinkel $\alpha > 90°$ ist, werden die positiven Spannungs-Zeit-Flächen kleiner als die negativen. Der resultierende Betrag der Gleichspannung ist negativ, d. h. die in der drehenden Maschine induzierte Spannung (Umwandlung mechanischer Energie in elektrische Energie) stellt im Gleichstromkreis den Antrieb für den Stromfluss dar. Es kommt zu einem Energiefluss vom Gleichstromnetz in das Wechselstromnetz. Unter dieser Gegebenheit liegt Wechselrichterbetrieb vor.

> Für die B2C-Schaltung mit aktiver induktiver Last ergibt sich bei einem Zündwinkel α im Bereich von
> - 0° … 90° Gleichrichterbetrieb,
> - 90° … 180° Wechselrichterbetrieb (Abb. 19-71).

Damit die Steuerung der B2-Schaltung als Gleichrichter auch für Zündwinkel $\alpha > 90°$ garantiert werden kann, werden R1 und R2 als ungesteuerte Gleichrichter ausgelegt (Abb. 19-72). So wird erreicht, dass die negativen Spannungs-Zeit-Flächen unterdrückt werden. Die Dioden R1 und R2 arbeiten als Freilaufdioden für die zugehörigen Thyristoren und bewirken, dass der sonst auftretende Wechselrichterbetrieb unterbunden wird.

Es handelt sich bei dieser Schaltung um eine halb gesteuerte (Kennbuchstabe H) Brückengleichrichterschaltung (B2H). Der Vorteil dieser Schaltung liegt im geringeren Steuerungsaufwand und einer höheren Wirkleistung gegenüber der B2C-Schaltung.

Gleichrichter in B6C-Schaltung

Sie ist die am weitesten verbreitete Stromrichterschaltung für das Dreiphasenwechselstromsystem (Abb. 19-73). Für zu versorgende Leistungen ab etwa 10 kW wird sie als Standardschaltung eingesetzt.

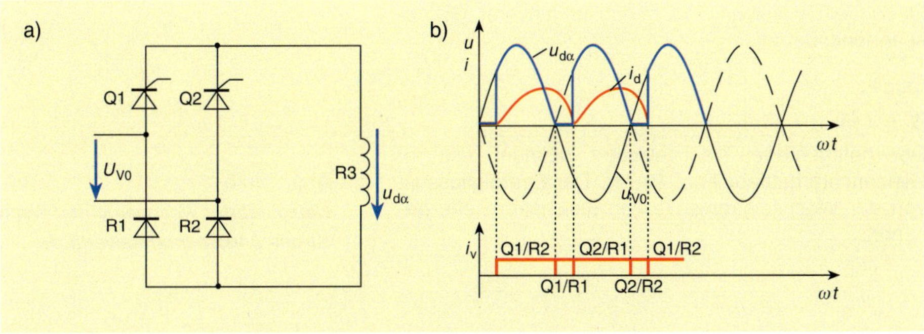

Abb. 19-72
Gleichrichter B2H
a) Schaltung
b) Strom- und Spannungsverläufe

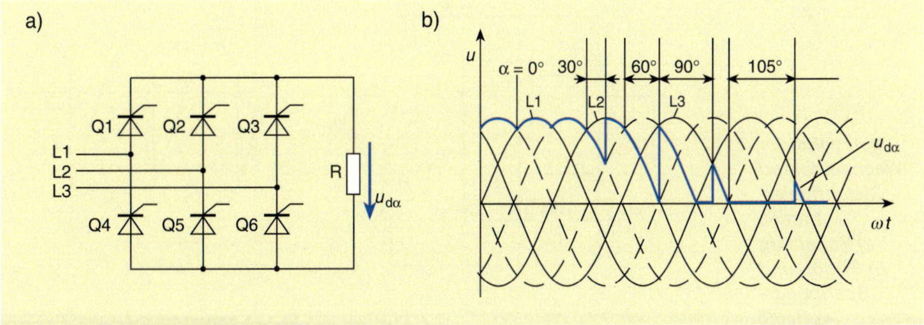

Abb. 19-73
Gleichrichter B6C
a) Schaltung
b) Strom- und Spannungsverläufe

Entsprechend der Einsatzbedingungen, ob eine ohmsche, induktive oder aktive induktive Last angeschlossen ist, kann die B6-Schaltung voll gesteuert (mit oder ohne Freilaufdiode, siehe E1C-Schaltung) oder auch halb gesteuert (siehe B2H-Schaltung) ausgelegt sein. Der wesentliche Vorteil der B6-Schaltung als Gleichrichter liegt in der qualitativ guten Gleichspannung (geringe Restwelligkeit). Als Wechselrichter gewährleistet die B6-Schaltung eine gute Anpassung von Wechselstromverbrauchern an eine Gleichstromversorgung. Mit dieser Schaltung kann in guter Näherung ein sinusförmiger Stromverlauf erzielt werden. Sie bildet die Grundlage für **Trapez-** und **Steuerumrichter.** Mehrere dieser Schaltungen in Reihe oder parallel geschaltet, lassen höherpulsige, z. B. 12-, 24-, 36-pulsige Schaltungen entstehen. Diese verringern die Welligkeit der entstehenden Ausgangsspannungen.

19.5.3 Wechselrichter

Wechselrichter wandeln einen Gleichstrom in einen Wechselstrom um. Sie tragen dazu bei, dass Wechselstromverbraucher an Gleichstromnetzen betrieben werden können oder Gleichstromverbraucher eine effektive Energienutzung sichern. Das ist z. B. beim Einsatz von Notstromaggregaten oder beim Mehrquadrantenbetrieb von Gleichstrommotoren der Fall. Wechselrichter werden unterschieden in netzgeführte, selbstgeführte und lastgeführte Wechselrichter.

Netzgeführte Wechselrichter

Netzgeführte Wechselrichter- und voll gesteuerte Gleichrichterschaltungen sind im Schaltungsaufbau identisch (Abb. 19-74). Sie besitzen im Gleichstromkreis eine aktive Last (Gleichstrommaschine), welche eine Gleichspannung U_Q als Gegenspannung erzeugt. Diese Gegenspannung ist der speisenden Gleichspannung U_d entgegengesetzt. Je nachdem, wie der Zündwinkel eingestellt ist, ergibt sich aus beiden resultierend ein positiver oder negativer mittlerer Gleichspannungsbetrag.

Es gilt:

- $\alpha < 90°$:

Der netzgeführte Wechselrichter befindet sich im Gleichrichterbetrieb (Abb. 19-74). Der Energiefluss ist von der Wechselstromseite zur Gleichstromseite gerichtet.

- $\alpha > 90°$:

Der netzgeführte Wechselrichter befindet sich im Wechselrichterbetrieb (Abb. 19-75). Es liegt Energiefluss von der Gleichstromseite zur Wechselstromseite vor. Ausschlaggebend dafür ist das Vorhandensein eines aktiven Betriebsmittels. Die Gleichstrommaschine erzeugt im Generatorbetrieb eine Spannung, welche den Strom von der Gleichstromseite zur Wechselstromseite treibt. Dazu muss die induzierte Spannung größer als die aus der Gleichrichterschaltung gewonnene Gleichspannung $U_{d\alpha}$ sein.

Die Kommutierung (Stromübernahme) durch die einzelnen Thyristoren wird durch das Wechselstromnetz in Verbindung mit der Phasenanschnittsteuerung bestimmt. Damit aber der Haltestrom nicht vor der Kommutierung unterschritten wird bzw. eine Lücke im Stromfluss auftritt (kontinuierliche Drehbewegung eines Motors ist zu gewährleisten), sind zur Glättung des Stromes Glättungsdrosseln einzusetzen.

Aus dem Wechsel- und Gleichrichterbetrieb ergibt sich somit die Möglichkeit des Mehrquadrantenbetriebes von Gleichstrommaschinen, z. B. bei Elektrofahrzeugen oder Hebezeugen (Abb. 19-76). Sie können folglich bei Energieaufnahme Arbeit verrichten und bei der so genannten Nutzbremsung Energie abgeben und in das Netz zurückspeisen (Zweiquadrantenbetrieb). Bei zusätzlicher Drehrichtungsumkehr der Gleichstrommaschine liegt Vierquadrantenbetrieb vor.

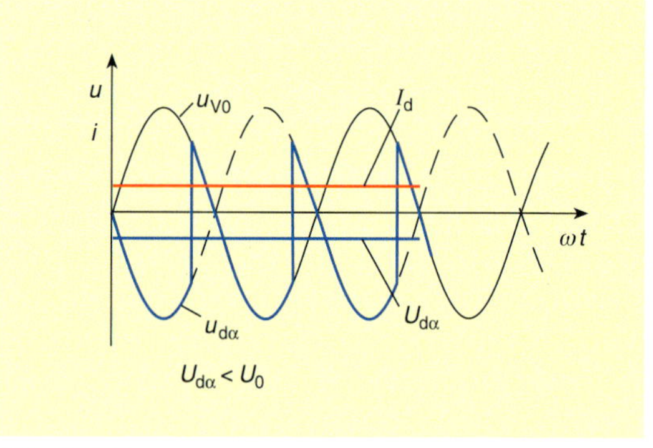

Abb. 19-75

Netzgeführter Wechselrichter/ Wechselrichterbetrieb Strom- und Spannungsverläufe

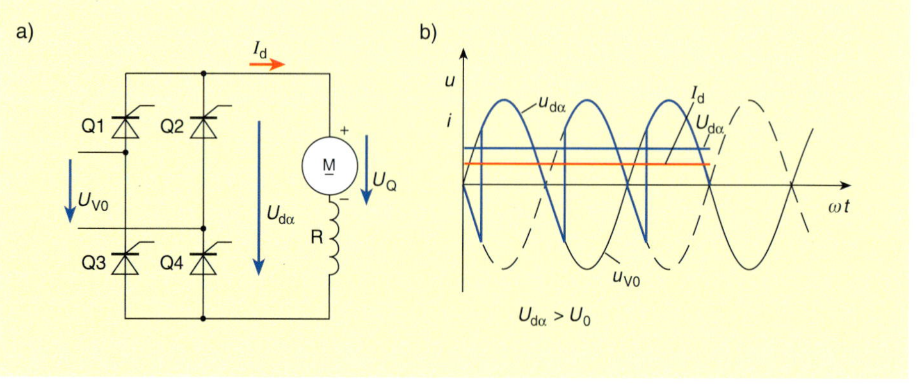

Abb. 19-74

Netzgeführter Wechselrichter/ Gleichrichterbetrieb a) Schaltung b) Strom- und Spannungsverläufe

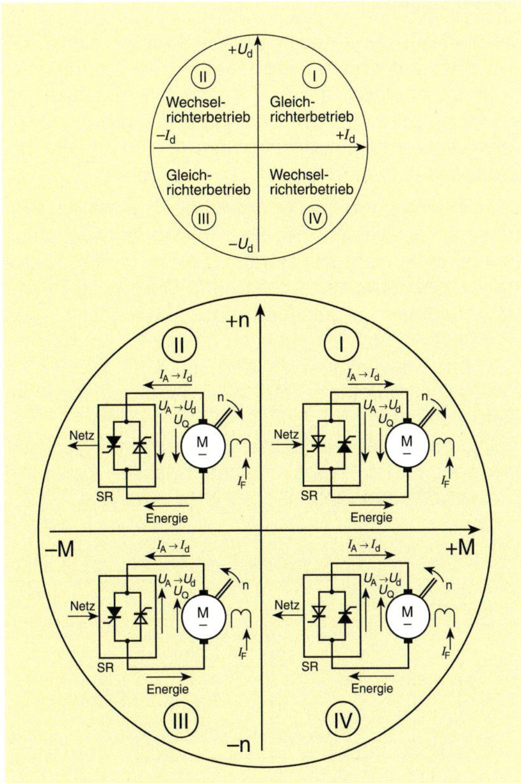

Abb. 19-76 ***Mehrquadrantenbetrieb von Gleichstrommotoren***

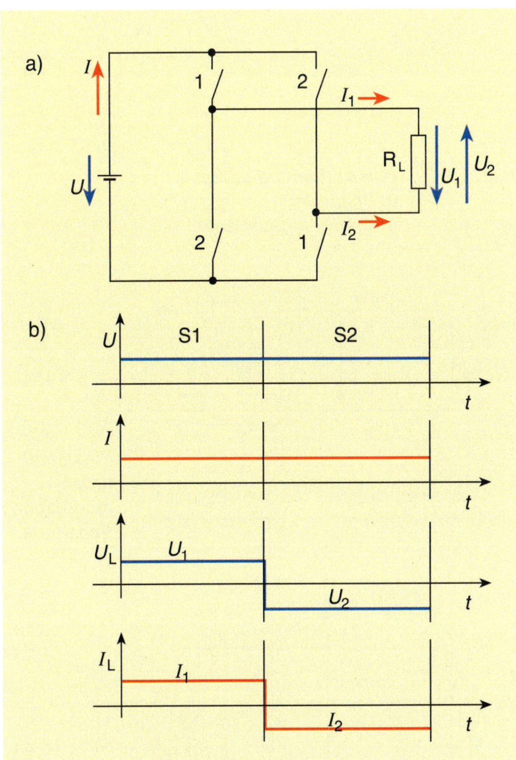

Abb. 19-77 ***Selbstgeführter Wechselrichter, Prinzip***
a) Schaltung
b) Strom- und Spannungsverläufe

Selbstgeführte Wechselrichter

Es kommt hierbei zur Umformung einer Gleichspannung in eine Wechselspannung (Abb. 19-77). Mit dieser Art Wechselrichter kann ein Wechselstromverbraucher an einem Gleichstromnetz betrieben werden.

Wird die Gleichspannung an das Schaltersystem angeschlossen und werden die mit 1 bzw. 2 gekennzeichneten Schalter paarweise ein- bzw. ausgeschaltet, entsteht am Verbrauchsmittel eine einphasige rechteckförmige Wechselspannung. Frequenz und Periodendauer der Wechselspannung sind vom Takt des Ein- bzw. Ausschaltens der Schalter abhängig. Anstelle der mechanischen Schalter können sowohl Transistoren, Thyristoren mit Löschschaltung oder GTO-Thyristoren eingesetzt werden (Abb. 19-78).

Bei induktiven Lasten muss dafür gesorgt werden, dass der Energiefluss vom Wechselstromkreis zum Gleichstromkreis unterdrückt wird (Gleichrichterbetrieb). Dazu werden z. B. bei Transistorschaltern antiparallel zur Kollektor-Emitter-Strecke Dioden geschaltet.

Die Transistoren als Schalter arbeiten in einer solchen Schaltung als Gleichstromsteller.

Dieses Prinzip lässt sich auch auf das Dreiphasenwechselstromsystem übertragen, wodurch Drehstromverbraucher an einer Gleichspannung betrieben werden können.

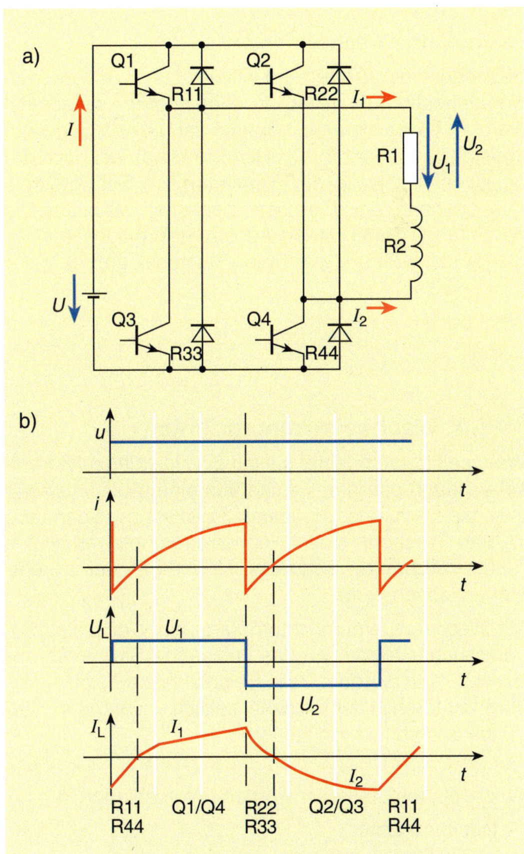

Abb. 19-78 ***Selbstgeführte Wechselrichter mit Transistor***
a) Schaltung
b) Strom- und Spannungsverläufe

19

Die Steuerung der ausgangsseitigen Wechselspannung kann durch Pulssteuerung **(Pulswechselrichter)** oder durch Spannungssteuerung erfolgen.

Die Pulssteuerung beruht auf mehrfachem Ein- und Ausschalten der Gleichstromschalter innerhalb einer Periode. Das Schalten kann mit konstantem oder veränderlichem Tastgrad (Verhältnis der Einschaltzeit zur Periodendauer) erfolgen. Man spricht hierbei von einer **Pulsweitenmodulation** (Abb. 19-79). Diese kann so weit getrieben werden, dass die Ausgangswechselspannung einer sinusförmigen Wechselspannung sehr nahe kommt.

Die Spannungssteuerung beruht darauf, dass dem Wechselrichter eine Gleichspannung $U_{d\alpha}$ veränderlicher Amplitude zugeführt wird. Durch das periodische Schalten der Gleichstromsteller wird die Gleichspannung getaktet. Über die Zeitdauer des Taktens für die positive und negative Halbwelle der zu erzeugenden Wechselspannung werden die Spannungsblöcke im Wechselrichter hinsichtlich der Frequenz der Ausgangsspannung beeinflusst. Somit kommt es zur **Pulsamplitudenmodulation** auf der Grundlage der Frequenzsteuerung (Abb. 19-80).

Eine sinusförmige Ausgangsspannung mit veränderlicher Amplitude und Frequenz kann mit schnell schaltenden Stromrichterventilen durch Pulssteuerung von selbstgeführten Wechselrichtern erzeugt werden.

Lastgeführte Wechselrichter

Besonders bei großen induktiven Lasten müssen zu Kompensationszwecken Kondensatoren eingesetzt werden. Diese bilden mit Spulen dann einen Schwingkreis (Reihen- oder Parallelschwingkreis), der nach der positiven Halbwelle der Spannung am Schwingkreis das Löschen der Gleichstromschalter wechselseitig herbeiführt. Somit ist die Ausgangsspannung fast sinusförmig, während der Strom Rechteckform aufweist (Abb. 19-81).

19

19.5.4 Wechselstromumrichter

Wechselstromumrichter stellen eine leistungselektronische Baugruppe dar, welche aus einem bestehenden Wechselstromnetz gegebener Pulszahl p_1, Spannung U_1 und Frequenz f_1 ein Wechselstromnetz mit veränderter Pulszahl p_2, Spannung U_2 und Frequenz f_2 entstehen lassen kann.

Mit Wechselstromumrichtern kann ein Wechselstromverbraucher besser an das speisende Stromnetz angeschlossen werden. Zum Beispiel lassen sich Asynchronmotoren in der Drehzahl zeitlich unverzögert, stufenlos und verlustarm steuern.

Wechselstromumrichter werden unterschieden in

Direktumrichter
- als Trapezumrichter
- als Steuerumrichter

Umrichter mit Zwischenkreis
- mit Gleichspannungszwischenkreis
- mit Gleichstromzwischenkreis

Direktumrichter

Sie sind aus zwei netzgeführten Stromrichtern (SR1 und SR2) aufgebaut. Die Steuerung der Stromrichter muss so erfolgen, dass im Lastkreis eine Wechselspannung erzeugt wird. Bedingung für die Frequenz der Ausgangsspannung ist, dass $f_2 < f_1$ ist. Für die praktische Anwendung gilt $f_{2max} = {}^1/_3\, f_1$ bis ${}^1/_2\, f_1$.

Der Umrichter wird mit der am Ausgang gewollten Frequenz f_2 angesteuert. Die Kurvenform der Ausgangsspannung ist nicht sinusförmig. Sie weist Trapezform auf **(Trapezumrichter** Abb. 19-82). Die beiden Stromrichter werden so gesteuert, dass Stromrichter 1 als Gleichrichter und Stromrichter 2 als Wechselrichter arbeiten. Kurzzeitig muss sich der Gleichrichter im Wechselrichterbetrieb und der Wechselrichter im Gleichrichterbetrieb befinden können. Damit wird erreicht, dass die Ausgangsspannung eine Wechselspannung ist. Mit Trapezumrichtern lassen sich hohe Effektivwerte des Einphasenstromes erreichen.

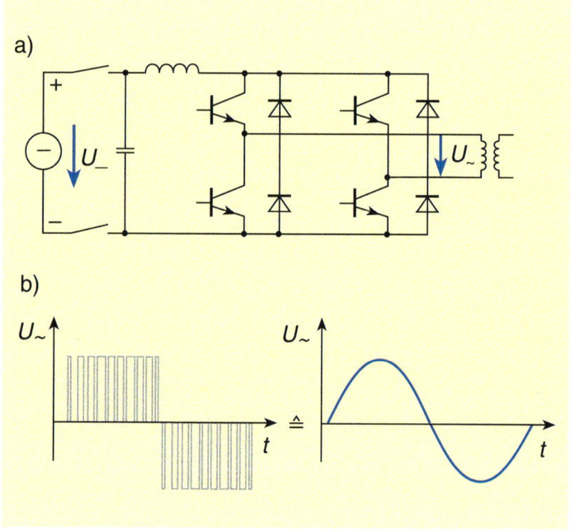

Abb. 19-79 ***Pulsweitenmodulation***
a) Schaltung
b) Spannungsverläufe

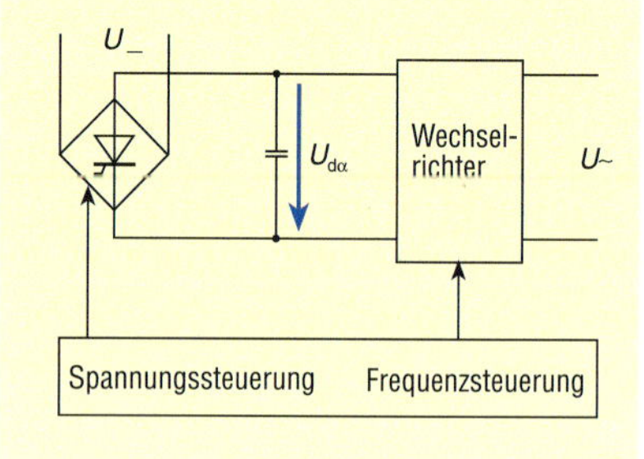

Abb. 19-80 ***Pulsamplitudenmodulation, Schaltung***

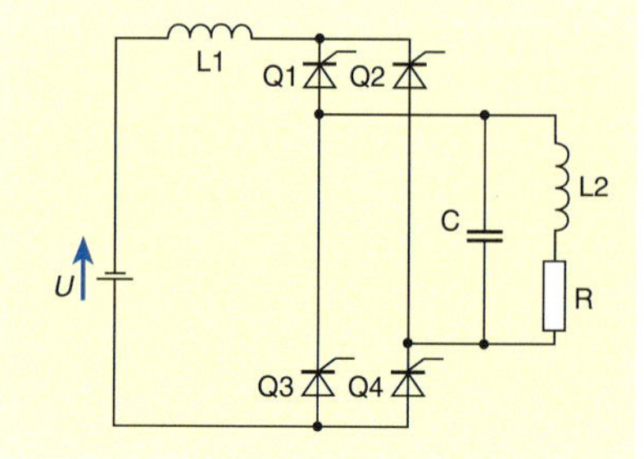

Abb. 19-81 ***Last geführte Wechselrichter***

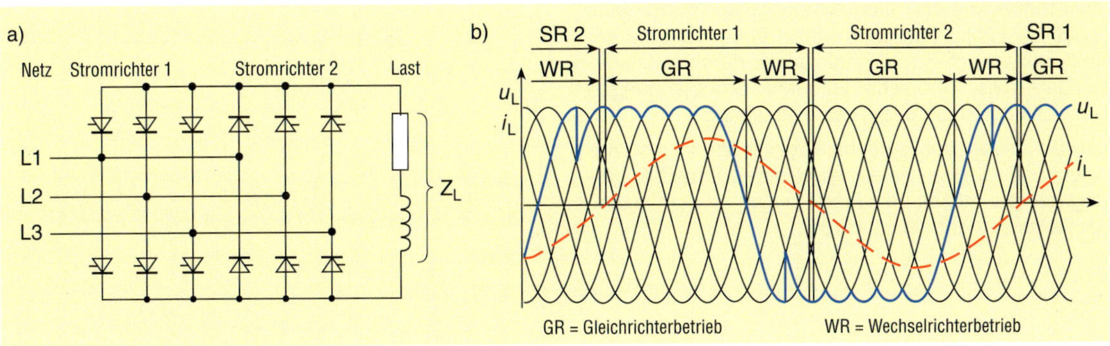

Abb. 19-82 ***Trapezumrichter***
a) Schaltung b) Strom- und Spannungsverläufe

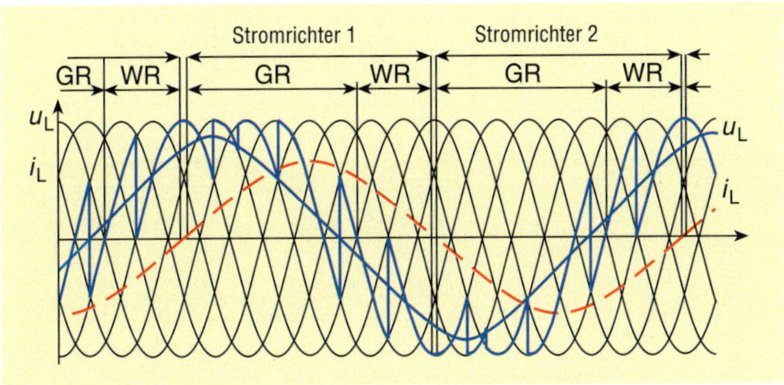

Abb. 19-83 ***Steuerumrichter/Strom- und Spannungsverläufe***

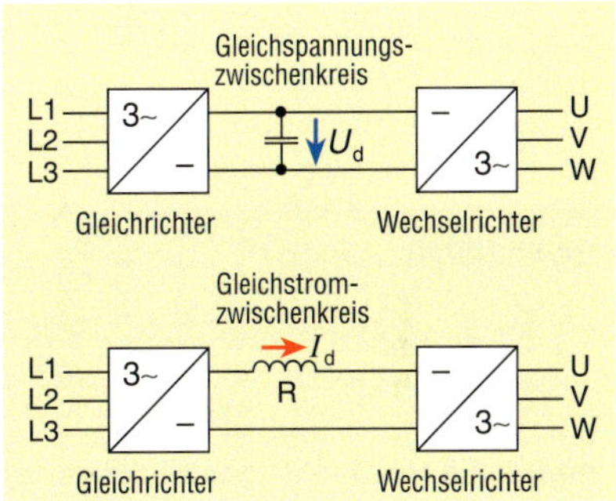

Abb. 19-84 ***Umrichter mit Zwischenkreis***

Der Steuerumrichter (Abb. 19-83) gleicht im Aufbau dem Trapezumrichter. Die Ansteuerung der Stromrichter erfolgt durch stetiges Verstellen der Zündwinkel. Die so erzeugte Ausgangsspannung entspricht in guter Näherung einer sinusförmigen Wechselspannung.

Aus der Darstellung der Strom- und Spannungsverläufe wird ersichtlich, dass die beiden Stromrichter sich ebenfalls im Gleich- und Wechselrichterbetrieb befinden. Mit beiden Umrichtern lassen sich besonders gut langsam laufende Einzelantriebe bis zu Leistungen von etwa 15 MW steuern.

Umrichter mit Zwischenkreis

Mit Zwischenkreisumrichtern wird die Drehzahl von Asynchronmotoren noch verlustärmer als mit Direktumrichtern gesteuert (Abb. 19-84).

Im Gegensatz zu den Direktumrichtern besitzen diese Umrichter zwischen dem netzgeführten Gleichrichter und dem selbstgeführten Wechselrichter ein Energiespeicherbauelement, d. h.
- eine Glättungsdrossel
  und/oder
- einen Glättungskondensator.

Damit wird der Gleichstrom durch die Glättungsdrossel oder die Gleichspannung durch den Kondensator weitgehend konstant gehalten.

Mit diesen Zwischenkreisumrichtern können sowohl die Spannung als auch die Frequenz gesteuert werden. Im Gegensatz zu den Direktumrichtern kann eine Frequenz $f_2 > f_1$ erzeugt werden. Die Leistungsumsetzung liegt bei einigen MW.

Der Gleichrichter (SR1) wird oftmals mit ungesteuerten Ventilen aufgebaut. Diese unterdrücken die Blindleistung im speisenden Netz.

19.6 Netzrückwirkungen

Der Einsatz von elektrischen Geräten nimmt in der Breite und der Leistung stetig zu, insbesondere auch der von Stromrichtern. Hierdurch besteht die Gefahr der ungüstigen gegenseitigen Beeinflussung von elektrischen Geräten und Anlagen.

Von Stromrichtern können folgende Störungen ausgehen:

Netzrückwirkungen (leitungsgebunden mit $f \leq$ 2 kHz)	Verzerrung und Effektivwertschwankungen des speisenden Netzes durch Spannungseinbrüche in Abhängigkeit des Zündwinkels α
Oberschwingungen (leitungsgebunden mit $f \leq$ 2 kHz)	sinusförmige, harmonische (Index h) Schwingungen mit Frequenzen des ganzzahligen Vielfachen der Netzfrequenz des vom Stromrichter gespeisten Netzes
Störspannungen (leitungsgebunden mit $f \geq$ 2 kHz)	durch Schaltflanken der Ströme des Stromrichters
Funkstörungen (feldgebunden mit $f \geq$ 2 kHz)	Abstrahlung elektromagnetischer Wellen

In der Form, wie der Stromrichter das speisende Netz negativ beeinflussen kann, wie in Abb. 19-85 dargestellt, so werden Stromrichter selbst durch Netzbelastungen, wie Oberschwingungen, Störspannungen und Funkstörungen negativ beeinträchtigt.

Zur Sicherung der Betriebsfähigkeit der Netze, Anlagen und Geräte, deren **elektromagnetische Verträglichkeit,** müssen die Forderungen an die Qualität der Netzspannung erfüllt werden.

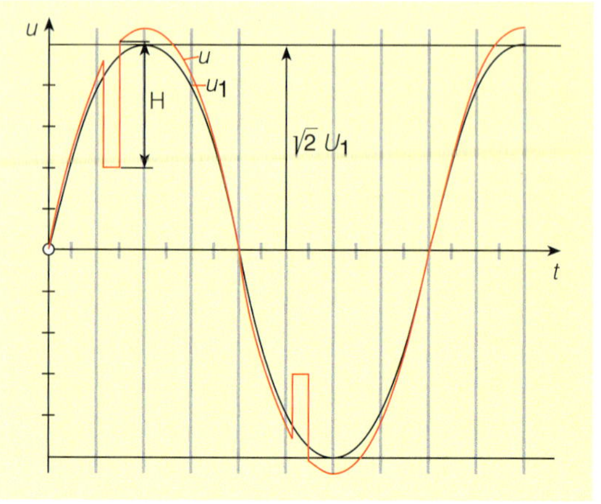

Abb. 19-85 ***Wechselspannung mit Störungen***

Differenziert für die öffentlichen Netze und die Industrienetze gelten für folgende Kenngrößen entsprechende Grenzwerte:

Kenngrößen	Öffentliches Netz Niederspannung	Öffentliches Netz Mittelspannung	Industrienetz Niederspannung	Industrienetz Mittelspannung
maximale relative Augenblickswertabweichung $= \frac{\text{maximale Augenblickswertabweichung der Grundschwingung}}{\text{Scheitelwert der Grundschwingung}}$ $\Delta H = \frac{H}{\sqrt{2}\,U_1}$	20%	20%	30%	20%
Gesamtklirrfaktor $= \frac{\text{Effektivwert aller Oberschwingungen}}{\text{Gesamteffektivwert}}$ $k_{ges} = \sqrt{\frac{\sum_{h=2}^{\infty} U_h^2}{U}}$	5%	4%	10%	7%
Einzelklirrfaktor $= \frac{\text{Effektivwert der Oberschwingung h -ter Ordnung}}{\text{Gesamteffektivwert}}$ entscheidend sind die 5. und 7. harmonische Schwingung $k_h = \frac{U_h}{U}$	3%	2%	8%	5%
relative Effektivwertschwankung $= \frac{\text{Schwankung des Effektivwertes}}{\text{Nennwert des Effektivwertes}}$ $\Delta u = \frac{\Delta U}{U}$	5%	3%	7%	5%

Tab. 19-10 ***Grenzwerte für Kenngrößen elektrischer Netze***

19

Werden die von den Verteilungsnetzbetreibern (VNB) geforderten Grenzwerte nicht eingehalten, ergeben sich als Folgen
- eine Verschlechterung des Leistungsfaktors (Verschiebeblindleistung nimmt zu)
- eine Erhöhung der Übertragungsverluste
- eine Herabsetzung der Belastbarkeit der Verbrauchsmittel.

Das heißt, die Gebrauchsfähigkeit von elektrischen Geräten, Anlagen und Netzen ist nicht gewährleistet.

Stellt man beim Einsatz von Stromrichtern fest, dass die Qualitätskriterien für das speisende Netz nicht eingehalten werden können, müssen zur Verringerung der Netzrückwirkungen notwendige Maßnahmen (Tab. 19-11) umgesetzt werden, welche jedoch auch wieder nachteilige Folgen haben können.

Aus der Zusammenstellung wird ersichtlich, dass bei Abwägung der Vor- und Nachteile besonders der Begrenzung der Anschlussleistung Aufmerksamkeit geschenkt werden soll. Dazu werden in den Technischen Anschlussbedingungen von den VNB die Grenzwerte der Anschlussleistungen (Tab. 19-12) bei symmetrischer Anschnittsteuerung und Gleichrichtung ausgewiesen.

Wird als Steuerung eine symmetrische Vielwellensteuerung verwendet, ist die Anschlussleistung bezüglich des Grenzwertes von der Schalthäufigkeit der Steuerung und dem elektrischen Netz abhängig. Bei hoher Schalthäufigkeit > 1000mal je Minute darf die Anschlussleistung beim Leiter-Neutralleiter-Anschluss 0,4 kW nicht übersteigen. Schaltet die Steuerung in jeder Minute aber nur 0,76mal, so darf die anzuschließende Leistung bis zu 4 kW betragen.

Maßnahmen	Vorteil	Nachteil
Erhöhung der Pulszahl	geringe Oberschwingungen der Netzströme und auch der Gleichspannung	erhöhte Stromrichterkosten
Zu- und Gegenschaltung zweier Stromrichter	geringere Blindleistung	höhere Oberschwingungen der Netzströme
Halbgesteuerte Schaltung	geringere Blindleistung	höhere Oberschwingungen der Netzströme
Vielwellensteuerung	keine Oberschwingungen im Netzstrom	nur bei Lasten mit großer Zeitkonstante möglich
Begrenzung der Anschlussleistung	geringere Netzrückwirkungen	nur bei Konsumgütern sinnvoll
Anschluss von Leistungskondensatoren	verbesserter Leistungfaktor, Verringerung von Spannungfällen	Kosten, Gefahr von Resonanz

Tab. 19-11 ***Ausgewählte Maßnahmen zur Verringerung von Netzrückwirkungen***

19

Art der Steuereinheiten	Grenzwerte für Anschlussleistungen je gesteuertes Verbrauchsmittel
Symmetrische Anschnittsteuerung für ohmsche Verbrauchsgeräte (z. B. Glühlampen)	1,7 kW je Außenleiter
Symmetrische Anschnittsteuerung für ohmsch-induktive Verbrauchsgeräte (z. B. Entladungslampen, Motoren)	3,4 kVA je Außenleiter
Unsymmetrische Gleichrichtung bei Wärmegeräten	100 W je Außenleiter
Symmetrische Anschnittsteuerung bei Wärmegeräten	200 W je Außenleiter
Dreiphasig angeschlossene Kopiergeräte mit einphasiger Trommelheizung	4 kVA
Dreiphasig angeschlossene Kopiergeräte mit dreiphasiger Trommelheizung	7 kVA

Tab. 19 12 ***Grenzwerte der Anschlussleistung für Stromrichter***

AUFGABEN

19.1 Welchem Zweck dient eine Gleichrichterschaltung?

19.2 Nennen Sie die wesentlichen Bestandteile einer Gleichstromversorgungseinheit.

19.3 Wodurch unterscheiden sich Leistungsdioden von Universaldioden?

19.4 Was bedeuten die Kennbuchstaben M bzw. B in der Bezeichnung von Gleichrichterschaltungen?

19.5 Beschreiben Sie die Wirkungsweise der B2U-Gleichrichterschaltung.

19.6 Warum ist die Pulsfrequenz der Restwechselspannung einer B6-Schaltung sechsmal so groß wie die Netzfrequenz?

19.7 Beschreiben Sie die Möglichkeiten zur Glättung einer pulsierenden Gleichspannung.

19.8 Begründen Sie, dass die Sperrspannung von Dioden in einer E1-Schaltung mit Ladekondensator doppelt so hoch sein muss wie bei einer B2-Schaltung.

19.9 Welche Vor- bzw. Nachteile besitzt eine LC-Siebung gegenüber einer RC-Siebung?

19.10 Welche Aufgabe hat eine Stabilisierungsschaltung?

19.11 Wodurch wird der Arbeitsbereich einer Z-Diode eingegrenzt?

19.12 Nach welchen Gesichtspunkten ist der Vorwiderstand in einer Stabilisierungsschaltung zu bemessen?

19.13 Wozu werden Verstärker besonders eingesetzt?

19.14 Welche elektrischen Größen grenzen den Aussteuerbereich eines Transistors ein?

19.15 Welches sind die nutzbaren Arbeitspunkte zum Betreiben des Transistors als Verstärker?

19.16 Wodurch unterscheidet sich die Steuerung bei Feldeffekttransistoren gegenüber der bipolarer Transistoren?

19.17 Wodurch unterscheiden sich im Aufbau und elektrischen Verhalten IG-FET-Anreicherungs- und Verarmungstypen?

19.18 Begründen Sie, dass bei Emitterschaltungen die Ausgangs- zur Eingangsspannung um 180° phasenverschoben ist.

19.19 Nennen Sie die Möglichkeiten zur Stabilisierung des Arbeitspunktes in Emitterschaltungen.

19.20 Erläutern Sie den Einfluss des Emitterwiderstandes auf die Stabilität des Arbeitspunktes.

19.21 Warum sind in Gegentaktverstärkerschaltungen zwei unterschiedliche Transistoren erforderlich?

19.22 Worin liegt der Vorteil von Gegentaktverstärkern gegenüber Eintaktverstärkern?

19.23 Welche Betriebsarten unterscheidet man beim Differenzverstärker?

19.24 Wodurch zeichnet sich ein Operationsverstärker gegenüber Verstärkern in diskreter Bauweise aus?

19.25 Was verstehen Sie unter Offsetspannung?

19.26 Welche Bedeutung haben unterschiedliche Werte des Rückkoppelwiderstandes als äußere Beschaltung des Operationsverstärkers?

19.27 Beschreiben Sie das Verhalten eines invertierenden Operationsverstärkers.

19.28 Nennen Sie Einsatzmöglichkeiten des Operationsverstärkers.

19.29 Wodurch unterscheidet sich das Betreiben des Transistors als Schalter gegenüber dem als Verstärker?

19.30 Welche Schutzbeschaltungen sind für den Transistor beim Schalten von induktiven oder kapazitiven Lasten erforderlich?

19.31 Wodurch unterscheiden sich das Zünden und Löschen eines Thyristors im Gleich- bzw. im Wechselstromkreis?

19.32 Begründen Sie die Notwendigkeit der Schutzbeschaltung für den Thyristor.

19.33 Erläutern Sie die Funktionsweise der Pulsbreitensteuerung.

19.34 Wodurch unterscheidet sich ein Triac von einem Thyristor?

19.35 Was versteht man unter Phasenanschnitt- und Phasenabschnittsteuerung?

19.36 Erläutern Sie die Wirkungsweise des Nullspannungsschalters in einer Schwingungspaketsteuerung.

19.37 Nennen Sie die Arten von Stromrichtern.

20 Steuern in elektrischen Anlagen

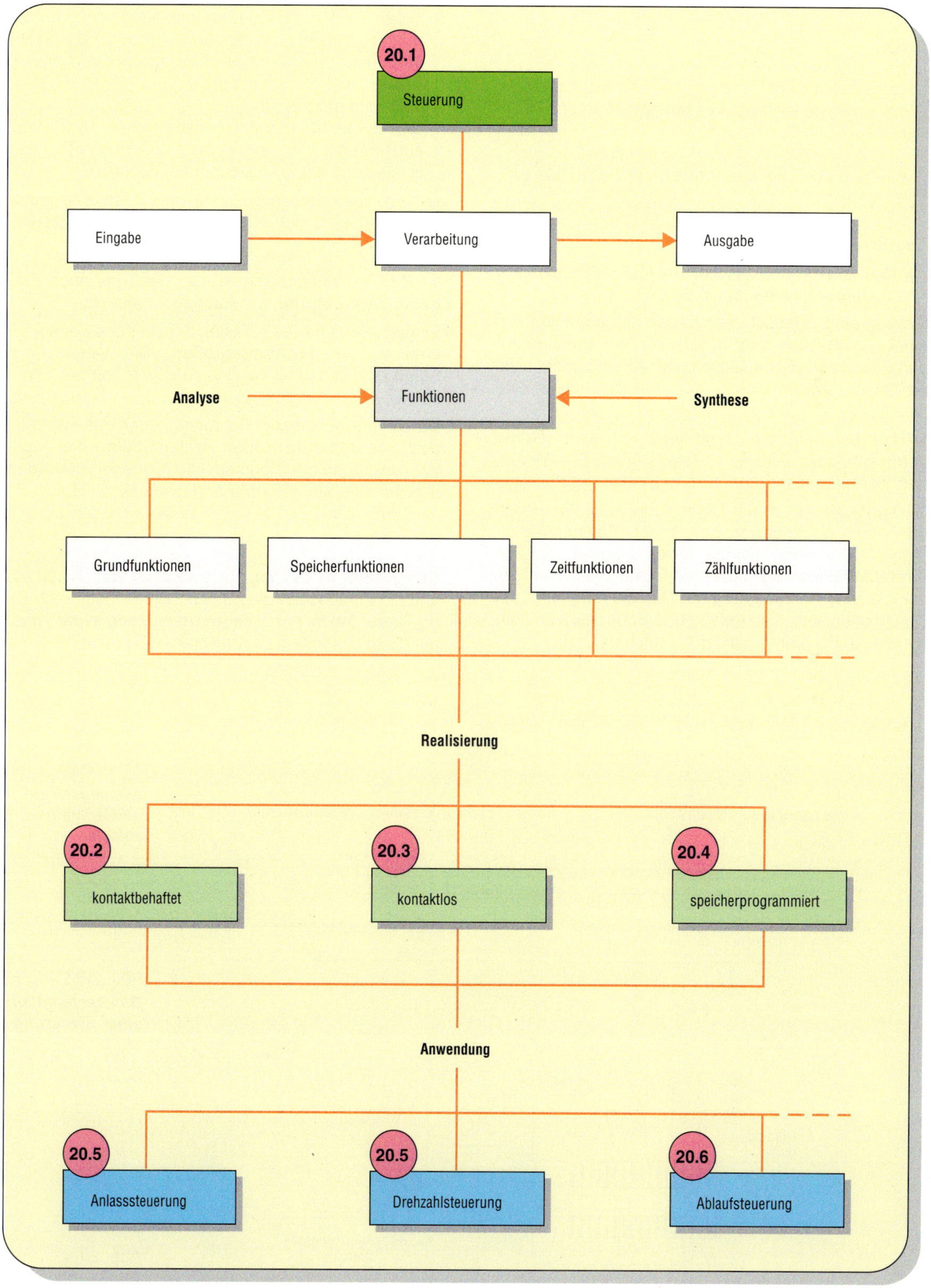

Abb. 20-1 ***Beziehungen und Strukturen***

20.1 Grundlagen der Steuerungstechnik

20.1.1 Wesen und Merkmale einer Steuerung

Unter „Steuern“ ist nach DIN 19226 Folgendes zu verstehen:

> Das **Steuern** ist ein Vorgang in einem **System,** bei dem eine oder mehrere **Eingangsgrößen** die **Ausgangsgrößen** aufgrund der dem System eigenen Gesetzmäßigkeiten beeinflussen. Typisch für eine Steuerung ist der **offene Wirkungsablauf** (Abb. 20-2).

Begriffserklärungen:

System ist eine (elektrische) Anlage, deren einzelne Komponenten miteinander in Beziehung stehen.

Größen sind Eigenschaften dieser Komponenten, die einer quantitativen oder qualitativen Bestimmung zugänglich sind (z. B. der Schaltzustand eines Schützes, die Drehzahl eines Motors, der Stromfluss durch eine Spule).

Wirkungen sind die Veränderungen einer Größe durch eine oder mehrere andere Größen. Die Wirkungen werden entlang von Wirkungswegen übertragen.

Wirkungsablauf ist die Übertragung der Wirkungen über einen Wirkungsweg. Ein offener Wirkungsweg ermöglicht nur einen offenen Wirkungsablauf vom Anfang zum Ende dieses Weges. Auch bei einem geschlossenen Wirkungsweg mit Rückwirkung kann der Ablauf offen sein, also Anfang und Ende besitzen (vergleiche 20.6.1 Merkmale der Ablaufsteuerung).

20.1.2 Struktur einer Steuerungsanlage

Grundsätzlich lässt sich eine Steuerungsanlage in zwei Teilsysteme gliedern:

- Die **Steuerstrecke** ist der Teil des Wirkungsweges, welcher den aufgabengemäß zu beeinflussenden Teil der Anlage darstellt. Sie enthält die **Aufgabengröße,** also die Größe, die gesteuert wird. Um die Aufgabengröße zu verändern, wird durch das **Stellglied** ein Energie- oder Massestrom beeinflusst. Dieses Stellglied ist ebenfalls Bestandteil der Steuerstrecke (Abb. 20-3).
- Der übrige Teil des Wirkungsweges ist die **Steuereinrichtung.** Sie bewirkt die aufgabengemäße Beeinflussung der Strecke über das Stellglied.

Wegen der Reihenschaltung der Elemente einer Steuerung wird der Wirkungsweg auch als **Steuerkette** bezeichnet.

In der Steuereinrichtung werden die Funktionen **Eingabe, Verarbeitung** und **Ausgabe** realisiert.

Eingabeelemente, z. B. Taster, Schalter und Sensoren, erfassen die **Führungsgrößen.** Sie werden der Steuereinrichtung von außen zugeführt und beeinflussen die Aufgabengröße in vorgegebener Abhängigkeit.

Durch Verarbeitung der Führungsgrößen und eventuell auch von **Rückführgrößen** werden **Stellgrößen** gebildet, welche an die Steuerstrecke ausgegeben werden und dort die Stellglieder beeinflussen (Abb. 20-4).

Störgrößen wirken von außen auf die Steuerkette ein und beeinträchtigen die Aufgabengröße ungewollt. Eine Steuerung ist nur in begrenztem Maße in der Lage, auf diese Störungen zu reagieren.

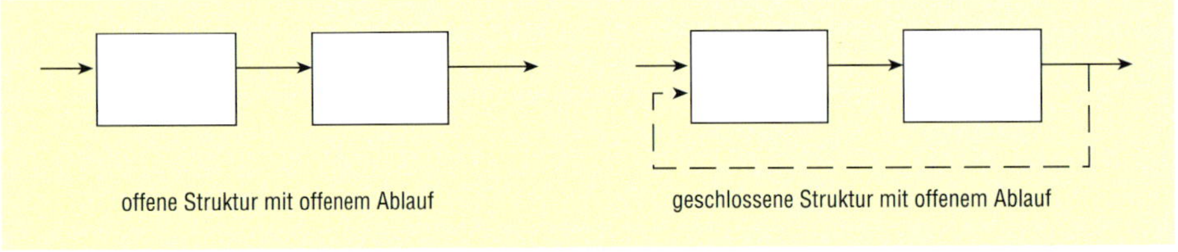

Abb. 20-2 ***Wirkungswege und Wirkungsabläufe***

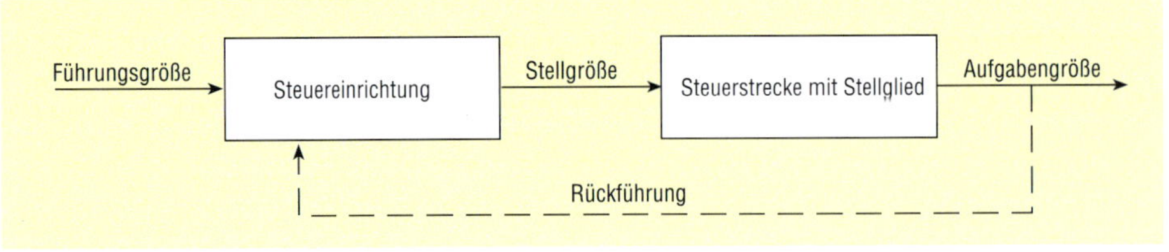

Abb. 20-3 ***Blockschaltplan einer Steuerung***

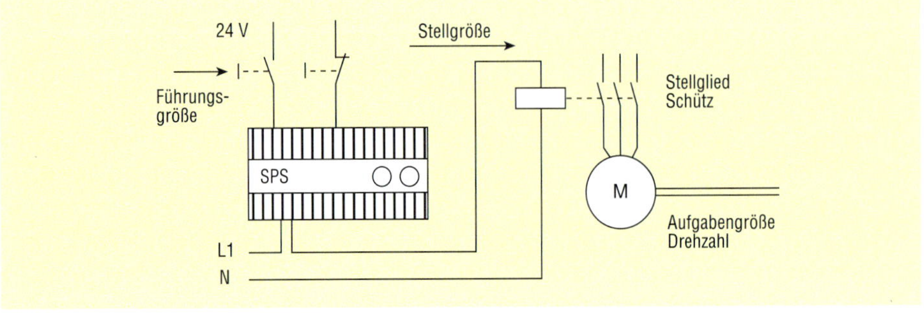

Abb. 20-4 ***Steuerungsbeispiel***

20

20.1.3 Ausführungsformen einer Steuerungsanlage

Eine Steuerungsanlage kann aus einem Schaltschrank bestehen, in dem Schütze, Zeitrelais und andere Schaltglieder miteinander verbunden sind. Die Art der Verbindung bestimmt die Funktionsweise der Steuerung. Soll sie ihre Funktion ändern, dann muss in die Schaltung eingegriffen werden, zusätzliche Schaltelemente sind zu installieren, und die Verbindungen müssen verändert werden. Solche Steuerungen heißen **verbindungsprogrammierte Steuerungen (VPS).** Das Steuerungsprogramm liegt in der Verbindung der Steuerelemente. Daran ändert sich auch nichts, wenn die kontaktbehafteten Schütze durch kontaktlose elektronische Baugruppen ersetzt werden (Abb. 20-5).

Wenn dagegen die Ausgangssignale der Steuerung durch einen Mikrorechner ermittelt werden und das Rechenprogramm in einem Halbleiterspeicher abgelegt ist, dann muss zur Änderung der Steuerfunktion das Programm in diesem Speicher entsprechend angepasst werden. Es handelt sich um eine **speicherprogrammierte Steuerung (SPS).**

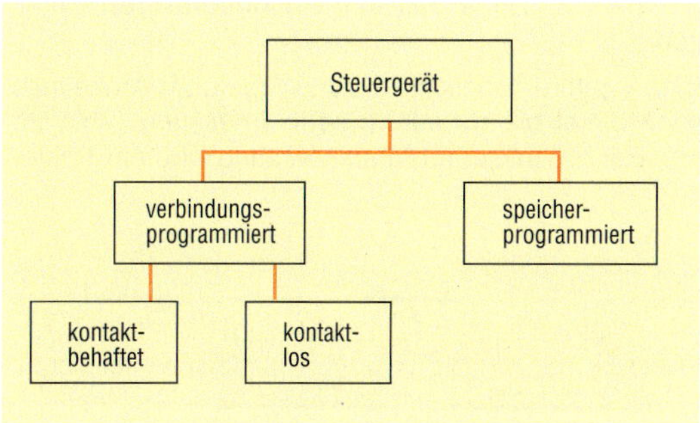

Abb. 20-5 ***Übersicht über Steuerungsarten***

20.1.4 Elemente der Eingabeebene

Führungsgrößen können von sehr unterschiedlicher Art sein. Daraus leitet sich auch eine Vielzahl verschiedener Eingabegeräte ab. Angefangen beim einfachen Handtaster oder Endlagenschalter für die Eingabe binärer Informationen bis zu komplizierten Messeinrichtungen für nichtelektrische Größen umfasst die Palette ein breites Spektrum. Die Eingabegeräte setzen die Führungsgrößen so in elektrische Signale um, dass sie von der Steuereinrichtung weiterverarbeitet werden können.

Sensoren, die zur Erfassung von Führungsgrößen in der Steuerungs- und auch in der Regelungstechnik von großer Bedeutung sind, werden in **aktive** und **passive** Messfühler eingeteilt. Bei passiven Messfühlern verändert die Messgröße eine elektrische Größe, durch aktive Messfühler werden elektrische Größen erzeugt.

	passive Messfühler	aktive Messfühler
Messgröße	**beeinflusst**	**erzeugt**
Temperatur Drehzahl, Weg Winkel, Druck Helligkeit Kraft	Widerstand Kapazität Induktivität	Spannung

Tab. 20-1 ***Aktive und passive Sensoren***

Temperaturmessung mit Sensoren

Passive Sensoren für Temperaturmessungen sind die **Widerstandsthermometer.** Ihre Fühler enthalten Draht- oder Schichtwiderstände, deren Widerstandswert temperaturabhängig ist. Auf dieser Abhängigkeit beruht die Funktion dieser Sensoren.

Das Widerstandsmaterial ist durch einen Glasüberzug geschützt oder in ein Keramikgehäuse eingeschlossen. Auch die Umhüllung mit einem Schutzrohr ist üblich.

Der Widerstand nimmt fast linear mit der Temperatur zu. Enge Toleranz, Unempfindlichkeit gegen Erschütterungen und kurze Ansprechzeit zeichnen diese Sensoren aus.

Viele Steuergeräte besitzen Eingänge, die für den direkten Anschluss von Widerstandsthermometern vorgesehen sind. Wenn Messschaltungen entworfen werden, dann ist zu beachten, dass infolge der Eigenerwärmung durch den Messstrom oder durch Erwärmung der Messleitung Messfehler entstehen können. Durch spezielle Messschaltungen können diese Einflüsse vermieden werden (Abb. 20-6).

20

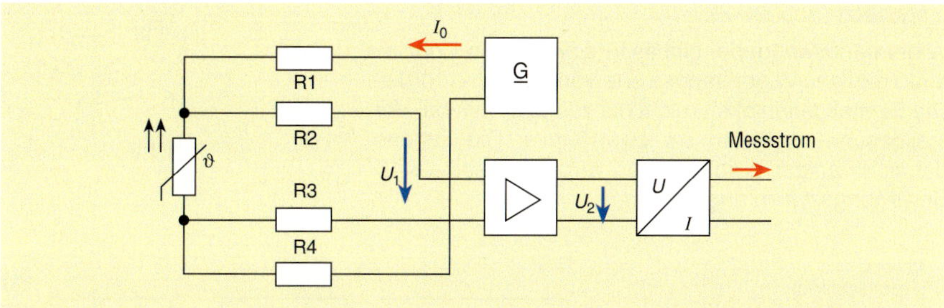

Abb. 20-6 ***Temperaturmessung mit Vierleiter-Konstantstromschaltung***

Tab. 20-2 ***Passive Temperaturfühler***

Bezeichnung	Material	Messbereich	Kennwerte
Pt 100	Platin	–200 °C ... +800 °C	100 Ω bei 0 °C $\alpha = 3{,}85 \cdot 10^{-3} K^{-1}$
Ni 100	Nickel	–60 °C ... +200 °C	100 Ω bei 0 °C $\alpha = 6{,}17 \cdot 10^{-3} K^{-1}$

Halbleiterfühler sind für Temperaturen von –50 °C bis +180 °C geeignet. Diese Messfühler haben gegenüber Metallfühlern die 20fache Empfindlichkeit, die Widerstandsänderung ist aber nur in einem kleinen Bereich zur Temperaturänderung proportional.

Aktive Temperatursensoren werden als **Thermoelemente** bezeichnet (Abb. 20-7). Zwei verschiedene Metalle sind an einer Kontaktstelle miteinander verbunden und bilden ein **Thermopaar.** Wenn zwischen der Kontaktstelle und der Anschlussstelle eine Temperaturdifferenz besteht, entsteht eine **Thermospannung,** die an der Anschlussstelle abgegriffen werden kann. Die Thermospannung steigt mit der Temperaturdifferenz, hängt aber auch vom Material des Thermopaares ab.

Thermopaar	Messbereich
Kupfer – Konstantan	–200 °C … +400 (600) °C
Eisen – Konstantan	–200 °C … +750 (900) °C
Nickelchrom – Nickel	–200 °C … +1000 (1300) °C
Platinrhodium – Platin	0 °C … +1300 (1600) °C

Tab. 20-3 ***Thermopaare***

Wenn der Messort vom Steuergerät weit entfernt ist, dann muss das Thermoelement über so genannte Ausgleichsleitungen angeschlossen werden. Diese Leitungen sind auf das Material des Thermoelementes abgestimmt und erzeugen dadurch an ihren Kontaktstellen keine zusätzlichen Thermospannungen. Die Messspannung hängt nur von der Temperaturdifferenz zwischen Messort und Vergleichsstelle ab. Für exakte Messungen wird die Vergleichstemperatur durch einen Thermostaten konstant gehalten.

Thermoelemente gibt es mit sehr geringen Abmessungen; sie lassen sich in Schutzrohren mit Manteldurchmessern von 0,25 mm bis 6 mm unterbringen. Diese Sensoren reagieren auf sehr schnelle Temperaturänderungen und leiten vom Messort nur sehr wenig Wärme ab.

Weg- und Winkelmessung mit Sensoren

Ohmsche Sensoren bewirken eine Widerstandsänderung. Ein Kontakt bewegt sich auf einer Widerstandsbahn und greift einen zum Weg *s* proportionalen Widerstandswert R_x ab. Dieser wird in eine Spannung umgesetzt (Abb. 20-8).

Widerstandsweggeber gibt es für Längen von 5 mm bis 4000 mm und Widerstandswerte von 100 Ω bis 100 kΩ. Die Einstellgenauigkeit reicht bis zu 0,012 mm bei Verstellgeschwindigkeiten bis zu 1,5 m/s. Die Lebensdauer derartiger Wegsensoren wird mit mehr als 10^7 Bewegungszyklen angegeben.

Ohmsche Winkelgeber (Abb. 20-9) arbeiten nach dem gleichen Prinzip wie ohmsche Weggeber. Durch Bewegen des gefederten Kontaktgebers wird ein zum Drehwinkel α verhältnisgleicher Widerstandswert abgegriffen, der Teil eines hochohmigen Spannungsteilers ist. Der Nutzwinkel kann bis 355° betragen.

Induktive Sensoren arbeiten als Wegmesser fast reibungsfrei. Da sie keine beweglichen Kontakte besitzen, ist ihre Lebensdauer sehr hoch und die Messgenauigkeit groß. Abbildung 20-10 zeigt einen Wegsensor mit **Tauchankerspule.** Er besteht im Prinzip aus zwei Zylinderspulen, in denen sich ein Anker aus ferromagnetischem Material bewegt. Zur Messung werden die Spulen in eine Wechselstrombrücke gebracht. In der Mittelstellung des Ankers ist die Brücke abgeglichen. Bewegt sich der Anker aus dieser Mittelstellung heraus, so entsteht eine Brückenspannung, die durch Phasenlage und Größe die Bewegungsrichtung und die Weglänge signalisiert.

Für die berührungslose Messung kleiner Wegstrecken werden **Feldplatten** eingesetzt. Eine Brückenschaltung mit zwei Feldplatten wird durch die Bewegung eines kleinen Dauermagneten beeinflusst. Nach dem gleichen Prinzip lassen sich **Hallgeneratoren** einsetzen.

Eine weitere Möglichkeit zur Weg- und Winkelmessung bietet die **fotoelektrische** Erfassung (Abb. 20-11). Bei der **inkrementalen** Messung wird ein Raster-

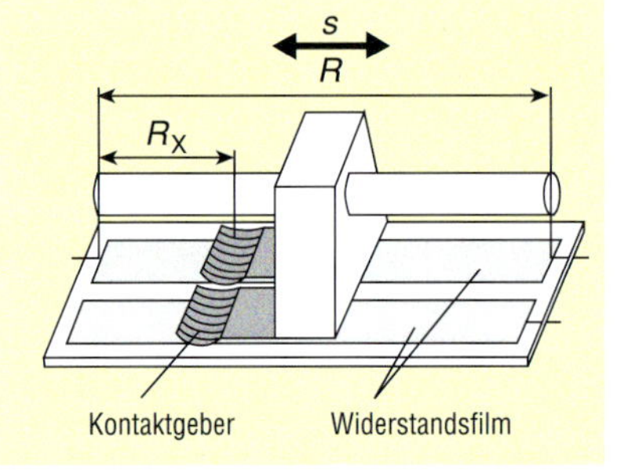

Abb. 20-8 ***Leitplastik-Weggeber***

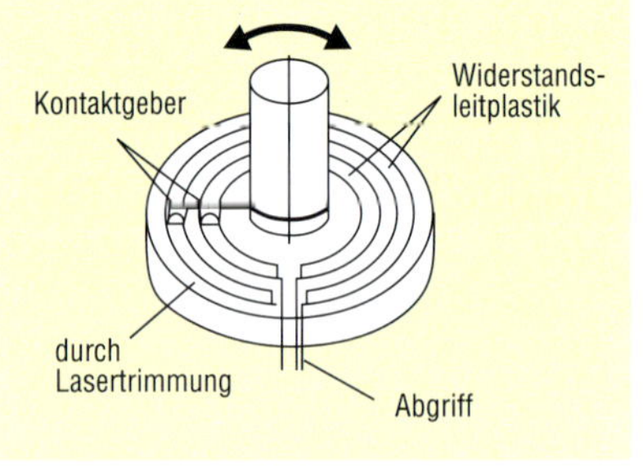

Abb. 20-9 ***Winkelgeber***

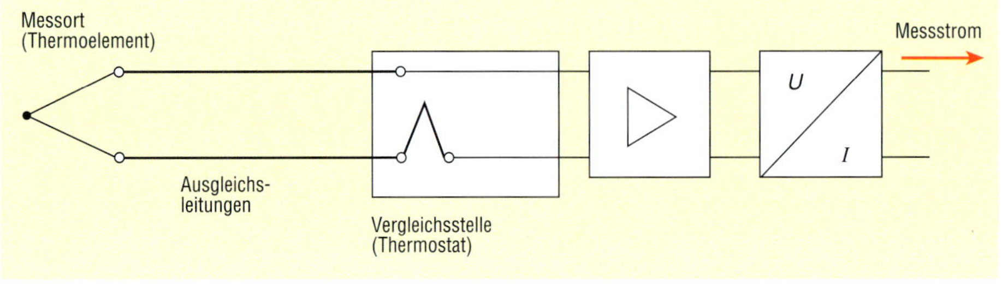

Abb. 20-7 ***Temperaturmessung mit Thermoelement***

20

lineal mit Strichmuster von einer Lichtschranke abgetastet. Der Zuwachs oder die Abnahme des Weges wird durch die einzelnen Lichtimpulse und die Bewegungsrichtung ermittelt. Bei Strichabständen von ca. 0,5 µm sind sehr genaue Messungen möglich.

Für die **absolute** Messung von Wegen und Winkeln werden codierte Rasterlineale oder -scheiben verwendet. Durch mehrere Abtastspuren (Abb. 20-12) und entsprechende Zuordnung von hellen und dunklen Bereichen lässt sich jeder Position eine eindeutige Information über die Lage zuordnen. Um Fehler beim Übergang von einem Messwert zum nächsten zu vermeiden, werden spezielle Codierungsformen gewählt. Eine hohe Auflösung und ein großer Messbereich erfordern viele Spuren und Lichtschranken. Man erreicht bei Messbereichen von 1500 mm eine Auflösung von 0,5 mm.

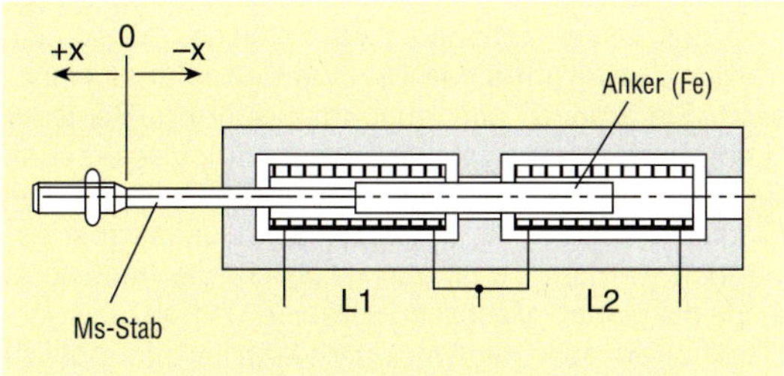

Abb. 20-10 ***Induktiver Wegsensor***

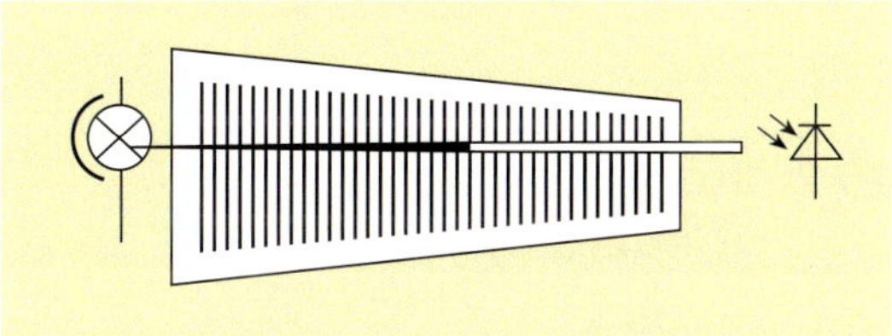

Abb. 20-11 ***Fotoelektrischer Wegaufnehmer***

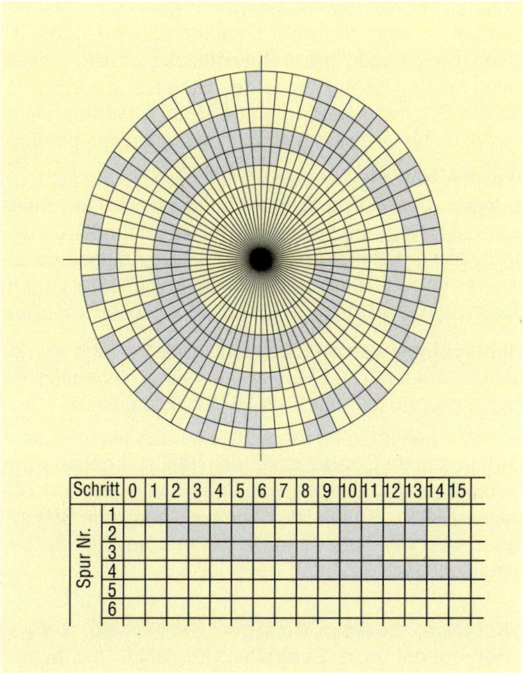

Abb. 20-12 ***Codescheibe und Codelineal***

Kapazitive Wegsensoren werden in Behältern zur Ermittlung der Füllstandshöhe eingesetzt. Eine in den Behälter eingesetzte Elektrode bildet mit der Behälterwand die „Platten" eines Kondensators. Mit steigender Füllhöhe ändert sich das Dielektrikum und damit die Kapazität. Die Messung erfolgt mit einer Wechselstrommessbrücke.

Messen von Kraft, Druck, Biegespannung und Drehmoment

Kräfte können mechanische Arbeit verrichten, sie belasten aber auch Teile von Anlagen, wie Turbinengehäuse und Dampfleitungen, in ungewollter Weise. Um diese Belastungen in den vorgeschriebenen Grenzwerten zu halten, ist eine Überwachung der Kräfte erforderlich. Auch die Erfassung von Kräften zur Ermittlung der verrichteten Arbeit ist mitunter notwendig.

An Werkstoffen bewirken Kräfte Dehnungen und Stauchungen.

$$\varepsilon = \frac{\Delta l}{l_0} \qquad \textbf{20–1}$$

ε Dehnung
Δl Längenänderung
l_0 Anfangslänge

Die Größe der auftretenden Dehnung hängt vom Werkstoff, seinem Querschnitt und der auf ihn wirkenden Kraft ab.

$$\varepsilon = \frac{F}{E \cdot A} \qquad \textbf{20–2}$$

F Kraft
E Elastizitätsmodul
A Querschnittsfläche

Zur Bestimmung des Druckes wird die auf die Druckfläche bezogene Kraft gemessen.

$$p = \frac{F}{A} \qquad \textbf{20–3}$$

Das Drehmoment einer Welle berechnet sich aus der Kraft, die am Umfang der Welle wirkt, und dem Durchmesser der Welle.

$$M = F \cdot \frac{d}{2} \qquad \textbf{20–4}$$

M Drehmoment
d Durchmesser der Welle

Um Kräfte und die damit verbundenen Erscheinungen zu messen, können **Dehnungsmessstreifen (DMS)** verwendet werden. Diese passiven Sensoren bestehen aus Widerstandsmaterial, welches unter dem Einfluss der Kraft seine Länge und damit auch seinen Widerstandswert verändert. Dehnung bzw. Stauchung und Widerstandsänderung sind einander proportional.

$$\varepsilon \sim \frac{\Delta R}{R_0} \qquad \textbf{20–5}$$

R_0 Anfangswiderstand ohne mechanische Belastung
ΔR Widerstandsänderung durch die Belastung

Die mäanderförmige Anordnung des Leiters (Chrom-Nickel) ergibt eine größere wirksame Leiterlänge. Durch Kräfte bewirkte Längenänderungen von einigen µm führen somit etwa zu einer Verdoppelung des Nennwiderstandes, der je nach Ausführung zwischen 100 Ω bis 600 Ω liegt.

Noch größere Widerstandsänderungen bringt der Einsatz von Silizium als Widerstandsmaterial.

Die Messung des Widerstandes erfolgt mit Brückenschaltungen. Abb. 20-13 zeigt die Anordnung von vier DMS auf einer Antriebswelle. Bei Belastung der Welle werden die Streifen 1 und 4 gestaucht, Streifen 2 und 3 werden gedehnt. Die Brückenspannung ist ein Maß für das durch die Welle übertragene Drehmoment.

Für Kraftmessungen mit einem großen Messbereich werden **Quarzkristall-Sensoren** verwendet. Sie zählen zu den aktiven Messwertaufnehmern (Abb. 20-14). An bestimmten Kristallen tritt durch mechanische Belastung eine Ladungsverschiebung auf. Dadurch kann an ihrer Oberfläche eine elektrische Spannung abgegriffen werden. Bei Quarz und Turmalin erreicht die Spannung auch bei großen Druckänderungen nur einige Volt. Mit keramischen Werkstoffen lassen sich Spannungen bis 15 kV erzielen.

Messen von Drehzahlen

Die **Tachogeneratoren** sind aktive Messwertaufnehmer. Sie bilden aus der Drehbewegung eine elektrische Spannung. Man unterscheidet zwei Generatorprinzipien:

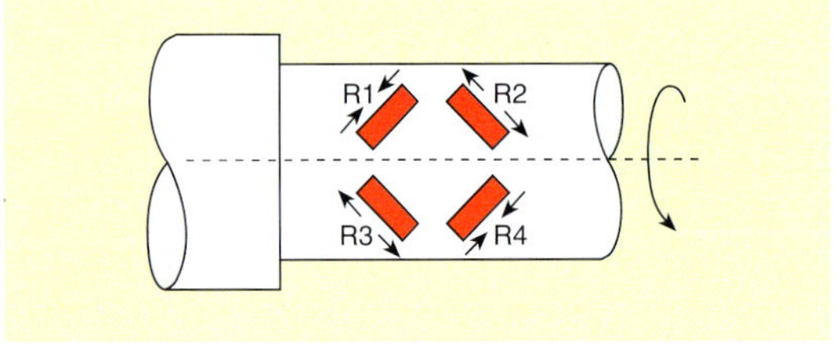

Abb. 20-13 ***Dehnungsmessstreifen***

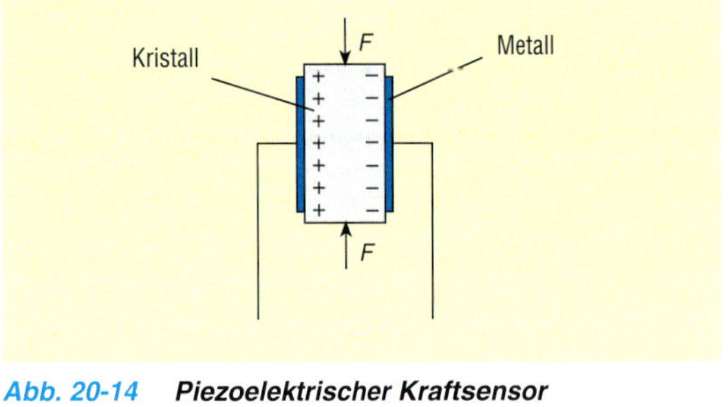

Abb. 20-14 ***Piezoelektrischer Kraftsensor***

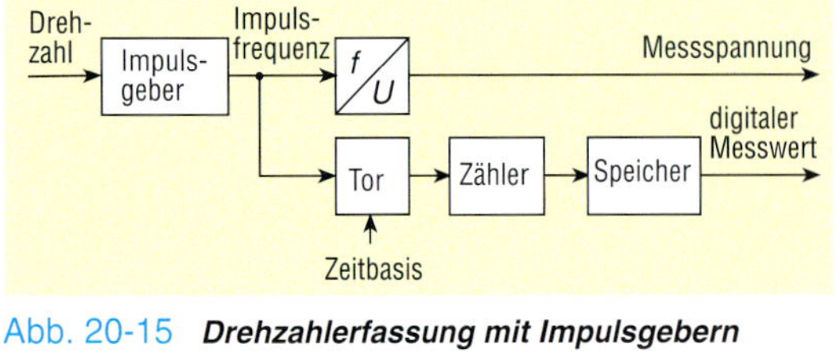

Abb. 20-15 ***Drehzahlerfassung mit Impulsgebern***

Die Erregung der **Gleichspannungs-Tachogeneratoren** erfolgt mit fest stehenden Dauermagneten. Der abgegebene Spannungswert ist der Drehzahl proportional, die Polarität der Spannung hängt von der Drehrichtung ab. Das Messsignal kann direkt weiterverarbeitet oder mit analogen bzw. digitalen Messgeräten angezeigt werden.

Wechselstrom-Tachogeneratoren sind einfacher aufgebaut. Durch Drehen eines dauermagnetischen Läufers wird in der Ständerwicklung eine sinusförmige Wechselspannung erzeugt. Da sie weder Stromwender noch Bürsten besitzen, arbeiten sie leiser und sind wartungsfrei. Für die Auswertung kann die Wechselspannung gleichgerichtet werden.
Mit Tachogeneratoren lassen sich Drehzahlen von 0,1 min^{-1} bis 10^5 min^{-1} erfassen.

Wenn Tachogeneratoren aus Platzmangel nicht angebaut werden können oder eine mechanische Belastung des rotierenden Gegenstandes nicht möglich ist, werden **berührungslose Drehzahlaufnehmer** eingesetzt. Sie arbeiten nach dem Impulsprinzip. Bei jeder Umdrehung werden ein oder mehrere Impulse erzeugt. Die Impulsfrequenz ist ein Maß für die Drehzahl. Die Frequenz kann in ein analoges Spannungssignal gewandelt werden. Es ist auch möglich, die Impulse in einer definierten Messzeit zu zählen und anzuzeigen. Die Impulsbildung kann induktiv, kapazitiv oder optisch erfolgen (vgl. Abbildung 20-15).

20.2 Kontaktbehaftete Steuerungen

20.2.1 Schütze

Schütze (Einzahl: das Schütz) sind Schalter, deren Kontakte durch den Steuerstrom einer Magnetspule betätigt werden. Wird der Steuerstromkreis geöffnet, fallen die Kontakte in ihre Ruhestellung zurück. Gleichzeitig mit den Kontakten für den Hauptstromkreis, z. B. für die Stromversorgung eines Motors, werden Hilfskontakte für Steuer- und Signalstromkreise betätigt.

Hauptschütze haben den Vorteil, dass mit kleinen Leistungen über Tastschalter und Sensoren im Steuerstromkreis große Leistungen im Hauptstromkreis geschaltet werden können. Es lassen sich Anlagen schalten, die vom Befehlsgerät räumlich weit entfernt liegen. Außerdem sind größere Schalthäufigkeiten möglich.

Hilfsschütze werden für Befehls-, Melde- und Verriegelungsaufgaben in Steuerstromkreisen eingesetzt. Es gibt Ausführungen mit 1 bis 10 Schaltkontakten.

Schütze bestehen im Wesentlichen aus einem Eisenkern und einer Erregerspule, dem fest stehenden Kontaktsatz sowie dem Anker mit dem beweglichen Kontaktsatz (Abb. 20-16). Bei Stromfluss durch die Schützspule wird der Anker angezogen und betätigt die beweglichen Kontakte.

Kontakte, die beim Betätigen Stromkreise schließen, nennt man **Schließer.** Kontakte, die beim Betätigen Stromkreise öffnen, nennt man **Öffner.**

Abb. 20-17 zeigt die Schaltzeichen für Schütze. Die Anschlussbezeichnungen kennzeichnen die Schützspule sowie die Kontakte. Die Kontakte des Hauptstromkreises sind mit einstelligen Zahlen, die Hilfskontakte mit zweistelligen Zahlen benannt. Die Ziffer an der zweiten Stelle informiert über die Funktion des Steuerkontaktes (1–2 Öffner; 3–4 Schließer).

Eine Grundschaltung des Schützes ist die **Selbsthaltung** (Abb. 20-18). Der Taster S1 dient zum Einschalten. Während seiner Betätigung wird die Schützspule vom Strom durchflossen. Dadurch wird der Hilfskontakt Q1 geschlossen und überbrückt den Kontakt von S1. Das Schütz bleibt so lange angezogen, bis der Steuerstrom mit dem Austaster S0 unterbrochen wird oder die Steuersicherung F4 anspricht.

Jedes Schütz wird durch ein **Leistungsschild** gekennzeichnet. Darauf wird unter anderem die Schaltleistung angegeben, die für die Auswahl des Schützes wichtig ist. Die Nennleistung des geschalteten Betriebsmittels darf bei der angegebenen Spannung nicht über der Schaltleistung des Schützes liegen. Sonst würde die zu hohe Strombelastung der Kontakte zur Zerstörung der Kontaktoberflächen oder sogar zum Verschweißen der Kontakte führen.

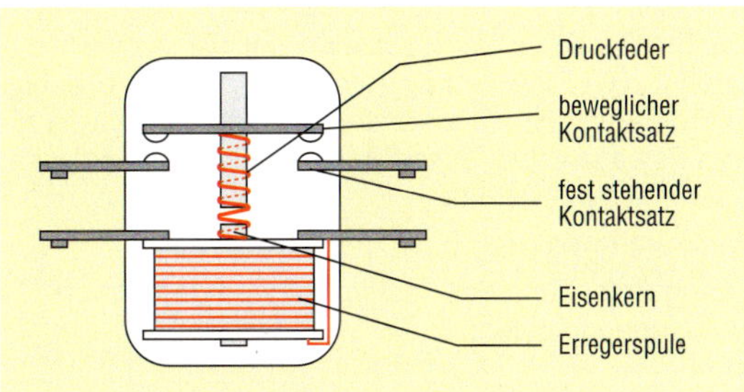

Abb. 20-16 ***Aufbau eines Schützes***

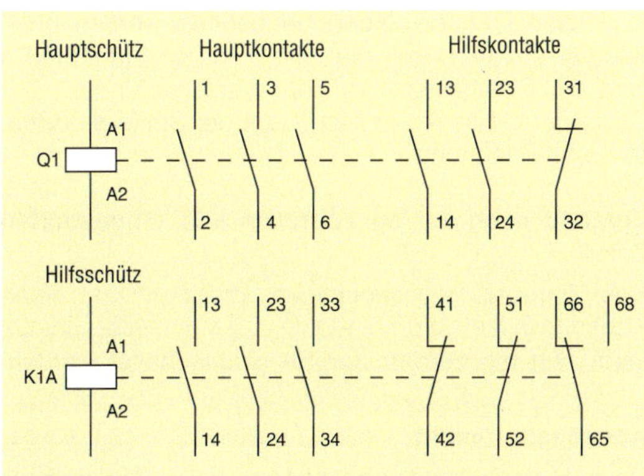

Abb. 20-17 ***Schaltzeichen der Schütze***

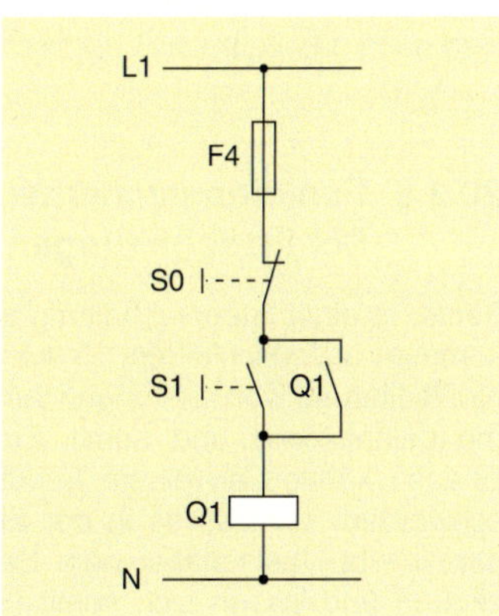

Abb. 20-18 ***Selbsthalteschaltung eines Schützes***

Entsprechend ihrer Belastbarkeit werden Schütze in verschiedene Gebrauchskategorien eingeordnet. Schütze der höheren Kategorie lassen sich stärker beanspruchen (Tabelle 20-4).

Kategorie	Beanspruchung
AC1	Wirklast und schwach induktive Last
AC2	Anlassen von Schleifringläufermotoren
AC3	Anlassen von Käfigläufermotoren
AC4	Anlassen von Käfigläufermotoren einschl. Tippbetrieb und Gegenstrombremsung

Tab. 20-4 ***Gebrauchskategorien der Schütze***

20.2.2 Relais

Relais (Einzahl: das Relais) sind elektromagnetisch betätigte Schalter mit geringen Schaltleistungen. Sie werden vorrangig in Anlagen zur Informationsverarbeitung eingesetzt und sind in der Steuerungstechnik zu finden. Im Vergleich zu Schützen besitzen sie kürzere Schaltwege und schalten dadurch entsprechend schneller.

Beim Relais unterscheidet man Arbeitskontakte (Schließer), Ruhekontakte (Öffner) und Umschaltkontakte (Wechsler). Folgewechsler verbinden beim Umschalten für kurze Zeit alle drei Kontakte miteinander (Tabelle 20-5).

Bezeichnung	Kennziffer	Schaltzeichen nach DIN 40713	Kontaktbild nach DIN 41020
Schließer	1	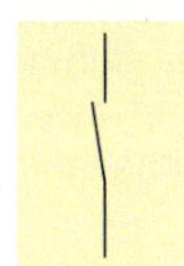	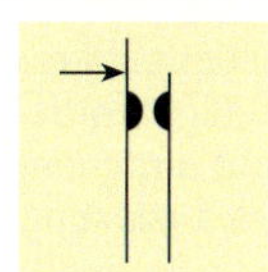
Öffner	2	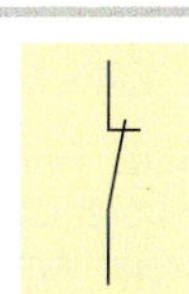	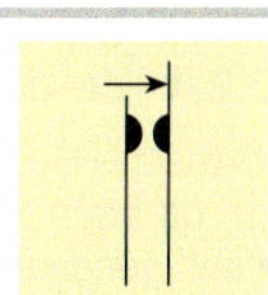
Wechsler	21	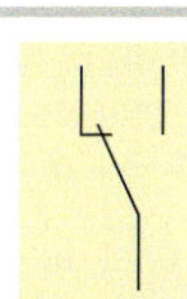	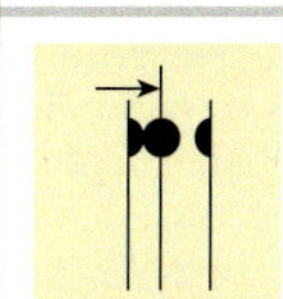
Folgewechsler	32	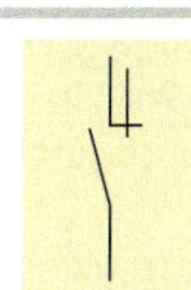	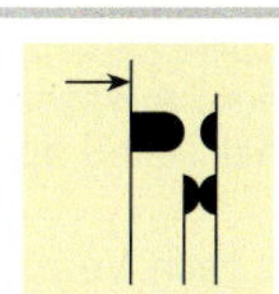

Tab. 20-5 ***Kontaktarten der Relais***

Beim Relais mit Anker sind der magnetische Kreis und der Schaltkontakt getrennt (Rund- oder Flachrelais).

Beim Relais ohne Anker (Reedrelais) ist der Kontakt selbst Bestandteil des magnetischen Kreises. Zum Schutz gegen Verunreinigung sind die Kontaktfedern in eine gasdichte Röhre eingeschmolzen. Diese Röhre befindet sich im Inneren der Magnetspule. Wird die Spule von Strom durchflossen, bildet sich ein magnetischer Kreis über die Kontaktfedern und den Kontaktspalt. Die Zungen ziehen sich an und schließen den Stromkreis.

20.2.3 Schaltung des Motorschutzes

Durch Überlastung oder Blockierung eines Elektromotors steigt dessen Leistungsaufnahme über seine Nennleistung. Die erhöhte Stromaufnahme führt im Motor zu einer übermäßigen Erwärmung, welche seine Lebensdauer herabsetzt oder ihn zerstören kann.

Das **Motorschutzrelais** überwacht indirekt die Wicklungstemperatur über die Stromaufnahme und trennt den Motor bei Überlastung vom Netz. Es besteht im Wesentlichen aus Bimetallen und einer Heizwicklung, der Auslösebrücke und den Hilfsschaltgliedern. Die Heizwicklungen werden vom Motorstrom durchflossen und erwärmen die Bimetallstreifen. Dadurch wird die Auslösebrücke so weit bewegt, dass die Hilfsschaltglieder betätigt werden. Eine Wiedereinschaltsperre verhindert eine selbsttätige Rückschaltung des Relais. Erst durch die Betätigung einer Entsperrungstaste kann die Grundstellung wieder hergestellt werden. Mit einer Einstellvorrichtung lässt sich der Ansprechstrom in vorgegebenen Grenzen einstellen.

Das Schaltzeichen für ein Motorschutzrelais zeigt Abb. 18-73.

Motorschutzschalter können zusätzlich zur thermischen Auslösung einen elektromagnetischen Auslöser besitzen, der die Anlage bei Kurzschluss schützt. Er spricht bei 8- bis 16fachem Nennstrom im Millisekundenbereich an. Außerdem kann er von Hand betätigt werden, wobei das entriegelte Schaltschloss nicht durch den Einschaltantrieb betätigt werden kann (Freiauslösung).

20.2.4 Zeitrelais

Elektrische Betriebsmittel werden nicht nur direkt, sondern oft auch zeitlich versetzt gegenüber dem Steuerbefehl geschaltet. Diese Aufgabe übernehmen Zeitrelais, bei denen die Verzögerungszeit zwischen Bruchteilen einer Sekunde bis zu mehreren Stunden liegen kann. Bei den meisten Zeitrelais ist sie in vorgegebenen Grenzen einstellbar.

Wenn der Anker nicht unmittelbar mit dem Einschalten des Steuerstromes anzieht, arbeitet das Zeitrelais **anzugsverzögert.** Fällt er nicht sofort mit dem Ausschalten des Steuerstromes ab, arbeitet das Relais **abfallverzögert.**

Je nach Verzögerungssystem gibt es pneumatische, thermische, motorgesteuerte oder elektronische Zeitrelais.

Abb. 20-19 verdeutlicht die elektronische Verzögerung. Die Aufladung des Kondensators hängt von dem Wert des Widerstandes und der Kapazität des Kondensators ab. Das Zeitrelais zieht an, wenn die Aufladekurve die Ansprechspannung des Zeitrelais erreicht hat. Die Verzögerungszeit kann entsprechend der Zeitkonstanten τ durch einen stellbaren Widerstand verändert werden.

Nicht alle Zeitrelais sind für Dauererregung ausgelegt. Zeitrelais mit begrenzter Einschaltdauer müssen durch entsprechende Schaltungsmaßnahmen nach Ablauf des Schaltvorganges abgeschaltet werden.

Die Schaltzeichen für Zeitrelais sind in Abb. 20-20 dargestellt. Die Bewegungsrichtung, bei der die Verzögerung wirkt, wird durch einen Halbkreis besonders gekennzeichnet. Öffner erhalten die Funktionsziffern 5–6, Schließer die Ziffern 7–8.

Abb. 20-21 zeigt den Stromlaufplan einer Schützsteuerung, welche das gleichzeitige Einschalten von zwei Elektromotoren verhindert. Durch die erzwungene Zeitversetzung wird die Belastung des Netzes infolge der Einschaltströme der Motoren reduziert.

Die Steuerung für die Schütze Q1 und Q2 ist gleich aufgebaut. Die Einschaltreihenfolge ist deshalb beliebig. Um die Funktion zu erkennen, wird die Schaltung für den Fall analysiert, dass Q1 zuerst eingeschaltet wird.

Einschaltmoment

Durch Betätigung des Tasters S2 wird das Schütz Q1 an Spannung gelegt.

Zustand nach dem Einschalten

Der Selbsthaltekontakt von Q1 im Strompfad 2 ist geschlossen. S1 kann also wieder geöffnet werden, ohne das Q1 abfällt. Durch den Öffner Q1 in Strompfad 3 wird ein Einschalten von Q2 vorerst verhindert. Der Schließer Q1 in Strompfad 5 legt die Spule des Zeitrelais an Spannung.

Zustand nach der an Zeitrelais K3T eingestellten Zeit

Das Zeitrelais hat angezogen. Dadurch sind seine Kontakte in den Strompfaden 2 und 4 geschlossen. Q2 kann nun mit dem Taster S4 eingeschaltet werden.

Ausschaltmoment

Beide Motoren können unabhängig voneinander abgeschaltet werden. Erst mit Abschaltung von Q1 und Q2 wird auch das Zeitrelais ausgeschaltet.

20.2.5 Funktionssicherheit in Schützschaltungen

Fehler in einer Steuerschaltung sind nicht immer vollkommen auszuschließen. Es kann vorkommen, dass die Isolierung von Leitungen aufgrund von Alterung mangelhaft wird und somit Erdschlüsse auftreten. Ebenso können an einem Schütz die Kontakte verschweißen, so dass es in der Einschaltstellung „kleben“ bleibt. Tastschalter oder Sensoren können blockieren und lassen sich somit nicht mehr betätigen.

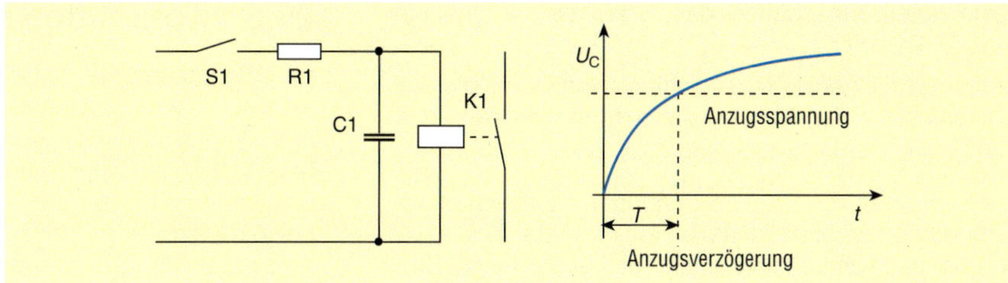

Abb. 20-19 ***Wirkungsweise eines Zeitrelais***

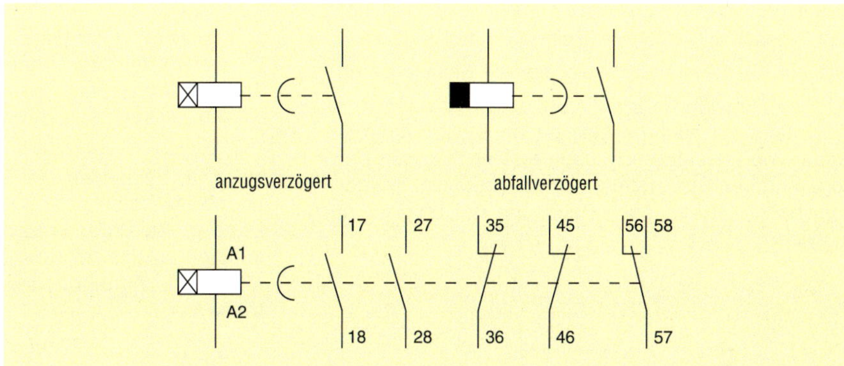

Abb. 20-20 ***Schaltzeichen eines Zeitrelais***

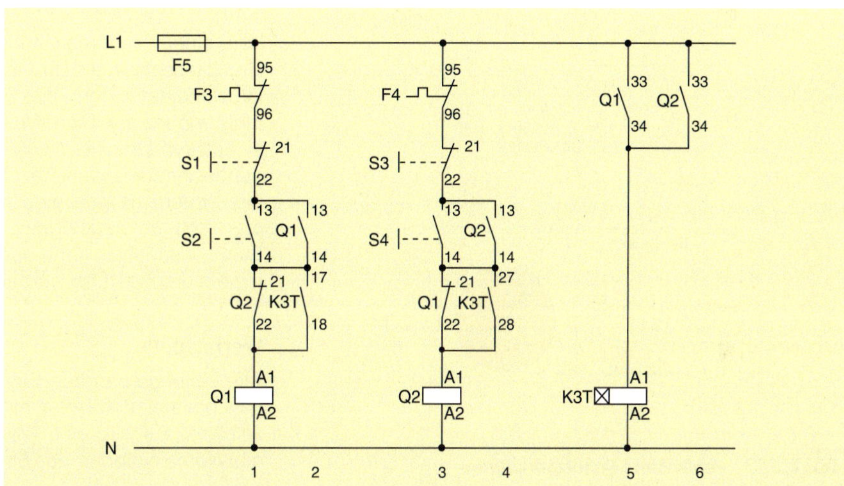

Abb. 20-21 ***Schützsteuerung mit Zeitrelais***

Derartige Fehler dürfen bei ihrem Auftreten zu keiner Gefährdung von Personen oder technischen Anlagen führen. VDE-Bestimmungen besagen, wie dies zu erreichen ist.

Bei der Selbsthaltesteuerung nach Abb. 20-22 wurde gegen eine wichtige Festlegung verstoßen. Im Falle eines Erdschlusses durch Isolationsfehler am Spulenanschluss A2 des Schützes kann der Steuerstrom mit dem Austaster S0 nicht mehr unterbrochen werden. Das Schütz und die von ihm angesteuerte Anlage lässt sich also nicht mehr ausschalten.

Nach VDE-Bestimmung gilt:

> Zwischen Schützspule und Neutralleiter dürfen keine Schaltglieder liegen.

Schaltglieder liegen auch dann zwischen Schützspule und geerdetem Steuerleiter, wenn die Anschlüsse von Außenleiter und Neutralleiter vertauscht wurden. In diesem Fall kann ein Erdschluss sogar zu einem unbe-

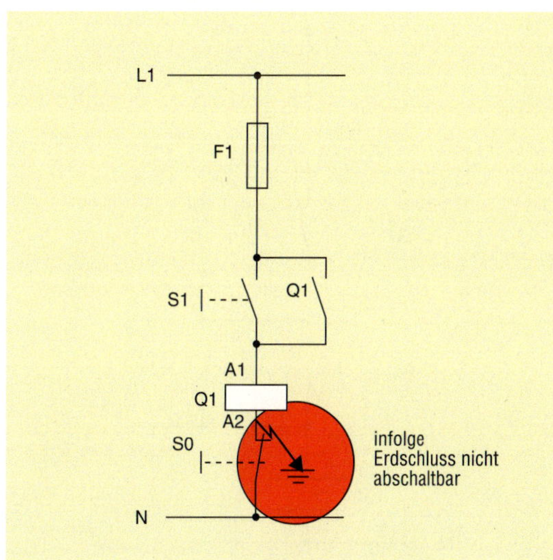

Abb. 20-22 ***Fehlerhafte Schützschaltung***

20

absichtigten Einschalten des Schützes führen, wie Abb. 20-23 zeigt.

Bei vorschriftsgemäßem Anschluss wird im Falle eines Erdschlusses die Steuersicherung ansprechen und den Stromkreis unterbrechen.

Die Sicherheit von Steuerschaltungen lässt sich durch Redundanz erhöhen. Das bedeutet, dass Kontakte, welche bei Fehlfunktion sicherheitsgefährdende Störungen verursachen, mehrfach vorhanden sind. Einschaltkontakte müssen dabei parallel geschaltet werden, Ausschaltkontakte in Reihe (vergl. Abb. 20-24).

Wie ein Ausschalten trotz blockiertem Eintaster möglich ist, zeigt Abb. 20-25.

S0 schaltet Q1 auch bei blockiertem S1 ab. Über den Öffner von Q1 unterbricht dann K2T nach kurzer Verzögerung den Steuerstrom von Q1 endgültig. Wiedereinschalten ist erst nach Behebung der Blockierung möglich.

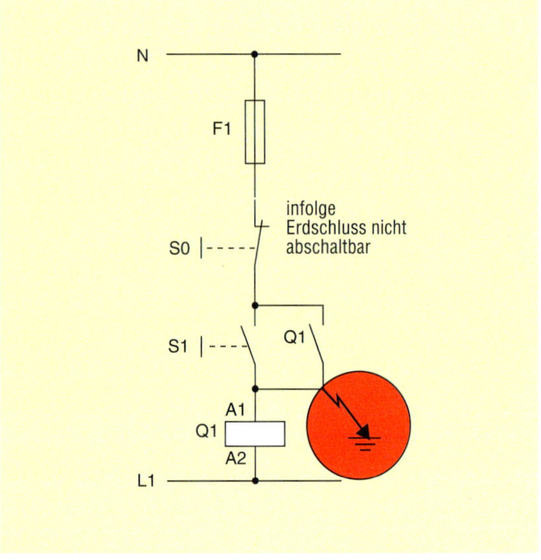

Abb. 20-23 ***Fehlerhafte Schützschaltung***

20.3 Kontaktlose Steuerungen

Das Schütz ist das klassische Element der Steuerungstechnik. In zunehmendem Maße werden aber auch kontaktlose Schaltelemente eingesetzt. Sie arbeiten mit Halbleiterbauelementen und besitzen im Gegensatz zu Schaltern, Schützen und Relais keine beweglichen Teile. Sie haben neben einigen Nachteilen viele Vorteile gegenüber den kontaktbehafteten Bauelementen, z. B.

- geringer Platzbedarf
- höhere Schaltfrequenz
- geringe Betriebsspannung
- geringer Leistungsbedarf
- Wartungsfreiheit.

Für das Verstehen einer kontaktlosen Steuerschaltung spielt im Folgenden die Realisierung mittels Dioden und Transistoren bzw. durch integrierte Schaltungen keine große Rolle. Wesentlich ist die Beschränkung auf die Funktion der Schaltung. Wir sprechen deshalb auch von **Funktionsanalyse** und **Funktionssynthese.**

20.3.1 Analyse von Schaltnetzen

Von einer Steuerschaltung zur Überwachung eines Druckkessels liegt der Logikplan (Abb. 20-26) vor. Drei Druckmelder liefern die Eingangssignale der Schaltung, wobei der Signalwert 1 ein Überschreiten des zulässigen Druckes signalisiert. Von den beiden Ausgangssignalen beinhaltet das eine eine Alarmmeldung, das andere bewirkt eine Notabschaltung. Der Logikplan soll untersucht und beschrieben werden. Die Funktionsanalyse kann dabei mit verschiedenen Hilfsmitteln durchgeführt werden.

Wertetabelle

Alle Leitungen an den Ein- und Ausgängen der Funktionsbausteine werden mit Kleinbuchstaben gekennzeichnet. Es wird eine Wertetabelle aufgestellt, in der alle Kombinationen der Eingangssignale der Gesamt-

20

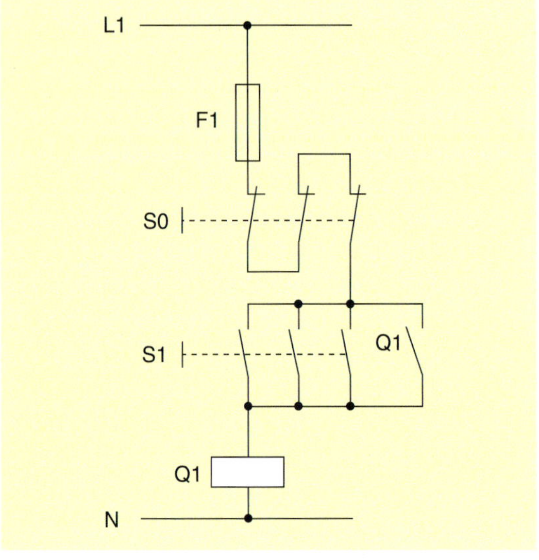

Abb. 20-24 ***Schaltung mit Redundanz***

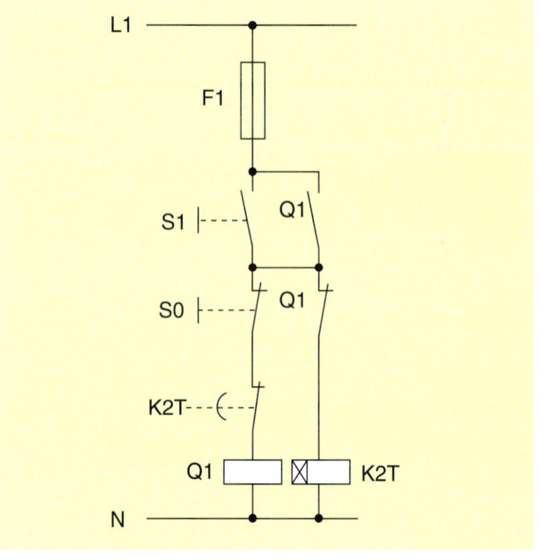

Abb. 20-25 ***Schaltung zum sicheren Ausschalten***

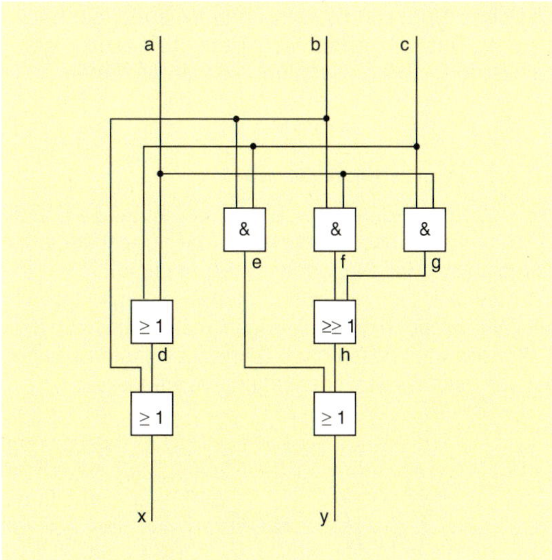

Abb. 20-26 ***Logikplan einer Steuerung***

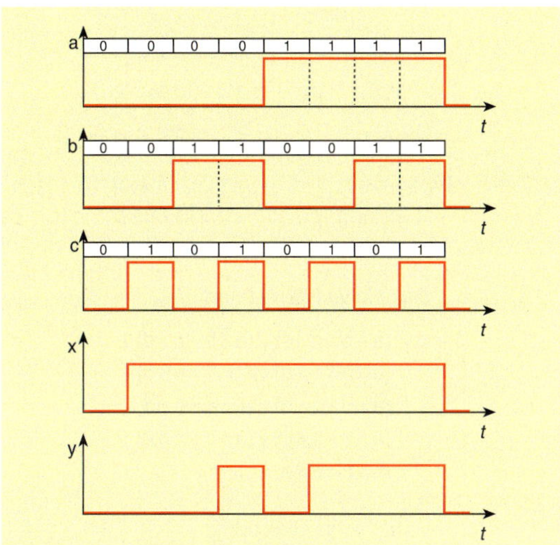

Abb. 20-27 ***Signal-Zeit-Verlauf***

schaltung eingetragen werden. Um das Verhalten der Schaltung zu ermitteln, wird das Ausgangsverhalten der einzelnen Bausteine in Abhängigkeit von ihren Eingangssignalen bestimmt und in die Tabelle 20-6 eingetragen.

Eingangs-variable			Ausgangs-variable						
a	b	c	d	x	e	f	g	h	y
0	0	0	0	0	0	0	0	0	0
0	0	1	1	1	0	0	0	0	0
0	1	0	0	1	0	0	0	0	0
0	1	1	1	1	1	0	0	0	1
1	0	0	1	1	0	0	0	0	0
1	0	1	1	1	0	0	1	1	1
1	1	0	1	1	0	1	0	1	1
1	1	1	1	1	1	1	1	1	1

Tab. 20-6 ***Schaltbelegung***

Fasst man die Aussagen zusammen, dann hat die Schaltung folgende Funktion:

Wenn an einem einzelnen Drucksensor ein Überschreiten des zulässigen Druckes signalisiert wird, erfolgt eine Alarmmeldung. Da aber die beiden anderen Sensoren keinen Überdruck melden, ist wahrscheinlich ein Signal fehlerhaft. Die Anlage wird nicht abgeschaltet.

Wenn jedoch zwei Drucksensoren Überdruck melden, wird vermutlich der dritte Sensor defekt sein. Die Anlage wird abgeschaltet.

Signal-Zeit-Verlauf

Das in Abb. 20-27 dargestellte Diagramm ist nur eine andere Form der Wertetabelle. In der Abbildung ist erkennbar, dass sich der Ausgang x im 1-Zustand befindet, wenn nur ein Eingang oder wenn alle drei Eingänge im 1-Zustand sind. Für Ausgang y müssen mindestens zwei Eingänge im 1-Zustand sein.

Funktionsgleichungen

Hierzu müssen ebenfalls alle Ein- und Ausgänge der Bausteine benannt werden. Dann werden für jeden Baustein die Gleichungen nach den Regeln der boolschen Algebra aufgestellt.

G1: $d = a \vee c$
G2: $x = b \vee d$
$x = b \vee (a \vee c)$
$\mathbf{x = a \vee b \vee c}$
G3: $e = b \wedge c$
G4: $f = a \wedge b$
G5: $g = a \wedge c$
G6: $h = f \vee g$
$h = (a \wedge b) \vee (a \wedge c)$
G7: $y = e \vee h$
$\mathbf{y = (b \wedge c) \vee (a \wedge b) \vee (a \wedge c)}$

Der Ausgang x entspricht einer ODER-Verknüpfung mit drei Eingängen. Es entsteht ein Alarmsignal am Ausgang, wenn sich mindestens ein Eingang im 1-Zustand befindet.

Der Ausgang y erhält ein Abschaltsignal, wenn sich mindestens zwei Eingänge im 1-Zustand befinden.

20.3.2 Funktionssynthese von Schaltnetzen

Eine Kreuzschaltung soll als kontaktlose Steuerung mit Logikbausteinen realisiert werden. Der Logikzustand des betätigten Schalters wird mit 1 und der des unbetätigten Schalters mit 0 gekennzeichnet.

Die drei Schalter ergeben $2^3 = 8$ Schaltkombinationen, die in einer Schaltbelegungstabelle zusammengefasst werden.

Die Tabelle 20-7 dient zum Aufstellen der Steuergleichung. Ob die Gleichung als disjunktive oder als konjunktive Normalform aufgestellt wird, hängt von der Anzahl der 1-Werte bzw. 0-Werte für die Ausgangsvariable ab. Da sie im Beispiel übereinstimmt, sind die Gleichungen in beiden Fällen gleich lang.

a	b	c	x	disjunktive Normalform	konjunktive Normalform
0	0	0	0		$a \vee b \vee c$
0	0	1	1	$\bar{a} \wedge \bar{b} \wedge c$	
0	1	1	0		$a \vee \bar{b} \vee \bar{c}$
0	1	0	1	$\bar{a} \wedge b \wedge \bar{c}$	
1	1	0	0		$\bar{a} \vee \bar{b} \vee c$
1	1	1	1	$a \wedge b \wedge c$	
1	0	1	0		$\bar{a} \vee b \vee \bar{c}$
1	0	0	1	$a \wedge \bar{b} \wedge \bar{c}$	

Tab. 20-7 ***Normalformen***

Disjunktive Normalform:

$$x = (\bar{a} \wedge \bar{b} \wedge c) \vee (\bar{a} \wedge b \wedge \bar{c}) \vee (a \wedge \bar{b} \wedge \bar{c}) \vee (a \wedge b \wedge c)$$

Konjunktive Normalform:

$$x = (a \vee b \vee c) \wedge (a \vee \bar{b} \vee \bar{c}) \wedge (\bar{a} \vee b \vee \bar{c}) \wedge (\bar{a} \vee \bar{b} \vee c)$$

Abb. 20-28 zeigt die den Gleichungen entsprechenden Logikpläne. Sie sind gleichwertig, stellen also die gleiche Schaltfunktion dar.

> Die Synthese von Schaltnetzen kann über die Bildung der disjunktiven (Ausgangsvariable 1) oder der konjunktiven (Ausgangsvariable 0) Normalform erfolgen.

Häufig lassen sich die Gleichungen der Normalform durch die Anwendung der boolschen Rechenregeln vereinfachen. Auch mithilfe der **KV-Tafeln** (Karnaugh-Veitch) ist oftmals eine Kürzung der Gleichungen möglich.

Eine KV-Tafel (Abb. 20-29) ist eine andere Darstellungsform der Schaltbelegungstabelle. Die negierten und nicht negierten Eingangsvariablen sind an den Rändern der Tafel angeordnet. Eine Vereinfachung der Gleichung und damit der Schaltung ist möglich, wenn sich benachbarte Felder mit Signalwert 1 in Blöcken zusammenfassen lassen. Dabei können Zweier-, Vierer- und Achterblöcke gebildet werden, die auch über die gegenüberliegenden Ränder der Tafel verbunden sein können. Verknüpfungen eines Blockes mit und ohne Negation bleiben ohne Wirkung, sie heben sich auf. Deshalb sollten möglichst große Blöcke gebildet werden, die sich auch überschneiden dürfen.

20.3.3 Bistabile Kippstufe

Die Ausgangssignale der bisher behandelten Schaltnetze wurden ausschließlich von der augenblicklichen Kombination der Eingangssignale bestimmt. Sie werden deshalb auch als kombinatorische Netze bezeichnet. Wenn jedoch die Ausgangssignale auch nach dem Auftreten eines bestimmten Eingangssignales erhalten bleiben, ist eine Speicherwirkung vorhanden.

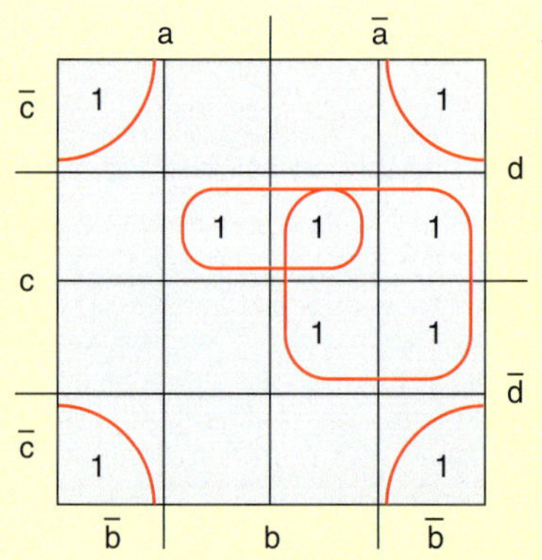

disjunktive Normalform:

$$x = (a \wedge \bar{b} \wedge \bar{c} \wedge d) \vee (\bar{a} \wedge \bar{b} \wedge \bar{c} \wedge d) \vee (a \wedge b \wedge c \wedge d) \vee (\bar{a} \wedge b \wedge c \wedge d) \vee (\bar{a} \wedge \bar{b} \wedge c \wedge d) \vee (\bar{a} \wedge \bar{b} \wedge c \wedge \bar{d}) \vee (\bar{a} \wedge \bar{b} \wedge c \wedge \bar{d}) \vee (a \wedge \bar{b} \wedge \bar{c} \wedge \bar{d}) \vee (\bar{a} \wedge \bar{b} \wedge \bar{c} \wedge \bar{d})$$

vereinfachte Gleichung:

$$x = (\bar{a} \wedge c) \vee (\bar{b} \wedge \bar{c}) \vee (b \wedge c \wedge d)$$

Abb. 20-29 ***Vereinfachungen mit KV-Tafeln***

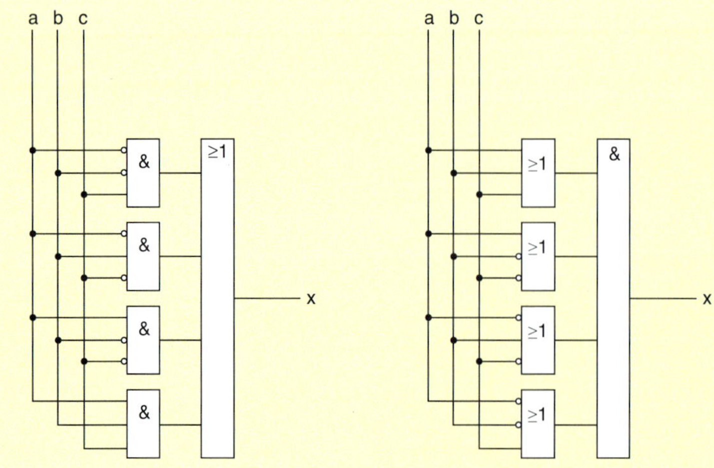

a) nach disjunktiver Normalform

b) nach konjunktiver Normalform

Abb. 20-28
Logikpläne

Bistabile Kippstufen oder Flipflops sind logische Schaltungen mit Speicherverhalten. Mit ihnen können kurzzeitig auftretende Signale in Dauerbefehle umgewandelt werden.

Abb. 20-30 zeigt eine aus NOR-Gliedern aufgebaute bistabile Kippstufe. Charakteristisch ist die Rückführung der Ausgangssignale auf je einen Eingang des jeweils anderen NOR-Gliedes. Diese Kippstufe wird als **RS-Flipflop** bezeichnet. Bei S = 1 wird der Ausgang Q gesetzt. Er nimmt den Signalwert 1 an. Bei R = 1 nimmt der Ausgang Q den Wert 0 an. Er wird rückgesetzt. Für den Fall S = 1 und R = 1 nehmen die Ausgänge des Flipflops unbestimmte Zustände an; er gilt deshalb als nicht erlaubt.

Oft ist es erforderlich, dass Signale nur innerhalb eines bestimmten Zeitbereiches gespeichert werden dürfen. Störimpulse außerhalb dieses Bereiches haben dann keinen Einfluss. Die Kippstufe in Abb. 20-31 zeigt ein **taktzustandsgesteuertes Flipflop.** Das eigentliche Flipflop ist hier mit NAND-Gattern realisiert und an den rückgeführten Ausgängen erkennbar. Die beiden NAND-Gatter an den Eingängen ermöglichen die Steuerung mit dem Taktsignal c. Nur wenn am **Takteingang** der Signalwert 1 anliegt, können die Signale an den S- und R-Eingängen den Zustand der Kippstufe beeinflussen. Der Takteingang hat also eine steuernde Wirkung. Die Ziffer 1 hinter dem C und vor R und S im Schaltzeichen macht diese Abhängigkeit deutlich.

Der taktzustandsgesteuerte RS-Flipflop kann nur bei anliegendem Taktsignal die an den RS-Eingängen vorhandenen Informationen speichern.

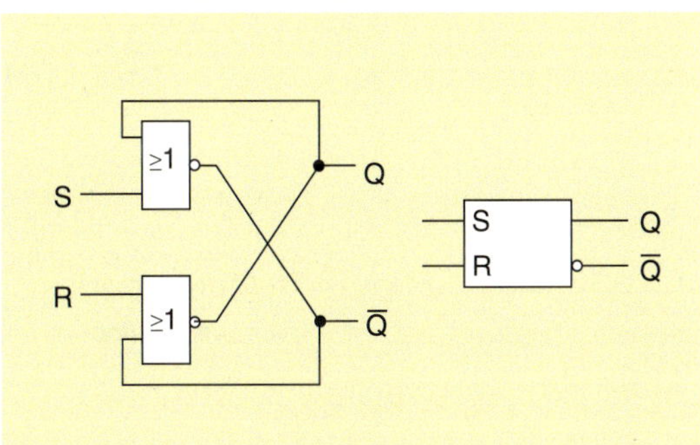

Abb. 20-30 ***Bistabile Kippstufe***

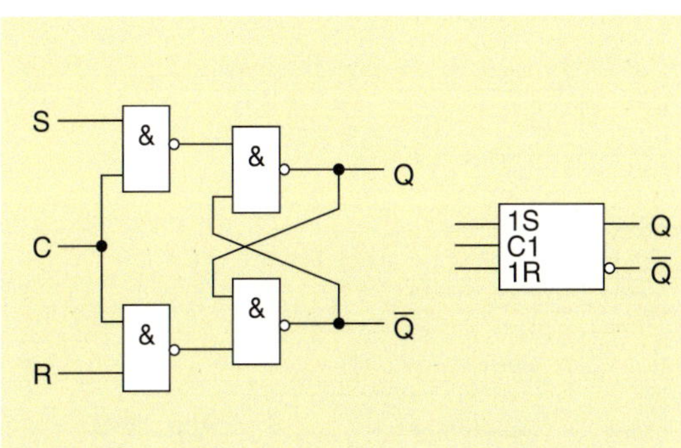

Abb. 20-31 ***Taktzustandsgesteuertes Flipflop***

Außer der Taktzustandssteuerung können Kippstufen mit **dynamischen** Eingängen realisiert werden. Sie reagieren dann nicht mehr auf den Signalwert 1, sondern auf die Änderung des Signalzustandes. **Taktflankengesteuerte Flipflops** übernehmen die Eingangssignale an den Setz- und Rücksetzeingängen nur während der positiven bzw. negativen Taktflanke. Störimpulse können deshalb auch nur während dieser kurzen Zeit wirksam werden.

Nach dem Einschalten der Versorgungsspannung nehmen normale RS-Flipflops an ihren Ausgängen einen undefinierten Zustand ein. Er kann 0, aber auch 1 sein. Durch entsprechende Innenbeschaltungen kann jedoch erreicht werden, dass eine vorbestimmte Speicherlage eingenommen wird. Gekennzeichnet wird diese Ausgangsstellung durch die in der Abb. 20-32 dargestellten Symbole.

Das **D-Flipflop** besitzt nur einen Dateneingang und einen Takteingang. Die am Dateneingang anliegende Information wird bis zum Erscheinen des Taktimpulses verzögert gespeichert (delay: engl., Verzögerung). Vergl. Abb.20-33.

Beim **JK-Flipflop** werden die Ausgänge wie beim RS-Flipflop durch Eingangssignale gesetzt und rückgesetzt. Jedoch sind die Zustände J = 1 und K = 1 erlaubt. In diesem Falle ändert sich mit jedem Takt das Signal an den Ausgängen.

Das **JK-Master-Slave-Flipflop** arbeitet zweiflankengesteuert. Mit der positiven Taktflanke wird die Information von den Eingängen aufgenommen und zwischengespeichert, mit der negativen Flanke wird die zwischengespeicherte Information an den Ausgang

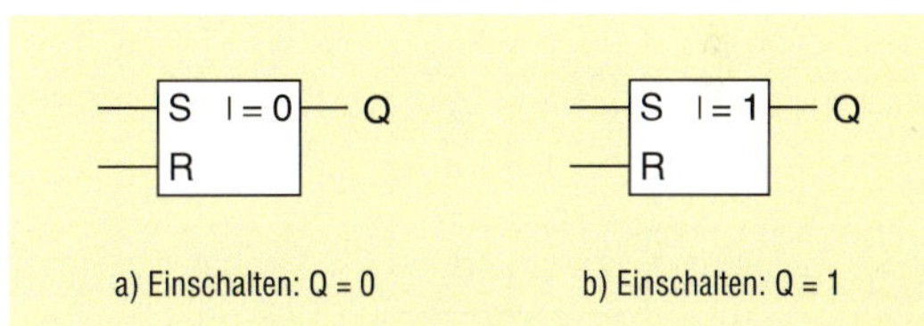

Abb. 20-32 ***Flipflop mit vorbestimmter Speicherlage***

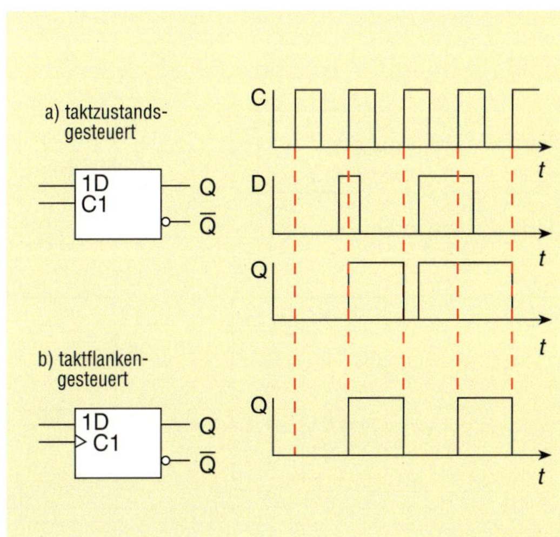

Abb. 20-33 ***D-Flipflop***

20

des Flipflops weitergereicht. Vergleiche dazu Abb. 20-34 und Abb. 20-35.

20.3.4 Monostabile Kippstufe

Die monostabile Kippstufe erzeugt an ihrem Ausgang einen Impuls mit einstellbarer Dauer. Sie wird so wie ein Zeitrelais zur Erzeugung von Einschalt- und Ausschaltverzögerungen benutzt.

Bei kurzer Betätigung eines Tasters in Abb. 20-36 reagiert die an den Oder-Baustein angeschlossene monostabile Kippstufe an ihrem Ausgang ebenfalls mit einem Wechsel von 0 auf 1. Das Hauslicht ist eingeschaltet. Dieser Zustand bleibt nun eine bestimmte Zeit bestehen, so dass das Treppenhaus gefahrlos begangen werden kann. Nach Ablauf der Verweilzeit t_v kippt das Ausgangssignal der Kippstufe wieder von 1 nach 0 zurück; das Hauslicht verlischt.

Monostabile Kippstufen (Monoflops) erzeugen aufgrund einer Eingangssignaländerung ein Ausgangssignal mit einer bestimmten Dauer (Verweilzeit).

Nicht nachtriggerbare monostabile Kippstufen reagieren während des 1-Signales am Ausgang nicht mehr auf Signaländerungen am Eingang. Zum Einsatz für die Treppenhausbeleuchtung sind sie deshalb nicht geeignet. Wünschenswert wäre, wenn durch jeden Benutzer zu jeder Zeit der Ausschaltzeitpunkt neu festgelegt werden könnte. Dieses Verhalten **wird** durch **nachtriggerbare monostabile Kippstufen** erreicht (Abb. 20-37).

Bei nachtriggerbaren monostabilen Kippstufen wird bei jedem Eingangssignal die Verweilzeit neu gestartet. Dadurch verlängert sich die gesamte Verweilzeit.

20.3.5 Astabile Kippstufe

Die astabile Kippstufe besitzt im Gegensatz zur bistabilen und monostabilen Kippstufe keinen stabilen Ausgangszustand. Das Ausgangssignal wechselt ständig von einem Zustand in den anderen. (Vergl. Abb. 20-38.)

Astabile Kippstufen erzeugen selbständig Rechteckspannungen. Sie werden als Frequenzgeneratoren oder Taktgeber eingesetzt.

Die Einschaltdauer bzw. die Ausschaltdauer werden durch Kapazitäten und Widerstandswerte bestimmt.

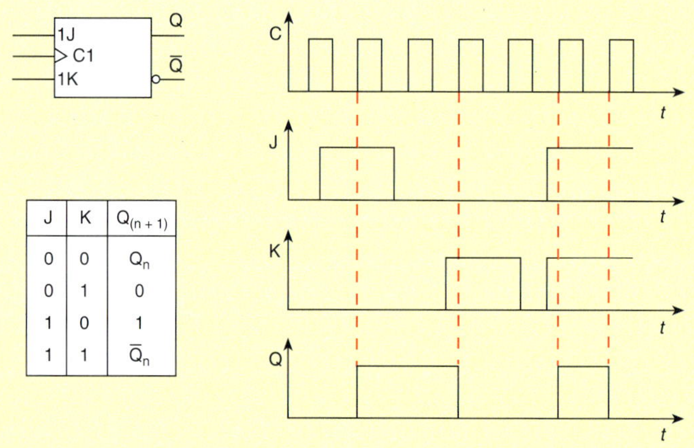

J	K	$Q_{(n+1)}$
0	0	Q_n
0	1	0
1	0	1
1	1	$\overline{Q}_n$

Abb. 20-34
JK-Flipflop

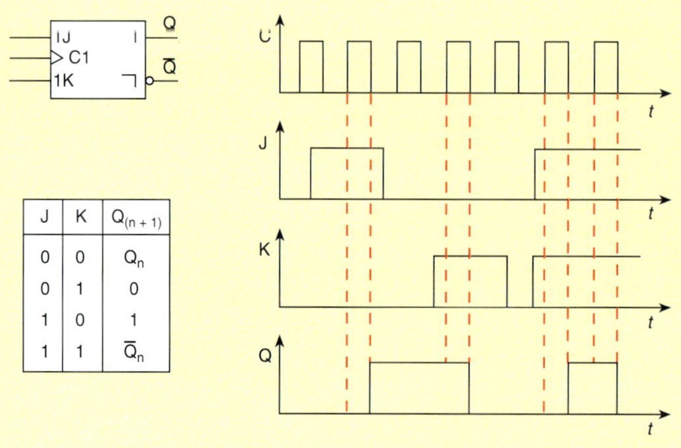

J	K	$Q_{(n+1)}$
0	0	Q_n
0	1	0
1	0	1
1	1	$\overline{Q}_n$

Abb. 20-35
JK-Master-Slave-Flipflop

20

Abb. 20-36 ***Hauslichtsteuerung***

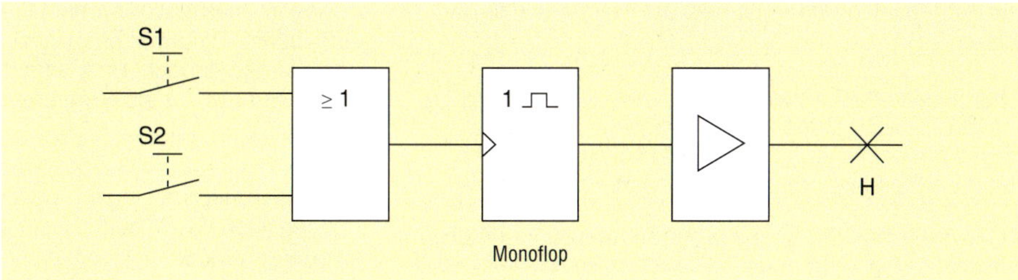

Abb. 20-37 ***Schaltzeichen von monostabilen Kippstufen***

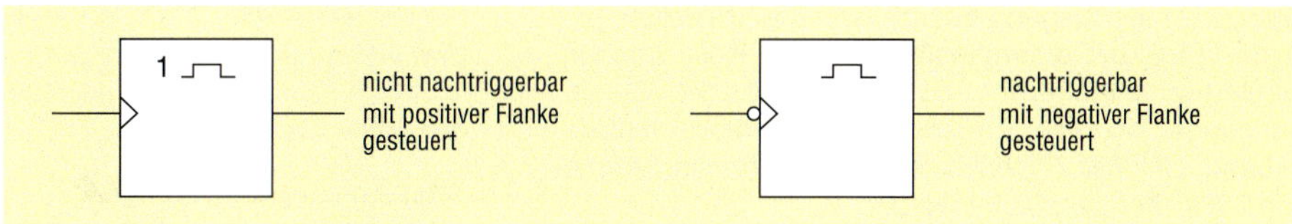

Abb. 20-38 ***Astabile Kippstufen***

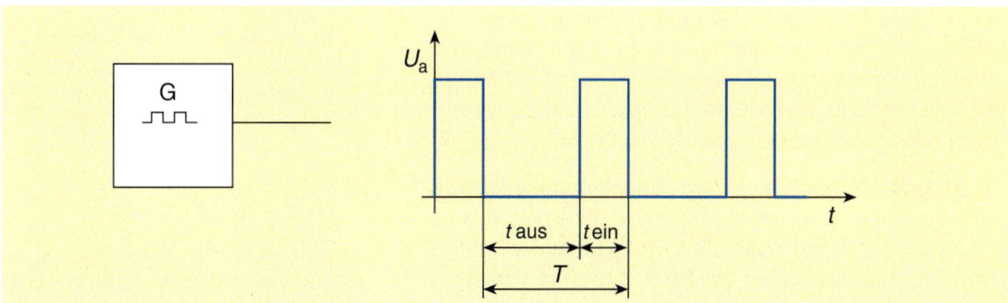

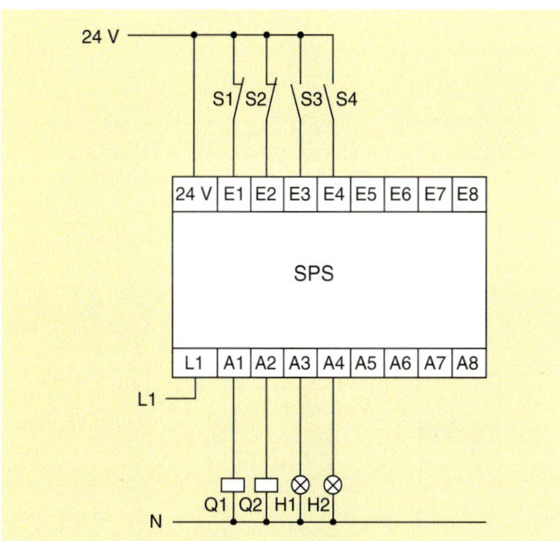

Abb. 20-39 ***Anschlussplan einer SPS***

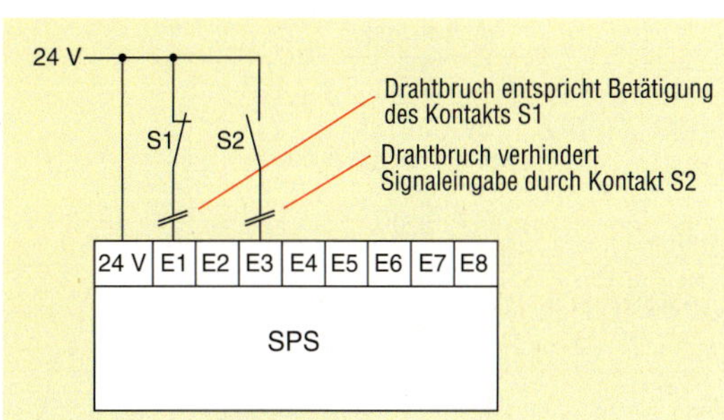

Abb. 20-40 ***Auswirkung von Drahtbrüchen am SPS-Eingang***

20.4 Speicherprogrammierte Steuerungen

20.4.1 Aufbau und Arbeitsweise der SPS

Bei der speicherprogrammierbaren Steuerung werden die Eingabeelemente, wie Taster, Motorschutzrelais und Grenzschalter, an die Eingänge der SPS angeschlossen, ohne dass dabei der Stromlaufplan einer Schützschaltung berücksichtigt werden muss. Auch Leistungsschütze und Meldeglieder werden nur nach einem einfachen Anschlussplan mit den Ausgängen der SPS verbunden (vergl. Abb. 20-39).

Die Signalspannung der Eingabeelemente muss in einem vorgegebenen Bereich liegen und beträgt meist 24 V Gleichspannung. Diese Steuerspannung wird mit einem Wandler von der SPS selbst bereitgestellt. Die Eingänge erkennen in einem relativ großen Spannungsbereich, ob der Kontakt des Einganges offen oder geschlossen ist. 0 V bis 7 V werden als offener Kontakt (Signalwert 0) gedeutet, 14 V bis 30 V werden als geschlossen gedeutet (Signalwert 1).

Der Signalwert 0 kann von einem unbetätigten Schließer oder von einem betätigten Öffner gebildet werden. Der Signalwert 1 entsteht durch einen betätigten Schließer oder einen unbetätigten Öffner.

Grundsätzlich könnte jeder Signalgeber als Öffner oder aber auch als Schließer angeschlossen werden. Zu beachten ist jedoch, dass bei einem Drahtbruch der Eingangsleitung bei Öffnern der SPS eine Betätigung vorgetäuscht wird. Bei Schließern ermöglicht Drahtbruch (Abb. 20-40) keine Signaleingabe in die SPS.

Aus Sicherheitsgründen ist deshalb Folgendes zu beachten:

**Signalgeber mit Einschaltfunktion sind als Schließer an die SPS-Eingänge anzuschließen.
Signalgeber mit Ausschaltfunktion sind als Öffner an die SPS-Eingänge anzuschließen.**

An die Ausgänge der SPS werden Steuerglieder angeschlossen, mit denen die Steuerstrecke beeinflusst wird (z. B. Leistungsschütze), oder auch Meldeeinrichtungen. Jeder Ausgang besitzt zwei Klemmstellen, die in der SPS mit einem potenzialfreien Relaiskontakt durchgeschaltet werden. Für die Belastbarkeit dieser Ausgänge sind die Angaben des Herstellers maßgebend. Bei 230 V Wechselspannung können Ströme von 2 A sicher geschaltet werden.

Es gibt auch SPS mit nur einer Klemmstelle je Ausgang. In diesen wird durch Schalttransistoren eine einheitliche Stellspannung von 24 V Gleichspannung auf die Ausgänge durchgeschaltet. Die anzuschließenden Schaltglieder und Meldeeinrichtungen müssen dann diesen Anschlussbedingungen entsprechen.

Das Programm, nach welchem die Eingangsinformationen zu den Ausgangsinformationen verarbeitet werden, wird über einen speziellen Programmiereingang in den Programmspeicher der SPS übertragen. Ist dieser Speicher ein Schreib-Lese-Speicher (RAM*), muss er gegen Informationsverlust bei Spannungsabsenkung durch Pufferbatterien geschützt werden. Meistens werden jedoch programmierbare Festwertspeicher (EEPROM**) als Programmspeicher verwendet.

Das Steuerprogramm besteht aus einzelnen Anweisungen, die in der SPS schrittweise abgearbeitet werden. Diesen Anweisungen entsprechend werden die Eingangssignale in dem Rechner der SPS zu Zwischenergebnissen verarbeitet, in einem Arbeitsspeicher abgelegt, wieder abgefragt und schließlich zu den Ausgangssignalen weiterverarbeitet.

Erst wenn die Berechnungen des Programmes abgeschlossen sind, werden die Ergebnisse an die Ausgänge weitergereicht.

Die Arbeitsweise der SPS ist zyklisch. Der Zyklus setzt sich aus einem Selbsttest der SPS, der Abfrage der Eingänge, der Berechnung der Ausgabewerte und der Weitergabe an die Ausgänge zusammen. Die Dauer eines Zyklus (Zykluszeit) beträgt nur wenige Millisekunden.

---

*) RAM = random access memory (Speicher mit wahlfreiem Zugriff)

**) EEPROM = electrical erasable, programmable read only memory (elektrisch löschbarer und programmierbarer Festwertspeicher)

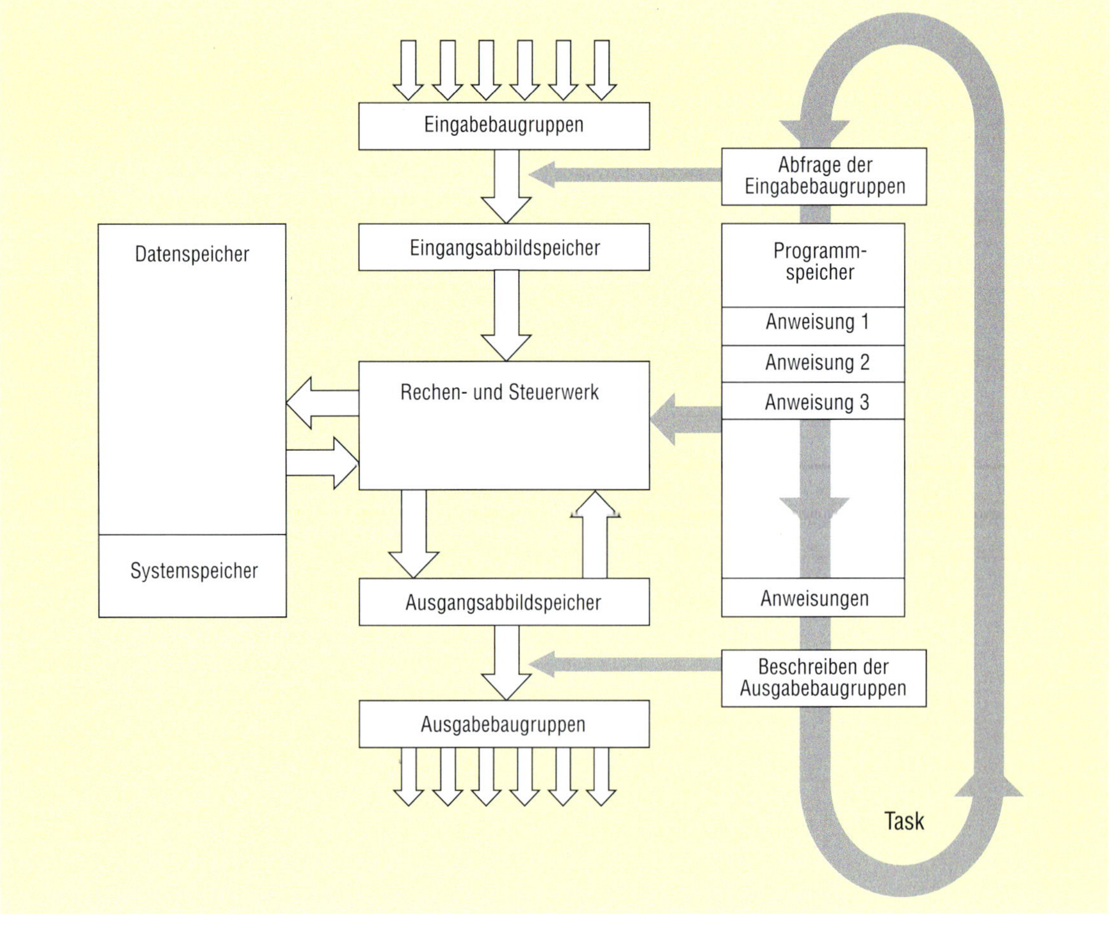

 Abb. 20-41 ***Aufbau einer SPS***

Die Reaktionszeit einer SPS beträgt wegen der notwendigen Rechenzeit mindestens die einfache Zykluszeit aber höchstens die doppelte Zykluszeit für den Fall, dass die Änderung einer Eingangsgröße unmittelbar nach der Abfrage der Eingänge erfolgte. Die Abarbeitung des Zyklus lässt sich unterbrechen und wieder starten.

Der Einsatz von speicherprogrammierbaren Steuerungen bringt gegenüber verbindungsprogrammierten Steuerungen eine Reihe von **Vorteilen:**

- Programmieren und Installieren sind, anders als bei VPS, eigenständige Vorgänge und können unabhängig voneinander erfolgen. Die SPS kann in einer Anlage installiert werden, während das Programm noch in Entwicklung ist.
- Ein einmal erstelltes Programm kann in beliebig viele SPS kopiert werden.
- Die SPS kann durch Übertragen eines neuen Programmes in ihren Speicher schnell an eine geänderte Aufgabenstellung angepasst werden, ohne dass an der Installation etwas geändert werden muss.

Die SPS ist im Vergleich zur herkömmlichen Schützsteuerung kleiner, schneller und zuverlässiger.

Bei der Entscheidung, ob eine Steuerung als VPS oder als SPS realisiert wird, spielen die Kosten eine entscheidende Rolle. Diese setzen sich aus Material-, Installations-, Programmentwicklungs- und Wartungskosten zusammen. Der Einsatz von SPS für Steuerungsanlagen sollte in Erwägung gezogen werden, wenn

- die Anlagen mehrfach installiert werden
- das Programm wiederholt geänderten Bedingungen angepasst werden muss
- hohe Zuverlässigkeit und Wartungsfreiheit gefordert sind.

Schon die Realisierung einer Steuerschaltung mit 5 bis 7 Hilfsschützen oder Zeitrelais mit einer SPS kann ökonomisch sinnvoll sein.

20.4.2 Grundlagen der Programmierung

Für die Gestaltung von Programmen für SPS gilt die europäische Norm EN 611 31-3.

Nach ihr werden drei Arten von **Programmorganisationseinheiten (POE)** unterschieden.

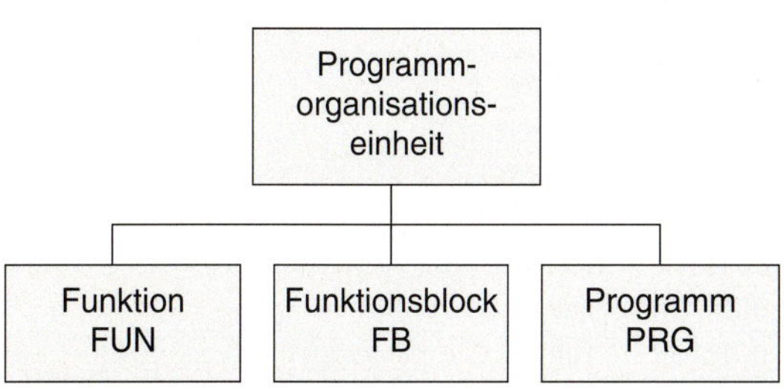

Abb. 20-42
Programmorganisationseinheiten

Die Komplexität nimmt hierbei in Richtung Programm zu. Das bedeutet, dass eine Funktion andere Funktionen enthalten kann, ein Funktionsblock wiederum kann aus Funktionsblöcken und Funktionen bestehen. Das Programm schließlich besteht ebenfalls aus Funktionen und Funktionsblöcken. Es ist aber die Programmorganisationseinheit, welche von der SPS abgearbeitet wird und der somit eine Task zugeordnet wird.

Bei Funktionen und Funktionsblöcken gibt es Standardformen, die mit dem Programmierwerkzeug bereitgestellt werden. Der Anwender kann aber auch eigene Formen entwickeln und in Bausteinbibliotheken zur Wiederverwendung ablegen.

Funktion
Aus einer oder mehreren Eingangsinformationen wird genau ein Rückgabewert ermittelt, der nur von den augenblicklichen Werten der Eingangsinformationen abhängig ist.

Bsp: UND-Funktion

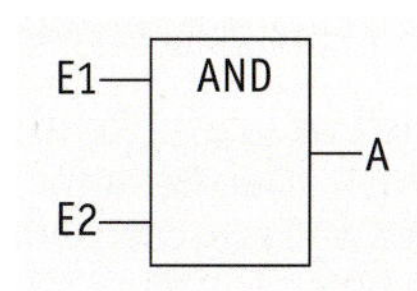

Abb. 20-43 ***UND-Funktion***

Eine Funktion ist eine Verarbeitungsvorschrift für Informationen. Gleiche Eingangsinformationen ergeben immer den gleichen Rückgabewert.

Funktionsblock
Aus einer oder mehreren Eingangsinformationen werden (eventuell mehrere) Ausgangsinformationen gebildet. Ihr Wert hängt von den Eingangsinformationen und eventuell intern gespeicherten Zwischenwerten ab.

Bsp: Flip_Flop

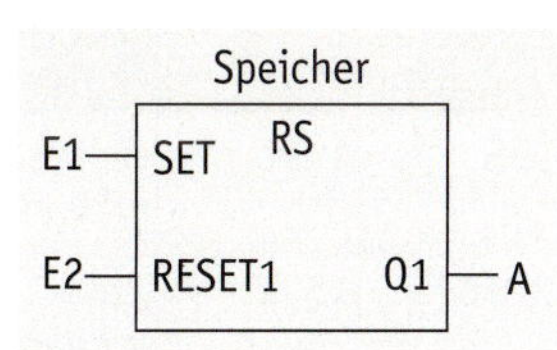

Abb. 20-44 ***RS-Speicherglied***

Um Informationen in Funktionsblöcken zu speichern, muss von ihnen eine Instanz (Kopie) gebildet werden. Der Instanzname ist im Beispiel „Speicher".

Programm

Durch eine Taskkonfiguration wird dafür gesorgt, dass das Programm in der SPS abgearbeitet wird. Es werden drei Arten unterschieden.

Freilaufende Task: Die Anweisungen des Programms werden ohne Verzug immer wieder abgearbeitet. Die Wiederholzeit ergibt sich aus der Länge des Programms und der Operationsgeschwindigkeit der SPS.

Zyklische Task: Für die Wiederholzeit wird ein fester Wert vorgegeben, zum Beispiel 200 ms. Programme für Regelungsprozesse benötigen meist diese Form der Abarbeitung.

Ereignisgesteuerte Task: Ein interner oder externer Signalzustand der SPS löst die Abarbeitung des Programms aus. Solche Programme reagieren meist auf besondere Zustände in einer Anlage, zum Beispiel auf Alarmzustände.

Bezeichner

Um konstante oder veränderliche Informationen in einer POE zu benennen, werden Bezeichner verwendet. Sie können unter Beachtung einiger Regeln frei gewählt werden.
Es dürfen Buchstaben (keine Umlaute), Ziffern und der Unterstrich verwendet werden. Der Bezeichner darf nicht mit einer Ziffer beginnen und zwischen Groß- und Kleinbuchstaben wird nicht unterschieden. Schlüsselworte, denen bereits eine Bedeutung zugeordnet ist, können nicht als Bezeichner benutzt werden.

Mögliche Bezeichner sind

- Druck
- Sensor_1
- _3Q1

Datentypen

Um in der SPS den erforderlichen Speicherplatz bereitzustellen, werden für unterschiedliche Informationen verschiedene Datentypen vereinbart. Eine Auswahl steht in der Tabelle.

Typ	Wertebeispiele	Speicherbedarf	Mögliche Anwendung
BOOL	FALSE/TRUE	1 Bit	Binäre Informationen
INT	-32768 … 32767	16 Bit	Zählvorgänge
REAL	-1.123E-3 / 1.88E12	32 Bit	Analogwertverarbeitung
TIME	T#2h30m23s	variabel	Zeitsteuerungen
DATE	D#2008-06-17	variabel	Steuerung nach Datum

Tab. 20-8 ***Datentypen***

Gliederung einer POE

Jede POE besteht aus zwei Teilen, dem Vereinbarungs- oder Deklarationsteil sowie dem Anweisungsteil. Im Deklarationsteil stehen Typ und Name der POE sowie alle in ihr verwendeten Bezeichner mit ihrem Datentyp und eventuellen Vorgabewerten.

```
FUNCTION _2_aus_3:BOOL
    (*Wenn zwei von drei Sensoren eine
    Grenzwertüberschreitung melden, wird der
    Rückgabewert TRUE*)
VAR_INPUT
    Sensor_1, Sensor_2, Sensor_3:BOOL;
END_VAR

VAR
    Fall_1, Fall_2, Fall_3:BOOL;
END_VAR
```

Abb. 20-45 ***Deklarationsteil***

Das Beispiel zeigt die Deklarationen für eine Funktion mit Bezeichnung „_2_aus_3".

Sie soll die Werte von drei Sensoren auswerten, wobei intern drei Fälle zu unterscheiden sind. Alle Daten einschließlich Rückgabewert sind vom Typ BOOL.

Die Schreibweise der Schlüsselworte (blau) und die Zeichensetzung ist zwingend vorgeschrieben, Abweichungen führen zu Fehlermeldungen. Der Kommentar (grün) gibt Erläuterungen zu der Funktion.

Im Anweisungsteil wird angegeben, nach welcher Vorschrift die Informationen zu verarbeiten sind.

Programmiersprachen

Nach der Norm EN 61131-3 können unterschiedliche Sprachen zur Darstellung der Anweisungen angewendet werden.

Anweisungsliste (AWL)

```
    LD      Sensor_1
AND         Sensor_2
ST      Fall_1

LD      Sensor_1
AND         Sensor_3
ST      Fall_1

LD      Sensor_2
AND         Sensor_3
ST      Fall_3

LD      Fall_1
OR      Fall_2
OR      Fall_3
ST      _2_aus_3
```

Abb. 20-46 ***AWL***

20

Kontaktplan (KOP)

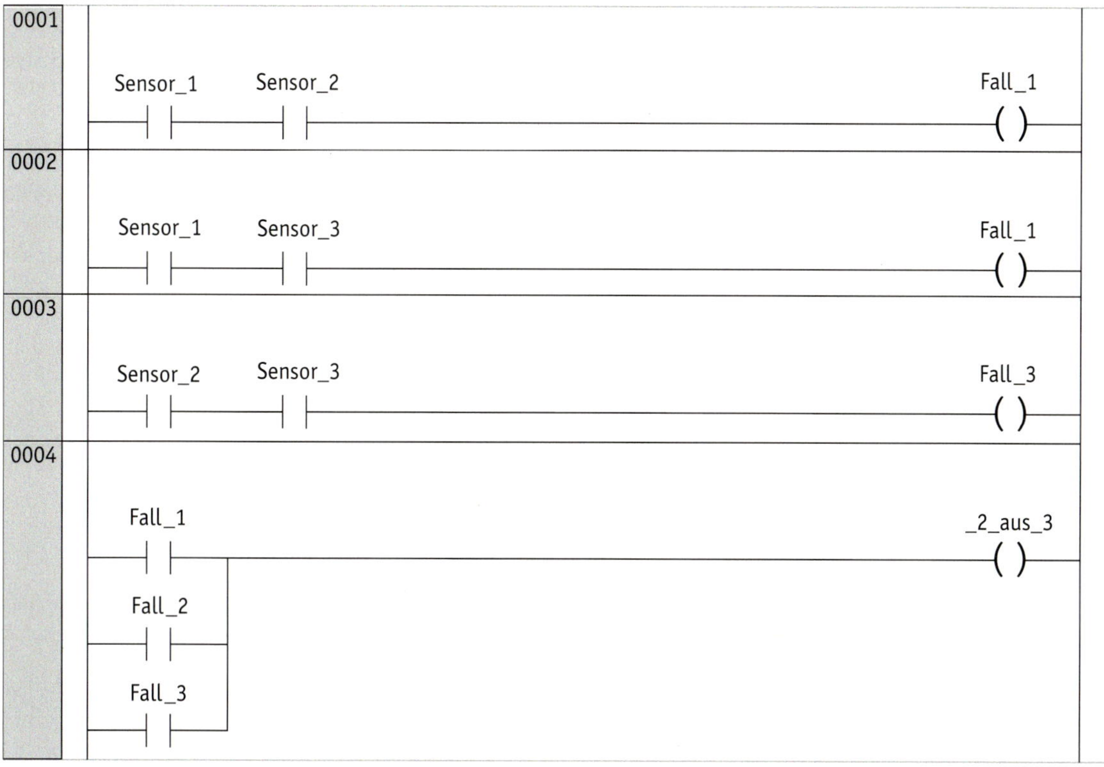

Abb. 20-47 ***KOP***

Funktionsbausteinsprache (FBS)

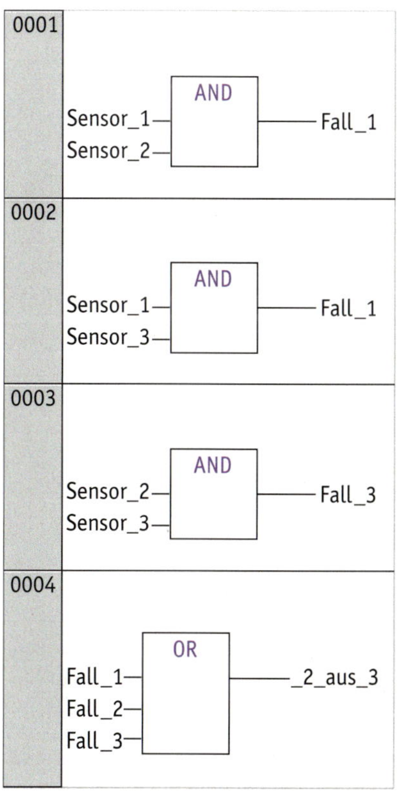

Abb. 20-48 ***FBS***

Freigrafischer Funktionsplan (CFC)

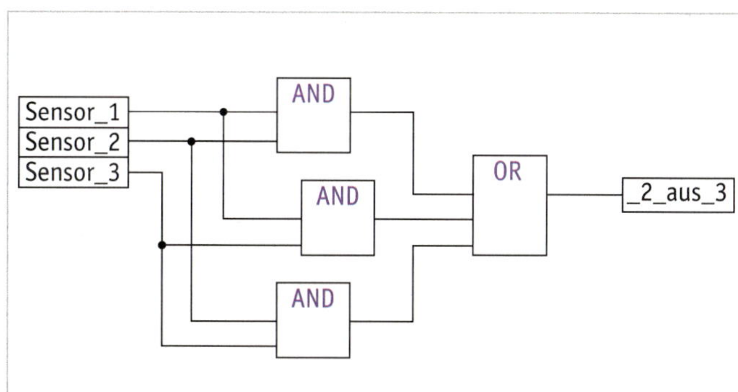

Abb. 20-49 ***CFC***

Strukturierter Text (ST)

```
IF  (Sensor_1 AND Sensor_2)
    OR (Sensor_1 AND Sensor_3)
    OR (Sensor_3 AND Sensor_3)THEN _2_aus_3 :=TRUE;
    ELSE _2_aus_3 :=FALSE;
END_IF
```

Abb. 20-50 ***ST***

Die **Ablaufsprache (AS)** als weitere grafische Programmiersprache kann für das Beispiel nicht verwendet werden. Sie steht für Funktionen nicht zur Verfügung. Im Abschnitt Ablaufsteuerungen wird darauf Bezug genommen.

Welche Programmiersprache verwendet wird, bleibt weitgehend dem Programmierer selbst überlassen. Jede Sprache hat ihre besonderen Stärken. Die AWL ist sehr maschinennah und schöpft die Möglichkeiten der SPS am weitesten aus. Ein KOP weckt gedankliche Verbindungen zu einem Stromlaufplan. FBS, CFC geben ein anschauliches Bild von der logischen Struktur der Anweisungen. Auch in ST lassen sich die Anweisungen sehr gut gliedern.

Absolute Adressierung

In dem Programm (PRG) wird die Verbindung zur Hardware der SPS hergestellt.
In seinem Deklarationsteil wird nicht mehr zwischen Ein- und Ausgangsvariablen unterschieden, es gibt nur noch Programmvariable. Die Bezeichner können einen Bezug zur Peripherie der Steuerung herstellen, indem sie die Bauteilbezeichnungen enthalten.

```
PROGRAM Sensoren
VAR
    B1 AT %IX0.1: BOOL;   (*Sensor 1*)
    B2 AT %IX0.2: BOOL;   (*Sensor 2*)
    B3 AT %IX0.3: BOOL;   (*Sensor 3*)
    P1 AT %QX0.0: BOOL;   (*Warnmelder*)
END_VAR
```

Abb. 20-51 ***Deklarationsteil***

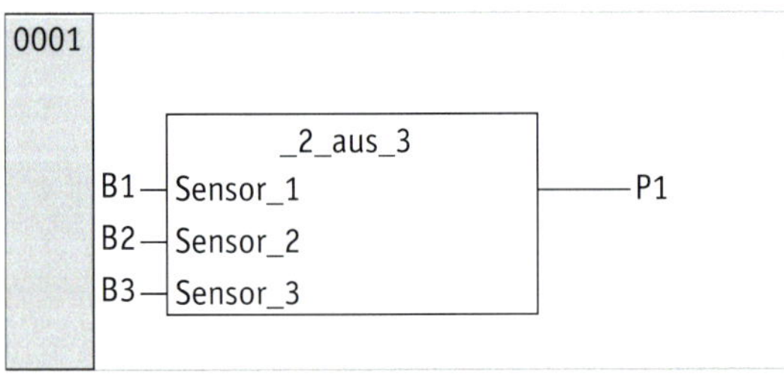

Abb. 20-52 ***Anweisungsteil***

Die Adresszuweisung erfolgt mit dem Schlüsselwort AT, die Adresse selbst beginnt mit einem Prozentzeichen. Eingänge werden mit I bezeichnet, Ausgänge mit Q. Das X kennzeichnet die Adresse als Bit-Variable und korrespondiert mit dem BOOL des Bezeichners.

Die Verwendung absoluter Adressen sollte auf das Programm beschränkt bleiben. Nur durch den Verzicht auf absolute Adressen (auch von Merkern der SPS) werden Funktionen oder Funktionsblöcke **bibliotheksfähig.** Das heißt, sie können dann ohne interne Anpassung für unterschiedliche Hardware verwendet werden, da die Anpassung selbst im Programm erfolgt.

Programmierwerkzeug

„Programmiert" wird meistens mit dem PC, oft in Form eines Notebook. Es muss über die entsprechende Programmiersoftware und eine Schnittstelle zur SPS verfügen. Als Schnittstellen kommen serielle Schnittstellen (COM) oder Netzwerkschnittstellen (ETHERNET) in Frage. Die Software wird entweder speziell vom Hersteller geliefert (z.B. der SIMATIC-Manager für Siemenssteuerungen) oder es wird ein herstellerneutrales Werkzeug benutzt, welches dann mit Treibern an die Hardware des SPS-Herstellers angepasst wird (z.B. CoDeSys).

Das Programmierwerkzeug dient aber nicht nur zum „Eintippen" des Programms.

Es ermöglicht weiterhin
- Fehlersuche durch Simulation ohne SPS
- Konfiguration der Hardware der SPS entsprechend der CPU, der Ein- und Ausgabebaugruppen
- Übersetzen in die Maschinensprache der SPS
- Übertragen des Programms in die SPS
- Starten und Stoppen der Abarbeitung des Programms in der SPS
- Erstellen von Prozessvisualisierungen zur Beobachtung und Bedienung des Steuerungsvorganges auf entsprechenden Geräten
- Speichern und Archivieren des gesamten Projektes auf Datenträgern und Druck der Dokumentation.

20.4.3 Steuerungen mit Speicherwirkung (Selbsthaltung)

Ein Antrieb soll mittels Schütz ein- und ausgeschaltet werden. Die Ansteuerung erfolgt durch Taster und der Austaster soll dominieren.

```
PROGRAM Anlage
VAR
    Motor: RS;              (*Instanz des Flip-Flop*)
    S0 AT %IX0.0: BOOL;     (*Taster für Stopp NC*)
    S1 AT %IX0.1: BOOL;     (*Taster für Start NO*)
    Q1 AT %QX0.0: BOOL;     (*Schütz für Antrieb*)
END_VAR
```

Abb. 20-53 ***Deklarationsteil***

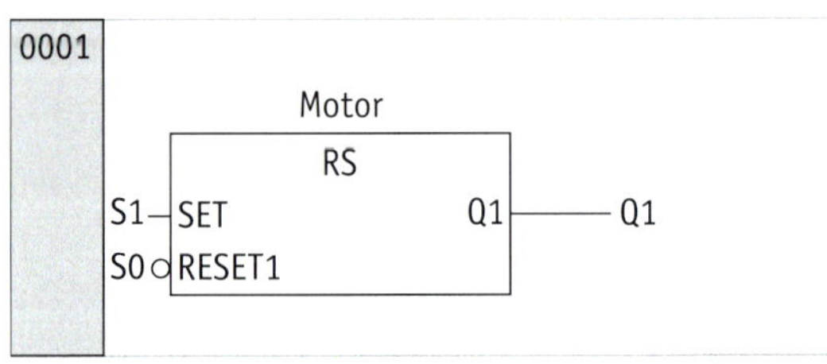

Abb. 20-54 ***Anweisungsteil***

Im Deklarationsteil erfolgt die Benennung des Programms (Anlage). Weiterhin wird dem Bezeichner Motor (ein Hinweis auf die Art des Antriebes) der FB-Typ RS zugeordnet. Den an die SPS angeschlossenen Bauelementen werden ihre Adressen der Ein- und Ausgabebaugruppe zugeordnet.

Im Anweisungsteil wurde als Baustein das RS-Speicherglied eingefügt. Der Rücksetzeingang ist zusätzlich mit einer 1 gekennzeichnet, da er dominant ist. Die Ziffer 1 vom Q-Ausgang im Speicherglied weist darauf hin, dass der dominante Zustand der 1-Zustand ist, während die Ziffer 1 der Programmvariablen die Nummer des Schützes angibt. Da der Austaster S0 im unbetätigten Zustand den Signalwert TRUE liefert, muss sein Signal am Rücksetzeingang negiert werden.

Das RS-Speicherglied steht im Anweisungsteil nur dann zur Verfügung, wenn in das Programmierwerkzeug die entsprechende Standardbibliothek eingebunden ist.

20.4.4 Steuerung mit Zeitverzögerung

Vorgänge mit zeitlicher Verzögerung lassen sich ebenfalls mit Standard-Bausteinen realisieren. Es sind Einschaltverzögerungen (TON), Ausschaltverzögerungen (TOF) und Impulsbildungen mit konstanter Länge (TP) möglich.

Das folgende Beispiel zeigt einen Funktionsblock, der Fehlverhalten von Schaltschützen signalisiert.

```
FUNCTION_BLOCK Schuetzfehler
VAR_INPUT
    Schuetz_soll_anziehen: BOOL;
    Schuetz_ist_angezogen:BOOL;
END_VAR
VAR_OUTPUT
    Schuetzfehler: BOOL;
END_VAR
VAR
    Reaktionszeit: TON;
END_VAR
```

Abb. 20-55 ***Deklarationsteil vom FB***

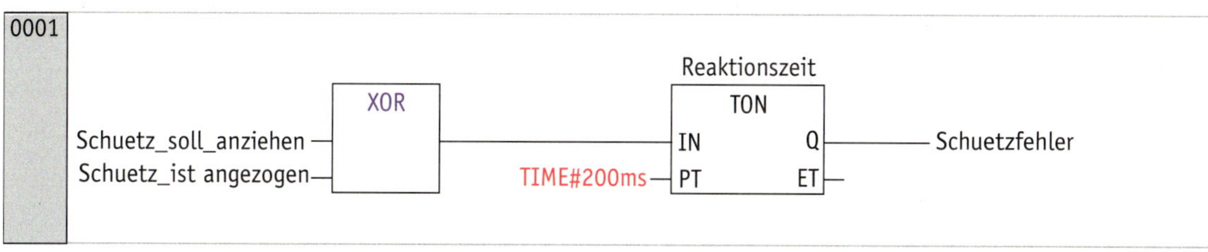

Abb. 20-56 ***Anweisungsteil vom FB mit Zeitglied***

```
PROGRAM Anlasser
VAR
    Q2AT%QX0.0:BOOL;        (* Dreieckschütz*)
    Q2_RK AT%IX0.0:BOOL;  (* Rückmeldekontakt vom Dreieckschütz*)

    Dreieck_Schuetz: Schuetzfehler; (* Instanz des Schuetzfehler-FB*)
    Stern_Fehler:BOOL;
END_VAR
```

Abb. 20-57 ***Deklarationsteil vom PRG***

Vom Zeitbaustein TON wird eine Instanz mit Namen Reaktionszeit gebildet. Diese verzögert das TRUE-Signal, welches beim Schaltvorgang entsteht um 0,2 Sekunden, sodass der normale Schaltvorgang zu keiner Fehlermeldung führt. Falls aber das Schütz kleben bleibt oder wegen Drahtbruch nicht anzieht, gibt der Baustein eine Fehlermeldung ab.

Die Anwendung dieses Bausteins in einem Programm zeigt Abbildung Abb. 20-58.

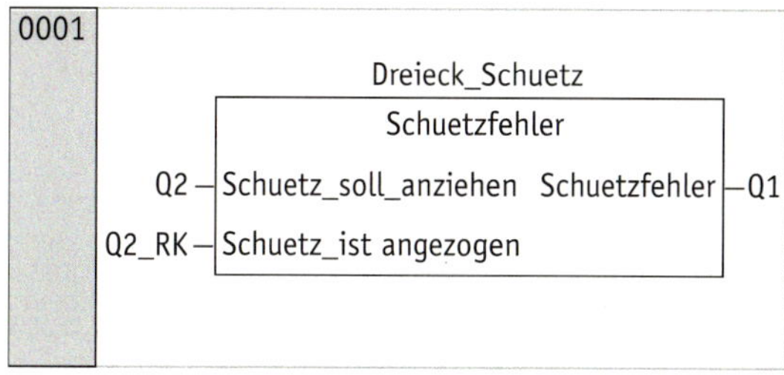

Abb. 20-58 ***Anweisungsteil vom PRG mit Bausteinaufruf***

Die Variablenliste des Programms Anlasser ist nicht komplett dargestellt. Gezeigt werden die Ansteuerungsvariable für das Dreieckschütz sowie sein Rückmeldekontakt.
Außerdem wird eine Instanz des Schuetzfehler-Bausteins für das Dreieckschütz deklariert, sowie eine Fehlervariable ohne Hardwareadresse. Sie kann für die weitere Verarbeitung der Fehlerinformation im Programm genutzt werden.

20.5 Steuerung von Motoren am Dreiphasennetz

20.5.1 Steuerungen zur Drehrichtungsumkehr

Drehstrommotoren können in die Betriebszustände Linkslauf, Rechtslauf und AUS gesteuert werden. Die Drehrichtung ist die Richtung der Drehbewegung des Läufers, wenn man auf die Stirnseite des antreibenden Wellenendes sieht (vergl. auch 18.4.2).

Rechtslauf:
Drehbewegung im Uhrzeigersinn

Linkslauf:
Drehbewegung gegen den Uhrzeigersinn

Die Drehrichtungsumkehr erfolgt bei Drehstrommotoren durch Vertauschen von zwei Außenleitern.

Abb. 20-59 zeigt die Stromlaufpläne des Leistungs- und Steuerteiles einer Wendesteuerung. Schütz Q1 schaltet den Motor in Rechtslauf, Schütz Q2 schaltet in Linkslauf. Damit Q1 und Q2 nicht gleichzeitig eingeschaltet werden und einen Kurzschluss zwischen L1 und L3 verursachen, befinden sich im Steuerteil jeweils die Öffner von Q1 und Q2 als **Schützverriegelung.** Die Öffner der Eintaster S2 und S3 verhindern, dass bei gleichzeitiger Betätigung dieser Taster die beiden Schütze kurzzeitig gemeinsam anziehen können. Sie realisieren eine **Tasterverriegelung.** Taster S2 schaltet den Motor in Rechtslauf, S3 in Linkslauf. Zur Umsteuerung von Rechtslauf in Linkslauf und umgekehrt muss jeweils der Austaster S1 betätigt werden. Es besteht ein Ausschaltzwang.

Wendesteuerung in SPS-Technik

Die Taster S1 bis S3 sowie das Motorschutzrelais werden direkt an SPS-Eingänge angeschlossen. Die Schütze Q1 und Q2 sind mit einer gegenseitigen Verriegelung mit SPS-Ausgängen zu verbinden.

Das Programm stellt die Verbindung zu den Ein- und Ausgängen der SPS her und ruft einen Funktionsblock zur Motorsteuerung auf. An diesem Baustein werden die Eingänge von Öffnerkontakten negiert abgefragt.

Das Programm des Funktionsblockes entspricht mit seiner Darstellung ziemlich genau dem Stromlaufplan der Schützsteuerung. Das ist ein Grund dafür, diese Darstellungsart eines Anweisungsteiles anzuwenden.

Programm

```
PROGRAM Wende
VAR
    Motor_1: Motorsteuerung;
    S1 AT %IX0.1: BOOL; (* Taster Stopp NC *)
    S2 AT %IX0.2: BOOL; (* Taster Rechtslauf NO *)
    S3 AT %IX0.3: BOOL; (* Taster Linkslauf NO *)
    F3 AT %IX0.4: BOOL; (* Motorschutz NC *)
    Q1 AT %QX0.1: BOOL; (* Schütz für Rechtslauf *)
    Q2 AT %QX0.2: BOOL; (* Schütz für Linkslauf *)
END_VAR
```

Abb. 20-60 ***Deklarationsteil***

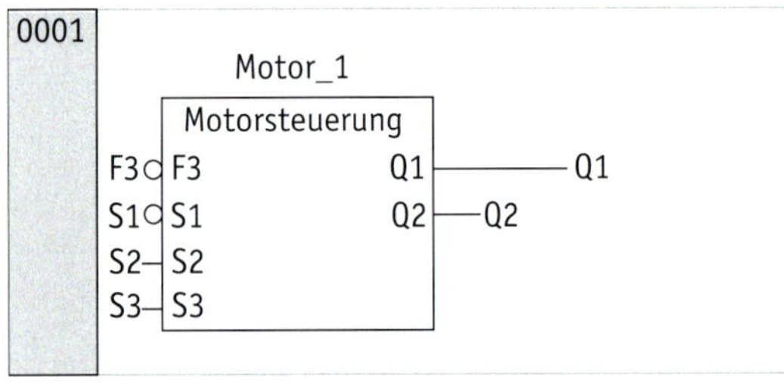

Abb. 20-61 ***Anweisungsteil mit Bausteinaufruf***

Funktionsblock

```
FUNCTION_BLOCK Motorsteuerung
VAR_INPUT
    F3: BOOL; (*Motorschutz*)
    S1: BOOL; (*Stopptaster*)
    S2: BOOL; (*Taster Rechtslauf*)
    S3: BOOL; (*Taster Linkslauf*)
END_VAR
VAR_OUTPUT
    Q1:BOOL; (*Schütz Rechtslauf*)
    Q2:BOOL; (*Schütz Linkslauf*)
END_VAR
```

Abb. 20-62 ***Deklarationsteil***

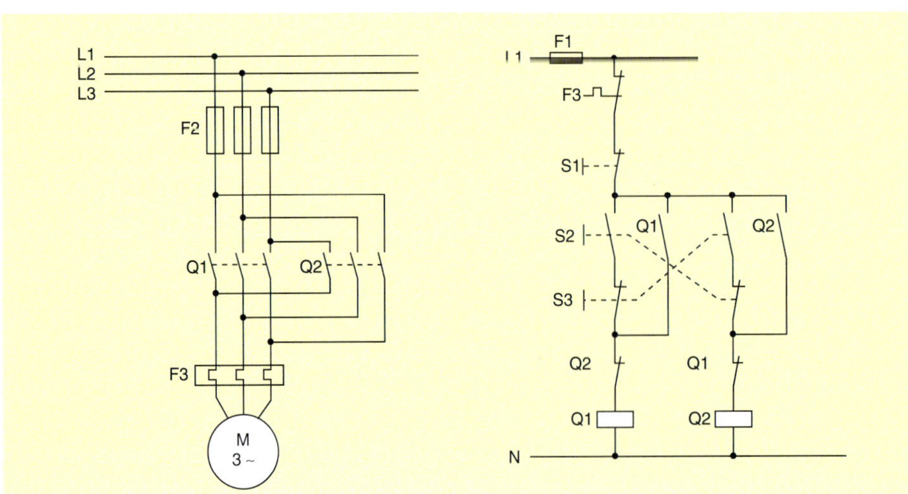

Abb. 20-59
Wendesteuerung in Schütztechnik

20

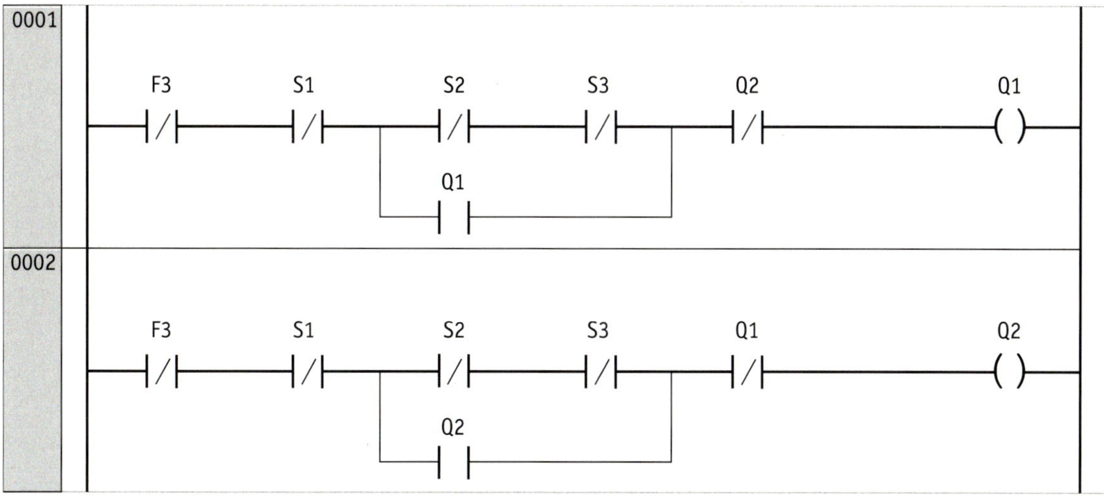

Abb. 20-63 ***Anweisungsteil in Kontaktplansprache***

Es erscheint allerdings nicht als sonderlich zweckmäßig, in einem Funktionsblock die Variablen mit so direktem Bezug zur Anlage zu bezeichnen. Änderungen der Schützbezeichnungen erfordern dann auch Änderungen in dem Funktionsblock, obwohl die Funktionsweise eigentlich gleich geblieben ist. In eine Bibliothek zur allgemeinen Verwendung könnte dieser Baustein nicht eingefügt werden.

Obwohl im Programm **Ausgangsverriegelungen** programmiert sind, kann auf die Schützverriegelung in der Schaltung nicht verzichtet werden. Der Signalwechsel an den Ausgängen der SPS erfolgt nahezu gleichzeitig, bei den Schützen sind Anzugs- und Abfallverzögerung unterschiedlich lang. Dadurch wären für einen kurzen Moment die Kontakte beider Schütze gleichzeitig geschlossen. Die geforderte Schützverriegelung kann das jedoch verhindern.

20.5.2 Steuerungen zur Anlaufstrombegrenzung

Durch ihre hohe Stromaufnahme bei Anlauf aus dem Stillstand sind für Drehstrommotoren höherer Leistung Maßnahmen zur Strombegrenzung vorgeschrieben. Für zwei der in Abschnitt 18.2.3. genannten Anlassverfahren soll die Steuerung beschrieben werden.

Anlassen durch Stern-Dreieck-Schaltung

Abb. 20-64 zeigt den Haupt- und den Steuerstromkreis einer handbetätigten Stern-Dreieck-Schützschaltung.

Stern-Einschaltung:

Mit S1 wird das Sternschütz Q2 geschaltet. Dieses schaltet mit seinem Schließer 13–14 das Netzschütz Q1 ein und verriegelt mit dem Öffner 21–22 das Dreieckschütz Q2. Q1 schaltet mit Schließer 13–14 die Selbsthaltung für Q1 und Q2 ein und bereitet das Einschalten vom Dreieckschütz Q3 vor. Es handelt sich um eine **Folgesteuerung.** Vor dem Einschalten des Dreieckschützes muss der Anlauf in Sternschaltung erfolgen.

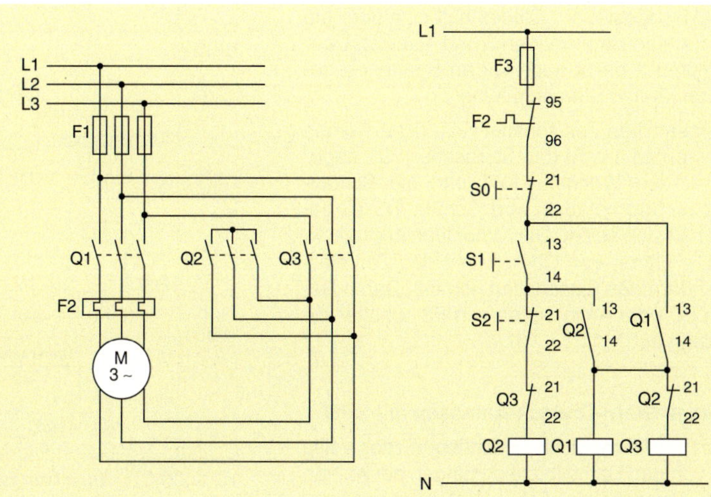

Abb. 20-64

Handbetätigte Stern-Dreieck-Schaltung eines Asynchronmotors

Dreieck-Umschaltung:

S2 schaltet das Sternschütz Q2 ab. Dadurch schaltet der Öffner 21–22 von Q2 das Dreieckschütz Q3 ein. Dieses verriegelt mit seinem Öffner 21–22 nunmehr das Sternschütz.

Ausschaltung:

Mit S0 oder mit F2 werden alle Schütze betriebsmäßig bzw. bei Überlast ausgeschaltet.

Die Steuerung des Anlassvorganges von Hand empfiehlt sich, wenn der Motor unter wechselnden Bedingungen anlaufen muss, wie dies z. B. bei Zentrifugen der Fall ist. Bei gleich bleibenden Anlaufbedingungen ist eine Steuerung über Zeitrelais üblich. Sie kann aber auch Bestandteil eines Steuerprogrammes einer SPS sein.

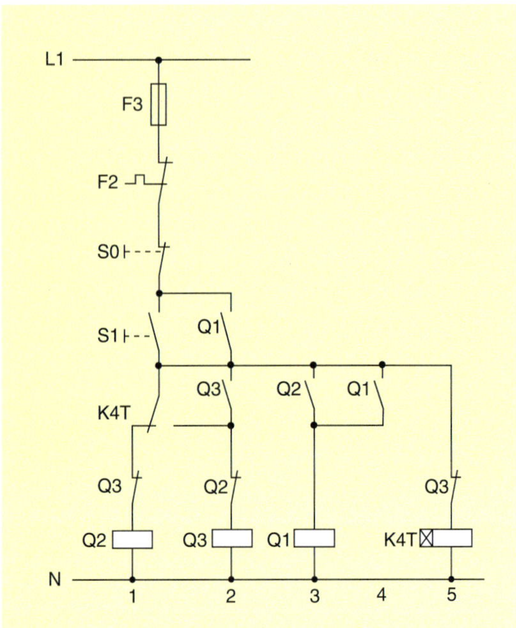

Abb. 20-65 ***Automatische Stern-Dreieck-Schaltung***

Funktionsbeschreibung zu Abb. 20-65:
Wird der Taster S1 betätigt, so zieht das Sternschütz Q2 an. Über den Schließer Q2 in Strompfad 3 wird das Netzschütz Q1 angesteuert. Dieses hält sich über die Schließer Q1 in den Strompfaden 2 und 4 selbst. Über Q1 im Strompfad 2 bleibt auch Q2 an Spannung gelegt. Der Motor läuft in Sternschaltung.

Nach der eingestellten Zeit schaltet K4T, durch seinen Öffner in Strompfad 1 wird das Sternschütz Q2 abgeschaltet. Über den Wechsler K4T und die Schützverriegelung in Strompfad 2 wird Schütz Q3 eingeschaltet und hält sich selbst. Der Motor läuft in Dreieck-Schaltung. Die Öffner von Q3 schalten das Zeitrelais ab und verhindern das Einschalten von Q2. Durch Betätigung von S0 oder Ansprechen von F2 schaltet die gesamte Anlage ab.

Zeitabhängiges Stern-Dreieck-Anlassen mit SPS

Hier wird ein Funktionsblock beschrieben, der völlig unabhängig von den Bauteilbezeichnungen der Anlage und von den Adressen der Ein- und Ausgangsadressen der SPS ist. Deshalb wurde als Erstellsprache auch die Funktionsplandarstellung benutzt.

```
FUNCTION_BLOCK Stern_Dreieck
VAR_INPUT
    Start: BOOL;
    Stopp: BOOL;
    Motorschutz: BOOL;
    Stern_angezogen: BOOL;
END_VAR
VAR_OUTPUT
    Stern: BOOL;
    Dreieck: BOOL;
    Netz: BOOL;
END_VAR
VAR
    Sternmerker, Netzmerker, Dreieckmerker: RS;
    Halt: BOOL;
    Fehler: BOOL;
    Umschaltzeit: TON;
    Umschalten: BOOL;
    Anlaufzeit: TON
END_VAR
```

Abb. 20-66 ***Deklarationsteil***

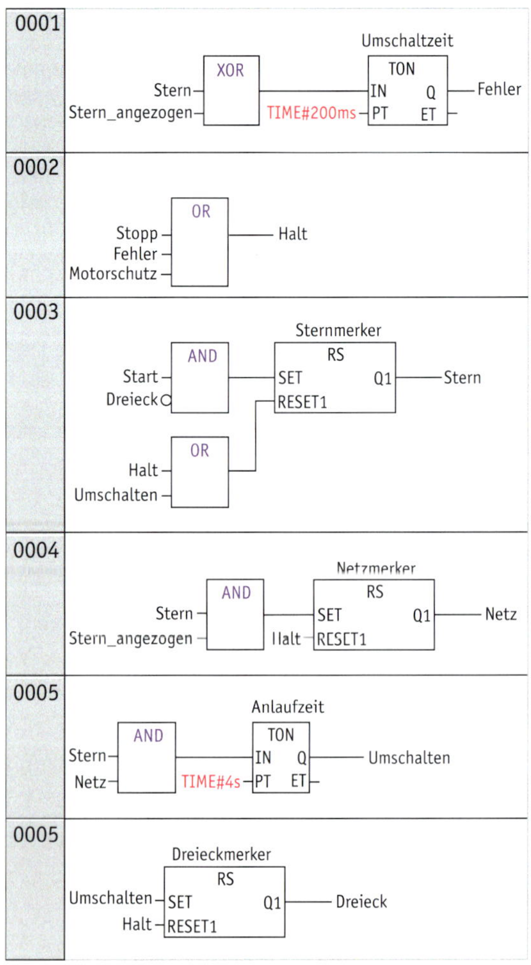

Abb. 20-67 ***Anweisungsteil für Stern-Dreieck-Umschaltung***

Die einzelnen Netzwerke erläutern sich durch ihre Darstellung in der Funktionsbausteinsprache eigentlich selbst. Im Netzwerk 1 wird überprüft, ob das Sternschütz richtig reagiert; im Netzwerk 2 werden die Signale zum Anhalten des Motors zusammengefasst. Dann folgen die Bedingungen zum Ein- und Ausschalten des Sternschützes, anschließend die vom Netzschütz und schließlich wird die Umschaltung in den Dreieckbetrieb organisiert.
Der Bezug zur Anlage wird wiederum erst im Programm hergestellt.

```
PROGRAM Antrieb
VAR
    Anlasser: Stern_Dreieck;
    F2AT %IX0.0BOOL;   (*Motorschutz*)
    S0 AT %IX0.1 BOOL;  (*Stopptaster NC*)
    S1AT %IX0.2 BOOL;  (*Starttaster NO*)
    Q2_RMAT %IX0.3 BOOL;  (*Rückmeldekontakt von Q2*)
    Q1 AT %QX0.1BOOL;    (*Netzschütz*)
    Q2 AT %QX0.2BOOL;    (*Sternschütz*)
    Q3 AT %QX0.3BOOL;    (*Dreieckschütz*)
END_VAR
```

Abb. 20-68 ***Deklarationsteil des Programms***

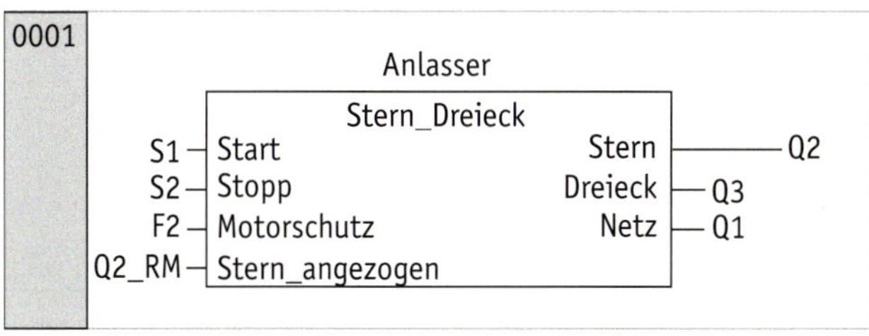

Abb. 20-69 ***Anweisungsteil mit Bausteinaufruf***

20.6 Ablaufsteuerungen

20.6.1 Merkmale der Ablaufsteuerung

Ablaufsteuerungen bestehen aus einzelnen Schritten, die in einer vorgegebenen Reihenfolge ablaufen. Der nächste Schritt wird erst dann begonnen, wenn die Weiterschaltbedingungen erfüllt sind. Hängen diese Bedingungen von einem Zeitablauf ab, spricht man von einer **zeitgeführten Ablaufsteuerung.** Die Steuereinrichtung enthält dann eine Zeitschaltuhr oder elektronische Zeitglieder. Bei **prozessgeführten Ablaufsteuerungen** bewirkt der gesteuerte Prozess das Weiterschalten zum nächsten Schritt. Diese Steuerungen besitzen dadurch einen geschlossenen Wirkungsweg, denn von der Steuerstrecke werden Informationen (z.B. über Drehzahlen, Drehrichtungen, Vorschübe und Werkstückpositionen) an die Steuereinrichtung zurückgegeben. Der offene Wirkungsablauf – das Beenden eines Ablaufschrittes und der Beginn eines neuen – unterscheidet die Ablaufsteuerung von einer Regelung.
Häufig wird in der Ablaufsteuerung eine Kombination von zeitgeführten und prozessgeführten Steuerschritten zu finden sein. Das Steuerprogramm eines Waschautomaten gliedert sich sehr vereinfacht dargestellt in die Schritte nach Abb. 20-70. Dabei laufen drei der Schritte prozessgesteuert ab. Sensoren liefern der Steuereinrichtung Informationen über den Füllstand und die Wassertemperatur. Die erreichten Werte werden mit den im Programm vorgegebenen verglichen und der nächste Schritt ausgelöst. Da es zzt. noch keine Sensoren für den erreichten Sauberkeitsgrad der Wäsche gibt, muss der Schritt „Waschen" zeitgeführt ablaufen. Die Zeitdauer dieses Schrittes wird durch Erfahrungswerte festgelegt, lässt sich aber oft durch Zusatzfunktionen „intensiv" oder „kurz" variieren.

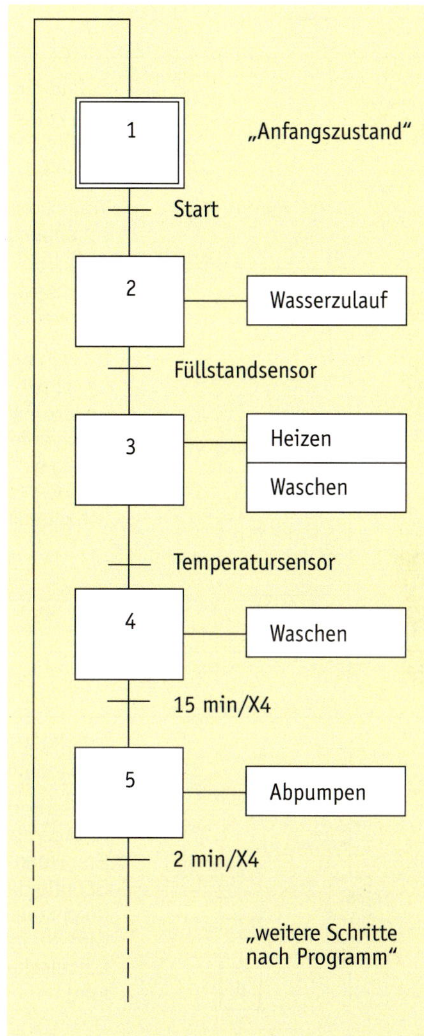

Abb. 20-70 ***Ablaufplan nach GRAFCET***

Um eine Ablaufsteuerung zu beschreiben, sollte man sich der genormten Spezifikationssprache GRAFCET bedienen (DIN EN 60848). Sie ist keine Programmiersprache für eine SPS, sondern eine Möglichkeit, den Ablauf grafisch darzustellen.

In GRAFCET werden folgende Symbole und Strukturen verwendet:

	Schritt allgemein Ein Schritt kann aktiv oder inaktiv sein. * Schrittnummer
	Anfangsschritt
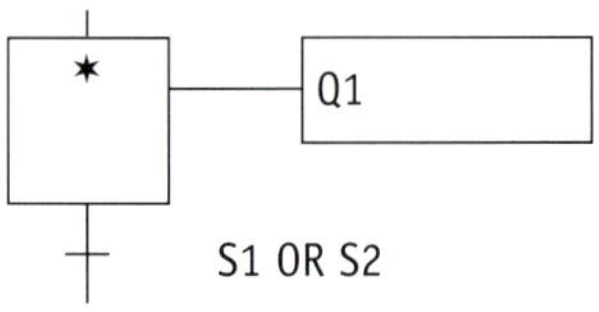	Schritt mit Aktion und Wirkverbindung zu den nächsten Schritten sowie Transition (Weiterschaltbedingung)
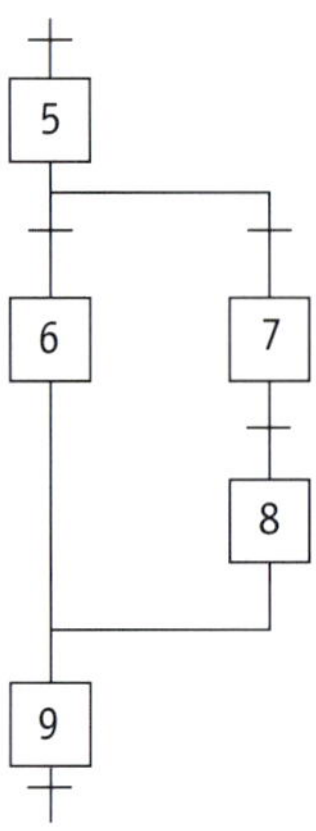	alternative Ablaufverzweigung Es wird entweder der eine ODER der andere Zweig durchlaufen. Jeder Zweig hat seine eigene Weiterschaltbedingung.
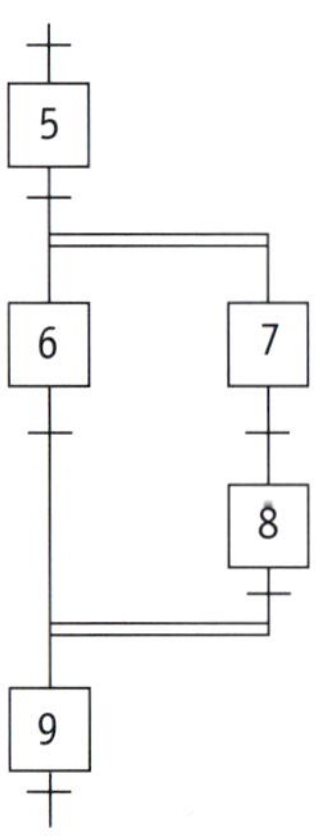	simultane Ablaufverzweigung Es werden beide Zweige durchlaufen. Erst wenn alle Schritte der Zweige durchlaufen sind, wird der nächste Einzelschritt ausgeführt.
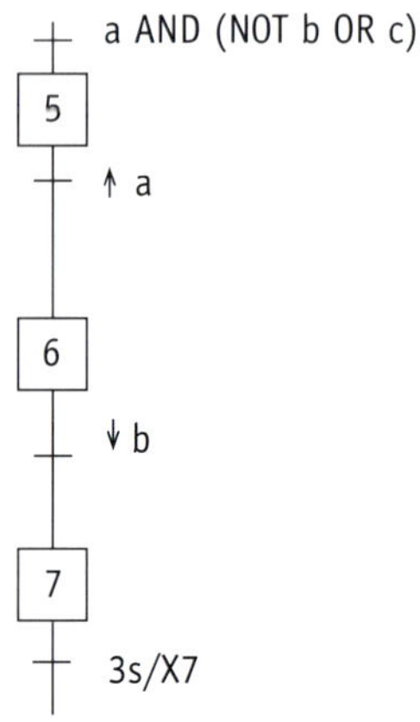	Schrittwechsel, wenn der boolsche Ausdruck erfüllt ist. Schrittwechsel, wenn a von FALSE nach TRUE wechselt. Schrittwechsel, wenn b von TRUE nach FALSE wechselt. Schrittwechsel, wenn Schritt 7 3 Sekunden aktiv war.
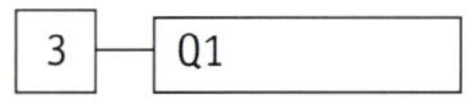	nichtspeichernde Aktion: Q1 ist genau so lange betätigt, wie Schritt 3 aktiv ist.
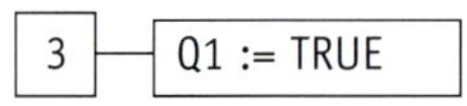	speichernde Aktion: Q1 ist betätigt und bleibt es auch in den nachfolgenden Schritten.
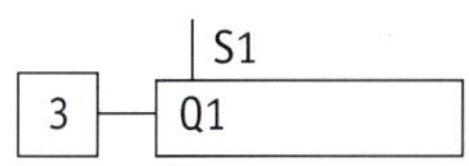	bedingte Aktion: Q1 ist im Schritt 3 nur dann betätigt, wenn S1 den Wert TRUE hat.
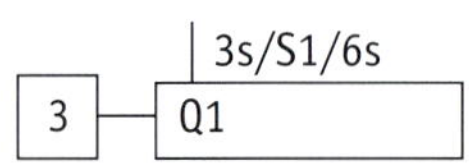	zeitbegrenzte Aktion: Q1 ist im Schritt 3 nur dann betätigt, wenn S1 bereits 3 Sekunden den Wert TRUE hatte und bleibt es auch bis 6 Sekunden nach diesem Zustand von S1.
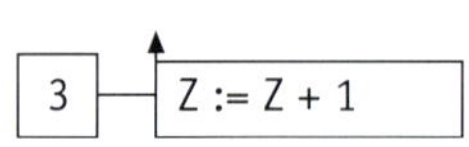	Z wird beim Aktivieren von Schritt 3 um den Wert 1 erhöht.

Tab. 20-9 ***Elemente von GRAFCET***

20

20.6.2 Ablaufsteuerung als kontaktbehaftete Steuerung

Als Beispiel für eine kontaktbehaftete Ablaufsteuerung soll die Steuerung eines Geschirrspülautomaten betrachtet werden. Kernstück der Steuerung ist ein **Programmschaltwerk** (Abb. 20-71).

Es verfügt über 60 Schritte, wobei jedem Schritt eine bestimmte Schaltstellung der Schalter S1.1 bis S1.9 des Schaltwerkes zugeordnet ist. Diese Schaltstellungen sind in dem Ablaufdiagramm der Abb. 20-72 dargestellt. Im Schritt Nr. 60 sind alle Kontakte offen; das ist der Schritt für das Programmende. In den Schritt Nr. 1 (Programmbeginn) kommt das Schaltwerk durch Handbetätigung. Die weitere Bewegung übernimmt dann der Antriebsmotor M1 (vgl. Abb. 20-73). Wenn er seine Spannung über den geschlossenen Kontakt S1.1 erhält, dann läuft das Programm zeitgeführt. In den Ablaufschritten, in denen S1.1 geöffnet ist, erhält der Motor M1 seine Spannung über Schalter, die durch den Spülprozess selbst betätigt werden. Durch den Druckschalter Q5 sowie die Temperaturschalter Q3 bzw. Q4 läuft der Steuervorgang prozessgeführt.

Abb. 20-71 ***Programmschaltwerk***

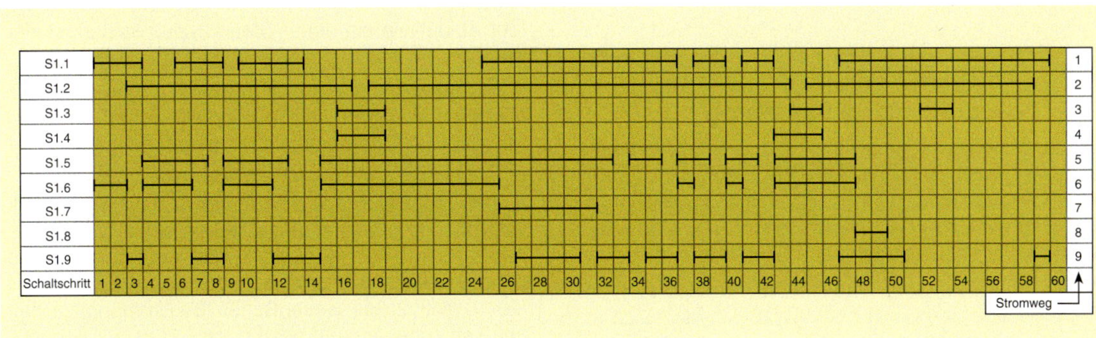

Abb. 20-72 ***Ablaufdiagramm für Programmschaltwerk eines Geschirrspülers***

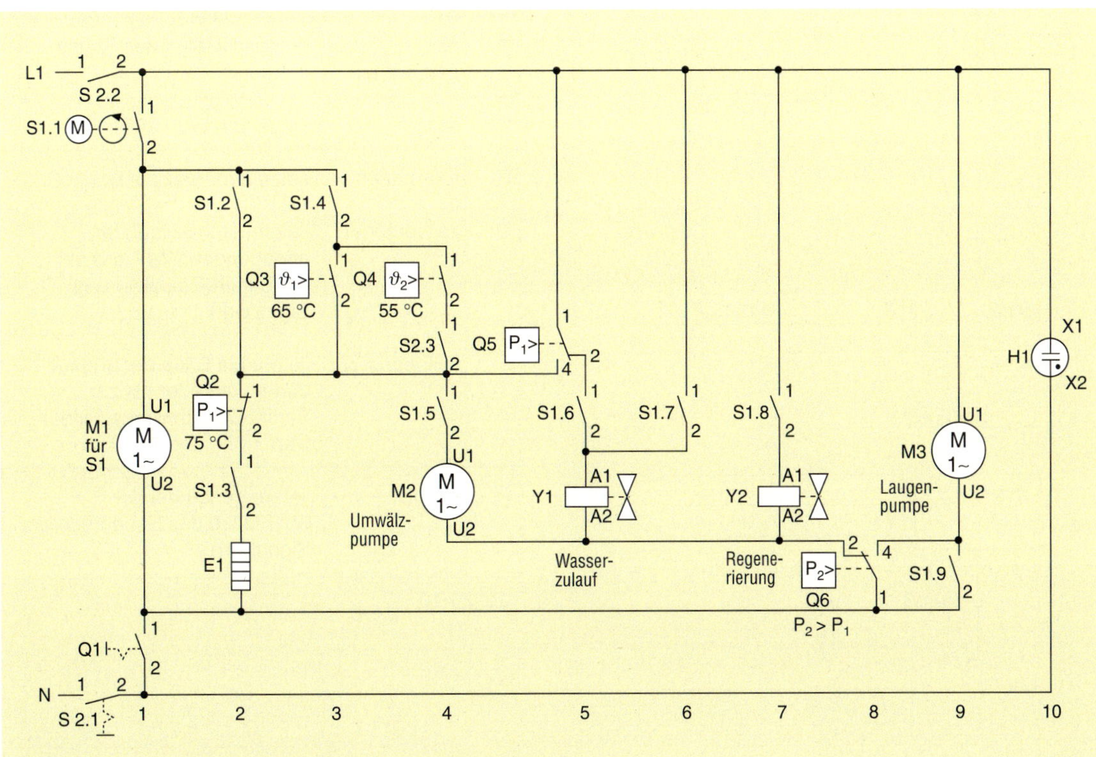

Abb. 20-73 ***Stromlaufplan der Steuerung eines Geschirrspülers***

Mit dem Wahltaster S2 kann die Heiztemperatur zwischen 55 °C und 65 °C gewählt werden. Die entsprechenden Temperaturschalter sind Q4 und Q3. Q2 mit der Schalttemperatur 75 °C dient als Sicherheitskontakt. Diese Temperatur wird im Normalbetrieb nicht erreicht.

Der Druckschalter Q5 überwacht den Füllstand. Wenn der Füllstand, und damit der Flüssigkeitsdruck am Boden des Behälters, den eingestellten Wert erreicht, schließt sich das Zulaufventil Y1, und der Antrieb der Umwälzpumpe durch den Motor M1 wird vorbereitet. Die Pumpe drückt das Wasser durch die Sprüharme des Geschirrspülers. Der Motor M2 treibt die Laugenpumpe an. Das Abpumpen erfolgt ablaufgesteuert durch Schaltkontakt S1.9 oder bei Überschreiten eines kritischen Füllstandes über Q6. Der Kontakt S1.8 steuert das Ventil Y2. Es leitet eine Salzlösung in die Wasserenthärtungsanlage, um eine Regenerierung zu ermöglichen.

20.6.3 Ablaufsteuerung als speicherprogrammierte Steuerung

Für die Programmierung einer SPS als Ablaufsteuerung beschreibt die Norm DIN EN 61131 eine grafische Ablaufsprache, die in der Darstellung viele Ähnlichkeiten mit GRAFCET besitzt. Auch hier ist das Ablaufprogramm ein Netzwerk aus Schritten und Transitionen.

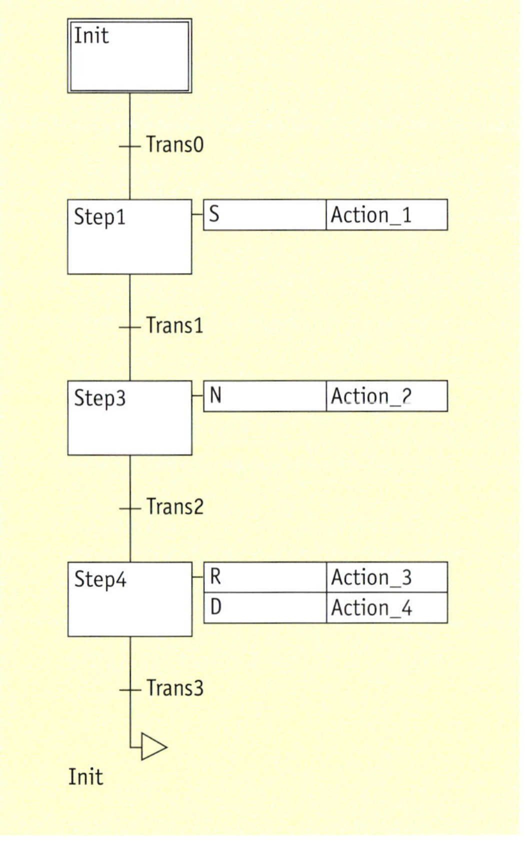

Abb. 20-74 ***Programmdarstellung einer Ablaufsteuerung***

Ein Schritt kann entweder aktiv oder inaktiv sein. Er verweist auf eine Anzahl von Anweisungen, die genau dann durchgeführt werden, wenn der Schritt aktiv ist. Wenn der Schritt aktiviert werden soll, entscheidet die Transition an seinem Eingang mithilfe der Weiterschaltbedingung in Form eines boolschen Ausdruckes. Das Aktivieren eines Schrittes bedingt das Inaktivieren des vorhergehenden Schrittes. Durch die Freigabe einer Transition wird demzufolge ein Aktiv-Attribut von einem aktiven Schritt an seinen Nachfolger weitergegeben.

Abb. 20-74 zeigt ein Netzwerk aus mehreren Schritten. Sie sind als Rechtecke dargestellt und durch eine Ablauflinie miteinander verbunden. Diese wiederum wird durch die Transitionen unterbrochen. Im rechten Teil der Abbildung befinden sich Aktionsblöcke mit den zugeordneten Anweisungen.

Beim Start des Programmes wird ein besonders gekennzeichneter Schritt (Init) aktiviert. Nach dem Durchlaufen aller Schritte kann dann über die Rückführung der Ablauflinie ein neuer Steuerzyklus ausgelöst werden.

Ablaufketten können auch Verzweigungen enthalten. Dadurch werden mehrere parallele Schritte aktiviert, die aber letztlich auch wieder zusammengeführt werden müssen.

In den Aktionsblöcken sind außer dem Namen der Aktion noch ein Bestimmungszeichen einzutragen. Letzteres gibt einen wichtigen Hinweis auf die Ausführungsbedingung der jeweiligen Aktion. Die Tabelle 20-10 enthält die wesentlichen Bestimmungszeichen mit den zugehörigen Erklärungen.

BZ	Kurzwort	Erläuterung
N	nicht gespeichert	entspricht Wert des Schrittmerkers
S	setzen	setze den Wert auf 1
R	rücksetzen	setze den Wert auf 0
D	zeitverzögert	liefere nach Ablauf der angegebenen Zeit und bis zur Schritt-Deaktivierung Signalwert 1
L	zeitbegrenzt	liefere bis Ende der angegebenen Zeit oder bis zur Schritt-Deaktivierung Signalwert 1
P	Impuls	liefere genau bei der 0/1-Flanke des Schrittmerkers Signalwert 1

Tab. 20-10

20.6.4 Transportsteuerung als Ablaufsteuerung

Die vereinfacht dargestellte Steuerung einer Transportvorrichtung soll als Ablaufsteuerung mit einer SPS realisiert werden. Die Anlage im Überblick ist in Abb. 20-75 dargestellt.

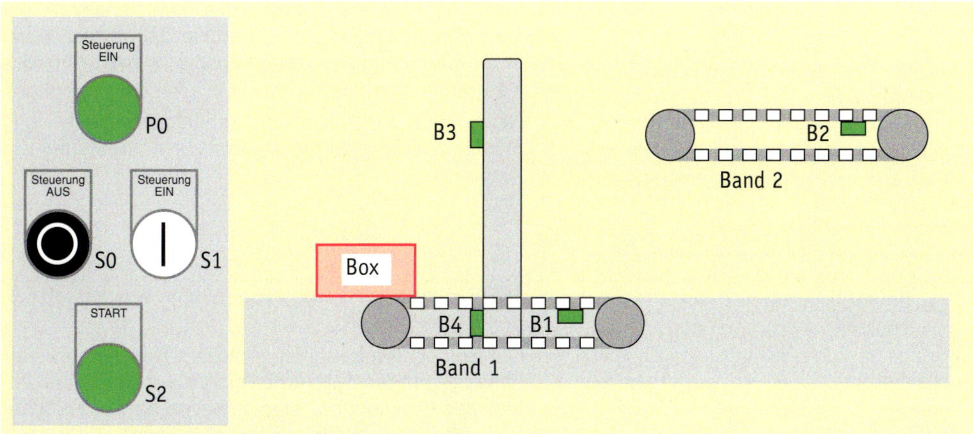

Abb. 20-75 ***Hubtisch mit Bedienfeld***

Mit Taster S1 wird die Steuerung in Betrieb genommen, S0 beendet den Betrieb. P0 zeigt die Betriebsbereitschaft an.

Bei vorhandener Betriebsbereitschaft kann mit S2 der Transportvorgang gestartet werden. Er läuft in folgenden Schritten ab:

Schritt 1: Nachdem die Box auf das Band 1 geschoben wurde, transportiert sie das Band bis zum Sensor B1.

Schritt 2: Der Tisch bewegt sich aus seiner unteren in die obere Position.

Schritt 3: Durch die gleichzeitige Bewegung der Bänder 1 und 2 wird die Box in die obere Position bei Sensor B2 gebracht.

Schritt 4: Der Tisch fährt wieder in seine Ausgangsposition.

Bei Betätigung des Tasters S0 wird jede Transportbewegung sofort unterbrochen. Nach Wiedereinschalten Mit S1 kann sie mit dem Starttaster S2 an der gleichen Stelle fortgesetzt werden.

Das Programm ist strukturiert und besteht aus dem Deklarationsteil zur Vereinbarung der Programmvariablen sowie zur Zuweisung der Hardwareadressen.

```
PROGRAM PLC_PRG
VAR
    Auswahl: Betriebsart; (*Instanz des Funktionsblockes zur Betriebsartenwahl*)
    Transport: Ablauf;    (*Instanz des Funktionsblockes zur Ablaufsteuerung*)
    Anlage: Aktionen;     (*Instanz des Funktionsblockes zur Aktionsfreigabe*)

    S0AT%IX0.0:BOOL;      (*Taster für Steuerung AUS, NC*)
    S1AT%IX0.1:BOOL;      (*Taster für Steuerung EIN, NO*)
    S2AT%IX0.2:BOOL;      (*Taster für Start, NO*)

    B1AT%IX0.3:BOOL;      (*Sensor für Position 1 (Kiste auf dem Tisch) NO*)
    B2AT%IX0.4:BOOL;      (*Sensor für Position 2 (Kiste auf dem oberen Band) NO*)
    B3AT%IX0.5:BOOL;      (*Sensor für Tisch (obere Endlage) NC*)
    B4AT%IX0.6:BOOL;      (*Sensor für Tisch (obere Endlage) NC*)

    P0AT%QX0.0:BOOL;      (*Meldung für Steuerung EIN*)

    Q1 AT%QX0.1:BOOL;     (*Schütz für Antrieb Band 1*)
    Q2 AT%QX0.2:BOOL;     (*Schütz für Antrieb Band 2*)
    Q3 AT%QX0.3:BOOL;     (*Schütz für Antrieb Tisch hoch*)
    Q4 AT%QX0.4:BOOL;     (*Schütz für Antrieb Tisch runter*)

    Freigabe:BOOL;    (*Variable zur Freigabe des Transportes*)
END_VAR
```

Abb. 20-76 ***Deklarationsteil des Programms mit Adressen***

Der Programmname PLC_PRG weist darauf hin, dass es sich um das Programm handelt, welches von der SPS abgearbeitet wird.

Im Anweisungsteil werden drei Funktionsblöcke aufgerufen.

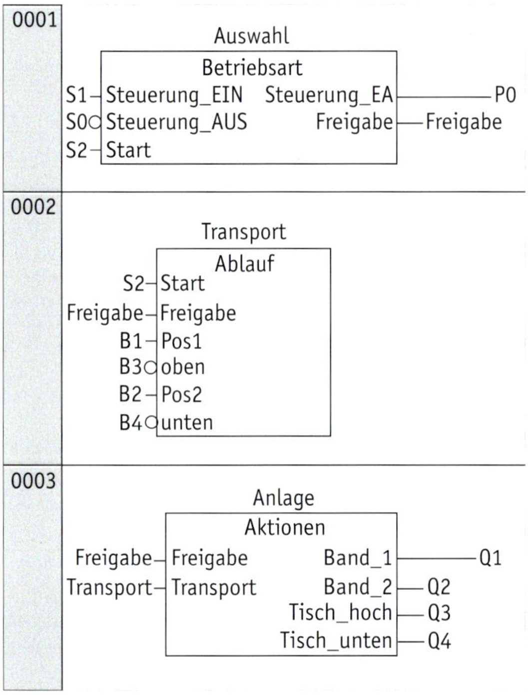

Abb. 20-77
Anweisungsteil des Programms mit Bausteinaufrufen

Im Netzwerk 1 werden aus den Tastersignalen das Signal zur Anzeige der Betriebsbereitschaft sowie zur Freigabe des Transports gebildet. Das Signal von S0 (Steuerung AUS) wird negiert, da es wegen der Drahtbruchsicherheit mit einem Öffnerkontakt erzeugt wird.

Netzwerk 2 organisiert den Ablauf der einzelnen Transportschritte und benötigt dazu die Signale der Sensoren. Auch die Information, ob der Starttaster bei vorhandener Betriebsbereitschaft (Freigabe) betätigt wird, muss bereitgestellt werden. Der Funktionsblock hat scheinbar keine Ausgänge. Welcher Schritt gerade aktiv ist, wird durch die Instanzvariable Transport auf das Netzwerk 3 übertragen.

Netzwerk 3 bildet aus den Schrittinformationen und dem Freigabesignal die Signale zur Ansteuerung der Aktoren.

Die Funktionsblöcke des Programms werden im Folgenden dargestellt.

Die Betriebsartenwahl ist in diesem Bespiel sehr vereinfacht und ermöglicht nur einen automatischen Ablauf des Transportes. Eine Erweiterung auf Handbetrieb mit Einzelschritten ist jedoch möglich.

```
FUNCTION_BLOCK Betriebsart
(* Erweiterungen auf Tippbetrieb möglich *)
VAR_INPUT
    Steuerung_EIN: BOOL;
    Steuerung_Aus: BOOL;
    Start: BOOL;
END_VAR
VAR_OUTPUT
    Steuerung_EA: BOOL;
    Freigabe: BOOL;
END_VAR
VAR
    Steuerung_RS;
    Aktion_RS;
END_VAR
```

Abb. 20-78 ***Deklarationsteil FB Betriebsart***

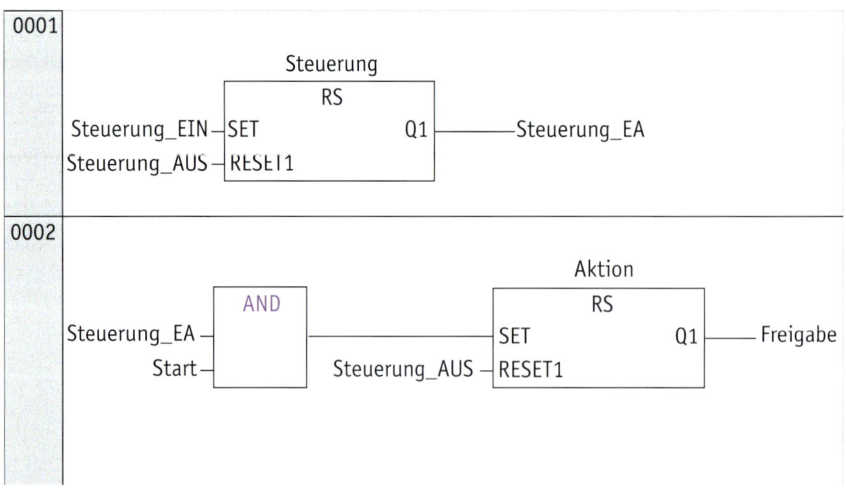

Abb. 20-79 ***Anweisungsteil FB Betriebsart***

Für den Funktionsblock Ablauf wurde die Ablaufsprache gewählt.

```
FUNCTION_BLOCK Ablauf
VAR_INPUT
    Start: BOOL;     (* Start-Taster wird betätigt *)
    Freigabe: BOOL;  (* Steuerung ist damit im Zustand EIN *)
    Pos1: BOOL;      (* Die Kiste ist auf dem Tisch positioniert. *)
    oben: BOOL;      (* Der Tisch befindet sich oben. *)
    Pos2: BOOL;      (* Die Kiste ist auf der Ablageposition. *)
    unten: BOOL;     (* Der Tisch befindet sich unten. *)
END_VAR
VAR_OUTPUT
(* Die Ausgangswerte (Schritt-Aktivitäten) werden mit der
    Instanz des Funktionsblockes weiter gegeben. *)
END_VAR
```

Abb. 20-80 ***Deklarationsteil FB Ablauf***

Im Anweisungsteil kommt eine vereinfachte Darstellung zur Anwendung. Auf den Aktionsteil wird hier verzichtet, da sie im Funktionsblock „Aktionen" separat bearbeitet werden.
Der Ablauf beginnt mit dem Initial- oder Anfangsschritt, wobei hier vorausgesetzt wird, dass sich die Anlage auch tatsächlich in der Grundstellung befindet. Diese Annahme sollte bei einer realen Steuerung nicht gelten, sodass sich eventuell zuerst eine Grundstellungsfahrt notwendig macht.

Ansonsten werden die Schritte in der vorgegebenen Reihenfolge durchlaufen. Vom letzten Schritt erfolgt dann ein Sprung in den Anfangsschritt.

In diesem dritten Funktionsblock werden die Signale für die Aktoren gebildet.

```
FUNCTION_BLOCK Aktionen
VAR_INPUT
    Freigabe: BOOL;
    Transport: Ablauf;
END_VAR
VAR_OUTPUT
    Band_1: BOOL;
    Band_2: BOOL;
    Tisch_hoch: BOOL;
    Tisch_unten: BOOL;
END_VAR
```

Abb. 20-82
Deklarationsteil FB Aktionen

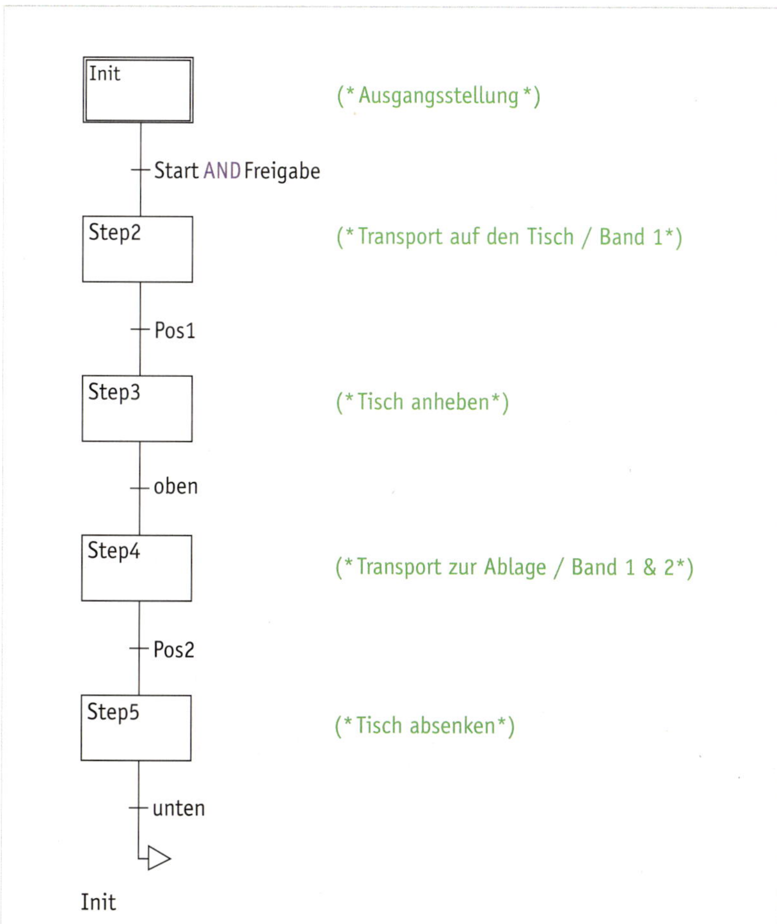

Abb. 20-81
Anweisungsteil FB Ablauf

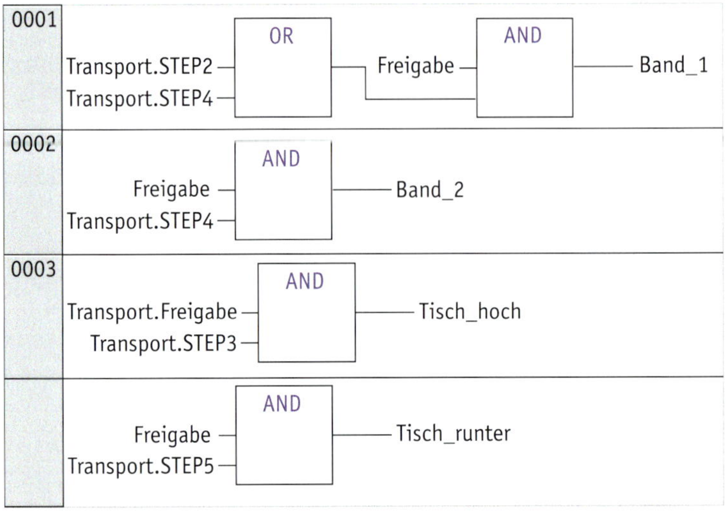

Die Schrittvariablen aus dem Funktionsblock „Transport" werden mit dem Freigabesignal verknüpft. Dabei wird die Darstellung nach der Norm IEC 611031 verwendet. Transport.Step1 ist die Information über die Aktivität von Schritt 1 aus der Instanz Transport des Funktionsblockes Ablauf. Transport muss dazu als Eingangsvariable vom Typ Ablauf deklariert sein.

Abb. 20-83
Anweisungsteil FB Aktionen

AUFGABEN

20.1 Begründen Sie, dass bei einem geschlossenen Wirkungsweg ein offener Wirkungsablauf vorliegen kann.

20.2 Erläutern Sie die Unterschiede zwischen VPS und SPS.

20.3 Nennen Sie Beispiele für Messgrößen und begründen Sie die Notwendigkeit, vorgeschriebene Messwerte einzuhalten.

20.4 Welche Aufgaben hat ein Schütz in der Steuerungstechnik?

20.5 Erläutern Sie die Einordnung der Schütze in verschiedene Gebrauchskategorien.

20.6 Welche Schutzfunktionen erfüllt ein Motorschutzschalter?

20.7 Begründen Sie, dass in einer Steuerschaltung mit Schützen zwischen Schützspule und Neutralleiter keine Schaltglieder liegen dürfen.

20.8 Analysieren Sie den abgebildeten Logikplan einer Steuerung! Geben Sie die Schaltbelegungstabelle und die Funktionsgleichung an.

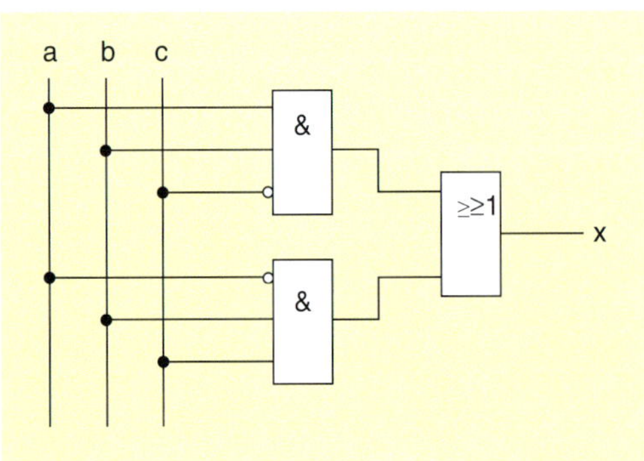

20.9 Entwickeln Sie aus der angegebenen Schaltbelegungstabelle den Logikplan einer Steuerung.

a	b	c	x
0	0	0	1
0	0	1	1
0	1	0	0
0	1	1	1
1	0	0	0
1	0	1	0
1	1	0	1
1	1	1	1

20.10 Realisieren Sie die Steuerfunktion aus Aufgabe 20.8 mit NAND-Gliedern.

20.11 Beschreiben Sie die Funktionsunterschiede zwischen den Arten der Kippstufen (bistabil, monostabil, astabil), und nennen Sie Anwendungsbeispiele.

20.12 Nennen Sie die Kriterien, die bei der Entscheidung für eine speicherprogrammierte Steuerung berücksichtigt werden sollten.

20.13 Beschreiben Sie die Folgen, wenn beim Anschluss von Tastern an eine SPS die Drahtbruchsicherheit nicht beachtet wird.

20.14 Erläutern Sie den Begriff „zyklische Arbeitsweise" einer SPS.

20.15 Beurteilen Sie die verschiedenen Darstellungsweisen eines SPS-Programmes hinsichtlich ihrer Anschaulichkeit. Welcher Form geben Sie den Vorzug?

20.16 Begründen Sie, dass die gegenseitige Verriegelung zweier Schütze nicht durch eine Verriegelung der entsprechenden SPSAusgänge ersetzt werden kann.

20.17 Aus welchen Teilen besteht eine Ablaufsteuerung? Warum sollten diese Teile im Programm deutlich unterschieden werden?

21 Regeln in elektrischen Anlagen

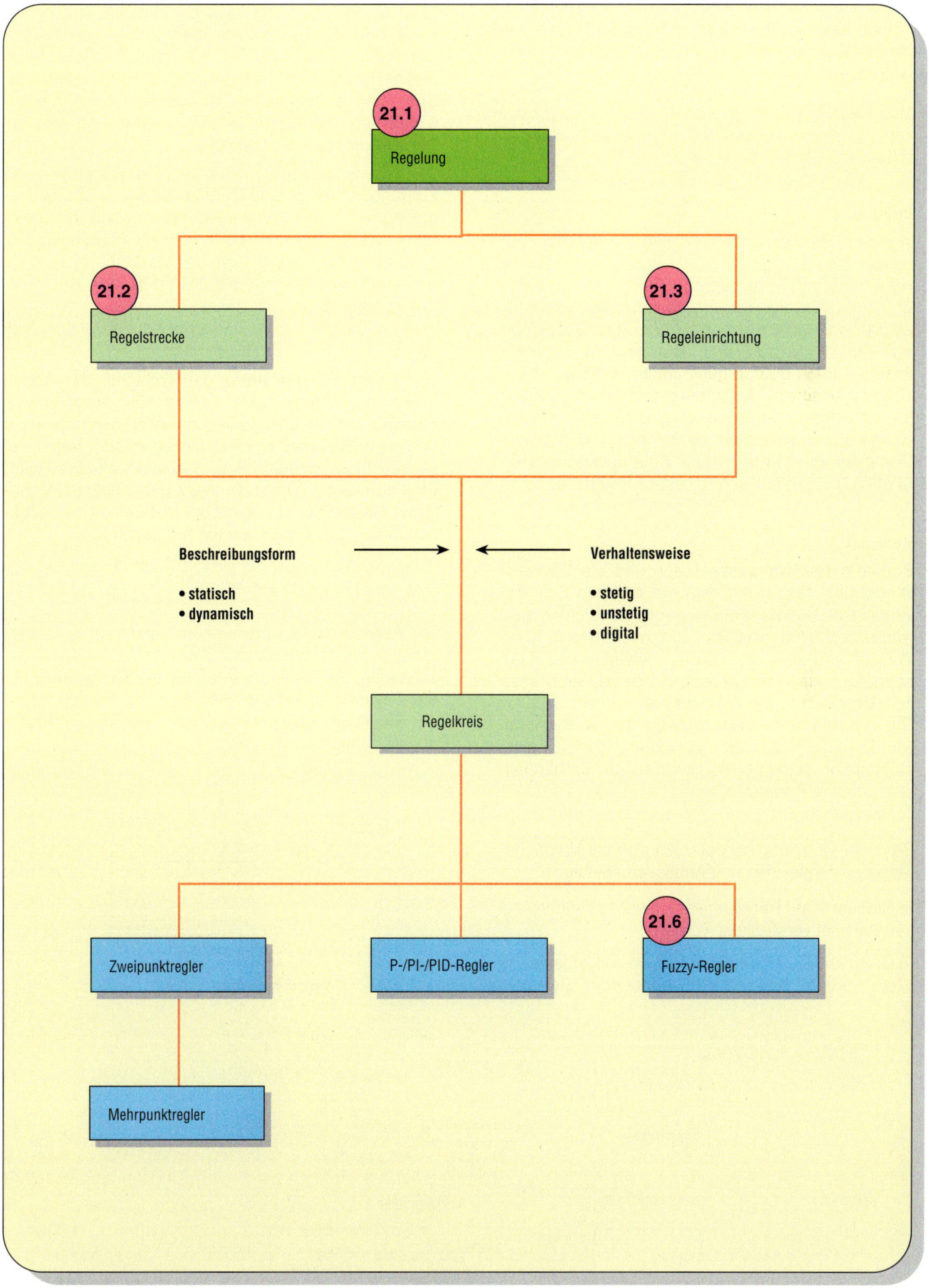

Abb. 21-1 *Beziehungen und Strukturen*

21.1 Begriffe und Größen

Für Steuerungen ist stets ein offener Wirkungsablauf charakteristisch, auch dann, wenn es sich bei der Steuerung um ein System mit geschlossenem Wirkungsweg handelt. Wenn jedoch die Aufgabengröße **fortlaufend** erfasst, mit einem Sollwert verglichen und im Sinne einer Anpassung beeinflusst wird, dann handelt es sich um eine Regelung. Der Wirkungsablauf ist geschlossen.

Eine Regelung vollzieht sich in einem geschlossenen System mit einem geschlossenen Wirkungsablauf.

Beispiel 1:

In einem **Heißwasserboiler** wird die Wassertemperatur nur so lange mit dem eingestellten Sollwert verglichen, bis die gewünschte Temperatur erreicht ist. Dann wird die Heizung abgeschaltet, und das Wasser sollte entnommen werden. Der Boiler besitzt keine Wärmeisolation. Die Heizung wird erst dann wieder in Betrieb genommen, wenn der Heizvorgang mit einem Taster neu gestartet wird. Dieses System besitzt zwar einen geschlossenen Wirkungsweg, er wird aber nicht fortlaufend benutzt. Der Ablauf des Vorganges hat Anfang und Ende; er ist offen. Es handelt sich um eine **Steuerung.**

Beispiel 2:

In einem **Heißwasserspeicher** wird die Wassertemperatur ständig mit dem eingestellten Sollwert verglichen. Sobald die Temperatur unter den gewünschten Wert absinkt, wird nachgeheizt. Das Wasser wird also ständig heiß gehalten, und deshalb muss der Heißwasserspeicher im Gegensatz zum Boiler eine gute Wärmeisolation besitzen.
Der geschlossene Wirkungsweg dieses Systems wird fortlaufend benutzt. Der Ablauf wiederholt sich ständig von selbst; er ist geschlossen. Es handelt sich um eine **Regelung.**

Bei einer Regelung wiederholen sich die Vorgänge Messen, Vergleichen und Anpassen ständig.

21

Die Struktur einer Regelungsanlage soll an einem weiteren Beispiel verdeutlicht werden.

Die Drehzahl einer Antriebsmaschine soll konstant gehalten werden, obwohl sie wechselnder Belastung ausgesetzt ist. Die Drehzahl ist die **Aufgabengröße** x, die Belastung wirkt als **Störgröße** z.

Mit der Maschine ist ein Tachogenerator gekoppelt. Die von ihm abgegebene Spannung ist ein Signal, welches Informationen über den Augenblickswert der Aufgabengröße enthält. Dieses Signal wird letztlich dazu benutzt, um auf die Drehzahl wieder zurückzuwirken, und heißt deshalb **Rückführgröße** x_r. Die gewünschte Drehzahl, der **Sollwert** x_s der Aufgabengröße, wird an einem Potentiometer eingestellt. Die dort abgegriffene Spannung, das Signal des Sollwertes, führt zu der gewünschten Anpassung an den Sollwert und wird als **Führungsgröße** w bezeichnet.

Das Ergebnis des Vergleiches von Rückführ- und Führungsgröße ist eine **Regeldifferenz** e. Da die Regelung den Störungen entgegenwirken soll, wird beim Vergleich die Rückführgröße von der Führungsgröße subtrahiert. Ist die Drehzahl der Maschine zu niedrig, ergibt sich eine positive Regeldifferenz, also eine positive Spannung.

$$e = w - x_r \qquad \text{21-1}$$

Der Begriff Regeldifferenz darf nicht mit der Regelabweichung verwechselt werden. Die **Regelabweichung** x_d ist der Unterschied zwischen dem **Istwert** x_i und dem **Sollwert** x_s der Aufgabengröße wobei bei seiner Ermittlung der Soll- vom Istwert subtrahiert wird. Eine zu niedrige Drehzahl ergibt demzufolge eine negative Regelabweichung mit der Maßeinheit der Aufgabengröße, also Umdrehungen pro Zeiteinheit.

$$x_d = x_i - x_s \qquad \text{21-2}$$

Die Regeldifferenz wird in einem Verstärker weiterverarbeitet und beeinflusst den Steuersatz einer Thyristorschaltung. Dessen Impulse wirken als **Stellgröße** y auf die Thyristoren, welche wiederum die Energiezufuhr zur Antriebsmaschine beeinflussen und die Drehzahlabweichungen ausgleichen.

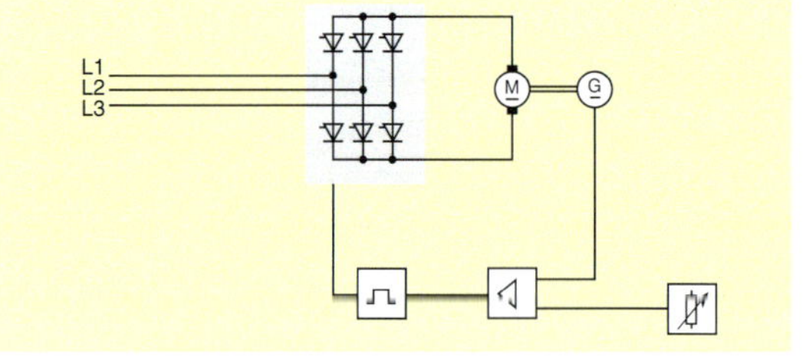

Abb. 21-2 ***Drehzahlregelung***

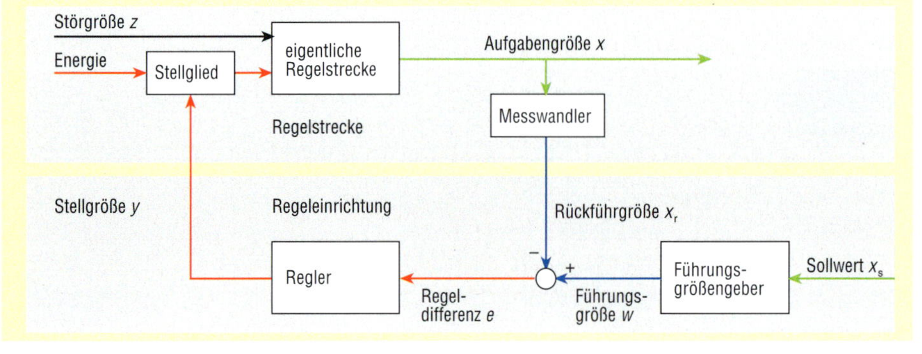

Abb. 21-3 ***Struktur des Regelkreises***

21.2 Übertragungsverhalten von Regelstrecken

21.2.1 Bedeutung des Übertragungsverhaltens

Das Verhalten eines Regelkreises, also die Art und Weise, wie er seine Aufgabe erfüllt, wird durch das Verhalten seiner beiden Teilsysteme, der Regelstrecke und der Regeleinrichtung, bestimmt. Dabei wird unter dem Verhalten ganz allgemein verstanden, wie das Teilsystem an seinem Ausgang auf eine Veränderung der Eingangsgrößen reagiert. Wie ändert sich z. B. die Drehzahl der Antriebsmaschine, wenn sie einer sich ändernden Belastung ausgesetzt ist? Oder wie reagiert die Drehzahl auf Änderungen der Steuerimpulse für den Thyristorsatz? Die Antworten auf diese Fragen sind Beschreibungen des **Übertragungsverhaltens.**

Das Übertragungsverhalten eines Systems ist die Reaktion der Ausgangsgröße auf eine Veränderung der Eingangsgrößen.

Der Wirkungsweg bildet einen Kreis, den so genannten **Regelkreis.** Er ist geschlossen. Antriebsmaschine, Tachogenerator und Thyristoren sind eine funktionelle Einheit und werden als **Regelstrecke** bezeichnet. Das ist der Teil der Anlage, welcher aufgabengemäß beeinflusst wird. Die Thyristoren wandeln die Stellgröße in einen Energiestrom, sie sind die **Stellglieder.** Der Tachogenerator wandelt die Aufgabengröße in die Rückführgröße, er ist der **Messwandler.** Der übrige Teil des Regelkreises bildet die **Regeleinrichtung.** Sie besteht aus dem **Führungsgrößengeber,** der aus dem Sollwert die Führungsgröße erzeugt, dem Regler, welcher Rückführ- und Führungsgröße miteinander vergleicht und nach bestimmten Gesetzmäßigkeiten die Stellgröße ermittelt.

Größe	Symbol	Beispiel
Aufgabengröße	x	Drehzahl
Sollwert	x_s	vorgeschriebene Drehzahl
Störgröße	z	Belastung
Regelabweichung	x_d	Drehzahl-abweichung
Rückführgröße	x_r	Spannung des Tachogenerators
Führungsgröße	w	Sollwertspannung des Potentiometers
Regeldifferenz	e	Differenz-spannung
Stellgröße	y	Steuerimpulse für Thyristoren

Tab. 21-1 ***Größen des Regelkreises***

Da die Regelstrecke der vorgegebene Teil einer Regelungsanlage ist, muss die Regeleinrichtung in ihrem Verhalten an die Regelstrecke angepasst werden. Die Kenntnis des Übertragungsverhaltens der Regelstrecke ist deshalb Voraussetzung für den Aufbau eines funktionierenden Regelkreises.

Um das Verhalten einer Regelstrecke oder eines Übertragungsgliedes zu untersuchen und zu beschreiben, gibt es mehrere Verfahren.

21.2.2 Statisches Verhalten einer Regelstrecke

Die Veränderung der Stellgröße führt zu einer Änderung der Aufgabengröße. Wenn nur das Endergebnis der Veränderung beschrieben wird, also nicht die Weise, wie dieses Ergebnis erreicht wird, dann ist die Beschreibung **statisch.**

Bei Regelstrecken mit linearem Übertragungsverhalten kann zur Beschreibung die Streckenkonstante K_s benutzt werden.

$$x_r = K_s \cdot y \qquad \text{21-3}$$

Die Dynamik der Regelstrecke, die Geschwindigkeit, mit der sie auf Änderungen der Stellgröße reagiert, wird bei dieser Beschreibung nicht beachtet.

21.2.3 Dynamisches Verhalten einer Regelstrecke

Ein einfaches und auch anschauliches Verfahren zum Beschreiben des **dynamischen** Verhaltens einer Regelstrecke ist die **Aufnahme der Sprungantwort.** Dazu wird die Stellgröße zum Testzweck sprungartig geändert (Eingangssprung). Die darauf folgenden Veränderungen der Aufgabengröße sind die Sprungantwort. Diese wird zeitlich erfasst und ausgewertet.

Aus der Sprungantwort in Abb. 21-5 ist erkennbar, dass der Motor unverzüglich auf eine Änderung der

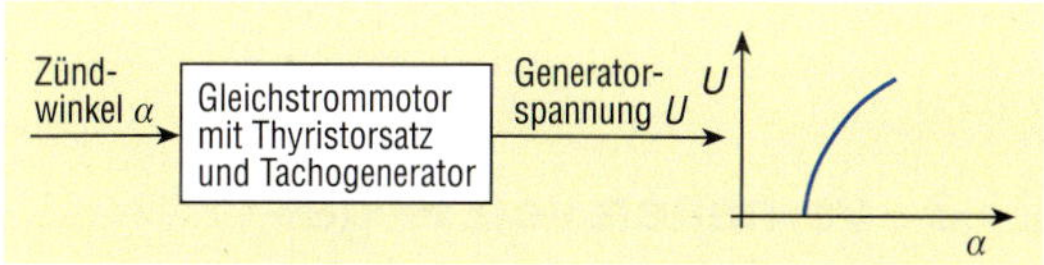

Abb. 21-4 ***Statisches Verhalten eines Gleichstrommotors***

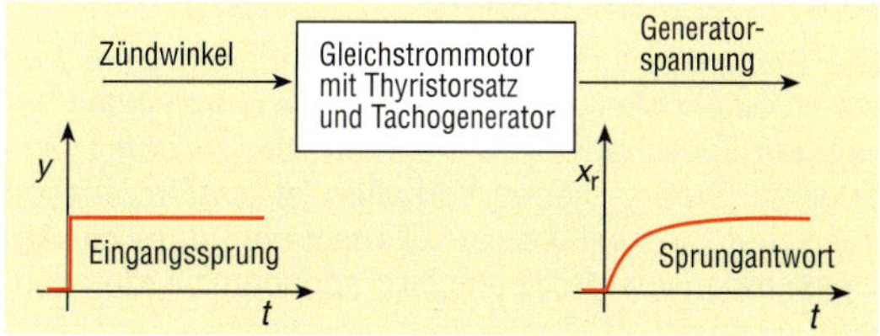

Abb. 21-5 ***Dynamisches Verhalten eines Motors***

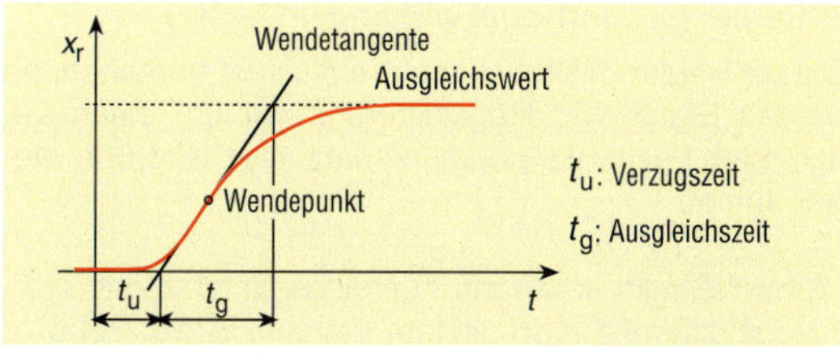

Abb. 21-6 ***Sprungantwort einer Temperaturstrecke***

21

Stellgröße reagiert. Die Drehzahl steigt an und die Rückführgröße erreicht nach kurzer Zeit einen neuen, konstanten Wert. Es erfolgte ein **Ausgleich.**

In einem weiteren Beispiel soll die Sprungantwort einer Temperatur-Regelstrecke etwas genauer ausgewertet werden.

Die Temperatur eines Raumes folgt dem Einschalten der Heizung nicht völlig unverzögert. In einer kurzen Anlaufphase treten nur sehr geringe Temperaturänderungen auf. Es ist eine **Verzugszeit** t_u vorhanden. An diese Verzugszeit schließt sich die Zeit des Temperaturausgleiches an, die so genannte **Ausgleichszeit** t_g. Die Übergänge sind gleitend. Zur Ermittlung von verwertbaren Angaben für diese beiden Zeiten kann man sich einer grafischen Methode bedienen.

Die Schnittpunkte der Wendetangente von der Sprungantwort mit der Grund- und der Ausgleichslinie markieren das Ende der Verzugszeit t_u und das Ende der Ausgleichszeit t_g.
Für manche Regelstrecken lässt sich keine Ausgleichszeit angeben, weil sie keinen Ausgleich besitzen **(Regelstrecke ohne Ausgleich).**
Für einen Tank, dessen Füllstand beeinflusst werden soll, ergibt sich eine Sprungantwort nach Abb. 21-7.

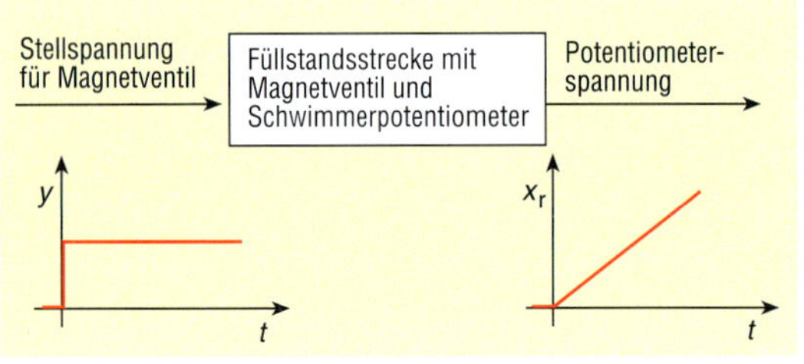

Abb. 21-7 ***Sprungantwort einer Füllstandsstrecke***

21.3 Verhalten von Regeleinrichtungen

21.3.1 Stetige Regler

Die Stellgröße stetiger Regeleinrichtungen kann zwischen einem Minimum und einem Maximum jeden beliebigen Zwischenwert annehmen. Sie ist damit eine analoge Größe. Dieses Verhalten ist eine Voraussetzung, auf Störeinflüsse so zu reagieren, dass die Abweichungen vom Sollwert völlig abgebaut werden können.

P-Regler (proportional wirkender Regler)

Dieser Regler besitzt ein sehr einfaches Verhalten, da er das Signal der Regeldifferenz nur um einen bestimmten Faktor verstärkt und dann als Stellgröße wieder abgibt.

Der P-Regler liefert ein Ausgangssignal y, das der Regeldifferenz e an seinem Eingang direkt proportional ist.

Der P-Regler reagiert dadurch schnell und dem Wert der Regeldifferenz angepasst. In der statischen und dynamischen Kennlinie ist dies erkennbar (Abb. 21-8). Der **Verstärkungsfaktor** K_P bestimmt den Anstieg der statischen Kennlinie und wird als **Proportionalbeiwert** des Reglers bezeichnet. Er ist bei den meisten P-Reglern einstellbar. Der Wert der Stellgröße y bei Auftreten einer bestimmten Regeldifferenz e ergibt sich aus der Gleichung

$$y = K_P \cdot e \qquad \textbf{21-4}$$

Trotz des schnellen Reagierens eines P-Reglers auf eine Regeldifferenz gelingt es ihm nicht, diese völlig abzubauen. Er vermindert sie, aber er benötigt eine bleibende Differenz, um eine veränderte Stellgröße abzugeben. Ist die Regeldifferenz null, dann bewirkt der P-Regler keine Verstellung zum Ausgleich eines Störgrößeneinflusses.

P-Regler reagieren schnell, bewirken aber bei Störgrößeneinfluss eine bleibende Regeldifferenz.

Eine Verminderung dieser bleibenden Regeldifferenz lässt sich durch eine Erhöhung des Verstärkungsfaktors K_P erreichen. Der Regler benötigt dann zur Erzeugung der gleichen Verstellung eine geringere Regeldifferenz. Eine negative Erscheinung tritt jedoch in zunehmendem Maße auf. Bei größeren Werten von K_P kommt es zur Schwingungsneigung im Regelkreis. Die verminderte Regeldifferenz verursacht trotz großer Verstärkung kleinere Stellwerte, so dass der Störgrößeneinfluss wieder überwiegt. Das kann bis zur völligen Instabilität des Regelkreises führen. Es treten ungedämpfte Schwingungen der Aufgaben- und damit der Rückführgröße auf (vergl. Abb. 21-9).

Typische Regler mit P-Verhalten sind z. B. Transistorschaltungen, bei denen durch eine Basisstromänderung der Kollektorstrom annähernd proportional geändert wird. Ein Operationsverstärker kann ebenfalls als P-Regler verwendet werden. Abb. 21-10 zeigt eine Beschaltung, durch welche die Regeldifferenz ermittelt und gleichermaßen verstärkt wird.

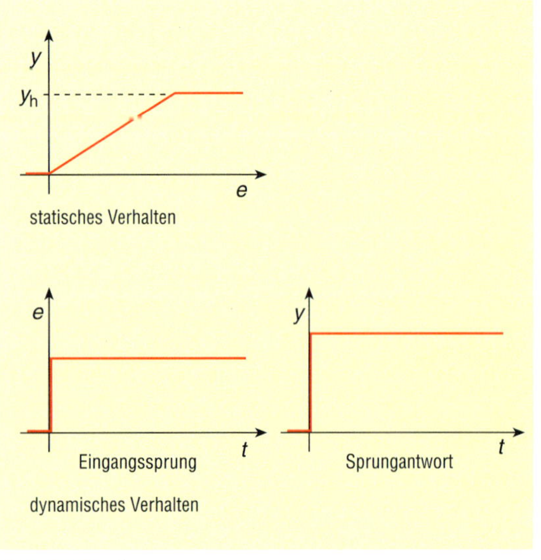

Abb. 21-8 ***Übertragungsverhalten des P-Reglers***

I-Regler (integral wirkender Regler)

Wenn ein stetiger Regler eine Regeldifferenz völlig abbauen soll, muss er ein Verhalten besitzen, welches sich vom P-Regler grundsätzlich unterscheidet. Dieses Verhalten besitzt der **I-Regler.** Seine Stellgröße ändert sich so lange, wie eine Regeldifferenz besteht.

> Der I-Regler liefert ein Ausgangssignal *y*, dessen Änderungsgeschwindigkeit der Regeldifferenz *e* am Eingang proportional ist.

Sein Übertragungsverhalten wird durch die Gleichung

$$\frac{\Delta y}{\Delta t} = K_\mathrm{I} \cdot e \qquad \text{21–5}$$

beschrieben, wobei K_I der **Integrationsbeiwert** des Reglers ist. Er bestimmt, mit welcher Geschwindigkeit die Stellgröße beim Auftreten einer bestimmten Regeldifferenz wächst. Große Werte von K_I bewirken vergleichsweise hohe Verstellgeschwindigkeiten. Die Sprungantwort eines Reglers mit integriertem Verhalten zeigt Abb. 21-11.

Eine weitere Kenngröße eines Reglers ist seine **Integrationszeit** t_I. Das ist genau die Zeit, die der Regler benötigt, um die Stellgröße um den Betrag zu verstellen, welcher der Regeldifferenz entspricht. Integrationsbeiwert und Integrationszeit sind voneinander abhängige Größen, sie sind zueinander indirekt proportional.

$$t_\mathrm{I} = \frac{1}{K_\mathrm{I}} \qquad \text{21–6}$$

Für einen I-Regler ist entscheidend, dass er so lange die Stellgröße verändert, wie eine Regeldifferenz auftritt. Ist die Regeldifferenz abgebaut, dann bleibt die Stellgröße auf ihrem erreichten Wert. Da geringe Regeldifferenzen eine kleine Verstellgeschwindigkeit zur Folge haben, reagiert dieser Regler entsprechend langsam (Abb. 21-12).

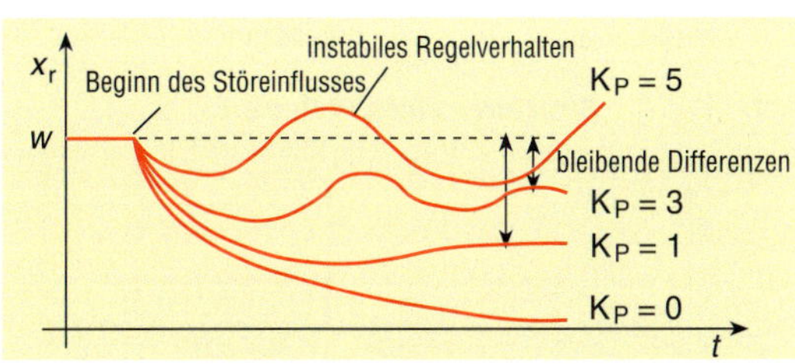

Abb. 21-9 ***Einfluss des Proportionalbeiwertes auf die Stabilität der Regelung***

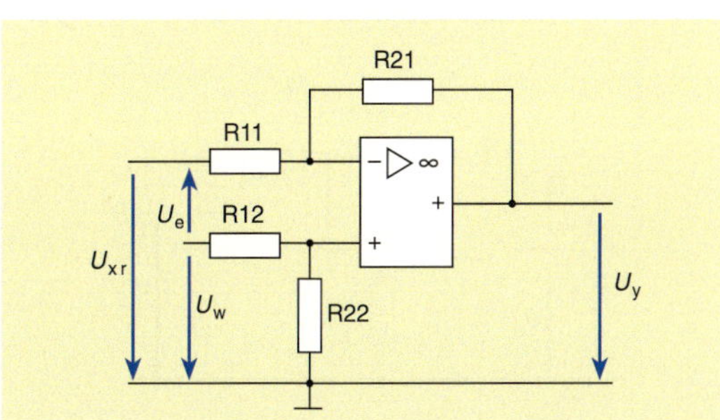

Abb. 21-10 ***Operationsverstärker als P-Regler***

> I-Regler reagieren langsamer als P-Regler und können die Regeldifferenz vollständig abbauen.

Eine Verkürzung der Integrationszeit ermöglicht zwar ein schnelleres Reagieren des Reglers, führt aber zunehmend zu Schwingungsneigungen im Regelkreis.

Die Kopplung eines I-Reglers mit einer Regelstrecke ohne Ausgleich führt in jedem Falle zu ungedämpften Regelschwingungen, sie ist deshalb zu vermeiden.

Die Realisierung eines Reglers mit einem Operationsverstärker zeigt die Abb. 21-13. Die Integrationszeit wird durch den Widerstand R2 und den Kondensator beeinflusst.

PI-Regler

Die Vorteile eines I-Reglers (völliger Abbau der Regeldifferenz) lassen sich mit denen eines P-Reglers (schnelles Reagieren auf Regeldifferenzen) kombinieren. Der PI-Regler besitzt eine proportionale und eine

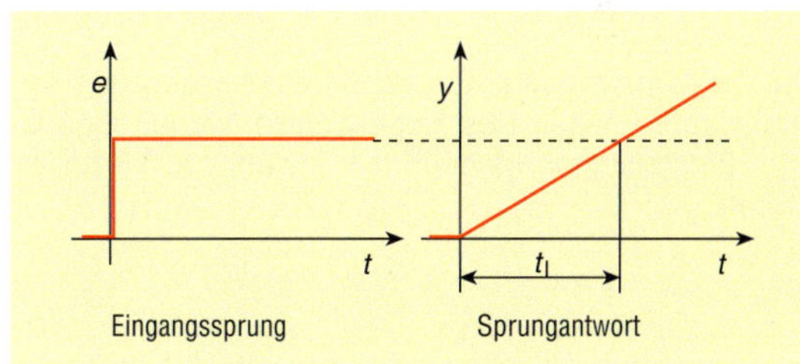

Abb. 21-11 ***Regler mit integralem Verhalten***

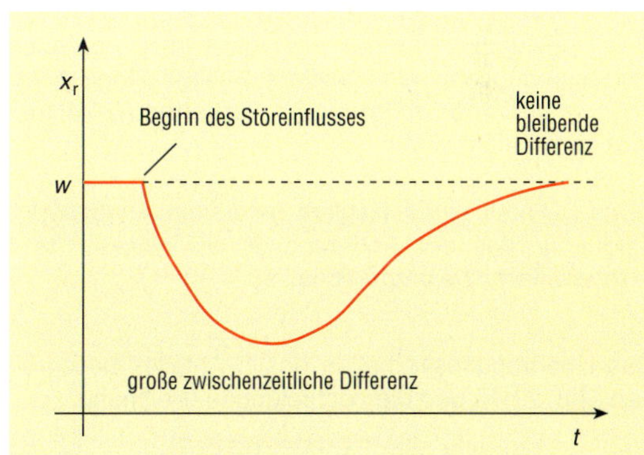

Abb. 21-12 ***Regelverhalten eines I-Reglers***

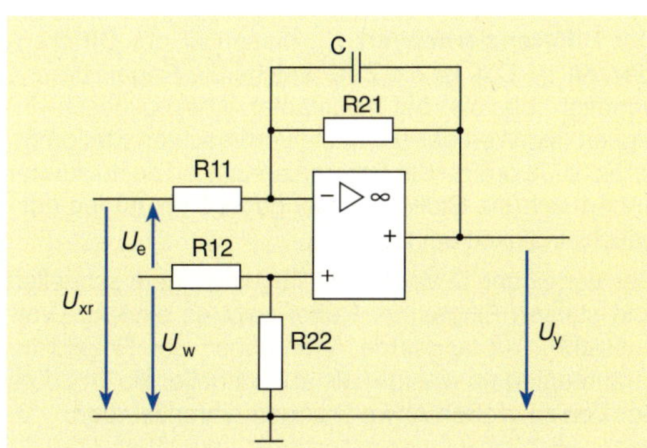

Abb. 21-13 ***Operationsverstärker als I-Regler***

21

integrale Reglerkomponente, die in Parallel- oder in Reihenstruktur (vergl. Abb. 21-14) miteinander verbunden sind.

Die Reihenstruktur wird häufiger angewendet, denn bei ihr bekommt der integrale Teil ein bereits um den Faktor K_P verstärktes Signal zugeführt. Der Einstellwert am I-Regler wird als **Nachstellzeit** t_N bezeichnet. Das ist die Zeit, die benötigt wird, bis der I-Anteil die gleiche Verstellung bewirkt wie der P-Anteil des Reglers. Zwischen der Integrationszeit in Parallelstruktur und der Nachstellzeit in Reihenstruktur besteht folgender Zusammenhang:

$$t_I = \frac{t_N}{K_P} \qquad \textbf{21-7}$$

Während der P-Anteil des PI-Reglers sofort einen vom Betrag der Regeldifferenz abhängigen Stellwert liefert, sorgt der I-Anteil dafür, dass die Regeldifferenz schließlich vollkommen abgebaut wird.

Ein PI-Regler reagiert schneller als ein I-Regler und verursacht im Gegensatz zum P-Regler keine bleibende Regeldifferenz.

Die Reglerparameter K_P und t_I beeinflussen gemeinsam das Verhalten des Regelkreises, wobei ungünstige Einstellungen wieder zu instabilem Verhalten führen.

PID-Regler

Das Regelverhalten eines PI-Reglers lässt sich noch verbessern, wenn eine weitere, stetige Reglerkomponente mit **differenzierendem Verhalten (D-Verhalten)** hinzugefügt wird.

Der D-Anteil eines Reglers liefert ein Ausgangssignal *y*, das der Änderungsgeschwindigkeit der Regeldifferenz *e* proportional ist.

Das Übertragungsverhalten des D-Anteiles beschreiben Abb. 21-15 und die nachfolgende Gleichung.

$$Y_D = K_D \cdot \frac{\Delta o}{\Delta t} \qquad \textbf{21-8}$$

Der **Differenzierbeiwert** K_D entspricht der **Differenzierzeit** t_D. Das ist die Zeit, welche die Regeldifferenz benötigt, bis sie bei konstanter Anstiegsgeschwindigkeit den Wert der durch sie verursachten Stellgröße erreicht. Je größer die Differenzierzeit ist, desto stärker ändert sich die Stellgröße bei gegebener Änderungsgeschwindigkeit am Eingang.

Der Vorteil des D-Verhaltens liegt in seinem schnellen und starken Eingreifen. Dabei zeigt es eine Art „Voraussicht". Auf langsame Änderungen der Regeldifferenz reagiert es weniger als auf schnelle, die im Laufe der Zeit zu großen Abweichungen führen würden.

Wie differenzielles Verhalten mit einem Operationsverstärker erreicht werden kann, zeigt die Abb. 21-16.

Einen reinen D-Regler kann es in der Regeltechnik nicht geben, da er nur auf die Änderung der Regeldifferenz und nicht auf ihren Betrag reagieren würde. Der **PID-Regler** reagiert jedoch durch die Kopplung mit dem D-Verhalten schneller auf Änderungen der Regeldifferenz als ein PI-Regler. Dadurch wird auch einer Schwingungsneigung des Regelkreises entgegengewirkt.

Reglerparameter des PID-Reglers sind sein **Proportionalbeiwert** K_P, die **Nachstellzeit** t_N und die **Vorhaltezeit** t_V. Letztere ist die Zeit, die das P-Glied bei Reihenstruktur benötigt, um die gleiche Änderung der Stellgröße zu bewirken, die das D-Glied sofort bewirkt. Sie entspricht der Differenzierzeit.

Der PID-Regler ermöglicht bei entsprechender Einstellung der Reglerparameter einen optimalen Regelvorgang.

Tab. 21-2 zeigt noch einmal eine Zusammenfassung der stetigen Regler.

21.3.2 Unstetige Regler

Bei diesen Reglern kann die Stellgröße nur einzelne, also diskrete Werte annehmen. Der Übergang von einem Wert zum anderen erfolgt sprunghaft. Diese Regler sind einfach im Aufbau und Verhalten, können aber nicht auf jeden Störeinfluss angepasst reagieren. Dadurch kommt es zu mehr oder weniger großen Schwankungen der Aufgabengröße.

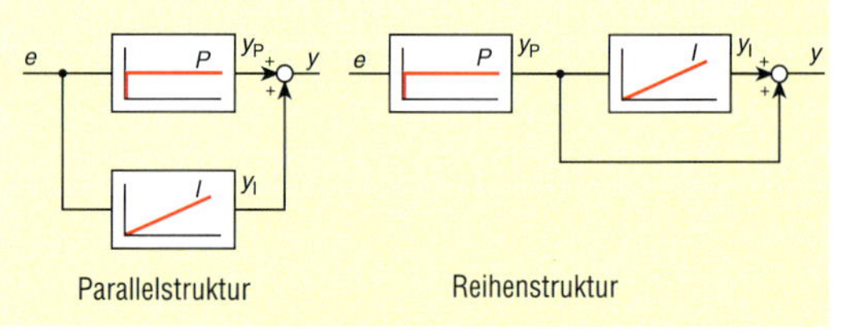

Abb. 21-14 ***Strukturen eines PI-Reglers***

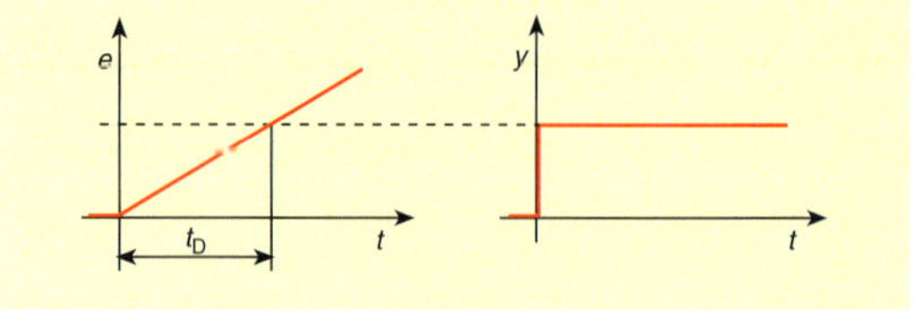

Abb. 21-15 ***Differenzierendes Verhalten eines Reglers***

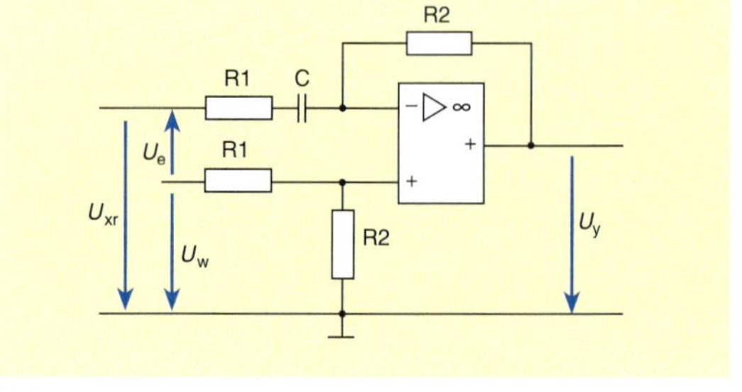

Abb. 21-16 ***Operationsverstärker als Differenzierer***

21

Verhalten	Sprungantwort	Einstellwerte	Eigenschaften
P	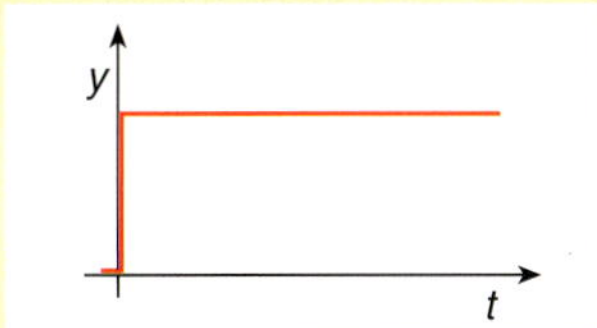	Proportionalbeiwert K_P	schnelles Reagieren, einfache Einstellung, bleibende Abweichungen
I	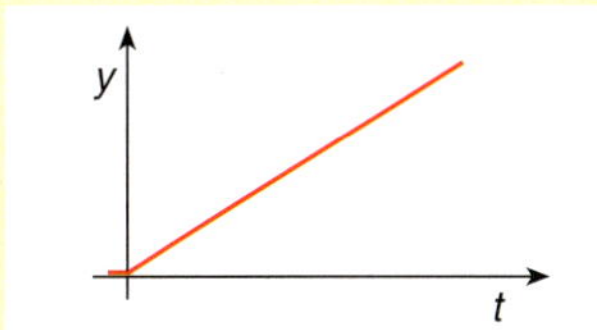	Integrationszeit t_I	langsame Reaktion, keine bleibenden Abweichungen
D	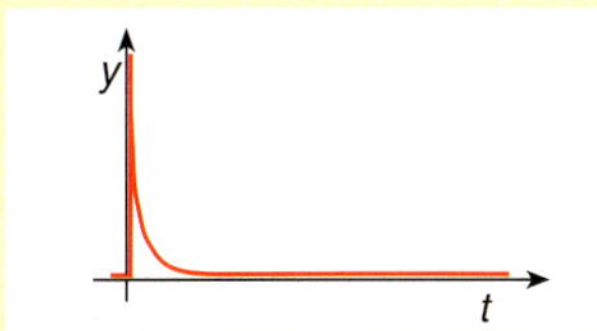	Differenzierzeit t_D	sehr schnelle Reaktion, nur als zusätzliche Reglerkomponente verwendbar
PI	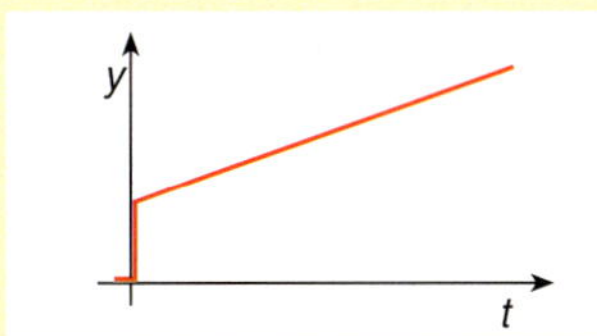	Proportionalbeiwert K_P Nachstellzeit t_N	schnellere Reaktion als beim I-Regler, keine bleibenden Abweichungen
PID	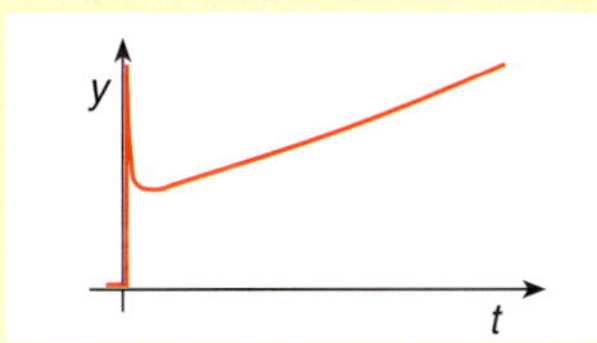	Proportionalbeiwert K_P Nachstellzeit t_N Vorhaltezeit t_V	schnelle Reaktion, keine bleibenden Abweichungen, verminderte Schwingungsneigung, schwierige Einstellung

Tab. 21-2 ***Übersicht über stetige Regler***

Zweipunktregler

Der Zweipunktregler ist ein unstetiger Regler, dessen Stellgröße nur zwei voneinander verschiedene Werte annehmen kann.

Der Übergang von einem Wert zum anderen entspricht einem Schaltvorgang. Wenn dieser für beide Richtungen bei unterschiedlichen Werten der Regeldifferenz erfolgt, dann besitzt der Regler eine **Schaltdifferenz** u_{sd} und hat somit ein Übertragungsverhalten mit **Hysterese** (vergl. Abb.21-17).

Zweipunkt-Regler sind oft einfache Geräte. Messeinrichtung, Führungsgrößengeber und Regler können eine konstruktive Einheit bilden. Für Temperaturregelungen werden z. B. häufig Bimetalle eingesetzt, welche bei Erreichen des Sollwertes den Heizstrom unterbrechen (Abb. 21-18). Die Schaltdifferenz zwi-

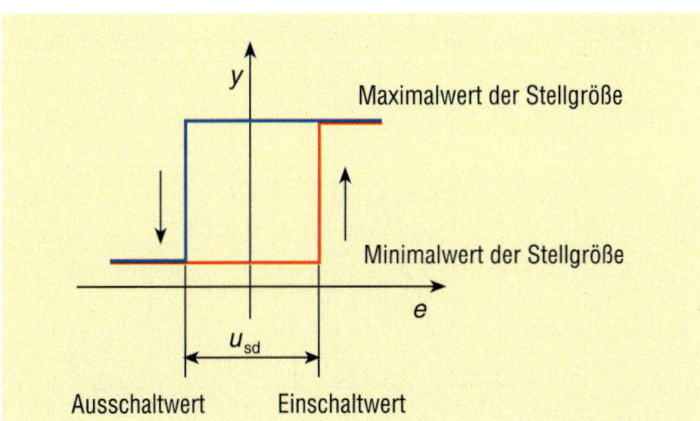

Abb. 21-17 ***Schaltverhalten eines Zweipunktreglers***

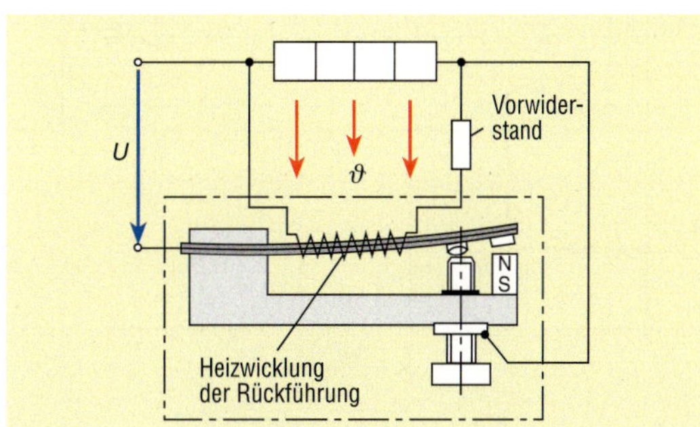

Abb. 21-18 ***Aufbau eines Zweipunkt-Temperaturreglers***

schen Ein- und Ausschalttemperatur wird durch einen kleinen Haftmagneten erreicht, kann aber auch durch mechanische Vorspannung des Bimetalles bewirkt werden. Bei elektronisch arbeitenden Zweipunkt-Reglern ist der Betrag der Schaltdifferenz einstellbar.

Den Verlauf von Stellgröße und Rückführgröße für eine Zweipunkt-Regelung zeigt Abb. 21-19 .

Die Rückführgröße ist nicht konstant; sie schwankt um den Wert der Führungsgröße. Durch die Verzugszeit t_u der Regelstrecke werden bei diesen Schwankungen sogar die Schaltpunkte über- bzw. unterschritten. Die **Schwankungsbreite** Δx_r ist demzufolge größer als die Schaltdifferenz des Reglers. Sie ist ein Maß für die Genauigkeit des Regelvorganges.

Während einer Schwankungsperiode der Rückführgröße finden im Regler zwei Schaltvorgänge statt. Die **Einschaltzeit** t_{ein} ist jene Zeit, in der die Stellgröße den größeren Wert annimmt. Während der **Ausschaltzeit** t_{aus} nimmt sie den kleineren Wert an. Die **Schwingungsdauer** T ist die Summe aus Einschaltzeit und Ausschaltzeit. Die **Schaltfrequenz** f_s ist der reziproke Wert der Schwingungsdauer.

$$T = t_{ein} + t_{aus} \quad \text{21-9}$$

$$f_s = \frac{1}{T} \quad \text{21-10}$$

Bei mechanischen Reglern beeinflusst die Schaltfrequenz die Lebensdauer des Reglers. Auch für die Regelstrecke mit ihrer Stelleinrichtung kann sich eine große Schaltfrequenz ungünstig auswirken und zum vorzeitigen Ausfall von Anlagenteilen führen. Andererseits verursacht eine große Regelgenauigkeit mit geringer Schaltdifferenz des Reglers eine erhöhte Schaltfrequenz.

Mehrpunktregler und Zweilaufregler

Mehrpunktregler sind wie die Zweipunktregler diskrete Regler, ihre Stellgröße kann aber mehr als nur zwei Werte annehmen. Bei den **Dreipunktreglern** gibt es drei Schaltstellungen für die Stellgröße. Zum Beispiel könnten es die Werte „aus", „geringe Regelleistung" und „große Regelleistung" sein. Durch diese Stufung ist eine bessere Anpassung an die in der Regelstrecke auftretenden Störgrößen möglich, und die Schwankungen der Aufgabengröße sind nicht so groß wie bei einem Zweipunktregler.

Als Dreipunktregler können Kippverstärker mit Ansprechempfindlichkeit und polarisierte Relais verwendet werden.

Eine Sonderstellung unter den Reglern nehmen die **Zweilaufregler** ein. Sie entstehen dadurch, dass einem Dreipunktglied ein Übertragungsglied mit integralem Verhalten (z. B. ein Stellmotor) nachgeschaltet wird. Dadurch treten drei diskrete Stellgeschwindigkeiten (Linkslauf, Stillstand und Rechtslauf) auf, und es ist jeder beliebige Stellwert innerhalb des Stellbereiches möglich. Es wird zwar geschaltet, jede Stellgröße wird aber stetig eingestellt. Der Motor kann in jeder Stellung des Stellgliedes zum Stillstand gebracht werden. Das Regelverhalten ist **quasistetig** (vergl. Abb. 21-20).

21.3.3 Digitale Regler

Digitale Regler sind elektronische Regler, bei denen die Verarbeitung der Signale von Rückführgröße und Führungsgröße mit digital verschlüsselten Signalen erfolgt. Die Stellgröße wird mit einem Mikrorechner ermittelt. Er nimmt aus den Eingangsgrößen und den eingegebenen Regelparametern die erforderlichen Berechnungen vor.

Für ein Automatisierungsgerät ist es nicht von Bedeutung, ob es in einem offenen oder in einem geschlossenen Wirkungsablauf eingesetzt wird. Deshalb lassen sich Regelungsaufgaben auch mit speicherprogrammierbaren Steuerungsgeräten realisieren. Der Begriff SPS ist in diesen Fällen zwar üblich, aber nicht ganz zutreffend. Man müsste eigentlich von einer SPR (speicherprogrammierbare Regelung) sprechen.

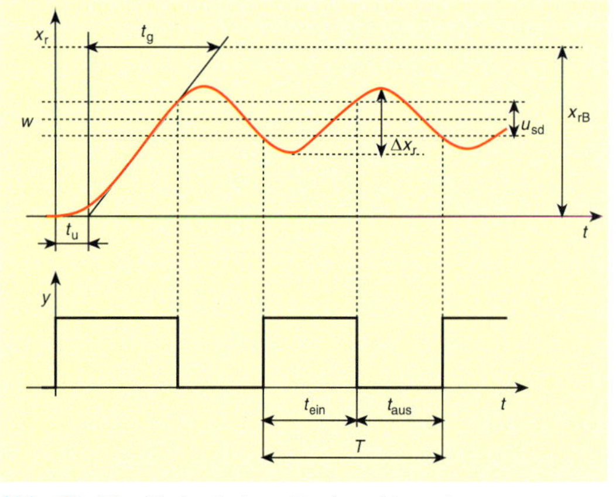

Abb. 21-19 ***Verlauf einer Zweipunktregelung***

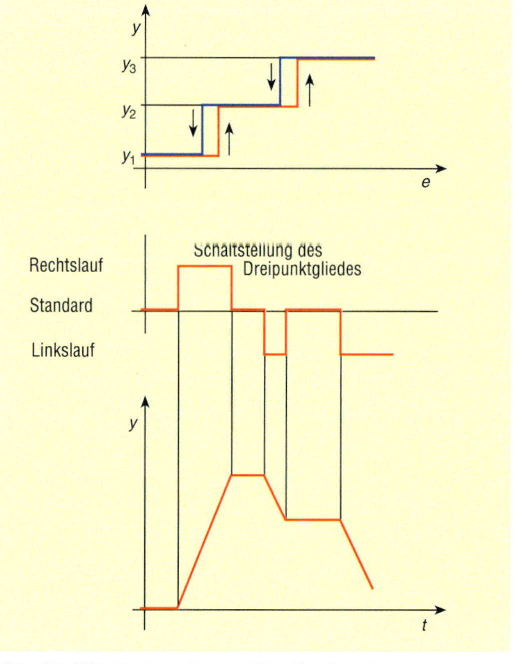

Abb. 21-20 ***Dreipunkt- und Zweilaufregler***

Für die SPS als Regeleinrichtung ist es wichtig, dass sie die Signale Rückführgröße und Führungsgröße verarbeiten kann. Diese Signale sind analog und müssen für die SPS in einem bestimmten Signalbereich liegen. Üblich sind Gleichspannungssignale in einem Spannungsbereich von 0 V bis 10 V. Diese analogen Signale werden in der SPS mit AD-Wandlern in digitale Signale umgesetzt. Das Datenformat beträgt dabei nach der Wandlung meist 1 Byte (Abb. 21-21).

Mit den im Befehlsvorrat der SPS vorhandenen Rechenoperationen lässt sich dann als Erstes die Regeldifferenz berechnen. Das Verhalten eines P-Reglers wird erreicht, indem die ermittelte Differenz mit einem Proportionalbeiwert multipliziert wird. Dieser kann als konstanter Wert in die Anweisungsliste eingetragen oder als Spannungswert über einen der Analogeingänge in die SPS eingegeben werden. I-Verhalten ergibt sich, wenn in Abhängigkeit vom Wert der Regeldifferenz in bestimmten Zeitschritten die Stellgröße vergrößert oder verringert wird. Durch bedingte Operationen oder Befehle zum Überspringen bestimmter Programmteile kann die SPS auf positive oder negative Regeldifferenzen unterschiedlich reagieren.
Der berechnete digitale Wert für die Stellgröße wird schließlich dem DA-Wandler der SPS zugeführt und steht als analoges Spannungssignal der Stelleinrichtung zur Verfügung.

Weil die Programmierung von byteverarbeitenden Befehlen bereits einige Erfahrung voraussetzt, werden von den Herstellern der SPS vorgefertigte Programmeinheiten als Software angeboten. In diese Reglermodule muss der Anwender nur noch die für seinen Regelkreis erforderlichen Reglerparameter eintragen und eventuell optimieren.

21.4 Beispiele von Regelkreisen

Konstantspannungsquelle

Die Ausgangsspannung dieser Spannungsquelle soll bei Laständerungen möglichst wenig vom eingestellten Wert abweichen. Eine Schaltung zur Versorgung einfacher elektronischer Schaltungen zeigt Abb. 21-22.

Aufgabengröße x ist die Ausgangsspannung U_A. Sie soll auf einem bestimmten Wert festgehalten werden.

Die eigentliche Regelstrecke ist der Lastwiderstand R_L. An ihm soll die Spannung konstant gehalten werden.

Die Führungsgröße w ist die Spannung der Z-Diode U_z. Diese Spannung, vermindert um die Spannung zwischen Basis und Emitter, bestimmt den Sollwert. Im ausgeregelten Zustand sind Istwert und Sollwert einander gleich; die Regeldifferenz ist gleich null.

Durch Laständerungen entstehen Sollwertabweichungen, die den Laststrom und damit die Spannung am Lastwiderstand nachregeln.

Die Schaltung stellt einen einfachen P-Regler dar. Der Proportionalbeiwert K_P entspricht dem Verstärkungsfaktor des Transistors, der gleichzeitig als Stellglied dient. Die geringe, bleibende Sollwertabweichung bei Laständerung ist für die P-Regelung charakteristisch.

Konstantstromquelle

Der Ausgangsstrom dieser Quelle soll bei Laständerung möglichst wenig vom vorgegebenen Wert abweichen. Außerdem soll der Wert des Konstantstromes

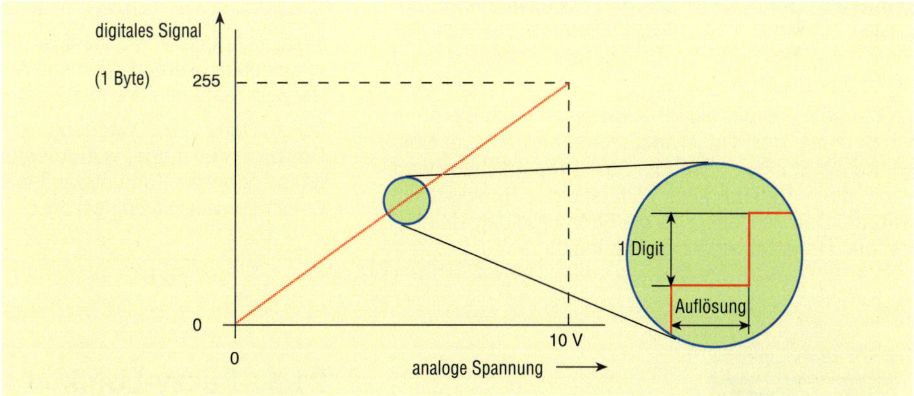

Abb. 21-21
Signalwandlung in der SPS

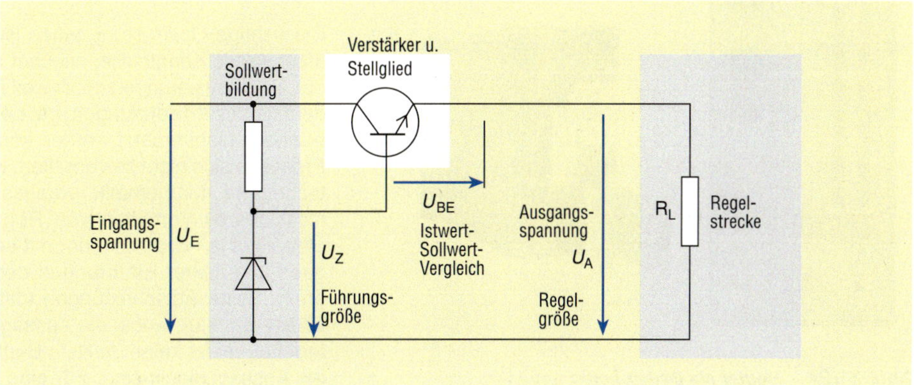

Abb. 21-22
Einfache Regelschaltung zur Spannungskonstanthaltung

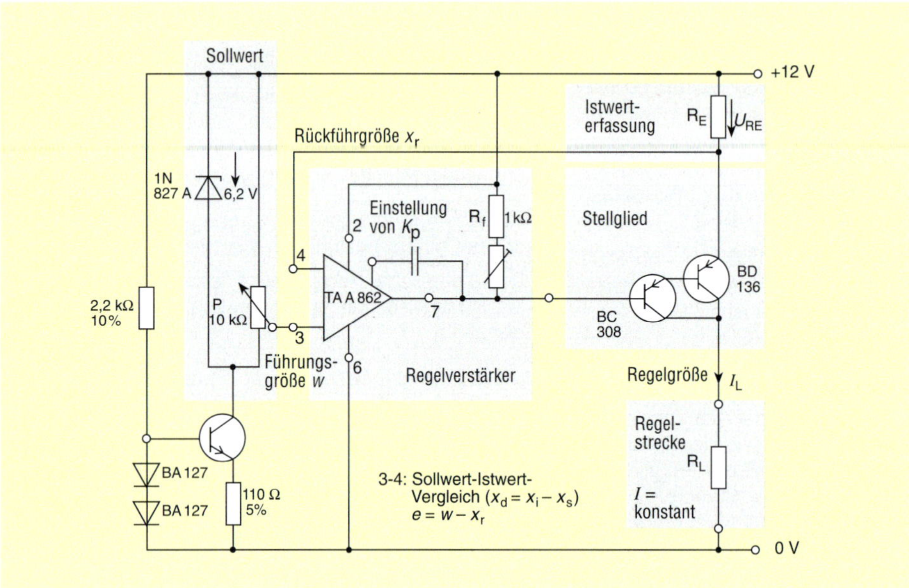

Abb. 21-23 ***Regelschaltung zur Konstanthaltung des Stromes***

einstellbar sein. Eine Schaltung, die bei optimaler Einstellung den Laststrom mit einer Abweichung von weniger als 0,01% konstant hält, ist in Abb. 21-23 dargestellt.

Die Aufgabengröße ist der Laststrom I_L, die Regelstrecke der Lastwiderstand R_L. Das Streckenverhalten wird noch durch den Widerstand R_E und die beiden Transistoren BD 136 und BC 308 beeinflusst. Der Widerstand erfasst den Istwert des Stromes und liefert seinen Spannungsfall als Rückführgröße an den Regelverstärker. Die Transistoren dienen als Stellglied.

Der Istwert des Stromes wird am Potentiometer P eingestellt. Durch die Referenz-Z-Diode ist die vom Potentiometer gelieferte Spannung sehr stabil und dient als Führungsgröße.

Es handelt sich um eine P-Regelung. Durch die hohe Verstärkung des Regelverstärkers bleiben die Sollwertabweichungen gering. Der Proportionalbeiwert kann durch Änderung des Widerstandes R_f eingestellt werden. Dadurch lässt sich die Stromregelung optimieren und Regelschwingungen vermeiden.

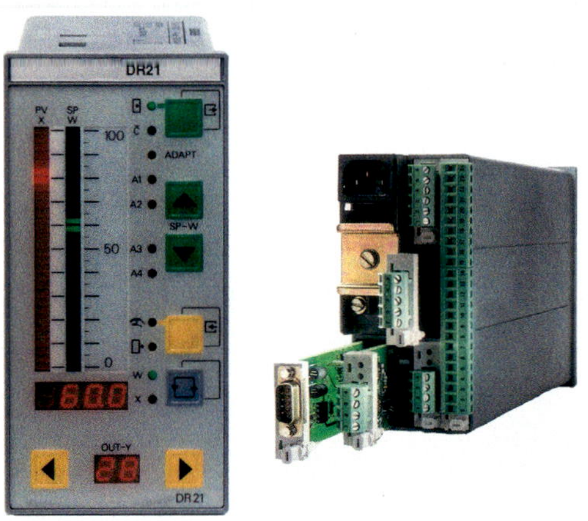

Abb. 21-24 ***Regler als Baueinheit***

Praktische Ausführung von Reglern

Abb. 21-24 zeigt einen Regler als Baueinheit. Er enthält folgende Teile: Stromversorgung, Vergleicher für Rückführ- und Führungsgröße, AD- und DA-Signalwandler und Sollwertgeber. Die Signalverarbeitung erfolgt digital, ein Mikrorechner ermittelt aus den Eingabedaten fortlaufend den Wert der Stellgröße. Über Tasten, aber auch durch Kopplung mit einem PC kann dieser Regler programmiert werden. Es lässt sich unstetiges Verhalten einstellen; der Regler arbeitet dann als Zweipunktregler mit veränderbarer Schaltdifferenz. Der Regler lässt sich aber ebenfalls als stetiger Regler programmieren, wobei Proportionalbeiwert K_P, Nachstellzeit t_N und Vorhaltezeit t_V für eine PID-Regelung eingegeben werden können. Auch die Struktur des Reglers (parallel oder in Reihe) lässt sich verändern.

Durch seine hohe Rechengeschwindigkeit ist dieser Regler in der Lage, auf Änderungen der Aufgabengröße oder der Führungsgröße schnell zu reagieren. Er ist sehr vielseitig einsetzbar.

21.5 Fuzzy-Logik

Die richtige Optimierung eines Regelkreises erfordert oft spezielle Kenntnisse, die über die Grundkenntnisse der Automatisierungstechnik weit hinausgehen. Außerdem gibt es Anwendungen, bei denen der Mensch bisher noch nicht ersetzt werden konnte, einfach weil die Prozesse sich nicht so verhalten, wie es die regelungstechnische Mathematik voraussetzt. Totzeiten und nichtlineares Verhalten von Regelstrecken erfordern oftmals einen Experten, der mit seiner Beobachtungsgabe und seiner Erfahrung in den Regelvorgang eingreift. Seine Entscheidungen trifft er in einer WENN-DANN-Struktur, wobei die Aussagen, die er dabei verarbeitet, meist keine Ja/Nein-Bedingungen der formalen Aussagenlogik sind. Für eine Temperaturregelung kennt er zum Beispiel die Bereiche KALT, WARM und HEISS, wobei die Übergänge zwischen den Bereichen fließend sind. Diese „unscharfen" Beziehungen und Entscheidungen sind die Grundlage der **„Fuzzy-Logik"**.

Der Begriff „fuzzy" kommt aus dem Englischen und lässt sich mit „unscharf" übersetzen. Unscharf heißt aber nicht ungenau. Es ergibt auch keinen Sinn, von „unscharfer Logik" zu sprechen. Die Genauigkeit in einer Entscheidung, ob wahr oder falsch, ob „1" oder „0", bleibt weiterhin die Grundlage der digitalen Informationsverarbeitung. Durch die Fuzzy-Theorie lassen sich Begriffe wie KALT, WARM und HEISS in ein exaktes mathematisches Modell übertragen, so dass ihre Verarbeitung mit Digitalrechnern möglich wird.

In der Praxis hat sich gezeigt, dass Fuzzy-Regler bessere Regelergebnisse erzielen und fehlertoleranter sind als z. B. ein herkömmlicher PID-Regler. Der Grund liegt in der dem menschlichen Denken nahe liegenden Formulierung der Aufgabenstellung. Der „weiche" Übergang zwischen den Termen der Sensorsignale reduziert den Sensoraufwand in der nicht mehr benötigten Genauigkeit. Die Kosten können reduziert werden.

Das Grundprinzip der Fuzzy-Regelung gliedert sich in drei Schritte:

- Fuzzyfizierung
- Interferenz
- Defuzzyfizierung

Unter der **Fuzzyfizierung** wird die Zuordnung von Eingangswerten auf linguistische (sprachliche) Variable verstanden. Zum Beispiel (Abb. 21-25) lassen sich Temperaturwerte den Termen KALT, WARM und HEISS zuordnen. Jede Temperatur gehört mindestens zu einem Term. Der Zugehörigkeitsgrad liegt zwischen null und eins. Es ist möglich, dass ein Temperaturwert zu mehreren Termen zugeordnet wird. Die Temperatur 20 °C gehört möglicherweise mit 40% zum Term KALT und mit 60% zum Term WARM. Mit steigender Temperatur nimmt die Zugehörigkeit zu KALT ab und zu WARM zu. Das bedeutet weiche Übergänge zwischen den Regelbereichen. Abrupte Änderungen werden somit vermieden.

Der zweite Schritt ist die Definition der Fuzzy-Regeln. Die **Interferenz,** wie die Verknüpfung von Fuzzy-Termen genannt wird, besteht aus zwei Teilen: dem WENN- und dem DANN-Teil.

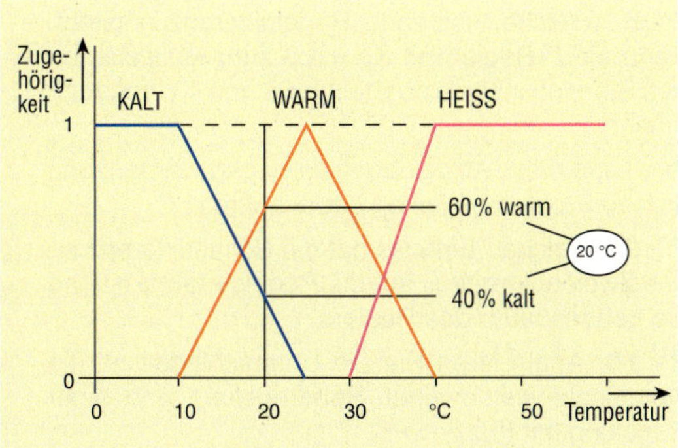

Abb. 21-25 ***Fuzzyfizierung von Temperaturwerten***

Eine Regel für eine Temperatur-Regelung könnte lauten:

WENN die Temperatur „KALT"
DANN Heizung „STARK"

Im WENN-Teil können auch mehrere Eingangsvariable miteinander verknüpft werden, z. B. wenn die Raumtemperatur „KALT" ODER die Außentemperatur „KALT", dann Heizung „VOLL". Die Verknüpfung ODER erfolgt nach der Maximum-Methode. Wenn die Bedingungen Raumtemperatur „KALT" zu 40% und Außentemperatur „KALT" zu 70% erfüllt sind, dann gilt das Ergebnis Heizung „VOLL" mit 70%. Für die Verknüpfung von Regelbedingungen mit UND gilt die Minimum-Methode.

Für alle aufgestellten Verknüpfungsregeln kann noch eine Gewichtung angegeben werden. Gewichtung „eins" bedeutet, die Regel ist uneingeschränkt gültig, Gewichtung „null", die Regel ist ungültig. Damit wird es möglich, zwischen wichtigen Regeln und Regeln, die zur Feinoptimierung dienen, zu unterscheiden.

Der dritte Schritt ist nun die **Defuzzyfizierung.** Die Ergebnisse der Interferenz sind in eindeutige Ausgangswerte umzuwandeln. Für die Ausgangsvariablen werden ebenfalls Terme gebildet, und diesen Termen müssen physikalische Werte zugeordnet werden. Die Heizleistung wird z. B. in die Terme „SCHWACH", „MITTEL", „STARK" und „VOLL" gegliedert (vergl. Abb. 21-26).

Die den Termen entsprechenden Flächen werden nach den Ergebnissen der Interferenz bewertet, so dass sich eine Gesamtfläche ergibt. Diese Fläche stellt eine unscharfe Menge dar, aus welcher der eindeutige Wert der Stellgröße ermittelt werden muss. Eine Möglichkeit dazu ist die Berechnung des Flächenschwerpunktes durch Integration. Der Flächenschwerpunkt ergibt, wenn er auf die Achse der Stellgröße projiziert wird, den Wert der Stellgröße.

Durch die Verbindung der Fuzzy-Technologie mit der Technik speicherprogrammierbarer Steuerungen werden Letzterer neue Anwendungen erschlossen.

> Eine Anlage, die mit einer Fuzzy-SPS geregelt wird, verhält sich so, als würde sie vom Bedienpersonal geregelt, jedoch mit den Eigenschaften einer speicherprogrammierten Steuerung.

Der Anwender bringt seine Erfahrungen in Form der Fuzzy-Regeln ein, die SPS die Vorteile des Automa-

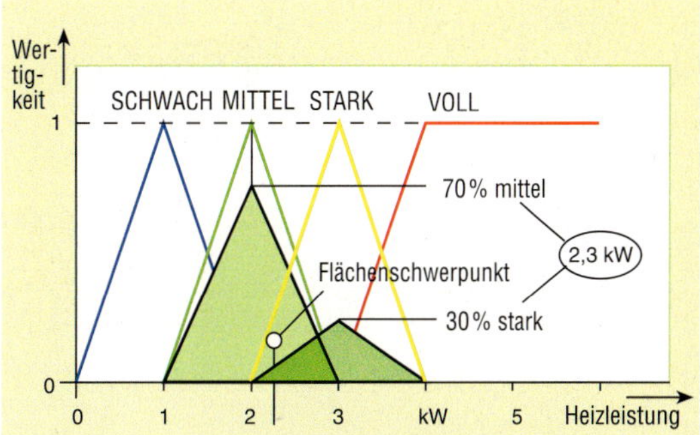

Abb. 21-26 ***Defuzzyfizierung nach dem Flächen-schwer-punktverfahren***

tisierungsgerätes. Damit haben auch die Personen Zugang zur Regelungstechnik, die zwar Erfahrungen über den zu regelnden Prozess besitzen, aber nicht über die mathematischen Kenntnisse zur Regelungstheorie verfügen.

Anwendungsbeispiele für Fuzzy Technologie sind vielfältig. In zunehmendem Maße wird sie in der Industrie und auch in der Haushalttechnik eingesetzt. Die Steuerung von Wasserzufuhr und Trommelbewegung in einer **Waschmaschine** kann ebenso mit einem Fuzzy-Modul beeinflusst werden wie die Zufuhr von Licht, Wärme und Feuchtigkeit in einem Gewächshaus oder wie die Drehzahlen der auf- und ablaufenden Papierrollen einer Zeitungsdruckmaschine.

Bei der **Windenergiegewinnung** ist der optimale Wirkungsgrad von der Windstärke und der Rotorblattstellung abhängig. Für einen Fuzzy-Regler bedeutet das, dass die Windstärke als Eingangsgröße gemessen wird und dass sich als zu beeinflussende Größe die Rotorblattstellung ergibt. An die Fuzzy-SPS werden hohe Anforderungen bezüglich der Reaktionszeit gestellt, damit die Dynamik in der Windstärke berücksichtigt werden kann. Je schneller die Rotorblätter den geänderten Windstärken folgen können, desto besser ist der Gesamtwirkungsgrad der Anlage und der kontinuierliche Rundlauf.

Als weiteres Beispiel für die Anwendung von Fuzzy-Reglern soll die **Schnell-Ladung von NiCd-Akkumulatoren** genannt werden. Um einen Akkumulator von 1,8 Ah in etwa einer Stunde aufzuladen, sind Ladeströme bis zu 1,8 A notwendig. Die beim Ladevorgang auftretende Temperaturentwicklung kann nicht vorausgesagt werden. Der Innenwiderstand besitzt oft unterschiedliche Werte, und im Akkumulator können noch Restladungsmengen enthalten sein. Eine Überladung führt aber zu einer starken Wärmeentwicklung und damit zu einer Schädigung oder Zerstörung des Akkumulators.

Aufgabe des Fuzzy-Reglers ist es, den Ladestrom der aktuellen Ladesituation anzupassen. Der Akkumulator wird so aufgeladen, wie es sein innerer, chemischer Zustand erfordert. Die zu regelnde Aufgabengröße ist der Ladestrom. Damit der Regler den Zustand des Akkumulators beurteilen kann, benötigt er als Eingangsinformationen die Temperatur und die Spannung. Die Fuzzy-SPS berechnet periodisch den Anstieg der Temperatur und der Spannung und passt den Ladestrom diesen Bedingungen an.

Als Vorteile ergeben sich kürzere Ladezeiten, niedrigere Temperaturbelastung und damit längere Lebensdauer des Akkumulators, besserer Wirkungsgrad und Zerstörungsschutz.

AUFGABEN

21.1 Beschreiben Sie die Glieder eines Regelkreises und die an ihnen wirkenden Größen.

21.2 Erläutern Sie den Unterschied zwischen einer Regelabweichung und einer Regeldifferenz.

21.3 Auf welche Weise kann das Übertragungsverhalten von den Gliedern des Regelkreises untersucht und beschrieben werden?

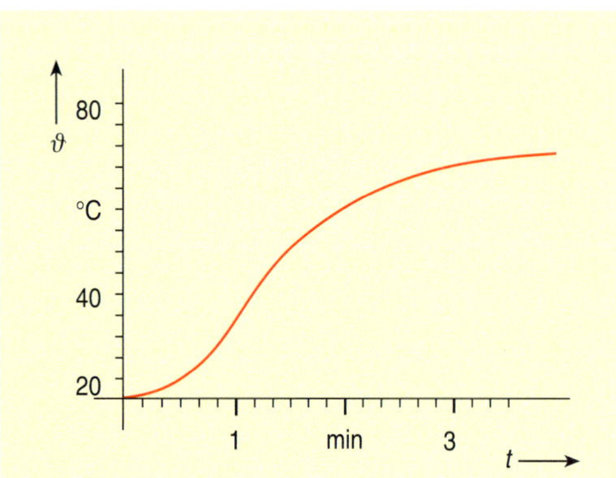

Abb. 21-27 ***Diagramm***

21.4 Wozu ist es notwendig, das Übertragungsverhalten einer Regelstrecke zu kennen?

21.5 Ermitteln Sie aus dem Diagramm der Abb. 21-27 die Verzugszeit und die Ausgleichszeit der Temperaturstrecke.

21.6 Beschreiben Sie das P-, I- und D-Verhalten von stetigen Regelgliedern.

21.7 Welche Vorteile ergeben sich, wenn in einem Regler verschiedene Übertragungsverhalten kombiniert werden?

21.8 Welche bleibende Regeldifferenz entsteht, wenn ein P-Regler mit K_P = 2,3 zum Ausgleich eines Störeinflusses eine Stellgröße von 4 V abgeben muss?

Wie kann diese Abweichung verringert werden, und welche Probleme können dabei auftreten?

21.9 Welchen Einfluss hat die Schaltdifferenz eines Zweipunktreglers auf die Regelgenauigkeit und die Lebensdauer des Reglers?

21.10 Analysieren Sie die Unterschiede und die Gemeinsamkeiten einer Handregelung und einer Regelung mit Fuzzy-SPS.

22 Anlagen und Geräte der Wärmetechnik

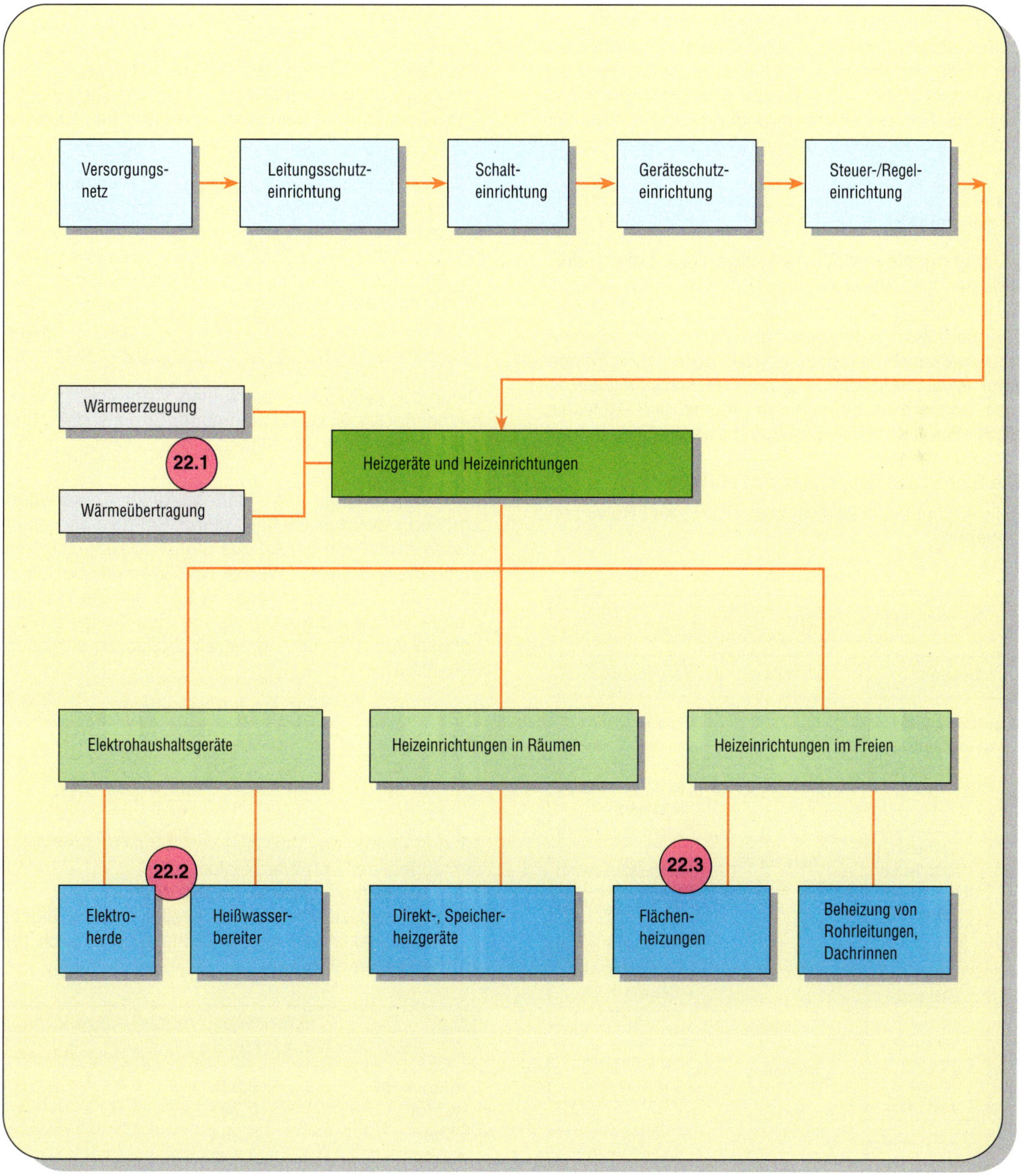

Abb. 22-1 ***Beziehungen und Strukturen***

Heizgeräte und -einrichtungen werden am Versorgungsnetz (regionales Verteilungsnetz) betrieben. Für die Anschlussleitung ist ein Überlast- bzw. Kurzschlussschutz und je nach Anlage eine entsprechende Schalteinrichtung notwendig. Die Heizleistung wird durch Steuer- oder Regeleinrichtungen dem jeweiligen Bedarf angepasst. Geräteschutzeinrichtungen gewährleisten einen sicheren Betrieb der Heizgeräte, deren Funktion im umfassenden Sinn auch zum Kochen oder Warmwasserbereiten besteht.

22.1 Erzeugen und Übertragen der Wärmeenergie

Ein wesentliches Merkmal des elektrischen Stromes ist seine Wärmewirkung. Die Ursache der sog. Stromwärme ist die Bewegung der Ladungsträger in den Stoffen unterschiedlichen Aggregatzustandes. Hierbei treffen die Ladungsträger auf die Atome und Moleküle der Stoffe und übertragen auf diese einen Teil ihrer Bewegungsenergie. Die elektrische Energie wird in die kinetische Energie der sich ungeordnet bewegenden Atome und Moleküle, d. h. in Wärmeenergie, umgewandelt (Abb. 22-2).

Das nach ihrem Entdecker bezeichnete Joule'sche[1]) Gesetz besagt:

Die Zunahme der Wärmemenge W_{th} ist gleich der elektrischen Arbeit W.

Die Stromwärme ist dann erwünscht, wenn Temperaturerhöhungen erreicht werden sollen. Die Temperatur ist ein Maß für die mittlere Geschwindigkeit der sich ungeordnet bewegenden Atome und Moleküle, auch als Brown'sche[2]) Molekularbewegung bezeichnet.

Die Einheit der Temperatur wird entweder mit

$[\vartheta] = 1\ °C$ (1 Grad Celsius) oder $[T] = 1\ K$ (1 Kelvin) angegeben.

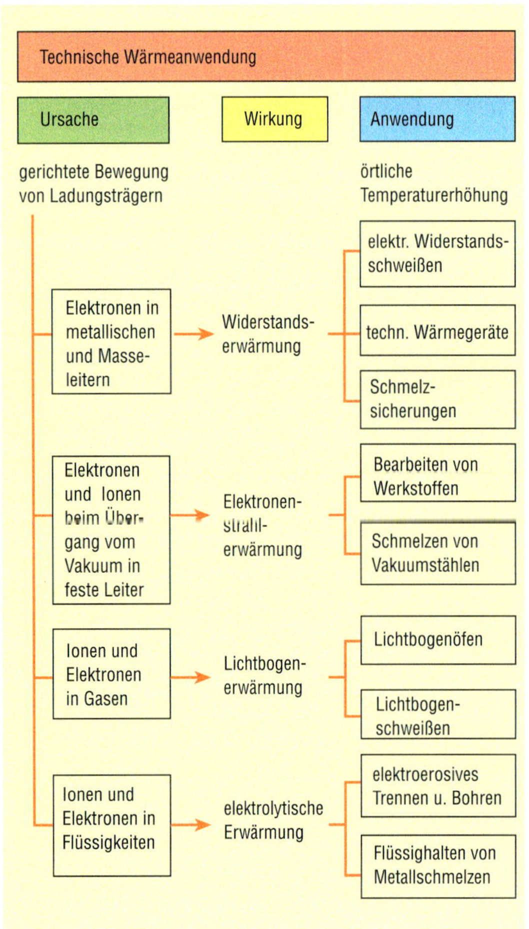

Abb. 22-2 ***Technische Wärmeanwendung***

Beachte:

- $T = 0\ K \triangleq \vartheta = -273\ °C$
  oder
  $\vartheta = 0\ °C \triangleq T = 273\ K$
- Die Temperaturunterschiede sind unabhängig von der gewählten Einheit gleich und werden in Kelvin angegeben:
  $\Delta\vartheta = \Delta T$ in K.

Nach dem Joule'schen Gesetz ist die entstehende Wärmemenge W_{th} gleich der vom Quadrat der Stromstärke I im Widerstand R umgesetzten elektrischen Energie:

$$W_{th} = I^2 \cdot R \cdot t \qquad \text{22-1}$$

und mit $R = \dfrac{\varrho \cdot l}{A} = \dfrac{\varrho \cdot l \cdot A}{A \cdot A} = \dfrac{\varrho \cdot V}{A^2}$

wird $W_{th} = \dfrac{I^2}{A^2} \cdot \varrho \cdot V \cdot t$

$$W_{th} = J^2 \cdot \varrho \cdot V \cdot t \qquad \text{22-2}$$

Die in der Zeit t im Leitervolumen V entwickelte Wärmemenge W_{th} ist dem Quadrat der Stromdichte J und dem spezifischen Widerstand ϱ des Leiterwerkstoffes proportional.

Die Wärmemenge W_{th} führt zu einer Temperaturerhöhung $\Delta\vartheta$ des Stoffes, deren Betrag von seiner Masse m und von der Art des Stoffes, gekennzeichnet durch die spezifische Wärme bzw. Wärmekapazität c, abhängig ist. Die spezifische Wärme gibt die Wärmemenge an, die notwendig ist, um eine Temperaturerhöhung von 1 K für 1 kg eines Stoffes zu erreichen (Tab. 22-1).

$$W_{th} = m \cdot c \cdot \Delta\vartheta \qquad \text{22-3}$$

$[W_{th}] = 1\ J$ $\quad [c] = 1\ \dfrac{J}{kg \cdot K}$

$[m] = 1\ kg$ $\quad [\Delta\vartheta] = 1\ K$

Mit den Werten der Tab. 22-1 wird deutlich, dass Wasser, abgesehen von Wasserstoff, mit
$c = 4{,}187\ kJ/(kg \cdot K)$ bzw. $1{,}163\ Wh/(kg \cdot K)$
die größte spezifische Wärme besitzt. Wasser eignet sich daher besonders gut zur Kühlung, aber auch zur Wärmespeicherung.

Stoff	Spezifische Wärme(kapazität) c in kJ/(kg · K)
Aluminium	0,896
Kupfer	0,381
Silber	0,234
Alkohol	2,428
Quecksilber	0,138
Maschinenöl	1,675
Wasser	4,187
Ammoniak	2,060
Luft	1,001
Stickstoff	1,043
Wasserstoff	14,24

Tab. 22-1 ***Spezifische Wärme***

[1]) Joule, James Prescott, engl. Physiker 1818–1889
[2]) Brown, Charles, engl. Ingenieur 1827–1905

Lösungsbeispiel:

In welcher Zeit können durch einen Heizwiderstand von 23 Ω am 230-V-Netz 30 l Wasser von 18 °C auf 80 °C erwärmt werden? Welche Kupfermasse könnte mit der gleichen Wärmemenge die gleiche Temperaturerhöhung erreichen?

gegeben:

$U = 230\ \text{V};\ R = 23\ \Omega;\ V = 30\ \text{l};$

$\vartheta_1 = 18\ °\text{C};\ \vartheta_2 = 80\ °\text{C};\ \varrho_W$[1] $= 1\ \text{kg/dm}^3;$

$c_W = 4{,}187\ \text{kJ/(kg}\cdot\text{K)};\ c_{Cu} = 0{,}381\ \text{kJ/(kg}\cdot\text{K)}$

gesucht:

$t;\ m_{Cu} = ?$

Lösung:

$W_{th} = m_W \cdot c_W \cdot \Delta\vartheta$

$m_W = \varrho_W \cdot V$

$m_W = 1\ \text{kg/dm}^3 \cdot 30\ \text{dm}^3$

$m_W = 30\ \text{kg}$

$\Delta\vartheta = \vartheta_2 - \vartheta_1$

$\Delta\vartheta = 80\ °\text{C} - 18\ °\text{C}$

$\Delta\vartheta = 62\ \text{K}$

$W_{th} = 30\ \text{kg} \cdot 4{,}187\ \text{kJ/(kg}\cdot\text{K)} \cdot 62\ \text{K}$

$W_{th} = 7787{,}8\ \text{kJ}$

$W_{th} = I^2 \cdot R \cdot t \qquad I = \frac{U}{R}$

$W_{th} = \frac{U^2}{R} \cdot t \qquad t = \frac{W_{th} \cdot R}{U^2}$

$t = \frac{7787{,}8 \cdot 10^3\text{J} \cdot 23\ \Omega}{(230\ \text{V})^2}$

$t = 3386\ \text{s} \qquad t = 56{,}4\ \text{min}$

$W_{th} = m_{Cu} \cdot c_{Cu} \cdot \Delta\vartheta \qquad m_{Cu} = \frac{W_{th}}{c_{Cu} \cdot \Delta\vartheta}$

$m_{Cu} = \frac{7787{,}8\ \text{kJ} \cdot \text{kg} \cdot \text{K}}{0{,}381\ \text{kJ} \cdot 62\ \text{K}}$

$m_{Cu} = 329{,}7\ \text{kg}$

$\frac{m_{Cu}}{m_W} = \frac{329{,}7\ \text{kg}}{30\ \text{kg}} = 10{,}99$

In 56,4 min werden 30 l Wasser von 18 °C auf 80 °C erwärmt. Damit Kupfer die gleiche Wärmemenge speichern kann, ist annähernd die 11fache Masse im Vergleich zu Wasser erforderlich.

[1]) Dichte des Wassers

Die Übertragung der Wärme von der Stelle ihrer Entstehung auf die Umgebung erfolgt durch

Wärmeleitung

- Benachbarte Atome und Moleküle werden angestoßen. Der Bewegungsimpuls pflanzt sich in festen, auch in flüssigen Stoffen in Abhängigkeit vom Temperaturunterschied fort.
- Der Wärmestrom Φ (Wärmemenge je Zeiteinheit, Wärmeleistung) ist abhängig vom Temperaturunterschied $\Delta\vartheta$, von der Fläche A, der Dicke d der Ableitschicht und von der Wärmeleitfähigkeit λ als Stoffkonstante (vgl. Tab. 22-2).

$$\Phi = \lambda \cdot \frac{A}{d} \cdot \Delta\vartheta \qquad \textbf{22-4}$$

Φ in W; d in m
λ in W/(m · K); $\Delta\vartheta$ in K
A in m²

- Wärmeleitung in Cu-Lamellen, im Transformatorenöl.

Wärmeströmung

- Die Ausdehnung der Flüssigkeit oder des Gases an der Wärmequelle verringert die Dichte dieser Stoffe. Flüssige oder gasförmige Stoffe geringerer Dichte strömen nach oben, die größerer Dichte nach unten.
- Der Wärmestrom Φ ist vom Temperaturunterschied $\Delta\vartheta$, von der Oberfläche A des heißen Körpers und von der Wärmeübergangszahl α als Stoffkonstante abhängig.

$$\Phi = \alpha \cdot A \cdot \Delta\vartheta \qquad \textbf{22-5}$$

α in W/(m² · K)
A in m²
$\Delta\vartheta$ in K

- Wärmeableitung durch Öl- oder Gasumlauf.

Wärmestrahlung

- Wärmequellen mit hohen Temperaturen über 100 °C senden elektromagnetische Wellen aus. Die Wärmeübertragung erfolgt ohne Mitwirkung eines Stoffes. Im Vakuum ist dies die einzige Wärmeabgabemöglichkeit.
- Der abgestrahlte Wärmestrom Φ eines schwarzen Körpers ist von seiner Oberfläche A und seiner absoluten Temperatur T abhängig.

$$\Phi = \sigma \cdot A \cdot T^4 \qquad \textbf{22-6}$$

A in m²; σ Strahlungskonstante $= 5{,}67 \cdot 10^{-8}\ \text{W/(m}^2\cdot\text{K}^4)$
T in K

Bei den Heizgeräten und -einrichtungen wird die Wärme meist durch alle drei Formen von der Wärmequelle auf die Umgebung übertragen.

Stoff	Wärmeleitfähigkeit λ in W/(m · K)
Aluminium	209,4
Kupfer	383,8
Silber	418,6
Alkohol	0,186
Quecksilber	9,3

Stoff	Wärmeleitfähigkeit λ in W/(m · K)
Transformatorenöl	0,128
Ammoniak	0,0218
Luft	0,0243
Wasserstoff	0,123

Tab. 22-2
Spezifische Wärmeleitfähigkeit

22

22.2 Elektrohaushaltsgeräte

Die vielfältigen Aufgaben im Haushalt werden heute recht rationell mit Geräten zur

- Raumpflege — Staubsauger, Shampooniergeräte, Bohnergeräte
- Wäschepflege — Waschmaschinen, Wäschetrockner, Bügelgeräte
- Vorratshaltung — Kühlschränke, Gefrierschränke und -truhen
- Geschirrreinigung — Geschirrspülmaschinen

und durch die uns hier interessierenden Geräte zur

- **Nahrungszubereitung**
  Elektroherde, Grillgeräte, Mikrowellen-Kochgeräte, Dunstabzugshauben

sowie zur

- **Warmwasserversorgung**
  Boiler, Warmwasserspeicher, Kochendwassergeräte, Durchlauferhitzer, Warmwasser-Wärmepumpen

gelöst.

Elektroherde für den Wohnbereich

■ Anschluss

Vollherde werden über eine

- Geräteanschlussdose, seltener über eine Steckvorrichtung, etwa 50 cm über Oberkante Fertigfußboden und eine
- bewegliche Anschlussleitung 5 x 2,5 mm² Cu, bevorzugt Kunststoffschlauchleitung H05VV-F, sie ist weniger anfällig gegen Fett als Gummischlauchleitungen, angeschlossen.
- Der Überlast- und Kurzschlussschutz wird bei einem heute gebräuchlichen Anschlusswert von etwa 13 kW (höchste, gleichzeitig eingeschaltete Leistung aller Heizquellen und Gebläsemotor) überwiegend durch Leitungsschutzschalter
  16 A bei Dreiphasenanschluss und in älteren Anlagen
  20 A bei Einphasenanschluss
  übernommen.

■ Hauptbauteile

- Kochplattensystem als
  - Standardkochplatte
  - Schnellkochplatte
  - Automatikkochplatte

  oder

  Kochfelder als
  - Glaskeramikkochfeld mit
  - Strahlungsheizkörper oder
  - Induktionskochzone
- Backofensystem als
  - Standardbackofen
  - Umluftbackofen
  - zusätzlich mit Grilleinrichtung

- Kochplatten bestehen aus einem Gusseisenkörper mit einer plan gedrehten Oberfläche und auf der Unterseite mit Rillen zur Aufnahme der Heizleiter, die mit temperaturbeständiger Keramikmasse isoliert sind (Abb. 22-3). Die Wärme wird durch Wärmeleitung auf den Topfboden übertragen.

  In den Standardkoch- und Schnellkochplatten bilden die Heizleiter die Widerstände R1, R2 und R3. Über einen 7-Takt-Schalter werden durch Parallel-, Reihen- oder Einzelschaltung 6 verschiedene Leistungsstufen erreicht (Abb. 22-4). Die Heizleistung kann auch wie bei Strahlungsheizkörpern stufenlos mit Energiereglern gesteuert werden.

  Automatikkochplatten sind temperaturgeregelt, je nach Hersteller durch Thermostate, Kapillarrohrfühler (Abb. 22-5) oder PTC-Widerstände.

- Bei **Glaskeramikkochfeldern** besteht die Oberfläche aus einer glatten, lichtdurchlässigen Ceran- bzw. Pyroceranplatte (Handelsnamen). Die Kochzonen sind deutlich markiert. Die Umgebung bleibt durch die geringe Wärmeleitung relativ kalt.

22

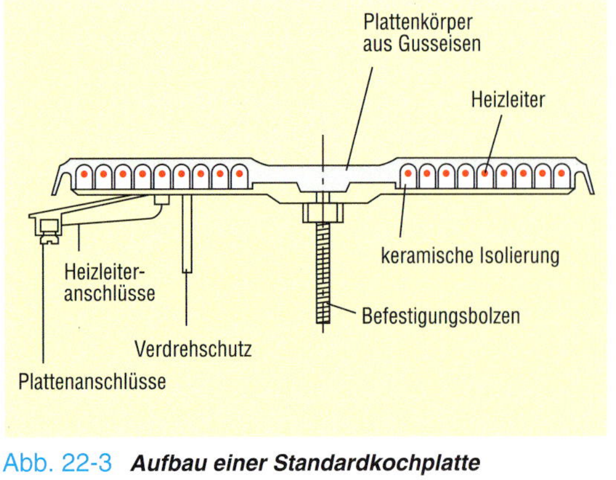

Abb. 22-3 ***Aufbau einer Standardkochplatte***

Größe	Standard-kochplatte	Schnell-kochplatte	Automatik-kochplatte[1])
145 mm Durch-messer	1000 W	1500 W	1500/750 W
180 mm Durch-messer	1500 W	2000 W	2000/1000 W
220 mm Durch-messer	2000 W	2600 W	–

[1]) Die erste Angabe ist die Bemessungsleistung der Platte, die zweite die reduzierte Leistung nach dem Abschalten eines Heizwiderstandes.

Abb. 22-4
Leistungsstufen – Standardkochplatte 145 mm Durchmesser

Schaltstufen	0	1	2	3	4	5	6
Schaltpläne	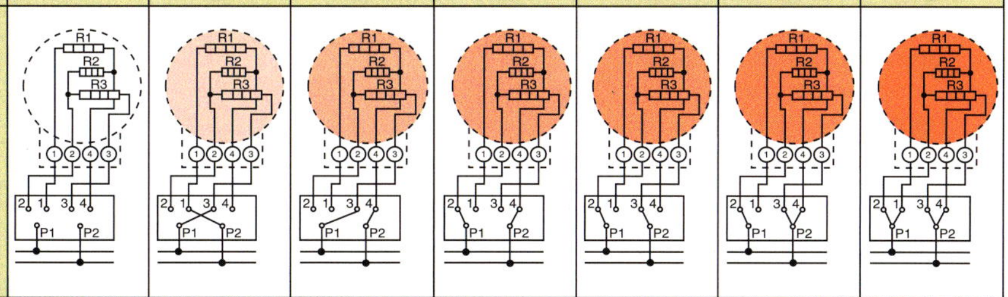						
145 mm ∅	R1 ≙ 250 W R2 ≙ 250 W R3 ≙ 500 W	100 W	165 W	250 W	500 W	750 W	1000 W

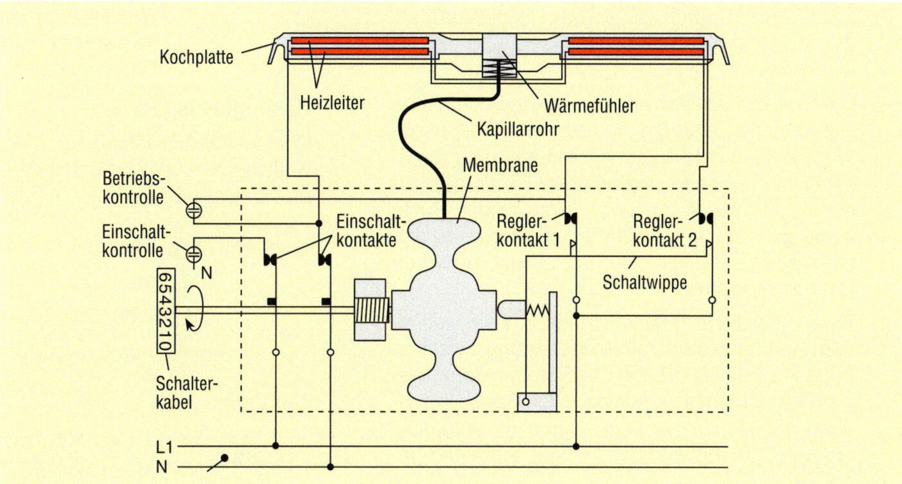

Abb. 22-5
Kapillarrohrregler

Die Wärme wird im Wesentlichen erzeugt durch

Strahlungsheizkörper oder **Induktionskochplatten**

Die glühenden Heizleiter strahlen ihre Wärme ab. Durchmesser und Leistung der Strahlungsheizkörper werden herstellerspezifisch festgelegt, meist
145 mm Durchmesser: 1000 bzw. 1200 W
180 mm Durchmesser: 1500 bzw. 1800 W
210 mm Durchmesser: 2100 W

Anstelle oder zur Ergänzung werden Halogen-Strahlungsheizkörper (nach dem Prinzip der Halogenglühlampe) eingesetzt, wodurch die Anheizzeit wesentlich verkürzt wird.

Die Wärme wird durch Induktion von Wirbelströmen direkt im Topfboden erzeugt. Dazu wird unterhalb der Glaskeramikfläche eine Induktionsspule angeordnet, die von einem Wechselstrom im Frequenzbereich von etwa 25 kHz durchflossen wird (Abb. 22-6). Es kann nur Kochgeschirr mit guter magnetischer und elektrischer Leitfähigkeit verwendet werden. In gusseisernem oder emailliertem Stahlgeschirr können hinreichend starke Wirbelströme induziert werden.

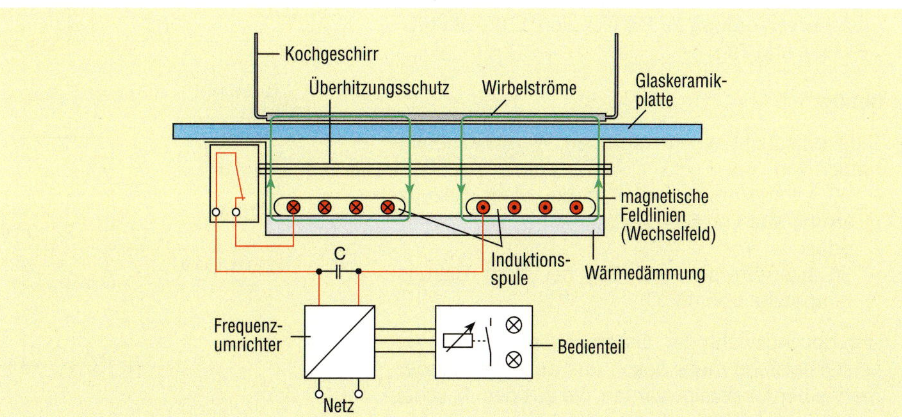

Abb. 22-6
Induktionskochplatte

22

Die Heizleistung wird durch 7-Takt-Schalter oder Energieregler gesteuert. Diese regeln sowohl thermomechanisch mit einem Bimetall oder elektronisch die Einschaltdauer, so dass sich in einem weiten Bereich eine mittlere Heizleistung einstellt.

- **Standardbackofensysteme** führen die Wärme vorwiegend durch Strahlung von der aufgeheizten Backraumwandung von oben und unten (Ober- und Unterhitze) an das Backgut heran (Abb. 22-7). Heizstäbe oder -spiralen liegen für die Unterhitze grundsätzlich außen, während für die Oberhitze auch innen liegende Rohrheizkörper verwendet werden. Die Backofentemperaturen werden durch Takten der Heizleistung als Zweipunktregelung zwischen 50 °C und 275 °C eingestellt.
- Bei **Umluftbacköfen** wird die Wärme durch eine erzwungene Luftströmung über das Backgut geführt. Dazu wird die Luft von einem Lüfter angesaugt, durch einen ringförmigen Heizkörper erwärmt und durch die Luftschlitze in der Rückwand zum Backraum geführt. Dadurch ist das gleichzeitige Backen oder Braten auf mehreren Ebenen möglich.

  Eine zusätzliche Grilleinrichtung besteht aus einem Rohrheizkörper mit einer Leistung zwischen 2000 W und 3000 W, der oben im Backraum fest installiert ist und an eine dreipolige Spezialsteckdose angeschlossen wird. Durch die intensive Infrarotstrahlung wird das Grillgut schonend gebräunt.

Warmwasserbereiter für den Wohnbereich

- Vorgaben für die Geräteauswahl

Der Warmwasserbedarf ist abhängig von
- der Anzahl der Personen im Haushalt
- den Lebensgewohnheiten (Körperpflege, Reinigung und Speisezubereitung)
  und
- der Wohnungsausstattung, wie Großwanne, Komfort-Dusche u. a.

Verbrauchsmessungen haben ergeben, dass der

22

spezifische Nutzwärmebedarf für die Warmwasserversorgung im Bereich von 1200 Wh pro Person und Tag

beträgt.

Dies entspricht einem täglichen Warmwasserverbrauch von
- 20 Litern/Person und Tag bei einer Bezugstemperatur von 60 °C
  oder
- 30 Litern/Person und Tag bei einer Bezugstemperatur von 45 °C.

Bei der Auswahl der Gerätegröße und der Anschlussleistung muss besonders auch die Wassermenge berücksichtigt werden, die aus dem Mischen von Kalt- und Warmwasser entsteht.

Wird beachtet, dass
1. die Masse des Wassers gleich dem Produkt aus Volumen und Dichte ist
   und
2. die vom Warmwasser abgegebene Wärmemenge gleich der vom Kaltwasser aufgenommenen ist,

berechnet sich die Mischwassermenge (Volumen) zu

$$V_M = \frac{V_w \cdot (\vartheta_w - \vartheta_M)}{\vartheta_M - \vartheta_k} \qquad \textbf{22-7}$$

V_M Mischwassermenge
V_w Warmwassermenge
ϑ_M Mischwassertemperatur
ϑ_w Warmwassertemperatur
ϑ_k Kaltwassertemperatur

Lösungsbeispiel:

Wie viel Mischwasser von 38 °C entsteht, wenn Kaltwasser von 12 °C mit 80 l Warmwasser von 80 °C gemischt wird?

Gegeben: $\vartheta_M = 38$ °C; $\vartheta_w = 80$ °C; $\vartheta_k = 12$ °C; $V_w = 80$ l

Gesucht: $V_M = ?$

Lösung:

$$V_M = \frac{V_w \cdot (\vartheta_w - \vartheta_k)}{\vartheta_M - \vartheta_k}$$

$$V_M = \frac{80\,\text{l} \cdot (80 - 12)\,\text{K}}{(38 - 12)\,\text{K}}$$

$$\underline{\underline{V_M = 209{,}2\,\text{l}}}$$

Es entstehen 209,2 Liter Mischwasser von 38 °C.

Die Arten der Warmwasserversorgung (Einzel-, Gruppen- oder Wohnungsversorgung) ergeben sich aus
- Anzahl der Entnahmestellen
- Lage und Zuordnung der Entnahmestellen
  und
- Länge der Warmwasserleitungen.

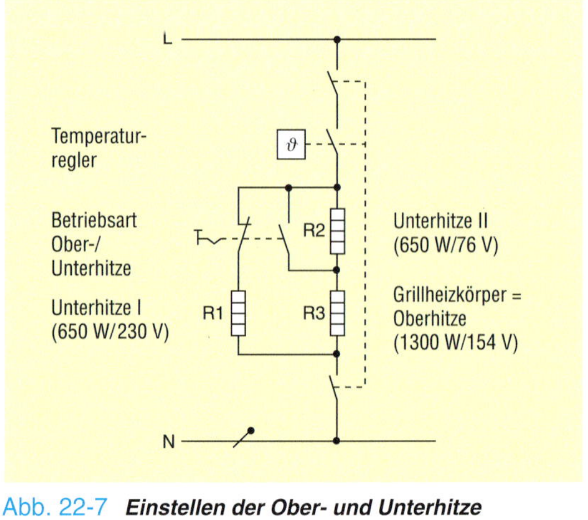

Abb. 22-7 ***Einstellen der Ober- und Unterhitze***

■ Gerätearten

Die Geräte können nach der Bauweise unterschieden werden:

Offene Warmwassergeräte	Geschlossene Warmwassergeräte
Merkmal	
Der Wasserinhalt steht über der Entnahmearmatur mit der Umgebungsluft in direkter Verbindung.	Der Wasserinhalt und der Behälter stehen unter Wasserleitungsdruck, meist bis 6 bar.
Entnahmestellen	
Geräte können nur eine Entnahmestelle versorgen.	Geräte können mehrere Entnahmestellen versorgen.
Ventilanordnung	
Beim Öffnen des in der Kaltwasserleitung angeordneten „Warmwasserventils" wird das im Behälter befindliche warme Wasser durch den offenen Warmwasserauslauf der Armatur herausgedrückt (Abb. 22-8).	Die Ventile zur Warmwasserentnahme befinden sich im Warmwasserauslauf. Kaltes Wasser fließt stets bei Entnahme zu (Abb. 22-9).
Wasseranschluss	
Zur Vermeidung eines Unterdruckes im Behälter darf die Warmwasserleitung waagerecht nicht länger als 2 m und senkrecht nicht länger als 1 m sein. Längere Leitungen erfordern ein Belüftungsventil.	In die Kaltwasserleitung ist ein Sicherheitsventil bzw. eine Sicherheitsgruppe, bestehend aus Membran-Sicherheitsventil, Absperrventil, Manometerstutzen, Rückflussverhinderer, Prüfventil und Druckminderer, einzubauen.
Elektroinstallation	
Geräte unter 15 l Wasserinhalt sind über Steckdose mit 10 A oder 16 A Absicherung anzuschließen; ab 15 l über Festanschluss eines eigenen Stromkreises mit 10 A / 16 A oder 20 A Absicherung; bei einem Anschlusswert über 4,6 kW[1]) ist ein Drehstromanschluss erforderlich.	

[1]) TAB der Verteilungsnetzbetreiber beachten!

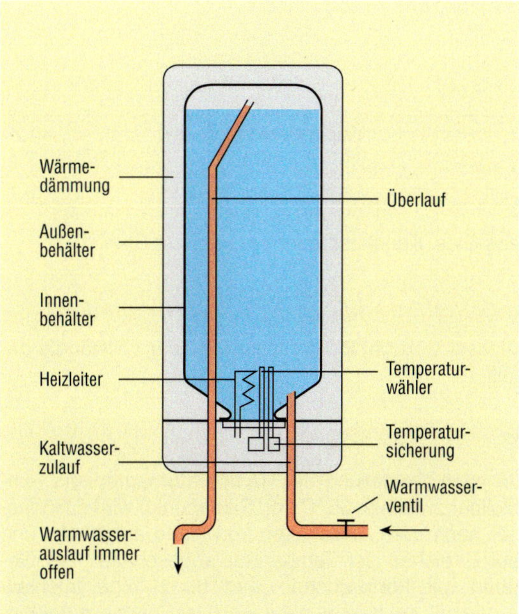

Abb. 22-8 ***Offener Warmwasserspeicher***

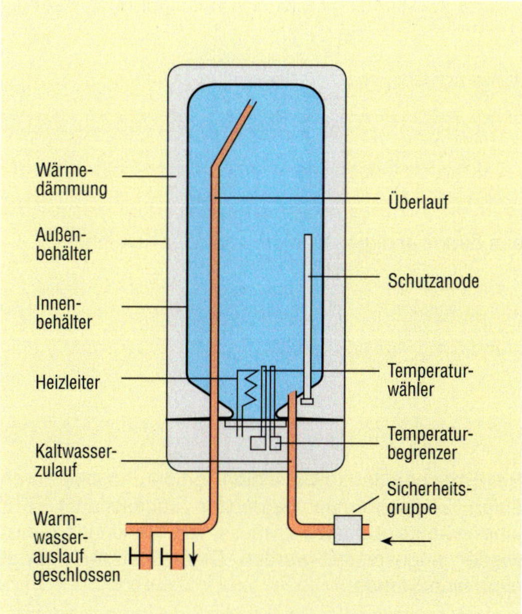

Abb. 22-9 ***Geschlossener Warmwasserspeicher***

Geräte und Anschlussleistung

Offene Warmwassergeräte

Geräte in offener Bauweise	Bemessungsinhalt in l	Anschlussleistung in kW
Boiler	15; 60; 80	2; 3; 4; 6
Kochendwassergerät	5	2
Warmwasserspeicher	5; 10; 12; 15; 30; 50; 80; 100	2; 3; 4; 6

Tab. 22-3 ***Anschlussleistung von Geräten in offener Bauweise***

Geschlossene Warmwassergeräte

Geräte in geschlossener Bauweise	Bemessungsinhalt in l	Anschlussleistung in kW
Warmwasserspeicher	5; 10; 15; 30; 50; 80; 100; 120; 150; 200; 300; 400; 800; 1000	2; 3; 4; 6; 9; 12
Durchlauferhitzer	30; 80; 100	18; 21; 24
Durchlauferhitzer thermisch geregelt	2,5; 5; 10; 15	12; 18; 21; 24
Durchlauferhitzer hydraulisch geregelt		18; 21; 24
Warmwasser-Wärmepumpe	300; 400 und mehr	0,4 bis 1,4

Tab. 22-3 ***Anschlussleistung von Geräten in geschlossener Bauweise***

● Boiler und Kochendwassergeräte

Gemeinsames

- Behälter haben keine Wärmedämmung.
- Vor jedem Aufheizen müssen die Geräte von Hand eingeschaltet werden.
- Das Wasser ist möglichst unmittelbar nach Beendigung des Aufheizens zu entnehmen.

Unterschiedliches

	Boiler	Kochendwassergerät
Behälter	aus dünnwandigem Kupferblech oder Kunststoff	aus Glas, Kunststoff oder emailliertem Stahl
Füllung	ständig mit Wasser gefüllt	Wasser wird bei Bedarf teilweise oder vollständig gefüllt
Steuerung	Bei Erreichen der gewünschten Temperatur wird durch einen Temperaturwahlbegrenzer abgeschaltet. Für eine erneute Aufheizung muss von Hand das Gerät wieder eingeschaltet werden. Die Aufheizzeit beträgt etwa eine Stunde.	Je nach Einstellung des Temperaturbegrenzers (einstellbar zwischen 35 °C und Siedepunkt) wird das Wasser nach dem Einschalten von Hand aufgeheizt und bei Erreichen der Temperatur abgeschaltet. Bei Geräten mit Fortkochstufe wird durch eine Intervall-Automatik am Kochpunkt nur so viel Energie zugeführt, wie zum Sieden erforderlich ist.

- Warmwasserspeicher

Sie werden als offene oder geschlossene Geräte hergestellt. Da sie ständig warmes Wasser bereithalten, wird der Innenbehälter (als geschlossenes Gerät druckfest für einen Nennüberdruck von mindestens 6 bar) durch eine Wärmedämmung aus Polyurethan-Hartschaum vom Außenmantel aus Kunststoff oder lackiertem Stahlblech getrennt. Die Speicher sind mit einem Temperaturregler (Thermostat) zum Aufheizen durch Ein- und Ausschalten des Heizkreises (Zweipunktregelung) für eine konstante Temperatur im Bereich von 35 °C bis 85 °C ausgerüstet. Bei einer geschlossenen Ausführung wird das Ausdehnungswasser über ein Membran-Sicherheitsventil in den Kaltwasserzulauf abgeleitet.

- Durchlauferhitzer

Als geschlossene Geräte können sie beliebig viele Zapfstellen versorgen. Durch eine hohe Heizleistung (die Genehmigung des zuständigen Verteilungsnetzbetreibers ist erforderlich) kann das Wasser bei der Entnahme, also beim Durchfließen, erwärmt werden.

Die Geräte können
- hydraulisch durch einen Druckdifferenzschalter
- thermisch durch einen Temperaturregler oder
- elektronisch durch einen von einem Mikroprozessor beeinflussten elektronischen Schalter (Triac) gesteuert werden.

Durchlaufspeicher sind eine Kombination aus Warmwasserspeicher und Durchlauferhitzer.

- Warmwasser-Wärmepumpe (Abb. 22-10)

Für die Gewinnung von Wärme nutzt die Wärmepumpe den Kreisprozess der Kälteerzeugung aus. Das Kühlmittel, meist chlorierte oder fluorierte Kohlenwasserstoffe (geruchlos und ungiftig), nimmt im Verdampfer Wärme aus der umgebenden Luft auf und verdampft. Der Kühlmitteldampf wird vom elektrisch angetriebenen Verdichter angesaugt und komprimiert. Durch die Erhöhung des Druckes erhöht sich die Temperatur des Kühlmitteldampfes. Der heiße Kühlmitteldampf gibt im Verflüssiger Wärme an einen Wasserspeicher mit über 300 l Inhalt ab und kondensiert. Das Kühlmittel wird im Expansionsorgan auf den ursprünglichen Druck entspannt.

Die bei diesem Kreislauf gewonnene Wärmemenge ist ein Mehrfaches der durch den Antriebsmotor des Verdichters aufgewendeten mechanischen Arbeit. Oft wird die Wärmepumpe im bivalenten Betrieb, d. h. mit einem anderen Heizsystem, eingesetzt.

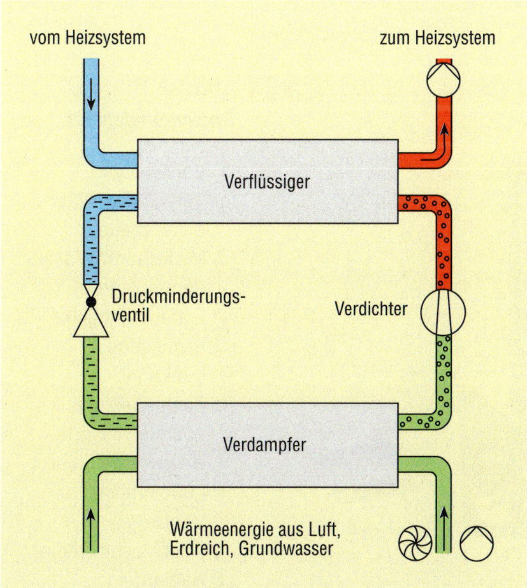

Abb. 22-10 ***Funktionsschema der Wärmepumpe***

22.3 Elektrische Direkt- und Speicherheizungen

■ Merkmale

Elektrische Direktheizung	Elektrische Speicherheizung
Geräte und Einrichtungen werden ohne zeitlich eingeschränkten Direktbezug zur – Raumheizung und im Außenbereich zur – Freiflächenheizung – Dachrinnenheizung sowie zur – Rohrbegleitheizung eingesetzt. Die Tarifbestimmungen der Verteilungsnetzbetreiber setzen ihrem Leistungsbereich Grenzen. In Räumen wird sie deshalb als Zusatz- oder Übergangsheizung wirksam.	Verteilungsnetzbetreiber stellen in sog. Lasttälern Energie zum elektrischen Heizen für verbilligten Tarif zur Verfügung. In Sonderfällen werden Ladezeiten meist von zwei Stunden auch am Tag zugelassen und in der Regel zum Hochtarif berechnet. Die vertraglich festgelegten Zeiten, in denen der Heizstrom zu beziehen ist, werden durch Rundsteuerempfänger oder Schaltuhren von den Verteilungsnetzbetreibern freigegeben. Die Aufladung ist witterungsgeführt und berücksichtigt die ungenutzte Restwärme im Speicherbereich. Das Entladen, d. h. die Abgabe der Wärme, wird bei den Speichergeräten durch einen Lüfter über einen Raumtemperaturregler als Zweipunkt- oder Proportionalregler gesteuert. Die Wärme wird in – Speichergeräten in mineralischen oder keramischen Kernen und bei der – Fußboden-Speicherheizung durch die Wärmekapazität der 8 bis 10 cm dicken Estrichschicht gespeichert.

22

■ Raumheizgeräte

Die Wärme wird in stromdurchflossenen Widerstandsdrähten, den Heizleitern, erzeugt. Die Drähte oder Bänder aus Cr-Ni- oder Cr-Ni-Fe- oder Al-Cr-Fe-Legierungen werden auf temperaturbeständigem Glimmer, Mikanit, Steatit oder Schamotte aufgewickelt oder in Magnesiumoxid als Isoliermasse eingebettet. Die häufigste Heizkörperform ist die aus Draht gewickelte Wendel, die isoliert in Metallrohren als sog. Rohrheizkörper (Abb. 22-11) in die Geräte eingebaut wird. Daneben werden auch Stäbe aus Siliciumcarbid verwendet.

Die Quarzstäbe der Infrarotstrahler geben dagegen die Wärme als elektromagnetische Wellen ab, die beim Auftreffen auf einen Körper mehr oder weniger absorbiert werden und diesen und nicht die umgebende Luft erwärmen.

● Direktheizgeräte

Konvektoren

Die Luft strömt zwischen ihren großflächigen, eng beieinander stehenden Heizkörpern hindurch, erwärmt sich und fließt gleichmäßig ohne Zug in den Raum. Die Bemessungsleistungen der Geräte liegen zwischen 375 W und 3000 W. Mit Thermostaten wird die gewünschte Temperatur eingestellt.

Heizlüfter

Durch Axial- oder Radialgebläse wird eine erzwungene Luftströmung erzeugt. Durch Zwei- oder Dreistufenschaltung mit Kaltluftbetrieb werden Leistungen von 1000 W oder 2000 W erreicht.

Infrarotstrahler

als Langfeld-, Kompakt- oder Großflächenstrahler von 1000 W bis 4200 W und als Frostwächter (Klein-Heizstrahler) für stufenlos einstellbare Temperaturen von 5 °C bis 35 °C bei einer Leistung bis 500 W.

Rippenheizrohre

mit reduzierter Oberflächentemperatur und Überhitzungsschutz für Werkhallen und Garagen im Leistungsbereich von 1000 W bis 2000 W.

● Speicherheizgeräte

In den Speicherheizgeräten geben die Heizwiderstände im Leistungsbereich von 0,6 kW bis 7,5 kW ihre Wärme an die sie umgebenden Speichersteine aus Feolit oder Magnesit ab, die je nach Außentemperatur bis auf 600 °C aufgeheizt werden (Abb. 22-12). Ein eingebauter Sicherheitstemperaturbegrenzer schützt das Speicherheizgerät bei Ausfall des Temperaturreglers vor Überhitzung.

Die Wärmedämmung stellt sicher, dass über das Stahlblechgehäuse nur eine Grundwärme abgegeben wird. Die Entladung erfolgt durch den im Gerät eingebauten Lüfter. Bei Ansprechen des Raumtemperaturreglers fördert der Lüfter Raumluft durch die Luftkanäle des aufgeheizten Speicherkerns. Die Raumluft wird erwärmt und über eine Mischklappe der kühlen Raumluft zugemischt (Abb. 22-13).

Speicherheizgeräte, bei denen die Raumluft mit dem Speicherkern in Berührung kommen kann, dürfen nicht in Räumen verwendet werden, die durch Staub oder Fasern feuergefährdet sind.

Der Anschluss ist über Steckvorrichtung oder Geräteanschlussdose mit flexiblen Leitungen entsprechend der vorherrschenden Wärmebeanspruchung vorzunehmen.

■ Flächenheizeinrichtungen

Flächenheizeinrichtungen dienen als
- Fußbodenheizung dem behaglichen Wohnen und im Bereich der
- Freiflächenheizung der Verkehrssicherheit auf Tiefgaragenzufahrten, Brücken und Außentreppen.

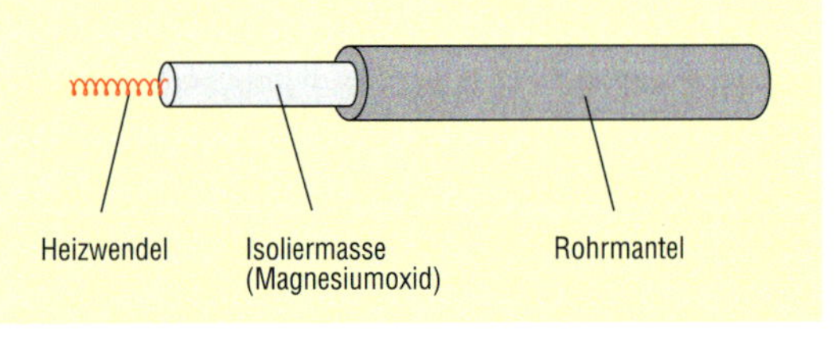

Abb. 22-11 ***Rohrheizkörper***

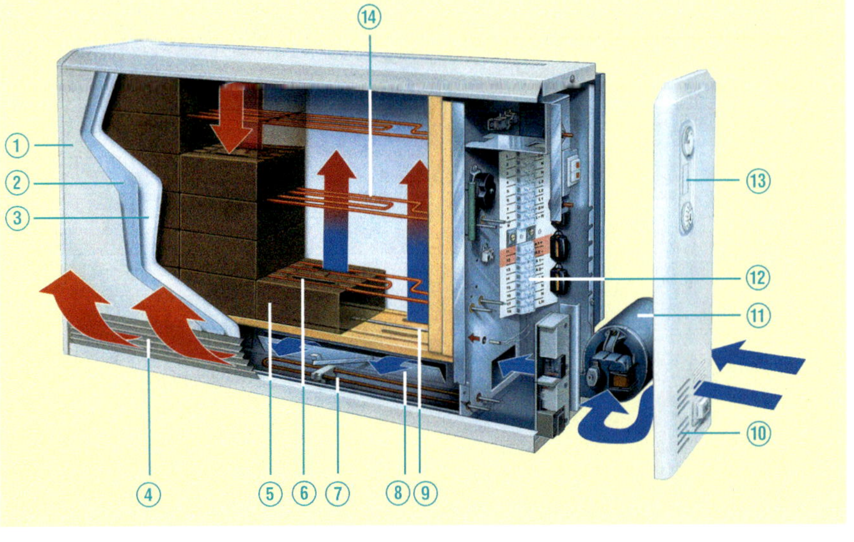

Abb. 22-12
Speicherheizgerät

① Vorderwand
② Vermiculite-Wärmedämmplatte
③ Microtherm-Wärmedämmplatte
④ Luftaustrittsgitter
⑤ Kernsteine
⑥ Luftkanal
⑦ Zusatzheizung
⑧ Luftmischklappe
⑨ Restwärmefühler
⑩ Lufteintrittsgitter
⑪ Ventilator
⑫ Anschlussklemmen
⑬ Bedienfeld
⑭ Heizstäbe

22

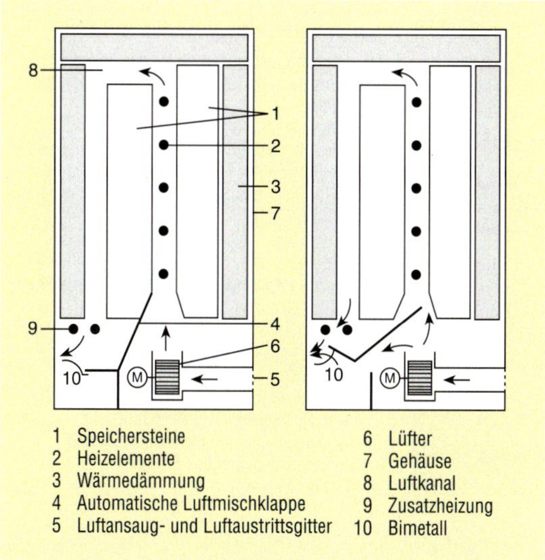

Abb. 22-13 ***Wärmeabgabesteuerung des Speicherheizgerätes***

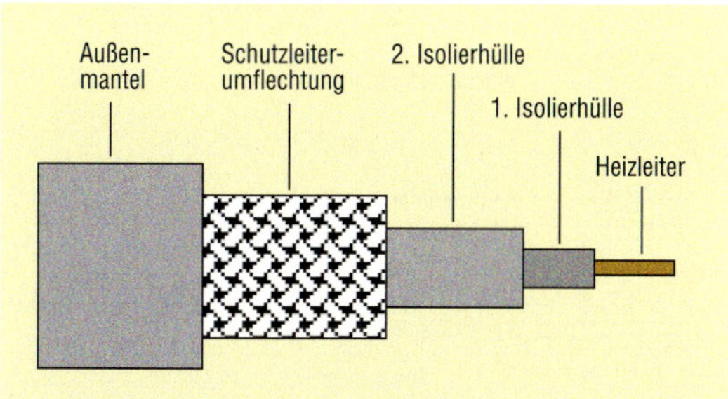

Abb. 22-14 ***Heizleitung nach DIN VDE 0253***

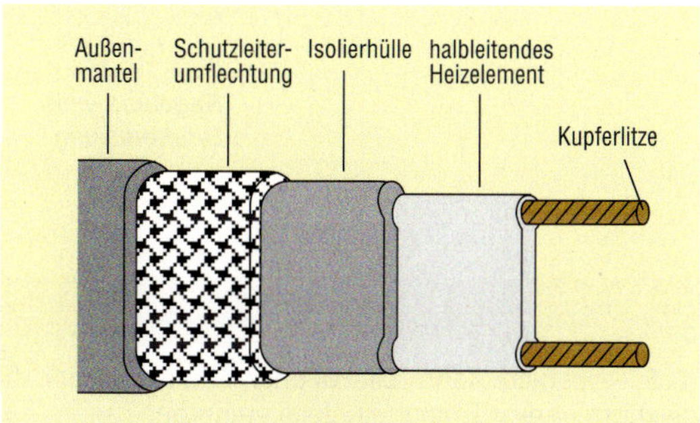

Abb. 22-15 ***Selbstbegrenzendes Heizband***

Für diese Heizsysteme werden die **traditionellen Heizleitungen** (Heizleiter aus genormtem hochlegiertem Widerstandsmaterial, 1. und 2. Isolierhülle als Grundaufbau und zusätzliches Schutzleitergeflecht sowie Kunststoffaußenmantel) (Abb. 22-14) und für ausgewählte Einsatzgebiete

selbstbegrenzende Heizbänder (Abb. 22-15) verwendet. Hier besteht das eigentliche Heizelement aus kohlenstoffdotiertem, molekularvernetztem Kunststoff. Die Strompfade, die sich über die Kohlenstoffpartikel zwischen den Kupferleitern bilden, erwärmen sich bei Stromfluss, wodurch sich die Molekularstruktur verändert. Der Widerstand steigt. Die Stromaufnahme und die Heizleistung sinken. Diese wird damit auch von den Wärmeableitbedingungen abhängig. Solche Heizbänder schalten jedoch nicht vollständig ab. Ein wirtschaftlicher Betrieb ohne Regelung ist also nur bei kurzen Leitungslängen möglich.

Die Heizleitungen und -bänder werden über Pressverbindungen in wasserdichten Muffen mit nicht heizenden Anschlussenden versehen und zu Heizschleifen oder mäanderförmig auf Abstandhalter fixierten Heizmatten verarbeitet (Abb. 22-16). Diese Heizmatten können als Speicher- oder Direktheizung installiert werden. In Abb. 22-17, S. 512 ist der Aufbau einer Speicherheizung mit Randzonenheizung dargestellt.

Eine moderne Fußbodenheizung erfordert eine elektronische Steuerung, die den Betrieb automatisch überwacht und regelt. Das Steuer- und Regelsystem kann mit folgenden Komponenten arbeiten:

- Außentemperaturfühler
  wird oft in die Hauswand installiert
- Restwärmefühler
  im Heizestrich eingebettet
- Aufladeregler
  steuert mit Restwärmefühler und Zentralsteuergerät die Wärmeaufnahme der Speicherschicht
- Zentralsteuergerät
  sein Mikrocomputer mit Zeitsteuerteil bewirkt, dass am Ende der Freigabezeit der Estrich als Speicher seine Maximaltemperatur erreicht
- Raumtemperaturregler
  mit Temperaturwächter, steuert die Randzonenheizung bei Unterschreiten der eingestellten Raumtemperatur

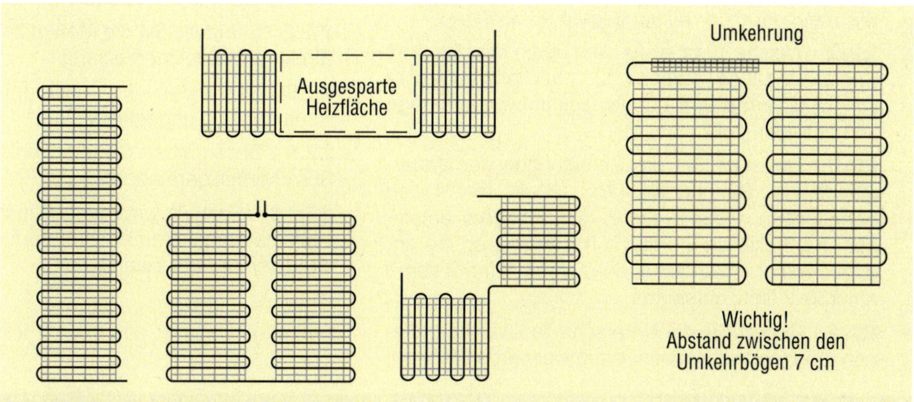

Abb. 22-16 ***Verlegebeispiele für Heizmatten***

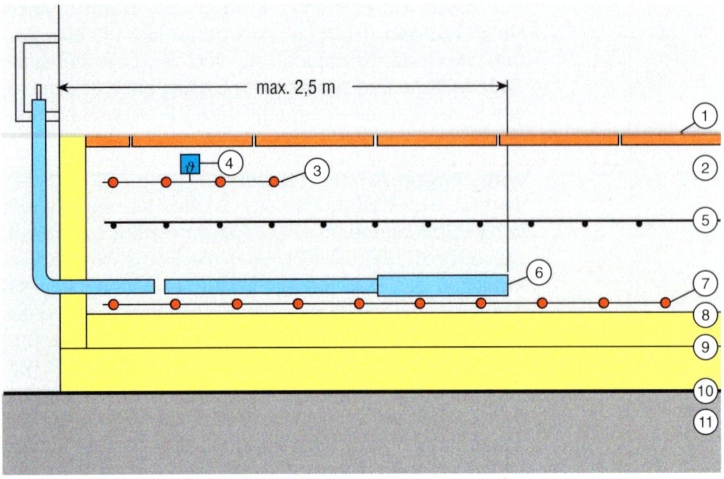

Abb. 22-17

Aufbau einer Speicherheizung

① Fußbodenbelag, z. B. Keramik-Fliesen, Teppichboden oder schwimmend verlegtes Parkett
② Heiz-Estrich 6 bis 14 cm dick
③ durch Kunststoffgewebe fixierte Heizmatte für die Randzone
④ NTC-Fühler des Temperaturwächters der Randzonenheizung
⑤ Bewehrung, empfohlen bei keramischen Fliesen
⑥ flexibles Kunststoffrohr mit Restwärmefühler für die Grundheizung
⑦ unter dem Estrich durch Kunststoffgewebe fixierte Heizmatte für die Grundheizung
⑧ PE-Folienabdeckung 0,2 mm dick
⑨ Wärme- und Trittschalldämmung, z. B. Polystyrol-Partikelschaum
⑩ gegebenenfalls Ausgleichsschicht und Abdeckung gegen das Erdreich
⑪ Rohbeton bzw. Erdreich

In Abb. 22-18 ist die Regelung einer Direktheizung dargestellt. Die Wochenzeitschaltuhr gibt dem Raumtemperaturregler die gewünschte Temperatur vor. Über den Temperaturwächter mit Fühler wird die gewählte Temperatur kontrolliert. Der Raumtemperaturregler gleicht eventuelle Abweichungen aus.

Die Vorteile der Fußbodenheizung bestehen darin, dass der Unterschied zwischen Raum- und Heiztemperatur sehr gering ist. Es genügen im Gegensatz zu herkömmlichen Heizsystemen Oberflächentemperaturen von 27 °C.

Die Heizleistung wird unter Berücksichtigung des Wärmebedarfs sowie des Bodenaufbaus, der Auflade- und der Zusatzfreigabedauer bestimmt.

Sie beträgt bei
- Speicherheizungen maximal 200 W/m², bei
- Direktheizungen als Ergänzungsheizung im Randzonenbereich bis 250 W/m² und für
- oberflächennah eingebaute Heizmatten 160 W/m².

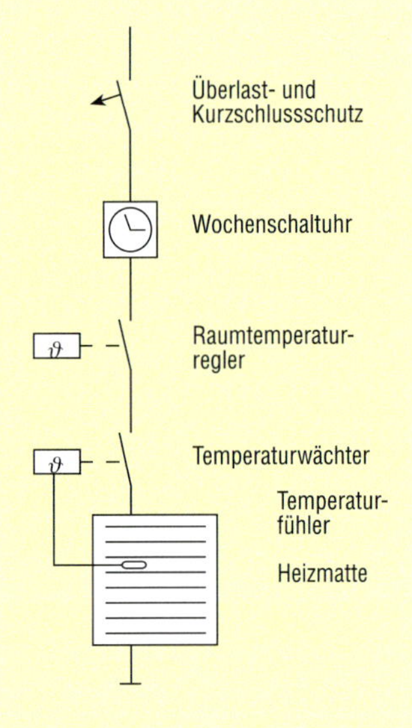

Abb. 22-18

Regelung einer Direktheizung

AUFGABEN

22.1 Eln Warmwasserspelcher mlt 5 l Spelcherinhalt hat am 230-V-Netz eine Bemessungsleistung von 2 kW. In welcher Zeit wird die Wassermenge von 12 °C auf 60 °C aufgeheizt, wenn durch geringe Wärmeabgabe der Wirkungsgrad 96 % beträgt?

22.2 Welche Temperatur wird durch Mischen des Speicherinhaltes (Aufgabe 22.1) mit kaltem Wasser von 12 °C erreicht, wenn die Gesamtwassermenge 14 l betragen soll?

22.3 Zeichnen Sie die Schaltungen der Widerstände R1, R2 und R3 (Abb. 22-4), die in den Schaltstufen 1 bis 6 des 7-Takt-Schalters entstehen. Kontrollieren Sie durch Rechnung, ob die angegebenen Leistungen in den Schaltstufen 2 und 5 am 230-V-Netz entstehen.

22.4 Geben Sie die Unterschiede zwischen offenen und geschlossenen Warmwassergeräten an.

22.5 Weshalb kann eln offener Warmwasserspeicher nur eine Entnahmestelle versorgen?

22.6 Beschreiben Sie das Grundprinzip der Warmwasser-Wärmepumpe.

22.7 Erläutern Sie die Merkmale der elektrischen Direkt- und Speicherheizung.

22.8 Begründen Sie, dass Infrarotstrahler zur Raumheizung ungeeignet sind.

22.9 Beschreiben Sie die Funktionsweise eines Speicherheizgerätes.

22.10 Weshalb wird die Leistungsaufnahme von selbstbegrenzenden Heizbändern durch die Umgebungstemperatur beeinflusst?

23 Beleuchtungsanlagen

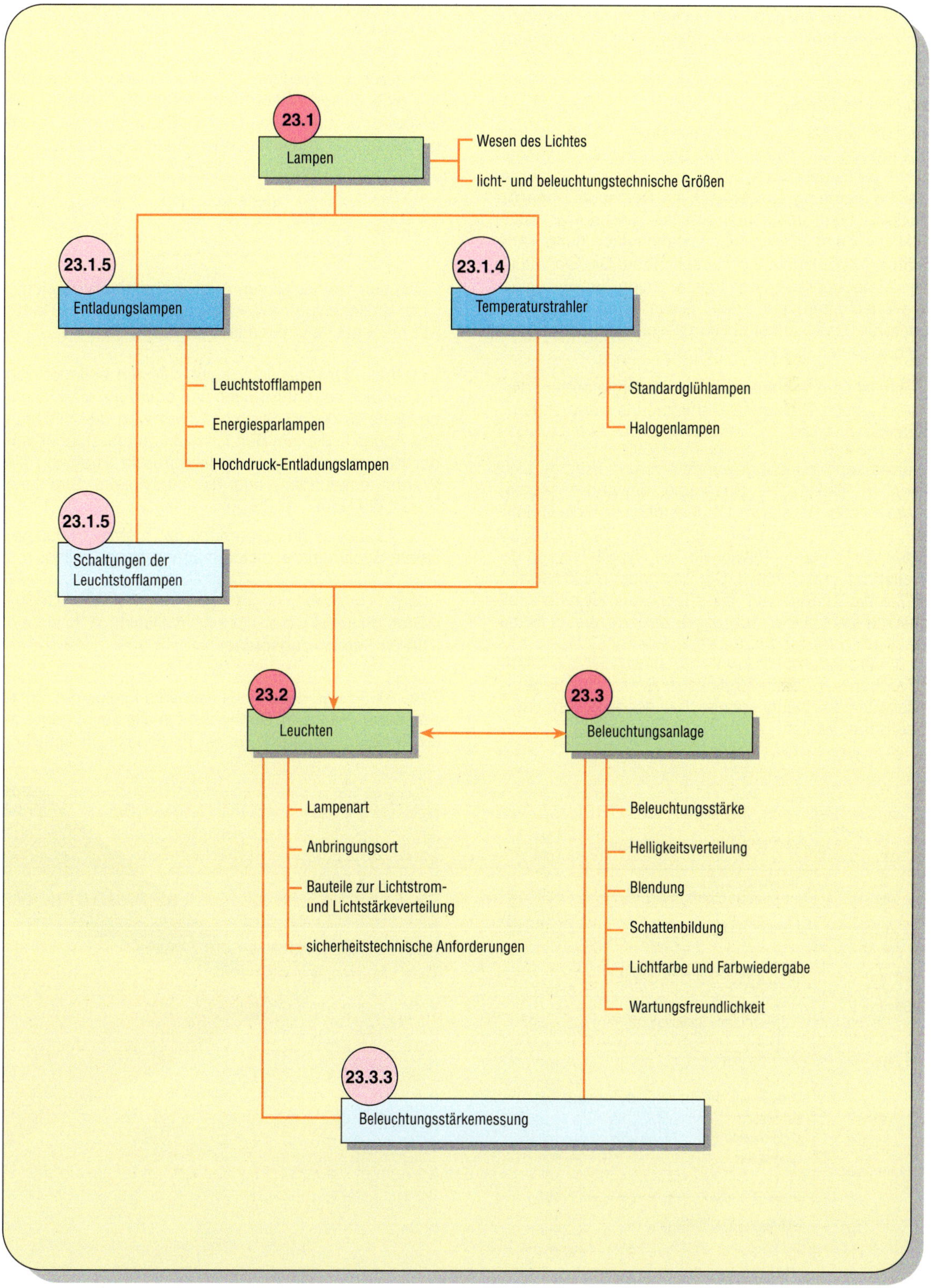

Abb. 23-1 ***Beziehungen und Strukturen***

23.1 Lampen

23.1.1 Wesen des Lichtes

Die Sonne ist als wichtigste natürliche Lichtquelle das Vorbild für die Entwicklung aller künstlichen Lichtquellen. Vor über 5000 Jahren begann der Mensch, sich mithilfe von Kienspan und Fackel den Tag zu verlängern oder Höhlen zu beleuchten, in die kein Sonnenstrahl fiel. Erst im 19. Jh. wurden diese Lichtquellen verbessert durch die Gaslampe (1805) und die Petroleumlampe (1855).

Im Arbeitsprozess ist eine gute Beleuchtung die Voraussetzung für das sichere und schnelle Erkennen wichtiger Details, aber auch von möglichen Gefahren. Die Beleuchtung ist deshalb ein Bestandteil des Arbeitsschutzes. Ihre Gütemerkmale sind sowohl nach DIN als auch in der Arbeitsstättenverordnung (ArbStättV § 7 „Beleuchtung") beschrieben. Die Einhaltung der letztgenannten Vorschrift wird von den Berufsgenossenschaften und den Gewerbeaufsichtsämtern überprüft. Das Licht erhält damit eine zentrale Funktion für das Sehen des Menschen.

Licht ist eine der verschiedenen Energieformen, die der Mensch über seine Sinnesorgane wahrnehmen kann.

Wärme kann in Licht gewandelt werden (Kerze). Licht kann in elektrische Spannung gewandelt werden (Fotovoltaik). Bereits im 17. Jh. stritten sich die Gelehrten über den Charakter des Lichtes. Der Holländer Christian Huygens entwickelte die Hypothese von der Wellennatur des Lichtes. Der Engländer Isaac Newton, stellte die Theorie auf, dass Licht aus kleinsten Teilchen besteht. Über 100 Jahre dauerte dieser Streit.

Für die moderne Wissenschaft besitzt Licht sowohl Teilchen- als auch Wellencharakter. Viele Eigenschaften des Lichts entsprechen denen elektromagnetischer Wellen.

Die elektromagnetischen Wellen sind aus dem Hörfunk- und Fernsehempfang, aus der Medizin als Infrarot(IR)-Strahlen, Ultraviolett(UV)-Strahlen oder Röntgenstrahlen bekannt. Alle diese Strahlen haben die Eigenschaft, sich ohne einen Träger ausbreiten zu können. Dies geschieht auch im Vakuum. Die Ausbreitungsgeschwindigkeit (c) beträgt dort ungefähr 300 000 km/s.

Die verschiedenen elektromagnetischen Wellen werden durch ihre Frequenz (f) unterschieden. Außerdem hat jede dieser Wellen eine bestimmte Länge – die Wellenlänge λ. Im Vakuum und näherungsweise in Luft gilt zwischen f und λ folgender Zusammenhang:

$$\lambda = \frac{c}{f} \approx \frac{300\,000\,000\ \frac{\text{m}}{\text{s}}}{f_{/1/\text{s}}} \qquad \textbf{23–1}$$

Das vom menschlichen Auge wahrnehmbare Licht hat Wellenlängen zwischen 380 nm und 780 nm (1 nm = 10^{-9} m = ein millionstel mm).

Unterhalb der Wellenlänge von 380 nm befindet sich der Bereich der UV-Strahlen und oberhalb von 780 nm der Bereich der IR-Strahlen. Zwar wird die Netzhaut des Auges in diesem Bereich nicht angeregt, aber von der Körperoberfläche wird die infrarote Strahlung als Wärme empfunden, und die ultraviolette Strahlung bräunt die Haut.

Abb. 23-2 zeigt die Einordnung des Lichtes in das gesamte Spektrum der elektromagnetischen Wellen.

Jeder Lichtfarbe, angefangen von Rot über Gelb, Grün, Blau bis Violett, ist eine Wellenlänge im sichtbaren Bereich zugeordnet.

Abb. 23-3 zeigt, dass ein Glasprisma infolge der Lichtbrechung das weiße Sonnenlicht in alle zuvor genannten Farben zerlegt. Dieses Farbspektrum entsteht

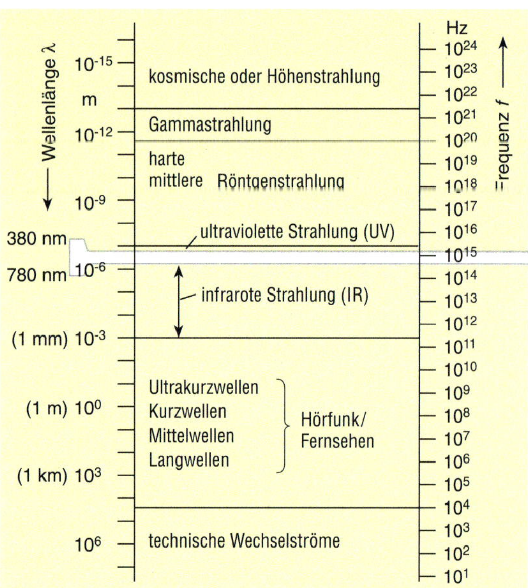

Abb. 23-2 ***Licht im Spektrum der elektromagnetischen Wellen***

Abb. 23-3 ***Weißes Licht zusammengesetzt aus vielen Farben***

23

auch beim Regenbogen. Im kräftigen Sonnenlicht sind alle Farbanteile annähernd gleichmäßig verteilt. Damit ist es der Maßstab für alle künstlichen Lichtquellen.

Weißes Licht setzt sich aus mehreren Farben zusammen. Nur die Sonne erzeugt idealweißes Licht mit allen Farbanteilen.

Für das Sehen muss das Auge mehrere Funktionen erfüllen, und das Objekt muss erkennbar sein. Für beides – wahrheitsgetreues Erkennen eines Objektes als auch fehlerfreie Funktion des Auges – hat das Licht Bedeutung (Abb. 23-4). Die Art des Lichtes kann die Empfindsamkeit des Auges unterstützen oder behindern.

Die Sehschärfe lässt mit zunehmendem Alter des Menschen nach. Ein 60-jähriger Mensch besitzt gegenüber einem 20-Jährigen nur noch 75 % dessen Sehschärfe. Dies bedeutet für ein Büro mit vorwiegend jungen Mitarbeitern, dass eine Beleuchtungsstärke von 500 lx ausreicht, während im Büro mit älteren Mitarbeitern für optimale Sehbedingungen 1000 lx erforderlich wären.

Zur Erzeugung des künstlichen Lichts werden die verschiedensten Lampen verwendet. Diese Lampen sind wiederum Teil einer Beleuchtungsanlage.

Künstliches Licht entsteht als Nebenprodukt bei der Erwärmung von Metallen (Temperaturstrahler), bei einer Gasentladung (Entladungslampen) und als Elektroluminizens in Halbleiterkristallen (Leuchtdioden).

In den Lampen werden die Elektronen der Metallatome oder der Gasatome durch Energiezufuhr auf eine höhere Umlaufbahn gestoßen. Von dort fallen sie nach kurzer Zeit auf ihre Ursprungsbahn zurück, wobei sie einen Lichtblitz abgeben (Abb. 23-5).

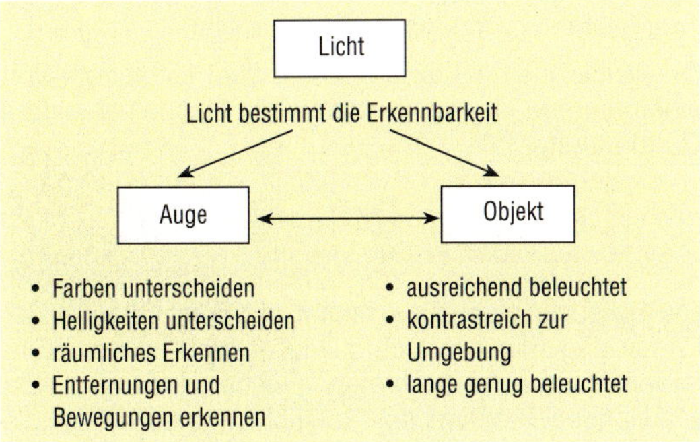

Abb. 23-4 ***Licht als Mittel zum Sehen***

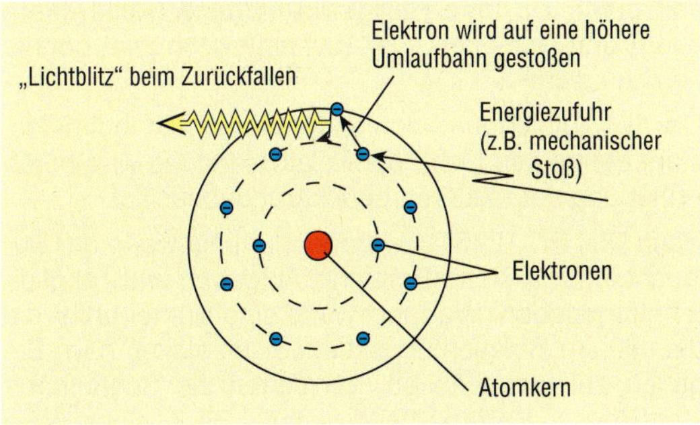

Abb. 23-5 ***Entstehung eines Lichtblitzes***

Durch die schnelle Folge sehr vieler Lichtblitze (auch Fotonen oder Quanten genannt) entsteht der Eindruck einer gleichmäßigen Lichterscheinung.

23.1.2 Lichttechnische und beleuchtungstechnische Größen

In der Lichttechnik werden verschiedene Größen zur zahlenmäßigen Beschreibung verwendet.

Begriff	Formelzeichen	Einheit
Lichtstrom	Φ	lm (Lumen)
Lichtstärke	I	cd (Candela)
Leuchtdichte	L	cd/m^2 oder cd/cm^2
Beleuchtungsstärke	E	lx (Lux)
Lichtausbeute	η	lm/W

Tab. 23-1 ***Größen der Licht- und Beleuchtungstechnik***

Lichtstrom

Der Lichtstrom ist die abgestrahlte Lichtleistung einer Lichtquelle.

Die abgestrahlte Lichtleistung wird nicht in der für Leistung üblichen Maßeinheit Watt angegeben, da das menschliche Auge Lichtleistung je nach Farbe unterschiedlich empfindet. Ein Watt rotes Licht empfindet das Auge dunkler als ein Watt grünes Licht. Ein Lumen jeder beliebigen Lichtfarbe empfindet das Auge als gleich hell.

Eine 60-W-Glühlampe erzeugt einen Lichtstrom von 750 lm. Eine 58-W-Leuchtstofflampe (tageslichtweiß) erzeugt einen Lichtstrom von 4000 lm.

Lichtstärke

Lichtstärke ist der in eine bestimmte Richtung abgegebene Lichtstrom bezogen auf eine senkrecht zur Richtung stehende kleine Probefläche im Abstand von 1 m von der Punktquelle.

Eine punktförmige Lichtquelle gibt in alle Richtungen Licht ab, so dass die vom Lichtstrom durchdrungene Fläche eine Kugel ist (Abb. 23-6). Befindet sich im Zentrum der gedachten Kugel eine Lichtquelle der Stärke 1 cd, so durchdringt jeden Quadratmeter der Kugeloberfläche der Lichtstrom 1 lm. Der Gesamtlichtstrom beträgt 4 π lm.

Punktförmige Lichtquellen gibt es in der Praxis nicht. Lampen haben unterschiedliche Formen und Fassungsanordnungen, oder um sie herum wird ein Gehäuse gebaut, so dass die Lichtstärke ungleichmäßig verteilt wird. Diese Verteilung wird von den Herstellern in Lichtstärkeverteilungskurven (LVK) angegeben. In Abhängigkeit vom Ausstrahlungswinkel kann die Lichtstärke abgelesen werden.

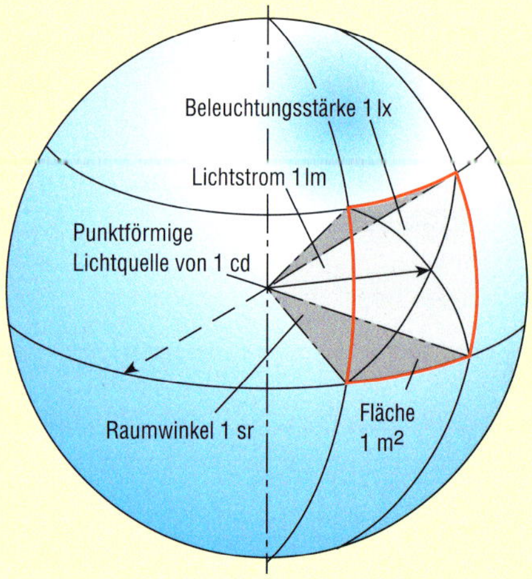

Darstellung der Einheitskugel (r = 1 m) mit dem Raumwinkel 1 sr.
Im Zentrum ist eine punktförmige Lichtquelle mit I = 1 cd angeordnet.
Durch den Raumwinkel 1 sr tritt der Lichtstrom 1 lm.
Die Beleuchtungsstärke an der Kugelinnenwandung beträgt 1 lx.

Abb. 23-6 ***Raumwinkel***

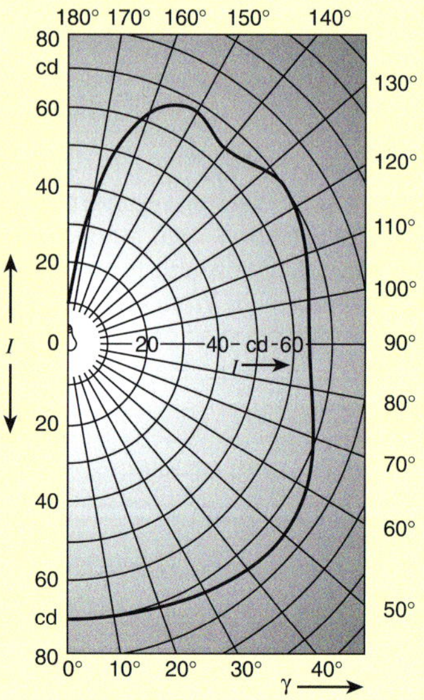

Abb. 23-7 ***Lichtstärkeverteilungskurve***

In Abb. 23-7 ist eine LVK einer Glühlampe zu sehen. Die LVKn werden meist für 1000-lm-Lampen dargestellt. Für andere Lampenlichtströme sind Umrechnungen erforderlich. Für einen Winkel von 0°, das bedeutet senkrecht nach unten strahlend, lässt sich aus Abb. 23-7 eine Lichtstärke von 70 cd und bei einem Winkel von 40° eine Lichtstärke von 75 cd entnehmen.

Die Maßeinheit Candela (cd) ist eine der Basiseinheiten des internationalen Einheitensystems (SI-System).

Leuchtdichte

Die Leuchtdichte ist die auf die Einheit der strahlenden Fläche bezogene Lichtstärke.

Die abgestrahlte Lichtstärke wird ins Verhältnis zur Abstrahlfläche gesetzt. Je kleiner die Strahlungsfläche ist, umso mehr fühlt sich der Mensch geblendet. Man versucht deshalb, die Strahlungsflächen zu vergrößern. Dies geschieht z. B. bei Glühlampen durch die Mattierung des Glaskolbens. Dadurch entsteht der Eindruck, dass der ganze Kolben glüht und nicht nur der kleine Glühfaden. Leuchtstofflampen haben wegen der großen Abstrahlungsfläche kleinere Leuchtdichten als Glühlampen. In der Tabelle 23-2 sind einige Leuchtdichten zusammengestellt.

Lampenart	Größenordnung der Leuchtdichte in cd/cm²
Kerzenflamme	0,75
Leuchtstofflampen	ab 2
Hochdruckentladungslampen mit Leuchtstoff oder lichtstreuendem Kolben	2 bis 50
Glühlampe mit Klarglaskolben	100 bis 200
Glühlampen mit mattiertem Glaskolben	5 bis 50

Tab. 23-2 ***Beispiele für Leuchtdichten***

Beleuchtungsstärke

Mit der Beleuchtungsstärke wird das Verhältnis von Lichtstrom und der von ihm angestrahlten Fläche angegeben.

Die Beleuchtungsstärke ist die für den Praktiker wichtigste lichttechnische Größe. Dies resultiert u. a. aus ihrer leichten und genauen Messbarkeit.

Die Maßeinheit 1 Lux entspricht dem Lichtstrom von einem Lumen, der senkrecht auf die Fläche von einem Quadratmeter fällt.

$$E = \frac{\Phi_{Nutz}}{A} \qquad [E] = 1\,\frac{lm}{m^2} = 1\ lx \qquad 23\text{-}2$$

Die Beleuchtungsstärke nimmt mit dem Quadrat der Entfernung von der Lichtquelle ab und ist vom Einfallwinkel zur beleuchteten Fläche abhängig. Ein schwieriges Problem der Beleuchtungstechnik ist die Vermeidung von Blendung. Hierbei wird die Blendung durch zu hohe Flächenhelligkeit (Absolutblendung) und durch zu hohe Helligkeitskontraste (Relativblendung) unterschieden. Der Blendeffekt beginnt bereits bei 0,8 cd/cm².

Die Absolutblendung vermeidet man durch indirektes, stark gestreutes Licht, die Relativblendung wird durch Anhebung der mittleren Leuchtdichte beseitigt.

Nach DIN EN 12464-1 werden Wartungswerte der Beleuchtungsstärke für Bereiche, Aufgaben und Tätigkeiten vorgegeben. Wartungswerte sind Werte, unter die die mittlere Beleuchtungsstärke nicht sinken darf. Sie gelten auf den Flächen, auf denen die Sehaufgabe stattfindet, bei Büroarbeitsplätzen z. B. in einer Höhe von 0,75 m oder in Fluren auf der gesamten Flurfläche.

Für einige Anwendungsfälle wird auch eine vertikale Beleuchtungsstärke vorgeschrieben. Die Tabelle 23-3 enthält einige Beispiele für horizontale Beleuchtungsstärke. Zum Vergleich:
- im Sommer von der Mittagssonne beschienene Fläche ca. 100 000 lx
- an der gleichen Stelle im Winter nur ca. 6 000 lx
- in der Nacht von Vollmond beschienene Fläche ca. 0,25 lx

$\bar{E}_m$	Raumart
100 lx	Verkehrswege und Flure, Pausenräume, Vorrats- und Lagerräume
200 lx	Kantinen, Teeküchen, Garderoben, Waschräume, Bäder, Toiletten, Ställe für kranke Tiere
500 lx	Büroräume, CAD-Arbeitsplätze, Konferenz- und Besprechungsräume, Unterrichtsräume für Abendklassen der Erwachsenenbildung, Hörsäle, Übungsräume und Laboratorien
750 lx	Räume für Technisches Zeichnen, Zeichensäle in Kunstschulen, Modelltischlerei
1000 lx	Untersuchungs- und Behandlungsräume, Räume zur Qualitätskontrolle oder Farbprüfung

Tab. 23-3 ***Wartungswert $\bar{E}_m$ der Beleuchtungsstärke (Beispiele)***

Lichtausbeute

Lichtausbeute ist das Verhältnis von abgegebenem Lichtstrom zu aufgenommener elektrischer Leistung einer Lampe.

Mit der Höhe der Lichtausbeute steigt die Qualität einer Lampe.

$$\eta = \frac{\Phi}{P} \qquad [\eta] = 1\,\frac{\text{lm}}{\text{W}} \qquad \textbf{23-3}$$

Zwei Beispiele verdeutlichen diese Aussage:

60-Watt-Glühlampe mit Lichtstrom von 750 Lumen:

$$\eta = \frac{750\ \text{lm}}{60\ \text{W}} = 12{,}5\ \frac{\text{lm}}{\text{W}}$$

58-Watt-Leuchtstofflampe (+ Vorschaltgerät 11 W), Lichtstrom von 4000 Lumen:

$$\eta = \frac{4000\ \text{lm}}{69\ \text{W}} \approx 58\ \frac{\text{lm}}{\text{W}}$$

Die Lichtausbeute der Leuchtstofflampe ist ca. fünfmal so groß wie die der Glühlampe.

Die Angaben der Leuchtstofflampe beziehen sich, wie von den meisten Herstellern angegeben, nur auf die Lampe. Bei Leuchtstofflampen mit integriertem Vorschaltgerät (Energiesparlampen) ist die Verlustleistung dieses Gerätes in der Lampenleistung enthalten.

23.1.3 Elektrische Lichtquellen im Überblick

Elektrischer Energie wird in Licht gewandelt durch:
1. Erhitzen eines dünnen Wolframdrahtes durch den fließenden Strom – Temperaturstrahler
2. Erzeugung elektromagnetischer Strahlung in Gasen – Entladungslampen
3. Erzeugung elektromagnetischer Strahlung in Halbleiterwerkstoffen – LED (light emitting diodes)

Abb. 23-8 zeigt eine Übersicht der verschiedenen Lampen. Die Mehrzahl von ihnen wird mit Nennspannungen unter 1000 V betrieben. Eine Ausnahme bilden die Reklamebeleuchtungen. Über Streufeldtransformatoren werden für diese Lampen Spannungen bis zu 7500 V bereitgestellt.

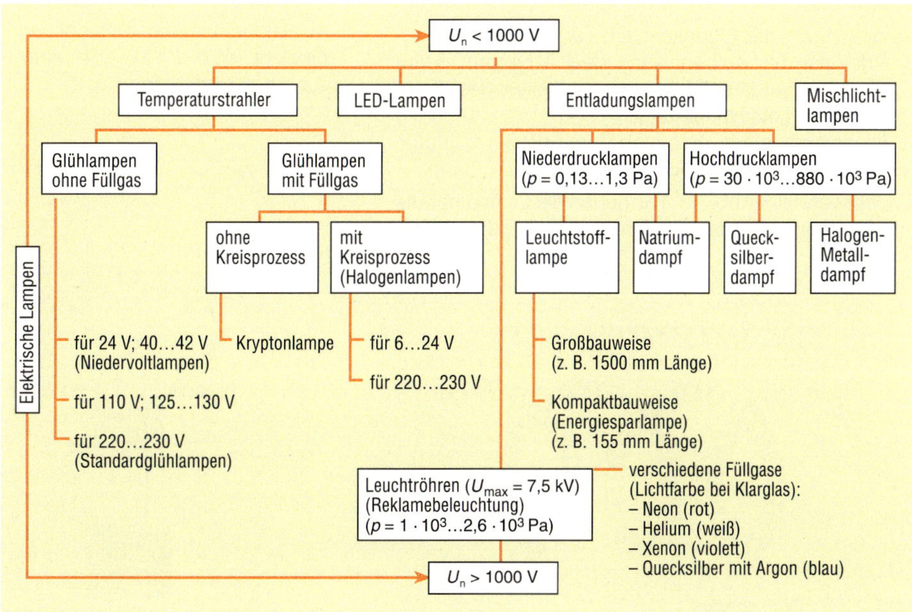

Abb. 23-8 ***Elektrische Lampen in der Übersicht***

23

Die Bauweise der Standardglühlampe ist ständig verbessert worden. Die Füllung der Glaskolben mit bestimmten Gasen verlängert die Lebensdauer.

Bei der Verbesserung der Leuchtstofflampen strebt man immer kleinere Bauformen an. Für die kompakten Energiesparlampen wurden die Glasröhren mehrfach „gefaltet".

Die Entladungslampen, bei denen die Füllgase unter hohem Druck stehen, werden insbesondere für die Beleuchtung von Straßen, Plätzen und Hallen angewendet.

Eine Mischung aus Glühlampe und Entladungslampe sind die Mischlichtlampen. In ihnen wird ein Glühfaden in Reihe mit einer Hochdruckleuchtstofflampe betrieben. Sie benötigen kein Vorschaltgerät.

LEDs erzeugen das Licht durch Rekombination von Ladungsträgern in den pn-Übergängen von Halbleiterwerkstoffen. Sie werden mit Kleinspannung betrieben. Aus mehreren LEDs zusammengesetzte Lampen werden im Fahrzeugbau vielfältig eingesetzt.

23.1.4 Temperaturstrahler

Die Glühlampe als typischer Temperaturstrahler ist noch immer eine beliebte Lichtquelle. Aufgrund ihrer Unwirtschaftlichkeit wird sie jedoch nach und nach durch andere Lichtquellen ersetzt.

Eigenschaften der Standardglühlampen:
- Lichtausbeute 8 bis 20 lm/W
- hohe Schmelztemperatur des Glühfadens (z. B. Wolfram 3380 °C)
- im abgestrahlten Licht ist der Rotanteil sehr hoch
- Verdampfung des Glühfadens bewirkt eine Schwärzung der Innenseite des Glaskolbens
- Lebensdauer sinkt bei Überspannung
- mit Wechsel- und Gleichspannung betreibbar
- Lichtstrom Φ ist sofort nach dem Einschalten vorhanden und wird von der Glühfadentemperatur bestimmt – nicht von der Umgebungstemperatur
- Betriebsstundenzahl beträgt ca. 1000 h
- Einschaltstromstoß bis zum 10fachen des Nennstromes

Verbesserung der Eigenschaften der Glühlampen:
- Edelgase als Kolbenfüllung (z. B. Krypton) verringern die Verdampfungsgeschwindigkeit des Glühfadens auf ein Hundertstel
- Niedervoltlampen erzeugen durch größere Ströme eine hohe Lichtausbeute

Doppelwendeln (Abb. 23-9) erhöhen die Lichtausbeute infolge kleinerer Abstrahlflächen und gegenseitigem Aufheizen.

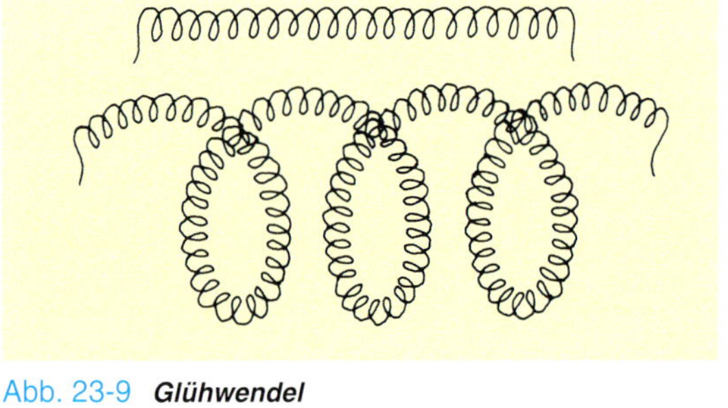

Abb. 23-9 ***Glühwendel***

Standardglühlampen werden für den Betrieb an 230 V gebaut. Es gibt sie für elektrische Leistungen von 25 W bis 1000 W.

	Leistung in Watt	Lichtstrom in lm	Sockel
innen mattiert oder klar	25 40 60 75 100 150 200	230 430 730 960 1 380 2 220 3 150	E 27
klar	300 500 1000	5 000 8 400 18 800	E 40

Tab. 23-4 ***Standardglühlampen***

Weitere Glühlampenbauformen sind speziellen Anwendungen oder den Zielen der Lichtgestaltung angepasst, z. B. die Kerzenlampe, die im Wohnbereich angewendet wird. Sie wird mit E14-Gewinde gebaut.

Die Kryptonlampe besitzt die schon erwähnten Vorteile der längeren Lebensdauer. Durch eine höhere Glühfadentemperatur kann sie weißeres Licht als die Standardglühlampe erzeugen.

Die Niedervoltlampen werden für Anwendungen mit Spannungen unter 50 V hergestellt.

Lichtausbeuten der Niedervoltlampen sind größer als bei 230-V-Lampen, da die dickeren Glühfäden eine schlechtere Wärmeabgabe besitzen und damit bereits bei kleineren Stromdichten die notwendigen Glühtemperaturen erreichen.

Vergleich von drei verschiedenen 25-W-Glühlampen:
230-V-Lampe $\rightarrow \Phi = 230$ lm $\rightarrow \eta = 9{,}2$ lm/W
42-V-Lampe $\rightarrow \Phi = 280$ lm $\rightarrow \eta = 11{,}2$ lm/W
24-V-Lampe $\rightarrow \Phi = 325$ lm $\rightarrow \eta = 13{,}0$ lm/W

In Halogenlampen entsteht ein so genannter Kreisprozess (Abb. 23-10), bei dem keine Kolbenschwärzung hervorgerufen wird.

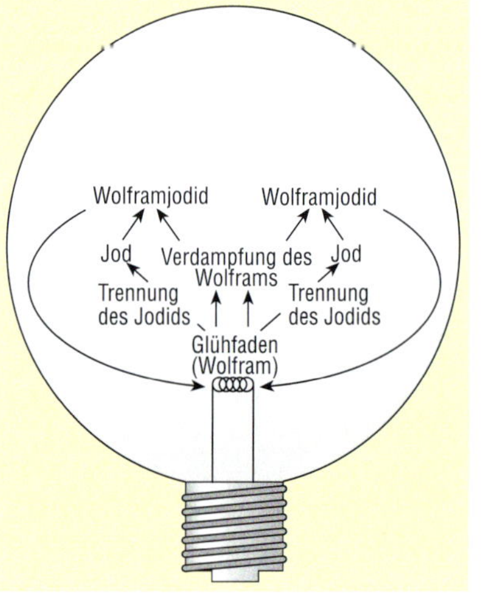

Abb. 23-10 ***Kreisprozess in Halogenlampen***

Die Halogenlampen haben während der gesamten Lebensdauer die gleiche Lichtausbeute.

Dem Füllgas der Halogenlampen werden so genannte Halogene (Salzbildner) Brom oder Jod beigemischt. Das verdampfte Wolfram verbindet sich mit dem Halogen, z. B. zu Wolframjodid. Dieses Jodid schlägt sich nicht auf dem Glaskolben nieder, sondern auf dem Glühfaden und wird dort wieder in Wolfram und Jod zerlegt.

Diese Lampen werden für 230 V bis zu Leistungen von 2000 W gebaut und finden z. B. in Fotoleuchten Anwendung. Für die großen Leistungen werden sie mit zwei Stecksockeln gebaut (Abb. 23-11).

Im Spannungsbereich 24 V, 12 V und 6 V wird dieser Lampentyp für Lichtgestaltungszwecke eingesetzt. Diese Lampen haben zwar sehr kleine Abmessungen, benötigen aber Platz zur Unterbringung des Transformators. Niedervolt-Halogenglühlampen mit 12 V Nennspannung werden bevorzugt eingesetzt. Die für sie notwendigen Stromstärken können noch durch vertretbar große Leiterquerschnitte übertragen werden (Tab. 23-5).

Lampennennleistung in W	20	50	100	150	200
Lampennennstrom in A	1,7	4,2	8,3	12,5	16,7
Cu-Nennquerschnitt in mm²	maximale Leitungslänge in m bei 12 V und 1% Spannungsfall				
1,5	3,0	1,2	0,6	0,4	–
2,5	5,0	2,0	1,0	0,7	0,5

Tab. 23-5 ***Leiterlängen für Halogenlampen***

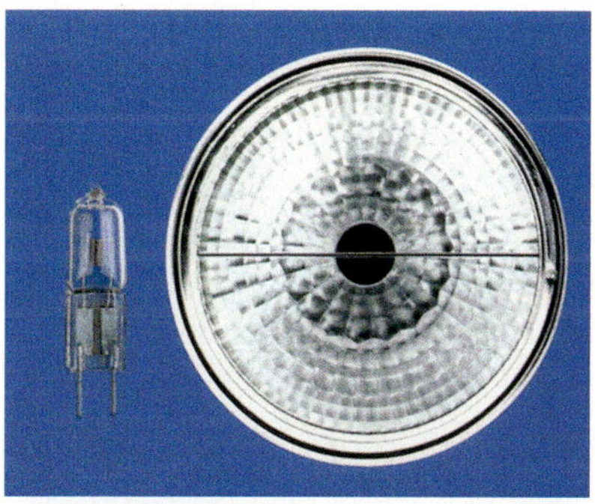

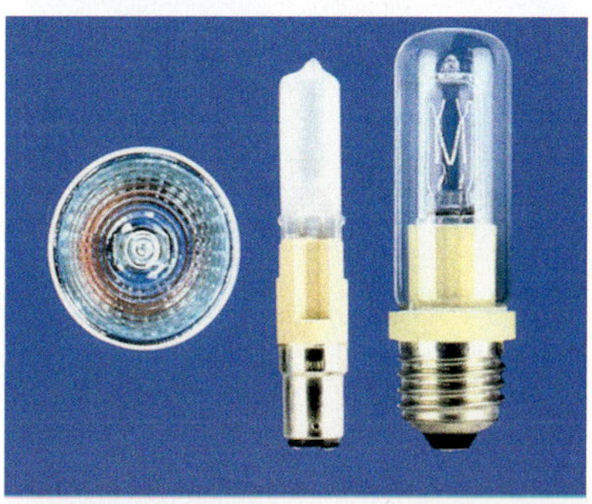

Abb. 23-11 ***Bauweise von Halogenlampen***

Für die Anschlussleitungen von Niedervolt-Halogenglühlampen sind Höchstlängen zu beachten, da die Spannungsfälle stark zunehmen.

Bei 6-V-Lampen nehmen diese Querschnitte bei gleichen Leistungen erheblich zu.

Halogenglühlampen dürfen niemals mit den blanken Fingern berührt werden. Der im Fingerabdruck enthaltene Fettfilm brennt sich in den Glaskolben ein und verschlechtert die Lichtabgabe.

23.1.5 Entladungslampen

Entladungslampen sind elektrische Lampen, bei denen elektrische Entladungen Gase unmittelbar oder mittelbar zum Leuchten bringen. Es werden unterschieden:

1. Niederdruck-Entladungslampen
2. Hochdruck-Entladungslampen

Beiden Lampenarten ist das in einem röhrenförmigen Gefäß aus Glas eingeschlossene Gas gemeinsam. Als Gase verwendet man Metalldämpfe des Quecksilbers oder Natriums und Edelgase, wie Neon, Xenon, Argon oder Helium.

Durch zwei Glühfäden in dem Glaskolben wird die Gasstrecke einer elektrischen Feldstärke ausgesetzt. Mit der Bildung frei beweglicher Ladungsträger in dem Glaskolben nimmt die Leitfähigkeit der vormals hochohmigen Gasstrecke in kurzer Zeit lawinenartig zu. Der Strom nimmt zerstörerische Größenordnungen an.

Entladungslampen müssen mit Geräten zur Strombegrenzung ausgestattet werden.

Eigenschaften der Entladungslampen:

- Lichtausbeute 10 bis 150 lm/W
- Abgestrahltes Licht enthält nur wenige Farben (z. B. Gelb)
- Voller Lichtstrom erst nach wenigen Sekunden bis zu 10 min nach Einschalten vorhanden
- Lichtstrom Φ sinkt bei Leuchtstofflampen mit Abweichung der Umgebungstemperatur von 25 °C
- Betriebsstundenzahl liegt je nach Bauart zwischen 7 500 h und 16 000 h
- Lebensdauer sinkt bei mehr als 3 Schaltvorgängen je Stunde
- Verringerung ihres Lichtstroms am Ende der Lebensdauer auf etwa 80 % bis 70 %
- Einschaltstromstoß bis zum 2fachen des Nennstroms
- Bei Wechselspannungsbetrieb entsteht der Stroboskopeffekt
  (Das von einer Leuchtstofflampe abgegebene Licht pulsiert im Takt der Halbwellen des Wechselstromes. Das menschliche Auge nimmt diese Pulsation kaum war. Trifft dieses Licht auf eine sich drehende Motorwelle, kann deren Stillstand vorgetäuscht werden.)

In Räumen mit drehenden Maschinen ist die Beleuchtung mit Entladungslampen ohne elektronisches Vorschaltgerät, die nur aus dem 50-Hz-Wechselstromnetz (L1, N) gespeist werden, verboten!

Niederdruck-Entladungslampen

Für die Innenraumbeleuchtung werden vor allem die Niederdruck-Entladungslampen, gefüllt mit Quecksilberdampf, eingesetzt.

Sie werden mit Niederspannung 230 V betrieben.

Der Glaskolben ist auf seiner Innenseite mit einem Leuchtstoff beschichtet, der die zunächst entstehende UV-Strahlung in sichtbares Licht umwandelt. Bei den Standardleuchtstofflampen ist ein Leuchtstoff vorhanden, der einige Spektralfarben besonders verstärkt erzeugt.

Bei den Dreibandenleuchtstofflampen sind drei verschiedene Leuchtstoffe aufgebracht, die jeder für sich die Spektralfarben Rot, Grün und Blau erzeugen. Durch die anschließende Überlagerung lassen sich sowohl höhere Lichtausbeuten als auch bessere Farbwiedergabeeigenschaften als bei der Standardleuchtstofflampe erreichen.

Fünfbanden-Leuchtstofflampen haben noch bessere Farbwiedergabeeigenschaften, aber nur 70 % Lichtausbeute gegenüber den Dreibanden-Leuchtstofflampen.

Die älteren Lampen mit Leistungen von 18 W bis 65 W besitzen noch Durchmesser von 38 mm. Heute werden die Leuchtstofflampen der genannten Leistungen mit 26 mm Durchmesser hergestellt. Die Längen und die Abmessungen der Anschlussstifte blieben erhalten. Diese neue Generation der Leuchtstofflampen benötigt 10 % weniger elektrische Leistung bei z. T. größerer Lichtstromabgabe.

Neben verschiedenen Farbtönen für Anwendungen in Gärtnereien, Fleischereien oder medizinischen Einrichtungen werden die Leuchtstofflampen auch in verschiedenen Formen (Ringform, U-Form) und Größen gebaut.

Die kleinsten Leuchtstofflampen werden auch als Kompaktleuchtstofflampe oder Energiesparlampe (bezogen auf Standardglühlampen) bezeichnet. Abb. 23-12 zeigt einige Ausführungen dieser Lampenart. Die notwendige Stablänge bei den sehr kurzen Energiesparlampen wird durch die mehrfache „Faltung“ der Röhre erreicht. Für den Wohnbereich werden derartige Lampen in Leistungen von 5 bis 23 W hergestellt. Aus den Abb. 23-12 und Abb. 23-13 ist erkennbar, dass diese Lampen mit Schraubsockel (E27) oder Stecksockel hergestellt werden.

In den Lampen mit Schraubsockel ist die gesamte Schaltung zum Zünden der Lampe und zur Strombegrenzung integriert. Bei den Stecksockellampen muss stets ein Adapter zur Verfügung stehen, um die Lampe in eine normale Glühlampenfassung einsetzen zu können.

Bei den Stecksockeln werden wiederum mehrere Arten unterschieden (Abb. 23-13). Sind vier Anschlussstifte vorhanden, weist das auf den fehlenden Starter hin. Es ist ein elektronisches Vorschaltgerät (im Adapter) zu verwenden. Lampen mit zwei Anschlussstiften besitzen einen eingebauten Glimmzünder und sollten laut Lampenhersteller nur mit konventionellem Vorschaltgerät (im Adapter) betrieben werden.

Bei kurzen Entfernungen zu Infrarot-Empfangsanlagen von CD-Playern oder Videorekordern kann es zu Störungen kommen. Für das Zünden und den Betrieb der Leuchtstofflampen sind spezielle Schaltungen notwendig.

In Abb. 23-14 ist die klassische Leuchtstofflampenschaltung dargestellt.

Die Leuchtstofflampe bildet nach dem Zündvorgang mit dem Vorschaltgerät eine Reihenschaltung, wodurch sich die Spannung aufteilt. Dabei entfällt auf die Lampe nur ein Teil der Netzspannung, der gleichzeitig über dem Glimmzünder anliegt.

Die Spannung über der Lampe reicht nicht aus, den Glimmzünder erneut zu betätigen. Erst durch Alterung von Lampe und Glimmzünder kann dies geschehen, was zum Flackern alter Lampen führt.

Die Spule in dieser Schaltung wird oft als „Drossel“ bezeichnet, womit aber nur die strombegrenzende Wir-

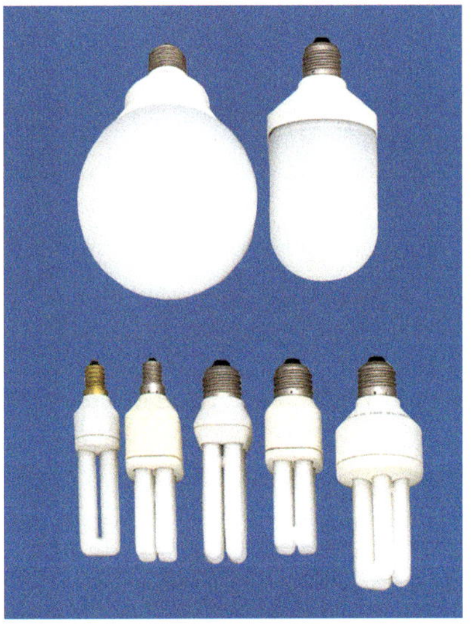

Abb. 23-12 ***Kompaktleuchtstoff- oder Energiespar-Lampen***

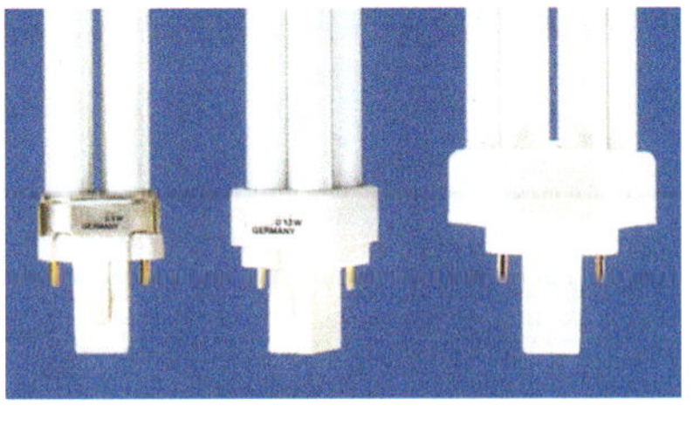

Abb. 23-13 ***Stecksockel von Kompaktleuchtstofflampen***

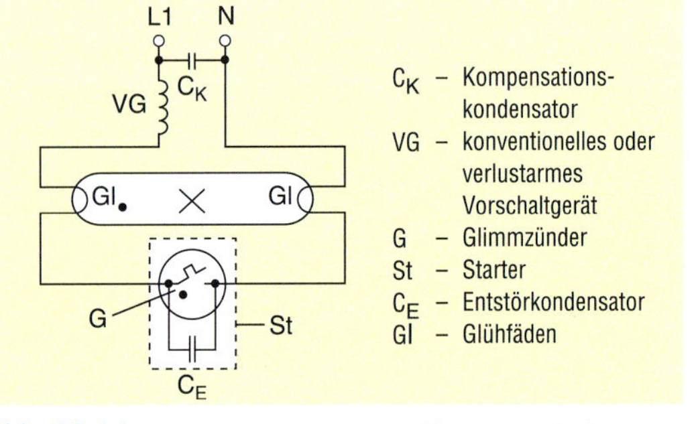

Abb. 23-14 ***Klassische Leuchtstofflampenschaltung***

kung nach dem Zünden beschrieben wird. Die zweite Aufgabe der Spule ist die Hochspannungserzeugung. Im Laufe der Entwicklung von Leuchtstofflampenschaltungen hat man zum **k**onventionellen **V**orschalt**g**erät (KVG) ein **v**erlustarmes **V**orschalt**g**erät (VVG) entwickelt; z. B. beträgt für den Betrieb einer 58-W-Leuchtstofflampe die Verlustleistung des KVG 11 W und des VVG nur 8 W.

Durch den Eisenkern des Vorschaltgerätes ist es im Wesentlichen ein induktiver Blindwiderstand, währenddessen die Leuchtstofflampe einen ohmschen Widerstand darstellt.

Die klassische Leuchtstofflampenschaltung hat einen schlechten Leistungsfaktor ($\cos\varphi \approx 0{,}5$).

Zur Bereitstellung der Blindleistung wird parallel an den Eingang der Schaltung ein Kondensator angeschlossen. Der Kondensator im Starter dient zur Funkentstörung.

Abb. 23-15 zeigt die **Duo-Schaltung** zweier Leuchtstofflampen. Bei der Duo-Schaltung werden zwei Leuchtstofflampen parallel zusammengeschaltet. In die eine Lampenschaltung wird ein Kondensator eingebaut (ausgelegt für Spannungen von 450 V!). Er bewirkt ein Voreilen des Lampenstromes I_2 gegenüber der treibenden Spannung U_n. Im induktiven Schaltungsteil eilt der Strom I_1 der Spannung U_n hinterher. Bei richtiger Dimensionierung wird der aus der geometrischen (!) Addition entstehende Strom I mit der Netzspannung in Phase liegen, wodurch der Leistungsfaktor rund 1 wird.

Durch die unterschiedliche Phasenlage der Lampenströme flimmern die Lampen nicht im gleichen Takt. Damit wird der Stroboskopeffekt vermindert.

In der Abb. 23-16 ist die **Tandemschaltung** zweier Leuchtstofflampen dargestellt. Zwei Leuchtstofflampen gleicher Leistung werden mit einem Vorschaltgerät in Reihe geschaltet. Dieses ist für die Summenleistung der beiden Lampen dimensioniert. Die Starter müssen für kleinere Zündspannungen ausgelegt sein. Sie werden als Spezialstarter z. B. unter der Bezeichnung St 151 oder S2 angeboten.

Spezialstarter für Tandemschaltungen sind mit der Aufschrift „4 W ... 22 W" gekennzeichnet. Breitbandstarter mit der Aufschrift „4 W ... 80 W" sind ungeeignet.

Duo- und Tandemschaltung können kombiniert werden.

Die bisher genannten Leuchtstofflampen erzeugen die Ladungsträger durch Glühfäden. Diese bestimmen die Lebensdauer der Lampenschaltung. Die Glühfäden können auch ersetzt werden durch eine Induktionsspule. Abb. 23-17 zeigt eine elektrodenlose Leuchtstofflampe. Die Entladungsenergie wird durch zwei Mag-

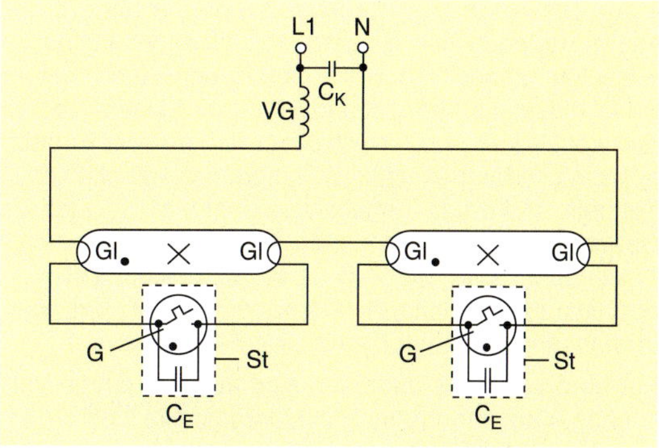

Abb. 23-16 ***Tandemschaltung zweier Leuchtstofflampen***

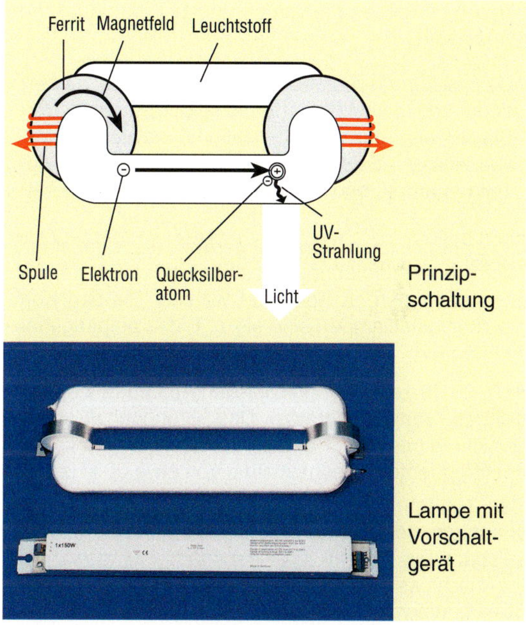

Abb. 23-17 ***Elektrodenlose Leuchtstofflampe***

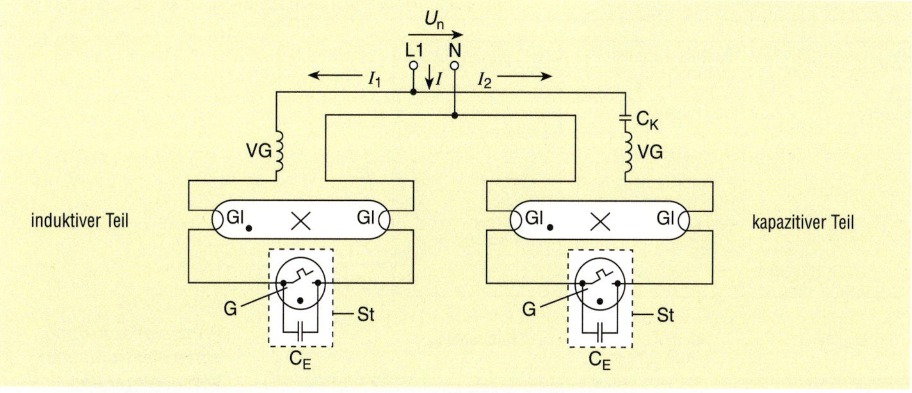

Abb. 23-15 ***Duoschaltung zweier Leuchtstofflampen***

23

netfelder von außen „eingekoppelt“: Durch die wegfallenden Glühfäden erhöht sich die Lebensdauer der Leuchtstofflampe auf ca. 60 000 Leuchtstunden (konventionelle Leuchtstofflampen 7 500 bis 16 000 Betriebsstunden). Die Lebensdauer wird damit durch das Vorschaltgerät bestimmt. In der 150-W-Version erreicht die Lampe einen Lichtstrom von 12 000 lm und in der 100-W-Version einen Lichtstrom von 8 000 lm. Die Lichtausbeute der 150-W-Lampe beträgt damit 80 lm/W. Diese hohe Lichtausbeute und der hohe Lichtstrom bedingen den Einsatz dieser Lampe für große auszuleuchtende Flächen. Durch den noch hohen Preis dieser Lampenschaltung ist ihr Einsatz überall dort von Vorteil, wo ein Wechsel mit großem Kostenaufwand verbunden ist, z. B. in hohen Werkhallen oder Tunneln. In Fertigungshallen, in denen Maschinen im Dauerbetrieb laufen, müssen konventionelle Leuchtstofflampen etwa alle 2–3 Jahre ausgewechselt werden. Die Wechselintervalle erhöhen sich mit der elektrodenlosen Leuchtstofflampe auf 6–8 Jahre.

Für derartige Konstruktionen sind auch neuartige Vorschaltgeräte erforderlich. Die dargestellte Lampe arbeitet mit einer Frequenz von 250 kHz.

Die elektronischen Vorschaltgeräte (EVG) haben mit den konventionellen oder verlustarmen Vorschaltgeräten nur noch den Namen und z. T. das Aussehen gemeinsam.

Das elektronische Vorschaltgerät ersetzt neben dem konventionellen Vorschaltgerät auch den Starter und den Kompensations- sowie Entstörkondensator. Es gibt in der Schaltung nur noch die Teile: Lampe und elektronisches Vorschaltgerät.

Mit elektronischen Vorschaltgeräten als eigenständigem Bauelement können bestehende Leuchtstofflampenschaltungen nachgerüstet werden. Bei den Kompaktleuchtstofflampen sind sie z. T. im Lampengehäuse integriert.

Abb. 23-18 zeigt den prinzipiellen Aufbau des elektronischen Vorschaltgerätes. Das Grundprinzip dieser Schaltung besteht im Betrieb der Leuchtstofflampe mit hochfrequentem Wechselstrom von etwa 30 kHz.

Das elektronische Vorschaltgerät kann mit Gleichspannung betrieben werden, oder die 50-Hz-Wechselspannung wird in Gleichspannung umgewandelt. Im Anschluss daran wird über einen HF-Generator die 30 kHz Wechselspannung erzeugt.

Vorteile der hochfrequenten Betriebsweise:

- Die Gasstrecke verlischt nicht mehr, was für einen flimmerfreien Betrieb sorgt.
- Die Lichtausbeute steigt um etwa 10 % gegenüber 50-Hz-Betrieb.
- Gegenüber der Duoschaltung kann die Leistungsaufnahme der Gesamtschaltung um 30 % gesenkt werden.
- Der Start der Lampen ist flackerfrei.
- Defekte Lampen werden abgeschaltet.
- Die Leuchtstofflampen können noch schlanker gebaut werden, womit bestimmte Kompaktleuchtstofflampen erst möglich wurden.
- Neben dem wegfallenden 50-Hz-Netzbrummen entfällt auch der Stroboskopeffekt.
- Die elektronischen Vorschaltgeräte erzeugen geringe Verlustwärme, wodurch sie vom Verband der Schadenversicherer in brandgefährdeten Räumen empfohlen werden.

Durch spezielle elektronische Vorschaltgeräte ist eine Helligkeitssteuerung (Dimmen) zwischen 1% und 100 % möglich.

Die Sekundärleitungen der elektronischen Vorschaltgeräte sind z. T. als abgeschirmte Leitungen zu legen, um Funkstörungen zu vermeiden.

Hochdruck-Entladungslampen

Wegen des hohen Druckes in den Entladungsstrecken können diese Lampen kürzer gebaut werden als die Niederdruck-Leuchtstofflampen. Die Hochdruck-Entladungslampen können mit Quecksilber oder Natrium gefüllt sein.

Zur Verbesserung der lichttechnischen Eigenschaften wurden der Quecksilberfüllung Halogene zugefügt. Daraus entstand die Halogen-Metalldampflampe. Sie ist nicht zu verwechseln mit den Halogen-Glühlampen. Gegenüber den Niederdruck-Entladungslampen ist bei gleichem Volumen die Zahl der angeregten Quecksilberatome wesentlich höher. Der Zündvorgang wird durch eine Hilfselektrode im Inneren der Lampen ausgelöst. In einem kleinen zusätzlichen Quarzglaskolben wird innerhalb weniger Minuten z. B. Quecksilber verdampft. Es entsteht hoher Druck und eine Einengung der Gasstrecke, die sich stark erwärmt.

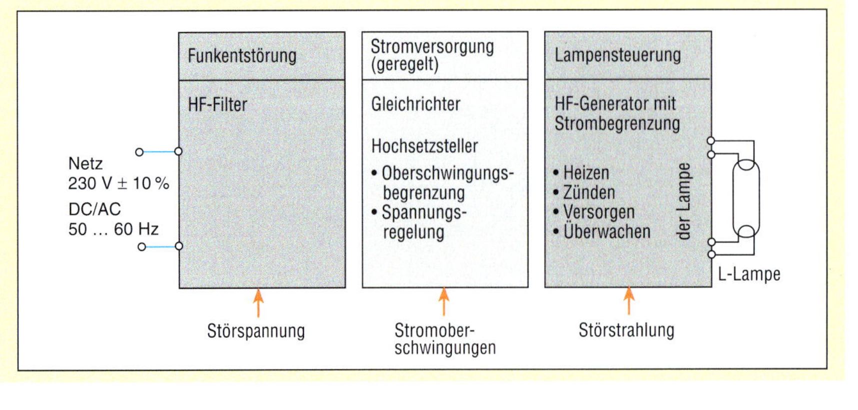

Abb. 23-18
Prinzipieller Aufbau eines elektronischen Vorschaltgerätes

Der Zündvorgang bei Hochdruck-Entladungslampen dauert bis zu 10 Minuten. Deshalb kommen sie nicht für Zwecke der Sicherheitsbeleuchtung infrage.

Die mit Quecksilber gefüllte Hochdruck-Entladungslampe (Abb. 23-19) strahlt wegen des hohen Druckes weniger UV-Licht ab als die Niederdruck-Leuchtstofflampe. Ihr Lichtspektrum umfasst Blau sowie Gelbgrün. Die Lichtausbeute liegt bei 60 lm/W.

Die mit Natrium gefüllte Hochdruck-Entladungslampe sendet gelbrotes Licht aus. Sie ist zur Erkennung von Farben sehr schlecht geeignet. Mit ihr erreicht man eine Lichtausbeute bis 120 lm/W. Quecksilber-Hochdrucklampen haben mit 20 000 Betriebsstunden eine sehr hohe Lebensdauer.

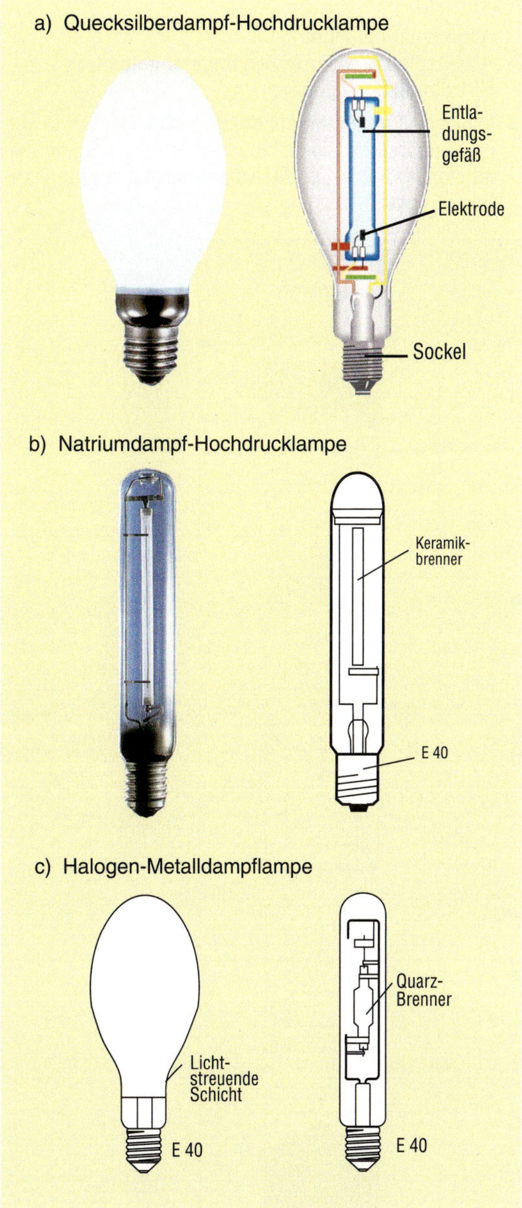

Abb. 23-19 ***Hochdruckentladungslampen***

Alternativen zur herkömmlichen Glühlampe

Energiesparlampen sind seit einiger Zeit in verschiedenen Formen erhältlich. Diese Lampen haben die Größe von Glühlampen und werden mit den typischen Schraubsockeln wie z. B. E 14 oder E 27 hergestellt. Ein Austausch von Glühlampen durch Energiesparlampen ist also unproblematisch. Um dieselbe Menge an Licht, d. h. denselben Lichtstrom zu erzielen, kommt die Energiesparlampe mit einer geringeren Aufnahme elektrischer Leistung aus (vgl. Tab. 23-6). Das ist der Grund dafür, die Produktion von Glühlampen einzustellen.

Fassung	Glühlampe	Energiesparlampe	Ersparnis* bis zu
E14 E27	15 W 25 W 40 W 60 W	3–5 W 5–7 W 7–9 W 11–16 W	24 Euro 40 Euro 66 Euro 98 Euro
E27	75 W 100 W 120 W	15–20 W 20–23 W 23–26 W	120 Euro 160 Euro 194 Euro

* Kostenersparnis bei 10 000 Stunden Brenndauer, Energiepreis 20 Cent/kWh

Tab. 23-6 ***Kostenersparnis beim Einsatz von Energiesparlampen***

Der Quotient aus dem von der Lampe abgegebenen Lichtstrom und der dafür erforderlichen elektrischen Leistung ist bekanntlich die Lichtausbeute. Im Handel wird diese mit Energieeffizienz bezeichnet. Die Lampen werden daraufhin Energieeffizienzklassen zugeordnet. Energiesparlampen gehören zu den Klassen A oder B, Glühlampen hingegen zu den Energieeffizienzklassen D bis G.

Der Anschaffungspreis für eine hochwertige Energiesparlampe von z. B. 10 Euro mag auf den ersten Blick verunsichern, ist doch dieser Preis etwa zehnmal so hoch wie der einer Glühlampe. Aufgrund des deutlich geringeren Energiebedarfs und der viel höheren Lebensdauer (diese beträgt etwa das Zehnfache einer Glühlampe) amortisiert sich die Energiesparlampe bereits nach wenigen hundert Betriebsstunden. Abb. 23-20 vergleicht Kosten einer 100-W-Glühlampe und einer lichtstromgleichen 20-W-Energiesparlampe bei einer täglichen Betriebsdauer von 5 Stunden und einem Energiepreis von 20 Cent/kWh.

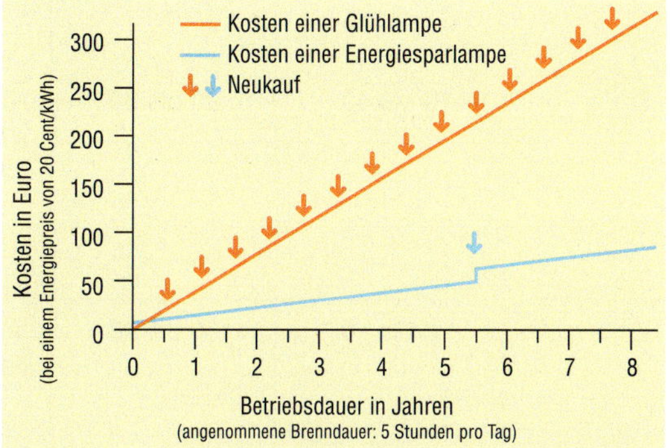

Abb. 23-20 ***Kostenvergleich zwischen Energiesparlampe und Glühlampe***

23

23.2 Leuchten

Umgangssprachlich wird der Begriff Lampe mit dem Begriff Leuchte oftmals gleichgesetzt.

Leuchten sind Geräte, die zur Verteilung, Filterung oder Umformung des Lichts von Lampen dienen, einschließlich der zur Befestigung, zum Schutz oder zum Betrieb der Lampen notwendigen Teile.

Die Leuchten werden noch unterschieden in jene, die der Beleuchtung dienen, und jene, die der Anzeige von Signalen dienen. Leuchten für Beleuchtungszwecke werden wiederum unterschieden nach:

- der Art der Lampen (Glüh- oder Entladungslampen)
- dem Anbringungsort (Innenraum- oder Außenleuchten)
- der Lichtstrom- und Lichtstärkeverteilung
- der Bauart (offen oder geschlossen)
- den sicherheitstechnischen Forderungen nach DIN VDE

Art der Lampe

Die Glühlampen müssen den Herstellerangaben entsprechend in die Leuchten eingesetzt werden. Bei Lampenfassungen aus Duroplasten sind höchstens 60-W-Lampen einsetzbar. Für höhere Leistungen sind Porzellanfassungen notwendig. Je nach Material der Lampenschirme (Glas, Kunststoff, Metall, Papier oder Textil) ergeben sich weitere Besonderheiten der Wärmebelastbarkeit.

Bei Entladungslampen ist eine entsprechende Schaltung zum Zünden, zur Strombegrenzung und zur Funkentstörung notwendig (vergl. Abschnitt 23.1).

Bei Glühlampen muss die erzeugte Wärmemenge gefahrlos abgeführt werden können. Bei Halogenlampen im Fotobereich sind ebenfalls bestimmte Strahlungswinkel wegen hoher Wärmeentwicklung einzuhalten.

Bei einigen Leuchten ist die Brennstellung der Lampe nicht beliebig.

Anbringungsort

Innenraumleuchten werden für drei Beleuchtungsarten verwendet:

1. Allgemeinbeleuchtung
2. Arbeitsplatzorientierte Allgemeinbeleuchtung
3. Einzelplatzbeleuchtung

- Mit der Allgemeinbeleuchtung soll ein Raum in seiner Gesamtheit möglichst gleichmäßig ausgeleuchtet werden, weil z. B. die Arbeitsplatzanordnung veränderlich ist.

Kennbuchstabe	Lichtstromanteil in % im: unteren Halbraum	oberen Halbraum	Leuchtenart	symbolhafte Darstellung
A	90 bis 100	10 bis 0	direkt leuchtend	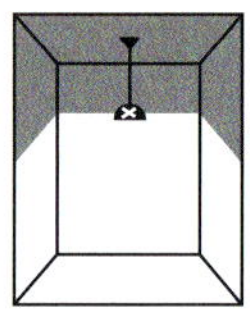
B	60 bis 90	40 bis 10	vorwiegend direkt leuchtend	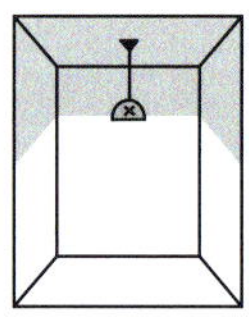
C	40 bis 60	60 bis 40	gleichförmig leuchtend	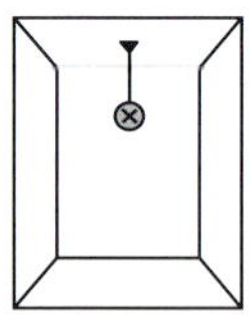
D	10 bis 40	90 bis 60	vorwiegend indirekt leuchtend	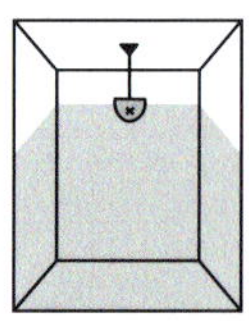
E	0 bis 10	100 bis 90	indirekt leuchtend	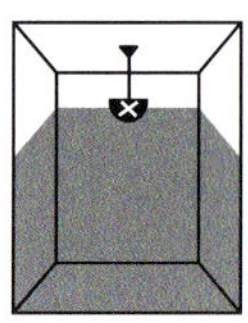

Tab. 23-7
Verteilung des Lichtes

- Bei der arbeitsplatzorientierten Allgemeinbeleuchtung werden Raumbereiche mit fest angeordneten Arbeitsplätzen bevorzugt ausgeleuchtet.
- Die Einzelplatzbeleuchtung ist meist zusätzlich zur Allgemeinbeleuchtung vorhanden und dient dem ermüdungsfreien Arbeiten bei schwierigen Sehaufgaben.

Innenraumleuchten sind meist für Umgebungstemperaturen von 30 °C ausgelegt.

Extreme Umgebungsbedingungen, wie hohe Feuchtigkeit, Explosionsgefahr oder aggressive Medien, erfordern spezielle Bauweisen. Außenleuchten erhellen die Fahrbahn, die Fußwege und dienen der Lenkung des Verkehrs und damit dem Schutz der Verkehrsteilnehmer.

Fußgängerzonen und denkmalgeschützte Gebäude werden durch geschickte Beleuchtung künstlerisch gestaltet. Als Außenleuchten werden vielfach Hochdrucklampen eingesetzt.

Verteilung des Lichtes

Die Abstrahlung des Lichtes kann nach oben und/ oder nach unten in unterschiedlichen Anteilen erfolgen. Danach erhalten die Leuchten Kennbuchstaben entsprechend Tabelle 23-7.

Bauart

Die lichttechnische Funktion der Leuchte wird entscheidend von der Materialart und Materialform des Leuchtenwerkstoffs bestimmt. Hierbei sind zwei Materialarten zu unterscheiden:

1. Reflektierende Materialien
2. Lichtdurchlässige (transmittierende) Materialien

Neben Reflexion und Transmission können Materialien in unterschiedlichem Maße auch das Licht „verschlucken“ (absorbieren).

Sowohl Reflexion als auch Transmission können gerichtet, gestreut (diffus) oder aus beiden gemischt erfolgen. Tab. 23-8 zeigt verschiedene Materialien und deren Reflexions-, Transmissions- und Absorptionsgrade.

Für gestreutes (diffuses) Licht sind dicht getrübte Gläser („Milchglas“) oder Kunststoffe am besten geeignet.

Bei der Herstellung von Leuchten werden durch weitere konstruktive Bauteile, wie Raster, Blenden, Reflektoren usw., die Strahlungseigenschaften vorbestimmt.

Verspiegelte Reflektoren oder Spiegelraster dürfen nicht mit bloßen Händen montiert werden. Von den Herstellern werden den Verpackungen für Montage und Wartung Gummihandschuhe beigelegt, die unbedingt getragen werden sollten.

Sicherheitstechnische Anforderungen

Leuchten und Beleuchtungsanlagen müssen so errichtet werden, dass Personen und Nutztiere nicht durch gefährliche Körperströme und Sachen nicht durch zu hohe Temperaturen gefährdet werden.

Für den Schutz des Menschen werden Leuchten mit verschiedenen **Schutzklassen** (vergl. Abschnitt 16) hergestellt.

Der Schutz von Leuchten gegen das Eindringen von Teilchen verschiedener Größe und von Wasser wird mit der **Schutzart** angegeben, für die sowohl Symbole als auch die Buchstaben/Zahlenschlüssel, wie z.B. IP 54, verwendet werden. Eine eindeutige symbolhafte Kennzeichnung aller Schutzarten ist nicht immer möglich.

Beispiele für die Zuordnung von Schutzart und Leuchte zu einzelnen Räumen zeigt Tabelle 23-9, Seite 536.

Für den Schutz von Sachwerten ist die Wärmewirkung der Leuchten auf die Umgebung maßgebend. Damit ist bei der Montage von Leuchten der Baustoff, auf dem die Leuchte befestigt wird, zu beachten.

Im Normalbetrieb dürfen an der Befestigungsfläche der Leuchte keine höheren Temperaturen als 95 °C auftreten.

Die Wärmeverhältnisse innerhalb von Leuchtenanlagen mit Glühlampen sind stets gleich. Bei Leuchtstofflampen treten im Normalbetrieb zwar nicht so hohe Temperaturen auf, aber durch die besondere Funktionsweise der Schaltung können z.B. bei Versagen des Starters in der Umgebung des Vorschaltgerätes extreme Temperaturen erzeugt werden.

Tab. 23-8
Transmission, Reflexion und Absorption verschiedener Stoffe

Baustoff	Dicke mm	Transmission %	Reflexion %	Absorption %
Klarglas, glatt	1 bis 4	90 bis 92	6 bis 8	2 bis 4
Prismenglas	3 bis 6	90 bis 70	5 bis 20	5 bis 10
Ornamentglas (Licht auf glatter Seite)	3 bis 6	90 bis 60	7 bis 20	3 bis 20
Drahtglas	etwa 6	70 bis 53	15 bis 27	15 bis 20
Mattglas geätzt (Licht auf glatter Seite)	2 bis 3	78 bis 63	12 bis 20	10 bis 17
Mattglas geätzt (Licht auf matter Seite)	2 bis 3	88 bis 82	7 bis 88	5 bis 10
Trübglas (Transmissionsglas)	2 bis 3	66 bis 36	31 bis 54	3 bis 10
Trübglas (Reflexionsglas)	2 bis 4	38 bis 12	42 bis 57	20 bis 31
Thermoluxglas	5 bis 8	47 bis 21	37 bis 48	16 bis 25
Kunststoff, weiß getrübt	2 bis 3	60 bis 40	20 bis 40	10 bis 20
Weiße Gewebe, dünn (Seide, Baumwolle)		70 bis 30	30 bis 60	2 bis 8

Leuchten tragen Symbole, die über die Montage an Teilen von Gebäuden oder für die Montage in bzw. an Einrichtungsgegenständen, so genannte Möbelleuchten, Auskunft geben.

Leuchte mit begrenzter Oberflächentemperatur

Leuchte geeignet für direkte Montage auf normal entflammbaren Oberflächen

Leuchte geeignet für direkte Montage in/auf nicht entflammbaren Oberflächen, wo Wärmedämm-Material die Leuchte abdecken kann

Leuchte für rauen Betrieb

Leuchte zum Betrieb mit Natriumdampf-Hochdrucklampen, die ein außerhalb (der Lampe) angebrachtes Zündgerät erfordert

Leuchte zum Betrieb mit Natriumdampf-Hochdrucklampen mit eingebautem Zündgerät

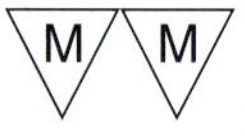

Leuchte mit begrenzter Oberflächentemperatur, die zur Installation in und an Einrichtungsgegenständen, z. B. Möbeln, geeignet ist

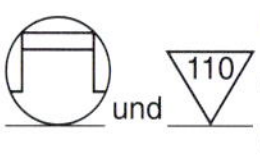

Unabhängiges Lampenbetriebsgerät, das auch in und an Einrichtungsgegenständen (Möbeln) angebracht werden darf. Das Lampenbetriebsgerät kann an seiner Oberfläche keine höhere Temperatur als 110 °C annehmen.

Diese Symbole werden von zugelassenen Prüfstellen vergeben.

23.3 Planung von Beleuchtungsanlagen

23.3.1 Forderungen an die Beleuchtung

Für Büro- und Verwaltungsgebäuden, Schulen, größeren Betrieben usw. werden Beleuchtungsanlagen geplant. Die Planung im Wohnungsbau ist meist unzureichend. Vielfach ist nur eine Deckenleuchte vorgesehen, deren Montageort nicht variiert werden kann.

Zwei verschiedene Richtlinien geben dem Installateur Hinweise zur Planung der Anzahl von Beleuchtungsauslässen. Nach DIN 18015 wird die Anzahl von Beleuchtungsauslässen als **Mindest**ausstattung in Wohngebäuden empfohlen.

Die Forderungen der Hauptberatungsstelle für Elektrizitätsanwendung e.V. (HEA) und des Institutes für Bauforschung (IfB) unterscheiden in ihrer Vorschrift drei Ausstattungswerte. Der Ausstattungswert 1 (★) ist mit dem der DIN identisch. Der Ausstattungswert 2 (★★) entspricht einer gehobenen Ausstattung. Der Ausstattungswert 3 (★★★) als Luxusausstattung ist für Komfortwohnungen und -häuser gedacht. Tab. 23-10 fasst die Forderungen an Beleuchtungsauslässe zusammen.

Eine gute Beleuchtung verlangt mehr als eine bestimmte Zahl von Lampen.

Bei der Planung von Beleuchtungsanlagen sind folgende Schwerpunkte zu berücksichtigen:

- eine ausreichende Beleuchtungsstärke
- eine gleichmäßige Helligkeitsverteilung
- eine geringe direkte und Reflexblendung
- eine optimale Schattenbildung
- die richtige Lichtfarbe und gute Farbwiedergabeeigenschaften
- ein optimaler Zusammenhang zwischen Beleuchtung, Raumklima und Raumakustik
- eine wartungsfreundliche Beleuchtungsanlage, die geringe Energiekosten verursacht

Raumart		Merkmale	Symbol	Schutzart
Küche, Wohnräume		trockener Raum		IP 20
Bad oder Dusche in der Wohnung	Sprühbereich	Spritzwasser		IP 44
	Wannenbereich	Strahlwasser		IP 54
Keller, Waschküche		feuchter Raum (Tropfwasser)		IP 21
Werkstatt		Staub, Spritzwasser		IP 54
Anlagen im Freien		Regenwasser		IP 23

Tab. 23-9
Schutzart von Leuchten in bestimmten Räumen (Auswahl)

Raum	Größe des Raumes	Anzahl DIN und ★	Anzahl nach HEA ★★	Anzahl nach HEA ★★★
Wohn- oder Schlafraum	bis 20 m² über 20 m²	1 2	2 3	3 4
Küche, Kochnische	mit Sitzecke ein Auslass mehr	2	3	3
Bad	über 4 m²	2	3	3
WC-Raum	–	1	1	2
Hausarbeitsraum	–	1	2	3
Flur/Diele	–	1	2	3
Freisitz	bis 3 m Breite über 3 m Breite	1 1	1 1	1 2
Abstellraum	–	1	1	1
Hobbyraum	–	1	2	2
zur Wohnung gehörender Keller- oder Bodenraum	–	1	1	1

Tab. 23-10 ***Anzahl der Leuchtenauslässe nach Ausstattungswert***

E in lx	Sehaufgabe
30	Orientierung, vorübergehender Aufenthalt
120	leichte Sehaufgabe, große Details mit hohen Kontrasten
500	normale Sehaufgabe, mittelgroße Details mit mittleren Kontrasten
1000	schwierige Sehaufgabe, kleine Details mit kleinen Kontrasten
2000	sehr schwierige Sehaufgabe, sehr kleine Details mit sehr kleinen Kontrasten
5000	Sonderfälle, z. B. Operationssaal

Tab. 23-11 ***Sehaufgabe und Beleuchtungsstärke***

Leuchtenart	Raumhöhe	längs	quer
Kastenleuchten	2,5 m 3,0 m	2,7 m 3,6 m	1,2 m 1,5 m
Wannenleuchten	2,5 m 3,0 m	3,5 m 4,5 m	1,2 m 1,5 m
Reflektorleuchten	2,5 m 3,0 m	2,8 m 3,7 m	1,2 m 1,5 m

Tab. 23-12 ***Längs- und Querabstand von Leuchten mit Leuchtstofflampen***

Ausreichende Beleuchtungsstärke

Im Abschnitt 23.1.2 wurden Beispiele von Beleuchtungsstärken aufgelistet. Bei den Vorgaben fällt auf, dass keine Angaben für die Beleuchtung in Wohnungen gemacht werden. Dabei sind die Aufgaben der Beleuchtung auch hier sehr unterschiedlich.

In der Küche, im Hobbyraum oder dem Hausarbeitsraum ist eine hohe Beleuchtungsstärke für gute Sehbedingungen erforderlich. Hier sind gezielt auch Arbeitsplatzleuchten einzusetzen. In Wohn- und Schlafräumen soll die Beleuchtung die Behaglichkeit und das Wohlbefinden unterstützen, obgleich der Leseplatz wieder eine eng begrenzte hohe Beleuchtungsstärke verlangt.

Bei ca. 2000 lx ist die Ermüdung am geringsten. Bei 100 lx treten schon nach kurzer Zeit Ermüdungserscheinungen auf.

Den unterschiedlichen Sehaufgaben sind entsprechende Beleuchtungsstärken zuzuordnen. Tabelle 23-11 enthält hierfür einige Beipiele.

Die unterschiedlichen Werte resultieren aus dem Kontrast, d. h. dem Leuchtdichteunterschied zwischen dem zu erkennenden Objekt und seiner unmittelbaren Umgebung, sowie der Größe der Gegenstände, die erkannt werden müssen.

Die Wirkung unterschiedlicher Kontraste ist aus der Abb. 23-21, Seite 538 ersichtlich. Beispiel 1 steht für eine leichte Sehaufgabe, die beiden anderen für eine schwierige Sehaufgabe. Bei einer Objektgröße von 0,4 mm und einem Kontrast von 0,5 (z. B. erster Durchschlag einer Schreibmaschinenschrift) ist eine Beleuchtungsstärke von 250 lx ausreichend. Wird die Objektgröße auf 0,2 mm verkleinert, so ist bei gleichem Kontrast eine Beleuchtungsstärke von 2000 lx notwendig.

Je nach den Umgebungsbedingungen für die Beleuchtungseinrichtungen sind die Wartungswerte der Beleuchtungsstärke für Neuanlagen um mindestens 25 % höher anzusetzen.

Gleichmäßige Helligkeitsverteilung

Bei der Beleuchtungsplanung für einen Raum wird zunächst die Stärke und Anzahl der Lampen festgelegt. Im zweiten Schritt muss das Licht gleichmäßig verteilt werden.

In der Nutzebene oder in der Raumzone, in der vorwiegend gearbeitet wird, ist ein Verhältnis von kleinster Beleuchtungsstärke (E_{min}) zu mittlerer Beleuchtungsstärke ($\overline{E}$) von etwa 1 : 1,5 einzuhalten.

Für die Bedingung $E_{min} : \overline{E} = 1 : 1{,}5$ muss ein bestimmter Längs- und Querabstand der Leuchten eingehalten werden. In Tab. 23-12 sind einige Abstände empfohlen, wobei diese Angaben in Räumen mit den Reflexionsgraden 0,7/0,5/0,2 für Decke/Wände/Boden gelten. Weichen die Raumhöhen von den angegebenen ab, können Werte auch interpoliert werden. Die Angaben gelten für Leuchtstofflampen und eine Nutzebene in 0,85 m Höhe.

Reflexionen

Gegenstände werden vom Menschen grundsätzlich über das von ihnen abgestrahlte, reflektierte Licht gesehen.

Empfohlene Reflexionsgrade in Räumen:

- Decken sollten mindestens 70 % des Lichtes reflektieren.
- Wände sollten mindestens 50 % des Lichtes reflektieren. Sind die Reflexionsgrade geringer, weil die Decken z. B. mit dunklem Holz getäfelt sind, muss die Beleuchtungsstärke vergrößert werden.

Unterschiedliche Reflexionsgrade, z. B auch in Bezug zu den Möbelfarben, empfindet der Mensch als Kontrast. Mithilfe starker Kontraste können bestimmte Raumzonen hervorgehoben, zusammengefasst oder abgegrenzt werden. Für gute Sehbedingungen müssen aber bestimmte Verhältnisse der Reflexion des Sehobjekts (z. B. Schreibpapier) und der umgebenden Flächen im Sehfeld eingehalten werden (Abb. 23-22).

Kontraste im Verhältnis 1 : 3 bis 3 : 1 werden als harmonisch empfunden. Kontraste unter 1 : 3 wirken flau und solche über 3 : 1 wirken hart.

Besondere Aufmerksamkeit ist den Kontrastverhältnissen an Bildschirmarbeitsplätzen beizumessen. Auf dem Bildschirm dürfen keine Reflexe entstehen. In Räumen mit Bildschirmarbeitsplätzen ist neben der Einzelplatzbeleuchtung immer eine Allgemeinbeleuchtung vorzusehen.

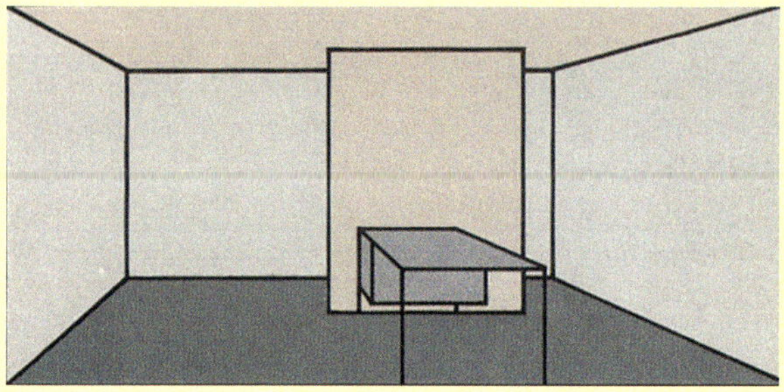

a) Kontrast unter 1:3, weich, flau, unbefriedigend

b) Kontrast 1:3 bis 3:1, ausgewogen

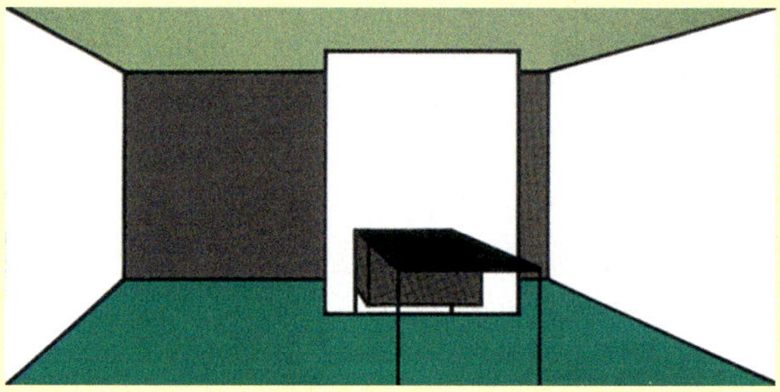

c) Kontrast größer 3:1, hart

Abb. 23-22 ***Kontrastunterschiede***

Die Schwierigkeit einer Sehaufgabe wird durch ihren Kontrast, das heißt durch den Leuchtdichteunterschied zwischen dem zu erkennenden Objekt und seiner unmittelbaren Umgebung, bestimmt.

Das Kontrastbeispiel 1 ist eine leichte Sehaufgabe.
Die Beispiele 2 und 3 sind schwierige Sehaufgaben.

Bei hohem Kontrast ist die Schrift in diesem Text leichter und besser zu lesen. Dagegen muss bei geringem Kontrast die Beleuchtungsstärke stark heraufgesetzt werden, um die gleiche Leistung zu erreichen. Dies gilt auch für andere Sehaufgaben.

Bei hohem Kontrast ist die Schrift in diesem Text leichter und besser zu lesen. Dagegen muss bei geringem Kontrast die Beleuchtungsstärke stark heraufgesetzt werden, um die gleiche Leistung zu erreichen. Dies gilt auch für andere Sehaufgaben.

Abb. 23-21 ***Wirkung des Kontrastes***

Blendung

Bei der Blendwirkung unterscheidet man direkte Blendung, physiologische Blendung und Reflexblendung.

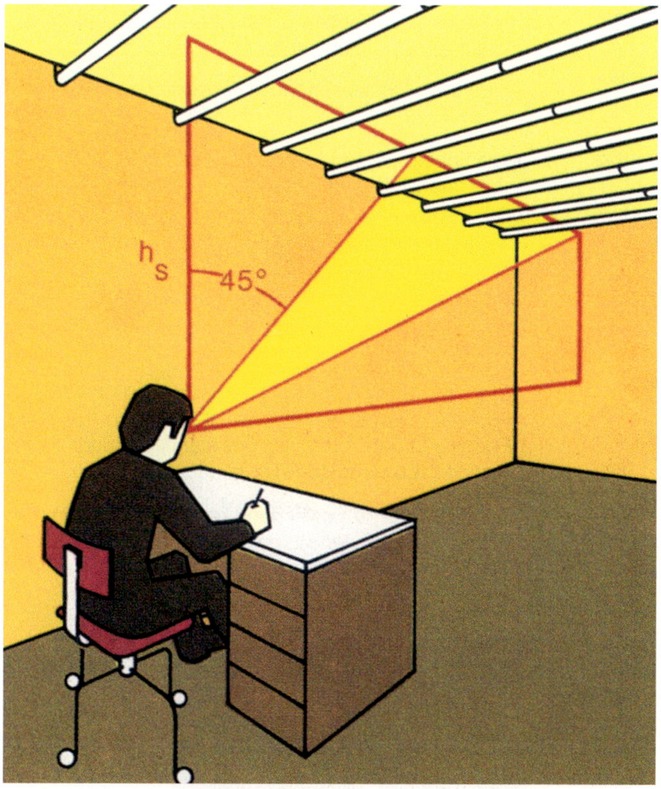

Abb. 23-23 ***Physiologische Blendung***

Abb. 23-24 ***Reflexblendung***

Optimale Schattenbildung

Die Schattenbildung macht das räumliche Sehen möglich.

Bei punktförmiger Beleuchtung entstehen harte Schlagschatten, die den Körper z. T. verzerrt erscheinen lassen.

Fließende, weiche Schatten empfindet man als angenehm, beruhigend.

Ein Wechsel zwischen Wohn- bzw. Arbeitsbereichen mit starker Schattenbildung zu solchen mit fließenden Schatten schafft Entspannungszonen. Schattenlosigkeit als Allgemeinbeleuchtung ist zu vermeiden, da sie das plastische Sehen erschwert und zu ermüdender Monotonie führt.

Wird ein Raum vorwiegend mit der Mischung aus Tages- und Kunstlicht beleuchtet, so sollten beide Einfallsrichtungen übereinstimmen.

Richtige Lichtfarbe und gute Farbwiedergabeeigenschaften

Im Abschnitt 23.1.1 wurde bereits auf die Zusammensetzung des weißen Lichtes aus mehreren Farben hingewiesen. Aber selbst das weiße Licht kann unterschiedliche Tönungen haben. Tageslicht am Vormittag, etwa 10 Uhr, ist weißer als jenes um die Mittagszeit. Ursache ist die unterschiedliche Intensität der Farbanteile.

Bei künstlichem Licht ist die Ausstrahlung einiger weniger Spektralfarben mit besonderer Intensität ein typisches Unterscheidungsmerkmal der zugehörigen Lampen.

Zum Vergleich der Lampen hinsichtlich ihrer Farbabstrahlung wurden so genannte Farbtemperaturen, gemessen in K (Kelvin), eingeführt.

direkte Blendung	physiologische Blendung	Reflexblendung
• durch hohe Leuchtdichte (ab 1 cd/cm^2) hervorgerufen • Blendwirkung abhängig vom Kontrast der Lichtquelle zur Umgebung (z. B. kann eine Kerzenflamme im Dunkeln blenden) • Herabsetzung der Sehleistung → Ermüdung → Unfallgefahr	• entsteht durch Lampen, deren Licht vom Menschen außerhalb des konzentrierten Sehens wahrgenommen wird (am Rand des Gesichtsfeldes) • typisch für Deckenbeleuchtungen • Sehfunktion wird eingeschränkt, ohne dass der Betroffene sich dessen bewusst ist • physiologische Blendung tritt zwischen 45° und 80° zur Senkrechten auf (Abb. 23-23).	• von Lichtquelle reflektiertes Licht stärker als das vom Sehobjekt (Texte auf Hochglanzpapier unter einer Beleuchtungsanlage mit falschem Einstrahlwinkel gelesen oder auch fotografiert) (Abb. 23-24) • Licht an Schreibarbeitsplätzen sollte stets von der Seite einfallen

23

Ausgangspunkt der Farbtemperaturwerte ist die Lichtabgabe eines schwarzen Körpers, der bis auf über 5000 K erwärmt wird. Je nach Temperatur wird Licht unterschiedlicher Wellenlänge abgegeben. In der Walz- und Schmiedetechnik wird dies zum Härten bei bestimmten Anlassfarben umgekehrt genutzt – aus der Farbe wird auf die Temperatur geschlossen.

Für die Beleuchtungstechnik werden drei Farbtemperaturbereiche unterschieden:

- unter 3300 K warmweiße Lichtfarbe (abgekürzt: ww)
- 3300 K bis 5000 K neutralweiße Lichtfarbe (nw)
- über 5000 K tageslichtweiße Lichtfarbe (tw)

Die Bezeichnungen ww, nw und tw werden besonders bei Leuchtstofflampen verwendet.

Hierbei wird jedoch keine Angabe zur Qualität der Farbwiedergabe gemacht, sondern vielmehr dargestellt, welche Wirkung die Lichtfarbe hat. Warmweißes Licht wird als behaglich empfunden, während neutralweißes Licht eher eine sachliche Stimmung erzeugt. Die natürliche Farbe eines Körpers erkennt der Mensch nur, wenn dieser mit idealweißem Licht beleuchtet wird. Dies enthält alle Spektralfarben in gleichem Maße, so dass z. B. von einer grünen Pflanze die Wellenlänge 530 nm (grünes Licht) reflektiert wird. Alle anderen Wellenlängen (Farben) werden von der grünen Pflanze absorbiert!

Enthält das „weiße“ Licht nur wenig Grün, so erscheint die Pflanze in flauem Grünton. Ähnliche Wirkungen kennt man vom Beleuchten der Fleisch- und Wurstwaren.

Beim Auswählen von Bekleidung sollte man die Farbe bei Tageslicht (weißem Licht) betrachten, um die tatsächliche Farbe zu erkennen.

Farbiges Licht verfälscht die Farbwiedergabe.

Jede künstliche Lichtquelle erzeugt einige Farben in hoher Intensität, andere mit sehr schwacher Intensität.

Auskunft über die Zusammensetzung des Lichts liefern die Spektraldiagramme (Beispiele in Abb. 23-25). Erscheint ein Körper bei Beleuchtung mit künstlichem Licht in der gleichen Farbe wie bei ideal-weißem Licht (etwa Tageslicht), so besitzt die Lampe sehr gute Farbwiedergabeeigenschaften.

Die Qualität der Farbwiedergabe wird in einem Farbwiedergabe-Index R_a mit den Zahlen 0 (keine Farbwiedergabe) bis 100 (vollständig übereinstimmende Farbwiedergabe) angegeben.

Für die praktische Anwendung hat man diese feinstufige Einteilung auf vier Stufen reduziert, wobei die Grenzen fließend sind. Zur Anwendung in bestimmten Um-

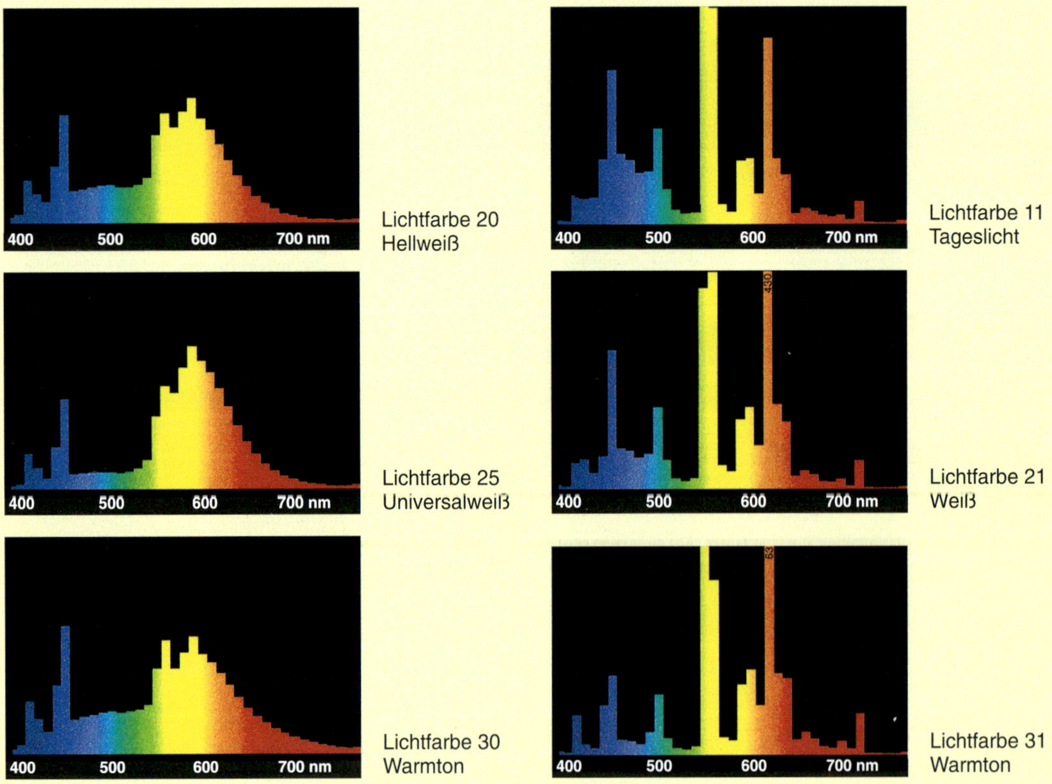

Spektraldiagramme für die L-Lampen mit den Lichtfarben Hellweiß, Universalweiß und Warmton (Standardprogramm)

Spektraldiagramme für die L-Lampen mit den Lichtfarben Tageslicht, Weiß und Warmton (Dreibanden-L-Lampen).

Abb. 23-25 ***Spektraldiagramm verschiedener Lampen***

gebungen werden Lampen entsprechend ihrer Farbwiedergabeeigenschaft nach DIN 67526 empfohlen.

Bei vielen Lampen gilt: Je heller eine Lampe, umso schlechter ihre Farbwiedergabeeigenschaft.

Farbtemperatur und Farbwiedergabeeigenschaft von Leuchtstofflampen werden durch drei Ziffern verschlüsselt.

Beispiel: Kennung 840

R_a-Index **8**0 (beste Farbwiedergabe)	Farbtemperatur **4**000 K neutralweiß

In Tab. 23-13 sind Farbtemperaturwerte und die zugehörigen Farbwiedergabeeigenschaften von Leuchtstofflampen dargestellt.

Häufig wird anstelle des Farbwiedergabeindexes die Farbwiedergabe als Kennzahl nach DIN 5035 angeben. Die Skala reicht von 1 (sehr gut) bis 4 (ausreichend). In Tab. 23-14 sind hierzu typische Lampen beispielhaft aufgeführt.

23.3.2 Bemessung von Beleuchtungsanlagen

Das Ziel der Berechnung von Innenraumbeleuchtungsanlagen besteht in der Ermittlung der Lampenzahl, die notwendig ist, um die erforderliche mittlere Horizontalbeleuchtungsstärke in der Nutzebene zu erzeugen. Das in Deutschland übliche Verfahren ist das Wirkungsgradverfahren.

Schrittfolge zur Ermittlung der Lampenzahl:

1. Entnahme des Wartungswertes der Beleuchtungsstärke $\bar{E}_m$ nach DIN, die durch die mittlere Beleuchtungsstärke $\bar{E}$ aufzubringen ist.
2. Ermittlung des gesamten Lichtstromes (Φ_{gesamt}) für die Raumgrundfläche zur Erzeugung von $\bar{E}$ ($\Phi_{gesamt} = \bar{E} \cdot A$ nach Gl. 23-2 mit $A = b \cdot l$).

$$\Phi_{gesamt} = n \cdot \Phi_{La} \quad (23\text{–}4)$$

n Anzahl der Lampen
Φ_{La} Lichtstrom der Lampe

Typ	Farbtemperatur	Bezeichnung	Farbwiedergabeindex R_a	Lichtqualität	Anwendung
640	4000 K	neutralweiß „cool-white")	62	mäßig	Standardleuchtmittel mit mäßiger Lichtqualität, für Wohnräume nicht empfehlenswert
827	2700 K	extra warmweiß („sehr gemütlich")	80–90	hoch	sehr warmes Licht, z. B. für Schlafräume
830	3000 K	warmweiß	80–90	hoch	warmes Licht, z. B. für Bäder
840	4000 K	neutralweiß	80–90	hoch	für allgemeine Beleuchtung
860	6000 K	tageslichtweiß („sehr sachlich")	80–90	hoch	kühles, sachliches Licht für sehr hell ausgeleuchtete Arbeitsplätze
965	6500 K	„Vollspektrum"	über 90	sehr hoch	kühles Licht sehr hoher Qualität mit unschädlichem UV-Anteil

Tab. 23-13 ***Farbtemperatur und Farbwiedergabe***

Farbwiedergabeindex R_a	Stufen nach DIN 5035	R_a-Bereich	Beispiele typischer Lampen
100 90	1A	90 und höher	Leuchtstofflampen und Energiesparlampen, Glühlampen, Metall-Halogendampflampen „de Luxe"
80	1B	80 bis 90	Energiesparlampen Drei-Banden-Leuchtstofflampen
70	2A	70 bis 80	Standard-Leuchtstofflampen universalweiß
60	2B	60 bis 70	Standard-Leuchtstofflampen hellweiß, Halogen-Metalldampflampen
40	3	40 bis 60	Standard-Leuchtstofflampen Warmton, Quecksilberdampf-Hochdrucklampen
20	4	20 bis 40	Natriumdampf-Hochdrucklampen
	nicht definiert	unter 20 in Arbeitsstätten nicht zulässig	Natriumdampf-Niederdrucklampen

Tab. 23-14 ***Kennzeichnung der Farbwiedergabe***

3. Erhöhung des Lichtstromes um einen Wartungsfaktor w (oder seinen Kehrwert, den Planungsfaktor p), der die Verschmutzung und Alterung der Lampen berücksichtigen soll.

$$n = \frac{\bar{E} \cdot A \cdot p}{\Phi_{La}} \qquad \textbf{23-5}$$

p Planungsfaktor

4. Berücksichtigung der Leuchtenkonstruktion, die den Lichtstrom einer Lampe reduziert mithilfe des Leuchtenbetriebswirkungsgrades η_{LB}. Abb. 23-26 enthält einige Beispiele, um wie viel % der Lichtstrom von der Leuchtenkonstruktion vermindert werden kann.

$$n = \frac{\bar{E} \cdot A \cdot p}{\Phi_{La} \cdot \eta_{LB}}$$

η_{LB} Leuchtenbetriebswirkungsgrad

5. Großen Einfluss auf die gleichmäßige Verteilung der Beleuchtungsstärke im Raum hat die Reflexion des Lichtstromes von den Wänden, der Decke und vom Fußboden sowie die Geometrie des Raumes. Hierbei haben Material und Farbe der Raumbegrenzungsflächen unterschiedliche Wirkungen auf den Reflexionsgrad ρ.

Beispiele:

Farbe	Weiß	Gelb	Hellgrün	Gelbbraun	Dunkelgrün	Schwarz
ρ in %	80	70	55	35	15	5

Material	Beton	Ziegel	Holz	weißer Lack	poliertes Metall
ρ in %	30	25	30	80–85	60–80

Tab. 23-15 ***Mittlere Reflexionsgrade ρ für Farben und Materialien***

Die Geometrie des Raumes wird mit dem Raumindex k erfasst.

$$k = \frac{l \cdot b}{h \cdot (l + b)} \qquad \textbf{23-6}$$

l Länge des Raumes
b Breite des Raumes
h **Höhe der Lichtquelle** über der Arbeitsebene

Der Raumindex kann Werte zwischen 0,6 und 5,0 annehmen. Die Einflüsse der Reflexionen und der Raumgeometrie ergeben zusammengefasst den Raumwirkungsgrad η_R. Werte für diesen Raumwirkungsgrad werden in Tabellen angegeben (z. B. der Lichttechnischen Gesellschaft LiTG). In der Abb. 23-27 sind ausgewählte Tabellenwerte in Diagrammform dargestellt.

$$n = \frac{\bar{E} \cdot A \cdot p}{\Phi_{La} \cdot \eta_{LB} \cdot \eta_R} \qquad \textbf{23-7}$$

η_R Raumwirkungsgrad
(η_{LB} und η_R werden auch zum Beleuchtungswirkungsgrad $\eta_B = \eta_{LB} \cdot \eta_R$ zusammengefasst)

Lichtverteilung (bei 1000 lm)	Leuchte		Leuchtenbetriebswirkungsgrad η_{LB} in %
direkt; stark gerichtet 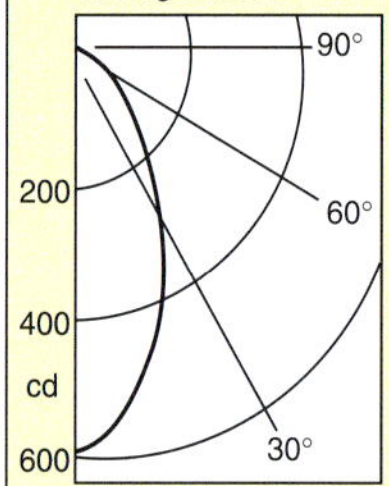	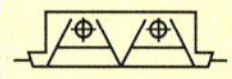	Spiegelraster eng strahlend	60
	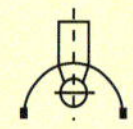	Spiegelreflektor einlampig	80
		Rundreflektor	75
direkt; tief strahlend 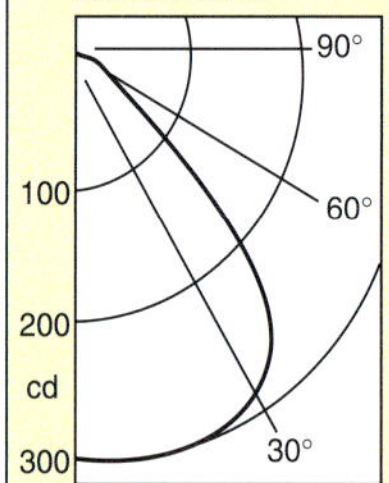	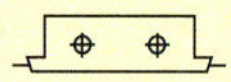	Wanne prismatisch	60
	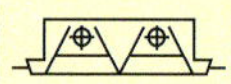	Spiegelraster breit strahlend	60
	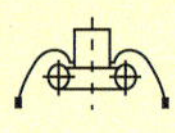	Spiegelreflektor mehrlampig	75
vorwiegend direkt; breit strahlend 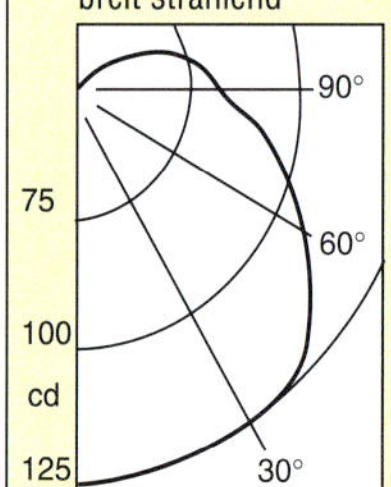	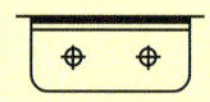	Nurglasleuchte Glühlampe	70
	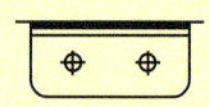	Wanne prismatisch	65
	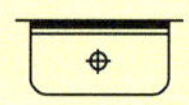	Wanne opal	50
gleichförmig allseitig strahlend 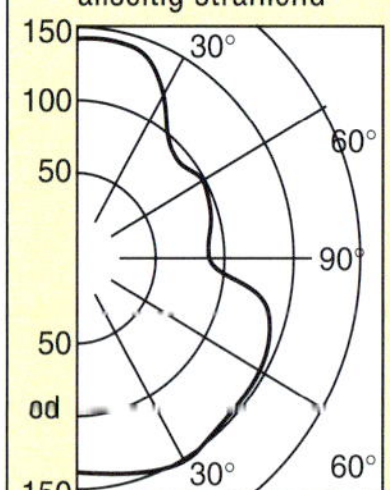	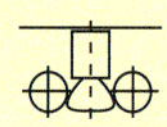	frei strahlend	90
	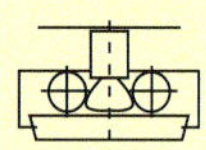	Lamellenraster	82
		Opalglas Glühlampe	80
indirekt hoch strahlend 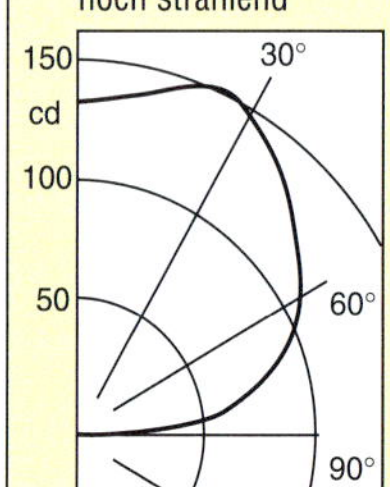	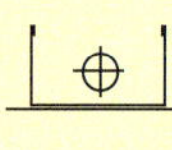	Kehle breit, weiß	72
	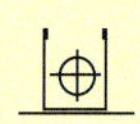	Kehle schmal, weiß	50

Abb. 23-26 ***Lichttechnische Daten einiger Leuchten***

23

Lösungsbeispiel:

Für einen Büroraum ist die Anzahl der Lampen zu ermitteln. Der Raum hat zwei Fenster. Wände und Decke sind weiß gestrichen. Der Fußboden ist mit hellem Belag ausgelegt. Länge und Breite des Raumes gehen aus der Skizze hervor. Die Raumhöhe beträgt 3,50 m. Es sollen Dreibanden-leuchtstofflampen zu je 58 W in Spiegelraster-leuchten (direkte Beleuchtung) eingebaut werden. Der Lichtstrom einer Lampe wird von den Herstellern mit 5200 Lumen angegeben. Die Lampen sollen ca. einen Meter unterhalb der Decke montiert werden.

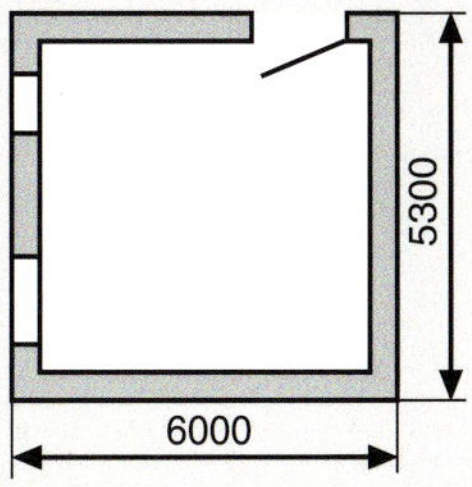

Gegeben:

A	$= 31{,}8\ \text{m}^2$	Grundfläche des Raumes
h	$= 1{,}75\ \text{m}$	Höhe zwischen Lampenebene und Arbeitsfläche (0,75 m über Fußboden)
ρ	$= 0{,}8$	für weiße Decken und Wände
Φ_{La}	$= 5200\ \text{lm}$	Lichtstrom einer Lampe

Gesucht:

n (Lampenzahl)

k	direkt	vorwiegend direkt	gleichförmig	vorwiegend indirekt	indirekt
0,5	39	33	26	22	13
1	58	47	42	35	29
1,5	75	63	53	49	42
2	85	72	65	59	53
2,5	92	79	70	66	60
3	97	85	76	72	65
3,5	101	89	80	76	69
4	105	93	83	79	72
4,5	107	95	86	82	76
5	108	97	88	85	79

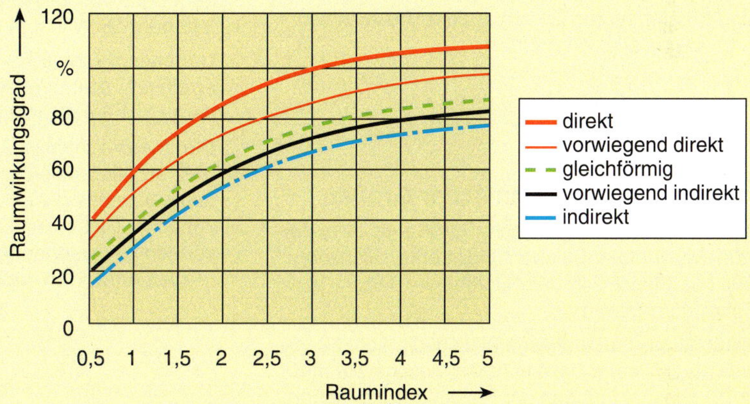

a) η_R für Büro-, Klassen-, Wohn- und ähnlich helle Räume mit heller Decke ($p = 0{,}8$), mittelhellen Wänden ($p = 0{,}5$) und mittelhellem Fußboden ($p = 0{,}3$)

k	direkt	vorwiegend direkt	gleichförmig	vorwiegend indirekt	indirekt
0,5	33	21	18	12	7
1	50	36	30	20	13
1,5	62	43	38	30	20
2	68	50	42	35	25
2,5	75	58	48	40	29
3	80	65	52	44	32
3,5	83	68	55	46	34
4	86	70	57	48	36
4,5	89	72	61	50	38
5	91	74	64	52	40

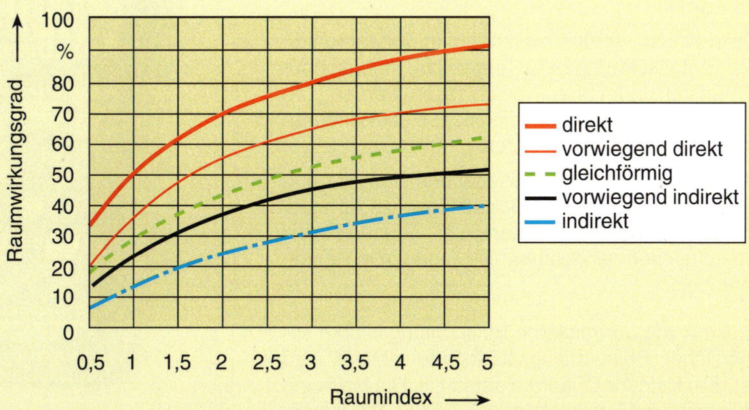

b) η_R für Werkstatt-, Lager-, Arbeits- und ähnlich dunkle Räume mit mittelheller Decke ($\varrho = 0{,}5$), dunklen Wänden ($\varrho = 0{,}3$) und dunklem Fußboden ($\varrho = 0{,}1$)

Abb. 23-27 ***Raumwirkungsgrad η_R (%) in Abhängigkeit von Raumindex und Beleuchtungsart***

23

Lösung:

nach DIN $\bar{E}_m = 500$ lx — Wartungswert $\bar{E}_m$ für Büroräume

Nach Gl. 23-7 ist $n = \dfrac{\bar{E} \cdot A \cdot p}{\Phi_{La} \cdot \eta_{LB} \cdot \eta_R}$

$E = E_m$

$p = 1{,}25$

$\eta_{LB} = 0{,}6$ — Leuchtenbetriebswirkungsgrad aus Abb. 23-26 für Spiegelrasterleuchten

η_R ist aus Abb. 23-27 zu entnehmen, dafür ist zunächst der Raumindex k zu bestimmen

Nach Gl. 23-6 wird $k = \dfrac{6\text{ m} \cdot 5{,}3\text{ m}}{1{,}75\text{ m} \cdot (6\text{ m} + 5{,}3\text{ m})} = 1{,}6$

Das ergibt bei direkter Beleuchtung einen Raumwirkungsgrad von $\eta_R = 0{,}8$

Einsetzen der Werte in Gl. 23–7

$$n = \frac{500\,\frac{\text{lm}}{\text{m}^2} \cdot 31{,}8\text{ m}^2 \cdot 1{,}25}{5200\text{ lm} \cdot 0{,}6 \cdot 0{,}8} \qquad \underline{\underline{n = 8}}$$

Es sind 8 Lampen zur Erzeugung der notwendigen Beleuchtungsstärke erforderlich.

23.3.3 Messen lichttechnischer Größen

Die zu messende lichttechnische Größe ist in erster Linie die horizontale Beleuchtungsstärke. Horizontal steht für das Messen in der Nutzebene (0,85 m bzw. 0,2 m über dem Boden).

Ein Beleuchtungsstärkemessgerät zeigt die Abb. 23-28. Die auch als Luxmeter bezeichneten Messgeräte müssen für Betriebsmessungen der Klasse B entsprechen, d. h. ihre Fehlergrenze darf höchstens ±10 % betragen. Die Fotoelemente in den Messgeräten sind auf eine Betriebstemperatur von 25 °C geeicht, unter 0 °C und über 50 °C sind Messfehler zu berücksichtigen. Direkte Bestrahlung durch Sonnenlicht ist zu vermeiden. Wird das Messgerät längere Zeit nicht benutzt, muss es neu geeicht werden.

Für Beleuchtungsstärkemessungen in Innenräumen müssen Eintrittsöffnungen für Tageslicht, insbesondere die Fenster und Türen, verschlossen werden. Die Abdeckungen müssen den gleichen Reflexionsgrad wie die Fensterscheiben besitzen.

Um bereits zum Zeitpunkt des Messens eine Alterung der Beleuchtungsanlage berücksichtigen zu können, sollten Glühlampen mindestens 10 Stunden und Leuchtstofflampen mindestens 100 Stunden in Betrieb gewesen sein.

Zur Bestimmung der mittleren Beleuchtungsstärke sowie möglicher Beleuchtungsstärkeunterschiede wird der Raum in kleinere Quadrate aufgeteilt. Die Messung erfolgt jeweils im Mittelpunkt der Quadrate. Bei Raumhöhen bis zu 5 m werden die Kantenlängen der Quadrate zwischen 1 und 2 m gewählt. Eine Übereinstimmung mit dem Rastermaß bei mehrreihigen Lampenanlagen sowohl in Quer- als auch Längsrichtung muss vermieden werden.

In Abb. 23-29 sind Zahlenwerte für den oben genannten Raum angegeben. Aus den Messwerten wird ein Mittelwert ausgerechnet. Die Verteilung der Beleuchtungsstärke ergibt sich beim Verbinden der Punkte mit gleichen Messwerten (Isolux-Linien).

Neben diesen Berechnungs- und Messverfahren gibt es auch Richtwerte für weniger bedeutsame Beleuchtungsanforderungen.

Beispiel:
gefordert $\bar{E}_m = 100$ lx (100 lm/m²) und $\eta_B = 0{,}3$

Glühlampen mit $\eta = 15$ lm/W	Leuchtstofflampen mit $\eta = 60$ lm/W
erforderlich	
22 W/m²	5,5 W/m²

Bei Einrohrlichtbändern aus Leuchtstofflampen wird für eine Beleuchtungsstärke von 250 lx bei einer Lichtbandhöhe von 2–3 m über der Nutzebene mit 36 W je 3 m oder 58 W je 4 m Raumbreite gerechnet.

Um eine gleichmäßige Verteilung des Lichtstromes zu erreichen, sollte der Abstand zwischen den Lichtbändern ca. 1,5 mal Lichtpunkthöhe betragen.

Die Messergebnisse sind für Vergleichsmessungen bzw. als Nachweis der Einhaltung der geforderten Mindestbeleuchtungsstärken in einem Messprotokoll festzuhalten. Dieses mit Datum und Unterschrift des Messenden zu versehende Messprotokoll soll auf folgende Fragen Antworten geben:

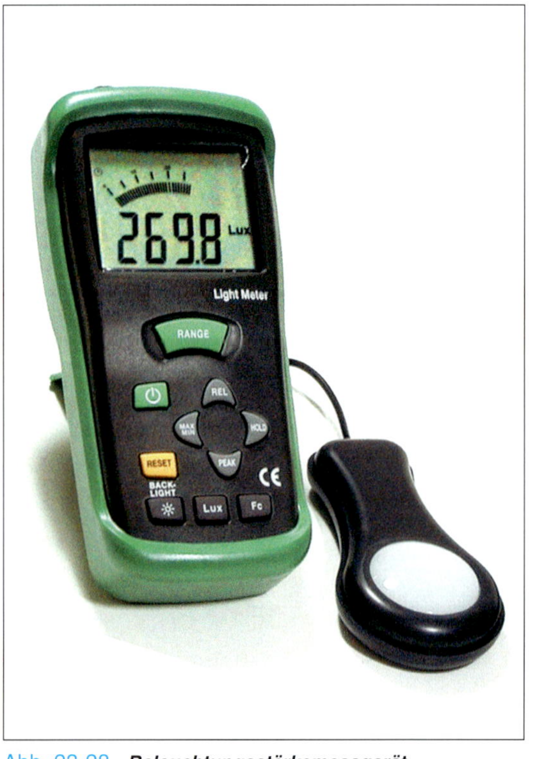

Abb. 23-28 ***Beleuchtungsstärkemessgerät***

Abb. 23-29
Mittelwert und Verteilung der Beleuchtungsstärke

490 lx	500 lx	500 lx	500 lx	485 lx
495 lx	510 lx	530 lx	530 lx	495 lx
495 lx	510 lx	540 lx	540 lx	500 lx
495 lx	510 lx	530 lx	530 lx	495 lx
490 lx	505 lx	510 lx	505 lx	485 lx

mittlere horizontale Beleuchtungsstärke:

$$\bar{E}_m = \frac{490\ \text{lx} + 500\ \text{lx} + \ldots + 475\ \text{lx}}{25} = 507\ \text{lx}$$

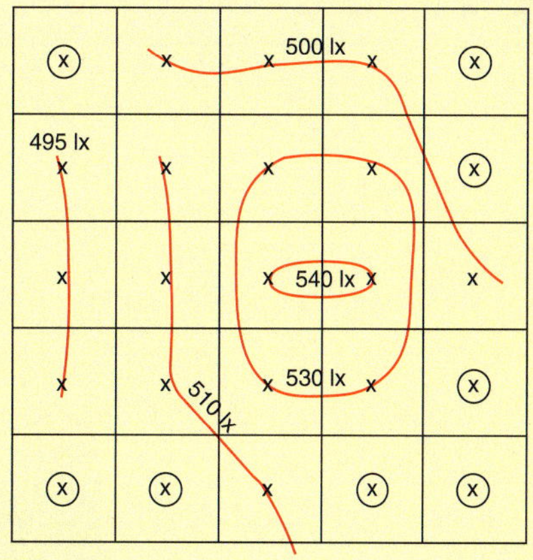

Isolux-Linien

- Wo wurde gemessen?
- Wer hat gemessen?
- Wann und mit welchem Messgerät wurde gemessen?
- Welche Abmessungen hatte der beleuchtete Raum?
- Welche Lampen und welche Leuchten wurden verwendet, und wie waren die Lampen angeordnet?
- Welche Messergebnisse ergaben sich?
- Wie hoch waren während der Messung die Netzspannung und die Umgebungstemperatur?
- Welche Werte der Beleuchtungsstärke sind nach DIN vorgeschrieben?

AUFGABEN

23.1 In welchem Zusammenhang stehen die licht- und beleuchtungstechnischen Größen I, L, E und η mit der Quelle des Lichtes, z. B. einer Leuchtstofflampe?

23.2 Was lässt sich aus Lichtstärkeverteilungskurven ablesen?

23.3 Welche Bedeutung hat die Beleuchtungsstärke für die Berechnung der erforderlichen Lampenzahl?

23.4 Ermitteln Sie aus den Angaben der Tabelle 23-4 die Werte für die Lichtausbeute. Tragen Sie die Ergebnisse in ein Diagramm $\eta = f(P)$ ein. Ziehen Sie Schlussfolgerungen.

23.5 Warum erzeugen Temperaturstrahler gleicher Leistung mit kleinen Spannungen größere Lichtausbeutewerte?

23.6 Welche Vorteile bieten Halogenlampen gegenüber Standardglühlampen?

23.7 Was versteht man unter dem Begriff Stroboskopeffekt?

23.8 Welche Merkmale sind aus den unterschiedlichen Sockeln der Kompaktleuchtstofflampen abzulesen?

23.9 Worin unterscheiden sich die Duo- und die Tandemschaltung
a) im Aufbau
b) in der Betriebssicherheit?

23.10 Welche Funktionen werden vom elektronischen Vorschaltgerät in Leuchtstofflampenschaltungen übernommen?

23.11 Was wird mit den Begriffen Reflexion, Transmission und Absorption beschrieben?

23.12 Welches Symbol muss eine Leuchte tragen, die Sie in Möbel einbauen dürfen?

23.13 Ermitteln Sie für eine Drei-Raum-Wohnung (Wohn-, Schlaf- und Kinderzimmer) mit Küche, Bad, Flur, Balkon und Abstellraum die Anzahl der Beleuchtungsauslässe.
Gehen Sie
a) von einer Mindestausstattung (★)
b) vom Ausstattungswert 3 (★★★) aus.

23.14 Welche Arten der Blendung werden unterschieden?

23.15 Welche Sachverhalte werden mit der Farbtemperatur und der Farbwiedergabe beschrieben?

23.16 Für ein Klassenzimmer ($\bar{E}_m = 300$ lx) ist die Anzahl von Leuchtstofflampen (L58) mit Spiegelraster zu ermitteln. Wände und Decke sind weiß bzw. beige gestrichen. Der Fußboden ist hellgrün. Der Raum ist 9 m lang, 8,5 m breit und 3 m hoch. Die einlampigen Leuchten werden direkt an der Decke angebracht. Der Lichtstrom einer Lampe wird mit 5400 lm angegeben.

24 Anlagen für den Blitz- und Überspannungsschutz

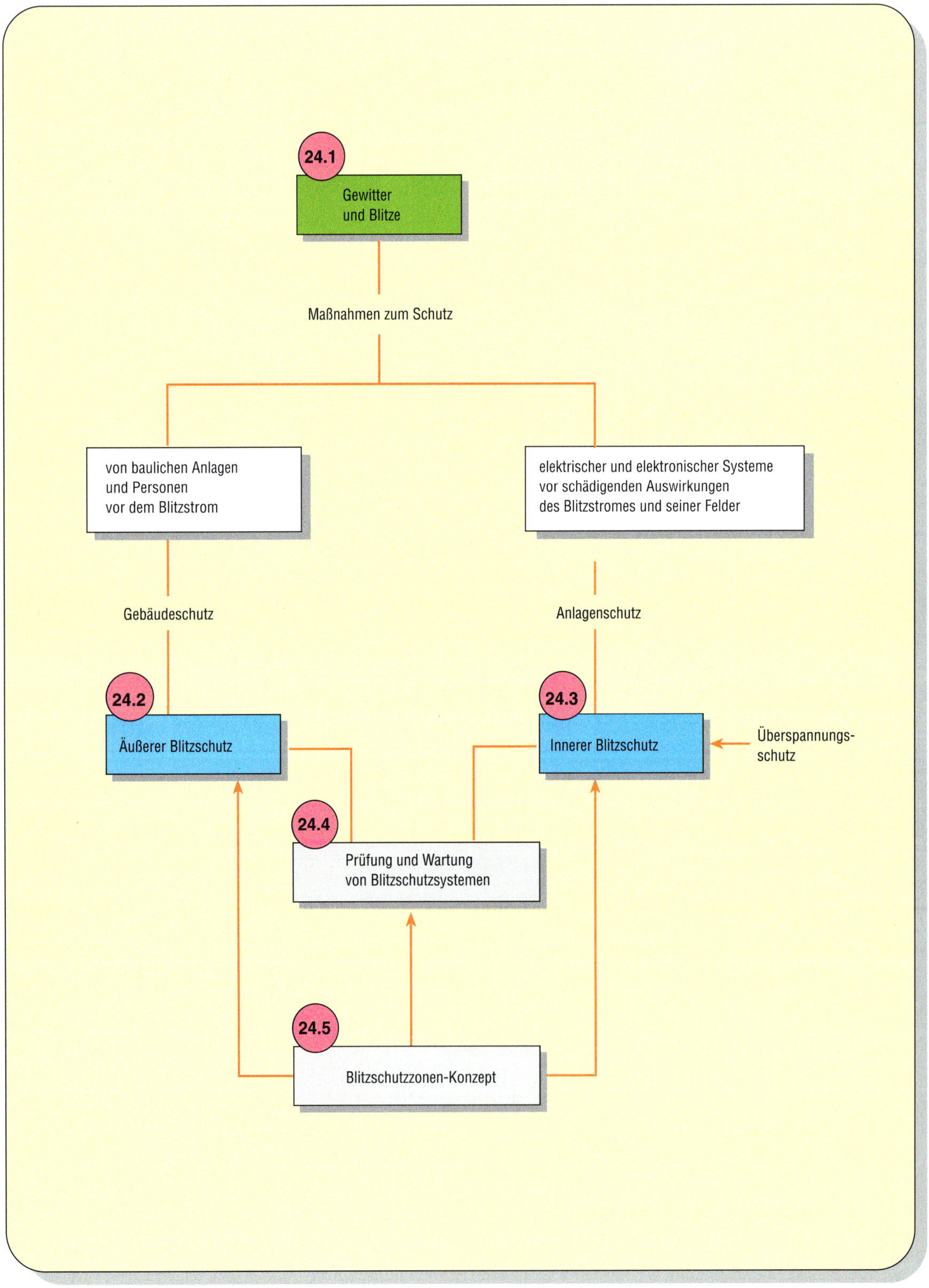

 Abb. 24-1 ***Beziehungen und Strukturen***

24.1 Gewitter und Blitze

Deutschland wird in jedem Jahr von über einer Million Blitze getroffen. Die Zahl der Gewitter, ihre Heftigkeit und die Anzahl der Blitzeinschläge sind dabei in den gebirgigen Regionen größer als auf dem flachen Land. Den jährlich zirka 20 Gewittertagen im Norden Deutschlands stehen bis zu 35 in den mittleren und südlichen Landesteilen gegenüber.

Bei jeder Blitzentladung werden große Energiemengen frei, die lebensbedrohend sind und Sachwerte beschädigen oder zerstören können. Lange Zeit glaubte die Menschheit, sich vor dieser Naturerscheinung überhaupt nicht bzw. nur ungenügend schützen zu können.

Anlagen für den Blitz- und Überspannungsschutz sollen Menschen, Tiere und Sachwerte vor Blitzströmen, ihren elektrischen und magnetischen Feldern sowie vor Überspannungen schützen.

Gewitterbildung

Gewitter entstehen dann, wenn erwärmte feuchte Luft mit großer Geschwindigkeit in kältere Luftschichten aufsteigt.

Das kann auf verschiedene Weise geschehen.

Wärmegewitter:
: Die von der Sonne erwärmten bodennahen Luftschichten steigen – in der Regel örtlich begrenzt – auf.

Frontgewitter:
: Eine einbrechende Kaltluftfront schiebt sich unter die – meist über mehrere Tage hinweg – erwärmte Luft und drückt diese nach oben.

Gebirgsgewitter:
: Steil aufsteigende Berghänge zwingen die durch Wind bewegte feuchtwarme Luft zum Aufsteigen.

Die nach oben drängende feuchte Luft kühlt sich mit zunehmender Höhe ab. Der Wasserdampf kondensiert; es bilden sich Wolken. Wird die Null-Grad-Grenze unterschritten, werden die Wassertropfen zu Eis. Diese Eis- und Hagelkörner regnen ab. Durch Reibung der Flüssigkeitstropfen im Aufwind und durch die Eisbildung wird eine Ladungstrennung innerhalb der Wolke eingeleitet. Durch das Abregnen wird dieser Effekt verstärkt. Im oberen Teil der Gewitterwolke dominieren positive Ladungen, im unteren Teil herrschen negative Ladungen vor (Abb. 24-2).

Wenn infolge dieser Ladungsverteilung Feldstärken erreicht werden, die (bei diesen Druck- und Feuchtigkeitsverhältnissen) die Durchschlagsfestigkeit der Luft überschreiten, kommt es zu Vorentladungen, die eine Blitzentladung einleiten können. Dafür sind meist Feldstärkewerte von über 1 kV/mm erforderlich.

Blitzentladungen

Der Blitzkanal entwickelt sich aus dem Ladungszentrum heraus (Leitblitz) und baut sich schrittweise zur gegenpolaren Ladung hin auf. Aus dieser können ebenfalls Blitzkanäle, so genannte Fangentladungen, hervorwachsen, die als „Verästelungen" sichtbar werden. Treffen beide, Leitblitz und Fangentladung, aufeinander, so erfolgt schlagartig der Ladungsaustausch. Abb. 24-3 zeigt die Entwicklung einer Blitzentladung.

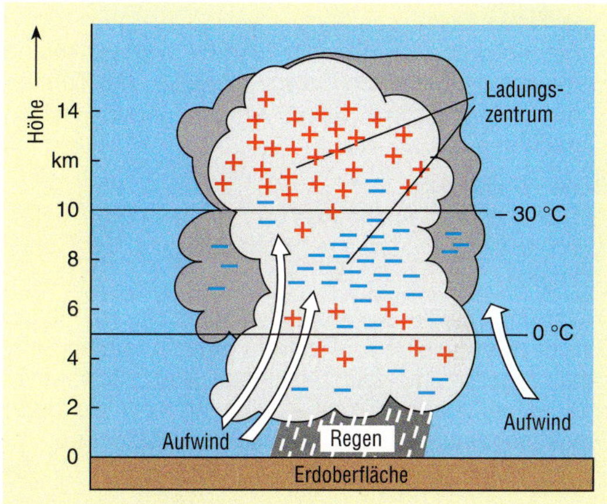

Abb. 24-2 ***Ladungsverteilung innerhalb einer Gewitterwolke***

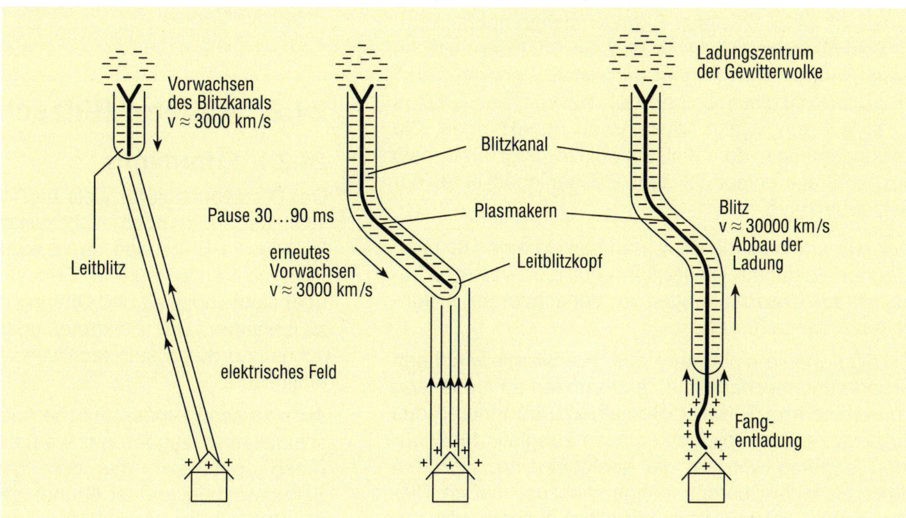

Abb. 24-3 ***Entwicklung eines negativen Wolke-Erde-Blitzes***

24

a) *Wolke-Erde-Blitz*

b) *Erde-Wolke-Blitz*

c) *Wolke-Wolke-Blitz*

Abb. 24-4
Blitzentladungen

Die Blitzentladungen können auf unterschiedliche Weise erfolgen (vgl. Abb. 24-4).

Wolke-Erde-Blitz:
Der Blitzkanal wächst von der Wolke her in Richtung zur Erde. Dieser „Abwärtsblitz" verästelt sich nach unten hin.

Erde-Wolke-Blitz:
Ein solcher „Aufwärtsblitz" nimmt seinen Anfang meist an exponierten Geländepunkten, wie Türmen oder Bergspitzen. Seine Verästelungen weisen nach oben.

Wolke-Wolke-Blitz:
Der Ladungsaustausch erfolgt zwischen unterschiedlichen Ladungsgebieten innerhalb der Gewitterwolke.

Blitzströme haben ein starkes Magnetfeld zur Folge. Dieses drückt die vom Blitzstrom erhitzte Luft im Blitzkanal zusammen. Nach Abklingen des Blitzstromes und seines Magnetfeldes entspannt sich die unter Druck stehende Luft: Das verursacht den Donner.

Blitzdaten und -wirkungen

Blitzströme steigen in sehr kurzer Zeit bis auf Werte nahe 100 kA an. 2 % aller Blitze erreichen noch größere Strom-Maximalwerte. In Abb. 24-5 ist der zeitliche Verlauf eines Blitzstromes dargestellt. Innerhalb von 10 μs erreicht dieser seinen Maximalwert, nach 350 μs ist er auf den halben Maximalwert abgeklungen. Die Ladungsmenge der meisten Blitze liegt unterhalb 50 As. Diese entspricht dem Flächeninhalt unter der Blitzstromkurve.

Der steil ansteigende Blitzstrom bewirkt einen raschen Magnetfeldaufbau. Dieser kann beispielsweise zu hohen Induktionsspannungen in benachbarten elektrischen Anlagen führen.

Es reicht heute nicht mehr aus, bei Blitzeinwirkungen Brände und mechanische Zerstörungen an Gebäuden zu verhindern („äußerer" Blitzschutz). Im Inneren des zu schützenden Objektes müssen ebenfalls Maßnahmen ergriffen werden, die geeignet sind, Schäden durch Gewitter-Überspannungen auszuschließen. Dieser „innere" Blitzschutz ist vor allem deshalb erforderlich, weil die in elektrischen Anlagen zunehmend eingesetzten elektronischen Betriebsmittel besonders überspannungsempfindlich sind.

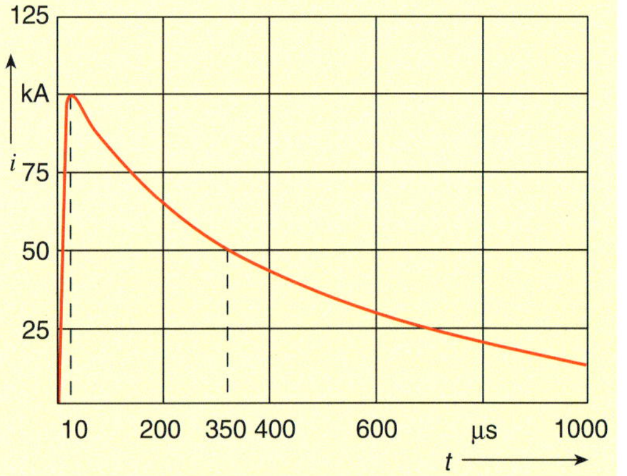

Abb. 24-5 ***Zeitlicher Verlauf eines Blitzstromes (hier: Blitzprüfstrom 10/350 μs)***

Wirksamer Blitzschutz erstreckt sich sowohl auf den Schutz der Gebäude als auch ihrer elektrischen Anlagen.

Die Blitzschutz-Bestimmungen betrachten den äußeren und inneren Blitzschutz als zwei Teile desselben Schutzkonzeptes.

24.2 Äußerer Blitzschutz

24.2.1 Erfordernis

Der Blitzschutz ist für viele bauliche Anlagen, z. B. für Wohngebäude, (noch) nicht zwingend vorgeschrieben. Es liegt im Ermessen der zuständigen Bauaufsichtsbehörde, häufig sogar im Ermessen des Eigentümers, über Notwendigkeit und Umfang der Blitzschutzanlage zu befinden. Der Elektrofachmann sollte diese Entscheidung durch sein fachliches Urteil wesentlich beeinflussen.

Jede zu schützende bauliche Anlage kann einer Blitzschutzklasse zugeordnet werden (vgl. Tabelle 24-1). Diese ergibt sich aus dem geforderten Grad der Schutzwirkung und ist Grundlage für die Bemessung der Blitzschutzanlage. Selbst bei höchsten Schutzanforderungen (Schutzklasse I) ist kein 100%iger Blitzschutz zu erreichen.

Schutzklasse[1])	Einfangwahrscheinlichkeit/ Grad der Schutzwirkung	typische Bauwerke/ Anlagen
I	0,98	Nuklearanlagen biochemische Anlagen
II	0,95	Kraftwerke Fernmeldeanlagen Krankenhäuser Bauwerke mit höchstem kulturellen Wert
III	0,90	Industrieanlagen öffentliche Gebäude kulturelle Einrichtungen Geschäftshäuser Wohngebäude landwirtschaftlich genutzte Gebäude
IV	0,81	Schutzhütten

Tab. 24-1 ***Zuordnung der Gebäude zu Blitzschutzklassen***

Blitzentladungen können nicht verhindert werden. Der Einschlagort des Blitzes und der Weg seiner Ableitung können jedoch vorgegeben werden, so dass die Entladung kontrolliert erfolgt. Schädigende Auswirkungen auf die bauliche Anlage werden dadurch weitgehend ausgeschaltet. Gebäude vor zerstörenden Blitzwirkungen zu bewahren, erfordert, den Blitz „vor" der Gebäudehülle aufzufangen, ihn kontrolliert, d. h. auf vorgegebenem Leitungsweg, zerstörungsfrei zur Erde hin abzuleiten. Die folgende Übersicht soll das deutlich machen.

Fangeinrichtung, Ableitung und Erdungsanlage (Abb. 24-6) bilden in ihrer Zusammengehörigkeit die Anlage für den äußeren Blitzschutz.

Fangeinrichtung:
: Hierzu gehören alle metallenen Bauteile, die Einschlagstelle für den Blitz sein können.

Ableitung:
: Sie ist die elektrische Verbindung zwischen der Fangeinrichtung und der Erdungsanlage.

Erdungsanlage:
: Über einen Ring- oder Fundamenterder wird der Blitzstrom in das Erdreich eingeleitet.

Eine ordnungsgemäß ausgeführte Anlage für den äußeren Blitzschutz bewahrt bei direktem Blitzeinschlag das so geschützte Bauwerk vor groben Schäden durch Brand oder mechanische Zerstörung.

> Zum äußeren Blitzschutz gehören alle an einer baulichen Anlage angebrachten Schutzeinrichtungen, die den Blitzstrom auffangen und in das Erdreich ableiten.

1) Die Schutzklasse wird durch eine Risikoanalyse ermittelt, falls dies nicht durch anderweitige Vorschriften festgelegt ist.

24.2.2 Anlagenteile und ihr Zusammenwirken

Fangeinrichtung

Der Blitz schlägt dort ein, wo sich hohe elektrische Feldstärken ausgebildet haben. Das sind Dachfirste, Giebelspitzen, Traufkanten, Brüstungen und alle herausragenden Dachaufbauten, wie Schornsteine und Antennen. Diese Stellen sind mit Fangeinrichtungen zu versehen. Bestehen diese bevorzugten Stellen bereits aus Metall mit ausreichendem Querschnitt, so können sie selbst als Fangeinrichtung verwendet werden. Alle als Fangeinrichtung verlegten oder benutzten Metallteile müssen blank sein; Anstriche sind jedoch zulässig.

Die Gebäudestellen, an denen Fangeinrichtungen angebracht werden müssen (Abb. 24-7, S. 550), können nach drei prinzipiellen Verfahren bestimmt werden.

Das geschieht mithilfe
- der Maschenweite,
- des Schutzwinkels oder
- der Blitzkugel.

	Maschenweite	Schutzwinkel α					Blitzkugel
Schutzklasse	Maschenweite w	(für h_{max} in m) 10	20	30	45	60	Radius r
I	5 m x 5 m	45°	25°	–	–	–	20 m
II	10 m x 10 m	55°	35°	25°	–	–	30 m
III	15 m x 15 m	60°	45°	35°	25°	–	45 m
IV	20 m x 20 m	65°	55°	45°	35°	25°	60 m

Tab. 24-2 ***Bemessung der Fangeinrichtung nach Blitzschutzklassen***

	Einschlagstelle	Blitzableitung	(bleibende) Wirkungen
ohne Maßnahmen des äußeren Blitzschutzes	am Gebäude in Stellen höchster Feldstärke	unkontrollierbar, auf nicht vorherzusehenden Wegen	Beschädigungen bzw. Zerstörungen mechanischer/thermischer Art
mit Maßnahmen des äußeren Blitzschutzes	außerhalb („vor") der Gebäudehülle	kontrolliert, auf vorgegebenem Leitungsweg zur Erde	keine
Anlagenteile	Fangeinrichtung	Ableitung	Erdungsanlage

Abb. 24-6 ***Maßnahmen des äußeren Blitzschutzes***

24

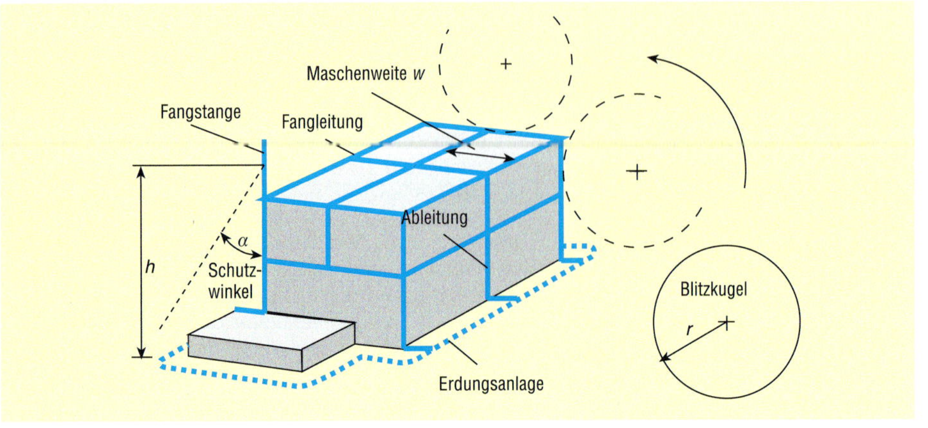

Abb. 24-7 ***Verfahren für die Auslegung von Fangeinrichtungen***

1. Maschenweite-Verfahren (Abb. 24-8)

Auf der Dacheindeckung wird ein maschenförmiges Fangnetz errichtet. Ein solches Netz ist, unabhängig von der Gebäudehöhe und der Dachform, für jedes Gebäude geeignet. Die Maschenweite richtet sich nach der Blitzschutzklasse, in die das Gebäude eingeordnet ist. Für die Gestaltung des Fangnetzes an baulichen Anlagen der Schutzklasse III gilt beispielsweise:

- First und Gebäudeaußenkanten sind mit Fangleitungen zu versehen.
- Die Maschen dürfen die Maße 15 m x 15 m nicht überschreiten.

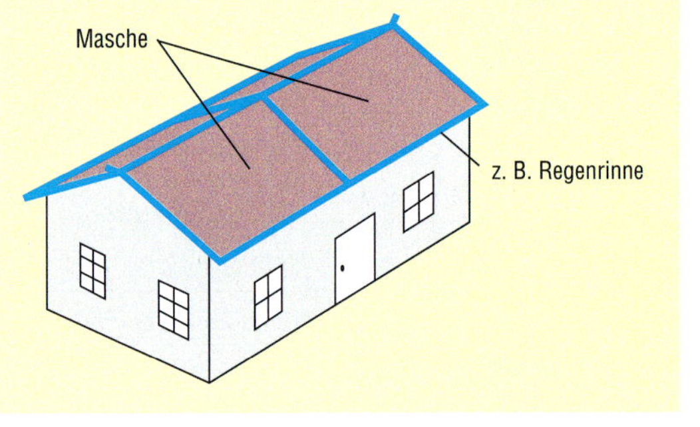

Abb. 24-8 ***Fangeinrichtung nach dem Maschenweite-Verfahren***

2. Schutzwinkel-Verfahren

Dieses Verfahren gilt für Fangleitungen und Fangstangen. An baulichen Anlagen der Schutzklasse III, deren Gesamthöhe (gemessen vom Erdboden bis zum höchsten Punkt der Fangeinrichtung) 20 m nicht übersteigt, lassen sich die in Abb. 24-9 dargestellten Schutzbereiche erzielen. Der Fangleitung wird für ihre gesamte Länge ein zeltförmiger, der Fangstange ein kegeliger 45°-Schutzbereich zugeordnet. Fangleitungen sind an Steildächer mit entsprechender Dachneigung gebunden.

3. Blitzkugel-Verfahren

Dieses Verfahren kann als übergeordnete Vorgehensweise zur Festlegung der Fangeinrichtung gelten. Eine Kugel wird um und über die zu schützende bauliche Anlage „gerollt". Ihr Radius entspricht der Zuordnung zur gewünschten bzw. geforderten Blitzschutzklasse. Alle Stellen der baulichen Anlage, die von dieser Blitzkugel berührt werden, sind mit Fangeinrichtungen zu versehen. Unterhalb der abrollenden Kugel entsteht der Schutzbereich.

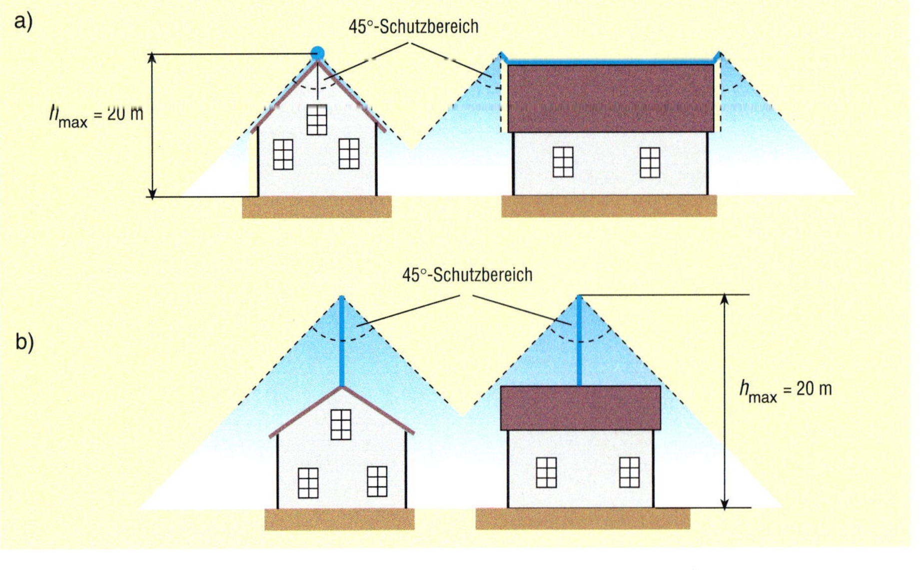

Abb. 24-9 ***Fangeinrichtungen nach dem Schutzwinkel-Verfahren***
a) Fangleitung mit Schutzbereich
b) Fangstange mit Schutzbereich

24

Abb. 24-10 demonstriert dieses Verfahren an einem stark gegliederten Bauwerk: Die beiden Fangstangen an der Turmspitze und am Firstende des linken Gebäudes bieten hinreichenden Schutz für den gesamten dazwischen liegenden Bereich.

Dachaufbauten

Dachaufbauten gelten als geschützt, wenn sie weniger als 0,3 m aus der Maschenebene bzw. dem Schutzbereich herausragen. Ist diese Bedingung nicht erfüllt, müssen solche Aufbauten als Fangeinrichtung ausgebildet oder mit einer Fangeinrichtung ausgestattet und in die Blitzschutzanlage eingebunden werden.

Antennenstandrohre und Dachständer sind solche Aufbauten, die in die vorhandene Blitzschutzanlage einbezogen werden müssen. Dies geschieht auf unterschiedliche Weise. Antennenstandrohre werden direkt, Dachständer über eine Schutzfunkenstrecke verbunden (Abb. 24-11). Die Funkenstrecke schlägt bei Blitzeinwirkung durch und wird kurzzeitig leitend. Bei einem aufliegenden Außenleiter jedoch bleibt sie hochohmig, dieser Fehler bleibt so auf den Dachständer begrenzt.

Ableitungen

Die Ableitungen sollen die Fangeinrichtung auf kurzem Weg mit der Erdungsanlage verbinden. Sie sind so anzuordnen, dass sie möglichst gleichmäßig auf den Umfang der baulichen Anlage verteilt werden. Bevorzugt werden Gebäudeecken in die Anordnung einbezogen.

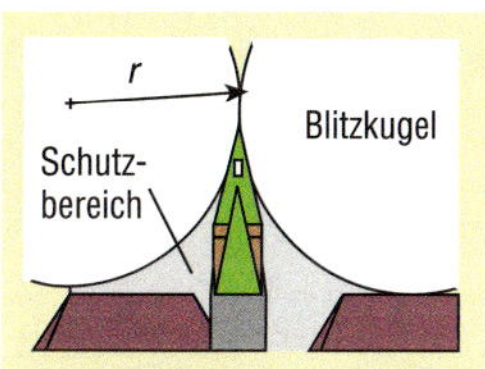

Abb. 24-10 ***Fangeinrichtung nach dem Blitzkugel-Verfahren***

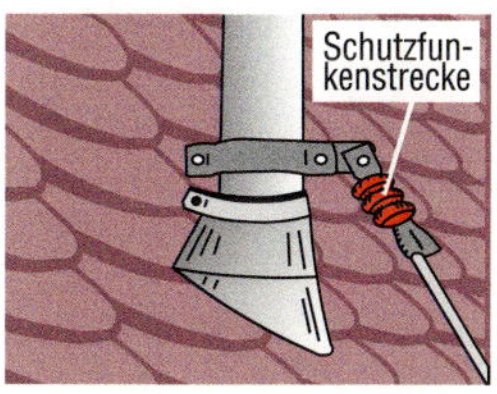

Abb. 24-11 ***Einbinden eines Dachständers über Schutzfunkenstrecke***

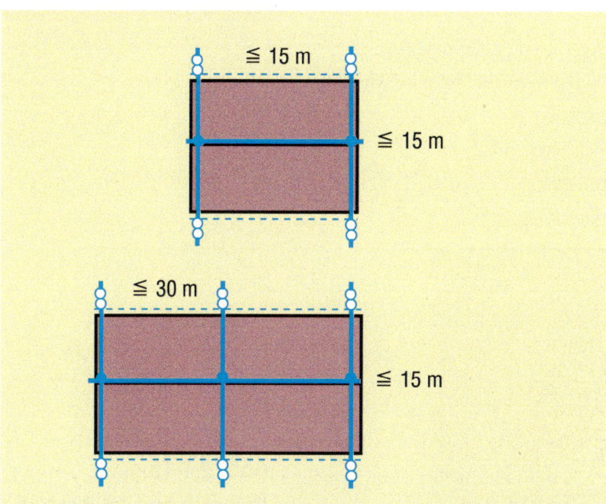

Abb. 24-12 ***Ermittlung der Zahl der Ableitungen und ihre Anordnung (Blitzschutzklasse III)***

Die Anzahl der Ableitungen hängt vom Umfang der Dachaußenkanten (Projektion der Dachfläche auf die Grundfläche) ab. Dabei sollten sie die direkte Fortsetzung der Fangeinrichtung sein. Die Anzahl der Ableitungen richtet sich nach der Schutzklasse des Gebäudes (Tab. 24-3). Beispiele hierfür sind in Abb. 24-12 aufgezeigt.

Ableitungen werden auf, im oder unter Putz verlegt. Sie können blank oder isoliert sein. Zu Bauwerksöffnungen (Türen, Fenster) soll der seitliche Abstand der Ableitungen mindestens 0,5 m betragen. Oberhalb der Erdeinführung sollen sie für Messzwecke eine Trennstelle erhalten.

Metallene Regenfallrohre dürfen dann als Ableitung benutzt werden, wenn sie miteinander verlötet sind, so dass sich mit ihnen eine elektrisch sichere Verbindung zur Erdungsanlage herstellen lässt.

Trennungsabstand

Beim Errichten von Blitzschutzanlagen können Näherungsstellen zwischen den Fangeinrichtungen und Ableitungen untereinander und zwischen ihnen und leitfähigen Teilen anderer Anlagen (Rohrsysteme, metallene Baukonstruktionen, Elektroleitungen) entstehen.

Man unterscheidet (Abb. 24-13)
- Eigennäherung: Teile der Blitzschutzanlage liegen so dicht beieinander, dass der Blitz überspringen kann.
- Fremdnäherung: Teile der Blitzschutzanlage sind in der Nähe fremder Anlagenteile angeordnet, die Erdverbindung haben und nicht mit der Blitzschutzanlage direkt verbunden sind. Ein Überspringen des Blitzes ist möglich.

Werden Teile der Blitzschutzanlage untereinander oder gegenüber fremden Anlagenteilen zu sehr genähert, kann der Blitz unter Funkenbildung überspringen.

Schutzklasse	typischer Abstand
I	10 m
II	10 m
III	15 m
IV	20 m

Tab. 24-3 ***Abstände zwischen Ableitungen***

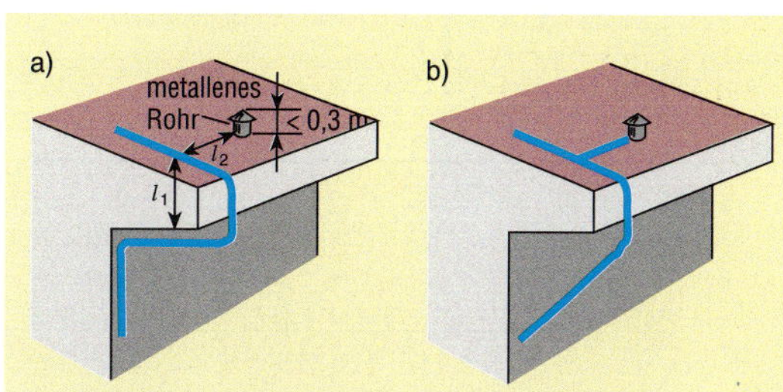

Abb. 24-13 ***Näherungen***

a) Eigennäherung (l_1) und Fremdnäherung (l_2)
b) Beseitigung durch Abstandsvergrößerung bzw. Zusammenschluss

Verwendung des Leiters		Cu	Al	Fe
Fangleitung		50	50	50[1])
Ableitung		50	50	50[1])
Erdleiter		50	–	78[2])
Schutzpotenzial-ausgleichs-leitung	Verbindung mit Erdungsanlage	16	25	50
	Verbindung mit inneren metallenen Installationen	6	10	16

Tab. 24-4 ***Mindestquerschnitte für Blitzschutz-Rundleiter in mm²***

[1]) Stahl, feuerverzinkt oder Stahl, nicht rostend

[2]) Durchmesser 10 mm, Stahl feuerverzinkt oder nicht rostend

Eine solche Gefahr kann beseitigt werden durch
- Vergrößern des Abstandes: Benachbarte Anlageteile werden so angeordnet, dass ein ausreichend großer Sicherheitsabstand entsteht. Dieser sollte mindestens 0,5 m betragen.
- Zusammenschluss: Die Blitzschutzanlage wird mit der anderen Anlage leitend verbunden. Hierbei besteht die Gefahr der Einleitung eines Teilblitzstromes in das zu schützende Bauwerk. Das erfordert meist ergänzende Maßnahmen gegen diese Blitzstrombeeinflussung.

Erdungsanlage

Die Netzbetreiber fordern in ihren Technischen Anschlussbedingungen für Neubauten den Fundamenterder. Es empfiehlt sich, diesen als Blitzschutzerder vorzubereiten, d. h. an ihm sollte für den Anschluss jeder Ableitung eine zusätzliche Anschlussfahne vorgesehen sein (Abb. 24-14).

Fehlt ein solcher Fundamenterder oder fehlen am vorhandenen Erder die erforderlichen Anschlussfahnen für die Ableitungen, so ist für den äußeren Blitzschutz eine eigene Erdungsanlage zu errichten. Sie ist als geschlossener Ring (Ringerder) um das Außenfundament des Gebäudes (Tiefe mindestens 0,5 m, Abstand zum Gebäude etwa 1 m) auszuführen. Die Abmessungen der zu verlegenden Erderleitungen richten sich nach Tab. 24-4. Die Erdungsanlage darf keine metallenen Rohrleitungen einbeziehen, sie muss ohne sie voll funktionstüchtig sein.

Form und Abmessung der Erdungsanlage sind für eine gute „Verteilung" des Blitzstromes häufig wichtiger als ein bestimmter Wert des Erdungswiderstandes. Selbstverständlich ist ein niedriger Widerstandswert anzustreben.

Beim Eintritt des Blitzstromes in das Erdreich können an der Erdoberfläche gefährliche Berührungs- und Schrittspannungen auftreten. Zusätzlich zum Fundamenterder angebrachte „Steuererder" in Maschenform (0,5 m tief verlegt, 0,5 m bis 1 m Maschenweite) bauen diese Gefahr ab (Abb. 24-15). Man findet sie z. B. im Eingangsbereich bzw. am Fußpunkt besonders blitzgefährdeter baulicher Anlagen, in deren Umfeld sich häufig Menschen aufhalten (Aussichtstürme, Kirchen, Flutlichtmasten).

Der Zustand der Erdungsanlage kann durch eine Erdungsmessung beurteilt werden. Die Prüfung einer Anlage für den äußeren Blitzschutz erstreckt sich jedoch im Wesentlichen auf die Beurteilung aller sichtbaren Teile.

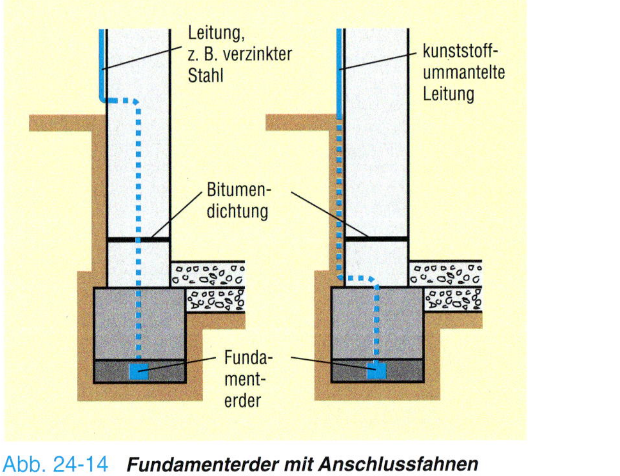

Abb. 24-14 ***Fundamenterder mit Anschlussfahnen***

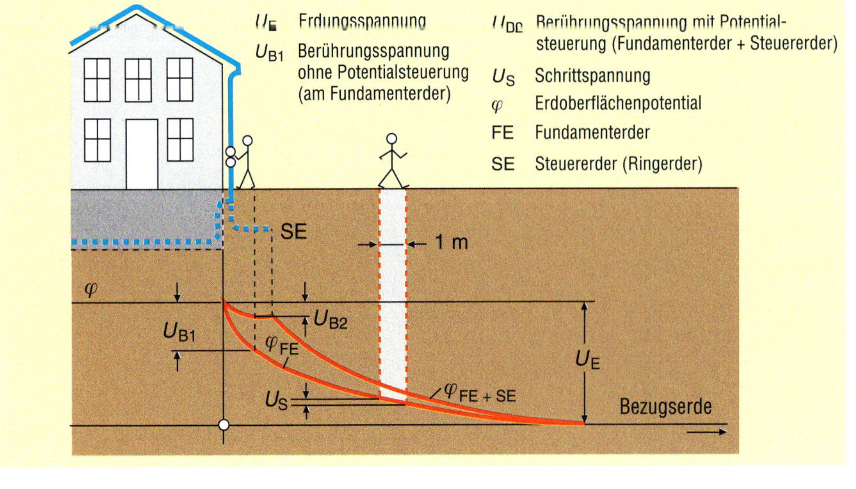

Abb. 24-15 ***Spannungen im Bereich des stromdurchflossenen Fundamenterders***

24.3 Innerer Blitzschutz

24.3.1 Erfordernis

Eine den Vorschriften entsprechend errichtete Anlage für den äußeren Blitzschutz schützt das zugehörige Objekt vor direkter Blitzeinwirkung: Blitze werden zur Erde abgeleitet. Diese Anlage kann aber nicht verhindern, dass sich das Blitzfeld ungehindert ausbreitet, so auch innerhalb des einschlaggeschützten Objektes. Dort kann das Magnetfeld des Blitzstromes in (schleifenförmig geführten) Leitungen durch Induktion Überspannungen hervorrufen.

Ein direkter Blitzeinschlag in die versorgende Niederspannungs-Freileitung verursacht an der Einschlagstelle eine erhebliche Überspannung, die sich nach beiden Seiten der Leitung hin abbaut. Auf diese Weise kann die Überspannung über die Hauseinführung ebenfalls in die Verbraucheranlage des geschützten Objektes eindringen. Auch Schalthandlungen an induktiven Betriebsmitteln im Netz des Netzbetreibers (z. B. am vorgeschalteten Transformator), sowie Schalthandlungen in der Verbraucheranlage selbst können Ursache sein für solche Überspannungen. Die Übersicht (Abb. 24-16) soll die Zusammenhänge verdeutlichen.

Der innere Blitzschutz beinhaltet Maßnahmen gegen die Auswirkungen des Blitzstromes sowie seiner elektrischen und magnetischen Felder innerhalb der zu schützenden baulichen Anlage.

Wie diese Maßnahmen durchgeführt werden, zeigt die nächste Übersicht (Abb. 24-17).

Den überspannungsableitenden Schutzelementen kommt somit eine bedeutende Rolle zu.

Verbinder

Potenzialausgleichsleitungen, deren Querschnitt sich nach Tab. 24-3 richtet, übernehmen die Überspannungsableitung von Anlagenteilen, die mit der Erde dauerhaft verbunden sein dürfen.

Schutzfunkenstrecke

Eine Schutzfunkenstrecke überbrückt metallene Anlagenteile, die nicht dauernd miteinander verbunden sein dürfen (z. B. die im Gebäudeinneren verlegte Gasleitung und das versorgende Gasnetz). Im ungestörten Fall trennt die Funkenstrecke die metallenen Anlagenteile. Bei einer Überspannung oberhalb ihrer Ansprechspannung schlägt die Funkenstrecke durch und verbindet die Anlagenteile kurzzeitig, so dass über sie der Blitzstrom abfließen kann. Der isolierende Zustand stellt sich dann wieder ein, wenn alle Ladungen abgeflossen sind und die Spannung über der Funkenstrecke praktisch null ist.

Schutzfunkenstrecken werden bei auftretender Überspannung leitend. Nach Abfluss aller Ladungen stellt sich der isolierende Zustand wieder ein.

Ableiter

Überspannungen an aktiven Leitern werden mithilfe von Blitzstrom- bzw. Überspannungsableitern zur Erde hin abgeleitet. Ihr Unterschied besteht in der Blitzstrombelastbarkeit. Das Wirkprinzip eines Ableiters ist dem einer Funkenstrecke ähnlich. Bei einer Überspannung, die beispielsweise durch einen nahen Blitzeinschlag verursacht wurde, wird der Ableiter leitend. Der

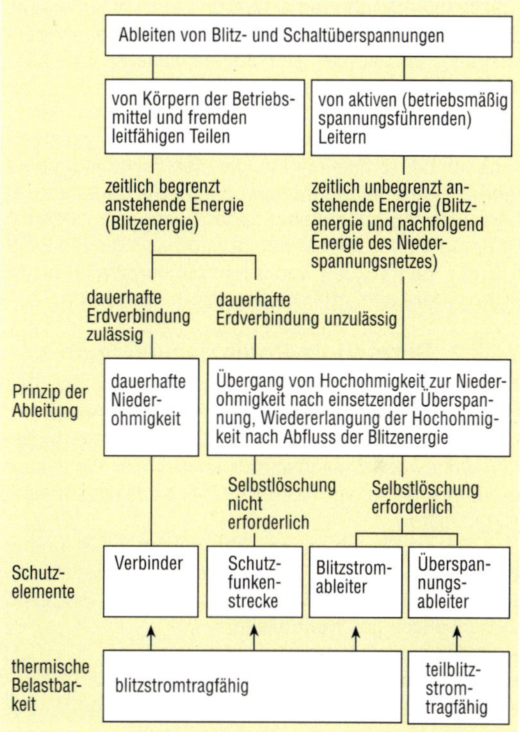

Abb. 24-17 ***Ableiten von Blitz- und Schaltüberspannungen***

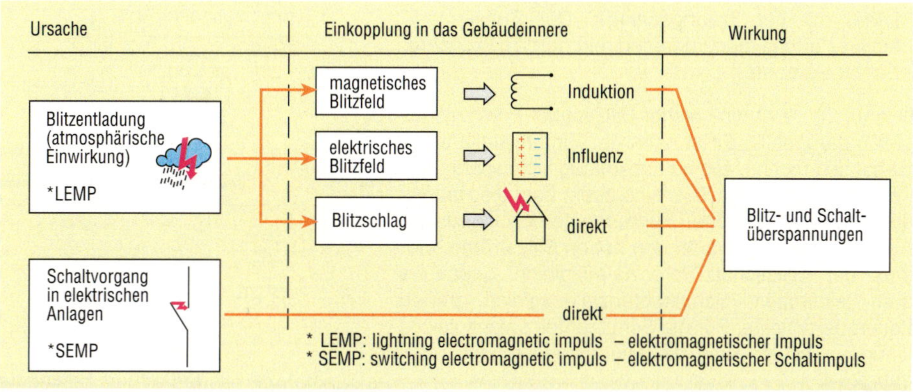

Abb. 24-16 ***Entstehung von Blitz- und Schaltüberspannungen***

Blitzstrom fließt rasch ab, die Überspannung wird beseitigt. Bliebe die so eingeleitete Verbindung erhalten, würde nach Abbau der Überspannung die anliegende Netzspannung einen „Netzfolgestrom“ antreiben. An aktiven Leitern eingesetzte Ableiter müssen deshalb selbstlöschend sein, d. h. nach Wegfall der Überspannung muss sich der hochohmige Zustand des Ableiters wieder einstellen, bevor eine vorgeschaltete Überstromschutzeinrichtung reagiert.

Ableiter besitzen die Fähigkeit, eine über sie eingeleitete Entladung nach Abbau der Überspannung selbst wieder zu unterbinden.

Abb. 24-18 zeigt den Aufbau und das Wirkprinzip eines Blitzstromableiters auf Funkenstreckenbasis. Das Überschreiten der Ansprechspannung führt zu einer Entladung zwischen beiden auseinander strebenden Elektroden, die durch einen thermisch hoch beanspruchbaren Isolierstoff getrennt sind. Aufgrund der Elektrodenform wird der Lichtbogen nach außen gedrückt, dabei verlängert er sich und erlischt, unterstützt durch weitere konstruktive Maßnahmen. Der Vorgang ist nach sehr kurzer Zeit abgeschlossen. Der Blitzstrom wird zerstörungsfrei abgeleitet.
Überspannungsableiter arbeiten meist mit spannungsabhängigen Widerständen (Varistoren). Varistoren schalten bei vorbestimmten, die elektrische Anlage gefährdenden Überspannungen durch. Sie bauen die hohe Spannung ab und sind danach wieder hochohmig. Überspannungsableiter auf Varistorbasis dienen lediglich der Begrenzung von Überspannungen. Sie sind nicht in der Lage, größere Blitzströme zu führen.

24.3.2 Blitzschutz-Potenzialausgleich

Durch ihn sollen alle Potenzialunterschiede, die durch einen Blitzstrom hervorgerufen werden können, erheblich vermindert werden. Dafür ist es erforderlich, den Schutzpotenzialausgleich im Bereich der Haupterdungsschiene (vgl. Abschn. 17.1) blitzstromtragfähig zu gestalten.
Das Besondere bei diesen Maßnahmen des inneren Blitzschutzes besteht darin, dass auch die aktiven, d. h. die betriebsmäßig spannungsführenden Leiter einschließlich des Neutralleiters, wie
- Starkstromleitungen bzw. -kabel und
- informationselektrotechnische Leitungen,

in den Potenzialausgleich einbezogen werden.

Der Blitzschutz-Potenzialausgleich umfasst den Zusammenschluss aller metallenen Installationen einschließlich der betriebsmäßig spannungsführenden Leiter mit der Erdungsanlage. Der Zusammenschluss erfolgt direkt oder indirekt durch besondere Schutzelemente.

In Abb. 24-19 ist ein solcher Blitzschutz-Potenzialausgleich dargestellt. Er ist nahe der Eintrittsstelle in das Gebäude errichtet. Alle betriebsmäßig nicht spannungsführenden leitfähigen Teile sind direkt über die Haupterdungsschiene mit dem Fundamenterder verbunden. Aufgrund der zu erwartenden hohen Blitzströme erfordert der Blitzschutz-Potenzialausgleich gegenüber dem „einfachen“ Schutzpotenzialausgleich größere Leiterquerschnitte. Für die Schutzpotenzialausgleichsleitungen richten sich die Mindestquerschnitte nach Tab. 24-4.

Die aktiven, betriebsmäßig spannungsführenden Leiter sind über Blitzstromableiter in den Schutzpotenzialausgleich eingebunden. Unmittelbar nach dem Hausanschluss – noch im „Vorzählerbereich“ – eingebaut, erzielen sie die beste Wirkung. Immer mehr Netzbetreiber gestatten auf der Grundlage der Technischen Anschlussbedingungen (TAB), diese Ableiter im Anlagenteil mit ungezählter Elektroenergie anzubringen. Das bedarf jedoch immer der besonderen Zustimmung durch den zuständigen Netzbetreiber, wenn Blitzstromableiter vor dem Zähler angeordnet werden sollen.

Elektrische Verbrauchsmittel müssen hinreichend gut gegen Blitz- und Schaltüberspannungen geschützt werden. Der Blitzschutz-Potenzialausgleich wird in diesem Fall durch Maßnahmen eines gestaffelten Überspannungsschutzes ergänzt (Abb. 24-20). Die volle Versorgungssicherheit des elektrischen Netzes wird erst durch den Einsatz von Blitzstrom- und Überspannungsableitern erreicht. Der Blitzstromableiter, in Zäh-

a)

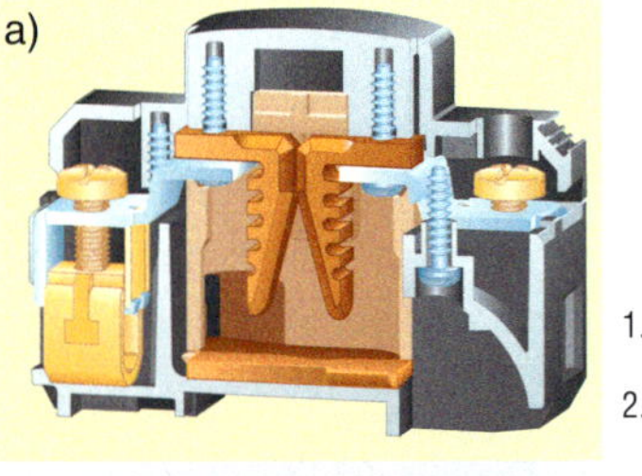

b)

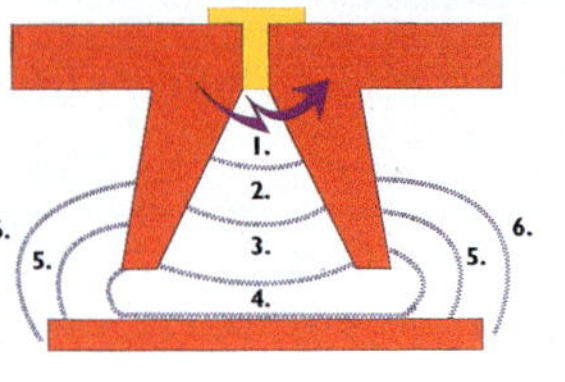

Abb. 24-18 ***Blitzstromableiter a) Aufbau b) Wirkprinzip***

1. Zündung bei Ansprechspannung
2. Lichtbogen überbrückt die Strecke zwischen den Elektroden
3. Lichtbogen wird nach außen getrieben
4. Lichtbogen wird auf die Prallplatte gedrückt
5. Entstehung von Teillichtbögen
6. Abriss und Löschen der Teillichtbögen

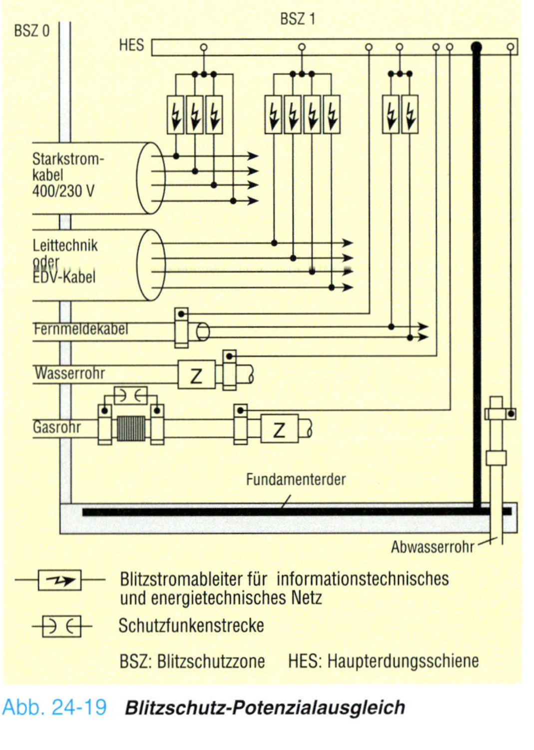

Abb. 24-19 ***Blitzschutz-Potenzialausgleich***

24

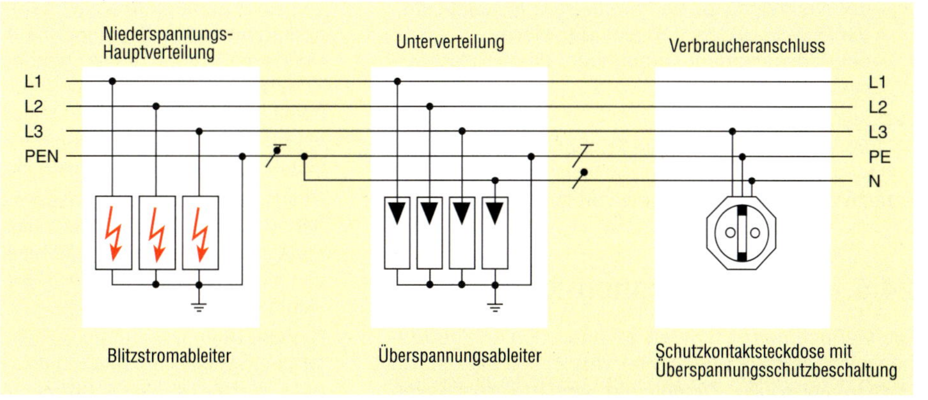

Abb. 24-20 ***Gestaffelter Schutz durch Blitzstrom- und Überspannungsableiter***

lernähe angeordnet, leitet hohe Blitzströme ab. Überspannungsableiter sind dem Blitzstromableiter nachgeordnet. Sie begrenzen die Überspannung und werden von vergleichsweise geringen Blitzströmen durchflossen. Für eine wirksame Entkopplung des Blitzstromableiters von der zweiten Schutzstufe muss zwischen ihnen eine Induktivität von wenigen mH liegen. Durch eine Leitungslänge von zirka 10 m wird das erreicht.

Eine Schutzkontakt-Steckdose mit einer überspannungsableitenden Beschaltung beispielsweise bietet nur dann den gewünschten und notwendigen Schutz, wenn ihr die erforderlichen Blitzstrom- und Überspannungsableiter vorgeschaltet sind.

Im gestaffelten Überspannungsschutz darf keine Schutzstufe ausgelassen werden.

24.4 Prüfung und Wartung von Blitzschutzsystemen

Durch die Prüfung soll sichergestellt werden, dass das Blitzschutzsystem mit seinen Komponenten des Äußeren und Inneren Blitzschutzes den zum Zeitpunkt der Errichtung gültigen Normen entspricht.

Es wird unterschieden zwischen

- Prüfung der Planung
  Die Planung des gesamten Blitzschutzsystems ist unter Berücksichtigung der geltenden Normen vor Baubeginn zu prüfen.
- Baubegleitende Prüfung
  Teile des Blitzschutzsystems, die später nicht mehr zugänglich sind, z. B. der Fundamenterder, leitende Teile im Beton und Verbindungsstellen, sind zu prüfen, solange dies möglich ist. Die Prüfung beschränkt sich auf die Kontrolle der technischen Unterlagen und das Besichtigen der Arbeitsausführung.
- Abnahmeprüfung
  Das Blitzschutzsystem ist auf die Einhaltung der normengerechten Schutzkonzeption (Planung) sowie hinsichtlich der handwerklichen Ausführung vollständig zu prüfen.
- Wiederholungsprüfung
  Das Blitzschutzsystem ist in regelmäßigen Zeitabständen auf ordnungsgemäßen Zustand zu prüfen. Blitzschutzsysteme von baulichen Anlagen mit erhöhter Schutzbedüftigkeit (Schutzklassen I und II) und kritische Bereiche von Blitzschutzsystemen sind jährlich einer Sichtprüfung zu unterziehen (vgl. Tab. 24-4).

Schutzklasse	Intervall zwischen den umfassenden Prüfungen	Intervall zwischen den Sichtprüfungen	Intervall bei umfassenden Prüfungen kritischer Systeme
I, II	2 Jahre	1 Jahr	1 Jahr
III, IV	4 Jahre	2 Jahre	1 Jahr

Tab. 24-4 ***Prüffristen***

- Zusatzprüfung
  Unabhängig von den Wiederholungsprüfungen ist das Blitzschutzsystem zu prüfen, wenn wesentliche Nutzungsänderungen, Erweiterungen oder Reparaturen an der geschützten baulichen Anlage durchgeführt wurden. Dies gilt auch nach jedem bekannt gewordenen Blitzeinschlag in das Blitzschutzsystem.

Die Prüfungsmaßnahmen erstrecken sich auf das

- Kontrollieren der technischen Unterlagen
  Die technischen Unterlagen sind zu prüfen auf
  - Vollständigkeit und
  - Übereinstimmung mit den Normen.
- Besichtigen
  Durch Besichtigen ist u. a. zu prüfen, ob
  - das Blitzschutzsystem mit den technischen Unterlagen übereinstimmt,
  - sich das Gesamtsystem des Äußeren und Inneren Blitzschutzes in einem ordnungsgemäßen Zustand befindet,
  - alle Leitungen und Systembauteile ordnungsgemäß befestigt und Teile mit einer mechanischen Schutzfunktion funktionstüchtig sind,
  - Überspannungschutzgeräte richtig eingebaut sind,
  - der Blitzschutz-Potenzialausgleich lückenlos ausgeführt wurde,
  - Potenzialausgleichsverbindungen innerhalb der baulichen Anlage vorhanden und intakt sind.
- Messen
  Es sind zu messen
  - der Übergangswiderstand zur Erdungsanlage an allen Messstellen zum Nachweis der Durchgängigkeit der Leitungen und Verbindungen (Richtwert $< 1\ \Omega$),

– der Durchgang zu den metallenen Installationen,
– der Erdungswiderstand aller Einzelerder,
– der Gesamterdungswiderstand des Blitzschutzsystems.

- Dokumentieren
  Über jede Prüfung ist ein Prüfbericht zu erstellen, der zusammen mit den technischen Unterlagen beim Betreiber des Systems verbleibt.

24.5 Blitzschutzzonen-Konzept

Die Maßnahmen im Inneren der baulichen Anlage können nicht losgelöst betrachtet werden von denen an der Gebäudehülle. Zunehmend werden beide Seiten des Blitzschutzes zu Bestandteilen einer ganzheitlichen Betrachtung. Diese besteht darin, die (außen und innen) zu schützende bauliche Anlage in Bereiche (Blitzschutzzonen) aufzuteilen, die der gleichen Blitz- und Überspannungsgefährdung ausgesetzt sind.
Die Schutzzonen entstehen durch „ineinander geschachtelte Abschirmungen" um das Gebäude, den einzelnen Raum und das in ihm befindliche Gerät. Der Schirm bildet somit den Übergang von einer Schutzzone in die andere (Abb. 24-21).

Der Bereich außerhalb der Abschirmung wird als Blitzschutzzone 0_A bezeichnet; direkte und indirekte Blitzeinwirkungen sind hier ungehindert möglich. Besteht durch Maßnahmen des äußeren Blitzschutzes Einschlagschutz, wird dieser Bereich zur Blitzschutzzone 0_B. Nach innen hin folgen Zonen mit abnehmender Gefährdung. Das wird erreicht, weil an den Übergängen von einer äußeren in eine innere Schutzzone die elektromagnetischen Störungen auf das dort zulässige Höchstmaß herabgesetzt werden. Das Festlegen der Schutzzonen entsprechend ihrer Blitzgefährdung und damit das Herstellen notwendiger Abschirmungen sollte bereits in der Planungsphase für neu zu errichtende Gebäude eine entsprechende Rolle spielen.

Das Blitzschutzzonen-Konzept verlangt an jedem Zonenübergang Potenzialausgleichs-Maßnahmen. Alle metallenen, elektrisch leitfähigen Installationen, die von einer Blitzschutzzone in eine andere wechseln, sind davon betroffen.

Die Anforderungen an die Ableiter sind vom jeweiligen Zonenübergang abhängig. Der am Übergang von der Blitzschutzzone 0 in die Blitzschutzzone 1, d. h. der am Übergang vom Außenbereich in das Innere des zu schützenden Volumens angeordnete Ableiter muss erhebliche Blitzströme zerstörungsfrei führen können. Bei nachgeordneten Übergängen sind diese vergleichsweise gering, dort geht es um den weiteren Abbau von Überspannungen.

Abb. 24-22 zeigt blitzschutztechnische Maßnahmen, die den sicheren Betrieb eines Rechnerraumes bei Blitzeinwirkung gewährleisten sollen. Die Maßnahmen wurden nach dem Blitzschutzzonen-Konzept vorgenommen. An der Übergangsstelle von der Blitzschutzzone 0 (BSZ0) in die BSZ1 ist das Gebäude abgeschirmt worden. Die BSZ1 und die BSZ2 werden durch den Raumschirm voneinander getrennt.

Das energietechnische Netz ist an der Zonenübergangsstelle von 0 nach 1 über Blitzstromableiter in den Blitzschutz-Potenzialausgleich eingebunden. Am

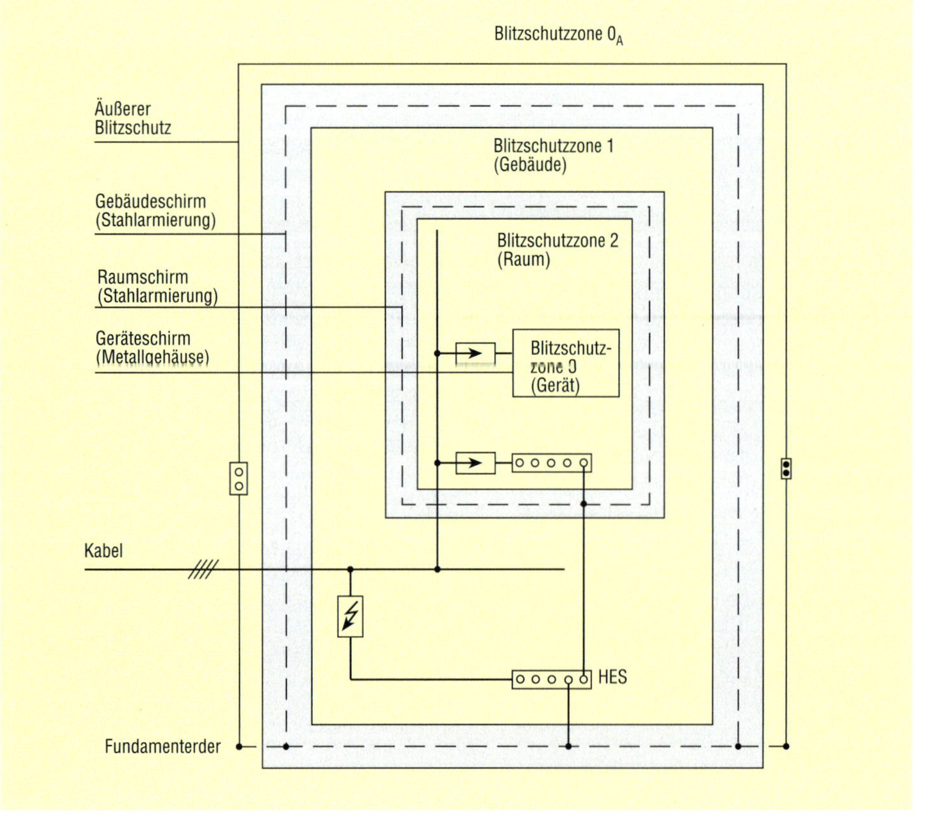

Abb. 24-21
Definition von Blitzschutzzonen

Übergang von der BSZ1 in die BSZ2 wiederholt sich diese Maßnahme für eine mögliche, aber geringere Blitzstörung. Jetzt ist dieses Netz durch Überspannungsableiter an einen zusätzlichen (örtlichen) Schutzpotenzialausgleich angeschlossen. Dieser ist mit dem Blitzschutz-Potenzialausgleich elektrisch verbunden. Das nachrichtentechnische Netz ist in ähnlicher Weise aufgebaut.

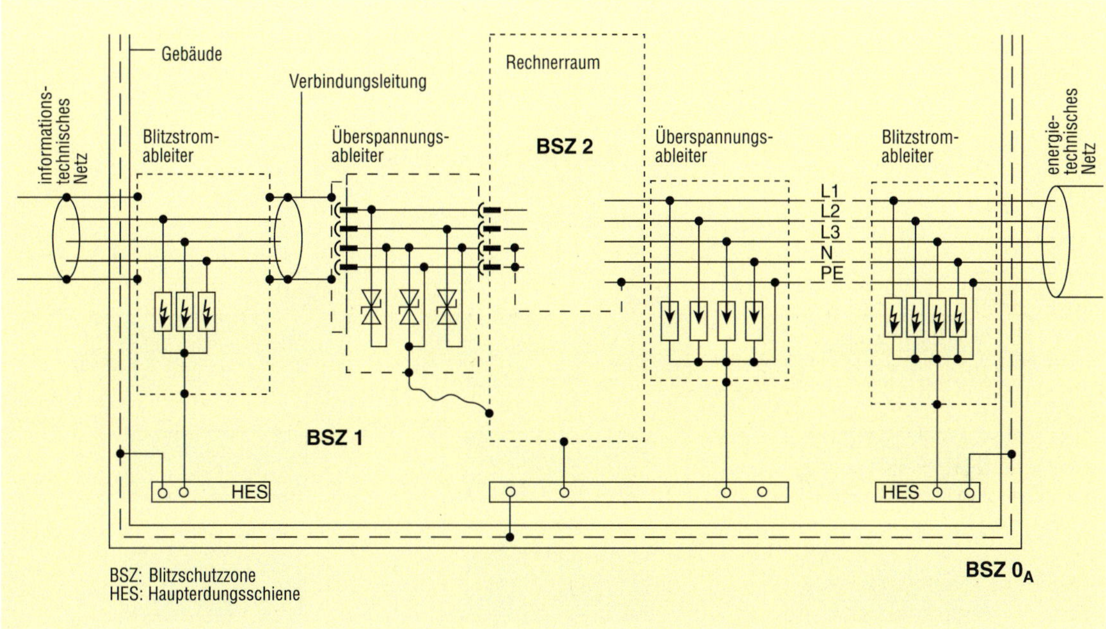

Abb. 24-22 ***Blitz- und Überspannungsschutz für einen Rechnerraum nach dem Blitzschutzzonen-Konzept***

AUFGABEN

24.1 Unterscheiden und erklären Sie die Begriffe Blitzschutzklasse und Blitzschutzzone.

24.2 Nennen Sie Folgeschäden, die ein Verzicht auf wirksamen (äußeren) Blitzschutz an den in Tab. 24-1 genannten Bauwerken/ Anlagen haben könnte.

24.3 Beschreiben Sie für ein Wohngebäude den Schutzbereich unter
a) einer Fangleitung,
b) einer Fangstange.
(Nutzen Sie dazu die Tab. 24-1 und 24-2. Die Fangleitung bzw. das Ende der Fangstange ist weniger als 20 m, jedoch mehr als 10 m von der Erdoberfläche entfernt.)

24.4 Was kann Ursache sein, wenn ein Blitz von einer Blitzschutzanlage abspringt? Nennen und begründen Sie Maßnahmen, die diese Erscheinung beseitigen.

24.5 Wodurch unterscheidet sich der Blitzschutz-Potenzialausgleich vom (normalen) Schutzpotenzialausgleich über die Haupterdungsschiene, der für jede elektrische Anlage gefordert wird?

24.6 Im Rahmen des gestaffelten Schutzes gegen Überspannungen werden in einem Verteiler Überspannungsableiter eingebaut. Wie groß ist die Anzahl der einzusetzenden Ableiter, wenn es sich um
a) ein TN-C-System,
b) ein TN-S-System,
c) ein TT-System handelt?
Begründen Sie Ihre Feststellungen.

24.7 Um hochwertige Elektrogeräte vor Überspannungen zu schützen, empfehlen manche Bau- und Heimwerker-Märkte Zwischenstecker mit eingebautem Überspannungsableiter (Abb. 24-23). Begründen Sie, dass diese Empfehlung häufig ein schlechter Rat ist.

Abb. 24-23

24

25 Kommunikationsanlagen

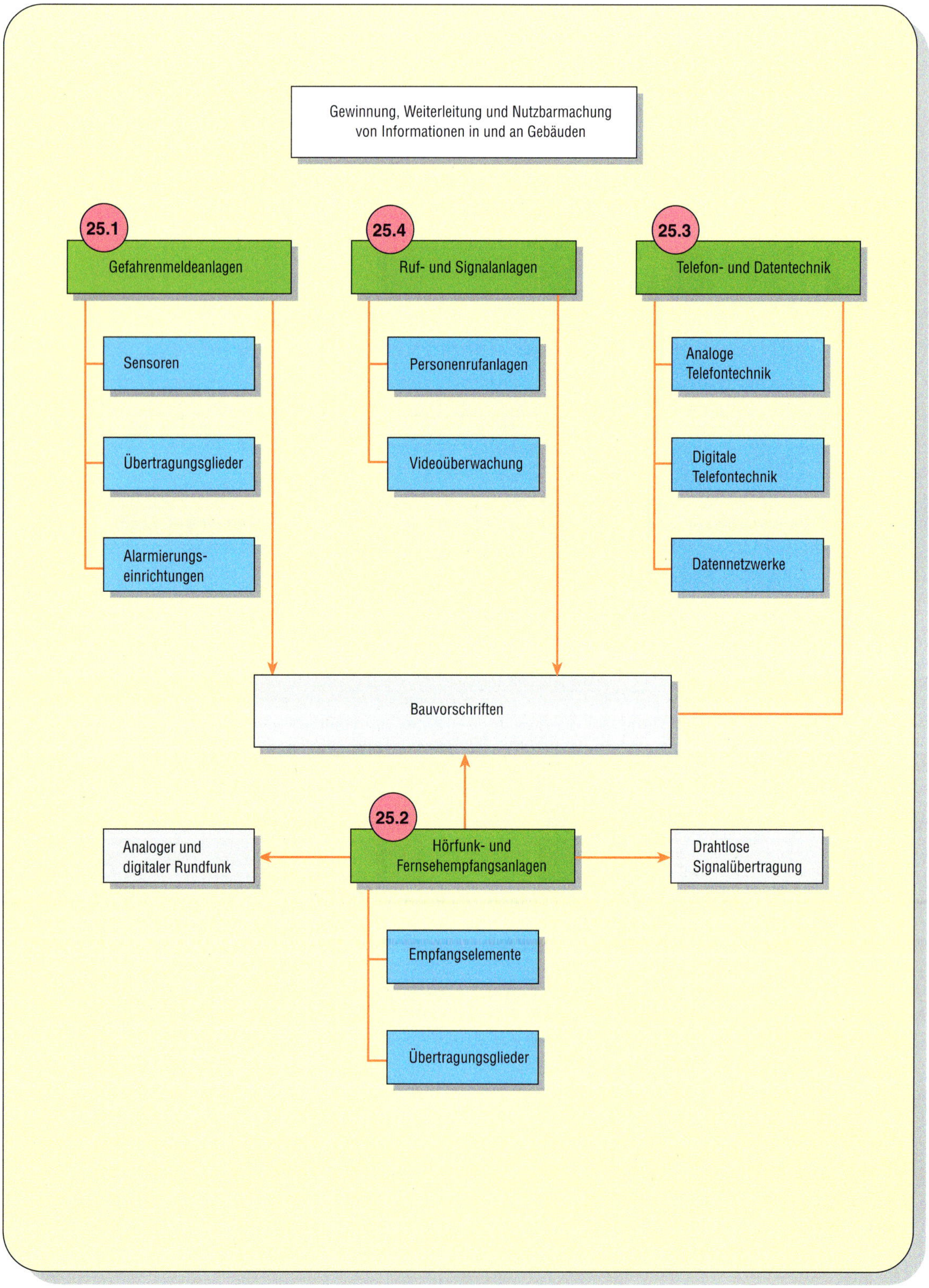

Abb. 25-1 ***Beziehungen und Strukturen***

25.1 Telefon- und Datentechnik

25.1.1 Anwendungsneutrale Kommunikationskabelanlagen

Eine stetig wachsende Zahl verfügbarer Kommunikationsmittel, wie Computer, Rundfunkempfänger, Telefon- und Faxgeräte, aber auch der Wunsch nach einer Hausautomatisierung, führten in vielen Gebäuden zu einer unübersichtlichen Leitungsstruktur. Oftmals existieren für Rundfunk-, Telefon- und Datendienste separate Kabelwege, die sich jeweils nur von den dafür vorgesehenen Geräten nutzen lassen. Solche Anlagen sind oftmals unübersichtlich und nur mit hohem Installationsaufwand erweiterbar.

Im Fachgebiet der Datentechnik werden die Begriffe **Kabel** und **Leitung** umgangssprachlich gleichbedeutend verwendet. Eine Aussage, ob das betreffende Medium auch für die Verlegung in der Erde oder unter Wasser geeignet ist, lässt sich meist nur der exakten Herstellerbezeichnung entnehmen.

Ziele von anwendungsneutralen Kommunikationskabelanlagen sind:

- **Dienstneutralität**
  Eine Anlage für alle Geräte. Die Übertragungswege **(passives Netz)** sind weitgehend unabhängig von den jeweiligen Anwendungen zu gestalten und müssen über genormte Geräteanschlusseinrichtungen möglichst alle Endgeräte und Zwischensysteme bedienen.
- **Übersichtlichkeit**
  Alle Kabel sind nach einem einheitlichen, klar strukturierten System zu verlegen.
- **Investitionsschutz**
  Während viele Kommunikationsendgeräte bereits nach 3–5 Jahren technisch überholt sind und sich leicht gegen aktuelle Modelle austauschen lassen, ist der Aufwand bei den fest im Gebäude verlegten Kabeln mitunter enorm. Daher müssen die Trassen entweder leicht zugänglich sein oder die Übertragungseinrichtungen sind so zu dimensionieren, dass sie den techischen Anforderungen auch in 10–15 Jahren noch gerecht werden.

Passive Komponenten: Hierzu gehören alle Teile einer Kommunikationsanlage, die zur Erfüllung ihrer Funktion keine Hilfsenergie benötigen. Alle Datenkabel, aber auch Stecker, Geräteanschlussdosen und Patchfelder gehören in diese Kategorie.

Aktive Komponenten: Dazu zählen beispielsweise Netzwerkswitches, DSL-Modems nebst WLAN-Router aber auch Computer oder Datenserver. Derartige Geräte benötigen zur Erfüllung ihrer Funktion Hilfsenergie.

Endgeräte: Sind alle aktiven Einrichtungen, die im Sinne des Informationsflusses die Quelle oder Senke einer Information darstellen. Während eines Gespräches bilden die verbundenen Telefone die Endpunkte der Übertragungstrecke. PC und Server sind ebenfalls Endgeräte, wenn eine HTML-Seite aus dem Internet herunter geladen wird.

Zwischensysteme: Sind aktive Komponenten, die der Anpassung und Verteilung von Informationen dienen. Sie sind für den Benutzer transparent, d. h., der Anwender „merkt nicht", dass er über diese Komponenten kommuniziert. Beispiele sind Telefonanlagen, Netzwerk-Router oder auch Satellitenempfangsanlagen.

Strukturierte Verkabelung

Der Aufbau einer anwendungsneutralen Kommunikationskabelanlage folgt dem Prinzip der **strukturierten Verkabelung** gemäß DIN EN 50173.

Diese schreibt eine klare Trennung der aktiven und passiven Komponenten vor, d. h. die Verbindung der Endgeräte und Zwischensysteme mit dem Verteilernetz darf nur über genormte, lösbare Anschlusseinheiten und niemals direkt z. B. durch Klemmen erfolgen.

Weiterhin ist ein hierarchischer, sternförmiger Aufbau der Verkabelung vorgeschrieben, welcher – je nach örtlicher Gegebenheit – 1 bis 3 Ebenen umfassen kann (Abb. 25-2).

Die erste Ebene bildet die **Primärverkabelung.** Sie stellt die Verbindungen zwischen den verschiedenen Gebäuden eines Standortes her. Sie wird wegen der zu überbrückenden Distanz und der erforderlichen galvanischen Trennung grundsätzlich über Lichtwellenleiter hergestellt. Beginnend am sog. **Standortverteiler,** der auch gleichzeitig als Verbindungsstelle zu den **Hausübergabepunkten** externer Netze dient, führt sie zu den verschiedenen **Gebäudeverteilern.**

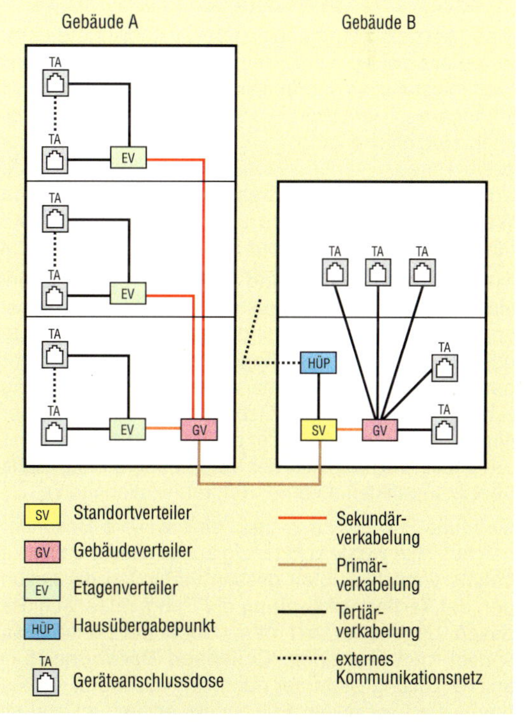

Abb. 25-2 ***Anwendungsneutrale Kommunikationskabelanlage am Beispiel von Bürogebäuden***

25

Verteiler werden mit Hilfe von Netzwerkschränken realisiert (Abb. 25-3). Sie verfügen in Wohn- und Bürogebäuden standardmäßig über einen Aufnahmerahmen für Geräte mit einer Breite von 19 Zoll bzw. 48,26 cm. In diesen lassen sich die notwendigen **Patchfelder** montieren, die ihrerseits Anschlusselemente für die fest verlegten Kabel der einzelnen Ebenen aufnehmen (Abb. 25-4).

Während an der Rückseite eines Patchfeldes alle Kabel fest auf die Anschlusselemente geklemmt sind, besitzt es an der Frontseite lösbare Steckelemente. So lassen sich nach Bedarf mit Hilfe sogenannter **Patchkabel** Verbindungen zwischen den einzelnen Ebenen der Kabelanlage oder auch zu den im Schrank montierten aktiven Netzwerkkomponenten herstellen. Auch dienen die frontseitigen Anschlüsse der Patchfelder als Prüfschnittstelle zur Wartung und für Nachweise.

Neben den Kommunikationsanschlüssen enthalten Netzwerkschränke auch alle elektrischen Bauteile wie Versorgungssteckdosen für Niederspannung und Einrichtungen zur **unterbrechungsfreien Stromversorgung** (USV). Ggf. sind auch Module zur Belüftung bzw. Klimatisierung montiert. In Abhängigkeit von der Anzahl der in einem Verteiler aufzulegenden Kabel und der Art und Menge der dort benötigten aktiven Netzwerkkomponenten, können für Netzwerkschränke unterschiedliche Bauhöhen gewählt werden. Deren Angabe erfolgt zumeist in **Höheneinheiten** (HE) und gibt an, wie viele Patchfelder, Switches etc. sich übereinander in dem Schrank montieren lassen. Eine Höheneinheit entspricht $1^3/_4$ Zoll bzw. 44,45 Millimeter.

Verteilerschränke sollten bei der Planung nicht zu klein gewählt werden, da der spätere Austausch oft die Neuverlegung zahlreicher Kabel erforderlich macht.

Eine Alternative zur gängigen 19"-Technik bieten **Multimediaverteiler.** Diese beruhen auf einem für die Elektroinstallation gebräuchlichen Verteilerschrank. Allerdings besitzen Multimediaverteiler neben der üblichen Hutschienenbefestigung und ggf. Zählerplätzen zusätzliche Montagepunkte für Geräte und Module der Kommunikationstechnik, was vor allem im Bereich der Wohnungsinstallation eine platzsparende und unauffällige Unterbringung dieser Einrichtungen ermöglicht.

Die **Sekundärverkabelung** bildet die zweite Ebene einer anwendungsneutralen Kommunikationskabelanlage und stellt die Verbindung zwischen einem Gebäudeverteiler und den **Etagenverteilern** eines mehrgeschossigen Bauwerks her. Sollte ein Standort lediglich aus einem einzigen Gebäude bestehen, so übernimmt der Gebäudeverteiler die Funktionen des Standortverteilers hinsichtlich der Verbindung zu den Hausübergabepunkten externer Kommunikationsnetze.

Gebäude B (Abb. 25-2) zeigt eine weitere Besonderheit auf. Hier wurde vollständig auf die Sekundärverkabelung verzichtet. Statt dessen verbinden die Leitungen der **Tertiärverkabelung** die Endgeräteanschlussdosen unmittelbar mit dem Gebäudeverteiler. Hier spricht man von einem **Collapsed Backbone.** Eine solche Lösung ist immer dann sinnvoll, wenn ein Gebäude nur über ein einziges Stockwerk verfügt bzw. die geringe Anzahl der tertiären Leitungen einen eigenen Verteiler für jede Etage unverhältnismäßig erscheinen lässt.

Die Sekundärverkabelung erfolgt oftmals mit Lichtwellenleitern. Allerdings besitzt diese Ausführung große Nachteile hinsichtlich der geforderten Dienstneutralität. So lassen sich die klassischen Rundfunk- und Telefondienste nur mit außerordentlich hohem Aufwand über ein derartiges Medium übertragen. Deshalb wird die Sekundärverkabelung auch teilweise oder vollständig mit Kupferkabeln ausgeführt.

Bei einer solchen Lösung muss unbedingt auf mögliche Potenzialunterschiede zwischen den Auflagepunkten der Kabelabschirmung an den jeweiligen Verteilern geachtet werden, wie sie beispielsweise im TN-C- und teilweise auch im TN-C-S-System auftreten können. Zur Vermeidung hochfrequenter Störungen ist die Abschirmung des Datenkabels in Abb. 25-5 beidseitig mit dem PEN verbunden.

Aufgrund des vorhandenen TN-C-Systems kommt es zu einem beträchtlichen Rückstrom (I_r) über den PEN-Leiter des Stromversorgungsnetzes. Der Leitungswiderstand des PEN-Leiters bewirkt nach dem ohm-

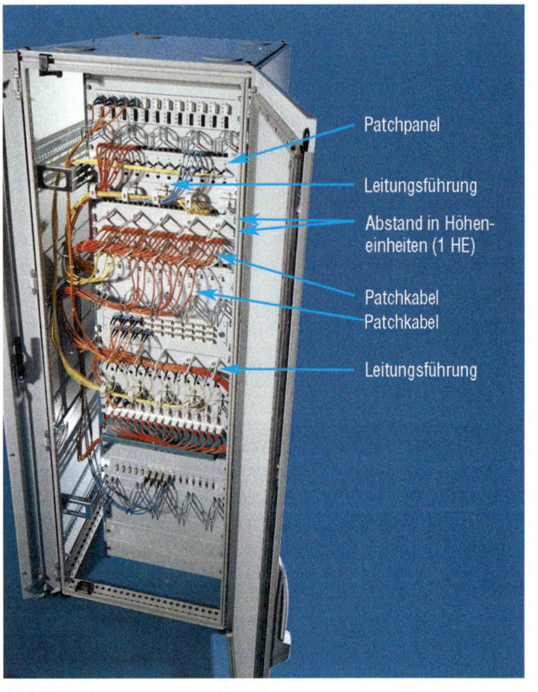

Abb. 25-3 ***Verteilerschrank***

Abb. 25-4 ***Rückseite der Patchfelder im Verteilerschrank***

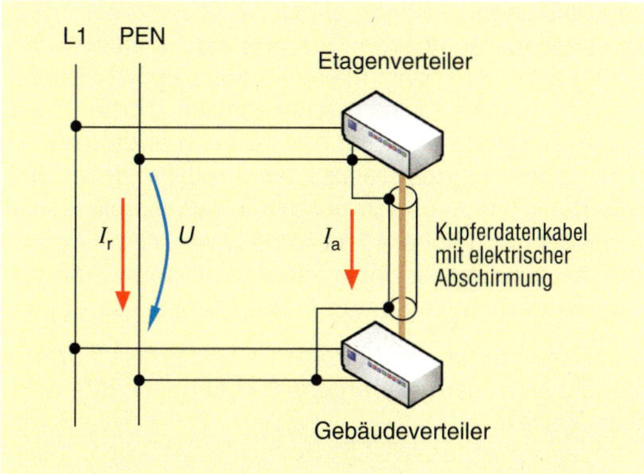

Abb. 25-5 ***Entstehung von Potenzialausgleichsströmen zwischen Verteilern***

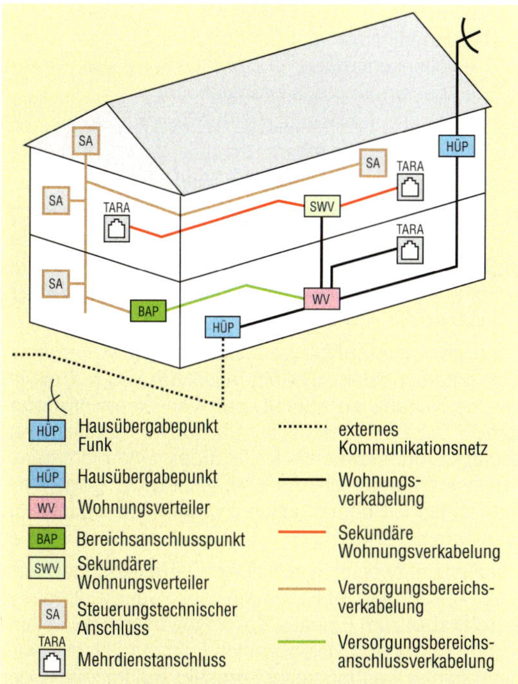

Abb. 25-6 ***Struktuierte Verkabelung am Beispiel eines Wohnhauses***

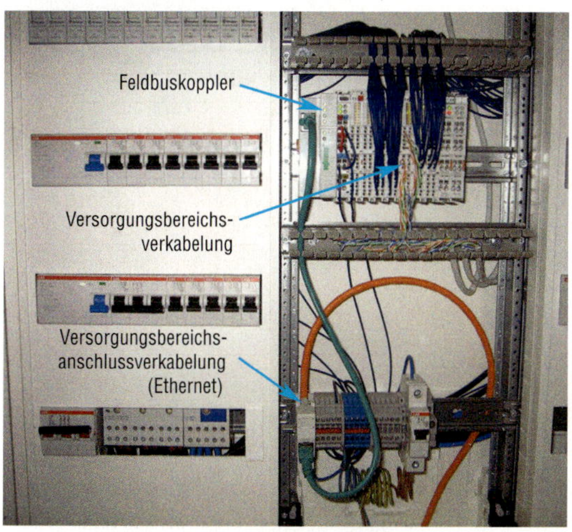

Abb. 25-7 ***Bereichsanschlusspunkt***

schen Gesetz einen Spannungsfall (U) über den PEN-Leiter. Die Spannung treibt den Ausgleichsstrom I_a über die Abschirmung des Datenkabels.

Je nach Belastung, Querschnitt und Länge des PEN, kann der im Datenkabel entstehende Ausgleichsstrom zu dessen thermischer Zerstörung führen. Derartige Schäden lassen sich nur durch galvanische Trennung oder Modernisierung der vorhandenen Elektroinstallation (Anschluss beider Verteiler an ein TN-S-Netz) vermeiden.

Die Sekundärverkabelung erfordert eine galvanische Trennung, wenn aufgrund des vorhandenen Elektroenergieversorgungsnetzes mit nennenswerten Potenzialunterschieden zwischen den Verteilern gerechnet werden muss.

Die Tertiärverkabelung bildet die letzte Ebene der Kommunikationskabelanlage. Sie beginnt am Patchfeld des jeweiligen Etagenverteilers und führt zu den Geräteanschlussdosen der einzelnen Arbeitsplätze, sofern das System nicht als Collapsed Backbone gestaltet ist. Für die Ausführung der tertiären Verkabelung werden in aller Regel **verdrillte, symmetrische Kupferleitungen (TP)** gewählt.

Eine weitere Variante dienstneutraler Kommunikationskabelanlagen ergibt sich bei deren Verwendung in Wohngebäuden, wie sie Abb. 25-6 zeigt. Eine solche Anlage besitzt ebenfalls verschiedene Verkabelungsebenen. Beim Einsatz in Ein- und kleineren Mehrfamilienhäusern genügt jedoch oft eine Ebene.

Die zentrale Anlaufstelle für alle von außen eingehenden Kommunikationsdienste ist der **Wohnungsverteiler** (WV). Von diesem abzweigend, führt die **Wohnungsverkabelung** zu den Mehrdienstanschlussdosen (TARA), die Daten-, Telefon- und Rundfunkanwendungen unterstützen sollen. Das ist in der Praxis jedoch oft nur möglich, wenn alle Dienste auf der Basis des Internetprotokolls abgewickelt werden. Deshalb ist es in vielen Fällen erforderlich, die Wohnungsverkabelung redundant mit verschiedenen Medien auszuführen (meist Koaxial- und TP-Kabel). Für größere Wohneinheiten ist es empfehlenswert, zur Verringerung des Kabelaufwandes zusätzlich **sekundäre Wohnungsverteiler** (SWV) zu verwenden. Hierbei gelten die selben Anforderungen an die Potenzialtrennung wie in der Sekundärebene von Bürogebäuden. Die Kabelebene hinter dem SWV bezeichnet man als **sekundäre Wohnungsverkabelung.**

Sowohl der Wohnungsverteiler als auch die sekundären Wohnungsverteiler lassen sich für eine Verbindung des Kommunikationsnetzes mit der **Gebäudesystemtechnik** nutzen. Vor allem in großen Häusern wird damit die Menge der zu verlegenden Kabel enorm reduziert. Die Kommunikation zwischen den verschiedenen Feldbussystemen der Haussteuerung, wie z. B. KNX, LCN und BACnet (**B**uilding **A**utomation and **Con**trol **Net**works), erfolgt dann mittels der bestehenden Wohnungsverkabelung.

Die Umsetzung erfolgt durch den Einsatz geeigneter **Feldbuskoppler** in den sogenannten **Bereichsanschlusspunkten** (Abb. 25-7). Diese nutzen auf der Ebene der **Versorgungsbereichsanschlussverkabelung** das Internetprotokoll.

In einer so strukturierten Anlage überträgt beispielsweise ein im Dachgeschoss befindlicher Raumtemperatursensor seinen Messwert zunächst zum Bereichsanschlusspunkt des Obergeschosses. Der dort befindliche Feldbuskoppler kodiert die empfangene Information in ein Datenpaket, welches dem Internetprotokoll entspricht.

Dieses gelangt anschließend über die Bereichsanschlussverkabelung zum Wohnungsverteiler und von diesem zum Bereichsanschlusspunkt des Kellergeschosses. Vom dortigen Feldbuskoppler wird es dekodiert und an den Feldbus der Heizungsanlage übergeben. Separate Signalkabel zwischen der Heizungssteuerung und den verschiedenen Raumtemperatursensoren im Gebäude können auf diese Weise entfallen. Zudem ist auch der Fernzugriff auf die Gebäudesystemtechnik, z. B. für Wartungszwecke, über einen bestehenden Internetanschluss sichergestellt.

25.1.2 Komponenten des passiven Netzes

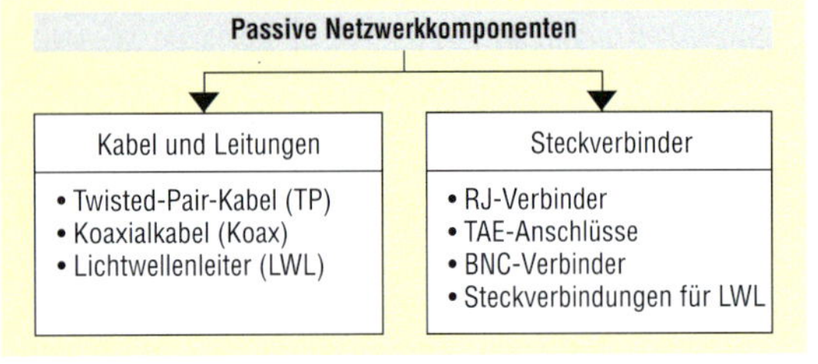

Abb. 25-8 ***Übersicht der passiven Netzwerkkomponenten***

Kabel und Leitungen

Twisted-Pair-Kabel (TP) (Abb. 25-9) werden heute innerhalb anwendungsneutraler Kommunikationskabelanlagen am häufigsten eingesetzt, da sie sich nicht nur für die digitale Datenübertragung eignen, sondern dort auch klassische Fernmeldekabel ersetzen. Sie bestehen aus acht Adern, wobei jeweils zwei Adern zum Schutz vor elektromagnetischen Störungen miteinander zu einem Paar verdrillt (engl.: „Twisted Pair" bzw. kurz „TP") sind. Man spricht deshalb auch von einem **symmetrischen Kupferkabel.** TP-Kabel können zusätzlich eine elektrische Abschirmung besitzen, was den Schutz gegen Störungen nochmals verbessert, vor allem aber die Abstrahlung von Radiowellen und ggf. die Signaleinkopplung in andere Adernpaare **(Nebensprechen)** deutlich reduziert.

Das Leistungsvermögen eines TP-Kabels (Tab. 25-1) ist ein Maß für dessen Übertragungsbandbreite pro Adernpaar, also der maximal zulässigen Übertragungsfrequenz – nicht zu verwechseln mit der maximalen Datenrate einer mit dem Kabel realisierten digitalen Übertragungsstrecke, denn durch geschickte Kodierung der zu übertragenden Informationen lassen sich wesentlich höhere Bitraten erzielen. Kabel mit höherem Leistungsvermögen decken die Anwendungsfälle der darunterliegenden Typen ebenfalls ab.

Die Abschirmung eines TP-Kabels wird inzwischen von den meisten Herstellern gemäß ISO/IEC-11801 nach dem System

XX / Y TP

angegeben, wobei **XX** die Ausführung der Gesamtschirmung und **Y** die Schirmung der einzelnen Adernpaare untereinander angibt. Die Buchstaben X oder Y können sein:

U – ungeschirmt
F – Folienschirmung
S – Abschirmung aus Drahtgeflecht

Beispielsweise besitzt ein Cat. 5 SF/UTP-Verlegekabel die folgenden Eigenschaften:

- Übertragungsbandbreite 100 MHz (Cat. 5)
- Gesamtschirmung bestehend aus Drahtgeflecht und einer zusätzlichen elektrisch leitfähigen Folie (**XX** = SF)
- keine Abschirmung der einzelnen Adernpaare untereinander (**Y** = U)

Auch der Leiteraufbau verschiedener TP-Kabel kann sich unterscheiden. Besteht jede Ader aus nur einem einzigen Draht, so spricht man von einem **Verlegekabel.** Dieses eignet sich nicht für den mobilen Anschluss von Geräten, besitzt aber einen stärkeren Kunststoffmantel, um es unempfindlicher gegen die mechanische Beanspruchung während der Installation zu machen.

Für Rangierzwecke innerhalb von Verteilern oder auch zum Anschluss ortsveränderlicher Geräte kommen **Patchkabel** zum Einsatz. Bei diesen bestehen die einzelnen Adern aus vielen kleinen Drähten (Litzen), was eine solche Leitung recht biegsam macht. Auch der Kunststoffmantel ist, von Spezialausführungen für industrielle Anwendungen abgesehen, recht dünn.

Abb. 25-9 ***Twisted-Pair-Kabel***

Klassifikation gemäß DIN EN 50173								
Klasse	A	B	C	D	E	E_A	F	F_A
	100 kHz	1 MHz	16 MHz	100 MHz	250 MHz	500 MHz	600 MHz	1000 MHz

Klassifikation gemäß **TIA** (**T**elecommunications **I**ndustry **A**ssociation)									
Cat.	1	2	3	4	5	6	6A	7	7A
	100 kHz	1,5 MHz	16 MHz	20 MHz	100 MHz	250 MHz	500 MHz	600 MHz	1000 MHz

Tab. 25-1 ***Leistungsvermögen symmetrischer Kupferkabel und deren Anschlusskomponenten***

25

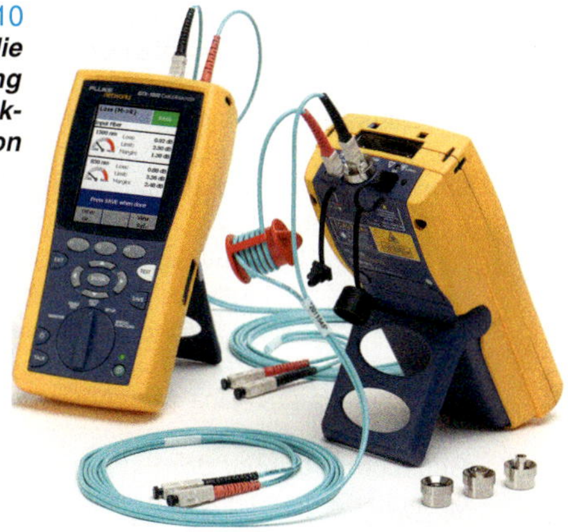

Abb. 25-10 ***Messgerät für die Qualitätsprüfung einer Netzwerkinstallation***

Allein die Verwendung einer bestimmten Kategorie bzw. Klasse von TP-Kabeln ist noch keine Garantie dafür, dass die Kabelanlage nach deren Installation tatsächlich die gestellten Anforderungen erfüllt. Grundsätzlich müssen alle Komponenten, also auch die verwendeten Anschlusseinheiten, Stecker etc. mindestens der geforderten Kategorie entsprechen.

Die Einzelkomponente mit dem geringsten Leistungsvermögen begrenzt des Gesamtleistungsvermögen der Kabelanlage.

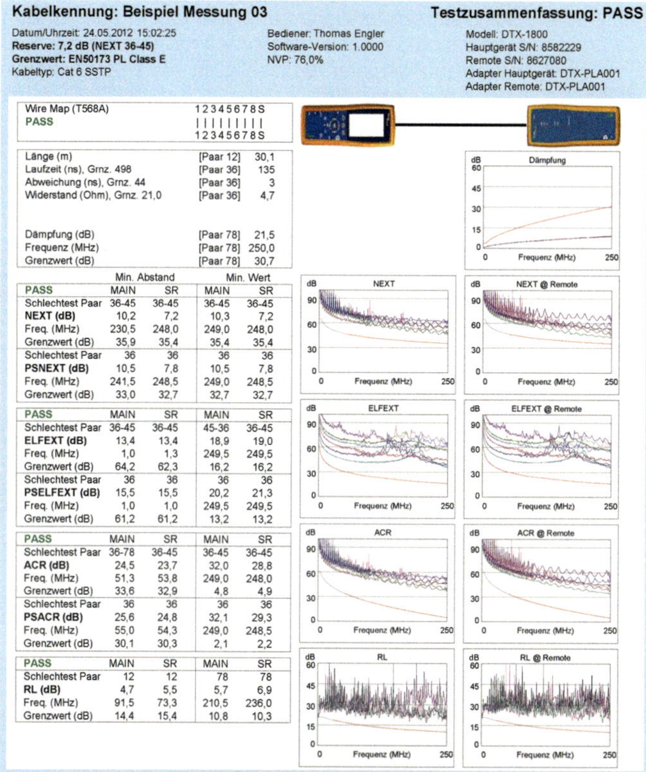

Kabelkennung: Beispiel Messung 03 **Testzusammenfassung: PASS**

Datum/Uhrzeit: 24.05.2012 15:02:25
Reserve: 7,2 dB (NEXT 36-45)
Grenzwert: EN50173 PL Class E
Kabeltyp: Cat 6 SSTP

Bediener: Thomas Engler
Software-Version: 1.0000
NVP: 76,0%

Modell: DTX-1800
Hauptgerät S/N: 8582229
Remote S/N: 8627080
Adapter Hauptgerät: DTX-PLA001
Adapter Remote: DTX-PLA001

Wire Map (T568A)	1 2 3 4 5 6 7 8 S
PASS										
	1 2 3 4 5 6 7 8 S

Länge (m)	[Paar 12]	30,1
Laufzeit (ns), Grnz. 498	[Paar 36]	135
Abweichung (ns), Grnz. 44	[Paar 36]	3
Widerstand (Ohm), Grnz. 21,0	[Paar 36]	4,7
Dämpfung (dB)	[Paar 78]	21,5
Frequenz (MHz)	[Paar 78]	250,0
Grenzwert (dB)	[Paar 78]	30,7

	Min. Abstand		Min. Wert	
PASS	MAIN	SR	MAIN	SR
Schlechtest Paar	36-45	36-45	36-45	36-45
NEXT (dB)	10,2	7,2	10,3	7,2
Freq. (MHz)	230,5	248,0	249,0	248,0
Grenzwert (dB)	35,9	35,4	35,4	35,4
Schlechtest Paar	36	36	36	36
PSNEXT (dB)	10,5	7,8	10,5	7,8
Freq. (MHz)	241,5	248,5	249,0	248,5
Grenzwert (dB)	33,0	32,7	32,7	32,7

PASS	MAIN	SR	MAIN	SR
Schlechtest Paar	36-45	36-45	45-36	36-45
ELFEXT (dB)	13,4	13,4	18,9	19,0
Freq. (MHz)	1,0	1,3	249,5	249,5
Grenzwert (dB)	64,2	62,3	16,2	16,2
Schlechtest Paar	36	36	36	36
PSELFEXT (dB)	15,5	15,5	20,2	21,3
Freq. (MHz)	1,0	1,0	249,5	249,5
Grenzwert (dB)	61,2	61,2	13,2	13,2

PASS	MAIN	SR	MAIN	SR
Schlechtest Paar	36-78	36-45	36-45	36-45
ACR (dB)	24,5	23,7	32,0	28,8
Freq. (MHz)	51,3	53,8	249,0	248,0
Grenzwert (dB)	33,6	32,9	4,8	4,9
Schlechtest Paar	36	36	36	36
PSACR (dB)	25,6	24,8	32,1	29,3
Freq. (MHz)	55,0	54,3	249,0	248,5
Grenzwert (dB)	30,1	30,3	2,1	2,2

PASS	MAIN	SR	MAIN	SR
Schlechtest Paar	12	12	78	78
RL (dB)	4,7	5,5	5,7	6,9
Freq. (MHz)	91,5	73,3	210,5	236,0
Grenzwert (dB)	14,4	15,4	10,8	10,3

Abb. 25-11 ***Prüfprotokoll einer Übertragungsstrecke***

Aber auch Installationsfehler, wie das Knicken eines Kabels oder die Nichteinhaltung der vom Hersteller vorgeschriebenen Biegeradien, können das tatsächliche Leistungsvermögen der Anlage beeinträchtigen. Nach Abschluss der Installationsarbeiten ist deshalb ein messtechnischer Nachweis zu erbringen. Neben dem korrekten Anschluss der einzelnen Adernpaare (Sichtprüfung, Durchgangsprüfung) hat zusätzlich eine Signalprüfung zu erfolgen. Dabei wird ein hochfrequentes Prüfsignal in das Kabel eingespeist und dessen Qualität an beiden Kabelenden erfasst (Abb. 25-10). Moderne Prüfgeräte erzeugen aus den gemessenen Daten das erforderliche Protokoll (Abb. 25-11).

Koaxialkabel (vgl. Kapitel 25.2).

Ihre Bedeutung ist im Bereich der reinen Computernetze heute nur noch sehr gering. In der Mess- und Rundfunktechnik werden sie jedoch weiterhin eingesetzt. Aufgrund der hohen Bandbreite (z. B. 2,5 GHz) lassen sich auf dem selben Kabel neben den Rundfunkprogrammen gleichzeitig Daten- und Sprachsignale übertragen **(Triple Play),** was eine recht preisgünstige Versorgung von Haushal-

Tab. 25-2 ***Wichtige Prüfparameter für Hochfrequenzleitungen***

Prüfkriterium	Erklärung
NEXT (**N**ear **E**nd **C**ross **T**alk)	**Nahnebensprechdämpfung** Aussage hinsichtlich des Übersprechens zwischen den Paaren am Einspeisepunkt.
ACR (**A**ttenuation to **C**ross Talk **R**atio)	**Leitungsqualität** Diese wird aus dem Verhältnis der über die gesamte Leitungslänge zwischen Sender und Empfänger auftretenden Signaldämpfung und dem vorhandenen Nahnebensprechen ermittelt. Je schwächer das empfangene Signal ausfällt und je stärker dieses durch das Nahnebensprechen der benachbarten Adernpaare gestört wird, um so größer ist die Wahrscheinlichkeit für Fehlinterpretationen auf der Empfängerseite.
RL (**R**eturn **L**oss)	**Rückflussdämpfung** Diese gibt an, wie stark das an einem Leitungsende eingespeiste Signal vom anderen Ende zurückgeworfen wird. Signalreflektionen entstehen bei unzureichendem Leitungsabschluss (Wellenwiderstand) und führen zu Signalinterferenzen.

ten ermöglicht. Allerdings beruht die klassische Rundfunktechnik auf einer **unidirektionalen Kommunikation** (nur in eine Richtung). Voraussetzung für die Übertragung von Telefon- und Datendiensten ist jedoch die **Rückkanalfähigkeit** aller Komponenten einer koaxialen Kabelanlage **(bidirektionale Kommunikation).**

Lichtwellenleiter (LWL)

Hier dienen nicht elektrische Impulse sondern Licht als Träger der Information.

Damit man Lichtwellenleiter auch „um die Ecke herum", d. h. in Bögen verlegen kann (Abb. 25-12), müssen dessen Ränder im Inneren wie ein Spiegel funktionieren. Trifft ein Lichtstrahl auf den Rand, wird er dort reflektiert. Auf diese Weise erreicht der Lichtstrahl schließlich das andere Kabelende. Ein dort angebrachter Sensor wandelt den Lichtstrahl wieder in einen elektrischen Impuls um.

Die für LWL häufig verwendete Bezeichnung **Glasfaserkabel** ist gelegentlich irreführend. Früher bestand deren Innenleben zwar aus einem sehr dünnen Quarzglasfaden, heute werden LWL jedoch zunehmend ganz oder teilweise aus Plastikmaterial gefertigt (**POF** – **Po**lymere **O**ptische **F**aser).

Ein großer Nachteil beim Einsatz der LWL-Technologie ist, dass als Lichtquelle ein Laserstrahl benötigt wird, dessen Erzeugung sehr aufwändig ist. Das macht diese Netzwerkanschlüsse recht teuer, weshalb optische Schnittstellen an Telekommunikationsendgeräten nur sehr selten anzutreffen sind.

Vorteilhaft sind jedoch die hohe Übertragungsbandbreite, weitgehende Unempfindlichkeit gegenüber elektromagnetischen Störungen, eine galvanische Trennung zwischen Sender und Empfänger sowie die nur geringe Signalabschwächung. Aus den genannten Gründen kommen LWL vorwiegend auf längeren Übertragungsstrecken (bis mehrere 100 km) oder zur Vermeidung von Potenzialausgleichsströmen im Bereich der primären und sekundäre Gebäudeverkabelung zum Einsatz.

Man unterscheidet zwischen **Monomode-** und **Multimodefasern.** Letztere sind dicker[1]) und leiten mehrere Lichtstrahlen (Moden) gleichzeitig hindurch. Allerdings werden die einzelnen Strahlen unterschiedlich oft reflektiert, weshalb sich Laufzeitunterschiede ergeben (vgl. Abb. 25-13). Der an einem Kabelende eingekoppelte Lichtimpuls präsentiert sich deshalb am anderen Anschluss als langsame Zu- bzw. Abnahme der Helligkeit. Diesen Effekt bezeichnet man als **Modendispersion.** Sie fällt um so stärker aus, je länger der betreffende LWL ist.

Somit bleibt die maximale Übertragungsstrecke von Multimode-LWL begrenzt. Ihr Vorteil besteht jedoch in einer im Vergleich zu Monomodefasern wesentlich einfacher ausführbaren (und damit preiswerteren) Optik, welche man zur Ein- und Auskopplung des Laserstrahls benötigt. Für die relativ kurzen Entfernungen in Gebäuden ist daher der Einsatz von Multimodefasern durchaus empfehlenswert. Schlussendlich ist zu beachten, dass die Informationsübertragung in einem LWL nur unidirektional erfolgen kann. Aus diesem Grund sind die Kabel gewöhnlich mit mindestens zwei Fasern ausgerüstet, sodass auch ein Rückkanal zur Verfügung steht.

Steckverbinder

TP-Kabel werden an Verbindern des Typs **RJ-45** (**R**egistered **J**ack = genormte Buchse) angeschlossen (Abb. 25-14). Diese haben ihren Ursprung in der Telefontechnik und eignen sich gleichermaßen für analoge und digitale Signale. Neben dem 8-poligen Typ RJ-45 existieren auch noch 4- und 6-polige Varianten (RJ-10 bzw. RJ-11/12), welche zumeist an Festnetztelefonen zu finden sind, z. B. für den Anschluss des Hörers an der Basisstation.

Die Verbindung zwischen einem flexiblen Kabel und dem Stecker wird mit Hilfe einer Crimpverbindung hergestellt. Zu diesem Zweck entmantelt man die Leitung auf der vorgeschriebenen Länge und schiebt die Adern entsprechend der gewünschten Anschlusscodierung (vgl. Tab. 25-3) in den Stecker. Mit Hilfe einer für den Steckertyp geeigneten Crimpzange (Abb. 25-15) erfolgt anschließend in einem Arbeitsgang die Fixierung und Kontaktierung der Adern.

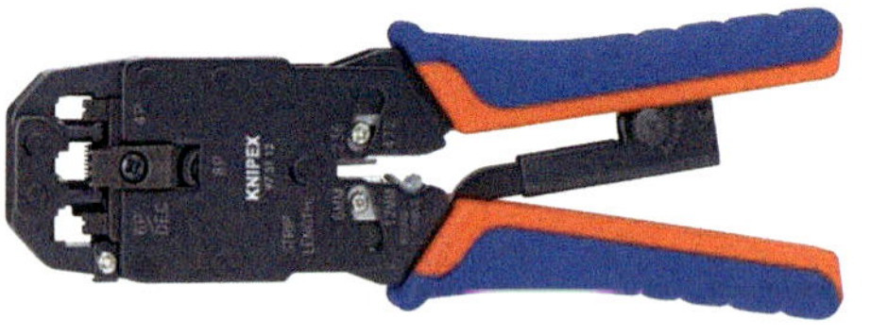

Abb. 25-15
Crimpzange mit Profilen für verschiedene RJ-Stecker

[1]) Der übliche Kerndurchmesser beträgt bei Multimodefasern 50 bzw. 62,5 µm, bei Monomode-LWL je nach Typ zwischen 3,5 und 10 µm.

Abb. 25-12
Kabel mit Lichtwellenleitern

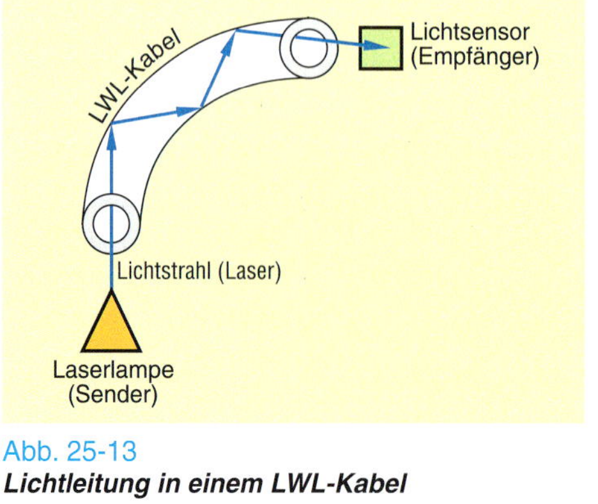

Abb. 25-13
Lichtleitung in einem LWL-Kabel

Abb. 25-14
RJ-45-Stecker mit Schutzhülle

25

Tab. 25-3 ***Farbcodierung und häufige Signalbelegung von Steckern und Buchsen des Typs RJ-45***

* Hinweis: Kabel mit einer Farbcodierung nach VDE, welche maximal 2 Adernpaare besitzen, verwenden für Ader 2 des ersten Paares die Farbe Schwarz, andernfalls Blau.

	Paar	1		2		3		4	
	Ader	1	2	1	2	1	2	1	2
Norm Farbcode	IEC/ TIA	weiß/blau	blau	weiß/orange	orange	weiß/grün	grün	weiß/braun	braun
	VDE	rot	blau	schwarz/blau *	gelb	weiß	grün	weiß	braun
	DIN 47100	weiß	braun	grün	gelb	grau	rosa	blau	rot
	UAE/ IAE	Pin Nr.	Pin Nr.	Pin Nr.	Pin Nr.	Pin Nr.	Pin Nr.	Pin Nr.	Pin Nr.
Norm Pinbelegung	TIA 568-A	5	4	3	6	1	2	7	8
	TIA 568-B	5	4	1	2	3	6	7	8
	VDE	4	5	3	6				
Signalbelegung									
	UAE / IAE Anschluss-Nr.	1	2	3	4	5	6	7	8
Datennetze	10 BaseT, 100 BaseTX	Tx+	Tx–	Rx+			Rx–		
	100 BaseT4, 1000 BaseT	D1+	D1–	D2+	D2–	D3+	D3–	D4+	D4–
ISDN	S0			2a	1a	1b	2b		
	UK0				a	b			
analoge Telefonie	Neu			W	a	b	E		
	Alt			b	E	W	a		

Das Gegenstück zu den RJ-45-Steckern, welche übrigens niemals an einem Verlegekabel montiert werden dürfen, bilden entweder die Patchfelder der Verteilerschränke (Abb. 25-16) oder RJ-45-Anschlussdosen. Letztere existieren gleich in mehreren Varianten. Für den Anschluss von Telekommunikationsendgeräten, wie ISDN-Telefone oder auch einzelne Faxgeräte, genügen sog. **IAE-Dosen** (**I**SDN **A**nschluss **E**inheit) (Abb. 25-17). Diese besitzen Schraubanschlüsse und verzichten auf eine elektrische Abschirmung, womit sie sich nur für Signale geringer Frequenz eignen (üblich TIA Kategorie 3 bzw. Klasse C).

IAE-Dosen sind als Einfach- und Doppelsteckdosen erhältlich. Die Kontaktierung einer Doppelsteckdose wird vom Hersteller je nach Typ entweder in Einzel- oder in Parallelschaltung vorgenommen. Im Falle einer Einzelschaltung besitzt jeder RJ-45-Anschluss einen eigenen Klemmensatz. Bei Parallelschaltung sind die nummerngleichen Kontakte beider Buchsen intern zusammenverdrahtet.

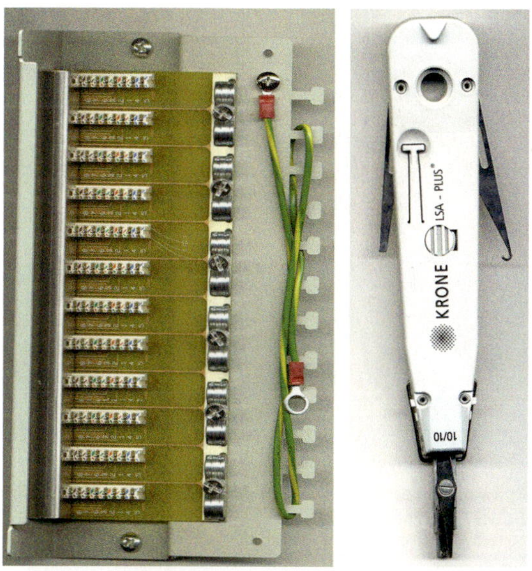

Abb. 25-16 ***Patchfeld für Schneidklemmtechnik (LSA) (Löt-, Schraub- und Abisolierfrei) und zugehöriges Werkzeug. Das Abisolieren und exaktes Einkürzen der einzelnen Adern vor der Montage entfällt.***

Abb. 25-17 ***RJ-45-Anschlussdose vom Typ IAE 2 x 8 (8)***

25

Die Ausführungskennzeichnung der IAE-Dosen entspricht zumeist folgendem System:

IAE **XX** 8 (**P**) **W**

Symbol	mögliche Kennzeichnung	Erklärung
XX Anzahl der RJ-45-Steckplätze	1x	Einfachsteckdose
	2x	Doppelsteckdose in Parallelschaltung
	8/	Doppelsteckdose in Einzelschaltung
P Kontaktanzahl	4	4 Kontaktfedern (Teilbelegung)
	8	8 Kontaktfedern (Vollbelegung)
W vorhandener ISDN-Abschlusswiderstand		kein Widerstand
	R	fester Widerstand
	S	zuschaltbarer Widerstand

Tab. 25-4 ***Kennzeichnung von IAE-Anschlussdosen***

Bei der in Abb. 25-17 dargestellten Dose handelt es sich somit um eine Doppeldose in Parallelschaltung, wobei alle Kontakte belegt sind. Ein Abschlusswiderstand ist nicht vorhanden.

Für die Zuordnung der Kontaktnummer zur jeweiligen Adernfarbe eines Kabels existieren verschiedene Standards. Bei reinen Telekommunikationsanwendungen, welche über Fernsprechkabel gemäß DIN VDE 0815 (z. B. J-Y(ST)Y 2 x 2 x 0,6) versorgt werden, erfolgt diese gemäß VDE. In Bestandsinstallationen ist auch noch die Codierung entsprechend der veralteten DIN 47100 anzutreffen.

Anwendungsneutrale Kommunikationskabelanlagen, welche gleichsam Daten- und Fernsprechanwendungen unterstützen, nutzen hingegen einen Farbcode gemäß TIA. Die Unterschiede zwischen TIA 568A und TIA 568B sind historisch bedingt. In Europa kommt zumeist TIA 568B zum Tragen.

Bei der Errichtung solcher Anlagen werden jedoch keine IAE-Anschlüsse installiert, da deren Leistungsvermögen (Cat. 3) zu gering ist. Statt dieser nutzt man geschirmte **UAE**-Dosen (**U**niversal-**A**nschluss-**E**inheit), welche minimal der Kategorie 5 zu entsprechen haben (Abb. 25-18). Doppelsteckdosen erfordern die Einzelschaltung. Es müssen immer alle 8 Kontakte einer RJ-45-Buchse belegt sein. Der Anschluss der Adern erfolgt mit Hilfe des in Abb. 25-16 dargestellten **LSA-Auflegewerkzeuges.**

In anwendungsneutralen Kommunikationskabelanlagen sind UAE-Doppeldosen mit zwei Kabeln gemäß TIA 568-A oder -B anzuschließen. Das Aufteilen der Adernpaare nur eines Kabels auf beide RJ-45-Buchsen ist unzulässig, da für Computeranwendungen alle Adernpaare benötigt werden.

An Lichtwellenleitern haben sich eine Reihe unterschiedlicher Steckverbinder etabliert (Abb. 25-19). Während in älteren Bestandsinstallationen vor allem der Typ **„ST"** mit Bajonettverschluss anzutreffen ist, wurde dieser später vermehrt durch den Typ **„SC"** abgelöst. Inzwischen kommen jedoch aufgrund der kleineren Bauform hauptsächlich Stecker vom Typ **„MTRJ"** und **„LC"** zum Einsatz, die ähnliche Maße wie die für TP-Kabel verwendeten RJ-45-Verbinder aufweisen.

Zum Anschluss von Koaxialkabeln werden **BNC**-Verbinder (**B**ayonet **N**eill **C**oncelman, nach den Konstrukteuren Paul Neill und Carl Concelman benannt) benutzt. Sie können als Einzelstecker, Einbaubuchsen, Abschlussstecker sowie als T-Verbinder („T-Stück") ausgeführt sein.

25.1.3 Analoge Telefontechnik

Auch wenn heute die Informationsübertragung auf den Fernverbindungen digital erfolgt, spielt die analoge Telefontechnik für die Teilnehmeranschlüsse des Festnetzes noch eine große Rolle. Vor allem durch die zusätzliche Übertragung von **DSL**-Signalen (**D**igital **S**ubscriber **L**ine = digitaler Teilnehmeranschluss) und die Intergration einiger Dienstmerkmale des digitalen Telefonnetzes erfuhr diese Technik noch einmal eine grundlegende Aufwertung.

Charakteristisch für die analoge Telefontechnik ist, dass ein Gespräch uncodiert als zeitkontinuierliches, bidirektionales Signal übertragen wird.

Analoge Telefone kommen grundsätzlich mit einer verdrillten Zweidrahtleitung aus. Das Gesprächssignal lässt sich mittels einfacher analog arbeitender Ein- und Ausgabeeinheiten (z. B. Sprech- und Hörmuscheln) erzeugen bzw. zurückwandeln. Moderne analoge Telefonapparate besitzen jedoch weitere Baugruppen, um die zusätzlich auf einer anderen Frequenz übertragenen digitalen Dienstmerkmale zugänglich zu machen.

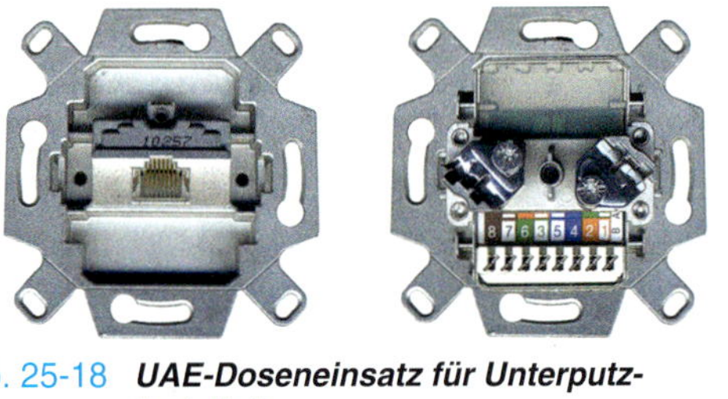

Abb. 25-18 ***UAE-Doseneinsatz für Unterputzinstallation***

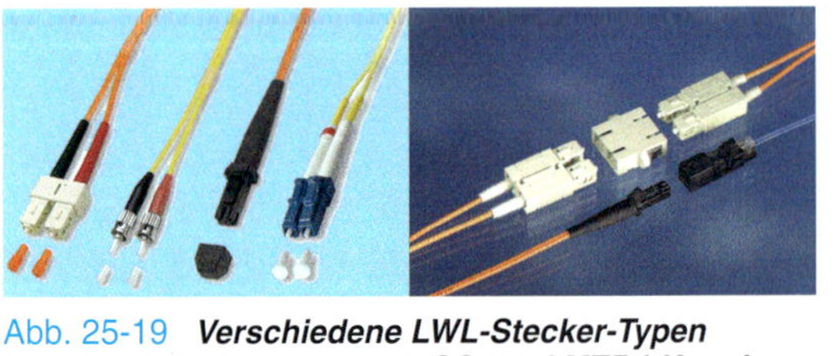

Abb. 25-19 ***Verschiedene LWL-Stecker-Typen***
links nach rechts: SC, ST, MTRJ und LC | ***SC- und MTRJ-Kupplung***

Abb. 25-20 ***BNC-Verbinder (Stecker, Einbaubuchse, Endwiderstand und T-Stück)***

Da heute praktisch alle Vermittlungsstellen digital arbeiten, muss das über eine analoge **Teilnehmeranschlussleitung** eingehende Sprachsignal zunächst in ein digitales Signal codiert werden **(Analog-Digital-Wandlung).** Erst danach ist eine Weiterleitung über das Fernverbindungssystem oder an digitale Teilnehmeranschlüsse möglich. Umgekehrt werden in der Vermittlungsstelle ankommende digitalen Sprachsignale in analoge Signale umgeformt **(Digital-Analog-Wandlung),** falls diese an einen analogen Teilnehmeranschluss gerichtet sind.

Eine von der Vermittlungsstelle im Gebäude des Kunden eingehende Teilnehmeranschlussleitung wird zunächst am **APL** (**A**bschluss**p**unkt-**L**inie) aufgeklemmt. Er bildet die Grenze zwischen dem Netz des Telefonanbieters und der Hausinstallation. Vom APL führt eine meist zweipaarige Telefonleitung zur **1. TAE**-Dose (**T**elekommunikations-**A**nschluss-**E**inheit) (Abb. 25-22), wobei lediglich das erste Adernpaar (Signale La und Lb, Farbcodierung rot/schwarz oder rot/blau) Verwendung findet.

Im Gegensatz zu einer normalen TAE-Dose besitzt die 1. TAE, welche man an der im Gehäuseoberteil eingeprägten „1" erkennt, eine zusätzliche Testschaltung (**PPA** – **P**assiver **P**rüf**a**bschluss). Diese besteht aus der Reihenschaltung einer Diode und eines Widerstandes von 470 KΩ zwischen den Klemmen 1 und 2 in Durchlassrichtung. Mit Hilfe der Testschaltung ist es dem Netzbetreiber möglich, die korrekte Funktion der Teilnehmeranschlussleitung zu prüfen. Das kann entweder von der Vermittlungsstelle, von einem Linienverzweiger bzw. bei Bauarbeiten am Netz auch von einer Spleißstelle aus erfolgen.

Die 1. TAE darf auf keinen Fall gegen eine gewöhnliche TAE-Dose ausgetauscht werden, weil sonst für den Netzbetreiber keine Möglichkeit zur einfachen Prüfung der Teilnehmeranschlussleitung mehr besteht und der vorgeschriebene Netzabschluss fehlt.

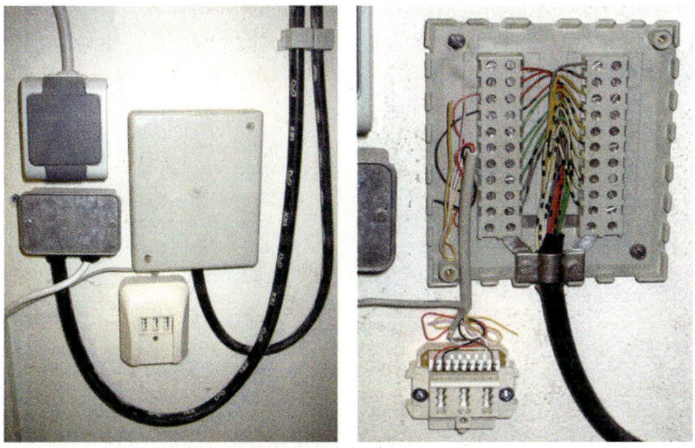

Abb. 25-21 ***APL, HÜP (Kabelfernsehen) und 1. TAE-Dose***

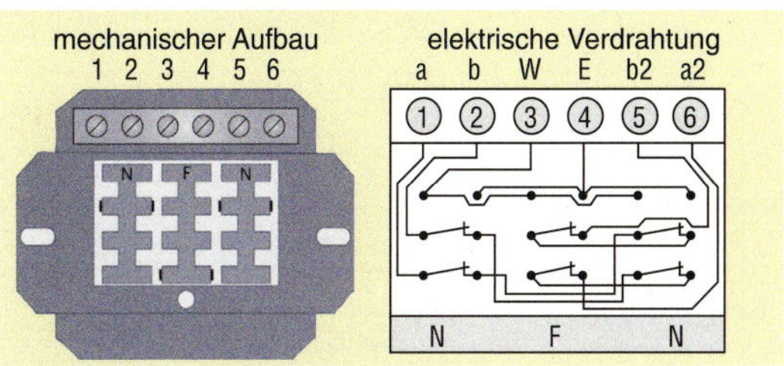

Abb. 25-22 ***Aufbau einer TAE-Dose in NFN-Codierung***

Da analoge Telefonsignale grundsätzlich nicht abhörsicher sind, müssen beim Geräteanschluss zur **Wahrung des Post- und Fernmeldegeheimnisses** besondere Vorkehrungen gegen das ungewollte Mithören getroffen werden. Eine Parallelschaltung mehrerer Fernsprechgeräte **(F)** (also Telefone am selben Adernpaar) ist deshalb verboten. Erlaubt ist hingegen das Parallelschalten von Nichtfernsprechgeräten **(N),** wie beispielsweise ein Modem oder ein Faxgerät, sofern deren Anbindung fachgerecht über die entsprechende TAE-Dose erfolgt.

Die Anschlüsse für F- bzw. N-Geräte einer TAE-Dose sind mechanisch so gestaltet, dass der Stecker eines Nichtfernsprechgerätes unmöglich in den Steckplatz eines Fernsprechgerätes eingesteckt werden kann und umgekehrt **(F- bzw. N-Codierung).** Sollte also ein Steckerwechsel an einem Gerät notwendig sein, so ist unbedingt auf den richtigen Typ zu achten.

Typ	Erklärung
F	eine Buchse in F-Codierung
FF	zwei Buchsen in F-Codierung mit unabhängiger Beschaltung (je eine 6-polige Klemmenreihe für jede Buchse)
N	eine Buchse mit N-Codierung
NF	je eine N- und F-Buchse, welche gemeinsam beschaltet sind (nur eine Klemmenreihe)
NFN	zwei N- und eine F-Buchse, welche gemeinsam beschaltet sind (nur eine Klemmenreihe)
NF/F	eine N- und F-Buchse in gemeinsamer Beschaltung sowie eine zusätzliche F-Buchse mit eigenen Klemmen
IAE/TAE	Kombidose mit je einer RJ-45 und einer TAE-Buchse mit jeweils eigenen Klemmen (Einsatz z. B. für Telefon und DSL-Modem)

Tab. 25-5 ***Übliche Ausführung von TAE-Anschlussdosen***

Die Einspeisung des analogen Fernmeldesignals erfolgt immer an den Klemmen 1 und 2 der TAE-Dose (vgl. Abb. 25-21 sowie Abb. 25-22). Intern sind diese Anschlüsse nun zunächst über die Öffnerkontakte der ggf. vorhandenen N-Buchsen und erst danach über die Öffner der F-Buchse zu den Klemmen 5 bzw. 6 weiter verbunden. Die Klemmen 5 und 6 dienen als Anschlüsse für eine evtl. folgende TAE-Dose und tragen die Signalbezeichnung a2 bzw. b2.

Die Schaltung funktioniert wie folgt: Sobald ein Gerät an einem der Steckplätze angeschlossen wird, unterbrechen die Öffnerkontakte die Signalweiterleitung an das folgende Gerät. N-Geräte weisen jedoch eine Besonderheit auf. Sofern sie nicht aktiv sind, also beispielsweise kein Fax versandt wird, überbrücken sie die an der TAE-Dose geöffneten Kontakte intern. F-Geräte besitzen diese Eigenschaft nicht.

Sind also an der in Abb. 25-22 dargestellten TAE-Dose jeweils ein Faxgerät und ein Telefon angeschlossen, so gelangt das Anrufsignal über das inaktive Faxgerät zunächst zum Telefon, welches daraufhin läutet. Nimmt in einer voreingestellten Zeit niemand das Telefon ab, so schaltet sich das Faxgerät zu und unterbricht damit intern die Leitung zum Telefon. Wird ein F-Gerät in eine TAE-Dose eingesteckt, funktioniert übrigens die Weiterleitung zu einer folgenden TAE-Dose nicht mehr!

Die Anschlüsse **W** (**Wecker,** Klemme 3) und **E** (**Erde,** Klemme 4) dienten früher für den Anschluss einer zusätzlichen akustischen Signaleinrichtung bzw. zur Anrufweiterleitung an Nebenstellenanlagen und sind heute nicht mehr in Gebrauch.

Ist es dennoch erforderlich, an einem analogen Telefonanschluss mehr als ein Fernsprechgerät zu betreiben, so ist eine Geräteweiche – auch als **AWADo** (**A**utomatische **W**echselschalter-**A**nschluss-**Do**se) bezeichnet – zu installieren. Sie ist als Ausführung für 2 bis 4 Telefone erhältlich (Abb. 25-23). Alle angeschlossenen Geräte arbeiten unter der selben Rufnummer. Bei normaler Betriebsart läuten bei einem eingehenden Anruf zunächst alle daran angeschlossenen Telefone. Sobald ein Telefon das Gespräch annimmt, werden die anderen Geräte automatisch vom Telefonsignal getrennt; die Abhörsicherheit ist damit gewährleistet. Ebenso kann mit jedem an die AWADo angeschlossenen Telefon ein Gespräch begonnen werden. Allerdings sind alle anderen Geräte abgeschaltet, sobald ein Telefon in den Besitz der aktiven Leitung gelangt.

Eine besondere Geräteanordnung ergibt sich, sobald ein analoger Telefonanschluss gleichzeitig als DSL-Breitbandverbindung genutzt wird (Abb. 25-24).

Zu diesem Zweck wird an die Abgangsklemmen der 1. TAE ein Splitter angeschlossen, der die Funktion einer Frequenzweiche hat (Hoch- bzw. Tiefpass). Das niederfrequente analoge Telefonsignal wird an die TAE-Klemmen geleitet, deren Funktion und Beschaltung einer normalen TAE-Dose entspricht. Anstatt wie in Abb. 25-24 dargestellt eine weitere TAE-Dose zu benutzen, ließen sich Faxgerät und Telefon auch direkt an den TAE-Steckplätzen des Splitters anschließen. Die Funktion der DSL-Leitung wird dadurch nicht beeinträchtigt.

Das höherfrequente DSL-Signal gelangt demnach unabhängig von den TAE-Anschlüssen zu den beiden DSL-Ausgangsklemmen a und b. Es ist zweckmäßig, diese mit einer UAE-Dose zu verbinden, in welche man das erforderliche DSL-Modem oder z. B. einen WLAN-Router mit integriertem DSL-Modem einstecken kann.

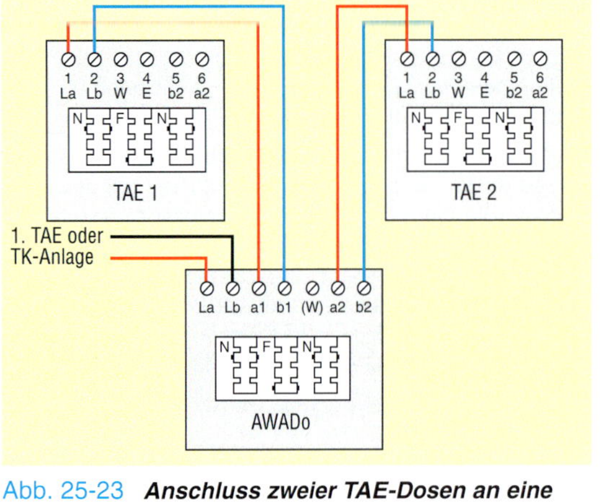

Abb. 25-23 ***Anschluss zweier TAE-Dosen an eine AWADo***

Analoge Telekommunikationsendgeräte funktionieren auch ohne den Splitter bereits an der 1. TAE-Dose. Allerdings ist ihre dortige Platzierung kaum zweckmäßig, denn durch die Funktionsweise einer TAE-Dose entsteht eine Signalunterbrechung – der Breitbandanschluss ist in diesem Fall ohne Funktion.

25.1.4 Digitale Telefontechnik

Wesentliches Ziel der in den 1970er-Jahren eingeführten digitalen Telefontechnik, war die Erhöhung der nutzbaren Leitungskapazitäten auf den bereits vorhandenen Übertragungsstecken sowie eine Verbesserung

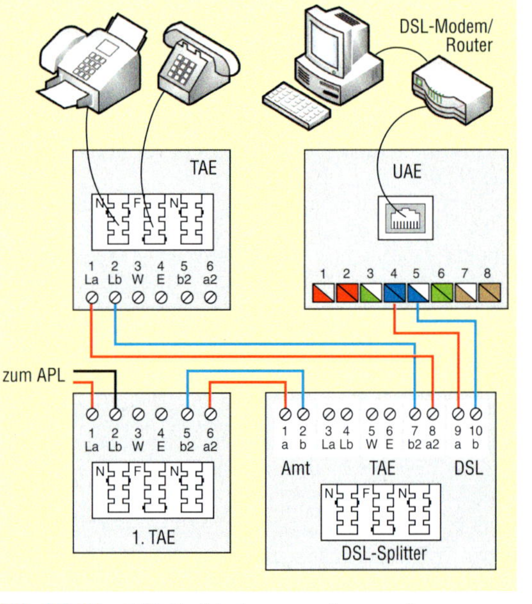

Abb. 25-24 ***DSL-Verbindung an einer analogen Teilnehmeranschlussleitung***

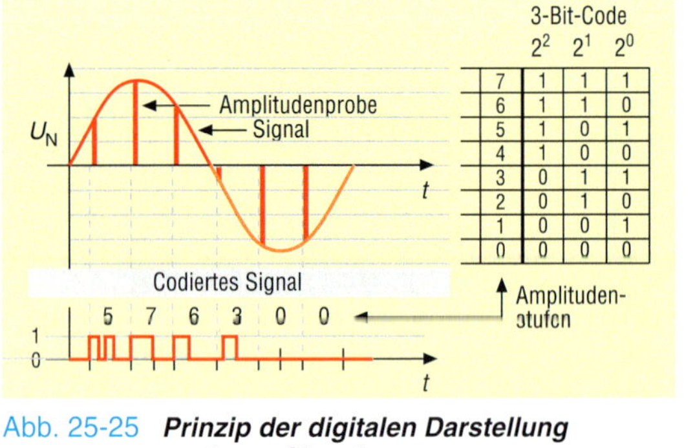

Abb. 25-25 ***Prinzip der digitalen Darstellung analoger Signale***

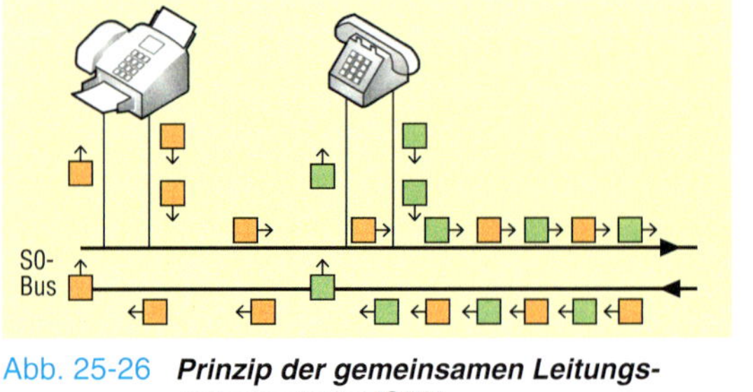

Abb. 25-26 ***Prinzip der gemeinsamen Leitungsnutzung beim ISDN***

des Nutzerkomforts. Gespräche werden nicht mehr als analoges zeitkontinuierliches Signal, sondern – ähnlich der Musikspeicherung auf einer CD-ROM – **zeitdiskret digital** übertragen.

Beim **ISDN** (**I**ntegrated **S**ervices **D**igital **N**etwork) wird die menschliche Sprache nach dem **PCM30-Verfahren** als digitales Signal codiert. Die Umwandlung der Sprachinformation in das digitale Signal sowie auch später die Rückwandlung in ein normales, für das menschliche Ohr wieder verständliches Tonsignal, erfolgt unmittelbar im jeweiligen Telefon. Die Informationen gelangen also bereits in digitaler Form über die Teilnehmeranschlussleitung zur Vermittlungsstelle des Netzbetreibers.

Digitale Gesprächsdaten benötigen sehr wenig Platz und lassen sich als kleine Datenpakete über die Telefonleitung senden. Für die Durchleitung eines Gespräches benötigt man nicht die gesamte Zeitdauer, welche die Telefonverbindung zur Verfügung steht, sondern es genügen dafür regelmäßige kurze Zeitabschnitte, in denen man die digitalen Daten verschickt. Aufgrund der Trägheit des menschlichen Ohres sowie einer besonderen elektronischen Schaltung in den Telefonen bemerkt der Teilnehmer von den tatsächlich vorhandenen kurzen Gesprächsunterbrechungen nichts (diese betragen stets nur wenige Millisekunden). Die Pausen zwischen den einzelnen kurzen Übertragungssequenzen eines Telefons, lassen sich beispielsweise für ein anderes Gespräch mit einem zweiten Telefon oder für ein Faxgerät nutzen (Abb. 25-26). Somit ist die Verwendung mehrerer Geräte an einem Telefonanschluss möglich.

Damit die digitalen Informationen auch tatsächlich an dem Gerät ankommen, für welches sie bestimmt sind, erfolgt zusätzlich der Versand von Steuerinformationen. Diese bezeichnen u. a. den Diensttyp (z. B. Telefon, Fax usw.) sowie die Rufnummer des Empfangsgerätes.

ISDN-Teilnehmeranschlüsse gibt es in verschiedenen Varianten, zwischen denen der Telefonkunde in Abhängigkeit von seinem Bedarf beim Telefonnetzbetreiber wählen kann.

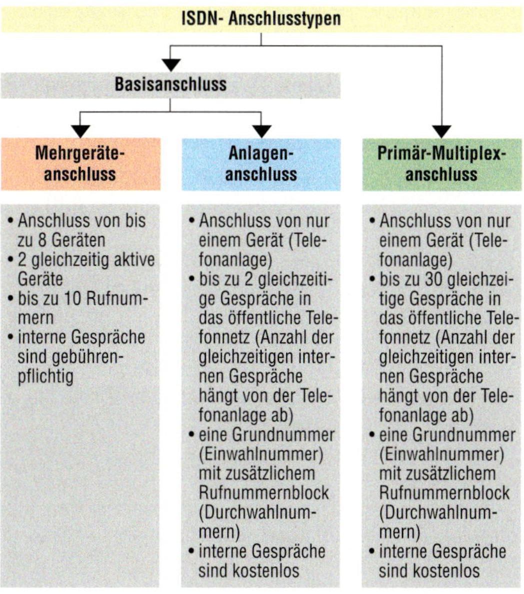

Abb. 25-27 ***Vergleich der ISDN-Anschlussvarianten***

Aufbau eines ISDN-Mehrgeräteanschlusses

Entgegen einem analogen Telefonanschluss können ISDN-Geräte nicht unmittelbar mit dem vom Netzbetreiber in das Haus eingespeisten Signal arbeiten. Zunächst ist ein Zwischengerät, der **NTBA** (**N**etz **T**erminator **B**asis **A**nschluss) [1]), erforderlich, der das Signal des eingehenden **U_{K0}-Busses** (1 Adernpaar) in den hausinternen **S_0-Bus** (2 Adernpaare) wandelt. Erst damit lassen sich Telefon, Fax und Modem betreiben. Auch ist der Parallelbetrieb der Geräte am S_0-Bus nicht verboten, sondern sogar notwendig – schließlich handelt es sich um ein Bussystem. Wie für derartige Leitungssysteme üblich, ist dieses mit Endwiderständen abzuschließen (beim ISDN 100 Ohm zwischen den Adernpaaren an jedem Busende). Einzig wenn sich der NTBA an einem Ende des S_0-Busses befindet (vgl. Abb. 25-28), können auf dieser Seite der Leitung die beiden Widerstände entfallen.

Ein ISDN-Anschluss lässt sich auch gemeinsam mit einer DSL-Verbindung betreiben. In diesem Fall wird der Splitter identisch zur analogen Variante mit der 1. TAE verbunden. Der Telefonausgang des Splitters ist an den U_{K0}-Anschluss des NTBA zu klemmen, während sein DSL-Ausgang an das DSL-Modem bzw. den Router gehört.

Voice over IP (VoIP) –
Telefonieren über das Internet

Ähnlich dem ISDN handelt es sich beim **Internetprotokoll** (IP) um eine **digitale Datenübertragung auf Paketbasis.** Insofern liegt die Überlegung nahe, einen bereits vorhandenen Internetanschluss als kostengünstigen Ersatz für den ISDN-Telefonanschluss oder

[1]) Beim Primärmultiplexanschluss kommt statt des NTBA ein **NTPM** = **N**etwork **T**ermination for **P**rimary rate **M**ultiplex zum Einsatz.

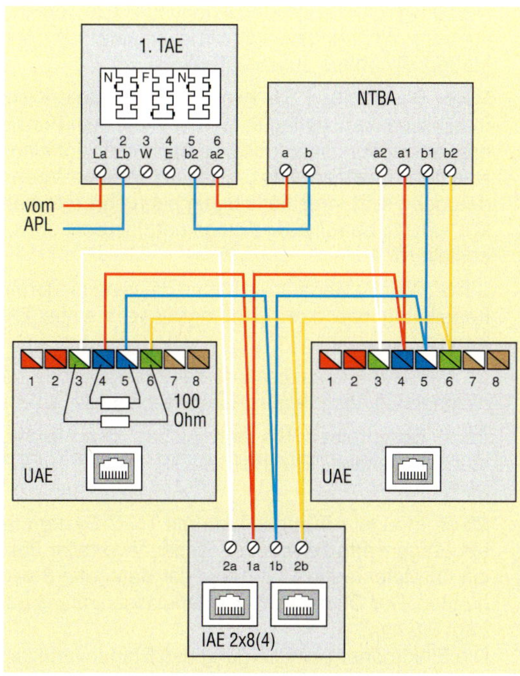

Abb. 25-28 ***Beispielkonfiguration für einen ISDN-Mehrgeräteanschluss***

25

das analoge Festnetz zu verwenden. Auch verfügen moderne Breitbandanschlüsse über eine höhere Übertragungsgeschwindigkeit, als sie beispielsweise ein klassischer ISDN-Mehrgeräteanschluss mit 2 x 64 Kilobit pro Sekunde bietet.

Bei der Nutzung des Internetprotokolls für Telefonzwecke stellt sich jedoch das Problem der **Echtzeitfähigkeit.** Damit ist gemeint, dass die Datenpakete mit den darin codierten Sprachinformationen innerhalb einer bestimmten Zeit und in der vorgegebenen Reihenfolge beim Empfänger eintreffen müssen, soll das Gespräch nicht ins Stocken geraten.

Eine solche Qualität der Übertragung war jedoch beim ursprünglichen Entwurf des Internetprotokolls nicht vorgesehen. Sollen sich die Datenpakete also nicht wegen einem Stau auf der Datenautobahn verzögern, muss diese ausreichend dimensioniert sein, d. h. über genügend Übertragungsbandbreite verfügen. Eine andere Option besteht darin, Datenpakete nach dem Typ der darin enthaltenen Information zu bevorzugen. Besonders wichtige Pakete können sich dann ähnlich einem Polizeifahrzeug durch einen Stau bewegen.

Im Gegensatz zu einem normalen Telefon verfügen viele Internetanschlüsse über keine feste Kennung, wie sie z. B. eine Telefonnummer darstellt. Die zugehörige **IP-Adresse** wird beim Verbindungsaufbau durch den **Provider** (Internetdienstanbieter) oft neu vergeben. Um eine Telefonverbindung über das Internet schalten zu können, ist zunächst die aktuelle IP-Adresse des Gesprächspartners zu ermitteln. Dies kann über einen öffentlichen Dienstleister (z. B. **SIP-Server**) (**S**ession **I**nitiation **P**rotocol) erfolgen. Diesem ist stets die aktuell gültige IP-Adresse des Gesprächspartners mitzuteilen. Ein solches Verfahren bietet analog zum Mobilfunk den Vorteil, dass nach einem Ortswechsel des Gesprächspartners keine andere Rufnummer verwendet werden muss, wie es im Festnetz der Fall ist. Zusätzlich werden noch Gateways benötigt, welche die Verbindung zum öffentlichen Telefonnetz herstellen. VoIP-Gateways bieten sich auch für Unternehmen an, die intern über ein konventionelles Telekommunikationssystem verfügen, aus Kostengründen die Verbindung in das öffentliche Netz jedoch mittels VoIP abwickeln wollen.

AUFGABEN

25.1 Nennen Sie drei Ziele, welche mit anwendungsneutralen Kommunikationskabelanlagen verfolgt werden.

25.2 Welche Verteilertypen sind in einer anwendungsneutralen Kommunikationskabelanlage möglich?

25.3 Begründen Sie den Einsatz der verschiedenen Kabeltypen bei der Primär-, Sekundär- und Tertiärverkabelung von Bürogebäuden. Mit welchem/n Medientyp/en ist/sind die Wohnungs- bzw. die sekundäre Wohnungsverkabelung in einem großen Mehrfamilienhaus auszuführen?

25.4 Beschreiben Sie zwei Ihnen bekannte Kommunikationskabelanlagen, welche nicht dem Prinzip der Anwendungsneutralität entsprechen. Welche Nachteile besitzen diese Anlagen? Welche Veränderungen sind Ihrer Auffassung nach dort erforderlich, um die betreffende Anlage normgerecht umzugestalten?

25.5 Welche Bedeutung haben die verschiedenen Kabelkategorien bzw. Leistungsklassen eines TP-Kabels?

25.6 Welche Aussage lässt die Kabelkategorie zur elektrischen Abschirmung eines Kabels zu?

25.7 Beschreiben Sie den Aufbau der Abschirmung folgender TP-Kabel: S/FTP, U/UTP, U/FTP, SF/FTP.

25.8 In einem Bürogebäude mit TN-C-System ist ein Etagenverteiler mit dem Gebäudeverteiler über ein 40 Meter langes TP-Kabel der Kategorie 5 verbunden. Der Querschnitt der Kabelabschirmung beträgt 0,6 mm^2.
Die Elektroenergieversorgung des Etagenverteilers erfolgt durch eine Unterverteilung, welche über eine Leitung NYM 4 x 10 mm^2 mit der Hauptverteilung des Gebäudes verbunden ist. Die Leitungslänge beträgt 67 m, die maximal auftretende Schieflast 7 kVA. Der Gebäudeverteiler ist elektrisch über eine kurze Anschlussleitung durch die Hauptverteilung versorgt, welche bei der Betrachtung nicht berücksichtigt werden muss. Übergangswiderstände an den Klemmen können ebenfalls vernachlässigt werden.
Skizzieren Sie die Ersatzschaltung und tragen Sie dort alle Widerstände, Spannungen und Ströme ein. Berechnen Sie den möglichen Potenzialunterschied zwischen Etagen- und Gebäudeverteiler sowie den entstehenden Potenzialausgleichsstrom über die Abschirmung des TP-Kabels. Bewerten Sie das Ergebnis.
Wie verändert sich der Potenzialausgleichsstrom durch das TP-Kabel, wenn die PEN-Einspeiseklemme der Unterverteilung aufgrund eines Defektes einen Übergangswiderstand von 2 Ω aufweist?

25.9 Erläutern Sie den Aufbau folgender Anschlussdosen: IAE 1x8(4), IAE 2x8(4)S, UAE 8(8), TAE-NFN, TAE-F/F.

25.10 An eine Gerätedose vom Typ TAE-NFN wurde eine weitere Dose vom Typ TAE-N angeschlossen. Zeichnen Sie das sich ergebende Schaltbild in aufgelöster Darstellung.
Warum funktioniert das an der TAE-N angeschlossene Faxgerät nicht mehr, sobald an der TAE-NFN ein Telefon angeschlossen wird?

25.11 Welche Typen von ISDN-Anschlüssen gibt es? Begründen Sie die besondere Eignung eines bestimmten Anschlusstyps für verschiedene Kunden, wie Schulen, Behörden, Unternehmen und Privatleute.

25.2 Hörfunk- und Fernsehempfangsanlagen

25.2.1 Empfangsantennen

Antenne als offener Schwingkreis

Der moderne Mensch will umfassend und möglichst zeitgleich (direkt) über Vorgänge an unterschiedlichen Orten der Erde informiert werden. Solche Informationen müssen schnell und sicher über meist große Entfernungen hinweg übertragen werden. Bei vielen Menschen ist der Wunsch nach Unterhaltung vordergründig. All das macht die drahtlose Übermittlung in Bild und Ton notwendig.
Die Informationen bindet man an elektromagnetische Wellen, d. h. Ton- und Bildsignale werden in elektrische Schwingungen umgeformt, die man einem Träger mit einer stabilen Frequenz aufprägt. Diesen Vorgang nennt man Modulation. Die elektromagnetische Welle wird von einer Sendeantenne in den freien Raum abgestrahlt. So werden die Nutzsignale vom Sender zu einem möglichen Empfänger transportiert.

Elektrische und magnetische Felder durchdringen den Raum in Form elektromagnetischer Wellen.

Die elektrische Komponente der abgestrahlten Welle bestimmt die Art ihrer Ausbreitung. Diese erfolgt in einer Ebene (horizontal bzw. vertikal polarisiert) oder schraubenförmig (linksdrehend bzw. rechtsdrehend zirkular polarisiert) (Abb. 25-29). Die verschiedenartige Ausbreitung der elektromagnetischen Welle verlangt unterschiedliche bzw. unterschiedlich angeordnete Empfangsantennen.
Elektromagnetische Wellen breiten sich im Raum mit Lichtgeschwindigkeit (c = 300 000 km/s) aus. Länge und Frequenz dieser Wellen stehen in folgender Beziehung:

$$\lambda = \frac{c}{f} \qquad (25\text{-}1)$$

λ Wellenlänge; f Frequenz; c Lichtgeschwindigkeit

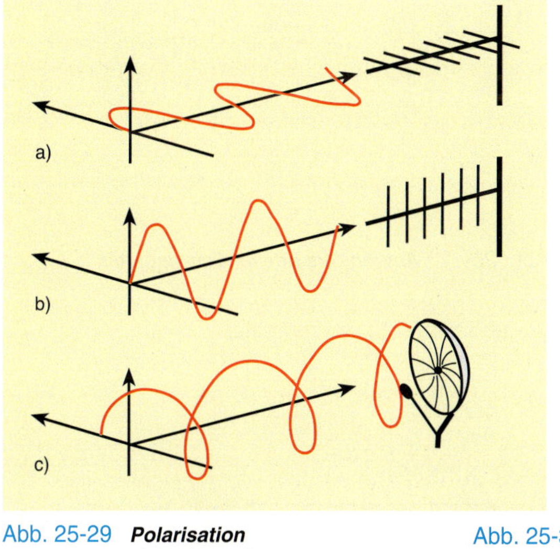

Abb. 25-29 ***Polarisation***
a) horizontal
b) vertikal
c) zirkular

Nach der Wellenlänge unterscheidet man verschiedene Wellenbereiche.

Bezeichnung	Kurzzeichen	Frequenzen
Langwellenbereich	LW	150 kHz ... 285 kHz
Mittelwellenbereich	MW	510 kHz ... 1605 kHz
Kurzwellenbereich	KW	3,95 MHz ... 26,10 MHz
Fernsehbereich I (VHF)	F I	47 MHz ... 68 MHz
Ultrakurzwellenbereich	UKW	87,5 MHz ... 108 MHz
Fernsehbereich III (VHF)	F III	174 MHz ... 230 MHz
Fernsehbereich IV (UHF)	F IV	470 MHz ... 606 MHz
Fernsehbereich V (UHF)	F V	606 MHz ... 862 MHz
Satelliten-Empfangsbereich (SHF)	SAT	10,7 GHz ... 12,75 GHz
VHF – very high frequency: sehr hohe Frequenz, UHF – ultra high frequency: ultrahohe Frequenz, SHF – super high frequency: extrem hohe Frequenz		

Tab. 25-6 ***Frequenzbereiche***

Elektromagnetische Wellen mit Frequenzen unterhalb 1 GHz breiten sich terrestrisch (erdgebunden) aus. Die Übertragung im SHF-Bereich erfolgt mithilfe von Satelliten (vgl. Abb. 25-30 und 25-31, Seite 572).

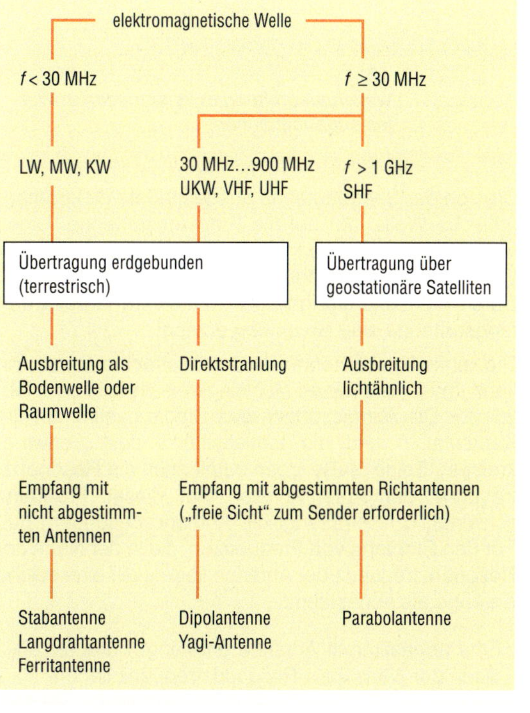

Abb. 25-30 ***Übertragung elektromagnetischer Wellen***

25

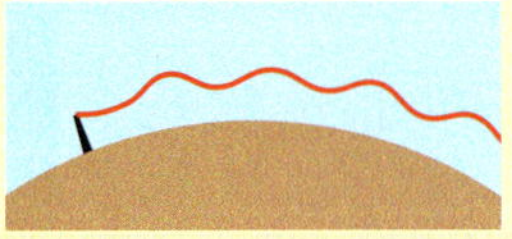

a) Langwellen breiten sich längs der Erdoberfläche aus; sie überbrücken große Entfernungen.

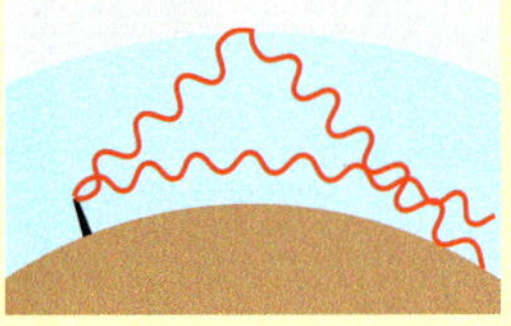

b) Mittelwellen breiten sich tagsüber wie Langwellen aus. Nach Sonnenuntergang setzen auch Raumwellen ein, die in einer Höhe von 100–120 km an der Heaviside*)-Schicht reflektiert werden. Die Überlagerung zwischen Boden- und Raumwelle führt zu Schwunderscheinungen.

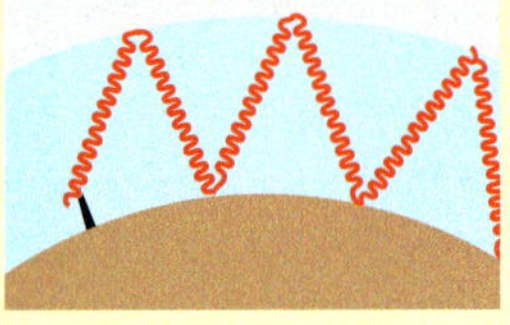

c) Im Kurzwellenbereich werden die Raumwellen von der Heaviside-Schicht reflektiert. Durch Mehrfachreflektion werden sehr große Entfernungen überbrückt.

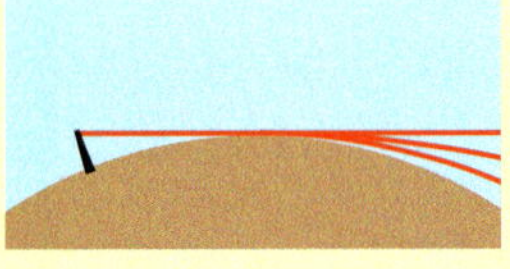

d) Ultrakurzwellen breiten sich geradlinig aus. Ihre Reichweite ist begrenzt. Mithilfe von „Umsetzern" können die Empfangs- „lücken" ausgefüllt werden.

e) Der mit der Erde kreisende Satellit empfängt von der Bodenstation elektromagnetische Wellen, setzt sie um, verstärkt sie und strahlt sie gerichtet zur Erde zurück. Die Wirkung des Satelliten ist die eines 36 000 km hohen Fernsehturmes, von dessen Spitze aus ein bestimmter Teil der Erdoberfläche mit elektromagnetischen Wellen sehr hoher Frequenz „ausgeleuchtet" wird.

*) Heaviside, Oliver: englischer Physiker, 1850–1925

Abb. 25-31 ***Wellenausbreitung in verschiedenen Wellenlängenbereichen***

Die von der Sendeantenne ausgesendete elektromagnetische Welle trifft auf die Empfangsantenne. Diese nimmt einen sehr geringen Teil der Energie aus der Welle auf und wird dadurch zum Schwingen angeregt. Durch das elektromagnetische Feld wird in der Empfangsantenne eine Spannung erzeugt.

Die einfachste Antenne ist der gestreckte Dipol. Ihn kann man als offenen Schwingkreis auffassen (Abb. 25-32). Die Abmessungen des Dipols bestimmen die Kapazität C und die Induktivität L des „Schwingkreises". Seine Maße legen damit auch die Resonanzfrequenz der Antenne fest. Bei dieser Frequenz schwingt, d. h. empfängt die Antenne besonders gut. Für den Empfang von Frequenzen, die in der Nähe der Resonanzfrequenz der Antenne liegen, gilt eine solche Antenne als abgestimmt.

25

Eine abgestimmte Antenne empfängt Frequenzen, die in der Nähe ihrer Resonanzfrequenz liegen.

Man unterscheidet gestreckte Dipole und Faltdipole. Für den Empfang von UKW- und Fernsehsendern verwendet man abgestimmte Dipol-Antennen (Abb. 25-33). Die gewünschte Resonanzfrequenz bestimmt die Länge des Dipols.

Der Dipol ist dann auf die Wellenlänge λ abgestimmt, wenn seine Länge $\lambda/2$ beträgt.

Beispiel:

Eine Dipol-Antenne zum Empfang des Fernsehbereiches III hat bei 200 MHz ihre Resonanzfrequenz. Wie lang ist der Faltdipol?

$$\lambda = \frac{c}{f} = \frac{300\,000 \text{ km/s}}{200 \text{ MHz}}$$

$$\lambda = \frac{300 \cdot 10^6 \text{ m/s}}{300 \cdot 10^6 \text{ 1/s}} = 1{,}5 \text{ m}$$

$$\lambda/2 = 0{,}75 \text{ m}$$

Der Faltdipol ist 75 cm lang.

An den Anschlussstellen des Faltdipols liegt die Empfangsspannung. Der Dipol ist damit eine Stromquelle. Ihre geringe Leistung muss sie maximal dem Verbrauchsmittel (Empfänger) zuführen.

Das bedeutet:

Antennen müssen in Leistungsanpassung betrieben werden.

Der Innenwiderstand der Antenne heißt Fußpunktwiderstand. Dieser beträgt bei gestreckten Dipolen etwa 75 Ω, bei Faltdipolen 300 Ω.

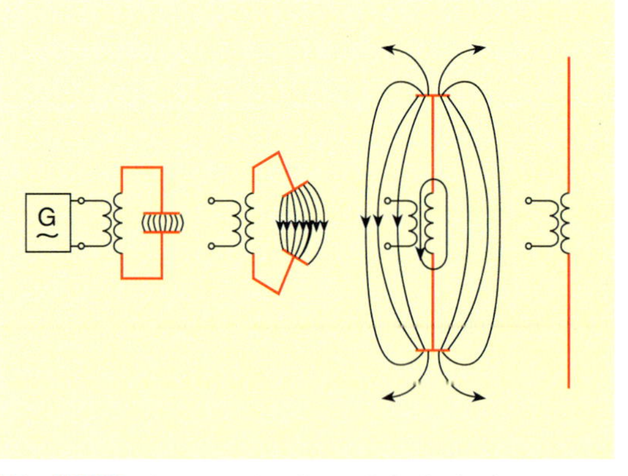

Abb. 25-32 ***Antenne als offener Schwingkreis***

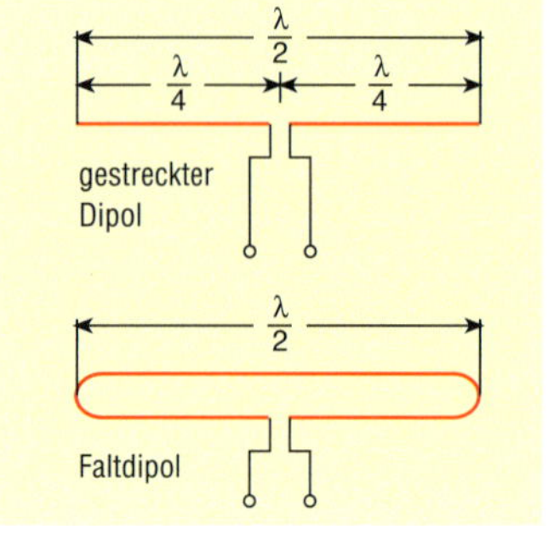

Abb. 25-33 ***Dipol-Antennen***

Antennen für den terrestrischen Empfang

Mehrere Dipole, in geeigneter Weise zueinander angeordnet, lassen eine größere Antennenspannung entstehen als ein Einzeldipol. Besonders verbreitet ist die Yagi*)-Antenne (vgl. Abb. 25-34). Bei ihr sind dem Empfangsdipol weitere Direktor-Dipole (Direktoren) vorgeschaltet und ein oder mehrere Reflektor-Dipole (Reflektoren) nachgeordnet.

Die elektromagnetische Welle, die aus der Hauptempfangsrichtung auf die Yagi-Antenne trifft, bewirkt am Empfangsdipol eine maximale Antennenspannung. Dreht man die Antenne aus dieser Empfangsrichtung heraus, nimmt die Antennenspannung ab. Sie wird nach einer Drehung um 90° null. Beim Weiterdrehen in Rückrichtung (180°) wird eine deutlich geringere Antennenspannung erzeugt als in Hauptempfangsrichtung.

Eine Richtantenne empfängt besonders gut, wenn der Sender genau in Hauptempfangsrichtung liegt.

Die Antennencharakteristik der Yagi-Antenne ist in Abb. 25-35 dargestellt.

Ein Maß für die Richtwirkung der Yagi-Antenne ist der so genannte Öffnungswinkel (Halbwertsbreite). Er ist symmetrisch um die Hauptempfangsrichtung (0°) angeordnet. Nach beiden Seiten hin wird er begrenzt durch die Punkte der Richtcharakteristik, in denen die Empfangsleistung auf die Hälfte ihres Höchstwertes abgesunken ist. Wegen der Proportionalität $P \sim U^2$ beträgt die Empfangsspannung dort $1/\sqrt{2}$ = 70,7 % des möglichen Wertes.

Yagi-Antennen liefern eine höhere Antennenspannung als einfache Dipole. Die Yagi-Antenne hat einen Antennen-Gewinn. Man vergleicht hierbei ihre Empfangsleistung mit der eines Normaldipols (in Hauptempfangsrichtung). Da die Leistung proportional dem Spannungsquadrat ist, gilt:

$$\frac{P_{Richt}}{P_{Dipol}} = \frac{U^2_{Richt}}{U^2_{Dipol}}$$

Dieses Verhältnis, den Gewinn g, gibt man meist als logarithmisches Maß an und versieht es mit der Bezeichnung „Bel"**).

$$g = \lg \frac{P_{Richt}}{P_{Dipol}}\,\text{B}$$

$$g = \lg \frac{U^2_{Richt}}{U^2_{Dipol}}\,\text{B} \qquad g = 2 \cdot \lg \frac{U_{Richt}}{U_{Dipol}}\,\text{B}$$

In der üblichen Schreibweise mit dem kleineren Dezibel (1 B = 10 dB) ergibt sich

$$g = 20 \cdot \lg \frac{U_{Richt}}{U_{Dipol}}\,\text{dB} \qquad \textbf{25-2}$$

*) Yagi: japanischer Physiker

**) Bell, Alexander Graham: amerikanischer Wissenschaftler schottischer Herkunft, 1847–1922

Beispiel:

An einem Normaldipol wird eine Antennenspannung von 1 mV gemessen, mit der Richtantenne sind es am selben Standort 4 mV.

Wie groß ist der Antennengewinn der Richtantenne?

$$g = 20 \cdot \lg \frac{4\text{ mV}}{1\text{ mV}}\,\text{dB}$$

$$g = 20 \cdot 0{,}6\text{ dB} = \underline{\underline{12\text{ dB}}}$$

Der Antennengewinn beträgt 12 dB. (Das ist ein für Richtantennen hoher Wert.)

Wollte man elektromagnetische Wellen im Lang-, Mittel- oder Kurzwellenbereich mit abgestimmten Antennen empfangen, so wären Dipol-Maße erforderlich, die praktisch nicht realisierbar sind. Der Empfang in diesem Bereich erfolgt deshalb mit nicht abgestimmten Antennen. Solche Antennen haben keine Schwingkreis-Eigenschaften mehr.

Nicht abgestimmte Antennen arbeiten außerhalb ihrer Resonanzfrequenz.

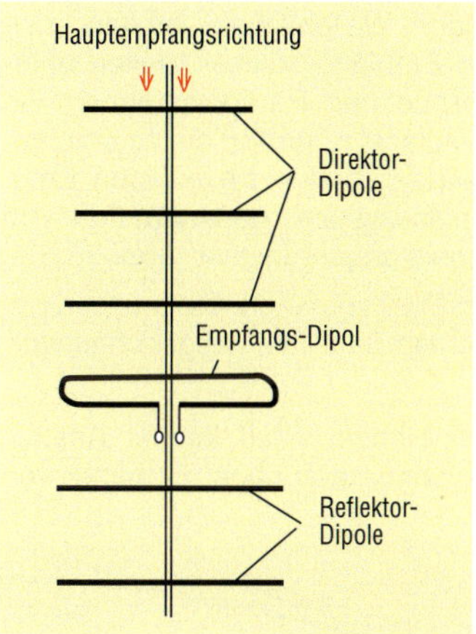

Abb. 25-34
Yagi-Antenne

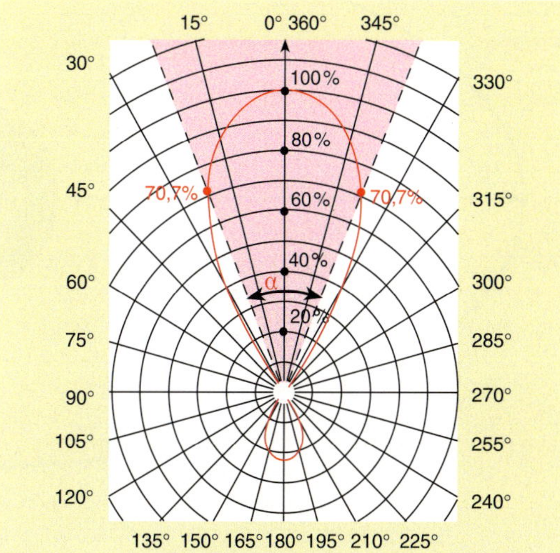

Abb. 25-35 ***Antennencharakteristik (Yagi-Antenne), Öffnungswinkel α***

25

In den Bereichen LW, MW und KW verwendet man meist Stabantennen. In guten Empfangslagen genügen oft einfache Zimmerantennen für einen qualitativ anspruchsvollen Empfang.

Satelliten-Empfangsantennen

Satelliten empfangen hochfrequente elektromagnetische Wellen von der Erde. Mit anderen, extrem hohen Frequenzen (SHF) werden sie vom Satelliten zur Erde zurückgestrahlt.

Die für den Rundfunk- und Fernsehempfang wichtigen Satelliten bewegen sich mit der Erde, und zwar so, dass sie – vom Betrachter auf der Erde aus gesehen – scheinbar immer dieselbe Position einnehmen. Ihre Umlaufbahn befindet sich in knapp 36000 km Höhe direkt über dem Äquator (Abb. 25-36).

Jeder Satellit ist in Bezug auf die Erdkugel „fest stehend", d. h. geostationär. Das ist die Voraussetzung dafür, mit einer fest eingestellten Bodenantenne die Abstrahlung des Satelliten empfangen zu können. Für jeden Punkt auf der Erde kann die unveränderliche Satellitenposition genau angegeben werden (vgl. auch Abb. 25-39).

Elektromagnetische Wellen im SHF-Bereich, also Wellen mit sehr geringer Wellenlänge, breiten sich lichtähnlich aus. Zum Empfang solcher Wellen oberhalb von 1 GHz verwendet man Parabolantennen. Ein großflächiger Parabolspiegel reflektiert die zu empfangenden Wellen. Gebündelt treffen sie auf den Empfangskopf (auch Speisesystem genannt), der im Brennpunkt des Spiegels angeordnet ist (Abb. 25-37).

Parabolantennen sind Richtantennen. Sie müssen genau auf den gewünschten Satelliten ausgerichtet werden.

Der Elevationswinkel (Höhenwinkel) ist der Anstellwinkel der Parabolantenne nach oben. Er hängt von der geografischen Breite auf der Erdkugel ab und wird nach Norden hin kleiner. Der Azimutwinkel („Kompasswinkel") ist der Richtungswinkel, aus dem das Satellitensignal empfangen werden soll (Abb. 25-38). Dieser Winkel hängt von der geografischen Länge des Empfangsortes und von der Position des gewünschten Satelliten ab (Abb. 25-39).

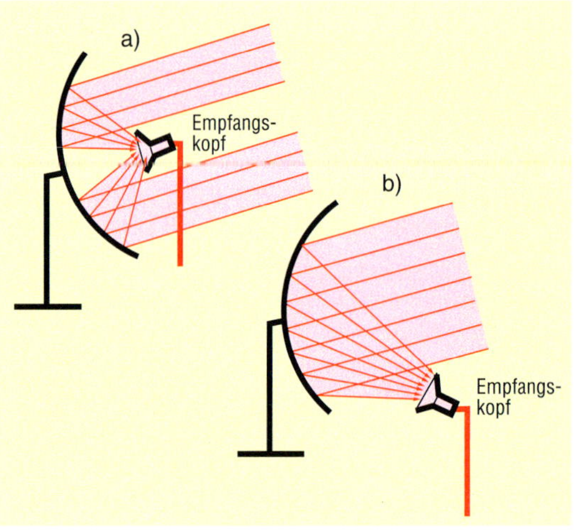

Abb. 25-37 ***Parabolantennen a) zentral gespeist b) offset gespeist***

Im Brennpunkt der Parabolantenne ist der Empfangskopf angeordnet. In ihm werden die im GHz-Bereich einstrahlenden Satellitenfrequenzen in einen Frequenzbereich zwischen 950 MHz und 2050 MHz umgesetzt (1. SAT-Zwischenfrequenz).

Beim Satellitenempfang gibt es eine Besonderheit. Jedem Kanal sind zwei Programme zugeordnet, von denen das eine über vertikal (bzw. linksdrehend zirkular) und das andere über horizontal (bzw. rechtsdrehend zirkular) polarisierte Wellen übertragen wird. Die An-

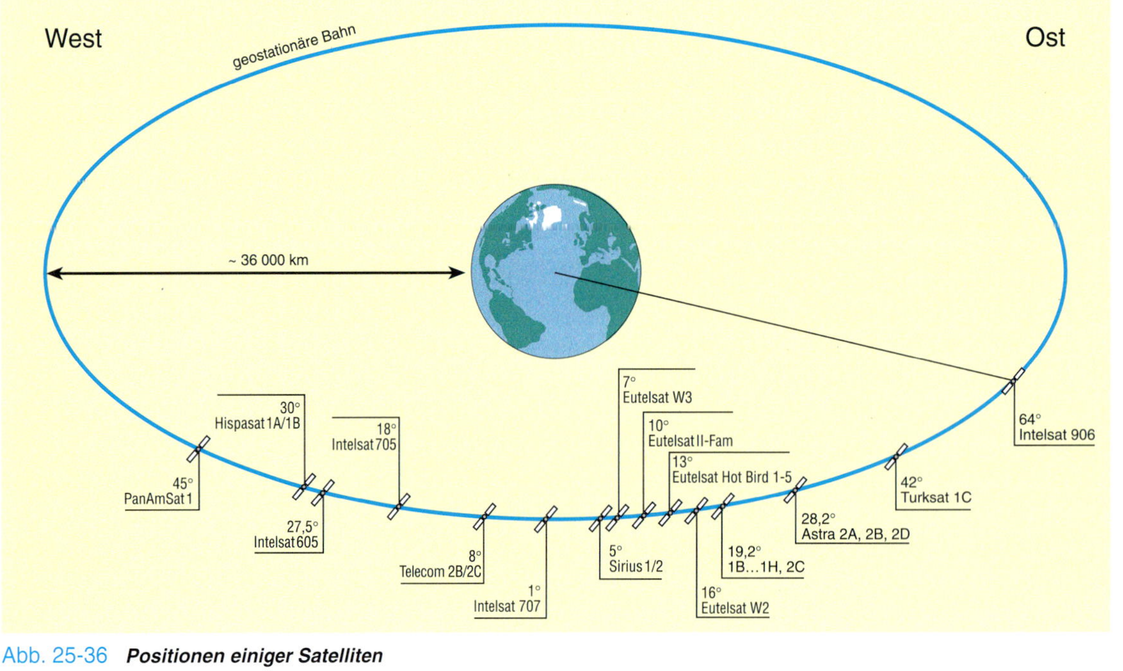

Abb. 25-36 ***Positionen einiger Satelliten***

25

tenne empfängt somit zwei verschiedene Signale bei etwa gleicher Frequenz. Mithilfe einer Polarisationsumschaltung im Empfangskopf können die unterschiedlich polarisierten Signale getrennt empfangen werden. Satelliten-Empfangsantennen mit ihren Außenbaugruppen (Parabolspiegel und Empfangskopf) benötigen dazu eine Inneneinheit, den Satelliten-Empfänger. Von ihm aus erfolgen die Steuerungen im Empfangskopf. Darüber hinaus übernimmt er das weitere Aufbereiten und Verteilen der Hörfunk- und Fernsehprogramme.

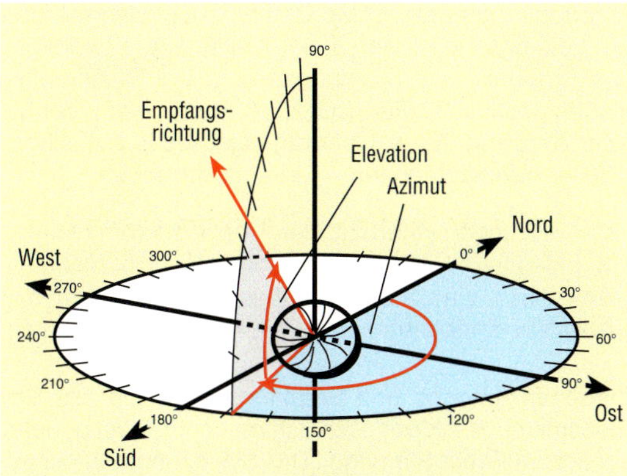

Abb. 25-38 ***Azimut- und Elevationswinkel***

Soll die Süd-Richtung das Bezugsmaß für den Azimut-Winkel sein, müssen von den hier angegebenen Winkelgrößen jeweils 180° subtrahiert werden.

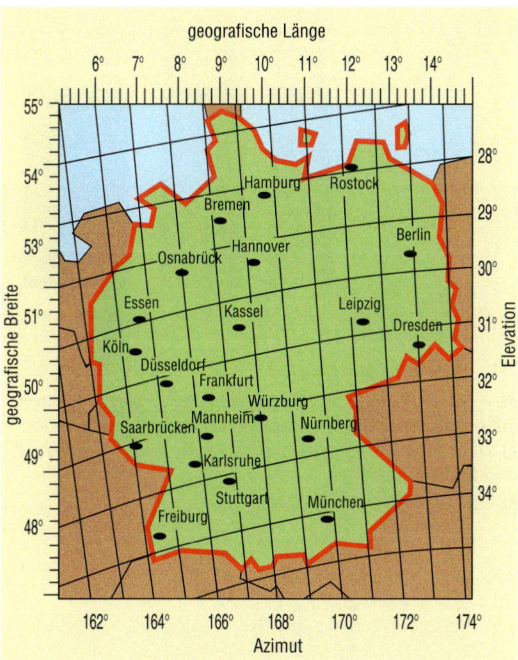

Abb. 25-39 ***Azimut-Elevations-Diagramm für einen Satelliten auf Position 19,2° Ost***

25.2.2 Übertragungselemente

Pegel

Die von der Stromquelle (Antenne) bereitgestellte Leistung wird über ein eigenes Netz dem Verbrauchsmittel (Empfangsgerät) zugeführt. Die Spannungen an den verschiedenen Punkten der so entstandenen Anlage werden als Pegel in dB angegeben. Als Bezugsgröße wählt man einen bewusst niedrig angesetzten Wert, nämlich 1 µV. So folgt für den (Spannungs-)Pegel

$$L_U = 20 \cdot \lg \frac{U}{1\ \mu V}\ dB\mu V$$ 25-3

(sprich: de - be über 1 µV)

Beispiel:

An einer Antenne wird eine Empfangsspannung von 1 mV gemessen. Wie groß sind

a) der Pegel bei $U = 1\ \mu V$ (Bezugspegel),
b) der Antennenpegel dieser Antenne?

a) $L_U = 20 \cdot \lg \frac{1\ \mu V}{1\ \mu V}\ dB\mu V$

$= 20 \cdot \lg 1\ dB\mu V = \underline{\underline{0}}$

b) $L_U = 20 \cdot \lg \frac{1\ mV}{1\ \mu V}\ dB\mu V$

$= 20 \cdot \lg 1000\ dB\mu V$

$= 20 \cdot 3\ dB\mu V = \underline{\underline{60\ dB\mu V}}$

Der Bezugspegel (U = 1 µV) ist null, der Antennenpegel beträgt 60 dBµV. (Für einen qualitativ guten Fernsehempfang reicht dieser Empfangspegel im Allgemeinen nicht aus.)

Das Netz zum Ableiten der Antennenleistung besteht aus Übertragungsgliedern und Abschnitten, die verstärkend oder dämpfend wirken (vgl. Abb. 25-40).

Verstärkende Übertragungsglieder sind Antennenverstärker und Umsetzer. Dämpfend wirken alle Leitungen, Antennenweichen, Verteiler, Abzweiger und Antennensteckdosen. Das Übertragungsverhalten dieser Glieder wird durch Verstärkungs- und Dämpfungsmaße näher charakterisiert, indem die Ausgangs- mit den Eingangsgrößen verglichen werden.

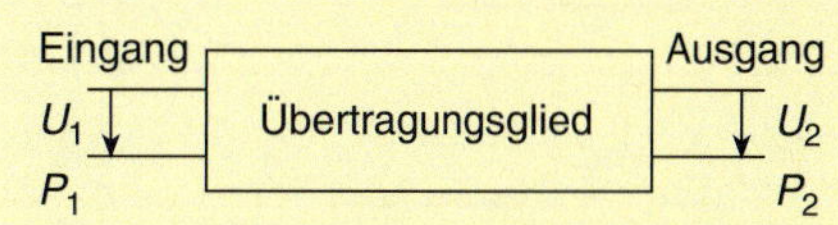

verstärkendes Verhalten (aktives Übertragungsglied): $U_2 > U_1$ und $P_2 > P_1$

dämpfendes Verhalten (passives Übertragungsglied): $U_2 < U_1$ und $P_2 < P_1$

Abb. 25-40 ***Übertragungsverhalten***

25

Verstärkungsmaß:

$v = \lg \frac{P_2}{P_1}\,\text{B} \qquad v = \lg \frac{U_2^2}{U_1^2}\,\text{B} \qquad v = 2 \cdot \lg \frac{U_2}{U_1}\,\text{B}$

$$v = 20 \cdot \lg \frac{U_2}{U_1}\,\text{dB} \quad (\text{mit } U_2 > U_1) \qquad \text{25-4}$$

Dämpfungsmaß:

$a = 20 \cdot \lg \frac{U_2}{U_1}\,\text{dB}$

$$a = -20 \cdot \lg \frac{U_1}{U_2}\,\text{dB} \quad (\text{mit } U_1 > U_2) \qquad \text{25-5}$$

Verstärkungsmaße haben ein positives, Dämpfungsmaße ein negatives Vorzeichen.

Pegel, Verstärkungs- und Dämpfungsmaße können miteinander verrechnet werden.

Den Pegel an einem beliebigen Punkt im Übertragungsnetz erhält man, wenn zum Antennenpegel alle betreffenden Verstärkungs- und Dämpfungsmaße unter Beachtung ihres Vorzeichens addiert werden.

Dämpfende Übertragungsglieder

Zur Ableitung der Antennenleistung werden vorwiegend koaxiale Leitungen verwendet. Bei niedrigen Frequenzen, z. B. bei $f = 50$ Hz, ist in solchen Leitungen lediglich der ohmsche (Gleichstrom-) Widerstand von Interesse. Induktive und kapazitive Anteile sind, insbesondere bei kurzen Leitungen, vernachlässigbar klein. Bei hohen Frequenzen, etwa oberhalb 100 kHz, spielen die Leitungsinduktivität und -kapazität selbst bei kurzen Leitungsabschnitten eine dominierende Rolle. Jetzt sind die ohmschen Widerstände vernachlässigbar.

Das Verhältnis $\frac{\omega L'}{\omega C'}$ bzw. $\frac{L'}{C'}$ der in Abb. 25-41 dargestellten Leitung ist in jedem Leitungsabschnitt, z. B. mit einer Länge von 1 m, gleich groß. Der für einen solchen Abschnitt ebenfalls gleich bleibende Ausdruck

$$Z = \sqrt{\frac{L'}{C'}} \qquad \text{25-6}$$

heißt Wellenwiderstand. Er hat die Einheit eines Widerstandes:

$$[Z] = \sqrt{\frac{\text{H}}{\text{F}}} = \sqrt{\frac{\text{Vs} \cdot \text{V}}{\text{A} \cdot \text{As}}} = \sqrt{\frac{\text{V}^2}{\text{A}^2}} = 1\,\Omega$$

Bei Hochfrequenz ist der Wellenwiderstand einer Leitung frequenzunabhängig. Er wird bestimmt durch das Dielektrikum und die Abmessungen der Leitung.

Bei allen hochfrequenten, d. h. kurzwelligen Signalübertragungen besteht die Gefahr der Wellenreflexion am Leitungsende („stehende" Welle). Diese ist immer das Ergebnis einer Fehlanpassung. Um Wellenreflexionen auszuschließen („Geisterbilder"), wird jeder offene Ausgang eines Übertragungsgliedes mit einem (Wellen-)Widerstand von 75 Ω abgeschlossen.

Um Störungen innerhalb der Anlage zu vermeiden, ist jedes freie Leitungsende und jeder nicht belegte Anschluss eines Übertragungsgliedes mit einem Abschlusswiderstand zu versehen.

Zwischen Antenne und Empfangsgerät sind alle Betriebsmittel geschirmt. Der Schirm schützt weitgehend vor dem äußeren Störpegel. Das Schirmungsmaß ist ein Qualitätskriterium jeder Koaxialleitung (Abb. 25-42).

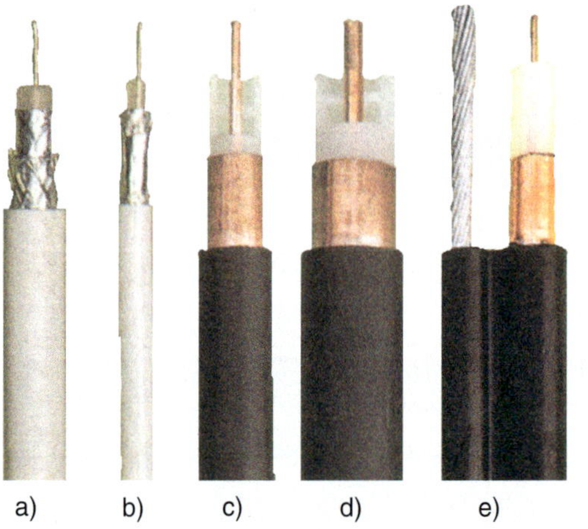

Abb. 25-42 ***Koaxialkabel***
a), b) für Aufputz- und Unterputzverlegungen in Rohren, mit unterschiedlichen Abschirmungen
c), d) mit starkem Schutzmantel für Aufputz-, Unterputz- und Erdverlegung
e) als Freileitung mit Tragseil

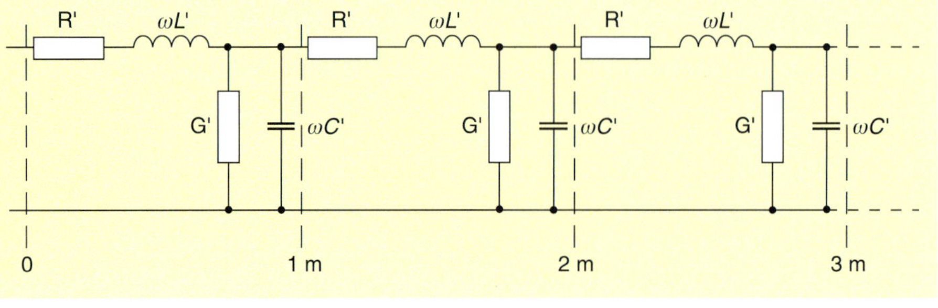

Abb. 25-41 ***Ersatzdarstellung einer Hochfrequenzleitung***

25

Verstärkende Übertragungsglieder

Für einen qualitativ guten Ton- und Bildempfang ist es erforderlich, einerseits bestimmte Mindestpegel einzuhalten, andererseits Höchstpegel nicht zu überschreiten (vgl. Tab. 25-7; Seite 580). Das gilt für jede Stelle der Empfangsanlage. Dämpfungen im Netz können durch einen Verstärker ausgeglichen werden. Dieser befindet sich in der Regel am Leitungsanfang, er verstärkt somit das weitgehend ungestörte Antennensignal.

Falsch ist, einen nicht ausreichenden Antennenpegel durch einen nachgeschalteten Verstärker aufbessern zu wollen, weil das „Rauschen" ebenfalls verstärkt wird.

Eine Antenne mit hohem Antennengewinn ist der beste Verstärker.

25.2.3 Planung und Berechnung von Empfangsanlagen

Grundsätze

Sehr viele deutschsprachige Fernsehprogramme werden heute über Satelliten ausgestrahlt. Kombiniert mit den Möglichkeiten des terrestrischen Empfangs wird das Hörfunk- und Fernsehprogramm komplett. Aus ökonomischen, baustatischen und ästhetischen Gründen (Vermeiden eines „Antennenwaldes") gehört der Mehrteilnehmer-Anlage die Zukunft.

Empfangsanlagen bedürfen einer gründlichen Projektierung. Diese ist auch dann sehr zu empfehlen, wenn nur wenige Empfänger-Anschlüsse vorgesehen sind. Das anzustrebende Ziel besteht darin, mit geringem Aufwand an passiven und aktiven Übertragungsgliedern alle Empfänger-Anschlusspunkte mit einem ausreichenden Signalpegel zu versorgen. Somit ist die Projektierung immer auch die Suche nach der optimalen Lösung.

Eine im Wesentlichen festliegende Schrittfolge führt zu einem Verteilplan, der genau ausgewählte und dimensionierte Übertragungsglieder enthält.

Diese Schritte sind:

1. Ermittlung aller Empfänger-Anschlusspunkte (Antennen-Steckdosen) mit genauem Installationsort sowie Wahl des Antennen-Standortes für terrestrischen und Satelliten-Empfang
2. Festlegen der Verteilstruktur (Abb. 25-43) und der Leitungsführung für die zu verlegenden Koaxialleitungen, Einordnung der Verteil-, Abzweig- und Verstärkerstandorte
   Das Verteilnetz wird nach einer der drei folgenden Varianten gebildet.
   - Reihenverteilnetz: In einer so genannten Stammleitung werden die Signale von Antennensteckdose zu Antennensteckdose durchgeschleift. Die letzte Steckdose ist mit einem Abschlusswiderstand zu versehen.
   - Sternverteilnetz: Die Verteilung erfolgt sternförmig zu jeder einzelnen Antennen-Steckdose. Diese Struktur ist übersichtlich, jederzeit erweiterungsfähig und damit zukunftssicher. In Neuanlagen von Gebäuden verlangt DIN 18015-1, dass vom zentralen Verteilpunkt aus Sternnetze auszuführen sind.
   - Baumverteilung: Sie vereint in sich die Reihen- und die Sternstruktur.
3. Zeichnen des (vorläufigen) Anlagenplanes unter Angabe genauer Längen für die Leitungsabschnitte
4. Messtechnische Erfassung (mit Messempfänger) des anstehenden Pegels am Antennenstandort
5. Auswahl der Koaxialleitung und der erforderlichen anderen passiven Übertragungsglieder (Herstellerdaten)
6. Ermittlung der „ungünstigsten" (Punkt A) und der „günstigsten" (Punkt B) Antennen-Steckdose gemäß Verteilplan (Abb. 25-44, Seite 578),
   Festlegen der für diese Dosen erforderlichen
   – Mindestpegel (Dose A) bzw.
   – Höchstpegel (Dose B)
   für alle zu empfangenden Frequenzbereiche (nach Tab. 25-7)

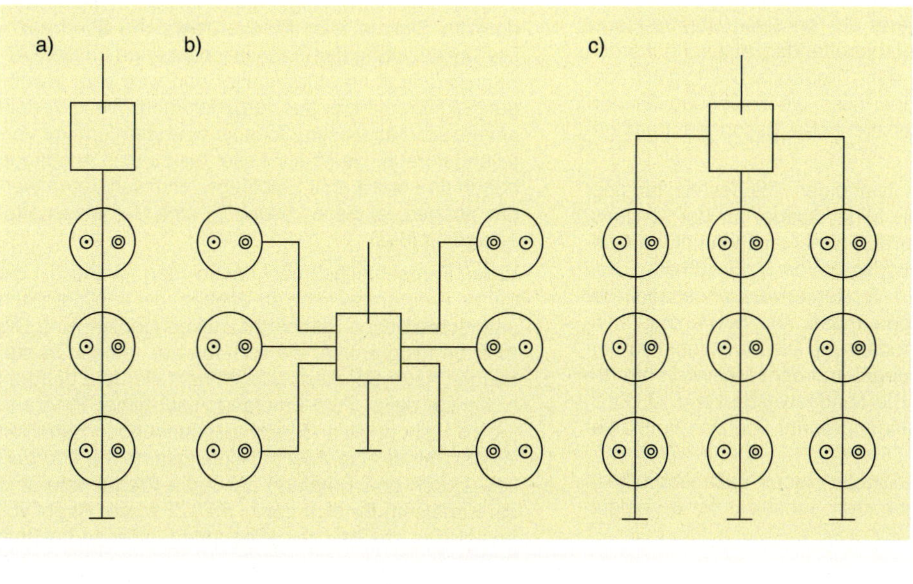

Abb. 25-43
Verteilstrukturen
a) Reihenverteilnetz
b) Sternverteilnetz
c) Baumverteilnetz (gemischtes Netz)

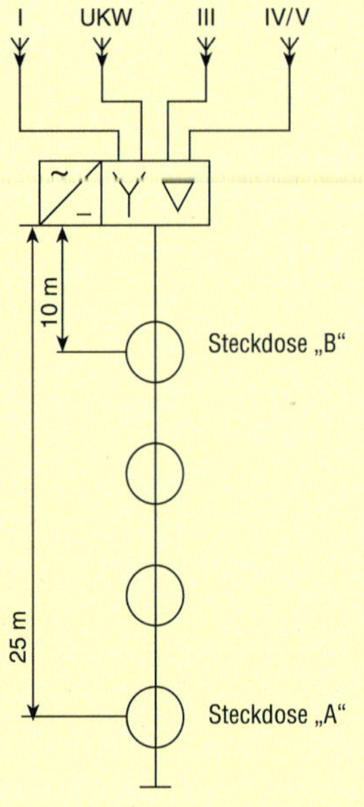

		VHF		UHF
Bereich	F I	UKW	F III	FIV/FV
Bezugsfrequenz in MHZ	50	100	300	800
Weichendämpfung in dB	1	1	1	2
+ Leitungsdämpfung in dB	1,3	1,7	3	5,2
+ Steckdosen-Durchgangs-dämpfung in dB	3	3	3	4,5
+ Steckdosen-Anschluss-dämpfung in dB	14	14	14	15
= Anlagendämpfung „A" in dB	19,3	19,7	21	26,7
Mindestpegel in dBμV	52	50	54	57
+ Sicherheitsdämpfung in dB	3	3	3	3
+ Anlagendämpfung „A" in dB	19,3	19,7	21	26,7
= Ausgangspegel in dBμV	74,3	72,7	78	86,7
− gemessener Pegel in dBμV	60	58	65	65
= erforderliche Mindest-verstärkung in dB	14,3	14,7	13	21,7

Abb. 25-44 ***Anlagenplan***

7. Errechnen der Anlagendämpfung für den Punkt A: Alle Dämpfungswerte der passiven Übertragungsglieder entlang der betreffenden Ableitung werden addiert. Wegen der Frequenzabhängigkeit der Übertragungsglieder muss die Rechnung für verschiedene Frequenzbereiche gesondert durchgeführt werden.

8. Errechnen der notwendigen Mindestverstärkung: Zum erforderlichen Mindestpegel an der „ungünstigsten" Dose A werden die Anlagendämpfung A sowie ein „Sicherheitspegel" von 3 dB addiert. Diese Summe ergibt den Verstärker-Ausgangspegel, der mindestens anliegen muss. Die notwendige Mindestverstärkung ist dann die Differenz aus dem Verstärker-Ausgangspegel und dem Messwert am Antennen-Standort. Die Mindestverstärkung ist durch die Antenne (Antennengewinn) und den Verstärker aufzubringen.
   Am Beispiel des Anlagenplanes nach Abb. 25-44 sollen die beschriebenen Schritte 6 bis 8 verdeutlicht werden.

9. Übersteuerungskontrolle:
   Der tatsächliche Pegel am Punkt B („günstigste" Dose) nach Auswahl der Antenne und des Verstärkers wird mit den geforderten Werten verglichen. Eventuell wird eine Korrekturrechnung erforderlich.

> Der Verstärker ist so auszuwählen, dass weder der vorgeschriebene Mindestpegel für die Antennensteckdose A unterschritten noch der Höchstpegel für die Steckdose B überschritten wird.

10. Vervollständigen und Fertigzeichnen des Anlagenplanes mit Angabe aller verwendeten Bauteile

Einzel- und Gemeinschafts-Empfangsanlagen

Das große Angebot der über Satellit ausgestrahlten Programme bringt für den Aufbau von Verteilanlagen Probleme mit sich.

> Im Band der 1. SAT-Zwischenfrequenz können nicht gleichzeitig alle verfügbaren Programme übertragen werden.

Dieses Problem umgeht man bei Einzelempfangsanlagen, indem gleichzeitig nur die Programme einer Polarisationsebene, also nur das „halbe" Programmangebot, eingespeist werden. Das Umschalten zur jeweils gewünschten Ebene geschieht vom Satellitenempfänger aus. Abb. 25-45a zeigt eine Einzelempfangsanlage. Die Signale der 1. Satelliten-ZF und die terrestrischen Signale werden zusammengefasst und gemeinsam über eine Koaxialleitung zum Empfänger geleitet.

Zwei oder mehr Empfänger kann man mit einem doppelten Empfangskopf versorgen. Die Signale der 1. Satelliten-ZF aus beiden Polarisationsebenen werden getrennt zu den Verbrauchern geführt oder – wie in Abb. 25-45b gezeigt – getrennt in einen so genannten Multischalter eingespeist. Diesem werden auch die terrestrischen Signale zugeführt. Jeder Empfänger ist dann, ausgehend von diesem Multischalter, nur noch über eine Koaxialleitung angeschlossen. In dieser werden die Signale aller Frequenzbereiche übertragen. Die Umschaltung der Polarisationsebenen für die SAT-Signale erfolgt im Multischalter und wird vom jeweiligen SAT-Empfänger aus vorgenommen. Diese Verteilanlage setzt ab diesem Schalter eine sternförmige Verteilung voraus. Da Multischalter bis zu acht Ausgänge haben und somit acht Empfänger angeschlossen werden können, ist diese Lösung für eine Gemeinschaftsanlage oft ideal.

Viele Fernsehteilnehmer haben den Wunsch, die ganze Programmvielfalt zu erleben, die von Satelliten unterschiedlichen Standortes aus angeboten wird. Die meisten Programme, die von den am selben Ort stehenden Astra-Satelliten ausgestrahlt werden, gehören sicherlich dazu. Zum Empfang zusätzlicher Programme von einem an anderer Stelle stehenden Satelliten ist fast immer eine zweite Empfangsantenne erforderlich. Durch den Empfang der Astra-Programme sind die Kanäle im Bereich der 1. SAT-ZF in der Regel voll belegt. Die zusätzlichen Programme müssen deshalb eine „Kanalaufbereitung“ erfahren. An zentraler Stelle, meist am „Kopf“ der Anlage in Antennennähe, setzen pro einzuspeisenden Kanal ein Satelliten-Empfänger und ein Modulator die Satelliten-Signale in einen VHF- oder Sonderkanalbereich um. Dieses Signal wird zusammen mit den Signalen der terrestrisch empfangenen Programme und der im Bereich der 1. SAT-ZF enthaltenen Programme im Verteilnetz übertragen (Abb. 25-45c). Zum Empfang der kanalaufbereiteten Programme wird kein separater Satelliten-Empfänger mehr benötigt. Das Fernsehgerät wird lediglich auf den entsprechenden Empfangskanal eingestellt.

Es ist möglich, für alle gewünschten Programme der verschiedenen Satelliten eine Kanalaufbereitung vorzunehmen. Beim Empfänger fallen dann alle SAT-Empfänger weg. Eine solche Kanalaufbereitung in der so genannten Kopfstelle sollte bei einer Empfängerzahl ab etwa 12 angestrebt werden.

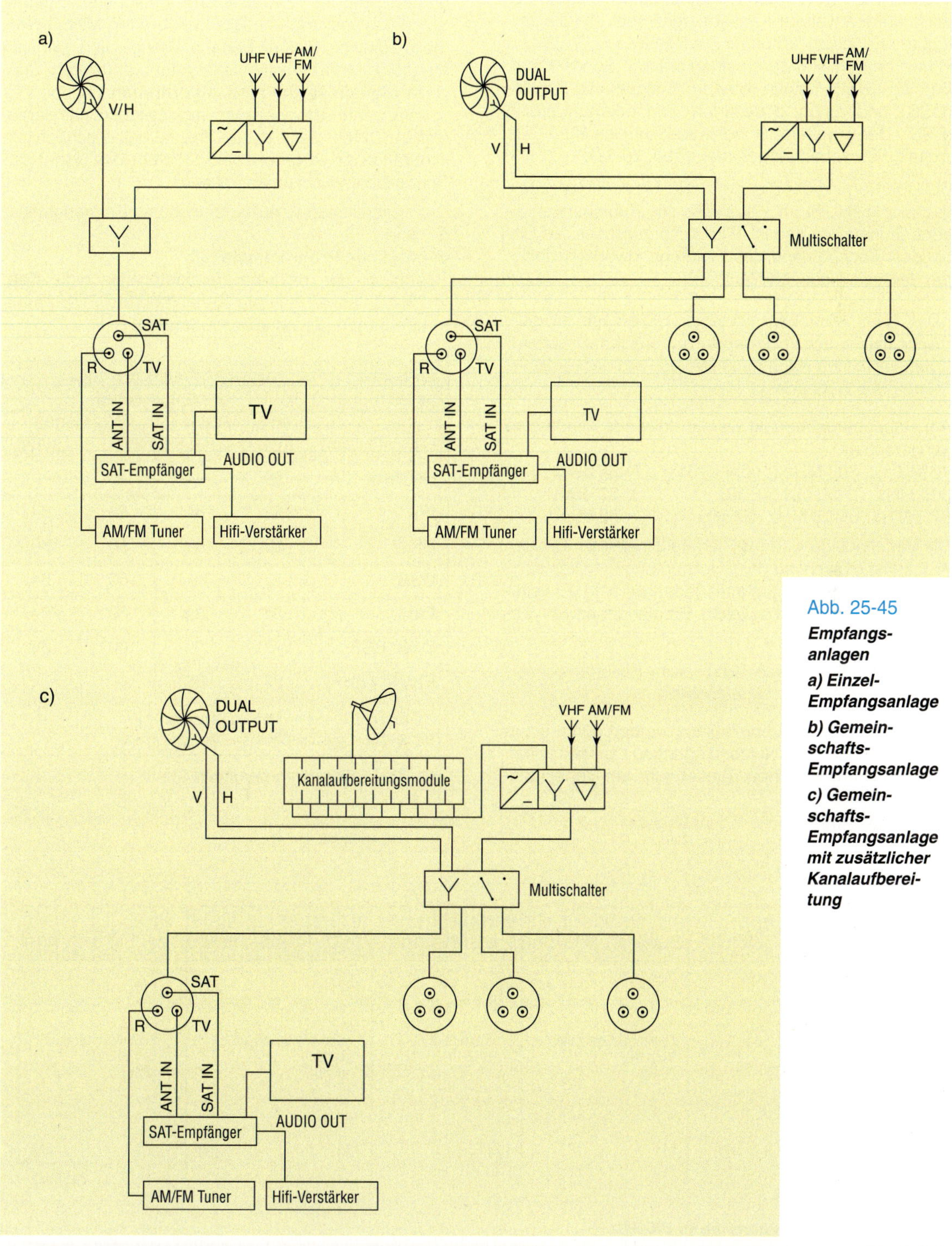

Abb. 25-45

Empfangsanlagen

a) Einzel-Empfangsanlage

b) Gemeinschafts-Empfangsanlage

c) Gemeinschafts-Empfangsanlage mit zusätzlicher Kanalaufbereitung

Breitband-Kommunikationsanlagen

In dicht besiedelten Wohngebieten ist es angebracht, von Einzel- und Gemeinschafts-Empfangsanlagen Abstand zu nehmen. Die Vielzahl dieser Anlagen sollte durch eine Kopfstation ersetzt werden. Über ein zugehöriges Kabelnetz können die kanalaufbereiteten Hörfunk- und Fernsehprogramme in immer gleich bleibend hoher Qualität an alle Abnehmer weitergeleitet werden. Die Übertragung dieser so aufbereiteten Programme erfolgt im Frequenzbereich von 47 MHz bis 862 MHz.

Zusätzlich zu den vorhandenen Kanälen in diesem Bereich werden weitere Kanäle eingerichtet, die die verfügbare Kanalzahl erhöhen. Die Bereiche FI, UKW und FIII werden ergänzt durch einen unteren Sonderkanal-Bereich (USB), einen oberen Sonderkanal-Bereich (OSB) und einen erweiterten Sonderkanal-Bereich (ESB). Der erweiterte Sonderkanal-Bereich ist für das digitale Fernsehen vorgesehen (Abb. 25-46).

Die Übertragung der Signale erfolgt bis zum Hausübergabepunkt (HÜP) im Kabelnetz des Kabelnetzbetreibers. Er installiert den HÜP im Kellergeschoss des Gebäudes. Fachbetriebe des Elektrohandwerks installieren dann die Hausverteilanlage.

Der Hausübergabepunkt einer BK-Anlage ist die Schnittstelle der Verantwortungsbereiche zwischen dem jeweiligen Kabelnetzbetreiber und dem Eigentümer des Gebäudes.

Am Hausübergabepunkt werden folgende Mindestpegel garantiert:

47 MHz ... 300 MHz (außer UKW): 66 dBμV
300 MHz ... 450 MHz (ESB): 63 dBμV
87,5 MHz ... 108 MHz (UKW): 62 dBμV

Die Verteilanlage wird als Sternnetz installiert. Dessen Aufbau ist einfach, so dass Netzstörungen selten sind. Diese Netzstruktur gestattet jederzeit eine Erweiterung. Andererseits ist es leicht, Empfänger einzeln abzutrennen.

Breitband-Verteilnetze sind vom Kellergeschoss ausgehend sternförmig aufgebaut.

Dämpfungen in der Verteilanlage werden durch einen entsprechend den Netzbedingungen ausgewählten Verstärker ausgeglichen. Dieser wird am Verteilnetz-Anfang, also unmittelbar nach dem Hausübergabepunkt, angeordnet. Dadurch könnten die vorgeschriebenen Mindestpegel (vgl. Tab. 25-7) an jeder Antennensteckdose garantiert werden.

Digitale Empfangstechnik

Nach Abschaffung des Rundfunk-Staatsmonopols im vergangenen Jahrhundert nahm die Programmvielfalt stark zu. Dieser Trend wurde durch die begrenzte Anzahl von analogen Übertragungskanälen bald gebremst. Mit der Bereitstellung geeigneter digitaler Kompressionsverfahren (standardisiert in **MPEG-Normen**) (**M**oving **P**icture **E**xperts **G**roup), ließ sich die Menge der erforderlichen Daten stark reduzieren. Spezielle **digitale Modulationsalgorithmen** erlauben es zudem, mehr Informationen pro Zeitabschnitt darzustellen. Durch diese neuen Technologien schöpft ein Programm die vorgesehene Bandbreite des bisherigen Sendekanals nicht mehr voll aus.

Die wesentlichen Vorteile der digitalen Empfangstechnik sind:

- **mögliche Programmvielfalt**
  Ähnlich der digitalen Telefontechnik (vgl. Kap. 25.1.3) lassen sich pro Kanal mehrere Programme übertragen (Zeitscheibenverfahren).

Frequenzbereich	Nutzpegel am Empfängereingang in dBμV GA-Anlagen		BK-Anlagen	
	min.	max.	min.	max.
LW, MW, KW	50	94	–	–
FI	52	84	60	84
UKW	50	80	56	80
USB	–	–	60	84
FIII	54	84	60	84
OSB, ESB	–	–	60	84
FIV, V (UHF)	57	84	–	–

GA-Anlage: Gemeinschafts-Antennenanlage
BK-Anlage: Breitband-Kommunikationsanlage

Tab. 25-7 ***Pegelanforderungen***

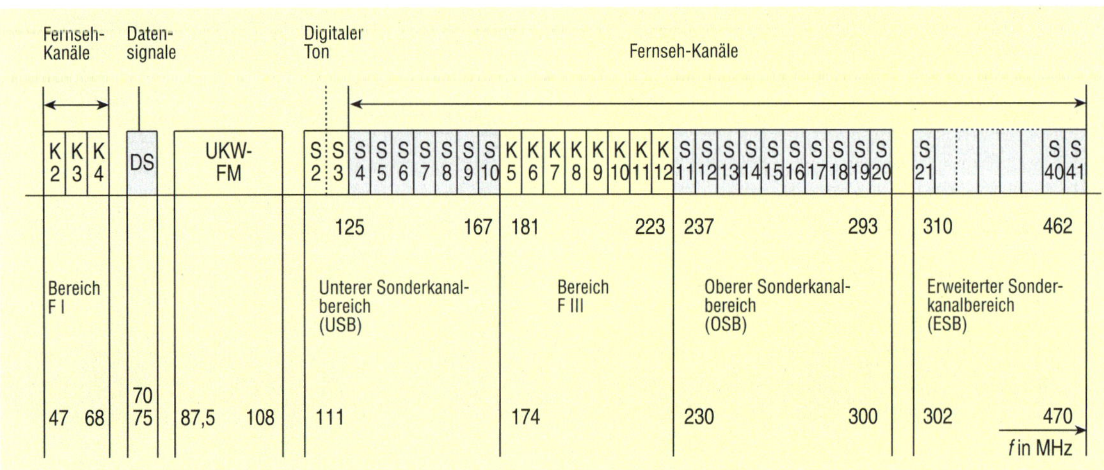

Abb. 25-46 ***Frequenzbereiche im BK-Netz***

- **Skalierbarkeit und Verbesserung der Bild- und Tonqualität**
  Grundsätzlich ermöglicht die Digitaltechnik eine verlustfreie Übertragung.
  Je stärker die Bild- und Toninformationen vor ihrer Übertragung verdichtet werden, umso größer ist die mögliche Anzahl der auf einem Kanal übertragbaren Programme. Allerdings geht diese Datenkompression mit zunehmendem Qualitätsverlust einher.
  Während sich auf einem Fernsehkanal in Abhängigkeit vom eingesetzten Modulationsverfahren bei Standardauflösung (CCIR/PAL) noch 3–6 digitale Fernsehprogramme gleichzeitig übertragen lassen, sind es bei der qualitativ hochwertigeren **HDTV**-Auflösung (**H**igh **D**efinition **T**ele**v**ision) noch maximal zwei (Tab. 25-8).
- **Bereitstellung von Hilfsdiensten**
  Um beispielsweise besser auf die Bedürfnisse älterer und behinderter Menschen einzugehen, lassen sich zusätzlich Untertitel und Zeichensprache übertragen. Aber auch interaktive Angebote, wie **Video on Demand** (Filme auf Anforderung) sind einfacher umsetzbar.
- **Verschlüsselung**
  Mit Hilfe digitaler Verschlüsselungsverfahren lässt sich der Zugriff auf kostenpflichtige Inhalte zuverlässig beschränken.

Inzwischen existiert eine Vielzahl digitaler Empfangstechniken (Abb. 25-47), welche sehr unterschiedlich arbeiten.

Der **digitale Hörfunk** wird überwiegend terrestrisch ausgestrahlt, schließt jedoch die Verbreitung über Kabel und Satellit nicht grundsätzlich aus. Während der **DAB**-Standard (**D**igital **A**udio **B**roadcasting) aufgrund des Frequenzbereichs von > 30 MHz hauptsächlich als Ersatz für den bisherigen UKW-Rundfunk anzusehen ist, arbeitet **DRM** (**D**igital **R**adio **M**ondiale = weltweiter digitaler Rundfunk) im Bereich der Lang-, Mittel- und Kurzwelle und kann deshalb mittlere und große Distanzen überwinden.

Level	Bezeichnung	Auflösung (Bildpunkte)	Bitrate (Mbit/s)	Anwendung
LL	Low Level	176 x 144	0,096	mobile Geräte
ML	Main Level	720 x 576	bis 9,8	DVD-Video, DVB-T
H14	High 1440	1280 x 720	60	HDV[1])
HL	High Level	1080 x 720	80	HDTV

Tab. 25-8 **Ausgewählte Bitraten verschiedener MPEG2-Kompressionslevel**

[1]) **H**igh **D**efinition **V**ideo

Abkürzung	Übertragungseinrichtung
DVB-S	Satelliten
DVB-T	terrestische Sender
DVB-C	Kabelnetze

Tab. 25-9 ***Übertragungseinrichtungen beim Digitalfernsehen***

In Deutschland nutzen **DAB/DAB+** das VHF-Band III (174–240 MHz), während für DRM der Bereich zwischen 150 KHz und 26,1 MHz vorgesehen ist. Zum digitalen Hörfunkempfang benötigt man spezielle Radiogeräte. Zusätzlich sind Transmitter erhältlich, die das eingehende digitale Signal umwandeln und auf eine freie UKW-Frequenz leiten, sodass auch analoge Empfänger (z. B. ein vorhandenes Autoradio) die Teilnahme ermöglichen.

Neben der besseren Übertragungsqualität (Rauschfreiheit), besteht ein wesentlicher Vorteil des digitalen Hörfunks in der Möglichkeit, zusätzliche Daten zu übertragen. Beispielsweise lassen sich Verkehrsinformationen umfangreicher darstellen, was die Arbeit zukünftiger Verkehrsleitsysteme erleichtern kann.

Für das **digitale Fernsehen** (**DVB** = **D**igital **V**ideo **B**roadcasting) haben sich entsprechend den analogen Übertragungsverfahren drei verschiedene Standards durchgesetzt (Tab. 25-9). Diese arbeiten mit den selben Frequenzbändern, sodass eine Konkurrenzsituation hinsichtlich der Bandnutzung entstanden ist. Da ein Weiterbetrieb der analogen Sender den Ausbau des digitalen Rundfunks behindert, ist in Zukunft mit einer fortschreitenden **Analogabschaltung** zu rechnen.

Die Teilnahme am Digitalfernsehen kann auf verschiedenen Wegen erfolgen. Sie ist abhängig vom Empfangsgerät und der Übertragungseinrichtung. Will man einen vorhandenen analogen Fernsehempfänger weiter benutzen, benötigt man einen Receiver. Er decodiert das digitale Signal und wandelt es in ein analoges Fernsehsignal um. Dieses gelangt dann zumeist über SCART-Anschlüsse zum Empfänger. Allerdings ist die damit erzielbare Bild- und Tonqualität wegen der Signalkonvertierung und der folgenden analogen Übertra-

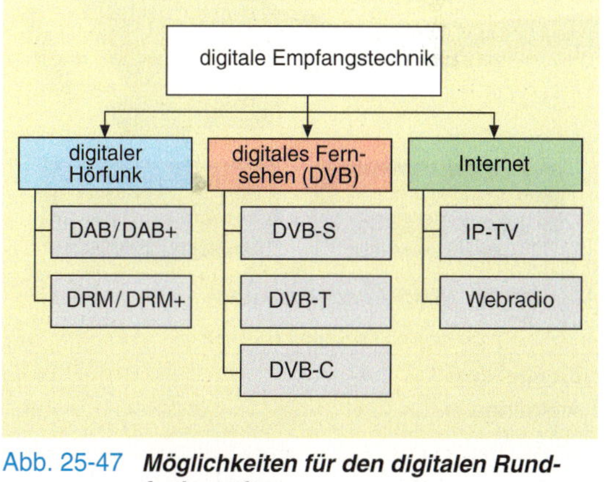

Abb. 25-47 ***Möglichkeiten für den digitalen Rundfunkempfang***

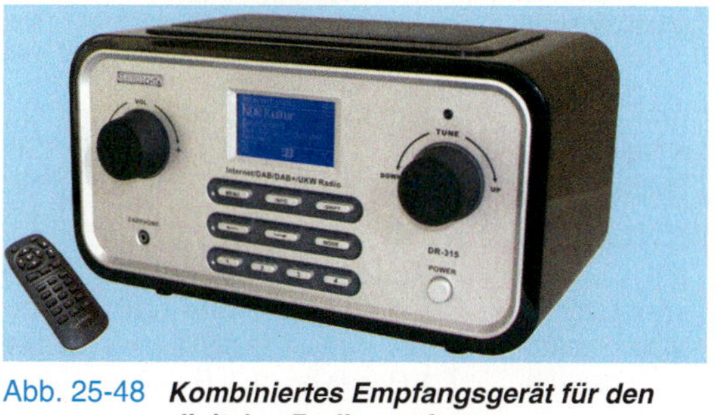

Abb. 25-48 ***Kombiniertes Empfangsgerät für den digitalen Radioempfang***

gung und Weiterverarbeitung geringer als bei der Verwendung digitaler Fernsehgeräte.

Digitale Fernsehgeräte benötigen den Umweg über ein analoges Signal nicht. Sollte der Digitalreceiver (z. B. für DVB-S) nicht bereits im Gerät integriert sein, so lässt sich ein externes Gerät über die **HDMI**-Schnittstelle (**H**igh **D**efinition **M**ultimedia **I**nterface) ankoppeln (Abb. 25-49). Diese beruht auf einer volldigitalen Übertragung und vermeidet damit Qualitätsverluste.

Während für den Empfang von DVB-T und DVB-C außer dem passenden Receiver meist keine Änderungen an der Empfangsanlage notwendig sind, erfordern digitale Satellitenempfangsanlagen mitunter einige Anpassungen. Die meisten digitalen Programme sind derzeit im oberen Satelliten-Frequenzband (11,7–12,75 GHz) anzutreffen. Deshalb muss der eingesetzte LNB dieses Band unterstützen, was jedoch bei einigen älteren Geräten nicht der Fall ist. Diese sind dann gegen einen sogenannten **Universal-LNB** auszutauschen. Der Namenszusatz „Universal" zu einer der in Tab. 25-10 dargestellten Bezeichnungen deutet auf die Digitaltauglichkeit des betreffenden LNB hin.

Muss eine Anlage mehrere Satelitenpoisitionen empfangen, sollte die Umschaltmatrix mit **DiSEqC**-Funktion (**Di**gital **S**atellit **Eq**uipment **C**ontrol) ausgestattet sein. Diese erweitert den Funktionsumfang der bisherigen LNB-Steuersignale erheblich. Neben der Unterstützung mehrerer LNB's lassen sich mittels DiSEqC auch Einkabelanlagen **(Unicable)** realisieren, bei denen beispielsweise eine Busleitung 4 Receiver versorgt.

Statt jedem Receiver das komplette Frequenzspektrum zur Verfügung zu stellen, erhalten die an der selben Busleitung angeschlossenen Empfänger nur einen als **User Band** (UB) bezeichneten Ausschnitt. Die Steuerung erfolgt über digitale Datenpakete. Ein Receiver teilt damit der DiSEqC-Umschaltmatrix seinen aktuellen Programmwunsch mit. Diese moduliert das angeforderte Programm auf das UB des betreffenden Empfängers.

Der digitale Rundfunkempfang über das **Internet** nutzt einen bereits bestehenden Internetanschluss. Er überträgt Bild- und Toninformationen mit Hilfe des TCP/IP-Protokolls. Ist in einem Gebäude bereits ein Computernetzwerk installiert, lässt es sich auch für die Verteilung des IP-basierenden Rundfunks nutzen. Als Empfänger dienen entweder ein Computer oder geeignete Radio- und Fernsehgeräte (Abb. 25-50). Wesentliche Vorteile sind:

- keine zusätzliche Infrastruktur für die Übertragung von Rundfunksignalen
- On-Demand-Fähigkeit (wahlweiser Abruf von laufenden Sendungen **„Live-Stream"** oder Archivinhalten)
- leichtere Realisierung von alternativen und lokalen Rundfunkangeboten, da keine Frequenzvergabe erforderlich ist

Ähnlich dem Telefonieren über das Internet erfordern Webradio und IP-TV eine echtzeitfähige Datenübertragung. Je nach Kapazität und Auslastung des Internetanschlusses ist die erreichbare Bild- und Tonqualität oft deutlich geringer als beim dedizierten (= ausschließlich) Rundfunkempfang.

Abb. 25-49 ***HDMI-Anschlusskabel***

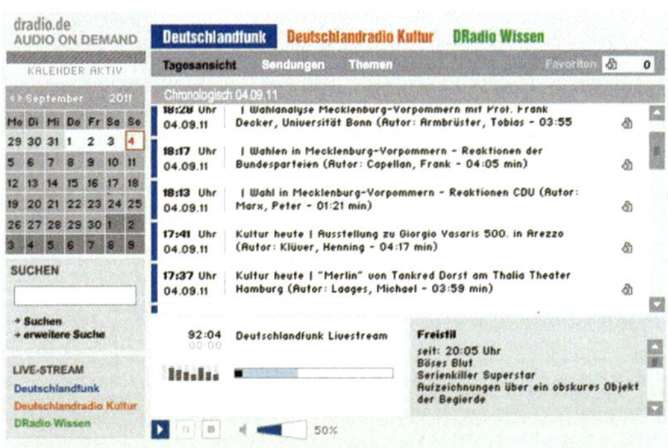

Abb. 25-50 ***Beispiel für den Empfang von Webradio***

Anzahl der Ausgänge am LNB	1	2	4	6	8
ohne integrierten Multischalter	–	–	**Quadro-LNB** Anschluss an Multischalter	–	–
mit integrierten Multischalter	**Single-LNB** für 1 Receiver	**Duo-LNB** bis 2 Receiver	**Quadro-Switch-LNB** bis 4 Receiver	**Hexa-LNB** bis 6 Receiver	**Octo-LNB** bis 8 Receiver
mit integrierten Multischalter für 2 benachbarte Satelliten	**Monoblock-Single-LNB** für 1 Receiver	**Monoblock-Duo-LNB** bis 2 Receiver	**Monoblock-Quad-LNB** bis 4 Receiver	–	–

Tab. 25-10 ***Gebräuchliche Bezeichnungen für verschiedene LNB-Typen und deren jeweilige Verwendung***

25.2.4 Bauvorschriften und Montagerichtlinien

Mechanische Festigkeit der Antennenanordnung

Am Standort einer Antenne sollen die bestmöglichen Empfangsbedingungen vorliegen. Die gemessene Antennenspannung bzw. der ermittelte Empfangspegel sind dort am größten. Für Richtantennen besteht zum Sender hin „freie Sicht". Der Empfang wird weder durch Hindernisse noch durch reflektierende Wände beeinträchtigt. Mit einem Empfangsdipol und einem Messempfänger kann diese günstigste Stelle, meist oberhalb der Dachhaut des Gebäudes, ermittelt werden.

Alle erforderlichen Antennen sollten aus ästhetischen Gründen am selben Standrohr befestigt sein. Manchmal wird es nicht möglich sein, dieses Standrohr an der ausgemessenen günstigsten Stelle anzubringen. Dann muss ein anderer empfangsgünstiger Standort gefunden werden.

Alle erforderlichen Antennen sollen möglichst konzentriert an einer empfangsgünstigen Stelle angeordnet werden.

Antennenstandrohre müssen mechanisch fest und korrosionsgeschützt sein. Die Stahlrohre sind verzinkt, ihrer Wanddicke beträgt mindestens 2 mm. Wasserrohre aus verzinktem Stahl beispielsweise erfüllen diese Forderungen nicht, sie dürfen zur Antennen-Befestigung nicht benutzt werden.

Die Einspannlänge des Antennenstandrohres muss mindestens 1/6 seiner Gesamtlänge betragen.

Für freie Längen bis 6 m ist die Festigkeit des Standrohres durch eine Windlast-Berechnung nachzuweisen. Jede am Standrohr befestigte Antenne bietet dem Wind eine Angriffsfläche. Damit stellt die Antenne bei Windeinwirkung für das Standrohr eine Belastung dar, das Rohr wird auf Biegung beansprucht. Ausgehend von einem angenommenen Staudruck von 800 N/m^2, das entspricht einer Windgeschwindigkeit von 129 km/h (Windstärke 12), geben die Hersteller für jede ihrer Antennen die so genannte Windlast F_w an.

Windlast F_w ist die Last, die eine Antenne an ihrer Befestigungsstelle auf das Standrohr ausübt, wenn Windstärke 12 herrscht.

Das Windlastmoment M_w ist das Produkt aus Windlast F_w und Montagehöhe l über dem oberen Befestigungspunkt des Standrohres.

Das Standrohr wird mit der Summe aller Windlastmomente auf Biegung beansprucht.

Das Gesamt-Biegemoment beträgt

$$M_B = F_{w1} \cdot l_1 + F_{w2} \cdot l_2 + F_{w3} \cdot l_3 + \ldots \qquad \textbf{25-7}$$

In Abb. 25-51 ist eine solche Berechnung an einem Beispiel dargestellt. Das zulässige Gesamt-Biegemoment für das Standrohr ist den Herstellerangaben zu entnehmen.

Die Summe aller Windlastmomente der am Standrohr befestigten Antenne muss kleiner sein als das höchstzulässige Biegemoment des Standrohres.

Befindet sich das Ende des Standrohres mehr als 20 m über der Geländeoberfläche, so sind die vom Hersteller angegebenen Windlast-Werte mit dem Faktor 1,37 zu multiplizieren. Für Standrohre über 6 m freie Länge oder für Gesamt-Windlastmomente über 1650 Nm gelten besondere Vorschriften.

Elektrische Sicherheit

Der Antennenstandort ist auch so auszuwählen, dass vorgeschriebene Mindestabstände zu benachbarten anderen Anlagenteilen eingehalten werden (Abb. 25-52).

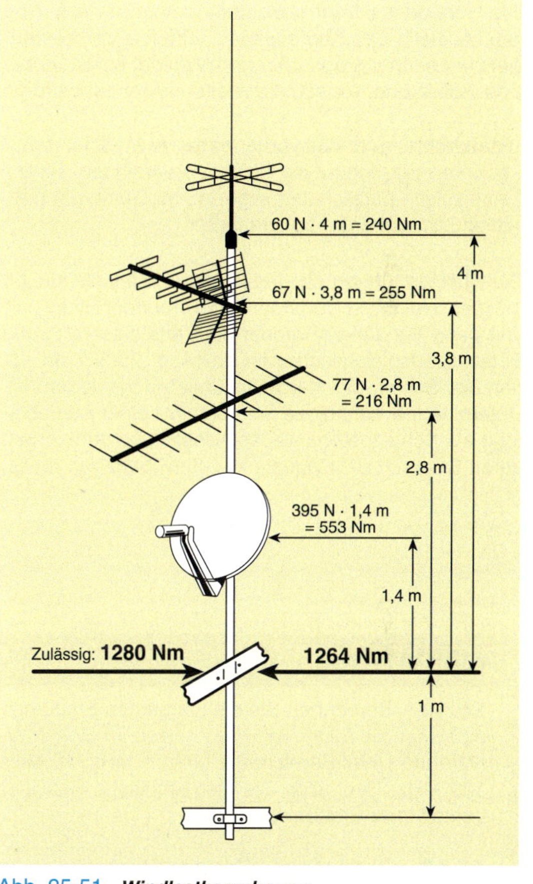

Abb. 25-51 ***Windlastberechnung***

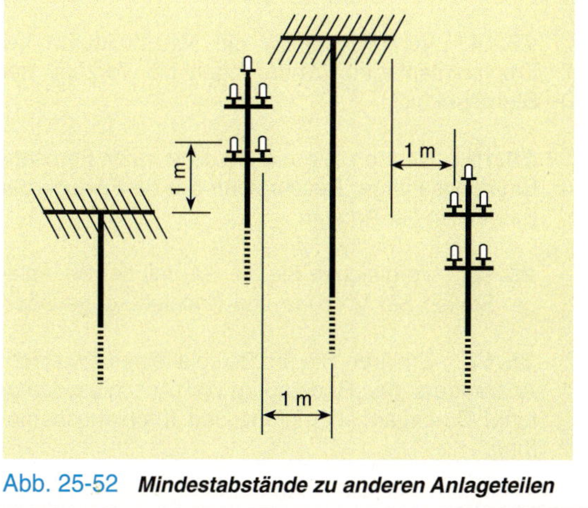

Abb. 25-52 ***Mindestabstände zu anderen Anlageteilen***

25

Empfangsantennen müssen von Niederspannungs-Freileitungen mindestens 1 m entfernt angebracht sein. Für den Fall, dass Antennenteile abknicken, darf es zu keiner Freileitungs-Berührung kommen. Standrohre und an ihnen befestigte Antennen dürfen die Kehrarbeiten des Schornsteinfegers nicht behindern.

Bei Gebäuden mit einer Anlage für den äußeren Blitzschutz ist das Standrohr an die Ableitungen anzubinden. Der Leitungsquerschnitt entspricht den Festlegungen für Blitzschutzanlagen. Hat das Gebäude keine Blitzschutzanlage, so ist das Standrohr über eine Kupferleitung mit mindestens 16 mm² Querschnitt mit dem Erder zu verbinden. Eine Verlegung außerhalb des Gebäudes ist der Verlegung im Inneren vorzuziehen. Anstelle der Kupferleitung dürfen auch leitwertgleiche Leitungen aus anderem Material sowie metallene Rohre und Konstruktionsteile verwendet werden.

Standrohre sind bei vorhandener Anlage für den äußeren Blitzschutz mit dieser zu verbinden. Fehlt eine solche Blitzschutzanlage, ist das Standrohr mit dem Gebäudeerder zu verbinden.

Die Abschirmungen der koaxialen Antennenleitungen müssen elektrisch durchgehend verbunden sein. Vor und nach Verstärkern ordnet man aus diesem Grund Potenzialausgleichsschienen an (Abb. 25-53), an denen der Schirm der Koaxialleitungen angeklemmt ist. Untereinander sind diese Schienen mit einer Kupferleitung als Schutzpotenzialausgleichsleitung verbunden, deren Querschnitt mindestens 4 mm² betragen muss.

Ausgenommen von dieser Festlegung sind

- Außenantennen, die so angebracht sind, dass deren äußere Begrenzungen mindestens 2 m unter der Dachkante und höchstens 1,5 m von der Gebäudewand entfernt liegen,
- Antennen unter der Dachhaut,
- Zimmerantennen und Antennen, die im Gerät eingebaut sind.

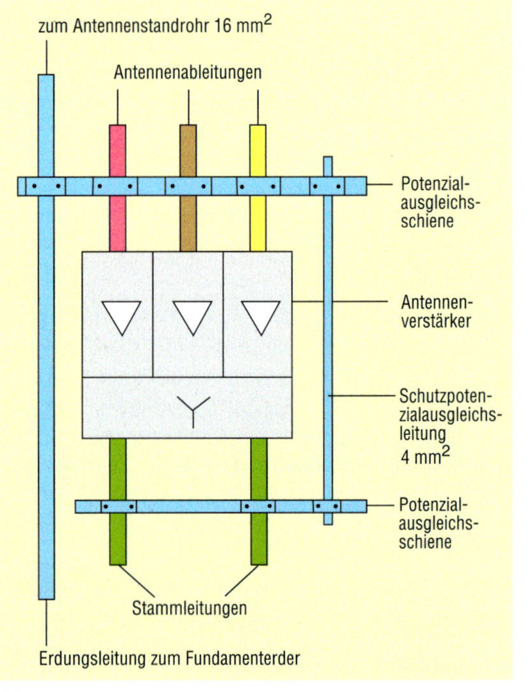

Abb. 25-53 ***Erdungsmaßnahmen in Empfangsanlagen***

AUFGABEN

25.12 Berechnen Sie die Länge des Empfangsdipols für die folgenden Frequenzen im LW-, MW-, KW- und UKW-Bereich: 0,2 MHz, 1 MHz, 10 MHz, 100 MHz. Beurteilen Sie die technische Realisierbarkeit Ihrer Ergebnisse.

25.13 Beschreiben Sie die Tätigkeiten beim Ausrichten der Außenbaugruppen einer Satelliten-Empfangsantenne auf den gewünschten Satelliten.

25.14 Vergleichen Sie die Netzstrukturen bei Empfangsanlagen. Worin liegen die Vorzüge der Sternstruktur?

25.15 Nennen Sie die Bauteile einer Fernseh-Empfangsanlage. Beschreiben Sie den Zweck der Bauteile in der Anlage.

25.16 Vergleichen Sie die GA- mit der BK-Anlage. Stellen Sie Vorzüge und Nachteile gegenüber.

25.17 Erklären Sie am Beispiel eines Zweifach-Abzweigers die Bedeutung von Anschlussdämpfung, Durchgangsdämpfung und Kopplungsdämpfung.

25.18 Warum darf eine Stichleitungs-Antennendose nicht am Ende einer Busleitung mit mehreren Anschlussdosen verwendet werden?

25.19 Beschreiben Sie die Anschlussbelegung, die Funktionsmerkmale und den Einsatzbereich folgender LNBs: Einzel-LNB, Doppel-LNB, Quadro-LNB , Quadro-Switch-LNB, Monoblock-LNB, Unicable-LNB, interactiver LNB (iLNB).

25.20 Warum muss für Antennenstandrohre eine Windlastberechnung durchgeführt werden? Erläutern und begründen Sie die dabei anzuwendenden Rechenoperationen.

25.21 Führen Sie die Windlastberechnung am Beispiel der Abb. 25-51 durch, wenn die beiden Yagi-Antennen vertauscht angebracht sind. Schlussfolgern Sie.

25.3 Gefahrenmeldeanlagen

25.3.1 Überblick

Gefahrenmeldeanlagen (GMA) sind gemäß der DIN VDE 0833-1 „Fernmeldeanlagen zum zuverlässigen Melden von Gefahren für Personen und Sachen. Sie bilden aus selbständig erfassten oder von Personen veranlassten Informationen Gefahrenmeldungen, geben diese aus und erfassen Störungen."

Gefahrenmeldeanlagen arbeiten nach dem **EVA-Prinzip** und bestehen aus den wesentlichen Funktionseinheiten:

- **Melder** – dienen der Erfassung physikalischer Größen
- **Zentrale** – stellt anhand der eingehenden Meldersignale Gefahren fest
- **Alarmierungseinrichtungen** – dienen der Warnung von Personen und dem Herbeirufen von Hilfe

Zusätzlich benötigen GMA Übertragungs- sowie Überwachungseinrichtungen.

Konventionelle Gefahrenmeldeanlagen (BMA/EMA/ÜMA) sind Systeme, die auf einen bestimmten Alarmtyp spezialisiert sind. Sie müssen Gefahrenmeldungen über eine **Primärleitung** z.B. an die Polizei oder die Feuerwehr weiterleiten. Gefahrenmeldeanlagen dürfen in Deutschland nur von anerkannten Fachfirmen (VdS-Zertifikat) errichtet, gewartet und instand gesetzt werden.

Hingegen können **Gefahrenwarnanlagen (GWA)** die Funktionen verschiedener Gefahrenmeldeanlagen integrieren und weitere Dienste (z.B. Personenruf) unterstützen. GWA kommen im häuslichen Bereich sowie in Räumen mit wohnungsähnlicher Nutzung zum Einsatz. Eine externe Meldungsweiterleitung ist für diese Anlagen nicht vorgeschrieben, allerdings oft möglich und sinnvoll.

Die Errichtung, Wartung und Instandsetzung darf durch jeden Elektrofachbetrieb erfolgen. Einige Funksysteme oder Einzelmelder sehen sogar die Selbstmontage durch den Kunden vor. Ob im jeweiligen Objekt eine Gefahrenwarnanlage genügt oder spezialisierte Gefahrenmeldeanlagen einzusetzen sind, wird durch die jeweils gültige Landesbauordnung geregelt bzw. vom Schadensversicherer vorgeschrieben.

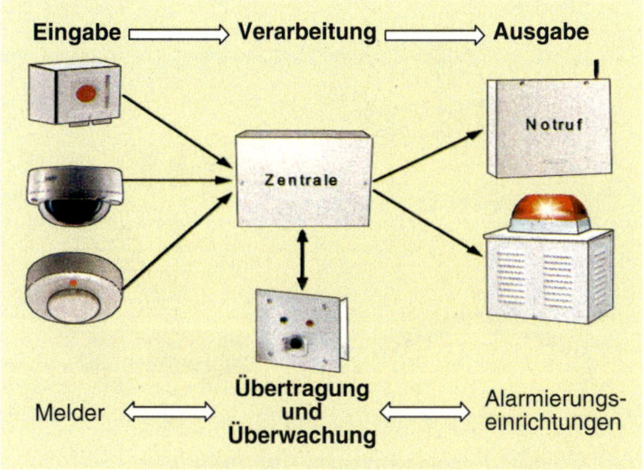

Abb. 25-54 ***Wirkprinzip einer Gefahrenmeldeanlage***

25.3.2 Systeme zur Brandmeldung

Jährlich kommen in Deutschland rund 600 Personen durch Brände ums Leben – die meisten in Privathaushalten. Etwa 70 % aller Brandopfer sterben nachts in der eigenen Wohnung. Darüber hinaus verursachen Brände erhebliche Sachschäden. Die Aufgabe von Brandmeldesystemen ist es, im Falle von Hitze-, Feuer- oder Rauchentwicklung möglichst frühzeitig, am Besten noch während der Brandentstehung, einen Alarm auszulösen. Einige Anlagen sind außerdem in der Lage, fest installierte Feuerlöschanlagen zu aktivieren.

Abb. 25-55 ***Öffentlicher Handfeuermelder***

Typ	Beschreibung	Anwendungsbeispiel	zugrunde liegende Norm
Brandmeldeanlage **(BMA)**	**spezialisierte Anlage** für den Hilferuf bei Bränden und Brandgefahr sowie zur frühzeitigen Branderkennung	Brandmeldeanlage in einem Flughafen	DIN VDE 0833-2
Einbruchmeldeanlage **(EMA)**	**spezialisierte Anlage** zur Überwachung von Gegenständen und Flächen gegen unbefugtes Wegnehmen oder Eindringen	Alarmanlage einer Bankfiliale	DIN VDE 0833-3
Überfallmeldeanlagen **(ÜMA)**	**spezialisierte oder kombinierte Anlage** zum Hilferuf von Personen bei Überfällen. Diese kann Teil einer EMA sein, muss sich dann jedoch ständig im Zustand der Scharfschaltung befinden.	Alarmschaltung einer behördlichen Kasse	DIN VDE 0833-3
Gefahrenwarnanlagen **(GWA)**	**nicht spezialisierte Anlage** zur Gefahrenabwehr im Wohnbereich	Überwachungsanlage in einer Arztpraxis	DIN VDE 0826-1

Tab. 25-11 ***Arten von Gefahrenmeldeanlagen***

Sensoren für die Erkennung von Bränden

Sensoren müssen Brände unter den jeweils herrschenden Umgebungsbedingungen zuverlässig detektieren, sollen andererseits aber keine Fehlalarme auslösen. Da nicht jeder Sensor für alle Einsatzbedingungen tauglich ist, haben sich in der Praxis verschiedene Typen durchgesetzt.

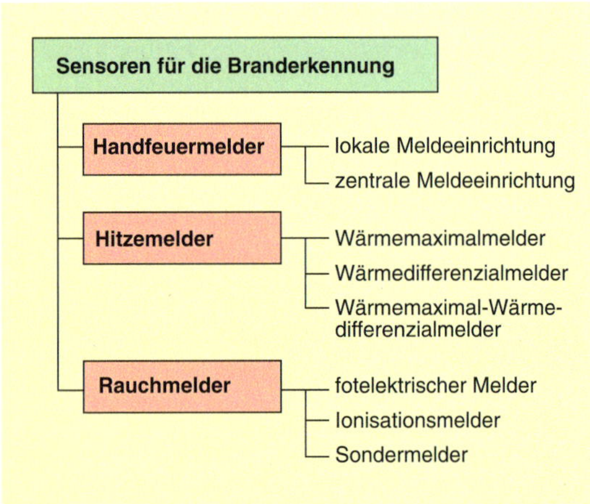

Abb. 25-56 ***Sensoren für die Branderkennung***

Handfeuermelder (Abb. 25-57) sind die älteste und einfachste Form der Alarmgeber. Hierbei handelt es sich um nichtautomatische Sensoren, da die Alarmauslösung immer durch eine Person erfolgen muss. Um den (strafbaren) Missbrauch zu vermeiden, ist der Auslöseknopf von einer Scheibe geschützt und sie lassen sich nach dem Auslösen nur mit einem Spezialschlüssel zurücksetzen.

Für Handfeuermelder mit Anschluss an eine **Brandmeldezentrale** ist eine **rote Lackierung** (RAL 3000) vorgeschrieben. Bei andersfarbigen, z. B. blauen Meldern, handelt es sich um lokale Meldeeinrichtungen ohne Alarmierungsfunktion für die Feuerwehr (Hausalarm). Sie können Bestandteil einer Gefahrenwarnanlage sein.

Rauchmelder

Rauch ist gefährlicher als Feuer. Etwa 95 % aller Brandopfer sterben nicht durch das Feuer sondern an einer Rauchvergiftung.

Rauchmelder reagieren nicht unmittelbar auf Wärme oder Flammen, sondern auf den von einem Brand ausgehenden Rauch. Sie eignen sich sehr gut zur frühzeitigen Branderkennung, da viele Feuer zunächst als Schwelbrände ohne offene Flammen, jedoch mit einer starken Rauchentwicklung beginnen. Ein weiteres Einsatzfeld von Rauchmeldern ist der unmittelbare Personenschutz. Selbst wenn die Wärmewirkung lokaler Brandherde in einem Gebäude noch keine unmittelbare Gefährdung darstellt, sind die entstehenden Rauchgase wegen ihrer Giftigkeit und enormen Ausbreitungsgeschwindigkeit über die Lüftungswege eine Bedrohung für Leben und Gesundheit.

Abb. 25-57 ***Moderner Handfeuermelder für den Anschluss an ein Ringbussystem***

Die meisten Rauchmelder arbeiten nach dem **fotoelektronischen Prinzip** (Abb. 25-58). Dazu besitzen sie eine Messkammer, welche von der Umgebungsluft durchströmt wird. Eine Infrarotdiode sendet dort periodisch für das menschliche Auge unsichtbare Lichtstrahlen aus, welche ohne Raucheinwirkung von den Wänden der Messkammer absorbiert werden. Gelangen jedoch Rauchpartikel in die Kammer, so werden die Infrarotstrahlen von den eingedrungenen Partikeln zurückgeworfen – ähnlich dem Licht eines Autoscheinwerfers bei Nebel. Die zurückgeworfenen Strahlen erreichen einen ebenfalls in der Messkammer angeordneten Sensor, der daraufhin den Alarm auslöst.

Eine andere Bauart sind **Ionisationsrauchmelder.** Sie besitzen statt einer Infrarotdiode schwach radioaktives Material als Strahlungsquelle. Ihr Vorteil liegt in der

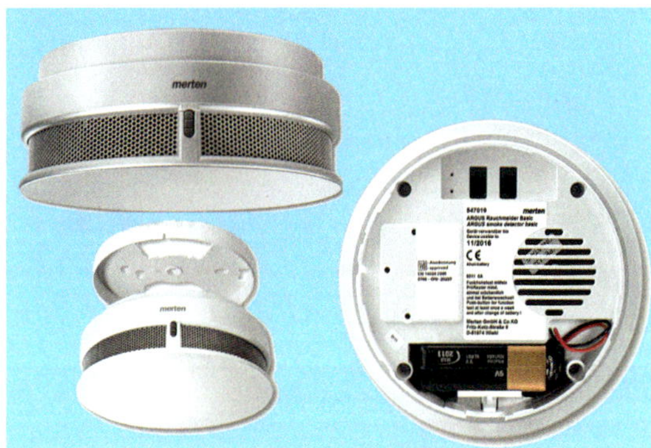

Abb. 25-58 ***Fotoelektrische Rauchmelder***

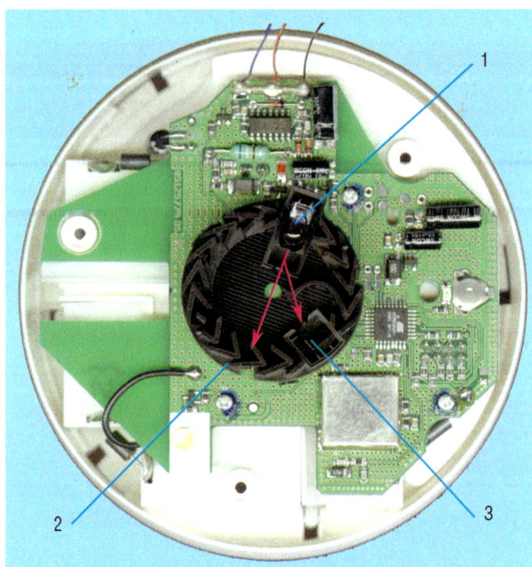

Abb. 25-59 ***Optischer Rauchmelder***
1 Infrarotdiode, 2 Messkammer, 3 Fotosensor

sicheren Erkennung auch mikroskopisch kleiner Rauchpartikel, wie sie beispielsweise bei offenen Bränden entstehen. Allerdings ist der Umgang mit radioaktiven Materialien problematisch, weshalb sich der Einsatz von Ionisationsrauchmeldern auf wenige spezielle Anwendungsfälle beschränkt.

Rauchmelder lassen sich nicht einsetzen, wenn es bereits unter normalen Umständen zur Entwicklung von Staub und Rauch kommt. Ihre Verwendung in Küchen und Bädern, in Heizhäusern oder Tischlereien führt dort zu häufigem Fehlalarm.

Hitzemelder sollen offenes Feuer erkennen und müssen sich deshalb in unmittelbarer Nähe des Brandherdes befinden. Sie kommen dort zum Einsatz, wo die Verwendung von Rauchmeldern aufgrund der herrschenden Betriebsbedingungen entweder nicht möglich ist (häufige Fehlalarme) oder wo mit Bränden ohne nennenswerte Rauchentwicklung zu rechnen ist (beispielsweise verbrennt Ethanol nahezu rauchfrei).

Hitzemelder (Abb. 25-61) lösen einen Alarm aus, sobald sich die Umgebungstemperatur in unzulässiger Weise erhöht. Dabei unterscheidet man zwischen Geräten, die nach dem **Maximalprinzip** oder dem **Differenzialprinzip** arbeiten. Auch gibt es Kombinationsmelder – sog. **Wärmemaximal-Wärmedifferenzialmelder** – die beide Arten in einem Gehäuse vereinen.

Hitzemelder

Maximalprinzip	**Differenzialprinzip**
Alarm nur bei Überschreitung einer Maximaltemperatur (meist > 58 °C)	Alarm bei raschem Temperaturanstieg (meist > 5 °C in 3 Minuten)

Abb. 25-60 ***Funktionsweise von Hitzemeldern***

Problematisch ist der Einsatz von Hitzemeldern immer dort, wo auch unter normalen Bedingungen eine höhere Temperatur auftreten kann (z. B. durch Sonneneinstrahlung). Fehlalarme lassen sich meist durch die Wahl eines geeigneten Montagepunktes, der beispielsweise nicht der direkten Sonneneinstrahlung ausgesetzt ist, vermeiden.

Neben den in Gebäuden sehr weit verbreiteten Rauch- und Hitzemeldern zur Deckenmontage, existieren weitere Typen, die unter dem Begriff **Sondermelder** zusammengefasst werden. Dazu gehören **Flammenmelder,** die das von einer offenen Flamme ausgehende Lichtspektrum erkennen.

Abb. 25-61 ***Hitzemelder***

In Straßenverkehrstunneln, großen Lagerräumen bzw. Hallen kommen **lineare Rauchmelder** zum Einsatz, die nach dem Prinzip einer Reflexionslichtschranke die Lufttrübung auswerten. Weiterhin sind im Bereich von Lüftungsanlagen **Ansaugrauchmelder** im Einsatz. Sie entnehmen dem Überwachungsbereich kontinuierlich Luft und führen sie einem Auswertemodul zu, das die angesaugte Luft auf darin enthaltene Rauchpartikel überprüft.

Gesetzliche Vorschriften

In der Bundesrepublik schreiben einige **Landesbauordnungen** den Einsatz von Rauchmeldern verbindlich vor. Mitunter gilt dies nur für Neu- und Umbauten. Andere Bundesländer verlangen die Nachrüstung auch in Bestandsbauten, wobei bestimmte Fristen einzuhalten sind. Die Einzelheiten lassen sich den Landesbauordnungen entnehmen.

Darüber hinaus sind Planung, Einbau und Betrieb sowie die Instandhaltung von Rauchwarnmeldern im Privatwohnbereich (dazu zählen auch kleinere Hotels und Pensionen) durch die nationale Norm **DIN 14676** geregelt. Sie gibt eine bestimmte Anzahl von Rauchmeldern im Gebäude vor, legt geeignete Montagepunkte fest und enthält Vorschriften zur Wartung- und Instandhaltung der Geräte.

Auch ist dort festgeschrieben, dass ausschließlich Rauchmelder verwendet werden dürfen, die nach der europäischen Gerätenorm **DIN EN 14604** geprüft sind. Derartige Prüfungen führt in Deutschland die **VdS-GmbH** durch (Abb. 25-63), welche auch das entsprechende Prüfsiegel sowie die dazugehörige Anerkennungsnummer vergibt.

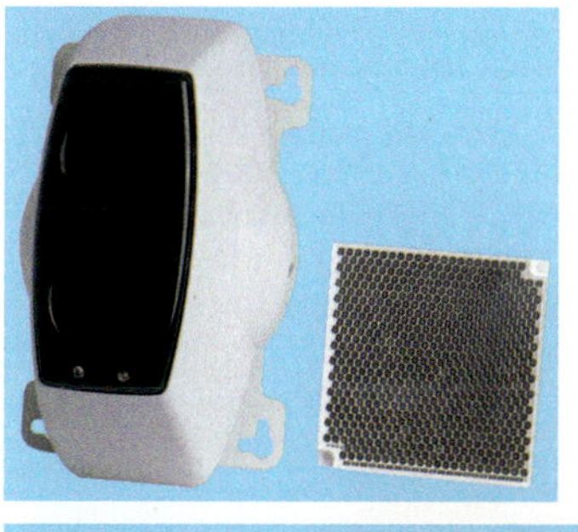

Abb. 25-62 ***Linearer Rauchmelder mit integrierter Sende- und Empfangseinheit und dazugehöriger Reflexionsfläche***

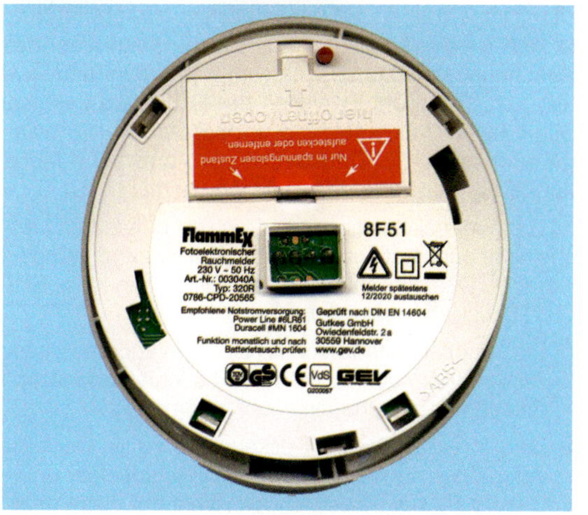

Abb. 25-63 ***Kennzeichnungen auf der Rückseite eines Rauchmelders***

25

In Deutschland sollten nur VdS-geprüfte Rauchmelder eingesetzt werden. Diese sind durch das VdS-Logo sowie die zugehörige **Anerkennungsnummer** gekennzeichnet.
Auch dürfen Rauchmelder, die nach DIN EN 14604 (wohnwirtschaftlicher Bereich) zertifiziert sind, keinesfalls auf Brandmeldeanlagen nach DIN 14765 bzw. DIN VDE 0833-2 aufgeschaltet oder als Ersatz für eine geforderte Brandmeldeanlage verwendet werden.
Brandmelder, welche Teil einer Brandmeldeanlage sind, müssen den Vorschriften der DIN EN 54 bzw. DIN VDE 0833 entsprechen.

Installation automatischer Brandmelder im Wohnbereich

Wie Statistiken belegen, haben in den zurückliegenden Jahren rund ein Viertel der in Privathaushalten installierten automatischen Melder im Brandfall wegen nicht fachgerechter Montage oder fehlender Wartung versagt.

Hitzemelder sind möglichst in Raummitte an der Decke zu montieren. Dabei darf ein maximaler Abstand von 5 m zu jeder seitlichen Wand nicht überschritten werden. Ist dies in großen Räumen nicht gewährleistet, sind mehrere Hitzemelder zu verwenden. Deren Abstände zueinander dürfen 5 m ebenfalls nicht überschreiten.

Aufgrund der vorhandenen Luftabkühlung muss ein Mindestabstand von ca. 50 cm zu seitlichen Wänden und Ecken (Herstellerangaben beachten!) eingehalten werden. Eine Montage von Hitzemeldern an einer Zimmerwand ist damit nicht zulässig. Ebenfalls verboten ist die Montage in der Nähe von Fenstern, über/neben Heizkörpern und Ventilatoren sowie anderen Einrichtungen, welche Luftströmungen verursachen und deshalb entstehende Hitze ablenken könnten. In Räumen mit Dachschrägen, Spitz- oder Giebelecken kann stehende Luft den Temperaturanstieg im Brandfall behindern. Hier ist bei der Installation ein Abstand von 1 m horizontal bzw. 50 cm vertikal vom höchsten Punkt einzuhalten.

Die richtige Anordnung von optischen **Rauchmeldern** ist ein wenig komplizierter. Rauch steigt von der Rauchquelle zunächst senkrecht nach oben und verteilt sich nach dem Erreichen der Raumdecke weiter. Somit ist ein Rauchmelder **grundsätzlich immer waagerecht (auch bei Dachschrägen!) und nach Möglichkeit in der Mitte des Zimmers** zu montieren.

In Gebäudeecken können Luftpolster entstehen, welche nicht oder erst sehr spät vom Rauch durchdrungen werden. Deshalb müssen zusätzlich folgende Einschränkungen beachtet werden:

- Ein Mindestabstand von 50 cm zu Wänden, Ecken, Balken aber auch zu größeren Leuchten und Dekorationen ist einzuhalten (Abb. 25-64).
- Sind in einem Raum Deckenbalken bzw. Deckenvorsprünge vorhanden, darf ein Rauchmelder unter Beachtung der Baustatik ggf. direkt auf diese montiert werden, wenn die Höhe des Vorsprungs 20 cm nicht überschreitet. Andernfalls sollte in jedem Deckenfeld ein seperater Rauchmelder installiert werden. Dabei verlangt die Norm einen horizontalen Mindestabstand von 50 cm zu den vorhandenen Deckenvorsprüngen (Abb. 25-65).
- Zu Dachspitzen ist ein Abstand von 30–50 cm einzuhalten (Abb. 25-66).

Rauchmelder erfassen eine Fläche von maximal 60 Quadratmetern. In Räumen mit mehr als 40 m^2 Grundfläche sind deshalb mehrere Rauchmelder zu installieren.

Befinden sich in einem Raum hohe Schränke („Raumteiler") oder Teiltrennwände, sollte jeder Raumabschnitt von einem eigenen Rauchmelder überwacht werden.

In Fluren mit weniger als 3 m Breite darf der Abstand zwischen Rauchmelder und Stirnfläche 7,5 m nicht überschreiten. Bei langen Fluren sind ggf. mehrere Rauchmelder zu verwenden, wobei ein Maximalabstand von 15 m zwischen zwei benachbarten Rauchmeldern einzuhalten ist (Abb. 25-67).

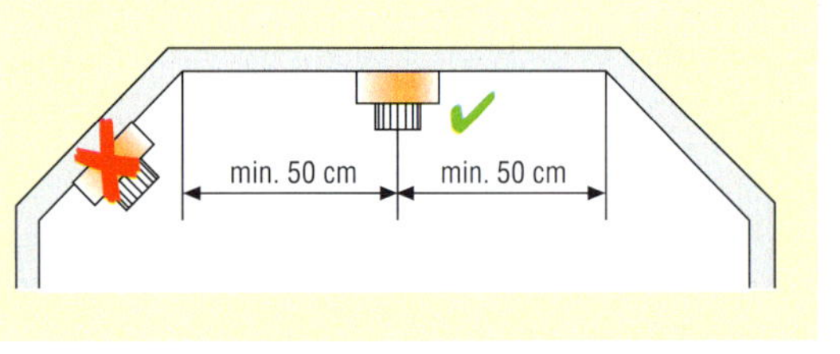

Abb. 25-64 ***Unzulässige und korrekte Montage eines Rauchmelders im Bereich von Dachschrägen***

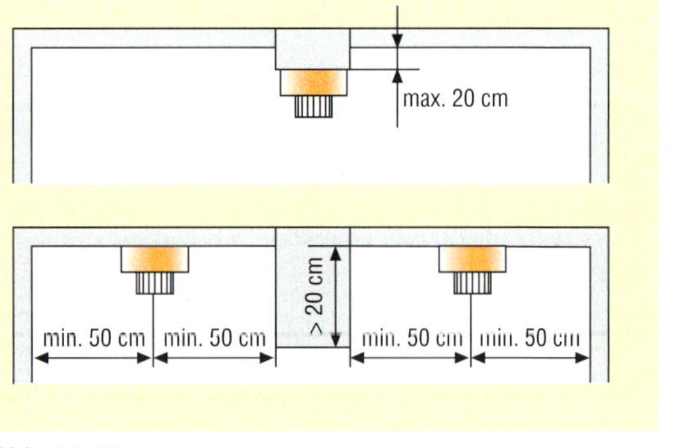

Abb. 25-65 ***Anordnung von Rauchmeldern in Räumen mit Unterzügen***

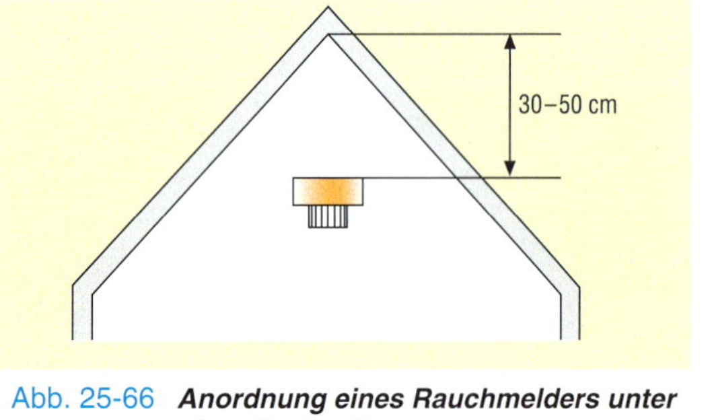

Abb. 25-66 ***Anordnung eines Rauchmelders unter einer Dachspitze***

25

L-förmige Räume sowie verwinkelte Flure, Flurkreuzungen und Flureinmündungen erhalten jeweils einen Rauchmelder in der Gehrungslinie (Skizze). Größere L-förmige Räume ab einer Grundfläche von etwa 30 m² werden wie zwei getrennte Räume betrachtet und erhalten deshalb zusätzlich in jedem Raumschenkel mindestens einen Rauchmelder (Abb. 25-68).

Raumrauchmelder dürfen nicht im Bereich von Zugluft montiert werden (am Auslass von Luftschächten, über Heizkörpern, in Fensternähe etc.).

Um das sichere Funktionieren zu garantieren, ist zumeist eine Umgebungstemperatur zwischen 5 °C und 45 °C einzuhalten (Herstellerangaben beachten). Auch darf es am Installationsplatz nicht zu erhöhter Luftfeuchtigkeit (> 93 % relativ) kommen, da kondensierender Wasserdampf Fehlalarme auslösen kann. Ebenfalls kritisch sind Bereiche mit erhöhter Staubeinwirkung (z. B. in der Nähe von Kaminöfen). Schmutz (auch Insekten) kann wichtige Öffnungen in der Messkammer verstopfen und einen Alarm verhindern.

Grundsätzlich wird pro Raum ein Melder benötigt, wenngleich eine zulässige **Minimalausstattung** lediglich **Schlafräume und Flure** berücksichtigt, soweit es sich bei letzteren um Fluchtwege handelt. Bei kleinen Wohnungen (bis 25 m²) mit nur einem Schlafraum genügt zwar grundsätzlich schon ein Rauchmelder, allerdings sollten aus Gründen der Zuverlässigkeit auch hier zwei Exemplare eingebaut werden.

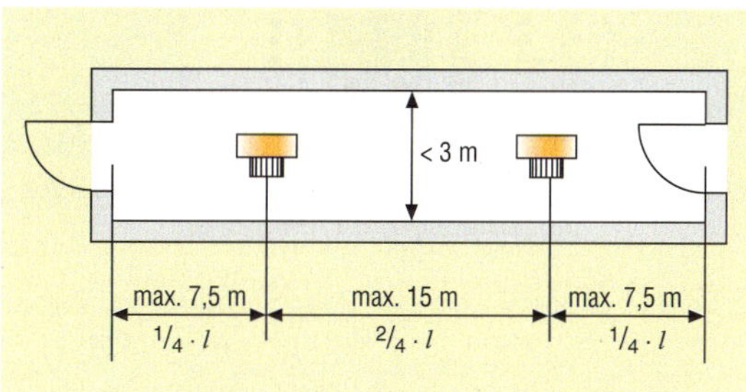

Abb. 25-67 ***Rauchmelderanordnung in schmalen Fluren***

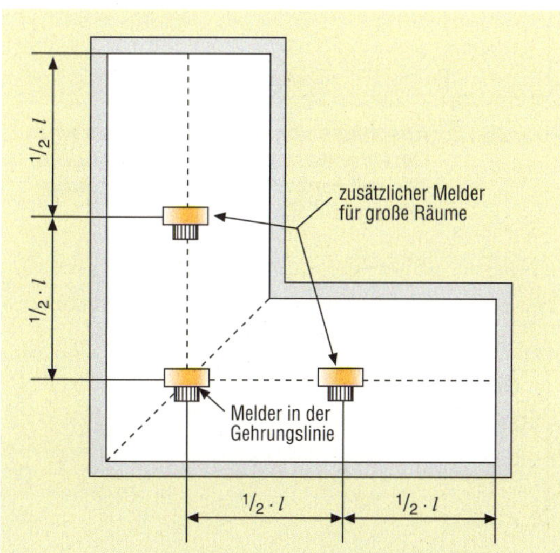

Abb. 25-68 ***Anordnung von Rauchmeldern in Gehrungsbereich und in L-förmigen Räumen***

Badezimmer, Duschen und Toiletten besitzen nur eine geringe Brandlast. Rauchmelder sind dort verzichtbar. Für Treppenhäuser sind in den Landesbauordnungen keine Rauchmelder vorgeschrieben. Trotzdem ist es empfehlenswert, jeweils einen Sensor im obersten Stockwerk anzubringen. Küchen sollten hingegen unbedingt mit einem automatischen Brandmelder ausgestattet werden, wogegen Rauchmelder wegen möglicher Fehlalarme hier kaum geeignet sind. Stattdessen sind Hitzemelder empfehlenswert.

Signalisierung

Generell unterscheidet man bei Brandmeldesystemen zwischen Geräten im Inselbetrieb mit lediglich lokaler Alarmierung und vernetzten Anlagen, welche beispielsweise auch die Feuerwehr und/oder den Eigentümer eines Hauses über Feuer- bzw. Rauchentwicklung informieren.

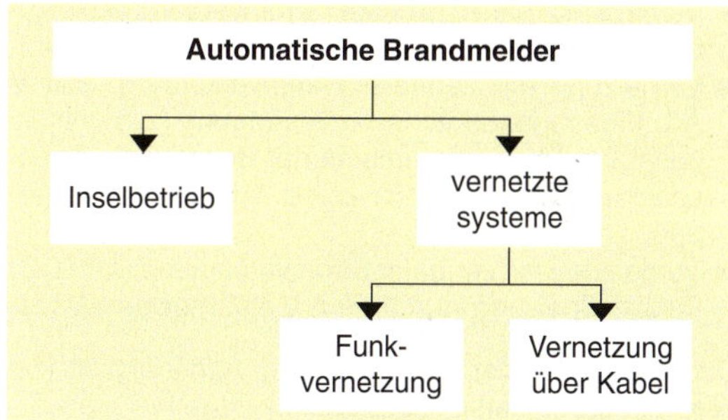

Abb. 25-69 ***Signalisierungsmöglichkeiten automatischer Brandmelder***

Übliche **Inselsysteme** erzeugen im Brandfall einen sehr lauten Signalton, der jedoch in entfernten Räumen oft nicht mehr wahrgenommen wird. Auch in Kinderzimmern ist ihr Einsatz problematisch, da sich Kinder gelegentlich vor einem Feuer verstecken, statt zu fliehen.

Die Spannungsversorgung solcher „Inselmelder" erfolgt im Regelfall über eine integrierte 9-V-Blockbatterie, was den Installationsaufwand gering hält. Wie statistische Untersuchungen zeigen, besteht darin allerdings ihre größte Schwäche. Danach versagten rund 60 % aller batteriebetriebenen Sensoren, weil deren Batterie entweder leer oder entfernt und für einen anderen Zweck verwendet worden war.

Sofern keine anders lautenden Herstellerangaben vorliegen, sind die Batterien im Rahmen der jährlichen Überprüfung, bei Signalisierung durch den Melder ggf. auch früher auszutauschen.
Akkumulatoren und Melder mit nicht tauschbaren Akkumulatoren erfordern einen Austauschzyklus von 4 Jahren, wenn der Hersteller keine andere Zeitspanne vorgibt.

Nach Möglichkeit sollte deshalb vernetzten Systemen mit einer zentralen Energieversorgung, welche idealerweise zusätzlich über eine automatisch nachladenden Akkumulator (Zweitspannungsquelle) verfügen, der Vorzug gegeben werden. Eine kostengünstige Alternative sind **funkvernetzte Systeme.** Allerdings gilt für diese ebenfalls der beschriebene Nachteil einer dezentralen Energieversorgung. Zudem ist vor allem in

Stahlbetonbauten aber auch zwischen Trockenbauwänden die Verlässlichkeit der Funkvernetzung als kritisch zu bewerten.

Werden Melder über Funk verbunden, so geschieht das auf einer Frequenz von ca. 434 MHz bzw. 868 MHz. Einige Geräte verwenden zur Verbesserung der Zuverlässigkeit sogar beide Frequenzen. Um die Zugehörigkeit eines Melders zu einer bestimmten Meldergruppe (z. B. für eine bestimmte Etage) festzulegen, ist eine Kodierung erforderlich. Diese kann oft über Schalter im Gehäuse erfolgen. Einige Geräte verfügen auch über einen automatischen Lernmodus. Wichtig ist, dass die gegenseitige Erreichbarkeit funkvernetzter Melder nach erfolgter Installation überprüft wird. Auch diese Überprüfung ist Bestandteil der regelmäßigen Wartung.

Drahtvernetze Melder existieren in unterschiedlichen Anschlussvarianten:

- Vernetzung ohne zentrale Stromversorgung (9-V-Blockbatterie im Gerät);
- Vernetzung mit zentraler Stromversorgung 230 V AC. Eine redundante Stromversorgung (z. B. mittels zusätzlich im Melder integrierter Batterie als Zweitspannungsquelle) ist für diese Typen vorgeschrieben.
- Vernetzung mit zentraler Stromversorgung (12 V DC) für die Speisung durch eine Gefahrenwarnanlage.

Die Vernetzung der Melder kann in Abhängigkeit von deren Bauart unterschiedlich sein:

Selbständige Gruppe ohne Signalweiterleitung: (Abb. 25-70) Löst ein Melder Alarm aus, so informiert er die mit ihm verbundenen Melder über eine Verbindungsleitung **(Interconnection),** worauf jene ebenfalls lokalen Alarm auslösen. Eine übergeordnete Alarmierung findet nicht statt.

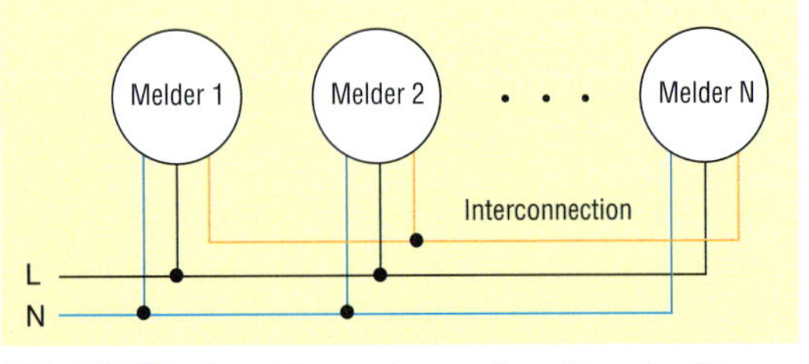

Abb. 25-70 ***Anschlussschema einer Brandmeldergruppe ohne externe Signalweiterleitung***

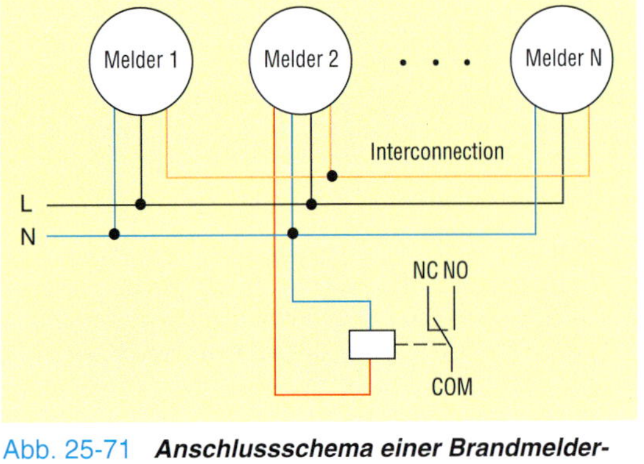

Abb. 25-71 ***Anschlussschema einer Brandmeldergruppe mit externer Signalweiterleitung***

Selbständige Gruppe mit Signalweiterleitung: (Abb. 25-71) Löst ein Melder Alarm aus, so informiert er die mit ihm verbundenen Melder über die Verbindungsleitung, worauf jene ebenfalls lokalen Alarm auslösen. Zusätzlich ist ein Melder der Gruppe mit einem Alarmierungsrelais bestückt, welches das Signal z. B. an eine angeschlossene Alarmzentrale übergibt.

Zonengruppe einer Alarmzentrale: Alle Melder sind Bestandteil einer Gefahrenwarnanlage (GWA) und werden meist von dieser mit Spannung versorgt. Je nach Konstruktion der Anlage werden die Signalanschlüsse **NO** (**n**ormaly **o**pen = Schließer) bzw. **NC** (**n**ormaly **c**losed = Öffner) angeschlossen. In Abhängigkeit von der gewählten Konfiguration sind die einzelnen **Meldelinien** zusätzlich von einem Widerstand abzuschließen.

Abb. 25-72 ***Aufputz-Montagedose für Rauchmelder mit eingesetztem Alarmrelais***

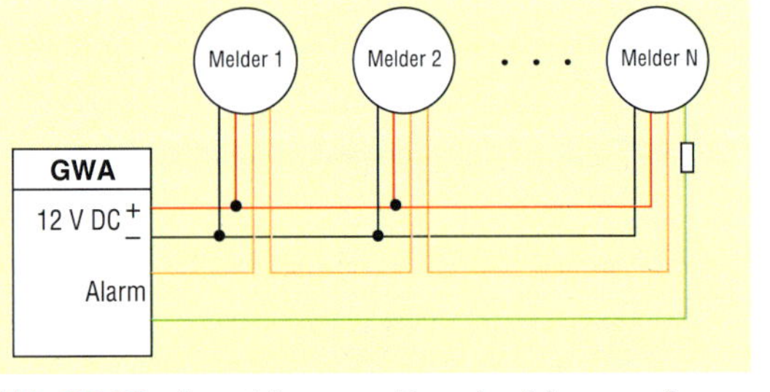

Abb. 25-73 ***Anschluss von Brandmeldern an eine Gefahrenwarnanlage in NC-Konfiguration mit zentraler Energieversorgung durch die GMA***

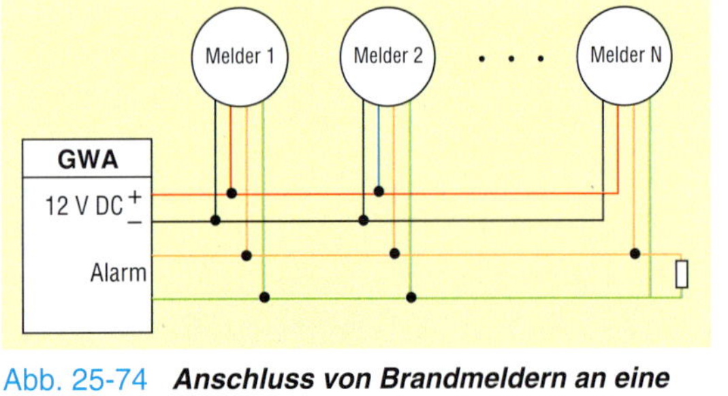

Abb. 25-74 ***Anschluss von Brandmeldern an eine Gefahrenwarnanlage in NO-Konfiguration mit zentraler Energieversorgung durch die GMA***

25.3.3 Systeme zur Einbruch- und Überfallmeldung

Die **VdS-Klassifikation** (Tab. 25-12) gibt darüber Auskunft, welche Anforderungen an eine Einbruchmeldeanlage für bestimmte Gefährdungsbereiche gestellt werden.

Einbruchmeldesysteme, die Bestandteil einer integrierten Gefahrenwarnanlage (GWA) sind, beruhen lediglich auf der VdS-Klasse A. Solche Systeme sind demnach nicht zum Schutz gewerblicher Objekte geeignet.

Für alle VdS-Klassen wird in Deutschland die **Zwangsläufigkeit** als wesentliches Funktionsmerkmal einer Einbruchmelde- bzw. Gefahrenwarnanlage verlangt. Darunter wird verstanden, dass eine Scharfschaltung der Anlage nur dann möglich ist, wenn sich alle Melder im Normalzustand (nicht gestört, nicht ausgelöst) befinden. Auch ist erst nach erfolgter Unscharfschaltung das normale Betreten der Räume zuzulassen, was z. B. durch eine Verriegelung von Türschlössern im scharf geschalteten Zustand erreicht wird.

Sensoren eines Einbruchmeldesystems

Einbruchmeldesensoren überwachen bestimmte physikalische Größen wie z. B. Schall, Druck oder Wärme und wandeln sie in ein elektrisches Schaltsignal um.

Sie werden in zwei Gruppen unterteilt:

- Gruppe 1: Sensoren überwachen die Außenhaut eines Gebäudes (z. B. Türkontaktschalter)
- Gruppe 2: Sensoren überwachen den Innenraum eines Gebäudes (z. B. Bewegungsmelder)

Bewegungsmelder sollen erkennen, wenn Personen einen Raum oder eine Fläche durchschreiten. Je nach Ausführung kann sich deren Erkennungsprinzip unterscheiden.

Passive-Infrarot-Melder (PIR) unterteilen den überwachten Raum mit Hilfe einer Fresnel[1])-Linse horizontal und vertikal in mehrere Sektoren. Sobald zwischen benachbarten Sektoren eine bestimmte Wärmedifferenz auftritt, löst der Sensor einen Schaltvorgang aus.

[1]) benannt nach Augustin Jean Fresnel, Mitbegründer der Wellentheorie des Lichts

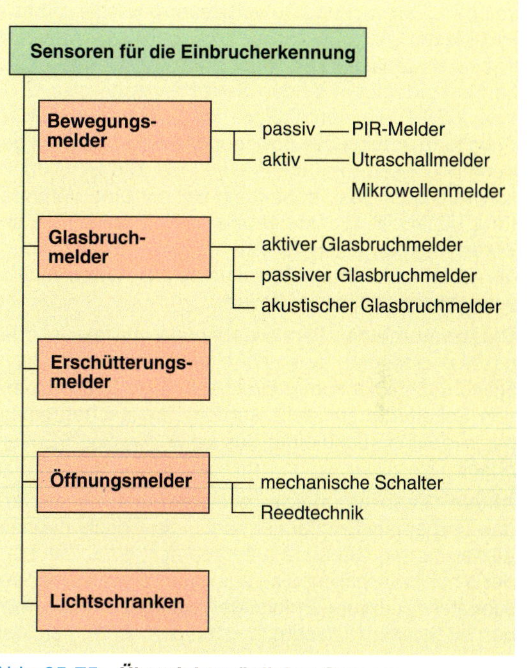

Abb. 25-75 ***Übersicht möglicher Sensoren zur Einbrucherkennung***

VdS-Klasse	Anforderung an die EMA	Typische Umgebung
A privater Bereich mit Wertsachen unter 100 T€ (Sicherungsklassen SH1 – SH4)	einfacher Schutz gegen Überwindungsversuche, Überwachung mittels Bewegungsmelder, ggf. zusätzliche Überwachung von Wertbehältnissen wie z. B. Tresore.	**SH1:** ständig bewohnte Wohnungen in Mehrfamilien- und Hochhäusern **SH2:** ständig bewohnte Wohnungen in Einfamilien- und Reihenhäusern **SH3:** Zweitwohnungen in Gebäuden, welche von anderen Menschen ständig bewohnt werden **SH4:** selten bewohnte Gebäude, wie z. B. Wochenendhäuser
B private Objekte mit Wertsachen über 100 T€ und Gewerbeobjekte mit geringerer Gefährdung (Sicherungsklassen SG1 und SG2)	mittlerer Schutz gegen Überwindungsversuche. Zusätzlich zur Klasse A ist der Durchstieg von Fenstern, Türen und anderen Gebäudeöffnungen zu überwachen. Außentüren benötigen die Kontrolle auf Öffnen und Verschluss.	**SG1:** Schulen, Apotheken, Eisenwarenhandel **SG2:** Supermärkte, Diskotheken, Elektroinstallationsbetriebe
C Gewerbeobjekte mit erhöhter Gefährdung (Sicherungsklassen SG3 – SG6)	hoher Schutz gegen Überwindungsversuche. Zusätzlich zur Klasse A und B ist eine vollständige Außenhaut- und Fallenüberwachung durchzuführen. Türen und Wände benötigen eine Überwachung auf Durchgriff und Durchstieg.	**SG3:** Spielhallen, Tabakwarengeschäfte **SG4:** Pelz- und Lederwarengeschäfte **SG5:** Banken, Sparkassen **SG6:** Uhren- und Juweliergeschäfte

Tab. 25-12 ***VdS-Klassen für Einbruchmeldegeräte***

Ultraschall-Bewegungsmelder (UM) arbeiten nach dem Echolotprinzip, **Mikrowellen-Bewegungsmelder** (MW) nach dem Radarprinzip. Bei beiden Typen handelt es sich um **aktive Sensoren,** da sie im Gegensatz zu PIR-Meldern ein Signal abgeben. Reine UM- und MW-Melder kommen zum Einsatz, wenn ein hoher Verschmutzungsgrad sowie technische Wärmequellen den Einsatz von PIR-Meldern unmöglich machen.

Um Falschalarme zu vermeiden oder die Empfindlichkeit der Überwachung zu verbessern, werden oftmals PIR-Melder (Abb. 25-76) mit MW- oder UM-Sensoren in einem Gehäuse kombiniert. Manche Geräte erlauben es zudem, die beiden Sensoren wahlweise UND bzw. ODER zu verknüpfen. Im Falle einer ODER-Schaltung arbeitet der Bewegungsmelder wie zwei getrennte Sensoren in einem Gehäuse. Die Schaltfunktion wird ausgelöst, sobald ein Sensor eine Veränderung feststellt (Verbesserung der Empfindlichkeit). Wird hingegen die UND-Verknüpfung gewählt, so ist die Gefahr möglicher Fehlalarme, z. B. durch technische Wärmequellen, minimiert.

Glasbruchmelder können ebenfalls als aktive oder passive Sensoren ausgeführt sein. Während aktive Glasbruchmelder immer direkt auf der zu überwachenden Scheibe angebracht werden, überwachen einige passive Glasbruchmelder aus einer gewissen Entfernung.

Aktive Glasbruchmelder bestehen aus einem Sender- und einem Empfängermodul, die jedoch in einem gemeinsamen Gehäuse untergebracht sind. Der Sender gibt Ultraschallimpulse aus, welche nach einer bestimmten Zeit vom Empfänger wahrgenommen werden. Bei einem Glasbruch oder dem Entfernen des Sensors ändern sich sowohl die Impulslaufzeit als auch dessen Amplitude am Empfänger, woraufhin die Alarmschaltfunktion ausgelöst wird.

Passive Glasbruchmelder (Abb. 25-77) arbeiten entweder nach dem Mikrofon- oder dem piezoelektrischen Prinzip. Der piezoelektrische Sensor, der ebenfalls auf der zu überwachenden Scheibe montiert werden muss, „fühlt" die beim Zerbrechen des Glases entstehenden Schwingungen.

Akustische Melder (Abb. 25-78) reagieren hingegen auf die Geräusche zerbrechenden Glases. Mit einem einzigen Sensor lassen sich so auch größere Fensterfronten relativ unauffällig überwachen.

Erschütterungsmelder (Abb. 25-79) sind dazu geeignet, Positionswechsel von sonst ortsfesten Gegenständen anzuzeigen (z. B. Tresore, Bilder). Sie arbeiten nach dem Prinzip einer seismischen Masse und reagieren auf Beschleunigung, Vibrationen und Körperschall. Sie lösen beispielsweise beim Durchbohren von Türen und Wänden Alarm aus.

Mit Hilfe von **Öffnungsmeldern** soll das Öffnen oder Schließen von Türen, Toren und Fenstern registriert werden. Sie lassen sich entweder als mechanische Schalter oder in **Reedtechnik** ausführen. Die zuverlässigere Reed-Technik (Abb. 25-80) besteht aus einem Dauermagneten und einem Empfängermodul (Reed-Kontakt). Magnet und Empfänger werden am feststehenden bzw. beweglichen Teil der zu sichernden Einrichtung gegenüberliegend befestigt. Entfernt bzw. nähert sich der Magnet dem Sensor, so schließt bzw. öffnet er einen Kontakt. Zum Schutz vor Manipulatio-

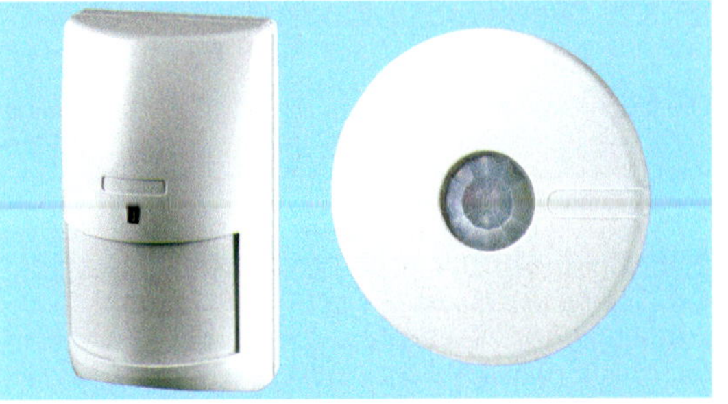

Abb. 25-76 ***PIR-Bewegungsmelder für die Wand- und Deckenmontage***

Abb. 25-77 ***Passive Glasbruchmelder zur Scheibenmontage (Piezzo-Sensor)***

Abb. 25-78 ***Akustischer Glasbruchsensor zur Wandmontage (Mikrofonprinzip)***

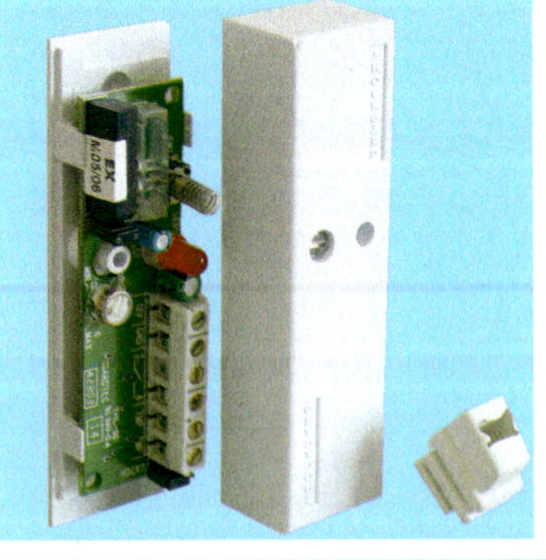

Abb. 25-79 ***Erschütterungsmelder***

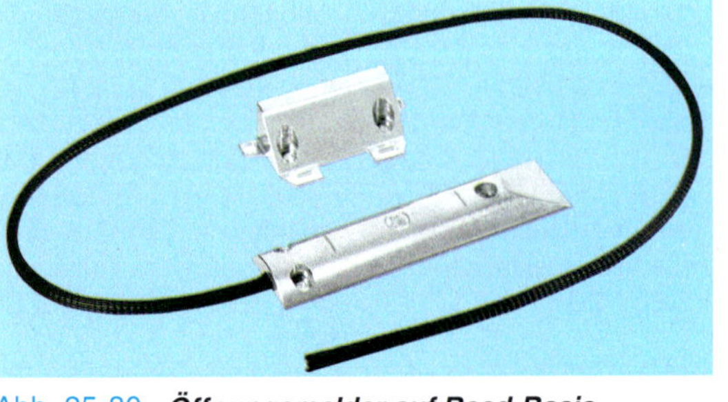

Abb. 25-80 ***Öffnungsmelder auf Reed-Basis***

25

Abb. 25-81 ***Infrarotlichtschranke***

nen sind höherwertige Öffnungsmelder auf Reed-Basis **fremdfeldsicher,** indem sie auf die spezifische Feldstärke des Sendermagneten geeicht werden.

Lichtschranken (Abb. 25-81) werden oftmals für die **Fallen- und Außensicherung** von Objekten verwendet, wenn eine hohe Sicherungsklasse gefordert ist. Ihr Arbeitsspektrum liegt gewöhnlich im Bereich des nichtsichtbaren Lichtes (Infrarot) und ihre Reichweite beträgt bis zu mehreren hundert Meter. Sie bestehen aus je einem Sende- und Empfangsmodul. Gute Lichtschranken arbeiten mit sehr kurzen Strahlungsimpulsen, welche weder für das menschliche Auge noch für einfache Infrarotempfänger wahrnehmbar sind. Einbrecher können vorhandene Lichtschranken deshalb ohne spezielle technische Hilfsmittel kaum erkennen.

Alarmart	Beschreibung
Fernalarm	Ein Einbruch wird über die Primärleitung an die zuständige externe Alarmierungsstelle (meist Wachdienst, mitunter auch Polizei) übermittelt.
Externalarm	Ein Einbruch wird mittels der an einem Gebäude angebrachten Alarmgeber optisch und/oder akustisch signalisiert.
Internalarm	Dieser richtet sich zunächst nur an den Betreiber der Anlage. Meist ist dabei nur ein Teil der EMA scharf geschaltet, während sich der Betreiber in einem anderen Teil des Gebäudes frei bewegt. Wird ein Internalarm ausgelöst, so hat der Betreiber die Möglichkeit, den Fern- und/oder Externalarm manuell auszulösen.
stiller Alarm	Es erfolgt weder eine optische noch eine akustische Alarmierung am oder im Gebäude. Jedoch werden Intern- und/oder Fernalarm ausgelöst.

Tab. 25-13 ***Alarmierungsarten***

Abb. 25-82 ***Zentrale einer Alarmanlage***

Einbruchmeldezentralen

Die Zentrale bildet das Herzstück eines Einbruchmeldesystems. Sie wertet die Informationen aller daran angeschlossenen Meldelinien aus, überwacht die Anlage (Sabotage- und Störungserkennung), stellt die Zwangsläufigkeit sicher und leitet ggf. eine Alarmierung ein.

Moderne Alarmzentralen (Abb. 25-82) enthalten als zentrale Funktionseinheit einen Mikrocontroller. Neben der Möglichkeit zum Anschluss der verschiedenen Meldelinien, Alarmierungs- und Bedieneinrichtungen besitzen sie eine Ersatzstromversorgung, welche bei Netzspannungsausfall (z. B. durch Sabotage) die Funktionsfähigkeit der EMA sicherstellt. Außerdem muss die Zentrale eine Selbstüberwachungsfunktion besitzen, sodass beispielsweise das Öffnen des Gehäuses bei scharf geschalteter Anlage eine Alarmmeldung auslöst.

Aufgrund der geforderten Zwangsläufigkeit lässt sich die Einbruchmeldeanlage nicht scharf schalten, wenn die Ersatzstromversorgung der Zentrale fehlt oder nicht funktionsfähig ist.

Übertragungseinrichtungen

Die Übertragung von Informationen zwischen den verschiedenen Teilen eines Einbruchmeldesystems kann sowohl per Funk als auch drahtgebunden erfolgen.

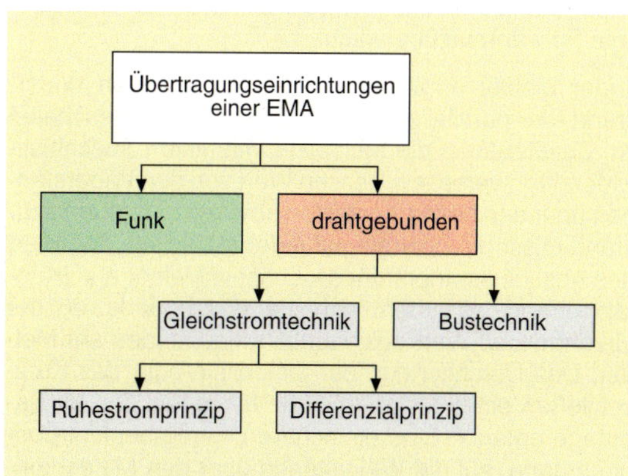

Abb. 25-83 ***Übertragungseinrichtungen für Einbruchmeldeanlagen***

25

Die **Funkübertragung** ermöglicht eine kostengünstige und unauffällige Installation, was beispielsweise in Gebäuden mit Denkmalschutzauflagen, die Planung und Umsetzung vereinfacht. Prinzipbedingt unterliegen Funksysteme allerdings zahlreichen Störeinflüssen, weshalb von Seiten des VdS hohe Anforderungen zu erfüllen sind.

Dazu gehören u. a.:

- einmonatiger Probebetrieb, in welchem die Verfügbarkeit nicht unter 98 % fallen darf
- drei Inspektionen pro Jahr
- Führung eines Wartungsbuches, in dem die minimale Verfügbarkeit einzutragen ist
- Sinkt die Verfügbarkeit innerhalb von sechs Monaten dreimal unter 98 %, muss ein Austausch gegen ein drahtgebundenes System erfolgen.

Weil in **drahtgebundenen Systemen** die Energieversorgung der Geber und Melder durch die Alarmzentrale erfolgt, kann man von einer grundsätzlich höheren Zuverlässigkeit ausgehen. Realisieren lassen sich diese – ähnlich einem Computernetzwerk – nach dem **Bus-Prinzip,** wobei alle Komponenten an ein gemeinsam benutztes Übertragungsmedium angeschlossen sind.

Häufiger kommt die **Gleichstromtechnik** zum Einsatz, wobei sich unterschiedliche Arbeitsweisen durchgesetzt haben. Das **Arbeitsstromprinzip,** bei dem die Melder einen Kontakt schließen (NO – normally open) sobald sie eine Alarmierungssituation erkennen, wird heute kaum noch verwendet, da ohne zusätzliche Sicherung das Durchtrennen eines Anschlusskabels die Alarmanlage bereits erfolgreich sabotiert.

Beim **Ruhestromprinzip** (Abb. 25-84) arbeitet die Anlage hingegen mit Öffnungsmeldern (NC – normally closed). Jeder Melder besitzt dazu einen Öffnerkontakt, der im Normalzustand (kein Alarm) geschlossen ist. Alle Öffner einer Meldelinie sind in Reihe geschaltet und von einem geringen Strom durchflossen. Unterbricht ein Melder den Stromfluss, so kommt es zur Alarmauslösung.

Allerdings bietet diese einfache Lösung ebenfalls nur wenig Schutz gegen Sabotage, denn das Überbrücken der Meldelinie würde von der Zentrale nicht bemerkt. Aus diesem Grund arbeiten viele Einbruchmeldeanlagen nach dem **Differenzialprinzip** (Abb. 25-85), welches den elektrischen Widerstandswert einer Meldelinie fortwährend überwacht.

Jeder Melder erhält zu diesem Zweck einen Widerstand, der parallel zu seinem Öffnerkontakt geschaltet ist. Zusätzlich ist die Meldelinie mit einem Abschlusswiderstand versehen, dessen Wert von den Widerständen über den Melderkontakten abweicht. Im Normalzustand misst die Zentrale auf jeder Meldelinie den Wert des Abschlusswiderstandes. Löst ein Melder aus (Kontakt öffnet), so erhöht sich der Widerstandswert der Linie um den Wert des Parallelwiderstandes am Melder. Das Durchtrennen der Meldelinie oder das Kurzschließen eines Melders würde hingegen klar als Sabotage erkannt. Eine einfachere Lösung besteht übrigens darin, auf die Widerstände über den Melderkontakten zu verzichten.

Um den Sabotageschutz eines drahtgebundenen Einbruchmeldesystems noch weitere zu verbessern, wird mitunter die **Vierleitertechnik** (Abb. 25-86) eingesetzt. Bei dieser enthalten die Melder vier statt der sonst üblichen zwei Anschlussklemmen.

Zwei Klemmen bzw. Anschlussleitungen sind dabei lediglich niederohmig miteinander verbunden und dienen der Rückleitungsverbindung, während die beiden anderen Klemmen über den Melderkontakt und den ggf. vorhandenen Parallelwiderstand führen und danach zum nächsten Melder verdrahtet werden. Um einem Angreifer die Manipulation der Anlage zu er-

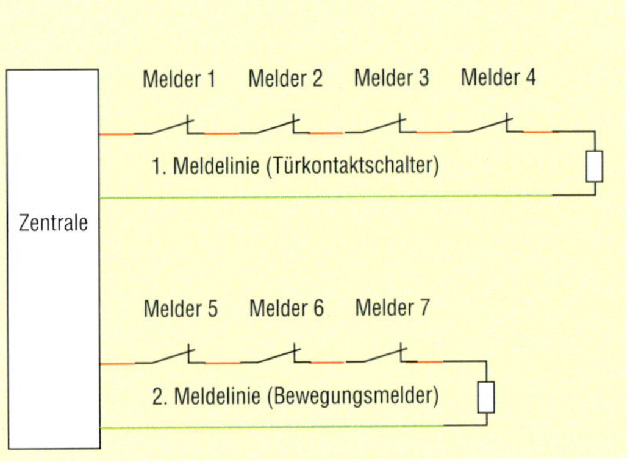

Abb. 25-84 ***Schaltung nach dem Ruhestromprinzip in Zweileitertechnik***

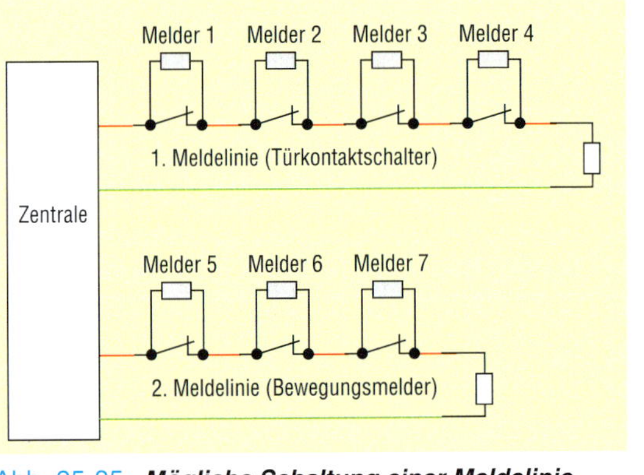

Abb. 25-85 ***Mögliche Schaltung einer Meldelinie nach dem Differenzialprinzip in Zweileitertechnik***

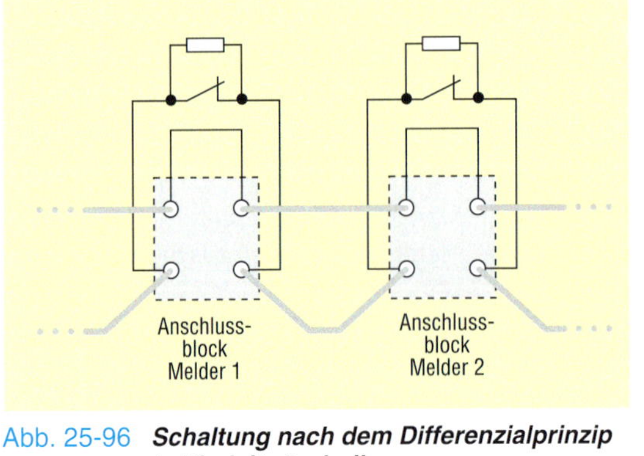

Abb. 25-96 ***Schaltung nach dem Differenzialprinzip in Vierleitertechnik***

schweren, besitzen weder die Klemmen noch die Kabel eine Kennzeichnung. Eine weitere Variante der Vierleitertechnik sind getrennte Melde- und Sabotagestromkreise. Dabei wird der Meldekreis nach dem Differenzialprinzip in Zweileitertechnik realisiert. Zusätzlich ist an den Meldern ein weiterer Stromkreis mit einem vom Meldekreis abweichenden Ruhestrom aufgeklemmt, welcher lediglich der Sabotageerkennung dient. Melder und Zentrale überwachen dabei die Ruheströme und lösen bei Abweichungen Alarm aus.
Ein noch besserer Sabotageschutz lässt sich erzielen, wenn die Widerstände statt parallel zu den Melderkontakten in Reihe zu diesen geschaltet sind. Allerdings ist dann an der Zentrale jede Meldelinie auf den im Normalzustand vorhandenen Widerstandswert zu konfigurieren.

AUFGABEN

25.22 Beschreiben Sie die Unterschiede zwischen Gefahrenmelde- und Gefahrenwarnanlagen.

25.23 Warum sind vor allem in privaten Haushalten viele Brandopfer zu beklagen? Weshalb sterben die meisten Personen nachts?

25.24 Begründen Sie, dass Rauch gefährlicher ist als Feuer.

25.25 Nach welcher Norm müssen Rauchmelder für den Wohnbereich geprüft sein? Durch welches Zertifikat ist dies in der Bundesrepublik sichergestellt?

25.26 Stellen Sie die Vor- und Nachteile der verschiedenen Sensoren zur Branderkennung gegenüber. Benennen Sie deren jeweiligen Einsatzzweck.

25.27 Beschaffen Sie sich die für Ihr Bundesland gültige Landesbauordnung (z. B. aus dem Internet). Beschreiben Sie die darin ggf. enthaltenen Vorschriften hinsichtlich des Einsatzes von Rauchmeldern in Wohngebäuden. Beachten Sie dabei möglicherweise getrennte Vorschriften für Neubauten sowie zur Nachrüstung bereits bestehender Wohngebäude.

25.28 Erläutern Sie die verschiedenen Kennzeichnungen auf der Rückseite des Rauchmelders in Abb. 25-63.

25.29 Erklären Sie, was bei der Positionierung von Rauch- und Hitzemeldern in einem Gebäude zu beachten ist.

25.30 Zeichnen Sie einen Stromlaufplan, welcher den Anschluss von vier automatischen Rauchmeldern an eine Gefahrenwarnanlage in NC-Konfiguration nach dem Differenzialprinzip darstellt.

25.31 Was versteht man unter der Zwangsläufigkeit einer Einbruchmeldeanlage? Erklären Sie die Notwendigkeit dieser Eigenschaft.

25.32 Welche Sensoren werden benötigt, um die Anforderungen der VdS-Klasse A einer Einbruchmeldeanlage zu erfüllen? Um welche Sensoren muss die Anlage ergänzt werden, damit Klasse B erfüllt ist?

25.33 Beschreiben Sie die Alarmierungsarten Fernalarm, Externalarm und Internalarm.

25.34 Stellen Sie die Vor- und Nachteile von akustischem-, optischem- und stillem Alarm gegenüber.

25.35 Die Meldelinie einer Einbruchmeldeanlage verfügt über 5 Sensoren (NC) und wurde in Zweileitertechnik nach dem Differenzialprinzip beschaltet. Der Linienabschluss erfolgt mit einem Widerstand von 2,2 KΩ. Parallel zu den Melderkontakten ist je ein Widerstand mit einem Wert von 1 KΩ geklemmt. Zeichnen Sie die Schaltung in aufgelöster Darstellung. Welche Widerstandswerte ergeben sich beim Kurzschließen bzw. beim Durchtrennen der Signalleitung? Begründen Sie, dass beide Manipulationen von der Zentrale als Sabotage und nicht als Alarm erkannt werden.

25.36 Welche Manipulationsmöglichkeit besteht an einer Einbruchmeldeanlage, die nach dem Differenzialprinzip arbeitet, wenn diese in Zweileitertechnik ausgeführt ist? Begründen Sie, dass die Vierleitertechnik einen erhöhten Schutz gegen Sabotage bietet.

25.4 Ruf- und Signalanlagen

25.4.1 Personenrufanlagen

Personenrufanlagen können aus folgenden Teilen bestehen:

- Türstation
- Wohnungsstation
- Schalteinrichtung
- Übertragungseinrichtung
- Rufweiterleitungseinrichtung
- Spannungswandler

Eine einfache **Türstation** besteht aus einem oder mehreren Klingeltastern. Moderne Baugruppen sind häufig mit zusätzlichen Komponenten wie Wechselsprechstelle, Kamera, Codeschloss, **RFID**-Modul (**Ra**dio **F**requency **ID**entification) oder Kartenleser ausgestattet (Abb. 25-87).

Einfache **Wohnungsstationen** haben lediglich eine Signaleinrichtung (Klingel), sind aber oft um Zusatzfunktionen, wie Schalter, Sprechstelle und Display ergänzt. Neben der Signalisierungs- und Kommunikationsfunktion, kann eine **Personenrufanlage** auch über Schalteinrichtungen verfügen, um beispielsweise das Treppenlicht oder elektrische Türöffner zu steuern.

Bei den **Übertragungseinrichtungen** (Abb. 25-88) gibt es eine große Produktvielfalt, wobei zahlreiche Lösungen herstellerspezifisch und nicht miteinander kompatibel sind.

Alte oder einfache Installationen verwenden eine Klingelschaltung in **Gleich- oder Wechselstromtechnik,** die gewöhnlich mit einer Spannung von 8 oder 12 V betrieben wird. Es ist darauf zu achten, dass Türöffner und Signaleinrichtung für die verwendete Spannungsart und Spannungshöhe ausgelegt sind (Abb. 25-89).

Soll die Personenrufanlage zusätzlich über eine Wechselsprecheinrichtung verfügen oder ist eine größere Zahl von Wohneinheiten anzuschließen, kommt häufig die **adernsparende Ausführung** zum Einsatz. Diese gibt es in verschiedenen Varianten, wobei früher oft die sog. **6+n-Technik** verwendet wurde, während bei Neuinstallationen die **1+n-Technik** bevorzugt wird. Die Ziffer bezeichnet die erforderliche Anzahl der Sprech- und Steuerleitungen, an die alle Wohnungsstationen gemeinsam angeschlossen sind (Busprinzip). Der Buchstabe **n** entspricht der Anzahl der versorgten Wohneinheiten.

Die adernsparende Technik erfordert neben zumindest einer gemeinsam verwendeten Sprech- und Steuerleitung für jede Wohneinheit eine separate Rufleitung von der Tür- zur Wohnungsstation. So ergibt sich beispielsweise für vier Wohneinheiten im ersten Leitungsabschnitt:

- **6+n-Technik** 10 Adern
- **1+n-Technik** 5 Adern

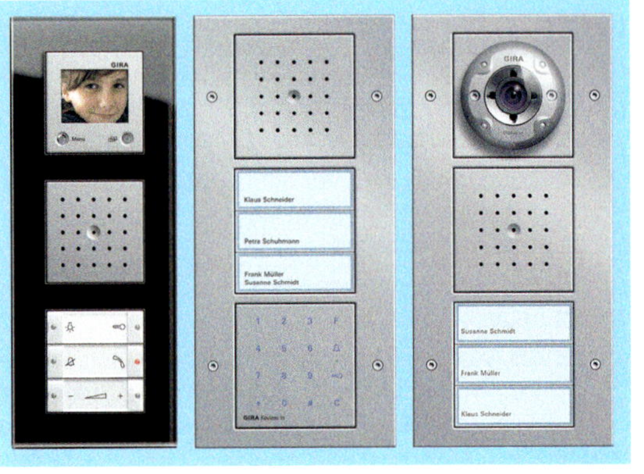

Abb. 25-87 ***Wohnungs- und Türstationen***

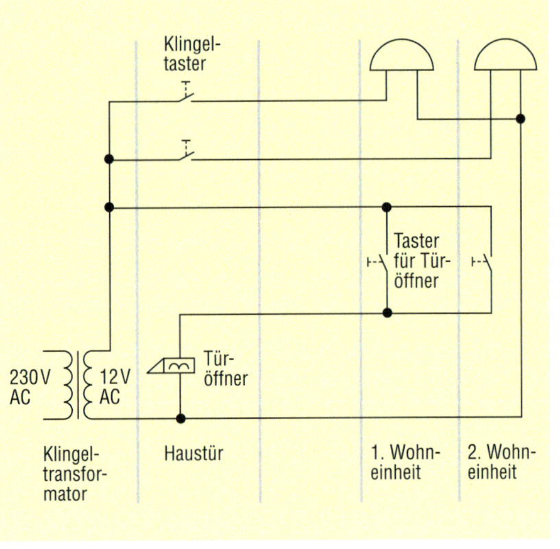

Abb. 25-89 ***Einfache Klingelschaltung mit Türöffner für zwei Wohneinheiten (WE) in Wechselstromtechnik***

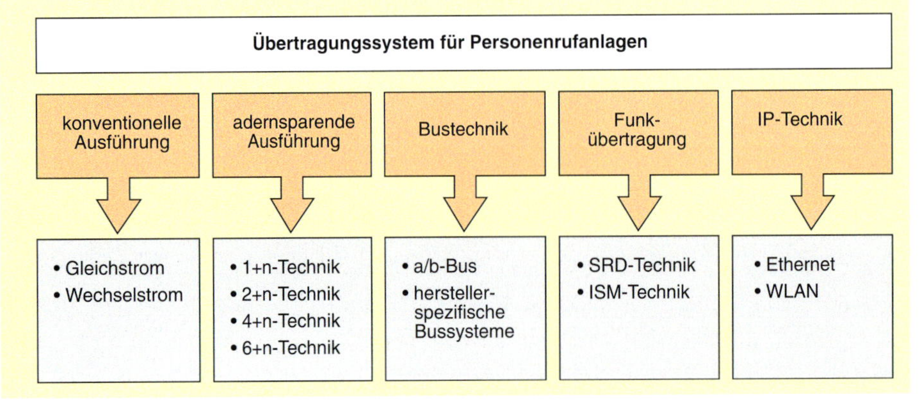

Abb. 25-88 ***Übertragungseinrichtungen für Personenrufanlagen***

Die Anzahl der erforderlichen Adern reduziert sich nach jeder Wohneinheit um die dort zuvor angeschlossene Rufleitung (Abb. 25-90).

Die **2+n**-Technik ähnelt der 1+n-Technik, allerdings sind hier die Etagentaster nicht an der jeweiligen Klingelleitung der Wohnungseinheit angeschlossen, sondern werden durch eine separate Gleichspannungsleitung gemeinsam versorgt.

Welche Variante zum Einsatz kommt, hängt von der ggf. vorhanenen Adernzahl sowie dem Typ der gewünschten bzw. vorhandenen Tür- und Wohnungsstationen ab. Die Anschlusshinweise der Gerätehersteller sind dabei zu beachten.

Eine Alternative zur adernsparenden Ausführung bietet die Bustechnik. Neben dem weit verbreiteten a/b-Bus (Abb. 25-91), der mit lediglich einem miteinander verdrillten Adernpaar auskommt und sich somit sehr gut für die Modernisierung bestehender Anlagen eignet, gibt es eine Reihe herstellerspezifischer Bussysteme.

Vor dem Einsatz eines Bussystems ist die Kompatibilität der vorhandenen bzw. vorgesehenen Geräte zu prüfen.

Soll die Wechselsprecheinrichtung um eine Bildübertragung ergänzt werden, benötigen viele Anlagen zusätzliche Verbindungen. Zumeist ist eine Koaxiallei-

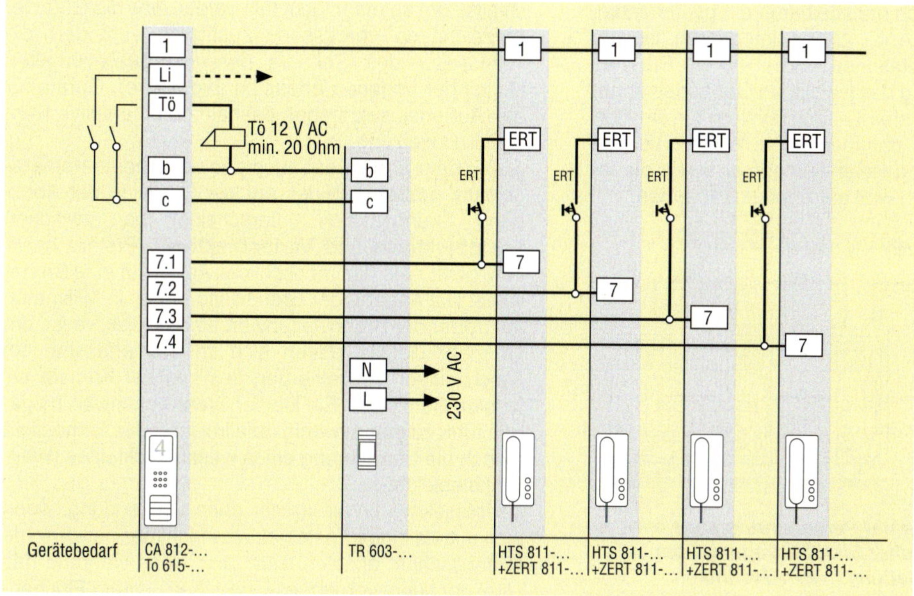

Abb. 25-90
Schaltungsbeispiel für eine Personenrufanlage in adernsparender Ausführung (1+n)

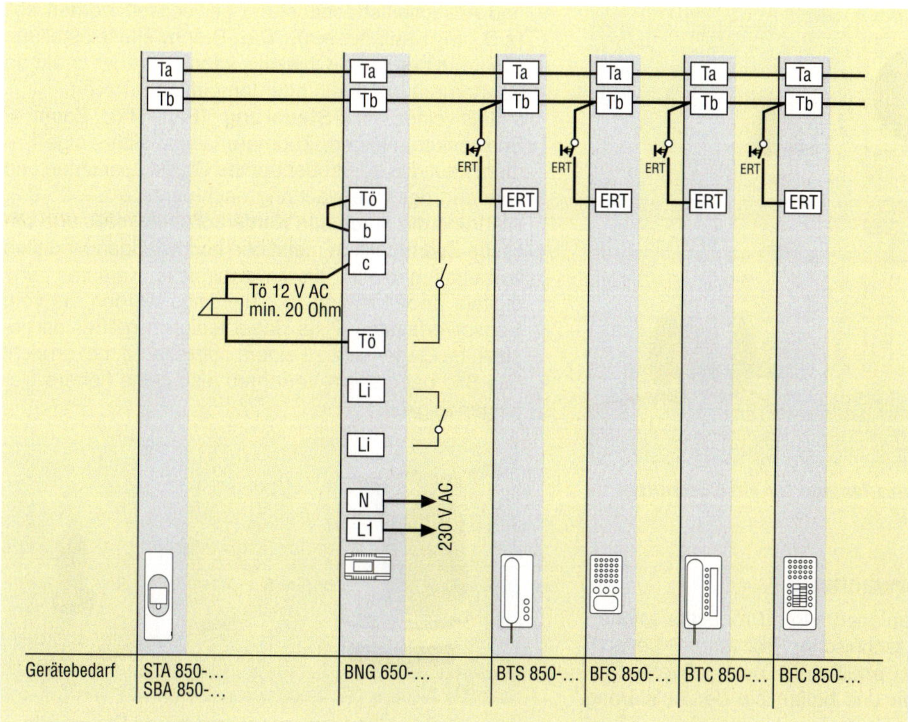

Abb. 25-91
Schaltungsbeispiel für eine Personenrufanlage in a/b-Busausführung

25

tung (RG 59) in Linientopologie zu verlegen. Auch Lösungen, die statt dieser ein zweites verdrilltes Adernpaar verwenden, sind erhältlich (Abb. 25-92).
Eine Personenrufanlage lässt sich auch auf Basis einer **Funkverbindung** realisieren, die entweder ein **SRD-Frequenzband** (**S**hort **R**ange **D**evices) (433,05–434,79 MHz bzw. 868–870 MHz) oder den **ISM-Bereich** (**I**ndustrial, **S**cientific and **M**edical Band) (meist 2,4 GHz) benutzt. Allerdings können diese Frequenzbänder schon von anderen Anwendungen belegt sein (z. B. durch Funkrauchmelder), sodass die Nutzbarkeit immer vor Ort zu prüfen ist.
Zweckmäßig im Sinne einer anwendungsneutralen Kommunikationskabelanlage nach DIN 50173 sind Personenrufanlagen, welche auf Basis des **IP-Protokolls** arbeiten und sich unmittelbar in ein bestehendes Computernetzwerk (Abb. 25-93) integrieren lassen. Tür- und Wohnungsstationen sind – wie ein PC – an der Tertiärverkabelung des jeweiligen Gebäudes angeschlossen. Ein separates Leitungssystem für die Personenrufanlage kann damit entfallen. Weitere Vorteile sind die Unterstützung vieler Teilnehmer sowie die Integration von räumlich weit getrennten Gebäuden.

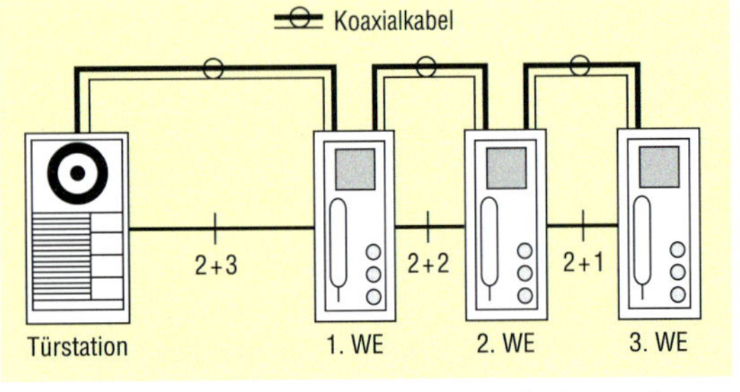

Abb. 25-92 ***Prinzip einer Personanrufanlage mit zusätzlicher Bildübertragung über Koaxialleitung in 2+n-Technik***

Abb. 25-93 ***Personenrufanlage für ein Computernetzwerk***

25.4.2 Videoüberwachung

Videoüberwachungsanlagen in Produktionsstätten werden zur Kontrolle technischer Prozesse eingesetzt. Im öffentlichen Raum erfüllen sie eine präventiv abschreckende Funktion und helfen bei der Aufklärung von Straftaten.

Bilderfassungsgeräte
Bei Neuinstallationen werden weitgehend digitale Geräte eingesetzt. Ihre Vorteile sind geringer Lichtbedarf, eine auch über große Entfernungen prinzipiell verlustfreie Signalübertragung sowie die Möglichkeit, die erfassten Bilder effektiv und in guter Qualität zu speichern.
Das Herzstück eines Bilderfassungsgerätes ist ein lichtempfindlicher **CCD-Sensor** (**C**harge-**c**oupled **D**evice), auf den der vom Kameraobjektiv erfasste Bereich projiziert wird. Er besteht aus einer Matrix spezieller Fotodioden, welche jede für sich einen Bildpunkt repräsentiert. Die Abmessung des Sensors hat wesentlichen Einfluss auf die erzielbare Bildqualität. Im Überwachungsbereich sind Sensoren mit einer Diagonale von $^1/_3$" und $^1/_4$" üblich. Je größer der Aufnahmechip ist, um so mehr Licht fällt darauf, was die Güte der Aufzeichnung verbessert. Zusätzlich verändert die Temperatur des Sensors dessen Rauschverhalten (Anteil der ungenau erfassten Bildpunkte). Geräte für den Außeneinsatz haben deshalb oft eine aktive Kühlung und Heizung.
Außer dem Sensor hat auch das verwendete Kameraobjektiv großen Einfluss auf die Präzision der Abbildung. Grundsätzlich unterscheidet man zwischen **Festobjektiven** und **Varioobjektiven.** Erstere besitzen, genau wie das menschliche Auge, nur eine Brennweite. Die Angabe der Brennweite erfolgt in Millimeter. Je größer der Brennweitenwert eines Objektivs ist, um so mehr Details lassen sich im Bild erfassen, bei gleichzeitiger Verkleinerung des von der Kamera erfassten Bereiches. Ein kleiner Brennweitenwert hingegen führt zu einem wenig detailreichen Bild, ermöglicht jedoch die Betrachtung eines weiten Blickfeldes (Weitwinkelobjektiv).
Varioobjektive finden immer dann Verwendung, wenn sich mittels eines Festobjektives nicht der gewünschte Bildausschnitt erzielen lässt oder wenn während des Überwachungsvorganges zwischen einer Flächen- und Ausschnittsbeobachtung gewechselt werden soll (z. B. in Kaufhäusern). Die Brennweiteneinstellung (Zoom) eines Vario-Objektivs kann entweder direkt an der Kamera (manuell) oder ferngeführt erfolgen.
Mittels einer **PTZ-Steuerung** (**P**an, **T**ilt, **Z**oom = Schwenken, Neigen, Zoomen) lassen sich einige Kameras auf das zu beobachtende Objekt ausrichten und während der Überwachung nachführen (Abb. 25-94).
Während die durch das Kameraobjektiv realisierte optische Zoomfunktion meist den hochwertigen Modellen vorbehalten bleibt, bieten zahlreiche Kameras eine digitale Zoomfunktion an. Allerdings werden die vom Sensor erfassten Pixel dabei lediglich größer dargestellt. Im Gegensatz zu einem optischen Zoom erreicht das Bild bei diesem Verfahren also keine höhere Detailgenauigkeit.

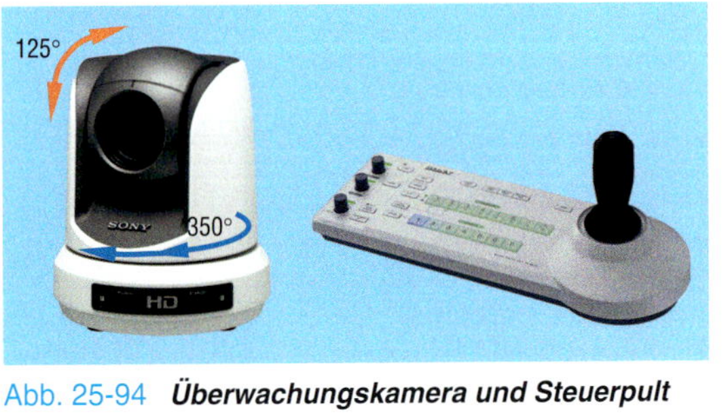

Abb. 25-94 ***Überwachungskamera und Steuerpult***

Kriterium	Bedeutung
Chipgröße	erreichbare Bildqualität
TV-Linien	Anzahl der möglichen vertikalen Bildzeilen
Objektivbrennweite	erfassbarer Bildbereich
minimale Beleuchtungsstärke	Grenze, bis zu der eine Kamera ohne Zusatzbeleuchtung auskommt
Weißabgleich	dient der Vermeidung von Farbstichen, falls die Farbtemperatur der Beleuchtung variiert
Kameraanschluss	Hinweis auf die für die Übertragung, Darstellung und Speicherung des Bildsignals erforderlichen Einrichtungen
UVV-/BGV-Kassen-Zertifikat	Zulassung für sicherheitsrelevante Bereiche (z. B. Banken)
Gegenlichtkompensation, Auto-Iris, AGC	selbständige Anpassung der Bildhelligkeit an das vorhandene Umgebungslicht
Anschlussgewinde	bei Kameras mit Wechseloptik erforderlicher Objektivtyp (C- oder CS-Mount)
Autofocus	selbständiges Nachstellen der Schärfe bei Veränderung des Bildausschnittes
Fernsteuerbarkeit	aktive Überwachung und Nachverfolgung von Ereignissen
Schutzart	Einsatz im Innen- oder Außenbereich
Gehäuseausführung	Vandalismusschutz, Erkennbarkeit der aktuellen Kameraausrichtung
vorhandene Zusatzfunktionen	z. B. automatische Aufzeichnung bei Ereignissen, integrierter Bildrekorder, Beleuchtung

Tab. 25-14 ***Wichtige Kriterien für die Auswahl einer Überwachungskamera***

Übertragungseinrichtungen

Die Signalübertragung zwischen einer Überwachungskamera und den Anzeige- und/oder Aufzeichnungsgeräten kann in Abhängigkeit von den vorhandenen Anschlüssen unterschiedlich erfolgen. Verbreitet sind:

- **Funkübertragung** (WLAN, GSM, 2,4- und 5,8-GHz-Technik)
- **kabelgebundene Übertragung** (Koaxialkabel, verdrillte Zweidrahtleitung)

Beide Übertragungswege lassen sich analog oder digital nutzen. Die **analoge Übertragung** wird zumeist mit Koaxialleitung vom Typ RG59 realisiert, wobei sich das empfangene Videosignal direkt in einen Überwachungsmonitor oder einen VHS-Recorder einspeisen lässt. Soll das Bild stattdessen auf einem analogen Fernsehempfänger angezeigt oder die Übertragung mittels einer bereits vorhandenen Rundfunkempfangsanlage erfolgen, kommt ein UHF-Modulator zum Einsatz (Abb. 25-95).

Dieser wandelt das von der Kamera abgegebene Signal in ein hochfrequentes analoges Fernsehsignal um. Mittels Koaxialleitung lassen sich ohne zusätzliche Signalverstärkung Distanzen von 100–150 m überbrücken. Verdrillte Zweidrahtleitungen erreichen in Analogtechnik etwa 1,5 km. Mit Hilfe spezieller Kabel (Abb. 25-96) lassen sich auch die Spannungsversorgung der Kamera sicherstellen und Steuersignale übertragen.

Sollte sich eine Drahtverbindung zwischen der Kamera und dem Empfangsgerät nicht oder nur teilweise realisieren lassen, bietet sich eine Funkübertragung des analogen Signals mit Hilfe der 2,4- oder 5,8-GHz-Technik an (Abb. 25-97).

Ein Funksystem besteht aus je einer Sende- und Empfangseinheit, wobei die Empfangseinheit meist die Signale mehrerer Kameras aufnehmen kann.

Eine Alternative zur analogen Signalübertragung sind Kameras, die ihre Bildinformationen **digital** auf Basis des Internetprotokolls anbieten (sog. **IP-Kameras**). Sie nutzen die Technologie der meist schon vorhandenen Computernetzwerke wie **WLAN** und **Ethernet** für die Übertragung der Videosignale, wodurch die Installation solcher Kameras meist wenig Aufwand erfordert. Auch ein separater Stromanschluss der IP-Kamera kann bei drahtgebundener Installation entfallen, sofern der Verteiler des Computernetzwerkes die **PoE-Funktion** (**P**ower **o**ver **E**thernet) unterstützt. Die Bildweiterleitung über sehr große Entfernungen stellt ebenfalls kein Problem dar. Allerdings bereiteten Störsicherheit und gerichtliche Verwertbarkeit der aufgezeichneten Bilder mitunter Schwierigkeiten, die vor der Installation zu klären sind.

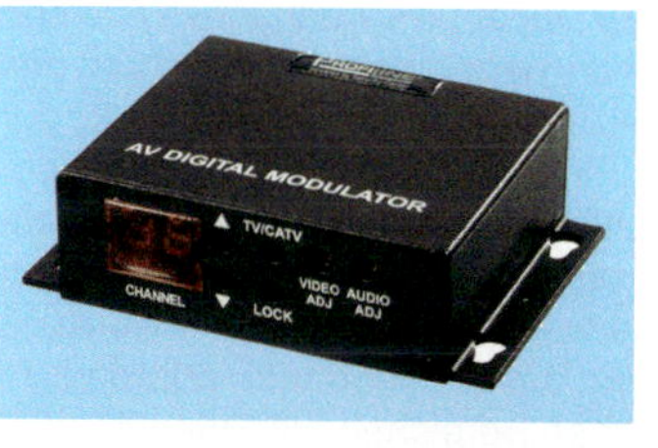

Abb. 25-95 ***UHF-Modulator***

Abb. 25-96 ***Triplex-Kabel für die analoge Videoübertragung***

Abb. 25-97 ***Funkübertragungssystem in 2,4-GHz-Technik***

25

Anzeige- und Speichergeräte

Moderne Überwachungsmonitore sind als Flachbildschirme realisiert und können neben herkömmlichen analogen Videosignalen (BNC, VGA) auch digitale Bildschirmdaten (DVI, HDMI) verarbeiten (Abb. 25-98).

Während analoge Signale direkt in den Monitor einzuspeisen sind, sind für die Kommunikation mit einer IP-Kamera zunächst ein Computer mit entsprechender Software oder ein geeignetes Steuerpult erforderlich.

Überwachungsmonitore können auch über ein **integriertes Aufzeichnungsgerät** verfügen oder sind ggf. in der Lage, das Videosignal an einen externen Rekorder weiter zu leiten. Eine mögliche Zusatzfunktion sind **Alarmeingänge.** Mit ihnen lassen sich der Monitor und/oder das Aufzeichnungsgerät bei Bedarf aktivieren, z. B. mittels Bewegungsmeldern. Überwachungsmonitore können auch mit einer **Videowandfunktion** ausgestattet sein, die entweder die Signale mehrerer Kameras auf verschiedene Monitore verteilt (Überwachungszentrale) oder die großflächige Darstellung eines Kamerasignals auf mehreren Monitoren zur Vergrößerung der Bildfläche ermöglicht. Ein weiteres Ausstattungsmerkmal ist die **Bild-in-Bild-Funktion.** Dabei verteilt ein einzelner Monitor die Signale mehrerer Kameras auf verschiedene Teilbilder.

Die Videoaufzeichnung erfolgt heute zumeist digital auf einer im Rekorder integrierten Festplatte. Im Vergleich zur früher benutzten analogen Bandaufzeichnung bleibt die Bildqualität unabhängig von der Speicherhäufigkeit immer gleich. Ein **Hybridrekorder** kann sowohl analoge Videosignale (BNC-Eingänge) als auch die Videodaten von IP-Kameras digital aufzeichnen (Abb. 25-99).

Datenschutz

Für den Einsatz von Videoüberwachungssystemen gelten eine Vielzahl von Regelungen zum Schutz des Persönlichkeitsrechtes. Im privaten Rahmen (z. B. zur Überwachung eines Firmengeländes) ist eine Videoüberwachung nur zulässig, wenn sie zur Wahrnehmung des Hausrechtes oder berechtigter Interessen (z. B. zur Prozessüberwachung) erforderlich ist. Auch ist ggf. die Zustimmung des Betriebsrates erforderlich. In öffentlich zugänglichen Bereichen mit Videoüberwachung, sind Hinweisschilder (Abb. 25-100) anzubringen. Auch gelten Grenzen für die Dauer der Aufzeichnung und Vorschriften, die den Umgang mit den gespeicherten Daten regeln.

Vor dem Einsatz einer Videoüberwachungsanlage ist immer zu klären, welche gesetzlichen Regelungen im konkreten Fall zu beachten sind.

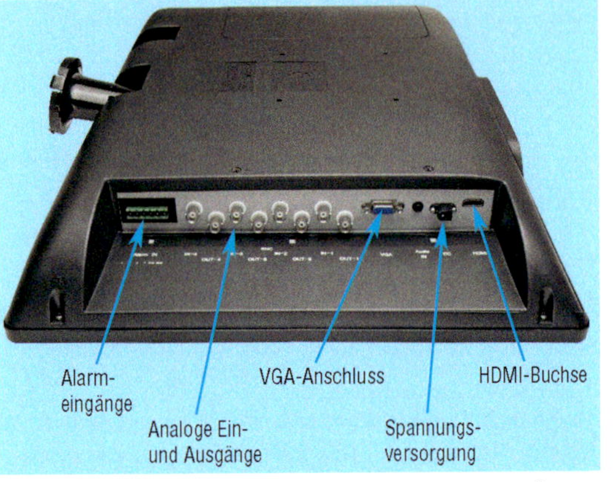

Abb. 25-98 ***Rückseitige Anschlüsse an einem Überwachungsmonitor***

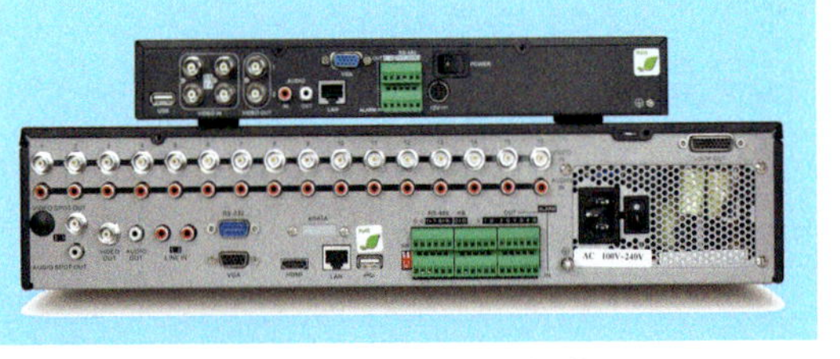

Abb. 25-99 ***Rekorder in Hybridtechnik***

Abb. 25-100 ***Piktogramm nach DIN 33450 zur Kennzeichnung einer offenen Videoüberwachung***

AUFGABEN

23.37 Beschreiben Sie die möglichen Anschlussarten einer Personenrufanlage.

23.38 In einem Mehrfamilienhaus soll eine Personenrufanlage mit Wechselsprechfunktion, bestehend aus einer Türstation und drei Wohnungsstationen installiert werden. Der Anschluss hat adernsparend im 2+n-System zu erfolgen. Zeichnen Sie die Schaltung.

23.39 Die bestehende Personenrufanlage eines Zweifamilienhauses soll mit vertretbarem Aufwand modernisiert werden. Sie war bisher in Wechselstromtechnik mittels verdrillter Zweidrahtleitung ohne Türöffner ausgeführt. Erklären Sie mögliche Varianten.

23.40 Beurteilen Sie die Vorteile einer Personenrufanlage auf Basis des IP-Protokolls.

23.41 Beschreiben Sie die wesentlichen Funktionsmerkmale einer Überwachungskamera.

23.42 Einige Überwachungskameras verfügen über eine PTZ-Steuerung. Worin besteht die Aufgabe dieser Steuerung?

23.43 Beschreiben Sie drei Vorteile der digitalen Videoaufzeichnung.

23.44 Der Kabellagerplatz eines ortsansässigen Elektrobetriebes soll mit Hilfe einer Videoüberwachungsanlage gesichert werden. Welche gesetzlichen Regelungen zum Schutz der Privatsphäre sind dabei einzuhalten?

Formelzusammenstellung

Elementarladung Seite 21

$e = \pm\ 1{,}602 \cdot 10^{-19}\,\text{C}$ **2–1**

Ladungsmenge oder Elektrizitätsmenge Seite 21

$Q = N \cdot (\pm\, e)$ **2–2**

Stromstärke Seite 25

$I = \frac{Q}{t}$ **3–1**

Stromdichte: Seite 26

$J = \frac{I}{A}$ **3–2**

Quellenspannung Seite 30

$U_Q = \frac{W_{zu}}{Q}$ **3–3**

Spannungsfall Seite 30

$U = \frac{W_{ab}}{Q}$ **3–4**

elektrische Arbeit bzw. Energie Seite 32

$W = U \cdot I \cdot t$ **3–5**

Leistung Seite 32

$P = \frac{W}{t}$ **3–6**

Seite 33

$P = U \cdot I$ **3–7**

Widerstand Seite 33

$R = \frac{U}{I}$ **3–8**

Leitwert Seite 34

$G = \frac{1}{R}$ **3–9**

spezifische Leitfähigkeit Seite 34

$\varkappa = \frac{1}{\varrho}$ **3–10**

Drahtwiderstand Seite 34

$R = \frac{\varrho \cdot l}{A}$ **3–11**

$R = \frac{l}{\varkappa \cdot A}$ **3–12**

Warmwiderstand Seite 35

$R_w = R_{20} \cdot (1 + \alpha \cdot \Delta\vartheta)$ **3–13**

Strom-Spannungs-Verhalten des Widerstandes Seite 44

$I = \frac{U}{R}$ **3–14**

Seite 45

$U = I \cdot R$ **3–15**

Klemmenspannung Seite 49

$U = U_Q - I \cdot R_i$ **4–1**

$U = I \cdot R_a$ **4–2**

Stromstärke im Grundstromkreis Seite 49

$I = \frac{U_Q}{R_i + R_a}$ **4–3**

Wirkungsgrad des Grundstromkreises Seite 50

$\eta = \frac{R_a}{R_a + R_i}$ **4–4**

Spannungsfall über Leitung Seite 61

$\Delta U = I \cdot R_L$ **4–5**

Leitungswiderstand Seite 61

$R_L = \frac{2 \cdot l}{\varkappa \cdot A}$ **4–6**

Leistungsverlust über Leitung Seite 61

$P_V = I^2 \cdot R_L$ **4–7**

Wärmeenergie Seite 62

$W_{th} = m \cdot c \cdot \Delta\vartheta$ **4–8**

Gesamtwiderstand der Reihenschaltung Seite 74

$R_{ges} = R_1 + R_2 + R_3 + \ldots R_n$ **6–1**

Gesetz der Spannungsteilung Seite 74

$\frac{U_1}{U_2} = \frac{R_1}{R_2}$ **6–2**

$\frac{U}{U_1} = \frac{R_{ges}}{R_1}$ **6–2a**

Leistungen der Reihenschaltung Seite 75

$\frac{P_1}{P_2} = \frac{R_1}{R_2}$ **6–3**

Vorwiderstand (Spannungsmessgerät) Seite 75

$R_V = R_M \cdot (n-1)$ **6–4**

Gesamtquellenspannung bei Reihenschaltung Seite 76

$U_{Q\,ges} = U_{Q1} + U_{Q2} + U_{Q3} + \ldots U_{Qn}$ **6–5**

Gesamtquellenspannung gleicher Stromquellen Seite 76

$U_{Q\,ges} = n \cdot U_Q$ **6–5a**

Gesamtinnenwiderstand bei Reihenschaltung Seite 76

$R_{i\,ges} = R_{i1} + R_{i2} + R_{i3} + \ldots R_{in}$ **6–6**

Gesamtinnenwiderstand gleicher Stromquellen Seite 76

$R_{i\,ges} = n \cdot R_i$ **6–6a**

Gesamtwiderstand der Parallelschaltung Seite 77

$\frac{1}{R_{ges}} = \frac{1}{R_1} + \frac{1}{R_2} + \frac{1}{R_3} + \ldots \frac{1}{R_n}$ **6–7**

Gesamtleitwert der Parallelschaltung Seite 77

$G_{ges} = G_1 + G_2 + G_3 + \ldots G_n$ **6–7a**

Gesamtwiderstand zweier paralleler Widerstände Seite 77

$R_{ges} = \frac{R_1 \cdot R_2}{R_1 + R_2}$ **6–7b**

Gesetz der Stromteilung Seite 77

$\frac{I_1}{I_2} = \frac{R_2}{R_1}$ **6–8**

$\frac{I}{I_1} = \frac{R_1}{R_{ges}}$ **6–8a**

Leistungen der Parallelschaltung Seite 77

$\frac{P_1}{P_2} = \frac{R_2}{R_1} = \frac{G_1}{G_2}$ **6–9**

Parallelwiderstand (Strommessgerät) Seite 78

$R_P = \frac{R_M}{m - 1}$ **6–10**

F

Widerstand bei Brückenabgleich *Seite 81*

$$R_X = \frac{R_2}{R_1} \cdot R_N$$ **6–11**

elektrische Feldstärke *Seite 88*

$$E = \frac{F}{Q}$$ **7–1**

$$E = \frac{U}{l}$$ **7–2**

Ladungsdichte *Seite 89*

$$D = \frac{Q}{A}$$ **7–3**

$$D = \varepsilon \cdot E$$ **7–4**

Permittivität *Seite 89*

$$\varepsilon = \varepsilon_0 \cdot \varepsilon_r$$ **7–5**

elektrische Durchschlagsfestigkeit *Seite 91*

$$E_D = \frac{U_D}{d}$$ **7–6**

Kapazität *Seite 95*

$$C = \frac{Q}{U}$$ **7–7**

$$C = \frac{\varepsilon \cdot A}{l}$$ **7–8**

gespeicherte Ladungsmenge *Seite 96*

$$Q = C \cdot U$$ **7–9**

Energie des elektrischen Feldes *Seite 96*

$$W = \frac{1}{2} \cdot C \cdot U^2$$ **7–10**

Gesamtkapazität der Reihenschaltung *Seite 97*

$$\frac{1}{C_{ges}} = \frac{1}{C_1} + \frac{1}{C_2} + \frac{1}{C_3} + \dots \frac{1}{C_n}$$ **7–11**

Gesamtkapazität der Reihenschaltung zweier Kondensatoren *Seite 97*

$$C_{ges} = \frac{C_1 \cdot C_2}{C_1 + C_2}$$ **7–12**

Gesamtkapazität der Reihenschaltung gleicher Kondensatoren *Seite 97*

$$C_{ges} = \frac{C}{n}$$ **7–13**

Spannungsteilung an Kondensatoren *Seite 97*

$$\frac{U_1}{U_2} = \frac{C_2}{C_1}$$ **7–14**

$$\frac{U_1}{U} = \frac{C_{ges}}{C_1}$$ **7–15**

Teilspannung der Reihenschaltung zweier Kondensatoren *Seite 97*

$$U_1 = \frac{C_2}{C_1 + C_2} \cdot U$$ **7–16**

Gesamtkapazität der Parallelschaltung *Seite 97*

$$C_{ges} = C_1 + C_2 + C_3 + \dots C_n$$ **7–17**

Zeitkonstante *Seite 99*

$$\tau = R \cdot C$$ **7–18**

Ladevorgang

Kondensatorspannung *Seite 99*

$$u_C = U \cdot (1 - e^{-\frac{t}{\tau}})$$ **7–19**

Ladestrom *Seite 99*

$$i_C = \frac{U}{R} \cdot e^{-\frac{t}{\tau}}$$ **7–20**

Entladevorgang

Kondensatorspannung *Seite 99*

$$u_C = U \cdot e^{-\frac{t}{\tau}}$$ **7–21**

Entladestrom *Seite 99*

$$i_C = -\frac{U}{R} \cdot e^{-\frac{t}{\tau}}$$ **7–22**

Strom-Spannungs-Verhalten des Kondensators *Seite 100*

$$I = C \cdot \frac{\Delta U}{\Delta t}$$ **7–23**

magnetische Flussdichte *Seite 106*

$$B = \frac{\Phi}{A}$$ **8–1**

Durchflutung *Seite 106*

$$\Theta = I \cdot N$$ **8–2**

magnetische Feldstärke *Seite 106*

$$H = \frac{\Theta}{l_m}$$ **8–3**

magnetischer Widerstand *Seite 107*

$$R_m = \frac{\Theta}{\Phi}$$ **8–4**

magnetischer Widerstand *Seite 107*

$$R_m = \frac{l_m}{\mu \cdot A}$$ **8–5**

magnetische Flussdichte *Seite 107*

$$B = \mu \cdot H$$ **8–6**

relative Permeabilität *Seite 108*

$$\mu_r = \frac{\mu}{\mu_0}$$ **8–7**

Kraft auf stromdurchflossenen Leiter *Seite 113*

$$F = I \cdot B \cdot l$$ **8–8**

Drehmoment einer Leiterschleife (Motorgleichung) *Seite 114*

$$M = c \cdot \Phi \cdot I$$ **8–9**

Kraft paralleler stromdurchflossener Leiter *Seite 114*

$$F = \frac{\mu_0}{2\pi} \cdot \frac{l}{a} \cdot I_1 \cdot I_2$$ **8–10**

Induktionsgesetz *Seite 116*

$$U_Q = N \cdot \frac{\Delta \Phi}{\Delta t}$$ **8–11**

Induktion der Bewegung *Seite 117*

$$U_Q = N \cdot B \cdot l \cdot v$$ **8–12**

Generatorgleichung *Seite 118*

$$U_Q = c \cdot \Phi \cdot n$$ **8–13**

Induktivität *Seite 119*

$$L = \frac{N^2}{R_m}$$ **8–14**

$$L = \frac{N^2 \cdot \mu_0 \cdot \mu_r \cdot A}{l}$$ **8–14 a**

Selbstinduktionsspannung *Seite 119*

$$U_Q = L \cdot \frac{\Delta I}{\Delta t}$$ **8–15**

Gesamtinduktivität einer Reihenschaltung *Seite 119*

$$L_{ges} = L_1 + L_2 + L_3 + \dots L_n$$ **8–16**

Gesamtinduktivität einer Parallelschaltung *Seite 120*

$$\frac{1}{L_{ges}} = \frac{1}{L_1} + \frac{1}{L_2} + \frac{1}{L_3} + \dots \frac{1}{L_n}$$ **8–17**

Zeitkonstante *Seite 120*

$\tau = \frac{L}{R}$ **8–18**

Einschaltvorgang

Augenblickswert der Spannung *Seite 121*

$u_L = U \cdot e^{-\frac{t}{\tau}}$ **8–19**

Augenblickswert des Stromes

$i = \frac{U}{R}(1 - e^{-\frac{t}{\tau}})$ **8–20**

Ausschaltvorgang

Augenblickswert der Spannung *Seite 121*

$u_L = -U \cdot e^{-\frac{t}{\tau}}$ **8–21**

Augenblickswert des Stromes

$i = \frac{U}{R} \cdot e^{-\frac{t}{\tau}}$ **8–22**

Energie des magnetischen Feldes *Seite 122*

$W = \frac{1}{2} \cdot L \cdot I^2$ **8–23**

Funktionsgleichungen der Wechselspannung *Seite 128*

$u = \hat{u} \cdot \sin \alpha$
$u = \hat{u} \cdot \sin \widehat{\alpha}$ **9–1**

des Wechselstromes *Seite 128*

$i = \hat{i} \cdot \sin \alpha$
$i = \hat{i} \cdot \sin \widehat{\alpha}$ **9–1**

Frequenz *Seite 129*

$f = \frac{1}{T}$ **9–2**

Seite 129

$f = p \cdot n$ **9–3**

Kreisfrequenz *Seite 130*

$\omega = 2 \cdot \pi \cdot f$ **9–4**

Sinus-Zeit-Gesetz der Wechselspannung *Seite 130*

$u = \hat{u} \cdot \sin \omega t$ **9–5**

des Wechselstromes *Seite 130*

$i = \hat{i} \cdot \sin \omega t$ **9–5**

Effektivwert von Strom *Seite 130*

$I = \frac{\hat{i}}{\sqrt{2}}$ $\quad I = 0{,}707 \cdot \hat{i}$ **9–6**

und Spannung *Seite 130*

$U = \frac{\hat{u}}{\sqrt{2}}$ $\quad U = 0{,}707 \cdot \hat{u}$ **9–6**

linearer Mittelwert von Strom *Seite 131*

$\bar{i} = 0{,}637 \cdot \hat{i}$ **9–7**

und Spannung *Seite 131*

$\bar{u} = 0{,}637 \cdot \hat{u}$ **9–7**

Addition von zwei Wechselspannungen

– Phasenverschiebungswinkel *Seite 135*

$\varphi = 0°$ **9–8**

$U_{ges} = U_1 + U_2$

– Phasenverschiebungswinkel *Seite 135*

$\varphi = 90°$ **9–9**

$U_{ges} = \sqrt{U_1^2 + U_2^2}$

– Phasenverschiebungswinkel *Seite 135*

$\varphi = 180°$ **9–10**

$U_{ges} = U_1 - U_2$

– beliebiger Phasenverschiebungswinkel φ *Seite 135* **9–11**

$U_{ges} = \sqrt{U_1^2 + U_2^2 + 2 \cdot U_1 \cdot U_2 \cdot \cos\varphi}$

kapazitiver Blindwiderstand *Seite 137*

$X_C = \frac{1}{\omega \cdot C}$ **9–12**

induktiver Blindwiderstand *Seite 138*

$X_L = \omega \cdot L$ **9–13**

Reihenschaltung von R, X_L und X_C

Spannungen *Seite 139*

$U = \sqrt{U_R^2 + (U_L - U_C)^2}$ **9–14**

Scheinwiderstand *Seite 139*

$Z = \frac{U}{I}$ **9–15**

$Z = \sqrt{R^2 + (X_L - X_C)^2}$ **9–15**

Phasenverschiebungswinkel zwischen U und I *Seite 140*

$\cos \varphi = \frac{U_R}{U}$ **9–16**

$\cos \varphi = \frac{R}{Z}$ **9–16**

Reihenschaltung von R und X_L

Spannungen *Seite 141*

$U = \sqrt{U_R^2 + U_L^2}$ **9–17**

Scheinwiderstand *Seite 141*

$Z = \sqrt{R^2 + X_L^2}$ **9–18**

Reihenschaltung von R und X_C

Spannungen *Seite 142*

$U = \sqrt{U_R^2 + U_C^2}$ **9–19**

Scheinwiderstand *Seite 142*

$Z = \sqrt{R^2 + X_C^2}$ **9–20**

Grenzfrequenz *Seite 144*

$f_g = \frac{1}{2 \cdot \pi \cdot R \cdot C}$ **9–21**

Ausgangsspannung bei Grenzfrequenz *Seite 144*

$U_2 = \frac{U_1}{\sqrt{2}}$ **9–22**

Parallelschaltung von R, X_L und X_C

Ströme *Seite 145*

$I = \sqrt{I_R^2 + (I_L - I_C)^2}$ **9–23**

Phasenverschiebungswinkel zwischen U und I *Seite 145*

$\cos \varphi = \frac{I_R}{I}$ **9–24**

Verlustfaktor des Kondensators *Seite 146*

$\tan \delta = \frac{1}{R \cdot \omega \cdot C}$ **9–25**

Gütefaktor des Kondensators *Seite 146*

$Q = \frac{1}{\tan \delta} = R \cdot \omega \cdot C$ **9–26**

Resonanzfrequenz des Schwingkreises *Seite 147*

$f_0 = \frac{1}{2 \cdot \pi \cdot \sqrt{L \cdot C}}$ **9–27**

Wirkstrom *Seite 152*

$I_w = I \cdot \cos \varphi$ **9–28**

Blindstrom *Seite 152*

$I_b = I \cdot \sin \varphi$ **9–29**

Scheinstrom *Seite 152*

$I = \sqrt{I_w^2 + I_b^2}$ **9–30**

Wirkleistung *Seite 152*

$P = U \cdot I \cdot \cos\varphi \quad P = S \cdot \cos\varphi$ **9–31**

Blindleistung *Seite 152*

$Q = U \cdot I \cdot \sin\varphi \quad Q = S \cdot \sin\varphi$ **9–32**

Scheinleistung *Seite 152*

$S = U \cdot I \quad S = \sqrt{P^2 + Q^2}$ **9–33**

Leistungsfaktor *Seite 153*

$\cos\varphi = \frac{P}{S}$ **9–34**

Kompensationsleistung *Seite 154*

$Q_C = P \cdot (\tan\varphi - \tan\varphi')$ **9–35**

Sternschaltung

Leiterspannung *Seite 159*

$U = \sqrt{3} \cdot U_{St}$ **9–36**

Leiterstrom *Seite 159*

$I = I_{St}$ **9–37**

Dreieckschaltung

Leiterspannung *Seite 159*

$U = U_{St}$ **9–38**

Leiterstrom *Seite 159*

$I = \sqrt{3} \cdot I_{St}$ **9–39**

Leistungen des Dreiphasenwechselstromes

Scheinleistung *Seite 162*

$S = \sqrt{3} \cdot U \cdot I$ **9–40**

Wirkleistung *Seite 162*

$P = \sqrt{3} \cdot U \cdot I \cdot \cos\varphi$ **9–41**

Blindleistung *Seite 162*

$Q = \sqrt{3} \cdot U \cdot I \cdot \sin\varphi$ **9–42**

differentieller Widerstand *Seite 169*

$r = \frac{\Delta U}{\Delta I}$ **10–1**

absoluter Messfehler *Seite 186*

$\Delta W = W' - W$ **11–1**

realtiver Messfehler *Seite 186*

$F_W = \frac{\Delta W}{W} \approx \frac{\Delta W}{W'}$ **11–2**

Messgerätefehler *Seite 187*

$F_G = \frac{\Delta W_{max}}{W_e}$ **11–3**

Fehler der Messergebnisse zweier Messwerte *Seite 189*

bei Addition

absoluter Fehler

$\Delta M = \Delta W_1 + \Delta W_2$ **11–4**

bei Subtraktion *Seite 189*

absoluter Fehler

$\Delta M = \Delta W_1 - \Delta W_2$ **11–5**

bei Multiplikation *Seite 189*

relativer Fehler

$F_M \approx F_{W1} + F_{W2}$ **11–6**

bei Division *Seite 190*

relativer Fehler

$F_M \approx F_{W1} - F_{W2}$ **11–7**

Empfindlichkeit *Seite 195*

$E = \frac{\Delta L}{\Delta G}$ **11–8**

Skalenkonstante *Seite 195*

$k = \frac{\text{gewählter Messbereich}}{\text{Messbereichsendwert der Skala}}$ **11–9**

Messwert *Seite 195*

Messwert = k · angezeigter Skalenstrich **11–10**

Kenngrößen der Dreiphasenwechselspannung

Frequenz *Seite 230*

$f = p \cdot n$ **13–1**

Betrag *Seite 230*

$U_Q = c_1 \cdot \Phi \cdot n_{rel.}$ **13–2**

Drehmomentbildung *Seite 230*

$M = c_2 \cdot \Phi \cdot I$ **13–3**

Maschensatz

Motor *Seite 231*

$U_Q = U \hat{=} U_R \hat{=} U_X$ **13–4**

Generator *Seite 231*

$U_Q = U \hat{+} U_R \hat{+} U_X$ **13–5**

Transformatorengleichung *Seite 259*

$U_Q = 4{,}44 \cdot f \cdot N \cdot \hat{\Phi}$ **15–1**

sekundäre Induktionsspannung *Seite 259*

$U_{Q2} = 4{,}44 \cdot f \cdot N_2 \cdot \hat{\Phi}$ **15–2**

Magnetflussdichte *Seite 259*

$\hat{B} = \frac{U_1}{4{,}44 \cdot f \cdot N_1 \cdot A_{Fe}}$ **15–3**

Spannungsübersetzung *Seite 260*

$\frac{U_1}{U_{20}} = \frac{N_1}{N_2} = ü$ **15–4**

Stromübersetzung *Seite 260*

$\frac{I_1}{I_2} = \frac{U_2}{U_1}$ **15–5**

$\frac{I_1}{I_2} = \frac{N_2}{N_1} = \frac{1}{ü}$ **15–6**

Widerstandsübersetzung *Seite 261*

$\frac{Z_1}{Z_2} = \left(\frac{N_1}{N_2}\right)^2 = ü^2$ **15–7**

Eisenverluststrom *Seite 264*

$I_v = \frac{P_0}{U_1}$ **15–8**

Magnetisierungsstrom *Seite 264*

$I_\mu = \sqrt{I_0^2 - I_v^2}$ **15–9**

relative Kurzschlussspannung *Seite 265*

$u_K = \frac{U_K}{U_1} \cdot 100\,\%$ **15–10**

relativer ohmscher Spannungsfall *Seite 265*

$u_R = \frac{U_R}{U_1} \cdot 100\,\%$ **15–11**

relativer Streuspannungsfall *Seite 265*

$u_S = \frac{U_S}{U_1} \cdot 100\,\%$ **15–12**

relative Kurzschlussspannung *Seite 265*

$u_K = \sqrt{u_R^2 + u_S^2}$ **15–13**

relativer ohmscher Spannungsfall *Seite 265*

$u_R = \frac{P_K}{S} \cdot 100\,\%$ **15–14**

Wirkungsgrad *Seite 266*

$\eta = \frac{P_{ab}}{P_{ab} + P_v}$ **15–15**

Dauerkurzschlussstrom *Seite 266*

$I_K = I_1 \cdot \frac{100\%}{u_K}$ **15–16**

Bemessungsbürde des Spannungswandlers *Seite 272*

$Y_{n2} = \frac{S_n}{U_2^2}$ **15–17**

Bemessungsbürde des Stromwandlers *Seite 272*

$Z_{n2} = \frac{S_n}{I_2^2}$ **15–18**

Eigenleistung des Spartransformators *Seite 277*

$S_e = U_p \cdot I_p$ **15–19**

$S_e = U_r \cdot I_r$ **15–19**

F

Durchgangsleistung *Seite 277*

Größen der Primärseite

$S_d = U_1 \cdot I_1$ **15–20**

Größen der Sekundärseite *Seite 277*

$S_d = U_2 \cdot I_2$ **15–20**

$S_e = S_d \left(1 - \frac{U_1}{U_2}\right)$ **15–21**

Spannungswaage im TN-System *Seite 300*

$\frac{R_B}{R_E} \leq \frac{U_L}{U_0 - U_L}$ **16–1**

Abschaltbedingungen im TN-System *Seite 301*

einpoliger Kurzschlussstrom

$I_{K(1)} \geq I_a$ **16–2**

Schleifenimpedanz *Seite 301*

$Z_S \leq \frac{U_0}{I_a}$ **16–3**

Abschaltbedingungen im TT-System

Fehlerstrom *Seite 304*

$I_F \geq I_a$ **16–4**

Schleifenimpedanz *Seite 305*

$Z'_S \leq \frac{U_0}{I_a}$ **16–5**

Erdungswiderstand der Anlage mit RCD *Seite 305*

$R_A \leq \frac{U_L}{I_{\Delta N}}$ **16–6**

Abschaltbedingungen im IT-System *Seite 307*

Erdungswiderstand der Anlage

$R_A \leq \frac{U_L}{I_d}$ **16–7**

Schleifenimpedanz, System ohne N-Leiter *Seite 307*

$Z_S \leq \frac{U}{2 \cdot I_a}$ **16–8**

Schleifenimpedanz, System mit N-Leiter *Seite 307*

$Z'_S \leq \frac{U_0}{2 \cdot I_a}$ **16–9**

Leistungsbedarf unter Beachtung des Gleichzeitigkeitsfaktors *Seite 336*

$P_{ges} = g \cdot P_{inst}$ **17–1**

Leistungsermittlung mit Hilfe eines Zählers *Seite 338*

$P = \frac{n}{C_z}$ **17–2**

Spannungsfall an einer Wechselstromleitung *Seite 370*

$\Delta U = \frac{2 \cdot I \cdot l \cdot \cos\varphi}{\varkappa \cdot A}$ **17–3**

Leiterquerschnitt einer Wechselstromleitung *Seite 370*

$A = \frac{2 \cdot I \cdot l \cdot \cos\varphi}{\varkappa \cdot \Delta U}$ **17–4**

Spannungsfall an einer Drehstromleitung *Seite 371*

$\Delta U = \frac{\sqrt{3} \cdot I \cdot l \cdot \cos\varphi}{\varkappa \cdot A}$ **17–5**

Leiterquerschnitt einer Drehstromleitung *Seite 371*

$A = \frac{\sqrt{3} \cdot I \cdot l \cdot \cos\varphi}{\varkappa \cdot \Delta U}$ **17–6**

Asynchronmotor

Schlupf *Seite 381*

$s = \frac{n_s - n}{n_s}$ **18–1**

Läuferspannung *Seite 381*

$U_2 = s \cdot U_{2,0}$ **18–2**

Frequenz der Läuferspannung *Seite 381*

$f_2 = s \cdot f_1$ **18–3**

Drehzahl *Seite 388*

$n = \frac{f_1}{p}(1 - s)$ **18–4**

Schrittmotor

Schrittwinkel *Seite 394*

$\alpha = \frac{360°}{2 \cdot p \cdot m}$ **18–5**

Gleichstromgenerator

Spannungsverhältnisse *Seite 400*

$U = U_Q - I_a \cdot R_a$ **18–6**

Gleichstrommotor

Spannungsverhältnisse *Seite 400*

$U = U_Q + I_a \cdot R_a$ **18–7**

Ankerstrom *Seite 401*

$I_a = \frac{U - U_Q}{R_a}$ **18–8**

Drehzahl *Seite 402*

$n = \frac{U - I_a \cdot R_a}{c_1 \cdot \Phi}$ **18–9**

Anpassung

Riemengeschwindigkeit *Seite 408*

$v = d \cdot \pi \cdot n$ **18–10**

mechanische Motorleistung *Seite 408*

$P = M \cdot 2 \cdot \pi \cdot n$ **18–11**

Riementrieb *Seite 409*

$\frac{n_1}{n_2} = \frac{d_2}{d_1}$ **18–12**

Seite 409

$\frac{n_1}{n_2} = \frac{M_2}{M_1}$ **18–13**

Zahnradtrieb *Seite 410*

$\frac{n_1}{n_2} = \frac{z_2}{z_1}$ **18–14**

Ladekondensator, Kapazität *Seite 426*

$C_L = \frac{k \cdot I_d}{p \cdot f \cdot U_w}$ **19–1**

Drosselspule, Induktivität *Seite 426*

$L_s = \frac{R}{p \cdot 2\pi f} \sqrt{\left(\frac{w_U}{w_I}\right)^2 - 1}$ **19–2**

Siebfaktor

allgemein *Seite 427*

$s = \frac{U_{w1}}{U_{w2}}$ **19–3**

RC-Schaltung *Seite 427*

$s = \frac{\sqrt{R_s^2 + X_{CS}^2}}{X_{CS}}$

$R_S >> X_{CS}$: $s \approx \frac{R_s}{X_{CS}} = R_s \cdot 2\pi f_p C_s$ **19–4**

LC-Schaltung *Seite 427*

$s \approx \frac{X_L - X_C}{X_C}$

$X_L >> X_C$: $s \approx \frac{X_L}{X_C} = (2\pi f_p)^2 \cdot L_s \cdot C_s$ **19–5**

minimaler Vorwiderstand *Seite 428*

$R_{Vmin} \approx \frac{U_{dmax} - U_Z}{I_{Zmax} + I_{Lmin}}$ **19–6**

maximaler Vorwiderstand *Seite 428*

$R_{Vmax} \approx \frac{U_{dmin} - U_Z}{I_{Zmin} + I_{Lmax}}$ **19–7**

Spannungsverstärkung *Seite 428*

$v_u = \frac{U_2}{U_1}$ **19–8**

Stromverstärkung *Seite 428*

$v_i = \frac{I_2}{I_1}$ **19–9**

Leistungsverstärkung *Seite 428*

$v_p = \frac{P_2}{P_1} = v_u \cdot v_i$ **19–10**

Leistungsverstärkung *Seite 428*

$$v_p = \frac{U_2 \cdot I_2}{U_1 \cdot I_1}$$ **19–10**

Steilheit *Seite 435*

$$S = \frac{\Delta I_D}{\Delta U_{GS}}$$ **19–11**

Verstärkung *Seite 435*

$$v_u = \frac{\Delta U_{DS}}{\Delta I_D} \cdot S$$ **19–12**

Spannungsverstärkung *Seite 440*

$$v_u = \frac{i_C \cdot R_c}{i_B \cdot r_{BE}} = \beta \cdot \frac{R_c}{r_{BE}}$$ **19–13**

Stromverstärkung *Seite 440*

$$v_i = \beta \cdot \frac{r_{CE}}{r_{CE} + R_c}$$ **19–14**

Stromverstärkung, Darlington *Seite 442*

$$v_i = \frac{I_{C2}}{I_{B1}} = \beta_2 \cdot \beta_1$$ **19–15**

Verstärkung, invertierender OPV *Seite 445*

$$v = \frac{U_2}{U_1} = -\frac{R_2}{R_1}$$ **19–16**

Verstärkung, nicht invertierender OPV *Seite 445*

$$v = \frac{U_2}{U_1} = \frac{R_2}{R_1} + 1$$ **19–17**

Dehnung durch Längenänderung *Seite 471*

$$\varepsilon = \frac{\Delta l}{l_0}$$ **20–1**

Dehnung, Elastizitätsmodul *Seite 471*

$$\varepsilon = \frac{F}{E \cdot A}$$ **20–2**

Druck *Seite 471*

$$p = \frac{F}{A}$$ **20–3**

Drehmoment *Seite 471*

$$M = F \cdot \frac{d}{2}$$ **20–4**

Dehnungsmessstreifen DMS *Seite 471*

$$\varepsilon \sim \frac{\Delta R}{R_0}$$ **20–5**

Regeldifferenz *Seite 500*

$$e = w - x_r$$ **21–1**

Regelabweichung *Seite 500*

$$x_d = x_i - x_s$$ **21–2**

Rückführgröße *Seite 501*

$$x_r = K_s \cdot y$$ **21–3**

Stellgröße – P-Regler *Seite 502*

$$y = K_P \cdot e$$ **21–4**

I-Regler, Änderung der Stellgröße *Seite 503*

$$\frac{\Delta y}{\Delta t} = K_I \cdot e$$ **21–5**

Integrationszeit, I-Regler *Seite 503*

$$t_I = \frac{1}{K_I}$$ **21–6**

Integrationszeit/Nachlaufzeit *Seite 504*

$$t_I = \frac{t_N}{K_P}$$ **21–7**

Übertragungsverhalten D-Anteil *Seite 504*

$$Y_D = K_D \cdot \frac{\Delta e}{\Delta t}$$ **21–8**

Schwingungsdauer *Seite 506*

$$T = t_{ein} + t_{aus}$$ **21–9**

Schaltfrequenz *Seite 506*

$$f_s = \frac{1}{T}$$ **21–10**

Wärmemenge/Wärmeenergie *Seite 512*

$$W_{th} = I^2 \cdot R \cdot t$$ **22–1**

$$W_{th} = J^2 \cdot \varrho \cdot V \cdot t$$ **22–2**

$$W_{th} = m \cdot c \cdot \Delta\vartheta$$ **22–3**

Wärmeleitung
Wärmestrom *Seite 513*

$$\Phi = \lambda \cdot \frac{A}{d} \cdot \Delta\vartheta$$ **22–4**

Wärmeströmung
Wärmestrom *Seite 513*

$$\Phi = \alpha \cdot A \cdot \Delta\vartheta$$ **22–5**

Wärmestrahlung
Wärmestrom *Seite 513*

$$\Phi = \sigma \cdot A \cdot T^4$$ **22–6**

Mischwassermenge *Seite 516*

$$V_M = \frac{V_w \cdot (\vartheta_w - \vartheta_M)}{\vartheta_M - \vartheta_k}$$ **22–7**

Wellenlänge *Seite 524*

$$\lambda = \frac{c}{f} \approx \frac{300\,000\,000\,\frac{m}{s}}{f_{/1/s}}$$ **23–1**

Beleuchtungsstärke *Seite 526*

$$E = \frac{\Phi_{Nutz}}{A}$$ **23–2**

Lichtausbeute *Seite 527*

$$\eta = \frac{\Phi}{P}$$ **23–3**

Gesamtlichtstrom *Seite 541*

$$\Phi_{gesamt} = n \cdot \Phi_{La}$$ **23–4**

Anzahl der Lampen *Seite 542*

$$n = \frac{\bar{E} \cdot A \cdot p}{\Phi_{La}}$$ **23–5**

Raumindex, direkte Beleuchtung *Seite 542*

$$k = \frac{l \cdot b}{h \cdot (l + b)}$$ **23–6**

Lampenzahl *Seite 542*

$$n = \frac{\bar{E} \cdot A \cdot p}{\Phi_{La} \cdot \eta_{LB} \cdot \eta_R}$$ **23–7**

Wellenlänge *Seite 571*

$$\lambda = \frac{c}{f}$$ **25–1**

Antennengewinn *Seite 573*

$$g = 20 \cdot \lg \frac{U_{Richt}}{U_{Dipol}}\,\text{dB}$$ **25–2**

Spannungspegel *Seite 575*

$$L_U = 20 \cdot \lg \frac{U}{1\,\mu V}\,\text{dB}\mu\text{V}$$ **25–3**

Verstärkungsmaß *Seite 576*

$$v = 20 \cdot \lg \frac{U_2}{U_1}\,\text{dB} \quad (\text{mit } U_2 > U_1)$$ **25–4**

Dämpfungsmaß *Seite 576*

$$a = -20 \cdot \lg \frac{U_1}{U_2}\,\text{dB} \quad (\text{mit } U_1 > U_2)$$ **25–5**

Wellenwiderstand *Seite 576*

$$Z = \sqrt{\frac{L'}{C'}}$$ **25–6**

Windlastmoment (Biegung) *Seite 583*

$$M_B = F_{w1} \cdot l_1 + F_{w2} \cdot l_2 + F_{w3} \cdot l_3 + \ldots$$ **25–7**

F

Sachwort

C

D

S

S

S

Bildquellen

Autoren und Verlag bedanken sich bei den nachfolgenden Firmen und Institutionen für die Unterstützung, insbesondere für die Bereitstellung von Bildern.

ABB STOTZ-KONTAKT GmbH, Heidelberg, www.de.abb.com
ABUS August Bremicker Söhne KG, Wetter, www.abus.de
Alan Electronics GmbH, Dreieich, www.alan-electronics.de
Benning GmbH, Bocholt, www.benning.de
BSH Bosch und Siemens Hausgeräte GmbH, München, www.bsh-group.de
Robert Bosch GmbH, Gerlingen-Schillerhöhe, www.de.bosch.com
Chauvin Arnoux GmbH, Kehl (Rhein), www.chauvin-arnoux.de
Cummins Generator Technologies (AVK), Dreieich, www.cumminsgeneratortechnologies.com/de
Dehn + Söhne GmbH & Co. KG, Neumarkt, www.dehn.de
Deutsches Museum, München, www.deutschesmuseum.de
Elektra Tailfingen Schaltgeräte GmbH & Co. KG, Albstadt, www.elektra-tailfingen.de
ELMAG Entwicklungs- und Handels-GmbH, Ried im Innkreis (Austria), www.elmag.at
EnBW Energie Baden-Württemberg AG, Karlsruhe, www.enbw.de
E.ON Energie AG, München, www.eon-energie.com
FlammEx, IEH Industrie Elektronik GmbH, Ahrensburg, www.flammex.de
Fluke Deutschland GmbH, Kassel, www.flukenetworks.com
Gira, Giersiepen GmbH & Co. KG, Radevormwald, www.gira.de
Geyer AG, Nürnberg, www.geyer.de
Glen Dimplex Deutschland GmbH, Kulmbach, www.dimplex.de
Gossen-Metrawatt GmbH / Camille Bauer AG, Nürnberg, www.gossen-metrawatt.de
GTE Gebäude- und Elektrotechnik GmbH & Co. KG, Mannheim, www.gte.wisag.de
Hager Electro GmbH, Blieskastel, www.hager.de
HEA – Fachgemeinschaft für effiziente Energieanwendung e.V., Berlin, www.hea.de
Johnson Controls Autobatterie GmbH, Hannover, www.varta-automotive.com
JUMO GmbH & Co. KG, Fulda, www.jumo.net
KATHREIN-Werke KG, Rosenheim, www.kathrein.de
KNIPEX-Werk C. Gustav Putsch KG, Wuppertal, www.knipex.de
KNX Deutschland, Frankfurt am Main, www.knx.de
licht.de (Fördergemeinschaft Gutes Licht), Frankfurt am Main, www.licht.de
LEONI AG, Nürnberg, www.leoni.com
Martin Professional GmbH, Karlsfeld, www.martin-pro.de
Merten GmbH, Wiehl, www.merten.de
Merz GmbH, Gaildorf, www.merz-elektro.de
Metabowerke GmbH, Nürtingen, www.metabo.de
Microsoft Deutschland GmbH, Unterschleißheim, www.microsoft.de
Moeller GmbH, Bonn, www.moeller.net
Osram GmbH, München, www.osram.de
Panasonic Electric Works Deutschland GmbH, Holzkirchen, www.panasonic-electric-works.de
Phoenix Contact GmbH & Co. KG, Blomberg, www.phoenixcontact.de
Rittal GmbH & Co. KG, Herborn, www.rittal.de
Saia-Burgess Dresden GmbH, Dresden, www.johnsonelectric.com
SCHOTT AG, Mainz, www.schott.com
S. Siedle & Söhne Telefon- und Telegrafenwerke OHG, Furtwangen, www.siedle.de
Siemens AG, München, www.siemens.de
SMA Solar Technology AG, Niestetal, www.sma.de
Sony Europe, Berlin, www.sony-europe.com
ThyssenKrupp AG, Düsseldorf, www.thyssenkrupp.de
Tyco Electronics AMP GmbH, Langen, www.tycoelectronics.com
UCTE, Brussels (Belgium), www.ucte.org
VARTA Consumer Batteries GmbH & Co. KGaA, Ellwangen, www.varta-consumer.de
Vattenfall Europe AG, Berlin, www.vattenfall.de
Vogel Buchverlag, Würzburg, www.vogel-buchverlag.de
WAGO Kontakttechnik GmbH & Co. KG, Minden, www.wago.de

Im Lehrbuch verwendete Symbolelemente und Schaltzeichen (DIN EN 60617)

Verschiedenes

Schaltzeichen	Benennung
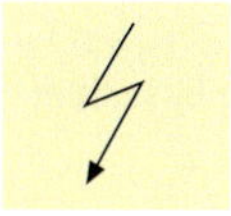	Fehler

Antriebsarten

Schaltzeichen	Benennung
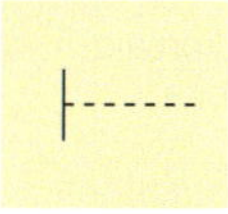	Handbetrieb, allgemein
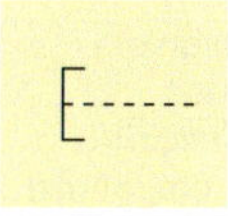	Betätigung durch Drücken
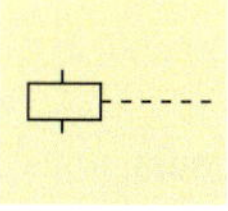	Betätigung durch elektromagnetischen Antrieb

Mechanische Stellteile

Schaltzeichen	Benennung
	Wirkverbindung, allgemein. Mechanische, pneumatische und hydraulische Wirkverbindung
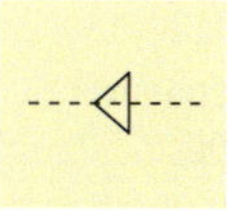	Selbsttätiger Rückgang
	Raste, nicht selbsttätiger Rückgang

Erde, Masse

Schaltzeichen	Benennung
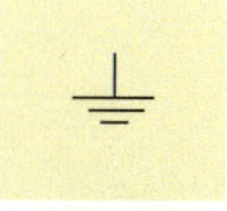	Erde
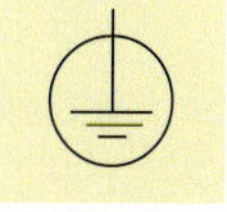	Schutzerde

Leiter

Schaltzeichen	Benennung
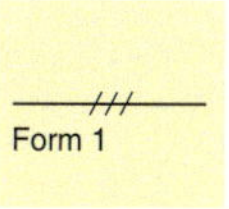 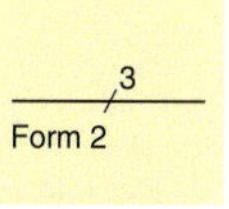	Einpolige Darstellung, drei Leiter, Anzahl der Leiter durch kleine Striche oder durch einen Strich mit einer Zahl angezeigt
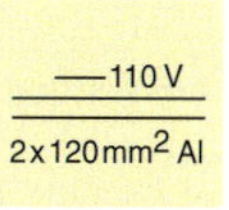	Oberhalb der Linie: Stromart, Netzart, Frequenz und Spannung
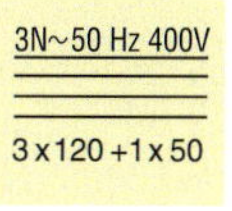	Unterhalb der Linie: Anzahl der Leiter, Multiplikationskreuz, Querschnitt der einzelnen Leiter, Leitermaterial durch sein chemisches Zeichen angegeben

Anschlüsse u. Leiterverbindungen

Schaltzeichen	Benennung
	Verbindung von Leitern
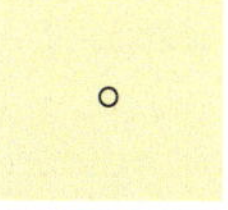	Anschluss (z. B. Klemme)
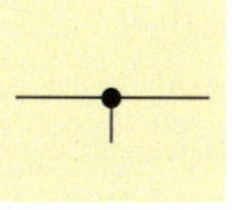	Abzweig von Leitern

Kondensatoren

Schaltzeichen	Benennung
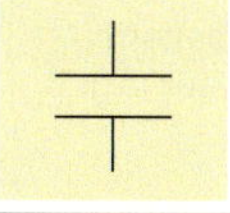	Kondensator, allgemein
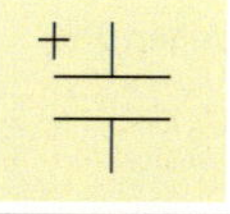	Kondensator, gepolt, Elektrolyt-Kondensator
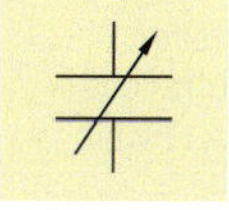	Kondensator, veränderbar

Widerstände

Schaltzeichen	Benennung
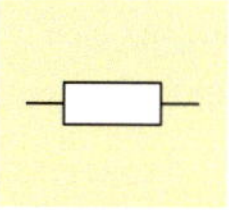	Widerstand, allgemein
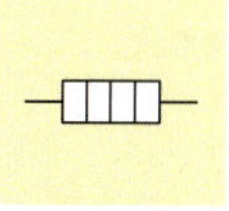	Heizelement
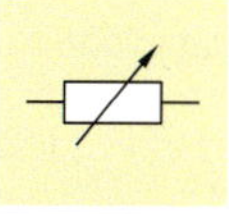	Widerstand, veränderbar, allgemein
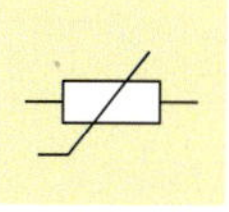	Widerstand, größenabhängig, allgemein
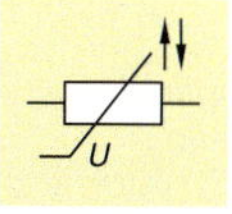	Widerstand, Varistor, spannungsabhängig
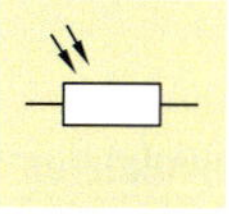	Widerstand, lichtempfindlich, Fotowiderstand
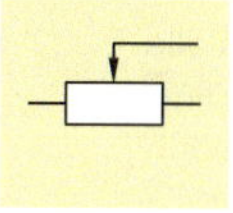	Widerstand, mit Schleifkontakt, Potenziometer

Induktivitäten

Schaltzeichen	Benennung
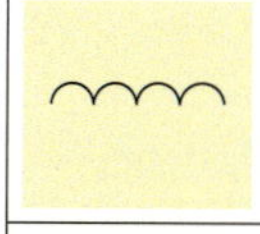	Induktivität, Spule, Wicklung bevorzugte Form
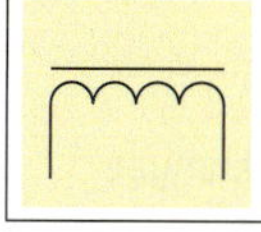	Induktivität mit Magnetkern

Schutzeinrichtungen

Schaltzeichen	Benennung
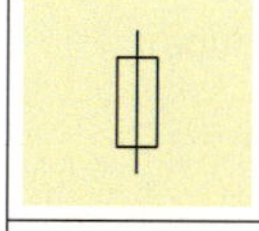	Sicherung, allgemein
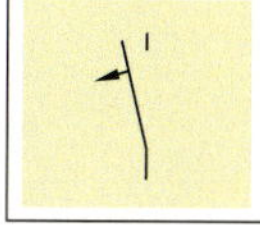	Leitungsschutzschalter

Im Lehrbuch verwendete Symbolelemente und Schaltzeichen (DIN EN 60617)

Halbleiterdioden

Schaltzeichen	Benennung
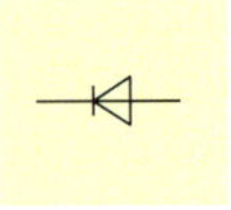	Halbleiterdiode, allgemein
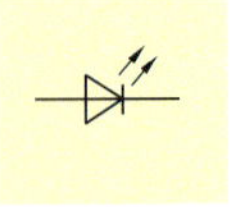	Leuchtdiode
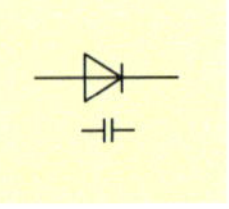	Kapazitätsdiode
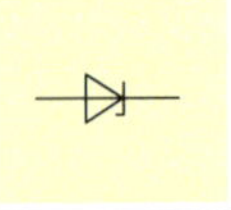	Z-Diode
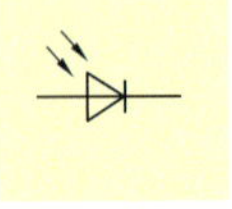	Diode, lichtempfindlich, Fotodiode

Primärzellen und Akkumulatoren

Schaltzeichen	Benennung
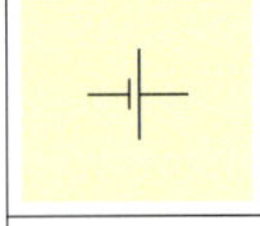	Primärzelle, Primärelement, Akkumulator
	Batterie von Primärelementen, Akkumulatorenbatterie
	Form 1
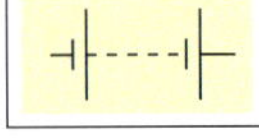	Form 2

Melder – Signaleinrichtungen

Schaltzeichen	Benennung
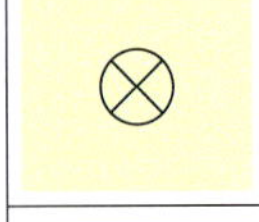	Leuchte, allgemein, Leuchtmelder, allgemein
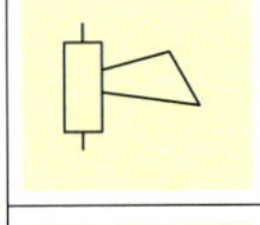	Horn, Hupe
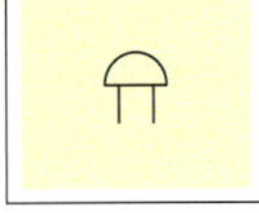	Wecker, Klingel

Schalter – Schaltgeräte

Schaltzeichen	Benennung
	Schließer allgemein, Schalter
	Öffner
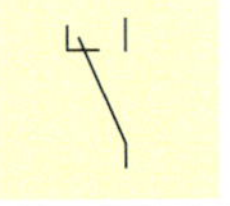	Wechsler mit Unterbrechung
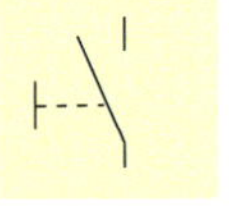	Handbetätigter Schalter
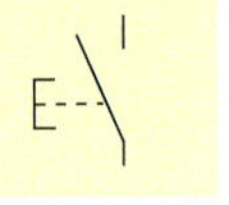	Druckschalter, Taster

Anzeigende Messgeräte

Schaltzeichen	Benennung
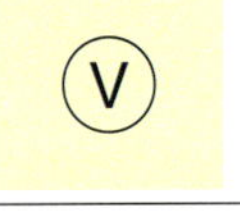	Spannungsmessgerät
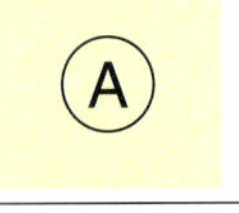	Strommessgerät
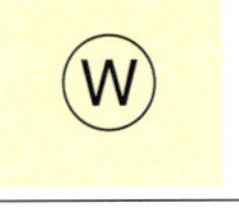	Leistungsmessgerät

Kennzeichen für Leiter

Schaltzeichen	Benennung
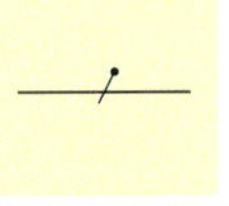	Neutralleiter(N), Mittelleiter (M)
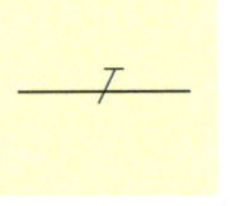	Schutzleiter (PE)
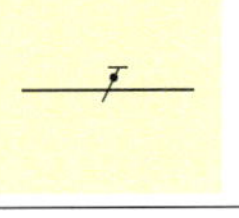	Schutzleiter mit Neutralleiterfunktion (PEN)

Zähler

Schaltzeichen	Benennung
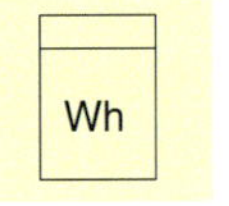	Wattstundenzähler, Elektrizitätszähler

Steckdosen

Schaltzeichen	Benennung
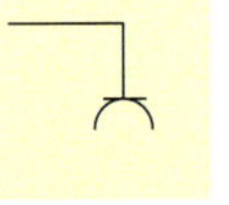	Schutzkontaktsteckdose
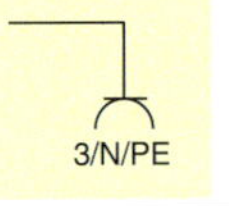	Schutzkontaktsteckdose, dargestellt für Drehstrom, 5polig

Kombinatorische Elemente

Schaltzeichen	Benennung
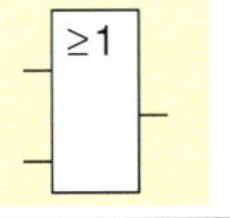	ODER-Element, allgemein
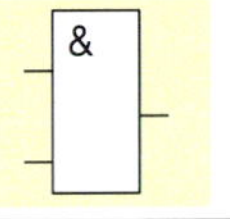	UND-Element, allgemein
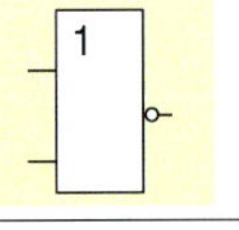	NICHT-Element
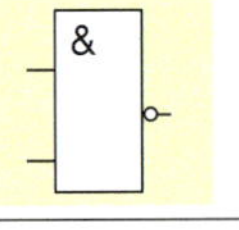	UND mit negierendem Ausgang, NAND
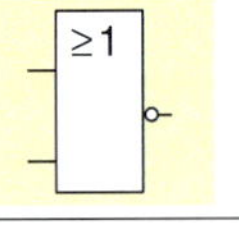	ODER mit negierendem Ausgang, NOR